ケイン 生 物 学

第5版

A. Singh-Cundy・M. L. Cain・J. Dusheck 著

上 村 慎 治 監訳

東京化学同人

DISCOVER BIOLOGY
Fifth Edition

Anu Singh-Cundy
Western Washington University

Michael L. Cain
Bowdoin College

Jennie Dusheck
(*contributing author*)

Copyright © 2012, 2009, 2007 by W. W. Norton & Company, Inc. Inc. Copyright © 2002, 2000 by Sinauer Associates, Inc. All rights reserved. Japanese translation rights arranged with W. W. Norton & Company, Inc. through Japan UNI Agency, Inc., Tokyo. Japanese edition © 2014 by Tokyo Kagaku Dozin Co., Ltd.

表紙写真： © Jan van der Greef / Buiten-beeld / Minden Pictures / Getty images

はじめに

私たち著者がめざすもの：興味深く，学習し，応用する生物学

傷ついた器官を直したり取替えたりするのに幹細胞を使うこと，膨大な進化系統樹の枝葉先端にくる生きものの発見，がんを克服する方法の探究．これらは，生物学が私たちを魅惑してやまない理由のほんの一部でしかないのだが，本書を読んだ学生にもそれをわかってもらえるかと思う．これらの話題はどれも興味深く，かつ非常に大切な事例をあげただけであるが，現在，生命科学の重要な原理が日々明らかにされ，飛躍的に理解も進んでいる．そういった生命科学分野を広範にカバーする教科書をまとめ，学生に教え，学ぶことに，心躍る気持ちを抑えられない．

生命科学を面白くしているのは，立て続けに発表される新発見や，その発見を人間社会へ応用するスピードであるが，それが，一方では教える側には大きな障壁にもなっている．受講する学生の多様な背景や興味も，その難しさを増すばかりである．私たちは，この第5版のDiscovery Biologyを執筆するにあたって，いかに生命科学が面白く，幅広く，私たちに深くかかわっているのかを，さまざまな学生に，情報過多の渦に呑まれることなく，どうしたら伝えられるのか，そう自問することから始めた．

まず，膨大な可能性のなかから，どの話題が重要で，どの部分を詳細に記述すべきかを決めるとき，以下の3点に留意した．

- 現実の世界で起こっている興味ある事例をあげて学生をひきつけること．
- 科学を専攻しない学生にも学問分野の中心的な課題については詳細を説明すべきであるとする，これまでの本書へのコメントをフィードバックさせること．
- 学生の分野や経歴に関係なく，科学的な素養を深められるように，生命科学の原理を応用するよい例を示すこと．

このゴールへどのようにして向かったのかは，このまえがきの後に続く"本書の使い方"で詳しく紹介する．

第5版で新しくなった箇所

新しい話題 本書では，各章のテーマに合わせた魅力的な話題を挿入して紹介している．まず，はじめの導入部で，興味をひく最新の話題にふれ，そこで，一般的な疑問，たとえば，なぜ，そこで生物学の知識が重要かといった問いかけをする．同じ問いかけは，章の最後で再度繰返され，読者は，その章で勉強したことが，身の回りの問題を理解するうえでいかに重要かに気づくだろう．この第5版では，経験豊かなサイエンスライターJennie Dusheck氏が各章のテーマに沿った新しい話題を選んでくれた．

最新の応用課題 各章で扱う主要な概念を，変貌する現実世界の問題に結びつけて考えることは，基礎生物学をはじめて学ぶ学生にとって，非常に大切なことであると信じている．"ニュースで見る生物学"で扱うのは，2009～2011年の実際の新聞記事から抜粋した話題である．記事の分析や批判的な考え方・疑問点なども併記し，これを各章の一番強調するポイントにした．この第5版では，今の学生が今後ニュースで見聞きするだろう話題と関連したものにするために，すべての記事を新しく選び直した．

この新版ではまた，がんと幹細胞に関する話題（第11章），地球温暖化の問題（第25章）を加えた．

図版の改良 この版では，つぎの2点を目標に図表を刷新した．第1点は，色合いを工夫してより明瞭で視覚的なアピールができるようにデザインを変えた点である．写真も加えて，イラストで表現した概念が実際の事象につながることを示すようにした．2点目は，各図版に，大まかな概念がすぐ理解できるように，帯状の見やすいタイトルやラベル，吹き出しセリフ風の解説を追加したことである．

新しい章構成 目次からお気づきのように，第I部で生物の多様性を扱い，その後，化学物質や細胞のテーマへと展開している．これは，地球上の生命がいかに多様であるかを，まず学ぶための構成である．他の章の内容と同様に，生物多様性が生命科学の分野では大切なテーマであることを知ってもらうよい方法と考えている．もちろん，他の章との兼ね合いで，どのタイミングでも学習できるように第1章～第4章の記載内容は工夫してある．特に，これまで一つの章で扱っていた生物多様性を，三つ以上に分け，地球上に，いかに多様な生物がいるかを印象づけられるようにしてある．

訳者まえがき

　本書は，Discover Biology 第5版を和訳したものである．この本の第2版は，故石川統先生をはじめ，塩川光一郎，堂前雅史，廣野喜幸，三浦徹先生方の優れた翻訳があり，すでに"ケイン生物学"として出版されている．引き続いて，Discover Biology, Core Topics 第4版を"ケイン基礎生物学"として紹介した．しかし，遺伝情報の解読技術の高速化とその基礎生物学への応用，iPS細胞の発見やES細胞の医療現場への展開などを例にとっても，いかにこの分野の変化が激しいかがわかる．わずか数年の間に，想像もできなかった新技術，補うべき新しい知見，事実の再確認，修正すべき考え方が，矢継ぎ早に世の中に紹介され，私たち教員は，それをいち早く，正確に，読者に伝える義務がある．そのための努力を惜しまず続けておられる Cain 博士をはじめとする原著執筆チームには頭の下がる思いである．

　翻訳には，前回の基礎生物学の翻訳ではカバーしきれなかった広い分野を紹介する都合上，年齢や分野もさまざまな，多くの研究者の協力を仰いだ．短期間で仕上げることができたのは，翻訳された方々のおかげである．この場を借りて深く感謝したい．東京化学同人の井野未央子，池尾久美子両氏には，辛抱強く，翻訳作業をサポートしていただいた．

　他にはない本書の大きな特徴は，各章の導入部である．初版から引き継いでいるこの特徴は，今回の新版では，新しく加わった Jennie Dusheck 氏の貢献が大きいと原書のまえがきにもあるように，導入部の話題提供の方法が実にうまく練られている．まず，テレビや新聞記事で話題になるようなテーマを，提供して，読者に考えさせる．その結末はどうなるのか，推理小説のように最後を先読みしたくなる衝動に駆られつつ，本文を学ぶことになる．急ぎの読者は，最後の答え合わせとなる"学習したことを応用する"を，導入部の次に読んでもよいかもしれない．しかし，表面的な理解だけでは，トピックスの本質的な面が見えないことに勘のよい読者は気づくと思う．それが，原著者たちの仕掛けである．本文を読んで多くのことを学んではじめて，各章で取扱うトピックスの本質が真に理解できるようになっている．読み物としても，この生命科学サスペンスを楽しんでいただきたい．

　本書が強調するのは "critical opinion（批判的な意見）" をもつことの重要性である．"批判的な" と日本語に翻訳すると意味が限定されてしまう嫌いがあるが，科学的な立場で，論理的に，偏見や自分の感情を抑えて，正確に自己の見解を表現する姿勢をさす．本書が取上げる多くのトピックスは，実は，厳密には答えを提供していない．まず正確に学ぶことで，読者の critical opinion を構築できるように，読者を巧みに誘導する工夫が施されている．本書を読んだ学生は，単なる知識を詰め込んだだけではない，そして単に生物学の教科書を学んだ以上の効果が得られるだろう．生命科学の進展はこれからも続く．予想を上回る速度で，つぎつぎと新しく情報が加わっていくだろう．まったく新しい生命科学の分野も現れるかもしれない．本書で扱うトピックスが，姿を変えて，皆さんの前に再登場することもあるかと思う．生物多様性の崩壊や地球環境の変貌は，これからの最も重要な課題かもしれない．翻訳という小さな作業ではあるが，本書を通じて，生命科学の新鮮で本質的な情報を，読者に正しい方法で伝えることができると思う．これから人類が直面する地球規模の問題に関しては，本書読者の critical opinion の力を信じたい．

2014年8月

上　村　慎　治

著者紹介

Anu Singh-Cundy

コーネル大学で博士号を取得後，ペンシルヴァニア州立大学で博士研究員（細胞分子生物学分野）として研究に従事．現在，ウェスタンワシントン大学の准教授で，さまざまな分野の学部・大学院生を対象に，個体生物学，細胞生物学，植物発生学，植物生化学を教えている．これまでの15年間，生命科学を専門としない学生に基礎生物学を教えてきた経験から，一般学生に興味をもたせるような，また，生物学が日常生活に関連づけられる点を強調するような教育を発案してきた．研究上は，植物細胞の細胞間の情報伝達，特に，自家不和合性や花粉・めしべ間の相互作用をテーマにしている．これまで，数十の研究論文を発表してきており，米国国立科学財団の研究助成など複数の奨励金や賞を受けている．

Michael L. Cain

コーネル大学で生態学・進化生物学の分野で博士号取得後に，ワシントン大学で分子遺伝学分野の博士研究員として研究に従事．ニューメキシコ州立大学とローズハルマン工科大学で，13年間，基礎生物学などの分野の教育に従事した．現在は，メーン州のボードイン大学に所属して，おもに執筆活動を行っている．これまで，植物の遺伝的多様性，昆虫捕食行動，長距離種子分散機構やコオロギの種分化因子などの分野で，数十の学術論文がある．また，Pew Charitable Trust Teacher-Scholar Fellowship や米国国立科学財団をはじめ，数々の賞や研究助成を受けている．

Jennie Dusheck（執筆協力）

カリフォルニア大学バークレー校で一般生物学のコースで学士，その後，デーヴィス校で進化生態学の修士号，サンタクルーズ校で科学コミュニケーション分野の博士号を取得．その後，5年間，バークレー校，デーヴィス校，NASA（スペースシャトル実験などに関与），米国国立公園局で研究活動，5年間，サンタクルーズ校で科学研究ニュースレター執筆者として活動し，フリーのサイエンスライターとなった．Allan Tobin と共著で大学の生物学教科書 "Asking about Life" を執筆．このほか，"Nature of Life"（Postlethwait, Hopson 著）および Holt 社の中学校教科書 "Life Science" の執筆協力者として，また，*Science*, *Nature*, *Natural History* 誌のニュース記事執筆，低所得家庭の中学卒業生向けオンライン高等学校教科書の執筆，医学部進学者向けの電子教材の執筆などを行ってきた．

翻 訳 者

赤染 康久　東京大学大学院理学系研究科 助教，博士(理学)
　　　　　　　　　　　　　　　　［第16章，第26章，第30章，第33章］
石崎 公庸　神戸大学大学院理学研究科 准教授，博士(農学)［第15章］
奥野 誠　　放送大学 客員准教授，理学博士［第5章，第11章，第31章］
上村 慎治　中央大学理工学部 教授，理学博士［第1章～第4章］
神谷 律　　学習院大学理学部 客員教授，理学博士［第12章～第14章］
堂前 雅史　和光大学現代人間学部 教授，理学博士［第21章，第22章，第34章］
野口 幸子　東京大学大学院理学系研究科 特任研究員，博士(理学)
　　　　　　　　　　　　　　　　［第8章，第9章，第25章］
廣野 喜幸　東京大学大学院総合文化研究科 教授，理学博士［第19章，第20章］
深城 英弘　神戸大学大学院理学研究科 教授，博士(理学)［第36章］
松田 学　　筑波大学大学院人間総合科学研究科 講師，博士(理学)
　　　　　　　　　　　　　　　　［第27章～第29章，第32章］
三浦 徹　　北海道大学大学院地球環境科学研究院 准教授，博士(理学)
　　　　　　　　　　　　　　　　［第17章，第18章］
三村 徹郎　神戸大学大学院理学研究科 教授，理学博士［第35章］
吉田 千枝　前東京大学大学院理学系研究科 特任研究員，博士(理学)
　　　　　　　　　　　　　　　　［第23章，第24章］
和田 祐子　中央大学理工学部 助教，博士(理学)［第6章，第7章，第10章］

（五十音順，［ ］内は翻訳担当章）

教師，校閲者のことばから

今回，本書は，100名もの専門家の校閲を経て，基礎生物学を学ぶ学生に合わせて，大幅な改訂を行った．専門家や読者からいただいているコメントを以下に紹介する．

"資料としての充実度が高く，読者が学生であることを意識して記述されている．シンプルかつ正確な図版，多数の事例，最新のニュースや話題などは，勉学の目的が異なっていても，どのような学生であっても，大切な情報ばかりである．各章を読むことも，図版の校閲も本当に楽しんで進めることができた"
（Michael Wenzel，カリフォルニア州立大学サクラメント校）

"読み手を飽きさせない書き方や内容のレベルは，生物学を専門としない読者にとって完璧である" （Holly Ahern，アディロンダックコミュニティカレッジ）

"生物学を専門としない学生向けに，素晴らしくよくできた教科書である．読んでいて面白いし，生物学を日常的なわかりやすい例に結びつけて理解し，応用できる．理解しやすい内容で，講義を受ける前の予習用としても，基礎的なポイントをうまくカバーしている" （Francie Cuffney，メレディス大学）

"さまざまな話題，問いかけ，最新記事からの導入は，生命科学を専門としない学生でもとりつきやすい内容なので，教科書として選んでいる"
（Jason Oyadomari，フィンランディア大学）

"生物学分野での科学的素養を増進するよい教科書である．特に，生命科学の分野を時事問題と結びつけて，学生の客観的な思考力を育てることができる点がよい"
（Cynthia Littlejohn，南ミシシッピ大学）

"本書を採用しているのは，簡潔で，現代的で，明解であること，また内容の豊富さゆえである" （Edison Fowlkes，ハンプトン大学）

"読んでいて楽しいことと，生命科学の重要な考え方やその応用面を学べるという点で，学生の評価が高い" （Keith Crandall，ブリガムヤング大学）

"本書の一番の強みは，生物学の話題を，学生の日常的問題や最新ニュースに結びつけている点である" （Melinda Ostraff，ブリガムヤング大学）

本書の使い方

魅力的な導入

たとえば，ヒ素生命体の可能性，HeLa 細胞とそのドナーである Henrietta Lacks の逸話など，最新の話題を各章の最初に導入としてあげた．

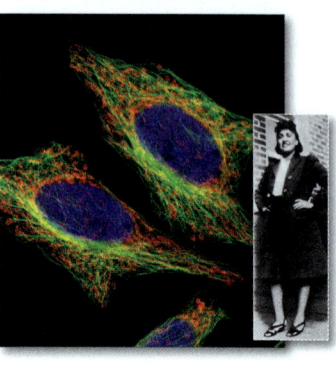

この導入は，章の最後で再び，より詳細に正確な記述として紹介してある．各章で解説した内容を十分理解すれば，こういった話題をより科学的に解釈できることに読者は気づくだろう．各章の導入部は，すべて，サイエンスライターの Jennie Dusheck によって書かれたもので，今回の第 5 版で大きく刷新された部分である．

図版のデザイン

　第5版では，すべての図版を見やすく改良してある．各図版には，見やすいタイトルやラベル，吹き出しセリフ風の解説を追加した．最初の黒や灰色の帯タイトルは，どのような図版かの概要がすぐにわかるラベルとなっている．そのうえで，吹き出しセリフ形式の説明文で，図の中で一番重要な箇所を明示してあり，図の内容をわかりやすくした．

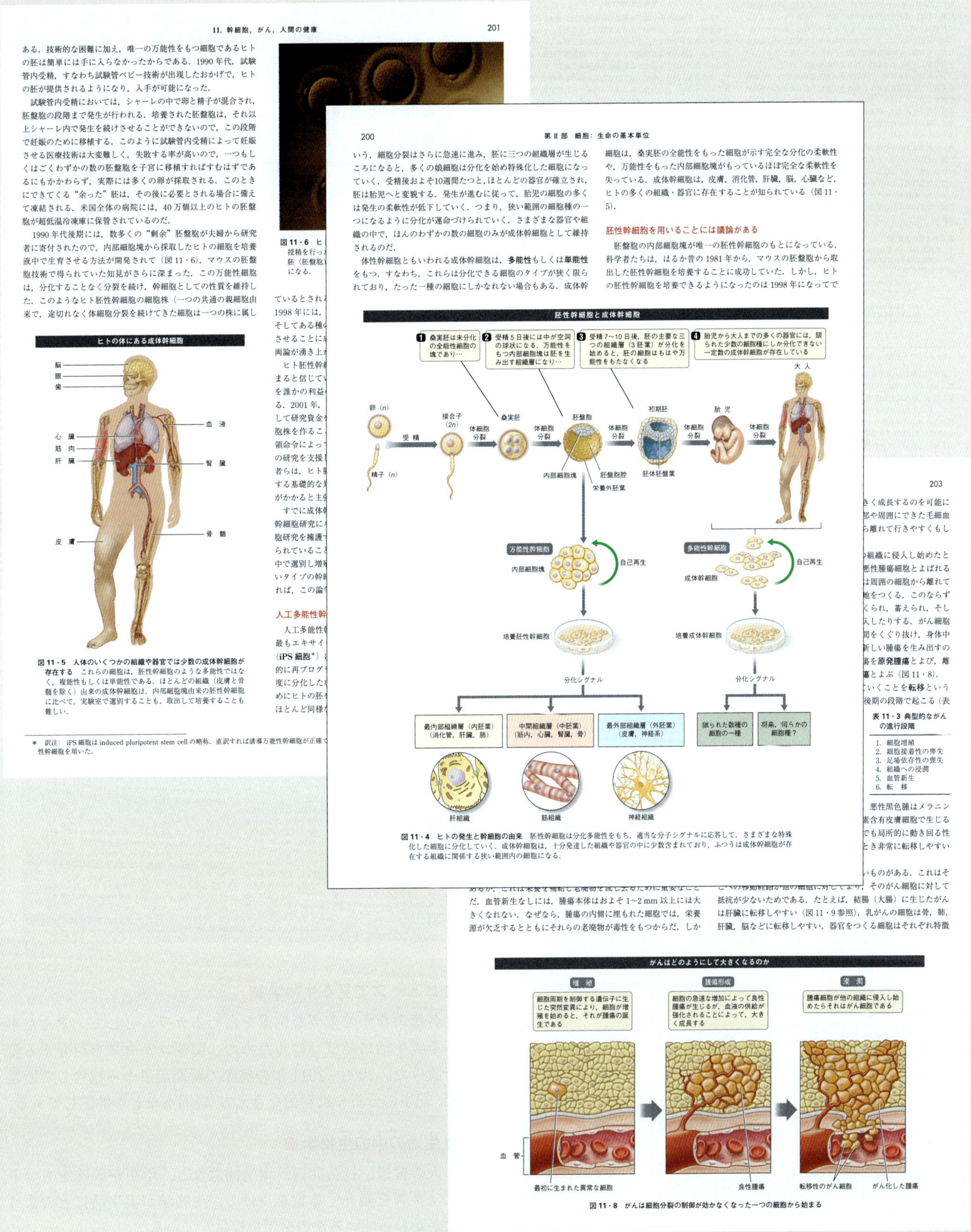

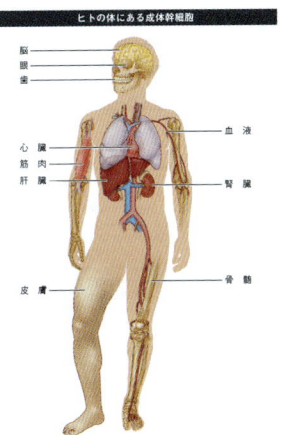

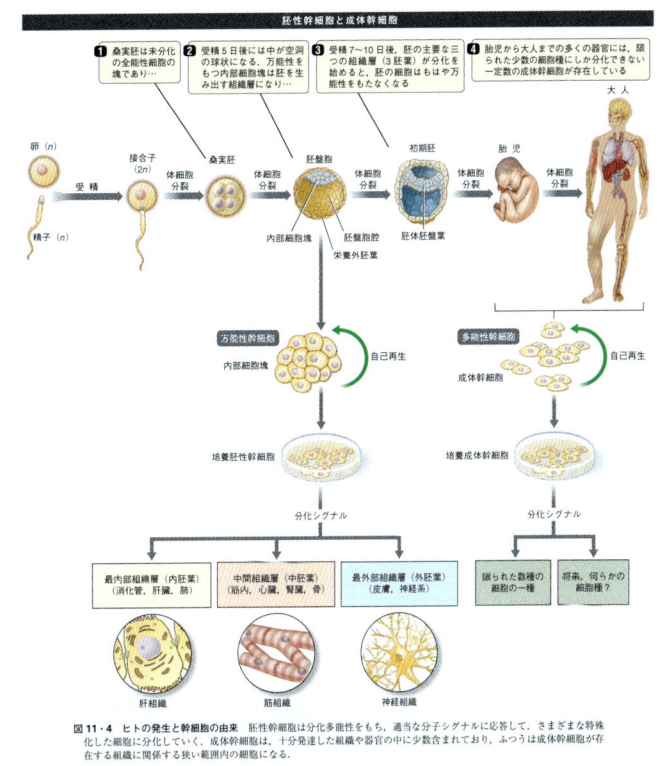

教育手法上の特徴と学んだことの応用

各章は，重要な概念を覚えたり，新しい専門用語を理解しやすいように，配置などの工夫を施した．

■ これまでの復習 ■

各章の区切りとなる箇所には，重要な概念を復習する設問を設けている．解答は，同じページに，上下逆にして記述している．その場で，学生が解答して，各章の内容を理解できているかを確かめるよい指標となる．

■ 役立つ知識 ■

各章で出てくる新しい概念や言葉を覚えやすいように，わかりやすい説明を追加した囲みを随所に設けた．

■ ニュースで見る生物学 ■

各章のなかで重要な位置を占めるカラムとして，学んだ事柄を実生活に結びつけるための，関連ニュースを紹介する覧を設けた．2009〜2011年の実際の新聞記事から抜粋した話題で，記事の分析や批判的な考え方・疑問点なども併記してある．

■ 生活の中の生物学 ■

人の健康，社会問題，環境問題など，学生が興味をもつトピックスを紹介する覧を設けて，生物学が実生活にどのようにかかわっているかの話題を提供している．

謝　　辞

本書を完成させるうえで貴重なコメントやアドバイスを多くの方々よりいただいた．以下の皆さまに感謝したい．

第5版の校閲

Holly Ahern, Adirondack Community College
Mac Alford, University of Southern Mississippi
Marilyn Banta, Texas State University-San Marcos
Robert Bevins, Georgetown College
Randy Brewton, University of Tennessee-Knoxville
Christine Buckley, Rose-Hulman Institute of Technology
Aaron Cassill, University of Texas at San Antonio
Keith Crandall, Brigham Young University
Helen Cronenberger, University of Texas at Austin
Chad Cryer, Austin Community College
Francie Cuffney, Meredith College
Gregory Dahlem, Northern Kentucky University
Don Dailey, Austin Peay State University
Angela Davis, Danville Area Community College
Susan Epperson, University of Colorado at Colorado Springs
Susan Farmer, Abraham Baldwin Agricultural College
Linda Fergusson-Kolmes, Portland Community College
Paul Florence, Jefferson Community & Technical College
April Ann Fong, Portland Community College, Sylvania Campus
Edison Fowlks, Hampton University
Jennifer Fritz, University of Texas at Austin
Caitlin Gille, Pasco-Hernando Community College
Tamar Goulet, University of Mississippi
John Griffis, University of Southern Mississippi
Cindy Gustafson-Brown, University of California-San Diego
Ronald Gutberlet, Salisbury University
Jill Harp, Winston-Salem State University
Anne-Marie Hoskinson, Minnesota State University, Mankato
Tonya Huff, Riverside Community College
Meshagae Hunte-Brown, Drexel University
Brenda Hunzinger, Lake Land College
Karen Jackson, Jacksonville University
Sayna Jahangiri, Folsom Lake College
Jane Jefferies, Brigham Young University
Denim Jochimsen, University of Idaho
Mark Johnson, Georgetown College
Anthony Jones, Tallahassee Community College
Joshua King, Central Connecticut State University
Yolanda Kirkpatrick, Pellissippi State Community College
Jennifer Landin, North Carolina State University
Neva Laurie-Berry, Pacific Lutheran University
Paula Lemons, University of Georgia
Margaret Liberti, SUNY Cobleskill
Cynthia Littlejohn, University of Southern Mississippi
Suzanne Long, Monroe Community College
Monica Macklin, Northeastern State University
Lisa Maranto, Prince George's Community College
Boriana Marintcheva, Bridgewater State College
Catarina Mata, Borough of Manhattan Community College
Susan Meiers, Western Illinois University
James Mickle, North Carolina State University
James Mone, Milllersville University
Elizabeth Nash, Long Beach Community College
Jon Nickles, University of Alaska-Anchorage
John Niedzwiecki, Belmont University
Zia Nisani, Antelope Valley College
Ikemefuna Nwosu, Lake Land College
Brady Olson, Western Washington University
Melinda Ostraff, Brigham Young University
Jason Oyadomari, Finlandia University
Don Padgett, Bridgewater State College
Patricia Phelps, Austin Community College
Joel Piperberg, Millersville University of Pennsylvania
Todd Primm, Sam Houston State University
Ashley Rall McGee, Valdosta State University
Stuart Reichler, University of Texas at Austin
Mindy Reynolds-Walsh, Washington College
Michelle Rogers, Austin Peay State University
Lori Ann (Henderson) Rose, Sam Houston State University
Allison Roy, Kutztown University
Michael Rutledge, Middle Tennessee State University
Tara Scully, George Washington University
Brian Seymour, Sonoma State University
Erica Sharar, Irvine Valley College
Mary Lou Soczek, Fitchburg State University
Michael Sovic, Ohio State University
Ruth Sporer, Rutgers-Camden
Kirsten Swinstrom, State Rosa Junior College
Kristina Teagarden, West Virginia University
Holly Walters, Cape Fear Community College
Teresa Weglarz-Hall, University of Wisconsin-Fox Valley
Michael Wenzel, California State University-Sacramento
Jennifer Wiatrowski, Pasco-Hernando Community College
Antonia Wijte, Irvine Valley College
Daniel Williams, Winston-Salem State University
Edwin Wong, Western Connecticut State University
Donald Yee, University of Southern Mississippi
Calvin Young, Fullerton College

旧版の校閲

Michael Abruzzo, California State University-Chico
James Agee, University of Washington
Laura Ambrose, University of Regina
Marjay Anderson, Howard University
Angelika M. Antoni, Kutztown University of Pennsylvania
Idelisa Ayala, Broward College
Caryn Babaian, Bucks County College
Neil R. Baker, Ohio State University
Sarah Barlow, Middle Tennessee State University
Christine Barrow, Prince George's Community College
Gregory Beaulieu, University of Victoria
Craig Benkman, New Mexico State University
Elizabeth Bennett, Georgia College and State University
Stewart Berlocher, University of Illinois-Urbana
Robert Bernatzky, University of Massachusetts-Amherst
Nancy Berner, University of the South
Janice M. Bonner, College of Notre Dame of Maryland
Juan Bouzat, University of Illinois-Urbana
Bryan Brendley, Gannon University
Randy Brewton, University of Tennessee-Knoxville
Peggy Brickman, University of Georgia
Sarah Bruce, Towson University
Neil Buckley, SUNY Plattsburgh

Art Buikema, Virginia Tech University
John Burk, Smith College
Kathleen Burt-Utley, University of New Orleans
Wilbert Butler, Jr., Tallahassee Community College
David Byres, Florida Community College at Jacksonville-South Campus
Naomi Cappuccino, Carleton University
Kelly Cartwright, College of Lake County
Heather Vance Chalcraft, East Carolina University
Van Christman, Ricks College
Jerry Cook, Sam Houston State University
Francie Cuffney, Meredith College
Kathleen Curran, Wesley College
Judith D'Aleo, Plymouth State University
Vern Damsteegt, Montgomery College
Paul da Silva, College of Marin
Garry Davies, University of Alaska-Anchorage
Sandra Davis, University of Louisiana-Monroe
Kathleen DeCicco-Skinner, American University
Véronique Delesalle, Gettysburg College
Pablo Delis, Hillsborough Community College
Lisa J. Delissio, Salem State College
Alan de Queiroz, University of Colorado
Jean de Saix, University of North Carolina-Chapel Hill
Joseph Dickinson, University of Utah
Gregg Dieringer, Northwest Missouri State University
Deborah Donovan, Western Washington University
Christian d'Orgeix, Virginia State University
Harold Dowse, University of Maine
John Edwards, University of Washington
Jean Engohang-Ndong, Brigham Young University-Hawaii
Jonathon Evans, University of the South
William Ezell, University of North Carolina-Pemberton
Deborah Fahey, Wheaton College
Richard Farrar, Idaho State University
Marion Fass, Beloit College
Tracy M. Felton, Union County College
Richard Finnell, Texas A&M University
Ryan Fisher, Salem Sate College
Susan Fisher, Ohio State University
April Fong, Portland Community College
Kathy Gallucci, Elon University
Wendy Garrison, University of Mississippi
Gail Gasparich, Towson University
Aiah A. Gbakima, Morgan State University
Dennis Gemmell, Kingsborough Community College
Alexandros Georgakilas, East Carolina University
Kajal Ghoshroy, Museum of Natural History-Las Cruces
Beverly Glover, Western Oklahoma State College
Jack Goldberg, University of California-Davis
Andrew Goliszek, North Carolina Agricultural and Technological State University
Glenn Gorelick, Citrus College
Tamar Goulet, University of Mississippi
Bill Grant, North Carolina State University
Harry W. Greene, Cornell University
Laura Haas, New Mexico State University
Barbara Hager, Cazenovia College
Blanche Haning, University of North Carolina-Chapel Hill
Robert Harms, St. Louis Community College-Meramec
Chris Haynes, Shelton State Community College
Thomas Hemmerly, Middle Tennessee State University
Nancy Holcroft-Benson, Johnson County Community College
Tom Horvath, SUNY Oneonta

Daniel J. Howard, New Mexico State University
Laura F. Huenneke, New Mexico State University
James L. Hulbert, Rollins College
Karel Jacobs, Chicago State University
Robert M. Jonas, Texas Lutheran University
Arnold Karpoff, University of Louisville
Paul Kasello, Virginia State University
Laura Katz, Smith College
Andrew Keth, Clarion University of Pennsylvania
Tasneem Khaleel, Montana State University
John Knesel, University of Louisiana-Monroe
Will Kopachik, Michigan State University
Olga Kopp, Utah Valley University
Erica Kosal, North Carolina Wesleyan College
Hans Landel, North Seattle Community College
Allen Landwer, Hardin-Simmons University
Katherine C. Larson, University of Central Arkansas
Shawn Lester, Montgomery College
Harvey Liftin, Broward County Community College
Lee Likins, University of Missouri-Kansas City
Craig Longtine, North Hennepin Community College
Melanie Loo, California State University-Sacramento
Kenneth Lopez, New Mexico State University
David Loring, Johnson County Community College
Ann S. Lumsden, Florida State University
Blasé Maffia, University of Miami
Patricia Mancini, Bridgewater State College
Lisa Maranto, Prince George's Community College
Roy Mason, Mount San Jacinto College
Joyce Maxwell, California State University-Northridge
Phillip McClean, North Dakota State University
Quintece Miel McCrary, University of Maryland-Eastern Shore
Amy McCune, Cornell University
Bruce McKee, University of Tennessee
Bob McMaster, Holyoke Community College
Dorian McMillan, College of Charleston
Alexie McNerthney, Portland Community College
Susan Meacham, University of Nevada, Las Vegas
Gretchen Meyer, Williams College
Steven T. Mezik, Herkimer County Community College
Brook Milligan, New Mexico State University
Ali Mohamed, Virginia State University
Daniela Monk, Washington State University
Brenda Moore, Truman State University
Ruth S. Moseley, S. D. Bishop Community College
Jon Nickles, University of Alaska-Anchorage
Benjamin Normark, University of Massachusetts-Amherst
Douglas Oba, University of Wisconsin-Marshfield
Mary O'Connell, New Mexico State University
Jonas Okeagu, Fayetteville State University
Alexander E. Olvido, Longwood University
Marcy Osgood, University of Michigan
Donald Padgett, Bridgewater State College
Penelope Padgett, University of North Carolina-Chapel Hill
Kevin Padian, University of California-Berkeley
Brian Palestis, Wagner College
John Palka, University of Washington
Anthony Palombella, Longwood College
Snehlata Pandey, Hampton University
Murali T. Panen, Luzerne County Community College
Robert Patterson, North Carolina State University
Nancy Pelaez, California State University-Fullerton
Pat Pendarvis, Southeastern Louisiana University
Brian Perkins, Texas A&M University

Patrick Pfaffle, Carthage College
Massimo Pigliucci, University of Tennessee
Jeffrey Podos, University of Massachusetts-Amherst
Robert Pozos, San Diego State University
Ralph Preszler, New Mexico State University
Jim Price, Utah Valley University
Jerry Purcell, Alamo Community College
Richard Ring, University of Victoria
Barbara Rundell, College of DuPage
Ron Ruppert, Cuesta College
Lynette Rushton, South Puget Sound Community College
Shamili Sandiford, College of DuPage
Barbara Schaal, Washington University
Jennifer Schramm, Chemeketa Community College
John Richard Schrock, Emporia State University
Kurt Schwenk, University of Connecticut
Harlan Scott, Howard Payne University
Erik Scully, Towson University
Tara A. Scully, George Washington University
David Secord, University of Washington
Marieken Shaner, University of New Mexico
William Shear, Hampden-Sydney College
Cara Shillington, Eastern Michigan University
Barbara Shipes, Hampton University
Mark Shotwell, Slippery Rock University
Shaukat Siddiqi, Virginia State University
Jennie Skillen, College of Southern Nevada
Donald Slish, SUNY Plattsburgh
Julie Smit, University of Windsor
James Smith, Montgomery College
Philip Snider, University of Houston
Julie Snyder, Hudson High School
Ruth Sporer, Rutgers-Camden
Jim Stegge, Rochester Community and Technical College
Richard Stevens, Monroe Community College
Neal Stewart, University of North Carolina-Greensboro
Tim Stewart, Longwood College

Bethany Stone, University of Missouri
Nancy Stotz, New Mexico State University
Steven Strain, Slippery Rock University
Allan Strand, College of Charleston
Marshall Sundberg, Emporia State University
Alana Synhoff, Florida Community College
Joyce Tamashiro, University of Puget Sound
Steve Tanner, University of Missouri
Josephine Taylor, Stephen F. Austin State University
John Trimble, Saint Francis College
Mary Tyler, University of Maine
Doug Ure, Chemeketa Community College
Rani Vajravelu, University of Central Florida
Roy Van Driesche, University of Massachusetts-Amherst
Cheryl Vaughan, Harvard University
John Vaughan, St. Petersburg College
William Velhagen, Longwood College
Mary Vetter, Luther College
Alain Viel, Harvard Medical School
Carol Wake, South Dakota State University
Jerry Waldvogel, Clemson University
Elsbeth Walker, University of Massachusetts-Amherst
Daniel Wang, University of Miami
Stephen Warburton, New Mexico State University
Carol Weaver, Union University
Paul Webb, University of Michigan
Cindy White, University of Northern Colorado
Peter Wilkin, Purdue University North Central
Daniel Williams, Winston-Salem State University
Elizabeth Willott, University of Arizona
Peter Wimberger, University of Puget Sound
Allan Wolfe, Lebanon Valley College
David Woodruff, University of California-San Diego
Louise Wootton, Georgian Court University
Silvia Wozniak, Winthrop University
Robin Wright, University of Washington
Carolyn A. Zanta, Clarkson University

出版チームの皆さんへの謝辞

　改訂作業は，いつも大きな仕事であるが，多くの編集者，研究者，さらに，ここにある文章，写真，図版すべての見直し作業を手伝っていただいた W. W. Norton 社のアシスタントの方々に深く感謝したい．とりわけ編集者の Besty Twitchell 氏には，改訂プラン作りから編集まで意欲的に尽力してくださったことに感謝したい．この本に対する彼女の情熱やマーケティングのセンスは，計り知れないものがある．編集プラン作成にあたられた Carol Pritchard-Martinez 氏の広い見識や実行力，驚くべき思慮深さや熱意にも深く感謝したい．編集作業の中で，Stephanie Hiebert 氏の細やかな，鋭く，熟練した文章の推敲作業にも感謝したい．Kim Yi 氏，Christine D'Antonio 氏には，数え切れないほどの本書内での再編や入れ換え作業をやっていただいた．Chris Granville 氏には，最終的にわかりやすく美しい構成にしていただく作業をお願いした．写真担当の Stephanie Romeo 氏と Elyse Rieder 氏は，視覚にうったえる写真を多数取入れ，美しい教科書に仕上げるうえで，貢献してくださった．Rob Bellinger 氏と Patrick Shriner 氏の超人的な努力のおかげで，これまでの版の中で最高の質としっかりした電子媒体図書も完成した．マーケティングマネージャーの John Kresse 氏の精力的な宣伝活動により，多くの読者へ本書を届けることができると期待している．Callinda Taylor 氏は，本書の補遺や Test Bank の作成にあたっていただいた．Cait Callahan 氏は数多くの調査，再校や改訂作業の割り振りを的確に進めてくださった．深く感謝したい．最後に，私たちの家族，Don, Ryan と Erika Singh-Cundy に，長い改訂作業期間のサポートを感謝する．

要約目次

第I部　生命の多様性

- 第1章　生命と自然科学
- 第2章　細菌，アーキアから始まった生物多様性
- 第3章　原生生物界，植物界，菌界
- 第4章　動物界

第II部　細胞：生命の基本単位

- 第5章　生命の化学
- 第6章　細胞構造と内部区画
- 第7章　細胞膜，輸送，情報伝達
- 第8章　エネルギー代謝と酵素
- 第9章　光合成と細胞呼吸
- 第10章　細胞分裂
- 第11章　幹細胞，がん，人間の健康

第III部　遺伝

- 第12章　遺伝の様式
- 第13章　染色体とヒトの遺伝学
- 第14章　DNAと遺伝子
- 第15章　遺伝子からタンパク質へ
- 第16章　DNAテクノロジー

第IV部　進化

- 第17章　進化の仕組み
- 第18章　集団の進化
- 第19章　種分化と生物多様性の諸起源
- 第20章　生命の進化史

第V部　環境

- 第21章　生物圏
- 第22章　個体群の成長
- 第23章　生物間の相互作用
- 第24章　生態系
- 第25章　地球規模の変化

第VI部　動物の形態と機能

- 第26章　体内環境とホメオスタシス
- 第27章　栄養と消化
- 第28章　血液循環とガス交換
- 第29章　動物のホルモン
- 第30章　神経系と感覚系
- 第31章　骨格，筋肉，運動
- 第32章　病気と生体防衛
- 第33章　生殖と発生
- 第34章　動物の行動

第VII部　植物の形態と機能

- 第35章　植物の構造，栄養，輸送
- 第36章　植物の成長と生殖

目　次

第Ⅰ部　生命の多様性

第1章　生命と自然科学 ………………………… 2
- 地上の地球外生命体か？
  あるいは単なる泥の中の細菌か？ ………… 2
- 1・1　科学とは ………………………………… 3
- 1・2　生物の特徴 ……………………………… 9
- 1・3　生物の階層性 …………………………… 13
- 科学者の細菌論争 …………………………… 15
- Box　科学と市民 ……………………………… 11
- News　微生物学の研究結果の毒々しい議論 …… 18

第2章　細菌，アーキアから始まった生物多様性 …… 19
- 人体へのヒッチハイク ………………………… 19
- 2・1　生物の共通性と多様性 ………………… 21
- 2・2　リンネ式の生物分類法 ………………… 23
- 2・3　細菌とアーキア：
  小さいが，成功し，大繁殖した生物 …… 23
- 2・4　ウイルス：非生物の感染物質 ………… 31
- 皆と同居 ………………………………………… 33
- Box　生物多様性の脅威 ……………………… 30
- News　細菌叢の探索 ………………………… 37

第3章　原生生物界，植物界，菌界 ……………… 38
- 植物が川筋を変えるのか ……………………… 38
- 3・1　真核生物の夜明け ……………………… 39
- 3・2　原生生物界：最初に出現した真核生物 …… 42
- 3・3　植物界：地上を緑に覆う生物 ………… 46
- 3・4　菌類：分解者の世界 …………………… 51
- 3・5　地衣類と菌根菌：界の垣根を越えた協力関係 …… 54
- 根の問題か，なぜ河川は蛇行するのか ……… 55
- Box　生物多様性の重要性 …………………… 41
- News　有能な警備員となる植物 …………… 58

第4章　動物界 …………………………………… 59
- 私たちの祖先 …………………………………… 59
- 4・1　動物の進化の由来 ……………………… 60
- 4・2　動物の特徴 ……………………………… 60
- 4・3　最初に現れた無脊椎動物：カイメン，クラゲの仲間 …… 65
- 4・4　旧口動物 ………………………………… 66
- 4・5　新口動物Ⅰ：棘皮動物，脊索動物の仲間 …… 71
- 4・6　新口動物Ⅱ：脊椎動物 ………………… 72
- 多細胞化への進化の手がかり ………………… 80
- Box　お勧め料理には，さようならを ……… 79
- News　カナダ人研究者が，海綿動物の誤解を解く …… 82

第Ⅱ部　細胞：生命の基本単位

第5章　生命の化学 ……………………………… 84
- どのようにして"クッキーモンスター"は
  トランス脂肪に立ち向かったのか ……… 84
- 5・1　物質，元素，そして原子の構造 ……… 85
- 5・2　共有結合とイオン結合 ………………… 87
- 5・3　水の特殊な性質 ………………………… 89
- 5・4　化学反応 ………………………………… 92
- 5・5　pH ……………………………………… 93
- 5・6　生命をつくる基本的化学物質 ………… 94
- 5・7　炭水化物 ………………………………… 95
- 5・8　タンパク質 ……………………………… 98
- 5・9　脂　質 …………………………………… 100
- 5・10　ヌクレオチドと核酸 …………………… 102
- トランス脂肪はどれほど悪いのか？ ………… 104
- Box　食物脂質：良いもの，悪いもの，
  そして本当にひどいもの …… 105
- News　トランス脂肪はうつ病を起こさせるか？ …… 109

第6章　細胞構造と内部区画 …………………… 110
- 長期同居人募集中：
  家事を手伝い，自身のDNAをもつもの限定 …… 110
- 6・1　細胞：生命の最小単位 ………………… 111
- 6・2　細胞膜 …………………………………… 115
- 6・3　原核細胞と真核細胞 …………………… 116
- 6・4　真核細胞の内部区画 …………………… 117
- 6・5　細胞骨格 ………………………………… 122
- 真核生物の進化 ………………………………… 125
- Box　細胞小器官とヒトの病気 ……………… 117
- News　新しい蚊がもたらす新しい挑戦 …… 128

第7章　細胞膜，輸送，情報伝達 ……………… 129
- 不思議な記憶喪失 ……………………………… 129
- 7・1　細胞膜は門であり門番である ………… 130
- 7・2　浸透作用 ………………………………… 132
- 7・3　円滑な膜輸送 …………………………… 134
- 7・4　エンドサイトーシスとエキソサイトーシス …… 136
- 7・5　細胞間結合 ……………………………… 138
- 7・6　細胞間シグナル伝達 …………………… 139
- コレステロールは脳の細胞膜で
  何らかの機能をもつのだろうか？ ……… 139
- Box　台所や庭での浸透作用 ………………… 136
- News　"善玉"コレステロールは
  アルツハイマー病の危険性を低下させる …… 142

第8章　エネルギー代謝と酵素 ……………… 143
- ■ 弾みをつけて代謝のエンジンを始動させよう！ …… 143
- 8・1　生命系におけるエネルギーの役割 …………… 144
- 8・2　代　謝 ……………………………………… 147
- 8・3　酵　素 ……………………………………… 150
- 8・4　代謝経路 …………………………………… 152
- ■ 代謝速度と健康と寿命 ……………………………… 153
- ● Box　酵素の作用 ……………………………… 150
- ● News　体育学：血流量のチェック ……………… 156

第9章　光合成と細胞呼吸 …………………… 157
- ■ 息を吸うたびに ……………………………………… 157
- 9・1　エネルギー担体分子 ……………………… 159
- 9・2　光合成と細胞呼吸の概要 ………………… 160
- 9・3　光合成：太陽光からのエネルギー ……… 162
- 9・4　細胞呼吸：食物からのエネルギー ……… 168
- ■ 息を吐くのを待って ………………………………… 173
- ● Box　虹色の植物色素 ………………………… 167
- ● News　人間に起こった最も速い進化 …………… 176

第10章　細 胞 分 裂 …………………………… 177
- ■ オリンピック級の藻類大発生 ……………………… 177
- 10・1　なぜ細胞は分裂するのか ………………… 178
- 10・2　細胞周期 …………………………………… 181
- 10・3　遺伝物質の染色体への配置 ……………… 183
- 10・4　核分裂と細胞質分裂：
     一つの細胞から二つの同一な細胞へ …… 185
- 10・5　減数分裂：配偶子をつくるために
     染色体を組にする ……… 188
- ■ 巨大な分裂 …………………………………………… 192
- ● Box　プログラム細胞死：かっこよく去る …… 183
- ● News　パズルは解かれた：父親のいないトカゲの
     種がどのように遺伝的多様性を維持しているのか … 195

第11章　幹細胞，がん，人間の健康 …………… 196
- ■ Henrietta Lacksの死なない細胞 ………………… 196
- 11・1　幹細胞：分裂のための細胞 ……………… 197
- 11・2　がん細胞：悪性化した健康な細胞 ……… 202
- ■ HeLa細胞は生体臨床医学をどう変えたか ……… 209
- ● Box　化学発がん物質を避けることでがんを防ぐ … 210
- ● News　少年から成人へ：HPVワクチンの処方の違い … 213

第Ⅲ部　遺　伝

第12章　遺伝の様式 …………………………… 216
- ■ 失われた皇女 ………………………………………… 216
- 12・1　遺伝学の基礎用語 ………………………… 217
- 12・2　遺伝の基本様式 …………………………… 220
- 12・3　メンデルの遺伝法則 ……………………… 222
- 12・4　メンデルの法則の拡張 …………………… 225
- 12・5　複合形質 …………………………………… 230
- ■ 失われた皇女の謎を解く …………………………… 230
- ● Box　自分の血液型を知ろう …………………… 226
- ● News　Mendelの原稿にまつわる家族紛争 …… 234

第13章　染色体とヒトの遺伝学 ……………… 235
- ■ 親戚一同 ……………………………………………… 235
- 13・1　遺伝における染色体の役割 ……………… 236
- 13・2　個体間の遺伝的差異の由来 ……………… 238
- 13・3　遺伝的連鎖と交差 ………………………… 240
- 13・4　ヒトの遺伝病 ……………………………… 242
- 13・5　常染色体上の単一遺伝子変異 …………… 244
- 13・6　単一遺伝子突然変異の伴性遺伝 ………… 245
- 13・7　染色体異常の遺伝 ………………………… 246
- ■ ハンチントン病を検査する ………………………… 247
- ● Box　慢性病は複雑な形質をもつ ……………… 241
- ● News　スタンフォード大生が見た自分の遺伝子 … 251

第14章　DNAと遺伝子 ……………………… 252
- ■ ギリシア神話と一つ目の羊 ………………………… 252
- 14・1　DNAと遺伝子の概観 …………………… 253
- 14・2　DNAの三次元構造 ……………………… 255
- 14・3　DNAはどのように複製されるのか …… 256
- 14・4　複製時のミスや損傷したDNAの修復 … 257
- 14・5　ゲノムの構成 ……………………………… 259
- 14・6　真核生物におけるDNAの折りたたみ … 261
- 14・7　遺伝子発現のパターン …………………… 263
- 14・8　遺伝子発現の制御 ………………………… 264
- ■ 遺伝子発現から単眼症まで ………………………… 266
- ● Box　出生前遺伝子検査 ………………………… 260
- ● News　細胞分裂の遅れが生殖器異常の原因？ … 269

第15章　遺伝子からタンパク質へ …………… 270
- ■ 青銅器時代からやってきた男 ……………………… 270
- 15・1　遺伝子のはたらき ………………………… 271
- 15・2　遺伝子からタンパク質への概要 ………… 272
- 15・3　転写：DNAからRNAへ ………………… 273
- 15・4　遺伝の暗号 ………………………………… 276
- 15・5　翻訳：mRNAからタンパク質へ ………… 277
- 15・6　突然変異がタンパク質合成へ与える影響 … 278
- 15・7　まとめ：遺伝子から表現型へ …………… 279
- ■ CSI：青銅器時代 …………………………………… 281
- ● Box　たった一つの対立遺伝子で，
     瞬発力や持久力といった運動能力特性が決まるか？ … 280
- ● News　除草剤"アトラジン"の生物毒性 ……… 284

第16章　DNAテクノロジー …………………… 285
- ■ Eduardo Kacの"plantimal" …………………… 285
- 16・1　DNAテクノロジーの素晴らしき新世界 … 286
- 16・2　DNA鑑定 ………………………………… 289
- 16・3　クローン動物の作出 ……………………… 289
- 16・4　遺伝子工学 ………………………………… 290
- 16・5　ヒトに対する遺伝子治療 ………………… 291
- 16・6　DNAテクノロジーの倫理的，社会的側面 … 293
- 16・7　DNAテクノロジーのいくつかの手法 … 294
- ■ plantimalの作り方・女の子の治し方 …………… 297
- ● Box　日常的に口にする遺伝子組換え生物 …… 294
- ● News　冷めるRNA干渉に基づく創薬熱 ……… 300

第IV部　進　化

第17章　進化の仕組み ……………………………… 302
- 血液を飲むフィンチ ……………………………… 302
- 17・1　変更を伴う遺伝 ………………………………… 303
- 17・2　進化の仕組み …………………………………… 305
- 17・3　進化は生命の普遍性と多様性を説明することができる ……… 309
- 17・4　進化の証拠 ……………………………………… 310
- 17・5　進化学的思考の影響 …………………………… 314
- ダーウィンフィンチ：進化の現場 ……………… 315
- Box　人間と細菌の切っても切れない関係 …… 315
- News　哺乳類が恐竜にとって代わり，シラミもそれについていく ……… 320

第18章　集団の進化 ………………………………… 321
- 耐性の進化 ……………………………………… 321
- 18・1　対立遺伝子と遺伝子型 ………………………… 322
- 18・2　個体群の進化をもたらす四つの仕組み ……… 323
- 18・3　突然変異：遺伝的多様性の源 ………………… 323
- 18・4　遺伝子流動：集団間での対立遺伝子の交換 … 324
- 18・5　遺伝的浮動：偶然の効果 ……………………… 324
- 18・6　自然選択：有利な対立遺伝子の効果 ………… 327
- 18・7　性選択：性と自然選択の接点 ………………… 329
- 人喰い細菌とその耐性 ………………………… 330
- Box　野外個体群で進化が起こっているのかを検証する ……… 327
- News　米国の肉農家は抗生物質の限界に対する備えができている ……… 334

第19章　種分化と生物多様性の諸起源 ……………… 335
- カワスズメの謎 ………………………………… 335
- 19・1　適応：環境によって試され，調整していくこと ……… 336
- 19・2　適応によって完璧な生物が生じるわけではない …… 339
- 19・3　種とは何か ……………………………………… 340
- 19・4　種分化：生物多様性の生成 …………………… 342
- 19・5　種分化率 ………………………………………… 345
- ビクトリア湖：種分化の中心 ………………… 346
- Box　私たちは他の生物の進化にどう影響を与えるか …… 338
- News　ネアンデルタール人はヒトと交雑したか …… 348

第20章　生命の進化史 ……………………………… 349
- 凍てついた不毛地帯の謎の化石 ……………… 349
- 20・1　化石記録：過去への道しるべ ………………… 350
- 20・2　地球の生命史 …………………………………… 352
- 20・3　プレートテクトニクスの影響 ………………… 355
- 20・4　大量絶滅：世界規模的な種の損失 …………… 357
- 20・5　適応放散：生命の多様性の増大 ……………… 358
- 20・6　哺乳類の起源と適応放散 ……………………… 359
- 20・7　ヒトの進化 ……………………………………… 361
- 南極が緑豊かだったとき ……………………… 365
- Box　現在も大量絶滅期なのか？ ……………… 359
- News　おそらくカエルの歯が役立たなかったことなど，結局ないのだろう …… 368

第V部　環　境

第21章　生物圏 ……………………………………… 370
- カワホトトギスガイの侵入 …………………… 370
- 21・1　生態学：生物と環境の複雑につながったネットワークを理解する …… 371
- 21・2　気候が生物圏に与える影響 …………………… 372
- 21・3　陸上のバイオーム ……………………………… 375
- 21・4　水界のバイオーム ……………………………… 378
- 侵入するカワホトトギスガイはどのように生態系全体に害を及ぼすのか …… 381
- Box　すり減っている：地球のオゾン層シールドの破壊 …… 379
- News　身近な海：漂流する貨物は海流をたどる …… 384

第22章　個体群の成長 ……………………………… 385
- イースター島の悲劇 …………………………… 385
- 22・1　個体群とは何か ………………………………… 386
- 22・2　個体群サイズの変動 …………………………… 386
- 22・3　指数関数的増加 ………………………………… 387
- 22・4　ロジスティック成長と個体群サイズの限界 … 388
- 22・5　個体群数変動のパターン ……………………… 391
- どんな未来が待ち受けているのか …………… 392
- Box　あなたのエコロジカルフットプリントはどれくらいか？ …… 394
- News　中国の人口13億人 ……………………… 396

第23章　生物間の相互作用 ………………………… 397
- ネコの魅力が死を招く ………………………… 397
- 23・1　種間相互作用 …………………………………… 399
- 23・2　種間相互作用は，どのように生物群集を形づくるか …… 406
- 23・3　生物群集は，時を経てどのように変化するか … 408
- 23・4　生物群集構造に対する人為的影響 …………… 410
- 寄生菌はどのようにして人間の脳を乗っ取るか … 410
- Box　外来種：島の生物群集を密かに乗っ取る … 403
- News　カリフォルニアアーモンドはどのようにミツバチを傷つけるのか …… 413

第24章　生態系 ……………………………………… 414
- ディープウォーターホライズン：生態系は壊滅したか？… 414
- 24・1　生態系の機能：概観 …………………………… 415
- 24・2　生態系におけるエネルギーの獲得 …………… 416
- 24・3　生態系におけるエネルギーの流れ …………… 418
- 24・4　生物地球化学循環 ……………………………… 419
- 24・5　人間活動は生態系プロセスの変化をひき起こす … 423
- 最悪の事態によって何が起こる？ …………… 427
- Box　無料の昼食？人に奉仕する生態系 ……… 425
- News　微生物を改変して気候変化に対抗する：ローレンスバークリー研究所の取組み …… 429

第25章　地球規模の変化 …………………………… 430
- あげるものが何もない？ ……………………… 430
- 25・1　陸圏・水圏の変容 ……………………………… 431
- 25・2　地球の化学的変容 ……………………………… 432

25・3　地球規模の栄養循環の変化 434
　25・4　気候の変化 436
■　食物連鎖がなくなる? 440
● Box　持続可能な社会をつくる 441
● News　ハクガンの卵から始まった
　　　　　ホッキョクグマの未来をめぐる科学的論争 443

第Ⅵ部　動物の形態と機能

第26章　体内環境とホメオスタシス 446
■　暑熱の克服 446
　26・1　内部構造: 細胞と組織 447
　26・2　内部構造: 器官と器官系 450
　26・3　内部環境の維持: ホメオスタシス 451
　26・4　ホメオスタシスの作動: 体温調節 455
　26・5　作動中のホメオスタシス:
　　　　　　　　水分および溶質レベルの調節 457
■　ラクダの暑熱のしのぎ方 461
● Box　熱中症: ホメオスタシスが破綻すると
　　　　　　　　何が起こるのか? 459
● News　ロシアを襲った無情の熱波 464

第27章　栄養と消化 465
■　米国における食の代償 465
　27・1　動物の必要栄養素 466
　27・2　ヒトの消化系 474
　27・3　動物の消化系にみられる特別な適応 477
■　私たちはどうすれば，より良い食事をし，長く生き，
　　　　　　　　お金を節約することができるだろうか 478
● Box　乳糖不耐症 473
● News　長生きしたいって? 心配無用 481

第28章　血液循環とガス交換 482
■　ポンプで上に送る: アフリカ, サバンナの高血圧 482
　28・1　ヒトの心臓血管系 483
　28・2　血管と血流 489
　28・3　ヒトの肺呼吸 491
　28・4　ガス交換の原理 494
　28・5　動物が酸素を消費する細胞に気体を輸送する仕組み 495
■　なぜキリンはあんなに高血圧なのか 496
● Box　高血圧と心臓血管病 491
● News　WADAが遺伝子ドーピング検査の
　　　　　　革新技術を報告 499

第29章　動物のホルモン 500
■　蛹になあれ: 幼虫の成長は早い 500
　29・1　ホルモンがはたらく仕組み 501
　29・2　短期的プロセスの調節:
　　　　　　　　血糖とカルシウムのホメオスタシス 504
　29・3　長期的プロセスの調節: 成長 507
　29・4　長期的プロセスの調節: 生殖 508
■　変態: ホルモンの交響曲 509
● News　早期ホルモン療法で
　　　　　乳がんリスクが増加すると研究報告 513

第30章　神経系と感覚系 514
■　未来の視覚 514
　30・1　神経系の概要 515
　30・2　ニューロンによるシグナル伝達 519
　30・3　ヒトの脳の構成 522
　30・4　感覚器官: 環境の感知 524
　30・5　光受容器: 視覚 526
　30・6　機械受容器: 聴覚 528
■　眼を創る, 眼を進化させる 530
● Box　依存症の神経科学 523
● News　iPodの音量を上げよう:
　　　　　それほどではなかったiPodによる難聴 533

第31章　骨格, 筋肉, 運動 534
■　落下する猫 534
　31・1　ヒトの骨格の基本的な特性 535
　31・2　関節はどのようにはたらくのか 537
　31・3　筋肉はどのようにはたらくのか 539
　31・4　筋肉の収縮を運動に変換する 542
　31・5　骨格を比較する 542
■　ネコは9回も生き返る 544
● Box　筋繊維の上手い混合 540
● News　オリンピック近づけどUsain Boltに届く者なし 547

第32章　病気と生体防衛 548
■　拡大するHIV感染 548
　32・1　生体防御: 自己と非自己を識別する 550
　32・2　第一防衛線: 物理的・化学的バリア 551
　32・3　第二防衛線: 自然免疫系 552
　32・4　第三防衛線: 適応免疫系 555
■　エイズが死に至る病なのはなぜか,
　　　　　エイズを治療する術はあるのだろうか 560
● Box　敏感すぎる免疫系: アレルギーと自己免疫 554
● News　成果なく, アフリカにおける女性の
　　　　　エイズ予防に関する研究が打ち切りに 563

第33章　生殖と発生 564
■　遺伝子のせいか, 習慣のせいか? 564
　33・1　動物の有性生殖と無性生殖 565
　33・2　ヒトの生殖: 配偶子形成と受精 567
　33・3　ヒトの生殖: 受精から出生まで 569
　33・4　出生率と避妊 574
　33・5　出生後の発育 576
　33・6　発生の制御 577
■　アルコールは正常な発生にとっていかに有害か? 580
● Box　性感染症 575
● News　CDC: 性教育の現場の3分の1は
　　　　　産児制限（避妊）を指導していない 583

第34章　動物の行動 584
■　かわいさの進化 584
　34・1　感じることと反応すること:
　　　　　ヒトとそれ以外の動物の行動 585
　34・2　動物における固定的行動と学習行動 586

- 34・3 行動の遺伝的基盤 ……………………………… 588
- 34・4 コミュニケーションを通じて
行動的相互作用を促進する ……… 589
- 34・5 動物の社会行動 ………………………………… 592
- ■ 家畜化の遺伝学 ……………………………………… 594
- ● Box 飲酒とヒトの行動の暗部 ……………………… 592
- ● News 真面目に遊べ ………………………………… 597

第Ⅶ部 植物の形態と機能

第35章 植物の構造, 栄養, 輸送 ……………… 600
- ■ 凍てつく大地での緑の生命 ………………………… 600
- 35・1 植物形態の概観 ………………………………… 602
- 35・2 植物の器官 ……………………………………… 603
- 35・3 植物の組織系 …………………………………… 605
- 35・4 植物はどのように栄養素を得るのか ………… 608
- 35・5 動物を食べる植物 ……………………………… 611
- 35・6 植物はどのように栄養や水を運ぶのか ……… 612
- ■ 植物はどうやって極端な低温下でも
生きていくことができるのか ……… 614
- ● Box メープルシロップと春の祭典 ……………… 612
- ● News 主張: 植物に接したり, 公園に行くことで,
免疫能が上がる ……… 617

第36章 植物の成長と生殖 …………………… 618
- ■ 森は歩く ……………………………………………… 618
- 36・1 植物はどのように成長するのか: 無限成長 ……… 619
- 36・2 植物はどのように成長するのか:
一次成長と二次成長 ……… 620
- 36・3 次の世代をつくる: 花の形と機能 …………… 622
- 36・4 次の世代をつくる: 接合子から実生へ ……… 626
- 36・5 植物ホルモン …………………………………… 627
- 36・6 花成はどのように制御されているのか ……… 628
- 36・7 植物はどのように自分の身を守るのか ……… 629
- ■ 太古の植物たちとしっかり根付いたほふく枝 …… 630
- ● Box あらわにされた紅葉 ………………………… 625
- ● News 地球が温暖化したら,
種を救うため移動させるか? ……… 633

付　録 …………………………………………………… 635
　（地球生命史の中の重要な出来事／ハーディー・ワイン
　　ベルグの式／元素の周期表／本書で扱う単位）
復習問題の解答 ………………………………………… 639
分析と応用の解答 ……………………………………… 640
用語解説 ………………………………………………… 660
出　典 …………………………………………………… 682
索　引 …………………………………………………… 687

I
生命の多様性

1 生命と自然科学

> **MAIN MESSAGE**
>
> 科学的な手法とは，得られた証拠から，新しい知識を生み出すことである．すべての生物には共通する特性がある．

地上の地球外生命体か？
あるいは単なる泥の中の細菌か？

2010年末のある月曜日，米国のNASAは，その週の木曜日の記者会見で"地球外生命体探索にかかわる，宇宙生物学上重要な発見について説明する"というセンセーショナルなニュースを発表した．

このニュースは終日報道され，まるで火星や木星の月，さもなければ太陽系外の惑星に生息する生き物が見つかったかのような大ニュースであった．その週はずっと，"NASAは何を見つけたのだろうか？"とうわさや推測話が飛び交った．

そして木曜日，NASAが発表した内容は，興奮というよりは困惑させるような内容であった．カリフォルニア州の研究者が，毒物であるヒ素の濃度が非常に高くても生息できる細菌を発見したというのである．しかも，その細菌はDNAの中にヒ素を取込んでいるらしい．他の生物では決してありえないことだ．DNAは，細菌からヒトまで，皆，化学物質としては同じ構成のはずであるが，NASAの発表では，この細菌はDNAの中のリン原子の代わりにヒ素原子を使っている．他の惑星にいるかもしれない，地球外生命体の姿のようなものであるという．

各報道もそのままの内容を伝え，たとえば *Huffington Post* 紙では，"ヒ素を食べて生きる微生物：生命を構築する物質に関するこれまでの常識をひっくり返すNASAの発見"と紹介されていた．

研究に携わったFelisa Wolfe-Simon博士は"生命についてのこれまでの固定観念ではとても理解できない生き物である"と語った．さらに，この発見から，"生命がどのような基本物質から構築されているか，私たちの考え方を修正し，生物教科書の訂正が必要"ともNASAの報道は伝えている．

> ? NASAの主張は正確にはどのようなことだったのだろうか？ 地上の生命体，地球外の生命体について，この発見が意味することは，何だろうか？

しかし少し待ってほしい．本当に教科書を修正するのは，この章が終わってからでもよいだろう．生物学者は，どのように科学的な方法で疑問に答えていくのだろうか？ それをこの章で学ぶからである．

ヒ素に耐える細菌 カリフォルニア州モノ湖の湖底から泥を採集している地球微生物学者Felisa Wolfe-Simon博士．この湖から高い濃度の塩やヒ素に耐える細菌が見つかった．

1. 生命と自然科学

基本となる概念

- 自然界に関する知識を体系化したもの，そして，その知識を生み出す作業を科学という．繰返し直接観察できる自然現象を，科学的な事実という．
- 自然現象の観察から科学的な探究が始まる．その観察から仮説を立て，それを検証する作業を科学的な方法という．生命にかかわる現象を科学的に扱う分野が生物学である．
- 観察や実験によって仮説を検証する．仮説が絶対的に正しいという証明は不可能である．
- さまざまな方法で証明されたものを，科学的な"説"とよぶ．幾度も確認されたものなので，たとえ暫定的な説であっても，私たちは，それを科学的知識として受け入れることになる．
- 細胞が構成単位となり，DNAを使って複製し，周囲とエネルギーをやりとりし，環境を感知して応答し，細胞内・体内の状態を維持し，そして，進化する．これが，すべての生命体に共通する特徴である．
- ある生物集団にみられる遺伝的な特徴が，世代が代わり変化することを生物学的な進化という．自然選択説によれば，環境に適応している生物集団の特徴ほど，次世代へ受け継がれやすい．
- 地上の生物は，原子から生命圏まで，さまざまな階層に分けられる．

この本が扱うテーマは，あなたのこと，そして，あなたを取巻く周囲の世界のことである．生物間，そして生物と周りの環境の間にある，クモの糸のように互いに複雑に絡まった関係がテーマである．生物学を勉強することは科学一般の理解につながる．科学的な考え方とは何か，さらに現代科学の原理についても学ぶ．現在，私たちの社会は，科学的な熟慮を必要とする多くの問題に直面している．たとえば，人の命はいつ始まっていつ終わるとみなすのか，治療目的での胚性幹細胞の使用の問題，遺伝子診断や個人の遺伝情報の機密保護の問題，油脂の多い"ジャンクフード"への課税やトランス脂肪の飲食店での使用規制の課題，絶滅危惧種の保護問題，持続可能なエネルギー源の探索など．これらの複雑な問題に対する個々人の意見は，個人的な価値観や関心事，社会的な通念，商業的・政治的な興味などに強く影響されるだろう．しかし，その根本にある科学を皆が理解できていれば，理性的に話し合い，社会全体で建設的に課題に対処することができる．

この章では，まずはじめに，科学の特徴，どうやって自然の世界に関する知識を得て，それを蓄積していくのかを紹介する．つぎに"生命"や"命"，さまざまな意味を思い起こさせるこの言葉の厳密な定義とは何だろうか，その問いかけから，"生命"を探究する学問分野である**生物学**について解説する．生物が多様であることも学ぶ．そして多様であっても，すべての生物には共通する特徴があり，ある階層構造の一部となっていることも紹介する．

後に続く各章で生命の壮大な物語へと踏み込んでゆくうちに，あなたはさまざまな事柄に気づかされるようになるだろう．森の中を散策しているとき，食品売り場の通路を歩いているとき，病院の待合室にいるとき，リサイクルのゴミ箱を運んでいるときでも，つぎつぎと疑問が浮かぶようになるだろう．恐竜は，鳥となって今も生き残っているのであろうか？ ハンググライダーに夢中の友人がいたとしたら，それは何かDNAの裏付けがあってのことだろうか？ 祖先について，また，どのような病気になりやすいか知るためにDNA鑑定を受けるべきだろうか？ サメやトラのような大型の肉食動物が，イワシやシカよりも個体数がずっと少ないのはなぜだろうか？ 値段が高くても，有機栽培野菜を買うべきだろうか，あるいは，従来の野菜で問題ないのだろうか？ バイオ燃料は，本当に，環境に優しいのだろうか？ 私たちの子や孫の世代になっても，野生のホッキョクグマはまだいるだろうか？ このような疑問，まだまだ探るべきこと，不思議なこと，多くの未知の世界があることを本書では伝えたい．

1・1　科学とは

子どものころは皆，それは何？ どうやって動くの？ 何をする道具なの？ といった具合に，いろいろな物事について，問いかけていたに違いない．私たちが周りの世界に深い興味をもつのは当然で，子どものときにそうであったように，素直な疑問を発するものである（図1・1）．こういった何にでも問いかける私たちの気質は，時代を越え，科学を推進させる原動力となっているし，それを意識する，しないにかかわらず，私たちは科学的なものの考え方をしている．獲物となる動物の移動ルートを探索したり，野草の特性を理解することなど，私たちの祖先にとって，自然を観察し理解することは生き残るうえで切迫した必要性があったに違いない．たとえば古代文明の多くは，昼間の太陽の角度をもとにつくったカレンダーである太陽暦を使っていた．それは，やがて農作物の種まきや収穫の時期を決めるのに役立った．現代でも，少数ではあるが狩猟生活を営む民族がいて，居住地域の動植物に関して深い知識をもっている．得がたい彼らの知恵が"現代文明"にさらされて失われる前に，それを集めて分析しようとする研究者もいるほどである．

図1・1　科学的探究は好奇心から

現代テクノロジーは科学の技術や原理を実際に応用したものである．メールを出したり，つぶやいたりするインターネットになじんだ若者の生活も科学の恩恵に浴している．インターネット技術だけではない．快適な住環境，命を救うための医薬品，食の安全など，科学は素晴らしい技術をもたらす源である．しかしそれ以上に，科学は，世界を理解する手段なのである．科学的に世界を見ること，つまり科学的なものの考え方とは，論理的であり，努めて客観的であり，真実を見いだすためには何よりも証拠となる事実を重んじる姿勢である．科学的な考え方は，特定のグループや民族だけが独占できるものではない．特定の人の権限でもない．人間に均等に与えられた活動する権利である．そして，科学的な考え方は，決して科学者だけのものではない．北米の多くの大学では，科学を専門としない文科系の学生にも，複数の科学の講義を受講させている．科学的な観察ができると，均整のとれた，生産的な考え方ができるようになるという期待からである．科学をよく知る人は，社会的にも，広い見識を持ち，賢い消費者となり，責任感の強い国民・世界人となるだろうと．

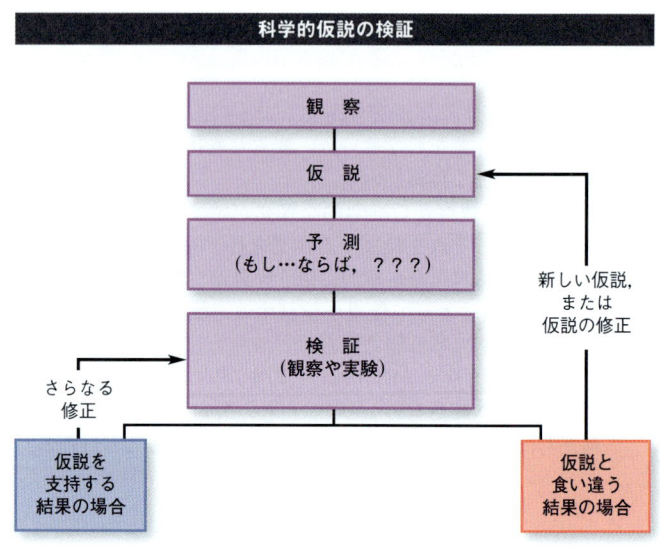

図1・2 科学的仮説の検証

科学とは，自然に関する知識の体系と，その知識を生み出す作業をさす

科学"science"の語源はラテン語の"scientia"で，もとの意味は"知識"である．科学は"知識"のうち自然界にかかわるものをさしている．では"自然界"とは何だろうか．それは，私たちの周囲の世界，人の力で，何らかの手段で観察し，測定し，検出できるものをさす．もちろん，直接には観察できないものもある．その場合，現実に見える現象から，存在するに違いないと間接的ではあるが推論する．たとえば，電子あるいは過去の生命の歴史がそのよい例である．直接には観察できないが，原子の構造や生物進化がもたらすさまざまな"事象"を検出でき，そこから多くのことを学びとることができる．**科学**とは，自然界に関する知識体系であり，証拠をもとに，その知識を獲得するための活動と定義できる．

科学的な知識とは，
■ 自然界にかかわるもので，検出・観察・測定できるもの，
■ 観察や実験を通して，さし示せる証拠に基づくもの，
■ 個々に専門家の客観的な評価を受けるもの，
■ どのような証拠や反論にも応じる用意があり，そして，
■ 修正を繰返すべき性質のものである．

つまり，科学とは，単に自然界についての知識の積み重ねだけではなく，そこから生まれる知識の体系もさしている．これは，**科学的手法**とよばれてきたものである．もとは19世紀の科学哲学に由来し，単純に一連の作業や手順，科学的方法に従うすべての人が守る決まり切ったマニュアルといったものをさす言葉ではない．科学的手法とは，どのように科学的な活動を行うべきか，その中心となる論理を意味する．"科学的プロセス"という表現もあるが，どのような呼び方にせよ，科学的な知識を得るプロセスは，社会心理学から考古学まで，非常に幅広い分野で応用できるものである．

図1・2に科学的手法の概念を示す．この図から，科学的プロセスを構成する各要素が，互いにどのようにつながっているか，視覚的に理解してほしい．この図を片手に，実際の科学的手法を詳しく見ていこう．

科学の源は観察

科学的な問いかけは，まず，自然界の観察結果を説明しようとするところから生まれる．ものや現象を，記述したり，測定したり，記録として残したりしたものを**観察**という．生物学者の場合，いろいろな観察方法がある．たとえば，顕微鏡で調べる，海底に潜る，草原を徒歩で移動する，地上の森を衛星写真から調べる，最先端の装置を使い化学分析する，隠しカメラで動物を撮影するなど．しかしどのような方法であれ，"再現性"，つまり別の観察者が，同じように観察でき検出できる現象でなければならない．たとえば，"雪男"の話にあまり信憑性がない理由は単純である．他の観察者の検証に耐える試料を得たり，写真や音として記録したりすることに，失敗しているためにすぎない．

では，観察から，どのように科学的な問いかけとつながるのであろう？ 1990年代，ノースカロライナ州のアルベマール湾パミリ川河口につながる河川で，ある周期で，多数の魚が突然死ぬ事件があった．漁業関係者，周辺住民，州役人，皆が目撃していた事実である．毎夏，年によって場所は異なるが，河口で何万という魚が，腹部から出血して死んで浮かび上がっているのが見られたのである（図1・3）．この散発的に起こる魚の大量死の原因は何であろうか？ この事件は，何十万もの漁業関係者にとって緊急の経済的な問題に発展した．また，北米でも有数の大きな河口域でもあったので，余暇で訪れている旅行者にとってもショックなニュースであった．この章の中で，科学的手法がどうやってこの魚の大量死の犯人を見つけたかを紹介していこう．

科学的仮説とは，検証や反証を行えるものでなければならない

日常生活でも同じことかもしれないが，科学では，一般に，観察することで新しい疑問が生じ，その疑問から新しい解釈が生まれる．自然界の観察について，正しい情報に基づくもので，論理的でそれなりの妥当性の高い説明を，**科学的仮説**という．科学的にすでにわかっていることが何か，深く勉強していれば，科学的に妥当な説明かどうかは判断できる．つまり科学的な仮説とは，知識に基づいた推論，根拠のある推測でもある．何が科学的に確立した知識であるか，それがわかっていれば，大きな勘違い，たとえばすでに世の中にある車輪を"発明した"と勘違いすること

科学的な手法の例

観察
- ときどき起こる魚の大量死
- 魚が死んだ場所の水を入れた水槽内でも魚が死んだ.
- 魚の死骸の見つかった静かな暖かい水域で *Pfiesteria piscicada* が増殖していた.

仮説
殺傷性のある単細胞生物 *Pfiesteria piscicada* が魚の大量死の原因ではないか

予測
もしこの仮説が正しければ,
(1) 大量死の起こった水域でこの *Pfiesteria piscicada* が繁殖しているはずである.
(2) *Pfiesteria piscicada* を入れた水槽の魚も同じように死ぬだろう.

渦鞭毛虫類の
Pfiesteria piscicada

図1・3 魚の大量死の謎 (a) ノースカロライナの河川で1990年代に観察された魚の大量死と,1991年,ノースカロライナ州パムリコ川河口,ブラウント湾で見つかった大量死の魚.死んだ魚の腹部には,写真のような裂傷がみられた.(b) *Pfiesteria piscicada* という単細胞の渦鞭毛虫が原因とわかった.

もないだろう.また,複数ある説明の中から,最も可能性の高いものを選び出すこともできる.

仮説は,"もし…ならば,…となる"という形式の明確な予測,正確な記述でなければならない.予測が明確であることは,つぎの科学的プロセス,"仮説の検証"へと作業を進めるうえで重要である.検証のできない科学的な仮説は意味をなさない.さらに,いつでも正しいわけではなく,反証あるいは否定される可能性を念頭に置いた仮説であることも重要である.科学的手法における仮説とは,

- 知識に基づいた推論であり,
- "もし…ならば,…となる"というかたちで明確に記述されたもので,
- 他の影響を受けず,個別に繰返して検証できるもので,
- 反駁される可能性も必ずあり,
- 直接の証明はできないが,観察によって裏付けられるものである.

言い方を変えるならば,仮説が間違っていることを示す実験計画を立てることも可能である.後で紹介するように,どのような検証実験であっても,仮説が完全に正しいと証明することはできない.

観察結果を説明する仮説を立てることは,そういつでも簡単というわけではない.このノースカロライナ州の怪現象についても,なぜ起こるのか,研究者たちは仮説を立てるのにしばし行き詰まっていた.ノースカロライナ州立大学教授のJoAnn Burkholder博士は,微生物 *Pfiesteria* が原因ではないかと考えていた. *Pfiesteria* は,多くの単細胞生物を含むグループ,原生生物のなかの渦鞭毛虫類に属す.魚の大量死事件が起こる数年前,博士の同僚研究者が,魚を入れた飼育水槽の水を河川水に交換した途端,魚が突然死んでがっかりしたということがあった.Burkholder博士が水槽の水を調べたところ,魚が死ぬ前に,*Pfiesteria* が水槽内で大量増殖していたことがわかったのである.

河川での魚大量死事件が始まったとき,Burkholder博士は実験水槽の中の魚と同じように,*Pfiesteria* が犯人ではないかという仮説を立てた.実はBurkholder博士は,他の手がかりも得ていた.たとえば,この微生物は形を変える性質があり,26種もの異なる形状があり,嵐のときに河川水が掻き回されると,水底に沈み休眠状態となることもわかっていた.注目すべきは,魚の大量死が起こるのは,いつも温暖な日中で,河川の流れが穏やかなときだけであった点である.

いかに,仮説が独創的で説得力あるものでも,仮説を発案した者には,それを検証する責任がある.Burkholder博士は,まず,仮説を裏付けるための検証可能な予測を行った.つまり"この仮説が正しく *Pfiesteria* が原因ならば,河口でほかに何が起こるだろうか?"と自問したのである.魚が大量死するときは,同時に多くの *Pfiesteria* が河川水の中にいるはずで,逆に,魚の大量死のないときは *Pfiesteria* はいないはずである,というのが一つ目の予測である.二つ目は,同じ *Pfiesteria* を実験室の水槽に入れると健康な魚が死んでしまうだろう,という予測である.

Burkholder博士の仮説と二つの予測は,ともに否定可能であるという点に注目してほしい.もし,*Pfiesteria* の数が魚の大量死の前に減少していたならば,あるいは,実験室の魚に *Pfiesteria* を与えることで魚が逆に元気になったならば,*Pfiesteria* 犯人説の説明として不十分だというだけではない.博士の仮説は間違っているとして棄却されるだろう.つまり,*Pfiesteria* の無実が証明されることになる.

仮説は観察や実験によって検証する

科学的手法におけるつぎの重要なステップは,仮説に基づいた予測が正しいかどうかの検証である.仮説は,観察や実験で確かめることができるが,科学者がその際に着目するのは,何が**変数**となるかである.変数とは数学の用語で,観察対象の中で,特徴

的に変化する因子に相当するものをさす．観察することで，何が注目すべき変数なのか，あるいは，何が自然現象をうまく説明できる変数なのか，見極めることができる．そしてそこから，変数間の関係を理解できるようになるだろう．自然現象を理解するうえでの手助けとなる変数を引き出す新しい実験デザインの工夫にもつながる．

観察自体は，単にデータの記述が中心である．つまり，自然現象に関する情報が，いつ，どこで，どのように得られたかを伝えるだけの作業である．たとえば，海岸のどの区域でどのような海産生物がみられたのか，成育期の高山性草地でどのような植物が開花するのか，ある島で猛禽類の餌となった鳥の数とスズメ目の鳥の数を数えるなど，こういった観察はすべて"記述的な観察"の例である．もちろん，解析的な観察作業もある．たとえば，ある環境で観察される生物の分布が，いつ，どのように，なぜ，生じるのかを調べる観察も大切である．ある海岸で，海水が到達しにくい高い位置には小型のフジツボ類がおもに分布し，他のものは低い海面付近に見られるという観察，ある高山性草地で，黄色の花の植物が，赤いものよりは早い時期に開花するという観察，スズメ目の鳥が，一般に餌食となる鳥の大多数を占めるという観察，こういった例は，単純な記述からではなく，観察データを分析した結果から初めてわかってくることである．観察を記述し解析することは，仮説から推論した予測をテストするうえで，重要な作業である．

Burkholder博士の最初の予測，*Pfiesteria*と魚の大量死の関係は，観察することで検証できた．魚が死んでいる河川域では高密度の*Pfiesteria*が発見でき，魚の死んでいない場所ではそうでなかったのである．つまり，Burkholder博士らの一つ目の予測は支持されたことになる．しかし，つぎの疑問が生まれる．死んだ魚のいる場所で，偶然の一致で*Pfiesteria*が増殖した可能性はないだろうか？ 研究者はここで**統計学**を使う．統計学はデータの信頼性を評価するための数学で，確率論で，*Pfiesteria*と魚の死が，偶然の出来事なのかどうかを判定する．しかしそれでもまだ，*Pfiesteria*が魚の死の原因であると結論はできない．他の原因，たとえばある汚染化学物質が原因で，それが*Pfiesteria*の大繁殖をひき起こすと同時に，魚を殺したという可能性もある．要するに，ここまでの観察から結論できることは，高密度の*Pfiesteria*と魚の大量死との間に，何らかの"相関がある"というだけである．

"相関がある"とは，複雑な自然現象の中で，二つの変数が互いに関連して変化していることを示す．相関があれば，一つの変化（河川域で，ある気象条件下で，腹部に傷をもつ多量の魚が見つかること）から，他の現象（同じ気象条件下で，*Pfiesteria*が同じ水域で多数見つかること）を予測できる．しかし重要なのは，相関があることは必ずしも因果関係を意味しない点である．相関のある複数の自然現象の中で，ある一つが，他の変化の原因であるということはできない．ここでも同じである．Burkholder博士の観察は，*Pfiesteria*が魚の大量死をまねいた原因となる"可能性がある"といえるだけである．明確な原因・結果の関係を示したものではない．

因果関係を知る重要な基準：実験

実験は予測を検証する手段である．実験とは，自然界で起こることを実験者が操作して再現することであるが，前に紹介したように，変化するものをここでも"変数"とよぶことにする．た

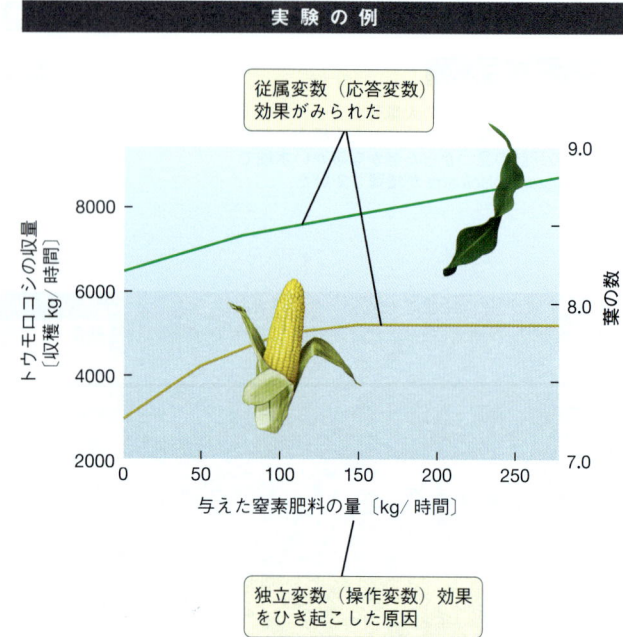

図 1・4 トウモロコシ収量への肥料の効果を調べる実験 窒素系の肥料をトウモロコシに与えたときの収量（黄色の線）．左側の縦軸は単位面積当たりの収量 kg 数を示す．右側の縦軸は，種まき後，5 カ月時点で，任意に 10 本を選び調べた葉の数（緑の線）．

えば，トウモロコシの成長を調べるとき，植物本体の高さ，葉の数，やがて実となる部分となる穂の数など，いろいろな変数が考えられるだろう．また，周囲の環境にかかわる変数として，降水量，日射量，天敵による穂の数の減少などがある．こういった変数は，"因子"あるいは"条件"とよぶこともある．

科学的な実験では，通常は，この変数を一つだけ変化させる．これを，**独立変数**（操作変数）という．独立変数の変化に応じて変わるもの，変わる可能性のあるものを**従属変数**（応答変数）という．もしある独立変数が，観察する従属変数の原因と想定できる場合，その従属変数の変化を，独立変数の効果が現れたという．たとえば，最も単純な実験デザインの例を紹介する．一つだけ変数（トウモロコシ畑にまいた肥料の量）を変えて，その結果，他の変数（収穫時期に量った全トウモロコシの重量）が，どのように変わるかを調べるといった実験である．実験の効率を上げる都合上，同時に他の従属変数（葉の数，根の重量，植物本体の高さ）も合わせて測定することが多いが，これらすべて別の独立した実験とみなす（図 1・4）．

実験では，通常，独立変数を一つだけ変える．二つ以上（肥料と水の量）を同時に変化させると，調べた従属変数（植物の高さ）が，最初の変数（肥料）が原因で変わったのか，他の変数（水の量）で変わったのか，あるいは，二つの複雑な相乗効果（肥料と水の相互作用）の結果なのか，明確にいえないからである．もちろん，高度な統計処理方法があり，一つの実験で，複数の独立変数を変えて，効果を明確に分析することも不可能ではない．

対照実験とよばれる実験も重要である．研究者は，ある従属変数を調べるときに，通常，二つのグループを使った実験を行う．

■ 役立つ知識 ■ 独立した変数なのか，そうでない変数か，混同しやすい．実験者が実験のうえで操作できる変数が"独立変数"である．

一つのグループでは，独立変数をある規則で変化させながら調べる．もう一つのグループでは，条件はすべて同一で，独立変数を変化させずに実験する．たとえば，実験するときに十分な数の試料（多数のトウモロコシや魚など）を準備して，まずこれを二つのグループにランダムに分ける．ランダムに分けることで，二つのほぼ同等なグループで実験することになる．一つのグループでは，独立変数を変えない．これを**対照群**という．もう一つが，**実験群**あるいは，**実験処理群**とよばれるもので，対照群とまったく同じ実験条件であるが，唯一，独立変数だけを変えるグループである．対照群と実験群とが，できるだけよく似た条件で，独立変数以外はすべて同じ一定条件とするのが，うまくデザインされた実験である．

"水槽の魚は Pfiesteria にさらされると死ぬ"という二つ目の予測を検証するために，Burkholder 博士らは実験を実施した．彼らが使ったのは，水槽内で同じ条件（塩分，温度，水流）で飼育している複数種の魚である．水槽の水として，魚の大量死の起こった河川水を使った場合，魚はすぐに死んだ．しかし，他の地域の河川水では死ななかった．関連する他の実験として，似た大きさ，同じ性，同じ飼育年数のテラピアを，同数の2グループ用意して，魚の大量死の起こった河川から採集した渦鞭毛虫を，三つの異なる密度（独立変数）でテラピアのいる水槽に入れる実験を行った．対照群の水槽には渦鞭毛虫は入れず，16時間後，実験群・対照群両方で，死んだ魚の数（従属変数）を調べた．その結果，高い密度の渦鞭毛虫にさらされたテラピアは，5時間ほどで体に傷口ができて死んだが，低い密度の場合，死んだ魚は少数で，さらに対照群の魚はずっと元気なままであった（図1・5）．

観察からは，Burkholder 博士の仮説と"矛盾しない"という結果が得られた．しかし実験はさらに，その因果関係をより明確に示す証拠にもなっている．実験は，これまでの観察の結果と同じように，Pfiesteria が多い所で魚の大量死が起こり，少ない所では死なないことを示した．さらに，元気な魚でも Pfiesteria にさらすと，大量死の起こった場所のものと同じように体の傷口ができ，死んだのである．

観察や実験によって仮説を証明することはできない

仮説に基づいた予測が正しかった場合，これを"仮説を支持する結果を得た"という．研究者は自信を深めることになるが，"仮説が正しいと証明された"とはいえない．他のテストや調査によって仮説が否定される可能性は消えないので，"仮説が正しい"と証明することはできないのである．たとえば，有力な仮説であっても，実験者が気づいていない別の変数の影響があって一定条件で実験できなかったために，再現できないこともあるかもしれない．実験結果が，いつでもまったく同じであるためには，すべての実験条件が完璧に一致していなければならないだろう．しかし，それは不可能である．Albert Einstein の有名な言葉に"どんなに回数を重ねても実験は正しい証にはならないが，間違いであることを示す実験は1回で済む"とある．

予測したことと食い違う実験結果が得られたら，仮説は再び確かめるか，捨て去るか，または何らかの修正をしなければならなくなる．時に，実験結果は驚くような内容や当惑させるようなものであるかもしれない．その場合，研究者は仮説を考え直したり，実験そのものを再検討したりする予測の立て方，あるいは最初の観察に立ち戻って吟味し直すこともあるかもしれない．Burkholder 博士の立てた仮説の場合，観察や実験は予測したこととうまく一致したので，Pfiesteria が魚の大量死の真犯人であるという仮説は強く支持される結果となった．

科学的手法における客観性

科学的手法において，証拠は観察や実験に基づいたものであることが絶対条件である．さらに，その観察や実験は，第三者の検証を経なければならない．つまり，他の研究者が観察や実験を同じ条件で行ったならば，同じ結果とならなければならない．加えて，観察者個人やグループによる偏見や先入観なく，客観的に集められた証拠でなければならない．先入観がまったくないというのはおそらく不可能で，理想にすぎないと思うかもしれないが，現代の科学は，その理想的な姿にできるだけ近づけられるような仕組みを取入れている．

研究者個人や研究グループの偏見の影響を避ける仕組みとして，さらに研究上の捏造や欺瞞を防ぐ仕組みとして，学術雑誌のピア・レビュー制度（専門家同士が互いに評価し合う制度）がある．研究者の記録ノートやネット上のブログ記録だけで発表されている証拠類は，ピア・レビューを経ていない，信頼性の低い出版物とみなされている．ピア・レビュー制度による出版物とは，審査対象となる研究に直接かかわっていない第三者の専門家によって厳しい審査・評価を経た原著の学術論文だけを集めたものである．この審査や評価を行う研究者は，通常，発表者には名を伏せてあり，発表された研究内容に関して利害関係のある競合者である場合もある．科学とは，人の社会全体で行っている活動である．協力者であれ，競争するライバルであれ，日々のこのような評価し合う活動を経ながら発展するものである．

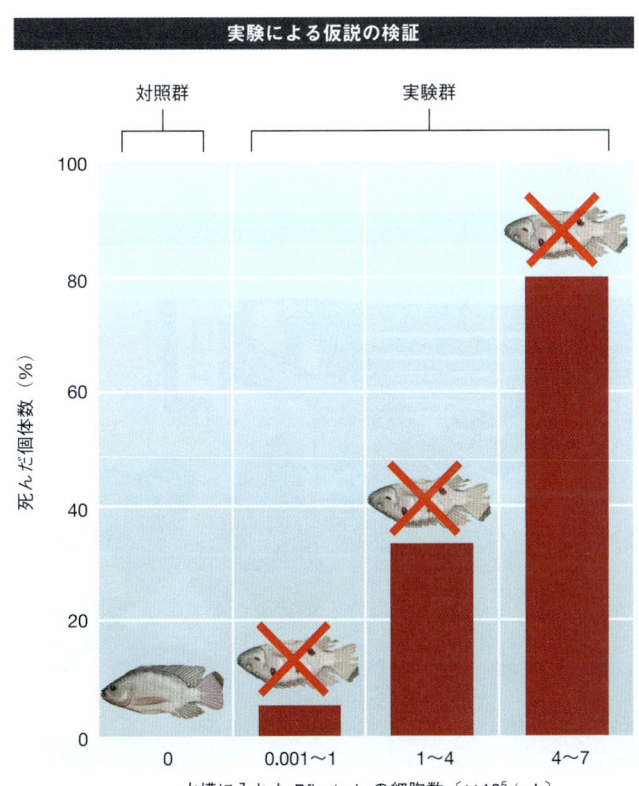

図1・5 水槽飼育のテラピアへの Pfiesteria の効果 テラピアを16時間の間，三つの異なる密度の Pfiesteria にさらし，その間に死んだ魚の数を数えた．対照群は，Pfiesteria にまったく接触していない魚である．実験の最後まで，対照群のすべての魚は生き残っていた．

科学の仮説は暫定的なものである

これは科学研究一般にいえることだが，Burkholder博士の研究は，それが導き出した答え以上に，多くの疑問が生まれるきっかけとなり，さらなる研究を継続する必要が生じた．*Pfiesteria* の毒によって魚が死ぬのか，魚を直接攻撃して殺すのか，あるいは，他の理由なのか，まだよくわかっていない．魚の死因は毒物であるというのが，Burkholder博士の新しい仮説である．しかし，他の研究者が行った最近の研究では，魚を殺した *Pfiesteria* からは毒物が発見されないと報告している．対して，Burkholder博士は，別の近縁種の *Pfiesteria* を間違って使った結果で，また，*Pfiesteria* の取扱い方法にも問題があると主張している．つまり，他の研究者の実験が正しく実施されていないのではないかという疑問である．このように研究結果が一致しないことは，決して珍しくはない．考察や議論を繰返して科学は進展するもので，こういったやりとりに刺激されてつぎの科学研究へとつながる．それを示すよい例であろう．

科学的な知識は一時的なものであり，他の誰でも，いつの時代でも，それに対して問題提起できる．これは，科学の最大の特徴であろう．石に刻まれた文字のような，不変のものではない．一片の疑いもなく立証されたものでもない．反証する新しい証拠が出てきたら，どのような揺るぎない考え方であっても，ひっくり返る可能性がある．それが科学の知識である．

長年，さまざまな実証を積み重ねた科学知識体系を説という

私たちは，何かが起こったときに"その原因は私の説ではしかじかと思う"という言い方をするだろう．このように，一般に"説"というとき，まだ証明されていない事柄をさすことが多い．しかしこれは，当てずっぽうであれ，よくよく考えた末の説明であれ，単に"見解"や"持論"といったものにすぎない．

科学者は"説"という言葉をまったく異なった意味で用いる．あるアイデアが，可能な説明の一つであるとき，科学者はそれを"仮説"とよぶ．仮説のうち，別々の研究者が実施したさまざまな研究で，十分に確かであると認められてきたものを，科学では説（学説）といい，この合意に反する"仮説"は却下される．実証を積み重ねてきた仮説が専門家に"学説"として認められると，その説は高い確率で正しいと考えられ，"科学的な知識"として位置づけられることになる．つまり**学説**は，つぎのように定義することができる．学説とは，議論の対象となっている自然現象の真理を説明する記述として，さまざまな方法で実証を積み重ねられてきて，その分野の知識をもつ専門家が，たとえ暫定的であっても，正しいものと認めている科学的な知識である．

学説とは，"怪しげ"な話ではない．それに従って判断し行動できる程度に，確かな根拠となるものだ．たとえば，1890年にRobert Kochが実証した"微生物病原説"は，現在でも感染病治療や衛生状態を守るうえでの基盤となっている（図1・6）．気候変動の原因は人間活動であるという説も，他の例としてあげることができる．この説では，20世紀から地球温暖化が進んできており，その主原因が人間活動であるというものである．多数の研究者がこの説に賛同しているうえに，支持する気象学，地理学，生態学上の実験や観察も多い．さらに，この説に基づく予測が確認されている．たとえば，気候変動のコンピュータ上のモデル計算では，世界の各地で氷河の融解や，夏の北極海での氷の減少が起こると予測しているが，これは，以前から明らかに起こっている事実とよく符合している．

では，"事実"とは何だろうか．一般の私たちの会話の中では，たとえば"単なる説（見解や持論）ではない"真実というような意味で"事実"という言葉を使う．しかし科学では，直接，また，繰返して観察できる自然界の出来事を，**科学的事実**という．たとえば，リンゴが木から落ち，逆に上に浮き上がってこないのは事実である．ノースカロライナ州の河口で1990年代にときどき魚が大量死したのも事実である．地球の歴史では，生物集団の性質が変わることを進化という．認めようとしない人もいるが，これも実際は容易に観察できる事実である．この進化の話は，この章や特に第Ⅲ部でわかりやすく解説する．

微生物病学の応用

(a)
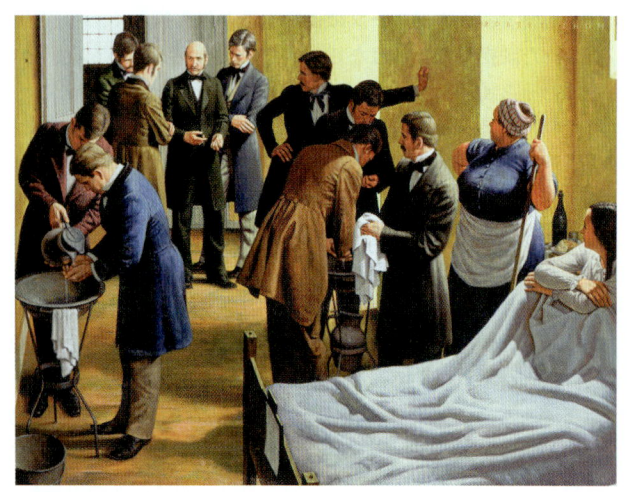

(b)

図1・6 微生物病原説は科学的な"説"である 微生物病原説とは，顕微鏡で見ないとわからないほどの小さな生物（細菌）が原因となって病気が起こるという説である．19世紀後期，微生物病原説の考えを応用して，こまめに手を洗うといった対策（a）をとれば，病院での死亡率を半減できることがわかった．微生物病原説は，現代の医学・衛生学の基礎となっていて，私たちも日々それを実践している（b）．
［(a) Robert Thom（Grand Rapids, MI, 1915〜1979, Michigan）. Semmelweis-Defender of Motherhood. 油絵．ミシガン大学病院所蔵．ファイザー社より寄贈．UMHS.26.］

では，科学のいう"説"と"事実"はどういう関係にあるのだろうか．科学の"説"は，推測や知識に基づく推論ではなく，何十年もの間に蓄積された観察という"事実"，つまり，明確な観察をもとにして立てられたものである．たとえば，地球温暖化説の場合，20世紀から継続して気温が上昇してきている直接の証拠がある．進化説の場合，研究室内のシャーレで細菌を数日培養して観察すれば，生物を進化させる仕組みが実在し，科学的な説であることが確認できる．Charles Darwinの進化における自然選択説も，生物集団の特徴が，世代を経るとしだいに変化するという多くの事実に裏付けられた科学的な説である．Darwin以降，150年もの長期間にわたって蓄積された膨大な数の観察や実験データから，自然選択が，地球の生命体における進化の原動力となることは確実なものとなってきた（詳しくは第Ⅲ部参照）．

■ 役立つ知識 ■ 生物学にはさまざまな学問分野がある．生物がもつ仕組みを探る生理学，生物の化学的な側面に焦点を絞る生化学，生物間や，生物と環境間の相互作用を探る生態学などがある．

1・2 生物の特徴

この本で，これから紹介する科学は，生物を研究する科学，生物学である．まず，生物（生命体）とは何かという点から考えてみよう．この問いかけには，多くの人がチャレンジしてきたが，微生物の細菌から巨大なセコイアまで，すべての多種多様な生物を，単純明快で，一言で表現できるような完璧な定義はない．生物はすべて約30億年前に生まれた一つの共通する祖先生物の子孫であると考えられている．それならば，すべての生物に共通する特徴があるのは当然であろう．生物には以下のような共通する特徴がある．

1. 細胞が構成単位となる．
2. DNAを使って繁殖する．
3. 周囲の環境から代謝を維持するのに必要なエネルギーを取込む．
4. 環境変化を感知し，それに応答する．
5. 内部の環境を維持する機能をもつ（ホメオスタシスという）．
6. 集団で進化する．

これらは，生物学者が，生物（生命体）であるかどうかを決めるときの重要な目安としている特徴である．以下に一つ一つ詳しく解説しよう．

生物の構成単位は細胞である

何十億年も前に生まれた最初の生物と考えられるのは，単細胞の生物である．**細胞**は，生物の基礎になる最小単位であると同時に，すべての生物の構成ユニットになっていて，外界との境界には，水を通しにくい隔壁，**細胞膜**（原形質膜）がある．すべての生物は，1個，あるいは多数の細胞から構成されていて，たとえば細菌は1個の細胞からなる単細胞の生物である．対して，ヒトの体は約100兆個の細胞からできている．

動物や植物など，大型の生物はさまざまな種類の異なる細胞が集まってできていて，そういった生物を**多細胞生物**という．たとえば，私たちの体は，皮膚，筋，免疫の細胞，脳の神経細胞など，特殊な機能をもった何兆個もの細胞が集まってできている．細胞は，単なる基本構成単位ではない．一つの個体の構成員として，うまく組織化されている．たとえば，ヒトの体では，同じ種類の細胞が集合して組織となり，異なる組織が集まって一つの内臓を形成しているが，一つの個体として正しく機能するには，胃は消化管の正しい位置に，脳は頭蓋骨内の正しい位置にと，各臓器は正しい位置に配置されていることが大切である．同じように，植物の花の構造を調べると，その構成部品が非常に整然と配置されていることがわかる．すべての生命体は，このように細胞や組織が空間的に正しく配置されてはじめて正しく機能できるようになっている．そして細胞は，器官や組織をつくる最も基本的な構成単位なのである．

生物はDNAを使って生殖（増殖）する

自己と似た個体をつくること，つまり**生殖**（増殖）することは，生物の大きな特徴である．生殖で新しく生まれた生物個体を**子孫**という．細菌のような単細胞の生物は，細胞を二つに分裂させ，同一の細胞のコピーをつくって増殖する．多細胞生物の生殖は，もっと複雑で多様である．たとえば，ヒトなどの哺乳類の動物は，受精することで増殖する．**受精**とは，雄の個体がつくる特殊な細胞（精子）が，雌のつくる別のタイプの細胞（卵）と受精するプロセスである．受精後，しばらくして（ヒトの場合，約9カ月後）に新しい子孫が誕生する．

植物でも同じように**有性生殖**を行う．雄の精細胞（花粉の中にもつ）が，雌の生殖器官である花へと運ばれると，そこで受精が起こる．受精した花は，成熟して種子を含む果実を実らせる．その種子の中に，卵と精子の受精で生まれた，小さな新しい子孫が入っていて，新しい芽として種子の中から出てくる（発芽）．**無性生殖**という増殖の方法もある．無性生殖は，卵や精子など，特殊化した生殖細胞を経ずに増殖する方法で，たとえば，ヒドラやカイメンは，体の側面から新しい芽が出るようにして新しい個体が生じ（出芽という），やがてそれが分離して別の個体となる．

DNA（デオキシリボ核酸）は，すべての生物の，あらゆる細胞の中にある，大きくて複雑な分子である．DNAは，生物の設計図，一つの個体がつくり上げられるのに必要なすべての指示が書かれたものに相当し，親から子へと情報を引き継ぎ，遺伝を担う物質である．つまり，DNAは生殖には不可欠で重要な物質である．DNAは多数の原子が集合し，はしご状に分子が縦に連なった形をした有機化合物である．全体がよじれてらせん階段のような形，二重らせん構造をしている（図1・7）．植物や動物の細胞の中では，DNAは，膜に囲まれた**核**とよばれる特別な部分に格納されている．

DNA分子の中で，遺伝する特徴（血液型やえくぼの有無など）の情報を担う部分を**遺伝子**という．ヒトの細胞には，**染色体**とよばれる46本のDNA分子がある．また，この46本のDNA分子の中に約25,000個の遺伝子があることもわかっている．生物は，どんなに単純なものであっても，複雑なものであっても，すべてこのDNA分子の遺伝情報を使い，体をつくり，はたらかせ，細胞一つ一つの行動を決める．そして，親から子孫へと同じ遺伝情報を引き継ぐようになっている．身近な例で，遺伝する特徴をコンピュータや携帯電話の中の一つの専用ソフト，アプリの一つにたとえるならば，遺伝子は，そのアプリを動かすプログラムのようなものと考えるとよいであろう．

細胞の構造とDNA分子

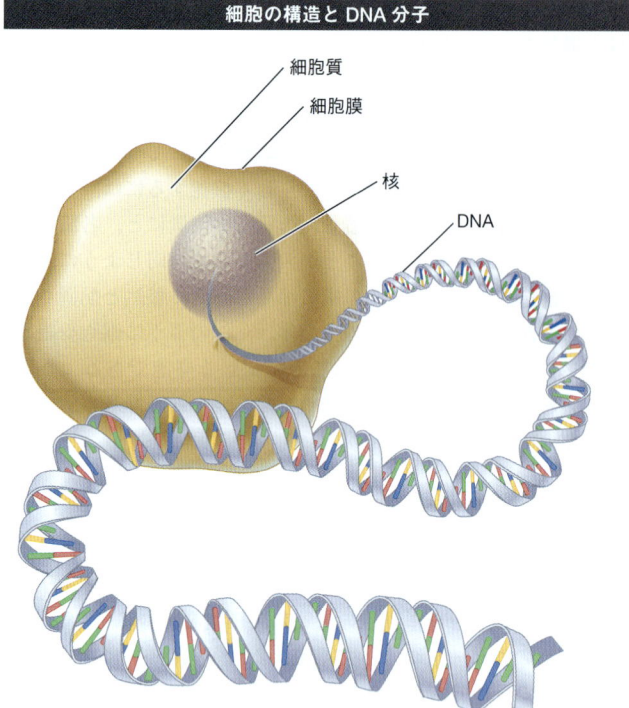

図1・7　**DNAは情報を蓄える分子**　生物は複製したDNA分子を引き渡すことで、遺伝的な情報を子孫へと伝える。

生物は周囲からエネルギーを取込んで使う

すべての生物は、エネルギーなしでは生きられず、さまざまな方法で、周囲の環境からエネルギーを獲得する。この過程、エネルギーを獲得し、貯蔵し、利用する仕組みを総称して、**代謝**とよぶ。もし、この宇宙に地球外生命体がいるならば、環境が異なるので、地上のものとは大きく異なる化合物でできていて、形態や行動も違うだろう。しかし、熱力学という宇宙で共通する法則によれば、どのような地球外生命体であっても、代謝の仕組みをもたねばならないと考えられる。

植物は、**光合成**という代謝の仕組みを使い、太陽エネルギーを細胞内に取込んで、それを化学エネルギーへと変換した後、そのエネルギーを使って食物（有機化合物）を生産する生物である（この詳細については、第9章で詳しく紹介する）。細菌のなかにも、植物と同じように光合成を行う生物がいるし、まったく異なる化学反応を駆使して、鉄やアンモニアなどの化学物質から、エネルギーを獲得するものもいる。他の生物、たとえば、私たち動物、菌類（キノコやカビなどの仲間）や単細胞の生物の多くは、他の生物を取込んで消費して、エネルギーを獲得する（図1・8）。

光合成を行う植物のように、周囲の非生物的なものから代謝に必要なエネルギーを獲得する生物を、**生産者**、あるいは、**独立栄養生物**という。生産者の作った食物を食べる生物を**消費者**（あるいは、**従属栄養生物**）という。消費者は、生産者の作った食べ物を直接、あるいは、他の消費者から獲得するが、結局は、食べ物は、すべて生産者が生み出したものに由来する。動物は、消費者のなかで私たちに一番なじみのある生物である。ある自然環境、生息領域のすべての生産者、消費者の間の栄養のやりとりを示したものを**食物網**、そのなかで、ある一連の食べる・食べられるの関係を取出して議論するとき、それを**食物連鎖**という。

生物は周囲の環境変化を感知し応答する

太陽光の向き、食物の場所や交配相手の存在など、生物は周辺の外部環境の情報をさまざまな方法（太陽の方向を感知するヒマワリの花）で感知する（図1・9）。他の動物もヒトと同じで、嗅覚、聴覚、味覚、触覚、視覚などの感覚を使って外の情報を収集する。なかには、紫外線や赤外線、電場や超音波など、ヒトが感知できない信号を使って感知できる動物や、細胞内にある小さな磁性粒子を使い、地磁気の方向から、南北や上下の方向を感知する細菌もいる。このように、すべての生物は、いろいろなセンサーを用いて、内部・外部の環境の変化を感知し、生き延びるために、それに正しく応答する仕組みをもつ。

生物は体内の環境を一定に維持する仕組みをもつ

生物が感知して応答するのは、外部の環境だけではない。内部の環境にも応答する。生物は細胞内の環境が、また、多細胞生物

食物連鎖

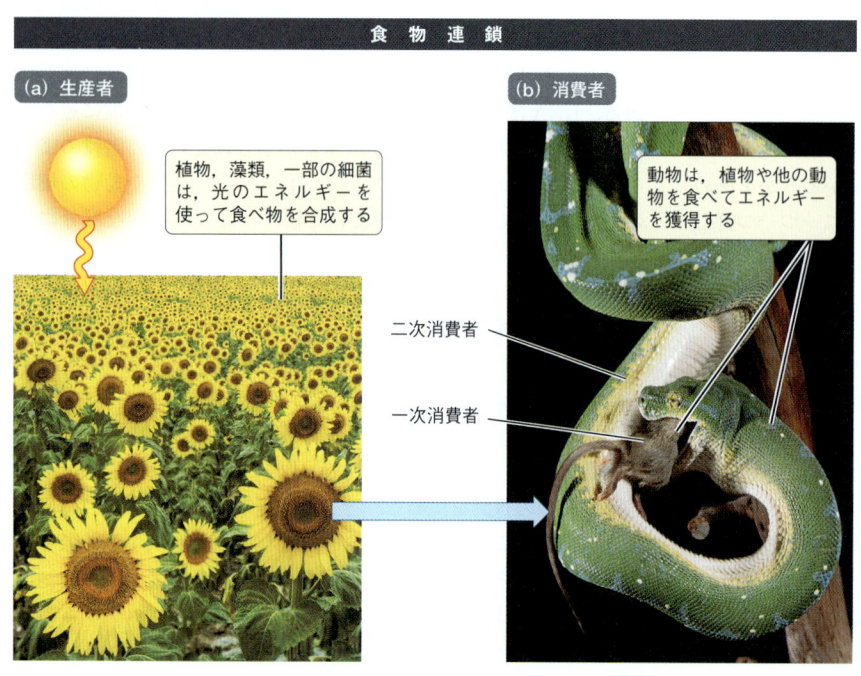

図1・8　**生物によるエネルギー獲得**　(a)植物は光合成の仕組みを使って、太陽光からエネルギーを獲得し、動物は他の生物を餌として食べることでエネルギーを獲得する。(b)ミドリニシキヘビはネズミを食べてエネルギーを得る。そのネズミは、木の実などの植物を食べてエネルギーを獲得している。

図1・9 生物は周囲の環境変化を感知しそれに応答する　オオカバマダラ．化学物質を感知する感覚器が脚にあって，その感覚器で感知するにおいをもとに，花を選んでいる．

の場合は，その体内の環境が変わらないように，ほぼ一定に維持する仕組みをもっていて，これを**ホメオスタシス**（恒常性）という．たとえば，ヒトの体温は，36〜37℃のほぼ一定の温度に保たれているが，高温や低温にさらされて体温が変化すると，私たちの体は，それに素早く応答して発汗して冷ましたり，震えて温めたりする．

生物は集団で進化する

生物の進化は，古くからよく知られていた事実である．たとえば，立派な大きい角をもつ雄ジカを，発情期の始まる前に多く狩猟すると，小さな角の雄ジカが，雌ジカとつがいになるチャンスが増えることを狩人は知っていた．つまり，大型の角の雄ジカだけを捕りすぎると，そのつぎの子ジカの世代では，立派な大きな角をもつシカが少なくなるのである．このように生物集団の遺伝

生活の中の生物学

科学と市民

科学者であっても，素人であっても，自然界の仕組みに興味を抱いている．それをうまく理解できれば興奮するし，達成感もある．加えて，科学の知識は，現代人の生活にはさまざまなかたちで応用され影響も大きい．薬を飲んだり，友達に短いメールを送ったり，ランニングマシンでトレーニングしたり，どのような場面であっても，皆，科学の恩恵を受けている．

私たちは，単に科学やその副産物の恩恵にあずかるだけではなく，科学の将来構想はどうであるべきか考えることもできるし，現在，どの技術をどのように使うべきか，その判断に影響を与えることもできる．ここでは，科学と市民との関係，それが社会福祉にどのように科学を役立てるか，例を紹介したい．しかし，その前に一つだけ，科学にとって不可能なことは何かを考えよう．

科学的手法の限界

科学的手法は有力ではあるが，世界の仕組みを説明し，原理を探求するうえでの限界がある．科学者の立ち入ることのできない分野があるからである．たとえば，倫理的・人道的に，正しいか間違っているか，その結論を科学的に導くことはできない．科学によって，ヒトの男性と女性がどのように異なるかを明らかにすることはできる．しかし，その結果を人はどう利用すべきで，どのような方法が倫理的・人道的に正しいのか，科学的には判断できない．神仏の存在や超自然的な現象を科学で論じることはできないし，何が美しく，何が醜いのか，どのような詩句が叙情的で，どの絵画が創造的なのかもいえない．宗教的，政治的，

また個人的な，異なる信条を重んじる世界と科学は共存できる．しかし，そこで生まれる疑問に科学は答えることはできない．

2010年の米国世論調査によれば，61%の米国人は，科学と個人的な信条との間で葛藤することはないという．85%の人が，科学は社会に役立っていると考えている．

公共の科学推進事業の成果

北米社会では，基礎科学研究の大半は，政府の予算，つまり，国民の税金で成り立っていて，科学に対する基礎的な理解を深めることが，こういった研究の役割とされる．一方，商工業界の資金の多くは，基礎研究で得られた知識を営利目的で利用する応用研究分野へと使われている．毎年のように医薬品会社が世の中に送り出す新しい医薬品，診断検査方法，医学新技術などは，究極的にはすべて公的な基礎研究の果実なのだ．

米国連邦議会は，医薬系や農学系分野を含む生命科学に投資する資金として，毎年200億ドル以上の資金を投資するのが妥当であると見積もっている．これらの研究資金は，NIH（国立衛生研究所），NSF（全米科学財団），DOE（エネルギー省），USDA（農務省）の四つの組織を通して提供される．また，独自の研究機関の運営や，基礎研究を行う大学へ研究投資を行うケースもある．研究者は，その限りある研究資金を獲得するために激しく競争することになるが，この競争が，国民の税金が高度な研究を支える仕組みとなっている．どの研究へ資金を配分するか，どの研究を優先させるかは，世論や社会の活動状況によって大きく影響を受ける．たとえば，HIV感染によるAIDSや乳がんの研究など，さらに成果はまだ少ない胚性幹細胞の研究などにも優先的に資金が提供されている．

科学をよく知ることで達成される民主化

米国では，科学基盤にかかわる課題を，住民投票で決めるケースがある．下表は，最近投票にかけられた科学にかかわる案件である．個人の価値観や政治的な背景が，このような投票に影響するが，科学的な根拠を十分考慮すべきであるという点に多くの人は賛同するであろう．

科学にかかわる住民投票[†]の例

議案・発議	州	実施年	議案・発議内容
第C号議案	ミズーリ州	2008	公共事業で消費エネルギーを再生可能エネルギー源から得なければならないとする規則
医薬用大麻に関する発議	メーン州	2009	制限付きで医者の患者への大麻提供を合法化する法案
第23号議案	カリフォルニア州	2010	地球温暖化ガスの放出を制限するカリフォルニア州地球温暖化対策法（AB2）の実施延期
第1107発議	ワシントン州	2010	菓子類・炭酸飲料・飲料水に2セントの消費税を課する法案の廃止

[†] 米国内や州で実施された住民投票の議案・発議．州議会審議で提案されたものを議案，住民（支援団体など）が直接請求して提案する案件を発議として，ここでは区別している．住民発議は，州によって名称も異なり，実施されない州もある．

する特徴が，人為的に世代を越えて変化した場合，これを**人為選択**という．人為選択のほかにも，生物が進化する要因はたくさんある．進化の原理を理解していなくても，人は何千年も前からずっと，小麦やトウモロコシ，カラシナなどの栽培植物を進化させ，形を変えてきた（図1・10）．イヌ，ネコ，ウマなどのペットや家畜も同じである．

親から子孫へと世代を経て，生物集団全体の遺伝的な特徴が変化することを**進化**（生物進化）という．ここでの"集団全体の遺伝的な特徴"とは，集団の中で別々の個体に共通して観察できる特徴で，親から子へと遺伝する性質をさす．たとえば，シカでは，角の大きさ，毛の色，走る速さ，母親の子育て方法などが遺伝することが知られている．そういった特徴が，集団の中で増減したとき，つまり頻度が世代を越えて変化したとき，それを"生物が集団として進化した"という．ある個体について，たとえば白い尾のシカ個体が進化した，あるアカガシワの樹木が進化したという表現は間違いである．進化は生物の集団で起こる点は理解しておいてほしい．

生物は，同じグループの中で交配し，そのつぎの世代を再生産できる新しい子孫を残す．他のグループの生物とは交配しない．そういったグループの単位を**種**という．たとえば，すべてのエダツノレイヨウは一つの種であり，同様にオオカバマダラやサトウカエデも一つの種である．種は，二つのラテン語を組合わせた名前（学名）を与えられている．たとえば，エダツノレイヨウの種名は *Antilocapra americana* である．同じ生息域の同種の生物グループを**個体群**という．たとえばワイオミング州西部の高地草原に住むエダツノレイヨウすべてを一つの個体群とみなす．

進化は，あるグループ単位で起こる．たとえば，ワイオミング州西部のエダツノレイヨウ個体群で，あるいは，エダツノレイヨウ種の全体で，レイヨウのほかにウシなど四つの胃をもつ動物（反芻動物）全体で，もっと大きなグループ，2個のひづめをもつ偶蹄目（反芻動物のほかにシカやブタも含む）で，さらに，哺乳類（偶蹄目，奇蹄目のほかに，母乳で仔を育てる動物）全体で進化を考えることもできる．

自然選択とは，世代を経て生物の集団全体の遺伝的な特徴を変化させる仕組みである．自然選択によって，自然環境に適合し，より生き残りやすく，より繁殖しやすかった個体が選ばれたことで，ある世代の集団の遺伝子の組合わせが次の世代で変化する．これが進化である．茶色のヤマヨモギの草原中で，うまくカモフラージュして身を隠せる茶色のエダツノレイヨウの方が，そうでない個体に比べて，肉食の捕食動物には見つかりにくい．遺伝的に生息する環境に適合すること，つまり，有利となる遺伝的な特徴をもった個体が，そうでない個体に比べて，より生き残り，より子孫を残しやすくなることを**適応**という．また，適応のうえで有利にはたらく遺伝的な特徴を**適応形質**という．適応度という言葉も使うことがあるが，これは，適応形質をもつことで，そうでない個体よりも有利にはたらき，生き残り，子孫を残しやすくなる程度を示す言葉である．

表1・1　エダツノレイヨウの遺伝形質の環境適応

- 体色のカモフラージュ
- 俊足化
- 320°の視野をもつ眼を頭部の高い位置に配置
- 長距離走行を可能にした大きな心肺
- 冬期の寒さをしのぐのに有利な中空の体毛
- 堅い植物をかみ砕く強い歯（臼歯）
- 細菌を使った消化の可能な四つの反芻胃
- 貧栄養の植物を消化吸収できる長い腸

世代を経て，適応形質（たとえば，カモフラージュしやすいレイヨウの茶色の毛色など）が，集団の中でより増加する現象を自然選択という．言葉の定義の違いに注意してほしい．適応形質とは，個々の生物の個体について，その特徴があるかどうかを示すときに使う．自然選択は，個体群全体に世代を越えて影響し環境に適応するように変化させる作用を示す言葉である．自然選択が，適応形質をもつ個体に対し，そうでない個体よりも有利には

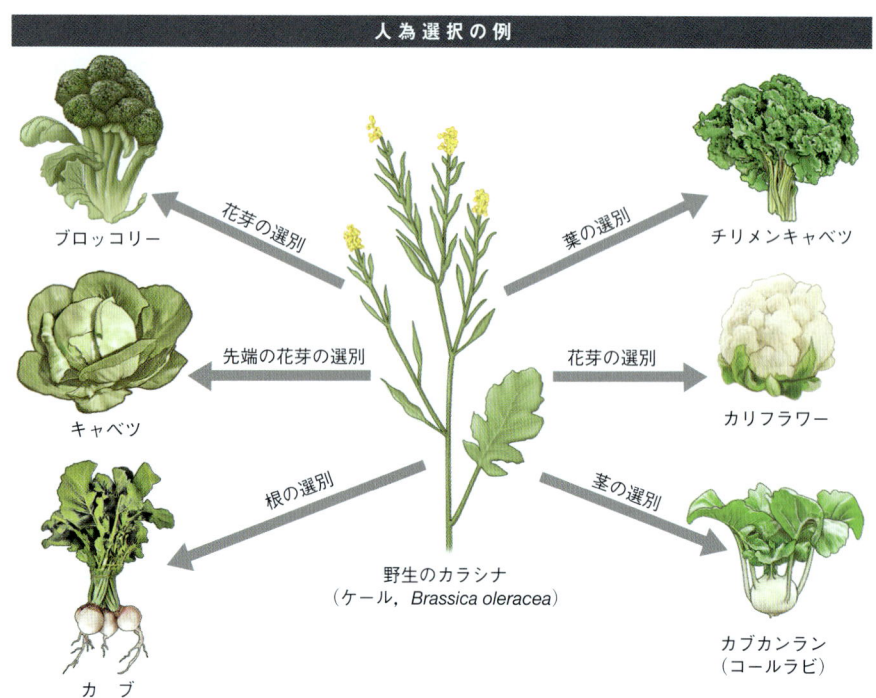

図1・10　栽培植物（カラシナ）の進化　人の選別作業によって人為選択が起こる．栽培されているアブラナ科の植物は実に多様であるが，すべて野生原種のカラシナの変種から人が選別し育種したものである．人が好む遺伝的な特徴をもつもの同士を交配させることで，祖先型の野生カラシナとは，大きく異なる栽培植物ができた．

たらくことで，適応形質が，より多いふつうの形質として，次世代へと引き継がれるのである．

　北アメリカ大陸の西部に生息するエダツノレイヨウは，乾燥した草地の環境に非常によく適応した動物である（表1・1）．捕食者のいる開けた土地で生き残るうえでは，まずは俊足であることが重要な適応形質となる．彼らは南北アメリカ大陸内では一番俊足の動物で，最高時速80 kmで走ることができる．また，継続して時速50 kmで走ることもできる（アフリカのチータは，もっと俊足で，最高時速110 kmを出せるが，10秒以上速度を持続できない）．このエダツノレイヨウの俊足は，種としての自然選択がはたらいた結果である．おそらく，もともとの脚の速さには，遺伝子の違いによる個体間のばらつきがあったと考えられるが，俊足の個体の方が捕食者との競走に打ち勝って生き残り，遅いものは食べられるだろう．その結果，生き残り率や繁殖率に差が出てくる．俊足のエダツノレイヨウは，生き残って，より多くの子孫を残すので，その子孫の中で俊足となる形質は，ますます多くなる（図1・11）．

　これは，捕食者が選択にかかわる例，選択圧となるよい例である．面白いのは，現在，アメリカ大陸には，エダツノレイヨウの最高速度に匹敵する速度を出せる捕食者がいない点である．現在，絶滅して化石でしか見られないアメリカチーターが，おそらくこの自然選択に実際にかかわったのではないかと科学者は考えている．

　遺伝形質には多様なものがあること，それが集団の中で変化することは，18～19世紀の研究者がすでに気づいていた．しかし，集団の遺伝的な形質が時とともにどのように変化するかを説明するために，自然選択という仕組みがあることを提唱したのは，英国のCharles DarwinとAlfred Wallaceである．祖先は同じ種に由来するのに，今ではまったく異なる子孫へと変化し，交配して繁殖することができなくなってしまった例があること，つまり遺伝的な形質が多様になると，同じ子孫の集団でもまったく異なる種になることにDarwinは気づいた．この考え方から，すべての現存種は，もとの祖先種が変化して生まれてきたこと，ヒトや他の哺乳類は，すべて数百万年前の共通祖先に由来して，すべての動物は，それよりずっと以前の共通祖先から派生し，さらに動物や植物は，生命史のもっと古い時代の祖先に由来するという重要な結論に達したのである．

Charles Darwin （1809～1882）　Alfred Wallace （1823～1913）

　"種の起源"（1859年）の著書の中で，Charles Darwinは，自然選択に関する証拠をあげて，つぎのように記述している．生き残り，繁殖上での個体間の競争がある場合，自然環境により好都合な遺伝形質をもつ個体は，そうでない個体に比べて，より多くの子孫を残すだろう．Darwinは，このように，生息環境により適応したものへと生物集団全体で変化する仕組みとして，自然選択説を提案した．現在，生物集団の遺伝的な特性が変化するのはほかにもどのような仕組みがあるのか，よくわかっているが，Darwinの唱えた自然選択による進化論は，150年もの間，さまざまな観察や実験的な証拠によって，今や確固たるものとなっている．

1・3　生物の階層性

　生命の織りなす世界は非常に複雑である．それを理解するうえで，研究対象の階層分け，つまり，小さいスケールの段階から，全体をいっぺんに見渡すような最も大きなものまでスケールの違いで分類するとわかりやすい．これを**生物階層性**という．最も小さいスケールは，生物の活動にかかわる最小の構造単位の原子である．最も大きなものは，生物と，それを取巻く非生物環境を加えた生物圏で，私たちが把握できる最も広範囲に相当する（図

自然選択による進化

(a) 遺伝的な多様性　元の個体群　脚の速い個体と遅い個体がいる

(b) 異なる繁殖　俊足の個体は生き残って子孫を残しやすい

(c) 適応　次世代　元の個体群より俊足の個体が多くなる．つまり，世代を経るごとに進化する

時　間

図1・11　生物は集団で進化する　獲物を求める肉食動物の存在により自然選択がはたらいて，集団の中で，速く走れる個体が，遅い個体より生き残りやすく，より多く子孫を残す．次世代のレイヨウは，前の世代より速く走れる個体が増えた集団に進化し，捕食者のいる環境により適応した個体群となる．

1・12)．生物の階層構造は，この二つの間を，さまざまな段階に分割したものである．分割して順番に並べることで，生物の世界の全容が理解できる．階層構造を大きさの単位で表現すると，10億分の1m（0.1 nm，原子の大きさ）から，1200万km（地球の直径）まで，幅広い．

最も小さなスケールの**原子**は，この世界にあるあらゆる物質の構成単位でもある．複数の原子が，強く結合して一つになり，これが次の階層段階の分子となる．**分子**のうち，生物体の中にある分子を一般に**生体分子**という．生体分子のなかで突出して多い原子が炭素である．この特徴ゆえに地球の生物は"炭素系生物"であるといえる．生物の設計図となる分子DNAも生体分子である．窒素原子を含むのを特徴とする**タンパク質**も，重要な生体分子である．

前にも登場した"細胞"は，生物の重要な構成単位となる階層である．細菌などは，1個の細胞からできている生物である．複数の細胞が集まってできた多細胞生物には，細胞の次の階層構造，**組織**がある．組織とは，同じ種類の細胞からなり，一つの決まった機能を果たすようになったものをいう．動物や植物は，さまざまな異なる機能をもった組織からできていて，たとえば，神経組織は，動物の体の中で，電気的な信号を伝える重要な役割を担う組織である．筋は収縮する組織で，動物が体を動かすときにはたらく．

体の一部分で，複数種の組織が集合し，さまざまな機能を協調して果たすようになったものが，つぎの階層構造，**器官**である．器官とは，他の組織や器官とは明確に区別できるもので，決まった形をしていて，生物体の中でも特定の場所にある．心臓や脳な

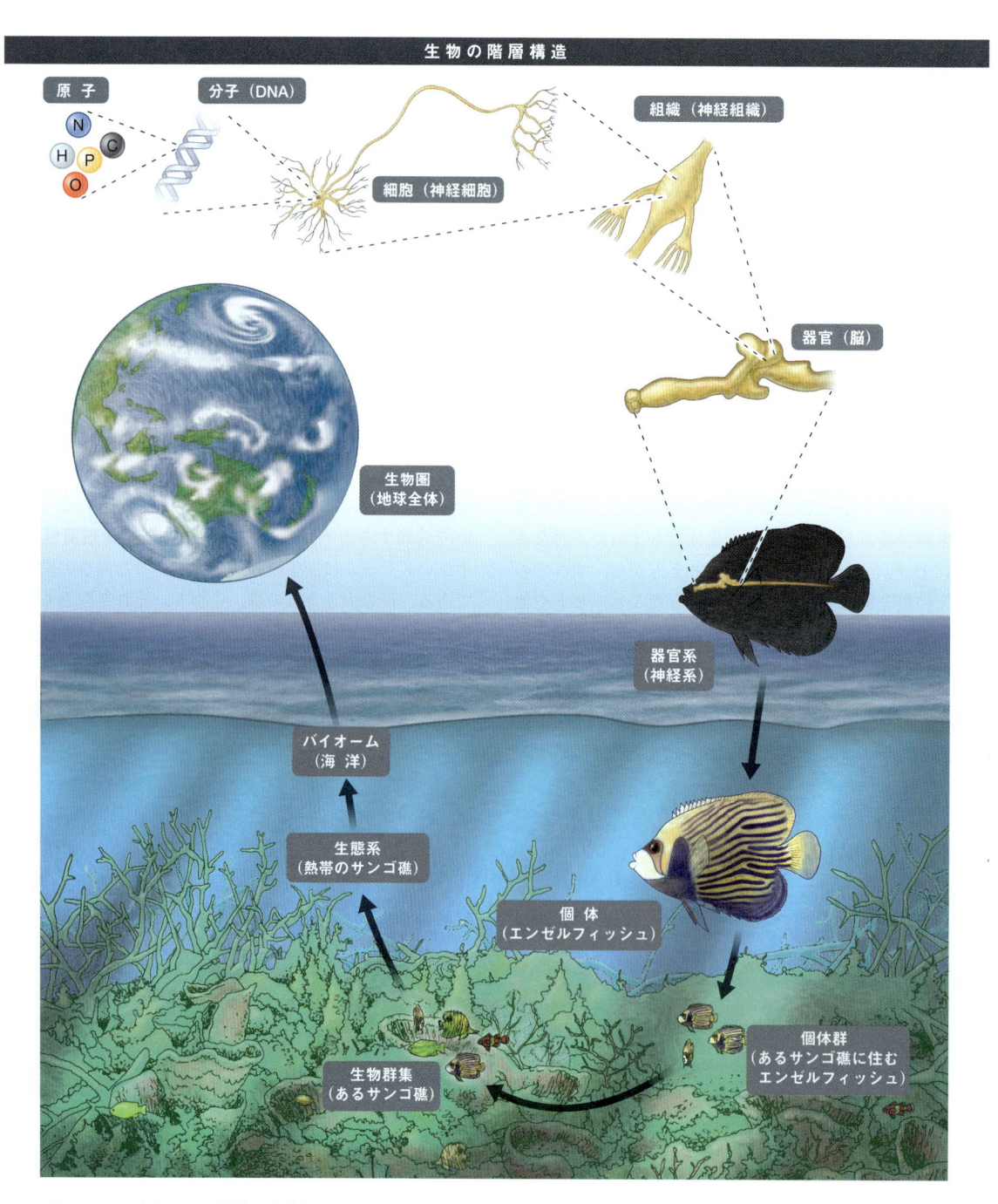

図1・12 生物の階層構造 生物体の中の原子や生体分子から，地上の全生物と取巻く無生物環境をすべて含む生物圏まで，単純なものから，より複雑で組織立ったものへと一つ一つ生物の階層構造をたどることができる．この図は，魚のエンゼルフィッシュを中心にして，その上下方向へ階層構造を示したものである．

どが，動物体の中の器官の例である．動物の場合，器官は体の広い範囲でネットワークをつくり機能していて，これを**器官系**という．器官系は，単に複数の器官の集まりだけではない．動物体全体に影響を及ぼす重要な機能を担っている．たとえば，胃・肝臓・小腸などの器官は，消化器系として一つのネットワークをつくり，栄養の消化吸収という重要な役割を果たす．動物の体の中のすべての器官系が整然とまとまったものが，つぎの階層の**個体**である．

同じ種類の個体が集まり，一定の地域で互いに相互作用する関係にあるとき，この集団を**個体群**という．前に解説したように，別々の個体群に含まれている個体でも交配できるものがいるが，これを種とよぶ．たとえば，地球上の全レイヨウや全ピューマは，交配できるので一つの種とみなす．同じ地域に生息し，互いに相互作用する関係にある個体群の集まりを**群集**（動物）**・群落**（植物）という．たとえば，ワイオミング州西部のウィンドリヴァー山脈にみられる雑草，ヤマヨモギ，昆虫，レイヨウ，コヨーテ，ピューマ，ワシは，すべて一つの群集・群落を形成していることになる．

群落・群集とその周囲の物理的な環境を合わせたものを**生態系**という．たとえば，河川生態系は，そこの河川および水中や河岸に生息する全動物群集・植物群落全体をさす．その上の階層が**バイオーム**である．気象条件などの共通する物理環境と，そこに生息する特有の生物種で決まる広い地域をバイオームという．たとえば，北極圏ツンドラは，陸にあるバイオームの例，サンゴ礁は，海にあるバイオームである．最後の最も大きな階層が**生物圏**（バイオスフィア）である．全バイオームを含み，地球上の全域と全生命を含む．

■ **これまでの復習** ■

1. つぎの文章の間違いを指摘せよ：白い尾の子ジカは，やがて，大型の立派な角をもつ雄ジカに進化する．
2. 以下の生物学的な階層を正しい順番に並べかえよ：群集，器官系，生態系，原子，組織，個体，生物圏，器官，細胞，バイオーム，個体群，分子．

学習したことを応用する

科学者の細菌論争

この章のはじめにあげた話を思い出してほしい．2010年12月にNASAは，毒であるヒ素をDNAに取込む細菌を発見したと報じた．同じような分子が連なってできたDNAは全生物に共通していて，ヒ素は含まれていない．NASAの発表では，この新しい細菌は，DNAの中のリン原子の代わりにヒ素原子を使っているというのである．かなり奇抜な発想のようだが，ありうる話だろうか．

Felisa Wolfe-Simon らの研究グループは，他の生物ならば死滅するような高濃度のヒ素の中でも生きることのできる細菌を発見し，研究室に持ち帰って，リンなしで，さらに高い濃度のヒ素でその細菌の培養を試した．リンがないと，生物はDNAをつくれないはずである．DNAがないと，細胞が分裂し増殖することは不可能である．しかし，リンがなくても，この細菌は増殖を続けたのである．どうやって増殖できたのだろうか？

Wolfe-Simon は，リンと化学的な性質が似ているヒ素が単に置き換わったのではないかと考えた．もし，地上の細菌が，そのような元素の用途切り換えができるのであれば，他の惑星にいる生物で同じことが起こっても，何ら不思議なことはないだろう．地上の生物は，炭素，水素，窒素，酸素，硫黄，そして，リンの六つが必須であるとされる．もし，リンなしで生きる細菌がいれば，おそらく，この6元素は生命に必ずしも必要なものではないことになる．そうなると，以前考えられてきた以上の他の多くの太陽系外惑星に生物が見つかってもおかしくないだろう．

画期的な発見である．地球外生命体が発見されたわけでもないが，メディアで大きく取上げられる結果となった．Wolfe-Simon らの研究は，専門家のピア・レビュー審査の後に学術雑誌に発表されたのであるが，その結論に異論を唱える研究者も少なくはなかった．発表後，より明確な証拠が必要であるとして，Wolfe-Simon の研究を公然と批判する声が，メール，ツイッター，ブログなどで書かれるようになったのである．

ある反論は，Wolfe-Simon の研究では，新発見の細菌が，増殖するのには十分な量のリンをもっていたという可能性を完全には排除できていないことを問題にした．たとえば，リンが入っていないことになっている培養瓶の中には，死滅した細菌などに由来するリンが微量入っている可能性があると指摘し，その程度の微量なリンで細菌が増殖できるか否かを明確にする必要があると主張した．細菌が発見されたモノ湖には，リンは相当量ある．そういった環境では，細菌はリンなしで増殖するというユニークな能力を進化させる利点は，特にないという主張の研究者もいた．何より，ヒ素が実際に細菌のDNA分子の中に含まれていて，機能しているのかどうか，それを明らかにする必要がある．こういった疑義にすぐに答えられる証拠はまだない．

論文の共著者の一人である Ronald Oremland は，"この時点では，混迷しているメディアの議論の中に踏み込めないが，もし，私たちの結論が間違っているというのであれば，他の研究者が実験を再現できるかどうか，確かめるべきだろう．私は，この結論が正しいと確信しているし，もしそうならば，反論する研究者もいずれ同意して，この発見の真相解明を手助けしてくれるだろう．ぜひ，そうしてほしい"と語っている．

NASAの報道官は話をやや誇張した嫌いもあるが，Wolf-Simon の仮説そのものの評価もやがて決まるだろう．科学とは，種々の疑問を発し，それに答えようとする作業である．Wolfe-Simon の研究グループは，"生命にとって必要な物質は何か？"という，興味深い疑問をもつに至ったよいチャンスに恵まれたのである．たとえ，彼らの研究が，リンの代わりにヒ素を使う細菌がいるという結論に達しなかったとしても，それ以外の重要なメッセージ，微量なリンと毒性の高いヒ素が多量にある環境で細菌はどのように対処しているのかなど，そういった疑問点に答える研究にはなる．そして，他の研究者からの反論があるのは，もちろん健全な科学的作業の一つといえる．

章のまとめ

1・1 科学とは

■ 科学とは，自然界に関する知識体系，およびその知識を得るための活動をさす．
■ 科学的な方法とは，科学的な知識を得るための中核となる論

理プロセスで，つぎの四つの段階に分けられる．(1) 観察する，(2) 観察した結果を説明できる仮説を立てる，(3) 立てた仮説をもとに予測する，(4) 予測したことが正しいか，実験や観察で確かめる．
- 観察や実験（決められた条件下で行う再現性のある観察や実験）を行い，その結果が予測と合致するか，予測と食い違うかを調べることで，仮説の正否を検定できる．
- 科学的な実験で，実験者が操作する変数を"独立変数（操作変数）"という．独立変数の違いに対応して変化する可能性のあるものを"従属変数（応答変数）"という．
- "相関がある"とは，複雑な自然現象の中で，複数の変数が互いに関連し合って変化すること，つまり一つの変数から他の変数が予測できる関係をいう．しかし"相関がある"ことは，必ずしも因果関係があることではない．
- 仮説が正しいと証明するのは不可能である．可能なのは，それが支持できるか，棄却できるかの判定だけである．もし，仮説による予測に反する観察・実験結果が出たならば，仮説を捨て去るか，修正が必要となる．もし，仮説による予測のとおりの観察・実験結果ならば，仮説は支持されたことになる．
- 多くのさまざまな観察や実験によって支持されてきた仮説を科学の説（学説）という．
- 直接，繰返して観察できる自然界のできごとを科学的な事実という．

1・2　生物の特徴

- すべての生物にはつぎのような共通する特性がある．(1) 生物の構成単位は細胞である：単細胞の生物と多細胞の生物がある．(2) 生物はDNAを使い，親から子へと遺伝情報を伝えながら繁殖する．(3) 生物は周囲の環境からエネルギーを取込む．(4) 生物は周囲の環境変化を感知し，それに反応する．(5) 生物は体内の環境を一定に保とうとする．(6) 生物は集団で進化する．
- 自然選択は，進化の重要な仕組みとなっている．環境により適合した個体の生存と繁殖を推進することによって，世代を経て，生物集団の遺伝的な特性を変える．自然選択によって，生物集団や種全体が，より生息環境に適合するようになる．

1・3　生物の階層性

- 生物は，原子，分子，細胞，組織，器官，器官系，個体，個体群，群集・群落，生態系，バイオーム，生物圏と，さまざまな階層に分けられる．
- 同じ地域に生息する同種の生物グループを個体群という．異なる個体群の集まりを，群集・群落という．群集・群落と周囲の物理的な環境を含めたものが生態系である．
- 生態系の上の階層がバイオームである．気象条件など，共通した物理的な環境と，そこに生息する特有の生物種で決まる広い地域をバイオームという．地上の数々のバイオームが集まって生物圏（バイオスフィア）となる．

重要な用語

生物学（p.3）	変　数（p.5）
テクノロジー（p.4）	データ（p.6）
科　学（p.4）	統計学（p.6）
科学的手法（p.4）	相　関（p.6）
観　察（p.4）	実　験（p.6）
科学的仮説（p.4）	独立変数（p.6）
従属変数（p.6）	食物網（p.10）
対照実験（p.6）	食物連鎖（p.10）
対照群（p.7）	ホメオスタシス（恒常性）（p.11）
実験群（実験処理群）（p.7）	人為選択（p.12）
学　説（p.8）	進　化（p.12）
科学的事実（p.8）	種（p.12）
細　胞（p.9）	個体群（p.12）
細胞膜（原形質膜）（p.9）	自然選択（p.12）
多細胞生物（p.9）	適　応（p.12）
生　殖（p.9）	適応形質（p.12）
子　孫（p.9）	生物階層性（p.13）
受　精（p.9）	原　子（p.14）
有性生殖（p.9）	分　子（p.14）
無性生殖（p.9）	生体分子（p.14）
DNA（p.9）	タンパク質（p.14）
核（p.9）	組　織（p.14）
遺伝子（p.9）	器　官（p.14）
染色体（p.9）	器官系（p.15）
代　謝（p.10）	個　体（p.15）
光合成（p.10）	個体群（p.15）
生産者（p.10）	群集・群落（p.15）
独立栄養生物（p.10）	生態系（p.15）
消費者（p.10）	バイオーム（p.15）
従属栄養生物（p.10）	生物圏（p.15）

復習問題

1. 科学的な仮説とは，どれか．
   (a) 観察結果を説明できる，知識に基づいた推論
   (b) 観察に基づいた予測
   (c) 科学的な説
   (d) 実験によって正しいと証明できるアイデア
2. 科学的な説とは，どれか．
   (a) 十分に確立された考え方で，新しい証拠や実験で覆ることのないもの
   (b) 多くのさまざまな観察や実験によって支持されてきた解釈や説明
   (c) 直接また繰返して観察できる自然界の出来事で，科学的な事実と考えられるもの
   (d) 観察ではなく，実験によって確かめることのできる科学的な仮説
3. 科学的な方法のなかで，実験によって仮説が否定されたとき，その直後にくるべきものは何か．
   (a) 予測すること
   (b) 仮説の修正，あるいは新しい仮説を立てること
   (c) 自然観察を実施すること
   (d) 再び入念に計画したうえで，再現実験を行うこと
4. 正しいか間違いが検証可能な仮説を立てることが不可能な問いかけはどれか．
   (a) 細菌のDNA中のリン原子を，ヒ素原子と置き換えることは可能か？
   (b) 炭酸飲料水の大量消費と肥満とは関係あるか？
   (c) 喫煙者は，非喫煙者と同じ保険掛け金であるべきだろうか？
   (d) 輸入されるグレープフルーツは，国内産のものよりも混入農薬の量が多いか？
5. 対照実験を行うときに，実験者が操作するのはどれか．
   (a) 交絡変数（潜在変数）

(b) 対照実験グループ
　(c) 従属変数
　(d) 独立変数
6. 地上の生物で共通する特性はどれか．
　(a) 生殖にDNAを用いること
　(b) 多糖類を含む細胞壁をもつこと
　(c) 核の中に遺伝情報を保存していること
　(d) 代謝に必要なエネルギーを，周囲の非生物的な環境から取出すこと
7. 自然選択とはどれか．
　(a) 無作為に生き残る個体とそうでない個体が決まること
　(b) 個体の生きている間に起こる現象
　(c) 個体群が周囲の環境により適応できるようにすること
　(d) 個体群で起こるもので，種の階層では起こらない
8. ヒトの体の器官は，どれか．
　(a) 生命体としての基本単位となる
　(b) 決まった形をしていて，体の特定の場所にある
　(c) 1個の細胞からなる
　(d) 一つまたは複数の器官系からなる
9. バイオームはどれか．
　(a) 二つ以上の組織から形成され，統制された特殊な機能を果たすようになっている．
　(b) 地上のすべての生物と環境を含む階層単位である．
　(c) 似た気候と植物構成種で決まり，地上のある広い領域をさす．
　(d) 同じ生息域の同一種の生物個体で構成される．

分析と応用

1. 知識を得る方法について，科学的な方法における特徴を三つあげよ．科学は，私たちのどのような疑問にも答えることができるか？　その理由も説明せよ．
2. "相関があることは，因果関係があることではない"とは，どのような意味か？　相関があるが，因果関係はない例を二つあげよ．
3. JoAnn Burkholderの研究における観察・仮説・実験の組合わせの例を一つあげよ．
4. 科学的な事実とは何か．科学的な説（学説）と，どのように異なるか説明せよ．
5. 草原，ライオン，太陽，レイヨウ，血を吸うダニがいる環境を想定する．食物連鎖の順番に従って，生産者から消費者まで並べると，どのような順番になるか．
6. 生物的な階層の構成を述べよ．階層の構成要素を，小さいものから大きいものへと順番に並べ，その具体例を読者の経験しているもののなかから一つずつあげよ．
7. 履くだけで余分なカロリーを消費して，筋肉を鍛えるという宣伝文句のトーニングシューズを製作している企業がたくさんある．教室の中で，複数の小グループに分かれ，それぞれ異なるタイプのトーニングシューズを選びなさい．その後，選んだそれぞれの靴の企業の宣伝文句を調べ，その性能が正しいかどうか試験する実験プランを考えよ．消費カロリーを測定したり，体の組織や器官系の機能を調べたりする架空の測定器（筋力計測器など）を発想してもよい．各グループで，それぞれの実験計画法について，つぎの点について互いに評価・批評し合うこと．明確な仮説が提言されているか．その仮説に沿った予測がなされているか．実験は，予測を確かめるようにデザインされているか．曖昧な結果となる可能性はないか．実験によって，仮説を否定する可能性はどのような場合か．その実験は，一般的な消費者が，靴を購入するのを決心するうえで，信頼できる結果となりうるか．つぎに，それぞれの実験プランを，米国運動協議会（American Council on Exercise）や消費者協会レポート（Consumer Reports）が提供している専門家による検査方法と比較せよ．

ニュースで見る生物学

Poisoned Debate Encircles a Microbe Study's Result
By Dennis Overbye

微生物学の研究結果の毒々しい議論

これまで生命に必須の物質と考えられていたリンの代わりにヒ素を使って生息できる細菌を発見したというNASAの研究発表は，インターネット上で嵐のような論争をひき起こした．はじめは，Science誌に掲載されたFelisa Wolfe-Simonグループの研究の中に，不十分な記述や間違いがあるという議論であったが，やがて批判へのコメントをNASAが拒否するまでになった．

それは，ピア・レビュー制度，ブログやNASAの信頼性に関する議論まで発展し，激しい議論をひき起こした．その議論の中味は，まるで，Felisa Wolfe-Simonのグループが昨年細菌を採集したモノ湖のヒ素のように毒々しい内容である．少なくともこの意味では，微生物学者に専門領域にかかわっている内容ともいえなくもないが．

Wolfe-Simon博士は，これまでの常識とはかけ離れた生化学反応を行う生命体がいるという可能性を求めて，リンがなくヒ素を多量に含む培養液内でガンマプロテオバクテリア属のHalomonadaceae科の細菌を培養した．その結果，DNAなど細胞内の重要な生体分子内のリンがヒ素に置き換わっている細菌株（GFAJ-1と命名した）を発見したと，学術論文および12月2日付けのNASA報道として発表した．

しかし，その報道が世界中を駆けめぐった直後から，微生物学者の反論が始まった．もとはといえば，発端は，火星由来の隕石に微生物の痕跡が見つかったという1996年のNASA発表にも懐疑的であった研究者たちであった．彼らによれば，今回の研究では，細菌細胞内のDNAにヒ素が入っているというかどうか確実な証拠は示されていないというのである．

たとえばRosie Redfield博士（バンクーバー，ブリティッシュコロンビア大学）は，博士のもつRRResearchというブログサイトで痛烈な批判コメントを書いている．その中で発表論文中の間違いや不十分な箇所をリストアップし，"論文はでたらめばかりで，何一つ信頼できる情報はない"と結論した．

この研究の間違いとして，ヒ素を調べる前に，細菌のDNAを十分に精製していなかった点である，と他の研究者の指摘もある．検出されたヒ素原子は，ただ単に巨大なDNA分子の周りに吸着していた可能性があって，靴底に付いていた泥のようなものであるという．微生物学としての基本的洗浄操作を怠ったという主張である．以前は，このブログサイトには数百件のアクセスしかなかったが，この騒ぎが収まるまでの間に90,000件ものアクセスがあった．Redfield博士は，同様の手紙文をScience誌にも送っている．

やがて，NASAやWolfe-Simon博士は，こういった批判に返信するのをやめたのであるが，そうすると事態はますますたちの悪い方向へ向かい，批判的な評価は，Redfield博士や他の研究者のブログから，Wired, Slate, Columbia Journalism Research誌のThe Observatoryなど，科学技術を紹介する雑誌のブログサイトへますます広まっていった．CBCニュースによれば，NASAの広報官であるDwayne Brown氏は，"科学的な議論は，ブログ上ではなく，専門家が互いに審査するピア・レビュー制の科学誌上でだけにとどめたい"と，語っているという．

また，Wolfe-Simon博士は，"正常な学問的議論のために，Science誌は今回の論文を短期間，ネット上で無料閲覧できる（読者の登録は必要）ようにしてきた．さらに，論文に掲載してある私のメールアドレス，gfajquestions@gmail.com宛に届いたメール質問に対して答えられるように，現在，実験データを集積しつつあるので，やがて，ネット上でFAQ集として公開する予定もある"と語っている．

Redfield博士らは，Brown広報官の発言を馬鹿げているという．"ピア・レビューできる専門家とは私たちのことだし，対話や議論は，科学活動のうえで重要な意味をもつはずである．かつてのように，電子メールで個々に情報をやりとりしていたころは，研究者の間のコミュニケーションは個人的なもので，スローペースであっただろうが，今や，誰もが見られる公の場で議論できるようになっているはずだ"という．

19世紀や20世紀は，科学者の研究活動は，研究室内で，あるいは小さなグループ内で済んでいて，到着に数日から1週間もかかる手紙や，個人的な電話のやりとり，年に2〜3回開催される会合で連絡を取合うだけであった．しかし，10年ほどの前から，研究者は，発表論文の内容に同意できない場合は，問題点を深く吟味し，仲間内で議論した結果を，詳細な評価記事として科学誌の編者宛てに送るようになってきている．そして，もしその批判記事が印刷されることになれば，元の論文の著者には，もちろんそれに反駁する機会も与えられる．

今や，研究者間のコミュニケーションは，とてつもなく速まり，絶えず他の誰かと交信し合っている．論文が発表されるや否や，研究者であろうと，たまたまそれを目にした者であろうと，ツイッターやブログなどを使って，即座にコメントを発信できるのである．こういったコメントは，ネット上で熱狂的に受入られることもあるだろうし，鋭い攻撃の餌食になることもある．

このニュースを考える

1. Wolfe-Simon博士の結論が実証されたら，生命の特徴としてあげるべき項目を変更する必要が出てくるだろうか．
2. Wolfe-Simon博士は，ネット上の批判へ返答するのをやめてしまったが，そう主張する博士の根拠は妥当だろうか，妥当ではないだろうか．そう考える理由も説明せよ．問題が科学ではなく，財政課題や社会的問題の場合であっても，同じように考え，同じように回答するだろうか．その理由も説明せよ．

出典：New York Times, 2010年12月14日

訳注：この記事で取上げられたWolfe-Simon博士の発見した細菌（GFAJ-1）のDNAには，ヒ素ではなくリンが含まれるとの研究論文が2012年7月，Science誌に発表された．

2 細菌，アーキアから始まった生物多様性

MAIN MESSAGE

生物の三つの大きなドメインのなかで，細菌ドメインとアーキアドメインが，地上で最も古く長い歴史をもち，多様で，そして繁栄している．

人体へのヒッチハイク

私たちの体は見た目ほど単純ではない．一人で寂しいと思うことがあったら，自分の体内に90数兆もの仲間の細胞がいることを思い浮かべてほしい．その90％は，皮膚の上から体の腸内深部まで，あらゆるところにいる，あなた以外の細胞である．特に，腸内部には，約10兆もの細菌，アーキア，菌類が生息している．

腸内ほどの数ではないものの，口の中や皮膚のしわの中にも微生物はいる．湿気が高く熱帯のような環境のわきの下や，油気が多い鼻の縁に生息するものもいる．種類が多くて多様なのは，実は，腸内ではなく，腕や手の平というのも意外かもしれない．逆に，砂漠のように一番の不毛な地は，耳の後ろである．

体の内部や表面に生息する細菌は，約1000種類で，口腔内だけでも数百種のものがいる．こういった微生物が，細菌やアーキアといった仲間である．ほかにも，酵母（菌類），わずかながら原生生物，シラミなどの小型の節足動物が，まつ毛の裏側で生息し繁殖し，さらに，そこには死骸も見つかるはずだ．

あらゆる生物が他の生物と共存し，多様な共生関係（複数の種が同居すること）にある．人の体の細菌の場合，大半が無害のもので，身体の健康上，重要な役割をもったものも少なくはない．たとえば，腸の中の細菌は，食べ物の消化を助けたり，ビタミン類を合成したりする．体の防御機構を担い，有害な生物の侵入を防ぐものも多い．

> **?** 人の身体のどこに，こういった多様な生物が隠れているのだろうか？　そういった生き物は，人の体によい生物か，害となるものか，どうやればわかるだろうか？

こういった細菌の集まりが，腸内の一大生物群，フローラ（微生物叢(そう)）を形成している．有益な細菌と有害なものと違いを理解する前に，これから，細菌が非常に多様であることについて紹介しよう．その手始めに，生物学者が，どのような方法で多様な生物を分類したり，グループ分けしたりするのかという話から始める．

腸内細菌　小腸内（緑色で示すのが小腸細胞）には何百種もの微生物が見つかる．写真中の増殖しつつある大腸菌（青色で示す）も，そのなかの一つである．

基本となる概念

- 二つの生物グループ間で共通する性質を調べると，進化のうえで，互いにどのような関係にあるかが理解できる．
- 生物は，大きな三つのグループ（ドメイン），細菌（バクテリア，または，真正細菌），アーキア（古細菌），真核生物に分けられる．
- リンネ式の生物分類法では，科・門・界と，小さいものからより大きなものへ並べた階層的なグループ分けを行う．六つの界を使った分類，細菌界，アーキア界，原生生物界，菌界，植物界，動物界の生物が最もよく知られている．
- 細菌とアーキアは，単細胞の原核生物である．原核生物は，真核生物に比べると圧倒的に多く，多様な種が知られている．幅広く分布し，生産者，消費者，両方の意味で，食物網の中で重要な役割を担う．分解者としても重要である．
- ウイルスは，タンパク質でできた殻の中に，DNA などの遺伝物質を包んだ，感染性の粒子であるが，どの界やドメインにも属さない．細胞が構成単位となっていないし，代謝活動もしない．

世の中に，なぜ，こんな生き物がいるのだろうか，そう思うような生き物に出会ったことがあるかもしれない．そういう体験を思い出せないなら，図 2・1 の写真にある，動植物，鉱物などを見てみよう．写真のうち，どれが生き物かわかるだろうか．どれが植物だろうか？ 動物はどれだろうか？ それを決める手がかりは何だろう．動物でも，植物でもないものがあるとすれば，それはどのようなグループに入るものだろうか．そういったグループの間の境界線はどうやって決めるのだろうか．どのような特徴を基準にして，そのグループに属すものと決めるのだろうか．ある生物群をまとめて，一つのグループに入れるとき，何が大事だろうか．外部の形態，エネルギーを周囲から獲得する方法，それとも近い共通祖先がいることだろうか？

驚異的な生物の多様な姿を目にしたとき，生物学者が直面する課題も，同じような難題である．この章では，最初に，地球上の全生物が共通して引き継ぐ性質と，その多様性について解説する．つぎに，1700 年代に始まり，今でも使われているリンネ式の階層分類体系を，そしてすべての既知の生物を，その起源から現在まで，進化の歴史がわかるように，**系統樹**として書き表す今の分類体系を紹介する．最後に，地上に最初に出現した驚異の生物群，細菌とアーキアについて紹介する．この単細胞生物は，びっくりするほどの多様性をもって大成功しているだけではない．極限の悪環境でも生き残れるチャンピオンでもある．

図 2・1 どれが生き物？ 写真のなかで，どれが生物で，どれが非生物か，わかるだろうか．生物なら，植物や動物のどちらか，分類できるだろうか．このなかには多細胞の生物も，単細胞の生物もいる．顕微鏡で観察する小さいものもあるが，肉眼でもわかる大きなものもいる．（答えは下）

図 2・1 の答え (a) サキカザリイソギンチャク, (b) ギンリョウソウ (*Monotropa uniflora* という名の寄生性植物), (c) リーフィーシードラゴンの仲間, (d) 細菌，らせん菌の一種 (*Spirillum volutans*), (e) アオミノウミウシの一種, (f) サンゴイソギンチャクとよく似たトサカソフトコーラル, (g) 岩肌 (非生物の鉱物だ), (h) リソプス (多肉植物の一種), (i) アカヒトデ (※ヒトデはサンゴの仲間ではない), (j) スタペリア 肉質多年生植物 (*Stapelia variegata*) の花．

2・1 生物の共通性と多様性

地球の生物は多様で，その全容の解明は，まだほど遠い状況である．地上にいる全生物はどれだけなのか，真の調査結果をここで紹介できるわけではない．ここから続く三つの章では，多様な生物種のなかのほんの一部，おもなグループだけを抜き出して紹介しているのにすぎないのである．まずは，生物学者が，生物のおもなグループをどのように分類するのか，その分類方法の理論的な背景を紹介しよう．

生物のもつ共通性は，共通祖先がいることを意味する

45億年前に地球が生まれたとき，生物は存在しなかった．化学物質を目安に調べると，生命誕生は約35億年前ではないかと考えられているが，明らかな生物，細胞をもった最初の生命体としての痕跡は，細菌の化石で，カナダオンタリオ州のガンフリント層（約20億年前の地層）から見つかったものである．無生物的なものから，どのように生物が生まれたかは生物学の大きな謎の一つであるが，地上の全生物が，この化石細菌のような共通祖先から進化して生まれてきたことは，疑う余地もない事実であると科学者は考えている．

第1章で紹介したように，あらゆる生物が共通する特性をもつ．それはすべて，生物が共通祖先（普遍的な祖先生物）に由来するからである．この共通祖先の単細胞生物が，生物の系統樹の一番根っ子の部分にいることになる．細菌やアーキアなどの単細胞生物は，この系統樹のなかでも，最初に分岐して生まれたグループである．他のすべての生物は，三つ目の大きなグループ，真核生物である．その中に私たち動物や植物も含まれている．この細菌，アーキア，真核生物が，一番大きい分類グループとして使われ，**ドメイン**（超界）とよばれている．図2・2は，普遍的祖先から，この三つのグループがどのように派生したかを示す系統樹モデルである．こういった**進化系統樹**は，生物グループの間の類似性，DNA，形態，生化学的な特徴などを使い，二つのグループ間の進化的な関係を示したものである．

34億年前の岩石，ストロマトライトの中に，細菌に似たものが発見されている．保存状態が悪いので，生物と確定するには不十分であると考える研究者もいる．西オーストラリアのシャーク湾にみられる現在のストロマトライトは，細菌の分泌物が沈着して枕状に積み重なったものである．

地上の生物の多様性は，進化的な放散で説明できる

地球の生物は進化する．地上に普遍的祖先生物が誕生し，その後，さまざまな**系統**の子孫を残したが，その結果，何百万種もの生物が派生し，その大半が，今では絶滅している（急速な絶滅の現象に関してはp.30の"生活の中の生物学"参照）．

あなたが母親，祖母，曾祖母と，家系図のうえで祖先をたどるように，系統樹のうえでも，祖先型の生物と，その子孫との関係を調べることができる．系統樹の分岐した部分も同様である．家系図では，あなたのそばには，兄弟や親が，その隣には従兄弟などが並ぶだろう．系統樹でも，進化のうえで最も近い関係にある生物を，一つのまとまった枝として描く．

この章で紹介する細菌，アーキア，真核生物は，図2・2では系統樹の分岐した先の枝や葉のように描かれているが，系統樹の

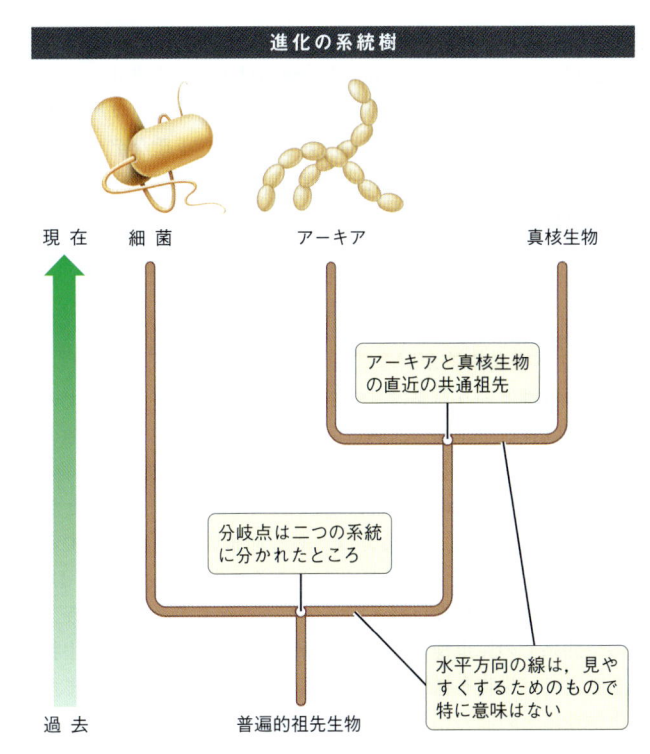

図2・2 三つのドメインの関係を示す系統樹 この系統樹は，三つのドメインの関係を示した仮説である．樹の根元にいるのが共通祖先の生物で，そこからすべての生物が派生したと考える．生存している三つの系統のなかで，最初に分岐したのは細菌と，その後，アーキアと真核生物を生み出した系統である．次にアーキアと真核生物が分岐した．つまり，アーキアと真核生物との関係は互いに，細菌より近縁となる．

分岐点は祖先型の生物が二つの系統に分れた時点（アーキアと真核生物の分岐箇所）を示す．この分岐点にいた生物が，分かれた二つの系統グループの**直近の共通祖先**である．その共通祖先と，その後の子孫の生物群をすべて一つにして**クレード**とよぶ．クレードは，系統樹の中でひとまとまりとなっている一つの枝の部分をさす．アーキアと真核生物，その後の共通する子孫は，一つのクレードを構成する．しかし，細菌とアーキア（その共通祖先を含む）のグループは，一つのクレードとはいえない．そこから他の子孫である真核生物が排除されているからである．たとえば，家系図では，あなたと兄弟，母親は一つのクレードとみなすことができるが，そのクレードの中には，母方の従兄弟が入らないのと同じである．しかし，さらに祖先へと範囲を広げ，祖母まで含めて考えたときには，祖母，母，母親の叔母，母方の従兄弟は，読者・読者兄弟の一つのクレードの中に入ることになる．

系統樹の中で，それぞれの生物群の配置はどうやって決めるのだろうか．同じクレードの中でも，それぞれの枝や葉の位置を決める根拠は何であろうか．この分類作業で，最も役に立つのは，集団の直近の共通祖先から始まり，他の集団にはない特徴である．すべての子孫に共有され，引き継がれてきたものが重要である．つまり，**共有派生形質**は一番直近にいる祖先に由来する特徴で，進化のうえでは，その祖先と子孫だけが引き継ぎ，直系でない他の先祖や子孫にはみられない特徴が使われる．生物学者は，そのグループだけがもつユニークな特徴を目印にすることが多い．たとえば，哺乳類の場合には，体毛や乳腺など，哺乳類とその直近祖先だけがもち，他の脊椎動物（爬虫類，鳥類，両生類など）にはまったくない特徴を使う．

進化の系統樹は，祖先生物から，分岐した先端の枝や葉まで，

時間的な経過も意味している．通常，時間は何百万年といった単位で表現するが，ここで使用する系統樹は大まかな進化の過程を示すものである．本書の他の部分の系統樹も含めて，すべて縦方向が時間の経過を示す（図2・2の矢印）が，正確なデータがないので，年代の単位の表記はしていない．実際に，何億年前にアーキアと真核生物が分岐したのかは，まだわかっていないのである．こういった系統樹は，根元が過去で，分岐した先端部，枝や葉として現存する生物を描く．

どれだけ多様な生物がいるのかは，まだわかっていない

生物多様性という言葉はさまざまな使われ方をする．地上のすべての生物種をさす場合，あるいは，その生物と生息域の他の生物や非生物環境との間にある多様な相互作用をさす場合もある．遺伝子の多様性，種の多様性，生態系のはたらきの多様性としてとらえることもある．たとえば，ある面積の草地に生息する全バッタのDNAの遺伝情報がいくつあるかと見積もって，DNAレベルでの生物多様性目録としてつくることもできるだろう．平地の生態系での昆虫種など，ある地域で見つかるすべての生物の種を数えて，生物多様性の指標とすることもある．種間，または非生物環境との間の相互作用の多様性に着目する場合，ある平原の生態系で，どの生物が何を食べているかを網羅的に記録することで，食物連鎖の多様性，さらに食物連鎖の間の相互作用について生物多様性を議論することもできる．

地球には全部で何種類の生物がいるのか，世界中の人が興味をもっているかもしれないが，専門家ですら本当の数を知らない．種数も300万～1億種と幅広い見積もりで，多くの生物学者は，300万～3000万種程度だろうと推測している．これまで，約150万種が収集・同定され，命名されて，古典的なリンネ式の階層分類体系中のいずれかの系統として分類されている．これまで2世紀以上を費やして，この目録づくりに専門家が力を注いできたものの，まだまだ表面をなぞった程度のものだと，多くの研究者が考えている．全生物種の90％以上はまだ未記載であると予測する研究者がいるからである．しかし一方で，地球の生物多様性は，研究者の目録づくりの速度よりももっと速い速度で急速に失われつつあるのも事実である（p.30の"生活の中の生物学"参照）．

地上の生物は三つのドメインのいずれかに分類できる

この地球上の，とてつもない複雑さの生物多様性を整理整頓するために，まずは，すべての生命体を三つの大きなグループ，ドメイン（超界）に分ける．ドメインは，系統樹の中で最も根元にあるグループ，最も古い祖先型の生物の分類である（図2・2参照）．三つのドメインとは，病原菌としても知られる細菌類を含む**細菌ドメイン**（真正細菌ドメイン，またはバクテリアドメインともいう），極限的な悪環境でも生息できる単細胞グループの**アーキアドメイン**（古細菌ドメイン），アメーバ，植物，菌類，動物などその他の全生物を含む**真核生物ドメイン**である．

この三ドメイン仮説は，現在では，広く受け入れられる考え方であるが，最初に提唱されたとき，論争の的となった．かつては，アーキアは細菌のなかの一つのグループと考えられていたからである．しかし，DNAの詳しい解析から，アーキアは，細菌とも真核生物とも異なることがわかり，第3のドメインとなったのである．細菌とアーキアは異なるドメインに属し，アーキアは細菌よりむしろ真核生物に近い点もある．真核生物以外の細菌とアーキアは，一つにまとめて原核生物とよばれている．これは過去の分類方法に習ったもので，**原核生物**は，現代的な分類体系の中では正式な名称とはみなされていない．"原核生物"の進化上の意味ではなく，むしろ，便宜上のもので，真核生物でない生物グループという意味にすぎない．

> ■ **役立つ知識** ■ リンネ式階層分類体系の分類英語名を覚えるには，つぎの文を暗記するとよい．各単語の最初の文字が，分類の単位，Kingdom（界），Phylum（門），Class（綱），Order（目），Family（科），Genus（属），Species（種）となる．King Philip Cleaned our Filthy Gym Shorts（フィリップ王が，私たちのバッチい体操着を洗濯した）．

真核生物は四つの界に分けられている

ドメインのつぎの階層として，生物は，六つの大きな**界**に分けられる．細菌ドメインとアーキアドメインは独立した二つの界，細菌界とアーキア界となる（図2・3）．六つの界に分けるのは，多様な真核生物を，単細胞と多細胞のグループに分けるうえで意味がある．真核生物ドメイン中のすべての界（動物や植物など）に共通する特徴は，細胞の中で，**核**とよばれる特別な場所にDNAを格納していることである．

真核生物ドメインはふつう**真核生物**とよばれ，原核生物（細菌やアーキア）と区別する．真核生物はつぎの四つの界に分けられている．アメーバや藻類など多様な生物群の原生生物界，すべての植物を含む植物界，カビ，キノコや酵母などの菌界，そして，すべての動物を含む動物界である．それぞれの界の生物には，共通する特徴があり，環境に適応し多くの子孫を残すうえで有利となった進化上の独自の発明品がある．その環境適応の仕組みは，特定の遺伝情報，DNA上にある遺伝子によって決まる．つまり，分類群を区別したり，直近の共通祖先との系統関係を決定したりするうえで，DNAの比較は有効である．図2・4に，進化上の発明やDNA類似性をもとに，六つの界，すべての生物群を一つにまとめた系統樹を示す．

生物のドメインと界

(a) 三つのドメイン

| 細菌ドメイン（超界） | アーキアドメイン（超界） | 真核生物ドメイン（超界） |

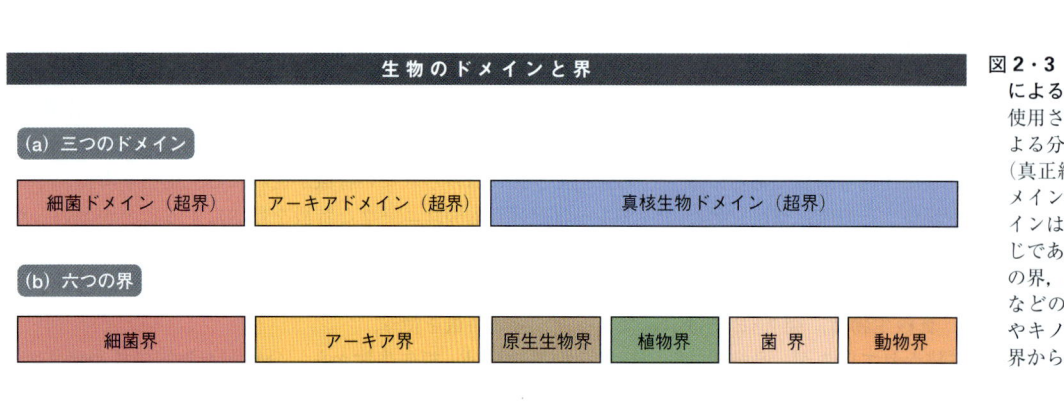

(b) 六つの界

| 細菌界 | アーキア界 | 原生生物界 | 植物界 | 菌界 | 動物界 |

図2・3 **三つのドメイン，六つの界による生物の分類** 本書では，広く使用されている六界と三ドメインによる分類を紹介する．細菌ドメイン（真正細菌ドメイン，バクテリアドメイン）は細菌界と，アーキアドメインはアーキア界（古細菌界）と同じである．真核生物ドメインは四つの界，原生生物界（アメーバや藻類などの生物），植物界，菌界（酵母やキノコなどの生物），そして動物界からなる．

生物の系統樹（六つの界）

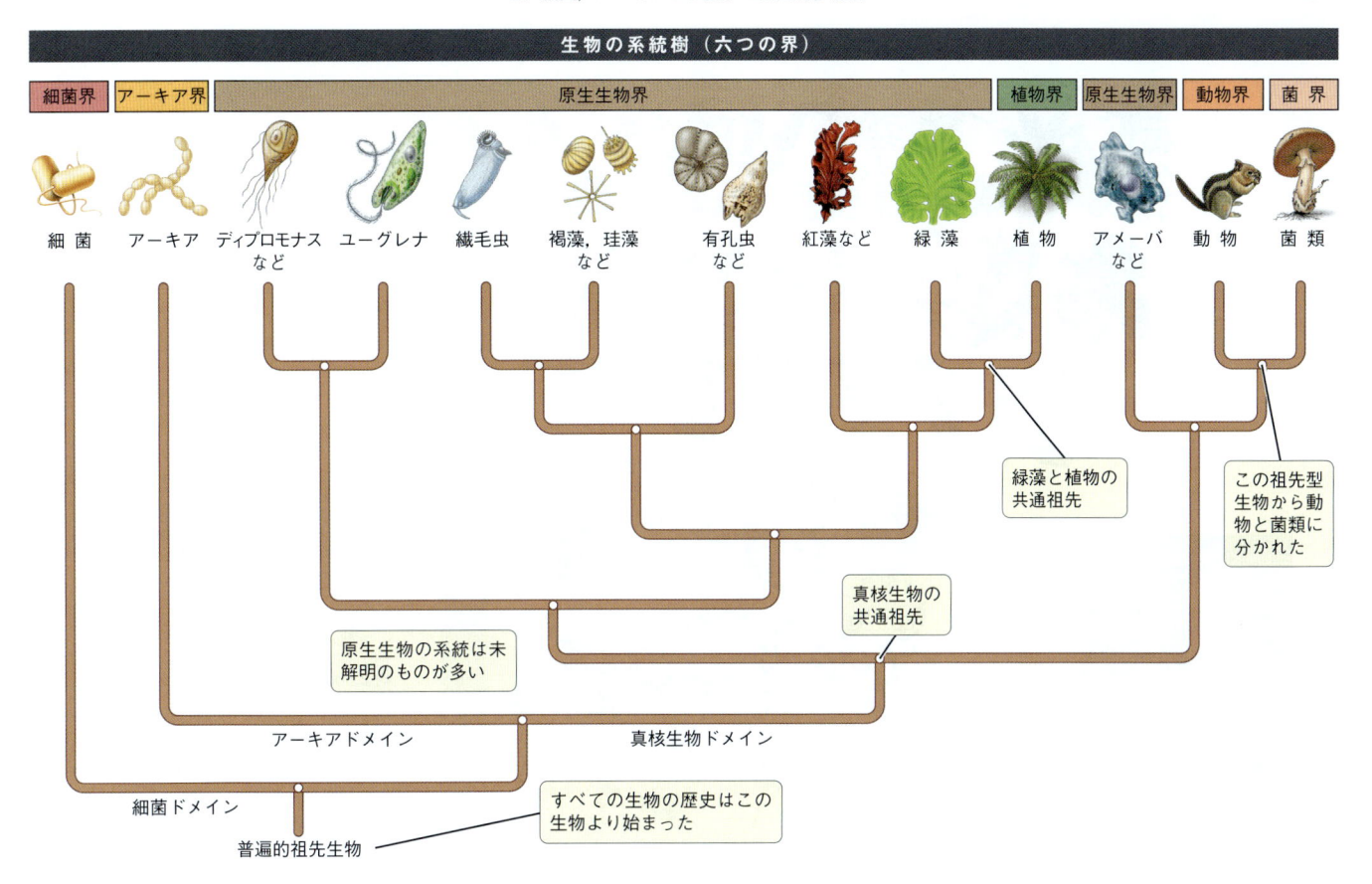

図2・4 三つのドメイン，六つの界からなる生物分類の系統樹　三ドメイン，六界の関係を示す系統樹で，分岐している各枝の中の生物は，一つのクレード，近縁関係のある親戚のようなものである．

2・2 リンネ式の生物分類法

現在，生物学者は，全生物を三つのドメイン，六つの界に分類している．この点は新しいが，界の下の階層では，1700年代に初めて提唱された**リンネ式階層分類体系**を踏襲している．リンネ式分類法は，スウェーデンの博物学者 Carolus Linnaeus が提案した方法で，種を分類の最小単位としている（図2・5）．その上は，近縁の種をまとめて**属**とする．この二つの分類名を使い，すべての生物種には二つのラテン語を並べた名前，**学名**がつけられている．最初の語が属，二つ目が種を表す．たとえば，ヒトは *Homo sapience*（ホモ・サピエンス）とよばれている．*Home*（ラテン語で"人"の意味）が属名，*sapiens*（"賢い"の意味）が種名である．*Homo* 属には，ほかにも *Homo erectus*（直立する人）や *Homo habilis*（器用な人）などがいたが，両方とも絶滅してしまい，私たちが *Homo* 属の中で現在まで生存している唯一の種である．

リンネ式の分類法では，近縁の種をまとめて一つの属とする．近縁の属をまとめて**科**，近縁の科をまとめて**目**，近縁の目をまとめて**綱**，近縁の綱をまとめて**門**，最後に，近縁の門をまとめて**界**とする．動物界と植物界は，リンネ式の分類でも使われていた名称で，現代的な分類法でもこの名称がそのまま使われている．

種名を決め，リンネ式階層分類法によって分類する学問を**分類学**という．各分類学上の単位，生物のグループを，**分類群**，または**タクソン**という．例として，図2・5に，バラの一種 *Rosa chinensis* を示す．この種，そしてバラ属，さらにその上の階層であるバラ科，バラ目，植物界も，それぞれ一つの分類学上の単位，タクソンである．それぞれのタクソンには，このバラ（*Rosa chinensis*）が，他の生物と一緒に属していることになる．

■ これまでの復習 ■

1. 進化の系統樹とは何か．
2. リンネ式分類法を説明せよ．ドメインとの関係を述べよ．
3. 図2・4の系統樹の中で，一つの分岐として記述できない界はどれか．その理由も述べよ．

2・3 細菌とアーキア：小さいが，成功し，大繁殖した生物

細菌とアーキア（古細菌）は，地球を開拓し大成功した生き物である．細菌は，単細胞で，病気をひき起こす生物（病原菌）として一番よく知られているかもしれない．肺炎をひき起こす肺炎球菌（*Streptococcus pneumoniae*）などが，そのような例である．しかし実際は，人に害を及ぼす細菌は少数派である．アーキアも単細胞の原核生物であるが，細菌とは異なる進化の歴史をもっている．人や他の生物に害を及ぼすようなものは知られていない．

リンネ式分類学

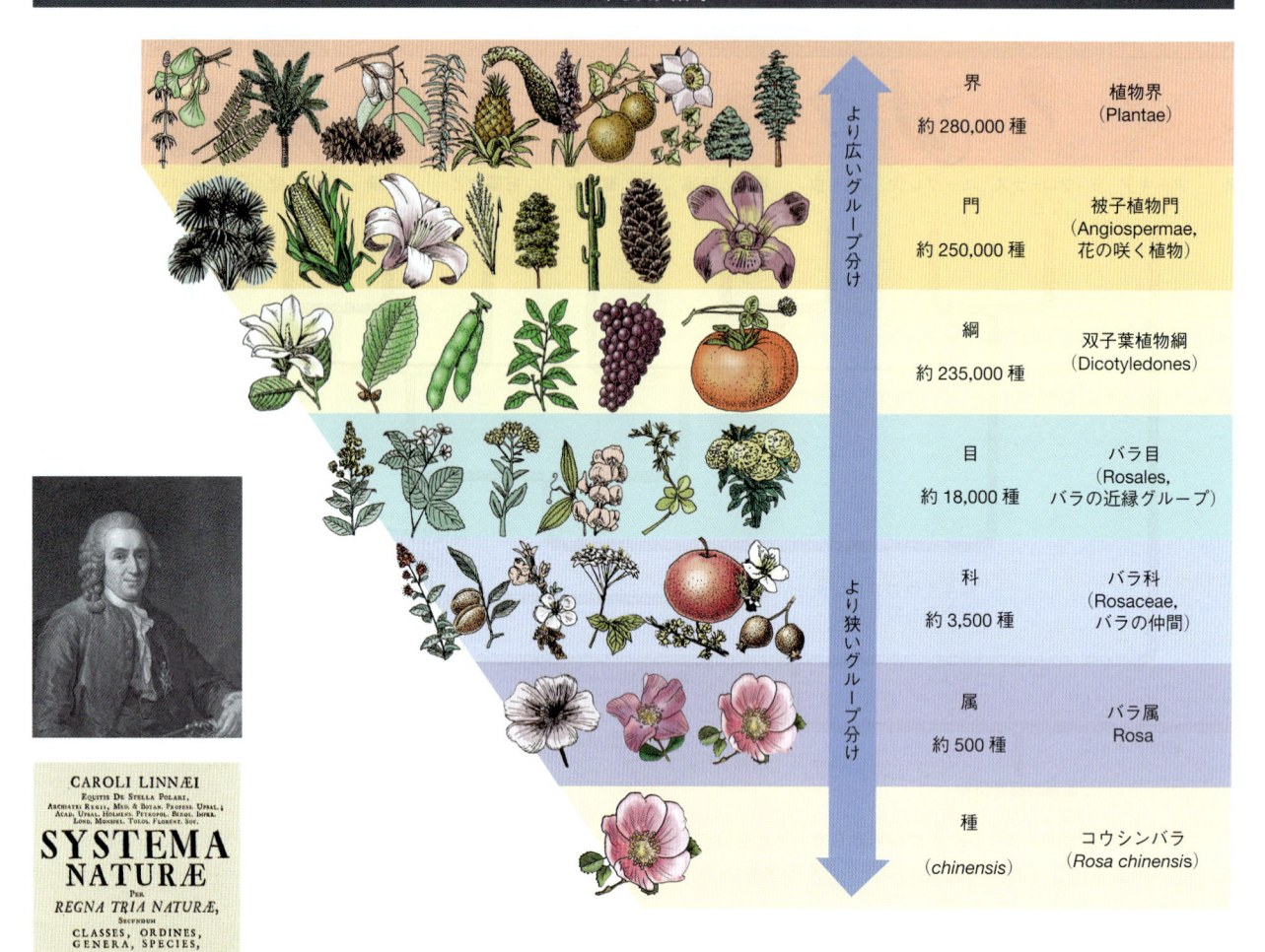

図2・5 リンネ式階層分類法 種は，分類するときの最小単位である（ここでは，コウシンバラ）．この種はバラ属に属し，バラ属には他の種のバラも含まれる．バラ属はバラ科に，バラ科はバラ目に，バラ目は双子葉植物綱に，双子葉植物綱は被子植物門に，被子植物門は植物界に属している．すべての生物を，種から界まで，同じ分類単位を使い分類する方法で，スウェーデンの植物学者 Carolus Linnaeus（挿絵）によって考案された．

独特のドメインのアーキア

細菌に似た単細胞の生物が発見されたのは1970年代である．ある種のものは**極限環境微生物**（極端な環境を好む生物）で，沸騰する間欠泉，強酸性の水，高塩濃度環境，酷寒の南極海洋などに生息しているものもいる（表2・1）．生命が最初に誕生したときは，地球はまだ熱く，火山活動によってつくられた大気もメタンやアンモニアガスなどを含んでいた．おそらく，アーキアの多くはこういった環境を好むと考えられる．現在も，地上に点々と残っているこういった極限環境内では，アーキアは優勢種となっている．極限環境生物ではあるが，身近な場所にも見つけることができる．たとえば，家の中の温水器，庭の土壌中，さらに，私たちの腸内にまでいる．

細胞内部の代謝反応をみると，アーキアは細菌よりも真核生物に近い．しかし特殊な化学物質，たとえば，他の二つのドメインにはみられない変わった脂質でできた細胞膜をもつことがわかっている．DNAの比較から，アーキアは，細菌でもなく，真核生物でもない独立のドメインとすべきであるという見解が今は一般的になっている．化石の化学分析の結果からは，アーキアの起源は約27億年前と考えられるようになったが，そういった古い時代の原核生物の化石は，どのドメインに入れるべきか，正確に決めることは難しい．それもあって，アーキアを系統樹の中のどこに配置すべきか，まだ不確かである．この意味で，図2・2にあげた系統樹，普遍的な祖先生物からまず細菌ドメインと他の系統

表2・1 極限生物の見つかる場所

極限環境	極限生物	例
高塩濃度（通常の海水の10倍の塩濃度）	好塩菌	*Halobacterium salinarum*
強酸性（pH 0〜3）	好酸性菌	*Acidianus infernus*
高温（80〜121℃）	好熱菌	*Pyrodictium abyssi*
低温（0〜15℃，20℃以上では成育できない）	好冷菌	*Methanogenium frigidum*（メタン生成菌）
高圧（100〜380気圧）	好圧菌	*Pyrolobus fumarii*
高乾燥（<5%の湿度）	好乾性菌	*Pyrococcus furiosus*

注：この表中の生物はすべてアーキアであるが，同じような極限環境で生息する細菌もいる．

■ **役立つ知識** ■　0.2 mm（200 μm）以下の小さな生物は，裸眼では見えにくいので一般に微生物とよばれる．原核生物の大半が，こういった微生物であるが，ほかに，原生生物や菌類（ともに真核生物）にも微生物とよぶべきものがいる．微生物を対象とする生物学の分野が微生物学である．

2. 細菌，アーキアから始まった生物多様性

が分かれ，後者からアーキアドメインと真核生物ドメインが生まれたとする系図も，一つの仮説にすぎない．

アーキアと細菌は，異なるドメインであるが，微生物（裸眼では観察できない大きさの生物）という点では似ている．ともに単細胞の生物であるものの，集合して海底の分厚いマット構造をつくったり，歯磨きが不十分なときの歯垢やヌメリの原因になったりもする．さらに，地上にはびこって大繁殖しており，驚くほど多様な種類の代謝反応を進化させた点でも似ている．真核生物でない生物として，アーキアと細菌は共通する部分も多いので，原核生物として合わせて，つぎの項で詳しく紹介する．二つの異なる点は，そのつど，別個に紹介しよう．

大成功を収めた生物，原核生物

地上の生命といえば，多くの人は，チョウ，トラ，ランなどを思いつくだろう．微生物をあげる人はいない．しかし実際は，地上の生命の大多数は単細胞の生き物，原核生物である．どれだけの個体数だろうか．5,000,000,000,000,000,000,000,000,000,000 個体（5×10^{30}）という見積もりもある．なぜ，大成功したか．高い繁殖力が一つの要因である．原核生物は，分裂（二分裂）とよばれる方法で二つに分かれて増える．たとえば，無害で私たちの腸内に生息することでよく知られている大腸菌の場合，一晩で1匹から1600万匹まで増殖できる（図2・6）．

原核生物は地上のあらゆる場所にはびこっている．暗黒の深海，沸騰する温泉水の吹き出す間欠泉，3 km もの深い炭坑内など，他の生物がほとんど見られない場所でも生息できる．極限環境に適応しているものにはアーキアが多いが，細菌の仲間も知られている．原核生物は家の中で環境のよい場所，たとえば，ドアノブやキッチンの流しの中などにもいる．スプーン1さじ分の庭の土の中にさえ，数百万匹，数千種の異なる細菌がいると考えられている．健常者の皮膚には，1 cm 平方当たり 1000〜10,000 種の細菌がいるという報告もある．

大腸菌（*E.coli*）のように，特別調合の養分を入れた培養器を使えば，実験室で容易に純粋培養し，増やすことのできる細菌が

■ 役立つ知識 ■ 生物の学名は，通常は斜字体で表記する．斜字体が使えない場合，下線を引いて区別する．最初の名前が属名で，頭文字は大文字で書く．それに続くものが，種名である（大文字表記しない）．大腸菌の学名は，*Escherichia coli* であるが，このようにすべてスペルを書くのは最初だけで，その後，同じ学名が繰返し出てくるときは，属名は最初の大文字だけにして，*E. coli* と書くことが多い．

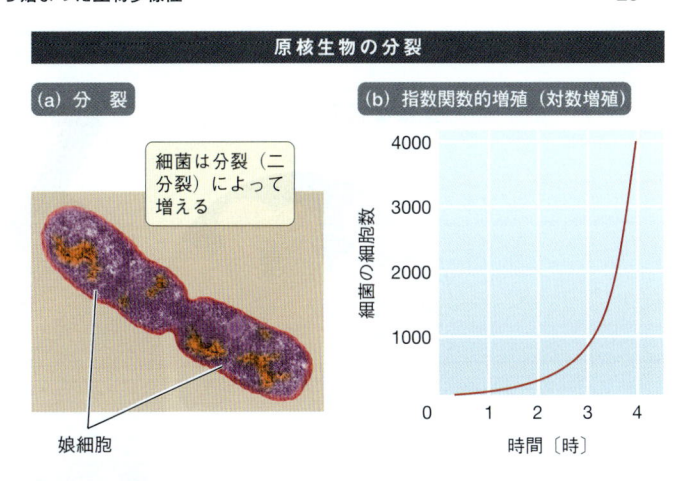

図2・6 驚異のスピードで分裂増殖する大腸菌 (a) 37 ℃の温度で十分な栄養があれば，大腸菌は，20分に1回の割合で分裂し増殖する．(b) 1匹の大腸菌は20分で2匹に，40分で4匹にと増える．これが続くと3時間で1000匹になり，その後，加速度的に数を増やしてゆく．こういった増殖パターンを指数関数的な増殖，あるいは幾何級数的な増殖という．

いる．しかし，大半の細菌はそうではない．実験室でどうやって培養するか，わからないものが多い．さらに，細胞も非常に小さいので，高性能の顕微鏡でなければ，見つけるのは難しい．そこで，現在はDNAを使って分類するのが一般的になっている．観察できず，培養も難しい何百万種もの細菌やアーキアを，DNAを手がかりに調べた結果，地上，海洋，考えられるあらゆる場所で，原核生物が繁殖していることがわかってきた．

多様な生息環境

原核生物は，他の生物のいない所でも生息できるものが多い．海洋では，一番多い生物は細菌やアーキアで，全生物圏の生態を左右する重要な役割を担っている．アーキア，または細菌のなかにも，例外的な劣悪環境に生息するものもいる．沸騰する温度の間欠泉や温泉で，また高温の熱水を噴出する海底の割れ目（海底熱水噴出孔）に見つかる好熱菌も知られている．そのような高温では，通常の生物は生息できないが，高温でも変性せず壊れることのないタンパク質を進化させることで，好熱菌は生き延びられるようになった．ほかにも，塩濃度の高い死海，あるいは細菌の繁殖を抑える目的で高い濃度の食塩にさらした魚や肉の中でも，生き抜く好塩菌もいる．

生存するのに酸素を必要とするものも多く，そういった原核生物を**好気性菌**という．逆に，酸素を必要としない，あるいは，酸素があると弊害となる原核生物もいる．**嫌気性菌**とよぶ．たとえ

図2・7 核のない原核生物の細胞 真核生物に比べて，原核生物の細胞の大きさは，1/810 程度で，もっているDNAの量も少ない．

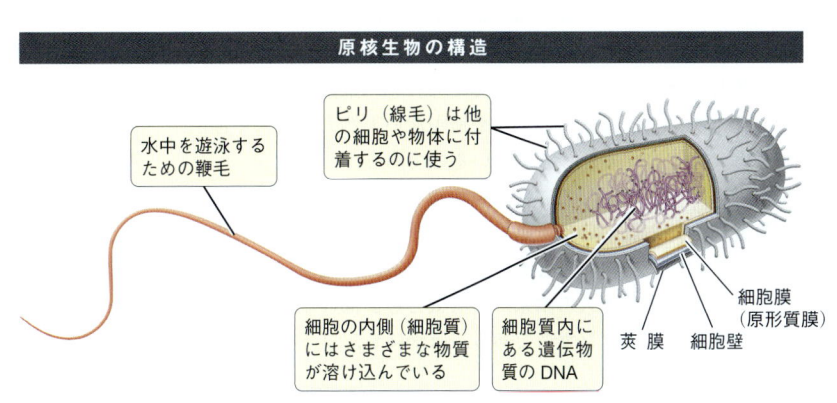

生物の多様性：原核生物

多様な構造

マイコプラズマは、直径 0.5 μm ほどの最小の生物．針先の大きさが 2000 μm なのでその 4000 分の 1．動物や植物に寄生する

Epulopiscium fishelsoni は最も大きな原核生物で、600 μm もある．ニザダイ（スズキ目の魚）の腸内から発見された

細菌やアーキアは、風船型から三角形のものまで、さまざまな形をしている．この写真は 1 ドル紙幣に付着していた球菌や桿菌．紙幣の流通によって人の間で感染する

豆知識
2010 年，Craig Venter らの研究チームが初めて完全な人工生物，"Synthia" をつくった．485 個のマイコプラズマの DNA を人工的に合成して，DNA を欠失した細胞内に移植した人工原核生物である

多様な生息環境

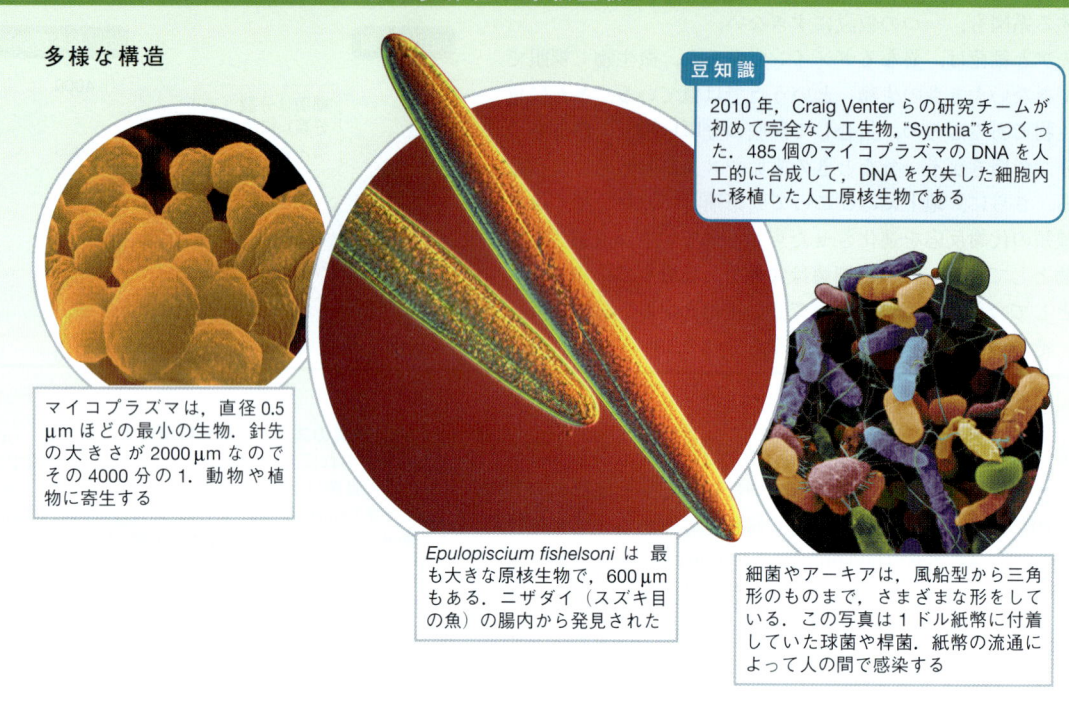

好冷菌は凍りつくような低温環境を好む．スイスアルプス地方の氷河の下などに見つかる

好熱菌は、地上の最も熱い場所を好む．海底の高圧の熱水噴出孔（110 ℃ 以上）に生息するアーキアの一種

海水より 10 倍も塩濃度の高い所に生息する好塩菌．海岸の干潟（サンフランシスコ湾）では水が蒸発して、塩が析出している．ピンクや紫の色は、太陽光を吸収する色素をもつ好塩性アーキアによる

豆知識
赤ニシン（燻製ニシン）の赤い色は、好塩菌の色である．においでキツネ狩りの猟犬の気をそらすのに使われる

図 2・8　多様な形態，生息環境，エネルギー獲得手段を獲得した原核生物

ば，食中毒をひき起こすボツリヌス菌（*Clostridium botulinum*）は嫌気性菌の一つだ．ともに同じ原核生物の仲間であっても，両極端な好気性菌と嫌気性菌がいることは，いかに幅広く多様な環境でも生息できるかを示すよい証拠であろう．酸素の欠乏した低湿地，汚水タンク，海底の泥の中や地中深い天然ガス鉱床や油田の中などにも生息する原核生物がいるのである．

嫌気性のアーキアとして，代謝副産物としてメタンをつくる**メタン生成菌**も知られている．動物の腸内で生息し，私たちの腸内ガスやウシのゲップの原因ともなる種である．大気中に 0.0001 % ほど含まれるメタンガスの由来は，沼気ともよばれる湿地帯のメタン菌の産生するメタンガスである．ほかにも，ゴミ集積場もメタンガス産出量が多い．

原核生物は単細胞だが，集団行動をするものもいる

細菌やアーキアの細胞はさまざまな形のものがいる．丸いものを球菌，棒状のものを桿菌，ワインオープナーのようなコイル状のものをらせん菌とよぶ．しかし，ともに，基本的な共通構造がある（図 2・7）．まず，細胞壁．細菌の多くやアーキアの細胞を囲む保護構造で，その上に，さらに莢膜とよばれるおおい膜をもつ細胞もある．この莢膜はぬるぬるした高分子でできていて，細菌が感染した宿主生物の防御機構，免疫システムの攻撃を切り抜けるはたらきがある．

表面が、細い毛のような突起である**ピリ**（線毛，性線毛ともよばれる）で覆われたものもいる．ピリは他の菌体と互いに接着したり，他の物体，感染する細胞などに付着したりするのにも使わ

エネルギーの獲得方法

生産者

化学合成無機栄養生物は，無機物からエネルギーを得る．イエローストーン国立公園の強酸性熱泉の好熱好酸菌（アーキア）は硫化水素とヒ素を使ってエネルギーを得る

真核生物に比べると，原核生物の代謝機構は非常に多彩である．この写真のネンジュモ（シアノバクテリア）は，太陽光を使った光合成によってエネルギーを獲得する．大気中の窒素を使って有機化合物をつくることもできる．これは真核生物にはない代謝である

太陽光とは関係のない暗黒の世界に生息する原核生物もいる．南アフリカの3000 mもの深い金鉱内で，硫黄化合物や水素ガス（放射能を帯びた水から生成する）を使ってエネルギーを得て，炭素を栄養源とする細菌（*Desulfotomaculum*）が発見された

豆知識

歯医者が使う植物性の赤い色素は，細菌のプラーク（歯垢）を染色して見やすくする．下の写真の子は，歯磨きを拒否して，最悪の歯の衛生状況である

分解者は，生物の死骸を分解し，そこでつくられる有機化合物を吸収する．このテキサス州ヒューストンの汚水処理場では，何百万種もの細菌やアーキアが分解者としてはたらいている

共生する原核生物もいる．この写真は根粒菌と共生するマメ科の植物．植物は根粒菌に糖を供給する．細菌は，代わりに大気中の窒素を固定して植物がタンパク質などに利用しやすい化合物として供給する

私たちの口腔内には500種以上の細菌がいる．そのなかで，ミュータンス連鎖球菌（*Streptocossus mutans*）は虫歯や歯周病をひき起こすまったく迷惑な細菌である

消費者

れる．ほかにも，細胞表面には，1本または複数の長い**鞭毛**があり，船のスクリューのように回転することで，遊泳推進力を発生する．

原核生物には，真核生物のような核はない．また，真核生物のDNAには明確な機能がわからないジャンクDNAといわれる余計な部分が非常に多いのに対して，原核生物のDNA量は少なく，その大半が，生存したり増殖したりする目的でフルに活用されている．

細菌とアーキアは，単細胞の原核生物であるが，元の1個の細胞から分裂して増えたものが集まって群体をつくることがある．繊維状に長く連結した構造，糸状菌もつくるもの，たとえば，光合成を行うシアノバクテリア（藍色細菌）のネンジュモなどが知られている．このような群体も，分裂増殖後の細胞が分かれずに一列に連なって形成されたものである（図2・8）．

細胞間で情報をやりとりして，細胞密度を決める**クオラムセンシング**（菌体数感知機構）という仕組みをもつ原核生物もいる．クオラムセンシングは，"定足数の感知"の意味であるが，細胞が密度を感知して，集合体として協調行動をとる現象をさす．その結果，多数の個体，複数種のものが密に集合して膜状の集合体，バイオフィルムをつくる細菌もいる．風呂場の壁や感染した生物体組織内など，あらゆる場所でバイオフィルムはつくられる．クオラムセンシングの仕組みで，感染宿主の免疫力で対処できる以上の急速な速度で増殖するので，問題となる病原菌もある．こういった群体をつくり，協調的な行動をとることから，細菌には原

始的なタイプの多細胞化機構があると考えている研究者もいる．

無性生殖による増殖

　原核生物は，**分裂**（または，**二分裂**）とよばれる方法で二つに分かれて増える．分裂は，1個の細胞が分かれて別の細胞を複製する仕組みで，無性生殖の一つである．細胞の中のDNAは分裂前に複製されていて，分裂後のそれぞれの細胞（娘細胞という）に分配される．このような無性生殖では，DNAの遺伝的な情報は，常に元の細胞のものと同じとなる．図2・6で解説したように細菌の増殖速度は非常に速い．たとえば，20分に1回の割合で分裂する大腸菌の場合，栄養条件さえよければ，1個の細胞から10時間で10億個まで増えることができる．そうやって増殖した細菌で地上があふれかえっていないのは，自然の状態では，幸い，必要な栄養がすぐに枯渇してしまい増殖できなくなるためである．

　アーキアにはみられないが，細菌のなかには胞子を形成する種もいる．胞子は，堅い殻で囲まれた休眠状態の細胞で，沸騰や凍結にも耐えられる．胞子をつくることを胞子形成という．感染すると生命を脅かす破傷風をひき起こす破傷風菌（*Clostridium tetani*），炭疽病の原因となる炭疽菌（*Bacillus anthracis*）などは，胞子をつくる細菌である．

　原核生物では，有性生殖は知られていないが，他のDNAを取込んで，その情報を自分のものに組込むものがいる．このような，自然環境下で起こる他個体間，他種間での遺伝子の移動を**水平遺伝子伝播**という．細菌やアーキアにみられる水平伝播の仕組みの一つとして，プラスミドがある．**プラスミド**とは原核生物（真核生物にも知られている）の細胞質内にあるもので，細胞がもともともっているDNA（染色体DNAという）とは別にある短いDNA分子である．リング状の構造をしている．細菌は，同種の別の細胞間でみられる**接合**（図2・9）のときに，このプラスミドをやりとりすることがある．また，細菌の細胞は死ぬときは，細胞体が崩壊して，プラスミドや染色体DNAを周囲にまき散らすが，そのDNA断片が，他の細胞（異なる種の細菌のこともある）に取込まれることもあるだろう．このような遺伝子の水平伝播の仕組みは，原核生物の進化速度を加速してきたと考えられている．

多様な代謝機構を獲得した原核生物

　生物は，エネルギーを獲得し，成長し，繁殖する．地球の全生物は，すべて炭素を使って生きている．炭素が，タンパク質やDNAなどの重要な分子のもとになるからである．その炭素も，生息する環境から栄養素として獲得したものである．生物に由来する炭素を含む化合物を**有機化合物**，対して，炭素元素が1個だけ，あるいは，炭素を含まない化合物を**無機化合物**という．鉄鉱石，砂，二酸化炭素などは，無機化合物である．

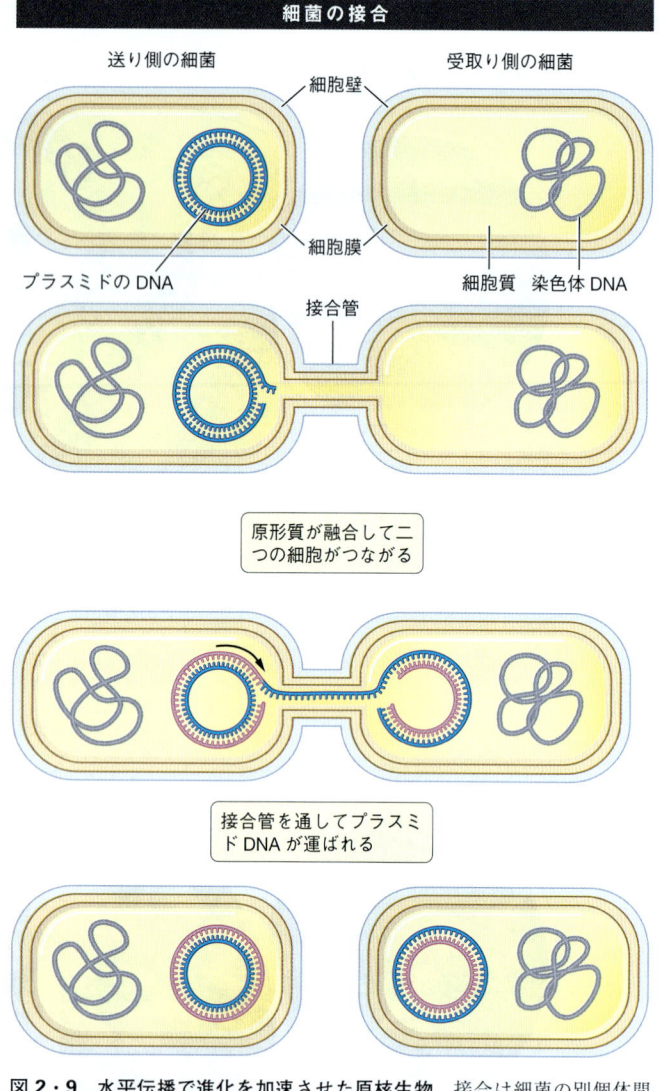

図2・9　水平伝播で進化を加速させた原核生物　接合は細菌の別個体間でDNAをやりとりする仕組みである．交換するのはもともと細胞にある遺伝情報を担うDNA分子ではなく，プラスミドDNAである．

　細胞をつくる，有機化合物を合成するなどの生命活動のためには，エネルギーが必要である．エネルギーと栄養素の両方を餌の中の有機化合物として獲得する生物がいる一方で，その両方を他の無生物的なものから得て，まったくのゼロから，エネルギーや栄養素を自分で生み出す生物もいる．第1章でも紹介したが，植物，原生生物，原核生物の一部がそういった生産者，すなわち**独立栄養生物**で，他の生物ではなく無生物的なものから有機化合物をつくり出すことができる．植物の場合，太陽光のエネルギーを取入れ，そのエネルギーを使った化学反応によって，人や動物などが吐き出した二酸化炭素と水とを結合させる．この化学反応

表2・2　原核生物の栄養獲得方法

栄養獲得の方法	エネルギー源	炭素源	例[†]
光合成独立栄養生物	光	二酸化炭素	シアノバクテリア（藍色細菌）
化学合成独立栄養生物	無機化合物（鉄鉱石など）	二酸化炭素	鉄酸化細菌（*Thiobacillus ferrooxidans*）
化学合成従属栄養生物	有機化合物	有機化合物	大腸菌（*Escherichia coli*）
光合成従属栄養生物	光	有機化合物	*Heliobacterium chlorum*

注：さまざまな栄養源活用法があるおかげで，原核生物は環境にうまく適応し成功している．
[†] この表の生物は，すべて細菌である．光合成独立栄養生物以外，アーキアにも同じように多様な種がいる．

で，糖と酸素ガスがつくられる．酸素は，もちろん，動物が生きるうえで重要な分子である．

細菌のなかにも同じような光合成を行うものがいる（表2・2）．シアノバクテリアである．シアノバクテリアは，沼や池面によくみられるアオコの中にいる生物で，地球上あらゆる場所に生息している．原核生物のなかでは，唯一，酸素を生み出す光合成を行う生物である（図2・10）．このように光のエネルギーと無機炭素化合物から有機化合物をつくる生物を，**光(合成)独立栄養生物**という．光合成の仕組みを使ってエネルギーを獲得し，必要な有機化合物を他の生物を餌とするのではなく，自力で二酸化酸素から合成する生物である．

図2・10 淡水池の表面にアオコとなって増殖する原核生物 シアノバクテリアは，光合成を行う細菌である．池や湖の表面で増殖し，ぬるぬるした緑色のマット，アオコとなる．アオコの中には緑藻など，光合成をする原生生物（真核生物）が共存することもある．

太陽光ではなく，鉄鉱石や硫化水素，アンモニアなどの無機化合物からエネルギーを獲得する原核生物もいる（図2・11）．空気中の二酸化炭素を有機化合物の材料として利用する．では，このような生物は"光合成独立栄養生物"の代わりに何と命名すべきだろうか．生息環境の化合物の化学反応（酸化還元反応）によってエネルギーを得るので，**化学(合成)独立栄養生物**とよばれている．光のない深海の熱水噴出孔に生息する細菌やアーキアにそのような化学合成独立栄養生物がいる．彼らがつくる有機化合物のおかげで，海底の二枚貝（シロウリガイ），ゴカイ（ハオリムシ），タコなどの動物が生息する驚異の海底生態系ができあがっている．

私たち動物の場合，栄養源やエネルギーは他の生物から獲得するしかない．他の生き物の細胞や組織を分解して，エネルギー（第Ⅱ部で詳しく紹介）と栄養素である炭素（有機化合物）を得ることになる．すべての動物界や菌界の生物がそういった消費者である．また，原生生物のなかにも，そのような他の生物を消費して（食べて）生きている生物がいる．原核生物のなかにも，消費者として，他の生物から栄養素を獲得するものが多い．そのような生物を**従属栄養生物**という．

化学(合成)従属栄養生物は，エネルギーと栄養素を有機化合物から得る生物である．"化学合成"とはつまり，他の生きた生物，あるいはその死骸を分解してエネルギーを得ることを意味し，"従属栄養生物"とは，栄養素としての炭素を，他の生物から得る生き物をさす．動物界と菌界の生物，多くの原生生物がそのような化学反応従属栄養生物である．

化学合成従属栄養生物の細菌とアーキアも多い．真核生物の化学合成従属栄養生物に比べると，原核生物の化学合成従属栄養生物の利用する炭素栄養源は非常に豊富である．たとえば，石油の中の有機化合物を炭素源にするものもいる（石油は，化石になった生物の炭素が，地質変動による熱や高圧によって液化してつくられたものである）．

光(合成)従属栄養生物もいる．つまり，光を植物のようにエネルギー源として用い，有機化合物から炭素源を得ている細菌やアーキアである（植物は二酸化炭素から）．たとえば，アーキアの好塩菌は，植物がクロロフィルを使って光のエネルギーを吸収するのに対して，バクテリオロドプシンという色素分子を使う．吸収した光エネルギーを使って，高エネルギー化合物であるATPを合成し，このATPを使って，周囲環境から得た炭素源から有機化合物を合成する．バクテリオロドプシンは赤紫色の色をしているので，この好塩菌が繁殖した塩湖や塩田は，美しい色に染まって見えることがある（図2・8参照）．

図2・11 金属を食べる化学合成独立栄養生物 オレンジ色の塊や黄色の液体は，*Sulfolobus* という名のアーキアである．植物と同じように二酸化炭素から有機物を合成するが，エネルギーの入手先が変わっている．太陽光ではなく，また他の生物を食べるわけでもない．無機化合物の鉄鉱石を使った化学反応によってエネルギーを獲得するのだ．日本の火山噴火口などに生息する化学合成独立栄養生物が知られている．

酸素を生み出し地球環境を変えた原核生物

地球ははじめ，酸素が非常に少なく，二酸化炭素，メタンガス，アンモニアなどの多い，温室内のような気候であった．ところが約25億年前，酸素を生み出す光合成の機構が地上に生まれ，その結果，大気の組成を変え，生物の環境を永遠に変えてしまった．

この最初の光合成細菌が原核生物のシアノバクテリアである．特に，副産物として酸素をつくり出す光合成の仕組みが進化したために，大気組成の大変化をもたらした．シアノバクテリアの繁殖に伴い，大気中，海洋中に酸素が蓄積し，それまでほとんど無酸素状態だった大気が，約20億年前には濃度10％まで上昇した．化石のうえではじめて真核生物が登場したのもそのころである．つまり，シアノバクテリアの生み出した酸素が，真核生物，特に多細胞生物の進化を加速した可能性が高い．真核生物の細胞は，一般に原核生物のものより大型で，それだけ多くのエネルギーを必要とする．酸素を使った新しい代謝機構（細胞呼吸）を進化さ

せ、大型の化学合成従属栄養生物である真核細胞でも十分なエネルギーを供給できるようになったのである．

その後，シアノバクテリアに進化のうえでつながりの深い系統，緑藻類，さらに大型の高等植物が進化した．そのため，これらの真核生物の光合成も，シアノバクテリアと同じ酸素発生型のものだったので，大繁殖して酸素を放出し続けた結果，約6億年前までには，大気中の酸素濃度は現在と同じ21%まで上昇したのである．

生物圏における原核生物の重要な役割

さまざまな栄養獲得方法，つまり，多様な代謝機構という進化上の発明のために，原核生物は，生態系の中で，そして私たちの社会の中で，数々の重要な役割を担っている．外洋の生態系では，シアノバクテリアのように，まず，生産者として食物連鎖のおおもとになる重要なはたらきをしている．

従属栄養の細菌やアーキアは，**分解者**としても重要である．尿や糞などの排泄物，生物の死骸など，余った栄養源を分解する消費者となる．**栄養素の循環**を考えると分解者の役割は大きい．死骸や排泄物など，生体有機化合物としてとどまっているものを完全に分解して周囲環境に戻し，炭素，窒素，リンなどの栄養素を独立栄養生物へ，さらに再び従属栄養生物へとリサイクルさせる．石油を消費する分解者となる原核生物は，洋上に漏れたオイルの清掃処理に役立っている．また，汚水場の細菌は，廃棄物を無害な物質にまで分解して環境に戻す役割を担っている．

生活の中の生物学

生物多様性への脅威

地球の生物史の中では，多くの生物種が瞬時に消失した大量絶滅のような，数々の大事件が繰返し起こっている．生物学者は地上の全種の目録をつくろうと躍起になっているが，今まさに新しい大量絶滅の途上にあるという警告を発している研究者も多い．現在，多くの生物種が絶滅の危機にあるのは事実で，このまま何も対策を講じなければ，地球の歴史のうえで例を見ない急速な大量絶滅が起こるという．もし，地球の全種数がわかっていれば，そこから絶滅の正確なスピードを見積もることは可能かもしれない．どんなに控え目に見積もっても，生物多様性が信じられない速度で失われているのは事実である．また，その原因も明らかである．地上に増え続ける人間の活動が原因なのだ．

破壊され，失われる生息環境が生物多様性への脅威となる

生物多様性への最大の脅威となっているのは，生物の生息環境の破壊や悪化である．それまで自然のままであった地域に，人が家屋を建て，農地を広げ，工業用地を確保すると，ヒト以外の生物種に適した生息地が急速に変貌し失われる．生息地の消失といえば，アマゾンの熱帯林が開発で失われることを思い浮かべるかもしれないが，実は遠い場所の話だけではない．生息地の消失はあらゆる場所，身近な地域で起こっている．

それまで森や野原だった場所に宅地が造成されるたびに，生息環境は破壊される．都市部，郊外部の人口増の影響は大きい．人口密度の高い地域では，自然公園や環境保護区内の生物種さえ消失しつつある．ボストン郊外には広大な環境保護区があるが，そこの在来の植物種，約150種が消失したという生態学者の報告もある．自然愛好家を含め，人々が自然公園内に踏み込んだことなどで，環境が変わり，それが植物種の減少の一番の原因となっているようである．住宅が増え，周辺部の自然環境がなくなることで，外部から飛んで来る植物の種子が減少したのも一因である．

導入生物が在来種を駆逐する

もともといなかった生物が導入されることも在来種の脅威となる．ヨーロッパ人が米国に移住したことで約5万種の生物が外部から導入されてきた．そのなかには，競合する在来種を駆逐し，風景をも一変させるようなものもいて，侵入種とよばれている．

たとえば，ブタが家畜として導入されたハワイでは，その一部が野生化し在来種の植物が食い尽くされて消滅した．イエネコやマングースも導入された後，ハワイ在来の鳥，特に地上で生息する種の鳥が餌になって消滅した．米国内各地では，持ち込まれたミソハギ，ユーカリ，エニシダが在来種を圧迫している．

気候変化による脅威

多くの専門家が，最近の気候変化の主原因は人の活動であると考えているが，この気候の変化が生物多様性へのもう一つの脅威となっている．オーストリアでの報告では，地球温暖化の影響で，アルプス在来の植生がしだいに標高の高い場所へ，より冷涼な高標高の場所へと生息地を変えつつある．その移動速度は10年に1mほどである．もし温暖化がこのまま続くと，他の場所にはみられない希少種が，やがて山頂へと逃げ込むしかなく，そこで絶滅するだろう．標高を上げられるような高地のない地域では，生物は高温から逃れるために，より緯度の高い地域へと移動し始めている．

人口増が生物多様性の脅威となる

ヒト以外の生物種にとっては，人口増が最も大きな脅威となっている．増える人口を支えるためには，それまで野生の自然環境にあった地域に，農地を広げ，道を作り，工場を建て，自然環境を悪化させることになる．さらに，1人当たりの消費エネルギーも以前よりも増えており，自然に与える脅威はさらに大きくなっている．p.41の"生活の中の生物学"にある議論も参照してほしい．

水面から跳ね上がるコイ この河川でみられるコイは，成長すると，約50 kg，1.2 m程度まで大きくなる．食欲旺盛な魚で繁殖力も高い．アジアからミシシッピ川に侵入し，今では五大湖全体の生態系を脅かす存在となっている．

細菌は植物の助けにもなっている．植物の成長に必須のアンモニアや硝酸といった窒素源は，植物体はみずから合成することはできない．細菌が，大気中の窒素を取入れアンモニアに変換する（**窒素固定**とよぶ）ので，植物は窒素を利用できるようになる．そのような窒素固定細菌の多くは，土壌中や水中に生息しているが，根粒菌とよばれる細菌は，マメ科の植物と精巧で親密な関係を構築し，根が膨らんでつくられる根粒の中に共生している（図2・8参照）．

原核生物が多彩な代謝反応を進化させてきた．その結果，医薬品で利用する抗生物質から，マニキュア落としに使う有機溶媒のアセトンまで，その副産物としてつくる物質は驚くほど多様である．好気性の従属栄養生物の細菌で，低酸素のときに**発酵**とよばれる代謝反応を使うものがいる．原核生物や酵母（真核生物）の行う発酵では，菌の種類や分解する物質によってさまざまな産物がつくられる．食酢として使われる酢酸，チーズ独特の強いにおいのもとになる酪酸も，またヨーグルト，乳酸飲料，しょう油，チーズ，漬け物（ぬか漬けやキムチなど）などの食品もすべて細菌の発酵によるものである．

図2・12 **原核生物を利用したバイオレメディエーション**　油を分解する細菌の増殖を促すために，石油流出現場の海岸に肥料を散布するところ．

多彩な代謝反応が可能な点は，原核生物が驚くほど多様な環境でも生息できることを意味している．また，多彩なその能力は，人間が起こした失敗の回復にも役立つ．**バイオレメディエーション**（生物による環境修復技術）は，細菌を使った汚染物質の処理技術である．流出石油の処理には，化学合成従属栄養性の細菌やアーキアによる分解が特に有効で，これらの原核生物が，石油の中の有機化合物をエネルギー源や栄養素として使うために，汚染物質を無害な二酸化炭素と水まで分解することができる．そういった石油流出現場には，汚染処理で活躍する原核生物の増殖を促進するために，窒素や硫黄などの肥料を散布することが多い（図2・12）．これらの成分は原核生物の急激な繁殖をひき起こすほど，自然の環境下では豊富ではないからである．

病気の原因となる細菌

大半の細菌は無害で有益なものが多い．しかし，人のさまざまな病気の原因となるものいる．そういった人の病気をひき起こす細菌を**病原体**（病原菌）という．不思議なことに，アーキアには病原性のもの，他の生物に害を及ぼすものは知られていない．

細菌は，あらゆるものを栄養源にでき，農作物，保存食，家畜，さらに病気や死亡した人まで，何でも侵入する．また，これは他の病原体と同じであるが，細菌は特定の宿主，つまり限られたグループの生物にだけ感染するので，たとえば植物を宿主とする細菌はヒトに感染することはない．炭疽菌のように，家畜とヒトともに感染する細菌もいるが，多くは2〜3種の少ない生物種にしか感染しない．

"人喰い細菌症"なる名称でよばれる壊死性筋膜炎の原因となる細菌は，通常は，*Staphylococcus pyogenes* などの複数種のものがかかわっており，細胞外に出す**外毒素**（エキソトキシン）によって周囲の組織が壊死する病気である．体内で急速に広まって，壊死が起こるので，発症後1〜2日で死亡する．幸い通常は免疫機構がはたらき，壊死性筋膜炎をひき起こすまではいかない．

毎年200万人が，結核，腸チフス，コレラなどの細菌の感染症で亡くなっている．開発途上国の場合，衛生状況が改善すれば感染数も減らせるだろう．米国で多いのは，食中毒，肺炎，連鎖球菌による咽頭炎などの感染症である．毎年約500万人の米国人が，カンピロバクターやサルモネラ菌などが原因の食中毒を起こしていると政府機関は推定している．サルモネラ菌やビブリオ菌は，細胞壁の中に**内毒素**（エンドトキシン）をもち，発熱や血栓をひき起こしたり，急速な血圧降下など致命的なショック症状の原因となったりする．

細菌の感染症に対しては，一般に抗生物質を使用する．**抗生物質**とは，生物のつくり出す化学物質で，他の生物種に作用して殺したり繁殖を抑えたりする作用をもつ物質をさすが，もともとは菌類が産生する物質である．分解者や感染者として，細菌と菌類は，同じ生態学的な地位"ニッチ（必要とする生息環境や食物）"を奪い合っている．その競争に勝つために，細菌界に対して菌界の生物がつくり出した生物兵器が抗生物質である．もちろん，細菌が他の細菌に対抗する手段としてつくり出す抗生物質もある．医薬品として使われるストレプトマイシンなどの抗生物質は，菌類ではなく，細菌由来のものである．

1928年，Alexander Fleming が青カビ（*Penicillium*）に抗生物質としてはたらくものがあることを発見し，1939年，Earnst Chain と Howard Floery が，その物質，ペニシリンを精製して以来，抗生物質の時代が始まった．その後，さまざまな天然の抗生物質，人工的に合成した抗生物質が発見・開発され，細菌感染症に対して使われてきた．その事実を確かめるのには，大きな墓地を訪問してみるとよい．抗生物質のない1940年代までは，いかに多くの子どもたちが若い命を失わざるをえなかったがわかるだろう．

抗生物質は，処方箋に従った正しい使い方をしなかったり，家畜などに不必要な量を投与したりすると，逆に細菌の耐性菌を増やし，その結果，抗生物質の選択肢が少なくなることに注意しなければならない．また，つぎに紹介するウイルスの場合，細菌感染症と似た症状（肺炎や食中毒症状）をひき起こすが，抗生物質はまったく効かないことは知っておくべき重要な点である．

2・4　ウイルス：非生物性の感染物質

先にあげた三ドメインや六界の系統樹の中にウイルスがなかったことに気づかれたと思う．**ウイルス**は，微小なサイズの感染性の物質であるが，細胞の形をしていない．多くのウイルスは，タンパク質で覆われた遺伝物質程度の大きさであるが，細菌，アー

キア，原生生物，菌類，植物，動物のあらゆる界の生物に感染し，細胞を破壊するものがいる．

細胞構造のないウイルス

他の生物と同じように，ウイルスはDNAをもち，繁殖し，そして進化する．生物か否か．それは長らく研究者の頭を悩ませてきたのではあるが，生物として重要な特徴が欠けていて，それがウイルスを非生物の感染性物質であるとみなす根拠になっている．まず，特徴の一つ目は，ウイルスは細胞の構造をもたないことである．細胞よりずっと簡単な構造で，遺伝物質（DNAなど）の周囲をタンパク質の殻が取巻いた形のものが多い（図2・13）．その周囲をさらに原形質膜のような脂質のエンベロープで覆ったものもある．

インフルエンザウイルス

- タンパク質の殻
- エンベロープ（脂質の膜）
- RNA

インフルエンザウイルスは遺伝物質としてDNAの代わりにRNAをもつ

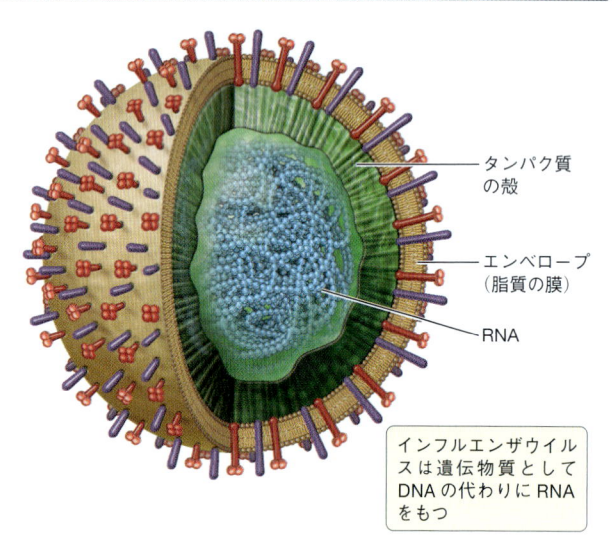

図2・13　ウイルスの構造

ほかにも，ホメオスタシス，繁殖，代謝などの生物の細胞にあるべき重要な機能，およびそれを実現するための構造物が多数欠けている．そのような機能を他から借用するために，巧妙なやり方で，ウイルスは他の生物の細胞内に侵入し，宿主の細胞質内に遺伝物質を放出し，代謝の仕組みをハイジャックするのである．もう一つ，他の生命体にはない特徴は，遺伝物質が必ずしもDNAではなく，**RNA**（リボ核酸）を使うものがいる点である．

構造や感染方法で分類されるウイルス

ウイルスの分類には，リンネ式の階層分類法に似た別の分類法が使われ，遺伝物質の種類（DNAまたはRNA），形態，感染する宿主の種類，感染後にひき起こす症状の種類で分類されている（図2・14）．ウイルスの変異型は，系統や**ウイルス型**，あるいは血清型とよばれ，たとえば一般的な風邪はピコルナウイルス科ライノウイルス属の中の種々の系統のものがひき起こす．ウイルス型は，どこで見つかったかで名前がつけられることが多い．たとえば，エボラウイルスはアフリカ，コンゴ共和国のエボラ渓谷の名前をとってつけられた．また，もっと頻繁に出現するよく知られた系統のウイルスは，単に英文字と番号で，H1N1型インフルエンザなどと命名されている．病原性の細菌のように，ウイルスにも高い宿主選択性があるが，進化して他の系統へと変わり，別種の生物に感染することがある．たとえば，鳥インフルエンザは，通常は鳥にだけ感染するが，ときにニワトリや渡り鳥に接触したヒトにも感染したりする．

レトロウイルスは，宿主のDNA内に自分の遺伝情報を挿入し，非常に長い間，時には宿主の寿命の尽きるまで潜伏していることもある．その後，しばらく期間をおいて，感染したレトロウイルスが急速に活性化し（仕組みは未解明），増殖して，宿主の細胞から外へ放出される．細胞外へ放出される仕組みには，宿主細胞自体が崩壊して外に放り出される場合と，宿主の細胞膜に包まれて出芽するように飛び出す場合がある．

HIV-AIDS（後天性免疫不全症候群）をひき起こすHIV-1ウイルス（ヒト免疫不全ウイルス）は，宿主となる免疫細胞の膜と融合して内部に侵入し，そこで遺伝物質（RNA）を放出する．このRNAはDNAに変換され，宿主細胞内のDNAに取込まれる．その後，大人の場合，免疫系によってウイルスは抑えられ，2〜

ウイルスの形態

らせん型

植物に感染するタバコモザイクウイルス

正二十面体型

一般的な風邪の症状をひき起こすアデノウイルス

複雑型

細菌に感染するT4ファージ

図2・14　ウイルスの形態の分類

20年間は症状も現れない．しかし，その間ウイルスは増殖し続け，ついには重要な機能を担う免疫細胞を死滅させ，その補給速度が間に合わないようになる．この免疫細胞の数がある限度以下まで減少すると，免疫能力が急速に低下し，他のウイルス，細菌，菌類など，通常は悪さをしない日和見感染する病原体さえ，その攻撃を防げなくなる．

進化の速いインフルエンザウイルス

冬場になるとインフルエンザウイルスに感染する人も多い．インフルエンザウイルスはRNAを遺伝情報として使っているが，宿主のDNA内にその情報を挿入することはない．その代わり，宿主のタンパク質やRNA合成系を利用して，宿主細胞に莫大な数のウイルスのコピーをつくらせる．その後，ウイルスは，宿主細胞を殺すことなく，その細胞膜で包まれた形で出芽するように飛び出していく（図2・15）．ウイルス感染の2〜3日後，通常はインフルエンザの症状が出る前日，感染者はこうやってウイルスを外に出し，最初の感染から約7日間は感染力を維持している．外に出たウイルスは，ドアノブ表面なら2〜3日，湿気のある場所なら2週間ほどは生き延びて他の人へと感染する．

体に侵入するときの経路は，人の場合，鼻，のど，肺の細胞，鳥ならば，腸の細胞である．感染すると咳，くしゃみ，発熱と体中の痛みなどの症状がでる．患者の鼻水は，他の人へと広まるうえで，ウイルスにとっては好都合な感染媒介手段となる．インフルエンザに感染すると，免疫細胞が活性化してウイルスを破壊する．体温の上昇はウイルスの増殖を抑える効果があり，体の防御反応の一つであるが，高熱は体の機能に弊害もある．医師は薬剤で体温を下げるか，自然に発熱するままに放置するかの微妙な判断を迫られることになる．

なぜ，毎年のようにインフルエンザが流行するのであろうか．それは，ウイルスが体中の細胞内で繁殖するわずか数日から数週間の間に急速に進化するためである．ウイルスはあまりに急速に進化するので，その前に効いていた抗ウイルス薬の効果が使えなくなることもある．抗生物質は，ウイルスの感染症には効果がない．この点は，十分心得ておいてほしい．HIV-AIDSなど，人命にかかわるウイルス感染に対しては，DNAやRNAなどの遺伝情報物質の複製を抑制し，ウイルスの増殖力を低下させる複数種の混合医薬品を使用する．しかし，こういった混合薬は副作用が大きく，処方されるのは深刻なウイルス感染症のときだけである．

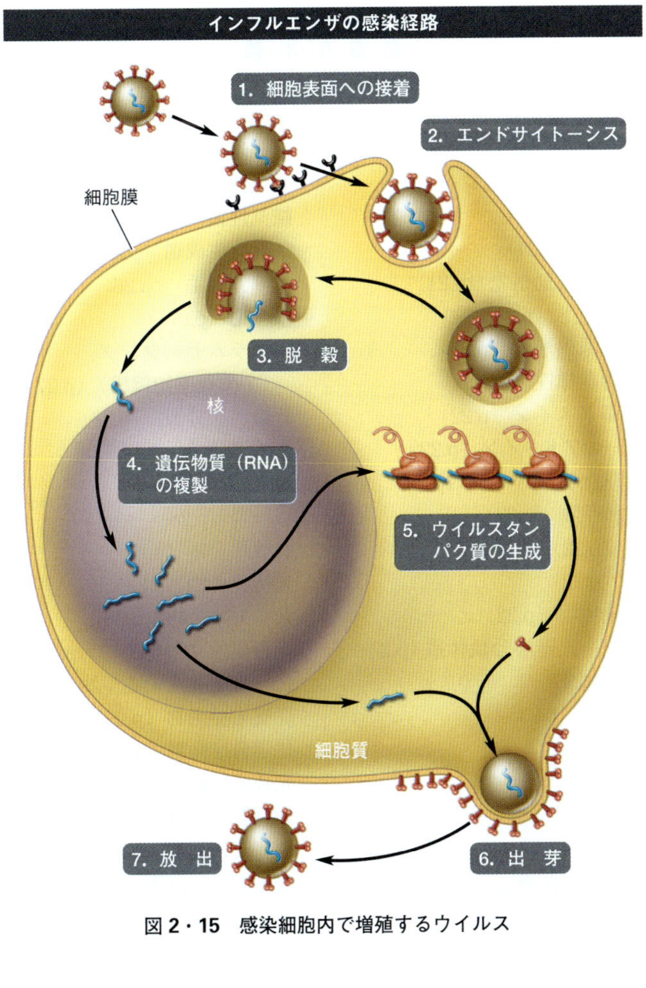

■ これまでの復習 ■

1. 原核生物が大繁殖し，成功を納めた理由は何か．
2. アーキアと細菌の違いを述べよ．
3. ウイルスを生物の進化の系統樹の中に入れないのはなぜか．

1. 原核生物の特徴は，小さいサイズ，速い増殖，栄養源の多様性，極限環境への適応力などがあげられる．原核生物のおかげで地球が生命体を維持できる状態に保たれる．
2. アーキアの細胞膜構造と，細胞壁組成に違いがみられる．他のDNAによっては見られないパターンが認められている．独立栄養生物のものが多くない．原子がつくられる．
3. ウイルスは増殖の物質で，多くの生物寄生生物とほぼ独立していない．他の生物内においてのみ細胞種選べなく，極端両面を持たないからである．

学習したことを応用する

皆と同居

この章のはじめに紹介したように，私たちの体は，自身の細胞のほかに何千種もの生物のすみかになっている．その数は，数千種と推測されている．その多くは小さすぎて眼には見えないが，皆，私たちとともに生きている共生生物で，役立っているもの，危害を与えるようなもの，どちらでもないものなど多様である．

細菌や微生物には有益なものが非常に多い．たとえば，無菌状態で飼育する実験マウスは，ふつうのマウスより30%も余分にカロリーを必要とする．つまり，微生物が消化吸収の助けになっていることになる．帝王切開で生まれた新生児は，通常の産道を通って生まれた新生児とは異なるタイプの微生物をもっていて，そのためか重篤な感染症にかかりやすいこともある．母親の母乳に含まれる細菌のなかには，乳児の腸の筋を弛緩させ，腹痛を防いだり，体重増を促進したりするものがいる．早い時期に抗生物質治療を受けた子どもは，喘息になりやすく，肥満の傾向のある人の腸内細菌は，やせ気味の人のものとは違い，体重の減少したときは，腸内細菌の種類も変わる．

どのタイプの微生物が健康に重要か，その理由は何か，そういった疑問を解き明かす研究分野は，現在，急速に進みつつある．米国ヒト微生物研究プロジェクトは現在，ヒトの体にいる何百という微生物の分類を行っている最中である．

ヒトの体からは，この章で扱った植物界以外の主要な分類群の生物がすべて見つかっている．たとえば動物界の生物としては，ダニの一種が毛穴や皮膚の皮脂腺内にいる．夜中になると，1/3 mmにも満たないこの節足動物は隠れ家から出て，皮膚の上を毎時数cmの速度で移動するという．ほかにも，体の表面，体

インフルエンザの感染経路

1. 細胞表面への接着
2. エンドサイトーシス
3. 脱殻
4. 遺伝物質（RNA）の複製
5. ウイルスタンパク質の生成
6. 出芽
7. 放出

図2・15　感染細胞内で増殖するウイルス

内にシラミなどの動物が寄生している．

原生生物の代表例としては，ランブル鞭毛虫（*Giardia lamblia*）の混入した水を飲むと下痢を起こすし，生肉やイエネコの糞からトキソプラズマ原虫（*Toxoplasma gondii*）に感染することもある．米国の10％，世界の1/3の人口は，このトキソプラズマの保有者であるという．この単純な単細胞原生生物に感染しただけで，動物の行動パターンが変わることを示した研究報告もある．

菌類では，十数種の酵母菌やカビなどの菌類が，足指の間などの栄養豊富な場所に生息している．マラセチア属の菌は，皮膚から分泌される油脂を餌にするが，頭皮，顔面，肩などに見つかっている．

しかし，ヒトの体表・体内に生息する生物のなかで，大多数を占めるという点では，原核生物（ほとんどは細菌，アーキアは少ない）をおいてはほかにはない．アーキアのメタン生成菌は，極限環境を好み，ヒトの腸内や歯周に生息する．ほかにも大腸菌をはじめとする何百種もの細菌が大腸内に見つかっている．腸内全細菌の1/3を占めるバクテロイデス属，歯周や歯垢内にいるのも細菌である．

細菌は，私たちの健康上明らかに必要で，平和に共存しているが，ときに攻撃することがある．約40種のブドウ球菌が，皮膚や粘液の中に生息し，いつもは特に害はない．しかし，小さな傷口を通って体内に侵入する可能性もある．ブドウ球菌のなかの *Staphylococcus aureus* という系統のものは，たとえば耳たぶの腫れ物から侵入して心臓や肺に到達することもある．しかも，この種の細菌は，約25％の人に見つかる，ごくふつうの細菌でもある．

の小さな生物であるが，細菌とアーキア，DNAの構造（後章で出てくる塩基配列），細胞膜の構造，代謝反応の種類を見ると明確に区別可能である．

■ 原核生物の大きな特徴は，急速な増殖が可能な点，地上の多様な環境に適合したさまざまな生活形態が見られる点である．広く地上に分布し，高温環境に生息する好熱菌，塩分の濃度の高い環境を好む好塩菌など，極限環境でも生息できる細菌やアーキアもいる．

■ 原核生物はエネルギーや栄養素を獲得し活用する手法という点でも，ほかに比べようがないほど多様な形態がある．化学合成従属栄養生物，化学合成独立栄養生物，光合成独立栄養生物，光合成従属栄養生物など，原核生物には多様なものがみられる．

■ 原核生物は生態系でも，光合成，植物への栄養供給，死骸の分解など，重要な役割を担っている．自然環境へ流出した油の分解処理，腸内での消化の手助けなど，人とのかかわりも大きい．もちろん感染して致命的な病気をひき起こす細菌もいる．

2・4 ウイルス：非生物性の感染物質

■ ウイルスは，微小なサイズの感染性粒子であるが，細胞の形をしていない．

■ 生命体として，ウイルスに欠けている点は，細胞が構成単位となっていないこと，外部のエネルギーの獲得や内部環境を維持などの生命活動に必須の仕組みが欠けていることである．生物としての特徴を部分的にしか満たさないので，ウイルスを生物とみなさないのが一般的である．

■ ウイルスは，遺伝物質をもち，進化することができる．RNA（リボ核酸）を遺伝物質としてもつウイルスもある．

章のまとめ

2・1 生物の共通性と多様性
■ 系統樹は異なる生物間の先祖・子孫の進化の関係を示したものである．分枝の先端は，現存する生物を示し，分岐点は，共通祖先から，生物グループが二つに分岐したときを意味する．
■ 系統樹の幹の部分，最も古い時代に分かれた生物群は，三つのドメイン（細菌ドメイン，アーキアドメイン，真核生物ドメイン）からなり，すべての生物はいずれかのドメインに属す．ドメインは，原核生物の細菌界とアーキア界，真核生物の原生生物界，菌界，植物界，動物界の六つの界に分けられる．
■ 近縁関係にある生物グループの間には，その直近の共通祖先から受け継いだ共通する特徴，共有形質がある．この共有形質を使って，生物の系統間の関係を調べる．

2・2 リンネ式の生物分類法
■ リンネ式分類法は生物を系統立てて分類する方法である．この分類法ではすべての種の名前は，その属名と種名の2語で表記する．
■ リンネ式階層分類の最小単位は種である．階層はその種から始まり，属，科，目，綱，門，そして界へと大きなグループ分けになる．

2・3 細菌とアーキア：小さいが，成功し，大繁殖した生物
■ 真核生物以外の細菌とアーキアの二つのドメインを合わせて原核生物とよぶ．原核生物は，すべて微生物とよぶべき単細胞

重要な用語

系統樹 (p.20)	タクソン (p.23)
ドメイン (p.21)	極限環境微生物 (p.24)
進化系統樹 (p.21)	好気性菌 (p.25)
系 統 (p.21)	嫌気性菌 (p.25)
分岐点 (p.21)	メタン生成菌 (p.26)
直近の共通祖先 (p.21)	ピリ（線毛）(p.26)
クレード (p.21)	鞭 毛 (p.27)
共有派生形質 (p.21)	クオラムセンシング
生物多様性 (p.22)	（菌体数感知機構）(p.27)
細菌ドメイン (p.22)	分裂（二分裂）(p.28)
アーキアドメイン (p.22)	水平遺伝子伝播 (p.28)
真核生物ドメイン (p.22)	プラスミド (p.28)
原核生物 (p.22)	接 合 (p.28)
界 (p.22)	有機化合物 (p.28)
核 (p.22)	無機化合物 (p.28)
真核生物 (p.22)	独立栄養生物 (p.28)
リンネ式階層分類体系 (p.23)	光合成独立栄養生物 (p.29)
属 (p.23)	化学合成独立栄養生物 (p.29)
学 名 (p.23)	従属栄養生物 (p.29)
科 (p.23)	化学合成従属栄養生物 (p.29)
目 (p.23)	光合成従属栄養生物 (p.29)
綱 (p.23)	分解者 (p.30)
門 (p.23)	栄養素の循環 (p.30)
分類学 (p.23)	窒素固定 (p.31)
分類群 (p.23)	発 酵 (p.31)

バイオレメディエーション
　（p.31）
病原体（p.31）
外毒素（エキソトキシン）
　（p.31）
内毒素（エンドトキシン）
　（p.31）
抗生物質（p.31）
ウイルス（p.31）
RNA（p.32）
ウイルス型（p.32）

復習問題

1. 図2・4から結論できる点は，
   (a) アーキアと原生生物との間の共通祖先は，植物と動物の共通祖先よりも新しい．
   (b) 動物と植物は，菌類と動物よりも最近になって分岐した．
   (c) 動物と菌類との関係は，それぞれ植物との関係よりも深い．
   (d) 最も古い祖先型生物がアーキアである．
2. 図2・4の分岐点に記された小さい○印は，
   (a) 絶滅した種がいたことを意味する．
   (b) 子孫となる系統の生物を示す．
   (c) 2系統間の直近の共通祖先をさす．
   (d) 特徴が共通することを意味する．
3. つぎのうち，どの組合わせがドメイン名か．
   (a) 真核生物，細菌，動物
   (b) 植物，原核生物，アーキア
   (c) アーキア，細菌，真核生物
   (d) 細菌，アーキア，繊毛虫
4. 大半の細菌は，
   (a) 有核である．
   (b) 特別な栄養源を与えれば研究室内で培養は可能である．
   (c) 真核細胞よりもサイズが小さい．
   (d) 多細胞生物である．
5. アーキアには，
   (a) 従属栄養生物はいないが，独立栄養生物はいる．
   (b) 人の疾患にかかわるものがいる．
   (c) 細胞構造がない．
   (d) 人の体内にも生息するものがいる．
6. クオラムセンシングによって，
   (a) 細菌は個体間でDNA輸送を行う．
   (b) 細菌はバイオフィルムを形成できる．
   (c) 不都合な環境下で，細菌が頑丈な殻の胞子を形成できる．
   (d) 酸素濃度が低いときに，呼吸をやめて発酵を開始できる．
7. ウイルスは，
   (a) 二分裂という仕組みで増殖する．
   (b) DNAのような遺伝物質をもたないので生物とはみなされない．
   (c) ヒトの細胞のように，細菌には感染しない．
   (d) エネルギーを外部から獲得することはできない．
8. リンネ式分類法では，
   (a) 生物は，真核生物ドメインと原核生物ドメインに二分される．
   (b) ウイルスと細菌は，同じドメインに分類される．
   (c) 門は，目よりも広い分類群である．
   (d) 属名と科名の二つの名前（学名）で，生物を名づける．

分析と応用

1. 野生生物のなかで，動物名，植物名を一つずつあげよ．それぞれの分類学上の属する門，綱，目，科の名前を調べよ．同じ目に入るが，別の科の種を二つずつあげよ．同じ科に入るが，別の目の種はいるか？　その理由とともに答えよ．
2. 細菌とアーキアの生態学的な役割を説明せよ．
3. 以下の仮説のいずれかを選べ．
   ① ウイルスは生物である．
   ② ウイルスは生物でない．

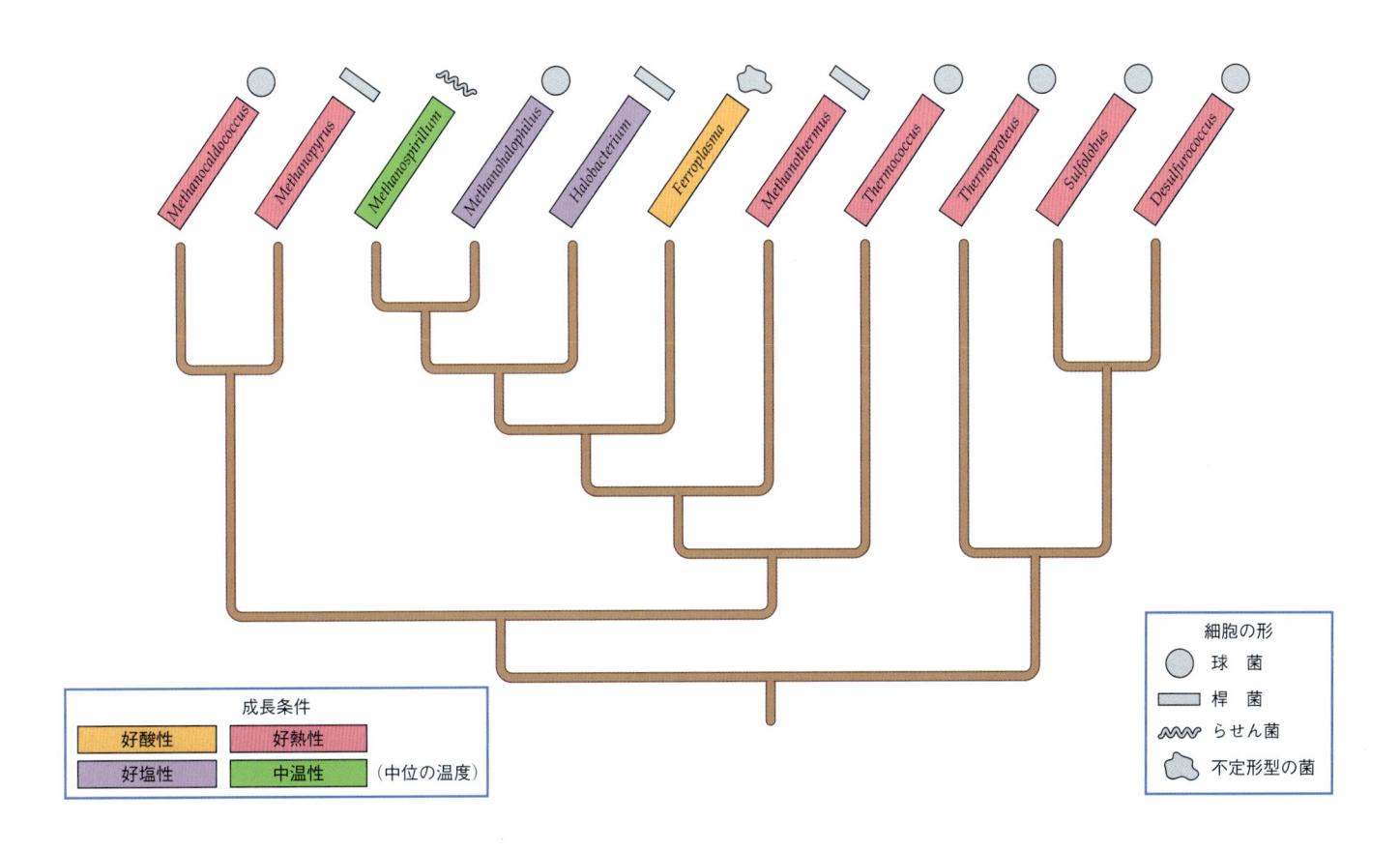

知っている生物の特徴のなかで，(a) 選んだ仮説から予測できることは何か述べよ．(b) その予測を検証できる実験を提案せよ．たとえば，選んだ仮説が①ならば，"ウイルスは，外部からエネルギーを獲得できる"と予測できるだろう．この場合，この予測を確かめる実験は，"ウイルスを二つのグループに分け，一つには豊富な栄養，適温条件，光を供給し，もう一方には何も与えずに比較する"となるかもしれない．もし，前者のウイルスが増殖し，後者が増殖しなければ，この観察から仮説①が支持されたことになる．自由な発想で実験を考えよ．

4. 前ページ図は，DNAの比較から得られたアーキアのある属間の系統関係を示している．増殖条件を色分けして示してある．灰色で示す模式図は細胞の形である．系統関係から，細胞の形態はアーキアを分類するうえで適した基準といえるか．生育環境の違いは分類上重要か．答えとそう考えた理由を説明せよ．この系統樹の中で，"Methano-"で始まる属名はメタン生成菌であることを示す．メタン生成菌は一つのクレードであるといえるか．系統樹で最も右側の列の *Desulfurococcus* 属は，最も複雑で，一番最近になって分岐した属のアーキアであるといえるだろうか．

5. 下図は，細菌の栄養条件を四つに分類するのに便利なフローチャートである．空白となっている箇所に，最適な名称を入れよ．

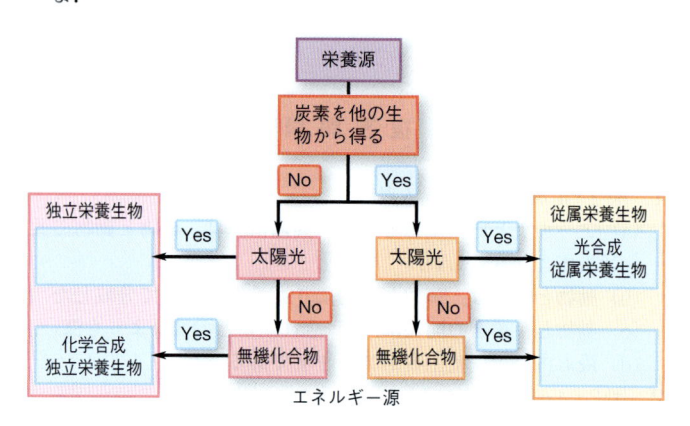

ニュースで見る生物学

Exploring the Bacterial Zoo

BY LAURAN NEERGAARD

細菌叢の探索

抗生物質を投与すると、一時的に腸の調子を悪くする。しかし、新しい研究から、長期的な投与を続けると、腸内細菌に大きな変化をひき起こすことが明らかになった。慢性的な病への影響について、疑問が解けるかもしれない成果である。

健康の問題に直接かかわるとは、まだはっきりしていないが、この発見は、腸内細菌叢がどのように構築され、それが、肥満、炎症性大腸炎、喘息などの慢性的な疾患とどのようにかかわるのかを調べた、最新研究の成果である。

これから、ここで紹介する話は、気分の悪くなる方もいるかもしれないが、糞便についての話である。3名の健康なボランティアを使い、比較的効果の穏やかな抗生物質を2回に分けて投与し、腸内細菌への効果を調べるために、数週間分の便を調べる研究が行われた。もともといた腸内細菌の一つが急速にいなくなり、他のものに置き換わるという、驚くような結果になったのである。

実は、細菌のほかにも、菌類などの微生物が、ヒトの皮膚、鼻孔、消化管にも生息していて、これをミクロバイオームとよぶ。ミクロバイオームの大半の生物は有益で、不可欠なものもいる。特に腸内の細菌は、人の健康面での役割は過小評価されている。

米国の科学専門誌、*PNAS*（*Proceedings of National Academy of Sciences*）に発表した抗生物質にかかわる研究のグループ代表をしているスタンフォード大学のDavid Relman博士は"腸内の生物群落は、免疫系の発達のためには非常に重要で、その役割は、軽視できない"と語っている。

抗生物質は、うまく悪い菌だけを殺すのではなく、善玉菌、悪玉菌、すべてを抹殺しうる。Relman博士やその共同研究者のLes Dethlesfsen博士がもった疑問点は、腸内細菌はどれだけ丈夫で、抗生物質処理からどれだけ迅速に回復できるかという点である。そこで、最低1年間は抗生物質を使っていない健常者のボランティアを募集し、シプロフロサキシンという抗生物質を5日間、半年間の間隔で2回投与する実験を行った。

被験者は特に下痢を起こしたり胃の調子が悪くなったりはしなかったが、糞便には、見えない所で大きな変化が起こっていた。もともといた細菌種の3分の1から2分の1がいなくなり、多様性が大きく低下した一方で、他の種がそれに置き換わったのである。抗生物質投与終了後、1週間で2名の被験者の細菌叢は元に戻ったが、残り1名の被験者は半年後も戻らず、腸内細菌が変わってしまった。

驚くべき結果は2回目の抗生物質投与後である。同じように細菌絶滅が起こったが、腸内細菌の状態は全員、実験終了の2カ月後までに元に戻ることはなかった。

もちろん、腸内細菌叢を破壊するものは抗生物質ばかりではない。帝王切開（子宮から直接、新生児を取出す出産方法）と通常の産道から新生児が生まれる場合とを比較した他の研究から、前者は異なるタイプの細菌を体内にもつ結果になるという。それが帝王切開で誕生した新生児が感染症を起こしやすいことを説明できるのではないかとも考えられている。同様に、未熟児と満期出産児を比べても、未熟児は病院に通常見られるタイプの細菌を多くもつという報告もある。

未解決課題は、こういった微生物叢の違いが、いつ、どのようなかたちで問題となるかである。"それについては、まだ何も解明されていない"とRelman博士は語っている。

ヒトの体には、数百種の他の原核生物、菌類、原生生物、さらに、動物までもいることがわかっている。しかし、大多数は、口腔内、腸内にいる細菌である。この記事によれば、抗生物質を使って有害な細菌を駆除すると、体内にいた無害なフローラ（細菌や菌類などの微生物叢をさす言葉）までも変えてしまうらしい。ヒトの体内にあるこのようなミクロバイオームの専門家は、細菌群落について生態学的な解析を試みている。

これまで、理想的な細菌群落があるという報告はなく、ヒトによっても異なり、その差で健康上の違いが生まれるわけでもない。しかし、抗生物質を使用すると、腸内細菌叢に大きな変化が生じるのは確かである。たとえば、抗生物質を服用した場合、インフルエンザからの回復が遅れるという報告がある。肺の中が無菌状態ならば、不思議な現象である。医学的にも、腸内の細菌がどうやって呼吸器のウイルス撃退を手助けできるか説明が難しかった。おそらく皮膚や腸内と同じように、肺の中にも細菌群落があるという可能性が高い。

このニュースを考える

1. 抗生物質シプロフロサキシンの処方を行ったボランティア3名中、2名が1週間で、元の腸内細菌叢が回復した。半年後、5日間、再びシプロフロサキシンを投与した場合、どのようなことが起こったか？
2. 2回の抗生物質投与に対する腸内細菌の反応が、人によって異なるのはなぜだろうか。1週間で細菌が回復した人の場合、その細菌はどこから来たのだろうか。抗生物質処理で、細菌は実際に完全にいなくなったのであろうか。半年後に再び投与したとき、最初の投与結果と大きく異なる結果となったのはなぜか。
3. 前問の正しい解答を得るためには、どのような実験を行うべきか。

出典：*Buffalo News*（New York），2010年9月28日

3 原生生物界，植物界，菌界

MAIN MESSAGE
細胞内の細分化，そして有性生殖，この二つが真核生物で起こった重要な進化である．

植物が川筋を変えるのか

穏やかな自然の景色と，そこを流れる河川を眺めていると，まず最初に気づくのは，左右に曲がりくねりながら蛇行する川筋である．よくよく観察すると，川の外側で森が明確に切り取られているのに対して，内側は砂礫が堆積した河岸となっているのがわかる．

地質学的な永い時間スケールで見ると，河川の形は決して一定ではない．低地の中で絶えず左右に揺れ動く．形はヘビが移動するときにできる曲線に似ている．河川の下流に向かってゆっくりと移動する曲線である．河川が氾濫原内で蛇行する結果，運ばれた砂礫がしだいに堆積し，木々に囲まれた湿地ができ，野生生物の豊かな池が生まれる．やがて肥沃な沖積平野が形成され，沼地，牧草地，さらに農場が出現するだろう．そうやって，河川によって削り取られた地形は，植物，菌類，動物などの多様な生息環境へと変わってゆく．鳥類の種類は，直線的な河川よりも蛇行した河川の方が豊富である．地球の生態系における蛇行する河川の役割は大きい．

もし，開発や森林の伐採，洪水によって河川の形が変わり，蛇行しなくなると，河川は，肥沃な堆積物を一気に流し去るようになる．河川の自然な植生や生態系を取戻すためには，まず，蛇行する河川の形を再現することが重要となる．ところが，河川が蛇行する仕組みがわかったのはつい最近のことである．

流れる水量や土壌の質などが蛇行の要因なのか，正確なことはわかっていなかった．数学的なシミュレーション計算で河川の蛇行を説明しようとしていた研究者，あるいは，より実践的に，種類の異なる礫岩，砂，泥などを使って，実験室内で蛇行する河川を再現する実験を行う研究者もいた．しかし，どの方法でも，蛇行は再現できなかったのである．野外では，自然環境を回復する目的で，蛇行した河川を掘削して再現しようとした生態学者もいた．しかし，いったん大きな嵐がやって来ると，浅く幅広の河川に変身するのみであった．

> 研究方法の何が間違っていたのだろうか？ なぜ，自然の河川は蛇行するのだろうか？ この章で学ぶことは，このような河川の蛇行にかかわる話である．

なぜ河川は蛇行するのか？ それは，4.25億年も前に生まれ，陸上で繁栄することになった植物がかかわっている．この章で扱う大きなテーマが，この植物である．植物の進化と陸上の緑化が，地球生命史の中で起こった一つの大イベントである．

蛇行する川 写真は，ペルー国内の盆地で蛇行するアマゾン川．

基本となる概念

- 真核生物の特徴は，核や複雑な細胞内構造をもつことである．有性生殖，および多細胞化の二つの仕組みを真核生物は進化させた．
- 真核生物ドメインには，植物，菌類，動物などのグループが含まれる．動物，菌類，植物のいずれにも含まれないグループは，ひとまとめにして原生生物とよんでいる．
- 植物は緑藻の子孫であるが，数々の進化上の大変革の結果，陸上の生活に適応できるようになった．維管束系のおかげで，シダ類，裸子植物，被子植物は大きく成育できるようになった．種子の構造を進化させたのは裸子植物である．被子植物は，花と種子を収納する果実を進化させた．
- 菌類には，酵母，カビ，キノコ類が含まれる．体の外で食べ物を消化してから，栄養を吸収する点が，菌類の栄養獲得様式の特徴である．菌類は，地上の生態系では，栄養素をリサイクルさせる重要な役割を担う分解者である．
- 地衣類は，菌類と光合成微生物（緑藻やシアノバクテリア）との間での相利共生体である．また，野生の大半の植物が，菌根とよばれる菌類との共生体をつくる．

生命の驚異の放散進化が始まったのは，約35億年前と考えられている．原核生物が誕生したときである．第2章で紹介したように，共通祖先生物から多様な細菌やアーキアが生まれ，今では深海から山の頂上まで広範な分布を見せている．三つ目のドメイン，真核生物の誕生は，生命史の中で，次に起こった重大事件である．

この章では，真核生物ドメインの四つの界のうち三つ，原生生物界，植物界，菌界（四つ目の界，動物界は次章）について紹介する．はじめに，原生生物界，これは他の三つの界に属さないものをとりあえずひとまとめにしたグループである．つぎに，植物界と菌界，ともに化石のうえでは同じころに出現し，ある時は仲間となって，ある時は敵対しながら，地上を変えてきたグループを紹介する．真核生物の出現の歴史と原核生物との違いについて紹介することから始めよう．

3・1 真核生物の夜明け

地球の生命史（巻末付録"地球生命史の中の重要な出来事"参照）を見ると，生命誕生後，約10億年の間は，原核生物が支配的であったことがわかる．古い時代の岩石の化学分析の結果をもとに，核をもった真核生物が出現したのは，おそらく約27億年前ではないかと考えている研究者もいる．紛れもない最古の真核生物となる化石は，21億年前にできた頁岩から見つかっている．*Grypania spiralis*（図3・1）と命名されたこの生物は，大型の細胞が連結したような形をしている．

つぎの二つの意味で，真核生物の誕生は生命史の中の重要な節目であったといえる．一つは，私たちの祖先となる細胞が出現したこと，もう一つは，それまでなかった新しい細胞構造と繁殖戦略が地上に出現したことである．真核生物における進化上の大変革は，つぎの4点である．

- 膜による核や細胞内の区画化
- 原核生物に比べてより大型化した細胞
- 有性生殖の進化
- 多細胞化（一部の界において）

細胞内構造の細分化と細胞の大型化

真核生物の大きな特徴は，DNAを細胞質内に浮遊させるのではなく，二重の膜で囲まれた核膜によって囲まれた空間，核の内部に収納している点である．さらに，原核生物にはない特徴は，多様な膜構造があり，細胞内が細かく区画化されている点である．そういった細胞内の仕切りは，一部の原核生物の細胞内にもあって，栄養分などを蓄える小胞として使われているが，真核生物の場合，それとは比べものにならないほど複雑に細胞内が区画化されている（図3・2）．細胞内で仕切られた構造は，一つ一つがそれぞれ異なる機能を担う．異なる場所で，異なる役割を分担することで，機能の高効率化が達成できる．

図3・1 化石になった真核生物 約21億年前の最も古い真核生物の化石（*Grypania spiralis*）．現在の多細胞生物である紅藻に似ている．

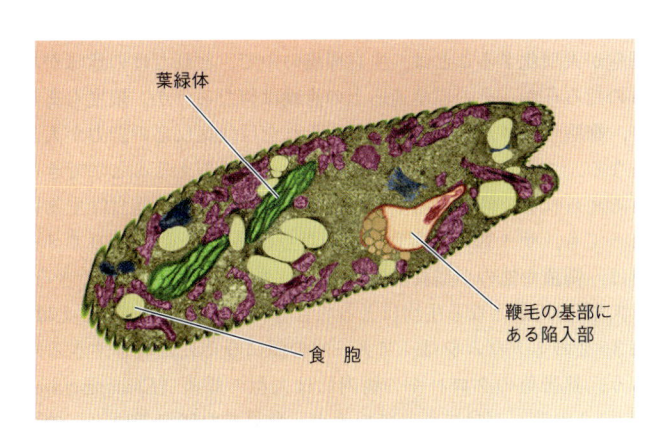

図3・2 ミドリムシの細胞構造 緑藻（原生生物）のミドリムシ（*Euglena gracilis*）の細胞内は，光合成を行う場所（葉緑体），物質貯蔵を行う場所など，複雑に区分けされている．この電子顕微鏡写真では見えないが，波打たせて遊泳する長い鞭毛もある．写真にある袋状の陥入部が鞭毛の基部である．細胞膜で囲まれた構造のミトコンドリア（紫色），脂質顆粒（暗橙色），ゴルジ体（青色）も見られる．これらの細胞小器官（オルガネラ）の詳しい解説は第6章を参照．

こういった内部構造の細分化によって，原核生物にはなかった新しい機能が生まれた．たとえば，従属栄養の真核生物であるアメーバのように（図3・3），獲物となる他の生物を細胞内に一気に飲み込んで消化するといったことも可能になった．これは，原核生物にはできない作業である．餌を飲み込み，残骸を捨て，余りの部分は貯蔵するといった個別の機能を，それぞれ別々の膜で囲まれた区画で分担し合っているのである．対して原核生物は，細胞の外で消化しなければならない．それでは，せっかく獲得した栄養も，無駄遣いして効率が悪いと考えられる．

一般的な真核生物の細胞の大きさは，原核生物のものより約10倍大きい．つまり，体積でいえば，1000倍大きいことになる．大半の原核生物の細胞サイズ（細胞幅）は約 1 μm 程度である．それ以上は大きくできなかったのである．細胞サイズが大きくなると，その2乗で表面積が，その3乗で体積が増加する．その結果，栄養素や重要な分子を細胞内で移動させるのに，それだけ長い時間を要する．互いに競合する環境では，原核生物は，すばやく栄養素を取込み，老廃物を廃棄することが重要であるが，細胞を大型化することは，この物質交換速度の制約が大きな足かせになる．細胞サイズを大型化することの代償が大きすぎることが，原核生物が小さいままにとどまらなければならない事情なのだ．

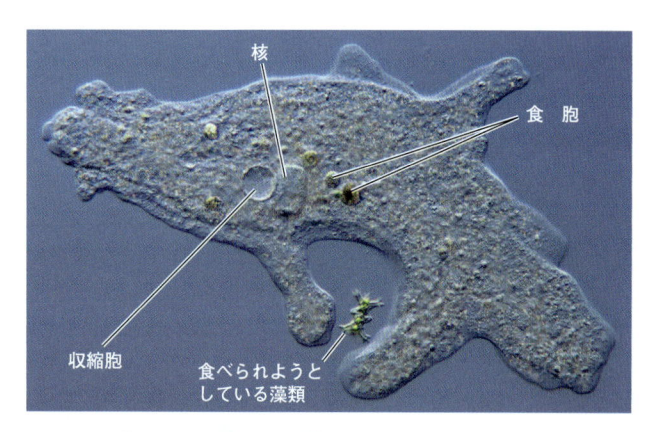

図3・3 飲み込んだ獲物を消化するアメーバ　チリモとよばれる小型藻類細胞がアメーバの細胞内に取込まれようとしている．

一般的なヒトの細胞の大きさは約10 μm である．図3・1の藻類の化石も，現存の藻類細胞程度の大きさ（数百 μm）である．細胞が大型化することは，生息環境の中で，どれだけの意味があるのだろうか．その環境適応上の意義は何だろうか．限度もあるが，細胞サイズが大きくなると，それだけ代謝反応の能力が大きくなる，つまり，より多く取込み，より多く蓄えることができると考えられる．他の生物を捕らえて栄養を獲得する捕食性生物にとっても，サイズの大型化は有利な点が多い．図3・3のアメーバは，細菌や他の小型真核生物（藻類）を飲み込んで消化できる．

大型化は，餌となる生物にとっても有利な点が多い．たとえば，図3・2のミドリムシは，アメーバの餌になるには大きすぎるだろう．熱帯魚のクロハギの腸内には大型の細菌（*Epulopiscium*，図2・8参照）が見つかっているが，発見した研究者は，この細菌の原核生物としては異常な大きさは，他の腸内微生物に食べられないようにするのに有利だからという仮説を提唱している．

有性生殖による遺伝的多様性

有性生殖は，おそらく真核生物の生み出した最も画期的な仕組みである．2個体間（親個体）の遺伝情報を組合わせて，親個体とは異なる遺伝情報をもった新しい個体（子個体）を生み出すことができるからである．**有性生殖**によって遺伝的に多様な集団（個体群）が生まれる．第1章で紹介したように，遺伝的多様性は，自然選択による進化のもとになるもので，環境が変化したときに，遺伝的に一様で単純な集団よりは，多様な集団の方が生き残って適応するうえで有利となる．たとえば，シカの個体群がウイルス感染症の流行で一掃されたとき，遺伝的に多様ならば，ウイルスに抵抗性のある個体が生き残って子孫を残せるだろう．そして次の世代では，より多くの個体がウイルス抵抗性となる．つまり，進化したことになる．

有性生殖の過程で，二つの細胞（配偶子）の核が融合する．これが受精である．配偶子をつくる個体は，ヒトや一般的な動物の場合，雄・雌のように外見が異なる場合もある．雌個体のつくる配偶子が卵，雄個体のつくる配偶子が精子である．菌類や原生生物のように，配偶子をつくる個体の差が小さく，必ずしも区別できないものもいる．また，多くの藻類や植物，雌雄同体の動物のように，1個体で，雄・雌両タイプの配偶子をつくるものもいる．このような雌雄同体の生物では，自分の配偶子同士が受精（自家受精）しないような仕組みもある．図3・4に，褐藻類の生活環と有性生殖の様子を示すが，動物のものとよく似ていることがわかる．原生生物の有性生殖は，もっと複雑で多様なケースが多い．

他の増殖機構もある．**無性生殖**である．遺伝的に同じ個体を生み出す無性生殖を行う真核生物も多い．有性生殖と同様に，原生生物の無性生殖も多様で，ミドリムシのように1個の細胞が，小さな多数の細胞に分断され，自由遊泳する遊走子として，同じ遺伝情報をもった**クローン**個体を生み出すものもいる．アメーバ

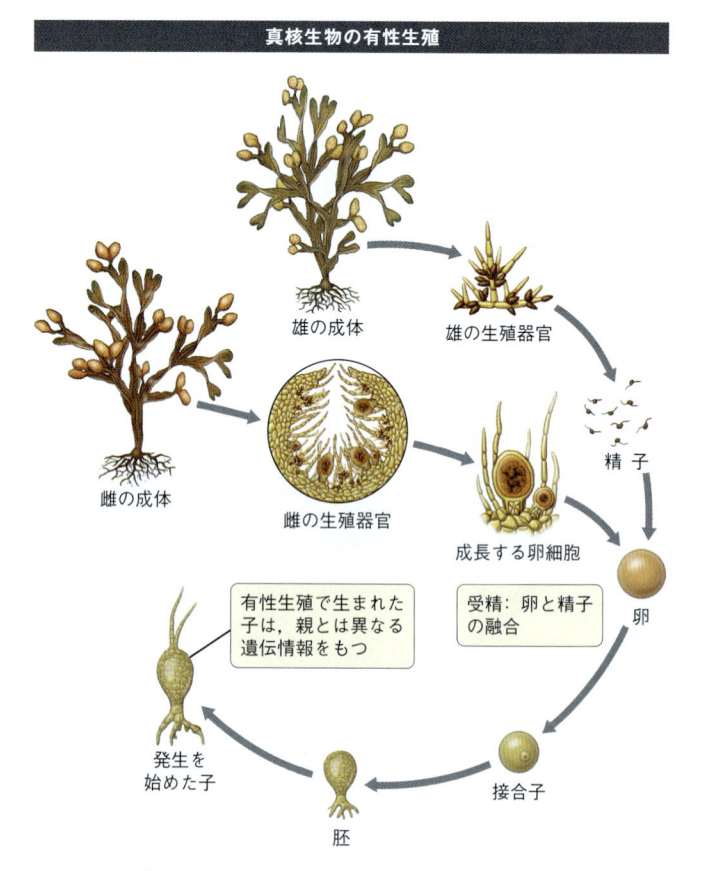

図3・4 有性生殖の例　褐藻類のヒバマタは，卵と精子をつくり，それらが融合して新しい個体ができる．動物の世代交代とよく似ている．もっと複雑な生活環をもった海藻も知られている．

は，細菌のように二つに分裂して増える（第2章参照）．大型の多細胞生物である海藻の仲間（褐藻類など）は，体がばらばらに分かれ，それぞれが別の個体として成長することもある．挿し木された植物が，新しい完全な個体として成育できるのと同じである．

真核生物で別個に起こった多細胞化

原生生物の大半は単細胞の生物であるが，多細胞化が別々の系統で数回起こったと考えられる．そのなかには，現在，原生生物界の中に分類されているグループもある．菌類の場合，単細胞のもの，種々の多細胞の系統が見られるが，植物と動物はすべて例外なく多細胞の生物である．

多細胞の生物個体は，同じ遺伝情報をもつ細胞がグループに分かれ，それぞれが別の役割を分担しつつ，全体でうまく統制のとれた集合体となっている．この作業分業化による高効率化の利点は大きい．多細胞化のもう一つの利点は，大型の生物になれることで，捕獲者から逃れるのに都合がよい．大型化すれば，小さい個体よりも周囲からのエネルギーや栄養素を確保するうえでも都合よい．光や栄養源などの資源をより多く得られ，最終的に多くの子孫を残し，生物学的な成功者となれるのである（ただし，いつでも，どの環境でも，通用する生物適応原理はない．小型であること，機敏であることの方が，大型であることよりも有利な場合もある）．

コンブには，60mもの巨大なサイズに成長できるものもいる（図3・5）．基部にある細胞は，付着用の特別な組織（仮根）になり，巨大な本体を海流で流されないようにつなぎとめる役割を担う．葉（葉状部）の部分は，光合成に使う光を集めるために，大きく広がっている．また，細胞が分散して分布し袋状になった組織（浮嚢）は，空気を取込み，海藻が水中でも浮き上がれるようにしている．この浮き構造がないと，巨大なコンブは海底に沈むし，日光を得ることもできない．大きくなることは良いことばかりではない．新しい別の問題が発生する．たとえば，コンブの体の中で，栄養素を必要とする場所へ輸送しなければならなくなる．その役割を担うのが特殊な栄養素を輸送する道管である．葉状部から他の箇所へと光合成によってつくった糖を運ぶ．

生活の中の生物学

生物多様性の重要性

昆虫のテントウムシやキンポウゲの花がなくなることが人類の生活に本当に影響するのか，疑問に思う人も多いかもしれない．その答えを明らかにするには，まずは研究対象地の生物種の多様性をどのように評価すべきか，長らく取組んできた生態学の専門家の意見を聞いてみるのがよいだろう．生物学者がもった最初の疑問は，森，沼地，海洋，河川など，世界中の野生の生態系が，生物多様性によってどう影響を受けるかという点である．1990年代以来，研究者は，健全な生態系の安定性に生物多様性がどのように寄与しているかを調べてきた．

生態系の機能と生物多様性

米国中西部の平原で英国研究チームが実施した小規模な生態系実験では，種数が多い方が，より生態系が健全になるらしいという結果となっている．生物の種数が多いと，その分，異なる資源を利用するので資源活用の多様性が増えることになる．たとえば，強い日照条件で繁茂する植物がいれば，別の日影を好む植物には，それだけ利用できる空間が増えるからである．

生物種が多い方が生態系に柔軟性があり，回復も早いという観察結果もある．たとえば平原の干ばつの場合，生物種数の多い地区の方が回復しやすい．生物多様性の高い地区では，病気が蔓延しにくく，侵入種の影響も受けにくいという研究結果もある．加えて生物種の多い地区では昆虫の種数も多い．生物多様性は，さらなる多様性をもたらすのである．

生物多様性と人との関係

なぜ，多様な生態系，健全な生態系が重要なのだろうか．私たちは，この地球の生物圏から数々の恩恵を受けてきた．私たちの生活で使っている重要なものは，すべて他の生物が生み出したものにほかならない．植物は酸素を放出し，私たちはそれを呼吸する．食べ物やその他の必要品も植物が提供するものである．医者の出す処方箋にある全医薬品の4分の1は植物からの抽出物である．たとえばマラリアの特効薬，キニンは，キナノキから取られたものである．タキソールは抗がん剤として重要な薬品で，イチイの木から得られる．パイナップルからは抗炎症作用をもつブロメラインが，ニチニチソウからは，抗がん剤ビンカアルカロイドが得られる．

マダガスカルのピンク色のニチニチソウ（*Catharanthus roseus*）

さまざまな生物種からなる生態系は，私たちに何らかの恩恵，生態系サービスを提供している．北カリフォルニアでは，背の高いセコイアの木々が，霧，雲，雨を沿岸部にとどめ，大地へと水を供給している．もしセコイアの森がなければ，海からやってくる湿気を含んだ空気塊は，通り過ぎやすく，また太陽光で蒸散しやすくもなり，土地や水源を潤せなくなるだろう．木々がなくなると，根を下ろしていた丘陵の斜面が崩れ，その土砂がやがて河川を埋め尽くす．

一見役に立っていないアシなどの草が生い茂る湿地帯がいかに重要か，2005年のハリケーン（カトリーナ）の被害の跡を見れば明々白々である．湿地帯は，急激な洪水が起こるのを防ぐはたらきがあるうえに，魚や鳥の繁殖地にもなっている．しかし，ニューオーリンズ郊外での治水工事，空港建設，農地開発，採油などのために開発が進んだことで，急激な増水に対処できなくなったのである．ハリケーンのために，ミシシッピ川東岸の湿地帯の25%が失われ，その結果，魚や鳥の繁殖地がなくなっただけではなく，河川水の洗浄能力も奪われ，人口増に見合う水道水の供給にも支障が生じた．

自然の恵みは豊富で，まだまだ未発見の生物種が多く，生物圏の資源の大半はまだ手つかずの状態である．相当数の生物種が未発見で，それらが絶滅し地上から失われる前に発見できれば，美しさを評価し，食べ物として利用し，防災手段や医薬品として活用できるかもしれないのである．

多細胞化した真核生物

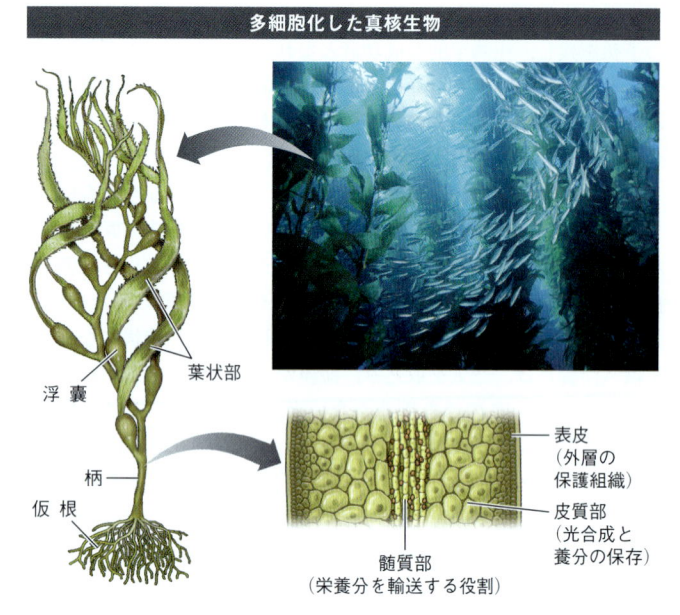

図3・5 コンブの中では特殊化した細胞群が異なる機能を担う

（コンブの図の説明ラベル）
- 浮嚢
- 葉状部
- 柄
- 仮根
- 表皮（外層の保護組織）
- 皮質部（光合成と養分の保存）
- 髄質部（栄養分を輸送する役割）

3・2 原生生物界：最初に出現した真核生物

原生生物界は，人為的につくられたグループ名で，植物でも，動物でも，菌類でも，細菌やアーキアのような原核生物でもない，"その他の"生物群である．病原体となるアメーバ，コマのように回転し赤潮の原因にもなる渦鞭毛虫，木の幹を這って広がる黄色の粘菌，潮流のない外洋で船の進行の邪魔をする奇怪なコンブ，そういった不思議で理解できなかった異質の生物群に対して，19世紀に生物学者が名づけた名称である．

現在，専門家は，原生生物界が人為的な"界"の区分けであり進化上の系統とは食い違っていることを認めている．これまで，多数の分類案が提唱されてきており，原生生物界を複数の界に分け，その一部は，植物界，菌界，動物界に再編入するのが良いと考えられている．しかし，いくつに切り分けて，どう命名し，どのグループをそこに入れるべきか，皆の同意が得られた名案はまだない．そこで本書では，"原生生物界"をつぎの定義で用いることにする．原生生物とは，他の界や独自の界として分類できない真核生物を，便宜上，ひとまとめにしたものである．

本来のグループ分けではない原生生物界

原生生物の間でも，また他の界との間でも，進化のうえでどのような関係があるのか，まだ未解明の部分が多い．これまで，数多くの食い違う仮説が提唱されてきていて，そのため原生生物の間の関係を示す系統樹も異なっている．図3・6の系統樹では，真核生物の共通祖先がいて，そこから原生生物のおもな系統が派生したという最近の解釈で描かれている．これは，細胞構造，代謝反応の種類，DNA情報など，複数の異なる証拠をもとに描かれた系統樹である．原生生物が一つの分岐のまとまったグループ，つまり一つのクレードにはおさまらないことは確かである．あちこちの分岐上に植物，動物，菌類が位置するのは，原生生物が，互いに近縁関係にある一集団ではないこと，グループ外の他の生物とより深い関係にあることを意味する．

従来，原生生物として分類されていたもののなかには，どちらかといえば植物界や動物界の生物に近縁のものもいる．たとえば紅藻や緑藻は，陸生の植物に共通する祖先がいたと考えられるので，この三つのグループは，系統樹上では，他とは違う分岐として描かれている．菌類と動物の分岐は，その祖先とアメーバ類（アメーバと粘菌を含む）の分岐よりも遅いと考えられるので，菌類

原生生物界

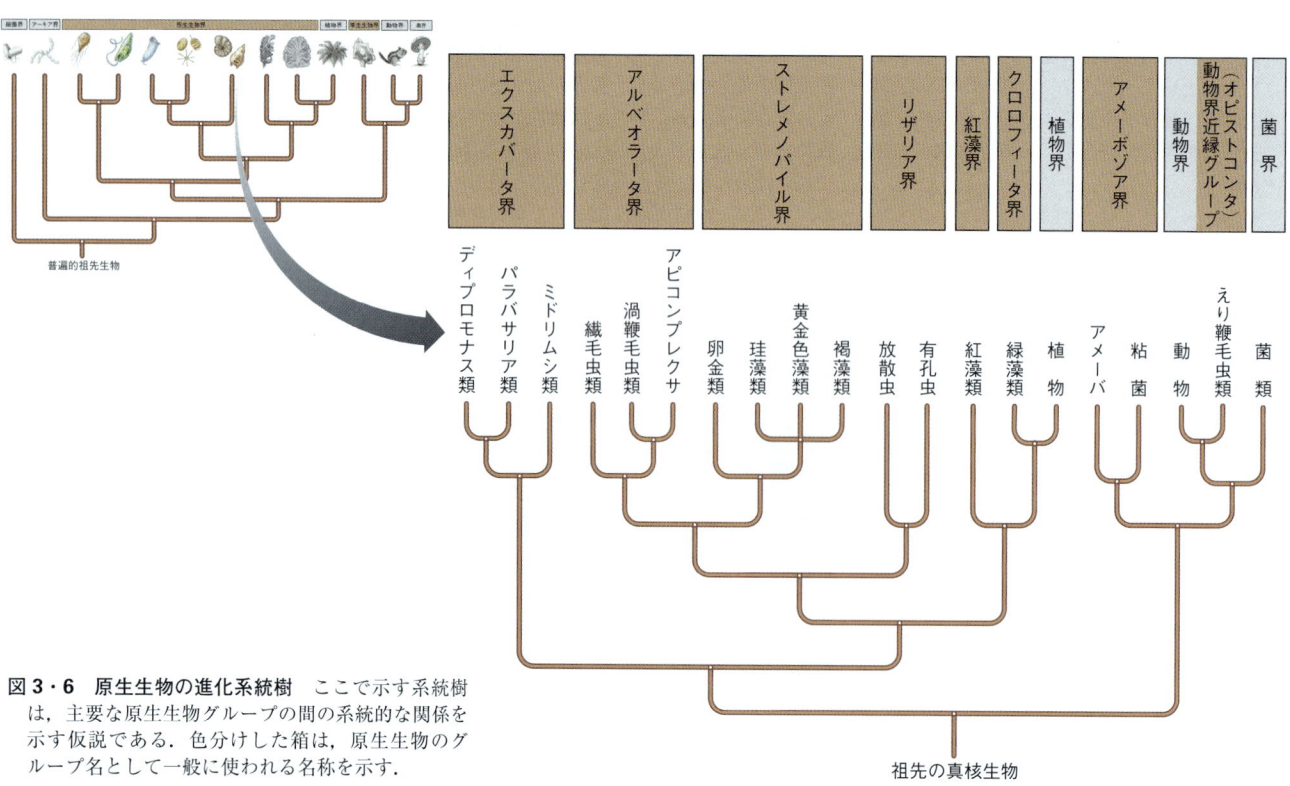

図3・6 原生生物の進化系統樹　ここで示す系統樹は，主要な原生生物グループの間の系統的な関係を示す仮説である．色分けした箱は，原生生物のグループ名として一般に使われる名称を示す．

（系統樹のラベル）
- エクスカバータ界：ディプロモナス類，パラバサリア類，ミドリムシ類
- アルベオラータ界：繊毛虫類，渦鞭毛虫類，アピコンプレクサ
- ストレメノパイル界：卵金類，珪藻類，黄金色藻類，褐藻類
- リザリア界：放散虫，有孔虫
- 紅藻界：紅藻類
- クロロフィータ界：緑藻類
- 植物界：植物
- アメーボゾア界：アメーバ，粘菌
- （オピストコンタ）動物界近縁グループ：えり鞭毛虫類，動物
- 菌界：菌類

祖先の真核生物
普遍的祖先生物

図3・7 細胞性粘菌の社会行動

細胞性粘菌の生活環

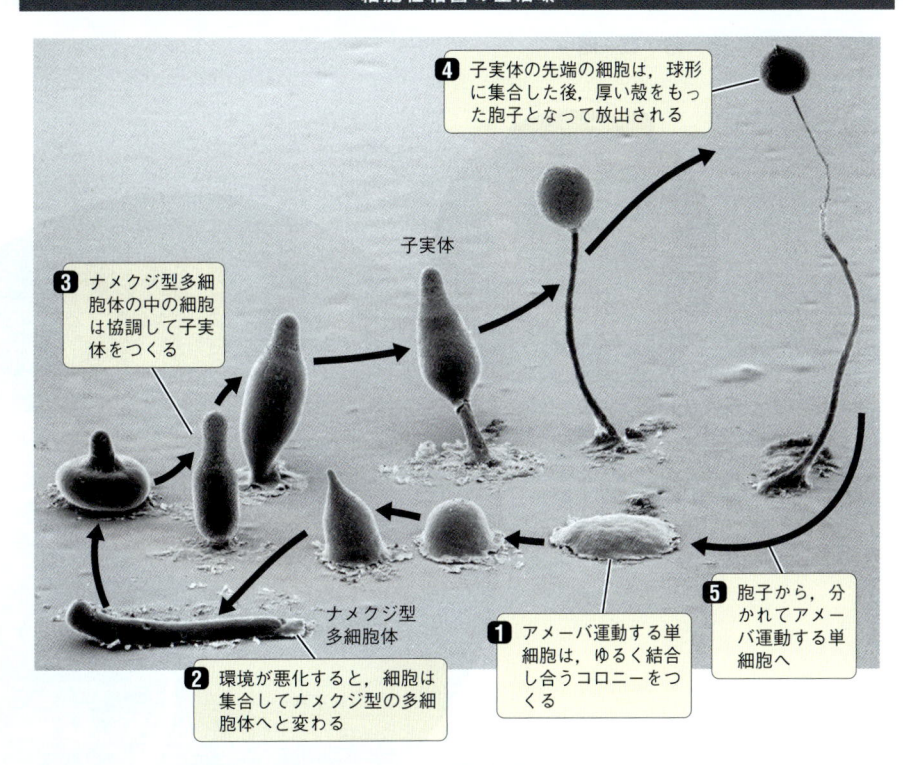

❶ アメーバ運動する単細胞は，ゆるく結合し合うコロニーをつくる

❷ 環境が悪化すると，細胞は集合してナメクジ型の多細胞体へと変わる

❸ ナメクジ型多細胞体の中の細胞は協調して子実体をつくる

❹ 子実体の先端の細胞は，球形に集合した後，厚い殻をもった胞子となって放出される

❺ 胞子から，分かれてアメーバ運動する単細胞へ

は，アメーバや粘菌よりも動物に近縁である（図3・6）．

従来型の分類法では，原生生物は，**原生動物**（光合成しない，運動性をもった単細胞生物）と**藻類**（光合成するグループ）に分けられていた．この二つのグループの分類も人為的なものであって，進化系統上では意味のない分類グループであることが図3・6からわかる．たとえば，ミドリムシ（ユーグレナ）の仲間は，緑藻類に含まれ，光合成する生物とされていたが，緑藻や植物とはかなり異なる生物で，アメーバや粘菌に近い．ミドリムシは，現在，ランブル鞭毛虫などのディプロモナス類に近いと考えられている．このランブル鞭毛虫は，動物の腸内に寄生する単細胞生物で，光合成はしない．キャンプで生水を飲んだことのある人は，嫌というほどわかっているかもしれないが，腹痛と下痢の原因にもなる生物である．つまり，ミドリムシとランブル鞭毛虫は，植物的でもなく，動物的でもない別のクレードに入るべきもので，別の独立したグループ，あるいは，最終的に原生生物の再編が終わった時点では，別の一つの界としてまとめられる可能性がある．

■ 役立つ知識 ■ 藻類とは，植物以外の光合成する真核生物をさす．ミドリムシ（従属栄養生物としても振舞う）や緑藻（高等植物に近い）のように，かなり異なるものも一つにまとめているので，進化上の関係を示す言葉ではない．大型の多細胞藻類は，褐藻類，紅藻類，緑藻類と分類されるが，一般には海草類とよばれるグループである．

原生生物の多くは顕微鏡サイズの単細胞生物

一つにまとまった系統関係があるわけではないので，原生生物のサイズ，細胞構造，栄養獲得法，生活環（図3・8参照）は実に多様である．多くが単細胞の小さい生物なので，原核生物とひとまとめにして"微生物"とよばれることもある．運動性のあるものも多い．鞭毛を1本，または複数もっていて，それを使って遊泳する，あるいは，ふさふさの短い多数の繊毛を使って泳ぐも

のもいる．アメーバ（図3・3）のように，細胞表面にある突起，仮足（偽足）を使って基盤の上を這い回るものもいる．

多細胞の生物の内部に寄生するタイプの原生生物のなかには，細胞表面には何もなく，柔らかな細胞膜だけのものもいる．防御用の薄板，分厚い覆い，石灰質の円盤など，鎧のように身を覆ったものもいる．珪藻は，精緻で美しい殻をもつことで有名である．

さまざまな形の珪藻

ハプト藻とドーバー（英国）の白い崖

海洋で生息するものは，そういった重そうな鎧を身につけて，どうやって浮遊できるのだろうか．水よりも比重の軽い油脂成分を細胞内に蓄えて浮力を得ているものが多い．多量の珪藻が死滅すると，その重い外部の鎧構造が沈降して，海底にシャワーのように降り注ぎ堆積する．その堆積物を回収したものが珪藻土である．プールなどで水の浄化用フィルターとしても使われている．珪藻土の一部を取って顕微鏡で観察すると，万華鏡のように，美しくきらめくガラス質のものが観察できる．これは化石となった珪藻の残骸である．

ハプト藻（円石藻）の細胞表面は，複雑に積み重なった石灰質（炭酸カルシウム）の円盤で覆われている．英国の南岸，有名なドーバーの白い崖は，厚く堆積したハプト藻の化石である．

紅藻類，緑藻類，褐藻類は多細胞化した原生生物で，自由生活していた単細胞が集合し，多細胞生物のように，複雑な機能を果たすようになったものである．このような多細胞生物型の生物と

生物の多様性：原生生物

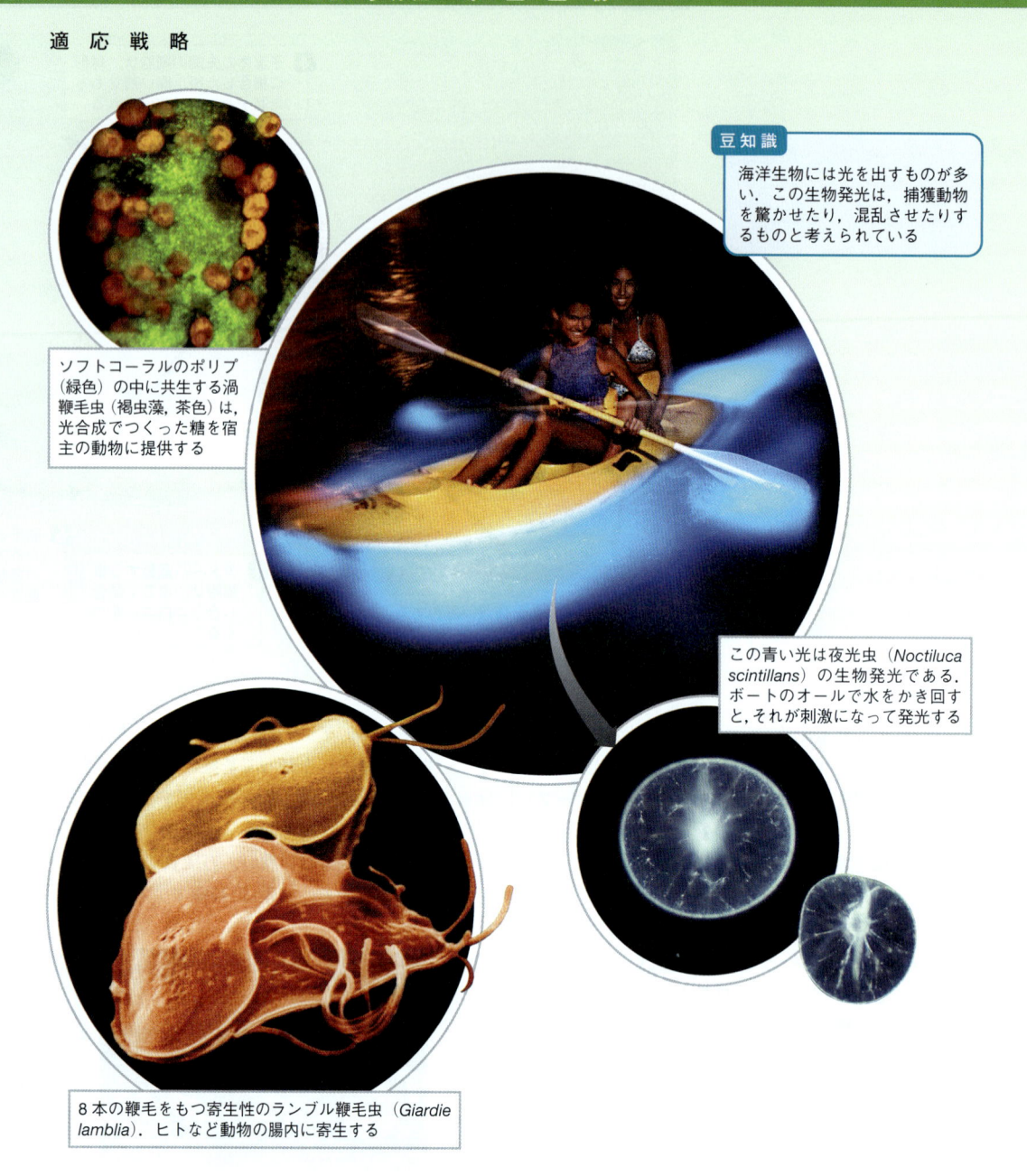

適応戦略

ソフトコーラルのポリプ（緑色）の中に共生する渦鞭毛虫（褐虫藻，茶色）は，光合成でつくった糖を宿主の動物に提供する

豆知識
海洋生物には光を出すものが多い．この生物発光は，捕獲動物を驚かせたり，混乱させたりするものと考えられている

この青い光は夜光虫（*Noctiluca scintillans*）の生物発光である．ボートのオールで水をかき回すと，それが刺激になって発光する

8本の鞭毛をもつ寄生性のランブル鞭毛虫（*Giardie lamblia*）．ヒトなど動物の腸内に寄生する

図3・8 多様性の極致：原生生物

して興味深いのが細胞性粘菌である．粘菌は最初，誤って菌類に分類されていた．植物体が朽ちて腐敗する場所でよくみられる生物で，細菌を食べて生きている．粘菌には，二つの異なる相，独立して単独で振舞う単細胞相，集合して行動する多細胞相がある（図3・7）．

独立栄養，従属栄養，混合栄養生物の原生生物

藻類として知られる原生生物は，海洋，湖水，河川などで，生産者としてきわめて重要な役割を担っている（図3・8）．藻類は独立栄養生物で，酸素発生型の光合成を行い，太陽光エネルギーを使ってCO_2と水から糖を生産し，その副産物として酸素を放出する．全地球の半分の光合成反応は海洋で起こっているが，その活動の大半を担っているのが，藻類と光合成細菌である．この二つの生物が，世界中の穀倉地帯，森林，その他の全植生を合わせたものに匹敵するほどの光合成活動を行っているのは，驚くべきことであろう．沿岸部では海藻類が重要な生産者となっているが，それ以外の淡水，海水領域では，光合成の大半を浮遊性の単細胞藻類が担っている．このような浮遊性のものを**植物プランクトン**とよぶ．**プランクトン**（"浮遊する"の意味のギリシア語 *planktos* からきた言葉）は，海水・淡水中で浮遊する生物を一般にさす．海洋の植物プランクトンとしては，珪藻とハプト藻が大きな割合を占めている．

他の生物を消費する従属生物となっている原生生物も多い．浮遊性の微小動物に，従属性栄養生物の細菌や原生性物を加えたものを合わせて**動物プランクトン**という．海洋では，有孔虫と放散虫が海洋の動物プランクトンの主要な部分を占めていて，その死

多様な構造

> **豆知識**
> バハマ諸島へ行くと、藻類や原生生物の死骸の細かな殻が集まったピンクの砂浜もある

放射状に突起を伸ばし、中心にある赤い細胞の有孔虫。周辺には他のプランクトンもみられる

多細胞の紅藻類（*Antithamnion plumula*）。岩に付着するための細胞もある。丸い電球状の構造は生殖器官である

ツリガネムシ（*Stentor coeruleus*）。繊毛をもった単細胞の原生生物で、淡水にふつうにみられる。2 mmまで大きくなるものもいる。単細胞生物としては最大級である

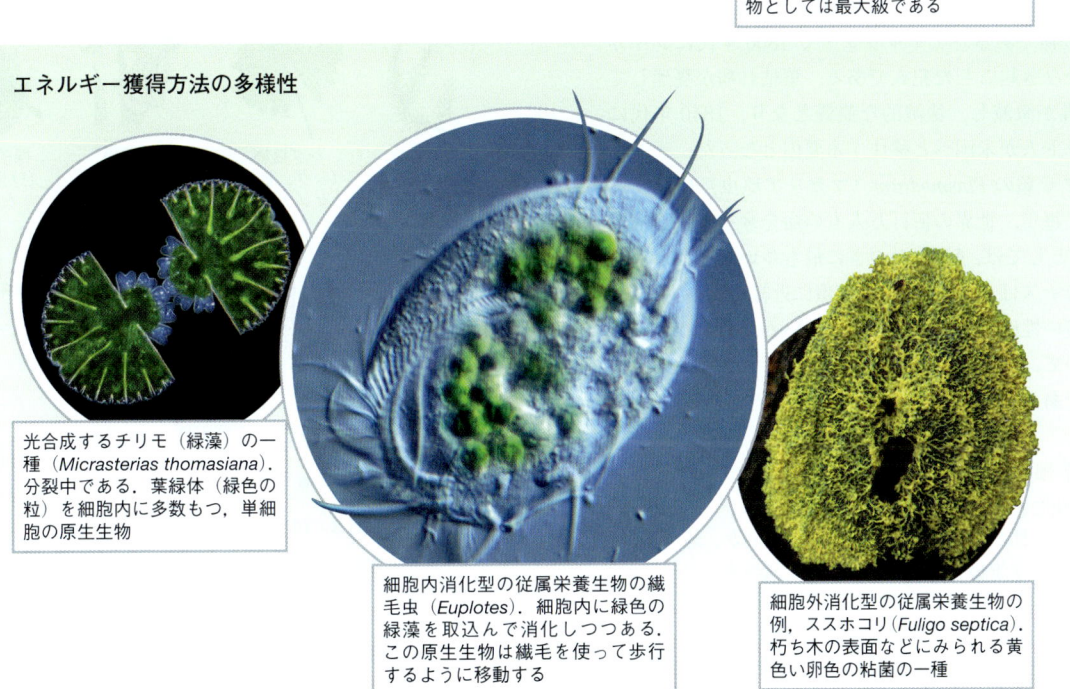

エネルギー獲得方法の多様性

光合成するチリモ（緑藻）の一種（*Micrasterias thomasiana*）。分裂中である。葉緑体（緑色の粒）を細胞内に多数もつ、単細胞の原生生物

細胞内消化型の従属栄養生物の繊毛虫（*Euplotes*）。細胞内に緑色の緑藻を取込んで消化しつつある。この原生生物は繊毛を使って歩行するように移動する

細胞外消化型の従属栄養生物の例、ススホコリ（*Fuligo septica*）。朽ち木の表面などにみられる黄色い卵色の粘菌の一種

骸が海底の堆積物の大部分を占める。

陸上、水中の生態系での分解者として重要な役割を担うのが、従属栄養生物の原生生物である。生態系の中の**分解者**の役割は重要で、排泄物や死骸を分解し、非生物的な環境へと栄養素を戻してくれるので、これを再び生産者が利用し、食物連鎖へと還元できる。

日和見主義的な原生生物もいる。さまざまなエネルギー種や栄養素を、増殖・生殖のために利用できる**混合栄養生物**で、環境変化に応じて、光合成独立栄養生物になったり、従属栄養生物として振舞ったりする。ミドリムシの仲間、渦鞭毛虫（第1章で紹介した *Pfiesteria* など）が、この混合栄養生物である。光や栄養素が豊富な環境では、光合成独立栄養生物として増殖し、資源が乏しくなると、周囲の細菌や有機物を飲み込んで消化する従属栄養生物へと変貌する。

病原体となる原生生物

大半の原生生物は無害だが、病気をひき起こすものもいる。実は、人によく知られている原生生物はそういった**病原体**となるグループである。爆発的な増殖で、害を及ぼすのが、赤潮の原因となる渦鞭毛虫である。赤色の色素を細胞内にもつので、渦鞭毛虫が大量発生すると、水面が赤く見えるようになる。これが赤潮である（図3・9）。動物の神経や筋の麻痺をひき起こすような毒物をもつ渦鞭毛虫もいる。そういった毒性をもった物質が、原生生物を餌として食べた二枚貝の中に蓄積し、その貝を食べた人や野生の動物に麻痺性の食中毒をひき起こす。この毒物は、加熱しても分解されない。さらに、数週間～1年以上も二枚貝の体内に残

ることもある．赤潮の発生原因は完全には解明されていないが，世界中で発生率が上昇してきている．おそらく，流れ出した汚物・廃液類や化学肥料などが原因の一つではないかと考えられている．

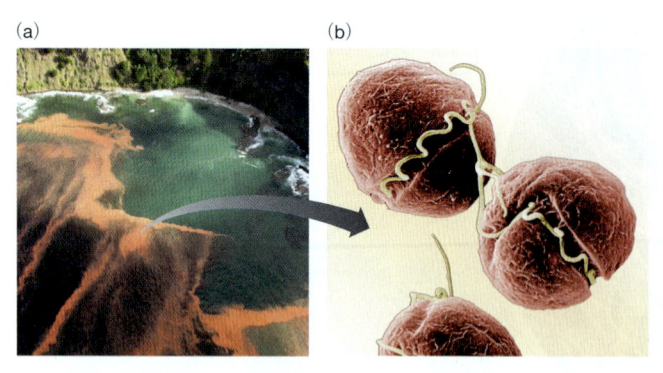

図3・9 湾を塞ぐ赤潮 赤潮 (a) は渦鞭毛虫などの赤い色素をもった原生生物が大量発生して起こる．渦鞭毛虫の *Gymnodinium* (b) は，神経毒などをつくる．

永遠に人の歴史に刻まれるべき原生生物もいる．水カビである．これは卵菌ともよばれ，間違って菌類に分類されていたものであるが，原生生物である．アイルランドで1800年代にジャガイモの葉枯れ病をひき起こした犯人である．葉枯れ病が蔓延してジャガイモの収穫が激減し，壊滅的な飢饉となり，1840年代に多くのアイルランド人が米国へと移住する要因となった．

アピコンプレクサ類の *Plasmodium*（マラリア原虫）はマラリアをひき起こす．毎年，世界の何百万人もの命を奪っている病気で，感染性の病気としては，AIDSのつぎに最も多い死者数となっている．トリコモナスは，ディプロモナス類に近縁の原生生物で，米国では，最も多い性感染症の原因となっている．約700万人の男女が感染していて，トリコモナス症をひき起こすが，投薬治療で完治できる病である．

■ これまでの復習 ■
1. 真核生物で進化した重要な仕組みを三つあげよ．
2. 細胞内の細分化・区画化は，どのような点で有利か，述べよ．
3. 原生生物が人為的な生物分類群である理由を述べよ．

1. 真核生物の特徴は，複雑な細胞内の細分化，有性生殖，多細胞化である．
2. 細胞が大きくなり，別々の細胞機能を分業したりすることで，効率化が図れるためである．たとえば，細胞膜内の現象は，ほかの現象と区別して進めることができる．
3. 系統樹上で，明らかに一つのグループとはなっていないから．植物界，菌界など，他の系統樹より派生するグループも，原生生物，菌類などとよばれ，便宜的に一括りにされる．

3・3 植物界: 地上を緑に覆う生物

生命は海中で誕生し，約30億年の間そこにとどまった．地上に最初に進出した生物は **植物界**（および§3・4で扱う菌界）である．植物は果敢に陸上へ上がる進化を遂げた生物で，最初の植物が生まれたのは4億7000万年前である．それは多細胞の緑藻の系統で，陸地の淡水環境に適応していたグループと考えられている．陸上に生息することで，植物は不毛の大地を緑あふれるパラダイスへと変え，ヒトを含め他の陸生生物が進化できる下地をつくったのである．

植物は多細胞の独立栄養生物で，多くが陸生（陸上の生物）である．光合成を行う原生生物（藻類）と同じで，植物もクロロフィルを光合成色素として用いる．太陽光のエネルギーを使い，二酸化炭素と水から糖を合成する．酸素は，この光合成の副産物であるが，私たちのような動物の生命には不可欠なものである．多くの植物は，葉で光合成を行うので，葉は最大限に光を取込みやすいように，表面が平坦で幅が広くなっている．陸上のあらゆる食物連鎖の中で，最も重要な基盤となっているのが生産者としての植物である．

植物は，有性生殖と無性生殖の両方の増殖が可能である．植物の生活環については第VII部で詳細に解説するが，動物と生活環が著しく異なるにもかかわらず，ともによく似た胚発生過程がある．それは精子と卵との融合によって，最初の単細胞接合体（受精卵）ができる過程で，その後，細胞分裂で細胞数を増やし多細胞となる．こうやって成育を開始した接合体を胚という．

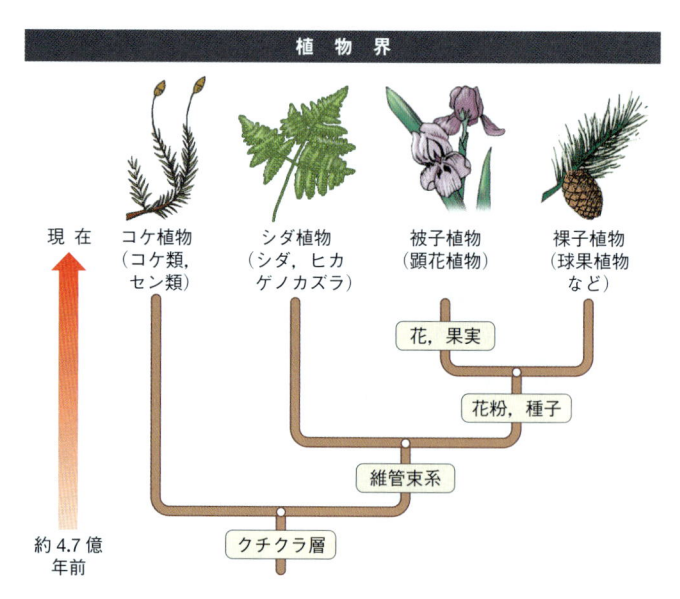

図3・10 植物の進化系統樹

植物界は，現在，最も祖先型のコケ類（苔類），セン類（蘚類），次に進化したシダ類，裸子植物，そして最後に分岐した系統の被子植物（顕花植物）に分類される（図3・10）．そのなかで，コケ類，セン類，ツノゴケ類（三つをまとめて別名 **コケ植物** とよぶ）が最初に陸に上がった植物と考えられている．これらはいわば植物界の"両生類"で，世界中，いまでも湿気の多い場所で生息している．成育期でなければ，乾燥や凍結にも耐えるものもいる．裸子植物は，針葉樹，あるいは球果植物ともよばれ，マツやモミなど，寒冷地では主要な植物相となるものが多い．熱帯植物なのでなじみは薄いかもしれないが，フロリダ州に多いソテツも裸子植物である．被子植物，あるいは顕花植物は，私たちが最も目にする植物である．衣食住すべてにかかわり，ほかにも紙や医薬品などの材料になっているものも多い．

陸上生活に適応した植物

陸上の生物には，水中の生物にはない課題がある．最大の問題は，水をどのように獲得して保存するかということである．植物の地上部は，ワックス成分を含んだ **クチクラ層** とよばれる構造で

覆われていて（図3・11），この層は，水分を閉じこめ，一日中，太陽光に照らされ，風に吹かれても，植物体が乾燥するのを防ぐはたらきがある．クチクラ層の防乾効果は非常に高い．キュウリやトマトなどの野菜の寿命を長くするために，店頭に陳列する前に，同じようなワックス成分の液に浸し，もともと表面にあるワックスにさらに継ぎ足すような使い方をする食料品店もあるほどだ．乾燥した気候の場所では，並外れて分厚いクチクラ層をもつ植物もある．

では，クチクラ層のある葉は，光合成に必須の二酸化炭素をどうやって葉の中に取入れるのだろうか．葉には，多くの小さな穴，空気穴があって，空気はその穴を通って出入りできる．コケ類では，この穴は単に表層細胞の隙間にすぎないが，セン類，裸子植物，被子植物では，より洗練され開閉できる仕組みの**気孔**があり，葉の中への空気の出入りをコントロールできるようになっている．気孔には，それを取囲むように2個の**孔辺細胞**があって，風船のように収縮したり膨張したりする．水を含んで膨張すると，外に向かって湾曲し気孔を開く．水分が減ると縮んで気孔を閉じる．光合成には二酸化炭素が必要であるが，気孔を通して二酸化炭素を取込むときに，同時に，葉の中の水分が失われるという危険性がある．植物は，それを回避するように気孔の開閉をうまくコントロールしている．夜間または日中でも，水の補給がなくなり欠乏したときは気孔を閉じる植物が多い．

リグニンの効果

最初の植物は，現存するコケ類，セン類のようなもので，地を這う緑のカーペットのように広がって成長していた．現在でも，この仲間の植物がつくる唯一の垂直方向の構造物は，堅い柄の上にのったカプセルのような生殖器だけである．緑藻と同じで，植物の細胞壁にはセルロースが含まれ，丈夫で，しかも柔軟性に富んでいる．コケ類，セン類も同じで，**セルロース**でできた細胞壁が，細胞や組織を支えている．

しかし，シダ，バラの木，マツの木のように，植物がより高く背丈を伸ばし成育するのにはもう一つ，細胞壁強化物質である**リグニン**の発明が必要だった．リグニンは，自然界で最も丈夫な物質で，細胞壁中のセルロースの繊維の間を架橋して，中世の騎士が鎧としてまとっていた鎖かたびらのように，細胞壁を頑丈な網目構造にする．木が丈夫なのも同じ理由で，リグニンで強化された細胞壁でできているからである．植物は，リグニンを発明したことで，たとえば北カリフォルニアの100 mもあるセコイアの木のように，霧雲にまで到達するほど天高く成育し，より多くの太陽光を得られるようになった．高く伸びると，またつぎの問題が発生する．それは，水などの液体をどうやって地上から樹冠部までもち上げるかという課題である．その解決法は，つぎの節で紹介するように，4.2億年前に，シダ植物がリグニンとともに発明した配管システム，維管束系である．

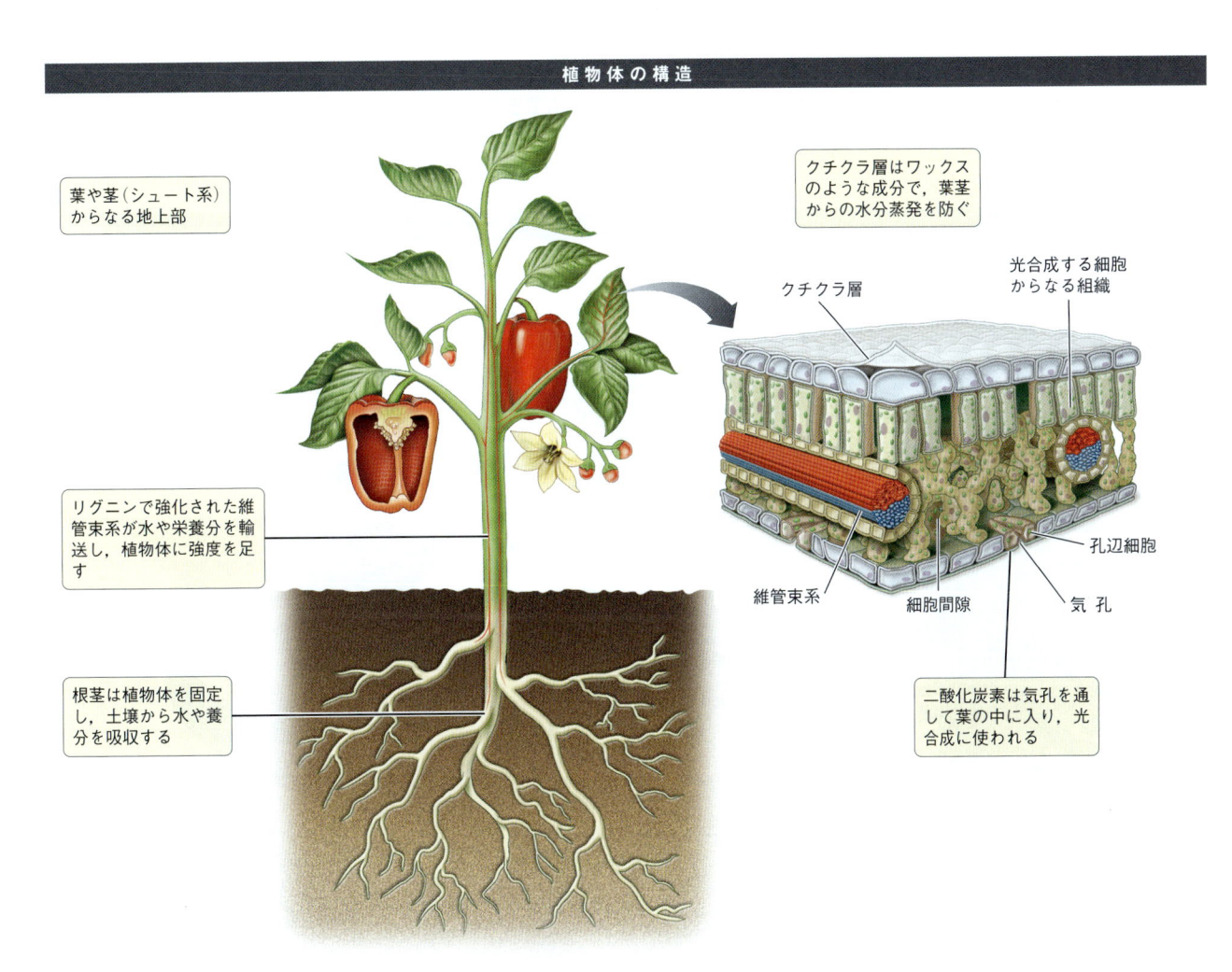

図3・11 植物の体の構造 パプリカの構造．ここに描かれているパプリカは，植物のなかで一番新しく分岐したグループ，被子植物の一つである．この図は植物の進化上の大変革をすべて網羅している．

維管束系による効率的な液体輸送

コケ植物の体は,そう分厚くはない.数層の細胞層のみで,湿った地上を横へと広がって成長し,毛管現象のような浸透効果で水を取込む.体の下部には,房状の繊維（仮根）があって,土壌中へこの仮根を伸ばしているが,数cm程度の深さから水を吸い上げるだけである.地面に這った厚みのない植物体へ水分や栄養分を補給するのには,この単純な仕組みで十分であった.しかし,これだけでは,地上30 cmを越す高さまで,効率良く水を運ぶのは不可能である.

約4億2500万年前,植物は,水を輸送するのに特化した管状のネットワーク構造,**維管束系**を進化させた.維管束系のなかで,糖などの有機物を運ぶ部分を**師部**,水と栄養素を運ぶ部分を**木部**という.両方とも一緒に束になり枝分かれして全植物体のすみずみまで分布している.私たちの体の中で,血管系がすべての器官へ広がり,すべての細胞近くまで到達しているのと同じである.植物の葉の裏を見ると,師部と木部の束である葉脈が,葉全体へと枝分かれして分布しているのがわかるだろう.木の幹部分では,内側に木部の束があり,これが木材として使っている部分である.師部は樹皮のコルク層の下で幹を管状に取囲んでいる.水を運ぶ木部はリグニンで補強されていて,これが木材の強さの由来である.根は,コケ植物以外の植物にみられる器官で,土壌から水を吸い上げる役割を担うが,この根の中にも広く維管束系が分布している.根の木部は,水を土壌から吸い取り,植物の地上部へと運ぶ.根の師部は,葉でつくられた糖を,地下の光合成しない組織へと運ぶ.

コケ類のひとつゼニゴケ
(*Marchantia polymorpha*)

裸子植物の繁栄をもたらした種子

裸子植物が誕生したのは3億6500万年前である.現在,裸子植物のなかでは針葉樹（球果植物）が最も多様で繁栄している.トウヒ,モミ,マツ,カラマツなどが,カナダ,北ヨーロッパ,シベリアなど,北部大陸の広い範囲で植生の大部分を占めている.

精子の入った細胞,**花粉**を最初に進化させたのが裸子植物である（図3・12）.裸子植物以前の植物はすべて,鞭毛をもった精子を使って受精していたので,卵の周りに何らかの水分がないと受精できないことになる.精子を格納した花粉は,乾燥した粉末状のもので,風に乗せて相当量のものをまき散らすことが可能となる.花粉を進化させたことで,裸子植物や,その親戚にあたる被子植物の受精では,水が不要となった.

裸子植物は,最初に**種子**を進化させた植物でもある.種子は胚の成育に必要な養分を保護膜である種皮で包んだだけのもので（図3・12）,裸子植物の種子は文字どおり"裸"である.裸子植物は,種子の進化もあって,2億5000万年前,地上で最も繁栄した植物である.種子は遠くへ広がるのにも便利で,母である元の木と,太陽光,土壌中の水や栄養分を奪い合って競合することも少なくなる.マツ,モミ,ツガなどの種子には,翼状の構造があって,風に乗って元の木から遠くへと飛ばされる.種子内部の栄養分は,胚が自分で光合成できるようになるまでの成育に使うことができる.また,種皮によって乾燥や腐敗,捕食者から守ることもできる.

裸子植物の生活環

成木／鱗片／雌の球果（マツカサ）／雄の球果／種子の殻／胚／胚の栄養源／芽生え

球果は葉の変形した鱗片が集まってできたもので,内部には,雌雄それぞれの生殖器官がある

花粉の中には精細胞が入っている

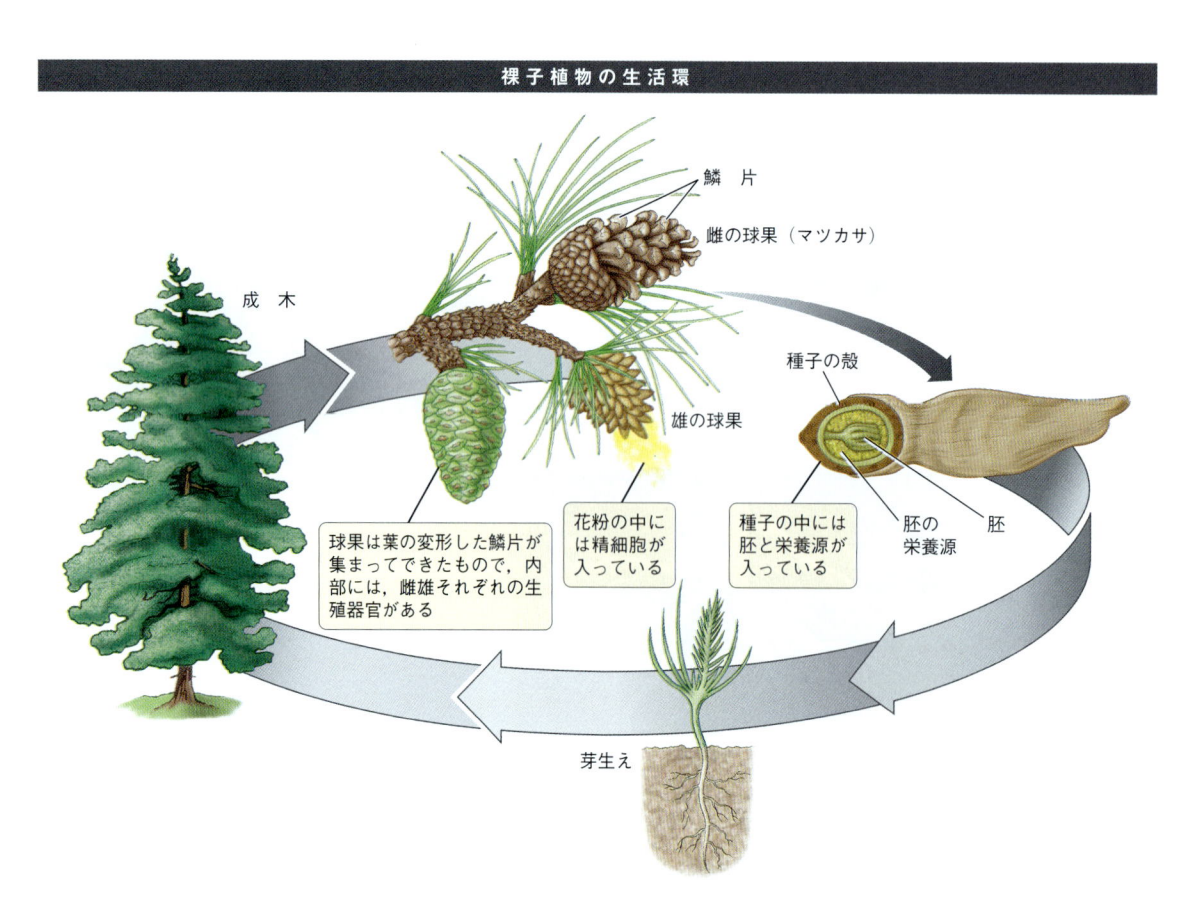

種子の中には胚と栄養源が入っている

図3・12 花粉と種子を進化させた裸子植物

花と果実を生み出した被子植物

生命史の中では，**被子植物**は比較的新しい時代に生まれた仲間で，約1億4500万年前，中生代，哺乳類が誕生して間もないころ，地上に現れた植物である．現在，約25万種の被子植物が知られていて，地球上で最も繁栄し多様性豊かなグループである．ラン，イネ類，トウモロコシ，リンゴ，カエデなども被子植物である．植物体のサイズや形態も多様で，また，生息できる環境も，山頂から砂漠，沿岸の塩水湖から淡水域までと多様である．

被子植物の重要な進化上の大変革であり，また大成功の秘訣となったのが，**花**である．花は，もともとは松かさの形をしていた裸子植物の生殖器官から派生したもので，雄の配偶子である精子（花粉）を，雌の配偶子である胚珠内の卵（卵細胞）に高い効率で受精させることができる．特に面白い点は，昆虫などの動物が花粉を花から花へと運ぶ役割分担者として組込まれていることであろう．

図3・13 花の構造 花は，被子植物の配偶子が出会う場所である．花粉の中には精子に相当する精細胞があり，卵は楕円形をした胚嚢の中にあり，この部分が受精後に種子となる．

花は通常は両性で，雄と雌の構造，つまり，おしべ（雄ずい）とめしべ（雌ずい）が，同じ一つの花の中にある．おしべには柄の部分の先に葯とよばれる袋があり，そこで花粉がつくられる（図3・13）．春から夏にかけて，多くの植物が花粉を飛散させ，これがアレルギーの原因になっている点はよく知られている．めしべが花粉を受け取ることを受粉する（あるいは，花粉がめしべに授粉する）という．花粉は，めしべの先端，柱頭で発芽し，花粉管を出して，めしべの子房の中にある卵細胞めがけて侵入する．その後，精細胞と卵細胞の融合（**受精**）が起こり，発生して多細胞の胚となる．裸子植物と同じように，被子植物の胚も保護膜に囲まれ種子となる．

裸子植物のように風によって花粉を運ぶタイプの被子植物が圧倒的な大多数を占めている．すべてのイネ科植物，カバ，カシなどは，小型のくすんだ色の花をつけ，とんでもない数の花粉を空中にまき散らして受粉する．鮮やかな色の花，あるいは強いにおいを放つ花を開花させるのは，動物に受粉の仲介をさせる植物である．こういった花は，蜜を出すものが多い．動物が受粉を媒介するものは，大量の花粉をつくるエネルギーが不要であるが，代わりに多くのエネルギーを費やして，鮮やかな色の花弁，におい，蜜など，花粉媒介者をおびき寄せる努力をしなければならない．動物を媒介させる方法は，花粉媒介者が植物の種ごとに決まっているので，同種のめしべへと花粉を運ぶ効率が高く，無駄なく受粉できるのが特徴である．風が媒介する受粉方式は，高い密度で同種の植物が集まって繁茂する純群落で有効である．対して，動物が媒介する方式では，ある領域内に分散して分布できる．

裸子植物の種子は，葉が変形してできたもので（マツカサなどのように），他の組織に覆われておらず外に露出している．対して，被子植物は，葉がさらに進化して卵組織を包み込む胚嚢という組織になっていて，卵細胞が成育するときの保護壁のはたらきをする．受精後には，卵嚢は種子となり，その中で子房を包んでいた部分が果肉となる．**果実**は，つまり内部に種子をもつ，成熟した子房に相当する構造である．

被子植物にとって，果実の進化上の利点とは何であろうか．種子をねらう捕食者から守るほかに，果肉が種子を分散させるのに一役買っている．果肉部が乾燥し，めしべの中から強い力で種子を放出する植物もある．たとえば，テッポウウリの場合，粘液質の液体に混ざった種子を，3〜6 mも吹き飛ばすことができる．ヤシの実の外壁は非常に堅く，海水が浸透しにくい．また，繊維の多い皮が空気層となり，重い種子を海水に浮かす役割をする（図3・14）．そのおかげで何百kmも海洋を漂流し，新しい場所へと繁殖の場を広めることができる．

図3・14 植物の多様性 植物は多様な環境へ適応できるように進化した．ヤシの実は，海水に浮いて何百kmも旅し，漂着した海岸に根を下ろし成育する．

■ **役立つ知識** ■ フルーツと野菜の違いは？ フルーツ（果物）は，熟した被子植物の子房組織（果実）で，その中に種子を含むものが多い．対して，野菜は，科学的な用語ではない．フルーツに対して，植物体の中で，甘味のない箇所を野菜とよぶことが多い．ニンジンやカブなどの根菜類，レタスやホウレンソウなどの葉ものが一般に野菜とよばれる．しかし，実際は果実であるトマトやキュウリも，甘くないために野菜に分類される．

生物の多様性: 植物

形や大きさ

世界最大のオオオニバス（*Victoria regia*）の葉

ウキクサの一種 *Wolffia globosa* は、逆に世界最小の植物である。全長で1mmにも満たない

マダガスカルのバオバブの木（*Adansonia rubrostipa*）。幹周りが50mにもなる巨木もある。乾季の前に落葉する

豆知識：バオバブの木の内部には小さな空洞が多く、そこに40トンもの水を蓄えることができる。地元の人は水をためるタンクとして使っている

セコイア（*Sequoiadendron giganteum*）は背の高い巨木になる。樹高100m、幹周り20mに達するものもある

生殖器官となる花の多様性

直径が最大（約1m）のラフレシアの花（*Rafflesia arnoldii*）。他の植物の根に寄生する植物で、地上に現れる部分は、唯一この花だけである

最も小さな種子をもつことで知られるラン *Ophrys fusca* の花。熱帯のランで、スプーン1杯で、100万個の粉末のような種子をもつ寄生性の種もある

豆知識：ランの種子は非常に小さく貯蔵した養分もない。そのため、共生する菌類なしでは発芽できない

枝分かれなく、まっすぐ伸びたショクダイオオコンニャク（*Amorphophallus titanum*）の花茎部（花房）。世界で最大の花である。腐った肉のようなにおいを出す

図3・15　多様性の極致: 植物界

　最も効率の良い種子分散法は、動物に媒介させる方法である。オナモミなどの果実表面には鋭い釣り針のような構造があって、動物の体毛に付着して移動できるようになっている。また、内部の種子が完成し、丈夫な種皮ができた後、果肉部が熟して食べごろになる果実もある。それを食べた動物は、元の植物からかなり離れた場所で、糞と一緒に排泄する。栄養豊富な動物の排泄物は、発芽後の種子が成育するのに好条件となる。

陸上生態系の要となった貴重な植物の産物

　生産者としての植物の重要性については、いくら強調してもしすぎることはないだろう。直接、植物を食べるもの、間接的に、植物を食べる他の生物（動物など）を食べるものの両方がいるが、ほとんど全生物の食物が、結局は植物に由来しているからである。植物の表面や内部で、あるいは植物の残骸でできた土壌の中で生きている生物も多い。スイレンやウキクサなどの水生植物（図3・15）は、細菌から動物の幼生や成体の食料、そして隠れ家となっている。

　人にとっても重要で、衣料品の綿、モルヒネなどの医薬品などの材料にもなる。また、食料となる穀物の大半は被子植物で、また花卉産業は、まさに被子植物の生殖器官を取扱う業界である。マツ、トウヒ、モミの木は、林業を支える重要な樹木で、材木や紙パルプの材料となっている。収穫される農作物も、ただ自然の

中にある植物も，価値あるものである．植物は根などから雨水を吸収し，土壌が浸食され河川へ流出するのを防ぐはたらきもする．大気の二酸化炭素を吸収してリサイクルし，私たちが呼吸する酸素をつくるのも植物である．植物が重要なのは，人間だけに限ったものではなく，地球の全生態系のためにも，植物の多様性を守る努力をしなければならない．しかし私たち人類は，市街地の拡大，農地開発，工場建設などで地球の植生を変え，急速に劇的な変貌をひき起こしている（p.41，"生活の中の生物学"参照）．

3・4 菌類：分解者の世界

ピザの上のマッシュルーム，芝生に出現したキノコなど，菌類はなじみ深い存在である．しかし，ビールに使い，パンを膨らます酵母菌，チーズやパンの表面に広がるカビなども，同じ菌類である．目に触れる形でいるものは少ないので，実は，どれだけ私たちの世界に浸透しているのかよく知られていない．まだ，未解明の部分の多い生物である．

菌界は，真核生物ドメインに属すが，体外で物質を消化し，その分解産物を体内へ吸収する吸収型の従属栄養生物である．対して，動物や原生生物の多くが，獲物や栄養物を体内や細胞に取込み，体の内側で分解する，摂取型の従属栄養生物であるといえる．動物細胞とは異なり，細胞膜の周辺を取囲む細胞壁をもつのが特徴であるが，**キチン**という丈夫な多糖類を使って体を補強する点は，昆虫や甲殻類などとよく似ている．私たちの筋肉と同じように，余ったエネルギーを**グリコーゲン**のかたちで保存する点は，動物と菌類は共通している．DNAの解析が一般的になるまでは，菌類は動物よりも植物に近い生物であると考えている

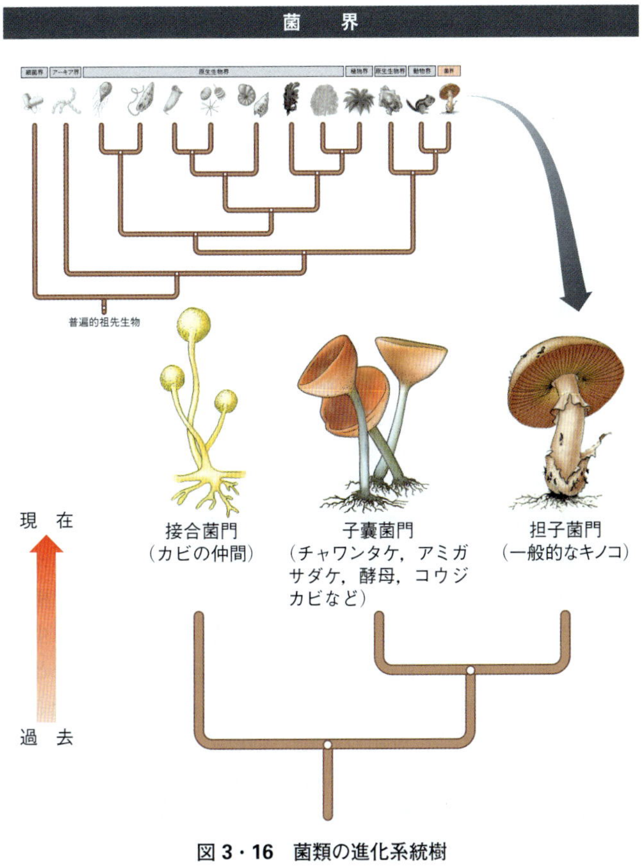

生物学者が多かった．しかしDNA解析から，動物と菌類の分岐の方が，植物が分岐するよりも新しいことがわかってきたのである．

菌類は化石になりにくく，進化の歴史は謎に包まれたままである．DNA解析の結果から，約15億年前，動物と菌類の共通祖先は，他の真核生物から分岐したと考えられるようになった．菌類が動物から分岐したのは，それからわずか0.1億年後である．菌類は，その後，長い期間，水生生物として過ごし，約5億年前，陸生の植物が現れる直前に，水中から陸上へと生息環境を広めた．菌類は，おもに三つのグループに分けられている（図3・16）．地上に最初に現れたグループの**接合菌**，カビと一般によばれる**子嚢菌**，約4億年前に進化した**担子菌**（キノコ類の）である．それぞれ，生殖方法の違いで区別されている．

菌類は陸上の生態系で重要な役割をもつ．菌類の大半が，生物の死骸や残骸を食べて生きる分解者である．ゴミ処理と養分リサイクルを行う役割で，生物の死骸（死につつあるものも）から生態系へ栄養分を積極的に戻すはたらきがある．菌類のなかには，他の生物に**寄生**するもの（他種の生物体の内部や表面に生息すること，他個体へ害を及ぼす場合もある），**共生**関係（他種へ利益を与えるような関係，あるいは，逆に他種から利益をもらう関係）にあるもの，それぞれ見つかっている．

菌類は吸収型の従属栄養生物

酵母菌の仲間は単細胞であるが，他の多くの菌類は多細胞生物である．多細胞型の菌類の進化上の特徴は，吸収型の従属栄養生物としての適応である．菌の本体は，複雑に分岐し，もつれた綿状の繊維構造（**菌糸体**）である（図3・17）．この菌糸体を構成する繊維は，細胞が一列に連結した**菌糸**とよばれる組織である．担子菌では，菌糸の中の細胞が互いに連続したものもあり，細胞間の隔壁の小孔を通って，核なども含め，細胞小器官が自由に細胞間を行き来できる構造になっている．

菌糸体は成長に伴い，土壌の中へ，腐り朽ちつつある木材の中へ，堆肥の中へとしだいに入り込んでいく．寄生性の菌類の場合，10 μm（0.01 mm）ほどしかない細長い菌糸を生きた生物体内へと侵入させ，そこで宿主の細胞と広く密接に接触する．菌糸体一つで，合計テニスコート1面にも相当するような広い面積があり，その広い面を使って，侵入した場所から栄養分を吸収する．

菌類はすべて，動物と同じようにエネルギーと栄養素の両方を他の生物に依存する化学合成従属栄養生物である．菌糸から侵入した箇所へ，たとえそれが生きた細胞であろうと，消化酵素を分泌し，有機物を分解し，その分解物を吸収して利用する．分泌した粘着液や投げ縄型のしかけで線虫などの小型動物を捕らえて消化する，捕獲者のように進化をした菌類の例も知られている．

特徴的な生殖の菌類

菌類は，有性生殖，無性生殖，両方の増殖が可能である．酵母の仲間には，分裂（無性生殖）だけで増えるものもいる．パン酵母（*Saccharomyces cerevisiae*）は，出芽とよばれる不均等な分裂をしながら増殖する．出芽で生まれる娘細胞は，元の細胞と同じ遺伝情報をもつ無性生殖である．多細胞の菌類も，単に元の菌糸体が分断されると，無性生殖的に増殖可能である．培養シイタケの場合，マット状に増えた菌糸体を少しだけ切り取って植え継ぐ

図3・16 菌類の進化系統樹

接合菌門（カビの仲間）
子嚢菌門（チャワンタケ，アミガサダケ，酵母，コウジカビなど）
担子菌門（一般的なキノコ）

担子菌類の子実体の構造

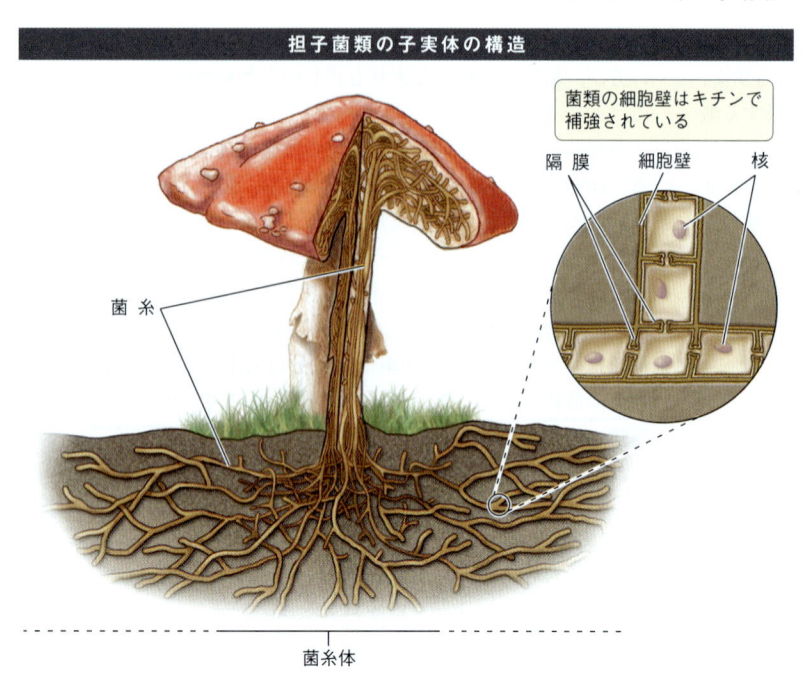

図3・17 多細胞の菌類の構造 菌類の本体は，菌糸の集まった菌糸体である．菌糸は，隔壁で区切られ一列に並んだ細胞で，隔壁にある小孔を通って，細胞小器官が自由に行き来できる．菌糸を包む細胞壁は，昆虫の堅い外骨格をつくるものと同じキチンを含む．

菌類の細胞壁はキチンで補強されている

隔膜　細胞壁　核

菌糸

菌糸体

だけで容易に増殖できるが，これも無性生殖の能力のおかげである．

ブルーチーズに用いる青カビ（*Penicillium*）も無性生殖的に増殖した胞子（図3・18）を利用したものである．殻で保護された**胞子**は，休眠状態で何年も過ごし，周りの環境が整い成長に適した条件になると発芽して，1個体（菌類の場合，菌糸体）まで成長する．胞子は丈夫な殻で囲まれた単細胞，あるいは複数の細胞で，内部の細胞を乾燥から守っている．カビの生えたパンや，湿気の高い地下室の壁などにある粉状の付着物は，この菌類の胞子である．菌類の胞子は丈夫で，長距離飛ばされて旅することもあれば，高度約1万kmの成層圏で見つかったケースもある．

図3・18 胞子を使って増殖する菌類 写真は，空中へ胞子を吹き出すホコリタケ．

菌類には多様で複雑な有性生殖がみられる．菌類には，雌雄の区別はないが，代わりに，有性生殖する菌糸体には，（＋）と（－）の二つの生殖型がある．二つの型は，外見上，区別がつかない．しかしDNA遺伝情報は異なり，それが配偶相手を選ぶ決め手となって，それぞれ異なるタイプの菌糸体の間だけで有性生殖する．接合すると子実体をつくる．この子実体は大きく成長して，私たちがよく目にするキノコとなる．マツタケ，テングダケ，ホコリタケなどのキノコが，こうやって生まれた子実体であり，有性生殖の結果，二つのDNA情報を合体させてできた子孫である．

子実体がつくる有性胞子は，無性生殖でできる胞子と同じように，風や水によって，動物に付着して，新しい場所へと分散する．キノコが，成長して上に伸びるのは，胞子が風に乗ったり，動物を呼び寄せたりするうえでも都合が良いからである（悪臭のするキノコでハエを誘い集める種もいる，図3・19）．有性胞子は，二つの親から受け継いだDNAをシャッフルして受け継ぎ，遺伝的に多様な個体として，新しい場所で成長を始める．

分解者としての重要な役割

陸上では，生物の死骸，あるいは，死につつある生物に菌類が侵入して，その大半を分解し生態系へリサイクルする．あらゆる種類の有機物，落ち葉，死骸を分解し，無機物にして環境へと放出するので，栄養素循環のうえでの役割はきわめて重要である．特に，菌類は植物残骸の中のリグニンを分解する力がある．リグニンは，樹木の強度を強くする丈夫な物質で，菌類のほかには，一部の細菌だけが分解できるだけである．分解者の放出した無機化合物は，細菌，藻類，植物などの独立栄養生物へと供給され，この独立栄養生物は，その栄養素を新しい食べ物の合成へと利用する．巡りめぐって，あらゆる生物の食物連鎖は独立栄養生物に，直接的に，間接的に依存している．生産者の生み出した食べ物があれば，必ずその最終産物を分解し，無機的な環境へと戻し，再び食物連鎖の中の生物に取込めるようにする分解者がいるが，このネットワークが複雑な食物網をつくるもとになる．

もし，この世から菌類がいなくなったらどうなるであろうか．葉茎のくずが分厚く積み重なり，森床に倒壊した樹木はそのまま残り，細菌と原生生物しかいないので，動物の死骸はもっとゆっくりしか分解できないだろう．逆に，もし突然の大惨事で植物が絶滅し，この世に菌類だけ残ったらどうなるだろうか．古生物学者は，過去の歴史の中で実際にそのような出来事があったと考えている．いくつかの地質時代の終わりである大量絶滅（たとえば2億5000万年前の二畳紀の最後）と同時に，菌類の急激な増加が起こっているのである．これは化石の中に含まれる菌類胞子数の急激な増加として観察される．火山の爆発や隕石落下の衝撃などで生物が大量に死滅し，分解者の菌類にはこの上もないご

生物の多様性： 菌　類

適応戦略

わずか3個の伸縮する細胞でできた投げ縄を使って，線虫を捕獲する菌 *Arthrobotrys anchonia*

目立つ鮮やかな色のオオワライタケ（*Gymnopilus spectabilis*）．シビレタケ（*Psilocybe*）と同様に，内部に覚醒作用をもつ毒物を含み，動物に食べられないようにしている

オーストラリアに生息する光る菌類の一種 *Mycena lampadis*

タマゴテングダケ（*Amanita phalloides*）．キノコの半分で死に至る量の毒物を含む

繁殖戦略

英語名で"天使のリング"の名前をもつ担子菌のシバフダケ（*Marasmius oreades*）．リング状の中央にあった1個の胞子から始まり，外に向かって何か障害物にぶつかるまで菌糸を伸ばし，子実体をつくる．フランスで直径800 mものリングが見つかっている

菌界の飛ばし屋といえば，この堆肥の中の子嚢菌，ミズタマカビ（*Pilobolus*）であろう．ある種の寄生性線虫は，草食動物の腸内で成長する．糞となって排泄された後，この子実体の頂点に登り発射の時期を待つ．線虫は，胞子の発射とともに近くの草むらに飛ばされて，再びウシやウマに食べられて，腸内へ戻る

豆知識
ミズタマカビの子実体の柄は，先端に黒い胞子嚢をもち，光を感知して伸びる．柄の内部の水圧によって先端部を破裂させ，ロケット弾のように2.5 mもの距離まで胞子を打ち上げる

担子菌のスッポンタケ（*Phallus impudicus*）の英語名は"悪臭ツノタケ"で，その名のとおり腐敗臭でハエをまねき寄せる．粘りけのある胞子は，ハエの体に付着して分散する

図 3・19　**多様な菌類**　分解者として重要な役割を担う菌類．

ちそうが準備され，それを餌に急激な増殖をした結果と考えられる．

危険な寄生者となる菌類

寄生性の菌類もいる．寄生性の菌類は，菌糸を生きた生物の組織内へと侵入させ，ヒトも含めた動物の病気の原因となり，農作物などの植物にも被害を与える．菌類に対抗して，哺乳類は複雑な免疫系を進化させてきた．健常者の場合，菌類は白癬や水虫などの通常は無難な病気をひき起こすだけである．しかし免疫系が崩壊すると，たとえばカリニ肺炎菌のように致命的な病気（肺炎）をひき起こす．AIDS患者の一番の死因がこの病気である．

寄生性菌類は植物にも大きな影響をもつ．植物の病気の3分の2はこういった菌類によるもので，細菌，ウイルス，害虫よりも大きな被害である．ニレ立枯病菌（*Ceratocystis ulmi*）はアジアの国から米国に入ってきた菌類で，かつてはニレの巨木からなる並木道があったが，致命的な被害を受け，今では米国全土から姿を消している．同じようにクリ胴枯病菌（*Cryphonectria parasitica*）もアジア由来の菌類で，米国全土で，数十 mの高さで威風堂々としていた原生種のクルミ広葉樹は失われてしまった．穀類に寄生し，甚大な被害を与える菌類，サビ菌や黒穂病菌もある．昆

虫も，菌類の寄生被害を受ける生物である．害虫駆除に菌類を応用しようとする農学者もいる（図3・20）．

有益な菌類

人にとって高価な菌類もあれば，抗生物質などの医薬品の原料となる有益なものいる．酵母菌（*Saccharomyces cerevisia*）は，砂糖を分解して，ビールやワインのアルコール，パンを膨らます二酸化炭素ガスを産生する．コウジカビ（*Aspergillus*）は，ダイズの発酵に使われ，味噌やしょう油などの製造に使われる．人気食材のトリュフも菌類である．トリュフは土中で成育し，生殖器官である塊状の子実体が成熟すると，特有の香を放ち，それを食べる動物を招き寄せる．動物がそれを食べて，糞として胞子をまき散らすことになる．美食家の愛する高級食材であり，イヌやブタを訓練して土中に埋もれたトリュフを見つけ，売買されている．

図3・20 寄生する菌類　他の生きた生物内に侵入して成長する寄生性の菌類がいる．この写真の甲虫はエクアドルのゾウムシで，冬虫夏草菌（*Cordyceps fungus*）に寄生され絶命している．背中から外に伸びた部分は，菌糸体の柄の部分である．

3・5　地衣類と菌根菌：界の垣根を越えた協力関係

2種類の生物種が，長期にわたって密接な関係をもつことを**共生**という．共生では，片方がもう一方の生物の外部にいる場合も，その内部に入って生息する場合もある．草食動物の背中にいるウシツツキは前者の例，腸内に生息する細菌やアーキアは後者の例である．共生では利益のない場合もあるし，片方だけに有利なものもある．

共生関係で，二つの種に両方とも利益のある場合を**相利共生**という．分解者＝破壊者のイメージの菌類かもしれないが，菌類は，実際は，他のあらゆる界の生物，たとえば，光合成細菌，光合成原生生物（藻類），植物，動物などとの間で，相利共生の関係を進化させている．樹木の幹に付着する干からびたパン皮のような地衣類もそういった菌類の共生体である．

カエデの樹皮にはりついた外皮様の地衣類

菌類と光合成微生物は共生する地衣類

地衣類は，光合成微生物と菌類の相利共生体である．地衣類内の微生物は，単細胞の緑藻やシアノバクテリアである（両方が共存することもある）．菌類は，一般には杯型の子実体をもつ子嚢菌（図3・16参照）であるが，担子菌（キノコ類）にも地衣類を構成するものもある．地衣類の本体は密集した菌糸体からなり，共生する藻類やシアノバクテリアは，その中に埋もれている．菌類は，光合成生物が合成した有機物を受取り，代わりに地衣酸とよばれる代謝産物を提供する．地衣酸の役割は不明であるが，菌類や共生微生物が他の生物に捕食されるのを防ぐと考えられている．

地衣類の成長は非常に遅く，年間に1 cm程度の速度で広がるだけである．断片化してもそこから増殖可能である．また，光合成細胞を菌糸体が包み込んだ構造体である，粉芽をまき散らして増殖することもある．菌類が有性生殖も行い，子実体をつくり有性胞子を使って増殖することもある（図3・18参照）．地衣類には，中の菌類が菌糸体を伸ばして共生生物とは関係なく独立に増殖できるものもいるが，共生する藻類やシアノバクテリアなしでは生きられないものもいる．

地衣類本体は厚みが薄く，植物のクチクラ層や原生生物の鎧壁のように外敵に対して防御するすべもない．また，体の中から老廃物や毒物を取除くうまい仕組みももたない．そのため，地衣類は，大気や水に含まれる有害物質をそのまま吸収し，内部に蓄積することになる．汚染物質に対する防御機構がなく，酸性雨，重金属，毒性の高い有機物などの影響を受けやすく，工業化が進むと，地衣類が急速に消失する．

地衣類共生体は，その中の菌類にちなむ"種名"でよばれる．これまで，乾燥地帯，寒冷地，温暖多湿地方など，さまざまな生息域に3万種以上の地衣類が知られている．特に北半球のツンドラ地帯では豊富な地衣類がみられ，トナカイの重要な餌にもなっている．地衣類は，栄養が乏しい非常にやせた土地へ最初に進出できる生物としても知られている．菌類がつくる地衣酸は，やがて岩石の表面を溶かし土壌化を促す．細かく砕かれた土壌は，やがて，岩石の表面を覆い，これがつぎにやってくる植物が根を下ろす場となるのである．

図3・21　菌根は菌類と植物の相利共生体

菌類，植物体両方のメリットとなる相利共生である菌根

陸地に新しく上がってきた植物は，菌類といち早く相利共生の関係を結ばなければ生き残れなかったと考えられている．約4億6000万年前のコケ植物にも，仮根内部に菌類が共生していたことを示す化石がある．現生の植物でも，ほとんど大半のものが，

自然の状態では，菌類との相利共生体である菌根を形成している．トリュフ，アミガサタケ，アンズダケなど，食材として重宝されるキノコの多くは，菌根菌の子実体である．

菌根は，菌類と植物の根の間での相利共生体である．菌根の中の菌類（菌根菌）は，植物の根の周りにスポンジ状の分厚い菌糸層をつくる（図3・21）．また，その周囲の土壌へ，数ヘクタールにもわたって菌糸を広げていることもある．菌糸は，非常に繊細で複雑に分岐し，植物の根よりも，土壌と密に接触できる点が特徴である．その結果，菌糸の層は，植物自身の根が吸い上げるよりも効率良く，周囲の水や栄養素（リンや窒素分）を吸収できるのである．その水や養分を与える代わりに，菌類は植物が光合成した養分を受取る．図3・22は菌根菌がトマトの成長に寄与していることを示している．

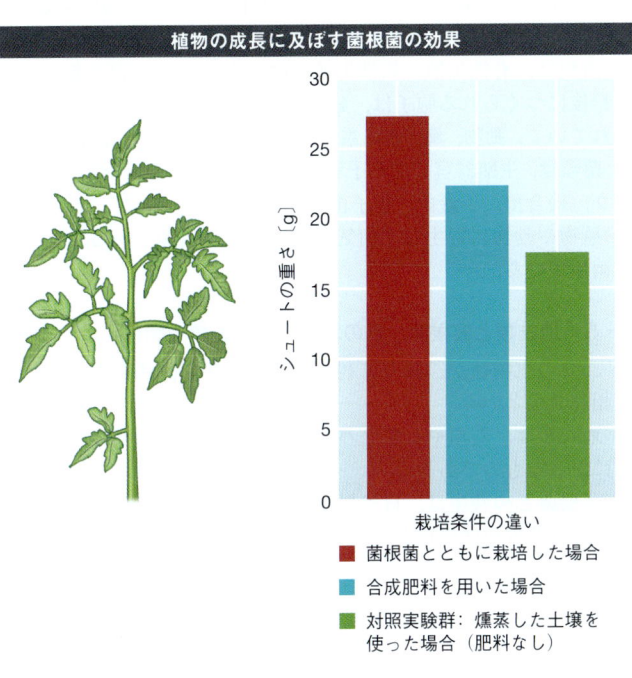

植物の成長に及ぼす菌根菌の効果

図3・22 トマトの成育に菌根は重要である

菌根菌は，土壌の化学的，物理的な特性を変化させる．菌糸体の層は，土壌中の病原菌（他の菌類，細菌，根を餌にする昆虫など）の侵入を防ぐ．キツネタケの場合，トビムシ（小型の昆虫）などを呼び寄せ，捕らえる仕組みがあるが，昆虫を消化して得た窒素分が栄養素となり宿主の植物へと供給される．自然界の菌根菌は，カバやマツのように異なる植物種の個体間を網目状につなぎ，食物を輸送するネットワークにもなる．また，ランの場合，種子は大変小さく，自前の栄養を多くは保存できない．そのため，発芽したばかりの胚へは，光合成を行う周囲の成熟した植物体との間をつなぐ菌根菌が栄養を補給する．この菌根菌なしでは，胚は生き残れないのである．

集約農業で実際に行われる作業に，土壌燻蒸による消毒方法があるが，その結果，もともとある菌根菌も抹殺することになる．そういった処理を行った土壌で作物を育てると，健全な菌根菌のある場合に比べて収穫量が落ちる．収穫量の落ち分を取戻すために，多量の人工肥料を使用することになる（図3・22）．菌根菌は，植物の根と共生関係にあるので，研究室に持ち帰ってシャーレの中で培養というわけにはいかない．しかし，土の中で増やすという方法で，培養に成功している生物学者や有機農場経営者もいて，菌根菌の流通販売も始まりつつある．

■ これまでの復習 ■
1. 植物が進化させた重要な仕組みは何か．
2. 花粉をもつ植物の名称をあげよ．花粉の利点は何か．
3. 菌類の特徴をあげよ．
4. 菌根菌とは何か．役割も含めて説明せよ．

---

1. クチクラ，気孔，維管束系
2. 針葉樹と被子植物．水分の少ない環境に種子の中まれた花粉が，風や虫に運ばれて，水のない環境でも受精できるようになった．
3. 菌類は植物の栄養吸収及び生育促進の重要な助っ人を持ち，キツネタケはトビムシをつかまえることも出来る．
4. 植物の根に共生し，植物の水分及び栄養素を吸収する役割を担う．目立変換域では，ほとんどの植物が菌根菌のおかげで生育できる．

学習したことを応用する

根の問題か，なぜ河川は蛇行するのか

この章のはじめの蛇行する河川の話に戻そう．河川の蛇行は肥沃な沖積平原をつくり，植物をはじめ多くの生物の多様性を生み出す重要なはたらきもする．開発や洪水で，その平原が破壊されると，細長く蛇行する流れは消え，幅広く広がった網目状の流路ができる．環境保全を試みる生態学者は，蛇行する河川を元に戻す努力をしているが，実際のところ，なぜ河川が蛇行するのかはよくわかっていなかった．

1980年代，バックネル大学の地質学者Edward Cotter博士は，2億5000万年〜4億5000万年前のカナダ内のアパラチア山脈の堆積物を解析した．古い地層の中に河川の運んだ堆積物が残っているので，たとえ何億年もの遠い過去のことであっても，河川の形や，それがどのように蛇行していたかが，わかるのである．Cotter博士は，当時のアパラチア山脈の河川は砂利が多い浅瀬で，網目状に分かれて流れていたことに気づいた．その後，何百万年もの時が過ぎ，約4億2500万年前，維管束系の植物が現れるまで，河川は蛇行することはなかった．

地球の最初の40億年ほどの間は，すべての河川は緩やかな斜面の地形を浅く網目状に分かれて流れ，蛇行することはなかった．その理由は何であろうか．土壌を根でとらえる維管束系が地上に出現してはじめて，河川が蛇行し始めたのではないかと，Cotter博士は推測したのである．このアイデアは面白いものであったが，それを証明する確実な証拠はつかめなかった．

最近になり，なぜ河川が蛇行するのか，詳細を研究する研究者が現れ始めた．2009年，当時カリフォルニア大学バークレー校の大学院生だったChristian Braudrickは，研究室の中に約6×15 mの箱の中の河川模型を作った．彼の実験で河川は蛇行した．また，その蛇行は数時間や数日といった単位ではなく，1年以上も継続するものであった．ちょうど良い傾斜や砂礫のサイズも重要であるが，Braudrickはそれにまったく新しい成分，アルファルファ（牧草の一種）の芽を加えることで，他の誰も実現できなかった河川の蛇行を実験的に再現できたのである．アルファルファは地中に根を張り，土壌を安定化し，水によって容易には流出しないようにした．実験期間の1年間を通して，生まれては下流へ向かって移動して消えるという5本の新しい蛇行する河川が模型の中で再現できた．この実験で突破口が開けた．

一方，ダルハウジー大学の地質学者Martin GiblingとNeil Daviesは，この維管束系植物が河川を蛇行させるという説を確かめる証拠を探すことにした．まず，古い時代の河川の形状を記

載した論文144報を調べ，維管束系が地上に出現し繁茂する以前の河川跡には，薄く幅広い砂礫層があり，これは蛇行する河川ではなく，網目状に広がった河川の特徴とよく一致しているとの結論になった．こういった河川のなかには，幅/深さの比が1000倍もあるような幅広のものもあった（ミシシッピ川の場合でも，この比は約50である）．さらに，2億5000万年前，生物の大量絶滅が起こり陸上の植物が一掃されたとき，河川跡が幅広のタイプに変化していることもわかった．

地球上の生物と，非生物の世界は互いに強く影響を受け合ってきたと考えられる．植物が陸上に進出したことで，根が土壌をしっかり固定するようになり，それまで幅広で浅かった河川に，丈夫で浸食に強い土手を作りあげ，その結果，河川は蛇行し，土壌を肥沃に変え，植生を多様化したと考えられる．陸の生物多様性を促進するその一方で，深くて大きな河川は，人類の物流に便利で，大きな文明を生み出す下地にもなった．

章のまとめ

3・1 真核生物の夜明け
- 真核生物は，一般に四つの界，原生生物界，植物界，菌界，動物界に分けられる．
- 真核生物の特徴は核をもつこと，および複雑な細胞内構造があり，細胞の大型化が可能になった点である．
- 真核生物は，もう一つ画期的な仕組み，有性生殖を進化させた．無性生殖で増殖する真核生物も多い．
- 真核生物の多細胞化は，複数の系統で並行して起こった．異なる細胞を使って，効率良く機能を分業できるのが利点である．

3・2 原生生物界：最初に出現した真核生物
- 真核生物のなかでは，最も古い系統である原生生物は多様な生物を含んでいる．
- 進化のうえでは互いに大きく異なる系統もあって，原生生物界は人為的に一つにまとめたグループである．
- 原生生物の多くは顕微鏡サイズの単細胞生物である．
- 独立栄養，従属栄養，混合栄養生物の原生生物がいる．
- 一般に，光合成する原生生物を藻類，光合成をしない運動能力のある原生生物を原生動物とよぶ．
- 原生生物は有性生殖を進化させた．有性生殖によって，二つの親個体の遺伝情報を組合わせて，異なる遺伝情報をもつ新しい別の子個体を生み出すことができる．無性生殖で増殖できる原生生物も多い．
- 毒性のある原生生物，人を含め他の生物にとって有害な原生生物もいる．

3・3 植物界：地上を緑に覆う生物
- 植物は陸上の環境に適応した多細胞光合成生物である．
- 水分が失われないように，体表をワックスのような物質，クチクラ層で覆っている．
- 植物細胞には，セルロースでできた柔軟で丈夫な細胞壁がある．細部壁を強化する化学物質，リグニンを進化させたことで，植物は重力に逆らって背丈を伸ばすことに成功した．
- 維管束系は，水を運ぶ木部，養分を運ぶ師部からなる．植物体が背丈を伸ばすうえで重要な進化である．維管束系はコケ植物以外の植物にみられる．
- 裸子植物は花粉や種子を進化させた．花粉は雄の配偶子である精子を運ぶ仕組みである．種子の堅い殻の中には，未成熟な個体である胚と，発芽後に必要となる栄養源が蓄えられている．
- 被子植物は生殖器官である花を進化させた．花粉を分散させる多様な手段もある．果実の外側の層（果肉）は，内側の種子を守り，種子の分散を助ける仕組みがある．動物を使って受粉させたり，種子を分散させたりする．
- 陸上の生産者として植物は他のほぼ全生物の食物源となっている．

3・4 菌類：分解者の世界
- 菌類は，吸収型従属栄養の真核生物で，キチン質の細胞壁をもつ．DNAの比較結果から，菌類は，真核生物の他のどの界よりも動物と近縁であることがわかった．
- 単細胞の菌類もあるが，多くは多細胞生物である．
- 多細胞の菌類の体は，細長く複雑に分岐した菌糸できていて，餌となる有機物の中に侵入し，体の外で消化して体内へ吸収する．陸上の生態系では，分解者として重要な役割を担っている．
- 菌類は，有性生殖，無性生殖，両方の増殖が可能である．受精後につくられる胞子は，厳しい環境に耐える丈夫な殻で包まれていて，動物，風，水に乗って長い距離を運ばれて分散する．
- 菌類は，生殖器官である子実体の構造の違いで，三つのグループ，接合菌，子嚢菌，担子菌に分けられる．
- 植物や動物に寄生し，病気をひき起こす菌類もいる．有益な菌類もいる．

3・5 地衣類と菌根菌：界の垣根を越えた協力関係
- 二つの生物種が，両方に利益となる密接な関係をもつことを相利共生という．
- 地衣類は，藻類やシアノバクテリアが菌類と相利共生の関係になったものである．
- 菌根菌との共生は，自然界ではほとんどすべての植物にみられる．菌根菌は植物が土壌から水分や栄養源を吸収するのを助けている．代わりに，植物は菌根菌へ光合成で得た糖を渡す．

重要な用語

有性生殖（p.40）	木　部（p.48）
配偶子（p.40）	裸子植物（p.48）
無性生殖（p.40）	花　粉（p.48）
クローン（p.40）	種　子（p.48）
原生生物界（p.42）	被子植物（p.49）
原生動物（p.43）	花（p.49）
藻　類（p.43）	受　精（p.49）
植物プランクトン（p.44）	果　実（p.49）
プランクトン（p.44）	菌　界（p.51）
動物プランクトン（p.44）	キチン（p.51）
分解者（p.45）	グリコーゲン（p.51）
混合栄養生物（p.45）	接合菌（p.51）
病原体（p.45）	子嚢菌（p.51）
植物界（p.46）	担子菌（p.51）
コケ植物（p.46）	寄　生（p.51）
クチクラ（p.46）	菌糸体（p.51）
気　孔（p.47）	菌　糸（p.51）
孔辺細胞（p.47）	胞　子（p.52）
セルロース（p.47）	相利共生（p.54）
リグニン（p.47）	地衣類（p.54）
維管束系（p.48）	菌　根（p.54）
師　部（p.48）	

復習問題

1. 真核生物と原核生物の違いとして正しいのはどれか．
   (a) 真核生物の細胞内には，膜の仕切り構造がない．
   (b) 真核生物が多様な栄養獲得の仕組みを進化させている．
   (c) 真核生物には核がある．
   (d) 真核生物の方がより広く分布している．
2. 細胞が大型化できるようになったのは，どのような進化の結果か．
   (a) 独立栄養生物化
   (b) 多細胞化
   (c) 有性生殖化
   (d) 細胞内構造の細分化
3. 多細胞生物だけからなる分類群はどれか．
   (a) 藻 類
   (b) 原生生物
   (c) コケ植物
   (d) 酵 母
4. 独立栄養生物だけからなる分類群はどれか．
   (a) 菌 類
   (b) 原生生物
   (c) 裸子植物
   (d) 動 物
5. 原生生物は，
   (a) 進化のうえで一つの系統に由来して，他の界の生物よりも互いに深い近縁関係にある．
   (b) 数種の単細胞生物がいるが，多くが多細胞生物である．
   (c) 菌類よりも多様な栄養獲得方法と生活環が進化している．
   (d) 最初に陸上に上がった生物で，今でも陸上で最も繁殖している．
6. 菌類が成長するときに伸ばす構造は何か．
   (a) 菌 糸
   (b) 隔 壁
   (c) 担子菌
   (d) 体 腔
7. 植物が背丈を高くするうえで重要であった進化はどれか．
   (a) クチクラ層
   (b) 網目状の菌糸
   (c) リグニンで補強された細胞壁
   (d) 菌根菌との共生関係
8. 菌根菌は，
   (a) 植物が乾燥するのを助ける．
   (b) 酸を分泌して植物に害を及ぼす．
   (c) 植物の栄養源の吸収を助ける．
   (d) リグニンを分解するので有害である．

分析と応用

1. 原核生物にも有性生殖はみられるか．この章で取上げた四つの界のグループには有性生殖がみられるか．無性生殖に比べて，有性生殖の有利な点は何か．
2. 多細胞の原生生物の名前をあげよ．単細胞と比べて，多細胞の原生生物であることの利点は何か．
3. 赤潮とは何か．赤潮発生に，人の活動が関係している可能性はあるか．説明せよ．
4. 菌類は従属栄養生物である点で，私たちに似ている．従属栄養生物として異なる点は何か．進化のうえで，菌類は動物と植物のどちらにより近縁か．その証拠は何か．
5. 多くの菌類に感染する強力なウイルスがいて，菌類の大半を絶滅させたとする．その結果，何が起こるか．そのような菌類大絶滅が起こった地区を探索して，TVレポーターのように伝えることを想定して，記述せよ．
6. 植物が陸上に上がってきたときに起こった問題は，(a) 水の確保，(b) 重力に打ち勝つことの2点である．植物は，どのような進化によって，この問題に打ち勝つことができたか．
7. 地衣類は汚染物質の影響を非常に受けやすいので，大気汚染を示す標準生物としても使われている．それは地衣類のどのような特徴のためか．理由も述べよ．

ニュースで見る生物学

Plants That Earn Their Keep

BY KIRK JOHNSON

有能な警備員となる植物

いずれ，空港安全検査庭園なるものが主流になるかもしれない．"パスポートと搭乗券を持って，シャクナゲ植え込みの場所をお通りください"といった具合である．ニューヨーク市セントラルパークに，ショッピングモールの噴水広場に，バグダッドの通り沿いに，爆弾を嗅ぎ分け検出するチューリップの植え込みがあるというのは，いかがだろうか．

この水曜日，コロラド州立大学の研究チームの発表によれば，わずかな量でも空中のTNTに接触すると色を変える植物ができたという．

この植物は，TNTに触れると，葉の色を緑にしている色素，クロロフィルが葉からなくなり，白く退色するようにデザインされている．

コロラド州立大学のJune Medford教授は"単純で，誰にでもすぐわかる変化にする必要があった"と，植物の化学物質への応答と，肉眼でもすぐわかる葉の色の変化を結びつけるアイデアの由来を説明している．

この研究は，米国国土安全保障省による補助金で実施されたもので，無料公開されているピア・レビュー（専門家査読）制の学術雑誌 PLoS Oneに発表された．植物は，もともと害虫の出す成分など，周囲の化学物質を敏感に感知できるように進化しているという．

TNTは一般に爆発物などに使われる材料で，今回，研究室で開発したこの植物は，爆弾検出用に訓練されたイヌより100倍も敏感であると，この論文は紹介している．

改善すべき点はまだあり，植物ができるだけはっきりと，迅速に反応するようにすることだという．

"今はまだ反応に数時間かかります"と語る米国海軍研究所の Linda Chrisey 氏によれば，手製爆弾などの検出技術として使える可能性が高い．

実際に応用するには，数分内に起こり，また，自然に元の緑色に戻る変化であることが望ましいという．

"資金援助している海軍は，その改良を2〜3年以内に終わらせるように求めてはいるものの，たぶん5〜7年程度は必要だろう"と Medford 教授は語っている．

"安全を示す緑色と，TNT検出時の白色の差が，間違った化学物質にも反応して生じる可能性もある"と案じる研究者もいる．

カリフォルニア大学リバーサイド校の細胞生物学准教授 Sean R. Cutler 博士は"白黒明白で確かな反応かといえば，まだその状況ではない．しかし，未完成であるものの，大変興味深い研究である"と語っている．

植物には，神経はなく，脳もない．痛みを感じることもなく，動物のようには周囲の様子を感知はできないだろう．これはよく知られていることである．いや，そうではないのか？ この2〜3年で行われた研究では，植物が小さな電気信号を使ってコミュニケーションすることを示唆している．植物は"考える"ことはないだろうが，周囲の環境を感知し，それに応答するのである．たとえば，昆虫が葉に噛みつくと，そこから化学物質が放出され，周囲の葉がそれを"感知する"という．その後，同じ植物体の葉はもちろんのこと，他の植物の葉も，害虫が食べるとまずいと感じる化学物質を放出し始めるという．

これは，米国国土安全保障省による補助金で実施された研究で，植物を私たちの周囲の環境にある爆発物などに反応するように改変できたというものである．植物の発信する信号は，誰にでもわかる明白なものでなければならない．植物のもつ別の特性，緑の光合成色素のクロロフィルを葉から待避させる反応を応用したもので，2時間ほどで緑が白く変化する反応が起こり，肉眼でも判別できるという．

もう一つ重要な点は，TNT，神経ガス，大気汚染物質などの化学物質に，植物を反応させる方法である．この反応には，どのような生物でももっている細胞表面の"受容体"とよばれるスイッチのようなものを利用する．June Medford 博士は，TNTにうまく反応させる方法を開発したという．植物は白く変化するのに2日かかり，爆発物の近くを通行する人に警告するには遅すぎるが，Medford 博士によれば，この反応を数分以内になるように改善できるという．さまざまな化学物質に反応する受容体をつくり，実際にどのような草木にもそれを導入可能とのことである．

このニュースを考える

1. 植物の緑色の色素は光合成に必要なものであるが，白色化して，色が元に戻らなくなった植物では，何が起こるだろうか．
2. 地雷などの地下の爆発物を見つけ出すのにネズミを使った研究もある．この報道のような植物を使った方法の利点，欠点をあげよ．

出典：*New York Times*，2011年7月26日

4 動 物 界

MAIN MESSAGE

動物は，多様な形態や行動様式をもち，摂食型の従属栄養生物である．

私たちの祖先

　海水浴に行って，海水を間違って飲んだことがあるだろう．その海水の中には動物の起源の手がかりがある．突拍子もない話に聞こえるだろうが，海水の中に，私たち動物の従兄弟にあたる小さな微生物がいるのである．

　たった1Lの海水中には，何百万もの単細胞のえり鞭毛虫が見つかることもある．彼らは屈曲運動する鞭毛を使って海水中を泳ぎ，細菌などの微生物を鞭毛の根元にあるえりのように見える薄膜でトラップして食べる．池や海の水中は，プランクトンとよばれる微生物に満ちあふれている．プランクトンは水とともに流され，他の大型の生物の餌となっている生物である．えり鞭毛虫もその一つであるが，他のプランクトンとは少し素性が異なり，特別な存在である．えり鞭毛虫は鞭毛で単独遊泳するが，ときに集合して群体をつくり，協同作業を始める．この協同作業こそ，今にして思えば，生命進化の中心的な重要テーマだったのである．

　はじめの数十億年間，地球上にいた生物は，すべて単細胞であった．しかし7～10億年前のどこかで，生物は群体をつくって協同作業を始め，この群体から，のちに植物や動物が生まれた．群体生活をする現存のえり鞭毛虫の祖先の一つが，まさに動物の祖先なのである．最初の動物は，カイメンやクラゲのように軟らかい多細胞の生物であった．その後，ミミズやナメクジ，イカ，サメや硬骨魚，そして陸上の両生類，爬虫類，最後に哺乳類が出現した．私たち人間も，この小さな群体微生物の子孫である．

　ヒトの体は何兆もの数の細胞から構成されているが，その細胞は決して独立して振舞うことはない．一生の間，一時も休むことなく，互いに情報を伝え合い，協調しながら生きている．たとえば，水を飲むときは呼吸を止めるだろう．プールで泳ぐときはタイミングよく息をするだろう．これは，脳とともに，筋肉や神経が協調して作動する結果にほかならない．驚くべきことに，ヒトの細胞間でみられる協調機構が，実は，えり鞭毛虫の群体でみられるものと，よく似ているのである．

> ❓ えり鞭毛虫と動物との関係は，どうやってわかったのか？
> 動物とプランクトンの共通点は何か？

　この章を読み終えるころには，えり鞭毛虫の秘密が理解できるであろう．

海綿動物は，最も単純な動物　カイメンは，胚から発生して成長し，他の生物を食べて餌にする点では，他の動物と同じである．しかし，体の対称性，複雑な組織構成や器官などはない．この写真のカイメンのように動物の顔のような格好をしていない限り，ただの細胞の塊のように見えるだけである．

基本となる概念

- 動物は，約7億年前に生まれた，摂食型（体内に取込んで消化吸収する方式の）の多細胞従属栄養生物である．
- 動物細胞には細胞壁がなく，互いに連結し，細胞外マトリックスに包まれている．
- 組織，器官，器官系，体腔，体節構造，行動様式の多様性が，動物の進化上の革新である．
- 昆虫は，最も種数の多いグループである．軟体動物が，海洋で最も多様化しているグループである．
- 最初の脊椎動物が魚類，最初の四肢動物が両生類である．
- 爬虫類と鳥類は羊膜をもった卵を進化させ，陸上に適応できた．
- 子への栄養補給や養育に力を注ぐことで，哺乳類は成功している．

動物の本質とは何だろうか．まずは図4・1にある写真を見てみよう．動物は，すべて動き，視覚があって見ることができ，脳がある生き物だろうか．図4・1のなかのどの生物が，そういった動物に最も近いだろうか．そう思う理由は何だろうか．

この章では，動物世界の多様性の魅力について紹介する．動物の体の内部構造が多様であることについても，その利点・欠点も含めて考える．組織や器官の発達が，多様な自然環境へ対応できる能力も含め，複雑な行動様式を進化させた重要な要因であったことも解説する．

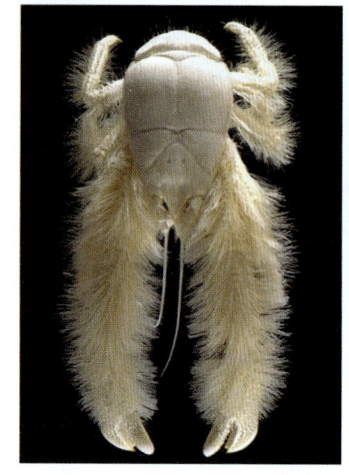

4・1 動物の進化の由来

動物界は，多様である．カイメン，サンゴ，ミミズやゴカイ，カタツムリ，昆虫，ヒトデなどのほか，コモドオオトカゲ，ベンガルトラ，ヒトなど際立って目立つ動物もいる．動物は，摂食型従属栄養生物である．多細胞の構造で，内部に食べ物を取込み，そこで消化し分解した有機物から，エネルギーを獲得する．すべて消費者であり，生態系の中で，重要な分解者の役割を担う動物もいる．

数種類の細胞からなり，分化した組織もないカイメンなど，単純な構造の動物もいるが，多くは，胚発生の早い時期につくられる2〜3層の組織層からできた複雑な構造をしている．ほとんどの動物は運動すること，生息場所をみずから変えることができる．カイメンやホヤなどは，成体は決まった場所に生息する固着性の動物であるが，生活環のある時期には遊泳型をとる．たとえば，図4・1bはホヤの仲間であるが，その幼生は，オタマジャクシのような形をしていて，海水中を盛んに泳ぎ回る．

動物は約7億年前，先カンブリア時代に出現したと考えられている（巻末付録"地球生命史の中の重要な出来事"参照）．DNAの比較解析から，それより以前の古い生物へと祖先をたどることができ，それが現存する原生生物のえり鞭毛虫（図3・6参照）に似た鞭毛をもった単細胞生物であると考えられている．

カイメンは，最も祖先型に近い動物で，進化系統樹のうえでは，最初に分岐したグループとなる（図4・2）．クラゲ，イソギンチャク，サンゴなどの刺胞動物が次に進化した．残りの動物は，二つの大きなグループ，旧口動物（前口動物）と新口動物（後口動物）に分けられるが，胚発生パターンの違いで区別することができる．

旧口動物は，20以上のグループからなり，代表的なものとして，軟体動物（イカ，巻貝，二枚貝類など），環形動物（ミミズなど体節構造をもつ動物），節足動物（甲殻類，クモ類，昆虫など）がある．新口動物には，ウニやヒトデなどの棘皮動物と，私たちを含む脊索動物がある．脊索動物には，背骨をもつ動物，魚類，鳥類，ヒトなどの哺乳類が含まれる．しかしそれ以外に，なじみ

(a) 甲殻類（*Kiwa hirsuta*）
(b) ホヤの仲間（尾索動物）
(c) ウミウシの仲間（腹足綱裸鰓目）
(d) ゴカイの仲間（イバラカンザシ）

図4・1 美しい動物たち 私たちに，一番近い動物はどれだろうか．

の薄い動物グループ，ホヤやナメクジウオなど，背骨はないが神経索をもつ動物も含まれる．脊索動物のなかで背骨のあるグループを**脊椎動物**，それ以外のすべての動物をまとめて**無脊椎動物**とよぶ．ただし，無脊椎動物という呼称は図4・2からもわかるように，系統も進化上の特徴も異なる動物群を一つにまとめただけであり，背骨がないかどうかは，進化系統のうえでは，あまり意味はない．

4・2 動物の特徴

第5章で細胞の構造について詳しく解説するが，植物や菌類の細胞と異なる動物の特徴は，細胞壁がない点である．代わりに，動物細胞は，細胞外マトリックスとよばれる繊維状分子でできたやわらかい構造に包まれている．また，細胞表面にはマジックテープのような構造があって，この細胞間結合によっても，互い

につなぎとめられている．このような細胞外マトリックスや細胞間結合が，多細胞の動物の体を支えているのである．細胞間の結合にかかわるタンパク質の多くは動物に独特のものだが，なかには，私たちの近縁グループであるえり鞭毛虫にも見つかるものがある．

動物の体を構成する組織

カイメン（海綿動物）は，最も単純な動物である．特殊化した細胞をもってはいるが，真の組織はない．真の組織とは，協調的に機能する同じタイプの細胞集団をいう（第1章参照）．カイメンの体は，互いに緩く結合した細胞でできていて，それぞれの細胞はおおむね単独に機能するだけである（図4・3）．

最も単純な構造のカイメンの場合，中心部は筒状の空洞で，その周辺を扁平な細胞が取囲んだだけの構成である．体壁が分厚く，細かな網目状の水路からなる複雑な構造のものもある．この内部の水路や空洞に沿って並び鞭毛で水流をひき起こす細胞はえり細胞とよばれ，この細胞は，単細胞の原生生物，えり鞭毛虫に非常によく似ている．水の流れは，体壁表面にある小孔から筒の内部へ入り，大きな開口部から外へ押し出される．えり細胞は，水流に乗ってやってくる細菌などを粘着質の分泌物で捕らえる．カイメンの体内には，炭酸カルシウムやケイ酸を含む鋭い針状の小骨（針骨）が多数あって，これが体壁を強化し，捕食者に食べられたりするのを防ぐはたらきがある．えり細胞以外に，アメーバ運動して動き回る遊走細胞もあって，この細胞が多様な役割を果たす．他の細胞へと分化するもとの細胞にもなっている．カイメンには組織や器官はなく，眼のような特化した感覚器もない．筋細胞や神経細胞もなく，脳のように情報処理の中枢となる部分もない．

動物で起こった重要な進化上の発明は，真の組織である．最初に真の組織を生み出したのは刺胞動物である．クラゲ（図4・4）は，内外の2層の組織でできていて，外部の組織が体壁，内部の組織が消化管となっている．また，網目状に広がり互いにつながった神経細胞（散在神経系）もあって，体の各部の間で，迅速な情報交換ができるようになっている．レンズを通して外の景色を見るカメラのような眼ではないが，刺胞動物には周囲の明暗を感知する眼点がある．

外部と内部の組織層の間に，筋組織のある刺胞動物もいる．筋組織は動物の大きな特徴で，海綿動物や平板動物（1種だけ記載のある不思議な動物門）以外のすべての動物にみられる．神経網と筋組織が協調してはたらけるおかげで，動物は複雑な行動ができるようになった．たとえば，クラゲは，触手の上にある特殊な細胞，刺胞を使って小魚を麻痺させて動けなくし，捕らえて口まで運び食べるという行動をとる．

動物の多様でユニークな胚発生

生物が成長を始め，繁殖可能な成熟個体へとなるまでの一連の決まった順番で起こるプロセスを**発生**という．動物の発生は，単純な生活環のカイメンから，複雑な組織や器官を構築する哺乳類の胚発生まで，実に多様である．胚発生の過程では，細胞が一団となって場所を変える細胞移動が起こる．そのような細胞の移動によって，別々の細胞層（胚葉）が生じ，胚葉から成体をつくるさまざまな組織が分化する．

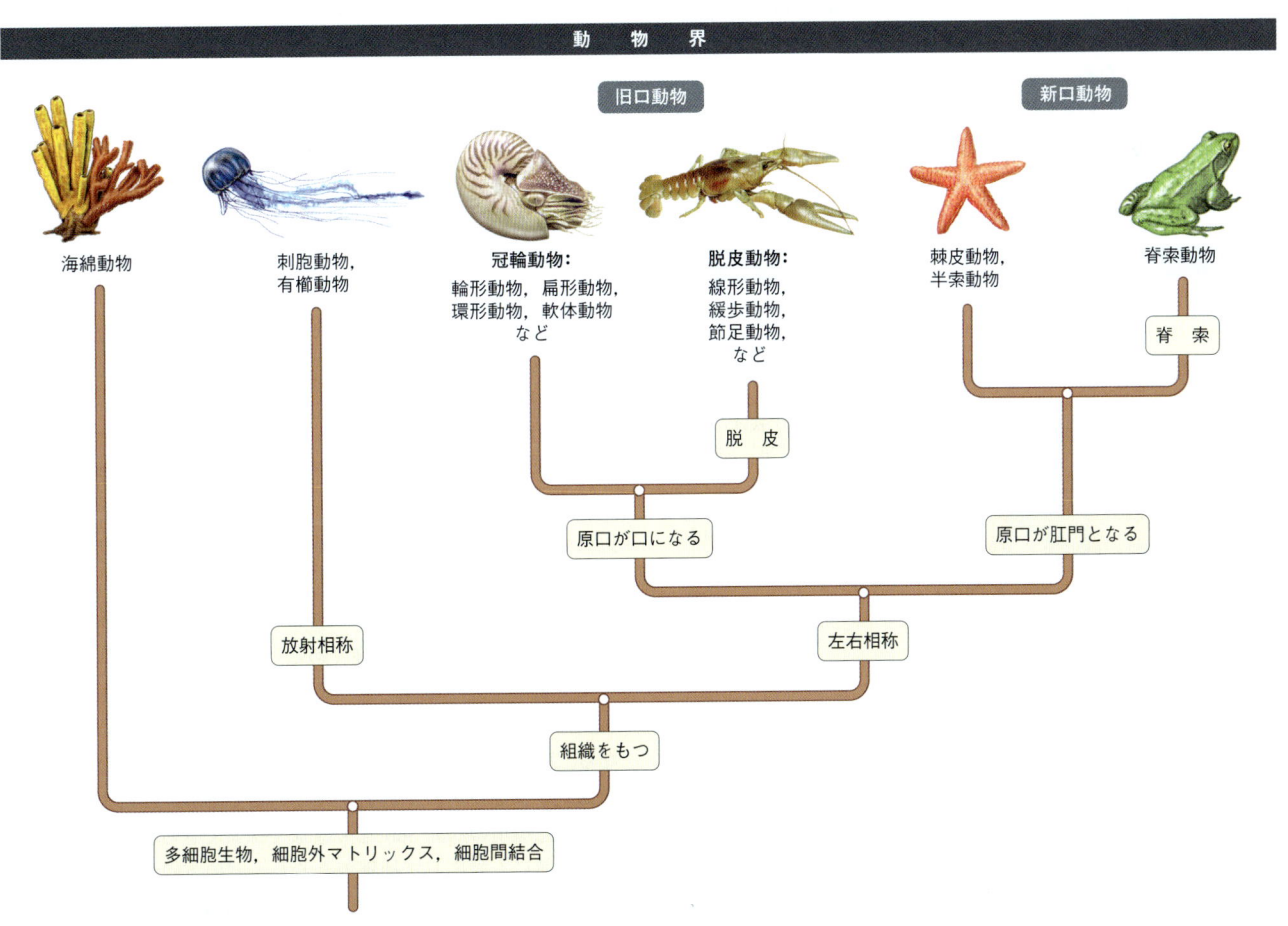

図4・2　動物の進化系統樹　各系統の動物群で起こった進化上の重要な出来事を枠の中に示している．

海綿動物の構造

図4・3 カイメンの細胞には分化がみられるが，組織とはいえない　カイメン（海綿動物）の体は，ゆるく結合した細胞集団でできている．細胞の中には，特殊化した細胞もあるが，他の動物にみられるような組織はない．

（図中ラベル：出て行く水流，大孔（出水孔），小孔（入水孔），核，鞭毛，遊走細胞，小孔，えり細胞，上皮細胞，針骨）

無性生殖で増える動物もいるが，大半が，卵細胞と精子の融合（受精）による**有性生殖**で増殖する．受精で生まれた接合体（受精卵）は，やがて，1層の細胞層でできた袋状の胚，胞胚へと成長する．つぎに，細胞の一群が袋の内側へと移動を始め，その陥入した場所を原口という．この陥入が完了すると原腸胚（図4・5）とよばれるようになる．

旧口動物では，原口の付近にある組織から成体の口がつくられる．その後，原腸は体の中を貫通して反対側に開口部が形成され，そこに，つまり原口の反対側の出口に，肛門が形成される．新口動物は逆で，原口の開口部が成体の肛門となる（図4・5）．その後，原腸が体の中を貫通して開口部（必ずしも反対側ではない）ができ，そこが成体の口となる．

原腸胚の外側の細胞層は外胚葉とよばれ，成体の表面にある組織，クラゲの場合，体壁や神経繊維（図4・4参照）などになる．原口から内部へ移動した細胞層は内胚葉とよばれ，成体の消化管をつくる組織となる（図4・4や図4・5に黄色で示される箇所）．旧口動物の多くとすべての新口動物は，中胚葉とよばれる第3の組織層をもっている．中胚葉は，旧口動物では原口の近辺に陥入時にできた細胞塊から，新口動物では原腸の一番深いところにできる袋状の構造からつくられる．この中胚葉からは，筋や生殖器官が形成される．脊索動物では，骨格も中胚葉組織からつくられる．

動物の体の対称性

動物の分類群ごとに決まっている特徴的な体の構成を体制（ボディープラン）とよぶ．対称性も重要な体制の特徴で，海綿動物以外のグループは，明確な2種類の対称性のある体制，放射相称性と左右相称性に分けられる．

動物体を左右対称に切断できる面（体軸に沿った面）が無数にある場合，これを**放射相称**であるという（図4・6a）．たとえばイソギンチャクの場合，ケーキを切るときのように，体を均等な二つに切り分けることができる面が無数にあるので，放射相称となる．刺胞動物（イソギンチャク，クラゲ，サンゴなど）と有櫛動物（クシクラゲ）が放射相称な動物である．放射相称性の動物は，生息環境の周囲360°をくまなく探索できる体制となる．どの方向の餌にも対応して捕獲できるし，どの方向からやってくる外敵にも反応できる利点がある．放射相称は，固着生活をする動物，または決まった方向へと積極的に遊泳するのではなく，受動

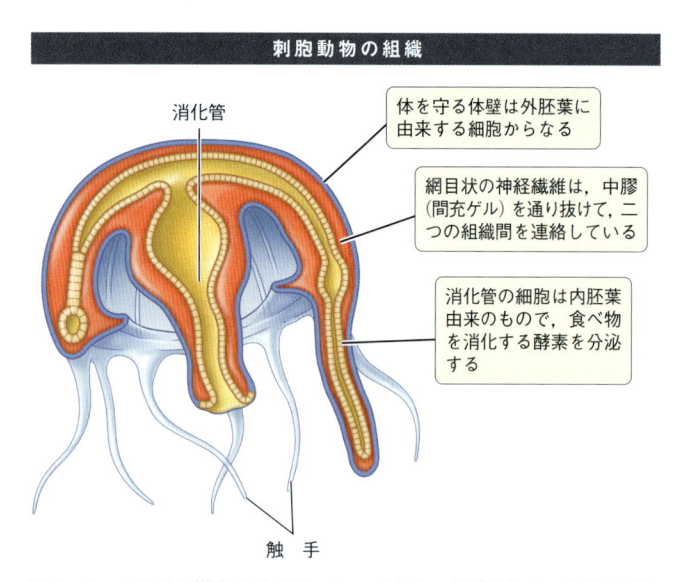

刺胞動物の組織

（図中ラベル：消化管，体を守る体壁は外胚葉に由来する細胞からなる，網目状の神経繊維は，中膠（間充ゲル）を通り抜けて，二つの組織間を連絡している，消化管の細胞は内胚葉由来のもので，食べ物を消化する酵素を分泌する，触手）

図4・4 クラゲを構成する組織　クラゲなどの刺胞動物は，組織を最初に進化させたグループである．組織は，二つの層，外胚葉と内胚葉に分けられる．ここでは，わかりやすく二つの層を，黄色（内胚葉）と青色（外胚葉）で塗り分けている．二つの層の間（赤色の部分）は，中膠または，間充ゲルとよばれるもので，細胞からの分泌物で満たされている空間である．

動物の胚の発生

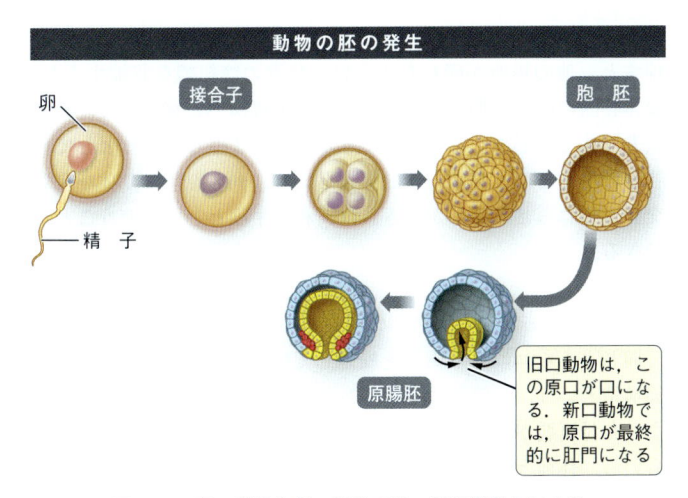

図4・5　旧口動物と新口動物の違いは初期発生にある

（旧口動物は，この原口が口になる．新口動物では，原口が最終的に肛門になる）

的に水流に流されて移動する動物に多くみられる．餌を追跡することも，捕獲者から逃げたりすることもできないので，その両方に，どの方向から来ても同等に対処する必要があるからだ．

左右相称の動物では，体を対称に切断できる面（体軸に沿った面）は一つだけである（図4・6b）．体の中心軸を上下垂直に切った面で，鏡面対称な部分，右側と左側に分けることができる．その左右軸に対して，上の方を背側，下の方を腹側という．左右相称動物の場合，前後の違い，前端（頭部）と後端（尾部）の違いも明確である．

動物の体の対称性

(a) 放射相称　　(b) 左右相称

イソギンチャク　　ザリガニ

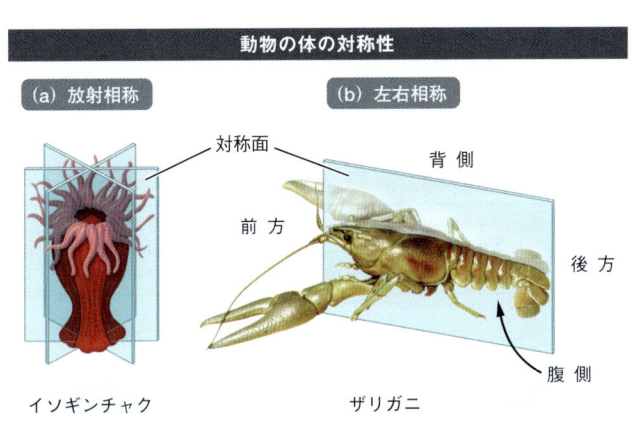

図4・6　動物の二つの対称性，放射相称と左右相称

左右相称の体制は，あらゆる旧口動物，新口動物にみられる．成体が左右相称でなくても，発生のある段階で必ずみられる特徴である．中心軸が明確な左右相称動物の利点は，移動しやすい点である．たとえば，対称に配置した脚やひれがあった方が，そうでない場合より，ずっと陸上や水中を移動しやすい．移動できる能力は，動物が進化のうえで獲得した重要な特徴で，獲物の捕獲や摂食，捕獲者から逃避，配偶相手の誘因，育児，もちろん，新しい環境への移動など，多様な行動パターンを生み出す原動力となった．

摂食行動に伴って発達した器官として，周囲環境を感知し応答するための感覚器官や神経系がある．これらは左右相称の体の前端部に集中させるのが都合よく，その結果，頭部が著しく発達した．この変化を**頭化**という．頭部が発達することで，最重要な方向，つまり，移動の前方向から来る情報を素早く受取り処理でき

る．移動の効率も高まり，行動パターンも多様になった．頭化によって，動物は，これから移動するべき空間，つまり，未来の世界を見渡せる生物になったのである．

器官と器官系の発達した動物

器官と器官系の発達は，旧口動物，新口動物に共通する特性で，動物のさまざまな機能を高めることができた．器官とは，複数種の組織からなり，協同して，独自の機能を果たすようになったものである．器官は一般に，他の部分と明確に区別できる境界があり，独自の形をしており，体の中の決まった場所にみられる（第1章参照）．図4・7に示したのは，最も単純な構造をもつと考えられる扁形動物のプラナリアの例である．プラナリアは雌雄同体で，同じ一個体内に雄と雌の生殖器，精巣と卵巣がある．頭化した動物の特徴，体の前方に神経細胞が集中した場所である脳（脳神経節）があり，ここで情報処理が行われる．

複数種の器官からなり，協同して，一連の役割を遂行するようになったものが器官系である（第1章参照）．プラナリアの脳は，体の全長に渡って，はしご状に神経束を伸ばし，この神経束と脳で，一つの器官系，神経系を形成する．この違いは微々たるものかもしれないが，少なくとも，刺胞動物の分散型の散在神経系よりは複雑である．頭部に入力された感覚信号は，そこで，処理され，そこで生じた応答信号を，後方の他の部分へと効率良く伝達できるからである．

神経系と同じように，生殖器官は，卵巣でつくられる卵を移送する輸卵管，外へ産卵するための出口である生殖孔など，付属する別の器官とともに別の器官系，生殖器系となって，一連の生殖に必要な機能を担う．プラナリアには，排出器系もあり，余剰の水分や老廃物を排出するようになっている（図4・7には示していない）．水分は，炎細胞とよばれる細胞で集められ，それに連結した集合管を通して，体の外へと排出される．

刺胞動物や有櫛動物と似た消化管，行き止まりで袋状の消化管があり（図4・7には示していない），食べ物をそこで消化し，食べ残しも同じ入口から押し出して排出する．他の旧口動物，新口動物には，すべて完全に貫通した消化器系があり，餌を細かくす

扁形動物プラナリアの構造

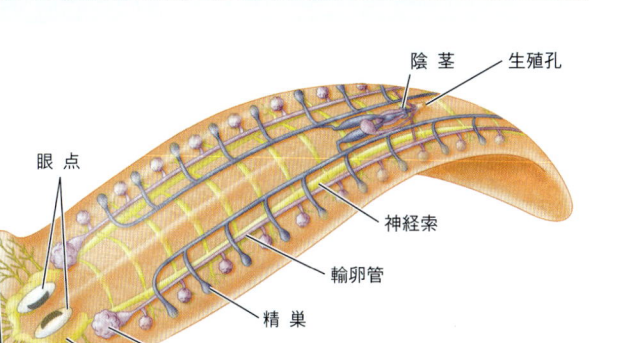

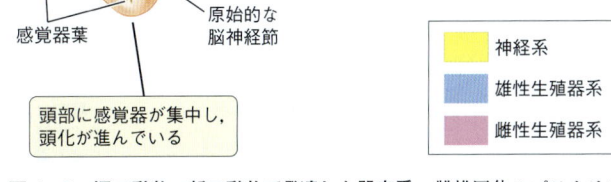

眼点／陰茎／生殖孔／神経索／輸卵管／精巣／卵巣／原始的な脳神経節／感覚器葉

頭部に感覚器が集中し，頭化が進んでいる

■ 神経系
■ 雄性生殖器系
■ 雌性生殖器系

図4・7　旧口動物，新口動物で発達した器官系　雌雄同体のプラナリアは，同じ個体に雄と雌の生殖器の両方がある．

る部分，必要な栄養を吸収する部分，未消化物をはき出す部分と，分業化されている．たとえば，脊椎動物の魚類の場合では，胃，異なる役割を担う2種類の腸，また，膵臓や肝臓などの付随器官もよく発達している．

呼吸器系は，酸素の取込みと二酸化炭素の放出を効率化するためのもので，動物の種類によってさまざまな仕組みがある．多くの旧口動物，すべての新口動物には，循環器系も備わっている．必要な酸素や養分を全身の細胞に送り，老廃物を回収する役割を担っている．筋肉系は，節足動物などの旧口動物では外骨格と連動し，脊椎動物では内骨格と連動して，動物体のスムーズな運動を可能にしている．外部からの侵入物に対する防御機構である免疫系，体内で信号を伝える物質，ホルモンを分泌する内分泌系は，多くの動物で備わっているが，単純なものから複雑なものまで，動物のグループ間で大きくその仕組みは異なる．

体腔を進化させた動物

動物で起こったもう一つの重要な進化は，体腔の形成である．体腔とは，器官を支える体内の空洞部分をさす．体腔のない動物はわずかで，扁形動物のプラナリアは，無体腔動物とよばれる体腔をもたないグループである．内部の諸器官は，外胚葉に由来する体壁，および，内胚葉に由来する消化管の間を詰まった中胚葉の組織の中に埋もれている．擬体腔動物とよばれるグループに線虫などの線形動物がある．擬体腔とは，消化管（内胚葉）と体壁の筋肉層（中胚葉）の間にある空間で，そこは体液で満たされ，器官が配置されている（図4・8）．真の**体腔**とは，中胚葉由来の組織のみに囲まれた空間をさし，そのような体腔をもつ動物を真体腔動物という．中胚葉由来の組織が体腔の内壁を覆っていて，消化管などの器官は，すべて中胚葉組織で包まれた形で，体腔内にぶら下がっている．旧口動物の多く，すべての新口動物は，真体腔をもつ動物である．

体腔が進化したことで，内部の空間にある諸器官は，腸や体壁とは独立し，自在に形をデザインでき，独立した機能を達成できるようになった．体腔は器官を保護するクッションの役割もある．また，線虫の仲間（擬体腔動物）のように，擬体腔内圧を高

めることで，体の支持手段として使うものもいる．風船の一部を押すと，他の場所が膨らむように，体壁の筋組織を収縮すると，擬体腔内の液体は押し出され，体の別の場所へと移動する．その圧力で体を変形させることもできる．このような支持体として体腔を利用することを水力学的骨格という．同じ原理で，体を左右交互にくねらせることができれば，移動手段としても使うことができる．

分担作業を容易にする体節構造

同じようなユニット構造を繰返して積み上げてできる体制を体節構造という．体節構造をもつ動物は多い．体節の側面には対になった付属肢があり，体節ごとに異なった付属肢が進化した動物もいる．体節と付属肢は，進化の過程で，実にさまざまな形態や機能をもつように変化してきた．多様な体節構造のおかげで，動物は容易に異なる生息環境へ適応し，新しい生活スタイルを獲得できるようになったのである．図4・9のロブスターは，そのような体節構造の多様な進化を示すよい例であろう．

節足動物の後半部の体節だけを例にとっても，もとになる基本形から，いかに多様化が進んだかがよくわかる．たとえば，チョウの繊細な腹部（交尾器として使用），ハチの刺し針のある腹部（他の動物体内に刺入し，卵を産み付ける），ロブスターの筋肉質の（食用としても美味な）尾部など，さまざまである．同様に，脊椎動物の前肢も，ヒトでは腕，鳥類では翼，クジラではひれ，ヘビではあるかどうかわからない程度のでっぱり，カエルやトカゲでは前脚と，もとの原型となる付属肢から派生し多様化が著しく進行している．

■ これまでの復習 ■

1. 動物で起こった進化上の重要な出来事は何か，四つあげよ．
2. ヒトやクラゲは，左右相称動物か．左右相称動物であることの利点は何か述べよ．

---

1. 器官と器官系，体側の対称性，体腔，体節構造，進化．
2. ヒトは左右相称動物である．クラゲは放射相称動物である．左右対称になった構造で，移動するように進化である．

動 物 の 体 腔

(a) 無体腔の扁形動物 — 中胚葉由来の組織／消化管／体腔はない．器官は中胚葉由来の組織の中に埋まっている

(b) 線形動物の擬体腔 — 中胚葉由来の組織／消化管／器官は，体壁（中胚葉由来）と消化管（内胚葉由来）の間，体液の満たされた隙間にある

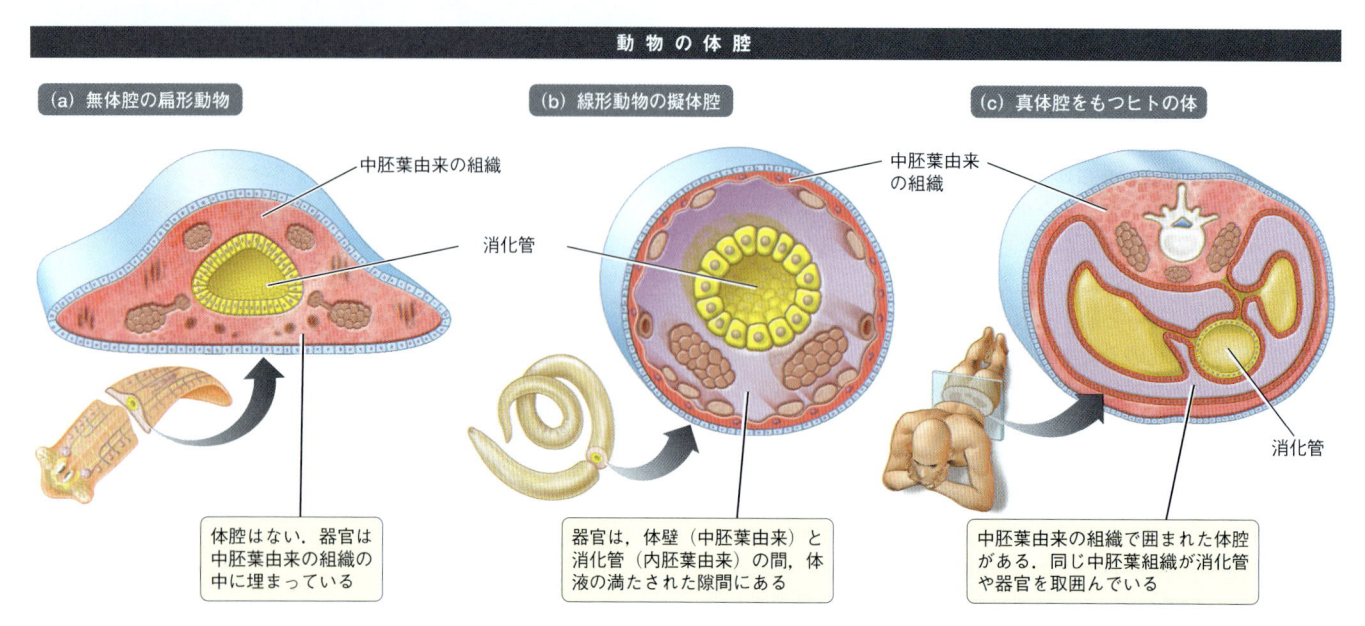

(c) 真体腔をもつヒトの体 — 消化管／中胚葉由来の組織で囲まれた体腔がある．同じ中胚葉組織が消化管や器官を取囲んでいる

図4・8 旧口動物の一部と，すべての新口動物は真体腔をもつ

体節化による適応

図4・9 体節の進化から派生したさまざまな機能 体節構造は，同じユニット構造を前後軸に繰返すことでつくられる．このロブスターの例のように，各体節の付属肢を用途別に多様化できる利点がある．

（図中ラベル）
- 尾節
- 腹節
- 胸部
- 頭部（頭胸甲）
- 眼
- 触覚
- 頭部の付属肢には感覚器の役割の触覚，摂食にかかわる顎脚がある
- 生きているロブスターを取扱うときは，動きの速いこのはさみに要注意．餌の切断や防御に使う
- 腹肢
- この腹部の付属肢は，遊泳に使われる
- 胸脚（歩脚）
- 破砕用はさみ（鋏脚）
- 切断用はさみ（鋏脚）
- 貝殻などをつぶすのに使われるはさみ
- 胸部の付属肢は，穴を掘ったり，歩いたりするときに使う

4・3 最初に現れた無脊椎動物：カイメン，クラゲの仲間

動物界

海綿動物　刺胞動物

図4・2の動物の系統樹を見ると，旧口動物と新口動物に共通する祖先の以前に，もっと初期に分岐した別の動物の仲間，カイメン（海綿動物），クラゲやサンゴなどの刺胞動物，クシクラゲ（有櫛動物）がいたことがわかる．ここでは，そのような祖先型の動物について，もう少し詳しく見ていく．

単純な体制の海綿動物

浅い潮間帯から外洋の深海まで，熱帯から極地方まで，あらゆる場所でカイメンがみられる．黄色で，多孔質で，水をよく吸うスポンジのようなものもいるが，実際は，もっと多様で，色だけでも虹色の全色がそろうほどである．海綿動物はおもに三つの大きなグループ，フツウカイメン，ガラスカイメン，石灰カイメンに分けることができる．それぞれ細胞外にある補強物質の種類の違いで分類されている．石灰カイメンは，石灰岩と同じ成分，炭酸カルシウムを分厚くまとい，体を補強している．ガラス状の針骨で補強し外敵から守るものも多い．フツウカイメンの体には，針骨はなく，コラーゲンに似た柔軟性のある細胞外物質（細胞外マトリックス），スポンジンを多く含む．これは，風呂用のスポンジ（カイメンの英語名と同じ）としてよく使われていたものと同じである．現在は乱獲を防ぐために，市販のスポンジの大半は合成樹脂でつくられている．

海綿動物のほとんどが，水から餌を沪過して集める沪過摂食者である．内部の水路内や内腔に並んだえり細胞が，鞭毛によって水流を起こし，体表面の小孔から水を取込む（図4・3参照）．餌は，水中の細菌，アメーバなどの微生物で，カイメンがわずか30g成長するのに，1tもの水を沪過するといわれている．

フツウカイメン．現存種の9割は，このフツウカイメンに属す

放射相称の刺胞動物と有櫛動物

これまで約10,000種の刺胞動物，約150種の有櫛動物（クシクラゲの仲間）が知られている．その多くは海産動物である．刺胞動物には，サンゴやイソギンチャク（花虫類），ヒドロ（ヒドロ虫類），クラゲ（鉢虫類）などが含まれる．有櫛動物は，外観は刺胞動物とそっくりであるが，口から肛門まで，体の片方からもう一方へ貫通した消化管をもつので，異なる門に分類されている．花虫類と鉢虫類には以下のような共通する点がある．

- 放射相称性
- 二つの組織層（外胚葉と内胚葉）があり，間には細胞からの分泌物でできたゲル状の中膠で満たされている．
- 互いに連結した神経ネットワーク，散在神経系をもつ．
- 器官や器官系がない．

成体の刺胞動物には，二つのタイプがある．一つは，イソギンチャクやサンゴのように固着生活するポリプ型，もう一つは，クラゲのように移動する鐘状の形態（クラゲ型）である．クラゲ型成体は，上下逆にしただけの自由遊泳ポリプである．クラゲは，水流に流されて移動するが，鐘状の体壁にある筋肉を収縮させて

能動的に遊泳するものもいる．また，一生の間で，クラゲ型とポリプ型の両者を経るものもいる．

大半の刺胞動物は，口と肛門を兼ねた消化管の入口の周りに1列か2列の触手がある．消化管の内側に並んだ細胞は消化酵素を分泌し，中に取込んだ餌を消化する．この消化管は，栄養や酸素を循環させる役割，老廃物を排出する役割も担っている．

刺胞動物の名前の由来である"刺胞"は，触手の上に並んだ刺し矢を発射する細胞である．餌を刺して動けなくしたり，外敵から自身を守ったりするのに使われている．

4・4 旧口動物

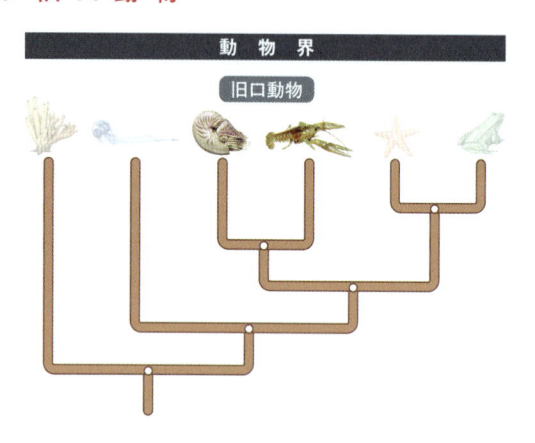

旧口動物は，動物の系統樹のうえでは，イバラカンザシ（ゴカイの仲間，図4・1d）から，色鮮やかなウミウシ（軟体動物裸鰓類，図4・1c）まで，実に多様なものを含んでいる．大きさも，微生物のワムシ類（単細胞の原生生物よりも小さいものがいる）から，体長14 mにも達するダイオウイカまで，さまざまである．**旧口動物**の特徴は以下の四つである．

- 左右相称（生活環のどこかで）
- 三胚葉性
- 胚の原口が，成体の口になる
- 前端部にある脳神経節（頭化）と腹側にある神経束

ここでは，旧口動物のなかで，特に種数の多いグループを取上げて紹介する．

体腔のないグループ：輪形動物と扁形動物

沼地の泥を集めて，顕微鏡で観察するとワムシを容易に見つけることができる．輪形動物は，王冠のように口の周りに並んだ突起，繊毛を使って遊泳する（図4・10）．体はほとんど透明で，体長は0.1 mmほどのため，原生生物の繊毛虫と見間違うかもしれない．ワムシは，有機物や魚の死骸などを繊毛で取込んで餌とし，生態学上は分解者として重要な役割を担っている．また，藻類なども食べるので，金魚鉢の内側を清掃させるのにも便利である．他の水生動物，コケムシ，クラゲ，ヒトデなどの重要な餌にもなっている．

扁形動物（プラナリアやヒラムシ）は無体腔動物で，消化管は肛門のない袋状（盲管状）である．輪形動物とは似ても似つかないが，DNAの解析から両者が非常に近縁であることがわかっている．扁形動物には，自由生活するもの（数千種の淡水生プラナリアなど）と，寄生性のもの（サナダムシや吸虫類など）がいる．プラナリアは明確な頭化のみられる種で，三角形の頭部には，感覚器や眼点（図4・7，寄り眼しているように見える部分）がある．しかし，呼吸器系，循環器系はなく，ガス交換は体表を通して行われる．酸素の取込みと二酸化炭素の排出の都合上，体細胞は体表面近くにある方がよく，体が扁平なのはそのためである．

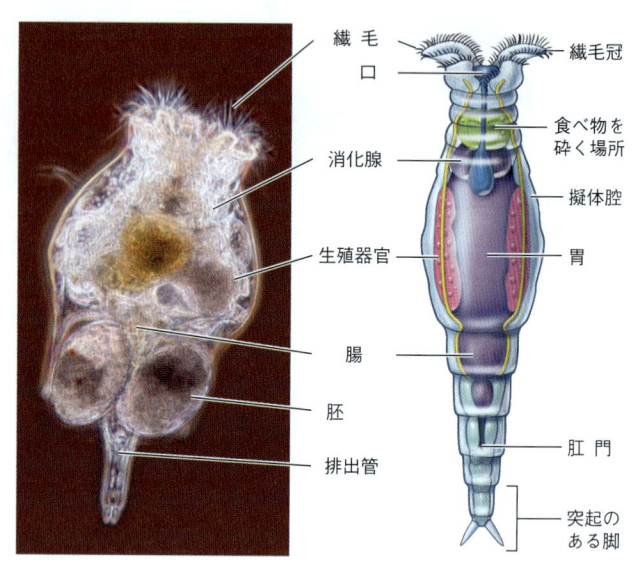

図4・10 原生生物より小さいものもいる輪形動物

住血吸虫症は，アジア，アフリカ，南アメリカの一部の地域でみられる重篤な慢性疾患で，寄生性の扁形動物である住血吸虫が中間宿主の淡水生巻貝（ミヤイリガイなど）からヒトに移りひき起こす．サナダムシもヒトに感染する寄生虫で，前端のフックと吸盤のついた体節（頭節）を使ってブタやウシなどの宿主の腸壁に付着して生息する．幼生は血流に乗って体内を移動し，筋肉などの組織内にとどまり害を及ぼす．火をしっかりと通していない肉を食べると，この寄生虫がヒトに感染することもある．体内に入った幼生は，腸内で生殖し，卵が糞に混ざって排出され，次の宿主へと再び感染する．

体腔と体節構造をもつ環形動物

真体腔動物で，明確な体節構造をもつ動物が，**環形動物**である．大雨の降った後などに地面から這い出してくるミミズは，環形動物のなかで最もよく知られている動物である．ミミズも，他の環形動物も，共通して腹側に沿って走る2本の神経索がある（図4・11）．ミミズの場合，体表の皮膚は薄く，湿っていて，外部とのガス交換はこの皮膚を通して行われる．閉鎖血管系をもつのもミミズの特徴で，体腔内を流れる体液ではなく，閉じた血管系の中を血流は流れるようになっている．

消化器系も発達している．食べ物を蓄えたり（素嚢），かみ砕いたりする箇所（砂嚢）があり，食べた植物片を細かくして消化しやすくしている．環形動物は，陸上の生態系をはじめ，極地方や砂漠の環境においても，植物の残骸を分解する分解者として重要な役割を担っている．特に，未消化であるが無機栄養に富んだ腐植質の残骸を糞として排出するので，植物にとって土壌の栄養価を高めるのに貢献している．また，土壌を掘り返し，地上の枯葉などを土壌中深く移動させるので，植物の根に必要な空気を送り込む作用もある．

海水性の環形動物も数千種類知られているが，海底に半分埋もれた形で生息する固着性のものが多い．派手なイバラカンザシ

環形動物の体制

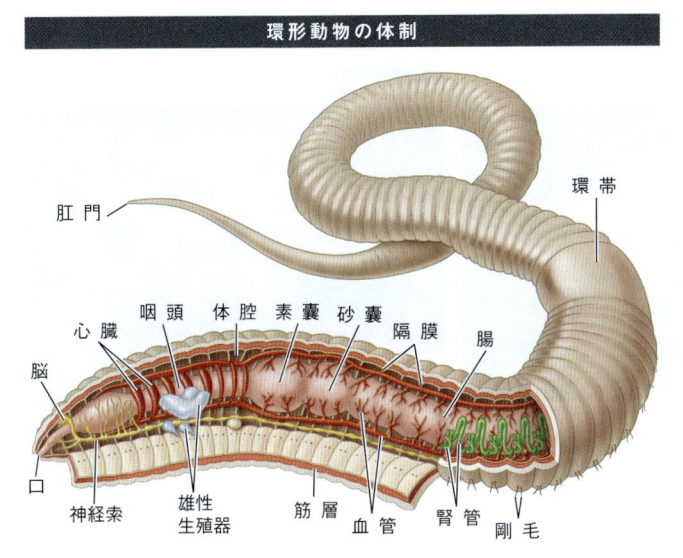

図 4・11 環形動物の大きな特徴：体節構造 環形動物の体内には，真の体腔とよく発達した器官系がある．

（図 4・1 d）は，そういった海底に住むゴカイ（多毛類）の仲間で，キチン質の物質など分泌して固めた管の中に生息していて，脅すとぴゅっと体を中に引っ込める．このようなゴカイの仲間には，深海の地中の裂け目の熱水噴出孔で生息するものもいる．

海産無脊椎動物最大のグループ，軟体動物

旧口動物のなかで最も大きく，最も多様なグループの一つといえば**軟体動物**である．なじみのある二枚貝や巻貝，ナメクジ，イカやタコなどを含む．軟体動物は，節足動物（クモ，昆虫など）の次に多様なグループで，多くは海水生であるが，淡水生，陸上でも高湿度の環境ならば生息するものがいる．ヒザラガイ，ホラガイからダイオウイカまで，軟体動物のサイズ，形状，生活環は多様である．軟体動物の体制（図 4・12）の特徴は，以下の 3 点である．

- 腹側にある筋肉質の脚を使った移動
- 器官類を一つにまとめた内臓塊
- 内臓塊の周囲を覆う外套膜

軟体動物の分厚い筋肉質の脚は移動に使われる．ハマグリのように砂地を掘るのにも使われたり，イカやタコのように複数に枝分かれして触手に変わったものもある．内部の器官はひとまとまりになっていて（内臓塊），外側の丈夫なひだ状の組織である外套膜が取囲む空洞部（外套腔）内に内臓塊を包み込んで守っている．外套膜から炭酸カルシウムを分泌して殻をつくるものもいる．ガス交換用に発達したえらは，外套腔内に突き出していて，外套腔に出し入れされる水流から酸素を取り，老廃物を排出するのに使っている．循環系は，心臓とそれにつながった血管，体液の入った体腔の単純な構成である．口から肛門まで連続した消化管もある．腎管とよばれる器官で，血液から老廃物を沪し取り，水分といっしょに尿として体外へ排出する器官もある．神経系は，単純な構成の二枚貝から，非常に複雑なタコまで，多様である．

海洋に生息する動物の 23% は軟体動物門に含まれるという専門家の推測がある．ここでは主要な三つ，なじみのあるグループである二枚貝類（斧足類），腹足類（巻貝を含む），頭足類（イカやタコなど）について紹介する．

二枚貝類: 軟らかい体を守る，開閉できる二枚の堅い殻をもっている（図 4・13 a）．アサリやハマグリ，カキ，ホタテガイ，トリガイ，イガイ（ムール貝）などがこのグループに含まれる．このグループの貝は，殻を少し開いて，入水管を通して呼吸のための水を殻の中に取込む．水がえらを通過するときに酸素を取込み，不要な二酸化炭素を排出するようになっている．二枚貝の大半は沪過摂食者で，えらの表面から粘液を分泌して，繊毛で起こす水流によって流されてきたプランクトンを粘液で絡めて集め，口へと運び摂食する．えらを通過した水流は，外套腔の中を通って，殻の外に出る．出水管を使って，外に水を放出する二枚貝もいる．ホタテガイのように，水をジェット噴射して移動するものもいる．貝を勢いよく閉め，二枚貝のちょうつがいの根元にある出口から後方に水流を噴出して，反対側に勢いよく進むのである．

強力な二枚貝の筋肉（閉殻筋，貝柱に相当）は，外敵に襲われたり，乾燥などの危険にさらされたりしたときに，殻をしっかり閉めることができる．ハマグリやムール貝を火に通すと，この閉殻筋が壊れ，貝は開いた状態になる．殻は，外套膜から分泌された成分でつくられるが，生育環境によってその成分が変わる．た

軟体動物の体制

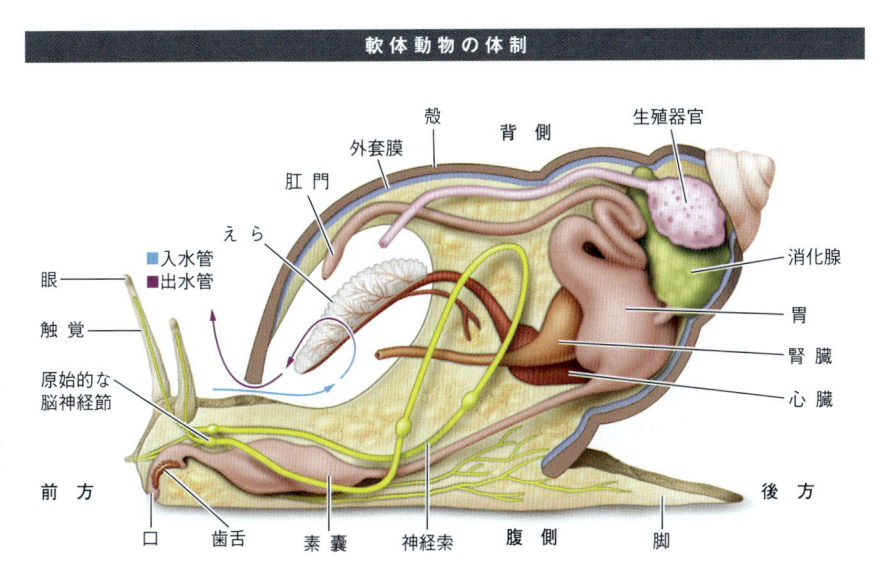

図 4・12 同じ基本形をもとに多様化の進んだ軟体動物 多様な軟体動物でも，基本的な体制は同じである．たとえば，外套膜とよばれる丈夫な組織を背負ったような形をしている．外套膜は，内部の器官類（内臓塊）を包み込んで一つにまとめている組織である．また，筋肉質の脚を使って移動する．

軟体動物の多様性

図4・13 海を制覇する軟体動物 (a) 二枚貝類：ホタテガイの外套膜の縁には，単純な構造であるが眼が並んでいて，光の変化から，物の動きを感知することができる．(b) 腹足類：18 kg, 80 cmもあるホラ貝．最大の腹足類である．(c) 頭足類：パウルの愛称のタコ（2010年に老衰で死亡）．ドイツのサッカーチームの国際ゲームの勝敗結果を予測するとして話題になった．

とえば寒冷地では，季節ごとの温度の変化に伴い殻も成長・中断を繰返す．その結果，殻に縞模様がつくられる．樹木の幹の年輪のように，その縞模様から，二枚貝の生育期間を推定することもできる．

腹足類：このグループの軟体動物は，背側に巻いた貝殻をもつものが多い（図4・13b）．ナメクジ，カタツムリ，タマキビ，カサガイ，バイガイ，アワビ，ウミウシ（裸鰓類，図4・1c）などが，このグループに含まれる．ナメクジやウミウシのように，殻がないものもいる．カタツムリやナメクジのような陸生の腹足類では，えらは細かな血管（毛細血管）が網目状に広がった肺となっている．ウミウシは鮮やかな色彩で有名で，これには，生息環境に合わせたカモフラージュや，外敵に毒をもっていることを示す警戒色の意味がある．

腹足類は筋肉質の腹側の足（腹足）を使って，粘液の上を滑走するように移動する．さらに，腹足で泥の中を掘り進んだり，泳いだりするものもいる．餌は，歯舌（図4・12参照）とよばれるヤスリのついた舌のような構造で海草類などを齧りとって食べている．歯舌が進化して他の機能を得た場合もある．熱帯に生息するイモガイの歯舌は毒を注入する管に変化した．イモガイの毒は猛毒で，刺されると死ぬ可能性もある．

頭足類：すべて海産である．殻をもったオウムガイ，小さな殻をもつイカ，まったく殻のないタコなどを含むグループである．足はなく，触手などに変化したものが多い．

頭足類は無脊椎動物の中で最も賢いと考えられている．よく発達した脳と非常に細かく分岐した神経系がある．タコは迷路を学習することができ，道具も使える（たとえばココナッツの殻を運び，その殻を隠れ蓑のように使ったりする）．ドイツの動物園にいたタコは，飼育員がエビの入ったガラス瓶のねじブタを開ける動作を見せると，それをまねて，触手で蓋を空ける動作も学習した．パウルの愛称で呼ばれた有名なタコもいる（図4・13c）．

タコの特徴は，像を結べる一対の大きなカメラ眼を使って，外の景色を見ることができる点である．同じように複雑な眼が私たちにもあるが，脊椎動物の眼は，軟体動物の眼とはまったく別個に進化してできたものである．タコは両眼視ができ，レンズで内部の網膜に焦点を合わせることで，外の景色をとらえることができる．脊椎動物の眼が，レンズの厚みを変えて焦点を合わせるのに対して，頭足類の眼は，網膜に対してレンズを前後に移動させることで焦点を合わせる．

頭足類の神経系が発達したのは，捕獲者としてのライフスタイルに適応した結果で，カニや群れて泳ぐ魚などを追いかけて素早く移動し，攻撃する必要があったからである．体色を自在に変えられる頭足類も多い．カモフラージュしたり，他の個体，特に配偶相手と交信したりするのに体色を変化させる場合がある．

移動方法はジェット噴射方式で，外套膜を一気に収縮させて水を噴出し，その勢いで素早く移動する．外敵から逃れるときに，えらの下にある袋状の組織からスミを大量に吹き出すものも多い．それと同時に体色を白っぽく変えて逃げるものもいる．

成長するたびに外皮を脱ぎ捨てる動物：脱皮動物

旧口動物のなかで，脱皮動物とよばれるグループがある．名前のとおり，成長するにつれて，外の皮を脱ぎ捨てる動物である．非細胞層の外皮（クチクラ層）は，皮膚の細胞が分泌してつくられるもので，グループによって厚みも異なるが，幼生の成長時には**脱皮**して，次のクチクラ層ができるまでの間に急速に成長する点は同じである．

節足動物は，脱皮動物のなかで最大勢力の門であるが，真核生物全体でも最大の門で，甲殻類，鋏角類（カブトガニやクモの仲間），多足類（ムカデ，ヤスデの仲間），六脚類（昆虫の仲間）などが含まれる．節足動物以外の脱皮動物である緩歩動物と線形動物について紹介したうえで，この多様な節足動物について詳しく紹介しよう．

クマムシで知られる緩歩動物は，軟らかい体節構造の体をもった1 mm以下の小さな，軟らかい肉質の脚をもった動物で，深海，砂浜，淡水の堆積層，庭先の土壌，湿った地衣類やコケ植物の表面など，どんな悪環境でも生き延びる生物である．苔むした土手などには1 m^{2}当たり200万匹以上のクマムシがいるという報告もある．極端な苛酷環境，高温や極低温，高い放射線の環境，極乾燥状態でも生き延びることで有名である．

クマムシ

線虫（線形動物）は，25,000種を超える種数があるといわれ，淡水，海水，陸上などさまざまな場所で生息している．大半は土壌などの中にいる自由生活者であるが，寄生性のものも多い．土

壌中の線虫は思いのほか高い密度で生息していて，肥沃な農地では，1 m² 当たり数十万匹がいることもある．大きさも顕微鏡で見なければわからない程度の小さなものから，巨大なものまでいる．マッコウクジラの胎盤にいた9mもの長い線虫の記録もある．

図4・14 線虫 雌雄同体の線虫は，ふ化後，約4日で繁殖を始め，3～4週間の寿命である．一対の卵巣，一対の精巣など，体の大部分は生殖のための器官が占めている．

土壌に生息する線虫 *Caenorhabditis elegans*（図4・14）は，動物発生学の研究材料として脚光を浴びている．この動物は，全DNA配列が解読されていて，遺伝子工学の技術で配列の加工も容易である．成体は1mmほどのサイズで，体が半透明で，正確に302個の神経細胞を含む959個の体細胞が確認できる．その細胞を受精卵から成体まで，すべて追跡できる．この動物が発生する途中で，どのような遺伝子が発現するかも調べられていて，その解析結果は，ヒトの細胞がどのように分化して別々の機能を発揮するようになるのか，また，神経細胞の場合，どのような細胞間のつながりができているのか，そういった応用も可能な貴重な実験動物である．

最も種数の多いグループ，節足動物

これまで，甲殻類，昆虫などを中心に100万種を超える節足動物が報告されている．個体数も多く，10^{18} 匹の節足動物がいると推測されている．節足動物は頑丈なキチン質の**外骨格**（クチクラ層）をもつのが特徴である．キチンは菌類の細胞壁にもある生体分子である．節足動物が成長するには，この外骨格を脱ぐ必要があり，まず，外骨格の下にある皮膚から分泌される酵素によって最下層のクチクラ層を分解し，外骨格に生じた裂け目から外に這い出して成長する（図4・15b参照）．新しくつくられるクチクラ層は，はじめは軟らかく変形しやすいので，中の動物体はその間に成長できる．成長が終了し，クチクラ層が再び堅くなるまでは，外敵の攻撃に対して弱い．節足動物は，脱皮後の成長に備えて，体内に十分な栄養を蓄えている．

節足動物が成功しているのはなぜだろうか．まず，多様化の面で寄与しているのは体節構造の体制である．各体節が，異なるタイプの脚や触角など特殊化した付属肢を組合わせることで，生息環境に適した膨大な数の種が進化できた（図4・9参照）．外骨格は，水をはじき，乾燥に強く，どのような環境にあっても捕食者から攻撃を妨げる効果がある．また，外骨格につながった筋によって，異なるタイプの付属肢を使い分け，正確で素早い行動も可能となった．脚の関節構造も運動に都合がよい．節足動物の構造上の特徴をまとめると以下のようになる．

- 関節構造の付属肢で，正確で素早い行動が可能
- クチクラ層の堅牢な外骨格
- 体節構造（生活環の中の一部の場合もある）
- おもに三つの部分，頭部，胸部，腹部に分けられる体制

図4・15にある，おもな四つの節足動物のグループを詳しく紹介しよう．

甲殻類（図4・15a）：多くが水生である．海洋で多様な種が知られているが，淡水生も多い．よく知られた甲殻類には，エビ，カニ，ロブスターなどがいる．ケンミジンコなどの橈脚類（カイアシ類）やオキアミ（エビの仲間）は，小型の甲殻類であるが，海洋の食物連鎖のうえでの役割は非常に大きい．海域では，莫大な数の個体が発生し，クジラも含め，さまざま海産動物や魚類の重要な餌となっているからである．蔓脚類のフジツボなど，固着生活する甲殻類もいる．

ロブスターの脚やはさみのように，付属肢が多様化することで，感覚器，捕獲器，口器など，さまざまな機能を分担して果たせるようになった（図4・9参照）．甲殻類は他の節足動物と同様，頭部や胸部を守る堅い外骨格でできた甲皮を背負っている．幼生は，小型の自由遊泳するプランクトンで，他の大型の水生動物の重要な餌にもなっている．

(a) 甲殻類　(b) 昆虫類　(c) クモガタ類　(d) 多足類

図4・15 節足動物　(a) 甲殻類は10本以上の脚をもつ，エビ，カニ，ロブスターなどを含むグループ．おもに水生である．(b) 六脚の昆虫．(c) クモガタ類はダニ，クモ，サソリなどを含み，八脚である．(d) 多足類は，ムカデやヤスデのグループで，陸生が多く，脚の数は10本以上である．

昆虫類: 最も種数の多いグループ（図4・15b）．記載されている真核生物の種数は約170万種であるが，うち半数以上が昆虫である．他の動物の種数は30万種ほどにすぎない（図4・16）．昆虫は多くが陸生で，飛翔能力をもっている点が大きな特徴である．バッタ，甲虫，チョウ，アリなど，おそらく昆虫は節足動物のなかでも最もなじみのある動物群であろう．体は頭部・胸部・腹部の三つに分かれており，脚数は胸部に6本で，腹部には甲殻類のような付属肢はない（図4・17a）．

昆虫の種数が最も多い

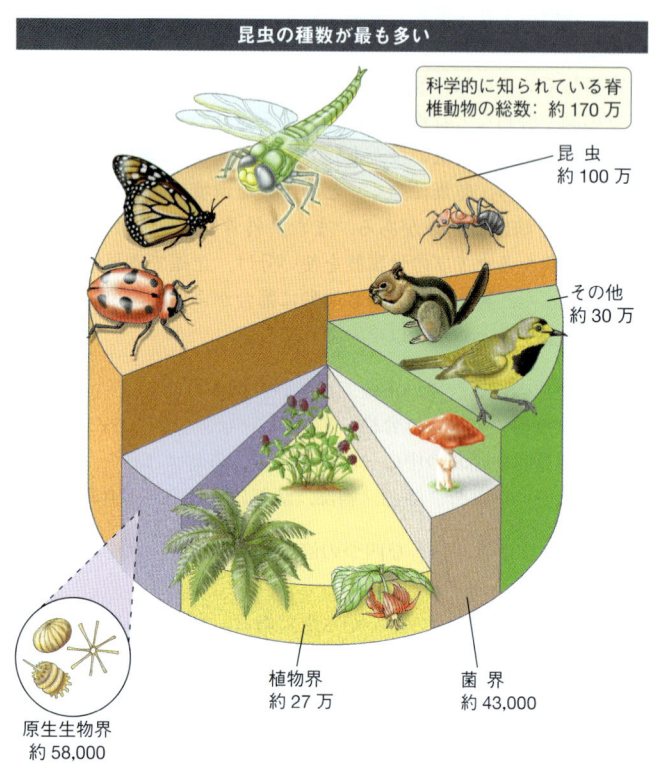

科学的に知られている脊椎動物の総数: 約170万

昆虫 約100万

その他 約30万

植物界 約27万

菌界 約43,000

原生生物界 約58,000

図4・16 真核生物の記載種数 昆虫が最も多い．

昆虫は，最初に地上に現れた動物で，そのための進化をしてきた．たとえば，外骨格は水分の蒸発を防ぐ役割を担っている．甲殻類が体の外部に飛び出したえらをもっているのに対して，体表面の小孔（気門）から，体内へ細かく分岐させた気管を使って空気を取入れ，陸上の乾燥した気候でも，水分の損失を防げるように進化した（図4・17b）．気管と，その細かく分岐した毛細気管を使い，外部の空気を直接，体腔を満たしている血液（血リンパ液）へと送り込めるようになっている．気門は，開閉することもでき，酸素の取込みや水分の蒸散を制御できるようになっている（図4・17b 参照）．

大型の昆虫の場合，腹部筋肉を収縮・弛緩させることで，能動的に気管内へと空気を送り込むこともできる．昆虫に近づくチャンスがあれば，腹部の動きをよく見てほしい．空気を直接取入れる呼吸活動の様子を観察できるだろう．

昆虫には，よく発達した視覚もある．動きに対する視覚はヒトよりも優れている．トンボは，餌となる蚊などを視覚的に捕らえて，空中捕獲する．ハエを空中でたたくのが難しいように，トンボの捕獲行動は離れ業である．節足動物の視覚器は複数種あって，一つは，明暗，距離，色などを認識する**単眼**である．これに加えて，昆虫は，外部の像を見分ける一対の**複眼**ももっている．たとえばミツバチは，花の模様や色を，この複眼を使って認知する．複眼を構成するユニットの一つ一つは，小さな光受容器（個眼）で，その中には，レンズや光受容細胞がコンパクトに詰まっている．トンボの眼はこの光受容器が密に集まって，ヒトの網膜のように正確な像を結べるようになっている．

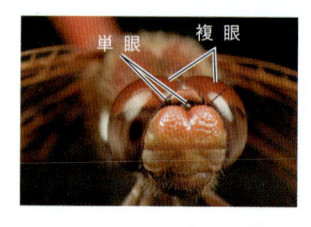

トンボの単眼と複眼

昆虫が進化のうえで大成功したのは飛翔能力のおかげである．翅を使って飛翔し，捕獲者や悪環境から逃れることができる．また，餌を探したり，配偶相手を見つけたり，また子孫を分散させたりするのも容易となる．昆虫は，丈夫で半透明の翅を2対もつのが基本形である．これは，おそらく祖先型の甲殻類のような動物の付属肢，あるいは，背側の突起から派生したものと考えられている．例外もある．ハエの翅は一対に見えるが，もう一対分は，飛行中にバランスをとるための小さな器官，平均棍に変化しているし，甲虫では，2対目の透明な翅は，丈夫で分厚い一番目の翅の下に，たたみ込んで収納できるようになっている．チョウは4枚を垂直にそろえてたたみ，ガの仲間は，水平に寝かせて翅を休ませる．シラミのように，進化の途中で完全に翅を失ったものもいる．

昆虫の体制と器官系

(a) 三つの体節

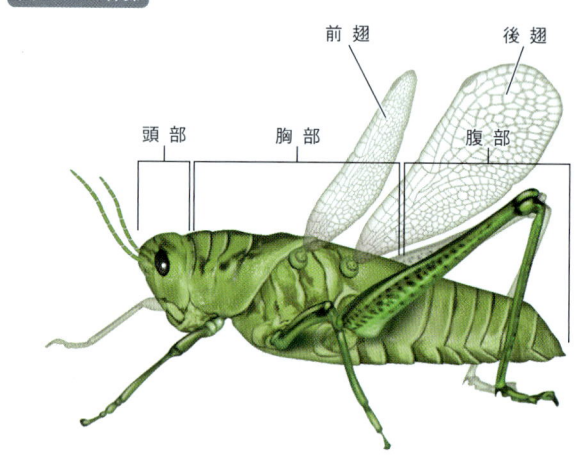

前翅　後翅
頭部　胸部　腹部

(b) 昆虫の呼吸器系

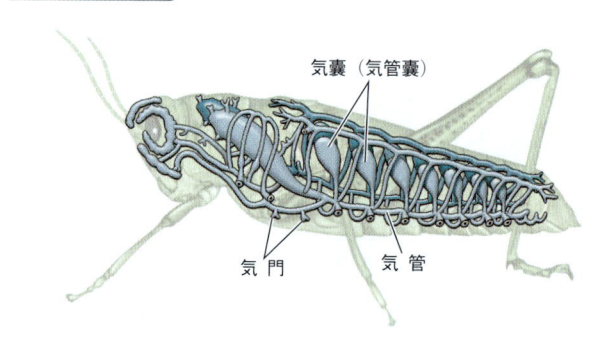

気嚢（気管嚢）
気門　気管

図4・17 昆虫は三つの部分，頭部・胸部・腹部からなり，呼吸のための気管をもつ．

生活環も複雑かつ多様で，たとえばイモムシのように，幼虫と成虫の姿がまったく違うものも多い．未熟な幼虫形から，成体へと成長する過程で，複数の段階を経ながら変わることを**変態**とよび（図4・18），一般の節足動物の場合，脱皮という過程を経ながら，徐々に成長してゆく．バッタやゴキブリの場合，段階的に起こる脱皮と成長を経て，徐々に発生が進行する．これを不完全変態とよぶ．対して，チョウの場合，幼虫から，何一つ似たところのない成虫へと，ある段階で劇的な変化を見せる．これを完全変態という．

このような劇的な形態の変化をするのはなぜだろうか．チョウは，脚の短い，葉をかじるイモムシ型幼虫から，花の蜜を吸う，軽快な翅をもった成虫へと，なぜ変わるのだろうか．変態することで，生活環の中にまったく異なる二つの形態をもち，それぞれに異なる特化した生活スタイルを送ることができる．幼虫のイモムシの体制は，限られた地域の植物をひたすら食べるように適応した最適の姿で，成虫のチョウは，配偶者を探し出し，卵を産卵するのに良好な場所を飛翔して見つけるのに適した体制である．二つのまったく異なる生活スタイルをとることで，片方の形態だけでは得られない，多様で大量の資源を利用できるのである．

クモガタ類: 陸上に生息するものが大半だが（図4・15c），淡水生，海水生のものもいる．ダニも同じ仲間で，小型で有機物の残骸などを食べるものが多い．植物などに寄生して害を及ぼすものもいるが，大半は分解者として有益な動物である．イエダニは，家の中で，私たちの皮膚のかけらなどを餌に生存しているが，糞がアレルギーの原因になることもある．動物の血を吸う大型のダニのなかには，感染性の病原体をもつものもいる．ライム病，ロッキー山紅斑熱，ツツガムシ病は，ダニが媒介する細菌が原因となる病気である．

クモガタ動物の体表の毛は，気持ち悪い印象を与える原因となっているかもしれないが，クモにとっては，周囲の状況を感知する重要な感覚毛である（図4・15c）．クモは，捕らえた獲物の体内に消化液を注入し，管状の口器を使って，分解物を吸引して食べる．食べる前に，捕らえた獲物を麻痺させる毒物を注入するクモもいる．その毒物は健康な人命に影響するほどの量ではないが，嚙まれた痛みの大きいものや，組織の壊死などを起こすものもある．柔軟で丈夫な糸を吐き出すクモも多い．クモの糸には，巣をかける，移動手段で用いる，幼生のための繭をつくる，食べ残しを包み込むなど，多くの用途がある．クモは，昆虫とは違い単眼を頭部に複数対（たいてい3対か4対）もっており，なかでも，ハエトリグモは，八つの単眼の中で最大のものを使い，明瞭なカラー像を認識して，獲物を捕らえることが知られている．

サソリもクモガタ類の仲間で，体構造の腹部の先に，毒針をもっていること，また，母親の胎内で発生した若虫が，直接，親から産み出されることが特徴である．

多足類: ヤスデやムカデを含むグループである（図4・15d）．ムカデは，体節構造をもった長い体で，各体節にはそれぞれ1対の脚がある．小型昆虫などを捕獲し餌とする．毒をもった種もある．ヤスデは，1体節に2対の脚をもっていて，おもに植物の枯葉などを食べている．

4・5　新口動物 I：棘皮動物，脊索動物の仲間

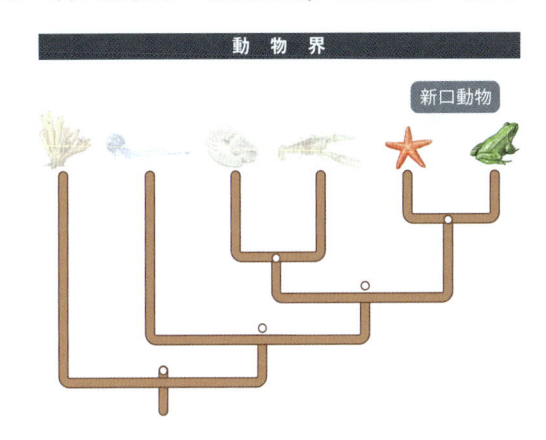

ヒトデとホヤとヒトには，どのような共通点があるだろうか．形態も，生息環境も，行動も，かなり異なっているものの，皆，新口動物としてまとめられる．このグループは，**新口動物**としてどのようなものを引き継いできたのか，外観からははっきりしないが，つぎのような特徴がある．

- 胚の原口が肛門になり，あとから開いた消化管の開口部が口になる．
- 腹側ではなく，背側に，管状の神経管が形成される．

DNAの解析から，新口動物は明確な一つのクレード，つまり，すべてが一つの祖先型動物に由来する子孫であることがわかっている．新口動物は，すべて真体腔をもち，組織は原腸胚期の3種類の胚葉（内胚葉，外胚葉，中胚葉）から形成される．骨格をもつグループもある．旧口動物の外骨格に対して，新口動物の骨格は，体の内側にある内骨格である．複数の門が知られているが，なかには半索動物などの，非常に記載種の数の少ない小さなグループもある．半索動物のギボシムシ（腸鰓類）は，海底の泥の中で固着生活する動物で，海水を沪過して餌を取る沪過摂食者である．

ヒトデ，ウニ，ナマコが，棘皮動物門とよばれるグループに属す新口動物である．この節では，この棘皮動物と，ホヤから，ヒトやトラなどの哺乳類まで含む脊索動物について解説しよう．

図4・18　完全変態をするチョウ

棘皮動物は，ガス交換や運動に水管系を用いる

ヒトデやウニ，タコノマクラなどの棘皮動物の成体は，放射相称の動物である．しかし，幼生のときは，左右相称形をしている．放射相称の形は，おそらく成体のゆっくりとした移動速度に適応した結果で，頭部－尾部の左右相称形よりは，周囲のどの方向へも対応できる利点があるためと考えられる．ウミユリやウミシダは，成体では移動せずに完全な固着生活しているが，ウニや，その仲間（とげが短く平べったい）であるタコノマクラなどの棘皮動物は，ゆっくりではあるが，移動する．

紅海に生息するジュズベリヒトデ．脊椎動物と関係が深い動物である

ヒトデやクモヒトデは，腹側に口があり，背側に肛門，5本以上の放射状に広がった腕をもつ．他の棘皮動物と同じで，ヒトデの仲間は，炭酸カルシウムの沈着した堅い骨片が体内にあり，皮膚の直下の内骨格としてはたらく．

消化器系のすぐ下には，リング状になった水管があり，そこから管は分岐して，五つの腕に向かって放射状に広がり，さらに管足とよばれる体表面の突起内へとつながっている．水管系の中には海水が入っていて，水管系を取巻く体内の筋が収縮させると，海水を押し出してしぼませることができる．逆に，水圧を高めて，その力で腕を伸ばしたり，周囲の物につかまったりする．管足には吸盤があり，餌となる食べ物を捕らえることができて，腕の筋肉を使って，餌の二枚貝の殻をこじ開けたりする．水管系の海水は，呼吸のための循環器の役割も果たし，酸素の豊富な液を組織に供給し，二酸化炭素など不要な老廃物を含んだ海水を排出する．

脊索動物は，生活史のどこかで脊索をもつ

驚きかもしれないが，図4・1の写真のなかでは，(b) の鮮やかな色のホヤが一番私たちに近い近縁動物である．図4・19 (b) にあるホヤ幼生の内部構造を見ると，なるほどと思うだろう．ホヤの幼生はオタマジャクシのような形をしていて，他の脊索動物と共通して，つぎのような特徴がある．

- 背側にある丈夫な棒状の組織，脊索がある．
- 胚の口の両側に，咽頭嚢とよばれる袋状構造がつくられる．
- 肛門より後端側に伸びる尾部がある．

脊索は，動物の背側の全長にわたって走る，大型の細胞でできた丈夫で柔軟性のある棒状組織である．体の他の部分の構造上の支えであり，家の中では天井を支える梁のような構造である．では，ヒトの脊索は，どこにあるのだろうか．脊索動物（脊椎動物も含む）には，発生の比較的早い時期に脊索を失い，脊椎骨がその役割を代わるものが多い．ヒトでは，脊椎骨の間をつなぐ軟骨，脊椎板として残っているだけである．脊椎板は，脊椎骨の間のクッションのはたらきをしている．

脊索と同じように，咽頭嚢も，発生の初期に共通して現れる特徴である．咽頭嚢は，胚の口腔の両側にある袋状の構造で，咽頭は，口の後側から，肺の気管や消化管へと分岐するまでの喉の部分である．魚類や両生類では，咽頭嚢は，その後，口の中から両側へ，中胚葉・外胚葉組織の中を貫通して，体の外へとつながる．これが鰓孔，あるいは，鰓裂（咽頭裂）とよばれる構造である．そこからやがてえらが形成される．他の脊索動物は，咽頭嚢は，外にはつながらない代わりに，他のさまざまな器官へと変貌する．たとえば，哺乳類の場合，声帯のある咽頭部，気管，甲状腺や胸腺などの喉や胸部の器官がつくられる．

脊索動物門のなかには，マイナーな海水生のグループが多数あるが，ここでは，内部に丈夫で中空の円柱状の脊椎骨（背骨）を発達させたグループ，脊椎動物に焦点を合わせて紹介する．新口動物は背側に神経束があるが，その神経を取囲んでいる骨が脊椎骨である．

最初の脊椎動物は，カンブリア紀の動物（約5億3000万年前）で，顎のない魚，無顎類（円口類）とよばれている魚類である．無顎類の魚は今でも生き残っていて，ヤツメウナギがよく知られている．寄生性のヤツメウナギの種もいて，他の魚の体表に付着して，口の中のヤスリ状の歯で肉を削りとって食べる．脊椎動物には，魚類，両生類（カエル，イモリ，サンショウウオなど），爬虫類（ヘビ，トカゲ，カメ，ワニなど），鳥類，哺乳類（カンガルーやヒトなど）が含まれる．次の節で，このグループを詳しく見ていこう．

4・6 新口動物Ⅱ：脊椎動物

カンブリア紀に出現した魚類は多様化し，残りの古生代の短い時代に急速な発展を遂げた．約4.43億年前，シルル紀が始まるころ，温暖な海域では無顎類が繁栄していた（巻末付録"地球生命史の中の重要な出来事"参照）．最初の無顎類を含めた脊椎動

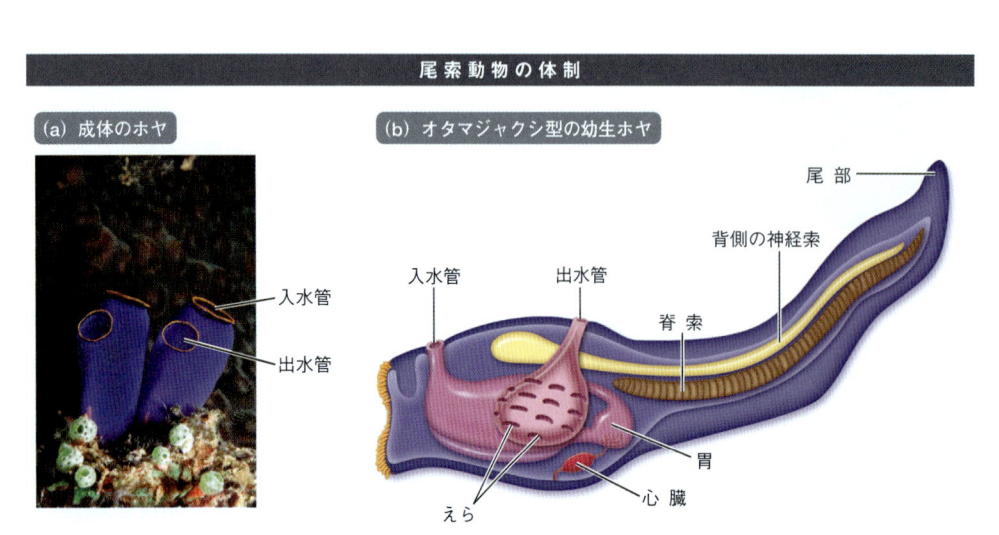

尾索動物の体制

(a) 成体のホヤ

(b) オタマジャクシ型の幼生ホヤ

入水管／出水管／尾部／背側の神経索／脊索／胃／心臓／えら

図4・19 脊索が特徴の脊索動物　ホヤの成体（a）と幼生（b）．成体は，他の脊索動物，ヒトや魚類などとは大きく違うように見えるが，証拠は幼生のときにある．

4. 動 物 界

| その他の脊索動物 | 脊椎動物 |

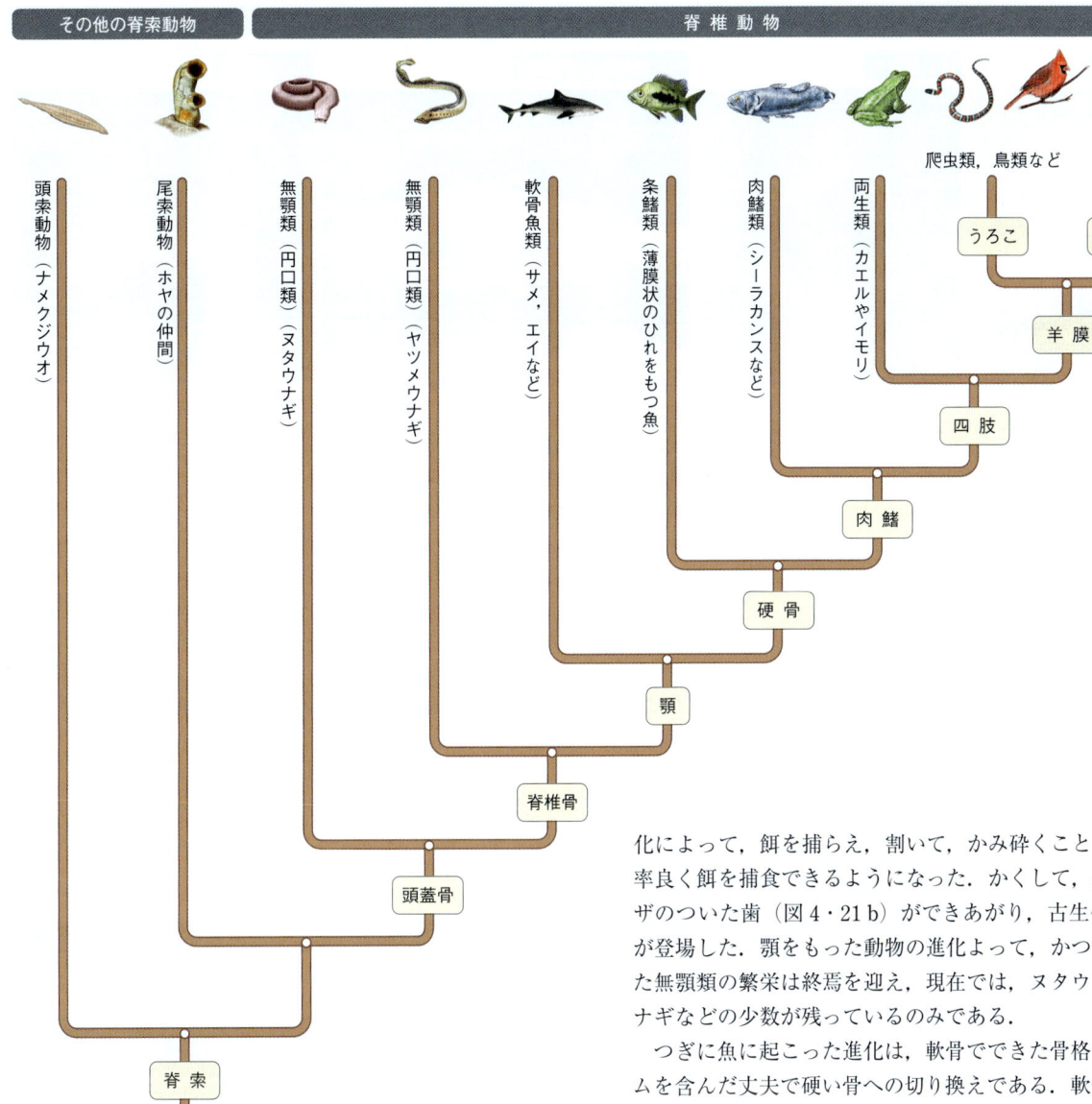

図4・20 動物の進化系統樹

系統樹ラベル（左から右）：
- 頭索動物（ナメクジウオ）
- 尾索動物（ホヤの仲間）
- 無顎類（円口類）（ヌタウナギ）
- 無顎類（円口類）（ヤツメウナギ）
- 軟骨魚類（サメ，エイなど）
- 条鰭類（薄膜状のひれをもつ魚）
- 肉鰭類（シーラカンスなど）
- 両生類（カエルやイモリ）
- 爬虫類，鳥類など
- 哺乳類

ノードラベル：脊索／頭蓋骨／脊椎骨／顎／硬骨／肉鰭／四肢／羊膜／うろこ／体毛，乳腺

物に共通する特徴（図4・20）は，以下の3点である．

■ 脊椎骨に支えられた丈夫な内骨格構造
■ 先端部の頭蓋（頭蓋骨）
■ 閉鎖循環系と血流を送り出すポンプとなる心臓

最初のころの脊椎動物の骨は，丈夫であるが柔軟性のある軟骨でできていて，その一部が，前端へ広がって頭蓋をつくって脳を守っていた．血流を送る筋肉質の心臓もあって，全身に張りめぐらされた血管系を通して血液を送る仕組みもあった．えらは弓状の軟骨で支えられ，その細部まで毛細血管が広がっていた．ヤツメウナギが現在も生き残っている無顎類の代表的な例である（図4・21a）．

つぎの進化ステップ，顎と硬い骨

つぎに脊椎動物に起こった大きな進化は，咽頭弓（鰓弓）の前方向部分が，開閉可能な顎に変わったことである．顎を使うことで，餌を捕らえ，押さえつけ，より効率良く飲み込めるので，無顎類に比べると進化のうえで大きな長所となる．加えて，歯の進化によって，餌を捕らえ，割いて，かみ砕くことができ，より効率良く餌を捕食できるようになった．かくして，恐ろしいギザギザのついた歯（図4・21b）ができあがり，古生代の半ば，サメが登場した．顎をもった動物の進化よって，かつて栄華をきわめた無顎類の繁栄は終焉を迎え，現在では，ヌタウナギやヤツメウナギなどの少数が残っているのみである．

つぎに魚に起こった進化は，軟骨でできた骨格から，カルシウムを含んだ丈夫で硬い骨への切り換えである．軟骨魚類の子孫であるサメやエイは現存する魚である．しかし硬骨魚類の方が，淡水，海水両方で，より広範な環境に広がり多様化も進んだ．40,000種以上の硬骨魚（多くが海産魚）がいて，現在，最も繁栄している脊椎動物である．

魚は，2対のひれのほかに，背ひれ，腹びれなどの対になっていないタイプのひれをもつものが多い．ひれは付属肢が変化してできたもので，姿勢を安定化し，移動する手段として便利な構造である．軟骨魚のひれの表面は，丈夫でザラザラした皮膚で覆われている．硬骨魚の仲間で，内部の骨格につながった鋭く細い骨（鰓条骨）をもった肉薄のひれを進化させたものが現れた（図4・21c）．条鰭類とよばれる．肉鰭類は，もう一つの顎をもったグループで，肉厚で，内部に関節のある骨格のあるひれをもつ（図4・21d）．肉鰭類の魚は，ひれを細かく別々に動かすことができた．現在生き残っている肉鰭類は，肺魚やシーラカンスなどわずか8種だけである．

硬骨魚の体表は，薄い平らなうろこと皮膚から分泌される粘液で覆われていて，流線型の体が水中で移動するときに水の抵抗を小さくできるようになっている．えらは，条鰭類の魚の場合，開閉可能な蓋，鰓蓋でカバーされている．鰓蓋を開閉することでえらに水を引込み，ガス交換を加速する．サメなどの軟骨魚類には鰓蓋はないので，ガス交換のためには，常に泳ぎながら水を飲み込み，えらに水流を起こす必要がある．

魚の多様性

図4・21 魚には顎のないものとあるものがいる (a) ヌタウナギやヤツメウナギは無顎類の魚である．他の三つの写真は，頭蓋骨に開閉可能な顎が進化した魚である．(b) 無数の歯のあるサメの顎．顎の最外側の歯はやがて抜け落ち，内側に並んだ小型の歯が成長して置き換わってゆく．顎を閉じると歯は歯肉の中に収納される仕組みである．(c) 条鰭類の魚．水流を感知する器官，側線がある．(d) 肉鰭類の魚．筋肉質で内部に骨をもつ四肢のようなひれである．このグループの魚から，四肢動物が進化したと考えられている．

骨は軟骨よりも密度が高く，沈みやすいので，できるだけ少ないエネルギーで浮いていられる工夫が必要であった．硬骨魚がうきぶくろを進化させたのは，このような事情によるものである（図4・22）．うきぶくろの内部の気体の量をコントロールすれば，硬骨魚は，積極的に泳がなくても好みの水深の場所にとどまることができる．酸素が欠乏しやすい沼地や干潟などに生息する魚では，うきぶくろを空気を入れる袋として使った可能性がある．現存する肉鰭類のハイギョやシーラカンスは，空気を口いっぱい飲み込んで肺のようなうきぶくろ内に入れ，えら呼吸を補助するような使い方をするからである．潜水夫のガスボンベのような使い方である．おそらく，こういった祖先型の魚の空気を溜め込んだ袋が，硬骨魚のうきぶくろへと，さらに，その後，両生類などの陸生四肢動物の系統のもつ肺へと進化したと考えられている．

両生類は肺と皮膚で呼吸する

4本の足をもつ陸生の脊椎動物は一般に**四肢動物**とよばれる．四肢動物はすべて，デボン紀に出現した両生類に由来するものと考えられている．かつて，デボン紀に絶滅したと考えられていた"生きた化石"のシーラカンスにも肉質のひれがあり，内部に関節のある骨格がある．最近，カナダ北部で見つかったティクターリク（*Tiktaalik*，イヌイットの言葉"川の大魚"に由来する属名）とよばれる化石は，一見，魚の形をしているが，体重を支えるような四肢の構造や，両生類の手首や指に似た前肢骨格がある．

ティクターリクの化石

両生類の仲間には，数千種のカエル，イモリ，サンショウウオなどが知られている．珍しいものとして，高湿度の熱帯に生息するアシナシイモリ（無足類．名前のとおり四肢の退化したグループ）なども両生類である．両生類は，文字どおり，陸上・水中の両方に生息する動物である．おもに陸上に生息する種でも，産卵は水辺や水中で行う．両生類にはカエルのように完全変態するものが多く，卵からは水中生活するオタマジャクシがふ化する．その後，四肢ができ，尾部が退化して，陸上生活に適した形態に変化する．オタマジャクシが呼吸にえらを使うのに対して，成体のカエルは，肺や湿った皮膚を使って呼吸する．肺呼吸は，もちろん，脊椎動物が陸上に上がるための重要で画期的な進化であった．

爬虫類は乾燥した陸上へ適応した

両生類は，年間を通して水がまったくない場所には住めない．少なくとも，ある一定期間は水がある生息環境が必要である．爬

硬骨魚の体の構造

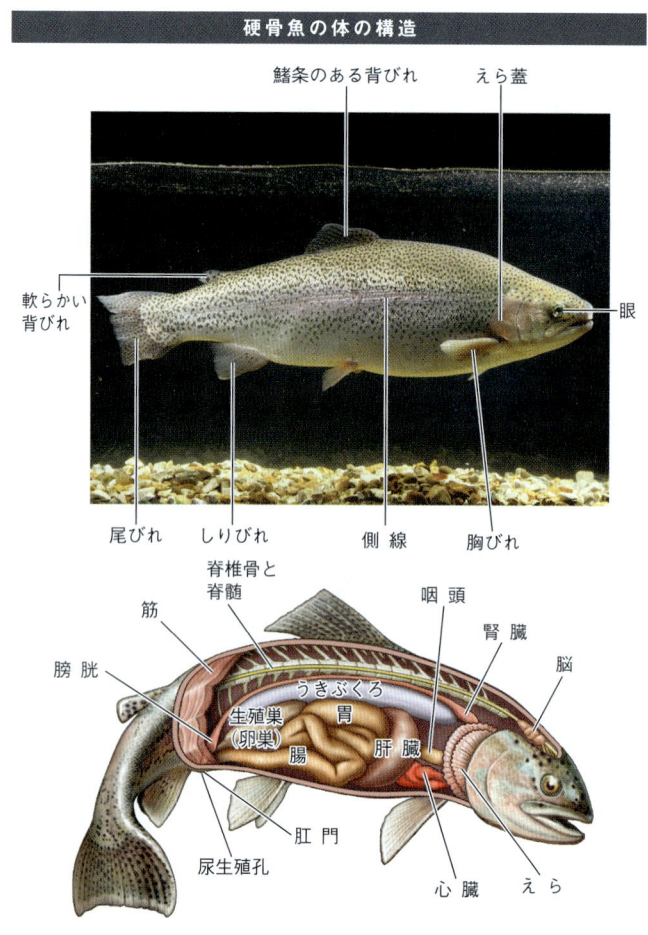

図4・22 硬骨魚の丈夫な内骨格 うきぶくろによって浮力を得て，エネルギーを消費せずに水中に浮いていられる．

4. 動 物 界

端まで), 100 t もあるような巨体であった. 恐竜として有名で脚光をいつも浴びる存在のティラノサウルスは全長 12 m 程度, 40 t の重量, また, もっと小さいが, 集団で餌となる動物を襲う残忍な動物のように思われているユタラプトルは数 m, ヴェロキラプトルはニワトリサイズの恐竜である.

水生のウミガメ, 陸生のリクガメやハコガメなどは, 爬虫類のなかでは最も古いグループに属している. 肋骨が融合して頑丈で硬い甲羅になっているのが特徴である. カメはトカゲに似てはいるが異なる系統である. 爬虫類の祖先型といわれる現存種 (生きた化石とよばれるムカシトカゲ) がニュージーランドで見つかっていて, カメは, 中生代に生息していたこのムカシトカゲと同じ系統の爬虫類である. ヘビはトカゲに近い仲間で, 脚を失った爬虫類である.

羊膜をもつ卵 (**羊膜卵**) は, 全爬虫類に共通する特徴的な進化である (図 4・24). 発生中の胚は, 体外に広がった層状の胚体外膜である羊膜で包まれ保護されている. この膜には, ガス交換のほかに, 老廃物を集めて蓄える機能もある. また, 炭酸カルシウムでできた卵の殻は, 水分の損失を抑える一方で, 呼吸に必要な酸素を取入れ, 不要な二酸化炭素を放出する役割も担う. 卵内部には相当量の卵黄が蓄えられていて, 胚は, 十分な成長段階まで発生を進めた後で, 殻を割ってふ化することになる.

爬虫類の動物の体は, ケラチンとよばれるタンパク質でできたうろこ (図 4・25) で覆われ, 体の表面から水分が失われるのを防いでいる. ガス交換に皮膚は使わない. 両生類の皮膚よりもはるかに広い表面積をもつ肺を使って, 効率よく呼吸する. 両生類と同じで, 心臓は三つの小部屋 (2 心房 1 心室) がある. 肺からくる酸素の多い血液は, 肺へ送られる酸素の少ない血液とは部分的ではあるが分かれて, 全身へと流れるようにデザインされている. 爬虫類には優れた排出機構もある. 尿素や尿酸などの窒素を含む老廃物は, 腎臓中に密に分布する細管の中を通るときに濃縮されて, 少ない尿量で排出できる仕組みになっている. 爬虫類は, 体温を上げるための代謝は行わない. 外気温に合わせて体温が変わる**外温動物**である. トカゲなどは, 寒冷時には日光浴したり, 太陽光で温まった岩の上などで寝そべったりする. また, 暑すぎるときは, 日影に逃げ込む. このように行動パターンを変えるのは, 体温調節のためである.

鳥類は飛翔することに適応した

中生代半ば, 約 1 億 7500 万年前, オルニトミモサウルスやヴェロキラプトルなど, 羽をもった獣脚類恐竜の仲間から鳥類が進化した. 他の獣脚類と同じように, 直立し, 二脚で歩行し, 前脚は

図 4・23 ジュラシックパーク 中生代の半ば, ジュラ紀には, 恐竜の繁栄は最高潮に達した.

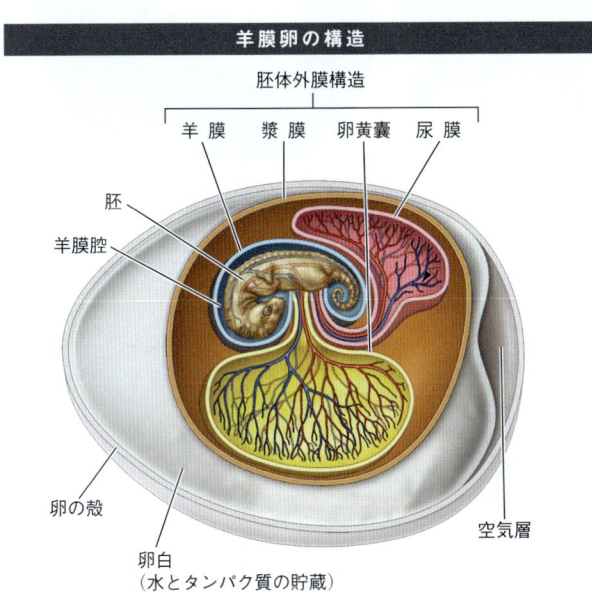

図 4・24 陸上生活する動物にとっての画期的な進化: 羊膜をもつ卵 (羊膜卵)

虫類は, より乾燥した地域へと繁殖の場を広げることに成功した最初の脊椎動物である. 乾燥に耐えられる進化を遂げた爬虫類の進化上の特徴をあげると, つぎの 4 点である.

- 水を通しにくいうろこに覆われた皮膚
- 水の損失を極力抑えた排出手段
- 産卵した卵の栄養と水分を守る羊膜
- 体内受精

約 3 億 5400 万年前, 石炭紀に, このような特徴をもった四肢動物の祖先から, 爬虫類が誕生した. そのなかから, 哺乳類の系統が派生したのは, 約 2 億 2500 万年前である. 爬虫類の時代とよばれる中生代 (図 4・23) には, 淡水や海洋, 空までも, 地上のあらゆる環境で, 爬虫類が大繁栄していた.

爬虫類の仲間, 恐竜 (鳥盤類と竜盤類) は, 中世代の半ば, 空前絶後の大繁栄を誇った. その後, 絶滅する約 6500 万年前まで徐々に数を減らしている. 恐竜のサイズは非常に多様だった. 角をもったミクロケラトゥスは背丈 50 cm ほどであった. 対して, 植食性恐竜のアルゼンチノサウルスは全長 37 m (鼻先から尾先

始祖鳥 (*Archaeopteryx*)

生物の多様性: 動　物

サイズの多様性

ピグミーマーモセットは，最小の霊長類である

インドネシア産の魚．全長8 mmほどで，最小の脊椎動物である

シロナガスクジラは，これまで記載のある動物のなかでは最大である．全長34 m，重量190 tの記録がある

ダイオウイカは，最大の無脊椎動物である．採集される機会は少なく，全長14 m，重量500 kgにもなるといわれる

運動様式の多様性

ミツユビナマケモノは，日に10時間睡眠し，一つの樹木上で一生を過ごす．捕食者に追われると，毎分2 mの最高速度で移動する

キョクアジサシは，繁殖地の北極から夏季の餌場と南極まで，年に35,000 kmも移動する

クロカジキは，時速130 kmの遊泳速度記録をもつ

図4・25　多様な動物たち

小さいが，強力な後脚をもった動物で，体のうろこの代わりに，ケラチンでできた羽毛をまとっていた．羽毛は，はじめは飛翔するためにできたものではなく，体温を維持するための断熱材であった．やがて，前脚の羽毛は，長距離飛行用に丈夫になり，尾部の羽毛は飛行安定化のための尾翼のはたらきをもつようになった．

ドイツバイエルン地方で見つかった有名な化石，1億5000万年前の始祖鳥は，羽の生えた恐竜から鳥類への移行がどのように起こったのかを示すよい例である．現存の鳥類は飛行の軽量化のために歯はないが，始祖鳥には，獣脚類の仲間らしくくちばしに歯がある．また，前脚（翼）の爪もみられる．翼の爪は，アマゾンのツメバケイという不思議な鳥では，幼鳥のときにのみみられ，木登りに使っているが，他の現存の鳥では失っている構造である．おそらく始祖鳥は，うろこで覆われ爪のついた後脚で，現存種の鳥のように木の枝にとまっていたと考えられる．体を覆う羽毛は細かく分岐した羽枝をもっていて，現在の鳥のものとほとんど同

4. 動 物 界

生殖の多様性

クマノミは、生まれたときは雄である．生息地の雌が死ぬと，その場所で優位な1個体だけが，性転換して雌になる

アジアゾウの妊娠期間は22カ月と非常に長い．鼻で母親の乳を吸えるくらい十分に大きく育ってから生まれる．母親のゾウは2～3年間，子育てをする

コモドオオトカゲは，受精や交尾なしでも子孫を残せる爬虫類である．単為生殖とよばれるもので，サメなどの魚類でも知られている．単為生殖の無脊椎動物は多い

豆知識
17年周期のセミは，植物の根を餌に地中で成長する．正確に17年後，無数の幼虫が地上に現れ，脱皮して成虫になる．雄ゼミの耳障りな声はよく知られていて，その声で雌ゼミを呼び寄せる．雄も雌も交尾後，卵を産み終えると，餌を食べることもなく，短い時間で死ぬ

動物の寿命

カゲロウの成虫には消化管はなく，約1日の寿命である

ガラパゴスゾウガメは150年の寿命があるといわれている．18カ月も水や餌がなくても死なない

オオジャコガイは150年まで生きると考えられている．外套膜に共生する藻類がいて，光合成ができるように，貝は昼間は殻を閉じずにいる

豆知識
北極圏に生息するカエルは冬の間地中で凍結した状態で過ごし，春先に解凍される．細胞内には，凍結時に氷晶が大きく成長するのを防ぐ化学物質がある．北極圏のカレイなど，寒冷地に生息する外温性の動物も同様な凍結防止タンパク質をもつ

摂食行動の多様性

オーストラリアには，600種のユーカリ属の木があるが，コアラはそのうちわずか数種のユーカリの葉だけを食べる

ペルーで見つかった新種のナマズ．熱帯雨林の川辺に生息し，周囲の樹木から落下してくる木材を餌にしている

深海に生息するアンコウ．頭部に発光する突起をもっている．それをおとりにして餌をつかまえる．多肉質のおとり部分に細菌が生息していて，それが発光する

じであったと考えられる．

　中空の骨や軽く歯のない顎（くちばし）のほかに，現存する鳥類には，飛行のためのさまざまな適応がみられる．たとえば，他の四肢動物には卵巣が二つあるのに対して一つだけで，多くの器官も小型化している．心臓は両生類や爬虫類とは異なり，ヒトと同じ2心房2心室で，酸素の多い血液と少ない血液を完全に分けて循環でき，高い代謝を維持できるように酸素の豊富な血液を全身に供給するようになっている．呼吸器の効率は高く，ヒトのものより優れている．肺の中の空気の流れは一方向で，出て行く呼気と取入れる吸気とが混ざり合うことはない．対して，私たちの呼吸器では，呼気と吸気は同じ通路を通るので（方向が逆転），二つが混ざり合うのは避けられない．体温調節はつぎに紹介する哺乳類と同じで，体温を維持するための代謝熱を発生し（**内温動物**），体内温度をほぼ一定に保つことができる**恒温動物**である．

哺乳類の多様性

図 4・26 哺乳類の仲間 (a) カモノハシなどの単孔類は，他の哺乳類の動物と同じように雌に乳腺がある．しかし，仔を出産するのではなく卵を産み落とす．(b) カンガルーは，有袋類の動物で，新生仔は比較的未熟な早い時期に産まれ，育児嚢の中で育つ．(c) 真獣類は，発生が進んだ仔を出産し，母乳で育てる．

哺乳類は恐竜の後に繁栄した

あらゆる大陸を恐竜が闊歩していた中生代の全時期を通して，草木のまわりをちょこちょこと動き回る昆虫食の毛の生えた動物がいた．それが哺乳類の祖先である．哺乳類は，約2億2500万年前，中生代の初期，爬虫類の祖先から分岐したが，後期に恐竜が絶滅するとともに，その後を継ぐように活躍を始め，大展開し，地球の歴史のここ7000万年の間に，目を見張るような多様性を獲得するに至った．その成功につながった哺乳類の特徴は以下の4点である．

- 体毛と内温動物
- 水分蒸発で体温を下げる汗腺
- 新生仔を母乳で育てること
- 体内受精と親による哺育行動

哺乳類には約5000種が知られており，三つの大きなグループに分類できる（図4・26）．胎盤をもたず，産卵する哺乳類は**単孔類**とよばれるグループである（図4・26a，名称は総排出口が一つの意味）．単孔類は，現在，豪州やニュージーランドに生息するカモノハシとハリモグラだけである．**有袋類**は，新生仔を体外にあるポケット状の育児嚢内で，授乳し育てる（図4・26b）．有袋類はおもに豪州とニュージーランドにいるが，アメリカ大陸にも2〜3種知られている．オポッサムは，北アメリカ大陸唯一の有袋類である．現存する哺乳類の95%は**真獣類**で，ヒトもこの中に入る．真獣類（図4・26c）の特徴は，仔が母体の中の胎盤を通して栄養補給されて育ち，発生がかなり進行してから産み出されることである．

哺乳類は体温を調節し，環境に適応する

鳥類と哺乳類は内温動物（体内で熱を発生する動物）であり，恒温動物（体温を保つ動物）でもある．代謝熱を利用して発熱し，ほぼ一定の体温を保つことができる．爬虫類のうろこは，哺乳類の祖先では，やがてケラチンでできた毛足の長い体毛に代わった（キツネやミンクなど，ふさふさとした動物の体毛の場合，毛皮とよぶ）．立毛筋とよばれる筋肉で体毛の角度を変えて空気層の厚みを変え，断熱効果を調節することもできる．

内温性と体毛の進化によって，哺乳類は，鳥類以外の動物が立ち入れなかったどのような低温環境下でも活発に活動できるようになった．クジラやイルカなど水生の哺乳類は体毛を失っているが，胎児の頭部には毛がある．成体でも，セミクジラなど，アゴや鼻先などに体毛をもつものもいる．ザトウクジラの口にあるコブ状の突起は，体毛の付け根，毛根部分にある毛胞が巨大化したものである．水生哺乳類や寒冷地に適応した哺乳類の皮膚には，非常に分厚い脂肪層（皮下脂肪）があり，エネルギーとして蓄え，断熱性を高める役割を担う．体毛が長いひげとなり，毛胞部分が神経細胞と連絡し機械的な刺激を受容する感覚器としての役割をもつように進化したものもある．

汗腺をもつのは哺乳類だけである．汗の気化熱で体温を下げられるので，砂漠のように非常に暑く乾燥した環境にいても，体温を維持することができる．水生の哺乳類や毛皮の厚い哺乳類では，汗腺のないものが多い．

哺乳類の成功は，親による哺育行動

爬虫類や鳥類と同じように，哺乳類も体内受精する．つまり，雄個体の精子を雌に渡し，受精は母体内で起こる．単孔類の場合は，産み落とされた卵の中で，胚は発生する．有袋類は，妊娠期間は短く，カンガルーの場合，4週間程度である．新生仔は，比較的未熟な段階で産まれる．有袋類の新生仔の前肢は丈夫で，自力でよじ登って，母親の腹側にある育児嚢まで移動する．

有胎盤類とよばれるグループに，全真獣類と，一部の有袋類が含まれる．有胎盤類の哺乳類の母親の子宮内には，胚と母親の両方の組織が融合し，豊富な血液が供給される特別な組織，**胎盤**がつくられる．母胎の子宮内で育つ胎児は，この胎盤を通じて栄養と酸素を受取り，また，二酸化炭素や老廃物も同じ胎盤を通じて排出される．母親の体の中で育てられ保護された有胎盤類の動物の仔は，有袋類の新生仔よりは，成長の進んだ状態で産み落とされることになる．草食哺乳類のシカやトナカイの仔は，産まれて数時間もしないうちに走り出せるほどである．新しく生まれた仔が，群れの動きについていき，捕食者から逃れるために必要な適応である．一部の爬虫類や鳥類と同様，哺乳類では，仔が独り立ちできるまで保護し哺育する行動が一般にみられる．

哺乳類の最も大きな特徴となる**乳腺**は，汗腺が変化したものである．脂質，タンパク質，栄養塩類など，新生仔に必要な養分を豊富に含む乳を分泌する．単孔類の動物の乳は，乳腺から体毛へ直接分泌され，卵からふ化した新生仔は，体毛をなめて乳を飲む．

有袋類の育児嚢内の乳腺には乳頭があり，新生仔はそこから乳を飲む．真獣類の哺乳類の母親は，腹部にある乳頭（通常，複数対）から授乳する．乳の主成分は脂質や糖質であるが，種によって組成が大きく異なる．クジラやアシカの乳は，牛乳より10倍も脂肪分が多く，糖分（乳糖）はほとんど含まない．

真獣類はさまざまな生育環境でみられ，最小の1gにも満たないトガリネズミから最大5tにもなるゾウまで，形や大きさも実にさまざまである．環境にうまく適応した動物群であるといえる．地上のほとんど全域で，捕食者としての頂点の地位を恐竜から奪い，海洋，淡水域まで生息環境を広げてきた．空域では，飛翔する哺乳類はコウモリの仲間だけであるが，滑空なら，真獣類，有袋類ともに多くみられる．

鳥類にも覚えたさえずりを他に伝えるなどの学習能力はあるが，高度の学習能力を進化させたのも哺乳類の特徴である．集団で生活する社会性の動物の場合，協力して群れを守ったり，子を育てたりする行動もみられる．社会性のある真獣類には，脳の発達したものが多い．発達した脳は，複雑な行動様式を可能にし，新しい生息環境や餌を求めて，つぎつぎに新天地を拓いた．

霊長類が進化したのは約5600万年前である．祖先型の動物は，おそらく，小型，昆虫食の樹上生活者であったために，母指対向性の指（足や手の母指が，他の指と対向していて，ものをつかむ行動が容易な構造）をもっていたと考えられる．約3500万年前，霊長類は，樹上生活が中心の夜行性の原猿類（キツネザル，ロリス，メガネザルなど）と，類人猿（サル，チンパンジー，ゴリラなど）に分岐した．600万年前には，ヒト科類人猿が現れた．その中からチンパンジーやボノボの系統が生まれ，ヒトもその系統から分かれて生じた種である．類人猿やヒト科の進化については第20章で詳細に解説する．

■ これまでの復習 ■

1. (a) 動物群のなかで，組織をもたないものをあげよ．(b) 組織はあるが，器官をもたないものは，どれか．(c) 左右相称の動物はどれか．
2. 脳の発達した最も"賢い"と考えられる無脊椎動物は何か．
3. 昆虫が大成功している進化上の最も重要な理由は何か．その理由も述べよ．
4. ホヤとヒトの共通点を述べよ．
5. 羊膜をもつ動物は，どのような点で有利か，述べよ．

1. (a) 海綿動物．(b) 刺胞動物と有櫛動物．(c) 出口動物と新口動物．
2. 頭足類のイカやタコ．
3. 飛翔能力，変態period．棲み分けなどにより，他と競合せずに様々な所に生息，子孫を残せたためである．
4. ともに脊索動物の末子孫の現生は，どちらも脊口動物で非常に近いこと．幼生になる脊索が終生残存する生存する非原索動物と，ヒトの場合，胚形成の段階で脊索が種退縮し，多くは退化．という類似．脊索は種々の組織に発生するが，脊柱の大部分。
5. 胚を包みもつ羊膜は組織であるあけでなく，胚へ養分を運ぶとともに乾燥から保護し，老廃物が蓄積からの，胚の中などの発行が安定しそ水陸まで胚成長できる有力武器なる．

生活の中の生物学

お勧め料理には，さようならを

すでに絶滅した種，絶滅しつつある種について，膨大な学術データが蓄積されつつある．現在，どう控え目に見積もったとしても，かなりの数の生物種が失われつつあるという．ハーバード大学の生物学者，Edward O. Wilson博士の試算によれば，多雨林の破壊がこのまま続けば，年間27,000種，1日に4種，1時間で4種の生物種が絶滅する運命にあるという．多雨林は生物多様性の豊富な場所としてあげた一例であって，他の気候の場所には，もちろん，それぞれに適応した他の生物種がいる．

世界中，すべての生息環境の絶滅速度を見積もるのは難しいが，研究者が，特定の数百種の生物について，過去2000〜3000年間の人の活動が原因となる絶滅種を調べた結果，記載のあった生物種のなかで淡水魚の約20%が絶滅しつつある，あるいは，すでに絶滅しているという．大規模な鳥類の調査も行われ，2000年前の種の20%が，すでに絶滅したことがわかった．残った鳥の10%が，現在，絶滅危惧種である．

熱帯雨林ではなく，わが身の周りはそうではあるまいと思うかもしれないが，事態は同じである．米国ヨセミテ国立公園からカエルが，また，北米全体で見ると，29%の淡水魚，20%の淡水産二枚貝が絶滅した，あるいは，絶滅の危機にある．

人はさまざまな生物種を食料にするが，そのどれもが，この地球の生態に同じ作用をひき起こすわけではない．特に影響が大きいのは川や海産の魚介類で，乱獲され，急速に減少しているのは事実である．こういった魚介類を食べることは，ますますの急激な減少をひき起こし，絶滅に追いやる行為にほかならない．では，サケのような養殖魚はどうであろうか．養殖は，乱獲を防ぐよい手立てと思うかもしれないが，養殖することで海洋の汚染をひき起こし，他の生物種を脅かす点では同じなのである．

では，食料品店で買物するとき，レストランでメニューを選ぶとき，どうしたら，おいしくて，しかも環境に優しい食べ物を選べるだろうか．下の表は，複数の環境保護団体が出したリストを一つにまとめたもので，環境保全のために食べて良いもの，食べるのを避けるべきものをあげた．NPOの海洋資源保護団体，ブルー・オーシャン協会が，こういったリストをカードサイズにして配布している．つぎにシーフードを食べるときに賢く選択するだけ，それだけで，あなたは地球の生物多様性を守れるのである．

問題のないシーフード	要注意のシーフード	食べるのを避けるべきシーフード
ホッキョクイワナ ハマグリ，ムール貝，カキ（養殖） サバ類（サオ釣り，トロール漁法によるもの） シーラ（スズキの仲間） サケ（アラスカ産天然） スズキ（アラスカ産天然） テラピア（米国養殖）	カニ類（ワタリガニ，ズワイガニ） アンコウ ニジマス（養殖） ホタテガイ メカジキ マグロ類（ビンナガ，メバチマグロ，カツオ，キハダマグロなど）	チリ産ハタ タラ（大西洋産） サケ（養殖） サメ 小エビ（輸入） クロマグロ（大西洋産）

出典：The Blue Ocean Institute, "地球に優しいシーフードへの選び方", 2007年9月．

学習したことを応用する

多細胞化への進化の手がかり

　ここで，この章のはじめに紹介したえり鞭毛虫の話に戻そうと思う．従兄弟同士に共通の祖父母がいるように，あるいは，又従兄弟同士に共通の曽祖父母がいるように，ヒトや他の動物には，共通の離れた親戚，えり鞭毛虫がいる．えり鞭毛虫は，7〜10億年ほど前から生息する生物で，あるとき群体をつくり，細胞間で情報交換する能力を進化させたと考えられている．違うのは，すべての動物が組織や器官など特化した細胞でできた多細胞生物であるのに対して，えり鞭毛虫は単細胞の生物で，必要なときだけ集まって群体をつくる点である．

　えり鞭毛虫が私たちの親戚であるという根拠の一つは，最も単純な動物，カイメンにみられる摂食細胞が，よく似た細胞の形態をしていてはたらきも似ていることである（図4・3参照）．カイメンの多くは海水生で，海岸の岩などに固着生活し，海水中の微生物を濾過して集めて餌としている．カイメンには，神経系，血液の循環，消化管といったものはない．代わりに，内部にえり細胞の並んだ内腔がある．このえり細胞が鞭毛運動で水流を起こし，餌を集める．えり鞭毛虫に非常によく似たはたらきである．

　また，えり鞭毛虫はときどき群体をつくるが，その過程が，動物の胚発生のときのものに，よく似ているのも，私たちの近縁動物であることを示す根拠の一つである．卵と精子が受精した受精卵は，ヒトであれハムスターであれ，あるいは魚であれハエであれ，まずは二つの細胞（割球）に分裂するが，その後，互いに付着したまま，その2個の細胞は4個へ，4個から8個へ，16個へ，32個へと増えてゆく．増えながらも，互いに付着したままで分離することはない．同じように，群体をつくっているえり鞭毛虫は，繰返して分裂しながら，互いに付着したままで一つの細胞集団をつくってゆく．他の群体生物はこの点どうであろうか．たとえば粘菌の場合，分かれて生活していた細胞が集合してナメクジ型の集合体をつくる．えり鞭毛虫と動物胚は分裂・付着型の群体をつくるという共有形質があり，これも近縁生物であることの根拠と考えられる．

　ほかにも根拠がある．ハエやネズミのように非常に形態の異なる動物が，えり鞭毛虫と共通のタンパク質を数十種類ももっているのである．興味深いのは，そのような共通タンパク質のほとんどすべてが，細胞同士が接着するためや，細胞間での情報交換のために使われている点である．えり鞭毛虫は，多細胞動物にとって有用な特性をもともともっていたことになる．

　驚いたことに，ある種のえり鞭毛虫は，この細胞接着タンパク質をもちながら群体とならない．なぜだろうか．何の目的で，そのようなタンパク質があるのだろうか．一つの可能性は，餌となる微生物を捕らえるための粘着物質である．はるか昔に，餌をからめて集める目的のタンパク質を，群体の細胞をつなぎとめるために転用した種がいたのではないだろうか．そういった群体型えり鞭毛虫のなかから，密に細胞が連絡し合い，互いに助け合い，作業を分担し合う，多細胞型の動物へと進化したのかもしれない．カイメンからヒトまで，あらゆる動物が，そういった祖先型群体から派生したのではないかと考えられている．

章のまとめ

4・1　動物の進化の由来
- 動物は多細胞生物で，摂食型の従属栄養生物である．多くは，生活環のある時期に運動できる．
- 最も祖先型の系統に近いものが海綿動物である．つぎに刺胞動物が進化した．海綿動物には対称性はない．刺胞動物の体は放射相称である．
- 左右相称動物には，二つのグループ，旧口動物と新口動物がある．二つは，胚発生の様式で区別される．旧口動物には，軟体動物，環形動物，節足動物が含まれる．新口動物には，棘皮動物，ヒトを含む脊索動物がある．
- 脊索動物は背側に神経策をもつ．脊索動物のうち，背骨のあるグループを脊椎動物，それ以外の動物をすべてまとめて無脊椎動物とよぶ．

4・2　動物の特徴
- 海綿動物以外のすべての動物に真の組織がある．海綿動物と刺胞動物以外のすべての動物に器官・器官系がある．
- 動物の胚発生の特徴は，細胞が移動し，胚葉を形成することである．胚葉から，成体の各組織がつくられる．
- 受精後，単細胞の受精卵は内部に空洞のある胞胚となり，その後，細胞が内部へ移動し原口がつくられる．旧口動物では，原口に成体の口が形成される．新口動物では，原口に成体の肛門が形成される．
- 一部，体腔のない無体腔動物もいるが，多くの動物で真体腔や擬体腔がみられる．
- 体節構造をもつ動物も多い．さまざまな付属肢をもつ体節を進化させることで，さまざまな機能もつ多様な動物種が生まれた．

4・3　最初に現れた無脊椎動物：カイメン，クラゲの仲間
- 海綿動物の細胞には分化がみられるが，組織はなく，体の対称性もない．
- 刺胞動物，有櫛動物の体は，放射相称で，明確な組織がある．

4・4　旧口動物
- 真の体腔は，旧口動物の進化の過程で生まれた．
- 輪形動物と扁形動物の動物には体腔はない．環形動物は体腔と体節構造をもつ．
- 軟体動物には堅い殻をもつものが多い．二枚貝類には，開閉する二枚の殻がある．腹足類の背側には，らせん状に巻いた殻がある．頭足類には，発達した神経系があり，複雑な学習も可能である．
- 節足動物は体節構造をしている．成長するためには，その外骨格であるクチクラを脱皮する必要がある．
- 節足動物には，甲殻類，昆虫類，クモガタ類，多足類が含まれる．甲殻類は，最も多様化の進んだ水生動物である．昆虫類は，最も種数の多い陸上生物である．甲殻類や甲虫には，乾燥や外敵から身を守る，頑丈な外骨格がある．

4・5　新口動物 I：棘皮動物，脊索動物の仲間
- 背側の神経策，原口が肛門になるのが，新口動物の特徴である．
- 棘皮動物は，ガス交換や運動に水管系を用いる．
- 脊索動物は，生活環のある時期に必ず背側に脊索がみられる．

4・6　新口動物 II：脊椎動物

■ 脊椎骨と頭蓋が脊椎動物（魚類，両生類，爬虫類，鳥類，哺乳類）の特徴である．
■ 顎形成と内骨格の進化が，脊椎動物の大きな特徴である．最初に魚で進化した．
■ 魚は，左右相称の対になったひれをもち，俊敏な遊泳が可能である．
■ 両生類は，肺と皮膚の両方で呼吸する．両生類の生活環の特色は完全変態する点である．
■ 爬虫類は，水を通しにくい卵の殻，水分損失を抑えた排出方法，卵の羊膜など，乾燥防止の仕組みを進化させた．
■ 鳥類は獣脚類恐竜から進化した．鳥類は，二足での移動，うろこが変化した羽毛，中空の軽い骨など，飛翔するために進化した特徴がある．
■ 哺乳類は，単孔類，有袋類，真獣類の三つに分類できる．体毛，内温性，恒温性，乳腺，汗腺が，哺乳類の進化上の特徴である．
■ 長い妊娠期間と子育てに力を注ぐことが，哺乳類が成功している理由である．

重要な用語

動物界 (p.60)	複　眼 (p.70)
脊椎動物 (p.60)	変　態 (p.71)
無脊椎動物 (p.60)	新口動物 (p.71)
発　生 (p.61)	脊索動物 (p.72)
有性生殖 (p.62)	脊　索 (p.72)
放射相称 (p.62)	咽頭嚢 (p.72)
左右相称 (p.63)	四肢動物 (p.74)
頭　化 (p.63)	羊膜卵 (p.75)
体　腔 (p.64)	外温動物 (p.76)
旧口動物 (p.66)	内温動物 (p.77)
環形動物 (p.66)	恒温動物 (p.77)
軟体動物 (p.67)	単孔類 (p.78)
脱　皮 (p.68)	有袋類 (p.78)
節足動物 (p.68)	真獣類 (p.78)
外骨格 (p.69)	胎　盤 (p.78)
甲殻類 (p.69)	乳　腺 (p.78)
単　眼 (p.70)	

復　習　問　題

1. 個体数の最も多い動物群，種数の最も多い動物群をあげよ．
   (a) 昆虫類　(b) 鳥　類　(c) 原生生物　(d) 哺乳類
2. 間違っている記述はどれか．
   (a) 動物は摂食型従属栄養生物である．
   (b) 動物の細胞は，多糖類でできた細胞壁で囲まれている．
   (c) 動物の体は，複数の分化した細胞から構成されている．
   (d) 動物の細胞は，細胞外マトリックスと接している．
3. 最初に飛翔を始めた動物はどれか．
   (a) コウモリ（翼手目）　(c) 旧口動物の仲間
   (b) 鳥　類　(d) 爬虫類の仲間
4. 新口動物には，
   (a) 放射相称の動物はいない．
   (b) 原口とは異なる場所から生じる口がある．
   (c) 脊索がない．
   (d) 無体腔の体制のものがいる．
5. 体節構造は，
   (a) 昆虫にとって乾燥地でも生息できる点で有利である．
   (b) 節足動物にとって体の構造を特殊化して適応できる点で有利である．
   (c) 環形動物にとって，体腔の体制を維持するうえで必要である．
   (d) 海綿動物の頭化をもたらした．
6. 真の組織は，
   (a) すべての動物にみられる特徴である．
   (b) 海綿動物にはないと考えられている．
   (c) 複数種の器官でできていて，協同してはたらき特定の役割を担っている．
   (d) 互いに独立した機能を担う，ゆるい細胞集合体である．
7. 脊索動物の特徴はどれか．
   (a) 背側の脊索と肛門の後端側へ伸びる尾部
   (b) 乳　腺
   (c) よく発達した顎と頭蓋
   (d) 脊　椎
8. 羊膜卵は，
   (a) 全四肢動物に共通する．
   (b) 顎のない無顎類で最初に進化した．
   (c) 鳥類にみられ，ヘビやワニなどの爬虫類にはない．
   (d) ガス交換を促進する膜構造がある．

分　析　と　応　用

1. 昆虫が陸上に進出するうえで生じた課題は何か？ その課題を解決するうえで，昆虫に起こった進化上の重要な出来事は何か？
2. 人気のTVアニメ，"スポンジボブ・スクエアパンツ"にはカイメンのボブと，巻き貝のペット，ゲイリーが登場する．組織，器官，体の対称性，体腔，頭化という点で，この二つの動物の違いを述べよ．このTV番組に出てくる動物のなかで，旧口動物に分類されるものをあげよ．登場する脊索動物は何か（ヒント：ヘルメットをかぶっている）．
3. 動物の体節構造化は，進化のうえでどのような重要な意味があるか述べよ．体節構造が，そのような適応進化上で意義があることを示す適切な例となる動物名をあげよ．
4. 動物は運動性のものが多い．動物の運動を可能にしているのは，どのような組織や器官系か．魚類と四肢動物について，運動様式を比較せよ．運動することは，どのような点で有利か．
5. 鳥の飛行を可能にした，進化上の重要な変化は何か．鳥類と爬虫類（ワニや恐竜）との間で共通する特徴は何か，あげよ．そのなかで，哺乳動物にもみられる特徴はどれか．
6. ニワトリの卵の構造，およびその構造の役割をあげよ．
7. 羽毛は，はじめ，飛行のために進化したものか．その答えの根拠となる証拠を述べよ．
8. 完全変態と不完全変態の違いを述べよ．完全変態は，進化適応のうえで，どのような意味があるか（別な言い方をすれば，なぜ，そのような急激で精巧な形態変化をするのか）．
9. 寒冷環境，高温環境に適応するうえで，哺乳類のみが獲得できた特性は何か．
10. 単孔類，有袋類，真獣類の母親がどのように新生仔を育てるか，比較せよ．

ニュースで見る生物学

Canadian Scientists Wipe Away Misconceptions about Sponges

BY RANDY BOSWELL

カナダ人研究者が，海綿動物の誤解を解く

バンクーバー島の淡水生カイメンを調べていたカナダの研究グループによると，海綿動物の"表皮"についての彼らの発見から，動物進化の歴史を書きかえなければならない可能性が出てきたという．また，キッチンでこぼれた汁を吸い取るのに使うあの穴だらけのスポンジのもとになった海綿動物と人との間の密接な関係もわかったという．

この研究は，アルバータ大学の3名の生物学者によるもので，米国誌 *PLOS One* に最近発表された．カナダのブリティッシュコロンビア州で採集したカイメンの外壁組織は，他の動物の皮膚と同じように防御層のようなはたらきをしていて，これまで思われていた何でも素通しするスポンジとは違うとのことである．

海綿動物は，私たちにもっと近縁の真正後生動物として分類すべきで，私たちのルーツも，この海底に生息するスカスカの生きものの一つという可能性を再考する必要があるだろうと，発見した研究者は結論している．

"この研究は，単なるスポンジボブのアニメに入れる挿入話ではない．他の動物の一群としてカイメンを見直すという話である"と論文著者者の Sally Leys 博士は，月曜日の発表で説明している．

Sally Leys 博士，および，他のアルバータ大の2名，Emily Adams 博士，Greg Goss 博士は，ごく一般的なヌマカイメン (*Spongilla lacustris*) をサリタ湖とロッソー湖（ブリティッシュコロンビア州バンフィールド市の近く，ビクトリア市の北西約 120 km）で採集した．

Leys 博士によると，バンクーバー島でカイメンを採集する利点は，この地域が冬期にも凍結せずに採集場所に容易にアクセス可能な点であるという．また，冬の寒い気候のために，カイメンはある程度萎縮して休眠状態にあるので，実験にも使いやすいとのことである．

この研究では，カイメンの"表皮"に相当する外壁が，哺乳類の皮膚や昆虫の外骨格のように，体内へ外来物質が侵入するのを防ぐ作用があるかどうかを調べた．その結果，カイメンの表皮は，サルの皮膚が微生物や化学物質の侵入を防ぐのと同じように，しっかりした密閉効果があることを発見したのである．

"この発見は，カイメンに，他の動物と同じ体内環境を守る生理的な仕組みがあることを示している．カイメンは，動物群から逸脱した分派ではない．" と Leys 博士は語っている．

海綿動物の最古の化石は，5億5000万年前のものが見つかっている．これは，単細胞から多細胞へと生物が進化した直後，複雑な構造を獲得した最初の生物の姿でもある．

この数十年，海綿動物と，生物学者が"真正後生動物"とよぶ他の多細胞動物との関係が調べられてきた．真正後生動物は，たとえば左右相称や放射相称（クラゲのように）などの体制の対称性があり，分化した細胞，組織，器官があり，ミミズ，ナメクジ，昆虫などからゾウやヒトまで，なじみ深い動物のいる系統である．こういった真正後生動物に比べると，海綿動物は対称性がない．心臓，肝臓，脳，消化器といった器官もない．

真正後生動物の基準でいうならば，海綿動物は単なる細胞の塊にしかすぎない．しかし，他の生物を食べて生きていて，胚から発生し，その初期には盛んに動きまわっているし，細胞には細胞壁がない．れっきとした動物である．胚の時期の細胞であっても細胞外マトリックスがある．こういった理由で，カイメンも，私たちの近縁動物ということになる．

では，どのような近縁者だろうか．それがつぎの疑問である．現存するすべての海綿動物が，真正後生動物へと進化した祖先動物の直系子孫であるとは，研究者は思っていない．それは，いわば側枝にいる兄弟関係の動物であって，代わりに，真の祖先型海綿動物がどこかにいて，そこから真正後生動物が生まれたと考えている．

海綿動物に複数の系統があって，真正後生動物がその一つから派生したことがわかったならば，私たちは，そのグループにより近い関係にあるということになるだろう．それ以上に，私たちは海綿動物の子孫であるという証にもなるだろう．その可能性はどうやら高そうだ．現在，真正後生動物が海綿動物から派生したことを示す証拠が見つかりつつあり，ここで取上げたニュースもそういった話である．

この説はおおむね生物学者に受入れられているが，それに反対する理由を唱える者もいる．分類学者のなかには，真正後生動物が海綿動物の子孫であるならば，真正後生動物は海綿動物に含めるべきと主張する者もいる．これは，恐竜のなかのあるグループから鳥が派生した事実から，鳥類が恐竜の一種であるべきという議論と同じである．しかし，海綿動物から派生したものをすべて海綿動物に含めるべきだという議論は，無意味だと主張する研究者もいる．

このニュースを考える

1. どのような特徴から，海綿動物が動物といえるか．また，真正後生動物と違う点は何か．
2. 海綿動物には，えり鞭毛虫と似た細胞がある．その細胞は海綿動物の中では，どのような役割を担っているか．えり鞭毛虫と比較せよ．
3. 鳥類は恐竜であると思うか．そう思う理由を述べよ．

出典：*Postmedia News*, Canada.com, 2010年12月14日

II
細胞：生命の基本単位

5 生命の化学

> **MAIN MESSAGE**
>
> 地球上の生物は炭素を含む分子の上に成り立っており，その四つのタイプの分子，すなわち，炭水化物，タンパク質，脂質，核酸は，私たちの惑星におけるすべての生物に共通である．

どのようにして"クッキーモンスター"はトランス脂肪に立ち向かったのか

2011年1月1日，カリフォルニア州は，レストラン，パン屋，病院その他，食品を扱う場所でのトランス脂肪の使用を禁止した最初の州となった．飲食業界は，そのような法律ができると，消費者が望む食品を作れなくなるし，つぶれるレストランが出るかもしれないと，何年にもわたって異議を唱えてきたが，その法律が施行された日は大過なく過ぎていった．廃業するレストランはなかったし，誰も温かい塩味のきいたフライなしで過ごすこともなかった．

その5年前，ニューヨーク市衛生局は，市の有名レストランに対して，トランス脂肪を豊富に含んだ料理油でフライを作ることを6カ月間停止することと，18カ月間すべてのメニューからトランス脂肪を除くことという，トランス脂肪禁止令を出して，レストラン経営者に強い衝撃を与えた．憤激した米国飲食業協会の広報担当者は"食品医薬品局がすでに承認している製品に対し干渉する権利はない"と主張した．

飲食業協会の主張にも一理あるのは，トランス脂肪を禁止しようという運動が，政府とか，権威ある米国心臓病協会からではなく，一介のカリフォルニアの市民弁護士であるStephen Josephから発せられたものであるということだった．Josephの父親は心臓病で死んでいた．そしてJosephは心臓病の進行にトランス脂肪がいかに深くかかわっているかを知って，行動を起こす決心をしたのだった．2003年，彼はナビスコを相手取って，会社がトランス脂肪を含むオレオクッキーを子供たちに売るのを停止するよう告訴した．ナビスコの親会社であるクラフトフードは，CNN放送に対して"皆が知っていて，90年間も愛され続けてきた健康スナックであるオレオクッキーをわれわれは支持する"と述べた．

> トランス脂肪とは何か，そして他の脂肪とどう違うのか？すべての脂肪は健康に悪いのか？

"クッキーモンスター"とサンフランシスコクロニクル紙によってあだ名をつけられたJosephは，トランス脂肪で作られたオレオクッキーは誇張なしに危険なのだと反論した．トークショーの司会者は弁護士を"話にならない"し，むしろ弁護士の資格を停止せよと言った．数日もたたぬうちに彼は告訴を取り下げた．しかし，皆さんがご存知のとおり，クッキーモンスター弁護士は最後に笑うことになった．

この章で，私たちは生物をつくり上げている基本構成分子について学ぶ．基本分子の一つのグループは脂質であり，トランス脂肪が含まれている．生物が基本分子からどのようにできているのかを見ていこう．

トランス脂肪反対集会 ニューヨーク市のレストランでトランス脂肪の使用を禁止する案に関する公聴会を，ニューヨーク市衛生局が開くにあたって，トランス脂肪に反対する若者が意見を主張しているところ．

5. 生命の化学

基本となる概念

- 生物は化学結合によってつながった原子からできている．四つの元素，すなわち酸素，炭素，水素，および窒素が，生きている細胞の重量のおよそ96％を占めている．
- 分子とは2個以上の原子が共有結合によってつながったものである．イオン結合は反対の電荷をもった原子が引きつけ合った結果生じるものである．
- 水分子は，水素結合とよばれる弱い結合で互いが結びついている．生命を支えている化学反応は水溶液中で起こるので，水の特徴的な性質は，生命の化学に深くかかわっている．
- 原子間の化学結合がつくられたり切断されたりして化学反応が起こる．生命を支えるために，最も単純な細胞の中でさえ何千ものさまざまな化学反応が起こっている．
- 酸は水素イオンを放出し，塩基はそれを受容する．細胞内の多くの化学反応は，酸や塩基の濃度に鋭敏である．
- すべての生物にとって共通な，四つの主要な分子群がある．それらは，炭水化物，タンパク質，脂質，そして核酸である．これらの重要な分子の機能は，エネルギーを供給するものから遺伝的情報を蓄えるものまで，多岐にわたっている．

広く知られているように，生命はその驚くべき多様性にもかかわらず，ごく限られた種類の原子から構成されている．すべての細胞がこのような限られた原子成分からできているということは，地球上のすべての生命が共通の進化上の先祖をもつことを想像させる．

この章では，まずすべての細胞が共有する化学成分を理解することから始めよう．原子は結合し，分子とよばれる集合体を形づくる．生きている細胞に存在する分子は，**生体分子**とよばれている．細胞は大小さまざまな生体分子から構成されている．糖とアミノ酸は諸君にも親しみある小さな生体分子である．DNAやタンパク質は小さな分子がつながった大きな分子の例である．すべての生体分子は，炭素原子を骨格としてもっており，地球上の生物は炭素を基礎にしているといえる．

主要な生体分子の構造と機能を理解するための第一歩として，原子の構造と，それがどのようにして結合して分子をつくり出すかについて調べてみよう．なぜ生命は全面的に水に依存しているのか，そして生命維持に必要な化学反応のほとんどすべてが水環境の下で起こっているのか，その理由について考える．そして炭素がなぜ例外的な元素であるのか，なぜ生命体の乾燥質量の多くを占めているのかについて議論する．要するにこの章では，化学のレベル，さらに絞れば生化学とよばれる科学分野のレベルで，生物がいかに機能しているかについて述べる．この章で紹介される内容の多くは，あとの章に出てくる生物学の体系の中のすべてのレベルにおいて，生命をより深く探求するうえでの基礎となるものである．

5・1 物質，元素，そして原子の構造

この世界は何でできているのか？ 答えは"物質"である．**物質**とは，質量をもち空間を占めるものとして定義される．それは宇宙をつくっている"原料"と考えることができる．宇宙では少なくとも92種の異なった物質（元素）が自然に生じた．**元素**は純粋な物質であり，独自の物理化学的特性をもち，ふつうの化学的方法によっては別の元素に変えることはできない．元素は1文字か2文字の記号で表される．たとえば酸素はO，カルシウムはCaと表記される．

水素（H）は宇宙で最も多量に存在する元素である．ケイ素（Si）は地殻の28％を占めるが，人体では0.001％以下にすぎない（図5・1）．岩石や砂に含まれるケイ素のほとんどは酸素と結合（ケイ酸塩，SiO_3）しており，そのため酸素は地殻にも多く含まれている．わずか四つの元素，すなわち酸素（O），炭素（C），水素（H），窒素（N）が，平均的な細胞の質量の96％を占めている．水素と酸素からできている水は細胞の質量の70％にも達する．また，水は私たちの惑星の表面に豊富にあり，その71％が海として地球

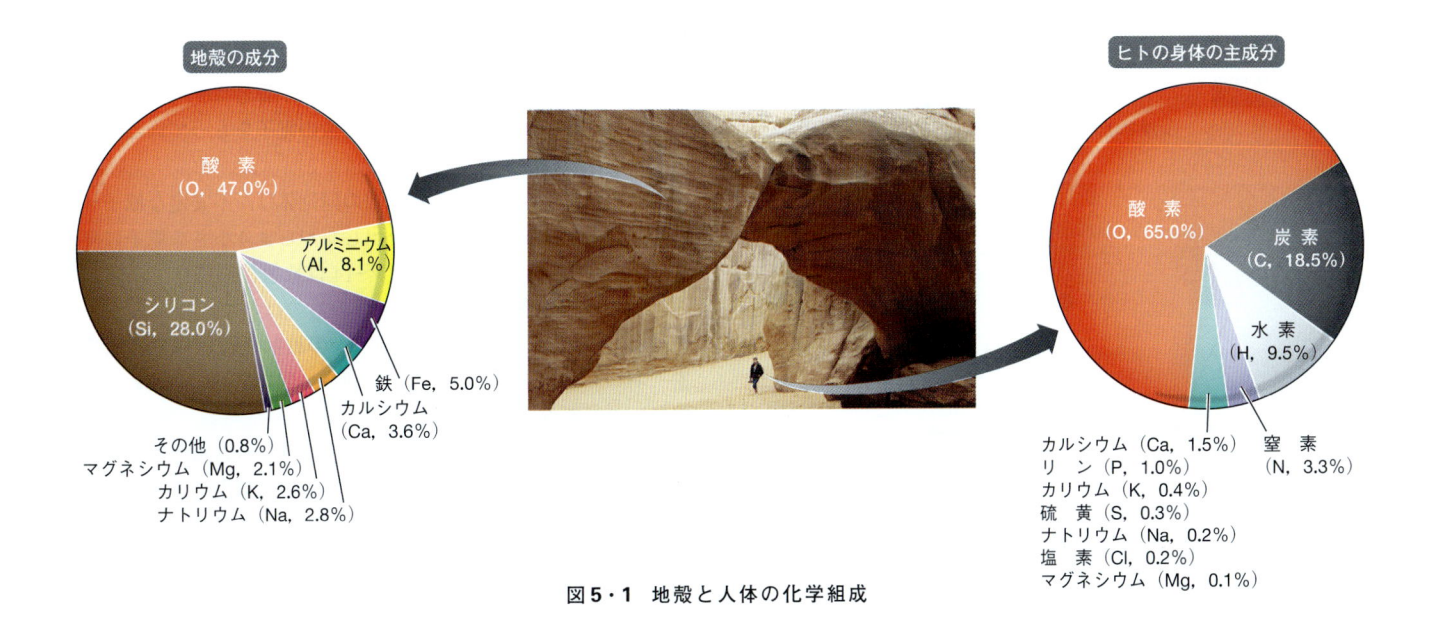

図5・1 地殻と人体の化学組成

を覆っている．それとは対照的に，炭素は地殻では希少だが，細胞においては3番目に豊富な元素である．このように生物の化学組成は，生物以外の地球の物質の化学組成とはかなり違っている．

原子は，元素の化学的性質を維持している最小の単位である．原子はとても小さく，1兆個以上集まってようやくピンの頭ほどの大きさとなる．自然界には92の元素があるので，92種の異なった原子があることになる．元素一つ一つの特異性はそれを構成する原子の特性に由来する．

原子の違いは何に由来するのだろうか．答えは原子を構成する三つの構成要素の組合わせの違いである．そのうちの二つの構成要素は電荷をもっている．すなわち，**陽子**は正の電荷（+）をもち，**電子**は負の電荷（-）をもっている．三番目の構成要素は**中性子**で，名前が示すように電荷をもっておらず，電気的に中性である．これら三つの要素，特に電子は，元素の物理化学的性質や，原子が他の原子とどのような相互作用をするかを決めている．

1個の原子はその中心部に密度の高い核（**原子核**）をもっている．原子核は1個以上の陽子をもつので，正に荷電している．ふつうの状態の水素を除いて，原子核は1個もしくは複数の中性子をもっている．そして負の電荷をもった一つもしくは複数の電子が，**電子殻**という原子核の周りの軌道を回っている（図5・2）．もし水素原子の原子核がビー玉の大きさだとすると，電子はヒューストンドーム球場ほどもある大きな空間の周囲を回っていることになる．原子核にある正の電荷と電子の負の電荷はバランスがとれているので，原子は全体としては電気的に中性である．

原子の大きさと構造は原子番号でわかる

原子の性状はその構造や質量を示す数字で表される．原子核の中の陽子の数がその元素の**原子番号**である．1個の陽子をもつ水素原子の原子番号は1で，6個の陽子をもつ炭素の原子番号は6である．元素の個別の特徴を表すもう一つの数値は，原子のもつ陽子と中性子の数の和である**質量数**である．電子の質量は陽子や中性子の質量の1/2000なので無視できる．陽子と中性子はほぼ等しい質量をもっているので，元素の質量数は原子核中の陽子と中性子の数の和で決まる．水素は1個の陽子と0個の中性子をもっているので，質量数は原子番号と同じで1であり，^{1}Hと表記する．一方，炭素原子は6個の陽子と6個の中性子をもつので，質量数は12（^{12}C）である．すなわち，炭素原子は水素原子の12倍の重さである．生体分子中に最も多量に含まれる四つの原子の原子番号（黒字）と質量数（緑字）を示しておく．

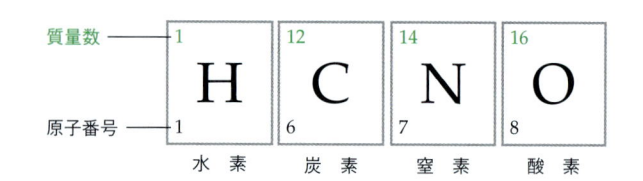

質量数	1	12	14	16
	H	**C**	**N**	**O**
原子番号	1	6	7	8
	水素	炭素	窒素	酸素

■ **役立つ知識** ■ ある物の質量とは，そこに含まれるすべての物質の量のことである．質量が大きくなるほど動かしにくくなる．重量は，質量がどれだけ強く重力によって引かれるかを示す単位である．地球上では，物質の質量とその重量は同じである．

いくつかの元素には同位体とよばれる異型がある

元素は原子核の陽子の数ではっきりと区別される．しかし，いくつかの元素の原子は，中性子の数だけが異なる，**同位体**とよばれる異なった形をとるものがある．元素の同位体は同じ原子番号をもつが質量数は異なる．言い換えれば，元素の同位体は同じ数の陽子と電子をもつが，中性子の数が異なり，結果として質量数が異なっている．たとえば，大気中の二酸化炭素のうち99%の炭素原子の質量数は12（^{12}C）であるが，中性子の数が6個では

質量数	12	13	14
	C	**C**	**C**
原子番号	6	6	6
	炭素12	炭素13	炭素14

なく7個の炭素原子が1%弱という微量で存在する．7個の中性子と6個の陽子を加えると質量数は13（^{13}C）となるので，この同位体は炭素-13とよばれる．炭素-14（^{14}C）はもっとまれで，大気中の炭素のおよそ0.01%である．炭素-14は何個の中性子をもっているのだろうか．

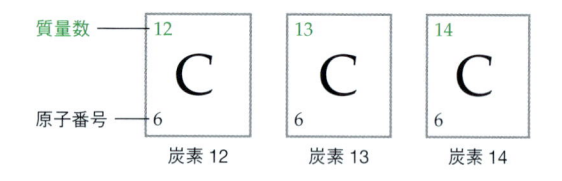

答えは8個である．質量数から原子番号を引けばよい．ここで注意すべきは，これら3種の同位体の原子番号はすべて同じということだ．また，これらはすべて同数の電子をもっている．同位体で異なるのは中性子だけである．

放射性同位体とよばれるある種の同位体は，不安定な原子核をもち，高エネルギーの放射線を出しながらより小さな原子に変わる（崩壊する）．たとえば，炭素-14は放射性同位体である．知られている同位体のうち，放射性のものはわずかであるが，炭素-14，リン-32，そして水素の二つの放射性同位体である重水素（^{2}H）や三重水素（^{3}H）などは研究や臨床において使われる重要なものである．

放射性同位体からの放射線は，簡単なフィルム露光からより高度な走査型検出器にいたるさまざまな方法で検出できるので，その位置や量を比較的容易に知ることができる．これは医療診断において非常に有効である．たとえば，甲状腺はヨードを取込み，体に必要ないくつかのホルモンを産生するが，甲状腺疾患の患者

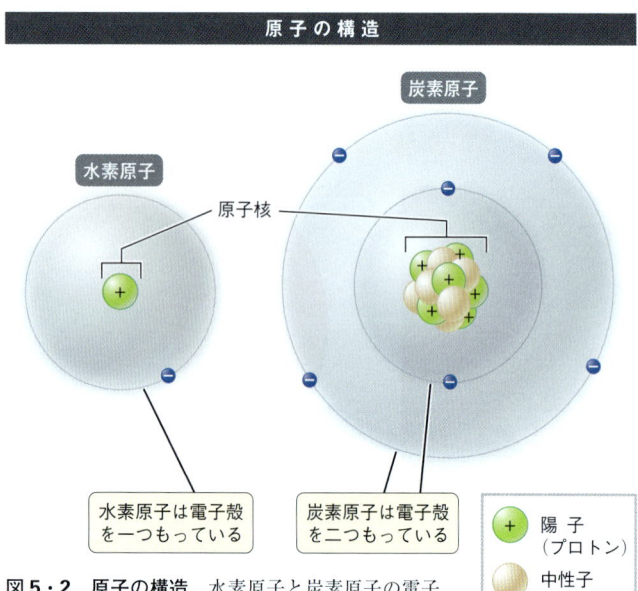

図5・2　原子の構造　水素原子と炭素原子の電子，陽子，中性子，および原子核を拡大して示している．電子殻は，単純化して，原子核を周回する電子の軌道空間として表している．

水素原子は電子殻を一つもっている
炭素原子は電子殻を二つもっている

陽子（プロトン）
中性子
電子

にごく微量のヨウ素の放射性同位体（ヨウ素-131）を投与することで，ヨウ素が取込まれた甲状腺を，検出器の映像によって直接見ることができる（図5・3）．もし患者が甲状腺がんにおかされていることが発見された場合，ヨウ素-131を繰返し投与する処方がとられる．これは甲状腺に放射能が蓄積され，がん細胞を殺すからである．

5・2 共有結合とイオン結合

原子がもっている電子の数と，原子核の周囲にその電子がどのように配置されているかは，原子の化学的な性質を決定する大きな要因となっている．ある種の元素は化学的に不活性であるといわれるが，それらは他の原子により電子を奪われたり，他の原子から電子を奪ったり，または他の原子と電子を共有したりといった反応を起こしにくいからだ．しかし多くの元素，とりわけ生物学的に重要な元素はすべてもっと"社交的"な原子である．それらは適当な環境条件下で，適切なタイプの原子に電子を与えたり，受取ったり，共有したりしやすい．二つの原子が結合する相互作用を**化学結合**とよぶ．

分子とは少なくとも2個の原子が，電子を共有することによってつくられた，原子の集合体のことである．電子の共有は，共有結合とよばれる非常に強い化学結合を生む．分子は少なくとも2個の原子からなるが，大きな分子では数百万個の原子から成り立っている．分子は同じ元素の原子からできている場合（たとえば酸素原子だけから）もあるが，複数の異なった元素の原子からできている場合もある（たとえば，水分子は2個の水素原子と1個の酸素原子からできている）．

原子が負の電荷をもっている電子を1個以上失うと，全体としては正の電荷をもつことになる．同様に原子が1個以上の電子を獲得すると，全体としては負の電荷をもつことになる．電子を失ったり獲得したりして電荷をもつようになった原子を**イオン**とよぶ．逆の電荷をもったイオン同士は電気的に引き合うが，このような静電的相互作用は細胞内での化学反応で重要なはたらきを果たしている．負の電荷と正の電荷をもったイオンが引きつけ合う化学結合を**イオン結合**とよぶ．**塩**は少なくとも2個の異なる元素のイオンからできており，電気的な引力によって固く結びついている．

2個以上の異なった元素が一定の割合で含まれているが**化合物**である．たとえば，水分子は水素と酸素が結合した化合物である．化学者は**化学式**という簡便な記述法を用いて分子や塩の原子組成を表す方法を発展させてきた．化学式は分子や塩に含まれる元素を表す文字と，その右側に原子の数を表す下付き文字を付加して表記される．たとえば，水分子の化学式はH_2Oである．砂糖（ショ糖）は12個の炭素，22個の水素，11個の酸素からなるが，その化学式は$C_{12}H_{22}O_{11}$である．食卓塩はナトリウムイオン（Na^+）と塩化物イオン（Cl^-）が等量含まれているので，その化学式は$NaCl$である．

共有結合は原子間で電子を共有することによってつくられる

少なくとも2個の原子が電子を共有することによってつくられる化学結合が**共有結合**であり，二つの原子間で電子対を共有している（図5・4a）．分子内で原子がどのように結合しているかを表す構造式では，一つの共有結合は一本の直線で表す（図5・4b）．共有結合で結合している原子は同じ元素の場合もあれば，異なったものもある（図5・4bの水素ガスと酸素ガスを除いた分子の場合がそうである）．

何が原子に互いの電子を共有させるのだろうか？ この問いに答えるためには，原子核の周りの空間で電子がどのように存在しているかを理解する必要がある．一つ一つの原子に含まれる電子はある空間を動いているのだが，その空間は電子殻とよばれる原子核を中心とした同心円の層として表すことができる（図5・2参照）．それぞれの電子殻に入れる電子の最大数は決まっている．それぞれの電子殻がその収容数いっぱいまで電子で満たされていると，その原子は最も安定な状態となる．原子の電子殻は最も内側のものから順に満たされていくが，最内側の電子殻には2個の電子しか入らない．そのすぐ外側の電子殻には最大8個の電子が入ることができる（図5・4a）．

最も外側の電子殻（原子価殻とよばれる）が満杯になっていない原子は，他の原子と結びついてその電子殻を電子で満たすことで，より安定な状態になることができる．だから，原子をより安定化する方法の一つは，隣接する別の原子の外側の電子殻の電子を共有して，自身の外側電子殻を満たすことである．このような状態になった原子では，1個の電子が，共有された電子対，すな

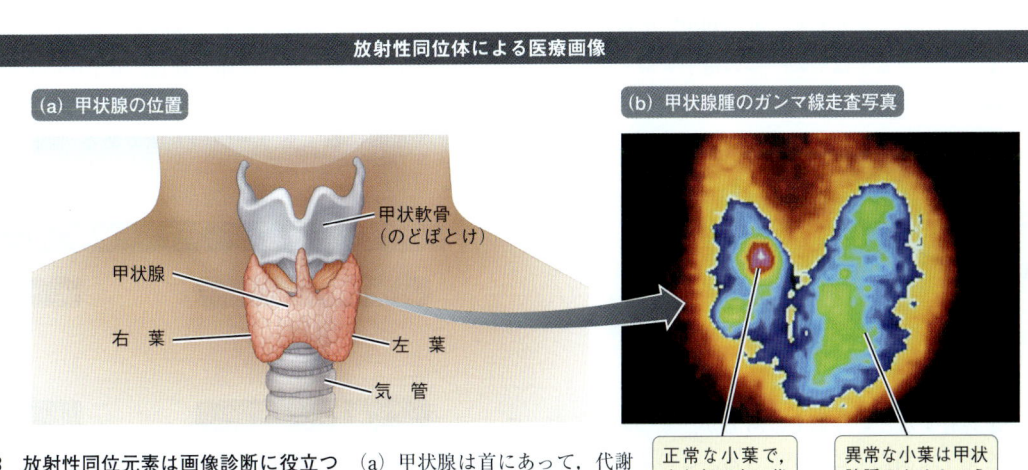

図5・3 放射性同位元素は画像診断に役立つ (a) 甲状腺は首にあって，代謝を制御している．ヨウ素は甲状腺の機能に必要で，そこに蓄積される．(b) 甲状腺腫を患っている患者の甲状腺を可視化した画像．甲状腺腫はヨウ素の摂取不足が原因となる場合が多い．微量の放射性ヨウ素を患者に与え，ガンマ線の走査映像で，放射性同位元素が蓄積されているのを可視化できる．

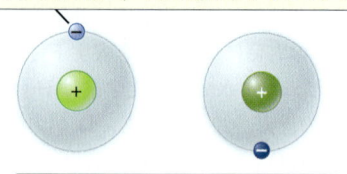

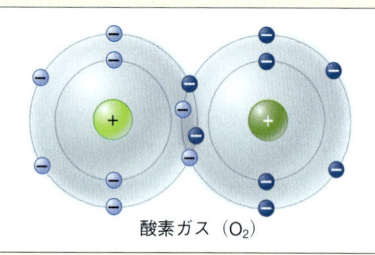

(a) H₂とO₂における水素結合

水素原子は，最大2個の電子を受入れることができる電子殻に，1個の電子しかもっていない

電子を共有することによって，両方の原子が電子殻を満たすことができる

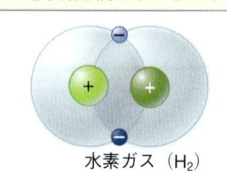

水素ガス（H₂）

酸素原子の最外殻には6個の電子があるが，この電子殻には最大8個の電子が入ることができる

酸素ガス（O₂）

2対の電子ペアを共有することによって二つの酸素原子は最外殻に電子を満たすことができる

(b) 生物的に重要な原子

原子	記号	可能な結合数		分子の例
水 素	H	1	H—H	水素ガス（H₂）
酸 素	O	2	O=O	酸素ガス（O₂）
硫 黄	S	2	H–S–H	硫化水素（H₂S）
窒 素	N	3	H–N(H)–H	アンモニア（NH₃）
炭 素	C	4	H–C(H)(H)–H	メタン（CH₄）

図5・4 **共有結合と電子殻** 生物学的に重要な分子を形成する原子は，最高四つの電子殻をもっている．最内側の電子殻は最大2個の電子をもつことができる．そしてその外側の電子殻は最大8個の電子をもてる．(a) 一つの共有結合は二つの原子間で1対の電子を共有することによって形成される．2個の水素原子は1対の電子を共有することができ，一つの共有結合を形成する．(b) 一つの原子がもちうる共有結合の数は，その原子の最外側電子殻に電子を満たすために必要な電子の数で決まる．炭素原子は四つの共有結合をつくるが，それは最外側の電子殻に4個しか電子がなく，その電子殻を満たすためには，あと4個の電子が必要だからである．

わち2個の電子としてそれぞれの原子にはたらくことになる．二つの原子間で共有されるこの電子対一つが一つの共有結合に対応している．

原子がもつことのできる共有結合の数は，電子殻を満たすのに必要な電子の数と等しい．水分子における水素と酸素の原子の間で生じる電子の共有について考察してみよう．水素は最内側の電子殻に1個の電子しかもっていないので，最も安定な形になるためには不足している．一方，酸素の内側の電子殻は電子で満たされているが，外側の電子殻は満たされていない．外側の電子殻には8個の電子が入れるが，酸素ではこの電子殻にある電子は6個だからだ．この状況は2個の水素原子と1個の酸素原子の間で互いに電子を借りあうこと，すなわち"共同利用"で解決することができる．つまり，水素原子はその一つの電子を酸素原子と共有し，酸素原子は二つの電子を一つ一つの水素原子と共有する．その結果，電子を共有するという形ではあるが，三つの原子すべてが外側電子殻を電子で満たすことができる．このような電子の共有は非常に密接な原子間の結びつきをひき起こすので，共有結合は大変強固な結合となる．

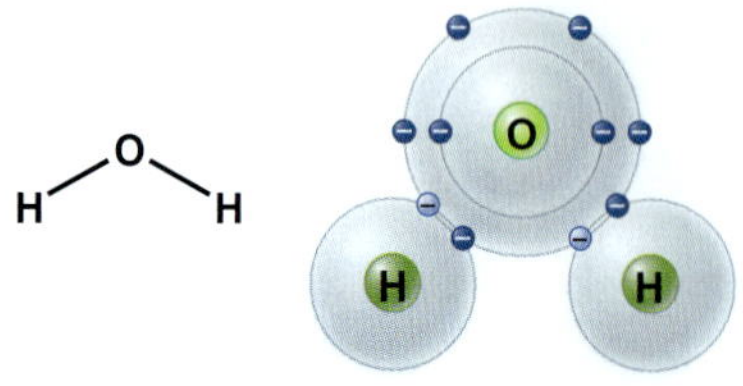

"二つの共有結合"を意味する**二重結合**は，二つの原子間で2対の電子ペアが共有される場合に生じる．3対の電子ペアを共有した場合は**三重結合**とよばれる．元素の窒素（N）とは違って，気体の窒素である分子の窒素（N₂）も，三重の共有結合（3対の共有電子対）によって結合した2個の窒素原子からなる．

N₂   N≡N

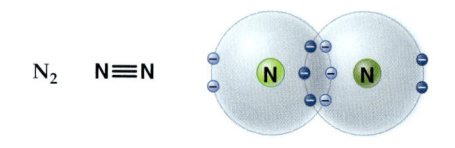

分子の物理的化学的性質はしばしばその三次元空間における立体構造に強く影響される．球棒モデルでは，原子を球で，そして共有結合を線もしくは棒で表し，分子中の共有結合の間の角度を示すことができる（図5・5c）．空間充填モデルは分子の形態を三次元的に表すもう一つの方法である（図5・5d）．球棒モデル

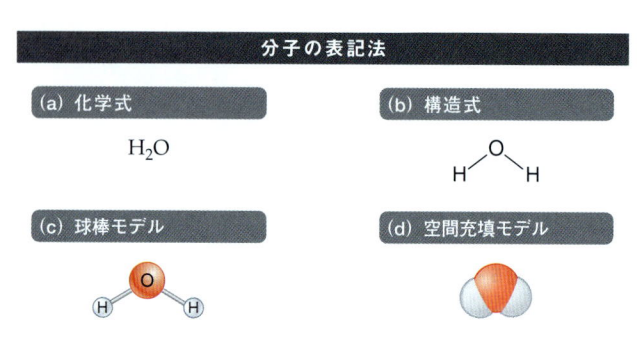

H₂O   H–O–H

分子の表記法	
(a) 化学式	(b) 構造式
H₂O	H–O–H
(c) 球棒モデル	(d) 空間充填モデル

図5・5 **原子間の共有結合はさまざまな方法で表記される** 慣習により，水素は白色，酸素は赤色で表す．

5. 生命の化学

と異なり，空間充填モデルでは原子の幅（原子の半径）と原子核間の距離（結合の長さ）が正確な割合で表されている．

イオン結合は逆の電荷をもつ原子間でつくられる

全体として電荷をもつようになった原子は，**イオン結合**という別の形の化学結合で結びつく．イオン結合では反対の電荷をもつイオンが相互に引き合っている．イオン化（イオン形成）では，電気的に中性な原子から別の中性の原子に，一つ以上の電子が転移する．たとえば，図5・6に示すように，電気的に中性なナトリウムの外側の電子殻の電子は，電気的に中性な塩素原子の外側の電子殻に転移することができる．ナトリウム原子の電子欠失と塩素原子の電子獲得は，それら中性の原子をイオンに変えるが，それぞれのイオンがもつ電荷は正負が逆であるが量は等しい．最も安定な状態になるために，電荷の転移によって形成されたイオンは互いが接近した状態にある．電荷をもつ原子がイオン結合によって強く結びついた化合物を**塩**（えん）という．

図5・6 イオンは電子を失ったり獲得することによってつくられる

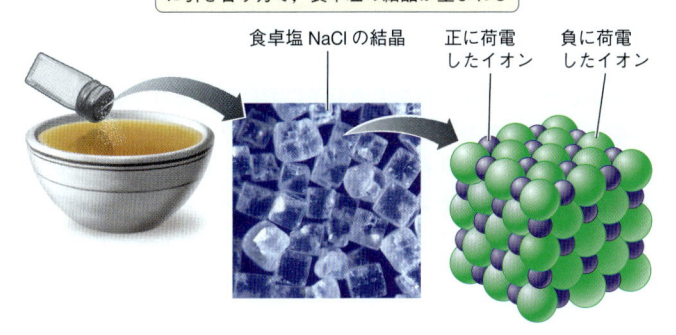

図5・7 塩はイオン化合物である

結晶の食卓塩（NaCl）のようなイオンの固体は，結晶格子とよばれる規則的なパターンで密に凝縮している（図5・7）．塩に水を加えるとイオン間のイオン結合は壊れる．次の節で学習する理由から，水分子はNaClに含まれる両方のタイプの電荷をもったイオンを取囲む．この水との相互作用が塩の結晶を破壊し，溶解させ，正のナトリウムイオンと負の塩化物イオンを液体の中に分散させることになる．

■ これまでの復習 ■

1. 鉄（Fe）原子は26個の電子と30個の中性子をもっている．(a) 鉄原子は何個の陽子をもっているか？ (b) 電荷をもっていない粒子はいくつあるか？ (c) 原子量はいくつか？
2. 分子とは何か？ 分子式が$C_{12}H_{22}O_{11}$であるショ糖（スクロース）の分子には酸素原子（O）が何個含まれるか？
3. イオンがどのようにしてつくられるかを説明せよ．

1. (a) 26, (b) 30, (c) 56
2. 分子とは，2個以上の原子が共有結合で結ばれたもの．分子式は11個の酸素原子をもつ．
3. イオンは，一つの元素の原子が電子を失い，もう一方の元素の原子が電子を獲得することにより生じる．その結果，正に荷電したイオンと負に荷電したイオンが生じる．

5・3 水の特殊な性質

生命はおよそ35億年前に海の中で誕生した．そして現在の生物の組成は，水中で生息していた私たちの祖先の組成を反映している．平均的な細胞は，重量のおよそ70%が水である．ほとんどの細胞では，水分が50％以下になってしまうと代謝が失われる．生命は地球上にあふれているが，太陽系で水のない他の惑星にはいないようだ．水は知られているどのような物質とも化学的物理的性質が異なっており，その特徴的な性質によって水は生命を支える完璧な溶媒としてはたらいている．

水は極性分子である

水分子は2個の水素原子と1個の酸素原子が共有結合してできている．共有結合では電子が共有されていることはすでに述べた．しかし，共有の度合いは，原子間で必ずしも平等でない場合がある．一方の原子が電子を引きつける力（専門的に言うと電気陰性度）がより強い場合である．より電気陰性度の高い原子は共

有する電子をより強い力で引きつけるので,結果として共有結合に電気的な極性が生じる.**極性分子**はこのように,共有電子の不均等によって生じた極性をもった共有結合を含んでいる.電荷の不均等な分布の結果,極性分子では,分子の一端がわずかに負の,その反対側の端(もしくは極)がわずかに正の電気を帯びている.

水はそのブーメラン形をした分子における電荷の分布が一様ではないので,極性分子である.酸素原子の原子核は2個の水素原子の原子核より強く共有電子を引きつける.その結果,分子の酸素側はいくらか負の電荷を帯び,水素側はいくらか正の電荷を帯びている.下の水分子の説明図では,二つの極性が緑と青で示されている.

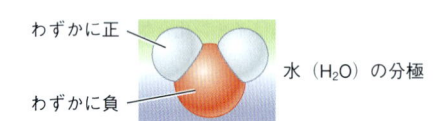

反対の電荷のもの同士は引き合うので,水分子のわずかに正の電荷を帯びている水素原子は隣の水分子のわずかに負の電荷を帯びている酸素原子に引きつけられる.**水素結合**は,いくらか正の電荷を帯びている水素原子といくらか負の電荷を帯びている隣の原子との間に生じる,弱い電気的な結合である.分子間の水素結合によって,いくらか正の電荷を帯びた水分子の極といくらか負の電荷を帯びた隣接する水分子の極の間で,引っ張り引っ張られたりしているのだ.

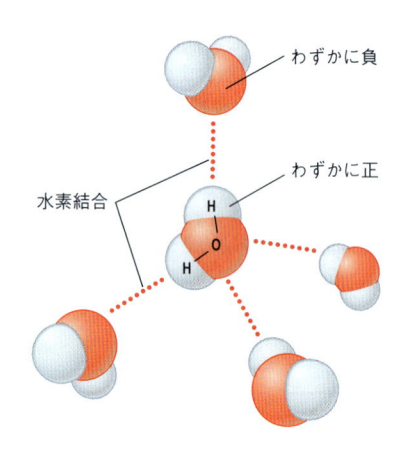

水素結合の強さは共有結合のおよそ1/20しかないが,多くの水素結合によって多くの水分子がまとまってつながると大きな力となる.水分子が極性をもつこと,その結果として水素結合が生じることで,つぎに検討する水の特別な性質の大部分を説明することができる.

水は荷電物質や極性物質の溶媒である

水分子は他の極性をもつ分子との間にも水素結合をつくることができる.これが極性をもつ化合物が水に溶ける理由である.そのような水と完全に混ざる化合物を**水溶性**であるという.イオンもまた,その周りに水の層,もしくは水和殻,が形成されるため,容易に水に溶ける.たとえば,食塩を水に入れると,固体の結晶は溶けてしまう.これは塩の結晶中のイオンが水分子に取囲まれて溶液の中に取込まれ,結晶構造がばらばらに壊れてしまうからだ(図5・8).

生きている細胞の内外には水に溶けた化合物が豊富にあるので,化学者や生物学者は以下のように専門用語を用いて水との混合物を記載する.**溶液**とは**溶質**(溶けて分散する物質)と**溶媒**(溶質が溶け込む液体)が合わさったものである.一杯のブラックコーヒーの中には数百ものさまざまな溶質が含まれており,カフェインもその一つである.さじ一杯の砂糖を入れてかき混ぜることは溶質を一つ増やすことになる.ここでは水は多くの溶質が溶けた溶媒であり,カップ一杯の体積の90%以上を占めている.水は,生物においても溶媒として機能している.細胞質は何千ものさまざまな溶質を含んでいるが,それら溶質は溶け込んで,溶液状態になっている.ほとんどの細胞の細胞質は水分がおよそ70%の濃い水溶液である.そして非常に多くの生物学的に重要なイオンや分子が,水環境に溶けた溶質の状態で機能しているので,水はよく万能の溶媒とよばれる.

水は分極しているため,電荷をもたない,もしくは極性のない物質とは相互作用を起こさない.**無極性分子**(非極性分子)では電子がほぼ均等に共有されており,極性を生じる共有結合がない.無極性分子を水に加えると,それらは溶液の中に入っていけず,自分たちだけで塊をつくろうとする.これはまさにオリーブ油(無極性分子)をイオンと極性分子の水溶液である酢に加えたときに起こることである.サラダドレッシングを作るときには,激しく振らないと油が酢と分離してしまう.油分子では炭素原子と水素原子の間の電子の分布がほぼ等しく,無極性であり,その結果不溶性になる.ロウもまた無極性である.自動車愛好者は車にワックスをかけるが,それは車に光沢をもたせるためだけではなく,水をはじき,車がさびる危険性を減らすためでもある.

水になじみやすい分子(砂糖や塩など)は**親水性**であるという.また,水から排除される分子(油やロウなど)は**疎水性**であるという.オリーブ油が酢に簡単には混ざらない理由は,油の成分が疎水性であり,水分子と相互作用しないからである.油分子は水より軽いため,"排除され"て集まって酢の上部に浮く.

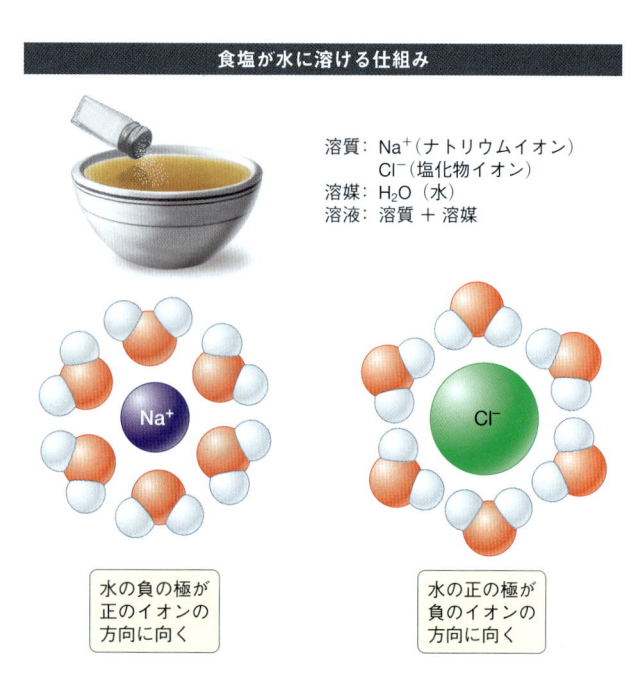

図5・8 電荷をもつ物質は水に溶けて溶液になる

液体の水と氷の物理的性質の違いは水素結合によって説明される

水は三つの状態,すなわち液体,固体,気体で存在することができる.水の液相と固相の物理的性質は水素結合による相互作用で説明ができる.ふつうの温度では,水分子間の水素結合は常につくられたり壊れたりしている.この絶えず変化していることが,室温で水が液体である理由である.水分子は固体になるほどにはぎっしり詰められてはいない.

0°Cでは,水分子はエネルギーが低下し,液体のときほど激しく動くことができなくなる.より安定な水素結合のネットワークが広がっていき,水が氷に変わっていく.氷では分子間の距離が増え,結晶格子として知られる規則的な配列(図5・9)で固定されるため,水が占める体積は,液体の水が氷になると大きくなる.結果として,氷は水よりも9%密度が低くなる(密度とは質量を体積で割ったもの).これが氷が水に浮く理由である.もし氷が液体の水より高密度だったなら,北方の湖では冬にできた氷は沈み,湖は底から凍っていくだろう.しかしそのようなことはなく,氷は湖の表面にできて,熱を遮断する毛布のようにはたらくので,水生生物は下の液体の水の中で冬を生き延びることができる.

> ■ 役立つ知識 ■ 熱量とは,ある物体に含まれる原子の運動の結果生じるすべてのエネルギーであると定義される.温度とは,原子が運動している平均速度を表す単位である.物体のもつ熱量は,物体の大きさによって変わるが,物体の温度は大きさによっては変わらない.風呂おけの中の30°Cの水は,30°Cのカップの水より多くの熱量をもっているが,水分子の平均速度は両者とも同じである.

油の分子は疎水性で,水から排除されて集まる
オリーブ油
酢
酢の分子は親水性で水分子に取込まれる

水は温度の変動を緩やかにする

水の熱容量は例外的に大きい.それは水が他のどの物質よりも,一定の体積当たり多くの熱を吸収したり放出したりできることを意味している.**熱容量**とは一定の体積の物体を一定の温度上げるために必要な熱エネルギーを表す単位である.水では,加えられたエネルギーの多くが,水分子の温度(分子運動の平均速度)を上げる前に,水素結合を破壊することに費やされてしまうため,温度を上げるためには大きなエネルギーが使われることになる.このことは,水分の豊富な細胞の温度を上げるためには比較的大量のエネルギーが必要であることを意味している.

熱容量が大きいことは,水が熱を蓄えるという点でも,とても有効である.もし大気の温度が下がり始め水が冷やされても,蓄えられている熱が放出され,周りを温めることになる.このため海岸地方はおだやかな冬を過ごせる.細胞もまた同様に,気温が下がったときでも急激な温度低下にさらされずにすむ.つまり,水の大きな熱容量は,外部の温度変化によって細胞内部で急激な温度変化が起こらないように細胞を守っているのだ.

水の蒸発には冷却作用がある

液体に熱エネルギーが加えられた場合,そのエネルギーが十分大きい場合は液体から気体への遷移が起こる.この現象は**蒸発**とよばれている.水の場合,液体の水分子が気体の水(水蒸気)として飛び出すほど速く動くようになる前に,水素結合のネットワークの留め金を外すために大量の熱エネルギーが使われる.水の蒸発熱は例外的に高い.言い換えれば,水を蒸発させるためには大量の熱エネルギーが必要である.

水分子の蒸発は表面から熱を奪い,冷やす.蒸発冷却は液体の蒸発に伴う温度降下のことである.早く動いている分子は,液体の表面から離脱するのに十分なエネルギーをもっているので,最初に蒸発する.後に残された分子は飛び出せなかった,いわばカスである.温度は分子の平均運動速度だから,高速の分子が飛び出すと,残された分子の運動速度は平均より遅くなる.すなわち

水 素 結 合

液体の水の水素結合

水素結合が常につくられ…
…そして壊されている

氷の水素結合

水が凍ると,水素結合はよりしっかりしたものになり,水分子は六角形の三次元的ネットワークをつくり,氷の結晶となる

氷では水分子間の距離は広がるので,氷の密度は小さくなり水に浮くことができる

図5・9 水分子間の水素結合 水素結合はいくらか正の電荷を帯びた水素原子と,いくらか負の電荷を帯びた極性分子の間に生じる弱い引力である.気体状態の水分子は非常に早く動き,分子間の距離も大きいので,水素結合をつくることができない.

残った液体の温度は下がる．汗をかいている人やあえいでいるイヌでは，汗やよだれの中で，体の熱が水の水素結合を壊したり水分子の運動スピードを上げることに使われるので，蒸発冷却が促され，体が冷やされるのだ．

水分子の凝集力は水素結合によって説明できる

凝集力は同種の原子や分子が結合する引力のことである．高い凝集力をもつ物質は壊れにくい．水素結合で互いにくっつき合うという水分子の性質は，水に強い凝集力を与えている．その結果，配管の中の水は，そこにおいてはたらく強い引き裂く力に耐えられ，ばらばらにならず一つの塊として維持される．この粘着力は高い樹木の頂端まで水を持ち上げるために重要な意味をもつ．木の幹の内部の多くを占める，細い管のような細胞で構成されている木部を通って，水は樹木の先端まで運び上げられる．この揚力は，蒸散作用として知られており（第35章で考察する），太陽がもたらす植物の表面からの水の蒸発によって生じる．ここで木部の管の中の水柱が切断されずにつながっているのは，水分子が粘着する性質をもっているからである．もしこの粘着力がなければ，蒸散による引力によって水分子は途中で切れ切れになってしまい，木部の管には大きな空胞ができて，ばらばらになった水で詰まってしまうだろう．

表面張力

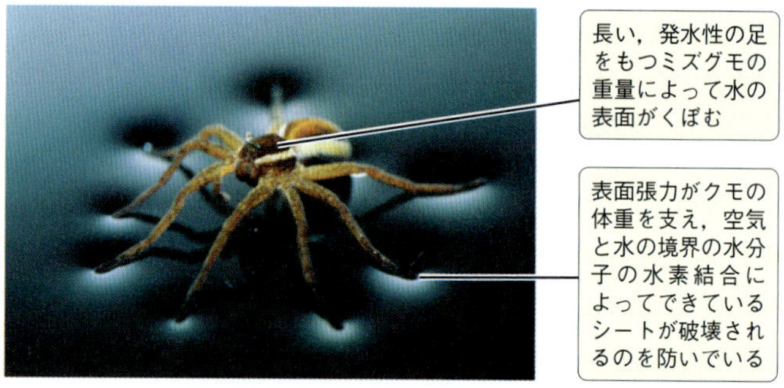

長い，発水性の足をもつミズグモの重量によって水の表面がくぼむ

表面張力がクモの体重を支え，空気と水の境界の水分子の水素結合によってできているシートが破壊されるのを防いでいる

図5・10 水分子間の水素結合は水の強い表面張力をもたらす 水分子の粘着力は，水と空気の境界で，表面張力，すなわち水表面が引っ張られることに対する抵抗力を生む．

表面張力は水分子の粘着性から生じる重要な性質である．水は水銀を除くどの液体よりも強い表面張力をもつ．**表面張力**は，空気と水の境界で，水の表面積を最小にしようとはたらく力である．コップに満たした水の表面の水分子がトランポリンの布のように伸縮性のものであると想像してみよう．この水のシートは空気中の分子とはまったく反応しないが，その下の水分子からは水素結合によって生じる強い内向きの引力を受けている．水素結合の引力は表面張力を生じさせ，水の表面をぴんと張った状態にし，表面が引張られたり破壊されることに対して強い抵抗力を示すようになる．表面張力はとても強く，ミズグモのような水生昆虫や，ふちまで水を満たしたコップに浮かべた1円玉のような軽いものなら十分支えられる．ミズグモの場合，長い8本の足が体重を分散させ，さらに足の疎水性物質が水をはじくので，足は空気と水の界面にできた水分子の伸縮性のシートを突き抜けることなく，水の表面にくぼみをつけるだけだ（図5・10）．

プールで鮮やかに飛び込めば，指先が進行方向を先導してくれるので，表面張力を感じることはない．しかしもし腹からプールに飛び込んで体の表面を広く水にさらしてしまうと，空気と水の境界での水の表面張力による強烈な平手打ちを食らうことになる．

5・4 化 学 反 応

多くの生物学的反応過程においては，原子の結合が破壊されたり新しい結合がつくられたりする．化学結合を破壊したり，新しく化学結合をつくることを**化学反応**という．化学反応を行う物質を**反応物**というが，それは単体の場合もあれば，複合体の場合もある．化学反応で電子の共有パターンが変わる結果，もとの反応物とは異なった少なくとも一種類の化学物質が生じる．この新しく生じた物質を化学反応の**生成物**とよぶ．

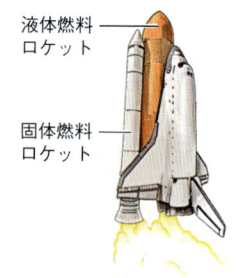

液体燃料ロケット
固体燃料ロケット

化学反応の標準的な表し方である化学反応式では，反応物を矢印の左側に，生成物を右側に書く．たとえば水素と酸素は激しい反応を起こして結合し，水になる．この反応は非常に多量のエネルギーを生むので，液体燃料ロケットに使われ，スペースシャトルを衛星軌道に乗せる推進力として使われた．

$$2\,H_2 + O_2 \longrightarrow 2\,H_2O + \text{エネルギー}$$
（反応物）　　　　　（生成物）

式中の矢印は，矢印の左側の分子が，生成物である水に変わることを示す．分子の左側の数字は，何個の分子がこの反応に関与しているかを表す．この式では，2分子の水素分子が1分子の酸素分子と結合し，2分子の水分子となることを表している（1個の分子の場合，数字の1はふつう省かれる）．

ある種の化学反応はエネルギーを放出するが，エネルギーを加えなければ起こらない反応もある．合成肥料の原料であるアンモニアの製造には大量のエネルギーが必要だが，それには天然ガスや石油のような化石燃料が使われる．窒素ガスと水素ガスが結合してアンモニアになる反応の化学式は，

N-P-K の下の数値は，肥料に含まれる窒素（N），リン（P），カリウム（K）の割合を表している

エネルギー
↓
$$3\,H_2 + N_2 \longrightarrow 2\,NH_3$$
（反応物）　　　（生成物）

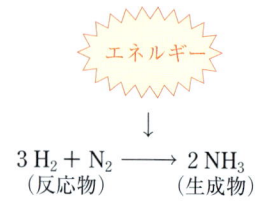

化学反応によって原子の化学結合は変わるが，化学反応は原子をつくり出したり，破壊したりすることはできない．そのため，反応の始まりと終わりで，それぞれの原子の数は変わらない．上記のアンモニア合成における反応においては，反応物には6個の水素原子と2個の窒素原子が含まれていて，2分子の生成物（アンモニア）も6個の水素原子と2個の窒素原子からできている．

5・5 pH

生命を支えているほとんどすべての化学反応は水中で起こる．最も重要な化学反応の一つは，2種類の化合物，すなわち酸と塩基によるものである．**酸**は親水性の化合物で，水に溶けたとき水素イオン(H^+)を放出する．以下の化学式は，AHと表された酸が水素イオンを放出する仕組みを示している．

$$AH \rightleftharpoons A^- + H^+$$

塩基は同様に親水性の化合物であるが，酸とは逆に水から水素イオンを受取る．("アルカリ"という呼び名は古いもので，あまり正確ではないが，"塩基"と同義的に使われている．)以下の化学式はBと表された塩基が水中で水素イオンを取込む仕組みを示している．

$$B + H_2O \rightleftharpoons BH^+ + OH^-$$

塩基は水素イオン(H^+)を取込むので，水溶液中の遊離水素イオン濃度は低下する(そしてOH^-イオン濃度を上昇させる)．逆に，酸は水にH^+を提供するので，水溶液中の遊離H^+濃度は上昇する．

遊離水素イオン濃度は一般に0から14の等級(スケール)で表される．0は最も高い遊離水素イオン濃度を表し，14は最も低い濃度を表す．この **pH** スケールでは，数値の1ごとに水素イオンの濃度が10倍もしくは1/10になる(図5・11)．純水中では遊離水素イオンと遊離水酸化物イオンの濃度は等しく，pHは中性で，スケールでは中央のpH 7となる．純水に酸を加えると遊離水素イオン濃度は高くなり，溶液は酸性になり，pHは中性の7より低下する．塩基を加えると，遊離水素イオン濃度は低くなり，その結果，溶液は塩基性になり，pHは7以上に上昇する．

私たちはさまざまな酸性や塩基性の物質に囲まれている．弱酸性の溶液をなめるとちょっとピリッとする．弱塩基性の溶液は石けんのような味がすることが多い．私たちの胃液は食べ物を消化するが，それはとても強い酸性(およそpH 2)のためである．このような低pHでは，分子中もしくは分子間の非共有結合が遊離水素イオンによって破壊される．生体分子の共有結合ですら壊れるものがある．逆の，オーブンクリーナーのような強い塩基性のもの(pH 13.5)もまた生体分子を破壊する．これが極端なpHが腐食性で，肌に化学的火傷をひき起こす理由である．

生命機能は，中性に近いpHで営まれている場合が多い．逆に中性からひどく外れたpHになると，多くの生命機能が影響を受ける．普通の生命現象では，水素イオンは分子から分子へかなり自由に動き回れるので，生物は内部環境における急激なpHの変化を防ぐ仕組みをもつ必要がある．**緩衝剤**とよばれる物質は，水素イオン濃度を狭い範囲にとどめておくことができるのでその目的に合致している．緩衝剤は溶液が塩基性になりすぎると(OH^-が過剰，高pH)水素イオンを放出し，酸性になりすぎると(H^+が過剰，低pH)水素イオンを取込むことによってpHの変化を緩和する．

私たちの血液は，一つには炭酸(H_2CO_3)と重炭酸イオン(HCO_3^-)からなる緩衝系によって，pH 7.34から7.45の間に保たれている．この緩衝系は少量の酸や塩基が入ってくることによってひき起こされるpHの変化を防いでいる．しかし大量の酸や塩基が入ってくると，緩衝効果は失われてしまう．血液の緩衝作用は，たとえば過剰の水素イオンによって(アシドーシス)も

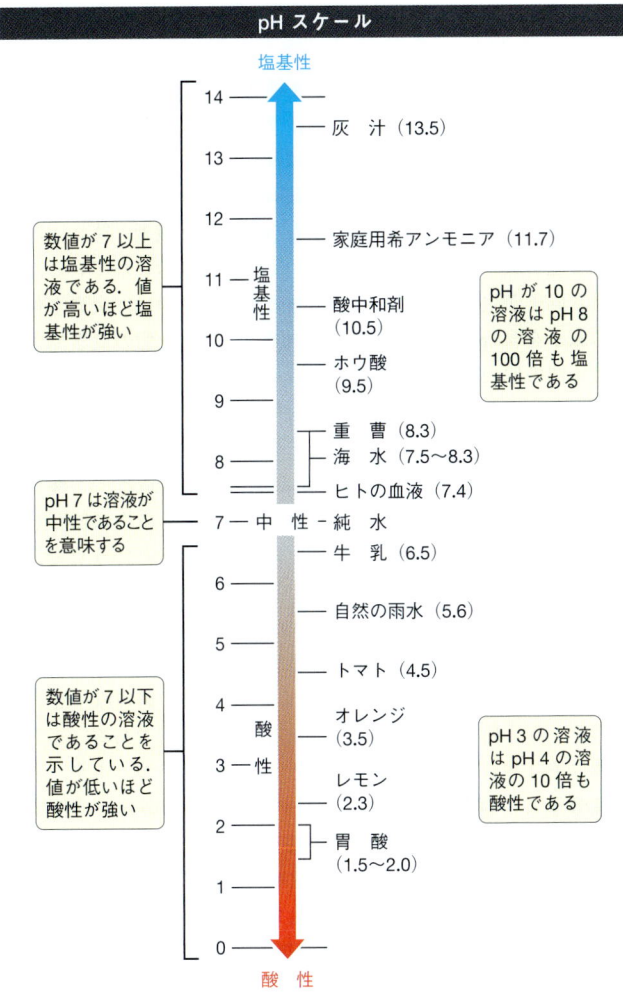

pH スケール

塩基性

- 14 — 灰汁 (13.5)
- 13
- 12 — 家庭用希アンモニア (11.7)
- 11 — 酸中和剤 (10.5) 塩基性
- 10 — ホウ酸 (9.5)
- 9
- 8 — 重曹 (8.3), 海水 (7.5～8.3)
- ヒトの血液 (7.4)
- 7 — 中性 — 純水
- 6 — 牛乳 (6.5)
- 5 — 自然の雨水 (5.6)
- 4 — トマト (4.5)
- 3 — オレンジ (3.5) 酸性
- 2 — レモン (2.3)
- 1 — 胃酸 (1.5～2.0)
- 0

酸性

- 数値が7以上は塩基性の溶液である．値が高いほど塩基性が強い
- pHが10の溶液はpH 8の溶液の100倍も塩基性である
- pH 7は溶液が中性であることを意味する
- 数値が7以下は酸性の溶液であることを示している．値が低いほど酸性が強い
- pH 3の溶液はpH 4の溶液の10倍も酸性である

図 5・11 pHは水素イオン濃度を表しており，酸性度と塩基性度の単位である

しくは過剰の水酸化物イオンによって(アルカローシス)打ち負かされてしまう．肺や肝臓は血中の水素イオン，炭酸，重炭酸の濃度の調節に補助的機能を果たしているので，これらの器官が損傷を受けるとアシドーシスやアルカローシスが進んでしまう．

■ これまでの復習 ■

1. ニューヨーク市とピッツバーグは同じ緯度(およそ北緯40度)にあるが，ピッツバーグはより内陸側にある．どちらの気候がより穏やか，すなわち真冬と真夏の平均の温度差が少ないか？それはなぜか？
2. なぜ油と水は混ざらないのか？
3. つぎの式はメタン，いわゆる"メタンガス"が燃えるときの反応である．

$$CH_4 + 2 O_2 \rightarrow CO_2 + 2 H_2O$$

(a) 1分子の二酸化炭素を生じるのに何分子の酸素分子(O_2)が必要か？ (b) 二酸化炭素の構造式を描け．ただし，炭素と酸素の原子番号はそれぞれ6と8である．
4. 酢(pH 2.8)とコーヒー(pH 5.5)で遊離水素原子の濃度が高いのはどちらか．

---

1. 海洋に近接しているので，ニューヨーク．大量の水は大量の熱を放出し，冬は水温を高くする．夏は水温を低くするので，気候を温暖にする．
2. 油分子は無極性で，そのため疎水性である．極性分子である水分子と引きつけあわないため，水に溶けず，液に分離しこのようにする．
3. (a) 2 (b) O=C=O
4. 酢は水素イオン濃度が高く，pHが低く，酸性が強い．

5・6 生命をつくる基本的化学物質

もし生物から水を取除いたら，4種類の分子が残ることになるだろう．それらは炭水化物，核酸，タンパク質，そして脂質（くだけた言い方でいうと脂肪もしくは油）で，生物にとってきわめて重要な分子である．これらは，共有結合でつながった炭素原子に水素原子が結合した骨格構造をもっている．酸素，窒素，リン，そして硫黄原子もそれらの分子のいくつかには含まれている．

炭素原子が生物の主要な元素である理由の一つは，炭素が何千もの原子を含む巨大な分子をつくれるからだ．1個の炭素原子は最大4個の他の原子と共有結合をつくることができる．さらに重要な点は，炭素原子は炭素原子同士で結合し，長い鎖や枝分かれした構造やリングさえもつくれることである（表5・1）．生命現象の多様性は大小さまざまの炭素-炭素の骨格構造と，一握りの他の原子からつくられる分子構造がつくり出す多様性に依存している．さまざまな組合わせで複雑な分子をつくるという点で，炭素以上に多才な元素はない．

生体分子のうち，少なくとも一つ以上の炭素-水素の結合をもつものを**有機分子**とよぶ．細胞は多種類の小さな有機分子を含んでいる．ここでいう"小さな"とはせいぜい20個の原子を含むものをいう．糖やアミノ酸は小さな有機分子の例である．小さな有機分子は共有結合で結合して大きな原子集団をつくるが，それは**高分子**とよばれる．デンプンやタンパク質は高分子の例である．高分子の中に繰返し現れる小さな分子を**モノマー**（単量体．monoは一つ，merは部分という意味）とよぶ．細胞中の高分子には，何百ものモノマーが共有結合でつぎつぎに結合したものが多くある．このようなモノマーが集まってできた高分子を**ポリマー**（重合体．polyは多数の意味）とよぶ（図5・12）．ポリマーは生物の乾燥重量（水分を除いたものの重量）の大部分を占

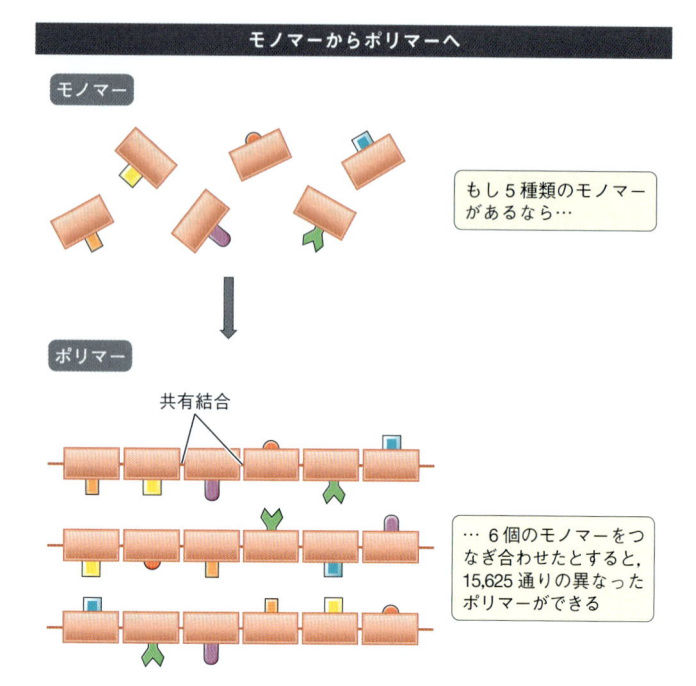

図5・12 ポリマーはモノマーとよばれる構成単位がつながってできた長い鎖である 片手の数だけのモノマーですら膨大な種類のポリマーをつくり出すことができる．数式で表すと：（使える種類のモノマーの数）^{n}，ここでnは鎖の長さ，すなわちポリマー当たりのモノマーの数である．この図の例では，5^6 となり，15,625 である．

め，生命のもつ構造や化学反応に不可欠なものである．

生物においては，70種にも満たない有機モノマーが限りなく多様に結合し，多様な性質をもったポリマーをつくっている．だからポリマーはモノマーが生命の複雑性を獲得するための一段階といえるだろう．そしてポリマーはモノマーにはない化学的性質をもっている．さらに有機ポリマーの性質は，それに結合した官能基とよばれる原子団の性質によっても変わってくる（表5・2）．**官能基**は共有結合によって形成された原子団で，どのような分子に含まれていても，その官能基特有の化学的性質を示すという性

表5・1 多才な炭素原子

名称	構造式	注
HCN シアン化水素	H—C≡N	毒物で，ある種の根や果実の種に少量含まれている
C_4H_{10} ブタン	炭素原子は長さの異なる鎖をつくり…	天然ガスの成分．キャンプ用コンロに使われる
C_5H_8 イソプレン	…枝分かれすることもでき…	天然ゴムの成分
C_6H_6 ベンゼン	…環状構造もつくる	工業的に重要な溶媒

表5・2 重要な官能基

官能基	構造式	球棒モデル
アミノ基	—NH₂	炭素原子に結合
カルボキシ基	—COOH	
ヒドロキシ基	—OH	
リン酸基	—PO₄	

質をもっている．官能基のあるものはモノマー間の共有結合形成に寄与し，あるものはポリマーの化学的性質に影響を与えたりする．すべての生物に必須の 4 種類の生体分子，すなわち糖，核酸，アミノ酸，そして脂肪酸の性質は，それらに結合した官能基の影響を強く受けている．

5・7 炭水化物

糖は食べ物に甘味を与える化合物としてよく知られている．すべての糖がヒトの味蕾で甘く感じられるわけではないが，ほとんどの糖は重要な食糧であり，強力なエネルギー貯蔵庫の役割を果たしている．**糖**とそのポリマーは**炭水化物**とよばれる．その名の由来は，C と H と O の割合が，炭素原子 1 個に対し，2 個の水素と 1 個の酸素，すなわち水分子からできているからだ．

最も単純な糖分子は**単糖**とよばれている．ほとんどの炭水化物と同様に，単糖も炭素，水素，酸素を 1:2:1 の割合でもっている．すなわち 1 個の炭素原子に対し 2 個の水素原子と 1 個の酸素原子をもっている．この比率は $(CH_2O)_n$ という分子式で表すこともできる．ここで n は 3〜7 の数値をとる．これは自然に存在する多種の単糖類は何であれ，3〜7 個の炭素原子をもっていることを意味している．

単糖類はしばしば含まれている炭素の数で分類される．たとえば，分子式 $(CH_2O)_5$ で表される単糖類は五炭糖とよばれる．このように括弧でくくられたものの何倍かという表記法で表わすことができるが，この分子の表記方法としては $C_5H_{10}O_5$ の方がより一般的である．5 もしくはそれ以上の炭素原子からなる単糖類が水に希釈されると，鎖状もしくは環状の形態をとる．リボースとよばれる五炭糖の鎖状もしくは環状の形を以下に示す．

鎖状リボース　　環状リボース

グルコース（ブドウ糖，$C_6H_{12}O_6$）はほとんどすべての細胞で見いだされる単糖類の一つである．グルコースは細胞内でエネルギー源として重要な役割を果たしており，生物が必要とするエネルギーを産生するほとんどすべての化学反応には，グルコースの合成もしくは分解がかかわっている．フルクトース（果糖），すなわち果物の糖はグルコース（$C_6H_{12}O_6$）と同じ分子式だが，原子の結合パターンが異なっており，その結果，非常に異なった物理的・化学的性質をもっている．フルクトースはブドウ糖のほぼ 2 倍甘く，原料となるトウモロコシが安価なことから，加工食品の甘味料として広く使われている．

炭素を含む環状分子はしばしば略式表記法で記される．略式表記法では，炭素原子とほとんどの水素原子や酸素原子はそこにあるものとして省略される．グルコースの構造式と略式表記法を以下に示す．

グルコース（ブドウ糖）

■ 役立つ知識 ■　生物学では，"有機分子" は "少なくとも一つの水素原子を結合した炭素原子を含む化合物" をさす．今では科学者は何千もの有機分子を試験管内でつくり出すことができるが，19 世紀においては有機分子をつくれるのは生物だけだった．それが "有機" という言葉の由来である．このような古い意味は，日常使う，たとえば "有機食品" という語のように残っている．

単純な炭水化物：スクロース（ショ糖）

グルコース　＋　フルクトース

2 分子の単糖が共有結合で結合して二糖になる

脱水　加水

脱水反応がモノマーを結合する．このとき，水分子が一つ除かれる

加水分解反応では水分子が加わって，結合が切れてモノマーになる

スクロース（砂糖）

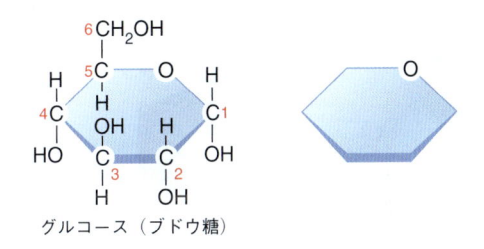

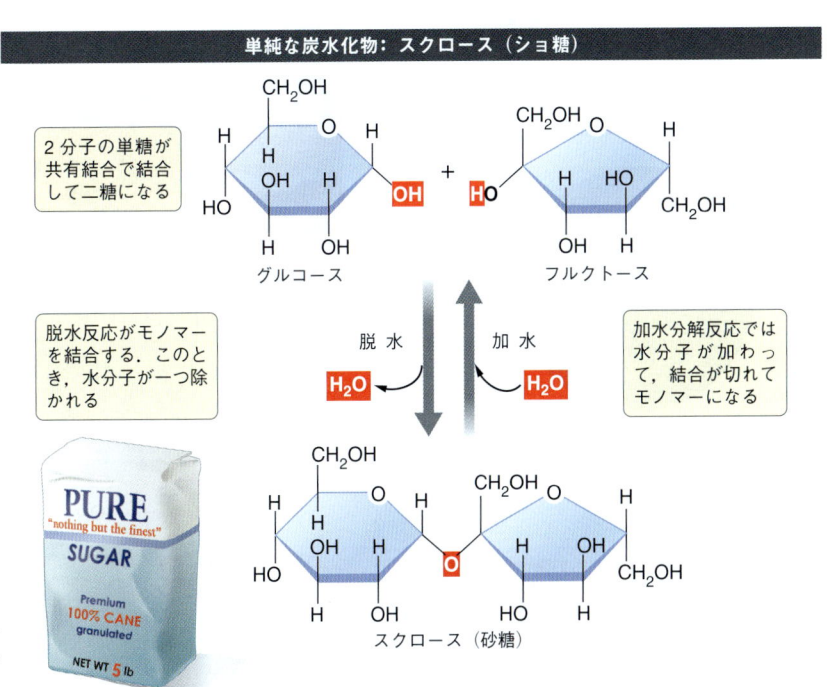

図 5・13　**単糖は結合して二糖となる**　グルコースとフルクトースは糖のモノマーの一つであるが，共有結合で結合すると二糖のスクロース，すなわち砂糖になる．

単糖類は結合してより大きく複雑な分子になる．2個の単糖が共有結合で結合したものが**二糖**である．身近な砂糖であるショ糖（スクロース）は二糖で，グルコース分子とフルクトース分子がつながったもので，結合時に1分子の水が除かれる（図5・13）．二つの分子が共有結合する際に水分子が除かれる化学反応を脱水反応とよぶ．加水分解反応とよばれる逆向きの反応では，水分子が付加されて共有結合が切断され，二つの分子になる．スクロースは小腸で加水分解反応によって分解され，生じた単糖類は小腸の壁から吸収され，最終的には血流に乗る．

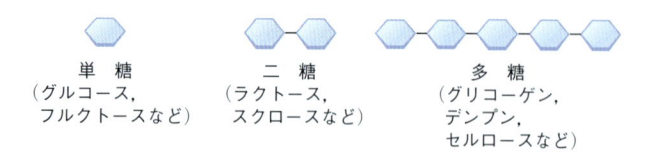

単糖（グルコース，フルクトースなど）
二糖（ラクトース，スクロースなど）
多糖（グリコーゲン，デンプン，セルロースなど）

多糖は単糖がつながってできた大きなポリマーである．多くのポリマーと同様に，脱水反応によって重合し，加水分解反応で脱重合する．多糖類は生体内でさまざまな機能を行っている（図5・14）．たとえば，**セルロース**は束ねられて，平行に並んだ丈夫な繊維となり，植物の構造体を支えている（図5・14a）．綿花の種子の表面の特殊な細胞でつくられる綿糸の成分は，ほとんどがセルロースである．多糖も，グルコースと同様に，代謝エネルギー源となる炭水化物である．食卓に載ってくるマッシュポテトや米飯に豊富に含まれているデンプンも多糖であり，植物細胞内にエネルギー源として蓄えられている（図5・14b）．

セルロースもデンプンもともにグルコースからできているが，結合様式が異なっている．図5・14に赤で示されているモノマー間の結合（グリコシド結合）を，特に酸素原子(O)の配向に注意を払って見るとよい．デンプンは水に溶けやすく，私たちの消化器官で容易に消化されてグルコースとなりエネルギー源となる．一方，セルロースは水に溶けないので，綿100％の衣服でも洗濯して大丈夫だ．デンプンと異なり，セルロースはヒトの消化器官では消化されず，ある種の細菌や藻類のみが分解することができる．反芻動物である草食動物は特殊な胃をもっていて，そこでは多数の微生物が草食の宿主が食べたセルロースを分解し，栄

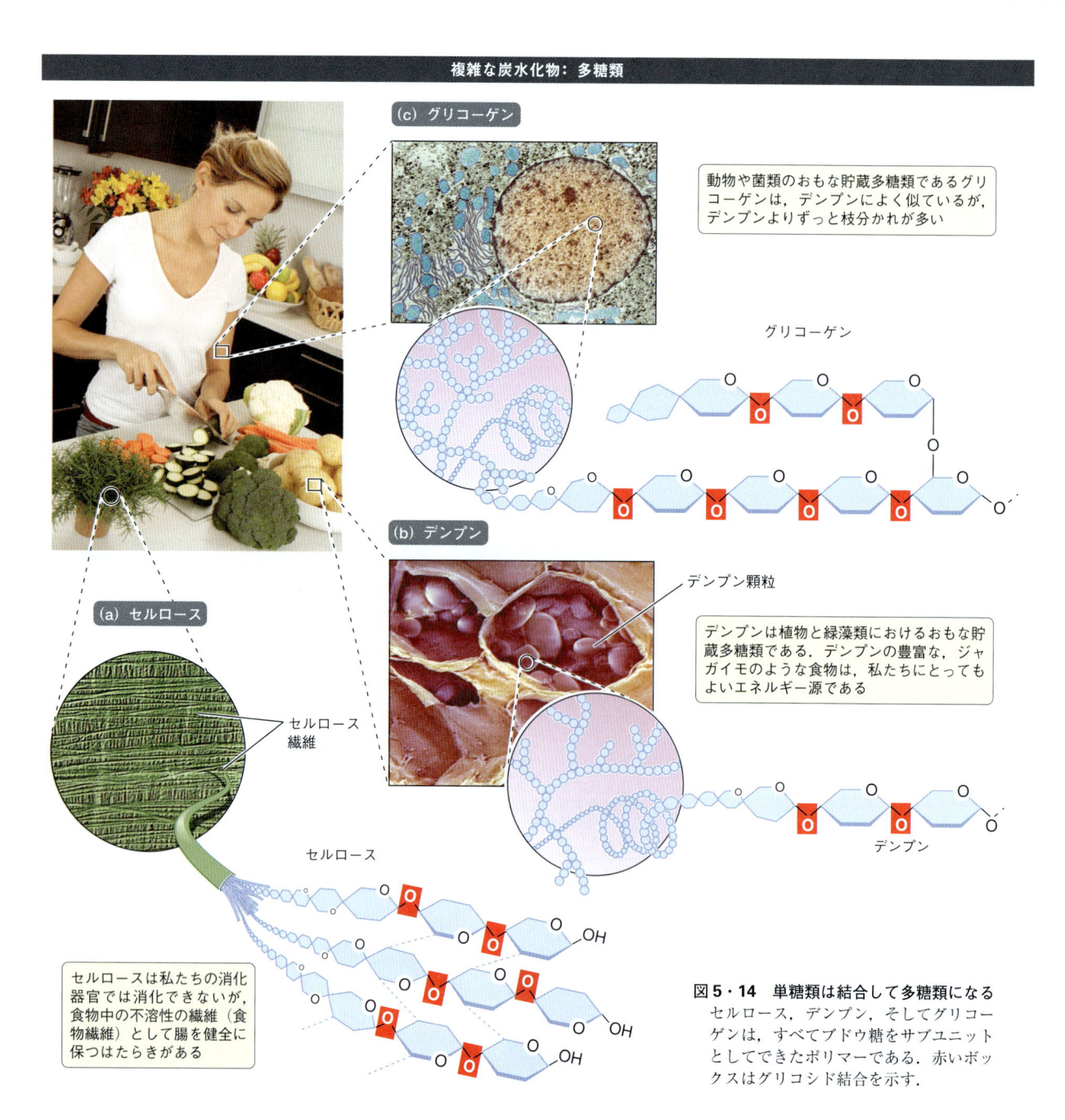

複雑な炭水化物：多糖類

(c) グリコーゲン

動物や菌類のおもな貯蔵多糖類であるグリコーゲンは，デンプンによく似ているが，デンプンよりずっと枝分かれが多い

グリコーゲン

(b) デンプン

デンプン顆粒

デンプンは植物と緑藻類におけるおもな貯蔵多糖類である．デンプンの豊富な，ジャガイモのような食物は，私たちにとってもよいエネルギー源である

(a) セルロース

セルロース繊維

セルロース

デンプン

セルロースは私たちの消化器官では消化できないが，食物中の不溶性の繊維（食物繊維）として腸を健全に保つはたらきがある

図5・14 単糖類は結合して多糖類になる
セルロース，デンプン，そしてグリコーゲンは，すべてブドウ糖をサブユニットとしてできたポリマーである．赤いボックスはグリコシド結合を示す．

養源とすることで繁殖している．

後で述べるように，動物が摂取した余剰エネルギーの多くは炭水化物ではなく脂質（"脂肪"）の形で蓄えられるが，動物細胞が貯蔵する多糖類のおもなものはグリコーゲンである（図5・14 c）．

グリコーゲンの大半は肝細胞と筋細胞に蓄えられる．およそ14時間食事をしない，もしくは2時間激しい運動をすると，ふつうの大人では蓄えてあったグリコーゲンを消費し尽くしてしまう．グリコーゲンがなくなってしまった後にやってくる疲労のこと

アミノ酸の構造

(a) アミノ酸分子の一般構造

図5・15 アミノ酸の構造と多様性 (a) アミノ酸はタンパク質の構成要素である．タンパク質は20種の異なるアミノ酸からなるが，その違いはR基の性質の違いによる．(b) 20のアミノ酸は，α炭素に，異なったR基が結合している．R基の違いによって，それぞれのアミノ酸の性質の違いが生じる．

(b) タンパク質を構成する20種のアミノ酸

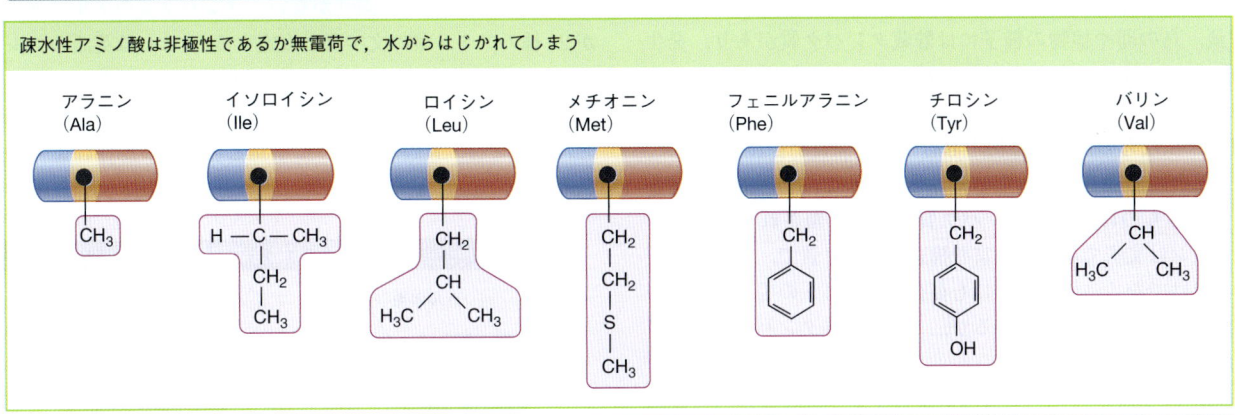

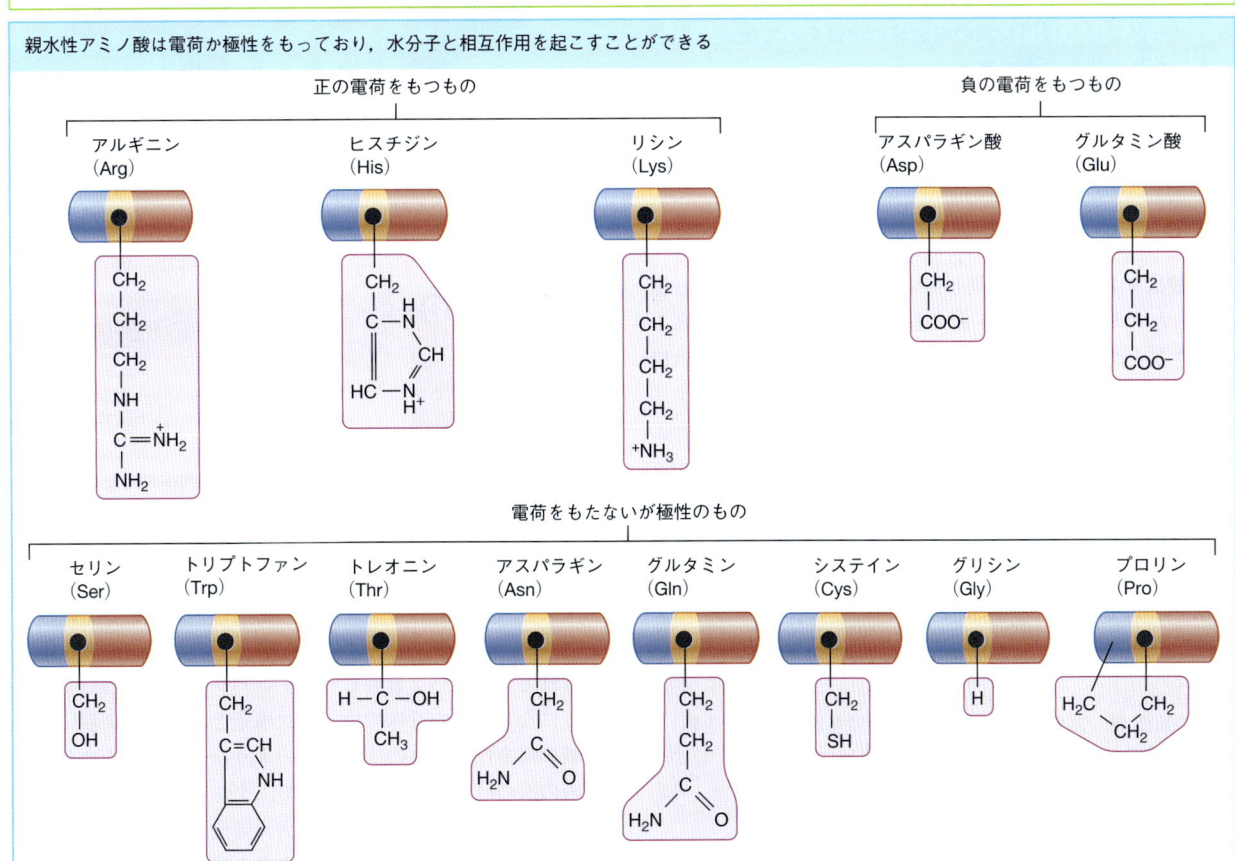

疎水性アミノ酸は非極性であるか無電荷で，水からはじかれてしまう

アラニン（Ala）　イソロイシン（Ile）　ロイシン（Leu）　メチオニン（Met）　フェニルアラニン（Phe）　チロシン（Tyr）　バリン（Val）

親水性アミノ酸は電荷か極性をもっており，水分子と相互作用を起こすことができる

正の電荷をもつもの：アルギニン（Arg）　ヒスチジン（His）　リシン（Lys）

負の電荷をもつもの：アスパラギン酸（Asp）　グルタミン酸（Glu）

電荷をもたないが極性のもの：セリン（Ser）　トリプトファン（Trp）　トレオニン（Thr）　アスパラギン（Asn）　グルタミン（Gln）　システイン（Cys）　グリシン（Gly）　プロリン（Pro）

を，長距離ランナーや長距離バイカーの世界では"壁にぶち当たる"とよんでいる．

図5・14(c)に示すように，グリコーゲンはグルコースのポリマーで，化学構造はデンプンによく似ているが，枝分かれが多い．枝分かれの多い多糖は枝分かれのないものに比べて早くエネルギーを生むことができる．多糖類を分解する際には，糖鎖の端から単糖を切り離していく．枝分かれした多糖類の分子では，自由末端がより多くなっているので，たくさんの別々の末端から同時に削り取られていくのだ．そのため，同量の枝分かれのないポリマーより，より短時間でエネルギーを取出すことができる．

5・8 タンパク質

私たちは食事や栄養素との関連で，**タンパク質**という言葉をしばしば見たり聞いたりしているから，さまざまな生体内の化合物のなかで，タンパク質は最もなじみ深いものであろう．タンパク質は，動物の乾燥重量の半分以上を占めており，それぞれが担っている主要な機能で分類することができる．

- **貯蔵**．鳥の卵や植物の種子には貯蔵タンパク質があり，発生や発芽における成育に必要とされる素材を提供する機能をもつ．
- **構造**．私たちの体には，何千ものタンパク質が存在しており，多岐にわたる機能をもっている．そのなかで，物理的な構造体をつくるものは，構造タンパク質として分類されている．コラーゲンは丈夫で柔軟性に富む構造タンパク質で，皮膚を保護するだけでなく，骨や軟骨にも存在する．ヒトの毛髪や動物の毛皮はケラチンを含んでいるが，これも構造タンパク質の一員である．
- **輸送**．ある種のタンパク質は栄養素などの物質を体内で運搬する．ヘモグロビンは円盤状の赤血球の中にあって酸素と結合し，それを体の隅々にまで運ぶ．
- **触媒**．化学反応を促進させる物質は触媒とよばれている．生体内のほとんどすべての化学反応は**酵素**という名のタンパク質で触媒されている．

タンパク質はアミノ酸からできている

アミノ酸はタンパク質を構築しているモノマーである．20種類の異なったアミノ酸がさまざまに連結して，非常に変化に富んだタンパク質をつくり上げている．これら20種のアミノ酸は構造上よく似ている．前ページの図5・15(a)に示すように，すべてのアミノ酸は"α"炭素とそれに結合する水素原子，R基とよばれる側鎖，そして二つの官能基，すなわちアミノ基（-NH₂）とカルボキシ基（-COOH）からできており，その違いはR基の型の違いだけである．R基が違うという点で20種のアミノ酸はそれぞれ異なっている．R基は，大きさ，酸性か塩基性か，そして親水性か疎水性かという点でさまざまだ．また，グリシンのような1原子のものから，アルギニンのように複雑な炭素鎖をもつ

■ **役立つ知識** ■ 高分子（マクロ分子）や微生物（ミクロ生物）などの接頭語として使われるマクロ（"大きい"）とミクロ（"小さい"）は，よく使われる科学用語である．これらはしばしば"巨視的な"とか"微視的な"というように反対の意味を表す対として使われる．

ものやトリプトファンのような環状構造をもつものまでさまざまで，図5・15(b)に示した．

アミノ酸が共有結合で直列につながると**ポリペプチド**とよばれるポリマーになる．タンパク質は一つもしくはそれ以上のポリペプチドからできている．ポリペプチドにおいては，一つのアミノ酸のアミノ基が，もう一つのアミノ酸のカルボキシ基と**ペプチド結合**とよばれる共有結合でつながっている（図5・16）．一つのポリペプチドはペプチド結合でつながった数百から数千のアミノ酸からできている．ポリペプチドは共通する20種類のアミノ酸のプールからつくられているので，ポリペプチド間の決定的な相違はアミノ酸の配列の順序によるものである．二つのポリペプチドの違いは，アミノ酸の含有量の違いによる場合もある．たとえば，リシンはあるポリペプチドには含まれていないが，別のペプチドには豊富にあるというようなものだ．また，細胞内にある何千種類ものポリペプチドは，アミノ酸数によって決まる全長の長さにおいてもさまざまである．自然界に存在する何百万種ものタンパク質がたった20種のアミノ酸からどうやってできるのだろうか？ こう考えてみよう．英語のアルファベットの26文字を使って書かれる文章は限りがない．タンパク質のアルファベットが20種のアミノ酸の文字だと仮定すると，これは英語のアルファベットより6文字少ないだけだが，大変な数の異なったタンパク質の文章ができることがわかる．生命の複雑性と多様性は，基本的にはタンパク質のこのような構造と機能の多様性によって生まれるのだ．

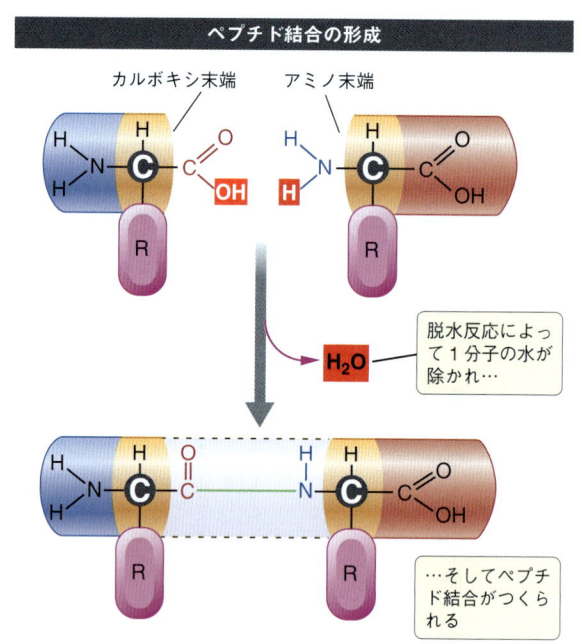

図5・16 ペプチド結合がアミノ酸同士をつなげる

タンパク質は正しく折りたたまれて機能するようになる

タンパク質におけるアミノ酸の配列は**一次構造**とよばれる（図5・17a）．ポリペプチドは，一次構造からさらに高次な組織化がなされて，タンパク質もしくはタンパク質の一部として機能するようになる．その意味では，一次構造とはタンパク質にとって折り紙の鶴を作るための一枚の紙のようなものだ．高次な組織化のための次の段階は二次構造である．タンパク質の**二次構造**は，アミノ酸の鎖が局所的に特殊な三次元構造をとるようになったものである（図5・17b）．αヘリックスとβシートが最も一般的な二

タンパク質

(a) 一次構造

アミノ酸／ポリペプチド

R基

アミノ酸が共有結合によってつながった鎖状構造は最も基本的な構造で一次構造とよぶ

(b) 二次構造

αヘリックス／βシート

アミノ酸／水素結合

局所的な水素結合によって，ポリペプチド鎖はらせんもしくはひだひだの二次構造をとる

(c) 三次構造

二次構造は，長距離間ではたらくさまざまな相互作用によってよりコンパクトに折りたたまれ，安定化された三次構造をつくる

(d) 四次構造

タンパク質には二つ以上のポリペプチドサブユニットからできているものもある

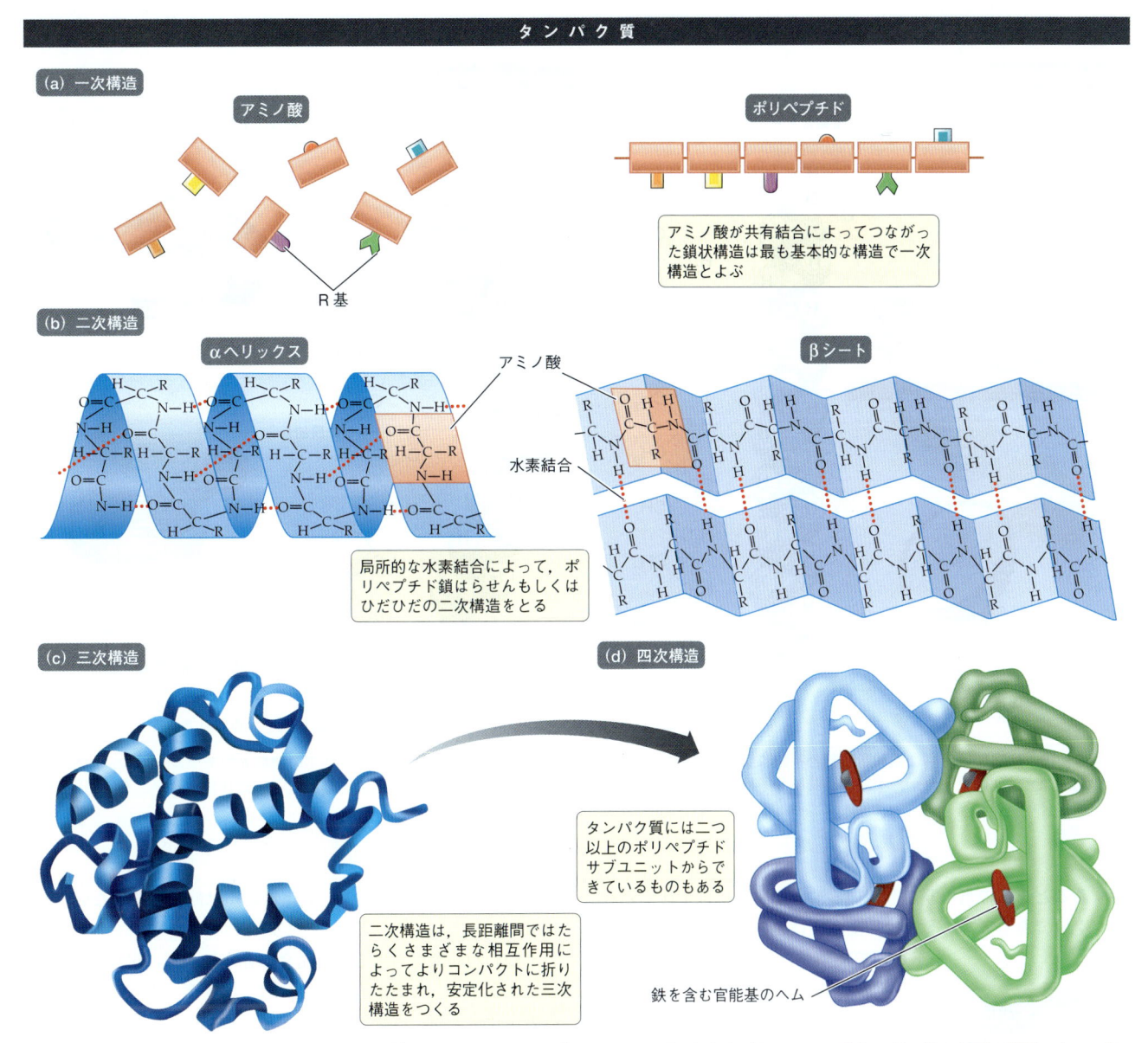

鉄を含む官能基のヘム

図5・17 タンパク質の構造の四つのレベル (a) すべてのタンパク質は，ポリペプチドとよばれるアミノ酸が一列に並んだ鎖の順番によって決まる一次構造をもっている．(b) ポリペプチド鎖の局所的ならせん形成や折りたたみによってできた構造が二次構造である．(c) さらなる折りたたみが起こり，長距離間ではたらく相互作用によって安定化され，タンパク質の三次構造が形成される．(d) 二つ以上のポリペプチドが，ポリペプチド鎖間の相互作用によって安定な結合をしたものが四次構造である．

次構造である．αヘリックスは贈り物の包装の渦巻リボンのようならせん構造で，水素結合によって形成される．βシートはポリペプチドの骨格がちょうど扇子のように山と谷で折り曲がってできた形をしている．

二次構造に加えて，多くのタンパク質はタンパク質としての機能を発揮するまでにもう一段階上の三次元的折りたたみを行わなければならない（図5・17c）．ポリペプチドの**三次構造**は非常に特殊な三次元的形態で，二次構造のような単に局所的なたたみこみではなく，離れた位置にあるポリペプチド鎖部分同士の間での相互作用によって形成される構造である．三次構造はイオン結合のような非共有結合や，ときには離れたアミノ酸同士の共有結合（たとえば，離れた場所にあるシステインの硫黄原子間でのジスルフィド結合）で形成される．

一つ以上のポリペプチドで形成されるタンパク質もある．これはもう一つ上の段階の組織化で，**四次構造**とよばれ，そうなって初めて生物学的に活性をもつようになる．血中で酸素を運搬する

ヘモグロビンは四次構造をもつタンパク質の一例である（図5・17d）．

多くのタンパク質の活性は三次構造に大きく依存している．高温，pH，塩濃度によって，タンパク質の構造は変わったり破壊されたりするので，結果として活性も変わったり失われたりする．なぜだろうか．最も合理的にたたみ込まれたタンパク質では，親水的なR基はタンパク質分子の表面に現れ，疎水的なR基はたたみ込まれた構造の内部深くに埋められている．この状態だと，タンパク質は周りを取囲む水に対して水素結合を形成できるので，水に溶けやすい状態である．タンパク質がある温度以上に熱せられると，弱い非共有結合は壊され，タンパク質の鎖はほどけてしまうので，整然とした三次元構造が失われてしまう．

タンパク質の三次元構造が破壊されると，活性が失われる．これを**変性**とよぶ．タンパク質によってはとても変性しやすいものがある．タンパク質の変性をひき起こす条件は，低pH，高pH，高塩濃度，高温などがある．私たちは卵料理で卵のタンパク質が

脂肪酸

(a) 飽和脂肪酸

飽和脂肪酸は，脂肪酸の鎖の中に二重結合をもっていない

ステアリン酸（直鎖）

(b) 不飽和脂肪酸

不飽和脂肪酸はその脂肪酸の鎖の中に一つ以上の二重結合をもっている

オレイン酸（屈曲鎖）

オリーブ油に含まれているような不飽和脂肪酸は，室温では液体である．その理由は，脂肪酸鎖が曲がっているので，分子同士が接近して密になるのを防げているからである

図5・18 脂肪酸はおもに飽和脂肪酸と不飽和脂肪酸に分けられる　ステアリン酸（a）とオレイン酸（b）の空間充填モデルを示す．飽和脂肪酸は直鎖状の分子だが，不飽和脂肪酸分子は鎖の中に曲がった部分がある．飽和脂肪酸は室温で密に固まって固体になるが，不飽和脂肪酸はならない．

変性することを目の当たりにしている．卵に大量に含まれているタンパク質であるアルブミンは，室温では卵白に溶けている．卵を料理で加熱するとアルブミンは変性し，ポリペプチドは固まって固体になるが，これが目玉焼きの卵白部分である．変性したタンパク質は再び元の三次元構造に戻ることはなく，これが"目玉焼きを元に戻す"ことができない理由である．

タンパク質の変性

5・9 脂質

脂質は生きている細胞でつくられる疎水性分子で，炭素原子と水素原子が鎖状もしくは環状の構造をとった炭化水素からできている．脂質の例としては，脂肪酸，中性脂肪，ステロール，そしてロウなどがあるが，詳細は後述する．ほとんどの脂質は一つもしくはそれ以上の**脂肪酸**を含んでいる．脂肪酸は非常に疎水性の強い長い炭化水素鎖と，その一方の端に，極性の，それゆえに親水性である官能基であるカルボキシ基をもっている．

脂肪酸中の炭化水素鎖は，一般的な食品では16～22個という多くの炭素原子を含んでいて，それらがさまざまな結合の仕方をしている．炭化水素鎖のすべての炭素原子が，それぞれ一本の共有結合でつながっている脂肪酸を**飽和脂肪酸**といい，構成するすべての炭素原子が，結合できる最大数の水素と結合している（図5・18a）．**不飽和脂肪酸**では，一つ以上の炭素原子が二重結合で結合している．つまり，いくつかの炭素原子は目いっぱい水素原子と結合してはいないので，炭化水素鎖は飽和していない（図5・18b）．

不飽和脂肪酸における二重結合の存在は，単に炭化水素鎖において水素イオンの数が違うという以上に重要である．一重結合のみの炭化水素鎖は直線状になるが，二重結合が存在すると炭化水素鎖が曲がる．この分子形態の違いは，直鎖の飽和脂肪酸は非常に密に詰まった状態になり，室温でも固体もしくは半固体になる．屈曲のある不飽和脂肪酸では密に詰まった状態にはなれないので，不飽和脂肪酸からなる脂質は室温で液体のことが多い．

動物は余剰エネルギーを中性脂肪で蓄える

バターやオリーブ油のような身近な食品は，さまざまなタイプの脂質が混ざったもので，それに少量の他の物質，バターだったら乳タンパク質，植物油だったらビタミンEなどが入っている．バターやオリーブ油の脂質はさまざまな種類の脂肪酸とグリセリドとよばれる部類の脂質を含んでいる．グリセリドはグリセロールとよばれる3個の炭素をもつ分子に，1～3個の脂肪酸が共有結合で結合したものである．**トリグリセリド**は3個の脂肪酸がグリセロールに結合したもので（図5・19），私たちの食物のなかで最も代表的なグリセリドである．おもに飽和脂肪酸からなるトリグリセリドは室温では固体になりやすく，ふつう脂肪とよばれている．バターやラードは飽和脂肪酸からなるトリグリセリドに富むため，室温では固体である．不飽和脂肪酸に富むトリグリセリドは室温では液体の場合が多く，ふつう油とよばれている．キャノーラ油，オリーブ油，アマニ油は不飽和脂肪酸に富むトリグリセリドを多く含むため，室温では液体である．ココナツ油や

5. 生命の化学　　101

(a) 中性脂肪（トリグリセリド）

(b) ヒトの脂肪細胞

グリセロールは三つの炭素をもつ分子である

中性脂肪の脂肪酸は飽和している場合も不飽和である場合もある

図 5・19　トリグリセリドはグリセロールとそれに結合した三つの脂肪酸からなる　(a) グリセリドは，グリセロールとよばれる 3 個の炭素を含む糖アルコールに，1 個～3 個の脂肪酸が結合したものである．トリグリセリドは 3 個の脂肪酸がグリセロールの三つの炭素原子にそれぞれ結合したものである．この図に示したトリグリセリドは，動物細胞で最も一般的な貯蔵脂質であるトリステアリン酸グリセロールである．(b) ヒト脂肪細胞の疑似カラー写真．脂肪細胞はトリグリセリド（緑色）を貯蔵するために特化した細胞である．青色の部分は細胞核である．

リン脂質

(a) リン脂質の構造

リン脂質はグリセロールとリン酸からなる親水性の頭部と…

親水性の頭部

…2 本の疎水性の脂肪酸の尾部をもつ

脂肪酸の尾部

(b) リン脂質二重層

二重層の膜形成では，疎水性の脂肪酸同士が集まって，水から融離されるようになるが…

細胞外側

頭部（親水性）

尾部（疎水性）

リン脂質二重層

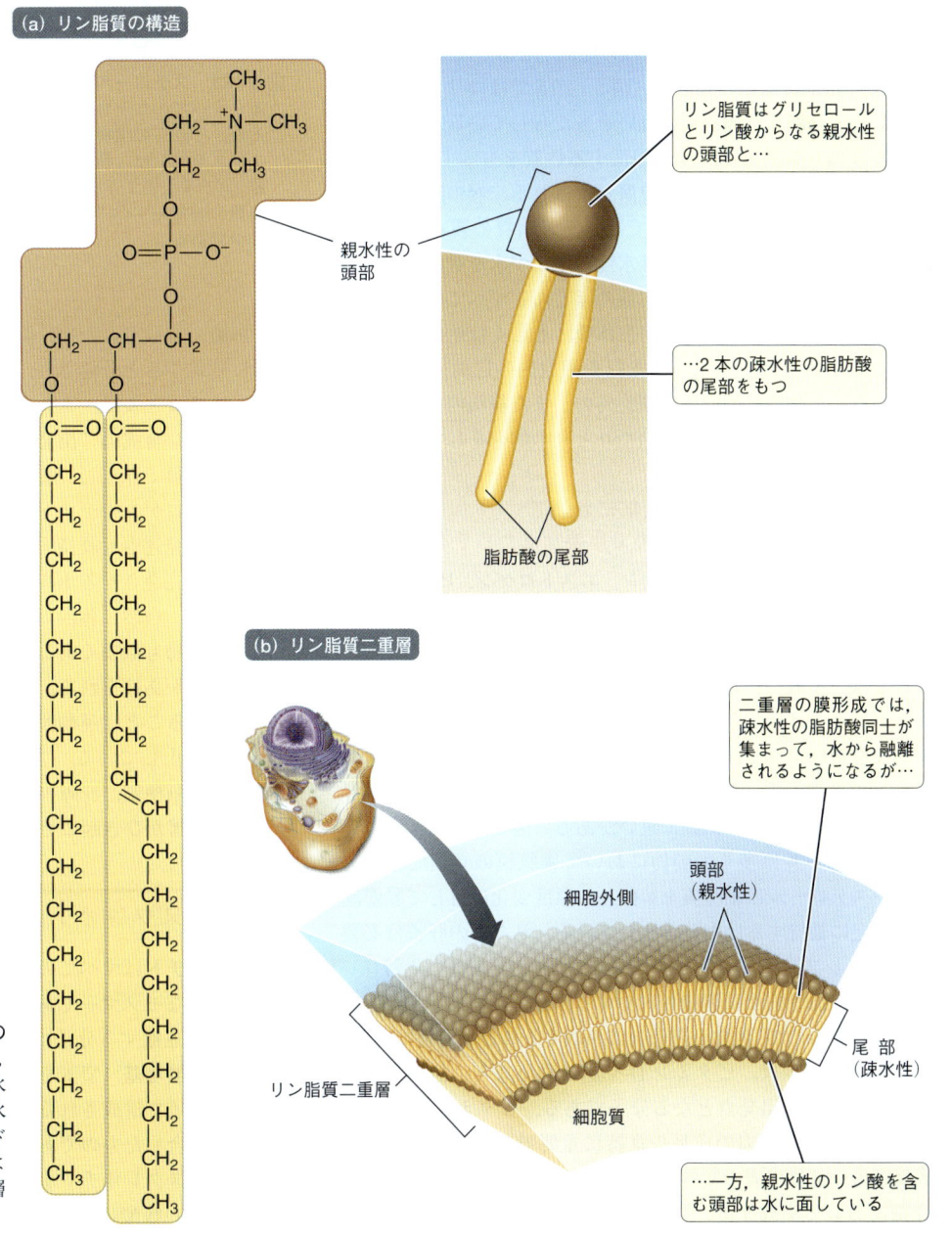

細胞質

…一方，親水性のリン酸を含む頭部は水に面している

図 5・20　生体膜はリン脂質の二重層である　リン脂質は，親水性の頭部が細胞内外の水に向き合うように，一方疎水性の脂肪酸の鎖は"サンドイッチ"の真ん中に集まるように自然に配向して，二重層をつくる．

パーム核油のような南洋の"油"は，バターやラードと同じかむしろ多いくらいの飽和脂肪酸を含んでいる．このような例は，私たちが日常使う"脂肪"や"油"のような言葉が不適切なものであり，科学においてはいかにより正確な意味を表す特別な専門用語が必要であるかを示している．

多くの生物は余剰エネルギーをトリグリセリドの形で蓄えており，ふつう細胞質内の油滴として蓄積されている（図5・19）．脂質は貯蔵手段としては効率的で，同じ重量の炭水化物やタンパク質の2倍強のエネルギーをもっているだけでなく，体積もそれらの6分の1で済む．炭水化物やタンパク質は親水性なので細胞内でより大きな空間を必要とする．なぜなら，これらの高分子は多くの水分子と結合しており，それが大きな体積を占めるからである．

リン脂質は細胞膜の重要な構成要素である

グリセリドのもう一つのグループはリン脂質で，細胞の最外側の境界をつくっている**細胞膜**のおもな構成要素である．細胞膜はおもに**リン脂質**からできているが，この分子はリン酸が結合したグリセロールに2個の脂肪酸が結合した構造をもっている．すべてのリン脂質は負に荷電したリン酸基を含む親水性の"頭部"と，2本の長い脂肪酸からなる疎水性の"尾部"をもっている（図5・20a）．また頭部には他の官能基（図5・20aではコリン）が結合していて，それがリン脂質間の違いをもたらしている．

このようにリン脂質は二つの相反する性質をもっているため，水の中では自発的に**リン脂質二重層**とよばれる二層の膜構造をつくる（図5・20b）．この二重層では，リン脂質の親水性の頭部が膜の両側面で水に向き合い，疎水性の尾部が水を避けて内側に隠れるように配置されている．細胞のほとんどすべての膜は脂質二重層であり，リン脂質二重層が生体膜，もしくは単位膜を構成している．生体膜は生きている細胞や細胞内の区画の境界をつくっている．生体膜は細胞内と細胞外の，また細胞内でのさまざまな区画の間でのイオンや分子のやりとりの制御をしている．

ステロールはさまざまな生命反応においてきわめて重要なはたらきをしている

コレステロール，テストステロン，エストロゲン，ビタミンD，これらは脂質のスターであったり，医学的に悪名が高く，しばしばイブニングニュースで取上げられているものである．これら四つの分子は，多岐にわたる機能をもち，**ステロール**（もしくはステロイド）とよばれる脂質グループに分類される．ステロールの基本的な構造はすべて同じである．すなわち4個の環状炭化水素が融合した構造をもっており，それに結合している官能基の数，形，位置，そして炭素の側鎖に違いがある（図5・21）．

コレステロールは多くの動物において細胞膜の必須成分である．コレステロールは細胞膜を補強し，温度変化に対して膜が流動性を一定に維持するはたらきをしている．私たちの肝臓は必要とされるコレステロールを合成することができるが，余剰コレステロールは血管内面に蓄積されやすく，心循環器疾患をひき起こす原因になるので，食物から過剰に摂取することは有害である．

コレステロールは，ビタミンDや胆汁酸塩など，他の多くのステロール合成の出発点となる分子である．ビタミンDは多くの組織，特に骨や筋肉の成長や維持に重要である．ビタミンD合成反応の一部は皮膚で紫外線を浴びることで行われるが，肝臓や腎臓において完成する．胆汁酸塩は緑色で苦い味のする脂質

ステロール

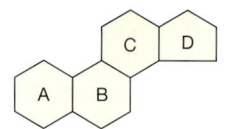

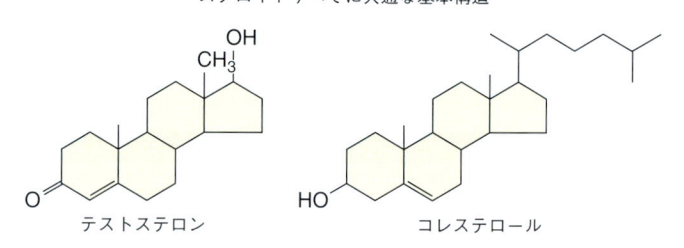

図5・21 ステロールは四つの環状炭化水素が融合してできた脂質である すべてのステロールは，基本となる4環構造を共通してもっているが，それらの環構造に結合している原子団（官能基）が異なる．テストステロンは，多くの動物において，たとえばアメリカオシドリの雄（写真左）のような性的な特徴を制御している．コレステロールは，鳥類や哺乳類すべての，また他の多くの動物の細胞膜の重要な成分の一つである．

で，肝臓で合成された後，胆嚢に蓄えられる．胆汁酸塩は食物が小腸に到着すると分泌され，脂肪の消化を助ける．

コレステロールは，エストロゲンやテストステロンなどステロイドホルモン合成の"出発"分子でもある．**ホルモン**は情報伝達分子で，微量で作用し，動植物のさまざまな生理的反応を調節する．エストロゲンやテストステロンのような性ホルモンは動物の生殖機能を発達させ維持するはたらきをする．テストステロンは同化作用を亢進させるホルモン，すなわちアナボリックステロイドでもあり，自然に体内で合成されるものも何種類かあるが，人工的な合成物も数多くある．同化の亢進作用の一つに筋肉の発達を促すことがあげられる．スポーツ選手がアナボリックステロイドを使用することは運動競技では不正とみなされ，多くのスポーツ協会は禁止している．アナボリックステロイドを常用すると，心臓発作，脳梗塞，肝障害，そして肝臓がんや腎臓がんなどの重篤な健康障害がひき起こされる．

5・10 ヌクレオチドと核酸

ヌクレオチドはすべての生物にとって，遺伝物質の素材となっている重要なモノマーである．また，ある種のヌクレオチドはエネルギーを運搬する分子でもある．ヌクレオチドは三つの要素，すなわち**核酸塩基**（窒素を含んでいる塩基），1個のリン原子と4個の酸素原子で構成される官能基である**リン酸基**，そして五炭糖が，共有結合したものである（図5・22）．

5種類のヌクレオチドが**核酸**とよばれるポリマーを構成している．細胞中の核酸には，デオキシリボ核酸（**DNA**）とリボ核酸

5. 生命の化学

ヌクレオチドと核酸

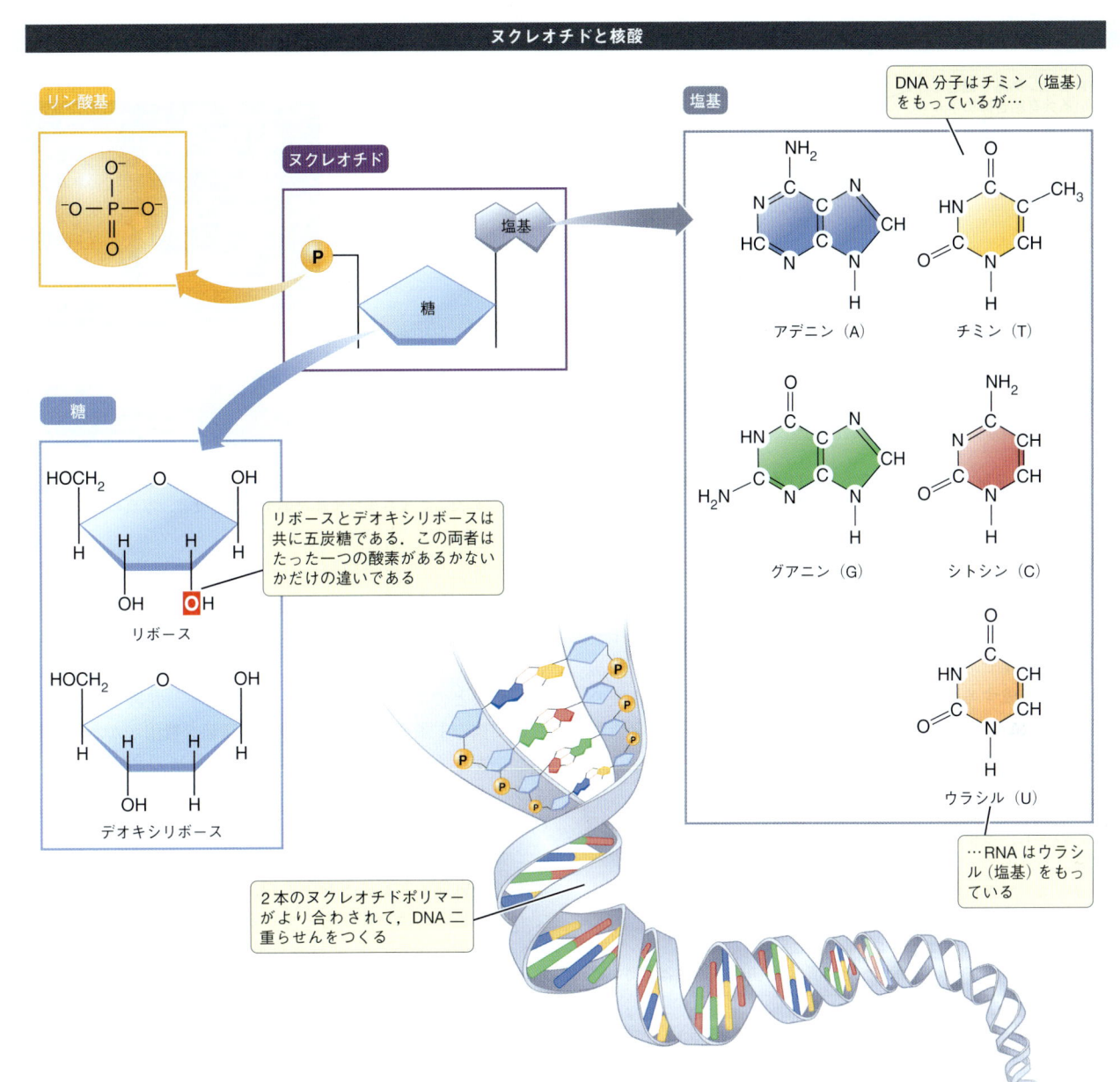

図5・22 ヌクレオチドは核酸の基本構成成分である ヌクレオチドは、五炭糖が窒素含有塩基と一つ以上のリン酸基と結合した構造をしている。塩基であるアデニン、グアニン、シトシン、チミンが、糖のデオキシリボースと結合したものは、DNAの基本構成成分となる。アデニン、グアニン、シトシン、ウラシルが糖のリボースと結合したものは、RNAの基本構成成分となる。

(RNA) の2種類がある。DNAとRNAでは、ヌクレオチドの糖とそれに結合している塩基が違う。RNAの糖は、DNAの糖であるデオキシリボースと異なり、1個余分に酸素原子をもっている (図5・22参照)。核酸中の5種類の塩基は、アデニン、シトシン、グアニン、チミン、そしてウラシルである。チミンはDNAだけに、ウラシルはRNAだけにある。RNAもDNAも、ヌクレオチドの糖とリン酸基の間がホスホジエステル結合とよばれる共有結合でつながれ、ヌクレオチド鎖もしくはポリヌクレオチドを形成したものである。RNAは1本のポリヌクレオチド鎖からなる。DNAでは、2本のポリヌクレオチド鎖がらせん形にねじれて絡まった二重らせん構造をしている。

ヌクレオチドは細胞内で、情報の保管とエネルギーの輸送という、最も重要な二つの機能を果たしている。情報の保管とは、遺伝情報の保管のことで、すべての生物は核酸の"ソフトウェア"を使って生命の維持、成長、生殖、そして取巻く環境への対応を行っている。この情報は核酸ポリマー中のヌクレオチドの規則正しい順番として暗号化されている。DNAは細胞内の遺伝物質として保管されている核酸である。DNAはヌクレオチドの順番を保ったまま複製をつくることができるので、その中に暗号化されている情報も複製される。世代から世代へのDNA暗号の伝達こそが遺伝の基盤であり遺伝の特徴を表している。

ヌクレオチドのあるものはエネルギー運搬分子、もしくはエネルギーの担体として機能する。最も一般的なエネルギーの担体は**アデノシン三リン酸**もしくは**ATP**とよばれるヌクレオチドである (図5・23)。ATP分子はRNAの構成要素の一つのアデニンを含んだヌクレオチドによく似ている。ATPは生物において最も一般的なエネルギー担体であり、ATPによってエネルギーが供給されなければ進まない化学反応が細胞内には多く存在する。ATPのエネルギーは3個のリン酸基を結合している共有結合に蓄えられている。二つのリン酸基の間の結合が切れることによっ

エネルギー運搬体としてのヌクレオチド: ATP

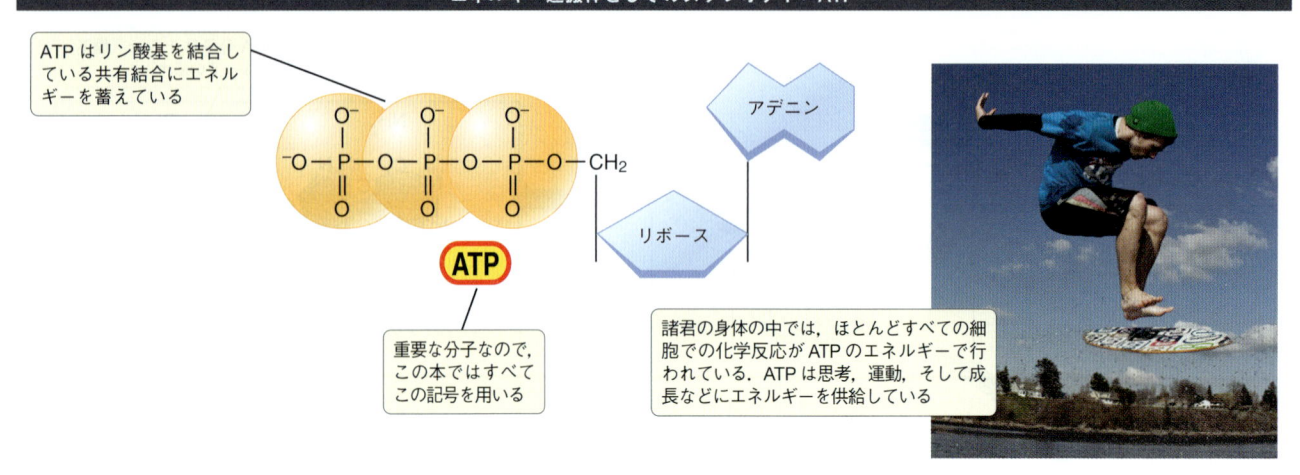

- ATPはリン酸基を結合している共有結合にエネルギーを蓄えている
- 重要な分子なので、この本ではすべてこの記号を用いる
- 諸君の身体の中では、ほとんどすべての細胞での化学反応がATPのエネルギーで行われている。ATPは思考、運動、そして成長などにエネルギーを供給している

図5・23 ヌクレオチドの一つであるATPは，細胞の中でエネルギー運搬役を務めている　ATPのリン酸基は高エネルギーの共有結合によって結合している．その結合が切れるときにエネルギーが放出され，それが多岐にわたるさまざまな生体反応を推進させる．写真のスキムボーダーの運動もその一つだ．

てエネルギーが解放され，他の化学反応を推し進める力になる．動物細胞は食物分子からエネルギーを引き出し，そのエネルギーをATPの前駆体であるADP（アデノシン二リン酸）とリン酸基からATPを合成するのに用いる．植物や藻類，およびある種の細菌は，それに加えて，光エネルギーを用いてADPとリン酸からATPを合成する能力をもっている．

■ これまでの復習 ■

1. 下記のうち，多糖類はどれか．また，植物の細胞壁の主要な構造成分はどれか．
   グルコース（ブドウ糖），スクロース（ショ糖），単糖類，セルロース，グリコーゲン
2. タンパク質の変性とはどのようなことか．
3. 化学構造において，飽和脂肪酸と不飽和脂肪酸の違いは何か．

1．セルロース
2．タンパク質の三次元立体構造が崩れること，その結果，事物性を失われる．
3．飽和脂肪酸は，その炭化水素鎖中に二重結合をもっていない．不飽和脂肪酸は一つ以上の炭素二重結合をもつ．

学習したことを応用する

トランス脂肪はどれほど悪いのか？

2003年，弁護士のStephen Josephは，オレオクッキーを製造している巨大企業クラフトフーズに対して，トランス脂肪を含んでいるオレオクッキーの販売を中止するよう訴訟を起こした．当時多くの人々はトランス脂肪という言葉を聞いたことがなかった．しかしオレオクッキーの名前は知っていたから，Josephの訴えはすぐにセンセーションを巻き起こした．Josephは人々がみな彼を嘲笑しても気にしなかった．重要なのは，トランス脂肪とは何かを人々が知りたがるようになることだった．そして人々にそれがわかったとき，彼らは自分たちが食べているオレオクッキーに疑惑の目を向けるようになった．

訴訟を提出した数日後，Josephは訴訟を取下げた．彼が言うには，メディアが彼の訴訟を報道し，トランス脂肪のことを広く伝えてくれたので，もはやクッキーに危険なトランス脂肪が含まれていることを法廷で争う必要はないとのことだった．そのうえ重要なことは，これが大きなニュースになって1日もしないうちに，クラフト社が前言を翻し，この危険な脂肪の使用を廃止するとしたことである．"クッキーモンスター"弁護士は，公表しただけで彼の主張を勝ち取ったので，高額な費用がかかる訴訟をする理由がなくなったのだ．実際，31カ月後の2005年末までに，クラフト社は自主的にオレオクッキーと他の製品からトランス脂肪をなくすか減らすと宣言した．

この章で，私たちは脂肪や他の脂質が，すべての生物にとって基本的な成分であることを学んだ．すべての細胞膜は脂質を含んでおり，私たちは脂質がもっているエネルギーを使っている．痩せた人でも，少なくとも15％は脂肪である．それでもここ数十年の間，科学者は食事で摂取される脂肪と心臓病の関係を疑っているのだ．

この関連を特定することは非常に難しい．動物性の飽和脂肪は心循環器疾患に関係していると考えられてきたが，祖父母や曾祖父母の世代では，バターよりマーガリンや他の人工的スプレッドの方が心臓には健康面で良いと言われてきた．しかし最近まで，ほとんどのマーガリンは水素添加した植物油からつくられており，宿命的に常に高レベルのトランス脂肪を含んでいる．

トランス脂肪は血中の2種類のコレステロールの比率を変え，心臓病の危険性を増加させる．そのため，バターに含まれる飽和脂肪酸より私たちの体にはずっと悪い．専門家は，年間の心臓病による死者のうち30,000～100,000人はトランス脂肪が関係していると推測している．実際，カロリー計算上では2％というごく少量，人工的トランス脂肪の摂取が増えるだけで，心臓病による死の危険性が20～30％増加する．

米国食品医薬品局（FDA）は，米国民にトランス脂肪の摂取は最小に，可能な限り少なくすることを勧めている．バター，アイスクリーム，ミルク，チーズ，ヨーグルトなどに含まれている動物性脂肪は，少量の自然に作られるトランス脂肪を含んでいるが，研究者たちはそれらが工業的に作られる部分的に水素を添加してつくられる油同様に危険かどうか結論は出せないでいる．

今日，米国では栄養表示ラベルに，"1パック"当たり何グラムのトランス脂肪が含まれているかを記載しなければならない．しかし"0"と書いてあるからまったくないと考えてはいけない．

食品1パック当たりのトランス脂肪が0.5g未満の場合，それが0.49gであっても製造者は0と記載してもよいのだ．"1パック"が少量であれば，どんな食品でも"トランス脂肪は0g"と書くことができる．このことを知らないと，健康に影響を与えるに十分の量のトランス脂肪を摂取してしまうはめになる．たとえば0.49gのトランス脂肪を含んだ何かを5パック食べたとすると，米国心臓協会が推奨している1日最大2gという基準を超えてしまうことになる．概して部分的に水素添加をした油を含む食品は，たとえ包装に"トランス脂肪ゼロ"と書いてあっても，トランス脂肪を含んでいると思っていた方がよい．

生活の中の生物学

食物脂質：良いもの，悪いもの，そして本当にひどいもの

私たちの体は，必要なほとんどの脂質を，食物として取込んだ有機分子から合成することができる．しかし，ある種の脂質の適度な摂取は，健康な食事を目指す場合に考えるべき点の一つである．栄養学者はオリーブ油やキャノーラ油（菜種油）に含まれる不飽和脂肪酸を適度に摂取することを勧めている．ω-3脂肪酸とよばれる類の不飽和脂肪酸は特に健康に有益であるといわれている．アマニ油やクルミ油，ある種の藻類，そして青魚はω-3脂肪酸のよい供給源である．魚油に含まれている主要なω-3脂肪酸であるEPA（エイコサペンタエン酸）とDHA（ドコサヘキサエン酸）はヒトにおいて抗炎症作用や心臓病予防作用をもつという証拠がたくさん蓄積されている．

ヒトの健康に対する飽和脂肪酸の作用は複雑で解明すべき継続的な課題である．飽和脂肪酸の豊富な餌で飼育したラットで，心臓病の危険性が高くなったり，ある種のがんが増えるといった有害な作用が観察されている．しかしヒトでの研究の結果ははっきりしていない．一つには，ヒトを対象とする研究は，実験手法に倫理的な問題があったり，費用がかかったりなどで難しく，しばしば期待どおりにはいかないからである．質素な生活様式を保っているアーミッシュ派の農家や，南太平洋の島の住人などで，飽和脂肪酸を大量に摂取しているにもかかわらず心臓病になる率が低いことが知られている．これらの人々が飽和脂肪酸の潜在的なマイナス効果から守られているのは，全摂取カロリーが低いか，もしくはよく運動をしているからであるという可能性がある．

最近のメタ分析法（多くのさまざまな異なった研究の結果を関連づける解析方法）によると，食物中の飽和脂肪酸と不飽和脂肪酸の比率が病気のリスクに深く関係するという．このメタ分析法によると，多量の飽和脂肪を摂取し，それに比べて不飽和脂肪の摂取が少ない場合，心臓病の危険性が大きくなるという．はっきりとした証拠はないが，ほとんどの栄養の専門家は摂取する全カロリーの7%以上を飽和脂肪で摂取すべきではないと言っている．

トランス脂肪とよばれる，トランス型の不飽和脂肪酸が有害であることに関してはもう少しよくわかっている．よくみられるシス型不飽和脂肪酸が曲がった形をしているのに比べ，トランス脂肪はまっすぐな不飽和脂肪酸の尾部をもっている．まっすぐな炭化水素鎖だと密に凝集しやすいので，トランス脂肪は室温で半固体になる．

米国の食品の中の圧倒的多くのトランス脂肪は，植物油を部分的に水素添加反応させてつくられている．この工業的な目的は，液体の植物油からマーガリンのような半固体の製品を作ることである．油を水素ガス（H_2）で処理すると，シス型脂肪酸分子のあるものは，炭素-炭素の二重結合に水素が添加されること，すなわち二重結合が失われることによって，飽和脂肪酸になる．しかしシス型脂肪酸のあるものは，二重結合は残るが，そこが回転して脂肪酸のしっぽをまっすぐなものにしてしまう．このような直鎖の不飽和脂肪酸がトランス脂肪である．

トランス脂肪は他の不飽和脂肪酸に比べて安価で，嫌な臭いが少ないため，加工食品産業において人気があった．トランス脂肪を使った食品は室温で長持ちし，高くつく冷蔵の必要がない．それに反して，シス型の不飽和脂肪酸は酸化の影響を受けやすいのだ．

1990年代までは，トランス脂肪の摂取による健康へのリスクに関しては，警鐘が鳴らされるにとどまっていたが，その後の多くの研究によって，多量のトランス脂肪を摂取すると心臓病のリスクが増加することがはっきりした．2007年1月以後，すべての加工食品には，トランス脂肪の量を表示した栄養成分表を貼付しなければならなくなった．健康の専門家は，人工的なトランス脂肪には安全値はなく，消費者はできる限り摂取しないように，できれば食事から除くようにと言っている．

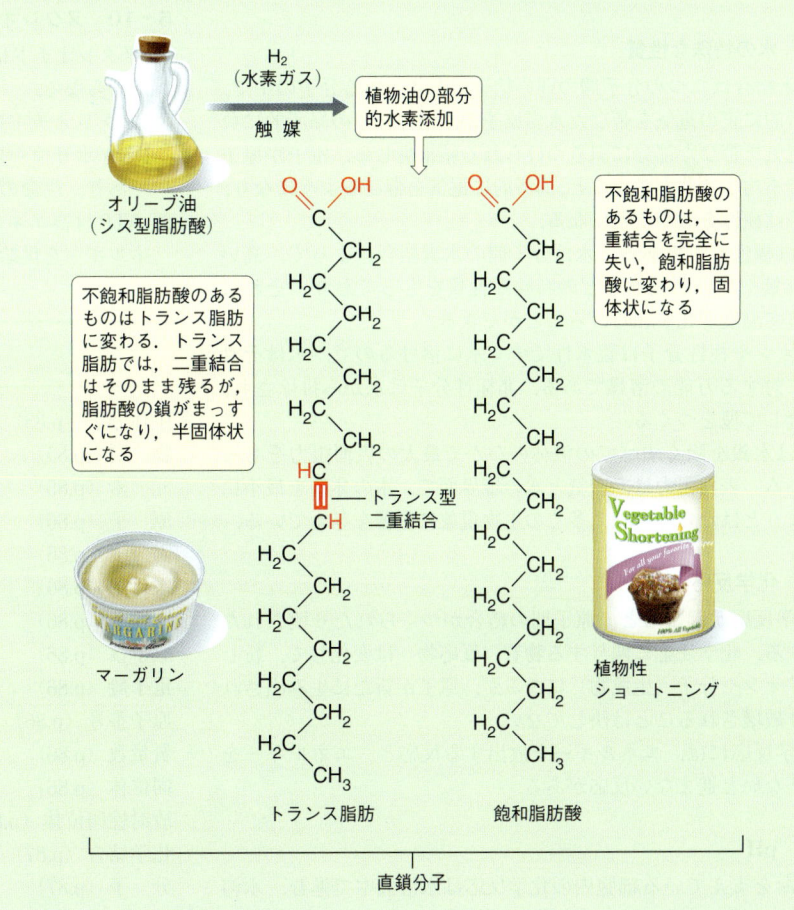

章のまとめ

5・1 物質，元素，そして原子の構造
- 現実の世界は質量と体積をもつ物質からできている．物質は92種の異なった，特有の性質をもつ化学元素からなる．
- 原子は元素の化学的性質を示す最小の単位である．原子は正に荷電した陽子，電荷をもたない中性子，そして負に荷電した電子からなっている．原子内の電子の数と配置がその元素の化学的性質を決めている．
- 元素の原子番号は原子核中の陽子の数で，原子量は陽子と中性子の数を足したものである．
- 同位体は中性子の数は違うが，陽子の数は同じ元素である．放射性同位元素とは，放射線を出す同位体である．

5・2 共有結合とイオン結合
- 原子同士の集合をひき起こす化学的相互作用を化学結合とよぶ．
- 原子が電子を失ったり，獲得したりすると，それぞれ正もしくは負の電荷をもったイオンになる．逆の電荷をもったイオン同士はイオン結合によって結合するが，原子がイオン結合によって結合したものは塩とよばれる．
- 共有結合は原子間で電子を共有することによって形成される．原子は最外殻が電子で満たされるまで，他の原子と電子を共有することができる．そのため，原子の結合特性は，最外殻にある電子の数で決まる．分子は，原子が共有結合によって結合したものである．
- 化合物は，異なる種類の元素の原子を含んでいる．すべての塩は化合物であるが，分子は異なる種類の元素を含む場合のみ化合物であるといえる．

5・3 水の特殊な性質
- 水素結合は二つの分子間の弱い結合であり，ある分子の中で，局所的に正の電気を帯びた水素原子が，他の分子の局所的に負の電気を帯びた部分に引きつけられる結果生じる．電子が原子間で不均等に共有されると，局所的に電気を帯びるようになり，分子は極性をもつことになる．
- 水は極性分子である．水は分子間の水素結合によって，高い熱容量や高い蒸発熱などの特殊な性質をもっており，それによって温度変化を和らげることができる．
- イオンや極性分子は親水性ですぐ水に溶けるので，水はそれらに対する万能の溶媒である．非極性分子は水から排除され，集合して塊をつくる．
- 水は水銀を除くすべての液体のなかで最大の表面張力をもっている．表面張力は，空気と水の境界面で，水の体積を最小にしようとはたらく力で，多くの生物現象に影響を与えている．

5・4 化学反応
- 化学反応が起こると，原子間の結合がつくられたり壊されたりする．化学反応に関与する物質（反応物）は変化して，新しいイオンや分子（生成物）になるが，原子が新たに生み出されたり破壊されることは決してない．
- 化学反応には，エネルギーを放出する反応と，エネルギーを加えないと進まない反応がある．

5・5 pH
- 生命を支えている細胞内の化学反応は水溶液中で進む．水溶液中で，酸は水素イオンを提供し，塩基は水素イオンを受取る．
- 水中の遊離水素イオンの濃度は pH で表される．
- 緩衝液は水溶液の pH を一定に保つはたらきをする．

5・6 生命をつくる基本的化学物質
- 炭素原子は炭素同士，または他の原子と結合し，非常に変化に富んだ化合物を生み出す．
- 主要な生体分子は4種類あり，それらは炭水化物，タンパク質，脂質，そして核酸である．

5・7 炭水化物
- 炭水化物は，単純な糖（単糖類），二糖類，そしてより複雑なポリマー（多糖類）からなる．
- 炭水化物はエネルギーを供給したり，生体を物理的に支えるはたらきをしている．

5・8 タンパク質
- アミノ酸はタンパク質の基本単位である．アミノ酸が結合してできた鎖はポリペプチドとよばれ，その順番をタンパク質の一次構造とよぶ．
- タンパク質の三次元構造が生体反応にとって大変重要である．

5・9 脂質
- 脂質は疎水性物質で，環状や鎖状構造をした炭化水素を含んでいる．多くの脂質の基本単位である脂肪酸は炭化水素鎖中に二重共有結合がないかあるかで，飽和脂肪酸か不飽和脂肪酸となる．
- トリグリセリドはエネルギー源として重要である．
- リン脂質は，生体膜の基本成分である．
- ステロールにはコレステロールと性ホルモンが含まれる．

5・10 ヌクレオチドと核酸
- ヌクレオチドは，五炭糖，核酸塩基（窒素含有塩基），リン酸基からなる．
- ヌクレオチドは核酸である DNA と RNA の基本単位である．DNA ポリマーは4種のヌクレオチドからなり，生命の設計図であり，生命の物理的性質や化学反応を支配している．
- ATP は高エネルギー分子で，細胞のさまざまな化学反応にエネルギーを供給している．

重要な用語

生体分子 (p.85)	化合物 (p.87)
物　質 (p.85)	化学式 (p.87)
元　素 (p.85)	共有結合 (p.87)
原　子 (p.86)	二重結合 (p.88)
陽　子 (p.86)	三重結合 (p.88)
電　子 (p.86)	イオン結合 (p.89)
中性子 (p.86)	塩 (p.89)
原子核 (p.86)	極性分子 (p.90)
電子殻 (p.86)	水素結合 (p.90)
原子番号 (p.86)	水溶性 (p.90)
質量数 (p.86)	溶　液 (p.90)
同位体 (p.86)	溶　質 (p.90)
放射性同位体 (p.86)	溶　媒 (p.90)
化学結合 (p.87)	無極性分子
分　子 (p.87)	（非極性分子）(p.90)
イオン (p.87)	親水性 (p.90)

5. 生命の化学

疎水性 (p.90)	アミノ酸 (p.98)	
熱容量 (p.91)	ポリペプチド (p.98)	
蒸 発 (p.91)	ペプチド結合 (p.98)	
凝集力 (p.92)	一次構造 (p.98)	
表面張力 (p.92)	二次構造 (p.98)	
化学反応 (p.92)	三次構造 (p.99)	
反応物 (p.92)	四次構造 (p.99)	
生成物 (p.92)	変 性 (p.99)	
酸 (p.93)	脂 質 (p.100)	
塩 基 (p.93)	脂肪酸 (p.100)	
pH (p.93)	飽和脂肪酸 (p.100)	
緩衝剤 (p.93)	不飽和脂肪酸 (p.100)	
有機分子 (p.94)	トリグリセリド (p.100)	
高分子 (p.94)	細胞膜 (p.102)	
モノマー（単量体）(p.94)	リン脂質 (p.102)	
ポリマー（重合体）(p.94)	リン脂質二重層 (p.102)	
官能基 (p.94)	ステロール (p.102)	
糖 (p.95)	ホルモン (p.102)	
炭水化物 (p.95)	ヌクレオチド (p.102)	
単 糖 (p.95)	核酸塩基 (p.102)	
グルコース（ブドウ糖）(p.95)	リン酸基 (p.102)	
二 糖 (p.96)	核 酸 (p.102)	
多 糖 (p.96)	DNA (p.103)	
セルロース (p.96)	RNA (p.103)	
タンパク質 (p.98)	ATP（アデノシン三リン酸）(p.103)	
酵 素 (p.98)		

復習問題

1. ある元素の電気的に中性の原子は，
   (a) すべて同数の電子をもっている．
   (b) 同じ元素の他の原子とのみ結合できる．
   (c) 異なった数の電子をもてる．
   (d) 化合物をつくれない．
2. 2個の原子が共有結合をつくることができるのは，
   (a) 陽子を共有することによってである．
   (b) 核を交換することによってである．
   (c) 電子を共有することによってである．
   (d) 逆の電荷をもっていて，互いに引きつけあうことによってである．
3. 分子に関する以下の記述で正しいものはどれか．
   (a) 1個の分子が異なる二種類の元素の原子からできていることはない．
   (b) 分子内の原子はイオン結合によってのみ結合している．
   (c) 分子は生物にのみ存在する．
   (d) 分子は少なくとも2個の原子からできている．
4. イオン結合に関する以下の記述で正しくないものはどれか．
   (a) 水分子なしには存在しえない．
   (b) 水素結合とは違う．
   (c) 逆の電荷をもった原子同士で電気的に引き合っている．
   (d) 結晶の食卓塩（NaCl）中に存在していることが知られている．
5. 水素結合は生命にとって特に重要であるが，その理由は
   (a) 生命体の中にしか存在しないから．
   (b) 共有結合より強く，分子の物理的安定性を維持させているから．
   (c) 生命が行う反応過程にとって重要な溶液である水に，極性分子が溶けるようなはたらきがあるから．
   (d) 一度形成されると決して破壊されないから．
6. グルコース（ブドウ糖）は，
   (a) タンパク質である．
   (b) 炭水化物である．
   (c) 脂質である．
   (d) 核酸である．
7. タンパク質のペプチド結合は，
   (a) アミノ酸をモノマーの糖に結合させている．
   (b) アデニンにリン酸基を結合させている．
   (c) アミノ酸同士をつなげている．
   (d) 窒素含有塩基をモノマーのリボースにつなげている．
8. αらせんは，
   (a) タンパク質の一次構造である．
   (b) タンパク質の二次構造である．
   (c) タンパク質の三次構造である．
   (d) タンパク質の四次構造である．
9. ステロールは以下の何に分類されるか．
   (a) 糖
   (b) アミノ酸
   (c) ヌクレオチド
   (d) 脂 質
10. 飽和脂肪酸と異なり，不飽和脂肪酸は，
    (a) 室温で固体である．
    (b) 直鎖なのでより強く圧縮されている．
    (c) 炭化水素鎖中に二重結合をもっている．
    (d) 炭化水素鎖の炭素すべてが，共有結合可能な最大限の水素原子で埋め尽くされている．
11. 物質の性質に関する以下の記述で間違いはどれか．
    (a) 物質はすべて体積をもっている．
    (b) 物質はすべて質量をもっている．
    (c) 92種の異なった元素があり，そのうちの20種が宇宙では自然に存在する．
    (d) 個々の元素の性質を余すところなくもっている物質の最小単位は原子である．
12. ラクターゼは，ラクトース（乳糖）を分解する機能をもつタンパク質である．RNAポリメラーゼはヌクレオチドを結合させてRNAをつくる機能をもつタンパク質である．これら二つのタンパク質の構造と機能が異なる理由は，
    (a) この二つのタンパク質の骨格構造に含まれている単糖類の数が異なるから．
    (b) この二つのタンパク質のpHに対する感受性が異なるから．
    (c) 一つはもう一方に比べて細胞質に豊富にあるから．
    (d) 二つのタンパク質のアミノ酸配列が異なるから．
13. シアン化水素(HCN)の構造を下に示す．シアン化水素は，
    $$H-C\equiv N$$
    (a) 有機分子である．
    (b) 塩である．
    (c) ここに含まれている炭素原子は，最外側の電子殻の電子すべてを1個の窒素原子と共有している．
    (d) ここに含まれている炭素原子は，水素原子と二対の電子を共有している．
14. 水分子(H_2O)は，
    (a) 非極性である．
    (b) 周りの負の電荷をもつイオンとも正の電荷をもつイオンともネットワークを形成することができる．
    (c) 親水性化学物質と同様に疎水性物質に対しても水素結合を

つくることができる．
(d) 酸素原子とそれぞれの水素原子の間で対称的になるように電子を共有している．

分析と応用

1. モノマーとは何か，また，ポリマーとの関係は？ 脂質はポリマーとみなされるか？ そのわけは？
2. 酸も塩基も含まない純粋な水がある．このpHを推定し，推定した理由を述べよ．
3. 水素結合とは何か？ 水分子の極性が水素結合を形成するのにどのように寄与しているのか説明せよ．
4. 非常に多種の生体分子を生み出すのに炭素原子は適しているが，炭素原子がもっているそれに適した化学的性質とは何かを述べよ．
5. 炭水化物，核酸，タンパク質，脂質について，生物学的過程における機能を一つずつあげよ．
6. ハンバーガーのおもな素材それぞれについて，それらに含まれるものの中で最も豊富な高分子は何か．またそれぞれの高分子について，それの基本構成成分の名称を記し，ヒトの体内で果たす重要な機能を記せ． 
7. 図5・1は，ユタ州モアブ近郊にあるアーチ国立公園内の砂丘のアーチのそばにいる人の写真である．ヒトの身体には豊富にあるが砂丘のアーチにはほとんどない元素を二つあげよ．その二つの元素を含んでいる小さな有機分子の名前をあげよ．この有機分子でできているポリマーがもしあるなら，それは何か？
8. 下図のような，砂糖入りブラックコーヒーにホイップクリームをのせたコーヒーフロートについて，その溶媒名と，溶質の名称をいくつかあげよ．それらのなかで，どれが親水性でどれが疎水性かを答えよ． 
9. 写真は，氷に掘削した漁用の穴から北極イワナを引き上げているイヌイットの漁師である．氷で覆われた湖の中で，魚がなぜ繁栄できているのかを説明せよ．また，なぜ湖は底から凍っていかないのか説明せよ．氷とその下の水について，水分子の配列も比較せよ．

ニュースで見る生物学

Do Trans Fats Cause Depression?

By Elizabeth Lopatto

トランス脂肪はうつ病を起こさせるか？

ほとんどトランス脂肪を摂取していない人に比べ，チーズやミルクや加工食品からトランス脂肪をたくさん摂取している人は48％もうつ病にかかる危険性が増える，というスペインからの研究報告がある．

学術誌の *PLoS One* に掲載された，スペイン人の被験者12,059名によるこの研究結果によれば，逆にオリーブ油は，精神疾患に対して若干抵抗性を強める効果がみられた．

この研究は，うつ病に対する食品脂肪の作用についての最初の分析であると著者は述べているが，水素添加の過程で生じるトランス脂肪の心臓に対する危険性についてはすでに周知の事実である．

スペインの Las Palmas de Gran Canaria 大学の研究者である Almudena Sanchez-Villegas を代表とする著者らは，"われわれの発見は，心循環器疾患の危険因子としてよく知られているトランス脂肪の摂取は，うつ病に対しても有害な作用を及ぼすことを示唆している"と述べている．

おもなトランス脂肪の摂取元となっている加工食品をもっと食べている米国人を対象にした研究が行われれば，トランス脂肪の精神状態に対する作用はもっと顕著なものになるであろうと著者らは述べている．このスペインの研究では，ほとんどのトランス脂肪はミルクとチーズに由来するもので，全摂取エネルギーの0.4％にすぎない．米国人の食事では，摂取エネルギーのおよそ2.5％がトランス脂肪であると著者は述べている．

うつ病の危険性

ほとんどトランス脂肪を摂取していない人に比べ，全カロリーの0.6％以上をトランス脂肪で摂取している人たちは，うつ病の危険性が48％増加することがわかった．

この研究では，正しい結果を得るために，136品目の食品について質問に答えてもらい，トランス脂肪とすべての食物の摂取量を測定した．それらを，スペインで入手できる最新の含有栄養素の資料によって計算した．この質問は，実験の開始時と終了後の2回行い，解析した．

うつ病の患者では一般に軽度の炎症がみられるので，軽度の炎症はうつ病と関係があるとも著者らは指摘している．トランス脂肪は炎症を亢進させるが，これはまた，悪玉コレステロールを増加させ，善玉コレステロールを減少させることと同じくらい心循環器疾患の危険因子なのだ．

研究者はトランス脂肪が心臓発作や脳梗塞の危険性を大きく増加させることにかなり以前から気がついていた．トランス脂肪は精神衛生にも影響を及ぼすのだろうか？ この研究結果は，トランス脂肪を摂取した人々においてうつ病の危険性が増加する可能性を示しているようにみえる．

トランス脂肪という1種類の分子がどのようにして，心臓と神経系という身体の異なる部分に影響を及ぼすのだろうか？ 答えは身体がどのようにその分子を使っているかということにある．本章で紹介した化学的基本物質は，それぞれが何百もの異なった役割を演じている．たとえば，コレステロールは細胞膜をつくるのに使われるが，同様にビタミン，ホルモン，そして消化ではたらく胆汁などをつくるための出発物質である．

一人の高校生が，さまざまな立場で異なる役割を果たしていることを考えてみよう．すなわち，あるときは学校のオーケストラの第2バイオリン奏者，あるときは家で弟や妹のベビーシッター，そして協会の聖歌隊の信頼できるメンバーであったりする．これは，同じ人間が別々のことをしているにすぎない．同様に分子も，身体のさまざまな部分で異なった役割を果たしているのである．脂質はホルモンとして，また神経シグナルを伝達する神経の細胞膜としてはたらいているので，トランス脂肪は心の状態に影響を与えることは十分に考えられる．具体的にどのようにはたらくかは未知であるが，研究者はそのメカニズムが炎症と関係していると推測している．

彼らはなぜ炎症と関係していると指摘しているのだろうか．理由の一つは，けがや昆虫にかまれたときに生じる疼痛，発赤，腫れを伴う炎症が，体内では一連のプロスタグランジンとよばれる分子によってひき起こされるということだ．細胞は脂肪酸からプロスタグランジンをつくる．実際，アスピリンやイブプロフェンのような薬剤はプロスタグランジンの合成を抑えることで痛みや炎症を止める．だから，少なくともトランス脂肪がプロスタグランジンの合成を変え，炎症に影響を与えている可能性はあるのだ．

このニュースを考える

1. この論文では摂取カロリーの0.6％以上をトランス脂肪からとっている人と，ほとんどトランス脂肪をとっていない人を比較している．トランス脂肪摂取グループにおいてうつ病を増加させる危険性とは何か？
2. この論文では，高トランス脂肪摂取を0.6％で切っているが，米国人は摂取カロリーの2.5％をトランス脂肪の形でとっていると報告している．もし1日2000カロリー摂取するなら，2.5％は何カロリーか？ 1カロリー当たりの脂肪のグラムを調べ，何グラムに相当するかを換算せよ．

出典：*Bloomberg News*, 2011年1月26日

6 細胞構造と内部区画

MAIN MESSAGE

原核生物と真核生物細胞は両方とも細胞膜で囲まれた水性の細胞質をもつが，真核生物の方がより多様な膜に包まれた細胞小器官をもつ．

長期同居人募集中：家事を手伝い，自身の DNA をもつもの限定

　何千兆とある私たちの体の細胞のうち，本当に私たち自身のものはほんの一部である．残りのほとんどは皮膚，口，胃や腸などの体のいろいろな部位に住んでいる細菌である．これらの"旅の連れ"は私たちの重要な一部だが，そのすべてが無害か有用というわけではない．私たちのエネルギーで育ち増殖する寄生動物には，虫のような動物だけではなく病気をひき起こす微生物もいる．私たちはこれらの侵入者を攻撃する防御免疫細胞をもつが，ある種の寄生微生物は私たちの細胞内に隠れて細胞の内部機械を乗っ取る．

　生乳，肉，魚に潜伏するリステリア菌について考えてみる．この細菌は米国で毎年 2000 例近くの深刻な食中毒をひき起こし，400 人の死者を出す．体内で，マクロファージとよばれる巨大な免疫細胞はリステリア菌を攻撃し飲み込む．しかしリステリア菌はマクロファージの消化から辛うじて逃れ，そしてたやすく形勢を逆転し，攻撃者となる．マクロファージ内にいるままで，リステリア菌は哀れなマクロファージの細胞内骨格を使って他のヒト細胞に侵入する．

　驚くべきことに，細胞が他の細胞に侵入するというこの出来事は当たり前なだけでなく太古から行われてきた．多くの厄介な，あるいは良い細菌は，動物，植物，昆虫，アメーバなどの細胞，そして他の細菌にさえも感染し住みつく．鉢植え植物に感染するアブラムシは，それ自身も細菌に感染している寄生細菌のすみかとなっている．マラリア原虫（真核生物）がヒトの赤血球に押し入るところも撮影されている．

> **?** 原核生物と真核生物の進化上のつながりは？　私たちの細胞は太古に侵略してきた原核生物からつくられたものなのか？

　ある生物の細胞機械とエネルギー源を他の生物がハイジャックすることが寄生である．そして寄生は異なる生物が密なかかわりをもって共に生活する共生の一つのかたちでしかない．細胞が他の細胞内で生き延びる能力は真核生物の素晴らしい進化の歴史物語の手がかりである．この章の終わりでこれらの原始的な共生関係についてその詳細を見るが，まずは原核細胞と真核細胞の一般的な構造を見ていこう．

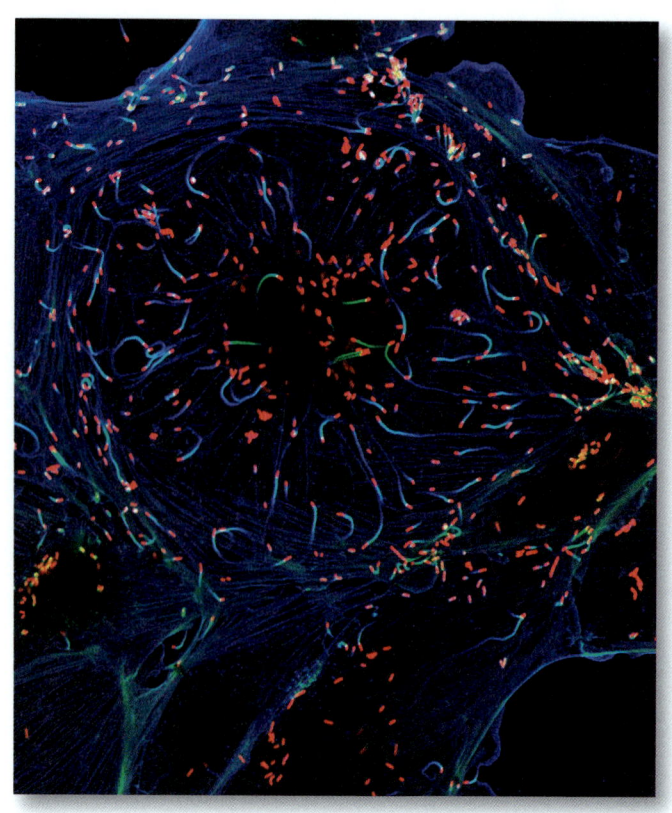

内部への侵入者　ヒト細胞に感染したリステリア菌（赤）はタンパク質のケーブル（青と緑の繊維）に押されて進む．

基本となる概念

- すべての生き物は細胞とよばれる基本構造からなる.
- ほとんどの細胞は小さい. 小さなサイズは体積当たりの表面積を最適にする.
- 多細胞化により専門化した細胞間での機能的な役割分担が可能になり, より大きな体が可能になった.
- 細胞膜は細胞の境界をつくる. 細胞膜は基質の細胞への出入りを制御し, 細胞の外界との情報交換方法を決定する.
- 原核生物は核をもたない単細胞生物である. 真核生物は核と特化した機能をもつ内部区画をもつ単細胞あるいは多細胞の生物である.
- 真核生物細胞の膜で仕切られた区画は, 脂質やタンパク質の生成, 膜タンパク質と分泌タンパク質の選別と標的づけ, 巨大分子の消化とリサイクル, 細胞活動の燃料となるエネルギーの生成, など多岐の機能をもつ.
- 細胞骨格はタンパク質の繊維や管のネットワークである. 3種類の細胞骨格が細胞の形や機械的な強さを与え, そして運動するのに重要な役割を演じている.

ある種の大きな生体分子はすべての生命体に共通である. これらの生命の構築物は, 第5章で注目したようにそのままでは動かない. それらが集まってエネルギーに依存した自己複製構造を高度に組織化したときにのみ, **細胞**は生き物として存在する. 細菌からシロナガスクジラまで, 細胞は生命の最小単位である.

この章では生命を細胞レベルで探索する. 細胞の共通性と多様性を広く見た後, 原核生物と真核生物の細胞構成を比較し, 細胞が全体として効果的で統制されたやり方で機能するのを可能とするような内部構造区画を詳しく見る. まず細胞の外側から始めてそれから中へと進んで行こう.

6・1 細胞: 生命の最小単位

すべての生き物は細胞からなる. 今日ある細胞はすべて, それまでに存在した細胞に由来する. この二つの概念が19世紀半ばに提唱された**細胞説**の主たる信条である. 今日細胞説は生物学の基本原理の一つであり, 細胞を地球上の生命の最小単位とみなす. 細胞をばらばらにしたら, その構成要素は複製能力などの生命の特徴を維持できなくなるだろう.

細胞は高度に組織化された構成単位である. 細胞はさまざまな生体分子をもつ水性の内部と, **細胞膜**として知られる脂質からなる境界とをもつ. 細胞膜に囲まれた細胞内はまとめて**細胞質**である. 細胞質は**サイトソル**（**細胞質ゾル**）とよばれる, 水に多くのイオンと生体分子が混ざった濃い流体をもつ. サイトソルに埋まって（中を漂って）いるのは**細胞小器官**（**オルガネラ**）とよばれる細胞機能に不可欠な構造である. 細胞小器官は細胞内で特有の機能を担う細胞質構造である. 脂質の膜に包まれている細胞小器官もある. **核**は私たちの細胞で最も大きな細胞小器官であり,

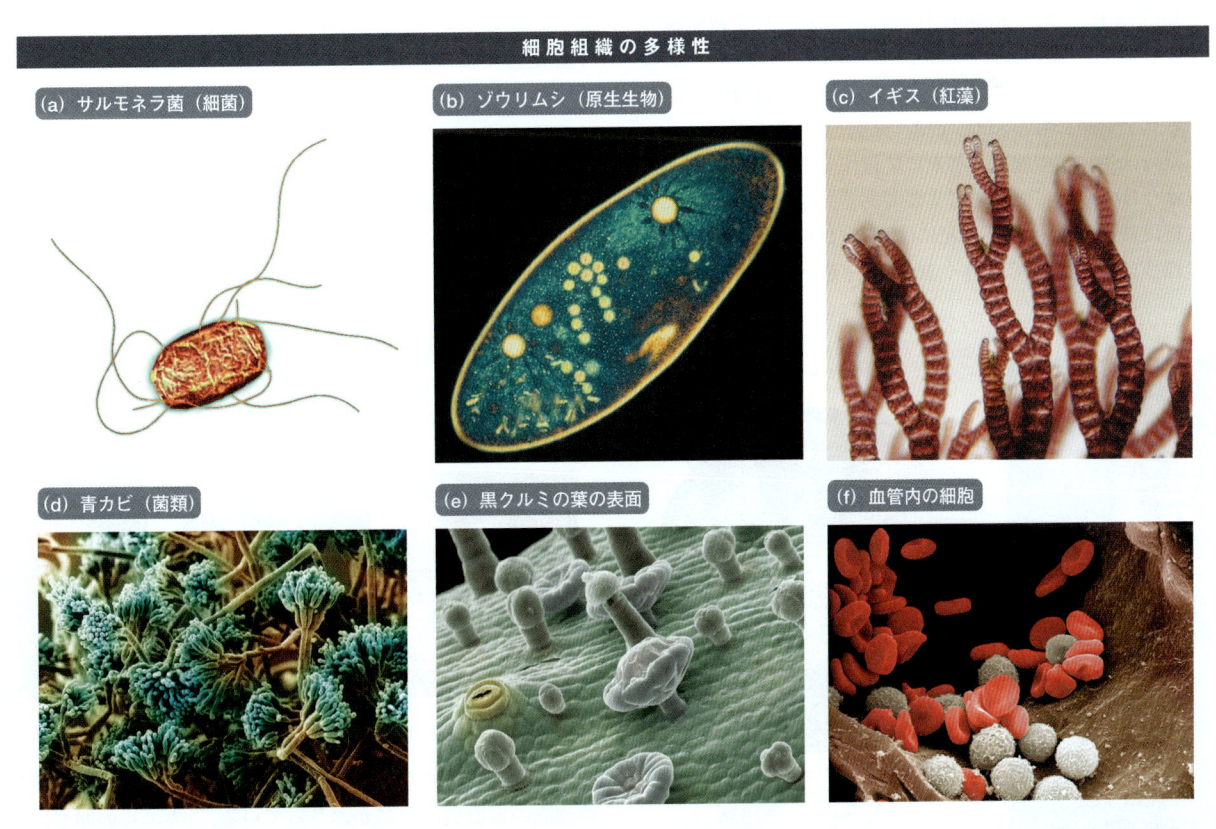

細胞組織の多様性

(a) サルモネラ菌（細菌）
(b) ゾウリムシ（原生生物）
(c) イギス（紅藻）
(d) 青カビ（菌類）
(e) 黒クルミの葉の表面
(f) 血管内の細胞

図6・1 **生物は単細胞あるいは多細胞からなる** (a) サルモネラ菌（*Salmonella typhimurium*）. 食中毒の原因となる単細胞原生生物. (b) ゾウリムシ（*Paramecium caudatum*）. 淡水に住む単細胞性の真核生物. (c) イギス（*Ceramium pacificum*）. 多細胞性の紅藻. (d) 青カビ（*Penicillium camembertii*）. 多細胞性の菌類. 胞子（緑色の部分）を生殖に用いる. (e) 黒クルミ（*Juglans nigra*）の葉の表面. 気孔と保護毛が見える. (f) 細動脈内の赤血球と白血球. 細動脈はヒトの体内で一番細い血管の一つである.

■ 役立つ知識 ■ "オルガネラ"は細胞小器官のことで，ラテン語で"小さな生き物"を意味する．この言葉を単に膜に包まれた区画をさすのに使う生物学者もいる．最近では，この教科書にあるように，オルガネラは独自の細胞機能をもった細胞質構造をさすようになった．細胞質"構造"は少数から多数の巨大分子からなる別々の機能単位として理解されなければならない．

2枚の膜でDNAを包んでいる．ミトコンドリアはエネルギーを供給するのでしばしば"細胞の発電所"とよばれ，これも2枚の膜に包まれている．リボソームは細胞のタンパク質生成機構の主要素で，膜のない微細細胞小器官である．何千ものリボソームが原核生物と真核生物の細胞でみられる．

個々の生物を形づくる細胞は形，大きさ，生きるうえでの戦略，そして行動において素晴らしい多様性をもつ（図6・1）．原核生物（細菌とアーキア）は一般的には単細胞生物と考えられている（図6・1a）．原生生物はゾウリムシのような雑多な単細胞生物（図6・1b），あるいは紅藻類のような多細胞（図6・1c）である．菌類はパン酵母（*Saccharomyces cerevisiae*）のような単細胞の種と，青カビ（図6・1d）やキノコのような多細胞体を含む．植物界と動物界のメンバーはすべて多細胞である（図6・1e, f）．

顕微鏡は細胞生活をのぞく窓

細胞が生命の基本単位であるという認識は，私たちがそれを"見る"ことができたから生まれたものである．細胞の存在に科学界を開眼させた装置——光学顕微鏡は16世紀の最後の4分の1に発明された．初期の光学顕微鏡のおもな部品は研磨したガラスレンズで，光を曲げることによって小さな標本の像を拡大する（図6・2）．

細胞の研究は17世紀にRobert Hookeがコルク片を顕微鏡で観察し，それが小さな仕切りからできていることに気づいたところから始まった．Hookeはこの仕切りのことを修道僧の小部屋を意味するラテン語にちなんで"cell（細胞）"とよんだ．

光学顕微鏡は生物学の歴史で初期に位置するものであるが，同様の装置は今日の研究においても重要である．レンズの品質は当時よりも格段に進歩した．17世紀には200～300倍であった倍率が今日の標準的な顕微鏡では軽く1000倍を超える．この倍率だと1mの1/2,000,000，つまり0.5ミクロン（μm）のサイズまで見分けることができる．近代の顕微鏡では動物や植物の細胞（5～100μm）だけではなく幅約1μmのミトコンドリアのような細胞小器官を個々に観察することもできる．現在では，細胞生物学者は蛍光色素を用いることで，膜，細胞小器官，そして特定のタンパク質といった個々の生体分子を標識することができる．蛍光色素は適切な波長の光を照射することでタグ付けした構造や生体分子の位置を教えてくれる．

1930年代から，ガラスレンズの代わりに強力な磁石で収束させた電子線束を可視光に置き換えることで倍率は劇的に増加した．これらの装置は電子顕微鏡とよばれ，標本を100,000倍以上拡大することができる（図6・3）．透過型電子顕微鏡（transmission electron microscope, TEM）は最も小さい細胞小器官の詳細像を得ることができる．たとえばリボソームはRNA鎖に絡んだタンパク質の束よりも小さいが，透過型電子顕微鏡を使えば簡単に観察できる．生物試料のTEM観察像を得るためには切片を超薄に調製しなくてはならない．電子線は薄い切片を通り抜けて標本の微細構造の詳細像を形づくる．別のタイプの電子顕微鏡，走査型電子顕微鏡（scanning electron microscope, SEM）は標本上に電子線を往復させその表面の三次元像をつくる．SEM像は視野が非常に深いので標本の見える部分すべてによく焦点が合う．走査型電子顕微鏡での表面観察の場合，標本は切片にしなくてもよい．

図6・4は光学顕微鏡と電子顕微鏡，そして裸眼で見ることのできる細胞構造の大きさの範囲を比較したものである．顕微鏡で得られた画像のことを顕微鏡像とよぶ．本書の中で多くの光学顕微鏡，透過型電子顕微鏡，走査型電子顕微鏡による顕微鏡像を見るであろう．顕微鏡像にはコンピュータのソフトウェアで色や構造を加えることもある．着色なしの走査型電子顕微鏡と透過型電子顕微鏡による白黒像は非熟練者にとっては解釈が難しいだろう．

体積に対する表面積の比が細胞のサイズを限定する

ある種の細胞は巨大である．運動神経には脊椎の根元から足の親指まで，大人の平均で1mの長さのものがある．しかし一番太いところでも10μmしかないので顕微鏡なしでは見ることができない．

ふ化した子どものための栄養分がいっぱい詰まっているので卵細胞にはとても大きいものがある．ダチョウの卵は長さ15cmで重さが1.5kgあり，現在の地球上で一番大きな細胞である．（鳥の卵の殻と殻のすぐ内側の膜は卵細胞の一部ではないが発生中に卵細胞の細胞質の上にかぶさっている．）カエルの卵も，直径約1mmあるので肉眼で簡単に見ることができる．

しかし，大きな細胞は平均的なものではない．細胞の多くは肉眼では見えないくらい小さいものである．概して，原核細胞は

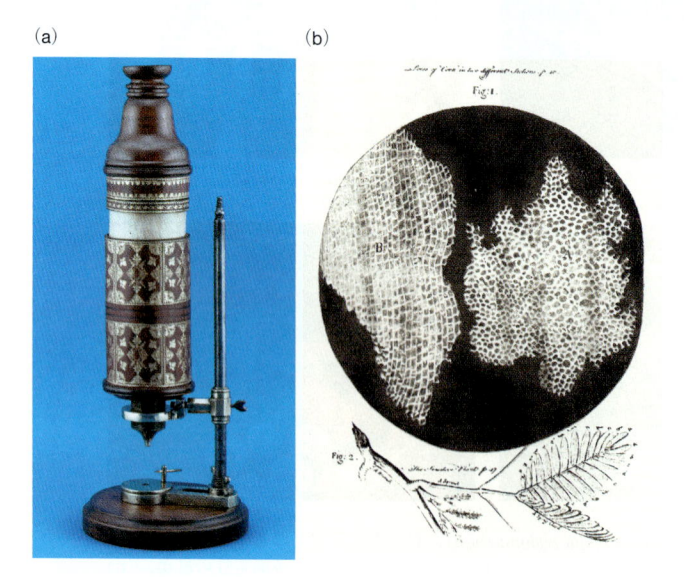

図6・2 Robert Hooke（1635～1703）が用いた光学顕微鏡
(a) Hookeの顕微鏡．(b) Hookeの顕微鏡で観察したコルク片．

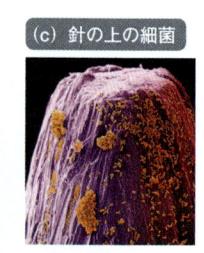

(a) ダチョウの卵　(b) カエルの卵　(c) 針の上の細菌

さまざまな大きさの細胞

6. 細胞構造と内部区画

真核細胞よりも小さい．多くの細菌は幅 1 μm で多くの動物細胞は幅 10 μm である．植物細胞は大きい傾向があり，ほとんどは 20〜100 μm の範囲内である．

なぜほとんどの細胞は小さいのだろう？ すべての細胞は外界と物質交換をしなくてはならず，細胞のサイズが大きくなるほど交換は難しくなる．たとえば私たちの細胞は，周囲の液体からグルコースや酸素といった栄養を取入れなければならない．また，二酸化炭素や尿素といった老廃物を外液に放出することで廃棄しなければならない．物質交換は細胞膜で行われる．大きな細胞ほど細胞質が多く代謝活性が高いので，小さい細胞に比べてより多くの栄養と排出が必要となる．

しかし図 6・5 に示すように，単純な幾何学においては一般的な形の細胞の幅が増すと表面積よりも体積が増す．立方体の一辺が倍になると体積は 8 倍になるが表面積は 4 倍にしかならない．この法則は球体にも当てはまり，直径が増すと体積に対する表面積の比率は減少する．体積に対する表面積の比率はほとんどの細

図 6・3 顕微鏡によって細胞や細胞の構造が可視化される 写真はヒトのマスト細胞で，光学顕微鏡（a），透過型電子顕微鏡（b），走査型電子顕微鏡（c）での像．肥満細胞は免疫細胞で，侵入者に対して体を守る．

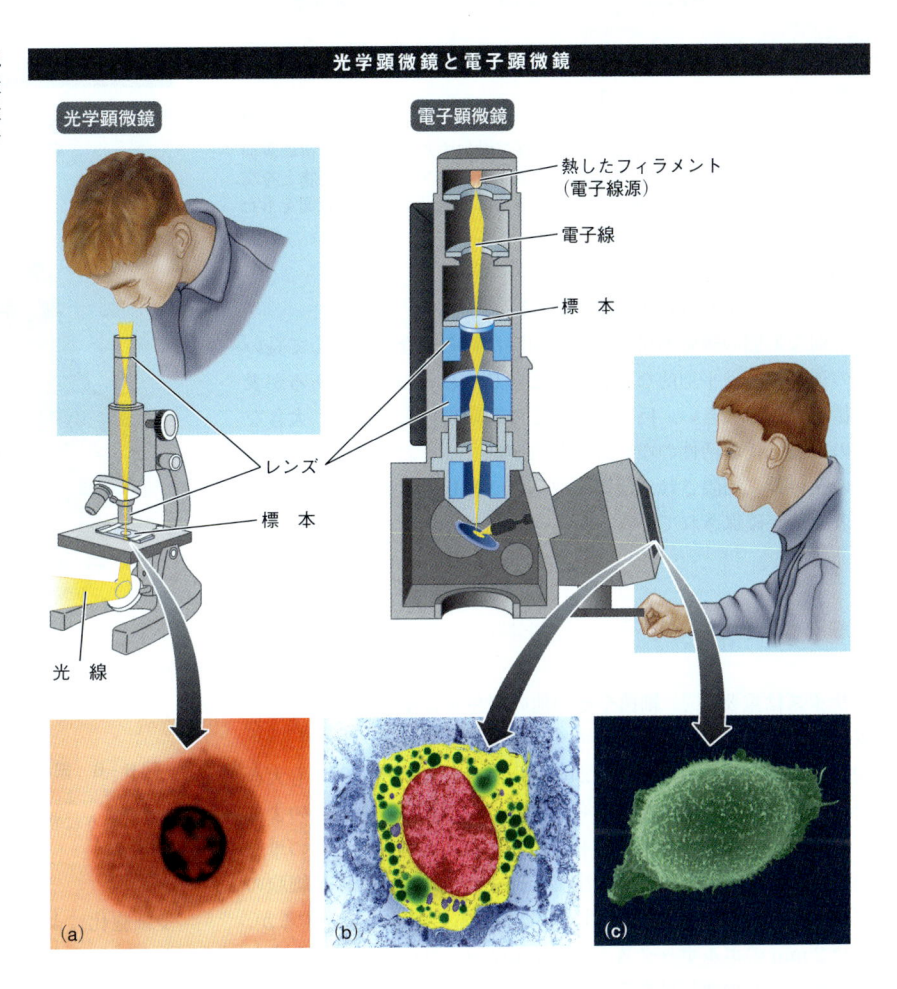

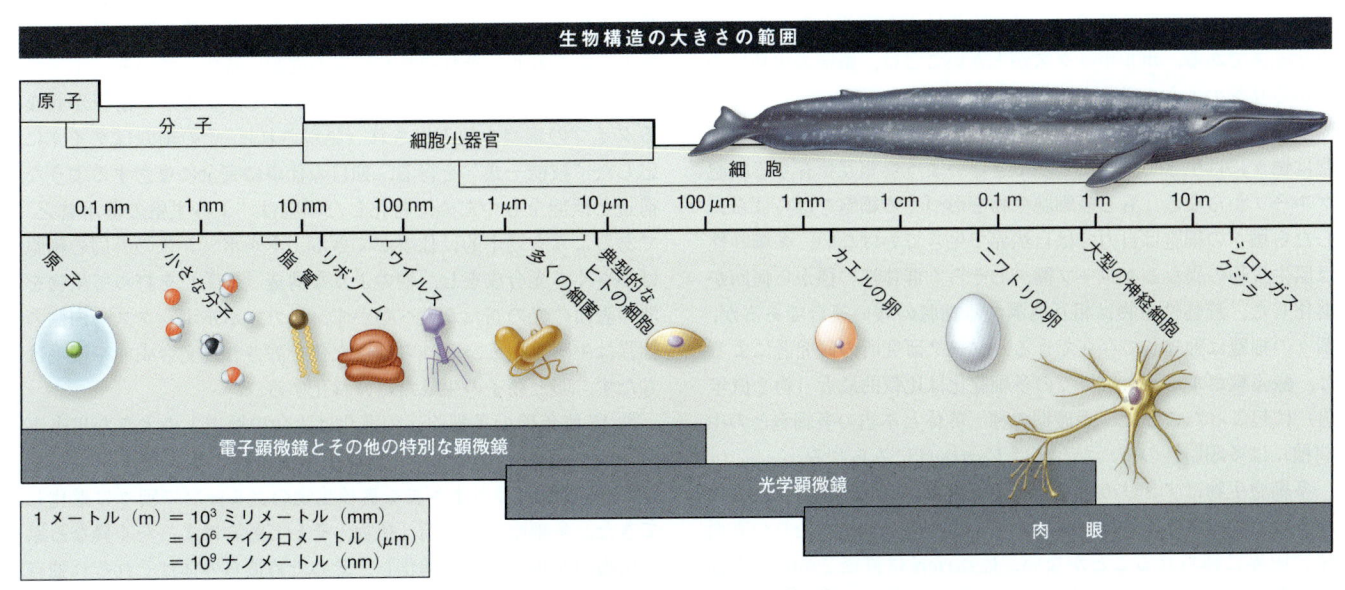

図 6・4 ほとんどの細胞は微視的である

体積に対する表面積の変化

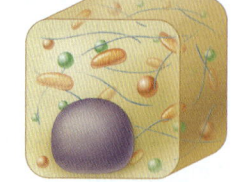

	1 mm の立方体	2 mm の立方体	4 mm の立方体
表面積	6面 × 1^2 = 6 mm^2	6面 × 2^2 = 24 mm^2	6面 × 4^2 = 96 mm^2
体 積	1^3 = 1 mm^3	2^3 = 8 mm^3	4^3 = 64 mm^3
表面積：体積	6：1	3：1	1.5：1

図 6・5 細胞の大きさの制限 細胞の幅が増加すると，その体積は表面積に比べて急激に増える．細胞はその表面を通じて栄養と老廃物とを交換するので，素早く効果的に交換ができるような十分に広い表面をもたなければならない．

胞にサイズ約 100 μm の制限を与える．

特別な形態の細胞の場合はこの制限に縛られない．細くて長い形の運動神経は平均的な動物細胞と同じくらいの体積であるが表面積はずっと大きい．巨大な卵もこの制限に縛られない．大きな卵の中央は代謝活性のない貯蔵食料が詰まっており，細胞質は周辺の狭い帯に制限され，酸素を取込み二酸化炭素を放出するための表面積が確保されている．

多細胞は大きな体のサイズと役割分担による効率化を可能にする

サイズは重要か？ 細菌やその他の微生物は小さいことが生存戦略の成功であることを疑問の余地なく示している．しかし，生物がどこでどう生活しているかによっては，競争相手よりも大きな体であることが利益をもたらす．大きな個体は小さいものよりも外界から資源を得るのに有利だろう．たとえば，捕食性の単細胞生物は比較的容易に小さな生物を捕まえて飲み込む．単細胞のゾウリムシ（図 6・1 b 参照）は一日に何千もの細菌を消化するが，直径 2 mm のボルボックス（Volvox carteri, 図 6・6）は大きすぎてゾウリムシの餌にはならない．ゾウリムシのような捕食者からボルボックスを助ける戦略は，多細胞化により可能となった大きなサイズである．ボルボックスが大きいことは，繁殖の成功につながるリンのような栄養を蓄えるのにもよい．

多細胞生物は単一の細胞から由来し，遺伝的に同一だが構成細胞は個々には生きていくことができないような相互依存する細胞グループからなる．もし多細胞生物を形づくる細胞をばらばらにしたら個々の細胞は自力では自然界で生きていけない．多細胞性は原生生物の異なるグループ間，おそらく群体性の種から何回か進化した．群体性生物は相互協調する細胞の緩い連合であるが，個々の細胞は独立して存在できる．ソーク研究所の研究者によると，緑藻類ボルボックス科での多細胞化は比較的最近（約 2 億年前）に起こったことで，過渡期の種（群体と本当の多細胞との中間種）は多細胞性の種，たとえば V. carteri にみられる．

多細胞生物はアメリカスギやシロナガスクジラのように巨大になることができるが，細胞体はとても小さく，体積当たりの表面積の限界に縛られることがない．V. carteri は直径 2 mm の単細胞の代わりに直径 10 μm 未満であるおのおのの細胞が密に統合

した細胞の集まりである．個々の細胞の表面積をすべて足し合わせると，直径 2 mm の単細胞の表面積よりもはるかに大きい．他の多細胞生物のようにボルボックスは二つの理由で多細胞化した．大量の細胞質を多くの小さな細胞に分配すること，その小さな細胞の細胞膜の総面積を得ること，である．光合成藻類にとって，大きな表面積をもつことは大きな太陽電池をもつことに等しく，多くの太陽光を受けることによって多くの食料をつくり出す．この章でこれから見るように，より大きな表面積はより有効な栄養の取込みを意味する．

細胞の特殊化

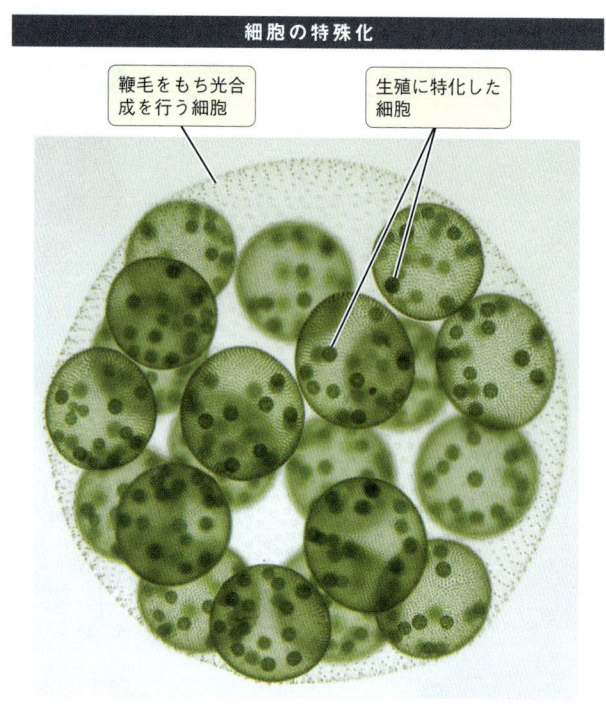

図 6・6 細胞の特殊化は多細胞化の一つの利点である 最近の研究によると，緑藻類のボルボックスは全体として機能をもつように特殊化した細胞タイプからなる多細胞生物であるらしい．

多細胞化による利点は食料を得やすくすることや，自分が食料になってしまうのを避けるだけでない．多細胞化によって細胞を専門化することができる．細胞が専門化すると個々の細胞が役割分担することで，より効率的に機能する．多細胞生物は異なる種類の細胞をもち，それぞれが特定の役割に特化している．すべての細胞は同じ DNA をもつが，DNA の異なる部分の情報が異なるタイプの細胞で読み出され（発現され），その細胞はタイプに応じた"技能一式"を得る．独自の仕事に完全に専念するような構造と機能をもつため，特化した細胞は"よろず屋の器用貧乏"であるよりも効率的に仕事ができる．ボルボックスの外周の細胞は小さく，光合成をし，鞭のような構造（鞭毛）を打って生物を池の表面の光の当たる方へ動かす．一方，ボルボックスの内側の細胞は生殖を担う．それらは巨大化を許され，光合成能や鞭毛はもたず，卵と精子の生成だけに特化する．

約 15 億年前の多細胞への進化は生命の歴史上の大きな出来事の一つである（巻末付録"地球生命史の中の重要な出来事"参照）．多細胞化はさまざまな真核生物のグループで別々に進化してきた．多細胞性の菌類，植物，そして動物はまったく異なる原生生物のグループから進化し，そのため彼らの体はそれぞれ独自の方法で組織化された異なる細胞タイプでつくられている．細胞

タイプの最大の多様性は最も複雑な動物である哺乳類でみられる．ヒトの体は220種の異なる細胞をもつ．分化（特化）した細胞はそれぞれの細胞が生きていくために必要な最低限の基礎活性に加えて独自の機能を受持つ．特化した細胞機能の多様性はヒトの血管内の多くの細胞区分でみられる（図6・1f参照）．盤状の赤血球はその大きな表面積で体内のすべての細胞に酸素を届けることに特化している．塊状の白血球は侵入した微生物を飲み込むことで私たちを守る．血管の壁は壁を裏打ちする内皮細胞と血流を増減させるために緊張と収縮する筋肉細胞など，さらに多様な細胞をもつ．

6・2 細 胞 膜

すべての細胞の特徴は細胞を外界から隔てる細胞膜をもつことである．生命を維持するためのほとんどの化学反応はこの境界で分けられた主区画である細胞質内で起こる．細胞膜でつくられる油の境界は限られた空間内に必要な原材料を閉じ込め，濃縮することで化学反応を促進させる効果をもつ．

§5・9で述べたように，細胞膜のような生体膜はリン脂質の二重層からなる親水性の頭部がすべて水溶液環境である細胞外あるいは細胞質側に向いており，疎水性の尾部が膜内部に集まる（図5・20参照）．細胞膜の役割が細胞の境界を定義して内容物を閉じ込めるだけだとしたら，単純な脂質二重膜で十分である．しかし，細胞膜は細胞に必要な分子を取込むが不必要なものは締め出し，そして老廃物を排出するが必要なものは細胞外に出さないようにする必要があり，また必要に応じて外界と信号を送受信しなければならない．言い換えれば，細胞膜は選択的透過バリアとして，そして情報中心として機能しなければならない．動物の体のほとんどの細胞はその場所にしっかり固定されており，そのことによって細胞膜に仲介される機能も固定される．細胞膜の多様な機能は主として脂質二重層と関連する，あるいは埋まっている多種類の膜タンパク質によって可能となっている（図6・7）．

細胞膜の選択的透過性はリン脂質二重層に埋込まれている輸送タンパク質の種類によって決まる．輸送タンパク質は膜に広がるタンパク質で，その機能は基質の流入や流出を融通することである．ある種の輸送タンパク質はトンネルを形成し，選択的にイオンや分子を通過させる．膜輸送タンパク質の活性は通常厳密に制御されており，細胞質や外部環境からの信号を受けたときにのみイオンや分子といった積荷を動かす．

受容体タンパク質は信号を受容する場所としてはたらき，したがって細胞の情報伝達の主要要素である．ある種の受容体タンパク質はヒトの体のほぼすべての細胞タイプにみられる．それ以外のものは特定の細胞タイプに特有である．おのおのの受容体タンパク質は一般に特定の信号分子と結合する．信号がその標的受容体の細胞表面側に到達したときに細胞の活性は変わる．私たちの細胞のほとんどは細胞膜にインスリン受容体をもち，ホルモンがその受容体に結合したときに信号が細胞質内を伝わりグルコースの取込みを強化する．

動物の体のほとんどの細胞は他の細胞か**細胞外マトリックス**（細胞外基質）とよばれる生体分子の濃い層と接触している．細胞の接着はとても特異的で，ある細胞は特定の細胞タイプか特定の化学組成をもつ細胞外基質にしか接着しない．多くの場合，細胞膜に埋込まれている接着タンパク質が細胞外とのおもなつなぎとなっている（図6・7）．糖鎖は接着タンパク質の細胞表面側に共有結合し，細胞接着に必要な認識と内部結合の両方に役立つ．私たちの表皮細胞はインテグリンとよばれる膜貫通型の接着タンパク質をもっており，細胞をおもにコラーゲンからなる細胞外マトリックスにつなぎとめる．コラーゲンはヒトの体で最も豊富に存在するタンパク質であり経時変化でコラーゲンが壊れることでしわやたるみといった加齢現象が起こる．

細胞内外の別の構造に固定されない限り，ほとんどの細胞膜タンパク質はリン脂質二重層の平面内を自由に動き回る．**流動モザイクモデル**は細胞膜をリン脂質，他の脂質，さまざまな異なる膜タンパク質の流動性の高い複合体だと記述する説である．細胞膜のもつ柔軟性と自由漂流性は多くの細胞機能に重要である．たとえば細胞膜の柔軟性は細胞全体の運動を円滑にする．侵略者を追跡する白血球や美味しそうな藻類を探すアメーバのような場所を移動する細胞は，もし細胞膜が固くて不変だったら動き回ることができない．

単細胞原生生物アメーバ（*Amoeba proteus*）が緑藻細胞を飲み込んでいるところ

膜タンパク質

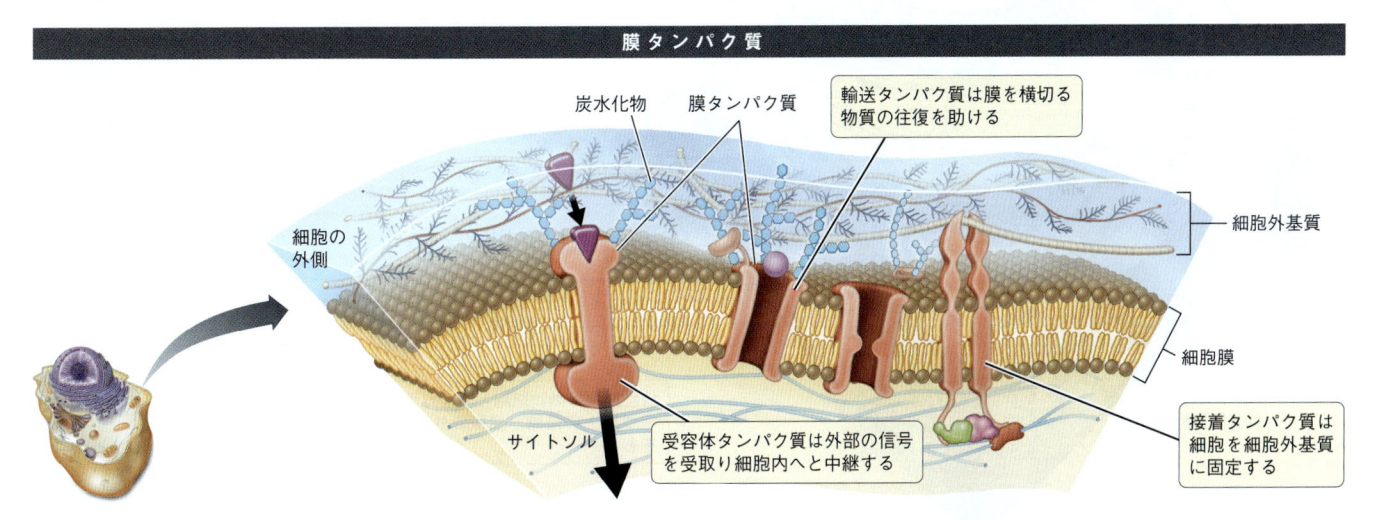

図6・7 膜タンパク質のいろいろな機能

6・3　原核細胞と真核細胞

第2章で述べたように，生物は二つの大きなカテゴリーに分けられる．原核生物と真核生物である．**原核生物**はDNAが膜をもった核の中に閉じ込められていない生物である．**真核生物**はDNAが核内に閉じ込められている生物である．原核生物は単細胞生物で，真核生物は単細胞か多細胞である（図6・1参照）．図6・8は原核細胞と真核細胞の一般的な構造である．平均して原核細胞は真核細胞よりも小さい．たとえば，よく研究されている大腸菌（*Escherichia coli*）はヒトの腸内に生息する細菌で，長さ2/1000000 m，あるいは2 µmしかない．125匹の大腸菌がピリオド（.）一つの中に並べるのだ．

多くの原核生物は細胞膜の外に強固な細胞壁をもち（図6・8a），生物の形と構造をしっかり保っている．ある種の細菌はさらに莢膜とよばれる，不安定な多糖類からなる防護層をもつ．

植物，菌類，いくつかの原生生物（おもに藻類）も多糖類からなる細胞壁をもつが，膜多糖類の化学組成はこれらの真核生物のグループ間でも異なるし，原核生物の細胞壁とも異なる．動物細胞には多糖類からなる細胞壁はないが，ほとんどの細胞は細胞外基質を形づくるタンパク質と炭水化物のポリマーの網目に接着し

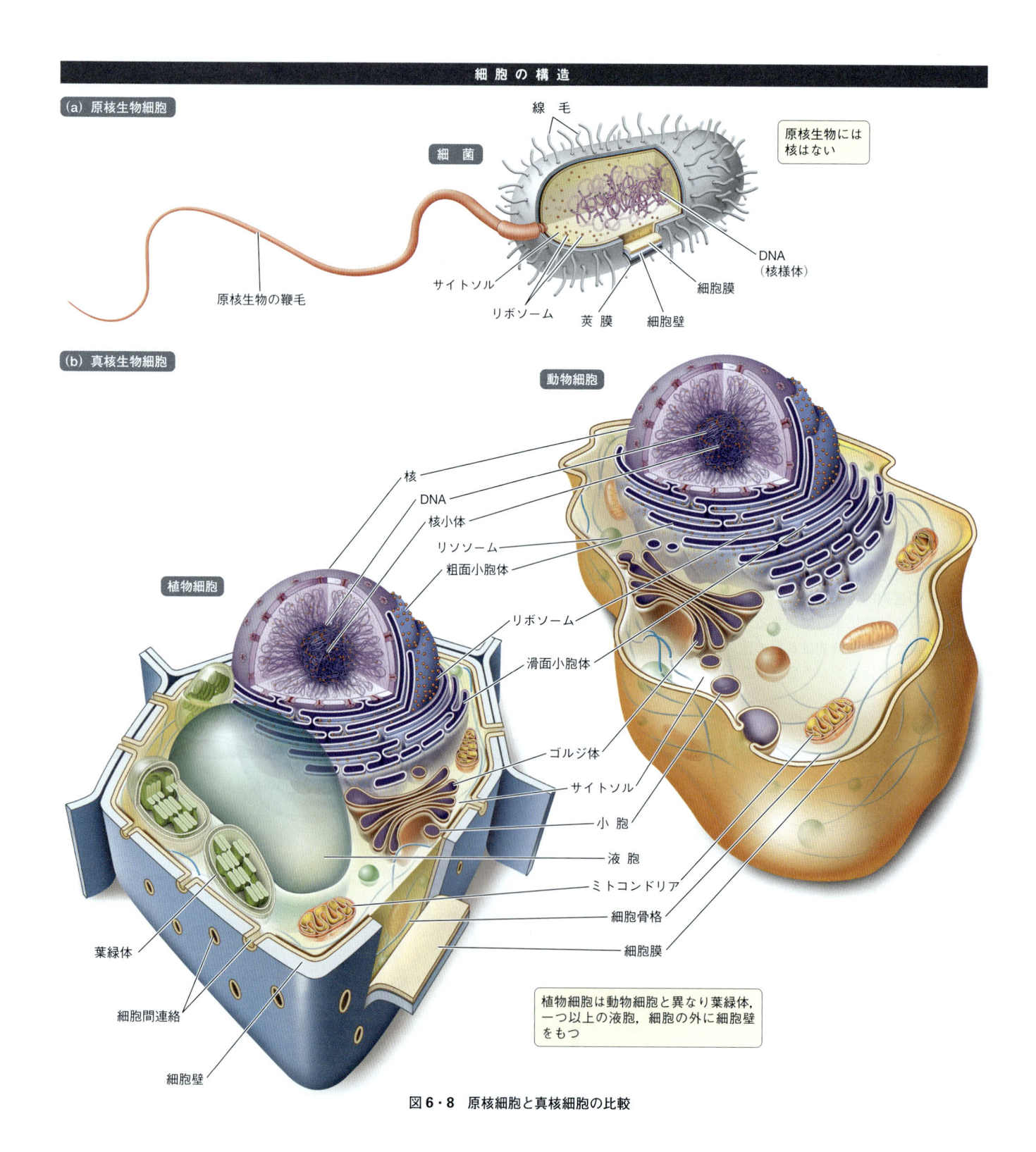

図6・8　原核細胞と真核細胞の比較

ている（図6・7参照）．

原核細胞と真核細胞のはっきりした違いは真核細胞の細胞質内の内容物の豊富さと種類の多さである．真核細胞では，核以外にも膜に包まれたそれぞれの役割をもつ細胞小器官がみられる（図6・8b）．一方，原核細胞には膜に包まれた細胞小器官はほとんどみられない．

平均的な真核細胞は，平均的な原核細胞のおよそ1000倍の体積である．細胞質を膜で仕切り，さまざまな特化した要素に分けることは，仕事を細胞内で分担させることで速度と効率を上げる．膜で包まれた異なるタイプの細胞小器官は，それぞれ独自の機能をもつ．独自の機能に応じて構造が調整されているので，細胞小器官はとても効率良く仕事をこなす．たとえば，細胞小器官はその独自の機能に必要な原料物質を高濃度で蓄積する．必要な化学物質が細胞質全体にまばらに存在するのではなく，ある部位に集中している方が化学反応はより高速で起こる．

膜に包まれた内容物中では特定の化学環境が維持される．たとえば，サイトソルのpHはほぼ中性だが，ポリマーを分解する反応は酸性環境でよくはたらくので，その仕事を受持つ細胞小器官は低いpHに維持されている．いくつかの化学反応は生命維持に必要な反応を阻害しかねない副産物をつくる．特定の部位からそういった邪魔な基質や毒性物質を締め出すことは"巻き添え被害"を避けることとなる．つぎの節では真核生物のいくつかの内容物の構造や機能を詳しく見ていこう．

■ これまでの復習 ■

1. 真核生物にあり，原核生物にないものはどれか？
   細胞膜，細胞質，リボソーム，核
2. 膜タンパク質が担う機能を二つあげよ．
3. 細胞膜の流動モザイク性とは何か？
4. 真核生物はさまざまな細胞小器官をもっている，この内部構造はどのような点で有益か？

---

1. 細胞核
2. 細胞構造の伝達，細胞内外への物質の輸送，細胞接着
3. 細胞膜は数種のタイプの脂質からなる膜が流動的（それぞれの分子が二重層（液体）の中を自由に動く）．
4. 物質が濃縮されるので化学反応が速くなる．特定の化学環境（たとえばpH）をつくることができる．副産物を隔離できる．

6・4 真核細胞の内部区画

作業工程ごとに分かれた部門をもつ大工場を想像してみよう．それぞれの部門は最終的な製品をつくるという使命に貢献できるように，特定の機能や組織構成をもつ．特定の部品を組立てる労働者は，その専門技術別に順番に配置されていて，別の部門との間には，組立てた部品を受取り，梱包し，出荷する係がいる．原料や完成した品物は倉庫に保管し，廃棄物処理やリサイクルの場所もあり，エネルギーを供給する場所もあるだろう．また，全体の作業は管理部からの指示によって整然と実施される．真核生物の細

生活の中の生物学

細胞小器官とヒトの病気

細胞構造の正常な機能は私たちの生存の鍵を握る．すべての細胞内でどれか一つの細胞小器官でもその機能が完全に失われると生命は成立しない．細胞小器官のはたらきの小さな不具合が私たちを病気にし，ときには重症にする．たとえば，ミトコンドリアの機能不全は脳や神経細胞の死に至るようなさまざまな神経変性疾患に関係がある．小胞体の酵素の欠陥は小胞体機能障害として広く分類される多くの疾患をひき起こす．同様にゴルジ体の酵素の欠陥は先天性グリコシル化異常症候群などの多くの疾患につながる．これらのほとんどは遺伝的疾患で，本来なら機能するタンパク質の生成を導くはずのDNAのコード異常によって起こる．一方，環境要因も細胞小器官にダメージを与えることがある．アスベスト肺では鉱物であるアスベストにさらされることで肺の組織が壊れる．アスベストの繊維は非自己の物質から体を守るためのはたらきをもつ免疫細胞に飲み込まれる．いったん細胞に取込まれると，繊維はリソソーム内にたまり，時間をかけてリソソームの膜を破壊する．リソソームの内容物がサイトソルに漏れるとどんな細胞でも死に至る．

リソソームが正常であることの重要性は40種類以上のリソソームの貯蔵障害がヒトに存在することにもはっきりと表れている．リソソームには特定の高分子を分解するための酵素が多種類あり，これらの遺伝病はリソソームの酵素の機能不全によって起こる．リソソームの酵素が欠損したり正常にはたらかない場合，本来分解されるはずの高分子がリソソームの中にたまっていく．その結果は壊滅的であり，これらの疾患のほとんどは幼少期に致死となる．

テイ・サックス病もそういった代謝疾患の一つである．脳内にみられる膜脂質を分解するリソソームの酵素が機能しなくなり，結果としてこの脂質が大量に神経内にたまり，これらの細胞の機能を損ね，結果的には破壊してしまう．テイ・サックス病は人口比的には非常に珍しい病気であるが，狭い範囲での婚姻を繰返すようなフランス系カナダ人の集落や，東ヨーロッパの正統派ユダヤ教徒などの人々の間ではかつて非常に当たり前のものであった．遺伝子検査と婚姻時の遺伝カウンセリングにより，テイ・サックス病はイスラエルのユダヤ人社会では事実上消え去った．

"ロレンツォのオイル"は実話に基づく映画で，副腎白質ジストロフィー（ALD）とよばれるペルオキシソーム病をもって生まれた息子Lorenzoの命を延ばすための夫婦の奮闘を描いている．ペルオキシソームは膜性の脂質を分解する細胞小器官で，患者はペルオキシソーム膜に欠陥のある輸送因子をもつため，通常の食事に含まれる超長鎖脂肪酸を取込むことができない．脂肪酸はサイトソル内に蓄積し，特に脳や神経細胞，そしてホルモン生成器官として知られる副腎で破壊をもたらす．夫婦は科学的な訓練を受けずに，脂肪酸の蓄積を遅らせる植物油の製法を開発した．Lorenzoは30歳で肺炎で亡くなるが，医者が宣告した余命よりも20年以上も長く生きた．

胞もまさに，そのように効率的で高度に組織化された工場と同じである．しかも，最も単純な構造をもつと考えられるアメーバでさえ，人が作ったどんな大工場よりもはるかに複雑である．加えて，みずからを修復したり再生したりする生命体特有の性質ももつ．まずは，管理局である細胞の核から話を始めることにしよう．

核は遺伝物質を格納する

生きている細胞はDNAなしには機能できない．DNAは細胞を構築したり，日常生活を維持したり，成長や生殖を制御するのに必要な情報コードを運搬する分子である．真核細胞でははっきりと輪郭を描かれた膜に包まれた核が細胞のほとんどのDNAを格納する．（独自のDNAをもつ特定の細胞小器官についても後に議論する．）核は仕事場の話に合わせた反応性の良い本部としてはたらく．それゆえ，DNAコードの出力は細胞の他の部分から，そして外部の信号からも調整されうる．

核の境界は**核膜**とよばれ，脂質二重層からなる（図6・9）．核膜の内側にはDNAの長い鎖がタンパク質とともに非常に小さな空間に詰め込まれていて，もし，ヒトの細胞中にある46本のDNA分子を一直線に伸ばすと，長さは合計1.8 mにもなる．それだけの量のDNAを直径約5 μmにも満たない核の中に詰め込むのは，ヒストンとよばれる特別なタンパク質にDNAを糸巻きのように巻きつけることで可能となる．それぞれのDNA二本鎖はこのタンパク質の周りに絡みつき，**染色体**を構成する．特定の生殖細胞を除き，平均的なヒトの細胞にはすべて46本の染色体が含まれる．

核膜には何千もの**核膜孔**とよばれる小さな開口部がある（図6・9）．核膜孔はイオンや低分子を自由に通過させるが，タンパク質などの大きな分子の出入りは制御し，通過できるものとできないものとがある．DNAに蓄えられた，特定のタンパク質を正確に形づくるための情報はRNA分子によってタンパク質生成ユニットであるリボソームに運ばれる．RNA分子はリボソームが存在する細胞質に達するために核膜孔を通り抜けなければならない．

ほとんどの細胞核には他の部分とは構造の異なる核小体が存在する．核小体はリボソームRNA（rRNA）とよばれる特別なRNAを大量生産する場所である．核小体の中でrRNAは特別なタンパク質と合わさってリボソームの部品をつくり，この部品は核膜孔を通って核外に出る（図6・9）．最後に，完全な機能をもつリボソームが細胞質内で組立てられる．タンパク質を大量につくっている細胞では，たくさんのリボソームが必要なので核小体が目立っている．

小胞体は脂質やタンパク質の製造工場である

核が細胞の管理センターだとしたら，細胞質はタンパク質や種々の化合物の大部分を製造する大工場である．しかし，特定の脂質とタンパク質は，細胞外への放出や細胞膜などの細胞内の他の部分への輸送の準備に特化した部署である小胞体で生成される．**小胞体**は管状や扁平な袋が大規模に内部連結した網状構造である（図6・10）．小胞体の境界は通常は核膜の外膜と連結した1枚の膜である．小胞体膜の内部空間は**内腔**（閉鎖された内側空間をさす言葉）とよばれる．

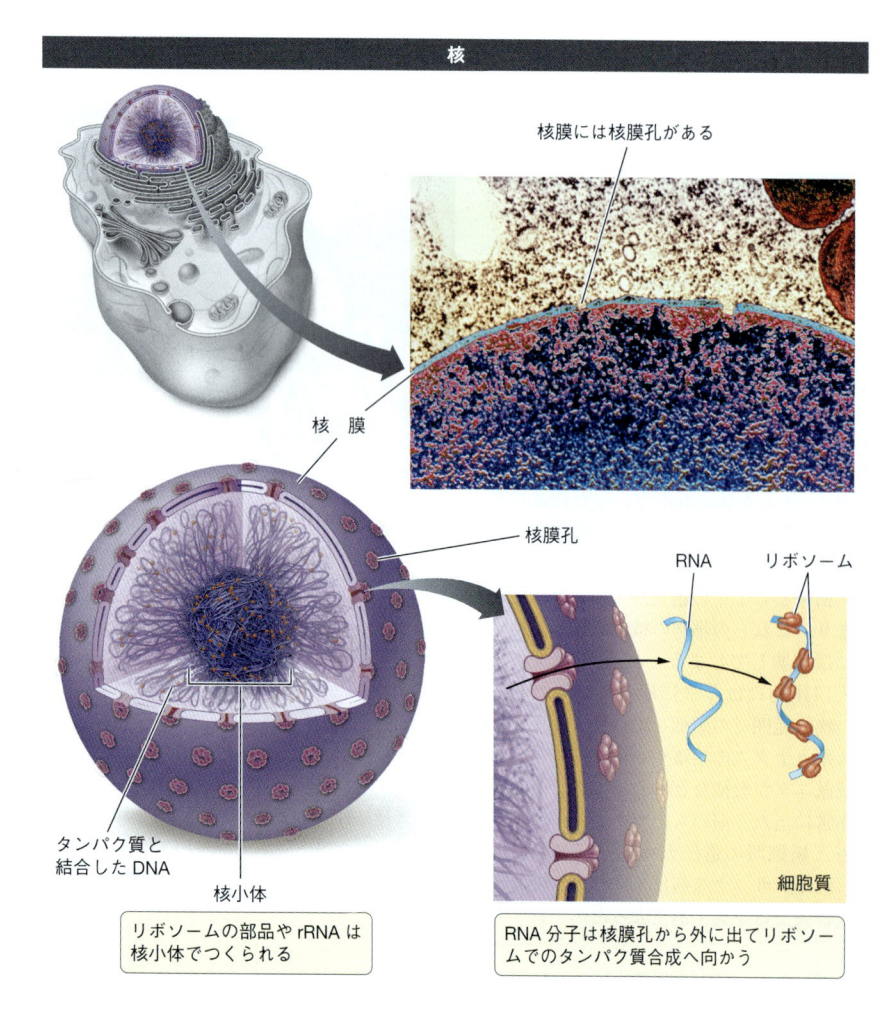

図6・9 **核は細胞の遺伝物質であるDNAをもつ** 核は2枚の膜からなる核膜に包まれている．核膜孔は核への分子の出入りを制御する通路となる．

6. 細胞構造と内部区画

図 6・10 ある種のタンパク質と脂質は小胞体の中でつくられる

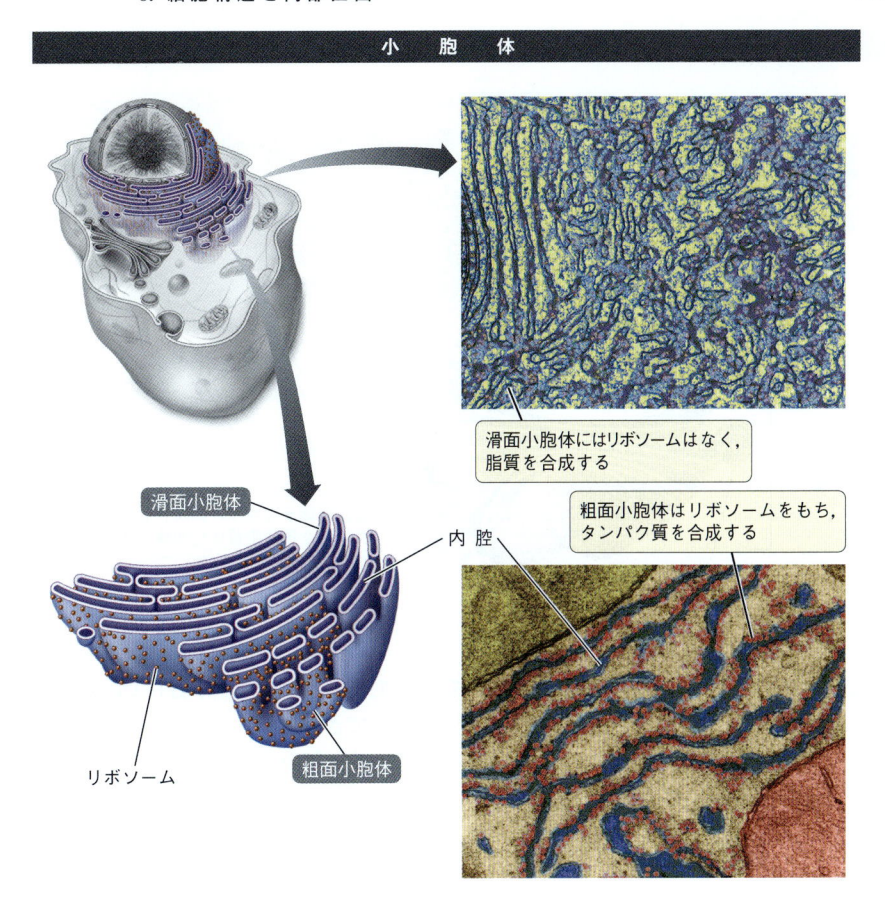

小 胞 体

滑面小胞体にはリボソームはなく，脂質を合成する

粗面小胞体はリボソームをもち，タンパク質を合成する

滑面小胞体
内 腔
リボソーム
粗面小胞体

　小胞体はその膜の形状から二つのタイプに分けられる．滑面小胞体と粗面小胞体である（図 6・10）．**滑面小胞体**の表面の酵素は細胞膜などの他の細胞要素に向かうさまざまな脂質を生成する．ある種の細胞では，滑面小胞体は体内に蓄積されると毒となるような有機化合物を分解する．毒になりかねない化合物にはある種の植物性化合物や薬物などがある．たとえば，ヒト肝細胞の滑面小胞体はカフェイン，アルコール，イブプロフェン（鎮痛剤の有効成分）を分解する酵素をもつ．肉食動物は草食動物や雑食動物が植物毒や植物性化合物（チョコレートに含まれるような）を分解するのに用いる小胞体の酵素を欠く傾向にあるので，これらの物質が有害となる．
　粗面小胞体は細胞質側表面に付着した多くのリボソームがでこぼこして見えることから名づけられた．粗面小胞体でつくられるいくつかのタンパク質は細胞質内の他の部分へと運ばれる．他のものは細胞表面に運ばれ細胞膜に取込まれるか細胞外空間に放出される．

飼い犬にチョコレートを与えないで

物質を運ぶ小胞

　脂質やタンパク質，炭水化物などの巨大分子を細胞内の他の区画，あるいは細胞外に運ぶにはどうしたらよいだろう．まず，この巨大分子は工場内で異なる部門に商品を運ぶカートのような輸送小胞に積み込まれる．**輸送小胞**は膜に包まれた球状の小さな袋で細胞の区画間で物質を輸送する（図 6・11）．疎水性の積荷（脂質や疎水性タンパクなど）は輸送小胞を形づくる 1 枚の膜に取込まれ，親水性の物質（おもに炭水化物や親水性タンパク質）は小胞の内腔に取込まれて運ばれる．
　輸送小胞は，石けん水で作るシャボン玉のように，小胞体などの膜から膨らんだものがくびり切れて生成する．小胞は石けん水の小さい泡が大きな泡に融合するように，標的の膜と融合する

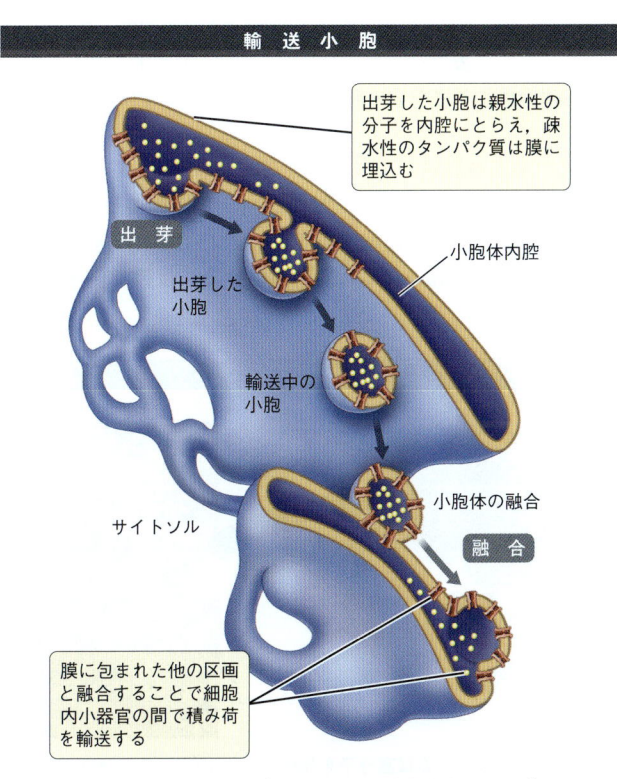

輸 送 小 胞

出芽した小胞は親水性の分子を内腔にとらえ，疎水性のタンパク質は膜に埋込む

出芽
出芽した小胞
小胞体内腔
輸送中の小胞
小胞体の融合
サイトソル
融合

膜に包まれた他の区画と融合することで細胞内小器官の間で積み荷を輸送する

図 6・11 細胞内物質はさまざまな目的地へ小胞を介して発送される
ここでは，小胞体からゴルジ体への発送を示している．

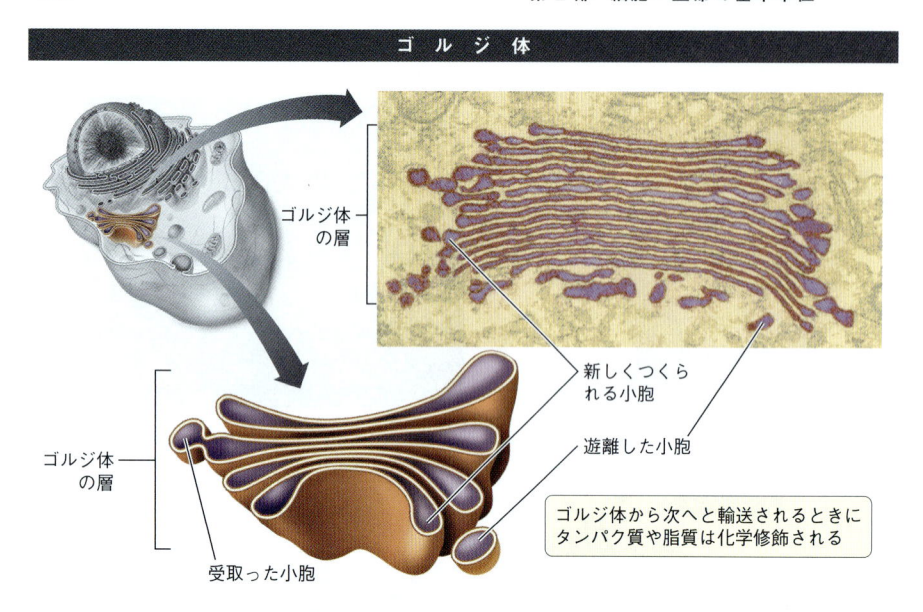

図 6・12 ゴルジ体はタンパク質と脂質とをその最終目的地へと経路づける タンパク質と脂質はゴルジ体によって化学的に修飾され，分類され，細胞内外にあるその最終目的地へと送り出される．

ことでその積荷を送り届ける．輸送小胞の内容物は生成場所によって決まる．たとえば，小胞体の膜からくびり切れてできた小胞は小胞体の内腔を含み，小胞体の膜の一部によって包まれている．

ゴルジ体は巨大分子を仕分けして出荷する

ゴルジ体も膜で包まれた細胞小器官で，小胞体でつくられたタンパク質や脂質を細胞内外の最終目的地に向かわせる．ゴルジ体は工場の出荷センターに相当する仕分け機能を担っている．出荷センターでは，商品は搬送先を示す荷札を付けられる．同様にゴルジ体ではタンパク質や脂質に糖分子やリン酸基などの特別な化学基を付けることで行き先を示す．

電子顕微鏡で観察すると，ゴルジ体は扁平な袋が何重にも積まれた形をしていて，その周りを多くの輸送小胞が取囲んでいる（図 6・12）．小胞は脂質やタンパク質を小胞体からゴルジ体，そしてゴルジ体のさまざまな袋の間で輸送する．

リソームと液胞は巨大分子を分解する

動物細胞では，分解されることになった巨大分子はリソームとよばれる細胞小器官に運ばれる．**リソーム**（lysosome. *lyso* は"分解する"，*soma* は"体"を意味する）は膜に包まれた細胞小器官で巨大分子を分解し，その構成要素を細胞質に放出する．言い換えると，リソームは細胞の廃品置き場やリサイクルセンターである．分解されることになった巨大分子は小胞によってリソームに運ばれる．損傷したミトコンドリアのような丸ごとの細胞小器官でもリソームに融合してその内腔でバラバラになる．リソームは 1 枚の膜で囲まれ（図 6・13），内部に脂質やタンパク質といった特定の巨大分子の分解に特化したさまざまな酵素がある．分解物の多く（脂肪酸やアミノ酸，糖）はリソーム膜を通過して再利用のために細胞質に放出される．リソームはさまざまな形状をとるが，その内部はすべて約 pH 5 と酸性であるのが特徴である．（細胞質はおよそ pH 7 である．）リソーム内の酵素は酸性でよくはたらく．

液胞とよばれる植物の細胞小器官は，植物特有の機能のほかに動物細胞のリソームと同様の機能ももつ．ほとんどの成熟した植物細胞では中央の液胞が植物細胞の体積の 3 分の 1 以上を占める（図 6・14）．巨大分子を分解する酵素を含むほかに，植物の液胞はカルシウムイオン，糖，色素などさまざまなイオンや可溶性分子を蓄える．植物の液胞は水素イオンを蓄積するため，リソーム同様に酸性の pH をとる．レモンの果実が"とてもじゃないが食べられない"と昔の歌の歌詞にあるのは（訳注: Peter, Paul and Mary の Lemon Tree という曲），舌を刺すような酸（約 pH 2）が細胞（果汁袋）の液胞に入っているからである．

草食動物に食べられないように有毒物質を液胞に貯蔵する植物もある．たとえばタバコの葉は神経毒であるニコチンを貯蔵し，葉の細胞が損傷を受けたときにこれを放出する．また水で満たされた大きな液胞は植物の木化していない部分を機械的に支えるはたらきもする．液胞の内容物は膨圧として知られる物理的な圧力を細胞質，細胞膜，細胞壁に対して発生する．膨圧はタイヤの中の空気圧がタイヤを膨らませているように植物細胞を膨らませる．水やりを忘れた観葉植物は膨圧が減ってしおれてしまう．植物の液胞に似た細胞区画は菌類や原生生物でもみられるが，そのはたらき方や機能は異なるものである．

細胞の発電所，ミトコンドリア

これまで，細胞という工場内で，管理局，作業現場や出荷部門を見てきた．しかし，製造や運搬のための機械を動かすエネル

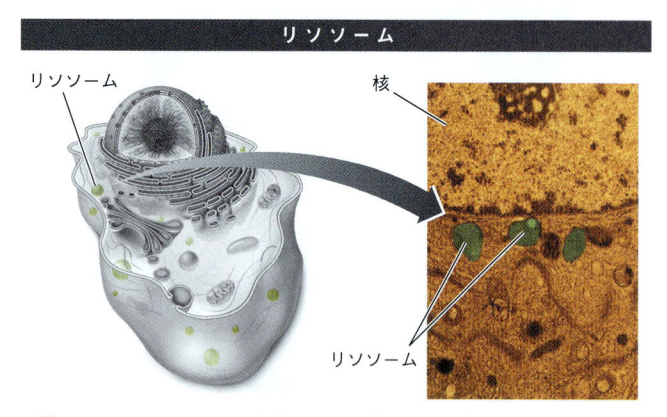

図 6・13 リソームは高分子を分解する リソームは動物細胞中にみられる．リソームは外部から取込んだ分子を消化するのと，細胞の要素をその分子が再利用できるように分解するのを助ける．

ギーがなければ，これらの部局は機能できない．ほとんどの真核生物においてこのエネルギーの供給源となっているのは**ミトコンドリア**である．この2枚の膜に包まれた細胞小器官は食物分子からエネルギーを取出して細胞活動に動力を与える．植物のような光合成を行う生物には，太陽光を用いてエネルギー貯蔵分子（食物分子）をつくり出す別のユニットである葉緑体がある．しかし，光合成をするしないにかかわらず，食物分子の化学エネルギーを細胞活動に使えるようなエネルギーに変えるためにはミトコンドリアは必須の細胞小器官である．

ミトコンドリアは豆型で明確に区別できる2枚の脂質二重膜で囲まれている．膜と膜の間の空間は**膜間腔**とよばれる．ミトコンドリアの内膜は内側に大きなひだをつくって表面積を広くしており，この構造を**クリステ**とよぶ．クリステの内側の空間は**マトリックス**とよばれる（図6・15）．ミトコンドリアは食物分子のエネルギーを細胞の普遍的燃料であるATPに変えるための化学反応を行う．ATPの共有結合に蓄えられたエネルギーは細胞の多くの化学反応の燃料として順次使用される．

ミトコンドリアでのATP産生はクリステに埋込まれたタンパク質の活性に依存する．膜間腔とマトリックスというはっきり隔てられた二つの空間もこの過程に重要である．この独自の設備を使いミトコンドリアは食物分子が分解されるときに放出される化学エネルギーの一部を捕らえて，そのエネルギーの一部を使って酸素過程を用いてエネルギー豊富なATPを産生する．言い換えれば，酸素ガス(O_2)と食物からもたらされる分子はミトコンドリアの発電所の燃料源となるのである．人間の手による発電所と同じように，二酸化炭素(CO_2)と水(H_2O)がエネルギー生成過程の副産物として生じ，この過程は**細胞呼吸**とよばれる．細胞呼吸については第9章で詳しく解説する．

図6・14 **植物の液胞は貯蔵し，リサイクルし，膨圧を与える** 植物の液胞は大きな高分子を消化するための酵素を含む．また液胞は水，イオン，糖，他の栄養を蓄え，花粉媒介者をひきつけるための色素や草食動物を避けるための毒素を含むこともある．液胞内で生じる溶液の圧力は植物細胞を支えるための膨圧を与える．

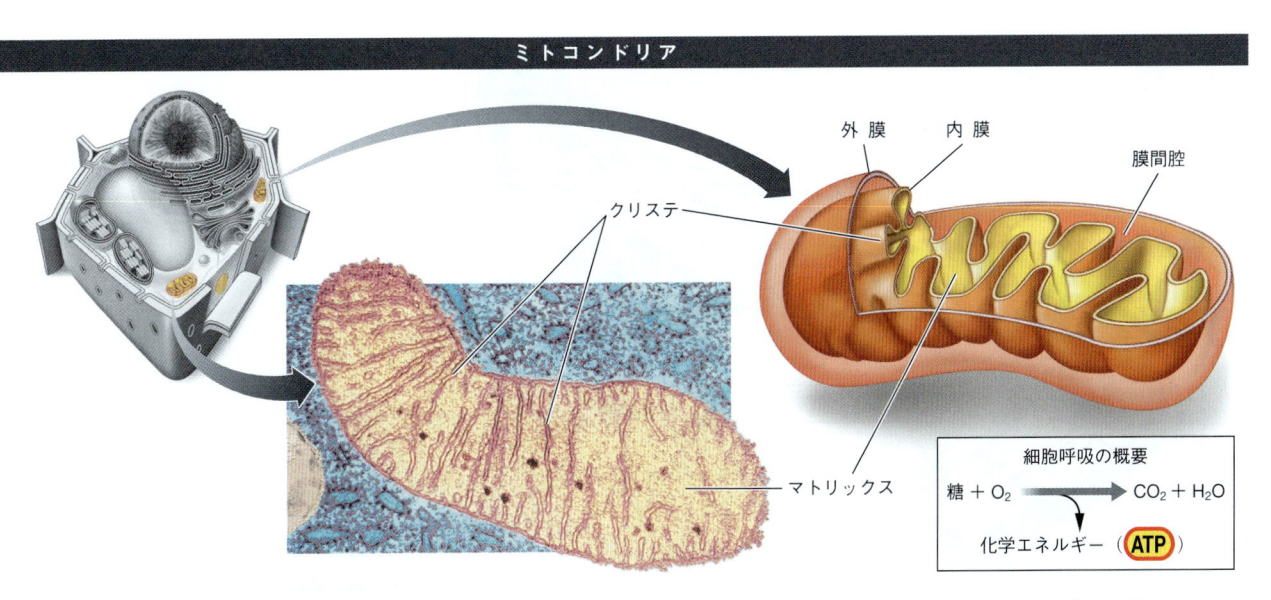

図6・15 **ミトコンドリアはATPのかたちでエネルギーをつくり出す** ミトコンドリアは2枚の膜をもっている．内膜のひだ（クリステ）は大きな表面積をつくり出し，多数のATP合成酵素が配置できるようになっている．

葉緑体は太陽からエネルギーを得る

ミトコンドリアは真核細胞（植物も動物も）の生命を維持するATPを供給するが，植物細胞と藻類として知られる原生生物はそれに加えて太陽光のエネルギーを取込み食物分子を生産する細胞小器官である**葉緑体**をもつ（図6・16）．光エネルギーはまずATPのようなエネルギー担体に捕らえられ，その後**光合成**とよばれる過程で二酸化炭素（CO_2）と水から糖分子を合成するのに用いられる．糖分子に蓄えられたエネルギーは直接植物細胞で使われたり，植物を食べたすべての生き物によって間接的に使われたりする．読者がこのページを読んでいるまさにこの瞬間に脳と目を動かす筋肉は元をたどると光合成によって葉緑体でつくられた食物分子からのエネルギーを用いているのである．

光合成では水分子が分解され酸素ガスが放出される．光合成でつくられる酸素は私たちやその他の生き物の生活を支えている．ミトコンドリアはATPを生成するのに酸素の連続供給が必要だが，これは基本的には光合成と真逆の反応である．光合成では酸素は二酸化炭素と水から食物分子（糖）がつくられるときの副産物として生じる．ミトコンドリアでの細胞呼吸では酸素を消費して食物分子を分解し，副産物として二酸化炭素と水を放出する．

葉緑体は葉緑体膜をつくる同心性の膜2枚に包まれている．膜の中には膜のネットワークがあり，その一部はホットケーキを積み重ねたように層状になっている（図6・16）．一つ一つのホットケーキのような構造を**チラコイド**という．チラコイドの膜には光を吸収する特別の色素である**クロロフィル**がおもに埋め込まれていて，葉緑体が太陽光からエネルギーを取込むことを可能にする．クロロフィルは緑色の光を吸収せず，反射させて私たちの目に届けるので緑色に見える．（私たちがある物体が特定の色をもつように認識するのはその物体が吸収する光ではなく反射する光の波長に基づく．）クロロフィルによって吸収される光（おもに赤と青の波長）はATPのようなエネルギー担体を生成するのに使われる．チラコイドの周囲空間に存在する酵素はそのエネルギー担体を用いて水と植物が周辺から取込んだ二酸化炭素から炭水化物を合成する．

■ これまでの復習 ■

1. (a) 滑面小胞体と (b) 粗面小胞体でつくられる巨大分子は何？
2. ゴルジ体の役割は？
3. リソソームの重要な役割を一つあげよ．また，植物で同じ機能を担う細胞小器官は？
4. クロロプラストとミトコンドリアはどちらもATPを産生する．これらの細胞小器官の機能の決定的な違いは何か？

---

1. (a) 脂質，(b) タンパク質
2. 小胞体で合成されたタンパク質や膜が修飾を受け，さらに他の小胞体（目的のラベル）を付加して輸送目的地に送り出す．
3. タンパク質や糖などの巨大分子の分解．液胞．
4. 葉緑体は日光のエネルギーを用いてATPをつくり，CO_2と水を分解する過程にO_2を放出する．ミトコンドリアは糖を分解してATPをつくり，二酸化炭素と水を放出する．

6・5 細 胞 骨 格

真核細胞は，中に細胞小器官が漂う細胞質の入った膜からなる単なる不定形の袋ではない．細胞内では**細胞骨格**とよばれるタンパク質の管や繊維のネットワークが形成され，輸送小胞のような細胞小器官の運動をサポートし，細胞壁のない細胞に形を与え，ある種の細胞では細胞全体の運動をも可能にする（図6・17）．管状の細胞骨格構造（微小管とよばれる）は小胞体やゴルジ体のような細胞小器官を固定し，小胞を輸送したり他の細胞内粒子が

葉 緑 体

光合成の概要
光エネルギー
$CO_2 + H_2O \longrightarrow$ 糖 + O_2

チラコイドの層

外 膜 ┐
内 膜 ┘ 葉緑体膜

チラコイド膜
チラコイド内腔

チラコイド膜は光エネルギーを吸収する色素クロロフィルを含む

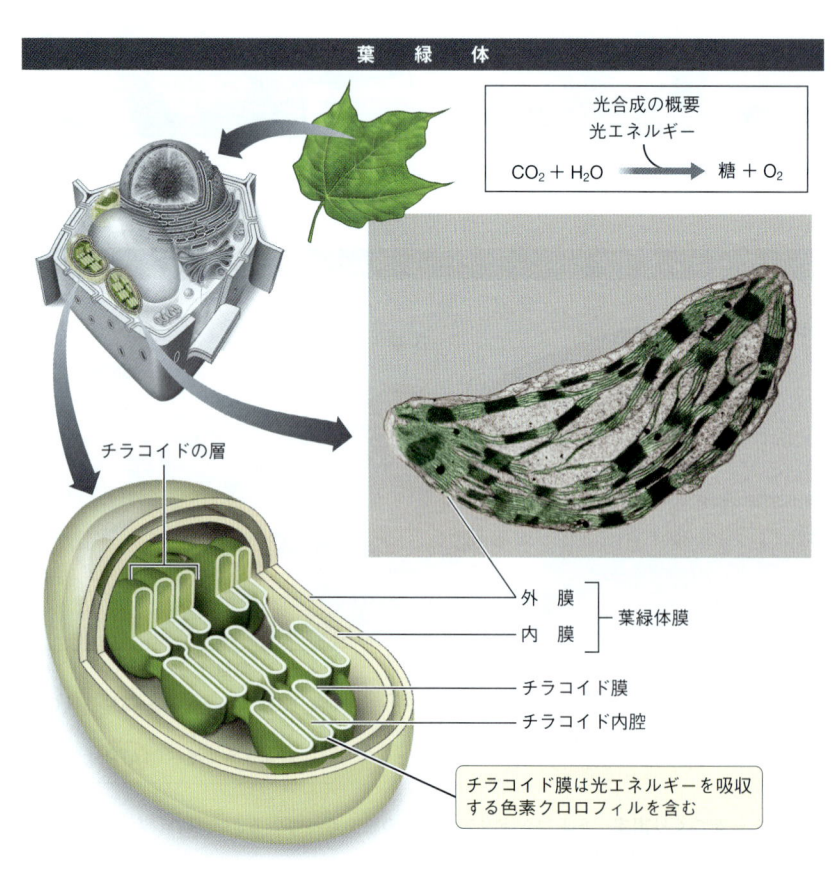

図6・16 葉緑体は日光のエネルギーを捕らえて糖を生成するのに使う 葉緑体は植物の緑色の部分と藻類として知られる原生動物にみられる．

動くための軌道となる．多くの動物細胞は縄状のタンパク質の帯（中間径フィラメント）で補強されており，細胞の変形や衝撃による破裂を阻止する．細い網状の細胞骨格構造（微小繊維）は細胞膜を支える足場を構成し，動物や原生生物などの細胞壁のない細胞に形と物理的な強さを与える．細胞壁のない細胞は細胞骨格の足場が解体して再形成されることで急速に形を変えることができる．

アメーバのような固い表面を這って進む細胞は細胞骨格（おもに微小繊維）の変形する性質を使う．細胞が這うときには細胞膜の前端での伸長と後端での収縮という細胞の形の劇的な変化が必要である．先に紹介したゾウリムシやボルボックスのような水中を泳ぐ生物では，運動に細胞骨格要素（微小管）を用いている．

細胞骨格には3種類ある

微小管，中間径フィラメント，そして微小繊維が主たる細胞骨格である（図6・18）．**微小管**は中空の管状になった比較的硬いタンパク質構造で，細胞小器官の位置決め，輸送小胞やその他の細胞小器官の移動，そしてある種の真核細胞にみられる繊毛や鞭毛といった細胞突起内で力を生み出す．**中間径フィラメント**はタンパク質が縄状の繊維になったもので，細胞のタイプによってその性質は異なるが，細胞を物理的に強化する．**微小繊維**は3種の細胞骨格構造のなかで最もやわらかくて細い．微小繊維はタンパク質がより糸のようになっていて細胞の形をつくったり，ある種の真核細胞でみられる這う運動を生み出したりする．

微小管は細胞内の運動を支える

微小管は最も太い細胞骨格繊維であり，その直径は約25 nmである．おのおのの微小管は**チューブリン**とよばれるサブユニットが円柱状に配置されたものである（図6・18a）．微小管はチューブリン二量体を単位として，これを足したり外したりすることで長さを伸び縮みさせることができる．この能力が微小管を動的な構造にするので，微小管は細胞の内部配置を急速に変化させたり，細胞小器官を捕らえて細胞質内を引っ張ったりすることができる．ほとんどの動物細胞で微小管は細胞の中心から放射状に細胞膜へと伸びた構造をとっている（図6・17）．放射状に伸びた微小管は，小胞体やゴルジ体といった細胞小器官の配置を助ける細胞内の足場となる．

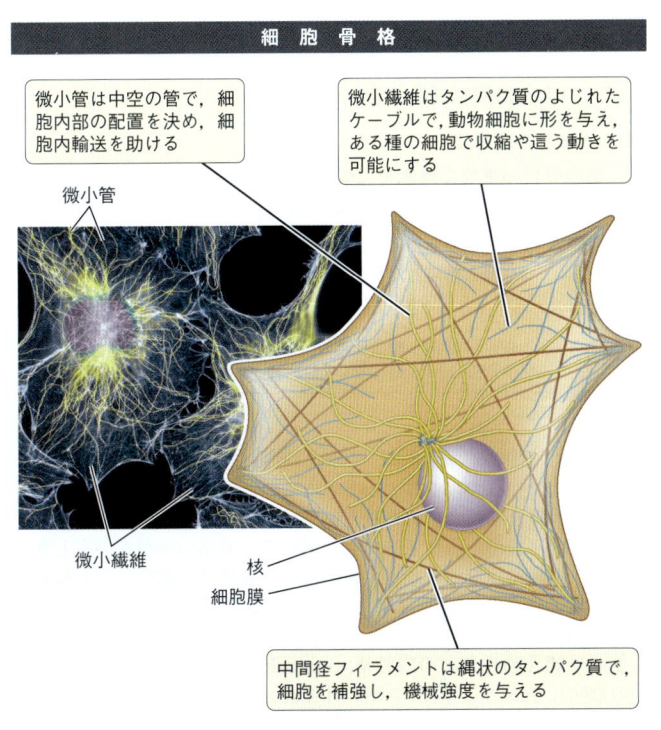

図6・17 細胞骨格系の概要

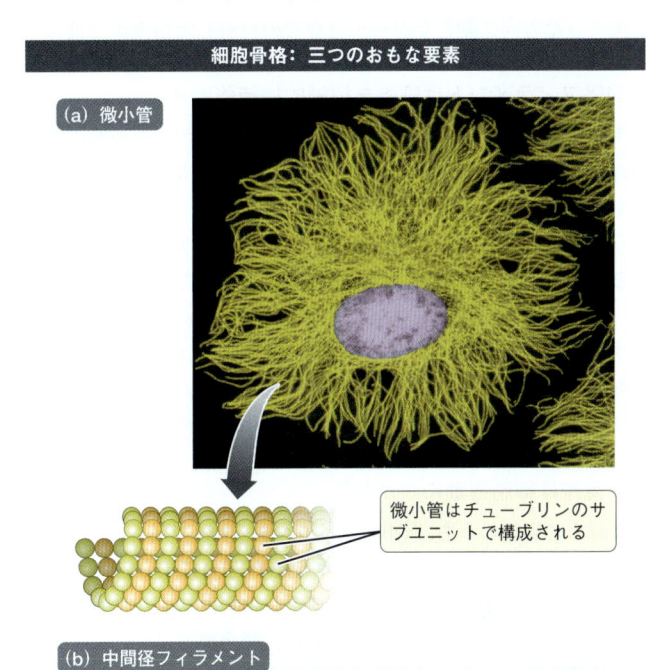

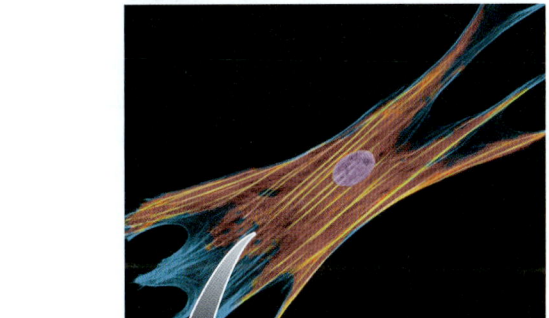

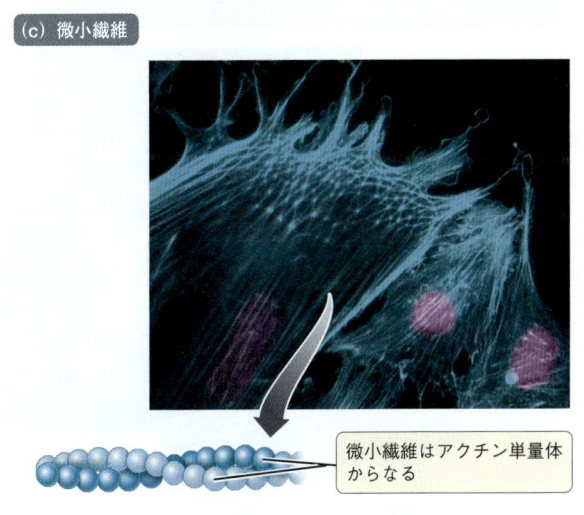

図6・18 微小管，中間径フィラメント，微小繊維の構造 細胞骨格には三つの基本ユニットがある．

また、微小管は小胞が細胞小器官の間で、あるいは細胞小器官から細胞表面へと移動するときの経路ともなる。微小管が小胞にとって線路のレールのようにはたらくことができるのはモータータンパク質のおかげである。モータータンパク質はその"尾部"で小胞に付着し、"頭部"で微小管と相互作用する。モータータンパク質はATPのエネルギーを機械的な力に変えて微小管の上を決まった方向に動きながら小胞などの付着した積み荷を運ぶ。

中間径フィラメントは細胞を機械的に補強する

中間径フィラメントは直径8〜12 nmのさまざまな種類の縄状繊維である。微小管よりも細いが微小線維よりも太いのでこの名称をもつ（図6・18 b）。中間径フィラメントは建物の梁や桁のように構造支持のはたらきをもつ。たとえば、ケラチン繊維からなる中間径フィラメントは私たちの皮膚の生きた細胞の強度を保つ。ケラチンの機能を失った細胞はちょっとした圧力にも耐えられず、破裂して水ぶくれやその他の皮膚の障害が起こる。また、中間径フィラメントは細胞内の膜を強化する。たとえば核膜は中間径フィラメントの網の裏打ちによって強化されている。

微小繊維は細胞運動にかかわる

これらの繊維のうち、微小繊維は直径約7 nmで最も細い（図6・18 c）。微小繊維は2本の糸状の重合体が互いにより合わさって構成されている。糸状の構造は**アクチン**というタンパク質の単量体からつくられている。微小管と同様、微小繊維は動的な構造でその片側の端、あるいは両端で急速に重合したり脱重合したりすることで長さを変えることができる。

微小繊維の急速な変化の典型的な例は固体表面をゆっくり這って移動する細胞運動だろう。たとえば白血球は仮足とよばれる細胞膜の突起を前方に伸ばすことによって這う。細胞の後端では細胞膜の後端をつぎつぎに基質からはがして縮めて前に引っぱる（図6・19）。この運動は細胞前端と後端での微小繊維の素早い再配置によって可能となっている。前端では微小繊維は平行の列状に伸び、細胞膜を外に押し出すことで仮足を形づくる。このとき、細胞後端の微小繊維はばらばらの方向にランダムに配置されている。つぎに、前進に備えて細胞後端を持ち上げるのを可能にするためにランダムな微小繊維はすべて脱重合する。細胞後端の細胞膜は固体表面から外れ、このときモータータンパク質は細胞の後部全体を前に引っ張るための力を発生する。

細胞の這う運動はアメーバのような原生生物や粘菌類のような生物が食物を探したり交配相手を探したりするのを可能にする。皮膚のけがからの回復に重要な役割をもつ繊維芽細胞は、微小繊維を使って這うように進むことでけがの部位に移動する。細胞の移動は多くの動物で胚発生に重要である。一方で、細胞の移動はがんの発生において、がん細胞を他の組織に侵入させ体全体にばらまく壊滅的な段階でもある。

繊毛と鞭毛による細胞全体の運動

多くの原生生物と動物は**繊毛**とよばれる毛のような突起が何本も生えた細胞をもつ。繊毛は手漕ぎボートのオールのように前後に動き、溶液中に細胞を進めたり、細胞表面の溶液を動かしたりする。繊毛の内部は微小管の束でできた柔軟性のある細胞骨格装置である。この装置は9本の微小管のペア（ダブレット）が2本の微小管（中心対）の周りに配置されている。微小管と微小管の間にはモータータンパク質が位置し、ATPのエネルギーを使って微小管同士を曲げることで繊毛全体を屈曲させる。図6・1(b)にあるゾウリムシのような水生の原生生物は水の中で繊毛を使って動き回る。ある種の細胞は繊毛を自分自身が動き回るためではなく、自分の上の液体の層を動かすのに用いる。私たちの気管上皮に並ぶ細胞がその例である（図6・20 a）。細胞は好ましくない物質をその表面の繊毛を使って粘液の層に捕らえて肺の外、のどの方へとかき出す。これらの物質は咳をしたり、粘液を食道へ飲み込んだりすることで取除かれる。

多くの細菌、古細菌、原生生物、いくつかの植物とすべての動物の精子は、1本もしくは数本の**鞭毛**とよばれる鞭のような構造を用いて溶液中を進む。**真核生物の鞭毛はサーカス団長の鞭のように動く**（図6・20 b）。鞭毛は繊毛よりもだいぶ長いが、両者の内部構造はよく似ており、両者とも細胞膜の延長である脂質二重層で覆われている。一方、**原生生物の鞭毛は膜には覆われておらず**、内部構造も非常に異なっていて真核生物の鞭毛とは別に進化してきたと考えられている（図6・20 c）。真核生物の鞭の鞭のような動きとは異なり、原核生物の鞭毛はモーターボートのプロペラのように回転運動する。

■ **これまでの復習** ■
1. 細胞骨格の重要な機能を三つあげよ。
2. 真核生物の鞭毛と繊毛を比較せよ。

1. 細胞内の細胞小器官の配置を決める。細胞内で細胞小器官の移動を駆動する。這う動きや鞭毛や繊毛で細胞が動くことを可能にする。
2. 鞭毛は長く、鞭のように動き、繊毛はオールのように動く。内部での微小管の配置は同じで、どちらも細胞膜で覆われている。

■ **役立つ知識** ■ 細胞には骨がないのに、骨格という言葉を細胞の構造に使うのは奇妙かもしれない。しかし、生物学者は骨格という言葉をもっと広い意味、細胞の形を維持し、保護している外枠や内部構造という意味で使っている。骨格の種類をいうときに、他の接頭語をつけて用いるが、細胞骨格は、細胞に形や構造を与えていることを意味する。英語名では、cyto-（細胞の）と-skeleton（骨格）を合わせてcytoskeletonという。他の例として、魚類や哺乳動物などの内骨格（endoskeleton, endo-は"内"の意味）、昆虫やエビ・カニ類の外骨格（exoskeleton, exo-は"外"の意味）がある。

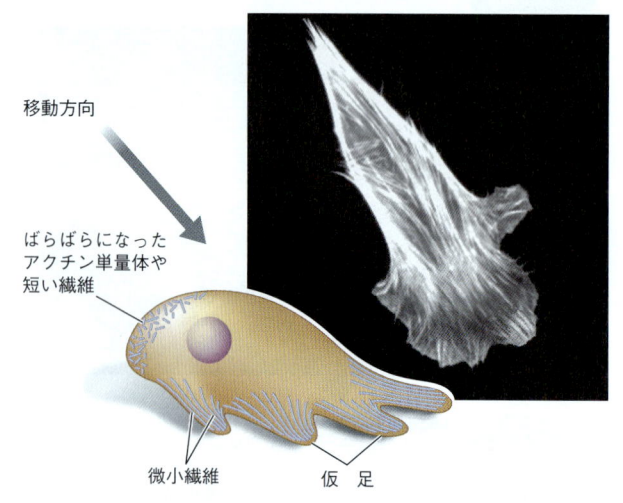

図6・19 微小繊維はある種の細胞全体の運動を駆動する

細胞骨格が運動を可能にする

(a) ヒトの気管の繊毛

繊毛は手こぎボートのオールのように往復運動する

有効打　　回復打

(b) 真核生物の鞭毛（精子細胞）

波が真核生物鞭毛に沿って伝わり推進力を生み出す

(c) 原核生物の鞭毛（細菌）

細菌の鞭毛はプロペラのように回転する

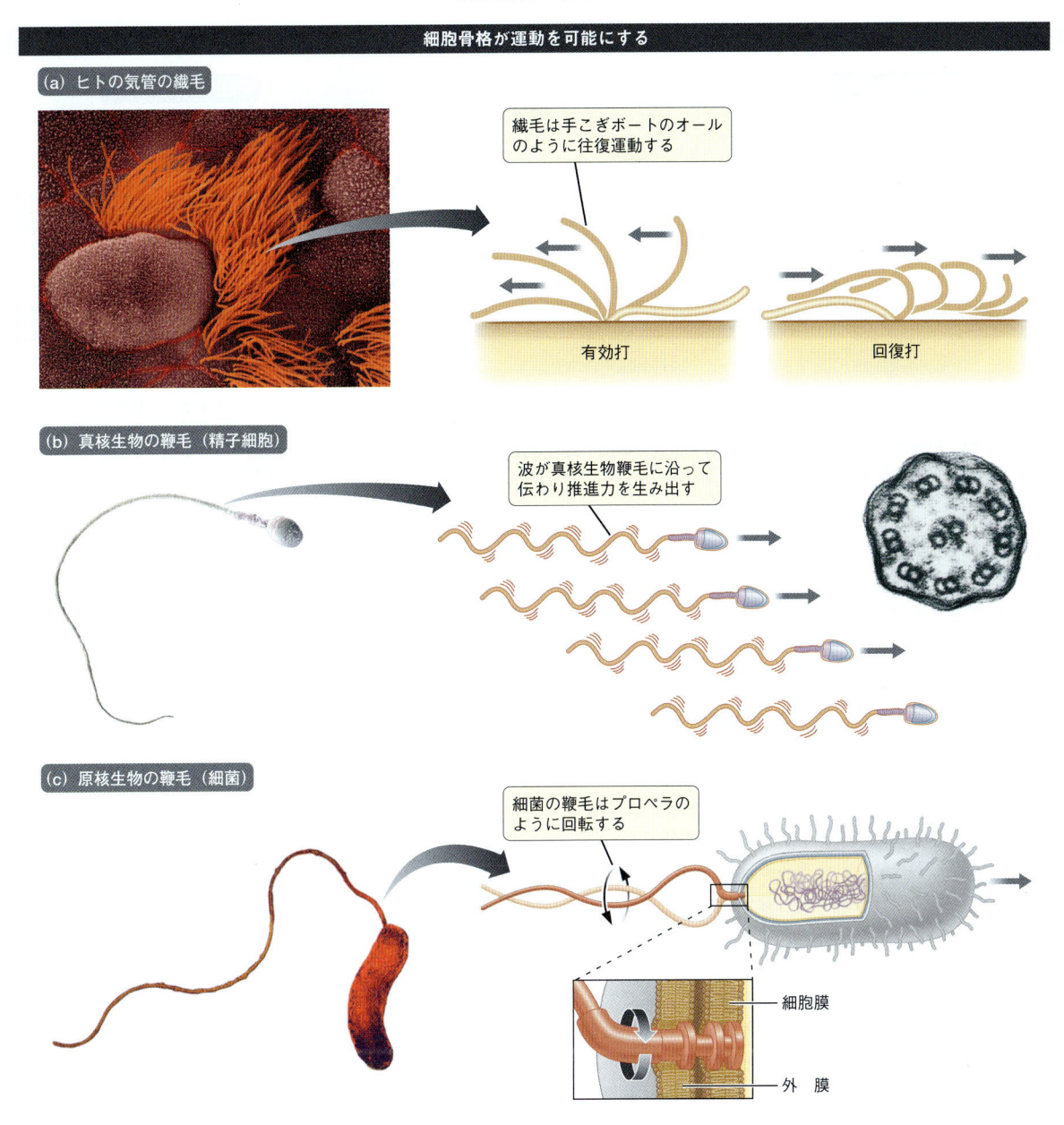

細胞膜
外　膜

図 6・20　繊毛と鞭毛は動きをつくり出す　多くの生物は繊毛や鞭毛を使って運動する．(a) 繊毛の束は私たちの気管（気管支）に並ぶ細胞に存在する．(b) 精子細胞などにみられる真核生物の鞭毛は，繊毛よりもだいぶ長い．真核生物の繊毛と鞭毛は 9 + 2 のパターンに配置された微小管の束（挿入写真）をもち，細胞膜に包まれている．原核生物の鞭毛はだいぶ異なる構造をもつ．(c) 細菌（図はブデロビブリオ *Bdellovibrio bacteriovorus*）にみられる原核生物の鞭毛は細胞膜に固定されたタンパク質複合体に付着したロープのようなタンパク質である．

学習したことを応用する

真核生物の進化

ある細胞が他の細胞に侵入することは必ずしも敵意に満ちた乗っ取りではない．二つの細胞が融合するときに，双方にとって有益となるような安定した関係を長く築くことがある——相利共生として知られる共生のかたちである．何十億年の昔，原生生物の細胞が他の細胞とまさにこのような相利共生を経て現在の真核生物細胞の祖先が生じたことを示唆する有力な証拠がある．

他のほとんどの細胞小器官とは異なり，葉緑体とミトコンドリアは自身の DNA をもち，原生生物のように分裂することですみかである細胞とは独立に増殖する．この驚くべき重要な事実は，1967 年に生物学者の Lynn Margulis が葉緑体とミトコンドリアは以前原生生物であったものが大きな細胞に取込まれたものであると提唱するまで，完全には理解されておらず評価されてもいなかった．

1970 年に Margulis は本を出版し，細胞は相利共生で進化してきたという説を詳しく述べ，詳細な観察でその主張を強めた．数年後，別の研究者たちが彼女の説を検証した．彼らは Margulis の説が正しいことを認め，葉緑体の遺伝子はその葉緑体のすみかである真核細胞のものよりも光合成細菌のものと似ていることを予言した．ミトコンドリアについても同様のはずである．はたして，葉緑体とミトコンドリアの遺伝子はどちらも特定の原核生物に似ていた．

長年にわたる粘り強い議論を経て Margulis は他の生物学者たちを説得した．今日の生物学者はミトコンドリア，葉緑体，そして特定の他の細胞小器官が原核生物に由来し，細胞内で共進化し

ミトコンドリアの細胞内共生の起源

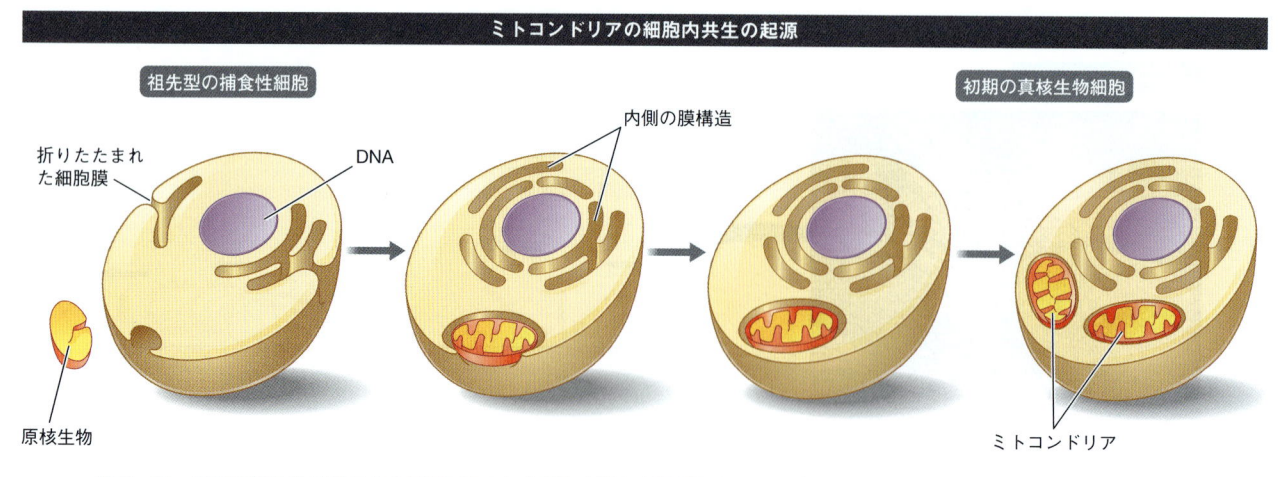

図6・21 原始真核生物がどのように膜に包まれた細胞小器官を獲得したか いくつかの細胞小器官，たとえばミトコンドリアや葉緑体などは取込まれた原核生物の末裔である．他の膜に包まれた細胞小器官，たとえば小胞体はおそらく細胞膜が内側に折りたたんだところから生成した．

たというこの"細胞内共生説"を受入れている．

原核生物が行うような分裂による増加をすること，特定の原核生物に似た遺伝子をもつこと以外に，ミトコンドリアと葉緑体は特定の原核生物に似ていることがある．一つ目は，膜の配置があたかも細菌が真核生物の細胞膜に取囲まれたようである．どちらの細胞小器官も外膜は真核生物の細胞膜に似ていて最も内側の膜は原核生物の細胞膜に似ている．二つ目は，どちらの細胞小器官も細胞核のDNAとは独立の自身のDNAをもっていることである．どちらの細胞小器官のDNAも小さな閉じたループ状になっていてあたかも原核生物のDNAのようである．最後に，ミトコンドリアと葉緑体は原核生物のものに似た自身のリボソームをもっている．

これらの驚くべき類似は，ミトコンドリアと葉緑体とがかつては自由に生きていた原核生物で，真核生物の祖先の内部で生きることになったという仮説を支持する．この仮説によると比較的大きな捕食細胞が近隣の原核細胞を食胞に取込んだ（図6・21）．小さな原核細胞は消化されずに生き延び，二つの生物は共進化して共生関係を築いた．最初の原始的な原生生物は21億～27億年前に誕生したといわれている．生物学者たちは，大きな細胞が小さな細胞を自身の外側の細胞膜を内側に折り込むことで捕獲したり，小胞のような構造をつくって原生生物を飲み込んだりした，と仮定している．

生き延びて宿主の中を動くこととなった原生生物は，捕食者から逃れるすまいと安定した食糧という対価を得た．原生生物のうち，食物分子をATPに変換するのに高い能力をもつものはミトコンドリアに進化し，豊富なATPを宿主と分け合うこととなった．一方，真核生物という大家に間借りをした光合成藍藻は太陽光によって生成した糖という家賃を払う．

章のまとめ

6・1 細胞：生命の最小単位

- 細胞は生物の基本単位である．
- ほとんどの細胞は表面積と体積の比による制限を受けるので小さい．細胞の幅が増えるとき，体積は表面積に比べて莫大に増えるので大きな細胞ほど内外への物質の輸送を行う細胞膜の面積が比例的に減るが，より多くの細胞質を保持することができる．
- 大まかにいえば，大きな生物の方が効率の良い捕食者で，被食を許さず，栄養を得たり蓄えたりする能力が高い．
- 多細胞生物は密に統合された細胞の集まりであり，共通の祖先細胞に由来し，その構成細胞をばらばらにすると個々の細胞だけでは生きていけない．
- 多細胞化は生物を大型化させ，多様な細胞のタイプ間で労働を分担することで多大な効率化という利点を得た．

6・2 細胞膜

- すべての細胞は細胞膜で覆われ，生命活動となる化学反応を外界から分離する．
- 流動モザイクモデルによると，細胞膜は脂質とタンパク質の非常に移動性のある集合で，それらの多くは膜平面内で動くことができる．
- 細胞膜内のタンパク質はさまざまな機能をもつ．受容体タンパクは情報を交換し，輸送タンパクは膜を横切って物質を移動し，接着タンパク質は細胞が互いにくっつくのを助ける．

6・3 原核細胞と真核細胞

- 生物は原核生物と真核生物のいずれかに分類される．
- 原核生物は単細胞生物で核と複雑な内部区画を欠いている．真核生物は単細胞あるいは多細胞で，その細胞にはたとえば核のような膜で包まれた区画をもつ．
- 細胞質は細胞膜に包まれた細胞内容物すべてのことである．細胞質には水溶性のサイトソル（多くのイオンや分子を含む濃度の高い液体）や細胞小器官（独自の機能をもつ細胞内構造）が含まれる．
- 体積的に真核細胞は原核細胞よりも1000倍大きくなる．真核細胞は最適な機能のために細胞の化学反応を集中させ組織化させる内部要素を必要とする．

6・4 真核細胞の内部区画

- 核はDNAを含む．核はたくさんの孔のある核膜に包まれている．DNAに保存された情報はRNAによって細胞質に運ばれる．
- 脂質は滑面小胞体でつくられる．いくつかのタンパク質は粗面小胞体で合成される．
- 分子は細胞小器官の間を小胞によって運ばれる．小胞は出芽

の要領でもとの膜から切り離され，目的地の膜と融合する．
- ゴルジ体はタンパク質と脂質を受取り，それらを貯蔵し，最終目的地へと送り出す．
- リソームはタンパク質のような大きな有機分子を単純な要素に分解し，細胞が使えるようにする．液胞はリソームと同様の機能をもつが，イオンや分子を蓄え植物細胞の物理的な支持としてもはたらく．
- ミトコンドリアは真核細胞の化学エネルギーをATPの形でつくり出す．
- 葉緑体は日光のエネルギーを利用して光合成によって糖をつくり出す．

6・5 細胞骨格

- 真核細胞は細胞骨格によって構造的に支持され，動いたり形を変えたりする．
- 細胞骨格は3種類の繊維からなる．微小管は細胞小器官を位置づけ，それらを細胞内で動かす．微小繊維は細胞に形を与えアメーバ運動を可能にする．中間径フィラメントは細胞に物理的な強さを与える．
- ある種のタンパク質，精子細胞，古細菌，細菌は繊毛や鞭毛を使って動く．真核生物の鞭毛は原核生物の鞭毛とは構造も動きも異なる．

重要な用語

細胞 (p.111)	ゴルジ体 (p.120)
細胞説 (p.111)	リソーム (p.120)
細胞膜 (p.111)	液胞 (p.120)
細胞質 (p.111)	膜間腔 (p.121)
サイトソル (p.111)	クリステ (p.121)
細胞小器官(オルガネラ)(p.111)	マトリックス (p.121)
核 (p.111)	細胞呼吸 (p.121)
ミトコンドリア (p.111, p.121)	葉緑体 (p.122)
リボソーム (p.111)	光合成 (p.122)
多細胞生物 (p.114)	チラコイド (p.122)
細胞外マトリックス (p.115)	クロロフィル (p.122)
流動モザイクモデル (p.115)	細胞骨格 (p.122)
原核生物 (p.116)	微小管 (p.123)
真核生物 (p.116)	中間径フィラメント (p.123)
核膜 (p.118)	微小繊維 (p.123)
染色体 (p.118)	チューブリン (p.123)
核膜孔 (p.118)	アクチン (p.124)
小胞体 (p.118)	繊毛 (p.124)
内腔 (p.118)	鞭毛 (p.124)
滑面小胞体 (p.119)	真核生物の鞭毛 (p.124)
粗面小胞体 (p.119)	原核生物の鞭毛 (p.124)
輸送小胞 (p.119)	細胞内共生説 (p.126)

復習問題

1. 平均的な原核生物とは異なり，真核生物は
   (a) 核をもたない．
   (b) 多くの異なる内部要素をもつ．
   (c) 細胞膜にリボソームをもつ．
   (d) 細胞膜をもたない．
2. 細胞膜に存在するものはどれか？
   (a) タンパク質　　　(c) ミトコンドリア
   (b) DNA　　　　　 (d) 小胞体
3. リボソームがくっついている細胞小器官はどれか？
   (a) ゴルジ体　　　　(c) 粗面小胞体
   (b) 滑面小胞体　　　(d) 微小管
4. 日光のエネルギーを吸収する細胞小器官はどれか？
   (a) ミトコンドリア　(c) ゴルジ体
   (b) 細胞核　　　　　(d) 葉緑体
5. 酸素を使用して糖からエネルギーを取出す細胞小器官はどれか？
   (a) 葉緑体　　　　　(c) 核
   (b) ミトコンドリア　(d) 細胞膜
6. チラコイドとクリステを両方含む細胞小器官はどれか？
   (a) 葉緑体　　　　　(c) 核
   (b) ミトコンドリア　(d) 上のどれでもない
7. タンパク質の繊維と管でできた，細胞全体を動かす細胞内部構造を何とよぶか？
   (a) 小胞体　　　　　(c) リソーム系
   (b) 細胞骨格　　　　(d) ミトコンドリアのマトリックス
8. 細胞骨格ではないものはどれか？
   (a) 仮足　　　　　　(c) 微小管
   (b) 中間径フィラメント (d) 微小繊維
9. 原核生物の鞭毛と真核生物の鞭毛の違いは何か？
   (a) 鞭のように動く．
   (b) 細胞膜で覆われていない．
   (c) 原核生物の鞭毛が進化してできた．
   (d) 多くの繊毛が集まったものである．
10. 原始原核生物由来と考えられている細胞小器官はどれか？
    (a) 小胞体と核　　　　(c) 葉緑体とミトコンドリア
    (b) ゴルジ体とリソーム (d) 液胞と輸送小胞

分析と応用

1. すべての細胞に共通の機構は何か？ その機能は？
2. 細胞膜のおもな構成要素をあげ，なぜ膜が流動モザイク性をもつといえるのかを説明せよ．
3. ミトコンドリアと葉緑体を，存在（どのような生物のどのようなタイプの細胞に存在するのか），構造，機能に関して比較せよ．
4. なぜほとんどの細胞は小さいのか？
5. 多細胞化へ適応することの利点は？
6. 細胞内を膜に包まれた区画に分けることの利点をあげよ．
7. 細胞構造のおもな機能に関するつぎの表を完成させて比較せよ．右の欄にはその細胞小器官が，原核生物，真核生物，植物，動物のどれに多くみられるかを示せ．

細胞内構造	おもな機能	原核生物，真核生物，植物，動物のどれにみられるか
細胞膜		
細胞質		
核		
リボソーム		
小胞体		
ゴルジ体		
リソーム		
ミトコンドリア		
葉緑体		
細胞骨格		

ニュースで見る生物学

New Mosquito Presents a New Challenge

By Amina Khan

新しい蚊がもたらす新しい挑戦

研究者たちは西アフリカで，今までに知られていなかった蚊の亜種を発見した．この蚊はマラリア原虫に感染しやすく，その存在が致死の病の撲滅を困難にするだろう．

木曜日にオンラインで発行された Science 誌に掲載された研究によると，従来のマラリア撲滅の標的であった屋内性の蚊とは異なり，新しく発見された Anopheles gambiae 種の亜種は屋外に住むので撲滅が難しそうだ．

この研究に携わったコロラド州立大学の衛生昆虫学者 William Black 氏は"面目丸つぶれだ"と言う．"私たちはこの蚊について非常に長いこと研究してきた…そして目の前に別の形の蚊が現れた"，そしてそれは研究者に"屋外で何が起こっているのかを考え始めさせなければならない"と彼は言う．

マラリアは不治の血液病で，Plasmodium 属の寄生虫によってひき起こされる．蚊は感染した人間の血を吸って自身が保菌者となり，その後他の人間にかみつくことで寄生虫を伝染させる．

マラリア感染者は頭痛，高熱，悪寒，嘔吐，貧血に苦しみ，時に死に至る．世界保健機構によると毎年2.5億件の感染例があり約100万人が毎年亡くなっている．

A. gambiae はアフリカで一番のマラリアの感染原因と考えられ，絶滅させる努力が繰返されたにもかかわらず生き延びてきた，とこの研究の共著者であるパリのパスツール研究所の Kenneth Vernick 氏は語る．1970年代に遡るマラリア制御計画は屋内でのスプレー噴霧や化学処理した蚊帳を吊るなど，屋内の蚊を想定した戦略だったため失敗した．

屋内の昆虫に注目する理由の一つは"人は自分たちの近くにいる蚊こそマラリア媒介に伝染病学的に重要であると考えるから"と Vernick 氏は言う．しかし，非科学的な理由もある．"その方が簡単だから"と彼は加えた．

一方，屋外の蚊は周知のように撲滅が難しく，まして捕まえて実験することも困難である．屋根と壁の恩恵がなく，"スプレー爆弾で捕まえるための場所もなく，蚊を落としておくシートもない"と Vernick 氏は言う．

成虫の蚊を追いかける代わりに，研究者たちは捕まえやすい幼虫期のものを探すことにした．蚊は人間の生活空間に近いよどんだ水たまりで繁殖する．西アフリカでは，常にあるような水たまりはなかなかないので，すべての蚊は共通の水たまりで幼虫をかえすと思われる．

研究者たちは4年以上にわたってブルキナファソを旅し，村中の水たまりからボウフラを集め，何千匹もの蚊を育てた．彼らは若い蚊を遺伝学的に解析し，水たまりにいたものの43%が屋内性のものであることを発見した．

蚊にマラリア患者の血液を与えたところ，58%の屋外性の蚊が寄生虫に感染したが，屋内性のものでは35%であった．

マラリアは毎年2〜3億人が感染し，100万人が亡くなる熱帯性伝染病である．マラリアによる死者の約90%が，アフリカのおもに妊婦と5歳以下の子どもである．DNA解析は Plasmodium falciparum がヒトの細胞に侵入し，最低でも5万年間ヒトと共進化してきたことを示唆する．これは現生人類の歴史と同じ長さである．

P. falciparum は単細胞の原生生物で，ヒトと蚊を行き来する生活環によってマラリアをひき起こす．蚊は P. falciparum に感染したヒトの血を吸うことで感染する．次にこの蚊が別の人の血を吸おうとかみつくとき，寄生虫はヒトの血流に侵入し肝臓に移動して6日間の潜伏期間の後に繁殖する．その後，3〜4万の原生生物の娘細胞は肝臓から滑り出て血流に乗り，ヒトの赤血球に攻め入る．P. falciparum 細胞はドーナツ型の穴をもち，そこでヒトの赤血球の外側に付着する．寄生虫はそれからその穴を通って赤血球の中に侵入し繁殖する．次に蚊が血液を摂取するとき，寄生虫は蚊に移動し，感染の次の段階が始まる．

このニュースを考える

1. マラリア原虫はどうやってヒトの赤血球に侵入するか？
2. マラリア原虫はアメーバの近縁種である．ヒトの体内で動くときに使う細胞構造を述べよ．なぜ赤血球と肝臓が感染しやすく，他の細胞には感染しないと考えるか？
3. これらの単細胞病原虫がどのように細胞に侵入するかを理解することは，マラリアを治療するための治療法や薬剤へとつながり，生物医学者を助けることになるだろうか？

出典：*Los Angels Times*，2011年2月4日

7 細胞膜，輸送，情報伝達

> **MAIN MESSAGE**
>
> 細胞内外の物質の交換と，他の細胞との情報交換を細胞膜が制御している．

不思議な記憶喪失

1999年のある日，元宇宙飛行士で陸軍航空医官の Duane Graveline 氏はいつもの朝の散歩から家に戻った私道のところで喪失感を覚えて立ち止まった．まもなく彼の妻が，家の前でさまよっている彼を見つけたが，彼は彼女が誰であるかわからないようで彼女を疑い，家に入るのを拒むばかりか医者に行くために自分の車に乗ることさえも拒んだ．最終的に妻は彼を医者に見せたが，彼が妻（と主治医）を認識し，正常に戻るまでには6時間を要した．医者は"一過性全健忘"（一時的にすべてを忘れる）と診断した．正確ではあるがこれはあまり役立つ診断ではない．彼に健忘をもたらしたのは何であろう？

Graveline 氏は服用していた薬が原因だと考えた．数週間前，彼は NASA のジョンソン宇宙基地で年に一度の健康診断を受けた．そこの医者は彼にコレステロール値が高いと告げ，スタチンを処方した．血中のコレステロール値が上がると高齢者に最も多い死因である心臓病のリスクが高まる．スタチンでコレステロールを下げるのはよくある医療行為で，自身も医者であり医学研究者である68歳の Graveline 氏は何の疑問もなくスタチンの処方を受入れた．

> **?** 何が記憶喪失をひき起こしたのだろう？ コレステロールを下げることが脳にも影響するのだろうか？ コレステロールの細胞膜と細胞間情報伝達における役割は何だろう？

しかし健忘症の発作の後，彼は疑問を感じて薬の服用を中止した．発作が起こらず1年が経過した．翌年の健康診断で，医者はスタチンが健忘症をひき起こしたという Graveline 氏の疑問を却下し，量は減らしたが彼に再び服用を促した．6週間後，Graveline 氏は健忘症の発作に見舞われ，彼が医者であること，元宇宙飛行士であること，作家であること，4人の子どもの父であることを忘れた．12時間の間，彼は高校卒業後に起こったことを何も思い出せなかった．

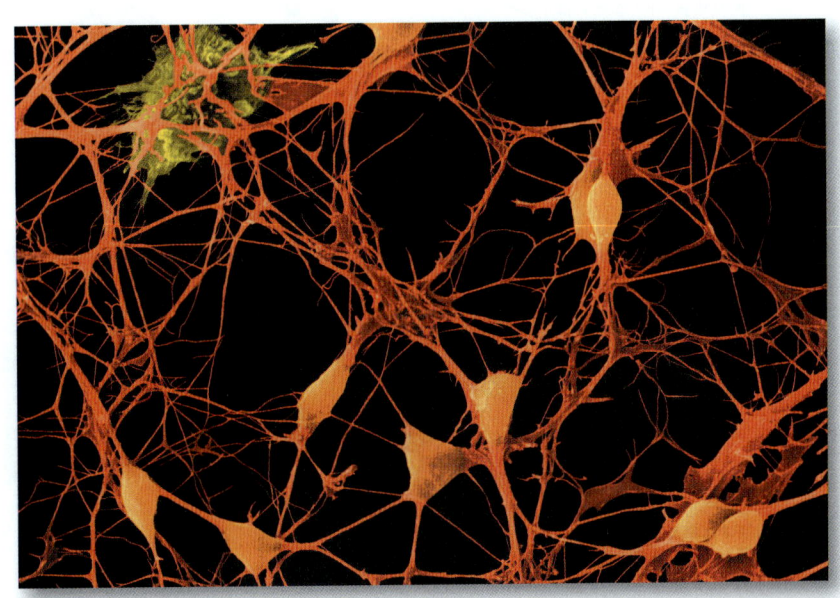

脳細胞 実験室のシャーレ内で育った脳皮質の細胞．神経細胞（オレンジ）は大きな細胞体と，情報伝達のための多くの突起をもつ．グリア細胞（黄色）は神経細胞を支え，守る．

基本となる概念

- 細胞膜を通しての物質の出し入れは非常に選択的である．
- エネルギーを使わずに細胞膜を通過して物質を移動させる受動輸送と，エネルギーを必要とする能動輸送とがある．拡散は濃度勾配によって物質が動く受動輸送である．
- 浸透作用では，水分子が選択的に細胞膜を通過して拡散する．
- ある種の物質は輸送小胞で細胞内を移動したり，エンドサイトーシスやエキソサイトーシスによって細胞を出入りしたりできる．
- 多細胞生物は特殊化した細胞の集団である．
- 多細胞生物では隣接する細胞は細胞間結合で接着している．
- 細胞間結合は細胞を周辺に接着させたり近隣の細胞間の情報伝達を行ったりするのに特化している．
- 細胞間の情報伝達はシグナル伝達分子と膜にある受容体を介して行われる．シグナル伝達分子は短距離と長距離のどちらの細胞間情報伝達も可能にする．
- シグナル伝達分子への細胞の応答には速いもの（秒以下）や遅いもの（1時間以上）がある．
- 親水性のシグナル伝達分子は細胞膜にある受容体タンパク質と結合する．疎水性のシグナル伝達分子は細胞膜を通過し，細胞内の受容体に結合する．

ほとんどの生命維持のための化学反応は細胞外では行えない．化学反応に最適な細胞内環境を維持するために，細胞はその膜を通過する物質の輸送を注意深く制御しなくてはならない．すべての細胞は物質の出し入れを行い，その時その時にどの物質が出たり入ったりするのかを制御する手段をもつ必要がある．

この章では細胞が外部環境との関係をどのように管理しているのかを考察する．まず，細胞を出たり入ったりする物質の門と門番にあたる細胞膜の役割について解説しよう．その後，なぜ，どうやって細胞に水が出入りするのか，そして，なぜあらゆる細胞において水との関係を維持することが生死にかかわるのかを考える．細胞膜が製造と梱包の施設であるだけでなく，荷物の運送屋としても機能することを紹介する．つぎに，細胞が互いに物理的に結合する様子，そしてこの結合によって隣接する細胞間での情報伝達が可能になっている様子を解説する．最後に，シグナル伝達分子の細胞間情報伝達における役割を見て章を締めくくる．

7・1 細胞膜は門であり門番である

第6章で述べたように，細胞膜は細胞内を外部環境から隔てている．DNAの遺伝子コードと同様に，細胞膜は地球上の全生命

生体膜の選択的透過性

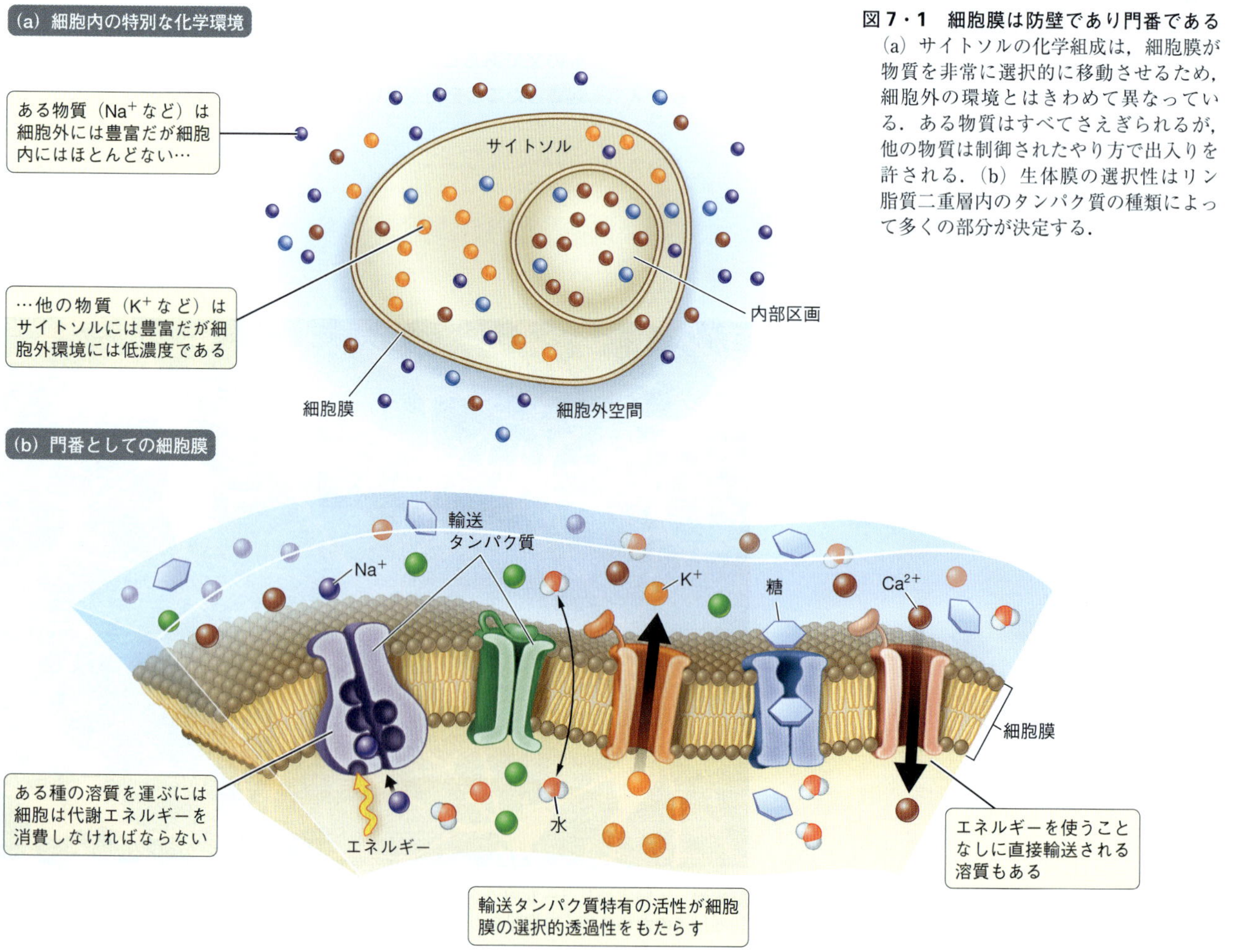

図7・1 細胞膜は防壁であり門番である (a) サイトソルの化学組成は，細胞膜が物質を非常に選択的に移動させるため，細胞外の環境とはきわめて異なっている．ある物質はすべてさえぎられるが，他の物質は制御されたやり方で出入りを許される．(b) 生体膜の選択性はリン脂質二重層内のタンパク質の種類によって多くの部分が決定する．

(a) 細胞内の特別な化学環境

- ある物質（Na$^+$など）は細胞外には豊富だが細胞内にはほとんどない…
- …他の物質（K$^+$など）はサイトソルには豊富だが細胞外環境には低濃度である

サイトソル／内部区画／細胞膜／細胞外空間

(b) 門番としての細胞膜

輸送タンパク質／Na$^+$／K$^+$／糖／Ca^{2+}／水／エネルギー／細胞膜

- ある種の溶質を運ぶには細胞は代謝エネルギーを消費しなければならない
- 輸送タンパク質特有の活性が細胞膜の選択的透過性をもたらす
- エネルギーを使うことなしに直接輸送される溶質もある

に共通する特徴である．リン脂質の二重層が細胞膜の基本構造となっている（図5・20を思い出してほしい）．細胞にとって必要な物質のなかにはこのリン脂質二重層を直接通り抜けられるものもあるが，ほとんどの物質はそうではない．さまざまなタンパク質がリン脂質二重層に埋込まれていて，細胞膜の半分以上の質量を占めている．膜に広がるタンパク質には輸送タンパク質として知られ，物質の出入りの際の経路となるものがある．

リン脂質二重層と輸送タンパク質は洗練されたフィルター，すなわち**選択的透過性膜**としてはたらき，どの物質が細胞から出入りするかを制御する．選択的透過性とは，ある物質は常に膜を通過でき，他の物質は常に除外されるが細胞が必要とするときには輸送タンパク質の助けで通過を許されることを意味する．酸素ガスのような小さな分子と水はいつでも生体膜を通過できる．大きな物質や，正味あるいは部分的に電荷をもったものは特別な輸送タンパク質の助けがあるときに限り膜を通過できる．膜タンパク質は通常制御されている：特定の輸送タンパク質は細胞の要請に応じて営業開始か営業停止になる．

細胞膜の選択的透過性のため，細胞内は細胞外とは化学的にかなり異なる．細胞が常にある種の液体に浸かっている多細胞生物ですら，細胞質の化学組成は細胞外の環境からはっきりと異なっている（図7・1）．たとえば私たちの細胞は，血液などのようにナトリウムイオンやカルシウムイオンが高濃度に含まれている溶液に常にさらされている．一方，サイトソル（細胞質の液体部分）ではこれらのイオン濃度は非常に低く，細胞外の溶液に比べてカリウムイオンを多く含む．細胞が消費する代謝エネルギーの多くは細胞内の特別な化学環境を維持するために使われる．細胞膜の選択的透過性が失われることは，細胞死の確実な兆候の一つである．

拡散では濃度勾配に応じて物質が受動的に動く

物質をある場所から別の場所へと動かす原動力は何だろう？物質の移動を理解するのを助ける二つの普遍的なルールがある．

1. **受動輸送**は物質の自然な移動でエネルギーを使うことなく起こる．
2. **能動輸送**はエネルギーを使って物質を移動させる．

受動輸送と能動輸送を坂を上ったり下ったりするボールを例として説明しよう．ここでボールは化学物質を表す（図7・2）．ボールは坂を自然に転がり落ちる（受動的）が，押し上げない限りは坂を上ることはなく，そのときにはエネルギーが必要となる．

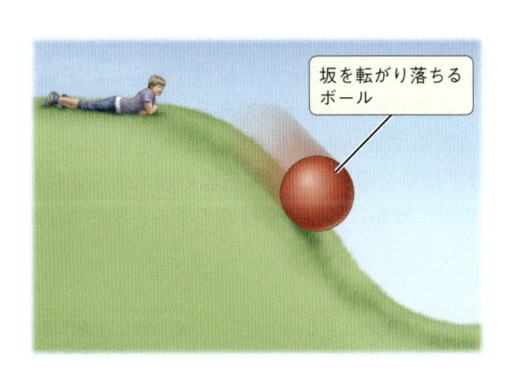

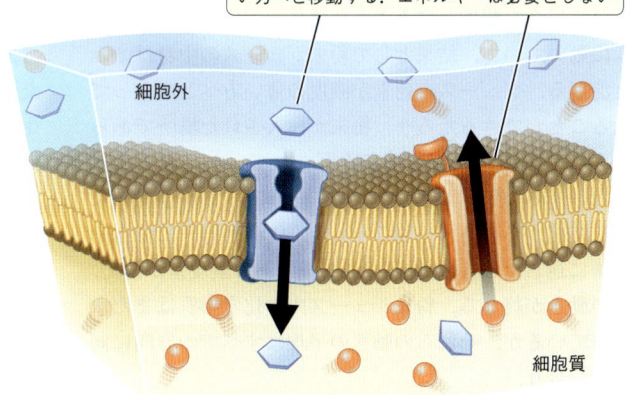

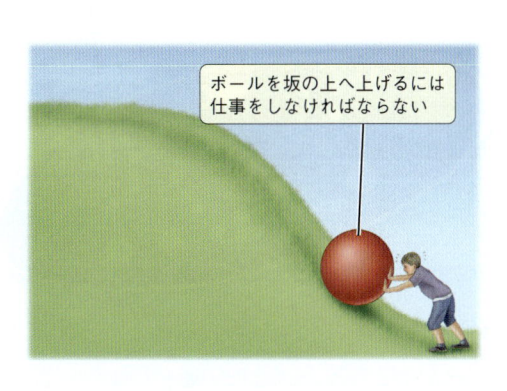

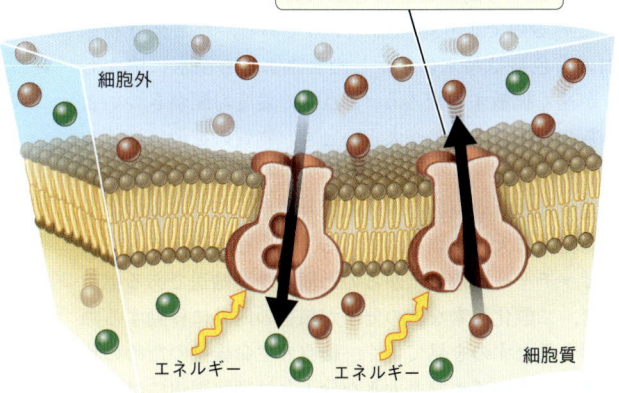

図7・2　物質の能動的・受動的な動き　物質は生体に受動的（エネルギーを使わず），あるいは能動的（エネルギーを使って）に出入りできる．(a) 物質は膜を通して濃度の高い部分から低い部分へと受動的に動く．(b) 濃度の低いところから高いところへと物質を動かすのにはエネルギーが必要となる．

拡散

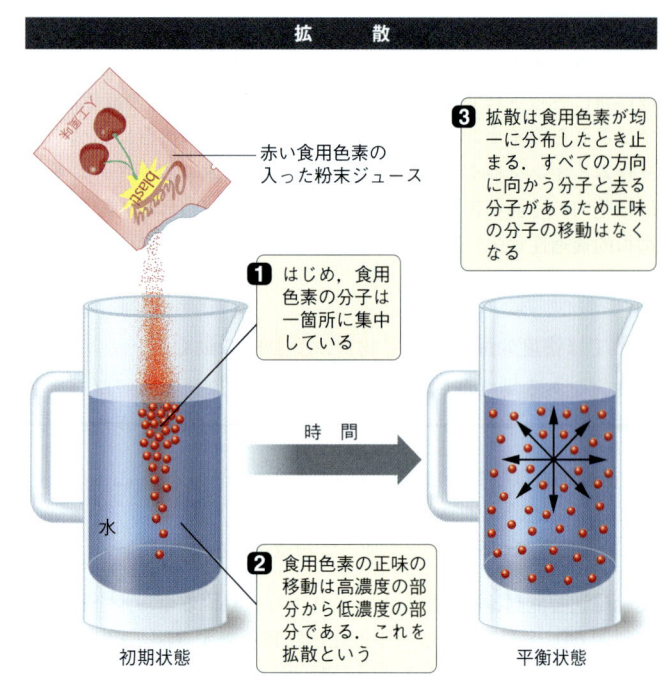

図7・3 拡散は受動的な過程である 拡散は物質（たとえば粉末ジュースの着色料）の濃度が高いところから低いところへのエネルギーを使わない自発的な動きである．物質が均一に広がったときに正味の動きはなくなり平衡に達する．

❶ はじめ，食用色素の分子は一箇所に集中している

❷ 食用色素の正味の移動は高濃度の部分から低濃度の部分である．これを拡散という

❸ 拡散は食用色素が均一に分布したとき止まる．すべての方向に向かう分子と去る分子があるため正味の分子の移動はなくなる

拡散では物質が濃度の高いところから低いところへと受動的に輸送される．着色料の入った粉末ジュースの袋を水の入ったピッチャーに入れる場合を想像してみよう．液体中の原子と分子は常にランダムに動いていて，結果として粉末ジュースの中身はすみやかに水と混ざる．ジュースの色素が濃度の薄い方へと広がっていくのを見ることができるだろう（粉末が投入された場所である濃度の高いところから，粉がまだ多く存在していない周りの水へ）．粉末ジュースの成分は特にエネルギーを使ってかき混ぜなくても拡散して広がるだろう（図7・3）．着色料が均一に分布したとき（平衡に達したとき），拡散の動力源である濃度差が消え，色素の全体の動きが終わる．粉末ジュース内の化学物質はまだ水中を動き回っているが，それらの動きの平均はすべての方向に同じなので相殺し合う．

原子や分子，着色料の粒子といった小さな物質は，大きな物質よりも早く拡散する．拡散の速度は温度が高くなると速くなる．温度が低いときよりも高いときの方が物質はより多くのエネルギーをもっているのでより速く動くからである．たとえば粉末ジュース内の着色料は冷水に溶かしたときよりも温水に溶かしたときの方が速く拡散するだろう．2点間の濃度勾配がきついとき，すなわち2点間の濃度差が大きいとき，物質の拡散は速くなる．

細胞は栄養や気体，老廃物を取込んだり排出したりするのに受動輸送と能動輸送に大いに依存している．この節を通して，粉末ジュースがピッチャーの水に広がるのと同じ受動輸送である拡散が，水，酸素，二酸化炭素などの分子が細胞の内外に移動する際に重要な役割を果たすのを見ていく．細胞の生命維持のための化学反応に必要な多くのイオンと大きな分子とは細胞周辺には低い濃度でしか存在しないが，細胞の中では使えるように蓄積され，比較的高濃度で存在する．濃度勾配に逆らった輸送なので，これらの物質の連続した取込みにはエネルギーを消費する．能動輸送やそのためのエネルギーなしに生物は長く生きられないと言って間違いないだろう．

小さな分子にはリン脂質膜を拡散で通過できるものがある

自分で簡単に脂質二重層を横切ることができる物質は単純な拡散で移動する．**単純拡散**は膜要素の助けなしに物質が膜を横切って受動的に動くことである．水，酸素，そして二酸化炭素は通常この単純拡散で細胞を出入りする（図7・1a参照）．これらの小さな帯電していない分子はリン脂質二重層の大きな分子の隙間を難なくすり抜ける．疎水性分子のほとんどは，かなり大きなものでも，リン脂質二重層の疎水性の内部に混ざることで細胞膜を通り抜けることができる．かつて使用されていた殺虫剤のDDTなどはこの方法で害虫の細胞内へ侵入できるため，非常に効果が高い薬であった．これらの殺虫剤は疎水性物質なため，動物性脂肪に（残念ながら標的となる害虫だけでなくそれを食べる生物にも）蓄積しやすい．

ある種の小さな分子は通り抜けられても，大きな分子や部分的に電荷をもった物質（極性分子）や正味の電荷（イオン）などにとってリン脂質二重層は障壁である．親水性分子や比較的大きい分子はリン脂質二重層の疎水性の内部にはじかれる．§7・3で見るように，すべてのイオンと，特に小さいものを除く極性をもった分子が膜を通過する移動を行うためには特殊な膜タンパク質が必要である．

7・2 浸透作用

水は命の溶液である．ほとんどの細胞は少なくとも70％が水であり，ほとんどすべての細胞過程は水性の環境で行われる．したがって，適切な水分バランスを維持することがすべての細胞の生命維持に必要であるのは当然である．細胞はどうやって水を取込み，どうやって取込みすぎや取込み不足を防いでいるのだろう？ 水分子はリン脂質や他の細胞膜の疎水的要素に比べてとても小さいので，容易に細胞膜を横断できる．小さな子どもが大人

水は浸透作用で細胞内に入る．溶質濃度の低い部分（外）から溶質濃度の高い部分（細胞内）へと水は移動する

収縮胞は浸透作用で細胞に入ってきた余分な水を排出するのに特化している

池の水／収縮胞／サイトソル／核／細胞膜

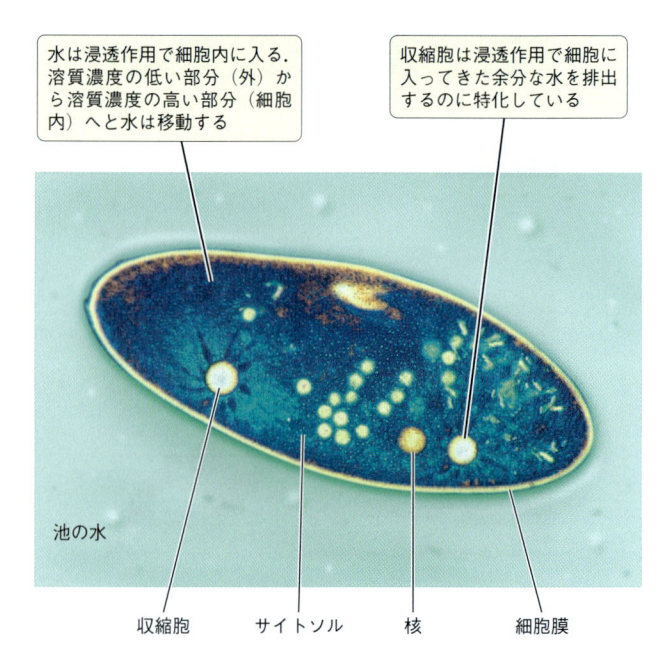

図7・4 ゾウリムシでの浸透バランス ゾウリムシは池の底で細菌や小さな生物を捕食する，細胞壁のない単細胞原生生物である．

浸 透 作 用

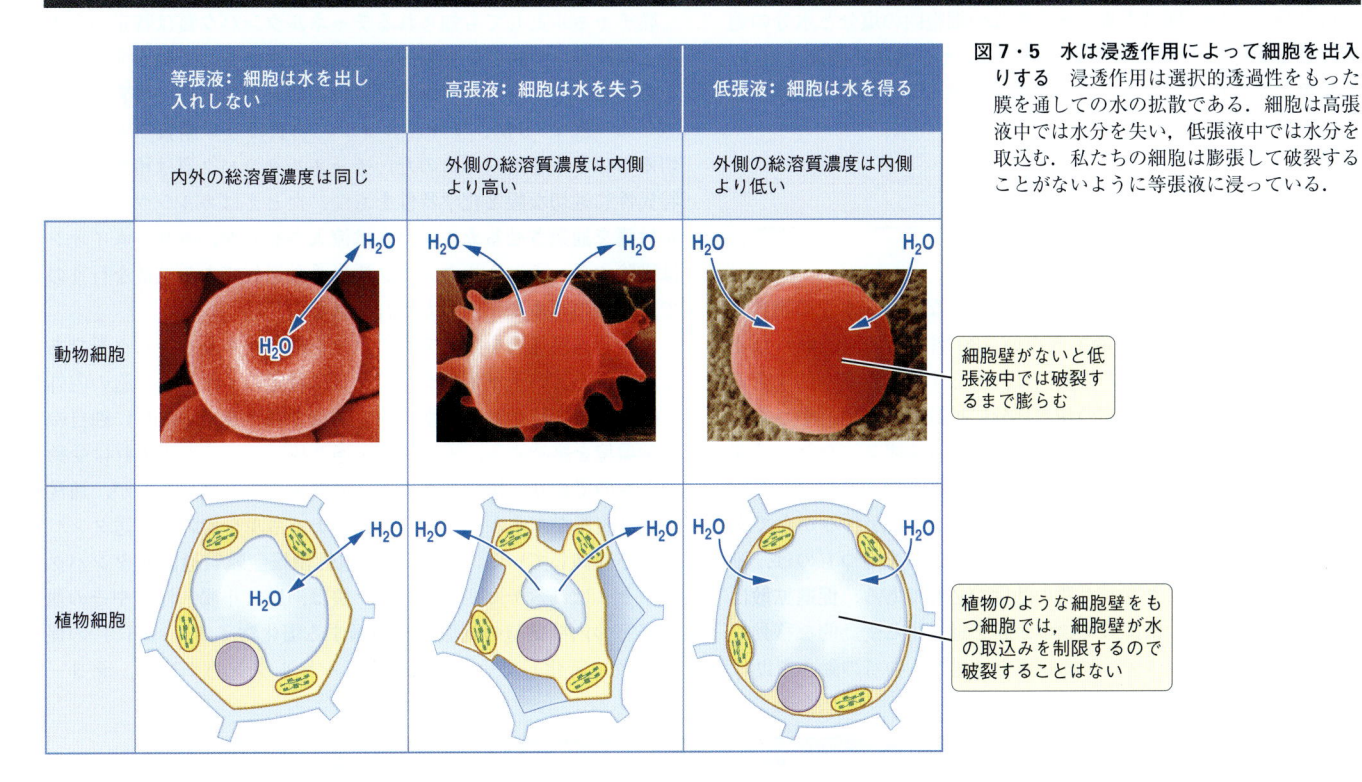

	等張液：細胞は水を出し入れしない	高張液：細胞は水を失う	低張液：細胞は水を得る
	内外の総溶質濃度は同じ	外側の総溶質濃度は内側より高い	外側の総溶質濃度は内側より低い
動物細胞			細胞壁がないと低張液中では破裂するまで膨らむ
植物細胞			植物のような細胞壁をもつ細胞では，細胞壁が水の取込みを制限するので破裂することはない

図7・5 水は浸透作用によって細胞を出入りする 浸透作用は選択的透過性をもった膜を通しての水の拡散である．細胞は高張液中では水分を失い，低張液中では水分を取込む．私たちの細胞は膨張して破裂することがないように等張液に浸っている．

たちで混んでいる部屋の中でも動き回れるのと同じである．大量の水の流入が必要なとき，多くの細胞は細胞膜を横切る水の急速な取込みを可能とするアクアポリンというトンネル状の特別なタンパク質複合体を活性化できる．しかし，通常水は浸透作用とよばれる受動的な過程でリン脂質の間を通り抜けて細胞に出入りする．

浸透作用とは，選択的透過性をもつ膜を通過する水の拡散のことである．受動輸送である拡散の一種なので，浸透作用によって水が細胞を出入りする際にエネルギーは不要である．通常の拡散と同様，濃度勾配が正味の動きの原動力となるので水分子はより水が多い部位から多くない部位に向かって動く．浸透作用は拡散の特別な場合であり，水には透過性があるが他の溶質は通さないような膜を通過する水の正味の移動を説明する．

池に生息するゾウリムシのような原生動物は浸透作用で水を取込む．池の水の方が細胞中よりも水分子の濃度が高いからである．細胞内（サイトソル）には約70%の水が含まれ，可溶性の粒子が豊富に含まれている．そこには何百万ものイオンと糖やアミノ酸などの有機分子，何百万ものタンパク質や核酸などの大きな分子が含まれている．つまり細胞質は池の水よりも可溶性の粒子を高濃度で含んでおり，その分，水の濃度は低いのである．細胞膜内外の水分子の濃度差によって，池の水からゾウリムシ内へと水は実質移動する（図7・4）．浸透作用を述べる際の慣例として，生物システム共通の溶媒である水の濃度よりも溶質の濃度を用いる．慣例では，浸透作用は溶質の総濃度が低い部位から高い部位への選択的透過性をもつ膜を通過する水の正味の移動として定義される．

細胞の水成分は絶えず浸透作用に影響され，細胞内に水が多すぎても少なすぎても壊滅的となる．細胞は外界の環境が水っぽすぎるか，水分不足か，ちょうどよいかをわかっているのである（図7・5）．

■ **低張液**は細胞のサイトソルよりも水の多い（溶質の濃度が低い）外部溶液である．したがって，水は細胞内に入っていき，細胞壁のない細胞の場合破裂することもある．
■ **高張液**はサイトソルよりも水の少ない（溶質が高濃度の）外部溶液である．したがって水は細胞の外へと流れ出て，細胞は収縮する．たとえば，イヌが陸生動物にとって高張である海水を多く飲んだ場合，消化管に並ぶ細胞は水分を失って危険な範囲まで収縮し，生命を脅かすような病気になる．等張液の場合はそのような脅威はない．
■ **等張液**は細胞内と溶質の濃度がちょうど同じ溶液である．この溶液中では，細胞膜の内外の溶質の濃度が同じであるため，水が出ていく量と入ってくる量が釣り合い，膜を通過する正味の水の移動はない．

私たちの細胞のほとんどは等張液に浸かっている．たとえば，ヒトの血液は体細胞と等張である．血液の溶液部分である血漿は多くのイオン（ナトリウムやカルシウム）や多くの小さな有機分子（グルコースなど），さまざまな血漿タンパク質を含む．池に住むゾウリムシのような低張の環境に住む細胞壁のない原生生物は，流入する過剰な水を収縮胞という特殊な細胞小器官で排出している（図7・4参照）．植物や菌類などの細胞壁をもった生物は低張液の中でも破裂することはない．内部チューブの周りのタイヤのように細胞壁は水が流入したときに起こる流体圧力（膨圧）に耐える．壁圧が膨圧と等しいとき，正味の水の移動は止まる．

生き物の生息環境はさまざまなので，細胞は必ずしも常に完璧な等張液の世界にいるわけではない．海に住む魚のように高張世界に生きる生物は，高張環境で水を失う傾向を打ち消す特殊な適応をしている．彼らはえらから塩分を能動的に排出し，腎臓では飲んだ分以上の水を維持する．淡水魚は逆に低調環境から水を取込みすぎることを防ごうとしている．これらの魚はえらに特別の

輸送タンパク質をもち，濃度勾配に逆らって塩分を吸収し，腎臓では余分な水分を排出する．それぞれの細胞内の塩分と水分の適切な量を維持し，一定のバランスをとることを**浸透圧調節**という．海水魚と淡水魚の例のように，浸透圧調節には能動輸送を伴うのでエネルギーが必要である．

7・3 円滑な膜輸送

イオン，糖やアミノ酸などの大きな分子など，親水性の物質はそのままでは細胞膜を通過できない．30個以下の原子からなる簡単な糖やアミノ酸などの栄養素は，大きすぎるか親水的すぎるため，リン脂質二重層内部の疎水部分に拡散できない．小さくても，H^+（水素イオン）やNa^+（ナトリウムイオン）などのイオンはリン脂質二重層を通り抜けることができない．なぜなら二重層の真ん中にあるリン脂質の疎水性尾部にはじかれるからである．大きな分子や部分的にあるいは正味の電荷をもつものは，細胞膜を通過するのにタンパク質の助けが必要である．**促進拡散**は膜タンパク質の助けによって物質が膜を通過する受動的な移動である．2種類のタンパク質が細胞膜を通過する物質の動きを助ける．チャネルタンパク質と輸送タンパク質である（図7・6）．

膜チャネルとしても知られる**チャネルタンパク質**は特定の大きさと電荷をもつ物質を受動的に細胞膜を通過させて動かす．言葉を換えると，チャネルタンパク質は濃度勾配に従って物質を拡散させる（図7・6b）．チャネルタンパク質はリン脂質二重膜を横切るトンネルを形づくるのだ．チャネルタンパク質は積荷の選択特異性に適切な幅と化学特性をもつ．たとえばカルシウムチャネルは膜を通過させるカルシウムは流入させるが，カリウムイオンは排除する．チャネルタンパク質は受動過程である拡散を行うので，直接のエネルギー入力は行われない．

水の急速膜透過を行うアクアポリンはチャネルタンパク質である．ほとんどのチャネルタンパク質は特定のイオンを細胞の内外に動かすのに特化し，細胞に強く制御され，サイトソルに独自の化学環境を維持する．チャネルを通り抜けるイオンの流れは受動的なものであり直接のエネルギー消費を必要とはしないが，通常細胞は複雑なエネルギー依存過程でチャネルや他の膜輸送タンパク質を制御している．CFTR（囊胞性繊維症膜貫通調節タンパク質）とよばれるチャネルタンパク質は，肺，小腸，汗腺やその他の器官の内壁細胞の細胞膜を通過する塩化物イオン（Cl^-）の促進拡散に特化している．CFTRチャネルタンパク質は，北ヨー

輸送の種類	受動輸送		能動輸送
機構	(a) 単純拡散 分子はリン脂質の間をすり抜ける	(b) 促進拡散 拡散はチャネルタンパク質や輸送タンパク質に促進される	(c) エネルギーが必要 能動輸送は輸送タンパク質に促進される
膜を通過するおもな分子	水，酸素，二酸化炭素などの小さな疎水性分子	チャネルタンパク質：イオン，水 受動輸送タンパク質：イオン，さまざまな帯電した分子，帯電していない分子	能動輸送タンパク質：イオン，さまざまな帯電した分子，帯電していない分子

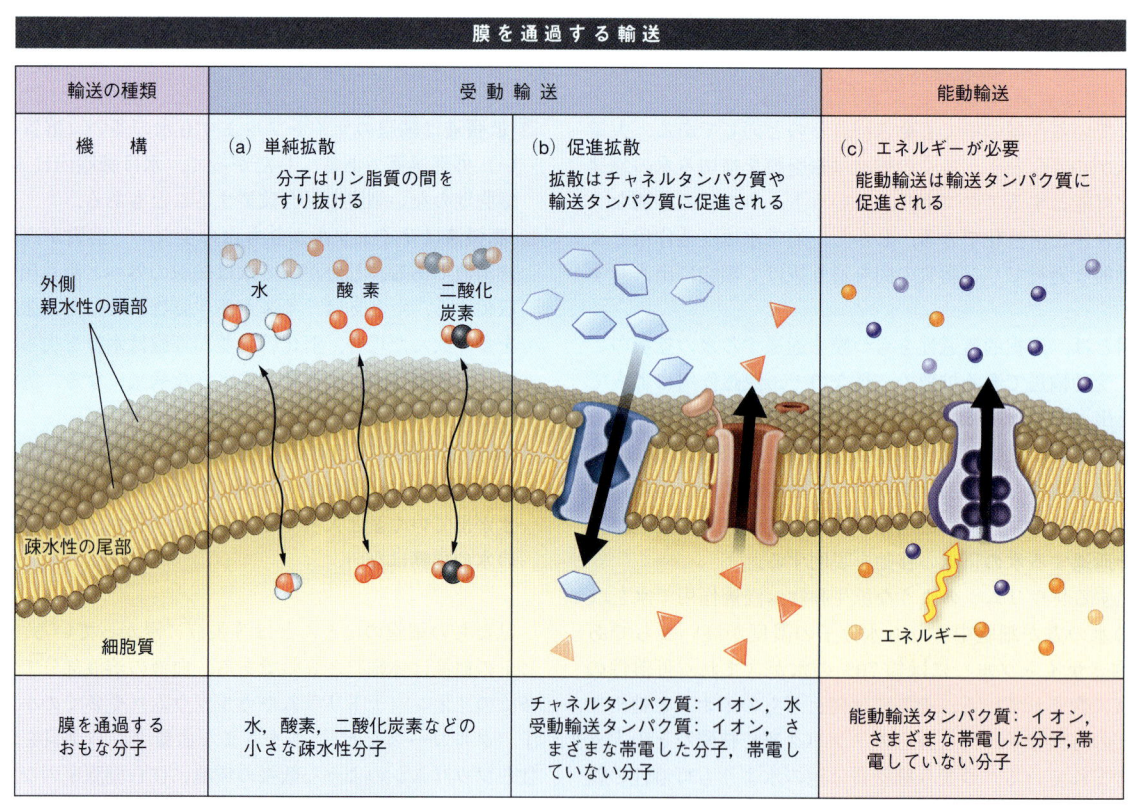

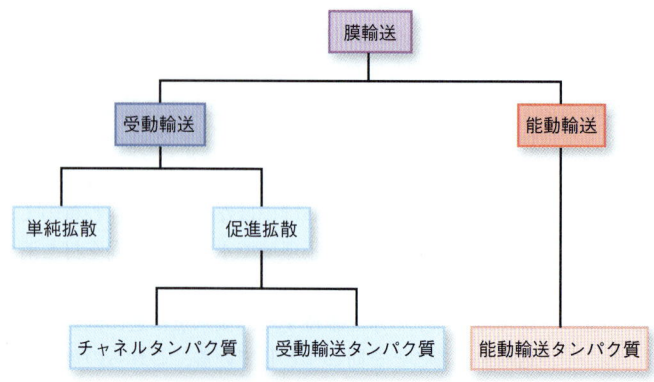

図7・6 細胞膜は細胞からの物質の出入りを制御する 細胞膜を貫通するタンパク質（b, c）は細胞からの物質の出し入れに重要な役割を担っている．フローチャートは生体膜を通過する物質の異なる動きをまとめたものである．

受動輸送：グルコースの促進拡散

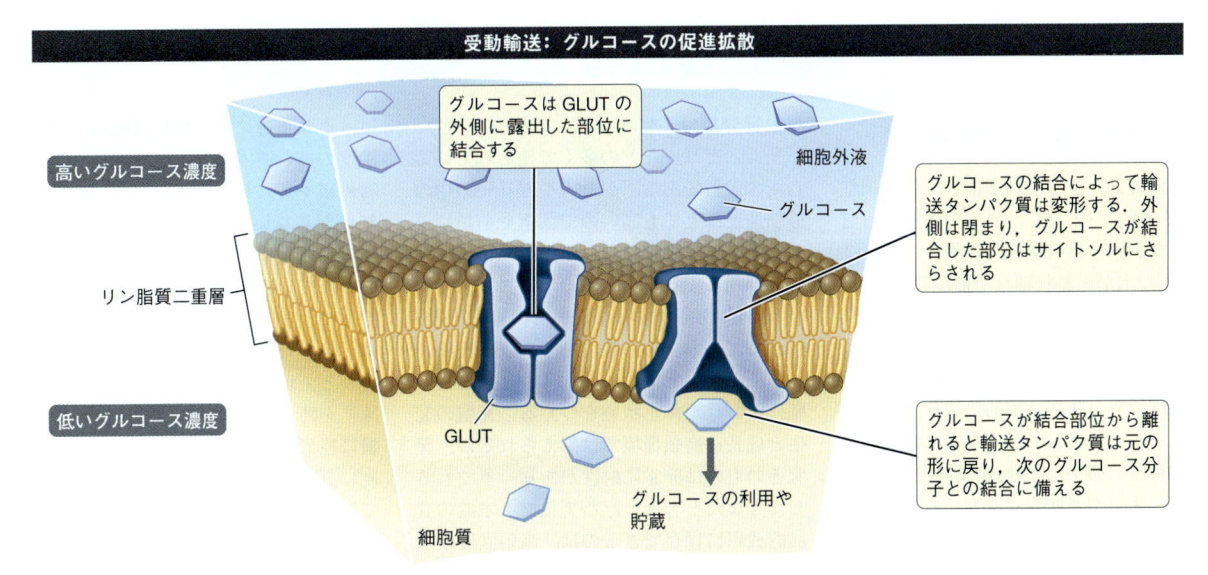

図7・7　受動輸送タンパク質　グルコース（ブドウ糖）の細胞内への促進拡散はGLUTとよばれる受動輸送タンパク質によって行われる．受動輸送タンパク質によるグルコースの輸送にはエネルギーは必要ない．糖は膜の濃度の高い側から低い側へと運ばれる．

ロッパで2500人に1人がもつ遺伝疾患である囊胞性繊維症の患者で欠損している．塩素チャネルが正常に機能しないと塩が皮膚表面や肺の内壁にたまる．

輸送タンパク質はトンネルというよりも回転ドアのように機能する（図7・6c）．輸送タンパク質はある種のイオンや糖などの特定の積荷を認識，結合，輸送する．この選択性は輸送タンパク質の表面のひだに特定のイオンや分子だけが収まることができることによる．いったん適切な積荷が輸送タンパク質に結合すると，タンパク質は形を変え膜の反対側に顔を出す．この変形は輸送タンパク質の積荷への親和性（密着性）を下げ，イオンや分子を放出する．このようにして，分子は膜の片側で取込まれ，逆側に放出される．輸送タンパク質は生体膜を横切ってイオン，アミノ酸，糖，核酸などのさまざまな物質を輸送する．輸送タンパク質にはつぎの二つの種類がある．

- 受動輸送タンパク質は濃度勾配に従って物質を運ぶのでエネルギーを必要としない．
- 能動輸送タンパク質は濃度勾配に逆らって物質を運ぶのでエネルギーの供給なしには機能しない．

受動輸送タンパク質による促進拡散

受動輸送タンパク質は生体膜の両側に不均等に分布するイオンや分子の拡散を助ける．GLUTとよばれるグルコース輸送タンパク質は受動輸送タンパク質の一例である（図7・7）．ヒトの体にあるすべての細胞はエネルギーをグルコース（ブドウ糖）に依存している．おのおのの細胞の細胞膜はグルコース輸送タンパク質をもち，血流から糖を取込む．血液には平均的な細胞の細胞質に比べて約10倍のグルコースが含まれているので，細胞の大多数は血液からグルコースを受動的に取込むことができる．グルコースはGLUTの助けを借りて単に濃度勾配を"転がり"落ちているだけなのである．

他の輸送タンパク質と同様に，GLUTは形を変える：外側の表面にグルコースが結合すると，グルコース結合部位が細胞質に露出するような変形がひき起こされる．細胞質側のグルコース濃度が低下すると結合しているグルコースの放出が起こる．

能動輸送タンパク質は物質を濃度勾配に逆らって運ぶ

分子が濃度勾配に逆らって細胞膜を通過するには能動輸送を行うしかない．**能動輸送タンパク質**は膜ポンプとしても知られ，ATPのようなエネルギー豊富な分子の助けで細胞膜を通過させて分子を動かすことができる．受動輸送タンパク質と同様，能動輸送タンパク質も特定のイオンや分子としか結合しない（図7・8）．この場合，放出される部位での分子の濃度には関係なしに，エネルギーの付加により能動輸送タンパク質は変形し，輸送される分子を強制的に放出する．エネルギーで駆動されるメカニズムによって能動輸送タンパク質はイオンや分子を濃度の低いところから高いところへと動かすことができる．

多くのイオンや分子は，細胞膜の片側には非常に多いが逆側には少ないという不均等な分布をしている．この不均等分布を示す物質にはナトリウム，カリウム，カルシウム，水素イオン，さま

能動輸送：プロトンポンプ

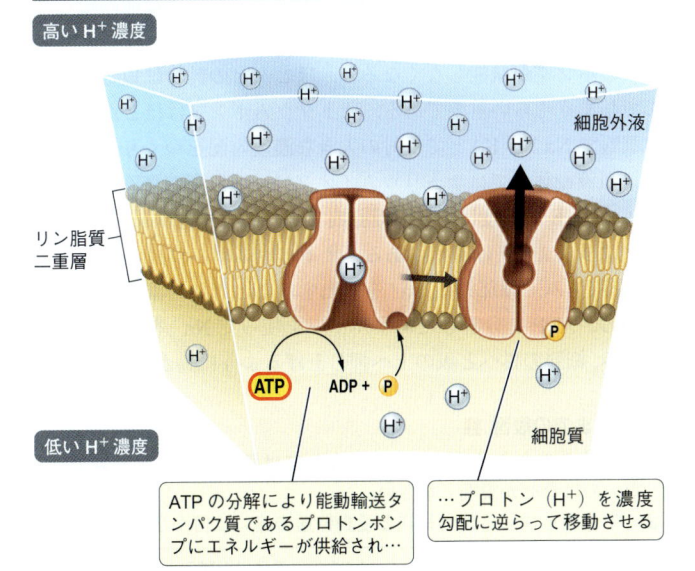

図7・8　能動輸送タンパク質　能動輸送タンパク質はエネルギーを使って濃度の低い部分から高い部分へと物質を動かす．食物がやってくると，プロトンポンプが胃の中に水素イオンを放出する．

生活の中の生物学

台所や庭での浸透作用

高張環境はいかなる代謝活性をもつ細胞をも悪い運命へと導く．外側の溶液の溶質濃度が細胞内の溶質濃度の総和を上回っている場合，水が失われ細胞が縮んでしまう．植物や菌類など細胞壁をもつ細胞で浸透作用によって水が失われることは原形質分離として知られている．細胞から水分が失われると細胞質の体積は劇的に減り，原形質分離を起こした細胞では細胞膜は細胞壁から剥がれる（図7・5の植物細胞参照）．細胞質内の物質が濃度高く混み合って存在することは時に致命的である．細胞質が脱水すると，タンパク質は活性に不可欠な三次元構造を失い，高分子複合体は凝集し，細胞小器官は壊れる．

何千年もの間，さまざまな文化の中で，料理人たちは食物の保存のためにあえて高張環境を作り出してきた．肉は乾燥させ塩漬けすることで保存できる．塩は浸透作用で細胞外に水を出すことで乾燥を促進する．また，塩は細菌や菌類の生育を妨げる．塩分の高い表面に生え始めた細菌の細胞や菌類は原形質分離を起こして急速にしぼむ．

原形質分離は，ピクルス，砂糖煮，漬物，ジャム，ゼリーなどの多くで使われている台所の武器である．ジャムやゼリーの中の砂糖濃度はとても高いので細菌や菌類は浸透作用による失水に苦しみ，高張環境での脱水で死んでしまう．多くのピクルスで使われる酢の酸性環境は微小生物（微生物）にとって住みづらい環境をさらに加える．

多くの細菌と菌類は芽胞とよばれる硬い壁に覆われた休止状態をつくる．芽胞の発生と成長は高張環境では抑えられるが，芽胞そのものは非常に耐性があり，煮ても蒸してもなんともない．ハチミツを室温の食品貯蔵庫に保存できるのは，高い濃度の糖成分が劣化を防ぐからである．しかし，猛毒をもつ細菌のボツリヌス菌の芽胞はこの高張環境にも耐え，外部の溶液濃度が下がると発育を始める．幼児はこの細菌に特に感受性が高く，加工していないハチミツを1歳未満の子どもに与えてはいけないと専門家が言うのはこのためである．（市販のハチミツはほとんどが細菌の芽胞を殺すための処理をしてある．）

肥料をやりすぎると不可逆的な原形質分離により植物は死んでしまう．植物の食事，より正確に言うならば肥料，は通常濃度の高い溶液か粉末で売られており，植物の根や葉に与える前に十分に希釈しなければならない．"肥料焼け"を起こした植物は高張環境での浸透作用によって水分が失われているので見かけが白くなる．海草やマングローブなどの汽水域に住む植物は，自分たちの細胞質内の溶質濃度を上げることで塩分に対処している．冬に道路の凍結を防ぐために使われる塩は通常植物の根に原形質分離をひき起こさないような濃度に調整されているが，それが洗い流されて池や沼に流入すると，浸透バランスを繊細に平衡に保っている水生生物，特に細胞壁のない原生生物や動物の卵や幼生などが被害を受けることになるだろう．

ざまな糖やアミノ酸などがある．細胞膜の低濃度側から高濃度側にこのような物質を移動するには，それぞれの物質に特化した能動輸送タンパク質が使われる．細胞は常にエネルギーを使ってこれらの物質を坂の上に"押し上げる"ように輸送しなくてはいけないので，能動輸送に細胞が使うエネルギーはかなりの量になる．安静状態のヒトが使っているエネルギーの30〜40%が物質を細胞膜通過させるための能動輸送に使われているのである．

ナトリウムポンプは私たちの細胞の中で最も重要な能動輸送タンパク質の一つである．体のほぼすべての細胞膜に存在し，もしもこのポンプが機能しなくなると，ほとんどの動物は短時間で死んでしまうくらい重要である．ナトリウムポンプはほとんどの動物細胞でNa^+とK^+とで反対の大きな濃度勾配をつくり，維持する．血液や体液ではナトリウムイオン(Na^+)濃度が高く，カリウムイオン(K^+)濃度は低い．細胞内では，この状況は反対になり，Na^+は少なくK^+は豊富にある．ナトリウムポンプは，細胞内にK^+を取込み，細部外にNa^+を放出することでこの濃度差を保っている．ATPを分解したエネルギーを使ってNa^+を細胞質から取込み，細胞の外へと坂の上へ押し上げるように動かすのである．

■ これまでの復習 ■

1. Na^+のようなイオンが，助けなしには脂質二重層を通過できないのはなぜか説明しなさい．
2. 生体膜を横切る能動輸送と受動輸送の違いは何か？

7・4　エンドサイトーシスとエキソサイトーシス

第6章では細胞内で輸送小胞とよばれる小さな膜輸送物に包まれて多くの分子が運ばれるのを見た．化学物質もこのフェリーのような分子に積み込まれて細胞膜の内外へ輸送される．

エキソサイトーシス（細胞の外への過程を意味する）では，細胞は膜に包まれた小胞を細胞膜と融合させることで物質を外部へと放出する（図7・9）．放出される物質は細胞内の小胞体-ゴルジ体の膜ネットワークの近くで輸送小胞に梱包される．輸送小胞が細胞膜に近づくと，小胞の膜の一部が細胞膜に接触して融合する．この過程で小胞の内部（内腔）は細胞外に開かれ，内容物が放出される．ヒトや多くの動物では，多くの化学情報分子がその

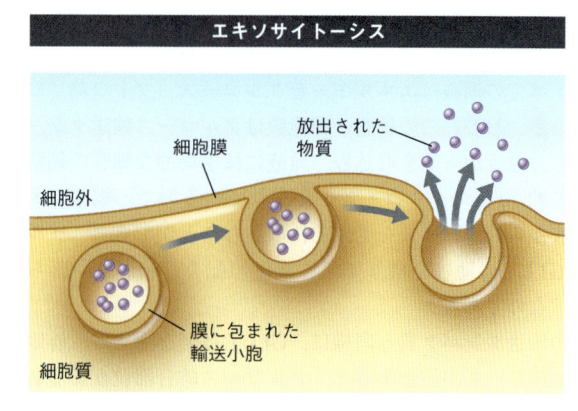

図7・9　細胞の中身がエキソサイトーシスによって放出される　これらの輸送小胞は細胞膜に融合する．

物質を生産した細胞からエキソサイトーシスで血液中に放出される．たとえば，甘い菓子を食べた後には，膵臓の特化した細胞がホルモンであるインスリンをエキソサイトーシスで放出し，血流を通じて他の細胞に菓子から放出されたグルコースを取込むように指示する．

エキソサイトーシスの反対は**エンドサイトーシス**（エンドは内側の意味）である．この過程では細胞膜の一部が内部へくぼみ，細胞外溶液，選択した分子，粒子全体の周りにポケットを形成する．ポケットはさらにくぼみ，全体が膜から独立して細胞質の中に細胞外物質を閉じ込めた小胞を形成する（図7・10a）．エンドサイトーシスは非特異的にも特異的にも起こる．非特異的な場合は，近くの物質すべてが取込まれる．非特異的なエンドサイトーシスの例は**飲作用**（ピノサイトーシス）で，細胞が周囲の流体を取込む（図7・10e）．細胞は特定の液体を集めようとするのではなく，流体に溶け込んだ溶質すべてが含まれた小胞が細胞に飲み込まれる．

中に取込まれる物質が1種類に限られる場合，エンドサイトーシスは特異的になる．細胞膜の特定の部位はどのようにして取込むべき物を知るのだろうか？　その答えは，膜内にあり外界の特定の物質と相互作用するのに特化したタンパク質である特異的な**受容体**の存在にある．**受容体依存性エンドサイトーシス**では，特化した受容体が膜に埋め込まれており，どの物質をその膜の部分から生じる小胞内に取込むかを決定する（図7・10c）．受容体は取込んだ物質の表面の特性で積荷を認識する．

私たちの細胞は受容体依存性エンドサイトーシスによって低密度リポタンパク質（LDL）粒子とよばれるコレステロールを含む物質を取込んでいる．肝臓はコレステロールを産生するが，コレステロールは疎水性なのでこの脂質は水性環境に混ざるのを助けるようなタンパク質と一緒でないと取込めない．コレステロールはLDL粒子の一部としてだけ血流に放出され，この生命維持に必要な脂質を必要とする体内の細胞に届けられる．

細胞膜のLDL受容体はLDL粒子の表面にある特異的なタンパ

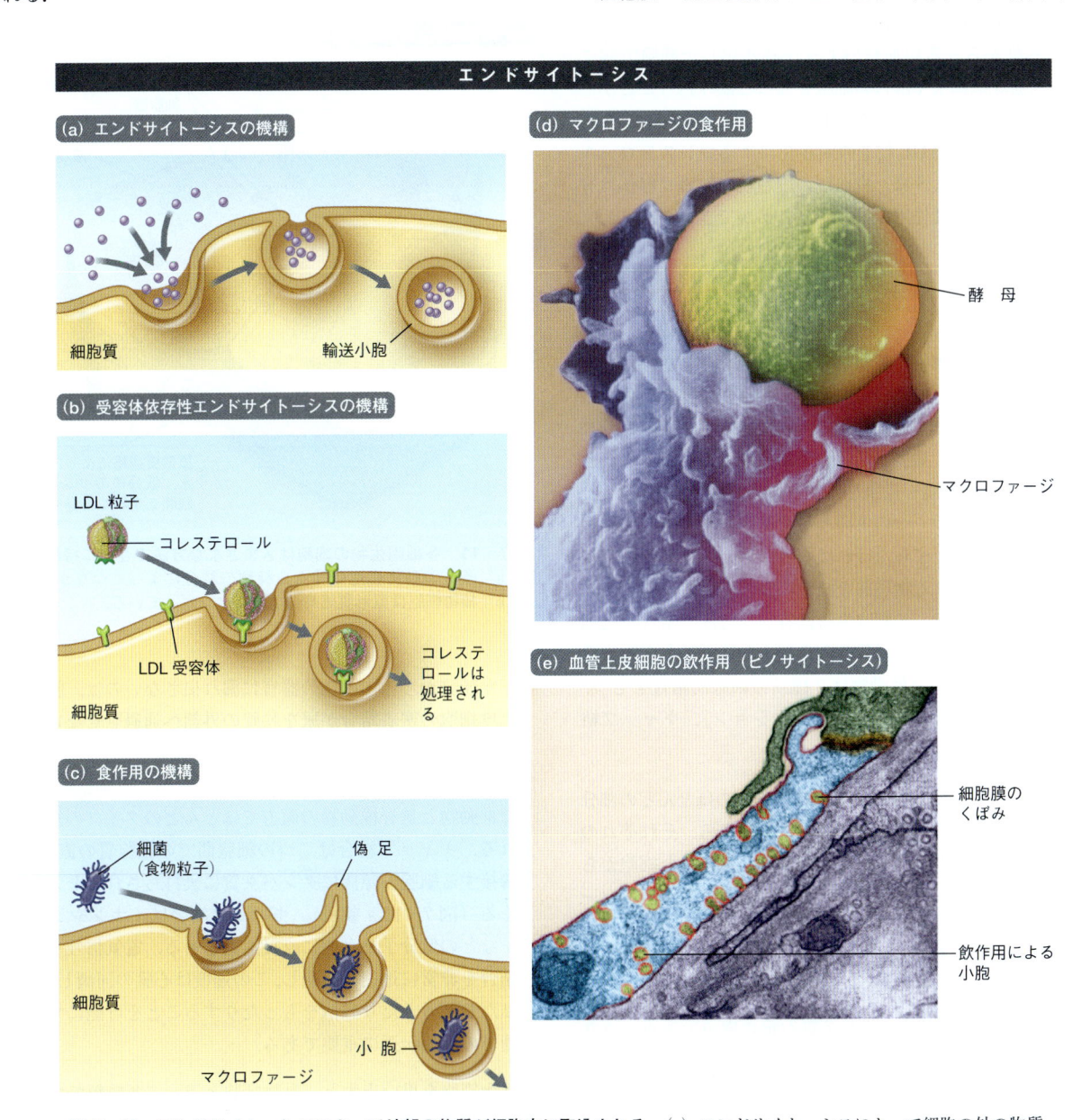

図7・10　エンドサイトーシスによって外部の物質が細胞内に取込まれる　(a) エンドサイトーシスによって細胞の外の物質は膜に包まれて細胞内に取込まれる．(b) 受容体依存性エンドサイトーシスは非常に選択性の高い過程で，特定の細胞外分子のみが細胞膜の特異的な受容体に認識され結合される．(c, d) 食作用（ファゴサイトーシス）は大規模なエンドサイトーシスである．マクロファージ（青）が侵入してきた酵母菌（黄色）を飲み込んでいるのがみられる (d)．マクロファージは体の防御系の一部である．(e) 飲作用（ピノサイトーシス）は外部溶液の非特異的なエンドサイトーシスである．

ク質（リポタンパク質）を認識する．LDL 粒子が LDL 受容体に結合すると，この複合体全体のエンドサイトーシスがひき起こされる．エンドサイトーシスの内容物はやがて LDL 粒子-LDL 受容体の複合体をリソソームへ運ぶ．リソソームは生体分子を分解し，その構成要素を再利用のために細胞質に放出するのに特化した細胞小器官である．

家族性高コレステロール血症の患者は LDL 受容体をもっていない．細胞は LDL 粒子を取込むことができないので，コレステロールやその他の脂質は血管内層細胞に脂肪斑として蓄積する．脂肪斑は化学変化（脂質の酸化）を受けて免疫系をさらに悪化させ，血管を硬化させ狭めるようなさらなる変化（炎症）を起こす．脂肪斑は血管壁から緩くなって剥がれ，血流を妨げうる血栓を形成する．心臓発作は心臓への血液の供給が止まったときに誘発され，脳への血流が制限されると脳梗塞が生じる．

食作用（ファゴサイトーシス）はエンドサイトーシスが大規模になったもので，細菌やウイルス丸ごとのような巨大分子よりもさらに大きな粒子を取込んで消化する（図 7・10 c, d）．この作用は私たちを感染から守る白血球のような特殊化した細胞で起こる．単一の白血球は細菌や酵母の細胞を丸ごと飲み込むことができる．これはヒトが感謝祭の大きな七面鳥の丸焼きを丸飲みすることにほぼ相当する！ LDL 粒子の内在化によるコレステロールの取込みの場合と同じように，白血球の細胞膜にある受容体は有害な微生物を認識して食作用で消化することができる．

7・5 細胞間結合

多細胞生物は多様な細胞や組織からなり，それぞれが特殊化した役割を分担している．分化（特殊化）した細胞は特有の化学特性や特徴的な形や構造をもち，一つの万能細胞が行うよりも効果的に機能を遂行できる．重要な活性の効率を最大限に上げることで，生物は外部環境の課題を克服してより適応していく．しかし，多細胞生物の細胞たちは一つの集団として細胞同士が適切な情報伝達をもって正しくまとまらなければならない．この節では多細胞生物の細胞間にみられる物理的な結合について見ていこう．

海藻からセイウチまで，多細胞生物は特別な方法で結合した細胞を少なくともいくつかもつ．隣り合う細胞と結合した細胞膜構造を**細胞間結合**という．脊椎動物は 3 種類の細胞間結合をもつ．デスモソーム，密着結合（タイトジャンクション），ギャップ結合である（図 7・11 a）．

■ **デスモソーム**（接着斑）は細胞膜の細胞質側のほとんどの部分に位置するタンパク質が斑を形成した構造である．それぞれのタンパク質の斑からの突起は細胞膜を貫通し隣接した細胞から伸びた同様の突起と"留め金"のようにつながる．デスモソームのおもな役割は個々の細胞をばらばらにしようとするような力に対して細胞をつなぐ支えとなることである．デスモソームは心筋のような構造ストレスが大きい組織で特に多くみられる．

■ **密着結合**は細胞膜を走るタンパク質の帯状構造である．隣り合う細胞はタンパク質の帯で互いに接着し，全体として漏れのない細胞シートを形成する．ほとんどの分子はこのシートの片側から逆側へと通り抜けることはできない．漆喰が風呂場のタイルの間から水が漏れるのを防ぐのと同じやり方で密着結合が細胞間に物質が漏れることを防ぐからである．密着結合は体の表面，多くの器官，体腔の内壁上皮細胞で特によくみられる．

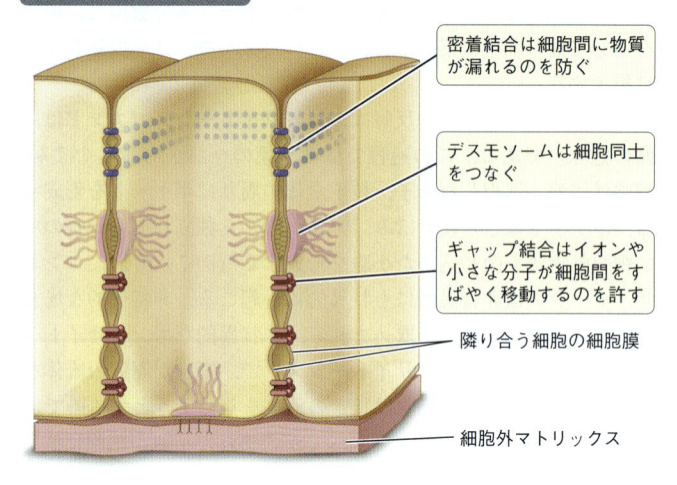

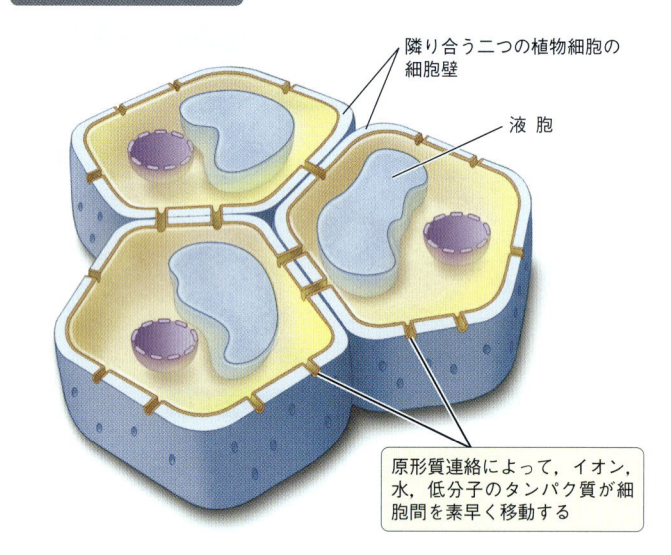

図 7・11 多細胞生物の細胞はさまざまな方法で互いに接着している
(a) 多くの動物細胞は異なる種類の結合によってつながっている．
(b) 植物細胞は原形質連絡によってつながっている．

尿が膀胱から体内の他の器官に漏れ出さないのは，膀胱の内壁上皮細胞の密着結合が尿を膀胱の外側へ通過させないようにブロックしているからである．

■ **ギャップ結合**は動物で最も一般的にみられる細胞結合である．脊椎動物と無脊椎動物の両方でほとんどのタイプの細胞にみられる．ギャップ結合は二つの細胞間での細胞質の直接結合で，隣接する細胞の隙間にタンパク質に裏打ちされたトンネルをつくる（図 7・11 a 参照）．ギャップ結合はイオンやシグナル分子などの低分子を迅速に直接通過させる．電気信号もギャップ結合を非常に迅速に通過し，この速度は心臓の同調した活性や，私たちが考えたり感情をもったりすることを可能にする脳細胞間での情報伝達に重要である．

植物細胞を思い出すと，動物細胞と違って多糖類でできた細胞壁が細胞膜を覆っている．それはちょうど DVD（細胞質）の入ったケース（細胞膜）にかかっている，外すのが厄介なプラスチックのフィルムのようなものである．細胞壁に包まれている植物細胞は，ギャップ結合を介して動物細胞が行うように密に会話でき

るのだろうか？答えはイエスである．なぜなら植物は原形質連絡とよばれる動物のギャップ結合と似た機能をもつ情報伝達チャネルをもつからである．**原形質連絡**は細胞壁を突き破って隣り合う二つの細胞の細胞質をつなぐトンネルである（図7・11b）．それらは二つの細胞の融合した細胞膜で裏打ちされ，イオン，水，小さなタンパク質などの分子の素早い直接移動の経路となっている．

7・6　細胞間シグナル伝達

分子を使って細胞間で情報伝達を行うことが多細胞生物では広く行われている．一般に，細胞間の情報伝達は**シグナル伝達分子**の放出と認識に基づいている．シグナル伝達分子はイオン，アミノ酸くらいの小さな分子，またタンパク質などの大きめな分子もある．シグナル伝達分子は**標的細胞**という他の細胞で，通常は細胞膜や細胞質に存在する**受容体タンパク質**によって感知される．このようにシグナル伝達分子と標的細胞は生物界におけるどのような情報伝達系においても重要な要素である．ほとんどのシグナル伝達分子は短命で，数秒のうちに標的細胞の近傍で分解されたり取除かれたりするが，体内に数日残るような長命の分子も少数ある．

一つのシグナル伝達分子は何種類かの標的細胞を活性化でき，また，一つの細胞が何種類ものシグナル伝達分子の標的となりうる．信号の認識と反応の特異性は受容タンパク質に由来する．受容タンパク質は標的細胞の細胞膜や細胞質内（サイトソル内や核などの細胞小器官内）に位置する．細胞膜に存在する受容体は細胞表面でシグナル伝達分子と結合し，**シグナル伝達経路**とよばれる一連の細胞イベントを介してシグナルを受け取ったことを細胞質に伝える．

細胞内，つまり細胞質内の受容タンパク質に結合するシグナル伝達分子は細胞膜を通り抜けて核のような膜に包まれた区画に入っていかなければならない（図7・12）．疎水性の脂質二重膜を通り抜けて拡散しなければならないので，細胞内の受容体に結合するシグナル伝達分子はそれ自身も疎水性の脂質であることが多い．

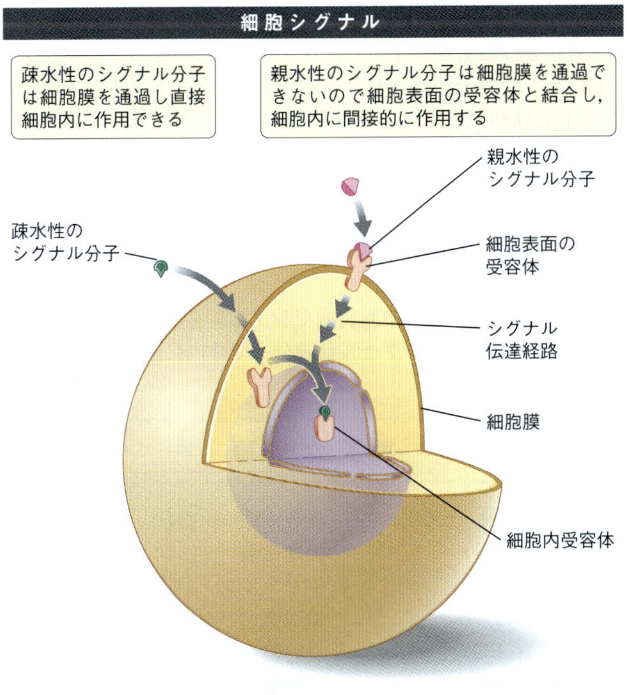

多細胞生物は多彩なシグナル伝達系を用いる．ある種のシグナル伝達系は素早くはたらき，標的細胞を数秒内に反応させる．その他のシグナル伝達系では，シグナル伝達分子と特定の標的細胞は多くの場合数時間かけてゆっくりとした反応を行う．いくつかのシグナルは標的が狭く，ケーブルテレビが契約者だけに配信されるように，その標的細胞の傍でのみ放出される．他のシグナルは衛星放送の番組のように体内に広く分散する．いくつかのシグナル伝達系は長距離を作動するが，他のシグナル伝達分子は標的細胞の近くでつくられ放出されるので遠くへ行く必要はない．もし突然の物音にジャンプした経験があるのなら，神経細胞から放出される迅速にはたらくシグナル伝達分子である神経伝達物質のほぼ瞬時の動作を体験したことになる．もしもこれらの分子がゆっくりとはたらいたならばジャンプしたのは数時間か数日後になっていたであろう．神経伝達シグナルは標的が狭く，特定の神経は心臓や骨格筋の細胞といった特定の組織内でのみ神経伝達物質を放出する．

すべての多細胞生物は異なる細胞や組織を協調して活動させるためにホルモンを用いる．**ホルモン**は寿命の長いシグナル伝達分子で，長距離にわたって作動できる．神経細胞のシグナルとは対照的に，ほとんどのホルモンは体内に広く分散する．ホルモンは神経伝達物質に比べてゆっくりと機能するが，アドレナリンのように素早くはたらき数秒内に反応をひき起こすものもある．ヒト成長ホルモンはゆっくりはたらくシグナル伝達分子の例である．このホルモンは私たちの子ども時代の間，大人のサイズになるまで骨や他の組織の成長を刺激するためにはたらく．もしも成長ホルモンが神経伝達物質と同様に素早くはたらいたならば成長加速現象という言葉は別の意味をもつことになるだろう．脊椎動物ではほとんどのホルモンは体の一部分でつくられ血流に乗って確実かつ迅速に広く分散し，体の別の部分の標的細胞に運ばれる．

■ これまでの復習 ■

1. つぎのどちらの過程が輸送される物質の観点からより選択的か．飲作用（ピノサイトーシス），受容体依存性エンドサイトーシス．
2. 密着結合のおもな機能は何か？
3. ホルモンのような小さな脂質シグナル分子の受容体は細胞質内と細胞表面のどちらに位置していると期待するか？それはシグナル伝達を必要とするか？説明せよ．

---

1. 受容体依存性エンドサイトーシス
2. 漏れのない細胞シートをつくること
3. 細胞質内．疎水性シグナル分子は細胞膜の脂質二重膜を通過でき，細胞表面の受容体は必要なく，伝達は必要としない．

図7・12　シグナル分子の受容体
細胞内の受容体は細胞質内や核に存在し，細胞膜を通過できる疎水性のシグナル分子と結合する．細胞表面の受容体は細胞膜に埋め込まれていて，膜を通過できない親水性のシグナル分子と結合する．

（図中のラベル）
- 細胞シグナル
- 疎水性のシグナル分子は細胞膜を通過し直接細胞内に作用できる
- 親水性のシグナル分子は細胞膜を通過できないので細胞表面の受容体と結合し，細胞内に間接的に作用する
- 疎水性のシグナル分子
- 親水性のシグナル分子
- 細胞表面の受容体
- シグナル伝達経路
- 細胞膜
- 細胞内受容体

学習したことを応用する

コレステロールは脳の細胞膜で何らかの機能をもつのだろうか？

この章の冒頭で私たちは退役航空医官で医学研究者のDuane Graveline氏が，コレステロール値を下げるために服用している

薬が一時的だが劇的な記憶喪失を一度ならず二度までもひき起こしたと確信していることを学んだ．彼がコレステロールを下げる薬が記憶障害をひき起こしたと考えることは理にかなっているのだろうか？　コレステロールは動脈血栓をひき起こす悪い分子にすぎないのではないか？　コレステロールを下げる薬が記憶喪失をひき起こせるのだろうか？

　Graveline 氏自身もその答えは知らなかった．彼は，何千人もの人々に薬を投与し，同数の人間に対照実験としてプラセボ（偽薬）を与え，そのすべての人々を数年間追跡するような研究を始めるような立場にはなかった．しかし，多くの科学者と同様，Graveline 氏は薬と記憶障害には関連があるという彼の直感に従うことにした．彼は薬の服用を止め，コレステロールと脳に関する見つけられる限りの文献を読みあさった．

　Graveline 氏と，数の増えた研究者たちは何年もかけ，コレステロールが脳の機能と深く関係することを明らかにした．体の他の部分と同様に，脳も細胞でできており，その細胞はそれぞれコレステロールを含む細胞膜に覆われている．実際，脳細胞の細胞膜はコレステロールを多く含み，体内のコレステロールの 1/4 が脳に存在しているほどである．そのすべてが脳でつくられる．コレステロールが脳で何をしているのかは生物学者たちの強い興味の対象であった．

　コレステロールは神経細胞間の結合を形づくる，すなわち私たちが記憶をつくり，ためるのに必須なようである．私たちの脳は 2 種類の神経細胞を含む：互いに連結して情報を伝達し記憶を形づくる神経細胞と，神経細胞の世話をするグリア細胞である．グリア細胞の役割の一つは神経細胞にコレステロールを供給することである．グリア細胞がコレステロールをつくれなくなると，その神経細胞は結合することができなくなる．コレステロールは神経シグナルの伝達を速め，細胞表面の受容タンパク質の形を変えるためにはたらき，炎症やアルツハイマー病，そしてアルコールやタバコの依存症にさえも中心的な役割を担う．

　細胞膜がリン脂質の二重層でエンドサイトーシスやエキソサイトーシスを通じて速やかに物質を包んで運ぶことを思い出してほしい．細胞膜を形づくる脂質やタンパク質は家の外壁のようにしっかり接着されているわけではない．むしろ細胞膜は流動的である．

　この流体に浮かんでいるのはコレステロールとタンパク質が固めに凝集した"脂質のいかだ"である．このコレステロールのいかだは受容体タンパク質とシグナル伝達にかかわる他の要素を運ぶ．細胞生物学者たちはコレステロールのいかだの場所がシグナル伝達経路への関与に影響すると予測した．たとえば，脂質のいかだに載っている受容体タンパク質が活性化されると，外洋の船のように切り離される．もはや到達しにくいので，付近の酵素は受容体タンパク質を不活性化することができない．

　しかしコレステロールの生成を阻害するスタチンには Duane Graveline 氏が経験したような記憶障害をひき起こす能力があるのだろうか？　現在のところそれは誰もわからない．スタチンの製造会社はこの意見を裏づける大きな研究はないと主張する．いくつかの小さな研究はある種のスタチンが幾人かで記憶に影響しうることを示唆している．Graveline 博士個人はますます自信を深めている．2000 年以来，彼は運動によって血中コレステロール値を下げるだけでなく食事も変えた．彼はスタチン薬に関する本を 4 冊執筆し，人々がこのことを忘れることのないように望んでいる．

章のまとめ

7・1　細胞膜は門であり門番である
- 細胞膜は選択的透過性をもったリン脂質二重層にタンパク質が埋め込まれたものである．
- 受動輸送では，細胞は直接エネルギーを使うことなしに細胞膜を通過させて物質を運ぶ．細胞の能動輸送にはエネルギーが必要である．
- 拡散は受動輸送であり，高濃度の部分から低濃度の部分に物質を運搬する．

7・2　浸透作用
- 浸透作用は選択的透過性をもつ膜を通過する水の拡散である．低張液中におかれた細胞は水を得る．高張液では水は細胞から出ていく．等張液では細胞による水の正味の取込みはない．
- 細胞は浸透圧調節によって能動的に水のバランスをとる．

7・3　円滑な膜輸送
- 親水性の物質と大きな分子は膜に広がる輸送タンパク質の助けなしには細胞膜を通過できない．
- 受動輸送タンパク質は分子やイオンの濃度勾配に従った受動輸送を行う．能動輸送タンパク質は濃度勾配に逆らって物質を細胞の内外に動かし，そのためにエネルギー（ATP のようなエネルギー源から）を必要とする．

7・4　エンドサイトーシスとエキソサイトーシス
- 細胞は物質をエキソサイトーシスで排出し，エンドサイトーシスで取込む．
- 受容体依存性エンドサイトーシスでは，細胞膜にある受容体タンパク質は細胞に取込む物質を認識して結合する．

7・5　細胞間結合
- 細胞の結合は細胞の情報伝達も担う．
- デスモソームは隣り合う細胞をつなぎ，破断力に抵抗する．密着結合は細胞をつないで密着シートを形づくる．ギャップ結合は小さな分子が通過できるような細胞質のトンネルである．
- 原形質連絡は隣り合う植物細胞をつなぐ細胞質のトンネルである．

7・6　細胞間シグナル伝達
- 受容体タンパク質は他の細胞から発せられた信号分子に反応する．
- シグナル伝達経路は細胞質内でシグナルを伝達する．
- ホルモンは長距離シグナル伝達分子で体内に広く分布する．

重要な用語

選択的透過性膜（p.131）
受動輸送（p.131）
能動輸送（p.131）
拡　散（p.132）
単純拡散（p.132）
浸透作用（p.133）
低張液（p.133）
高張液（p.133）
等張液（p.133）

浸透調節（p.134）
促進拡散（p.134）
チャネルタンパク質（p.134）
輸送タンパク質（p.135）
受動輸送タンパク質（p.135）
能動輸送タンパク質（p.135）
エキソサイトーシス（p.136）
エンドサイトーシス（p.137）
飲作用（ピノサイトーシス）（p.137）

受容体（p.137）
受容体依存性エンドサイトーシス（p.137）
食作用（ファゴサイトーシス）（p.138）
細胞間結合（p.138）
デスモソーム（p.138）
密着結合（p.138）
ギャップ結合（p.138）
原形質連絡（p.139）
シグナル伝達分子（p.139）
標的細胞（p.139）
受容体タンパク質（p.139）
シグナル伝達経路（p.139）
ホルモン（p.139）

復 習 問 題

1. 細胞膜の一部ではないものはどれか．
   (a) タンパク質
   (b) リン脂質
   (c) 受容体
   (d) 遺伝子
2. 直接のエネルギー供給が必要なのはどれか．
   (a) 拡　散
   (b) 能動輸送
   (c) 浸　透
   (d) 受動輸送
3. 単純拡散で細胞膜を通り抜けることができるものはどれか．
   (a) 酸素ガス（O_2）
   (b) 水素イオン（H^+）
   (c) 電荷をもったアミノ酸であるアスパラギン酸
   (d) 親水性タンパク質であるヒト成長ホルモン
4. 水は細胞がつぎのどの液にあるときに外に出て行くか．
   (a) 低張液
   (b) 等張液
   (c) 高張液
   (d) 上のどれでもない
5. チャネルタンパク質が輸送タンパク質と異なる点はどれか．
   (a) 単純拡散には必要だが促進拡散には必要ない．
   (b) 水の膜を横切る輸送は助けるがイオンは助けない．
   (c) 能動的な物質の輸送を行わない．
   (d) ATPの形の直接エネルギー入力なしには機能できない．
6. 細胞外に物質が出て行く現象はどれか．
   (a) 飲作用（ピノサイトーシス）
   (b) 食作用（ファゴサイトーシス）
   (c) エンドサイトーシス
   (d) エキソサイトーシス
7. 膀胱の内壁にみられるような漏れのない細胞シートをつくるための細胞結合はどれか．
   (a) デスモソーム
   (b) 密着結合
   (c) 原形質連絡
   (d) ギャップ結合
8. 動物細胞はつぎのどれを介して水や小さな分子を直接交換するか．
   (a) ギャップ結合　　　(c) デスモソーム
   (b) 微小繊維　　　　　(d) 密着結合
9. 細胞間シグナル伝達に含まれるものはどれか．
   (a) 受容体タンパク質
   (b) シグナル伝達分子
   (c) 標的細胞
   (d) 上のすべて
10. 神経シグナル（神経伝達物質）は，
    (a) 標的細胞に向かって血流に乗って運ばれる．
    (b) 近隣の標的細胞ではたらく．
    (c) 寿命が長い．
    (d) 疎水性の性質をもつ．

分 析 と 応 用

1. 部屋の隅に芳香剤をまいたとしよう．このときの芳香剤分子の広がり方は拡散の例といえるだろうか？　何時間か後に平衡状態に達したとき，拡散は止むだろうか？　このとき芳香剤の分子は動くのを止めたのだろうか？　説明せよ．
2. ゾウリムシは細胞壁のない単細胞の原生生物で，淡水の池に住んでいる．この自然環境は細胞と比べて高張，低張，等張のどれだろうか？　ゾウリムシが池の水で面している浸透制御の問題は何で，その問題をどう解決しているのだろうか？
3. 同級生がA型連鎖球菌による喉の感染症にかかった．熱と咽頭痛の症状があり，さらに扁桃腺は膿んでいて，これは彼女の白血球が侵入してきた細菌と戦った証である（膿は侵入者を破壊するというその役割を果たして死んだ白血球の残骸を含む）．侵入してきた細菌を破壊する白血球のメカニズムにおける細胞膜の重要な役割について説明せよ．
4. 腸の内壁上皮細胞はいろいろな物質に接する．その中には上皮を通過して血流に入ると病気をもたらすようなものも含まれている．腸上皮の細胞結合は血流に毒性のものを入れないためにどうしているか？
5. 下の図はLDL粒子の構造を示している．LDL粒子はコレステロールと脂肪酸が共有結合的に結びついた（エステル型の）非常に疎水性の核をもつ．殻のような表面はリン脂質，非エステル型のコレステロール，単一の大きなタンパク質（アポリポタンパク質B 100）でできている．LDL粒子の役割とは？　LDL粒子内のどの化学要素がLDL受容体に認識されるのだろうか？　コレステロールを取入れるヒトの体内の多くの細胞でLDL粒子がどのように吸収されるのかを説明せよ．

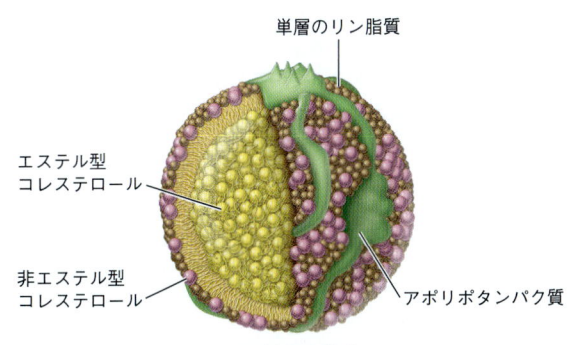

LDL粒子の構造

ニュースで見る生物学

"Good" Cholesterol May Lower Alzheimer's Risk

BY RONI CARYN RABIN

"善玉"コレステロールはアルツハイマー病の危険性を低下させる

ニューヨーク市在住の高齢者を対象とした最近の研究報告によると，善玉コレステロールともよばれる高密度リポタンパク質（HDL）をとても高い血中濃度でもつ人は，血中HDL濃度が最低レベルの人たちと比較して痴呆症を発するリスクが半分以下である．

血液100 mL中にHDLを56 mg以上もつ人々がこの恩恵を受ける，とこの研究は報告している．この人たちは血中HDL濃度が38 mg以下の人たちに比べてアルツハイマー病を発する確率が60％低い．二つのグループの差は，血管病，年齢や性別，教育レベル，そしてアルツハイマーにかかりやすい遺伝子など，他の痴呆をひき起こす要因を考慮して補正した後にもまだみられた．

"これは因果関係ありだと思います"とこの研究の筆頭著者であるコロンビア大学タウブ研究所（アルツハイマー病と加齢脳の研究所）の助教授であるChristiane Reitz博士は言う．"私たちがこの人たちを募集したとき，彼らに認識障害はありませんでした．その後の追跡過程で彼らは痴呆を発症しました．"

ただし，保護作用をもつのは非常に高濃度のHDLだけだとReitz博士は言う．"56 mgよりも多い場合にのみ違いが現れます．"

*Archives of Neurology*誌に発表されたこの報告は，体に良いと思われるものが脳にも良い場合があることを示した最初ではない．多くの研究がよく歩く高齢者は血管性痴呆になりにくいことを発見している．これは，おそらく定期的な運動が脳血流を改善し，血管病のリスクを下げるためであろう．

日頃の運動は，脳血流を増やし，ホルモンの生成と新しい神経細胞の成長にかかわる神経成長因子の生産を刺激するため，一般的に脳の機能を良くすると考えられている．運動はまた，善玉HDLコレステロールの値を上げる．運動し続けている動物は記憶が良く，記憶をつかさどる脳の部分である海馬の細胞数も多いことが研究によって示されている．そして，運動は痴呆の発生リスクを上げる2型糖尿病を防いだり食い止めたりする．

§7・4で私たちはLDL粒子が受容体依存性エンドサイトーシスによって細胞に取込まれ，コレステロール，脂肪酸，グリセリン，そしてアミノ酸へと消化されることを学んだ．消化管によって過剰なコレステロールが吸収されたり，肝臓で過剰なコレステロールが生成されたり，体内の細胞によって取除かれる量が十分でない，などの理由で血流中のLDLレベルが高いと，LDL粒子はコレステロールや他の脂質を動脈に沈着させ，心臓発作の危険性が高まる．それゆえLDLは"悪玉"コレステロールとよばれる．では善玉コレステロール，悪玉コレステロールとは厳密には何だろう？ そして何が善悪を決めるのだろう？

HDLは高密度リポタンパク質で，LDLは低濃度リポタンパク質である．リポタンパク質はコレステロールを含む脂肪を水性の血液中に輸送するための手段である．リポタンパク質はトラックのようなものと考えるとよい．コーンチップスや牛乳を近所のコンビニエンスストアに補充する場合は小さな配達用のライトバンを使えばよいし，近所の家々から瓶や新聞紙を回収する場合には大きな馬力のあるリサイクル用のトラックを使えばよい．

これらのトラックのように，コレステロールを運ぶHDLとLDLは異なる役割をもつ．HDL粒子は大きな馬力のあるトラックである．体内の組織からコレステロールを回収し，他の物質へとリサイクルして肝臓，卵巣，精巣，副腎に返す．肝臓では，コレステロールは胆汁に変換され，食物の消化を助ける．生殖器や副腎では，コレステロールはホルモンをつくる原材料である．

一方，LDL粒子は小さなライトバンであり，肝臓でつくられたコレステロールを体中の細胞に届ける．コレステロールが過剰に存在すると，LDL粒子はコレステロールを動脈の壁に沈着させ炎症をひき起こす．時間を経て，コレステロールと他の脂質，繊維状の物質，カルシウムから成る硬い斑が形成される．この斑は被覆層に小さなひびができるまで徐々に大きくなり，血栓の形成を刺激する．血栓は心臓やその他の臓器への血流をふさいでしまう危険がある．動脈中に斑をつくるようなものはすべて"悪"である．

"善"であるHDLは動脈壁の斑の形成の原因となる沈着したコレステロールを取除くリサイクル業者のトラックである．十分量の血流中HDL粒子はアルツハイマー病の危険性も下げる．

このニュースを考える

1. 科学者たちがHDLと痴呆の間に関連があると考えた根拠を説明せよ．
2. HDLレベルを上げるために私たちは何ができるだろう？

出典：*New York Times*，2010年12月16日，well.blogs.nytimes.com

8 エネルギー代謝と酵素

> **MAIN MESSAGE**
> 生体はエネルギーを使って複雑な細胞内の秩序を生み出す．酵素は，その秩序をつくり維持するのに必要なさまざまな化学反応を促進する．

弾みをつけて代謝のエンジンを始動させよう！

"代謝を回復させてさらに高める14の方法！"，"代謝をスピードアップしてみるみる減量！"ダイエット食品やエネルギー飲料，ハーブのサプリメントの広告で聞いたことのあるキャッチフレーズである．店のレジ前にあるすべての雑誌は代謝が高まると体重が減ることを約束しているようである．

ところで，代謝とは何だろうか？ 代謝とは，生物がエネルギーを外から獲得したり，蓄えたり，利用するために用いるあらゆる化学反応のことである．生きている生物はすべて，骨からDNAまで，体の各部分を構築して維持するためにエネルギーが必要である．生物は，成長や繁殖活動から病原体・捕食者との戦いまですべてにエネルギーを使う．エネルギーは体の中のあらゆる過程の燃料であり，これらすべてのエネルギーを取扱う処理をひとまとめにしたものが代謝である．

代謝の速度は，どれだけエネルギーを使うかの指標になる．肉体的な活動はエネルギーを使うので，活動的な人ほど代謝の速度が速くなる．もしあなたが体重が約60 kgの若い女性でじっと座っていたら，1時間当たり70ワットの白熱電球と同じくらいのエネルギーを使うだろう．休んでいるときに使うエネルギー量が，安静代謝率である．安静代謝率は，身長や体重，筋肉の重さ，年齢，性別といった要因に依存している．安静代謝率は，子どもが最も高く，年齢とともに減少する．筋肉がたくさんある大柄な人は，小柄な人や筋肉量が少ない人に比べて安静代謝率が高い．たいていの場合，男性の方が女性より大柄で筋肉量が多いので，平均的な男性の安静代謝率は平均的な女性の安静代謝率に比べて高い．しかし，これは確固としたルールではなく，女性の運動選手の方がカウチポテト族の男性より安静代謝率はおそらく高いだろう．

> **？** ほかに何が代謝を上げるのか？ 唐辛子を食べると代謝はアップするのだろうか？ 代謝が高すぎるということはありえるのか？ 安静代謝率が低ければ低いほど寿命は長くなるのだろうか？

これらの疑問に答える前に，なぜ細胞にはエネルギーが必要なのかと，組織化された構造をつくり出すために細胞がどのようにエネルギーを使うのか，を解説しよう．この章では，生きている細胞は，エネルギーに依存した高度に組織化された化学工場であることと，そこで起こる多くの反応が酵素の助けを借りて進んでいることを解説する．

代謝の力でキック この鮮やかなキックの運動エネルギーは，サッカー選手が食べた食物の化学エネルギーに由来する．この化学エネルギーを使うのに便利なかたちに変えるには酵素が必要である．

基本となる概念

- 生物はエネルギー変換と化学反応の物理法則に従う．（熱力学第一法則と第二法則）
- ほとんどすべての生物にとって太陽が根源的なエネルギーの源である．光合成を行う生物は，太陽光から得たエネルギーを使い，二酸化炭素と水から糖を合成する．多くの生物がこの糖を分解してエネルギーを得る．
- 生物の細胞内で起こる化学反応を代謝という．異化反応では，生体分子が分解されてエネルギーが取出される．同化反応では，エネルギーを使って生体分子が合成される．
- 酵素は細胞内の化学反応速度を促進するはたらきをもつ．
- 代謝経路は，複数のステップで進む一連の酵素群による化学反応である．
- 酵素は，適切な位置に反応物を結合させて，生成物をつくり出すための衝突の頻度を増加させる．酵素の形は，生物活性にとって重要である．
- 酵素は基質特異性をもつ．
- 酵素活性は，温度やpH，塩濃度の影響を受けやすい．

　生命の活動にはエネルギーが必要である．生物は，エネルギーを周囲の生物や非生物から獲得し，それを利用して細胞の構成成分や成長，繁殖，防御のためのさまざまな化学物質を合成している．最も単純な細胞でさえ，生命を維持するためには，何千もの種類の化学反応が必要である．細胞内の化学反応は連続した反応系からなるものが多く，これを**代謝経路**とよぶ．生命にとって重要な巨大分子をつくったり分解する代謝経路や，代謝経路で使われる化学物質は，あるゆる生物でよく似たものが使われている．これは私たちが共通の祖先から進化して受け継いできたことを表している．ほとんどすべての代謝反応は酵素によって促進される．**酵素**は，生物触媒であり，化学反応をスピードアップさせる生体物質である．酵素のほとんどはタンパク質である．酵素がなければ，代謝反応はとても遅くなり，現在の生命は存在できないだろう．

　この章ではまず，生命系を維持する化学反応について，エネルギーが果たす役割を紹介する．さらに，化学反応を促進するように特殊化したタンパク質，酵素の役割を詳しく解説する．酵素がなければ，生命を維持するのに十分なスピードで生体内の化学反応を進めることができない．最後に，男性と女性，若者と老人，運動選手とカウチポテト族の代謝を比べて，生物の代謝速度と寿命の長さとの関連についても考える．

8・1 生命系におけるエネルギーの役割

　細胞内の化学反応がどのようなものかを考えることは，エネルギーの獲得とその利用法を考えることと同じである．現実の世界のあらゆる原子，分子，粒子，物体は，エネルギーをもっている．**エネルギー**は，物体がもつ仕事をする能力と定義できる．また，仕事とは，ある決まった系に変化をもたらす能力と定義できる．エネルギーとの関連で用いるときには，"系"という言葉は，この世界に存在するすべての物の中で私たちが選んで区別した任意の一部分をさす．生物界のエネルギーに関しては，生体分子から，細胞小器官，細菌の細胞，池表面に繁茂した藻類，カシとカエデの森の中の生物群集，生物圏に至るまで，系となりうる．

　ある系のエネルギーは，その系の特性である．言い換えると，その系に関係する物理的な量である．どの側面を記述したいかによって，ある系のエネルギーを認識して表現する方法は異なる．惑星とその衛星の間の引力に興味がある宇宙飛行士なら，それらの物体の重力エネルギーに注目するだろう．物理学者は，原子核が分裂，あるいは融合するときに放出される核エネルギーの研究をしている．化学者は，分子のような原子の集合体の間の結合に蓄えられたエネルギーや，そのエネルギーが化学反応の際にどのように変化するのかに興味があるだろう．エネルギーの転換については，生物学者もおおいに興味をもっている．たとえば，朝食から得たエネルギーのうち，どれだけがサッカーで相手を負かすのに使われ，どれだけが体から熱として失われ，どれだけが後で使うために蓄えておかれるのか，を知りたいと思うだろう．

　エネルギーには多くの異なるかたちがあるが，大きく二つのカテゴリーに分けられる．位置エネルギーと運動エネルギーである．**位置エネルギー**は，ある系がその位置にある結果として蓄えられるエネルギーである．丘の頂上にある岩，ダムの水，レディーガガの帽子，これらはすべて位置エネルギーをもっている．つまり，それらの物体は，周りにある他の物体に対してある位置を占めているので，仕事をする能力をもっている．前記の三つの物体はすべて，重力エネルギーとよばれている位置エネルギーの一種をもっている．**化学エネルギー**は，別のかたちの位置エネルギーである．化学エネルギーとは，ある系において原子が他の原子に対してある位置を占めているために蓄えられるエネルギーである．たとえば，ある分子内での原子どうしの共有結合は，かなりの量の化学エネルギーを蓄えている．さじ一杯分の砂糖（スクロース）は，共有結合で結びついている何百万もの炭素，水素，酸素原子がもつ化学エネルギーをもっている．ひとつまみの食卓塩は，イオン結合でつながっている何百万ものナトリウムイオンと塩化物イオンの化学エネルギーを含んでいる．

　運動エネルギーは，ある系が動いている状態にあるゆえにもつエネルギーである．電動ミキサーを使って，イチゴとバニラアイスクリームを混ぜてスムージーを作るときのことを考えてみよう．このときには，電子が流れることによるエネルギーである電気エネルギーの一部が，ミキサーの刃を回転させる力学的エネルギーに変換される．放射エネルギーの一種である光エネルギーは，光子とよばれるエネルギーの塊が波のような動きをすることによるエネルギーである．電気エネルギー，力学的エネルギー，光エネルギーはすべて，運動エネルギーの例である．

　熱エネルギーは，運動エネルギーの一種である．すべての原子と分子は，決まった位置で振動したり，ある位置から別の位置へランダムに移動していたりと，ある程度は運動している．物質の中のこれらの粒子は，移動するときに他の粒子と衝突し，自分のもっているエネルギーの一部を相手に伝える．ある系において，ランダムな運動をしている粒子が本来もっているエネルギーのうち，他の粒子に伝達できるエネルギーが，熱エネルギーである．言い換えると，熱エネルギーとは，ある物質の粒子に蓄えられた全エネルギーではなく，ある粒子から他の粒子に自由に動くこと

ができる一部分のエネルギーである．
　エネルギーは，あるかたちから別のかたちによく転換される．岩が丘から転がり落ちるときや水がダムの放水路を流れ落ちるとき，帽子が床にたたきつけられるとき，位置エネルギーは運動エネルギーとして放出される．落下中の物体は，音響エネルギーを放出する．音響エネルギーも運動エネルギーの一種である．ホバリングしているハチドリは，毎秒30〜80回バタバタと羽ばたきをし，蜜の中の化学エネルギーを筋肉を収縮させる運動エネルギーに転換して燃料を補給している（図8・1）．本を持ち上げて高い棚に置く場合を考えよう．朝食から得た化学エネルギーの一部が筋肉を動かす運動エネルギーに転換され，さらにその運動エネルギーの一部は本棚の高い位置に置かれた本に位置エネルギーとして蓄えられる．万物に当てはまる原理である熱力学の法則は，万物はある決まった量のエネルギーをもっていること，また，そのエネルギーはある形から別の形に転換されることはあるが，新しくつくり出されたり，消滅することはないことを述べている．熱力学の法則は，ガソリンと電気の両方を使うハイブリッド車のエンジン内でのエネルギーのやりとりや，遠く離れた銀河の中心で起こっているエネルギーのやりとりを説明できる．これと同じように，つぎの節では熱力学の法則を生命体に当てはめてみよう．

熱力学の法則が生命にも当てはまる

　万物に当てはまるエネルギーの法則，つまり熱力学の法則は，生命がどのように機能するかを決定づけてきた．この法則は，どの化学反応がどのような状況のもとで起こるのかを決定する．生命系に熱力学の法則を当てはめると，高度に秩序だった生命体はエネルギーの供給がなければ存在できない理由が説明できる．この法則は細胞内で起こるエネルギー転換の基本原則を確立する．たとえば，バラの木は，光のエネルギーを糖の化学エネルギーに転換し，大きく成長したり，芳香や花の色素を合成したりといった生命活動全般に使っている．これから紹介するように，熱力学の法則を理解すると，細胞内のどの化学反応がエネルギーを生み出す過程なのか，また，生み出されたエネルギーのうちの一定量はいかなる細胞の機能にも利用できず，必ず捨てなければならないことも，わかってくるだろう．
　熱力学第一法則によると，エネルギーは新しく生成したり消滅することはない．あるものから別のものへと形を変えるだけである．熱力学第一法則は，エネルギー保存の法則としても知られて

■ **役立つ知識** ■　"熱力学"は物理学の言葉で，ギリシャ語の熱（thermo）の動き（dynamics）を意味する語に由来する．熱は必ず温度の高い所から低い所へと移動する．これらは生体内のあらゆる活動を支配する基本的な法則である．

いる．つまり，どの閉鎖系においてもその中の全エネルギーは時間がたっても変わらない．万物が有するあらゆるエネルギーは物質と関連しており，エネルギーと物質は等価である．言い換えると，物質は無からは生じないし，無になることはない．これはエネルギーについても同じで，エネルギーは跡形もなく消滅することはないし，無からまったく新しくつくり出されることはない．しかし，エネルギーをあるかたちから別のかたちに転換することはできる．たとえば，植物が吸収した光エネルギーは，蜜の糖分子の化学エネルギーに転換される．また，花の蜜の化学エネルギーは，ハチドリの脳細胞の電気エネルギーや筋肉細胞の力学的エネルギー，蜜によって代謝が促進された細胞の熱エネルギーに転換される．
　熱力学第二法則は，エネルギーの使用や転換が，どのようにその他の世界，宇宙全体へと影響を及ぼすかを述べている．この法則によると，宇宙全体は，必ず秩序のない状態になる傾向にある．ある世界や系を考えたとき，どこか宇宙の別の場所から転換して得られるエネルギーを使い，秩序を維持する努力をしない限り，その世界が無秩序になる傾向は止められない．生物や細胞であれ，建物などであれ，高いレベルの秩序をもつということは，それをつくり出し維持するためのエネルギーが，ほかから獲得されたということを意味する（図8・2a）．エネルギーを使って，ある内部構造の秩序をつくり出すとき，それを取巻く周辺部全体では，その秩序が低下し，宇宙全体はより無秩序なものへと変化する．
　第5章，第6章でみてきたように，たとえば，アミノ酸からタンパク質が構築されるなど，有機分子が高度に秩序をもった複合体へと組上げられて細胞がつくられる．細胞の緻密な構造や機能は，熱力学第二法則に従えば，常に無秩序な方向へと向かって変化することになる．この傾向を阻止するには，細胞はエネルギーを獲得し，蓄え，使い続けなければならない．熱力学第二法則が意味することは多いが，その一つに，生きている細胞がエネルギーを獲得，貯蔵，使用，転換するとき，決して効率が100%にはならないことがある．つまり，使われたエネルギーの少なくとも一部は，代謝熱とよばれる無秩序で使用に適さないかたちのエネル

生命体におけるエネルギー変換

- 位置エネルギーは物体に蓄えられたエネルギーである
- 運動エネルギーは動いていることでもつエネルギーである
- 蜜の中の糖分子の共有結合は，位置エネルギーの一種である化学エネルギーをもつ
- 糖分子の化学エネルギーは，鳥の翼の筋肉を収縮させる燃料となる．鳥は最大で毎秒80回羽ばたくことができる
- ハチドリは平均すると時速約40〜50 kmの速さで飛ぶ．そのためには，毎分250回呼吸をし，約20分ごとに食べなければならない

図8・1　食物の中の位置エネルギーがハチドリの体の運動エネルギーに変換される

熱力学第二法則

(a) 非生命体における秩序

管理されずに放置されると，この小屋のようにもともと秩序のあった系は，秩序を失い乱雑な状態になるだろう

無秩序が増す

秩序や複雑な構造を維持するためには，人の手による補修というかたちで，エネルギーの注入が必要となる

エネルギー（仕事）

(b) 生命体における秩序

❶ 生きた細胞内で高いレベルの秩序を維持するためには，外からのエネルギー注入が必要である

モノマー
ポリマー
生きた細胞

❷ 熱力学第二法則に従い，注入されたエネルギーの一部は代謝熱として放出され，それによって周囲の宇宙全体では無秩序さを増すことになる

❸ エネルギーがなければ，代謝は止まり高いレベルの秩序は失われ，細胞は死ぬ

外部からエネルギーが注入されないとき

死んだ細胞

⟿ 外部からのエネルギー注入
⟿ 代謝熱の放出

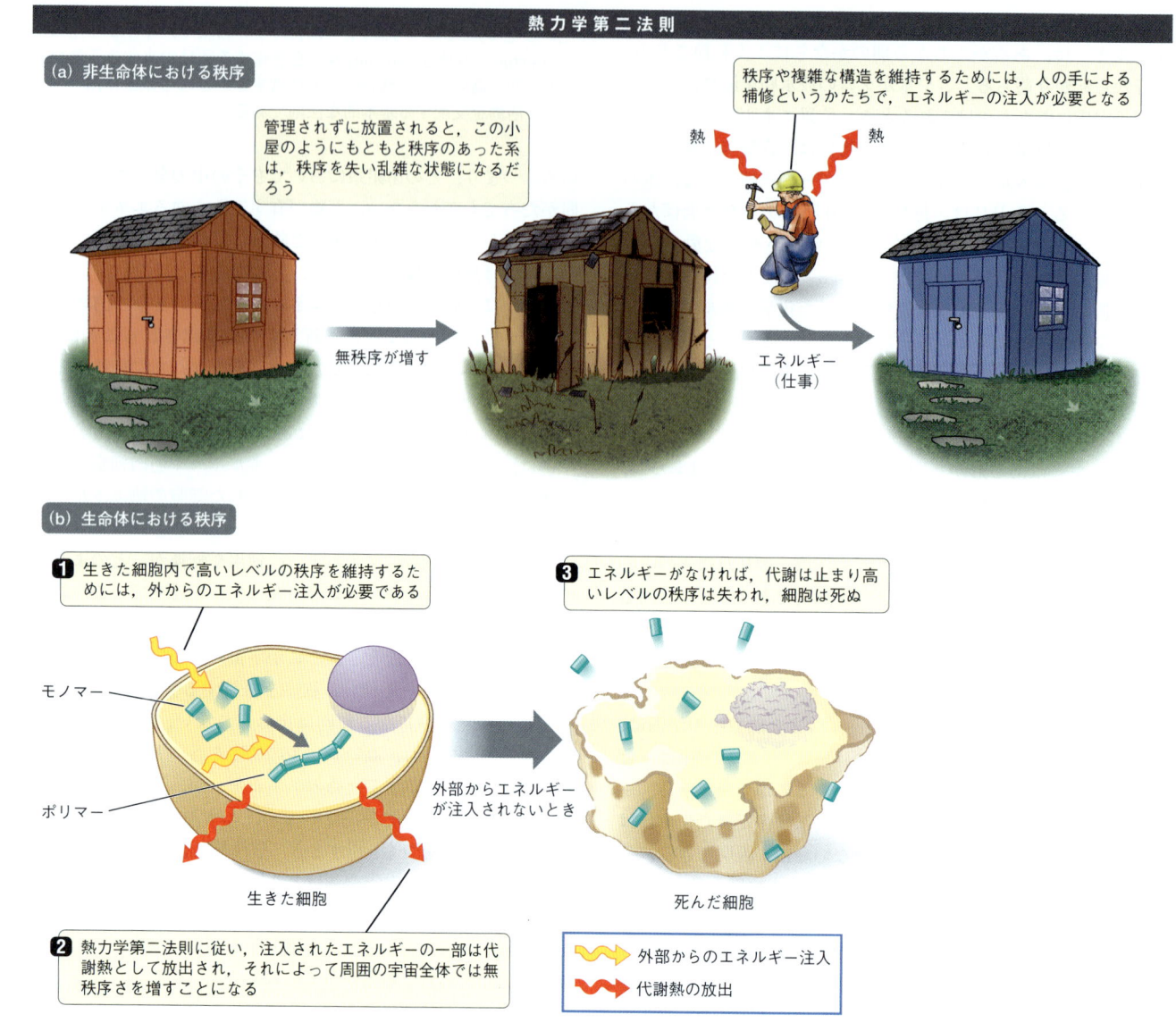

図8・2 高いレベルの秩序をつくり出したり，維持するためには，外からのエネルギーの注入が必要である　(a) システムの無秩序さは，ほかからエネルギーが注入されない限り，増える傾向にある．(b) 細胞も常に周囲からのエネルギーの注入がなければ，構造を維持することはできない．

ギーとして消失する．言い換えると，生物は，内部の秩序をつくり出すために，熱エネルギーを絶えず環境に放出して，宇宙全体の秩序を失わせる方向へと向かわせる（図8・2b）．生物は通常，利用可能なエネルギーのうち，比較的少量のエネルギーしか活用できず，他の相当量のエネルギーを代謝熱として外に放出する．

　筋細胞は，糖分子の化学エネルギーすべてをハチドリの翼がはばたくときの運動エネルギーに変換することはできない．食物分子の化学エネルギーは相当量が熱になってしまうため，実際に筋細胞で収縮性タンパク質を動かすのに使われるのはそのほんの一部である．発生した熱は，ハチドリの体温を高めるかもしれないし，朽ち果てた小屋を熱心に修理している人を暑がらせるかもしれない．最終的には，食物分子から放出されたすべてのエネルギーは宇宙全体へと放散され，ほんの少し，宇宙を無秩序な方向に変える．

エネルギーの流れは生物と環境を結びつける

　細胞内の秩序を生み出すために使われるエネルギーの源は何だろうか？　熱力学第一法則によると細胞は無からエネルギーを生み出すことはできないので，必要なエネルギーは細胞の外からもたらされるはずである．言い換えれば，エネルギーは，何らかの方法で外から細胞の中へと運ばれなければならない．**光合成**として知られている代謝経路では，糖分子をつくるためのエネルギーを太陽光から得る．光合成生物は光エネルギーを捕捉し，それを使って二酸化炭素と水から糖分子をつくる．その結果，光エネルギーは，糖分子の共有結合に蓄えられる化学エネルギーへと転換される．光合成を行えないほとんどの生物は，他の生物を食べて得られる糖や脂肪といった食物分子の化学エネルギーから，エネルギーを得ている．

　生物圏では，エネルギーと物質，また，太陽光からエネルギーをつくり出す生物（生産者）とそのエネルギーを消費する生物（消費者）の間には密接な関係がある．生産者は，独立栄養生物ともよばれる．これは，文字どおり"自分で自分を養うもの"ということである．分解者も含めた消費者は，従属栄養生物ともよばれる．つまり，文字どおり"他を食べるもの"である．第1章で学習したように，生産者とは，自分の食物，つまりエネルギーや栄養が豊富な生体分子をつくれる生物である．植物や藻類，光合成

細菌のような光合成生物は，太陽光を使って食物をつくり出す生産者である．一方，消費者は，他の生物を食べたり，死骸の栄養を吸収することで，エネルギーや自分の体をつくるための生体分子を得ている．陸上でも海でも生産者の大半は，光合成生物である．これは，ほとんどあらゆる生態系で，太陽が最も重要なエネルギー源であることを意味する．

エネルギーは，生態系の中を生産者から消費者へと一方向に渡されていく．そのとき，熱力学第二法則に従い，すべての生物学的過程において，また，食物連鎖の段階を経るたびに，代謝熱としてエネルギーの一部は失われていく．エネルギーの流れが一方向であるのとは対照的に，生態系内の物質は循環・再利用される．生物を構成する炭素原子や他の必須元素は，生産者から消費者へと渡されるが，その後，環境の非生物的な部分を通り循環して生産者のもとへ戻ってくる．たとえば，生きた細胞の中にある炭素を含む分子は，生態系の非生物的な部分（CO_2 ガスなど）に戻ってくる．これは，生物が**細胞呼吸**とよばれるエネルギーを取出す過程を通して，食物分子を分解するからである．細胞呼吸では，食物分子の炭素間の結合が分解され，各炭素原子は二酸化炭素分子（CO_2）として環境に放出される．

細菌や菌類などの分解者も含め，消費者は，食物分子を分解し細胞呼吸によって二酸化炭素を放出するが，それは消費者だけではない．植物のような生産者も細胞呼吸をしている．光合成を行う細胞はエネルギーを豊富に含む糖をつくり出すが，毎日の活動に必要なエネルギーを糖分子から取出すためには細胞呼吸もする必要がある．

光合成を行う細胞の重要な役割は，環境から無機化合物として炭素を取入れ，その炭素を生命系の中に戻すことである．光合成を行う細胞だけが，二酸化炭素を環境から吸収し，その炭素原子を生体分子の中に組込むことができる．これは，他の細胞にはできないことである．このように，炭素原子は，生産者によって大気中の二酸化炭素から糖やその他の分子のかたちで取込まれ，その後，生産者や消費者の呼吸によって二酸化炭素として放出され大気に戻り，絶え間なく循環する．図 8・3 に，光合成と細胞呼吸の関係を示した．光合成と細胞呼吸でそれぞれ，どの分子が使われてどの分子が放出されるかを注意深く見れば，光合成と細胞呼吸が互いに相補う過程であることがわかるだろう．

■ 役立つ知識 ■ "呼吸"という言葉は，少し混乱をひき起こすかもしれない．なぜならふだん，"口から息を吸ったり吐いたりする"という意味で呼吸という言葉を使うからである．ここでは，"細胞呼吸"という言葉を用いる．細胞呼吸とは，酸素を取込んで副産物として二酸化炭素を生み出している細胞でのエネルギーを利用する反応のことである．細胞呼吸については，第 9 章で詳細に紹介する．

8・2 代　謝

前でも述べたように，**代謝**とは，エネルギーを獲得し，貯蔵し，使用する細胞内で起こるあらゆる化学反応のことである．すべての細胞は，生きるために，異化作用と同化作用という 2 種類の代謝を必要とする（図 8・4）．**異化作用**とは，複雑な生体分子を分解し，その過程で化学エネルギーを放出する一連の反応のことある．炭水化物やトリグリセリドのような脂質が，エネルギー放出経路で最も一般的に分解される複雑な生体分子である．**同化作用**とは，低分子の有機化合物からエネルギーを使って複雑な生体分子をつくる一連の反応のことである．同化作用は，生合成経路ともいわれる．なぜなら，同化作用の過程では，より単純な物質を組立ててグリコーゲン（グルコースの重合体）やトリグリセリド（脂肪酸を 3 分子含む脂質）のような複雑な生体分子をつくるからである．

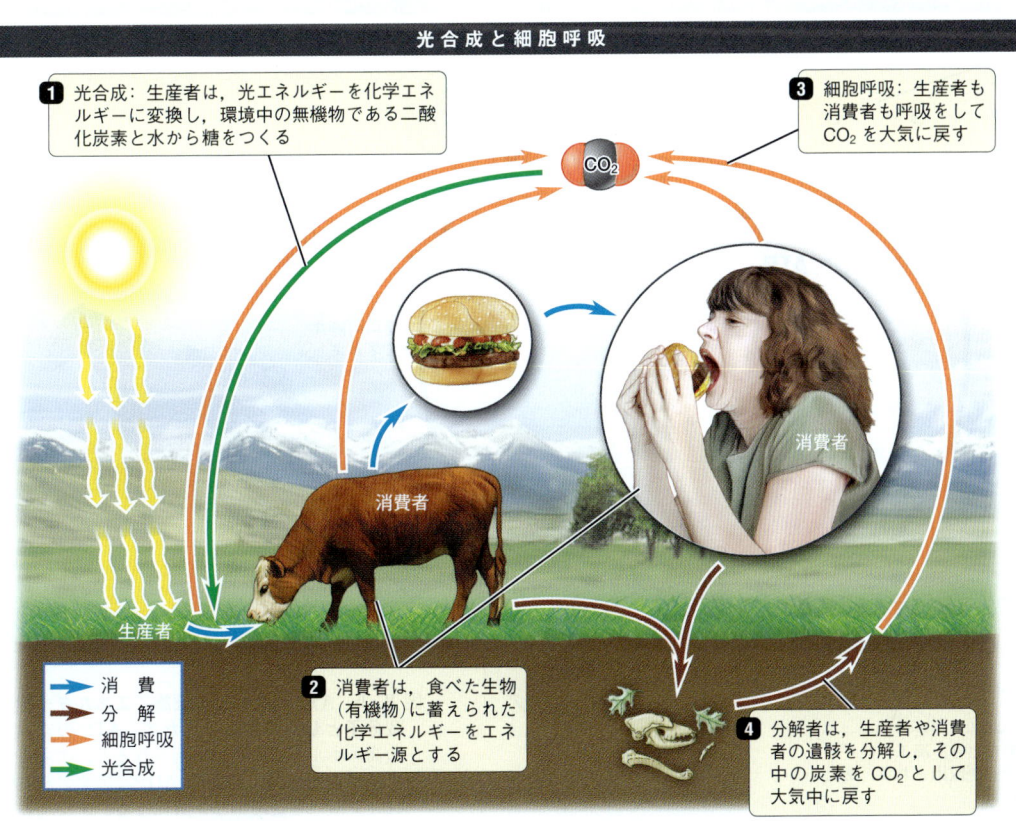

図 8・3　光合成と細胞呼吸は互いに相補う過程である　炭素原子はさまざまな物質にかたちを変えて，生産者，消費者，環境の間を循環する．

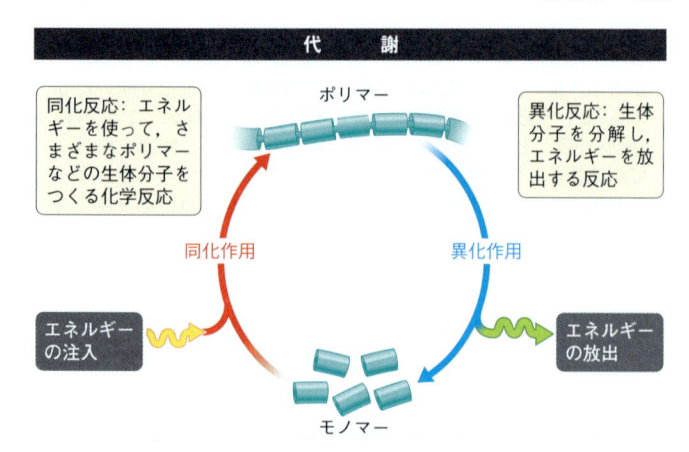

図 8・4 同化反応では複雑な生体分子を組立ててつくりあげ，異化反応では複雑な生体分子を分解する

ATP は同化経路にエネルギーを供給し，異化経路で再生される

あらゆる生物は，エネルギー担体として，低分子量の高エネルギー化合物である **ATP**（adenosine triphosphate）を使っている．ATP は，細胞内のさまざまな活動にエネルギーを供給する．たとえば，分子やイオンを細胞内あるいは細胞外へ運ぶときや，細胞小器官が細胞質中で細胞骨格のレール上を移動するとき，筋細胞が収縮して力が発生するときにも ATP のエネルギーが使われる．さらに，ATP は，同化過程での生合成反応のエネルギー源としても使われる．ATP の使用可能なエネルギーの多くは，高エネルギーリン酸結合に蓄えられている（図 8・5）．ATP が末端のリン酸基を失って **ADP**（adenosine diphosphate）とリン酸に分解されるとき，エネルギーが放出される．（アデノシンの部分は，糖（リボース）に結合している窒素含有塩基（アデニン）からなることに注意してほしい.）

ATP はどこから来るのだろうか？ 物静かな分子である ADP は，高エネルギー結合によりリン酸基を積み込まれることで，エネルギッシュな分子，すなわち ATP に変わる．しかし，ADP とリン酸基から細胞で普遍的に使われているエネルギー通貨である ATP をつくるためには，代謝エネルギーを必要とする．すべての細胞は，エネルギーを放出する特別な異化経路をもっており，その経路では ADP とリン酸基を ATP にすることができる．植物のような生産者は，光合成の過程で光エネルギーを使って ADP とリン酸を ATP にすることができる．動物では，細胞呼吸が最も重要な ATP 生成経路である．ATP を絶えず生産し続けることは，人体にとって最重要事項である．万が一その生産がストップしたら，細胞は内部に蓄えていた ATP すべてを約 1 分で使い果たしてしまうだろう．

酸化還元反応によって食物からエネルギーを取出す

光合成や細胞呼吸などの代謝経路は，段階的に起こる一連の化学反応からなり，そのとき分子や原子の間で，頻繁に電子のやりとりが起こっている．分子，原子，あるいはイオンが電子を失うことを **酸化**，逆に，電子を獲得することを **還元** という（図 8・6）．電子を一方が失えば必ず他方が獲得することになるので，二つの反応は常に組になって同時に起こり，この 1 組の反応過程を **酸化還元反応** とよぶ．

この "酸化 = 電子を失うこと" という定義は現代風のもので，酸化という用語は 19 世紀にされた定義，"酸素が，原子や分子に加わること" に由来している．酸素は，他の原子や分子から電子を引き離す力が強く，強力な酸化剤である．鉄は酸素と結合して，鉄さび（Fe_2O_3）とよばれる砕けやすい赤い物質となる．酸素原子は電子を引っ張る力が強いので，酸素と鉄の間で共有されてい

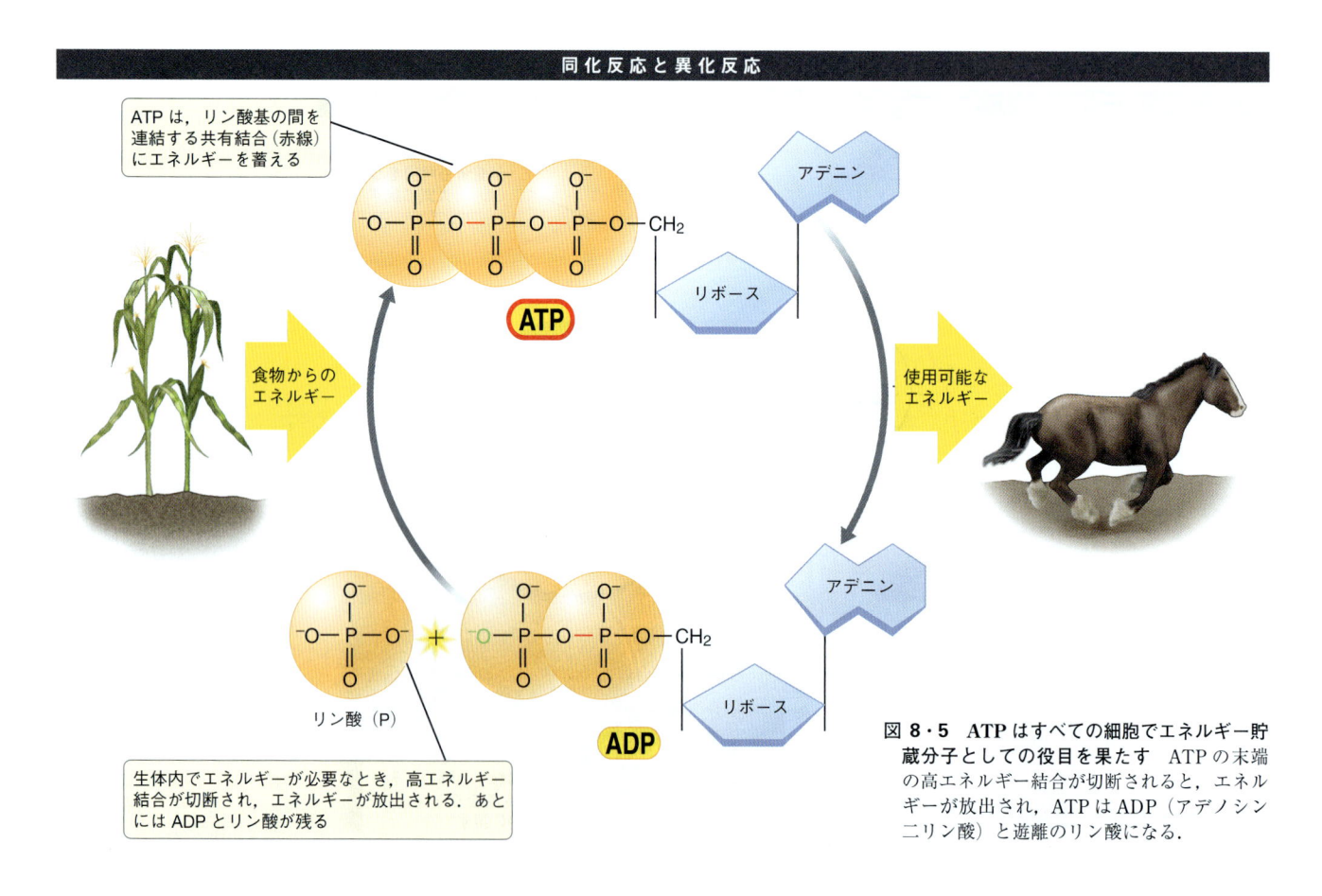

図 8・5　ATP はすべての細胞でエネルギー貯蔵分子としての役目を果たす　ATP の末端の高エネルギー結合が切断されると，エネルギーが放出され，ATP は ADP（アデノシン二リン酸）と遊離のリン酸になる．

8. エネルギー代謝と酵素

る電子対は，鉄原子に比べて酸素原子の近くにある．それゆえ，鉄原子は酸化状態にあるとみなすことができる．対照的に，炭素や酸素など他の原子と共有結合している水素原子は，相手の原子の方が共有している電子対を引っ張る力が強いならば，"電子が乏しい状態"になる．1個あるいは複数の水素原子をもっている原子は，電子が"より豊富な状態"になる．そのため，還元状態にあるとみなされる（還元は，電子を得ることと覚えてほしい）．

たとえば，細胞でATPをつくるために，グルコース分子からエネルギーを取出す酸素依存性の異化経路において，酸化還元反応が起こる．これらの経路を要約した式はまとめて細胞呼吸として知られており，つぎのように書ける．

$$C_6H_{12}O_6 + 6\,O_2 \longrightarrow 6\,CO_2 + 6\,H_2O + エネルギー$$
（グルコース）（酸素ガス）（二酸化炭素）（水）（ATP，代謝熱）

この異化経路では，グルコースの6個の炭素原子は，それぞれ酸素原子を獲得し，水素原子を失って，二酸化炭素になる．つまり，酸化されて二酸化炭素になる．酸素ガスの酸素原子は，それぞれグルコースから2個ずつ水素原子を奪って水になる．酸素原子が水素原子を獲得するということは，酸素原子が還元されたことを意味する．

それとは劇的に異なる光合成を要約した式について考えてみよう．

$$6\,CO_2 + 6\,H_2O + エネルギー \rightarrow C_6H_{12}O_6 + 6\,O_2$$
（二酸化炭素）（水）（光）（グルコース）（酸素ガス）

光合成は基本的に細胞呼吸の逆である．この同化経路では，二酸化炭素は，水素イオンと電子を得て，グルコースにまで転換される．つまり還元されてグルコースになる．水分子は，電子と水素イオンを失い，つまり酸化されて酸素分子（O_2）になる．

熱力学の法則に従う化学反応

グルコースの酸化のような大きなエネルギー変化を，細胞はどのように制御して，扱いやすく利用しやすい小さなステップへと変えるのだろうか？

答えは徐々に進行する代謝の反応にある．つぎに示すような一般例で，化学反応の基本的な原理を復習してみよう．

$$A + B \longrightarrow C + D$$

AとBを化学反応前の物質，**反応物**という．CとDは化学反応でつくられる**生成物**である．

1個あるいは複数の物質の化学結合をつくったり再編成したりすることが化学反応であることを思い出してほしい．熱力学の第二法則に従えば，反応物がより無秩序でよりエネルギーの低い状態の生成物に変わる場合，化学反応は自然に，つまり外からのエネルギーの供給を必要とせずに起こるはずである．言い換えれば，反応は，エネルギーが失われる場合には自然に（ひとりでに）起こる．しかし，反応物よりも高いエネルギー状態の生成物をつくる反応は簡単には起こらず，自然には起こりにくい方向のこの反応を"押し進める"ためには，外からのエネルギーの注入が必要である．要するに，無秩序が増す方向に進むことを"坂を下るよう"とたとえるなら，"坂を下るような"化学反応は，"外からの助け"なしで起こる．一方，高レベルの秩序を生み出すことを"坂を上るよう"とたとえるなら，"坂を上るような"化学反応は，反応を起こすためにエネルギーを費やすことが必要である．

上の例で，A+Bが，C+Dよりも総エネルギーが高い場合，熱力学第二法則により，外部からのエネルギーなしに，AとBは自発的にCとDに変化できる．しかし，化学反応が進むうえで重要なもう一つの基本ルールがある．AとBがあれば，いつも決まって，目に見える速度で反応が進むかというと，そうではない．熱力学第二法則は，エネルギーなしで反応が進むことを予測しているが，反応が進むスピードについて，あるいは本当にその反応が起こるのかどうかについては，何も伝えてはいない．

原子や分子が反応するには，エネルギーのほかに何が必要なのだろうか？ AとBとが化学反応するためには，まず，二つがぶつからなければならない．化学結合の再配列が起こるぐらいに十分高い頻度で，速く，正しい方向に衝突しなければならない．この条件が，反応を進めるために乗り越えなければならない一種のエネルギー障壁となる．原子や分子はこの障壁を克服して初めて，化学反応できるようになる．エネルギー障壁を乗り越えさせる方法の一つは，エネルギーを使って原子や分子をもっと速く移動させ，高い頻度でぶつかるようにすることである．そのような障壁を乗り越えて反応をひき起こす最小エネルギーを，**活性化エネルギー**とよぶ．原子や分子が，十分に高い活性化エネルギーを得て，障壁を乗り越える割合が大きくなればなるほど，化学反応はより速く進むようになる．

熱は活性化エネルギーの一つであり，温度を上げると，原子や分子がエネルギー障壁を超えて反応が進みやすくなる．これは，温度が高くなればなるほど原子や分子がより速く移動するようになり，その結果，より多くの原子や分子が反応を起こすのに十分なほど衝突するようになるからである．これらの原子や分子がもっているエネルギーが活性化エネルギーと等しくなると，反応が進む．マッチは室温では自然に火がつくことはない．なぜなら，マッチの成分は大気中の酸素分子とは非常に遅い速度でしか反応しないからである．しかし，マッチの頭をざらざらの表面にこすりつけて温度を少し上昇させると，マッチの化学物質が燃焼を開始するのに十分な活性化エネルギーが与えられる．

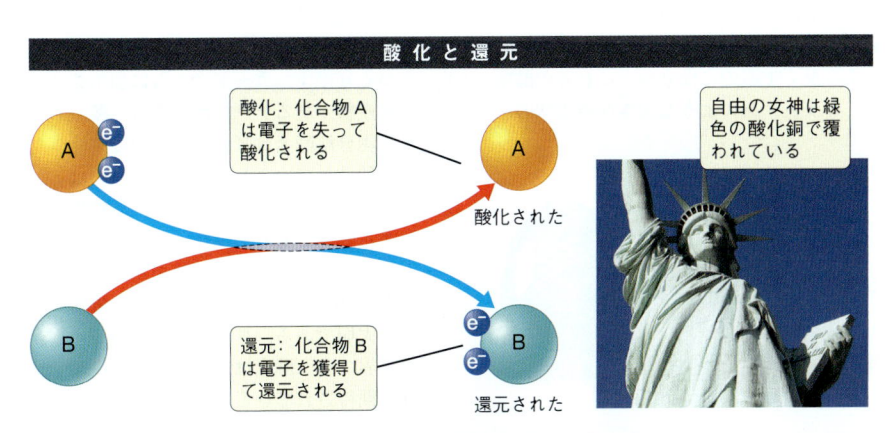

酸化と還元

酸化: 化合物Aは電子を失って酸化される

還元: 化合物Bは電子を獲得して還元される

自由の女神は緑色の酸化銅で覆われている

図8・6 酸化反応と還元反応は同時に起こる

■ これまでの復習 ■
1. 代謝とは何か？
2. 活性化エネルギーとは何か？

1. エネルギーを使用し，蓄え，放着する，生きた細胞内での化学反応の一連の化学反応だ．
2. 化学反応が進むためのの障壁を突破するのに必要な最小のエネルギー．

8・3 酵　素

　何千ものいろいろな種類の化学反応が，生きている細胞の中で行われている．そのほとんど全部の反応に酵素が関与している．RNA分子の中にも酵素としてはたらくものがあることは知られているものの，酵素の大部分はタンパク質である．酵素とは**触媒**である．つまり，酵素は，化学反応の際にそれ自身は変化することなく，反応をスピードアップさせるはたらきをもつ化学物質である．厳密にいえば，酵素は生物触媒のことである．酵素の作用は，いろいろな意味で，たとえば白金のような非生物的な触媒と似ている．白金は，ガソリンを燃焼させたときに生じる排ガスから毒性をなくすために，自動車の排気触媒装置で使われている元素である．しかし，酵素は生体分子であり，この後に述べるように，酵素は極端な温度の影響を受けやすいなどの特別な性質をもっている．

酵素は，それ自身は変化することなく，反応の過程で何回も再利用される

　触媒の重要な特徴は，反応物と違い，化学反応が起こった後もそれ自身は化学的に変化しない点である（表8・1）．酵素分子は繰返し同じ反応に利用できるため，比較的少量の酵素分子があれば，反応を触媒するのに十分である．ほとんどの酵素は，化学反応に対する特異性が高い．つまり，1種類の化学反応か，または非常に似通ったわずかな種類の化学反応しか触媒しない．

　ある酵素が結合する反応物は決まっている．その反応物のことを，その酵素の**基質**という．基質は，化学結合をつくったり壊したりしやすい向きで酵素と結合する．ほとんどの酵素には，1個あるいは複数の基質と結合するポケットのような構造があり，これを酵素の活性部位とよぶ．活性部位の大きさ，形状，化学的性質が，その酵素がどの基質と結合できるかを決める．この選択性

生活の中の生物学

酵素の作用

　酵素は，細胞の中で馬車馬のようにはたらいている．人間の体の中には何千もの種類の酵素があり，そのうちの一つでもきちんとはたらかなかったら病気になる可能性が高い．米国の50州のすべてで，新生児に対して先天性の代謝異常のスクリーニング検査をすることが法令で定められている．そのなかには，フェニルアラニンヒドロキシラーゼとよばれる酵素の欠損が原因で起こるフェニルケトン尿症という病気もある．この酵素は，フェニルアラニンというアミノ酸の分解を触媒する．フェニルアラニンヒドロキシラーゼの活性がないと，脳に損傷を与える化学物質（フェニルケトン）が血液中や尿中に大量にたまる．約15,000人に1人の米国人が，フェニルケトン尿症をもって生まれる．病気が早期に発見されれば，生まれてから16年間の食事を管理することで患者の脳の損傷を防ぐことができる．この病気の患者は，フェニルアラニンをたくさん含んでいる食品（肉，チーズ，豆類のほかに，人工甘味料であるアスパルテームを含む食品も）を避けなければならない．さらに，タンパク質が不足しないように，特別なアミノ酸製剤を飲む必要がある．

　酵素は，私たちが食べた食物の消化を助けるはたらきがある．そのはたらきはまず，口の中のデンプン分解酵素（アミラーゼ）から始まる．胃の内側では（プロテアーゼとして広く知られている）タンパク質分解酵素が産生され，そのプロテアーゼが酸性条件のもとでタンパク質を分解する．膵臓と小腸は，いろいろな種類のタンパク質分解酵素（プロテアーゼ）や脂質分解酵素（リパーゼ）を産生する．小腸では，ラクトース分解酵素（ラクターゼ）が，乳成分中の二糖類の乳糖（ラクトース）を，その構成成分であるグルコースとガラクトースに分解する．東アジア人とアメリカ先住民の約90％は，大人になると乳糖不耐症になる．というのは，子ども時代を過ぎてしまうと，乳成分を摂取する頻度が減ってしまい，そのためラクトースの産生をやめてしまうからである（p.473,"生活の中の生物学"参照）．未消化の乳糖は，大腸の中で微生物によって発酵し，腸に不快症状をもたらす．乳糖不耐症の人々でも，ラクターゼ酵素をサプリメントとして補えば乳製品を楽しむことができる．

　果物の中にはプロテアーゼ（パパイヤのパパイン，パイナップルのブロメライン）を含んでいるものがあり，それらは硬い肉を柔らかくするのに役立つ．これらの酵素は，コラーゲンのような大きな繊維状のタンパク質の一部を分解してバラバラにする．コラーゲンは肉の固い切り身にたくさん含まれているタンパク質である．また，コラーゲンはゼラチンにもたくさん含まれている．そのため，ブロメラインを含んでいる生のパイナップルを使うと，ゼラチンのデザートは壊れてしまう．缶詰のパイナップルは，ゼラチンのデザートを壊すことはない．なぜなら，缶詰の果物は，微生物の繁殖を防ぐために加熱処理されているため，ブロメラインも不活性化しているからである．

　酵素は，家庭用品や薬剤，食品製造，工業的過程にも広く使われている．多くの衣類や食器の洗剤には，染みや汚れの残りを衣類や食器から取除くのを助けるために，アミラーゼやプロテアーゼ，リパーゼが入っている．牛や羊の消化管の酵素であるレンニンは，チーズを作るのに何百年もの間，使われてきた．この酵素は，乳成分のタンパク質を変性させ，タンパク質をホエー（乳清）から分離させて，凝固物（カード）をつくり出す．カードはさらに加工されて最終産物であるチーズができる．多くの炭水化物分解酵素はビール醸造の麦芽汁の過程で使われているし，プロテアーゼは濁りを取除くために使われている．多糖類を分解する酵素であるセルラーゼとペクチナーゼは，フルーツジュースの濁りをとるために使われている．酵素は，製紙業にとっても大切である．さらに，新興のバイオ燃料業界でも，酵素はとても重要な役割を担うと期待されている．

を酵素の基質特異性という．各酵素は，必要なときに特定の基質とだけ決まった方向に結合して特定の反応だけを専門的に触媒する．酵素の名前は，作用する基質の名前に"ase"をつけたものであることが多い．たとえば，ラクターゼ (lactase) は，牛乳の中の主要な糖であるラクトース (lactose) を分解する消化酵素である．前ページの"生活の中の生物学"で，いくつかの例をあげたので参照してほしい．

酵素の機能は，多くのタンパク質と同じように，立体的な形に大きく依存している．高温は，たいていの酵素の三次元構造を変性させる（破壊する）（第5章の p.100 を参照）．たとえば，人間のもつほとんどの酵素は，中核体温 37 ℃ のときに最もはたらきがよく，多くの酵素は最適温度よりも 5 ℃ 高くても 5 ℃ 低くても活性を失う．極端な pH（強い酸性や強い塩基性）もまた，活性部位の化学的性質を変化させて，たいていの酵素の機能を損なわせる（表 8・1 参照）．酵素のなかには，最大の活性ではたらくためには，補因子という特定のイオンや分子を必要とするものがある．たとえば，炭酸脱水酵素（カルボニックアンヒドラーゼ）は，亜鉛イオンが補因子として必要である．また，特定の塩濃度（イオン強度）のもとで最適活性を示すものもある．そういう酵素は，塩濃度が高くても低くても十分な機能を発揮しない．酵素の機能が，非常に高い塩濃度のもとで損なわれるのは，大量の塩があるとタンパク質の三次元構造が壊れてしまうからである．塩によってタンパク質が変性するという性質は，チーズや豆腐製品を製造する際に利用されている．たとえば，豆腐を製造するときには，海塩やカルシウム塩を豆乳タンパク質を凝固させるのに使っている．

表 8・1 酵素の特性

- 多くがタンパク質である
- 化学反応の速度を上げる．酵素による反応速度の上昇は，多くの場合 100 万倍か，それ以上に及ぶ．
- 一般に，一つか数種の基質にのみ特異的に作用する．
- 反応しても，酵素自身は変化しない．
- 何回も繰返して同じ反応に利用することができ，多数の基質分子の転換を触媒する．
- 温度の影響を受けやすい．
- 周りの化学的な環境の影響を受けやすい．一般に，最もよくはたらける pH や塩濃度は狭い範囲に限られている．
- 専用の補因子（特定のイオンや分子）の助けが必要である．
- 特定のイオンや分子（阻害剤）によって阻害を受ける．
- 細胞内や多細胞生物の体内で，通常，厳密に制御されている．

酵素の形が機能を決める

ある酵素とその基質との結合は，酵素分子と基質分子の両方の立体的な形に依存している．鍵穴がぴったり合う鍵だけを受けつけるように，それぞれの酵素の**活性部位**は，立体的な形と化学的性質が合っている基質しか受入れないようになっている（図 8・7a）．酵素の活性部位の形は比較的しなやかで柔軟性があり，基質が結合すると活性部位の形は微調整され，酵素と基質はさらにうまく合うことができるようになる．基質と酵素の相互作用の**誘導適合モデル**によると，基質が酵素の活性部位に入ってくると，酵素の一部分がわずかに変化して基質の周りを取巻くような形になると予測されている．これは，柔らかい手袋（酵素）を手にはめていると，それが手の形（基質）になじんで形を変えることに似ている．酵素の活性部位が変形して基質をしっかりと正確に包むようになる仕組みで，酵素と基質の間の相互作用が安定になり触媒反応が進みやすくなる．

炭酸脱水酵素は血液中にあり，私たちの組織から二酸化炭素を取除くスピードを上げる酵素で，生命維持に必須である．この酵素は，水と二酸化炭素の化学反応を約 1000 万倍もスピードアップする．実際，1 個の炭酸脱水酵素分子は，1 秒間に 10,000 個以上の二酸化炭素分子を処理する能力をもつ．この酵素がなけれ

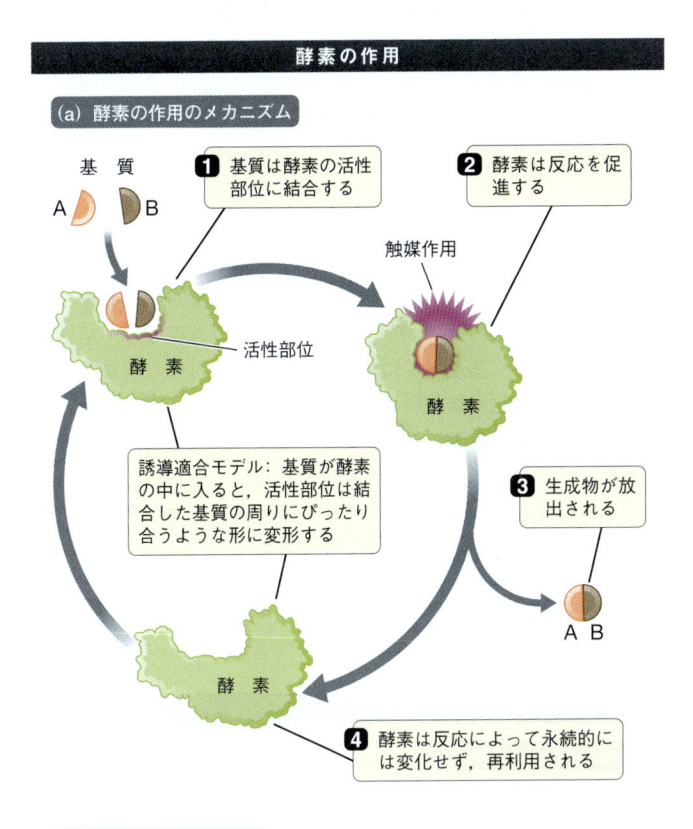

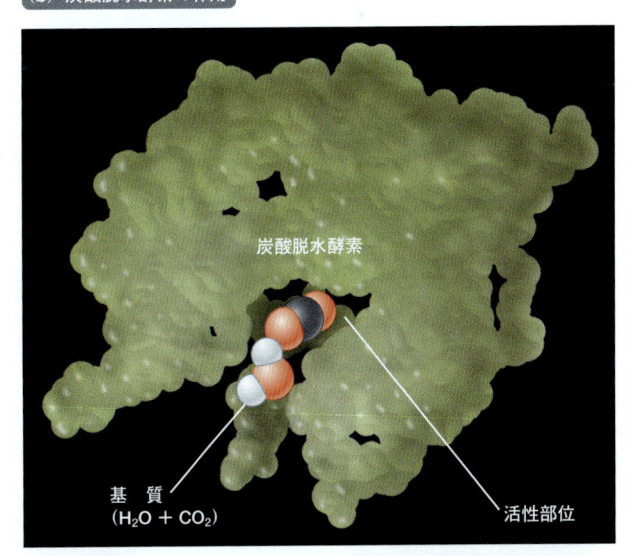

酵素の作用

(a) 酵素の作用のメカニズム

1. 基質は酵素の活性部位に結合する
2. 酵素は反応を促進する
3. 生成物が放出される
4. 酵素は反応によって永続的には変化せず，再利用される

誘導適合モデル: 基質が酵素の中に入ると，活性部位は結合した基質の周りにぴったり合うような形に変形する

(b) 炭酸脱水酵素の作用

炭酸脱水酵素は，細胞呼吸で生じた二酸化炭素を取除くはたらきをする．この酵素は，二酸化炭素と水から炭酸水素イオン (HCO_3^-) をつくる反応をスピードアップさせて，二酸化炭素を血液に素早く溶解させる

$$H_2O + CO_2 \xrightarrow{\text{炭酸脱水酵素}} HCO_3^- + H^+$$

図 8・7 分子を引き合わせる酵素　(a) 酵素は，二つの反応物質（A と B）を引き合わせて，生成物 AB をつくる化学反応を促進する．(b) 炭酸脱水酵素は，二酸化炭素と水（基質）が反応して，炭酸水素イオン（生成物）ができる反応を触媒する．

ば，二酸化炭素と水は非常にゆっくりとしか反応しないので，二酸化炭素はほとんど血液に溶けることができなくなり，私たちは体から二酸化炭素を取除くことができなくなって生きられなくなるだろう．炭酸脱水酵素の形は，二酸化炭素と水の両方を活性部位に結合できるようになっている．炭酸脱水酵素の活性部位は，二つの基質をきっちり正しい位置に結合させることで，その反応のスピードを上げる（図8・7b）．もしこの酵素がまったくなければ，二つの基質がちょうど正しい方向で衝突しなければ反応は起こらない．そのような衝突は確かに起こるが非常に頻度は低く，二酸化炭素を細胞から血液へ絶えず素早く輸送するのには十分ではない．

酵素は活性化エネルギーの障壁を低くすることで反応速度を上げる

細胞内の化学反応は，活性化エネルギーの障壁をどうやって克服しているのだろうか？ たいていの細胞内の過程では，活性化エネルギーとして熱を当てにすることは実行不可能な解決法である．なぜなら，熱は無差別に作用するからである．高温はほとんどすべての化学反応のスピードを上げるが，細胞はどんなときでも選択して化学反応を進めなければならない．触媒が活性化エネルギーの障壁を低くすることで，より多くの反応物がその障壁を超えられるようになる．これまで見てきたように，より多くの反応物が活性化エネルギーの障壁を超えれば超えるほど，ますます反応は速く進む．

細胞内のほとんどの化学反応は，酵素が反応の活性化エネルギーの障壁を下げたときに起こる（図8・8）．酵素は，反応物にしっかりと結合して，反応物の化学結合を生成物の形成を促進するように変形させることで，化学反応の活性化エネルギーの障壁を下げる．重要な点をまとめよう．酵素は，それなしでも本来は進むはずの化学反応の速度を，単に速めるだけである．酵素は，熱力学的に上り坂の化学反応，つまり反応物よりも高いエネルギー状態の生成物をつくり出すために，エネルギーを供給するわけではない．また，酵素は化学反応で決して変化しないので，酵素分子は繰返し何回も利用される．そのため，少量の酵素があれば，1秒より短い間に何千もの基質分子を生成物にすることができる．

8・4 代謝経路

ここまで，一つの酵素がどのように一つの化学反応を促進するかについて論じてきた．しかし，酵素反応が細胞の中で単独で起こる例は少ない．一般的には，複数の酵素が代謝経路とよばれる段階的に起こる一連の化学反応を触媒している．代謝経路は，アミノ酸やヌクレオチドといった細胞の重要な構成成分である化学物質など主要な生体分子を合成するときに，広く使われている．食物や太陽光から得られるエネルギーを利用する代謝経路も，同じように複数の段階からなる連鎖反応である．

代謝経路が複数の段階的な化学反応からなる場合，そこで使う

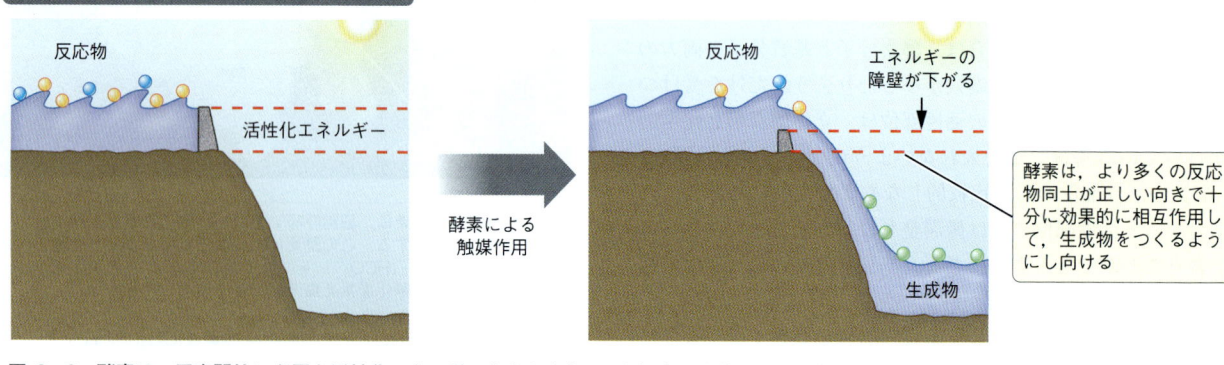

図 8・8 酵素は，反応開始に必要な活性化エネルギーを小さくする　(a) 赤い実線が示すように，グルコースを酸化する（燃焼する）ときには，反応物（グルコースと酸素）のエネルギーは，生成物（二酸化炭素と水）よりも高いレベルにある．(b) この図では，反応物はダムに蓄えられた水にたとえて表現されている．左の図では，ダムの高さ（反応のエネルギー障壁を示す）が高いので，波（反応物）の大半は下に落ちることはない．しかし，右の図のように，ダムが低くなると，多くの波（反応物）が障壁を越えて下へと流れる（反応が起こって生成物になる）．

8. エネルギー代謝と酵素　153

図 8・9 代謝経路は，効率が上がるようにまとめられている 酵素は，多くの場合，代謝経路を構成する一連の化学反応を促進するように細胞内で配置されている．たとえば，酵素は，細胞小器官の中（この図のミトコンドリアの例など）に密に集合したり，膜の上に配列したり，複数の酵素からなる複合体を形成したりする．

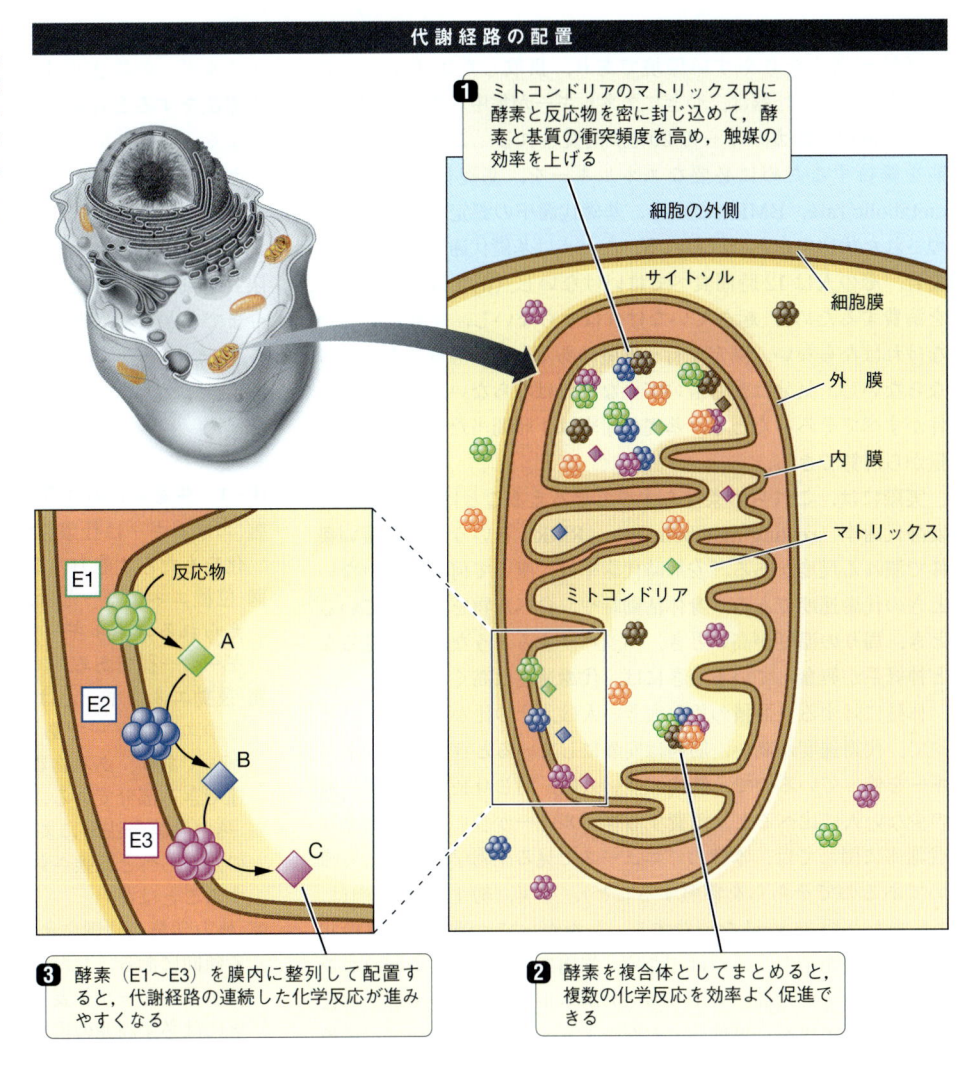

代謝経路の配置

❶ ミトコンドリアのマトリックス内に酵素と反応物を密に封じ込めて，酵素と基質の衝突頻度を高め，触媒の効率を上げる

細胞の外側／サイトソル／細胞膜／外膜／内膜／マトリックス／ミトコンドリア

❸ 酵素（E1〜E3）を膜内に整列して配置すると，代謝経路の連続した化学反応が進みやすくなる

❷ 酵素を複合体としてまとめると，複数の化学反応を効率よく促進できる

E1／反応物／A／E2／B／E3／C

酵素群を近くに配置しておくと，ある酵素がつくった生成物を次の反応の反応物質としてすぐに活用でき，反応を迅速に効率良く進めるうえで大変都合が良い．言い換えると，最初の反応の生成物を大量に次の酵素のすぐ近くで基質としてただちに利用できるため，2番目の酵素が触媒する反応が素早く進む．最終的には，複数の酵素に触媒される反応からなる代謝経路が，ある特定の最終生成物をつくり出す方向に向かって進むという結果になる．

一連の化学反応経路は，以下のように書き表すことができる．

$$A \xrightarrow{E1} B \xrightarrow{E2} C \xrightarrow{E3} D$$

酵素 E1 は A から B への転換を触媒し，酵素 E2 は B から C への転換を触媒し，酵素 E3 は C から D への転換を触媒し，その結果，D が最終産物としてつくられる．

酵素が触媒するすべての反応が効率良く進むには，酵素とその基質が互いに十分に高い頻度で出会うことが必要である．複数の経路からなる場合，酵素は細胞内で互いに近くに配置されるので，実際のところ，ある反応の生成物は経路の次の酵素のそばでつくられる．酵素とその基質が出会う確率を高めるもう一つの方法は，ミトコンドリアなどのように，膜で両者を囲み込んで，限られた区画内部で高濃度にすることである（図 8・9）．第 6 章で学んだように，細胞小器官は，特定の生体反応に必要なタンパク質や化学物質を濃縮している．たとえば，ミトコンドリアは，食物分子を酸化する場であり，その酸化の過程で細胞に必要な ATP

のほとんどを産生する．ミトコンドリアのマトリックスには，大量の ATP を産生するための一連の反応に必要な酵素群がある．ATP の産生にかかわる他の酵素群は，ミトコンドリアの内膜に正確な順番で埋込まれている．

■ **これまでの復習** ■

1. 酵素とは何か．触媒として機能するために重要な特性を二つ述べよ．
2. 酵素はどのような仕組みで反応の活性化エネルギーに影響するのか．
3. 酵素の立体的な形と機能はどのように関係しているのか．

---

1. 酵素は，化学反応のスピードを上げる触媒としてはたらく生体分子である．酵素は反応物質を結合し，それ自身は互いに変化しないので，何回も繰返し使われる．
2. 酵素は，活性化エネルギーの障壁を下げ，より多くの反応物分子が反応できるようにする．それによって，化学反応の速度が上昇する．
3. 酵素の立体構造の形は，鍵と鍵穴のように，特定の反応物だけが結合できている．結合部位の形のおかげで，生成物ができやすくなる．それによって，反応の速度が上がる．

学習したことを応用する

代謝速度と健康と寿命

通常食べる食物のエネルギーの約 70% は，生きている状態を

保つ，つまり臓器を動かすためだけに使われている．肝臓は，代謝活性が高くなりやすい環境であり，摂取したエネルギーの27%を使用する．脳は，つぎにエネルギーが集中しやすい器官であり，摂取したカロリーの20%が消費される．これらの基本機能を維持するために必要なエネルギーを，基礎代謝率（basal metabolic rate, BMR）という．基礎代謝率の測定は，非常に管理された状態のもとで行われる．たとえば基礎代謝率を測定する場合，その人は12時間食べてはいけないし（消化はエネルギーを消費するため），起きていなければならないし，安静にしていなければならない．測定を行う部屋はある一定の温度でなければならないし，気分は落ち着いていなければならない．これらの条件がすべてそろったとき，基礎代謝率は1時間当たりの酸素消費量から計算できる．

実際には，これらの条件をすべてそろえることは難しいので，安静代謝率（resting metabolic rate, RMR）というもっと緩い条件で測れる尺度がある．安静時代謝率は，座って何もしていないときの代謝速度である．身体活動時や，食べた物を消化しているとき，周りの温度が高いとき，ハラハラするような映画を見るなど神経系が興奮しているときには，代謝速度は高くなる．

体積に対する表面積の比が大きい人は，その比が小さい人に比べて，代謝速度が高い．筋肉は安静にしているときでさえエネルギーを使っているので，筋肉の多い人は，同じ身長と体重で筋肉の少ない人に比べると，消費するエネルギーが多い（運動と基礎代謝率に関しては，本章の"ニュースで見る生物学"に詳しく書いてあるのでそちらを参照すること）．事実，約1kgの筋肉は，1日当たり約35 kcalを消費する．したがって，運動により直接エネルギーを消費するだけでなく，筋肉をつけることでパソコンの前に座っている間にもより多くのエネルギーを消費するようになる．多くの場合，男性の方が女性よりも筋肉が多いので，男性の方が高い基礎代謝率を示す傾向がある（表8・2）．年をとるにつれて，10年につき1〜2%の割合で代謝はゆっくりになる．体が消費するよりも多く食べれば，体重が増えるのは十中八九明らかである．摂取するエネルギーと運動のバランスをとることが，健康的な体重を維持する秘訣である．

表8・2　女性と男性の基礎代謝率（BMR）

	体重 [kg]	基礎代謝率	
		[ワット/時]	[kcal/時]
女性	60	68	58
男性	70	87	75

基礎代謝率を高める食物があるならば，その食物を食べれば簡単に減量できるのだろうか？　調査人数は少ないが，いくつかの研究で，ウーロン茶や緑茶，カフェイン，カプサイシンを摂取すると一時的にエネルギー消費が高くなることが示されている．カプサイシンは，一口食べると火花が出るように辛い唐辛子の成分である．たとえば，ある研究では，毎回食事でカプサイシンを摂取した人々は，1日当たり100 kcal余計に多く消費したと報告している．100 kcalとは，ゴールデンデリシャスというリンゴ1個分におおよそ相当する．これでもなお，素早く減量できる裏技を探す人がいるのだろうか．少なくともお茶と辛いソースは減量の裏技ではないだろう．

食べる量を減らして運動量を増やすと，体重が減り，糖尿病と心臓病のリスクが低下する．しかし，食べる量を減らすことはほかにもメリットがある．超低カロリー食事療法とは，通常必要なエネルギーの約25%を減らす食事療法である．超低カロリー食事療法をすると寿命がおおよそ30%長くなることが，動物だけでなく，線虫，ショウジョウバエ，ネズミを用いた多くの研究で示されている．アカゲザルでも，食べる量を減らすと，長生きになりがんや他の病気になりにくくなった．これと同じことが人間にも当てはまると考えられる理由は多いが，永続するカロリー制限食事療法を行った人の数は少ない．驚くべきことではないが，今までのところ，生涯にわたる食事療法は広まっていない．

章のまとめ

8・1 生命系におけるエネルギーの役割

■ エネルギーは仕事をする能力をもつ．仕事とは，ある系に変化をもたらす能力のことである．

■ 位置エネルギーとは，ある系がその位置にある結果として蓄えられるエネルギーである．化学エネルギーは，位置エネルギーの一種である．

■ 運動エネルギーとは，ある系が動いている状態にあるゆえにもつエネルギーである．熱エネルギーは，一種の運動エネルギーであり，ある物質がもつ全エネルギーのうち別の粒子に伝達できる部分である．

■ 熱力学第一法則によれば，エネルギーは，あるかたちから別のかたちへと転換されるが，新しく生み出されたり，逆に消滅することはない．

■ 熱力学第二法則によれば，万物は，必ず秩序のない状態になる傾向にある．したがって，生物的な秩序をつくり出すためにはエネルギーが必要である．生物の内部で秩序をつくり出すときには必ず周囲の環境がより無秩序になる．そのとき一般的に代謝熱が生物から周囲の環境へ放出される．

■ ほとんどすべての生命体にとって，太陽は根源的なエネルギー源である．生産者は，光合成を通して太陽のエネルギーを捕捉する．植物や藻類，一部の細菌が，光合成によって環境からエネルギーを獲得する．多くの生産者と消費者は，食物分子からエネルギーを使えるかたちで取出すために，細胞呼吸を行っている．

■ 物質は，炭素など元素のかたちで，生物と環境の間を循環する．

8・2 代　謝

■ 生命体によるエネルギーの捕捉，貯蔵，利用を含むあらゆる化学反応をまとめて代謝とよぶ．

■ 代謝反応は，複雑な生体分子を分解しエネルギーを放出する異化作用と，エネルギーを使って複雑な生体分子を構築する同化作用の二つに分けられる．

■ 細胞の活動に必要なエネルギーの大部分は，高エネルギー分子であるATPから得られる．

■ 分子，原子，イオンが電子を失うことを酸化といい，獲得することを還元という．

■ 活性化エネルギーとは，化学反応を開始するのに必要な最小限のエネルギーである．多くの化学反応では，かなりの速度で反応を進めるために，活性化エネルギーの障壁を克服しなければならない．

8・3 酵　素

■ 酵素は，化学反応をスピードアップさせる触媒としてはたらく生体分子である．酵素は，生成物をつくるのに都合の良い方

8. エネルギー代謝と酵素

向で高頻度に衝突するように，反応物分子を結合させる．すべての触媒と同じように，酵素は活性化エネルギーの障壁の高さを下げる．
■ 酵素の活性は，非常に特異的である．酵素は，特定の基質と結合し，特定の化学反応だけを触媒する．酵素の特異性は，立体的な構造と活性部位の化学的性質によって決まっている．
■ 酵素の立体的な構造と活性は，温度やpH，塩濃度の影響を受ける．酵素のなかには，最大の活性を発揮するために，補因子とよばれる他の化学物質を必要とするものもある．

8・4 代謝経路

■ 代謝経路とは，連続して起こる複数の化学反応であり，各反応はそれぞれ異なる酵素に触媒される．
■ 代謝経路は，必要なすべての構成要素を近くに高濃度で正しい順序で配置しているため，素早く効率的に進む．ある酵素に触媒された反応の生成物は，連続して起こる次の反応の基質になる．

重要な用語

代謝経路 (p.144)	同化作用 (p.147)
酵素 (p.144)	ATP (p.148)
エネルギー (p.144)	ADP (p.148)
位置エネルギー (p.144)	酸 化 (p.148)
化学エネルギー (p.144)	還 元 (p.148)
運動エネルギー (p.144)	酸化還元反応 (p.148)
熱エネルギー (p.144)	反応物 (p.149)
熱力学第一法則 (p.145)	生成物 (p.149)
熱力学第二法則 (p.145)	活性化エネルギー (p.149)
光合成 (p.146)	触 媒 (p.150)
細胞呼吸 (p.147)	基 質 (p.150)
代 謝 (p.147)	活性部位 (p.151)
異化作用 (p.147)	誘導適合モデル (p.151)

復習問題

1. 正しいものを選べ．
   (a) 細胞は，無から自分のエネルギーを生み出す．
   (b) 細胞は，発熱し，分子を運動させるためだけにエネルギーを使う．
   (c) 非生物的世界と同じで，生物もエネルギーの物理的法則に従う．
   (d) ほとんどの動物は，代謝経路に必要なエネルギーをミネラルから得ている．
2. 生物がエネルギーを必要とするのは，
   (a) 化合物をより複雑な構造へと組織化するためである．
   (b) 周囲の環境の無秩序を減少させるためである．
   (c) 代謝熱を運動エネルギーに転換するためである．
   (d) 非生物的環境から自分を隔てるためである．
3. タンパク質などの有機化合物中の炭素原子は，
   (a) 細胞によってつくられ，生物内で使われる．
   (b) 非生物的環境と生物との間を循環する．
   (c) CO_2 ガスに含まれるものとは異なる．
   (d) どのような環境下でも酸化されない．
4. 酸化とは，
   (a) 分子から酸素原子を取除くことである．
   (b) 原子が電子を獲得することである．
   (c) 原子が電子を失うことである．
   (d) 複雑な分子が合成されることである．
5. つぎの分子のなかで下線をつけた原子が，還元状態にあるとみなせるものはどれか．
   (a) $\underline{C}O_2$ (b) $\underline{N}_2$ (c) $\underline{O}_2$ (d) $\underline{C}H_4$
6. 化学反応を開始させるときに注入される最小エネルギーは，
   (a) 活性化エネルギーとよばれる．
   (b) 熱力学の法則の支配を受けない．
   (c) 活性化の障壁となる．
   (d) 常に熱のかたちをとる．
7. 活性化エネルギーは以下のどれにたとえることができるか．
   (a) 坂を転げ落ちていくボールが放出するエネルギー．
   (b) 坂の下から頂上まで，ボールを押すのに必要なエネルギー．
   (c) 坂を下るボールが小山を乗り越えるのに必要なエネルギー．
   (d) ボールを動かさずに保つエネルギー．
8. 酵素は，
   (a) 同化経路にのみエネルギーを供給し，異化経路には供給しない．
   (b) 化学反応をスピードアップするときに消費される．
   (c) 別のやり方では決して起こらない化学反応を触媒する．
   (d) 別のやり方ではずっと遅い速度でしか進まない反応を触媒する．
9. 酵素の活性部位は，
   (a) 他の酵素とすべて同じ形をしている．
   (b) 反応の生成物は結合するが，基質は結合しない．
   (c) 反応の触媒作用とは直接かかわらない．
   (d) 複数の分子をくっつけて，その間での化学反応を促進する．
10. 代謝経路とは，
    (a) 大きな分子から小さな分子へ分解する過程をいう．
    (b) 小さな分子を連結してポリマーをつくる過程をいう．
    (c) 多くの反応ステップからなる．
    (d) ミトコンドリア内でのみ起こる反応過程である．

分析と応用

1. 今朝食べた朝食を思い出してみなさい．その食物分子の中の化学エネルギーはどうなったのか？　まず朝食の中の化学エネルギーから始めて，あなたが1日生活しているときに体内で起こっているエネルギー変換を種類別に書き出しなさい．
2. 生命系での熱力学第二法則の役割を説明せよ．
3. 同化作用と異化作用を比較せよ．光合成は，同化過程か，異化過程か？
4. つぎの記述の間違っている点を説明せよ．
   酵素は，エネルギーを与えないと進まない化学反応にエネルギーを与える．
5. 酵素と基質との相互作用についての誘導適合モデルを説明せよ．
6. 漢方薬であるマオウ (Ephedra sinica) は基礎代謝率をかなり増加させ，かつては通常カフェインと組合わせて減量の薬として広く用いられていた．服用者の中に死亡者が出たという報告を受けて，マオウをサプリメントとして服用することは2006年に禁止された．この生薬の有効成分であるエフェドリンが代謝に及ぼす影響を調べ，なぜ代謝の活性が非常に高くなったことで死亡者が出たのかを説明しなさい．

ニュースで見る生物学

Phys Ed: A Workout for Your Bloodstream

BY GRETCHEN REYNOLDS

体育学：血流量のチェック

　運動はあなたの体に対して何をしているのだろうか？　長い間，科学や医学，常識がこの疑問に答えてきたと思われているかもしれない．しかし実際には，正確なメカニズム，つまりどのような運動があなたの体を変化させているのかは，細かい分子レベルではまだほとんどわかっていない．たとえば，運動が心臓病に及ぼす効果について，多くの分析で，運動は心臓障害を発症する機会を少なくすると結論されてきたが，その中で科学者が説明できるのは一部である．リスクの減少のうち約60％は生理的な理由であると理解されている．しかし，残りの理由はまだわかっていない．

　しかし，運動が代謝に及ぼす影響を計測した新しい研究が，動いている体の中で起こっていることに関する理解を大きく前進させた．科学者たちは，どれくらい健康であるかによって，脂肪を燃焼させる能力や血糖値を抑える能力などが大きく異なることを，実験中に実際に示した．また，うれしくもあり同時に戒めにもなるのだが，運動が非常に複雑で広範囲にわたる結果をもたらすことも明らかになった．

　ハーバード大を中心とした研究グループが，運動後の人々の血流中の特定の分子の一覧表を質量分析計を用いて作成した．その研究成果が Science Translational Medicine 誌に先月下旬掲載された．

　測定されたのは，体内で代謝を駆動させる分子と，代謝の変化の副産物としてできた分子である．もちろん，代謝とは生きている状態を維持するための化学的な過程である．代謝は，細胞に栄養分を送り細胞を成長させるすべての生化学的な過程からなる．研究グループが明らかにしたかったことは，運動の間と後での代謝の変化である．

　研究では，正常な健康な成人のグループと，息切れや冠動脈の病気の疑いのために運動テストを受けたグループから採血を行った．運動テストを受けた人たちは前者よりも不健康であるとみなせる．トレッドミルやエアロバイクで約10分間運動した後，各グループからさらに採血を行った．最後に，2006年のボストンマラソンを完走したランナーのグループからも採血をした．

　10分間のトレッドミルでのジョギングやエアロバイクの運動の後には，健康な成人のグループでは血流内の代謝物が桁外れに大きく変化していたが，不健康な傾向をもつグループでは血流内の代謝物の変化が小さかった．代謝物の変化の中では特に，脂肪燃焼にかかわる代謝物が増加していた．健康な成人では，脂肪燃焼に関係する代謝物の多くがほぼ2倍増加していた．不健康な傾向をもつグループでは，同じ代謝物が約1.5倍程度しか増加していなかった．マラソンランナーでは，これらの代謝物が10倍以上増加していた．

　この研究の著者で，ボストンにあるマサチューセッツ・ジェネラル病院の心臓内科医である Gregory Lewis 氏は，この発見は，脂肪を使って燃焼させる能力に対して，運動が即効性のある効果と累積的な効果を及ぼすことを示していると述べている．たった10分間の運動で，不健康な傾向のある人でさえ，脂肪が燃焼することが示されたのである．健康であればあるほど，ますます脂肪が燃焼することを代謝物は物語っている．

　その後，運動によって量が増加した代謝物のうちいくつかを，実験室の培養皿内でマウスの筋肉細胞に注入した．その複数の代謝物は，注入後ほぼただちに，共同して（個別にではなく），コレステロールや血糖の制御に関係する遺伝子の発現の増加をひき起こした．言い換えれば，代謝物は，体のどこかで起こっている活性の単なる印ではなく，その活性の直接の火付け役にもなっているのである．

　この研究では，3グループの人々について200種類の分子の量が測定された．10分の運動後に，不健康な傾向の人々では，運動によって産生される"代謝産物"の血中濃度が約1.5倍増加した．一方，健康な成人では，同じ代謝物が2倍増加した．3番目のグループであるマラソンランナーでは，3～5時間かけて42kmのマラソンを完走した直後に同じ代謝物が10倍増加した．ランナーたちはとても長い時間，激しく運動していた．

　この論文は，代謝産物が脂肪の燃焼の増加を（少なくとも，マウスの筋肉細胞では）ひき起こすと述べている．運動による筋肉の増加が代謝活性を高めること，そのために休んでいるときでさえ消費エネルギーが増えることを思い出してほしい．この研究は，運動は，行っている最中に脂肪の燃焼を助けるだけでなく，おそらく運動後もしばらくは運動中と同様に脂肪の燃焼を助けることを示唆している．

このニュースを考える

1. 10分間の運動は，定期的に運動している人の場合，血液中の"代謝産物"をどれくらい増加させたか？　健康状態のよくない人の場合はどうだったか？
2. 健康状態を血液中の代謝産物だけから評価できるなら，その情報は，その人に最適な運動方法を知るためにどのように利用できるか？
3. マラソンランナーの代謝産物のレベルと他の二つのグループの代謝産物レベルとを比較することには具合が悪い点がある．それは何か？　走った時間が異なる人々の代謝産物を比較できるような実験をデザインしてみよう．

出典：*New York Times* のブログ "Well" より，2010年6月16日，well.blogs.nytimes.com

9 光合成と細胞呼吸

> **MAIN MESSAGE**
> 光合成と細胞呼吸は，補完する過程であり，細胞に化学エネルギーを供給する化学経路である．

息を吸うたびに

あなたはどれくらい長く息を止められるだろうか？ 1分？ 2分？ 5分以上酸素なしですごした誰に対しても，医者はその人に脳死が起こっていないかを心配する．しかし，ドイツ人で工学部の学生である Tom Siestas は，水の下で11分35秒間息を止め，スタティック・アプネアの男子の記録を打ち立てた．スタティック・アプネアとは文字どおり"空気なしで，じっとしている"ことで，かなり手ごわいスポーツである．Natalia Molchanova は8分23秒で女子の記録をもっている．

Siesta や Molchanova のような運動選手は，確実に並外れた訓練を積んでおり，おそらく遺伝子構成も特殊なのだろう．これが，スタティック・アプネアは訓練を積んだプロに任せるべき理由である．事実，医療関係者は，きつい酸素欠乏トレーニング法をすることで，ベテランでさえ長期的な健康を危険にさらしているのではないかと見ている．もちろん試合が非常に危険なのは言うまでもない．有名なビッグウェーブサーファーである Jay Moriarity は，2001年にいつものトレーニングの一部であったスタティック・アプネアの練習中に溺れて亡くなった．生きている彼が最後に目撃されたのは，インド洋の水面から約14 m 下でじっとしているときである．

スタティック・アプネアのトレーニングには，（酸素摂取量に大きく依存する）耐久力訓練と高地での訓練（これもまた酸素運搬能力を向上させる）がある．競輪選手の Lance Armstrong のような持久力の必要な運動選手は，組織に酸素を運搬する能力が驚くほど高い．試合前には，Armstrong はカロリー摂取量を倍に増やし一日当たり6000 kcal をおもに炭水化物から摂取する．炭水化物は，消化管でグルコース分子に分解される．グルコースは，この章での重要な分子である．

一流の運動選手でもカウチポテト族でも，私たちはみな，酸素とグルコースを必要とする．しかし，私たちの細胞は酸素とグルコースを使って何をしているのだろうか？

> **?** 効率良く酸素とグルコースを利用できるかどうかが，持久力のある一流の運動選手とそうでない私たちの違いなのだろうか？ スタティック・アプネアの優勝者は，どんな種類の人なのか？

この疑問に取組むために，この章では，生物がどのようにエネルギーを捕捉して利用するのかということから始めよう．植物やその他の光合成生物は，太陽からのエネルギーを利用して高エネルギーを含む糖をつくり，エネルギーが必要なときにその糖を分解する．（人間を含めた）動物は，植物（あるいは植物を食べた動物）を食べることでエネルギーを獲得する．この章の中心は，植物が糖分子をつくる化学反応とすべての生物が糖からエネルギーを取出す化学反応である．

ビッグウェーブサーファー Jay Moriarity 目を見張るようなワイプアウトでサーファー誌の表紙を飾ったことで有名な Jay Moriarity は，2001年に写真撮影のために行ったインド洋のモルディブ諸島で死亡した．しかし，亡くなったのはサーフィン中ではなく，酸素なしで水面13.7 m 下でじっとしているときで，"スタティック・アプネア"というサーファーやダイバーがよく行う練習の最中だった．

基本となる概念

- 細胞内でエネルギーを貯蔵・輸送するのには，ATPのようなエネルギー担体が必要である．
- 植物と原生生物では，光合成は葉緑体とよばれる特別な細胞小器官で行われる．
- 光合成は，明反応で太陽光と水を使ってエネルギー担体をつくり，その過程で酸素ガスを放出する．光合成のカルビン回路の反応で，二酸化炭素から糖を合成するために，エネルギー担体が使われる．
- ほとんどの真核生物は，細胞呼吸に頼っている．細胞呼吸では，糖や他の食物分子からエネルギーを取出すために酸素（O_2）を必要とする．細胞呼吸は，おもに三つのステップから成る．細胞質で起こる解糖系と，ミトコンドリアで行われるクエン酸回路と酸化的リン酸化である．
- ある種の生物や細胞では，酸素の供給が少なく好気的なATP生産ができないときには，発酵によって解糖系のみを用いた嫌気的なATP産生を行う．

エネルギーはあらゆるタイプの細胞の活動に必要である．**代謝**はエネルギーの捕捉，貯蔵，利用に関係するすべての化学反応を含んでいて，あらゆる生き物にとって欠かせない必需品である．地球上のほとんどの生態系では，太陽が生きている細胞のエネルギーの源である．太陽光からエネルギーを捕捉して自分自身の食物を合成する植物やその他の光合成生物は，ほとんどの生態系において**生産者**である．生産者はつぎに**消費者**を支える．消費者とは，生産者や他の消費者を食べてエネルギーを獲得するものである．

8章で考察したように，**代謝経路**は，生体分子が段階的に単純な形あるいは複雑な形に変化するときにエネルギーを転換していく一連の化学反応からなる．これらの反応の多くが，エネルギー担体といわれる小さな分子に非常に依存している．エネルギー担体とは，細胞の中でエネルギー運搬の役割をする分子である．この章では，地球上で最も重要で最も普遍的な二つの代謝経路，光合成と細胞呼吸を正しく理解するために，エネルギー担体の性質を検討することから始めよう．光合成は，光エネルギーを捕らえ，二酸化炭素と水から糖をつくる．そして細胞呼吸は，細胞活動の燃料となるエネルギーを食物分子から取出す．光合成は酸素（O_2）を副産物として放出するが，この酸素は細胞呼吸に必要であるため，私たちのような消費者が生きていくうえで重要であることも紹介しよう．光合成が二酸化炭素（CO_2）と水（H_2O）を使って糖をつくり出す一方で，消費者は細胞呼吸で糖からエネルギーを取出す過程でこれらの分子を放出している（図9・1）．

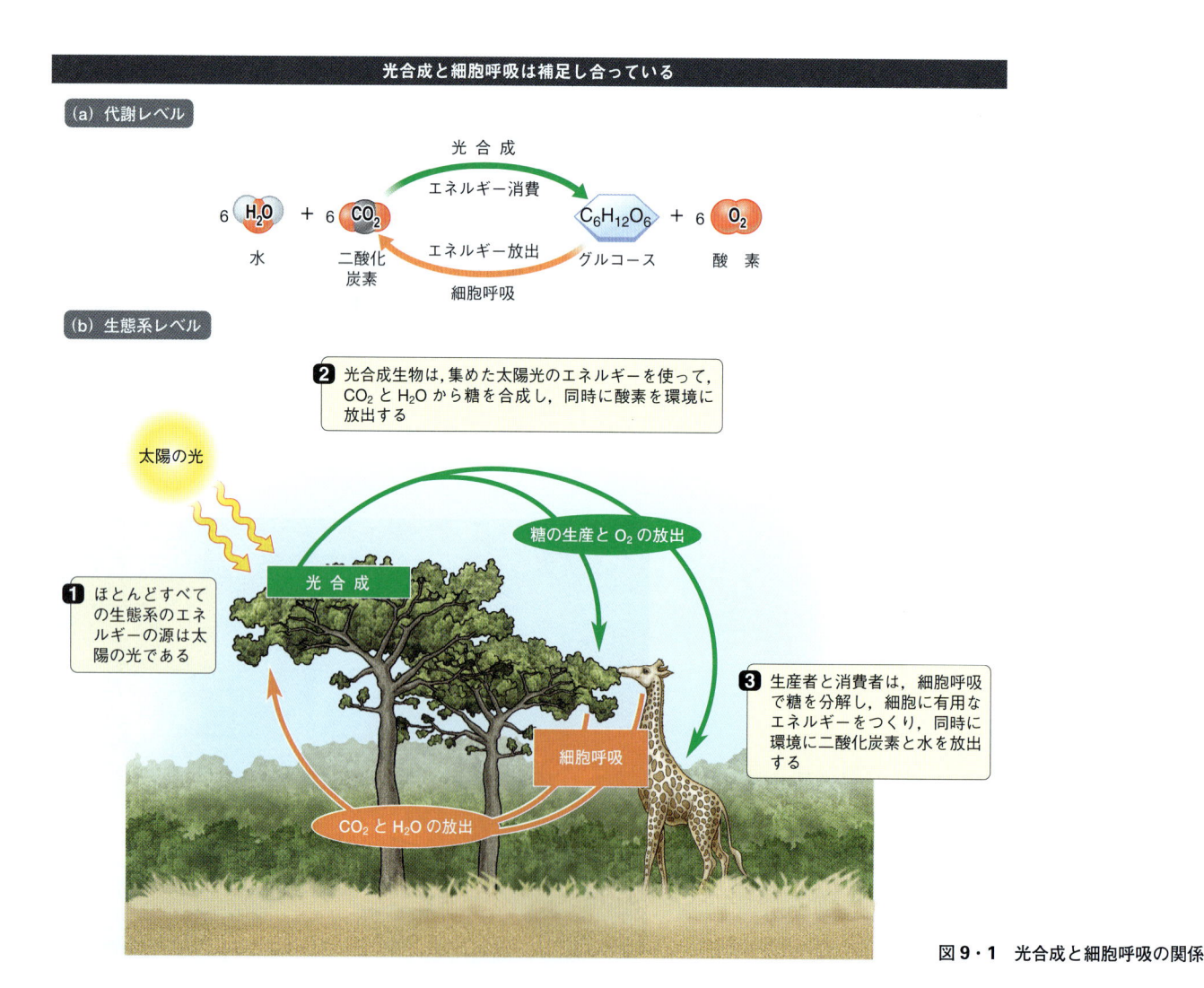

図9・1 光合成と細胞呼吸の関係

9・1 エネルギー担体分子

ベーコンダブルチーズバーガーとトリプルファッジサンデーはとても素晴らしいエネルギー源であると思っているかもしれないが，体内の無数の細胞に直接利用される食物はないことは知っておくべきである．細胞は，ベーコンの脂肪や牛肉のタンパク質，ごま付きバンズの炭水化物ではなく，エネルギー担体として一般に知られている小さな分子を活動のエネルギーにしている．分子エネルギー担体は充電可能なバッテリーのようなものであり，細胞は無数のこれらのバッテリーから燃料を供給されて動く小さな機械のようなものである．**エネルギー担体**とは，細胞内でエネルギーの受取り，貯蔵，運搬を専門にする小さな有機分子である．エネルギー担体は，エネルギーを放出する代謝経路からエネルギーを受取ると"フル充電状態"になる．そして，エネルギーを供給しないと進めない数多くの化学反応や，細胞の活動にエネルギーを運搬すると"放電状態"になる（図9・2）．エネルギー担体は細胞を動かす原動力であり，フル充電されたエネルギー担体を使い切った細胞は死んでしまう．

細胞内でよく使われるエネルギー担体のうち，**ATP**（adenosine triphosphate）は最も多様な用途に使われている．つまり，ATPは，最も数多く，多種類の細胞での反応工程にエネルギーを運んでいる．ATPは，三つのリン酸基（triphosphate ="三つのリン酸"）を結合している共有結合にエネルギーを蓄えている．ATPは，末端のリン酸基（P）を失ってADP（adenosine diphophate）になるとき，蓄えていたエネルギーを放出する．放出されたエネルギーは，細胞内で有効に利用される．つまり，生体分子の合成から細胞分裂まで多岐にわたる無数の細胞活動の燃料となる（図9・2参照）．

ATP分子がエネルギーを放電するたびに副産物としてできる低エネルギーのADP分子はどうなるのか？ ADPは，リン酸基と結合してATPに戻ることができるが，それは簡単な反応ではない．再充電するには，光合成や細胞呼吸などの非常に特別なエネルギー放出経路が必要である．光合成では，ADPをATPにするためのエネルギーは太陽光によってもたらされる．細胞呼吸では，食物分子を分解して出てきたエネルギーを使ってADPをATPにする．したがって，光合成と細胞呼吸は充電装置のようなもので，低エネルギーのADPを高エネルギーのATPに変える．

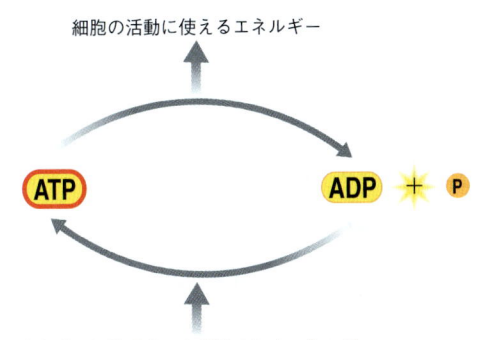

細胞が頼りにしているエネルギー担体は，ATPだけではない．NADPHとNADHは，別のエネルギー担体であり，これらについてもこの章で考察する．エネルギー担体は，生物界でほとんどすべての生物に共通しているという顕著な特色をもつ．これらの各エネルギー担体は，運ぶエネルギーの量や，どの種類の化学反

細胞の活動の燃料はエネルギー担体である

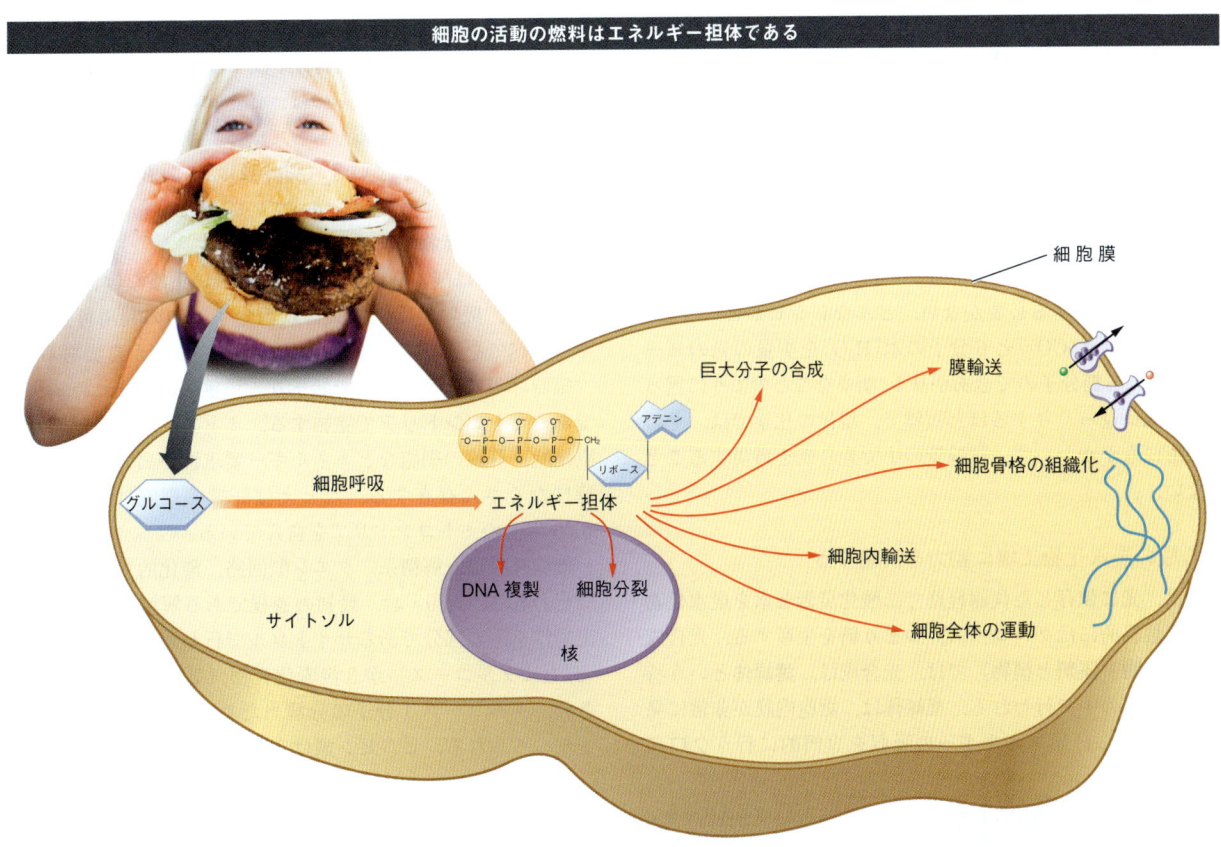

図9・2 昼食と細胞内のエネルギー担体 ほぼすべての細胞内の過程は，エネルギー担体分子を燃料としている．人間の体には昼食をエネルギー担体に変える仕組みが必要である．

応にエネルギーを供給し，どの種類の化学反応からエネルギーを受取るかについては，専門的に決まっている．

NADPH と NADH は，若干ゆるやかに結合した電子と水素原子のかたちでエネルギーを保持している．（一つの水素原子は，一つの電子と一つの水素イオン H^+ から成ることを思い出してほしい．）NADPH は，巨大分子を構築する代謝経路（同化経路）に電子と水素イオンを供給し，NADH は，巨大分子を分解する代謝経路（異化経路）から電子と水素イオンを受取る．NADPH や NADH は，どのようにして高エネルギー状態でゆるやかに結合する電子と水素原子を獲得するのだろうか？ ADP が ATP の前駆体であるのと同じように，NADP$^+$（nicotinamide adenine dinucleotide phosphate）は NADPH の前駆体であり，NAD$^+$（nicotinamide adenine dinucleotide）は NADH の前駆体である．これらの前駆体はどちらも，二つの電子と一つの水素イオンを受取ることができ，それぞれ高エネルギー状態のかたちである NADPH と NADH になる．

$$\text{NADP}^+ + 2e^- + H^+ \rightarrow \text{NADPH}$$
$$\text{NAD}^+ + 2e^- + H^+ \rightarrow \text{NADH}$$

それゆえ，ATP と NADPH，NADH はタイプの違う再充電可能なバッテリーであることがわかる．ATP は，リン酸基が切断されるときにエネルギーを放出する．NADPH と NADH は，電子と水素イオンを必要としている化学反応にそれを渡すことで，エネルギーを供給する．

9・2 光合成と細胞呼吸の概要

光合成と細胞呼吸は，生物にとって最も重要な代謝経路である．光合成は生産者だけが行うのに対し，細胞呼吸は生産者・消費者の区別なくすべての真核生物と多くの原核生物にとって必要である．生物は，細胞呼吸を行って，食物分子の共有結合に閉じ込められた化学エネルギーを取出し，直接利用できるかたち，つまり ATP の化学エネルギーに変換する．

地球上で光合成を行う生産者は，細菌の一部，藻類として知られている原生生物，そして植物だけである．光合成生物は，非生物的な環境からの材料を使ってゼロから自分たちの食物をつくるため，他の生物を食べる必要がない．どんなレシピかというと，6分子の二酸化炭素（CO_2）と6分子の水（H_2O）を少量の光のビームで焼くと，ほら糖分子のできあがり！ 簡単なことのように言ったが，光合成はびっくりするほど複雑で，現代の化学では，その優れた技術にもかかわらず，試験管の中で光合成を再現することはできない．

光は光合成の炭水化物工場に動力を供給する

光合成は，光に依存した代謝経路で二酸化炭素と水を炭水化物に変換し，最終的にはグルコース，つまり糖を生産する．光合成を行う真核生物（藻類と植物）では，光合成は，**葉緑体**という特別な細胞小器官の中で行われる．葉緑体は，細胞内膜が非常に発達していて，そこに光エネルギーの吸収を専門的に行う**クロロフィル**とよばれる緑色の色素が埋め込まれている．

光合成は，おもに，明反応とカルビン回路の二つの過程で行われる（図9・3）．**明反応**[*1]では，クロロフィル分子が吸収した光エネルギーを使って，水分子が分解される．水分子の分解により，副産物として酸素ガス（O_2）が発生する．水分子から取出された電子と水素イオン（H^+）は，複雑な一連の化学反応過程で他の分子に渡され，最終的には ATP と NADPH がつくられる．つぎの図は，明反応のおもな結果を要約したものである．

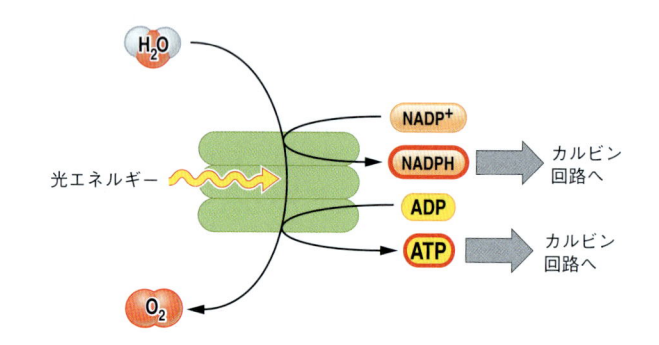

カルビン回路は光合成の第二のステージであり，酵素に触媒される一連の化学反応が，ATP のエネルギーと NADPH が提供する電子や水素イオンのエネルギーを用いて，二酸化炭素（CO_2）を糖に変換する．要するに，光合成の明反応でエネルギー担体を生産し，そのエネルギーがカルビン回路を用いた糖の生産工場の燃料となる．カルビン回路をキャンディー工場にたとえるなら，明反応はその工場の動力供給装置にあたるだろう．

糖のエネルギーは細胞呼吸で ATP をつくるのに使われる

細胞呼吸は，酸素に依存した代謝経路であり，糖などの食物分子を分解し，そこから放出されたエネルギーを使って ATP を生産する．酸素（O_2）は糖を完全に分解するために必要であり，このとき二酸化炭素（CO_2）と水（H_2O）が副産物として放出される．この過程を細胞呼吸とよぶのは，体全体の外呼吸と区別するためである．外呼吸とは，肺をもっている動物の場合，空気を吸ったり吐いたりすることをいう（肺呼吸）．人間も含めた動物の肺呼吸は，細胞呼吸と直接つながっていて，肺呼吸で吐き出す空気は細胞呼吸の副産物である二酸化炭素と水蒸気を多く含んでいる．また，私たちは酸素を多く含む空気を吸い込まなければならない．なぜなら，吸い込んだ空気は，糖分子の中の利用可能なエネルギーすべてを ATP の中に蓄えるために必要だからである．

細胞呼吸はサイトソルで始まり，二重膜に囲まれた細胞小器官であるミトコンドリアで完結する．ミトコンドリアは，骨格筋や脳細胞，肝臓の細胞などエネルギー要求性が高いタイプの細胞に特にたくさん存在する．たとえば肝臓の細胞は，1細胞当たり1000以上のミトコンドリアを含んでいる．

細胞呼吸は，解糖系，クエン酸回路，酸化的リン酸化の3段階で行われる（図9・4）．最初の過程である解糖系は，細胞質内の流動性をもつ部分であるサイトソルで行われる．**解糖系**では，糖（おもにグルコース）が3炭素化合物（ピルビン酸）にまで分解され，グルコース1分子の分解当たり ATP 2分子と NADH 3分子がつくられる．ピルビン酸はミトコンドリアに入り，**クエン酸**

[*1] 訳注: 英国の植物生理学者 F. F. Blackman によって，光合成には光を必要とする反応と必要としない反応があることが提唱されて以来，チラコイドで行われる反応は明反応（light reaction），ストロマで行われる反応は暗反応（dark reaction）とよばれてきた．しかし近年，ストロマで起こるカルビン回路には活性化に光が必要な酵素が含まれることなどがわかり，暗反応という言葉は使われなくなってきた．それに伴い，対として使われていた明反応という言葉もあまり使われなくなってきている．

9. 光合成と細胞呼吸

光合成の二つの過程

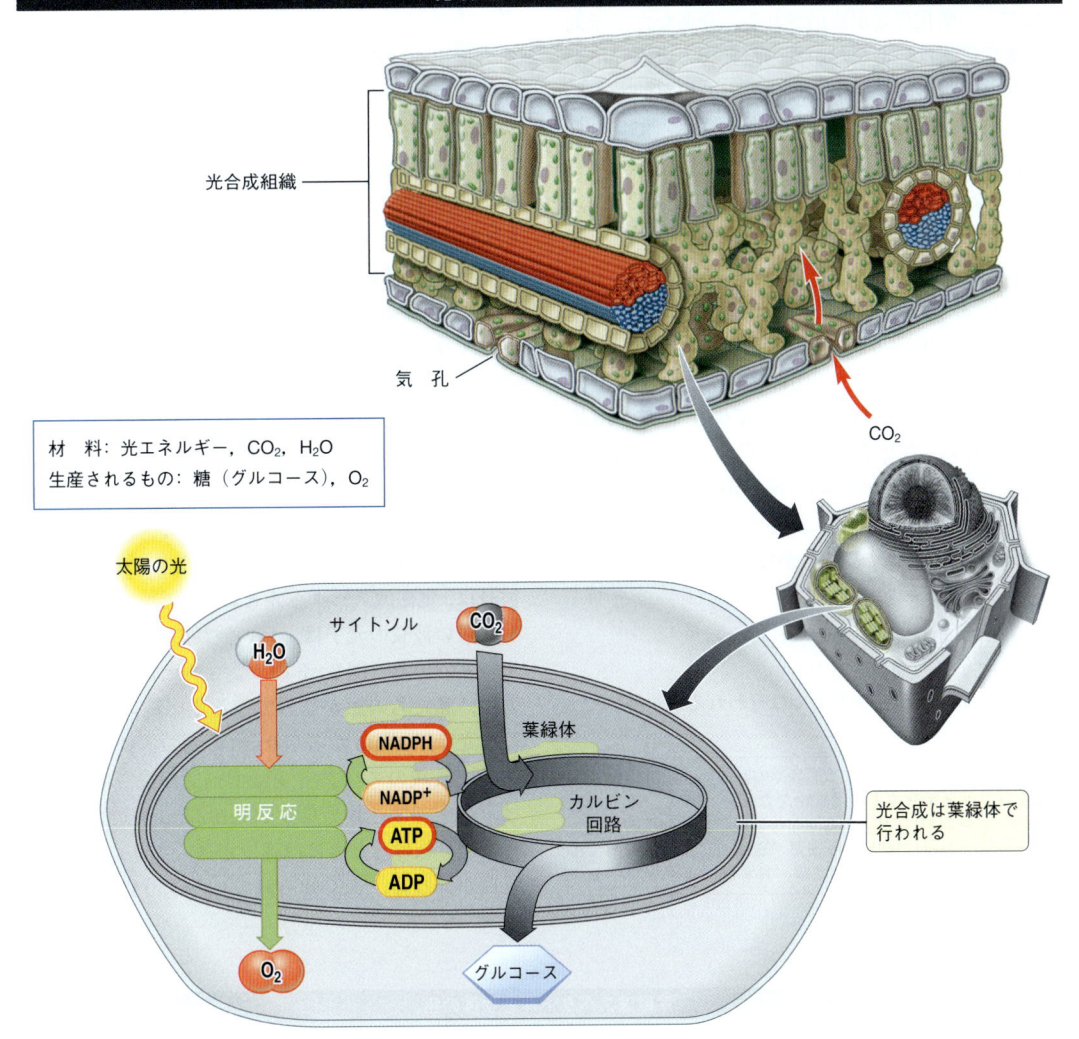

材料: 光エネルギー, CO_2, H_2O
生産されるもの: 糖（グルコース）, O_2

図9・3 光合成の概要

細胞呼吸の三つの過程

材料: グルコース, O_2
生産されるもの: 化学エネルギー（ATPとして）, CO_2, H_2O

図9・4 細胞呼吸の概要

回路という一連の酵素反応で完全に分解される．ピルビン酸の炭素骨格は分解されて，二酸化炭素が放出される．今あなたが空気中に吐き出した二酸化炭素は，あなたが食べた食物の炭素骨格から生じたものである．食物の炭素骨格は，体の中の何兆個もの細胞にある何百ものミトコンドリアでクエン酸回路によって完全に分解されて二酸化炭素になる．炭素骨格がクエン酸回路で分解されると，ATPやNADHなどのエネルギー担体が大量に生産される．

細胞呼吸の最後のステップは，NADHの化学エネルギーを**酸化的リン酸化**とよばれる膜に依存した過程でATPの化学エネルギーに変換することである．NADHから電子と水素原子が取除かれ，それらが酸素分子(O_2)に引き渡されて，水分子がつくられる．この過程では，大量のATPが生み出される．酸化的リン酸化は，解糖系だけでつくられるATP量に比べて少なくとも15倍多くのATPをつくり出す．もし酸素がなければ，私たちは数分間以上生きることはできない．なぜなら，酸素がないと，私たちの細胞は，この特別なエネルギー担体に依存する多くの活動を維持するのに十分な量のATPをつくることができないからである．

■ **これまでの復習** ■

1. 細胞の中でエネルギー担体が果たす役割とは何か？
2. つぎの記述の誤っている点を説明しなさい．
"細胞呼吸は私たち人間のような消費者では行われるが，植物では行われない"

1. エネルギー担体は，細胞の活動に必要な化学エネルギーを供給する．
2. 細胞呼吸は，植物のような生産者でも行われている．光合成でつくられたブドウ糖などの有機分子からエネルギーを取出すことが，細胞呼吸の基礎的な意義である．

9・3 光合成：太陽光からのエネルギー

今度出かけるとき，周りの植物を見てみよう．そして，生命のネットワークを支えるうえで植物が果たしている重要な役割について考えてみよう．植物は光合成をすることによって，食物と酸素の両方を光合成に頼っている人間や他のさまざまな生物を支えている．すでに見てきたように，光合成は光エネルギーを使って2種類のエネルギー担体，ATPとNADPHをつくり出し，つぎにATPとNADPHを使って糖を合成する．光合成の過程で酸素ガス(O_2)が環境に放出される．これらのプロセスのメカニズムを詳しく見る前に，光の性質について考えてみよう．

物体の色は，物体が反射する可視光の波長によって決まる

光は，質量をもたず波のような性質をもつ粒子の流れである．その粒子は光子とよばれる．各光子は，決まった量のエネルギーをもっている．光子のエネルギーは，その波長，つまりある波頂点と次の波頂点の間の距離と関係している．光子のエネルギーと波長は，電磁波スペクトルという幅広い領域に及んでいる（図9・5）．短い波長の光子は，長い波長の光子よりも多くのエネルギーを含んでいる（図9・5のガンマ線と電波を比べてみよ）．可視光とは，私たちの眼が認識できる電磁波スペクトルの部分である．可視光は，300 nmから780 nmの間の波長のすべての光子を含み，この波長域のスペクトルはすべてが混ざると白色に見える．光は，真空では一秒当たり299,792 kmの速さで進む．しかし，物体を通り抜けるときには速度が遅くなり，波長によって遅くなる程度が異なる．よく知られているように，Isaac Newtonは，ガ

電磁波スペクトルと物体の色

短波長　波頂点　波長　長波長　谷

ガンマ線	X線	紫外線	赤外線	レーダー	FM	TV	短波	AM
10^{-14}	10^{-12}	10^{-10}	10^{-8}	10^{-6}　10^{-4}	10^{-2}	1	10^2	10^4

波長（メートル）　電波

可視光　400 nm　500 nm　600 nm　700 nm

波長

物体の色は，物体が反射する光の波長の産物である

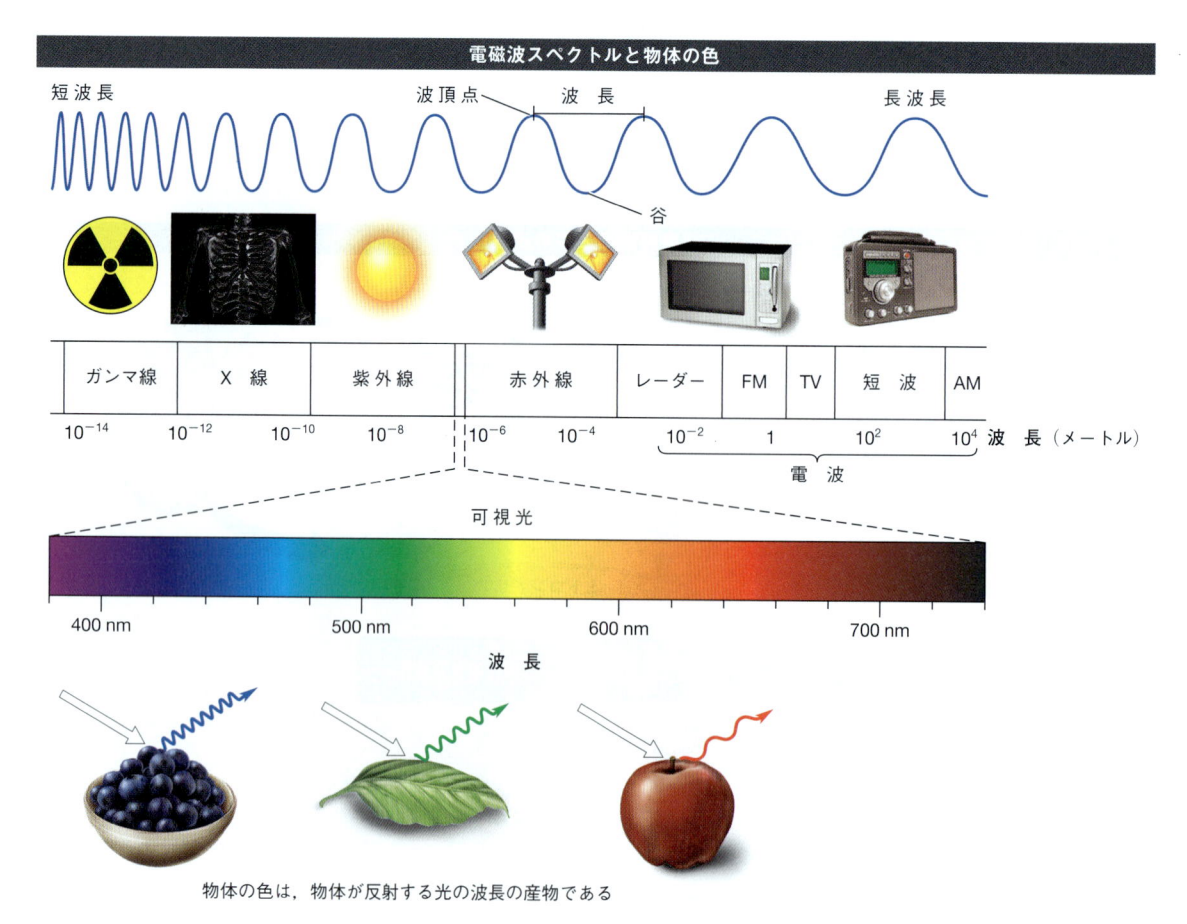

図9・5　物体の色は，物体が反射する光の波長で決まる

葉緑体の構造

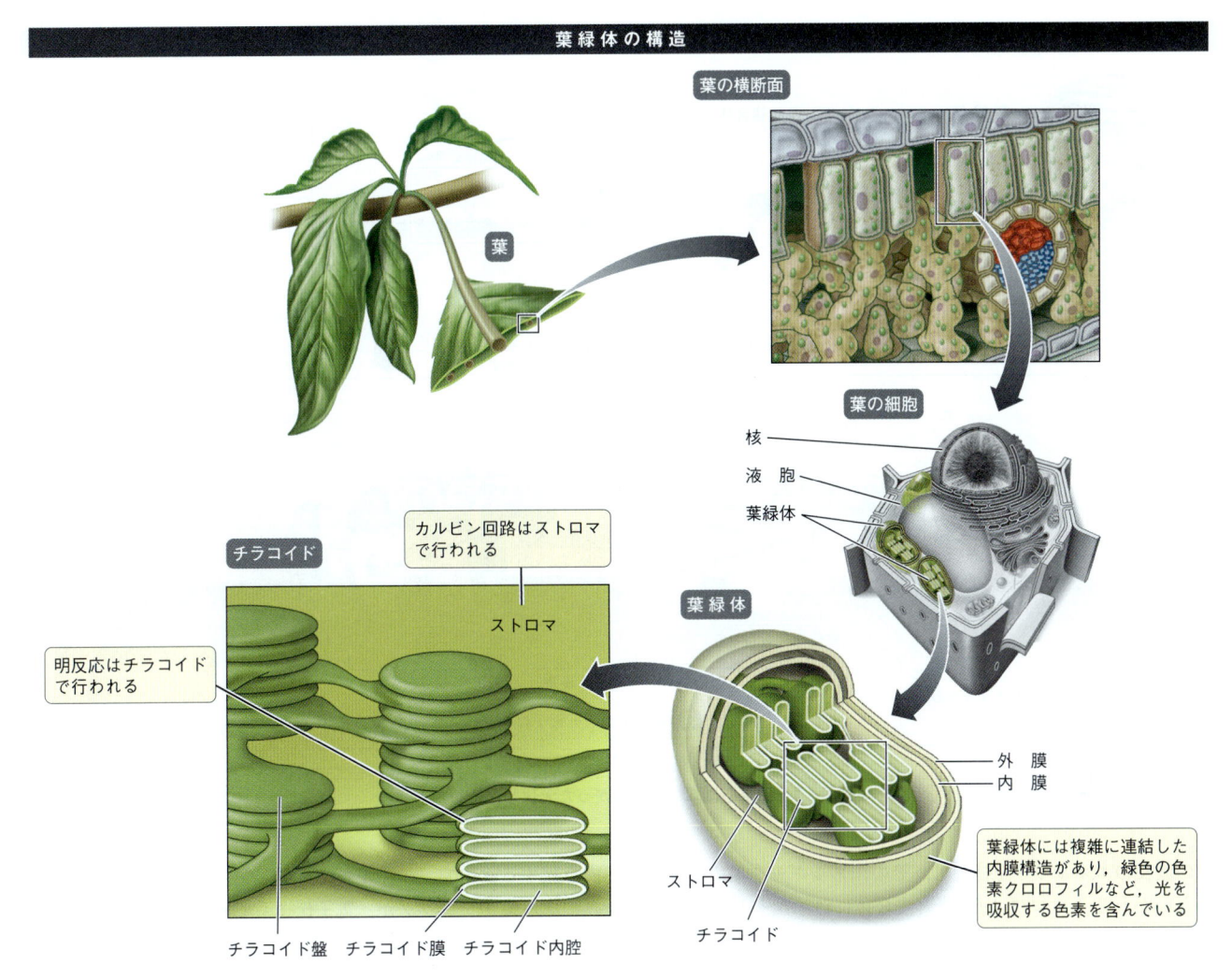

図9・6 葉緑体の中にはクロロフィルをちりばめた膜がある クロロフィルは，光エネルギーを吸収し，それをエネルギー担体の合成に使う．エネルギー担体は，葉緑体のストロマで行われる糖合成の燃料となる．

ラスプリズムを使って白色光を波長ごとに分け，波長が300 nmの紫色から780 nmの赤色までの"7色の虹の色"を示した．

物体の色は，物体が反射して私たちの眼に届く光の波長によって決まる．白い物体は，電磁波スペクトルの可視光域のすべての波長を反射している．黒い物体は，すべての波長を吸収しているため，私たちの眼には反射した可視光が入ってこない．葉の中にあり光を吸収する色素であるクロロフィルは，青と赤の波長の光はほとんどすべて吸収するが，緑の光の多くを反射する．赤いリンゴは赤い光を反射し，ブルーベリーの場合は青い波長の光が反射されて私たちの眼に届いている．私たちになじみのある他の色は，異なる波長を混ぜることでつくられ，果てしない色の広がりを生み出す．ナスは紫色の波長も青色の波長もどちらも反射し，それらが合わさると，私たちの眼と脳には鮮やかな紫色としてとらえられる．

葉緑体は光合成を行う細胞小器官である

植物や原生生物の光合成は，葉緑体の内部で行われる．葉緑体は，茎も含め植物の緑色の部分全体にあるが，葉が特に光合成を行うのに役立つ構造をしている．葉の内部の細胞には，緑色のフットボールを平らにしたような形の葉緑体がたくさん詰まっている．葉の外側の層には，**気孔**（stomata，単数形はstoma）とよばれる顕微鏡でしか見えないほど小さい孔が点在して，ガス交換を手助けしている．外からの二酸化炭素は，開いた気孔を通って葉の中に入り，葉緑体の中でのカルビン回路の反応に使われる．植物は，水とそれに溶けているミネラルを根から吸収するが，土からエネルギーを得ることはまったくない．

ミトコンドリアのように，葉緑体も二重の膜で包まれている．二重膜の内部はゲル状の液体が入っていて，**ストロマ**をつくっている（図9・6）．ストロマの中には，互いに連結した閉じた袋状の膜構造のネットワークがある．**チラコイド**というこの袋状の膜構造は，袋と袋が積み重なっている．各チラコイドは，チラコイド膜と膜に囲まれたチラコイド内腔からなる．チラコイド膜の特徴的な配列は，明反応のおもな成果である光の捕捉とATPとNADPHの生成にとって重要である．カルビン回路の反応は，ストロマで行われる．ストロマには，エネルギー担体を用いて二酸化炭素を糖に変換するために必要な多くの酵素やイオン，分子が含まれている．

明反応はエネルギー担体をつくる

チラコイド膜には，タンパク質と複合体をつくっている円盤状の色素の集合体がたくさん密に詰まっている．この集合体は**アンテナ複合体**とよばれていて（図9・7），クロロフィルaやb，カロテノイド（p.167，"生活の中の生物学"を参照）などさまざまな種類の色素を含んでいる．アンテナ複合体は，太陽光，特に青

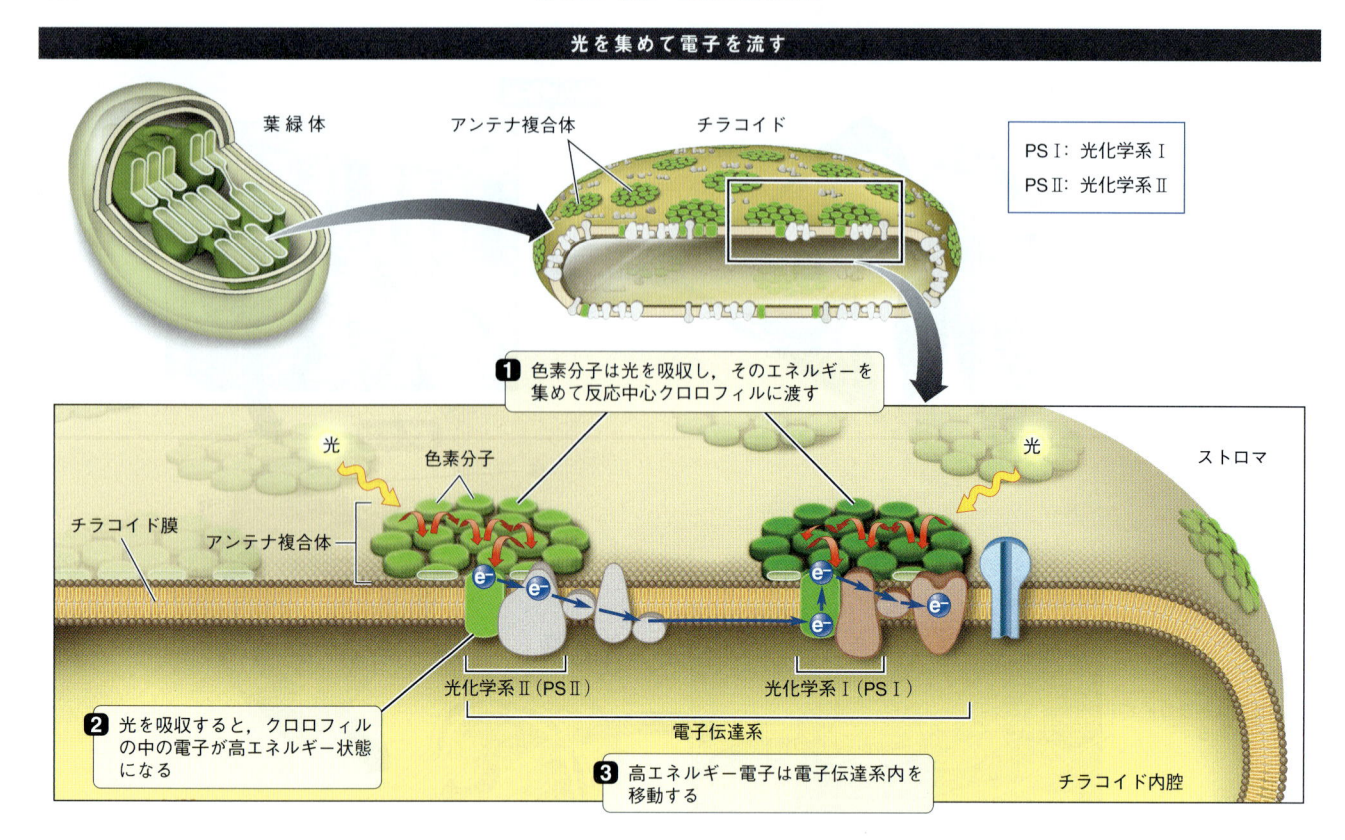

図9・7 明反応は二つのつながった光化学系で行われる

と赤の波長のエネルギーを捕捉し，そのエネルギーを集めて**反応中心**といわれるクロロフィル-酵素複合体に渡す．そして反応中心で明反応が開始する．

クロロフィルが光を吸収すると，クロロフィル分子の中の特定の化学結合に関係する電子が励起される．高エネルギー状態の電子は，チラコイド膜にある**電子伝達系**に渡される．電子伝達系とは，一連の電子受容体分子のことで，チラコイド膜中に並んで埋め込まれている．電子が電子伝達系のある成分から次へと渡されるときに，少量のエネルギーが放出され，そのエネルギーがATPをつくるために使われる．チラコイドの電子伝達系を流れていく電子は最後はどうなるのだろうか？電子は最終的にはNADP$^+$に渡され，それにストロマからの水素イオン(H$^+$)が加わって，NADPHができる．NADPHは，明反応によってつくられる2番目のエネルギー担体である．

アンテナ複合体が結合した反応中心をまとめて**光化学系**とよぶ．植物の葉緑体は，相互につながって協調してはたらく2種類の光化学系（光化学系ⅠとⅡ）をもっている（図9・7）．（二つの光化学系の番号は発見された順序であって，光合成において反応が起こる順番ではない．）**光化学系Ⅱ**は，水の分解（光分解）に関連しており，電子とO$_2$と水素イオンを生成する（図9・8a）．**光化学系Ⅰ**は，光化学系Ⅱから電子を受取る．その電子は，比較的短い電子伝達系を通った後，NADPHをつくるためにNADP$^+$に渡される（図9・8b）．

高エネルギーの電子の移動が，明反応で一番重要なポイントである．電子移動の旅は，光化学系Ⅱの反応中心から始まる．吸収された光エネルギーは，光化学系Ⅱの反応中心にあるクロロフィル分子から励起状態の電子を放出させる（図9・8a）．電子は，電子伝達系の最初の構成ユニットによって受取られ，伝達系内の別の成分へとつぎつぎに渡されていく．電子は，電子伝達系内を旅する途中で，エネルギーを少しずつ放出する．チラコイド膜にある輸送タンパクが，電子伝達系で放出されたエネルギーを使って，H$^+$をストロマからチラコイド内腔へと輸送する（図9・8c）．こうしてH$^+$がチラコイド内腔に蓄積され，ストロマ内のH$^+$濃度に比べて高い濃度となる．つまり，チラコイド膜をはさんで**プロトン勾配**（H$^+$濃度のアンバランス）が生まれることになる．

濃度勾配をつくるためのイオンの汲み上げは，細胞内でエネルギーを利用する場合によく使われる方法である．この場合は，ATPをつくるためにプロトン(H$^+$)の濃度勾配が利用されている．7章で説明したように，プロトンなどの溶けている基質はすべて，濃度が高い方から低い方へ移動する傾向がある．だから，チラコイド内腔のプロトンは，濃度勾配を小さくするように，自然にストロマに向かって移動する傾向にある．チラコイド膜はプロトンを通さないため，プロトンが膜の向こうに行く唯一の方法は，チラコイド膜に広く存在する**ATP合成酵素**とよばれる大きなチャネルタンパク複合体を通ることである．プロトンがATP合成酵素のチャネルを通過すると，プロトン濃度勾配に蓄えられていた位置エネルギーが化学エネルギーに変換される．つまり，ATP合成酵素が，ADPにリン酸基を付加してATPにする反応を触媒するのである（図9・8cを参照）．

電子は，光化学系Ⅱから電子伝達系を通って光化学系Ⅰの反応中心に到達するまでに，エネルギーを失う．そこで，光化学系Ⅰの反応中心に到達した電子は，光化学系Ⅰのアンテナ複合体が集めた光によって非常に高いエネルギー状態に押し上げられる．続いて，この高エネルギー状態になった電子は，短い電子伝達系を通って移動し，そしてNADP$^+$に渡される．

NADP$^+$は，電子伝達系から受取った2個の電子に加え，ストロマから1個のプロトン(H$^+$)を受取り，NADPHになる．NADP$^+$

9. 光合成と細胞呼吸

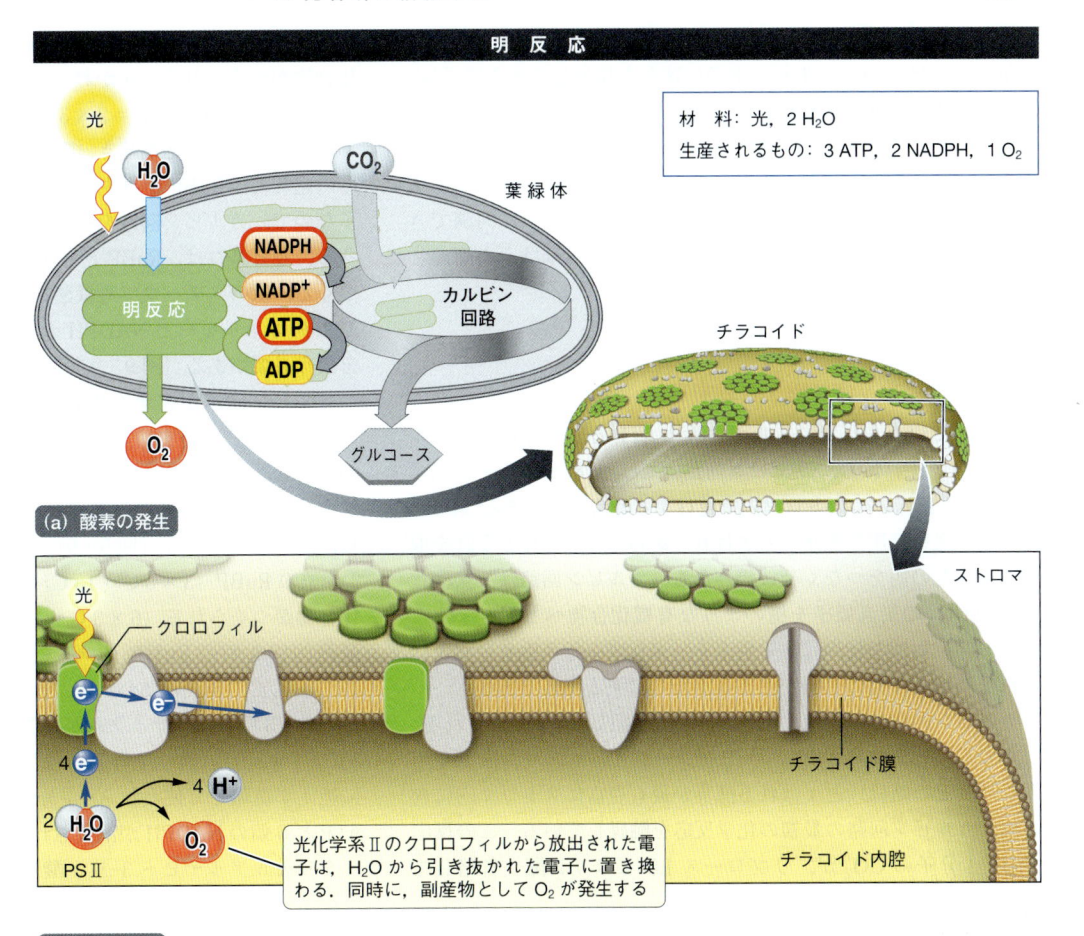

明反応

材料：光，2 H_2O
生産されるもの：3 ATP, 2 NADPH, 1 O_2

(a) 酸素の発生

光化学系IIのクロロフィルから放出された電子は，H_2Oから引き抜かれた電子に置き換わる．同時に，副産物としてO_2が発生する

(b) 電子伝達

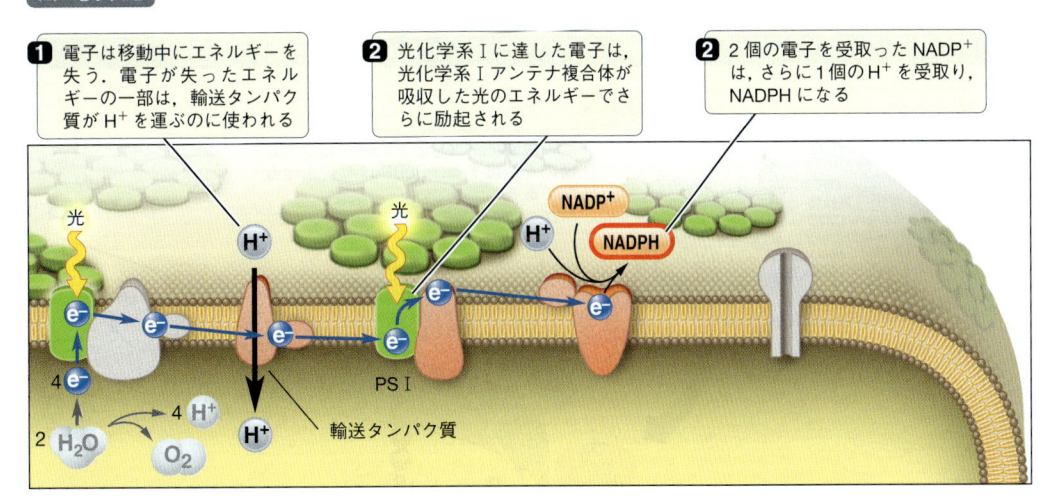

❶ 電子は移動中にエネルギーを失う．電子が失ったエネルギーの一部は，輸送タンパク質がH^+を運ぶのに使われる

❷ 光化学系Iに達した電子は，光化学系Iアンテナ複合体が吸収した光のエネルギーでさらに励起される

❸ 2個の電子を受取った$NADP^+$は，さらに1個のH^+を受取り，NADPHになる

(c) ATP合成

電子伝達が起こるとチラコイドの内部にプロトンが蓄積され，チラコイド膜を隔ててプロトン濃度勾配ができる

ATP合成酵素は，チラコイド内部に蓄積したプロトンをストロマに輸送する．そのときに放出されるエネルギーを使ってATPが合成される

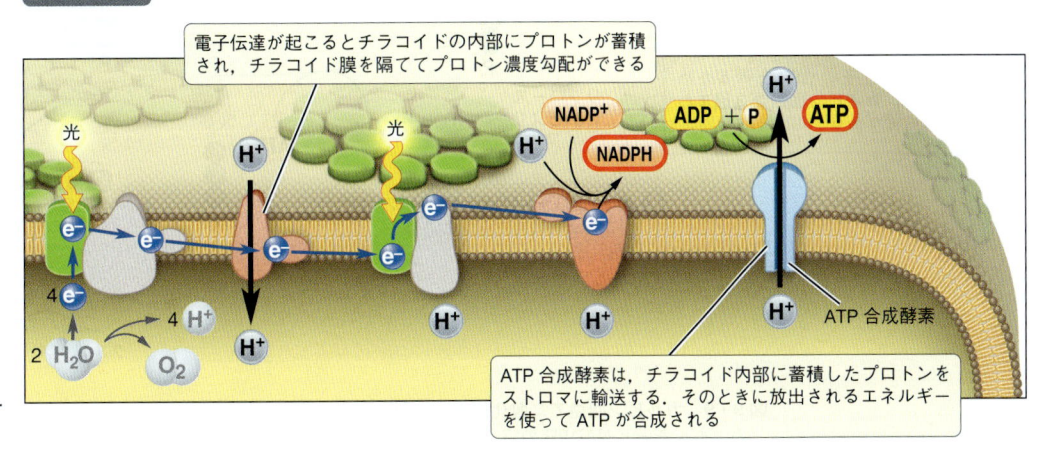

図9・8 明反応がエネルギー担体をつくり出す仕組み

が受取る電子とプロトンは，究極的には水分子から来ていることに気づいてほしい．つまり，電子伝達系を移動してきた電子は，最初は光化学系Ⅱから放出されたものであるが，それが水分子から引き抜かれた電子に置き換わり，その結果，水素イオンとO_2が生成する（図9・8a）．要するに，二つの光化学系と二つの電子伝達系は，ATPとNADPHを生成するために完全に同調できるように，きちんと配置されているのである．O_2はその副産物として放出される．

カルビン回路の反応で糖を合成する

明反応でつくられたエネルギー担体ATPとNADPHは，カルビン回路で使われる．カルビン回路はCO_2と水から糖を合成する過程で，葉緑体のストロマ内で進行する酵素反応である（図9・9）．この過程は**炭酸固定**ともよばれ，あらゆる生命体とそれを取巻く環境との間をつなぐ架け橋となる．カルビン回路は，無機化合物のCO_2の炭素原子を糖のような有機化合物へと固定することで，非生物的な世界にある炭素を，光合成を行う生産者およびそれを利用する他の生物が使えるかたちにする反応である．

カルビン回路の反応は，ストロマ内の酵素によって触媒される．なかでも**ルビスコ**（RuBisCo，リブロース1,5-ビスリン酸カルボキシラーゼの略称）とよばれる酵素が最も豊富にストロマ内に含まれ，カルビン回路の最初の化学反応を触媒している．この反応では，1分子のCO_2が，リブロース1,5-ビスリン酸（省略してRuBP）とよばれる5炭素化合物と結合した後，2分子の3炭素化合物がつくられる．かかわっている化合物の炭素原子数だけで書き表すと，1C＋5C＝2×3Cとなる．この後に多くのステップからなる酵素反応が続き，細胞が使うグルコースが製造される．その過程で，RuBPが再生産される．RuBPは，CO_2を受取る分子なので，カルビン回路を持続的に動かすためには絶対に必要である．ルビスコは，RuBPとCO_2を結合させて3炭素の有機酸をつくる．次のステップで有機酸を糖（G3P）に変換するときには，ATPのエネルギーとNADPHから供給される電子と水素イオンを使う必要がある（図9・9参照）．

カルビン回路が3サイクルまわると，グリセルアルデヒド3-リン酸（G3Pと略す）という三炭糖をつくるために必要な3個の炭素原子が固定される．この過程を，カルビン回路の各ステップで異なる化合物に再配置されていく炭素原子の数を数えながら，たどってみよう（図9・9）．3分子のCO_2（3×C＝3C）と3分子のRuBP（3×5C＝15C）が結合すると，6分子の3炭素化合物がつくられる（6×3C＝18C）．これらの3炭素化合物は最終的に3個のRuBP（3×5C＝15C）と，1個のG3P（1×3C＝3C）の合成に使われる．つまり，1分子の三炭糖を生産するのに，3回の反応サイクルが必要となる（3×C＋3×5C＝3×5C＋1×3C）．他の炭素原子はすべてRuBP量を維持するために絶えず循環して使われる．1分子のG3Pをつくるのに，9個のATPと6個のNADPHが消費される．

グリセルアルデヒド3-リン酸は，グルコースのほか細胞がつ

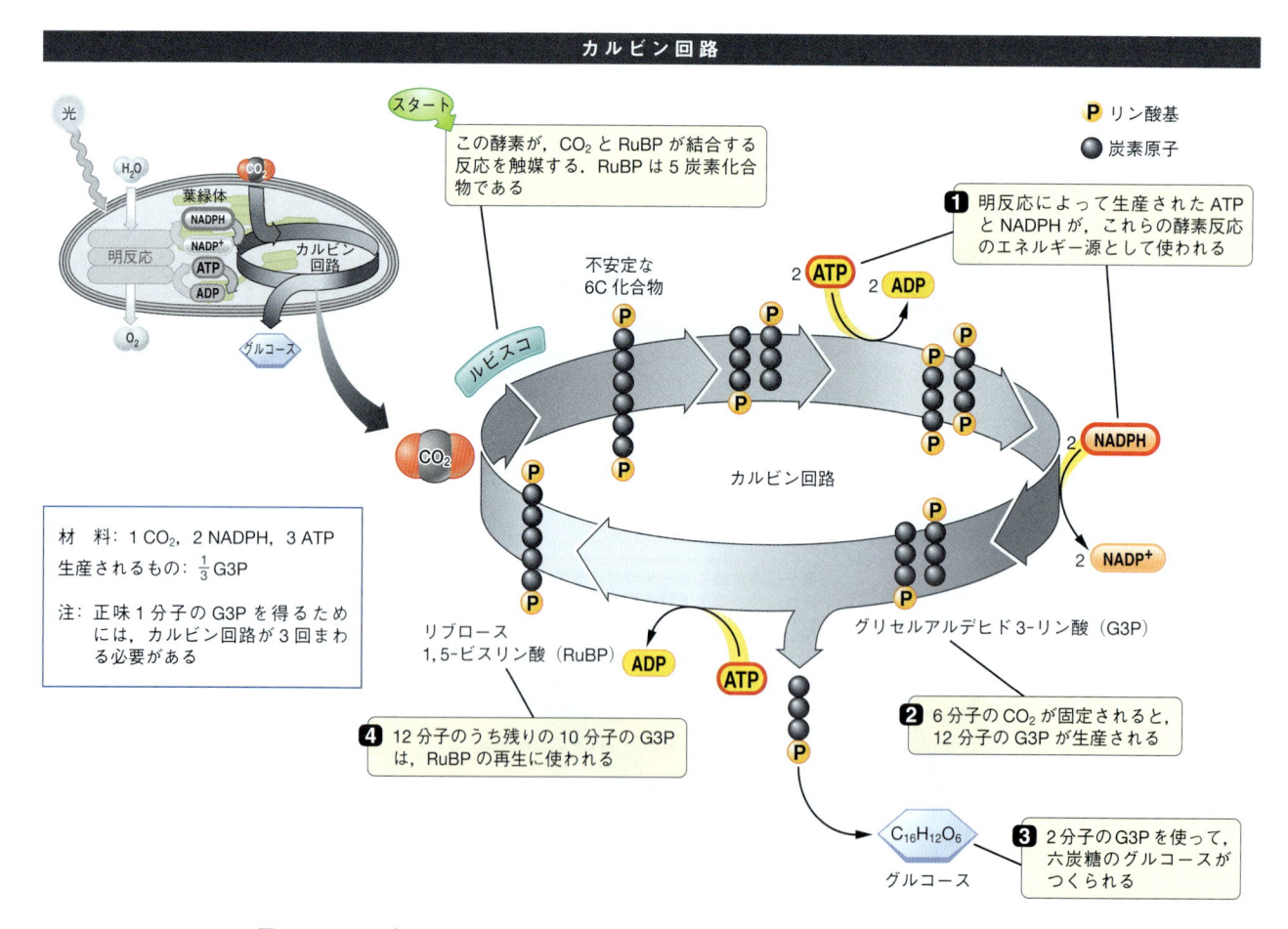

図9・9 カルビン回路で二酸化炭素から糖がつくられる カルビン回路の反応では，ATPのエネルギーとNADPHの電子とプロトンを使って，CO_2が固定され糖分子が生成する．

生活の中の生物学

虹色の植物色素

植物の色素が私たちの世界に色をつけている．私たちは緑色の草木に囲まれるのが好きだし，花壇が鮮やかな色で彩られていると嬉しくなる．この鮮やかな色の色素は植物にとって何の役に立っているのか？ また，私たち人間にとっては何の役に立っているのか？

生物がつくる色素は，特徴的な色をもつ炭素含有分子である．クロロフィル類とカロテノイド類は，植物の葉緑体にあり，光を捕捉する主要な色素である．植物で見つかっている2種類のクロロフィル（クロロフィルaとクロロフィルb）は，緑から黄緑色である．これらのクロロフィルは，緑色の光を反射し，青色と赤色の光を強く吸収する．クロロフィルaとクロロフィルbは赤色と青色の吸収する波長が少し異なっているため，一つの色素で吸収する場合に比べて，二つを合わせることでより広い範囲の光を集めている．

カロテノイドは，黄色から橙色の色素である．カロテノイドもまた光を集めるのに役立つが，それ以外に，過剰な光や明反応の副作用として生じる活性の高い化合物から光合成細胞を防御する役割も果たす．葉が光合成で使う以上の量の光を吸収した場合，余分な光は実際に細胞の構造を破壊する可能性がある．光傷害といわれている現象である．カロテノイドは，吸収した光エネルギーの安全バルブの機能を果たす．つまり，余分な光を受取り，熱として穏やかに放出する．カロテノイドは，細菌や藻類も含めた酸素発生型のすべての光合成生物にみられる．エビにピンク色の部分があるのは，カロテノイドをもつ藻類を食べるからであり，サケとフラミンゴがピンク色なのは藻類やエビを食べるからである．

酸素ガスが関与する代謝過程（たとえば光合成と細胞呼吸）では，フリーラジカルとよばれる副産物をつくる可能性がある．フリーラジカルはとても反応性が高い化合物で，細胞の巨大分子，特に脂質やタンパク質を傷つける．カロテノイドの多くは，抗酸化物質として機能する．抗酸化物質とは，フリーラジカルと反応してフリーラジカルを安全なものにする分子である．カロテノイドの抗酸化活性は，実験動物では，免疫システムの機能を高めてがんを防ぐことが示されているが，人間の健康に対する影響についてはほとんどわかっていない．カロテノイドには，目の網膜に蓄積して目の健康に役立つと考えられているものもある（緑色の葉にあるルテインなど）．ベータカロテンなどのカロテノイドは，ビタミンAに変換されて，人間の発達のあらゆる段階，特に，視覚，骨，皮膚，そして免疫系の維持において重要な役割を果たす．クロロフィルのようにカロテノイドも脂溶性分子なので，油を使うレシピで作ると，グリーンサラダやパンプキンパイからカロテノイドをたくさん摂取することができるだろう．

植物の水溶性の色素は，ほとんど液胞内にある（§6・4を参照）．フラボノイド類は種類が多く，液胞にある色素の大部分を占める．色は，赤，青，紫から白まである．多くの花や果実，野菜の鮮やかな色は，フラボノイドの色である．フラボノイドの役割は多様で，花では花粉媒介者を誘引し，果実では種子を散布する動物をひきつける．また，日よけや抗酸化物質としてはたらくこともある．フラボノイドは，鮮やかな色の果実や野菜，コーヒーや紅茶，ワイン用のブドウ，さらに小麦粒やポップコーンといった穀物の全粒にも入っている．動物の体内では，抗酸化作用や抗がん作用，抗糖尿病作用を示す．このため，保健の専門家は，一日に少なくとも5サービング（350 g）の野菜や果物と約6サービング（240 g）の全粒の穀物を摂取することを勧めている．

寒冷な地域では，広い葉の表面からの水の損失を防ぐため，広葉樹は秋に落葉する．葉の中の大きな巨大分子のほとんどは分解されて，リサイクルと貯蔵するために木の幹や根に運ばれる．クロロフィルが分解されると，カロテノイドの色が見えるようになる．カロテノイドがなかなか分解されないのは，プログラムされた葉の分解が続いている間，細胞を防御するためである．ナッツの木やハコヤナギ，カバノキの燃えるような黄色は，隠すものがなくなったカロテノイドによるものである．また，アントシアニンとよばれる防御の役割を果たすフラボノイドの合成を増加させる種もある．たとえばサトウカエデやスカーレットオーク，ウルシ，その他多くの樹木が，拍手喝采をあびるような秋の見事な風景をつくり出すのに一役かっている．

虹色と植物色素

くるすべての炭水化物の材料となる．葉緑体でつくられたG3Pの大部分は葉緑体の外に運ばれ，最終的には，その細胞の中，あるいは別の細胞の中で行われるさまざまな化学反応に使われる．葉緑体の外に運ばれたG3P分子の一部は，グルコースとフルクトースをつくるのに使われる．つぎに，このグルコースとフルクトースを使ってスクロース（砂糖）がつくられる．スクロースは，植物のあらゆる細胞の重要なエネルギー源であり，光合成が行われている葉から植物の他の部分に輸送される．サトウキビの茎やテンサイ（砂糖大根）の根の液胞内には，多量のスクロースが貯蔵され，この二つの作物は世界中の砂糖産業の主要な原材料となっている．

米国で使われている砂糖のおよそ半分はテンサイ（写真）からつくられている．残りの半分はサトウキビから採れたものである

葉緑体でつくられたG3Pの一部は，ストロマ内にとどまり，酵素によってデンプンに変換される．デンプンはグルコースの重合体であり，植物がエネルギーを貯蔵するための重要なかたちである（§5・7を参照）．デンプンは昼間に葉緑体の中に蓄えられ，夜になると単糖に分解される．糖は，細胞呼吸で分解され，夜間に細胞が必要なATPをつくる．果実や種子，根，そしてジャガイモのような塊茎には，デンプンが豊富に貯蔵されていて，光合成を行わない組織に必要なエネルギーを提供する．これらの植物の部位はエネルギーが豊富であるため，動物の重要な食物源になっている．

9・4 細胞呼吸: 食物からのエネルギー

細胞呼吸は，食物分子からエネルギーを取出してATPを生産する過程で，消費者同様，生産者にとっても不可欠である．この節では，細胞呼吸の三つのおもな過程，解糖系，クエン酸回路，酸化的リン酸化について，それぞれ詳しく解説する．

解糖系は細胞で糖が分解される最初の過程である

"解糖"とは，文字どおり"糖を分解する"ことである．進化のうえでは，解糖系は食物分子からATPを生産する最も古くからある手段であると考えられる．もちろん今でも，多くの原核生物にとってエネルギー生産の主要な手段であることは変わりない．しかし，解糖系では糖は部分的にしか分解されないため，解糖系でつくられるエネルギーは非常に少ない．ほとんどの真核生物にとって，解糖系は糖からエネルギーを生み出す最初の段階にすぎない．続いて起こるミトコンドリアで行われる反応によって炭素骨格は完全に分解され，解糖系が通常つくり出す量の少なくとも15倍のATPがつくられる．

解糖系はサイトソルで行われる（図9・10）．一連の酵素反応で，グルコースは6炭素の中間産物になってから，2分子の三炭糖（G3P）に分解される．続いて起こるステップで，G3P分子は**ピルビン酸**とよばれる3炭素の有機酸になる．

解糖系でつくられる正味のエネルギーは，以下のようになる．解糖系では，1分子のグルコースが消費されると，4分子のADPがATPになり，2分子のNAD$^+$に電子とH$^+$が与えられて2分子のNADHができる．解糖系の初期のステップでグルコース1

解 糖 系

❶ 2分子のATPでグルコースがリン酸化される．分解の準備のためのエネルギーが付加される過程である

❷ 六炭糖は，2個の三炭糖に分解される

材料: 1グルコース（6C）
生産されるもの: 2 ピルビン酸（3C）
　　　　　　　　2 NADH
　　　　　　　　2 ATP

❸ NADHがつくられる．これが解糖系での最初のエネルギー生産ステップである

❹ 2個の三炭糖から2分子ずつATPがつくられる（合計4分子のATP）．ここが2番目のエネルギー生産ステップである．グルコースにエネルギーを付加するときに2分子のATPを使っているので，グルコース1分子の分解で，差引き2分子のATPが得られる

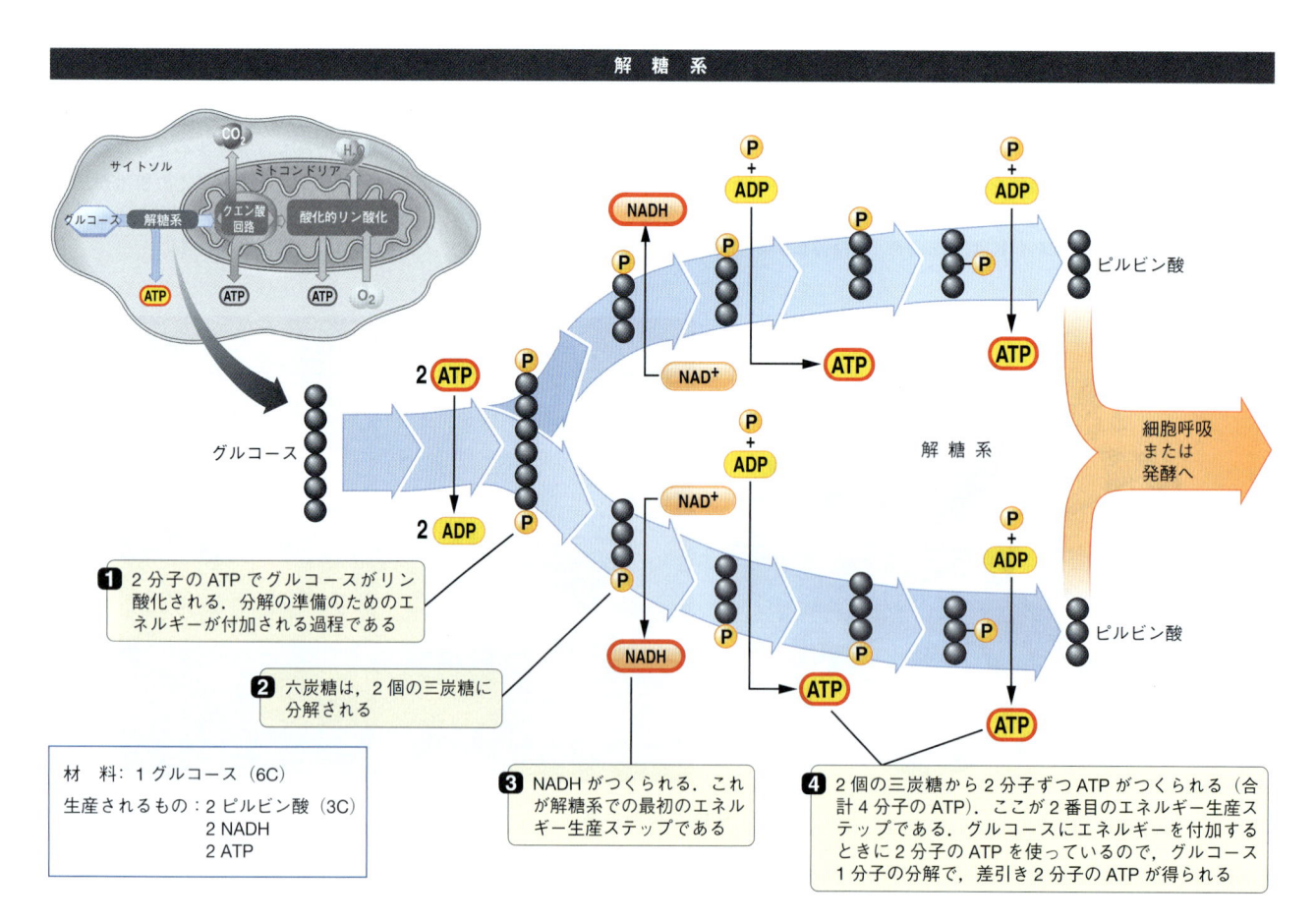

図9・10 解糖系ではグルコースがピルビン酸になる 解糖系では，六炭糖のグルコース1分子が，2分子のピルビン酸になる．ピルビン酸は3炭素の有機酸である．

9. 光合成と細胞呼吸

分子当たり2分子のATPを使うので，差引き，2分子のATPと2分子のNADHを生産する（図9・10）．解糖系は酸素（O_2）を必要としない．多くのエネルギーは，解糖系でつくられるピルビン酸の分子中に残ったままである．エネルギーを最大に取出すために，ピルビン酸はミトコンドリアに入る必要がある．ミトコンドリアでピルビン酸は，酸素を使って非常に効率良くATPを生産する経路であるクエン酸回路と酸化的リン酸化によって分解される．最大のエネルギー収量を得るためのピルビン酸の完全な分解について解説する前に，解糖系の変化形を見てみよう．

酸素がないときには
発酵が解糖によるATP生産を手助けする

解糖系はO_2を必要としない**嫌気性**の過程である．おそらく解糖系は，大気中の酸素が乏しい原始地球上で，初期の生命体の重要なエネルギー獲得手段だったと思われる．今でもなお，嫌気性生物にとって，解糖系はATPを生産する唯一の手段である．酸素が不足がちの沼地や下水，土壌の深層に生息する嫌気性細菌の多くにとって，実際，酸素は有害な毒物である．このような嫌気性生物のほとんどは，発酵経路を利用して有機分子からエネルギーを獲得する．**発酵**は解糖系から始まり，その後に続いて特別な一連の化学反応（解糖後反応）が行われる．この解糖後反応の役割は，解糖系を持続的に動かし続けることである．

発酵では，解糖系でつくられたピルビン酸とNADHが，ミトコンドリアに運ばれる代わりに，サイトソルにとどまる．解糖後反応では，ピルビン酸は，アルコールや乳酸などの他の分子に変換される．ピルビン酸が何になるかは，細胞が用いる発酵経路の種類によって決まる．この発酵過程で，NADHがNAD$^+$になる．このNAD$^+$を十分に供給することが，解糖系を動かし続けるためには必要である（図9・10に，解糖系でNAD$^+$が使われる箇所を示してある）．細胞内のNAD$^+$の量はそう多くなく，もしすべてのNAD$^+$がNADHになってしまうと解糖系はNAD$^+$不足で止まってしまうだろう．解糖後反応は，この問題を回避する賢い方法であり，NADHから電子と水素原子を取除いてNAD$^+$をつくり，重要な代謝前駆体であるNAD$^+$の細胞内での量を回復さ

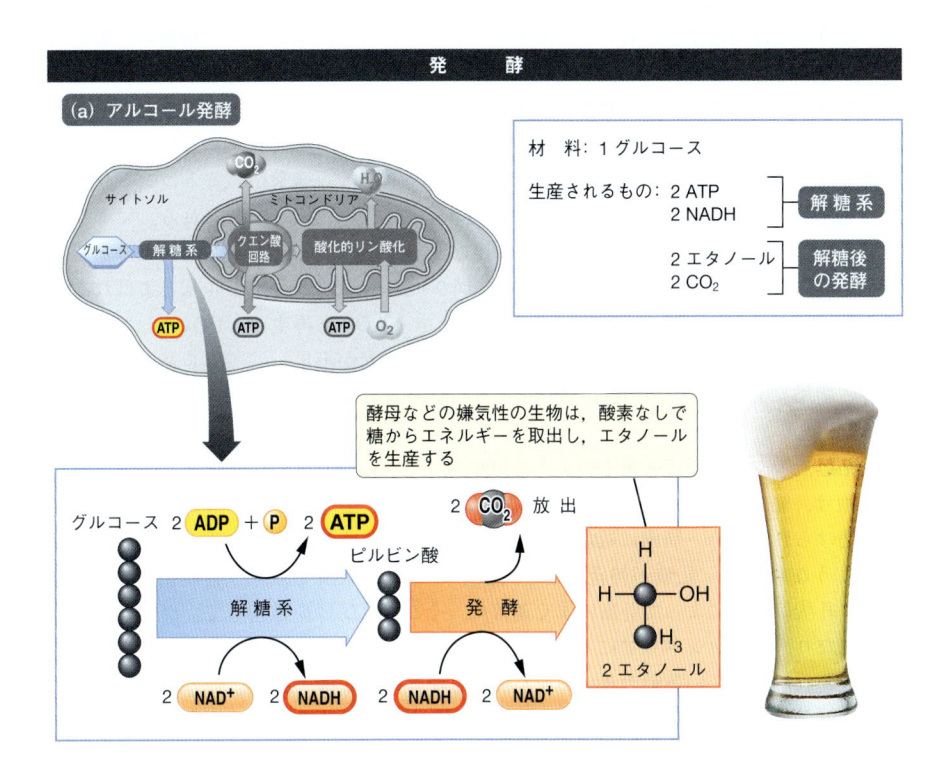

図9・11 エタノールと乳酸は，発酵の副産物である　酸素の供給が不十分で細胞呼吸によるATP生産ができないときには，解糖系のみでATPを生産しなければならない．このとき発酵が解糖系をサポートする．(a) 単細胞の菌類である酵母菌は，ビールなどのアルコール飲料の醸造に利用されている．発酵用のタンクから酸素がなくなると，酵母菌は糖の発酵に頼るようになり，その副産物としてエタノールとCO_2を生産する．(b) 短時間に激しい運動をするときにも，同じような反応が私たちの筋肉で起こる．ただし，発酵の反応でピルビン酸からつくられる化合物は，三つの炭素をもつ有機酸である乳酸なので，CO_2はつくられない．

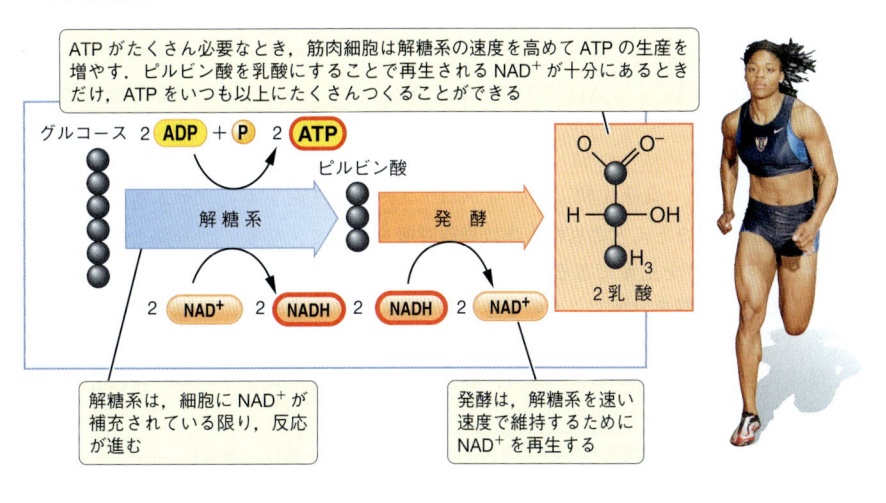

せるのである．解糖後反応でNAD$^+$を再生するとき，NADHから分離した電子と水素イオンは，2炭素，あるいは3炭素化合物をつくるのに使われ，アルコールまたは乳酸ができる．この二つが発酵の副産物として最も一般的な物質である．

酵母は単細胞の菌類であり，無酸素あるいは低酸素時のアルコール発酵に利用されている．酵母菌は，ビールやワイン，その他のアルコール製品の製造に使われている．嫌気性酵母による発酵では，ピルビン酸はエタノールとよばれるアルコールになり，同時にCO_2ガスが発生する．このガスがビールを注いだときの泡立ちになるのである（図9・11a）．発酵で発生するCO_2ガスは，パン酵母を使ってパンを焼くときにも重要な役割を果たす．つまり，このガスがパン生地を膨らませ，小さな気泡をつくり，焼き上がったパンにふっくらとした食感を与える．

発酵は，嫌気性の単細胞生物でだけ起こるものではない．ヒトの体内でも，筋肉細胞のような一部の種類の細胞では行われている．突然，激しい運動をすると，筋肉細胞は非常に大量のATPを必要とする．そのとき必要なATPの量は，ミトコンドリアでの細胞呼吸だけではつくり出せないほど多い量である．なぜなら，短時間では血流で運ばれてくる酸素量が少ないために，ミトコンドリアでの細胞呼吸は制限を受けるからである．

ミトコンドリアでの細胞呼吸を高い速度で動かし続けるほど酸素が十分に供給されない場合には，重い負担を課された筋肉細胞は嫌気的なATP生産に頼るようになる．解糖系の速度は，通常よりも多い量のATPを解糖系で合成するために急に速くなる．そして，このいつもより多い分のATP生産は，ピルビン酸を解糖後の発酵に回さなければ維持できない（図9・11b）．解糖後の経路は，ピルビン酸を乳酸に変換し，そのときNAD$^+$を再生することで，解糖系を高い速度で維持する（発酵は酸素が不足している組織において唯一のATPをつくる方法であることを思い出してほしい）．

短距離走者や重量挙げの選手のように短時間で集中して力を出す運動は，筋肉細胞での乳酸発酵による嫌気的なATP生成にかなり助けられている．筋肉に過剰な負荷をかけたときに感じる焼けるような痛みは，乳酸が神経末端を刺激することが原因である[*2]．乳酸は血流によって肝臓にすぐ運ばれ，そこで再びピルビン酸になり，ミトコンドリアに入って酸素を使ったエネルギー生産に使われる．激しい運動の後にハーハーと息がきれるのは，筋肉が乳酸発酵に頼ると"酸素負債"の状態になるからである．その場合すぐに，酸素不足を埋め合わせるためにいつもより多い量の酸素を運ばなければならない．その酸素を使ってミトコンドリアでの細胞呼吸を行い，乳酸の化学エネルギーを取出すのである．乳酸発酵は，持久力を必要とする運動ではほとんど使われない．長距離走や自転車競技のような"有酸素運動"では，適量でよいが持続的な細胞呼吸によるATP供給が必要である．

ミトコンドリアでの細胞呼吸が，真核生物に必要なATPの多くを供給する

酸素があれば，ほとんどの真核生物は細胞呼吸を使って，必要となる大量のATPを生産できる．ミトコンドリアは一連の反応によってピルビン酸を分解し，そのとき放出されたエネルギーを多くのATP分子の中に入れ込む．ミトコンドリアでのATP生産は，酸素に強く依存している．つまり，細胞呼吸のうちミトコンドリアで行われる部分は，完全に**好気性**（酸素に依存した）の過程なのである．

非常に好気的な組織では，高い密度でミトコンドリアがみられ，また，その活動を支える大量の酸素を運ぶために血液の供給量も多い．たとえば，ヒトの心臓の筋肉には，並外れて多くの数のミトコンドリアがある．これは，生きている間の毎日毎秒の心拍を維持するために必要なATPを大量に生産するためである．ハダカデバネズミは，酸素が乏しい地下の巣穴で生活していて，毎日かなりの距離の穴を掘らなければならない．そのため，ハダカデバネズミの筋肉細胞もまた，ATP生産を支える酸素供給が高まるように生理的に適応している．実験用のマウスの筋肉と比べると，ハダカデバネズミの筋肉には50％以上多くのミトコンドリアがあり，30％以上多くの毛細血管がみられる．

ハダカデバネズミ

クエン酸回路では二酸化炭素とエネルギー担体がつくられる

解糖系の最終産物であるピルビン酸は，ミトコンドリアに運ばれ，細胞呼吸の第二段階であるクエン酸回路で使われる．クエン酸回路とは，ミトコンドリアのマトリックスで行われる一連の酵素反応である（図9・12）．しかし，クエン酸回路で使われる前に，ミトコンドリアに入ったピルビン酸には，いくつかの前処理が施される．マトリックスにある大きな酵素複合体によって，ピルビン酸の二つあるC–C共有結合のうちの一つが分解され，アセチル基とよばれる2炭素の構造ができる．このとき，残りの炭素はCO_2として放出される．同じ酵素複合体のはたらきで，このアセチル基と"炭素の運び屋"である補酵素A(CoA)が結合し，アセチルCoAという分子ができる．クエン酸回路は，アセチルCoAが2炭素のアセチル基を4炭素の分子に渡すことから始まる．

クレブス回路ともよばれる**クエン酸回路**は，環状になっている酵素反応の最初の生成物がクエン酸であるためについた名前である．クエン酸は6炭素化合物であり，2炭素のアセチル基が4炭素の化合物に付加されて生成する．この過程でCoAは放出されて，クエン酸回路に次のアセチル基を運ぶために再利用される．クエン酸は，6炭素の中間産物に変換された後，1個の炭素と2個の酸素原子(CO_2)を放出して，5炭素の化合物になる．この5炭素の分子が，4炭素の分子に分解され，そのとき1個のCO_2が放出される．これらの過程で共有結合が切れるとき，その中に蓄えられていたエネルギーは放出され，エネルギー担体の生成に使われる．クエン酸回路でつくられるエネルギー担体は，ATPとNADHとFADH$_2$である．FADH$_2$は，NADHのいとこにあたる化学物質である．すぐ後に解説するように，NADHとFADH$_2$は，細胞呼吸の第3段階すなわち最終段階で多くのATPをつくるために使われる．

クエン酸回路は，代謝にとって，大都市の中央駅のようなものである．そこは，他の鉄道路線，つまり，いろいろな分解（異化）経路と生合成（同化）経路が集合する場所でもあるからだ（異化と同化については§8・2を参照）．たとえば，脂質のような糖以外の食物分子から取出された炭素も，クエン酸回路で分解される．トリグリセリドなどの脂質は，サイトソルで脂肪酸とグリセロールに分解されてミトコンドリアに運ばれ，酵素反応でアセチ

[*2] 訳注：乳酸だけが直接筋肉の痛みの原因とはならない．イオン成分，pH変化，ホルモンなど複数の原因が考えられる．

前処理反応とクエン酸回路

❶ クエン酸回路の前処理の反応では，ピルビン酸が分解され，1分子の CO_2 が放出される．残りの2個の炭素（アセチル基）は，補酵素A（CoA）に結合して，アセチル CoA になる

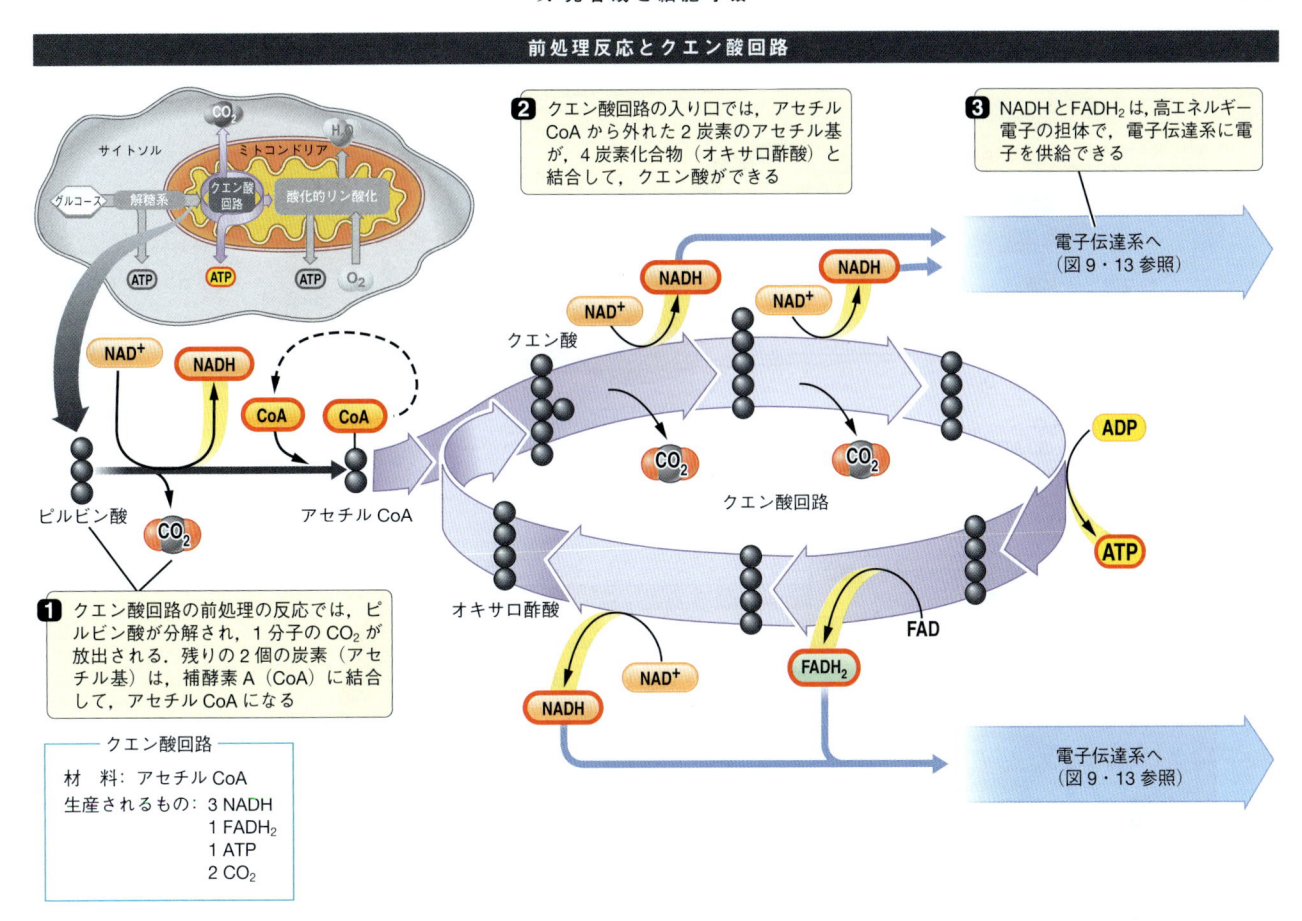

❷ クエン酸回路の入り口では，アセチル CoA から外れた2炭素のアセチル基が，4炭素化合物（オキサロ酢酸）と結合して，クエン酸ができる

❸ NADH と $FADH_2$ は，高エネルギー電子の担体で，電子伝達系に電子を供給できる

クエン酸回路
- 材　料: アセチル CoA
- 生産されるもの: 3 NADH
  - 1 $FADH_2$
  - 1 ATP
  - 2 CO_2

図 9・12　クエン酸回路は，二酸化炭素を放出し，エネルギー担体を生成する　クレブス回路ともよばれるクエン酸回路は，ミトコンドリアのマトリックスで起こる．

ル CoA になる（脂肪酸については §5・9 を参照）．脂質からつくられたアセチル CoA も，クエン酸回路の前処理反応でピルビン酸からつくられたアセチル CoA も，区別されることなく同じようにクエン酸回路で分解される．

酸素を使う酸化的リン酸化で大量の ATP ができる

細胞呼吸の第3段階すなわち最終段階である酸化的リン酸化によって，ミトコンドリアでは大量の ATP が合成される．クエン酸回路の酵素反応は，ミトコンドリアのマトリックスで起こる．これに対し，酸化的リン酸化は，ミトコンドリア内膜のひだ構造（クリステ）で行われる．内膜がひだ構造になっているのは，表面積を大きくするためで，その中には多くの電子伝達系と ATP 合成酵素という ATP を合成する複雑な装置が埋め込まれている．クエン酸回路でつくられた NADH および $FADH_2$ も解糖系で生み出された NADH（図9・10）も，内膜中を拡散していき，高エネルギー状態の電子を電子伝達系に渡す．電子が電子伝達系を移動するときに放出されるエネルギーの一部が，ADP にリン酸基を付加（リン酸化反応）して ATP を合成するのに使われる．ADP のリン酸化は，酸素に依存した過程なので，酸化的リン酸化と名づけられた（図9・13）．電子伝達系による電子の輸送と ADP のリン酸化の関係を詳しく見てみよう．

ミトコンドリアの内膜にある電子伝達系は，葉緑体のチラコイド膜にあるものと機能がよく似ている（図9・8c をもう一度見ると理解しやすい）．ミトコンドリアでは，NADH と $FADH_2$ から渡された電子が，一連の電子伝達系の成分の間を順々に移動していき，その過程で放出されたエネルギーを使って，プロトンがマトリックスから膜間腔へとチャネルを通って輸送され，ミトコンドリア内膜を隔ててプロトン濃度勾配をつくる（図9・13b）．葉緑体と同じように，プロトンが ATP 合成酵素を通るたびに，プロトン濃度勾配は小さくなる（図9・13c）．ATP 合成酵素は，膜チャネル，モータータンパク，ATP 合成ユニットから構成されるタンパク質複合体である．ATP 合成酵素のチャネルをプロトンが通過すると，触媒する部位が活性化され，ADP がリン酸化されて ATP ができる．

葉緑体とミトコンドリアが非常によく似た仕組みを使って ATP を合成することから，共通となる基本形がもともとあって，それが変化して，多様な代謝経路に進化したと考えると説明しやすい．どちらの細胞小器官が使っている電子伝達系も，少なくともある程度は似ている成分から構成され，どちらも電子伝達の際に放出されるエネルギーを使ってプロトンを輸送している．プロトン濃度勾配のエネルギーを使って ATP を合成する酵素も非常によく似ている．これらは，その可能性を強く示している．

NADH や $FADH_2$ から放出されてミトコンドリア内膜の電子伝達系を移動した電子が，最終的にどうなるかについて説明しよう．それらの電子は酸素（O_2）に渡され，さらにミトコンドリアのマトリックスにあるプロトンを受取って水（H_2O）となる．つまり，電子伝達系の終点は O_2 であり，O_2 が最終的な電子受容体である（図9・13b を参照）．電子をさっと受取ってくれる酸素がない場合には，電子伝達系という"高速道路"を走る電子はすぐに渋滞してしまうだろう．電子が詰まって電子伝達系の中を移動しないと，プロトンを膜間腔に輸送することができない．プロトンが輸送できずにプロトン濃度勾配のエネルギーができなけれ

酸化的リン酸化

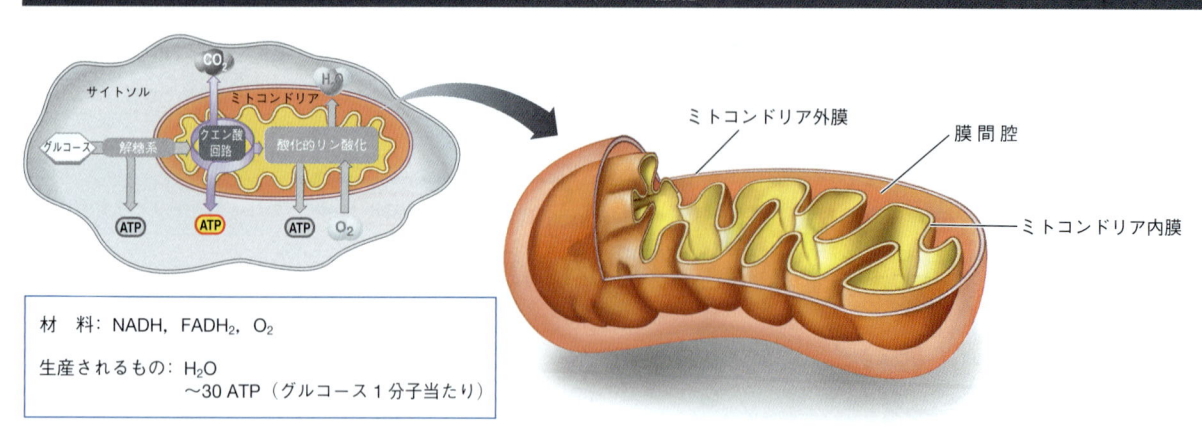

材料: NADH, FADH$_2$, O$_2$

生産されるもの: H$_2$O
　　　　　　　～30 ATP（グルコース1分子当たり）

(a) 電子伝達

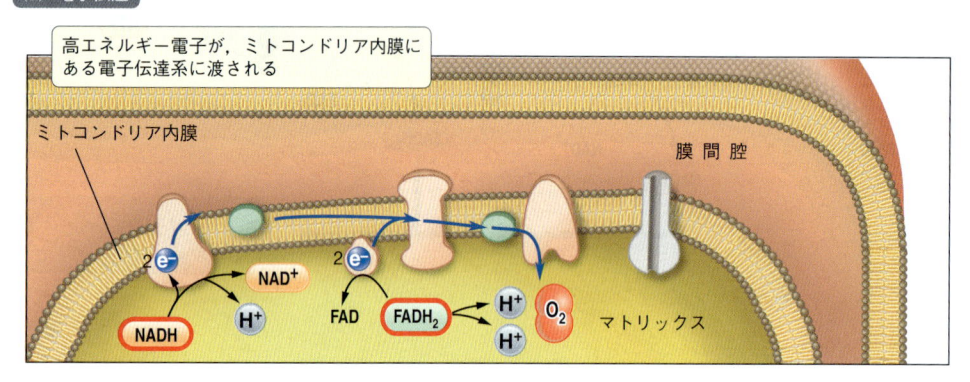

高エネルギー電子が，ミトコンドリア内膜にある電子伝達系に渡される

(b) プロトンの濃度勾配

電子が電子伝達系内を移動していくと，同時にプロトンがマトリックスから膜間腔に輸送され，ミトコンドリア内膜を隔ててプロトンの濃度勾配ができる

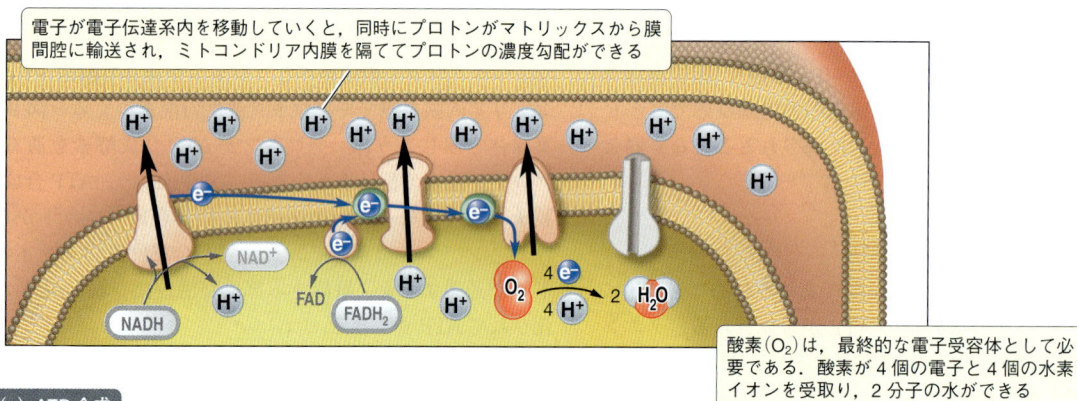

酸素(O$_2$)は，最終的な電子受容体として必要である．酸素が4個の電子と4個の水素イオンを受取り，2分子の水ができる

(c) ATP合成

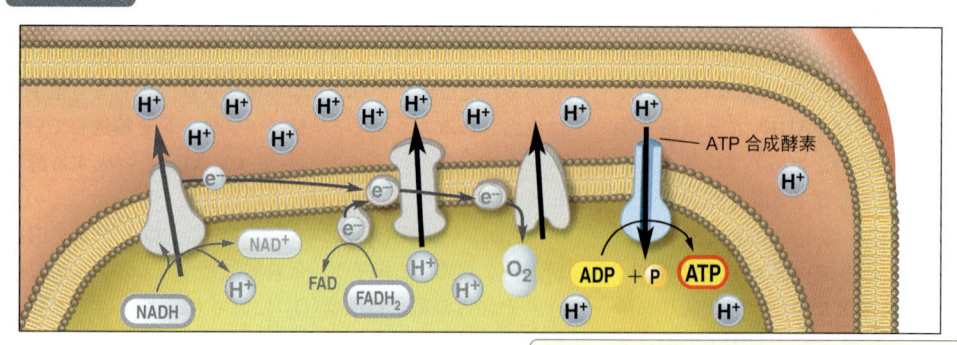

膜間腔に蓄積したプロトンが，ATP合成酵素のチャネル（通路）を通ってマトリックスへ移動することで，ADPのリン酸化が起こり，ATPができる

図9・13　ミトコンドリアの電子伝達系とATP合成酵素が，酸化的リン酸化によってATPをつくる　酸化的リン酸化は細胞呼吸の最後のステップで，この過程でさまざまな代謝経路で使われるATPのほとんどを生産する．(a) NADHとFADH$_2$の電子は，電子伝達系に渡される．(b) プロトンの濃度勾配ができる．(c) ATP合成酵素のチャネルをプロトンが通ると，ATP合成が触媒される．

ば，ADPのリン酸化ができずにATPをつくることができない．他のすべての好気性生物と同じように，酸素がなければ十分な量のATPをつくれないため，私たちには酸素が必要である．したがって，細胞呼吸の過程を妨げるものはなんであれ，生命をおびやかす脅威となる．シアン化水素は，電子伝達系の最後のタンパク質に結合して電子が酸素に渡されることを阻害し，ミトコンドリア内でのエネルギー産生を停止させるので，致死的な毒である．

細胞呼吸（解糖系，クエン酸回路，酸化的リン酸化）によって，1分子のグルコースから正味30～32分子のATPがつくられる．1分子のグルコースからたった2分子のATPしかできない解糖系に比べると，ミトコンドリアでの呼吸はずっと生産的である．

■ これまでの復習 ■
1. 光化学系IとIIのはたらきの違いを比較せよ．
2. ルビスコとは何か．光合成においてどのような役割をもつか．
3. 私たちが生きるためにO₂を必要とする理由は何か．

[上下逆の解答]
1. 光化学系IIは，水分子から電子を奪いCO₂を取出す．この反応を連結した電子伝達系によってプロトン濃度勾配がつくられ，それを利用してATPが合成される．光化学系IIの電子は還元された水素と共に次に光化学系Iに入り，さらに光を吸収して高エネルギー電子が放出される．これらはカルビン回路に入り，RuBPにCO₂をつけてNADPHからNADPHがつくられる．
2. ルビスコはカルビン回路で働く酵素で，RuBPにCO₂をつけてNADPHからNADPHをつくる．
3. O₂は，ミトコンドリアでの電子伝達系の最終電子受容体になる．O₂がなければ，細胞は存在するのに必要なATPをつくれない．

学習したことを応用する

息を吐くのを待って

呼吸をすることは生命維持に不可欠な活動なので，もしたった数分間でさえ呼吸が止まってしまうと思いがけない不幸がやってくる．もし肺から息が吐き出されなければ，細胞呼吸からの不要な二酸化炭素が体内に蓄積し始める．二酸化炭素が蓄積すると，血液が酸性化する．血液のpHが低くなったことに脳が気づくと，体に対応策を取るようシグナルを送る．血圧が高くなり，心臓の鼓動が速くなり，空気をもとめてあえぐようになる．平均的な人に比べて，不安発作になりやすい人々は特に敏感で，さらされるCO₂濃度が低くてもパニックになりやすい．

フリーダイビングの競技選手は，低酸素状態に体を慣れさせるだけでなく，息をしたい衝動にかられたときパニックや胸苦しさを無視できるようにも体を鍛える必要がある．ストレスの多い考えや感情は，心拍を速くし，したがって酸素消費も増やすので，フリーダイビングの競技選手はしばしば雑念を払うようにしている．サーファーのJay Moriarityが海面よりずっと深いところでそうしていたときに死んだことを思い出してほしい．

冷たい水の中に潜ると，強力な潜水反射が活性化される．潜水反射とは，全体のATP利用を減らしながら，血液の流れを体から心臓や脳にいくように変えて，これらの大切な器官の機能を維持することである．フリーダイビングの競技選手は，体重を落とすと同時に競技のあらかじめ数時間前には絶食をして，安静代謝率を低くして酸素消費を低下させる．競技中は，できるだけ気を鎮めてじっとしていることで，ATPの使用量を最小限に抑えている．

フリーダイビングの競技選手は，高地でトレーニングをしたり，酸素濃度の低いテントで眠ったりして低酸素レベルに耐える能力もまた高める．高度2438メートルでの空気には，海抜ゼロ地点の空気の74%しか酸素が含まれない．人間の体は，低い酸素濃度にいくつかの方法で反応する．酸素を体中に運ぶはたらきをする赤血球の数を増やし，サイズを大きくする．また，赤血球細胞の中にある酸素結合タンパク質であるヘモグロビンの量を増やすと同時に，組織へ酸素を供給する毛細血管の数も増やす．このように体が低酸素に対して順化するには1週間から2週間かかるが，低地に戻ると2週間以内に体は元に戻ってしまう．

肺活量が大きいことも，フリーダイビングや長距離走，水泳，サイクリングのような持久力を必要とするスポーツをする際に役立つ性質である．肺活量は，体格，性別，年齢，有酸素運動の量によって変わってくる．背の高い人の方が，背の低い人よりも肺の大きさが大きい．女性の肺は，男性よりも平均して20～25%小さい．また，私たちはみんな，年をとるにつれて肺活量は減る傾向がある．平均的な人の肺には約5Lの空気が入る．オーストラリアの一流の競泳選手Grant Hackettは，13Lの肺活量があった．

有酸素運動をすること，高地に住むこと，呼吸を制御する訓練をすること，トランペットやチューバなどの管楽器を演奏すること，これらはすべて，呼吸系（おもに肺）と循環系（心臓や血管）の効率を高め，加齢による肺活量の低下を抑える．ランニングやサイクリングのような有酸素運動と高地に住むことは，骨格筋細胞のミトコンドリアを増やし，これらの筋肉への血液の供給も増やす．血液循環がよくなると，1秒当たりに運べる酸素の量が増える．

キュビエハクジラは，動物界でのスタティック・アプネアのチャンピオンである．キュビエハクジラは，1900mまで深く潜り，85分も水の下でじっとすることが知られている．この息を止めて潜るハクジラは，人間に比べて，血液や筋肉中に酸素を4倍も多く保持している．潜るときには体温を下げ，それによって脳の温度が3°C下がり，エネルギー需要を減らしている．

章のまとめ

9・1 エネルギー担体分子

■ エネルギー担体は，エネルギーを蓄えて細胞活動にエネルギーを供給する．

■ ATPは最も一般的に使われているエネルギー担体である．光合成と細胞呼吸で，ADPとリン酸からATPがつくられる．

■ エネルギー担体であるNADPHとNADHは，電子と水素イオンを代謝経路に供給する．

■ NADPHは，光合成のような生合成経路（同化経路）で使わ

れる．NADH は，細胞呼吸のような分解経路（異化経路）で使われる．

9・2　光合成と細胞呼吸の概要
■ 化学的な観点では，光合成と細胞呼吸は正反対の反応である．
■ 光合成は生産者だけが行う．明反応では，ATP と NADPH をつくり，その過程で水分子を分解し，酸素を放出する．これらのエネルギー担体を使って，カルビン回路で二酸化炭素を糖分子に転換する．
■ 細胞呼吸は，生産者も消費者もどちらも行う．細胞呼吸は，細胞質で始まり，ミトコンドリアで終わる．その第1ステップである解糖系では，ATP と NADH が少量つくられ，糖分子が分解されてピルビン酸ができる．ピルビン酸は3炭素化合物である．
■ 細胞呼吸の第2ステップはミトコンドリアで行われる．ピルビン酸が前処理反応とクエン酸回路で分解されるときに二酸化炭素が放出され，その過程で NADH，$FADH_2$，ATP がつくられる．
■ 細胞呼吸の最後のステップは，酸化的リン酸化である．酸化的リン酸化では，多くの ATP 分子が膜で行われる酸素を利用する過程でつくられる．

9・3　光合成: 太陽光からのエネルギー
■ 光合成は葉緑体で行われる．明反応は葉緑体のチラコイド膜で起こり，カルビン回路の反応は葉緑体のストロマで起こる．
■ 明反応では，エネルギーはクロロフィルをはじめとする色素分子によって吸収される．
■ クロロフィルから電子が引き抜かれると，そこは水分子から引き抜かれた電子で置き換えられ，同時に酸素（O_2）が放出される．電子が光化学系Ⅱから光化学系Ⅰへとつながっている電子伝達系（ETC）を通って移動すると，ATP がつくられる．最後に，$NADP^+$ が移動してきた電子とプロトン（水素イオン H^+）を受取って，NADPH になる．
■ カルビン回路の反応では，明反応でつくられた ATP と NADPH を使って CO_2 を G3P に転換する．このあと，G3P はサイトソルで六炭糖に転換される．ルビスコは，ストロマで CO_2 固定を触媒する．

9・4　細胞呼吸: 食物からのエネルギー
■ 細胞呼吸は酸素を必要とし，解糖系，クエン酸回路，酸化的リン酸化の三つの過程からなる．
■ 解糖系はサイトソルで行われる．グルコース1分子が分解され，2分子のピルビン酸ができる．この過程で，2分子の ATP と2分子の NADH がつくられる．
■ 発酵では，ピルビン酸が，CO_2 とアルコール（酵母によるアルコール発酵），または CO_2 と乳酸（骨格筋での乳酸発酵）に転換される．解糖後の発酵反応は，酸素の供給が不十分なときに解糖系を動かし続けるのに必要な NAD^+ を再生する．
■ 酸素がある場合，解糖系でできたピルビン酸はミトコンドリアに運ばれ，そこで分解される．その過程で，エネルギー担体がつくられ，CO_2 が放出される．
■ クエン酸回路は一連の酵素反応で，2分子の CO_2，3分子の NADH，1分子の $FADH_2$，1分子の ATP を生成する．
■ 酸化的リン酸化は，1分子のグルコースから30〜32分子の ATP を合成する．NADH と $FADH_2$ によって運ばれた電子が，電子伝達系を移動するときに，プロトン濃度勾配ができる．ATP 合成酵素は，酵素内のチャネルをプロトンが通るとき，ADP をリン酸化して ATP をつくる．

重要な用語

代　謝（p.158）　　　　気　孔（p.163）
生産者（p.158）　　　　ストロマ（p.163）
消費者（p.158）　　　　チラコイド（p.163）
代謝経路（p.158）　　　アンテナ複合体（p.163）
エネルギー担体（p.159）反応中心（p.164）
ATP（p.159）　　　　　電子伝達系（p.164）
NADPH（p.160）　　　　光化学系（p.164）
NADH（p.160）　　　　 光化学系Ⅱ（p.164）
光合成（p.160）　　　　光化学系Ⅰ（p.164）
葉緑体（p.160）　　　　プロトン勾配（p.164）
クロロフィル（p.160）　ATP 合成酵素（p.164）
明反応（p.160）　　　　炭酸固定（p.166）
カルビン回路（p.160）　ルビスコ（p.166）
細胞呼吸（p.160）　　　ピルビン酸（p.168）
ミトコンドリア（p.160）嫌気性（p.169）
解糖系（p.160）　　　　発　酵（p.169）
クエン酸回路（p.160, p.170）好気性（p.170）
酸化的リン酸化（p.162）

復習問題

1. あらゆる生物でエネルギーを運ぶ分子としてはたらく化学物質はどれか．
   (a) 二酸化炭素　(c) リブロース 1,5-ビスリン酸
   (b) 水　　　　　(d) ATP
2. カルビン回路のおもな機能は，何をつくることか．
   (a) 二酸化炭素　(c) NADPH
   (b) 糖　　　　　(d) ATP
3. 光合成でつくられる酸素は何に由来するか．
   (a) CO_2　　　(c) ピルビン酸
   (b) 糖　　　　　(d) 水
4. 光合成の明反応が必要とするものはどれか．
   (a) 酸素　　　　(c) ルビスコ
   (b) クロロフィル (d) 炭素固定
5. 解糖が行われるのはどこか．
   (a) ミトコンドリア (c) 葉緑体
   (b) サイトソル　　 (d) チラコイド
6. 光合成の明反応で，クロロフィルが失った電子は，最終的にどこから補われるか．
   (a) 糖　　　　　　　(c) 水
   (b) チャネルタンパク質 (d) 電子伝達系
7. つぎのうち，間違っているのはどれか．
   (a) 好気性生物は必要な ATP の大部分を解糖系でつくる．
   (b) 解糖系でピルビン酸がつくられ，クエン酸回路でピルビン酸が消費される．
   (c) 解糖系はサイトソルで進行する．
   (d) 解糖系は細胞呼吸の最初の段階となる．
8. クエン酸回路の反応は
   (a) 細胞質で起こる．
   (b) グルコースをピルビン酸にする．
   (c) ATP 合成酵素という酵素複合体のはたらきで ATP を生成する．
   (d) ATP と NADH と $FADH_2$ をつくる．
9. 酸化的リン酸化にとって不可欠なのはどれか．

(a) ルビスコ　　(c) CO_2
(b) NADH　　　(d) クロロフィル

10. 酸化的リン酸化は，
   (a) 解糖系よりも ATP の生産量が少ない．
   (b) 単糖を生産する．
   (c) ATP 合成酵素の活性に依存する．
   (d) 光化学系 I の電子伝達系の一部である．

分析と応用

1. カルビン回路の反応は，ときどき明反応と対比させて"暗反応"とよばれる．カルビン回路は，完全な暗闇のもとに数日間置かれた植物で動き続けるか？ 動き続ける，あるいは動かない理由を述べよ．

2. 葉緑体とミトコンドリアの両方で，電子が電子伝達系内を移動するとき，H^+ を使った同じような現象が起こる．何が起こるか，その詳細を述べよ．また，各細胞小器官で，それが ATP の生産にどのように寄与するかを説明せよ．

3. 以下の文章の間違っている点を説明せよ．
   解糖の後に起こる発酵反応は，ピルビン酸を分解して ATP と NADH をつくるので，エネルギー源として重要である．

4. ジニトロフェノール（dinitrophenol, DNP）は，脱共役剤として知られる代謝の阻害剤である．DNP は，生物の膜を通ってプロトン（H^+）を自由に両方向に運ぶ．DNP で処理するとミトコンドリアの ATP 合成はどのような影響を受けるか？
   もっと学びたい人への課題：DNP は体温を上げて，急速に体重の減少をひき起こす．1930 年代には医者が減量の薬としてDNP を処方していたが，何人かの DNP 服用者が死亡したため禁止された．DNP が人間の体重を減少させる理由を説明せよ．

5. 解糖系とミトコンドリアでの細胞呼吸のエネルギー産生効率を比較せよ．どちらが使うのに便利なエネルギーをたくさん生産しているか？ それはなぜか？

6. 細胞呼吸でのミトコンドリア膜の役割を説明せよ．ミトコンドリア内膜にはひだ構造が多くあるのに対し，外膜にはない理由について考えを述べよ．葉緑体の中のどの構造が，ミトコンドリアの膜間腔と同じはたらきをしているか？

7. 光合成と細胞呼吸の二つを比較せよ．光合成と呼吸が起こる細胞小器官の名前をあげなさい．下の図を使って，どちらの過程で何のガスが発生し，何のガスが使われるのかを示しなさい．明反応でつくられたエネルギー担体が光合成において果たす役割は何か？ 細胞呼吸のおもな 3 過程のうちどの過程が，光合成でつくられるのと同じ二つのエネルギー担体をつくるのか？

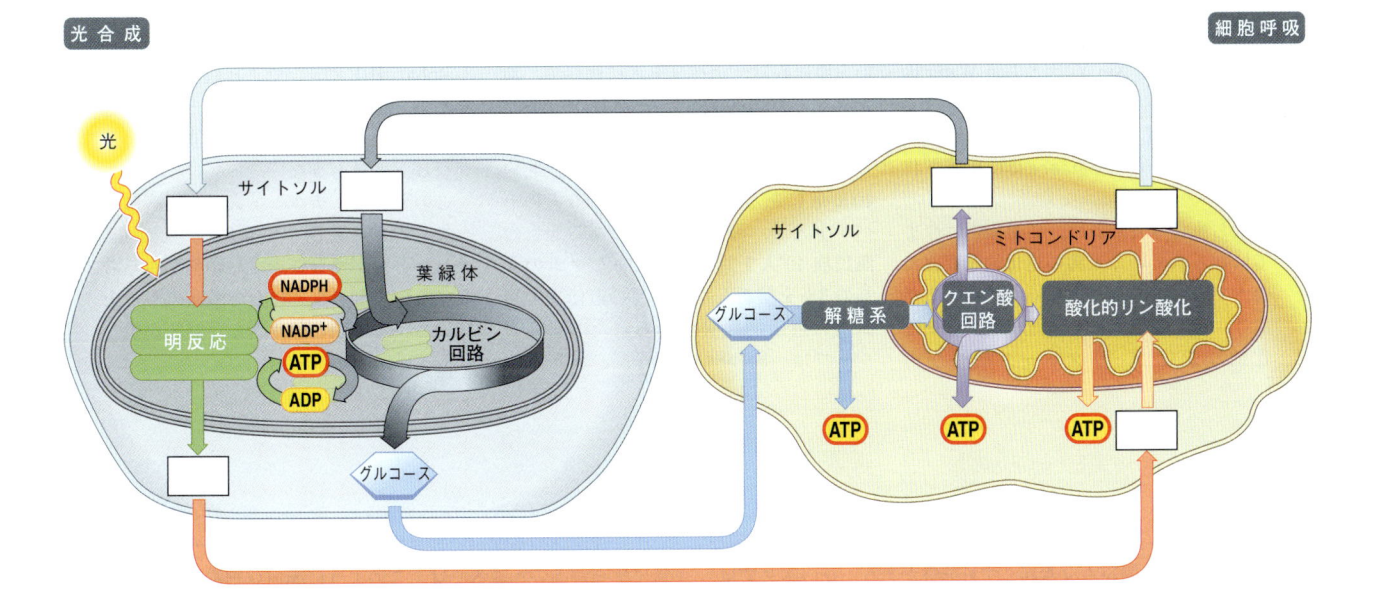

ニュースで見る生物学

Scientist Cite Fastest Case of Human Evolution

BY NICHOLAS WADE

人間に起こった最も速い進化

チベット人は，標高約4000mに住んで，海抜ゼロ地点より40%酸素が少ない空気を吸っている．しかし，高山病にはほとんどかからない．その理由は，チベット人に進化的変化が起こったためである，と中国の生物学者のチームが報告している．それは，今まで検出された進化の中で，最も最近に起こり，最も速い例である可能性がある．

生物学者たちは，チベット人と中国で大多数を占める漢民族のゲノムを比べて，チベット人の少なくとも30の遺伝子が高地での生活に適応するうちに進化的な変化をしてきたことを発見した．チベット人と漢民族は今から3000年前に分かれたと，Xin Yi氏とJian Wang氏が率いる北京ゲノミクス研究所の研究グループは述べている．その報告は金曜日に出版されるScience誌に掲載される．

もし裏付けられれば，この報告は今までに知られている人間の進化的な変化のなかでもっとも最近起こった例になるだろう．今までは，最も最近に起こった進化的な変化は，ラクトース耐性が約7500年前に北ヨーロッパの人々に広がったことだった．ラクトース耐性とは，大人になってからも牛乳を消化する能力である．しかし考古学者は，チベット高原には3000年よりもずっと前から人が住んでおり，遺伝学者たちが言っているチベット人と漢民族の分岐年代は正しくないと述べている．

低地に住んでいる人が標高の高い場所に住もうすると，血液が濃くなる．これは，体が赤血球細胞を量産することで低い酸素濃度に対抗しようとするためである．この赤血球細胞の過剰生産は，慢性的な高山病と生殖能力の低下をひき起こす．たとえば，チベットに住んでいる漢民族は，チベット人に比べて，幼児死亡率が3倍高いことが分かっている．

北京の研究グループは，標高約4000mにある二つの村に住む50人のチベット人と，海抜約50mにある北京の漢民族40人を対象に，ヒトゲノムのうちの3%を解析した．多くの遺伝子で集団内に遺伝的変異がみられた．研究グループは，約30の遺伝子で，漢民族では珍しい遺伝子変異が，チベット人ではよくみられることを発見した．最も顕著な例では，漢民族では9%しかみられないのに，チベット人では87%もっているという遺伝子変異があった．

このように非常に大きな違いがあるということは，チベット人の間で典型的な遺伝子の型は，自然選択においてとても有利であることを示している．言い換えると，その遺伝子の型をもっている人々は，他の型の遺伝子をもっている人々に比べて，明らかに多くの子どもを残しているということである．

問題となっている遺伝子は，低酸素誘導性因子2-α（hypoxia-inducible factor 2-alpha, HIF 2α）で，有利にはたらくタイプをもつチベット人は，赤血球細胞の数が少なく，したがって血液中のヘモグロビンの数も少ない．

この発見は，チベット人が高山病にならない理由を説明してくれる．しかし，チベット人が余分に赤血球細胞をつくらないなら，どのようにして酸素の不足を補っているのかという新たな疑問が生まれる．

この論文によると，人々を低酸素条件に順化させる生理的な変化は，同時に問題もひき起こす可能性がある．この論文では，標高のとても高い場所に住んでいる人々（約4000mに住むチベット人）と，海抜ゼロ地点にもともと住んでいる人々（北京の漢民族）を対象に，遺伝子と生理的な反応を比較した．たとえば，赤血球細胞のサイズや数が増加すると，高山病をひき起こす．もとは低地にいた人がチベットに住んだ場合，もともとチベットにいた人に比べて，幼児の死亡率が3倍高いことがわかった．

チベット人と漢民族の間で頻度が異なる30の遺伝子のうち，HIF2αという一つの遺伝子が注目を浴びた．87%のチベット人がもっている型のHIF2αは，漢民族の場合，たった9%しかもっていない．HIF2αは，体内の酸素濃度の急な低下や低酸素症に応答する分子の一つである．HIFファミリーは，赤血球細胞の密度を高くし，実質的に血液を濃くする．また，肺の血圧を高くし，酸素化された血液を細胞に運ぶ毛細血管という細い血管の成長を促進する．そして最終的には細胞の代謝を高める．

赤血球細胞の密度が大きく増加することには欠点がある．非常に標高が高いところでは，このように赤血球細胞が増加すると，血液がとても濃くなるため，血栓が起こり，脳卒中をひき起こす可能性が高くなる．チベット人は，血液が危険なほど濃くならないような型のHIF2αをもっているのである．

このニュースを考える

1. 漢民族が標高の高いチベットに住むと，同じ場所に住んでいるチベット人と比べて，幼児の死亡率はどれくらい高くなるか？
2. 低酸素状態になったとき，HIFファミリーは体にいろいろな影響を及ぼす．この論文によると，チベット人がもっていないHIF2αの効果の一つに，赤血球細胞の数と血液中のヘモグロビンの全量を増やすことがある．チベット人が低酸素条件を埋め合わせてATPをつくるのに必要な酸素を十分に確保するためには，どのような生理的な方法が可能だろうか？

出典：New York Times，2010年7月1日

10 細胞分裂

MAIN MESSAGE

細胞分裂は生物が成長し，組織を維持し，次の世代へと遺伝情報を伝えるための手段である．

オリンピック級の藻類大発生

2008年6月，中華人民共和国が夏のオリンピック開催に向けた最後の準備を推し進めようとしていたとき，小さな自然災害が襲った．中国にとって200以上の国が集まるオリンピックを開催するのは初めてのことで，すでに20億ドルを投じて28競技のための37会場を建設していた．ほとんどの競技は内陸にある首都北京近郊で行われるが，ヨット競技は北京から南東に約700 km 行った，黄海に面した大きな港町である青島（チンタオ）で開催されることになっていた．

伝統的に，オリンピックのヨット競技はヨットが風を受けて美しく青い水の上を行くような画面で報道されてきた．5月から，小さな緑の藻のマットが青島湾のあちこちで見られるようになったが，最初のうちはちょっと邪魔なくらいだった．しかし6月末になると，8月のオリンピックを目指して現地での練習を始めていた世界中のヨット選手が苦情を訴え始めた．最初の問題は濃い霧と風がほとんど吹かない日々であったことだった．しかしその後，サッカー場サイズの藻類のいかだが競技コース上を漂うようになった．ねばねばした緑色の物体が高価な競技用ボートの竜骨にまとわりつき，ウィンドサーフィン競技者も巻き込んだ中断騒動に発展した．ヨット競技関係のブログは批判でもちきりであった．

> 一握りの小さな細胞がどうして数週間のうちに約3900 km² を覆うのに十分なくらいに増えることができるのだろう？ オリンピックまでにこの大発生した緑藻を取除くことはできたのだろうか？

緑藻は水面近くに漂う光合成生物であり，私たちと同じ真核生物である．その細胞は栄養と日光の存在下で急速に分裂する．2008年夏の黄海の状態は緑藻にとって理想的なものであったに違いない．オリンピック関係者の多大な努力にもかかわらず，緑藻細胞は破壊的な勢いで増え続け，オリンピックのヨット競技の予定コースの3分の1である約3900 km²（東京ドーム83,000個分に相当）を覆った．これは世界最大の漂流性緑藻の大発生であった．

芝生ではありません　ねばねばした緑藻が広範囲にわたって大発生した青島の海．ヨットやウィンドサーフィン競技ができないほどで，中国で2008年に行われたオリンピックでのヨット競技開催を危うくした．

基本となる概念

- 細胞は分裂で娘細胞へと分かれ，元の細胞からDNAというかたちで遺伝情報を受け継ぐ．
- 細胞周期は細胞がその一生をかけて行う順番の決まった出来事である．
- 染色体はDNA分子が収納タンパク質によって折りたたまれたものである．
- DNAは間期に複製する．
- 細胞分裂は生殖と，多細胞生物の体の成長や修復に必要である．
- 体細胞分裂では遺伝的に同一の娘細胞をつくる．
- 生殖に必要な減数分裂では親の細胞の半分の染色体をもった四つの娘細胞をつくる．
- 減数分裂は遺伝的多様性をもった配偶子をつくる．
- 相同染色体上の交差と自由な組合わせは，配偶子の遺伝的多様性に寄与する．

細胞分裂はすべての生命独特の特徴である．卵や赤ちゃんや大人，そして生命のサイクルといった概念も，細胞分裂なしにはありえない．私たちの命は一つの受精卵として始まり，赤ちゃんになり，そして成長して大人になるまでに何十億回もの細胞分裂が行われた．今でも私たちの体の中では毎日何百万回の細胞分裂が起こっている．細胞分裂の目的の多くは任務を完了して死んだ細胞（有用な生をまっとうしたか，何らかの理由で傷ついた）を入れ替えることである．細胞分裂は感染して侵入した細菌やウイルスなどと戦う免疫細胞の種類を増やすのに必要である．減数分裂は特殊な細胞分裂で，雌の体内で卵細胞を，雄の体内では精子細胞をつくり，それが融合することで植物や動物は子孫を残す．

この章では細胞がどのようにして分裂し自分自身を入れ替えるのか紹介し，生物が繁殖するためのメカニズムである無性生殖や有性生殖における細胞分裂の基本的な役割に焦点を当てる．細胞の一生である細胞周期をみた後，二つの主要な細胞分裂である体細胞分裂と減数分裂にスポットライトを当てる．一つの細胞が元の細胞と同じような二つの娘細胞と入れ替わる体細胞分裂と，遺伝的多様性をもつ娘細胞をつくるための減数分裂を見ていく．

10・1 なぜ細胞は分裂するのか

細胞は以下の二つの理由で分裂する．① 生物の繁殖のため，② 多細胞生物の成長と修復のため．たとえば，私たちのような多細胞生物は体に新しい細胞を加えるために細胞分裂が必要である（図10・1）．**細胞分裂**は親となる細胞（母細胞）から子の細胞（娘細胞）を生み出す．遺伝情報は母細胞から娘細胞にDNAのかたちで受け継がれる．すべての生物は次の世代の個体をつく

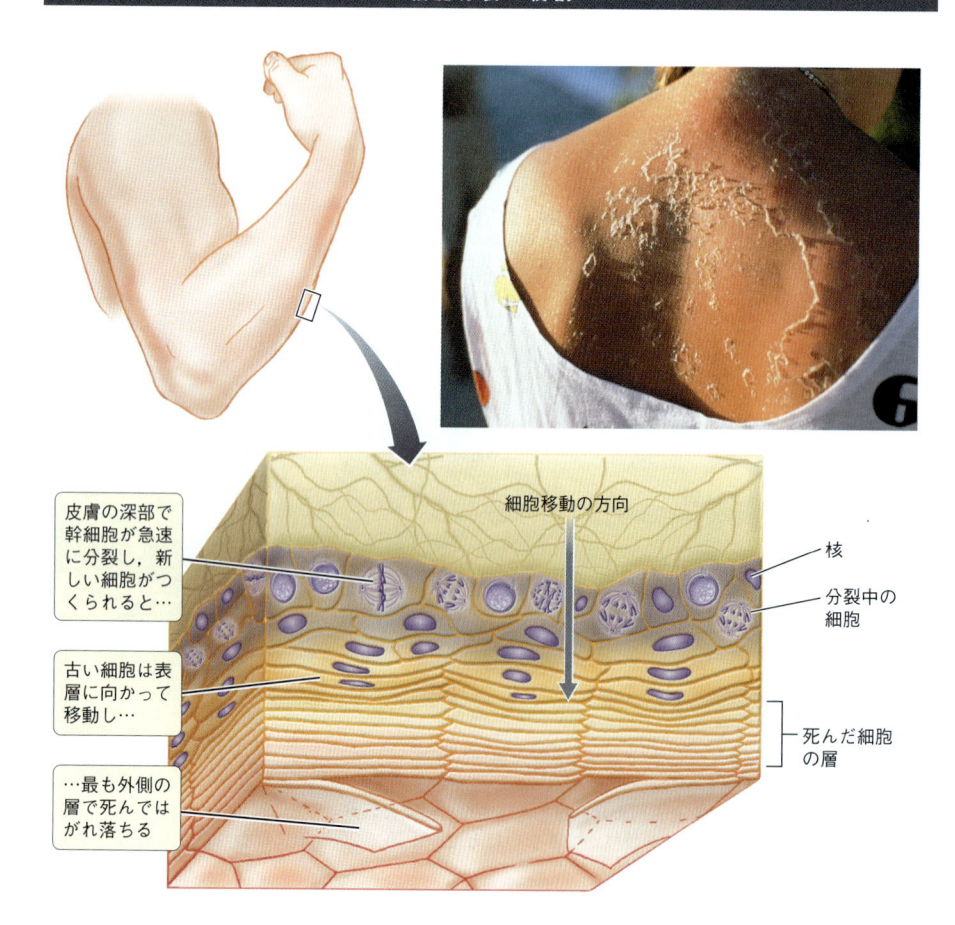

図10・1 細胞分裂が皮膚を補充する 皮膚の最下層における素早い細胞分裂が表面で失われた皮膚細胞（角化細胞）の交換に必要である．消失は成熟した角化細胞の外層における正常のプログラム細胞死によるものであるが，皮がむけるような日焼け（写真）のようなひどいDNAの損傷の結果としても起こる．

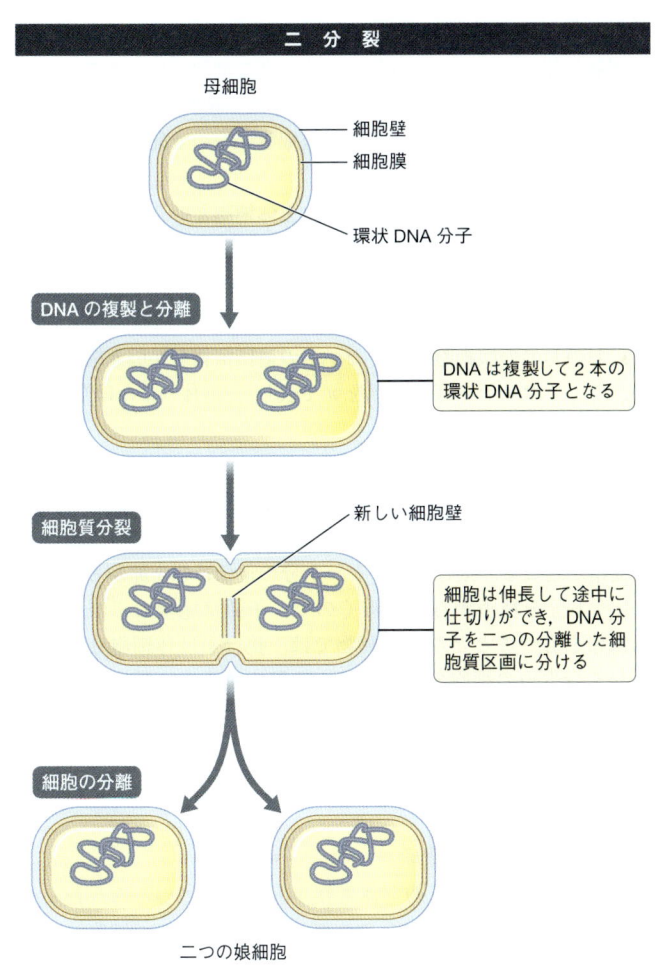

10. 細胞分裂

二分裂

母細胞 — 細胞壁／細胞膜／環状 DNA 分子

DNA の複製と分離：DNA は複製して 2 本の環状 DNA 分子となる

細胞質分裂：新しい細胞壁　細胞は伸長して途中に仕切りができ，DNA 分子を二つの分離した細胞質区画に分ける

細胞の分離：二つの娘細胞

図 10・2　原核生物における細胞分裂　さまざまな細菌を含む多くの原核生物は，二分裂として知られる細胞分裂で無性生殖する.

無性生殖は安定した環境においては非常に効率の良い戦略である．独りで繁殖する生物は交配相手を探すために貴重なエネルギーを費やすことも，命をかけることもない．

多くの細菌は二分裂で無性生殖する

地球上の最初の生物は遺伝的に親と同一の子孫をつくり出す無性生殖を行っただろう．増殖のための戦略は現存の単細胞原核生物である真正細菌やアーキアにみられるものに近かっただろう．多くの原核生物は文字どおり**二分裂**とよばれる仕組みで無性的に増殖する．

細菌の遺伝物質は一本鎖 DNA である．（後に DNA 分子がタンパク質とともに染色体という構造をつくることを見ていくが，ここでは DNA 単体に注目しよう．）二分裂の最初の段階は二つの DNA 分子をつくる DNA の倍化である（図 10・2）．その後，細胞は伸び，細胞のだいたい真ん中あたりに仕切りができてくる．この区切りは細胞膜と細胞壁になって二つの DNA 分子をそれぞれの細胞質区画に分割する．区画はそれぞれ成長し，やがて分離して二つの娘細胞が母細胞と入れ替わる．二分裂は母細胞と同一で互いも同一な娘細胞たちをつくり出す無性生殖である．娘細胞が母細胞と同一であるのは，DNA 情報をそっくりそのまま受け継いでいるからである．

真核生物は体細胞分裂で同一な娘細胞をつくる

真核生物の細胞は多くの DNA 分子をもち，それを複製して二つの娘細胞に均等に分配しなければならないので，細胞分裂は二分裂よりも複雑である．真核生物の DNA は脂質二重膜の核膜に包まれた核の中にある．ほとんどの真核生物で核膜は分裂期の細胞で消え，細胞分裂の終わりにかけて再集合する．**体細胞分裂**は真核生物において母細胞から二つの同一な娘細胞をつくり出す過程である．体細胞分裂は核の分裂である**核分裂**（狭義の**有糸分裂**）*から始まる．核分裂に続く**細胞質分裂**で細胞質が二つの新しい娘細胞たちに分けられる．母細胞は細胞質分裂に備えて核分裂のかなり前に DNA を複製する．核分裂の間，精巧な細胞骨格の機械が複製された DNA の 2 分子を 1 分子ずつ細胞の両端へと正確な順序で運ぶ．二つの DNA 分子の間の細胞質は細胞質分裂で

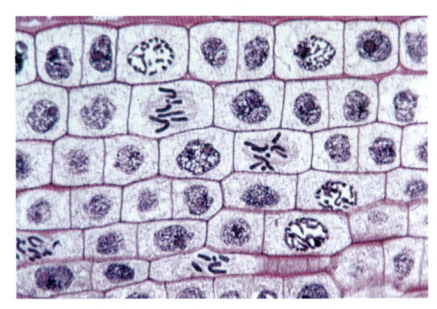

り出すために細胞分裂が必要である．親の DNA を受け継いだ新しい個体は子孫とよばれる．

生物のなかには**無性生殖**によって親と遺伝的にまったく同じクローンとして子孫をつくるものもある．細菌は無性生殖のみで繁殖する．多くの植物とある種の動物も無性生殖で増える．しかし，多くの真核生物は有性生殖で子孫を残す．**有性生殖**では，異なる交配型の二つの個体からの遺伝情報が融合して子孫をつくる．有性生殖の子孫は両親に似ているが同一ではない．

無性生殖と有性生殖はどちらも個体数を増やす（表 10・1）が，有性生殖は集団に遺伝的な多様性という利点を与える．遺伝的多様性は，二つの異なる個体からの DNA が子孫で混ざり，両親の遺伝的特徴が固有に合わさることで生じる．遺伝的に多様な集団は変化する環境に適応できる個体を含む可能性が高くなる．たとえば，新種のウイルスに耐性のある個体は，クローンからなる集団よりも遺伝的に多様性のある集団の方に現れるだろう．一方，

タマネギの根での体細胞分裂

表 10・1　細胞分裂の生物的関連性

細胞分裂の種類	起こる場所	機能
二分裂	原核生物（真正細菌とアーキア）	無性生殖
体細胞分裂	真核生物：単細胞もしくは多細胞	無性生殖
	真核生物：多細胞	個々の成長：細胞や組織の修理と交換
減数分裂	真核生物：単細胞もしくは多細胞	有性生殖

---

* 訳注："有糸"は紡錘体を用いた，という意味なので体細胞分裂そのものを有糸分裂とよぶ場合もある．

分裂し，二つの娘細胞をつくる（図10・3）．

体細胞分裂によって真核生物は自身を取替えたり（複製），新しい細胞を体に加えたりすることができる．単細胞性の真核生物は原核生物が二分裂によって無性生殖するのと同じような方法で体細胞分裂によって無性生殖する．ほとんどの海藻，菌類，植物，そしてカイメンやヒラムシといった動物など，多くの多細胞真核生物は体細胞分裂で無性生殖を行う．多細胞生物のほとんどは減数分裂で核を分けることで有性的に生殖するが，組織や体全体の成長，そして傷ついた組織の修復や使い古された細胞の入れ替えには体細胞分裂を用いる．

減数分裂は有性生殖に必要である

減数分裂は有性生殖を可能にする特別な細胞分裂である．動物では，雌の体内で起こる減数分裂で生じた娘細胞が卵細胞になり，雄では精子になる．卵や精子は生殖細胞の一つで**配偶子**とよばれる．

生殖細胞以外の多細胞生物の細胞を**体細胞**という．植物や動物の体細胞は生殖細胞に比べて倍の遺伝情報を含んでいる．2セットの遺伝情報をもつので$2n$で表し，二倍体であるという．減数分裂では母細胞から娘細胞に受け渡される遺伝情報は半分に減り，おのおのの娘細胞には1セットの遺伝情報しか引き継がれない．この1セットの遺伝情報をnで表し，一倍体（または半数体）であるという．

卵と精子は遺伝情報が減る減数分裂の結果生じたものなので，それぞれ一倍体の遺伝情報（n）が含まれている．雄と雌が交配すると，精子と卵が融合して**接合子**とよばれる一つの細胞になる**受精**が起こる．接合子は1セット分の遺伝情報を卵から，もう1セット分を精子から受け継ぐので，子孫は完全な二倍体の遺伝情報をもつこととなる．動物では，接合子は体細胞分裂を繰返して発生中の細胞の集合体である**胚**をつくる．胚は器官を発達させて胎児となり，続いて子ども，そして大人の個体へと成長する．

細胞分裂はヒトの体を成長，維持，再生する

私たちの体は，ある卵とある精子との融合でつくられた一つの接合子から生じた．接合子の体細胞分裂は球状の細胞の集合体である胚をつくる（図10・4）．初期胚の細胞はそれぞれ特に違いはないが，胚が発生するにつれて多くの細胞は独自の性質や特殊化した機能をもつようになる．娘細胞が母細胞とは異なったものになる過程を**細胞分化**という．成人では細胞は220種に分化し，そのなかに心筋細胞や神経細胞などが含まれる．接合子内にあったすべての遺伝物質は胚のすべての細胞にあり，そしてどんなタイプに細胞が分化してもすべての体細胞の中にある．

生殖系列細胞とよばれる配偶子を生産する小さな細胞集団は，胚発生の早い時期に細胞運命が分かれたものである．生殖系列細胞の一部である生殖母細胞は配偶子，すなわち雌で卵を，雄で精子をつくるために減数分裂を行う．生殖系列細胞は特別な細胞系として受精1週間以内に確立し，発生中の胚で他の細胞が分裂と移動を激しく行うのに比べて比較的少ない体細胞分裂と細胞運動とを行う．受精後約15週で生殖系列細胞は生殖器官へ移動する．雌では一対の卵巣へ，雄では一対の精巣へ．発生中の雌では約100万の生殖母細胞が減数分裂を行うが，この過程は思春期まで一時停止する（！）．つまり，女の子は減数分裂初期で一時停止している百万の生殖母細胞をもって産まれるのである．一般に，一時停止した生殖母細胞は毎月一つずつ，生殖能力のある女性の片側の卵巣で減数分裂を再開する．男性では，両方の精巣にある何百万もの生殖母細胞が精子形成を始めるための減数分裂は，思春期シグナルによってホルモン変化が起こるまで始まらない．男性の減数分裂はかなりの高齢になるまで毎日起こるが，女性では機能のある生殖母細胞はだんだん衰えてふつう50歳くらいで消える．

受精後15週くらいで器官系が発達してくると，胚は**胎児**になる．誕生時の新生児はすでに大人と同様の特殊化した細胞のあらかた

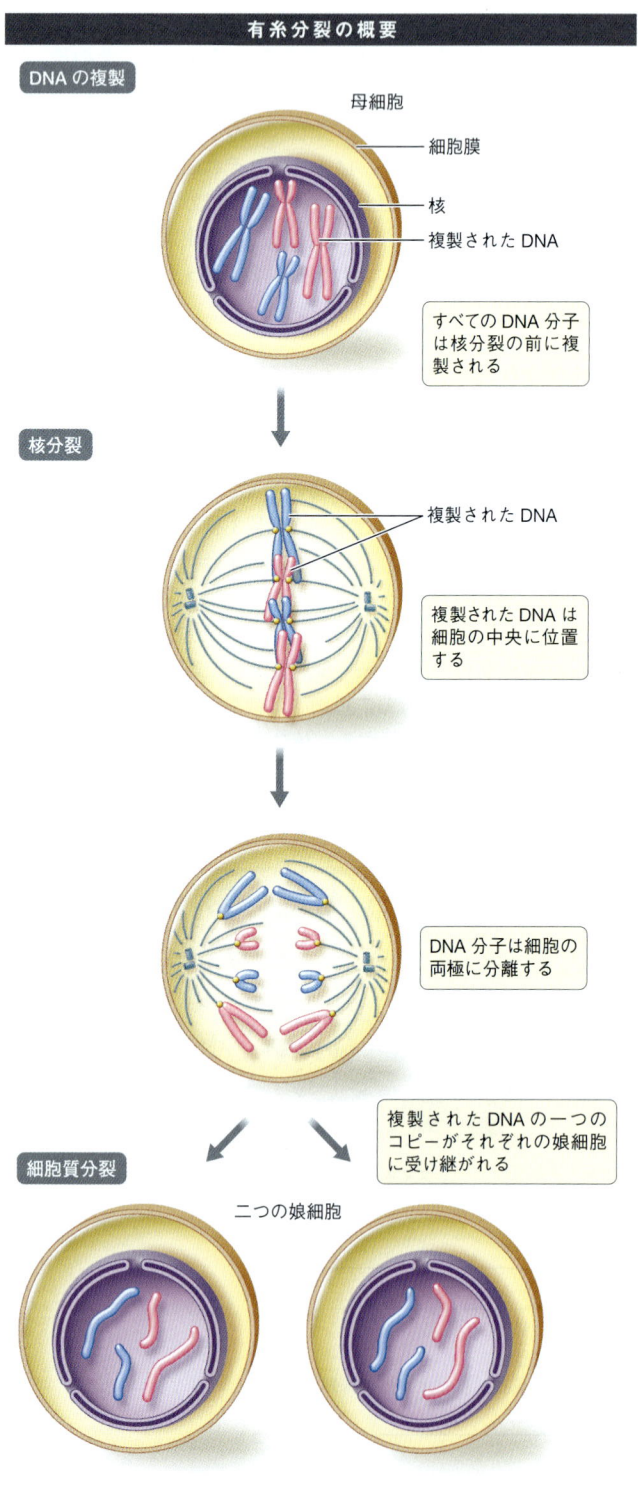

図10・3　真核生物の細胞分裂

有糸分裂の概要

- DNAの複製：母細胞（細胞膜，核，複製されたDNA）．すべてのDNA分子は核分裂の前に複製される
- 核分裂：複製されたDNA．複製されたDNAは細胞の中央に位置する．DNA分子は細胞の両極に分離する
- 細胞質分裂：二つの娘細胞．複製されたDNAの一つのコピーがそれぞれの娘細胞に受け継がれる

10・2 細胞周期

細胞周期は分裂能力のある真核細胞の一生をつくりあげる一連の出来事である．細胞の誕生から分裂して二つの娘細胞をつくるまでが一回の細胞周期である．一周期の長さは生物や細胞の種類，そして生物の生命段階によって異なる．皮膚や腸の内皮など頻繁に補充の必要がある組織で分裂する細胞は約 12 時間で細胞周期が一周する．ヒトの体で活発に分裂しているその他の組織では一周期に 24 時間を要する．対して，酵母のような単細胞真核生物は 90 分で細胞周期を完了する．

細胞周期には二つの段階，間期と分裂期がある．**間期**は細胞周期のなかで最も長い段階である．ほとんどの細胞は一生の 90% 以上を間期に費やす．この間に，細胞は栄養を取込み，タンパク質やその他の物質をつくり，サイズを大きくし，その特殊な機能を実行する．分裂すべき細胞は細胞分裂の準備を間期に始める．この準備で重要なことは，生物の遺伝情報を含むすべての DNA 分子を複製することである．

細胞分裂は個々の細胞においてその一生の最後の段階である．細胞分裂は細胞周期のなかで最も迅速で，視覚的に最も劇的な段階である．タマネギの根の先や魚の胚など，迅速に分裂する細胞を多く含む組織ではふつうの光学顕微鏡で簡単に細胞分裂を観察することができる．これから細胞周期の各段階（期）を詳しく見ていく．

DNA は S 期に複製する

分裂能のある細胞では，間期はさらに G_1，S，G_2 期の三つに分けられる（図 10・5）．DNA の複製（コピー）は **S 期**に起こり，新しく DNA を合成する（S は合成を意味する synthesis の頭文字である）．**G_1 期**（1 番目のギャップ）は新生細胞の最初の期間で，

ヒトでの体細胞分裂と減数分裂

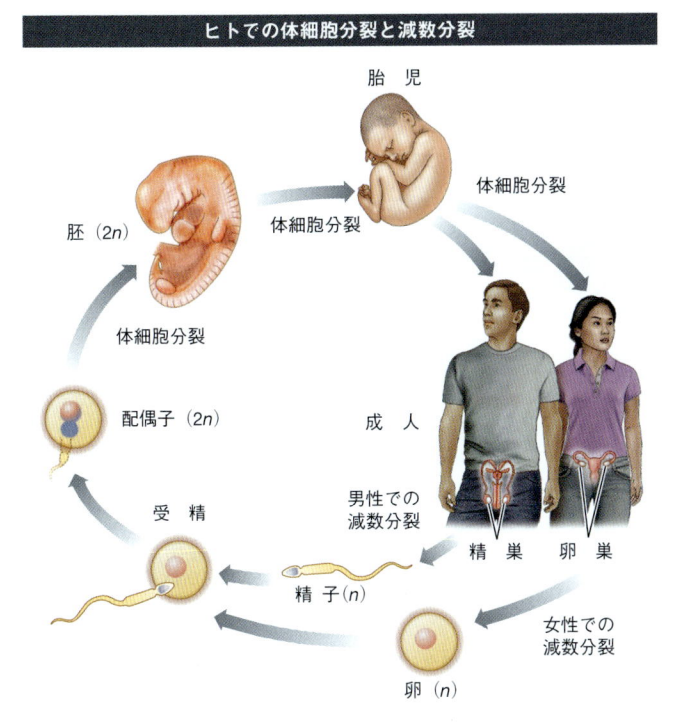

図 10・4 ヒトの生活環における体細胞分裂と減数分裂の不可欠な役割

をもっている．新生児の細胞のほとんどは限られた役割を果たすために機能分化しているが，さまざまな器官に存在する成体幹細胞は特化していない．**成体幹細胞**は特化した機能をもたないが，その子孫は特定の特化した細胞へと分化することができる．成体幹細胞の体細胞分裂は私たちの一生を通じて体の成長，再生や器官の修復に寄与する．

細胞周期

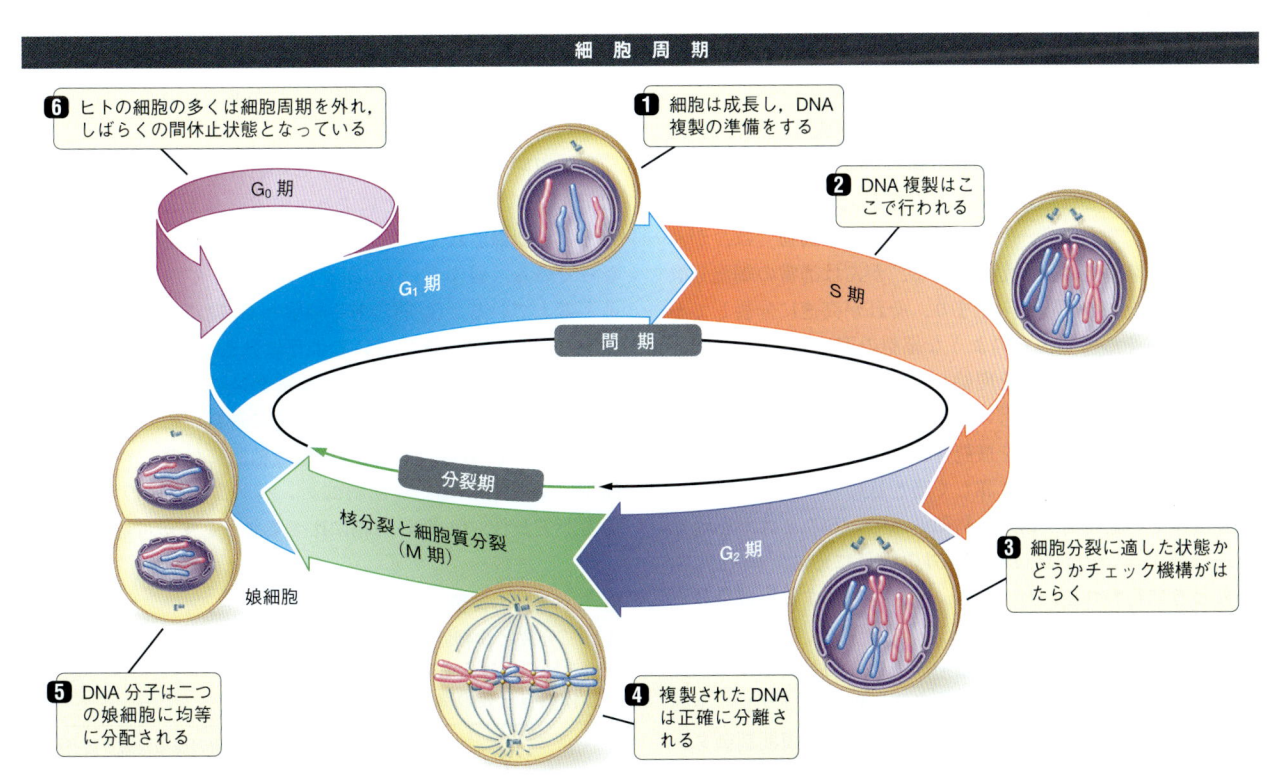

❶ 細胞は成長し，DNA 複製の準備をする
❷ DNA 複製はここで行われる
❸ 細胞分裂に適した状態かどうかチェック機構がはたらく
❹ 複製された DNA は正確に分離される
❺ DNA 分子は二つの娘細胞に均等に分配される
❻ ヒトの細胞の多くは細胞周期を外れ，しばらくの間休止状態となっている

G_0 期　G_1 期　S 期　G_2 期　間期　分裂期　核分裂と細胞質分裂（M 期）　娘細胞

図 10・5 細胞分裂は二つの大きな段階である間期と分裂期からなる　細胞は G_1 期と G_2 期において大きさを増し，分裂に必要なタンパク質を生成し，S 期に DNA を複製することで分裂に備える．分裂期は核分裂と細胞質分裂からなり，母細胞と遺伝的に同一な二つの娘細胞が生じる．

182　第Ⅱ部　細胞：生命の基本単位

G_2期（2番目のギャップ）はS期が終わって次の分裂が始まるまでの期間である．昔の細胞生物学者はG_1とG_2期に隙間を意味するギャップ(gap)という名を与えたが，これは当時，この時期はS期や分裂期に比べてさほど重要ではないと信じられていたからである．現在では二つの"隙間"の時期に正確で安定な細胞分裂のために重要な多くの出来事が起こることがわかっている．

G_1期とG_2期は二つの理由で重要である．第一に，G期には細胞のサイズが大きくなり，含有タンパク質が増え，細胞が成長する．第二に，この期に細胞は次の期の準備をするので，準備が整うまで次の段階に細胞周期を進ませないチェックポイントとして機能するのである．

ほとんどの種類の成体細胞はもう分裂しない

私たちの細胞のすべてが細胞周期を終えているわけではない．私たちの220の異なる細胞種はG_1期に入った少し後に分化（特殊化）を始める．そして細胞周期を外れてG_0期（図10・5参照）と名付けられた分裂しない状態に入る．G_0期の長さは数日からその細胞の持ち主の生物の生涯までさまざまである．ほとんどの肝臓細胞はG_0期にとどまっているが，年に一回くらい細胞周期に入り通常の消耗で死んだ細胞を埋め合わせる．肝臓は代謝活性が高く，また抗生物質からアルコールにいたるまで私たちがふだん取込む毒にさらされている．肝臓の例外的に高い再生能は，この器官の日常業務である解毒による細胞ダメージを相殺する．肝臓の再生能は大量にあるG_0期細胞の一部分では休止しており，必要に応じて細胞周期を再開する．

眼のレンズなど一度も分裂しないままずっとG_0期ですごす細胞もある．脳の多くの細胞種も細胞周期を外れるので，肉体的な外傷や化学的な損傷によって失われた神経細胞を迅速には取換えることができない．いくつかの非常に特化した細胞は，細胞周期を脱するだけではなく"プログラム細胞死"とよばれる故意の自己破壊をする（次ページの"生活の中の生物学"で詳しく述べる）．

細胞周期は厳密に制御されている

分裂するかどうかは単細胞生物にとっても重大な決断である．細胞分裂は代謝的に高価である．酵母細胞が食物欠乏状態で体細胞分裂に突入することは暴挙であり，自然選択はそのような不適合な行動を淘汰するだろう．私たちのような脊椎動物では，がん化という細胞分裂暴走の別の危機がある．がんは通常の細胞分裂の制御を外れた一つの細胞から始まり，それが高速に分裂して不良細胞コロニーをつくる．そのような細胞の塊は**腫瘍**とよばれ，腫瘍細胞は近隣の組織に侵入を開始して**がん細胞**になる．がん細胞は体中に広がり，組織や器官の通常機能を阻害する．抑制されないがん細胞は複数の器官系を機能停止することで死をもたらす（がんについては第11章でより詳しく論じる）．

健康な個体で細胞周期が慎重に制御されていることは不思議ではない．分裂するかの判断は細胞内外の信号に応じて細胞がG_1期にあるときに行われる．ヒトでは，分裂を促進する外部信号としてホルモンや増殖因子というタンパク質がある．第11章で述べるように，ある種のホルモンや増殖因子は車のアクセルペダルのように機能して細胞を分裂へと押し進め，別の種はブレーキのようにはたらいて細胞分裂を遅らせる．特別な細胞周期制御タンパク質は細胞が分裂するための信号を受取り，解釈した後に活性化される．このタンパク質は細胞が重要なチェックポイントを通れるようにスイッチを入れ，細胞周期を次の期へと進める（図

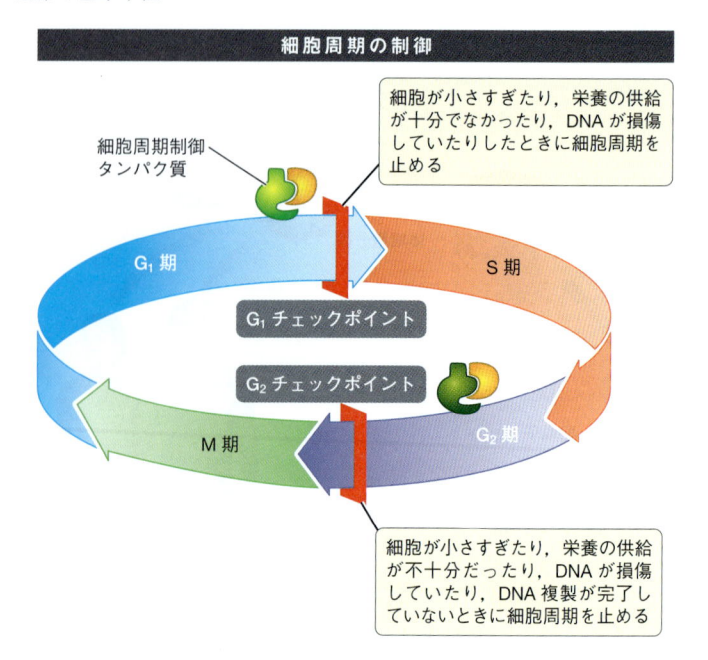

図10・6　**細胞周期制御タンパク質は細胞周期を制御する**　知られている細胞周期のチェックポイントのうち二つだけを図示している．核分裂の一部やS期に機能するチェックポイントも知られている．

10・6）．たとえば，適切な信号を受取ると，細胞周期制御タンパク質はDNAの複製や合成期に関連する他の過程を始動させることで細胞をG_1期からS期へ進める．

細胞周期制御タンパク質は内外の負の制御信号にも反応する．内部信号は以下の条件で細胞をS期に入ることなくG_1期で一時停止させる：細胞が小さすぎるとき，栄養供給が不十分なとき，DNAが損傷を受けたとき．G_2停止も同様に，S期に始まったDNA複製が何らかの理由で不完全であるときに起こる．それはまるで細胞周期がスタートボタンと一時停止ボタンを押されるようだが，そこに巻き戻しボタンはない．細胞周期は核分裂と細胞質分裂の完了へ向かって一方向にしか進まないか，あるいは永久に立ち止まる．

細胞周期は細胞分裂促進因子と細胞分裂阻害因子，そして多くのチェックポイントなどによって幾重にもチェックされバランスをとって制御されているので，細胞周期が暴走する危険性は低くなっている．科学者はG_0期ががんに対しての"安全避難所"であると考えている．G_0期にある細胞とG_1期にある分裂していない細胞は同じ振舞いをしているように見えるかもしれないが，一番の違いはG_0細胞には細胞周期制御タンパク質がまったくないことである．これらのタンパク質は先に進むための信号がないと不活性状態ではあるけれど，G_1期の細胞には常に存在している．G_0期の細胞には細胞周期制御タンパク質がないので分裂を行う能力が失われ，G_1期の細胞に比べて悪さをする可能性が低い．

■ **これまでの復習** ■

1. 二分裂と体細胞分裂はどのような点が似ているか？また違う点を一つあげなさい．
2. 体細胞分裂の機能は何か．

1. どちらの分裂も遺伝的に同一の娘細胞が二つつくられる．
2. 体細胞分裂は細胞生物の成長の基であり，単細胞・多細胞の真核生物は体細胞分裂を種々の手段で，また，細胞分裂を無性生殖にも用いるものもいる．

10・3 遺伝物質の染色体への配置

　核内のDNAは裸の核酸のポリマーが無秩序に絡まったものではない．二本鎖の長いDNAは，タンパク質に結合しコンパクトな物理構造である**染色体**の中に収められる．簡単な細胞でもそれぞれのDNA分子はとても長いので，収納が必要である．ヒトの皮膚細胞の46本の異なるDNA分子を一列につなげると長さ約1.8 mの二重らせんとなる．どうやってそんな量のDNAを直径5 μmにも満たない核の中に収めているのだろう？　答えは究極の収納術である．

　それぞれのDNA二本鎖は特殊なDNA収納タンパク質に巻きついて**クロマチン（染色質）**とよばれるDNA-タンパク質複合体を形成する．クロマチンはさらに巻いて凝集し，さらにコンパクトな構造である染色体になる（図10・7）．第Ⅲ部で遺伝子，染色体，DNAの収納と複製についてさらに詳しく見ていこう．とりあえずは，染色体はコンパクトに折りたたまれたDNA-タンパク質複合体であり，その中には多くの遺伝子をもった1本の長いDNA分子が入っているということだけ知っていれば十分である．

　母細胞のDNAは娘細胞のそれぞれが完璧な染色体のセットを受取るために細胞分裂開始の前に複製（コピー）されていなければならない．DNAはS期に複製され**姉妹染色分体**という核分裂の後半までつながった状態の2本の同一な染色体となる．そのため，核分裂開始の際にはヒト細胞には通常の2倍のDNAが含まれている．46本の染色体のそれぞれが特に**動原体**部位で強くつながった二つの同一な姉妹染色分体となっているからである（図

DNAの詰め込み

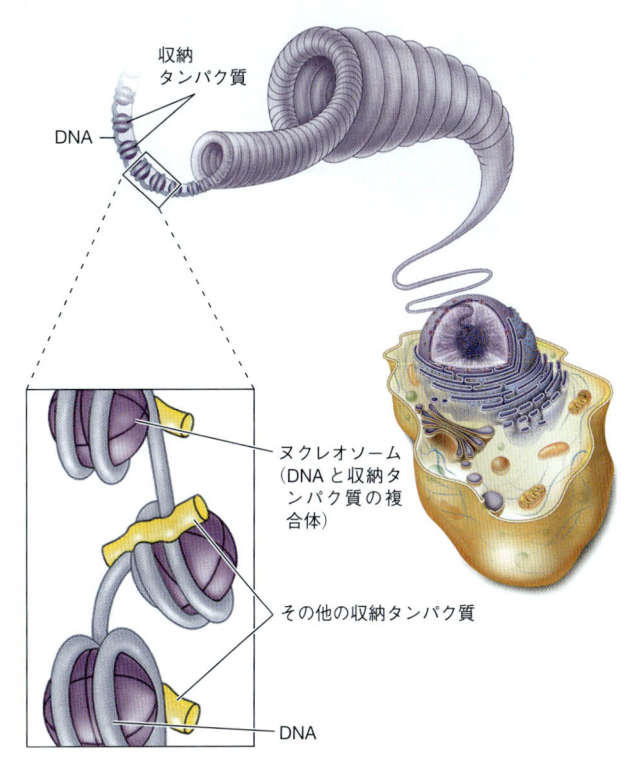

DNAはタンパク質と一緒に詰め込まれ，クロマチンの糸を形成する

図10・7　DNAを染色体に詰め込む

生活の中の生物学

プログラム細胞死: かっこよく去る

　若くして死ぬ細胞もある．白血球に最も多い好中球は1日か2日生きただけで裏返しになってみずからを破壊する．私たちの皮膚にある角化細胞（図10・1参照）はそれらを生み出した体細胞分裂の後，約27日でみずから命を絶つ．赤血球は骨髄でつくられた後，約120日でおもに脾臓という小さな器官で壊されてなくなる．細胞の自己死は発生の早い段階で始まっており，胎児期には非常に頻繁に起こる．ヒト胎児の脳で発達した神経細胞の約50％は誕生前に失われる．

　細胞の自己死は混乱にみえるかもしれないが，華麗に制御された過程で，体内で重要な機能を担うものである．細胞自身によって制御され遂行される細胞の除去はプログラム細胞死とよばれている．プログラム細胞死と比較して壊死は事故や感染により細胞が耐えられなくなったことによる，統率のとれていない混乱した細胞死である．紙で手が切れるといくらかの皮膚の細胞が押しつぶされて死ぬ．その傷口に細菌が侵入すると細菌の毒素によりさらに多くの細胞が死に至る．壊死した細胞はその細胞質要素をまき散らし，体内の免疫系により炎症という反応をひき起こす．感染した切り傷は赤く腫れて熱をもつという炎症の三大兆候を示す．

　動物細胞でのプログラム細胞死は順序に沿って起こり，その詳細な順序は細胞の種類によって異なる．動物のプログラム細胞死の特殊なかたちであるアポトーシスは，しばしばミトコンドリアの損傷によって始まり，タンパク質分解酵素カスパーゼの活性化がそれに続き，細胞を中から消化する．細胞死が始まると，細胞は収縮しDNAは断片化する．細胞の残骸はたいてい，免疫系の掃除屋である食細胞によって取込まれる．

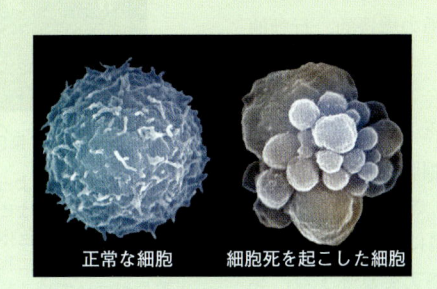

　プログラム細胞死は必要のない細胞を除去する．さらに発生段階において組織や器官の成形を行う．たとえばヒト胎児の手足の指は元々つながっていて，もし指をつなぐ部分がプログラム細胞死によって死ななかったら私たちは水かきのついた手足をもつことになる．

　体細胞分裂によって胎児の脳では2000億の神経細胞がつくられる．それらは細い突起（樹状突起）を出して機能するために標的細胞とつながらなければならない．この突起生成は行き当たりばったりで起こるので，多くの神経細胞は適切な結合をつくれない．余分な神経細胞はプログラム細胞死で自己破壊する．成人が日常生活で毎日何千もの神経細胞を失っているというのは都市伝説である．アストロサイト（グリア細胞）という支持細胞は常にプログラム細胞死で失われ脳で体細胞分裂によってつくられているので，私たちはかなりの年齢になるまで減少や損傷さえなければ1000億の神経細胞数を保つことができる．

正常な細胞　　細胞死を起こした細胞

複製した染色体の構造

図10・8 それぞれの複製された染色体は同一の姉妹染色分体からなる

10・8).核分裂の初期にクロマチンは間期よりもさらにコンパクトに凝集する.細胞分裂時に染色体が容易に観察できるのはそのためである.

■ 役立つ知識 ■ "染色体"は"色に染まる体"と書く.これはまだその機能を知らなかった19世紀の顕微鏡を使う者たちが,分裂中の細胞を特定の染料で染めたときに染色体を観察することができたことに由来する.現在では,細胞生物学者たちは特定の分子（DNAを含む）や特定の細胞小器官を可視化するためにさまざまな蛍光染料を用いる.この章や他の章にも多くの蛍光顕微鏡像写真がある.

核型は核内のすべての染色体を説明する

すべての生物種は細胞の核内にそれぞれ特徴的な染色体数をもつ.先に述べたように,体細胞とは,多細胞生物において配偶子（動物の場合,卵や精子）でないもの,あるいは配偶子の母細胞（生殖細胞系列）でないものすべてである.すなわち体細胞は体内の有性生殖に関与しない"一般的な"細胞である.植物と動物の体細胞は種によって200～数百の染色体数をもつ.核分裂の間で染色体が最も凝集しているとき,体細胞内の異なるタイプの染色体は光学顕微鏡下での大きさと形によって見分けることが可能である.

体細胞内のすべての染色体を表すのが**核型**である（図10・9）.間期にある細胞よりも分裂期の細胞の方が染色体を観察しやすいので,通常,核型は分裂中の細胞を顕微鏡観察することでつくられる.ヒトの体細胞の核型は総計46本の染色体を示す.ウマの体細胞には64本の染色体が,トウモロコシには20本の染色体がある.体細胞当たりの染色体の総数は種独自の数であること以外特に意味はない.種のもつ染色体の数がその種の構造的,行動的な複雑さを反映しているわけではないのだ.

ほとんどのヒトの細胞はそれぞれの染色体を2本ずつもつ

真核生物が原核生物と最も異なる点は,体細胞にそれぞれ同一コピーが対になった染色体をもつことである.二つの同一な染色体は**相同染色体**のペアをつくる.ヒトの核型に話を戻すと,46本の染色体というのは23組の相同染色体のペアを意味する.私たちは1セット（23本）の染色体を母から,もう1セット（残りの23本）を父から受け継ぎ,46本,23対の染色体をつくる.相同染色体のうちの22組（番号1～22）は長さ,形,位置,もっている遺伝子などがよく似ている.しかし,23番目の組はX染色体とY染色体というあまり似ていない染色体からなる不揃いな組になることがある（図10・9参照）.

X染色体とY染色体は哺乳類や他の脊椎動物で性別を決める染色体であることから**性染色体**とよばれる.ヒトやその他の哺乳類ではX染色体を2本もつ個体が雌に,XとYを1本ずつもつ

ヒトの核型

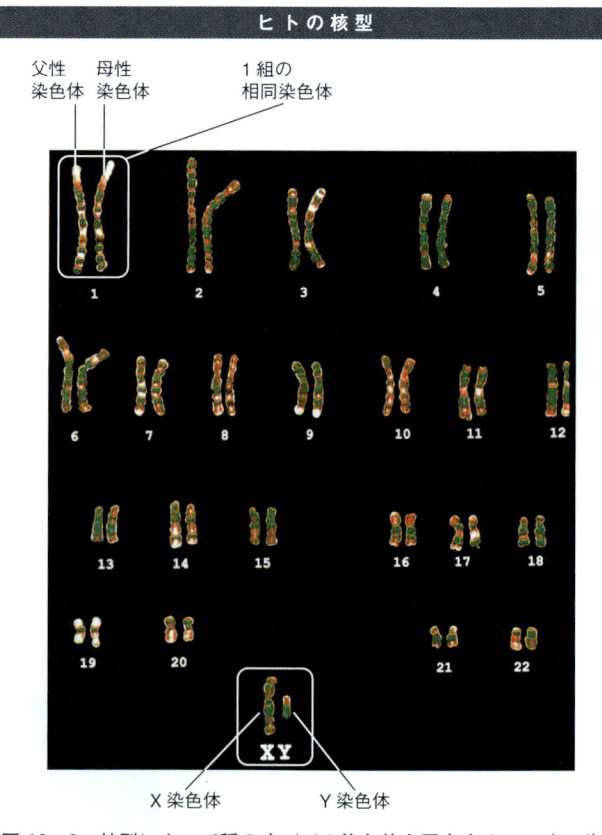

図10・9 核型によって種のすべての染色体を同定する 46本の染色体の顕微鏡写真はヒト男性の核型を示したものである.コンピュータ処理によって染色体の写真を並べ,それぞれの相同染色体が隣り合って位置するようにしてある.性染色体以外の染色体（常染色体）には番号がついている.性染色体は文字（この場合は男性なのでXY）によって示されている.

個体が雄になる．X染色体はY染色体よりも長く，より多くの遺伝子をもつと考えられている．Y染色体上の数少ない遺伝子はすべてではないにしろ，ほとんどが雄の特徴の発達の制御にかかわるようだ．X染色体上に特有な遺伝子のすべては雄ももつが，性染色体がXYの組になっているので雄はその遺伝子を1コピーしかもたないことになる．雌はX染色体を二つもつ（XX）ので，すべてのX染色体に特有な遺伝子を2コピーずつもつ．

■ 役立つ知識 ■ 姉妹染色分体の対と相同染色体の対を混同しないように．姉妹染色分体は一つのDNA分子から複製された同一のDNA分子で互いに結合している．姉妹染色分体はS期から核分裂の後期までと第二減数分裂の後期にだけ存在する．相同染色体の対は，片方が母性，もう一方が父性の同じ型の染色体の二つのコピーからなる．この対は二倍体の細胞では常に存在しているが，一倍体の細胞では父性か母性の片方のコピーしかない．

10・4 核分裂と細胞質分裂：一つの細胞から二つの同一な細胞へ

細胞周期の山場は細胞分裂であり，体細胞分裂の場合は核分裂と細胞質分裂の二つの段階からなる．この二つの段階は時間で分かれているわけではなく，細胞質分裂は核分裂の最後の段階とオーバーラップして起こる．核分裂の中心となる出来事は母細胞の複製されたDNAが二つの娘細胞の核に同等に分配されることである．DNA分離とよばれるこの過程では細胞骨格要素を含むさまざまなタンパク質の調和された活動が必要である．

核分裂は四つのおもな期に分かれる．それぞれは光学顕微鏡観察で観察可能なわかりやすい出来事で定義されている（次ページ，図10・10）．

1. 前期
2. 中期
3. 後期
4. 終期

細胞はかなり前もって核分裂に備えており，核分裂前のS期にすべての染色体が複製されていることを思い出してほしい．複製された染色体は二つの同一DNA分子からなる姉妹染色分体で，縦に並んで動原体とよばれる部分で特に締めつけられている．

核分裂の目的は姉妹染色分体を分けて，それぞれを母細胞の両端に届けることである．核分裂の際の染色体の手の込んだ挙動は，複製された遺伝物質を同時に等分配する際に間違うリスクを最小にするために進化してきた．通常，娘細胞が染色体不足になることも，複製を繰返すこともない．娘細胞は母細胞がG_1期にもっていたのとまったく同じ情報を獲得し，それ以上も以下もない．

染色体は前期初期に凝集する

DNA分子は核分裂の最初の時期である**前期**に高いレベルの凝集を行い，この期の終わりにはDNAは間期に比べて10倍密に巻かれている．間期の細胞では，DNA分子はあまり凝集していない染色糸の形で核内に分散し，細すぎて通常の光学顕微鏡では観察できない．細胞がG_2期から前期に入ると，クロマチン（染色質）は固く巻かれ，染色体は短くなり，核内で見えるようになってくる．この特別な凝集の機能的な意味は，染色体を整列させ，余分なねじれや壊れなしに両極へ仕分けられることである（染色体は壊れやすいのである）．調理したパスタの塊をほぐし，皿に同じ数だけ伸ばして並べなければならい場合を想像してみるとよい．このとき，スパゲッティのような細くてふにゃふにゃしているものよりもペンネのように短くてずんぐりしていた方が並べやすいであろう．

前期の間，細胞質と核の双方に重要な変化が起こる．二つの**中心体**という細胞骨格構造がサイトソル中を移動して細胞の両端（両極）に位置するようになる．この中心体の配置が細胞の両端を決める．ほとんどの細胞はこの二つの中心体を結ぶ線のちょうど中央付近で分かれるので，二つの娘細胞はそれぞれ一つずつ中心体を受け継ぐことになる．

染色体が極に向かって動くのと同時に，細胞骨格構造である微小管がそれぞれの中心体から外へと成長する．微小管は特殊なタンパク質（チューブリン）が長い管状に集合したもので（§6・5参照），前期の間に何本かの微小管は精巧な装置である紡錘体を形づくる．紡錘体中の微小管は後に染色体に結合し，染色体が二つの娘細胞に分かれるためにサイトソル内を移動するのを手伝う．**紡錘体**は微小管が放射状に並んだもので，細胞質内で染色体を引っ張って母細胞の両端に位置させる機能をもつ．

染色体は前期後半に紡錘体に結合する

核膜は前期の後半，細胞生物学者が前中期とよぶ段階に消失する（図10・10参照）．核膜がなくなると，両極の中心体から放射状に伸びた紡錘体中の微小管は高度に凝集している染色体を探して結合する．その結果，おのおのの複製された染色体は紡錘体に捕らえられ，二つの中心体と微小管で"つながれた"形になる．

動原体の物理的構造を見ると染色体が紡錘体微小管にどのように結合しているのかがわかる．おのおのの動原体はキネトコアとよばれる二つのタンパク質の斑を逆側にもつ．キネトコアは最低1本の微小管と結合する部位をつくり，複製された染色体がつくる二つの染色分体はそれぞれ細胞の逆側の極に結びつけられた形となる．紡錘体による姉妹染色分体の正しい"捕獲"は，複製された染色体が次の段階で正しい位置をとるための下地となる．

中期に染色体は細胞中央に一列に並ぶ

複製した染色体が両極の紡錘体に結合すると，染色体が一列に並ぶように結合した微小管の長さが調節される．染色体を一つの面に位置づけるこの段階は**中期**とよばれる．染色体の並んだ面は中期板とよばれ，ほとんどの細胞では中央に位置する（図10・10参照）．精巧な核分裂装置である紡錘体，染色体，そして中心体の機能は複製した染色体を正しい位置に並べ，細胞の両極に染色分体をバランスよく分けることである．

染色分体は後期に分かれる

核分裂の次の段階は**後期**とよばれ，姉妹染色分体中の二つの染色分体が分離する．染色分体は母細胞の逆の極に引っ張られ，複製された遺伝情報はきちんと等分される．後期のはじめに姉妹染色分体をつないでいた特殊なタンパク質が分解することで染色分体は離れる．離れたそれぞれの染色分体は新しい染色体となる．微小管が徐々に短くなることで新しい染色体は細胞の両端へと引っ張られる．複製された染色体は二つの娘細胞へ等分され，終期と細胞質分裂へと道をつなげる．

間　期	核分裂と細胞質分裂
	前期初期　／　前期の終わり

図中ラベル（間期）: クロマチン／二つの中心体／核膜／細胞膜
1 DNA は核分裂の開始前 S 期の間に複製する

図中ラベル（前期初期）: 紡錘体が形成し始める／複製した染色体／動原体
2 クロマチンは凝集して染色体となる

図中ラベル（前期の終わり）: 紡錘体極／核膜の断片
3 核膜が崩壊する．複製された染色体は紡錘体に結合する

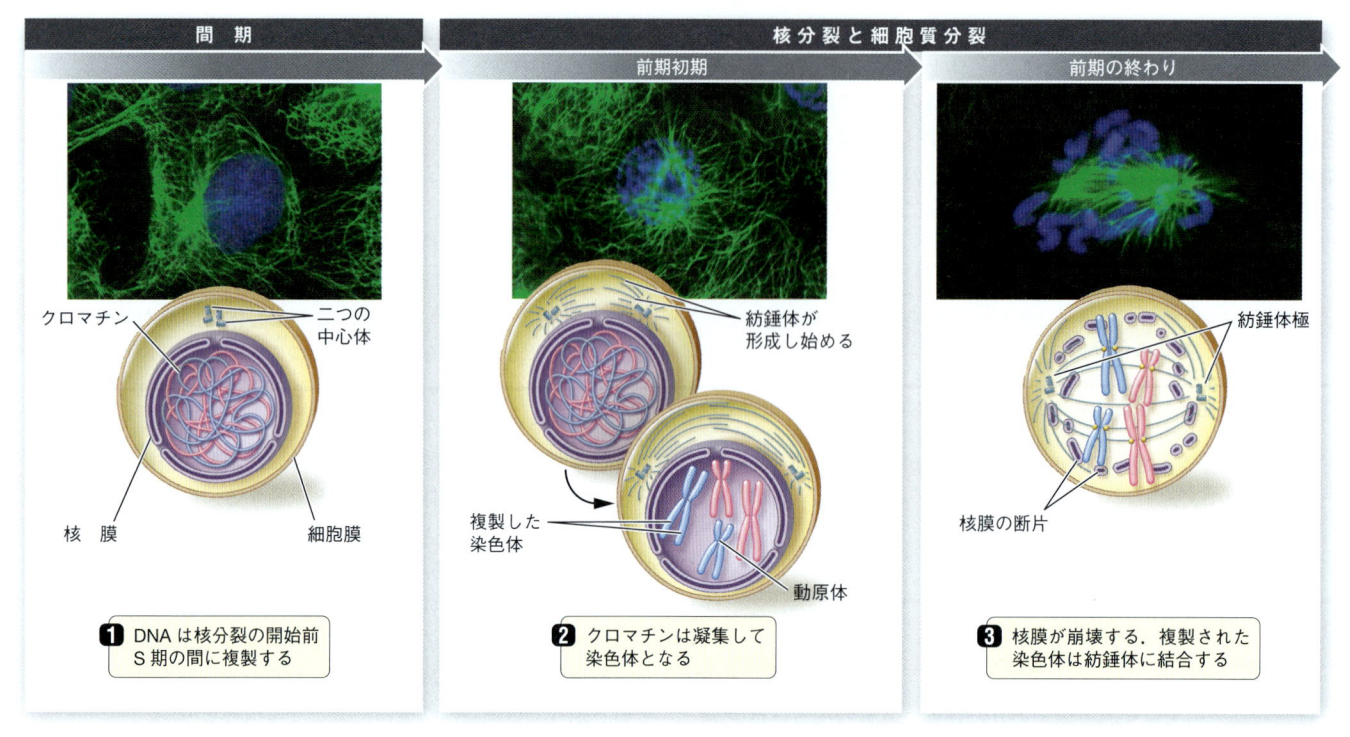

図 10・10　核分裂と細胞質分裂は体細胞分裂の二つのおもな段階である

終期に新しい核が形づくられる

核分裂の次の段階は**終期**で，娘染色分体の完全なセットが紡錘体の極に到着したときに始まる．このとき細胞質にも大きな変化が起こる．細胞全体を二つに分ける細胞質分裂の準備のための変化である．紡錘体の微小管は分解し，それぞれの極に到達した染色体の周りには核膜が形成され始める（図10・10参照）．二つの新しい核が細胞内にはっきりしてくると，中の染色体はほぐれ始め，顕微鏡ではその姿が確認しづらくなる．終期は核分裂の最後の段階であるが，細胞質分裂はこの終期がきちんと終わる前にすでに始まっている．

細胞質分裂の間に細胞質は分かれる

細胞質分裂は母細胞の細胞質を二つの娘細胞に分ける過程である．動物細胞は細胞膜を細胞の中心でくっつくまで内側に引き込むことで分裂し，細胞質を二つの区画に分ける（図10・11）．分裂の物理的な動作はアクチンでつくられたタンパク質繊維の環（収縮環）によって行われる．この環は細胞赤道面の細胞膜直下にベルトのように形成される．このアクチンの環が収縮すると細胞膜を引っ張り，細胞質をくびり切って二つに分ける．この収縮は中期板の面内で起こり，細胞質分裂が完了すると核を一つずつもった二つの娘細胞ができる．

植物細胞には，比較的硬い細胞壁があるので巾着袋のようには絞れない．植物細胞では，新しく分かれた二つの核の間で 2 枚の新しい細胞膜が細胞壁物質で分けられ直立することで細胞質が分裂する．細胞骨格に導かれて，**細胞板**が中期板のあった位置に現れる．細胞板はおもに膜小胞からなり，終期に形成され始める（図 10・12）．細胞壁要素が詰まった小胞は中期板のあった辺りに集まり始める．小胞は集合し，膜を融合させて中身の細胞壁要素（おもに多糖類と何種類かのタンパク質）を混合させ，新しくできた細胞壁に隔てられた二つの新しい細胞膜を形成する．

細胞質分裂は細胞周期の終わりの印である．生成した娘細胞は G_1 期に突入し，改めて周期を始めたり，特定の細胞へと分化したり，G_0 期に入って細胞分裂からの休息に入ったりする．

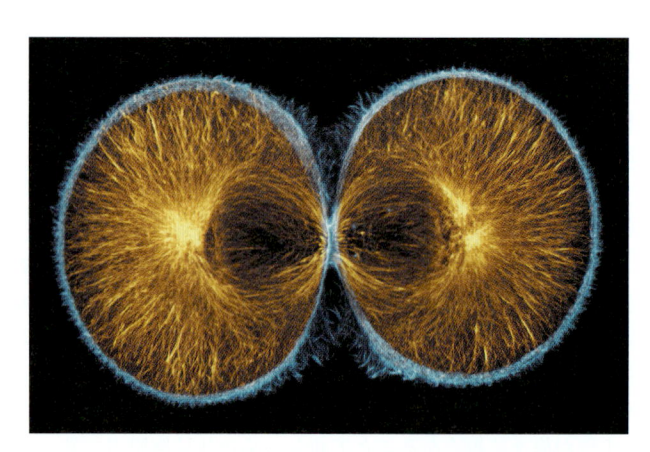

図 10・11　動物細胞における細胞質分裂　蛍光像はウニの接合子が二つに分裂する細胞質分裂を示している．微小管がオレンジ，アクチンフィラメントが青く見える．

■ これまでの復習 ■

1. ネコの核型は 38 本の染色体を示す．以下の時期に何本の DNA 分子がネコの皮膚細胞に存在するだろうか．
   (a) G_0 期　(b) G_1 期　(c) S 期　(d) G_2 期
2. 姉妹染色分体とは何か？　核分裂の間，それぞれが独立した染色体に分かれるのだろうか．
3. 核分裂と細胞質分裂の違いは何か．

1. (a) 38　(b) 38　(c) 76　(d) 76
2. 姉妹染色分体とは，一つの DNA 分子から複製された二つの同一の染色体のことで，体細胞分裂終期までの間，互いに結合している．後期に姉妹染色分体は離れ，独立した染色体となり異なる娘細胞へと向かう．
3. 核分裂は核の分裂である．細胞質分裂は細胞質の区画分けで，その結果として一つの母細胞が二つの娘細胞になる．

10. 細胞分裂

核分裂と細胞質分裂（つづき）

中期
- 姉妹染色分体
- 中期板

❹ 紡錘体は複製された染色体を細胞の中央に並べる

後期
- 新しい染色体

❺ 染色分体が分離し個々の染色体になる．これらの新しい染色体は細胞の極に移動する

終期と細胞質分裂
- 核膜の形成
- 収縮面
- 染色体の脱凝縮

❻ 新しい染色体が極に到達する．核膜が再形成され，クロマチンが脱凝縮する．細胞質分裂が続く

植物の細胞分裂

(a)
間期 / 前期 / 前中期 / 中期 / 後期 / 終期

❶ DNA は S 期に複製される
❷ 染色体が凝縮する．紡錘体が形成される
❸ 核膜が崩壊する
❹ 紡錘体が染色体を細胞の中央に並べる
❺ 姉妹染色分体が分離する
❻ 細胞板が形成される

(b) 後期 / 終期 / 細胞質分裂

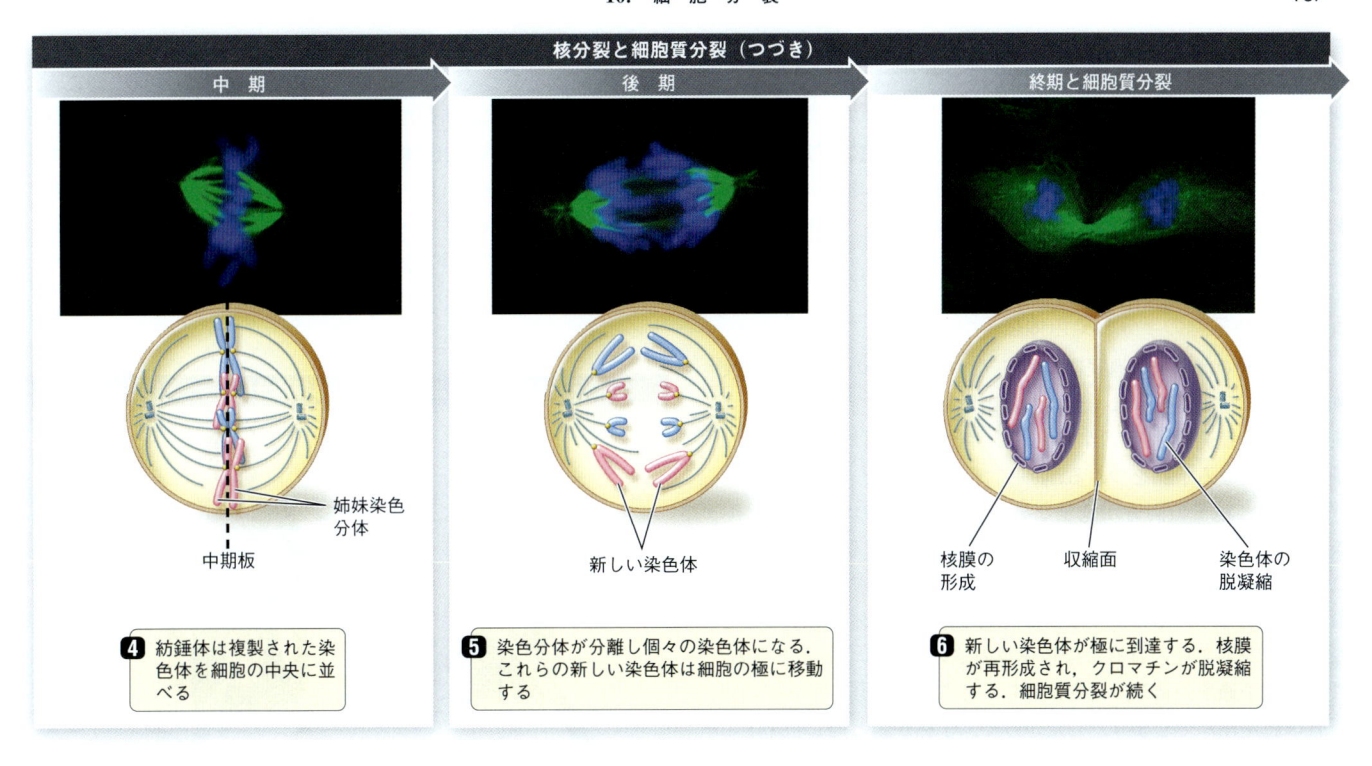

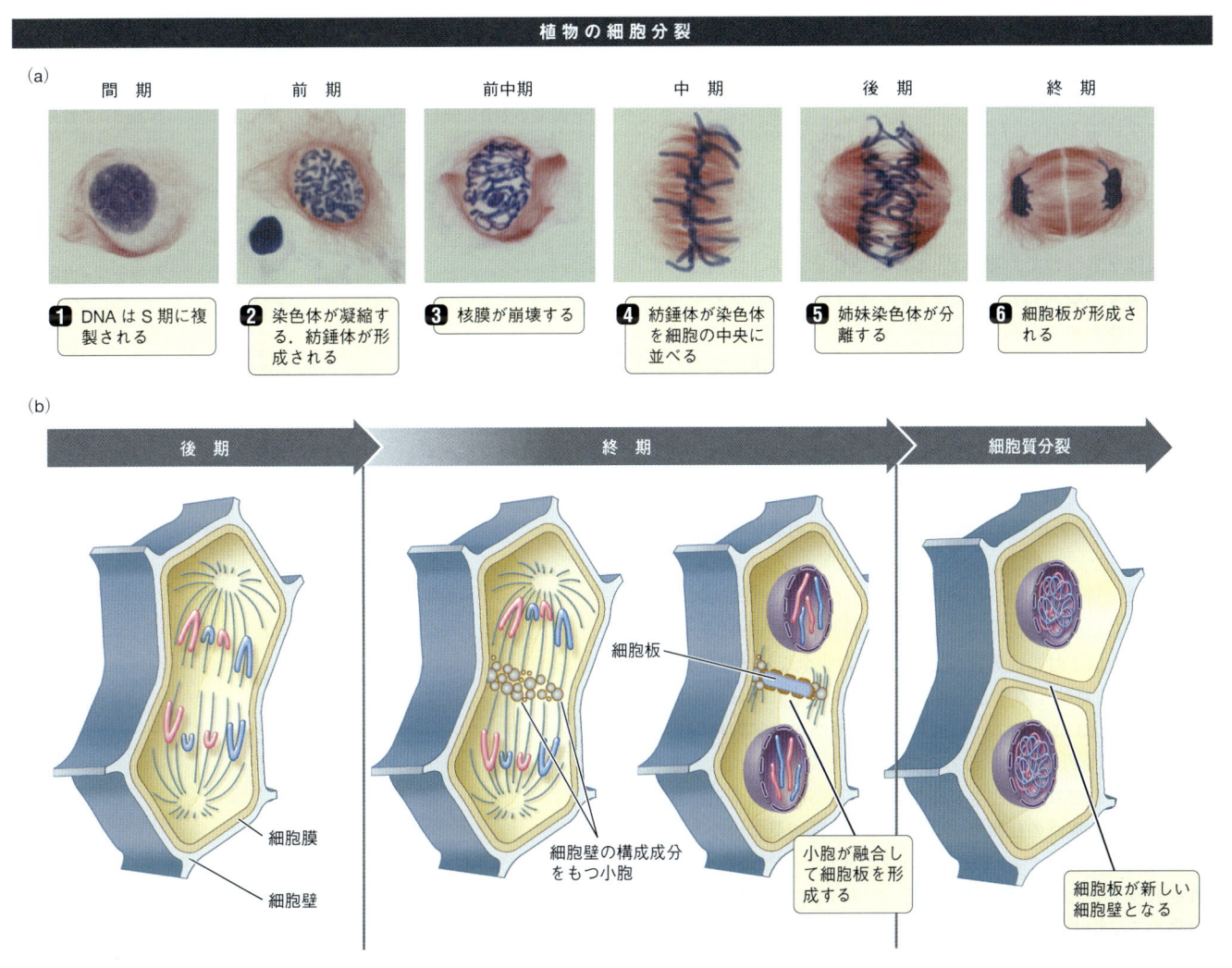

- 細胞膜
- 細胞壁
- 細胞壁の構成成分をもつ小胞
- 細胞板
- 小胞が融合して細胞板を形成する
- 細胞板が新しい細胞壁となる

図 10・12　細胞板の形成は植物細胞の細胞質分裂に特有の出来事である　(a) ユリの花粉における核分裂と細胞質分裂の顕微鏡像．細胞板は一番右の写真（終期）の細胞中心に薄い線として現れる．(b) 植物細胞の核分裂と細胞質分裂におけるおもな出来事．植物細胞にははっきりとした中心体はないが，同様の機能をもった構造は存在する．

10・5 減数分裂：配偶子をつくるために染色体を組にする

すでに述べたように，減数分裂は特別な細胞分裂で母細胞と比べて娘細胞の染色体数が半分になる．動物体内の細胞中で唯一減数分裂によってつくられるのが配偶子である．

配偶子は体細胞の半分の染色体をもつ

有性生殖では受精の過程において二つの配偶子の融合が必要である．卵と精子が無事に一つになると単細胞の接合子となり，多細胞の胚へと発生する（図10・13）．有性生殖では親や兄弟とは遺伝的に異なる子孫をつくる．

もし卵と精子の両方が完全な染色体組（ヒトの場合は46本）をもっていたら，接合子では染色体数が倍（ヒトで92本）となり，この核型が体細胞分裂によって胚の中のすべての細胞に受け継がれていくだろう．そのような胚は両親の倍の染色体をもつこととなり，すなわち種に特有な染色体数の倍の数をもつこととなる．この遺伝子過多の結果，発生はめちゃくちゃになり，たいていの場合は胚が死んでしまう．したがって，子孫が親と同じ核型をもつためには受精によってつくられる接合子が通常数（ヒトの場合は46本）の染色体をもたなければならない．

この問題の簡単な解決法は，体細胞の半数の染色体をもつ配偶子をつくることである．体細胞の核型では生物の中にみられる染色体について2組のコピー，すなわち相同染色体の対をもっていることを思い出してほしい．もし対の片方のコピーだけが配偶子に受け継がれれば染色体のセットは半分になり配偶子はすべての遺伝情報の一つのコピーだけをもつ．たとえばヒトでは，すべての体細胞は23の相同染色体の対，つまり総計46本の染色体をもつ．しかし，ヒトがつくる配偶子はそれぞれ対のうちの片側だけをもつので，総計23本の染色体をもつ．性染色体について考慮するならば，女性がつくる卵は通常1本のX染色体をもち，男性がつくる精子では50%がX染色体，残りがY染色体をもつこととなる．配偶子にはそれぞれの染色体を2本ではなく1本ずつだけもつので，配偶子のことを**一倍体**（あるいは半数体）という．記号nが伝統的に一倍体細胞の染色体の数を表すのに用いられる（図10・13）．ヒトの配偶子では$n=23$である．体細胞では配偶子の倍の数の染色体をもつので**二倍体**という．二倍体は$2n$の染色体，すなわちそれぞれの染色体を2本ずつもつ．

配偶子は一倍体（n）の染色体数を含むので，受精によって生じた接合子は$2n$の染色体，すなわち二倍体の染色体数をもつ．ヒトではそれは1対の性染色体を含む23の完全な相同染色体（全部で46本）を意味する．さらに，接合子中のそれぞれの相同染色体は図10・13に示すように，1本を父親から（**父方相同染色体**），もう1本を母親から（**母方相同染色体**）受け継いだこととなる．両親のそれぞれから平等に染色体を受取る仕組みが遺伝継承の基礎である．継承の仕組みについては第Ⅲ部で見ていこう．

減数分裂は二段階で起こる．第一減数分裂と第二減数分裂で，それぞれ核分裂と細胞質分裂からなる（図10・14）．**第一減数分裂**は異なる二つの娘細胞に相同染色体を分割して分けることで染色体数を減らす．**第二減数分裂**は姉妹染色分体を二つの異なる娘細胞に分ける．減数分裂の段階は大まかには体細胞分裂と似ている．

第一減数分裂では染色体数が減る

まず，配偶子をつくる生殖器官内の二倍体細胞から見ていこう．減数分裂が始まるよりもだいぶ前，細胞周期のS期において原始細胞内の二倍体の染色体のすべては複製される．したがって，第一減数分裂開始時にはすべての複製された染色体は二つの同一DNA分子として存在し，一つのDNA分子が一つの染色分体を形づくっている．二つの同一な姉妹染色分体はその一部が結合した形となる．

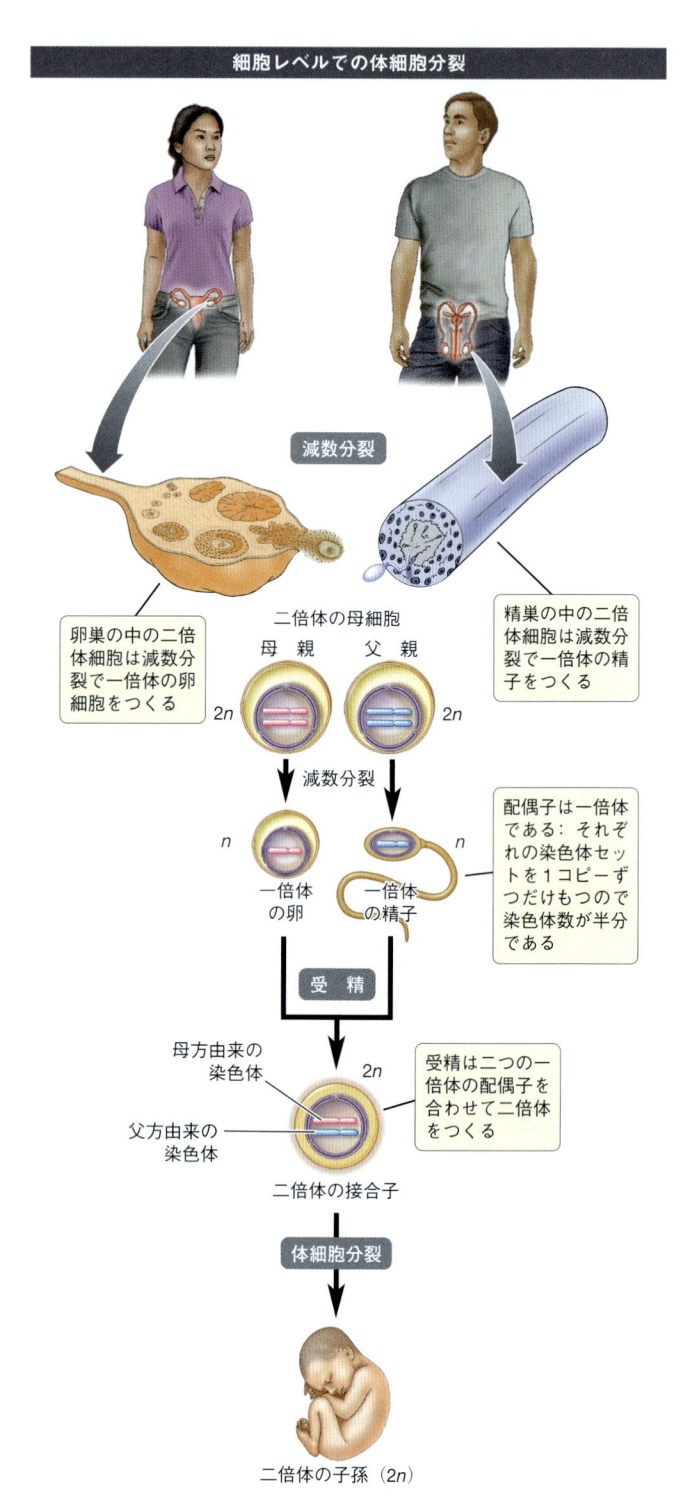

図10・13 有性生殖には配偶子における染色体数の減少が必要である
一倍体の精子と卵が受精して融合すると二倍体（$2n$）の染色体セットをもった接合子が生じる．ヒトの体細胞は23対の染色体をもつ．わかりやすいようにここでは一対の相同染色体（母方と父方の染色体）だけを示してある．

減数分裂でのおもな出来事

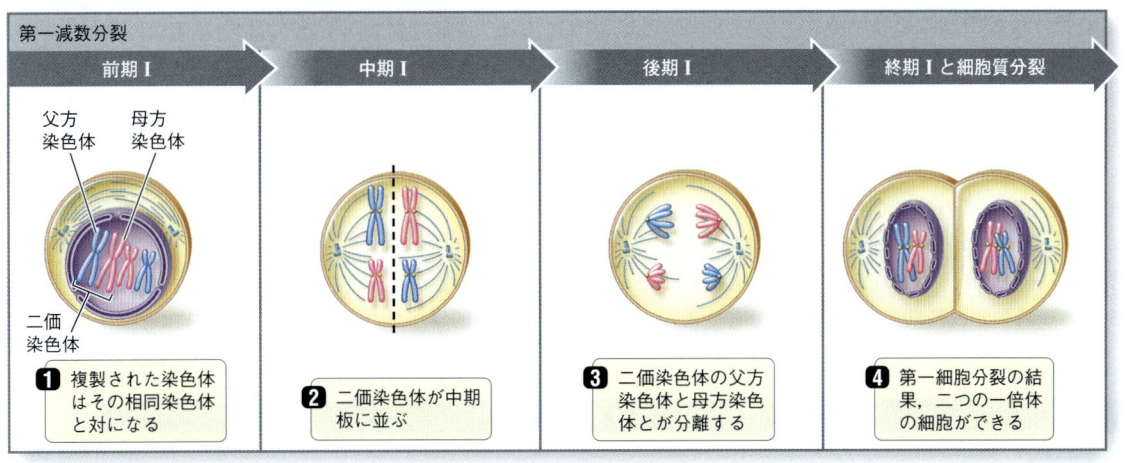

第一減数分裂

前期I	中期I	後期I	終期Iと細胞質分裂

父方染色体／母方染色体／二価染色体

❶ 複製された染色体はその相同染色体と対になる

❷ 二価染色体が中期板に並ぶ

❸ 二価染色体の父方染色体と母方染色体とが分離する

❹ 第一細胞分裂の結果，二つの一倍体の細胞ができる

- 相同染色体のそれぞれの対は第一減数分裂によって分かれる
- 第一減数分裂の終わりに核膜が再形成され染色体が脱凝縮する

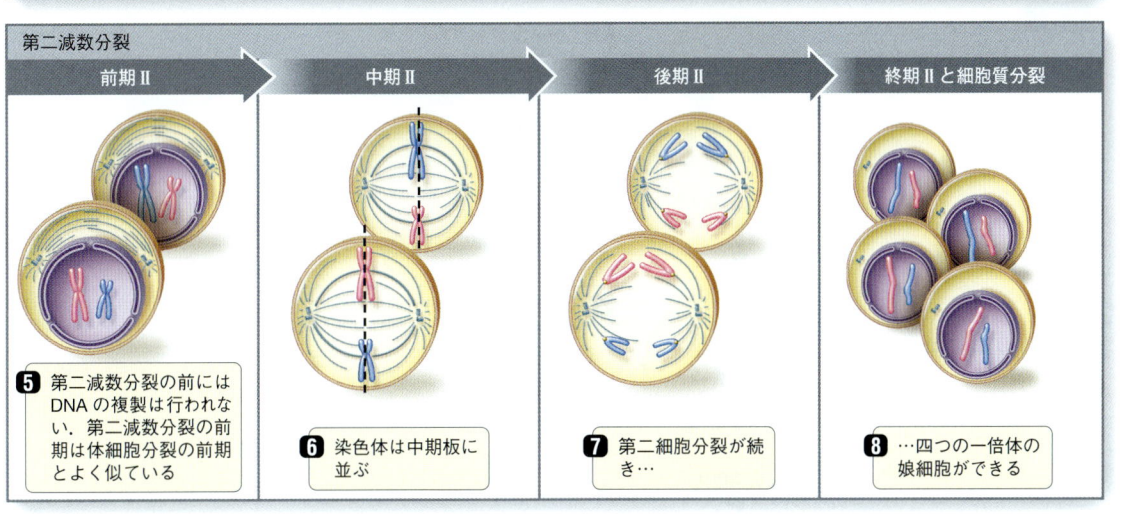

第二減数分裂

前期II	中期II	後期II	終期IIと細胞質分裂

❺ 第二減数分裂の前にはDNAの複製は行われない．第二減数分裂の前期は体細胞分裂の前期とよく似ている

❻ 染色体は中期板に並ぶ

❼ 第二細胞分裂が続き…

❽ …四つの一倍体の娘細胞ができる

- 第二減数分裂は姉妹染色分体が異なる娘細胞へと分離する点が体細胞分裂と似ている

図 10・14 減数分裂ではそれぞれの娘細胞は染色体セットの半分を受取る 母方と父方の染色体は第一減数分裂の前期から中期にかけて対になり，後期に分かれる．第二減数分裂では体細胞分裂と同様，複製された染色体からなる姉妹染色分体が離れて分かれる．わかりやすいように，ここでは本文中に述べられた出来事のうちの一部だけを示してある．

最初の第一減数分裂に特有の出来事は体細胞分裂にはないもので，複製された相同染色体の対が一緒になる．言い換えると，第一減数分裂の初期に母方の相同染色体対と父方の相同染色体対が離れる（図10・14参照）．さらに，複製された姉妹染色分体同士は核分裂のときのように離れて逆の極に移動するのではなく，第一減数分裂の間は結合したままである．第一減数分裂の終わりに，二つの娘細胞の片方には父方相同染色体対が，もう一方には母方相同染色体対が分配される．つまり，有糸分裂では姉妹染色分体を異なる娘細胞に分配するが，第一減数分裂では相同染色体を分配するので娘細胞は母細胞がもっていた対のうちの片側だけを2本受け継ぐことになる．

第一減数分裂での対化と規則正しい相同染色体の分配によって娘細胞は母細胞の染色体のちょうど半分を受け継ぐ．父方と母方の相同染色体の対は第一減数分裂の前期，前期I（図10・14）にそれぞれ隣り合って並ぶ．父方と母方の相同染色体とが並んだ対を**二価染色体**とよぶ．それぞれの二価染色体は一組の複製された母方染色体と一組の複製された父方染色体，合計で四つの染色分体（四つの独立したDNA分子）からなる．このとき特別なことが起こる：二価染色体内の母方と父方の染色体はその一部を交換するのである！ 二価染色体での姉妹染色分体ではない染色体間での遺伝情報の交換は交差とよばれる．第一減数分裂と第二減数分裂をみた後にこの話に戻ってこよう．

前期Iの後期に減数分裂紡錘体が形成され，二価染色体を捕らえる．中心体から伸びる微小管は二価染色体のうちの一つにだけ，すなわち図10・14に示すように母方相同染色体か父方相同染色体のどちらかに結合する．つぎに，中期Iでは二価染色体は中期板に位置する．すべての二価染色体が捕らわれ，たいてい細胞の赤道面（中期板）に並んだ後，後期Iは始まる．終期Iの間に紡錘体微小管は短くなり，父方と母方の染色体はそれぞれ細胞の別の極に引っ張られる．この過程は一見核分裂の後期に似ているが，後期Iの間に引き離されて逆の極に引っ張られるのは相同染色体の対であり，姉妹染色分体ではない．

減数分裂の後期Iの後には核分裂と同じように終期Iが続き，核膜が再形成されて染色体が脱凝縮する．第一減数分裂の細胞質分裂では母細胞の半分の染色体数をもった二つの娘細胞ができる．これまで見てきたように，娘細胞が相同染色体の対の片側，母方染色体分子（図10・14ではピンクで示されている）か父方染色体分子（青色で示されている）のどちらかしか受け継がないので染色体数が半分になるのである．第一減数分裂ではその名のとおり染色体数が半分に減るので，二倍体の母細胞（$2n$）は二つの

一倍体の娘細胞（n）になる．

第二減数分裂は姉妹染色分体を娘細胞に分ける

第一減数分裂でつくられた二つの娘細胞はまだ配偶子になる準備ができていない．なぜならそれぞれの染色体は二つの同一なDNA分子が姉妹染色分体の形に結合した複製直後の状態にあるからである．これらの姉妹染色分体をそれぞれ別の娘細胞に分けることが第二減数分裂のたった一つの目的である．

第一減数分裂でつくられた二つの一倍体細胞は第二減数分裂で核分裂と細胞質分裂をもう一回行う．今回の分裂サイクルはほぼ核分裂と同じである．第二減数分裂後期では姉妹染色分体が離れ，二つの新しい娘細胞に等分配される．こうして第一減数分裂で生じた二つの一倍体細胞は総計四つの一倍体細胞となる．この一倍体細胞は，減数分裂を行う前の二倍体細胞にみられる半分の染色体数をもった配偶子に分化する．先に述べたように，第一減数分裂で行われた染色体数の減少は受精によって配偶子が融合したときに埋め合わされる．これが，有性生殖を行う種で染色体数を一定に維持するために自然がとった方法である．

減数分裂と受精が集団の遺伝的多様性に寄与する

減数分裂と受精とが真核生物の有性生殖の手段である．集団の中の個体は遺伝的にバラバラであるが，これは有性生殖の結果，

減数分裂における交差

前期Ⅰ
母方染色体／父方染色体
1 相同染色体の母方染色体と父方染色体は隣り合って並ぶ

姉妹染色分体／交差の部位／二価染色体
2 非姉妹染色分体間でDNAを交換する

中期Ⅰ
紡錘体微小管
3 交差によって第一減数分裂の終わりに組換えられた相同染色体ができる

中期Ⅱ
4 姉妹染色分体は第二減数分裂の後期に逆の極へと分離する

配偶子
組換えの起こった染色体
5 それぞれの染色分体は別々の娘細胞へ分配される．1回の交差で四つの遺伝的に異なる配偶子がつくられる

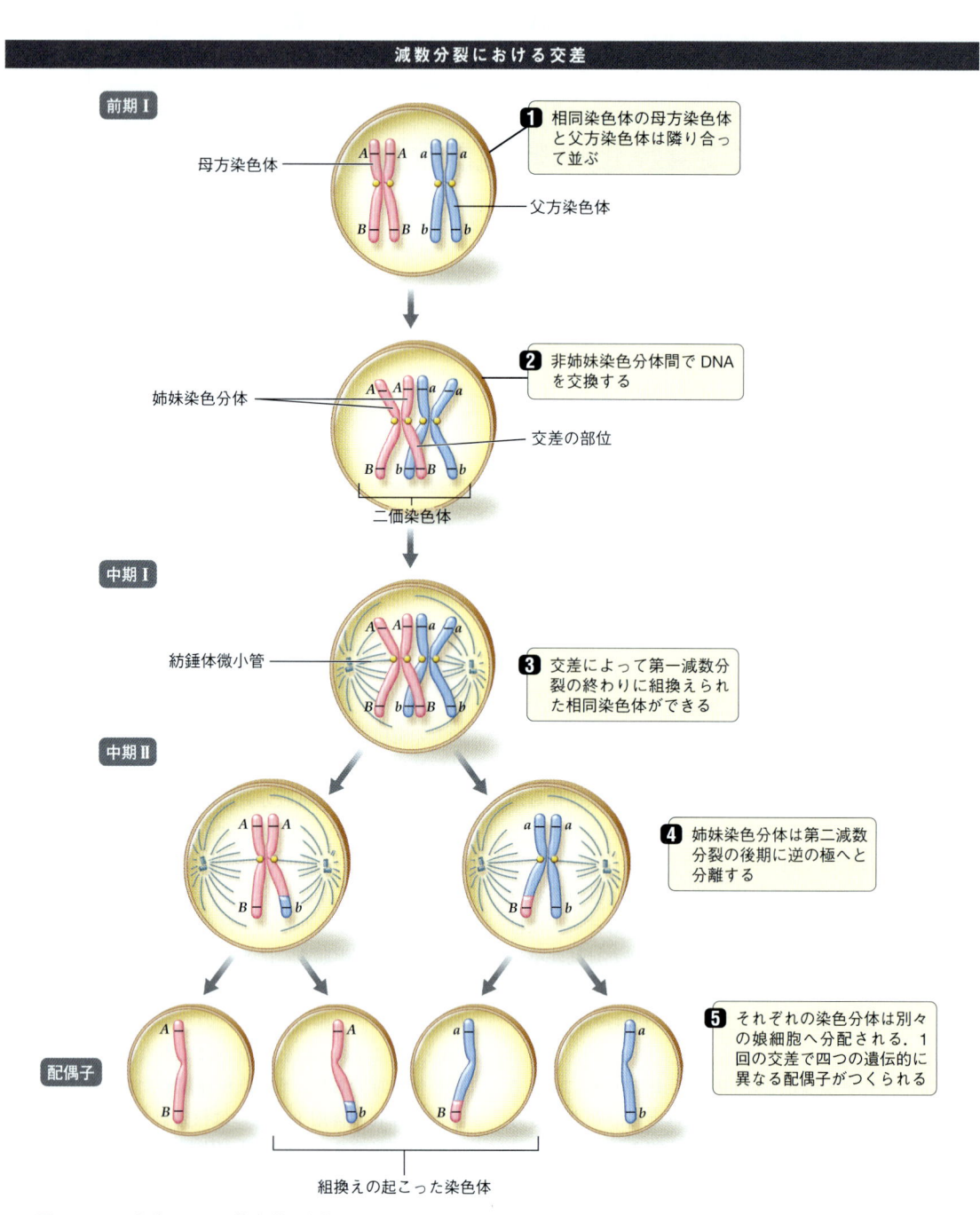

図10・15 交差によって染色体の組換えが起こる 交差は第一減数分裂前期に対になった相同染色体における非姉妹染色分体間での対応する断片の物理的な交換である．わかりやすいようにここでは断片を交換する母方と父方の染色体を1本ずつだけ示している．減数分裂を行うヒトの細胞ではほとんどの二価染色体は1〜3の交差部位をもち，長い染色体では複数の交差が起こりやすい．交差は末端部だけではなく対になった相同染色体（二価染色体）のどの部位でも起こる．図中の文字（A/aやB/b）は二つの遺伝子AとBの対立遺伝子を表している．母細胞でのこれらの対立遺伝子の組合わせが組換え後の染色体では混ざっている．

子どもが親と違うだけでなく兄弟姉妹同士も違ってくるからである．私たちは両親のどちらか，あるいは両方に似ているかもしれないが，そのどちらとも遺伝的に同一ではありえない．同様に，私たちは兄弟姉妹と似ているかもしれないが，一卵性双生児でない限り，誰かのクローンであるということはない．集団内の遺伝的多様性は進化が起こるための重要な素材である．

では，そもそも集団の遺伝的多様性はどこからきたのだろうか？ DNAコードが偶然に変化する突然変異が，すべての生物における遺伝的多様性の究極の源である．ある遺伝子に起こった突然変異はその遺伝子に異なる"味付け"，すなわち遺伝的多様性をつくる．DNAの突然変異によってつくられた特定の遺伝子のさまざまな最終形態が対立遺伝子である．

減数分裂は突然変異がつくり出した対立遺伝子を混ぜ合わせるのに非常に効果的である．相同な対立遺伝子を混ぜ，混ざった相同遺伝子をランダムに配偶子に仕分けることにより，単一個体が減数分裂で膨大な種類の配偶子をつくり出す．受精の任意性は有性生殖による増殖に遺伝的多様性を加えるものである．独自の遺伝的要素をもった卵と遺伝的多様性をもった多くの精子細胞のうちの一つが融合することで遺伝情報のすっかり新しい組合わせがつくられる．

交差による対立遺伝子の混ぜ変え

減数分裂では二つの方法で遺伝的多様性がつくられる：母方と父方相同遺伝子対間での交差と第一減数分裂の際の自由な組合わせである．まずは交差から見ていこう．

交差は非姉妹染色分体間，すなわち対になった父方と母方の相同遺伝子間での物理的な染色体の部分交換である．第一減数分裂前期にすべての父方と母方の相同染色体は複製を終えて二つの染色分体となり，相同な対を見つけて並ぶ（図10・14の前期の部分）．相同染色体の片方の染色分体（たとえば父方の）が向かいにある染色分体（この場合は母方染色体の）に接触することから交差は始まる．非姉妹染色分体は長さに沿って任意の1箇所以上で接触する．交差した部分にある特殊なタンパク質が非姉妹染色分体間の部分交換を行う（図10・15）．

交換された部分には同じ遺伝子が同じ順序で含まれている．しかし，今まで見てきたように遺伝子は対立遺伝子とよばれる異なるかたちで存在しうる．交差によって父方と母方の相同遺伝子間で対立遺伝子が交換されると，生じた染色分体は遺伝的にモザイクなものとなり，母細胞がもっていた元の染色体が運んでいたものと比べて対立遺伝子の新しい組合わせを示す．モザイクになったものを組換えられた染色体といい，DNA断片の交換を通じて新しい対立遺伝子の組合わせを行うことを**遺伝的組換え**という．交差がないと配偶子によって受け継がれるすべての染色体は両親の細胞にあったのと同じままである．図10・15にあるように相同染色体の1対に交差が（一つ生じた）だけで，少なくとも四つの遺伝的に異なる配偶子をつくることができる．

相同染色体の自由な組合わせはさまざまな配偶子をつくり出す

遺伝的に多様な配偶子をつくる方法は交差だけではない．**染色体の自由な組合わせ**，すなわち"第一減数分裂で異なる相同染色体の対をランダムに娘細胞に分配すること"も生産される配偶子に遺伝的多様性を与えるのに寄与する．これは減数分裂中の細胞内で相同染色体対が第一減数分裂の中期板に並ぶときに他の対立遺伝子対とそろうことなく無作為に配向していることによって起こる．

相同染色体対の無作為な配向によって父方と母方の相同染色体のランダムなパターン，そして遺伝的に多様な配偶子を生じる仕組みを理解するために，二つの相同染色体のみをもつ細胞（$n=2$，$2n=4$）を想定してみよう．第一減数分裂で相同染色体対を中期

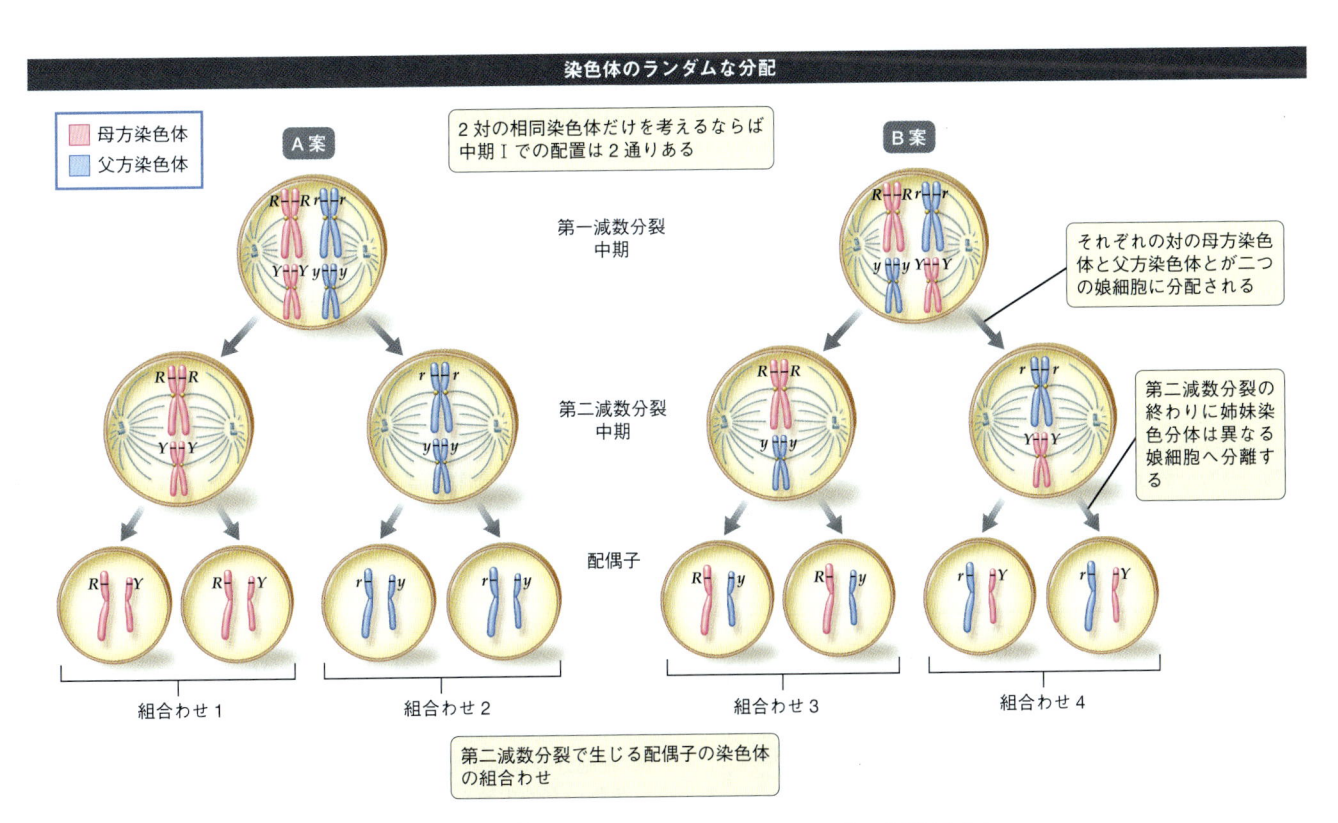

図10・16 相同染色体の自由な組合わせが配偶子の染色体の多様性を生む

板に並べるのには2種類のやり方がある（図10・16）．A案では両方の染色体対で母方染色体を左側に，父方染色体を右側に位置させる．B案では最初の相同染色体の対はA案と同じように位置させるが二番目の対は逆に配置する．すなわち二番目の対では父方染色体を左に，母方染色体を右に位置させる．図10・16にあるようにA案では2対の母方と父方の染色体を一つのパターンに分配し，2種類の異なる配偶子を生じる．B案に基づく染色体の分配では父方と母方の異なるパターンがつくられ，A案とは異なる組合わせの2種類の配偶子が生じる．

つまり，たった二つの相同染色体をもつ複相の細胞（$n=2$）から減数分裂によって父方と母方の異なる組合わせの4種類の配偶子がつくられるのである．三つの相同染色体対（$n=3$）をもつ母細胞から減数分裂で生じる配偶子は何種類になるのだろうか？ 3対のそれぞれに2種類の配置がありうるので2^3（すなわち8）通りのパターンが考えられ，8種類の配偶子がつくられうる．

では$n=23$のヒトの細胞の減数分裂の場合ではどうだろう？ 23対の相同染色体のそれぞれが2種類のどちらかの配置をとるので2^{23}，すなわち8,388,608通りの異なる相同染色体の組合わせが配偶子の中にありうる．この8,388,608通りの相同染色体の混ぜ合わせの中で減数分裂前の元の細胞と同じ組合わせをもつのは1種類だけである．交差の例と同様に，染色体の自由な組合わせはもっている染色体の混ざり方という点で両親と，そして互いに異なる配偶子をつくり出す．

最後に，すでに交差や染色体の自由な組合わせによってつくられた多様性に，受精によってさらなる多様性が足し合わされる．前の段落で，ヒトの減数分裂における染色体の自由な組合わせの結果，配偶子は800万以上の異なる組合わせの中の一つであることに注目した．つまり，交差による多様性を無視しても，すべての精子や卵細胞は染色体の組合わせだけで800万分の1を示す．精子と卵が受精すれば，子孫には64兆の遺伝的に異なる組合わせの可能性がある（800万種の精子×800万種の卵）．今までに生まれたヒトの総数は1兆を超えると見積もられている．一方，二人の兄弟が遺伝的にまったく同一になる可能性は64兆分の1よりも小さい．（例外は一卵性双生児である．彼らは同一の接合体に由来するので遺伝的に同一である確率は100％である．）減数分裂の際のランダムな出来事と，特定の卵と精子が受精することのランダムさとが，私たちの遺伝的特色をもたらしているのである．

■ これまでの復習 ■
1．ネコの二倍体染色体数が38であるとしたら，つくられる卵の中には何本の染色体があるだろうか．
2．第一減数分裂の終わりのヒトの娘細胞にはそれぞれ何本のDNA分子があるだろうか．
3．第一減数分裂は二倍体の染色体を減少させる．では第二減数分裂の配偶子をつくるうえでの役割は何だろうか．
4．集団において減数分裂が遺伝的多様性にもたらすものは何だろうか．

学習したことを応用する

巨大な分裂

この章のはじめに，2008年の夏季オリンピックのヨット競技が開催される数週間前に黄海の広い部分を覆った巨大な藻類のマットについて学んだ．それは世界最大の浮遊藻類の大量発生であった．残された時間は数週間しかなく，中国のオリンピック主催者は必死で重機や漁船，そして兵士を導入し，浜から，そしてもっと重要なオリンピックの競技コースから，たまった邪魔なマットを取除いた．海水浴客の有志も海に出て腕いっぱいの藻を浜に持ち帰った．結局，13万人の人間と1000艘の舟がオリンピック開始前の1カ月以内に150万トンの藻を集めて埋めた．それは劇的な成果だった．

しかし，この藻はいったいどこからきたのだろう？ どうやって6月のはじめに数個の小さな緑色のマットでしかなかったものが数週間のうちに約3900 km^{2}の生きた細胞集団へと変貌することができたのだろう？ 大量発生した藻類が取除かれる前に生物学者はこの藻類を*Ulva*（アオサ）だと分類した．アオサは世界中で繁殖する海藻である．多くのアオサは食用になり，サラダにしたりスープに入れたりして食べる．今回の種，*Ulva prolifera*（スジアオノリ）は5月末には数個の緑色のマットだったものが7月はじめまでに22トンの生物量にまで増えた．研究者によると，ほとんどの増殖は2週間以内で起こったという．最初のドロドロした成長はどうやって多大な除去の努力から逃れ続けたのだろうか？ このような小さな海性生物は何をしたのだろうか？ 答えは細胞分裂である．体細胞分裂と減数分裂の組合わせで，藻の細胞は倍々にネズミ算式に増えていったのだ．

細胞が素早く分裂するのを助けるものの一つは栄養である．§10・2で述べたように栄養は間期の細胞が成長するのに必要である．*U. prolifera*は，暖かく日光と栄養が豊富な海で一番よく育つ．中国の農業地域では米，魚，養豚場からの窒素とリンが主要河川を下って海へと流れ，沿岸に栄養を運ぶ．このような濃い栄養が藻類の大量発生をもたらす"富栄養化"のことを科学者たちは何十年も前から知っていた．しかし，2008年のオリンピック級の藻類の大量発生の後，中国の生物学者たちはこの大量発生がどのようにして発生したのかさらによく調べてみた．

研究者たちはアオサが切れ切れになることを好むことを発見した．静かな閉ざされた地域ではそれぞれの葉は長さ40 cmに育つが，外海では波にもまれてもっと小さくなる．葉を小さくちぎることは切り口の細胞を刺激し減数分裂によって単相の胞子をつくらせる．胞子はそれぞれが新しい個体へと育つ．事実，*U. prolifera*は波にもまれたり，ボートのプロペラに巻き込まれたり，アオサを食べる動物によってかみ砕かれたりして，パソコンのキーボードの"*"印よりも小さく粉々にちぎれたときに最も効果的に胞子を放出したのだった．

章のまとめ

10・1 なぜ細胞は分裂するのか

■ 細胞分裂は多細胞生物の成長と修復に必要であり，すべての生物の有性生殖や無性生殖にも必要である．
■ 多くの原核生物は無性生殖の一種である二分裂で増える．

1．卵細胞は一倍体の染色体をもつので，より少ない19本のランダムな染色体である．（38÷2）＝19．（$n=19$）
2．第一減数分裂で生じるそれぞれの娘細胞は23本複製したDNA分子をもつので46本である．
3．第二減数分裂は複製された姉妹染色分体を分ける半数染色分体として分離する．
4．減数分裂は二つの機構で遺伝的に多様な配偶子を生じる．交差によって，また染色体の自由な組合わせによって，相同染色体の対に含まれる遺伝子の混合が生じることである．

10. 細 胞 分 裂

- 体細胞分裂では親の細胞とも，また互いにも遺伝的に同一である娘細胞ができる．
- 減数分裂は有性生殖に必須である．動物では減数分裂の結果，配偶子とよばれる生殖細胞ができ，それらが受精によって融合して子孫が生まれる．

10・2 細胞周期

- 細胞周期とは真核細胞の生涯を通じて起こる一連の出来事である．
- 間期と分裂期とが細胞周期の二つのおもな段階である．間期は最も長い期で，G_1, S, G_2 期からなる．DNA は S 期に複製される．
- 細胞周期は注意深く制御されている．状況がよくないときはチェックポイントによって周期が進まないようにしている．

10・3 遺伝情報の染色体への配置

- おのおのの染色体は多くの遺伝子をもつ 1 本の DNA 分子を含み，収納タンパク質によって折りたたまれている．
- 真核生物の体細胞はそれぞれの染色体を 2 本ずつもち，相同染色体の対を形づくる．
- 相同染色体のうちの一つは母親から，もう 1 本は父親から受け継いだものである．哺乳類では性染色体（X と Y）が性別を決める．雌は 2 本の X 染色体をもち，雄は X と Y を 1 本ずつもつ．

10・4 核分裂と細胞質分裂:
一つの細胞から二つの同一な細胞へ

- 体細胞分裂の間，母細胞の複製された DNA はおのおのの娘細胞が親の細胞にあったすべての遺伝情報を受取るように分配される．
- DNA 複製では動原体のところで強く結合した 2 本の同一な姉妹染色分体ができる．
- 核分裂の四つの主要な期は前期，中期，後期，終期である．これらの期を通じて母細胞の染色体は凝集し，正しく配置され，両極に分かれる．
- 細胞質分裂の間に母細胞の細胞質は物理的に分けられて二つの娘細胞ができる．

10・5 減数分裂: 配偶子をつくるために染色体を組にする

- 減数分裂は核分裂と細胞質分裂のサイクル 2 回からなり，相同染色体のうちの片方だけをもつ一倍体（n）の配偶子をつくる．
- 第一減数分裂では，父方と母方の相同染色体対が二つの異なる娘細胞に仕分けられる．
- 第二減数分裂は体細胞分裂と似ていて，細胞質分裂の後には姉妹染色分体がそれぞれ離れた娘細胞へと分離する．
- 減数分裂では二つの方法で遺伝的に多様な配偶子がつくられる．交差と相同染色体の自由な組合わせである．
- 減数分裂と受精とが集団に遺伝的多様性をもたらす．

重 要 な 用 語

細胞分裂 （p.178）
無性生殖 （p.179）
有性生殖 （p.179）
二分裂 （p.179）
体細胞分裂 （p.179）
核分裂 （p.179）
有糸分裂 （p.179）
細胞質分裂 （p.179）
減数分裂 （p.180）
配偶子 （p.180）
体細胞 （p.180）
接合子 （p.180）
受 精 （p.180）
胚 （p.180）
細胞分化 （p.180）
生殖細胞系列 （p.180）
胎 児 （p.180）
成体幹細胞 （p.181）
細胞周期 （p.181）
間 期 （p.181）
S 期 （p.181）
G_1 期 （p.181）
G_2 期 （p.182）
G_0 期 （p.182）
腫 瘍 （p.182）
がん細胞 （p.182）
染色体 （p.183）
クロマチン（染色質）（p.183）
姉妹染色分体 （p.183）
動原体 （p.183）
核 型 （p.184）
相同染色体 （p.184）
性染色体 （p.184）
前 期 （p.185）
中心体 （p.185）
紡錘体 （p.185）
中 期 （p.185）
後 期 （p.185）
終 期 （p.186）
細胞板 （p.186）
一倍体 （p.188）
二倍体 （p.188）
父方相同染色体 （p.188）
母方相同染色体 （p.188）
第一減数分裂 （p.188）
第二減数分裂 （p.188）
二価染色体 （p.189）
交 差 （p.191）
遺伝的組換え （p.191）
染色体の自由な組合わせ （p.191）

復 習 問 題

1. 細胞周期において DNA が複製されるのは，
   (a) G_1 期
   (b) S 期
   (c) G_2 期
   (d) 分裂期
2. つぎのうち正しいものはどれか．
   (a) クロマチンは G_2 期よりも前期の方がよりコンパクトに折りたたまっている．
   (b) S 期のおもな出来事は姉妹染色分体の分離である．
   (c) 紡錘体が最初に現れるのは後期である．
   (d) 細胞は中期にその大きさを増やす．
3. つぎのうち正しくないものはどれか．
   (a) DNA はタンパク質によってクロマチン内に収められる．
   (b) 特定の種の体細胞に存在するすべての染色体は同じ形と大きさをもつ．
   (c) それぞれの染色体は 1 本の DNA 分子を含む．
   (d) 動物の体細胞は二倍体である．
4. つぎのうち細胞周期の順序を正しく示しているのはどれか．
   (a) 核分裂，S 期，G_1 期，G_2 期
   (b) G_0 期，G_1 期，核分裂，S 期
   (c) S 期，核分裂，G_2 期，G_1 期
   (d) G_1 期，S 期，G_2 期，核分裂
5. 受精において配偶子は融合して何になるか．
   (a) 四分子接合子
   (b) 一倍体接合子
   (c) 二倍体接合子
   (d) 三倍体接合子
6. ヒトの配偶子は以下のどれを含むか．
   (a) ヒトの皮膚細胞の 2 倍の数の染色体
   (b) 性染色体のみ
   (c) ヒトの皮膚細胞の半分の数の染色体
   (d) X 染色体のみ
7. 染色体数が減る分裂は以下のどれか．

(a) 核分裂前期
(b) 第二減数分裂後期
(c) 第二減数分裂中期
(d) 第一減数分裂

8. 減数分裂で生じるのはつぎのどれか．
(a) 四つの一倍体細胞
(b) 二つの二倍体細胞
(c) 四つの二倍体細胞
(d) 二つの一倍体細胞

分析と応用

1. 細胞周期の特徴である通常のチェックポイントの機能的価値は？
2. ウマの核型は64本の染色体である．減数分裂を始める直前の G_2 期のウマの細胞にはいくつの独立したDNA分子が存在するか？第一減数分裂を終えたウマの細胞はいくつのDNA分子をもつだろうか．
3. 核分裂において後期が中期よりも先に起こることは可能だろうか？それはなぜか？
4. 体細胞分裂と減数分裂を右表を埋めることによって比較せよ．一行目にならって"正"，"誤"を正確に記入せよ．

	体細胞分裂	減数分裂
1. ヒトではこの分裂を行うのは二倍体の細胞である．	正	正
2. この分裂によって母細胞から四つの娘細胞がつくられる．		
3. 私たちの皮膚細胞はこの分裂によって数を増やす．		
4. この分裂で生じた娘細胞は母細胞と遺伝的に同一である．		
5. この分裂には2回の核分裂が含まれる．		
6. この分裂には2回の細胞質分裂が含まれる．		
7. この分裂のある時点で父方と母方の染色体が二価染色体を形づくる．		
8. この分裂のある時点で姉妹染色分体が分離する．		

5. 有性生殖を行う生物で配偶子が減数分裂ではなく体細胞分裂によってつくられるとしたら，子孫の染色体数にはどんな影響が起こりうるだろうか．
6. 第一減数分裂と第二減数分裂を比較対比しなさい．どちらがより有糸分裂に近いだろうか？それはなぜか．
7. 交差によってどのように染色体が組換えられるかを説明せよ．減数分裂のどの段階で交差は起こるのだろうか？交差の生物学的重要性を説明せよ．

ニュースで見る生物学

Puzzle Solved: How a Fatherless Lizard Species Maintains Its Genetic Diversity

By Sindya N. Bhanoo

パズルは解かれた：父親のいないトカゲの種がどのように遺伝的多様性を維持しているのか

40年以上前，当時若い大学院生だったBill Neavesは無性種の（雌しかいない）テユー科トカゲがどのように生じたのかを発見した．彼はこのトカゲがある種のトカゲの雌と別の種の雄との雑種であることを見つけたのだ．

しかし，彼を悩ませたのはどのようにして雌だけの種が，ふつうは有性生殖によって行われる環境に適応するための遺伝的多様性を維持してきたのか，ということであった．

雄の存在なしに生殖するにもかかわらず，この種のトカゲは野生で強く生きる．現在，Neaves博士が働くミズーリ州カンザスシティーのストアーズ医学研究所の大学院生 Aracèly Lutes はこの問題の謎を解決した．その発見は日曜日の Nature 誌に報告されている．

有性生殖を行うトカゲは母親からの23本の染色体と父親からの23本とをもつ．

雌しかいない種での生殖では，Lutes氏の発見によると，卵細胞に46本の母系染色体のすべてが倍化されていて92本の染色体があった．

これらの染色体は相同染色体と対になり二つの細胞に分かれた後は46本の染色体の成熟した卵となる．細胞分裂の際の交差は同一染色体の対の間でのみ起こるので，未受精卵から発生したトカゲは母と同一である．

重要なのは，個々の子トカゲはオリジナルの複製であることである．二つの種から染色体を受け継いだオリジナルは遺伝的に多様なので，その同一コピーである子孫もまた同様である．

この種が何世代も繁栄してきたのはそれゆえだろう．しかし，有性生殖をする種と違い，このトカゲはより強い種に進化することはない，とNeaves博士は語る．

それらは"南西の砂漠に本当によく適応した"けれど"つぎの氷河期がきたら淘汰されてしまうでしょう"と彼は話した．

§10・5で私たちは卵と精子とが減数分裂という過程を経てつくられることを見てきた．そこでは細胞は染色体を複製した後2回分裂する．減数分裂によって染色体数が通常の半分の一倍体（n）の娘細胞が四つでき，それが卵や精子に成長する．通常のヒトの細胞には46本（23対）の染色体があるが，減数分裂でつくられた卵や精子には染色体は23本しかない．一倍体の卵と精子が受精によって融合するとそれぞれが23本ずつの染色体を供給して46本の染色体をもつ単細胞の胚をつくる．

この記事で単為発生性のテユー科のトカゲについて学んだ．このトカゲは交尾も雄も精子もなく生殖し，すべて雌である．科学者は単為生殖に関して何年も前から知っていたが，現在に至るまでこのトカゲがどのようにして正しい数の染色体をもった単細胞の胚をつくるのかは明らかになっていなかった．

ヒトと同様に，このトカゲの二倍体の細胞（$2n$）は46本の染色体をもつ．しかし，減数分裂を経て卵となる生殖細胞はその倍である92本の染色体をもっている．すなわち，$4n$の生殖細胞なのである．減数分裂の後，卵は一倍体の23本ではなく二倍体の46本の染色体をもつ．すでに通常数の染色体をもつので，精子と融合する必要がない．

どのようにしてテユー科のトカゲが染色体を倍化するのかはまだよくわかっていない．可能性としては減数分裂の前のDNAの複製プロセスを2回経る，あるいは二つの生殖細胞が融合して$4n$の細胞となる，などが考えられる．

有性生殖が遺伝的多様性を増すならば，単為生殖をするテユー科のトカゲはどのようにして遺伝的多様性を維持するのだろう？ 研究者たちはまだ答えを得ていない．突然変異は多くの遺伝子変異をもつ対立遺伝子をつくる．この章で，減数分裂によって対立遺伝子が混ざり，受精によってそれらが結合して無限の組合わせが生まれることを学んだ．結果として遺伝的に独自な子孫ができる．

テユー科のトカゲは多くの対立遺伝子をもち，その遺伝子は突然変異をさらに起こしうるが，新しい対立遺伝子ももとからあるものも混ざり合うことはない．ふつうは第一減数分裂の際に父性と母性の相同遺伝子間で交差が起こって対立遺伝子が混ざる．テユー科のトカゲでは交差は同一の姉妹染色分体間で起こってしまうのである．

このニュースを考える

1. この記事にあるテユー科のトカゲでは通常の体細胞，減数分裂を始める直前の生殖細胞，卵細胞にはそれぞれ何本の染色体があるか？
2. 遺伝的歴史とその生殖方法により，テユー科のトカゲは多くの遺伝子の多様性，あるいは対立遺伝子をもつ．母トカゲから生まれた娘トカゲたちは非常によく似ているか，それともまったく異なっているか？ その理由も述べなさい．

出典：*New York Times*，2010年2月23日

11 幹細胞，がん，人間の健康

> **MAIN MESSAGE**
>
> 幹細胞は個体の一生を通じて新しく生まれる細胞の元になる細胞である．がん細胞は無制限に分裂し他の組織に侵入していく．

Henrietta Lacks の死なない細胞

　1951年のこと，貧しい専業主婦だった Henrietta Lacks は，月の予定日でない出血があったので，ジョンズホプキンス医科大学を受診に訪れた．担当の医師は，ひと目で彼女の子宮頸部（子宮の入り口）に鮮やかな紫色をした腫瘍があるのを発見し，それが最悪の事態になることを恐れた．彼はすぐに悪性の子宮頸がんと判断し，そのことを彼女に告げた．

　わずか31歳で5児の母であった Henrietta Lacks は，子どもたちの成長した姿を見る前に死ぬとは思ってもいなかった．しかし，彼女の体の中で増殖したがん細胞が，その後数千もの生物医学研究室で，彼女の死後何十年も元気に生き続けていることを知ったらもっと驚いたことだろう．

　Lacks のがん治療として，執刀医は当時の最先端技術であった放射性ラジウムの入ったカプセルを，子宮頸部に縫い付ける手術を行った．Lacks の身体のほとんどの細胞は，ふつうのヒト細胞と同じように，ゆっくりと，高度に制御された速度で分裂をしていた．しかし，がん細胞は異なっていた．

　ちょうどそのころ，ジョンズホプキンス大学には，George Gey と Margaret Gey という夫婦の研究者がいた．彼らは，細胞の振舞いを調べるために，試験管内でのヒト細胞の"培養"を何年も試みていた．1951年の時点では，それまでの Gey 夫妻のすべての試みは完全な失敗に終わっていたので，彼らはとにかく入手できる限りのヒト細胞を培養してみようと懸命になっていた．彼らを手助けするため，Lacks の執刀医は彼女のがん組織の一片を切り取り，Gey に届けたのである．

　このがんから得られた細胞は，Henrietta Lacks にちなんで"HeLa"とよばれ，劇的な成功をおさめることになった．HeLa 細胞はそれまで知られているヒトの細胞のなかで最も分裂速度の速い細胞であったが，もっと重要なことは，それがヒトの体外で増殖する最初のヒト細胞であったことである．しかし，試験管内で生き続け，速く分裂するということに加えて，HeLa 細胞はもう一つの驚くべき特質をもっていた．それは死なないということで，永遠に細胞分裂を続けるであろうということだ．

> **?** 何が Lacks の細胞を不死にしたのか？ この細胞ががんの生物学においてどのように寄与しているのか？

　この章の最後でこれらの問題にもう一度立ち返ってみることにする．

HeLa 細胞はがん細胞株である　HeLa 細胞は培養皿上で増殖することができる．この細胞株は，1951年に，Henrietta Lacks（挿入写真）から摘出された子宮頸がんの切片から確立されたものである．HeLa 細胞は，今や全世界の何千という研究室で培養されている．この写真では，HeLa 細胞の核の中の DNA は青色に，微小管は緑色に，ミトコンドリアは赤色に染色されている．

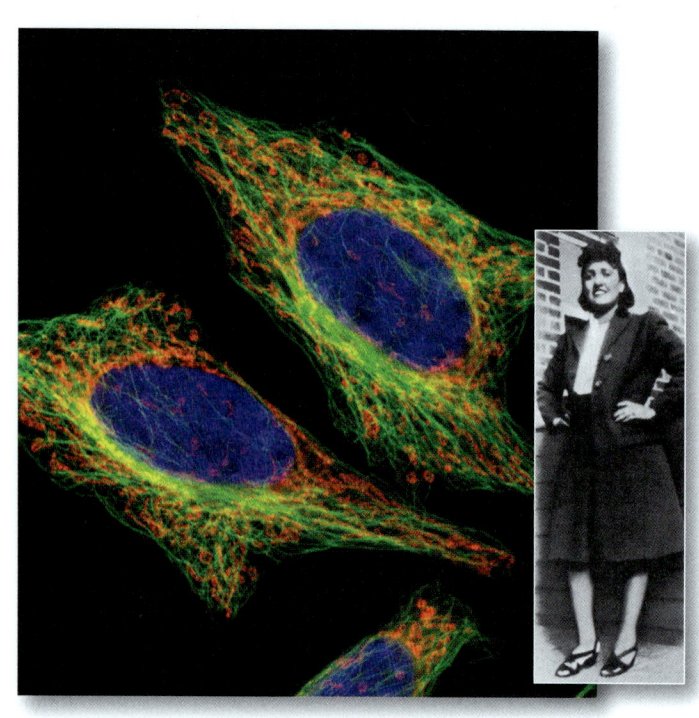

11. 幹細胞，がん，人間の健康

基本となる概念

- 幹細胞は自己再生のための予備の未分化細胞である．
- 胚性幹細胞は，分化して身体のすべての種類の細胞になることができるから，最も分化能の高い細胞である．大人から得られる成体幹細胞は分化能が限られている．
- 細胞分裂は細胞内外にある監視機構やバランスをとる仕組みで厳密に制御されている．細胞分裂における正常な制御を失い，増殖速度を急増させた細胞は，良性腫瘍とよばれる細胞塊を生じる．
- 周囲の組織に侵入する能力をもつようになった腫瘍をがんとよぶ．他の器官に広がる，すなわち転移するようになったがんはとりわけ危険である．
- すべてのがんにおいて，それが生じる原因は遺伝子の突然変異である．大多数のヒトのがんは，生涯にわたる多くの突然変異の蓄積が原因である．
- ヒトのがんでは，環境や生活習慣に起因する要因が大きな役割を果たしている．

細胞は地上のすべての生物の基本単位である．前章では，細胞がどのように組織化され，どのようにエネルギーを獲得しているかについて学んだ．生物は細胞分裂によって自己を伝承していくこと，そして多細胞生物においては，細胞分裂が自己を維持し増殖するために必須であることを特に強調しておきたい．この章では，私たち自身の身体を理解するうえで，細胞の基本的な性質を理解することがいかに重要であるかを示す．細胞分裂が私たちの健康や幸せな生活にいかに寄与しているのか，またそれがうまくいかなくなったときに重い病気にかかるのはなぜかについて知ることになる．それでは，遺伝子のはたらき，真核生物の細胞分裂と分化について簡単に復習することから始めよう．

DNA は遺伝情報を蓄えている分子であり，遺伝暗号の記号である四つのヌクレオチドがある順番で厳密に並んだものである．**遺伝子** は DNA の一部分で，子孫に継承されていく独自の特質を暗号化したものだ．およそ 25,000 の遺伝子が詰め込まれているヒトの細胞は，多くのアプリケーションが詰め込まれた一つのソフトウェアのパッケージだと思えばよい．

大人のヒトには 220 種類もの細胞があるが，これらすべての細胞は遡っていくと 1 個の受精卵にたどり着く．**細胞の分化** は発生過程で生じるもので，それによって細胞は独自の機能を獲得する．発生過程では，細胞は自身がもつ遺伝的プログラムと細胞外からのシグナルに促されて特定の型の細胞に分化していく．

ヒトの身体の細胞はすべて同じ DNA 配列をもっているが，異なった細胞種では **遺伝子発現** が違い，異なった遺伝子セットが読み取られる．たとえば神経細胞（ニューロン）では白血球とはまったく違う遺伝子セットが発現している．コンピュータでたとえるなら，すべての細胞に同一の DNA ソフトウェアがインストールされているが，違う細胞種では違うアプリケーションが走っているということである．

現在生きている細胞は，それに先立って存在した細胞が分裂してできたものである．**体細胞分裂** では，親細胞は分裂して遺伝的に同じ 2 個の娘細胞になる（§ 10・4 参照）．染色体（一つ一つが高度にパッケージ化された DNA 分子である）は体細胞分裂が始まる前に複製され，分裂過程においてはまずその複製された二つの等価な染色体が細胞の両端に上手に振り分けられるので，分裂したときにはおのおのの染色体の複製が一つずつ二つの娘細胞に分配されて受け継がれる．

この章では，ヒトの健康や疾患に深くかかわっている幹細胞とがん細胞を題材に，細胞の根源的な原理について議論することになる．幹細胞は分裂以外何もしない細胞であるが，分裂を重ねる過程で胚から胎児，そして子ども，大人になっていく．この章では，幹細胞研究の生物医学的応用を学び，なぜ幹細胞技術がときに議論をひき起こすのかを検証していく．がん化は健康な細胞が悪い細胞になる物語である．がん細胞は自由奔放に分裂するだけでなく，近隣を侵略し，身体の中で一生懸命はたらいている正常な細胞から，それらに必要な酸素や栄養素などの資材を略奪し飢餓状態に追い込んでしまう．私たちは腫瘍細胞ががん細胞に変態していく様を学ぶことになるだろう．また年をとるとなぜがんになりやすくなるか，どうすればがんにかかる危険を減らせるかについても学ぶ．

11・1 幹細胞：分裂のための細胞

幹細胞の仕事は分裂することである．幹細胞から生まれた娘細胞の一部は，一定数の幹細胞を維持するという本来の目的にのっとって幹細胞となる．しかし一部の娘細胞はその道を外れて，高度に特殊化した細胞になっていく．

幹細胞はヒトの発生において，また成長した後の身体の維持にもきわめて重要である．幹細胞は小さな細胞塊から 60 兆個もの細胞からなる大人に成長するのに寄与している．幹細胞は骨髄をはじめ，きわめて多岐にわたる組織や器官に存在する（図 11・1）．骨髄の幹細胞は常に分裂を繰返しており，その子孫の一部は赤血球になったり，血小板とよばれる血液を凝固させる細胞になった

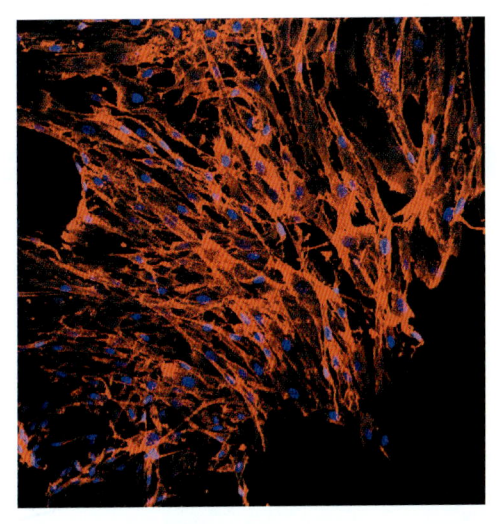

図 11・1 骨髄幹細胞 骨髄間葉幹細胞は，成体幹細胞のなかで最も多能性があるものの一つである．間葉幹細胞由来の細胞は骨や軟骨になる．骨髄の中にある他の幹細胞は赤血球，白血球，そして血液凝固に重要な血小板とよばれる細胞小断片になる．

り，感染と戦う8種類の免疫細胞の一つになったりする．皮膚組織では毎日，幹細胞から分化して生まれてくる新しい皮膚細胞に入れ替わっている．外科医が肝臓の病変部分を切り取ることができるのは，残された組織中に存在していた眠っている幹細胞がすぐにはたらき始め，失われた組織のほとんどを再生するからである．

幹細胞の減少は，加齢に伴う白髪化や免疫力の低下をもたらす．幹細胞の数が，必要最低限とされる数以下に減少することが，123年とされているヒトの最長寿命の上限を決めているのかもしれない．ヒトの幹細胞を操作することは，ヒトの健康を増進させるうえでの大いなる可能性を秘めているが，一方では，幹細胞の研究が激しい論争や政治的物議を醸している．この節では，幹細胞の特殊な性質と，幹細胞に関する展望やそれにかかわる論争を詳しく見ることにする．

■ 役立つ知識 ■　名称とは裏腹に，成体幹細胞は成人のみならず胎児や小児にも存在する．成体幹細胞は体性幹細胞ともよばれる．体細胞は多細胞生物の身体の中の性と無関係な細胞であるという10章の記述を思い出そう．

幹細胞は新しい細胞の基である

幹細胞は未分化の細胞で，自己再生できるという並外れた性質をもっているが，それは幹細胞が細胞分裂を行って自己増殖できることを意味する．細胞分裂によって生まれた幹細胞の娘細胞の一部は再び幹細胞となって，幹細胞の数を維持もしくは増やしたりする．しかし，他の娘細胞はそこから卒業して，皮膚細胞や脂肪細胞のような高度に専門化した細胞になる（図11・2）．幹細胞の種類は多く，それらの娘細胞がどのように分化するかは，その幹細胞の遺伝子発現の能力と，置かれた物理的化学的環境から受取る情報に依存している．

幹細胞は大きく分けると2種類あり，それらは胚性幹細胞と成体幹細胞である．**胚性幹細胞（ES細胞）** は胚にのみ存在し，ヒトの身体に存在する220種類の細胞すべてになることができる．**成体幹細胞**は，それが属する組織や器官の，一部もしくはすべての細胞を生み出すことができる未分化細胞である．脳の幹細胞は神経細胞と，他の2種類の脳細胞（オリゴデンドログリアとアストロサイト）になるが，そのほかの，たとえば赤血球や肝臓の細胞のような細胞にはなれない．胚性幹細胞は，あらゆる職業につける，卒業を控えた高校生にたとえることができるだろう．一方，成体幹細胞は法科大学院のようなもので，さまざまな法律家を輩出するが，経済学や工学の学位を出すことはできない．

ヒトの胚性幹細胞や一部のヒト成体幹細胞は，**細胞培養**によって実験室で増やすことができる．プラスチックシャーレに満たした特別な培養液中に幹細胞をまくと，細胞は体細胞分裂を行って増殖する．それらの細胞にある種の物理的または化学的シグナルを与えると，分化を起こし，たとえば皮膚細胞や神経細胞のような別種の細胞になる．

幹細胞技術は大きな希望を与えてくれ，いくつかの成功をもたらした

まだ実証すべきことはたくさんあるが，幹細胞は私たちに細胞生物学やヒトの発生学に関する多くのことを教えてくれた．ヒトの220種の細胞の大部分は，実験室のシャーレの中で培養することができないので，それらを単離して研究することはとても難しい．幹細胞研究の一つの重要な目標は，シャーレの中で，目的とする幹細胞を培養し，特定の細胞に分化するために何が必要であるかを明らかにすることである．このような研究は，細胞の分裂や分化を制御している基本的な仕組みや，この仕組みにおける変異がどのようにしてがんのような異常や病気を生むのかを理解するのに役立つであろう．

基礎研究における寄与以上に，幹細胞からつくられたヒトの組織は，新薬の発見を加速させ，新しい薬物療法を生むためのコストを低減できる（表11・1）．幹細胞由来の組織は，新薬の候補に効果があるのか，毒性はないかなどを評価するのに役立つ．たとえば製薬会社は，研究室のシャーレの中で幹細胞から増殖したヒトの心臓組織を用いて試験することで，心臓病治療薬として見込みのある薬剤を選び出すことができる．また，標的ではない別種の細胞を幹細胞からつくり，それらに対する毒性を調べること

表 11・1　幹細胞技術の応用例

基礎研究	細胞分裂や分化の理解 幹細胞の生物学 がんの生物学 ヒトの発生の理解
生物医学的応用	薬剤の開発：培養したヒトの組織を用いた新薬の試験 再生医療：損傷を受けたり病気になった組織の修復や置換

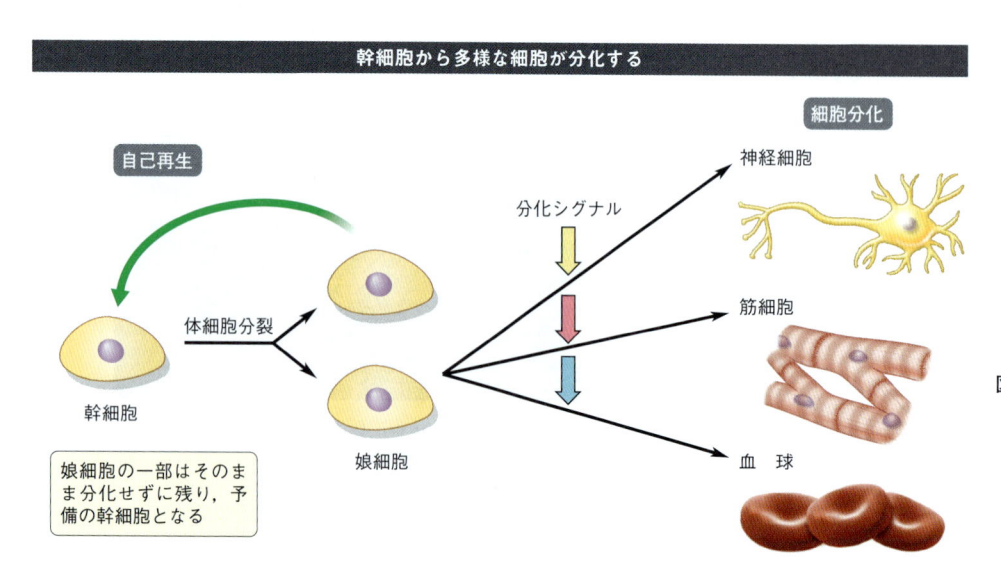

図 11・2　**幹細胞は自分自身を再生産する**　幹細胞は自己再生という類のない特徴をもった未分化の細胞である．適当な物理的・化学的複合シグナル（分化シグナル）が与えられると，それらの末裔は高度に分化した細胞になっていく．

図 11・3 治療に向かって戦闘中 米国人のおよそ 50 万人がパーキンソン病にかかっており，ボクサーのモハメッド・アリや俳優のマイケル・フォックスもその一人だ．この病気の発症には，受け継がれた遺伝子と，農薬などを浴びたり物理的な外傷を受けたりというような環境要因の両方が影響している．2002 年の米国上院小委員会において，この二人は力を合わせて連邦が細胞研究を支援することを訴えた．

によって，薬の副作用を評価することができる．実験動物を用いた薬物試験は時間と莫大な費用がかかる．マウスを使った新薬の試験には，しばしば 300 万ドルほどもかかる．マウスはヒトではないから，近所の薬局で売られるようになる前に，さらに同様な試験をヒトで行わなければならない．ヒトでの大規模な研究にかかる費用は 10 億ドルを超えるほどになってしまう．

幹細胞はまた，けがや病気で傷ついた組織や器官を修復したり置き換えたりするという戦略も提供する．これは**再生医療**とよばれている．幹細胞技術は，俳優のマイケル・フォックスや前ヘビー級ボクシングチャンピオンのモハメッド・アリ（図 11・3）のようなパーキンソン病患者にとっては希望の光だ．パーキンソン病は，身体の動きをコントロールできなくなったり，言語機能障害が進行していく病気である．この症状は，運動をつかさどる脳の部域のドーパミン産生細胞が死ぬことによってひき起こされる．ドーパミンは，神経伝達物質，すなわち脳細胞が互いに連絡をとるためのシグナル分子である．研究者は，パーキンソン病に冒されたラットの脳に，胚性幹細胞を移植することでその動物を治した．移植した幹細胞が分化してドーパミン産生細胞になり，運動機能が回復したのだ．ヒトの幹細胞の操作法についてはもっともっと明らかにしなければならないことが多いので，この成功をすぐヒトに適用できるわけではない．しかし症例によってはその溝が埋められつつあり，目を見張るような成果も得られている．

成体幹細胞は，白血病のような血液のがんを含むいくつかの血液疾患の治療において，50 年間以上も前から用いられてきた．また，重度の火傷の治療にも用いられている．患者の健康な皮膚の幹細胞を採取し，適当な条件で培養すると，幹細胞は急速に皮膚組織のシートをつくる．それを患者の身体に移植するのだ．この皮膚組織は患者自身の幹細胞から作られたものだから，免疫系から攻撃されることがない．

幹細胞を使ったさまざまな治療法を試験するために，現在何百もの臨床実験が米国や他の国々で進行している．ヒト胚性幹細胞を用いる試みも進んでいるが，ほとんどが成体幹細胞を用いたものである．特に 1 型糖尿病患者に対する幹細胞治療が重点的に行われている．この病気では膵臓のインスリン産生細胞が損傷を受けている．最近では，この病気にかかった子どもを細胞培養で何倍にも増殖させた成体幹細胞を用いて治療した例がある．この治療によって，子どもたちの多くは自分自身で十分量のインスリンを産生できるようになり，この不可欠なホルモンを補うための注射をする必要がなくなった．

筋組織や血管由来の成体幹細胞を用いた治療を受けた心発作患者で，心機能が大幅に改善されたという報告が多くある．ヒトの胚性幹細胞から人工的に作り出した培養組織（オリゴデンドロサイト前駆細胞）の注射で，脊髄損傷患者を救うという臨床実験が 2010 年 1 月に始まった．パーキンソン病，アルツハイマー病，脳梗塞，筋萎縮性側索硬化症，筋ジストロフィー，クローン病，そしてさまざまな視覚や聴覚の障害の治療において，幹細胞を用いる治療法は有望である．

優れた治療法を実現するためにはもっと多くの研究が必要である．皮膚や脂肪組織や骨髄以外からヒト成体幹細胞を十分量得ることは一般に困難である．それらが生きているヒトからしか採取できないからである．かなり大きな組織が入手できた場合でも，成体幹細胞は数が少なく，識別するのが困難であり，それが含まれる組織から抽出するのが難しい．また，ほとんどの成体幹細胞は培養が難しい．そのおもな理由は，成体幹細胞は種類が多く，おのおのに応じた制御をする必要があるが，そのために必要な細胞分化についての知識がまだ不十分だからだ．ヒト胚性幹細胞は，提供された胚から得られ，シャーレの中で無限に増殖させることができる．そしてその幅広い発生能力によって，ヒト幹細胞の分化について非常に多くのことを私たちに教えてくれる．しかしながら，その組織を研究や治療に用いることについては激しい賛否両論がある．ヒト胚性幹細胞にかかる論争がなぜ激しく対立するのかを理解するには，胚性および成体幹細胞がどこから得られるのかを知らねばならない．

胚性幹細胞は発生のごく初期段階にしかみられない

私たちは一人一人受精の産物で，卵と精子の融合が一つの細胞，すなわち**接合子**をつくり出す．接合子は数回の体細胞分裂を経て，桑実胚とよばれる球状の細胞塊になる．この小さな球の中の一部の細胞が，やがて成人の身体となる細胞塊，すなわち**胚**になる．胚の中の細胞は分裂し，急速に分化して，身体のあらゆる器官を構成するさまざまな種類の組織を生み出していく．ヒトの場合，胚は，すべての主要な器官が形づくられた，受精後およそ 3 カ月の段階で**胎児**とみなされる．この時点から誕生までの期間に，器官は何十億もの細胞の分裂とそれに続く娘細胞の分化を伴いつつ成長し，成熟する．

受精後の最初の 3〜4 日間，桑実胚は，**全能性**をもつ細胞で構成されている．全能性とよばれる理由は，私たちのような哺乳類においてみられる発生途中の胚を包んでいる羊膜嚢を含むすべての細胞種になることができるからである．桑実胚は細胞分裂を続け，およそ 150 個の細胞からなる**胚盤胞**とよばれる，空洞のある球体になる．この空洞のある球体の内部には，**内部細胞塊**というおよそ 30 個の細胞集団があり，これはこの胚特有のものである（図 11・4）．この内部細胞塊はすべて胚性幹細胞，すなわち胚になって成体のあらゆる細胞種をつくり出す能力である**万能性**をもった幹細胞からできている．ただし，哺乳類においては羊膜嚢をつくる組織にはなれない．

受精後 5〜7 日で，胚盤胞は子宮に付着するが，これを着床と

いう．細胞分裂はさらに急速に進み，胚に三つの組織層が生じるころになると，多くの娘細胞は分化を始め特殊化した細胞になっていく．受精後およそ10週間たつと，ほとんどの器官が確立され，胚は胎児へと変貌する．発生が進むに従って，胎児の細胞の多くは発生の柔軟性が低下していく．つまり，狭い範囲の細胞種の一つになるように分化が運命づけられていく．さまざまな器官や組織の中で，ほんのわずかの数の細胞のみが成体幹細胞として維持されるのだ．

体性幹細胞ともいわれる成体幹細胞は，**多能性**もしくは**単能性**をもつ．すなわち，これらは分化できる細胞のタイプが狭く限られており，たった一種の細胞にしかなれない場合もある．成体幹細胞は，桑実胚の全能性をもった細胞が示す完全な分化の柔軟性や，万能性をもった内部細胞塊がもっているほぼ完全な柔軟性を失っている．成体幹細胞は，皮膚，消化管，肝臓，脳，心臓など，ヒトの多くの組織・器官に存在することが知られている（図11・5）．

胚性幹細胞を用いることには議論がある

胚盤胞の内部細胞塊が唯一の胚性幹細胞のもとになっている．科学者たちは，はるか昔の1981年から，マウスの胚盤胞から取出した胚性幹細胞を培養することに成功していた．しかし，ヒトの胚性幹細胞を培養できるようになったのは1998年になってで

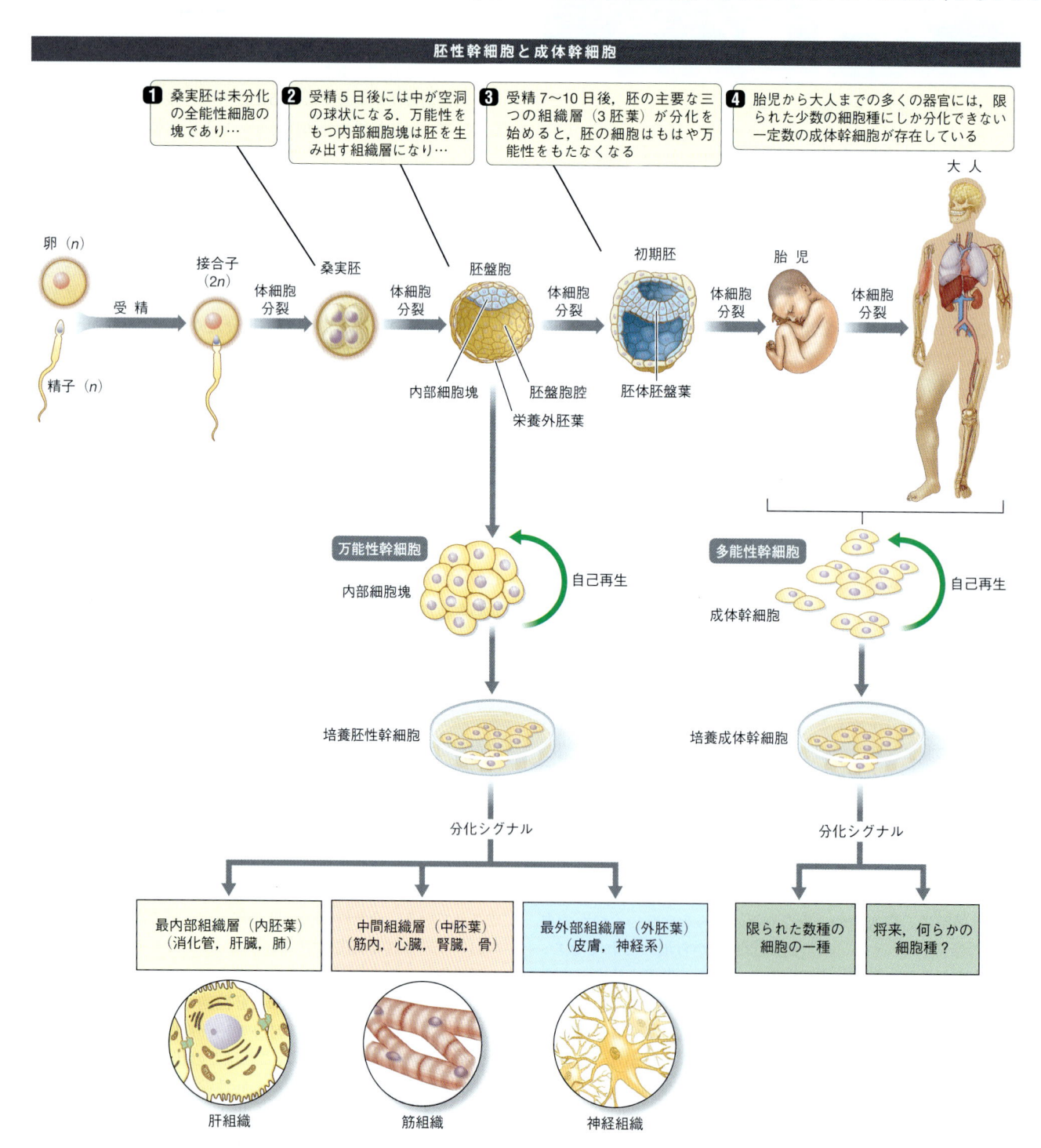

図11・4 ヒトの発生と幹細胞の由来 胚性幹細胞は分化多能性をもち，適当な分子シグナルに応答して，さまざまな特殊化した細胞に分化していく．成体幹細胞は，十分発達した組織や器官の中に少数含まれており，ふつうは成体幹細胞が存在する組織に関係する狭い範囲内の細胞になる．

ある．技術的な困難に加え，唯一の万能性をもつ細胞であるヒトの胚は簡単には手に入らなかったからである．1990 年代，試験管内受精，すなわち試験管ベビー技術が出現したおかげで，ヒトの胚が提供されるようになり，入手が可能になった．

試験管内受精においては，シャーレの中で卵と精子が混合され，胚盤胞の段階まで発生が行われる．培養された胚盤胞は，それ以上シャーレ内で発生を続けさせることができないので，この段階で妊娠のために移植する．このように試験管内受精によって妊娠させる医療技術は大変難しく，失敗する率が高いので，一つもしくはごくわずかの数の胚盤胞を子宮に移植すればすむはずであるにもかかわらず，実際には多くの卵が採取される．このときにできてくる"余った"胚は，その後に必要とされる場合に備えて凍結される．米国全体の病院には，40 万個以上のヒトの胚盤胞が超低温冷凍庫に保管されているのだ．

1990 年代後期には，数多くの"剰余"胚盤胞が夫婦から研究者に寄付されたので，内部細胞塊から採取したヒトの細胞を培養液中で生育させる方法が開発されて（図 11・6），マウスの胚盤胞技術で得られていた知見がさらに深まった．この万能性細胞は，分化することなく分裂を続け，幹細胞としての性質を維持した．このようなヒト胚性幹細胞の細胞株（一つの共通の親細胞由来で，途切れなく体細胞分裂を続けてきた細胞は一つの株に属し

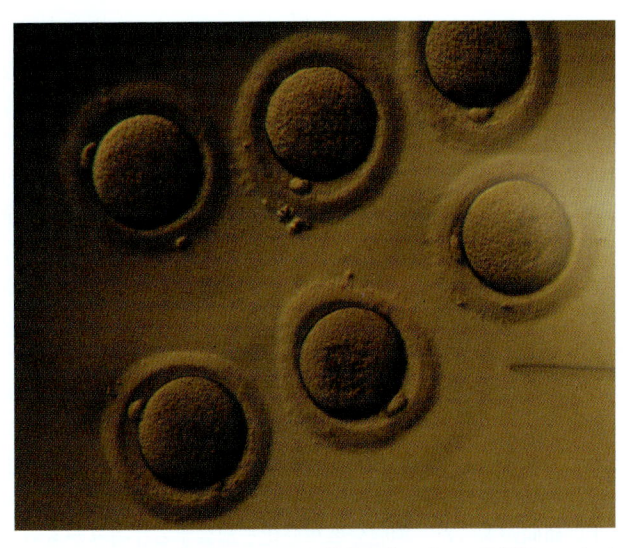

図 11・6 ヒト胚性幹細胞 ヒト胚性幹細胞の唯一の供給源は，人工授精を行った夫婦から提供される，保存してあったごく初期のヒト胚（胚盤胞）である．内部細胞塊を得るためには胚を破壊することになる．

ているとされる）がいくつも米国や他の国々で作出されている．1998 年には，ヒトの胚性幹細胞が培養器の中で増殖すること，そしてある種のシグナル分子を加えることである種の細胞に分化させることに成功したという報告がされたが，これに対して賛否両論が湧き上がることになった．

ヒト胚性幹細胞の研究に反対の人々は，人間の命は受精から始まると信じている．彼らは，胚は倫理的には人であり，その細胞を誰かの利益のために使うのは倫理に反すると強く主張している．2001 年，米国政府はヒトの胚が使われるあらゆる研究に対して研究資金を停止し，公共の基金を使って新しいヒト胚性幹細胞株を作ることを禁じた．しかし 2009 年に新政権が出した大統領命令によって，禁止令は覆され，連邦政府の機関が胚性幹細胞の研究を支援し，運営することになった．胚性幹細胞研究の支持者らは，ヒト胚性幹細胞研究に対する連邦の支援が，幹細胞に関する基礎的な知見を増大させ，幹細胞技術の医療への応用に拍車がかかると主張している．

すでに成体幹細胞が医療目的に使用されているのに，ヒト胚性幹細胞研究になんの必要性があるのであろうか？ ヒト胚性幹細胞研究を擁護する人々は，成体幹細胞は発生における自由度が限られていることに加えてそれらが小さくて数も少なく，培養器の中で選別し増殖させるのが難しいことを指摘する．しかし，新しいタイプの幹細胞，すなわち人工多能性幹細胞が現実のものになれば，この論争は鎮まるだろう．

人工多能性幹細胞は分化した細胞から誘導される

人工多能性幹細胞の作出は，最近の生物学と生物医学における最もエキサイティングな発見の一つである．**人工多能性幹細胞（iPS 細胞***）は，胚性幹細胞が示す分化多能性をもつように遺伝的に再プログラムされた細胞のことであり，その細胞がもとは高度に分化した成体の細胞であってもよい．iPS 細胞株をつくるためにヒトの胚を破壊する必要はない．しかしそれは胚性幹細胞とほとんど同様な発生における柔軟性をもっているのだ．それゆえ

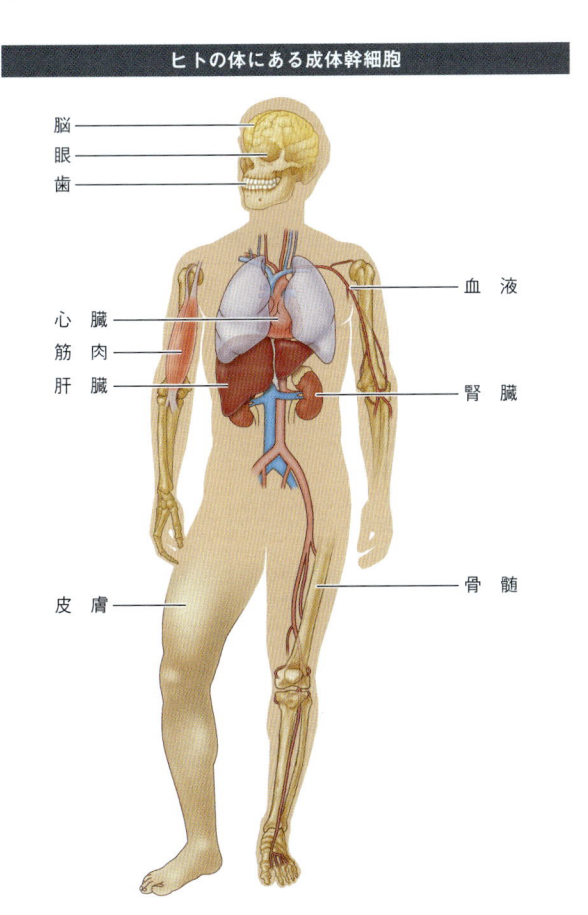

図 11・5 人体のいくつかの組織や器官では少数の成体幹細胞が存在する これらの細胞は，胚性幹細胞のような多能性ではなく，複能性もしくは単能性である．ほとんどの組織（皮膚と骨髄を除く）由来の成体幹細胞は，内部細胞塊由来の胚性幹細胞に比べて，実験室で選別することも，取出して培養することも難しい．

---

* 訳注：iPS 細胞は induced pluripotent stem cell の略称．直訳すれば誘導万能性幹細胞が正確で，分化万能性をもつのだが，慣用的に使われている人工多能性幹細胞を用いた．

にこの技術はすべての陣営にとって魅力的なものだった.

研究者は胚性幹細胞にその独特の性質をもたらしている鍵となる遺伝子について注意深く研究を行うことによってiPS細胞を作り出した. 2006年, 研究者は無害なウイルスを運搬手段として用いて, 重要な遺伝子を四つだけマウスの皮膚細胞 (繊維芽細胞) に導入した. 導入された遺伝子は, 成熟した細胞をほとんど完全に胚細胞と同じように振舞うようにさせたのだ. 2007年には, 同様の技術を用いてヒトの皮膚の細胞からiPS細胞株が作り出された. その後, iPS細胞株は, 遺伝子の代わりに鍵となるタンパク質を導入することでも作られるようになった.

iPS細胞の開発者は, この技術がまだ生まれたてで, iPS細胞を基盤とした治療法をヒトに応用する前に, もっと多くの進展が必要であることを直ちに指摘している. たとえば, iPS細胞療法を行ったマウスでは, 胚性幹細胞を用いたものに比べがんになりやすい傾向があった. 細胞分裂や分化を制御する仕組みがもっとよくわかってくれば, たぶんこの問題は解決されるだろう. 幹細胞の研究者はすべての種類の幹細胞を研究することが重要であると強く主張している. その理由は, それぞれの研究路線の成果が合わさっていくことによって, 細胞がどのようにして, いつ, どこで分裂し分化していくのかについての知見を深めることができるからだ. 細胞がどのような仕組みで分裂するのかを理解することは, つぎに私たちが学ぶ"がん"を考えるうえでとりわけ重要である.

■ これまでの復習 ■
1. 幹細胞独特の性質は何か.
2. 成体幹細胞と胚性幹細胞の発生における柔軟性を比較せよ.

---

1. 幹細胞は未分化の細胞であり, 自身を再生することができることだ.
2. 成体幹細胞は限られた, あるいは特定の種類の細胞にしか分化しないが, 胚性幹細胞は身体のどのような細胞にも変化することができる.

11・2 がん細胞: 悪性化した健康な細胞

米国では毎年50万人以上ががんで死亡している. 米国人の男性2人に1人は一生のうちにがんにかかる. 女性はそれより少しましだが, 3人に1人はがんにかかる. がんは200種類以上あるが, そのうちの上位四つは肺がん, 前立腺がん, 乳がん, 結腸がんであり, がん全体の半数以上を占めている (表11・2). 過去10年の間に治療法や予防法は進歩したようにみえるが, それでも毎年100万人以上の米国人が何らかのがんと診断されている. 米国における死因の4分の1はがんによるものであり, 現在800万人以上ががんと診断され治療を受けたか, 治療中である. そして毎日1500人の米国人ががんで死んでいる. 米国でがん以上の死亡原因は心臓麻痺だけである. 国立がん研究所は, さまざまながんでかかった費用の総額は毎年1000億ドル以上であると試算している.

以下にあげる異常になった細胞分裂に関する事例研究から, 細胞分裂や細胞の移動における正常な制御が失われたとき, どのようにしてがんが始まるのかを考察し, そこからがんの生物学を学んでいこう. ほとんどのがんは, 成体の細胞でしばしばみられる環境因子に起因するDNAの破損により生じた突然変異が, 徐々に蓄積されることによって生じる. がんに関与するとされている環境因子について学べば, 他の病気と同じように治療よりも予防の方が良いことがわかるであろう.

がんは細胞の分裂や移動を正常に制御できなくなったときに生じる

がんは, 多細胞生物における細胞の協調的機能が破壊されることを意味している. どのがんも自由奔放に分裂を始めた一つのならず者の細胞から始まり, それが異常な細胞塊になっていったものである. 細胞の異常な増殖によって生じた細胞塊は**腫瘍**とよばれる. 一箇所にとどまっている腫瘍は**良性腫瘍**である. 多くの場合, 良性腫瘍は外科手術によって取除くことができるので, 命にはかかわらない. しかしながら, 活発に増殖する良性腫瘍はがんの予備軍のようなものだ. 時間が経過するに従って, それらの異常な細胞の子孫はより異常になりうる. そして形を変え, サイズも大きくなり, 正常なはたらきをやめてしまう. このようになった**前がん状態**の細胞は見ためからして異常なので, 病理学者はサイズと形態の顕微鏡観察によって正常の細胞と見分けることができる (図11・7). 腫瘍細胞は腫瘍マーカーとよばれる, 正常な細胞ではつくられないか, つくられてもごく微量のタンパク質をつくることが多い. 血液や尿, そしてその他の体液や組織中の腫瘍マーカーはある種のがんを検出するのに用いられている.

動物の成体ではほとんどの細胞はどこかにしっかりと係留されている. がんになる途中の腫瘍細胞は, 細胞を細胞外マトリックスや組織内の他の細胞と結合させている接着タンパク質を分解する酵素 (マトリックスメタロプロテアーゼ) を産生し始める. 多くのヒト細胞は, 周囲のものから離れると細胞分裂を停止する.

表11・2 米国における代表的なヒトのがん

がんの種類	注目事項	2010年の推定新規発症数	2010年の推定死亡数
肺がん	がんによる死亡全体の28%を占め, 女性では乳がんより死亡が多い.	222,520	157,300
前立腺がん	男性のがんによる死亡原因として肺がんについで2番めに多い.	217,730	32,050
乳がん	女性のがんによる死亡原因として肺がんについで2番めに多い.	207,090	39,840
結腸・直腸がん	早期発見とポリープの切除によって, 新規の発症数は頭打ちになっている.	142,570	51,370
悪性黒色腫	米国において, 最も深刻な, 急激に増えている皮膚がん.	68,130	8,700
白血病	小児の病気と考えられがちだが, この白血球の疾患は毎年小児より10倍も多く大人で発症している.	43,050	21,840
卵巣がん	女性のがん全体の3%に達する.	22,200	16,200

■ 役立つ知識 ■ "がん"という言葉は古い英語では"広がった腫れ物"という意味だが, ラテン語では"カニ"からきている. たぶんそれはがんがある場所の太くなった血管がカニの足に似ていたからだろう. がんの研究は"腫瘍学 (oncology)"とよばれるが, これは腫瘍の塊を表すものとして, ギリシャ語で"こぶ"または"かたまり"のことを*onkos*と記すことに由来する. がん形成を促進する遺伝子は発がん遺伝子 (oncogene) とよばれる.

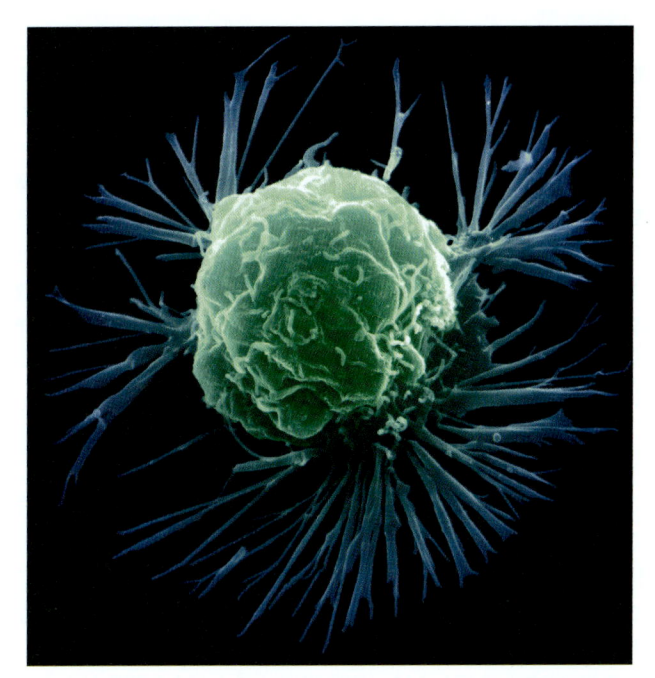

図11・7 みずからつくり出した怪物 疑似カラーで強調した乳がんの細胞の走査型電子顕微鏡写真．形が大きいこと，異常な球形をしていること，細胞表面が違うことなどからがん細胞であることを見分けることができる．

し，血管が形成されれば悪性の腫瘍が大きく成長するのを可能にする．つぎで説明するように，腫瘍の内部や周囲にできた毛細血管は，腫瘍細胞が係留されていた母港から離れて行きやすくもしている．

腫瘍細胞が足場独立性を獲得し，他の組織に侵入し始めたとき，それらは**がん細胞**化したのであり，悪性腫瘍細胞とよばれることになる．大変悪いことに，がん細胞は周囲の細胞から離れて他の組織へと移動し，そこに新たな植民地をつくる．このならず者細胞は血流に入ったり，免疫細胞がつくられ，蓄えられ，そして移動するリンパ管のネットワークに侵入したりする．がん細胞は血管やリンパ管をつくっている細胞の間をくぐり抜け，身体中の離れた場所にも侵入していき，そこに新しい腫瘍を生み出すのだ．腫瘍が最初に出現した場所にある腫瘍を**原発腫瘍**とよび，離れた場所に産み落とされた腫瘍を**二次腫瘍**とよぶ（図11・8）．

病気が組織から他の組織へと広がっていくことを**転移**という（図11・9）．転移はふつう，がんの発達の後期の段階で起こる（表11・3）．そのような状態になっているとすでに，複数の器官に腫瘍は広がっており，それら一つ一つがまたさらに転移を起こすので，転移したがんとの戦いは大変困難である．基底細胞や扁平上皮細胞のがんのようなある種のがんは転移がまれで，比較的治療しやすい．悪性黒色腫は皮膚がんのなかで最も危険である．悪性黒色腫はメラニン形成細胞（メラノサイト）とよばれる色素含有皮膚細胞で生じるが，このメラニン形成細胞は正常な状態でも局所的に動き回る性質をもっている．そのため，悪性化したとき非常に転移しやすいのだ．

がんのなかには転移場所が予測しやすいものがある．これはそこへの移動経路が他の細胞に対してより，そのがん細胞に対して抵抗が少ないためである．たとえば，結腸（大腸）に生じたがんは肝臓に転移しやすい（図11・9参照）．乳がんの細胞は骨，肺，肝臓，脳などに転移しやすい．器官をつくる細胞はそれぞれ特徴

表11・3 典型的ながんの進行段階

1. 細胞増殖
2. 細胞接着性の喪失
3. 足場依存性の喪失
4. 組織への浸潤
5. 血管新生
6. 転　移

これは**足場依存性**として知られている現象である．しかしある種の腫瘍細胞は正常な係留場所から離れても分裂できるという能力，すなわち足場独立性を獲得するようだ．

腫瘍細胞ががん細胞に移行していくにつれ，それらの細胞はその周囲に，新しい血管をつくらせる物質を分泌し始める．これは**血管新生**として知られ，腫瘍への血液供給を強化するはたらきがあるが，これは栄養を補給し老廃物を流し去るために重要なことだ．血管新生なしには，腫瘍本体はおよそ 1〜2 mm 以上には大きくなれない．なぜなら，腫瘍の内側に埋もれた細胞では，栄養源が欠乏するとともにそれらの老廃物が毒性をもつからだ．しか

がんはどのようにして大きくなるのか

増　殖	腫瘍形成	浸　潤
細胞周期を制御する遺伝子に生じた突然変異により，細胞が増殖を始めると，それが腫瘍の誕生である	細胞の急速な増加によって良性腫瘍が生じるが，血液の供給が強化されることによって，大きく成長する	腫瘍細胞が他の組織に侵入し始めたらそれはがん細胞である

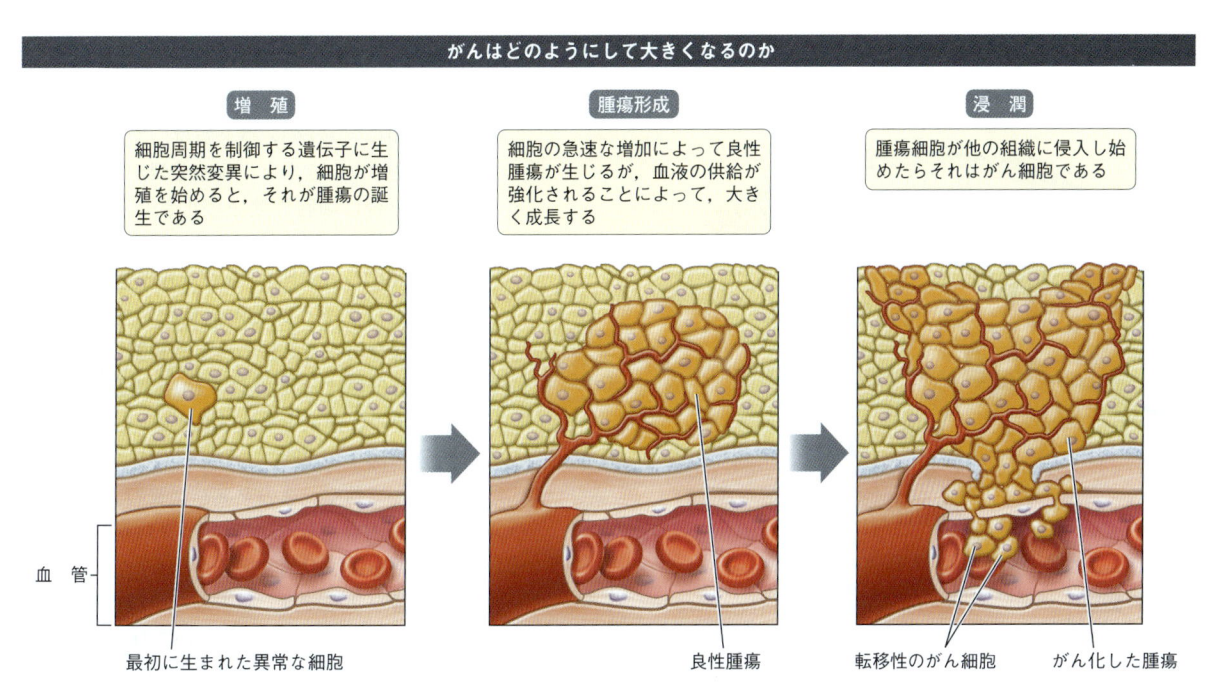

血　管　　最初に生まれた異常な細胞　　　　　良性腫瘍　　　　転移性のがん細胞　　がん化した腫瘍

図11・8 がんは細胞分裂の制御が効かなくなった一つの細胞から始まる

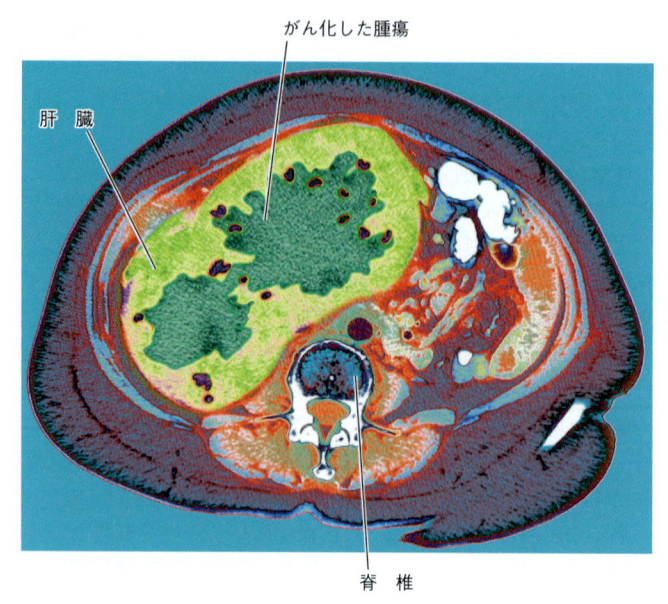

図 11・9 がんの転移 疑似カラーで強調した CT（コンピューター断層撮影）走査画像．最初は結腸がんと診断された女性の肝臓（淡緑色）に大きながんらしき腫瘍（濃緑色）があることを示している．このがん性の細胞は大腸から肝臓へ転移し，この写真で見られるような二次腫瘍を生じた．この体軸に沿った薄切りの CT 画像の中央下部には，患者の脊椎が見える．

図 11・10 増殖因子は細胞周期の正または負の制御因子である

的な性質をもっているので，病理学者は二次腫瘍を形成している悪性細胞を調べれば，それがどこから転移してきたかを当てることができる．転移性の腫瘍のもとの臓器を知ることは，治療法の選択にしばしば役に立つ．

がん細胞はどこで増殖しようと，すさまじい勢いでその数を増やし，近隣の細胞を押しのけ，周辺の酸素や栄養を独占して，その場所にいた正常な細胞を餓死させてしまう．がん細胞は増殖と移動を無制限に行い，その場所を占拠し，組織や器官そして複数の器官からなるシステムを絶え間なく破壊していく．器官の機能の深刻な打撃は，結局のところそれらの器官によって機能している個体の死に至る．それによってようやくがんも死に至るのだ．

細胞の分裂は正と負の増殖因子によって制御されている

細胞分裂や増殖が止まらなくなるのが，細胞ががん化する過程で現れる最初の異常な挙動である．正常な状態では，細胞の挙動，特に細胞分裂の頻度は厳密に制御されている．どの細胞がどこで，いつ分裂するかを制御することは，ヒトの体のように複雑な場合にはまさに死活の問題である．

第 10 章で述べたように，細胞周期はさまざまな細胞外および細胞内のシグナルによって制御されている．**正の増殖因子**は細胞分裂を活性化する因子の総称である．また**負の増殖因子**は細胞分裂にブレーキをかけるありとあらゆる因子である．**ホルモン**とよばれるシグナル伝達分子や，**増殖因子**とよばれるタンパク質は，ヒトの体内で細胞分裂を制御する一般的な因子である．ある種のホルモンは正の増殖因子としてある種の組織ではたらく．たとえばヒトの成長ホルモンは，子どもの長い硬骨の先端部分で細胞分裂を誘起するし，エストロゲンは乳房組織の細胞分裂を活性化する．あるホルモンはある種の細胞に対して負の増殖因子としてはたらく．たとえば，コルチゾンは免疫細胞や他のある種の細胞の細胞分裂を抑制する．

上皮増殖因子（EGF）は正の増殖因子で，細胞周期における G_1 期から S 期への移行を押し進めることによって標的となる細胞の細胞分裂を促進する（図 10・5 参照）．トランスフォーミング増殖因子 β（TGF-β）は負の増殖因子の一例である（図 11・10）．このタンパク質は，たとえば DNA が損傷を受けたときなど，細胞分裂が行われると都合が悪い場合に細胞周期を停止させる．細胞分裂を制御する多くの細胞外因子は，**受容体タンパク質**に結合し（§7・6 参照），**シグナル伝達経路**とよばれる，段階的にタンパク質が活性化していく反応系列の引き金を引くことによって，細胞外シグナルを細胞質へと伝達する（図 11・10）．細胞増殖を促進するシグナル伝達系を構成するタンパク質は，正の細胞内増殖因子である．一方，TGF-β のはたらきかけによって動く一連のタンパク質のように，増殖を抑制する内容を伝えるタンパク質構成成分は負の細胞内増殖因子の例である．

正常な状態では，正もしくは負の制御因子は，必要とされる時と場所においてのみ分泌される．指の切り傷は正の制御の活性化の引き金を引き，傷がふさがるまで皮膚細胞の分裂が続く．傷ついた部

分で，細胞は十分なだけ分裂したか，またいつ停止したらいいかをどのようにして"知る"のだろうか．TGF-βとそのシグナル伝達経路の構成要素のような負の増殖因子は，新しく生まれてきた細胞が他の細胞を圧迫するようになったことを知ると細胞周期を停止させる．負の増殖因子はまた，修復不可能な DNA の損傷を負った細胞のような潜在的に危険な細胞に，プログラム死細胞とよばれる細胞の自殺を促す（第10章参照）．

このように，細胞の命は多様な正および負の制御因子の間の微妙な相互作用によって制御されている．このシステムが壊れたらどうなるだろうか？ たとえばヒトのような多細胞生物は細胞が協調してできている社会だから，一つの細胞がバランスのとれた正負の増殖因子に適正に反応しなくなっただけで，生命体全体にとって重大な結果をもたらすこともある．正の増殖因子によって調節されている反応経路によって細胞周期が過剰に刺激されると，結果として増殖が暴走してしまう．また，負の増殖因子からの抑制シグナルが無視されるようになった細胞においても抑制が効かない増殖が起こる．いずれにしても，過剰な細胞増殖はがんの発生のお膳立てをすることになる．しかし，生体全体を危険にさらすこのような無謀なことを，何が細胞にさせるのだろうか？ 次節では，機能異常に陥った遺伝子が，正道を逸脱した腫瘍細胞の振舞いに関係していることを学ぶ．良性の腫瘍細胞は，害をなす傷物の遺伝子をいくつかかくまっている．がん性の細胞になると，機能異常の遺伝子をより多くもっており，細胞はますます有害な動きをするようになる．

遺伝子の機能異常がすべてのがんの根本的な原因である

突然変異とは DNA 鎖の配列が変わることである（表11・4）．突然変異がどのようにして生じるかについては第14章で議論する．今の段階では，遺伝子はタンパク質を記号化したものであり，突然変異を起こした遺伝子は変異したタンパク質をつくるということを知っていれば十分である．突然変異がひどい場合には，タンパク質はまったく合成されなくなる．しかし多くの場合，遺伝子の突然変異はその遺伝子からつくられるタンパク質の活性を減少させたり，喪失させたりする．このような突然変異は，データが破損したコンピュータのアプリケーションのようなもので，この場合には記号が文字化けして適切に作動しなくなる．しかし場合によっては，遺伝子の突然変異がタンパク質の活性を実質的に増加させることもある．DNA の突然変異は，ある特定のタンパク質を正常より多く合成したり，通常はその細胞でつくられないタンパク質を合成したり，間違った時期に合成したりする．遺伝子発現を過剰に行うような突然変異は，本来行わないはずの計算をしてしまうプログラムが密かに組込まれたアプリケーションのようなものといえる．

がんの発生にかかわる遺伝子は，がん原遺伝子（プロトオンコジーン）とがん抑制遺伝子の二つに大きく分けることができる．細胞増殖につながる作用をもつ遺伝子は広い意味で**がん原遺伝子**に分類される．正の増殖因子をコードしている遺伝子はすべてがん原遺伝子である．がん原遺伝子が突然変異を起こして異常に活性化すると，細胞増殖の暴走の引き金を引くことになりかねない．がん原遺伝子は，本来の機能を果たしていれば完全に正常な遺伝子であり，突然変異によって異常に活性化した場合にのみ，過剰な細胞増殖をひき起こし腫瘍を生じるのだ．DNA の突然変異の結果，異常に活発化したがん原遺伝子を**がん遺伝子**とよんでいる．がん遺伝子は踏み込んだまま戻らないアクセルペダルにたとえられよう．すなわち，過剰に活性化した遺伝子によって，細胞周期の進行が過度に早まったり，間違った細胞で起こったり，間違った時期に起こったりということがずっと継続するのだ．たとえば，図11・10に示したような上皮増殖因子受容体をコードしたがん原遺伝子は，突然変異を起こして，上皮増殖因子がなくてもスイッチがオンになるような受容体をつくり出すことがある．がん遺伝子の生成物であるこのように変異した受容体は，上皮増殖因子による細胞分裂せよというシグナルが伝わっていないときでも細胞周期を進行させてしまう．

細胞分裂や細胞の移動を抑制する遺伝子は**がん抑制遺伝子**とよばれる．負の増殖因子をコードした遺伝子はすべてがん抑制遺伝子である．がん抑制遺伝子のはたらきは，細胞周期を抑えること，損傷した DNA を修復させること，細胞接着を増進させること，足場依存性を強めること，血管新生を阻止すること，細胞の自殺の引き金を引くことなどである．がん抑制遺伝子の突然変異は，それがコードしているタンパク質の正常な活性を低下させたり欠失させたりするので，突然変異を起こした細胞は制御不能の増殖性や侵襲性をもつことになる．ほとんどの遺伝子と同様に，一つの細胞は一つ一つのがん抑制遺伝子について二つのコピーをもっている．コピーが一つ欠損すると抑制能力は低下するが，二つとも失われると増殖を抑制する能力がまったく失われるので，非常に深刻なことになる．細胞増殖の抑制は自動車のブレーキにたとえることができる．がん抑制遺伝子のコピーが両方とも失われるということは，主ブレーキに加えて非常ブレーキをも失ったに等しい．

大多数のヒトのがんは遺伝性ではない

遺伝性のがんは遺伝性の遺伝子突然変異と連関している．がん遺伝子もしくは突然変異を起こしたがん抑制遺伝子を両親のどちらかから受け継いでいる子どもはがんになる遺伝的危険性をもっている．ただし，がんに連関する遺伝子を受け継ぐことは，その子どもが将来必ずがんになることを意味するものではない．単に，そのような欠陥遺伝子をもってない人に比べて，がんを発症する危険性が高いということを意味しているだけだ．

大多数のがんは親から子に受け継がれた悪性の遺伝子が原因ではない．実際のところ，調査の結果では，ヒトのがん全体の中で1〜5％だけが遺伝性の遺伝子損傷によることがわかっている．このほんの一握りの遺伝性のがんに含まれるものとしては，ある種の乳がんや結腸がんがある．*BRCA1* および *BRCA2* という二つのがん抑制遺伝子の突然変異は，乳がんおよび卵巣がんの危険性を非常に高くする．*BRCA1* の欠陥コピーをもたない女性がこの

表11・4 がんに重要な遺伝子が突然変異を起こす原因

遺伝的形質
　突然変異を起こした遺伝子は片親もしくは両親から引き継がれる．
　このような遺伝性のがんは，ヒトのがんの10％以下である．

突然変異原として作用する細胞外物質（発がん物質）
　突然変異原となる化学物質（DNA の突然変異をひき起こす物質）
　イオン化をひき起こす照射（紫外線，X線，その他の高エネルギー線の照射）
　ウイルス（ヒトのがんのおよそ15％に相当する）とその他の病原体
　長期的な負傷（物理的，化学的なもの）
　生活習慣因子（食事や運動など）

突然変異をひき起こす細胞内の作用
　DNA の複製や修復における誤作動による遺伝的不安定性．偶発的な染色体の破損や転位

細胞の制御を不能にしてしまう細胞内の作用
　細胞分裂や細胞行動の制御における誤作動

■ 役立つ知識 ■ 慣例によって，遺伝子の名称はイタリックで記し，それからつくられるタンパク質の名称はローマ字体で記す．この字体の違いだけがタンパク質名か遺伝子名かを見分ける唯一の手段になる場合がしばしばある．たとえば，*BRCA1* 遺伝子の転写産物は BRCA1 タンパク質である．ちなみにこのタンパク質は DNA の修復を促進させるが，DNA の損傷が大きすぎて修復が不可能な場合には細胞のプログラム死を起こさせる．

がんにかかる危険性は平均 12% であるのに比べ，*BRCA1* 遺伝子の欠陥コピーを一つ受け継いだ女性は，60% の確率で乳がんを発症する．しかし，乳がんと診断された女性のうち，*BRCA1* もしくは *BRCA2* に突然変異をもっていたのはわずか 5〜10% にすぎず，乳がんのほとんどのケースではどのような遺伝する遺伝子突然変異とも関係していない．

家系の中に，ある特定のがん患者がいる人では，遺伝的な突然変異を保持している可能性が疑われる．たとえば，*BRCA1* 遺伝子に有害な突然変異をもつ女性は，祖母，母，叔母，姉妹のような近親者に，その病気をもつ場合が多い．遺伝的突然変異により発症するがんはそうでない場合より若くして発症しやすい．遺伝的乳がんは妊娠可能年齢層の女性にしばしば発症するが，非遺伝的乳がんや卵巣がんがその年齢層で発症するのはまれで，それより年上の，更年期以降の女性（妊娠・出産可能年齢を過ぎた，一般には 50 歳以上）がほとんどである．遺伝的乳がんや，ほとんど確実に結腸がんをひき起こす遺伝的病状である家族性大腸腺腫様ポリポーシスなどの，遺伝的がんに対する危険度は，遺伝子検査で調べることができる．

がんと診断された人のおよそ 95% はがんの遺伝的危険性をもっていないようだ．このことは，その人々のがんは，ウイルスや毒性物質のような環境因子や細胞分裂のミスのような不可避な細胞の事故，そしてこれら二つの非遺伝的な変異の組合わせ，もしくは**体細胞突然変異**などによる不運な DNA 変異の連鎖によってひき起こされることを意味している．なぜがんが若者では少なく，年齢を重ねると増え，中年を過ぎると急激に増えるのかという疑問は，一つの細胞内での複数の突然変異が必要であることから説明される（図 11・11）．長く生きれば生きるほど，細胞内で正しく振舞っているがん原遺伝子やがん抑制遺伝子が突然変異を蓄積する確率が高くなる．次節では，蓄積されていく突然変異によって健康な細胞が徐々に悪化し，本物の転移性悪性腫瘍という怪物として現れてくる様子を見る．

一つの細胞内で複数の突然変異が蓄積することによってがんが生じる

米国人 3 人のうちの 1 人以上が，一生のうちにいつかはがんと診断されるだろう．このように高い確率で起こるので，ヒトの身体は非常にがんにかかりやすいものだと思うかもしれない．実際には，私たちはがんに対してしっかりとした防御をもっている．少なくとも生殖が可能な年齢の間は，細胞の接着性や足場依存性などのいくつもの安全装置が，細胞増殖の暴走や腫瘍の発症を減らしてくれている．しかし，年齢を重ねると，がん防御機構を統合している遺伝子の中に突然変異が蓄積され，結果的にがん化した腫瘍を生じる不幸の連鎖に私たちを陥れるのだ．

結腸がんについて考えてみよう．多くの結腸がんの場合，がん細胞は少なくとも一つのがん遺伝子（これは正常ながん原遺伝子が異常に活性化したものであることを思い出してほしい）と，いくつかの完全に活性を失ったがん抑制遺伝子をもっている．結腸がんをひき起こす，これらいくつもの遺伝子の突然変異はふつう何年もかかる．そしてこれらの突然変異が徐々に蓄積されていくと，それらは手を携えて，細胞の振舞いをがんのそれへと段階的に変えていく．

結腸がん特有の病状の進行を追うことによって，それに対応した突然変異の段階的な発生とそれに伴う細胞活性の変化を示すことができる（図 11・12）．ほとんどの場合，がんに変化していく最初の突然変異は，ポリープとよばれる比較的害の少ない，もしくは良性の腫瘍である．ポリープを形成する細胞は異常な速度で分裂する．これらの細胞は多くの場合，細胞増殖を促進するタンパク質をコードしている一つのがん原遺伝子が突然変異をひき起こした，たった 1 個の結腸内皮細胞の子孫である．それに加えてもしがん抑制遺伝子が機能しなくなると，細胞分裂はアクセルペダルが床面いっぱいまで押され，ブレーキが効かなくなった暴走車のように加速されてしまう．するとポリープは以前より早く大きくなっていくが，それでも多くのポリープは他の組織までは広がらないから，この段階であれば外科的な手術で安全に取除くことができる．ポリープの危険性が高くなる前に，50 歳以上の人には結腸の内面を調べる結腸内視鏡検査することが勧められている．（この検査は気持ちが良いものとはとても言えない．それなのに中年の親があえてこの検査を受けようとするときに足を引っ張るべきではない！）

多くのがんに共通な突然変異は，*p53* とよばれる特に重要ながん抑制遺伝子の完全な失活である．p53 タンパク質は細胞過程（遺伝子発現や分子，細胞周期など，細胞が行うすべての生命活動）が完全に行われるように守るためのさまざまな役割を担っていて，"細胞の守護神" というニックネームがついている．p53 タンパク質は，細胞が不適切な時期に分裂するのを阻止するだけでなく，DNA が損傷した場合に細胞分裂を停止させる．細胞周期を停止させることによって，損傷した DNA を修復する猶予を与えるとともに，突然変異を起こした DNA が娘細胞に送られるのを防ぐのである．損傷が修復不可能なほど非常に大きかった場合，p53 タンパク質は細胞をプログラム細胞死へと導く．この p53 の重要な防御機能を知れば，半数以上のヒトのがんで p53 の活性が完全に失われていることは驚くに当たらない．結腸がんの

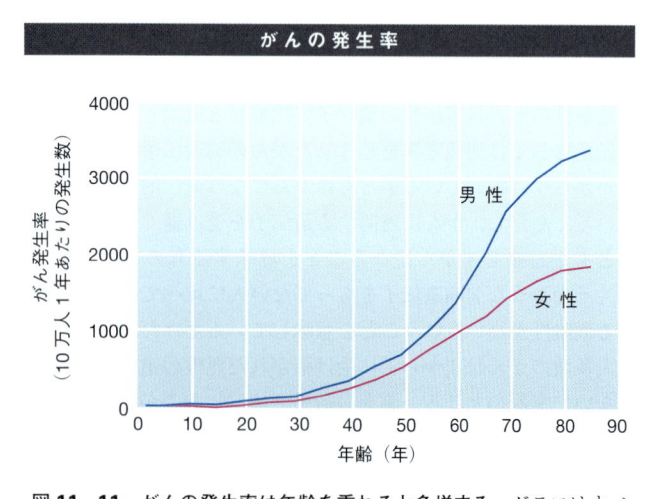

図 11・11　がんの発生率は年齢を重ねると急増する　グラフはすべてのがんの合計の発生率を年齢と性別で示している．発生率は，男女別に，10 万人あたり年間に新規にがんと診断された人の数として表されている．

ようないくつかのがんにおいては，p53 の活性が失われている率が 80% にも達する．

ポリープが大きくなるにつれて，この異常な細胞の大集団の中の細胞がさらに突然変異をひき起こす確率は高くなる．細胞接着タンパク質をコードしているがん抑制遺伝子の機能が破壊されるような突然変異が生じたり，異常に活性の高くなったマトリックスメタロプロテアーゼを産生するがん遺伝子が出現すると，細胞はそれを取囲む組織から離脱できるようになる．さらに足場依存性が失われるような突然変異が起こると，細胞が遊離しても増殖できるようになり，他の組織への侵入路をつくる．こうして明白ながんの出現となる．結腸がんの場合は肝臓へ転移する場合が多いのだが，転移が起こるのは，がんの進行過程において最終の，そして最も破壊的な段階である．

悪性細胞を選択的に破壊することががん治療における課題である

およそ 40 年前，リチャード・ニクソン大統領は，米国におけるがん撲滅を宣言し，がん研究を最重要課題の一つとした．それによって放射線治療や化学療法が進歩するという大きな勝利が得られた．20 世紀初頭においては，がんを克服して生き延びる人は皆無に等しかったが，今日ではおよそ 40% の患者が治療開始から 5 年たっても生存している．しかし，がんとの戦いはいまだ終わってはおらず，悪性細胞の増殖を止めたり，悪性細胞を殺す新しい強力な治療法が，今まで以上に緊急な課題とされている．**凍結手術法**は，極低温を用いて，子宮頸部のように非常に狭い部分で，がんになりかかっている細胞やがん細胞を殺す方法である．**ホルモン療法**は，身体のホルモン環境を変えることによって，がん細胞の増殖を停止させたり遅くする方法で，ホルモン応答性の強い，乳がんや前立腺がんなどに用いられている．

がん治療における最大の課題は，正常な細胞は残して，悪玉の細胞を選択的に破壊することである．現在広く行われているがんを退治する方法は，高エネルギー線の照射（**放射線療法**）や多量の毒物の投与（**化学療法**），もしくはその両方を用いることによって，急速に分裂しているどのような細胞もすべて殺してしまうことである．放射線療法や化学療法の副作用は深刻なものがあるが，それはこの無差別攻撃が，がんの周囲にある，ヒトの身体が正常な機能を営むために必要な多くの罪のない細胞をも殺してしまうからである．脱毛（抜け毛）は最も目立つ副作用である（図 11・13）．これは毛髪を増殖させ維持する細胞が破壊されるためだが，幸いなことにこの治療を受けても休止状態の幹細胞が生き延び，およそ 3 カ月程度で毛髪を再生させる．分裂して赤血球を

図 11・12 結腸がんは複数の段階を経て生じる 正または負の増殖因子をコードしているいくつかの遺伝子が，つぎつぎに突然変異を起こしていくことと，結腸内の良性ポリープが悪性のがんに進行していく過程とは相関している．さまざまながん原遺伝子やがん抑制遺伝子が突然変異を起こす順番は決まっているわけではなく，患者によって異なる．そのためがんはそれぞれ独特なものになる．

図の注釈:
1. がん原遺伝子である *c-myc* 遺伝子に生じた突然変異はがん遺伝子を過剰に活性化させ，細胞分裂を増進させる
2. がん抑制遺伝子である *APC* 遺伝子の完全な機能喪失によって，細胞分裂や細胞の浸潤に対する抑制が失われてしまう
3. 非常に重要ながん抑制遺伝子である *p53* の完全な機能喪失によって，DNA の修復や細胞のプログラム死がなされなくなる
4. がん抑制遺伝子である *TIP30* の完全な機能喪失によって，血管新生が生じ転移が起こる

初期のポリープ（良性）／初期の前がん状態のポリープ／後期の前がん状態のポリープ／悪性腫瘍／血流へ

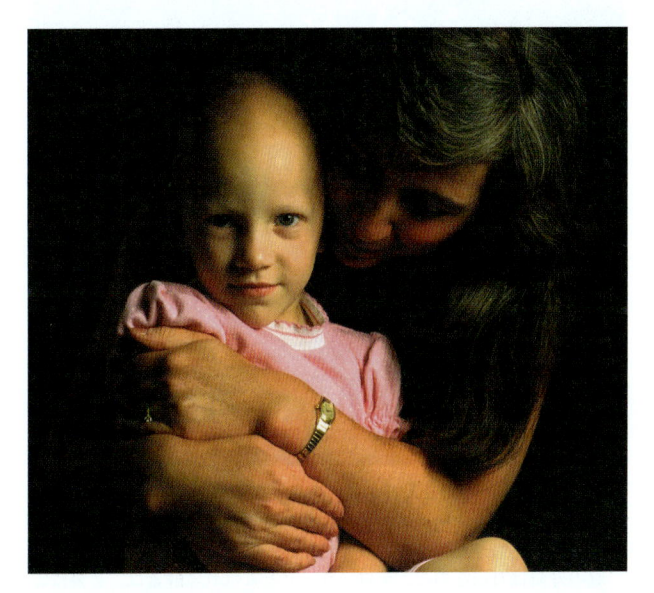

図 11・13 脱毛は化学療法においてよく起こる副作用である 化学療法は急速に分裂をしている細胞をすべて攻撃することになるので，その反動としての損傷が生じる．その一つとして毛包を成長させ維持する細胞の喪失がある．しかし休眠状態の幹細胞がその治療の間生き延びて，およそ 3 カ月で失われた毛髪を再生させる．

つくる細胞が殺されると、倦怠感や貧血をひき起こす。消化器官の表層全体を覆っている細胞は常に分裂して新しい細胞に置き換わっているが、これらの細胞の供給が絶たれると、口腔、胃、腸などで病気が発症する。

がん研究への大きな投資によってもたらされた基礎生物学上の数々の発見によって、悪玉の細胞を選択的に殺すためのさまざまな革新的技術が生み出されたことは大変喜ばしい。その一つとして、酸素や栄養が供給される限り無限に分裂していくという、本来ないはずの不死という性質をがん細胞にもたらしているタンパク質の機能を選択的に無効にする方法があげられる。

テロメラーゼとよばれる酵素は、細胞の不死の鍵を握っている。私たちの染色体の末端部は**テロメア**とよばれ、もしテロメラーゼがテロメアの修復にはたらかなければ、テロメアは細胞分裂の度に削られていく（図11・14）。私たちの体内でテロメラーゼをつくれるのは幹細胞と減数分裂によって配偶子をつくり出す生殖系列細胞、そしてがん細胞だけである。研究者たちはテロメラーゼの活性を抑えることができる化学物質を発見した。これを用いると、がん細胞の染色体の末端が削られるようになり、結果として細胞増殖の暴走に歯止めをかけることができるのではないかと期待される。この研究は現在臨床試験中である。

前述したように、がん細胞は栄養素の補給を強化する達人で、自分たちのそばに、転移の道を開くことにもなる新しい血管をつくらせる化学物質を分泌する。がんに対する実験的アプローチの一つとして、悪性の細胞による新しい血管の形成を阻止する試みがある。抗体をもとに作られたアバスチンは、がん細胞が分泌する血管新生を強化する物質を取去る薬剤で、結腸がんの治療薬として認可されている。もう一つの独創的な方法は遺伝子操作したウイルスを用いるもので、そのウイルスは正常な細胞はそのまま残し、特定のがん細胞にのみ感染し破壊する。このようなさまざまながんに対する新しい治療法が現在臨床試験で進んでいる。どのようながんに対しても基本的に対処できるようになるまでには、まだ多くの基礎的な研究が必要ではあるが、初期の研究結果は希望を与えてくれるものである。

過去30年間のがん研究から得られた最大の教訓はとても単純である。すなわち、がんが巨大化してから治療するのではなく、細胞ががんへの道を進み始める最初の段階で抑えるべきであるということだ。今や生活習慣を含む環境要因ががんになる危険性に深く関係していることがかなり明らかになっている。米国においては、最近の10年間でがん全体的の発症率は減少し始めている。これは10億ドルもを費やした技術革新によると言うよりは、喫煙人口が減少し、タバコに起因するがんの発症患者が減ったからである。がんをひき起こす危険要因やがんから身を守る行動についての国民の意識を向上させることによってがんを予防することが、今やがん撲滅における最優先事項になっている。

危険要因を回避することががん防止の鍵である

がんにかかる危険性における遺伝的要因と環境的要因が寄与する比率については、数十年も議論されてきた。この問題に対して近年、同じ遺伝子をもっている一卵性双生児数千組を対象としたがんの発生率に対する大規模な追跡調査研究が行われた。がんをひき起こすのに、環境要因よりも、親から受け継いだ遺伝子異常がより重要であるならば、双生児の両方に同率でがんが発生するだろう。逆に環境要因がより重要であるならば、がんの発生率は双子の成人の環境や食生活の違いによって変わるだろう。スカンジナビアで行われた、44,000組以上の一卵性双生児を対象とした追跡調査の結果は、環境要因ががんの危険性を増すはるかに重要な因子であることを示している。

表11・5に、がんの危険性を増すことがわかっている要因をいくつかリストアップした。そのうち誰もが避けられないものは、親から受け継いだ遺伝子と、老化という不可避なことの二つだけである。その他のリストアップされた項目は、危険性を抑えようとする意志があれば完全にとは言えないまでも避けることができる環境因子である。

発がん物質とは、がんの危険性を増すあらゆる物理的、化学的、もしくは生物学的作用をもつ物質のことである。中皮腫とよばれるかなりまれながんをひき起こすとされるアスベストは、物理的な発がん物質である。かつて耐熱材、絶縁材として広く用いられた細長い結晶構造をもつこの無機物は肺の内側を覆う細胞の中に入り込み、細胞小器官を傷つける。ヒトの発がん物質として知られている、もしくはそれと疑われている化学物質は何百もある

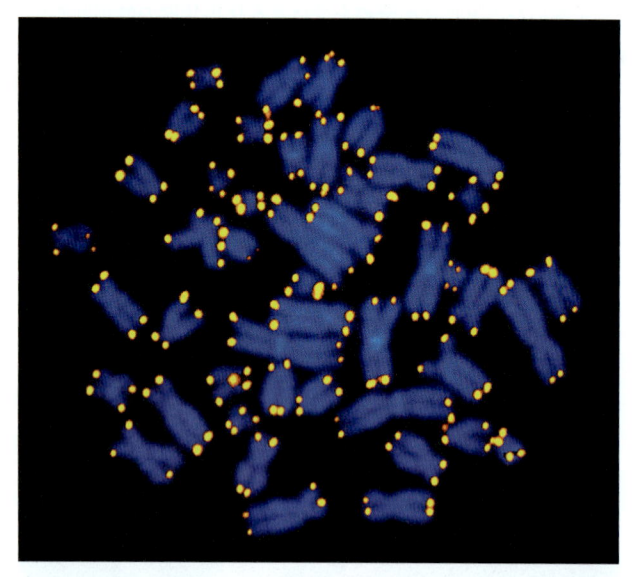

図11・14　テロメラーゼは染色体の末端が切り取られていくのを阻止することで、細胞を不死にする　写真では黄色で標識されている染色体の先端が、体細胞分裂のたびごとに短くなっていくため、細胞の寿命は有限なのだ。テロメラーゼとよばれる酵素は、必要に応じて先端を伸ばすことによって、この細胞が分裂し続けていくことを可能にしている。胚性幹細胞とがん細胞はテロメラーゼを合成しているので、はてしなく細胞分裂を続けることができる。テロメラーゼを破壊することでがん細胞の増殖の暴走を食い止めることができるか、臨床実験が現在進行中である。

表11・5　がんの一般的な危険要因

避けられない危険性
　老化
　がんの家族歴

避けられる危険性
　喫煙
　紫外線を過剰に浴びること
　貧しい食事の質、特に、赤身の肉や加工肉製品を大量に摂取すること
　肥満
　運動不足
　ある種のホルモン
　酒の飲みすぎ
　化学発がん物質
　イオン化をもたらす照射（X線のような）

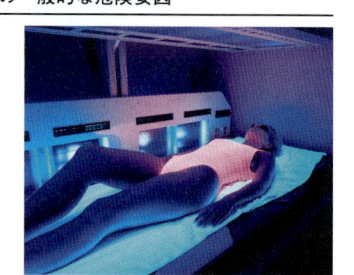

皮膚がんは米国では最もありふれたがんである。日焼け室の利用と、最も危険な悪性黒色腫（メラノーマ）を含むすべての皮膚がんの危険性の増加には密接な関連がある。

がんの専門家は，ヒトのがん全体のおよそ10%が細菌やウイルスによるものと考えている．この感染性のものによるがんは，先進国より発展途上国のほうが多い．胃の酸性環境下でよく繁殖するピロリ菌 (*Helicobacter pylori*) の感染によって，ある種の胃がんや腸がんになる確率が増える．B型もしくはC型肝炎に長期にわたって感染していると，肝臓がんにかかる確率が上昇するが，これは胃がんと同様に地球上の貧しい地域に多く，米国では比較的まれである．

100種以上もあるヒトパピローマウイルス（HPV）のあるものは，感染した細胞の中でがん抑制遺伝子を抑えるタンパク質をつくり出す．HPVの感染は子宮頸がんのおもな原因であり，HPVはHenrietta Lacksの子宮頸がんから樹立されたHeLa細胞株においていまだに検出されている．パップスメア検査は，膣に通じている子宮の下部，すなわち子宮頸部とよばれる部分に，前がん状態の細胞もしくはがん細胞が存在するかを調べるためのスクリーニング検査である．米国では，公教育とこのスクリーニング検査が広く普及したことによって，Henrietta Lacksの命を奪った悪性腫瘍である子宮頸がんによる死亡が激減した．

現在では，一般的なHPVの感染すべてを防ぐワクチンが入手可能である．商品名として最もよく知られているのはガーダシルで，このワクチンは子宮頸部，陰茎，そして肛門における発がんの危険性を，生殖器にできるいぼ程度のものに軽減する．米国食品医薬品局（FDA）はガーダシルをすべての9〜26歳の人に，6週間の間に3回接種することを推奨している．FDAがまだ性的に未熟な子どもにもワクチンを推奨している理由は，ウイルスに感染する前にワクチン接種をすることが最も有効だからである．

発がん物質に加えて，身体の生理学的な状態も，がんのなりやすさに影響する．ホルモンや増殖因子にさらされることもがんのなりやすさに影響する．なぜなら，これらのシグナル分子は細胞増殖に深く影響しているからだ．背の高い人はある種のがんになる危険性がわずかだが高いが，これはいくつかの増殖因子（特にインスリン様増殖因子）のレベルが，背の低い，もしくは中くらいの人に比べて高いからだろう．付け加えるならば，危険性が高まるといってもわずかで，背の高い人が心配するほどのものでは決してない．むしろ深刻なのは，女性がエストロゲンに多くさらされるほど，乳がんになる確率が高まるという研究結果で，特に遺伝的な脆弱さをもった個人や民族において危険性が高まるということだ．同様に，高レベルのテストステロンは男性における前立腺がんと関係がある．

肥満は乳がん，前立腺がん，結腸がんなどを含むある種のがんと密接な関係がある．脂肪細胞はホルモンや増殖因子の有力な供給源であり，これらが関係することは容易に推測される．運動不足もそれだけでがんになるリスクが高まる．すなわち，体重が正常であっても，寝そべってポテトチップを食べながらテレビばかり見ているような人は，定期的に運動をしている人に比べ，乳がん，子宮がん，前立腺がん，肺がんなどのがんにかかる危険性が高い．身体的活動がどのようにがんの発生や進行に影響するのについてはわかっていないが，運動の代謝，インスリンなどのホルモン，そして免疫系に及ぼす効果が関係しているのかもしれない．食事はがんのリスクに対して影響が大きいと信じられてきた．動物性脂肪や赤身の肉を多く食べる人では結腸がん，肺がん，食道がん，肝臓がんの危険性が高まる（次ページの"生活の中の生物学"参照）．精白していない全粒，野菜，果物などの植物食を基本としている人々は，結腸がん，食道がん，膵臓がん，腎臓がんなどのがんにかかる率が平均的米国人より低い．これらの人々が移住してきて典型的な米国人型の食事をするようになると，一世代で平均的米国人と同等の危険性にさらされるようになる．

■ これまでの復習 ■

1. がん細胞と良性腫瘍の細胞はどのように違うのか．
2. がん遺伝子とはなにか，またそれはがん抑制遺伝子とはどのように違うのか．

---

1. これらの細胞は両方とも無制御に増殖するが，がん細胞はさらに他の組織に浸潤していく．
2. がん遺伝子は，細胞増殖をひきおこす正常な遺伝子（成長因子，がん抑制因子）が突然変異を起こしたものである．それに対してがん抑制遺伝子は細胞増殖や細胞の移動を抑制する働きをする．

学習したことを応用する

HeLa細胞は生体臨床医学をどう変えたか

1951年のはじめ，Herietta Lacksのがん細胞がGeyの研究室に届くと，それを受取った若い技術員はその細胞をニワトリの血塊が入った試験官に滴下し，それを恒温培養器に移して温かく保存した．それまで，そうした細胞は遅かれ早かれ，というかたいていはすぐに死んでしまうことを知っていた彼女は，たいした期待をしていなかった．

しかしGeyの研究室は予期せぬ衝撃を受けることになった．Lacksの細胞は驚くべき分裂能力をもっていて，研究室の環境下でも力強く増殖していった．ちょうど24時間後，細胞は倍になった．その1日後には，さらに倍になり，4日目には試験管いっぱいになり，技術員は追加の試験管を用意しなければならなかった．

これはヒトの細胞の培養に初めて成功した瞬間だった．この成功はGeyの大きな喜びであったし，他の研究者たちは"HeLa細胞"をすぐに彼らの実験に使いたがった．HeLa細胞はその後の60年間の間，試験管やシャーレの中で成長し分裂し続けた．60年というのは，医学生物学的にいうなら永遠に等しい．

何がHeLa細胞を不死にしたのだろうか．本章で，ほとんどすべての細胞において，テロメアとよばれる染色体の末端部が，細胞分裂のたびごとに少し短くなることを学んだ．テロメアが短くなりきってしまうと，細胞はもはや分裂することができない．だからほとんどの細胞はある回数分裂した後，分裂しなくなり死んでしまう．テロメアが短くなることで，制御できなくなった細胞分裂やがんが防がれるのだ．人体において無限に分裂する唯一の細胞が幹細胞と精子や卵を生み出す生殖系列細胞である．

しかし，HeLa細胞はふつうの細胞以外の何者でもない．Henrietta Lacksはヒトパピローマウイルス（HPV）に感染していたが，これは性感染するウイルスで，自分のDNAをヒトの皮膚細胞の中に注入する．その結果，ウイルスとも元のヒト細胞とも異なったDNAをもった細胞株になる．たとえば，ヒトの正常な細胞は46本の染色体をもつが，HeLa細胞はその倍の染色体をもっている．そして正常な細胞とは異なり，染色体のテロメアを修復する酵素であるテロメラーゼを合成し，細胞分裂するときにテロメアが短くなるのを阻止している（図11・14参照）．

HeLa細胞のテロメアは短くならないので死なないのだ．それゆえにHeLa細胞は永遠に分裂し増殖し続ける．

1951年以後，HeLa細胞は何千もの実験で使われ，2010年までに60,000以上の科学論文を生み出した．Henrietta Lacksの細胞は製薬会社に何十億ドルもの貢献をしてきた．HeLa細胞を用いて開発されたある抗がん薬は2007年だけで3億ドルの以上の利益をあげている．HeLa細胞研究があげたいくつかの顕著な事例を以下にあげよう．

1960年，ソ連（旧ソビエト連邦）の研究者たちは，人間宇宙飛行士が地球を離れるかなり前に，HeLa細胞を宇宙へ送り出した．HeLa細胞はウイルスを増殖させるのにも使われている．そしてウイルスを研究する学問分野であるウイルス学の発展に寄与してきた．流行性耳下腺炎（おたふく風邪），麻疹，ポリオ（小児麻痺），エイズなどのウイルスは皆HeLa細胞の中で増殖した．ある民間企業が旧フリトレー工場でHeLa細胞を大量生産し始めてから，あたかもトウモロコシや材木のようにHenrietta Lacksのがん細胞は商品化したのである．HeLa細胞によって生きている細胞をばら荷として送ることが可能になったので，研究者たちは細胞を研究空間で郵送できるようになった．HPV感染が子宮頸がんをひき起こすことの証明，その他のさまざまながんの研究，そしてヘルセプチンのような抗がん剤の開発などにHeLa細胞は使われてきた．実際，がん治療の一つの方法はテロメラーゼ酵素を不活性化することで，ふつうの細胞のようにがん細胞が分裂を停止し死滅するようにすればよい．

生活の中の生物学

化学発がん物質を避けることでがんを防ぐ

化学汚染物質は最も恐るべき発がん性物質だと思いがちだが，身のまわりの汚染物質が発がんの原因となるのは，ヒトのがんのわずか2％にすぎず，飲んだり食べたりするものの方が30％以上のがんの危険率があると専門家は推測している．喫煙は米国におけるがんの原因のおよそ30％を占めている．

ある種のがんについては，動物性の製品をたくさん食べる人のほうが，少ないかまったく食べない人よりも発症する率が高いという報告があり，それについて多くの説明がなされてきた．たとえば，ある種の発がん性のある汚染物質は，食物連鎖によって濃縮されるため，植物性食品よりも肉や魚や乳製品に高濃度で存在する．肉や乳製品に含まれる飽和脂肪は，それ自体が乳がん，前立腺がん，大腸がんの危険因子である．植物中心の食事をとっている人々においておそらくがん抑制にはたらいている繊維物質や抗酸化物質などのがん防御物質を動物性食品は欠いている．大量の，すなわち1日100g程度の赤身の肉，もしくは同量のステーキを食べている人は，ある種のがんの危険因子である鉄を過剰に摂取していることになるだろう．

動物の肉を上火や直火で焼いたり油で揚げたりすると，肉や鶏肉や魚に豊富に含まれているアミノ酸のあるものが複素環式アミン（HCA）として知られる発がん性化合物の一種に変化する．脂肪の多い食物を高温で調理すると，多環式芳香族炭化水素（PAH）とよばれる，やはり強い発がん性をもつ物質が生じる．もしよく焼けた肉が好みであれば，食べる量を減らすか，少なくとも時間をかけて安全な調理法に変えることを考えたほうがよい．高温になる直前で調理することになる電子レンジを用いた料理ではHCAやPAHの生成が減る．ベリー，赤ワイン，ローズマリーなどのハーブなど，抗酸化作用をもつ物質が豊富なソースであえても同様な効果がある．

炭火で焼いた赤い肉にがんの危険性があるとしても，加工肉のほうがもっと悪い．ホットドッグ，ソーセージ，ボローニャソーセージ，薄切り冷肉，その他の加工肉では，発色を良くして新鮮に見せるために，よく亜硝酸塩が使われる．胃のような酸性の環境下で，亜硝酸塩はタンパク質と反応してニトロソアミンとよばれる発がん性化合物になる．ビタミンC（アスコルビン酸）はその抗酸化作用で亜硝酸塩がニトロソアミンになるのを抑えるはたらきがあるので，しばしば加工肉に添加される．それでもホットドッグを食べるときにオレンジジュースを飲むのは悪くない考えだ．

過度の飲酒は口腔がんや食道がんと密接な関係があり，肝臓がん，乳がん，結腸がんにかかる危険率が少し高くなる．医者は，もし飲むなら女性は1日1杯，男性は2杯までにしておくことを勧めている．米国の標準的な飲酒量は純粋のエタノールに換算して17gで，これは4％アルコールを含むビールでは340g，また11％アルコールを含むワインでは141gである．

化学物質への曝露が健康な細胞を悪性の細胞に変えることを最もはっきりと表しているのががんと喫煙の関係である．20世紀になるまで，タバコを吸う人はほとんどおらず，肺がんもまれながんだった．現在では世界人口のおよそ1/3が喫煙しており，肺がんは世界的に最もありふれた，また致死的ながんであり，毎年120万人が亡くなっている．タバコやマリファナタバコは共にベンゾピレンとよばれる化合物を含んでいるが，これは強力な発がん性の物質である．平均的なマリファナタバコは，タバコの葉だけから作られる一般のタバコに比べておよそ50％も多くのベンゾピレンを含んでいる．そして，マリファナタバコを吸う場合，一般のタバコに比べ深く吸い込み，肺にとどめている．しかしふつうのタバコはマリファナタバコに比べてより常習性があり，喫煙を始めると長期間吸い続ける習慣に陥りやすい．また，マリファナタバコの常習者は，ふつうのタバコの平均的喫煙者に比べ，一日当たりの喫煙量ははるかに少ない．しかし結局のところ，どちらのタイプの喫煙も危険だということである．

喫煙をやめると，劇的にがんの危険性が減るというのは朗報だ．50歳以前に喫煙をやめた人は，その後の15年間に死ぬ危険率が半減する．年齢にかかわりなく，喫煙をやめた人は続けている人に比べ長生きしている．タバコには常習性をひき起こす物質であるニコチンが含まれているため，喫煙をやめることは困難ではあるが，米国人の5人に1人は以前は喫煙者で今はタバコをやめているという事実を思い起こすべきである．

ある種の果物やローズマリーのようなハーブに含まれている抗酸化物質は，肉を焼くときに生じるHCA（複素環式アミン）を減らしてくれる

章のまとめ

11・1 幹細胞：分裂のための細胞

■ 幹細胞は未分化の細胞で，みずからを再生産すると同時に，特殊化した細胞に分化していく子孫をつくり出す．

■ 幹細胞の研究は，細胞分裂や分化に対する基礎的な知見を深めるとともに，薬剤の発見や検定（もしくはスクリーニング）に貢献する．損傷を受けた組織や器官を修復したり置き換えたりするようなヒト組織工学も，幹細胞を用いた治療法の一つである．

■ 胚盤胞の内部細胞塊由来の胚性幹細胞（ES 細胞）は分化万能性をもっており，身体を構成するすべての細胞になることができる．成体幹細胞は胎児のときに生じ，子どもや大人のさまざまな組織や器官に少量ながら存在し続けるもので，分化多能性をもっていたり，単分化能をもっている．

■ ヒト胚性幹細胞や，ヒト成体幹細胞のあるものは培養できる．この培養した細胞に，特定の物理的もしくは化学的情報を与えると，それらは特定の細胞に分化誘導される．

■ ヒト胚性幹細胞を用いることについてはさまざまな議論がある．反対論者は，人の命は受胎のときから始まっており，その細胞を他者の利益のために用いることは倫理に反すると信じている．

■ 人工多能性幹細胞（iPS 細胞）は胚性幹細胞と同じ発生における柔軟性をもっているが，完全に分化した細胞をつくり変えることによってつくられる．

11・2 がん細胞：悪性化した健康な細胞

■ 米国人の男性は 2 人に 1 人，女性は 3 人に 1 人が一生のうちにがんを発症する．がんは 200 種類以上あるが，その中の四つ，すなわち肺がん，前立腺がん，乳がん，結腸がんですべてがんの合計の半分以上を占める．

■ がんは，細胞の分裂や移動において機能している正常な抑制が失われた場合に生じる．

■ 細胞が異常に増殖することによって生じた細胞塊は腫瘍とよばれる．腫瘍は血管新生によって多くの血液が供給されればより大きくなる．

■ 他の組織に浸潤し始めたとき，前がん細胞はがん細胞（悪性腫瘍）になる．この浸潤性細胞は足場依存性を失っており，それらを取巻く細胞から離れていく．がん細胞は最初の腫瘍から広がっていって新たな腫瘍を他の器官でつくり出すが，これを転移とよぶ．

■ 正の増殖因子は細胞分裂を促し，負の増殖因子はそれを抑える．負の増殖因子による増殖抑制シグナルが無視され，正の増殖因子によって制御される反応経路で細胞周期が過剰に促進されると，細胞増殖の暴走が起こる．

■ 遺伝子の突然変異がすべてのがんの根本原因である．ほとんどのヒトのがんは遺伝しない．ほとんどのがんはヒトの一つの細胞の中で複数の突然変異が生じたときに生まれる．

■ 細胞増殖で機能する遺伝子は前がん遺伝子である．DNAの突然変異の結果，過度に活性化された前がん遺伝子ががん遺伝子である．細胞分裂や細胞の移動を抑制している遺伝子はがん抑制遺伝子とよばれている．

■ がん治療の課題は悪性細胞を選択的に破壊することである．新しい治療の試みとしては，血管新生を抑えることでがんの増殖を抑制する方法，テロメラーゼ活性を阻害することで細胞分裂の暴走を減速させる方法などがある．

■ がんの危険因子に対する社会的認識を高めること，ウイルスや発がん物質などの感染原因を避けること，がんから身を守る行動を習慣づけるなどによってがんを阻止することが，がんに対する戦いにおける最優先事項である．

■ がんの危険性において，食事は大きな影響力をもっていると信じられている．

重要な用語

DNA（p.197）
遺伝子（p.197）
細胞の分化（p.197）
遺伝子発現（p.197）
体細胞分裂（p.197）
幹細胞（p.198）
胚性幹細胞（ES 細胞）（p.198）
成体幹細胞（p.198）
細胞培養（p.198）
再生医療（p.199）
接合子（p.199）
胚（p.199）
胎児（p.199）
全能性（p.199）
胚盤胞（p.199）
内部細胞塊（p.199）
万能性（p.199）
多能性（p.200）
単能性（p.200）
人工多能性幹細胞（iPS 細胞）（p.201）
腫瘍（p.202）
良性腫瘍（p.202）
前がん細胞（p.202）

足場依存性（p.203）
血管新生（p.203）
がん細胞（p.203）
原発腫瘍（p.203）
二次腫瘍（p.203）
転移（p.203）
正の増殖因子（p.204）
負の増殖因子（p.204）
ホルモン（p.204）
増殖因子（p.204）
受容体タンパク質（p.204）
シグナル伝達経路（p.204）
突然変異（p.205）
がん原遺伝子（p.205）
がん遺伝子（p.205）
がん抑制遺伝子（p.205）
体細胞突然変異（p.206）
凍結手術法（p.207）
ホルモン療法（p.207）
放射線療法（p.207）
化学療法（p.207）
テロメア（p.208）
発がん物質（p.208）

復習問題

1. 下記の細胞のうち，発生の柔軟性が最も小さいのはどれか．
   (a) 桑実胚の細胞
   (b) 胚盤胞の内部細胞塊
   (c) 骨髄幹細胞
   (d) 神経細胞
2. 増殖因子は，
   (a) 細胞の分裂を促すのみで，抑制はしない．
   (b) 細胞分裂に影響を与えるシグナル分子である．
   (c) 正の増殖因子としてはたらき，負の増殖因子としてははたらかない．
   (d) 負の増殖因子としてはたらき，正の増殖因子としてははたらかない．
3. がん遺伝子はどのような機能をもつタンパク質をコードした遺伝子か．
   (a) 血管新生を阻害する．
   (b) 足場依存性を促進させる．
   (c) 細胞周期の G_1 から S 期への移行を促進させる．
   (d) 計画的細胞死の引き金を引く．
4. がんはなぜ若い人より年寄りに多いのか．
   (a) がんをつくるためには多くの細胞が必要だが，年をとった人ほど細胞が多いから．

(b) 年をとった人の DNA は化学的発がん物質に対してより影響を受けやすいから．
(c) 免疫系が年をとるに従って強くなるから．
(d) がんが発達するために複数の遺伝子が有害な突然変異を起こさなければならず，それには時間がかかるから．

5. 下記のうち，がん化の最終段階はどれか．
   (a) 足場非依存性
   (b) 細胞接着の喪失
   (c) 転　移
   (d) 細胞増殖

6. ヒトのがんの大多数は，
   (a) 遺伝性である．すなわち突然変異を起こした遺伝子が継承される．
   (b) 発がん性をもったウイルスの感染の結果である．
   (c) 正常な細胞周期で G_1 期にある細胞でのみ生じる．
   (d) がん原遺伝子の活性によってひき起こされる．

7. がん抑制遺伝子は，
   (a) 正常な状態では細胞増殖速度を増加させる．
   (b) 正常な状態では細胞の移動を促進させる．
   (c) 細胞接着タンパク質を分解する酵素をコードしている．
   (d) DNA の損傷を検知し修復するタンパク質をコードしている．

8. 下記のシナリオのうち，がんが生じる確率を最も高めるのはどれか．
   (a) がん原遺伝子の一つのコピーが突然変異を起こし，機能しなくなる．
   (b) がん抑制遺伝子の一つのコピーが突然変異を起こし，機能しなくなる．
   (c) がん遺伝子の一つのコピーの活性が非常に高くなる．
   (d) がん抑制遺伝子のコピーの二つとも活性が異常に高くなる．

9. がん細胞に対する放射線照射治療における重大な副作用の原因は，
   (a) 完全に分化してしまったため，ふつうでは細胞分裂をしない細胞において細胞周期のでたらめな促進が起こるから．
   (b) 治療法が，がん化に関係する増殖因子受容体のような非常に小さい生体分子を標的としているため．
   (c) 放射線によって，身体の中の分裂速度の早い細胞がすべて死んでしまうため．
   (d) 放射線によって，身体の中の幹細胞がすべて死んでしまうため．

分析と応用

1. iPS 細胞，胚性幹細胞（ES 細胞），成体幹細胞を，発生における柔軟性と細胞の由来という 2 点について，比較せよ．

2. 2004 年，カリフォルニア州は胚性幹細胞研究のために，30 億ドルの基金を拠出するという 71 号議案を可決し，その結果，幹細胞研究者をひきつける州となった．あなたは，科学上の賛否両論のある問題について，カリフォルニア州で行われたように，専門家の委員会で議論し，選ばれた官僚によって決定するべきと考えるか，もしくは市民の投票に託するべきであると考えるか？ 根拠とともに述べよ．

3. 桑実胚から胚を傷つけずに細胞を取出すことが可能である．このように損傷を与えない方法で細胞を取出し，新しいヒト胚性幹細胞系列細胞を作ることは許されるべきか．あなたの見解を述べよ．

4. 結腸がんはいくつかの段階を経て成長していく．その段階と，それぞれの段階で起こることを簡単に述べよ．

5. 喫煙とがんとの間の明らかな関係に照らせば，タバコ会社がこのような死を呼ぶ物を売り続ける権利について，多くの人は疑問を持っている．個人の自由と社会全体の健康政策の間の問題について考察し，もしするとすればたばこ販売にどのような制限を設ければよいか述べよ．

6. がんの環境因子により注意が払われるようになるに従って，食品のラベルに書かれる警告表示はどんどん長く，恐ろしい響きのあるものになってきた．がんには多くの要因が関与しているので，このように食品における注意書きが長くなることはがんの危険性を減らすアプローチとして効果的だと考えるか．もしそうであれば，長い複雑な注意書きを人々が無視する傾向に対してどのように対処するか？

ニュースで見る生物学

Boys to Men: Unequal Treatment on HPV Vaccine
By Michelle Andrews

少年から成人へ：HPV ワクチンの処方の違い

70％の子宮頸がんがワクチンで防げるということから，健康保険法のもとで9歳から26歳までの少女や若い女性が無料でワクチンを受けられる恩恵にあずかることになった．しかし，パピローマウイルス（HPV）に対するワクチンが男性生殖器のがんに対しても同様な予防効果があるにもかかわらず，少年や青年に対しては同様な法律による無料接種はされていない．

なぜか？ 米国がん協会の乳がん婦人科がん部門長の Debbie Saslow によれば"男性生殖器がんは致命的なものではない"からだ．

FDA が承認した二つの HPV ワクチンを製造しているメルクが，男性の生殖器のがんをこのワクチンで防げるかどうかは研究中であると Saslow は言う．ところが，ワクチンが女性の子宮頸がん，膣がん，外陰がんなどを防ぐことが示されると，Saslow は"これは費用対効果の問題だ"と言うのだ．

確かにワクチンは高価で，一回130ドルかかる注射を6カ月の間に3回する必要があるのだ．

ヒトパピローマウイルスは，性交渉によって感染するが，ごく一般的にみられるもので，毎年およそ500,000症例みられる陰部のイボ（陰部疣贅）の主要な原因であるとされている．"それは生殖器のありふれた風邪のようなものだ"と Saslow は言っている．

陰部のイボを除去する治療法は数通りある．そして，再感染する可能性はあるものの，ウイルスを身体から除去することができる．

ワクチン接種に関する諮問委員会（ACIP）が推奨する接種は，今秋スタートする新健康保険において，患者に無料で提供されることが保険法で決まっている．ACIP は，保健社会福祉省の長官によって任命される15名の専門家によって構成されている委員会である．

HPV ワクチンが9歳から26歳までの少女や若い女性に推奨される一方，同じ年齢層の少年や青年に対して委員会は"緩い"推奨しかしていないと米国疾病管理予防センターの免疫事業部門長である Lance Rodewald は言っている．つまるところ，陰部のイボのために男性にワクチン接種してもよいが，必須ではないということのようだ．

米国においては，ヒトパピローマウイルス（HPV）は，性交渉によって感染する最もありふれた病原体である．常におよそ男性の半分と女性の15％がHPV に感染している．ヒトの免疫系は，さまざまな感染を撃退する．しかし同時に，ほとんど大人は生殖器に感染する30～40種類あるHPVのうちの一つもしくは複数種に感染しているのだ．

これだけの種類のうち，がんをひき起こすのはわずかで，そのほとんどが子宮頸がんであるが，男女を問わず扁桃腺がんや肛門がんをひき起こすものもある．がんをひき起こすウイルスの種類は陰部のイボを生じさせるものとは異なる．子宮頸がんのほとんどはHPVの感染によって生じ，感染の圧倒的多数は性交渉による．

HPV ワクチンは，はじめは少女や若い女性のみに推奨されてきた．ワクチンはふつうすべての人に処方されるから，このような推奨の仕方は特殊であるといえる．ほとんどすべての人がワクチンを接種した集団では，多くの人が接種していない集団に比べ，がんにかかる率ははるかに低い．たとえば天然痘は非常に積極的にワクチン接種が行われた結果，地上から完全に撲滅されたし，小児麻痺もほぼ撲滅された．ごくわずかの人にしか疾病の兆候が現れていないような場合でさえ，全員にワクチンを接種するのがふつうである．たとえば，風疹は多くの人にとって害をなさない感染症である．しかし胎児に感染すると，死ぬか重篤な奇形をもって生まれやすい．それゆえに，胎児の生育を守るために，保健機関は風疹に対するワクチンを皆が受けているか確かめようとするのだ．

少年や大人の男性にHPVワクチンを接種しない一つの理由は費用の問題である．もし政府がワクチンを推奨したら，健康保険はそれをカバーすることを要求される．少年へのHPV ワクチンのように，任意のワクチンであればカバーする必要がない．風疹のワクチンの費用は，一人当たり10ドル以下であるが，HPV ワクチンは300ドル以上かかる．少年にワクチンを接種しないもう一つの理由は，がんの危険性が低いからだ．

子宮頸がんの安価な試験法であるパップスメア検査の発明のおかげで，米国における子宮頸がんによる死亡率は年間4000ほどに減少した．子宮頸がんは発見が速いと治療もやさしい．パップスメア検査をするのが難しい開発途上国では，およそ370,000人の女性が毎年子宮頸がんにかかっている．毎年その半数がこの病気で死亡しているのだ．

このニュースを考える

1. 仮に米国の女性1億5600万人すべてにHPVワクチンを接種したとすると，子宮頸がんによる死者がどれだけ防げるか，また救われる命一人当たりの費用はどのくらいか．
2. ワクチン接種した女性に，パップスメア検査は必要か．理由も説明せよ．
3. 少年や青年にHPVワクチンを接種する賛否について議論せよ．その結論において，最も考慮すべきことは何だと考えるか述べよ．

出典：NPR（ナショナル・リパブリック・ラジオ），2010年12月7日，
http://www.npr.org/blogs/health/2010/12/07/131881133/boys-to-men-unequal-treatment-on-hpv-vaccine

III

遺　伝

12 遺伝の様式

> **MAIN MESSAGE**
> 生物の遺伝形質は遺伝子で決まると同時に，環境要因によって影響を受けることもある．

失われた皇女

1918年7月18日の早朝，Nicholas 2世（ロシア最後の皇帝），家族，召使いたちは無理やり起こされ，ボルシェビキ秘密警察によって軟禁されていた屋敷の1階に集められた．皇帝はその前年に退位したのだが，一家は逮捕され，いくつもの隠れ家を引き回されていた．また別の隠れ家に動かされるのだろうと考えた皇帝は，移動まで待つ間，妻Alexandra，息子Alexei，そして自分のためにいすを所望した．そして，集まってきた娘たち（Olga, Tatiana, Maria, Anastasia）と召使いたちと一緒に，ボルシェビキの将校Yakov Yurovskyの言葉を待った．するとYurovskyは突然，あなた方は全員処刑されることになっていると宣言したのである．すぐさま兵士たちが銃を放ち，300年続いたロマノフ王朝は無残な終焉を迎えたのであった．

しかし，本当に終わったのだろうか？2年後，頭と体に傷跡のある女性がベルリンの精神病院に入院してきた．彼女は自分の名前を覚えていなかったので，Anna Andersonとよばれることになった．しかし，世間と交流がある1人の入院患者が，Annaは奇跡的に処刑を免れた皇帝の末娘Anastasiaだと言い張るのである．そこで皇帝の友人と親戚が期待してAnnaに面会に来たが，残念ながら彼女はAnastasiaではないという結論になった．彼女はロシア語をしゃべることができなかったのである．1927年，Anastasiaの伯父が雇った私立探偵の報告によれば，Annaはポーランドの工場労働者のFranziska Schanzkowskaで，武器工場で手榴弾が爆発した際に傷を負っていたらしい．

> 形質の遺伝を支配する法則とは何だろうか？Anna Andersonがロシア皇帝のAnastasiaであったかどうか判定するのに，遺伝学はどのように使われたのだろうか？

しかし，死を逃れたロシアの皇女の感動的な伝説は生き続け，60年以上にわたって本や雑誌，映画に取上げられた．欧州の小王国はAnnaを認知したと称し，彼女の存命中には，支持者がつぎつぎに現れて彼女こそが行方不明のAnastasia皇女であると主張した．最終的には探偵的な調査と遺伝学の情報がそろって，やっとAnnaの素性についての解答が得られた．このような問題に答えるためにも，遺伝の別の側面を探るためにも，本章の主題，遺伝学の原理に目を向けてみよう．

王家の謎 皇妃と5人の子どもたちと写るNicholas 2世は，ロシアの最後の皇帝だった．この写真は1910年に撮られたもので，右端にいるのが最年少の皇女Anastasiaである．

12. 遺伝の様式

基本となる概念

- 遺伝する生物の特徴（遺伝形質），および，それに影響する遺伝子について研究する分野を遺伝学という．
- 遺伝子は，遺伝形質に影響する情報を担う基本単位で，DNA分子の中のあるひとつながりの塩基配列に相当する．
- 個体に現れる遺伝的な形質を表現型という．
- 突然変異によって，遺伝子の他のタイプ，対立遺伝子がつくられる．個体の表現型に影響を与える対立遺伝子を遺伝子型という．
- 二倍体の細胞は，各遺伝子のコピーを二つずつもつ．一つは父親（雄の親）から，もう一つは母親（雌の親）から受け継いだ遺伝子である．ある特定の遺伝子に関して，同じ対立遺伝子を二つもつ個体をホモ接合体，異なる二つの対立遺伝子のペアをもつ個体をヘテロ接合体という．
- 優性の対立遺伝子はヘテロ接合体の表現型を決める．そのとき，表現型として現れない対立遺伝子を劣性であるという．
- メンデルの法則を使うと，親の遺伝子型から子の表現型を予測できる．
- メンデルの法則は有性生殖する多くの生物に適用できる．遺伝学の進歩によって，この基本法則をさらに拡張し，より複雑な遺伝様式も説明できるようになった．
- 生物の表現型は，遺伝子の相互作用や環境の要因でも決まるため，同じ遺伝子型であっても非常に異なった表現型となることがある．

人類は何千年もの間，遺伝の原理を応用してきた．子は親に似る傾向があると気がついていたので，望ましい形質をもった動植物を交配させて，生まれた子のなかから次の交配のための選別をした．私たちの祖先はこのような方法で，野生の動物を飼いならし，野生植物から農作物を開発してきた（図1・10参照）．しかし，科学の分野としての遺伝学が始まったのは，1866年，オーストリアの修道士 Gregor Mendel（図12・1）が，エンドウの遺伝に関する画期的な論文を発表してからである．Mendelの論文の前にも，遺伝の仕組みに関してわかっていた点はあったが，親から子へ遺伝形質が受け継がれるパターンを説明するための，詳細で体系的な実験を実施した者はいなかった．

Mendelの人並み外れた洞察力は特別な訓練のおかげである．若い修道士のとき，Mendelはウィーン大学に入学し，数学から植物学まで勉強した．聖トーマス修道院での任務にあたって，Mendelは確率統計学と植物育植の知識を活用した．彼はエンドウの7種類の遺伝形質の遺伝の様子を数学を使って解析し，観察した遺伝パターンから，遺伝情報が一つの世代から次の世代へと，どのような原理で引き継がれるのかを推論することができた．

図 12・1　Gregor Mendel
（1822〜1884）

Mendelはエンドウを使った実験から，今日，遺伝の法則として知られる基本的な考えにたどり着いた．この一般法則は歴史的な大発見となった．その後メンデルの法則は，現代の遺伝学によってかなり追加・修正されたが，生物の交雑の結果は，メンデルの法則でほぼ正しく予測でき，有性生殖で繁殖する生物に広く応用できる．Mendelは実験結果から，生物の遺伝形質は遺伝因子（現在，遺伝子とよばれる）によって支配され，その因子はそれぞれの親から一つずつ受け継いだものであると提唱した．"遺伝子"という用語は使われていないが，Mendelは遺伝の基本単位として遺伝子の概念を提唱した最初の人であり，その考え方の重要性は今もまったく変わっていない．

Mendelの研究から100年以上を経て，その間，遺伝子について，特に遺伝子の物理的，化学的性質について多くのことがわかってきた．DNAとタンパク質の複合体である染色体の上に遺伝子が存在することも明らかになっている（第10章）．**遺伝子**とは，DNA鎖の中である長さを占め，遺伝形質を支配する部分をさす．遺伝子は一つの染色体上に何百も並んでいて，多くがタンパク質の生産を指令する情報となる．生物の化学的，構造的，また行動上の形質の大部分を支配するのは，遺伝子をもとにつくられたタンパク質である．私たちの遺伝形質はおもにタンパク質で決まり，そのタンパク質を決めるのが遺伝子なのである．

遺伝法則を見つけるに至ったMendelの素晴らしい洞察と，その現在の改訂版について解説する前に，遺伝学で用いられる多くの基本用語について紹介しておこう．これらの用語や考え方は，もちろんMendelの時代にはなかったので，当時，彼の数学的な解析の重要性を認識することは難しかったと思われる．減数分裂の仕組み，特に第一減数分裂時に染色体がランダムに組合わされること（§10・5参照）がわかっていなかったので，C. Darwinを含む当時の多くの人々にとって，理解は非常に難しかったはずである．事実，Mendelの論文は発表後，約30年もの間，無視されていた．1900年代はじめ，Mendelの論文が再発見され，彼の見つけた法則は，現代の**遺伝学**，すなわち遺伝子研究の基礎となった．今日，メンデルの法則は精度が上がり，より詳細に拡張され，遺伝子が環境によってどのように影響を受け，目に見えるような生物の形質をどのように決定するのか，明らかにできるまでになった．

12・1　遺伝学の基礎用語

遺伝形質とは，生物が遺伝する性質のうち，何らかの方法によって観察・検出できるもののことである．遺伝形質は少なくとも部分的には遺伝子によって支配される．しかし，後述するように，外見上の遺伝形質は環境によっても影響を受ける．カボチャの大きさ，シマウマの縞の模様，ヒバリの鳴き方などは，遺伝形質の例である．図12・2の写真に写っている人たちには，いくつの異なる遺伝形質があるだろうか？　身長や顔の形といった物理的形質は最も見分けやすい．メラニンという色素による髪の色など，ある種の生化学的な形質もすぐに見分けられる．血液型とか病気への抵抗性など，他の生化学的形質を調べるには，適当な検査が必要になる．現在では，内気，外向性，勇敢さといった行動的形質も遺伝子に影響されることがわかっている．

分子レベルでは，遺伝子は一続きのDNAからなる．遺伝学者

第Ⅲ部 遺 伝

つである．

ある種の遺伝形質は不変か，またはほぼ不変である．つまり，集団中のすべての個体でほとんど同一である．たとえば図12・2では，全員同じ数（二つ）の眼をもっている．したがって，ヒトの眼の数は基本的に変化しない．図12・2でみられる他の形質には，かなり違いがある．個々の個体が表現する遺伝形質の特定のタイプをその個体の**表現型**という．たとえば，ウマの体毛色の黒色，赤茶色，栗色，は異なるタイプであり，それぞれの色は独特の体毛色の表現型，あるいは形質である．

二倍体細胞は各遺伝子を2コピーもつ

§10・5で紹介したように，植物や動物の体細胞は**二倍体**で，相同染色体のコピーを2本，1対ずつもつ．各相同染色体ペアの一つは，その個体の父方から受け継いだ**父方相同染色体**，もう一つは母方から受け継いだ**母方相同染色体**である．たとえば，ヒトの体細胞には23種類の染色体が2セットあり，23対の相同染色体，つまり全部で46本の染色体となる．

各染色体のコピーは（一つの例外を除いて）二つあるので，二倍体細胞はこれらの染色体上の遺伝子をすべて2個ずつもち，一つは父方相同染色体上に，もう一つは母方相同染色体上にある（図12・3）．その例外は，いわゆる性染色体——X染色体とY染色体である．§10・3で述べたように，哺乳類の雌はXX相同染色体の一組をもつのに雄はX染色体を一つしかもたず，その染色体とはY染色体が組になっているのである．このことにより，哺乳類の雄は，すべての二倍体の細胞中で，X染色体上の遺伝子を一つだけしかもたないが，雌は二つのX染色体上に一つずつ，

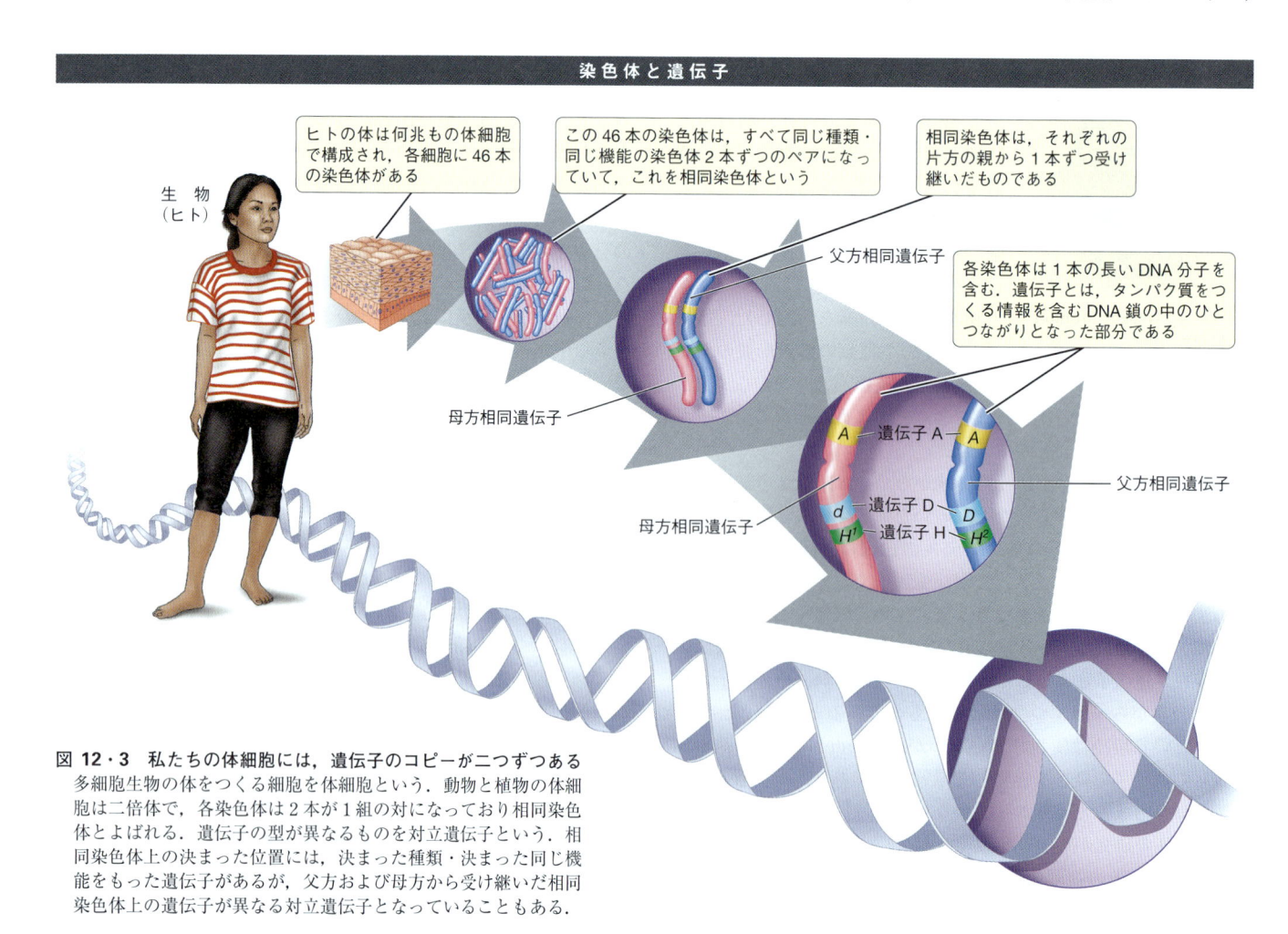

図12・2 ヒトの遺伝形質 この集団のなかで遺伝形質はいくつあるだろう．その形質はいくつかのタイプに区別できる明瞭なものか，あるいは（身長のように）人によって程度が変わるものだろうか．見つかった形質は遺伝子だけで決まっているものか，あるいは環境要因にも影響を受けているのか，どちらだろう？

はイタリック体の文字，記号，数字を使って遺伝子を表すことが多い（ただし，別の表記法もある）．たとえばネコのオレンジ色（茶色）の毛の原因になる *Orange* 遺伝子はイタリックの *O* で表す．ヒトの皮膚の色を決める遺伝子は12種以上あるが，そのうちの重要な一つは，簡略名で *MC1R* という．*IGF2* とよばれる遺伝子はヒトの発育に重要で，身長や体重に影響する多くの遺伝子の一

染色体と遺伝子

生物（ヒト）

- ヒトの体は何兆もの体細胞で構成され，各細胞に46本の染色体がある
- この46本の染色体は，すべて同じ種類・同じ機能の染色体2本ずつのペアになっていて，これを相同染色体という
- 相同染色体は，それぞれの片方の親から1本ずつ受け継いだものである
- 父方相同遺伝子
- 母方相同遺伝子
- 各染色体は1本の長いDNA分子を含む．遺伝子とは，タンパク質をつくる情報を含むDNA鎖の中のひとつながりとなった部分である

遺伝子 A — A
母方相同遺伝子 — d 遺伝子 D — D — 父方相同遺伝子
遺伝子 H — H^1 H^2

図12・3 私たちの体細胞には，遺伝子のコピーが二つずつある 多細胞生物の体をつくる細胞を体細胞という．動物と植物の体細胞は二倍体で，各染色体は2本が1組の対になっており相同染色体とよばれる．遺伝子の型が異なるものを対立遺伝子という．相同染色体上の決まった位置には，決まった種類・決まった同じ機能をもった遺伝子があるが，父方および母方から受け継いだ相同染色体上の遺伝子が異なる対立遺伝子となっていることもある．

合計二つもつことになる．

　第10章で述べたように，配偶子の細胞，つまり精子や卵細胞などの生殖細胞は，染色体が1組しかない（染色体の数が二倍体細胞の半分しかない），**半数体（一倍体）**の細胞である．配偶子は，父方の相同染色体，または母方の相同染色体のいずれか，相同染色体ペアの片方だけをもち，すべての遺伝子についてコピーを一つしかもたない．配偶子は減数分裂によってつくられ，親の二倍体細胞の染色体が半数ずつ分配されている（図10・13参照）．たとえばヒトの配偶子では，二倍体セット46本の半分，23本の染色体をもつことになる．

遺伝子型が表現型を規定する

　同じ種類・同じ機能の遺伝子でも，タイプが異なることがあり，これを**対立遺伝子**という．たとえば，ヒトのABO式の血液型は，I遺伝子とよばれる1種類の遺伝子で決まり，この遺伝子には三つの異なる対立遺伝子，I^A, I^B, i がある．二倍体の細胞には一つの遺伝子に対して最大でも二つの対立遺伝子しか存在しないし，一倍体の細胞には可能性のあるすべての対立遺伝子のなかの一つだけしか存在しないが，個体の集団全体では多数の異なる対立遺伝子が存在しうる．このことには注意が必要である．たとえば，あなたのクラスの学生全員のなかには，I遺伝子の三つの対立遺伝子のすべてがあるはずだ．自然界のさまざまな生物集団にみられる遺伝的多様性は，それぞれの生物種がもつ多数の遺伝子一つずつに対して，その集団が多様な対立遺伝子をもっていることに由来する．あなたのクラスの誰もが別の人とはっきり違って見えるのは，約25,000もあるヒトの遺伝子の多くについて，それぞれが異なる対立遺伝子をもっているからである．

　それぞれの個体がもつ対立遺伝子の構成を**遺伝子型**という．対立遺伝子の構成で表現型が決まる．言い方を変えると，表現された形質に対応する2個1組の対立遺伝子を遺伝子型という．遺伝子型が，表現型の一部または全部を規定する．たとえば，iiという遺伝子型のヒトは，O型の血液型になる．

　同じ型の対立遺伝子を二つもっている個体（I^AI^A, I^BI^B, ii など）を**ホモ接合体**，またはホモ接合遺伝子型の個体という．異なる型の対立遺伝子を二つもっている個体（I^AI^B, I^Ai, I^Bi など）を**ヘテロ接合体**，またはヘテロ接合遺伝子型の個体という．

ある種の表現型は優性対立遺伝子で規定される

　ある種の遺伝子のなかには，他の対立遺伝子と組合わされると優性になるものがある：ヘテロ接合体で異なる対立遺伝子と組になったとき，一方が他方の対立遺伝子の表現型を抑えるようなものである．他の対立遺伝子の影響をなくし，表現型に直接影響する対立遺伝子を**優性**であるという．優性な対立遺伝子と組合わせたときに表現型に影響しない対立遺伝子を**劣性**という．たとえば，ある品種のネコではL遺伝子が毛の長さを調節している．L対立遺伝子はl対立遺伝子に対して優性である．L対立遺伝子を一つか二つもつネコ（LLかLl）は毛が短いが，劣性遺伝子lに関してホモであるときには長い毛をもつ（図12・4）．この例では，L対立遺伝子はl対立遺伝子に対して優性なので，ヘテロ接合体（Ll）の個体では劣性対立遺伝子の存在が隠れてしまうのである．

　ヒトの何千という遺伝形質は約25,000の遺伝子によって規定されるが，優性あるいは劣性の対立遺伝子一つだけに支配される遺伝形質は，せいぜい4000程度にすぎないといわれている．優性対立遺伝子一つで支配されるヒトの表現型としてよくあげられるものに，真ん中が窪んだ顎，そばかす，舌を丸める能力，耳たぶの形，額の生え際の形，親指の反り返り，などがある．しかし実際には，これらの形質の遺伝はもっと複雑である．いくつか（たとえば，そばかすなど）は，複数の遺伝子に支配されている．その他のものには，明瞭な形質ではなく，はっきり二つの形質に分けることはできないものがある（たとえば，毛髪の癖とか耳たぶのつき方などには，無数の種類がある）．また，優性という言葉から，優性な対立遺伝子が個体にとって優れているとか，集団において一般的であると思ってはならない．たとえば，ヒトのABO型血液型を決めている遺伝子のI対立遺伝子はi対立遺伝子に対して優性だが，優性な対立遺伝子をもっているヒトの方が劣性遺伝子をもっているヒトより恵まれているという証拠はない．そして，地球上の全人類で，i対立遺伝子はどちらのI対立遺伝子（I^A, I^B）より多く存在するのである．

優性と劣性の対立遺伝子

表現型	短い毛	短い毛	長い毛
遺伝子型	LL ホモ接合体	Ll ヘテロ接合体	ll ホモ接合体

図12・4　ネコでは短毛が長毛より優性である　L対立遺伝子はl対立遺伝子に対して優性なので，この遺伝子があるとホモ接合体でもヘテロ接合体でも短毛になる．対立遺伝子lに支配される長毛の表現型は，優性遺伝子の影に隠されることのない，llのホモ接合体中でしか表れない．

突然変異: 新しい対立遺伝子の誕生

突然変異とは，遺伝子を構成するDNAに何らかの変化が起こることである（詳細は§14・4参照）．遺伝子の突然変異によって新しい対立遺伝子が生じ，それまであった対立遺伝子とは異なるタイプのタンパク質がつくられる．その結果，集団の個体間に遺伝的な多様性が生まれることになる．

突然変異が起こると，重要なはたらきをするタンパク質の生産が減少したり，あるいは，まったくつくられなかったりするので，害をもたらすこともある．有害であったり，機能がなくなっている対立遺伝子は，劣性であることが多い．ヘテロ接合体は劣性遺伝子の害を受けることなくそれを保持でき，その遺伝子を将来の世代に伝えることができるから，集団全体では劣性遺伝子は結構多く存在する．もう一つの"良い"遺伝子が有害な劣性対立遺伝子の効果を隠すため，ヘテロ接合体は悪い形質を示さないのである．

最も多いタイプの突然変異は，その個体にとって，有害でも有益でもないものである．そのようなものを中立突然変異という．たとえば，元の対立遺伝子がつくるタンパク質とほぼ同じ機能のものが，新しい対立遺伝子によってつくられる場合などが，これに相当する．また，糖を付着する酵素をコードする I 遺伝子の変異のように，突然変異が起こって活性が変わっても，生物が十分それに対応できる柔軟性をもつ場合もある．ときには，元のタンパク質が改善されたり，新しい有用な対立遺伝子となることもあるかもしれないが，そういった有益な突然変異は，有害だったり中立だったりするものよりずっとまれにしか起こらない．

突然変異の特徴は，しばしば間違って理解されている．最もよくある誤解はつぎの二つである．一つは，突然変異が起こるのは個体がそれを"必要とする"からだという誤解，もう一つは，突然変異はすべて遺伝するという誤解である．一つ目についていえば，突然変異は有益であるかどうかには無関係にでたらめに起こる．だから，たとえば個体が環境変化に対処するために"必要だから"有益な変異が起こる，という証拠はない．二つ目は，突然変異はいつでも体のどの細胞にでも起こるものである．しかしながら多細胞生物では，配偶子，あるいは将来的に配偶子をつくり出す細胞に起こった変異だけが子孫に伝わるのである．

計画的な交雑実験から遺伝の様式がわかる

遺伝的交雑，あるいは単に"交雑"とは，特定の遺伝形質がどのように遺伝するかを調べるために行う計画的な交雑実験のことである．"交雑"という言葉は動詞としても使われ，"遺伝子型 AA の個体と遺伝子型 aa の個体を交雑した"といったりする．交雑実験で使われる親の世代を **P世代**，その最初の子どもの世代を **F₁世代**という（Fは子どもを意味する"filial"という言葉に由来する）．F₁世代の個体同士を交雑して生まれる子どもは **F₂世代**とよばれる．

表12・1 にこれらの重要な遺伝学用語の定義をまとめてある．よく読み，本章の残りの部分を学ぶときに，必要に応じて参照してほしい．

12・2 遺伝の基本様式

これまで，基本的な遺伝学の考え方，突然変異によって新しい対立遺伝子が生まれることなどを紹介してきた．ここでは，遺伝子がどのように親から子へと伝えられるのかをみていこう．Mendelの研究が発表される以前は，両親の形質は，二つのペン

表12・1 遺伝学の基本用語

用語	定義
遺伝子	生物の特定の遺伝形質を決める情報を担う基本単位．遺伝子は，染色体の中の一部で，DNA分子内のある長さを占めている．
遺伝子型	生物の遺伝形質を決めるもので，形質発現を支配する二つの対立遺伝子の組合わせをさす．
表現型	個体で発現される遺伝形質．たとえば，ヒトの髪の毛の黒・茶・赤・金色など．
遺伝形質	定量的に区別したり，観察される遺伝的な特徴．つまり，高さ，花の色，タンパク質の化学的構造などは，すべて遺伝形質の例である．
対立遺伝子	染色体上の同じ位置にある遺伝子で，異なるタイプのもの．
優性対立遺伝子	異なる（劣性の）対立遺伝子と対になったとき，優位にその生物の形質を決定する方の対立遺伝子．
劣性対立遺伝子	優性の対立遺伝子と組になったとき，表現型に影響を及ぼさない対立遺伝子．
遺伝的交雑	遺伝学的な解析のために実施する人為的な交配操作．
ホモ接合体	二つの同一の対立遺伝子をもつ個体（例: AA, aa, $C^W C^W$ などの組合わせの対立遺伝子など）．
ヘテロ接合体	二つの異なる対立遺伝子をもつ個体（例: Aa や $C^W C^R$ などの組合わせの対立遺伝子など）．
P世代	遺伝的交雑を行う親の世代，つまり F_1 世代の親．
F_1 世代	遺伝的交雑をして生まれた最初の子世代．
F_2 世代	遺伝的交雑をして生まれた子の2代目．F_1 世代を交雑して生まれた子．

キの色を混ぜるように子に混ざり合って伝わると考えられていた．これは融合遺伝という考え方であるが，この場合，子は必ず両親の中間の表現型になり，"失われた"はずの形質が突然，子孫に再現することはありえない．

しかし，Mendel の実験結果も含めて，実際の多くの交雑結果はこの融合遺伝では説明できない．子の形質は，両親の中間の形質でないことが多く，また，世代を越えて形質が遺伝すること（子が親ではなく祖父母の一方に似るなど）も多い．このような現象は，どのように説明できるだろうか．Gregor Mendel は8年間の研究で，エンドウの遺伝様式を解析するために多くの実験を行い，その結果から融合遺伝の考えを否定するに至った．それに変わって Mendel が提唱したのは，子孫はそれぞれの形質に関して，二つの異なる遺伝情報（現在の言葉では遺伝子）を，両親のそれぞれから一つずつ受け継ぐという考えであった．

メンデルの遺伝学研究は純系のエンドウから始まった

エンドウは，遺伝を研究するのにぴったりの植物である．エンドウの花には，おしべとめしべの両方があり，自分で受粉（自家受粉）できるからである．また，人工的に別の個体をかけ合わせることもできるので，Mendel は計画的な遺伝交雑をすることができた．さらに，純系のエンドウがあり，自家受粉を続ければ，その子孫はすべて親と同じ表現型をもつエンドウとなる．たとえば，黄色の種子をもつある品種は，自家受粉では黄色の種子をもつ子孫しかできない．純系のペットや家畜はよく純血種とよばれる．純血のラブラドールレトリバー犬同士を交配すれば，生まれてくる子犬はすべてこの犬種に特有の形質をもっていることが期待できる．

遺伝子型が表現型にどのように影響するか，現在わかっている仕組みで説明すると，図12・5にあるように，PP や pp の花の色など，純系の表現型ができるのは，すべて同じ型の遺伝子型をも

表現型と遺伝子型

表現型		
紫	紫	白
遺伝子型		
PP （ホモ接合体）	*Pp* （ヘテロ接合体）	*pp* （ホモ接合体）

図 12・5　純系の植物はホモの遺伝子型をもつ　エンドウの花の色は，二つの対立遺伝子 *P* と *p* によって決まる．三つの遺伝子の組合わせ（*PP*，*Pp*，*pp*）があるが，表現型は二つ（紫色と白色）しかない．遺伝子型 *PP* と *Pp* が紫色，*pp* は白い花となる．

つホモ接合体の子孫の場合だけである．Mendel はすべての実験を，植物の背丈，花の位置，花の色，種と外皮の色や形といった形質に関してホモ接合体である系統（すなわち，純系）を用いて行った．それらの純系は特定の形質（たとえば，紫色の花）をもつ個体の自家受粉によってつくられた．その系統からは必ず同じ形質をもつ子ができると確信できるまで，自家受粉を何代にもわたって続けるのである．

そして Mendel は対照的な形質（たとえば，紫色の花と白い花）をもつ純系同士をかけ合わせ，二世代にわたって全子孫の表現型を注意深く記録した．まず，最初の純系の親（P 世代）から始め，ついで二世代にわたって雑種（純系ではない）の子孫の形質を追跡した．たとえば，紫色の花をつける純系のエンドウと白い花をつける純系を交雑した（図 12・6）．つぎに Mendel はその F₁ 世代（子孫の最初の世代）の自家受粉によって F₂ 世代をつくらせたのである．

遺伝形質は遺伝子で決まると Mendel は考えた

融合遺伝の理論に従えば，図 12・6 で示した交雑実験を行うと，親の中間色の花の F₁ 世代ができるはずである．しかし，実際は中間色ではなく，F₁ 世代の花は，すべて紫色の花となった．さらに，F₁ 世代のエンドウを自家受粉させると，F₂ 世代の約 25% が白い花となった．言い換えると，F₂ 世代では白い花が 1:3 の割合で現れる．第二世代で白い花が現れることは融合遺伝の考えとは合わない．そのことを Mendel は確信した．

Mendel は 7 種の純系エンドウを用いて，それぞれの形質について図 12・6 のような実験を繰返した．F₂ 世代ではそれぞれの形質について常に優性と劣性が 3:1 に別れた．これらの結果をふまえて，Mendel は，遺伝形質は交配によってペンキの色のように混ざり合うのではなく，独立した遺伝単位（現在では遺伝子とよばれるもの）によって支配されるという新しい遺伝理論を提唱した．現代の遺伝学用語を使って Mendel の理論を言い換えると以下のように要約できる．

1. 遺伝形質の多様性は，異なる種類の対立遺伝子による．たとえばエンドウは，花を紫色にするタイプの遺伝子（対立遺伝子）と，花を白色にする別のタイプの遺伝子（異なる対立遺伝子）をもっている．一つの個体は，遺伝子ごとに，最大二つの異なる対

一遺伝子雑種交雑

P世代（純系の親）

この記号は遺伝交雑（交配）を示す

紫色の花（*PP*）　　白色の花（*pp*）

Mendel は，純系の紫色の花と白色の花のエンドウを交雑した

F₁世代

すべて紫色の花（すべて *Pp*）

F₁ 世代のエンドウに自家受粉をさせる

F₂世代

705 個体が紫色の花（*PP* または *Pp*）　　224 個体が白色の花（*pp*）

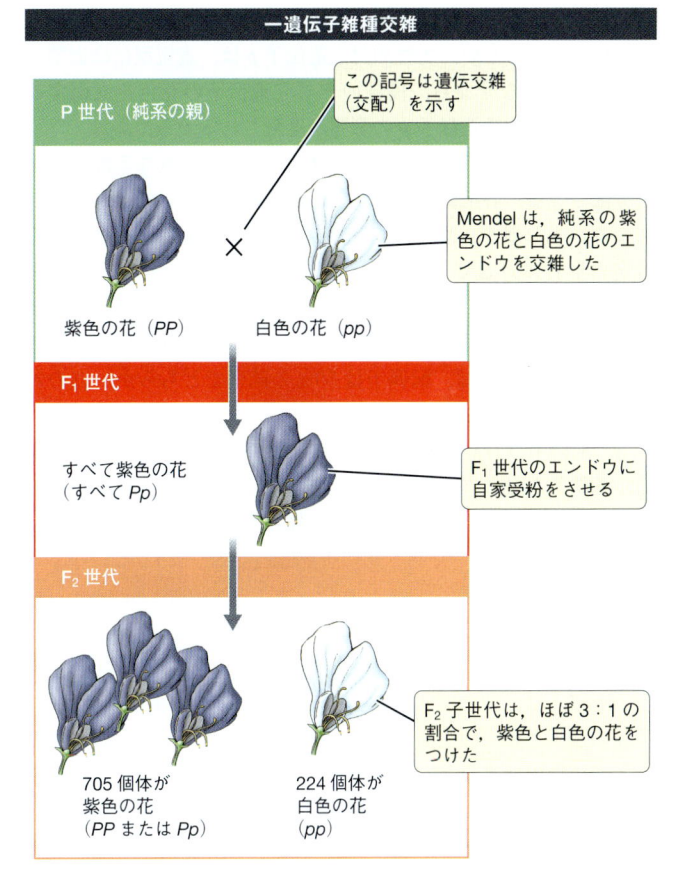

F₂ 子世代は，ほぼ 3:1 の割合で，紫色と白色の花をつけた

図 12・6　三世代にわたる単一形質の遺伝様式　Mendel は特定の形質（花色）に関して二つの明瞭な形質（紫か白）を示す純系（ホモ接合体である系統）の植物を親として交雑実験を行った．このような交雑では，F₁ 世代の植物は単一の形質（この場合は花色）についてヘテロ接合体となる．それでこのような交雑は一遺伝子雑種交雑とよばれる．

立遺伝子をもつ．

2. 子は，双方の親から対立遺伝子の片方ずつ，合計二つを受け継ぐ．図 12・6 で示す交雑実験から，白色の花が F₂ 世代で再発現するためには，F₁ 世代の植物には白色の対立遺伝子が存在し，それが F₂ 世代に引き渡されなくてはならないはずだと Mendel は考えた．彼の推論では，エンドウは花の色を決める遺伝子のコピーを二つ（一つは花が紫色になり，もう一つは白色になる遺伝子）をもっているはずである．この Mendel の推論は正しく，配偶子を別にすれば，私たちの体細胞は，それぞれの遺伝子について，父方および母方のコピーを一つずつもっている（図 12・3 参照）．

3. ある対立遺伝子が異なる対立遺伝子とペアになったときに，その生物の表現型を支配する場合，その対立遺伝子は優性であるという．たとえば，紫色の花の純系は二つの *P* 対立遺伝子をもつ（つまり，*PP* の遺伝子型をもつ）．なぜなら，もしそうでなければ，その系統の植物は自家受粉によってときどき白い花をもつ子孫をつくることもあるはずであり，純系とはいえなくなってしまうからである．同様に，白い花の純系は二つの *p* 対立遺伝子をもつ（*pp* 遺伝子型）．F₁ 世代と F₂ 世代の表現型の場合を考えると，図 12・6 の F₁ 世代は遺伝子型 *Pp* をもっていたに違いないと，Mendel は推察した．F₁ 世代は，紫の花をつける *PP* の親から *P* 対立遺伝子，*pp* の親から *p* 対立遺伝子，それぞれ一つずつ引き継ぐと仮定すれば，F₁ 世代の遺伝子型は説明できると気づいたのである．F₁ 世代のエンドウはすべて紫色の花だったの

で，P 対立遺伝子は p 対立遺伝子に対して優性であることも想定しなければならない．劣性の対立遺伝子 p は，表現型には影響を及ぼさない．なぜなら，優性の P 対立遺伝子の花色を支配する力によって，劣性遺伝子 p の影響が遮蔽されるからである．

4. 二つの対立遺伝子は，減数分裂で分離し，異なる配偶子へと分配される． 各配偶子は，対立遺伝子の一方だけを受取ることになる．もし親が，Mendel が使った純系の品種のように，ある特定の形質に対して二つの同じ対立遺伝子のコピーをもつならば，配偶子はすべて同じ対立遺伝子をもつことになる．しかし親が，遺伝子型 Pp をもつ個体のように，異なる対立遺伝子をペアでもっているならば，配偶子は 50% の確率でどちらか一方の対立遺伝子を受取ることになる．

5. 配偶子は対立遺伝子の種類に関係なく等しい頻度で融合する． 配偶子が融合（受精）して接合子をつくるとき，配偶子のもつ対立遺伝子の種類に関係なく，無作為な組合わせ，ランダムに融合が起こる．

12・3 メンデルの遺伝法則

Mendel は，彼の実施した実験結果を，二つの遺伝学の法則，分離の法則と独立の法則としてまとめた．彼は一つの形質（花の色とか植物の背丈など）を追跡する育種実験から，分離の法則を導き出すことができた．独立の法則は，交配後に現れる二つのまったく異なる遺伝形質を同時に追跡するという，二形質の追跡実験によっている．

分離の法則は Mendel の単形質交配実験によって発見された

分離の法則とは，二つの遺伝子が減数分裂のときに分離し，異なる配偶子に分配されることである．この法則を使って，ある形質がどのように遺伝するのかを予測できる．図 12・6 の実験をもう一度考えてみよう．Mendel は純系の紫色の花をつけるエンドウ（遺伝子型 PP）と，純系の白色の花をつけるエンドウ（遺伝子型 pp）を交雑した．この交雑によって生まれた F_1 個体はすべて**一遺伝子雑種**である．すなわち，それらはすべて一つの遺伝形質，花の色に関して雑種，つまり，ヘテロ接合体（Pp）である．分離の法則に従えば，F_1 世代が繁殖するとき，50% の花粉（精子）が P 対立遺伝子をもち，残りの 50% が p 対立遺伝子をもっているはずである．同じことが胚嚢（植物の場合の卵に相当）についてもいえる．

減数分裂で二つに分離した遺伝子コピーが受粉（受精）によってどのように組合わさるかは，**パンネットスクエア**とよばれる格子状の表で表現できる（図 12・7）．この図は，対立遺伝子が減数分裂によってどのように配偶子に配分されるかを示し，また，受精のときのすべての可能な組合わせもわかりやすい．花粉や精子などの雄の配偶子として可能なすべての遺伝子型をマス目の上側に並べる．卵や胚嚢などの雌の配偶子として可能なすべての遺伝子型を，マス目の左端に並べる．つぎに，上側にある遺伝子型と左端にある遺伝子型とを組合わせて，すべてのマス目（すなわち"細胞"）を埋める（青とピンクの矢印を参照）．図 12・7 の例に示すように，精子は P 対立遺伝子と p 対立遺伝子のどちらをもつかに関係なく，P または p 対立遺伝子をもつ卵と同じ頻度で受精（融合）するチャンスをもつ．交雑で，合計四つの組合わせがあること，その四つが同等の頻度で起こることを，パンネットスクエアは示している．

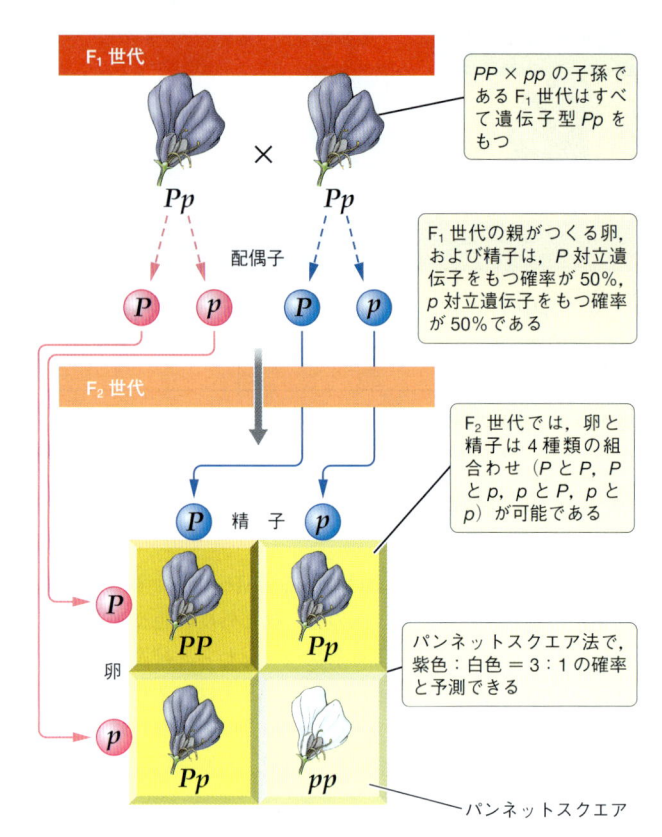

図 12・7 パンネットスクエア法は，遺伝交雑において生じうるすべての結果を予測できる 遺伝交雑の結果を予測するのに使われるパンネットスクエアは，配偶子での対立遺伝子の分離と，雄と雌のそれぞれの配偶子の可能な組合わせのすべてを，表で表現したものである．この図のように，両方の親がヘテロ接合体の場合を一遺伝子雑種交雑という．

パンネットスクエアによれば，F_2 世代の 1/4 が遺伝子型 PP を，1/2 が遺伝子型 Pp を，そして 1/4 が遺伝子型 pp をもつと考えられる．紫色の花の対立遺伝子 P は優性なので，PP または Pp の遺伝子型をもつ植物はすべて紫色の花となる．一方，pp の遺伝子型をもつ植物のみが白色の花となる．したがって，F_2 世代の 3/4（75%）が紫色の花に，1/4（25%）が白い花になるであろうと予測できる（3：1 の比率となる）．Mendel が実際行った F_2 世代を調べる実験結果では，705 個体が紫色の花（76%），224 個体が白色の花（24%）となり，この予測とよく合っていた．

Mendel の二形質実験から独立の法則が生まれた

Mendel はさらに，**二遺伝子雑種**（二つの遺伝形質に関してヘテロである個体群）の交配を行って，二つの遺伝形質を同時に追跡する実験を行った．たとえば，エンドウの種子には丸い形（丸形）としわがある形（しわ形）があり，また色も黄色と緑色がある．2 種類の遺伝子，R 遺伝子が種子の形を，Y 遺伝子が種子の色を支配している．純系の丸形黄色の種子（遺伝子型 RRYY）と純系のしわ形緑色の種子（遺伝子型 rryy）とをかけ合わせると，どうなるだろうかと Mendel は考えた．

この二つを交雑すると（図 12・8），F_1 世代はすべて丸形黄色の種子となった．この F_1 世代の表現型から，丸形種子（R）の対立遺伝子はしわ形種子（r）の対立遺伝子に対して優性であることがわかった．同様に，種子の色の形質では，黄色種子の対立

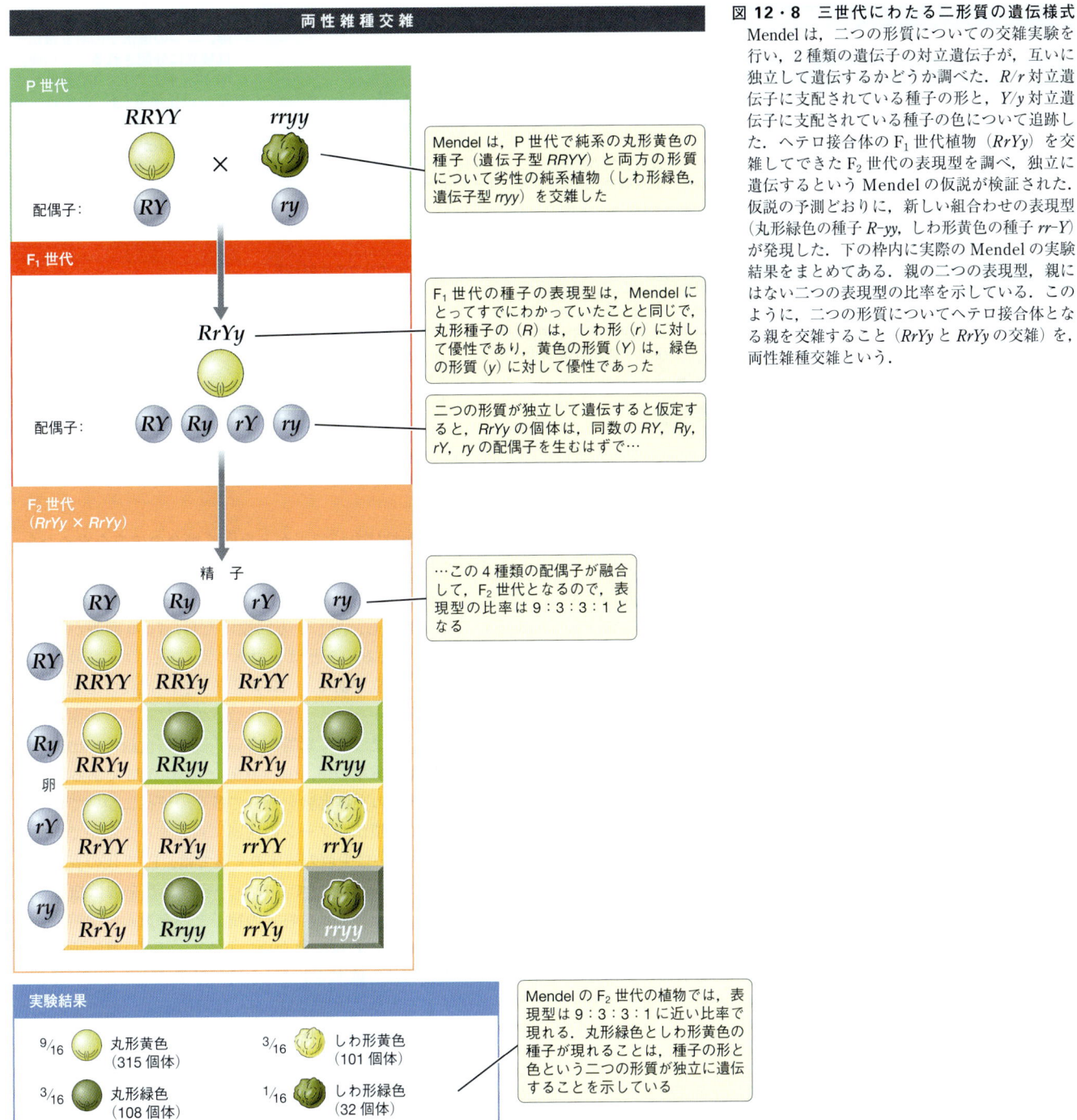

両性雑種交雑

P世代
RRYY × rryy

配偶子: RY / ry

F₁世代
RrYy

配偶子: RY, Ry, rY, ry

F₂世代 (RrYy × RrYy)

精子: RY, Ry, rY, ry
卵: RY, Ry, rY, ry

	RY	Ry	rY	ry
RY	RRYY	RRYy	RrYY	RrYy
Ry	RRYy	RRyy	RrYy	Rryy
rY	RrYY	RrYy	rrYY	rrYy
ry	RrYy	Rryy	rrYy	rryy

実験結果
- 9/16 丸形黄色 (315個体)
- 3/16 丸形緑色 (108個体)
- 3/16 しわ形黄色 (101個体)
- 1/16 しわ形緑色 (32個体)

注釈:
- Mendel は，P世代で純系の丸形黄色の種子（遺伝子型 RRYY）と両方の形質について劣性の純系植物（しわ形緑色，遺伝子型 rryy）を交雑した
- F₁世代の種子の表現型は，Mendel にとってすでにわかっていたことと同じで，丸形種子の (R) は，しわ形 (r) に対して優性であり，黄色の形質 (Y) は，緑色の形質 (y) に対して優性であった
- 二つの形質が独立して遺伝すると仮定すると，RrYy の個体は，同数の RY, Ry, rY, ry の配偶子を生むはずで…
- …この4種類の配偶子が融合して，F₂世代となるので，表現型の比率は 9：3：3：1 となる
- Mendel の F₂世代の植物では，表現型は 9：3：3：1 に近い比率で現れる．丸形緑色としわ形黄色の種子が現れることは，種子の形と色という二つの形質が独立に遺伝することを示している

図12・8 三世代にわたる二形質の遺伝様式

Mendel は，二つの形質についての交雑実験を行い，2種類の遺伝子の対立遺伝子が，互いに独立して遺伝するかどうか調べた．R/r 対立遺伝子に支配されている種子の形と，Y/y 対立遺伝子に支配されている種子の色について追跡した．ヘテロ接合体の F₁世代植物（RrYy）を交雑してできた F₂世代の表現型を調べ，独立に遺伝するという Mendel の仮説が検証された．仮説の予測どおりに，新しい組合わせの表現型（丸形緑色の種子 R-yy，しわ形黄色の種子 rr-Y）が発現した．下の枠内に実際の Mendel の実験結果をまとめてある．親の二つの表現型，親にはない二つの表現型の比率を示している．このように，二つの形質についてヘテロ接合体となる親を交雑すること（RrYy と RrYy の交雑）を，両性雑種交雑という．

遺伝子 (Y) が緑色種子の対立遺伝子 (y) に対して優性であると，Mendel は推論した．

つぎに，Mendel は F₁世代（遺伝子型 RrYy）を大量に自家受粉させて，F₂世代をつくることにした．Mendel が最も知りたかった疑問，種子の形の遺伝と種子の色の遺伝は，互いに連動するのかしないのか，それに F₂世代の表現型が答えてくれると，彼は知っていたのである．Mendel は，ある遺伝子の対立遺伝子が配偶子へ分配されることと，他の遺伝子の分配とは連動しないと予感していた．そうならば，配偶子には，可能なすべての対立遺伝子の組合わせがあることになる（図12・9）．もしそうでないならば（二つの遺伝子の分配が連動するならば），ある形の種子はいつも同じ色をしていて，F₂世代で新しい組合わせ（しわ形黄色や丸形白色）の表現型は出現しないだろう．

Mendel はそれら二つの可能性を調べるために，RrYy の F₁個体を互いにかけ合わせる実験を行った（図12・8参照）．実験結果は，F₂世代で，親がもつ2種類の表現型のすべての組合わせが生まれ，種子のおよそ 9/16 が丸形黄色となり，3/16 が丸形緑色，3/16 がしわ形黄色，1/16 がしわ形緑色（つまり 9：3：3：1 の比率）となった．これは予想どおりの結果で，二つの形質を支配する遺伝子は，互いに独立して遺伝したのである．もし，配偶子形成の際に R 遺伝子が Y 遺伝子とは独立に分離するなら（図12・9参照），F₂世代の子孫の間で四つの形質が現われることを予言できる．すなわち，RY 両方ともに優性形質であるものが 9/16，両方ともに劣性であるものが 1/16，そしてそれに加えて両親のどちらとも違う表現型のものが2種現れるはずである．Mendel はその非両親型の子孫の出現を予想していたのだが，そのとおりの

配偶子形成時における対立遺伝子の独立分配

親世代の植物

RRYY × rryy

親は，RRYY または rryy の遺伝子型で，RY，または ry の遺伝子型の配偶子だけをつくる

配偶子: RY RY   ry ry

減数分裂のときに，二つの遺伝子のそれぞれ異なる対立遺伝子が組になって分かれる

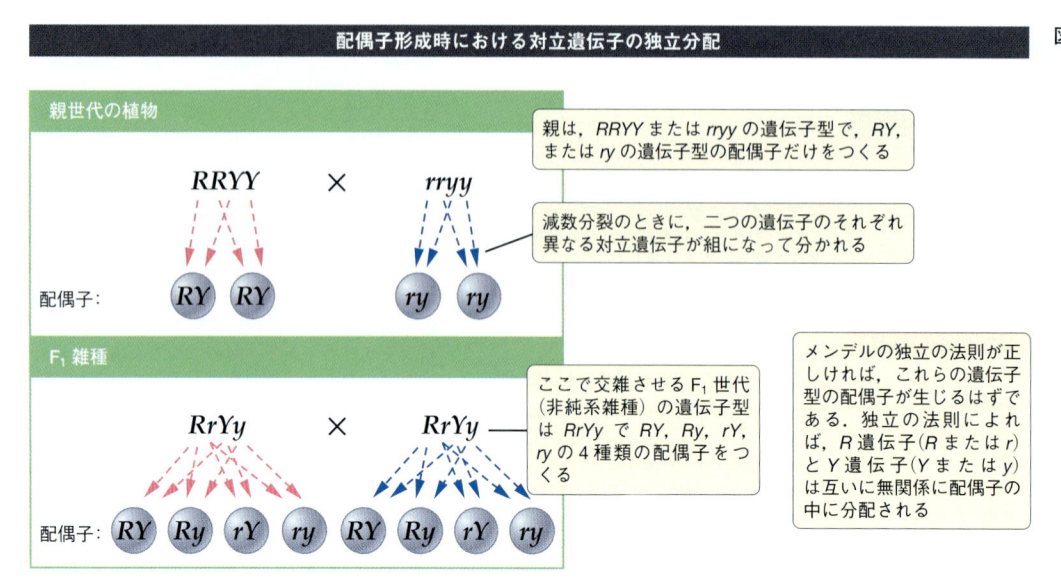

F₁ 雑種

RrYy × RrYy

ここで交雑させる F₁ 世代（非純系雑種）の遺伝子型は RrYy で RY, Ry, rY, ry の 4 種類の配偶子をつくる

配偶子: RY Ry rY ry RY Ry rY ry

メンデルの独立の法則が正しければ，これらの遺伝子型の配偶子が生じるはずである．独立の法則によれば，R 遺伝子（R または r）と Y 遺伝子（Y または y）は互いに無関係に配偶子の中に分配される

図 12・9 配偶子がつくられる際，二つの遺伝子の対立遺伝子は独立に分配される　この模式図が示すように，F_2 世代の表現系の比率 9:3:3:1 は，減数分裂時に R 対立遺伝子と Y 対立遺伝子が互いに無関係に分配されると考えると説明できる．

ものが F_2 子孫に出現した．すなわち，丸形緑色が 3/16，しわ形黄色が 3/16 現れたのである．

　Mendel は研究していた七つの形質すべてについて，同様の交雑実験を行い，その実験結果から，**独立の法則**を提唱するようになった．独立の法則とは，配偶子がつくられるとき，減数分裂による遺伝子コピー（対立遺伝子）の分離は，他の遺伝子のコピーの分離とは関連なく，別個に行われるというものである．

　Mendel の観察は，私たちが遺伝の仕組みの基礎として理解している染色体の振舞いとよく合っている．すなわち，第一減数分裂の際に，父方と母方の相同な染色体が赤道板に並ぶが，その並び方はランダムである（図 10・16 参照）．Mendel が繁殖実験で追跡した七つの遺伝子の大半は，偶然であるが，異なる相同染色体ペア上にあった．たとえば，種子の形の遺伝子は第 7 染色体ペアの上に，種子の色の遺伝子は第 1 染色体ペアの上にという具合である．§10・5 で解説したことを思い出すと，減数分裂で配偶子がつくられるとき，1 対の相同染色体ペアの母方および父方由来の染色体は分かれて，娘細胞にランダムに分配される．たとえば，第 1，第 7 染色体について考えると，特定の配偶子が両方とも父方の相同染色体を受取るか，第 1 染色体が母方で，第 7 染色体が父方となるのか，それは偶然に決まり，予測できない．

　各相同染色体の 2 本は減数分裂に際してランダムに配偶子に分配されるし，受精に際してはまたいろいろな組合わせで混ざることができるから，染色体上の対立遺伝子にもあらゆる組合わせが生じうる．これが，親に存在しなかった遺伝子型や表現型が子に生まれる仕組みである（図 12・8 の RRyy や rrYY など）．この独立の法則は，二つの遺伝子が異なる染色体上にあり，互いに離れている場合に限って適用できる．二つの遺伝子が，同じ相同染色体上で，接近した場所にある場合，この法則は当てはまらない．この点は第 13 章で詳しく紹介しよう．

Mendel の洞察は確率の正しい理解に基づく

　ある事象の確率とは，そのことが起こる可能性のことである．たとえば，曲がっていないコインを放り投げたとき，表が上になる確率は 0.5 である．確率 0.5 というのは，50%の可能性とか，1/2 の見込みとか，表が上になる場合と裏が上になる場合の比率が 1:1 である，というのと同じことである．しかし，コインを少数回だけしか投げないで表が上を向く場合の確率を求めたら，50%とは全然違っているかもしれない．たとえば 10 回しか投げないと，表が 7 回出て，70%が表になるという結果になることもあるだろう．しかし，もし 1 万回投げたら，7000 回表が上になる（表が 70%になる）ことはまずありえない．コインの放り投げは 1 回ごとに独立である．言い換えると，一度投げて表か裏のどちらの面が出たかということは，つぎの回にどちらの面が出るかということにはまったく影響しない．表が二度続けて出る確率は 1 回ごとに出る確率の積，0.5 × 0.5，つまり 0.25 である．

　Mendel は多数の交雑実験を行って多くの子孫についてのデータをとったので，遺伝パターンの法則に到達することができたのである．1 組あるいは少数の個体の交雑では，F_2 世代の表現型について信頼性のある予測はできない．そのことを彼は知っていた．遺伝的交雑の実験では，特定の精子と卵を選んで受精させて子孫をつくらせることはできない．しかし，Pp の遺伝子型をもつ植物が生む卵は，確率 0.5 で対立遺伝子 P をもち，確率 0.5 で対立遺伝子 p をもつことを，Mendel は理解していた．そのような植物の精子がもつ対立遺伝子についても同じことがいえる．そして，そのような植物二つが交雑すると，対立遺伝子 p をもつ卵が対立遺伝子 p をもつ精子と受精する確率は，上に述べた積の法則で求められる．つまり pp の子孫が生まれる確率は 0.5 × 0.5 = 0.25 となる．

　Mendel が予測した発現型の比率（たとえば図 12・7 に示された 3:1 の割合）は，特定の表現型や遺伝子型を子孫がもつ確率にすぎない．実際に，どのような表現型で，どのような遺伝子型になるのか（純系個体の交雑実験を除いて），それぞれの個体については，私たちは確実なことは何も言えないのである．さらに，特定の表現型が発現する確率は，子孫の数ともまったく関係がない．大量の子孫を解析すればするほど，結果が 3:1 となる確率が高まるだけである．たとえば，子孫がホモ接合体劣性の個体（pp）となる確率が 1/4 なら，多くの子孫が生まれた場合，子孫の 25%が遺伝子型 pp をもつ可能性が高いということである．しかし，子孫が 4 個体しかいない場合，そのうちの 1 個体が必ず遺伝子型 pp をもつという保証はどこにもない．一つもいないこともあれば，二つより多いこともあるかもしれない．これが 25%の確率の意味であるが，同じことが，2 番目，3 番目，4 番目の

子どもについてもいえる．つまり，4個体の子孫すべてが遺伝子型 pp をもつことさえある（その確率は 0.25^4 で 0.005% 以下となり非常に低いが）．多くの子孫を検証すればするほど，このような偶然，つまり子孫がすべて遺伝子型 pp をもつような確率は低くなる．

■ これまでの復習 ■
1. 生物の集団で，遺伝的変異が生まれる究極の要因は何か．
2. R が r に対して優性のとき，Rr と rr の植物を交雑し，生まれた子世代で，その遺伝子型と表現型の比率を求めよ．
3. メンデルの分離の法則が示す遺伝学上の重要な概念は何か．
4. つぎの記述で間違っているところはどこか．説明せよ．"優性の対立遺伝子 R によって支配される種子がしわ形になる表現型は，必ず優性対立遺伝子 Y によって支配される緑色種子の形質を一緒に受け継ぐことをメンデルは発見した．"

1. 突然変異，染色体やDNAがコードする遺伝情報が変化し，新しい対立遺伝子が生まれる．
2. 二つの遺伝子型（Rr と rr）がそれぞれ 1:1 の率でこの二つの表現型が現れる．
3. 分離の法則とは，二つの対立遺伝子が，減数分裂時に各配偶子に分配されることである．
4. F_2 世代に現れ，黄色と緑色種子に独立して遺伝する．この種子形質はしわ形種子と一緒には遺伝しない．種子の形を支配する対立遺伝子と，色を支配する対立遺伝子は独立して，原則として配偶子に分配される．

12・4 メンデルの法則の拡張

メンデルの法則は，遺伝子がどのように親から子へ受け継がれるかをうまく説明している．この法則を応用すると，Mendel が研究したエンドウの七つの形質のように，親の遺伝子型から子の表現型を予測できる．特に，遺伝形質が優性と劣性の二つの対立遺伝子で決まる場合，メンデルの法則は正確である．しかし多くの場合，形質はそのような単純な遺伝の法則だけでは決まらない．20世紀に入って，遺伝学がさらに発展し，メンデルの法則をより精密に拡張して，もっと複雑な遺伝様式も説明できるようになった．たとえば，ある一つの対立遺伝子が，ときには，数多くの異なる表現型を生み出すことも発見された．複数の対立遺伝子が表現型を支配する場合には，最も複雑な遺伝様式が生じる．遺伝子型だけでなく，環境要因も大きく影響するケースもある．

多くの対立遺伝子は不完全な優性を示す

完全な優性とは，一つの優性の対立遺伝子が，ヘテロ接合体の表現型に十分な影響力をもつ場合である．たとえば，優性の P 対立遺伝子の場合，Pp のヘテロ遺伝子型をもつエンドウの花は，確実に紫色になる．しかし対立遺伝子の組合わせによっては，ヘテロ接合体で，いずれの対立遺伝子ももう一方に対して完全に優性でないことがある．この場合，ヘテロ接合体は"中間の"表現型，つまりそれぞれの対立遺伝子がホモ接合体のときに示す表現型の中間型が出現する．これを**不完全優性**という．たとえば，キンギョソウの花色を支配している二つの対立遺伝子は，不完全優性である．赤色の花のホモ接合体（$C^R C^R$）と白色の花のホモ接合体（$C^W C^W$）をかけ合わせると，ヘテロ接合体の子世代（$C^R C^W$）はピンク色の花になる．

キンギョソウにみられる不完全優性

$C^R C^R$ 赤い花　$C^R C^W$ ピンク色の花　$C^W C^W$ 白い花

動物の毛色を決める遺伝子にも不完全優性の例が知られている．パロミノとよばれるウマがよい例である．図 12・10 に示すように，二つの不完全優性対立遺伝子 H^C と H^{Cr} のヘテロ接合体では，中間的な表現型が現れる．栗色のウマは，H^C 対立遺伝子のホモ接合体（$H^C H^C$）である．H^{Cr} 対立遺伝子のホモ接合体（$H^{Cr} H^{Cr}$）の場合，クリーム色のウマが生まれる（"クレメロ"として知られている）．パロミノは金色に似た毛色と亜麻色のたてがみをもち，パレードやショーで使われるウマとして人気がある．ヘテロ接合体のパロミノでは，H^C 対立遺伝子の影響はクリーム色の対立遺伝子 H^{Cr} の存在によって"弱められ"ているのである．

不完全優性な対立遺伝子が関与している場合でも，中間的な表現型をヘテロ接合体のものとみなしてメンデルの法則とパンネットスクエア法を使えば，F_1 と F_2 世代の子孫の遺伝子型と表現型のすべてを予言できる．たとえば，二つのヘテロ接合体（$C^R C^W$）のキンギョソウをかけ合わせると，その子である F_1 世代では，

表現型: 栗色　遺伝子型: $H^C H^C$

表現型: パロミノ　遺伝子型: $H^C H^{Cr}$

表現型: クリーム色　遺伝子型: $H^{Cr} H^{Cr}$

図 12・10 ウマの不完全優性　パロミノ（遺伝子型 $H^C H^{Cr}$）は，栗色（$H^C H^C$）とクリーム色（$H^{Cr} H^{Cr}$）の毛の中間色のウマである．ヘテロ接合体（$H^C H^{Cr}$）では，H^{Cr} 対立遺伝子が栗色を薄めて，中間の表現型となる．

生活の中の生物学

自分の血液型を知ろう

自分自身と家族の遺伝形質のうち，最もよく知っておかなくてはならないものの一つは血液型である．多くの人は一生の間に，他人から提供された血の輸血を受ける機会が必ずあるからだ．輸血とは血液や血液成分を患者に供給することである．全血や成分の輸血は，多くの手術や慢性病の継続した治療に使われる．たとえば交通事故で大量の血を失った患者には50リットルもの血が必要になることがある．米国には鎌状赤血球貧血の患者が8万人もいるが，彼らが重篤な合併症を起こすと毎月2リットルの血が必要になる．

現在では全血輸血は一般的ではなく，特定のタイプの細胞（赤血球や血小板など）や血液の液体部分である血漿を輸血することが多い．患者の免疫系が，輸血された血液中の分子を異物として認識して攻撃を始めてしまうこともある．免疫系によって攻撃を受ける分子は**抗原**とよばれる．A型，B型，AB型の血液型をつくっている細胞表面の糖鎖は，抗原としてはたらく可能性がある．A型の人（$I^A I^A$ または $I^A i$）の血がB型の人（$I^B I^B$ または $I^B i$）かO型の人（ii）に輸血されると，患者の免疫システムは抗原を攻撃する特殊なタンパク質（**抗体**）をつくり，抗体は抗原（この場合は細胞表面のA型糖鎖）に対して攻撃を開始する．攻撃を受けた細胞は凝集してかたまりをつくり，患者の命を脅かすことになる．そのような輸血の不適合を防ぐために，献血された血液はすべて念入りに検査され，患者には抗原にならないように適合した血液成分だけが輸血される．下の表は，O型，A型，B型，AB型の人の血が輸血された場合に患者の血がどうなるかの一覧である．

米国では，輸血ができなかったために亡くなる人は毎年450万人にものぼるといわれている．全米中では3秒に1回の割で誰かが輸血を受けており，毎日16,000リットルの血が輸血されている．血液センターではしばしばO型とB型の血が不足し，特に夏と冬の休暇期間中にはどの血液型も足りなくなる．私たちは血液はいつも自分のために用意されていると思っているけれども，献血できる人のごく一部しか献血していない．しかし，遅かれ早かれ，私たちのほぼ全員が，輸血が必要な状態を経験するはずである．そのような事態はまったく予期しないときに起こるものだ．献血するためにはどこに行けばよいか，インターネットで調べてほしい．

輸血を受ける側の血液			異なる型の血液に対する反応			
ABO式血液型	つくられる抗原	もっている抗体	O型	A型	B型	AB型
O	なし	抗A, 抗B	✓	✗	✗	✗
A	A	抗B	✓	✓	✗	✗
B	B	抗A	✓	✗	✓	✗
AB	AとB	なし	✓	✓	✓	✓

✓ 適合
✗ 不適合

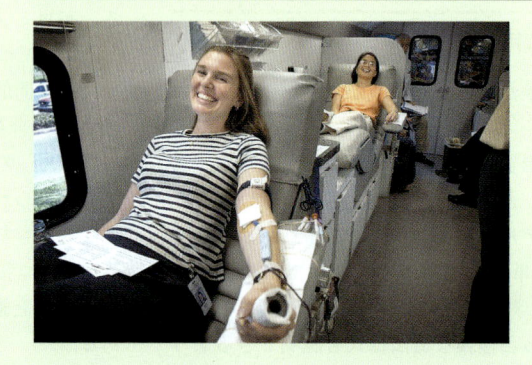

1/4が赤色の花（遺伝子型 $C^R C^R$），1/2がピンクの花（遺伝子型 $C^R C^W$），1/4が白色の花（$C^W C^W$）となる．パンネットスクエア法を使って確かめてみてほしい．優性・劣性関係を示す対立遺伝子の場合との違いは，不完全優性の場合，ヘテロ接合体（$C^R C^W$）がホモ接合体（$C^R C^R$）と外見が異なる点だけである（C^R が C^W に対して優性である場合は同じ外見になる）．ピンクの花の F_1 個体を交雑すれば，生まれた F_2 に，純系の親と同じ赤色や白色の花の個体が見つかるだろう．

共優性を示す対立遺伝子もある

二つの対立遺伝子の影響が，ヘテロ接合体の表現型に均等に現われることもある．これを**共優性**という．これは，片方の対立遺伝子の影響が，不完全優性のように他方の対立遺伝子によって弱められたり，または優性・劣性の関係のように抑制されることなく，ヘテロ接合体に均等に現われる場合である．

前に紹介したABO式の血液型が共優性の例である（図12・11）．3種類の対立遺伝子，I^A, I^B, i が血液型を決める．一般に遺伝子は決まった種類のタンパク質をつくる情報をコードしており，それによって遺伝形質を決めていることを思い出そう．I^A 対立遺伝子は赤血球の表面（細胞膜上のある種のタンパク質）に"A型"の糖鎖をつける酵素をコードする．I^B 対立遺伝子はそれとは違うタイプの酵素をつくり，その酵素は"B型"の糖鎖を赤血球につける．i 対立遺伝子は糖鎖をつける酵素をまったくつくれないので，ii の遺伝子型のヒトの赤血球には，A型の糖鎖もB型の糖鎖もない．そのような血液型は"O"型と表記する．

■ 役立つ知識 ■ "不完全優性"と"共優性"という言葉は混同しやすい．それらを混同しないために，不完全な（incomplete）優性は中間的な（intermediate）表現型を示すと覚えておくとよいだろう．共優性の対立遺伝子は，委員会の共同議長のようなものだ．それぞれは勝手に頑張るが，どちらももう一人の委員長のボスではないという点でよく似ている．

最初の二つの対立遺伝子，I^A と I^B は共優性で，ヘテロ接合体（I^AI^B）はAB型となる．AB型の血液型は，赤血球の表面にA型とB型の両方の糖が結合しているので，不完全優性で生まれるA型とB型の中間的な形質ではない．対して，I^AI^A のホモ接合体はA型の糖しかないA型の血液型，I^BI^B のホモ接合体はB型の糖しかないB型の血液型となる（ただし，i 対立遺伝子は他の二つに対して劣性なので，I^Ai の人はA型，I^Bi の人はB型，ii の人はO型の血液型となる）．

多面発現性遺伝子は，多くの表現型に影響する

Mendelが研究対象にした七つの遺伝子は，花の色，種子の色，種子の形や植物の背丈など，それぞれが一つの明確な形質を支配している．しかし，遺伝子のなかにはある重要な機能を担い，それが正常にはたらかないと他の生命現象に大きく影響するようなものがある．一つの遺伝子が，複数の遺伝形質に影響する現象を**多面発現性**，そのような遺伝子を多面発現遺伝子という．

多面発現性によって起こる遺伝的状態の一つにアルビノがある（図12・12）．この形質では，皮膚の色と視覚という，非常に異なる形質が一つの遺伝子の異常に影響される．アルビノにはいろいろなタイプがあるが，いずれの場合もメラニンという，茶色または黒色の色素が失われたり少ししかつくられなくなっている．米国人では17,000人に1人がアルビノである．アルビノの人の多くは皮膚，髪，眼のメラニンが非常に少ない．一般にいわれているのとは違って，アルビノの人はほとんど青い眼をしている．ただし，少数ながら赤い眼や紫色の眼の人もいる．アルビノと診断された人は必ず眼に問題があり，"斜視"から盲目まで，さまざまな程度の症状をもつ．最も多いタイプのアルビノの原因遺伝子は，メラニン合成経路の一つの過程を制御している．そのような遺伝子に障害が起こると皮膚への色素の沈着が異常になって肌の色が変わることは，容易に想像できる．しかし，その遺伝子が視覚に関係するのはなぜだろうか．網膜中のある種の細胞はメラニンを産生しているのだが，そのメラニン産生は眼が脳に情報を送るために使う神経をつくるなど，眼の正常な発達に必要だからである．

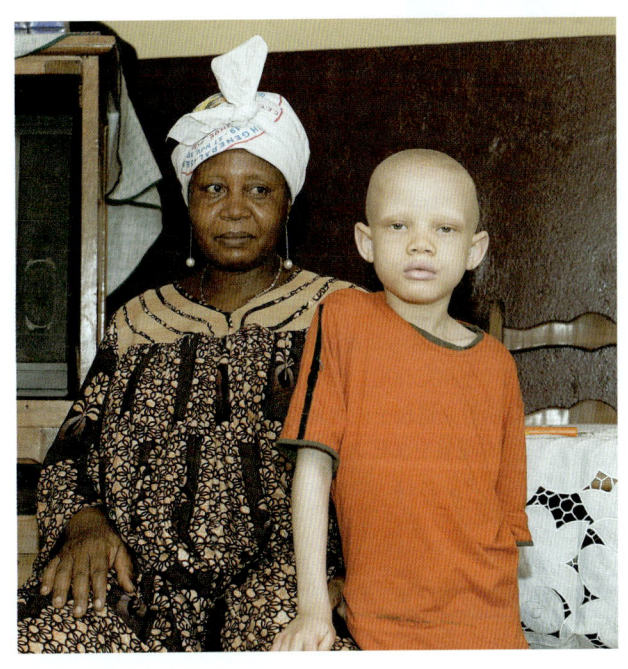

図 12・12　アルビノ症の子ども　アルビノの少年とその母親（アフリカのカメルーン，ドウアラ）．メラニン合成にかかわる遺伝子は，皮膚の色だけでなく，視覚にも影響する多面発現性遺伝子の一例である．

図 12・11　ヒトのABO式血液型の遺伝学　赤血球細胞の表面にあるタンパク質に結合した糖鎖によって血液型は分類される．糖鎖として，血液型Aのヒトは，"A型"糖（N-アセチルガラクトサミン）をもち，B型のヒトは，"B型"糖（ガラクトース）をもつ．血液型ABのヒトの場合，A型・B型の側鎖を半々にもつ．I 遺伝子がコードする酵素に2種類あって，この違いで，つけ加わる糖側鎖の種類が決まるので，どの血液型になるかは，I 遺伝子の種類を決める対立遺伝子で決まっている．i 遺伝子は，A型，B型のいずれの糖鎖もつくらない酵素をコードする．i 対立遺伝子を二つペアでもっているホモ接合のヒトの血液型はO型となる．

マルファン症候群も，フィブリリン1とよばれるタンパク質をコードする遺伝子が適切に機能しないために，多くの器官が影響を受ける多面発現性遺伝子の障害である．このタンパク質は，骨から血管壁まで，あらゆるタイプの器官で，細胞の間を接着固定する重要なはたらきをする．マルファン症候群と診断された人（米国で約5000人に1人の割合）は非常に多種多様な表現型を示す．どのタイプのフィブリリン1対立遺伝子をもち，他の遺伝子がどのようであるかによって表現型が決まるからである．視覚と骨格に問題があり，背が高く，手足や手指，足指，かかとが長くなる傾向がある．神経系，肺や皮膚にも影響が現れ，最も深刻な表現型として，心臓から血液を送り出す大動脈に障害が出ることがある．1984年のオリンピックで銀メダルをとった米国バレー

ボールチームのスター選手，Flo Hyman（図12・13）の死因は，この血管の破裂だと考えられている．彼女の身長は196 cmで，1986年，日本での公開試合中に31歳で死去したが，死後，マルファン症候群と診断された．

図12・13 Flo Hyman 1984年，練習中の米国のオリンピックバレーボールの銀メダリスト，Flo Hyman．1986年の彼女の死因はマルファン症候群の合併症であった．マルファン症候群は，多面発現性遺伝子で起こる障害の例である．

他の遺伝子の作用を変える対立遺伝子

複数の遺伝子が互いに影響し合うことがあり，これも，単純なメンデル遺伝では説明できない．たとえば，ある遺伝子Aの表現型への効果が，遺伝子Aの対立遺伝子の型だけでなく，他の遺伝子Bの対立遺伝子によっても影響を受けることがある．このような対立遺伝子間の相互作用は，あらゆる生物種で数多く知られている．たとえば，パンやビールを作るのに使われる単細胞の菌類，酵母では，調べた遺伝子のすべてのケースで，最低34個の他の遺伝子と相互作用していることがわかった．

ある遺伝子の対立遺伝子の表現型が，他の遺伝子の対立遺伝子によって決まる現象を**エピスタシス**（非対立遺伝子間相互作用）という．エピスタシスは，マウスや他の哺乳類の毛色を支配する遺伝子で多く知られている．毛の色にかかわる遺伝子は，アミノ酸であるチロシンをメラニンに変化させる一連の化学反応の酵素をコードするものが多い．反応経路の最後に，黒色の体毛にする優性対立遺伝子（B）と，茶色の体毛にする劣性対立遺伝子（b）がある．しかし，これらの対立遺伝子（Bとb）の効果は，他のC遺伝子の対立遺伝子のタイプによっては完全にかき消されてしまうことがある．C遺伝子は，チロシン合成経路の初期段階ではたらく酵素，チロシナーゼをコードするので，遺伝子型ccのマウスでは，チロシナーゼが機能せず，メラニン合成反応の全体が進まない．その結果，毛や眼でメラニンがつくられないので典型的なアルビノの表現型となる（図12・14）．

このとき，B遺伝子については，遺伝子型がBB，Bb，bbのいずれであるかは問題にならない．$BBcc$，$Bbcc$，$bbcc$の組合わせはすべてアルビノの表現型となる．このような場合，C遺伝子はB遺伝子に対して上位にあるという．上位のC遺伝子の対立遺伝子（cc）によって，B遺伝子の対立遺伝子（BB，Bb，bb）の影響を完全に隠すことになるが，これをC遺伝子の対立遺伝子がB遺伝子の対立遺伝子に対して優性であるとはいわない．これは単にC遺伝子によってコードされたタンパク質が合成経路の初期の段階で作用するため，C遺伝子の機能の有無でB遺伝子の表現型が現れるかどうかが決まるということである．

環境によって遺伝子の作用が変わることもある

遺伝子の作用が，体温，血中CO_2量，外気温や日照量など，内外の環境によって決まることがある．たとえば，シャム猫の場合，チロシナーゼ遺伝子のC^1対立遺伝子がコードする酵素は温度に敏感で，低温でよくはたらくが，温度が上がるとまったく機能しなくなる．ネコの手足の先端部分は，体の中心部よりも冷えているので，メラニンが合成されやすく，足，鼻，耳，尾が暗い色になりやすい（図12・15）．シャムネコの体から明るい毛の部分を剃って，氷温剤で覆っておくと，新しくできた体毛は暗い色になる．同様に，尾の暗い色の毛を剃って暖かいところで飼育すると，明るい色の毛が生える．

遺伝子の相互作用：エピスタシス

❶ BBやBbのマウスはふつう黒い…

❷ bbのマウスは茶色である

❸ しかし，C遺伝子においてc対立遺伝子を二つもつホモ接合体マウスは，B遺伝子の遺伝子型によらず，アルビノとなる

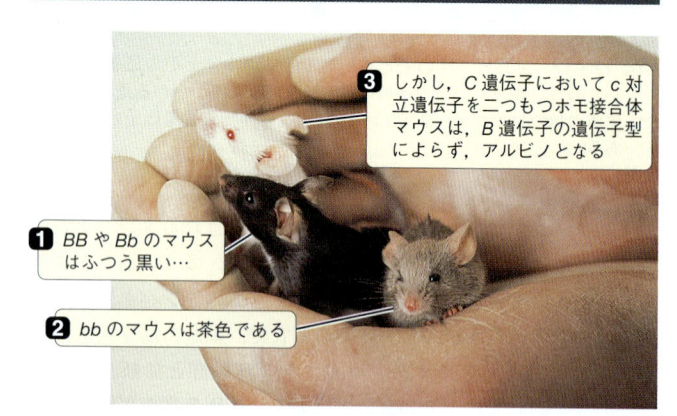

図12・14 ある遺伝子の対立遺伝子の表現型が他の遺伝子の対立遺伝子に影響されることがある 写真は，C遺伝子のc対立遺伝子が，別の遺伝子Bの効果を遮蔽する例である．遺伝子型CCやCcのマウスの場合，優性の対立遺伝子B（遺伝子型BBやBbの場合）がメラニンの合成をひき起こし，黒い体毛となるが，劣性の遺伝子型bbではメラニンの合成が変わり，茶色の体毛になる．しかし，遺伝子型ccをもつマウスでは，B遺伝子の遺伝子型がBB，Bbまたはbbのどれであるかに関係なく，メラニン合成の初期段階が進まないので必ずアルビノの個体となる．

図12・15 環境が遺伝子の影響を変えることがある シャム猫の毛の色を決めている対立遺伝子は温度に影響を受ける．遺伝子CのC^1対立遺伝子は37℃以下の温度のときだけメラニン合成に関与できる性質がある．そのためメラニンは，鼻，尻尾，四肢，耳の周辺など，体温が低い体の周辺部でだけ蓄積して，37℃の体温がある体の中心部では蓄積しない．

化学物質，栄養，日照や他の多くの環境要因も，遺伝子の作用を変えることがある．遺伝的にまったく同じ植物の個体（クローン）を育てても，環境が異なると，背丈やそれがつける花の数など，多くの面で表現型が異なる場合が多い．たとえば，風の強い山の斜面に育つ植物は背丈が低く，花も少ないが，同じ植物が暖かい谷間では背が高く伸び，多くの花をつけることもある．同じ

ような現象が，ヒトの場合にも知られていて，子どものころの栄養状態が成人したときの身長に影響を及ぼす．

大多数の表現型は二つ以上の遺伝子で決まる

Mendelが研究した形質は，一つの遺伝子が各形質の表現型を決定するという単純な制御のものだった．しかし，現在，多くの形質が**多遺伝子性**の遺伝，つまり，二つ以上の遺伝子の作用によって決まることがわかってきた．たとえばヒトでは，皮膚の色，運動能力，血圧，体格など，植物では，背丈，開花時期や種子の数などがある．これらの例の一つ，ヒトの皮膚色の遺伝について紹介する．

前に紹介したように，メラニンは黒い色素で，ヒトを含め哺乳動物の皮膚や毛の色を決める．遺伝学的な研究から，ヒトの皮膚の色素細胞にどれだけメラニンが沈着するかは，10個以上の遺伝子がかかわって調節されていると考えられている．しかしここでは簡単のために，調節遺伝子は三つ（A, B, C）だけとし，それぞれが皮膚の色に同じだけ影響すると仮定しよう．また，各遺伝子には，不完全優性となる対立遺伝子が二つだけあり，一つの型（A^1, B^1, C^1）はある単位量のメラニンを生産させ，他の型（A^0, B^0, C^0）は逆にメラニンの生産を抑えるはたらきがあるものとする．さらに，ヒトの皮膚の色の表現型は，そのヒトがもつ対立遺伝子のメラニン"単位生産数"（メラニン生産の相対量）によって決まるとする．そのような場合，図12・16に示すように三つの遺伝子がすべてヘテロ接合体となっている2人が結婚すると，子どもに7種類の皮膚の色が現われうると予測される．

日焼けは環境によって表現型が変わる例で，日光の紫外線に反応してメラニンの生産量が増加する現象である．遺伝子型だけで予測された7種類の皮膚の色合いに加えて，環境要因で決まる日焼けが加わると，図12・16aの7段階あった棒グラフ分布は，赤い曲線で示すようになだらかな分布になるだろう．このよう

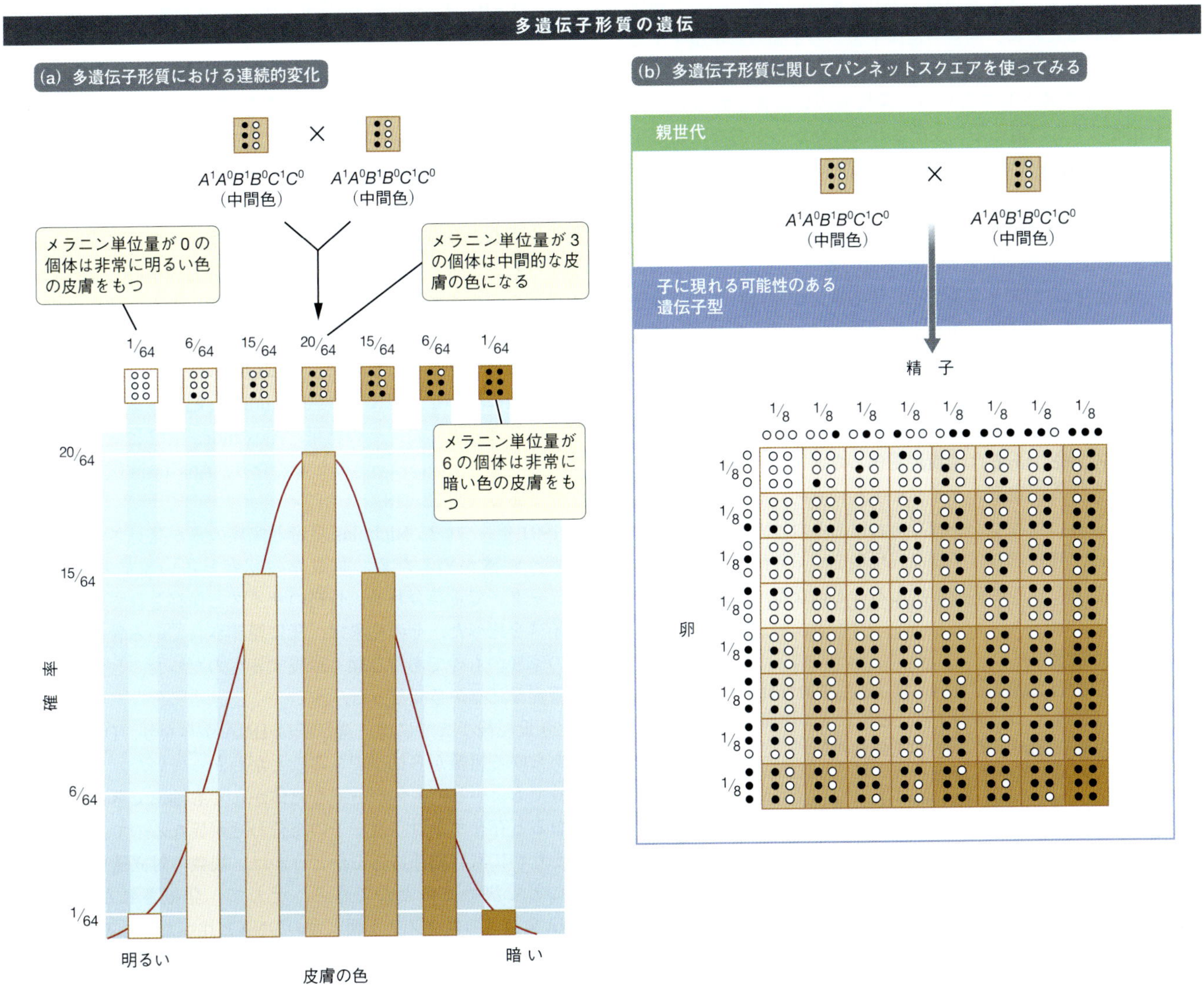

図12・16 ヒトの三つの遺伝子はさまざまな皮膚の色を生み出す ここに示した例は三つの遺伝子（A, B, C）で，右上の記号1（たとえばA^1）は，ある単位量のメラニンを合成する活性をもつ対立遺伝子を示す．記号0（たとえば，A^0）は，メラニンをつくらない対立遺伝子である．これらの対立遺伝子は不完全優性で，メラニンをつくらない対立遺伝子（A^0, B^0, C^0）は白丸で，メラニンをつくる対立遺伝子（A^1, B^1, C^1）は黒丸で示している．ここで示す仮説は，ヒトの皮膚の色は，遺伝子型で決まるメラニン単位量の総量（黒丸の数）で決まるというものである．パンネットスクエアは，ヘテロ接合体の親がつくる配偶子の遺伝形質（8種類）と，受精でのすべての可能な組合わせを示している．左の棒グラフは，それぞれの表現型をもつ子どもの相対的な比率を示す．7種類の異なる表現型（メラニン単位量が0〜6単位）が，3対の対立遺伝子型の組合わせ（合計64通り）で決まる．たとえば，2単位量のメラニンをつくる子どもの遺伝子型は，6種類（$A^1A^1, A^1B^1, A^1C^1, B^1B^1, B^1C^1, C^1C^1$の組合わせ以外は0型）のうちのどれか一つのタイプとなる．加えて，実際の皮膚の色の違いは，浴びた日照量の違いでも決まる．

に，ヒトの皮膚の色は，多遺伝子性の形質のため，一つの遺伝子によって決まる形質に比べると幅広い表現型となり，明るい色からかなり暗い色まで，いろいろな濃さの色となる可能性が高い．環境要因が，皮膚の色の表現型をさらに多様なものにし，ほとんど連続的な変化をつくり出す．

12・5 複合形質

ある種の形質は一つの遺伝子だけで決まり，環境条件にも影響されない．たとえば，ソラマメの花色とか，ヒトのABO血液型を決める遺伝子などである．そのような，両親の遺伝子型がわかれば予言できる表現型は，**メンデル型遺伝**を示す，という．

一方，図12・2でみられるような形質のほとんどすべては，その遺伝様式がメンデルの遺伝法則では予言できないもの，すなわち**複合形質**である可能性が大きい．といっても，それらの形質の遺伝がメンデルの法則に反しているということではない．そうではなく，エピスタシスや表現型に現れる環境の影響といった複雑な要因が加わるために，両親の遺伝子型から子孫の表現型を予想するのが難しいのである（図12・17）．たとえば，ヒト成人の身長は栄養状態やストレスといった環境要因に影響されると同時に，100種以上もの遺伝子に支配される．だから，あなたが誕生する前に，両親の身長から今のあなたの身長を予想することなど，誰にもできなかったはずである．

生存に必須な形質の多くは複合形質で，一般に多遺伝子遺伝性を示し，環境に影響される傾向がある．なぜだろう？　一つの説明は，環境要因の影響と多遺伝子による調節が組合わさると非常に多様な表現型が生まれ，滑らかに別のタイプとつながる連続変化をもたらすから，というものである．集団が（たとえば体の大きさが連続的に変化するような）十分な表現型の多様性をもっていれば，生存を脅かすような環境変化があったときに進化的に有利になりうるからである．環境が変化したとき，それまで少数派で目立たなかった表現型のタイプが生存に有利になる可能性がある．その可能性は表現型が多様であればあるだけ大きい．このモデルによれば，複合形質は多様な表現型をつくり出すので，自然選択がはたらくための選択肢が増えることになる．

■ これまでの復習 ■

1. 対立遺伝子 H は直毛となり，対立遺伝子 H' は縮れ毛となる．HH' 遺伝子型をもつヒトは，直毛と縮れ毛の中間程度の毛髪となる．この対立遺伝子 H と H' は共優性か？
2. 遺伝子の多面発現性とは何か．
3. ABO 血液型は，I 遺伝子の複数の対立遺伝子で決まる．これは多遺伝子性遺伝か？
4. つぎの記述のどこが間違っているか，説明せよ．"多遺伝子性遺伝で決まる形質の発現は環境の影響を受け，一つの遺伝子で決まるものは環境の影響を受けない．"

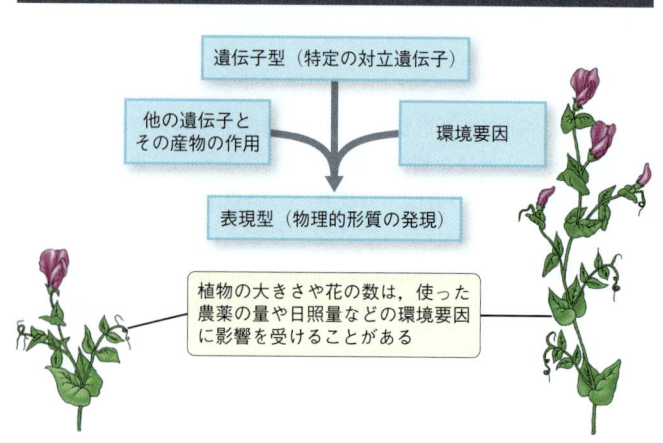

図 12・17　ほとんどの表現型は複数の遺伝子と環境との相互作用で決定される　遺伝子が表現型へ与える影響は，その遺伝子の機能とともに，相互作用する他の遺伝子や環境で決まる．環境の効果とは，植物の場合，日照量など自然条件であったり，農薬や肥料の量など，人為的な影響もある．その結果，このエンドウの例のように，同じ遺伝子型をもつ二つの個体でも，非常に異なる表現型をもつことがある．

学習したことを応用する

失われた皇女の謎を解く

1917年のロシア革命の際，皇帝 Nicholas 2世は退位し，国の将来を委ねた政府はすぐにボルシュビキ革命家たちに支配されてしまった．皇帝と皇妃が反ボルシェビキ勢力の中心となっていたのは彼らが生きている間だけのことではあったが，彼らの死去も何かの騒動のきっかけになる恐れがあった．ボルシェビキは皇帝一家の運命を誰からも秘密にしておくために，皇帝と家族の遺体を秘密裏に埋葬し，国民には Alexandra 皇妃と皇女たちは身を隠していると発表した．その結果，Alexandra 皇妃と皇女たちの運命がどうなったかははっきりしなくなり，Anastasia 伝説が生まれたのである（図12・18）．

1991年，ついに Nicholas 皇帝と家族の墓が発見された．実物かどうか確かめるため，頭蓋骨の写真と古い家族写真をコンピューターで重ね合わせ，骨格のサイズと保存されていた衣服のサイズを比べた．その結果は，墓に埋葬されている骨はロシア皇帝の家族のものであると強く示唆するものだった．しかし，もっと確実な証拠が必要だった．

20世紀後半までには，遺伝子はDNAからなり，DNAは生体のあらゆる組織から抽出できることがわかっていた．しかも組織は骨でもよいし，生体からでも死体からでも抽出できる．家族が異なると存在する対立遺伝子の組合わせが異なるので，任意の二人が互いに家族関係にあるかどうかは，複数の対立遺伝子を調べることで決めることができる．そして，発掘された頭蓋骨のDNAを存命のロマノフ王朝末裔のDNAと比べたところ，墓にあった骨はロシア皇室一家のものであることが確定したのであった．

しかし，そのロマノフ家の墓には，2人分の骨がなかった．Alexei 皇太子と，2人の皇女 Maria か Anastasia のどちらかの骨である．2人は同じくらいの身長なので，どちらであるか決めるのは難しかった．Anastasia が難を逃れていたなどということがありうるだろうか？　Anna Anderson が Anastasia であったかどうかを調べるために，医者が保管していた Anna Anderson の体の組織からDNAをとり，対立遺伝子を皇帝と皇妃のものと比べた（図

12・19).

ヨーロッパの人々は一般に，ある遺伝子に五つの対立遺伝子をもち，それらは $A^1 \sim A^5$ とよばれる．皇帝は $A^1 A^2$，皇妃は $A^2 A^3$ の遺伝子型をもっていた．メンデルの法則に従うと，Anna が皇帝と皇妃の娘なら，4 通りの遺伝子型，$A^1 A^2$, $A^1 A^3$, $A^2 A^2$, $A^2 A^3$, のどれかをもっていなくてはならない．わかりにくければ，パンネットスクエアを描いてみるとよい．皇帝の遺伝子（A^1 と A^2）を上に，皇妃の遺伝子（A^2 と A^3）を左にして．

Anna Anderson の遺伝子型は $A^4 A^5$ だった．したがって，皇帝と皇妃は彼女の両親ではありえない．その他の三つの対立遺伝子の比較でも同じ結果になった．さらに，1995 年，Anna Anderson の DNA を Franziska Schanzkowska の親戚の DNA と比べたところ，Anna はほぼ間違いなくそのポーランド人家族の出身であることが明らかになった．

決定的証拠が 2007 年 8 月に現れた．ある考古学者が，その最後の 2 人がほかのロマノフ家の家族とは少し離れた場所に埋められていることを見つけたのである．2009 年，DNA 鑑定により，その骨はロマノフ家の息子 Alexei と娘の 1 人のものであることがはっきりした．骨から Maria と Anastasia を区別する方法はまだないので，どちらの墓に Anastasia が埋められているのかは今後もわからないかもしれない．しかし，彼女が 1918 年に家族と一緒に亡くなったことははっきりした．

図 12・18 Anastasia と 3 人姉妹の一人 入院兵の見舞いに訪れた皇女 Maria（左）と Anastasia（右）

図 12・19 Anna Anderson 1931 年ころの Franziska Schanzkowska. Anna Anderson とよばれていた．彼女はポーランドの工場労働者で，皇女 Anastasia より 5 歳年長であり，ロシア語は話せなかったが，多くの人が二人を同一人物だと信じた．

章のまとめ

12・1　遺伝学の基礎用語

■ 遺伝子（遺伝の基本単位）は DNA の中に含まれ，生物の遺伝する形質，遺伝形質を決定する．

■ 二倍体の個体は各遺伝子のコピーを二つずつもち，一つを父親から，もう一つを母親から受け継ぐ．

■ 同じ遺伝子で，異なるタイプのものを対立遺伝子という．多くの個体からなる集団では，一つの遺伝子に対して一つ，少しあるいは多数の対立遺伝子が存在することがある．

■ その個体のもつ対立遺伝子の組合わせを遺伝子型という．それに対して，その遺伝子の影響が発現して識別できるようになったものを表現型という．

■ 異なる対立遺伝子と対になった場合（ヘテロ接合体の遺伝子形の場合），個体の表現型を決定する対立遺伝子を優性対立遺伝子という．優性対立遺伝子と対になった場合，個体の表現型への影響が観察できなくなる対立遺伝子を，劣性対立遺伝子という．

■ 一つの遺伝子の対立遺伝子群は突然変異によって生じる．異なる対立遺伝子は同じタンパク質の異なるタイプをコードすることにより，個体間の遺伝的多様性をつくり出す．

■ ある種の変異は有害であるが，多くはほとんど影響がない．有益な変異はわずかである．

12・2　遺伝の基本様式

■ エンドウを使った実験で，Mendel は，融合遺伝の古い概念を否定する証拠を得た．代わりに，生物が遺伝させる形質は，遺伝因子（現在，私たちが遺伝子とよぶもの）によって支配されることを示した．

■ 現代の専門用語を使えば，Mendel の遺伝学はつぎのようにまとめられる．1) 対立遺伝子によって遺伝形質の多様性が説明できる．2) 子は，それぞれの親から 1 個の対立遺伝子を受け継ぐ．3) 優性の対立遺伝子と劣性の対立遺伝子がある．4) 個体のもつ二つの対立遺伝子は，一つずつ分離して異なる配偶子（一倍体）へ引き継がれる．5) 受精によって配偶子はランダムな組合わせで結びつき，二倍体の子となる．

12・3　メンデルの遺伝法則

■ 分離の法則：一つの遺伝子の二つの対立遺伝子は，減数分裂の際，異なる配偶子に分配される．

■ 独立の法則：配偶子がつくられるとき，減数分裂による遺伝子コピー（対立遺伝子）の分離は，他の遺伝子のコピーの分離とは関連なく，独立に行われる．

12・4　メンデルの法則の拡張

■ 遺伝形質のなかには，メンデルの法則で，子の表現型を予測できないものがある．これは，以下のような理由による．1) 対立遺伝子は，完全な優性・劣性の関係ではなく，不完全優性（例：ウマの毛色），または共優性（例：ヒトの ABO 式血液型）を示すものが多い．2) ある遺伝子が，他の複数の遺伝形質に影響を及ぼすこともある（多面発現という）．3) ある遺伝子の対立遺伝子が，別の遺伝子の形質発現を抑えることがある（エピスタシス，または，非対立遺伝子間相互作用という）．4) 環境によって遺伝形質の発現が変わることがある（例：シャム猫の毛の色）．5) 形質の多くが複数の遺伝子によって支配されている（多遺伝子性遺伝という）．

12・5　複合形質

■ 生存に必須な形質の大部分は複合形質であることが多い．複合形質は互いに影響しあう複数の遺伝子と環境要因の影響を受ける形質である．メンデル型の遺伝形質は単一の遺伝子だけで遺伝形質が決定され，他の遺伝子や環境にはほとんど影響されないので，メンデルの遺伝法則によって複合形質を予想することはできない．

■ 複合形質は広範な種類の，連続的な変化を示す表現型を生み出すことが多い．

■ 表現型の多様性が大きい生物集団は，生存を危うくするような環境変化に際して，進化的な有利さを得やすい．

重要な用語

遺伝子（p.217）	遺伝的交雑（p.220）
遺伝学（p.217）	P 世代（p.220）
遺伝形質（p.217）	F_1 世代（p.220）
表現型（p.218）	F_2 世代（p.220）
二倍体（p.218）	雑　種（p.221）
相同染色体（p.218）	分離の法則（p.222）
父方相同染色体（p.218）	一遺伝子雑種（p.222）
母方相同染色体（p.218）	パンネットスクエア（p.222）
半数体（一倍体）（p.219）	二遺伝子雑種（p.222）
対立遺伝子（p.219）	独立の法則（p.224）
遺伝子型（p.219）	不完全優性（p.225）
ホモ接合体（p.219）	共優性（p.226）
ヘテロ接合体（p.219）	多面発現性（p.227）
優　性（p.219）	エピスタシス（p.228）
劣　性（p.219）	多遺伝子性遺伝（p.229）
突然変異（p.220）	複合形質（p.230）

復習問題

1. 一つの形質について，異なるタイプの遺伝子を何というか．
   (a) 対立遺伝子
   (b) ヘテロ接合体
   (c) 遺伝子型
   (d) 遺伝子のコピー

2. A と a が同じ遺伝子の異なる対立遺伝子であるとき，Aa の遺伝子型の個体は，
   (a) ホモ接合体である．
   (b) ヘテロ接合体である．
   (c) 優性である．
   (d) 劣性である．

3. 右に示すのは，Mendel が多数のエンドウをかけ合わせ，2 世代にわたって全子孫の表現型を記録して解析した七つの表現型である．以下の文のうち，正しいものはどれか．
   (a) 種子の形の形質に関して純系の植物をかけ合わせると，F_2 世代では丸い種としわのある種をもつ個体の比は 9 : 3 になった．
   (b) 背丈の高い純系の植物と低い純系植物をかけ合わせると，F_1 世代の植物はすべて背丈が低くなった．
   (c) 緑色のさやの純系と黄色のさやの純系をかけ合わせると，F_1 世代では緑と黄色の中間的な色のさやをもっていた．
   (d) 背丈の高い二倍体植物と，背丈の低い二倍体植物をかけ合わせると，F_2 世代には背丈の高い植物三つに対して一つの割合で背丈の低い植物が現れた．

4. ウマの毛色は不完全優性を示す（図 12・10 参照）．H^CH^{Cr} のウマを同じく H^CH^{Cr} のウマと交配した場合，栗色，パロミノ，クリーム色の毛色はどのような割合でできると予想されるか．
   (a) 3 : 1 : 0
   (b) 2 : 1 : 1
   (c) 9 : 3 : 1
   (d) 1 : 2 : 1

5. ヘテロ接合体において二つの対立遺伝子の表現型が同程度に現れるとき，その二つの対立遺伝子は何とよばれるか．
   (a) 共優性
   (b) 完全優性
   (c) 不完全優性
   (d) エピスタシス

6. 複数の遺伝子によって表現型が規定される場合は，
   (a) 劣性である．
   (b) あまりない．
   (c) エピスタティックである．
   (d) 多遺伝子型である．

7. 一つの遺伝子の対立遺伝子が与える表現型が，独立に遺伝する別の遺伝子の対立遺伝子によって抑制される場合を何とよぶか．
   (a) 表現型の多様性
   (b) 共優性
   (c) 多遺伝子性
   (d) エピスタシス

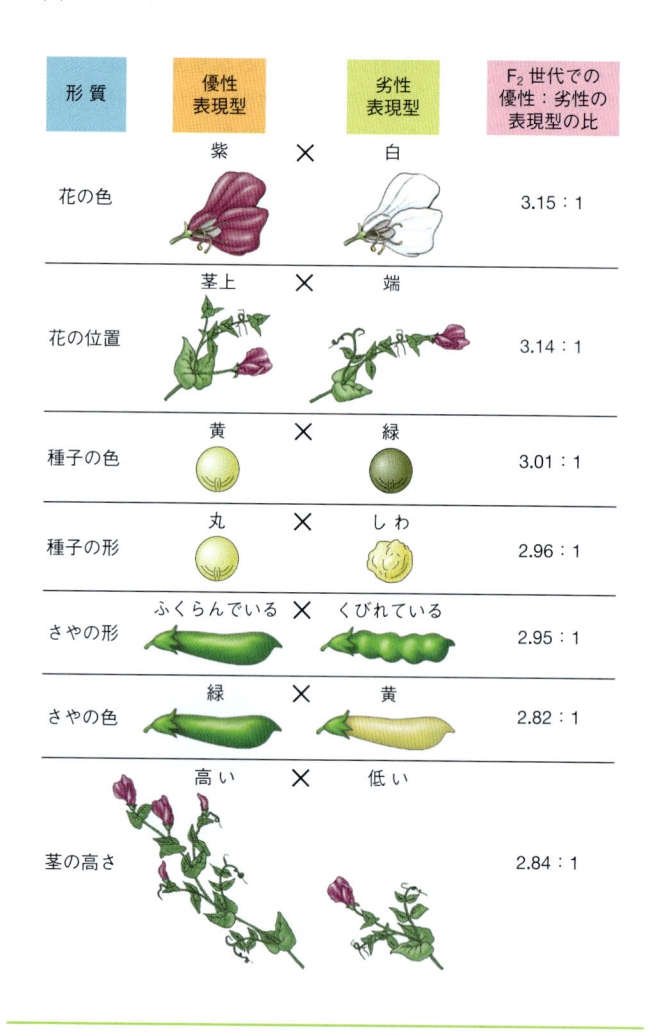

形　質	優性表現型	劣性表現型	F_2 世代での優性：劣性の表現型の比
花の色	紫 × 白		3.15 : 1
花の位置	茎上 × 端		3.14 : 1
種子の色	黄 × 緑		3.01 : 1
種子の形	丸 × しわ		2.96 : 1
さやの形	ふくらんでいる × くびれている		2.95 : 1
さやの色	緑 × 黄		2.82 : 1
茎の高さ	高い × 低い		2.84 : 1

分析と応用

1. 遺伝子とは何か，それはどのようにはたらいているか述べよ．その際，(a) 遺伝子の化学的，物理的性質と，(b) 遺伝子がコードする情報について，現在わかっていることを含めること．女性の体内にある二倍体の細胞には，各遺伝子は何コピーずつ存在するか，理由とともに述べよ．

2. 新しい対立遺伝子がどのように生じるか，また異なる対立遺伝子がどのように個体間の遺伝的違いを生み出すのか述べよ．

3. ある紫色のエンドウの遺伝子型は PP または Pp である．この植物の遺伝子型を決定するには，どのような交雑を行えばよいだろうか．そのような交雑試験が紫色の植物がホモ接合体であるかヘテロ接合体であるかを決めることができるのはなぜか説

明せよ．
4. "一卵性"の双子は異なる表現型をもつだろうか．どうしてそうなのか，あるいはそうでないのか．
5. 北米で上位4位に入る死因となる病気を調べよ．それぞれの病気になる危険性は遺伝形質か．そうだとすると，それは複合形質であるか．隣人に複合形質をどのように説明するか．日々の生活において，複合形質の概念には，どのような実際的な意味があるだろうか．

遺伝学演習問題

1. Mendelの二遺伝子雑種交配（二つの遺伝形質をもった個体同士の交配）実験を再度行ったとすると，F_2世代に関してはどのような結果が得られるだろうか．つぎのうち正しいものはどれか．
   (a) 全部で4種の遺伝形質が現れる．
   (b) 全部で6種の遺伝形質が現れる．
   (c) 表現型が同じ子孫はすべて同じ遺伝子型をもつ．
   (d) 子孫の遺伝子型は表現型だけではわからない．
2. ある子どもがAB型の血液型をもつとすると，その両親についてはどのようなことがいえるか．正しい文を選べ．
   (a) 両親ともヘテロ接合体である．
   (b) 両親ともA型かB型でありうるが，AB型ではない．
   (c) 両親ともAB型である．
   (d) 両親ともO型ではない．
3. ある遺伝子は対立遺伝子Aとa，二つ目の遺伝子は対立遺伝子Bとb，三つ目の遺伝子は対立遺伝子Cとcからなる．以下の遺伝子型から形成される可能性のある配偶子の遺伝子型をすべてあげよ．
   (a) Aa
   (b) $BbCc$
   (c) $AAcc$
   (d) $AaBbCc$
   (e) $aaBBCc$
4. 問3の三つの遺伝子について，つぎのような交雑を行ったときの，遺伝子型，および表現型の構成比率を述べよ（標準的な表記方法に従い，大文字の対立遺伝子は，小文字のものに対して優性，つまり対立遺伝子Aによって発現する表現型は対立遺伝子aの表現型に対して優性であるものとする）．
   (a) $Aa \times aa$
   (b) $BB \times bb$
   (c) $AABb \times aabb$
   (d) $BbCc \times BbCC$
   (e) $AaBbCc \times AAbbCc$
5. 鎌状赤血球貧血は劣性の形質として遺伝する．つまり，正常なヘモグロビン対立遺伝子（S）は，鎌状赤血球対立遺伝子（s）に対して優性である．遺伝子型Ssの両親の子で発現すると思われる遺伝子型と表現型を予測するために，パンネットスクエアを作成せよ．その後，遺伝子型と表現型の比率も示せ．Ssの両親に子どもが生まれたとき，鎌状赤血球貧血となる確率を示せ．
6. ラブラドールレトリバーの体色を決める対立遺伝子（C）は，不完全優性を示す．黒色，チョコレート色，黄色のラブラドールは，それぞれ，$C^B C^B$，$C^B C^Y$，$C^Y C^Y$の遺伝子型となる．黒色と黄色のラブラドールをかけ合わせたとき，その子が発現する毛色（黒色：チョコレート色：黄色）の比率を予測せよ．
7. 劣性対立遺伝子が原因となるヒトの遺伝子異常に関して，病気をひき起こす対立遺伝子をnとし，正常な対立遺伝子をNとする．
   (a) NN，Nn，nnの個体の表現型はどうなるか？
   (b) 同じNnの個体間で子どもができた場合，その結果を予測せよ．生まれる子どもの遺伝子型と表現型の比率も述べよ．
   (c) Nnの個体とNNの個体の間にできた子どもの遺伝子型と表現型の比率を述べよ．
8. 優性遺伝子が原因となる病気について，その原因となる対立遺伝子をD，正常な対立遺伝子をdとする．
   (a) DD，Dd，ddの遺伝子型をもつヒトの表現型はどうなるか？
   (b) 同じDdの個体の間で子どもができた場合，その結果を予測せよ．遺伝子型と表現型の比率を述べよ．
   (c) Ddの個体とDDの個体の間にできた子どもの遺伝子型と表現型の比率を述べよ．
9. 青色の花（B）は白色の花（b）に対して優性である．青色の花と白色の花を交雑し，青色の花の子だけが生じた場合，親個体の遺伝子型は何か？
10. エンドウのさやは黄色か緑色である．Mendelは，黄色のさやになる対立遺伝子のホモ接合体植物と，緑色のさやになる対立遺伝子のホモ接合体植物とを交雑させた．F_1世代のエンドウのさやはすべて緑色だった．黄色と緑色，どちらの対立遺伝子が優性か？　理由も説明せよ．

ニュースで見る生物学

A Family Feud over Mendel's Manuscript on the Laws of Heredity

By Nicholas Wade

Mendel の原稿にまつわる家族紛争

　現代生物学史で最大級に重要だとされながら，長期にわたって失われていた原稿が，所有権をめぐる係争のあおりで日の目を見ることになった．Gregor Mendel が遺伝の法則を発見して現代遺伝学の基礎をつくることになった，エンドウ育種実験の記録だ．

　Mendel は 1865 年，ブリュン自然史学会で二度その論文を発表した．彼は当時ブリュン（現在のチェコ共和国ブルノ）の聖トーマス教会修道院でアウグスチヌス派教会の僧侶，のちに修道院長の職についていた．

　その論文は翌年ブリュン自然史学会の雑誌に発表されたが，Mendel の仕事は生前にはほとんど無視されていた．他の研究者が Mendel の法則を再発見したのは 1900 年，Mendel 死後 16 年も経ってからだ．

　英語で"植物の交雑に関する研究"という，この偉大な論文の元原稿は科学史上非常に重要なものだが，長い間行方不明になっていた．"概念という意味では，19 世紀の歴史中，最も輝かしい科学文献です"と，ピッツバーグ大学の科学史家 Robert C. Olby は，インタビューに答えて言う．"実験の組立てと結果の説明の素晴らしさの点で，これに及ぶものはありません．ものすごく貴重です．"

　その貴重な文献は 1911 年にブリュン科学史学会が廃棄してしまったが，幸運にも地元の高校教師によって救われた．その教師は学会の廃棄書類カゴから拾い，学会のファイルに戻したのだ．しかし，第二次世界大戦中…Mendel の原稿は半世紀近く行方知らずになった．

　再び原稿について耳にすることになったのは，Mendel の 2 人の姉妹，Veronica と Theresia の子孫だ．Mendel の末裔 Erich Richter は Mendel と同じくアウグスチヌス派の僧侶で Clemens 神父とよばれている人物だが，1988 年以降のある日，自分が Mendel の原稿をもっていて，それを家族の所有物として正式に登記したいと家族に語ったのだ．

　Veronica Mendel の曽曽曽曽孫にあたる Maria Schmidt 博士によると，最近，アウグスチヌス派の南ドイツ，オーストリア教区の長であるウィーンの Dominic 神父が原稿を教会に返すように要求しており，Clemens 神父は原稿の所有権について考えを変えたという．

　"Clemens はひどい圧力を受けました"と Shmidt 博士は言う．"教会は彼を修道院から追い出すと言うのです．Clemens は私の父の従弟ですが，今 77 歳で，財産はありません．追い出されると車も部屋も失うことになります．"

　Schmidt 博士の夫 William Taeusch によると，Clemens 神父は主張を変えて，原稿の実際の所有権はアウグスチヌス派教会にあると言い始めたらしい．"彼は家族に向かって'彼らは十分所有者の権利があるんじゃないか'と言い始めているのです"．現代生物学史のなかで，Mendel の論文より重要なものはおそらく Darwin の『種の起源』だけだろう．Mendel は彼の論文の別刷を 40 部作って当時の科学界の有名人に送った．一部は Darwin にも届いた（しかし読まれなかった）という報告もある．最近の研究ではこれは間違いのようだ．しかし，Darwin が Mendel の論文を読んでいたとしたら，生物学の歴史もずいぶん変わっていたことだろう．

　Gregor Mendel は彼の画期的論文を 40 人の科学者に送り，読んで重要性を理解してくれることを期待した．しかし，ほとんど誰も反応しなかった．一つには，Mendel が何者であるか誰も知らなかったのである．彼は農家育ちで，学校は修了したが，それは姉妹の 1 人が彼のために持参金をあきらめたのでやっとできたのであった．Mendel に連絡をとってくれたたった一人の科学者はきまって間違った助言を送ってきた．結局 Mendel は，傑出した才能と成功にもかかわらず，科学をあきらめることになった．

　Mendel に他の科学者たちとの交流があって，考えを一緒に議論してもらえていたら，彼の人生はどんなに違ったものになっていたか．そのことを想像するのは難しい．他の多くの事業分野と同様，科学においては情報交換と交流は不可欠である．もし Charles Darwin が Mendel の論文を読んでいたら，彼の進化論にとって価値があることを認めたかもしれない．

　Darwin は形質が親から子孫にどのように伝わるかを知りたがっていた．Mendel の遺伝法則によれば自然選択がどうやってはたらくかが説明できたかもしれないし，Darwin と友人たちは Mendel がさらに研究を続けるよう支援したかもしれない．しかし実際には Mendel は無名のまま亡くなり，遺伝学と進化論はその後 70 年にわたって十分には結びつかなかった．

このニュースを考える

1. 記事は Mendel の論文は 19 世紀生物学で 2 番目に重要なものだと述べている．この考えを支持する事実は何か，この章で学んだことを述べよ．なぜメンデルの法則は生物学にとって大きな貢献だったのか？
2. Gregor Mendel が今の時代に生きていたら，自分の考えを理解して興味をもってくれる科学者集団をどうやって探せばよいだろう？

出典：*New York Times*，2010 年 5 月 31 日

13 染色体とヒトの遺伝学

> **MAIN MESSAGE**
>
> 遺伝子がどの染色体上のどの位置にあるかによって,どのように遺伝するかが決まってくる.

親戚一同

Misty Oto の最も昔の記憶の一つは,祖母が亡くなったときのことだ.祖父母の死について悲しい思い出をもっている子どもは多いが,Misty の祖母が死に至った病気は単なる思い出というよりは,Misty のその後の人生に決定的な影響を与えるものとなった.Misty の祖母はハンチントン病という,優性対立遺伝子に支配されるまれな遺伝病で亡くなったのである.祖母は 10 人の兄弟中で 1 人だけその病気になったのだが,3 人の娘全員にその病気を伝えてしまった.Misty の母 Rosie もその 1 人である.活発で愛情豊かな母親だった Rosie は,Misty が 11 歳になるまでに空疎な抜け殻のような存在になってしまった.

Misty が成長するとともに,母親,2 人の叔母,そして兄がハンチントン病によって亡くなった.それでも Misty は,自分と子どもたちがハンチントン病の遺伝子を保有しているかどうかを調べる検査を受けなかった.Misty の他の 4 人の兄弟と次世代の 9 人の子どもたちの誰も検査を受けていない.1993 年にハンチントン病遺伝子の染色体上の位置が明らかになり,遺伝子検査法もすぐに開発されたが,病気の治療法はなかった.Misty はラジオのインタビューに答えて言った."どうして,そんな検査を受けなくてはならないの? 私の脳の中に黒い雲がある,でもそれについては何もできないって知るために,わざわざ?"

しかし,2010 年,Misty の姉が自分の将来を心配し始めた.もしハンチントン病になったら,長期にわたる介護が必要になる.誰が介護してくれるだろう? そして彼女は Misty に介護人になってくれるように頼み,Misty は深く考えることもなく引き受けた.今思い返すと,Misty はそのとき初めて,自分自身が病気になって介護するどころではなくなるかもしれないことに思い至ったのである.そして検査を受けることを初めて真剣に考えたのだった.

> **?** ハンチントン病の遺伝的原因は何か? そして,その危険性がある人々の 90 % が遺伝子テストを受けないのはなぜだろう?

ハンチントン病の遺伝学的な基礎を理解するには,遺伝と染色体との関係を学ばなくてはならない.その過程で,なぜある種の複数の遺伝子が同時に伝わりやすいか,なぜある種の遺伝病が男性に多いのかを学ぼう.また,遺伝の様式を調べて,ハンチントン病のようなまれな遺伝病や,よくある遺伝病が起こる理由を理解しよう.

Misty Oto と母,娘 Misty Oto の母 Rosie Shaw はハンチントン病で亡くなった.この病気は単一の優性対立遺伝子を通して親子間に伝わる.現在ハンチントン病に関する啓蒙活動を行っている Oto は,この病気によって何人もの家族を失った.娘が生まれたとき,自分と子どもがその原因遺伝子の保因者であるかどうか,Oto は知らなかった.

基本となる概念

- 遺伝子は遺伝形質を決めている一続きのDNAである．それぞれの遺伝子は染色体の特定の位置にある．
- ヒトの男性は1本のX染色体と1本のY染色体をもち，女性は2本のX染色体をもつ．胎児が男性として成長するには，Y染色体上にある特別な遺伝子が必要である．
- 同じ染色体の上で近くに存在する二つの遺伝子は一緒にそろって遺伝する傾向があり，それらの遺伝子は連鎖しているという．同じ染色体の上でも，遠くに位置している二つの遺伝子は，連鎖していないこともある．
- ヒトの多くの遺伝病は単一の遺伝子の変異による．
- 子どもをもつことができないような重い遺伝的障害は，劣性の対立遺伝子が原因であることが多く，それに比べると優性対立遺伝子が原因である場合は少ない．
- X染色体上にある劣性対立遺伝子は，特定の性にだけ現れる表現型（X連鎖形質）を生じることがある．劣性のX連鎖形質は女性より男性に多く現れる．
- ヒトの遺伝病には，染色体の数や構造の異常によって起こるものもある．

100年以上も前，Gregor Mendelは遺伝形質が個別の遺伝単位によって支配されることを突き止めた．12章で学んだように，現在ではその遺伝単位は遺伝子として知られている．本章ではまず，現代的な遺伝学の基礎，染色体による遺伝について紹介する．そのうえで，どのようにしてヒトや他の哺乳類の性が決まるのか，どのようにして両親とは異なる対立遺伝子の組合わせが子に生じるのかを解説しよう．染色体は性の決定や新しい対立遺伝子の組合わせとどのように関係するのか，それが理解できると，この章で紹介するヒトの遺伝病のことが，より深くわかるようになる．

13・1 遺伝における染色体の役割

1866年，Mendelが遺伝の法則を発表した当時，遺伝の単位が何からできているかも，細胞のどこにあるのかもわかっていなかった．1882年，顕微鏡を使った研究でようやく，分裂中の細胞内に糸のような構造の染色体があることが明らかになった．ドイツの生物学者August Weismannは，染色体の数は，精子や卵がつくられる過程で半分に減少し，受精で元の数に戻ると考えた．1887年，減数分裂が発見されて，Weismannの仮説が実証された．Weismannは，ほかにも，遺伝単位が染色体上にあると示唆していたが，当時はこの考えを支持するデータも，否定するデータもなかった．

遺伝子は染色体上にある

20世紀のはじめ，遺伝学者によってWeismannの仮説を支持する多くの実験的証拠が得られた．遺伝子が染色体上にあるという考えは，**遺伝の染色体説**として知られるようになった．現代の遺伝学技術を使えば，特定の遺伝子がどの染色体上のどの位置にあるかを正確に決定できる（図13・1）．

染色体とDNAと遺伝子はどのような関係にあるのだろうか．10章と12章で述べたように，減数分裂の際に組合わさってペアになる染色体は**相同染色体**とよばれている．1対の相同染色体それぞれでは，片方は母親由来の母性染色体，もう片方は父親由来の父性染色体である．各染色体は1本の長いDNA分子と，それに結合した多数のDNA収納タンパク質からなる複合体である（図10・7参照）．遺伝子はDNA分子の一部を占め，染色体上には多数の遺伝子が決まった順番で並んでいる．たとえば，ヒトは23種類の染色体をもち，全染色体上に約25,000個の遺伝子があると推定されているので，平均するとヒトの1本の染色体上に25,000/23 = 1087個の遺伝子があることになる．

染色体上での遺伝子の物理的な配置を，**遺伝子座**という．後で紹介する例外を除けば，二倍体の細胞は，すべての遺伝子に関して，対となる相同染色体上に一つずつ，2個のコピーをもっている（図13・2）．対となる各遺伝子は，異なるタイプの対立遺伝子である可能性もあり，この場合，二倍体細胞は，遺伝子座ごとに二つの異なる対立遺伝子をもっていることになる．これをその遺伝子座について，ヘテロ接合体の遺伝子型であるという．もし，遺伝子座の二つの対立遺伝子が同じであるならば，ホモ接合体の遺伝子型である．第12章で議論したように，それぞれの遺伝子座の対立遺伝子の構成（遺伝子型）が，個体の表現型（遺伝形質がどのように外に現れるか）を決める．さらに，遺伝子がどの染色体上にあるか，性染色体上にあるか，常染色体（性染色体以外のもの）上にあるかで，また，他の遺伝子の近くにあるのか遠く離れているのかで，遺伝の様式が決まる．これらのことを見ていこう．

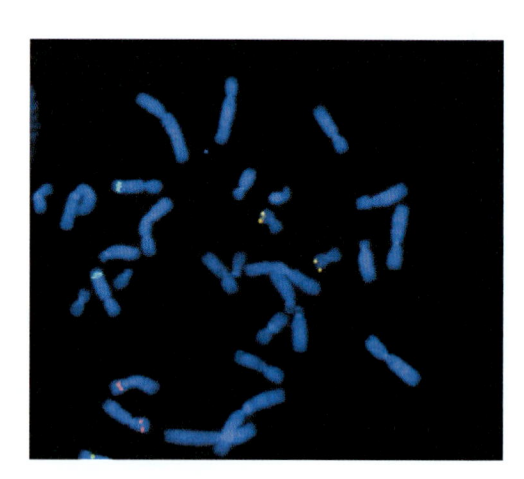

図13・1 遺伝子は染色体上にある 蛍光遺伝子プローブ法（FISH法）という方法で，細胞分裂期のがん細胞から得た染色体を使って，三つの遺伝子の存在位置を調べたもの．調べた遺伝子は*HER2*（緑），*p16*（ピンク），*ZNK217*（黄）で，いずれもがん化に関係することが知られているものである．

性染色体は常染色体とは異なる

対となる相同染色体は，長さや形，含まれる遺伝子座に関して，まったく同じである（第10章）．しかし，ヒトや他の多くの生物で，生物の性を決定する染色体だけは例外である．これら性染色体は，異なった文字を当てて表記する．たとえばヒトの場合，男性はX染色体とY染色体を一つずつもち，女性は二つのX染色

13. 染色体とヒトの遺伝学

相同染色体における遺伝子の位置

1対の相同染色体の片方は父親から，もう一方は母親から受け継いでいる

父方の相同染色体／母方の相同染色体

染色体上での遺伝子の位置を遺伝子座という

2本の相同染色体には，それぞれ一つずつの遺伝子座があるので，合計二つの対立遺伝子をもつ

対立遺伝子が同一のホモ接合体（*DD* や *ee* の個体）…

…または，異なるヘテロ接合体（*Gg* など）となる

三つの遺伝子座にある三つの遺伝子対

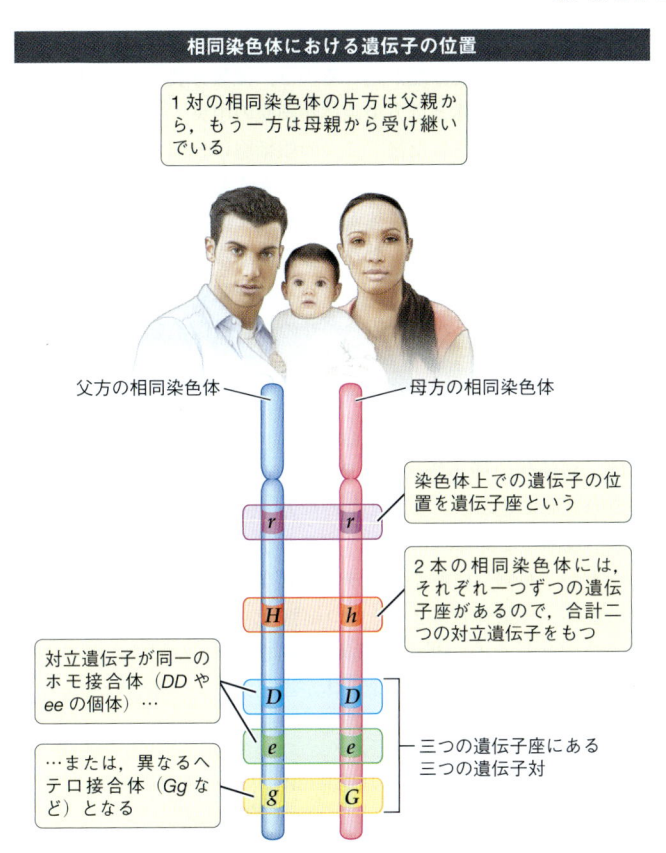

図 13・2　遺伝子は染色体上に存在する　この図では遺伝子は実際より大きく描いてある．ヒトの平均的な染色体1本には1000種以上の遺伝子が，長い非コード領域に挟まれて存在する．

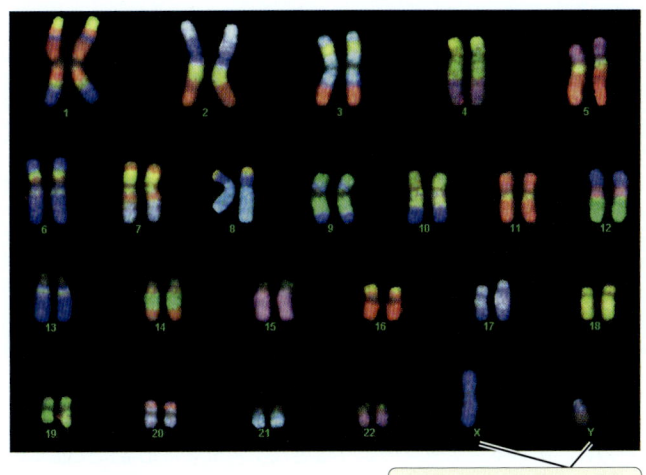

図 13・3　常染色体と性染色体　染色体は蛍光遺伝子プローブ法（FISH法）で染めてある．

1対の常染色体は互いに形と大きさが似ているが，XとY染色体は似ていない

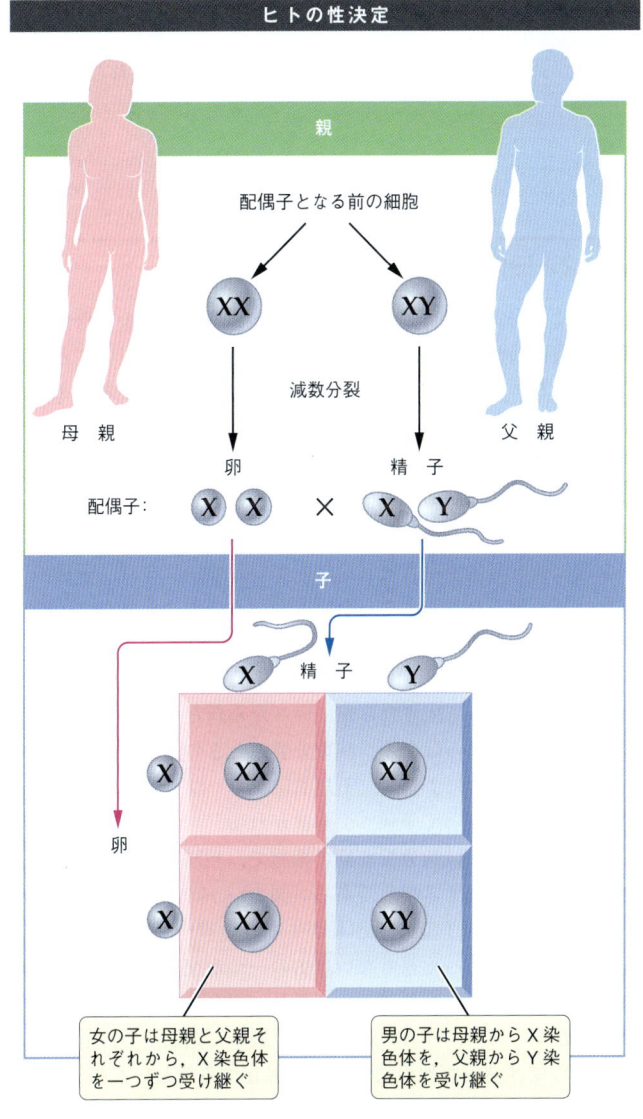

ヒトの性決定

親

配偶子となる前の細胞

減数分裂

母親／父親

配偶子：卵 X X × 精子 X Y

子

精子 X　Y

女の子は母親と父親それぞれから，X染色体を一つずつ受け継ぐ

男の子は母親からX染色体を，父親からY染色体を受け継ぐ

図 13・4　赤ちゃんの性は父親の染色体によって決まる　ヒトの女性には二つのX染色体があり，ヒトの男性には一つのX染色体と一つのY染色体がある．もし赤ちゃんが父親から一つのX染色体を受け継いでいたら，その子は女の子，Y染色体を受け継いでいたら，その子は男の子だ．男性のX染色体とY染色体は減数分裂の際に別々の配偶子へと分けられるので，一つの精子がX染色体をもつかY染色体をもつかは確率50％である．

体をもつ（図13・3）．ヒトのY染色体は，X染色体よりもサイズがずっと小さく，Y染色体上の遺伝子は，X染色体上に対となる遺伝子をもたないものが多い．ヒトの男性は，X染色体とY染色体を一つずつもっているので，X染色体やY染色体にある特有の遺伝子に関しては一つずつもつことになる（もちろん，他の常染色体上の遺伝子は2コピーである）．

雄・雌の性を決める染色体を**性染色体**とよび，他の染色体は**常染色体**という．ヒトの常染色体は，1〜22までの番号を使って区別する（たとえば，第4染色体というように）．

ヒトでは，男性としての特徴はY染色体のはたらきでつくられる

ヒトの女性は，すべての細胞がX染色体のコピーを二つもち，減数分裂でつくる配偶子（卵）はすべてX染色体を一つもつ．男性はX染色体とY染色体を一つずつもつので，配偶子（精子）の半数がX染色体をもち，残りの半数がY染色体をもつ（図13・4）．したがって，精子がもつ性染色体の種類で生まれる子どもの性が決まる．X染色体をもった精子が卵と受精すると女の子に，Y染色体をもった精子が卵と受精すれば男の子になる．

Y染色体上の遺伝子はX染色体に比べると数が非常に少ない．しかし，Y染色体上には非常に重要な，***SRY*遺伝子**（SRY は sex-determining region of Y の略）がある．*SRY*遺伝子は，胚（胎児）の発生時に胎児を"男性"にするマスタースイッチとしての役目を果たす．この遺伝子がないと，ヒトの胎児は女の子になる．*SRY*遺伝子は，それ単独で機能するものではない．男性でも女性でも，常染色体や性染色体上にある他の遺伝子群のはたらきで，

男女の違い，性的な形の特徴が生じる．SRY遺伝子はその遺伝子群をコントロールしており，SRY遺伝子があると男性的な形質を発現し，SRY遺伝子がないと別の遺伝子群がはたらいて女性的な形質となる．たとえば，SRY遺伝子がはたらくと，卵巣ではなく，男性の生殖器官である精巣が発達するのである．

性決定においてSRY遺伝子がうまくはたらかないとどうなるのか，性の発達障害の研究から明らかになっている．性染色体から予測される性とは異なる外見となったり，異なる性としての自意識をもつなど多様な症状が出ることがある．たとえば，アンドロゲン不応症候群の場合，染色体の構成がXYで卵巣が未発達であるが，外見上は女性で，また"自分が女性だと感じる"という．アンドロゲン不応症候群の多くは，遺伝子が突然変異を起こしたために，テストステロンのような男性ホルモンに正常に反応できなくなっていることが原因である．

■ 役立つ知識 ■　生物学では，細胞内にある粒子を"ソーム"という接尾語をつけてよぶことがある．たとえばオートソーム（同じ物体，の意）とは，相同の染色体が両性で形がよく似ているもののことである．クロモソーム（直訳では，色のついた物体）は，染色体がはじめて顕微鏡下で発見され，その機能がまだわからなかったとき，顕微鏡での見え方にちなんでつけられた名前である．

13・2　個体間の遺伝的差異の由来

遺伝には安定性と可変性の両方の面がある．世代から世代へと正確に遺伝情報が伝えられる点で，遺伝子は安定しているといえる．しかし，この安定性があるにもかかわらず，子が親とまったく同じ遺伝子のコピー，つまり遺伝的なクローンであることはない．つまり，有性生殖する生物種の個体は，すべてが遺伝学的には異なった個体である．個体間の遺伝子の違いは重要で，その違いが進化を生み出す遺伝的変異となる．なぜ，嚢胞性繊維症のような遺伝病を発病する人としない人がいるのか，なぜ，喘息のような病気が重くなる人とならない人がいるのか，それも遺伝的な変異で説明できる．この個体間の遺伝的変異はどのようにして生まれるのだろうか？　第12章で学んだように，新たな対立遺伝子は突然変異によって生まれるが，いったん新たな対立遺伝子が形成されると，それらは交差，減数分裂のときの独立分配，受精での偶然の組合わせによって，不規則にシャッフルされて，新しい遺伝子セットとなって子孫へ引き継がれる．

交差とは，第一減数分裂前期の細胞で，相同染色体の間で染色体の一部分を交換する現象である（図10・15参照）．同じ両親からさまざまな遺伝子型の子どもが生まれる理由，言い換えると，兄弟が必ずしもそっくりでない理由の一つが交差である．減数分裂が起こるたびに，交差によって新しい組合わせの対立遺伝子の染色体がつくられ，片方の親から受け継いだ遺伝子と，もう一方の親から受け継いだ他の遺伝子とが混在する新しいものとなる．交差することで，子はどちらの親にもない異なる対立遺伝子のセットをもつ（図13・5）．

新たな対立遺伝子の組合わせは，**染色体の独立分配**，つまり，減数分裂のときに，母方・父方の染色体が配偶子へシャッフルされて配分されることでも生まれる．別の言い方をすると，どの一組の相同染色体ペアにおいても，父方染色体と母方染色体は，他の染色体とは無関係にランダムに配偶子に分配されるということである．ランダムな分配が起こるのは，減数分裂の際，相同染色体ペアの父方染色体と母方染色体が細胞の中央（赤道面）でランダムな方向に配置された後で二つの娘細胞に分配されるからである．そのために，娘細胞が成熟してできる配偶子では，父方の相同染色体と母方の相同染色体がランダムに混ざることになる．また，相同染色体のペアは少数ながらも異なる対立遺伝子をもっているのがふつうなので，新しくつくられた配偶子は，減数分裂を行った親細胞にはなかった組合わせの対立遺伝子をもつようになる（図10・16参照）．

母方と父方の相同染色体ペアは，減数分裂のごく初期，減数分裂前期Iの間に対になる（対合する）．中期Iでは相同染色体ペアは，紡錘体の微小管に引っ張られるようにして，二つの極の間の赤道面に並ぶが，このときの母方・父方の相同染色体の向きは"不規則"である．つまり，どちらが赤道面の"左側"に，もう一方が"右側"に並ぶかはランダムな選択となる．全部で4本の染色体（一倍体数＝2）をもつ細胞で，相同染色体のペア1とペア2の2対をもつ場合で考えてみよう．下の図は，ペア1とペア2の母方，父方の相同染色体が赤道面に並ぶ組合わせを示している．

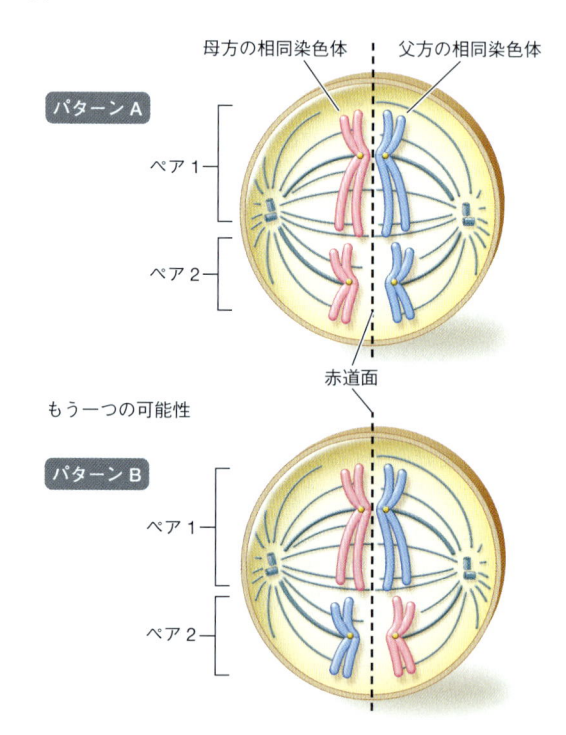

パターンAでは，両方のペアとも母方の相同染色体が，偶然，赤道面をはさんで同じ側に並んでいる．パターンBでは，もう一つの可能性としてペア2の母方・父方の相同染色体の位置が入れ替わっている．この相同染色体ペアの配置は不規則で，まったくの偶然となる．

二つのパターンAとBとは，まったく異なる相同染色体の組合わせをもつ配偶子となることに注意してほしい．パターンAは，2種類の配偶子を生み出す．一つは，ペア1とペア2に母方染色体をもち，もう一つは，ペア1とペア2に父方染色体をもつ．パターンBによってできる配偶子は，どんな相同染色体の組合わせになるだろうか？　配偶子の半分は，ペア1の母方染色体とペア2の父方染色体をもち，残りの半分は，ペア1の父方染色体とペア2の母方染色体をもっている．

生物の相同染色体ペアの数が多ければ多いほど，中期で並ぶ相同染色体のパターンの種類も増える．したがって，減数分裂ででる配偶子の種類も増える．ここの例では，二つの相同染色体が2種類の方法で並ぶことを述べたが，これにより，$2^2 = 4$種類の配偶子ができることがわかる．

ヒトの場合，減数分裂を行う二倍体細胞は，23対の相同染色体（二倍体数 = 46）をもつ．第一減数分裂の際，23対の相同染色体がそれぞれ2種類の方法（赤道面の左右いずれか）でランダムに並ぶので，染色体の並び方は2^{23}通り，つまり8,388,608通りもある．このことは，1人の人間は，染色体の組合わせとして，少なくとも8,388,608種類の異なった配偶子（卵か精子）をつくり出せることを意味する．染色体の独立分配は，交差と同様，両親の染色体にある遺伝情報が独特なパターンで組合わさった配偶子をつくり出すことになる．

なお，第10章で説明したように，交差と染色体の独立分配による遺伝的多様性は，受精によってさらに増大する．

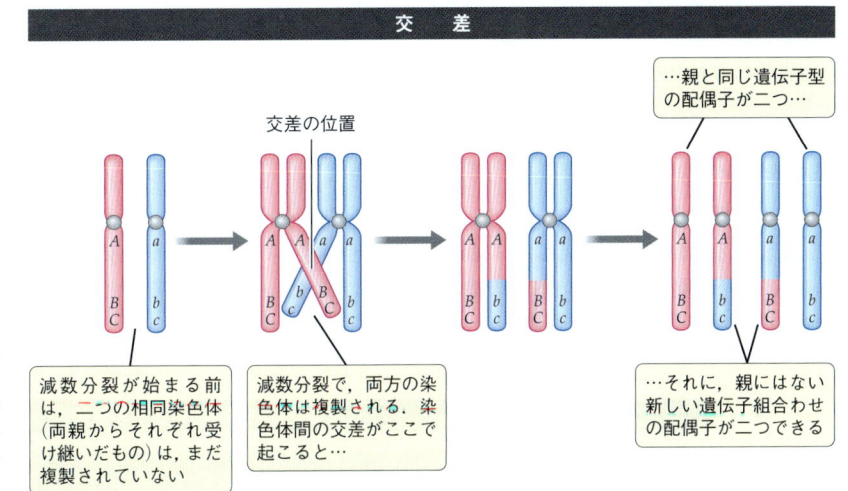

交　差

…親と同じ遺伝子型の配偶子が二つ…

交差の位置

減数分裂が始まる前は，二つの相同染色体（両親からそれぞれ受け継いだもの）は，まだ複製されていない

減数分裂で，両方の染色体は複製される．染色体間の交差がここで起こると…

…それに，親にはない新しい遺伝子組合わせの配偶子が二つできる

図 13・5 交差では染色体の部分的交換が起こる　交差は第一減数分裂前期で起こる．A/a対立遺伝子とB/b対立遺伝子の間で交差が起こると，半数の配偶子は両親型の遺伝子型（ABCかabc）をもち，残りの半分は非両親型の遺伝子型（AbcかaBC）をもつことになる．この例ではB/bとC/cの間では交差は起こっていない．

交差がある場合の遺伝子の連鎖

親　　$GGWW$ × $ggww$

交雑実験　$GgWw$　灰色の体，通常の翅　×　$ggww$　黒色の体，短い翅

子　　$GgWw$　　$ggww$　　$Ggww$　　$ggWw$
　　　灰色の体，　黒色の体，　灰色の体，　黒色の体，
　　　通常の翅　　短い翅　　　短い翅　　　通常の翅

予想される結果
575	575	575	575
実際の結果
965	944	206	185

遺伝子が連鎖しているために，両親の表現型が多く現われた

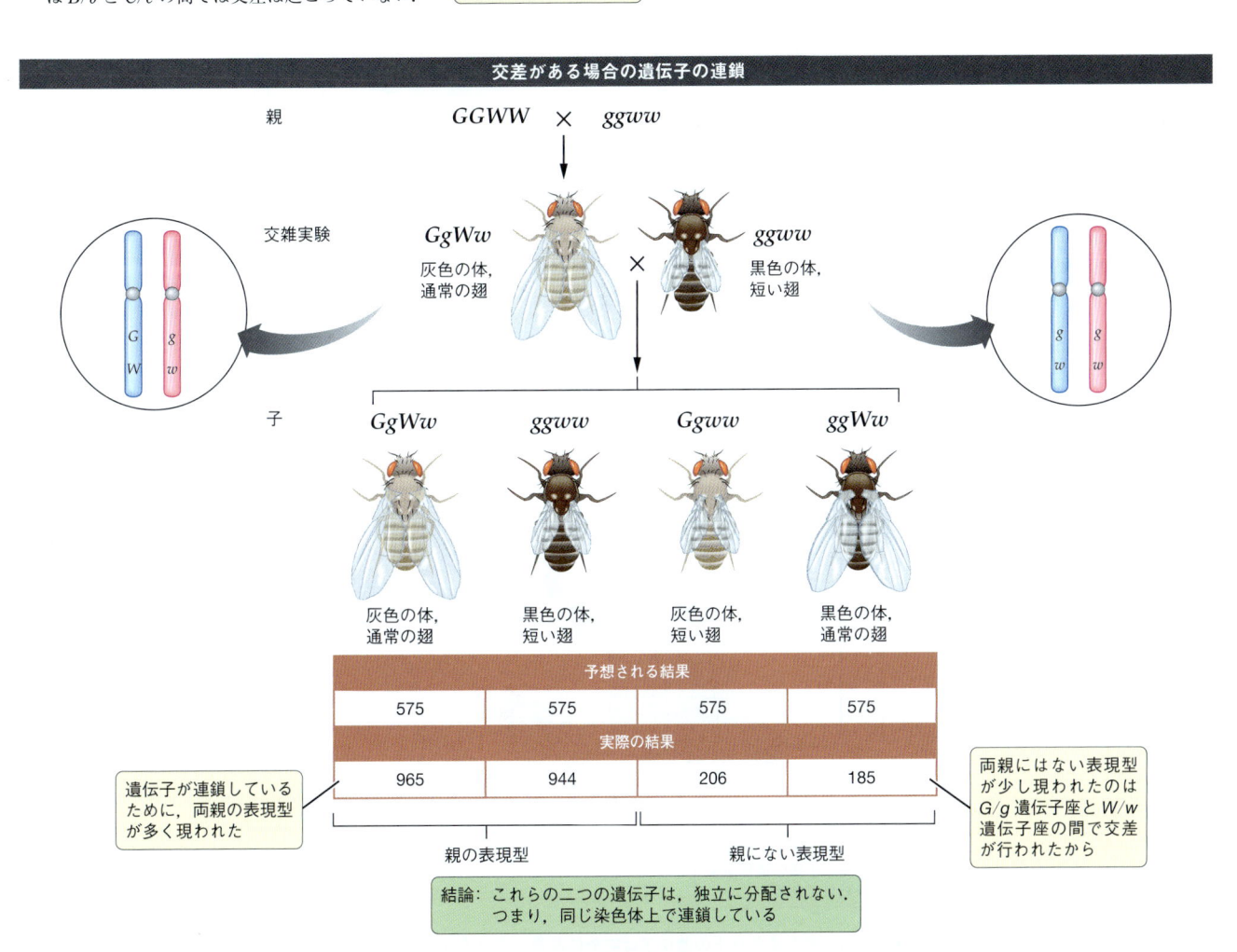

両親にはない表現型が少し現われたのはG/g遺伝子座とW/w遺伝子座の間で交差が行われたから

親の表現型　　　　親にない表現型

結論：これらの二つの遺伝子は，独立に分配されない．つまり，同じ染色体上で連鎖している

図 13・6 独立に分配されない対立遺伝子もある　Morganは，遺伝子型$GgWw$のハエと$ggww$のハエを交雑することによって，体色の遺伝子（G: 灰色の優性対立遺伝子，g: 黒色の劣性対立遺伝子）が，翅の長さの遺伝子（W: 通常の長さの優性対立遺伝子，w: 短い翅の劣性対立遺伝子）と連鎖していることを示した．この連鎖は，二つの遺伝子が同じ染色体の上にあり，かつ近い位置にあったことが原因である．

13・3 遺伝的連鎖と交差

第12章のMendelの実験で，遺伝子が互いに独立して子孫に受け継がれることを紹介した．その実験からMendelは独立の法則を提唱した．独立の法則とは，ある遺伝子の二つのコピーの分配は，他の遺伝子の分配とは関係なく独立して起こるというものである．しかし，20世紀初頭，ショウジョウバエを使った遺伝学の研究から，ある遺伝子グループが一緒に遺伝するケース，メンデルの独立の法則とは矛盾するものが多数報告されるようになった．ショウジョウバエは卵から生殖可能な成虫に育つまで，わずか2週間しかかからない．したがって，比較的短期間のうちに，何世代にもわたって形質の遺伝を追跡できる．

連鎖している遺伝子は同一の染色体上に位置する

1909年，ニューヨーク市のコロンビア大学で始まったショウジョウバエに関する研究で，Thomas H. Morganは，独立せずに同時に遺伝する遺伝子群を発見した．Morganは灰色の体(G)で，通常の長さの翅(W)をもっているホモ接合体と，黒色の体(g)で翅の短い(w)ホモ接合体とを交雑した．すなわち，$GGWW$と$ggww$のハエを交雑し，F_1世代として遺伝子型$GgWw$のハエを得た．つぎに，彼は$GgWw$のハエと$ggww$のハエを交配させたが，図13・6に示すように，Morganが得た実験結果は，独立の法則で予測されるものとは非常に異なるものであった．一体，何が起こったのだろうか？

体色の遺伝子と翅の長さの遺伝子は同じ染色体の上にあって，物理的につながっているとMorganは結論した．物理的に近い位置にある二つの遺伝子は，別々の染色体の上にある二つの遺伝子（たとえば，Mendelが研究した種子の色の遺伝子と種子の形の遺伝子）の場合に比べて，"一度に連動"して子孫に伝わりやすいという結論である．それで，Morganが研究したショウジョウバエの体色と翅の長さの形質には，独立の法則が当てはまらないのである．同じ染色体上で隣接あるいは近くに遺伝子座が位置するとき，遺伝子は同時に遺伝する傾向が高く，これを**連鎖**しているという．ただし後述するように，同じ染色体上にあっても，遺伝子座が遠く離れている場合には独立に遺伝する傾向があり，"同じ染色体上にある"ことと"連鎖する"こととは，必ずしも同じ意味ではない．異なる染色体上にある遺伝子はまったく連鎖しない．

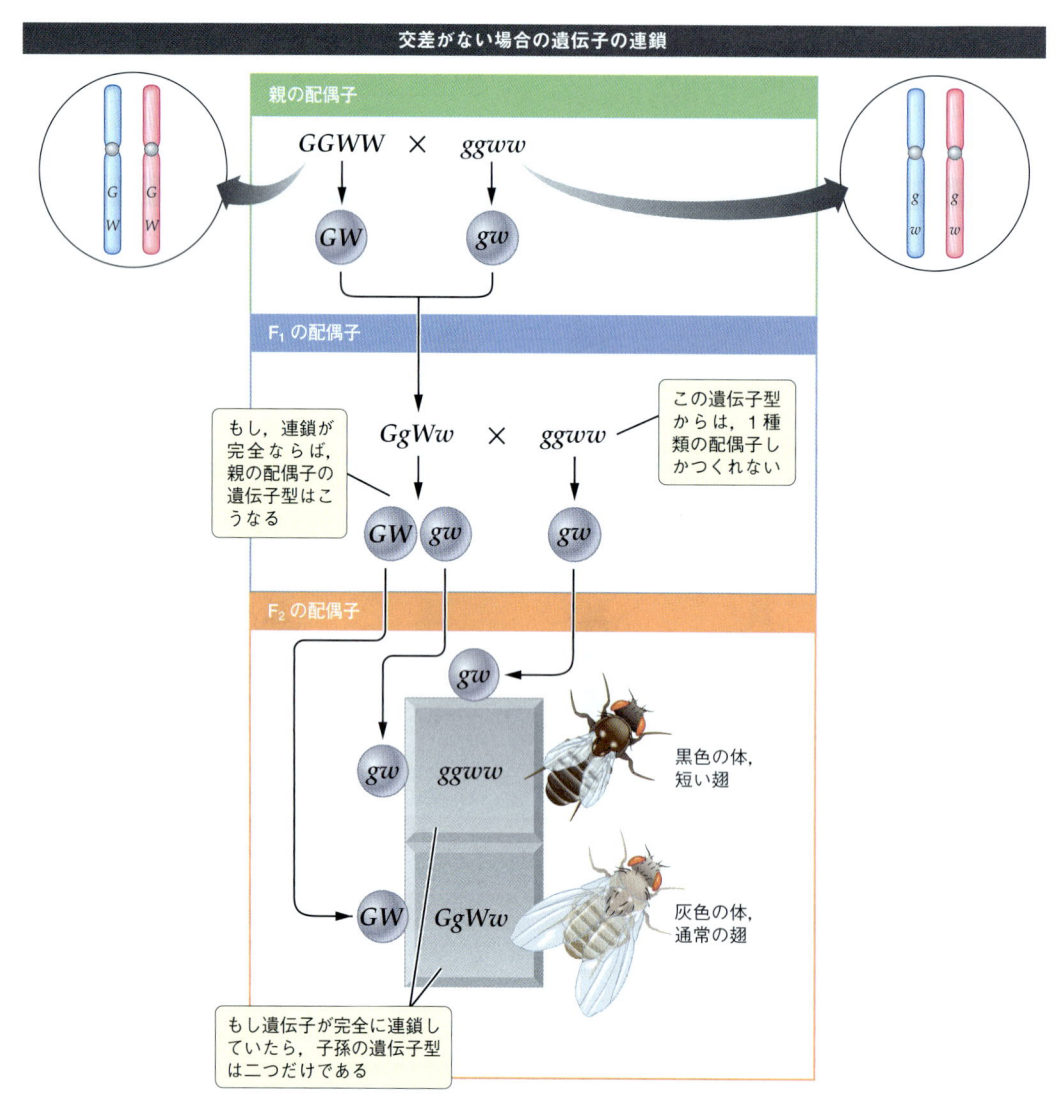

図13・7　**交差がない場合には，同じ染色体上の遺伝子は完全に連鎖しているはずである**　もし二つの遺伝子が完全に連鎖していたら，Morganの実験でF_2世代の子孫の遺伝子型は，すべてが完全に両親と同じ，$GgWw$か$ggww$であったはずである．しかし，図13・6にあるように，Morganの実験の結果はそうはならず，二つの遺伝子座の間で交差が起こっていたことが示唆された．

交差は連鎖の程度を下げる

もし，同じ染色体上にある二つの遺伝子の連鎖が決して分断されないなら，配偶子が受け継ぐ染色体は，配偶子を生んだ両親のどちらかのものと同じになるだろう．たとえば，図 13・6 の *GGWW* × *ggww* の交配で生まれる子を考えてみよう．二つの遺伝子（一つは対立遺伝子 *G* と *g* をもち，もう一つは対立遺伝子 *W* と *w* をもっている）は，同じ染色体上にある．したがって，*GgWw* のハエは，*GGWW* の親からは *GW* の染色体を受け継ぎ，*ggww* の親からは *gw* の染色体を受け継いだことによって生じたはずである．もし二つの遺伝子が完全に連鎖するならば，*GgWw* のハエは，片方の親と同一の染色体（*GW* または *gw*）をもつ配偶子だけしかつくれないだろう（図 13・7）．この場合，図 13・6 に示した *GgWw* と *ggww* の交配からできる子の半分は，遺伝子型 *GgWw* をもち，残りの半分は遺伝子型 *ggww* をもつことになる．子世代の多くが，この二つの遺伝子型をもっていたので，二つの遺伝子は連鎖していると Morgan は推察した．ところが，どちらの親のものとも異なる染色体，つまり *Ggww* や *ggWw* の遺伝子をもつ子（*Gw* 染色体や *gW* 染色体をもつ子）がいたことはどう説明したらよいのだろうか？

GGWW × *ggww* のかけ合わせでは，それらの遺伝子が連鎖しているにもかかわらず，子孫に（二つでなく）四つの遺伝子型が現れた．そのことの説明として，Morgan は交差が起こった可能性を示唆した．つまり，減数分裂の際に，一部の遺伝子が相同染色体間で物理的に交換されるという考えである．そのような交換が起こると，両親のどちらとも違う対立遺伝子の組合わせをもつ配偶子が生じる．たとえば，図 13・6 に示した *Ggww* や *ggWw* の子孫をつくるような配偶子である．

交差は，DNA を長いヒモとして考えるとわかりやすい．ヒモを，途中で 2～3 箇所，ランダムな位置で切断するものとしよう．ヒモの中で遠く離れている二つの点は切り離される確率が高いだろうし，接近した二つの点が分離される頻度は少ないだろう．染色体の交差も同じである．遠く離れている遺伝子は，近くにある

生活の中の生物学

慢性病は複雑な形質をもつ

病気とは健康を損ねた状態をいう．ウイルスや細菌，他の寄生虫による感染，あるいは，有害な化学物質や高エネルギーの放射能への曝露など，外的要因によってひき起こされることがある．ビタミン C の不足が壊血病をもたらすように，栄養不足も病気の原因となる．さらに，遺伝子により，内的な要因でひき起こされるものもある．遺伝子が病気の原因となる場合，他の感染症や病気と区別するために，遺伝病とよぶ．嚢胞性線維症や鎌状赤血球貧血は，ただ 1 個の遺伝子に起こったエラーが原因で現れる遺伝病の例である．筋肉細胞に起こる遺伝病である筋ジストロフィーなどは，複数の遺伝子の機能不全が原因で起こる．

工業先進国で一般的な病気である心臓病，がん，脳卒中，糖尿病，喘息，関節炎などは，遺伝子の複雑な相互作用によって，あるいは外的要因と遺伝子の両方の影響で起こる．遺伝子の機能上の問題で実際に病気になりやすくはなるが，発症するかどうか，発症しても症状がどれくらい重くなるかは，環境要因によって決まる．右のグラフは，結腸がん，脳卒中，冠状動脈性心疾患や 2 型糖尿病の発症が回避できることを示している．栄養をきちんと摂取し，定期的に運動し，喫煙を避けるといったライフスタイルにすると，そのような慢性病になるリスクが低下するからである（"慢性" とは，"継続する" という意味で，いったんこれらの病気になると，一生，その病気を抱えて生きることをいう）．

これらの病気になるリスクを減らすためには，適正な体重を保ち，1 日当たり少なくとも 30 分の速歩に相当する運動を行い，喫煙を避け，1 日のアルコール消費量を 3 缶以下にすべきである．そういった生活で，飽和脂肪酸やトランス脂肪酸（第 5 章参照），糖，精白した炭水化物の摂取量を制限できる．葉酸（少なくとも 1 日 0.4 g）や食物繊維（体の大きさや年齢に応じて 1 日 21～38 g）を十分摂ることは，心臓病や糖尿病などの慢性病になるリスクを低くすることにつながる．肉を食べるのが週 3 回以下であれば，結腸がんになる確率が低くなる．また，多くの研究が示すところによれば，野菜，全粒穀物，果物をたくさん食べる人は，そういった植物性の食品を少ししか摂らない人よりよい健康状態を維持できる．

現代遺伝学の目的の一つは，病気の原因につながる遺伝子のはたらきを明らかにすることである．現在，高血圧，心臓病，糖尿病，アルツハイマー病，数種類のがんや統合失調症など，よく知られる病気と関係する遺伝子が見つかっている．たとえば，第 9 染色体上に，心臓病発症のリスクを高める対立遺伝子がある．この対立遺伝子がホモ接合体のヒトは，健常な対立遺伝子のホモ接合体のヒトよりも，冠状動脈性の心臓病になる確率が約 30～40% 高くなることがわかっている．ヘテロ接合体の場合でも，リスクは約 15～20% 高くなる．

遺伝子検査を行うようになれば，私たちがどのような病気になりやすいか，発症前にわかるようになるだろう．そういったリスクをもつ対立遺伝子が見つかれば，病気となる確率を減らすための予防処置を受けることができる．また，リスク対立遺伝子に合わせて，個々人ごとに異なる最適な治療を受けることも可能になるだろう．実際に，そういった個人の対立遺伝子に合った治療法（オーダーメイド医療とよばれる）が，乳がんや他の慢性病の治療に応用されている．

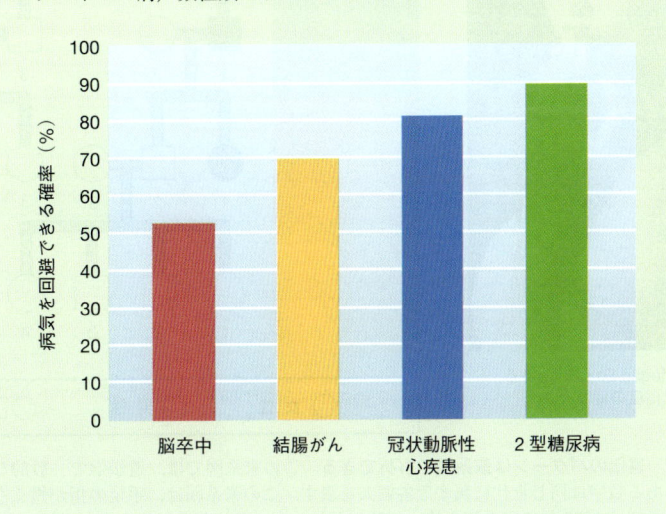

遺伝子よりも分離される確率が高い．実際，同じ染色体上で遠く離れている二つの遺伝子は，交差によって頻繁に分離され，連鎖しないことの方がむしろ多く，同じ染色体上にあっても，独立して遺伝する．Mendel がエンドウを使って研究した形質のうち，花色の遺伝子と種子の色の遺伝子は，両方とも（エンドウの7対の染色体のうち）第1染色体上にあることが現在わかっている．しかし，位置が遠く離れているため連鎖せず，独立の法則が成立していた．

■ これまでの復習 ■
1. 遺伝子は何からできていて，どこにあるか．
2. 性染色体と常染色体の違いは何か．
3. 染色体上で近くにある二つの遺伝子は，遠く離れた位置にある二つより強く連鎖しているか？ 答えと，その理由を述べよ．

1. 遺伝子は DNA からなり，染色体上にあるが，染色体は細胞の核内にある．
2. 男女を決定する，性染色体が存在する．常染色体はそれ以外の染色体をいう．
3. 近くに位置する二つの遺伝子は，遠くに位置するもの（母体）は，組換え機構が働きにくい．それ故に遺伝子が交差シャッフルされる頻度が低く，子孫に遺伝する頻度も連鎖している．

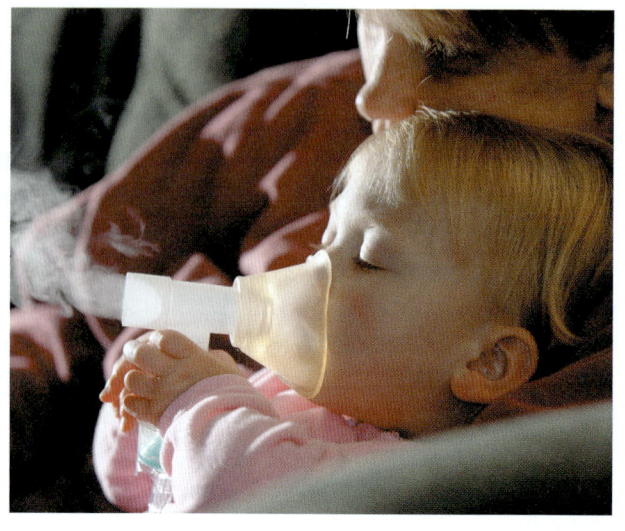

図13・8 遺伝病を抱えて生きる ネブライザーで薬を細かい霧にして，肺に吸い込んでいる嚢胞性繊維症の幼児．嚢胞性繊維症は粘液が肺，消化管，膵臓にたまる劣性の遺伝病で，慢性の気管支炎，栄養分の吸収不全になりやすく，細菌感染を繰返す．患者の多くは35歳までに死亡する．

13・4 ヒトの遺伝病

嚢胞性繊維症，鎌状赤血球貧血，遺伝性のがんなど，遺伝子の突然変異によって起こる病気があることはよく知られている（図13・8）．ヒトの遺伝病を研究することは重要で，多くの人々が苦しんでいる病気を予防し，治療法を見つけることができる．しかし，ヒトの遺伝病についての研究は，難しい面もある．私たち人間は世代時間が長く，自分で配偶者を選び，子をつくるかどうか，つくるとしたら何人つくるか，を自分で決める．つまり，遺伝病の遺伝様式を理解するために，ヒトを使って直接遺伝学的な実験を実施することはできない．さらに科学的な研究を実施するには，ヒトの家族の規模はあまりにも小さい．

ヒトの遺伝病の研究では家系図が役に立つ

ヒトの遺伝パターンを調べるために，よく家系図が分析される．**家系図**とは2世代以上にわたって家族間の遺伝的関係を示した図である．家系図を使うと，多くの家族の情報を分析して特定の病気の遺伝の仕方を調べることができる．たとえば図13・9に示し

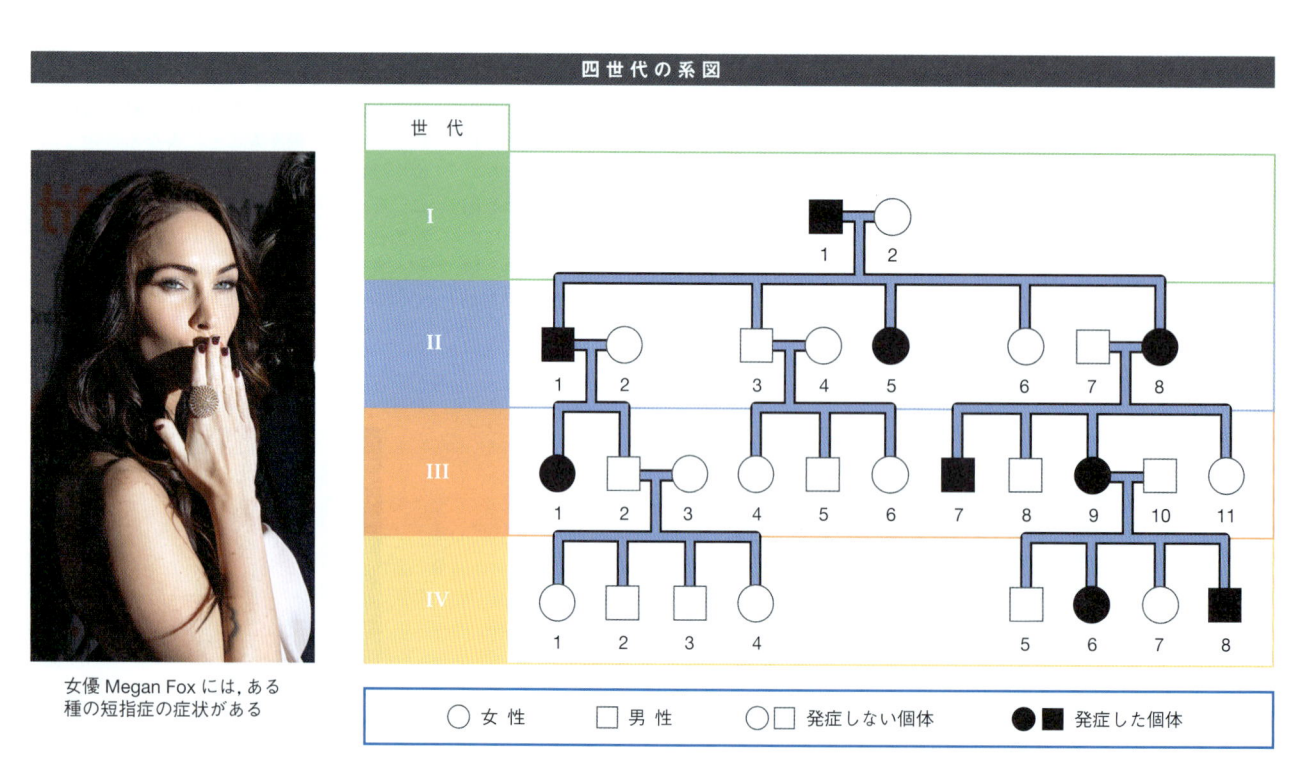

女優 Megan Fox には，ある種の短指症の症状がある

図13・9 遺伝のパターンは家系図で解析できる この家系図では，遺伝学で一般的な記号が使われている．左にあるローマ数字は世代，記号の下にある数字は同じ世代に属する各個人を表す．この家系図は，手足の指が短くなったり棍棒状になる優性形質，短指症の遺伝を表している．短指症は1903年に家系図を使って解析されたが，それが遺伝的状態の解析に家系図が使われた最初であった．

13. 染色体とヒトの遺伝学

■ 役立つ知識 ■ 遺伝的状態とは，単に平均から外れた遺伝形質のことである．遺伝的障害とは遺伝子の機能不全によって起こる病気のことで，軽微なものから致命的なものまでさまざまな程度のものがある．

た家系図は短指症の遺伝だが，この場合は優性遺伝子によるものなので，すべてのヘテロ接合体で発症する．たくさんの家系図を調べれば，各世代に症状が現れていることがわかるだろう．

ある種の遺伝病は遺伝する

ヒトはさまざまな遺伝的障害によって病気になる．それらのなかで，大多数のがん（第11章参照）を含むある種の障害は，個人の人生の途中で細胞に生じた新規の突然変異によって起こる．

体細胞突然変異は生殖細胞（配偶子とその前駆体である生殖系列細胞）以外に生じる変異で，子孫には遺伝しない．しかし，配偶子で突然変異が起こると，親から子へと引き継がれることになる．遺伝病には，遺伝子で生じた突然変異によって起こるもの（図13・10）と，染色体の数や構造の異常によって起こるものとがある．現在では，親がこれらの遺伝病の原因となる遺伝子をもっているかどうかを調べることが可能で，胎児の段階でも遺伝病の検査が可能である（p.260の"生活の中の生物学"参照）．

本章の後半では，遺伝子の突然変異や染色体異常が原因の遺伝病について紹介する．なかでも，わかりやすく原因が明らかな例として，単一の遺伝子の変異によるものと染色体異常によるものを取上げる．ただし，心臓病，糖尿病や遺伝性のがんなどの病気の発症は，複数の遺伝子や環境との相互作用によってひき起こさ

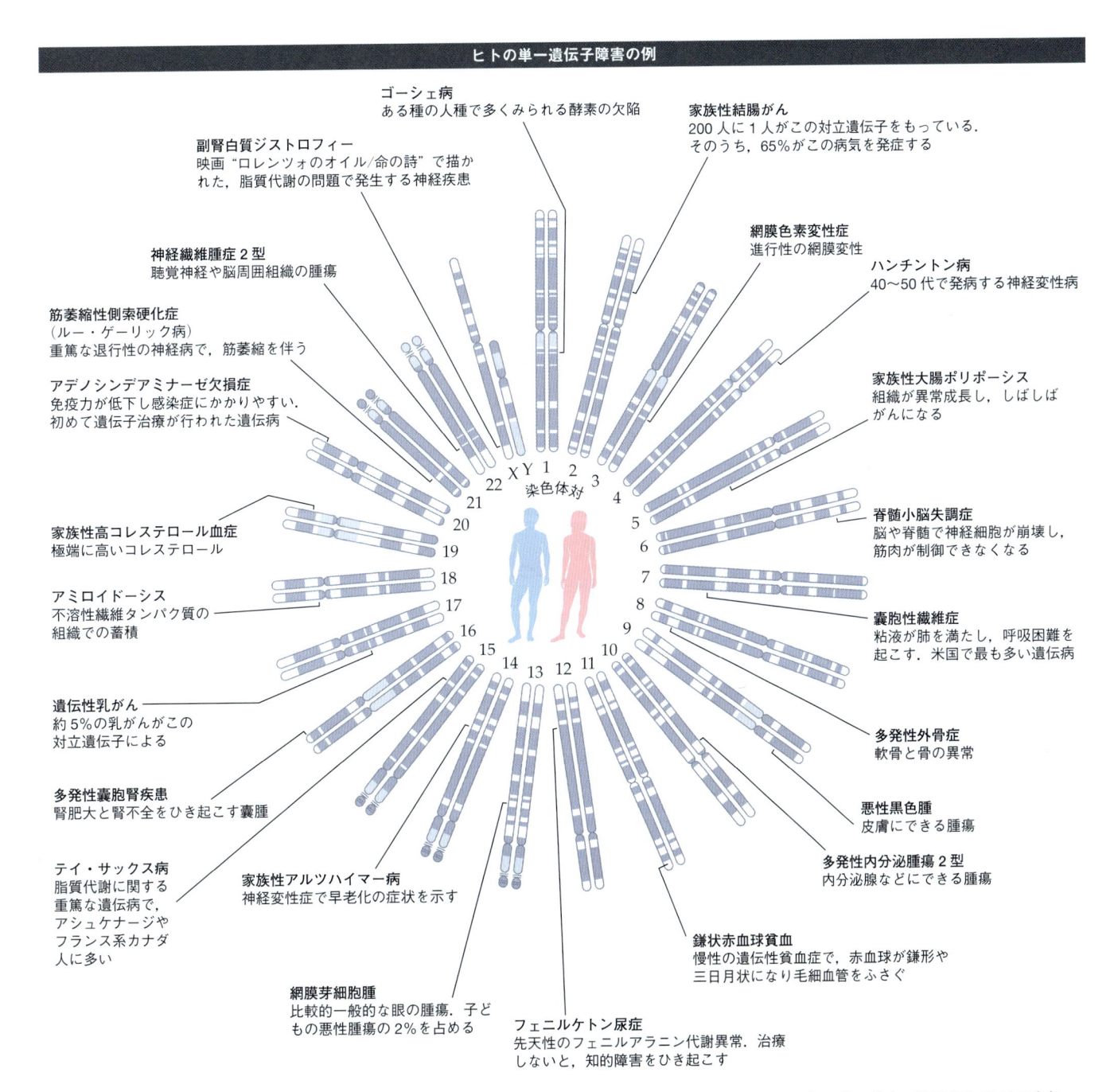

ヒトの単一遺伝子障害の例

ゴーシェ病
ある種の人種で多くみられる酵素の欠陥

家族性結腸がん
200人に1人がこの対立遺伝子をもっている．そのうち，65％がこの病気を発症する

副腎白質ジストロフィー
映画"ロレンツォのオイル/命の詩"で描かれた，脂質代謝の問題で発生する神経疾患

網膜色素変性症
進行性の網膜変性

神経繊維腫症2型
聴覚神経や脳周囲組織の腫瘍

ハンチントン病
40～50代で発病する神経変性病

筋萎縮性側索硬化症
（ルー・ゲーリック病）
重篤な退行性の神経病で，筋萎縮を伴う

家族性大腸ポリポーシス
組織が異常成長し，しばしばがんになる

アデノシンデアミナーゼ欠損症
免疫力が低下し感染症にかかりやすい．初めて遺伝子治療が行われた遺伝病

脊髄小脳失調症
脳や脊髄で神経細胞が崩壊し，筋肉が制御できなくなる

家族性高コレステロール血症
極端に高いコレステロール

嚢胞性繊維症
粘液が肺を満たし，呼吸困難を起こす．米国で最も多い遺伝病

アミロイドーシス
不溶性繊維タンパク質の組織での蓄積

多発性外骨症
軟骨と骨の異常

遺伝性乳がん
約5％の乳がんがこの対立遺伝子による

悪性黒色腫
皮膚にできる腫瘍

多発性囊胞腎疾患
腎肥大と腎不全をひき起こす囊腫

多発性内分泌腫瘍2型
内分泌腺などにできる腫瘍

テイ・サックス病
脂質代謝に関する重篤な遺伝病で，アシュケナージやフランス系カナダ人に多い

鎌状赤血球貧血
慢性の遺伝性貧血症で，赤血球が鎌形や三日月状になり毛細血管をふさぐ

家族性アルツハイマー病
神経変性症で早老化の症状を示す

網膜芽細胞腫
比較的一般的な眼の腫瘍．子どもの悪性腫瘍の2％を占める

フェニルケトン尿症
先天性のフェニルアラニン代謝異常．治療しないと，知的障害をひき起こす

図13・10 **ヒトの遺伝病の原因となる遺伝子の例** メンデルの法則に従う遺伝疾患は約2000知られており，その多くの遺伝子は23対の染色体上のどの位置にあるかが明らかにされている．遺伝病の原因となる単一遺伝子の突然変異はX染色体と22本の常染色体上で見つかっている．見やすくするために，一つの染色体につき一つの遺伝病だけを示した．

れることが多く，この点を念頭に置いて読み進めてほしい．複数の遺伝子によってひき起こされる病気については，どの遺伝子が関係し，それらがどのように病気をひき起こすのか，正確なところはまだ解明されていない．

13・5　常染色体上の単一遺伝子変異

遺伝子が常染色体上にあるか，性染色体上にあるかによって，遺伝の様式は異なる．その違いを，単一遺伝子の突然変異による遺伝病について考えてみよう．常染色体遺伝病の場合には，病気の原因となる対立遺伝子が劣性か優性かを区別して考える必要がある．優性対立遺伝子が原因となる遺伝病（優性遺伝病）に比べると，劣性対立遺伝子が原因となる遺伝病（劣性遺伝病）の方が，はるかに出現頻度が高い．

常染色体の劣性対立遺伝子が原因となる遺伝病は多い

ヒトの遺伝病には，劣性の形質として遺伝する例が何千種類も知られている．嚢胞性繊維症，鎌状赤血球貧血やテイ・サックス病など，多くの遺伝病が常染色体上にある遺伝子の劣性突然変異が原因となって起こる．

遺伝病の症状もさまざまである．死に至るような重篤なものもあれば，比較的軽症のものもある．テイ・サックス病（図13・10の第15染色体参照）は，原因となる対立遺伝子のために脂質分解を行う重要な酵素が機能せず，脂質が脳細胞に蓄積し死に至るような重い劣性遺伝病である．生後1年もしないうちに，脳の組織が劣化し始め，数年以内に死に至る．他方，症状がきわめて軽い遺伝病の例としては，成人で発症する乳糖不耐症がある．これは，一つの劣性対立遺伝子の変異によって，乳糖を分解する酵素，ラクターゼの生産が思春期に停止してしまうのが原因である．

常染色体上の劣性対立遺伝子（aと表記）が原因で，実際に病気を発症するのは，その劣性遺伝子のコピーを二つもっている場合（aa）だけである．一般に，子どもが劣性遺伝病を引き継ぐのは，両親がヘテロ接合体（Aa）の場合である（もちろん親の遺伝子型がaaの場合もある）．A対立遺伝子は優性で病気をひき起こさないので，ヘテロ接合体のヒト（Aa）は，病気の原因となる対立遺伝子（a）をもつが発病しておらず，病気の**保因者**とよばれる．

劣性遺伝病の保因者2人の間の子の遺伝様式は他の劣性形質と同じである．遺伝子型は，子の1/4（25%）はAA，1/2（50%）はAa，1/4（25%）はaaとなり（図13・11），25%の確率でこの病気を発症する（遺伝子型aa）．保因者2人の間に生まれた子どもたちは75%の確率でまったく症状を示さないから，劣性の異常は往々にして家系図中で1世代を"飛び越して"現れる．

これらの確率から，テイ・サックス病のように死に至るような劣性遺伝病であっても，どのようにヒトの集団内で存続するのかがわかるだろう．ホモ接合体の劣性遺伝子をもつヒト（遺伝子型aa）は子をもつ年齢になる前に死亡するが，保因者（遺伝子型Aa）は病気を発症しない．a対立遺伝子は，"発症しない"ヘテロ接合体（Aa）の保因者を隠れみのにして，子に半分の確率で病気の原因遺伝子を伝えることになる．新しい劣性突然変異が生じた場合にも，同じ仕組みでヒト集団内に保因者のかたちで維持されることになる．

優性変異で深刻なものは多くはない

遺伝病をひき起こす優性対立遺伝子（A）は，劣性対立遺伝子のようにヘテロ接合体の中に"隠れる"ことはできない．aaのヒトだけが健常で，AAとAaのヒトは発症するからである．もし片方の親に優性の遺伝疾患があるなら，子どもたちは50%の確率でそれを受け継ぐ．家系図でわかるように，優性遺伝疾患をもつ人々は，少なくとも片方の親が同じ症状をもつ．

もし，この遺伝病が重篤な場合，A対立遺伝子をもつ個体は，寿命が短く，子を残すことが難しくなるだろう．そのため，ほとんどが子孫への対立遺伝子（A）を残すことはない．そういった死に至るような優性対立遺伝子は，しだいにヒトの集団から消え，家族内で世代を越えて引き継がれることもほとんどない．配偶子が形成されるときに新しい突然変異として集団内で出現するだけである．

しかし，もし，その優性対立遺伝子が人生の後半で致死的な影響をもたらす病気の場合は，その対立遺伝子をもつヒトが子をもち，原因遺伝子を世代から世代へと引き継ぐことになる．本章のはじめに紹介したハンチントン病は，このような優性遺伝病である．ハンチントン病の症状は，人生の比較的後半，多くの患者が子をもうけた後に発症する．つまり，患者が亡くなる以前に原因の対立遺伝子が次世代へと引き継がれる．このような病気は，子

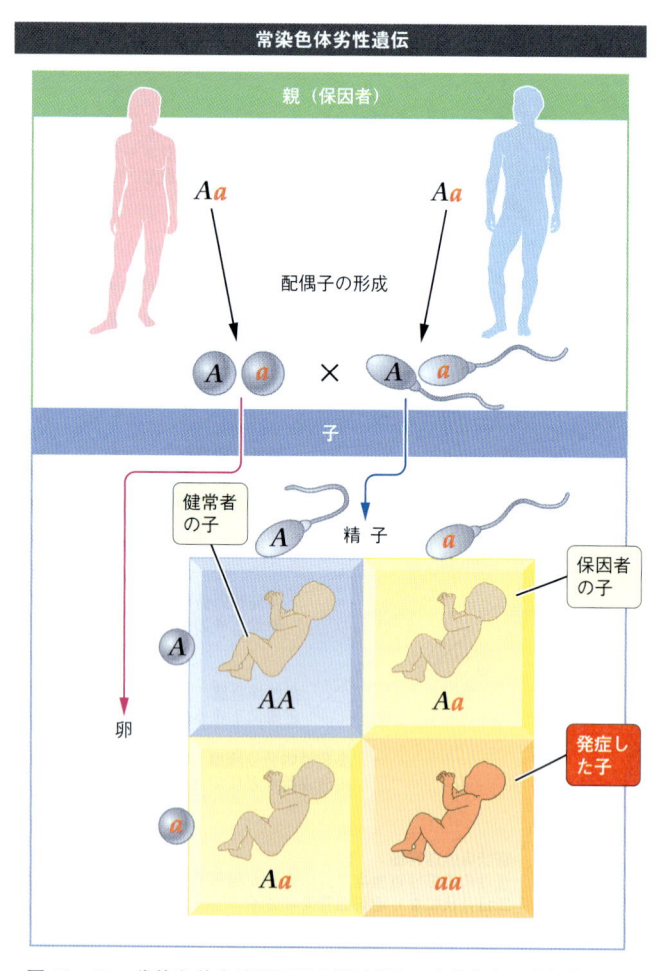

図13・11　常染色体劣性遺伝病の保因者は，自分自身は遺伝病にならなくても，子孫に遺伝病を伝えることがある　ヒトの常染色体劣性遺伝病は，ほかの劣性形質と同じように遺伝する（この図を図12・7のエンドウの例と比較せよ）．遺伝病の劣性対立遺伝子は，赤色でaと記してある．健常な優性の対立遺伝子は黒色でAと記してある．

13・6　単一遺伝子突然変異の伴性遺伝

約25,000個と推定されるヒトの遺伝子のうち，約1200個の遺伝子がX染色体上またはY染色体上のどちらかに存在する．このような遺伝子を**伴性遺伝子**という．男性はX染色体とY染色体の両方をもっているので，それぞれの伴性遺伝子を必ず一つずつ引き継ぐことになる．対して女性は，Y染色体上の遺伝子はなく，X染色体上の伴性遺伝子コピーを二つずつ引き継ぐ．ただし，X染色体とY染色体には約15個の共通する遺伝子があり，これらは他の常染色体遺伝子と同様，男女ともに二つのコピーを引き継ぐので伴性遺伝子とはよばれない．

ヒトの約1100個の伴性遺伝子のうち，圧倒的多数はX染色体上にあり，小さなY染色体上にあるのは約50だけである．X染色体上にある伴性遺伝子は**X染色体連鎖**といい，同様に，Y染色体上にある伴性遺伝子は**Y染色体連鎖**という．Y染色体連鎖遺伝子が原因として起こる疾患はまだよく知られていないが，X染色体上には赤緑色盲のように軽い症状からデュシェンヌ型筋ジストロフィーといった重い症状の原因となるものまで，多くの遺伝的障害を起こす遺伝子が存在する．伴性遺伝子は常染色体上の遺伝子とは異なった遺伝様式を示す．

X染色体上の劣性対立遺伝子が原因となる遺伝病が，どのように遺伝するか考えてみよう（図13・12）．劣性対立遺伝子をaとし，パンネットスクエアでは，この対立遺伝子がX染色体上にあることを示すために，X^aと表記する．同様に，優性対立遺伝子をAとし，パンネットスクエアではX^Aと記す．保因者の女性（遺伝子型$X^A X^a$）が，健常者の男性（遺伝子型$X^A Y$）との間に子をもつと，彼らの息子の50%が発病することになる（図13・12）．この結果は，遺伝病の原因となる劣性対立遺伝子（a）が常染色体上にある場合と大きく違う．常染色体上の遺伝子の場合は，男女にかかわらず，ヘテロ接合体（Aa）であれば発病しない．正常なA対立遺伝子によってa対立遺伝子の悪影響が遮断されるからである．伴性遺伝では，X染色体に連鎖している病気の場合，遺伝子型$X^a Y$をもっている男性が発病する．なぜならY染色体にa対立遺伝子のコピーがなく，男性はX染色体に連鎖している遺伝子に関してAaのヘテロ接合体とならないからである．対して女性は，原因対立遺伝子を必ず2コピーを受け継ぐため，X染色体に連鎖している劣性遺伝病を発症するケースは少ない．常染色体劣性遺伝病の場合は，男女とも均等にその影響を受ける．常染色体のコピーを二つずつもつので，病気の原因対立遺伝子に関して，ホモ接合体となるか，ヘテロ接合体となるかの確率は男女で同じだからである．

ヒトでは，X染色体に連鎖している遺伝病として，小さな切り傷や打撲で死に至るほど大出血する血友病や，筋肉を萎縮させ，しばしば若年で死んでしまうデュシェンヌ型筋ジストロフィーなどが知られている．これらのX染色体に連鎖した遺伝子による病気は，両方とも劣性対立遺伝子が原因となっている．優性のX染色体連鎖の遺伝病として，先天性多毛症が知られている（図13・13）．

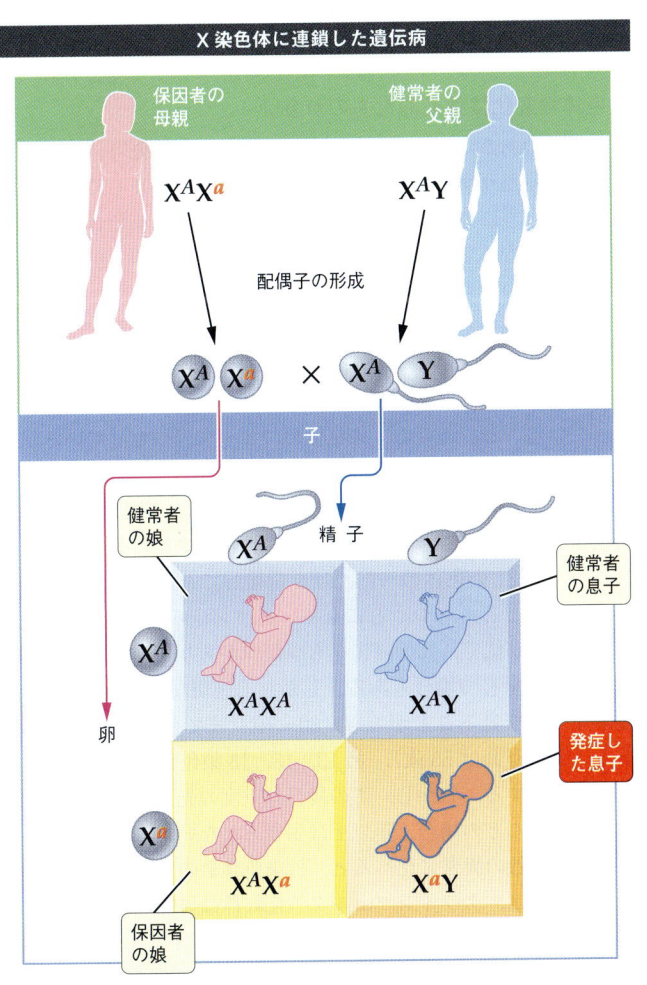

図13・12　X染色体連鎖の劣性遺伝形質は女性より男性に多く現れる　X染色体上に遺伝病の原因となる劣性対立遺伝子（a）があるものをX^aで表し，優性の健常な対立遺伝子（A）があるものをX^Aで表している．

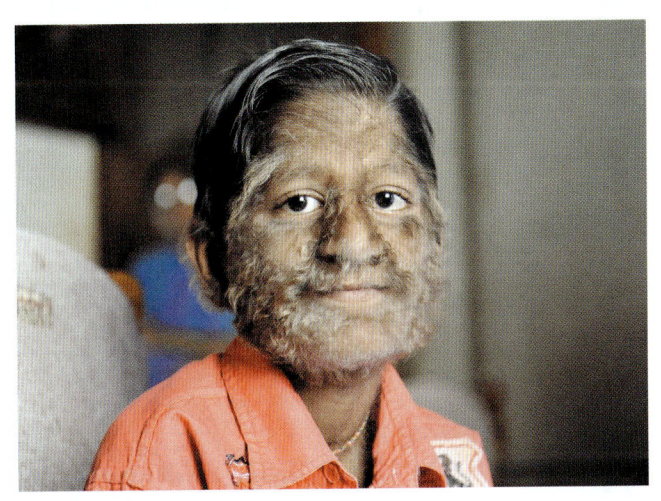

図13・13　先天性多毛症　顔面と上半身に極端に多く発毛する先天性多毛症を発症した11歳の少年．この症状はX染色体上の一遺伝子の優性対立遺伝子が原因で起こる．

X染色体連鎖の疾患であっても，優性対立遺伝子による場合には，男性の方が女性より特に多く現れるわけではないことに注意してほしい．優性の変異対立遺伝子をヘテロにもっている母親の子どもは，男児女児にかかわらず等しく50%の確率で，その優性の変異を受け継ぐ．一方，父親はその症状を娘だけに伝え，息子には伝えない．優性のX染色体連鎖変異をもつ父から生まれたすべての娘は，その形質を示すことになる．

13・7 染色体異常の遺伝

すべての種は，種特有の染色体数をもつ．また，各染色体には決まった構造があり，遺伝子座も一定の決まった順番で各染色体上に並んでいる．染色体数や構造が変わったものを，染色体異常という．ヒトや動物に多くみられる染色体異常は，染色体総数の変化と，染色体の長さの変化の二つである．細胞は分裂するとき，染色体を細胞の赤道面に並べ，二つの娘細胞に正確に分離するという繊細な作業を行う．このときは特に外傷を受けやすく，染色体の配列を誤ったり，移動方向を間違ったり，さらに染色体が寸断されたりして，染色体異常が発生する．染色体異常が親から子へ引き継がれるのは，配偶子，あるいは配偶子をつくる前の段階で染色体異常が起こった場合に限られる．しかし，配偶子の染色体が大きく変化すると，受精した胚は無事に発生できないことが多いので，染色体異常が遺伝してヒトの遺伝病の原因となるケースは非常に少ない．

染色体にはいろいろな構造変化がありうる

細胞分裂中に染色体が整列し分離するときに，染色体の構造が変わるような切断が起こることがある．染色体の一部が切れてなくなることがあり，これを**欠失**という（図13・14 a）．切れた部分が元に戻ることがあるが，そのときに向きが逆転し，染色体の一部で遺伝子座の順番が逆になっていることもある．これを**逆位**という（図13・14 b）．いわば，折れた鉛筆の頭とお尻が逆につながったようなものである．染色体から切り離された部分が，相同染色体ではない別の染色体に結合することもある（**転座**）．転座の場合，逆方向への移動も同時に起こり，非相同染色体の間で互いにDNA断片を入れ換えていることも多い．このタイプの転座は，図13・14(c)に模式的に示してあるが，色の異なる鉛筆の間で，断片を交換してつなぎ直すようなものである．

染色体の一部を**重複**してもつ場合もある（図13・14 d）．この場合，染色体が長くなる．この重複の一つの原因は，相同染色体間の交差のエラーである．対となる相同染色体は第一減数分裂（第10章参照）のときに染色体の一部を交換し，組換えを起こすが，このとき不均衡な交差が起こり，一方の相同染色体が他方から染色体断片を受取っても，"逆への引き渡し"がうまくいかない場合がある．結果的に，一方の相同染色体が長い染色体，つまり重複が起こる（自分の染色体＋他方の染色体から得た断片）．このとき，もう一方の相同染色体には欠失が起こる．

染色体構造の変化は，大きな影響を及ぼす．性染色体に破損が生じると，胎児の性決定の様子が大きく変わる例がある．たとえば，*SRY*遺伝子をもっているY染色体の部分が欠失すると，XYの個体であっても女性になってしまう．逆に，Y染色体の性決定領域部分が，X染色体に転座すると，XXの個体であっても男性になってしまう．XYの女性やXXの男性は不妊となり，子ができない．

常染色体の構造変化では，もっと劇的な影響を及ぼすものが多い．ネコ鳴き症候群は，第5染色体の一部を欠失したときに起こる症状である（図13・15）．この病名は，発症した乳幼児がネコのような声を出すことから付けられたものであるが，ほかに，成長が遅れ，重度の知的障害，小さな頭，そして耳が低い位置に付いているなどの特徴がある．

染色体数変化は致死的なものが多い

通常二つあるはずの染色体が，一つだけになったり，あるいは三つになったりする異常は，減数分裂で染色体が正しく分離できなかったときに生じる．ヒトの場合，このような染色体数の異常は，死産となることが多い．ヒトの妊娠では約20％が自然流産するが，そのおもな原因がこの染色体数異常である．

常染色体数異常を受け継いだヒトが，一般に成人期まで生存するという例外が一つだけある．ダウン症候群である．この病気は，ヒトの常染色体のなかで最小の第21染色体のコピーを三つもっていることで起こる．染色体のコピーを三つもっている状態を**トリソミー**といい，ダウン症候群は21トリソミーともよばれる．ごく少数であるが，ダウン症候群の3〜4％は，細胞分裂で第21染色体の一部が切断され，別の染色体に転座することによっても起こる．第21染色体の一部だけを重複して3セット，部分的なトリソミーとしてもつことになる．ダウン症候群を発症すると，一般に身長が低く，知的障害をもつ傾向があり，心臓，腎臓や消化管の障害をもつ場合もある．しかし，適切な治療を受ければ，健康な生活を送ることができ，60〜70代まで生存するケースもある（平均寿命は55歳）．第13，15，18染色体のトリソミーも生きて誕生する．しかし，この場合は重度の先天性障害をもっていて，ほとんどの場合1年以上は生きられない．

常染色体数の異常に比べると，性染色体数の変化の影響は小さい．たとえば，クラインフェルター症候群は男性にみられる症候群で，X染色体を1個余分にもっている（XXY）．このような男性は，標準的な寿命と知能をもち，背が高い傾向がある．また，睾丸が発育不全（通常の約3分の1）で，精子減少症がみられるほか，乳房の発達など，女性としての特徴をもつ場合もある．ターナー症候群は女性にみられる症候群で，X染色体が一つ欠失して

染色体の構造変化

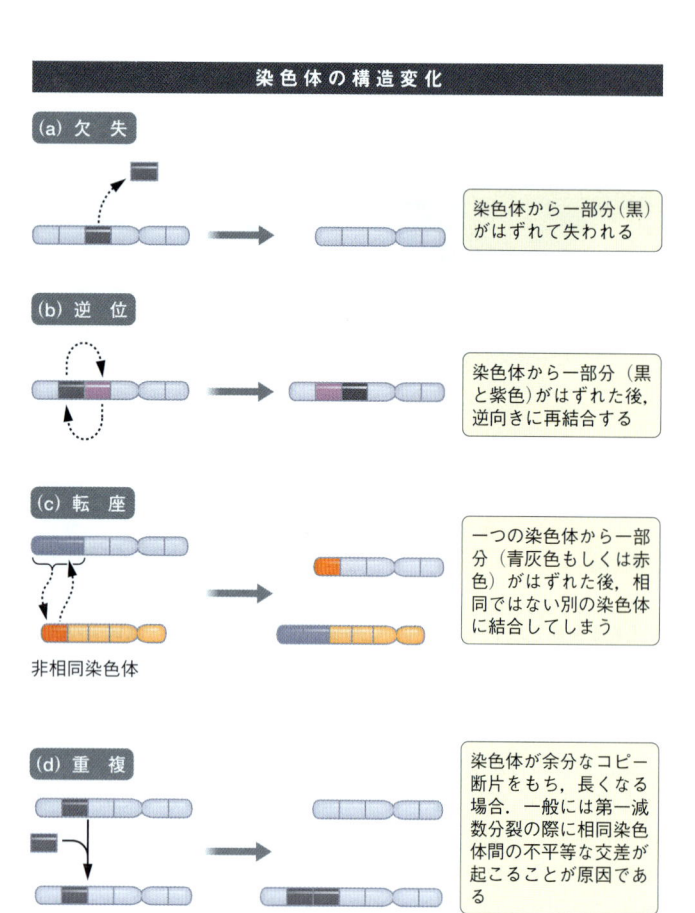

(a) 欠失 — 染色体から一部分（黒）がはずれて失われる

(b) 逆位 — 染色体から一部分（黒と紫色）がはずれた後，逆向きに再結合する

(c) 転座 — 一つの染色体から一部分（青灰色もしくは赤色）がはずれた後，相同ではない別の染色体に結合してしまう
非相同染色体

(d) 重複 — 染色体が余分なコピー断片をもち，長くなる場合．一般には第一減数分裂の際に相同染色体間の不平等な交差が起こることが原因である

図13・14 染色体の配置換えは重大な遺伝病を生じる

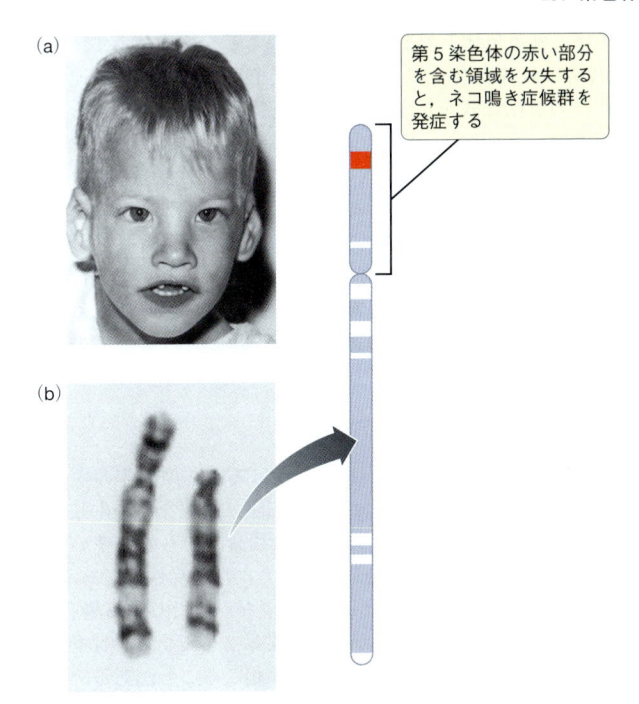

13. 染色体とヒトの遺伝学 247

図13・15 ネコ鳴き症候群 ネコ鳴き症候群は第5染色体の片端付近の一部が欠失することによって起こる．

第5染色体の赤い部分を含む領域を欠失すると，ネコ鳴き症候群を発症する

いる（X女性）．標準的知能で，背が低く（成人で150 cm以下），不妊であり，首から肩にかけての皮膚のたるみが生じることがある．ほかにも，XYY男性，XXX女性などが知られているが，比較的軽い影響ですむ．しかし，XXXY男性やXXXX女性などのように，余分な性染色体が二つ以上あると，重度の知的障害など，さまざまな問題が生じる．

■ これまでの復習 ■

1. 遺伝的家系図とは何か？
2. 深刻な弊害をひき起こす常染色体上の優性対立遺伝子が原因となる遺伝病は，なぜ劣性のものほど多くないのか？
3. 北米では，X染色体連鎖の赤緑色盲は男性では約8％に及ぶが，女性では0.5％にすぎない．なぜこの症状は男性に多いのだろうか．

1. 遺伝的家系図とは，結婚と出産によって関係づけられる人々の間の特定の遺伝形質がどのように伝わるかを，縦の世代と横の兄弟姉妹の関係で示した図表である．
2. 優性対立遺伝子が原因なら，深刻な弊害を与えるような障害で生殖年齢に達せずに死ぬことがあれば，その遺伝子は次世代に継承されない．
3. 男性は1コピーの対立遺伝子を継承するので，その遺伝子をヘテロ接合でもつことはありえない．一方，女性はヘテロ接合でこの遺伝子をもつことがあり，潜伏遺伝子のまま現れない場合でも子どもにその遺伝子が継承されることがある．

学習したことを応用する

ハンチントン病を検査する

ほとんどの遺伝病は劣性の対立遺伝子が原因なので，"悪い"対立遺伝子を二つ（父親と母親から一つずつ）受け継がないと，病気にならない．しかし，ハンチントン病の場合は事情が異なる．この病気は優性対立遺伝子に原因があるため，ハンチントン病対立遺伝子を一つだけしか受け継がなかった人でも，事故やその他の病気で死なないかぎり，病気になる．片親がハンチントン病のとき，子どもがこの病気になる確率は50％である．

1983年，ハンチントン病遺伝子は第4染色体の別の遺伝子と連鎖していることがわかり，染色体上の位置が決まった．1993年までにはハンチントン病遺伝子が正確に突き止められた．遺伝子の連鎖解析によって常染色体遺伝病の遺伝子が特定されたのはそれが初めてである．その遺伝子は *huntingtin*，それがコードするタンパク質はハンチンチンと名付けられた．病因となる対立遺伝子を調べる遺伝子検査法もすぐに開発された．そして数年のうちに，マウスの系統で *huntingtin* 遺伝子に変異をもち，ヒトのハンチントン病と同じような症状を呈するものがつくられた．そしてすぐに，それらのマウスとヒトの患者を治療する方法の開発競争が始まった．

遺伝相談員はハンチントン病患者の家族に対して，病気の検査を受けることについて相談にのるようになった．遺伝子検査によって遺伝病患者が減ることもある．たとえば，1970年代にテイ・サックス病の遺伝検査が行われるようになってから，過去にその病気の患者がいた家族から，新たな患者はほとんど出なくなった．テイ・サックス病はハンチントン病とは違って劣性対立遺伝子が原因で起こるが，その遺伝子は小さな子どもに影響するものなので，子どもはふつう4歳までに死んでしまう．原理的には，もしハンチントン病対立遺伝子をもっている人が子どもをつくらなければ，ハンチントン病もハンチントン病対立遺伝子も一代で消滅するはずである．

しかしハンチントン病の対立遺伝子を保有しているかどうか知ろうとする人は少ない．2007年にMisty Otoがインタビューに答えたように，自分が確実にハンチントン病対立遺伝子をもっているかどうかは"知りたいことじゃありません．それがわかったとしたら，子どもたちというより，夫に申しわけないですから．彼に負担をかけることになってしまうし，それで彼の邪魔をすることはしたくありません"．また，多くの人が心配するのは，検査で陽性と出たら，健康保険に入れなくなったり職を失ったりしないかということだ．場合によっては陽性の結果が深刻なうつ病や自殺を招くこともある．そういうわけで，さまざまな理由によって，ハンチントン病のリスクがある人のうち検査を受けるのはわずか10％程度にすぎない．

それでも，Mistyの姉が病気になる心配をし始めたとき，2人の姉妹は恐怖をはねのけて検査を受けることを決意した．ほっとしたことには，Mistyはハンチントン病対立遺伝子をもっていないことがわかった．したがって，夫と子どもたちは，彼女が将来この恐ろしい長引く病気を発症する可能性を心配し続ける必要がなくなり，子どもたちはハンチントン病の発症を恐れずに生きていけることになった．だがMistyの幸福は長くは続かなかった．姉の結果がその週の終わりに出て，ハンチントン遺伝子があることが判明したのである．この結果はMistyがまったく予期していなかったことだった．

今のところハンチントン病の治療の見込みはほとんどないが，研究のおかげで多くのことがわかってきている．たとえば，悪い対立遺伝子がどうやって生じるか，どのような環境要因が病気の進行を早めたり遅くしたりするか，いろいろなタンパク質や酵素がどのように関係しているか，などの知見である．いずれは，少なくとも発症を遅くする方法が発見されるだろうとの期待があり，患者と介護者はそこに望みをつないでいる．

章のまとめ

13・1　遺伝における染色体の役割
- 遺伝の染色体説とは，"遺伝子は染色体上に存在する"という考えである．遺伝子の染色体上における物理的な位置を遺伝子座という．
- 各染色体は，1個の長いDNA分子とそれに結合した種々のタンパク質からなる．
- 相同染色体は減数分裂のときにペアをつくる．同じ相同染色体は，同じ遺伝子座をもつ．
- 生物の性を決定する染色体を性染色体とよぶ．その他の染色体を常染色体とよぶ．ヒトは2種類の性染色体，X染色体とY染色体をもつ．男性はX，Y染色体を一つずつ，女性は二つのX染色体をもっている．
- Y染色体上には，胎児が男性として成長するのに必要な遺伝子（SRY遺伝子）がある．

13・2　個体間の遺伝的差異の由来
- 個体間の遺伝的差異が，遺伝的多様性となり，進化の原動力となる．突然変異によって新しい対立遺伝子が生まれる．
- 子同士は遺伝的に互いに異なり，親とも異なる．その理由は，① 交差により相同染色体間で染色体の一部がランダムに交換され，② 減数分裂で母方・父方の相同染色体が不規則な組合わせで配偶子に分配され，さらに，③ 受精によって精子・卵の遺伝子型がランダムに組合わされるからである．

13・3　遺伝的連鎖と交差
- 一緒にセットで遺伝する傾向がある遺伝子を，遺伝的に連鎖しているという．
- 染色体上で離れた位置にある二つの遺伝子は，近くにあるものより，連鎖せずに子孫に引き継がれることが多い．
- メンデルの独立の法則は，異なる染色体上にある遺伝子，および同じ染色体上でも遠く離れた位置にある遺伝子の場合に適用できる．

13・4　ヒトの遺伝病
- 家系図を調べることは，ヒトの遺伝病を研究するのに役立つ．
- ヒトには，単一の遺伝子突然変異による遺伝病や，染色体の数や構造の異常に由来する遺伝病など，さまざまな遺伝病が知られている．

13・5　常染色体上の単一遺伝子変異
- ほとんどの遺伝病は常染色体上の劣性対立遺伝子（a）によって起こる．この場合，ホモ接合体（aa）の個体のみが遺伝病を発症する．ヘテロ接合体（Aa; Aは健常な対立遺伝子）の個体は，発病せずに，この遺伝病の保因者となる．
- 常染色体の優性対立遺伝子が原因となる遺伝病の場合，AAとAaの個体は両方とも，その遺伝病を発症する．症状が深刻なものは，AAやAaの個体が子を残すチャンスが少ないので，発生頻度は非常に少ない．
- 致命的な優性遺伝病がヒトの集団内でも存続するのは，ハンチントン病のように，成人した後に発症する場合，あるいは，原因となる対立遺伝子が突然変異によって新しく生じる場合に限る．

13・6　単一遺伝子突然変異の伴性遺伝
- 男性はX染色体を一つだけ受け継ぐので，性染色体上の遺伝子は，常染色体上の遺伝子とは異なる遺伝様式を示す．
- 片方の性染色体上にだけある遺伝子は，性の決定と連鎖した伴性の遺伝様式を示す．X，Y染色体上にのみ存在する対立遺伝子は，それぞれ，X，Y染色体に連鎖しているという．
- 男性は女性に比べて，X染色体に連鎖した劣性対立遺伝子が原因の遺伝病を発症しやすい．原因の対立遺伝子を一つ受け継ぐだけで発症するからである．女性は原因遺伝子を2コピー，劣性ホモ接合体のかたちで受け継いで初めて発症するので，発生頻度は少ない．常染色体上の対立遺伝子やX染色体上の優性の変異が原因の遺伝病は，男女間の発症率に差はない．

13・7　染色体異常の遺伝
- 細胞分裂の途中で細胞が損傷を受けると，染色体の構造に変化が生じ，染色体の欠失，逆位，転座，重複などが生じる．
- ヒトの場合，常染色体数の変化は致命的なものが多い．例外は，小型の第21染色体を三つもったダウン症候群である．
- 性染色体が1本多かったり，1本少なかったりする場合には，比較的影響は少ない．しかし，通常は2本である性染色体が4本以上ある場合には，深刻な問題が起こることがある．

重 要 な 用 語

遺伝の染色体説（p.236）	体細胞突然変異（p.243）
相同染色体（p.236）	保因者（p.244）
遺伝子座（p.236）	伴性遺伝子（p.245）
性染色体（p.237）	X染色体連鎖（p.245）
常染色体（p.237）	Y染色体連鎖（p.245）
SRY遺伝子（p.237）	欠　失（p.246）
交　差（p.238）	逆　位（p.246）
染色体の独立分配（p.238）	転　座（p.246）
連　鎖（p.240）	重　複（p.246）
家系図（p.242）	トリソミー（p.246）

復 習 問 題

1. 表現型に遺伝子が影響を及ぼす仕組みはどれか．
   (a) DNAの突然変異を促進すること．
   (b) 動原体のように染色体の構造をつくること．
   (c) タンパク質をコードすること．
   (d) 上記のすべて．
2. 人生の後半で発症し，神経系が破壊され死に至る，常染色体の優性対立遺伝子が原因となる遺伝病はどれか．
   (a) テイ・サックス病
   (b) ハンチントン病
   (c) ダウン症候群
   (d) ネコ鳴き症候群
3. 交差が起こりやすい遺伝子はどれか．
   (a) 染色体上で近くにある遺伝子．
   (b) 異なる染色体上にある遺伝子．
   (c) 染色体上で遠く離れている遺伝子．
   (d) Y染色体上にある遺伝子．
4. 染色体異常によるヒトの遺伝病は比較的少ない．その理由はどれか．

(a) たいていの染色体異常は，ほとんど影響を及ぼさないから．
(b) 染色体数や染色体の長さの変化を見つけるのは難しいから．
(c) 染色体異常の場合，たいてい胎児のときに自然流産するから．
(d) 染色体の長さや数を変えることは不可能だから．

5. 親にはなかった遺伝子型が生まれるのは，
   (a) 交差と染色体の独立的分配による．
   (b) 連鎖による．
   (c) 常染色体のはたらきによる．
   (d) 性染色体のはたらきによる．

6. DNAの一部が染色体から分断され，その後，元の染色体の正しい位置に戻るとき，方向が逆転することもある．このような染色体の構造の変化を示す名称を選べ．
   (a) 交差
   (b) 転座
   (c) 逆位
   (d) 欠失

7. ヒトの胎児を男性として発育させ，性を決定するマスタースイッチとしてはたらいているものは，以下のどれか．最も適切なものを選べ．
   (a) X染色体
   (b) Y染色体
   (c) XY染色体セット
   (d) *SRY*遺伝子

分析と応用

1. 遺伝子とは何で，どこに存在するか，物理的構造に即して答えよ．
2. ヒトの性を決定しているXY染色体を考えよう．X染色体上にある遺伝子の遺伝様式は男性と女性で異なるだろうか．理由をとともに答えよ．
3. 1917年，石原忍は各個人の赤緑色覚を検査するための多色の検査図（石原式検査表）を考案した．赤緑色盲の人は下図左の検査表では数字をまったく読み取ることができず，右の検査表では数字を間違って読んでしまう．女性はX染色体連鎖の赤緑色盲になるだろうか．もしなるとすると，どのようにしてだろう．そのような遺伝の状態にある女性について，3代にわたる家系図を描いてみよ．その際，両親と5人の子ども（女の子3人，男の子2人）を含め，夫は色盲ではないと仮定する．各人が保因者であるときは，その記号の中心に点を打つこと（保因者を表す一般的な方法である）．彼女の息子が色盲になる確率はどれだけか．彼女の子どもたち全員が赤緑色盲の保因者である確率はどうか．

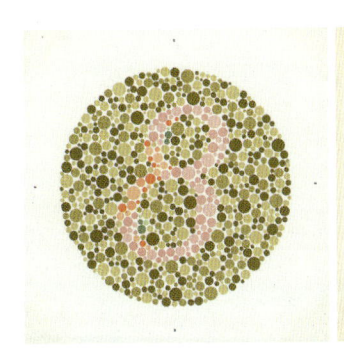

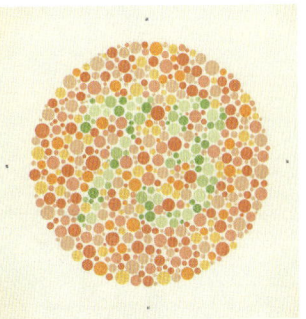

4. 図13・6に示す結果から，Morganは，染色体上で接近した位置の遺伝子が一緒に遺伝する傾向があると確信した．それは，なぜか．自分の言葉を用いて説明せよ．遺伝子が異なる染色体上にあったら，どのような結果になると予想されるか．
5. 交差はどのようにして起こるか，説明せよ．遺伝子*A*, *B*, *C*がこの順で染色体上に並んでいるとすると，遺伝子*A*と*B*の間と，遺伝子*A*と*C*の間では，どちらが交差が起こりやすいと考えられるか．
6. 両親にはない遺伝子型が子に現れる場合がある．その機構を二つ説明せよ．
7. ヒトの場合，遺伝子1個の突然変異による遺伝病と，染色体の数や構造の異常による遺伝病では，どちらの頻度が高いか？その理由も説明せよ．

遺伝学演習問題

1. ヒトの女性は二つのX染色体を，男性はX染色体とY染色体を一つずつもっている．
   (a) 男性はX染色体を母親と父親のどちらから受け継ぐか．
   (b) ある女性が，X染色体に連鎖する，遺伝病の原因となる劣性対立遺伝子を一つもっていたら，彼女は発症するだろうか？
   (c) ある男性が，X染色体に連鎖する，遺伝病の原因となる劣性対立遺伝子を一つもっていたら，彼は発症するだろうか？
   (d) ある女性がX染色体に連鎖した劣性遺伝病の保因者であると仮定する．病気の原因となる対立遺伝子についていえば，彼女は何種類の配偶子を生み出すことになるか．
   (e) X染色体に連鎖した劣性遺伝病の男性が，その病気の対立遺伝子をもたない女性との間に子をもうけると仮定する．生まれた男の子に遺伝病を発症する子はいるか？生まれた女の子に遺伝病を発症する子はいるか？子に，この病気の保因者はいるか？保因者がいるならば，男女どちらの子か？

2. 嚢胞性繊維症は，常染色体上の劣性対立遺伝子（*a*）が原因の遺伝病である．以下の遺伝子型をもつ親から生まれた子が，この病気を発症する確率はいくらか．
   (a) *aa* × *Aa*
   (b) *Aa* × *AA*
   (c) *Aa* × *Aa*
   (d) *aa* × *AA*

3. ハンチントン病は，常染色体上の優性対立遺伝子（*A*）が原因の遺伝病である．以下の遺伝子型をもつ親から生まれた子が，この病気を発症する確率はいくらか．
   (a) *aa* × *Aa*
   (b) *Aa* × *AA*
   (c) *Aa* × *Aa*
   (d) *aa* × *AA*

4. 血友病は，X染色体上の劣性対立遺伝子（X^a）が原因の遺伝病である．以下の遺伝子型をもつ親から生まれた子が，この病気を発症する確率はいくらか．
   (a) $X^A X^A \times X^a Y$
   (b) $X^A X^a \times X^a Y$
   (c) $X^A X^a \times X^A Y$
   (d) $X^a X^a \times X^A Y$
   (e) 子は男女関係なく，この病気の発症率は同じか？

5. "ホモ接合体"と"ヘテロ接合体"という用語を，男性のX染色体に連鎖した遺伝形質に用いないのはなぜか．説明せよ．

6. 下図はフェニルケトン尿症の遺伝を示す典型的な家系図である．以下の問いに答えよ．この遺伝病は優性形質か劣性形質か．病気の原因となる対立遺伝子は常染色体上にあるか，X染色体上にあるか．第Ⅰ世代の個体1と2はどのような遺伝子型か．

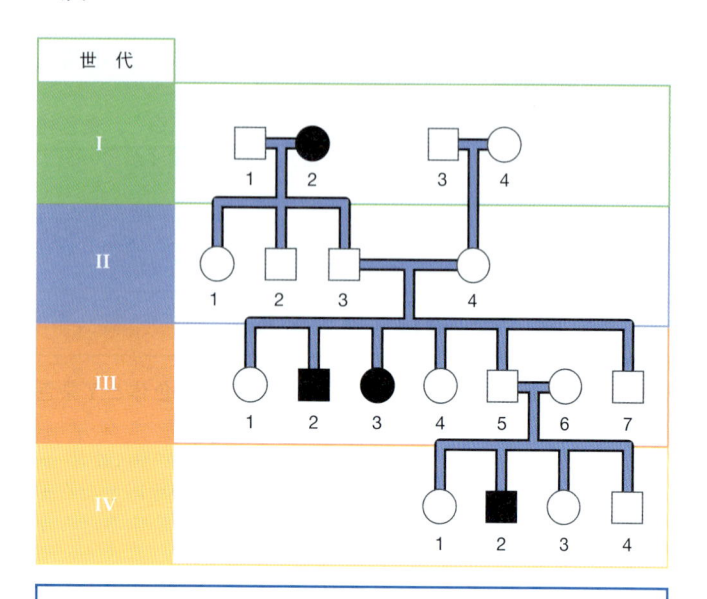

7. 男性は女性に比べて，X染色体に連鎖した劣性遺伝病を発症しやすい．では，X染色体に連鎖した優性遺伝病でも同じだろうか．以下の二つのケースでパンネットスクエアをつくり，説明せよ．
   (a) 発症している女性と健常者の男性との間で子が生まれるとき．
   (b) 発症している男性と健常者の女性との間で子が生まれるとき．

8. 以下に示す家系図について，問いに答えよ．病気の原因となる対立遺伝子は，優性の遺伝子か，それとも劣性の遺伝子か？また，常染色体上にあるか，それともX染色体上にあるか？ただし，第Ⅰ世代の個体1と，第Ⅱ世代の個体1と6は病気の原因となる対立遺伝子をもっていないものと仮定する．

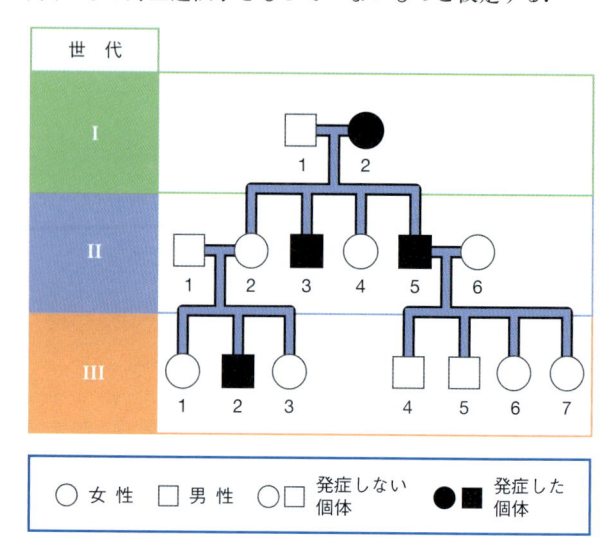

9. ショウジョウバエを使った遺伝の実験で，二つの遺伝子，A/aとB/b（それぞれ優性/劣性対立遺伝子）について考える．$AABB$の個体を$aabb$の個体と交配すると，F_1世代はすべて$AaBb$の遺伝子型をもつ．これらの$AaBb$のF_1世代を，$aaBB$の個体と交配した．以下の二つのケースについて，パンネットスクエアを作成し，F_2世代で予測される遺伝子型をすべてあげよ．
   (a) 二つの遺伝子が完全に連鎖している場合．
   (b) 二つの遺伝子が異なる染色体上にある場合．

10. エンドウの四つの遺伝子座 A/a，D/d，E/e，G/g が連鎖していない場合，遺伝子型 $Aa\,Dd\,Ee\,gg$ の個体は何種類の配偶子を生じるか．この個体から生じる可能性があるすべての遺伝子型をあげよ．一方，もし対立遺伝子 D と E が同じ染色体上の非常に近い位置にあって完全に連鎖しているときには，何種類の配偶子ができるか．また，それらはどのような遺伝子型か．

ニュースで見る生物学

Stanford Students See What's in Their Genes
By Kathryn Roethel

スタンフォード大生が見た自分の遺伝子

スタンフォード大学生物情報学博士課程の学生 Konrad Karczewski は，この夏，自分自身に関して多くの情報を得た．将来前立腺がんになる確率が一般の平均値より 7％高い 24％であること，さらに，家族の病歴からうすうす気がついていたことだったが，高血圧になる確率が高いことを確認したのだ．また，彼は自分がある種の薬に対する感受性が高いことも知った．

そういったことが彼を悩ませたわけではない．そのような結果が出るかもしれないことは，スタンフォード大学医学部の夏期講習に申し込んだときに覚悟していた．この講習では学生たちに自分自身の DNA を調べることを許しており，そのことが議論をよんでいたのである．

医学部学生に自分自身の遺伝子型の検査を許可するかどうかについては，部局で長年議論されてきた．議論の焦点は，Karczewski のように遺伝的に問題がありそうな結果が出てきたらどうするかだ．一部の教員は，学生にとって極度に気を動転させるような結果が出ることを心配して，個人的な遺伝子検査は学生教育としては不必要だと感じていた．

しかし，Karczewski はそのような批判には反対だ．

"たくさん知ることはいいことに決まっている"と彼は言う．"遺伝学を習っているから，検査の結果の意味は全部わかる．大事なことは，これらは予想であって，診断とは違うことをわきまえておくことだ．いずれ病気になるかならないかは教えてはくれないけれど，そういう危険があることを早めに知っていれば，予防のための検査を受けたり，勉強したりできるからね"．

この講習会の目的は，将来の医師や科学者たちに，民間企業が行っている遺伝子検査の手ほどきをすることだ．すべての学生は自分自身の遺伝情報か，12 名の匿名患者の遺伝情報か，どちらかを選べるようになっている．講習の内容は，患者の祖先が世界のどの地域から由来したかを特定したり，薬への感受性が患者によって遺伝的に異なることをふまえたうえで薬の処方量を算出することまで，さまざまな範囲に及ぶ．

60 人のクラスのなかで，自分の遺伝子型に取組んだのは 33 人だ．ほかに講習前に 23andMe のような民間サービスで自分のDNAを解析した者が10人いる．

生化学の博士課程学生 Krystal St. Julien は講習を受けたが，遺伝子型決定には参加しなかった．"自分の手に負えるものかどうかわからなかったの"と St. Julien は言う．"これは有害かもしれないって何度も聞いたから，何度も何度も考え直して決めたのよ"．

それでも St. Julien はその講習会は価値あるもので，今後も続けるべきだと固く信じている．そして，講習 8 週目になって彼女の遺伝子型検査に対する考え方は変わった．"自分の DNA を調べたとしても，そんなにショックを受けるようなことはなかっただろうと思うの"．

医学と遺伝学博士の学位取得に向けて頑張っている Keyan Salai は，この講習会を企画して講師を務めた．彼はこの講習会の結果に満足しているという．"素晴らしい学生たちで，教室では活発な議論が飛び交っていた．学生たちは遺伝子型検査の価値と限界について，今のほとんどの医者より良く理解できるようになると思うよ"．

医者を通すことなく，患者に直接遺伝情報を売る民間企業が増えている．そのような企業は，頬の内側から少数の細胞を掻き取るなどして，約 25,000 のヒト遺伝子から選ばれた一連の対立遺伝子について，報告書を作成する．少数の場合については，異なる対立遺伝子がどのような健康問題をまねくかよくわかっているが，遺伝子の影響は他の対立遺伝子や環境要因に支配されることが多い．対立遺伝子によっては，何も知られていないこともある．ある特定の遺伝子には 1 種類か 2 種類の対立遺伝子しかないかもしれないし，何百という種類があることもある．そして，その大部分の対立遺伝子が何をしているかはまったくわかっていない．

ハンチントン病，テイ・サックス病，嚢胞性繊維症などは遺伝的に決まってしまう傾向が強いので，これらの対立遺伝子のどれかをもっていることがわかると，その後の人生に大きな影響が出る可能性がある．しかし，米国民の大多数（約 60％）は，心血管疾患，がん，脳卒中という，わずか 3 種の病気のどれかで亡くなる．これらすべては"生活習慣病"，すなわち環境要因に大きく支配される疾病である．遺伝子検査は，あなたが他の人より心臓発作を起こしやすいが，がんにはなりにくい，などと教えてくれるかもしれない．でも，そういうことがわかったとしても，それに対処するには，以前から体に良いことがわかっていたことを守るだけだ．つまり，ストレスを減らし，タバコを吸わず，日常的に運動をして，食事では全粒穀物，果物，野菜を多く摂取するようにするだけである．

このニュースを考える

1. スタンフォード大学医学部の講師たちが，この講習会が良い企画だと考えるのはなぜだろう．
2. 遺伝情報の実際の意味について相談にのる遺伝相談員や医師がいない場合には，個人に自分の遺伝情報を知らせることは間違いだという専門家がいる．そのような"直接消費者に知らせるタイプ"の遺伝検査にはどのような長所と短所があるか，議論せよ．
3. あなたは遺伝子検査を受けたいか．もしハンチントン病の対立遺伝子をもっているとしたら，子どもをもたないことを選択するか．

出典：*San Francisco Chronicle*，2010 年 9 月 8 日

14 DNAと遺伝子

> **MAIN MESSAGE**
> DNAはすべての細胞の遺伝物質である．ほとんどすべての遺伝子の発現は厳密に制御されている．

ギリシア神話と一つ目の羊

トロイ戦争の後，ギリシアの英雄オデッセウスは，前頭部の中央に目を一つもつ巨人キュクロプスのポリュペモスに出くわしたが，まんまとその裏をかくことができた．神話によると，ポリュペモスはオデッセウスと部下を洞窟に閉じ込めて二人ずつ食べ始めたが，オデッセウスたちはキュクロプスをワインで酔わせて目をえぐり出し，羊の腹の下に隠れて，かろうじて逃げることができたのだった．

キュクロプスは神話上の生物だが，一つ目であることは一つ目奇形（単眼症）とよばれる先天異常に似ている．この異常はヒトではめったにないが，ヒツジやウシではときどきみられる．また，サメ，魚，両生類を含むその他の脊椎動物，たとえばウシ，ヒツジ，ヤギ，ネコ，ネズミ，サル，さらにはヒトにも起こる．

一つ目の動物が生まれてしまうのはなぜだろう．この奇怪な発達障害の原因を探ろうとすると，現代生物科学で最も面白くて実り豊かな分野の一つ，遺伝子発現調節の領域に足を踏み入れることになる．生物が単細胞の接合子から正常に発生するためには，正しいタイミングと正しい部位で必要な遺伝子が発現し，何千種類ものタンパク質が正しい細胞で必要な量だけつくられなくてはならない．それはとんでもなく複雑な作業である．生物は胎児の発達期間を通してこの作業をおおむね間違いなくやってのけ，私たちは誰でも生きている限り，毎日この作業を繰返しているのだ．

> ? 胎児が一つ目奇形になるのは，遺伝子発現のどのような変化によるのだろう？ 遺伝子の発現はどのように調節されているのだろう？ 遺伝子発現は突然変異と環境の化学物質にどのように影響されるのだろう？

一連の遺伝子発現過程ではほんの少し間違いがあっても，悲惨なことが起こる．たとえば，正常な発生ができなくなって一つ目奇形やその他の先天異常になったり，あるいは細胞の集団が勝手に増殖を始めてがんになったりするかもしれない．そのような問題は，この章の最後に扱う予定である．しかし，まず，原核生物と真核生物がどのように遺伝子発現を調節するかを考えることにする．恐ろしい間違いが起こる可能性があるのに，通常，私たちの細胞は25,000個の遺伝子の発現を驚くべき正確さで調節しているのである．

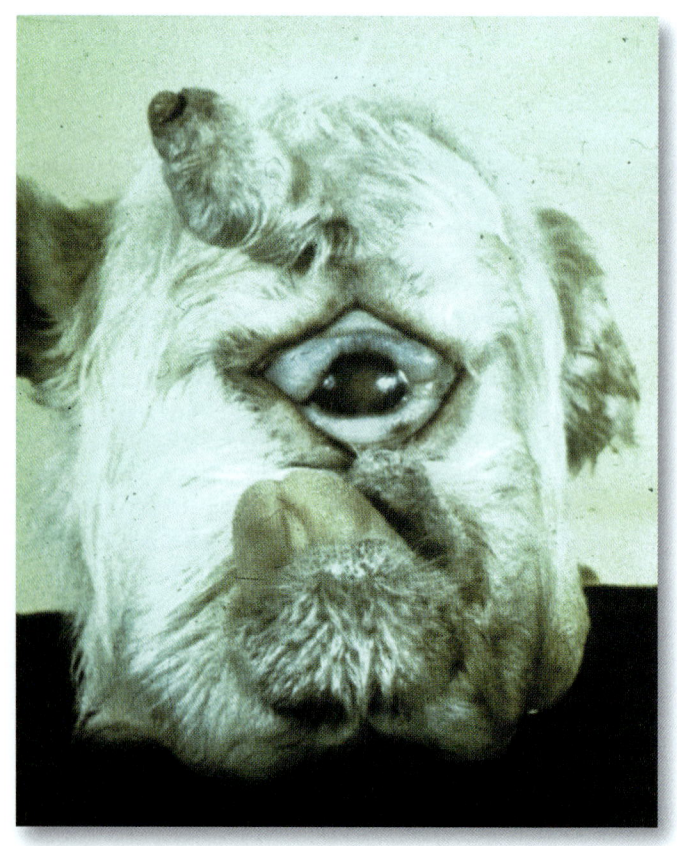

単眼症の小羊の頭部 この子ヒツジは大きな一つ目，ゆがんで融合した頭部など，大きな障害をもって生まれてきた．母羊が妊娠初期にヤリズイセン（corn lily）という植物を食べたことが原因である．ヤリズイセンにはある種の遺伝子の発現を阻害する物質が含まれている．

14. DNAと遺伝子

基本となる概念

- 遺伝子はDNAからなる．DNAは2本のポリヌクレオチド鎖が水素結合で結合して，らせん状に巻いたものである．
- 体内の全細胞のDNAは基本的に同じ塩基配列をもつ．DNAの配列は同じ種の個体ごとに異なり，生物種ごとにも異なる．配列の違いが遺伝的変異のもとになっている．
- 複製過程では，DNAのそれぞれの鎖は新しい鎖の複製のための鋳型としてはたらく．
- 細胞内のDNAはさまざまな物理的，化学的，生物学的な作用によって損傷を受けることがある．ある程度までの損傷は修復される．
- 原核生物のDNA量は真核生物に比べて少ない．真核生物は原核生物より多くの遺伝子をもつばかりでなく，タンパク質をコードしていないDNAを多量にもっている．
- 遺伝子の発現とは，遺伝子の活性化から始まって，その遺伝子による表現型が現れることまでをさす．その過程には転写と翻訳が含まれる．
- 多細胞生物では，細胞のタイプごとに発現する遺伝子のタイプが異なるとともに，その遺伝子発現パターンは発生段階に応じて劇的に変化する．短期間の食料不足というような環境要因により，遺伝子発現は変わりうる．

前の二章で学んだように，形質の遺伝を支配するのは遺伝子であり，遺伝子は染色体上に存在する．しかしそれらのことがわかっても，いろいろな基本的問題が残っている．DNAは具体的にはどうやって情報を格納しているのか？ そのDNAの情報はどのようにして目に見える特定の形質，すなわち表現型に転化するのか？ 細胞が分裂して二つの娘細胞ができるとき，どのようにして必要な量のDNAがつくられるのか？ DNAの複製の途中で間違いが起こったらどうなるのか？ 個体のすべての細胞が同じ遺伝子をもっているのなら，心臓の筋肉細胞と脳の神経細胞はなぜそんなに違っているのか？ 細胞は周囲で起こっていることを察知して，それにあわせて遺伝子の活動を微調整できるのか？

この章では，DNAの物理的構造と，この遺伝物質が複製される仕組みを述べる．DNA複製の誤りが修復機能によって"修繕"されないと突然変異の原因となり，突然変異は遺伝病の原因になることを考察する．また，DNAが核の中でどのように規則正しく詰め込まれているか理解するために，核を見ていく．そして，章の最後では細胞の倹約性を扱う．すなわち，なぜすべての遺伝子がすべての細胞でいつもはたらいてはいないのかということと，遺伝子の発現が生体の必要に応じて，生体内や環境からのシグナルによってオン・オフされる仕組みを扱う．

14・1 DNAと遺伝子の概観

1900年代のはじめには，遺伝子が遺伝形質を支配していることや遺伝子が染色体上にあること，さらには染色体にDNAとタンパク質が含まれていることは明らかになっていた．遺伝子の物理的構造の理解を目指した研究の最初の一歩は，遺伝物質がDNAとタンパク質のどちらであるか決定することだった．当初，ほとんどの遺伝学者はタンパク質の方だろうと考えていた．タンパク質は巨大で複雑な生体物質なので，細胞の生存に必要な膨大な情報を蓄えられるだろうと容易に想像できたのである．一方，DNAは生物間で組成がほとんど変わらない単純な分子だと考えられていた．しかし，しだいに多くの重要実験が行われ，DNAに関するそんな考えは間違っていることが示されたのだった．

1928年，英国の保健所員Frederick Griffithは，病原性のない細菌（R型菌）を熱処理で殺した病原性の細菌（S型菌）に接触させ，R型が病原性のあるS型に転換することを示した．1944年，Oswald Averyと同僚たちは，熱処理したS型菌の成分のうち，DNAだけがR型菌からS型菌への形質変換を起こすことができるという，画期的な論文を発表した．さらに1952年，Alfred HersheyとMartha Chaseは，ウイルスが細菌に感染して次世代のウイルスをつくり出すのはウイルスのDNAに原因があり，そのタンパク質にはよらないことを示した．この実験により，ほぼすべての生物学者が，遺伝物質はタンパク質ではなくDNAであることを受入れたのである．

DNAの遺伝情報はヌクレオチド配列に書き込まれている

第5章で述べたように，**DNA**は2本のポリヌクレオチド鎖が仮想的な軸のまわりをらせん状に巻いた，二重らせんとよばれる構造をもつ（図5・22参照）．ポリヌクレオチドはヌクレオチドを構成単位とする長い鎖であることを思い出してほしい．細菌からシロナガスクジラにいたるまで，すべての細胞のDNAには4種類のヌクレオチドが存在する．DNAの構造はいずれ詳しく説明するが，ここではDNA中の4種のヌクレオチドをA，T，C，Gという一文字の省略形で表すことにする．コンピュータの機械言語が0と1という二項で書かれているのと同じように，これらの4種のヌクレオチドは4文字で書かれた暗号文をつくる．

生物や個体の**ゲノム**とは，原核生物の核様体や真核生物の核に存在する全DNA情報のことをいう．細胞の全ゲノムは，細胞周期における細胞分裂前のS期（§10・2参照）に，DNA複製という過程でコピーされる．

ゲノム中のDNA配列情報は生物種ごとに違っているが，その違いこそが種の違いをつくり出している．ヒトとチンパンジーのゲノムは，配列を互いに対応させてみると，95%同一である（ただし，この数字は比較に用いる方法によって変わる）．配列にそれだけの違いがあるために，これら2種の霊長類の外見と行動には大きな違いが生じる．同じ生物種の2個体のゲノムは，異なる2種の生物のゲノム同士に比べて，はるかによく似ている．無差別に選んだ無関係の2人のヒトのゲノムは，人種や民族によらず，99.6%程度同一であるのがふつうである．一卵性双生児は基本的に同一のDNA配列をもつ．

大多数の遺伝子はタンパク質をコードし，タンパク質が表現型を決める

ゲノムは，細胞のハードウェア全体を駆動する一組のソフトウェア・パッケージのようなものである．そうだとすると，遺伝子はコンピュータの個々のソフトのようなものだといえる．**遺伝子は一つ以上の特徴的な遺伝形質をコードするDNA断片のことである**．ヒトの細胞にある約25,000個の遺伝子は，ヒトゲノムという一つのソフトウェア・パッケージに組込まれた同数のアプ

リケーションであると思ってもよい．

遺伝子が担う DNA でコードされた情報から，たとえば乳糖（ラクトース）を消化する能力といった特定の遺伝的特徴が現れてくるのは，どのような過程によるのだろうか．生きている細胞の中では，情報は遺伝子を構成している DNA からもう一つの情報保持分子，RNA に流れていく．**RNA は一本鎖の核酸で，DNA に似た点と異なる点がある．RNA と DNA の違いの一つは，RNA では T の代わりに別のヌクレオチド，ウラシル（U と略される）が使われていることである．

細胞内の RNA の大半はメッセンジャー RNA（**mRNA**）というタイプのものである．この RNA は DNA から遺伝情報を細胞質のタンパク質製造装置であるリボソームに運ぶ役目をもっているので，伝令（メッセンジャー）RNA とよばれる．遺伝子中の DNA 情報が相補的な RNA の配列に変換されることを**転写**という（図 14・1）．たとえば，ラクターゼ遺伝子（*LCT*）はラクターゼ mRNA に転写される．

原核生物でも真核生物でも，その細胞質には何百万という数のリボソームが存在することを第 5 章で学んだ．**リボソームは特定の mRNA が運んできた暗号に従って，特定のタンパク質を製造する．たとえば，ラクトース分解酵素（ラクターゼ）の mRNA はリボソームに対してラクターゼという特定のタンパク質を組立てるように指示する暗号を運ぶ．タンパク質はアミノ酸からつくられることを思い出そう．リボソームはタンパク質合成の素材となる 20 種類のアミノ酸を，特定の mRNA が指定する正確な配列で結合する．リボソームが mRNA 中の遺伝情報をタンパク質に変える過程を**翻訳**という．リボソームによる翻訳は，2 カ国語が話せる人が通訳をするようなものである．つまり，リボソームはヌクレオチド配列という mRNA の言語を，アミノ酸の配列というタンパク質の言語に翻訳するのである．翻訳のメカニズムは第 15 章でさらに詳しく扱う．

各タイプのタンパク質は固有のアミノ酸配列をもっていて独自の機能を果たし，それが遺伝形質として現れる．ラクターゼの場合，独自の機能とは，ラクトース（二糖類）をもっと簡単な二つの単糖に分解して，小腸が食料として吸収できる形にすることである．遺伝子に書き込まれている特定の遺伝形質の情報が現れることを，**遺伝子発現**という．小腸の内部を覆っているある種の細胞がラクターゼを小腸の内腔に分泌しているときには，ラクターゼ遺伝子が発現していることは明らかである．遺伝子発現のためには，転写，翻訳，およびタンパク質の活性（この場合はラクターゼの活性）が必要である．

細胞のタイプごとに発現する遺伝子の組合わせが異なる

多細胞生物の個体中では，全部の細胞が基本的には同一の DNA 情報をもつ．たとえば，ヒトの体の全細胞はラクターゼをコードするラクターゼ遺伝子をもっている．しかし，全部の細胞がラクターゼ遺伝子を発現する必要があるわけではない．すべての細胞が同じ遺伝子をもつといっても，特定のタイプに分化した細胞は互いに構造と機能が大きく違っており（図 14・2），非常に異なった組合わせの遺伝子を発現する．たとえば，ラクターゼ遺伝子は小腸の内部を覆っているある種の細胞だけで発現する．コンピュータのたとえでいえば，全細胞に同じ DNA ソフトウェアがインストールされているけれども，異なるタイプの細胞はインストールされたアプリケーションを別々の組合わせで実行しているのである．

ヒトにはタンパク質をコードする遺伝子が約 21,000 種あるが，平均的な細胞では一時に発現している遺伝子はせいぜい 10,000 にすぎない．ほとんどの遺伝子には，転写のオン・オフスイッチのようにはたらくプロモーターとよばれる DNA 領域が備わっている（転写とは，DNA の情報が mRNA に伝えられる過程であることを思い出そう）．多くの遺伝子は組織特異的に調節されており，各遺伝子のプロモーターはある細胞ではオンであっても別の細胞ではオフになっている．遺伝子の発現は単にオンかオフかだけでなく，発現の程度も調節されることがある．そのため，遺伝子の活性は一般に細胞が受取る信号に応じて，増大（上向きに調節）あるいは減少（下向きに調節）する．

多くの遺伝子は発生に伴って調節されており，遺伝子の発現は生体が成長し発達するに従って，ときには劇的に変化しうる．ラクターゼ遺伝子はほとんどすべてのヒトで誕生時に発現しているが，世界中の大多数のヒトでは 5 歳〜10 歳のころ，その遺伝子の発現は徐々に低減する．ほとんどの文化圏では，伝統的に，子どもはそのころまでに離乳させられている．思春期や成人でラクターゼ遺伝子の発現が抑えられると，一般には乳糖不耐症とよばれる状態になる．

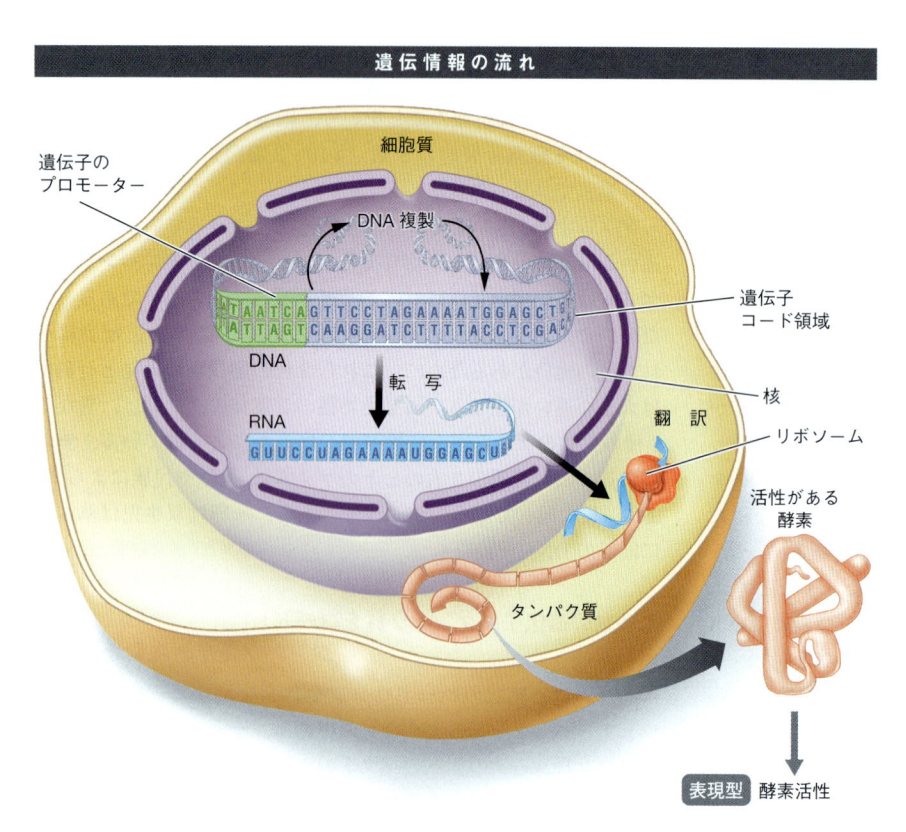

図 14・1 遺伝子から分子レベルの表現型へ DNA に記された情報を読み出すことにより，ヒト小腸におけるラクトース分解酵素の活性などといった表現型が生じる．

組織特異的な遺伝子発現

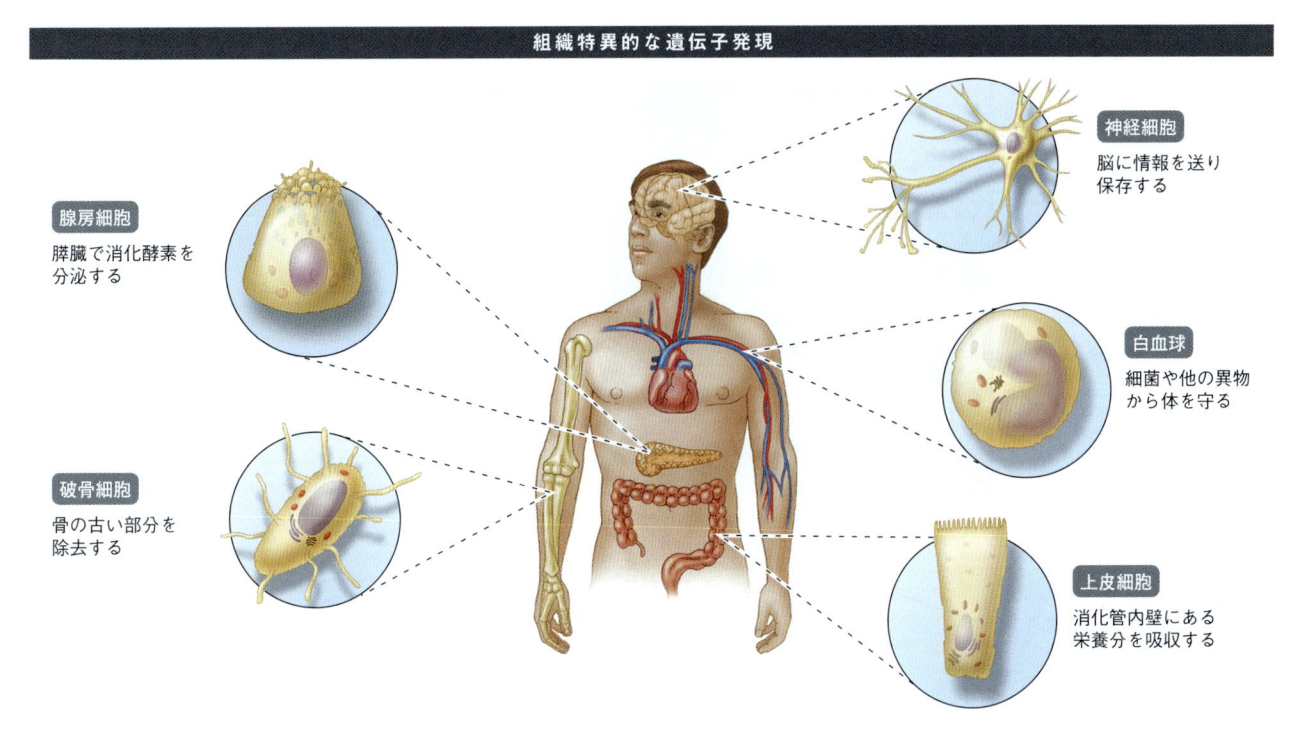

図 14・2　同じ遺伝子をもつ異なるタイプの細胞　多細胞生物ではすべての細胞が同じ遺伝子をもつが，異なる細胞では活性化されている遺伝子が異なるから，細胞によって構造と機能は大きく異なる．

14・2　DNAの三次元構造

英国のケンブリッジ大学で研究をしていた米国人James Watsonと英国人Francis CrickがDNAの構造を解明した．彼らは1953年に発表したたった2ページの短い論文に，DNAは二重らせん構造である，つまり，コイル状にひねったはしごのような構造であると記述した（図14・3）．Watsonは25歳，Crickは37歳のときである．1962年に，彼らは，その発見によってノーベル生理学・医学賞を受賞した．DNAの構造を発見するのに貢献したMaurice Wilkinsもともに受賞したが，WatsonとCrickの研究に決定的データを提供した若く才気あふれた女性科学者Rosalind Franklinは受賞できなかった．Franklinは1958年にがんのために37歳で亡くなっており，ノーベル賞は故人には与えられないため，彼女がノーベル賞を共有できたかどうか，今は，知る由もない．

DNAはらせん状に巻いた2本のポリヌクレオチドからなる

WatsonとCrickが記しているように，DNAはヌクレオチドとよばれる繰返し単位が連なった，平行な2本の分子鎖からできている．ヌクレオチドは，糖のデオキシリボース，リン酸基，そしてアデニン(A)，シトシン(C)，グアニン(G)，チミン(T)の4種類の窒素を含む塩基から構成されている．その2本の鎖が結合している様子は，はしごの両側をつないでいる横木を思わせる（図14・3参照）．各鎖の中では，ヌクレオチドの糖鎖と隣のヌクレオチドのリン酸基の間が共有結合し，ヌクレオチド同士がつながっている．はしごの"横木"は一方の鎖上の塩基と他方の鎖上の塩基を結ぶ水素結合によって形成される．**塩基対**（または，ヌクレオチド対）という言葉は，DNA中で水素結合によってつながれている二つの塩基をさす．

WatsonとCrickは，一方の鎖のアデニン(A)は他方の鎖のチミン(T)とのみ対をなし，シトシン(C)はグアニン(G)とのみ対をなすという説を提唱した．この塩基対の原則は重要である．DNA分子の一方の鎖の塩基配列がわかっていれば，他方の塩基配列である**相補鎖**も自動的にわかることを意味するからである．たとえば，一方の鎖が以下の配列で構成されているなら，

　　　　　　　　ACCTAGGG

その相補鎖は，以下の配列をもっているはずである．

　　　　　　　　TGGATCCC

塩基対合の規則に従えば，相補鎖は，これ以外のどのような配列も許されない．

DNA構造から機能が説明できる

現在，WatsonとCrickの提唱したDNA構造は，その基本的な構成要素まで，すべて正しいことがわかっている．このDNA構造は，§14・3で学ぶが，機能を非常にうまく説明できる優れたものである．たとえば，アデニンはチミン，シトシンはグアニンの間だけで対になれる点は，DNA分子が単純明快な方法でコピーされることを示唆している．元の鎖は，新しい鎖が構築されるときの鋳型としての役目を果たすのである．

また，三次元構造から，DNAに保存された遺伝情報は，長い一列の塩基，A，C，G，Tで表現されていることも予測できる．1本のDNA鎖に沿って見る場合，この四つの塩基の順番には制約はない．各DNA鎖が，数百万もの塩基から構成されているという事実は，膨大な量の情報がDNA分子に沿った塩基配列として記録されていることを示している．

DNAの塩基配列は，種間，また同種内でも個体間で異なっている（図14・4）．遺伝子の異なる対立遺伝子は，異なるDNA塩基配列をもち，配列の違いが遺伝的変異のもととなっている．これも現在よくわかっていることである．たとえば，成人ラクターゼ存続症の人（成人になってもラクトースを難なく消化できる人）は，ラクターゼ遺伝子のヌクレオチド配列に変異があり，思春期や成人になってもこの遺伝子の発現が抑制されなくなっている．

DNAの構造

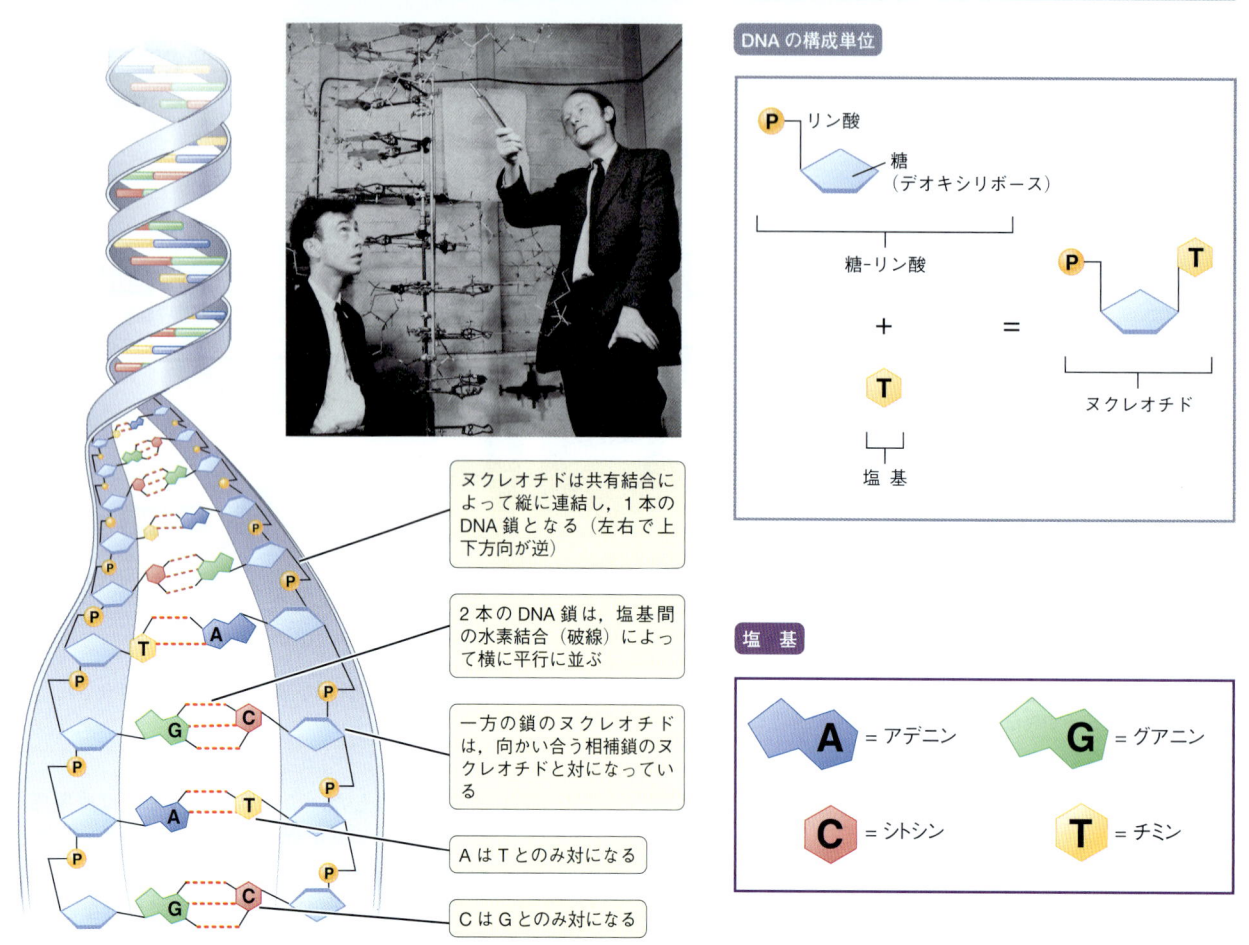

図14・3 DNAの二重らせんのその構成単位 ヌクレオチドは，リン酸，糖，窒素を含む塩基からなる．DNAには4種類のヌクレオチドがあり，各ヌクレオチドは塩基の部分だけが異なる．DNAは，らせん階段のようにひねった互いに相補的な2本のヌクレオチド鎖からなる．そのヌクレオチド鎖は，A，C，G，Tという塩基の間の水素結合によってつながっている．写真はDNA二重らせんの模型の横に立つWatson（左）とCrick（右）．

ごくまれだが，新生児でも，ラクターゼ遺伝子が欠陥mRNAをコードしているためにラクターゼの活性がなくなっていることがある．そのようなラクターゼ欠損症の場合は，成人の乳糖不耐症による不快さより，はるかに深刻な症状である．

■ これまでの復習 ■

1. 塩基の20%がグアニン（G）であるDNA二重らせんで，チミン（T）の含まれる比率は何%か．
2. もし，遺伝子がすべて4個のヌクレオチドだけで構成されているならば，各遺伝子は，どのような仕組みで異なる情報を伝えることができるか．

> 1. 30%．Gが20%を占めるので，Cも20%で，G+Cが40%となるので，残りのA+Tが60%となる．したがってTは30%．
> 2. 遺伝子がヌクレオチド配列情報は，四つのヌクレオチドを並べる順番，つまり塩基配列の順番でヌクレオチドの順番を変えれば，情報を変えることができ，遺伝子は，ヌクレオチドの順番，つまり塩基配列を変える．

14・3 DNAはどのように複製されるのか

1953年の歴史的な論文の中でWatsonとCrickがすでに気づいていたように，DNAの分子構造は，遺伝物質が単純な仕組みでコピーできることを示唆している．彼らは，その詳細を1953年の二つ目の論文で発表した．AはTとのみ，CはGとのみ対になるので，片方のDNA鎖だけでも相補鎖を複製するのに必要で十分な情報を含んでいることになる．このことから，WatsonとCrickは **DNA複製** は，つぎのような手順で行われるだろうと考えた（図14・5）．

1. 二重らせんが特定のタンパク質によって巻き戻されるとともに，2本のDNA分子鎖をつなぐ水素結合が分断される．
2. 各鎖が新しいDNA鎖をつくるための鋳型として使われる．
3. この過程が終了すると，元のDNA分子と同じ塩基配列をもつものが2コピーできる．各コピーは，古いDNA鎖（元のDNA分子）1本と，新しく合成したDNA鎖1本から構成されている．この複製方法は，新しい二重らせんの片方に，DNA鋳型の"古い"鎖が含まれるので，**半保存的複製** とよばれている．

5年後，WatsonとCrickが予想したように，DNAの複製の際には1本の古い分子鎖と1本の新しい分子鎖からなるDNAが生じることが，他の研究者たちにより確認された．DNA複製を行う鍵となる酵素も発見され，**DNAポリメラーゼ** とよばれている．

DNA複製のワトソン・クリックモデルは美しく，単純だが，実際のDNA複製の仕組みはそう単純ではない．DNA二重らせんを解離し，分けた鎖を安定させ，複製反応を開始させ，ヌクレオチドを鋳型鎖の正しい位置に付着させ，その結果を"校正し"，

DNA 配列の変化

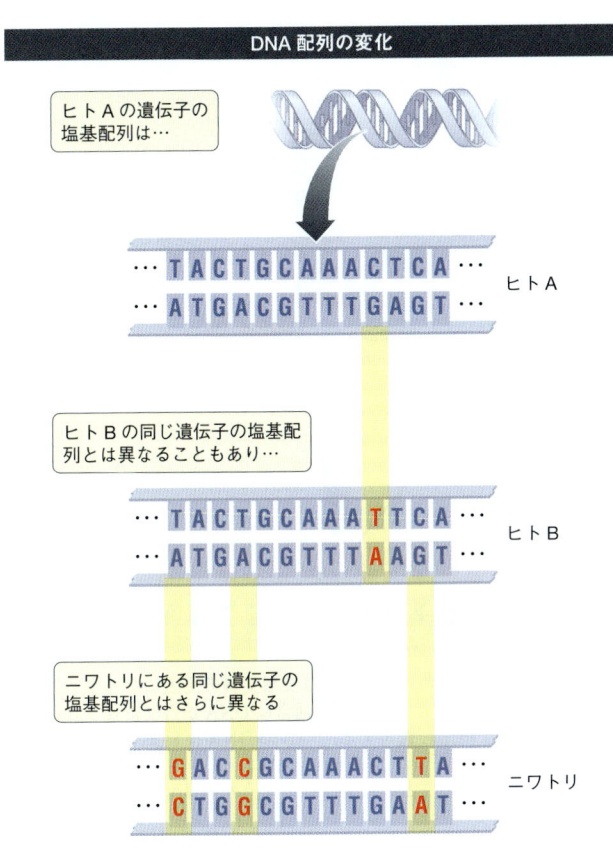

図 14・4 **DNA 塩基配列は生物種間や同じ生物種の個体間で異なる** こではある仮想的な遺伝子の塩基配列を，ヒト（A と B）とニワトリの間で比較している．黄色で示した塩基対が異なっている．つまり，黄色の塩基は，ヒト A と B の遺伝子間で異なり，ヒトとニワトリの遺伝子間でも異なっている．

ヒト A の遺伝子の塩基配列は…

…TACTGCAAACTCA… ヒト A
…ATGACGTTTGAGT…

ヒト B の同じ遺伝子の塩基配列とは異なることもあり…

…TACTGCAAATTCA… ヒト B
…ATGACGTTTAAGT…

ニワトリにある同じ遺伝子の塩基配列とはさらに異なる

…GACCGCAAACTTA… ニワトリ
…CTGGCGTTTGAAT…

部分的に複製した DNA の断片をつなぐといった一連の化学反応のために，十数種の酵素やタンパク質が必要となる．

DNA の複製は非常に複雑な作業であるけれども，細胞は数時間で数十億ものヌクレオチドを含む DNA 分子を複製できる．ヒトの場合，約 8 時間で複製するので，1 秒で 10 万個以上のヌクレオチドをコピーすることになる．この高速コピーが可能なのは，一つには，何千もの異なる場所で同時に複製を開始できるからである．これだけの素早い作業にもかかわらず，DNA を複製するとき，細胞はほとんどミスをおかさない．

14・4 複製時のミスや損傷した DNA の修復

DNA が複製されるときに間違いが起こることがある．たとえばヒトの DNA には 60 億以上の塩基対があり，二倍体細胞が分裂するたびに 2 本の DNA 鎖が 2 本の DNA 鋳型鎖から新しくつくられるので，合計 120 億以上の塩基対がコピーされる．このコピー時に間違いが起こる可能性がある．さらに，他のさまざまな要因で細胞の DNA が損傷を受けることもある．重要な遺伝子内でこういったミスや損傷が起こると，正しい細胞機能が損なわれる．その修復がうまくいかないと，多数の細胞が死んだり，あるいは個体が生存できなくなる可能性もある．

DNA 複製時のミスはほとんどない

DNA が複製されるとき，酵素が間違った塩基を挿入することがある．たとえば DNA ポリメラーゼが鋳型鎖にあるアデニン（A）の反対側にシトシン（C）を挿入した場合，正しい T-A ペアの結合

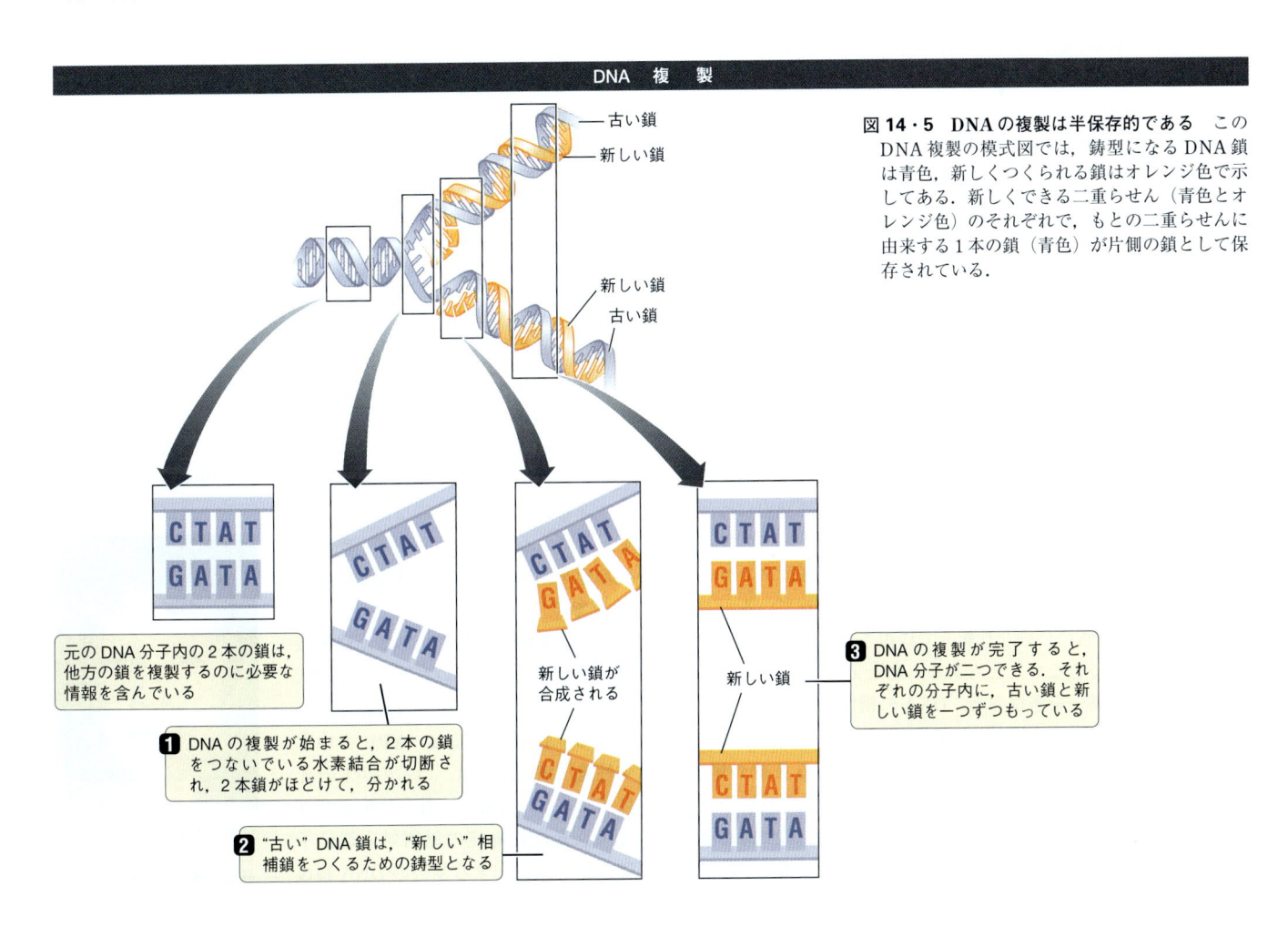

DNA 複 製

図 14・5 **DNA の複製は半保存的である** この DNA 複製の模式図では，鋳型になる DNA 鎖は青色，新しくつくられる鎖はオレンジ色で示してある．新しくできる二重らせん（青色とオレンジ色）のそれぞれで，もとの二重らせんに由来する 1 本の鎖（青色）が片側の鎖として保存されている．

元の DNA 分子内の 2 本の鎖は，他方の鎖を複製するのに必要な情報を含んでいる

❶ DNA の複製が始まると，2 本の鎖をつないでいる水素結合が切断され，2 本鎖がほどけて，分かれる

❷ "古い" DNA 鎖は，"新しい" 相補鎖をつくるための鋳型となる

❸ DNA の複製が完了すると，DNA 分子が二つできる．それぞれの分子内に，古い鎖と新しい鎖を一つずつもっている

ではなく，間違ったC-Aペア結合が形成されることになる（図14・6）．しかし，それらの間違いはほとんどすべてDNAポリメラーゼそのものによって修復される．DNAポリメラーゼは塩基対が形成されるたびに，その結合を"校正する"のである．この間違いの修復はキーボードで文字を入力するときに似ている．間違いに気づくとすぐに削除キーを押すように，間違った箇所をその場で訂正するのである．

間違った塩基の挿入が起こり，さらに，DNAポリメラーゼによる校正の仕組みをのがれたものがあると，塩基対のミスマッチエラーが起こることになる．その頻度は，1000万塩基で約1回程度である．細胞内には，このミスマッチエラーを修正する修復タンパク質も備わっている．その仕組みは，私たちが書いた文書を推敲するときに行う間違いのチェック方法に似ている．つまり，文書をプリントし，注意深く見直し，間違いを見つけるといった作業に似たものがある．ミスマッチエラーを修正するタンパク質によって，ミスの99%が修正されるので，最終的なミス発生率は，10億塩基に1回という信じられないほど低い確率になる．

ミスマッチエラーが修正されないと，DNAの配列が変わり，その変わった配列のままDNAが複製される．このようにDNAの塩基配列が変化することを**突然変異**という．ほかにも，化学物質や高エネルギーの放射線などの影響で突然変異を起こすこともある．突然変異の原因となるものを**突然変異原**という．

突然変異の結果，新しい対立遺伝子が形成される．突然変異で生まれる新しい対立遺伝子には有益なものもあるが，大半は，何の変化ももたらさないか，あるいは有害である．有害な対立遺伝子は，がんや鎌状赤血球貧血，ハンチントン病などのようなヒトの遺伝病をひき起こす．突然変異にはさまざまなものがあり，一つの遺伝子のDNA配列の変化だけでなく，染色体異常によってDNAの数や配置が大きく変わる場合もあることは，第13章でも紹介した．一般に，染色体の数や構造の変化は，非常に多くの遺伝子に影響を及ぼし，DNA塩基配列を加えたり，削ったり，再配置させたりといったかたちで複数のDNA突然変異をひき起こすことになる．

正常な遺伝子機能はDNA修復に依存している

私たちの細胞のDNAは，化学物質や物理的作用，生物学的作用によって，毎日のように数限りない損傷を受けている．そのような損傷をひき起こす原因には，放射能や熱のエネルギー，細胞内の他の分子との衝突，ウイルスの感染，そして偶然の化学的間違い（環境汚染物質で起こることもあるが，多くは生理的な代謝過程に伴って起こるもの）などがある．私たちの細胞内には，この膨大な種類の損傷を修復するさまざまな修復タンパク質がある．酵母のような単細胞生物でも50種類以上の修復タンパク質をもっており，ヒトの場合はさらに多いと考えられている．

損傷DNAは非常に巧妙な仕組みで修復されるが，損傷が大きな場合には修復できないこともある．たとえば10 Gy（グレイ）の放射線エネルギーを浴びると，DNAの損傷は修復できないほど大きく，数週間で死に至ることが多い（グレイは吸収した放射線の量を表す単位．たとえば，歯医者で使われるX線の場合，吸収される総量は0.001グレイ以下である）．広島や長崎の原爆で，即死を免れた人のなかには，約10 Gyもの強い放射線を浴びた人もいた．彼らは数週間で，骨髄と消化器系統の細胞が深刻なDNA損傷のために死滅し，命を落とした．

10 Gyでヒトは命を落とすが，そのような線量でも，細菌の*Deinococcus radiodurans*はビクともしない．この細菌は，放射線によるDNAの損傷を非常に効率良く修復する能力をもっていて，10,000 Gyの吸収線量でも，成長速度が遅くなるだけで，死滅することはない．たとえ30,000 Gy（ヒトの致死量の3000倍）まで上がっても，少数の細菌は生き残る．

この**DNA修復**の過程は，(1) 損傷箇所のDNAの検出，(2) 損傷除去，(3) 塩基置換，の3段階からなることがわかっている．この反応には，複数の修復タンパク質がかかわり，DNA構造の欠陥を認識し，特殊な酵素で損傷したDNAの部分を切り取ることを専門に行う酵素がある（図14・7）．その後，損傷したDNA鎖を除去してできた空白を正しい配置のヌクレオチドで埋める．この3番目の修復過程でDNA鎖を補足するときに，再生するための鋳型として損傷していない部分を使う．

突然変異は，DNAの修復が失敗したときに発生する．細胞分裂で盛んに増殖している細胞では，増殖にかかわる複数の遺伝子が厳密にコントロールされているので，そこに突然変異が起こると，非常に危険な状態になることが多い．そのような細胞は，制御不能な細胞増殖を始め，がんになりやすい（第11章参照）．

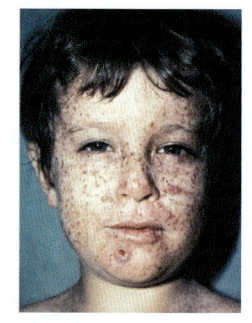

DNA修復機構の重要さは，修復機構の活性が失われていたり，大きく低下している遺伝的疾患をみれば明らかである．色素性乾皮症（XP）という劣性遺伝病の患者は，ほんの少し日光に当たるだけで痛みを伴う水疱ができる．色素性乾皮症の原因対立遺伝子は，ヒトに存在する多数のDNA修復

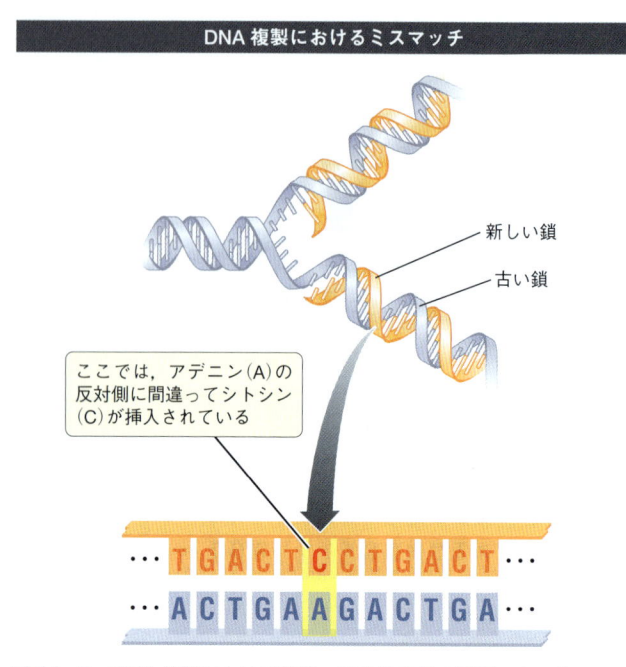

図14・6 **DNA複製における間違いは突然変異の原因になりうる** ここにあるようなミスマッチエラーは，通常はDNAが再度複製される前にDNA修復酵素が検出し修復する．つぎのDNA複製までにミスマッチが修復されないと，一つの娘細胞のDNAは元来のA-T塩基対の代わりにC-G塩基対をもつことになる．そのようなDNA配列の変化は突然変異の原因となる．

DNA損傷を修復できない色素性乾皮症の子ども．頬に皮膚がんがある

14・5 ゲノムの構成

原核生物のゲノムはどれくらい大きいか？ 真核生物のゲノムの大きさは？ 一個体中にある DNA は全部遺伝子でできているのか？ これらの問いに答えるためには，原核生物（細菌とアーキア）と真核生物（原核生物以外のすべての生物）の比較が必要になる．これら二つの主要な生物グループでは，ゲノムの組織のされ方が異なるからである．

- 第一に，典型的な細菌では数百万塩基対の DNA があり，すべてが 1 本の染色体に含まれている．それに対し，ほとんどの真核細胞には数億～数十億の塩基対があり，複数の染色体に分かれて存在している．
- 第二に，原核生物のほとんどの DNA はタンパク質をコードしており，遺伝子が非コード領域をもつことはまれである．それに対し，真核生物では多量の非コード領域が遺伝子間に存在するし，非コード DNA 領域が遺伝子の内部にも存在する．
- 最後に，原核生物では，遺伝子群はその機能に基づいて配列されている．すなわち，一定の代謝経路に必要な遺伝子群は一般に 1 箇所にまとめられており，全体が一つのユニットとしてオン・オフされる．一方，真核生物では，類似した機能をもつ遺伝子同士が染色体上で近い位置にある場合もないわけではないが，ほとんどはそのようにはなっていない．似た機能のための遺伝子がまったく異なる染色体上に存在することもある．

全般に，真核生物の DNA の構成は原核生物より複雑である．いくつかの違いについて，詳しく見てみよう．

真核生物は原核生物に比べて細胞中の DNA 量が多い

原核生物のゲノムは一般に単一の染色体中に含まれている．真核生物のゲノムは，精子や卵子の染色体のような一倍体の染色体 1 セットに含まれる全遺伝情報に相当する．ゲノムの大きさは塩基対の数を単位にして測られる．原核生物のゲノムサイズは 60 万～3000 万塩基対の範囲で，さまざまなものがある．単細胞の真核生物のゲノムサイズにははるかに幅があり，酵母（単細胞菌類）の 1200 万から，ある種のアメーバ（単細胞の原生生物）では 1 兆以上の塩基対をもつものまである．脊椎動物のゲノムサイズは，数億～数十億の塩基対で，たとえば，魚のフグは 4 億塩基対もっている．哺乳類では，15～63 億塩基対の幅があり（ヒトは約 33 億塩基対），サンショウウオには，900 億もの塩基対をもつものもいる．

フグの染色体 1 セットに含まれる DNA は 4 億塩基対しかない．ヒト（33 億塩基対）に比べて非常に小さい．

一般に，真核生物は原核生物よりもはるかに多くの DNA 情報をもつ．なぜだろうか？ 一つには，真核生物は一般に構造や機能が複雑で，それをコントロールする遺伝子を多数必要とするためと考えられる．典型的な原核生物で約 2000 個，小さな細菌ではわずか 500 個程度の遺伝子しかない．対して，真核生物でのゲノムのデータを比較すると，単細胞生物の出芽酵母（*Saccharomyces cerevisiae*）でも 6000 個の遺伝子，実験動物として使われる線虫

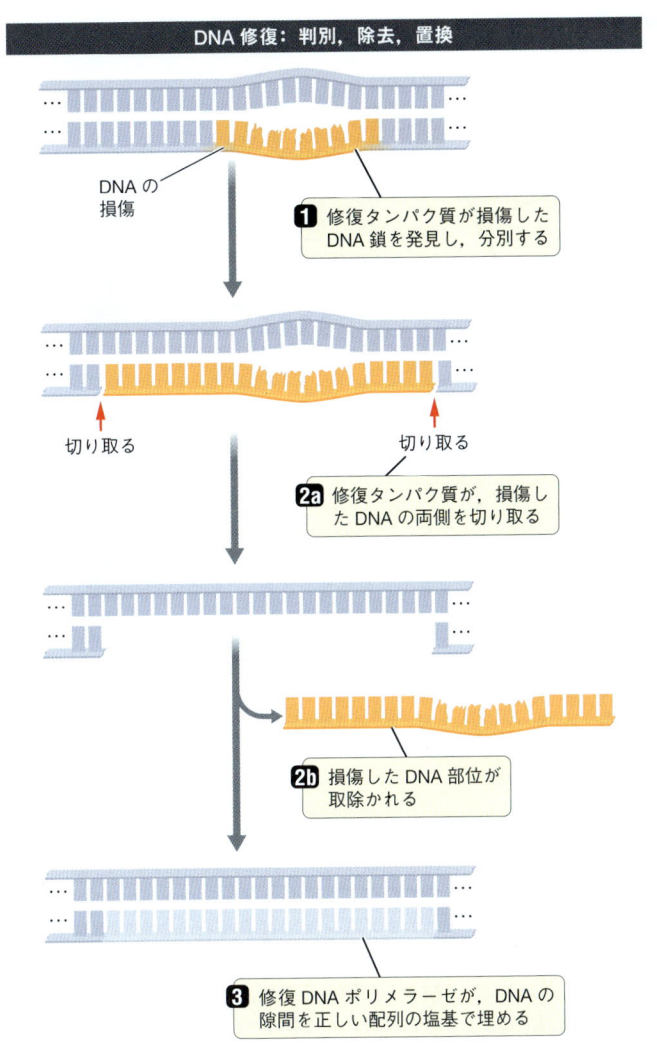

図 14・7 修復タンパク質が DNA の損傷を修正する　複数の DNA 修復タンパク質（酵素）が，協力して DNA の損傷を修復する．その過程は，1) DNA の損傷を判別し，2) 損傷した DNA 鎖の部分を取除き，3) 新しい DNA を合成して置き換える，という 3 段階に分けられる．

系タンパク質のうちの一つが不活性になるという異常を生じるものである．本来このタンパク質は紫外線によって生じる DNA 損傷を修復するものなので，その活性がない色素性乾皮症の患者は非常に皮膚がんを発症しやすい（図 14・8）．ある種の乳がんや結腸がんなど，いくつかのがんになりやすい遺伝的傾向も，DNA 修復に関係した遺伝子のはたらきが弱いことに由来する．

■ これまでの復習 ■
1. DNA ポリメラーゼの重要なはたらきは何か．真核細胞では，この酵素はどこに存在するか．
2. DNA 複製の半保存的な性質とは何か．
3. 細胞内の DNA が突然変異する確率を減らす仕組みは何か．その仕組みの効率は 100% か？

---

1. DNA ポリメラーゼは 1 本の DNA 鎖を鋳型として，それに相補的な新しい DNA 鎖をつくる反応を触媒する．真核細胞では核内に存在する．
2. DNA が複製されるとき，新しい二重らせんは，それぞれ 1 本の古い鎖（鋳型 DNA）と 1 本の新しく合成された鎖をもつ．
3. DNA ポリメラーゼによる複製時の校正と，DNA の種々のエラー相補の修復システム．ちらの機構も 100% 正確ではない．

紫外線照射によるDNA損傷

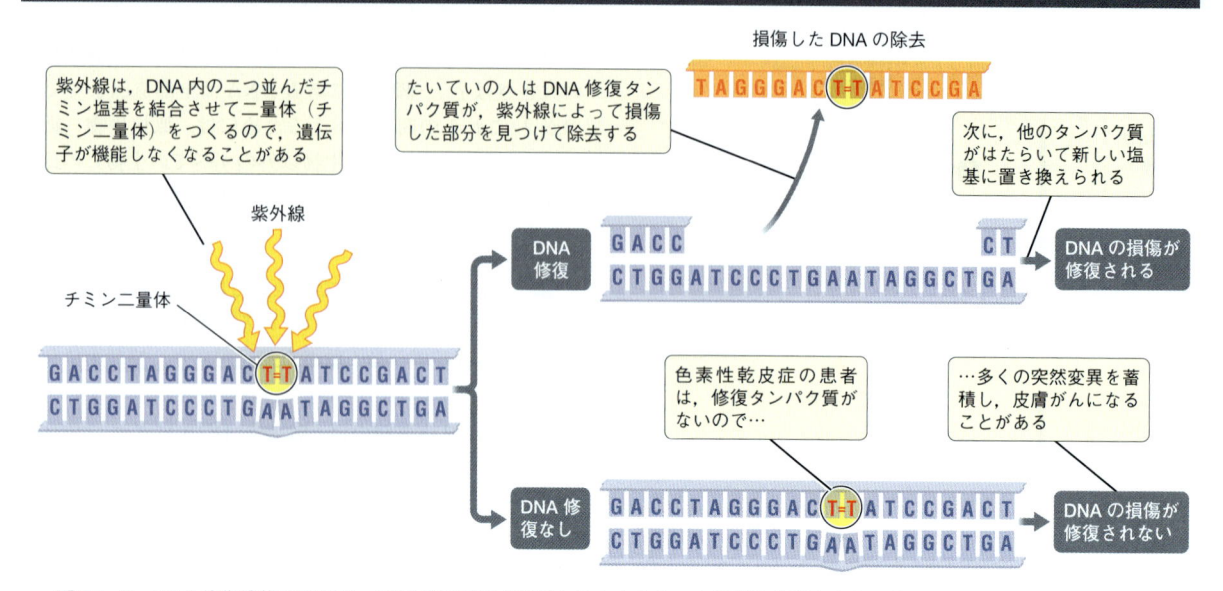

- 紫外線は，DNA内の二つ並んだチミン塩基を結合させて二量体（チミン二量体）をつくるので，遺伝子が機能しなくなることがある
- たいていの人はDNA修復タンパク質が，紫外線によって損傷した部分を見つけて除去する
- 次に，他のタンパク質がはたらいて新しい塩基に置き換えられる
- 損傷したDNAの除去
- DNAの損傷が修復される
- 色素性乾皮症の患者は，修復タンパク質がないので…
- …多くの突然変異を蓄積し，皮膚がんになることがある
- DNAの損傷が修復されない

図14・8　DNA修復機構の重要性　DNA修復機構が正常にはたらかないと深刻な結果をもたらすことがある．色素性乾皮症は劣性遺伝子病で，紫外線によって損傷を受けたDNAを修復するタンパク質をつくれない．皮膚がんを発症しやすい．

生活の中の生物学

出生前遺伝子検査

赤ちゃんは元気？　これは，赤ちゃんが誕生した後，すぐに尋ねる質問の一つだ．ふつうは何も問題はないが，たまにショッキングな答えが返ってくることもある．最近では，出産よりずっと前に子どもの健康を調べるために，出生前遺伝子検査を受ける親もいる．

出生前検査は驚くほど昔から行われている．1870年代には，医者が胎児の健康状態の手がかりを得るために，羊水を採取することもしばしば行われた．1960年代のはじめころからは，改良版が標準的な医療行為として行われている．そのうち羊水穿刺では，注射針を腹部から子宮に刺し，胎児を囲んでいる胎嚢から少量の羊水を採取する．この液体には遺伝子異常の検査に使える胎児の細胞（多くは剥がれた皮膚細胞）が含まれている．もう一つの方法は絨毛採取（CVS）とよばれるもので，超音波を使って，細く柔らかい管を妊婦の膣から子宮まで通し，その先端が胎嚢を子宮内壁に付着させている絨毛細胞に触れるようにする．軽く吸引して細胞を採取し，遺伝子検査に用いる．

羊水穿刺や絨毛採取には膣の痙攣，流産，早産などの危険性があるが，そのような問題はこの10年間における技術的進歩と技術習得のおかげで，劇的に少なくなった．最近の研究では，羊水穿刺と絨毛採取による流産の危険性はほぼ同じで，約0.06％だという．これらの検査は，子どもに遺伝的問題が起こる可能性がある親の間で広く使われている．たとえば，母親が高年齢のとき，年齢とともに出現の可能性が高くなるダウン症候群の検査を希望する親がいる．夫婦の一方が特定の遺伝的障害（たとえばハンチントン病）の優性対立遺伝子をもつ場合，あるいは両親ともに劣性の遺伝的障害（たとえば嚢胞性繊維症）の保因者である場合にも，出生前遺伝子検査を選択することがある．

そのような検査を選んだ夫婦の恐れが的中した場合，最近までは二つの選択肢しかなかった．堕胎するか，遺伝子障害をもつ子どもを産むかである．しかし1989年から，体外受精で子どもをつくる方法（シャーレの中で受精を行った後，一つかそれ以上の受精卵を母親の子宮に着床させる方法）が可能になり，夫婦が希望し，経済的にも可能な場合には，それが第三の選択肢となった．着床前遺伝子診断（PGD）では，通常受精後3日目に成長中の胚から1，2個の細胞を採取する．（この時期の胚は4～12個の細胞が弱く結合した状態になっているので，このタイミングで検査を行うことが重要である．もう1，2日経つと，細胞同士は強く結合をし始めるため，着床前遺伝子診断は難しくなる．）次に，採取した細胞を遺伝子検査にかける．そして最後に遺伝子障害のない胚を母親の子宮に戻し，障害をもつ胚と残りの胚は捨てる．

着床前遺伝子診断は，一般的には，親が嚢胞性繊維症やハンチントン病のような何らかの重篤な遺伝疾患をもつか，疾患の対立遺伝子の保因者である場合に行われる．他の遺伝子検査でも同じことだが，着床前遺伝子診断を行うと倫理な問題が発生する．着床前遺伝子診断の支持者は，羊水穿刺や絨毛採取は両親に希望のない倫理的判断を迫るものだと考える．胎児が深刻な遺伝子欠陥をもっていた場合，堕胎するか，子どもに短くて苦しい人生を送らせることにするか，どちらかしか選べないのだ．発生が進んだ胎児を堕胎したり，深刻な遺伝子障害で悲惨な症状に苦しむことになる子どもを産んだりするよりは，4～12細胞期の胚を捨てることの方が倫理的に好ましい，というのが彼らの考えだ．一方，着床前遺伝子診断に反対する人々は，倫理的な問題はどちらも同じであると反論する．いったん受精すれば新しい生命が誕生するのであり，たとえ4～12細胞期であったとしてもその生命を終わらせることは非倫理的だというのが彼らの主張である．さて，あなたはどう考える？

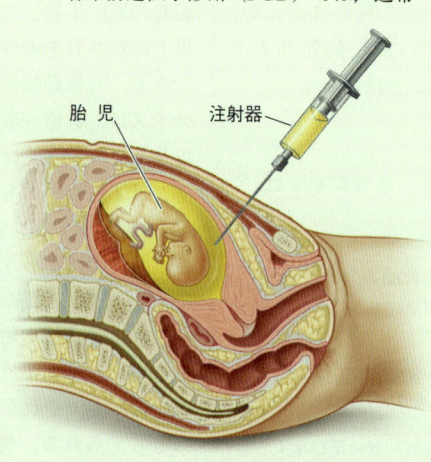

羊水穿刺では，胎児の細胞を含む羊水を子宮から抜き取る

(*Caenorhabditis elegans*) は 19,100 個，いくつかの高等植物で約 20,000 個，ヒトは約 25,000 個の遺伝子をもつ．

真核生物の DNA では遺伝子の占める割合は数%にすぎない

真核生物には，一般的な原核生物に比べて約 3〜15 倍の数の遺伝子があるが，塩基対の数で比べると，数百〜数千倍も多い．この違いは何だろうか．それは，原核生物に比べると真核生物のゲノムには RNA をコードし，表現型に直接影響を及ぼすような DNA 配列，つまり遺伝子となっている DNA がほんの数%しかないからである．DNA の残りの部分は，たとえば他の遺伝子発現をコントロールする調節機能を備えていたり，間期の核で微小管と連結し染色体を正確な位置に配置するなどの特殊な構造単位をつくるものなどがある．しかし，実際のところ，真核生物の大半の塩基対は機能していない，あるいは何をしているのかはっきりとはわかっていない．非コード DNA 領域のなかには明らかに不必要と思われるものもあり，一般に"ジャンク DNA"とよばれている．なぜなら，この DNA が細胞からなくなっても表現型に何の影響も及ぼさないからである．さまざまな仮説が提唱されているが，なぜ，これほど多くの真核生物が，明確な機能のない DNA を大量にもっているのかは解明されていない．

ヒトの場合，タンパク質をコードする遺伝子は，全ゲノムの 1.5% 以下であると考えられている．ほかに，異なるタイプの非タンパク質 RNA 分子（tRNA や rRNA）をコードする遺伝子がある．残りのゲノムは，役に立つ RNA を何もコードしていない**非コード DNA** である．

非コード DNA にはイントロンやスペーサー DNA が含まれる（図 14・9，表 14・1）．真核生物のほとんどの遺伝子は**イントロン**とよばれる介在配列で分断されている．イントロンはタンパク質のアミノ酸配列をコードしておらず，つくられた mRNA が翻訳される前に取除かれる．遺伝子の中で実際にアミノ酸をコードしているのは，**エキソン**とよばれる部分である．エキソンは成熟して翻訳可能となった mRNA 中に含まれており，リボソームはそのエキソン部分にコードされている情報に従って"特注の"タンパク質をつくり出す．**スペーサー DNA** は遺伝子と遺伝子の間にある非コード DNA である．一般に真核生物ゲノムのスペーサー配列は，はるかにコンパクトな原核生物ゲノムのスペーサー配列に比べて非常に長い．

染色体上のある位置から別の位置へ，または染色体の間で移動できる DNA を**トランスポゾン**とよぶ．原核生物，真核生物の両方のゲノムでみられる．遺伝子の中にトランスポゾンが挿入され

表 14・1 真核生物の DNA の分類

タイプ	特 徴
エキソン（遺伝子内の）	転写される遺伝子の中で，タンパク質のアミノ酸の配列をコードしている箇所
非コード DNA	
イントロン（遺伝子内の）	転写される遺伝子の中で，タンパク質のアミノ酸の配列をコードしていない部分．RNA 内のイントロンは，RNA が核を離れる前に取除かれる
スペーサー DNA	遺伝子と遺伝子の間にある DNA 配列
調節 DNA	遺伝子発現を制御する DNA 配列
構造 DNA	染色体の中で，動原体など特徴的な構造ユニットを形成する部分
機能不明の DNA	機能の解明されていない DNA 配列
トランスポゾン	染色体の中で，あるいは染色体間で移動できる DNA 配列

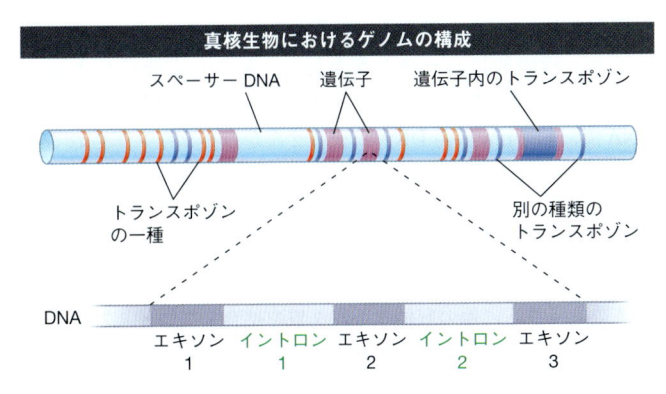

図 14・9 真核生物のゲノムはコード領域と非コード領域を含む 真核生物のゲノムには，非常に長いスペーサー DNA（水色）やトランスポゾン（赤と青）にはさまれるようにして遺伝子（赤紫）が分散している．ここで模式的に示した 2 種類のトランスポゾンは，ヒトゲノムの中に多数のコピーがあり，なかには，遺伝子の中に挿入されたトランスポゾンもある．下の模式図は，遺伝子の部分を拡大したもので，イントロンとよばれる非コード領域がタンパク質コード領域（エキソン）の間に挿入されている．

ると遺伝子が機能しなくなる．トランスポゾンのなかにはタンパク質をコードし，トランスポゾンの移動に必要なタンパク質をコードしているものもある．しかし，ヒトゲノムで見つかっているトランスポゾン配列の多くは，機能があるタンパク質の合成はできず，移動もできない"化石的な DNA"である．真核生物の DNA のかなりの部分をトランスポゾンが占めていて，ヒトゲノムの約 36%，トウモロコシゲノムでは 54 億塩基対の 50% 以上となっている．ほとんどのトランスポゾンは，その起源がウイルスであると考えられ，細胞間で感染し合うことはないが（遺伝的に関係のない細胞の間でやりとりする性質はないが），古いウイルスの名残が DNA 配列上にみられる．ほかに，自身のコピーをつくり，ゲノム中にランダムに侵入する能力を獲得した"利己的 DNA"の断片と思われるトランスポゾンもある．

14・6 真核生物における DNA の折りたたみ

遺伝子を発現するためには，遺伝子内の情報がまず RNA 分子へと転写されなくてはならないが，その前に，転写開始を誘導する酵素などが，その遺伝子の場所まで接近できなければならない．簡単なようにみえるが，DNA の凝縮や収納の問題があるために複雑である．つまり，膨大な量の DNA 遺伝情報をどのようにして核の中の小さな空間に収納するか，さらに必要に応じて情報をどのように選んで再生するのかという問題である．

ヒトや他の真核生物の場合，染色体はどれも 1 分子の DNA からなる．それぞれの染色体はとてつもない量の遺伝情報をもっているうえに，第 10 章で紹介したように，ヒトの染色体数は一倍体で 23 本で，全部で約 33 億個の塩基対をもつ．ヒトの 1 個の二倍体細胞中にある 46 本の染色体から DNA 全体を 1 本にして伸ばすと，全長 2 m 以上にもなる．この膨大な量の DNA が，直径わずか 0.000006 m（6 μm）の核の中に詰め込まれている．私たちの体内の DNA をすべてつなぐと，信じがたいほどの長さになる．ヒトの体は約 10^{13} の細胞をもっていて，各細胞が約 2 m の DNA を含むので，約 2×10^{13} m の DNA を体内にもっている．その長さは地球から太陽までの距離の 130 倍以上にもなる．

細胞がそんな膨大な量の DNA を小さな空間に詰め込むことができるのは，どんな仕組みによるのだろう？ 種々の収納タンパ

ク質があり，DNA二重らせんを巻き取り，たたみ込み，圧縮するなど，段階的にパッキングを行い，私たちが染色体とよぶDNA-タンパク質複合体がつくられている．分裂中期の染色体のDNAで，約2nm幅のDNA二重らせんからパッキングされる過程を解説しよう（図14・10）．まずDNA二重らせんが，ところどころで，ヒストンとよばれるタンパク質の周りに"糸巻き"のように巻きつけられ，真珠の首飾りのように，ヒモでつながった約10nm幅の"ビーズ状の構造"をつくる．この"ビーズとヒモ"の構造は，さらに他の収納タンパク質を結合してコイル状に巻き取られ，直径約30nmの繊維に圧縮されている．そのうえで，繊維は折れ曲がってループ状になり，核内のタンパク質に付着する．間期のDNAの大半はこの状態にあるが，転写されている最中の部分は，"ほどかれて"ヒモでつながったビーズ状のまま，RNAポリメラーゼなどの遺伝子転写機構の分子が接近しやすくなっている．間期の染色体のなかでも遺伝子をもたず，常に高密度に凝縮されたままの場所がある．ただしそのような部分も，構造DNAとよばれるような，機能的DNAをもつことがある．

体細胞分裂でも，減数分裂でも，細胞分裂が始まると，すべての染色体はさらに密に凝縮された状態へと変化する．前期ではループ状に折りたたまれた30nm繊維は，さらにらせん状に圧縮され，短く，2倍以上太い束になる．この体細胞分裂（または減数分裂）の染色体は，DNAが最密・最短にパッキングされた状態である．この凝縮状態のDNAは丈夫で絡まりにくいので，染色体が中期で細胞の中央に並んだり分裂後期で2セットに分かれるときにも，引き裂かれにくい．

■ これまでの復習 ■

1. ヒトの細胞には大腸菌のもつDNAの1000倍以上の量のDNAがある．同じように大腸菌の1000倍以上の数の遺伝子がヒトの細胞にはあるか？
2. "遺伝子発現"とは何か．説明せよ．
3. 体細胞分裂や減数分裂の前期での染色体にみられる2段階の凝縮の役割について述べよ．

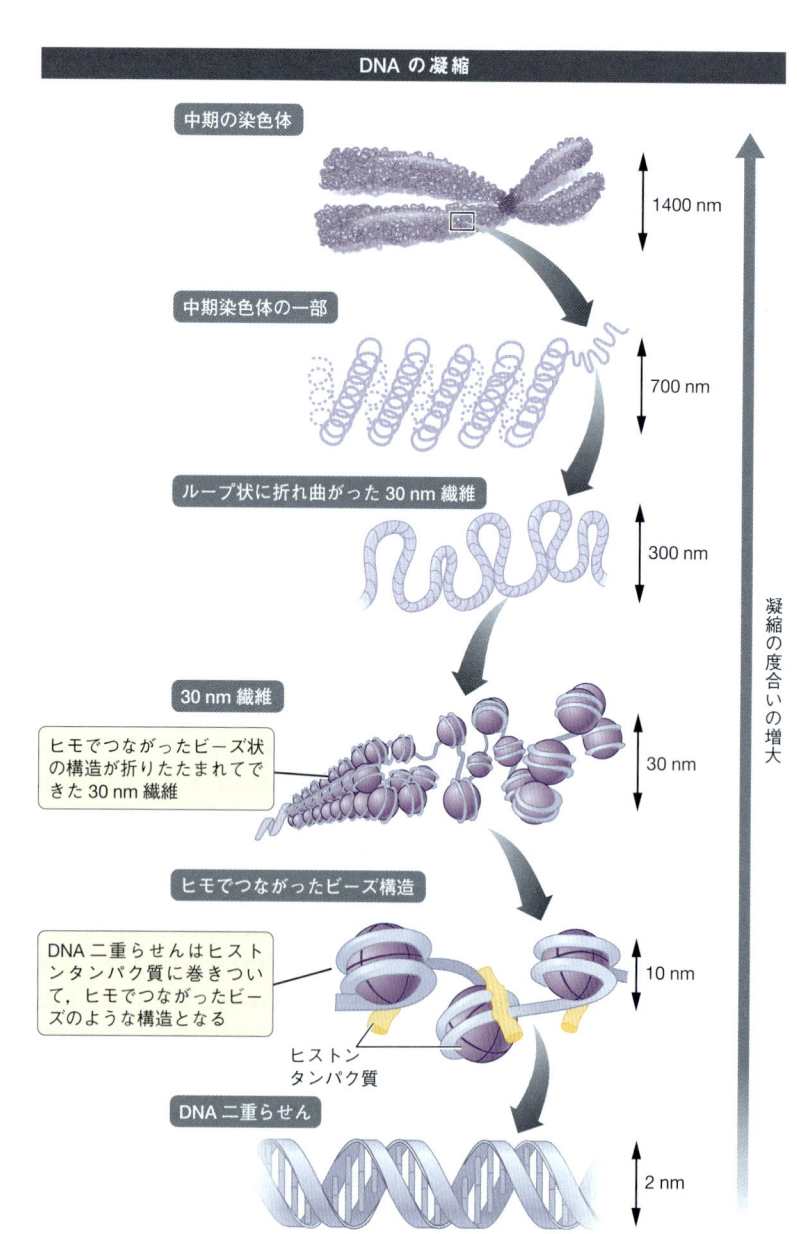

---

1. 多い．大腸菌の約5,6倍の遺伝子しかないヒトには非コードDNA領域が豊富に含まれる．
2. 遺伝子発現とは，転写，タンパク質をコードしている遺伝子の翻訳までの段階を経て，遺伝子の情報が実際に発現する過程をいう．
3. 体細胞分裂や減数分裂のように染色体が凝縮することで母の細胞に娘細胞に均等に分けられるようになったり，また，細胞周期に引きちぎられることなく，明確な分裂を防ぐ働きがある．

図14・10 真核生物におけるDNAの折りたたみ　真核生物のDNAは，数段階の複雑なパッキング機構によって凝縮されている（下から上に向かって）．細胞分裂期中期にみられる染色体は，DNAが最も高密度に凝縮された状態である．

図14・11 **細菌は食物源の変化に応じて，異なる遺伝子を発現する** ラクトースとアラビノースは，いつも手に入るわけではないが，大腸菌の食物源である．糖が存在することによって，その代謝に必要な酵素をコードする遺伝子の発現が誘導される．

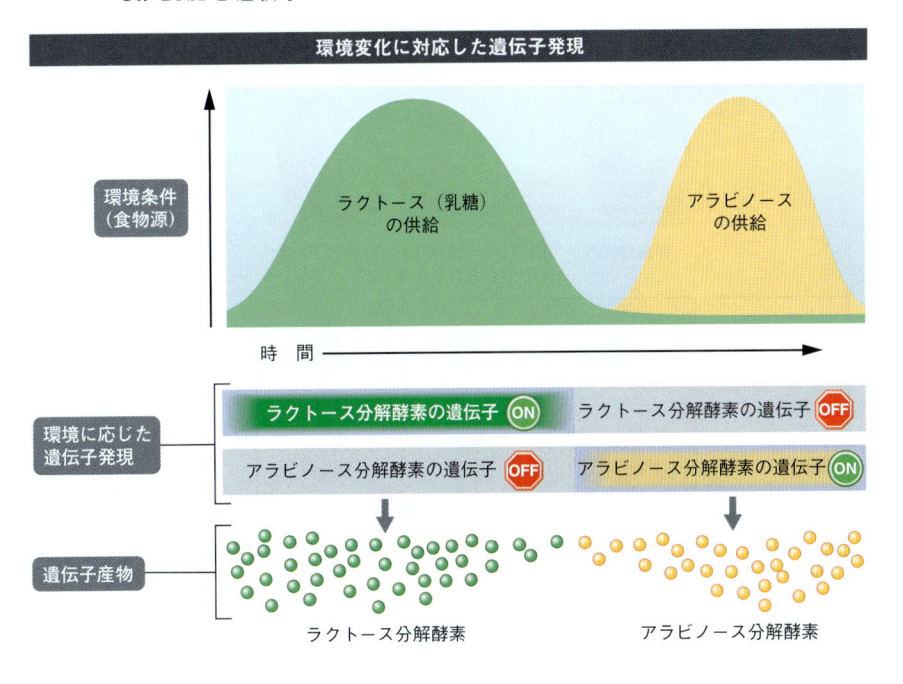

14・7 遺伝子発現のパターン

　遺伝子発現とは，細胞や生物において，構造や機能のうえで遺伝子の影響が現れることをいう．遺伝子は発現することによって表現型に影響を及ぼし，その遺伝的な特徴が現れる．細胞が異なると，異なる遺伝子セットが発現していて，また，その遺伝子発現のパターンは，時間の経過とともに変化することもある．しかし，いつ，どこで，どの細胞が，どの遺伝子を発現するかは，どのようにして決まるのであろうか？

遺伝子は環境に応じてオン・オフされる

　細菌のような単細胞の生物は，変化する外部環境に直接さらされていて，それに対処する特別な細胞はもたない．この問題を解決する一つの方法は，状況の変化に応じて異なる遺伝子を発現することである．たとえば細菌では，遺伝子のスイッチのオン・オフを調節することで栄養源の変化に対応している例がよく知られている．培養しているシャーレ内の大腸菌に，エネルギー源としてラクトース(乳糖)だけを与えると，大腸菌は数分以内にラクトースを消化する酵素をコードする遺伝子のスイッチをオンにする(図14・11)．ラクトースが消費されてなくなると，大腸菌はその酵素の生産を止める．このように，細菌は入手可能な食物源に合わせて，どの遺伝子を発現すべきかを判定し，食物が枯渇すると，別の食物源が利用できるように遺伝子のスイッチを入れ直す(図14・11のアラビノース)．食物が入手できるときにだけ，それを消化する酵素を生産することで，無駄なエネルギーを使わないようにし，また不要な酵素をつくらないように資源の節約をしている．

　単細胞の生物と同じように，多細胞の生物も，体内環境を反映したシグナルや，体外環境の変化に応じて，発現させる遺伝子を変えている．たとえば，私たちヒトは血糖値や血液 pH が変化すると，それらの値が高すぎたり低すぎたりしないように発現する遺伝子を変えている．また，ヒトや植物，他の多くの生物は，高温にさらされると，熱による損傷から細胞を守るためのタンパク質をコードする遺伝子をオンにする．

異なる細胞は異なる遺伝子を発現する

　多細胞生物では，異なるタイプの細胞は一生を通して異なる遺伝子のセットを発現している．ある細胞が特定の遺伝子を発現するかどうかは，その細胞が置かれた環境で，その遺伝子の機能が必要かどうかによる．ある特定のタンパク質をコードする遺伝子が発現するのは，その細胞内でそのタンパク質を必要とする場合，あるいは他の細胞へ輸送するのに必要な場合に限られる．たとえば，ヒトの220種類の細胞のなかで，赤血球だけが，酸素を輸送するタンパク質であるヘモグロビンを使うが，このタンパク質が発現するのは未分化の血球細胞が成長し赤血球として成熟するときにだけである(図14・12)．同じように，眼のレンズである水晶体のタンパク質，クリスタリンをコードする遺伝子は，眼球が発生してつくられるときに決まった細胞内だけで発現する．

　こういった特定の遺伝子のほかに，すべての細胞で発現している，基本的な細胞活動に不可欠で重要な役割を果たす遺伝子もある．それらは**ハウスキーピング遺伝子**とよばれている．たとえば rRNA を生産する遺伝子は，ハウスキーピング遺伝子としてほとんどすべての細胞で発現している(図14・12)．ほとんどすべて

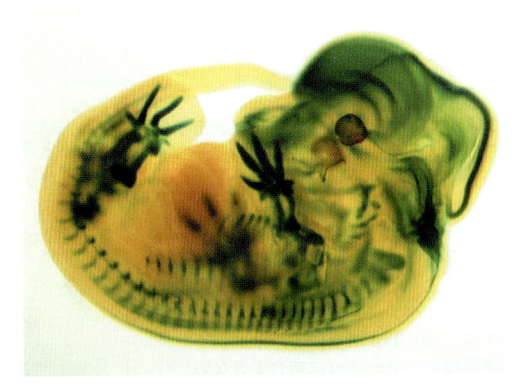

マウス胎仔における *Noggin* 遺伝子の発現が緑色の染色で示されている．この遺伝子は哺乳類の脳と骨格の発生を調節するものである．

特異的な遺伝子発現

	赤血球細胞	眼のレンズの細胞 (胚で形成されるとき)	膵臓のβ細胞
ヘモグロビン遺伝子	ON	OFF	OFF
クリスタリン遺伝子	OFF	ON	OFF
インスリン遺伝子	OFF	OFF	ON
rRNA遺伝子	ON	ON	ON

図 14・12　異なるタイプの細胞は異なる遺伝子を発現する　ヘモグロビン，クリスタリン，インスリンをコードする遺伝子は，そのタンパク質を使用したり分泌したりする細胞だけで活性化されている．一方，rRNAのようなハウスキーピング遺伝子は，ほとんどすべての細胞で活発にはたらいている．

の細胞はタンパク質をつくる必要があるから，これは当然といえば当然である．ハウスキーピング遺伝子は，進化のうえでは変化しにくく，変異しないように保存されてきた．つまり，塩基配列，アミノ酸配列，全体的な機能がさまざまな生物の間でよく似ている．特に，タンパク質合成など，基本的な細胞の活動に必須で，生存に重要な遺伝子は，遠い先祖の時代からあまり大きくは変化していない．

14・8　遺伝子発現の制御

細胞がどの遺伝子をオン・オフするかは，外からのシグナルで制御されている．そのようなシグナルのなかには，他の細胞が発信するものもあり，この場合，細胞間のコミュニケーションによって遺伝子発現の制御が行われることになる．また，たとえばヒトの血糖値のような体の内部環境，あるいは植物への太陽光の照射量など外的環境がシグナルとなる場合もある．細胞はそのような種々のシグナルを処理し，その情報をもとに，どの遺伝子を発現するかを決めている．

遺伝子発現は転写レベルで制御されるものが多い

遺伝子発現制御の最も一般的な方法は，転写の段階でのオン・オフである．遺伝子の転写がなければ，コードするRNAは合成されず，RNAがコードするタンパク質も合成されない．したがって，そのタンパク質によって直接影響される表現型も現れない．

一般に，転写の制御は二つの必須な要素によって行われる．遺伝子の転写を活性化あるいは不活性化する**調節DNA**と，遺伝子**調節タンパク質**である．遺伝子調節タンパク質は，環境からの信号に反応するとともに，調節DNAと相互作用して転写の促進あるいは抑制を行うタンパク質で，転写因子ともよばれる．

遺伝子調節DNAと調節タンパク質が細胞内外からの信号によって遺伝子の転写を変化させる仕組みは，大腸菌のトリプトファン合成調節の場合が参考になる．大腸菌の増殖にはトリプトファンの供給が必要である．しかし，外部の環境にトリプトファンがあるなら，大腸菌はそれを吸収すればよく，わざわざ細胞内の資源を消費して合成する必要はない．しかしトリプトファンがすぐに手に入らないときは，大腸菌は自力でトリプトファンを合成するために必要な五つの酵素の遺伝子を発現させるのである．

トリプトファン合成にかかわる五つの酵素の遺伝子発現は，つぎのような過程でコントロールされている．トリプトファン（Trp）が周囲にあるときは，細菌細胞内の**リプレッサータンパ**

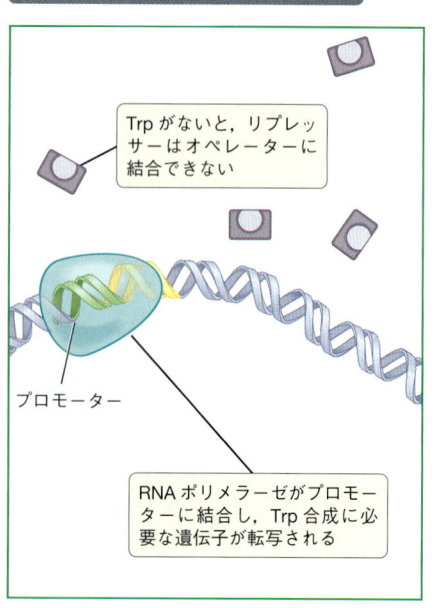

図 14・13　リプレッサータンパク質が遺伝子発現をオフにする　大腸菌では，リプレッサータンパク質がオペレーターに結合することで，トリプトファン（Trp）を合成するのに必要な酵素をコードする遺伝子群の転写を制御する．(a) Trpが存在すると，リプレッサータンパク質と結合し，このTrp-リプレッサータンパク質複合体が，オペレーターに結合して遺伝子をオフにする．(b) Trpがないと，リプレッサータンパク質はオペレーターに結合できない．代わりにRNAポリメラーゼがプロモーターに結合し，転写が開始して，Trp合成のための酵素がつくられるようになる．

調節タンパク質による遺伝子発現の制御

(a) Trp濃度が高い：遺伝子がオフになる
(b) Trp濃度が低い：遺伝子がオンになる

ク質に Trp が結合している（リプレッサーという名は，遺伝子の発現を抑制することから付けられた）．この Trp-リプレッサータンパク質複合体は，Trp 合成酵素遺伝子群の転写を制御する DNA 配列，Trp オペレーターに結合する性質をもっている．**オペレーター**とは，一連の遺伝子集団（この例ではトリプトファンの合成に必要な五つの遺伝子）を制御する DNA 配列のことである．Trp-リプレッサータンパク質複合体がオペレーターに結合していると，RNA ポリメラーゼは Trp 遺伝子群のプロモーターに結合することができない（図 14・13 a）．前に述べたように，**プロモーター**は遺伝子の一部分であり，RNA ポリメラーゼに結合して転写の開始点まで誘導するはたらきをする．オペレーターもプロモーターも遺伝子調節 DNA の一種である．

トリプトファンが存在すると，Trp-リプレッサータンパク質複合体が RNA ポリメラーゼとプロモーターの結合を妨げる．しかしトリプトファンがないと，リプレッサータンパク質はオペレーターに結合できないので，RNA は自由にプロモーターに結合して遺伝子が転写されることになる（図 14・13 b）．このようにして，外部環境のトリプトファン濃度の高低で，細菌の細胞はトリプトファン合成をオン・オフする．この遺伝子発現の制御のポイントは，細胞はいつでもトリプトファンを十分に確保できること，そして，外部環境から容易に入手できるときは，トリプトファンをつくるために資源を無駄遣いせずに済むことである．

複数ステップの遺伝子発現制御

真核生物では，遺伝子発現は遺伝子からタンパク質，表現型へと至る経路の複数の箇所で制御されている（図 14・14）．その経路で発現が制御される仕組みの一部を見てみよう．

1. 密に凝縮した DNA からは遺伝子発現が起こらない（図 14・14，第 1 制御ポイント）．分裂間期では，染色体の一部は "ほどけて" 数珠玉がつながったような状態になっている．DNA がほどけることによって調節タンパク質と RNA ポリメラーゼがプロモーターなどの調節 DNA 配列に結合できるようになり，その部分にある遺伝子の転写が行われるようになる．一方，染色体中で固く凝縮した部分では調節 DNA に結合できない状態なので，転写は不活性である．DNA の凝縮自体も調節されており，ほとんどの生物では，特殊なタンパク質複合体が細胞のタイプや細胞が受容する特定の信号に応じて，染色体の凝縮や凝縮の解除を行っている．

2. 転写の調節は資源の無駄遣いを防ぐ（図 14・14，第 2 制御ポイント）．遺伝子発現の最も一般的な調節は転写の調節である．この調節があると細胞は遺伝子産物を必要としないときに資源の無駄遣いをすることがなくなるので，転写調節は効率の良い調節機構といえる．ただし，真核生物では遺伝子発現の活性化は比較的ゆっくりとした過程であり，最も早くても，遺伝子の転写が活性化された後 15〜30 分たたないとタンパク質は生産されない．

3. mRNA 分解の調節により無駄なタンパク質合成が抑えられる（図 14・14，第 3 制御ポイント）．ほとんどの mRNA は合成されてから数分〜数時間の間に分解されるが，なかには数日〜数週にわたって細胞質にとどまるものもある．mRNA の寿命が長ければ長いほど，たくさんのタンパク質がその mRNA からつくられる．細胞は，一時的にだけ必要なタンパク質を長期にわたって無駄につくることがないよう，さまざまな mRNA の寿命を短くしている．状況が変化してタンパク質が必要になったときには mRNA はすぐに安定化され，翻訳とタンパク質の蓄積はすみやかに進行する．この場合，転写の活性化は不必要なので，時間の節約になる．そのため，タンパク質の必要性が生じた後，わずか数分でタンパク質レベルの上昇が始まることもある．

4. 翻訳の調節により，mRNA は必要になったタンパク質の合成をすぐに始められる状態でいられる（図 14・14，第 4 制御ポイント）．mRNA には，特異的な RNA 結合タンパク質が結合することによって翻訳が阻害されるものがある．細胞がすぐには使うことができないタンパク質でも，状況が変わって急速に合成を始めなくてはならないことがある．そのようなタンパク質については，細胞は必要が生じた際に mRNA がすぐにはたらける状態に保っている必要があるが，それを可能にするのが

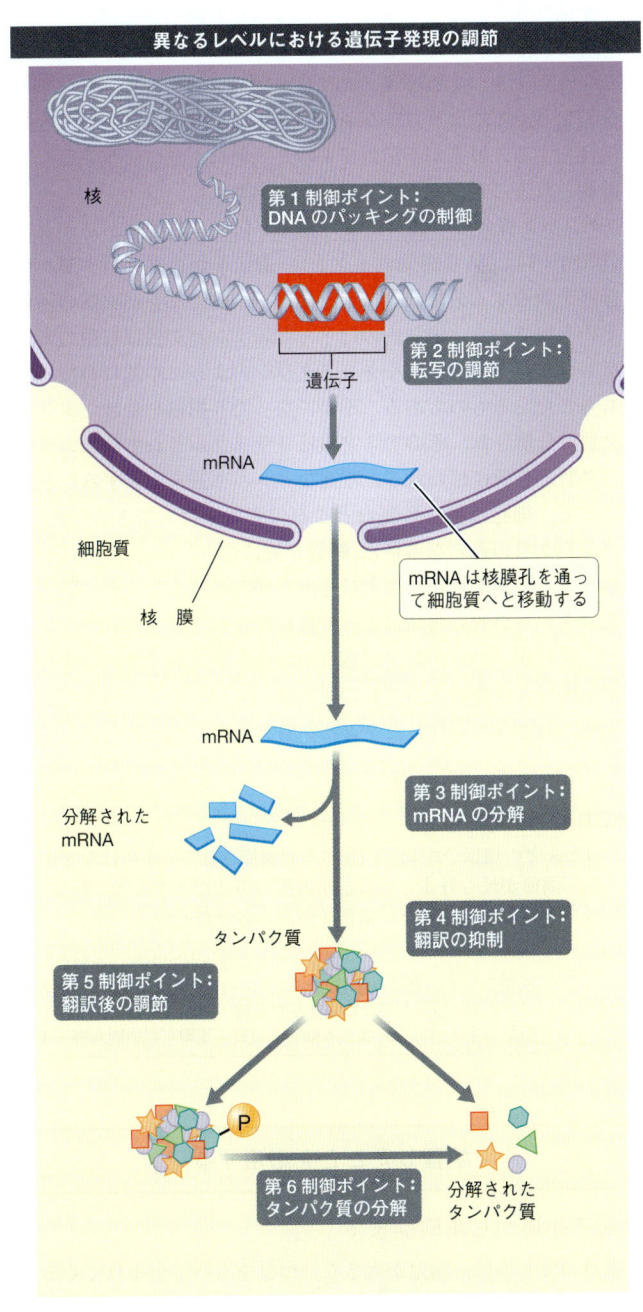

図 14・14 真核生物における遺伝子発現の調節箇所 遺伝子からタンパク質に向かう各ステップで，細胞はタンパク質の合成や活性を調節することができる．

RNA結合タンパク質である．たとえば，体内のある種の免疫細胞は，サイトカインという情報伝達タンパク質のmRNAを大量に合成するが，翻訳は起こらないようにしている．それらの細胞が体外からの細菌の侵入を感知すると，その翻訳抑制は直ちに解除される．サイトカインは数分以内に合成され，血液中に放出されて，その他の免疫システム要素が体の防御に備えるよう仕向ける．いわば警報システムのようなはたらきをするのである．

5. タンパク質は翻訳後の修飾で直接調節される（図14・14，第5制御ポイント）．多くのタンパク質は，化学的な修飾を受けて初めて表現型に影響を及ぼすことができる．たとえば，ある種の血液凝固反応タンパク質は不活性型の前駆体として合成され，傷口を塞ぐためにはタンパク質の一部が切り取られなければならない．化学修飾によって，あるいは修飾部分に結合する他のタンパク質のはたらきによって，翻訳されたタンパク質が不活性化されることもある．たとえば肝臓の細胞は，グルカゴンというホルモンに反応して，エネルギー貯蔵炭水化物のグリコーゲンをつくる酵素，グリコーゲンシンターゼにリン酸基を結合させる．グリコーゲンシンターゼはリン酸基がつくと不活性化する．酵素が不活性であると，糖はグリコーゲンとして貯蔵されることができず，血液に放出される．

6. タンパク質分解の調節により資源が保持され障害が防がれる（図14・14，第6制御ポイント）．遺伝子からタンパク質への経路を調節する最終的なステップの一つは，タンパク質の活性そのものである．細胞内のほとんどのタンパク質は有限の寿命をもつが，コラーゲンやクリスタリンのように生涯にわたってもちこたえるものもある．不要になったり損傷を受けたタンパク質は分解され，そのアミノ酸はリサイクルされて新しいタンパク質の合成に使われる．不要なタンパク質を回収することによって，細胞は最も必要なところに資源を投入できる．逆に，タンパク質の過剰な蓄積は，細胞を死に至らしめることもある．おそらく機能が複雑なことに原因があるのであろうが，脳の細胞はタンパク質の蓄積によって特に障害を受けやすい．アルツハイマー病，パーキンソン病，ハンチントン病では，いずれも細胞内に大きなタンパク質の凝集塊ができてから，細胞死が起こる．おそらく変性したタンパク質を処理できないためなのだろう．

■ これまでの復習 ■
1. ほとんどの遺伝子が転写のレベルで調節されているのはなぜか．
2. 転写調節が最も好ましい遺伝子調節の方法だとすると，転写のレベルで調節されていない遺伝子があるのはなぜか？

2. 翻訳抑制は，細胞が速やかに反応するために必要である．干渉を必要とするので，細胞が情報伝達物質などの刺激に反応して素早く対応できる．
1. 転写調節は，細胞が遺伝子産物を必要としないときに遺伝子発現の浪費を避けることができる．

学習したことを応用する

遺伝子発現から単眼症まで

本章のはじめに，胎児が大きな一つ目をもって生まれてくる一つ目奇形（単眼症）というまれな先天性異常について述べた．単眼症は250の胚に一つの割合という高頻度で生じるが，ほとんどは出生前に死んでしまうので，生きて生まれることは少なく，5000〜10,000の胎児につき一例みられるにすぎない．単眼症の胎児が生まれても，ふつうは誕生後数時間で死んでしまう．しかし，数年間生き延びた一つ目のエイとか，22カ月間生きた一つ目のマスとかいった，びっくりするような例外も報告されている．ヒトの胎児でも数日生きていた例が知られている．

一つ目になった個体には，目が一つなくなる以上の障害がある．鼻がまったくなくなったり，目の上や頭のどこかにわずかに鼻らしい構造をもつだけになることも多い．極端な場合，鼻も口もなくなる．頭蓋骨の中では，前脳が正常に二つの半球に分かれていないこともある．一つ目奇形が重篤で致命的な出生異常であることは，この脳の形成異常に原因がある．

野生植物を食べる動物に一つ目奇形がちょくちょくみられることがある．1950年代には，ユタ州全体で生まれた子羊の5〜7％が一つ目奇形であった．その後の研究により，母親羊が妊娠14日目にヤリズイセンを食べたことが原因であることがわかった．北米の高山牧草地に生えるヤリズイセンはシクロパミンとよばれる分子を含んでいる．

シクロパミンは，胎児の発生に必須な遺伝子経路にあるタンパク質受容体に結合して，一つ目奇形をひき起こす．シクロパミンが結合すると，その経路の一連の遺伝子の発現が止まってしまうのである．経路の最初の遺伝子はソニックヘッジホッグ（shh）とよばれるものである（テレビゲームの登場人物にちなんだ名前である）．shh遺伝子は同名のソニックヘッジホッグタンパク質（Shh）を発現し，そのタンパク質は胎児の脳が左右二つの半球に分かれるように指令を出す．そうやって，左右の眼が生じる．Shhタンパク質がそのような作用をするのは，スムースンド（Smo）とよばれる受容体に結合して，細胞分裂を誘導することによる*．母親羊がヤリズイセンを食べると，その中のシクロパミンがSmo受容体を抑制してShhは受容体に結合できなくなる．Shhがないと，脳と顔は正常に左右対称な形をとれない．

ヒトがヤリズイセンを食べることはほとんどない．しかし，まれにヤリズイセンで飼育された羊や牛の乳を飲んだ女性がシクロパミンにさらされることがある．また，アルコールやその他の薬もshh遺伝子経路を阻害するらしく，これらが原因でまれにヒトの胎児でも一つ目奇形が生じることがある．一つ目奇形の原因としてはほかに妊娠中の糖尿病やヘッジホッグ遺伝子経路（shh遺伝子以外の遺伝子を含む）の遺伝的変異がある．

意外なことに，シクロパミンは優れた抗がん剤として注目されている．発生段階でShhタンパク質は一部の細胞の急速な増殖をひき起こし，胎児の体づくりにはたらいている．成体においてもShhは速い細胞分裂を促進するが，成体のほとんどの組織では，細胞はゆっくり増殖するかまったく増殖しない状態でなければならないので，成体ではふつうshh経路は不活性である．

しかし時には，化学物質や紫外線によってヘッジホッグ経路に変異が起こり，そのせいで細胞分裂が異常に速くなったり，がんが生じたりすることもある．ヘッジホッグ経路の異常によって起こるがんには，脳のがんや基底細胞がんという最も一般的な皮膚がんがある．そのようながんの細胞分裂を遅らせるために，製薬会社はシクロパミンを原料にして，ヘッジホッグ経路を抑える市販薬を開発している．

---

* 訳注: Shhタンパク質の受容体はパッチド（Ptc）とよばれるタンパク質で，Shhを結合したPtcはSmoとの相互作用を通して細胞分裂を誘導する．

章のまとめ

14・1　DNAと遺伝子の概観
- DNAは遺伝情報を四つのヌクレオチドの配列として書き込んでいる．
- ゲノムとは，原核生物では核様体，真核生物では核に存在するDNA情報の全体のことである．
- 遺伝子とは一つ以上の明瞭な遺伝形質をコードするDNA断片である．ほとんどの遺伝子はタンパク質をコードし，タンパク質が表現型を生む．
- 遺伝情報は転写の過程を経てDNAからRNAへ流れていく．翻訳過程では，リボソームがmRNA中の遺伝情報をタンパク質に変える．
- 遺伝子にコードされている表現型が現れるのは遺伝子発現による．
- 異なるタイプの細胞中では異なる組合わせの遺伝子が発現する．遺伝子のプロモーターは転写のオン・オフスイッチのようなはたらきをしている．

14・2　DNAの三次元構造
- WatsonとCrickは，DNAが窒素含有の塩基を含む2本のポリヌクレオチド鎖の二重らせんであることを決定した．その塩基には，アデニン(A)，シトシン(C)，グアニン(G)，チミン(T)が含まれる．
- 2本のポリヌクレオチド鎖は，AとTの間と，GとCの間の水素結合によって結合している．
- DNA内の塩基配列は，種間や同種内の個体間で異なる．これが遺伝的変異である．

14・3　DNAはどのように複製されるのか
- 複数のタンパク質の複合体がDNAの複製を実行している．その主役はDNAポリメラーゼである．
- 二重らせんがほどけ，DNAポリメラーゼはそれぞれのDNA鎖を，新しいDNA鎖をつくるための鋳型として使う．
- DNAの複製は，半保存的である．つまり，元のDNA分子からコピーが二つつくられるが，古いDNA鎖はそれぞれ新しく合成されたDNA鎖との間でDNA二重らせんを形成する．

14・4　複製時のミスや損傷したDNAの修復
- DNA複製時には，ごくまれに間違いが起こる．複製過程での間違いのほとんどは，複製直後の"校正"機能によって，あるいは塩基対ミスマッチとしてあとで修復される．
- DNA複製のミスが修正できなかった場合，突然変異となる．
- 細胞内のDNAの構造は，化学反応の過程で偶然，あるいは，環境中の変異原（突然変異を誘発する化学物質やDNA損傷をひき起こす放射線など）の影響を受けて，毎日のように損傷を受けている．
- 複製時のミスやDNAの損傷は，複数種類のDNA修復タンパク質によって修復される．

14・5　ゲノムの構成
- 原核生物の染色体（DNA分子）はおおむね1本で，真核生物と比べて少量のDNAしかもたない．原核生物のDNAは大半がタンパク質をコードしている．機能的に関連した遺伝子は，DNA上でグループをつくって近接した場所にある．
- 真核生物のゲノムの構成は，原核生物のものとはいくつかの点で異なった特徴をもつ．1) 真核生物のDNAは複数の染色体に分かれている．2) 真核生物の細胞には，一般に，原核生物よりも多くのDNAをもつ．一つには原核生物より多くの遺伝子をもっているからである．また，真核生物の遺伝子はゲノムの一部にすぎず，残りの部分は非コードDNA（イントロンやスペーサーDNAなど）やトランスポゾンなどで構成されている．3) 真核生物では，関連した機能をもった遺伝子でも，必ずしもDNA上で近い位置にはない．

14・6　真核生物におけるDNAの折りたたみ
- DNAは，複雑なパッキング方法を使って高密度に凝縮されている．これにより細胞は膨大な量のDNAを小さな空間に収納している．真核生物では，DNAがヒストンの周りに巻きついて，細い繊維に圧縮され，さらにそれがループ状に折りたたまれている．
- 染色体は体細胞分裂と減数分裂の中期で最も高密度に凝縮されている．細胞周期の間期では，DNAの凝縮がほどけて遺伝子の発現が行われている．
- 凝縮されたDNA領域の遺伝子には，転写に必要なタンパク質が接近できず，発現されない．

14・7　遺伝子発現のパターン
- 原核生物でも真核生物でも，環境の短期間の変化に応じて，選択的な遺伝子のオン・オフ調節が起こる．
- 多細胞生物の異なる種類の細胞は，異なる遺伝子のセットを発現している．
- 細胞活動の維持に必須の機能をもつ遺伝子をハウスキーピング遺伝子というが，これらの遺伝子は体内のほとんどの細胞で発現している．

14・8　遺伝子発現の制御
- ほとんどの遺伝子は転写のレベルで調節されている．転写の調節は，調節DNA配列に調節タンパク質が結合して遺伝子をオン・オフすることによる．
- 遺伝子調節タンパク質は細胞内外からくるシグナルによって遺伝子発現を調節する．調節タンパク質には転写を抑制するもの（リプレッサータンパク質）と，促進するもの（活性化タンパク質）がある．

重要な用語

DNA (p.253)
ゲノム (p.253)
遺伝子 (p.253)
RNA (p.254)
メッセンジャーRNA(mRNA) (p.254)
転　写 (p.254)
リボソーム (p.254)
翻　訳 (p.254)
遺伝子発現 (p.254)
塩　基 (p.255)
塩基対 (p.255)
相補鎖 (p.255)
DNA複製 (p.256)
半保存的複製 (p.256)
DNAポリメラーゼ (p.256)
突然変異 (p.258)
突然変異原 (p.258)
DNA修復 (p.258)
非コードDNA (p.261)
イントロン (p.261)
エキソン (p.261)
スペーサーDNA (p.261)
トランスポゾン (p.261)
ハウスキーピング遺伝子 (p.263)
調節DNA (p.264)
調節タンパク質 (p.264)
リプレッサータンパク質 (p.264)
オペレーター (p.265)
プロモーター (p.265)

復習問題

1. DNAの塩基対の組合わせについて正しいものはどれか．
   (a) どの塩基間も組合わせ可能である．
   (b) TはCと，AはGと対になる．
   (c) AはTと，CはGと対になる．
   (d) CはAと，TはGと対になる．
2. DNA複製の結果，
   (a) 2個のDNA分子ができ，一方は2本の古いDNA鎖，もう一方は2本の新しいDNA鎖をもつ．
   (b) 2本の新しい鎖をもった2個のDNA分子ができる．
   (c) 2個のDNA分子ができ，それぞれが新しいDNA鎖と古いDNA鎖を1本ずつもっている．
   (d) 上記のいずれでもない．
3. 生物のDNA損傷は，
   (a) 1日に何千回もの頻度で起こる．
   (b) 化学反応や放射線の影響で起こる．
   (c) そう頻度は多くないが，放射線による．
   (d) aとbの両方．
4. 異なる生物種のDNAは，つぎのどの点で異なっているか．
   (a) 塩基の配列
   (b) 塩基対形成の規則
   (c) ヌクレオチド鎖の数
   (d) DNA分子内の糖とリン酸の位置
5. DNA鎖がCGGTATATCの配列をもっていたら，その相補鎖の配列はどれか．
   (a) ATTCGCGCA
   (b) GCCCGCGCTT
   (c) GCCATATAG
   (d) TAACGCGCT
6. 突然変異について正しいものを選べ．
   (a) 新しい対立遺伝子を生み出すことがある．
   (b) 有害であったり，有益であったり，何の変化ももたらさないこともある．
   (c) 生物のもつDNAの塩基配列が変わることである．
   (d) 上記のすべて．
7. 原核生物と真核生物の遺伝子発現で，調節を受ける段階として最も一般的なものはどれか．
   (a) 遺伝子産物（タンパク質）の分解
   (b) mRNAの寿命調節
   (c) 転　写
   (d) 翻　訳
8. 真核生物のDNAで，最も凝縮率が低いのはどの時期か．
   (a) 体細胞分裂のとき
   (b) 減数分裂のとき
   (c) 間　期
   (d) bとcの両方

分析と応用

1. ある二つの共優性対立遺伝子，A^1とA^2について考える．二つの対立遺伝子は，どちらも白血球の表面にあるが，それぞれ異なるタンパク質をコードし，どちらもDNA分子内の短い部位に対応している．二つの対立遺伝子のDNAが，互いにどのように異なるか説明せよ．そのDNAの違いは，どのような形で現れるか，考えられる可能性を述べよ．
2. WatsonとCrickが提唱したDNA構造から，DNA分子がどのように複製されるのか，その仕組みを類推できた．なぜか，説明せよ．
3. DNAの塩基配列，突然変異，ヒトの遺伝病をひき起こす対立遺伝子の関係を説明せよ．
4. どのようにDNAの間違いが修復されるか，なぜ修復機構が，細胞や個体が正常に機能するうえで重要なのか，説明せよ．
5. 真核生物のDNAをすべて連結すると，その長さは細胞核の径の数十万倍にもなる．そのような長いDNAをどうやって核の中に収めているのか，説明せよ．
6. 原核生物と真核生物のDNAのおもな違いについて，DNAの量と機能の相異に絞って簡潔に述べよ．
7. 細菌を，食物としてグルコースが手に入る環境から，別の糖のアラビノースしかない環境に移したとする．アラビノースを消化するには，グルコースの消化には必要でない別の酵素が必要である．細菌内の遺伝子発現にどのような変化が生じるか．
8. 多細胞生物の細胞は，その種類により構造や代謝作用などが大きく異なる．もともとは同じ遺伝子をもっている細胞に，そのような違いが生じる仕組みは何か．
9. タンパク質を生産するまでの各段階で，遺伝子発現はどのように制御されているか，簡潔に述べよ．

ニュースで見る生物学

Sluggish Cell Division May Help Explain Genital Defects

BY STAFF REPORT

細胞分裂の遅れが生殖器異常の原因？

体の中のいろいろな臓器の配置と形づくりに関与していることが知られている一つの遺伝子が，同時に細胞が分裂する速さの調節も行っていることが明らかになった．この発見は，がん細胞が爆発的に増殖する仕組みや，なぜ生殖器や尿路に異常のある新生児が増えたのかといった問題の解明に役立つかもしれない．

フロリダ大学の研究者が Nature Communications 誌に発表した論文によると，ソニックヘッジホッグ（テレビゲームの主人公の名前）という覚えやすい名前の遺伝子が生殖器の形成を制御するのは，細胞周期の調節によるらしい．細胞周期とは，細胞が分裂して心臓，脳，手足やその他の複雑な構造をつくり出す際に，その分裂のタイミングと速度を調節する生物現象だ．

マウスで得られた発見だが，それによって雌雄の泌尿器と生殖器の発育がどんな分子機構で起こるかがみえてきた．マーチ・オブ・ダイムズ（米国チャリティー団体）によれば，生殖器と尿路の異常は非常に多い先天欠損だという．

"胎児の発育に際して，ソニックヘッジホッグは…パターンニングという過程に重要です"と論文の著者 Martin Cohn は言う．"驚いたのは，パターンニングと成長がものすごく密接に関係し合っていることがわかったことです．…ソニックヘッジホッグを不活性化すると細胞周期が遅れることがわかったので，生殖器でよくみられる発達速度の大きな違いや，形態の異常が理解できるようになりました．"

その発見によって，最近多くの男児が尿道下裂という先天欠損をもって生まれてくるようになった理由が明らかになるかもしれない．尿道下裂は尿道の形成が不完全で，性器の下側に尿道口ができてしまう異常だ．男児約 250 人に 1 人の割でみられるが，この割合は 30 年で倍増している．

細胞が分裂し続けて数を増やすか，分裂を止めて特定の役割を果たす細胞に分化するかをコントロールするのが細胞周期だ．ヒトは 1 個の受精卵細胞として生を受けるが，その卵細胞はやがて無数の細胞を生じて大人のヒトになる．個々の細胞は分裂するたびに，再び成長してDNA 複製の後に分裂する経路をとるか，あるいは分裂を停止して特定の機能を果たすようになるか，指令を受ける．

マウスのある組織でソニックヘッジホッグの遺伝子を取去ると，細胞周期が正常の 8.5 時間ではなく 14.4 時間になることがわかった…その結果，つくられる細胞の数が減り，生殖器の発育は 75%も低下した．生殖器の形にも異常がみられた…

ソニックヘッジホッグ経路は脳や顔の形成を支配するだけでなく，生殖器を含む多くの体の部分の形成にもはたらいている．顔の形成の場合のように，ソニックヘッジホッグは細胞分裂の速度を変化させて機能を果たすのである．体の一部にある細胞が周辺の細胞より早く分裂すれば，全体の形が変わる．正常な発生過程では，正しい体型ができるために体の各部が別々の速度で成長することが必要だ．しかし，容易にわかるように，2, 3 の細胞の分裂する速度がほんの少しだけ変化するだけで，全体の形が正常から異常に，劇的に変わってしまう．

この記事によると，男児の生殖器異常がここ数十年で倍増しているという．原因として疑われているものの一つは，フタル酸塩という一連の化学物質だ．研究室の実験では，齧歯類の雄が，ヒトが毎日さらされているのと同じ濃度のフタル酸塩にさらされると，ヒト男児と同じく尿道下裂の症状を示す．

フタル酸塩は，ヘアースプレーやマニキュアから，ビニールのシャワーカーテンまで，何百という家庭製品に含まれている．子宮内でフタル酸塩にさらされたネズミは，テストステロン（男性ホルモン）やその受容体が減ってエストロゲン（女性ホルモン）の受容体が増え，Shh タンパク質が減る．テストステロンはソニックヘッジホッグ経路の遺伝子を含む各種遺伝子の転写を亢進・抑制することで，発生過程で重要な役割を果たす．フタル酸塩がテストステロンの量を下げると，shh 遺伝子の活性が下がり，速く分裂しなくてはならない細胞の分裂が遅くなる．高濃度のフタル酸塩やヘアースプレーにさらされた女性から生まれる胎児には，尿道下裂が正常の 2～3 倍の高頻度でみられる．

このニュースを考える

1. shh 遺伝子の発現は，どのように細胞周期に影響を及ぼすのだろうか．細胞周期が遅れると脳や顔や性器などの体の部分の形が変わってしまうのはなぜだろう．
2. テストステロンはふつう発生過程でソニックヘッジホッグ経路の活性を高めているのだとすると，フタル酸塩があると細胞周期はどうなるだろう．
3. フタル酸塩は体内から数日で排泄される．ヒトでの性器の形成は妊娠 8～15 週にかけて起こる．もしあなたが妊娠中で，フタル酸塩が尿道下裂の発症に関係するとすると，子どもが尿道下裂になる危険を減らすためには，どんなことに気をつければよいだろうか．

出典：*Sun-Sentinel*（Fort Lauderdale, Florida），2010 年 6 月 1 日

15 遺伝子からタンパク質へ

> **MAIN MESSAGE**
>
> 遺伝子はタンパク質の合成にかかわる情報を伝える．そして合成されたタンパク質が，個体の遺伝的形質を決定する．

青銅器時代からやってきた男

1991年9月のある日，アルプスで山歩きを楽しんでいた一組のドイツ人夫妻は，偶然驚くべきものを発見した．彼らの足元，解け出した氷河の水たまりの中にミイラ化した男性の死体が横たわっていたのである．その名も無き男は，数十年前どころではなく，5200年前——青銅器時代を生きた男性であることが判明し，彼を調べることで先史時代の生活を垣間見ることができると考えられた．

研究者たちが"アイスマン"とよんだその男性のミイラは，非常に保存状態がよく，年齢は45歳くらいで身長1m65cm，体重50kgであったことがわかった．また，刺青をした裸体の横には，銅製の刃がついた美しい斧，石でできた短剣と鞘，作りかけの長弓，矢が入った矢筒，革製のベルトとポーチ，羊の革で作ったすね当て，動物の毛皮で作ったジャケット，草で編んだ外套，草紐で縫製した牛革の靴，などの装備が見つかった．乾燥したキノコの断片を携帯しており，おそらく感染に処するための抗菌薬としてか，火を起こす際に利用した可能性が考えられた．アイスマンは，彼が住んでいたと考えられる低地から，木の実や穀物を持って来ており，山歩きに備えてフル装備していた．そして，彼のリュックと持ち物は，18種類の異なる種類の木材を使って見事なまでに精巧に作られていたのである．

> 生物学者たちは，長期間凍結されていた男の真の正体を明らかにするため，どのように彼のDNAを利用したのか？はたして，彼は現代ヨーロッパ人と近い系統の人類であったのだろうか？それともヨーロッパ以外の地域から運び込まれたのだろうか？

5200年もの間，アルプスの高地で凍結されていたため，古代のアイスマンの体は科学的調査を行うのに完璧な保存状態であり，さらに青銅時代の道具や衣類などを完全に装備した状態で見つかっていた．あまりにもよい状態で見つかったので，人々は"精巧ないたずら"ではないかと疑ったほどである．アイスマンは，エジプトか南米のミイラを使った捏造ではないか？…と．この謎を解くため，科学者たちは，彼のDNAを解析し，現代人類の系統樹と比較解析した．アイスマンはきわめて珍しい貴重な例ではあったのだが，彼を調査するためにDNAを利用するという方法は，現代生物学では至って通常のアプローチである．

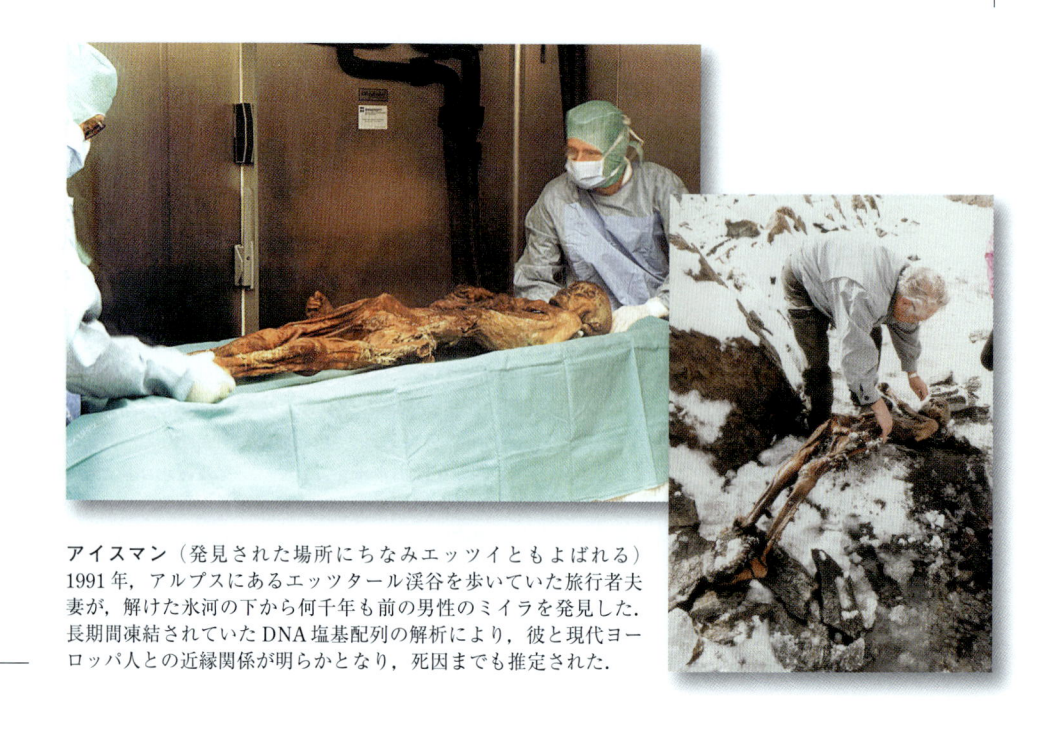

アイスマン（発見された場所にちなみエッツィともよばれる）1991年，アルプスにあるエッツタール渓谷を歩いていた旅行者夫妻が，解けた氷河の下から何千年も前の男性のミイラを発見した．長期間凍結されていたDNA塩基配列の解析により，彼と現代ヨーロッパ人との近縁関係が明らかとなり，死因までも推定された．

15. 遺伝子からタンパク質へ

基本となる概念

- ほとんどの遺伝子は，タンパク質をつくるための情報である．遺伝子のDNA塩基配列として，最終産物となるタンパク質のアミノ酸配列の情報がコードされている．遺伝子のなかには，最終産物としてRNA分子の構造をコードする遺伝子もある．
- 転写と翻訳の二つのステップを経て，遺伝子からタンパク質が合成される．
- 真核生物の細胞では，転写は核内で起こり，遺伝子の情報からmRNAが写し取られる．mRNAは核から細胞質へと移動し，リボソーム上でtRNAの助けを借りて，タンパク質の合成に使われる．
- 細胞質では，mRNAの塩基配列がタンパク質のアミノ酸配列へと翻訳される．
- 遺伝子の突然変異が起こると，つくられるタンパク質のアミノ酸配列が変わり，タンパク質の機能が変化する可能性がある．タンパク質機能の変化のほとんどは，有害であるが，まれに生物にとって有益となることもある．

遺伝子は，その最終産物であるRNAやタンパク質をつくるために必要な情報を，どのように保存しているのだろうか？ RNA分子はタンパク質合成の指示をどのように伝えるのか？ 遺伝子がはたらく仕組みを知れば，遺伝子の変異がどのように病気などを含む表現型の変化に結びつくのか，理解できるようになるだろう．本章ではまず，遺伝子内に暗号化されて保存されている遺伝情報とは何か，そして細胞がその情報をどのように使ってタンパク質を合成するのか，について説明する．その後，遺伝子の変化が，どのように生物の表現型を変えるのか，について解説する．ここでは，特に記さない限り真核生物のケースについて解説するが，原核生物でもよく似た仕組みである．

15・1 遺伝子のはたらき

タンパク質は，生命にとって欠かせないもので，細胞や私たちの体は，実にさまざまなタンパク質を使っている．細胞の構造を支えたり，体内で物質を運ぶものもあれば，病原菌から体を守るはたらきもする．さらに生命活動の根幹となる代謝反応は，酵素とよばれる重要なタンパク質のグループによって触媒されて進行する．こういった酵素やその他の機能をもつタンパク質は，生物のさまざまな特性に影響し，生物の内的・外的環境とともに，生物の表現型を支配する点で，大きな影響をもつ．

遺伝子はどのようにして，生物の表現型に影響を及ぼすのだろうか？ 最初の手がかりは，代謝機能が異常な遺伝病を研究していた英国の内科医 Archibald Garrod の研究であった．1902年に，彼は，特定の酵素の合成ができないことで代謝異常が起こることを証明したのである．Garrodは，乳児の尿が空気に触れると黒くなる遺伝病，アルカプトン尿症に関心をもっていた．そして，アルカプトン尿症の乳児はある酵素の活性がなく，健常であれば分解するはずの物質が分解されずに蓄積し尿が黒くなることを示したのである．さらに，この発見にとどまらず，共同研究者のWilliam Batesonとともに，"遺伝子は酵素の合成にかかわっている"という仮説を打ち出したのである．

遺伝子はRNA分子合成のため情報を担う

GarrodとBatesonの仮説はおおむね正しかったが，100％正しくはなかった．遺伝子は，酵素だけでなく，すべてのタンパク質の合成をコントロールしているのである．さらに，遺伝子の多くがタンパク質のアミノ酸配列をコードしているのは事実であるが，それがすべてではない．遺伝子には，ノンコーディングRNA遺伝子（非コードRNA遺伝子）とよばれ，特定のタンパク質の合成には直接関係しない遺伝子もある．つまりノンコーディングRNA遺伝子は，特定のタンパク質のアミノ酸配列の情報ではなく，さまざまな機能をもつRNA分子の情報をもっている．対照的に，すべてのタンパク質の情報をコードする遺伝子には，細胞質でのタンパク質合成に使われるメッセンジャーRNA（mRNAとよばれる．後に解説する）の情報が書き込まれている．ここで遺伝子の転写が，DNAの配列情報を鋳型に，相補的なRNAの合成が行われる過程であり，遺伝子発現の最初の段階であることを思い出してほしい（第14章参照）．分子レベルでは，"**遺伝子**とはRNAに転写されるあらゆるDNA配列情報である"と，定義できる．

RNAとDNAは，いくつか重要な相違点もあるが，構造上の類似点も多い．両方とも，共有結合したヌクレオチド鎖をもつ核酸である．ただし，DNA分子は二本鎖であるのに対し，多様なRNA分子はすべて一本鎖である．DNA分子は，相補的な二本の鎖が互いにらせん状により合わさって二重らせん構造をとっているのに対して，RNA分子の一本鎖は，分子内で折れ曲がって多様な三次元構造をとる性質がある．DNAと同じように，RNAの構成ユニットとなる各ヌクレオチドは，糖，リン酸基，そして4種類の塩基のうちの一つから構成されているが（図15・1），分子構造のうえで，RNAとDNAのヌクレオチドは，つぎの二つの点で異なっている．第一に，RNAは糖としてリボースを使うが，DNAでは酸素原子が一つ少ないデオキシリボースを使っている．第二に，塩基のチミン(T)はDNAにしかなく，RNAではウラシル(U)に置き換わっている．他の三つの塩基，アデニン(A)，シトシン(C)，グアニン(G)は，DNAとRNAで共通である．また一般に，RNAはDNAに比べて化学的に不安定であり，細胞内のほとんどのRNA分子は細胞質内で分解されて，そこで役目を終える（§14・8参照）．DNAは遺伝情報の耐久性のある保存形態であり，細胞核のDNA分子は，細胞の死が近づいて分解されない限り，非常に安定である．

遺伝情報を運ぶ RNA 分子 この画像は，結合組織（ここではマウス胎仔で発達中の肢）で大量に発現しているmRNAの局在を示している．ピンク色はコラーゲンをコードするmRNA，緑色は増殖因子の一つGDF5をコードするmRNAを示している．これらのタンパク質は骨と軟骨の発生に必須である．青色はDNA．*in situ* ハイブリダイゼーション法により検出．

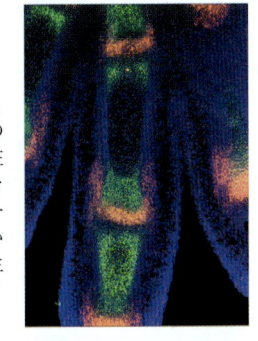

RNA の構造

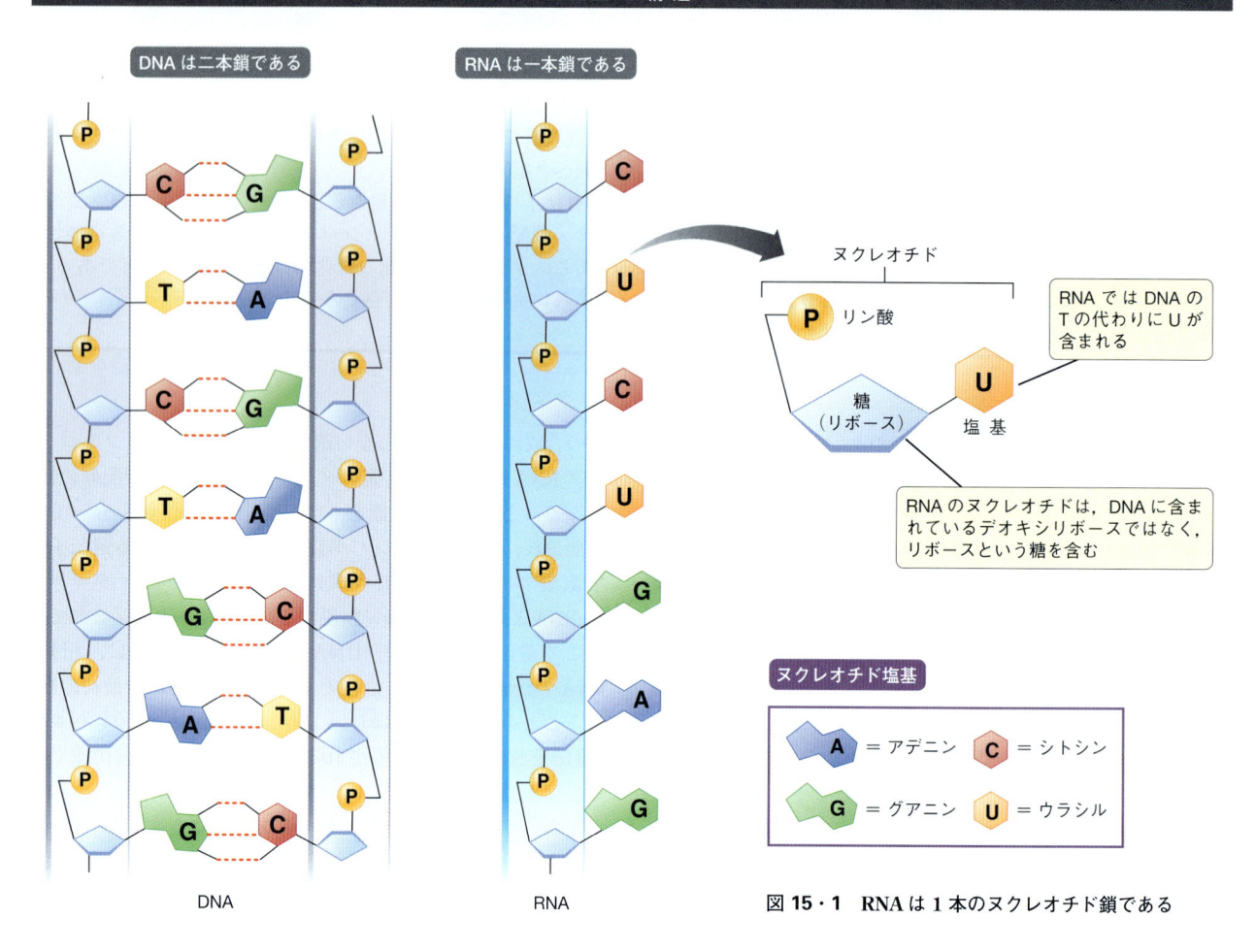

図 15・1　RNA は 1 本のヌクレオチド鎖である

3 種類の RNA がタンパク質の合成にかかわる

核酸である DNA と RNA は，タンパク質合成に重要な役割を果たしている．すでに学んだように，DNA がこれら必須分子の生産をすべて制御しているので，結局，タンパク質の合成の情報はすべて DNA に支配されていることになる．細胞は，おもに 3 種類の RNA 分子，**メッセンジャー RNA（mRNA）**，**リボソーム RNA（rRNA）**，**転移 RNA（tRNA）**を使って，タンパク質を合成している．これら RNA 分子の機能については，表 15・1 にまとめたが，詳細は次節で解説する．現在，タンパク質の生産に影響を及ぼす他のタイプの RNA 分子があることもわかってきたが，それらの機能はより複雑であり，本書で取扱う範囲を超えているため，解説しない．

15・2　遺伝子からタンパク質への概要

原核生物でも真核生物でも，タンパク質は，転写と翻訳の二つのステップを経て合成される．その概要はつぎの通りである．まず**転写**で，遺伝子の DNA 塩基配列を鋳型に mRNA が合成される．この mRNA の塩基配列は，鋳型となった DNA の塩基配列と相補的であり，特定のタンパク質のアミノ酸配列を決めている．つぎに**翻訳**で，mRNA の塩基配列情報を使ってアミノ酸が共有結合され，タンパク質が合成される．翻訳の過程では，mRNA だけでなく，つぎの 2 種類の RNA 分子が重要な役割を担う．1) rRNA はタンパク質が組立てられる"作業場"であるリボソーム複合体の重要な構成要素であり，2) 20 種類以上の tRNA 分子が，それぞれ特定のアミノ酸をリボソームへと運び込み，mRNA の塩基配列情報に基づいてリボソームで特定のタンパク質へと組立てられる．

真核生物がタンパク質を合成するためには，核の中にある遺伝子の情報をタンパク質合成の場である細胞質まで送らなければならない（図 15・2）．この核内の遺伝情報を細胞質のリボソームまで運ぶ仲介役となるのが mRNA である．転写の過程で，遺伝子の 2 本の DNA 鎖のうち片方（これを鋳型鎖という）の塩基配列だけが mRNA に写し取られる．このとき遺伝子の情報は，単に細胞質へと伝えられるだけでなく，大きく増幅される．それぞれ

表 15・1　RNA 分子とその機能

RNA の種類	機能	形状
メッセンジャー RNA（mRNA）	連続した 3 塩基コドンを使って，タンパク質のアミノ酸配列の順番を特定する．アミノ酸は特定のコドンによって指定される	
リボソーム RNA（rRNA）	リボソームの重要な構成要素．アミノ酸間のペプチド結合の形成（§5・8）とタンパク質合成を補助する	
転移 RNA（tRNA）	mRNA に転写された情報に従って，正しいアミノ酸をリボソームに運ぶ．mRNA のコドンと相補的な 3 塩基のアンチコドンをもつ	

mRNAがタンパク質合成を指示する

図15・2 真核生物の転写と翻訳におけるDNAからRNAそしてタンパク質への遺伝情報の流れ タンパク質をコードする遺伝子の遺伝情報は，二つのステップ，転写と翻訳を経て，DNAからRNAへ，そしてタンパク質へと伝えられる．転写でつくられたmRNAは，細胞質へ運ばれ，そこで翻訳が行われる．リボソームの助けを借りてタンパク質が合成される過程を翻訳という．リボソームで合成されるタンパク質を構成する単位となるアミノ酸は，ここでは異なる色や形で表現している．

のDNAの鋳型鎖から何百ものmRNAがつくられるからである．

mRNAが細胞質に到達すると，mRNAの情報（塩基配列という言語）が，リボソームのはたらきで，タンパク質（アミノ酸配列という言語）へと翻訳される．この塩基配列の情報をリボソーム上でアミノ酸へと翻訳するのがtRNAである．翻訳を行うとき，tRNA分子内の三つの塩基が，mRNAの相補的配列と水素結合によって結合する．tRNAのもう一方の端には，tRNAの種類ごとに決まったアミノ酸が結合している．詳細は後で紹介するが，ここではmRNAの塩基配列によってどのtRNAと結合するのか，またその結果，どのアミノ酸がリボソームに運ばれるのかが決まるということを理解しておいてほしい．リボソームの役割は，mRNAを保持しておき，そこへアミノ酸を運んでくるtRNAを配置し，アミノ酸を連結することで，mRNAの塩基配列が指定した順番に従って正確なアミノ酸の配列をもったタンパク質を合成することである．

15・3 転写: DNAからRNAへ

片方のDNA鎖を鋳型として新しいヌクレオチド鎖がつくられるという点で，遺伝子の転写はDNAの複製とよく似ている．ただし，つくられるのは新しいmRNA鎖である．DNAの複製とは，つぎの三つの点で異なる．

1. 反応を制御する酵素が異なる．転写で重要な酵素は，DNA複製の際のDNAポリメラーゼではなく，**RNAポリメラーゼ**である．
2. DNAの複製ではDNA分子の全体がコピーされるが，転写では，染色体のごく一部，遺伝子の部分だけがRNAへと写し取られる．
3. DNAの複製では二本鎖のDNA分子がつくられるのに対して，転写ではDNA二本鎖の片方の鎖（鋳型鎖）に相補的な一本鎖のRNA分子がつくられる．

§14・8で解説したように，遺伝子の転写は，酵素であるRNAポリメラーゼが，**プロモーター**とよばれる，遺伝子が始まる付近のDNA領域に結合することでスタートする．プロモーターの長さや塩基配列は，遺伝子ごとに異なるが，6〜10個の塩基配列で構成されていて，RNAポリメラーゼは，その配列を識別して結合する．プロモーターに結合したRNAポリメラーゼは，遺伝子の始まる領域のDNA二重らせんを解きほぐして一本鎖に分離する．つぎに，DNAの塩基配列に従って，mRNAの合成を開始する（図15・3）．このとき，DNA二重らせんの片方だけが使われ，このDNA鎖が**鋳型鎖**である（図15・3右の下側の鎖）．もし，反対側の鎖（図15・3右の上側の鎖）を鋳型として使うと，逆方向の塩基配列のmRNAが転写され，まったく異なる配列のアミノ酸，つまり異なるタンパク質ができることになる．では，RNAポリメラーゼはどうやって鋳型に使うDNA鎖を"選ぶ"のだろうか？ RNAポリメラーゼはプロモーターの向きに合わせて結合し，このときの分子の向きで，読み取る側のDNA鎖が決まるのである．つまり，結合するプロモーター配列の場所と方向により，どの鎖が鋳型として使われるかが決まることになる．

転写の際，RNAの4種類の塩基は，第14章で解説したルールに従ってDNAの4種類の塩基とペアをつくって水素結合する．

タマゴテングダケは有名な毒キノコの一種である

必ず，RNA の A と DNA の T，RNA の C と DNA の G，RNA の G と DNA の C，そして RNA の U と DNA の A，が対になる．RNA ポリメラーゼが遺伝子のプロモーターから動き出し鋳型鎖の転写が始まると，別の新しい RNA ポリメラーゼがプロモーターに結合し，前の RNA ポリメラーゼのすぐ後に続いて，mRNA の合成を開始することができる．したがって，複数のポリメラーゼが同じ DNA 鋳型に沿って移動しながら合成が進む．ヒトの細胞の場合，1 個のポリメラーゼは，毎秒約 60 塩基の速度で mRNA を合成していく．

この転写速度の重要性を示す事例を紹介する．毒キノコのタマゴテングダケ(前ページ，写真参照)には，α-アマニチンという猛毒が含まれ，この物質は RNA ポリメラーゼに結合して，その移動スピードを毎秒 2〜3 塩基の速度に低下させる．タマゴテングダケ 1 個の毒で，10 日ほどで死に至る．死因はおもに肝臓や脾臓の機能不全である．これらの臓器の細胞は，遺伝子の転写・翻訳を盛んに行っていて，重要な酵素やタンパク質を多量に生産しているので，転写スピードの低下が悲惨な結末を招くのである．

原核生物では，mRNA 分子の合成は，RNA ポリメラーゼが**ターミネーター**とよばれる塩基配列に到達するまで続けられる（図 15・3）．ターミネーター塩基配列が mRNA にコピーされると，そこでヘアピンとよばれる立体構造が形成される．mRNA のヘアピンによって RNA ポリメラーゼが不安定になり，DNA の

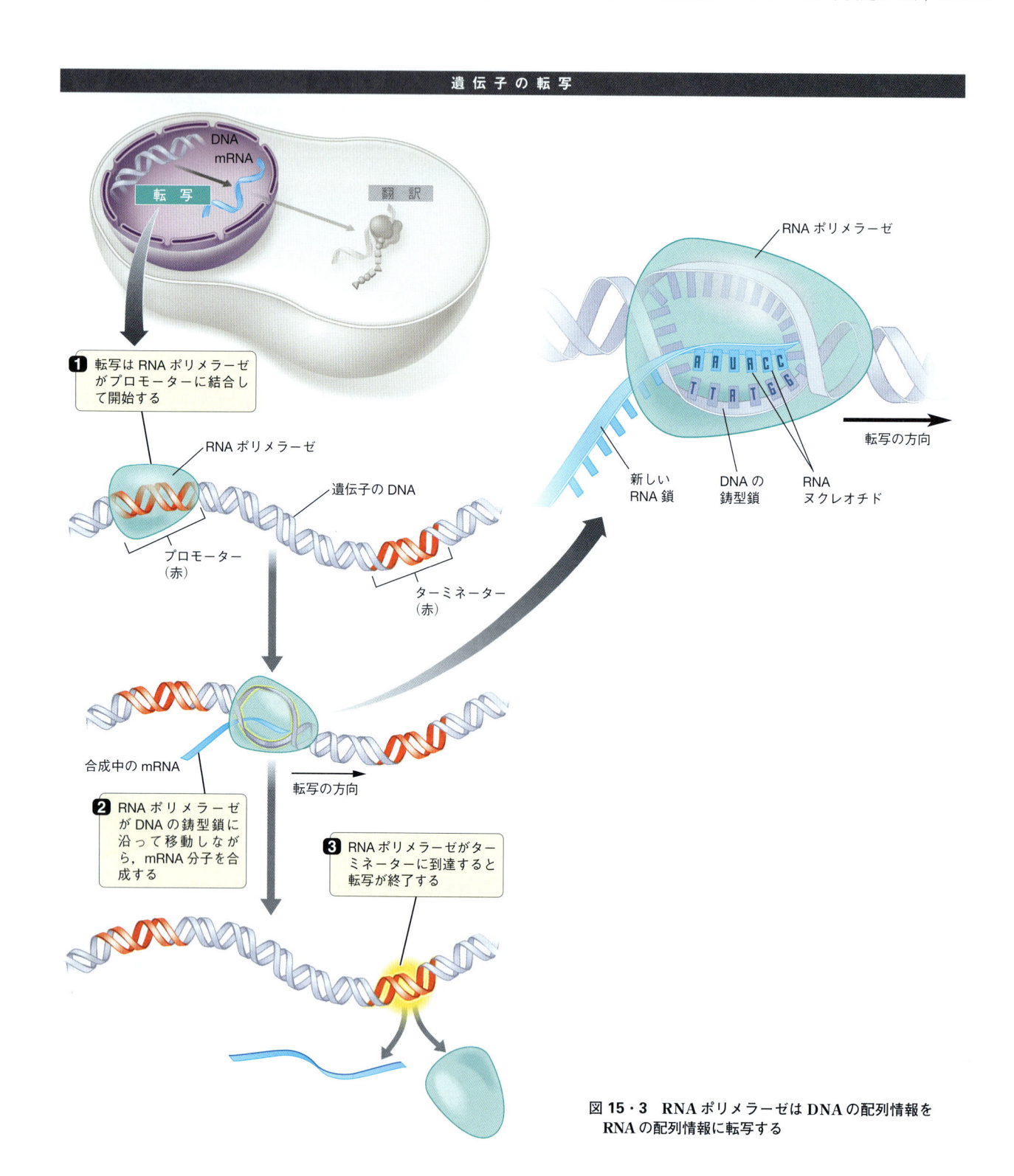

図 15・3 RNA ポリメラーゼは DNA の配列情報を RNA の配列情報に転写する

鋳型から外れる．この時点で転写は終了し，新しく形成された mRNA 分子は DNA の鋳型から解離する．

真核生物でも，ある種のターミネーター配列が転写の終了を伝えるが，正確な転写終了のプロセスは原核生物よりさらに複雑になっている．真核生物の mRNA は，転写後，いくつかの切断，再結合，化学的修飾といった一連のプロセシングを受け，核外へと運び出される準備が完了した機能的な mRNA となるのである．まず，この RNA プロセシングの過程で，mRNA 両末端は化学修飾を受ける．つまり転写開始直後の末端にキャップ構造が形成され，また転写終了直後には，キャップ側とは反対側の末端にポリ(A)鎖として知られる数十〜数百塩基のアデニン塩基が付加される．

RNA スプライシングは RNA プロセシングにおけるもう一つの重要な加工作業である．第 14 章で解説した，真核生物がもつ多くの非コード DNA について思い出してほしい．真核生物では，転写されたばかりの mRNA には，タンパク質の合成情報をコードしない余分な塩基配列がある．こうした遺伝子内部の余分な塩基配列は**イントロン**といい，対してタンパク質のアミノ酸配列をコードしている部分は**エキソン**とよばれる（図 15・4）．転写されたばかりの mRNA 前駆体（pre-mRNA とよばれる）には，エキソンとイントロンが混在していて，ビデオや映画でいえば，"余分な場面"が入った撮影したばかりの未編集の映画フィルムのようなものである．**RNA スプライシング**では，翻訳の前に，mRNA 前駆体から余分なイントロン部分を切り取り，残った mRNA の部分をつなぎ合わせる作業が行われ，成熟 mRNA がつくられる．正しく切り貼りされた成熟 mRNA だけがタンパク質情報の"最終版"として，核外へと運び出される．一連の RNA プロセシングを受けた成熟 mRNA の特徴をもっていない RNA 分子は，リボソームに無視され翻訳されることはない．

■ これまでの復習 ■

1. 遺伝子の転写を説明せよ．
2. RNA と DNA の化学構造の違いは何か？ どちらが化学的により安定しているか？ またその安定性の違いは，それぞれの機能とどのような関係にあるか？
3. ある遺伝子の鋳型鎖は TGAGAAGACCAGGGTTGT の塩基配列をもっている．RNA ポリメラーゼがこの鎖の左から右に移動すると想定して，この DNA から転写された RNA の塩基配列を記せ．

1. 転写とは，RNA ポリメラーゼが DNA 二本鎖のうちの片方を鋳型として，遺伝情報を DNA から RNA にコピーすること．
2. RNA は 1 本の鎖の糸状で，糖のリボースと塩基として A, G, C, U を含む．DNA は二本鎖で，DNA は糖としてデオキシリボース，塩基として A, G, C, T を含む．DNA の方が安定していて，遺伝情報を保存する分子としての役目を果たすのに適している．
3. ACUCUUCUGGUCCCAACA

■ 役立つ知識 ■ 酵素であるタンパク質の名称の語尾は，〜アーゼ（ドイツ語読みの影響）や〜エース（英語発音の場合）で終わる（〜ase と綴る）．酵素以外のタンパク質の名称は〜イン（直前の子音によって〜シン，〜チンなどと変わる．英語では〜in と綴る）で終わるものが多い．たとえばタンパク質の RNA ポリメラーゼは酵素であるが，タンパク質のヘモグロビンは酵素ではない（本章では，これら両方の分子が登場する）．

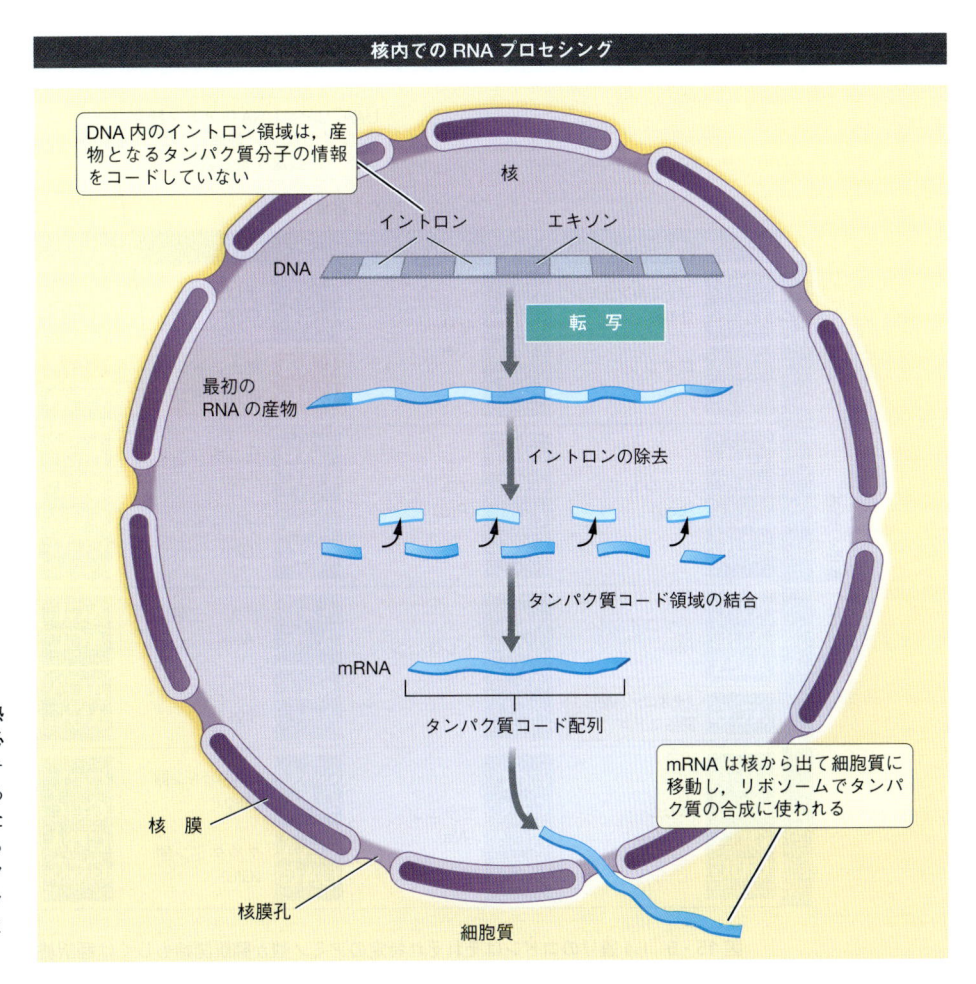

図 15・4 真核生物では，核内で未成熟 mRNA からイントロンが除去される必要がある 真核生物の遺伝子には，エキソンとイントロンとよばれる領域がある．そのような遺伝子から転写された mRNA は，まず，核内にある酵素によってイントロンを除去され，残りのエキソンをつなぎ合わせるという処理（スプライシング）が行われてから，細胞質へと運ばれる．

15・4 遺伝の暗号

遺伝子の情報は塩基配列という暗号である．前節で学んだように，遺伝子の DNA 配列は mRNA 分子を合成するための鋳型として使われる．ほとんどの遺伝子の最終産物はタンパク質であり，タンパク質は折りたたまれたアミノ酸鎖からできていることを思い出そう．タンパク質のアミノ酸配列の情報は，mRNA の中にどのように記述されているのだろうか？

mRNA 分子の塩基配列情報は，リボソームによって，3 個一組の塩基配列（トリプレット）として"解読"される．この 3 個一組の塩基配列を**コドン**という．4 種類の塩基があるので，塩基 3 個の組合わせは 4^3 の 64 通りあり，可能なコドンの種類は 64 である．アルファベット 4 文字（A, U, C, G）だけで 3 文字の単語をつくると，64 種類の異なる単語がつくれるのと同じである．64 種類のコドンが，それぞれ**遺伝暗号**として，特定の情報（単語がもつ"意味"に相当する）を指定する．図 15・5 にその全遺伝暗号を示す．64 個のコドンの大半が，それぞれ決まったアミノ酸に対応するが，mRNA 解読の開始や終了をリボソームに伝える役目をもつコドンもある．1 個のコドンにしか対応しないアミノ酸はトリプトファンを指定するコドン UGG と，メチオニンを指定する AUG の二つだけである．他のアミノ酸は 2〜6 種類の複数のコドンに対応している．

暗号を解読するとき，細胞は**開始コドン**（AUG）とよばれる mRNA 分子上の特定の開始点から解読を始め，**終止コドン**（UAA, UAG, UGA の 3 種類のいずれか）で終了する．決められた場所から解読をスタートするので，遺伝子からのメッセージは，いつでも同じように正確に解読できることになる．開始コドンはアミノ酸のメチオニンに対応するコドン（図 15・5）でもあるので，細胞内にある大半のタンパク質の"開始点"，つまり翻訳が開始された最初の場所にメチオニンがある．

開始コドンに続く残りのコドンがどのようにして解読されるか考えよう．図 15・6 の例は，ある mRNA 分子がもつ塩基配列の一部，UUCACUCAG を示している．mRNA 暗号は 3 塩基が一組となって解読されるので，最初のコドン（UUC）は，1 番目のアミノ酸としてフェニルアラニン（Phe と省略），次のコドン（ACU）は 2 番目のアミノ酸としてトレオニン（Thr）を指定し，三つ目のコドン（CAG）は 3 番目のアミノ酸としてグルタミン（Gln）を指定することになる．開始コドンは，どの 3 塩基のセットがリボソーム-tRNA 機構によってコドンとして解釈されるかを決めるうえでも重要な役割を担っている．もし，図 15・6 の配列で UUCACUCAG が 1 番目の U ではなく，2 番目の U で始まるコドンで解読されたら，その結果合成されるアミノ酸はどうなるだろうか？ 図 15・5 のコドン表を使って考えてみよう．まったく別のタンパク質鎖が合成されることになる．つまり Phe-Thr-Gln ではなく，Ser-Leu-…（セリン，ロイシン，…）となるであろう．開始コドンに続く塩基は，順々に必ず 3 塩基配列が 1 個のコドンとして解釈されることになる．したがって開始コドンは，mRNA のどの 3 文字単語が一つとなってタンパク質のアミノ酸に翻訳されるかの，正しい読み枠を決める重要な役割を担うのである．

遺伝暗号には，以下の三つの特徴がある．

■ 第一の特徴は，暗号に曖昧さがなく多義的でないことである．つまり，各コドンが決めるアミノ酸は必ず一つで，他のアミノ酸を二重に指定することはない．

遺伝暗号

1番目	2番目: U	2番目: C	2番目: A	2番目: G	3番目
U	UUU UUC フェニルアラニン (Phe) / UUA UUG ロイシン (Leu)	UCU UCC UCA UCG セリン (Ser)	UAU UAC チロシン (Tyr) / UAA 終止コドン UAG 終止コドン	UGU UGC システイン (Cys) / UGA 終止コドン / UGG トリプトファン (Trp)	U C A G
C	CUU CUC CUA CUG ロイシン (Leu)	CCU CCC CCA CCG プロリン (Pro)	CAU CAC ヒスチジン (His) / CAA CAG グルタミン (Gln)	CGU CGC CGA CGG アルギニン (Arg)	U C A G
A	AUU AUC AUA イソロイシン (Ile) / AUG メチオニン (Met); 開始コドン	ACU ACC ACA ACG トレオニン (Thr)	AAU AAC アスパラギン (Asn) / AAA AAG リシン (Lys)	AGU AGC セリン (Ser) / AGA AGG アルギニン (Arg)	U C A G
G	GUU GUC GUA GUG バリン (Val)	GCU GCC GCA GCG アラニン (Ala)	GAU GAC アスパラギン酸 (Asp) / GAA GAG グルタミン酸 (Glu)	GGU GGC GGA GGG グリシン (Gly)	U C A G

UAA, UAG, UGA はアミノ酸をコードしていない．翻訳は，これらのコドンに到達すると終了する

アルギニンのようにほとんどのアミノ酸は二つ以上のコドンで指定されている

図 15・5 64 通りのコドンはそれぞれ特定のアミノ酸か翻訳開始もしくは翻訳終止シグナルに対応する

第二の特徴は，暗号の冗長性である．複数のコドン（複数の"単語"）が，同じアミノ酸（同じ"意味"）に対応している．三つの塩基で一つのコドンが決まるので，全部で64種類のコドンがあるが，複数のコドンが同じアミノ酸に対応するためアミノ酸は20種類しかない．たとえば，セリン（Ser）に対応するコドンは6種類ある（図15・5参照）．

第三の特徴は，暗号の普遍性である．この遺伝暗号は地球上のほとんどすべての生物の共通言語であることがわかっている．これは全生物が共通祖先をもつことを示唆している．遺伝暗号が解明され，その普遍性がわかったことで，遺伝子の機能についての理解は急速に深まり，現在のバイオテクノロジー産業の発展の礎となった．例外的に，64コドンの一部を他と異なった読み方をする生物も少し見つかっている．

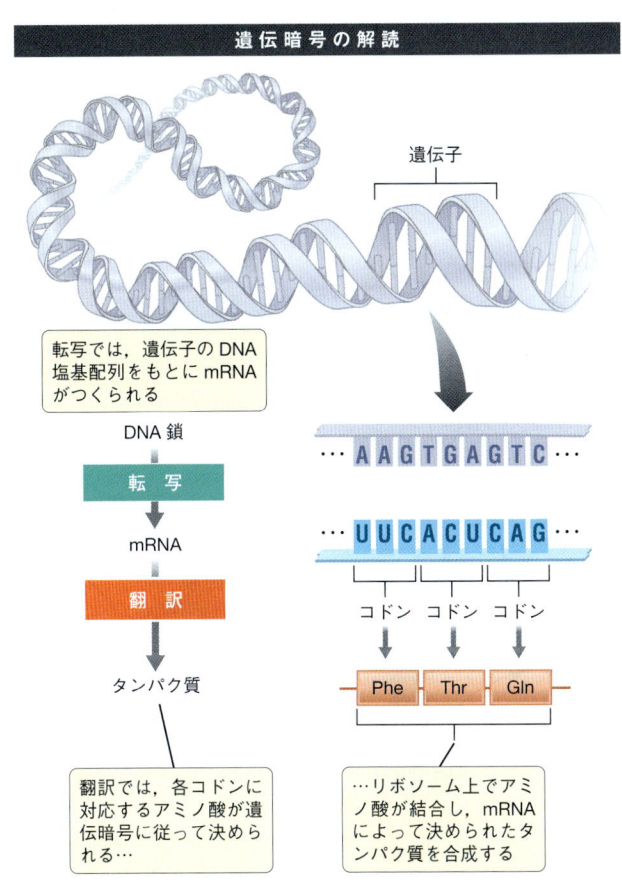

図15・6 遺伝暗号はコドンを構成する三つ塩基セットで解読される

15・5 翻訳: mRNAからタンパク質へ

遺伝暗号は，遺伝子の言語をタンパク質の言語に変換する辞書に相当するものである．この辞書をもとにmRNAの塩基配列をタンパク質のアミノ酸配列に変換することを翻訳という．翻訳は，遺伝子からタンパク質合成に至る過程において，第二の重要なステップで（図15・2参照），50種類以上のタンパク質と数個のrRNA鎖で構成されるリボソームで進行する．リボソームは，mRNAの情報に従って正確な順序でアミノ酸同士を結合させ，タンパク質を合成する場所となる．

tRNAとして知られる別のタイプのRNAも，タンパク質合成に重要な役割を果たしている．tRNAは多種類あるが，基本構造は同じで，mRNAの特定のコドンに結合する部位と，その反対側に決まったアミノ酸を結合する部位がある（図15・7）．mRNAに結合する部分はtRNAの種類ごとに異なり，コドンと相補的な塩基配列をもつ**アンチコドン**となっている．このアンチコドンの三つの塩基が，認識するmRNAコドンの塩基との間で水素結合を形成する．たとえば，UCGのアンチコドンをもつtRNAは，アミノ酸のセリンを結合して運び，mRNA中のAGCコドンを認識して結合する（図15・7）．

アンチコドンの中で3番目に位置する塩基は，立体的な制約が少なく，本来の相手と違う塩基との間で対をつくる（"ゆらぐ"）ことがある．そのため，tRNAはmRNA上の複数種のコドンを認識して結合できる．たとえば，アミノ酸のセリンを運ぶtRNAのうち，アンチコドンがUCGのものはmRNA中のAGUとAGCの2種類のコドンと結合する．また別のセリンtRNAでも，アンチコドンがAGGのものはmRNA中のUCUやUCCと，アンチコドンがAGUのものはUCAやUCGを認識して結合する（図15・5の遺伝暗号参照）．このアンチコドンとコドンの間の柔軟性があるおかげで，細胞は61種類あるアミノ酸を指定するコドン一つ一つに対応する61種類のtRNAを用意しなくてもよい．実際，大半の生物は，40種類程度のtRNAしかもっていない．これは，多くのアンチコドンがmRNA中の複数種のコドンを認識して結合できるからである．

翻訳が起こるためには，図15・8に示すように，mRNAがまず最初に，リボソームに結合しなければならない．リボソームは，開始コドン（すなわちmRNA配列中の最初のAUGコドン）を見つけるまで，mRNAに沿ってスキャンすることから始まる．リボソームは，AUGを見つけると，次にmRNA内の情報を解読し，そこで出会ったコドンに対応するアンチコドンをもつ適切なtRNAを取込む．リボソームは，アミノ酸結合の反応が進みやすいように，必要な構成要素のすべてを三次元的に配置させる構造になっている．

翻訳は，アミノ酸のメチオニンを運んでいるtRNA分子が，開始コドンのAUGを認識し，対をつくったところで開始する．そして，別のtRNA分子が，1個ずつmRNA上の各コドンに指定されたアミノ酸を，リボソームへ運んでくる．たとえば図15・8の例では，メチオニンを運ぶtRNAが開始コドンに結合した後，次

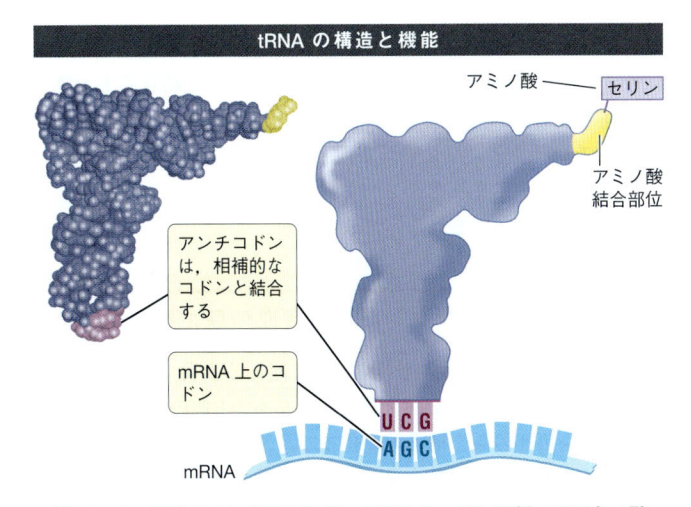

図15・7 転移RNA（tRNA）はmRNAのコドンに従ってアミノ酸を運ぶ　分子構造の空間充塡モデル（左）と，それをもとに模式的に示したtRNA分子（右）．各tRNAは，決まったアミノ酸（ここの例ではセリン）と結合していて，下側にはmRNAの対応する3塩基コドン配列と相補的な塩基のアンチコドン配列がある．

翻訳によるタンパク質合成

に認識されるコドンはグリシンにあたる GGG となる．グリシンを運搬する tRNA のアンチコドンが，その GGG コドンを認識して，対結合を形成する．ここで，リボソームが，最初のアミノ酸（メチオニン）と 2 番目のアミノ酸（グリシン）の間に共有結合（ペプチド結合）をつくる．最初の 2 アミノ酸の間に共有結合が形成されると，AUG に結合した最初の tRNA は，そのアミノ酸（メチオニン）を手放す．運んでいたアミノ酸を手放し身軽になった tRNA 本体はリボソーム-mRNA 複合体から放出され，その場所へ次の tRNA（グリシンと結合している）が入る．mRNA 上を移動したリボソームは，3 番目のコドンを解読する準備が整う．そして，この 3 番目のコドン（図 15・8 の例では UCC）に相補的な AGG のアンチコドンをもち，セリンを運ぶ tRNA がやってきて，UCC のコドンと対結合を形成する．このセリンの tRNA は，前にグリシンの tRNA が占拠していたリボソーム上の位置に入るのである．

リボソームはそれまでつくってきたアミノ酸（メチオニン-グリシン）と，新しく運ばれてきたアミノ酸（セリン）を結合させ，2 番目の tRNA はリボソーム-mRNA 複合体から放出される．このサイクルがつぎつぎに繰返される．mRNA のコドンは，特定の tRNA のアンチコドンとペアになって結合し，その tRNA が運んできたアミノ酸をリボソームが付加してポリペプチドを伸ばしていく．そして，最後に終止コドンに到達すると，ポリペプチドはもうそれ以上伸びない．終止コドンを認識して結合する tRNA が存在しないからである．この時点で，mRNA 分子と完成したポリペプチド（タンパク質）が両方ともリボソームから外れる．その後，新しく生まれたタンパク質は，コンパクトな決まった三次元構造に折りたたまれる（第 5 章参照）．

15・6　突然変異がタンパク質合成へ与える影響

突然変異とは，生物の DNA 配列に起こる変化である．第 14 章で解説したように，突然変異といっても，1 個の塩基ペアの変化から，染色体の数や構造の変化まで，さまざまな変化が含まれる．では，実際に，突然変異はタンパク質の合成にどのような影響を与えるのだろうか？　イントロンで起こる突然変異や染色体全体を崩壊させるような突然変異もあるが，ここでは，遺伝子のタンパク質をコードする部分，つまりエキソン領域で起こる突然変異について考える．

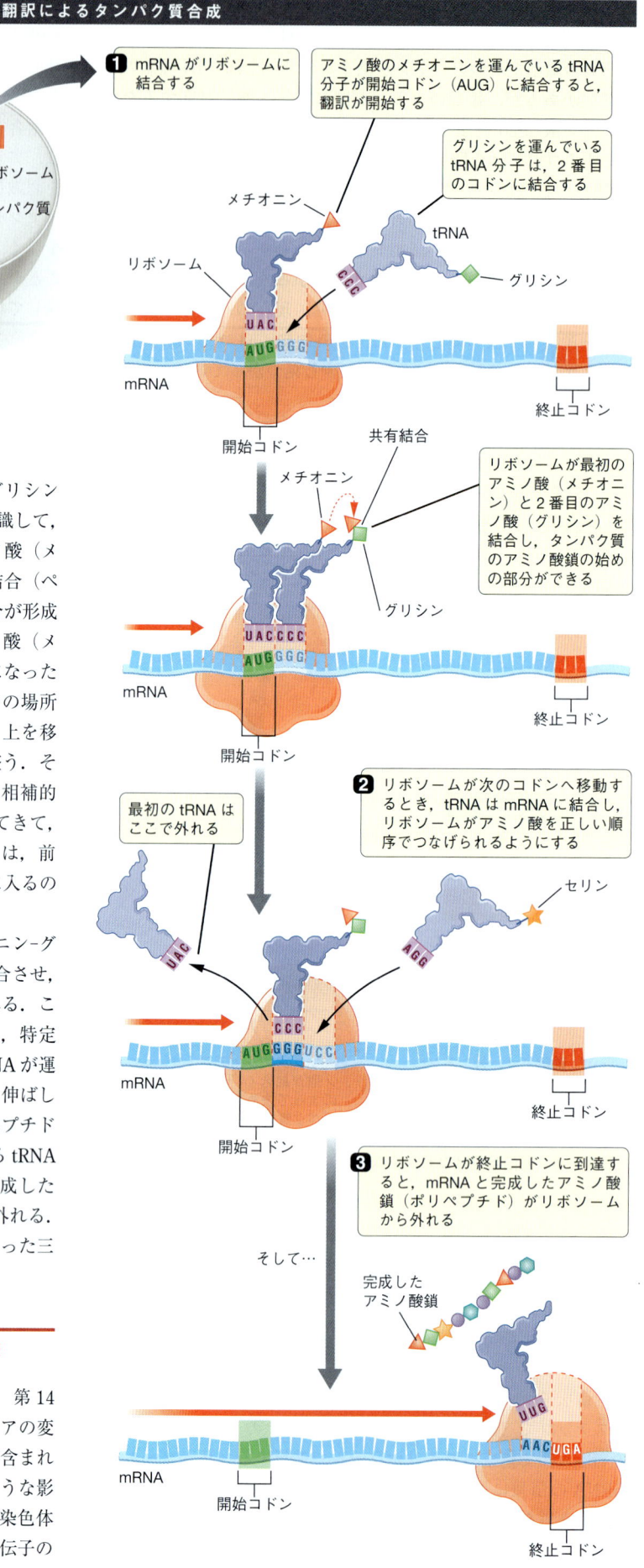

図 15・8　翻訳では，mRNA にコードされた塩基配列情報が，特定のタンパク質のアミノ酸配列を決める

DNA 塩基配列を変える突然変異

遺伝子の DNA 配列を変えるおもな突然変異として，置換，挿入，欠失の 3 種類があげられる．まず，一つの塩基が変化するような**点突然変異**について解説し，その後，複数の塩基が変化する突然変異について紹介する．

遺伝子の DNA 配列中の 1 塩基が他の塩基に変わることを**置換突然変異**という．たとえば，図 15・9 の例では，チミン(T)がシトシン(C)に置き換えられて，遺伝子の配列が変化している．この図が示すように，塩基が一つ変化しただけで，アミノ酸が別のアミノ酸に変わることがある．遺伝子内の配列 TAA が CAA に変わると，その部分の mRNA のコドンは AUU から GUU に変わる．GUU はアミノ酸のバリンを運ぶ tRNA によって認識されるので，イソロイシン(AUU)の代わりにバリンがタンパク質内に挿入される．

1 個または複数の塩基が挿入したり，逆に失われる変異を，それぞれ，**挿入**突然変異，**欠失**突然変異という．塩基の挿入や欠失は**フレームシフト**をひき起こす．マークシート方式の試験で，ある質問の答えをうっかり 2 回続けてマークしたとき，何が起こるか考えてみよう．その問題から先の答えは，すべて一つ前の回答となっているので，すべて誤記となる．これと同じことが 1 塩基の挿入によって生じるフレームシフトである．また，問題の回答を書くのを一つ忘れて，解答欄につぎの問題の解答を書けば，その問題から先の解答は誤りとなる．これと同様のことが 1 塩基の欠失によって生じるフレームシフトである．1～2 塩基の挿入や欠失によって，塩基が 1～2 個ずつずれることになり，それより後に続く"下流"のコドンの意味がすべて変わってしまう．下流のメッセージ全体が誤ったものになり，挿入や欠失が起こった先は，もともとの DNA 配列がコードしていたタンパク質とは，大きく異なったアミノ酸配列になる(図 15・9)．

挿入や欠失が 3 塩基分だった場合には，mRNA の読み枠を変化させないので，フレームシフト突然変異ほど大きくはタンパク質を変化させない．突然変異の結果，数個以上の塩基の挿入や欠失，中には数千個もの挿入・欠失が起こることもある．このような大規模な挿入・欠失が起こると，きちんと機能できるタンパク質を合成できないことが多い．フレームシフトが起こると，原因が点突然変異，大規模な挿入・欠失いずれの場合も大きくアミノ酸配列が変化し，機能できないタンパク質がつくられる．

突然変異によるタンパク質機能の変化

突然変異によって遺伝子の DNA 塩基配列が変わると，遺伝子から転写される mRNA の塩基配列が変わる．その変化は，翻訳されたタンパク質にさまざまな影響を及ぼす．

突然変異によりフレームシフトが起こった場合には，一般に，タンパク質中の多数のアミノ酸が変化するので，まったく機能しないタンパク質ができることが多い．また，フレームシフトによってアミノ酸に指定されたコドンが終止コドンに変わる箇所があると，そこでタンパク質の合成が終了するので，完全な長さのタンパク質が合成されないことがある．突然変異の種類に関係なく，酵素の基質結合部位など，活性に必要な部分に突然変異が起こると，基質や他のタンパク質との相互作用が変化し，機能の低下や消失をひき起こす．連続した塩基配列の挿入や欠失の場合，タンパク質のアミノ酸が余分に増えたり削られたりするが，それが活性部位とは直接関係しない箇所であっても，タンパク質全体の構造が変化して機能できないことがある．

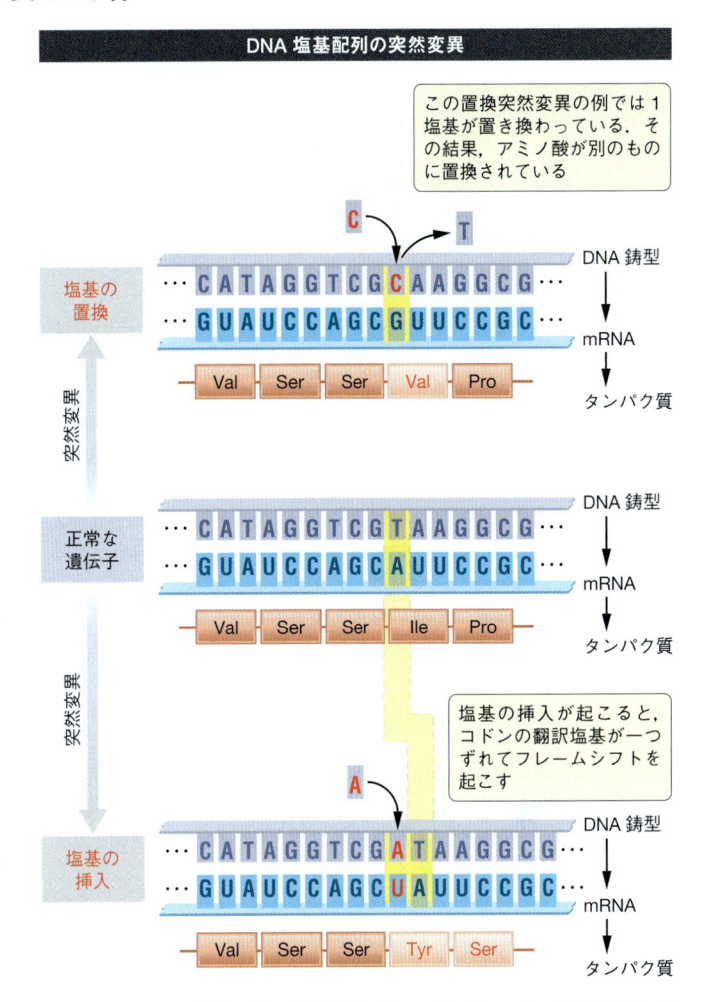

図 15・9 DNA 塩基配列の突然変異がタンパク質のアミノ酸配列に与える影響 ここでは，置換突然変異と挿入突然変異の 2 種類の突然変異が起こった場合，転写や翻訳の各ステップで何が起こるか，赤で示した．

遺伝子の DNA 塩基配列が変化しても，ほとんど，あるいはまったく影響がないこともある．たとえば，塩基の置換突然変異が，指定されたアミノ酸を変化させなければ，タンパク質の構造や機能はまったく変化しない．例として DNA 塩基配列が GGG から GGA に変化した場合を考えてみよう．この場合，mRNA の配列は CCC から CCU に変化するが，CCC と CCU は両方とも同じアミノ酸のプロリンをコードする(図 15・5 参照)．このような場合，この置換突然変異はタンパク質の構造には何の変化も起こさない．したがって，生物の表現型にも何の変化ももたらさず，"沈黙の突然変異"の意味で，**サイレント突然変異**とよばれる．

まれに有益な突然変異が起こることもある．たとえば，突然変異のもたらすタンパク質構造の変化により，他の分子と結合する部位が変化して結合の効率が上がったり，新しい基質と反応できるようになるなど，機能を向上させる場合もある．

15・7 まとめ: 遺伝子から表現型へ

最近の研究によると，ヒトの 23 本の染色体上には，約 25,000 の遺伝子があると推定されている．そのうち約 21,000 遺伝子については，タンパク質をコードしていて，残りは tRNA や rRNA などの RNA 分子をコードしている．ここでは，タンパク質をコードする遺伝子に注目して，遺伝子からタンパク質へ，そして表現型へという，細胞内の主要なステップを復習しよう．ただし，最

生活の中の生物学

たった一つの対立遺伝子で、瞬発力や持久力といった運動能力特性が決まるか？

塩基配列情報解読技術の急速な進展により、わずか数千万円で個人の全遺伝子情報を解読できる時代になった。そして多くのバイオベンチャー企業が、わずか数万円で、個人の遺伝的ルーツ（祖先）を探ったり、50以上の遺伝子について遺伝子型を解析するサービスを提供している。解析する遺伝子には、病気のリスクに関連するものから、ブロッコリーなどの癖のある風味に対する嗜好性といった、それほど心配する必要のないような遺伝形質に関連するものまで、さまざまなものが含まれている。個人の全遺伝情報を調べカタログ化する"パーソナルゲノム解析"時代の幕開けである。パーソナルゲノム解析は、個人の遺伝的情報に基づいた医療や健康管理そして病気の予防につながると期待されている。しかし一方でパーソナルゲノム解析には、倫理的問題がつきまとう。たとえば、反対論者には、消費者に直接ゲノム解読サービスを売り込むことを懸念する意見が根強い。個人のゲノム情報が医者などの専門家を介さずに、直接消費者に提供される場合、消費者に誤って解釈され、深刻な結果を招きかねないという主張である。

例として、あなた自身もしくはあなたの子どもが、運動能力に関連するある対立遺伝子をもっているか、について、パーソナルゲノム解析企業から得られる情報を解釈する際に、直面する問題について考えてみよう。あるオーストラリアの企業が、$ACTN3$ 遺伝子の対立遺伝子 R と X の違いに基づいて運動能力の可能性を調べる診断テストを開発した。骨格筋は、筋繊維の束で構成されている。筋繊維には、速筋と遅筋という主要な二つのタイプがある。速筋繊維は、大きな力を瞬発的に生み出すことに特化しているが、持久力に劣る。一方で、遅筋繊維は、糖から効率的にエネルギーを取出し、小さな力をより長く持続させることができる。私たちのほとんどは、骨格筋にこれら二つのタイプの筋繊維をおおよそ等量の割合でもっている。対照的に、短距離走や重量挙げなど瞬発力が要求される競技における優秀な運動選手は、骨格筋を構成する筋繊維のおよそ80％が速筋繊維である。長距離走やサイクリングなどの持久力が要求される競技の優秀な選手の場合は、80％が遅筋繊維で構成された骨格筋をもつという。

$ACTN3$ にコードされる α アクチン3タンパク質は、骨格筋のみでつくられる。そして収縮するタンパク質をつなぎ止め、筋繊維が力を生み出すことを可能にしている。オーストラリアの科学者たちは、$ACTN3$ 遺伝子にある2種類の対立遺伝子が、運動能力と関係している可能性を見いだした。対立遺伝子 R は正常な機能をもつ α アクチン3タンパク質をコードし、対立遺伝子 X は短く正常な機能をもたない α アクチン3タンパク質をコードする。対立遺伝子 X は、1塩基の置換によりアミノ酸をコードするコドンが終止コドンになり、タンパク質の合成が途中で止まってしまう突然変異をもっている。

オーストラリアの運動選手を対象にした研究によると、XX のホモ遺伝型の選手は、瞬発力競技にめったにいないが、持久力競技の選手には24％いる（下表参照）。X 対立遺伝子が持久力競技で有利という事実は、遺伝子工学実験によりマウスで $ACTN3$ の両対立遺伝子をノックアウトすると持久力に優れた"マラソンマウス"ができるという実験によっても支持されている。

スポーツ競技で成功するには、モチベーションなどの精神面を含むさまざまな要因が関係し、さらにトップレベルの成績をあげるには過酷なトレーニングと調整が必要である。スポーツ競技での成功につながる肉体的な要因は、$ACTN3$ のような1、2個の遺伝子だけでなく多くの遺伝子により影響を受けるようである。ある研究によると、92個もの異なる遺伝子が、運動能力や健康関連体力にかかわっている可能性があるという。このことは、$ACTN3$ の対立遺伝子を調べることによって運動能力を推定することの確からしさは限定的であることを意味する。別の研究によると、持久力競技の選手の31％は、RR のホモ遺伝型であり、45％については、X 対立遺伝子を一つしかもっていないことが判明したという。

遺伝子解析の結果を解釈する際に、このような複雑な要素があることを受入れたうえで、あなたは運動能力の遺伝的素質を知りたいだろうか？もしくはあなたの子どもに $ACTN3$ 遺伝子のテストを受けさせたいか？もしテストを行うなら、どのようにその結果を解釈するか？研究者たちは、筋ジストロフィーや他の筋肉の病気に関係性があるとして、運動能力に影響する遺伝子研究の意義を主張している。しかし一方で、このような遺伝子テストは、極端に野心的な運動選手や、将来のスポーツ選手を育てたい親達に乱用・悪用される恐れがあるという反対意見もある。はたして、その医学上の利点は、悪用や誤用の危険性を上回るだろうか？

瞬発力系と持久力系の運動選手における運動能力と $ACTN3$ 遺伝子対立遺伝子の関連性

遺伝型	対照群（非競技者）	瞬発力系競技の運動選手（短距離走の選手）	持久力系競技の運動選手（長距離走の選手）
RR	30	50	31
RX	52	45	45
XX	18	6	24

写真（左）：Florence Griffith Joyner は、短距離走競技、つまり瞬発力系の運動選手である。
写真（右）：Paula Radcliffe は、マラソン競技、持久力系の運動選手である。

DNA 突然変異による病気

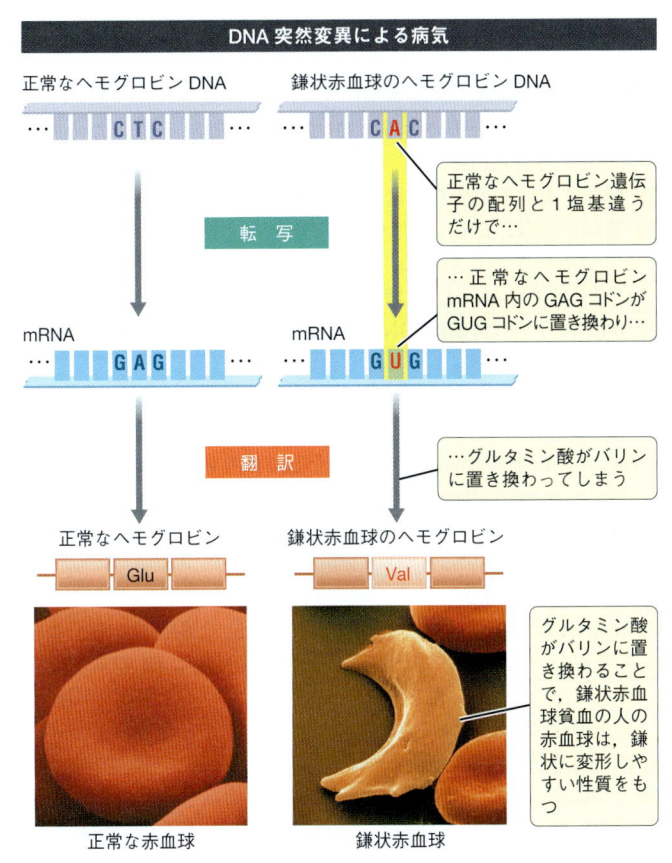

正常なヘモグロビン DNA ··· CTC ···
鎌状赤血球のヘモグロビン DNA ··· CAC ···

正常なヘモグロビン遺伝子の配列と1塩基違うだけで…

転写

mRNA ··· GAG ···
mRNA ··· GUG ···

…正常なヘモグロビン mRNA 内の GAG コドンが GUG コドンに置き換わり…

翻訳

…グルタミン酸がバリンに置き換わってしまう

正常なヘモグロビン Glu
鎌状赤血球のヘモグロビン Val

グルタミン酸がバリンに置き換わることで，鎌状赤血球貧血の人の赤血球は，鎌状に変形しやすい性質をもつ

正常な赤血球　　鎌状赤血球

図 15・10　ヘモグロビン遺伝子の1塩基の突然変異が鎌状赤血球貧血の原因となる

初のステップである転写に関しては，tRNA や rRNA などの少数の遺伝子を含め，すべての遺伝子において似た過程であることを覚えておいてほしい．tRNA や rRNA などのノンコーディング RNA 遺伝子の場合は，RNA が最終産物であり，タンパク質へ翻訳されることはない．

遺伝子は染色体上に存在し，アデニン (A)，シトシン (C)，グアニン (G)，チミン (T) の四つの塩基からなる DNA で構成されている．タンパク質をコードする遺伝子では，DNA の塩基配列が，その遺伝子の産物であるタンパク質のアミノ酸配列を決めている．

転写と翻訳は，遺伝子内の情報をもとにタンパク質の合成を行う二つの重要なステップである（図 15・2 参照）．転写では，遺伝子の塩基配列が mRNA 分子をつくるための鋳型として使われる．つぎに mRNA が核から細胞質内のリボソームへと運ばれ，そこで翻訳される．翻訳では，mRNA が遺伝子のタンパク質産物を合成するための設計図として使われ，その塩基配列に従ってアミノ酸が連結される．

タンパク質は生命に必須であり，遺伝子の突然変異によって，産物となるタンパク質のアミノ酸配列が変わると，タンパク質の機能が失われたり，変化したりする．特に重要なタンパク質の機能が変わると，個体全体にも大きな害を及ぼすことになる．たとえば遺伝病の鎌状赤血球貧血の場合，その原因はヘモグロビンをコードする遺伝子の塩基がたった一つ変化しているだけである（図 15・10）．ヘモグロビンは，赤血球の酸素運搬を担うタンパク質である．鎌状赤血球貧血のヒトの赤血球細胞は，毛細血管などで低酸素状態になると，湾曲したりゆがんだりして変形する．それが，細い血管を詰まらせることによって，心臓や腎臓の機能

不全などの深刻な影響をもたらす．鎌状赤血球貧血のヒトは，ほとんど，またはまったく治療を受けないと，一般に出産適齢期に達する前に死亡する場合が多い．しかし現代では，十分な治療を受ければ，中高年（40〜60歳）まで，あるいは，それ以上に長生きできるようになった．

■ これまでの復習 ■

1. 遺伝暗号の翻訳とは何か？
2. 遺伝子内で塩基1個が挿入もしくは欠失したりすることは，塩基1個の置換，たとえば C が T に置換するよりも，産物としてのタンパク質を大きく変化させてしまう．それはなぜか？

1. 翻訳とは，mRNA の塩基配列情報をアミノ酸配列に変換することである．
2. 1塩基の挿入や欠失は，読み枠を移動させる（フレームシフト）ことを意味し，産生原因の下流のアミノ酸配列が大きく変化してしまう．それに対して，1塩基置換は，変化するアミノ酸が1個か，いくつか少ない個数のアミノ酸の置換に止まるので，影響は小さい．

学習したことを応用する

CSI: 青銅器時代

アイスマンの発見から間もなく，この凍結した男は捏造であり，エジプトや南米のミイラを移植したものではないかという疑いが持ち上がった．彼の身体や衣類からの発見された多くの法医学的な情報から，彼の生活や死因について有無を言わさぬ手がかりが得られた．しかし最終的に，彼が紛れもない青銅器時代のヨーロッパ人であることを確定したのは，彼の DNA であった．アルプスのエッツタール渓谷で見つかったことから "エッツィ" とよばれた彼と，現代ヨーロッパ人との間には，明確な DNA 塩基配列の類似性があったのである．

エッツィの矢筒にあった矢やナイフ，そして外套から血液のしみが見つかった．そして研究者たちは，長期間凍結された血液中の細胞から DNA を抽出し，ヒトによって多型があることが知られている領域の DNA 塩基配列を解読した．高度に多様な塩基配列を比較することで，ある個人の血液を，他の人と区別することが可能である．この技術は DNA フィンガープリンティングとして知られている（第 16 章参照）．未公開の報告書によると，エッツィの持っていた矢の1本は，2人の異なる人物の血液が付着しており，携帯していたナイフには3人目の，そして外套からは4人目の血痕が見つかったという．これらの証拠は，エッツィが激しい小競り合いの末に死亡したことを示唆している．

エッツィの持っていた純度の高い銅製の斧や，彼の毛髪に高度に蓄積した銅やヒ素，そして黒くなった肺などの手がかりから，彼が銅の精錬技術者であり，青銅器時代のテクノロジーの担い手であったことを推定することができた．彼の骨や歯に含まれる同位体の解析から，彼は死亡した海抜 3000 m の山道から約 100 km 離れたところで育ち生活していたことが判明した．彼の腸の中で凍っていたのは，古代小麦を含む，彼の死亡する前の最後の食事であった．左手には深く新しい切り傷があった．頭部に傷害があり，体の側面にも深い打撲，右前腕部にかけて深い切り傷があり，さらに左肩に矢じりが刺さっていた．動脈を切断し，失血でほとんど即死となるような致命傷になったのは，この左肩の矢による傷だと考えられた．そして死亡後数時間で，春の雪荒らしが彼を雪の中に埋め，5200 年もの間，氷河の中に氷づけにしたのである．

さらに調べるため，研究者たちはエッツィのDNAを解析した．ほとんどのタンパク質コードの遺伝子は保存されており，私たちのものとほとんど塩基配列が同じであった．保存された遺伝子は，時間経過とともに多くの変異を蓄積していなかった．というのもタンパク質の機能を変えるような塩基配列の変化は，健康に重大な影響を与えかねないからである．一般には，機能を変えるような変異をもつタンパク質をコードする遺伝子は，子どもに受け継がれないので，変異したDNA配列は，だんだんと取除かれる．これが最後の章で解説する分子進化の中立説のエッセンスである．

しかしながら，すべてのDNA塩基配列が保存されているわけではない．いくつかの領域については，高度に変化しやすく，その塩基配列の多型は子孫に受け継がれる．そして何千年もの間，高度に変化しやすい領域の塩基配列は，多くの変異を蓄積した．2008年，エッツィのDNAを調査した遺伝学者たちは，彼がおよそ12,000年前に生まれたKという塩基配列多型をもつことを見いだした．塩基配列多型Kは北アフリカや南アジア，ヨーロッパの人々に見つかっている．

あなたの親戚全員が，小さいころに特別な暗号を学んでいることを想像してほしい．たとえば，あなたが4番目や5番目の遠い従兄弟と初めて会ったとしても，互いに暗号を知っていることで，親戚であることを認識できるのである．同様に，塩基配列が高度に変化しやすい領域を調べることで，人類の特定の家族の末裔を区別することができる．何世代にもわたり，特定の家族にユニークな塩基多型を子孫に受け継ぐのである．塩基配列多型Kは，ヨーロッパ人のわずか6%程度にしか受け継がれていない．しかしKは変異を蓄積し続け，現代ヨーロッパ人のKグループは，さらに最近に変異した塩基配列により三つのサブグループに分けられる．エッツィは，塩基配列多型Kのグループのうち，ほぼ絶滅したと考えられる非常に珍しい第4のグループに属することが明らかとなった．

章のまとめ

15・1　遺伝子のはたらき

■ 遺伝子はRNA分子をコードする．タンパク質をコードする遺伝子は，タンパク質合成の指示を出すメッセンジャーRNA（mRNA）をコードする．

■ RNA分子は1本のヌクレオチド鎖からなる．各ヌクレオチドは，糖のリボース，リン酸基，そして四つの塩基のうちの一つから構成されている．RNA中の塩基は，アデニン(A)，シトシン(C)，グアニン(G)，ウラシル(U)で，チミン(T)がウラシルに置き換わっている点を除けば，DNAと同じである．

■ 3種類のRNA（mRNA, rRNA, tRNA）と多くの酵素が，タンパク質合成にかかわっている．

15・2　遺伝子からタンパク質への概要

■ 原核生物でも真核生物でも，タンパク質の合成には転写と翻訳の二つのステップが必要である．転写では，遺伝子のDNA塩基配列を使い，RNA分子がつくられる．翻訳では，リボソーム，mRNA, tRNAがタンパク質の合成にかかわっている．リボソームはrRNAとタンパク質で構成されている．

■ 真核生物では，タンパク質合成のための情報が，核内の遺伝子からタンパク質合成の場である細胞質内のリボソームへ伝えられる．

15・3　転写：DNAからRNAへ

■ 転写では，遺伝子の片方のDNA鎖がmRNA合成のための鋳型として使われる．

■ 転写における重要な酵素としてRNAポリメラーゼがある．

■ 遺伝子には，RNAポリメラーゼが転写を開始するための配列（プロモーター）がある．そして，転写はRNAポリメラーゼがターミネーターとよばれる特別な配列に出会うと終了する．

■ mRNA分子の合成は，DNA鋳型鎖のT, A, G, Cに，mRNAのA, U, C, Gが対になるようにして合成される．

■ 真核生物では，合成されたばかりの未成熟なmRNAは，核内でRNAプロセシングを受け，多くの遺伝子にある非コード配列（イントロン）が除去される．そして残りのタンパク質をコードするmRNAの部分（エキソン）がつなぎ合わされて成熟mRNAとなり，核から細胞質のリボソームへと運ばれる．

15・4　遺伝の暗号

■ mRNAの遺伝情報は，3塩基一組の単位で解読される．この3塩基の一組をコドンという．組合わせ可能な64のコドンのうち61個が決まったアミノ酸に対応している．翻訳の開始や終止の合図となるコドンもある．各コドンが指定するアミノ酸情報を遺伝暗号という．

■ リボソームは，mRNA上の決まった開始点（開始コドン）から遺伝暗号の解読を始める．3種類の終止コドンのいずれかに出会うと，そこで解読を終了する．

■ 遺伝暗号の各コドンが指定するアミノ酸は必ず1個である（これを"多義的でない"という）．また，一つのアミノ酸に対応するコドンは複数ある（これを"冗長性"という）．地球上のほとんどすべての生物は，同じ遺伝暗号を使っている（普遍性）．

15・5　翻訳：mRNAからタンパク質へ

■ コドンを指定するmRNAの塩基配列が，コードするタンパク質のアミノ酸配列を決めている．

■ 翻訳はリボソーム上で行われる．リボソームはrRNAと50種類以上のタンパク質からなる．

■ 転移RNA（tRNA）は，それぞれ特定のアミノ酸を運搬している．そしてそれぞれのtRNAがもつアンチコドンとよばれる3塩基配列部分で，リボソームと複合体を形成したmRNA上の決まったコドンを認識して相補的な塩基対を形成する．このようにしてmRNA上にあるコドンへ，順次，tRNAによってアミノ酸が運ばれてくる．

■ リボソームはmRNAとtRNAを保持し，tRNAが運ぶアミノ酸を伸長中のポリペプチド鎖に共有結合させる．こうして，リボソームがアミノ酸の共有結合（ペプチド結合）をつくり，ポリペプチド鎖を伸ばす．翻訳が完了するとアミノ酸が連結したポリペプチド鎖は，タンパク質の三次元構造へと折りたたまれる．

15・6　突然変異がタンパク質合成へ与える影響

■ 多くの突然変異は，遺伝子のDNA塩基配列上で，1塩基の置換，挿入または欠失によりひき起こされる．

■ 1塩基の挿入や欠失は，遺伝子のフレームシフトをひき起こし，その結果つくられるタンパク質のアミノ酸配列が大きく変わる．フレームシフトをもたらす突然変異が起こると，通常，タンパク質の機能が消失する．

■ 突然変異には，特に大きな影響を及ぼさないもの，なかには有益な影響をもたらすものもある．

15・7 まとめ：遺伝子から表現型へ

■ 遺伝子の多くは，最終産物となるタンパク質をコードしている．一部 rRNA や tRNA などをコードする遺伝子もある．
■ タンパク質は，生命活動にとって不可欠である．タンパク質と環境要因の両方で，生物の表現型が決まる．

重要な用語

遺伝子（p.271）
メッセンジャーRNA（mRNA）（p.272）
リボソーム RNA（rRNA）（p.272）
転移 RNA（tRNA）（p.272）
転　写（p.272）
翻　訳（p.272）
RNA ポリメラーゼ（p.273）
プロモーター（p.273）
鋳型鎖（p.273）
ターミネーター（p.274）
イントロン（p.275）
エキソン（p.275）
RNA スプライシング（p.275）
コドン（p.276）
遺伝暗号（p.276）
開始コドン（p.276）
終止コドン（p.276）
アンチコドン（p.277）
点突然変異（p.279）
置　換（p.279）
挿　入（p.279）
欠　失（p.279）
フレームシフト（p.279）
サイレント突然変異（p.279）

復習問題

1. タンパク質をつくる遺伝情報を遺伝子からリボソームに運ぶのはどの分子か？
   (a) DNA　(b) mRNA　(c) tRNA　(d) rRNA
2. 翻訳の過程で，伸長中のポリペプチド鎖のアミノ酸1個はmRNA内の何個の塩基情報に対応するか？
   (a) 1個　(b) 2個　(c) 3個　(d) 4個
3. コドンによって指定されるアミノ酸をリボソームへ運ぶのはどの分子か？
   (a) rRNA　(b) tRNA　(c) アンチコドン　(d) DNA
4. 転写によりつくられる分子は何か？
   (a) mRNA　(b) rRNA　(c) tRNA　(d) a〜cのすべて
5. ある遺伝子の鋳型鎖の部分は，CGGATAGGGTAT の塩基配列をもっている．このDNA配列によって指定されるアミノ酸の配列を記せ（図15・5を使い，対応するmRNAの配列が左から右へ読まれるとして回答せよ）．
   (a) アラニン・チロシン・プロリン・イソロイシン
   (b) アルギニン・チロシン・トリプトファン・イソロイシン
   (c) アルギニン・イソロイシン・グリシン・チロシン
   (d) a〜cのどれでもない．
6. タンパク質をコードする遺伝子が指定する順番に，アミノ酸を連結して，タンパク質を合成する役割をもつのは，つぎのどれか？
   (a) tRNA　(c) rRNA
   (b) mRNA　(d) リボソーム
7. 57個のアミノ酸からなるタンパク質をコードする遺伝子で，4〜6番目の塩基が欠失する突然変異が発生した結果，つぎのどれが起こると考えられるか？
   (a) フレームシフトによって，タンパク質の合成が阻害される．
   (b) 56個のアミノ酸をもったタンパク質が合成される．
   (c) 本来のものとは異なるが，57個のアミノ酸をもつタンパク質が合成される．
   (d) 54個のアミノ酸をもつタンパク質が合成される．
8. 多くの真核生物の遺伝子は，転写されるが翻訳されない部分をもっている．その部分の名称をつぎから選べ．
   (a) 開始コドン　(c) イントロン
   (b) プロモーター　(d) エキソン

分析と応用

1. 遺伝子とは何か？ 遺伝子のもつ情報はどのように保存されているか？
2. 遺伝子を，その産物の種類で分類し，それぞれの機能を説明せよ．
3. 遺伝情報の流れを，遺伝子から表現型まで説明せよ．
4. 遺伝子の情報の，どの部分が，どのような仕組みで，他の分子へと伝えられるか，説明せよ．また真核生物で，遺伝子の情報が核の外に運ばれた後に何が起こるか，説明せよ．
5. RNAスプライシングとは何か？ RNAスプライシングは，真核生物と原核生物の両方で起こるか？ 理由とともに説明せよ．
6. 翻訳における，rRNA，tRNA，mRNAが果たす役割についてそれぞれ説明せよ．
7. tRNA分子をコードする遺伝子の突然変異が，ヒトの代謝異常の原因となることが発見された．この突然変異は，tRNAアンチコドンのすぐ近くの塩基で起こったもので，その結果tRNAのアンチコドンが正しいmRNA上のコドンに結合できなくなった．このようなtRNAの1塩基の突然変異が，代謝反応の障害をひき起こすメカニズムは何か，説明せよ．
8. 突然変異とは何か？ それはタンパク質の機能にどのように影響するか？ 生物学の予備知識のない人に説明するための短い文章を記せ．

ニュースで見る生物学

Atrazine Hurts Animals

By Lindsay Peterson

除草剤"アトラジン"の生物毒性

アトラジンはフロリダの庭やゴルフコースの芝でよく使われている除草剤である．しかし南フロリダ大学の研究者たちによると，アトラジンは両生類や淡水魚の成長と発生に悪影響を及ぼすという．

南フロリダ大学の助教である Jason Rorh と博士研究員の Krista McCoy は，100 を超えるアトラジンの研究事例を調査した．アトラジンは，2004 年にヨーロッパでは禁止されている除草剤であるが，米国と 80 の国ではいまだに使用されている．

Rohr 博士は，"研究結果には共通した傾向がみられる"と言う．"最も衝撃的なのは，動物の低成長および行動の変化とアトラジンとの間に高い相関がみられたことだろう．"

先週，査読つきの科学雑誌 Environmental Health Perspectives に発表された論文で，Rohr 博士と McCoy 博士は，アトラジンによって魚類や両生類が直接死に至ることはなかったが，間接的に生存さえも脅かされる重大な影響があったと記述した．

研究に研究を重ね，彼らは，アトラジンが下記の影響をひき起こすという証拠をつかんだのである．

- 両生類のサイズが変態の時期近くで小さくなる．
- 魚の嗅覚が鈍くなり，魚や両生類が捕食者から逃れられないようになる．
- 両生類の感染症への抵抗力が低下する．
- 雄のカエルの生殖器の発達が変化する．

これまで研究者たちは，何年もの間，アトラジンがカエルの内分泌系に及ぼす影響を検証してきたという．しかし Rohr 博士は，多くの研究結果が，内分泌系以外への影響を示していることに気づき驚いた．そして"最も警鐘を鳴らすべきは，アトラジンがひき起こす病気のリスクや成長への影響である"と指摘したのである．

Rohr 博士と McCoy 博士は論文で，アトラジンについてはさらによく研究する必要がある，と記述している．しかしこの研究はすでに，この除草剤の利点や代替品を使用するコストよりも，副作用の方がより考慮されるべき重大なものであることを示している．

アトラジンは植物に吸収され光合成を阻害する効果をもつ除草剤であり，地上や空中散布により処方される．アトラジンの主要な製造会社の一つがスイスを拠点とするシンジェンタである．広報の Serry Ford は，"シンジェンタはアトラジンの安全性を支持する"と話した．

米国環境保護庁は，アトラジンに関する研究，特にアトラジンが川の生態系に及ぼすリスクに関する調査，を注視している．最近の米国環境保護庁の報告書では，アトラジンによって両生類の雄の生殖機能が低下することはない，と結論した．

アトラジンは，Marksman, Coyote, Atrazina, Atrazol, Vectal といったブランド名で流通している製品の 1 成分である．

アトラジンは，世界で最も使用されている除草剤の一つである．この除草剤がどのようにカエルの発生を変化させるのか？

その答えは，本章のトピックである"遺伝子の転写"に関連している．長い間，動物に無害であると考えられていたため，アトラジンは広く普及しており，雨水に溶けこんで町や田畑に流れ込み，あるトウモロコシ生育帯では 40 ppb（10 億分の 1）もの高濃度に達する．激しい雨の後，アトラジンで処理された耕地からの雨水が流れ込む排水溝や小川では，アトラジンの濃度が通常の 100 倍もの濃度に達する場合もある．

アトラジンは，遺伝子の転写を妨害することにより，発生に深刻な影響を与える可能性がある．特に両生類はアトラジンに対して非常に高い感受性を示す．たとえば，雄のおたまじゃくしがごく少量のアトラジンにさらされた場合，わずかな頻度だが，卵をつくる雌のカエルに発生するものが出現するのである．アトラジンにさらされたおたまじゃくしのなかで雌にならなかったものでも，テストステロン（男性ホルモン）のレベルが低下し，稔性を失い，性欲が低下する．つまりアトラジンの影響によって，カエルが交配し繁殖する能力が低下するのである．米国における水道水の水質基準は，アトラジンの最大許容濃度を 3 ppb と定めている．しかし，おたまじゃくしは，たった 2.5 ppb の濃度のアトラジンでも雌化するものが現れるし，より高濃度では，すべてのおたまじゃくしが雌化するようである．

これはどのようなメカニズムで起こるのだろうか？ある遺伝子が発現するとき，遺伝子は mRNA に転写されることを思い出してほしい．転写因子とよばれる制御タンパク質が，遺伝子が何コピー転写されるかを決定しており，細胞がつくるタンパク質の量を増やしたり減らしたりしている．

おたまじゃくしでは，DM-W という転写因子が，アロマターゼとよばれエストロゲンの合成を促進する遺伝子の発現を制御する．エストロゲンは"雌化"ホルモンであり，雄のおたまじゃくしが十分な量のエストロゲンにさらされると，雌のカエルへと発生してしまう．実は，おたまじゃくしがアトラジンにさらされると，DM-W 転写因子の発現が上昇し，より多くのアロマターゼが合成され，その結果エストロゲンが多くつくられる．

アトラジンに影響を受けるのはカエルだけではない．実験室で培養したヒトの細胞においても，アトラジンは，SF-1 とよばれる転写因子の発現を上昇させる．SF-1 は，アロマターゼ遺伝子のプロモーター領域を活性化させ，RNA ポリメラーゼの結合と転写を促進するのである．つまりアトラジンは，ヒトの細胞においてもアロマターゼの合成を増加させ，より多くのエストロゲンの合成を促進してしまうのである．

このニュースを考える

1. 遺伝子のプロモーターの役割を説明せよ．そして具体的にアロマターゼのプロモーターがヒトの細胞でどのような機能をもつかについて説明せよ．
2. もしアトラジンが，魚や両生類の繁殖力，感染への抵抗力，そして捕食者から逃亡する能力を低下させる効果をもつなら，アトラジンはそれらの動物の総数に対してどのような影響があるか？

出典：*Tampa Tribune*，2010 年 6 月 30 日

16 DNAテクノロジー

> **MAIN MESSAGE**
> DNAテクノロジーにより遺伝子を単離しコピーを多数得ることが可能となり，また生物個体に導入することも可能となった．

Eduardo Kac の "plantimal"

ブラジルの芸術家 Eduardo Kac はバイオテクノロジーに夢中だ．Kac はクラゲの蛍光タンパク質遺伝子を発現するように改変したシロウサギ"アルバ"を公表したことで有名である．2008年，Kac は異種間の遺伝子組換えに関する彼の思想を劇的に表現するために，新たなバイオテクノロジー作品を発表した．Kac は園芸品種のペチュニアに自分自身の遺伝子を組込もうと考え，実行したのである．

エデュニア（Edunia）は鮮明なピンクのペチュニアで，花弁に Kac の遺伝子を発現する．ペチュニアがヒトの遺伝子を発現しうるということは，植物と動物が同じ機構を共有していることを示している．植物と動物は16億年前に共通する祖先種から分岐したため，同じ機構で遺伝子からタンパク質を翻訳しているのである．エデュニアは Kac の遺伝子を発現しうるのみならず，ヒトの遺伝子を種子を通じて子孫に伝えることができる．すなわち，ヒト遺伝子はペチュニアゲノムに永久に書き加えられたわけである．

Kac は別の遺伝子で，またこれとは違った作品を企画した．それは抗体遺伝子である．抗体は細菌やウイルスをはじめとする体外の異物を認識し，これを無力化することにより体を感染から防御している．Kac は自身のウェブサイトにつぎのように記している．"作品で私が選んだのは，外来物を認識するのに必要な遺伝子である．非自己を認識し，拒絶する遺伝子こそ，作品に導入する遺伝子である．'植物でありながら，ヒトでもある'という新しい自己，というものを創造する試みである"．

> **?** 生物学者はいかにして DNA をある生物から他の生物に移動させることができるのだろうか？ この種の遺伝子組換え技術の医学への寄与としてはどのようなものがあるだろうか？

本章では，どのように DNA テクノロジーのツールやテクニックを使って DNA を操作するのかを学ぶ．バイオテクノロジーは芸術に関してはいうまでもなく，どう遺伝学の理解に役立つのか，どうやって遺伝子治療や商業製品へと展開されるのだろうか．章末で Eduardo Kac がどのように "plantimal（動物と植物のあいの子）" エデュニアを創ったのかにふれる．

エデュニア 芸術家 Eduard Kac の抗体遺伝子を組込まれた，ヒトと植物のあいの子，トランスジェニック・ペチュニア．Kac はバイオテクノロジーについての Kac 自身の観念を表現する目的でこの"エデュニア"を創造した．

286　　第Ⅲ部　遺　伝

基本となる概念

- "DNAテクノロジー"とはDNAを改変する操作のことであり，またそれらの技術の研究，健康，司法，商業目的への応用もさす．
- 遺伝子を取出し，他のDNA断片と連結して組換えDNAをつくり，大腸菌などの宿主細胞に導入することにより遺伝子のコピーを多数作製できる．
- DNAフィンガープリンティングにより個人の遺伝的なプロフィールを作製することが可能であり，犯罪被害者，加害者の特定に役立てられている．
- 繁殖クローニングの目的は特定の個体の遺伝的なコピーを得ることにある．
- 遺伝子工学とは外来DNAを生物に導入し，受入れ側の生物の遺伝物質として機能させることである．導入遺伝子の発現は表現型の変異をもたらし，このような生物は遺伝子組換え生物（GMO）とよばれる．
- 自動化されたDNA塩基配列決定法によりDNA配列を超高速で解読できるようになった．
- ポリメラーゼ連鎖反応（PCR）は革命的な技術であり，数分子のDNAを数十億コピーにまで増幅できる．
- DNAテクノロジーによりさまざまな恩恵がもたらされた一方で，倫理上の問題も生じ，人間社会や自然環境に対するリスクをもたらしている．

　人類は数千年にわたり間接的にではあるが，ヒト以外の生物の遺伝物質を操作してきた．この事実は家畜・栽培種と祖先野生種を比較すれば一目瞭然である．たとえば，家畜化されたイヌでは，選択的な交配，すなわち品種改良によって遺伝的な改変がなされてきたため，品種によっても，また祖先種のオオカミともまったく異なった外見を示す．同様に，穀類をはじめとする農作物でもその起源種とは非常に異なっている．

　選択的交配による遺伝的特徴の操作の歴史はきわめて長いものであったが（図16・1a），この40年間には，遺伝子改変において威力，正確さ，スピードのいずれの面でも，細菌から哺乳類にいたるまでの生物において長足の進歩が成し遂げられた．今日では，特定の遺伝子を増幅し特定の生物に導入することが可能で，自然には起こりえないようなDNA改変を直接的かつ迅速に行うことができる（図16・1b）．

　本章はDNAテクノロジーを概観するところから始める．つぎにDNAフィンガープリンティングや遺伝子工学などのDNAテクノロジーの実際への応用について論じる．さらにDNAテクノロジーに付随する倫理上の問題や人間社会，自然環境に対するリスクに関してもふれる．最後にDNAテクノロジー技術者の七つ道具について紹介し，DNAの取扱い上の，また遺伝子改変生物作出上の手技，手順について理解する．

16・1　DNAテクノロジーの素晴らしき新世界

　DNAテクノロジーは生物学の劇的な進歩をもたらし，その広範な応用は私たちの日常のさまざまな側面に，それこそ食事から医師の診断にいたるまで，影響を及ぼしている．DNAテクノロジーは1970年代に化学者と生物学者が，細菌やウイルスが宿主細胞の中でDNAを修飾したり複製したりするメカニズムを解明するところから出発した．科学者は，それまで自然のみが使うことができた七つ道具，すなわち宿主細胞がもつDNA修飾酵素などのタンパク質を応用することによって，DNA塩基配列決定やDNAの改変，さらには，試験管内で一からDNAを合成することさえできるようになった．

DNAテクノロジーの起源としての革命的技術

　DNAを解析・操作するのに必要な技術は，広くDNAテクノロジーとよばれている．DNAとは核酸のポリマーですべての生物の遺伝物質である．DNA塩基配列は種間のみならず個体間で変異に富むが，DNA分子の基本的な化学構造はすべて共通している（図14・3参照）．この事実は，DNAを取出し解析する実験上の同一の技術が細菌からヒトにいたるすべての生物に適用できることを意味する．

　DNAはほぼあらゆる組織，細胞から抽出することができる．抽出したDNAは制限酵素とよばれる酵素で小さい断片にするこ

図16・1　従来法による品種改良 対 DNA直接操作　外観上の変化という意味では，交配に基づく品種改良もDNAテクノロジーも異様な表現型個体をつくり出す．(a) 伝統的な交配によってつくり出された英国産ベルジアンブルー種の雄ウシ．筋肉隆々で脂肪が少ない．(b) DNAテクノロジーによりつくり出された羽のないニワトリ．安くて環境への負担の少ない低脂肪の鳥肉を生産する目的で開発された．羽をむしる労力も，それを捨てる費用もかからない．

とができ，ゲル様物質により分離し，特殊な染料で染めて特定の波長の光で可視化することができる．ポリメラーゼ連鎖反応（PCR）は革命的な技術で，DNA 断片を1分子から出発して数十億コピーにまで増幅することを可能にした．DNA 上に塩基配列のかたちで記された情報は DNA シークエンサーという一種のロボットで解読することができ，細菌や菌類，植物，動物のすべての生物種の染色体（ゲノム）上の情報を読むことができる．2000年，ヒトゲノム計画の一環として，世界規模の研究チームによりほぼ完全なヒト全ゲノム塩基配列が発表された．以来，1000種以上の原核生物と数百種の真核生物において全ゲノム塩基配列が決定された．これらの配列情報はデータベースとして公開されており，誰でもインターネット上で研究，解析に使用することができる．

特定の酵素を使用してDNA断片を人為的につなぎ合わせることで，**組換え DNA** を作製することができる（図 16・2）．多くの細菌は，原核生物に特徴的な単一の大型の染色体 DNA に加え，プラスミドとよばれる閉じた環状の DNA をもっている．**プラスミド**は比較的容易に細菌から抽出したり，別な DNA 分子と結合して組換え DNA を作製することができる．**DNA クローニング**，もしくは遺伝子クローニングとは組換え DNA を宿主細胞に導入し，多数の組換え DNA のコピーを得ることである．利用価値のあるタンパク質を多量に得られるため，遺伝子クローニングは商業的にも医療上も有用である（図 16・3）．DNA クローニングは特定の組換え DNA を増幅して解析，操作に供するためにも使用される．DNA クローニングの宿主細胞として最もよく使われるのは細菌で，導入された組換えプラスミドは速やかに増幅され，必要な DNA が細胞質中に数百コピーつくられる．

DNA テクノロジーによる社会への影響

この30年，DNA テクノロジーは数百に及ぶ殺人犯の特定に役立ったほか，DNA 鑑定が普及する前に有罪とされた 200 人以上の冤罪被害者の釈放に役立った．趣味として血族関係を調査しようとすれば，当人と，当人と同姓の他都市の有志とで DNA を比較する DNA キットも販売されている．数百ドルも支払えば業者に DNA プロファイルを作製してもらえて，言語記憶の良さとか絶対音感の有無，リスクを恐れない積極性などといった傾向に関連する遺伝子を含む数百の遺伝子座に関する遺伝子型を調べてもらうこともできる．

DNA テクノロジーにより重要遺伝子の同定が可能となり，多くの生物種のさまざまな細胞における遺伝子の機能に関する理解も増大した．現在では，数百種類の遺伝子疾患や感染症の遺伝子診断が可能となっている（p.260，"生活の中の生物学"参照）．DNA マイクロアレイ，俗に遺伝子チップと称されるものは比較的最近に開発された技術で，特定の細胞にある条件でどのような遺伝子セットの発現が上昇しているか（遺伝子のスイッチがオンになっているか），また正常な遺伝子発現パターンが疾患によりどのように変化するのかを調べることが可能になってきた．このような技術のおかげで，これまでのように誰にでも同じような治療をするのではなく，その患者でどの遺伝子の機能に問題があるのかを明らかにして，その患者に最適な薬物などを適切に選ぶことが可能となったのである．個別化医療（テーラーメイド医療）は患者の DNA プロファイルに基づいた個々人に合わせた医療であり，ようやく始まったばかりだが，この先数年で普及するであろう．

遺伝子改変は細胞，組織もしくは生物個体に対する永続的な遺

遺伝子工学：組換え DNA と DNA クローニング

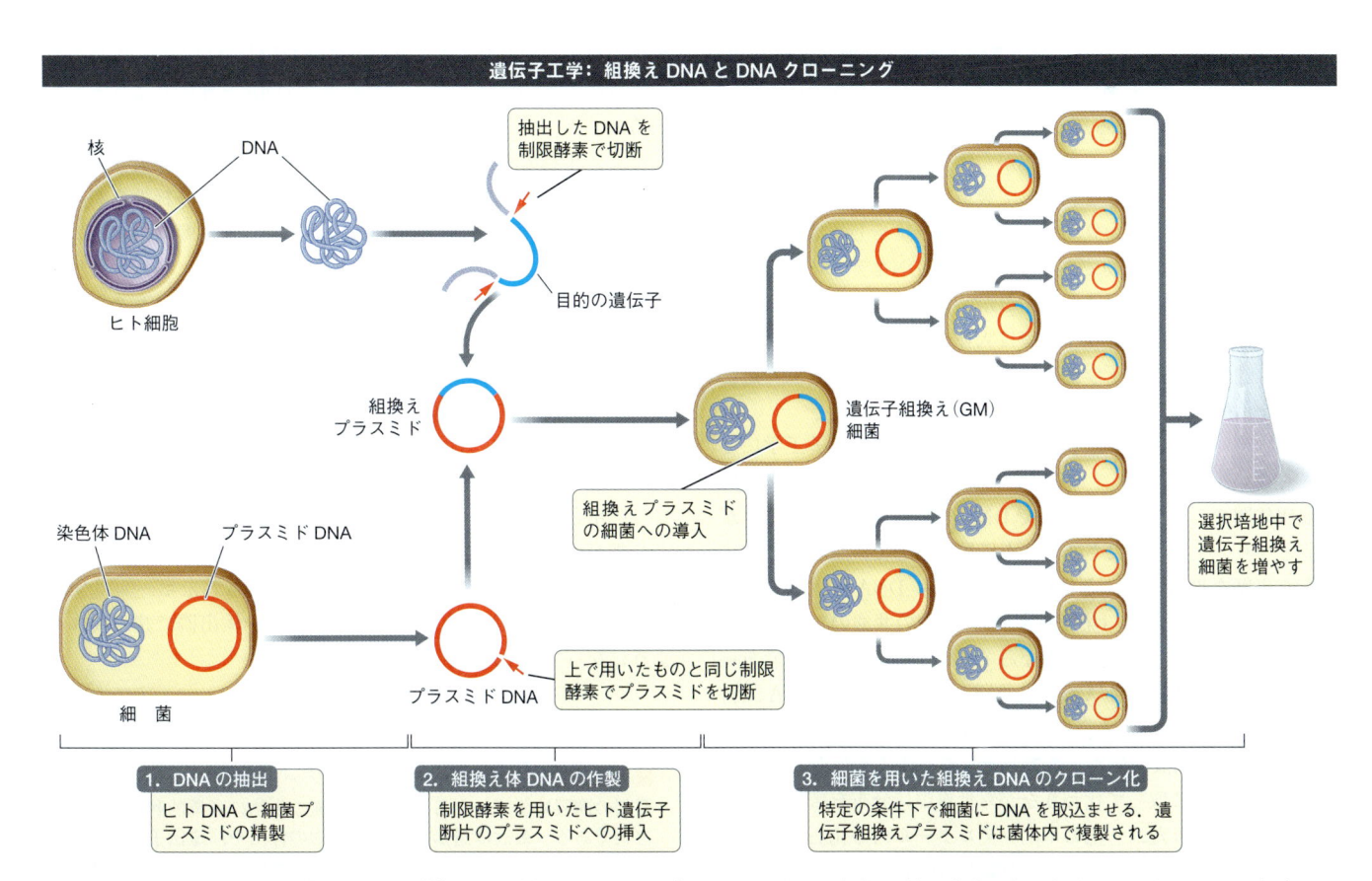

図 16・2 細菌を利用した組換え DNA の増幅 ヒト遺伝子の細菌への導入を例にとり，一般的な遺伝子操作の概要を示した．プラスミドに組込むことで，遺伝子（DNA 断片）をさまざまな方法で細菌内に導入することができる．細菌は組換えプラスミドのコピーを多数合成し，また複製されたプラスミドは細菌の分裂に伴い，娘細胞に伝えられる．DNA クローニングとは，外来 DNA を，細菌などの適切な宿主中で増幅することである．

DNA クローニングの応用例

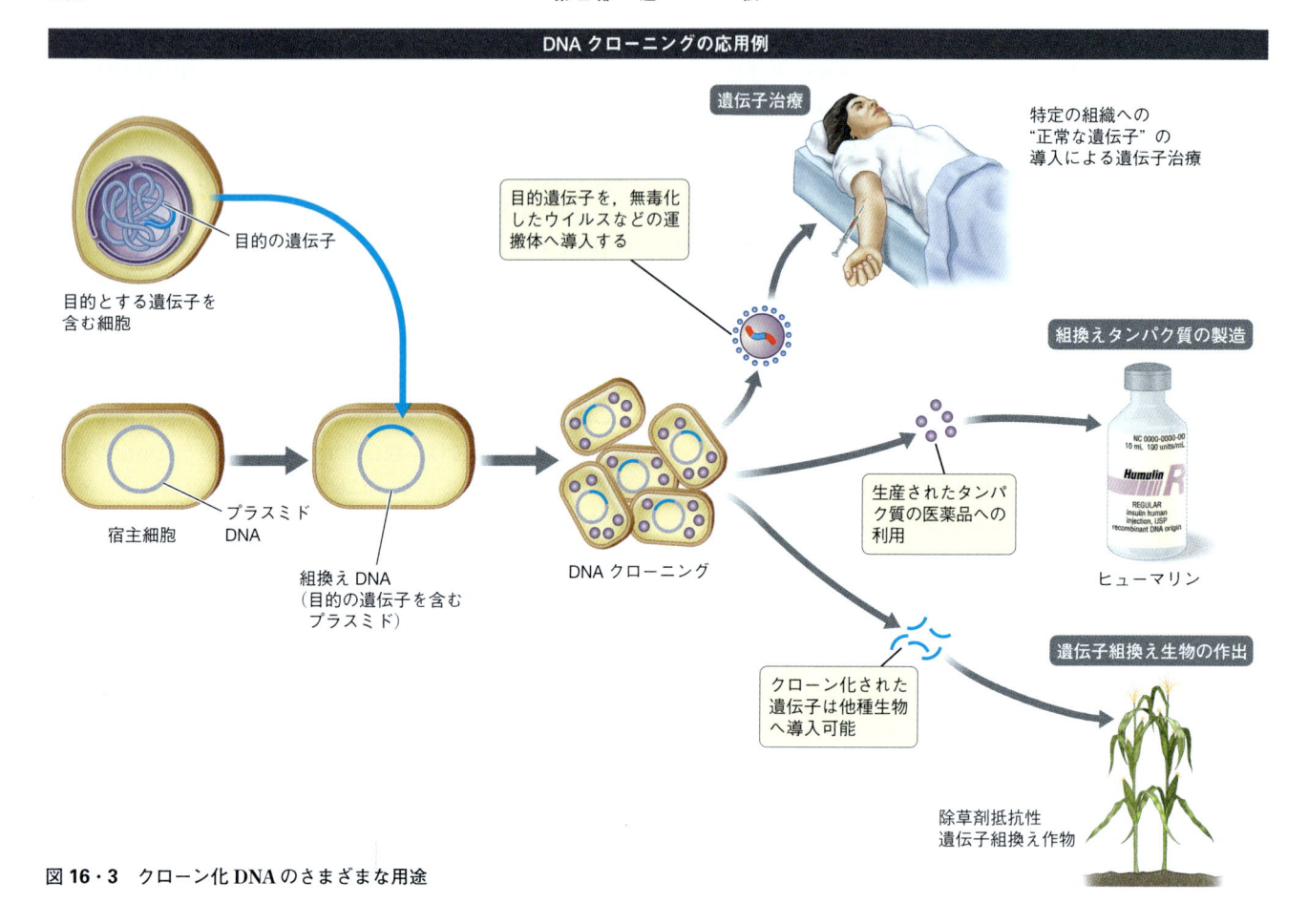

図 16・3 クローン化 DNA のさまざまな用途

伝子の導入であり，少なくとも一つの遺伝的特徴の変化をひき起こす．DNA を持ち込まれた生物は**遺伝子組換え生物**（genetically modified organism，**GMO** もしくは genetically engineered organism, GEO）とよばれる．ヒトインスリンやヒト成長ホルモン，血液凝固タンパク質やある種の抗がん物質が遺伝子組換え細菌や遺伝子組換え哺乳類細胞を利用して製造されている．北米で消費されるトウモロコシ，大豆，セイヨウアブラナもしくは綿実の大部分は遺伝子組換え作物であろう．しかし DNA テクノロジーの最大の眼目は，いまだ揺籃期にあるが，ヒトの遺伝子疾患に対する遺伝子治療である．**遺伝子治療**は人体の特定の組織,臓器の"遺伝的な"性質を遺伝子工学的に改変することであり，重度の遺伝子疾患を治療することを目的としている．

DNA テクノロジーの応用範囲は遺伝子検査や遺伝子工学にとどまらない．DNA テクノロジーのおかげで異種間での，また同種他個体間や，同種でも集団間で DNA の配列を検討することが可能となり，生物学的にさまざまな階層において，生物のたどってきた来歴を理解することに役立っている．DNA 解析は生命史の理解に大きく貢献し（第 2 章参照），生物の共通の祖先，また生物の多様性に関して他のいかなるアプローチよりも有効であった．化石試料および現生人類の各集団から採取された DNA 試料に基づく検討から，解剖学上の現生人類は南アフリカで進化し，5 万年ほど前に拡散し始め，ネアンデルタール人をはじめとする他の初期の人類に取って代わりながら世界中に分布を広げていったと結論づけられた．一部のネアンデルタール人の化石から得られた DNA 試料には，現生人類の赤髪と白い肌をもたらす遺伝子の証拠があり，人類学界ではネアンデルタール人は一部，赤髪の個体がいたと推定されている．また，スペインの遺伝学者はクリストファー・コロンブスの遺骨から DNA を抽出し，これをこの偉大な航海家の末裔であるという名誉を望むコロムないしはコロンボ姓の大勢のボランティアから得た DNA と比較しようとしている．

今日，生物の科や種の分類は DNA 塩基配列情報に大きく依存している．野生生物研究者は絶滅危惧種の遺伝的多様性を調べるのに DNA を分析しており，分析結果を種の保存戦略の策定に役立てている．このほかにも DNA テクノロジーによる野生動物そのもの，また野生動物の生活様式解明の例としては，ハクジラの一種が従来信じられていたようにイカだけ食べているのではないことを明らかにした，などがあげられる．この海生哺乳類はイカのほかにある種の硬骨魚も食べていることが，消化管内容物の DNA を分析することにより証明された．DNA テクノロジーは生物学，医学，法令の執行に加え，歴史，芸術，スポーツの分野にまで応用されている．スポーツの場合，記念品が真正品であることを保証する目的で DNA テクノロジーが用いられ，2000 年 1 月に挙行されたスーパーボウル XXXIV で使用されたボールはすべてユニークな DNA 断片で標識されレーザー検出器で読み取れるようになっていた．

■ 役立つ知識 ■ "バイオテクノロジー"とはビールの醸造から薬剤の調製にまでいたるきわめて広範な生物の商業的利用をさす言葉である．最近は遺伝子組換え生物の作出や，遺伝子組換え生物を材料とした工業生産のこともさすようになった．この意味では"バイオテクノロジー"と"DNA テクノロジー"は重なる部分が多く，ほとんど同義語として用いられることも多い．

■ これまでの復習 ■
1. 組換え DNA とは何か？
2. 遺伝子組換えとは何か？ 医薬への遺伝子工学の応用に関して記せ．

1. 二つの異なる DNA を結合して得られた 1 分子の DNA．
2. 遺伝子組換えとは細胞もしくは組織に遺伝子を人為的に導入して新機能に資することである．ヒト遺伝子の有用な物質を細胞に導入してインスリンを産生させることが用いられている．

16・2 DNA 鑑定

種や個体に特有な DNA を同定することを **DNA 鑑定** または **DNA フィンガープリンティング** とよぶ．DNA フィンガープリンティングとは，種や個体の，DNA を基礎とした認証すなわち DNA プロファイル（DNA 鑑定書）の作製にほかならない．実際，たとえば食品や水への有害な微生物による汚染の検出や，密猟容疑者の所持品から絶滅危惧種の動物の証拠の発見に役立てられている．また，臓器移植治療で患者と組織型の適合する提供者の検索や，2001 年 9 月 11 日に起こったワールドトレードセンターでのテロ犠牲者の特定などに使われている．

DNA フィンガープリンティングは非常に強力な手法であるため，現実の司法の世界を超えて犯罪小説やテレビドラマ，スリラー映画などでも描かれるようになっている．犯罪現場から採取された血液や組織，体液といった試料から，そのもととなった人物に関する DNA フィンガープリントすなわち DNA プロファイルを作成することができる．DNA プロファイルは，たとえば犯罪被害者や犯罪容疑者の鑑定書と照合されて捜査に利用される．

理論的には異なる人物間で DNA 鑑定結果が一致することもあるので，図 16・4 に示す例のように，犯罪被害者の試料と容疑者の着衣の血痕から得られた試料とで DNA フィンガープリントが一致しても，その血痕が被害者からのものだと断定はできない．ただし，異なる人物間で DNA 鑑定結果が一致する確率は 10 万〜10 億件に 1 件でしかない．（この後に述べるように，DNA 試料の調製法によってこの程度の確率の幅が生じる．）

DNA 鑑定は，一卵性の双生児や多産仔を別とすれば，個人は遺伝学的にユニークである，という事実に立脚している．個人識別の目的から，科学者は特に変異に富むと期待される領域を DNA 鑑定に利用する．非常に変異に富む領域としてはイントロンやスペーサー配列などの非コード領域があり，長さや塩基配列が個人によって大きく異なっている．

DNA 鑑定には PCR などの方法が用いられる．（PCR などの手法については §16・7 で述べる．）ヒトゲノム上の変異に富む領域を PCR で増幅すると，通常は個人により異なった増幅パターンを示す．さまざまな領域で PCR をして DNA 断片増幅のパターンを比較すれば，一卵性双生児でもない限り異なる個人間で偶然にすべてのパターンが一致することはまずない．FBI やほとんどの州警察ではヒトゲノムの 13 の領域を用いて PCR を用いた DNA 鑑定法を採用し個人をほぼ特定している．行方不明者や未解決事件の被害者，凶悪事件有罪確定者の DNA 鑑定結果は CODIS (Combined DNA Index System) とよばれる DNA データベース上に管理されている．CODIS には未解決事件現場で採取された試料に基づく PCR ベースの DNA 鑑定結果をはじめ，500 万件以上の DNA プロファイルが登録されている．

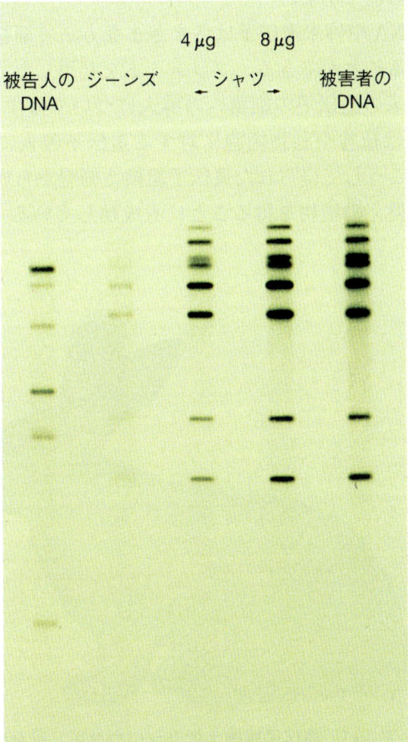

16・3 クローン動物の作出

クローン動物の作出 は特定の動物の完全なコピーを作り出す目的で行われる．1996 年，スコットランドの農場で哺乳類としては世界初のクローン動物としてヒツジのドリーが作り出された（図 16・5）．

クローン動物作出は以下の 3 段階からなる．第一に"細胞質提供者"（ドリーの場合はスコティッシュブラックフェイス種のヒツジの雌）から採卵する．次にこの卵から細胞核を除去し，これに"核提供者"（ドリーの場合はフィンドーセット種の雌のヒツジ）の体細胞を電流を用いて融合させる．この際，卵割を促す目的で薬剤も使用される．最後に融合卵から発生した胚を代理母の子宮に着床させる．順調に経過すれば完全な新生仔が生まれる．こうして得られる仔はクローンとよばれ，遺伝子の点では細胞核提供者（卵提供者や代理母ではなく）の完全なコピーである．これまでにヒツジをはじめ，ブタ，マウス，ウシ，ウマ，イヌ，ネコなどの哺乳類でクローン動物の作出に成功している．

ヒツジやウシ，ブタでクローンを作出するのは何のためであろうか．クローン動物が作出できれば，優秀な個体のコピーを量産することができるようになる．サウスダコタ州のある会社では，遺伝子工学により，病原体を攻撃するヒト免疫グロブリンを産生するよう改変したウシのクローンを作出している．究極の目標は商品価値の高い免疫グロブリンを大量合成できる，いわば生物工場ともいうべきウシのコピーをたくさん作り出すことである．

また，臓器移植を必要とする患者に臓器を提供する目的でク

図 16・4　DNA 鑑定で犯人を特定する　一番左のレーンのDNA 検査結果は殺人事件の被告人のもので，一番右は被害者のものである．被告人のジーンズとシャツには血痕が付着していた．血痕から抽出された DNA の鑑定結果は被害者のものと完全に一致した．

クローン動物の作出

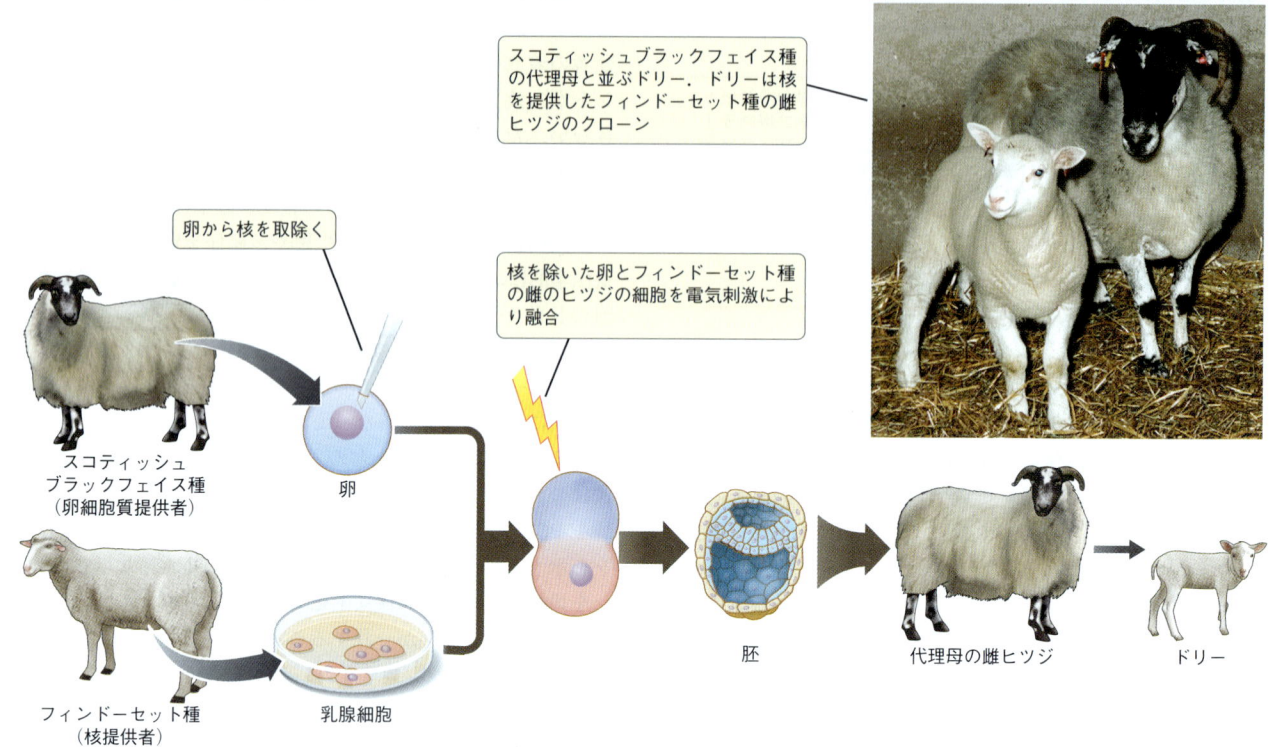

図16・5　ヒツジのクローン作出：ドリーはいかにして誕生したか

ローンブタが作られている．毎年数千を超える臓器移植を必要とする患者が，提供者が現れる前に亡くなっている．ブタの臓器はほぼヒトの臓器と大きさが等しいためブタの応用に期待がかけられているのであるが，ヒトに移植するには拒絶反応を解決しなければならない．現在ヒトの拒絶反応をひき起こす鍵となるタンパク質を欠損したブタのクローン作出が進められている．この技術は移植による以外救命の見込みのない患者のもとに必要とされる臓器を届けられるようなクローンブタ作出への重要な一歩となると思われる．

16・4　遺伝子工学

§16・1でふれたとおり，遺伝子工学とは細胞，臓器もしくは個体全体に遺伝子を安定的に導入し，遺伝的な形質を改変することである．DNAを導入されたこのような生物は遺伝子組換え生物（GMO）とよばれ，持ち込まれた遺伝子は導入遺伝子とよばれる．したがって遺伝子組換え生物とは**トランスジェニック生物**と同義である．

遺伝子工学の目的の一つは，ある生物種の遺伝子を別の生物種に導入して新たに遺伝子産物を作らせることである．たとえば，ある種のクラゲは捕食者を威嚇する蛍光タンパク質をもっている．緑色蛍光タンパク質（green fluorescent protein，GFP）として知られるこの小型の蛍光タンパク質の遺伝子を，細菌や植物，ウサギにいたるさまざまな生物の細胞に導入すると緑色の蛍光を発するようになる（図16・6）．研究対象の遺伝子に*GFP*遺伝子を結合すれば，研究対象の遺伝子産物の移動をGFPの蛍光を指標に追跡することが可能となる．GFPは基礎と応用の両面で，遺伝子発現のマーカーとして欠かせない材料となっている．

種を超えた遺伝子の移植は遺伝子工学とよばれる．図16・2に示す通り，**遺伝子工学**とはDNA断片（通常は遺伝子の部分）を取出し，これを別所に挿入する過程である．挿入されたDNA断片は同種生物のDNAとしても，他種生物のDNAとしても持ち込むことが可能である．

組換えDNAや外来遺伝子はさまざまな方法で細胞なり全身なりに導入することができる．プラスミドを利用した，ヒトを含む異種生物由来の遺伝子の細菌への導入についてはすでにふれた．プラスミドは植物や動物細胞に対する遺伝子導入にも利用できる．さらにこうして得られた遺伝子組換え細胞から成体，すなわち遺伝子組換え動植物を得ることにも成功している（p.294，"生

図16・6　アルバ，遺伝子組換え蛍光シロウサギ　受精卵にクラゲ蛍光タンパク質（GFP）を組込んで作られた蛍光ウサギ．目的とするタンパク質の遺伝子に*GFP*遺伝子を結合することにより，そのタンパク質の動態を可視化することが可能となり，細胞生物学研究に計り知れない恩恵がもたらされた．GFPの発見と生物学，医療への実用化に功績のあった3名に2008年のノーベル化学賞が贈られた．

活の中の生物学"参照)．このほかにウイルスを用いて外来遺伝子を標的細胞に"感染"させる方法や，遺伝子銃を用いて，目的遺伝子を付着させた微粒子（光学顕微鏡レベルのサイズ）を標的細胞に撃ち込む方法も実用化されている．

生物の遺伝子改変は，性能や生産性を改良する目的で実施されることが多い．タイセイヨウサケにある種の遺伝子を導入すると通常の6倍の速度で成長させることができる（図16・7）．農作物では収穫量の向上，病害虫に対する抵抗力の向上，冷害や干ばつに対する抵抗性や，農薬に対する抵抗性（農薬で作物のみ生き残れるようにする）の向上，貯蔵可能期間の延長，栄養価の向上など，実に幅広い効果を期待して遺伝子組換えが行われている．今日，遺伝子組換え作物の作付面積は世界中で実に8千万haに及んでおり，これは全世界のダイズ，トウモロコシ，ワタ，カノラの作付面積の20%以上に相当する．

このほかの遺伝子工学の一般的な用途は，医療や商業上の価値の高い遺伝子産物を量産することである（表16・1）．1978年ヒトインスリン遺伝子が大腸菌に組込まれ，インスリンは遺伝子工学的に量産された最初の製品となった．遺伝子組換えインスリンの実用化以前は，ブタかウシから精製したインスリンが糖尿病患者に投与されていた．動物から抽出した天然のホルモンは供給が不足したり，患者にアレルギー反応を生じたりする問題があったが，遺伝子組換えインスリンはより安全性が高いうえに低価格での供給が可能で，米国では年間30万人以上の糖尿病患者に処方されている．

また，相当な種類のワクチン製造の例があげられる．ワクチンとは，あらかじめ動物に投与することで免疫反応をひき起こさせ，特定の病原体に対する抵抗性を与える物質のことである．病原性のウイルスや細菌，原生生物の表面に特異的に存在するタンパク質を大量に産生するように遺伝子工学的に改変された細菌がすでに多数作られている．これから製造された病原体表面のタンパク質をヒトに接種することで，そのタンパク質に対する免疫反応が活性化され，そのタンパク質を元来もっていた病原体を攻撃するようになる．遺伝子組換え技術によるワクチン開発は特にインフルエンザやマラリアワクチンの製造で採用された．最近ではエイズウイルスの表面タンパク質に基づいた組換えタンパク質技術によるワクチン開発が進められている．

表 16・1 遺伝子組換え製品の製法と用途 遺伝子組換え製品の製造では製品をコードする遺伝子DNAを大腸菌や哺乳類細胞などの宿主細胞に導入するかDNA合成装置やPCR（§16・7参照）でDNA断片として製造される．

製 品	製 法	用 途
タンパク質		
ヒトインスリン	大腸菌	糖尿病治療
ヒト成長ホルモン	大腸菌	低身長症治療
タキソール合成酵素	大腸菌	卵巣がん治療
ホタルルシフェラーゼ	細菌	薬剤(抗生物質)耐性試験
ヒト血液凝固因子VIII因子	哺乳類細胞	血友病治療
アデノシンデアミナーゼ	ヒト細胞	ADA欠損症治療
DNA断片		
鎌状赤血球貧血プローブ	DNA合成装置	鎌状赤血球貧血の診断
BRCA1（がん抑制遺伝子の一種）プローブ	DNA合成装置	乳がん遺伝子診断
HDプローブ	大腸菌	ハンチントン病の診断
プローブM13, ほか	大腸菌, PCR	動植物のDNA鑑定
プローブ33.6, ほか	大腸菌, PCR	ヒトDNA鑑定

16・5 ヒトに対する遺伝子治療

1990年9月14日，当時4歳のAshanthi DeSilvaは遺伝子組換えされた本人の白血球の静脈注射を受けた．彼女は，病気に対する抵抗力を妨げる遺伝病の一種アデノシンデアミナーゼ（ADA）欠損症の患者で，ちょっとした風邪やインフルエンザでも命にかかわる状態であった．この疾患は白血球による異物攻撃に必要な遺伝子一つの異常が原因で発症する．医師らはAshanthiの白血球を取出し，正常なADA遺伝子を導入することで治療しようとした．結果は良好で，Ashanthiは現在ではほぼ正常の生活を送っている（図16・8）．

Ashanthiのケースは人体に対する遺伝子治療の最初の実用例となった．ヒト遺伝子治療は遺伝子工学などの手法により遺伝子疾患を治療しようとするものである．非常に深刻な遺伝子病を遺伝子の導入や異常遺伝子の抑制によって治療できるかもしれないというのは，大胆かつ魅力的な見通しだ．遺伝子治療はそれ自体が報道機関の関心をひいているが，残念ながら，一部の報道は行きすぎである．Ashanthiの場合でも，患者は遺伝子治療に加えてADA欠損症の治療を受けた．したがって一部で報道されたように，完全に遺伝子治療によってのみ回復したのではない．

これまでに全世界で600以上の遺伝子治療の実験が行われてきたが，実際の治療で成果が上がったケースはごく少ない．なぜか? 遺伝子治療技術は買いかぶられすぎているのだろうか?

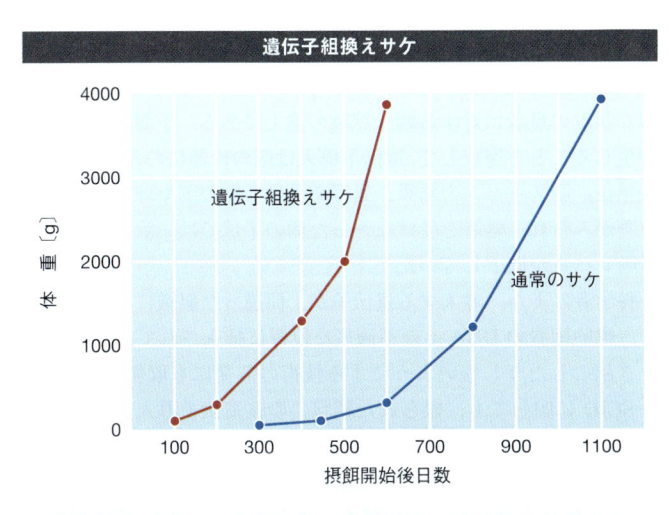

図16・7 遺伝子組換え生物——善か悪か? 遺伝子組換えサケは，ふつうのサケよりたくさん餌を食べ，速く成長する．

ヒトに対する遺伝子治療

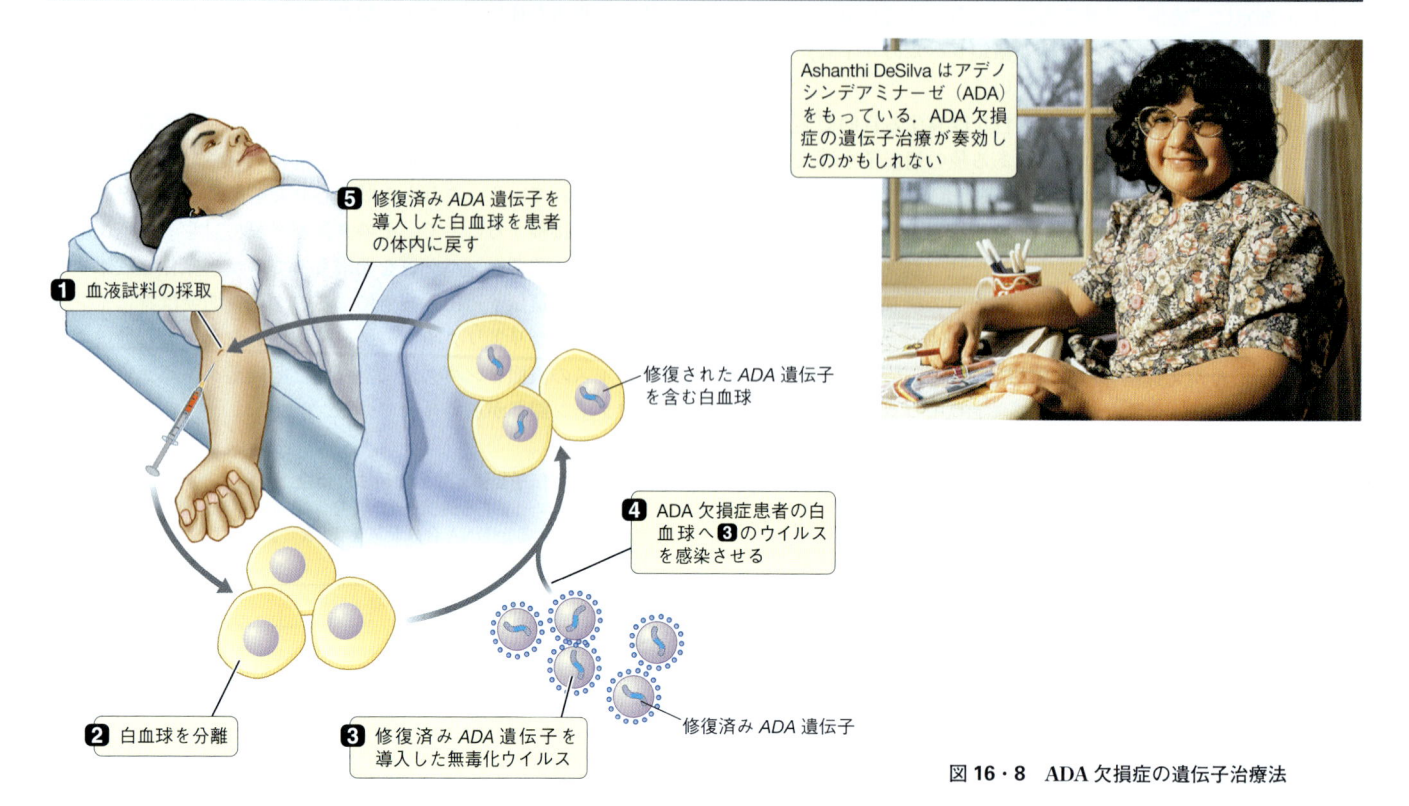

図 16・8 ADA 欠損症の遺伝子治療法

図中ラベル:
- Ashanthi DeSilva はアデノシンデアミナーゼ (ADA) をもっている．ADA 欠損症の遺伝子治療が奏効したのかもしれない
- ❶ 血液試料の採取
- ❷ 白血球を分離
- ❸ 修復済み ADA 遺伝子を導入した無毒化ウイルス
- ❹ ADA 欠損症患者の白血球へ❸のウイルスを感染させる
- ❺ 修復済み ADA 遺伝子を導入した白血球を患者の体内に戻す
- 修復された ADA 遺伝子を含む白血球
- 修復済み ADA 遺伝子

　最近まで遺伝子治療の支持者は，フランスでの先駆的な事例をあげて，はっきりと買いかぶりではないということができた．そのフランスでの例とは，X-SCID とよばれる，ADA 欠損症と同様に免疫機構が障害される疾患の治療に関するもので，2000 年にその手法が報告された．この場合も健常な遺伝子を患者の骨髄細胞に導入し，11 名の小児に対する単回の遺伝子導入で，9 名に対して効果が上がったというのである．当初科学者はこの成果を遺伝子疾患を原因遺伝子を修理することで完全に克服したと称賛した．しかし X-SCID が治癒したうちの 3 人が，不運にも血液のがんである白血病になり，うち 1 人は死亡した．何がいけなかったのだろうか？ 導入された"正常な遺伝子"が，偶然に，すみやかな細胞増殖を指令する遺伝子のそばに挿入され，その発現を促してしまったために白血病をはじめとするがんのリスクを高めたのだと考えられる．

　3 件の白血病の症例の直前に，恐ろしい事故が起こっていた．1999 年，遺伝子治療実験に参加していた若い男性が，遺伝子導入に使用されていたウイルスに対するアレルギー反応で死亡したのである．相次ぐこれらの事例は遺伝子治療現場に深刻な衝撃を与えた．世界各地で遺伝子治療に関連する公判が開かれ，遺伝子治療の回避が叫ばれた．

　それでも科学者は遺伝子治療上の最大の難関である，遺伝子の安全かつ，目的の細胞への効果的な導入の解決に向けて前進し続けた．遺伝子導入の運搬体（専門的にはベクターとよばれる）としては無害化したウイルスがよく用いられるが，治療にウイルスを使用するのはそう容易なことではない．人体はウイルスに対して抵抗性をもっているため，組換えに使用されるウイルスも標的細胞に"正常な遺伝子"を届ける前に人体内で分解されてしまうことも多いのだ．Cedars-Sinai Medical Center の研究者らは，人体の免疫機構の監視をすり抜ける，危険性の低いウイルスベクターを開発した．この新開発のウイルスベクターは現在パーキンソン病（進行性の脳の障害により特徴づけられる疾患）による悲惨な状況の患者に対する臨床試験の途上にある．予測不能な結果が生じることを警戒して，遺伝子導入は脳の片側にのみ施された．一年後，脳スキャンの結果，処置を受けた側の脳半球で脳活動の改善がみられ，処置を受けなかった側の半球では，治療前よりも活動レベルが低下していた．

　科学者はまた，導入する遺伝子が，間違った組織に導入されたり，標的細胞の DNA 上の不適当な位置に挿入されてがんなどをひき起こしたりしないようにする技術の開発にも取組んでいる．X-SCID に関しても，限られた細胞にのみ遺伝子導入することにより，発がんのリスクを低減しようとする試みがなされている．また，細胞内に持ち込まれた遺伝子がどのようにして染色体 DNA に組込まれるかについても，ヒトの細胞において研究されている．そのメカニズムが明らかにされれば，外来遺伝子の組込みを安全により制御されたかたちで実現することが可能になるであろう．

　ここ数年で RNA 干渉とよばれる手法が遺伝子治療のツールとしてきわめて有望視されるようになりつつある．**RNA 干渉**（RNA interference, **RNAi**）は任意の遺伝子の発現を選択的に抑制する機構である．RNAi では小型の RNA 断片が同じ配列を含む遺伝子の発現を抑制する．RNAi は多くの動植物の細胞で実際に遺伝子発現を制御しており，また DNA テクノロジーに応用されて遺伝子のスイッチを切る目的で使用されている．RNAi による遺伝子抑制は遺伝子の不適切な（または過剰な）発現が原因で起こる疾患に対する治療法として有望である．致死率の高い B 型肝炎ウイルスや RSV 肺炎の感染者に対して，現在 RNAi 療法は臨床試験段階に達している．眼球での血管の過剰形成が原因で起こる黄斑変性は高齢者の失明の主要な原因の一つであるが，黄斑変性

に対しても RNAi を応用した遺伝子治療が臨床治験段階を迎えている．これらの治験でもたいていウイルスベクターが使用されているが，治療用 RNA は標的となる細胞の細胞質に直接注入したり，特殊な脂質やポリマーでパッケージすることによっても細胞に導入することが可能である．このようなウイルスベクターによらない抑制性 RNA 断片導入は，染色体 DNA への外来 DNA の挿入を伴わない手法として精力的な研究の対象となっている．

16・6　DNA テクノロジーの倫理的，社会的側面

　DNA テクノロジーは人間社会に多くの利益をもたらした．と同時に，遺伝子工学のもつ計り知れない力，また遺伝子工学によって開かれた可能性は，一部に倫理上の関心をひいたほか，潜在的なリスク，ことに野生生物の遺伝学的な保全の問題を浮上させた．最も根源的な問いかけとしては，私たちが他の生物の DNA を改変する権利は正当化されうるか，というものがある．また一方で細菌やウイルスの DNA を改変することには何らの抵抗も感じなくても，農作物や，イヌやチンパンジーといった感覚をもった動物に対する DNA 改変には反対する人たちもいる．

　糖尿病患者に使用するインスリンや，血友病患者に使用する血液凝固剤，脳卒中患者に使用する血栓溶解剤を製造するために細菌の遺伝子を組換えることに罪悪感を感じる人はほとんどいないであろう．他方，遺伝子組換え作物は一部から，とりわけ欧州で強い反対をこうむっている．欧州では遺伝子組換え体を使用した食品はその記載が義務づけられ，遺伝子組換え体を使用しない商品と別に販売されるうえ，生産ラインまですべて監視されている国もある．遺伝子組換え食品に対して批判的な人たちは，遺伝子組換え作物・動物に含まれる組換えタンパク質が，何も知らない消費者に重篤なアレルギー反応をひき起こすのではないかと懸念している．遺伝子組換え食物の支持者は，10 年以上にわたって組換え食品が普及している米国において，組換え作物が原因となる不具合に関する信頼すべき報告はないとして，このような反対に抵抗している．

　環境保護主義者は農薬耐性作物の栽培が農薬の使用を助長し，環境に負担をかけるのではないかと懸念している．遺伝子組換え技術の支持者は，適量の農薬の使用で雑草の生育を抑制することができれば土壌に対して負荷の大きい荒起こしに訴える必要がなくなるので，農薬耐性作物の栽培はかえって土壌に対してやさしいと主張している．トウモロコシや綿花などさまざまな農作物で，細菌の一種 *Bacillus thuringensis* からとられた Bt 毒素（名前はもととなった菌の学名による）を産生するように改良されている．組換え作物の花粉に含まれるこの防虫剤タンパク質が，オオカバマダラに有害なのではないかと懸念されていたが，最近の研究によれば Bt 毒素はオオカバマダラをはじめとする昆虫に対しては害はない模様である．

　遺伝子組換え技術に対して批判的な人々は遺伝子組換え動植物由来の遺伝子が野生種の間に拡散して，環境破壊につながりかねないと訴えてきた．また，遺伝子組換え動物が農場や農家の飼育場の柵を越えて逃げ出したり，魚が逃げ出して環境中に人為的に改変された遺伝子をばらまいてしまうのではないかという懸念を表明する人もいる．脱走した遺伝子組換えサケは天然のサケと交配することによってサケの遺伝子上の多様性を損なうのみならず，野生種と競合してこれを絶滅に導くなど，野生のサケの存在を脅かしかねない．

　世界の主要な 13 種類の農作物のうち，唯一の例外であるトウモロコシを除く 12 種類で，組換え作物が実際に野生種と，その分布域で交配可能な状態にある．遺伝子組換え除草剤耐性作物から除草剤抵抗性因子の遺伝子が，交雑により野生種に持ち込まれてしまう可能性はゼロではない．そこから，除草剤の効かない"スーパー雑草"ができてしまう危険は存在する．

　最近ではラウンドアップ（米国モンサント社製の除草剤）に対する耐性因子の拡散の可能性を検証するために商業的規模（およそ 160 ha）で実験が行われている．モンサント社とスコット社が共同で開発したゴルフ場用の除草剤耐性遺伝子組換えコヌカグサ（いわゆる芝生）にはこの耐性遺伝子が組込まれている．芝生は風媒花植物なので，耐性遺伝子が花粉に乗ってさまざまな野生の近縁種と交雑したとしたら，除草剤の効かない雑草がゴルフ場にはびこることとなる．この恐れは現実のものとなりつつあるようで，実験圃場から 20 km も離れた地点で採取された遺伝子組換え体ではないはずの芝草から除草剤耐性因子遺伝子 DNA が検出された．圃場から 14 km 以内では別の種の試料からも除草剤耐性因子遺伝子が検出された．モンサント社とスコット社によればラウンドアップに対する耐性因子検出の結果は，別の除草剤でコントロールできるので，憂慮すべきものではないという．

　米国農務省はスコット社の耐性芝生の販売の可否を判断する前に所管の部局に対して環境衝撃試験を実施するよう命じた．米国農務省による遺伝子組換え作物の環境への影響評価を命じた最初の例である．専門家は一つの解決法として，遺伝子をまきちらさない，不稔性花粉を形成する品種の作出を提案している．

　一部の人の間では，遺伝子組換え生物に関する議論は加熱気味で，政治的な，また社会的環境問題の中心課題にすらなっている．遺伝子組換え植物における"ターミネーター遺伝子"の使用は，理論上は発芽可能な種子の形成を阻止するはずである．遺伝子組換え作物の推進派は"ターミネーター技術"により遺伝子組換え生物の環境中への拡散は十分防げると期待している．しかしこの"ターミネーター技術"は，結局農家がこれを毎年買わなければならなくなるはずであるから，遺伝子組換え生物の反対派はこの技術を種子企業による利権目当ての試みとみる．

　遺伝子組換え技術に批判的な人々は組換え技術使用に伴う社会的なコストについても，遺伝子組換え細菌で量産されるウシ成長ホルモンを例にあげて指摘している．ウシ成長ホルモンには複数の効果があるなかで乳牛の乳汁生産を増大させるが，ウシ成長ホルモンが流通し始めた 1980 年代にすでに牛乳の生産は過剰気味であった．大規模牛乳生産者のウシ成長ホルモン使用はさらなる牛乳の過剰供給とそれにつれて起こる牛乳価格低下をまねき，伝統的な家族経営の小規模生産者の撤退という結果をもたらした．消費者が牛乳価格低下による恩恵を被る，その代償としての零細酪農家の破産は容認しえないというのがほとんどの意見であろう．しかし商行為は，零細農家も含め，例外なく各自の責任においてなされるべきであり，感情論から非効率な経営が延命させられるべきではないとする意見も一部にはある．

　これらの例が示す通り，遺伝子組換え生物のもつ社会的側面に関する議論は，特に食品に関する政治的な農業経済上の問題と絡み，しばしば複雑化する．ヒト DNA の改変に関しては，悲惨な疾患の治療目的に限れば倫理上妥当とすることにほとんど異論はなかろう．それでは，より深刻でないケース，たとえば身体的，心理的な性質の改良目的でのヒトに対する遺伝子操作の使用はど

生活の中の生物学

日常的に口にする遺伝子組換え生物

1996年に遺伝子組換え作物が流通するようになって以来，遺伝子組換え生物の農業および食糧生産上の使用は爆発的に増大している．これに従い，遺伝子組換え食品のリスクと恩恵に関する論争も起こっている．世界の遺伝子組換え作物のうち50％以上が米国で生産されており，カナダでは6％程度が生産されている．

米国では遺伝子組換え食品の表示が義務付けられていないため，米国内で販売される加工食品のうち75％以上が組換え作物を原料に含んでいることを消費者は知らされていない．パン，シリアル，冷凍ピザ，ホットドッグ，炭酸飲料はほんの一例にすぎない．トウモロコシからつくられるコーンシロップは多くのジュースや炭酸飲料などの清涼飲料の製造に使用されているが，ほとんどの大手コーンシロップメーカーは組換えトウモロコシを原料に使っている．大豆油，綿実油，コーンシロップは加工食品に広く使用されている．米国農務省によれば，2010年の米国における遺伝子組換えダイズ，綿花，トウモロコシの作付け面積は5500 haに及ぶという．組換え作物は遺伝子操作により害虫への抵抗性や除草剤耐性を付与されている．カボチャやジャガイモやパパイヤなど，遺伝子操作で病気に強い品種に改良された作物もある．

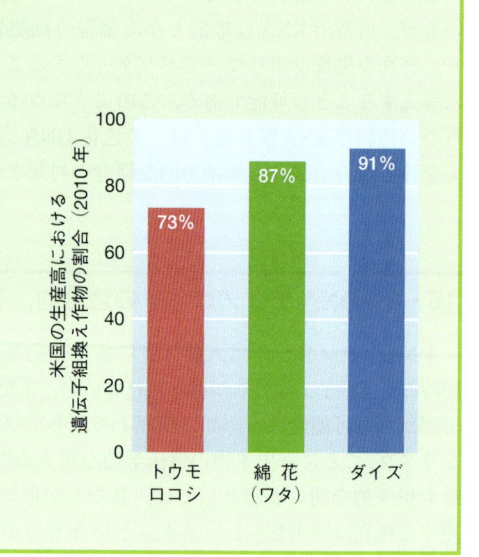

米国の生産高における遺伝子組換え作物の割合 (2010年)
- トウモロコシ: 73%
- 綿花 (ワタ): 87%
- ダイズ: 91%

うか？ 子どもの知性，人格，外見の改良，あるいは男女の産み分けが，技術的に可能になったとして，実行に移すことは倫理上容認できるであろうか？ 1990年代の米国小児麻痺救済募金運動 (March of Dimes) の調べによれば，全米で40％以上の人が機会があれば（子の遺伝子の）改良を受けたいと望んでいる．両親がわが子のためにこのような選択をすることがはたして公正といえるであろうか．ヒト遺伝子操作は実際上の問題が解決されておらず，これまで述べたような問題が解決されたうえで読者の身の回りで実用化されるまでにはまだ年単位で時間を要するであろう．

16・7 DNAテクノロジーのいくつかの手法

DNAの抽出はどちらかといえば単純な操作である．まず細胞膜を壊して，膜に閉じ込められていた細胞の内容物を放出させる．ついで化学薬品を用いてタンパク質や脂質などの高分子からDNAを分離する．さまざまな天然由来の酵素を用いてDNAを切断したり結合したり，またPCRなどで増幅したりする．細胞やウイルスは，DNAの複製（第14章参照）や染色体乗換え（第13章参照），ウイルスによる細胞への感染や，細胞によるウイルス感染や寄生生物感染に対する防御反応に関連する，さまざまな酵素の宝庫である．

これらの現象のメカニズムが明らかにされるにつれ，これらの酵素をいわば"拝借"して試験管内でDNAを操作することが可能となった．厳しい環境で生育する生物から得られた酵素の中には，100℃近くなど，過酷な条件下でも活性をもつものもある．DNAテクノロジーの手順に目を通す際にはこれらの魔法のような酵素は自然によって作り出されてきたということを肝に銘じて読んでほしい．DNA技術者の道具箱の中の道具は実際に生息する生物やウイルスから得られたもので，長い進化の過程で磨きあげられてきたものなのである．

DNAの切り貼りは酵素によってなされる

ヒトは半数体当たり23本の染色体上に33億塩基対のDNAをもっている．染色体1本は平均で1億4千万塩基対の巨大な1本のDNAである．このため細胞からDNAを抽出すると，ちぎれて細切れになってしまいやすい．特定の塩基配列を認識してDNAを切断する**制限酵素**を用いれば，DNAを取扱いやすい断片にして操作を進めることができる．たとえば制限酵素 *Alu* I はAGCTという配列に限ってこの部位で切断する（図16・9）．数百もの制限酵素が知られており，それぞれにDNAの特異的な標的配列を認識してその部位で切断する．制限酵素は1960年代後半に細菌から発見された．制限酵素は細菌がウイルスなどによりもち込まれる外来性DNAを分解するために進化してきたように思われる．感染性ウイルスは，まず細菌細胞にDNAを注入するが，細菌は自身の制限酵素を外来DNAに差し向けてこれを切断しようとする．こうしてウイルス増殖は"制限"されるのである．

DNAリガーゼはDNA組換えに使うもう一つの重要な酵素で

制限酵素の利用

制限酵素によるDNA切断部位

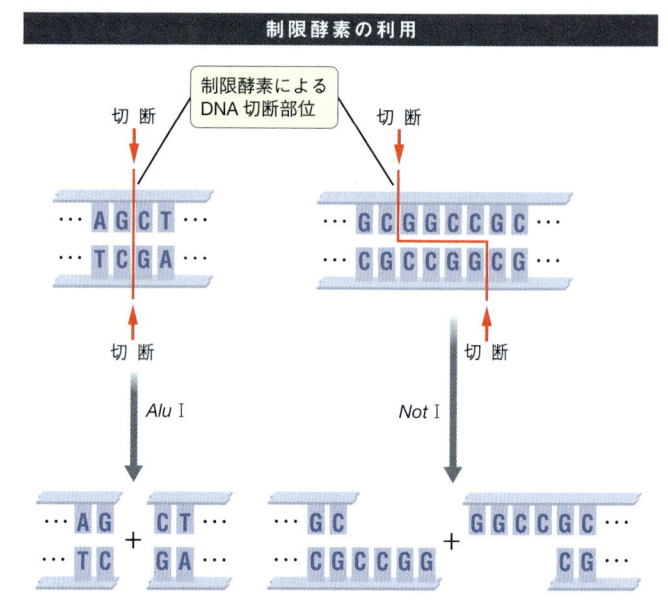

```
…AGCT…         …GCGGCCGC…
…TCGA…         …CGCCGGCG…
```
↓ *Alu* I   ↓ *Not* I

```
…AG    CT…      …GC       GGCCGC…
…TC  + GA…      …CGCCGG +     CG…
```

図16・9 制限酵素は特定の箇所でDNAを切断する 制限酵素 *Alu* I はDNA上のAGCTという配列を認識してDNAに結合し，この部分で切断する．これとは別の *Not* I という制限酵素はDNAのGCGGCCGCという配列を認識して切断する．いずれの酵素もそれぞれ固有の配列に限って切断する．

ある．DNAリガーゼはDNA断片同士を結合するので，遺伝子DNA断片をプラスミドDNAに挿入して組換えDNAを調製する際などに用いられる（図16・2に模式的に示したように）．たとえばオワンクラゲの緑色蛍光タンパク質（GFP）遺伝子を制限酵素によって切り出し，これをDNAリガーゼを用いて細菌由来のプラスミドに"貼り付け"て組換えDNAを調製することができる．組換えプラスミドは遺伝子工学的に細菌体内に導入することができるから，誤りなくプラスミドがつくられていれば，その細菌は青色光を照射されると緑色の蛍光を放つ．

ゲル電気泳動によるDNA断片の大きさによる分離

制限酵素で断片化したDNA試料は"ゲル電気泳動"とよばれる方法で断片を分離して解析に使う．**ゲル電気泳動**では，DNA試料をゲルとよばれる寒天様の物質で作られた平板にうがたれた，ウェル（井戸の意）という穴にセットする．ゲルに電流を通じると，通常とられる実験条件ではDNA分子は負に帯電しているため，DNAは陽極側に移動する（図16・10）．大きい断片は小さい断片よりも泳動中に抵抗を受けるため，大きい断片は小さい断片よりも遅く移動する．したがってDNA断片の移動速度は断片の長さに依存する．一定時間後，短い，すなわち速く移動する断片はゲルの陽極側に，大きい，すなわち遅く移動する断片はゲルの陰極に近い側に配置されるかたちで分離される．DNAそのものは目に見えないので，電気泳動結果を解析するためにはDNA断片を特殊な方法で染色ないしは標識する必要がある．

制限酵素による切断とゲル電気泳動の組合わせによる泳動パターンの比較から，DNA配列の違いを解析することができる．たとえば，制限酵素 *Dde* I は正常なヘモグロビン遺伝子を1箇所で切断して2個の断片とするが，鎌状赤血球貧血患者のヘモグロビン遺伝子は切断しない．この違いを利用して鎌状赤血球貧血の遺伝子診断ができる（図16・11）．

バイオテクノロジーの基幹技術としてのDNA塩基配列決定とDNA合成

DNA塩基配列決定によりDNA断片，遺伝子，生物の全ゲノムDNAの塩基配列を決定することが可能となった．塩基配列はいくつかの方法で決定することができるが，シークエンサーにより機械化されている（図16・12）．1日で100万塩基対も決定できるシークエンサーもあり，遺伝子のすみやかな配列決定に威力を発揮する．DNA塩基配列決定は人力でも可能で，低速ながら今日なおきわめて有力な手法であり続けている．

塩基配列決定技術はヒトの全ゲノムDNAを解読するヒトゲノムプロジェクトによりおおいに進歩した．ヒト以外の生物のゲノムも多数解読されており，ヒトなどですでに配列のわかっている遺伝子であれば，相同性からデータベース上で探すことができる．遺伝子が染色体上のどこにあるかを表すのが遺伝子地図である．ヒトの病気や健康状態に関連する重要な遺伝子の探索は重要な研究分野となった．ゲノムプロジェクトと関連する比較的最近の研究分野である**プロテオミクス**は，遺伝子がコードするタンパク質を網羅的に解析するもので，高等生物の構造と機能について多くを教えてくれることであろう．

希望する配列のDNA断片の調製も機械化されている．100塩基以下の一本鎖DNAの合成であれば1時間以内に終了する．一本鎖DNAは特定の遺伝子の検出に用いる**DNAプローブ**としても使用することができる．この目的では通常30塩基以内のものが用いられる．プローブは実験室レベルで合成することも可能で，調べたいDNA配列の相補鎖を調製する．**DNAハイブリダイゼーション**では，標的となる試料DNAを制限酵素で断片化し，二重らせんの水素結合を壊して一本鎖にする．一本鎖のDNAプローブが標的となる試料DNA中の相補的な配列に合致すればこれと結合する．これがハイブリダイゼーションとよばれる過程である．プローブは放射性同位元素や蛍光物質で標識することができる．プローブはDNA鑑定などで汎用されている（§16・2参照）．

プライマーとよばれる合成オリゴ一本鎖DNAのハイブリダイゼーションのステップは，研究室で広く用いられるポリメラーゼ連鎖反応（PCR）とよばれる技法における最初のきわめて重要なステップである．PCRのおかげでわずか数分子のDNA断片の数十億コピーまでの増幅がほとんど自動化されてしまった．

微量DNAのPCRによる増幅

ポリメラーゼ連鎖反応（PCR）は特殊なDNAポリメラーゼを用いて数時間で任意のDNA断片を数十億コピーにまで増幅する手法である．PCRを行うためには**DNAプライマー**とよばれる短い合成DNAが2種類必要である．2種類のプライマーは増幅したいDNAの領域の両端を挟むように，かつそれぞれ二本鎖

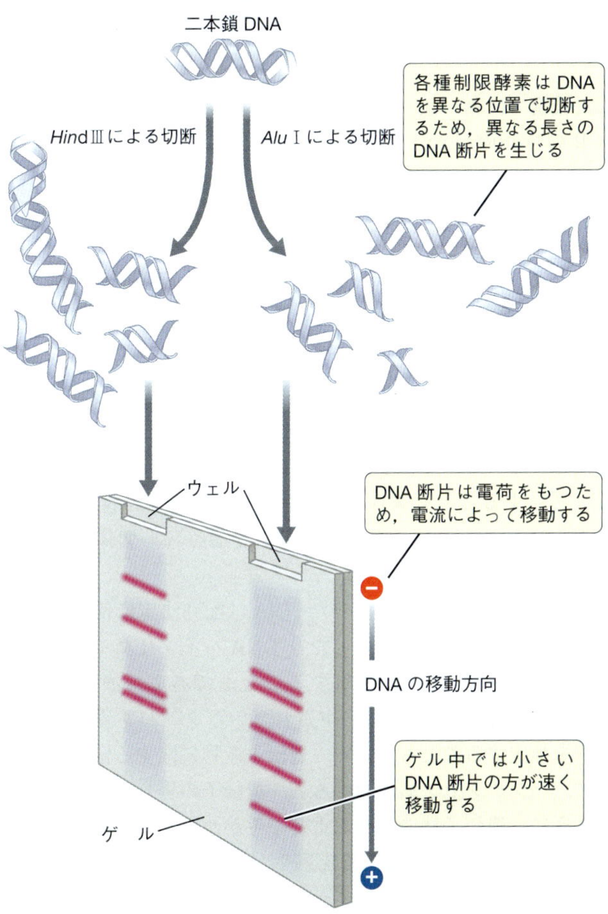

図16・10　DNA断片のゲル電気泳動による分離　ゲル電気泳動は生体分子の分離と可視化に応用される．電流を通じるとDNA断片はサイズに応じてゲル中を異なった速度で移動し，大きい分子は遅く，小さい分子は速やかに移動する．DNAの可視化にはDNA結合性で，紫外線照射により桃色の蛍光を放つ臭化エチジウム（エチジウムブロマイド）がよく用いられる．

対立遺伝子変異の検出

図16・11 制限酵素と電気泳動による鎌状赤血球遺伝子の検出 制限酵素 *Dde* I は DNA 上の GACTC という配列を認識してここで切断する（図中上段に黄色で示した）．正常な人のヘモグロビン遺伝子上には *Dde* I 切断部位が1箇所存在する．T-Aのペアが A-T に置き換わる一塩基置換（点突然変異）でこの GACTC が GACAC になると鎌状赤血球貧血となるが，こうなると *Dde* I は切断できなくなる．したがって健常人の試料では DNA のバンドは2本になるのに対して，鎌状赤血球貧血患者の試料では1本だけで，泳動度も異なってくる．

DNA の一方の鎖に相補的にハイブリダイゼーションするように設計される．図16・13 に示した一連の操作により，DNA ポリメラーゼは一端をプライマーとして含む，多数のDNAを合成する．DNAの増幅には，部分的にでもその配列がわかっている必要がある．そうでなければプライマーを設計することができない．

PCR の威力は数個の細胞や，1点の血痕といった，きわめて微量の試料から出発して DNA 断片を増幅できる点にある．このため PCR は基礎研究から，診断や司法，親子関係の認定，古人類学からキャビアや年代物のワインなどの珍味の保証書作製にいたるきわめて広範な分野で応用されている．PCR はきわめて優れた技術で，第一論文が公表されてわずか6年後の1991年にはPCRの特許権が3億ドルで買い取られた．その2年後1993年，Kary Mullis は PCR の開発の功績でノーベル賞を贈られた．

組換え DNA 増幅方法としての DNA クローニング

1分子の遺伝子では配列決定にせよ遺伝子操作にせよ量として不十分である．生物学の現場では目的とする遺伝子を取出してきたら，DNA リガーゼを使って別のDNAの断片と結合して組換えDNA分子を作る．これを特殊な宿主細胞に導入してその細胞の力で多数のDNAのコピーを調製する．**クローニング**とは遺伝子の均一なコピーを大量に作ることであり，一個の生物をまるまるコピーすることもクローニングの一種である．園芸植物の挿し木やヒツジのドリーの例（図16・5参照）も個体のクローニングの一種である．

いったんクローニングされた DNA は配列決定に使用できるほか，別の細胞や生物に導入したり DNA ハイブリダイゼーション実験のプローブとして使用することもできる．また，遺伝子 DNA の配列からそこにコードされているタンパク質のアミノ酸配列を推定することもできる．遺伝子産物に関する情報が得られれば，ハンチントン病における *HD* 遺伝子の場合（第13章参照）のように，遺伝子機能を知る重要な手がかりとなる．したがって DNA クローニングは遺伝子疾患やがん研究で鍵となるステップである．

遺伝子や，遺伝子以外のDNA断片をクローニングする場合にはまず制限酵素で DNA を切断する（クラゲから *GFP* 遺伝子を単離する場合など）．つぎに DNA 断片を DNA ベクターに挿入する．この反応はランダムに起こる．§16・1で述べたように，プラスミドベクターは単離した DNA 断片を細胞を超えて別の細胞

図16・12 機械化されたDNAの塩基配列決定 今日 DNA 断片の塩基配列決定は機械化されてきわめて迅速になされるようになっている．写真では研究者が塩基配列決定ゲルの状態をコンピュータモニター上で点検している．4種類の核酸塩基は画面上では赤，緑，青，黄色の4色で表示されている．

16. DNAテクノロジー

ポリメラーゼ連鎖反応

❶ 熱変性による二本鎖DNAの一本鎖への解離　❷ 反応液冷却によりプライマーがDNAに会合する　❸ DNAポリメラーゼによるプライマーからのDNA伸長．これにより失われた部分が合成されて二本鎖が新たにつくられる　❹ ❶～❸の操作の繰返しにより標的DNAを数十億コピーにまで増幅できる

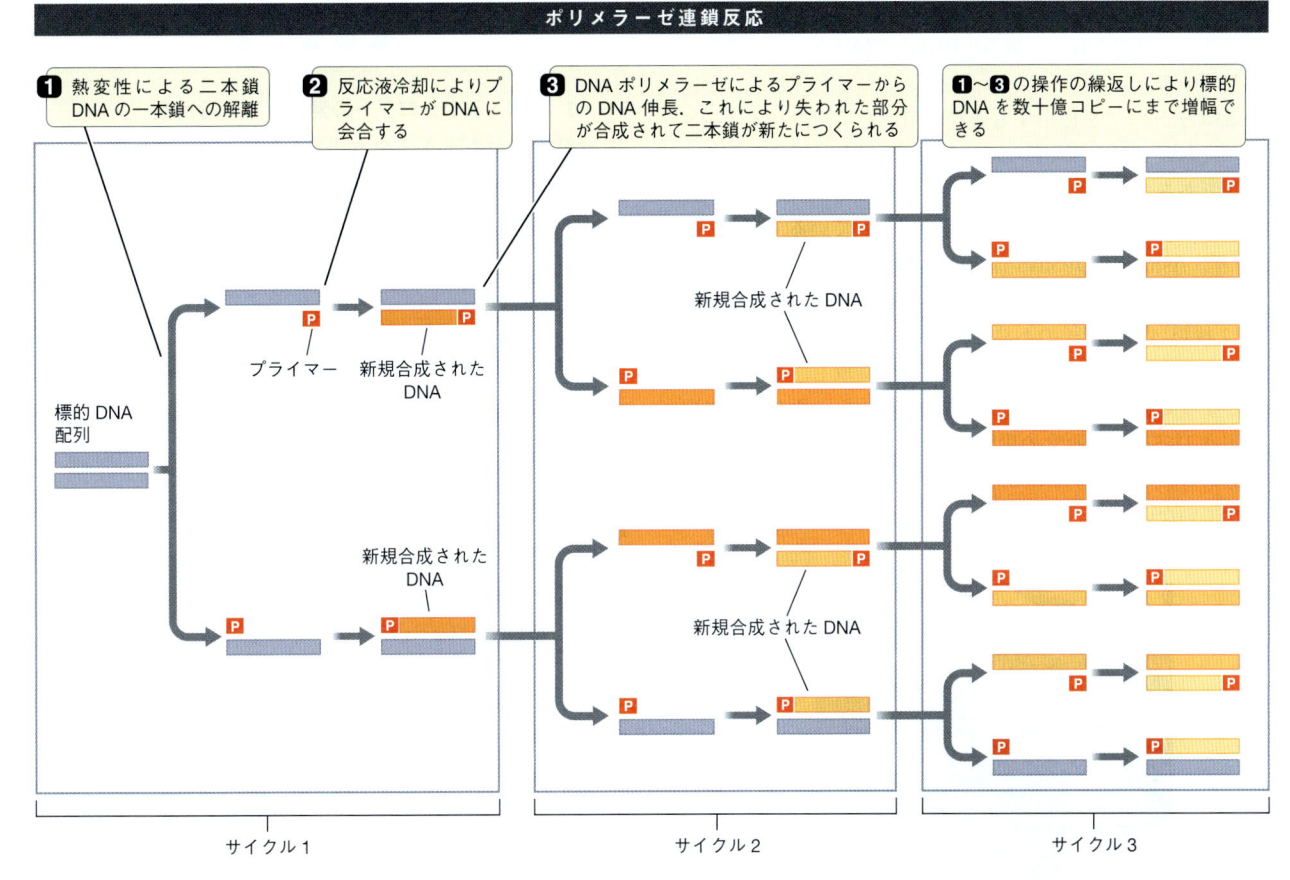

サイクル1　サイクル2　サイクル3

図16・13　微量DNAのPCRによる増幅　増幅を希望する断片（薄紫）の両端と一致する短いプライマー（赤）を，試料DNA，DNAポリメラーゼ（酵素），4種類のヌクレオチドと試験管内で混ぜる．専用の装置で温度を図に示す通りいったん上げてから下げることにより，3段階を経て二本鎖DNAは理論上2倍に増幅される．倍化のプロセスは繰返される（図では3サイクルのみ示した）．わかりやすくするために出発材料の鋳型DNAを薄紫で，サイクルごとに合成される鎖を橙色で，プライマーを赤色で示した．

に導入するために設計された，"DNA運搬体"の環状の細菌性DNAである．ある種のウイルスのDNAや，細菌や酵母の染色体も，大型のDNA断片をクローニングする際のDNAベクターとして利用できる．（図16・8であげたAshanthi DeSilvaのケースではウイルスベクターが使用された．）

本章ではバイオテクノロジーが医療，農業，環境にもたらした変革のほんの一部を紹介したにすぎない．DNA操作は世界を良い方向に変えつつあるが，むろん良いことばかりではない．情報に明るい人々は，マイナスの面も含めてDNAテクノロジーの社会に及ぼすインパクトについて知ろうと望むことであろう．

■ **これまでの復習** ■

1. DNAテクノロジーにおける制限酵素とDNAリガーゼの役割について述べよ．
2. DNAフィンガープリントについて知るところを記せ．
3. なぜ遺伝子組換え生物の逃走が環境にとり脅威となりうるか述べよ．

学習したことを応用する

plantimalの作り方・女の子の治し方

本章の冒頭で，バイオテクノロジーにインスピレーションを受けたEduardo Kacによる芸術作品としてのトランスジェニックペチュニア"エデュニア（Edunia）"についてふれた．この着想を得たときKacは自身の血液を技術者に送り，血液からDNAを採取し，抗体の一種κ免疫グロブリン（Igκ）遺伝子の位置を特定させた．全体では① Igκ遺伝子DNA，② 抗生物質耐性因子遺伝子（細菌由来），③ 植物由来の抗生物質耐性因子遺伝子，④ ペチュニア内で葉脈特異的な発現を制御するプロモーターの計4個の遺伝子がペチュニアに挿入された．

このプロジェクトにこれほど多数の遺伝子が必要となるのはなぜか？遺伝子の運搬体は小さな環状DNAのプラスミドで，これに外来遺伝子を挿入する（図16・2参照）．組換えプラスミドを植物に感染性をもつ細菌に導入して植物に感染させれば，組換えDNAが植物細胞に持ち込まれる．プラスミドが導入されていない細菌が入ってこないように，プラスミド導入処理後の細菌は抗生物質で処理し，プラスミド（抗生物質耐性因子の遺伝子を仕込まれている）をもっている細菌のみが選択的に生き残るようにしておく．

植物細胞に細菌を感染させるステップでは，感染した植物のみが得られるよう，植物細胞を抗生物質で処理するとプラスミドを含む細胞のみが生き残る．組換えペチュニア細胞の小塊は植物体

[復習問題解答（上下逆さ表示）:

1. 制限酵素は特定のDNA配列を認識して切る．DNAリガーゼによりDNAの断片どうしをつなぎ合わせることができる．
2. 個体，もしくは種に特徴的なDNA配列を検出または特定する．細菌による外来DNAを作成することができる．
3. 逃走した遺伝子組換え生物が自然的に交雑してしまう危険があり，また有性生殖の過程により自然種が駆逐されたり，遺伝子組換え作物の種を近縁野生種の交雑による一連鎖が出現して問題視となりかねない．*

に成長し，数カ月で開花する．ピンクの花弁の脈にはKacの免疫グロブリンが発現され，一個の生物体内で植物とヒトの遺伝子が共存している．

Kacがエデュニアを作出する過程で用いた手法はバイオテクノロジーにおいてトランスジェニック生物を作出する手法とまったく同等である．現在遺伝子工学では多数の技術が実用化されており，遺伝子治療は最も主要な研究分野となっている．

1990年，Ashanthi DeSilvaは遺伝子治療を受けた最初の人物となった．当時彼女は4歳で，免疫機能に必須な白血球で作用する酵素（1種類）が，遺伝子の不具合により発現しなくなっていた．担当医は治療のためにDeSilvaから白血球を採取し，その白血球に問題となっている遺伝子の正常なものを導入し，再び体内に戻した．現在DeSilvaは通常の生活を送っているが（図16・14），同時に酵素の服用も続けているので，遺伝子治療の実際の効果は評価できていない．

図16・14 Ashanthi DeSilva 1990年，4歳のAshanthi DeSilvaに対して，患者自身の白血球に疾患の原因遺伝子（患者では機能していない）を修復したうえで体内に戻すという実験的な治療法が実施された．今日DeSilvaは健康な若い女性で国際開発関係の職に就いている．

細胞自体の遺伝子機能の修復による遺伝子疾患治療は魅力的な考えである．当初研究者らは，遺伝子治療によってあらゆる疾病は，嚢胞性繊維症から心疾患まで，治療可能だと豪語していた．しかし600例以上の遺伝子治療の実施で，成功例はごくわずかである．

遺伝子治療の方法の多くは，遺伝子疾患の症状の緩和に効果があるのみで治癒に至っていない．エデュニア作出のような場合では，少数の遺伝子組換え細胞があれば，ここから完全な植物体を得ることができる．一方，遺伝子治療では全身の症状に対処するため，多くの場合，多数の細胞を一挙に取扱わなくてはならない．DeSilvaの白血球の操作の場合のように，全身の細胞を取扱うのを避け，異常を示す細胞のみを治療の対象とすることもある．しかし遺伝子組換え細胞もやがて死滅してゆくので，遺伝子治療を反復する必要があり，根治療法とはいえない．また絶対に安全ともいえない．治療としての遺伝子導入にはヒトに感染するが無害なウイルスをベクターとして用いることが多い．しかしまれに遺伝子治療の志願者がウイルスに対する強い免疫反応により死亡する場合がある．

章のまとめ

16・1 DNAテクノロジーの素晴らしき新世界

■ 研究室ではさまざまな方法でDNAが操作されている．DNA自体の構造はすべての生物に共通であるから基本的にすべての生物のDNAは同じ手法で取扱うことができる．

■ 特定の遺伝子を取出して，細菌などの宿主細胞を利用して多数のコピーにまで増幅することを遺伝子のクローン化（クローニング）という．

■ 起源の異なるDNAどうしを結合したものを組換えDNA（分子）とよぶ．

■ クローン化されたDNAを細胞，組織もしくは個体に遺伝子工学的に導入することにより遺伝子組換え生物を作出することができる．

16・2 DNA鑑定

■ 遺伝子に基づいた個人の特定すなわちDNAフィンガープリンティングはすでに犯罪捜査で活用されている．

■ ヒトのDNAフィンガープリンティングではゲノム上の特に多様性に富む領域を使用する．条件を工夫してPCRで個人個人で異なったDNA断片のバンドパターンを得るようにすることができる．

16・3 クローン動物の作出

■ クローン動物の作出は特定の動物の遺伝的にまったく同等なコピーを生産する目的で実施される．ヒツジのドリーは哺乳類最初のクローン動物である．

■ クローン動物作出では卵から核を取除き，これに目的の個体の体細胞から得た核と電流をかけて融合させる．融合細胞を代理母の子宮に着床させて胚胎を生育させる．

■ クローン動物の技術は，有用な家畜個体の量産や，希少種，絶滅危惧種の保存に応用される．

16・4 遺伝子工学

■ 遺伝子工学とは特定のDNA配列（通常遺伝子）を単離し，修飾を加え，同種のまたは別種の細胞，組織もしくは個体に導入する技術である．

■ 遺伝子工学により遺伝子組換え生物の表現型（性能や生産性）を改変したりDNA配列や遺伝子もしくはタンパク質を量産することが可能である．

16・5 ヒトに対する遺伝子治療

■ ヒト遺伝子治療は，遺伝子疾患を遺伝子組換えなどの手法で遺伝子機能を改変することにより治療するものである．

■ 遺伝子治療に向けた努力が払われてきたが，最近になり，特に安全性の高い遺伝子導入法の開発で新たな進歩があった．現在数百件の臨床治験が精力的に行われている．

■ 深刻な遺伝子疾患の遺伝子治療に反対の意見もある．しかし遺伝子治療技術では安全かつ効率の高い遺伝子導入法の確立に向けた努力が払われている．

16・6 DNAテクノロジーの倫理的，社会的側面

■ DNAテクノロジーはさまざまな恩恵をもたらす可能性をもつが，倫理上の問題や，環境に対するリスクをもたらしている．遺伝子工学の反対論者は遺伝子組換え動植物から環境中に放出された組換え遺伝子による環境破壊の危険性を指摘する．

■ 特に欧州で遺伝子組換え植物は厳しい論争の的となっている．米国では遺伝子組換え食品はその旨表示の義務はなく，普及している．

16・7 DNAテクノロジーのいくつかの手法

■ DNAを細かく断片化するのには制限酵素が用いられる．ゲル電気泳動によりDNA断片は大きさにより分離される．
■ リガーゼという酵素によりDNA断片を結合できる．
■ 標識したDNAプローブを使って，DNAの特定の配列の存在を検出できる．
■ 自動シークエンサーによりDNA配列を迅速に決定できる．
■ 遺伝子の単離ではプラスミドなどのベクターが，起源となった細胞から（細菌などの）異なる細胞への遺伝子の運搬に使用される．
■ PCRによる遺伝子の増幅では特定の配列のプライマー（増幅したいDNA断片の両端に対して相補的な短いDNA断片）が必要で，これを用いて数時間以内に標的断片を数十億倍にまで増幅することができる．

重要な用語

DNAテクノロジー (p.286)	遺伝子工学 (p.290)
ゲノム (p.287)	RNA干渉(RNAi) (p.292)
組換えDNA (p.287)	制限酵素 (p.294)
プラスミド (p.287)	DNAリガーゼ (p.294)
DNAクローニング (p.287)	ゲル電気泳動 (p.295)
遺伝子組換え生物(GMO) (p.288)	プロテオミクス (p.295)
遺伝子治療 (p.288)	DNAプローブ (p.295)
DNA鑑定 (p.289)	DNAハイブリダイゼーション (p.295)
DNAフィンガープリンティング (p.289)	ポリメラーゼ連鎖反応(PCR) (p.295)
クローン動物の作出 (p.289)	DNAプライマー (p.295)
トランスジェニック生物 (p.290)	クローニング (p.296)

復習問題

1. DNAを特異的な配列で切断するものはどれか？
   (a) DNAリガーゼ (c) 制限酵素
   (b) DNAポリメラーゼ (d) RNAポリメラーゼ
2. 大腸菌培養による組換えDNAの大量調製を何というか．
   (a) PCR
   (b) DNAハイブリダイゼーション
   (c) DNAライゲーション
   (d) DNAクローニング
3. 遺伝子工学に関して正しいものを選べ．
   (a) 組換えDNAの多数コピーを宿主細胞に導入することができる．
   (b) 生物の遺伝的な形質を変えることができる．
   (c) 一部の人に倫理上の疑念を抱かせている．
   (d) 上記すべて当てはまる．
4. DNAゲル電気泳動において，最も大きい距離を移動するものはどれか．
   (a) 最小の断片 (c) PCR断片
   (b) 最大の断片 (d) mRNA断片
5. 短い一本鎖DNAで，特定のDNA配列に相補的な断片を何とよぶか．
   (a) DNAハイブリッド (c) DNAプローブ
   (b) クローン (d) mRNA
6. 細菌にしばしば認められる非染色体性の小型の環状DNAを何とよぶか．
   (a) プラスミド (c) アンプリマー
   (b) プライマー (d) クローン
7. 遺伝子の両端のDNA配列が判明している場合，数時間で数十億倍に遺伝子を増幅する方法はどれか．
   (a) RNAi (c) 治療的クローニング
   (b) クローン動物の作出 (d) PCR

分析と応用

1. 過去数千年にわたり営まれてきたイヌや穀類，ウシなどの栽培・飼育種の作出から比較して現在のDNA操作の技術面での進歩に関して論ぜよ．
2. JudyとDavidのカップルは子をもとうかと思っている．Judyは自分のおばが鎌状赤血球貧血で死亡しており，したがって祖父母が鎌状赤血球貧血の保因者で，自分もまたそうである可能性があることを認識している．Davidにも同様の背景があり，おばのうち二人まで鎌状赤血球貧血で死亡している．JudyとDavidが，保因者であるか診断をつけるためのDNAテクノロジーに関して詳述せよ．
3. DNAクローニングとは何か．クラゲのGFP遺伝子を細菌に導入する手法について説明せよ．
4. DNAクローニングのもたらす実用面での恩恵について述べよ．
5. 遺伝子工学とは何か．遺伝子工学はいかにして打立てられたか．遺伝子工学の実例を一つあげ，それがもたらす利益と不利益についても述べよ．
6. 細菌のDNAの改変は倫理上容認できるか．単細胞の酵母ではどうか．ミミズのごとき生物の場合，植物の場合，ネコの場合，ヒトの場合ではどうか．根拠も併せて答えよ．
7. 遺伝子組換え擁護派は，遺伝子組換え植物はさまざまな点で通常の作物よりも安全だと主張する．すなわち遺伝子組換え作物は，通常の作物は受けていないような十分な安全性および環境に対する影響の評価を経ている，という．この主張は説得力をもつだろうか．経済性を度外視してもより厳しい監視のもとに置くべきだろうか．
8. ヒトのDNA操作は容認できるであろうか．ある程度は容認できるとしてどのような基準でヒトDNA操作の制限を設けられるであろうか．

ニュースで見る生物学

Drugmakers' Fever for the Power of RNA Interference Has Cooled

BY ANDREW POLLACK

冷める RNA 干渉に基づく創薬熱

　数年前にRNA干渉（RNAi）が生物学者に衝撃を与えたとき，製薬会社はこぞってこのすぐに使えそうな，確実にみえる手法を創薬に利用しようとした．

　しかし製薬会社は数十億ドルをつぎ込んだ挙げ句，RNAiの熱狂から冷めつつある．ノーベル賞にも輝いた特定の遺伝子のスイッチをオフにするこの技術は，いずれは医療に新時代を画する可能性があるものの，それはかなり先のことになるのではないかという疑念をもたれている．

　最大の爆弾は11月に投下された．スイスのロシュ社が4年間5億ドルの投資のすえ，RNAiに関連する医薬品開発からの撤退を宣言したのである．

　つい先週もファイザー社が研究分野縮小の一環として100人規模のRNAiおよびその関連分野の廃止を決めた．

　RNAi創薬分野の中小企業オーラバイオサイエンス社の副社長 Johannes Fruehauf 博士はつぎのように語っている．"2005年，2006年と，RNAi技術により数多くの疾患が迅速に治療できるようになるだろうとの予想で盛り上がった．行きすぎた熱気は去ったが，より現実的な見通しが立てられ始めた，と信じている．"

　RNAiによる遺伝子抑制機構に基づく医薬品の問題点は，この種の薬物を目的とする細胞へ届けることの困難さにある．経済的に逼迫した製薬会社は，より製品化しやすい医薬品の開発にシフトし始めている．

　2005年ころ，RNA干渉は理論的には遺伝子発現に原因があるすべての疾患を治療しうる，有望な技術として登場した．RNA干渉（interfering RNA, RNAi）とは，ウイルス感染時に活性化する遺伝子のスイッチをオフにする（沈黙させる）外来性のRNAの意である．メッセンジャーRNA（mRNA）はDNAの遺伝子情報をタンパク質に翻訳する仲立ちとなることはすでに学んだ．しかしRNAにはこのほかにも機能がある．

　DNAが二本鎖であるのに対し，mRNAは一本鎖である．ある種のウイルスは遺伝情報としてDNAではなくRNAを用いているが，ウイルスのRNAは一本鎖ではなく，二本鎖である．したがって細胞が二本鎖のRNAを発見した場合，これは感染してきたウイルスのRNAとみなして攻撃しようとするのである．また，細胞はRNAiを遺伝子発現の制御や，RNAの不活性化や修飾，すなわち転写後，翻訳前の制御などに利用している．

　製薬会社は当初，RNAiを機能異常を起こした遺伝子を抑制する目的に応用しようと活気づき，巨額の資金を投入した．その基本的な思想は疾患の原因遺伝子の二本鎖（RNA）を投与することで細胞の遺伝子サイレンシング機構を活性化させようというものである．

　ほかの遺伝子治療と同様，実用化には多くの解決しなければならない点がある．たとえば，薬物を目的の細胞に到達させることは一般に容易ではない．RNAiが期待通りにはたらかないこともある．また，おそらくはウイルスに似ているせいで，RNAi薬は免疫系を活性化する．この免疫反応は治療に邪魔な単なる副作用となることもあれば，逆に遺伝子のサイレンシングによるよりも免疫機構の方が有効に作用するケースもある．

つまるところRNAiの作用メカニズムは，遺伝子のスイッチをオフにしているのか，異常なRNAやこれを産生する細胞に対する免疫機能を刺激しているのか，ややはっきりしないのである．

　RNAi薬に関する35例の研究報告のまとめによれば，このうち適切な対照実験によって，RNAi薬の効果が目的の遺伝子をオフにしたのではなく，免疫系を刺激したためである可能性を排除できていたのはわずか2例のみであった．

　ふつうのビジネスと同様，製薬会社も完成度が高くすぐに売れる製品を開発しようとする．この結果，多くの製薬会社がRNAi研究から撤退し始めている．ただし，RNAiの将来性が消えたわけではない．基礎研究の実用化には長い時間がかかるものであり，政府はただちには役に立たないにせよ，将来性が認められるものには支援を惜しまないものである．実際連邦政府は米国内の医療関係研究の36％の案件に対して資金援助している．

このニュースを考える

1. 多くのRNAiの研究で被験者は改善している．しかし，これがRNAiの効果によるものか，判然としない．被験者の症状改善の理由として考えられるものを説明せよ．また研究者がRNAiが有効であったと判断できない理由も述べよ．
2. RNAiは今日なお重要な新技術である．民間の製薬会社がRNAiテクノロジーへの投資を控えるならば，政府による大学でのRNAi研究に対する支援の拡充を支持するか？考えを簡潔に述べよ．

出典：*New York Times*, 2011年2月7日

IV

進化

17 進化の仕組み

MAIN MESSAGE

化石記録，現存の生物の特徴，大陸移動，遺伝子の変化そして種分化を直接調べることから，進化の強力な証拠が得られる．

血液を飲むフィンチ

可愛くて小さなフィンチが血を吸う？ 恐ろしいことだが，吸血フィンチとしても知られる，鋭いくちばしをもつガラパゴスフィンチは喉が渇くと吸血をする．孤立した火山島であるガラパゴス諸島は，南米大陸から 1000 km 離れたところに位置し，数百種のガラパゴス固有の動植物が存在している．想像しにくいかもしれないが，400 kg もある大きなゾウガメが熱くて乾燥した土地を歩いており，トサカのある 1 m ものイグアナが餌をとるために波の中に飛び込み，再び海岸に上がって日光浴をしながら，胃に入れた大量の海藻を消化している．そして島がきわめて乾燥した気候へと変化し飲み水がなくなれば，吸血フィンチは大きな海鳥の尾に乗り，血液を吸うのである．

Charles Darwin がガラパゴスの動物たちに魅せられたのは疑いのないことである．その 4 年前，大学卒業直後に Darwin は英国の測量船ビーグル号専属の博物学者としての職を得た．1835 年秋にガラパゴス諸島に到着するときには，彼は 26 歳で，すでに南米で数年を過ごした経験豊富な博物学者になっていた．彼は乾燥した火山島を"まったく寄せつける感じではない"と書いている．しかし，ガラパゴスの動植物は彼をとりこにし，船上での研究のためと，タヒチ，オーストラリア，南アフリカを経て帰国したときのために，彼は熱心に収集にふけった．

Darwin の興味にもかかわらず，彼がガラパゴスで収集したものの重要性に気づいたのは，英国への帰路であった．多くの種が一つの島でしか見つからず，世界中のどこにも見られないものであった．収集したフィンチやムクドリモドキが点在することが，Darwin がひきつけられ始めていた謎を解く鍵となったのである．

> どのようにして集団は変化していくのか？ 新種はどのようにして生じるのか？ ガラパゴス諸島にはなぜそれほど多くの固有種が存在するのだろうか？

本章では，生物の進化を知れば，地球上の生命について多くを知ることができることを示し，Darwin の疑問に対する答えを探していく．

バンパイア・フィンチ（吸血フィンチ） このフィンチは，くちばしの尖ったガラパゴスフィンチの亜種で，ガラパゴス諸島の二つの島に生息している．この鳥は，昆虫類を摂食するだけなく，花の蜜や他の動物の卵の中身，ときには他の鳥の血液を吸う．生息している島の淡水の欠乏が，この奇妙な餌のレパートリーをもたらしていると，研究者たちは考えている．

17. 進化の仕組み

基本となる概念

- 進化とは，連続した世代時間を経た，生物集団の遺伝的特性の変化である．集団は進化するが個体は進化しない．
- 進化が起こるためには，集団内の個体間での遺伝的変異が必須である．DNAの突然変異が集団の遺伝的変異の起点となる．
- 有利な遺伝的特性をもつ個体は，他の個体より生存および繁殖の可能性が高い．この過程は"自然選択"として知られる．より多くの子孫を残す個体の特性は，後の世代でより頻度が高くなる．
- 適応的な形質とは，特定の環境においてその個体のパフォーマンスを上げる性質のことである．自然選択により，個体群はその環境により適したものとなる．この過程を"適応"という．
- 一つの種が2種に分かれたときには，共通祖先から進化したために，二つの子孫種は多くの特徴を共有する．
- 地球上の生物多様性は，1種が複数種へと分化する過程が繰返されたことにより生じている．
- 多くの証拠が，実際に進化が起こっていることを示している．化石記録，現生生物の特徴，大陸移動のパターン，遺伝的変化の直接観察，現在起こっている新種形成過程などのすべてが，進化を証明する強力な証拠を提供している．

生物で満たされた地球

地球上の多くの生物のもつ最も驚くべき特徴の一つが，その生物の住む特定の環境に美しくフィットしていることである．大きな翼や強力な筋肉をもつタカは軽々と空を飛び，花の色鮮やかな花弁や甘い香りはいち早く花粉媒介者をひきつけ，ある昆虫の体は周囲にある植物の葉そっくりで，腹をすかせた捕食者からほぼ完璧に隠れることができる．どのようにして生物たちは，取巻く環境にそれほどまでにちょうどよく合わせることができるのだろうか？ そしてなぜ，これほどまでに多くの種類の動物，植物，菌類などが存在しているのだろうか？ つまり，なぜこれほどまでの生物多様性がみられるのだろうか？ そしてその多様性のなかにも，生物同士が共有する性質がたくさんあるのはなぜだろうか？ これらすべての質問に対する答えは，同じである．"生物進化"なのだ．

本章では，生物進化の概要について述べる．Charles Darwinともう一人の英国人であるAlfred Wallaceが生物多様性を探索するために地球上を旅して回るよりもはるか以前に広まっていた生物の起源に関する考え方から振り返ってみよう．そして，進化を生み出す機構，生物の特徴を説明する進化の力，進化が実際に起こったことを示す証拠，そして進化という考え方が人間社会にももたらした影響について概説する．ガラパゴスではなぜこんなにも奇妙なフィンチがたくさんいるのかを説明するために，実際に進化が進行している例を最後にあげる．

17・1 変更を伴う遺伝

いつの時代でも，ほとんどの文化が私たちの地球と地球上の生命は一定不変なものとみなしてきた．ギリシャの哲学者であるアリストテレス（紀元前384～322）は，生命の世界は不変なものとみなし，生物を完成度のレベルに応じて11の段階（植物を底辺とし，人間を完成度の頂点とした）に分類した．ギリシャの哲学者たちは西洋の文明化に多大な影響を与え，何百年もの間アリストテレスの自然観が信じられてきた．聖書，特に創世記の解釈が，生命の起源に関するユダヤ教とキリスト教の考え方を形づくり，聖書学者がこれを継承しさらなる装飾を加えていった．17世紀の北アイルランドのアーマーの大司教であったJames Ussherは，すべての生物が誕生したのは紀元前4004年10月23日であると主張した．

産業革命が不変の世界への疑問をもたらした

18世紀半ばから後半にかけて始まった産業革命では，石炭や鉱物の探査のため地質学者が地殻を調査し，地形に関する新たな知見をもたらした．鉱山の採掘や採石場での掘削により，過去の生命の遺物や痕跡である化石が出現した．地球の年齢は，それまで何人かの学者に唱えられていた6000年よりもずっと長く，地球上に現存する生物のすべてが地球の歴史上ずっといたわけではなく，種は変化し新しい種が時代とともに出現してきたと，多くの学者たちが考えを改め始めていた．George-Louis Leclerc de Buffon伯爵は，偶然または環境の変化に伴い，時とともに種は変化するということを1759年の本に記し，この考え方を数少ない読者と共有した．

Buffonの被後見人であった，Jean-Baptiste Lamarckは，生命は時とともに変化するという彼の考えをより大きな声で主張した．それ以前の多くの思想家同様，Lamarckはある特定の生物種の多くの特徴が，生息地としている環境でより良く機能を発揮することに気づいていた．彼はキリンの長い首は樹冠の葉を食べることを可能にすることを観察していた．ある生物の遺伝的形質が環境に適合していく進化過程を記述するのに，今日私たちは"適応"という語を用いている．

しかし，Lamarckは，生物はなぜ変化するのか，そして生物の集団は環境にどのようにより良く適応していくのか，を説明することはできなかった．Charles Darwinが生まれた1809年の書物で，Lamarckは，使った体の部位の形質は遺伝し，そのような獲得形質の子孫への遺伝が，次世代の形質を変化させる——すなわち進化すると主張した．キリンは長い首をもつが，Lamarckは，それは祖先動物が樹冠の葉を食べるために首を伸ばし，長く伸びた首の形質が子孫に遺伝したことにより，世代を経て首が長くなったのだ，と説明した．Lamarckと同じフランス人であったGeorge Cuvier（1769～1832）は，Lamarckの適応に関する説明は明らかに間違いであると指摘した多くの人々の一人であった．筋骨隆々の肉体労働者の子どもは必ずしも筋肉が大きく発達するわけではなく，ボーダーコリーをいくら速く走れるように訓練しても，その子孫の駿足を保証するものでもない．

化石はギリシャと中国の学者の間では古くからよく知られていたが，動物化石に関するCuvierの研究は，Lamarckの進化論への反論に匹敵する最も大規模な業績であった．絶滅種が存在することはCuvierにより確固たる証拠をもって証明された．Cuvierは，脊椎動物の比較解剖学者として，絶滅種の形態のいくつかは，

現存種に非常に似ていることを見いだした．しかし，一つの種が別の種に変化するという考え方は否定していた．

1830年にスコットランドの地質学者 Charles Lyell が"地質学原理"を出版した．賞賛を浴びたこの書の中で彼は，地形は河川や氷河，地震，火山によって形づくられてきたと詳述している．Darwin は，1832年にビーグル号がブエノスアイレス近郊に寄港したときに Lyell の論文の第2巻を手にした．Alfred Wallace も熱帯へ向けて出発する前に Lyell の論文を読んでいた．二人とも，Lyell の地球の歴史における変化に関する記述に強く影響を受けたのだ．

Darwin の体系的な説明: 修飾を伴う遺伝

Darwin はガラパゴスの奇妙な動物たちについて熟考し，そのほかにも多くの生物観察を5年間のビーグル号での航海中に行った（図17・1）．そして，種というのは，それぞれが創造された不変の創造物であるという当時一般的に考えられていたようなものではない，という結論に達した．彼の新たな結論——それは，奇妙な小さいフィンチから地球上のすべての生物の共通点と多様性の双方を説明しうるものであった．彼の唱えた"種"は，祖先種から修飾を経て変化した子孫である，すなわち，祖先の系統は時間とともに変化することにより，完全に新しい種を生み出したのである．Darwin の同僚で同時代を生きた Alfred Wallace は，マレー諸島において，近縁な種の多くの島の間での多様性について研究を行った．彼も，新しい種は祖先種から生まれると結論した．

Charles Darwin と Alfred Wallace は，それまでの学者たちが唱えていた以上に，新種が進化する機構を提唱した．すなわち，生物集団（個体群）が環境に適応していくランダムではない進化過程と定義される，**自然選択**である．二人とも，Thomas Robert Malthus が書いた"人口論"に影響を受けていた．その書の中で Malthus は，人口増加は資源と病気などの災難によって制限されると述べている．Malthus によれば，環境が収容できるよりも多くの子孫を残した場合，生存をめぐる競争が生じ，勝者と敗者が生まれるとしている．

Darwin と Wallace は，同じ考えにたどり着いた．もし生存をめぐる競争があり，勝者・敗者が生じれば，勝者は敗者より高い確率で生存しより多くの子を残すので，後の世代では勝者の形質の方がより示されるようになるはずである．このような繁殖の偏りの結果として，子孫集団は元の集団とは違った遺伝的形質をもつようになる．何世代も経て，環境が子孫の形質を修飾し続ければ，子孫集団は明らかに異なる形質をもつ——すなわち，新種となるのである．Charles Lyell を含む二人の友人たちは，Darwin と Wallace の考えを統合して1858年にロンドンのリンネ学会に発表した．その発表はほとんど注目されず，1859年に Darwin が不朽の名作である"種の起源"を出版するまで，世界が注目することはなかった．

Darwin は，著書の中で自身の理論を支持する多くの証拠をあげ，自然選択による進化の理論の評価を得ようとした．たとえば，栽培植物や家畜の形質は何世代も人為選択をかけることで人の手によって変化させることができるということに，Darwin はまるまる1章分を割いたのだ（図1・10参照）．Darwin は，個体の生存にかかる自然の力は，子孫集団の劇的な変化をもたらすと推論した．

有利な遺伝形質をもつ個体を自然選択が選ぶとき，生物の集団が進化すると，Darwin は述べた（図17・2）．ある環境下でその個体が効率良く振舞うことを可能にする形質は，その有利な形質をもたない個体と比べ，生存と繁殖の可能性を高めるだろう．何世代もたつと，有利な形質をもつ個体の割合が増加し，その集団は自然選択の結果進化した，ということになる．自然選択が二つの集団に異なるように，たとえば，各集団は異なる環境条件にさ

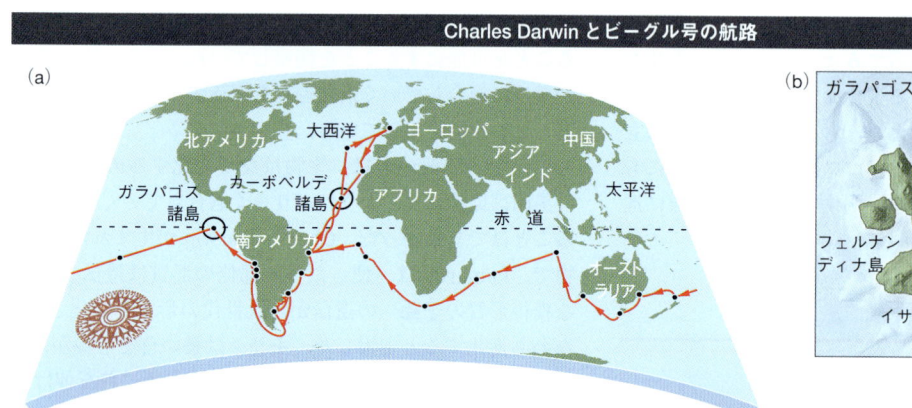

図17・1 Charles Darwin とビーグル号の航海 (a) ビーグル号のたどった航路．(b) ガラパゴス諸島は，エクアドルの西1000 kmに位置している．(c) ガラパゴス諸島の巨大な陸ガメ．(d) Charles Darwin.

17・2 進化の仕組み

進化を定義するのにはさまざまな方法がある．第1章で私たちは生物学的進化を，生物集団の遺伝的形質が，親子からなる複数の世代を経て変化することと定義した．進化というのは，個体レベルで起こるものではなく，集団のレベルで起こるものであることに気づく．

第Ⅲ部で得た遺伝学に関する知識を用いれば，進化を遺伝子プールにおける変化と定義することができる．**遺伝子プール**とは，一つの個体群に属するすべての個体の遺伝情報の総和のことである．本節で学ぶように，個体群の遺伝子プールを変化させるのには四つの仕組み，1) 突然変異，2) 遺伝子流動，3) 遺伝的浮動，4) 自然選択，がある．

突然変異により個体群の遺伝的変異が導入される

自然個体群では，構造的，生化学的，行動的形質に個体変異がみられる．それらの変異の多くが，遺伝的な制御を受けており，このような観察可能な形質のDNAに基づく違いは，集団の中に**遺伝的変異**をもたらす．図 17・3 は，ハワイ諸島の四つの島（オアフ島，モロカイ島，マウイ島，ハワイ島）にのみみられるニコヤカヒメグモの模様の遺伝的変異を示している．Rosemary Gillespie 博士とその同僚たちは，黄色いタイプが4島で最も頻度が高く，黄色でないものは分布に変異があり，島ごとにユニークな模様がみられることを発見した．

遺伝的変異はどこからやってくるのだろうか？ DNA 配列上のランダムな変化である**突然変異**が，すべての遺伝的変異の源である．突然変異によってもたらされる DNA 変異は，**対立遺伝子**（第12章参照）として知られる．個体がもつ対立遺伝子の構成により，その個体の**遺伝子型**が決まる．ニコヤカヒメグモの背中の模様にみられる変異は，少なくとも一つ，おそらく複数の遺伝子に，多種類の対立遺伝子があることでひき起こされている．新たな突然変異は，その個体群全体の遺伝的構成である遺伝子プールに新たな対立遺伝子を加えることになるため，個体群が進化する原因となる．

ある生物の配偶子（たとえば，クモの場合，筋細胞ではなく，卵または精子の細胞）で生じる突然変異は，次世代へと伝えられる．遺伝子の突然変異は，DNA 複製の間違いや DNA 分子と他の分子の相互作用，あるいは熱や化学物質から受ける損傷など，さまざまな出来事が原因で生じる．修復タンパク質が効率良く DNA の損傷を修復し，DNA 複製のエラーを修正する（第14章参照）にもかかわらず，突然変異はすべての生物にある確率で生じてしまう．たとえば，ヒトでは約 25,000 の遺伝子について二つのコピー（両親から一つずつ）を保有している．全部で 50,000 の遺伝子のうち，平均で 2〜3 遺伝子が突然変異を起こし，両親とは違ったものとなってしまっている．突然変異とそれにより生じる遺伝的変異はその生物が必要とするようには生じてこない．突然変異は，特定のゴールに向かうわけではなく，ランダムに起こる．

有性生殖は個体群に遺伝的な多様性を付け加える．というのも，両親からの対立遺伝子は，子どもの中でシャッフルされて新たなものへと組換えられる．有性生殖を行う生物では，第10章および第12章で見てきたように，突然変異によって生じた対立遺伝子は，染色体の交差，染色体分配および受精によりにより新たな位置に置かれることとなる．これら三つの過程は総じて，

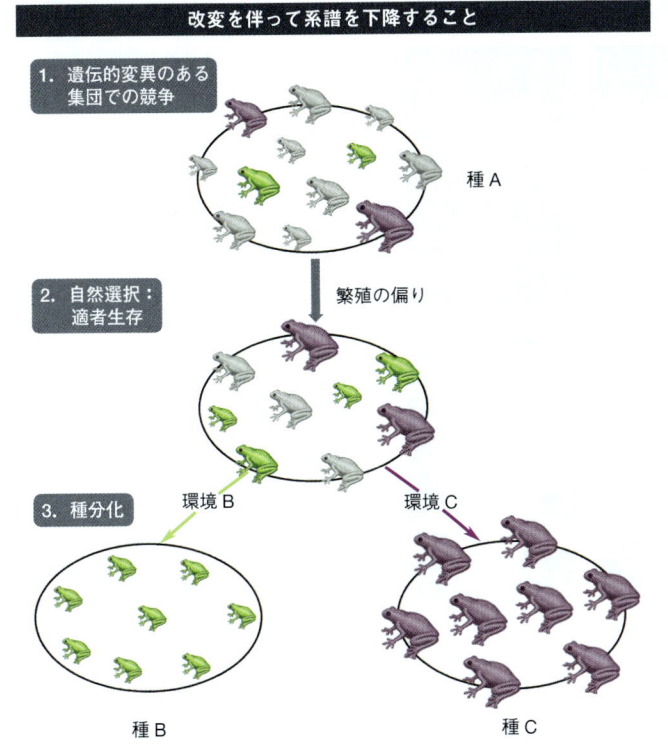

図 17・2 Darwin は種が形成される仕組みとして，自然選択を提唱した（訳注：ダーウィンは進化のことを "decent with modification 改変を伴って系譜を下降すること"とよんだ）

らされるため，異なる形質が選択されるようにはたらいた場合，その二つの集団は異なる進化の道筋をたどることとなり，共通の祖先集団から派生した二つの新種が誕生することになる．

Darwin の仕事の重要性を強調しすぎるわけにはいかない．進化とは，なぜ生物が存在し，見たり，動いたり，鳴いたり，呼吸したり，成長したりするのかという問いに対する，生物学の最も有力な説明である．自然選択を介した進化の理論は後世に残るものであるが，本章で詳しく述べるように，生物が進化するための他の手段あることも，現在私たちは知っている．

進化は，比較的短期間の間に起こる変化に着目して，個体群レベルで検証することも可能である（**小進化**）．この小スケールでの進化については第18章で詳しく解説する．個体群レベルでの変化は，一つの個体群が分離して2種になる，いわゆる種分化のように，大きいスケールでの変化をもたらす．**大進化**は，このような種分化や個体群レベルの大きなスケールでの変化に着目した，生命の歴史の研究である．大進化とは，基本的には種やより高次の分類群の形成と絶滅の歴史であり，これについては第19章で焦点を当てる．時間経過とともに起こる異なる生物のグループの出現と消失を知ることにより，地球上の壮大な生命の歴史を概観することが可能となる．これについては第20章で概説する．

■ **役立つ知識** ■ どのような会話でも，"適者 (fittest)" という言葉は，最強の人あるいは最も体格の良い人をさす．しかし，生物学者が適者生存について語る場合，かなり違ったものを意味することになる．"適者"とは必ずしも最強の個体ではなく，他個体と比べて生存と繁殖をより可能にするような有利な遺伝的形質をもつ個体をさすのである．それゆえ，自然選択というのは，適者生存のことを意味するのである．

図17・3 ニコヤカヒメグモの遺伝的変異 ハワイ諸島の四つの島に生息するニコヤカヒメグモの背面にみられる模様.

有性生殖による組換えとして知られている．有性生殖による組換えにより，子どもはどちらの親とも異なる新たな対立遺伝子のセットをもつこととなる．個体群においては，有性生殖による組換えは，個体群内に存在する遺伝的変異の総和である遺伝子プールに変化をもたらすわけではないので，それ自体では個体群の進化に貢献するわけではない．しかし，突然変異から生じた遺伝的変異が再編成されることにより，その後の進化過程の原材料となる形質の新たな組合わせが，つくり出されることもある．

遺伝子流動により遺伝子は個体群間を移動する

遺伝子流動は，ある個体群から別の個体群への遺伝子の移動である．別の個体群からの移住者がその個体群の個体と交雑することにより，もともとの個体群の遺伝子プールに新たな対立遺伝子が導入されることもある．遺伝子プールが，新たな対立遺伝子の導入により変化すると，その個体群は進化することになる．移出においても，移出個体が持ち出した対立遺伝子の頻度が下がることになるため，遺伝子プールは変化することになる．

ニコヤカヒメグモの赤斑のタイプは，オアフ島でのみみられる．もし赤斑タイプがオアフ島から近隣のモロカイ島へと移住すれば，モロカイ島のクモの遺伝子プールは変化させられ，個体群も進化することになるだろう．ハワイ諸島は，約7000万年前に太平洋に出現した火山列島からなる．おそらくニコヤカヒメグモは，四つの島のうちで最も古いオアフ島で進化し，新種となって間もなく他の三つの島へと分散したのだろう．しかし，Gillespie博士によって，今日では4島のニコヤカヒメグモ集団間での遺伝子流動はほとんどないことが明らかとなっている．

遺伝的浮動により遺伝子のランダムな伝達が生じる

遺伝的浮動とは，まったくの偶然により，ある特有の形質のセットをもつ個体が死亡したり，また別の形質セットをもつ個体が生存し繁殖したりする，ランダムな過程をさす．後の世代では，繁殖に成功した個体の形質は高い頻度で現れることになり，失敗した個体の形質は低頻度，あるいは消失してしまう．遺伝的浮動は個体群の遺伝子プールが特定の方向性をもった動きではなく，時間経過とともにランダムに変動する原因となる．遺伝的浮動は，大きな個体群よりも小規模な個体群に対してより大きな影響を与える．遺伝子プールに影響を与えるため，遺伝的浮動は，個体群の進化を促すこともある．

たとえば，ニコヤカヒメグモの最小の個体群であるモロカイ島の個体群において，ハリケーンが多くの個体数を減ぼしてしまったと仮定しよう．ほぼすべての黄色タイプが消失してしまうことになる一方で，偶然のゆらぎにより，低頻度だった赤色タイプが黄色タイプに代わってより多くの子孫を残したとする．すると，実質的に遺伝子プールも変化することとなり，赤色タイプが黄色タイプの数を上回るようになる．図17・4に示すように，生存のチャンスの差異が，子孫個体群の遺伝的構成を変化させることになる．

自然選択は個体群に適応をもたらす

個体群における進化は，決して偶然の事象のみに制限されるものではない．第四の進化の仕組みである自然選択は，ランダムな過程ではない．他の三つの進化の仕組みとは異なり，自然選択は，個体群の遺伝的形質を特定の道筋に沿って適応へと導く，方向性のある過程である．

自然個体群に属する個体は，繁殖のために十分長く生存できるように，食物や交尾相手，生息空間などの資源をめぐって競争しなくてはならない．Malthusが指摘し，DarwinとWallaceが気づいたように，生物はたいてい，実際に生存し繁殖するよりも多くの子孫をつくる．このような競争環境下では，有利な遺伝形質をもつ個体——つまり，その生息地で他個体よりもより良く機能することができる個体——は，より高い確率で生存して繁殖をし，それらの形質を次の世代へ伝える．一方で，このような有利な形質を失った，あるいは不利な形質をもってしまった個体は，生存して子孫をつくり，その形質を次世代に伝える確率は低くなる．その結果，有利な形質は子孫の間でより頻度が高くなり，不利な形質は後の世代では消失あるいは低頻度になっていく．

自然選択は，子孫の遺伝子プールが元の個体群のものとは異なったものに変化させ，その結果子孫個体群は進化したことになる．**適応形質**（その個体が競争環境でより良く機能することを可能にする遺伝形質）をもつ個体は，子孫集団ではより頻度が高く

17. 進化の仕組み

遺伝的浮動による進化

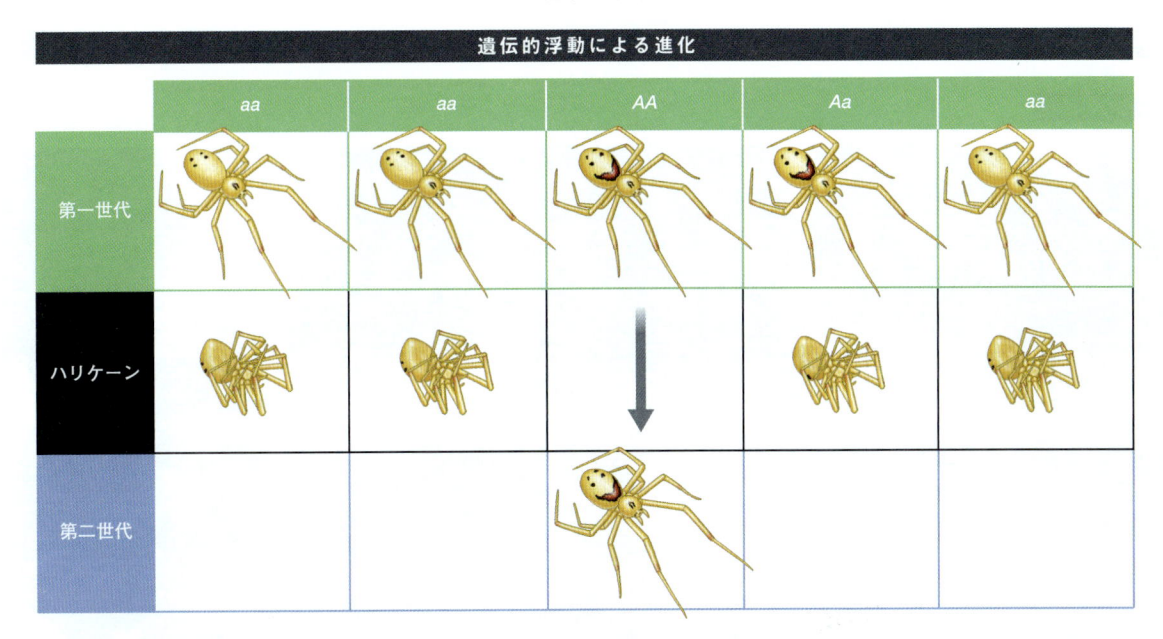

	aa	aa	AA	Aa	aa
第一世代					
ハリケーン			↓		
第二世代					

図 17・4 遺伝的浮動は個体群の遺伝的構成を劇的に変化させうる 偶然の事象により，どの個体が生存し繁殖するかが決まることがある．ここでは，ハリケーンが，ある小さい島のクモのほとんどを滅ぼしてしまったとする．偶然のみにより，生存したクモのほぼすべてが二つの A 対立遺伝子をもっていた（遺伝子型 AA）場合，A 対立遺伝子の個体群内の頻度は，たった1世代で30%から100%へと変化することになる．

なる．個体群が全体として生息地によりふさわしくなる進化過程は，**適応**として知られる．時間の経過とともに自然選択は個体群が進化する原因となり，より多くの個体が適応形質をもつようになり，不利あるいは適応的でない形質をもつ個体はより減少していく．

自然に生じた進化の結果として，多くの適応の例がある．図17・5 (a) は，フロリダ沿岸のバリア諸島のシロアシネズミの個体群における淡色毛皮の進化を示している．Hopi Hoekstra 博士と同僚たちは，メキシコ湾岸の五つの砂州島に固有のビーチマウスの亜種，および米国大西洋岸の三つの島に固有の亜種について研究を進めた．8亜種すべてが，生息域である白砂の海岸では適応的な明色の毛皮をもっていた．科学者たちはDNA解析により，8亜種は，砂州島が形成された約6000年前の本土のシロアシネズミ（*Peromyscus polionotus*）に由来することを明らかにした．おそらくかつてのネズミは，海岸の暗色の土の上やより密集した植生でのカモフラージュを可能にした暗色の毛皮のパターンが主流であった．しかし，暗色のネズミは，タカやサギのような捕食者に容易に見つかってしまうため，砂州島の砂丘では不利であった．

研究者たちが暗色と淡色のマウスの粘土モデルを海岸に置くと，淡色に比べ3倍の暗色個体が体の一部あるいは丸ごと消失した（図17・5b）．モデルを暗色の土の上に置いたときには，攻撃のパターンは逆になり，淡色より暗色のほうが3倍高頻度で攻撃された．砂上の痕跡により，鳥とコヨーテのような肉食獣は，ほぼ同数攻撃していた．砂州島の海岸のマウス（淡色）の個体群は，メラノコルチン受容体（MC1R）を含む三つの異なる遺伝子のうち一つあるいは二つ以上で突然変異をもち，そのすべてが皮膚の異なる部位での色素形成を阻害することが研究者たちにより明らかとされた．自然選択はいつでもどのような状況でも完璧なものをつくり出すのではないことに気づいてほしい．*MC1R*遺伝子に生じる突然変異は砂州島において有利なものかもしれないが，同じ変異は本土では不利である可能性もある．

遺伝的浮動のように，ある個体は他個体よりも多くの子孫を残すことにより，その個体の形質は子孫の間で頻度が高くなるという，繁殖の成功における個体間の偏りによって，自然選択は機能している．しかし，自然選択の場合，繁殖の偏りは偶然に左右されているわけではなく，個体がもつ適応的形質により左右されることが多い．だが，自然選択の過程は有利な形質をつくり出すわけではない．すなわち，自然選択は有利な形質をもたらす突然変異（たとえば*MC1R*遺伝子における変異）の原因となるわけではないのである．有利な形質をもたらす突然変異はランダムに起こる．もし突然変異が有利な形質をもたらせば，自然選択がそこにはたらきかける．自然選択の過程により，そのような適応的な形質をもつ個体が，他個体よりも効率良く生存および繁殖をすれば，世代を経た後の個体群では，その適応形質をもつ個体が優勢となっているだろう．

■ これまでの復習 ■
1. 個体群における遺伝的多様性の究極的の源は何か？
2. 遺伝的浮動と自然選択の共通点は何か？また相異点は何か？

---

1. DNAの突然変異，有性生殖時の組換えによる新たな対立遺伝子の組合わせ．また，遺伝子流動により，ある個体群へ遺伝的多様性が導入されることもある．
2. 双方とも世代交代に伴う個体群の遺伝的構成の偏りを通じて進化に寄与するが，遺伝的浮動はランダムな事象であり遺伝的多様性を減少させうるのに対し，自然選択は個体群を環境に適応させる非ランダムな機構である．

■ 役立つ知識 ■ 適応とは，個体群がその生息地によりよく適合できるようになる進化的な過程のことである．しかし，"適応"という言葉は，有利な"形質"すなわち遺伝する構造的形質や科学的性質，行動学的な特徴についても使われる．これらの形質は，その形質をもつ生物がより良く機能し，そういった形質をもたない競争相手より効率良く生存と繁殖を行うことを可能にするものである．この意味で，"適応"という言葉は，"適応的な形質"と同義である．

自然選択による適応進化

(a) 毛色の適応

(b) ノネズミとビーチマウスの模型への捕食

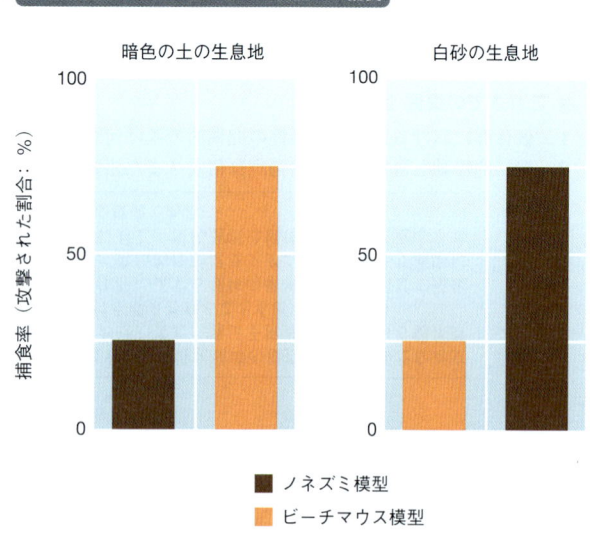

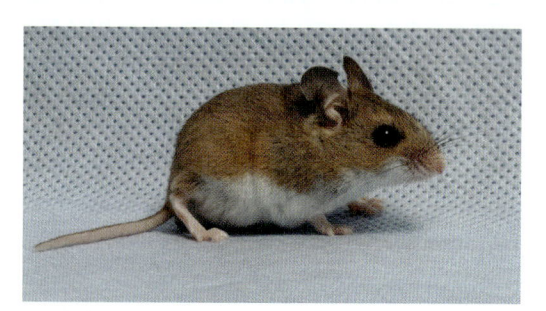

暗色の土の生息地／白砂の生息地

捕食率（攻撃された割合：％）

■ ノネズミ模型
■ ビーチマウス模型

図17・5 自然選択は個体群を環境に適応させる 研究者たちが，フロリダ湾岸の八つの砂州島に生息するシロアシネズミ（*Peromyscus polionotus*）の亜種を調査したところ，本土の亜種（ノネズミ）では色が濃く激しい色素形成がみられる毛色が大半であった．（a）ビーチマウスとして知られる砂州島の亜種は，より淡い毛色で，背面の色素沈着領域も狭い．（b）研究者たちは，ノネズミとビーチマウスの粘土模型を用いて，捕食者が背景から目立つ毛色を目視して攻撃しているという仮説を検証した．

17・3 進化は生命の普遍性と多様性を説明することができる

地球上の生命には，生物と環境の精巧な相互作用や，すさまじい種の多様性，そして，共通の特徴をもつにもかかわらずたくさんの相異点をもつ多くの不思議な事例などの特質があげられる．生物が進化するという事実は，地球上の生命が示すこれらの特質を説明することができる．つぎの考察では，生物が示す最も際立った特質，すなわち1) 共通の特徴，および2) 多様性について考えてみよう．

生物の同じ形質は，共通祖先がいることを意味する

自然界には，まったく異なる生物種でも共有する性質をもつ例がたくさん知られている．たとえば，コウモリの翼，ヒトの腕，およびクジラのひれにみられる付属肢を考えてみるとよい．これらはすべて5本の指と，同種の骨をもっている（図17・6）．しかし，見かけも機能も非常に異なるこれらの付属肢がなぜ同一の骨のセットをもつのだろうか．もし生物が何もないところから，コウモリが最善の翼，ヒトが使いやすい手と腕，泳ぐのに適したクジラのひれをつくろうとしたのであれば，骨の構造がこれほど似かよったものになることはないだろう．他の例として，用をなさないような器官や特徴が，現存の生物に多くみられることがあげられる．**痕跡器官**（機能がわからなくなるくらい，小さくなったり，退化してしまった器官）をもつ生物種は多い．私たちヒトの尾骨は小さいのに，尻尾を動かす筋肉を痕跡的にもっているの

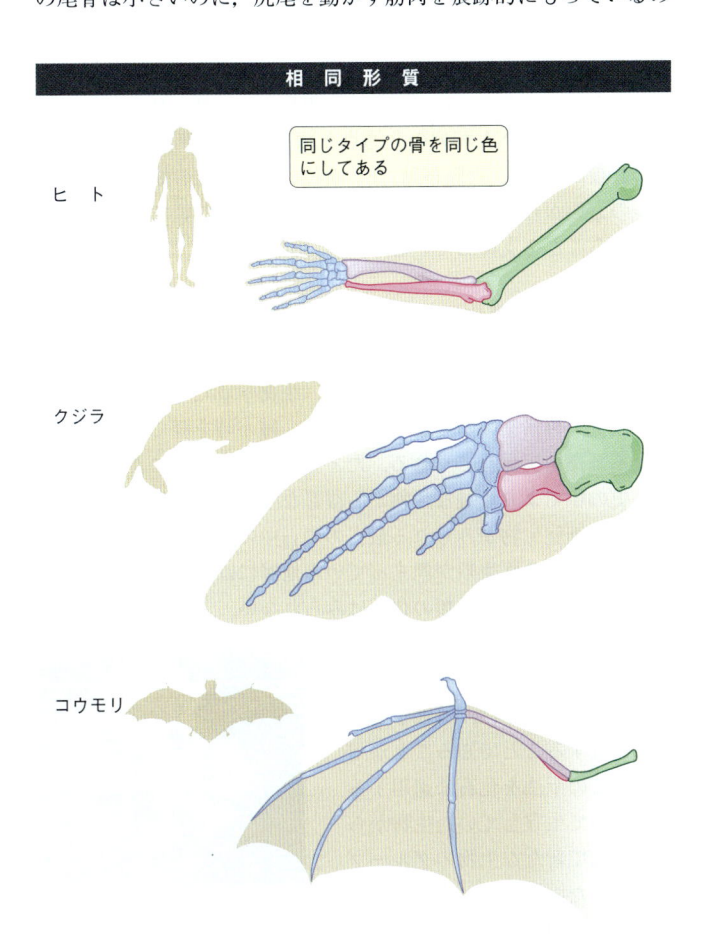

図17・6 共有する形質　ヒトの腕，クジラのひれ，コウモリの翼は相同の構造をしている．これらはすべて，異なる機能が進化することによって変化してきたが，基本的に同じような骨で構成されている．

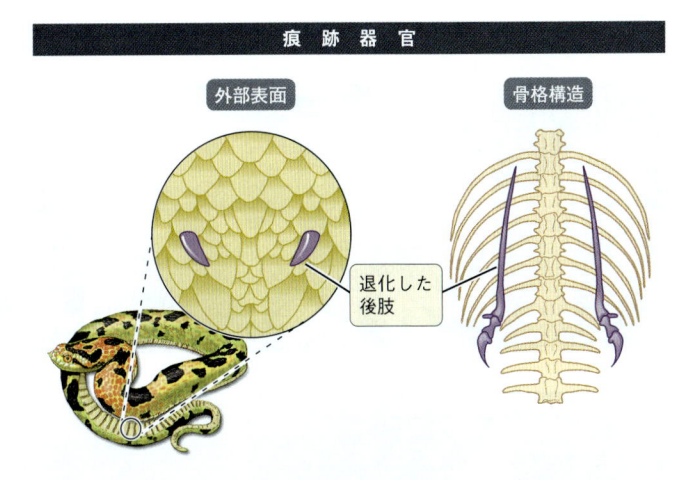

図17・7 ニシキヘビは痕跡的な後肢をもつ　ヘビの腹部の表面と骨格構造を示した図．

はなぜだろうか．脚はもたないのに，脚の骨を痕跡的にもつヘビがいるのはなぜだろうか（図17・7）．これらの問いに対する答えはすべて同じ，進化である．

生物種間でみられる多くの類似性は，共通の祖先をもっていたという事実に由来する．一つの種が分かれてできた二つの種には，共通の祖先をもつために，多くの共通する特徴がみられる．共通の祖先をもつために，構造や機能が互いに似ていることを，**相同**（ホモログ）であるという．たとえば，コウモリの翼，ヒトの腕，クジラのひれは，同じ祖先の哺乳類の前肢に由来していて，一群の相同な骨をもっている（図17・6参照）．同じように，痕跡的な後肢骨をもつヘビは，それらが脚をもった爬虫類から進化したからである（図17・7参照）．私たちヒトが臀部に尾骨と痕跡的な筋をもっているのは，尾をもっていた遠い祖先から進化したからである．

生物は**収れん進化**（収束進化）の結果，類似の形質を示すこともある．これは自然選択によって，遠縁の生物が，類似した構造を進化させることである．たとえば，北米の砂漠のサボテンは，アフリカやアジアの砂漠に生育する遠縁の植物と，多くの似た特徴をもっている（図17・8a～c）．同様に，サメ（軟骨魚類の一種）やイルカ（哺乳類）の体は両方とも水生生活に適応した流線型をしている．これらの種は非常に遠縁であるが，収れん進化によって，全体的に似た外形となった（図17・8d～e）．共通祖先ではなく，収れん進化によって似た特徴をもつようになった場合，これらの特徴は**相似**（アナログ）であるという．

生物の多様性は一つの種が分岐することで生まれる

地球には何百万という数の生物種がいる．どうしてこのような多くの生物が生息しているのであろうか．ここでもまた，進化が単純で明快な説明となる．生物の多様性は，一つの種が二つ以上の種に分かれる**種分化**とよばれる過程が幾度となく起こった結果である．

新しい種はどのように生まれるのであろうか．種分化が起こる最も重要な要因は，生物集団の地理的分離，あるいは，地理的な孤立である．山岳などの地理的な障壁によって集団の間で個体の移動が妨げられているような場合，つまり，同一の種だが互いに隔絶され異なる環境に住む二つの集団がある場合を考えてみよう．好例がDarwinの訪れたガラパゴス諸島である．別々の島に住む生物集団は，互いに海によって隔離され，元になる生物種が

収れん進化

図17・8 **自然選択の力** 砂漠で育つ植物は，水をためるための多肉質の茎や身を守るためのトゲをもち，葉がないものが多い．(a)〜(c)の三つの植物は，まったく異なるグループの植物から進化した．砂漠の環境における自然選択によって，現在では，よく似た外形に収れん進化している．多肉質な茎，トゲ，退化した葉など，共有する構造があるが，同種ではない．(a) ユーフォルビア．トウダイグサ科に属し，アフリカに生育する．(b) エキノケレウス．北米に生育するサボテン．(c) フーディア．多肉質のトウワタの仲間，アフリカに生育する．動物にも収れん進化の結果，形が大きく変わったものがある．遠縁のサメとイルカが自然選択によって，どのように外見的に類似してきたかがわかる．(d) のサメは，ガンギエイやエイと近縁の魚の一種である．(e) イルカは，ウシやクマ，ヒトと同じ哺乳類である．

同じでも，時がたつにつれて，自然選択の結果，みずからの生息環境により適応するようになる．各集団は地理的障壁によって分離されていて交配できないので遺伝的構成が変化するであろう．偶然の出来事が遺伝的浮動の原因となり，それが集団の遺伝的構成を変えることもある．最終的には，二つの集団の遺伝的変化が蓄積して，互いの交配が不可能になるほどの大きな差に達することもある．

第1章で学んだように，種は生殖できるかどうかで定義できる．すなわち，種とは，その集団内では個体間の交配が可能だが，別の集団の個体とは交配が不可能な一群の生物集団のことである．地理的隔離は，二つの個体群を物理的に孤立させることにより，互いに交配できないまでに多くの遺伝的変異を蓄積させることで，種分化をもたらす．

17・4　進化の証拠

過去10年間の調査によれば，米国人のおよそ半数は，原始的動物からヒトが進化したということを疑っている．進化が，ほぼ150年前に科学としてはすでに決着のついた問題であることを考えれば，この調査結果は驚くべきものであろう．どのような国，人種，宗教であれ，その違いに関係なく，あらゆる科学者は，進化には確固たる証拠があると考えている．Charles Darwinは，その記念碑的著書"種の起源"を出版したが，その中で，生物たちは共通する祖先型の生き物から変化して生まれてきた子孫であることを，説得力をもって論じている．現在の科学者によって研究され，問われている課題は，進化が起こるのかどうかではなく，それがどのような仕組みで起こるかである．

たとえば進化のうえで，自然選択と他の進化機構（遺伝的浮動など）のどちらがより重要であるか，科学者たちの議論は依然続いている．しかし，進化が起こるかどうかについては，もはや議論することはない．進化機構について現在の生物学者が行う議論は，何が原因となって戦争が起こるのかという論争と似ているかもしれない．私たちは戦争の原因をめぐって激しく議論はするだろうが，戦争が起こっているという事実は誰もが認めているからである．

進化の裏づけとは何であろうか．第1章で紹介したように，科学的な仮説には，検証可能な予測が必要である．進化についての仮説もこの例外ではない．科学者たちはこれまでに，進化についての多くの予測を行い，それを検証し，進化が強く支持されていることを示してきた．1) 化石，2) 現生生物に見られる進化の歴史の痕跡，3) DNA配列の共通点と相異点，4) 集団の遺伝的変化の直接観察，5) 大陸移動，6) 新種の形成過程の観察，という六つの方面から，有無を言わせぬ証拠があがっていて，進化が事実であることを支持している．

化石記録による進化の裏付け

化石は，かつて生存していた生物の形態（あるいはその痕跡）が残存したものである．化石記録は，生物学者たちが地球上の生命の歴史を再構築することを可能とし，種が時を経て進化した確固たる証拠を提供してくれる．たとえば，化石記録により，生命の歴史の中でより単純な生物から複雑な生物が進化したことがわかる．単細胞生物がみられる最古の岩石中には多細胞生物はみられない．最古の両生類が埋まっている地層には，魚の化石もみられるが，爬虫類や哺乳類の化石はみられない．

第2章で見てきたように，生物間の進化上の関係，すなわち，共通祖先からの系譜は，解剖学的特徴を比較することで知ることができる．この手法を化石に適用すると，かつて生存していた生物からいかにして新たな生物のグループが出現したのか，という素晴らしい生命の歴史を化石記録に見いだすことができる．第20章で，爬虫類から哺乳類への進化の1例を解説する．新しい生物が祖先生物からいかにして進化したかを示すことにより，生物は変化しな

トリケラトプスの化石から，絶滅してしまった生物がいることがわかる

がら後世に伝わるということを示す化石記録は，魚類，両生類，爬虫類，鳥類，そしてヒトなどの他の生物のグループについても同様に存在している．

最後に，進化と生態の歴史がほぼ途切れることなく，中間的な形態（つまり，祖先種と子孫種それぞれの共通点を併せもつ種）が化石に記録されているグループもある．たとえば，科学者は北米のウマの進化史をたどることができ，子孫種の解剖学的形態の変化と，過去6000万年にわたる大陸気候の変化と照合することができる．最古のウマ科の1属である *Hyracotherium* は，北米大陸の多くが青々とした熱帯雨林に覆われていたころに生息していた．*Hyracotherium* はイヌの大きさで木の芽を食べており，前肢には4本，後肢には3本の指があった．後に出現した多くのウマ科の種は，気候の変化と対応して，硬い草をはむために適応した歯と速く走るのに適応した脚を獲得した（図17・9）．

地質学的および気候学的証拠により，約3200万年前に北米中心部の多くの内陸部で乾燥が進み，プレーリーが森林にとって代わった．*Hyracotherium* と比べると，この時期に内陸部で出現したウマ科動物の多くの化石種は長い脚をもっていた．速く走るための長い脚に加えて，眼窩の位置も頭の後部の高い部分に位置するようになり，開けた草原で捕食者を発見するための広い視野をもっていた．約1700万年前に現れた *Merychippus* は，現生のウマやロバやシマウマのように指1本で走っていた．臼歯も，やはり現生のウマ科動物同様，大きく平らな表面構造をもち，硬い草をすりつぶすのに適していた．*Merychippus* に近縁な系統から，約500万年前に北ユーラシアから北米にかけての温帯草原に生息するようになった現生のウマ（*Equus* 属）は進化した．鮮新世の最後にさしかかる約12,000年前に，北米最後のウマ科動物が絶滅した．北米のウマの消滅は，この時代のアジアからのヒトの侵入や，気候変動，あるいはこれら双方の影響により加速されたといわれており，依然解決していない問題となっている．

生物自体の中に進化の証拠が存在している

進化が示す重要な予測の一つに，生物はそれ自体の中に過去の進化の証拠をもっているというものがある．進化の証拠は，相同な構造や痕跡器官だけでなく，胚発生の共通するパターンにもみられる．

生物のごく初期の段階での発生パターンは，生物が過去に進化してきたことを裏づける証拠である．動物では，精子と卵の融合とともに，胚の発生と成長がスタートする（§4・2参照）．生物の初期発生段階は，祖先種の発生過程を示していることもある．たとえば，アリクイやある種のクジラの成体には歯がないが，胎児の時期には存在している．胎児期には歯をつくるが，のちに再

化石でみる進化の証拠

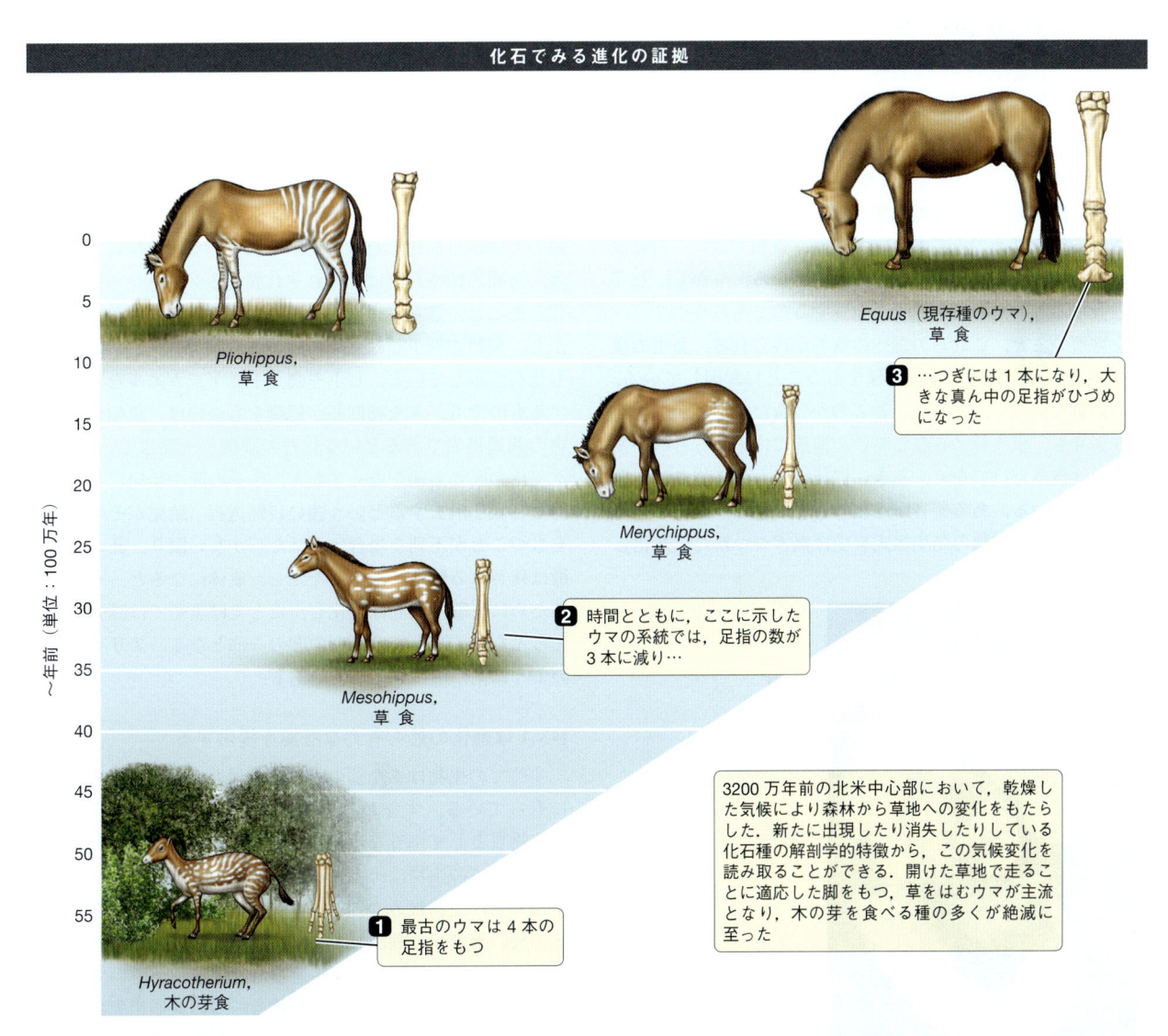

❶ 最古のウマは4本の足指をもつ

❷ 時間とともに，ここに示したウマの系統では，足指の数が3本に減り…

❸ …つぎには1本になり，大きな真ん中の足指がひづめになった

3200万年前の北米中心部において，乾燥した気候により森林から草地への変化をもたらした．新たに出現したり消失したりしている化石種の解剖学的特徴から，この気候変化を読み取ることができる．開けた草地で走ることに適応した脚をもち，草をはむウマが主流となり，木の芽を食べる種の多くが絶滅に至った

Hyracotherium, 木の芽食
Mesohippus, 草食
Merychippus, 草食
Pliohippus, 草食
Equus（現存種のウマ），草食

図17・9 化石により，ウマの系統での形態修飾が明らかになる 200種以上の化石記録から推測されるように，ウマ科の進化系統樹は高度に分岐している．解剖学的特徴，特に脚の骨と歯における漸進的な変化が，いくつかの系統にみられる．

DNAでみる進化の証拠

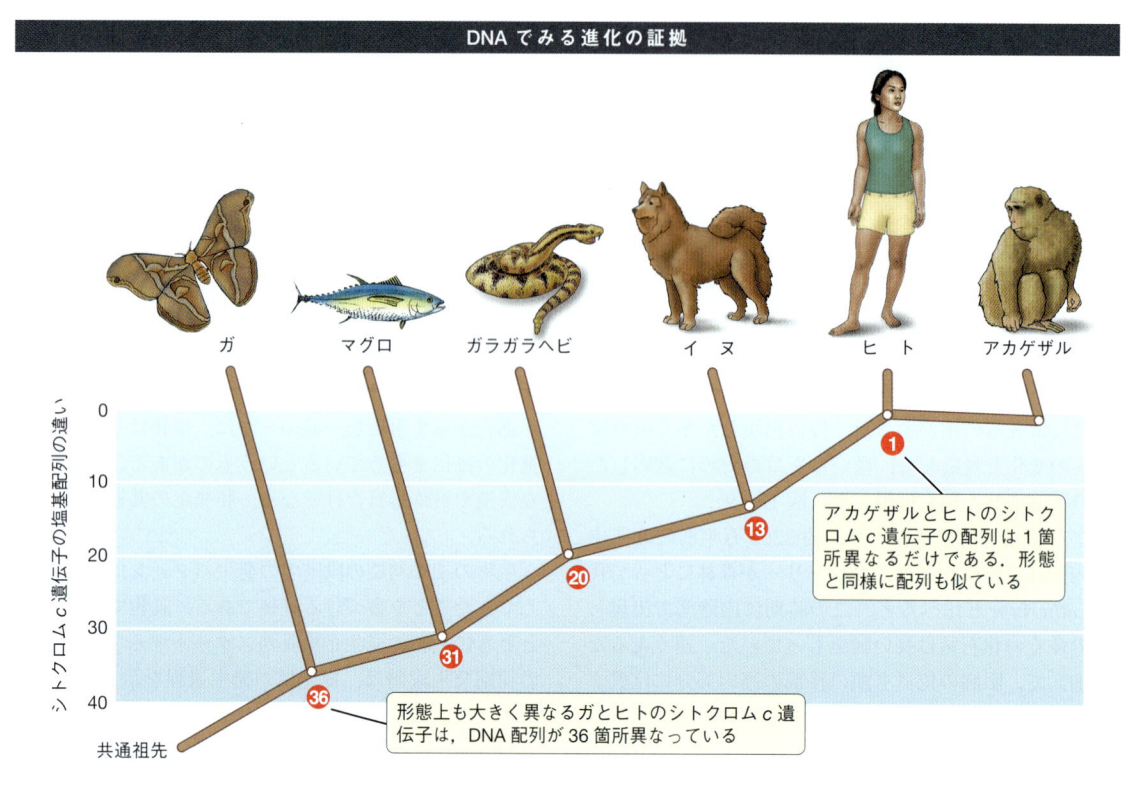

図 17・10　DNA配列の示す進化の証拠　シトクロム c はあらゆる真核生物に存在し，好気呼吸において重要な機能をもつ酵素である．ここに示した動物の進化上の類縁関係は，シトクロム c 遺伝子のDNA配列の相違数(ヒトを基準にして)に基づいてつくられた．この関係，つまり，ヒトはアカゲザルに最も近く，ガから最も遠いという進化上の類縁関係は，解剖学的な形態上の特徴から得られたパターンと一致している．

(縦軸: シトクロム c 遺伝子の塩基配列の違い)

アカゲザルとヒトのシトクロム c 遺伝子の配列は1箇所異なるだけである．形態と同様に配列も似ている

形態上も大きく異なるガとヒトのシトクロム c 遺伝子は，DNA配列が36箇所異なっている

吸収して消失してしまうのはなぜだろうか？ ほかにも，魚類，両生類，爬虫類，鳥類そして哺乳類(ヒトを含む)の胚では鰓嚢が形成される例を考えてみてもよいだろう．魚類では，この嚢は成体が水中で"呼吸"するのに用いるえらとなる．しかし，なぜ陸上で呼吸する動物たちにも鰓嚢が発達するのであろうか？

　進化を理解すると，これらの謎への解答が得られる．発生の様式が似ているのは，共通する祖先種をもつことに起因している．子孫種の複雑な構造も，何もないところから新たな器官が進化したというよりも，祖先種に存在していた構造に由来するものが多く，新種では構造だけでなく，ときに機能までもが修飾された構造を受け継いでいる．ある器官が進化のうえで新しい機能を獲得してきたことは，祖先種の発生様式を受け継ぎつつ新たに進化した発生様式となっていくことからも，証明される．

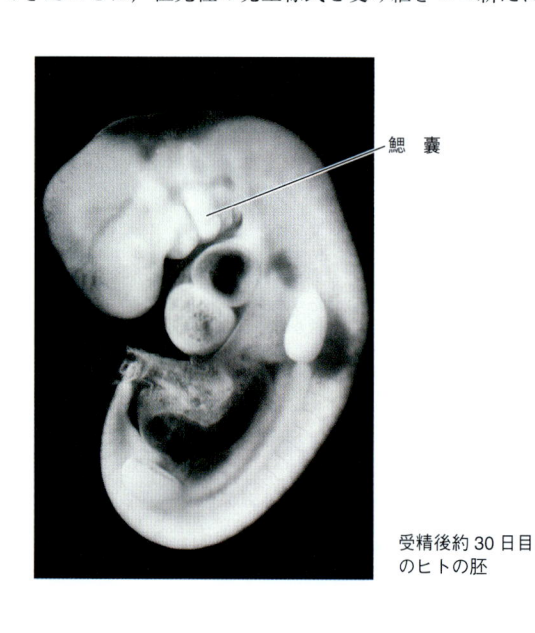

　化石の記録からもアリクイとクジラがともに歯をもっていた共通の生物から進化したことが示されている．同様にして，最初に現れた哺乳類や鳥類は，それぞれ異なるグループの爬虫類から進化したこと，さらに，最初の爬虫類は両生類の中のあるグループから，最初の両生類は魚類の中のあるグループから進化したことも化石が示している．ヒトや鳥，トカゲ，カエルなど空気呼吸をするものでも，みな初期胚が鰓嚢をもつのは，魚類がこれらの生物の共通祖先であるという化石の証拠と一致している．一般に，クジラの胚から歯をなくすなど，子孫の胚や胎児において，形態的特徴を消去するという強い自然選択(胎児がそのような形態をもつことが不利な場合)がはたらかない限り，胚の形態的特徴は残される傾向にある．ただし，成体になると，その他の目的のために形態や機能は変化し，たとえば魚類では鰓嚢は発生してえらとなり，ヒトでは耳やのどの一部となる．アリクイやクジラのように歯が消失することもある．

DNAは進化の最も有力な証拠を提供する

　すべての生物はまた別の，そして最も有力な進化の証拠を体内にもっている．すなわちDNAである．DNAはすべての生物で遺伝物質として例外なく使われている．さらに少数の例外を除いて，すべての生物は第15章で学んだ同じ遺伝暗号を用いている．すなわち，生物はみな同じ方法でDNA配列の情報を，特定のアミノ酸の配列へと翻訳している．細菌やセコイアやヒトのように異なる生物種でもDNAや共通した遺伝暗号を用いているということは，すさまじい生物の多様性も一つの共通祖先に由来して進化したものであるということを示す証拠なのである．

　第2章で解説したように，生物種間の進化的関係，つまり共通

鰓嚢

受精後約30日目のヒトの胚

人為選択

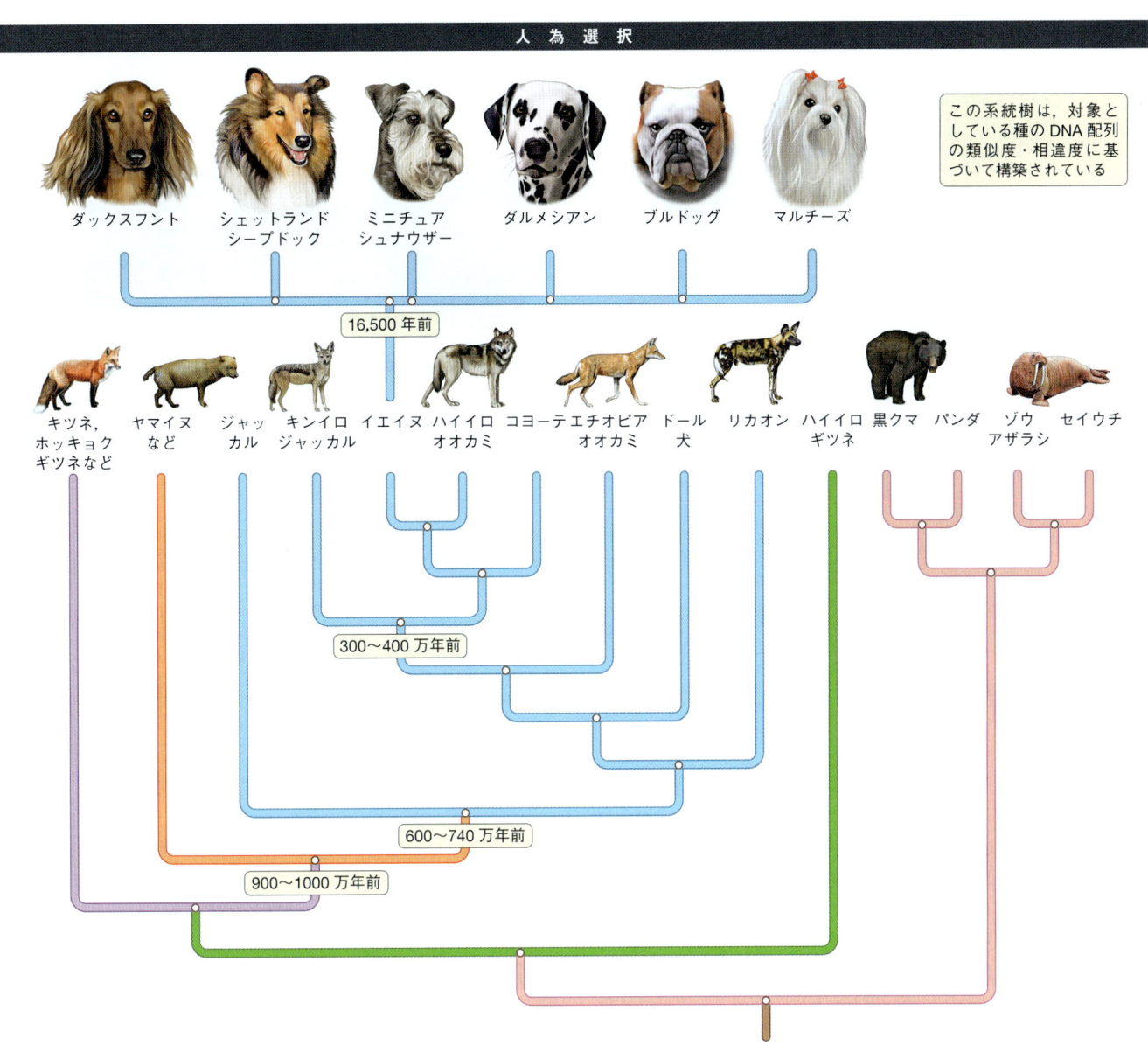

図 17・11 **人為選択により遺伝的変化が創出される** 人為的な操作によりハイイロオオカミからさまざまな犬種が作製されてきた．ハイイロオオカミとチワワとグレートデンの特徴はきわめて異なるが，これらはいずれも *Canis lupus* という同種なのである．特定の遺伝的形質に注目して選択的に交配することで，犬種間の形態や行動の違いをつくり出すことができる．

祖先とのつながりは，解剖学的特徴から決められることが多い．これら形態上の特徴から決められた進化上の関係をもとに，DNAやタンパク質などの分子の類似性を予測することもできる．その予測どおり，比較的新しい共通祖先をもつ生物のDNA配列とタンパク質は，互いに似ていることもわかっている（図17・10）．もし，生物が共通祖先に由来するのでなければ，DNAが類似すると期待できる根拠は何もない．解剖学上の特徴，DNAとタンパク質というまったく別々に得られる証拠から一致した結果がさまざまな生物種から得られており，生物の進化についての強力な根拠となっている．

種内の遺伝的変化を示す直接証拠

ビクトリア王朝から今日までの間，博物学者と生物学者は何千もの研究のなかで，野生においても，農場においても，研究室でも，個体群の遺伝的形質は世代を経て変化していくことを観察してきた．Darwinが気づいたように，人の手による交配実験により，直接的で具体的な進化の証拠が示されている．たとえば，ハイイロオオカミ（*Canis lupus*）の人為的交配により，今日のイヌ業界が認定している何百という犬種がつくり出されている（図17・11）．

すべてのイヌ *Canis lupus familiaris* は，ハイイロオオカミの亜種である．約16,000年前に人間がハイイロオオカミを家畜化し始めた．飼い主に慣れ，見知らぬ人に対しては吠えるような，人間が欲する特徴をもつ個体が選抜され，繁殖された．特定の遺伝形質をもつ個体のみを繁殖させることは，**人為選択**とよばれ，この種に対しても数多くの進化的変化が人間によってもたらされた．イヌや観賞用の花，他の多くの種において人間がつくり出した多くの変異は，進化的な変化をひき起こす人為選択の力を示している．生物と環境の間での驚くべき対応関係や，本章の最後にみるようなガラパゴスフィンチの例に示されるように，自然選択も同様に進化的変化を創出する（図17・5参照）．

大陸移動と進化によって化石の地理的分布が説明できる

地球上の大陸は時とともにゆっくりと移動する．これを**大陸移**

生物地理的にみた進化の証拠

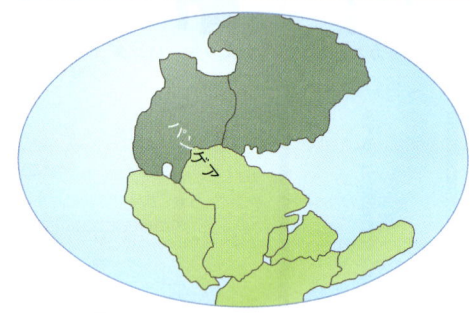

図17・12 かつては地球上に広く生息していた生物 *Neoceratodus fosteri* という淡水生の肺魚（肺をもっていて呼吸する魚，写真）の祖先は，パンゲアの時代に生きていた（下図）．この肺魚の仲間の化石は，南極以外のすべての大陸で発見されている（上図）．現存の *N. fosteri* は，オーストラリア北東のオレンジ色で示した部分でのみ発見されており，肺魚のなかで唯一現在まで生き残った種である．*N. fosteri* の祖先の化石は，赤で示した場所で発見されている．

パンゲア超大陸が分かれ始めたのは約2億年前である

動あるいはプレートテクトニクスとよぶ．たとえば，南アメリカ大陸とアフリカ大陸の間の距離は，毎年，約3 cm ずつ広がっている．現在は複数の大陸に分かれているが，2億5000万年前には，南米，アフリカ，およびその他の陸塊が一つに合わさって，**パンゲア**とよばれる巨大な大陸を形成していた．およそ2億年前からパンゲアはゆっくりと分裂を始め，その結果今日私たちの知っている大陸が形成された（図20・7参照）．

進化と大陸移動についての知識をもとに，今後，どの地域で化石が見つかりそうかを予測できる．たとえば，パンゲアがまだ一つだったときに進化した生物は，南極とインドのように今では遠く隔たった大陸間を容易に移動することができただろう．そのため，当時の生物の化石は，ほとんどすべての大陸で同じように発見できると考えられる．一方，パンゲアが分裂した後で進化した生物の化石は，一部の大陸（それらが起源をもつ大陸と，それとつながっていたか，近くにあった大陸）だけで発見できるはずである．

この化石分布の予測も正しく，進化を証明する重要な証拠となっている．たとえば *Neoceratodus fosteri* という肺魚は現在オーストラリアの北東部にしかみられないが，パンゲアの時代にはこれらの祖先が生きており，南極以外のすべての大陸で化石が発見されている（図17・12）．もう一つの極端な証拠として，現存する *Equus* 属のウマは，パンゲアの分裂後しばらくしてから，約500万年前に北米で生まれた（図17・9参照）．現生のウマは，最近の氷期のいずれかの間に，シベリアとアラスカをつなぐベーリング海峡をまたぐ陸橋を通ってユーラシアへと移住した．しかし，北米と南米をつなぐ現在の陸橋は，約300万年前に形成された．つまり，南米で発見される *Equus* 属の化石は約300万年前以降のものであると予測される．実際，これまで発見されている化石はすべて300万年前以降のものである．化石および進化時間における地殻変動に基づく予測の通り，*Equus* 属の化石はアフリカ，オーストラリアや南極大陸では発見されていない．

新種の形成は自然界でも実験条件下でも観察できる

既存の種から新種が形成される過程を直接観察した例も知られている．新種の形成が最初に実験的に確かめられたのは1900年代初期，サクラソウ（*Primula kewensis*）を中国原産の種から人工的につくったときである．自然条件下での新種形成も観察されている．1950年に，米国アイダホ州とワシントン州東部で，バラモンジン（セイヨウゴボウ）という植物の新種が2種発見された．どちらも1920年には，この地域にも他のどの地域でもみられなかったものである．遺伝学的なデータ解析の結果，二つの新種はどちらも既存の種から進化したこと，さらに，野外調査によって1920年から1950年までの間にこの進化が起こったことがわかった．この二つの新種はその後繁殖を続け，そのうちの一つは，今ではどこでもみられる種になっている．

17・5 進化学的思考の影響

19世紀半ばにおいては，種が進化するということは，過激な思想であった．生物の形態が自然選択の結果であると説明する主張はさらに過激であった．このような考えは，生物学において革命を起こしたばかりではなく，文学，哲学，経済学などの他の分野に対しても，深い影響を及ぼした．

また，Darwin 流の進化の考え方は，宗教にも強い影響を与えた．進化の考え方は，当初は反ユダヤ・キリスト教的であると考えられ，有力な聖職者から多くの強い反撃を受けた．しかし現在では，宗教界の指導者や科学者は，進化と宗教は共存しうるものであり，探求すべき分野が別なのだという考え方をとることが多い．たとえばカトリック教会は，進化によって，ヒトのもつ肉体的な特徴

が説明できる点は受入れている．その一方で，人間の精神的特徴の説明には宗教が必要であるとの見解を維持している．また，多くの科学者が，進化は科学的に証明されていると考えている一方で，宗教への信仰をもっている．大部分の科学者が認めているのは，宗教的信仰が個人の問題であること，そして神の存在やその他の宗教的重要性に関する問いには科学は答えることはできないということである．

進化的思考の出現は，工業技術の分野にも影響をもたらした．たとえば，進化の理解は，昆虫による殺虫剤への抵抗性の進化を止めたり遅らせたりする方法を探るのに必須である．生物間の進化的関係性についての情報も，新たな抗生物質，薬剤，食品添加物や色素などさまざまな有用な商品を効率良く開発するためにも使われることがある．

米国立科学教育センター長のEugenie Scott博士は，進化は生命科学と関連分野すべてにおいて共通する原理であるため，進化教育は生物学教育の中心であると指摘している．彼女は，"進化というのは生物学における元素周期表のようなものであり，進化は生物学に意味を与え，切り離せないものとなっている"と言っている．

■ これまでの復習 ■

1. 二つの種が共通の特徴を示す場合，その理由として，祖先を共有すること以外にどのような理由が考えられるか？
2. 生物が進化してきた五つの証拠を述べよ．
3. 人為選択とは何か．

---

1. 収束的進化．その場合，その二つの種は近縁ではない．
2. 1) 化石の記録，2) ヒトの胚の鰓裂のように，発生する生物学の痕跡的な特徴，3) 種移動の観察，4) 遺伝的多様性の実験観察，5) 雑種をつくり出す実験．
3. ある特定の形質をもつ個体だけを繁殖させることによるその生物種の遺伝的変化の誘導や方向づけを人間が決めること．

学習したことを応用する

ダーウィンフィンチ：進化の現場

Charles Darwinは，5年間かけて世界を航海する間に，種は変化しないという仮定に疑問を抱き始めていた．その時点ですでに種は進化するという示唆は得られており，彼の心の中ではその

生活の中の生物学

人間と細菌の切っても切れない関係

進化は自然のプロセスであるが，人為的な介入によってもひき起こされる．抗菌性製品（あるいは，それほど効果はないが抗ウイルスの製品）の開発は，その好例である．かつては感染症のリスクが高い病院などに限られていたが，抗菌性薬品は，石けん，ローション，食器用洗剤などに頻繁に使用されている．米国の医学会年報で報告された最近の研究によると，米国内で使われる75%の液体石けん，29%の固形石けんに，抗菌成分が含まれているらしい．さらに，ティッシュ，まな板，歯ブラシ，寝具，および子どものおもちゃなど多くの製品にも抗菌物質が含まれていたり，表面塗装として使われたりしている．

そこに何か問題があるだろうか．誰もが病原菌を防ぎたいはずではないのか？ 単純に考えると，答えは"Yes"である．ただし，これらの抗菌製品は，私たちを取巻く環境中の良い細菌まで殺してしまい，抗生物質に耐性をもった菌を蔓延させていると，世界保健機関(WHO)が報告している．自然選択は常に有利な性質だけをもたらすのではない．通常であれば，自然選択が原因で抵抗力のない細菌から抗生物質耐性菌が発生することはない．しかし，抗菌物質が一度使われると，抵抗力をもった細菌だけが殺されないので，抵抗力のない他の細菌より優位に立つことになる．他の細菌より生存し，繁殖することができるので，自然選択によって，これらの細菌が集団の中で大半を占めるようになるのである．

2000年，米国医師会は抗菌加工した石けん，ローション，および他の家庭用品の過剰な使用を控えるよう消費者に警告し，抗菌製品のいっそうの規制を呼びかけた．また，2005年，食品医薬品局は，これらの抗菌物質を含む石けんは，通常の石けんと比べて水道水で手を洗うときに何のメリットもないことを発表した．実際に，消費者向けの抗菌製品を使用することは，病気にかかりにくくするものではないという研究発表も多い．米国微生物学会が発表した以下のガイドラインを参考にしてほしい．抗菌製品に関連するリスクを回避し，また，健康を維持して家の中を清潔に保つのに役立つ情報である．

■ 従来の固形石けんと温水が，手・体・食器を洗うのに最も適している．
■ つぎの作業の前には手をよく洗う．
・食物の準備，食事
・切り傷，すり傷の治療
・体調の悪い人の治療や世話
・コンタクトレンズの取外し
■ つぎの作業の後には手をよく洗う．
・トイレの使用
・未調理の食材，特に，生肉や魚の取扱い
・おむつの交換
・鼻をかむときや咳やくしゃみの出たとき
・変わった種類のペット，特に爬虫類などに触れたとき
・ゴミの処理
・体調が悪い人，外傷者の治療や世話
■ 手を洗うことができないなど，リスクが高い場合にのみ抗菌製品を使用する．
■ 漂白剤を使ってトイレを掃除する．
■ 未調理の生肉などと食物（たとえば果物や野菜）には，別々のまな板を使用する．
■ すべての果物や野菜を石けん水（もちろん，しっかりすすぐ），またはそのつど新しい水を使って洗う．
■ 台所用品，食器，類類を温かい石けん水で洗う．このとき，しっかりすすぐことに注意．可能ならば，まな板も含めて，殺菌機能のついた食器洗い器で洗う．
■ 台所で使うスポンジ類も，可能ならば，食器洗い器などで，洗浄する．
■ 流し台に置いてあったスポンジ類は，細菌を含んでいるので，調理台をふかない．

調理台は，ペーパータオルか，あるいは，毎日交換する布巾を使ってふく．

家畜を育てるために抗生物質を用いることは，複数の抗生物質に耐性をもつ細菌である"超耐性菌"の発生を助長してしまうことになる．

ヒントがくすぶっていた．たとえば，ガラパゴス諸島の現地の人は彼に，リクガメはそのサイズと形によってどこの島のものかわかると言っていた．それぞれの島には，その島特有のリクガメが生息している．Darwin は，マネシツグミ類でも同様のことがいえると気づいており，"それぞれの生物の多様性はその島で一定であり，このことはリクガメについて住民が言っていることとパラレルな事象である"と言っている．1 カ月後，彼はノートに"このような事実は種の安定性を決定づける"と結論を述べている．Darwin は種は時を経て変化しうると考えていた．

Darwin が英国に帰国後，著名な鳥類学者である John Gould に鳥の標本を送ると，さらに強力な進化の証拠が得られた．Darwin は，各島には異なるマネシツグミの亜種が生息していると考えていたが，Gould はそれを否定し，別種であるとした．Darwin は，持ち帰った 12 種は，ムクドリモドキ，グロスビーク，ミソサザイ，そして数種のフィンチの雑種であると考えたが，これについても Gould は否定し，12 種はすべてガラパゴスフィンチであるとした．Darwin は，12 種があまりに近縁であることに驚いた．彼はのちに"1 種が他の島に導入され変化させられたというのは，非常にすごいことなのかもしれない"と書いている．ガラパゴス諸島のすべてのフィンチは本土からやってきた 1 種に由来して 12 種へと分岐した子孫であると，Darwin は考えた．

今日では Darwin の結論が正しかったことはわかっている．300 万年前に最初のフィンチ種がガラパゴスへと移住し，時とともに異なる島のフィンチのグループは異なるタイプの食物（大きな種子や小さな種子，昆虫あるいは果物）を摂取する能力を進化させ，それぞれ分化し始めた．つまり，フィンチは本土では他の鳥が行っていた生態学的役割を果たすように進化してきたのである．

ガラパゴス諸島は，科学者が進化の仕組みを調べる自然の実験室を提供している．ガラパゴスは寒流の流れる赤道直下に位置している．1 月～5 月の気候は温暖で雨量も多い．あとの季節はおおむね乾燥している．1977 年に干ばつがあったときには，研究者の Peter と Rosemary Grant 夫妻が，一つの島でガラパゴスフィンチを調査した．植物は枯れ（図 17・13），種子はほとんどなく，種子食のガラパゴスフィンチは飢餓にさらされて，個体数も 1200 から 180 へと激減した．

乾期にも繁殖可能な植物は，主として大きなコストを払って大きな種子をつくる干ばつに耐性のある植物であった．環境条件が良いときにはフィンチはそのような種子は無視していた．そのよ

図 17・13 干ばつは速やかな進化的変化をもたらす ガラパゴス諸島のダフネ島における 1977 年の干ばつは，当地の植物相に劇的な影響を与え，自然選択の舞台を設けることとなり，植物を餌にする鳥たちの急速な進化をもたらした．

うな植物の大きな種子，特に *Tribulus cistoides* という名前の植物の種子は，生き残った鳥たちのおもな食料源となった．*T. cistoides* に依存しているこれらの生存者たちに何か特別なことはあったのだろうか？ Grant 夫妻は，干ばつ前（1976 年）のガラパゴスフィンチ個体群とそれらの子孫で最悪の干ばつが過ぎた翌年（1978 年）に生存した個体の平均くちばしサイズを比較した．彼らの解析により，たった 1 世代で平均くちばしサイズが 0.5 mm も干ばつ後に増加していることが明らかとなった（図 17・14）．

頑丈でより強力なくちばしが，入手可能な食料を食べるのに適していたため，干ばつ期には適応的であった．自然選択により，適応していない個体は排除され（小さいくちばしをもつ個体のほ

干ばつへの適応：くちばしサイズの変化

(a) 中型の地上フィンチ

(b) 調査期間におけるくちばしサイズ

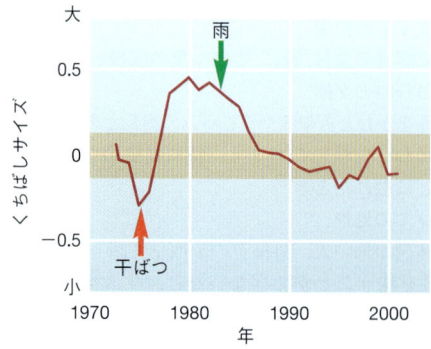

図 17・14 1 種のフィンチにみられる進化的変化 ガラパゴス諸島のダフネ島でガラパゴスフィンチ(a)の 30 年にわたる研究が行われた．平均のくちばしサイズは 1977 年のひどい干ばつ以降大きくなった．降雨が再開されると，自然選択により小さいくちばしが進化した(b)．グラフ中のオレンジ色の帯で示す範囲は，進化的を伴わないであろう変動を示す．

ガラパゴスフィンチにみる進化の証拠

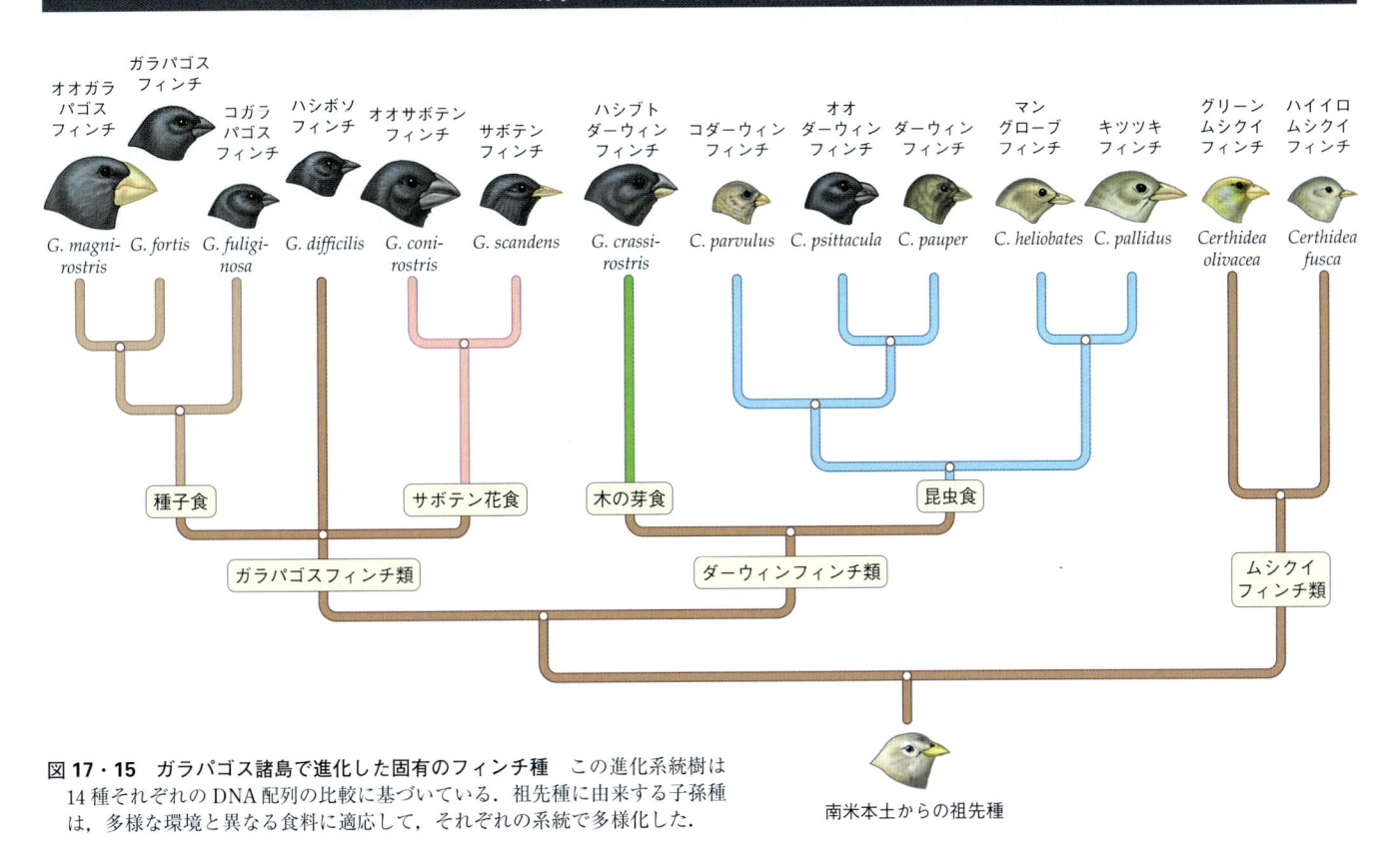

図17・15 ガラパゴス諸島で進化した固有のフィンチ種 この進化系統樹は14種それぞれのDNA配列の比較に基づいている．祖先種に由来する子孫種は，多様な環境と異なる食料に適応して，それぞれの系統で多様化した．

とんどが飢餓で死亡した）．頑丈なくちばしをもつ個体の生存が促された．くちばしサイズは遺伝的な形質であるため，大きくちばしの個体の繁殖成功度はより大きくなり，次世代では大きなくちばしの個体の頻度がより上昇することとなった．その結果，干ばつ後のフィンチ個体群は進化することになった．1980年代初頭の例外的な大雨により，殻の柔らかい小さい種子が豊富になり，大きな種子をつける干ばつに適応した植物は減少した．食料供給に関するこれらの変化に応答して，フィンチ個体群は再び進化した．平均くちばしサイズは，30年間の研究の間に，干ばつ前のサイズへと戻った．

ガラパゴス諸島に生息する13種のフィンチのDNAを北方のココス諸島の1種と比較することにより，これらの鳥類の種の起源に関するDarwinの直感を検証することができる．これら14種は，200〜300万年前にエクアドル周辺からこれらの諸島に移入した昆虫食の小型フィンチを祖先種としている．祖先個体群は，さまざまな植生の多様な生息地に住みつき，それぞれ局所的な環境，特に餌条件に特化して適応した（図17・15）．ガラパゴスフィンチの系統は，種子食の種として進化した．3種のフィンチは，枝切りばさみのように植物を切り取るような，先端の尖っていないくちばしをもっている．植物食フィンチの短くてずんぐりしたくちばしは，木の芽，花，果実などを摂食するのに適している．サボテンフィンチは，毛抜きのようなくちばしでサボテンのトゲをつかみ，それを使って角や割れ目から昆虫を捕まえる．

ウォルフ島とダーウィン島にみられる鋭いくちばしをもつガラパゴスフィンチは，血液の味を覚えた．吸血行動は，寝そべっているウミイグアナやアオアシカツオドリなどの海鳥から寄生虫をつつくフィンチの習性から進化したのだろう．時折，食料が不足すると，これらのフィンチは海鳥の背中の薄い皮膚をつつき，しみ出してきた血液をなめるのである．

章のまとめ

17・1 変更を伴う遺伝

- 進化は，おおまかには，連続した世代にわたって，生物集団の遺伝的形質が変化することと定義することができる．
- 多くの学者たちが，現生の生物種は祖先種の子孫であるという考え方を発展させてきた．Charles DarwinとAlfred Wallaceは，既存の形を修飾することによって新しい種が進化する仕組み，すなわち自然選択を提唱した．
- 自然選択の理論によると，適応的な形質（競争的な環境条件下でその個体がより良く機能できるようにする形質）をもつ個体はより多くの子孫を残すことができ，それゆえ，子孫世代ではその形質の頻度がより高くなる．
- 小進化とは，個体群レベルで進化を研究することである．大進化は，より大きなスケールでの進化のパターン（種や大きな分類群の進化や絶滅など）に焦点を当てる．これらは個体群レベルでの進化の帰結である．

17・2 進化の仕組み

- 生物集団の個体は，形態学的，生化学的，行動学的な形質が遺伝的に異なっている．遺伝子プールは，集団に属すすべての個体がもつ遺伝情報の総和である．進化とは，連続した世代を経て集団の遺伝子プールが変化することと定義できる．
- DNAの突然変異は，すべての遺伝的変異の究極的な源である．突然変異はランダムな事象であり，方向性をもって起こること

ではない．有性生殖による組換えにより，突然変異により生み出された遺伝的変異（対立遺伝子）の新たな組合わせが創出される．
- 遺伝的浮動はランダムな過程であり，ある遺伝的形質のセットをもつ個体が，他個体よりも効率良く生存し繁殖する原因を与える．つまり，遺伝的浮動による進化は，偶然によってのみ左右される．
- 遺伝子流動は，一つの個体群から別の個体群への遺伝子の移動である．個体の移出入に伴う新たな対立遺伝子の導入や欠失によって遺伝子プールが変化すれば，個体群は進化することもある．
- 自然選択は，有利な遺伝的形質（適応形質）をもつ個体が，別の形質をもつ他の個体と比較して，より効率良く繁殖の成功を成し遂げられることである．子孫をより多く残せた個体の形質は，のちの世代ではより頻度が高くなる．自然選択は方向性のある（非ランダムな）過程であり，子孫集団に適応をもたらす．適応とは，生物集団が環境により良く適合する過程のことをさす．

17・3　進化は生命の普遍性と多様性を説明することができる
- 二つの生物が共通した形質をもつ場合，共通の祖先からの子孫であること，あるいは収れん進化であることを示している．共通祖先に由来する共通した形質を相同であるといい，収れん進化による似た形質を相似であるという．
- 生物の多様性は，種分化すなわち1種が複数の種へと分化する過程が繰返し起こった結果である．

17・4　進化の証拠
- 化石記録は，時とともに起こる種の進化の明確な証拠を与える．
- 生物の体内にも，解剖学的構造の残存物（痕跡器官）や，胚発生のパターン，DNAや遺伝暗号の普遍法則，生物間での分子（DNAやタンパク質）の共通点など，進化の証拠がみられる．
- 進化と大陸移動の理解から予測どおり，現在の大陸のすべてがパンゲア超大陸の一部であった時代に進化した生物の化石は，新しい時代に進化した生物と比べると，広い地理的分布を示している．

17・5　進化学的思考の影響
- 進化と自然選択についてのDarwinの考えは，生物は変化しないという考えを根底から覆し，生物学に革命を起こした．
- 進化生物学は，農業，工業，医学の分野で，実践的にも多数応用されている．

重要な用語

自然選択（p.304）　　　　適応形質（p.306）
小進化（p.305）　　　　　適　応（p.306）
大進化（p.305）　　　　　痕跡器官（p.309）
進　化（p.305）　　　　　相同（ホモログ）（p.309）
遺伝子プール（p.305）　　収れん進化（収束進化）
遺伝的変異（p.305）　　　　（p.309）
突然変異（p.305）　　　　相似（アナログ）（p.309）
対立遺伝子（p.305）　　　種分化（p.309）
遺伝子型（p.305）　　　　化　石（p.310）
有性生殖による組換え（p.306）　人為選択（p.313）
遺伝子流動（p.306）　　　大陸移動（p.313）
遺伝的浮動（p.306）　　　パンゲア（p.314）

復習問題

1. 進化の証拠となるのはどれか．
   (a) 集団内の遺伝的変化の直接観察　(c) 化石記録
   (b) 生物の共有形質　　　　　　　　(d) a〜cのすべて
2. 自然選択によってひき起こされることがらを選べ．
   (a) 集団の遺伝的組成が時間とともに不規則に変化する．
   (b) 時間とともに新しい突然変異が生まれる．
   (c) 集団内のあらゆる個体が同じ頻度で次世代へと子孫を残す．
   (d) 特定の遺伝形質をもつ個体が，いつも他の個体よりも高い率で生き残り，子孫を残す．
3. 適応の説明として正しいものを選べ．
   (a) それぞれの生息環境において生存効率をみずから悪くさせる生物の特性である．
   (b) ふつうには起こらない．
   (c) 自然選択によってもたらされる．
   (d) 遺伝的浮動によってもたらされる．
4. 化石の記録から，哺乳類が最初に誕生したのは約2億2000万年前であることがわかっている．パンゲア超大陸が分裂を開始したのも約2億年前である．これらのことから，初期の哺乳類の化石が発見される場所は，つぎのうちのどれと考えられるか．
   (a) 現在の大陸の大部分，あるいは，すべて．
   (b) 南極のみ．
   (c) 一つ，あるいは，少数の大陸のみ．
   (d) 上記のどれでもない．
5. クジラのひれと，ヒトの前腕がともに5本の指をもち，同じ一組の骨をもつという事実は，つぎのどれを説明する根拠となるか．
   (a) 遺伝的浮動は集団の進化の原因になりうる．
   (b) 共通祖先をもつ生物は共有する形質をもつ．
   (c) クジラはヒトから進化した．
   (d) ヒトはクジラから進化した．
6. ガラパゴス諸島は，つぎのうちのどれを示す実例といえるか．
   (a) 小進化のみ
   (b) 大進化のみ
   (c) 小進化と大進化の両方
   (d) 上記のどれでもない．
7. 偶発的な出来事により生じる生存率と繁殖率の差が，集団の遺伝的構成が変化する原因となる．このプロセスを何とよぶか．
   (a) 突然変異
   (b) 自然選択
   (c) 大進化
   (d) 遺伝的浮動
8. 一つの種が二つ以上の種に分かれることを何とよぶか．
   (a) 種分化
   (b) 大進化
   (c) 共通祖先
   (d) 適　応
9. 祖先が同じである生物にみられる特徴はどれか．
   (a) 収れん　　(c) 分　岐
   (b) 相　同　　(d) 相　似
10. 人為選択とは何か．
    (a) 自然環境下での選択が起こらないこと．
    (b) 人為的に自然選択が起こらないようにすること．
    (c) 人が特定の性質をもつ生物だけを繁殖させること．
    (d) 家畜の遺伝的浮動を人為的にひき起こすこと．

分析と応用

1. 進化とは何か，また，集団が進化して，個体が進化しない理由を述べよ．

2. トカゲは島の陸上に生息し，低木の中にいる昆虫を餌にする．低木の枝は細く密集しているので，トカゲのサイズは小さい方が枝の間を移動するのに都合がよい．もし，このトカゲの一部が，中高木の多い近くの島に移動したとする．中高木の枝は，トカゲがそれまで餌場にしていた低木のものより太い．新しい島に移動したトカゲのうち大きい個体はほんの一部にすぎないが，中高木の多い島では，大きいサイズは不利とはならず，逆に，雌とつがいになるのに他の雄と競うには好都合である．体のサイズが遺伝的に決まっているならば，新しい島ではトカゲの平均サイズはどのように変化するか．理由とともに説明せよ．

3. つぎの三つは，進化によってどのように説明できるか．(a) 適応，(b) 生物種の多様性，(c) 異なる生物群が類似の特徴を共有する例．

4. 世界中の科学者たちが，進化が起こる（起こった）のは確実であると考えている．それはなぜか．この章で解説した証拠から，三つをあげよ．

5. 生物学者の間では進化が起こるという点では見解は一致しているが，進化学的変化の原因として，どの機構が最も重要かについては議論中である．これは進化論が正しくないということを反映しているだろうか．

6. 遺伝的浮動が起こるのは，偶然の出来事によって，ある個体が他の個体よりも多くの子孫を残すようになった結果である．偶然の出来事が，より大きな影響を与えそうなのは，小さい集団と大きい集団，どちらの方か．ヒント：図17・4で，集団内の植物の対立遺伝子Aの比率が30%（10個体のもつ対立遺伝子の中で3個体がAとなるような場合）から100%に変わるかを，たとえば植物が5本ではなく1000本だったとして考えるとわかりやすい．

ニュースで見る生物学

As Mammals Supplanted Dinosaurs, Lice Kept Pace

By Nicholas Wade

哺乳類が恐竜にとって代わり，シラミもそれについていく

　生物学者たちは，何百万年も前に恐竜が絶滅し，鳥類と哺乳類が勃興する壊滅的な時期を浮き彫りにする，新しい方法を見いだした…

　その新しい方法は，シラミの系統樹を再構築することにあった．ロンドン自然史博物館のシラミ分類学者であるVincent S. Smithは，系統樹を遡り，最初のシラミの宿主は，恐竜，おそらくは鳥類の祖先であった獣脚類恐竜であった可能性を見いだした．

　Smith博士と同僚たちは，鳥類や哺乳類に寄生する現生のシラミ種のDNA配列を解析することで，シラミの系統樹を再構築した．ほとんどのシラミが，単一の種の毛皮や皮膚に爪が適応した宿主に特化したものであった．この適応はかなり厳密であり，シラミの宿主が種分化すると，シラミも別の種へと多様化していく．

　たとえば，ヒトに寄生するアタマジラミは，チンパンジーのシラミから，500万年前にヒトとチンパンジーが分化したときに進化した．一方，ケジラミは，1300万年前に分化したゴリラのシラミと近縁である．このようにヒトのシラミは類人猿とヒトの進化系統樹を映し出している．

　同様にして，現生の哺乳類および鳥類を宿主として生活しているシラミは，はじめのシラミが現れて以来，祖先の哺乳類や鳥類の分岐パターンを反映しているのである．

　Smith博士と同僚たちは，構築された系統樹は，シラミが白亜紀の終わり以前に新種へと放散し始めたことを示していると Biology Letters 誌の最新号で報告した．この発見は，シラミの宿主である哺乳類と鳥類は，恐竜の時代が終焉を迎える前に，繁栄し放散し始めていることを示している．

　この新たな系統樹は，鳥類と哺乳類の出現にかかわる長きにわたる議論にも影響を与えた．ある学派は，両者とも1億4500万年前の白亜紀初期には繁栄しており，多くの系統が，恐竜を突然の絶滅に至らしめた白亜紀の大変動，すなわち6500万年前の巨大な小惑星の衝突を生き残ったとしている．反対派は，哺乳類と鳥類は，恐竜の衰退以前には，繁栄しておらず，多くの種にも放散していなかったとしている…．

　シラミは鳥類と哺乳類の皮膚から吸血する寄生虫である．§17・3で学んだように，1種は複数の種へと分化することがある．つまり，1種が多種へと多様化しうるのである．たとえばガラパゴス諸島では，別の島に渡っていたフィンチの種が，元の系統から孤立してしまうこともある．時が経つと，それら二つの個体群は異なる形質をもつまでに独立に進化する―たとえば，1種は大きくて頑丈なくちばしと大きな体をもち，他方は小さく鋭いくちばしと小さな体をもつ，というように．かつて1種だったフィンチが，2種になったのである．

　同様にして，1種のシラミが複数種になりうる．シラミの各種は，それぞれ異なる鳥類や哺乳類にすでに適応している．フィンチ種が二つの個体群，つまり二つの島に分かれると，各個体群は独立に進化し，2種へとなっていく．一つのフィンチ個体群が分離されると，そのフィンチに寄生していたシラミも二つの個体群へと分離することになる．これら二つのシラミ個体群は，フィンチの種分化と並行して，2種へと分化することになるのである．シラミの進化の研究は，宿主種の進化についてわかったことをダブルチェックする一つの方法なのだ．

　この記事は，6千5百万年前に恐竜が絶滅してから，あるいはまだ生存するそれより以前の時代以来，鳥類（あるいは哺乳類）が多種へと多様化したかどうかの問いに答えるための，研究者の努力について述べている．この考えは，シラミの系統樹を構築するとともに，それらが生息していた動物にも遡って探究することなのである．

このニュースを考える

1. 鳥類は祖先恐竜から進化し，多くへの種へと多様化した．哺乳類は，祖先爬虫類から進化し，その後多種へと分化した．この記事はそれぞれのグループがいつ多様化したかについて異論があると述べている．二つの主要な仮説とは何だろうか？
2. 恐竜にもシラミがついていたという仮説を支持する証拠は何だろうか？
3. ヒトのアタマジラミは，ゴリラのシラミよりもチンパンジーのシラミと近縁である理由を説明せよ．

出典：*New York Times*，2011年4月6日

18 集団の進化

MAIN MESSAGE

突然変異，遺伝子流動，遺伝的浮動，および自然選択の結果，生物集団内の対立遺伝子の頻度がしだいに変化する．

耐性の進化

1940年代と同様に最近になって，多くの米国人が今日ではもはや聞かれなくなった病気で死亡している．健康な若い父親が膝に切り傷を負い，そこから感染して，敗血症で死亡している．若い母親は髄膜炎にかかった可能性があり，2週間で死亡している．今日ではこのような患者は数日の治療で完治して健康になり，病院から自宅に返される．抗生物質——すなわち私たちの細胞には悪影響を与えず細菌のみを殺す魔法の薬——の発見により病気からの劇的な回復が保証されたのである．1940年代以降，命にかかわる細菌感染（壊疽や肺炎，梅毒，結核，敗血症など）から何百万人もの人々を抗生物質は救ってきた．1944年に米国に初めて抗生物質が導入されたとき，肺炎による死亡を75％，リウマチ熱による死亡を90％も減らすことができた．

抗生物質はあまりに素晴らしくみえたため，ウイルス感染やがん患者など抗生物質が有効でない患者を含めたすべての患者に処方する医師もいた．しかし，抗生物質の使用が開始されるとともに，細菌は抗生物質に対する耐性を進化させ始めた．ペニシリンが公に入手可能となる前の1940年には，研究者たちは腸内細菌である大腸菌がすでにペニシリン存在下で生存できる能力，すなわち耐性とよばれる現象を進化させ始めていることを観察していた．Alexander Flemingが，ペニシリンの発見により1945年にノーベル賞を受賞したときに，彼は細菌が抗生物質耐性を進化させられることに警鐘を鳴らしている．

今日では，この魔法の薬を完全にあてにすることはできなくなっている．連鎖球菌咽喉炎，リウマチ熱，ブドウ球菌感染症，そして結核菌を含む，細菌の多くの菌株がペニシリンやテトラサイクリンなどの抗生物質に対する耐性をもっている．これらすべての細菌は，環境中の抗生物質の存在に適応したのである．抗生物質耐性は広く存在しており，衛生当局は，1940年代以前にあったような細菌感染による人類への脅威が再来することを警戒している．

> どのようにして細菌の抗生物質耐性は進化したのだろうか？適応するうえでの耐性の意味は何だろうか？

本章では，遺伝子上の小さな突然変異が，生存と繁殖の確率の個体差によって，どのようにして集団内に広がるかについて学んでいく．そして，どのようにして突然変異により細菌や他の生物が抗生物質への耐性を獲得するのかを見ていく．

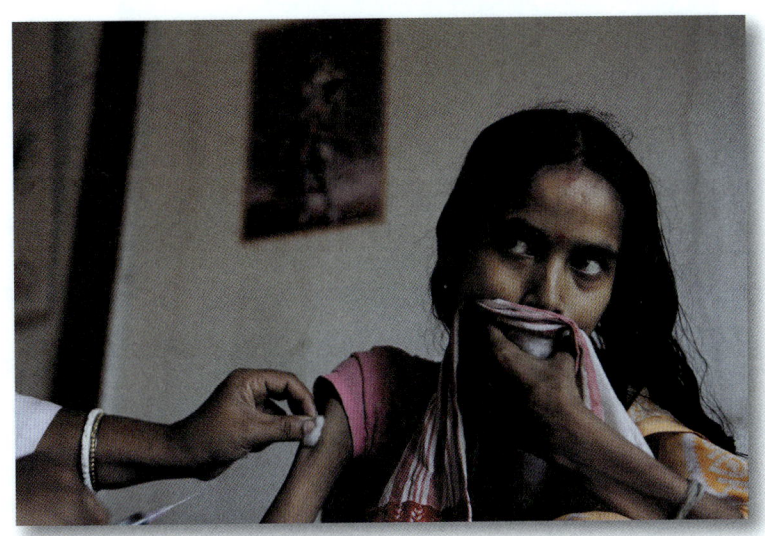

結核にかかった女性 世界の人口の1/3が，マイコバクテリウム属という結核菌による結核に感染している可能性がある．結核感染率の上昇は，抗生物質に耐性のある結核菌によるケースが，自然選択の結果，増えたことによる．

基本となる概念

- 生物集団内の対立遺伝子の頻度（存在比率）が，世代を経て変化することを進化という．各個体が進化するのではなく，集団が進化する．
- 生物集団が進化する仕組みには，突然変異，遺伝子流動，遺伝的浮動，および自然選択の四つがある．
- DNAの突然変異により集団の遺伝子プールの遺伝的多様性が生じ，生じた多様性は，他の進化過程の対象となる．
- 遺伝子流動とは，集団間で対立遺伝子が交換されることをさす．集団への対立遺伝子の導入や集団からの移出を通じて，移入個体や移出個体は集団内の遺伝子頻度を変化させる．
- 遺伝的浮動とは，集団内の個体間の生存や繁殖におけるランダムな相違によって対立遺伝子の遺伝子頻度が変化することである．遺伝的浮動は大きな集団よりも小さな集団の方が進化に大きな影響をもたらす．
- 生物集団が急速に（月ないし数年の単位で）進化することがある．これは昆虫の殺虫剤耐性や細菌の抗生物質耐性の進化が深刻な問題となることを意味する．

進化は観察できないほどゆっくり起こるのか？ 進化の速度は一般に遅く，実験的に観察することは難しいと考えられていた．しかしこの80年間に，生物集団が進化する様子を直接観察し，記録した何千もの研究が報告された．それによると，遅い速度の進化がある一方で，急速に進化する例（数カ月〜数年の単位で，2〜3世代以内に）もあることがわかってきた．同じように，生物の新種が生まれる速度も，遅いものと速いものがある（1年〜数千年）．

本章では，こういった短期間で起こるものも含めて，生物集団の進化的な変化とは何かを解説する．なかでも，集団内の対立遺伝子の頻度（存在比率）が，世代を経て，どのように変化するかに議論を絞って紹介する．"対立遺伝子頻度"とは，個体群における対立遺伝子の相対的な存在量，あるいは集団内の共通項と考えてもよい．より頻度が高い対立遺伝子は，そうでないものよりも高確率で子孫へと伝達される．個体群での対立遺伝子頻度に変化がなければ，世代間で個体群の性質には変化が現れないはずである．しかし，個体群において対立遺伝子頻度が変化すると，個体群の性質は時を経て変化していく，すなわち進化が起こるのである．進化が起こる最小の単位は個体群であり，個体群における対立遺伝子頻度の世代間での変化は，**小進化**とよばれる．ある特定の対立遺伝子の頻度が，ある特定の個体群の世代間で，有意に増加あるいは減少したときに小進化は起こる．

遺伝的変異が進化の原材料であることはすでに述べた（図18・1）．ここではまず，対立遺伝子頻度と遺伝子型頻度の二つの重要語句を定義して，小進化について議論しよう．突然変異がいかにして新たな対立遺伝子を生じるのかについて再度簡単に触れ，この過程が遺伝子型頻度と対立遺伝子頻度の双方にいかにして影響を与えるかについて論じる．そして，手元にある情報をもとに，対立遺伝子頻度が時とともに変化する要因となる四つのメカニズム，すなわち突然変異，遺伝子流動，遺伝的浮動，自然選択について議論する．最後に，病原菌がどのようにして薬剤耐性を進化させたのか，また耐性の進化を遅らせることによる伝染病に対抗する方法についても考えて本章を終える．

18・1 対立遺伝子と遺伝子型

進化とは，対立遺伝子頻度の変化と定義することができる．**対立遺伝子頻度**とは，ある特定の対立遺伝子，たとえば A あるいは a 対立遺伝子の個体群に占める割合，あるいはパーセンテージのことをいう．同様に，**遺伝子型頻度**とは，たとえば AA や Aa，aa などのある特定の遺伝子型の個体群における比率をいう．

単純なメンデルの法則に従って遺伝する形質では（第12章参照），個体群における遺伝子頻度は非常に簡単に計算することができる．これらの頻度を計算する例として，ここでは，優性対立遺伝子 R（赤色の花）と劣性対立遺伝子 r（白色の花）の2個の対立遺伝子が花の色を決めている植物集団を考えてみよう．たとえば，1000本の個体があり，そのなかに160本の RR 個体，480本の Rr 個体，360本の rr 個体がいたとする．これら3種類の遺伝子型（RR，Rr，rr）の頻度を計算するには，それぞれの個体数を集団の全個体数（1000）で割り算すればよい．つまり，RR，Rr，rr の遺伝子型頻度は，それぞれ 0.16，0.48，0.36 となる．これらの遺伝子型頻度をすべて合算すると 1.0（100%の意味）になる．RR，Rr，rr の三つ以外の遺伝子型は考えられないので，こ

図 18・1 ホシダカラ（タカラガイの一種 *Cypraea tigris*）の形態の多様性 これらのホシダカラがサイズと模様に多様性がみられるように，個体群内の個体においても，しばしば多くの形態的形質に大きな変異がみられる．この貝は太平洋からインド洋に広く分布し，ハワイからアフリカ東岸までみられる．

れは当然であるが，合算して1.0になるかどうかで，遺伝子型頻度の計算に間違いがないかを確認できる．

遺伝子頻度はつぎのような方法で計算できる．対立遺伝子 R についての例を示そう（対立遺伝子 r でも同じように計算できる）．1000個体からなる植物集団で，各個体は花の色の遺伝子について，R または r の2個の対立遺伝子をペアでもっている．したがって，集団全体では対立遺伝子の総数は個体数の2倍で2000個になる．RR は160個体存在し，それぞれが対立遺伝子 R を2個もつので，R の数は320個になる．Rr 個体（個体数480）は，対立遺伝子 R を1個もつので R の数は480個となる．rr 個体（個体数360）は R 対立遺伝子をもたない（0個）．したがって集団全体では $320 + 480 + 0 = 800$ 個の R が存在することがわかる．最後に，集団全体の対立遺伝子総数（個体数×2＝2000）で割り算すると（$800 ÷ 2000$），対立遺伝子 R の遺伝子頻度，0.4が得られる．これがこの植物集団のなかで R がみられる頻度（存在比率）となる．花の色の遺伝子には2種類の対立遺伝子 R と r しかないので，二つの遺伝子頻度の合計は1.0（比率100%）にならなければならない．したがって，対立遺伝子 r の遺伝子頻度は，$1.0 - 0.4 = 0.6$ となる．この値は，対立遺伝子 r について，R で行ったものと同じ計算で確かめることができる．

18・2　個体群の進化をもたらす四つの仕組み

個体群における対立遺伝子頻度が時とともに変化するときに，進化は起こる．対立遺伝子頻度はおもにつぎの四つの仕組みにより変化する：(1) 突然変異，(2) 遺伝子流動，(3) 遺伝的浮動，(4) 自然選択（第17章参照）．ここでは，それらの仕組みの概要をまず紹介し，つづく各節で個々に詳しく解説しよう．

突然変異は，ある生物の DNA 配列の変化であり，新たな対立遺伝子が生じる唯一の方法である．遺伝子流動は，個体群間での対立遺伝子の動きあるいは交換のことをさす．突然変異と遺伝子流動はともに個体群に新たな対立遺伝子を導入し，その結果，その個体群の対立遺伝子頻度も変化することになる．新たな対立遺伝子をもつ個体が繁殖をし，その結果，次世代では元の個体群と比べ異なる対立遺伝子頻度の比率をもつような状況では，小進化が起こる．

遺伝的浮動とは，偶然によって生じる生存と繁殖の個体差による対立遺伝子頻度のランダムな変化である．遺伝的浮動の結果，対立遺伝子が関与する形質が適応的かどうかにかかわらず，対立遺伝子が個体群から消失してしまったり，個体群に広がったりすることがある．遺伝的浮動は偶然の産物であるが，後に続く世代での対立遺伝子頻度に影響を与えるという事実は，進化を起こさせる原因となることを意味する．最後に，有益な対立遺伝子をもつ個体は，もたない個体よりも生存と繁殖に有利である．この場合には，自然選択により有益な対立遺伝子の頻度が増加することにより，進化が促進される．

個体群での遺伝子型頻度がわかれば，その頻度が変化しているのか，つまり進化が起こっているのかを検証する方法がある．その検証は，327ページの"生活の中の生物学"に記したハーディー・ワインベルグの式とよばれる公式に基づいて行われる．ハーディー・ワインベルグの式により，いかなる機構が対立遺伝子頻度の変化の原因となっているかがわからなくても，遺伝子頻度が変化しているかどうかを検証することができる．

■ **これまでの復習** ■

1. 対立遺伝子頻度とは何か，また，小進化における役割は何か？
2. 遺伝子型頻度とは何か？遺伝子型頻度と対立遺伝子はどのような関係があるか？

1. 対立遺伝子頻度とは，A と a のような対立遺伝子の個体群における比率（パーセンテージ）のことである．連続した世代間で対立遺伝子頻度が変化することにより，小進化は起こる．

2. 遺伝子型頻度とは，AA や Aa，aa のような遺伝子型の個体群における頻度を示す．対立遺伝子頻度がわかれば，遺伝子型頻度を計算することもでき，その逆も可能である．

18・3　突然変異：遺伝的多様性の源

前章までで，どのようにして**突然変異**（すなわち DNA 配列の変化）が新しい対立遺伝子をランダムに生成し，その結果進化の材料を提供するのかについて議論してきた．この意味では，すべての進化的変化は究極的には突然変異に依存している．生殖細胞系列（卵や精子などの配偶子を産生する細胞系譜）において生じた突然変異のみが進化に貢献することができる．

また突然変異に対して，集団の対立遺伝子頻度を変化させることにより小進化をひき起こす機構という別の見方もできる．ある特定の遺伝子においては，突然変異は非常にまれにしか生じないため，一般的には対立遺伝子頻度に大きな影響を与えることはできない．しかし，他の進化機構と組合わさることによって，新たな突然変異が集団の進化に重要な役割を果たす場合もある．たとえば，後天性免疫不全症候群（エイズ）の原因となるヒト免疫不全ウイルス（HIV）は，突然変異の発生率が高く，つぎつぎに新しい突然変異をもたらすので，ある1人の患者の体内でもウイルスが進化することがある．こういった突然変異のなかには，新しい臨床薬に対して抵抗性を示すものもある．そのような変化の激しいウイルスをターゲットにした闘いは難しい．

もう一つの例を紹介する．*Culex pipiens* という蚊の有機リン系殺虫剤に対する耐性は，遺伝子解析から，1960年代に生じた単一の突然変異に起因することがわかっている．それ以降，この蚊が嵐によって飛ばされたり，人とともに偶然運ばれたりして，もともとはごく少数でまれな突然変異遺伝子だったものが，発祥地のアフリカやアジアから，北米・欧州へと運ばれて広まった．この対立遺伝子をもたない個体は有機リン系の殺虫剤で死滅するので，耐性を獲得した蚊にとっては生き残り繁殖するうえで非常に有利であった．有機リン系の殺虫剤が散布されている集団に，この変異型の対立遺伝子が（遺伝子流動によって）侵入すると，自然選択によってその遺伝子頻度は急速に高まり，やがて薬剤耐性をもった新集団へと進化する．

この蚊の例のように，最先端の駆除法に耐えられるような突然変異は，進化のうえできわめて有利である．しかし，一般に突然変異は，有害か，あるいはほとんど影響がないことが多い．また，突然変異が起こった影響は，生物の生活環境によっても左右されることがある．たとえば，殺虫剤 DDT に対する耐性をもたらすイエバエの突然変異は，ハエの成長速度を低下させる．成長の遅いハエは成熟するまでに時間がかかるので，ふつうのハエほどは多くの子孫を残せない．つまり，DDT のない環境では，この突然変異は不利である．しかし DDT が散布されるような環境では，成長が遅いことを相殺する十分な利益をもたらす．その結果，

図 18・2　DDT は当初"すべての人類に有益なもの"と考えられていた
第二次大戦初期に初の近代的な殺虫剤として開発された DDT は，マラリアやチフスなどの昆虫媒介性の病気に対して絶大な効果を発揮することで当初使用されていた．"奇跡の"殺虫剤といわれ，DDT は農業および商業的に有名になった．これは，1940 年代にニューヨーク郊外のジョーンズ・ビーチで DDT を散布する噴霧器の写真である．しかし，1972 年までには，昆虫の耐性や有害な環境影響など，DDT の大規模使用による壊滅的な副作用のため，米国環境保護庁は DDT の使用を禁止した．

DDT 耐性の変異型対立遺伝子がイエバエの集団内で広がり，現在では世界中でみられるようになった（図 18・2）．

18・4　遺伝子流動: 集団間での対立遺伝子の交換

個体が一つの集団から別の集団へ移動すると，集団間で対立遺伝子の交換が起こる．これを**遺伝子流動**という（図 18・3）．風や昆虫が花粉媒介者となれば，植物の集団間で花粉が運ばれることもあるだろう．このように個体ではなく配偶子だけが移動するときにも，遺伝子流動が起こる．

生物集団に新しい対立遺伝子を導入するという点で，遺伝子流動は突然変異と同等の役割をもち，劇的な影響を及ぼすこともある．たとえば，前の項で紹介した蚊（*Culex pipiens*）の場合，有機リン系殺虫剤に対する耐性をもたらす新しい対立遺伝子を三つの大陸に広めたのは遺伝子流動である．そのおかげで，1960 年代以降，何十億もの蚊が，本来は死ぬはずの殺虫剤を浴びながら生き延びているのである．

遺伝子流動によって二つの集団間で対立遺伝子が交換されると，二つの集団の遺伝子の組成は以前よりも似かよったものになる．突然変異，遺伝的浮動，および自然選択がいずれも集団を異なったものとする仕組みとしてはたらくのに対して，遺伝子流動はそれらの効果を打ち消す方向にはたらく．たとえば，近くにある植物集団で，非常に異なる環境で繁殖していても，昆虫の花粉媒介により遺伝子流動が保たれ遺伝的な類似性が保たれる場合がある．遺伝子流動がない場合には，遺伝的浮動により二つの集団の遺伝子プールが進化の途上でランダムに異なってくることがある．二つの集団の生息環境がまったく異なる場合には，自然選択により各生息地で異なる対立遺伝子が選りすぐられることにより，異なる進化経路を辿ることがある．しかし，集団間での相互の遺伝子流動は自然選択によってひき起こされる遺伝子プールの多様化を弱める，あるいは完全に打ち消す場合もある．

18・5　遺伝的浮動: 偶然の効果

第 17 章で，どの個体が残り，次世代の子孫を残すかが，偶然に決まる例を紹介した（図 17・4 参照）．その結果，親世代のもつ対立遺伝子の一部は無作為に選択され，次の世代へと引き継がれる．このような偶発的な対立遺伝子の選択を**遺伝的浮動**という．遺伝的浮動も遺伝子頻度を変化させる要因である．

遺伝的浮動は生物集団が小さいほど影響が大きい

遺伝的浮動の原因となる偶発的な出来事は，大集団より小集団で，より大きな影響を及ぼす．コイン投げを例に考えてみよう．5 回コインを投げて 4 回表となることは，そう珍しくはない．そのような確率は約 15% 程度である．しかし，5000 回コインを投げて 4000 回が表となれば，これは驚くべきことである．表が出た頻度は，どちらの場合でも同じ（80%）であるが，もともと期待される 50% より表が出る頻度が多少大きくなったり小さくなったりする確率は，コインを投げる回数が多いほど低くなる．（訳注: コインを 5000 回投げた場合，約 8 割の 3500〜4499 回が表と

遺伝子流動

集団 1 は遺伝子型 *AA*, *Aa*, *aa* を含んだ大きな集団である

遺伝子型 *aa* の鳥が集団 1 から集団 2 へ移住することにより，集団 2 に対立遺伝子 *a* を導入する

集団 2 は集団 1 とは離れた場所にあり，はじめは遺伝子型 *AA* の鳥だけからなっている

集団 1　　　　　　　　　　　　　　　　　　　　　　　　　　　　集団 2

図 18・3　個体が一つの集団から別の集団に移動すると，集団に新しい対立遺伝子が導入される

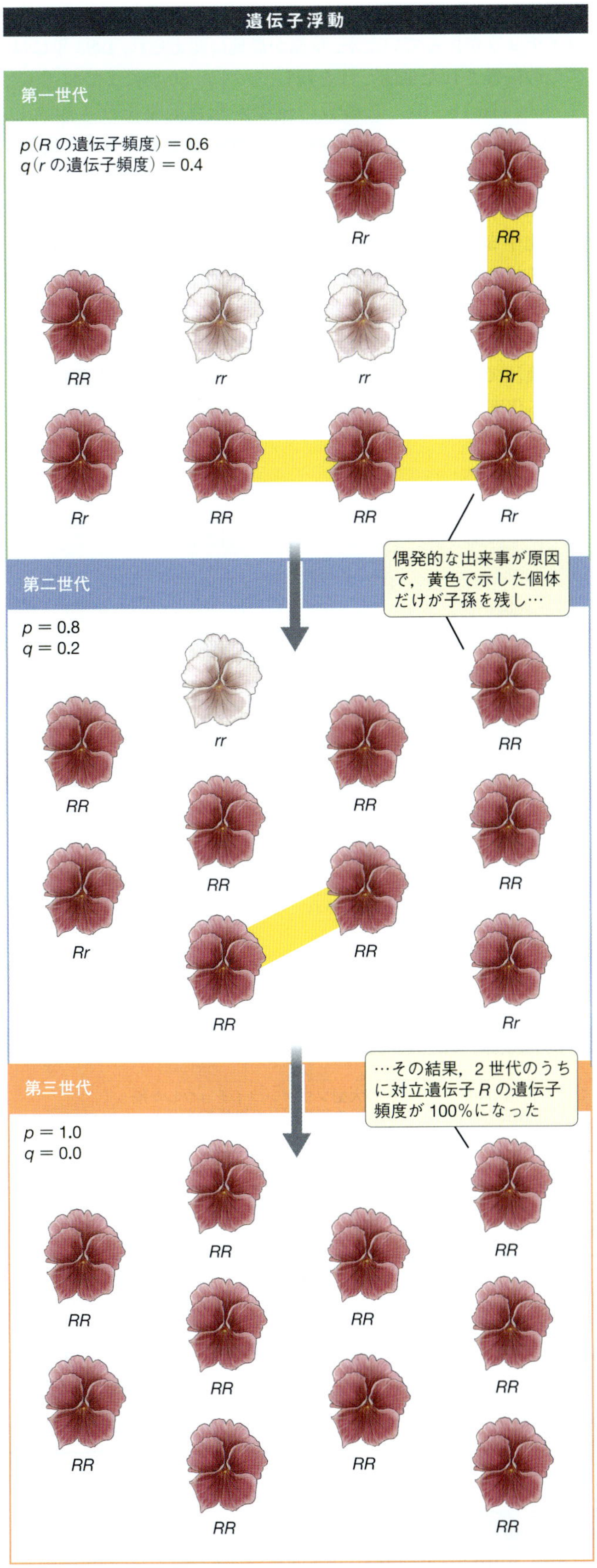

遺伝子浮動

第一世代
p（Rの遺伝子頻度）＝ 0.6
q（rの遺伝子頻度）＝ 0.4

第二世代
$p = 0.8$
$q = 0.2$

偶発的な出来事が原因で，黄色で示した個体だけが子孫を残し…

第三世代
$p = 1.0$
$q = 0.0$

…その結果，2世代のうちに対立遺伝子 R の遺伝子頻度が100%になった

図18・4　遺伝的浮動は偶然の事象により起こる　この野花の集団は個体数が少ないので，生存や繁殖上での優れた形質には関係なく，偶発的な出来事で子孫を残す個体が決まる．ここでは，2世代のうちに対立遺伝子 R の頻度が偶然に60%から100%に増える例を示している．いつもそうなるわけではなく，数限りなくある遺伝的浮動の起こる可能性の一つにすぎないことに注意してほしい．

なる確率は 1.9×10^{-179} ％ほどで，ほとんどありえない確率となる）

自然の集団では，集団内の個体数がコインを投げる回数に相当する．図18・4に示したような小集団の野の花を考えてみよう．この集団の中で，ある個体は子孫を残し，別の個体は残さないといったことが偶然に起こるかもしれない．二つの対立遺伝子（R と r）の遺伝子頻度で考えると，子孫を残す残さないの偶然によって，図の例のように急速に遺伝子頻度が変わることがわかる．わずか2世代の間でも，一方の対立遺伝子（r）が集団から失われ，他方の対立遺伝子（R）が100％となる．これを対立遺伝子が**固定**されるという．逆に，集団内の個体数が多ければ，両方の対立遺伝子が次世代へ渡される可能性が大幅に高くなる．図18・4の集団でも個体数が多ければ，偶然の出来事によって短時間で劇的な変化をひき起こすこともないだろう．

遺伝的浮動は大集団でも起こるが，その影響は自然選択や他の進化上の仕組みにより打ち消されやすい．遺伝的浮動による遺伝子頻度の変化は，大集団ほど少ないのである．

遺伝的浮動をひき起こす原因は何だろうか．一つは，配偶子が形成される際に対立遺伝子がランダムに分配されることが原因となる．このとき子孫に引き渡される対立遺伝子と引き渡されない対立遺伝子の差が偶然生まれる．個体の生殖活動や生存率が遺伝的浮動の原因となることもある．このようなケースで遺伝子型頻度が世代を経て増加したとしても，それは偶発的なものであって（図18・4），必ずしも遺伝形質がほかに勝っている（自然選択が起こった）ためではない点は理解しておいてほしい．

つまり，遺伝的浮動はつぎのような二つのかたちで，小集団の進化に影響を与える．

1. 偶発的な出来事が原因で最終的に一つの対立遺伝子が固定され，その結果，集団の遺伝的多様性が低下する．小集団では，すみやかに対立遺伝子が固定されるが，大集団では固定に長い時間を要する．
2. 遺伝的浮動によって固定されるのは有益な対立遺伝子だけではない．有害なもの，あるいは有害でも有益でもなく中立的なものもある．第17章で紹介したように，適応的進化を推進する仕組みは自然選択だけである．

集団の生存を脅かす瓶首効果

小集団では遺伝的浮動が大きな影響を及ぼすが，これには希少種の保存とも密接な関係がある．というのは，ある生物集団の個体数が激減したとき，遺伝的浮動によって遺伝的多様性が急速に失われる危険性と，有害な対立遺伝子が固定される危険性の両方の可能性が出てくるためである．いずれの場合も，その希少種の絶滅を早める．このように，遺伝的多様性の低下や有害な対立遺伝子の固定が起こるほどに集団サイズが小さくなることを**遺伝的瓶首効果**（ボトルネック効果）を受けたという．自然界でも，集団から離れた少数の個体が，別の新天地（たとえば島など）に移動し新しい集団をつくるときなど，遺伝的瓶首効果が現われる．これを**創始者効果**とよぶ．

遺伝的瓶首効果の実例として，フロリダのアメリカヒョウ，北方のゾウアザラシ，アフリカチーターなどが知られている．絶滅に瀕した米国フロリダ州のアメリカヒョウの場合，集団のサイズが1980年代に約30〜50頭まで激減した．当時，研究者が調べたところ，雄のアメリカヒョウの精子数が少なく，異常な形をして

いることが発見された（図18・5）．これはおそらく，遺伝的浮動によって有害な対立遺伝子が固定されたためと考えられる．雄の精子の受精率が低下し，これが集団サイズの減少をひき起こした可能性がある．近年，遺伝的浮動の影響を抑えるような繁殖計画を実施することで，個体数は約80〜100頭にまで回復した．

現実に，これらの希少種哺乳類は瓶首効果を受けていると考えられるが，集団のサイズが減少する前に遺伝的多様性がどのくらいあったのかは不明である．そのため，これらの種の低い遺伝的多様性が，本当に集団サイズの減少が原因で起こったのか，あるいは，その種の特徴にすぎないのかを判断することは大変難しい．

この問題を解決した例もある．米国イリノイ州に住むソウゲンライチョウに関して，現存種のDNAと，瓶首効果を受ける前の個体（すでに死んで博物館の標本となったもの）とを比較する研究が行われた．19世紀のイリノイ州には何百万というソウゲンライチョウが住んでいたが，草原が農地に変えられ，1993年には，二つの隔離された集団だけを残し，わずか50羽にまで減ってしまった（図18・6）．この数の減少が瓶首効果をひき起こし，DNAの解析によると，現生種は博物館の標本のもつ対立遺伝子のうちの30%を失っていて，また，瓶首効果を受けていない他の集団よりも繁殖成功率の点でも劣っていることがわかった（卵のふ化率56%，他集団では85〜99%）．1992〜1996年の間，イリノイ州の個体数と遺伝的多様性を増やすために，271羽のソウゲンライチョウがミネソタ州，カンザス州，およびネブラスカ州の大集団からイリノイ州に導入された．1997年には，イリノイ州の集団で，雄が，残っていた7羽から60羽以上にまで増え，卵のふ化率も94%まで上昇した．

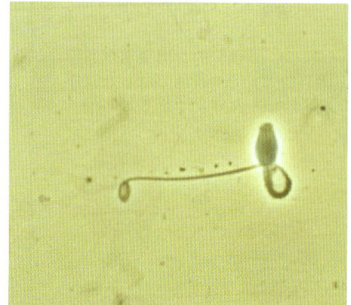

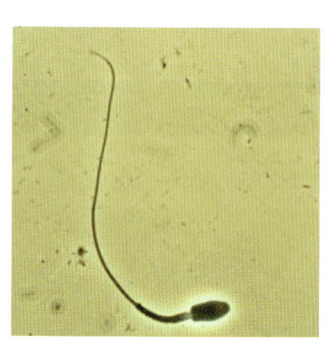

図 18・5 フロリダの希少種アメリカヒョウの異常な形の精子 フロリダのアメリカヒョウは他の大型ネコ類に比べると，異常な精子（左）が多い．有害な対立遺伝子が固定された可能性がある．正常な精子（右）と比較するとその違いがわかる．

瓶首効果

	イリノイ州		カンザス州	ミネソタ州	ネブラスカ州
	瓶首効果以前 (1933年)	瓶首効果以後 (1993年)	瓶首効果なし		
集団サイズ	25,000	50	750,000	4,000	75,000〜200,000
6遺伝子座の対立遺伝子数	31	22	35	32	35
ふ化した卵の割合（%）	93	56	99	85	96

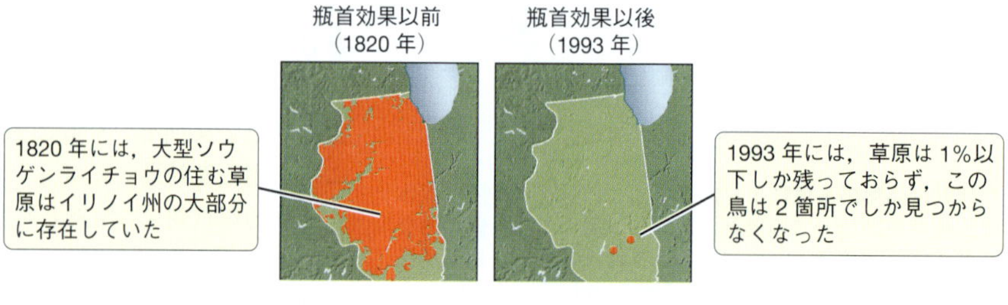

1993年までに，イリノイ州にはわずか50羽の大型ソウゲンライチョウしか残っていなかったために，対立遺伝子の数とふ化する卵の割合がともに低下した

1820年には，大型ソウゲンライチョウの住む草原はイリノイ州の大部分に存在していた

1993年には，草原は1%以下しか残っておらず，この鳥は2箇所でしか見つからなくなった

図 18・6 瓶首効果は集団の絶滅を導くこともある イリノイ州のソウゲンライチョウの個体数は，1933年の25,000羽から，1993年にはわずか50羽にまで減少した．この個体数の低下が原因で遺伝的多様性が減少し，卵のふ化率も悪化した．ここでは，瓶首効果を受ける前（1933年）と現在のイリノイ州の集団，瓶首効果を経験していないカンザス州，ミネソタ州，およびネブラスカ州の集団を比較している．

18・6　自然選択：有利な対立遺伝子の効果

集団内で特定の遺伝形質をもつ個体が，そうでない個体より高い率で生き残り，子孫を残すことを**自然選択**という．たとえば，殺虫剤に耐性がある蚊が他の蚊より高い率で生存して多くの子孫を残すように，自然選択とは，特定の表現型を他の表現型より優遇する作用である．自然選択は，遺伝子型ではなく，その表現型に直接影響し，その結果，有利な形質を支配する対立遺伝子の頻度が世代を経るに従って増加する．たとえば，体サイズが大型となる遺伝形質があり，自然選択によって一貫して大型の個体が有利となった場合，大型の表現型となる対立遺伝子が時間とともに増えていく．

自然選択はいつも進化学的変化をもたらすわけではない

進化の四つの仕組みのうち，繁殖成功率を高める効果があるのは自然選択だけである．第17章で紹介したガラパゴスフィンチの例でも示されるように，自然選択の結果，生物は環境の変化にすみやかに応答して形質を変えることもある．

しかし，対立遺伝子が自然選択で有利にはたらく場合でも，常に進化学的変化をもたらすとは限らない．遺伝子流動，遺伝的浮動，および突然変異などの他の進化機構が，自然選択と逆の作用を及ぼして，遺伝子頻度の変化を抑える可能性があるためである．繰返しとなるが，自然選択がはたらくためには，まず，集団内で個体間に遺伝的な差があること，また一部の個体が有益な突然変異をもっていることが条件となる．たとえば，蚊の集団内で，殺

生活の中の生物学

野外個体群で進化が起こっているのかを検証する

野外での個体群の研究では，その個体群で進化が起こっているか否かをすみやかに判断するのは困難である．1908年に，GodfreyHardyとWilhelmWeinbergは独立に，メンデル遺伝に基づいて，個体群が進化しているかどうかを明らかにする迅速な計算方法を開発した．

二つの対立遺伝子Aとaをもつ一つの遺伝子の進化を追跡することとしよう．両方の対立遺伝子の頻度を追跡し続けることが必要となる．pという文字は伝統的にA対立遺伝子の頻度を表すのに用いられ，qはa対立遺伝子の頻度を示す．この遺伝子は二つの対立遺伝子のみをもつので，二つの頻度の和は，$p+q=1$となる．

個体群内で進化が起こっているかを検証する遺伝的な計算は，ハーディー・ワインベルグの式に基づいて行われる．一般的な式は，

[遺伝子型AAの頻度]　[遺伝子型aaの頻度]
$$p^2 + 2pq + q^2 = 1$$
[遺伝子型Aaの頻度]

この式は，撹乱要因がない場合にはある世代から次の世代に至る際の集団内の遺伝的変異の量は一定であるという，ハーディー・ワインベルグ平衡として知られる原理を表している．すなわち，ハーディー・ワインベルグの式は進化していない（平衡状態にある）集団の遺伝子型頻度を予測することになる．ハーディー・ワインベルグの式は，対立遺伝子頻度を変化させる要因（突然変異，遺伝子流動，遺伝的浮動，自然選択）のいずれもが，遺伝子プール（ある特定の時間における個体群のすべての対立遺伝子の総和）の対立遺伝子の比率に影響を与えないと仮定している．一つの遺伝子座に二つの対立遺伝子（aとA）が存在するとき，この仮定が正しいかを検証するために左記の式が用いられる．その場合，三つの遺伝子型（AA，aa，Aa）が存在し，総和は1 (100%) になるはずである．左記の公式で表されるように，p^2はAAというホモ接合の遺伝子型の頻度を示し，q^2はaaのホモ接合の遺伝子型頻度を，そして$2pq$はヘテロ接合であるAaの遺伝子型頻度を表すことになる．

ハーディー・ワインベルグのアプローチにより，野外集団での実際の遺伝子型頻度がこの公式による予測と合致するかを検証することが可能となる．実際の頻度が，進化していない集団に対するハーディー・ワインベルグの式から予測される頻度と有意に異なる場合，実際の集団は進化しており，四つの進化機構（突然変異，遺伝子流動，遺伝的浮動，自然選択）のいずれかが作用しているのだと結論づけられる．集団が進化している場合には，平衡に達するまで遺伝子型頻度は世代を超えて変化し続けると予測される．

実際の集団での遺伝子型頻度がハーディー・ワインベルグの式による予測と異なるか否かを知るためには，集団内の個体の遺伝子型をまず知る必要がある．例として，1000個体の集団に，遺伝子型AAが460個体，遺伝子型Aaが280個体，遺伝子型aaが260個体あるとしよう．このデータから，観測された遺伝子頻度は対立遺伝子Aの$p=(2×460+280)/2000=0.6$と計算できる．同時に，$q=1-p=0.4$で，対立遺伝子aの遺伝子頻度qもわかる．

つぎに，対立遺伝子頻度から遺伝子型頻度を計算してみよう．対象とする集団が進化していないと仮定すると，ハーディー・ワインベルグ則は成立するので，観察される遺伝子型頻度は予測と一致するはずである．ハーディー・ワインベルグの式が適用できるならば，遺伝子型AAの頻度が0.36 ($p^2=0.6×0.6$)，遺伝子型Aaの頻度が0.48 ($2pq=2×0.4×0.6$)，遺伝子型aaの頻度が0.16 ($q^2=0.4×0.4$) となるはずである．

この集団には1000の個体が存在するので，AAが360 (0.36×1000) 個体，Aaが480 (0.48×1000) 個体，aaが160 (0.16×1000) 個体と予測できる．しかし，実際には，AAが460個体，Aaが280個体，aaが260個体見つかった[*]．

実際に観察された遺伝子型頻度と予測値の差は大きい．この例に示すような実際のデータが得られれば，生物学者は，観察対象の生物集団がハーディー・ワインベルグの平衡状態になく，交配による対立遺伝子の組換えが不規則に起こっていないか，あるいは集団が進化している可能性があると結論した．研究者は次のステップとして，どの機構がはたらいて，ハーディー・ワインベルグの式の予測から外れたのかを考察することになる．本章の最後まで読み終えたところで，この遺伝子型頻度の観察と予測との違いについて，もう一度思い返してほしい．そのとき，どんな進化機構でデータの食い違いを説明できるようになっているだろうか．

---

[*] 訳注：種ここで示している例，460:280:260の遺伝子型の分布は，理論式の$p^2:2pq:q^2$の比率にはなっておらず，$q=(2×260+280)/2000=0.4$と計算されるものの，$2pq$の個体は確率0.48 (480個体) となるべき数字で，ヘテロの個体数が理論式よりも少ない分布となっている．この分布そのものが，この集団がハーディ・ワインベルグの平衡からはずれた集団であることを意味している．

自然選択のタイプ

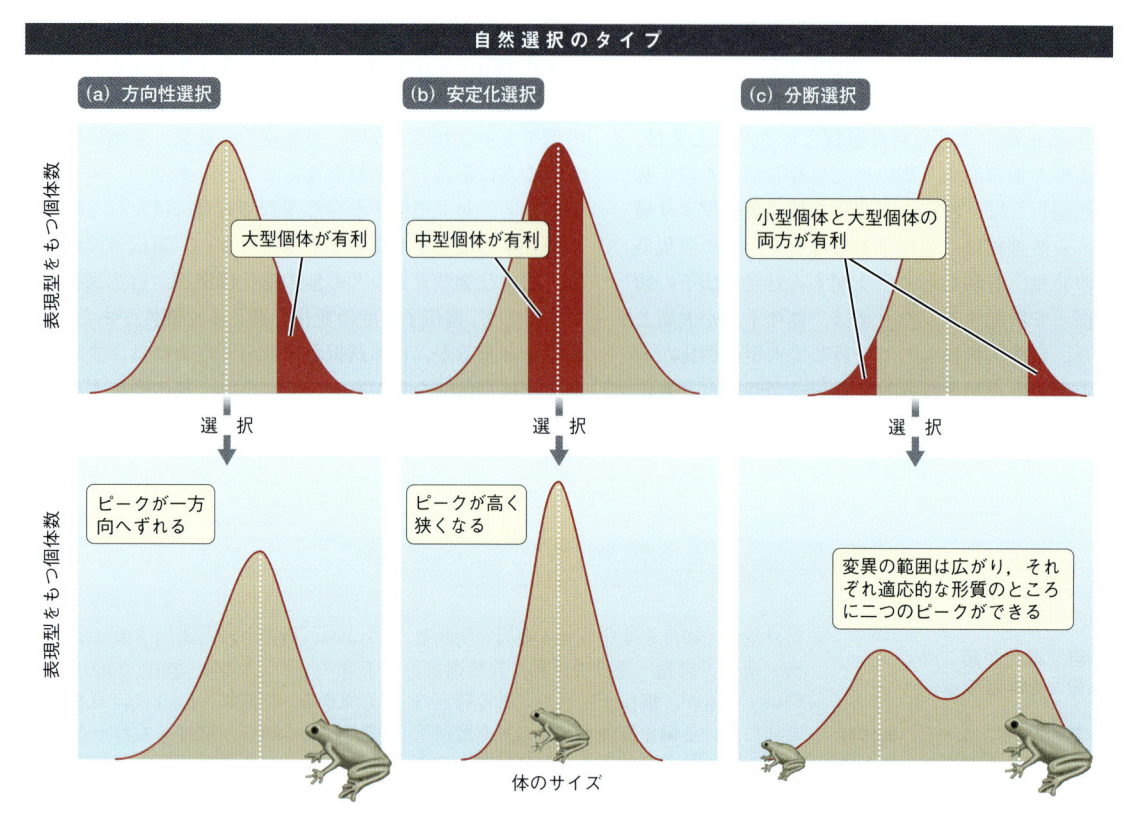

(a) 方向性選択
- 大型個体が有利
- 選択 → ピークが一方向へずれる

(b) 安定化選択
- 中型個体が有利
- 選択 → ピークが高く狭くなる

(c) 分断選択
- 小型個体と大型個体の両方が有利
- 選択 → 変異の範囲は広がり，それぞれ適応的な形質のところに二つのピークができる

図18・7　方向性選択，安定化選択，分断選択は異なる表現型進化を導く　上段のグラフは選択がかかる以前の集団の体サイズの頻度分布を示している．自然選択される形質は赤で示す．下段のグラフはそれぞれの自然選択のタイプが，集団の体サイズの頻度分布にどのように影響を与えるのかを示している．

虫剤への耐性を示す対立遺伝子をもつ個体が1匹もいなければ，もちろん，その殺虫剤に対する耐性が自然選択によって進化することはない．

自然選択の三つのタイプ

自然選択は，方向性選択，安定化選択，分断選択の三つのタイプに分類できる．いずれのタイプでも，自然選択の作用する原理は同じである．自然選択を受けるには，有利な遺伝的な表現型をもっている個体がいて，それが他の個体よりも生存しやすい，あるいは，より多くの子孫を残しやすいことが重要である．

遺伝的な表現型のうち，ある極端な形質のものが集団内で有利になる場合の自然選択を **方向性選択** という．たとえば，もし大型の個体が小型の個体よりも多くの子孫を残すとすれば，体のサイズには大型化へ向けて方向性選択が起こることになる（図18・7a）．

方向性選択の例として，ガの体色で暗い色のものが増えたり減ったりする観察例が知られている．オオシモフリエダシャクの暗い色のものは，煤煙などの公害でヨーロッパや北米の木々が汚染されていた時期には自然選択のうえで有利であったと考えられる．このガの体色は遺伝的に決まり，暗い色にする対立遺伝子は，明るい色の対立遺伝子に対して優性である．オオシモフリエダシャクは夜間に活動し，日中は木の幹の上で休息する．ある時期，暗い色のガが増加した．樹皮が黒い幹では，鳥などの捕食者が暗い色のガを見つけにくかったためである．最初は1848年に英国のマンチェスターで発見され，1895年には，マンチェスター近郊の約98%のガの色が暗色で，英国の他の工業地帯（リバプール近郊など）でも，90%以上の率で見つかっていた（図18・8）．

ところが，暗い色のガが増えたのは50年間足らずで，今では明るい色のガの方が多くなっている．この場合の自然選択も，方

方向性選択の例

暗い色のガ　　　明るい色のガ

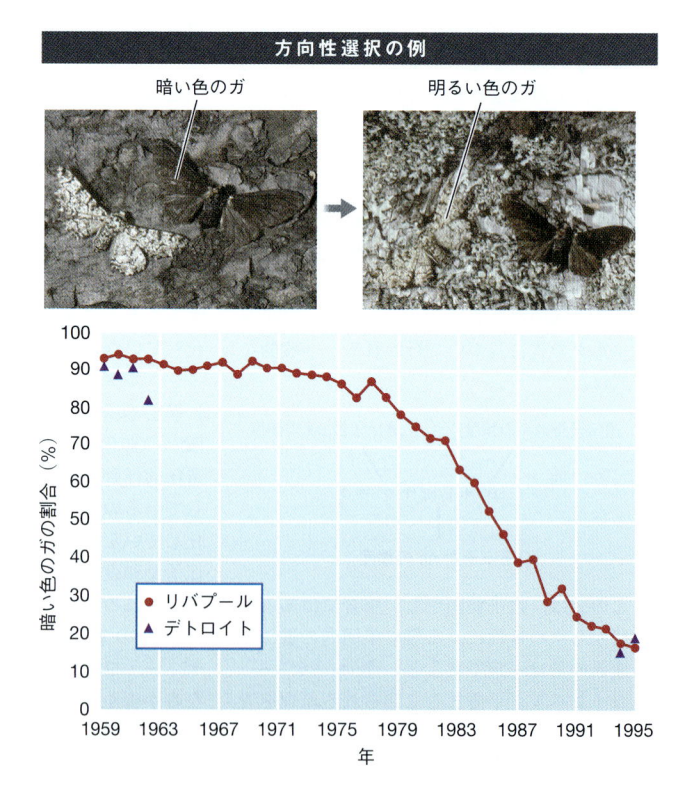

図18・8　オオシモフリエダシャクの方向性選択　暗い色のガの頻度は，1959〜1995年の英国リバプールの近隣，および米国ミシガン州デトロイトにおいて大幅に減少した．1959年以前，煤煙などの公害で木の樹皮を汚染された時期には，暗い色のガの頻度は英国や米国で上昇した．これは捕食者の鳥が，明るい色のガより暗い色のガを探す方が難しくなったのが原因である．1956年に英国で，1963年に米国で，大気汚染防止法が制定され，その後，大気汚染が少なくなり暗い色が必ずしも有利でなくなったらしく，暗い色のガは二つの領域で同じように減少した（1963〜1993年の30年間は，デトロイトのデータはない）．

向性選択によるが，現在，有利なのは暗い色のガではなく明るい色のガである．この転換は，1956年に英国で大気汚染防止法が制定されたことによる．大気汚染が改善されるにつれ，煤煙が減り，木の樹皮の色が明るくなり，捕食者が暗い色のガより明るい色のガを探す方が難しくなったからである．その結果，黒いガの割合が急激に減少した（図18・8）．

安定化選択は，中間的な表現型を示す個体が，他個体よりも有利になる場合に起こる（図18・7b参照）．ヒトの出生時体重が昔から知られている例である．かつて，出生時体重が平均より軽い，あるいは重い場合の生存率は，平均的体重の場合よりも低かった．そのため，中間的な出生時体重をもつように安定化選択がはたらいていた（図18・9）．しかし，1980年代後半ころから，イタリアや日本，米国のように医療の進んだ国では，このような自然選択が大幅に減少した．安定化選択の作用が小さくなったのは，非常に体重の軽い未熟児への医療対策が進歩したことと，また，胎児が大きく育ちすぎて出産時に母子に危険性のある場合に，帝王切開を行うようになったためである．

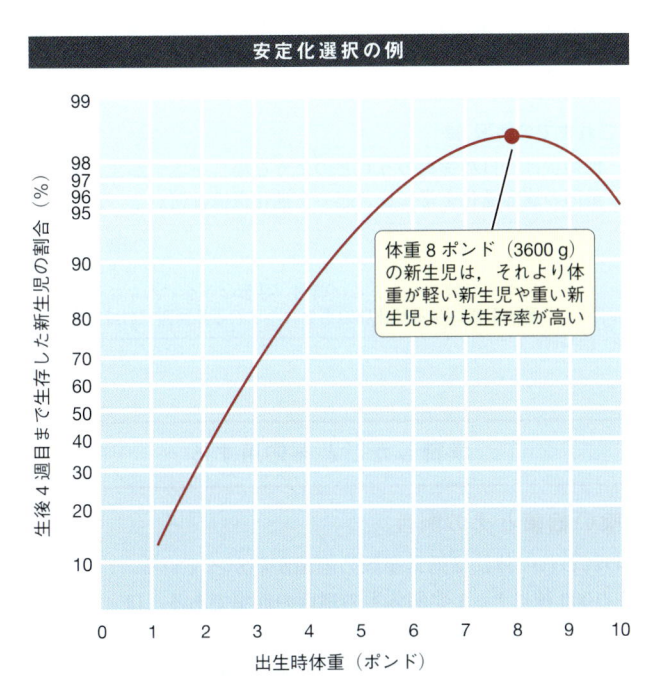

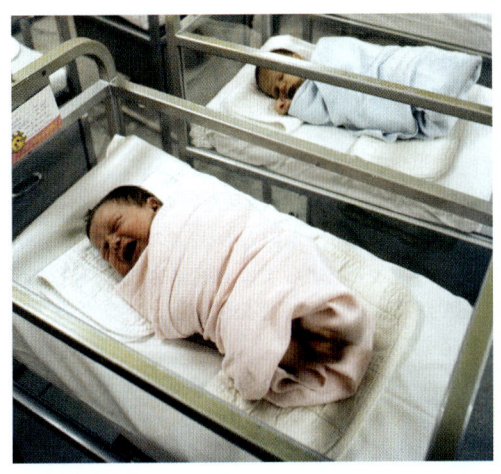

図18・9 ヒトの出生時体重に対する安定化選択 グラフは，1935～1946年のロンドンのある病院で生まれた13,700人の新生児のデータを示す．新生児の集中医療施設を備えた国々では，安定化選択の作用がなくなりつつある．未熟児養育医療の発達，巨大児の帝王切開分娩の増加などの対策で，今日のデータで調べると，ピークが広がっている．

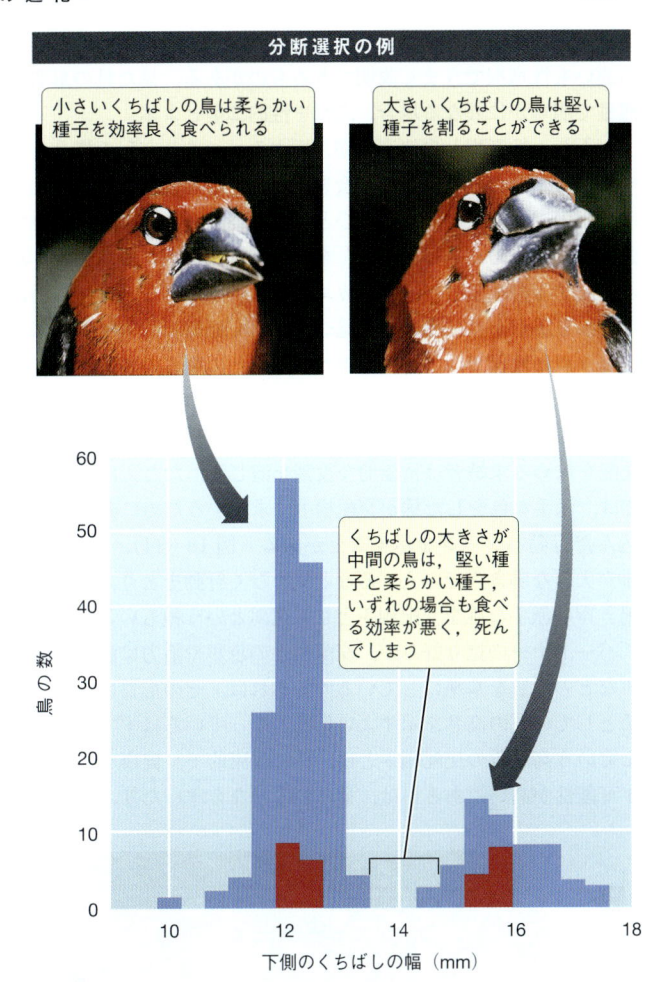

図18・10 くちばしの大きさに関する分断選択 アフリカウズラスズメの集団では，採餌効率の違いが原因で，生存率に違いが出る可能性がある．ある年にふ化した若鳥のうち，種子の少なくなる乾期を生き延びたのは，くちばしが小さいか，逆に大きい個体だけで，中間サイズのくちばしの個体はすべて死んでしまった．つまり，自然選択が，中間サイズのくちばしをもつ鳥を排除するようにはたらいたのである．赤色の棒グラフは，乾期を生き延びた鳥のくちばしのサイズ，青色の棒グラフは，死亡した若鳥のくちばしのサイズを示す．

分断選択は，両極端の表現型の個体が，中間型の表現型の個体よりも有利になる場合に起こる（図18・7c参照）．このタイプの自然選択の例はそう多くないが，アフリカウズラスズメの集団で，くちばしの大きさに差が生じたのは，この分断選択のためと考えられる．くちばしが小さいか，逆に大きい個体は，中間のくちばしサイズのものより生き延びる率が高かった（図18・10）．

18・7 性選択: 性と自然選択の接点

多くの動物で，雄と雌の体のサイズ，外形，行動が大きく異なる例が知られている．この雌雄の差は，交配相手の獲得能力に関係していると考えられる．たとえば，ライオンの雄は雌よりかなり大きく，雌を獲得するために他の雄と激しく争うことがある．大きい雄は強く，雌を奪い合う争いで成功しやすいので，自然選択は大きいサイズの雄に有利にはたらく．しかし，雌にはこの自然選択ははたらかない．その結果，ライオンに雄・雌の体形の違いが生じる．

個体間に遺伝形質の違いがあり，その違いが交配相手を獲得する能力の違いとなる場合，これを**性選択**という．自然選択の特殊なタイプで，ライオンの例のように，交配相手を獲得しやすい個

体が優遇される．雄・雌のサイズ以外にも，求愛行動や他の形質の違いも性選択でうまく説明できるものがある．見た目の形質が雌雄で明らかに異なる場合，これを**性的二型**とよぶ．

しかし，性選択と自然選択が矛盾する，つまり交配の機会を増やす形質が逆に，生き残る機会を少なくする場合がある．たとえば，雄のツンガラガエルは，ひと息では終わらないような複雑で長い愛情表現の"婚姻コール"を行う．雌は婚姻コールを行う雄と交配するのを望むが，このカエルを食べるコウモリは同じ婚姻コールを手がかりにカエルを見つける．交配相手に居場所を伝える鳴き声が原因で，災難に見舞われることになるのである．

多くの動物で，一方の性の個体（通常は雌）が交配相手を選り好みする．そのような種では，選り好みする側が消極的に振舞い，交配を求める求婚者は積極的な役割を演じる．たとえば，鳥の例では，派手な色をした雄が交配相手に求愛するために非常に手の込んだ行動パターンを示すことがある（図18・11）．ほかにも，雄が大きな鳴き声でさえずるなど気をひく行動をとり，雌は一番鳴き声の派手な雄を交配相手として選ぶという種もいる．

パートナーの選り好みが，交配相手の色彩や活力に満ちた鳴き声などの形質を基準にしているのであれば，その形質は，交配相手としての質の高さを示すよい指標となっているはずである．ここでいう高い質の交配相手とは，特に健康的で，健康な子孫を残す可能性が高い，あるいは，巣にいるひなを守ったり，食料を採集する能力が優れていることである．この仮説を支持する最近の研究結果がある．クロウタドリでは，雌は黄色よりオレンジの色のくちばしの雄を好む傾向にあるが，オレンジ色のくちばしの雄は，黄色のくちばしのものより感染症が少ないことがわかった．つまり，雌はオレンジ色のくちばしの雄を選択することで，より健康な雄を選択することになる．同じように，マウスの雌は雄の尿のにおいから，どのくらいの寄生虫が寄生しているかを知ることができ，その情報をもとに健康な交配相手を選択する．

この二つの例では，雌はくちばしの色や尿のにおいなどの情報をもとに，雄がどれだけ健康であるかを見分けていることになる．ほかにも，雌が雄の健康状態をもとに，その背景にある遺伝子が良いか悪いかを暗黙のうちに評価するとみられるケースもある．たとえば，雌のハイイロアマガエルは交尾期の鳴き声が長い雄を交配相手として好む（図18・12a）．ある科学者が，野生の雌から未受精卵を，鳴き声の長い雄と短い雄からそれぞれ精子を採取して，受精させる実験を行った．その結果，鳴き声の長い雄の子は，短い雄の子より早く成長し，大きくなり，生き延びた．鳴き声が長い雄は，遺伝的に，また生殖能力のうえでも優れているようだ．

■ **これまでの復習** ■

1. 性選択は，自然選択のうちどのような場合をさすか？
2. 集団の適応進化を常にひき起こす進化機構は何か？

図18・11 派手なオスの求婚は配偶者選択の結果である 尾に大きな眼状紋をもった雄のクジャクは，より生存率の高い子を残すことができると考えられている．

図18・12 配偶者を巡る競争は時に危険なこともある （左）雌をひきつけるためのハイイロアマガエルの雄の鳴き声は，捕食者をひきつけてしまうこともある．（右）カブトムシでは，雄だけが他の雄との闘争に用いる巨大な角をもつ．ほとんどの場合，より大きな角をもつ個体が勝利して雌と交尾し，多くの子孫を残すことができる．しかし，闘争により重傷を負ったり，死んでしまうリスクもある．

学習したことを応用する

人喰い細菌とその耐性

われわれの体には通常多数の細菌が群がっている．1人のヒトは，1000種以上，1兆個体もの細菌の群集である．ほとんどのものが無害であり，大部分が健康維持に貢献している．しかし，ごくわずかなものが病原性をもち，迅速に増殖してしまい，皮膚や筋肉やさまざまな器官に感染し壊死を起こさせてしまう．

最悪な細菌の一つが，人喰い細菌として知られるブドウ球菌株のMRSAである．MRSA（メチシリン耐性黄色ブドウ球菌，*Staphylococcus aureus*）は，メチシリンを含むほとんどの抗生物質への耐性をもたらす遺伝子を保有している．他の約40のブドウ球菌株（*Staphylococcus*属）は私たちの皮膚や粘膜に害を及ぼすことなく生息している．米国人の32%の皮膚に*S. aureus*が感染しているが，約1%が知らずにMRSA株を保有している．しかし，MRSAが筋肉や器官に感染すると，感染者の20%を殺傷する猛毒を発する．

米国では，毎年約94,000人がMRSA感染を発症し，うち86%が，抗生物質耐性の病原菌が猛威をふるう病院やクリニックでの外科的治療などの結果であることがわかっている．ではなぜMRSAは医療機関でそんなにありふれているのだろうか．その理由は，病院では抗生物質は常に使用されており，抗生物質に感受性の高い細菌はすぐに死滅してしまい，抗生物質存在下でも生育できるよう適応した細菌のみが残ってしまうからである．

別の言い方をすれば，抗生物質により抵抗性のある細菌が選択されているということになるのである．抗生物質耐性の MRSA に感染した人々は，抗生物質を摂取するまでは完全に健康である．しかし，抗生物質を摂取すると抵抗性のない他の細菌が死滅し，MRSA 細菌にとっての競争者がいなくなることにより，急速に増殖できるようになるのである（図 18・13，抗生物質耐性がいかにして抗生物質の使用により発達してくるかを図示）．もし皮膚で発症すると，文字どおり肉を食い尽くすかのように感染が広がりはじめる．MRSA 細菌は毛根からも体内に侵入する．医療行為従事者が丁寧に手を洗わなかったり，患者の接触する器具を滅菌せずに，皮膚に損傷を与える医療行為を行えば，MRSA 感染が誘発される可能性は高い．

病院の外の私たちの家庭では，抗生物質はかなりまれなものである．抗生物質がほとんどない環境では，耐性菌は選択による有利さを失う．もし細菌の耐性遺伝子のエネルギーコストが大きいものであれば，非抵抗性細菌がしだいに置き換わってくるだろう．生物学者たちは，細菌が耐性を獲得するのにできるだけコストがかかるような抗生物質をデザインする方法を開発し始めた．そのようにすれば，たとえ耐性が獲得されたとしても，抗生物質がなくなれば耐性菌株がすみやかに消滅してしまうことになる．

では，細菌はどこから耐性の遺伝子を獲得するのだろうか？一般に土壌は菌類や細菌が繁茂し，競争している．多くのものが自然界においても競争相手を排除するために抗生物質を分泌する．実際，最初に商品化された抗生物質と抗菌物質（防カビ剤）は土壌サンプルを精査することで発見された．細菌が，ペニシリンのような菌類が分泌した抗生物質に出くわすことはごく自然なことなのである．過去のある時点では，細菌のゲノムに生じたランダムな突然変異がペニシリン耐性獲得に寄与したことがわかっている．その突然変異は，ペニシリンを産生しているカビの近くで増殖する細菌集団に素早く広がった．まるで，黄色い毛皮をもつイヌと黒い毛皮をもつイヌがいるように，抵抗性をもつ細菌ともたない細菌が混在していることになる．

細菌は，プラスミドによって，他株と耐性遺伝子を共有することが可能になる．§16・1 で見てきたように，プラスミドはある細菌種から別のものへ遺伝子を運搬することができる．この過程は水平遺伝子伝搬とよばれる．たとえば，あなたの腸内のほとんどの細菌を殺してしまう抗生物質を飲んだとすると，その抗生物質に耐性をもつ無害な細菌のみを腸内に保有することになる．その菌はあなたには害は与えないが，もし危険な病原菌が出現した場合，無害な細菌が耐性遺伝子を病原菌に与えてしまうと，病原菌は耐性を獲得してしまい，ほとんど歯止めが利かなくなってしまうのである．

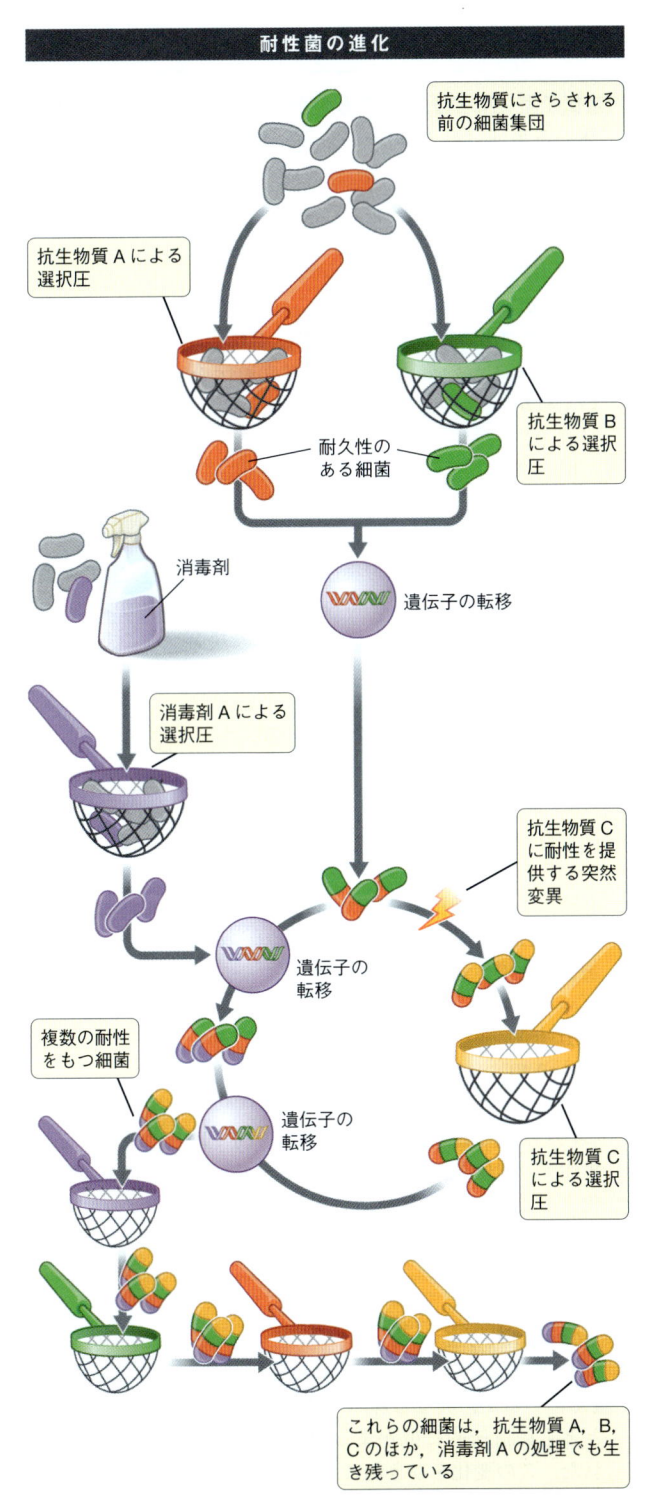

図 18・13 **自然選択の結果，抗生物質耐性菌が進化する** 抗生物質が一般に使用されるまでは，抗生物質でほとんどの細菌を殺すことができた．こういった時期の抗生物質の使用で，数は少ないが耐性のある細菌を自然選択した．時がたち，抗生物質や消毒剤を繰返して使用することで（ここでは細菌をふるいにかけて選別するように描かれている），耐性のあるものをしだいに増やすことになった．さらに，細菌種内あるいは種間の遺伝子の転移により，複数の抗生物質に対する耐性を獲得する細菌も存在しうる．

■ 役立つ知識 ■ "抗生物質"という言葉は"生命に抵抗する"という意味のギリシャ語に由来している．多くの人々が知るように，抗生物質は細菌にのみ効果を発揮し，その他さまざまな病原体には効果を発揮しないため，菌類を殺す"抗菌物質"やウイルスを殺す"抗ウイルス物質"などの物質との混乱を避けるためにも，より正確には"抗細菌物質"とよんだ方がいいだろう．

章のまとめ

18・1 対立遺伝子と遺伝子型

■ 集団内で占める対立遺伝子の比率を，遺伝子頻度という．遺伝子頻度を調べることで，集団が進化しているか否かを判別できる．

■ 集団内で占める遺伝子型の割合を，遺伝子型頻度という．

18・2　個体群の進化をもたらす四つの仕組み
■ 遺伝子頻度は，突然変異，遺伝子流動，遺伝的浮動，自然選択の結果，時間とともに変化する．
■ ハーディー・ワインベルグの式を利用すれば，四つのうちどの仕組みが集団を進化させる原因となったのかを検証することができる．

18・3　突然変異: 遺伝的多様性の源
■ 進化的変化は，すべて突然変異で生じた新しい対立遺伝子に由来する．
■ 突然変異が直接の原因となって，遺伝子頻度が変化する例は少ない．
■ 代わりに，突然変異によって新しい遺伝的多様性が生まれ，そこに自然選択，遺伝子流動，遺伝的浮動が作用することで，集団の進化が促進される．

18・4　遺伝子流動: 集団間での対立遺伝子の交換
■ 遺伝子流動によって新しい遺伝子が生物集団に導入され，進化作用の対象となる新しい遺伝的多様性が生まれる．
■ 遺伝子流動によって，異なる集団間の遺伝子組成が類似したものとなる．

18・5　遺伝的浮動: 偶然の効果
■ 遺伝的浮動によって，遺伝子頻度が時間とともに不規則に変化する．
■ 小さい生物集団では，遺伝的浮動によって遺伝的多様性が失われることがある．
■ 遺伝的浮動によって，有害か，中立か，有益か，には関係なく対立遺伝子が固定されることがある．
■ 生物集団のサイズが減少すると，遺伝的浮動によって，遺伝的多様性の低下や対立遺伝子の固定などが起こりやすくなる．これを遺伝的瓶首効果という．瓶首効果によって生物集団の生存が危うくなることもある．

18・6　自然選択: 有利な対立遺伝子の効果
■ ある特定の遺伝形質をもつ個体が，そうでない個体よりも高い率で生存し，子孫を残すようになることを，自然選択という．
■ 自然選択は，それぞれの環境下での生物集団の繁殖成功率を高める仕組みとしてはたらく．
■ 自然選択には方向性選択，安定化選択，分断選択の三つのタイプが存在する．

18・7　性選択: 性と自然選択の接点
■ 交配相手を得るための能力にかかわる遺伝形質が個体間で異なる場合に，性選択が起こる．
■ 体のサイズや求愛行動など，雄と雌との間の遺伝的な形質の違いが，性選択の起こる要因となる．
■ 性選択で有利となる形質によって，かえって生存率が低くなることもある．
■ 性選択は，片方の性（通常は雌）の個体が，交配相手を好みで選択するときに起こる．

重要な用語

小進化（p.322）
対立遺伝子頻度（p.322）
遺伝子型頻度（p.322）
突然変異（p.323）
遺伝子流動（p.324）
遺伝的浮動（p.324）
固定（p.325）
瓶首効果（ボトルネック効果）（p.325）
創始者効果（p.325）
自然選択（p.325）
方向性選択（p.328）
安定化選択（p.329）
分断選択（p.329）
性選択（p.329）
性的二型（p.330）

復習問題

1. 遺伝子型 AA, Aa, aa のものがそれぞれ，375，750，375個体いる集団（計1500）がある．AA, Aa, aa の遺伝子型頻度は，それぞれいくらか．
   (a) 0.33, 0.33, 0.33
   (b) 0.25, 0.50, 0.25
   (c) 0.375, 0.75, 0.375
   (d) 0.125, 0.25, 0.125

2. 遺伝子型 AA, Aa, aa の個体が，それぞれ280，80，60匹いるヒキガエルの集団がある．対立遺伝子 a の遺伝子頻度はいくらか．
   (a) 0.24
   (b) 0.33
   (c) 0.14
   (d) 0.07

3. セイタカアワダチソウの集団を調べたところ，大型の個体が常に小型の個体よりも高い率で生き残ることがわかった．サイズが遺伝性形質であると仮定した場合，ここで作用している進化機構として，最も可能性の高いのはどれか．
   (a) 分断選択
   (b) 方向性選択
   (c) 安定化選択
   (d) 自然選択であるが，上の三つのどれにあたるか予測するのは難しい．

4. ハーディー・ワインベルグの平衡状態にある生物集団で，対立遺伝子 A の頻度が0.7で，対立遺伝子 a の頻度が0.3の場合，この集団内でみられる Aa の遺伝子型頻度（遺伝子型 Aa の個体の比率）はどのくらいか．
   (a) 0.21
   (b) 0.09
   (c) 0.49
   (d) 0.42

5. 毎年みられる個体数が10〜20羽の間でばらついている鳥の集団で，遺伝子頻度を調査したところ，年ごとに不規則に変化することがわかった．この遺伝子頻度の変化の原因として，最も可能性の高いものはどれか．
   (a) 安定化選択
   (b) 分断選択
   (c) 遺伝的浮動
   (d) 突然変異

6. 近くにいるが，異なる環境で生存する同一種の2集団で，時とともに遺伝的に似かよったものになっていくのが観察された．この変化をひき起こした原因として，最も可能性の高いものはどれか．
   (a) 遺伝子流動
   (b) 突然変異
   (c) 自然選択
   (d) 遺伝的浮動

7. 遺伝子型 Aa の個体の体のサイズは，AA と aa の個体の中間で，どちらよりも多くの子孫を残すものと仮定しよう．ここ

ではたらく自然選択はどれか．
 (a) 方向性選択
 (b) 分断選択
 (c) 安定化選択
 (d) 性選択
8. 遺伝的な形質の違いが原因で，交配相手を獲得する能力の違いとなることをさす最も適切な用語はどれか．
 (a) 自然選択
 (b) 繁殖成功度
 (c) 交配相手の選択
 (d) 性選択

分析と応用

1. 四つの進化機構（突然変異，遺伝子流動，遺伝的浮動，自然選択）のうち一つを選び，それがどのようにして世代を越えて遺伝子頻度を変えるか説明せよ．
2. つぎの語句についてその定義について説明せよ：遺伝子流動，遺伝的浮動，自然選択，性選択．
3. 動植物種の小集団の絶滅を防ぐ方法の一つとして，他の大きな集団から同種の個体を，小集団へ導入することがあげられる．本章で紹介した進化の機構を考えたとき，集団間で個体を移すことで期待される利点，および欠点は何か．生物学者や種保存問題にかかわる人が，そのような絶滅防止対策をとることに，あなたは賛成か，反対か．
4. 復習問題の第2問にあるヒキガエルについて，遺伝子型 AA, Aa, aa のヒキガエルの個体数は，ハーディー・ワインベルグの式に基づいた計算値と比べてどう異なるか．異なるとすれば，そうなった要因は何か．（p.327 の"生活の中の生物学"参照）
5. つぎの文の意味を説明せよ．"細菌を抹殺しようとする私たちの試みは，実際には彼らの耐性進化を加速するという意図せぬ影響を与えている"．細菌を殺すのではなく，細菌と接触する機会を減らす，あるいは，細菌の成長を遅らせるように私たちが努力方針を変えると，抗生物質耐性の細菌の進化が遅れるのはなぜか．
6. 遺伝的浮動は，大きな集団よりも小さい集団においてより進化的変化を生じさせる可能性が高い．なぜそうなのか，説明せよ．

ニュースで見る生物学

U.S. Meat Farmers Brace for Limits on Antibiotics

BY ERIK ECKHOLM

米国の肉農家は抗生物質の限界に対する備えができている

　子ブタは跳ねて逃げ惑い，おりの隅で鳴きわめき，近づく人間を凝視する．"これは健康な証拠だ"と豚肉農場のオーナーである Craig Rowles 氏は誇らしげに言った．

　Rowles 氏は，離乳後数週間の間，子ブタに抗生物質を摂取させ，病気にかかりやすい子どもの期間の罹患を避けることが可能だと言う．そして，その後数カ月間，少量の餌でもより早く成長することを可能とする抗生物質を1種類投与している．

　健康な動物への抗生物質の投与が，現在米国の農業を先導する巨大な集中農場で日常化している．しかし，しだいに医療専門家たちに，その習慣は現代医学の災厄の一つ，すなわち抗生物質耐性細菌の出現をもたらすと非難されるようになっていった．

　その議論から数十年たった現在，米国食品医薬品局（FDA）は，人間の健康への明確な脅威を減らす目的で，動物の抗生物質に関するかつてない強力なガイドラインを出版する用意ができているようだ．任意かつ法的強制力もないそのガイドラインは，動物の成長を促進するためだけに薬を使うのをやめることと，獣医による厳しい監視を農場に勧告している．

　しかし，この連邦政府の指針は，農場と人間の病気との直接の関連性が証明されていないと主張する多くの家畜生産者の痛いところを突いた．生産者たちは，ガイドラインは多くの医療と健康管理に関する専門家たちの喚起同様，あまりに臆病であると激しく反対した．

　米国医師会や米国感染症学会を含む多くの科学者のグループは，Rowles 氏の子ブタのような病気の予防も含め，健康な動物への主要な抗生物質の使用を禁止するようさらに強く要請した．そのような法案は議会で多くの支持を獲得している．

　…強制的な管理の提案者は，2006年に EU が抗生物質の安易な使用を禁じていること，それでも農家は大きなコストを払うことなくやっていることを指摘している．米国で同様の措置をとっても，消費者価格にはほとんど影響しないだろうと彼らは主張する．

　スーパーマーケットの鳥肉と牛肉そして患者に見つかった薬剤耐性大腸菌株の遺伝学的研究により，それらはほぼ同一であることが判明した．さらなる証拠により，農場で耐性菌が進化したのち消費者側に伝達されたことが明らかになっていると，感染症の専門家であるミネソタ大の James R. Johnson 氏は言っている．"公衆衛生の研究に携わる私たちにとっては，それらの証拠はきわめて明白であり，ヒトに存在する大腸菌のほとんどの耐性は食肉に由来しているだろう"と述べている．

　すべての生肉商品は，たいてい細菌に覆い尽くされている．それゆえに，生肉を処理した後はまな板をきれいに洗浄してから，サラダの野菜は切らなくてはならないと警告されている．サルモネラ菌などのこれらの細菌のいくつかは，それ自体ヒトにとって有害なものである．しかし，その他の細菌は抗生物質耐性をもたない限りは無害である．たとえば，ほとんどのヒトは皮膚にブドウ球菌を保有している．そのため，もしハンバーガーをつくっているときにブドウ球菌が混入したとしても，たいした問題ではない．しかし 2011 年に行われたスーパーマーケットの肉の調査では，96％のブドウ球菌が少なくとも一つの抗生物質に耐性をもっており，52％が三つ以上の抗生物質に対する耐性をもっていることが明らかとなった．

　この数十年，病院から豚小屋にいたるまで，環境は抗生物質で満たされるようになり，細菌は複数の抗生物質に対する耐性遺伝子を八つ以上保有するまでになってしまっている．これら一連の抗生物質耐性遺伝子はまとまって遺伝する．五つの抗生物質に耐性をもつ細菌は，それらのうちいずれかの抗生物質にさらされても生存できる自然選択上の優位性をもつことになる．こうして細菌は，多数の抗生物質が存在する環境下でも生存し増殖することが可能になるのである．

　もし，このような細菌を含む食肉のパックを家に持ち帰ったとしても，きちんと調理すれば細菌は死滅する．おそらく，手やまな板をよく洗うこともするだろうが，いくつかの細菌はそこから逃れて肘などの皮膚に付着し，最終的には鼻腔にまで侵入する可能性もある．そしてそれらの細菌が耐性遺伝子を保有しているということは，体内に一つあるいは複数の抗生物質に対する耐性をもつ細菌を宿してしまうことになるのである．

このニュースを考える

1. 抗生物質を投与された食肉用の家畜が，人々にとって抗生物質耐性細菌の主たる源となってしまうという，この記事に示されている証拠を記せ．
2. MRSA は AIDS と比べても，毎年多くの米国人を殺している．日常的に使用される抗生物質はもはや MRSA には効かなくなっているため，抗生物質耐性をもつ極端な例にのみ使用される，より特殊な抗生物質を医師たちは使用するようになってきている．では時間がたつと，これらの特殊な抗生物質の効果は，自然選択によってどのように変化するだろうか？ MRSA がさらなる耐性を進化させてしまうのを遅らせるためには，医師たちは何ができるだろうか？

出典：*New York Times*, 2010 年 9 月 14 日

19 種分化と生物多様性の諸起源

> **MAIN MESSAGE**
> 進化上の変化の重要な二つの帰結は，適応と新種である．ともに生物の多様性を増大させる．

カワスズメの謎

地球の表面は，時とともにゆっくりとだが劇的に変化してきた．海から島弧が現れる．湖が新たにつくられるかと思えば，消えていく湖もある．大地が盛り上がり，海抜何千メートルもの山となる．渓谷を川が削り，大陸が分断される．こうした変化は生物集団をも分断し，諸集団・個体群が暮らす環境を変え，進化の舞台を設える．

進化による急速な変化の最も顕著な事例の一つは，おそらくビクトリア湖のカワスズメだろう．ビクトリア湖は東アフリカの大湖で最大の規模を誇り，世界規模で見ても第二の大きさに位置づけられる淡水湖である．40万年ほど前に初めて形成されてから，干上がったり水に満たされたりを何度も何度も繰返してきた．1万5000年ほど前に満たされて以降，干上がったことはない．そして，1970年までは，およそ500種のカワスズメのすみかであった．ちなみに，ヨーロッパのすべての河川や湖を合わせても，それに住まうカワスズメは500種に及ばない．1970年代には，たった10分ほどで，100種1000匹をビクトリア湖で捕獲することができたと研究者たちは報告している．ビクトリア湖の500種ほどのカワスズメは，すべてたった2種の祖先に由来する．近くのキヴ湖からビクトリア湖に移り，1万5000年ほどの間に500種にも進化したのである．

人間がビクトリア湖を衰えさせ始めたのは，1960年代はじめであった．人口が急激に増大し，伐採が盛んに行われ，土壌が湖に流れ込むようになった．下水を通して汚物が，そして工場からは化学物質が流れ込み，富栄養化が進み，藻類が過剰に繁茂した．それゆえ，魚も増え，巨大な捕食性の魚ナイルパーチを放流することで増えすぎた魚を減らそうとしたが，カワスズメも彼らの繁殖力を上回るほど食べられ，減っていってしまった．

> **?** ほんの1500万年の間に，とても多くの種が進化しえたのは，どのようにしてなのだろうか？ 天敵ナイルパーチがいたり，湖水が汚染されたりしている状況で，カワスズメには適応上どのような希望があるのだろうか？

ナイルパーチは貪欲に食欲を満たしていき，1980年代のたった10年間で200種のカワスズメが絶滅するほどであった．多様性があまりにも失われたことに生物学者は心を痛めた．しかし，湖の進化史は，生物学者たちに希望も与えた．本章では，どのようにして新種は誕生するのか，大量絶滅がときに進化を促進するのはどのようにしてかについて学んでいく．

鮮やかな黄色をしたカワスズメの1種 このカワスズメは，東アフリカのマラウィ湖の固有種である．アフリカだけで，少なくとも1600種のカワスズメがいると信じられている．マダガスカル，インド，シリアから中米，メキシコ，米国南部まで，アフリカ以外の地域には数百種以上が分布している．

基本となる概念

- 適応形質とは，個体とその環境を適合させるような遺伝的な性質である．適応形質によって，諸個体が生き残り，子孫をもうける機会が改善される．
- 自然選択によって適応が生じる．適応とは，生物集団とその環境の間の適合性が，幾世代もの間にわたって改善されていく過程のことである．適応進化は何千年もかかることもあれば，数年あるいは数カ月といった短期間で生じることもある．適応は"完全"ではない．
- 生物学的種概念によると，種とは，自然状態において互いに潜在的に交尾可能で，子孫を残すことができ，その子孫もまた子どもを残せるような，自然集団の一群のことである．生物学的種概念による種は，互いに生殖的に隔離されている．
- 種分化とは，一つの種が二つ以上の種に分岐する過程のことをいう．種分化は通常，遺伝的に離れていくことの副産物である．突然変異や遺伝的浮動・自然選択によって，遺伝的に離れていく．
- 種分化は通常，ある種の諸集団が地理的に隔離されたときに生じる．そうした隔離は，諸集団間の遺伝子の交流を制限し，遺伝的により離れた状況を生み出しやすくする．
- 地理的隔離がみられない場合でも，種分化が起こることがある．たとえば，交尾行動の違いによって，遺伝子の交流が妨げられる場合などである．
- 一般的に種の形成には，何千年もかかる．しかし，1世代の間に新種の形成がみられる場合もある．

生物集団や種が進化できるのだと知れば，適応や生命の多様性，生命がわかちもつ共通の性質について説明できる．私たちは第17章で，進化生物学のこの偉大な説明力を論じた．本章では，適応と生物多様性の二つのテーマに戻ることにしよう．適応的な形質のもつ性質について検討し，ある集団中で適応的な形質を自然選択がどのようにして促進していくかを論じる．その後，種という概念と，種をうまく定義するにはどうすればよいのかについて再び考えていく．本章の残りは，生物集団内で，ある個体たちと他の個体たちが違いをもちはじめ，ついには二つの別々の種に分かつ原因となる機構と，そうした機構がいかにして目を見張るような生命の多様性を地球上にもたらすかに焦点を当てる．

19・1 適応：環境によって試され，調整していくこと

適応形質とは，ある個体がある特定の環境において，よく機能し，したがって，そのような適応形質に欠ける競争相手に比べると，よく生き延び，より多くの子どもを残すことができるような，遺伝する特徴のことをいう．適応形質は，形態的な特徴のこともあれば，個体の生化学的成分の一部であることもあり，特定の行動であることもあるのだが，ある個体の暮らす環境中で，能力の発揮法を改善する．競争相手に比べていかに早く成長できるか，捕食者から逃れるためにいかにカムフラージュするか，交尾相手をひきつけることにいかに成功するか．これらはすべて，ある特定の環境において，ある集団内で，適応的たりうる遺伝形質の例となっている．

適応的な形質をもつ個体は，適応形質をもたない個体に比べると，繁殖においてより成功する（より大きな繁殖上の適応度をもつ）．その結果，子孫集団において，そうした適応形質をもつ個体がより多くみられるようになる．この過程が**自然選択**（自然淘汰）である（第17章参照）．自然選択がはたらくと，子孫の集団は全体として環境によりよく適合するようになる．自然選択を通して子々孫々の集団が進化を遂げるので，この過程は適応進化といわれる．

適応という用語は，ふつう，適応的な形質に対してか，自然選択を通しての進化過程に使用される．それで，適応形質，すなわち，他個体あるいは他種に比べて有利さをもつことを意味する場合もあれば，より広く，自然選択の過程，つまりある生物集団と環境の間に観察できる非常によい適合性を生み出す進化過程をさす場合もある．

適応には多くの異なるタイプがある

自然界には，適応の驚くべき例が多くみられる．魅力的なツムギアリの例を考えてみよう（図19・1）．このアリは生きた葉を用い，巣を作る．巣を作るには，多くの個体が協調して行動しなければならない．ある働きアリたちは，協力して葉の端を引っ張っておく．そこに他のアリたちが来て，絹糸を吐く幼虫をくわえて，綴じ目にそって前後に動かし，葉の縁同士を紡ぎ合わす．こうした複雑な行動は学習ではなく，生得的，つまり"あらかじめ配線されている"ものである．簡単な進化機構，すなわち自然選択がいかにして複雑な行動上の適応をもたらすかを，遺伝子に基づくこれらの行動は見事に示してくれている（協力して巣を作れば，隠れ家で身の安全を図るという利益を得ることができる）．

図19・1　ツムギアリの行動的適応はコロニーの全構成員に利益を与える　ツムギアリが協力して，巣用の葉を一緒に引っ張っている．

ある種のガのイモムシ型幼虫は適応の別の例となっている．彼らはカシの木を食べるのだが，花を食べる幼虫は花に，葉を食べる幼虫は小枝に似た形態といったように，違う形態を発達させるのである（図19・2）．このようにして，現在食べている植物の場所・背景に合わせることで，捕食者から見つかりにくくしている．

自然選択は，繁殖を促進する驚くべき適応をも生み出す．ランのなかには，花粉媒介者であるハチを呼び寄せるのに花蜜で誘うのではなく，雌の姿形色彩に似せ，ハチの化学物質（フェロモン）を放出するものがいる．ハチはランに引き寄せられ，交尾しようと試みる（図19・3）．そうしている間に，雄のハチは花粉まみ

れになり，花から花へと花粉を運んでくれる．

植物と花粉媒介者の間にみられるように，種間の相互作用は，生物群集内における種の分布あるいはバランスに影響を与えることがある．つまり，進化上の帰結だけではなく，生態学上の帰結も併せもつ．ときには，2種間の相互作用が生存に与える影響がとても強く，2種が絡み合いながら進化することがある．これが，**共進化**として知られる現象である．共進化という用語は，ある種における適応の進化が，他種に相互利益的な適応をもたらす幅広い方法すべてに対して用いられる．

あらゆる適応は鍵となる特徴をわかちもっている

図 19・4 のヨツメウオの眼を注意深く観察してみよう．もちろん，この魚は二つの眼しかもっていないのだが，あたかも四つの眼をもつような機能を果たし，空中も水中も明瞭に見ることができる．ヨツメウオは水面付近で餌をとる魚であり，水上を見ることができれば，昆虫などの餌を捕らえるのに非常に役立つ．その独特な眼は，ヨツメウオを上方から襲いかかる捕食者（鳥など）と，下方からやってくる捕食者（魚など）を同時に監視することも可能にしている．ヨツメウオは陸上を移動することもできるので，水中から陸上に飛び出し，災難から逃れる．それで，ヨツメウオは観察するのに興味深い対象なのだが，家庭の水槽で飼育するには不向きであろう．

図 19・3　生殖を促進する適応　このランの花は，一帯を飛翔するハチの雌にとてもよく似ている．この適合はたいへんよくできており，騙された雄のハチが"交尾"しようとする結果，ランは花粉の授受をうまく達成できる．

自然選択が形づくった適応の例は文字どおり何百万とある．だが，これまでに論じてきたヨツメウオやその他の例は，進化的適応の最も重要な特徴を見事に示しているといえるだろう．

- 適応は，生物と環境を密に合致させる（図 19・2 の鱗翅目の幼虫）．
- 適応は，しばしば複雑である（図 19・4 のヨツメウオや図 19・1 のツムギアリの巣作り行動）．
- 適応は，生物が重要な機能を完遂するのを助けてくれる．重要な機能とは，たとえば，採食であり，捕食者に対する防衛であり，繁殖である（これまで論じてきたすべての例）．

生物集団は環境からの挑戦に対して急速に適応できる

適応進化は起こりうるし，しばしば実際に起こる．しかも長期間かけて．たとえば，気候がゆっくりと変動し，氷河時代が何千年もかけてやって来たり去ったりするにつれ，同様に何千年もかけて，こうして変化する環境に生物集団は，進化し適応し続ける．しかし，生物集団が，驚くべき速さで劇的な適応進化を遂げる例があることも生物学者は見いだしてきた．例をあげよう．トリニダードとベネズエラの山間を流れる渓流に住むグッピーの雄は，さまざまな明色をしており，これで雌をひきつける．しかし，明

図 19・2　捕食者からの防御をもたらす適応　外見が似てないが，ここに示した二つのイモムシは同一種のシャクガ（*Nemoria arizonaria*）である．彼らは食物によって，すなわち，コナラ（オーク）の花を食べるか，葉を食べるかによって，異なった外見をとるようになる．実験によると，葉に含まれる化学物質がスイッチを制御し，イモムシが花に似るか(a)，小枝(b)のようになるかを決定している．

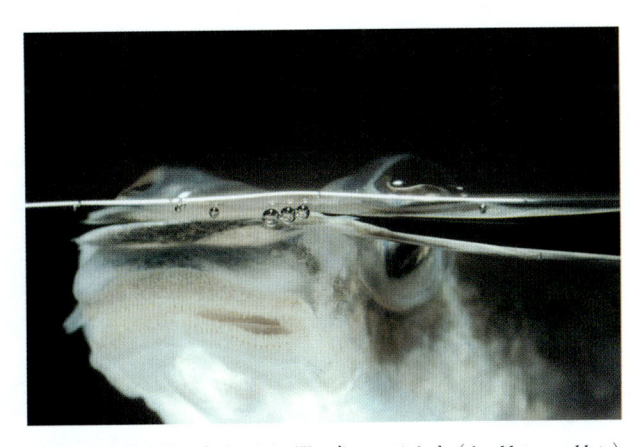

(a) 春にふ化するイモムシはコナラの花を食べ，花に似てくる

(b) 夏にふ化するイモムシはコナラの葉を食べ，小枝に似てくる

図 19・4　四つ眼の魚？　四つ眼の魚ヨツメウオ（*Anableps anableps*）には実のところ，眼は二つしかない．しかし，それぞれの眼が特別にデザインされており，空中も水中もともに明瞭に見ることができるようになっている．

るい色をしていれば確かに雌はひきつけられるのだが，捕食者によって発見されやすくもなる．この相反する選択圧に，グッピーの集団はどう反応し進化してきたのだろうか．

野外観察の結果は以下のようなものであった．捕食者がわずかしか待ち伏せていない渓流では，グッピーの雄は明色をしていた．しかし，捕食者がより多い渓流では，よりくすんだ色をしていたのである．捕食者はグッピーの色がどうなるかに影響を与えうる．というのも，捕食者が多い所では，各世代で，最も明るい色をしたグッピーの大部分が食べられてしまうことだろう．したがって，最も明るい色をしたグッピーはその特徴を次世代に受け渡せない．グッピー集団の色は捕食者に反応して，実に急速に進化しうる．少数の捕食者しかいない地域に住んでいるがゆえに明るい色をしているグッピーを，実験的に捕食者の多い地域に導入してみたとしよう．あるいはその逆でもよい．各グッピー集団の色が新しい環境に適応するのに要する時間は10～15世代（14～23カ月）ほどである．

変化する環境に反応して急速に進化する能力は，グッピーだけにみられるわけではない．ムクロジ科植物の果実の種子を餌にするカメムシの一種（図19・5a）を例にとろう．フロリダの集団の場合，彼らが食べている果実に含まれる種子の大きさに合わせて，口吻の長さが素早く進化する（図19・5b）．同様に，すでに第17章に記したが，ガラパゴス島の中型地上ダーウィンフィ

図19・5 フウセンカズラを食物としていたある種のカメムシ（*Jadera haematoloma*）は，彼らが食べる果実の変化に急速に適応していった　(a) フロリダのある種のカメムシは，土地固有の食物であるムクロジ属のフウセンカズラの種子を食べていた．種子まで口吻を届かせるためには，フウセンカズラの中心にまで射し込んでやらなければならなかった．(b) 過去30～50年の間に，このカメムシのある集団の口吻は短くなるという進化を遂げた．ムクロジ科モジモクゲンジ属の木が移入され，細長い果実内の種子を食べることが可能となった．

生活の中の生物学

私たちは他の生物の進化にどう影響を与えるか

人類が世界に与えた影響はとてつもなく大きい．ノーベル賞受賞者Paul Crutzenは，"人新世"なる学術用語をつくったほどだ．人新世とは，地球史のある時期のことであり，人類の活動によってひき起こされた地球規模の変化が容易に見てとれるのが，その特徴である．私たちはかくも大きな影響を環境にもたらしてきたため，他種の進化の軌道にも大きな影響を与えてきた．

他種の集団中の対立遺伝子が時を経るに従ってどう変化してきたかに，人類は多大な影響を及ぼしてきた．多くの例で，私たちは強烈な淘汰を他種にかけた．他種は私たちの行為によって，遺伝的に変化してきた．漁業や狩猟では，最も大型の個体が目をつけられる．そうした捕獲による選択は，生き延びた個体の進化の道筋を変更しうる．カナダの研究者が，タイセイヨウダラから野生の朝鮮人参まで，29種を分析してみたところ，捕獲という淘汰圧にさらされてきた種は，そうでない種に比べ，進化の変化率が3倍ほど大きかった．年をとった大型個体は子孫を残す前に狩られてしまうことが多いため，年齢の若い個体や小型個体が淘汰上の有利さを増す．かくして，こうした種では，早めに性成熟するよ

うになる．平均すると，狩猟圧がかかる以前に比べ，若齢で小型なうちに繁殖する．

ある種が暮らしている生息地を変えたり破壊したりすると，集団中の個体数はしばしば減る．ときには劇的なほど減少してしまう．個体数が減ると，遺伝的浮動によって遺伝的変異が減じ，有害な遺伝子が固定されてしまう場合が出てくる．ソウゲンライチョウがそうであった（図18・6参照）．同様にして，かつては連続的な生息域だったのに，その一部を破壊してしまうと，たとえば本来草原だった地帯の一部を農地に変えた場合，地理的障壁が生じ，自然な集団が遺伝的に交流できなくなる．

大進化に対する人類の影響は，人類によってひき起こされた，種の絶滅によって，

狩猟者が大型個体を狙うため，アルバータ州その他におけるオオツノヒツジの平均体重は減少してきた

最もよく見てとることができる．生息地の破壊，侵入種の導入，狩りすぎなどの結果，とてもたくさんの種が絶滅の危機に瀕している．多くのさまざまな生物で，こうした脅威によって絶滅率は劇的に増大している．たとえば，過去400年における既知の鳥類・哺乳類の絶滅は，化石記録からわかる通常の絶滅率（背景絶滅率）の100～1000倍にもなっている．

恐竜を絶滅させた大量絶滅に匹敵するような絶滅を人類は起こしうるのだろうか．現在の絶滅率を以前のものを比べてみると，人類は今のところまだ過去ほどの絶滅を生じさせてはいないようだ（過去の大量絶滅では，絶滅率が50%を上回ったが，現在，地球上の既知種の絶滅率を見積もると，50%よりははるかに低い）．しかしながら，科学者の見積もりによると，現在の状況が続くと，今後100年間の哺乳類・鳥類・植物その他の絶滅率は，背景絶滅率の1万倍になるだろうという．たとえば，現在の森林の消滅率からすると，今後50年間で，世界の熱帯林のほぼすべてが消えてなくなる．そうすると，そこに暮らす生物も絶滅する．熱帯林には，世界の種の50%以上が生息しているのだから，熱帯林の消滅一つのみをとってみても，過去の大量絶滅に匹敵する絶滅を人類がひき起こす可能性は十分存在するのである．

ンチは，干ばつによって種子の大きさが変化すると，それに素早く応じて，くちばしの長さを進化させる．さらに，第18章で見たように，ウイルスや細菌，昆虫は，私たちが彼らを殺そうと最善の努力を傾けても，ほんの数カ月か数年で，耐性を獲得してしまう．こうした例は，自然選択による進化が生物の適応を改善するのに，とても長い期間がかかることもあれば，驚くべき短い時間しかかからないこともあるという重要なポイントを見事に示している．

19・2 適応によって完璧な生物が生じるわけではない

　私たちが自然に見いだした適応がいかに印象的だとしても，自然選択によって，生物とその環境の間に完全な適合性が生み出されるわけではない．遺伝的制約や発生上の制約，生態学的なトレードオフによって，生物の適応をさらに進めようとしても，そうはいかない場合が多い．科学者たちは，これまでに現れた生物の99％が絶滅したと推定している．絶滅した生物はすべて，逆境に直面して適応に失敗した，もの言わぬ証拠なのである．この節では，どの時代どの環境においても，生物が完璧な適応を成し遂げそこなうのはなぜかについて，その多くの理由のうちからいくつかを取上げて，見ていくことにしよう．

遺伝的変異に欠ければ，適応も限られる

　ある集団や個体群が幾世代にもわたりうまく適応し続けていくためには，生物と環境をよく適合させうるような形質に，遺伝的変異が存在しなければならない．ときに，そうした遺伝的変異が存在しないために，子孫の集団を適応させる自然選択の力に直接的な限界が認められるような場合も見受けられる．たとえば，現在，有機リン殺虫剤ではアカイエカを駆除できない．アカイエカが有機リン殺虫剤に対してもつこの抵抗性はすでに第18章で見てきたように，1960年代にある一つの遺伝子が変異したことによっている．この変異が存在するようになる時期より前だったら，有機リン殺虫剤に対する抵抗性という適応は生じえない．したがって，この集団には，殺虫剤に対する抵抗性をもたらす特別な対立遺伝子が欠けていたため，莫大な数の蚊が死んでいったことだろう．

発生における遺伝子のさまざまな効果は適応を制限しうる

　発生を制御する遺伝子の変化は，ある形質の特定の発現，すなわち表現型に劇的な影響を与えることがある．ある生物の発生プログラムの変化は，二つ以上の遺伝形質にしばしば影響を与え，多くの異なった新規な表現型を生み出しうるからである．したがって，発生を制御する遺伝子の変化は，多くの効果をもちえる．いくつかの効果は適応上有利になるだろうし，他の効果は生物にとって有害あるいは致死的であるだろう．

　発生にかかわる遺伝子のこの多面的な効果は，ある方向へと進化する生物の能力に限界を定め，適応的進化の到達点を制限することがある．一例をあげよう．甲虫やガなど，昆虫の一部には，翅やよく発達した眼を欠くような幼虫段階が存在する場合がある．もちろん，翅やよく発達した眼は，成虫段階のこれらの昆虫にとっては，重要な適応である（図19・6）．甲虫やガの幼虫の暮らしぶりは，実にさまざまであり幅広いが，翅やよく発達した眼があれば，幼虫にとっても有利なのではないかと考えられる．成虫も幼虫も同一の遺伝子の指令を厳密に受けているとすれば，幼虫で，翅や眼の遺伝子の"スイッチが入らない"のはどうしてなのだろうか．ここで，多くの遺伝子はタンパク質をつくり出すが，タンパク質は単一の機能ではなく，多くの機能をもっていることを思い出そう．多面発現性とか多面作用とよばれる現象である（§12・4参照）．もしある遺伝子が発現すると，その多面作用の一つが，ある生物のある発育段階に有害作用をもたらすとしたら，その遺伝子の発現は抑制されるだろう．成虫段階で翅や眼をつくり出すのを制御している遺伝子は，ある場合には致死的でさえある，有害な作用を幼虫段階でもつのかもしれない．したがって，甲虫やガの幼虫に翅や眼がないのは，発生上の限界の結果なのであろう．

生態学的なトレードオフは適応を制限しうる

　生物は，生き残り子孫を残すために，食べ物を見つけ交尾し，捕食者を避け過酷な物理的環境に耐えるなどなど，いろいろな機能を果たさなくてはならない．自然選択によって，生存繁殖に関する生物の能力は，全体として増加していく．もっとも，それは遺伝的・発生学的に可能な枠内での話ではあるのだが．生物は多くのいろいろな要求に直面し，しばしばそうした要求のいくつかはぶつかりあう．その結果，重要な機能を果たす生物の能力は，トレードオフ状況となったり，妥協を強いられたりする．

　たとえば，子どもを多く残そうとすれば，短い寿命で我慢しなければならないことがままある．そうしたトレードオフが，比較的微妙な繁殖コストのせいである場合も見られる．資源を繁殖に割り当てれば，他の用途には使えない．寒い冬を自分が生き残るためにエネルギーを貯えておくことはできないかもしれない．ア

図19・6　発生上の制約　このガの幼虫形態（a）には，翅がなかったり，機能する眼がなかったりする．両者は，成虫（b）には存在し，重要な機能を果たす．

図19・7 待ち受けているのは、愛か死か 生態学的トレードオフに直面するツンガラガエル。雌を最も引き寄せる鳴き声によって、捕食者であるコウモリも、鳴いている雄のカエルがどこにいるのかを見つけやすくなる。

カジカでは、春に子どもを産んだ雌は、そうでない雌に比べると、冬に死んでしまう率が高い。

繁殖に伴うコストは、ツンガラガエルの交尾期の鳴き声の例のように、ときに直接であり劇的である。ツンガラガエルの雄が交尾期の鳴き声を出したとき、引き寄せられるのは雌だけではないことを第18章で述べたが、これを思い出した人もいるだろう。カエルを食べるコウモリもまた、交尾期の鳴き声に招き寄せられる（図19・7）。同時にすべての事柄に最善であることなど不可能だという単純な理由から、生物は決して完璧な存在ではない。概して、繁殖と他の重要な機能との間に広くトレードオフの関係がみられるが、広範なトレードオフによって生物は不完全性を免れないのである。

■ **これまでの復習** ■
1. 生物は、生息環境における生活にとても多くの適応を見せるが、その理由は何だろうか。
2. 適応的進化が起こる時間は、どのような範囲にあるだろうか。

---

2. 適応進化にはさまざまかかる。だが、ゆっくりとした進化。
1. 適応が進化するのは自然選択による。

19・3 種とは何か

地球上のとてつもない種の多様性を生み出してきた過程を論じる前に、種とは何かを定義しておく必要があるだろう。この問いに対する答えが何通りもあると知ったら、驚くかもしれない。"種"なる用語は通常、繁殖可能な子どもを生み出すことができる個体の集合をさすが、この相互交配可能性ですべての種が定義できるわけではない。相互交配可能性で定義できない種も多く、たとえば、すべての原核生物は相互交配可能性では種の定義がなされない。原核生物は無性的に子孫を増やすのだから。生物学者たちによってさまざまな"種概念"が提案されてきたが、そうした概念群を参照しておくことは、種の定義について理解するのに大いに役立つだろう。

種はたいてい形態が異なる

ふつう、種の認識は外観によってなされる。ホッキョクグマ（*Ursus martimus*）とヒグマ（*Ursus arstos*）は外観からたやすく別物だとわかる。ゲノム（DNA内の全情報）によって種が区別できるとわかるずっと以前は、形態学つまり外観によって種の定義がなされていた。つまり、二つの生物は外見が十分異なっていると認められたとき、異なる種の構成員だと分類されたのである。たいていの種が、明確に区別される別集団だと同定されうるのは、それぞれの種に特異的な形態的形質セットが存在すると考えられているからであり、**形態学的種概念**がよって立つ基盤はこうした考え方である。実際、化石では、形態だけが識別同定を可能にする唯一の手段であることが多い。だが、形態学的種概念がいつもうまくいくわけではない。

ときに、別種であるにもかかわらず、外観がとてもよく似ている場合がある。たとえば、スミソニアン研究所の研究者たちは、カリブ海で研究していたスタルクシア属（*Starksia*）の小型魚ギンポ3種のDNAを比較してみたところ、実は10種であったことを知り、驚いたことがある。これらの岩礁性の魚は、西大西洋のまったく異なる生息地に住んでおり、互いに交配することはない。だが、専門家でさえ、外見からだけだと10種すべてを別々に識別することなど、できていなかったのである。

その逆に、外見だとさまざまに異なってみえる（ときには劇的なほどに）諸集団が同一種に属すといったこともある。たとえば、世界のヒグマには、アラスカ内部のグリズリーから、それに比べると格段に大きい沿岸部のヒグマまでさまざま存在するが、すべてヒグマ（*U. arctos*）という同一種に属す。同様にして、ニコヤカヒメグモにはいろいろな色彩や模様をもつものがあるが（図17・3参照）、すべて同一種 *Theridion grallator* であり、ハワイ諸島の同じ島に共存していることがある。

種は互いに繁殖上隔離されている

たいていの場合、自然な状況では、別種の生物の間に子どもはできない。2種の間で交配が妨げられているとき、それらの種の間には"繁殖上の障壁"が存在し、ある種は他種から**生殖隔離**されているといった言い方をする。繁殖上の障壁には2種類ある場合が多い（表19・1）。

- **接合前隔離**：雄の配偶子（ヒトの場合は精子）と雌の配偶子（ヒトの場合は卵子）が融合し、接合子をつくることを妨げるような障壁
- **接合後隔離**：接合子が健全で妊性をもつ子孫まで発生発達することを妨げるような障壁

繁殖上の障壁には、細胞学的・解剖学的・生理学的・行動学的障壁など、幅広い機構があるが、それらはすべて同じ効果をもつ。すなわち、種間で対立遺伝子がまったく交換されない、あるいはほんのわずかしか交換されないということである。繁殖上の障壁は、ある一つの種の構成員が、受け継がれる特異な遺伝子群を共有することを保証している。つまり、ある種は典型的な遺伝子・対立遺伝子の特別な一組をもち、それは他のすべての種と異なっている。ある生物種に属す構成員は対立遺伝子を互いに交換できるが、他種とはできない。このため、ある種の構成員は表現型がふつう互いに似ているが、他種の構成員の表現型とは異なっている。

生殖隔離という概念は、最もふつうに使われる種の定義、すなわち生物学的種概念の鍵である。**生物学的種概念**によると、**種**はつぎのように定義される。交配して、さらに代々子どもを残せるような子孫を生み出すことのできる自然な集団の一つのグループ

であり，他種とは生殖的に隔離されている．生殖隔離は地理的隔離とは必ずしも等しくないことに注意してほしい．なお，生物学的種概念による，諸集団についての種の定義は，もし彼らが接触することができれば交配できるということであって，実際に接触し交配する機会がない場合には，交配できなくともよい．形はよく似ていても，ヒガシマキバドリとニシマキバドリは別種である．

ヒガシマキバドリ 　　ニシマキバドリ

両種は米国中西部の北側で分布域が重なるが，重なっている場所でも交配することはない．両種の雄は特徴的に異なるさえずりしかせず，そして，雌は属する種に特有なメロディーを発する雄に対してしか交尾しないため，これらの草原性鳥類は生殖的に隔離されている．

生物学的種概念には重要な限界がある．たとえば，化石種の定義には使用できない．二つの化石が互いに生殖的に隔離されているかどうかについての情報を得られないのだから．それで，すでに述べたが，化石種は形態学に基づいて種が定義される．また，細菌やセイヨウタンポポのように無性的手段によってのみ繁殖するような生物にも適用できない．

明らかに区別でき別種ではある（ときにはまったく異なる）のに，自然交配でき，さらに代々子どもを残せるような多くの動植物に対しても生殖的隔離による種概念はあまりうまくいかない．区別される種同士が自然に交配することは**雑種形成**といわれ，それによる子どもは**雑種**とよばれる．雑種同士も繁殖できるが，雑種形成による種は互いにとても外見が違ったり，生態学的に異なることが多い（図19・8）．たとえば，ふつう，雑種同士は互いに異なる環境で見いだされる．あるいは，食物を得る方法などの重要な生物学的機能の遂行方法が異なっている．

さまざまな種概念は互いに相いれないわけではない．それぞれ，種の異なる属性に焦点を当てているというだけのことである．多くの生物学者にとって，限界はあるものの，生物学的種概念が最も役に立つ定義であり続けている．そのため，たいていの生物学者は生物学的種概念で種を定義するし，本書も種の定義は生物学的種概念によっている．しかし，種の定義を確立するにあたり生殖隔離（生物学的種概念の土台）がとても役に立つにせよ，自

表19・1　同一地域で2種を生殖的に隔離しうるような障壁

障壁の種類	内　容	効　果
接合前隔離		
生態学的隔離	2種が，生息地の異なる場所，異なる季節，異なる時間帯で住み分けている	交配が妨げられる
行動的隔離	2種が，求愛行動その他の交配行動にあまり反応しない	交配が妨げられる
機械的隔離	2種が機械的に交尾できない	交配が妨げられる
配偶子隔離	2種の配偶子が融合しない．あるいは，他種の生殖器官ではほとんど育たない	受精が妨げられる
接合後隔離		
接合子の死滅	接合子がうまく発達できず，出生前に死ぬ	子孫ができない
雑種の生存率	雑種の生存率が低い．あるいは，雑種はほとんど繁殖できない	雑種の繁殖成功度が低い

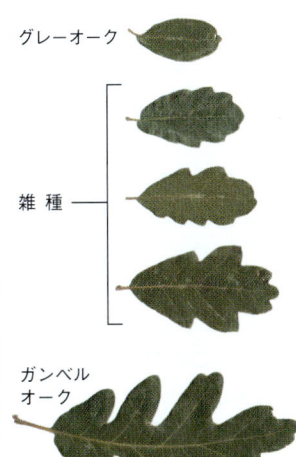

ハイイロガシ　　　グレーオーク　　雑種　　ガンベルオーク　　ガンベルオーク

図19・8　交雑しても別種のままの種もある　ハイイロガシ（*Quercus grisea*）とガンベルオーク（*Quercus gambelii*）が重なって分布している地域では，両者の間に子孫ができ，子孫も代々子どもを残すことができる．だが，自然状態では，遺伝子流動は十分制限されているため，結局のところ，表現型では識別できる状態が保たれている．

然における種の概念は，はるかに複雑でありうる．

19・4　種分化：生物多様性の生成

　地球上のとてつもない生命の多様性は，ある種が互いに生殖上隔離されている二つ以上の種に分離していく過程である**種分化**によって生じる．地球上の生命多様性を理解するためには，種分化の研究が根本となる．

　新種はどう形成されるのだろうか．新種形成における決定的な出来事は，生殖隔離の進化である．生殖隔離は，かつて交配しえた集団が十分に分岐し，もはや交配しえなくなることを要求する．第18章で見たとおり，種内の諸集団は遺伝子の交流（遺伝子流動）を通じてつながっており，遺伝的に互いに似ている状態を保ち続ける傾向にある．ある種の構成員は交配し，それゆえ遺伝子や対立遺伝子の共通セットを共有しているのだが，そうした種において生殖隔離が進展するのはどのようにしているのだろうか．

集団・個体群の進化も種分化も
　　　　　　　同じ仕組みによって説明できる

　種分化は諸集団の進化の二次的で偶発的な帰結だと通常考えられている．要するに，時が経つにつれ，突然変異や遺伝的浮動・自然選択によって集団は互いに異なる遺伝的相違を進化させ，こうした遺伝的相違が結果的に生殖隔離をひき起こす．

　この考えは，ショウジョウバエの実験結果によく例証されている．ショウジョウバエの集団をさらに小規模な集団に分け，マルトース（単糖）が与えられるか，デンプン（多くのグルコースが"縫い合わされた"ポリマー）が与えられるかの違いは除いて，同様な環境に置いておくと，時間の経過に従い，両集団の間には生殖隔離が生じる（図19・9）．その理由は，単に違う2種類の食物にショウジョウバエが適応したということにある．それぞれがマルトースもしくはデンプンで生きるのに適応していったがために，時を経た後で，ショウジョウバエの諸集団に遺伝的変化が起こったのである．ショウジョウバエ集団は自然選択に応じた場合，遺伝的変化（ということは，つまり進化）を最も起こしやすい．自然選択は，一方ではマルトースで，他方ではデンプンで，成長発展する能力を実に素早く向上させるからである．こうした遺伝的変化の副効果が生殖隔離を生じさせる．つまり，マルトースという食物に適応したショウジョウバエは，やはりマルトースに適応したショウジョウバエと交配したがる．同様にして，デンプンに適応したショウジョウバエは，デンプンに適応したショウジョウバエと交配するのを好む．

　実験では，こうした萌芽的な生殖隔離が完璧なものとなるまで，つまり種分化が起こるまで，十分長く継続させることはできない．マルトース集団のショウジョウバエとデンプン集団のショウジョウバエは交配可能であり子孫を残せるのだから，まだまだ同一種に属している．しかし，この実験は，他の進化の副産物として，生殖隔離がどのように始まりうるのかをよく示している．この例では，他の進化とはマルトースもしくはデンプンで生活していくという適応であった．自然状態では，たとえば，異なる気候，異なる食物の狩猟，異なる捕食者を避けるといった生活上の適応を諸集団が進展させていくにつれ，ある種に属す諸集団にこうした進化が起こる可能性が常に存在する．

　図19・9が示唆するように，諸集団が異なる環境に置かれ，違う自然選択の圧力がかかったとき，自然選択は，諸集団が遺伝的に十分分岐する原因となりうるのである．ショウジョウバエの場合では，マルトースで素早く成長するか，デンプンで素早く成長するかという選択圧が存在した．突然変異や遺伝的浮動の結果，諸集団が互いに分岐することもある．一方，遺伝的流動があれば，諸集団の分岐は常に抑えられる．集団が種分化を起こすほどの遺

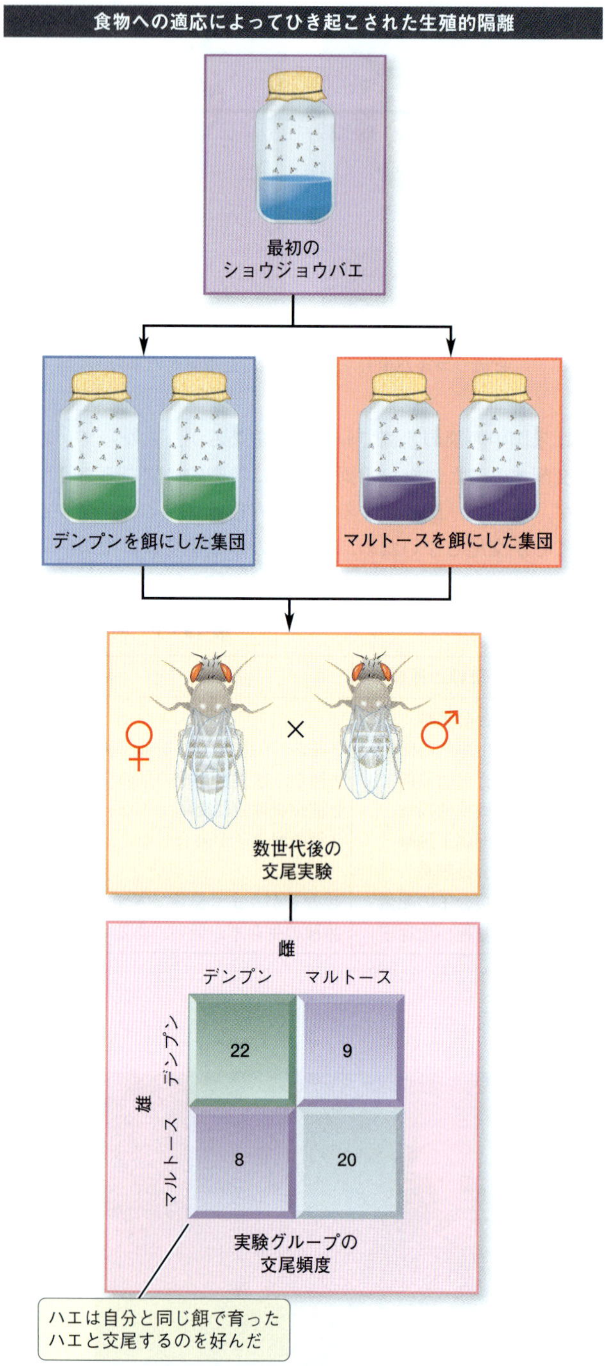

食物への適応によってひき起こされた生殖的隔離

最初のショウジョウバエ
↓
デンプンを餌にした集団　　マルトースを餌にした集団
↓
数世代後の交尾実験
♀ × ♂

実験グループの交尾頻度

	雌 デンプン	マルトース
雄 デンプン	22	9
雄 マルトース	8	20

ハエは自分と同じ餌で育ったハエと交尾するのを好んだ

図19・9　誰を愛するかに食物が影響を与えるとき　ショウジョウバエを4集団に分け，何世代かの間，2種類（デンプンもしくはマルトース）の食物で育てる．実験で，デンプンを食料とする集団から得たショウジョウバエを，デンプンを食料とする集団から得たショウジョウバエか，マルトースを食料とする集団から得たショウジョウバエと交尾する機会を与えてみた．交尾頻度が示しているように，デンプンを食料としてきたショウジョウバエは，やはりデンプンを食料としてきたショウジョウバエと，マルトースを食料としてきたショウジョウバエは，マルトースを食料としてきたショウジョウバエと交尾するのを好む傾向がある．この選好は，生殖隔離の初期段階であり，生殖隔離にまで至ることがある．

地理的隔離の例

図 19・10 グランドキャニオンはリスにとって地理的障壁となっている　カイバブリス（*Sciurus aberti kaibabensis*）は，グランドキャニオン北縁のポンデローサマツ林にのみ限定的に生息している．アーベルトリス（*Sciurus aberti aberti*）は，グランドキャニオン南縁，およびその南側のコロラド高原，ロッキー山脈の南側，そしてメキシコまで分布している．コロラド川がグランドキャニオンを分断したとき，カイバブリスの集団はアーベルトリスから分離された．その分断の深さは，ある場所では，1800 m ほどにもなる．両者の遺伝子流動は，おそらく500万年ほど前から途絶え始めた．そして，カイバブリスが祖先のアーベルトリスから分岐した．両者は以前，別種だと考えられていた．しかし今日では，たいていの研究者は，両者を亜種レベルで区分している．

伝的変化を十分蓄積させるためには，分岐を促進する要因が，現在生じている遺伝子流動よりも大きな効果をもっていなければならない．

地理的に隔離されることで種分化が起こることがある

ある単一の種の集団が互いに引き離されたときに，つまり，地理的に隔離されたとき，新種が生じる場合がある．川や山脈といった地理上の障壁が新たにでき，ある単一種の集団が二つの集団に分離されたとき，地理的隔離の最初の段階が始まる．また，通常の分布域をはるかに越えた島など，到達しがたい地域に，その種の少数の個体が進出したときにも，そうした**地理的隔離**が起こる場合がある．たとえば，第17章で見てきたとおり，ガラパゴス諸島の離れた島々のダーウィンフィンチは互いに地理的に隔離されており，そして南米大陸のフィンチとも海洋で隔てられている．

地理的隔離が生じる距離は，障壁をどの程度たやすく越えられる移動能力をもっているかに応じて，種によって実にさまざまに異なる．グランド・キャニオン（齧歯類にとってとてつもなく深くまた広い障壁）の両側に住むリスや齧歯類は，著しく分岐してきた（図 19・10）．一方，楽々と渓谷を移動できる鳥の諸集団は，そうではない．概して，遺伝子流動が十分制限されるような距離だけ隔てられたときには常に，地理的隔離が起こるといわれている．

地理的隔離がどのように起こったとしても，その本質は遺伝子流動の断絶にある．地理的隔離で隔てられた両集団では，遺伝子流動がほんのわずかしか，あるいはまったくなくなる．この理由から，突然変異や遺伝的浮動，自然選択は，隔離された集団を互いにたやすく遺伝的に分岐させうる．もし諸集団が十分長い時間隔離されていたら，新種に進化しうるであろう．地理的に隔離された集団における新種形成は，**異所的種分化**とよばれる（図 19・11）．

地理的隔離が新種形成に至りうることは多くの証拠が示している．地理的障壁がきついところほど，地理的隔離が生じやすく，したがって種数も多いはずだが，多くの生物群で，そのような観察がなされていることは，証拠の一つといえるだろう．また，山がちの地域に住んでいる種（ニューギニアの鳥類など）や列島に暮らす種（ハワイ諸島の植物など）にも同様な指摘ができる．

地理的隔離による新種形成のありうる事例のうち，特に興味深い一例は，インドネシアのフローレス島に住んでいた"ホビット"とよばれる人々が近年発見されたことだろう．インドネシアの"小人"として知られていた，たいへん小さく，またヒトに似たこれらの生物が見つかったのは2004年であった．ホモ・フロレシエンシス（*Homo floresiensis*）は，成人でも90 cmほどの背丈しかなく，進化学的には最近といってよい1万7000年前まで，巨大なコモドドラゴンや小型のゾウとともに，彼らの島に生存していた．解剖学的現生人類ホモ・サピエンス（*Homo sapiens*）だったら典型的な子どもの大きさしかないこれらの人々は，石器と火を用いていたように考えられる．解剖学的検討によって，島に暮らしていたこれらの小型人類は，私たちホモ・サピエンスの小さな構成員などではなく，別の新種であることに多くの人類学者は納得している（図 19・12）．

種分化における地理的隔離の重要性を示す第二系列の証拠は，つぎに求められる．ある種がある分布域に生息していたとしよう．分布域の最も端に暮らす集団の個体と，逆側の端に生きる個体との間には，子どもができにくい．しかし，ともにすぐ隣に分布する集団とは子どもがよくできる場合がある．最も特殊なこうした現象は，ある地理的障壁があり，それを起点に円に近い弧を描くように諸集団が分布する例であろう．こうした例では，**輪状種**が形成されたという．輪状種の場合，弧の二つの端の集団は，互いに接することがあったとしても，子孫をなしえない．カリフォルニアのシエラネヴァダ山脈の周囲に暮らすサンショウウオは，輪状種をなしていることがわかっている．

地理的に隔離されずとも種分化が起こることがある

種分化には，集団間の遺伝子流動がなくなることが必要である．

異所的種分化

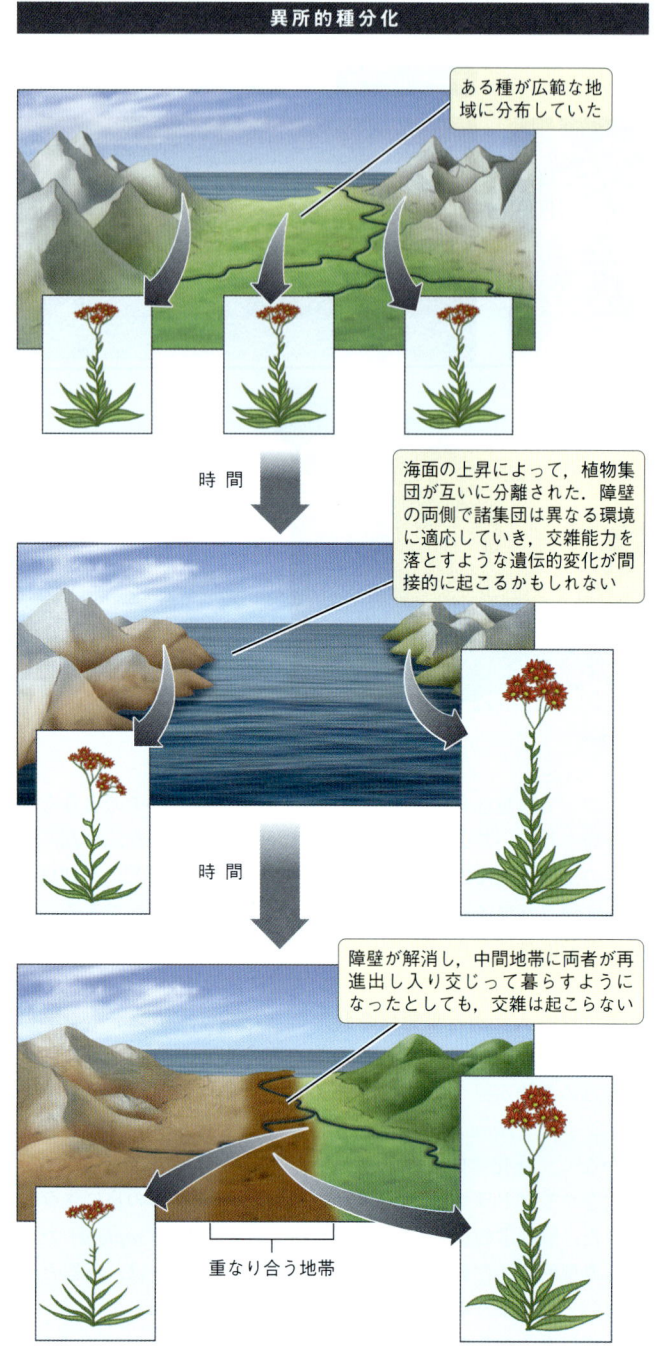

図19・11 物理的障壁でも遺伝子流動が阻害され，種分化が起こる 海面の上昇など，地理的障壁によって諸集団が分離された場合も，新種が形成されることがある．

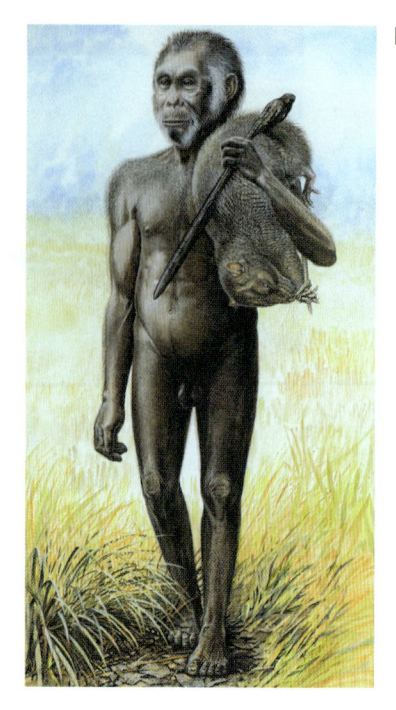

（図中のキャプション）
- ある種が広範な地域に分布していた
- 海面の上昇によって，植物集団が互いに分離された．障壁の両側で諸集団は異なる環境に適応していき，交雑能力を落とすような遺伝的変化が間接的に起こるかもしれない
- 障壁が解消し，中間地帯に両者が再進出し入り交じって暮らすようになったとしても，交雑は起こらない
- 時間
- 重なり合う地帯

図19・12 島への分離がホモ・フロレシエンシスの進化を促したのかもしれない 足の構造や他の解剖学的特徴からすると，ホモ・フロレシエンシスは，単に小型のホモ・エレクトゥスないしは小型のホモ・サピエンスではなく，明確に区別できる別種である．

また，分布域が重なっている諸集団は，遺伝子流動の起こる可能性がはるかに大きい．そして，互いに遠くに離れて暮らす集団間よりは，隣接する集団間の方が，遺伝子流動の起こる可能性がはるかに大きい．こうした理由から，たいていの種分化は，異所的種分化によって起こると考えられている．そこで，以前は，新種が生じるのはまず地理的隔離によるのだろうと考えられていた．しかし，今日では，地理的隔離によらずに種分化を起こす植物が存在することは十分に証明されている．近年の研究は，地理的隔離によらずに種分化を起こす動物の存在についても，説得的な証拠をあげている．地理的隔離を伴わない新種形成は，**同所的種分化**といわれる．

植物では，染色体数の急激な変化によって，同所的種分化が起きる．減数分裂時に染色体が分離しそこなうと（§13・7参照），その個体は染色体セットを二組以上もつ，**多倍数性**といわれる状態になる．その結果，たった1世代のみで，植物の新種が生じることがある．雑種が染色体を2倍にするときも，新種が形成される．ヒトが多倍数性の状態になると死に至るのだが，植物では必ずしもそうではない．植物個体は死に至らないにしても，染色体が倍加すると，生殖隔離が生じる．多倍数性の状態になった新個体の配偶子中の染色体数はもはや，どちらの親の配偶子中の染色体数とも適合しないからである．この方式で直接生じる新種が比較的少数存在するけれども，多倍数性はより大きな影響を地球上の生命に与えてきた．今日生きている植物種の半数以上が，多倍数性によって生まれた新種の子孫なのである．動物における多倍数性による新種形成は，何種かのトカゲ，何種かの魚，そして1種の哺乳類（アルゼンチンネズミ）など，少数が知られるのみである．

動物では，多倍数性以外の方式による同所的種分化の証拠が増えつつある．たとえば，アフリカの湖では，地理的隔離なしにカワスズメの新種が形成されたという説得的証拠がある．環境的に均質なこれらの小さな湖内における新種形成は，同所的種分化の強力な証拠となっている．

同所的種分化を支持する強力な証拠が他の動物でも見いだされている．リンゴミバエ（*Rhagoletis pomenella*）の北米集団は，現在，地理的分布が重なっている状態で，新種を生じつつあるところだと研究者たちは信じている．歴史を紐解くと，*Rhagoletis* 属は通常固有植物であるサンザシの実で暮らしていたが，19世紀半ばになると，導入された移入種であるリンゴの害虫として記録されるようになった．そして，現時点で，サンザシを食すリンゴミバエ集団と，リンゴを食物としているリンゴミバエ集団は遺伝的にも区別できるようになった．両集団は交尾期が異なり，卵も食する植物のみに産むのがふつうである．その結果，両集団の遺伝子流動は途絶えはじめた．さらに，研究者たちは，リンゴを食べると利するが，サンザシを食べると不都合をもたらすような対立遺伝子をも同定してきた．こうした対立遺伝子に作用する自然

選択は，どんなものであれ，遺伝子流動を制限するようにはたらくだろう．*Rhagoletis* 属に関して現在行われている研究が，しばらくののちに，同所的種分化の劇的な例を提供するようになる可能性が十分ある．

19・5 種分化率

どのくらいの速さで新種が進化するものだろうか．倍数性や他の急速な染色体の変化によってひき起こされるときには，たった1世代でも新種が形成されうる．アフリカの何種かのカワスズメの例でも，新種は比較的速く誕生したように思われる．本章冒頭で見てきたように，科学者は500種ほどのカワスズメをビクトリア湖で記載してきた．そして，遺伝子を解析してみたところ，すべてはたった2種の祖先種から進化してきたこと，そして，それはおよそ10万年かかったことが示唆された．

ビクトリア湖のカワスズメの多くが，交尾相手を選ぶ際には，相手の色彩を主たる指標にしている．雌は特定の色彩をした雄と交尾したがる傾向がある（性選択の一例，§18・7参照）．さらに，カワスズメは新しい食料源に特化する進化の道筋において，比較的簡単に変化するような，常ならざる顎をもっている．こうした生物学的特徴によって，ビクトリア湖のカワスズメは，形態も採餌行動も実にさまざまに異なっている（図19・13）．もし雌の性選択によって2集団が互いに生殖的に隔離され始めたとしたら，遺伝子流動が途絶え，それぞれの集団が異なった食物源に特化する可能性が出てくる．そうすれば，ますます分岐し，新種形成に至るだろう．

カワスズメの種分化率は並外れている．DNAの研究によると，たいていの動植物の種分化率はもっと遅いようだ．淡水魚の種分化率は，3000年（メダカ科）からカラシン目の900万年である．カラシン目は，コイやピラニアなど，多くの観賞魚を含む分類群である．カワスズメで見てきたように，種分化率と絶滅率は多くの要因によって左右される．生殖隔離がどのくらい速く生じるか．物理環境に突然の変化が起こるのか，それとも，徐々に変わっていくか，などなど．

ある生物種の諸集団間の遺伝子流動が一度途絶えると，生殖上の障壁自身以外の要因が種分化率に影響を与えるようになりうる．そうした要因には，遺伝的事象（たとえば，倍数性はランダムな突然変異よりも格段に速く種分化に影響を与える）の頻度と深刻さや，倍加期間（集団の規模が2倍になるのに要する時間），行動（交尾相手が選ばれる過程）などがある．

長時間地理的に隔離されていても生殖隔離が進化しない集団もありうる．たとえば，北米とヨーロッパのプラタナスは，2000万年前以上前に地理的に分離したが，今も同様な形態をしており，両集団の間に子孫ができる．化石の証拠とDNAの分析によると，ホッキョクグマとヒグマが，二つの異なる別種に分岐し始めたのは，およそ20万年前である．近年，両種の雑種の報告が増えてきた．狩人によって射止められた奇妙な外見のクマのDNAを解析してみたところ，彼らはホッキョクグマとグリズリー（ヒグマの一つ）の雑種であることが示された．現在，気候変動による大きな影響の一つに，北極海の氷が夏に失われつつあることがあげられる．その結果，ホッキョクグマは餌を探しに南下するように駆り立てられたのかしれない．一方，グリズリーは行動域を北上させつつあるようだ．20万年間，ほとんど途絶えていた遺伝子流動が再び始まったのである．氷に閉ざされた北極の力強い捕食

者は，"ホリズリーグマ"，"ホッキョズリーグマ"，"グッキョクグマ"に置き換わっていくのかもしれない．

■ これまでの復習 ■

1. 生物学的種概念で，別々の種を定義する鍵となる特徴は何だろうか．
2. 種分化において，地理的隔離が果たす役割は何だろうか．
3. かつて，同所的種分化などは実際にほとんど起こることはないのではないかと考えられていた理由は何だろうか．

---

1. 生物学的種概念によると，交配する2種類集団があって，互いに生殖的に隔離されている場合，それらは異なる種である．
2. 異なる地域的に隔離されていると，種分化が起こりやすくなる．
3. 種分化においては遺伝子流動が絶えることが必要になるいくらなかで，地理的隔離がないといえ，遺伝子流動の間断はむずかしいであろう．

図19・13 食物の好み，そして雌の交尾相手の好みによって，ビクトリア湖のカワスズメの種分化が促進されたのかもしれない ビクトリア湖のカワスズメの採食行動や形態はさまざまに異なっている．ここには4種の例を示した．

（同所的種分化）

Haplochromis chilotes （昆虫食）

Haplochromis macrognathus （魚食）

Macropleurodus bicolor （巻き貝や他の貝を食べる）

Astatotilapia elegans （底でいろいろな餌をとる）

学習したことを応用する

ビクトリア湖: 種分化の中心

導入されたナイルパーチが爆発的に増え，東アフリカのビクトリア湖に住むカワスズメの種のおよそ3分の2が，1980年代に絶滅ないしほぼ絶滅状態にまで追い込まれた．この破局的大量絶滅は，湖の生態を劇的に編成し直した．ビクトリア湖の魚の80%がカワスズメだったのだが，今やほんの1%程度にすぎない．

湖が災害を経験したのはこれが初めてではない．ビクトリア湖は広大な面積を誇っているが（約7万 km^2），40万年ほど前に最初に形成されてから，3回干上がったことがある．干上がるたびに，ほとんど絶滅し，わずかに残った池で少数の個体が生き延びた．そして，再び水が満ちるとカワスズメが再侵入を果たし，何百種もの新種が分岐していった．適応放散の古典例である．

他の魚もそうなのだが，カワスズメは適応放散の"達人"である．脊椎動物の半分は魚なのだ．魚は大雑把に見積もって3万種ほど存在するが，そのおよそ10%はカワスズメである．ある一つの湖でほんの1万5000年の間に，500種もの新種が進化したのはどのようにしてだったのだろうか．いくつかの湖に分断されていたとしたら，異所的種分化で魚が進化したことも理解しやすい．だが，カワスズメは同所的に隣り合わせに暮らしながら種分化を遂げたように思われる．

カワスズメの生物学的特徴には，この魚の急速な分岐を一部説明できるように思われる鍵となる側面が存在する．どの動物も，環境中に最も豊富な光の色に対する視覚能力をよく進化させる．湖の表面では赤色光が支配的であり，深くなるにつれ，青色光が支配する．湖の深部で採食する魚は，青色光に対して最も鋭敏である．青色光がよく見える魚は深部に生息する．最もよく見えるのだから．そうすると，深部に住み青色光がよく見える雌は，青色をした雄を交尾相手に選ぶ傾向があるだろう．青色の雄の方が赤色の雄よりも目につくからである（赤色をした雄は黒ずんで見えるはずである）．対照的に，表面で餌をとる魚は，同様にして赤い雄を交尾相手に選ぶはずである．カワスズメがある色をよく見えることと，水中の光の範囲があいまって，カワスズメの生殖隔離が進んだのだろう．そして，これが種分化の舞台を用意した．

しかし，人類がビクトリア湖周辺に進出し，事態は一変した．水は汚染物質や沈殿物，藻類に満ち，魚はほとんど見通すことができなくなってしまった．深さと光の色によって，さまざまに形成されていた繁殖集団ではなく，各自勝手気ままな場所に暮らすようになった．互いの色が見えず，他種と交配する．要するに，雑種形成が起こったのである．

種のこうした混交は，適応放散の第一段階なのではないかと考える進化生物学者もいる．カワスズメの3分の2が絶滅したのだから，湖は"空いたニッチ"で一杯であり，進化中の魚はそれをうまく利用できる．この好機に飛躍を遂げたのが，カワスズメの一種イシクロミス・ピロケファルス（*Yssichromis pyrrhocephalus*）なのだろう．本種は，全湖規模に至る絶滅の前まで，湖表面に浮遊するプランクトンを餌にしていた．イシクロミス・ピロケファルスもほとんど絶滅したのだが，2008年に，生き残った集団が湖底の泥をあさる食性に変化していることを生物学者たちは見いだした．この新しいイシクロミス・ピロケファルスのえらは，酸素吸収能力が以前より，3分の2ほども増していた．これはおそらく富栄養化が水中の酸素濃度を減らしたためであろう．イシクロミス・ピロケファルス2.0は頭部形態も驚くほど変化していた．硬い無脊椎動物を泥まみれの湖底で餌とするのに明らかに適するような形に変わっていたのである．行動も変貌を遂げていた．貪欲なナイルパーチを避けるというよりも，この危険な捕食者のすぐそばで何とか暮らしていく方策をとっていたのである．詳細については，生物学者もまだよくわかってはいない．

章のまとめ

19・1 適応: 環境によって試され，調整していくこと

■ 構造的であれ，生化学的であれ，行動的であれ，適応的形質とは，生物が環境に対して十分よく機能を果たし，それゆえ，生存率や繁殖率を増大させるような遺伝性質のことである．

■ 自然選択の結果，生物と環境との適応が生じる．世代を経るに従い，適応的形質をもった個体の割合が多くなるため，自然選択は適応的進化としても知られている．

■ 適応するのに長時間がかかる場合もあれば，短時間で済むときもある．

19・2 適応によって完璧な生物が生じるわけではない

■ 遺伝上の制約によって，適応的進化が制約を受ける場合がある．そもそも遺伝的変異がなければ，自然選択はまったく，あるいはほとんど作用を及ぼすことができない．

■ 発生上の制約によって，適応的進化が制約を受ける場合がある．発生遺伝子の多面的効果は，ある方向に生物が進化するのを妨げる．

■ 生態上のトレードオフによって，適応的進化が制約を受ける場合がある．生物が直面するいろいろな要求は，あちらを立てればこちらが立たない場合があり，重要な機能を果たす能力に妥協を強いられることがある．

19・3 種とは何か

■ 形態学的種概念は，たいてい形態という特徴のみからある種を他種から識別する．

■ 生物学的種概念は，種をつぎのように定義する．種とは，他の自然集団からは，生殖的に隔離されている，交配する一群の自然集団のことである．

■ 生物学的種概念には，重要な限界がある．化石種には適用できない（化石種は，形態学的種概念によって同定される）．無性的に繁殖する生物にも適用できない．自然状態で広範に雑種形成する生物にも適用できない．

19・4 種分化: 生物多様性の生成

■ 新種形成の決定的出来事は，生殖隔離の進化である．

■ 自然選択や遺伝的浮動・突然変異によって諸集団間の遺伝的組成が多様化する．種分化は通常，その副効果である．

■ 新種はたいてい異所的種分化によって生まれる．異所的種分化は，諸集団が互いに地理的に隔離され，生殖隔離が成立するほど十分長い時間が経ったときに起こる．とはいえ，長い時間，生殖隔離されていたからといって，異所的種分化が常に起こるわけでもない．

■ 地理的隔離なしに生じる種分化は，同所的種分化といわれる．同所的種分化が起こりえるのは，集団の一部が，残りと遺伝的に離れていった場合である．

■ 倍数性は，多くの植物や少数の動物で1世代で新種が形成される一つの方法である．

19・5 種分化率

■ 種分化率はさまざまである．急速に種分化が起こる場合もあれば，何十万年・何百万年もかかることがある．
■ 種分化率は，生殖隔離の成立する速さ（集団間で遺伝的流動がなされなくなるのに要する時間）と新たな系統に分岐するのに影響する要因の双方に依存する．

重要な用語

適応形質（p.336）　　　　種（p.340）
自然選択（p.336）　　　　雑種形成（p.341）
適　応（p.336）　　　　　雑　種（p.341）
共進化（p.337）　　　　　種分化（p.342）
形態学的種概念（p.340）　地理的隔離（p.343）
生殖隔離（p.340）　　　　異所的種分化（p.343）
接合前隔離（p.340）　　　輪状種（p.343）
接合後隔離（p.340）　　　同所的種分化（p.344）
生物学的種概念（p.340）　多倍数性（p.344）

復習問題

1. 地理的分布が重複しながらも，自然状態では雑種形成しない種は，
   (a) 地理的隔離されている．
   (b) 生殖隔離されている．
   (c) 遺伝的浮動によって影響されている．
   (d) 雑種である．
2. 生殖隔離の進化のペースを落としたり，妨げたりする進化の機構はどれか．
   (a) 自然選択　　　(c) 突然変異
   (b) 遺伝子流動　　(d) 遺伝的浮動
3. 種分化が最も起こりやすいものはどれか．
   (a) 同所的種分化
   (b) 遺伝的浮動による種分化
   (c) 異所的種分化
   (d) 偶然の現象
4. 種分化するのに要する時間について正しいのはどれか．
   (a) 1世代から数百万年までの大きな幅がある．
   (b) 植物の方が動物より常に時間がかかる．
   (c) 10万年より短いことはない．
   (d) 1000年より長くはない．
5. 適応について正しいのはどれか．
   (a) 生物がその生息環境に適合すること．
   (b) 複雑である．
   (c) 重要な生物機能を遂行するのに必要である．
   (d) a〜cのすべて．
6. 生殖の接合前隔離，および接合後隔離によってひき起こされるものはどれか．
   (a) 集団間の遺伝的差異の減少
   (b) 雑種形成の機会の増加
   (c) 種分化の抑制
   (d) 種間の遺伝子流動の減少または阻止
7. 以下は同所的種分化が起こっていると考えられる例である．正しくないものはどれか．
   (a) リンゴミバエ
   (b) グランドキャニオンの渓谷をはさんで反対側に住むリス
   (c) カワスズメの魚
   (d) 多倍数性の植物（またはその祖先）
8. 植物種Aの二倍体の染色体数は8で，植物種Bの二倍体では16である．AとBの雑種に染色体数の倍化が起こり，植物種Cが生まれた場合，Cの二倍体の染色体数として最も可能性が高いのはつぎのうちどれか．
   (a) 8　　(b) 12　　(c) 24　　(d) 48
9. 生物学的種概念は，
   (a) 無性的に繁殖する生物に適用できる．
   (b) 化石として残された生命形態に適用できる．
   (c) 自然集団AとBが地理的障壁で分けられているとき，AとBを別種として分類できる．
   (d) 自然集団AとBが共存している場合でさえ，遺伝子の交流ができないのならば，AとBを別種として分類できる．
10. ビクトリア湖のカワスズメは，
    (a) 他のたいていの魚に比べ，低い種分化率を示す．
    (b) 倍数性によって，高い種分化率を示す．
    (c) 多くの種を進化させてきた．その理由の一部に，雌による交配の選択があげられる．雄のもつ特定の色彩パターンを雌は好む．
    (d) 多くの種に分岐してきた．なぜなら，雌は雄と異なった採食行動をもつからである．

分析と応用

1. なじみのあるヒト以外の生物を一つあげよ．その生物にみられる適応の例を二つあげよ．それらがなぜ適応的と考えたか，慎重に説明せよ．
2. 適応進化とは何か．人間の虫歯や結核などをひき起こす細菌における適応進化とは何か．これまで理解したことを使って説明せよ．このような病原性の細菌を人間が殺菌することが，その進化にどのような影響を与えるか．その進化的変化は，私たちに役立つものか，あるいは害を及ぼすものか．答えを述べ，説明せよ．
3. ある希少な絶滅危惧種の生物が，他のふつうにみられる種との間で雑種をつくることができるとわかったとしよう．この二つの種は自然界で雑種をつくるのだから，単一の種とみなされるべきだろうか．2種のうち一方はふつうの種なので，もう一方も，もはや希少種や絶滅危惧種に分類するべきではないのか．これは間違いか，正しいか．
4. 図19・8のカシの木のように，見かけが違い生態学的にも違う種は，1種または2種，どちらに分類すべきか．カシの種は自然界でも雑種をつくる．こうした場合，一つの種，二つの種，どちらと考えられるか．
5. 熱帯の暴風雨の際に，鳥が，住んだことのない別の島へと飛ばされることがある．この島が元の集団から遠く離れた場所にあり，環境条件も異なると仮定しよう．自然選択，または遺伝的浮動（あるいはその両方）は，鳥の種が分化する過程にどのような影響を与えるか．答えを述べて，それを説明せよ．
6. アフリカのビクトリア湖で，カワスズメ類には何百という新種が誕生した．それらの種のなかには，湖における生息地が異なり，互いに遭遇しないものもある．これらの種は，地理的隔離によって，あるいは，地理的な隔離なしのいずれの方法で進化したと考えられるか．
7. どのような仕組みで同所的種分化が起こるか．同所的種分化が異所的種分化よりも起こりにくいのはなぜか．

ニュースで見る生物学

Did Neanderthals Mate with Human?

BY KATE BECKER

ネアンデルタール人はヒトと交雑したか

現生人類とネアンデルタール人は交雑したのだろうか．それとも，しなかったのだろうか．下世話な話をしたいのではない．また，科学者たちもそんなつもりはない．ネアンデルタール人のゲノムに対する最近の研究によると，交雑していたというのが答えである．私たちは交雑していたのだ．しかし，科学者たちによると，いつ，どこで，なぜ…などについては，まだまだよくはわかってない．

そう，私たちの祖先は，ネアンデルタール人との間に子どもをもうけた．しかし，これは話の一部にすぎない．ネアンデルタール人をも祖先にもつ現生人類の集団は限られる．アフリカ人は，ネアンデルタール人に特徴的なDNAをもっていない．このことは，現生人類とネアンデルタール人が交雑しようとした場所と時間について，何かを教えてくれるだろうか．

交雑したのは，アフリカから，ある集団が移動したのちのことに違いない．ネアンデルタール人が絶滅したのは3万年ほど前のことだが，考古学者たちは，それまでのおよそ1万5000年の間，現生人類とネアンデルタール人はヨーロッパで軒を接して暮らしていたと考えている．だから，この1万5000年の間に，いちゃつきあっていたと考えるのが合理的なのだろう．

だが，ここから話が奇妙になってくる．遺伝子の分析が与えてくれるヒントだと，交雑の時期は，さらにはるかに遡り，10万年～6万年前だというのだ．この時期，現生人類は中東とヨーロッパにやっと腰を落ち着けたばかりだった．東アジアの集団はまだ分かれてはいない．この時期に，現生人類とネアンデルタール人の行動圏が重なっていたかどうかに関し，科学者たちの合意はない．しかし，DNAによる分岐時期の推定は複雑な統計ゲームだ．コンピュータのアルゴリズムが吐き出すような証拠などではなく，しっかりと手にとることができる証拠の類とともに研究することに慣れている考古学者や古生物学者は，これに懐疑的である．

とはいえ，この手の研究は単なるハイテク父親探しでもない．現在のDNAとネアンデルタール人のそれを比べることで，現代人に特徴的な遺伝子についても明らかにすることができる．これまで，研究チームは，現代人に特徴的な遺伝子を100個ほど見いだしてきた．もちろん，ネアンデルタール人はこれらの遺伝子をもってはいない．そうした遺伝子は，皮膚から認知，そして代謝まで，いろいろなことに関与している．

アメリカ自然誌博物館の Ian Tattersall が *New York Times* で語ったところによれば，私たちとネアンデルタール人の背後に潜む絆については，"最後の一言はおそらくまだ述べられてはいないのだろう．"

50万年ほど前，アフリカで進化し，二つの系統に分岐した人類が存在したが，現生人類（*Homo sapiens*）とネアンデルタール人（*Homo neanderthalensis*）がその系統の先端に位置する．ネアンデルタール人の祖先たちは，北へ，ヨーロッパやアジアへと移動し，そこで何十万年以上をかけて，ネアンデルタール人に進化した．私たちの祖先は，およそ10万年ほど前までアフリカに滞在し，そのころ，同様に北に移動し始めた．

ネアンデルタール人が絶滅したのはだいたい3万年前であった．つまりこれは，ネアンデルタール人も現生人類も数千年の間，ヨーロッパやアジアで同時期に暮らしていたことを意味する．しかし，正確な日時や場所は論争の的であり続けている．6万年前の中東で隣り合わせに暮らしており，おそらく，ヨーロッパでもおよそ2万4000年前までそうであったと考える研究者がいる一方，分布が重なっていたことに懐疑的な人々もいる．

この研究では，クロアチアのある洞穴から見つかった3人のネアンデルタール人の女性（3万8000年ほど前の化石）からDNAを抽出し，ネアンデルタール人のゲノムの概略地図が素描された．ネアンデルタール人と現生人類のDNAを比較し，アフリカで両系統が分離した後，変化した100の遺伝子が同定された．

そのうえ，今日なお，こうしたネアンデルタール人の遺伝子をもつ現生人類が存在することを研究者たちは明らかにした．アフリカ外で進化した現生人類の祖先たちは誰でも，ネアンデルタールとして認識できる遺伝子を1～4%ほどもっている．これは，アフリカ以外の人類は，過去のある時点で，ネアンデルタール人と交配していたことを意味する．なぜ，アフリカ以外の人類に限られるのだろうか．ネアンデルタール人は確かにアフリカに端を発する人類だが，ネアンデルタール人自身がアフリカに暮らしていたことは決してない．したがって，アフリカで交配したことなど，およそありそうもないことであろう．実際，アフリカ人たちはネアンデルタール型遺伝子をもっていない．

本章冒頭で議論したカワスズメの例同様，二つの別々の種である人類，現生人類とネアンデルタール人も雑種を形成できたのである．しかし，いつ交雑したのだろうか．ある手がかりが存在する．ただし，それは論理に左右されるのだが．アフリカ以外の人類は，ヨーロッパであろうと，アジアであろうと，パプアニューギニアであろうと，およそ同量のネアンデルタール型遺伝子をもっていた．さて，これらの人々が分岐したのは4万5000年ほど前であった．それゆえ，現生人類とネアンデルタール人の交雑が起こったのは，こうした分岐以前だと考えるのが適当である．つまり，4万5000年前以前に交雑が生じたのである．遺伝情報からすると，交雑が起こったのは，4万5000年前をさらにさかのぼり，10万年前あるいは6万年前ではないかと示唆されている．場所は，おそらく中東であったことだろう．

このニュースを考える

1. ネアンデルタール人と解剖学的現生人類は別種に分類されるべきだとあなたは考えるだろうか．あなたの考えを支持する証拠もあげよ．
2. 第17章～第19章で学んだこと（本章のカワスズメの例ももちろん含まれる）を思い起こして，2種が交雑するようになるのは，どのような種類の集団規模の状況においてかを論じよ．
3. あなたが研究者だったとしたら，現生人類とネアンデルタール人についてつぎに問われるべきかは何だと考えるだろうか．

出典：PSB NOVA, 2010年5月10日

20 生命の進化史

MAIN MESSAGE

私たちが住む惑星の地質現象や気候は，非常に長い期間にわたって変化してきた．それには，大量絶滅や進化の急速な爆発といった生命形態の劇的な変化を伴う．

凍てついた不毛地帯の謎の化石

　南極大陸は氷の砂漠だ．氷に覆われ，液体の水もほとんどなければ，暖かさもまず味わえない．この寒冷で不毛な光景の中で生き続けられる生物はほんの数種にすぎない．小型種か海岸沿いに暮らす生物か，数カ月も凍土に耐えられる生物くらいであろう．南極はほとんどすべてが，1.6 km ほどの厚さの氷床に覆われている．常時氷に覆われているわけではない場所も数箇所ほど存在し，2種の被子植物が何とか暮らしている．地味な草とコケのようなツメクサである．氷と切り裂くような風の中で，コケや地衣類・小型無脊椎動物も何とか生きている．南極大陸の極寒の海岸には，プランクトンや魚・クジラ・アザラシ・ペンなど群集が繁栄している．しかし，たいていはプランクトンや魚を食べに訪れているのであり，冬の到来とともに去っていく．

　内陸部の生物はさらに小さい．たいていの場所で見られるのは，顕微鏡を使わなければわからないような細菌や原生生物である．ほんのわずかな渓谷だが氷のないところがあり，そこはわずかに生存しやすい．とはいっても，時速 300 km にも及ぶ凍てついて乾燥した風が吹きすさび，水のたぐいを跡形もなく吹き飛ばしてしまう．これらの乾燥した渓谷には，細菌でさえ岩の中に，あるいは地表下の氷の中に潜り込まなければ生きてはいけない．そこにはわずかに水が存在するからだ．

> **?** かつて温暖湿潤な状況に適応した動植物が，現在ではとても不毛な大陸で生き延びたのはいかにしてだろうか？　南極で何が起こったのだろうか？

　かくして現代の南極に生命はほとんどみられない．にもかかわらず，古生物学者は南極大陸で 22 m の高さに及ぶ樹木の化石を発見している．シダや淡水魚，大型の両生類，水生甲虫を言うに及ばす，哺乳類，恐鳥（体高 3.5 m にもなる飛ばない走鳥）の化石も発見されている．本章では，地球上の素晴らしい生命史をたどり直してみよう．すべての大陸がいかに移動してきたか，地球の気候がどう変わってきたか，暖かくなったり寒くなったり，凍てついたり熱帯のようになったりをいかに繰返してきたか，こうした変化が地球上の生命史にどう影響してきたかがわかるだろう．

南極の氷床が剥がれ落ちる　南極大陸は寒く乾燥している．そのため，1年を通じてそこに暮らし続けることのできる生物は少数にすぎない．とはいえ，何百万年も前には，巨大シダや両生類・恐竜類・走鳥類からなる生態系が南極大陸に存在した．

基本となる概念

- 化石は地球上の生命史を記録しており，進化の明白な証拠を提供する．
- 初期の光合成生物は酸素を大気中に放出した．これが，最初の真核生物と最初の多細胞生物が進化する舞台を用意した．
- カンブリア紀の大爆発は，5億3000万年ほど前に起こった驚くべき動物の多様性の増大であった．この時期に，動物の主要な門の多数が，比較的短い期間に化石記録に現れる．植物や菌類・動物の陸上への進出は，生命多様性のもう一つの主要な増大の始まりであった．
- 生命史は，原生生物や植物・動物などの主要部ループの興亡よって，まとめることができる．この歴史は大陸移動や大量絶滅・適応放散からの大きな影響を受けてきた．
- 最初の哺乳類は2億2000万年ほど前に進化した．これは大ざっぱに言えば，恐竜が進化したのとほぼ同時期である．しかし，哺乳類が恐竜の絶滅によって適応放散を開始したのは6500万年ほど前からでしかない．
- 対向する指や比較的大きな脳をもつ霊長類は6500万年ほど前に進化した．
- ヒト科の進化史において主要な一歩となったのは二足歩行である．ホモ・エレクトゥスとホモ・サピエンスの系統になって，脳の大きさが増大した．

地球は生命に満ちている．これまで170万種ほどが記載されてきた．さらに何百万もの種が発見を待っていることだろう．生物は膨大な種数が知られているが，今生きているのはそのうち1％にも満たないと考えられている．そうした生物がどのようにして，"永遠の形，最も美しく，最も素晴らしい"もの（Darwinの言葉）になったのだろうか．本章では生命の物語を追跡していくことにしよう．

まず地球上の生命史がどのように化石に記録されているかを見てみよう．その後，生命史の主要な出来事をまとめる．つぎに，たとえば，プレートテクトニクスや大量絶滅・適応放散など，長期的に生物多様性を増減させる要因をいくつか検討する．最後に，われわれが属する哺乳類の勃興に，そうした要因がどのように影響を与えたかを考察する．

20・1　化石記録：過去への道しるべ

過去に生存したある生物個体の遺骸もしくは印象が保存されたのが化石である（図20・1）．多くの化石では，死んだ生物の体の各部は鉱物に置き換わっている．石化した木がその好例になるだろう．石化した場合，体の形態は保存されているものの，生きている生物にはみられないような鉱物からできているようになる．堆積岩（沈殿物・堆積物が固まり，層状になった岩石のこと）中から化石が発見されることが多いが，他の場合もいくつかある．たとえば，マツなどから浸み出した樹脂（図20・1d参照）が化石化し琥珀となるが，その中に昆虫の化石がよく見つかる．マンモスや5000年前に生きていたヒトの男性（p.270の写真を参照）などの動物が永久凍土あるいは解け始めた氷河から発見されるこ

図20・1　いろいろな時代の化石　(a) このように柔らかい体をした動物が6億年前の地球では支配的だった．(b) デボン紀（4億1500万年前〜3億6000万年前）の三葉虫の化石．二つの大きな眼はそれぞれが筋状のレンズからなっていることに注意．(c) ワシントンDC近くで見つかった，3億年ほど前のシダ状種子植物の葉．化石化したのは石炭紀（3億6000万年前〜3億年前）．石炭紀の大森林が，私たちが現在エネルギー源としている化石燃料（石油や石炭・天然ガス）層を形成した．(d) この2000万年前ほどのシロアリは琥珀（樹脂が化石化したもの）中に保存されている．(e) 絡みあって化石となったヴェロキラプトル属の恐竜とプロトケラトプス属の恐竜．プロトケラトプスが襲いかかってきたヴェロキラプトルの爪をしっかりと噛んでいる．この噛みつきはしっかりと両者を死へと固定した．(f) 珪化木．かつての堅い木がいかにして堅い岩になったかをこれで知ることができる．

ともある.

第17章で述べたように，化石は生命史の記録であり，進化研究の中心である．過去に生きていた生物が，今日の生物とは似ていなかったことや，地球から完全に姿を消してしまった多くの生物がいること，時間を通じて生命は進化してきたことをまずはっきりと証明するものこそが化石である．

化石が地表下のどのくらいの深さ，相対的距離から見つかるかは，化石記録が残される順序に関係している．化石の古さ，年代はこの順序に対応している．概して，古い化石はより深いところ，つまり，より古い岩石層から見つかる．化石記録に生物が現れる順序は，他の証拠による進化的理解と一致する．これは進化に強い支持を与える．たとえば，形態（外部形態と内部形態）学的分析や DNA 配列，他の生態の特徴から，硬骨魚から両生類が生じ，その後，両生類から爬虫類が生まれ，さらには爬虫類から哺乳類が誕生したことを示している．これは化石記録に現れる順と正確に一致している．化石記録はまた，爬虫類から哺乳類が進化してきたような，新たな主要生物群の進化の見事な例も与えてくれる（図 20・12 参照）．

さまざまな生物，あるいは生物群の順序を知るのに化石記録はたいそう役には立ってくれるのだが，いかんせん，できるのは相対的な新旧をさし示すことのみである．つまり，ある化石は他の化石より古いということは明らかにしてくれる．放射性物質を使用し，より確かな絶対的年代を明らかにできる場合もある．放射性物質とは，ある元素の不安定な形態で，**放射性同位体**とよばれ，時間経過に対し一定の割合で安定な形態に変わっていく（§5・1 参照）．たとえば，炭素 14 は安定な炭素 12 に変わっていく．ある一定量の炭素 14 があったとすると，それが半分の量になるには 5730 年を要する．そこで科学者は，化石中の炭素 14 を測定し，化石の年代を決定できる．この方法が使用できるのは，比較的最近の化石に対してのみになる．7万年以上前の化石だと，炭素 14 の量があまりにも少なく，測定できないからである．一方，ウラン 235 が半分の量になる時間は 7 億年なので，古い化石にも適用できる．ある化石に放射性物質がまったく見当たらなかったとしたら，どうすればいいだろう（これは実際よくあることだ）．このときは，その化石が含まれている岩石層のすぐ上の岩石層で見つかった化石とすぐ下で見つかった化石に，炭素 14 やウラン 235 が含まれていれば，その化石の年代もだいたい見当がつく．

化石記録は完全ではない

地球上の生命を支配した生物群に大きな変化をあったことを化石記録は明確に示している．本章を通して見ていくように，この変化は，ある生物群が死に絶え，他の生物群が爆発的に増えることでひき起こされてきた．多くの化石が発掘されてきたとはいえ，化石記録には今なお多くの欠落が存在する．ほとんどの生物

クジラの進化

(a) 全身の解剖学的変化

パキケタス（*Pakicetus*）
体長 1.8 m，5300 万年前

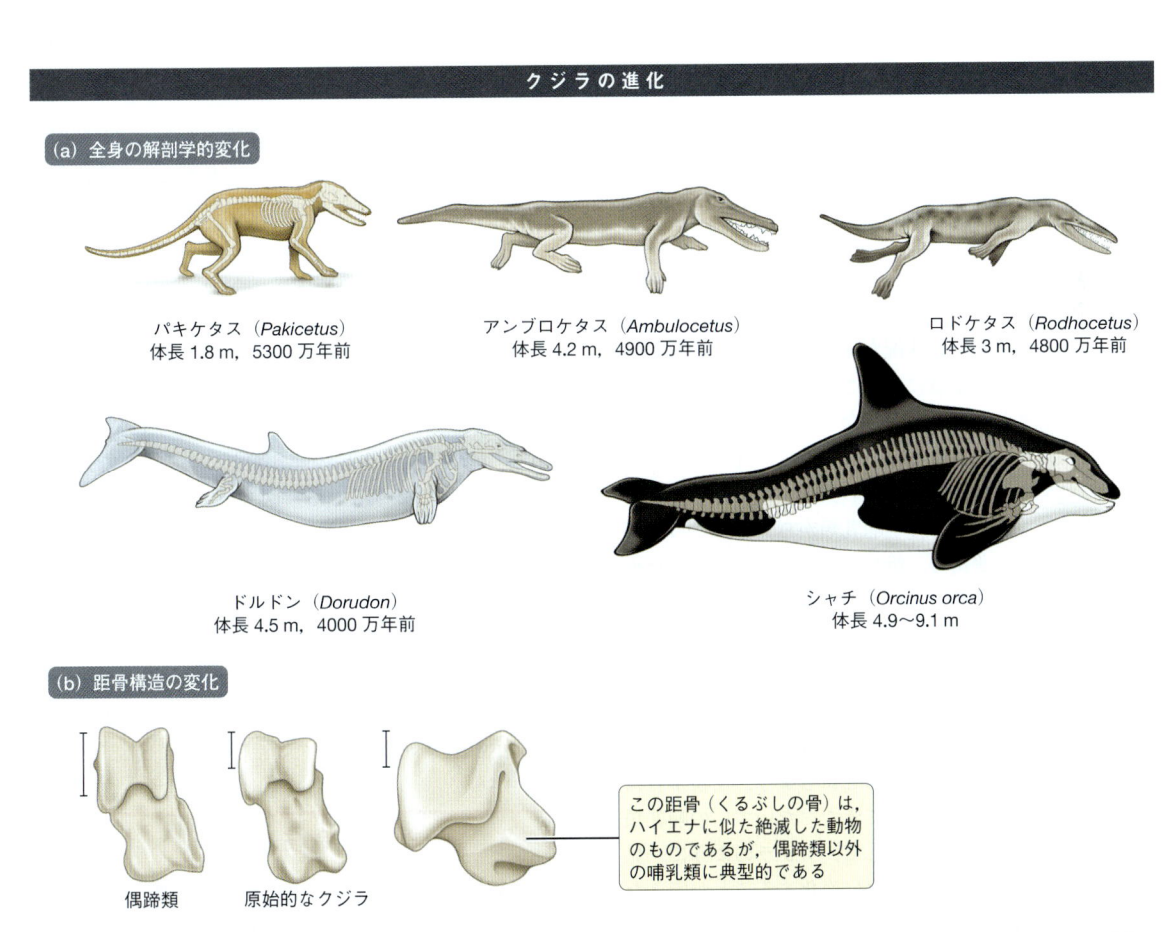

アンブロケタス（*Ambulocetus*）
体長 4.2 m，4900 万年前

ロドケタス（*Rodhocetus*）
体長 3 m，4800 万年前

ドルドン（*Dorudon*）
体長 4.5 m，4000 万年前

シャチ（*Orcinus orca*）
体長 4.9〜9.1 m

(b) 距骨構造の変化

偶蹄類　　原始的なクジラ

この距骨（くるぶしの骨）は，ハイエナに似た絶滅した動物のものであるが，偶蹄類以外の哺乳類に典型的である

図 20・2　形態のうつりかわり　(a) クジラの祖先が陸上から水中の生活に移行するのに約 1500 万年かかった．ここに示すクジラの祖先，パキケタスは 5300 万年前に陸地に住んでいた．アンブロケタスは，発達して丈夫な脚をもち，水辺で生活し，現在のワニのように肉食で半分を水中で過ごす哺乳類であったと思われる．ロドケタスの体は流線型に近くなり，前肢はひれ足のような形をしている．4000 万年前のドルドンは完全に水生の哺乳類である．図は再構築した化石の骨をもとにして描いたもので，パキケタスとドルドンは内部の骨格を重ねて描いてある．現存するハクジラのシャチを比較のために並べてある．(b) クジラの祖先，パキケタス（2番目の骨）とロドケタスの距骨は，偶蹄類のもの（左側の骨）と形が類似しているが，それ以外の哺乳類のものとは大きく異なる．縦方向の目盛りは，1 cm の長さを示す．

地球上の生命史

～年前	46億	35億	5億4000万	4億9000万	4億4500万	4億1500万	3億6000万
	先カンブリア代		古生代				
年代	先カンブリア紀		カンブリア紀	オルドビス紀	シルル紀	デボン紀	石炭紀
おもな出来事	生命の起源, 光合成が地球大気の酸素含量を増加させる, 最初の真核生物, 最初の多細胞生物		突然起こった, 動物の多様性の著しい増大, 藻類の多様性の増大, 最初の脊椎動物の出現	海産無脊椎動物や脊椎動物のさらなる多様化, 植物や菌類の地上への進出, 末期の大量絶滅	魚類の多様性の増大, 昆虫などの無脊椎動物が陸上へ進出した最初の形跡	陸上植物の多様性の増大, 最初の両生類の陸上への進出, 後期に大量絶滅	森林の広範な拡大, 陸上における両生類の繁栄, 昆虫の多様性の増大, 最初の爬虫類
	生命の起原		無脊椎動物が海に満ちあふれる	植物の陸上への進出が始まる	魚類の多様性の増大	両生類の出現	地球が森林で覆われる

図 20・3　地質学的な時間尺度と生命史における主要な出来事　生物の歴史は先カンブリア紀（46億〜5億4000万年前）に始まり, 第四紀（260万年前から現在）に至る12の地質年代に分けることができる. この年表は時間の長さに比例して描かれていない. もし時間の長さを正確に表現すると, 先カンブリア紀の部分が左側へ150 cm以上伸ばされることになる.

は死後急速に分解され, 化石となるのはごく一部にしかすぎないからである. たとえ化石となったとしても, よくみられる地質学的な過程 (浸食や高温・高圧) によって, 化石を含む岩石が破壊されてしまう. さらに, 化石は見つけにくいところに存在する. このように, ある生物種が進化し, 何百万年と生き続け, 絶滅したとしても, 化石記録に残り, その生存にわれわれが気づくためには, 化石が形成されるに適した状況が運良く生じ, その後無傷のまま切り抜け, そして, 科学者に発見されるという, そうは起こらないチャンスに恵まれなければならない.

そうはいっても, 毎年発見される化石によって, 化石記録の欠落は多少は埋められてきている. 私たちの興味をたいそうひいてきた進化上の出来事に, 陸上に暮らす哺乳類から, どうやって海生のクジラ類が進化したかがある. 新しく化石が発見されたために, 進化上のギャップが近年埋められつつある例として, クジラ類の進化について見ていくことにしよう.

化石はクジラ類が有蹄類に近縁であることを明らかにした

最近の化石の発見によって, 哺乳類のある分類群について明らかになったことを少々詳しく見ていくことにしよう. 生物学者にとって, クジラの起源は謎であり続けてきた. たいていの哺乳類は陸上に暮らしているが, どのようにして, クジラのように一見するとまったく違ったように見える生物に変化することができたのだろうか. こう適応的な変化がどう生じたかについて, ひらめきを与えてくれたのは, 最近なされた化石の発見である (図20・2a).

クジラの祖先の初期形態であるパキケタスの骨構造を検討してみると, おそらく彼らは長い間陸上で暮らしていたことが察せられる. 一方, パキケタスは, 図20・2aに示したクジラ類, ある いはクジラに似てきている他の生物たちと, 同じ特徴 (内耳における他の哺乳類とは異なる形質) を共有している. 何世代も何代も経つうちに, 彼は現生のクジラに似てきた. 手足は小さくなり, 全体の姿が流線形となり, 完全に水中に暮らす哺乳類となっていった.

これまでの遺伝学的な分析によって, クジラは偶蹄類に最も近縁であることが示唆されていたが, 最近発見された化石もこれを支持した. 偶蹄類とは偶数個の蹄をもつ哺乳類のことであり, ラクダ・ウシ・ブタ・シカ・カバなどが含まれる. どの偶蹄類も, かかとの骨 (距骨) が他の哺乳類とは異なり, なんとなく滑車を連想させる形になっている (図20・2b). 2001年に, パキケタスやロドケタスなど, クジラの祖先の骨が発見された. これらの生物の距骨は, 偶蹄類と同様の形態をしていたのである. この形は陸上を走りやすくするための適応であろう. したがって, クジラの祖先と偶蹄類が収れん進化を起こしたためとは考えにくい. これらの新化石は, クジラ類と偶蹄類の (最も近い) 祖先がこの形態をもっていたからこそ, 両者はこの形質を共有していることを強く示唆している.

20・2　地球の生命史

この節では, 地球の生命史における主要三大事件, すなわち, 細胞の起源, 多細胞生物の始まり, 陸上への進出に焦点を合わせることにしよう. この歴史の概要を図20・3に示しておく.

35億年ほど前に最初の単細胞生物が現れた

太陽系, したがって地球は46億年前に形成された. 地球上最古として知られる岩石 (38億年前) には, 炭素化合物が含まれ

20. 生命の進化史

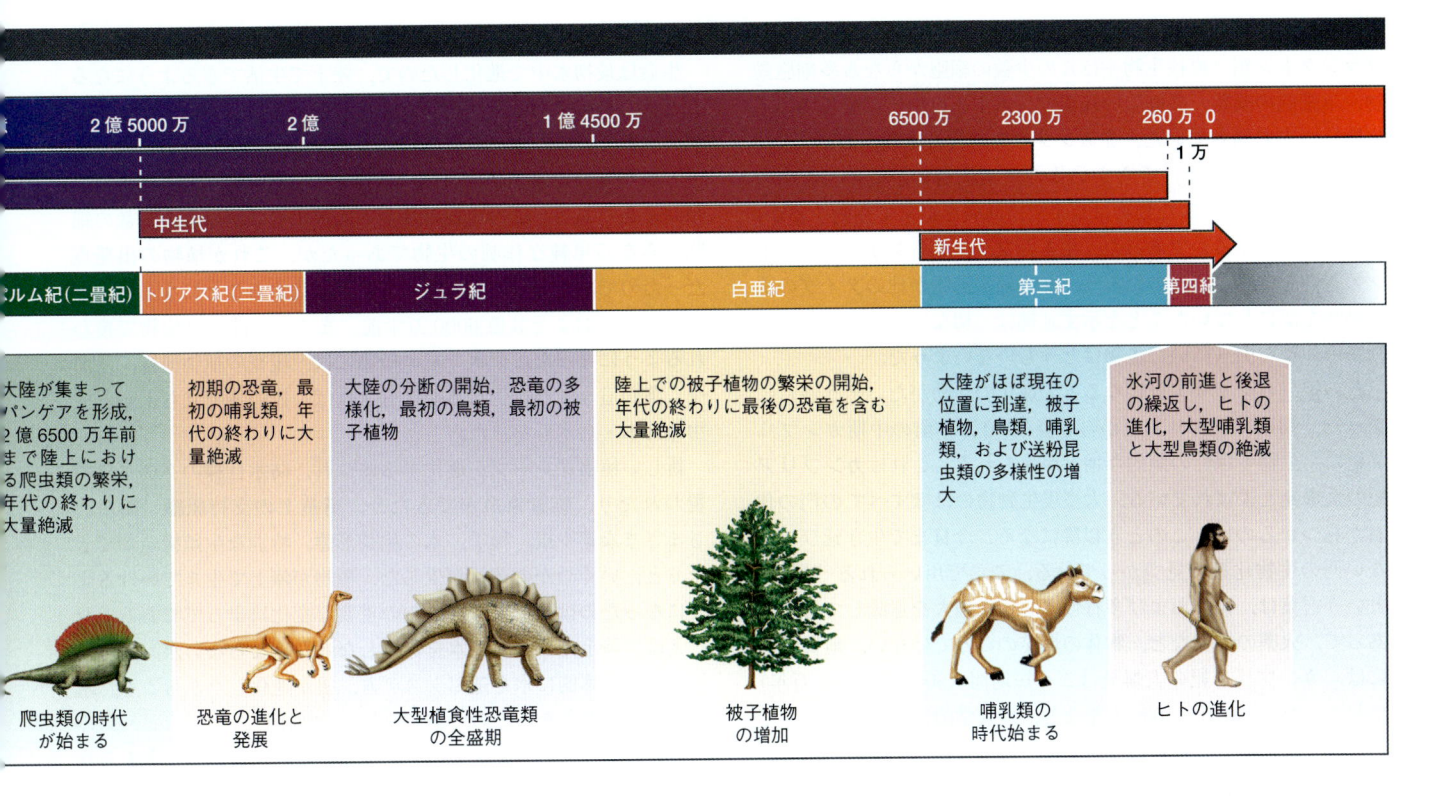

時代区分							
2億5000万	2億		1億4500万		6500万	2300万	260万 0
							1万

中生代 / **新生代**

| ペルム紀(二畳紀) | トリアス紀(三畳紀) | ジュラ紀 | 白亜紀 | 第三紀 | 第四紀 |

| 大陸が集まってパンゲアを形成,2億6500万年前まで陸上における爬虫類の繁栄,年代の終わりに大量絶滅 | 初期の恐竜,最初の哺乳類,年代の終わりに大量絶滅 | 大陸の分断の開始,恐竜の多様化,最初の鳥類,最初の被子植物 | 陸上での被子植物の繁栄の開始,年代の終わりに最後の恐竜を含む大量絶滅 | 大陸がほぼ現在の位置に到達,被子植物,鳥類,哺乳類,および送粉昆虫類の多様性の増大 | 氷河の前進と後退の繰返し,ヒトの進化,大型哺乳類と大型鳥類の絶滅 |
| 爬虫類の時代が始まる | 恐竜の進化と発展 | 大型植食性恐竜類の全盛期 | 被子植物の増加 | 哺乳類の時代始まる | ヒトの進化 |

ており,これが生命の起源のヒントを与えてくれる.35億年前に形成されたストロマトライトとよばれる層状物質に,細胞状の構造が認められる.DNAの解析からも,地上に生命が現れたのは35億年前であることが支持されている.

大気中の酸素濃度の変遷

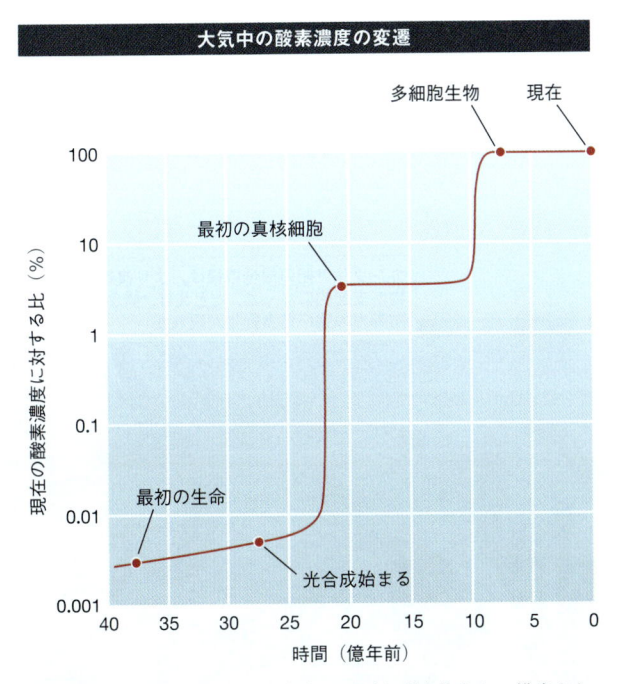

[グラフ: 縦軸 現在の酸素濃度に対する比(%) 0.001〜100, 横軸 時間(億年前) 40〜0. 最初の生命,光合成始まる,最初の真核細胞,多細胞生物,現在 のラベル]

図20・4 酸素の増え方 光合成で不要な副産物として排出される酸素が原因で,地球大気中の酸素濃度は過去30〜40億年の間に大きく増加し,真核生物と多細胞生物の進化を促進させた.ここに示したものは,生命史上,重要な事件の起こった時点での酸素濃度の推定値である.時間とともに酸素がどのように上昇したのか,まだ正確にはわかっていない.

真核生物の最初の化石は,21億年ほど前のものである(第3章参照).原核生物が出現したのはおよそ35億年前だから,最初の真核生物が進化するのに,優に10億年以上かかったことになる.かくも長い時間がかかった理由の一部には,当時は,大気中の酸素濃度が低かったことがあげられるだろう.最古の岩石を化学的分析にかけてみると,初期の大気に酸素はほとんどなかったことがわかる.だが,おおよそ28億年ほど前までには,光合成を行う細菌が進化し,副産物として酸素を放出するようになった.その結果,時を経るに従い,酸素濃度が高くなっていった(図20・4).

真核細胞はたいていの原核細胞より大きい.細胞が大きいと,酸素その他の物質は実にゆっくりとして細胞内に拡散していかない.結局,サイズが相対的に大きくなると,真核細胞は十分な酸素を必要なだけ得られないのである.それが可能になるためには,現在のレベル,すわなち大気中の2〜3%を酸素が占めるようにならなければならない.このレベルに達したのはおよそ21億年前だが,そのとき最初の真核生物(現在の藻類に似ている)が進化している(図20・4).酸素濃度が今日と同じになってはじめて,より大きく複雑な真核生物の進化が可能となった.

最初の生物にとって酸素は毒物であった.酸素濃度が高くなると,多くの原核生物が滅んでいった.あるいは,低酸素環境に限局されるようになった.ある種の生物によって酸素が多くなり,そのため数多の初期生物が絶滅していったのだが,その一方で,多細胞真核生物の舞台が整えられていったのである.酸素の増加は,地球の生命史において第一級の重要性をもつ出来事であった.

多細胞生物が6億5000万年ほど前に進化した

全生物の起源は海中にある.先カンブリア時代の間中,つまり,およそ6億5000万年前まで,生物は増加していたことが化石記

録からわかる．そのころ，地球上の大部分は浅海であり，そこはプランクトン類（原核生物やほんの少数の細胞からなる多細胞動物，単細胞の藻類，多細胞の藻類で，水中を自由に浮遊している生物）で充ち満ちていた．先カンブリア時代も末期，おおよそ6億年ほど前になると，柔らかい体の多細胞動物が進化した（図20・1a参照）．こうした動物は扁平で，海底を這って移動するか，海底から直立するかであった．生きたプランクトンか，プランクトンの遺骸を食べていたのだろう．ある扁平動物が他のタイプの扁平動物を餌にしていたことを示す証拠は一切ない．こうした扁平動物の体制を引き継いだ生物はどうもいないようだ．

その後，カンブリア紀になると，進化の活動がたいそう盛んになった．初期カンブリア紀から5億3000万年前の中期カンブリア紀に，生物多様性の劇的な増大がみられる．これは**カンブリア紀の大爆発**とよばれている．大型現生動物のほぼすべての門の化石が見つかるのは，このとき以降になる．今日まで生き延びていない門の生物化石も見つかっている．ここで用いられる"爆発"という言葉は，種数および多様性の急速な増大を意味してるのであって，火薬の爆発など，物体の爆発のことではない．地質学的には，カンブリア紀の大爆発はごく短期間（500万〜1000万年）で起こった．500万〜1000万年など，地質学的には，瞬きをしている間の出来事だと言えよう．原核生物から真核生物が進化するには，14億年の時間を要したのだから．

カンブリア紀の大爆発は，生命の進化史において，最も壮大な出来事の一つであった．比較的単純で，ゆっくりと動く，柔らかな体をした死体あさりもしくは植物食の生物から，突然，大型で素早く動く捕食者の世界が現れたのだから．先カンブリア時代の化石にはみられないが，カンブリア紀の多くの動物は，うろこ・殻といったさまざまな防御装置で体が覆われていることから判断すると，捕食者が出現したことで，カンブリア紀の植物食動物の進化もスピードアップしたといえよう（図20・5）．

カンブリア紀の大爆発の後，陸上に進出した

生命は最初水中で進化したので，陸上で生活できるようになることは大挑戦であった．実際，体の支持，移動，産卵，イオン・水・熱の調整といった生命の基本機能の多くは，水中と陸上ではまったく異なる．この難問に最初に挑んだのは，5億年前ころの緑藻類の子孫である．この最初の陸上への進出者は，ほんの少数の細胞からなる単純な体制の生物であったが，これが植物の出発点だったのであり，その後植物は実に多様化することになった．デボン紀末（およそ3億6000万年前）までに，陸上は植物で覆われるようになった．デボン紀の植物には，現在の植物同様，茎がなく葉が這うように生じる植物もあれば，短い茎で立ち上がる植物や低木・高木もあった．

新しい植物グループが進化するにつれ，防水仕様のクチクラで覆われたり，維管束系ができたり，構造上の支持組織（樹木），さまざまな葉や根，種子，木の生長形態，特別な生殖構造ができたりと，いくつかの革新が生じた．植物が陸上で生きていけるようになったのは，これやそれやの重要な変化によってである．たとえば，陸上だと何とか水を保持しなければならないが，防水使用，幹で効率的に水を運ぶシステム，根が進化したからこそ，水の保持が可能となったのである（§3・3参照）．

最近の研究によると，そのすぐ後に菌類が上陸したと考えられている．たとえば，科学者たちは，4億5500万年前〜4億6000万年前の陸上性菌類の化石を，菌糸胞子とともに発見してきた．

確実に陸上性であったと思われる最初の動物化石はクモ類とヤスデ類であり，4億1000万年ほど前まで遡ることができる．もっとも，陸上性動物化石の痕跡なら，4億9000万年ほど前のものが知られている．初期に陸上に進出した動物はたいてい他の動物を捕らえて食べる捕食者であって，ヤスデ類のように，生きた状

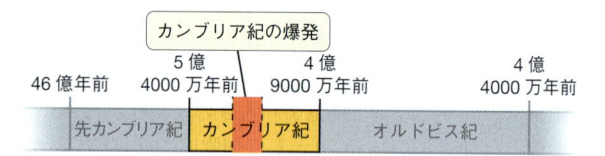

図20・5 カンブリア紀の爆発が地球上の生命史に変容をもたらした

態であれ，死んで腐食が進んだ状態であれ，植物食者は少数だった．今日陸上で多様性を最も誇っている動物といえば昆虫だが，最初に現れたのは4億年ほど前であり，3億5000万年前ごろから主流に躍り出た．

脊椎動物で最初に陸上に暮らすようになったのは両生類である．最も古い化石は3億6500年前まで遡る．初期の両生類は，扇型のひれをもつ総鰭類（図20・6）という魚に似ており，総鰭類から両生類が進化したと考えられている．その後1億年ほどの間は，両生類が大型動物では陸上で最もよくみられる生物であった．ペルム紀末になると，爬虫類に似た両生類から，爬虫類が進化し，陸上で最もよくみられる大型動物は爬虫類に置き換わった．爬虫類こそが，産卵のために水中に戻らずともよくなった初めての脊椎動物である．第4章でも論じたように，乾燥に抗する固い殻をもった羊膜卵の進化は，生命史における画期的出来事であった．羊膜卵を産むのは爬虫類・鳥類・哺乳類である．爬虫類はおよそ2億年（2億6500万年前～6500万年前）にわたり地上の覇者であり，今日でも主要メンバーであり続けている．もちろん，恐竜時代はここに含まれる．恐竜は2億3000万年前にこの世に現れ，2億年前から6500万年前まで，地上に君臨した．今日支配的な哺乳類は，2億2000万年ほど前に爬虫類から進化した（図20・3参照）．

■ これまでの復習 ■
1. 初期の細菌が光合成能力を進化させたことが重要なのはなぜだろうか．
2. カンブリア紀の大爆発が地球上の生命を変えたのは，いかにしてだろうか．

1. 光合成能力の副産物として酸素が生じる．大気中の酸素量が増大すると，多細胞からなる有機で複雑な生物が進化でき，その多くは，最初の動物の祖先な種員たちであった．

20・3 プレートテクトニクスの影響

誰だって，巨大な大陸塊など動くわけがないと思うだろう．しかし，これは誤りである．大陸はゆっくりとだが動いており，1億年も経つと相当な距離を動く（図20・7）．時に従ってこのように大陸が移動することは，**プレートテクトニクス**とか，大陸移動とかよばれる．大陸は硬い板と考えることができ，地球のマントル（半固体状岩石の熱い層）の表層を"流れていく"．

大陸塊のような巨大物質はいかにして動くのだろうか．二つの力が原因となって，大陸プレートは動く．一つは，液体状岩石のホットプルームがマントルから地球表面に浮き上がり，大陸同士を引き離す力である．この過程によって海底が広がる．実際，北米とヨーロッパの間は，年2.5cmの速さで広がりつつある．この過程はまた大陸塊を二つに引き裂くこともあり，アイスランド，あるいは東アフリカは大地溝帯で引き裂かれている．第二の力がみられるのは，二つのプレートの衝突現場になる．一方が他方の下に潜り込み，マントルへ向けて沈み込み始める．そして，今やプレートの端は他方の下部に隠れ，ゆっくりと溶けていくが，他方を少しずつ引っ張ってもいくため，他方のプレートは動き続ける．

プレートテクトニクスの諸パターン——最も目立つのは古代超大陸パンゲアの分裂だが——は，生命史に劇的な効果をもたらす．パンゲア超大陸が分裂し始めたのはジュラ紀初期（およそ2億年前）であった．そして，ついには，私たちがよく知る今日の諸大陸となったのである（図20・7）．ある地域にかたまって住んでいた生物集団・個体群は，大陸が分裂するとともに離ればなれになっていった．

すでに第19章でも述べたように，地理的隔離が起こると，遺伝子の交流が少なくなり，ついには種分化に至ることがある．大陸の分裂は大規模な地理的隔離にほかならず，多くの新種を生み出す．たとえば，カンガルーやコアラといった有袋類はオースト

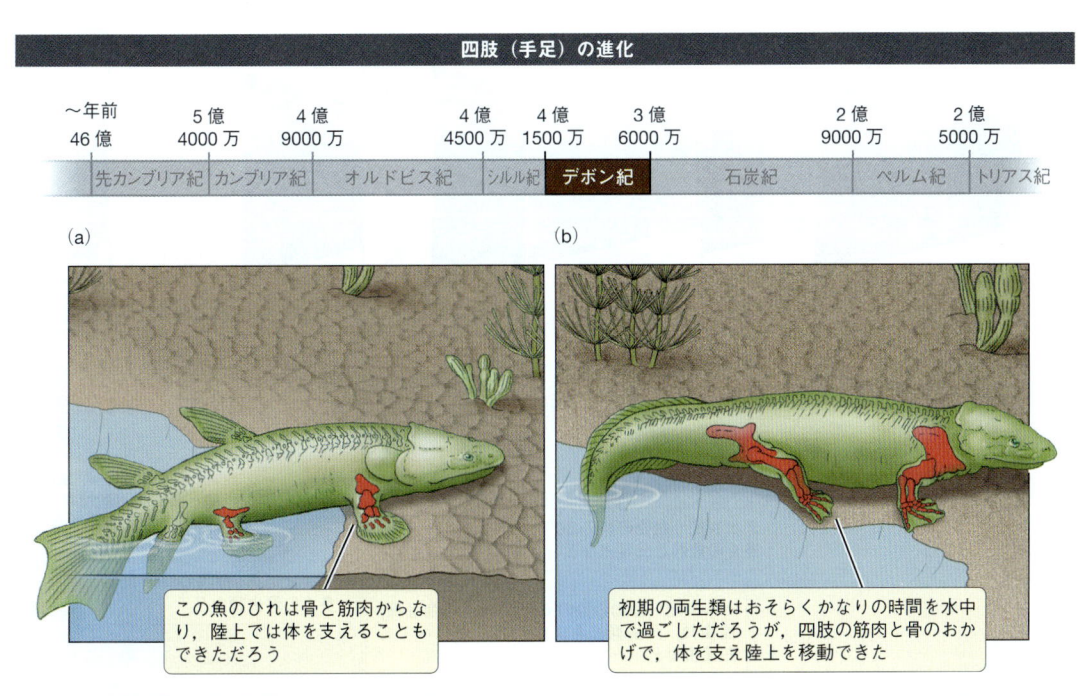

四肢（手足）の進化

～年前	5億4000万	4億9000万	4億4500万	4億1500万	3億6000万	2億9000万	2億5000万
46億							
先カンブリア紀	カンブリア紀	オルドビス紀	シルル紀	デボン紀	石炭紀	ペルム紀	トリアス紀

(a) この魚のひれは骨と筋肉からなり，陸上では体を支えることもできただろう

(b) 初期の両生類はおそらくかなりの時間を水中で過ごしただろうが，四肢の筋肉と骨のおかげで，体を支え陸上を移動できた

図20・6 最初の両生類 (a) 両生類は，おそらくここに示したように丸い扇状のひれをもった魚類の祖先から長い時間を経て進化したのであろう．(b) 3.65億年前（デボン紀後期）の化石から再現された初期の両生類．

プレートテクトニクス

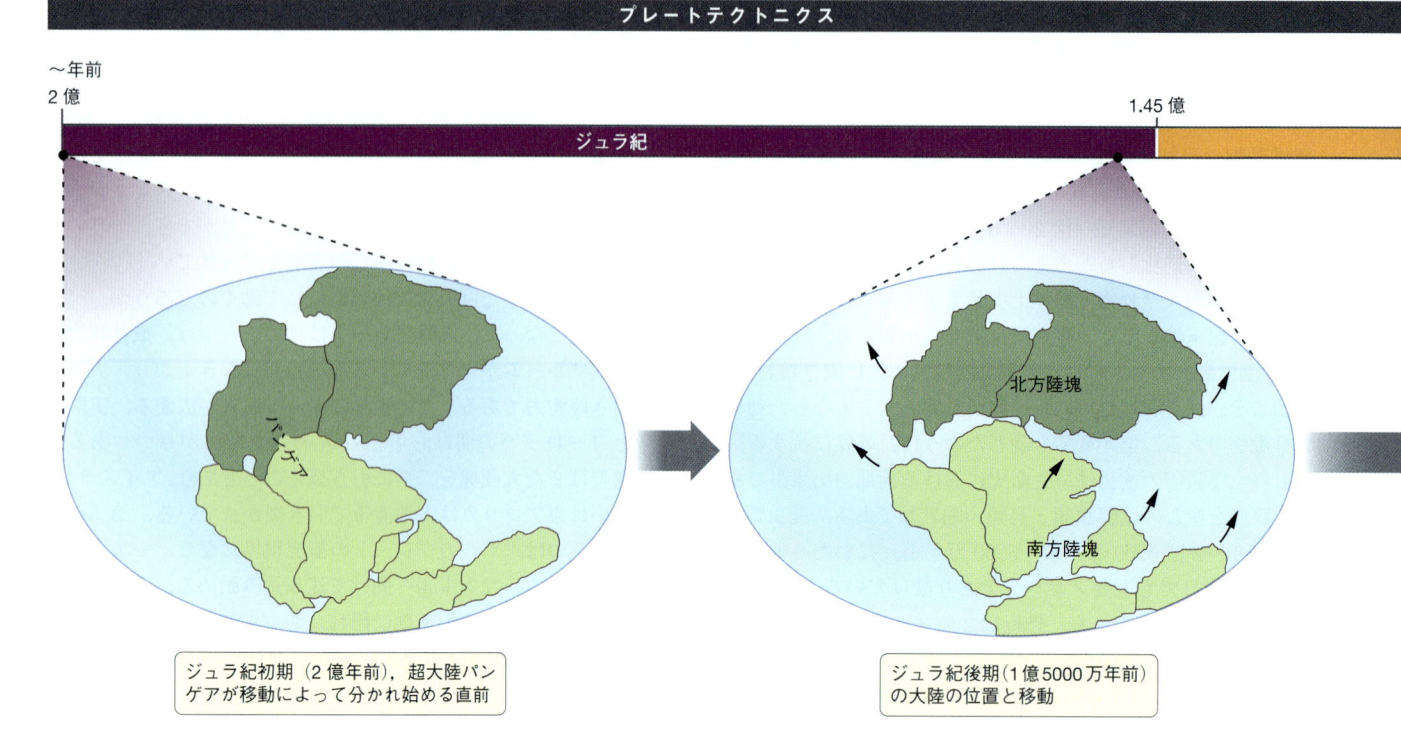

図20・7 時代を経るにつれ，大陸はどう移動したか 超大陸パンゲアの分断の様子．大陸は時間とともにゆっくりと移動する．初期の大陸移動によって，約2億5000万年前までにパンゲア大陸が出来上がった．

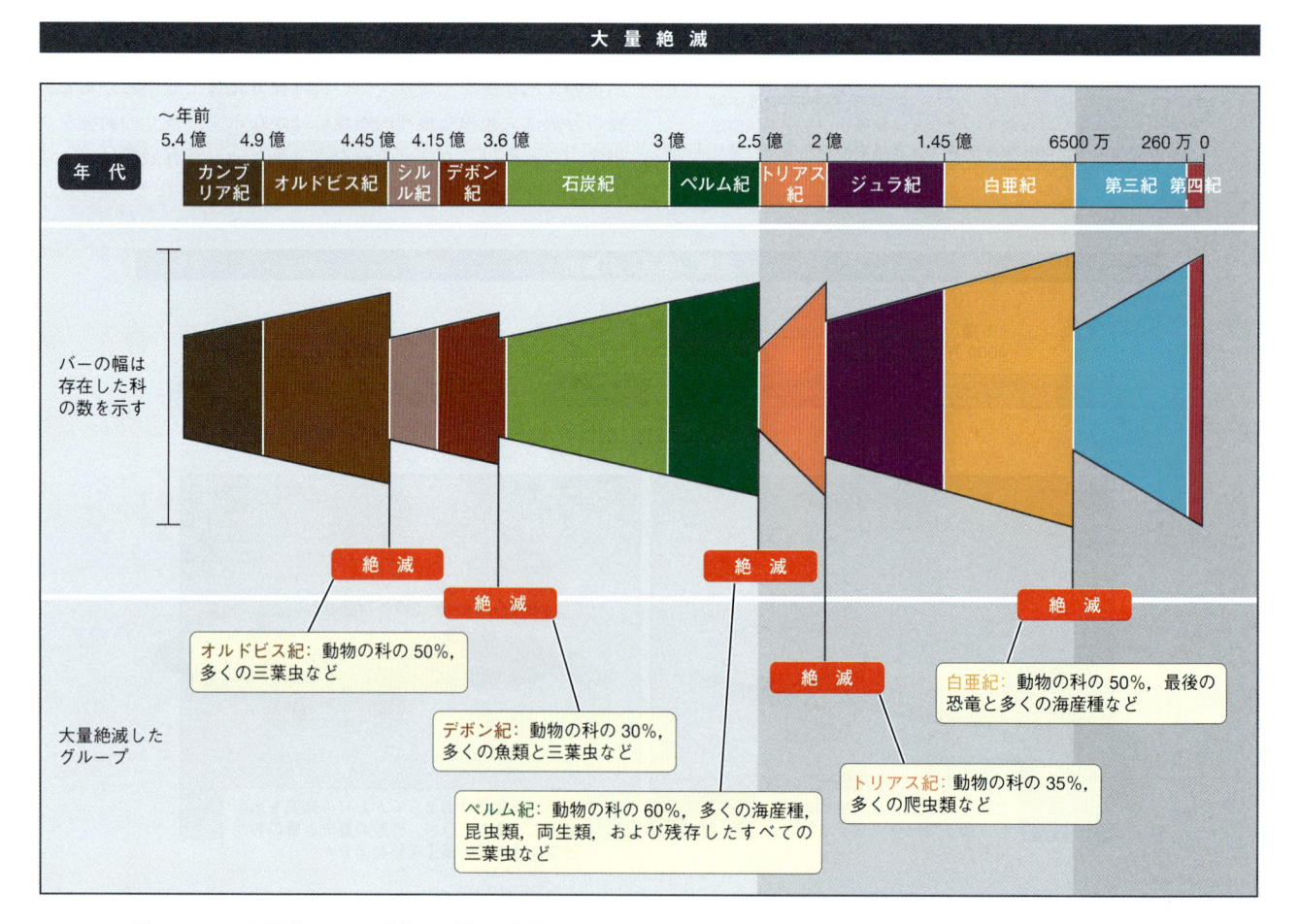

（左図）ジュラ紀初期（2億年前），超大陸パンゲアが移動によって分かれ始める直前

（右図）ジュラ紀後期（1億5000万年前）の大陸の位置と移動：北方陸塊，南方陸塊

大量絶滅

図20・8 5大絶滅によって動物の多様性は劇的に減った 大量絶滅は海・陸，両方の動物の多様性を劇的に減少させた．ここに示していないが，植物も同様に大きな影響を受けた．大量絶滅の後，再び生物の多様化が始まる．

年代（～年前）: 5.4億　4.9億　4.45億　4.15億　3.6億　3億　2.5億　2億　1.45億　6500万　260万　0

カンブリア紀／オルドビス紀／シルル紀／デボン紀／石炭紀／ペルム紀／トリアス紀／ジュラ紀／白亜紀／第三紀／第四紀

バーの幅は存在した科の数を示す

大量絶滅したグループ：

- オルドビス紀：動物の科の50%，多くの三葉虫など
- デボン紀：動物の科の30%，多くの魚類と三葉虫など
- ペルム紀：動物の科の60%，多くの海産種，昆虫類，両生類，および残存したすべての三葉虫など
- トリアス紀：動物の科の35%，多くの爬虫類など
- 白亜紀：動物の科の50%，最後の恐竜と多くの海産種など

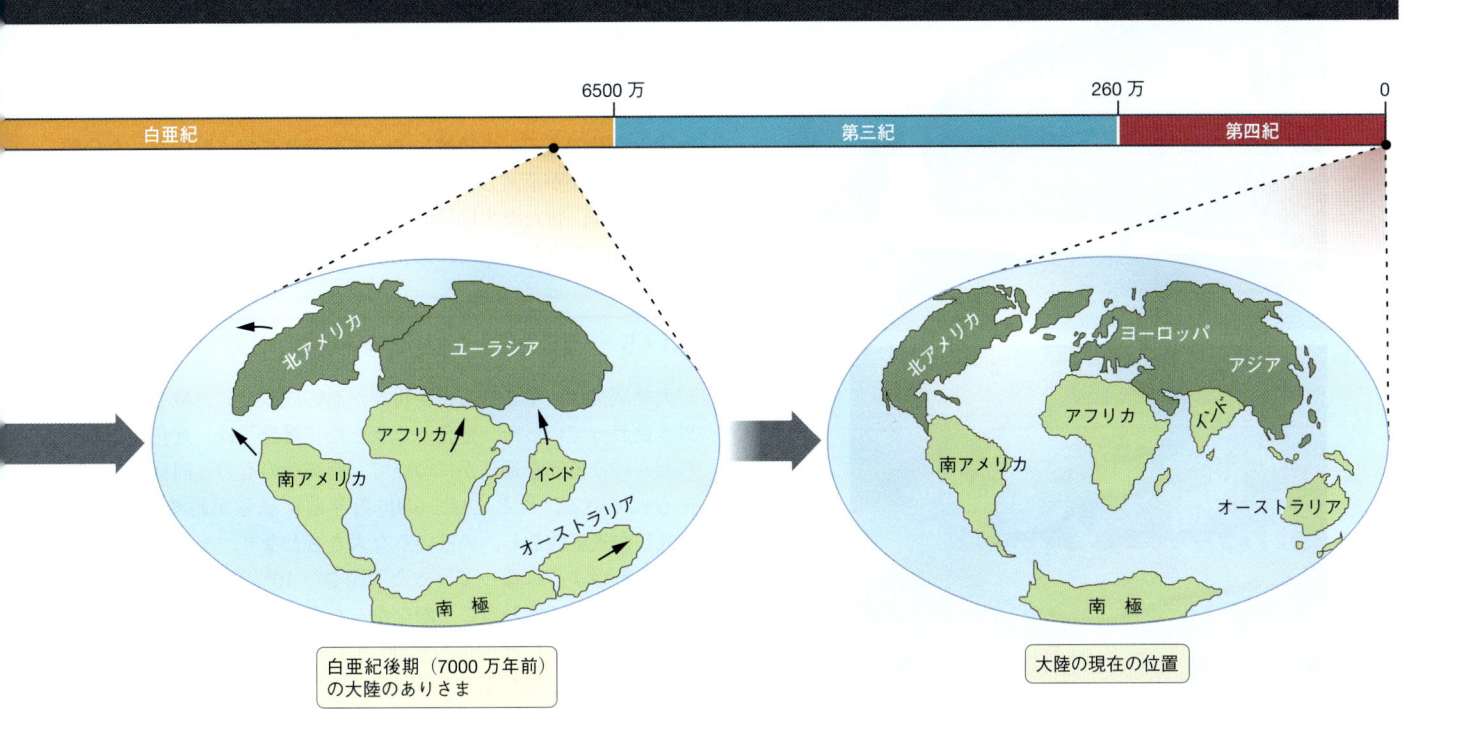

[図: 白亜紀後期（7000万年前）の大陸のありさま／大陸の現在の位置]

ラリアにのみ分布しているが，これはオーストラリアが地理的に隔離されたためである．オーストラリアが南極大陸および南米大陸と別れたのは，およそ4000万年前のことであった．

プレートテクトニクスはまた気候にも影響を与える．気候が変われば自然選択のかかり方も変わり，したがって，生命史にも深く影響する．暑い熱帯性気候に適応した生物を考えてみよう．さて，大陸がもっともっと寒い地方に移動してしまったとしよう．生き残り，繁栄する——つまり，個体の生き残りと子孫を生み出す利点をより多くもつ——生物ががらりと変わるはずである．さらに，大陸が移動すれば，海流も変わり，地球規模の気候に大きな影響を与える．こうしてさまざまな時代に，大陸の移動が起こり，その結果，気候が変動したため，多くの種が滅び去っていった．

20・4 大量絶滅：世界規模的な種の損失

化石記録によれば，生命の長い歴史の間，いろいろな種が滅んでいった．絶滅率，すなわちある時期に滅んだ種数は時代によって大きく変動する．あまり絶滅しない時期もあれば，たいそう死んでいった時代もある．絶滅率がとても高い**大量絶滅**期が5回あったことを化石記録は示している．その間，あまたの種が地球の各所で消え去った．どの大動乱期も生命史に傷跡を残した．その影響は永遠に消えることはないだろう．動物を対象に5回の大量絶滅の影響を示したのが図20・8である．大量絶滅の原因を特定するのは難しいが，気候の変化，大量の火山噴出物，隕石等の衝突，海中あるいは大気中の気体成分の変化，海面の上昇あるいは下降といった諸要因によるのだろうと考えられている．

5回の大量絶滅のうち，最大の絶滅は2億5000万年前，ペルム紀末に起こった．**ペルム紀の大絶滅**は水中に暮らす無脊椎動物（背骨をもたない動物）を根本的に変化させた．当時生存していた科の50〜63%，属の82%，種の95%が消滅したと見積もられている．ペルム紀大絶滅は陸上動物もまた破壊させた．当時生存していた陸上動物の科の62%を除き去り，両生類王国の幕を閉じた．また，4億年に及ぶ昆虫の歴史で大絶滅がみられたのは1度だけだが，それがこのときである（昆虫の27目のうち8目が絶滅した.)

動物のある科がまるごと消滅することは何を意味しているのだろうか．第2章で学んだように，生物は（動物界・植物界等々の）界に分類される．界の中には門が，門の中には綱が，綱の中には目が，以下同様にして科・属があり，最後に種になる．さて，生命という世界の一部が科をなしていることに，どのような意義があるのだろうか．今日，ネコ科のような科がまるごと絶滅したとすれば，ライオン・トラ・ヒョウ・クーガーやありふれたネコたち，野生や飼い慣らされたネコ類がすべて消え去ることを意味する．ほかによく知られた科としてイヌ科（野生および飼い慣らされたすべてのイヌ類）やクマ科がある．これらはすべて一つの科をなしている．すでに述べたように，たとえば海生無脊椎生物といった分類群では，半分の科が消滅した．昆虫も目レベルで同様な事態が生じた．今日でいえば，鱗翅目（チョウやガの仲間）や膜翅目（スズメバチ・ミツバチ・アリ類）がまるごといなくなったという事態に相当する．

ペルム紀の大絶滅ほどではないにしろ，他の大絶滅が生物多様性に与えた影響もきわめて大きい．最もよく研究されているのは，6500万年前の**白亜紀末の大絶滅**である．そのとき，海生無脊椎生物の種の半分が死に絶え，陸上の動植物の多くの科もいなくなった．恐竜類はその一つになる（図20・9）．白亜紀末の大絶滅の原因は，少なくとも原因の一部は，隕石の地球衝突である．メキシコのユカタン半島沿岸部の堆積物中から，6500万年ほど前にできたと考えられている180 kmほどのクレーターが見つかった．10 kmほどの大きさの隕石が衝突したことによって，このクレーターができたのだろうと考えられている．この大きさの隕石が衝突すると，大規模な塵埃が大気中に突き進んでいく．そして，数カ月も地球の周囲を取囲み，陽光を遮る．すると，気温

358   第IV部 進 化

が急激に下がり，多くの種が死んでいく．

　大絶滅が生物多様性に与える影響は2通りある．一つはすでに述べたことだが，ある分類群がまるごと消滅する．このこと自体が，それ以降の生命史の永遠の書き換えになる．もう一つは，生物群の交替である．大絶滅によって，それまで支配的だった分類群のいくつかが消滅した場合，それ以前は比較的マイナーであった生物群に，新たな生態学的機会や進化学的機会が与えられることになる．こうして劇的に進化の道筋が変わることがある．

20・5　適応放散: 生命の多様性の増大

　大絶滅後は，生き残った生物群が適応放散し，絶滅した生物に置き換わっていった．進化のこうした"爆発"は，進化がこれからどういう道筋を通るかについて，絶滅そのものと同様な重要性をもっている．たとえば，6500万年前に恐竜が絶滅したあと，哺乳類が適応放散し，いろいろな大きさとなり，またさまざまな生態をもつようになっていった（図20・10）．哺乳類が適応放散し恐竜に取って代わることがなかったら，私たち人類も存在していないだろうし，その後の6500万年の生命史もまったく別物になっていたことだろう．

　ある生物群が新たな生態学的役割を占め，新種を，そして高次分類群を形成するといったことが次から次に起こると，その生物群は**適応放散**したと言われる．哺乳類が放散し，恐竜に取って代

図20・9　永遠に消え去る　(a) イヌと復元されたマプサウルス恐竜の頭．マプサウルス恐竜は，地球上を闊歩していた最大の肉食動物であった．(b) このアロサウルスの骨格から，恐竜の歯の様子がわかる．鋭く尖った多くの歯をもった生き物だった．

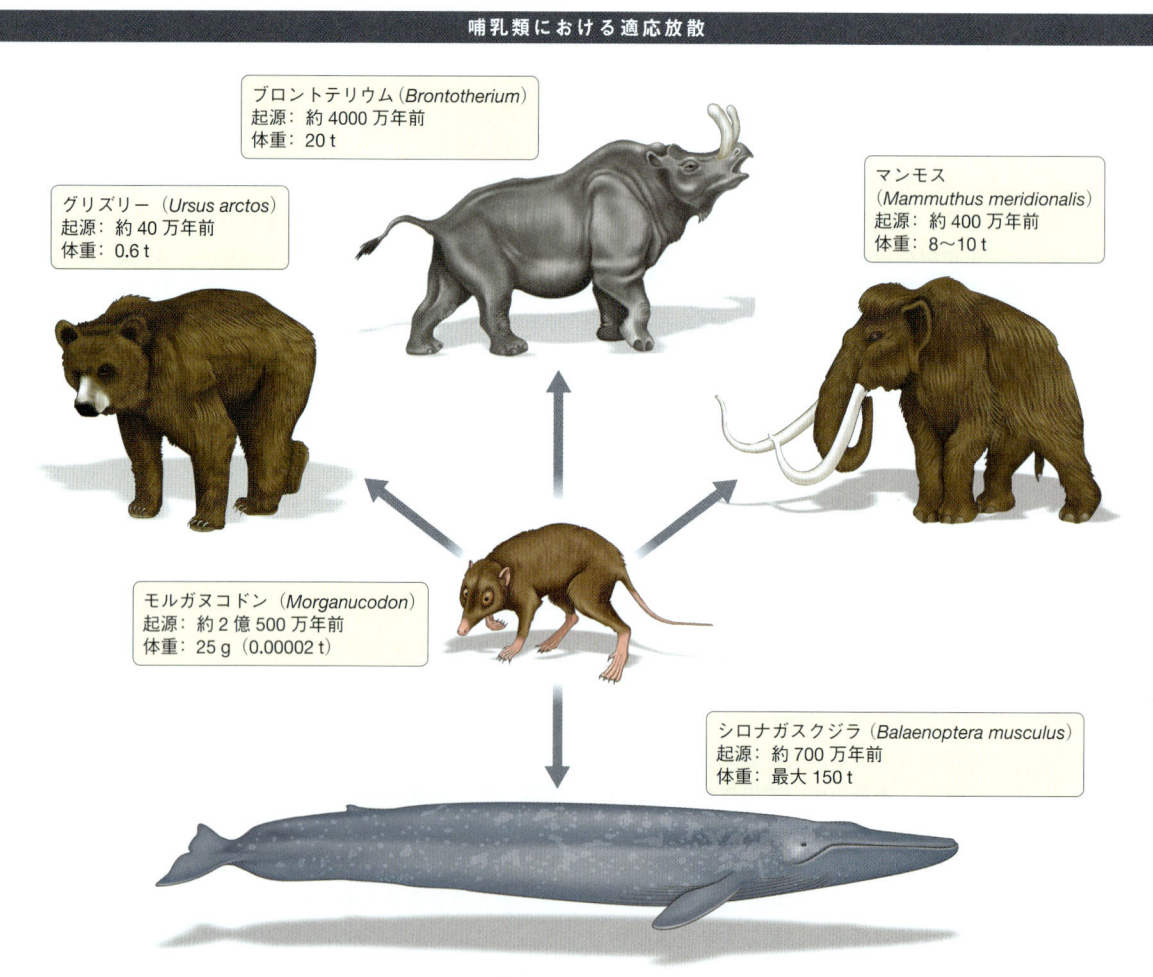

図20・10　大きくなった哺乳類　モルガヌコドンなどの初期の哺乳類は小型の夜行性動物であったと考えられる．恐竜の絶滅後，哺乳類は多様化し，ここに示した大型哺乳類のように体長も大きくなった．最小のモルガヌコドンはトガリネズミ（尻尾を入れて10〜15 cm）ほどの大きさで，最大のシロナガスクジラは25〜30 mである．ここで示すサイズは実際のものとは異なる．

生活の中の生物学

現在も大量絶滅期なのか？

国際自然保護連盟 (IUCN) は，レッドリストとよぶ絶滅危惧種の一覧を公表しつづけてきた．絶滅危惧種に認定されるということは，世界からその種が消滅する危険性が非常に高いことを意味している．2010 年度版のレッドリストには，1 万 8351 種があげられている（検討対象となったのは 5 万 4926 種）．つまり，IUCN は 33％ほどが脅威にされされていると見積もったのである．世界にはこれまで 1700 万種ほどが記載されているのだから，評価されたのは 1％程度であり，絶滅が危惧される生物種の絶対数は 1 万 8351 種より，はるかに多いはずである．2000 年度版レッドリストの絶滅危惧種は，1 万 1046 種であった．10 年で 66％絶滅危惧種が増えたことになる．

レッドリストで検討された高次分類群を見てみると，絶滅危惧種の割合は 12～72％となっている．鳥類は 12％，哺乳類 21％，両生類 30％であり，モクレン科の

世界のネコ科動物を見渡したとき，最も絶滅の危機に瀕しているのは，スペインオオヤマネコである．100 頭ほどの小集団がスペインに生存しているにすぎない．

植物が 72％である．

レッドリストによる絶滅危惧状況の判定は，誰が評価しても同じ結論が得られるように，首尾一貫した客観的評価システム，理解しやすいシステムとなっている．首尾一貫した客観的システムという特性によって，レッドリストは絶滅リスクの評価方法だと国際的に認定されている．

多くの分類群で，記載済生物種の絶滅状況の検討はほとんどなされていない．昆虫は 95 万種ほどが記載されているが，絶滅状況の検討がなされているのは 771 種にすぎない．検討のなされていない生物もレッドリストと同様の状況にあり，絶滅危惧種が実際絶滅したとすると，種の絶滅率は以前の大絶滅期と似たものになるだろう．（レッドリストの詳細については www.iucnredlist.org を参照してほしい）

いくつかの主要生物群における絶滅危惧種の数

	哺乳類	鳥類	爬虫類	両生類	魚類	軟体動物類	他の動物	植物	全体
カナダ	12	15	3	1	32	2	10	2	77
米 国	37	74	32	56	177	273	258	245	1152

注：IUCN（国際自然保護連合）のレッドリスト（2010 年版）に基づく．

わったときのように，大々的な放散が生命史で何回か起こったときがある．（恐竜のように）支配的であった生物群が絶滅すると，競争が激しくなくなり，適応放散が起こるのかもしれない．

あるいは，新たな適応によって，環境の用い方が新たになって，適応放散が生じたのかもしれない．たとえば，最初の陸上植物にとって，陸地は新規で克服しなければならない環境であったが，適応することによって，繁栄できた．これら初期の進出者たちはたいそう放散し，多くの新種，多くの高次分類群が生じ，幅広いいろいろな環境（砂漠や北極や熱帯）に暮らすようになった．

"適応放散"なる言葉は，ガラパゴス島のフィンチ類のように比較的小規模な場合にも（図 17・15 参照），上陸後の脊椎動物や花を咲かす植物の素早い多様化のように，大規模な場合にも用いられる．

20・6 哺乳類の起源と適応放散

哺乳類は爬虫類から進化したことを化石記録は示している．歩き方（図 20・11），歯の性質，下顎の構造など，現生の哺乳類と爬虫類を比べた場合，いろいろ違いを見いだすことができる．だが，化石で哺乳類と爬虫類を明確に識別することは，それほど容易ではない．いくつかの化石は両者の中間形態を示す．中間形態の化石は，ある高次分類群から他への進化的移行を示す美しい例である．

3 段階を経て，爬虫類型の下顎と歯から哺乳類のそれに移行していった

化石で容易に確認できる二つの形質に焦点を当てて，爬虫類から哺乳類への進化を検討していくことにしよう．爬虫類と比べると，哺乳類の下顎と歯は複雑である．哺乳類では，顎に生えている位置によって歯の形態がけっこう違う．引き裂くのに特化した歯もあれば（切歯・門歯），狩りや防御用の歯もあれば（犬歯），すりつぶす機能を担った歯もある（臼歯）．これと対照的に，爬虫類の

歩き方の進化

爬虫類の手足は，体の両側に広がっている

このキノドン類のように哺乳類への進化過程の爬虫類では，四肢が体の下側に位置している

哺乳類の手足は，さらに垂直に配向する

図 20・11 動物の移動法は徐々に変わっていった 現存の爬虫類では，体の両側に脚が突き出していて，腹ばいになって進むような歩行姿勢をとる．哺乳類型爬虫類の脚は体の下側に徐々に変わり，現存する哺乳類の直立した姿勢へと変わった．

顎の構造の進化

(a) 原型となる爬虫類 (Haptodus)
眼窩
tf, sq, q, art

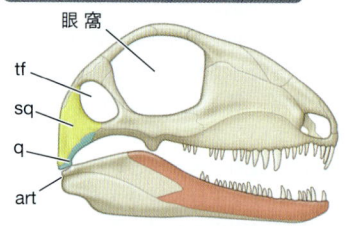

これらの爬虫類は，側頭窓 (tf), 大きな顎の筋肉，複数の骨からなる下顎，および一定の長さの歯をもっていた．また，顎の後方に一つのちょうつがい (art/q) が存在した

(b) 獣弓類 (Biarmosuchus)
tf, q, art

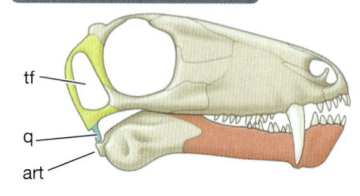

獣弓類は，より大きな側頭窓 (tf) と大きな犬歯をもち，顔は面長で，顎の後方に一つのちょうつがい (art/q) が存在した

(c) 初期のキノドン類 (Procynosuchus)
q, art, tf (一部), 眼窩

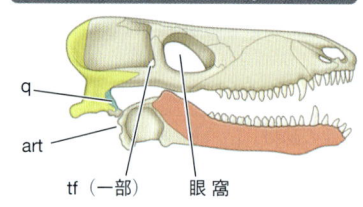

初期のキノドン類では，側頭窓 (ここでは部分的な図だけを表示) がさらに大きくなり，顎の筋肉もより強化されている

(d) キノドン類 (Thrinaxodon)

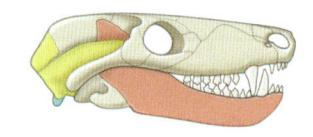

歯骨 (赤で示された下顎の骨) が大きくなり，奥の臼歯に複数の突起部分が存在する

(e) 進化したキノドン類 (Probainognathus)
sq, q, art, d

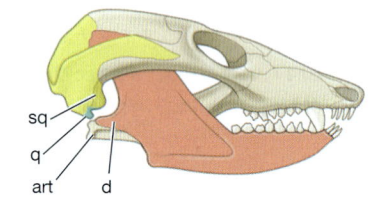

進化したキノドン類では，臼歯が複数の突起をもち，噛み砕く力が強化された．顎には art/q と d/sq の二つのちょうつがいが存在した

(f) 初期の哺乳類 (Morganucodon)
sq, d

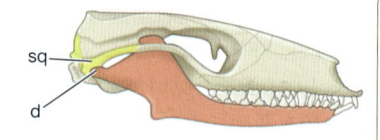

モルガヌコドンの歯は，典型的な哺乳類の歯であった．顎には二つのちょうつがいがあったが，爬虫類の art/q ちょうつがいが縮小した (この図では見えない)

(g) ツパイ (Tupaia)
sq, d

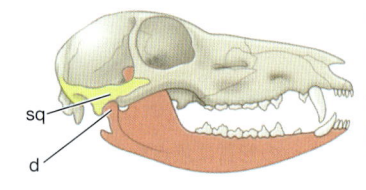

ツパイと他の哺乳類では，歯が高度に特殊化した．下顎は一つの骨で構成され，顎には一つのちょうつがい (d/sq) が存在した

- tf: 側頭窓
- art: 関節骨
- q: 方形骨
- d: 歯骨
- sq: 側頭鱗骨

歯の違いは，顎のさまざまな位置に生えている歯を比べてみても，形態面でも機能面でもほとんど違いはない (図20・12a参照).

爬虫類の顎には，ちょうつがいが最後方部に一つある．そこに筋肉が上下の顎を結びつけるようについており，筋肉の収縮によって顎を上下させる．哺乳類では，最後方部にではなく，その少し前にちょうつがいが一つあり，強力な頬筋によって動きを制御するようにできている．頬筋の一部はちょうつがい部の前方に位置している．かくして，単純な開閉しかできない爬虫類に比べ，哺乳類では，より強力で正確な顎の動きが可能となっている．ちょうつがいのそばにハンドルがあるドアを閉めるのと，ちょうつがいから離れたところに，つまり，実際よくあるような位置にハンドルがあるドアを閉めるのを比べてみれば，哺乳類型の顎の方がいかに開閉しやすいかは，一目瞭然だろう (前者は爬虫類の顎の比喩であり，後者は哺乳類のそれである).

爬虫類の顎や歯と哺乳類の顎や歯の違いは，どのようして生まれたのだろうか．それは，(だいたい3億年から2億2000万年の間の) およそ8000万年をかけて徐々に進行したことを化石記録は示している．図20・12に示すように，この期間に，およそ3段階を経て，進化してきた．まず，ある爬虫類で眼の後部の骨に，側頭窓 (図20・12a) とよばれる開口部が生じた．現生種では，この開口部を筋肉が通っている．そのため，顎を閉める力が増している．つぎに，獣弓類という爬虫類では，開口部がより大きくなり，したがって顎を閉じる力もより大きくなり (図20・12b), 歯も特殊化する兆候を示し始めた．

第3段階で，獣弓類の下位グループである初期のキノドン類 (図20・12c) が哺乳類にとてもよく似た顎を進化させたのである．歯がより特殊化し，ちょうつがいが前方に移動し，骨の構成が他の爬虫類と異なるようになったのは，これらのキノドン類，つまり，以上のような哺乳類型爬虫類の長い系列の果てにおいてであった (図20・12c〜e). ある種のキノドン類では，ちょうつがいの前方移動がとりわけ明瞭である．というのも，爬虫類型のちょうつがい (縮退しているが) と，哺乳類に似たそれをともにもっているからである (図20・12f). 時間をかけ，哺乳類は爬虫類型のちょうつがいを失い，ちょうつがいを構成していた骨は内耳の骨となっていったのである (図20・12g).

■ 役立つ知識 ■ キノドン (Cynodont) という名称は，"イヌの歯"を意味するギリシャ語 canine の語根に由来する．犬歯 canine は，ラテン語のイヌ canis に基づく．犬歯が立派なのがキノドン類の特徴である．もっとも，キノドン類の先祖筋にはもっと大きな犬歯をもつものがいた．

図20・12 爬虫類から哺乳類へ 8000万年かけて，哺乳類の祖先である爬虫類の歯と顎は，現存する哺乳類のものへと徐々に変化した．ここに示した例は一部で，他にも爬虫類と哺乳類の中間の性質をもつ種は多数知られ，それらを並べると，爬虫類から哺乳類への移行は徐々に起こったことがわかる．赤色は，哺乳類の下顎をつくっている歯骨である．側頭窓 (tf) とよばれる穴を通る筋で顎を閉じる．側頭窓が大きいものは顎の筋が大きく強力であることを意味する．爬虫類 (a) では，顎のちょうつがい部分は関節骨と方形骨 (art/q) でつくられている．哺乳類 (g) のちょうつがいは歯骨と側頭鱗骨 (d/sq) からなる．キノドン類や初期の哺乳類には，爬虫類型ちょうつがい (art/q) と哺乳類型ちょうつがい (d/sq) の両方が存在した．

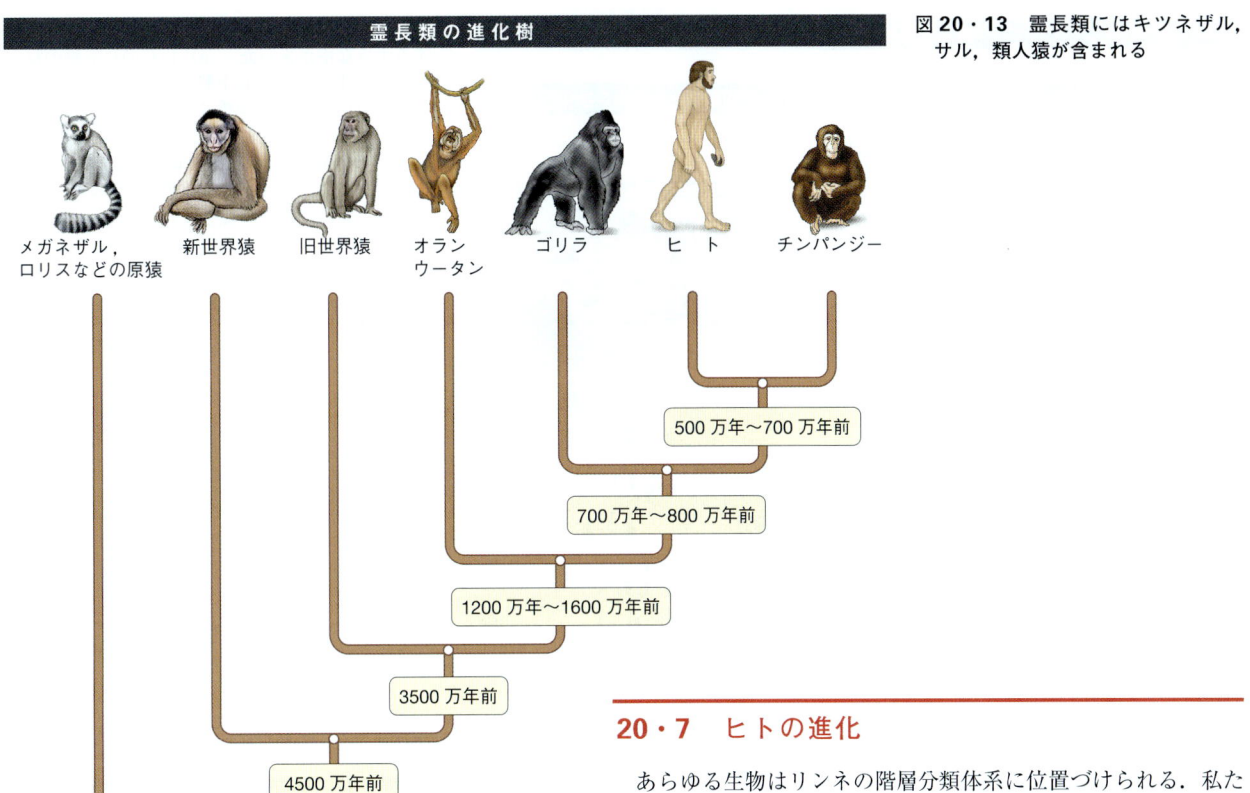

図20・13 霊長類にはキツネザル，サル，類人猿が含まれる

霊長類の進化樹

メガネザル，ロリスなどの原猿　新世界猿　旧世界猿　オランウータン　ゴリラ　ヒト　チンパンジー

500万年〜700万年前
700万年〜800万年前
1200万年〜1600万年前
3500万年前
4500万年前
6500万年前

哺乳類は恐竜類の絶滅後に増え，体も大きくなった

　三畳紀の初期，およそ2億4500万年前にはあまたの哺乳類型爬虫類がいたが，2億年前までに衰退し，他のタイプの爬虫類が地上を支配するようになった．なかでも，最も有名なのは恐竜であろう．哺乳類型爬虫類は絶滅したが，初期哺乳類という子孫を残した．最初期の哺乳類は，ネズミほどの大きさの小型生物で，2億2000万年前ほどに進化した．最初の恐竜が登場したのは2億3000万年ほど前である．地質学的時間の観点からすると，1000万年の違いは，そう大きくはない．

　長い恐竜王国時代を通じて，ほとんどの哺乳類は小型であり続けた．おそらくその多くが夜行性だったことだろう．現生の夜行性動物は眼窩が大きいが，当時の哺乳類も同様だからである．夜行性小型動物であったということは，当時の哺乳類と恐竜の関係は，ネズミとライオンのそれに近かったかもしれない．気づかれないし，小さすぎて食べでがない．

　化石記録および遺伝学的証拠によると，現生の哺乳類各目のいくつかは，1億年前〜8500万年前にかけて，適応放散していたらしい．恐竜絶滅（6500万年前ほど）のはるか以前になる．しかし，哺乳類の適応放散が真に起こったのは恐竜絶滅後である．恐竜が姿を消した後，哺乳類の適応放散が起こり，**昼行性大型生物**という新たな形態も登場することとなった（図20・10参照）．陸上哺乳類に，相当大きなサイズになるものも現れた．好例は，バルキスタン地方の絶滅獣である．ゾウの3倍は優に越す大きさであった．クジラなど水中に特化した哺乳類もいれば（図20・2参照），コウモリのように飛行に特化し，夜狩りを行うようになった哺乳類もいる．霊長類のように樹上に特化した哺乳類もいる．彼らの中から，とりわけ脳の大きな哺乳類も生まれた．

20・7　ヒトの進化

　あらゆる生物はリンネの階層分類体系に位置づけられる．私たちヒト（ホモ・サピエンス，*Homo sapeins*）は動物界に含まれている．動物界の数あるグループの中でも脊椎動物門の，脊椎動物門においては哺乳綱の，哺乳綱においては**霊長目**の，霊長目においては**ヒト科**の，ヒト科においてはヒト属（*Homo*）のメンバーである（図20・13）．脊椎動物門の構成員はすべて背骨をもつ．哺乳綱の生物は，乳腺から乳を出して子供を育てるといった特有の性質をいくつか共有している．そのほかには，たとえば，体毛をもつ特徴などをあげることができる（体毛は多くの哺乳類で断熱材の役割を果たしてくれている）．他の霊長類と同じく，ヒトの肩と肘の関節は屈伸が自在で，5本の指が手足にあり，**母指対向性**（親指が他の4本と向かい合っている），平爪（鉤爪ではなく），身体の大きさに比べて大きな脳といった諸特徴をもつ．ヒト属には多数の種がかつて存在したが，現在まで生き続けているのは私たちホモ・サピエンスのみにすぎない．

　遺伝子解析によって，あるいは一連の見事な化石の発見によって，祖先からヒトとチンパンジーの系統に分かれていったのは500〜700万年前のことだと科学者たちは信じている（図20・13参照）．同様の分析の結果，ヒトとチンパンジーの系統がゴリラのそれから分岐したのは700〜800万年前であり，ヒト・チンパンジー・ゴリラの系統がオランウータンから分かれたのは1200〜1600万年前のことらしい．

　過去40年にわたる研究の結果，広く受け入れられている結論は，私たちヒトは類人猿のごくごく近い親戚などではなく，類人猿そのものだということである．ヒト以外の類人猿と私たちの共通点は多い．特にチンパンジーとはたいそう多くの共通点をもっている．たとえば，道具を使用することや象徴言語が可能なこと，他個体を欺く行為などなど．相違点ももちろんみられるが，こうした共通点こそがヒトの進化という歴史話をますます興味深くしているのである．その話を**ヒト族**，すなわち私たちホモ・サピエンスと今は滅んでしまった化石人類からなるグループの起源から始めることにしよう．ヒト族のメンバーは，歯にエナメル質があるとか，直立姿勢とか，すでに複数個のいかにもヒトらしい特徴を

直立二足歩行の出現を追う

(a) 初期のヒト族の足の骨

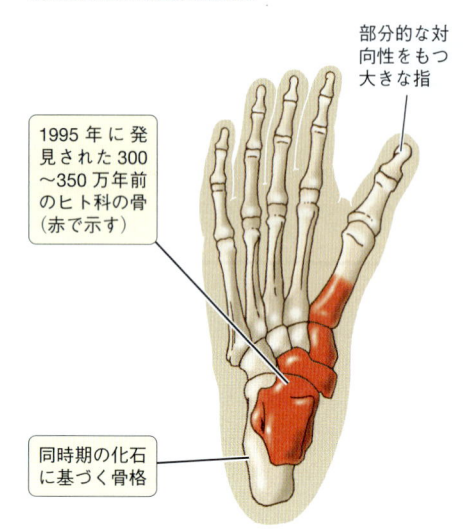

部分的な対向性をもつ大きな指

1995年に発見された300〜350万年前のヒト科の骨（赤で示す）

同時期の化石に基づく骨格

(b) 初期のヒト族の足跡化石

図20・14 初期人類の姿勢は直立だったし，部分的に対向する大きな指があった　(a) 化石のヒト科の足．300〜350万年前に生きていたヒト科の人類は直立歩行していたが，まだ部分的に母指対向性を残した親指であった．つまり，私たちが親指と人差し指を使って鉛筆を拾い上げるように，足の親指が一部の指と向き合える形になっていた．(b) アフリカで発見された足跡．初期のヒト科の人類が2人，横に並んで直立歩行していた．

もっており，この点がヒト族以外の類人猿との相違になる．

ヒト族の進化では，直立歩行こそが偉大な第一歩であった

霊長類は，ツパイに似た6500万年前の夜行性小型霊長類に由来すると考えられている．その祖先は，昆虫を食べ，木に住んでいた．しかし，霊長類に関する化石の証拠は断片的であり，明確な最初の霊長類化石は5600万年前のものになる．これら初期霊長類は現生のキツネザルに似ていた．時を経るに従い，霊長類は実に多様化し，最初のヒト科生物を1億2000〜1億6000年前に生み出した．チンパンジーとヒト族が分岐したのはおよそ500万年〜700万年前である．最初期のヒト族の化石は，チンパンジーとヒトの混合的特徴を示す．

あらゆる哺乳類の祖先は，このトガリネズミに似ていただろう

ヒト族の進化における主たる飛躍は，四足歩行から**直立二足歩行**への変化にある．脳が大きくなるはるか以前にこの変化は生じ，多くの骨格変化を伴った．たとえば，後肢すなわち足では，親指と他の指が対向しなくなった．（ヒト以外の現生類人猿すべては，後肢の親指と他の指が対向している．あなたの足の親指を同じ足の他の指に触れさせようと試みれば，このことが直ちに了解できるだろう．）

木の上に暮らす生物が直立歩行する必要はない．つまり，直立歩行に適応性は認められない．さらに，木の上に暮らす生物が直立歩行したうえで，後肢の親指と他の指が対向しなくなれば，ハンディキャップそのものだろう．後肢の親指と他の指が対向していれば，木に登る際，枝をつかむのにとても役立つだろうからである．だが，地上でなら，自由になった前肢すなわち手で，食べ物・道具・武器を運ぶ等々，直立歩行には利点がいくつかある．しかも，直立した肢体に頭がのるため，四足歩行よりも頭が高い位置にくる．そこで，より遠くを，より多くのものを見ることができるようになる．樹上生活から地上生活への移行と直立歩行を大いに関係があるように思われる．これが正確にいつ起こったかは今も論争中である．エチオピアで発見された"ルーシー"とい

う名で有名な個体の足の骨によれば，アウストラロピテクス・アフリカヌス *Australopithecus afarensis*（図20・14参照）が現代的な足を初めてもち，四足歩行が常態であったと考えられる種である．あなたもこの有名なアウストラロピテクス・アフリカヌスについては，耳にしたことがあるかもしれない．アウストラロピテクス・アフリカヌスは，現生人類が進化する以前，およそ200万年ほどの間生きていた，類人猿に似たヒト族の種である．足の化石は中足骨であった．中足骨は足の甲にある長い骨で，5本あり，指骨と踵骨をつないでいる（図20・14参照）．この骨は320万年前ほどの古さであり，だとすると，樹上生活から地上生活に移ったのは，以前考えられていたよりもはるかに最近のことらしい．

樹上生活から地上生活への移行は，おそらく突然生じたわけでもなく，また完璧に地上生活に適応しきったわけでもないらしい．最古のヒト族化石（440万年ほど前）の骨の構造からは，彼らが直立歩行だったことが示唆されている．しかし，300万年〜350万年前の足骨および化石となった足跡からすると，当時のヒト族は部分的に対向した指骨をもっていた（図20・14）．たぶん，一日のうちある時間は樹上生活をしていたためではないかと推測される．

最も最初期のヒト族生物は，サヘラントロプス・チャデンシス（*Sahelanthropus tchadensis*）である．これは2002年に発見された頭骨で，600万年前〜700万年前のものと推定されている．アルディピテクス・ラミダス（*Ardipithecus ramidus*）とアウストラロピテクス属の何種かも初期ヒト族の一つであり，それぞれ440万年前と300万年前〜420万年前に生きていた．これらの化石ヒト族はすべて直立歩行していたと考えられている．彼らの脳はまだ比較的小さく（400 cm^{3}未満），彼らの頭骨と歯は現生人類よりは類人猿に近い．ヒト族がいかに根本的に脳のサイズを進化させたかは，典型的な現生人類の脳容量が1400 cm^{3}にも及ぶことからも明らかだろう（図20・15）．

脳の大きさはヒト属の証明である

最古のヒト属の化石断片はアフリカで見つかっている．これは240万年前のものであり，おそらく最初のヒト属は200万年前〜

ヒト科の進化樹

頭蓋が比較的小さい．頭蓋骨と歯は，ヒトではなく他の類人猿の方に近い

頭蓋がより大きい．頭蓋骨と歯は他の類人猿のものと違っている

Australopithecus afarensis（350万年前）

Australopithecus africanus（300万年前）

Homo habilis（190万～160万年前）

Homo erectus（150万年前）

Homo sapiens sapiens 解剖学的現生人類（1万3000年前～現在）

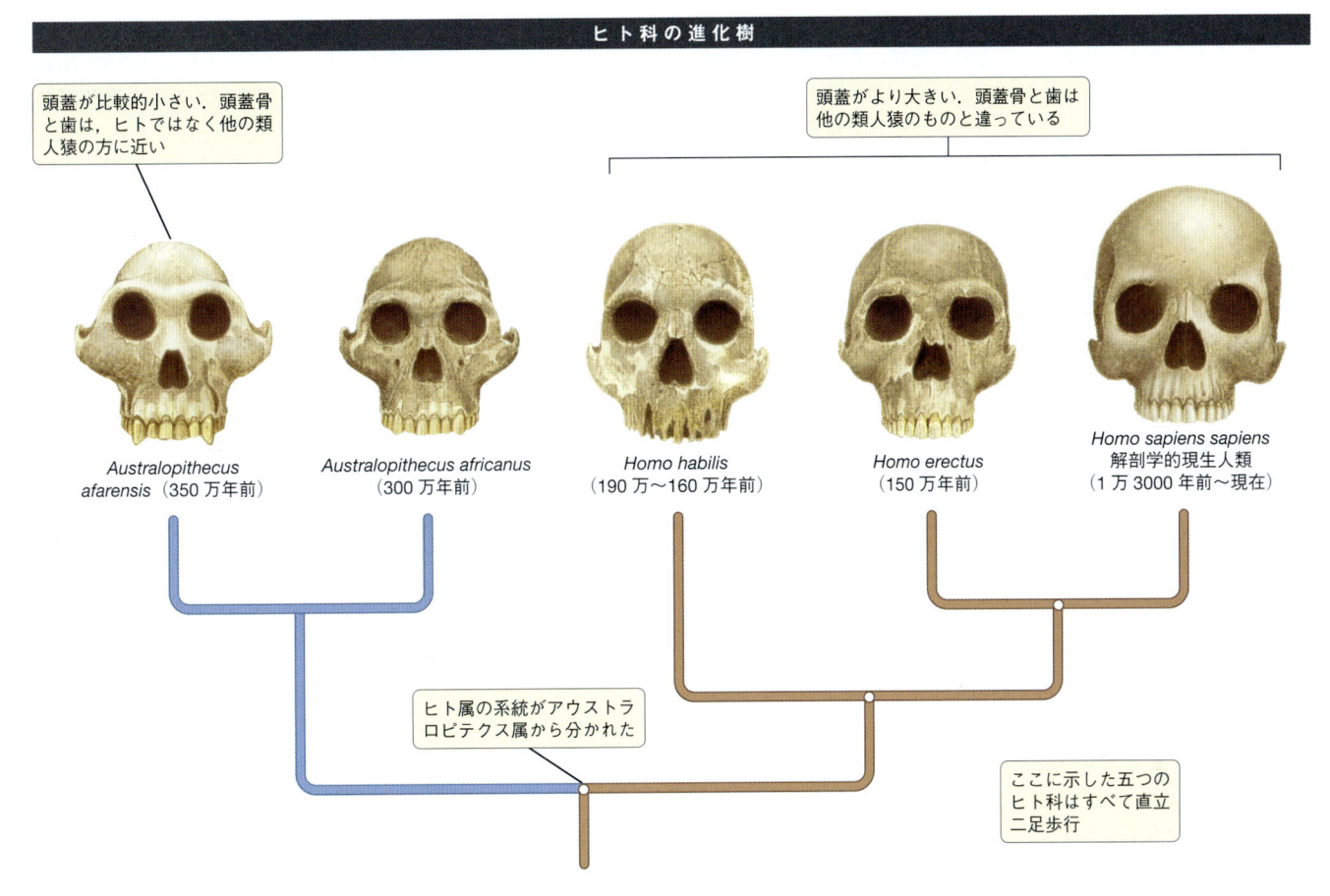

ヒト属の系統がアウストラロピテクス属から分かれた

ここに示した五つのヒト科はすべて直立二足歩行

図 20・15　人類の頭骨のギャラリー　五つのヒト亜科について進化的関係を示したのがこの木である．より完全な進化の木は，各枝が異なった年代に分かれ，もっと枝が茂っている．

300万年前にアフリカで生じたのであろう．化石がそろっている初期ヒト属は，ホモ・ハビリス（*Homo habilis*）という学名が与えられた160万年前～190万年前のものである．最古のホモ・ハビリス化石は，アウストラロピテクス・アフリカヌスのそれに似ているところがある．アウストラロピテクス・アフリカヌスはアウストラロピテクス・アファレンシス（*Australopithecus afarensis*）よりはわずかだがより後代のヒト族の特徴を有している（図 20・15 参照）．時代の下がったホモ・ハビリスは，顔面が突き出ていなく，頭骨もより丸みを帯びている．あれやこれやの点で，ホモ・ハビリス標本は，アウストラロピテクス・アフリカヌスとホモ・エレクトゥス（*Homo erectus*）の中間形態を示す．ホモ・エレクトゥスはホモ・ハビリスの後に進化した人類である．したがって，ホモ・ハビリス化石は，ヒト族の祖先形質（アウストラロピテクス属にみられるような）から派生的形質（ホモ・エレクトゥスにみられるような）への進化の移行に関する，優れた記録となっている．

ホモ・エレクトゥスは背も高く，頑健となり，脳も大きく，頭骨も現生人類に近くなっている．おそらく，ホモ・エレクトゥスは50万年前までには火を使うようになっていたと考えられていた．ただし，これは火を起こせるようになっていたことを意味しない．自然発火を利用していたのだろう．さらに，彼らは大型獣をも狩るようになっていた（図 20・16）．大型獣狩猟の証拠の中には，2010年にドイツで発見された注目すべき3本の古びた槍が含まれている．2mの長さをもつ40万年前の槍で，重心が前方にあり，（現代の投槍同様）投擲に適したつくりになっていた．

ホモ・エレクトゥスあるいはそれ以前のヒト属がアフリカから移住し始めたのは200万年前ほどであったろう．170万年前～190万年前という年代のヒト属化石は，ジャワや中央アジアのグルジア共和国，中国で発見されてきた．第19章で述べたように，2004年にインドネシアでヒト属の小型新種が見つかった．発見者によってホモ・フロレシエンシス（*Homo floresiensis*）と命名された本種は，9万5000万年前～1万2000年前の間インドネシアに生存していたように思われる．他の化石証拠によると，近隣

図 20・16　人類の道具使用と社会組織　ホモ・ハビリスもホモ・エレクトゥスも，大きな獲物を殺すときに石器を使ってグループで作業していたと考えられる．殺した獲物のさまざまな部分を家族総出でさばいている様子の想像絵．

の島に100万年前〜2万5000年前までホモ・エレクトゥスが暮らしていたし，ホモ・サピエンスも同じ地域に6万年前から現在まで生きていた．

ホモ・ハビリスやホモ・エレクトゥス，そして初期ヒト属の現在の研究によると，ヒト属には，かつて考えられていたよりも多くの種が存在したらしい．しかも，異なる種が同時代の同じ地域に住んでいたようだ．それゆえ，ヒト族の系統樹を完璧に描きあげることができたとしたら，図20・15に示したよりも"茂っている"ことだろう．初期ヒト属には何種いたのか，それらの進化上の関係はどうなっていたのかについて一般的な合意に達するためには，より多くの研究と証拠が必要だろう．

■ 役立つ知識 ■ ラテン語のヒト科（Hominidae）を英語表記にするとHominidになる．ヒト科とは，オランウータン，チンパンジー，ゴリラやヒトの仲間全部を含む大型霊長類からなる科をさす．Homininという言葉は，すべてのヒトを含むヒト族のことをさす．

現生人類はアフリカから世界各地に広がっていった

今日生きている全ヒト族はすなわちホモ・サピエンスである．より正確に言うと，私たちのすべてが13万年前に起源する，ホモ・サピエンス・サピエンスとして知られる"解剖学的現生人類*"なのである（図20・16の頭骨も参照されたい）．しかし，解剖学的現生人類が登場する以前に，"古代型"ホモ・サピエンスが存在した．この先行人類は誰だろうか．

化石記録によれば，古代型ホモ・サピエンスは，ホモ・エレクトゥスと解剖学的現生人類の中間的形質を示す．最初の古代型ホモ・サピエンスは30万年前〜40万年前に現れた．解剖学的現生人類のこの祖先は，新しい道具と新たな道具作成方法を開発し，新規なものを食べ始め，複雑な隠れ家をつくり，火を制御するようになった．

古代型ホモ・サピエンスはどうなったろうか．初期集団はネアンデルタール人（ホモ・サピエンス・ネアンデルタレンシス（Homo sapiens neanderthalensis），古代型ホモ・サピエンスの進化形で，23万年前〜30万年前に生存していた）と私たち（ホモ・サピエンス・サピエンス Homo sapiens sapiens，つまり解剖学的現生人類）になった．ホモ・サピエンス・サピエンスの最古の化石は，アフリカから発見された13万年前のものである（図20・17）．より後年の化石は，イスラエル（11万5000年前）や中国（6万年前）・オーストラリア（5万6000年前）・両アメリカ大陸（1万3000年前〜1万8000年前）から発掘されている．

古代型ホモ・サピエンスから解剖学的現生人類がどのように進化してきたのか，また，世界のいたる場所にどうやって進出したのかについて正確なところは，たいそうな議論をよんでいる．二つの対抗仮説が提案されてきた．**アフリカ起源説**（図20・18a）によると，解剖学的現生人類が最初に進化したのはアフリカにおいてであった．アフリカで，ホモ・エレクトゥスから古代型ホモ・サピエンスへの進化と，未知の古代型ホモ・サピエンス集団からホモ・サピエンスの進化が共に起こったというのである．そして，ホモ・サピエンスのある集団がアフリカから世界各地へ移住していった．そして，各地にみられたホモ・エレクトゥスやネアンデルタール人，ホモ・フロレシエンシス等の残りすべてヒト属に置き換わるようにして，ホモ・サピエンスがみられるようになったとされる．対照的なのが**多地域進化仮説**（図20・18b）である．これによると，各地にいたホモ・エレクトゥスが時を重ね，それぞれの場所で解剖学的現生人類へと進化していった．多地域進化仮説では，各地域集団にみられる差異は初期から存在したが，遺伝子の交流は世界規模でなされていたため，解剖学的現生人類の諸特徴が同時に進化したがゆえに，単一の種にとどまったという．

どちらの仮説が正しいのだろうか．証拠をいくつか吟味してみることにしよう．多地域進化仮説に従うと，初期現生人類の各地域集団が接触した際，広範な遺伝子の交流が起こり，各地域集団

ヒトのアフリカからの移動経路

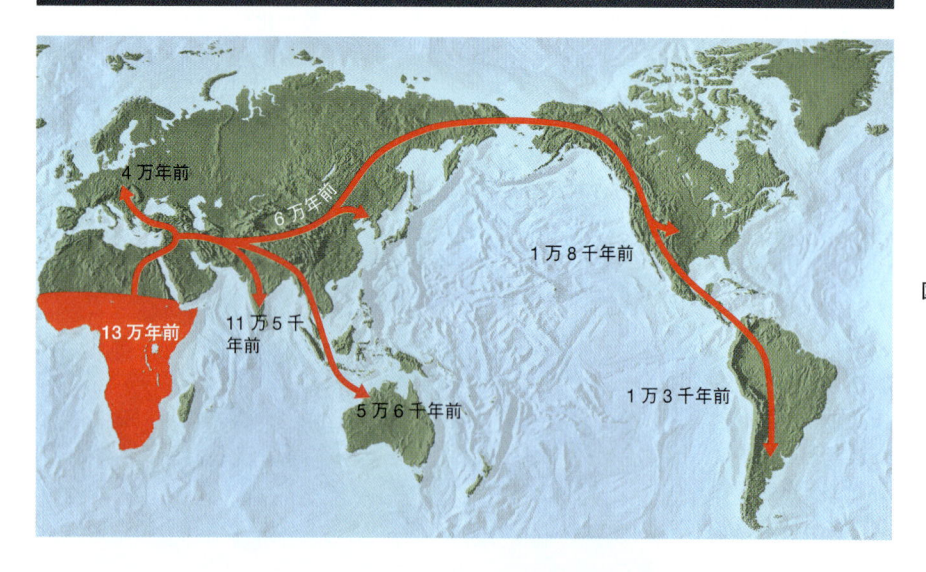

[地図：4万年前、6万年前、13万年前、11万5千年前、5万6千年前、1万8千年前、1万3千年前]

図20・17 解剖学的現生人類はアフリカで誕生した 解剖学的現生人類（Homo sapiens sapiens）の最も初期となる化石および考古学的資料はアフリカから出土する．各地ので現生人類の最も古い化石証拠が見つかるのはいつかを見れば，それぞれの地で現生人類がいつごろから住み始めたのかがわかる．新証拠によって，それまでの年代に疑問が付される．そのため，科学者たちは常に確認作業を続けていかなければならない．

---

* 訳注：種を区別するとき，皮膚などの外部形態や胃腸などの内部形態，あるいは遺伝子の特徴の違いなど，さまざまな情報が活用される．だが，現在生き残っていない生物の場合，皮膚などの軟組織が残ることは少なく，当該生物の情報は歯や骨などの硬組織に基づくことが圧倒的に多い．私たちが入手できない情報によれば，あるいは他種と識別されるかもしれないが，骨などの形態つまり解剖学的に，現に今生きているホモ・サピエンス・サピエンスと基本的に変わらない場合，解剖学的には現生人類と同種とみなされる．つまり，現生のホモ・サピエンス・サピエンス，およびそれと残された硬組織からは解剖的に同じだと見なされる化石人類を総称して，解剖学的現生人類とよぶ．

図20·18 解剖学的現生人類の起源に説明する二つの対抗仮説 (a) アフリカ起源説：現生人類（*Homo sapiens sapiens*）は20万年前以内にアフリカで誕生し、ヨーロッパやアジアに移動し、ホモ・エレクトゥス（*Homo erectus*）（青）や原始的なタイプのホモ・サピエンス集団（*Homo sapiens neandertalesnsis*）と置き換わっていった．(b) 多地域進化仮説：アフリカやヨーロッパ，アジアのホモ・エレクトゥスが，それぞれの地域で解剖学的現生人類へと進化していった．

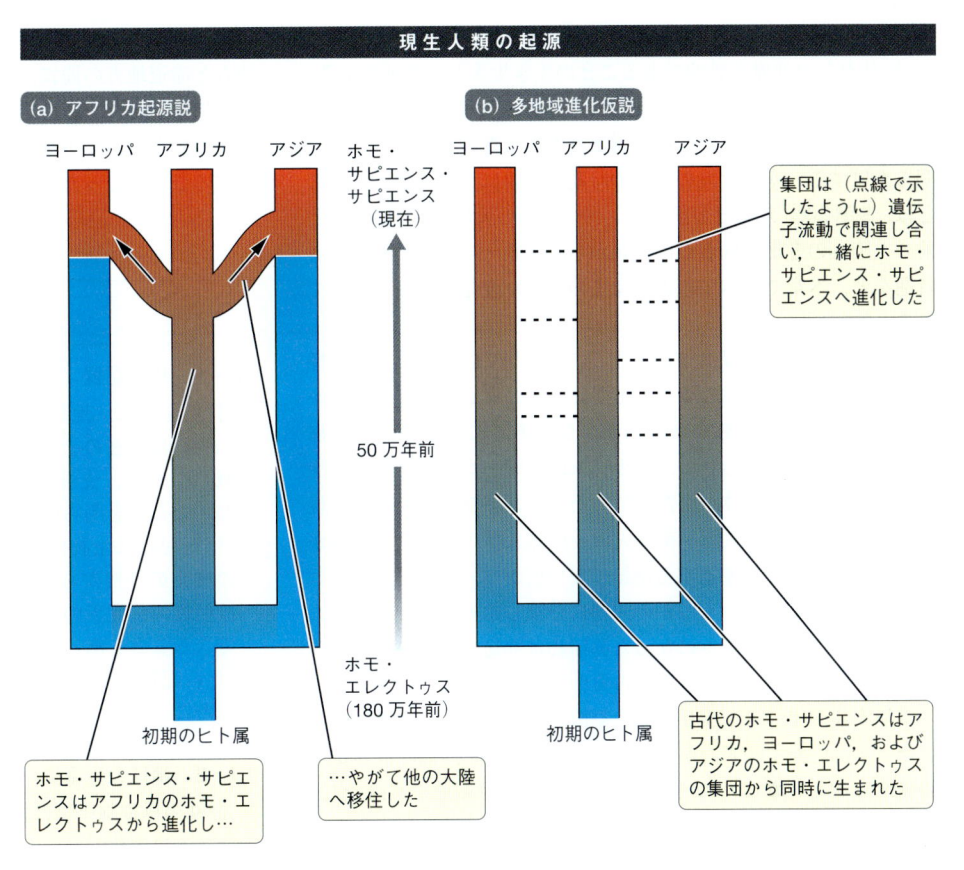

現生人類の起源

(a) アフリカ起源説

ヨーロッパ　アフリカ　アジア

ホモ・サピエンス・サピエンス（現在）

50万年前

ホモ・エレクトゥス（180万年前）

初期のヒト属

ホモ・サピエンス・サピエンスはアフリカのホモ・エレクトゥスから進化し…

…やがて他の大陸へ移住した

(b) 多地域進化仮説

ヨーロッパ　アフリカ　アジア

集団は（点線で示したように）遺伝子流動で関連し合い，一緒にホモ・サピエンス・サピエンスへ進化した

初期のヒト属

古代のホモ・サピエンスはアフリカ，ヨーロッパ，およびアジアのホモ・エレクトゥスの集団から同時に生まれた

を似たものにしたことになる．もし遺伝子の交流が広範にあったとすれば，同じ地域に暮らす集団があったとすれば，長期にわたり，区別できるような二つの集団であり続けることはできない．つまり，同じ地域に二集団が共存することはない．しかし，実際のところ，ネアンデルタール人と現生人類は西アジアでおよそ8万年間共存していた．1万2000年前～2万5000年前という比較的最近でさえ，ホモ・サピエンスとホモ・フロレシエンシスは，そして，ホモ・サピエンスとホモ・エレクトゥスは，同所的に暮らしていたように思われる．こうした化石記録の証拠に基づけば，ホモ・サピエンスはホモ・フロレシエンシスやホモ・エレクトゥス，ネアンデルタール人と共存しながら，なお異なる集団であり続けたことになる．この発見は，多地域進化仮説が仮定する広範な遺伝子交流に疑問を突きつける．実際にそのような遺伝子交流があったとしたら，異なる集団が並び立つことなど不可能だからだ．

古代型ホモ・サピエンスから現生ホモ・サピエンスへの移行に関する最良の化石証拠はアフリカのものであり，アフリカ起源説に支持を与えている．近年，ヒトのDNA配列を解析したところ，アフリカ起源説と整合的であった．とはいえ，アフリカ起源説の"完全に置き換わった"とする部分は正しくないかもしれない．ネアンデルタール人特有のDNA配列と現生人類特有のDNA配列を共にもつと解釈可能な化石が発見されてきたからである．同様にして，DNA研究が明らかにしたところによれば，アフリカ以外の現生人類がもつ遺伝子構成の1～4%はネアンデルタール人由来かもしれないことが示唆されている．

要約しよう．多くの研究者は，解剖学的現生人類はアフリカで生まれ，そこから各地に広がっていったと考えている．だが，解剖学的現生人類の起源の詳細については，論争の的であり続けている．この論争はとりわけつぎの点に関係している．初期のホモ・サピエンスは古代型ホモ・サピエンスとの交雑が認められるのだろうか．それゆえ，完全に置き換わったわけではなく，他のヒト属の遺伝子の残り続けているのだろうか．

■ **これまでの復習** ■

1. 地球の生命史に大量絶滅が影響を与えたが，それには二つの様式がある．それぞれ何というか．
2. 哺乳類と恐竜類は同時期に出現したのだろうか．最初の哺乳類の形質だと推定されるものは何なのだろうか．
3. ヒト科の進化において，脳のサイズの増大は直立二足歩行に先行しただろうか．直立二足歩行の適応上の利点は何だと考えられるだろうか．

---

1. まず種類そのもの，多くの種や属，科の絶滅である．また，（恐竜絶滅後の哺乳類のように）進化した新生物の放散が，大幅な絶滅度に至ることもある．
2. その通り．最も初期な哺乳類は小型動物であり，昆虫を食べていた．
3. そうではない．ヒトの祖先は，半直機で生活していた初期のヒト科のものよりも，今日のチンパンジーに似ていただろう．その後に進化した，直立二足歩行のサバンナ居住環境が道具や武器を運ぶことなどに関連した，また閉鎖された平地で食物や武器を運ぶことができる．

学習したことを応用する

南極が緑豊かだったとき

本章冒頭で，南極は凍てつく不毛の大地であることを見てきた．そこは，地球上の最低気温のいくつかを記録している．しかし，かつては，現在のフロリダや東南アジアの亜熱帯性気候に匹敵する気候に暮らすような動植物のすみかであった．南極大陸に何が起こったのだろうか．今日氷だらけで不毛な土地に，かつては緑したたる亜熱帯の生活が織りなされていたとは，どういうことな

のだろうか，南極大陸から産する恐竜・森林・熱帯性海洋生物化石は，私たちの世界が動的であることの生き生きとした証である．これらの化石は，カンブリア紀の海洋生物から初期の陸上植物・鳥類・哺乳類におよび，時間経過とともに大変化が生じたことを明らかにする．南極大陸の別々の時期に大幅に違う生物がいたことは，5億3000万年ほど前のカンブリア紀の大爆発，4億年ほど前の上陸への進出，覇者が両生類から爬虫類・哺乳類に替わる各時期など，本章で述べてきた生命史の大きな変化の例証となっている．

南極大陸の化石記録はまた，そこに暮らしていたかつての多様な生命形態と，今日住む少数者の間にみられる対照性をも明らかにした．南極大陸に暮らす生物が少数であることの理由の一部は，大陸移動に求められる．古生代末期の間，ゴンドワナ超大陸は温和な気候で大森林が繁茂していた．ゴンドワナ超大陸は，現在のオーストラリア大陸・南極大陸・南米大陸・アフリカ大陸が合わさったもので，赤道から南極にまで広がっていた．だが，ゴンドワナは中生代でいくつかの大陸に分裂し始め，分かれたそれぞれの大陸に暮らすようになった動植物は別途の進化の道をとるようになった．異所的種分化の古典例である．

南極大陸がオーストラリア大陸や南アフリカ大陸と完全に分かれたとき，周回する寒流が南極大陸周囲に発達し，他の世界から隔絶することとなったのである．この新大陸は劇的に寒冷化し，分厚い氷の覆いをまとうようになった．そして，この分厚い氷によって気候がさらに寒冷化したのである．南極大陸は移動して現在の南極点に近づくにつれ，さらに寒くなった．一度，南極大陸が4000万年前にオーストラリア大陸や南アフリカ大陸から切り離されると，温暖な気候に適応したシダや恐竜・哺乳類たちは，南に移動する大陸にとらえられてしまったのである．南極大陸は寒冷化し続け，2500万年前に現在の南極点にたどりついたが，その間に大陸にとらえられてしまった生物の多くは死に絶えた．

最近の研究によると，1400万年ほど前までは，南極大陸のドライヴァレーは，高山性の草原やコケ類に満ちていた．その後まもなく，気温は8℃にまで落ち込み，ほとんどすべての生物を凍てつかせた．1400万年の間，解凍されることもなく，この凍って化石化したドライヴァレーの生物たちの細部に至るまで保存されているさまは，古生物学者たちを驚嘆させた．今日，ドライヴァレーには2〜3の細菌が住むのみで，火星の生命をうかがうよいモデルとなっている．

南極大陸の陸上生物に崩壊をもたらした大陸移動は，また，他の場所では進化の多様性をます種をまくこととなった．海流が変わったため，南極大陸の氷床が発達したのだが，これはまた，極地方と赤道地方の間に，かつて地球が経験したことのない寒暖の差を生み出した．この温度差によって新たな生息環境が生じ，その幅の広さは，ヒトを含めた多くの生物が適応放散する舞台を用意することになったのである．

章のまとめ

20・1 化石記録：過去への道しるべ

■ 化石記録は，地球の生命の歴史を記している．化石は，過去の生物は現在のそれとは似ていなかったことや，多くの種が絶滅したこと，支配的な生物が時の経過とともに大幅に移り変わったことを明らかにする．

■ 化石記録に生物が現れる順序は，形態やDNA配列など，他の種類の証拠から得られる私たちの進化理解と一致している．放射性同位元素の分析によって，化石のだいたいの年代が決定できることもある．

■ 化石記録は完全ではないが，主要な生物分類群が新たに進化したことを示す好例を与えてくれる．

20・2 地球の生命史

■ 最初の単細胞生物は細菌に似ていただろう．おそらく35億年前ころに進化した．

■ 光合成細菌によって酸素が放出され，大気中の酸素濃度が上昇する原因となった．そして，21億年前ほどに，単細胞の真核生物の進化が可能となった．多細胞の真核生物が進化したのは6億5000万年ほど前である．

■ カンブリア大爆発の間（約5億3000万年前）に，地球上の生命は劇的に変化した．そのとき，大型の捕食性動物と防御力に優れた植物食性動物が突然現れた．

■ 最初，植物（約5億年前）・菌（約4億6000万年前）・無脊椎動物（約4億1000万年前）によって上陸が果たされた．その後，脊椎動物がそれに続いた（約3億6500万年前）．

20・3 プレートテクトニクスの影響

■ 地球の地面の固まりが移動すること，すなわちプレートテクトニクスは，地球上の生命史に深い影響を与えた．

■ 過去2億年にわたる大陸の分裂は大規模な地理的隔離をもたらし，多くの新種の進化を促した．

■ さまざまな時代に，大陸が移動し，それによって気候が変動し，多くの種を絶滅に追い込んだ．

20・4 大量絶滅：世界規模的な種の損失

■ 地球上の生命史において，5回大量絶滅が起こった．

■ 主要生物群が絶滅すると，他の生物にとってはチャンスが生まれる．

20・5 適応放散：生命の多様性の増大

■ 適応放散では，生物群が多様化し，新たな生態学的役割を獲得する．

■ 大量絶滅後は，競争が弱くなり，適応放散が起こりうる．ある生物群が新たな生態学的役割を満たすときにも，適応放散が起こりうる．

20・6 哺乳類の起源と適応放散

■ およそ2億2000万年前に，哺乳類が爬虫類から進化した．そ

- の際，外側に突き出た肢から下方性の肢に，同じような歯からいろいろなタイプの歯へ，そして強力な顎へと変わった．
- 長い恐竜王国時代（2億年前〜6500万年前）を通して，哺乳類は夜行性小型動物にとどまり続けた．恐竜絶滅後，哺乳類が多くの種に多様化し，放散し，大型種も昼行性の種も現れるようになった．

20・7 ヒトの進化

- 他のすべての霊長類同様，可動範囲の大きい肩と肘，よくはたらく5本の指，対向する親指，平爪（鉤爪ではなく），体の大きさに比べ大きな脳を私たちはもっている．霊長類の中で，私たちはヒト族に属する．ヒト族特有の特徴は直立二足歩行である．
- アフリカ起源説によれば，解剖学的現生人類が初めて進化したのはアフリカであり，その後，アフリカから各地に広がり，他のヒト属と置き換わっていった．
- 多地域進化説によると，解剖学的現生人類は各地のホモ・エレクトゥス集団から進化した．ヒト集団の地理的変異は初期から存在したが，世界的な規模で遺伝子の交流が起こったため，単一の種であり続けた．

重要な用語

放射性同位体（p.351）	霊長目（p.361）
カンブリア紀の大爆発（p.354）	ヒト科（p.361）
プレートテクトニクス（p.355）	母指対向性（p.361）
大量絶滅（p.357）	ヒト族（p.361）
ペルム紀の大絶滅（p.357）	直立二足歩行（p.362）
白亜紀末の大絶滅（p.357）	アフリカ起源説（p.364）
適応放散（p.358）	多地域進化仮説（p.364）
キノドン類（p.360）	

復習問題

1. 大陸移動について，正しいものはどれか．
   (a) 液状の岩石が地表に向かってせり上がり，大陸を押し分ける．
   (b) 今日では，もはや起こっていない．
   (c) 多くの生物集団に地理的隔離をもたらし，種分化を促進した．
   (d) aとcの両方．
2. 化石記録について，正しいものはどれか．
   (a) 生物の歴史が書き記されている．
   (b) 大きな新生物群の出現がわかる．
   (c) 完璧なものではない．
   (d) a〜cのすべて．
3. 大量絶滅について，正しいものはどれか．
   (a) いずれも小惑星の衝突が原因で起こった．
   (b) 地球全体で多くの種が絶滅した．
   (c) 生命史には大きな影響は与えない．
   (d) 陸上生物のみに影響する．
4. カンブリア大爆発について，正しいものはどれか．
   (a) 動物の体の大きさと複雑さを劇的に増大させた．
   (b) 大量絶滅の原因となった．
   (c) 現存する動物のすべての門が突如出現した．
   (d) その後の生物の進化への影響は少ない．
5. 生物の歴史が示しているものはどれか．
   (a) 生物多様性は過去約4億年の間ほぼ一定であった．
   (b) 絶滅は生物多様性にほとんど影響を与えていない．
   (c) 大量絶滅と適応放散が大進化に大きな影響を与えた．
   (d) 大進化は，生物集団の進化という観点で説明可能である．
6. ＿＿＿は，放射線を出しながら崩壊し，より安定した元素へと変化する．
   (a) X 線
   (b) 炭素12や炭素14
   (c) 放射性同位体
   (d) 適応放散
7. 生物群が絶滅・出現する大規模な進化を何とよぶか．
   (a) 大進化
   (b) 小進化
   (c) 大量絶滅
   (d) 適応放散
8. 一部の生物群が新しい生態学的役割を担い，その過程で新種や，より上位の分類群を形成しながら多様化することを何というか．
   (a) 種分化
   (b) 進 化
   (c) 大量絶滅
   (d) 適応放散
9. 初期の細菌のなかから光合成を行うものが進化し，大気中の酸素濃度が変わった．これは生命の進化史のなかでも大変重要なことである．なぜだろうか．
   (a) 大気中の酸素が減少し，真核生物が進化できる準備ができた．
   (b) 大気中の酸素が増加し，真核生物が進化できる準備ができた．
   (c) 大気中の酸素が増加し，生命の最初の大量絶滅をまねいた．
   (d) 大気中の酸素が減少し，生命の最初の大量絶滅をまねいた．
10. 次の文章のうち正しいのはどれだろうか．
    (a) 地球史のある時期，ヒトと恐竜は共存したことがある．
    (b) 地球史においては，恐竜と哺乳類ほぼ同時期に生まれた．
    (c) 鳥類は恐竜から進化し，哺乳類は鳥類から進化した．
    (d) ヒトはチンパンジーから進化した．

分析と応用

1. 化石記録から，新しい生物群は従来型の生物から進化することがわかる．例を一つあげて，説明せよ．
2. 光合成が進化することは，地球の生物の歴史にどのような影響を与えたか．述べよ．
3. カンブリア大爆発とは何か．なぜ重要か，説明せよ．
4. 生命は水の中で誕生した．陸上への進出が，生物の進化に重要なステップとなった理由を述べよ．初期に陸上へ上がった生物にとって，どのような困難や好機があったか，述べよ．
5. 大量絶滅は，ある生物群全体を絶滅させることがある．これはまったく無作為に起こるように見える．とてもよく適応している生物さえもが絶滅してしまう．このようなことが起こりうるのはなぜなのだろうか．
6. 化石記録から，大量絶滅で失われた種が適応放散によって回復し，元のように埋め合わされるまで，ふつう1000万年かかることがわかる．種分化に関するこれまでの知識をもとに，この化石記録の示す結果について考察せよ（第19章参照）．その結果は，現在起こっている生物種の絶滅に関して，何を意味するだろうか．
7. 化石記録によれば，比較的最近（およそ3万年前）まで，解剖学的現生人類（*Homo sapiens sapiens*）は，ホモ・エレクトゥスやネアンデルタール型のホモ・サピエンス，ホモ・フロレシエンシスといった，少なくとも3種の他のヒトと共存していた．このうちのいずれか，あるいは複数種が今日も生き延びていたとしたら，われわれが知っているこの世界に彼らの存在はどのような影響を与えただろうか．

ニュースで見る生物学

Maybe Those Frog Teeth Weren't Useless After All

By Sindya N. Bhanoo

おそらくカエルの歯が役立たなかったことなど，結局ないのだろう

ドロの法則，… 1800 年代に科学者 Louis Dollo が提案した法則は，ある種から形質が一度失われれば，それが再び進化することはないと述べる．

なぜヒトには尾がないのか．鳥類やカメにはなぜ歯がないのか．ヘビにはなぜ四肢がないのか．ドロの法則はこうした疑問に対する一つの説明にはなっている．

しかし，ストニーブルック大学の研究者が行ったある研究は，少なくとも 2 億年前までには下顎の歯を喪失していたカエル類において，あるタイプのフクロアマガエルに再び下顎に歯がおよそ 2000 万年前に再び進化したことを見いだした．"これは明々白々な再進化の事例である"と John Wiens 氏は述べた．氏はストニーブルック大学の生物学者であり，*Evolution* 誌に掲載された当該論文の著者である．

Wiens 博士は，現生の，そして化石のカエル類を 170 ほど調べ，歯の喪失と進化の年代を見積もった．

フクロアマガエルの 1 種，*Gastrotheca guentheri* が歯を容易に再進化させたのは，多くのカエルは上顎に歯をもっていることによっているのかもしれない，と Wiens 氏は語った．

"もともと上顎に歯をもっているということは，エナメル質も象牙質も他の必要物もすべてもっていることを意味する．2 億年後に新たな歯を促進する方法があったのだろう"と氏は述べた．

ほかにも上顎に歯をもつカエルで下顎に歯に似た構造をもつ種がいくつか知られているものの，*G. guentheri* は下顎に真正の歯をもつ唯一の現生種である．

"現在，それは大問題である．下顎に真正の歯を発達させることを妨げているものは何なのだろうか"と Wiens 博士は言った．

形質が複数回進化することを生物学者は知っている．しかし，一度失われた複雑な構造が戻ってくることなどあるだろうか．19 世紀のフランスの古生物学者 Louis Dollo は，そのようなことはないと考えたが，近年になって，Dollo が正しかったかを何人かの現代の生物学者たちは議論し始めている．生物学者は多くの動物で進化が逆戻りする例を観察してきた．たとえば，トカゲは指を失ったが，後にまた発達させた．四肢を失ったヘビは，指をもった短い四肢を進化させた（絶滅したが）．カタツムリは殻に渦巻きをなくしたが，再び発達させた．たいていのヘビは卵を産む．幼体を直接産むようになったあとで，また卵を産むようになったヘビの系統が存在する．

この記事がヒントを与えてくれるように，ある生物体が特定の構造——歯であれ，渦巻き状の殻であれ，指であれ，卵殻であれ——をもつのを助けてくれる遺伝子は，ゲノム中に存在し続けることがしばしばある．つぎの出番を待っているだけなのだ．劇的な例は，ニワトリのひなの卵歯誘導である．鳥類は 1 億 5000 万年前に恐竜類から発達したが，それ以降，歯を失ってきた．カエルの例とは異なり，鳥類に歯は一切存在しない．"ニワトリの歯のようにまれな"という言葉はこれに由来する．しかし，にもかかわらず，生物学者が実験で誘導すれば，卵内で成長中のひなに原始的な歯を発達させることができる．

はるか昔，カエルは下顎の歯を失った．この研究で，生物学者の John Wiens は 170 種の現生両生類の DNA 配列を比較し（記事では化石種も含まれているが，それは誤りである），下顎の歯が失われたのはおそらく少なくとも 2 億 3000 万年前ごろだったろうことを示した．カエルの 1 種，南米大陸のアンデス山脈に住むアマガエルが下顎の歯を再び得たのは，500 万年前～1700 万年前であった．

さまざまな形質をさまざまな時と場所で選択する環境と複雑なゲノムの間に相互作用があり，進化にはそうした相互作用が含まれるとしたら，失われた形質がときに復活したとしても，さほど驚くべきことではない．それでも，2 億年以上もの間失われていた形質が戻ってくるとしたら，それは，あらゆる生物体の細胞には情報図書館があることの驚くべき証なのだろう．

このニュースを考える

1. Wiens 博士によると，なぜ下顎に歯を生やす能力をカエルは保ち続けたのだろうか．
2. これまでの 4 章で進化に関し学んできた事柄をもとに，以下について考えてみよ．ヒトが他の類人猿（チンパンジーやゴリラ，オランウータン）から分岐したのはいつだろうか．強力な顎，大きな歯，枝をつかむための長い指といった，他の霊長類がいまだもち続けているさまざまな形質の多くをヒトは失ってきたが，こうした形質をヒトが再び進化させることはどの程度ありうることなのだろうか．進化させうるとして，そうした進化の引き金を引く状況とは何だろうか．
3. ある系統で進化の過程で一度失った形質を再び獲得することを記事では"再進化"という語句で言い表している．さて，進化と再進化に違いはあるのだろうか．あなたの推測を説明しなさい．

出典: *New York Times*, 2011 年 2 月 8 日, http://www.nytimes.com

V

環　境

21 生 物 圏

> **MAIN MESSAGE**
> 生物は他の生物種や物理的環境と相互作用して，気候によって大きく影響される相互に結びつけられた関係性のネットワークを形づくっている．

カワホトトギスガイの侵入

　春の日に外を歩いてみよう．大都市であっても生命の野生的な一斉蜂起が明らかに見てとれる．雑草が歩道の舗装を割って持ち上げ，中空をタンポポの種が漂い，昆虫がぶんぶん飛びかい，どの庭の中でも私たちの足下にある土の中でミミズなどの虫がうごめいている．こうした私たちを取巻く豊かな生命のにぎわいは，地球の生物すべてと物理的な環境を含んだ地球生命系である生物圏の中のほんの一部である．深海から最高峰の頂上まで，地球上にいる何兆もの生物個体すべてが生物圏の一部なのである．

　人間の行為は生物圏に大きな影響をもたらすことがある．船がバラスト水を港で汲み上げて別の港で放出するという，一見無害に見える行為について考えてみよう．港の近くに住んでいる人なら，船が入港して何トンものバラスト水を放出して，船体の側面から大きな水流となって流れ出すのを見たことがあるであろう．こうした船は新品のラップトップパソコンを運んでいるにせよ家具を運んでいるにせよ，転覆を防いで，適切な水深や喫水を保つためにバラストが必要である．水は，船に汲み上げるのが簡単で，多すぎたら捨てるのも簡単なので，素晴らしいバラストである．

　しかしバラスト水を放出するときには同時に，何百もの水生生物種（細菌やウイルスから魚の小群まで）を放出することにもなる．その結果，人間は水生生物種を世界中へ輸送してきた．特に大きな被害をもたらした生物種はカワホトトギスガイという，1980年代に五大湖に侵入してしまったユーラシア原産の淡水二枚貝である．カワホトトギスガイは原生地から遠く離れた北米を生息地として繁栄し，在来種を追い出し，配管を詰まらせ，船体にびっしり付着して何十億ドルもの損害をもたらした．

> なぜカワホトトギスガイは北米で，彼らの原生地でよりも大きな被害を起こしているのだろう？ そして私たちはこうしたことを避け，また未来において同様の問題を未然に防ぐにはどうしたらよいのだろうか？

　この章では広大な地理的スケールで，どのように生物が他の生物や取巻く環境と相互作用しているのかを見ていく．その地理的スケールの中で最も広大なものが，私たちの生物圏なのだ．

貨物船がバラスト水を放出する　オーストラリア，クィーンズランドのこの船は日本行きの石炭の積んでいる間はバラスト水を汲み出して空にする．そして地元の水域にバラスト水を放出することによって世界の他の場所からの水生生物種が導入される．カワホトトギスガイは北米で最も経済的被害をもたらしている侵入種の一つである．今日では，海水の塩分によって淡水性の密航者を殺すように，ほとんどの船はバラスト水を海上で交換している．

21. 生 物 圏

基本となる概念

- 生態学は，生物と環境の間の相互作用を研究する分野である．生物圏は，生態学的な相互作用の起こる全領域をさし，地球上の全生物と，それを取巻く環境とから構成される．
- 気候は生物圏に大きな影響を与える．太陽光，大気と水の地球規模の動き，地表の地形によって気候が決まる．
- 生物圏は，気候と生態学的特徴から，水界と陸上の2種類のバイオームに大別できる．
- 陸上バイオームは，大きな地理的領域を覆っており，生息している植物の優占種によって命名されることが多い．陸上バイオームの位置は，主として気候によって決定される．
- 水界バイオームは，塩分があるかどうかなど，生息地の物理的な特徴で分類する．水界バイオームは，周囲の陸上バイオーム，気候によって大きな影響を受ける．
- 生物圏の構成員の間では複雑な相互作用がある．そのため，人間の活動が予想外の副作用を生物圏に及ぼすことがある．

宇宙から地球を眺めると，その**生物圏**（バイオスフィア）の美しさと繊細さはきわだっている．生物圏とは，地球上のすべての生物と，生物が生息する環境からなる．私たち人間社会は，食物や資源を提供してくれるものとして，すべての面で生物圏に大きく依存しているため，生物圏は私たちの生存と幸福に不可欠なものである．第V部では，生物圏の作用を理解することを目標とする科学，生態学について紹介しよう．

生物と環境の間の相互作用を科学的に研究する分野を**生態学**という．ここでいう環境には，生物的（他の生物種を意味する），および非生物的（無機的な環境因子を意味する）の両方の要素が含まれる．特に，生物が周囲の無生物的な環境とどのように相互作用しているかを調べる分野が生態学である．第V部の各章では，生態学の研究対象となる各階層，個体，生物集団，群集，生態系，バイオームおよび生物圏について紹介する（図1・12参照）．

あらゆる生態学的相互作用は，どの階層レベルでみても，本章で紹介する生物圏の中で起こっているという点で共通している．生態学がどうして重要であるか，そして，生物圏の仕組みを理解するのに，どのような情報が必要かについて，まず解説しよう．つづいて，生物圏を形成する気候などの構成要素について紹介し，その後，陸上と水界の多様なバイオームがどのようなものから構成されるか紹介する．

■ **役立つ知識** ■ 生態学と経済は，英語でエコロジー（ecology）とエコノミー（economy）といい，関係のある言葉である．ecoはラテン語で"家族"の意味である．つまり，エコロジーは"家族の学問"，エコノミーは"家族の管理"を意味する．

21・1 生態学：生物と環境の複雑につながったネットワークを理解する

生態学は，私たちが住む自然界を理解するための学問である．私たちの生活を，知的で豊かなものにする以前に，自然界を理解すること自体が，ますます重要になってきている．なぜならば，元の状態に戻すのが困難なほどに，あるいは不可能なほどに，私たちがこの世界を変貌させているからである．カワホトトギスガイのように，故意または偶然に新しい地域に運ばれた生物種について考えてみよう．米国内にはこれまで人の手で何千種もの外来種が導入されてきて，なかには対処のための費用が全体で年間1200億ドルの経済的損失を与えるような有害種（侵入種）となったものもいる．この金額は莫大で，喫煙による経済的損失（年間1500億ドル）に匹敵する．侵入種の生態を研究することによって，どのようにして外来種が新しい地域で広まったのか，個体数を劇的に増加できたのはなぜか，自然の生物群集へどう影響するのか，そして，どのような経済的問題をひき起こすのかを理解し，侵入種による損失を小さくできると期待されている．

人間の活動の影響は生物圏にも及んでいる．保冷剤やエアロゾルスプレー缶，発泡製品に含まれるクロロフルオロカーボン（CFC）についても考えてみよう．CFCは地球の大気圏の上層部にまで上昇し，そこで，塩素原子の作用でオゾン（O_3）を分解する．地球大気のオゾン層は，紫外線のなかでも最も強力な紫外線B波（UV-B，波長280～315 nmの光）の90%以上を吸収し，生物のDNAに損傷を与えるのを防いでいる．しかし，大気圏の紫外線保護層ともいえるオゾン層をCFCから放出された塩素原子が破壊するのである（p.379の"生活の中の生物学"参照）．

すべての生物と環境との間に相互作用がある．ビーバーが川をせき止めてダムを作ると沼ができるのと同じように，生物は環境を変える．また，干ばつが長引くとビーバーが食料としている植物の成長が抑えられるように，環境は生物に何らかの影響を及ぼしている．生物圏の生物と周囲の物理環境との間の関係は，互いに複雑につながったネットワーク（網目）のようなものである．

このように相互につながった網として生物と環境を考えることは，人間の活動がどのような結果を生むかを理解するうえでも役立つ．例として，オーストラリアの広い放牧地から野生のイヌ，ディンゴを排除するためにフェンスを設置し，毒物を使用し，狩猟で駆除した結果，何が起こったかを紹介しよう．もとは，ヒツジがディンゴに食べられる被害を抑えるための対策であったが，図21・1に示すように，ディンゴの駆除された地域で，彼らが好んで餌としていたアカカンガルーが劇的に（166倍）増加した．カンガルーはヒツジと同じ植物を餌としているので，期待に反してヒツジの餌が減少する結果になった．さらに干ばつ時期には，カンガルーは植物の地下茎を掘り出して食べるというヒツジにはない行動もするため，放牧地に生息する植物種の数や種類が変化し，ヒツジ放牧にとってさらに大きな影響を及ぼす結果となった．

ディンゴの駆除が裏目に出て，アカカンガルーがヒツジの食料を奪ったことになるが，この失敗から学べる教訓は，ディンゴの排除など生物圏の一部に与えた変化は，アカカンガルーの増加やヒツジの食糧の減少など，他の部分へも広く波及する可能性があるということである．今後はこのマイナス面を予測できるであろう．

ここで紹介した例は，自然のシステムがいかに複雑につながったネットワークであるかを示している．このネットワークをさらに深く理解するには，生物圏に住む生物の分布，豊かさ，多様性に影響する物理的要因について詳しく学ぶことが役に立つ．

2.5倍）が地上に到達し，極地よりも暖かい気候となる．気温の季節変化が小さく，生物は1年を通じて暖かく比較的安定した気候で生息できる．太陽光と高い気温は光合成を促進し，植物などの光合成生物の生産性，つまり，生産者が生体物質（バイオマス）の形で保存できるエネルギーの量が増える．その高い生産性に依存する動物や分解者などの消費者も多い．

風と水の流れと気候

赤道付近では，強力な太陽光線によって地表から水分が蒸発する．暖かく湿度の高い空気は上昇し，気圧が低くなる上空で冷却される．その結果，水を保持できなくなるので，含まれる湿気の大半が冷えた空気の中から絞り出されて，雨として降り注ぐ（図21・2）．

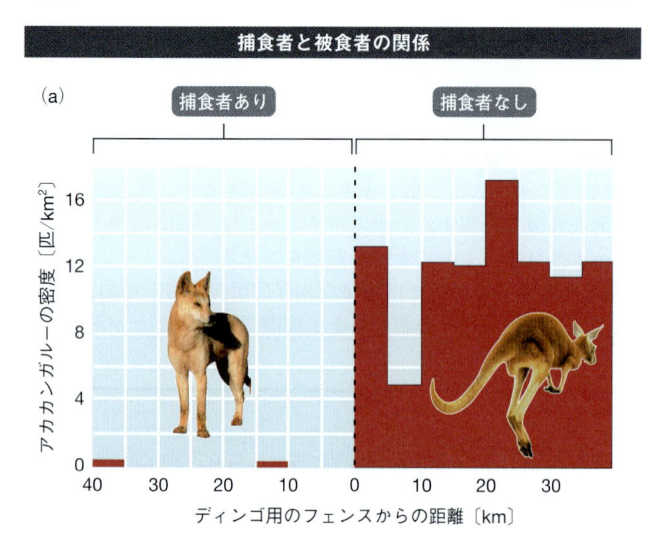

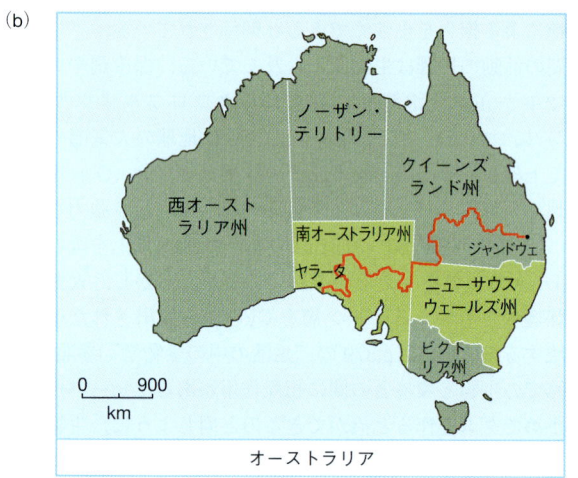

図21・1 爆発的な増加 世界一長いフェンス（bの赤線）の南にあるオーストラリアの放牧地から捕食者のディンゴを取除いたところ，アカカンガルーの数は166倍に増えた．

21・2 気候が生物圏に与える影響

"気象"と"気候"は使い方が違う語である．ある場所の温度，降水（降雨，降雪）量，風速と風向，湿度，雲量と日射量など，短期間の変化で，大気の低層部の物理的条件によって左右されるものを**気象**という．対して，より広い領域で，比較的長い期間（30年以上）にわたってみたときに，影響を与えているおもな気象環境を**気候**とよぶ．気象は，変化が激しく，天気予報でもわかるように，正確な予測は難しい．気候は数十年，数百年と長い年月にわたる長期間の大気の状態を表現するものなので，ある場所の気候を予測するのは気象よりも可能である．

生物を取巻く環境のうち，気候から受ける影響が一番大きい．気候は，生態学的相互作用に大きく影響し，たとえば陸上では，砂漠になるか，草原になるか，あるいは熱帯雨林になるかは，降水量や温度などの気候の特徴で決まる．以下に，気候を決定する要因を紹介しよう．

太陽光の照射量と気候

赤道付近では太陽光の入射する最大角が垂直に近いのに対して，北極や南極付近では低い角度となる．この違いにより，赤道やその近辺の熱帯地域では，極地より多くの太陽エネルギー（約

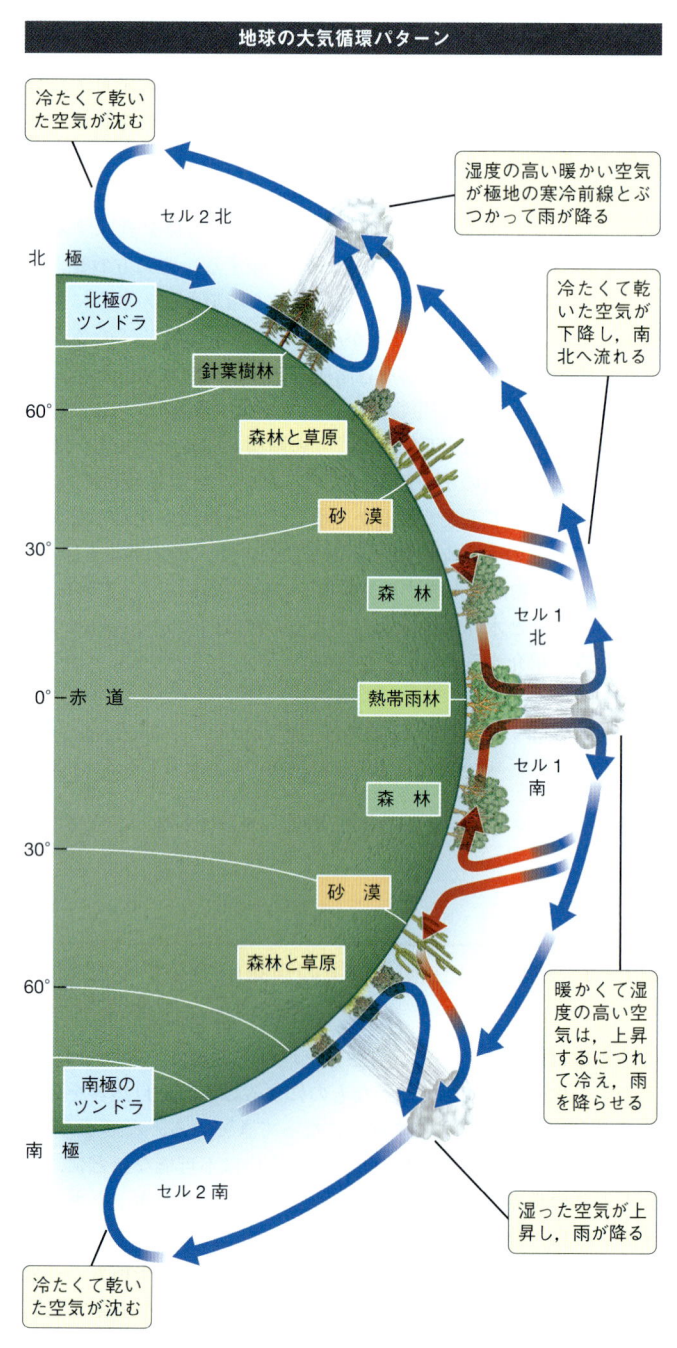

図21・2 地球には四つの巨大な対流セルがある 二つの巨大対流セルは北半球に，二つは南半球にある．対流セルの中で，暖かくて湿度のある空気が上昇して冷却されると，湿気を雨や雪として放出する．

一般に冷たい空気は下降気流となるが，赤道付近では温かい上昇気流に押し上げられているので，南北に移動して緯度30°の付近で地表へ下降し，一部が赤道へと戻る．その途中で地表の湿気を吸収して湿り，赤道に到達しながら再び暖まって上昇し，次のサイクルを繰返す．

地球上には，このように暖かく湿気のある空気が上昇し，冷たくて乾いた空気が下降する巨大な大気の循環が4箇所でみられ，これを**対流セル**とよぶ（図21・2参照）．四つの対流セルのうちの二つは熱帯域に位置し，他の二つは極地にあり，ともに比較的安定した風のパターンをつくっている．緯度30～60°の温帯域では，風は変化しやすく，安定した対流セルは存在しない．極地からの冷たく乾いた空気が，北へ向かって動く暖かく湿った空気とぶつかるときに雨を降らせるので，ほとんどの温帯域は湿気の高い気候となる．

四大対流セルによって生み出される風は，地球の自転の影響があるため，真北や真南へ流れるわけではない．大気の流れは，地球の自転軸から離れる方向に流れるとき（上昇気流や高緯度から赤道へ向かう流れの場合）には自転とは逆の西向きに，地球の自転軸に近づく方向に流れるとき（下降気流や赤道から高緯度へ向かう流れの場合）には自転と同じ東向きに力（コリオリの力）を受ける（図21・3）．そのため赤道へ向かう大気循環の風は西に流れる．これは地上の人にとっては，風が東から吹くようにみえるため偏東風とよばれる．逆に，温帯域で高緯度の極方向へ向かう風は，東向きの力を受けて，地上では風は西から東へ吹いているようにみえるので，偏西風とよばれる．このような一定の方向への空気の流れを卓越風という．たとえば，カナダの南部や米国，東アジア太平洋岸の中国や日本では，風は西から吹いてくることが多く，そのために，この地域の台風やハリケーンは通常，西から東に向かって移動する．

海流も気候に大きな影響を与える．地球の自転，極地と熱帯の間の水温の違い，卓越風の方向，そうしたものすべてが海流の形成に関与している．北半球では，海流は大陸と大陸の間を時計回

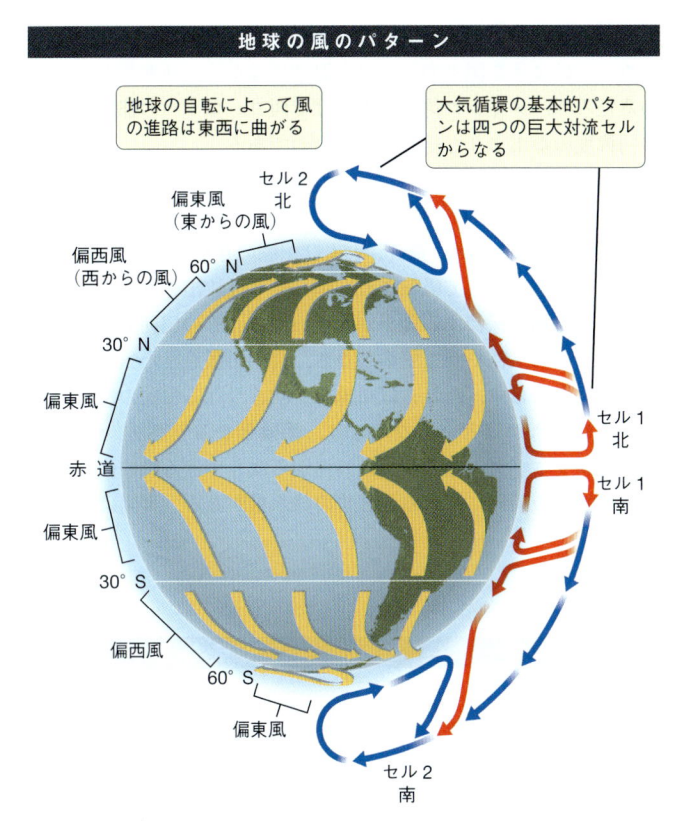

図21・3　地球規模の大気循環で決まる卓越風　地球の自転によって気流は力を受けて東西いずれかに流れる．地球の自転によって気流は力を受けて東西いずれかに流れる．流れる方向は緯度で決まり，地球のほとんどの地域では決まった方向へと季節風が吹く．

りに流れる傾向があり，南半球では反時計回りに流れる傾向がある（図21・4）．

海流は膨大な量の水を運んで，各地の気候に大きな影響をもたらす．たとえばメキシコ湾から北大西洋を北上し北欧へと流れるメキシコ湾流は，全世界の河川全水量の約25倍もの水を運ぶが，

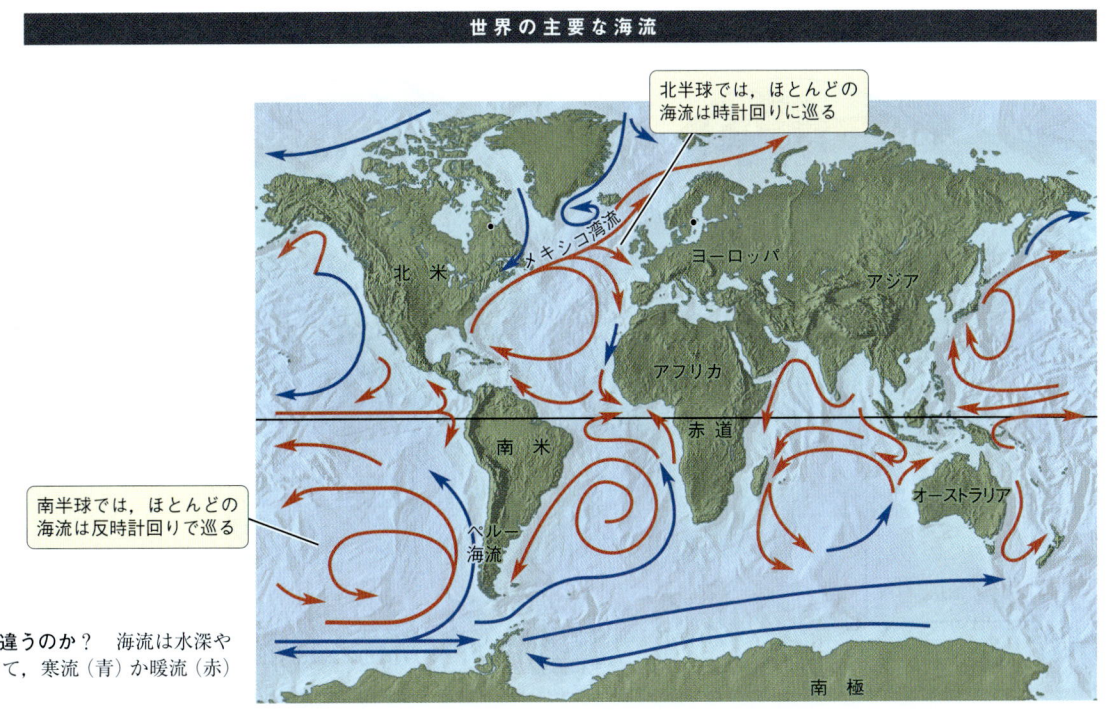

図21・4　海水温はなぜ違うのか？　海流は水深や緯度などの要因によって，寒流（青）か暖流（赤）になる．

この海流によって運ばれる温かい水の効果がなければ，英国やノルウェーのような国々の気候は，温帯ではなく，亜寒帯となっているだろう．メキシコ湾流のおかげで西ヨーロッパの都市は北米の同緯度の都市よりも総じて暖かいのである．

気候に及ぼす地形の影響

気候は，大きな湖水，海洋，および山脈の存在にも影響される．熱は水や地面によって吸収され，ゆっくりと放出される．大きな湖水や海は熱を保持する効果が大きいので，その周囲では気温変動が緩和され，穏やかな気候となる．高い山脈もまた気候に大きな影響をもたらす．たとえば卓越風が吹きつける山脈の反対側の地域では降水がほとんどなくなり，**雨陰**となる（図21・5）．北米のシエラネバダ山脈の西側は外洋から吹きつける風に面していて，反対側の東側に比べると5倍の降水量がある．東側は降水量が少なく砂漠となっている．北メキシコ，南米，アジア，ヨーロッパの高い山岳地帯にも雨陰がみられる．

■ これまでの復習 ■

1. 生態学の研究から得られた知識は経済的意思決定に影響を与えることはできるか？ 例をあげて説明せよ．
2. 地球の大気圏の対流セルは何によって発生するのか？ 対流セルによって気候にどのような影響があるか？

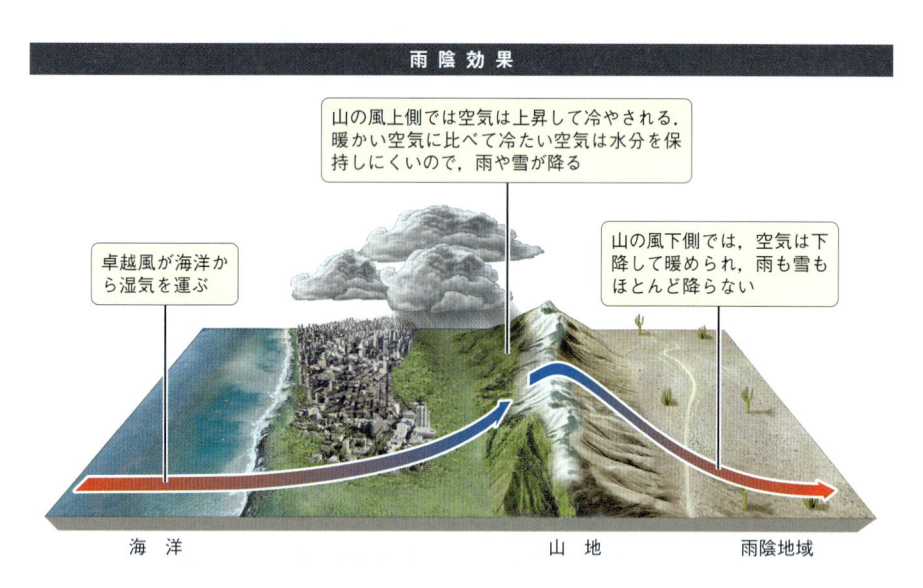

【解答欄（逆さ文字）】
1. 経済的意思決定がある．良い種をどのように繁殖するかを選ぶこと，良い種をどのように保護し，どのような環境で繁殖させるか，良い種によっての成長に影響される要因などのようなことを確認できるようになる．これらの問題を通じて，生物資源を保全することができる．
2. 温かい空気が上昇し，冷して乾燥した空気が下降する対流運動が起きる．暖かい空気は上昇すると，周囲に向かって流れる．

雨陰効果

- 山の風上側では空気は上昇して冷やされる．暖かい空気に比べて冷たい空気は水分を保持しにくいので，雨や雪が降る
- 卓越風が海洋から湿気を運ぶ
- 山の風下側では，空気は下降して暖められ，雨も雪もほとんど降らない

海洋　　　　　　　　　山地　　　　雨陰地域

図 21・5 山の風下側は乾燥する 高い山の卓越風に面した側面（風上側）では，上昇気流の冷却効果で降水量が多くなる．反対側（風下側）では，風は乾燥した暖かい下降流となり，降水量も少ない．このために風下側を雨陰という．

おもな陸上バイオーム

凡例：
- ツンドラ
- 北方林
- 温帯落葉樹林
- 草原
- チャパラル
- 砂漠
- 熱帯林

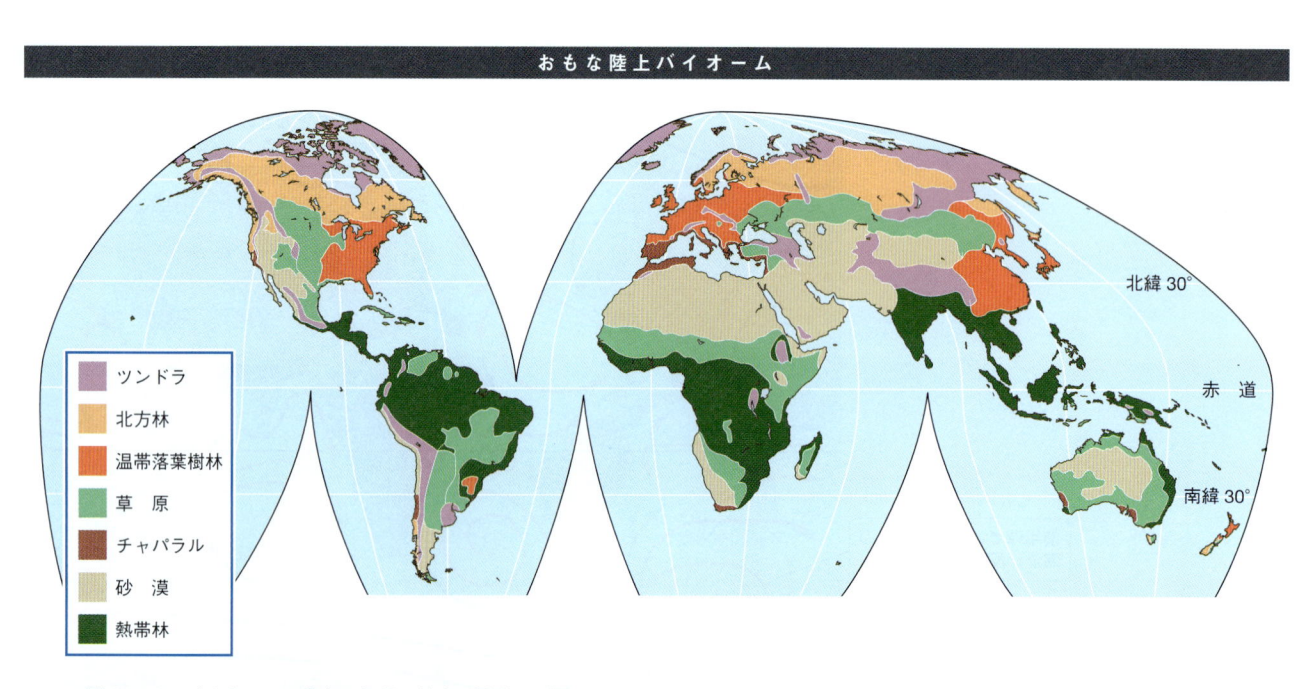

北緯30°　赤道　南緯30°

図 21・6 バイオームの分布は気候，緯度，撹乱に影響される バイオームは突然始まったり終わるものではない．その代わりに，それらは他のものに移行することが多い．暴風雨や火災，人間活動などのような撹乱がバイオームを変更することがある．

21・3 陸上のバイオーム

　気候および生態学的な特徴によって，生物圏を**バイオーム**とよばれる異なる領域に分類することができる．バイオームは複数の生態系から構成されるもので，地球の広い領域を占める．気候は生息する生物種に強く影響するので，バイオームごとに，そこに生息する植物種や動物種に特徴がみられる．

　陸上バイオームは，優占種となる植物の種類で分類されることが多い．対して，水中のバイオームは，塩分濃度などの物理的および化学的性質をもとに分類することが多い．本節で私たちが学ぶのは地球のおもな陸上バイオームで，ツンドラ，北方林，温帯落葉樹林，草原，チャパラル，砂漠，および熱帯林である（図21・6）．

陸上バイオームの分布は，気候と人間の活動で決まる

　陸上バイオームの自然な位置を左右する最大の要因は気候である．なかでも最も重要な要因は気温，降水量，降水時期である．気候によって，繁殖可能，生息可能な生物種は異なる．一般に，一定の気候条件がそろえば，その領域の温度と湿度が決まり，その生物種への影響の違いからバイオームの特性が決まる（図21・7）．陸上バイオームは，赤道から極地方向へ，山のふもとから頂上へと移動すると，それに応じて変化する．

　気候と生物種の関係は，直接的なもの，間接的なものの二つに分けて考えることができる．ある生物種が生息域の気候に耐えられない場合，その地域から締め出されるが，これが直接的な効果である．その地域の気候には耐えられるが，よりうまく適応している他種の生物がいるために締め出されることがある．これが間接的な効果である．バイオームの種類は気候によって大きく左右されるが，現実には，どんなバイオームがどのくらい分布するかは，人間の活動に非常に強く影響されることが多い．第25章で地球規模の変動について議論するので，自然のバイオームに与える人間の影響については，そこでもう一度立ち戻って考えよう．ここでは，地球の七つの陸上バイオームの特徴を紹介する．

図 21・7 温度，降水量，標高で決まるバイオーム

寒い冬と短い生育期のツンドラ

　ツンドラは，フィンランドのサーミ人の言語で"樹木のない平原"を意味する *tunturi* からきている．北極圏のツンドラは，カナダとアラスカの半分，北ヨーロッパとロシアの大半を含む北極点周辺の領域で，全陸地の約4分の1の面積を占める．似たバイオームとして，高山の樹木限界線より高い標高にある地域を高山ツンドラとよぶ．

　北極圏ツンドラでは，気温が冬季に平均約 $-34\,°C$，最低 $-50\,°C$ まで下がる．夏でも $12\,°C$ 以上には上昇せず，凍えるような寒さとなることも珍しくない．土地は1年のうち10カ月間は凍結していて，短い夏季に地下 $1\,m$ までしか融解しない．それより深い土壌層は**永久凍土層**となっている．約 $400\,m$ もの厚みの永久に溶けることのない地層である．北極圏ツンドラの降水量は，毎年 $150 \sim 250\,mm$ 程度で，一般の砂漠地帯よりも少ないが，低温のために蒸発量も少ない．夏季には氷が解け，土壌上層が融解するが，地下の永久凍土層が水はけを悪くしているので，地表部分は豊かな湿原，池，および河川となる．

図 21・8 アラスカ州のデナリ国立公園のツンドラ　ツンドラは高緯度地方や標高の高い地域でみられるバイオームである．おもな植生は，短い生育期に耐えられるような低木や草本植物だけである．

　ツンドラにおける植物の生育期は短く，永久凍土層が深い主根形成の障害となるため，大木となる樹木がほとんどない（図21・8）．植生はスゲやヒースなどの草や低木の顕花植物が多い．岩石の多い場所はコケや地衣類で覆われているところが多い．地衣類は，トナカイなどの植食者の重要な食料源となる．タビネズミ，ハタネズミ，およびホッキョクウサギのような齧歯類が生息し，ホッキョクギツネやオオカミのような肉食動物の食糧となっている．少数のクマやジャコウウシなどを除いて，大型の哺乳類はほとんどいない．夏季のみ，昆虫が繁殖し，その昆虫を食べる渡り鳥がやってくる．両生類や爬虫類はほとんどいない．

少数の針葉樹種が優占する北方林

　北方林は，陸上最大のバイオームで，モンゴル語の針葉樹林に由来する名前，**タイガ**としても知られている．北緯約 $50 \sim 60\,°$ に位置するアラスカ，カナダ，北ヨーロッパ，およびロシアの広い領域に相当し，ツンドラのすぐ南側に位置する亜北極帯も含まれる．北方林の冬季はツンドラと同じように寒く，約半年もの長い期間続くが，夏場の気温は一部の北方林では $30\,°C$ にまで達し，ツンドラの夏より長く，暖かい．通常，土壌はやせていて，貧栄養である．ほとんどの地域の降水量は少ないが，北米の太平洋沿岸では降水量の多い雨林となっているところもある．低温で水の

蒸発する速度が遅いので，北半球の北方林では，針葉樹の生育時期に十分な水分が供給される地域もある.

北方林の植生を代表するのは，針状の葉をもった球果植物（松ぼっくりなどをつける植物，針葉樹）である（図21・9）．トウヒやモミは北米北方林の最も一般的な種で，マツやカラマツは北欧やロシアで多くみられる．カバノキ，ハンノキ，ヤナギ，ポプラなどの広葉樹も，このバイオームの南方で一般にみられる．気候が穏やかで土壌が豊かな太平洋沿岸の雨林を除いて，植物の多様性は低い．北方林の大型植食者にはヘラジカやムースがいる．イタチ，クズリ，テンなどの小型の肉食動物も多く，大型の肉食動物にはヤマネコやオオカミがいる．雑食動物であるクマは，世界各地の北方林でみられる．

図21・9 北方林（アルバータ州のバンフ国立公園） 北方林は冬季には乾燥するが，夏季には温暖な気候のバイオームである．北方や高標高地域で育つ針葉樹がおもな植生となる．

肥沃な土壌と，穏やかな気候の落葉広葉樹林

温帯落葉樹林は，北米に住む多くの人にとって最も身近なタイプの森林である．ヨーロッパ，ロシア，中国，日本の広い地域のおもなバイオームとなっていて，4～5 カ月続く氷点下の冬季がある．ただし，北極や亜寒帯のバイオームほど過酷な冬季ではなく，夏季は温暖である．気温は，−30 ℃（冬季）～30 ℃（夏季）の広い範囲に及ぶ．年間降水量は，600～1500 mm の範囲で地域差があるが，年の大半を通じてほぼ均等に雨が降る．

このバイオームでは，寒い季節に葉を落とす落葉樹が支配的な植物である（図21・10）．ツンドラや北方林のバイオームよりも生物種は多様で，ナラ，カシ，カエデ，ヒッコリー，ブナ，ニレなどの木が，森林地帯で一般にみられ，陰樹低灌木や草本植物が低木層となり，地表を覆っている．マツやアメリカツガなどの針葉樹もみられるが，支配的な樹木として繁茂することはない．動物にはリス，ウサギ，シカ，アライグマ，ビーバー，ヤマネコ，ピューマやクマなどがいる．魚類，両生類，爬虫類も多い．

比較的雨が少なく肥沃な土壌の草原

草原バイオームの特徴は，約 250～1000 mm という年間降水量である．この降水量は樹木の成長には不十分であるが，砂漠ほどは少なくない中程度の量である．温帯と熱帯の両方にみられ，北米の大草原，ロシアと中央アジアの大草原地帯，および南米の大草原は，温帯草原の例である．一方，サバンナが，熱帯・亜熱帯草原の例である．アフリカのサバンナのように，低木や灌木が点在する場所もあるが，草本植物が草原バイオームの主たる植生となる．草原の土壌は，北米のプレーリーやアルゼンチンのパンパスのように，非常に深く肥沃な場所もある．その結果，現在，草原の大半は農地として利用され，世界有数の穀物産地となっているところもある．

開拓される前は，北米中部の大草原は，世界最大の面積をもった草原バイオームであった．その北部から中部の大草原は，年間 1000 mm ほどの適度な雨量があり，高さが 2 m 弱の大型のウシクサなどが繁茂していた．プレーリーとよばれたこの草原は，カナダのマニトバ州から，ダコタ州およびネブラスカ州を経て，南はカンザス州やオクラホマ州まで，東は，インディアナ州の西端まで達していた．

現在のプレーリーは，約 1 % の地域が保護区として残っているのみである．コーンフラワーやアメリカサクラソウのような草本

図21・10 ペンシルベニア州のポコノ山の温帯落葉樹林 温帯落葉樹林は，比較的肥えた土壌，雪の多い冬季，および湿度の高い暖かい夏季の気候に適応した樹木と低灌木が優占種になっている．

図21・11 コロラド州東部の草原 草原は世界中で広くみられる．草本性の植物が最も多いが，サバンナとして知られる熱帯草原には樹木の点在する地域もある．写真は低草型草原のバッファローグラス（*Buchloe dactyloides*）．

類が優位な植物である．これは，草原で自然の火災がときどき起こり，低灌木や樹木は焼失するが，草原植物の根や茎が生きたまま残るためである．ハタネズミやプレーリードッグなど，穴居性の齧歯類が土壌を掘り返してときどき空気にさらすことも，草原植物の良い生育状態を保つのに役立っている．多くのチョウ類などの昆虫，さらに北米の多様な哺乳類がみられる．

草原の西部にいくと降水量はしだいに減少し，大草原は混合草原から，モンタナ州，ワイオミング州，およびコロラド州のロッキー山脈の東部の丘陵地帯に沿って南のニューメキシコ州までの低草型の草原に変わる．ヤギュウシバなどの乾燥に強い草が支配的な植物となり（図21・11），バイソンやプロングホーン（北米のレイヨウ）などが大型の植食者となる．

湿度の高い冬と暑く乾燥した夏のチャパラル

チャパラル（**温帯低木林**）は，小型の常緑灌木や耐乾性の強い植物（図21・12）が高い密度で繁茂していて，冷えて湿気のある冬季と暑く乾燥した夏季が特徴である．地中海性気候の地域でみられる．年間降水量は250〜1000 mmである．チャパラルは地中海に面する欧州南部と北アフリカの地域，カリフォルニア州西海岸，南西オーストラリア，チリと南アフリカ共和国の西海岸にみられるバイオームである．

土壌はあまり肥沃ではなく，植物は暑く乾燥した気候に適応し，水の蒸散を防ぐために分厚い，皮革のように表面の硬い葉をもつ植物が多い．夏季に乾燥するために，山火事を非常に起こしやすい．カリフォルニア州のチャパラルには，低木ナラ，マツ，マウンテン・マホガニー，マンサニータ（ツツジ科），シュミーズブッシュ（バラ科低木）が含まれる．カンムリウズラは，チャパラルを代表する鳥である．ウサギやジリスなどの齧歯類がみられ，トカゲやヘビの種類も多い．シカ，ヘソイノシシ，オオヤマネコ，ピューマ（クーガー）などの大型哺乳類もみられる．

水分の欠乏する砂漠

砂漠バイオームは，年間降水量250 mm未満の地域で，地球の全陸地の3分の1を占める．砂漠が生物の生息を制約する最も決定的な要因は，高い気温よりも，この水分の欠乏である．

南極大陸の年間降水量は20 mm以下で，世界最大の寒冷砂漠である．対して，北アフリカのサハラ砂漠は，世界最大の高温砂漠である．乾燥した空気は熱の変動を受けやすく，毎日の温度の変動を緩和することができない．その結果，日中の気温が45℃を超えるのに，夜は氷点下近くまで低下し，寒暖の差が大きくなる．

砂漠の植物の特徴は，水分の損失を防ぐための表面積を小さくした葉である．また，サボテンのような多肉植物は，多肉質の茎や葉の中に水を蓄えることができる（図21・13）．地下水に到達するほどの非常に長い主根を伸ばす植物もいる．砂漠に生息するほとんどの動物は夜行性で，日中の暑いときは巣穴に隠れ，夜間に食べ物を探しに出てくる．ジャックウサギの大きな耳は，熱を発散する放熱器のはたらきもしている．砂漠のフェネックギツネのように，太陽光からの熱を防げるように明るい色の体毛をもつ哺乳類もいる．カンガルーネズミの腎臓は水分を再吸収する効率が高く，水分を尿でほとんど失わないようになっている．また，このネズミやラクダは，呼吸することで水分を失わないように，呼気を冷却して水分を回収する仕組みももっている．

図21・13 アリゾナ州のフェニックスの近くの砂漠 降水量の少ない地域（年間250 mm未満）は砂漠となる．写真は，ソノラ砂漠のサボテン（背の高い柱状のハシラサボテン）などの植物．

図21・12 カリフォルニア州，サンフランシスコの北側にあるチャパラル チャパラルは冬季の雨と暑く乾燥した夏季が特徴の地域で，低灌木と草本植物がおもな植生である．

高い生物多様性の熱帯林

温暖な気候と四季を通じての約12時間の日照時間が**熱帯林**バイオームの特徴である．年間を通していつも降水量が多い地域と，雨季の時期だけに限られる地域がある．なかでも熱帯雨林は年間2000 mmを超える降水量があり，年間を通して常時高湿度の地域である．暖かい気温では，生物の死骸などの有機物が急速に分解されるので，熱帯林ではほとんど腐葉土が存在しない．このバイオームの土壌は，二つの理由であまり栄養がないことが多い．一つは，栄養素の大部分が植物，特に大きな樹木の生物組織（バイオマス）として取込まれていること，二つ目は，多雨のために土壌から無機栄養源が洗い流される傾向が高いことである．

豊富な太陽光と水分のおかげで，熱帯雨林は地上で最も生産的なバイオームとなっている（図21・14）．また，生物多様性という点でもホットスポットとなっていて，現在，全地球の陸地面積の約6％を占めている熱帯雨林に，種数でいえば約50％もの動植

物がみられる．南米，特に，ブラジル，ペルー，ボリビアには，広い熱帯雨林がある．東南アジアや赤道アフリカの広い領域にも熱帯雨林がみられる．

図 21・14　プエルトリコのエルユンケ国有林の熱帯林　温暖な地域では，雨期に多量の雨が降る場合でも年間を通して雨が降る場合でも熱帯林がみられる．年間を通じて豊富な水量を供給されている熱帯林は，地球上で最も生産性の高い生態系である．樹木，つる植物，低灌木の種類も多様である．

　熱帯雨林では，現在，家畜の放牧場や農地のために伐採され更地にされるなど，深刻な環境問題を抱えている．もともと地上にあった熱帯雨林の半分以上がすでに失われていて，さらに，毎秒約 0.8 ha の熱帯雨林が消え去っている．熱帯雨林バイオームの喪失は，世界の生物多様性をもたらす多くの生息地を失うというだけではなく，重要な二酸化炭素吸収源を失うことにもなる．二酸化炭素（CO_2）吸収源は二酸化炭素を封じ込める方法のことである．おもな自然吸収源は海洋と，そして大気中の二酸化炭素をバイオマスの中に吸収して除去してくれる植物などの光合成生物である．地球温暖化は地球大気中の CO_2 の増加と関連しているので，降雨林の消失は地球温暖化を悪化させる．

21・4　水界のバイオーム

　生物は約 30 億年前に水中で進化し，水中の生態系は地球表面の面積の約 75% を覆っている．水界バイオームは，塩分濃度，水温，水深，水流の速度のような物理的環境の特徴で分類され，それぞれの水界バイオーム内は，海岸からの距離，水深，日照条件の違いで，さまざまな生息域にゾーン分けできる（例：水塊の底の部分の**底生帯**，沿岸の大陸棚など）．

　水界バイオームは塩分濃度の違いで，淡水と海水の二つの主要なタイプに分けられ，淡水バイオームの例として，湖水，河川，湿地などがある．海水バイオームとしては，河口域，サンゴ礁，干潟，沿岸域，大陸棚，外洋などがあげられる．

水界バイオームは陸上バイオームと気候の影響を受ける

　淡水バイオームのうち，湖沼，河川，湿地が，そして海水バイオームのうち沿岸部分が，それらと接する陸上バイオームの影響を強く受けている．たとえば，土地の高低差によっては，湖水の位置，河川水の流れる方向やその速度が決まる．さらに，陸上バイオームから水界バイオームへ水が排出されるときに，陸上バイオーム側から栄養素（窒素，リン，塩分など）がもち込まれることになる．河川水が陸上から外洋に運ぶ栄養分によって，外洋での植物プランクトンの増殖が促される．

　水界バイオームは気候の影響も強く受けている．気候は，海流，温度，深さ，塩分濃度を大きく左右し，そこに生息する生物に劇的な影響をもたらすからである．例として，ニュースでしばしば報道されているエルニーニョ現象を考えてみよう．エルニーニョ現象は，西から移動した温かい海水域が，南米の太平洋岸に沿った冷たいペルー海流の流れを変えることで発生する（図 21・15）．この影響は非常に大きく，魚の個体数が劇的に減少し，海鳥が大量死する．海面下で長く成長するケルプとよばれる褐藻の森が破壊され，アフリカとオーストラリアでは農作物の収量が減少する．また，西部太平洋の海水面が低下して，サンゴ礁の大量の動物が死に追いやられるなど，広範囲でさまざまな現象をひき起こす．

エルニーニョ現象

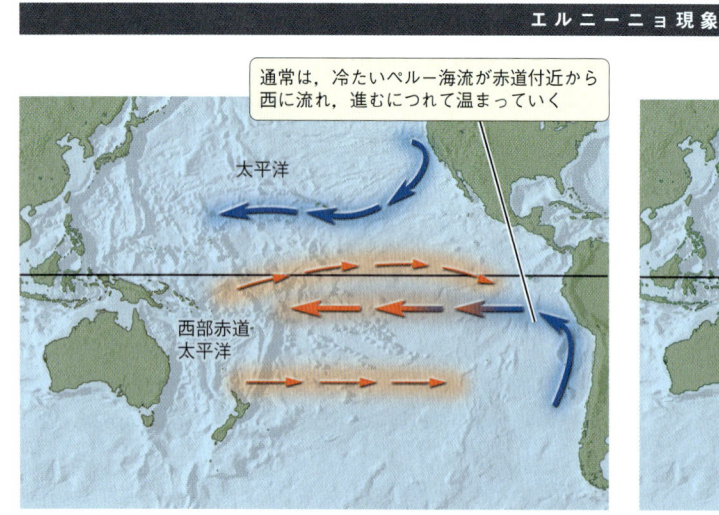

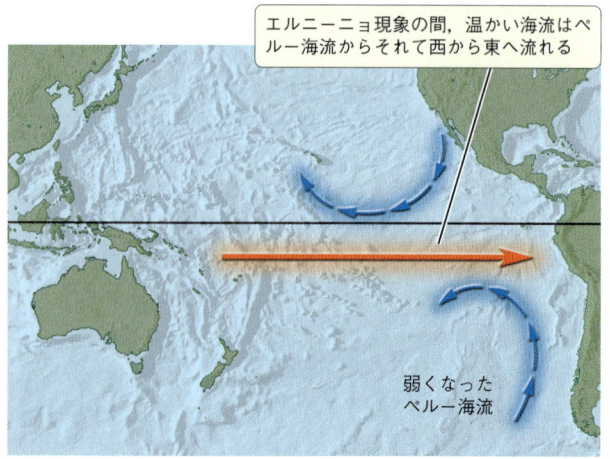

通常は，冷たいペルー海流が赤道付近から西に流れ，進むにつれて温まっていく

太平洋

西部赤道太平洋

エルニーニョ現象の間，温かい海流はペルー海流からそれて西から東へ流れる

弱くなったペルー海流

図 21・15　エルニーニョ現象での海流の変化　西からの風が強いと，暖かい表層水を西太平洋から東太平洋へ押しやる．その結果として生じる海面温度の上昇をエルニーニョ現象という（ここでは寒流を青，暖流を赤で示す）．エルニーニョ現象は，世界中の風の流れ，海面水準，降水パターンなど，さまざま変化をひき起こす．

水界バイオームへの人間活動の影響

陸上バイオームと同じように，水界バイオームも人間の活動の影響を強く受ける．特に湿原や河口域は，種々の開発事業で破壊されて，元の状態とはかなり違うものになっているところが多い．また，河川，湿地，湖沼，沿岸域のバイオームが，世界中のほとんどの場所で汚染物質の影響を受けているのは事実であろう．陸上バイオームを壊したり改変したりすることでも間接的な影響を受ける．たとえば，森林が伐採され開墾されると，その地の土壌を覆っていた木々が失われるために，土壌浸食が早まる．その結果，流出した土砂で河川が埋まり，その悪影響は，魚類や無脊椎動物などに現れ，死滅させることもある．

つぎに，淡水または海水バイオームでよくみられる湖沼，河川，湿地，河口域，沿岸域，および外洋域の六つのバイオームを個々に詳しく紹介する．

淡水バイオームとしての湖水，河川，湿地

湖水は陸地に囲まれた止水域からなり，2 ha 以上の大きさをもつものをいうとする専門家もいる（図 21・16）．湖水の生産性と生物種の分布や個体数は，栄養素の濃度，水深，および流入する河川水の影響を強く受ける．寒冷地の湖水は，通常は栄養塩濃度が低く，光合成を行うプランクトン（浮遊性の単細胞生産者）が成長できないので，澄み切った水のところが多い．逆に，栄養塩濃度の高い湖水はプランクトンが繁殖するために濁っている．温帯地域では温度の季節変化があるのが特徴で，秋や春には対流によって酸素を豊富に含んだ湖水表面の水が沈降して湖底にまで送り込まれる．こうした季節変動によって湖底の堆積物から表水層に栄養が送り出され，光合成生物の成長を促進する．熱帯地域では，温度の季節変化が少なく，湖水を混ぜ合わせるような作用は少ない．その結果，熱帯の湖底水は酸素濃度が低く，生息する生物種も少ない．

河川は一方向に絶え間なく流れる淡水域である．物理的な特性は，流れに従って徐々に変化する．氷河，湖沼，または湧水が水源となり，水源域では，流速は速く，水温も低い所が多い．一般的に気体分子は低温の方が水への溶解度が高い．また，急流や浅瀬の起こす乱流のために空気と水がよく混合されるので，上流部河川水の O_2 濃度は高くなっている．河口に近づくと，川幅は広くなり，流れは遅く，水温は上昇し，溶存酸素が少なくなる．

植物が水面下で根を張り，茎葉が水面上に現れるくらい浅い水

生活の中の生物学

すり減っている: 地球のオゾン層シールドの破壊

オゾン層は，約 10～50 km の高さで私たちの惑星を取囲む大気圏の一部である．この大気層はオゾンとよばれる気体（O_3）が比較的豊富にあり，DNA に有害な太陽からの紫外線を 99% 防いでくれる．オゾン分子は紫外線が大気中の酸素分子（O_2）に当たると生成され，その時に放出された酸素原子（O）が酸素分子（O_2）と結びついてオゾン（O_3）を生成する．

1974 年，Mario Molina と F. Sherwood Rowland は，スプレー缶に広く使われているクロロフルオロカーボン（CFC）が地球のオゾン層を破壊しつつあるということを警告する重要な論文を書いた．これらの有機汚染物質の塩素原子はオゾン分子（O_3）と相互作用して，副産物の一つ（一酸化塩素，ClO）が多くのオゾン分子と反応することで，さらに何千ものオゾン分子の破壊をもたらす連鎖反応の引き金となるのである．CFC 分子一つで約 10 万個のオゾン分子を破壊することができる．こうした連鎖反応を通してオゾンが減少し，保護層は薄くなっている．

他の大気汚染物質と同様に，高層大気の複雑な気流パターンは CFC を極地上空に集める傾向がある．オゾンの減少の結果，極地上空のオゾン気柱に"穴"（オゾンホール）ができてしまった．高層大気が低温であるため，非常に反応性の高い塩素原子を生み出す化学的過程が進んでしまう．CFC の蓄積とオゾン破壊は，南半球を覆っている風パターンのため，北極に比べて南極の方が特に深刻な傾向があり，南半球の春（9 月）に特に著しい．

オゾン層が薄くなることによる結果として予想されることは，皮膚がんの発病率が高くなること，穀物によっては生産量が減少すること，植物プランクトン（すべての水生生物が食物として依存している小さな光合成の水生生物）の個体数の減少などがある．植物プランクトンの減少は，魚の個体数減少をもたらしうる．CFC 汚染とオゾン層破壊の関係が発見されて，CFC の生産と使用を段階的に廃止するための国際条約（モントリオール議定書）につながった．1987 年の条約調印以来，オゾン層破壊の速度は減少したが，オゾン層は決して回復していない．国連加盟国は，CFC を段階的に減らして 2030 年までに全廃すると約束した．

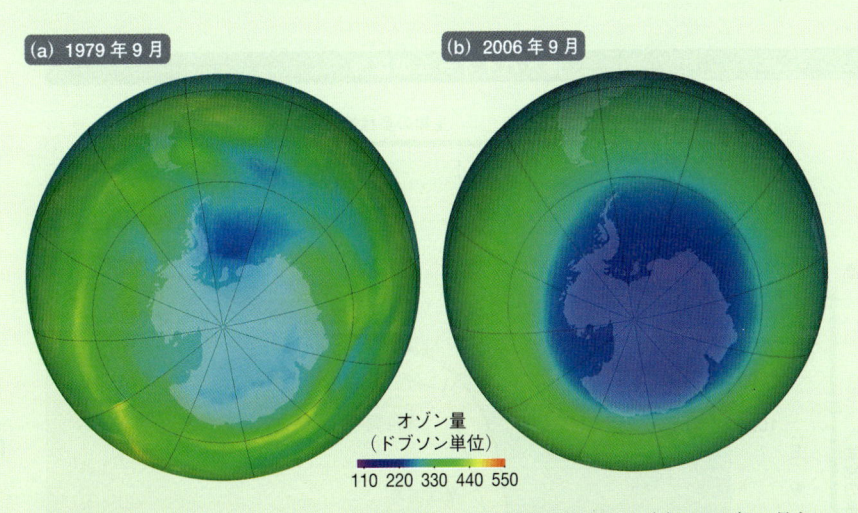

(a) 1979 年 9 月　　(b) 2006 年 9 月

オゾン量（ドブソン単位）
110　220　330　440　550

南極のオゾンホール コンピュータ処理された地球南端の地図で，(a) 1979 年 9 月と (b) 2006 年 9 月の月間における，南極大陸上空の気柱でのオゾンの総濃度を表す．オゾン濃度は NASA のオーラ衛星搭載の機器で測定された（ドブソン単位）．オゾンの"穴"ではオゾン層が非常に薄く，150 ドブソン単位以下にまでなっている（濃い紺色）．2006 年の南極上空のオゾンホールは，7500 万 km² という記録を残した．1979 年 9 月の画像は上層大気内のオゾンの大きな消失以前のほぼ正常な状態を示している．極地上空のフロン濃度が気象条件によって複雑に影響されるので，オゾンホールは年ごとに増えたり減ったりする．

深となっているのが**湿地**の特徴である．排水の悪い泥炭地などの場合，水流がよどんでいるために溶存酸素が少なく，酸性のpHとなっている所が多い．そのような湿地は，栄養源も少なく，生産性や種の多様性も乏しい．対照的に，草の豊富な場所，樹木や低木が多くみられる湿原もある．そのような湿原・沼沢地は，植生が豊富で生産性も高い．

河口や沿岸は海水バイオームのなかでも生産性の高い地域

海水バイオームは，地球表面の約4分の3を占める地球上で最も広いバイオームであり，人にとって，他のすべてのバイオームにとって，そして地球にとって非常に重要な場所である．その膨大な広さのため，陸上の生産者すべてを合わせたより，外洋の光合成プランクトンの方がより多くのO_2を放出し，より多くのCO_2を吸収する．また，陸上バイオームに降る雨のほとんどは，世界の外洋表面から蒸発した水である．

河口域は，海水バイオームのなかで最も水深の浅い領域である．河口は，河川が海に流れ込む領域で，一定の干満周期で淡水と塩水の混ざり合った流れが起こるのが特徴である．毎日の，あるいは季節的な塩濃度変化に耐えられる生物だけが，河口の恩恵を受けて繁栄できる．水深は潮流と河川の洪水などにもよって変動するが，通常は，太陽光が底面に達するくらい浅い．その豊かな太陽光と河川で運ばれる栄養源，さらに，水流によって栄養豊富な堆積物が定期的に撹拌されるので，多様で豊富な光合成生物群集が繁殖できる環境にある．一般に，スゲ類などの草本が河口域では最も多い優占種となる植物である（図21・17）．生産者は，甲殻類，貝類，魚類などの多種多様な無脊椎動物・脊椎動物に食料と隠れ場所を提供し，河口は地球上で最も生産性の高い生態系の一つとなっている．

大陸の縁に相当し，陸が海中に向かう延長線上，海岸線から大陸棚の縁までの領域を**沿岸域**という（図21・18）．沿岸域は，栄養素と酸素が豊富で，生産性の高い海水バイオームの一つである．河川水によって運ばれた，あるいは周辺の陸から洗い落とされた

図21・16 湖水，河川および湿地 湖水は陸に囲まれた止水域からなる．大きさは2 ha～数千 km²までさまざまである．それに対して，川は一方向に絶えず動き続ける淡水域である．湿原や沼沢地は，河川，湖水，海水の近くにみられるバイオームである．遅い水流と浅い水深が特徴である．

図21・17 河 口 河川が海に流れ込む場所．潮の干満の影響を受け，海水バイオームの一つに分類される．写真は，米国メイン州のレイチェルカーソン野生生物保護区の塩沼．

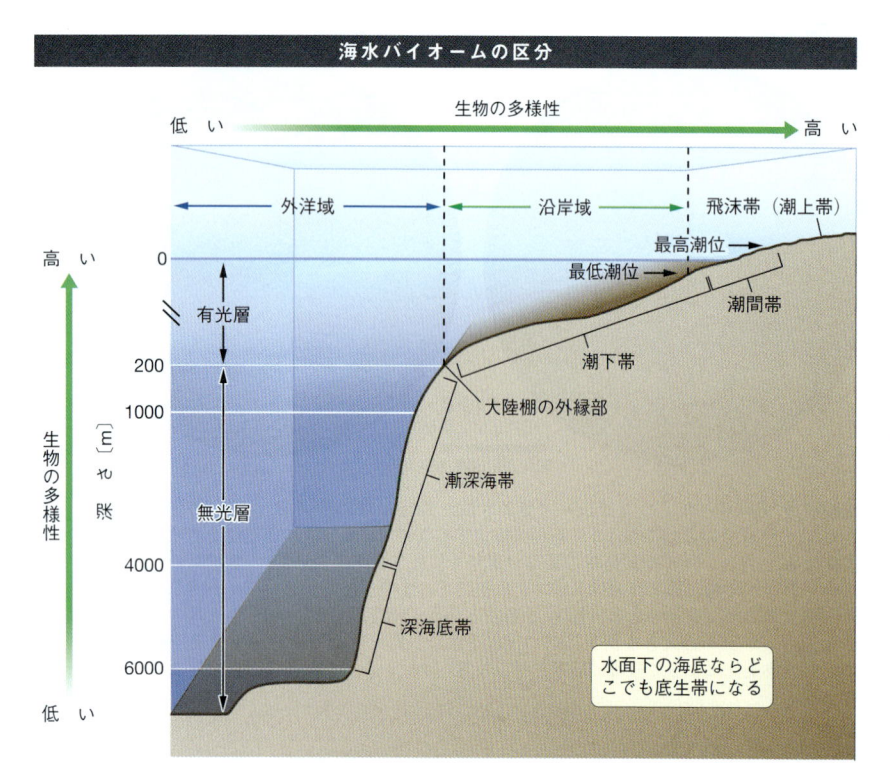

図21・18 沿岸から深海域までの海水バイオーム 海岸線から外洋域（海洋域）までを示す模式図．沿岸域は，大陸の延長上，海岸線から大陸棚までをさす．水深が深くなると，生産者が必要とする太陽光が届かなくなり，生産性や生物の多様性が低下する．太陽光の到達する層（有光層）は，水深約200 mまでである．太陽光は微弱な光となって水深1000 mまで到達はするが，さらに深い海域は完全な暗黒の世界，無光層となる．通常，沿岸から離れると，栄養素の量も少なくなるため，生産性も減少する．外洋は太陽光が豊富であるが，沿岸域に比べると生産性は低い．外洋の最深層（深海域）は，最も生産性の低い場所である．

栄養素は，沿岸地域に沈んで蓄積されている．この栄養素は，波の運動や，潮の干満，および嵐などによって発生する乱流で撹拌されて，水深約80 mまでの沿岸域上層に繁殖する光合成生物（生産者）へと供給される．風と波によって海水が空気とよく混ざり合い，酸素濃度も豊富である．地球の海洋生物の大半が沿岸域に生息し，当然のことながら，世界で生産性の高い漁業のほとんどは海岸沿いに位置している．

潮間帯は，沿岸域に最も近い海岸の一部，海と陸地が接触する場所で，最も高い満潮の到達点と，干潮の最低点の間の領域である．

潮間帯は，生息する動植物にとっては厳しい環境である．なぜなら，毎日2回，定期的に海水に没し，その後，乾いた空気にさらされるという大きな環境変化に対処しなければならないからである．そのうえ，荒波や砂礫が打ち寄せる破壊力にも耐えなければならない（図21・19a）．潮間帯の上層に生息する生物は引き潮のときに表に現れるので，海岸に生息する鳥や他の動物の捕食の対象となる．このような難題があるにもかかわらず，海藻類，ゴカイ類，カニ・エビなどの甲殻類，ヒトデ，イソギンチャク，イガイなど，多様な群集が適応して生活している．

沿岸域のうち**底生帯**（海底域）は，水深約200 mで，生物の死骸，腐敗物などの有機物（**デトリタス**という）が豊富に堆積し，比較的安定した環境となっている．この海域のデトリタスは，海綿，ゴカイ類，ヒトデ，イソバナ類（サンゴの仲間），ナマコ，および多くの魚類を含む多種多様な消費者を支える食物網のもととなっている（図21・19b）．

海水バイオームの生産性と栄養素の制約

外洋または**外洋域**は，約60 kmの沖合の大陸棚の端，沿岸域が終わる場所から始まる．外洋域は，まだ詳しく知られていない広大で複雑な生態系である．外洋の表層部は，太陽光が豊富で酸素が十分に供給されているものの，栄養素が乏しいので，河口域や沿岸域より生産性が低い．デトリタスがいったん海底に沈降すると，海水面部分と混ざり合うことがなく，深海だけに蓄積するためである．

大陸棚が終わる場所では，海底が約6000 mもの深さまで急激に下がり，冷たく，太陽光の届かない暗い水域，**深海域**となっている．深海域は，高い水圧と低温（約3℃）のために，生物にとっては非常に厳しい環境である．しかし，深海域でも地殻が活発に活動している熱水噴出孔周辺には，アーキアと無脊椎動物がつくる複雑な生物群集が発見されている．海底熱水噴出孔は海底の割れ目で，溶存ミネラル（硫化水素など）を豊富に含む温水を放出していて，このミネラルからエネルギーを抽出できるアーキア（図2・11参照）や単細胞の原核生物が生産者となり，ゴカイの仲間であるチューブワーム（図21・19b），ハマグリ，エビなどの無脊椎動物をサポートする独特の食物網をつくっている．

■ これまでの復習 ■

1. どんな環境要素が，地域の気候を決めているか．気候はどのように生物に影響しているか．
2. 水界バイオームで，生物に影響を及ぼす物理的条件をあげよ．

---

1. 太陽光の入射量，降雨量，および海流によって気候が決まる．気温，特に気温と水分（湿度）は，生物種の個体数や多様性に大きく影響を与える．
2. 水温，水圧，水流の運動，および光の透過度．

学習したことを応用する

侵入するカワホトトギスガイはどのように生態系全体に害を及ぼすのか

米国の港にバラスト水を排出する国際貨物船は，北米の水路にユーラシア産カワホトトギスガイを移入してしまった．数百万の，長さ3 cmたらずの小さな貝は，五大湖から始まり，湖沼と河川に住み着き，カリフォルニアまで娯楽用の釣り舟に乗って移動した．カワホトトギスガイは在来種と競争し，工場と発電所の冷却パイプをつまらせる損害をもたらし，生態学的にも経済的にも損害をひき起こす．

カワホトトギスガイは，水から藻類や有機物質を沪過して摂食して生活する沪過摂食者である．カワホトトギスガイが五大湖の水をきれいにしたために，他の水生生物種の食べ物がほとんどなくなってしまった．幾千ものカワホトトギスガイが在来種カラスガイに付着することで，在来種が沪過摂食するのを邪魔してしまう．セントクレール湖とエリー湖では在来種カラスガイはすべていなくなった．

新しい環境に導入されて大きな被害をもたらようになる種は"侵入種"とよばれる．一般に侵入種は，その原生地の環境（彼らが進化してきた環境）では有害なことはひき起こさない．たとえばカワホトトギスガイは，カスピ海や黒海やロシア南東部の淡水河川が原産地である．そこでは多様な捕食者や寄生者がカワホトトギスガイを捕食したり寄生したりするように適応しており，生息数を抑えている．しかしヨーロッパと北米ではカワホトトギスガイを捕食する動物はほとんどなく，個体数は激増してしまう．

図21・19 海水バイオーム (a) 潮間帯．毎日，潮の干満で，定期的に水面下に沈む沿岸域を潮間帯という．(b) 底生帯．海水，河川，湿地，河口，沿岸地域，および外洋域の底面に位置する底生帯は，多様な消費者の生息地となっている．上層の水域から沈降してくる生物の死骸を食べる消費者が多い．

(b) 深海底生帯にある熱水噴出孔にいるジャイアントチューブワーム（*Riftia pachyptila*）

生態学者は世界中の有害な侵入種について何百例もの目録を作成している．しかしすべての侵入種がカワホトトギスガイのように有害であるというわけではない．たとえば，カリフォルニアは4200種の在来植物と1800種の外来植物の生息地である．1800種の外来植物種のうち，有害な侵入種と考えられているのは200種だけである．研究者は，その植物がどれくらい広がりやすいか，あるいは在来植物群落にどのような影響力をもっているか，などからなる13の基準に照らして，残りの1600種（約90％）は侵入的とはいえないと結論づけた．問題は200種の侵入種がほとんど制御できないということである．

生物圏における人の影響は侵入種の導入だけに限られたものではない．河川をダムでせき止めるとき，道路と分譲地で景観をバラバラにするとき，あるいは最上位の捕食者であるハイイロオオカミを除くとき，問題が私たちの上にのしかかってくるまで予想できない状況をつくってしまう．ダムは魚が遡上して産卵するのを妨害することがありうるし，栄養豊富な沈泥が河口に移動するのを止めてしまうことがありえる．道路と住宅地によって，動物が採餌するため，繁殖するため，あるいは他の個体群に遺伝子を運ぶために自由に移動するのを妨げられる．北米海岸沖の海では，ラッコが減ったためにウニの大発生をもたらし，そのためにケルプの森の生態系が破壊された．

生物圏は多くの生物種と生態系の関係が相互につながるネットワークである．私たちが生物圏の一つの部分を変化させることは，必然的に別の部分をも変更することになる．たとえば，米国と中国が石炭を燃やせば，世界中の大気中の二酸化炭素濃度を上げ，地球温暖化や全地球上の海洋酸性化の原因となる．大気と水の流れが世界中の汚染物質を運び，遠い生態系の破壊をひき起こすことがある．農業排水が川に流入し，豊かな沿岸生態系に汚染物質を運ぶ．

人間が大勢で天然資源を激しく開発すれば，必然的に自然界に破壊をもたらす．それでも，私たちは生物圏を理解し始めている．私たちは，現在の環境問題を解決し，将来の環境問題を防ぐために，生物圏のはたらきについての知識をどのよう活用することができるのだろうか？私たちはこうした質問に対する簡単な答えをもっていないが，つぎの四つの章では，生態学的原理の適切な理解が，公衆の意識や市民の圧力や政治的意志と組合わさることによって，過去の環境的な過ちを正して，未来に生じうる同様の失策を予防することにどのように役立つかを検討する．

章のまとめ

21・1 生態学：生物と環境の複雑につながった ネットワークを理解する

- 生態学は生物と環境の間の相互作用を研究する分野である．私たちと周りの自然との関係を理解するのに役立つ．
- 生物は環境に影響を与え，また環境から影響を受けている．周囲の物理的な環境だけではなく，他の生物にも影響し，その結果，他の生物と環境との関係にも影響を及ぼす．
- 生物と環境との間には，相互に複雑につながったネットワークのような関係がある．
- 生物圏を構成するものの間には，複雑相互依存の関係があり，生物圏に影響する人間の活動が予測できない副作用をひき起こすこともある．

21・2 気候が生物圏に与える影響

- 短期間の局所的な大気下層の物理条件を気象という．気候とは，その地域の長期的にみたときの気象条件をさす．
- 気候は入射する太陽光放射量に影響される．熱帯地域が極地よりもずっと暖かいのは，赤道付近では太陽光が地表に垂直に照射されるのに対して，極地付近では斜めの浅い角度となるためである．
- 地球上には方向の安定した空気の流れである四つの巨大対流セルがあり，この気流の流れが気候に大きな影響を与える．
- 人間の活動は気候に影響を与え，生物圏のほとんどあらゆる面に影響をもたらす．
- 海流は大量の水を運び，各地の気候に大きな影響を及ぼすことがある．山のつくる雨陰のように，気候は地表の地形に大きく影響される．

21・3 陸上のバイオーム

- 気候は，陸上バイオームの分布を左右する最も重要な要因である．気候に耐えられるかどうかで直接的に，あるいは間接的に他の適合した生物種との競争によって，その気候に生息できる生物種が決まる．
- 人間の活動は，陸上バイオームの分布や場所に大きく影響する．
- 主要な陸上バイオームとして，ツンドラ，北方林，温帯落葉樹林，草原，チャパラル，砂漠，および熱帯林がある．

21・4 水界のバイオーム

- 水界バイオームは，温度，塩分濃度，水流などの物理的環境条件によって分類されている．
- 水界バイオームは周囲の陸上バイオームや気候，そして人間の活動に強く影響される．
- 水界バイオームは塩分濃度の違いで，大きく，淡水と海水のバイオームに分けられる．淡水バイオームには，湖水，河川，湿地などが含まれる．海水バイオームには，河口，沿岸域，外洋が含まれる．
- 川でのダム建設，あるいは芝生や畑地での肥料や殺虫剤の使用のような人間の活動は水界バイオームに影響を与える．

重要な用語

生物圏（バイオスフィア）（p.371）	チャパラル（温帯低木林）（p.377）
生態学（p.371）	砂漠（p.377）
気象（p.372）	熱帯林（p.377）
気候（p.372）	底生帯（p.378）
対流セル（p.373）	湖水（p.379）
雨陰（p.374）	河川（p.379）
バイオーム（p.375）	湿地（p.380）
ツンドラ（p.375）	河口域（p.380）
永久凍土層（p.375）	沿岸域（p.380）
北方林（タイガ）（p.375）	潮間帯（p.381）
温帯落葉樹林（p.376）	外洋域（p.381）
草原（p.376）	深海域（p.381）

復習問題

1. 通常，生態学の研究対象とはしない生物学的階層レベルは，

つぎのどれか.
  (a) 生態系 (b) 生物群集 (c) 細胞小器官 (d) 個体群
2. 地球大気は，暖かく湿気を帯びた上昇気流と冷たくて乾いた下降流からなる四つの安定した区域に分割できる．その区域はどれか.
  (a) 温帯セル   (c) 雨陰セル
  (b) 緯度のセル   (d) 巨大対流セル
3. 生物圏を構成しているのは,
  (a) 地球上の全生物である．
  (b) 生物が生息する環境である．
  (c) 地球上の全生物とそれが生息する環境である．
  (d) 上記のいずれでもない．
4. 気候のうち，陸上バイオームの分布域に強く影響する要因は何か.
  (a) 雨 陰 (b) 温度と降雨 (c) 温度だけ (d) 降雨だけ
5. 太平洋の温かい海水面上を経てアメリカ大陸に来る西風は，暖かく湿っている．この気流が，冷たいペルー海流の上に来たときに，何が起こるか．雨陰に起こる現象を参考にして答えよ（図21・15参照）.
  (a) エルニーニョ現象が発生する．
  (b) 海流からの水分をさらに獲得する．
  (c) 暖かくて湿度の高い空気が冷えて，雨が降る．
  (d) 暖かくて湿度の高い空気は冷えるが，雨は降らない．
6. 地球上の広い地域を占め，独自の気候と生態学的特徴をもつものはどれか.
  (a) 集 団 (b) 群 集 (c) 生物圏 (d) バイオーム
7. 大気圏上層のオゾン層は,
  (a) 塩素原子と反応して減少する．
  (b) 人工的な汚染物質が蓄積してつくられる．
  (c) 1960年代から厚みが増している．
  (d) 現在，南極で最も厚く，赤道近くでは薄い．
8. 北極圏ツンドラのバイオームでは，夏季には，湿地，湖水，および河川が増える．その理由はどれか.
  (a) 永久凍土層が完全に溶け，大量の水が放出されるため．
  (b) 雪と氷が溶けて水となるが，下層にある永久凍土層によって水の逃げ場がないため．
  (c) 北極圏の降水量が多く，毎年2000 mm以上あるため．
  (d) ツンドラの樹木が，湿った沼地で最もよく成長するため．
9. 温帯落葉樹林を示しているのはどれか.
  (a) 冷えて湿気のある冬季と暑く乾燥した夏季をもつ．
  (b) 頻発する火事によって維持される．
  (c) 針葉樹が支配的な植生ではない．
  (d) ヨーロッパ人が定住する以前のネブラスカ州などの大平原の大半を占めていた．
10. 河口の生産性が高い理由は，つぎのどれか.
  (a) 大きなバイオマスである樹木や低灌木が中心になっているため．
  (b) 河川で運ばれた栄養素があり，また，潮の活動によって沈殿物が攪拌されやすいため．
  (c) 沿岸地域で，最満潮点と最干潮点の間に位置しているため．
  (d) ミネラルからエネルギーを取出すアーキアが特に豊富にいるため．

分析と応用

1. 本章では，生物圏の生物と物理的環境との関係は，"互いにつながったネットワークを形成する"と表現した．生態学者が，このように考える理由は何か．生物と環境の間の相互作用を示す例をあげよ．
2. 全地球的な大気や水の流れがあるために，ある地域で発生したことが遠くにまで影響を及ぼすことを，自分の言葉で説明せよ．ある地域で起こった生態学的相互作用が，遠く離れた場所に影響する例をあげよ．
3. 主要な陸上バイオームを七つあげよ．あなたが住む地域の100 km以内に位置するバイオームはいくつあるだろうか．そのうちの一つを取上げ，気候および生態学的な特徴は何か，またその特徴が，そこに生息する生物にどのように影響しているか説明せよ．
4. つぎの記述について，例を示し説明せよ．"砂漠の生き物にとって問題となるのは，高い温度でなく，乾燥である．"
5. なぜ砂漠の植物は熱帯雨林原産の植物に比べて一般的に葉が小さいのかを説明せよ．砂漠の動物の適応について述べよ．
6. 春と秋の循環が温帯域における湖水の生産性をどのように高めているのかを述べよ．
7. 河口域や沿岸域が生産性の高いバイオームとなるのはなぜか．外洋が，これらの二つの海水バイオームより生産性が低い理由を述べよ．

ニュースで見る生物学

Our Ocean Backyard: Lost Cargo Tracks Ocean Currents
By Gary Griggs

身近な海：漂流する貨物は海流をたどる

海岸の海流は季節や風に応じて，ある時は北へ，ある時は南へ，ある時には陸に向かって，ある時は沖に向かって，いろいろな方向に周りのものを流す．

栄養分でもプランクトンでも，汚染物質でも難破者でも，流出した油でも漂流物でも，海流は何千 km も物を運ぶことができる．表層の海流は風によってひき起こされ，総じて太平洋，大西洋，インド洋の海流パターンはよく似ていて理論的にも理解されている．カリフォルニア州とオレゴン州の浜辺で落とし物を捜す人が定期的に日本の釣り用の浮きを見つけるが，それと同じように今後数カ月間か数年間，私たちの海岸では，3月に日本を襲った津波で沖合に流されたゴミを見かけるようになるかもしれない．

1992 年 1 月 29 日，大きなコンテナ船がワシントン州タコマに向けて香港を発った．数千 km の航海の間，日付変更線付近で，冬の太平洋では珍しくない嵐に出会い，12 の輸送コンテナを失ってしまった．

そのうち一つには，黄色いアヒル，青いカメ，緑のカエル，赤いビーバーといった中国製のプラスチックのお風呂おもちゃ 29,000 個が積まれていた．このコンテナが壊れたことで，水に浮かぶおもちゃは海流に乗っていろいろな方向に運ばれ，驚くような場所にまで到達した．

最初の上陸は 10 カ月後で，アラスカ南東部の浜辺におもちゃが 100 個以上打ち寄せられた．約 4 年後の 1995 年秋，数千個の漂流物は北太平洋全体を中心に反時計回りに回った後，元の落とされた場所を通り過ぎて，アラスカとソ連の間のベーリング海峡を通過していった．

このグループは北極海を東に向かって流れて，氷に捕まった．

同時にもう一つのグループのプラスチックおもちゃは南へ流され，南米の海岸にたどり着いたものや，インドネシアやオーストラリアの浜辺にたどりついたものもあった．

氷に付いて北極海を移動したものには，2000 年に大西洋に到達して，そこで氷が解けて南に向かって移動するものも出てきた．すぐにメイン州からマサチューセッツ州にかけての波の中でプラスチックのアヒルが揺れているのが見かけられた．海に流れ出してからおよそ 10 年後の 2001 年には，タイタニック号が沈んだ海域にまで到達したものが確認された．

世界中を旅したお風呂のプラスチックおもちゃの話からわかることは，私たちが海に落としたもの，特にプラスチックでできたものはなくなってしまわないということである．この瞬間，世界の海運業では平均 500〜600 万の海運コンテナが運ばれていて，毎時間そのうち一つが船から海に落ちている．また，人間が生み出した廃棄物が何トンも船から意図的に投棄されて，海洋や河川に捨てられている．

もし人が作り出したプラスチック製品が長持ちすることに疑念があるのなら，太平洋のテキサス州くらいの大きさの，太平洋ゴミベルトという，毎年海流によってゴミが運ばれてくる海域を見るだけでよい．プラスチックのほとんどは壊れて無数の小さな破片になっているが，プランクトンの密度よりもプラスチックの密度の方が高い海域もある．

お風呂のおもちゃの話は，温かい水でも冷たい水でも，栄養分でも，丸太や藻類マットのような自然物でも，海流には物体を地球の裏側にまで運んでしまう力があることを示すものである．遅かれ早かれ，海流はどんなものでも運び去ってしまう．プラスチックのおもちゃはアラスカ，北極海，南米，オーストラリア，インドネシア，そしてヨーロッパまで旅した．魚や細菌から汚染物質まで，どんなものでも同じように世界中を旅する可能性があると考えてよいだろう．

このニュースを考える

1. 細菌などの生物は有機物を分解して，新しく植物や動物の体の材料をつくり出す．それに対して，ほとんどのプラスチックは，太陽光線の紫外線によって光分解を受け小さな破片となるが，水生動物がその破片を摂食することがある．どんな種類の水生動物がプラスチックの破片を摂食するだろう？ 食物連鎖の中でより上位の動物にはどんな影響があるだろう？
2. この記事の作者は日本の巨大津波の漂流物が，お風呂のおもちゃが見つかった場所と同じ場所に打ち上げられるかもしれないと示唆している．お風呂のおもちゃについての記述にある時間経過を用いて，2011 年 3 月の津波による漂流物が違う場所でいつみられるかを推定せよ．
3. 太平洋ゴミベルトは 1988 年の論文で科学者がその存在を予測するまでは，実際には観測されていなかった．これほど巨大な大きさと密度なのに，何 km も海に浮遊する何百もの小さなプラスチック破片からなるため，衛星写真では見えなかったのだ．研究者はどのようにして太平洋ゴミベルトの大きさと深さを決定できたのかを討論せよ．

出典：*Santa Cruz Sentinel*，2011 年 5 月 7 日，http:www.santacruzsentinel

22 個体群の成長

MAIN MESSAGE
永遠に成長を続ける個体群はない．

イースター島の悲劇

最も近い大陸から320 km離れ，隣の島まで2000 km以上ある南太平洋の美しい亜熱帯島に住んでいることを想像してみよう．海風は穏やかで気温も天気も和やかである．島には30種の海鳥が営巣し，ヤシと花樹の森にはオウムやサギなどの鳥が営巣している．グンカンドリが頭上で旋回して，他の海鳥から魚を盗む．海には海生生物が豊富で，土地は肥えていて，人間の家族は野菜とニワトリを育てている．

ロマンチックに思えるかもしれないが，長さ24 kmしかない島で，人口増加が制御できなくなったときのことを想像してほしい．皆にゆきわたるだけの食物はなく，木のほとんどすべてが切り倒され，そして，木材なしでは島民が逃げるためのボートを作ることさえできない．イースター島はそんな場所だったのだ．

今日，イースター島は面積166 km^2，ミズーリ州セントルイスの大きさと同じくらいの，小さな不毛な草原である．この島は森を失い，肥沃な土壌を失い，豊富な雨量まで失った．祖先を表現している古代の石像は高さ9 m，重さ75 tもあるものもあるが，島の周囲に約1000基が散らばって立てられている．モアイとよばれるこれら石像のなかには，まっすぐ立てられたものも，彫っている人が途中で道具を放り投げたかのように未完成なものもある．完成したものの草の上に倒れたままで壊れているモアイもある．100基以上ものモアイが海岸に沿って散らばったままである．

> **?** これらの像を作ったのは誰だろう？ 作った人々に何が起こったのだろう？ 森と鳥に何が起こったのだろう？ そして地球人口について，私たちはどんな教訓を当てはめることができるのだろう？

本章では，個体群生態学の核心的な課題，個体群サイズが，どのように，そして，なぜ増加したり減少したりするのかという個体群生態学の中心的なトピックについて紹介しよう．そして，章の終わりに，もう一度イースター島の物語に戻ろう．生物圏が支えきれないほどの多量の資源を人類が利用したとき，何が起こるのかを考えてみよう．生物圏は，私たち皆を養い続けることができるのだろうか？

イースター島はかつて緑豊かな森に覆われていた はるか昔，ラパヌイ人は，家を建てるために，料理の燃料にするために，写真の巨大石像を運ぶためにイースター島ですべての木を切り倒した．持続可能性のない資源利用は生態系崩壊につながり，かつて島で生活した数千人のラパヌイ人の生活を支えることはもはやできなくなった．

基本となる概念

- 個体群とは，特定の地域内に住み，相互作用し合う，単一生物種の個体の集まりをさす．
- 個体群サイズ（個体群のなかの同種個体の数）は，出生数と転入数が死亡数と転出数よりも多い場合に増加し，その逆の場合に減少する．
- ある世代から次の世代への増加の割合が一定のとき，個体群サイズは指数関数的に増加する．
- 個体群成長は無制限ではなく，最終的には，空間と食物の不足，捕食者の存在，病気，環境劣化などの要因によって制限される．
- 個体群サイズは成長パターンにはいくつかあり，指数関数的増加（J字カーブ），ロジスティック増加（S字カーブ），および周期的な変動，不規則な変動がある．
- 世界の人口は指数関数的に増加しつつある．急速な人口増加は無制限には続けられない．増加の歯止めをかけるのは，私たちがみずからか，あるいは環境要因のいずれかである．

特定の環境にどれくらいの生物が生息できるのか？ それはなぜなのか？ 生態学が生物と環境の間の相互作用を研究する分野だということはすでに紹介したが（第21章で学んだ），特定の場所でどれくらい数の生物がいるのかという問題は**個体群生態学**にかかわることである．これらの問いに答えることは，自然界をよく理解するのに役立つばかりでなく，希少種の保護や有害種の駆除のような現実問題を解決するためにも大切である．個体群を構成する個体の数を左右する因子を考えるうえで，まずはじめに，個体群とは何かを定義することから始める．そして，時間とともに個体数がどのように変動するのかについて解説した後，人口問題を含め，あらゆる生物の個体群が直面する個体数増加の限界について考えよう．

22・1 個体群とは何か

個体群とは，ある特定の領域に生息し，相互作用し合う，単一生物種の個体の集まりをさす．たとえばイースター島の場合，ヒトの個体群とは，その島の全住民である．

個体群中の同種個体の数を示す言葉として，**個体群サイズ**（全個体数），または，**個体群密度**（単位面積当たりの個体数）という言葉が使われる．個体群密度は，個体群サイズを総面積で割り算したものである．イースター島の例で考えてみよう．1500年の住民は7000人であった．島の面積は166 km^{2}なので，個体群密度は42人/km^{2}となる（7000÷166 = 42）．つまり，1500年にイースター島に住んでいた人の密度は，2010年の米国の密度（33人/km^2）より高い密度，日本のものと比べると，北海道（約70人/km^2）の半分程度であった．

イースター島の場合，一つの島であるために境界線が明確で，また，ヒトの数は明確に数えやすいので，個体群の例としてわかりやすい．しかし，一般には，個体群のサイズや密度を決めるのは難しいことが多い．たとえば，農作物に被害を与えるアブラムシの個体群が増えつつあるのか，減りつつあるのか，農家が調べようとするときのことを考えてみよう（図22・1）．アブラムシは小さい昆虫で，何匹いるのか数えるのが大変である．さらに重要な点として，アブラムシの個体群をどう定義すればよいかよくわからない．また，"ある特定の領域"は，この場合どのような範囲だろうか．アブラムシは長距離を飛んで移動する有翅型の個体も産出するので，どのアブラムシを数えればよいのだろうか．その農家の畑にいるアブラムシだけを数えればよいだろうか．隣の畑のアブラムシは数えなくてよいのだろうか．

このように，どれが一つの個体群となっているのかは，一般にイースター島の例ほど単純ではない．個体群を定義すべき地域は，問われている疑問が何であるのか，そして，その生物がどの範囲で，どれだけ速く移動するかなど，問題となる生物の特性によっても変わってくるのである．

22・2 個体群サイズの変動

あらゆる個体群サイズは変動する．増大することもあれば，減少することもある．たとえば，ある年，降水量が多く植物がよく生育し，ネズミの個体数の増加をひき起こすかもしれない．しかし，翌年には，干ばつと食物不足が原因で，ネズミの個体数が激減するかもしれない．このような生物の個体群サイズの変動は，人間に対しても重大な影響を与えることがある．たとえば，米国

アブラムシはその口器を植物に挿入し，栄養分を吸うことで植物に被害を与える

このバラには多数のアブラムシが群がっている

図22・1 農作物に大きな被害を与えかねないアブラムシ　アブラムシは植物の葉・茎の液を吸う口器をもった小さな昆虫である．さまざまな植物に多数で群がる害虫で，個体群サイズを決めるのは難しい．

図22・2 激変の前　オオカバマダラは，膨大な数の個体がメキシコシティの西側の山中に集合し越冬した後，北米東側に移動する．2002年，70〜80%の越冬中のチョウが異例の大雪によって死滅した．

南西部で1993年に大発生した致死性の肺や腎臓の病気はハンタウイルスによるものであるが，原因は，そのウイルスを媒介するシロアシネズミの個体数の増加であったとみられている．

個体群サイズが増加するのか，減少するのか，それは個体群中の出生数と死亡数，および，外部のグループとの間で転出入する個体数によって決まる．個体数の増加分（出生数と転入数）が，減少分（死亡数と転出数）よりも多ければ，個体群サイズは常に増加する．この関係をつぎの式で表すことができる．

$$出生数 + 転入数 > 死亡数 + 転出数$$

出生，死亡，転出入の数は環境によって変わる．つまり，個体群の変動は環境要因に大きく依存することになる．その例として，タテハチョウ科のオオカバマダラの個体数が2002年にどのように大きく変動したかを紹介しよう．毎春，オオカバマダラは越冬したメキシコシティ西側の山地から，北米東側へと長距離を移動し，秋になると越冬地へ移動する（図22・2）．2002年1月13日，オオカバマダラの越冬地は通常は起こらない嵐に見舞われた．チョウは雨でぬれ，その後に凍えるほどの寒さにさらされた．この雨と寒さはチョウにとって致命的で，約5億のうち70〜80%の個体が一夜にして死滅した．これは過去25年で最も急激な個体数の減少であった．

チョウにとって幸運だったのは，同じ2002年の夏が，主食の植物であるトウワタの生育に適した気候となり，出生率を急速に回復できたことである．これにより，厳冬に生き残ったチョウが2002年の夏に膨大な数の子孫を残し，オオカバマダラの個体群サイズは，ほぼ従来の値に戻った．

■ これまでの復習 ■

1. 個体群密度とは何か．個体群密度を決めるのが困難な場合があるのはなぜか，説明せよ．
2. 個体群サイズの増減を決める要因は何か．

22・3　指数関数的増加

生物は，オオカバマダラのように莫大な数の子を産むものが多い．そのような生物は，ごく一部でも繁殖できるものが生き残れば，急速に個体を増やし，元の個体群まで回復することができる．

指数関数的増加は急速な個体群成長の一つの典型的な例である．たとえば，一定時間（ここでは1年）の間に，個体群サイズが一定の割合（λ）で増加する場合（図22・3），次式で増加の様子を表現できる．

$$N_{次年} = \lambda \times N_{今年}$$

ここでNは個体群サイズで，λは個体群サイズの年ごとの増加比率を決める一定の値，相対増加率である．$\lambda = 1.5$で現在の個体群サイズが40の場合（$N_{今年} = 40$），次年の個体群サイズは60（$N_{次年} = 40 \times 1.5 = 60$）となり，それ以降の年は$60 \times 1.5 = 90$，$90 \times 1.5 = 135$と続く．

指数関数的増加では，相対増加率（λ）は一定でも，個体群に追加される個体の増加数は世代ごとに大きくなる．図22・3の簡単な例では，個体群は世代ごとに倍加している（つまり$\lambda = 2$）．増加数は一定ではなく，世代ごとに変化し，世代1と世代2の間の増加数は1個体だけなのに対し，世代を追うごとに，2個体，4個体と増え，世代5と世代6の間の増加数は16個体となる．この変化をグラフに描くと，図22・3の下に示すように急速に傾きが大きくなる曲線，**J字カーブ**になる．

個体群が成長する速さを表現する目安として，増加率λの代わりに，個体群サイズがちょうど倍になるのに要する時間，**倍加時間**を使うことができる．自分の銀行預金額が急速に倍加するのはうれしいが，自然界で個体群が指数関数的に成長するとき，結局，次節で紹介するような問題が起こる．

自然状態のもとでは個体群の指数関数的成長が際限なく続くことはない．遅かれ早かれ，個体群は食料やすみかなど生きるために必要な資源を使い尽くしてしまうからである．しかし，個体群は短い時間の範囲内でなら指数的に増加することがある．指数関数的な成長は個体が新しい地域に移住した場合，あるいは移入された場合にみられる．1839年に，あるオーストラリアの牧場主がオプンチア（*Opuntia*，ウチワサボテンの一種）というサボテ

ンを南米から輸入し，それを生け垣用の植物として使った．このサボテンは，ヒトでも動物でも，横切ることがほとんどできないほどの分厚い壁をつくるからである．ところが，ふつうの垣根とは違い，オプンチアは1箇所にとどまることなく，急速に周辺一面に広がってしまった．最後は，牧場全体が生け垣と化して，牛が締め出され，広大な牧場が台なしになった．

約90年間で，オプンチアは東部オーストラリア全体に広がって243,000 km^2 以上を覆い尽くし，大きな経済的損害をもたらした．これを制圧しようとした1925年までの試みはすべて失敗したが，この年，*Cactoblastis cactorum* というガ（メイガの仲間）を導入したところ，このガの幼虫が成長中のサボテンの芽を食べ，ほとんどすべてのサボテンを駆除できた．その後，オプンチアの個体群をコントロールできるようになった（図22・4）．一般的には，新しく導入した種（この場合は，サボテン退治用のガ）の個体数も指数関数的に増加し，それ自体が問題になる可能性がある．もともといない外来種を導入することは，他の侵入者（こ

こではオプンチア）を制御するという生物学的防除目的があったとしても，危険に満ちている．このアメリカ原産のガは，オーストラリア原産のどの植物よりも，サボテンを好んで食べる食性だったのが幸いした．ガの成功によってオプンチアの個体群が縮小したことは同時にガの消滅にもつながった．食物不足によりガの数も急速に低下したのである．現在，サボテンとガの両方ともオーストラリアの東部に少数生き残っている程度である．

図22・4 やっかいなサボテンの撲滅 オーストラリアで移植後に指数関数的に増加したサボテン，オプンチアを減らすために，1925年 *Cactoblastis cactorum* というガが導入された．(a) ガの導入2カ月前，密に群生するオプンチア．(b) ガが導入されてから3年後，群生地が完全に消えた．

オーストラリアのオプンチアの個体数ははじめ指数関数的に増加したが，ガの導入後には，むしろそれよりもずっと急速に減少したことがわかっている．指数関数的増加は，人の手で導入されたオプンチアのような例だけではなく，自然に新しい地域に広がった生物種にもみられる現象である．

22・4 ロジスティック成長と個体群サイズの限界

ホコリタケという名の巨大キノコは，7兆個もの子（胞子）を残すことが可能である（図22・5）．もし，その子がすべて生き残り，最大限の比率で繁殖したとすれば，わずか2世代のうちに，ホコリタケの子孫の重量は地球の重さを超える計算になる．ホコリタケに比べれば倍加時間はずっと長いものの，時間さえ十分あ

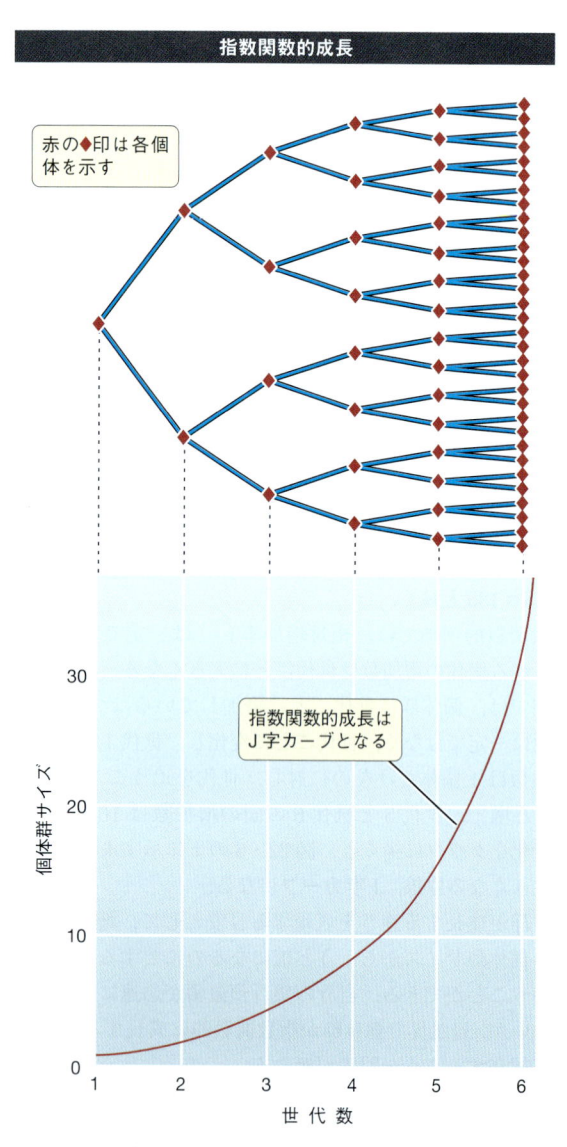

図22・3 指数関数的成長をする個体群サイズは一定の割合で増えていく ここに示した仮想的な個体群では，各個体が子どもを2匹ずつ産み，個体群は一定の割合で増加するようになっていて，各世代で2倍に増える．各世代で増加する個体の数は増えていき，指数関数的成長に特徴的なJ字カーブを描くことになる．指数関数的成長曲線は通常J字を描くが，曲線の傾きは増加率の大小による．

図22・5 彼らは増え地上を占領するのだろうか 1個体がつくる胞子の数を考えると, 巨大キノコのホコリタケには, 1世代で7兆個の子どもをつくる能力がある. 実際は, 成長に適した環境に定着できる胞子は比較的少ない. ホコリタケは大きなものでは重さが40〜50 kgになるものもある(ここに示したのは中くらいの大きさ).

れば, 人類やオプンチアも膨大な数の子孫を生産することが可能である. しかし, 言うまでもなく, 地球が, ホコリタケによっても, オプンチアによっても, また人類によってさえも, 覆い尽くされることはない. これは, どのようなケースでも一般に成立する重要なポイントである. 無限にサイズを増大させるような個体群は存在しない. 限界があるのである.

個体群サイズの増加は資源量や他の環境的要因によって制限される

個体群が無限に成長を続けられない理由は明白で, 食物やその他の資源が不足するからである. たとえば, 数個の細菌が栄養液を入れたビンの中に入っているものとしよう. 細菌は栄養分を吸収し分裂増殖するが, その子孫も同じことを行う. 細菌の個体数は指数関数的に増加して, 短時間のうちにそのビンの中で膨大な数に達するであろう. しかし, 結局は栄養分が尽きるので, 代謝の老廃物がしだいに蓄積し, すべて死んでしまうであろう.

これは閉鎖されたビンの中の話で, 極端な例と思えるかもしれない. 新しい栄養分の補給はなく, 細菌も代謝老廃物も逃げ場がないからである. それでも, 多くの点で, 現実の個体群の世界もこの閉鎖系のものに似ていて, 空間や栄養分も限られた量しかないことが多い. 前節のオプンチアの例では, ガの *Cactoblastis* を導入しなかったとしても, サボテン個体群の指数関数的な増加は無限には続かなかったであろう. 最終的には, サボテンの個体数の増加, **生息地**の不足などの環境要因によって制限を受けたと考えられる.

ロジスティック個体群成長は現実世界では標準的

指数関数的成長モデルは資源が無限にあることが想定されており, 長続きするようにはみえない. ロジスティック成長モデルは資源が有限であることによる増加率の変化を考慮したものである. **ロジスティック成長**は, 最初は個体群が指数関数的に成長する**S字カーブ**で表される. ある最大の個体群サイズ, つまり, その生息環境によって維持可能な最大数になって安定するケースである. この最大個体群サイズを**環境収容力**という(図22・6). 一般に, 個体群サイズが環境収容力に近づくと, 食物や水といっ

た供給資源が不足し始め, その個体群サイズ増加率は低下する. 最終的に個体群サイズが環境収容力に到達すると増大率はゼロとなる.

1930年代に, ロシアの生態学者G. F. Gauseは, 一般的な原生生物, ゾウリムシを使った実験を行い, 個体群サイズは, ある限界値に達したのち, そのままにとどまるということを発見した(図22・6). この実験で, Gauseはゾウリムシを培養している液体に常に一定の割合で新しい栄養分を加え, 同時に, 一定の割合で古い溶液を取除く操作を行った. はじめは個体群サイズは急速に増加したが, 個体群サイズの増加につれて栄養分の消費速度も増え, やがて, 食物不足が始まり, 個体群サイズの増加速度も鈍くなった. 最終的にはゾウリムシの出生率と死亡率が等しくなり, 個体群サイズは一定になった. 自然の系とは違い, このGauseの実験系では転入も転出もないが, ふつうの自然の系で,

$$出生数 + 転入数 = 死亡数 + 転出数$$

の場合に, 個体群サイズは一定になり, それが長期間にわたって保たれる.

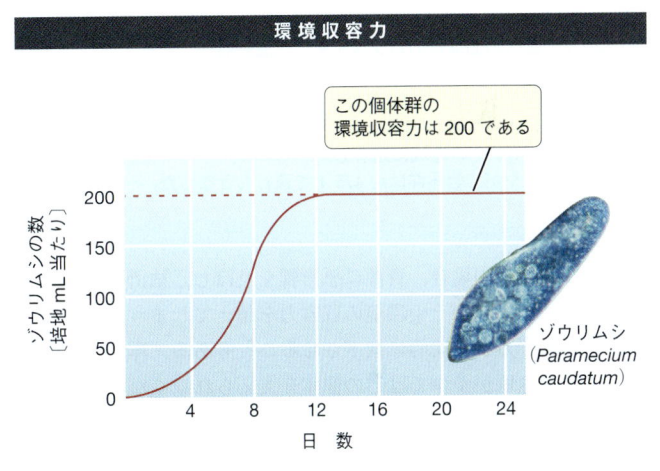

図22・6 環境収容力とはある環境が持続できる最大個体群サイズである 単細胞の原生生物, ゾウリムシの個体数は最初は急速に増大し, やがて, ある最大の個体群サイズ, すなわち環境収容力の最大数になって安定する. 個体群成長のパターンはS字カーブになる.

細菌やゾウリムシの実験と同じように, 自然の個体群にも限界がある(図22・7). 個体群の成長は, 一般に, 食物や空間の不足, 病気の蔓延, 捕食者の増加, 生息地の環境劣化, 気候, および偶然起こる自然の撹乱作用など, 多くの環境的要因によって抑制される. 多くの個体がいる場合, 出生率が低下し, 死亡率が上昇するであろう. その片方だけでも個体群の成長を抑える方向にはたらくし, その両方が同時に作用することもあるだろう.

どのような場所でも, そこにある食物や他の資源量には限りがある. したがって, 個体群が成長し, 個体数が増えるにつれて, 1個体当たりに割り当てられる資源量は減っていくであろう. 資源量が少なくなると, 資源が豊富なときに比べて各個体が平均的に産出する子の数も少なくなり, 個体群の出生率の減少をひき起こす.

さらに, 個体数が多くなると, 個体が互いに出会う機会が増えるので, 病気はより早く蔓延するし, 捕食者のもたらす危険性もより大きくなるかもしれない(捕食者はより豊富にある食物源を先に消費する傾向がある). 病気と捕食者によって死亡率が明らかに増加するであろう.

ロジスティック成長

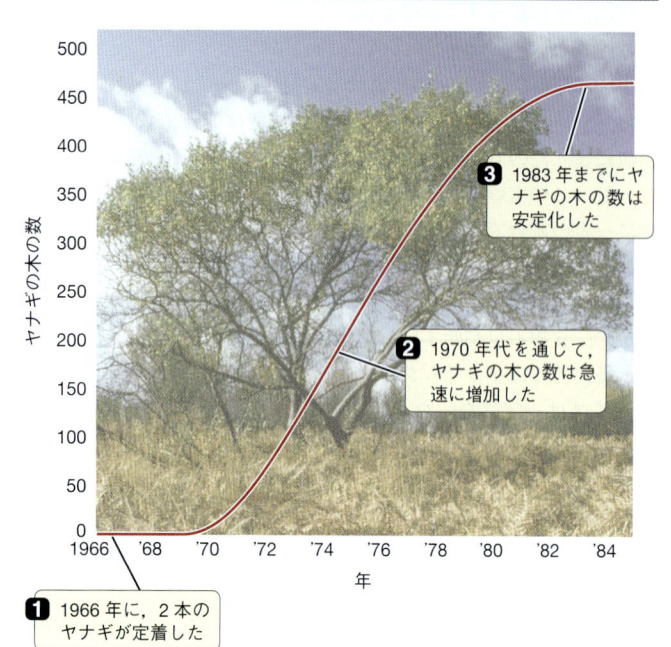

図 22・7 自然の個体群のロジスティック成長曲線 オーストラリアのある地域では，ウサギがヤナギの若木を食べるので，ヤナギはほとんど生育できなかった．1954 年にウサギが駆除された後，1966 年には，種子が風によって飛ばされたか，動物によって運ばれたことにより，2 本のヤナギがその地域に定着した．その後，ヤナギは急速に数を増やしたが，やがて個体群は約 475 本で頭打ちとなった．

1. 1966 年に，2 本のヤナギが定着した
2. 1970 年代を通じて，ヤナギの木の数は急速に増加した
3. 1983 年までにヤナギの木の数は安定化した

大きな個体群の場合，資源に悪影響を及ぼし，枯渇させる可能性もある．個体群がその環境の収容力を超えてしまうと環境を悪くして，収容力を長期的に低下させることもある．環境収容力の低下は，生息地がかつてほどの個体を支えられなくなることを意味し，個体数を急速に減少させる要因となる（図 22・8）．

個体群の成長を制限する要因：個体群密度

食物不足，空間不足，病気，捕食者，および生息地の劣化などの環境要因は，個体群の成長，つまり，個体群の密度の上昇とともに，より強く影響が出てくる．高い密度になると，出生率が減少し，死亡率が上昇する．個体群密度の変化に伴い，出生率と死亡率が変化する場合，このような変化を**密度依存的**であるという．自然の個体群では，新しく産出される子孫や種子の数（図 22・9）が密度依存的に変化するものが多い．

密度依存の成長

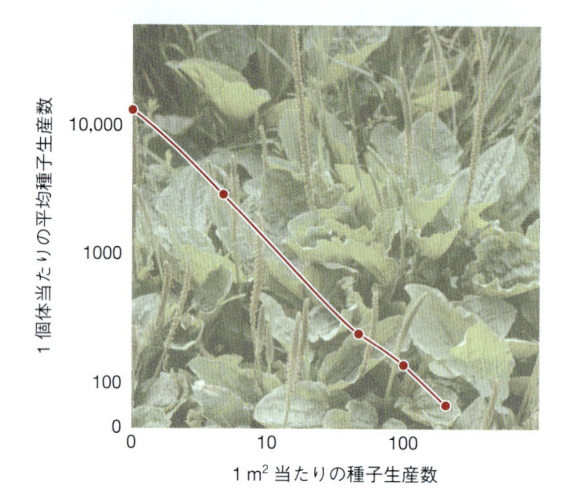

図 22・9 セイヨウオオバコにおける混雑の影響 セイヨウオオバコ（小型の草本の一種）は混み合ってくると，1 個体がつくる種子数が劇的に減少する．

逆に，個体群密度に依存しない形で，個体群成長を抑制する要因もあり，これを**密度非依存的**であるという．密度非依存的要因が作用する結果，個体群が高密度に達するのが抑えられることが

生息地の悪化は個体群成長を制限する

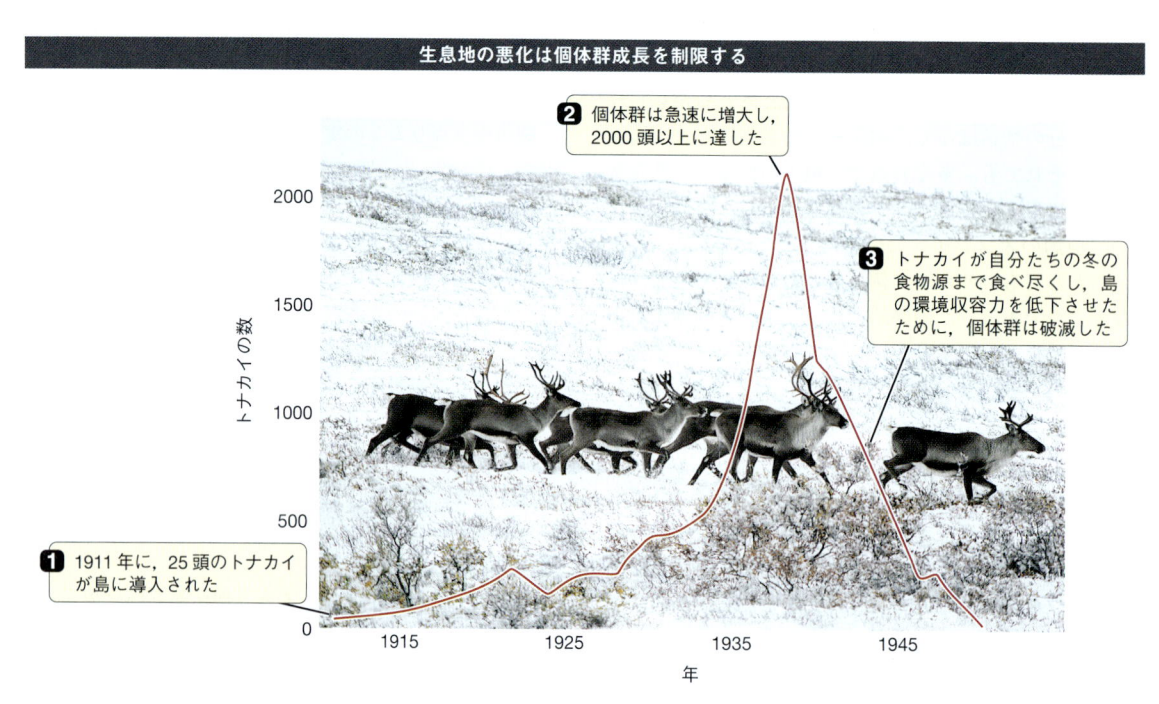

1. 1911 年に，25 頭のトナカイが島に導入された
2. 個体群は急速に増大し，2000 頭以上に達した
3. トナカイが自分たちの冬の食物源まで食べ尽くし，島の環境収容力を低下させたために，個体群は破滅した

図 22・8 急成長と破綻 1911 年にアラスカ沖のセントポール島にトナカイが導入された．トナカイの個体群は最初は急速に成長し個体数が増えたが，やがて激減した．1950 年までに生き残ったトナカイはわずか 8 頭である．

ある．たとえば，年ごとの気候変動は，偶然に個体群の急速な成長に適した条件をつくることもあるが，それは毎年のことではない．悪い気候条件は，たとえば昆虫の卵が凍結するような直接的影響，あるいは，食物となる植物の数を減らすなどの間接的な影響を与え，個体群サイズの増加が抑えられることがある．自然の火災や洪水のような自然の環境攪乱も，密度非依存的に個体群成長を制限する．最後に，人為的な作用も忘れてはならない．DDTのような環境汚染物質の影響も密度非依存的に現れる．これらの汚染物質は自然の個体群を絶滅させる危険性もある．

22・5　個体群数変動のパターン

個体群が違えば，示す成長パターンも異なる．ここで，指数関数的J字カーブ，ロジスティックS字カーブ，周期変動，および不規則変動の四つのパターンについて比べてみよう．

好ましい環境条件があれば，どの種でも個体数が急速に増加し，その初期には，J字型（図22・3参照）またはS字型（図22・6，図22・7参照）の増加パターンとなる．J字カーブの場合，資源が枯渇し個体群サイズがどこかで大きく低下するまでは，急速な個体群の成長が続く（図22・8参照）．対照的に，ロジスティックS字カーブの成長パターンでは，個体群サイズが環境の収容力限界に近づくにつれて，個体群の増加率が徐々に遅くなり，最終的には，捕食者，病気，その他の環境要因によって，環境収容力近くの個体群サイズとなる．

これまで，個体群サイズが増えるケース，減るケース，さまざまな例をみてきたが，S字型の成長パターンを示す場合でも，永遠に一定の個体群サイズに安定してとどまることはなく，時間とともに変動するのがふつうである．変動にもいくつかのパターンがある．

たとえば，二つの別種の個体群サイズが，互いに関連し合いながら同じ周期で変動することがある．これを個体群サイズの**周期的変動**という．捕獲者と餌の関係のように，二つの種のうち少なくとも一方の種が他方の種に非常に強く依存する場合に，周期的変動が顕著に現れることがある．カナダヤマネコの場合，カンジキウサギをおもな餌としているため，ウサギの個体数の増減に伴って，ヤマネコの個体数も同じ周期で非常に規則的に増減することが知られている（図22・10）．

このような規則性の高い変動は自然界ではまれで，先のオオカバマダラの例のように，個体群サイズが，時間とともに一過的に増えたり，減ったりの変動をするケースが多い．自然界では図22・7のようなスムーズな個体群サイズの増加よりも**不規則な変動**をする場合の方がはるかに多い（図22・7参照）．

最後になるが，同一種でも個体群が変わると，異なる成長パターンを示す可能性も考慮しておく必要がある．その違いが生じる仕組みを理解できれば，絶滅危惧種や経済的に重要な意味をもつ生物種をどのように取扱うべきかについて，重要な情報になるであろう．そのために私たちが最初に行うべきステップは，個体群サイズを決め，個体群ごとに，どのように異なる成長パターンがあるか判別していくことである（図22・11）．そして，つぎにやるべきことは，その違いがなぜ生まれるのか，解明することである．

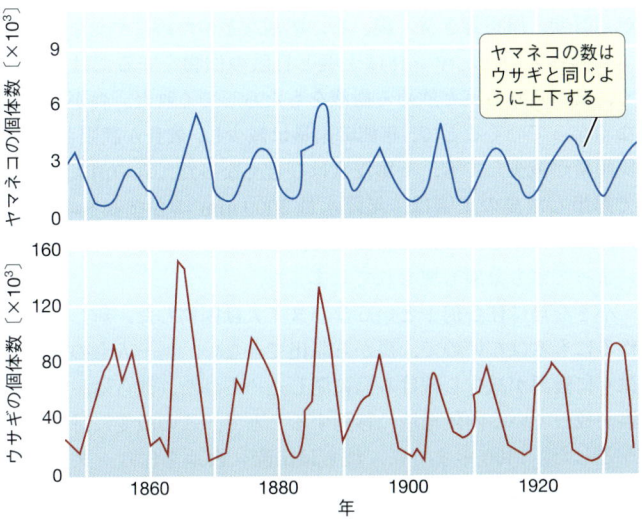

図22・10　二つの異なる生物種の個体群サイズが同時に増減する場合　カナダヤマネコの餌はカンジキウサギである．そのため，ヤマネコの個体数はウサギの個体数に強く影響される．20世紀初頭に行われた実験から，ウサギの個体数は，餌となる食物の供給量と捕食者であるヤマネコの個体数で上限値が決まることがわかった．その観察結果と，ヤマネコとウサギの毛皮の取引量（カナダのハドソンベイ社）をもとに補足したデータをここに示す．

図22・11　DDTが禁じられてからハクトウワシ個体群は増加した　ハクトウワシは大きな目立つ巣を作り，毎年同じ巣に戻ってくるので，個体数計測をしやすい種である．ハクトウワシの個体群は，1800年には10万組の繁殖ペアがいると推計されていたが，1960年代初頭までに，ハワイ，アラスカを除く48州に417組が残るだけとなった．DDT中毒がハクトウワシ個体群を減少させる直接の原因であると確定されたことで，1972年のDDT禁止を促した．

1980年代，森林の管理者は，希少種のマダラフクロウに害を与えずに原生林を伐採するためには，どの場所をどの程度伐採すればよいか決める必要があった．そこで，研究者はフクロウの個体群ごとに，出生率と，各個体がどの程度の広さの生息地を使うかというデータを集めた．そのデータをもとにマダラフクロウの個体群成長が，この鳥が好む原生林パッチの数，広さ，および配置によって，どのように影響されるかを調べた（ここでいうパッチとは生息域の広がりを示したもので，他の生息域に取囲まれた領域をさす）．研究者は森林パッチの総面積とパッチが景観の中でどのような配置になっているかが，フクロウの個体群成長率に大きな影響をもたらすことを発見した（図22・12）．

■ これまでの復習 ■
1. 個体群サイズは指数関数的に無限に増加することは可能か．答えとその理由を述べよ．
2. 成長カーブがS字型を示す個体群は，J字型を示す個体群とどのように異なるか．
3. 空き地に，数個体のオオバコの種子が導入され，次の三季で指数関数的に増加を始めた．四季目の遅霜によって，個体群の多くの個体が消滅した．この個体群サイズは，密度依存的，または密度非依存的，どちらの制約を受けたことになるか．答えとその理由を述べよ．

1. 可能ではない．指数関数的増加は，ほとんどの場合，生息地の変遷または環境によって制限される．
2. J字型の成長をする個体群サイズは，指数関数的に増加する．S字型のものは，はじめは急速に増加するが，個体群サイズが環境収容力に近づくにつれ加速率が低下する．
3. 密度非依存的である．個体群サイズに対する個体群密度に関係なく，低温という自然現象によって個体群が減少したからである．

個体群サイズと生息地

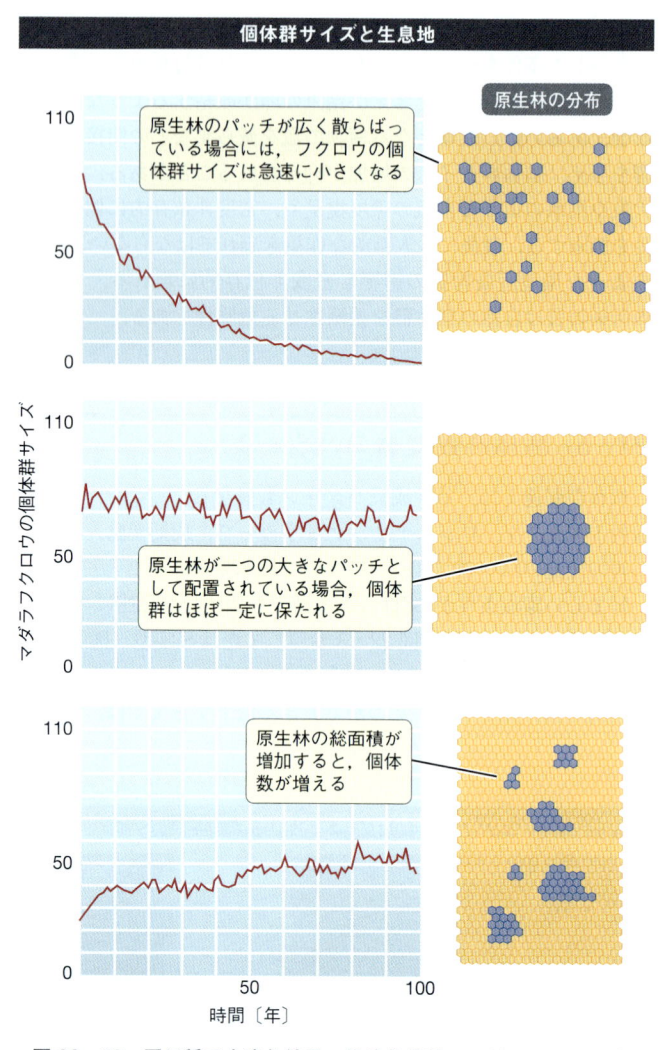

原生林のパッチが広く散らばっている場合には，フクロウの個体群サイズは急速に小さくなる

原生林が一つの大きなパッチとして配置されている場合，個体群はほぼ一定に保たれる

原生林の総面積が増加すると，個体数が増える

図22・12 同じ種でも違う結果 絶滅危惧種のマダラフクロウは，原生林パッチの配置によって，個体群成長パターンが異なると予測されている．右のダイアグラムで原生林パッチの部分は水色で示されている．

学習したことを応用しよう

どんな未来が待ち受けているのか

本章の最初で今や不毛の火山島であるイースター島，すなわちラパヌイを訪ねた．人類が定住するまでイースター島は豊かな森林生態系であったが，それは壊れやすいものであった．何があったのか，あるいはこの劇的な変化に人類がどれくらいかかわっているのかについてはまだ議論は続いている．しかし豊富な考古学的証拠から，急速な人口増加と生息地破壊が連動することによって，多くの動植物種の絶滅と人口急減がもたらされたことが推定されている．考古学的な証拠によれば，最初に人類がイースター島に入植したのは紀元1000～1200年ごろの間と考えられ，ポリネシア人のグループがカヌーで到着し，ニワトリと山芋やバナナやタロイモの根のような作物を持ち込んだ．

島民は到着して間もなく，原生のヤシ林を伐採し始めた．木材はボートや家を作るのに使えたし，島の周囲に75tの石像を運ぶ大事業でのコロとしても利用できた．紀元1200年ごろ，樹木の半分はなくなり，島の人口は2000人に達した．1300年ごろまでに，人口は7000～20,000人になりピークを迎えたと考えられている．考古学者は，何百という巨大な像を作って運ぶにはこれくらいの人数が島に居住していたはずであるとして計算した．1450年までにヤシの木は絶滅し，1650年までにはさらに20種の樹木が消え去った．

木がなくては，島民は家を作れなかった．また調理のために，草などの植物を焚いた．森を切り開くまでは，島民はカゴ，船の帆，ゴザ，屋根葺き材，縄，布，彫刻などのためにヤシなどの樹木に頼っていた．ヤシ林は土壌と日陰の作物を守るだけではなく，食べられる実と飲める樹液をもたらしてくれた．森が徐々になくなっていくことで，年間降雨量は減少し，成長が制限された．降雨量が減少しても，土壌浸食はひどくなった．森の消失によって露出した島の土壌は，年降水量3000mmにもなる冬の嵐で，海岸線から始まって山の斜面まで流されてしまったのだ．山崩れによって家も菜園も埋もれてしまった．

小さな島に住む何千というラパヌイ人は困窮した．新しい船を作るにも木はないので，島から脱出できない．何千人もの人々は徐々に資源が減少し続ける島に閉じ込められた．彼らは，まだ土壌が残っている内陸地域に移動することで，この激変に対処しようとした．1400年までに，彼らは山際に台地を作り，タロイモの根を育てようとした．彼らは，平均2kgの大きさの石を約10億個も敷き詰めて，残された土壌を守ろうとした．

ラパヌイ人は600万本の木をたった300年で切って，島の環境収容力を激減させたという試算もある．食糧生産が低下するにつれて，家族は飢えて，死亡率が上がり，出生率が減っていっただろう．1600年までに人口は2000人まで減少した．島にはもはや巨大な石像を作り移動させるのに必要な大人数の人口を養うだけ

の資源はなくなっていた．事実，ラパヌイは1680年までには石像作りをやめてしまったという口承がある．部族間戦争が荒れ狂ったつぎの200年，人々は何百もある巨像のほとんどを倒して，住んでいた家を捨てて洞穴に隠れた．

イースター島でのように，人類が今日直面している問題の多くは過剰人口増加と環境破壊にかかわるものである．人口は依然急速に増加している（図22・13）．地球人口は2011年に70億人を記録して，毎日約20万人の割合で増えている．

2025年までに，地球人口は80億人を超えると予想されている．たとえ明日の朝から世界の女性一人当たりの出生率が現状の2.5人から人口置換水準（地球の人口が同じ数で入れ替わる出生率）である2.1人に変わったとしても，人口モーメントのために人口は増加し続ける：人口が増加しているときは人口が安定しているときよりも子どもが多いので，人口成長が止まる前に，"過剰な"子どもが成長して子どもを産むのである．

地球人口の増加とともに，私たちはより多くの資源を使うようになり，より多くの化石燃料を使い，より速く森林を伐採し，より速く海洋生物資源を使い尽くすようになって，そしてより多くの汚染と廃棄をするようになった．淡水は世界中で不足するようになり，世界の漁業は過剰漁獲のために崩壊しつつある．現在の速度で森林伐採が続けば，150年以内に地球の全熱帯雨林は，イースター島のように，なくなってしまうであろうと科学者は推算している．

どの証拠から考えても，現在の人間による地球への影響は持続可能ではない．1970年代から，ヒトの個体群は補充できないようなスピードで資源を利用してきた．これは定義からいって持続可能ではない資源利用パターンである（図22・14）．もしも人類が得る以上に使えば，持続可能ではない生息地にいるということである．人類，特に米国人の地球資源の使い方は持続可能ではない．

豊かな国の人々は，貧しい国の人々よりも地球に占めるエコロジカルフットプリントが大きい．米国は世界で3番目に人口が多く，一人当たりのフットプリントが大きいので，インドが使っている全資源の2倍の資源を使っている．特に，インドは一人当たりのフットプリントは0.9 haで，12億人の人口をかけると，国全体では11億haになる．逆に米国は一人当たり8haのフットプリントと3億900万人の人口をかけると，25億haになる．

人類の成長は限界があるのだろうか？　過剰に資源を使い続

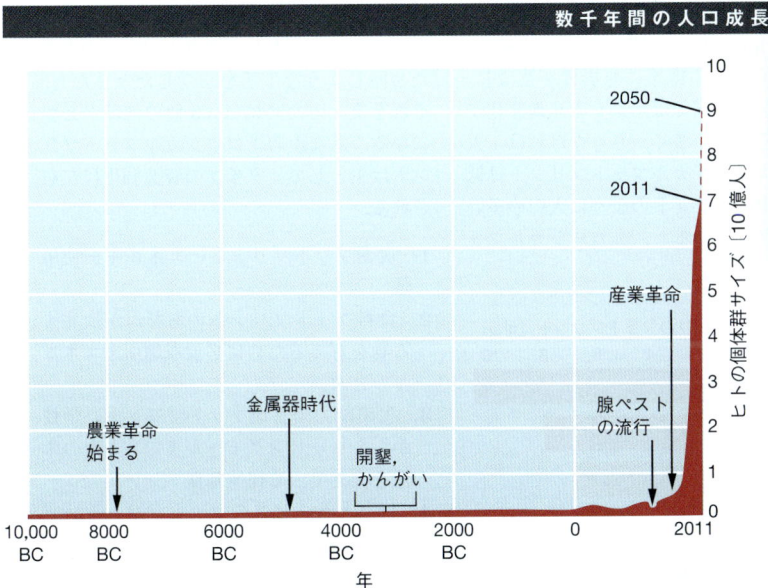

数千年間の人口成長

図 22・13　ヒト個体群の急速な成長　人口の多い地球上の都市の部分が明るく輝いている．地球上でヒトがいかに増殖しているかのよい指標である．光の強さは先進国の人口密度と強い相関があるが，人口が多くても，電子機器の利用率の低い中国やインドなどの国の人口密度は実際より少なく反映されている．この画像は，NASAの研究者によって，宇宙衛星からの画像を集めてつくられた．

図 22・14　増大する生態への影響　地球生態系に与える人間の影響が着実に増えている．このグラフは，1961〜1999年の生物圏に対する人類の年間需要の大きさと，生物圏の再生能力とを比較した結果である．1970年代の後半から，人類の需要が生物圏全体の再生能力を上回っている．

け，生物圏が私たちを養う基盤を取崩し，そのあげくに人口の急減を体験するのだろうか？ 希望のもてる兆しがある．人口成長率は 1963 年の年 2.2%をピークとして速度を落としてきており，2009 年には年 1.1%にとどまった．しかし 1%の成長率であっても 7000 万人の人が毎年増えることになる．人口の影響を抑えるために，私たちは人口増加，資源の過剰利用，環境悪化，持続可能な発展といった相互に関連する諸問題に取組まねばならない．

私たちの生物種（と生物圏）の未来への希望は，私たちが直面する問題を現実的に評価することに，そしてそれらの問題に取組むことにかかっている．つまり，人類がイースター島の悲劇的な教訓を大規模に繰返さないようにできるかどうかは，私たち全員にかかっているのである．

章のまとめ

22・1 個体群とは何か

■ 個体群とは，特定の地域内に住み，相互作用し合う，単一生物種の個体の集まりである．

■ 個体群生態学は二つの数値，個体群サイズ（その個体群の全個体数）と個体群密度（単位面積当たりの個体数）に着目する．

■ 個体群の領域がどの範囲かは，調べようとしている疑問や対象の生物種の特性で変わってくる．

22・2 個体群サイズの変動

■ あらゆる個体群サイズは時間とともに変化する．

生活の中の生物学

あなたのエコロジカルフットプリントはどれくらいか？

私たちの資源利用や地球への負荷は，私たちの個体群サイズの成長よりも速く増加してきた．たとえば 1860〜1991 年までの間に，人口増加は 4 倍だったが，エネルギー消費は 93 倍に増えた．多くの人は，私たちの社会は，イースター島のように，持続可能な資源利用に基づいていないと感じている．"持続可能"という語は，資源を使い果たして深刻な環境破壊を起こすようなことをしないで長続きできるような行動や過程を言い表す語である．

持続可能性の尺度の一つがエコロジカルフットプリントである．これは，個体や個体群が消費する資源を生産するために必要なだけの，あるいは生み出す廃棄物を吸収するために必要なだけの，生物生産が可能な水陸の面積である．科学者はエコロジカルフットプリントを標準的な数学的方法を用いて計算し，グローバルヘクタール（gha）単位で表している．近年の見積りによると，世界の平均的個人のエコロジカルフットプリントは 2.7 gha であり，持続可能なやり方で世界の 70 億人を養う場合に必要な面積 2.1 ha よりも 30%多い．こうした見積りから，1970 年代末以来，資源は回復するよりも速く使用され，定義からいって，持続可能ではない資源利用パターンとなっていたことが示唆されている．世界人口の成長とともに，1 人当たりの有効な生物生産可能な陸地面積は減少し続けており，地球の資源消費速度は増加している．

個人のエコロジカルフットプリントでは，米国（1 人当たり 8.0 gha）や英国（5.45 gha）のように，持続可能な値の 3〜5 倍もある国もある．国ごとの 1 人当たりの地球資源消費は，エネルギー需要や豊かさや科学技術中心のライフスタイルと強い関係がある．しかし，持続可能性に大きな影響をもたらすのは人口サイズである．たとえば，総エコロジカルフットプリントで考えると，2007 年の米国人 3 億 800 万人の値 2468 gha に対して，中国 13 億人の値は 2959 gha である．消費過剰と同様に，人口過剰もまた生態系に悪影響を及ぼし，人口密度が高い国では汚染や生息地悪化が激しくなることが多く，さもなければ 1 人当たりのエコロジカルフットプリントは低くなる．中国やインドのように人口の多い国の人が豊かになると，エコロジカルフットプリントは総量も 1 人当たりの量もどちらも急速に増加する．

あなたのエコロジカルフットプリントの量はどれくらいだろうか？ あなたが普通の大学生なら，あなたのフットプリントは米国人の平均値 8.0 gha と同じくらいの値になるだろう．もしも地球人口全員があなたと同じような生活を享受したとしたら，それを支えるためには 4.5 個の地球が必要になる．あなたのエコロジカルフットプリントは主として 4 タイプの資源利用に左右される．

1. 炭素フットプリント: エネルギー使用量
2. 食料フットプリント: あなたが飲食する物を育てるために必要な地面とエネルギーと水
3. 生産能力阻害地フットプリント: 学校からショッピングモールまであなたの生活を支えている建築基盤
4. 物品とサービスのフットプリント: 家電用品から紙製品まであらゆるものの使用を含む

あなたが燃費の悪いガソリン車を運転し，郊外の広い家に住み，食物連鎖で上位のもの（鶏肉よりも牛肉）を日常的に食べて，たいしてリサイクルをしない生活をしていたとすると，あなたのフットプリントは，公共交通機関を使い，アパートで部屋をシェアし，植物中心の食生活をして，ゴミをほとんど出さない生活をしている人よりも高いことになる．あなたは自分の地球への影響を，グローバルフットプリントネットワークが提供するインターネット上の"フットプリント計算"を使うことで計算できる．私たちのほとんどは生活の質をあまり落とさないでエコロジカルフットプリントを減らすことができ，私たちの地球へ大きな利益をもたらすのだ．

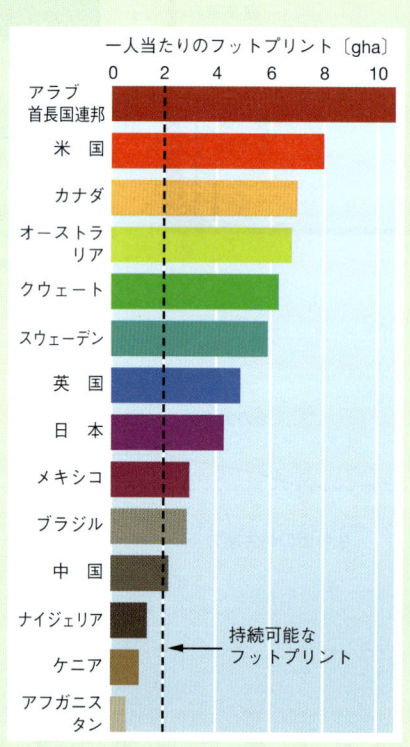

世界のエコロジカルフットプリント 1 ha はだいたいアメリカンフットボール競技場の 2 倍くらいの大きさである．

- 個体群サイズは，出生数＋転入数が，死亡数＋転出数よりも多いときには増加し，その逆の場合には減少する．
- 出生・死亡・転出入の数は環境要因に依存する．つまり，個体群サイズの変動には環境要因が影響する．

22・3 指数関数的増加

- 一つの世代からつぎの世代へ個体群が一定の割合で増加する場合には，指数関数的増加が起こる．指数関数的な個体群サイズの増加はJ字型のカーブとなる．
- 倍加時間は，個体群が増大する速さの目安となる．
- 生物種が新しい地域に導入・移住すると，その個体群が指数関数的に成長することがある．

22・4 ロジスティック成長と個体群サイズの限界

- 環境内の空間・資源量は限られており，どのような個体群も無限にサイズを増加させることはできない．
- 個体群の成長パターンにははじめ急速に成長し，つぎに環境収容力の水準で安定化するものがある．これはS字型カーブとなる．
- 密度依存的環境要因は，個体群密度が高いとき，より強く個体群成長を制約する．このような要因には，食物不足，空間不足，病気，捕食者の増加，および生息地の劣化がある．
- 気候や自然の撹乱要因などは，個体群密度とは無関係に，その成長を制約する密度非依存的要因である．

22・5 個体群数変動のパターン

- 個体群が異なれば（同種個体群の場合も）成長パターンも異なっており，指数関数的成長，ロジスティック成長，周期変動，および不規則変動を示す．
- 関係し合う2種の生物種のうち，どちらか一方，または両種が互いに強く影響する場合，二つの個体群サイズは密接に関連し合った周期で変動する．
- 自然条件下では，ロジスティック成長パターンや周期変動パターンよりも，不規則変動パターンが一般的である．
- 個体群が異なると，なぜ異なる成長パターンとなるのか，それを理解できれば，絶滅危惧種をどう扱うべきかについて最善の策を考える重要な情報となる．

復 習 問 題

1. 特定の領域内に住み，相互作用し合う，単一生物種の群れを何とよぶか．
   (a) 生物圏　　　　　　　(c) 群集・群落
   (b) 生態系　　　　　　　(d) 個体群
2. 1 m² 当たり 12 個体の密度で，面積 100 m² を占める植物の個体群がある．個体群サイズはいくらか．
   (a) 120　　　　　　　　(c) 12
   (b) 1200　　　　　　　 (d) 0.12
3. 指数関数的に成長を続ける個体群はどれか．
   (a) 各世代で，同じ数の個体数が増える．
   (b) 各世代で，一定の比率で個体数が増える．
   (c) 個体数の増える年と減る年がある．
   (d) a～c のどれでもない．
4. S字型の成長パターンを示す個体群では，はじめの急速な成長期を過ぎると個体数はどうなるか．
   (a) 指数関数的増加を続ける．
   (b) 速やかに減少する．
   (c) ほぼ環境収容力にとどまる．
   (d) 規則的な変動を繰返す．
5. 個体群成長を制限する要因はどれか．
   (a) 自然的撹乱　　　　(c) 食物不足
   (b) 気　候　　　　　　(d) a～c のすべて
6. 高密度になると，より強く個体群の増大を制限する要因は何とよばれるか．
   (a) 密度依存的　　　　(c) 指数関数的
   (b) 密度非依存的　　　(d) 持続可能な
7. 環境によって保持可能な最大個体数を何とよぶか．
   (a) 指数関数的サイズ
   (b) J字カーブ
   (c) 持続可能なサイズ
   (d) 環境収容力
8. はじめに 40 の個体数をもっていた個体群が 1.6 の年間相対増加率(r)で指数関数的に増大するとする．3年後，個体群サイズはどのようになるか（注意：小数点以下を切り捨てた個体数に概算する）．
   (a) 16　　　　　　　　(c) 192
   (b) 163　　　　　　　 (d) 102,400

重 要 な 用 語

個体群生態学（p.386）　　　ロジスティック成長（p.389）
個体群（p.386）　　　　　　S字カーブ（p.389）
個体群サイズ（p.386）　　　環境収容力（p.389）
個体群密度（p.386）　　　　密度依存的（p.390）
指数関数的増加（p.387）　　密度非依存的（p.390）
J字カーブ（p.387）　　　　 周期的変動（p.391）
倍加時間（p.387）　　　　　不規則な個体数変動（p.391）
生息地（p.389）

分 析 と 応 用

1. 個体群の含まれる領域を特定することが難しい理由を述べよ．
2. 個体群サイズは，出生と転入が，死亡と転出よりも多いときに増加する．この基本原理を考慮したうえで，科学者，または政策立案者は，絶滅の危機にさらされている個体群を保護するために，どのような活動を行う必要があると思うか．
3. 毎年 1.5 倍という一定の割合で指数関数的に成長を続ける個体群があるとしよう．個体群に含まれる個体数がはじめ 100 だとすれば，翌年にはそれは 150 になるだろう．個体数が 150 のときから出発して，つぎの5年間の個体数をグラフにせよ．
4. 個体群サイズは無限に成長はできない．
   (a) それを妨げる環境要因は何か．
   (b) 新たな地域に侵入した生物種の個体群は，一般に，しばらくの間，指数関数的成長を示す．その理由を述べよ．
5. 個体群成長を制限する密度依存的要因と密度非依存的要因の違いを述べよ．それぞれについて，二つずつ例をあげよ．
6. 同一種でも個体群によって成長パターンが異なることがある．このような成長パターンが異なる原因を理解することが，希少種を保護したり，有害種を制御したりするうえでどのように役に立つのか，説明せよ．
7. 人口増加，あるいは，それによる影響を抑えるために，あなたがとれる独自の活動を五つあげよ．

ニュースで見る生物学

China Population: 1.3 Bn

By Reshma Patil

中国の人口 13 億人

　人口世界最多の国，中国では現在，ほぼ半分の人々が都市に住んでいて，また10年前と比較して2倍以上の学生が大学に通っている．しかし新しいデータにより，この第2位の経済大国では人口増加が失速して高齢化が進んでいることが明らかになり，インドの若い労働力との競争について国内論争をひき起こしている．

　木曜日に発表された国勢調査結果は，2000〜2010年に7390万人の人口が増えて中国の人口は13億4000万人となったとしている．インドは，この10年間に1億8100万人増えて12億1000万人に達し，2025年までに中国の人口を超えるだろう．

　"低出生率が続く間，中国の老齢人口は急速に増加している"と国家統計局局長の馬建堂は"矛盾と挑戦"と前置きしてこう述べた．

　中国の人口増加は90年代の年1.07%から鈍化して，最近の十年間に0.57%まで遅くなった….

　出生率が低くなって，…平均家庭人数は3.4人から3.1人まで縮んだ．中国の家族計画政策は都市部の家族で子どもを1人に制限し，地方の家族では子ども2人に制限して，1980年以来約4億人の誕生を抑えた．この第6回国勢調査結果は，1家族当たり2人の子どもを認めることについて国内論争をひき起こした．

　今週，胡錦濤国家主席は中国は低い出生率を目指し続けるだろうと述べた．彼は一人っ子政策の変更を認めなかった．"（政策の）反対者は，減少した労働力が補充されなければ，中国はインドのような国と競争するのに苦労するだろうと言っている"と人民日報の記事は述べている．

　中国は長い間，地球で人口最多の国であった．1980年代，専門家が地球人口は爆発し，中国は拡大する人口を養うのに苦労すると予測したことで，政府は家族がもてる子どもの数を制限して人口増加を鈍化させることを決定した．中国の一人っ子政策では，ほとんどの家庭は1人だけしか子どもをもつことは許されなかった．ある種の農村家庭，少数民族，両親とも一人っ子である家庭など，少数の例外はあった．中国の一部では，家族は2人の子どもをもつことが許されたが，母親は25歳になるまで待たねばならず，2人目の子どもを産むのに数年間間隔をあけなければいけない．両方の子どもの出生を遅らせることは，1人の子どもをすぐにもつのと，全体の人口増加率へは同じ影響をもたらす．

　中国の人口は総数では増え続けてきたが，こうした制限がない場合とは同じではなかった．中国の全人口は2030年までゆっくり増大し続けると予想されているが，おそらくそれがピークであり，その後は減り始めるだろう．逆にインドでは3倍の速さで増え（年1.4%），おそらく2035年には総人口で中国を追い越すだろう．第3位の人口大国である米国は，年間増加率は1%である．インドと同じく米国では今も人口が急増しているが，主として移民が原因であり，米国の人口は2050年にはおよそ4億2000万人に達すると予想されている．

　中国の一人っ子政策に反対する論者は，個人は自分が望むだけの数の子どもをもつことが許されるべきだという主張をする．最近の批判は年齢構成を変えてしまうことに焦点を当てている．ドイツや日本など人口が安定した国と同じように，中国の若年者に対する高齢者の割合が増えている．経済学者は老人が多すぎて若い労働力が不足することで経済成長が低くなることを懸念している．

　もう一つの問題は性比である．中国家庭の多くは女児よりも男児を望み，妊娠中の超音波診断を使って女児を選択的に中絶する．その結果，男児と女児の比はおよそ118：100になり，世界のほとんどの地域における105：100という通常値よりも高くなってしまっている．中国のこの問題でうまくいった解決法としては女児の両親がもう一人の子どもをもつことを許すということがある．家族が男児を得る二度目の機会が生まれることで，女児の中絶が減るのだ．

このニュースを考える

1. 男性が女性より多く偏った性比は，全体的な人口増加にどのような影響を及ぼすか？
2. 上記の分析で25歳以後に数年間間隔をあけて2人の子どもをもつことは，若い時期に1人の子どもを産むのと同じくらい，中国の全体的な増加率を減少させる効果をもつ．あなたなら，この情報を用いてインドの人口増加を減速させるためにどんな政策転換を勧告するだろう？
3. 本章では生物個体群の環境収容力について論じた．あなたは人類にとって地球の環境収容力をどのように見積るだろうか？どのような要因について考えるべきだろうか？

出典：*Hindustan Times*，2011年4月28日，http://www.hindustantimes.com

23 生物間の相互作用

MAIN MESSAGE

生物群集は，種間の相互作用だけでなく，生物種と環境との相互作用によっても変化する．

ネコの魅力が死を招く

宇宙からの異星人が，地球人の脳に侵入し，その行動を変え，ときには気を狂わせもするとしたら，どうだろう．何百万人もの人々が知らぬ間にその感染体を保有している．感染体は子宮の胎児を死なせてしまう．さらに，いとも簡単に人間に感染するので，人間はハンバーガーを作るだけで感染体をもってしまう．これは筋の悪いSF小説だろうか？ まったく驚くべきことに，これはすべて事実である．一つだけ違うのは，"異星人"が地球に生息する寄生生物であることだ．

寄生性単細胞生物のトキソプラズマは，マラリア原虫の近縁種である．略して"トキソ"は，鳥類哺乳類を含むほぼすべての温血動物に感染することができる．トキソは生肉から感染することが最も多く，死亡率と罹患率は，ほかの食中毒原因菌よりも高く，サルモネラ菌に匹敵する．米国では，6000万人のトキソ感染者がいる．

トキソはもともとネコに寄生している．ネコは，齧歯動物の捕食によって，また人間と同じように生肉からトキソに感染する．ラットやマウスが感染するのは，たまたまネコの排泄物に接触したときである．そこからトキソプラズマの予想外の作用が始まる．トキソプラズマはネズミの脳に入り，ネコへの恐怖心をなくしてしまう．さらに，ネズミが雄の場合は（雌ネズミは違う），ネコの尿のにおいによって発情し，みずからネコを求めて徘徊する．これは，ネズミには不都合な行動である．だが，トキソプラズマにとっては，この行動は好都合である．別のネコにも寄生し，新たな増殖が可能になる．

では，トキソプラズマは，人間の行動も変えるだろうか？ 誰もその答えを知りたくはないだろう．トキソプラズマに感染している人のほとんどは，自覚症状を感じないか，あるいは軽い風邪のような症状を数週間経験し，すっかり回復する．しかし，トキソプラズマは，ネズミの体内にいるときと同じように，人間の脳に居座り，人間の行動を変えることができるのだ．

> **?** トキソプラズマは，どのようにして脳内反応を乗っ取り，人間や動物が，本来ならば忌避することをあえてさせるのだろうか？ 寄生生物は，宿主生物の行動を変えることにより，どのような利益を得るのだろうか？ この関係は，異なる生物種が相互作用する際の一般的例を表しているだろうか？

この章で学んでいくように，生物群集を形成する生物種は，さまざまな方法で相互作用する．しかし，トキソプラズマが関与する種間相互作用は，相互作用というにはいくぶん異様である．

子ネコの上に座る子ネズミ トキソプラズマに感染したネズミは，ネコを恐れなくなり，ネコに近づいてしまう．ネコがそのネズミを捕食すると，そのネコもトキソプラズマに感染する．この写真の子ネコと子ネズミのように，発達途上の動物は，成熟した動物に比べ，恐怖心が少ない．たぶん，この2匹がこうしているのは，感染してるからではないだろう．

基本となる概念

- 同一地域に生息する異なる種の生物個体群のすべてを合わせたものを生物群集という.
- 生物群集の多様性は，二つの要素から成る．一つはその地域に生息する異なる生物種の数，もう一つはそれら生物種の相対的存在数である.
- 生物群集の種構成は，気候，撹乱，生物間の相互作用など，さまざまな要因の影響を受ける.
- 種間の相互作用には，相利的相互作用，片利（片害）的相互作用，互いに利害のない相互作用がある.
- 種間相互作用のおもな種類として，相利共生，片利共生，搾取（捕食，寄生）および競争がある.
- 種間の相互作用によって生物種の分布や存在数が決まるため，種間相互作用は生物群集の種構成に強く影響する.
- 種間の相互作用は自然選択や進化をひき起こす．競争関係にある生物の進化に大きな違いをもたらす．相互作用する二つの生物種は，その相互作用の結果，相互に進化的影響を与え合う（共進化）.
- 生物群集は時間の経過とともに変化する．生物種が新しくできた生息地，あるいは，撹乱された生息地に群生すると，それらの種はやがて，一方向性の予測可能な過程のなかで，つぎつぎと入れ代わる．これを遷移とよぶ.
- 人間はさまざまな方法で自然環境を変える．人為的な撹乱の後，生物群集は回復するが，その過程は数年から何世紀も要することもある.

同一地域に生息する異なる生物種の集まりを**生物群集**という．一時的な小さな水たまりに住む微生物群集から，林床の植物群落，数百キロメートルにまたがる森まで，生物群集の規模や複雑さは大きく異なる（図23・1）．生物群集は，規模や種類が何であれ，群集を構成する生物種，つまり，多様性によって特徴づけられる．生物群集の**多様性**は，二つの要素から成る．一つは，群集内に生息する異なる生物種の総数によって示される**種の豊かさ**であり，もう一つは，種ごとの個体数を種間で比較することによって示される**相対的存在量**である．図23・2は，生物種の数が同じである二つの生物群集の多様性を比較している．すべての種が同等に存在する生物群集Bに比べて，個体数の多い種が単独で占有する生物群集Aは，多様性が低いといえる．

ほとんどの生物群集は，多数の種を含み，種間には複雑な相互作用がある．生態学は，種間の相互作用が生物群集に及ぼす影響を探求する学問である．種間の相互作用は，生物群集に大きく影響する．たとえば，第22章で学んだように，サボテンガが

ウチワサボテンを食べることにより，オーストラリアの広範囲にわたってウチワサボテンの群落が駆逐された．全体的に，種間相互作用は生態学が対象とする生物階層のどの階層にも影響する．

生物群集に対する人為的影響も，生態学の研究対象である．人間の活動は，多くのさまざまな生物群集に甚大な影響を与えている．人間が熱帯林の樹木を伐採すれば，森の生物群集は丸ごと破壊される．また，人間がウシに抗生物質を与えれば，ウシの消化管内の微生物群集は変わってしまう．想定外の変化や望ましくない変化が人間の行為によってもたらされることのないように，私たちは，生物群集がどのように機能しているのかを理解する必要がある．この章では，どのように種が相互作用するかについて，また，生物群集に含まれる種を決める要因について解説する．特に，時間の経過とともに生物群集がどのように変化するのか，人為的撹乱を含む撹乱に対して，生物群集がどのように応答するのかについて着目する．

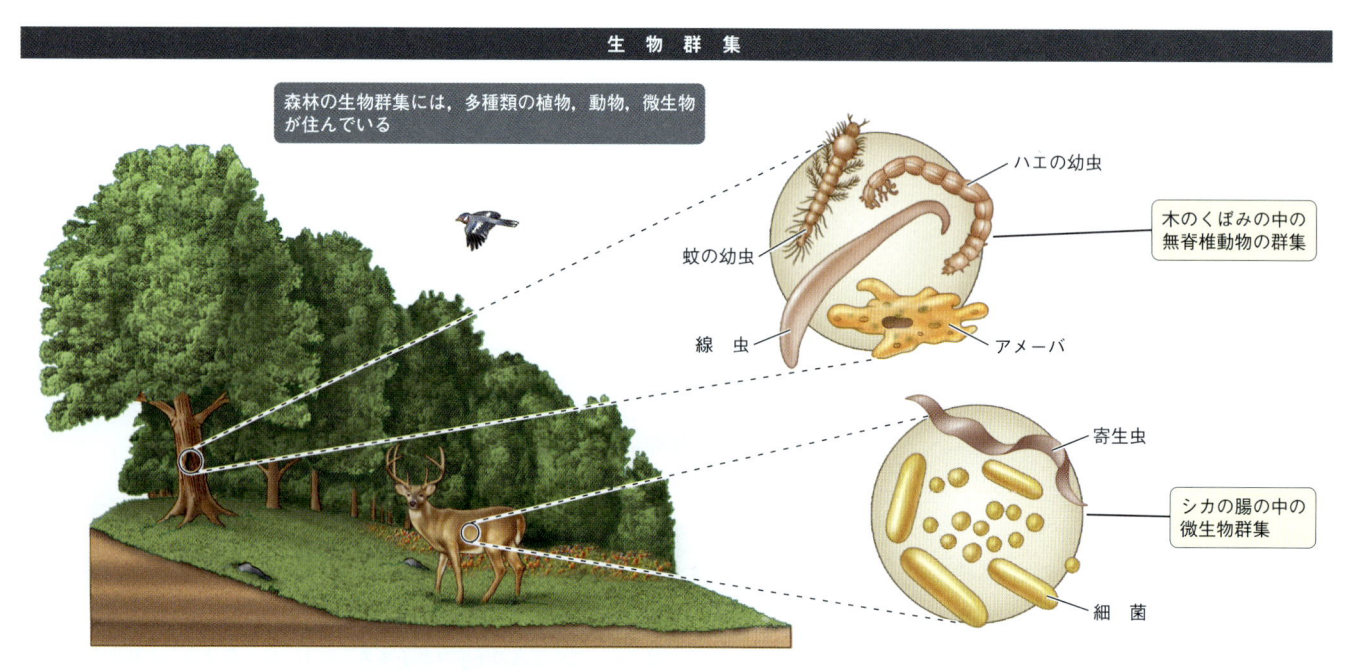

生物群集

図23・1　**さまざまな生物群集を含む北米の温帯林**　大きな生物群集の中に小さな生物群集が入れ子になっている．図のブナ・カエデ林の生物群集の中に，木の穴に一時的にできた水たまりの生物群集，シカの消化管の生物群集その他，がある．

23. 生物間の相互作用

相対的存在数

生物群集A
この生物群集ではある一つの種が他種より多い

生物群集B
この生物群集ではすべての種が同等の頻度でみられる

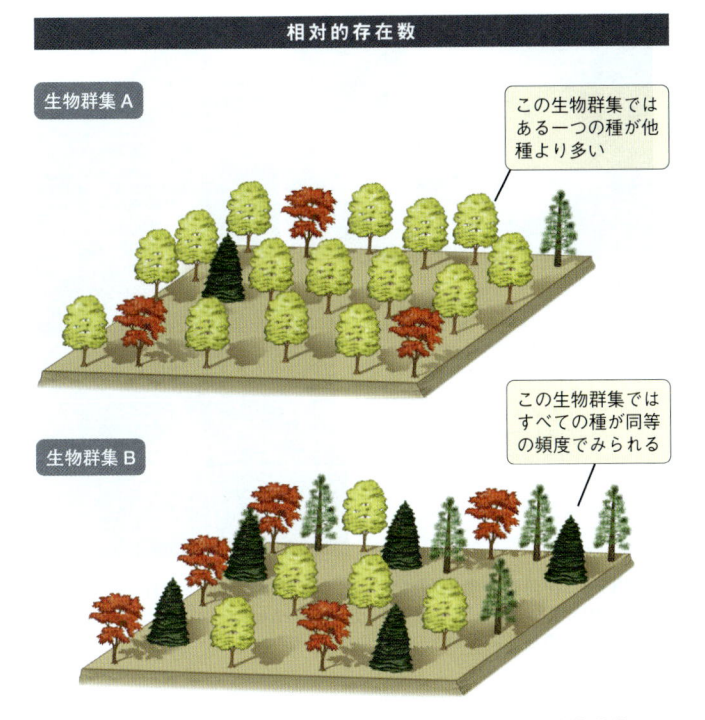

図 23・2 どちらの生物群集の多様性が高いだろうか　生物群集Aは一つの種が優占している。生物群集Bは四つの種が均等に占めている。したがって，生物群集Aは，Bよりも多様性が低い。

23・1 種間相互作用

地球に存在する何百万もの生物種は，さまざまな形で相互作用している．本章では，種間相互作用を大きく4タイプに分類する．分類は，相互作用する種のそれぞれにとって，その相互作用が利益($+$)になるか，害($-$)になるか，利益にも害にもならない(0)かを基準としている．

1. 相利共生（$+/+$）: 双方とも利益を得る相互作用
2. 片利共生（$+/0$）: 一方は利益を得て，他方は利益も害も受けない相互作用
3. 搾　　取（$+/-$）: 一方は利益を得て，他方は害を受ける相互作用
4. 競　　争（$-/-$）: 双方とも害を受ける相互作用

各相互作用は，生物の生息域と存在数を規定するうえで重要な役割を果たす．種間相互作用は自然選択と進化の原動力となりうる．結果的に，種間相互作用は短長期的に，生物群集の構成を変えていく．生物群集の研究は，ある一定地域のなかでの生物間の関係を研究することである．では，生物群集の安定性が種間相互作用によってどのように変化するか，種間相互作用が変化すると，どのように生物群集が変化するかを見ていこう．

はじめに，種が互いに協力的な美しい関係，すなわち，双方が利益を得る相利共生的な相互作用について考えよう．そのあと，片方が他方の犠牲のうえに利益を得る拮抗的な関係のいくつかを詳しく見ていく．

相利共生にはさまざまな種類がある

相利共生は，二つの種のどちらもが，その相互作用に伴う負担を上回る利益を得る関係である．相利共生は，地球上の生物にとって普遍的かつ重要である．というのは，多くの種がほかの種から恩恵を受けたり，授けたりして相互作用する種の生存率や繁殖率が高められているからである．

相利共生は，2種以上の生物が共存しているとき，すなわち，**共生**関係において生じやすい．アブラムシやコナカイガラムシのように，栄養が糖に偏っている植物の師管液を吸う昆虫は，多くの場合，その体細胞に住む細菌と共生関係にある．細菌は，昆虫から食物とすみかをもらい，昆虫は，植物師管液中の糖から（昆虫にはできないが）細菌ならば生合成することができる栄養素をもらう．

■ 役立つ知識 ■　"共生（symbiosis）"（*sym* 共に，*biosis* 生命）とはいくつかの互恵的または寄生的な相互作用のことである．個々の種は少なくともその生活環の一部において，他種の近く，その内部，またはその上で相互作用しながら生きている．これを共生という．

自然にはさまざまな相利共生が存在する．ここでは，最も一般的な種類をいくつか詳述する．腸内共生では，動物の消化管に住む生物は宿主から栄養をもらう一方，宿主動物が分解利用できない木質やセルロースなどを消化することにより，宿主の利益となる．この類の相利共生を代表するのが，コナカイガラムシとその消化管に住む細菌の相互作用である．シロアリとその腸内細菌の相互作用も同様で，腸内細菌によってシロアリは木質を消化することができる．ヒトも，腸内細菌との相利共生による恩恵を受けている．大腸に住む何百種類もの腸内細菌のなかに，ビタミンKなどの有益な栄養素を生産する細菌がいるからである．

相利共生において，互いが利するように行動を進化させることを行動上の相利共生という．ある種のエビと魚の関係は，この相利共生の好例である（図23・3）．テッポウエビ属のエビは，食物に恵まれてはいるが，身を隠せる場所のない環境で生息している．エビは身を隠すための巣穴を掘るが，視力が弱いので，餌を食べに巣穴をあとにするときに捕食者に捕まりやすい．そこで，イトヒキハゼ属やヤツシハゼ属のハゼと面白い関係を築いている．巣穴から出ようとする際，ハゼの体に触角を接触させておく．もしエビの捕食者や妨害者がいれば，ハゼが唐突な動きをするので，エビは素早く巣穴に引っ込む．ハゼは，エビの"目"として行動し，エビに危険を警告する．その代わり，エビは自身の巣穴をハゼと共有し，ハゼに安全なすみかを提供する．

保護相利共生の最もよく知られた例は，宿主を捕食者から守る攻撃的なアリである．アカシア属の樹木のなかには，害虫を防除

行動上の相利共生

巣の外ではエビは触角の一つをハゼの上に置いている．魚が急に動けばそれが危険の警報としてエビに伝わる

図 23・3 危急の際の友　テッポウエビ属のエビは身を隠すために掘った巣穴をハゼと共有する．弱視のエビが摂食のために巣穴を出る際，ハゼは早期警報システムとして機能する．

する獰猛なアリの宿主となるものがある．その種の樹木は，葉の先端から蜜様物質を分泌し，さらにアリの隠れ場所となる腔所をつくる．ヒメシジミ属のチョウの幼虫は，アリの餌となる甘露を分泌して，捕食者から身を守る．これもまた，防御を目的に餌を与える相利共生の例である．

種子分散相利共生では，鳥や哺乳類などの動物が種子を含む果実を食べた後，その植物から遠く離れた場所で種子を排泄する．動物が媒介する種子分散は，植物にとって新たな生育適地に拡散する主要な方法である．たとえば，洋上の孤島（大陸から1000キロメートル以上も離れている）に生息する植物種のほとんどは，鳥の種子分散によって運ばれたと考えられる．

花粉媒介者相利共生では，ミツバチなどが花粉（雄の生殖細胞が入っている）を，同種の花のめしべに運ぶ．**花粉媒介者がいなければ，多くの植物は繁殖できないだろう．**花粉媒介者が必ず花にとまるように，植物は花粉や蜜などの餌を見返りとして与え，双方が相互作用による利益を得る．花粉媒介者相利共生は，自然生態系と農業の両方にとって重要である．スーパーマーケットでリンゴを買うことができるのは，ミツバチが花に授粉することによって，樹がリンゴを実らせることができるからにほかならない．

生物は種の利益のために相利共生する

相利共生する種の双方がその関係から利益を得るが，片方の種にとっての利益は，もう片方の種の損失のうえに生じていることがある．共生相手を利するための行動は，たとえばエネルギーを消費したり，捕食者に身をさらしたりする機会を増やすかもしれない．進化の観点からいえば，相利共生が進化するのは，相互作用による利益が双方の損失を上回る場合である．

イトランとイトランガの花粉媒介者相利共生を考えてみよう．雌のイトランガはイトランの花から花粉を集め，別のイトラン個体群の花に飛び，新たに開いた花のめしべの基部に産卵する．ガは産卵後，めしべの先端に移動し，集めておいた花粉をわざわざ注意深く柱頭につけていく．イトランはこの行動によって，イトラン次世代個体の卵細胞を受精させる（図23・4）．（花の生殖器官の復習として，図3・13を参照のこと．）イトランガの幼虫がふ化すると，イトランの種子がその餌となる．

この相利共生では，イトランは授粉され（ガによって繁殖上の

イトランとイトランガは絶対共生種である．イトランはイトランガなしでは受粉できず，イトランガは幼虫の餌となるイトラン種子なしでは生活環を完結できない

図23・4　花粉媒介者相利共生　右の写真がイトラン（*Yucca torreyi*）．左上の写真は，イトランガ（*Tegeticula yuccasella*）がイトランの葯（橙色）からめしべに花粉を運んでいるところ．

利益がイトランにもたらされる），ガは種子を食べる（イトランによって食料という利益がガにもたらされる）．実際，植物と花粉媒介者は互いに完全に依存し合っている．イトランは，イトランガにとっては唯一の食料源であり，イトランガは，イトランにとっては唯一の花粉媒介者である．したがって，この関係は相利的であって，決して寄生的なものではない．しかし，どちらにとっても損失はある．では，それらの損失をさらに綿密に調べてみよう．

植物にとってまったく損失のない条件とは，ガが花粉を運びはするが，種子を1個も食べない状況であろう．ガにとって損失のない条件とは，可能な限り多くの幼虫を産み，植物の種子をたくさん消費することであろう．だが，現実には，進化的妥協が図られている．すなわち，イトランガは花一輪に対して常にごく少数の卵を産み，イトランはごく一部の種子を失うことを許容する．イトランは，この妥協関係が機能し続けるための防御機構を備えている．もし，ある1匹のガが，ある1輪のイトランの花に非常

図23・5　相利共生が築いたすみか　熱帯サンゴ礁にみられる豊かな生物多様性はサンゴに依存するが，そのサンゴの多くは藻類との相利的関係から利益を供与されている．クマノミ（右の写真）は，宿主のイソギンチャクの中に身を隠す．イソギンチャクの触手にある刺胞細胞がクマノミの捕食者を撃退し，クマノミを守ってくれる．体表が厚く粘液に覆われているクマノミは，刺胞細胞に触れても傷つかない．イソギンチャクは，クマノミの排泄物から栄養をもらう．さらに，イソギンチャクをかじる動物をクマノミが捕食したり追い払ったりする．

に多くの卵を産むと，イトランはその花だけを選択的に中絶し，そのガの卵あるいは幼虫を全滅させる．

相利共生は種の分布と存在数を規定する

相利共生は種の**分布**，すなわち，種が生息する地理的範囲に影響する．相利共生はまた，種の**存在数**，すなわち，ある決められた生息域における種の個体数にも影響する．影響の仕方は2通りある．まず，相利共生する2種の生物は，互いの共生相手が生息する場所で生き残りやすく，繁殖しやすいので，互いの生息域と存在数に強く影響し合う．たとえば，イトランの一部の種とイトランガは完全に依存し合っているので，イトランガがいる場所においてのみ，イトランガが見つかる．

つぎに，相利共生は，相利共生とは無関係の種の分布と存在数にも間接的に影響する．相利共生は，生物群集がどのように構成され，どのような種類の種が，どこに，どのくらいの存在数で含まれるかに影響する．たとえば，サンゴ礁は，多くのさまざまな生物種がすみかとする独特の生息地であり，そこには魚類，軟体動物，甲殻類，ヒトデなどの棘皮動物がいる．硬い骨格をもたない軟質のサンゴは，そのほとんどが相利共生の相方である光合成細菌を体内に飼っている（図23・5）．サンゴは光合成細菌に，すみかとリンなどの必須栄養のいくつかを提供し，光合成細菌はサンゴに光合成産物である炭水化物を提供する．礁をつくるサンゴが光合成細菌との相利共生に依存しているということは，サンゴ礁をすみかとするほかの多くの生物種は，サンゴと光合成細菌の相利共生に間接的に依存していることになる．

片利共生は片方だけを利する

サンゴ礁にすむ生物の中には，**片利共生**とよばれる，相利共生とは別の種類の利益協定に属するものがある．片利共生は，片方の種だけが得をし，もう片方には得にも損にもならない関係である．クラゲの触手がもつ猛毒に対して獲得免疫があるエボシダイは，クラゲに紛れて群れることにより，捕食者を回避する．明らかにエボシダイはクラゲとの関係に依存しているが，クラゲはエボシダイとの関係によって得ることはない．もう一つの例として，クジラに固着するフジツボがある（図23・6）．クジラにとって害はないが，濾過摂食動物であるフジツボは，クジラをヒッチハイクして大洋中を巡り，1箇所に固着していたら得られないであろう食物を摂取することができる．

図23・6　**片利共生**　クジラ（灰色）にフジツボが張りついている．

■これまでの復習■

1. イトランガはイトランの受粉を媒介するとともに，イトラン種子を食料源とする．この生物間相互作用はどう分類されるか？ この関係は，ガと植物の双方に損失のない相互作用か？ 説明せよ．
2. アマサギは家畜の後を追い，ときには家畜の背に止まり，周囲をよく眺め，家畜が草をはんで巻き上げる虫を捕食する．この生物間相互作用は何に分類されるか？ この相互作用によって得をするのはどちらか？

1. 相利共生．植物はガの授粉媒介を期待するし，ふ化したガの幼虫は種子の一部を食べるので双方に利益がある．2. 片利共生．鳥は動物に随伴するため虫に接近できるので得をする．しかし，家畜は益害どちらも被らない．

搾取では，片方は利益を得て，もう片方は被害にあう

搾取は，片方（搾取者）が得をし，もう片方（一般的に餌食として犠牲になる種）には害のある相互作用すべてを含む．搾取者は一般的に消費者であり，つぎの三つに分類される．

1. **植食者**．植物や，その一部を食べる消費者．
2. **捕食者**．食べるために他の動物を殺す動物（まれに植物の場合もある）．食われる動物を**被食者**という．
3. **寄生者**．寄生者の餌食となる生物（**宿主**）の体内または体表に生息する消費者．寄生者の重要な分類群として，宿主の体内で病気をひき起こす**病原体**がある．

この三つの大きな分類群は，性質が大きく異なる．捕食者（たとえばオオカミ）は素早く獲物を殺すが，寄生者（たとえばノミ）は一般に宿主を殺さない．三つの搾取には明確かつ重要な差異があるが，三つのすべてに当てはめられるいくつかの一般原則に焦点を当てていこう．

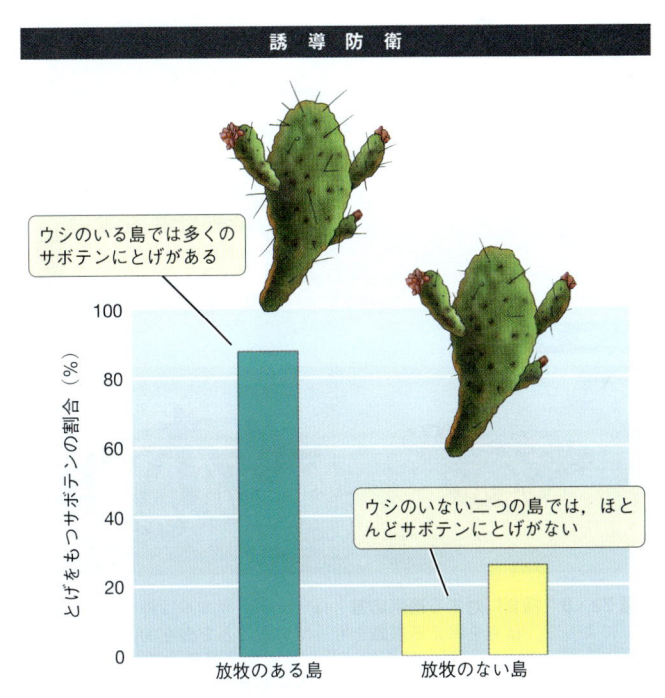

図23・7　**誘導防衛としてのサボテンのとげ**　オーストラリア沿岸近くの三つの島のうち，放牧が行われていない二つの島に比べ，放牧が行われている一つの島ではとげのあるサボテンの割合が高かった．このサボテン種はウシにかじられることが直接の刺激となってとげを形成することが，野外および屋内実験によっても証明されている．

消費者と被食者は強力な選択圧を互いに与え合う

自然環境に消費者が存在することは，多くの生物種にとって，被食を避けるための精巧な戦略を進化させる要因となる．これもまた，進化の行方に影響する生物間相互作用の一例である．たとえば，多くの植物は，植食者に対する防衛手段として，とげや有毒物質をつくる．植食者の攻撃が直接の刺激となって反応が起こる**誘導防衛**の手段をもつ植物もある．とげの形成は，サボテンの一部の種にみられる誘導防衛の一つである．ウシに食われたことのあるサボテンは，ウシに食われたことのない個体に比べ，非常にとげを形成しやすい（図 23・7）．

被食者の多くは，頑強に防衛されていることを捕食者に警告するため，鮮やかな色彩や目立つ模様（**警告色**または**警戒色**）を進化させている（図 23・8 a）．警告色は，非常に効果がある．たとえば，アオカケスは，鮮やかな色をしたオオカバマダラを捕食しないことを素早く学習する．オオカバマダラは，鳥（ならびにヒト）の体内に入ると吐き気をひき起こす化学物質をもっており，量が多い場合は心不全による突然死をもひき起こす．見つかりにくく，捕まりにくくすることで捕食者を回避するように進化した被食者もいる（図 23・8 b）．**擬態**は，捕食者と被食者の相互作用から生じた適応の一つで，被食者種の外見が捕食者を刺激しないようなものに似る進化である（図 23・8 c）．さらに，寄生者の宿主は，微生物感染やウイルス感染を無効化するように，分子レベルでの防御（免疫機構）を進化させた．

種間の相互作用は，相互作用する種の進化的変化を促す．これは，**共進化**として知られる．別の言い方をすると，相互作用する二つの種は，相互作用の結果として，互いの進化的変化をひき起こすのである．たとえば，生産者が消費者に対して自己防衛を進化させてきた過程を見れば，消費者が被食者に強力な選択圧をかけていることがわかる．選択圧は消費者に対してもはたらく．植物や被食者が捕食に対し，特殊かつ強力な防御機構を進化させると，今度はその消費者がその防御機構に打ち勝つための強い選択圧を経験する．これは，進化的軍拡競争とよばれる進化過程であ

防御適応

(a) 警告色

ヤドクガエルは地球で最も有毒な動物の中に入る

(b) 迷彩

写真の中の虫が見えますか？

(c) 擬態

図 23・8 捕食に対する適応応答 (a) ヤドクガエルは鮮やかな体色によって，猛毒を蓄える組織をもっていることを潜在的捕食者に警告している．(b) 長い足を伸ばし，地衣類に擬態するキリギリスの一種．このキリギリスは日中，トカゲや鳥などの捕食者に見つからないように地衣類に覆われた枝でじっとしている．コオロギの近縁で，この種のキリギリスは夜間に活動する．(c) マダラマネシイチモンジ（左）の色と柄は，有毒物質をもつオオカバマダラ（右）にそっくりである．捕食者は，マダラマネシイチモンジをオオカバマダラと勘違いして，マダラマネシイチモンジを放っておく．

図 23・9 かかってこい オオカミなどの捕食者に，一頭ではすぐやられてしまうジャコウウシも，集団で輪をなしていると狙われにくい．

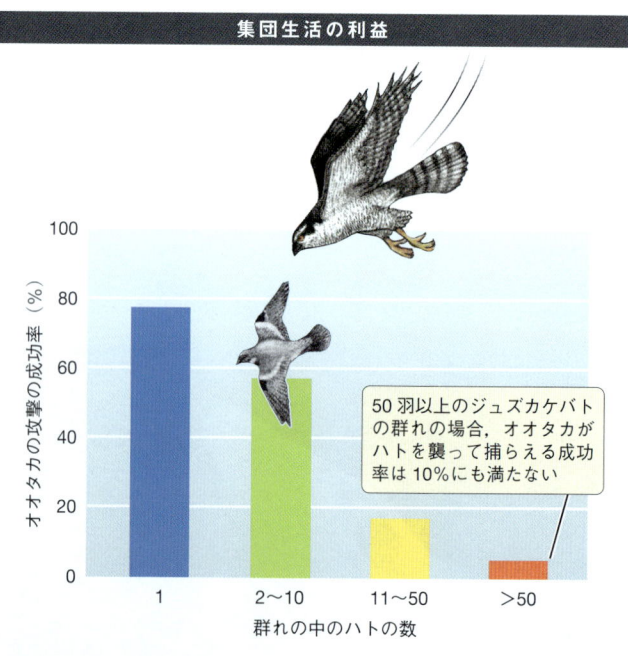

集団生活の利益

50羽以上のジュズカケバトの群れの場合，オオタカがハトを襲って捕らえる成功率は10％にも満たない

図 23・10 大勢は安全 ジュズカケバトが大群でいる場合は，オオタカがジュズカケバトの捕食に成功する確率が大きく下がる．

る. 防御機構は多くの場合, それを克服する能力を進化させた数種を除く消費者に対しては機能する. サメハダイモリは通常, 25,000匹のネズミを殺すことができる量の神経毒テトロドトキシンを皮膚に含んでいる. 非常に猛毒なため, サメハダイモリを捕食しても生存できる捕食者は, その毒に耐性をもつガータースネークただ一種である.

消費者は被食者の行動を変化させる

　動物が群れの中で生活したり餌を食べたりする行為は, 捕食に対する応答として進化したものと考えられる. 被食者は, 何頭かの仲間とともに行動することによって, 捕食者からの攻撃に対抗することができる（図23・9）. 大群の形成もまた, 捕食者の攻撃に対して有効な警告を発することができる. より多くの個体が捕食者を監視することができるので, ジュズカケバトの一群は, 一羽でいるときよりも早くオオタカ（捕食者）の接近を感知できる. オオタカの捕食成功率は, 一羽でいるジュズカケバトに対しては80％近くに達する一方, 50羽以上の群れに対しては10％以下にまで落ち込む（図23・10）.

　多くの寄生者は, 寄生者の利益になるような行動を宿主に起こさせる. たとえば, ギョウチュウは, 体内に取込まれると結腸に移動し, 肛門周辺で産卵する. このときかゆみをひき起こす. 感染部位をかくことにより, 宿主はそれと知らずにギョウチュウ卵を手や体表に移す. 体外で拾われたギョウチュウ卵から, 感染の新たな循環が開始する. 狂犬病ウイルスは, 宿主を攻撃的にさせることで拡散する. 狂犬病のイヌにかまれると, 唾液を介してウイルスが移る. 原生動物のトキソプラズマは, 宿主のネズミから恐怖心を除き, 代わりに好奇心を旺盛にさせる. このような変化により, 感染したネズミは, トキソプラズマのもう一方の宿主であるネコに捕食されやすくなる.

消費者は被食者の分布と数を制限する

　アメリカグリはかつて北米東部の優占種であった. 優占範囲では, どの地域も樹木の4分の1〜2分の1はクリの樹であった. クリは巨木に成長することができ, 樹幹直径3mのクリの記録が植民地時代の入植者によって残されている. しかし, 1900年に, クリ胴枯病をひき起こす菌がニューヨークに渡来し, 瞬く間に広がると, 北米東部のクリの樹は, 大半が枯死してしまった. アメリカグリは現在, かつて優占していた北米東部にところどころ残っているのみである. それも, 枯死した個体の切り株から芽吹いたものである. それらの若芽も, ほとんど例外なく菌の再感染によって枯れてしまい, 実を付けるほどにまで大きく成長することはできない.

　胴枯病がアメリカグリにもたらした影響をみれば, 消費者（菌）がどのようにして被食者（アメリカグリ）の分布と存在数を制限するのかがわかる. この例では, 以前は優占種だった樹木が, 生息地の全域から文字通り排除された. 被食者の分布と存在数に対する消費者効果は, 被食者が消費者から隔離されたときに生じる事象によっても示される. 人が運んできた外来種は, 運ばれた土

生活の中の生物学

外来種: 島の生物群集を密かに乗っ取る

　ハワイ諸島は地球上で最も孤立した列島である. 非常に隔離されているので, よくある生物群集に生息する生物の集まりが, そっくりそのままハワイに到達したことはない. たとえば, ハワイにはアリやヘビの在来種は存在せず, 在来の哺乳動物もハワイ諸島に飛来可能だったコウモリが唯一いるのみである.

　ハワイ諸島に到達した数種は, 以前属していた生物群集にいた生物種のほとんどがいない新しい環境に直面した. 生物がまばらにしか生息していなかったこと, 競争種がいなかったことから, 多くの新種とハワイ特有の生物群集が進化することとなった.

　ハワイ諸島の生物群集は, 外来種による影響に対して特に脆弱である. 新しく形成された島々にはほかと比較して少数の種が定住し, それらが隔離されたまま進化した. このため, 大陸からやってきた人間が持ち込んだ捕食者や競争者に対抗する力は備わっていなかったとみられる. さらに, 大陸でその個体数を抑制する捕食者や競争種は持ち込まれず, たいがい単独で種が持ち込まれる. 島では, その種の個体数が劇的に増加し, 侵略的になることが起こりうる.

　場合によっては, 侵略的な外来種が生物群集をまるまる破壊することもある. （ウシの餌として）ハワイに導入されたヒゲクサが, この場合に当てはまる. ヒゲクサは, 1960年代後半にはハワイ火山国立公園の季節的乾燥林に侵入した. それ以前は, 5.3年ごとに山火事が発生し, 1回の山火事で平均0.25ヘクタールが焼失していた. ヒゲクサが導入されて以来, 毎年1回以上の頻度で発生し, 1回の山火事で焼失する面積は, 平均240ヘクタールに増加した. ヒゲクサは大規模な高温の山火事から回復するが, 季節的乾燥林の在来種である樹木や潅木はそうではない. 今では山火事が非常に頻繁かつ激化したため, かつて国立公園に存在していた季節的乾燥林は消滅してしまった.

　ハワイ本来の生物群集が修復する見込みはない. しかし, 生態学者は, ハワイの原生樹木や潅木を含みながらも, 火災に耐えうる生物群集を新たに構築しようと試みている. 困難な挑戦であり, 努力が実るかどうかは不明である. 実らなければ, かつて林だったところは, いつまでも外来種に埋め尽くされた広大な草原のままであろう.

シルバーソードは, ハワイ諸島でのみ生息する植物である. 遺伝子解析から, 単一の祖先種（カリフォルニアから飛来したターウィードの一種）から多様な系統のシルバーソードが進化したことがわかった. 写真の三つのシルバーソードは近縁であるが, それぞれ非常に異なる環境に生息し, 外見も大きく異なっている.

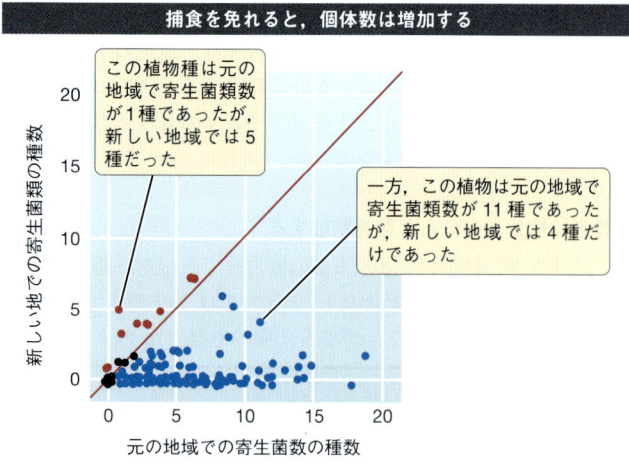

捕食を免れると，個体数は増加する

図 23・11 **外来種は捕食者を置き去りにする** 一般的に，外来種は新たな生息地で，元の生息地にいたときと同じ寄生種や捕食者に遭うことは少ない．グラフの点それぞれは，新たな生息地に持ち込まれた植物種を表す．対角線より下側の点は，元の生息地よりも新しい生息地の方が寄生菌種の少ない植物種を示し，対角線より上側の点は，その逆の植物種を示す．

（グラフ内注釈）
- この植物種は元の地域で寄生菌類数が1種であったが，新しい地域では5種だった
- 一方，この植物は元の地域で寄生菌類数が11種であったが，新しい地域では4種だけであった

地でその地域の生物群集を撹乱することがある．外来種が新天地で急速に個体数を増やすことがあるが，元の生息地と違って寄生者が少ないことが，その要因の一つである（図 23・11）．

消費者は被食者を絶滅させることもある

搾取は，被食者を絶滅させることすらある．クリ胴枯病がアメリカグリに与えた影響は，明らかにその一例である．生息地全体で見れば，アメリカグリはまだ絶滅していないが，局所的に絶滅した地域はたくさんある．同様に，メイガは，オーストラリアでウチワサボテンの群落の多くを駆逐した（図 22・4 を参照）．消費者がある一種のみを捕食し，その個体群の一つを絶滅に追い込めば，消費者は，別の個体群を探すか，自身も滅びるかのどちらかしかない．オーストラリア東部では，まさにこのことがメイガに起こった．メイガはウチワサボテンの個体群をほとんど駆逐してしまったので，今はメイガの個体数も少なくなっている．

競争では双方の種が負の影響を受ける

種間の**競争**では，相互作用する二つの種は，互いに負に影響し合う．食物や生育空間など，重要かつ限られた資源を二つの種が分け合う際に，最も競争が生じやすい．**生態的地位**（ニッチ）とは，ある一つの種または個体群が，ある特定の生息地で生存し，生殖するのに必要な環境と資源の総体をさす．競争は，二つの種の生態的地位が重なるときに生じる．競争する二つの種は，競争相手に取られてしまいかねない資源（餌や生活空間）をそれぞれ利用することから，互いに負の影響を与え合う．このことは，片方の種が競争者としてはるかに優位で，もう一方を最後には絶滅に追い込む場合にも当てはまる．このような**競争排除**では，劣位にある種が，優位にある種と同じ資源を利用し続け，最後には優位な競争相手に地位の大部分を奪われる結果，絶滅状態となる．

競争にはおもに二つの種類がある．

1. **干渉型競争**は，競争相手を直接的に締め出して資源を利用させなくする．例として，巣穴として利用するために，木の空洞をめぐって2種の鳥が格闘すること．
2. **搾取型競争**は，共通資源をめぐる間接的な競争で，それぞれが相手に利用可能な資源の量を減少させる．例として，土壌窒素などの欠乏しがちな資源をめぐり，2種の植物が競争すること．

競争は種の分布と存在数を制限する

競争はしばしば自然個体数に重大な影響を与える．膨大な野外調査によって証明されているように，それらの影響は，種の分布と存在数の制限にも及んでいる．二つの例を探求しよう．

スコットランドの海岸には，2種のフジツボの幼生 *Semibalanus balanoides*（チシマフジツボの近縁種．ここではセミバラヌスとよぶ）と *Chthamalus stellatus*（イワフジツボ）は，海岸線の岩場の高い位置にも低い位置にも定着する．しかし，セミバラヌスの成体は，海水に浸っていることの多い岩場の低い位置でしか見られない．一方，イワフジツボは，空気にさらされていることの多い岩場の高い位置でしか見られない（図 23・12）．原則として，

干渉型競争

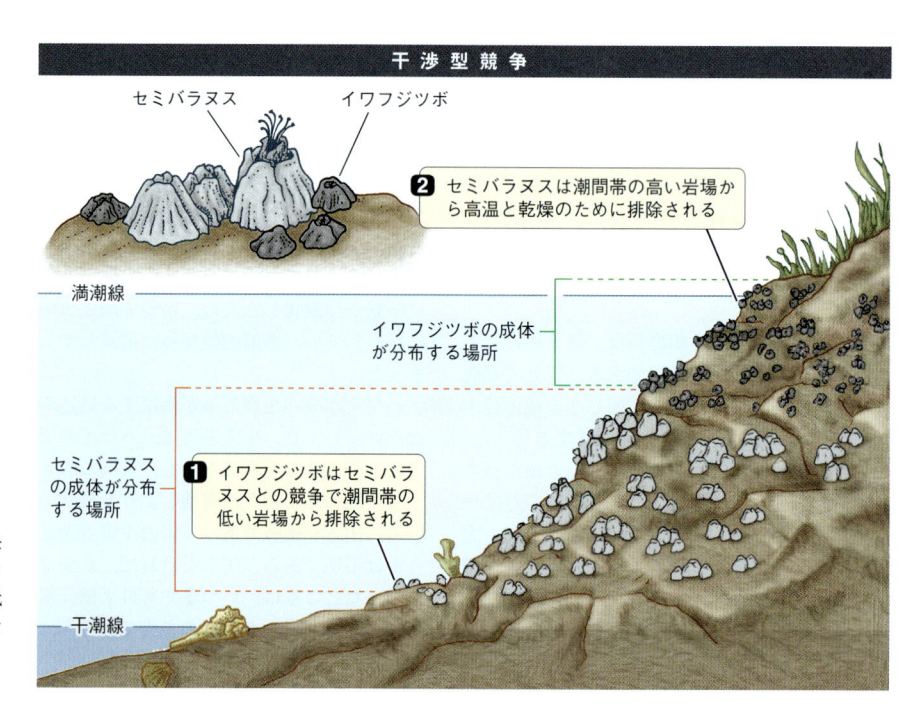

（図中ラベル）セミバラヌス　イワフジツボ　満潮線　干潮線　イワフジツボの成体が分布する場所　セミバラヌスの成体が分布する場所

❶ イワフジツボはセミバラヌスとの競争で潮間帯の低い岩場から排除される

❷ セミバラヌスは潮間帯の高い岩場から高温と乾燥のために排除される

図 23・12 **分かれる理由** スコットランド沿岸の岩場にいるフジツボのセミバラヌスとイワフジツボ．どちらも幼生の時は岩場の高い所，低い所に関係なく着生する．ところが，成体になると，セミバラヌスは高い所からいなくなり，イワフジツボは低い所からいなくなる．

これら2種のフジツボの分布は，競争か環境要因のいずれかが原因であろう．実験では，セミバラヌスを取除くと，イワフジツボが海岸線の低い位置で生存できることが明らかになった．つまり，セミバラヌスとの競争によって，イワフジツボは通常，低い位置での生息を妨げられている．セミバラヌスは，セミバラヌスよりも小さくて繊細なイワフジツボをしばしば押しつぶすことから，この相互作用は干渉型競争の一例である．一方，セミバラヌスの分布は，おもに環境要因に依存している．温度が高く，乾燥している岩場の高い位置では，セミバラヌスの生存が妨げられるのである．

分布と存在数に影響する競争例の二つ目は，*Aphytis* 属のジガバチに関するものである．ジガバチは，柑橘類の樹木に深刻な害を与えるカイガラムシを襲う．雌ジガバチはカイガラムシに卵を産みつけ，ジガバチの幼虫はふ化すると，カイガラムシの外殻に穴をあけ，虫体を食い尽くす．

1948年，カイガラムシによる柑橘類への食害を減らすために，南カリフォルニアにヤノネキイロコバチ（*Aphytis lingnanensis*）が放飼された．すでにそのとき，その地域には近縁種のジガバチ（*A. chrysomphali*）が生息していた．ヤノネキイロコバチの方が，カイガラムシの制御により効果的であろうと期待されての放飼である．ヤノネキイロコバチの方が優れていることが判明し（図23・13），ほとんどの地域で搾取型競争によって在来ジガバチを駆逐した．期待通り，ヤノネキイロコバチはカイガラムシに対しても優れた抑制効果を発揮した．

種間競争はごく普通のことだが，2種が資源と空間を共有する際に必ず競争が生じるわけではない．資源が豊富な場合には競争は生じない．たとえば，葉を食べる昆虫の間に競争が生じることはあまり一般的ではない．昆虫にとっては，食べることのできる葉が大量に存在するので，食べる葉が不足する昆虫は通常はほとんどいない．食物が豊富に存在する限り，競争はほとんど生じない．

自然選択は，競争種が共通する生態的地位を異なる方法で利用する動因となる．これは**生態的地位分配**という．空間や資源を別々に利用することで，競争を最小限とし，競争の可能性はありながらも，競争種が共存することができる．たとえば，草地の植物の多くはともに密生しながらも，生態的地位分配により共存している．浅く根を張る芝は，土壌表面近くの水分と栄養分を吸収し，芝の近くに生えるハンゴンソウは，土中深くその根を伸ばす．生態的地位分配は，資源利用の時期を分けることによっても可能である．たとえば，トゲマウスのある種は日中に，別の種は夜間に獲物を探すことにより，直接競争しないようにしている．

競争は種間の差異を拡大する

Charles Darwin は，自然選択による進化論を打ち立てた際に，二種間の競争は，形態がよく似ているときに厳しくなりやすいことを認識していた．たとえば，同じような大きさのくちばしをもつ鳥同士は，同じような大きさの種子を食べるために激しく競争するが，異なる大きさのくちばしをもつ鳥同士は，異なる大きさの種子を食べるので激しい競争にはならない．似ている種の間で厳しい競争があると，**形質置換**をもたらす場合がある．形質置換は，競争し合っている種の形態が，年月を経て互いに異なる形態になっていく進化現象をいう．形質置換は，種間の形態的類似性を減らすことにより，競争の厳しさを減らす．しかし，第17章で学んだとおり，種がこのように進化する場合は，種の個体群に遺伝的多様性があり，形質（この場合はくちばしの大きさ）の自然選択が可能な場合に限られる．

> ■ 役立つ知識 ■ 遺伝学では，身長，くちばしの大きさ，タンパク質の化学的構造などの生物固有の特性を"形質"という．したがって，資源を争う2種の個体群において，ある特性（くちばしの大きさ）が時を経て異なっていくことが形質置換である．

■ これまでの復習 ■
1. 生物群集の中で，植食者が食べる植物が絶滅に追い込まれないのはなぜか．説明せよ．
2. 集団生活がもたらす適応上の利点は何か．
3. イワフジツボ（海岸岩場の高い位置にいるフジツボ）とセミバラヌス（岩場の低い位置にいる大型の柔らかくないフジツボ）は干渉型の競争を行う．イワフジツボが岩場の低い位置に移されたとき，そこにセミバラヌスが（a）いない場合と，（b）いる場合とでは，イワフジツボの群生の生存と生殖はどう影響されるだろうか．

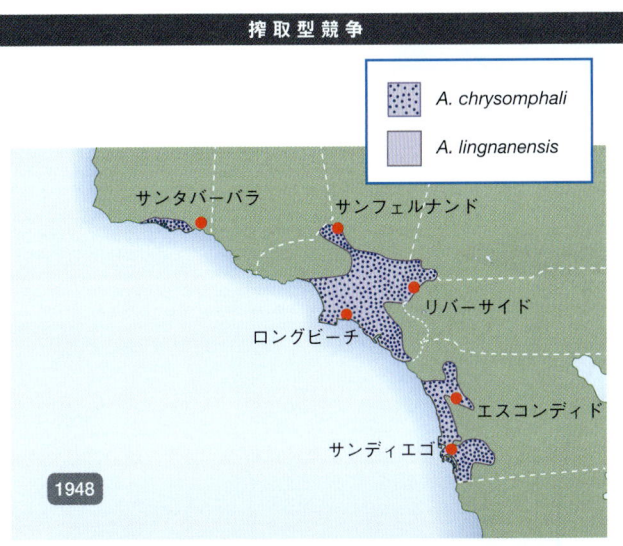

図23・13　もっと強い競争者がやってきた　ヤノネキイロコバチ（*Aphytis lingnanensis*）が南カリフォルニアに持ち込まれたのは1948年．以降，南カリフォルニアの大部分で，競争種のジガバチ（*A. chrysomphali*）があっという間に駆逐された．どちらも，柑橘類（レモンやオレンジ）を食い荒らすカイガラムシを餌にする．

23・2 種間相互作用は, どのように生物群集を形づくるか

ここまでは, 生物間の相互作用が, どのようにしてそれらの分布と存在数の決定にかかわるかをみてきた. 生物間の相互作用はまた, それら生物が生息する生物群集と生態系に対しても多大な影響を与える.

たとえば, 乾性草原では, ウシを過度に放牧すると草が減っていき, 砂漠灌木類が増えていく. 草と灌木の存在量が変化すると, 物理的環境が変化する. 灌木は, 草のように十分に土壌を保持することはできないので, 土壌侵食が進みやすくなる. 放牧があまりに過ぎると, その生態系は最終的に乾性草原から砂漠になる.

種間相互作用のほかに, さまざまな要因が生物群集内の種多様性に影響する. 山火事によって森とそこにすむ生物が消滅し, その跡地で草や陽樹が最初に繁殖する. 都市化によって, 生物の生息地は減少し, 水路は変わり, 汚染が始まり, 生物群集内の種構成と個体群密度が変化する. 自然現象であれ, 人為的なものであれ, 種が生息する環境を変化させる事象はどれも, 種の生存の機会に影響するだろう. 生物群集内の種の多様性が少しでも変化すれば, その影響は生物群集の隅々にまで波及するだろう.

食物連鎖は生物群集を介して栄養素を渡す

食糧がどの程度利用可能か, どの生物が何を食べるのかは, どの生物群集においても重要な側面である. 生物群集における摂食関係は, **食物連鎖**を用いて説明できる. 食物連鎖は, 生物群集の中のどの生物が何を食べるかを一直線で示すものである. **食物網**は, 生物群集全体を移動するエネルギーおよび栄養素の流れを描写するものである. 食物網では, 生物群集の多様な食物連鎖がしばしば重複し, つながっている (図23・14).

食物網と, 食物網が描写する生物群集は, 生産者を土台にして築かれている. **生産者**は, 太陽などの外部エネルギーを利用してみずから食物を生産し, 他の生物やその残骸を食べない生物である. 陸上では, 太陽からエネルギーを取込む光合成植物が主要な生産者である. 水中バイオームでは, 海洋の植物プランクトン, 潮間帯や湖沼の藻類, 深海熱水噴出孔の細菌など, さまざまな生物が生産者を担っている.

消費者は, 他の生物やその残骸を丸ごと, あるいは部分的に食べて, エネルギーを獲得する生物である. 主要な消費者には, 分解者 (第24章で論じられる) および本章前半で述べられている植食者, 捕食者ならびに寄生者 (病原体を含む) が含まれる. **一次消費者**は, ウシやバッタなど, 生産者を食べる生物である. **二次消費者**は, その食物の一部あるいは全部が一次消費者によって支えられている. 生物が生物を食べ, 食べられた生物はまた他の生物を食べるという連鎖は, さらに続く. 鳥はクモを食べ, そのクモは甲虫を食べ, その甲虫は植物を食べるので, 鳥は**三次消費者**ということができる. 図23・14で強調されている食物連鎖に

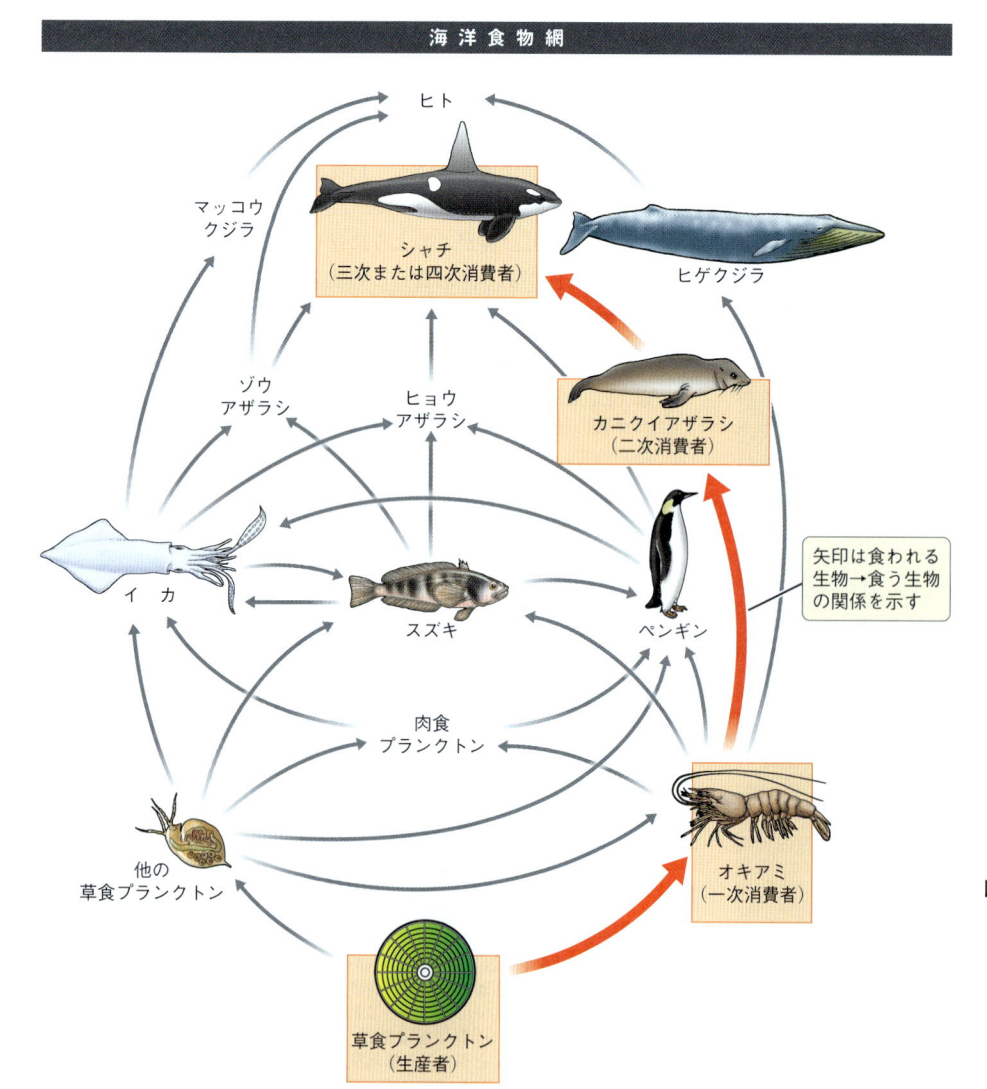

海洋食物網

図 23・14 **生物群集の食物の移動は食物網に集約される** 食物網を構成するのはさまざまな食物連鎖である. 食物連鎖は, 種特異的な捕食-被食の関係を直線で表すものである. 一つの捕食-被食関係を見やすくするため, 食物網の中の食物連鎖の一つを赤色の矢印と橙色の囲みで強調している.

図 23・15 **生物群集の星** ヒトデの一種 *Pisaster ochraceus* がムラサキイガイを捕食することにより，ムラサキイガイの集団が生物群集から他の種を締め出すのを防いでいる．

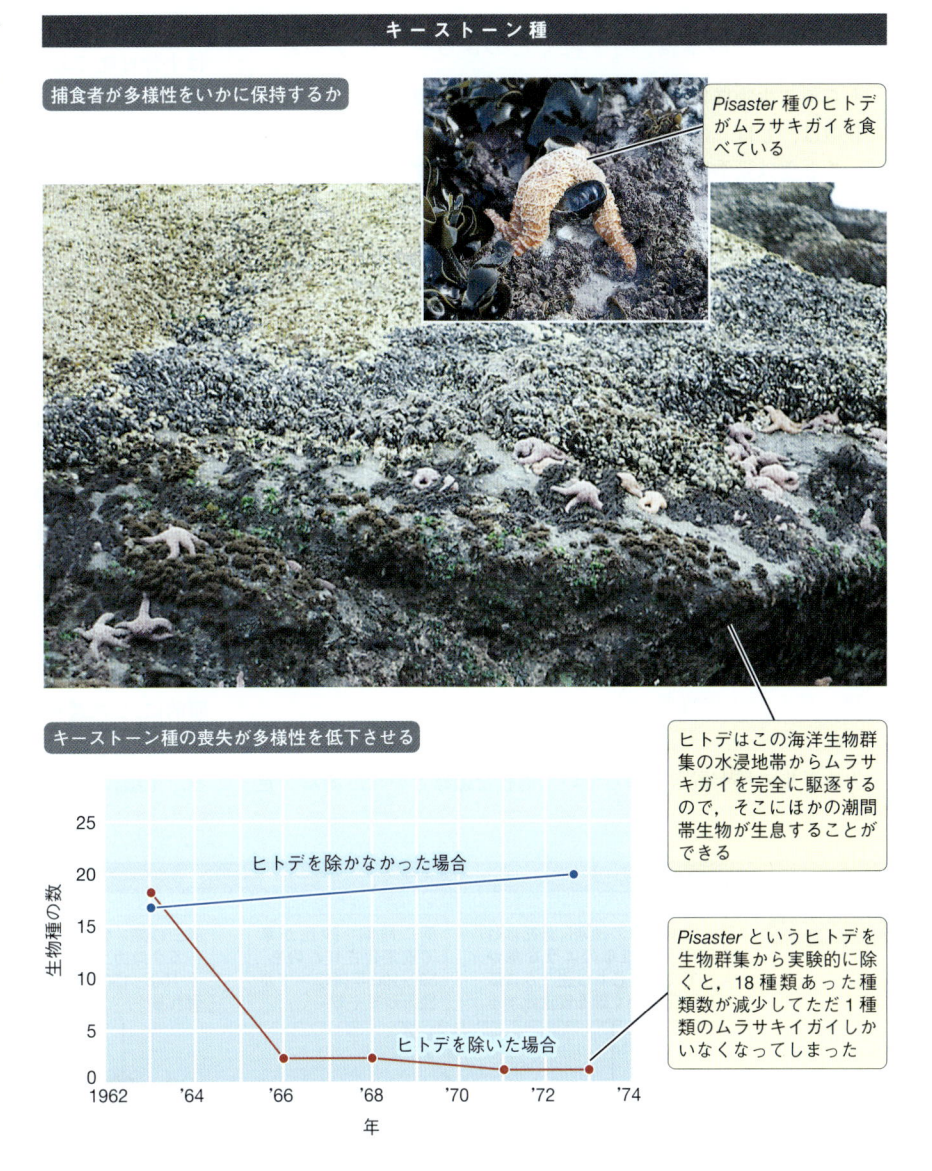

キーストーン種

捕食者が多様性をいかに保持するか

Pisaster 種のヒトデがムラサキイガイを食べている

ヒトデはこの海洋生物群集の水浸地帯からムラサキイガイを完全に駆逐するので，そこにほかの潮間帯生物が生息することができる

キーストーン種の喪失が多様性を低下させる

ヒトデを除かなかった場合

ヒトデを除いた場合

Pisaster というヒトデを生物群集から実験的に除くと，18 種類あった種類数が減少してただ 1 種類のムラサキイガイしかいなくなってしまった

おいて，シャチは三次消費者か，その上の**四次消費者**ということができる．

キーストーン種は生物群集に甚大な影響を与える

存在数がたいして多くないにもかかわらず，その生物群集の種構成と存在数に不相応に大きな影響を与える生物種がいる．このような影響力のある種を**キーストーン種**という．キーストーン種が生態系から排除されたり，消滅したりした後，残された生物群集に劇的な変化が生じることによって，キーストーン種が判明する．

生態学者 Robert Paine は，ワシントン州の太平洋岸岩場で実験を行い，*Pisaster orhraceus* というヒトデが，潮間帯の生物群集におけるキーストーン種であることを明らかにした．彼は，岩場のある場所からはヒトデを取除き，その隣の場所は対照区として手を加えずヒトデを残しておいた．ヒトデがいなくなると，生物群集の 18 種類の生物のうち，ムラサキイガイだけが残り，それ以外はすべていなくなった（図 23・15）．ヒトデはムラサキイガイを食べるので，ヒトデがいると，ムラサキイガイの個体数が低く維持され，ムラサキイガイが増えすぎて他の種を追い出すことがなかったのである．

一般に，"キーストーン種" という用語は，比較的少ない存在数の生産者あるいは消費者でありながら，生物群集に多大な影響を及ぼす種に用いられる．生物群集で最も存在数が多い種あるいは優占種（たとえば，サンゴ礁のサンゴや Paine が観察した潮間帯のムラサキイガイ）もまた，生物群集に多大な影響を及ぼすが，存在数が多いので，それらはキーストーン種とはみなされない．

通常，どの種がキーストーン種であるかを知る手立てはない．ある生物が生物群集から人為的に取除かれた後，その生物群集が大きく変化したことが観察されて初めて，取除いた種がキーストーン種だったと判明することが多い．たとえば，英国のある地域で，人間がウサギを駆除したところ，イネ科植物以外の多くの植物を含む多様な植物が生えていた草原の大半が，（思いがけず）数種のイネ科植物しか生えない草原へと変貌してしまった．草原が変化したのは，ウサギがいなくなってイネ科植物が生え放題になったためである．イネ科植物が増え，ほかの植物種は追い出されてしまった．

■ **役立つ知識** ■ 建築でキーストーンとは，アーチ中央の最も高い位置にある石をさし，その石がアーチの崩壊を防いでいる．キーストーン種とは，生物群集の "構造" に関して同様の役割を担っている．キーストーン種がいなくなると，生物群集全体の構成が崩壊し激変する．

23・3 生物群集は，時を経てどのように変化するか

あらゆる生物群集は，刻々と変化する．生物群集内の種ごとの存在数は，しばしば季節の移り変わりとともに変動する．たとえば，チョウは夏季に多くいるが，真冬のノースダコタでチョウが飛んでいるのを見ることはない．同様に，生物群集はみな，第22章で学習したとおり，生物の存在量に関して年々変動する．生物群集はその種構成において，季節的および年次的変動に加え，広範かつ方向性のある長期的な変化を示す．

一つの生物群集が始まるきっかけは，新たな生息地が生まれたときである．たとえば，ハワイのような火山島が海から隆起したときである．新たな生物群集はまた，火事やハリケーンなどで撹乱された地域でも形成される．新たに出現したり，撹乱されたりした土地に，いくつかの種が最初に侵入する．一般に，初期に着生した種はその後，別の種に取って代わられる．その別の種もまた，さらに別の種に取って代わられる．種が置き換わるのは，後から入ってきた種の方が生息地の環境変化のもとでよりよく生育し，繁殖することができるためである．

遷移は新たな生物群集を確立したり，撹乱された生物群集を置き換えたりする

生物群集の種が置き換わっていく過程を**遷移**という．ある一定の地域について，種がつぎつぎと置き換わる順序を予測することは十分可能である（図23・16）．このような連続した種の置き換わりは，ときに極相群落に終着する．極相群落は，特別な気候条件や土壌条件が原因で，種構成が長期的に安定したままの生物群集である．しかし，多くの，おそらく大半の生物群集は，火事や暴風雨などの撹乱がたびたび起きるために常に変化し，極相群落を形成することはない．

海から島が隆起したり，氷河が後退して岩や土が堆積したりすると，新たな生息地がつくられ，**一次遷移**が始まる．このような条件の生息地では，生物が存在しないところから遷移が始まる．新たな土地で最初に着生する種は通常，他の種に対してつぎの二つのうち一つは有利な種である：どの種よりも早く拡散することができる（だからこそ新境地に最初に到達できる），または新生地の困難な環境でもよりよく生育し，繁殖できる．一次遷移では，最初に群生する種によって生息地が変化し，後から入ってくる種が生育できるようになる．

二次遷移は，撹乱以前につながる状態を生物群集が取戻す過程である．たとえば，休耕地で自然の植生が回復したり，火事の後に森が再生したりする場合である（図23・17）．一次遷移とは対照的に，二次遷移が進む生息地はしばしば土壌がよく肥えており，その土壌には，遷移過程の後半に優占する種の種子が埋まっている．土壌に種子があることは，遷移の後半段階に到達するのに必

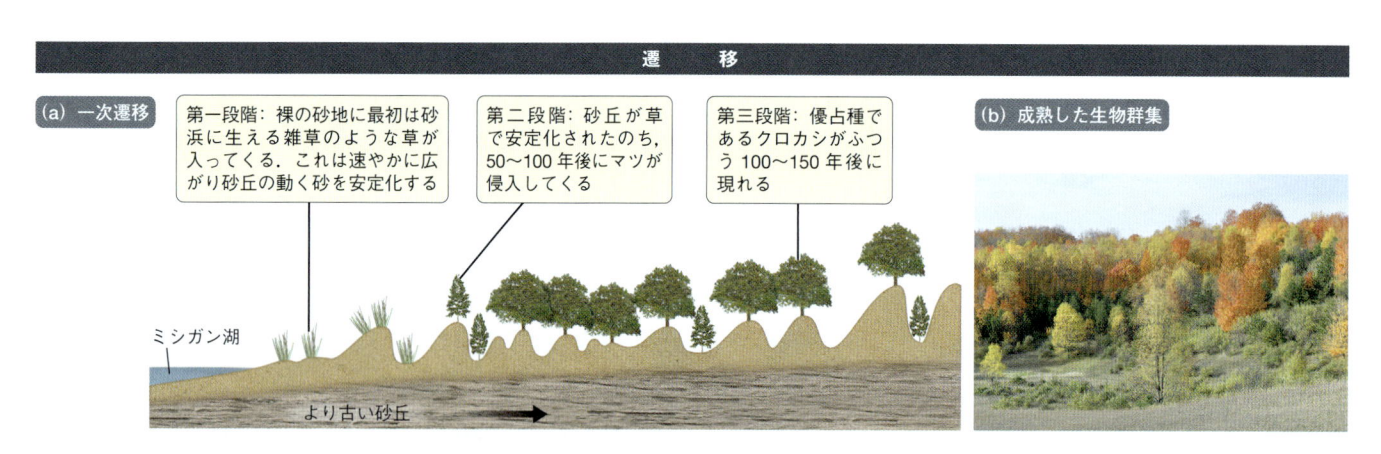

遷　移

(a) 一次遷移

第一段階：裸の砂地に最初は砂浜に生える雑草のような草が入ってくる．これは速やかに広がり砂丘の動く砂を安定化する

第二段階：砂丘が草で安定化されたのち，50〜100年後にマツが侵入してくる

第三段階：優占種であるクロカシがふつう100〜150年後に現れる

ミシガン湖

より古い砂丘

(b) 成熟した生物群集

図23・16　**砂地は森になる**　ミシガン湖の南端で強風により形成された砂丘は，しばしばクロカシが優占する森へと遷移する．砂丘からクロカシ林への遷移は三つの段階を経て起こり，クロカシ林の段階になると12,000年も続くことがある．局所的に異なる環境条件下で，ミシガン湖畔の砂丘にみられる遷移(a)は草地，湿地，サトウカエデの森(b)など，さまざまな生物群集を安定して形成する．

イエローストーン国立公園における二次遷移

(a) 1988年　　(b) 1992年　　(c) 成熟した森

図23・17　**イエローストーン国立公園のロッジポールパインは，ゆっくりだが着実に再生している**　1988年にイエローストーン国立公園を襲った大規模火災の後，異なる場所で撮影された写真．ロッジポールパインの森の再生の様子(a, b)と，火災以前の成熟した森(c)．

要な時間をかなり短縮する要因となる．

生物群集は気候変化に合わせて変わる

種の集まりのなかには，長期間まとまり続けるものがある．たとえば，かつて広大な植物群落が，アジア北部，ヨーロッパおよび北米に存在していた．過去6000万年の間に気候が寒冷化するにつれて，これらの群落にいた植物が南下し，東南アジアや北米南東部で群落を形成した．それらは互いに似通っているだけでなく，かつての広大な群落の種構成にも似ている．北米南東部を代表するマグノリアと非常によく似た東南アジアの種は，昔の大陸間植物群落の遺物である．

植物群落は百万年単位で存続することもできるが，特定の場所に局在する生物群集は，その場所の気候変化に合わせて変化する．特定の場所の気候は，地球規模の気候変化と大陸移動という二つの理由により，時間とともに変化する．

はじめに，地球規模の気候が経年変化することについて考えてみよう．現代のわれわれが"平年並み"として体験している気候は，その前の40万年間の標準気候よりも温暖な気候である．40万年よりもさらに長い期間となると，北米の気候は大きく変化しており（図23・18），北米に生息する動植物も劇的に変化した．たとえば，3500万年前の化石は，今では砂漠となってしまった北米南西部が熱帯林で覆われていたことを明らかにしている．歴史的に，地球規模の気候変化は，氷河の拡大と後退のように，比較的ゆっくりとした経過をとるものである．しかし，現在，人間の活動が急速な地球規模の気候変化を起こしていることを示す証拠が出てきている（第25章参照）．

つぎに，大陸がゆっくりと移動すると（図20・7参照），大陸の気候が変化する．劇的な大陸移動の例を紹介すると，オーストラリアのクインズランドは現在，南緯12度に位置するが，10億年前は北極点近くにあった．およそ4億年前のクインズランドは，赤道に位置していた．赤道で生息する種と北極で生息する種は大きく異なるので，大陸移動はクインズランドの生物群集に大きな変化をもたらすこととなった．

■ これまでの復習 ■
1. キーストーン種とは何か．
2. 新生地に最初に群生しやすい種の顕著な特徴を述べよ．
3. 一次遷移と二次遷移を比較せよ．

---

1. 生物種の多様性に富み，相対的に低い生産数の餌に多くを依存する生物種．
2. 他の種よりも速く成長する，さらに（多いは）繁殖量を与える生物種．
3. 一次遷移は，植物がなくいきなり裸地から始まって，段階的に種が遷移し，遷移後期は（多くは）森林性の植生が目的となる．二次遷移は，すでに植生が破壊された跡地に復元することをいう．

経時的な気候変化

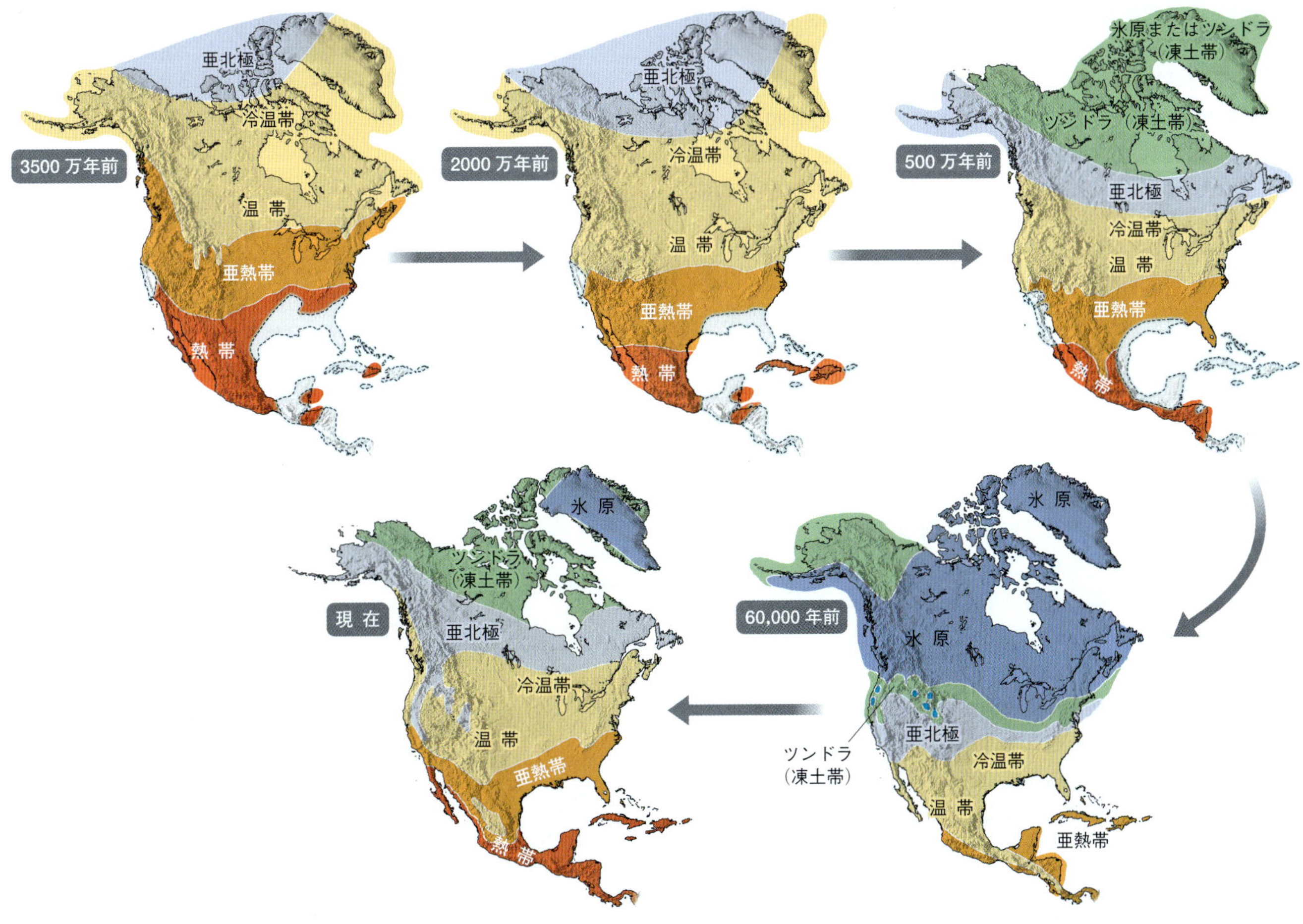

図 23・18 気候の変化と生物群集の変化 北米大陸の気候は過去3500万年の間に大きく変わった．気候が変わると，特定の地域にみられる生物群集も変わる．点線に囲まれた白塗りの地域は，その当時は海面下にあった．

23・4 生物群集構造に対する人為的影響

　生物群集は、山火事、洪水、暴風雨など、さまざまな自然の撹乱を受けやすい。イエローストーン国立公園の例のように（図23・17参照）、撹乱後の二次遷移によって撹乱前の生物群集が回復する場合もある。生物群集は撹乱の種類によっては、元の姿に戻ることができる。元の状態に戻るまでに要する時間は、生物群集によってまちまちで、数年の場合もあれば、数十年あるいは数百年かかる場合もある。

　生物群集は、暴風雨など、自然の撹乱には長期間にわたってさらされてきた。対照的に、人間は、原子力発電所から高温の汚染水を川へ放出するなど、まったく新しい形の撹乱を持ち込んでいる。人間活動はまた、人間活動がなければ変わることのないはずの、自然の撹乱の頻度を変化させる。たとえば、山火事や洪水が劇的に増えたり減ったりするのは、人間活動が原因である。

生物群集は人間による撹乱からも再構築することができる

　生物群集は、人為的撹乱の後に以前の状態に戻れるだろうか。撹乱形態によっては回復可能である。たとえば、米国東部では多くの森林が伐採され、跡地は農地として活用されたが、何年か後に耕作が放棄された。そうした休耕地ではしばしば、耕作放棄から40～60年ほどで二次成長林が育つ。二次成長林は、伐採以前の森とは完全に同一ではない。樹種の大きさと存在数は異なり、二次成長林の木の根元に生える植物の種類は、原生林（伐採されなかった森林）より少ない。しかし、米国東部の二次成長林はすでに、伐採から部分的に回復している。現在の傾向が続けば、何世紀か後には、二次成長林は原生林に徐々に近づいていくであろう。

人間は生物群集に長期的な打撃ももたらす

　複雑な生物群集である北東部の森林が、人間がひき起こした撹乱から急速に回復していることは心強い。しかし、つぎの三つの例が示すように、生物群集は通常、人為的撹乱から急速に回復しないものである。

- ミシガン州北部はかつて、シロマツとアカマツの広大な森で覆われていた。1875年から1900年の間に、これらの樹木はほとんどすべて伐採され、ほんの数箇所に森の区画が散在するだけとなった。伐採業者が残していった大量の枝や棒きれが大規模火災の燃料源となった。伐採と火災の複合要因により、伐採地域の大部分においてミシガン州北部のマツ林は再生するには至っていない。
- 南米と東南アジアでは、伐採と焼畑の組合わせによって、広大な面積の熱帯林が草地に転換していった。研究者は、草地から熱帯林が再生するには何百年、何千年とかかるだろうと試算している。
- 米国南西部では、ウシの放牧によって乾性草原から砂漠灌木地帯に変化した地域がある（図23・19）。ウシはどうやってこのような大きな変化を起こすのだろうか。ウシの放牧や踏み締めが過ぎると、その生物群集では草の量が減少する。土壌を覆い、保持する草が減ると、土壌は乾燥し、流出しやすくなる。砂漠の灌木はこうした土壌条件で生育するが、草は生育できない。土壌の性質がこのように変化してしまうと、ウシの放牧をやめたとしても草原の再生はきわめて困難である。

　放牧は乾性草原に対して劇的な変化をもたらすが、その影響を、

図23・19　過放牧が草原を砂漠に変える　(a) 200年以上前の米国南西部は、大部分の地域が乾性草原だった。(b) 乾性草原の大部分が砂漠灌木地に変貌したのは、過放牧が大きな要因である。

原子爆弾による影響と比較してみよう。1945年7月16日、ニューメキシコ州内のトリニティ実験場で、地上初の原子爆弾の爆発実験が行われた。50年後、爆発によって破壊された乾性草原（しかし、放牧はされなかった）は再生した。対照的に、トリニティ実験場近くの、放牧が激しかった乾性草原（しかし、爆弾の爆発による破壊はなかった）は、爆発実験の後は放牧されなかったにもかかわらず、再生しなかった。植物群集は、放牧よりも、原子爆弾の爆発による打撃からの方が速やかに回復できるのである。これは、生物間の相互作用が自然の生物群集にいかに強く影響するかを示す劇的な例である。

学習したことを応用する

寄生菌はどのようにして人間の脳を乗っ取るか

　本章の最初に、宿主の行動を変えてしまう寄生菌について学んだ。特に、トキソプラズマに感染した雄ネズミは、ネコの尿の臭いにひきつけられるようになる。不運にもネズミはネコを見つけてしまい、ネコはネズミを食べる。すると、ネコに寄生菌が感染する。ネコ（ライオンやヒョウを含む）はトキソプラズマが唯一繁殖可能な宿主動物であることから、トキソプラズマの第一宿主はネコである。感染したネコが排便すると、その中のトキソプラズマは2年以上も感染力を保持していられる。

トキソプラズマは人間にも感染し，2種類のトキソプラズマ症をひき起こす．一つは，最初の（"急性の"）感染がひき起こす症状で，① 無症状，② 熱やリンパ節の腫れなどの軽いかぜ様症状，あるいは ③ 免疫系の低下による高熱，発作，目の炎症などの重い症状である．急性のトキソプラズマ症は妊婦にとっては特に危険で，胎児の先天性異常をひき起こしかねない．

ほとんどの人間は最初の感染に気づきもしない．最初の感染が放置されると，トキソプラズマは脳と筋肉に侵入し，沪胞を形成し，永久的な"潜伏性"感染を開始する．症状がないにもかかわらず，トキソプラズマが潜伏感染した人は，以前とは大きく変わっている．トキソプラズマ抗体をもつ患者に関する初期の研究では，概して患者の反応時間は遅くなり，自動車事故率は高まり，不安症率が増加し，新しい環境への抵抗感が強くなる．ある研究では，潜伏感染している女性は男児を出産しやすいという結果まで出ている．

ネズミの雄と雌と同じように，人間の男と女とではトキソプラズマ感染に対する反応が異なる．いくつかの調査では，男性の感染者は，非感染の男性に比べて，規則を無視したり，疑い深く嫉妬深くなったり，激しく頑固になったりする傾向がある．また，自動車事故を起こす割合は，感染者の方が非感染者の3〜4倍も高くなる．対照的に，女性の感染者は，非感染の女性に比べて情が深く，前向きで，誠実であると報告されている．トキソプラズマ感染はまた，統合失調症の発症率増加とも結びついている．

トキソはどのように脳を変えるのだろう．確かな答えはまだないが，研究者たちはごく最近，いくつかの結論を見いだした．哺乳類を含む多くの動物の脳は，幸福感に関係するドーパミンという物質を分泌する．食事，セックス，麻薬などの"報われた"経験があると，脳がドーパミンを放出し，快楽を感じさせる．（ドーパミンはまた，思考，動作，睡眠などの重要な行動にも関係する）

単細胞はドーパミンを必要とせず，ふつうはドーパミン合成にかかわる遺伝子をもっていない．しかし，トキソプラズマは単細胞でありながら，ドーパミン合成酵素の遺伝子をもっている．いったんトキソプラズマが動物の脳に感染すると，トキソプラズマは脳をドーパミンで充満させ，確実に男性感染者や雄ネズミを愚かな選択に向かわせる．しかし，少なくともネズミは，どんな危険な状況にも恐怖を感じないわけではなく，ネコだけを恐れなくなる．実際，トキソプラズマは一歩進んで，感染したネズミがネコの尿の臭いにどうしても引き寄せられてしまうようにする．

明らかに，ネズミの行動変化は，トキソプラズマがより多くのネコに感染する機会を増やしている．人間への感染はただの副作用で，トキソプラズマには無益なのか，あるいは，はるか昔に人類の祖先がヒョウの餌食だった頃，トキソプラズマは脳から恐怖を払い，ヒョウに接近するように仕向けたのか，釈然とした答えはない．

今日，米国内では人口の4分の1がトキソプラズマに感染している．メディアは猫砂の掃除から感染するとしているが，農務省は，トキソプラズマ感染の半分は生肉や未調理の肉，殺菌されていない牛乳および未洗浄の果物や野菜が原因であるという．

章のまとめ

23・1 種間相互作用

■ 生物群集とは，同一地域に生息する異なる種の生物個体群すべてを含む連合体である．生物群集は，規模や複雑さの点できわめて多種多様であり，種の種類の豊富さと種の存在数によってその特性が決まる．

■ 種間相互作用は，相互作用にかかわる種に害を及ぼすか，それともまったく影響しないかによって分類される．相利共生では，双方とも利益を得る．搾取は，片方が利益を得て，もう片方は害を被る相互作用である．競争では，双方が互いに負の影響を与え合う．

■ 相利共生は，双方の種にとって，相互作用から得る利益の方が，それに要する負担よりも大きくなる場合に進化する．片利共生は，片方が利益を得るが，もう片方はそれによって害も利益も受けない．

■ 搾取では，片方がもう片方の犠牲のうえに利益を得る．搾取者は消費者である．消費者には，植食者，捕食者，寄生者が含まれる．

■ 被食者にとって消費者は，捕食を避けるためのさまざまな進化を促す強い選択圧になりうる．植食者からの食害によって直接的にとげの成長が誘導されるなど，多くの植物は誘導防衛を進化させている．代わって被食者も消費者に選択圧をかけ，被食者の防御を破る消費者が進化する．

■ 消費者は被食者の分布と存在数を制限するため，その存在は生物群集の種構成に大きく影響する．

■ 競争は，種の分布と存在数に強く影響する．干渉型競争では，片方の種が，もう片方の種をじかに排除して，競争相手を資源利用から遠ざける．搾取型競争では，競争相手が利用可能な資源の量を互いに減らし合う間接的な競争を行う．

23・2 種間相互作用は，どのように生物群集を形づくるか

■ 生物群集は，食物網によって描写することができる．食物網とは，生物群集においてどの生物がどの生物を食べるかを表す食物連鎖を相互に結んだ全体像である．

■ 生産者は，太陽などの外部資源からエネルギーを獲得する．消費者は，他の生物を丸ごと，あるいは部分的に食べてエネルギーを獲得する．一次消費者は生産者を食べ，二次消費者は一次消費者を食べる．

■ キーストーン種は，存在数がたいして多くないのに，属している生物群集の構造に多大な影響を与える．キーストーン種は，生物群集内の種間相互作用を変化させ，生物群集の種構成と存在数を変化させる．

23・3 生物群集は，時を経てどのように変化するか

■ 生物群集は例外なく時間経過とともに変化する．長期にわたって一方向に進む変化は，遷移と気候変化の二つが主たる原因である．

■ 一次遷移は，新しく創生した生息地で生じる．二次遷移は，撹乱後に，撹乱前の生物群集が回復するときに生じる．

23・4 生物群集構造に対する人為的影響

■ 人間は，自然環境をあらゆる手段で変えていく．森を農地にしたり，水路を曲げたり，大気と河川を汚染したり，外来種を持ち込んだり，地球の気候を変えたりする．

■ 生物群集は，自然的または人為的撹乱の種類によっては回復する可能性がある．復帰に要する時間は，1年単位や10年単位の場合もあれば，100年単位の場合もある．

■ 富栄養化による水質悪化は，富栄養化の原因を除外すれば回復する．

■ 生物群集の変化によって生じる結果を理解すれば，生物群集の安定性を考慮に入れた種々の決断が可能になる．

重 要 な 用 語

生物群集（p.398）	共進化（p.402）
多様性（p.398）	競　争（p.404）
種の豊かさ（p.398）	生態的地位（ニッチ）（p.404）
相対的存在量（p.398）	競争排除（p.404）
相利共生（p.399）	干渉型競争（p.404）
共　生（p.399）	搾取型競争（p.404）
花粉媒介者（p.400）	生態的地位分配（p.405）
分布（種の）（p.401）	形質置換（p.405）
存在数（種の）（p.401）	食物連鎖（p.406）
片利共生（p.401）	食物網（p.406）
搾　取（p.401）	生産者（p.406）
植食者（p.401）	消費者（p.406）
捕食者（p.401）	一次消費者（p.406）
被食者（p.401）	二次消費者（p.406）
寄生者（p.401）	三次消費者（p.406）
宿　主（p.401）	四次消費者（p.407）
病原体（p.401）	キーストーン種（p.407）
誘導防御（p.402）	遷　移（p.408）
警告色（p.402）	一次遷移（p.408）
擬　態（p.402）	二次遷移（p.408）

復 習 問 題

1. 相利共生において共生種が得られる利益に含まれるのはどれか．
   (a) 食　物
   (b) 保　護
   (c) 繁殖率の増加
   (d) 上記すべて
2. 魚の顎の形は，その魚が食べるものに影響する．研究者たちは，2種の魚の顎が，同じ湖に生息しているときよりも，別々の湖に生息しているときの方がより似ることを発見した．同じ湖に生息しているときに顎の差異が大きくなるのは，つぎのどの現象を例示しているか．
   (a) 警告色
   (b) 形質置換
   (c) 相利共生
   (d) 搾　取
3. フジツボの一種セミバラヌスを用いた実験は，つぎのどれを明らかにしたか．
   (a) セミバラヌスが岩場のどこに生息するかは，物理的要因によって決まるのではない．
   (b) イワフジツボとの競争がセミバラヌスを岩場の高い位置に追いやっている．
   (c) イワフジツボとの競争がセミバラヌスを岩場の低い位置に追いやっている．
   (d) セミバラヌスがイワフジツボを岩場の高い位置に追いやっている．
4. 存在数が少ないにもかかわらず，生物群集の構成に多大な影響を及ぼす種を何というか．
   (a) 捕食者
   (b) 植食者
   (c) キーストーン種
   (d) 優占種
5. ほかの生物を食べないで外部資源からエネルギーを獲得して自身の食物を生産する生物を何というか．
   (a) 供給者
   (b) 消費者
   (c) 生産者
   (d) キーストーン種
6. 生物群集の中の種が継時的に置き換わっていく一方向性の過程を何というか．
   (a) 地球規模の気候変化
   (b) 遷　移
   (c) 競　争
   (d) 生物群集の変化
7. 生物群集の中で，どの種が何を食べるかを表す一直線の食関係はどれか．
   (a) 生活史
   (b) キーストーン関係
   (c) 食物網
   (d) 食物連鎖
8. 水中栄養素が豊富になることによって細菌が増加し，酸素濃度が低下する過程を何というか．
   (a) 富栄養化
   (b) 撹　乱
   (c) 施　肥
   (d) 栄養塩負荷

分 析 と 応 用

1. 相利共生は概してどちらの種にも負担がかかる．それにもかかわらず，なぜ相利共生は普遍的にみられるのか．
2. 捕食者は被食者の進化に影響し，被食者も捕食者の進化に影響する．どのようにこの相互作用が生じるのかを説明せよ．また，教科書に記されている事例を用いて，その論拠を示せ．
3. ウサギはいろいろな植物を食べるが，特に好んで食べる植物がある．多くの種類の植物が生える草原で，ウサギが好んで食べる草が，たまたま優勢な種であったと仮定する．もしウサギがその草原からいなくなったら，その後に最も起こりそうなことはつぎのうちのどれか．根拠とともに答えよ．
   (a) 植物群集内の種数が減少する．
   (b) 植物群集内の種数が増加する．
   (c) 植物群集の大部分は変化しない．
4. つぎの要因のそれぞれが，どのように生物群集に影響するかを説明せよ．
   (a) 種間相互作用　　(c) 気候変化
   (b) 撹　乱　　　　　(d) 大陸移動
5. 生物群集内の一つの種がいる場合といない場合とで，山火事の頻度などの環境特性がどのように変化するかを示す事例をあげよ．
6. 森に対するつぎの人為的撹乱について考えよ．
   (a) 樹木がすべて伐採されるが，土壌と低い植物は生育している．
   (b) 樹木は伐採されないが，雨に含まれる汚染物質が土壌を変質させ，樹木が生育できなくなった．
   元の健全な植物群落が回復するまでに要する時間が長いのはどちらの撹乱か．仮説を立てて回答し，理由を述べよ．
7. 人間が，回復するのに何千年もの時間を要するような多大な変化を生物群集にもたらすことは倫理的に許されることか，それとも許されないことか．理由とともに答えよ．

ニュースで見る生物学

How California Almonds May Be Hurting Bees
By Nicole Montesanto

カリフォルニアアーモンドはどのようにミツバチを傷つけるのか

ミツバチに害を及ぼす単作農作物の中で，米国内で最も重要なものは，恐らくカリフォルニアアーモンドだ．

カリフォルニアは世界最大のアーモンド生産地で，米農務省によれば，この広大な生産地で授粉をするには，一箱につき1万匹のミツバチが生活する巣箱が130万個必要になる．

トラックに巣箱を積み，農作物の受粉の時期に合わせて州から州へ移動する移動養蜂業者は，毎年初春になると一斉にカリフォルニアに集まってくる．

オレゴン州立大学のRamesh Sagili氏は，ミツバチの研究者として，この手法は問題だと確信している．

Sagili氏はミツバチの栄養状態を研究しており，予備的な研究の結果，ミツバチが一度にたった一種類の花粉しか集めることができない場合，それも，その一種類がアーモンドの花粉である場合は特に，強烈な悪影響が生じることがわかった．

アーモンドは当然，ミツバチを必要とする．

"ミツバチなしでは，アーモンドができません"とSagili氏は言う．

しかし，作物アーモンドの大量生産は，ミツバチにとっては害のようだ．

Sagili氏がいうには，ふつうミツバチは，季節ごとに6～8種類の花粉を集める．ミツバチには10種類のアミノ酸が必須で，ある特定の種類の花粉にそのなかのアミノ酸のどれかが欠けていれば，別の種類の花粉からそれを摂って補うしかない．

花粉を集める働きバチは，花粉を食べずに巣に運ぶ．運ばれた花粉は，花粉を加工して幼虫に給餌する育児バチが使う．花粉はタンパク質を豊富に含むので，幼虫の発育に不可欠である．

カリフォルニアでは現在，10万エーカーの土地がアーモンド作物で覆われている．ミツバチにとっても，他の花粉媒介者にとっても，アーモンドでしか花粉を集められない．

"他に咲いている花がない．たぶん，数種の雑草だけだ"とSagili氏は話す．"つまり，人間がミツバチの栄養を限定している．ミツバチだけでなく，そのほかのハチも，だ．"

このことを検証するため，Sagili氏はカリフォルニアのアーモンド畑に二つの巣を置き，ミツバチが這って通らなければ巣に入れないように網を張り，ミツバチが網を通るときに花粉が受け箱にこそぎ落とされるようにした．

"花粉を20ポンド集めました．"とSagili氏．彼はそれを持ち帰り，一つの巣に与えた．この巣はかごの中にあり，ミツバチが他の花粉源には飛んでいけないように処置してあった．もう一つの巣には対照群として標準的な餌を与えた．そして，何週間かかけておのおのの巣からミツバチを取出し，解剖した．その結果は衝撃的であった．アーモンドの花粉からつくられるタンパク質含量の低い餌が幼虫に与えられていた巣では，免疫機構が著しく衰退していた．対照群の巣に比べ，巣の発達は遅かった．"非常に大きな差があった．単一の花粉だけを与えられたミツバチは，十分にはたらくことができない"とSagili氏は結んだ．

さらなる研究が計画されているとして，Sagili氏は，オレゴン州のブルーベリーなど，他の植物種の花粉でも観察することにしている．

ミツバチは米国の農業にとって必須であるが，最近，このフワフワした体毛をもつ花粉媒介者が激減している．養蜂家が"巣の崩壊病"とよぶミツバチの減少をひき起こす要因は，いくつもあげることができそうである．特別な要因としてこの記事の中で論じられているのは，米国産ミツバチが栄養の制限を強いられているということである．

花から花へ花粉が飛び，次世代を確保するために，被子植物はハチやハエなどの花粉媒介者に大きく依存している．一方ハチは，エネルギー源の蜜と幼虫の餌になる花粉を当てにしている．しかし，この記事で述べられている研究が間違いなければ，植物の野生種および作物種の両方で多様性が低下していることは，ミツバチの幼虫の栄養失調が原因かもしれない．アーモンドのように，単一の作物だけの"モノカルチャー"にさらされているミツバチは，さまざまな種類の花から花粉を集める機会をまったくもてない．こうして重要な栄養素がミツバチの餌から消えていく．

減少している花粉媒介者は，国産ミツバチだけではない．その他のハチやハエやガなど，原産の花粉媒介者はもっと希少になりつつある．ミツバチと原産の花粉媒介者の減少は，現存する植物の花粉を媒介する昆虫がほとんどいないことを表す．これら花粉媒介者がいなければ，なかには繁殖できなくなり，絶滅する植物種も出てくるだろう．

ミツバチをはじめ，ハチは，広く多様な植物にとまり，花粉を媒介する．しかし，多くの植物は，単独の花粉媒介者に強く連動して共進化してきた．ある植物種が希少になれば，その植物の花粉媒介者も希少になる．そうすると，その植物はいずれ絶滅するだろう．このような関係が，あらゆる地域の生物群集の枠組みをつくっている．

このニュースを考える

1. 記事に紹介されている研究は，養蜂家が農作物の開花時期にさまざまな農場へハチの巣を運んでいることを示している．ミツバチが広大な地理的距離を移動することは，巣の健康状態にどのような影響をもたらす可能性があるだろうか．
2. 記事は，ミツバチは栄養失調を避けるために多様な植物から花粉を集めなければならないことを示唆している．この問題に対して，どのような改善策を提案することができるだろうか．

出典：*Yamhill Valley News Register*, 2011年4月23日, http://www.newsregister.com

24 生態系

> **MAIN MESSAGE**
>
> 生態系では，栄養素は再利用されるが，エネルギーは一方向にしか流れない．生態系は人間に重要なサービスを提供するが，そのサービスはしばしば人間活動によって変化させられる．

ディープウォーターホライズン：生態系は壊滅したか？

2010年4月20日，メキシコ湾で石油掘削施設が爆発した．この爆発は11人の命を奪い，米国史上最悪の原油流出をまねいた．ディープウォーターホライズンの火の勢いは36時間衰えず，この最新鋭掘削施設が水没してようやく消火された．ルイジアナ州の沖合64 km，水深1.6 kmにある油田は，BP社がリース契約していたもので，4月の事故発生から7月に封鎖されるまでの間，約500万バレルもの原油を噴出し続けた．事故後何日かで，油は海面を漂い，その面積は何千km²にも及んだ．この油井には（爆発の原因となった）天然ガスも豊富に存在するため，海底地下35 kmから石油，ガス，ベンゼンやキシレンなどの有機溶媒が吹き上げられ，その柱は海面下わずか800 mまで達した．漁業に詳しい専門家はメキシコ湾に生息するエビや漁業への深刻な損害を，生態学の専門家はメキシコ湾生態系の食物連鎖に対する未曾有の打撃を，それぞれ予見している．

アラスカ州で1989年に起こった原油タンカー，エクソンバルディーズ号の座礁事故では，ディープウォーターホライズン事故のわずか5％の量の原油流出で，25万羽の海鳥，何千頭もの海洋哺乳類，何十億個ものサケやニシンなどの魚卵が死滅した．このため，人間どころか，ラッコ，シャチその他の海洋哺乳類を支えていた魚の個体数が長期的に下降した．20年経てもいまだにアラスカ沿岸の岩浜や砂浜を覆う原油は，徐々に海に漏れ出し，ムラサキガイなどの沪過摂取動物や，食物連鎖の上位にいる動物を汚染し続けている．

こうした被害事実を知っているメキシコ湾沿岸の住民たちは事故当時，最悪の事態を懸念した．沿岸警備隊の隊員は破壊現場で嗚咽し，漁師たちはメキシコ湾での漁はもうできないと語った．

> **?** ディープウォーター・ホライズンの原油流出事故は，アラスカ州のエクソンバルディーズ号の事故と同様に深刻な被害をもたらすであろうか？ このような大惨事は，生態系にどのような影響を与えるだろうか？

ディープウォーターホライズン原油流出事故のような大惨事がもたらす長期の打撃をいきなり考える前に，健全な生態系はどのように機能しているかについて見ていこう．特に，炭素，窒素，水その他の物質循環を駆動しながら，エネルギーがどのように生態系を流れるのかを見ていこう．さらに，私たち人間が，生態系が提供するサービスにいかに大きく依存しているかを学んでいこう．

大量の油膜 2010年，メキシコ湾で，BP社の海底石油掘削基地ディープウォーターホライズンが爆発し，膨大な原油が海洋に流出した．何千km²にも拡散した油膜は，メキシコ湾北部全域と200 kmに及ぶ海岸線の海洋生態系を破壊した．

24. 生 態 系

基本となる概念

- 生態系には，生物群集と，それを取巻く物理的環境が含まれる．エネルギー，物質および生物は，生態系の間を移動することができる．
- エネルギーは，太陽などの外部資源から生産者を介して生態系に取込まれる．生産者が捕捉したエネルギーは，食物連鎖の段階ごとに熱として失われる．その結果，エネルギーは生態系を一方向にしか流れない．
- 地球に存在する栄養素の量は固定している．栄養素が生物とその物理的環境との間でリサイクルされなければ，地球の生命は消えていく．人間活動はいくつかの栄養素の循環に影響を及ぼしている．
- 生態系は人間に，栄養循環などの重要なサービスを無償で提供する．私たちの文明は，多くの生態系サービスに依存している．
- 人間活動はしばしば，生態系の作用に打撃を与え，生態系サービスを損ない，結果として環境問題や経済的損失をまねいている．

生物の生存には，エネルギーおよび体を構成・維持する物質が必要である．エネルギー需要を満たすために，ほとんどの生物は直接あるいは間接的に太陽エネルギーに依存している．太陽からは毎日，地球に豊富なエネルギーが到達している．対照的に，私たちの体をつくっている物質である炭素，水素，酸素やその他の元素は，(宇宙空間から隕石の形で) 新たに入ってくるとしても，少量である．したがって，原則的に地球で生物が利用できる物質の量は決まっている．この単純な事実が意味することは，生命が存続するためには物質循環が必須である，ということだ．この章では，生命にとって重要な二つの側面であるエネルギーと物質に注目する．また，エネルギーと物質が自然界でどのように利用されているのかを研究する生態系生態学について論じる．

24・1 生態系の機能： 概観

生態系は，生物群集と，生物群集が共有する物理的環境とを合わせたものである．原核生物，原生生物，動物，菌類および植物の集団が相互作用し，生態系の中で**生物的**環境を構築する（"生物的"とは，"生命に関係する"という意味である）．生物的環境を取巻く物理的環境である大気，水および地殻は，生態系における**非生物的**環境である．つまり，生態系とは，生物的環境と非生物的環境を合わせたものである．生態系は，物理的な境界によってはっきりと区別されるとは限らない．生態学的には，生態系がどのように機能しているか，特に，生物群集がどのようにエネルギーを獲得しているかに基づいて生態系は区別される（図24・1）．

生態系は，小さくても大きくてもよい．大西洋が一つの生態系であるのと同じように，原生生物に富む水たまりも一つの生態系である．小さい生態系は，より大きく，より複雑な生態系の中に入れ子のように組込まれている．実際，地球規模の大気と水の循環様式（第21章で論じる）に視点をおけば，地球上のすべての生物は，生物圏，すなわち，すべてが一つになった巨大な生態系へとつながっていく．大きかろうが小さかろうが，生態系は，挑戦しがいのある研究対象である．なぜなら，生物，エネルギー，栄養素は，ある生態系から別の生態系へ頻繁に行き来しているからである．

図24・2に，生態系がどのように作用するか，すなわち，エネルギーと栄養素がどのように自然界の中を移動しているかの概観を示した．まず，橙と赤の矢印を詳しく見てみよう．二つの矢印は，生態系におけるエネルギーの移動を表している．生産者が捕捉したエネルギーは，その一部が食物網（§23・2参照）の段階を経るごとに代謝熱となって消えていく（赤い矢印）．代謝熱は細胞内で起こる化学反応の副産物である．ほとんどの細胞が食物からエネルギーを取出すために利用する細胞呼吸は，(第9章参照)，

図24・1 スネークリバーバレーの生態系（ワイオミング州ジャクソンホール付近） この写真を見て，生態系をいくつ見分けることができるかやってみよう．それぞれの生態系でエネルギーの基盤になるものは何だろう？ 生態系を見分けたら，そこに生息する生物に影響する可能性のある非生物的要因についても，いくつかあげてみよう．

生態系におけるエネルギーと栄養素の流れ

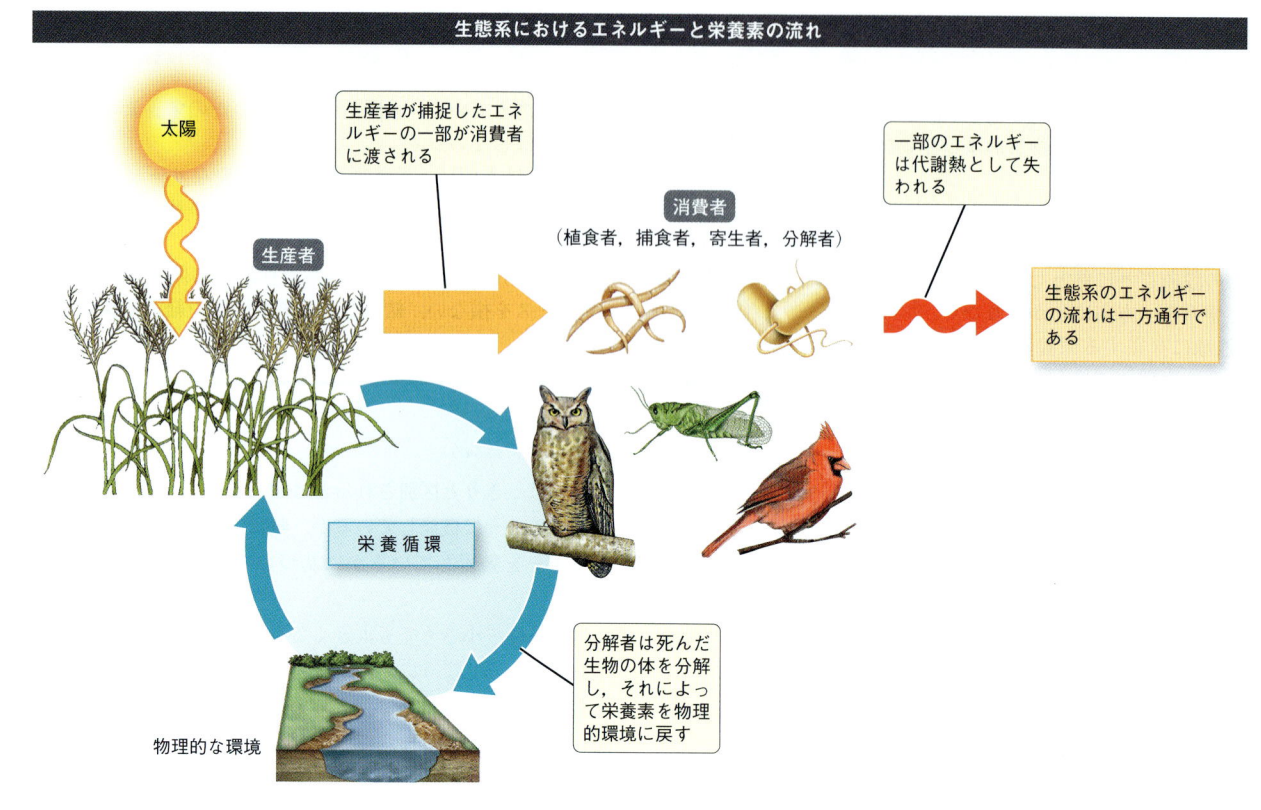

図24・2 生態系の仕組み 生産者を介して捕捉されたエネルギーは，その一部が食物連鎖の段階を経るごとに代謝熱となって消えていく（赤矢印）．したがって，エネルギーは生態系を一方向にしか流れず，循環しない（黄，橙，赤の矢印）．一方，炭素や窒素などの栄養素は生物と物理的環境との間を循環する（青矢印）．

酸素呼吸する生物が放出する代謝熱の大部分を担っている．人が満杯の狭い部屋がすぐに暑くなることからも明らかなように，生物は大量のエネルギーを消費して代謝熱を出す．熱は一様に喪失していくので，エネルギーは生態系の中を一方向に流れていく．エネルギーは（ほとんどの場合）太陽から地球の生態系に入り，代謝熱として生態系から出て行くのである．

エネルギーとは対照的に，生物が生きるために必要な元素である**栄養素**は，その大部分が生物と物理的環境との間を循環する．地球は，太陽から絶え間なく流れてくる光エネルギーを受取っている．では，光エネルギーを受取るのと同じように常日頃，地球は栄養素を獲得するかというと，そうではない．一定の決まった量しかない元素は，陸地，水，大気を介して生態系の中や生態系の間を循環している．元素は，岩石や鉱床から土壌や水や大気に出て，生産者，消費者，分解者を巡り，再び非生物的環境に帰っていく．図24・2の青い矢印が示すように，栄養素は，生産者によって環境から吸収され，さまざまな種類の消費者の間をさまざまな時間をかけて循環し，最終消費者である分解者が死んだ生物を分解することによって，やがて環境に戻される．生態学や地球科学では，生物界と非生物界を介する元素の移動を"栄養循環"あるいは"生物地球化学循環"という．

生態系プロセスとは，生物界と非生物界とを一つの生態系に結びつける，物理的，化学的，生物的な処理のことである．生態系プロセスの例として，光合成を介したエネルギーの捕捉，代謝熱の放出，分解者が行う生物資源の腐食，生物からその周辺の非生物界への栄養素の移動があげられる．特に，生産者の活動は生態系プロセスに深く影響するので，生態系の性質にかかわる（図24・3参照）．生態学者はよく，生態系に含まれる生産者の種類と，その生産者たちが支える消費者群集に基づいて生態系を区切ることが多い．生産者がエネルギーを捕捉し，それをどのような性質をもつ消費者群集に供給しているのかを基準に生産者の種類を特定すると，生態系は藻池，塩性湿地，草原，落葉広葉樹林などと定義することができる．

■ **役立つ知識** ■ ヒトや動物を対象とする生物学における"栄養素"とは，ビタミン，ミネラル，必須アミノ酸および必須脂肪酸（27章参照）をさす．本章の生態系では，生産者にとって不可欠な必須元素のみを限定して"栄養素"という．

24・2 生態系におけるエネルギーの獲得

生命は，これを支えるエネルギー源なしに存在することはできない．地球の生命は，直接もしくは間接的に，生産者が捕捉する太陽エネルギーに依存している．深海や熱泉などの特殊な生息地の場合は，鉄などの無機物から化学エネルギーを抽出できる原核生物が主要な生産者である．ここでは，主として太陽エネルギーに依存する生態系に注目しながら，エネルギーの獲得について論じる．というのは，太陽エネルギーに依存する生態系は，世界中の陸域（地上）ならびに水域（海水および淡水）ともに，ふつうに存在するものだからである．

生態系は生産者が捕捉するエネルギーに依存する

植物および他の光合成生物は，捕捉したエネルギーを炭水化物などの化合物に変えて体内に蓄積する．植食者（植物および他の生産者を食べる），捕食者（植食者および他の捕食者を食べる）

24. 生態系

ならびに分解者（死んだ生物の遺骸を消費する）はすべて，もとはといえば植物および他の生産者（光合成細菌や藻類）が捕捉した太陽エネルギーに間接的に依存している．

もっとわかるように，こんな想像をしてみよう．陸上生態系から植物が突然全滅したとする．植食者も捕食者も，太陽光を浴びてもそのエネルギーを使って食物を生産することはできず，餓死するだろう．こう考えると，より多くの動物を養える環境とそうでない環境が存在する理由がわかる．たとえば，熱帯林には多くの植物がいて，太陽からエネルギーを捕捉している（図 24・3a）．その結果，大量の太陽エネルギーが化合物に変換されて蓄積し，動物がそれを食物として消費できる．一方，北極や砂漠のように植物がほとんど存在しない環境（図 24・3b）では，捕捉される太陽エネルギーはごくわずかであり，熱帯林に比べると利用できる食物が少なく，生息できる動物も少なくなる．

植物が捕捉するエネルギーの総量を見積ることは，ある陸上生態系がどのように機能しているのかを見極めるうえで，最初に成すべき重要事項である．なぜなら，エネルギー総量は植物の成長量に影響し，結果的に他の生物に利用可能な食物量にも影響するからである．そして，植物の成長量と食物量がその地域の陸上生態系の種類と機能に影響する．

エネルギーの獲得率は世界中で異なる

光合成生物が捕捉したエネルギー量から，光合成生物自身が細胞呼吸やその他の維持機能に使った分を差引いたものを**純一次生産力**（net primary productivity, **NPP**）という．植物もしくは他の生産者が，自身の成長と繁殖に利用するために光合成を介して獲得したエネルギーと考えてもよい．純一次生産力はエネルギーとして定義されるが，その量を簡単に概算するために，一定地域にいる光合成生物が一定期間内に生産する生物重量（**バイオマス**）の増加分を測定するのがふつうである．たとえば，草原生態系では，毎年 $1\,m^2$ の区画に新しく生えてきた植物体の平均重量を測定することによって純一次生産力を算出する．バイオマスに基づいて推定した純一次生産力の値は，エネルギーを表す単位に変換することができる．

純一次生産力は地球全体で均等なものではない．陸地の場合，純一次生産力は赤道から極地にかけて減少していく傾向がある

図 24・3 生産者は生態系のエネルギー基盤である (a) 熱帯雨林では，豊富にいる生産者（植物）が大量の化学エネルギーを蓄積していて，消費者はそれを利用することができる．(b) 砂漠では，植物がまばらで，消費者が利用できる化学エネルギーはほとんどない．

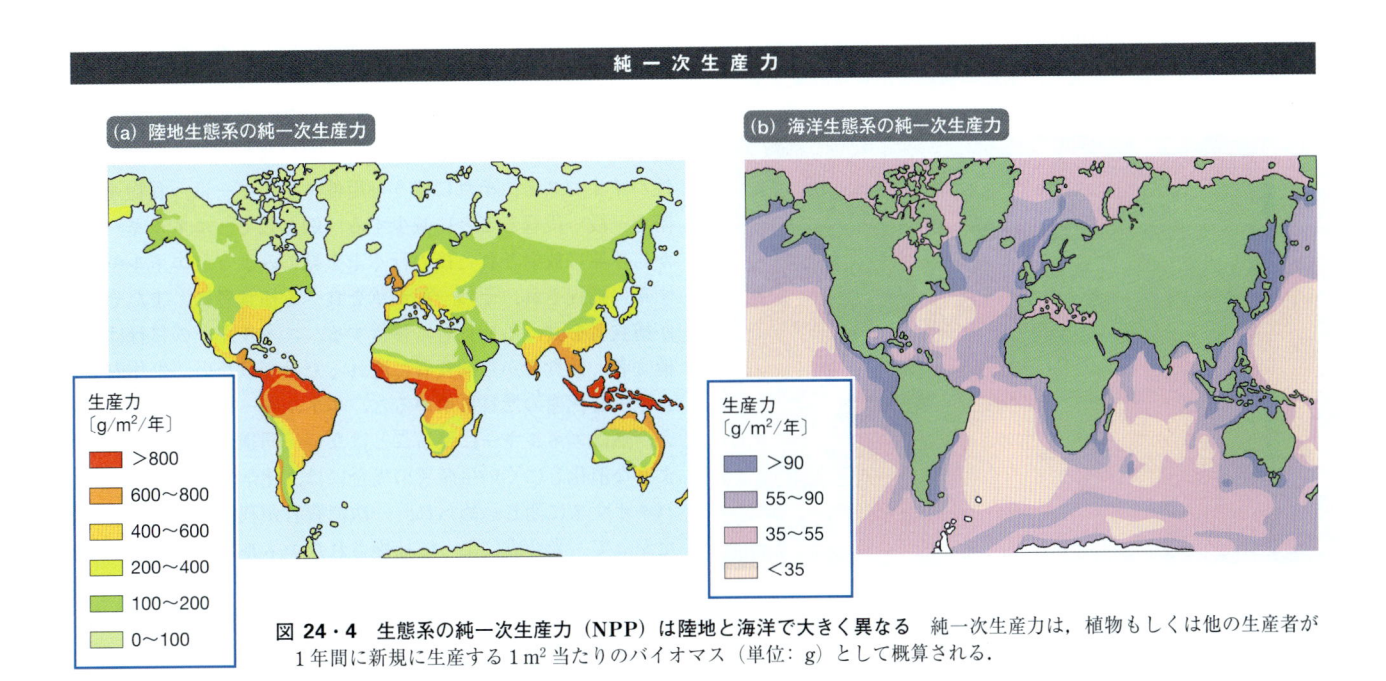

純 一 次 生 産 力

(a) 陸地生態系の純一次生産力

生産力 〔g/m^2/年〕
- \>800
- 600〜800
- 400〜600
- 200〜400
- 100〜200
- 0〜100

(b) 海洋生態系の純一次生産力

生産力 〔g/m^2/年〕
- \>90
- 55〜90
- 35〜55
- <35

図 24・4 生態系の純一次生産力（NPP）は陸地と海洋で大きく異なる 純一次生産力は，植物もしくは他の生産者が 1 年間に新規に生産する $1\,m^2$ 当たりのバイオマス（単位: g）として概算される．

（図24・4a）．これは，植物が利用できる日射量が，赤道から極地にかけて減少していくためである（第21章参照）．しかし，この一般的な傾向に当てはまらない例外も多い．たとえば，北アフリカ，中央アジア，中央オーストラリアおよび北米南西部には，純一次生産力がきわめて低い地域が広大にある．これらの地域はどれも，世界の主要な砂漠地帯である．

砂漠の純一次生産力の低さは，太陽光さえあれば高い純一次生産力が産出するわけではないことを強調している．要するに，水も必要なのである．陸地では，水と太陽光のほかに，気温と，土壌栄養素の量が純一次生産力の限定要因となる．陸上生態系では，熱帯雨林の生産性が最も高く，砂漠とツンドラ（一部の山頂生物群集も含む）の生産性が最も低い．

海洋生態系における純一次生産力の世界的傾向（図24・4b）は，陸地とは大きく異なる．赤道から極地にかけて純一次生産力が減少していく傾向はほとんどみられない．代わりに，海岸からの距離が関係している．海洋生態系の生産性は，陸に近い海洋で高く，外海で低いことが多い．外海は，いわば海の"砂漠"で，海洋光合成生物が必要とする栄養素が外海には少ないことが大きな理由である．生物の死と腐食によって放出される栄養素は，海底深くに沈殿するため，海面付近で光合成を行う生産者にすぐには届かない．陸地付近の海域では，気流と海流の動きによって，海底の冷たく栄養素に富む海水が上って，海面の温かく栄養素に乏しい海水と入れ替わる**湧昇**が起こることがある．湧昇が起こる海域では純一次生産力が高い．似たような生態系でも，湧昇が起こる海域の生産者は，湧昇が起こらない海域の生産者に比べて栄養素量の制約が少ないためである．温帯の湖では毎年，春と秋に，これと似たような湖水の上下の入れ替わりが温度勾配によって起こり，湖水が通年かき混ぜられない湖よりも，生産性が高くなる．

河川から栄養素が流れてくる沿岸水域も，外海より生産性が高い．陸から流れ込む水に含まれる栄養素が，生産者として海洋食物網の土台を築く微細な光合成プランクトンの成長と増殖を促進する．川が海に注ぐ河口は地球上で最も生産性の高い生息域の一つである．河口に供給された豊富な栄養素が無数の生産者を支え，それが多数の消費者を養うからである（図24・5）．湿原，沼地などの水辺も，熱帯林や農地と同等の生産性がある．水辺は栄養素や有機物に富む土壌堆積物がたまるので，湿地性植物と植物プランクトンの成長を促進し，水辺の複雑な消費者群集を養っ

ている．陸地と同様に，水中生態系の純一次生産力でも太陽光が強い要因となる．珊瑚礁は，温暖で日照量の多い浅瀬に多く生まれ，熱帯林に匹敵する高い純一次生産力を産出する地球のなかでも最も高い生産力のある生態系の一つである．

■ **これまでの復習** ■

1. 生態系におけるエネルギーの流れと栄養素の流れを比較せよ．
2. 純一次生産力（NPP）とは何か．陸上生態系の純一次生産力を制限する要因は何か．
3. 外海が沿岸水域よりも純一次生産力が低くなるのはなぜか．

1. エネルギーの流れは一方向にのみ流れ，一般に栄養素は生物と物理的環境との間を循環する．
2. 純一次生産力とは，一定期間内に育つ生産者の生物量から一定期間内に枯れた生産者の生物量を差し引いたものである．陸上の純一次生産力を制限する要因として，気温，水，日光量，土壌栄養素がある．
3. 外海は貧栄養素であり，なぜなら，海底によって海水から放出される栄養素が沈殿することで外海から遠ざかること，栄養素が河川によって運ばれたり，陸から湧出したりする沿岸水域では，栄養素の濃縮や蓄積が促進する

24・3 生態系におけるエネルギーの流れ

第23章で詳述したように，生物がエネルギーを獲得する方法は2種類ある．一つは生産者としてエネルギーを捕捉する方法，もう一つは消費者としてエネルギーを獲得する方法である．生産者は太陽などの非生物的資源からエネルギーを捕捉する．光合成を行う生産者である植物や藻類，光合成細菌は，光エネルギーを用いて二酸化炭素と水をバイオマスに変える．バイオマスは化学エネルギーの燃料庫である．消費者は，他の生物のバイオマスからエネルギーを取出す．

食物連鎖を下から上に移行する エネルギーの量はピラミッド型になる

エネルギーは生物から生物へ，食物連鎖を構成する一連の摂食段階を上方向に移行していく（図24・2参照）．しかし，生産者が捕捉したエネルギーは，最終的には熱として生態系の生物的要素から出ていく．このため，生態系の中でエネルギーをリサイクルすることは不可能である．

バイオマスが摂食段階を下から上へ移行する際，バイオマスに閉じ込められた化学エネルギーも一緒に移行する．しかし，可用性バイオマスと，それに伴う可用性エネルギーは，食物連鎖の段階を一段一段経るごとに減少する．例として，エネルギーが太陽から草原に放射された後の行く末を見てみよう．エネルギーはまず草に捕捉され，その一部が草を食べる植食者に，またその一部が植食者を食べる捕食者に移行する．エネルギーの移行は草から植食者，植食者から捕食者に流れるだけではない．生体内でエネルギーを代謝の燃料に用いると，エネルギーの一部は熱として消え，熱はエネルギーに戻ることはない．同様に，たとえば樹木のような消化しにくい生産者の場合には，化学エネルギーは樹木のバイオマスに閉じ込められ，一次消費者が利用できなくなる．したがって，光合成によって捕捉されたエネルギーは，食物連鎖の段階を上がるたびに最初の量から着実に減っていく．エネルギーは確実に減っていくので，食物連鎖の下位には，上位よりも多くエネルギーが存在している．

図24・5 生産性が最も高い生態系 ヴァージニア州にあるこの河口のように，水辺には太陽光エネルギーと酸素によって陸上生態系の熱帯林や農地と同等の高い純一次生産力がある．

エネルギーピラミッド

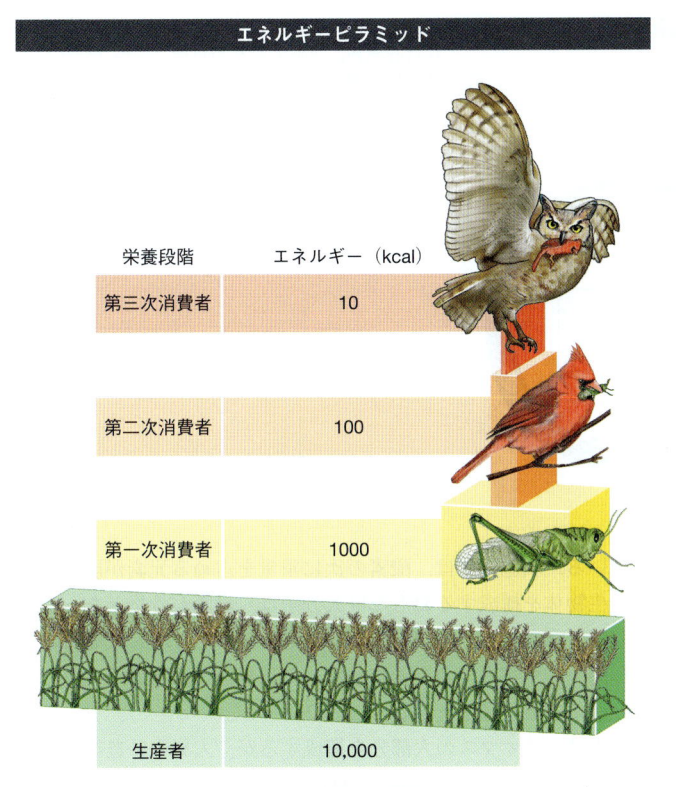

栄養段階	エネルギー（kcal）
第三次消費者	10
第二次消費者	100
第一次消費者	1000
生産者	10,000

図 24・6　栄養段階　生産者が太陽から捕捉した 10,000 kcal（1 kcal = 1000 cal）のエネルギーのうち，わずか 10% が一次消費者に蓄積される．各栄養段階にあるエネルギーの約 10% が上位に移行する．

ある生態系の中で生物が利用できるエネルギーの量は，**エネルギーピラミッド**として示される場合が多い．食物連鎖の各段階に相当するピラミッドの各段階は，**栄養段階**とよばれる．図 24・6 は，四つの栄養段階を示している．第一栄養段階は草，第二はバッタ，第三は昆虫を捕食する鳥，第四は鳥を捕食する鳥である．各段階のエネルギーのうち，平均して約 10% が上位に移行する．移行しなかったエネルギーは，消費されずに終わる（たとえば，人間が食べるリンゴはリンゴの樹のごく一部でしかない）か，体内に吸収されずに終わる（たとえば，リンゴに含まれるセルロースを人間は消化できない）か，代謝熱として消えていく．

二次生産力は，純一次生産力が高い地域で最大になる

二次生産力とは，消費者が新規にバイオマスを生産する比率をさす．消費者はエネルギーも物質もすべて生産者に依存するので，二次生産力が最大になる生態系は，もともと純一次生産力が高い．たとえば，熱帯林は，ツンドラよりもはるかに高い純一次生産力があるので，単位面積当たりの植食者および他の消費者の数でも，熱帯林はツンドラを上回る．したがって，二次生産力は，熱帯林の方がツンドラよりもずっと高くなる．

自然界では，植物および他の生産者が生産した新規のバイオマスは，植食者と分解者が消費する．生態系のなかには，植物が生産するバイオマスの 80% が直接，分解者の利用に回されるところもある．生物は必ず死ぬので，生産者，植食者，捕食者ならびに寄生者が構成するバイオマスはすべて，最後は分解者が消費する（図 24・7）．人間は，穀物や農産廃棄物を燃料源に利用するなどして，分解者に回さないことがある．

24・4　生物地球化学循環

栄養素，すなわち炭素，水素，酸素および窒素のような元素は，生産者をはじめ生物の体づくりに使われる．生産者は土壌，水，大気中の無機イオンや無機物，たとえば硝酸イオン（NO_3^-）や二酸化炭素（CO_2）を吸収することにより，上記栄養素やその他の必須元素を獲得する．消費者は，生産者または他の消費者を食べることにより，栄養素を獲得する．これらの栄養素は生命に必須のものなので，生態系における栄養素の可用性と動向は，生態系の機能のさまざまな側面に影響する．

栄養素が生物（生物群集）と物理的環境（非生物界）の間を循環的に往来することを，**栄養循環**または**生物地球化学循環**という．

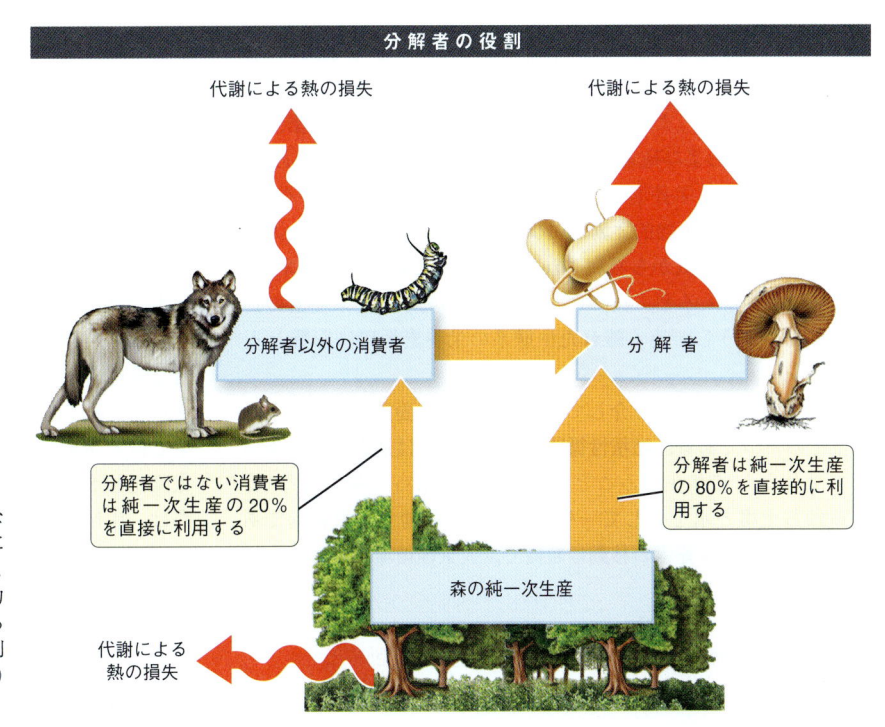

分解者の役割

図 24・7　分解者に感謝しよう　もし分解者がいなかったら，自然廃棄物は山積し，土壌は貧栄養になってしまうだろう．生態系の種類にかかわらず，細菌と菌類に代表される分解者が純一次生産力の 50% 以上を再利用している．この図に表される森では，純一次生産力の 80% を分解者がじかに利用しており，20% を他の消費者（植食者と捕食者）が利用している．

栄養循環

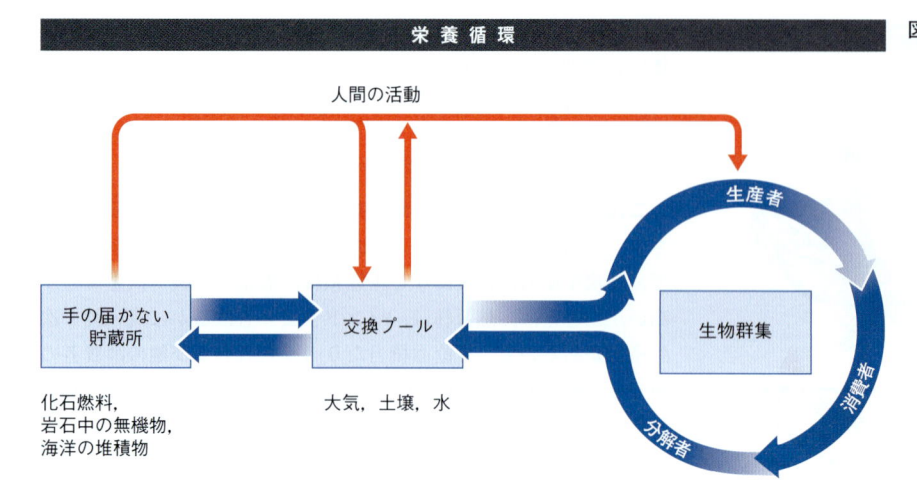

図 24・8 栄養循環 栄養素は，生産者とは隔絶された貯蔵物，生産者が利用可能な交換プールおよび生物の間を循環する．化石燃料使用や人工的肥料合成などの人間活動は，貯蔵物から交換プールへの栄養素の移動を可能にし，生産者が利用できる栄養素の量を変え，栄養循環そのものを変える．

図 24・8 は，栄養循環の概要である．岩石，海洋堆積物あるいは化石となった生物の死骸は，栄養素を長期にわたって保存する．このような非生物的貯蔵所に保存されている栄養素は，すぐに生産者が利用できるものではない．岩石の風化，地理的な隆起，人間活動などによって栄養素は貯蔵所を離れ，**交換プール**に移動する．交換プールは，土壌，水および大気などの資源をさし，ここではじめて生産者は栄養素を入手できる．

栄養素は，ひとたび生産者に獲得されると，生産者から植食者に渡り，次に植食者から捕食者または寄生者に渡り，最後は分解者に渡る．分解者が生物死骸を砕いて単純な化合物に変えるので，栄養素は再び物理的環境に帰る．分解者の存在なくして，栄養素の再利用は不可能である．必須栄養素が完全に死骸に密封されたままなら，生命はやがて途絶えてしまうだろう．

非生物的条件，とりわけ温度と湿度は，栄養素が生物群集と交換プールを循環するのに要する時間に影響する．たとえば，より温暖な条件であれば，分解者の活動は活発になり，バイオマスからの栄養素放出を早める．風化や流出の過程に影響する雨水は，貯蔵所からの栄養素の放出や，ある生態系（たとえば森林）から別の生態系（川）への栄養素の大量流出において中心的にはたらく．

生産者と物理的環境との間を循環するのに要する時間は，栄養素の種類によって異なる．大気に乗って循環する元素は，そうでない元素に比べて，より長い距離をより速く循環する．炭素，水素，酸素，窒素および硫黄は，大気に乗って循環する元素である．**大気性循環**をする栄養素は，自然条件下では気体として存在し，生態系を構成する生物的要素および非生物的要素によって，大気に戻されたり，大気から吸収されたりする．これらの栄養素は，ひとたび大気に入ると，風に乗って地球を移動する．栄養素の長距離移動はこうして遠く離れた生態系の栄養素循環に影響しうる．

大気ではなく堆積物を介して循環する主要栄養素は少なく，リンはその一つである．**堆積性循環**をする栄養素は通常，自然条件下で気体として存在することなく，大気に乗って移動しない．もっぱら土壌と水を介して一生態系の中を移動する栄養素である．堆積性循環栄養素の移動は緩慢で，大気性循環栄養素のように広く拡散しない．

生物・非生物間の炭素循環は光合成と呼吸が駆動する

細胞の大部分を構成する有機分子は，水素と結合した炭素を含んでいる．細胞内では，酸素の次に重量を占める元素が炭素である．生物体を構成するおもな巨大分子は，炭素が骨格となっている（第5章参照）．生物間の炭素移動，生物と物理的環境間の炭素移動，非生物界での炭素移動は，地球規模の**炭素循環**にくくることができる（図 24・9）．

炭素はバイオマスの大部分を構成するが，大気中に豊富に存在する元素ではない．炭素は，CO_2 ガスとして大気に存在するが，大気のわずか 0.04% を占めるにすぎない．しかし，最近 100 年間は毎年，その割合が上昇している（CO_2 の増加による地球温暖化への影響は第 25 章で扱う）．地球上では，海洋が最も大量の炭素を貯蔵する．大半は水に溶けている無機炭素（炭酸水素イオン，HCO_3^-）で，海洋生物のバイオマスに存在する炭素は割合としては小さい．地殻の炭素は一般に全重量の約 0.038% を占めるにすぎないが，古代の海洋生物および陸上生物の死骸によって形成された堆積物や岩石のある地域は炭素が豊富である（図 24・9）．炭素を含有する岩盤層および堆積物層の地下深くに，自然生態系と接触することがない炭素貯蔵所が構築されている．

古生物由来の有機物は，地球化学的作用によって石油や石炭，天然ガスなどの化石燃料に変化した．人類が化石燃料を抽出し，これらを燃やしてエネルギー需要を満たすことは，何億年も前の堆積物に封印されていた炭素を二酸化炭素として大気に放出することである（図 24・9 の赤矢印）．いまや人類の力は地球規模の炭素循環をも変える勢いである．しかし第 25 章で論じるように，非常に重要で，大規模であるにもかかわらず，いまだに理解が進んでいない生態系プロセスを変えることは，自然生態系はもちろん，人類の繁栄にとっても危険であることはいずれ明らかになろう．

水中でも陸上でも，生物が炭素を獲得する主要な手段は光合成である．光合成細菌および藻類などの水中生産者は，水に溶解した二酸化炭素（炭酸水素イオンまたは炭酸イオン）を吸収し，エネルギー源である太陽光を利用して有機分子に変える．陸上生態系で最も重要な生産者である植物は，大気から CO_2 を吸収し，太陽光と水を使って食物に変える．食物からエネルギーを取出す際は，生産者も消費者も同じように CO_2 を放出し，非生物界に帰す．細胞呼吸がこのエネルギー抽出過程であり，ほとんどの生物は細胞呼吸によって有機分子からエネルギーを抽出する．しかし，酸素分子に依存しない経路を用いる生物も存在し，多くの分解者がこの部類に含まれる．

分解者の生きる糧である生物の死骸には大量の炭素が含まれて

いて，分解者はそれを放出する．しかし，死骸は概して，部分的に腐食した有機物のまま残存する．たとえば落ち葉や腐植土，泥炭塊があり，これらは重要な土壌炭素源を形成する．寒冷で湿潤な地域での分解は緩慢なため，北方針葉樹林の表層土は大量の有機物を含んでいる．生物圏内の大量炭素貯蔵地を代表するものとして，北極のツンドラおよび北方亜寒帯林にみられる広大な泥炭層がある．温暖な地域では分解が速いので，熱帯の典型的な陸上生態系になると，土壌炭素量は低くなり，炭素循環速度は速くなる．

生物窒素固定は生物群集にとって最も重要な窒素源である

窒素はアミノ酸，タンパク質および核酸の主成分の一つである．したがって，すべての生物に不可欠な元素である．自然の土壌や水には窒素が少ないので，人工的に改変されていない生態系では，窒素が生産者の成長を制限する．

地球の大気は，生物圏における最大の窒素源である．窒素ガス（N_2）は人間が吸う空気の78%を占める．図24·10に示すように，稲妻が放出するエネルギーによってN_2ガスが窒素化合物に変わり，それが雨水に溶けて硝酸イオン（NO_3^-）を形成する．土壌や

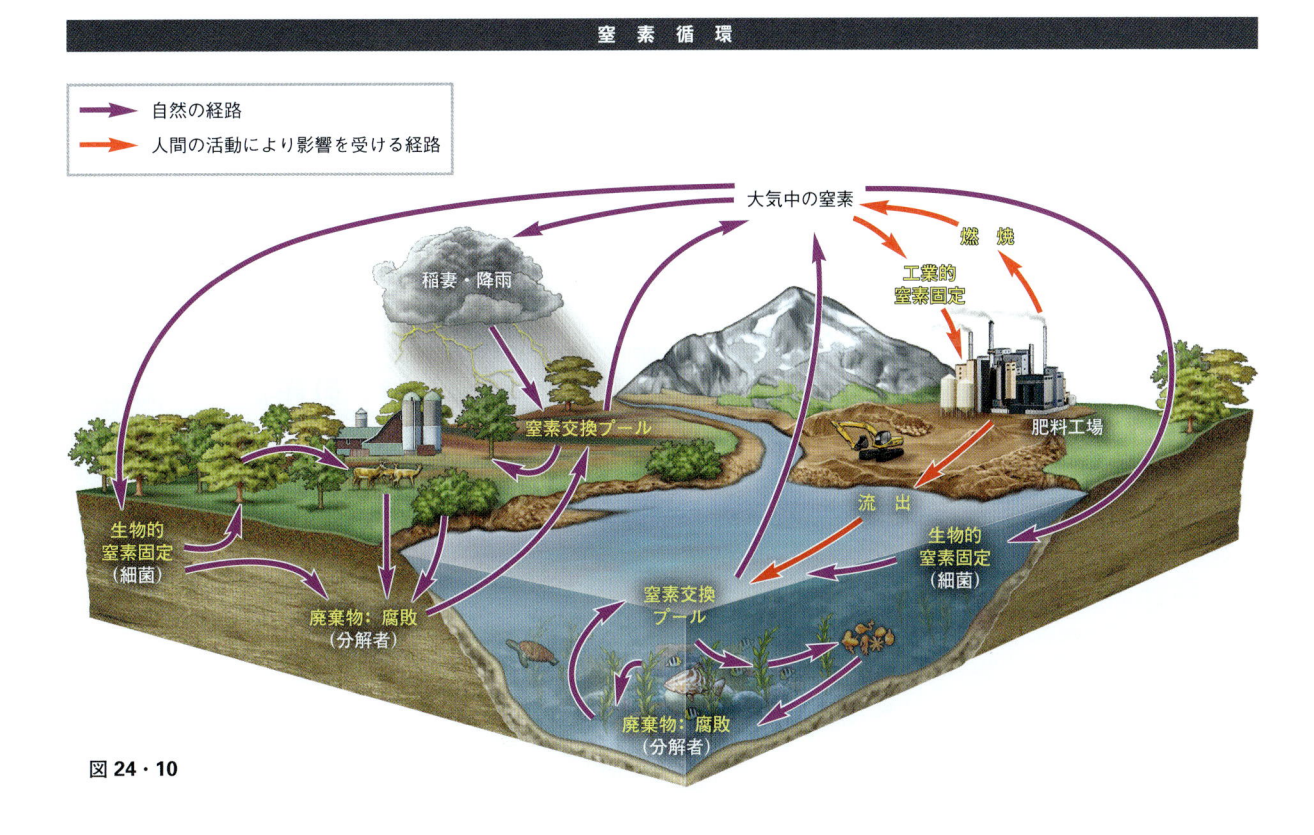

図24·9

図24·10

水に存在する最も一般的な窒素化合物は硝酸イオンだが，天然アンモニウムイオン（NH_4^+）も少量存在する．硝酸は水によく溶解するので，流出によって生態系から失われやすい．

稲妻によってつくられる土壌窒素や水中窒素はごく少量であり，大半は，一部の原核生物だけが行う特殊な代謝過程，生物的窒素固定に由来する．動物の排泄物や生物の死骸および腐食から，土壌や水にアンモニウムイオンが流出する（図24・10）．どこの生態系にもふつうに存在する細菌がアンモニウムイオンを素早く硝化して硝酸にするので，どこの生息地でも高濃度にアンモニウムイオンが蓄積することはない．嫌気的環境によくみられる脱窒細菌は，硝酸を分子状窒素（N_2）または亜酸化窒素（N_2O）に変換し，広大な大気プールに窒素を戻す．

細菌による窒素ガス（N_2）からアンモニウムイオン（NH_4^+）への変換を生物的**窒素固定**という．窒素固定細菌は土壌で自由生活をする種もあれば，マメ科植物やハンノキ，アゾラとよばれる水生シダと共生する種もある．宿主植物は，光合成産物由来のエネルギー源を共生菌に与え，共生菌からはアンモニアをもらう．窒素固定細菌や，これらと共生する宿主植物が死んで分解されると，固定された窒素が土壌や水に出ていく．土壌から窒素を吸収した植物や，窒素固定細菌との共生によって窒素を獲得した植物を食べることによって，消費者は窒素を得る．分解者の作用によって，生物群集から非生物要素に窒素が移行する．

エンドウの根粒（窒素固定器官）

生態系を循環する間にガス状形態が含まれることから，炭素と同様，窒素も大気に乗って循環するといわれている．大気性循環する他の栄養素と同じく，窒素は生物圏を長距離移動する．人工肥料は，窒素ガス（N_2）を水素ガス（H_2）と反応させてアンモニア化合物を生成する工業的窒素固定によって生産される．工業的窒素固定は，化石燃料の燃焼によって生み出される．高温・高圧下で進行する．窒素肥料を農産物に与えると，収穫量は爆発的に増大する．しかし，肥料からの窒素流出は，水中生態系の純一次生産力を過剰に促進し，生物群集に害を及ぼす．過剰な窒素は陸上生物群集にも害を及ぼし，多様性（種の数と個体数）を低下させることもよくある．窒素肥料の吸収がきわめて旺盛なごく少数の種によって他の種が排除されうるため，草原の生物群集では特に多様性の変化が顕著となる．

硫黄は大気性循環する重要栄養素の一つである

硫黄は，特定のアミノ酸，多くのタンパク質および一部の多糖類と脂質の構成元素である．また，代謝経路で重要な機能をもつ有機化合物にも含まれる．硫黄は大気性循環する特徴をもち，陸上生態系，水中生態系，大気圏を容易に移動する．硫黄は，硫黄化合物を含む波しぶき，硫化水素ガス（H_2S）を副産物として放出する硫黄細菌の代謝，さらに，量としては少ないが火山活動という三つの自然の経路によって，陸上・水中生態系から大気圏に移動する（図24・11）．

地球の海洋全体から大気圏に移動する硫黄の約95％は，光合成プランクトンが産生する有機化合物由来で，ジメチルスルフィドのような強臭を放つ硫黄化合物である．人間が潮の香りと感じるにおいのもとは，波しぶきによって空中に舞い上げられるジメチルスルフィドである．沼や下水など，低酸素環境に生息する細菌が代謝活動によって発生する硫化水素ガスも，強臭を放つ．

硫黄は，岩石の風化，大気中の硫酸イオン（SO_4^{2-}）の水への溶解および降雨による大気中の硫酸イオンの地表への沈着により，陸上生態系に入る．海洋へは，陸地から河川に乗って流出したり，大気から降雨とともに沈降したりして，硫黄が入る．ひとたび海洋に入ると，硫黄は海洋生態系の中で循環し，やがて波しぶきによって大気に戻るか，海底堆積物の中に埋没する．大気性

図24・11 硫黄循環

循環する他の栄養素と同様，陸上・水中生態系における硫黄循環速度は比較的速い．のちほど見ていくように，人間の活動は大気に硫黄をばらまき，生物群集および経済的利益に反する事態を頻繁にまねいている．

リンは堆積性循環する唯一の主要栄養素である

DNAなどきわめて重要な巨大分子の構成要素であるリンは，必須栄養素である．リンは純一次生産力に強く影響するので，生態系，特に水中生態系にとって重要である．たとえば，湖にリンが流れ込むと，純一次生産力はふつう増加する．§24・5で学ぶように，純一次生産力の増加は，富栄養化などの望ましくない結果をもたらす．富栄養化は，水中植物，魚，無脊椎動物を死に至らしめる（図24・9および図24・13参照）．

生態系を循環する主要栄養素のなかで，リンは唯一，堆積性循環をする（図24・12）．土壌の条件下では，細菌が気体状リン（ホスフィン，PH_3）の産生に必要な反応を進めることはできない．リンのような栄養素はまず，異なる時間間隔（数年から数千年まで）で陸上生態系や水中生態系を循環し，その後，堆積物として海底に埋没する．栄養素は数億年間，生物が利用不可能な堆積物に埋没したままとなる．しかし，地殻に応力が加わることによって，いつか海底が隆起し，乾いた陸地になると，堆積物の栄養素は生物にとって再び利用可能となる．堆積性栄養素は，ふつうきわめて緩慢に循環するので，ひとたび生態系からなくなると，新しく手に入れるのが難しい．

24・5 人間活動は生態系プロセスの変化をひき起こす

人間は，何百年も，いやおそらく何千年もの間，生物群集を壊し続けている．イースター島のモアイ建造で知られるポリネシア人入植者の歴史（第22章参照）は，生物群集の崩壊が人間にも悲惨な結果をもたらしうることを証明している．しかし，産業革命以前の自然破壊は，人類が最近200年にもたらした自然破壊に比べれば，小さくみえる．ここでは，人間活動によってすでに変貌した生態系プロセスをいくつか検証し，人間が生物圏に与える打撃についてもっと広い視野で論じるのは次章に譲ろう．

人間活動は純一次生産力を増減させる

人間活動は，生態系に捕捉されるエネルギーの量を，局所的，地域的，地球的規模で変えうる．たとえば，雨によって肥料が農地から川，さらには湖に流れ込む．湖，川，沿岸水域への過剰な栄養素の流出は，**富栄養化**（文字どおり，"過剰摂取"）をまねく．富栄養化した湖では，純一次生産力が増加する．なぜなら，過剰な栄養素が光合成藻類の繁殖を促進し，大量の太陽光エネルギーを吸収するからである．

人間活動によって純一次生産力が増加することは，必ずしも良いことではない．富栄養で純一次生産力は増加した一方，その水域の広範囲にわたって動物がほとんどいなくなることがある．たとえばメキシコ湾には毎夏，ミシシッピ川および他の河川から大量の窒素とリンが流入する（図24・13）．富栄養な水域で藻類（したがって純一次生産力）が増加し，湾内の，より低温で塩分濃度の高い水域面を漂っている．藻類が死んで海底に沈降すると，細菌が酸素を利用する経路を使ってその死細胞を分解する（図24・14）．平常より多い藻類の死細胞の"雨"は，分解者の爆発的増加をひき起こし，その結果，水中酸素量が低下する．酸素があまりにも低下すると，すべての動物は死ぬか逃げてしまい，文字どおり広大な"死水域"が出現する（図24・13c）．この死水域によって，年間漁獲高5億ドルの魚介産業は衰退の脅威にさらされている．2002年夏には，死水域がかつてないほど広範囲に広がり，マサチューセッツ州よりも大きい22,000 km^2に及んだ．

人間活動は，陸上の純一次生産力も変えてしまう．たとえば，伐採および火事によって熱帯林が草地に変われば，純一次生産力は減少する．地球規模でみた場合，陸地の変貌をひき起こす人間活動によって，ある地域では純一次生産力が減少し，別の地域では増加するが，全世界の総量では，純一次生産力が5%減少するという科学的試算がある．

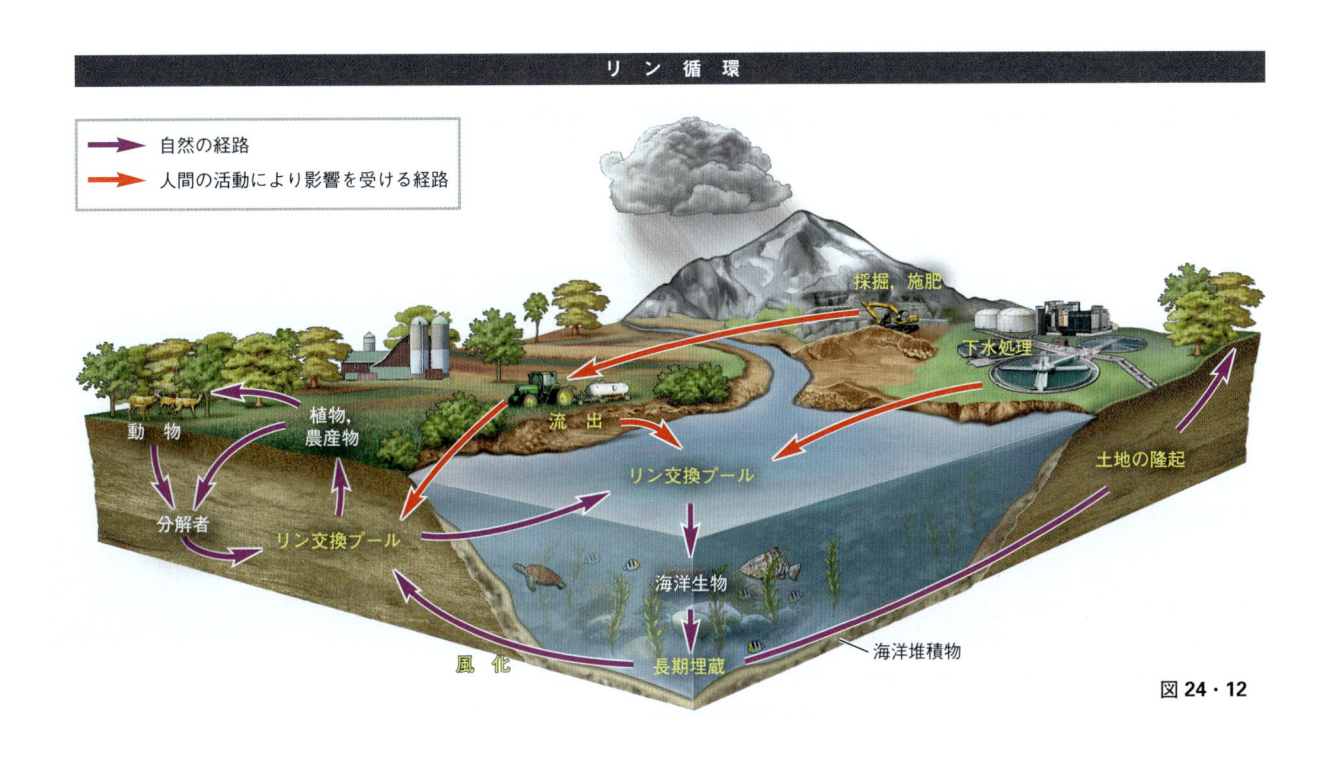

図24・12

メキシコ湾の死水域

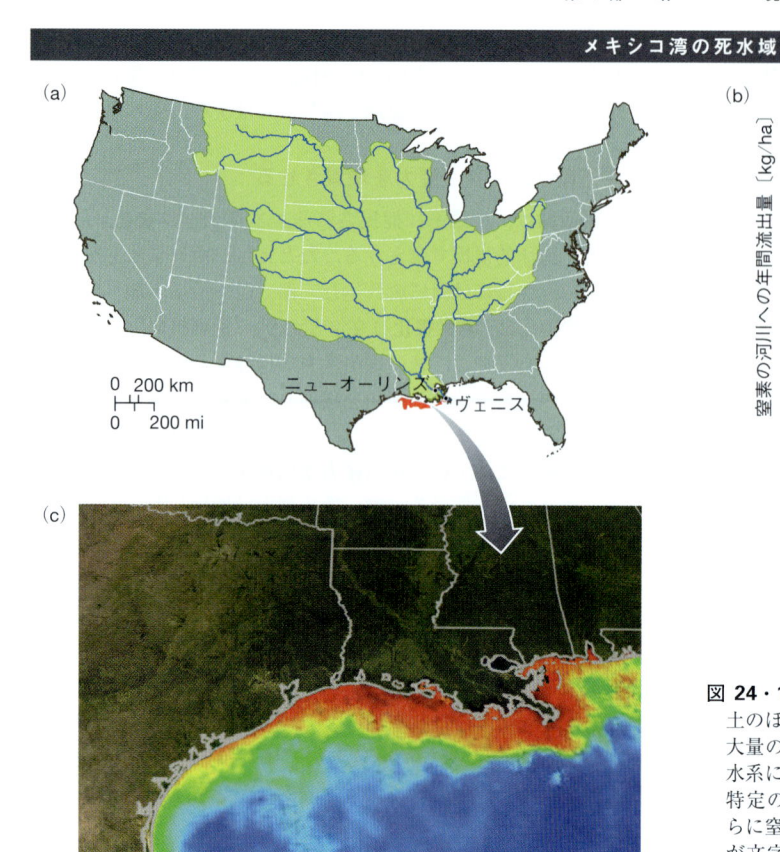

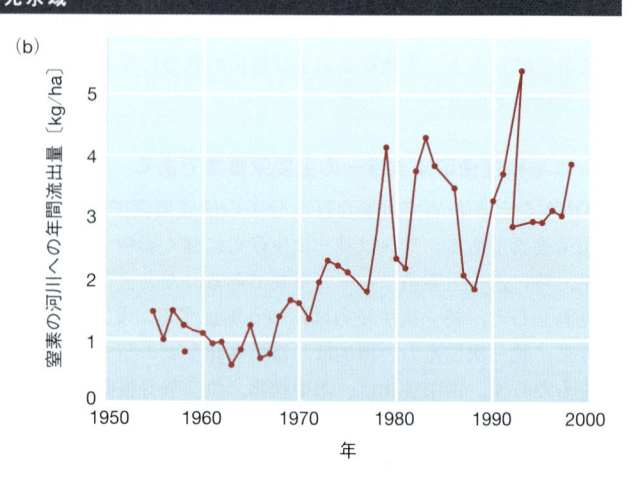

図 24・13 栄養素の流入で水中生態系の酸素が不足する 米国国土のほぼ 40% がミシシッピ川・アチャファラヤ川流域である(a). 大量の窒素が 1970 年代以降, 肥料, 下水, 工業排水を介して両水系に流れ込んでいる. 流入した栄養素の量は, ミシシッピ川の特定の場所を流れた年間窒素量を測定して算出される(b). さらに窒素はメキシコ湾に流入し, 過剰な栄養素によって海洋動物が文字どおり死滅する死水域(c)が広範囲にわたって毎年出現する. NASA の衛星写真をもとに作成した画像から, 海水の濁りとクロロフィル濃度がわかる. 赤と橙は光合成プランクトンおよび川からの堆積物が高濃度に存在する場所を示している.

富栄養化

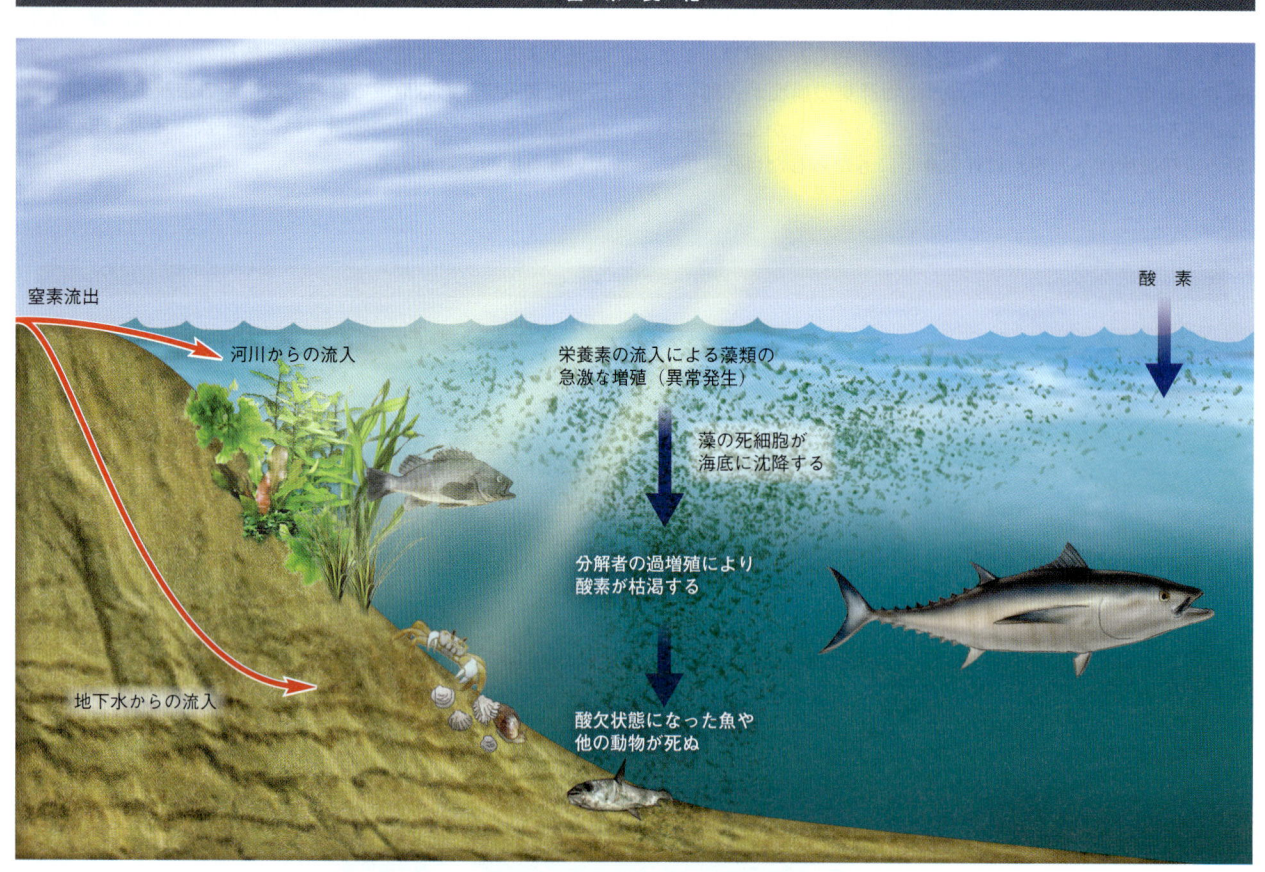

図 24・14 富栄養化はありがた迷惑 窒素やリンの大量流入により光合成プランクトン(藻類)が爆発的に増加する. 次に, 藻類の死細胞が好気性分解者の急激な増加をひき起こし, 動物を酸欠にする.

人間活動は栄養循環を変える

人間活動は栄養循環に大きな影響を与える．たとえば，森林を皆伐し，除草剤を散布して雑草の生育を抑えると，植物の窒素源として重要な硝酸が大量に失われることがわかっている（図24・15）．

さらに広大な地理的規模になると，農産物への施肥を目的に使用された窒素やリンなどの栄養素は，まず川に流れ，そこからさらに湖あるいは何百kmも離れた海まで運ばれ，行き着いた先で純一次生産力を増大させ，水質を富栄養にする．もっと大きな地理的規模になると，農産物や木材を遠方に輸送するといった人間活動の多くは，世界中に栄養素を移動させている．また，多くの人間活動が大気に化学物質をばらまいており，それらは気流に乗って遠く運ばれる．

人間が大気性栄養素の循環に手を加えてしまうと，その影響はしばしば国境を越える．二酸化硫黄（SO_2）を考えてみよう．二酸

生活の中の生物学

無料の昼食？ 人に奉仕する生態系

コップ一杯の水を飲む機会に，少し考えてみてほしい．あなたが飲もうとしている水はどこから来ているのか．多くの人と同様，あなたも知らないかもしれない．その水は，目に見える川や湖や貯水池からくるのか．それとも，地下からやってくるのか．800万人が住む大都市ニューヨークを考えてみよう．ニューヨークに供給される水は，その9割がキャッツキル水系から，残り1割がクロトン水系からきている．両水系の19の貯水池と三つのダム湖に合わせて22億tが貯水され，1日500万t以上の水が市内に供給されている．水は重力に従って市の上水管網を流れていく．なかにはバスが通れるほどの巨大水道管もある．

ニューヨーク市民は長年，良質な水道水を原則無料で飲んでいた．植物の根，土壌微生物，キャッツキルおよびクロトン水系流域の森林による自然濾過によって，水の純度が保たれていた．しかし，1980年代後半になると，下水，肥料，殺虫剤，油などの汚染物質が濾過能力を圧倒し，水質が落ちた．1990年代に入り，ニューヨーク市当局は単純ながらも大胆な計画を打ち出した．既存の水処理事業の10分の1の費用で流域環境を保護し，自然濾過された清水を取戻そう，というのだ．市はキャッツキル水系の流域の土地を購入し，開発を防ぐことによって，肥料，殺虫剤および他の汚染物質の川への流出を極力小さくした．

ニューヨーク市が流域を長期的に健全に保つために決めた投資は，環境によいものは，施策的にも安上がりであることを示している．

生物群集は，さまざまに，しかも有益に，人間社会の役に立っている．人類に有益な生態系プロセスとその資源のことを，**生態系サービス**という．たとえば，河川敷は，川の氾濫時に安全弁として機能し，洪水がさらに広がるのを防ぐという無償のサービスを提供してくれる．河川敷は，巨大スポンジとして機能する．河川の氾濫時に，河川敷が洪水を受止めることによって，下流域でのさらなる大氾濫を食い止める．かつて河川敷だった土地に開発された宅地や工業地域の水害対策には，たいてい土手や堤防の建設か，放水路の開削が当てられる．しかし，川から河川敷への溢水をせき止めること自体，猛烈な豪雨の時期をしのぐ生態系の能力を削いでいるのだ．

生態系サービスは"無償"だが，決して当たり前のものではない．なくてはならない生態系サービスには，森林による大気汚染物質の除去，虫媒送授粉（米国の農産物約30%で利用），魚介類の自然養殖場の維持，植生による土壌浸食の防止，大気オゾン層による紫外線遮へい，緑地による気候緩和などがある．無傷で健全な生態系によって，私たち人間の文化的，娯楽的，美的および精神的価値が保持される．

生態系サービスは，健全な生物群集の維持に不可欠であり，また，人間に莫大な経済的利益を提供するものである．生態系サービスの価値を地球規模で概算すると，驚くことに，湖と河川だけで毎年1兆7000億ドルに上るという．ほかに，世界の漁獲高が毎年500億ドルから1000億ドルに上る漁業や，虫媒送授粉による生産額が10億ドル規模を占めるようになった農業にも，生態系サービスの価値が表れている．

中西部の洪水被害

ニューヨーク市の給水システム

植生は栄養素の流出を抑制する

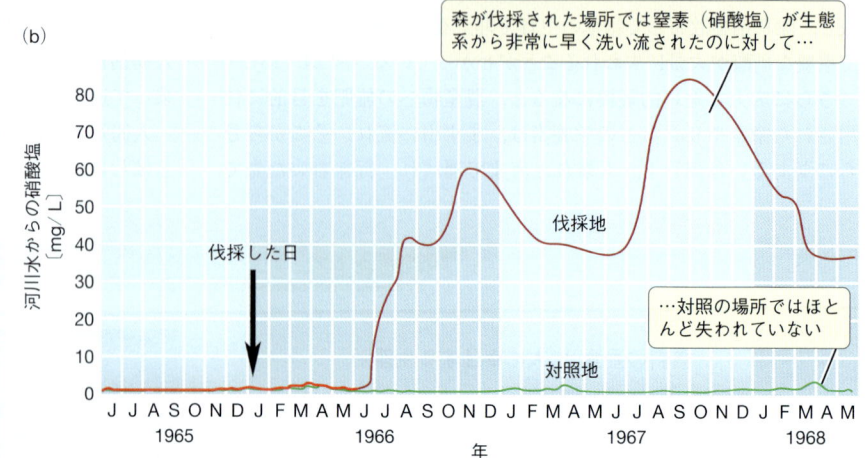

図 24・15　森林生態系における栄養素循環の変化　(a) 伐採されたニューハンプシャー州ハッバード・ブルック実験林の一部．(b) 実験区は伐採後3年間，除草剤を散布して雑草の生育を抑えた．伐採も除草剤散布もしなかった区域を対照区とした．植物にとって重要な窒素源である硝酸が水の流れとともに実験区から流出した量は，対照区からの流出量に比べてきわめて多かった（流出量として，流水1Lに含まれる硝酸量 mg を計測）．

酸性雨

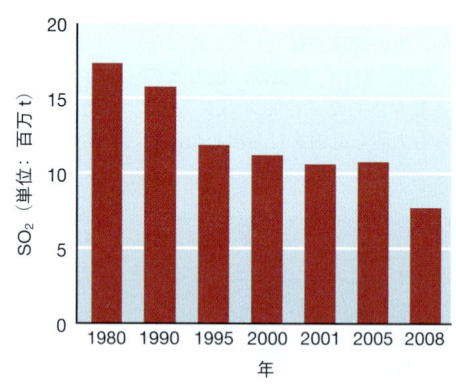

図 24・16　酸性雨による生態系の荒廃　(a) チェコ共和国ジゼルスク山のエゾマツ林．酸性雨で壊滅した．(b) 1990年改正大気浄化法による規制の結果，米国内における酸性雨の主要原因である二酸化硫黄の排出量は毎年減少し，1980年時のほぼ50％となった．

化硫黄は，石油や石炭などの化石燃料を燃焼すると，大気に放出される．化石燃料の燃焼は硫黄循環を大きく変更していて，人間は毎年，自然放出量の1.5倍以上の硫黄を大気に放出している．

人為的に大気に放出される硫黄の大半は，欧州中心部や北米東部などの重工業化地域から排出したものである．二酸化硫黄はひとたび大気に入ると，酸素および水と結合して硫酸（H_2SO_4）になり，降雨によって地表に戻ってくる．雨水はふつう pH 5.6 であるが，硫酸（大気汚染の原因となる窒素酸化物由来の硝酸も）によって雨水の pH が下がり，米国，カナダ，英国およびスカンジナビアでは pH 2〜3 まで下がっている（pH の復習は第5章を参照）．低 pH の雨を**酸性雨**という．

酸性雨は，彫像など芸術作品や自然生態系に壊滅的な害を及ぼす．また，スカンジナビアやカナダの何千という湖で，酸性雨のために魚が激減している．それらの国の湖に降る酸性雨のほとんどは，他国（英，独，米など）で排出された二酸化硫黄が原因である．北米大陸や欧州大陸の森林においても，広範囲にわたって酸性雨による被害が生じている（図24・16）．

酸性雨は多国間にまたがる問題であるため，国際社会は硫黄排出量の削減に合意した．米国では，1980年から2008年にかけて，年間硫黄排出量がほぼ半分に削減された（図24・16参照）．こうした削減は非常に好ましい第一歩であるが，酸性雨による問題は今後も生じるであろうし，酸性雨によって変質した土壌の化学的性質が生態系にもたらす影響は，雨水の pH が正常範囲に回復してからも何十年間と続くだろう．

■ これまでの復習 ■

1. エネルギーの移動量は，食物連鎖の上位にいくほど増加するか，減少するか，それとも変わらないか．説明せよ．
2. 農業地および下水処理施設からの排水は，メキシコ湾の死水域にどうかかわっているか．

---

1. エネルギーをミツバチの各栄養段階を上方に移行するとエネルギーの多くが熱として失われるので，栄養段階の上位にいくエネルギーは少なくなる．

2. 農耕地および下水処理場から排出される栄養素が，メキシコ湾に流れ込む川に流される．帰ってきた一次生産力を増加させ，藻類の異常発生をひきおこす．その藻類が海底に沈み死ぬと，細菌が増加し水中の酸素を使う．多量の酸欠水が海底層に向かって広がる．大量の酸欠水は魚介類を殺傷し，無脊椎動物あるいは魚介類などを死滅させる．

学習したことを応用する

最悪の事態によって何が起こる？

メキシコ湾は世界的に最も高い生産性をもつ漁場の一つであり，人間に重要な生態系サービスをもたらしてくれる宝の海である．メキシコ湾は，産業規模10億ドル以上の漁業を支えるエビ，カニ，カキ，魚の生産地である．湾周辺の湿地帯によって，沿岸都市が洪水から守られ，水が浄化され，海洋生物がよく育つ．科学的試算によれば，湾岸水域に生息する動物の75〜90%（魚，カキ，イワシ，エビ）が，その生活環のある時期を湿地帯または河口付近で過ごすという．流出した原油によって，海洋動物の幼生や湿地帯植物の若芽が何千と死滅するかもしれない．

原油流出事故から1年，科学者による標本調査が行われた．ある政府報告書では，2012年までにメキシコ湾は完全に再生されるとの楽観的な見通しが述べられた．実際，油田から放出したメタンガスは観測されなかった．調査書は，微生物がメタンを消費したとしている．油田が封鎖された数日後の衛星写真を見ると，海面の油もほとんどなくなっていた．

油はどこへ行ったのだろう？ その一部が波の渦や潮の流れによって自然に拡散したのは間違いない．いくつかの概算によると，メキシコ湾の強い日差しによって油の4分の1は蒸発した．一部はBP社が火をつけて燃焼させた．さらに，BP社は200万ガロンの化学"分散剤"を海洋にまいた．分散剤は，海面上に固まっている厚い油塊を小さな油滴に分解する．油滴は水柱を介して拡散し，大量の原油が海底に沈降した．学術調査によれば，ねっとりとした分厚い油層が，流出現場から何kmも離れた海床まで覆っているという．

海岸や湿地帯への被害はさらに深刻だったろう．海の彼方の原油が波とともにごっそり打ち寄せられた．沿岸湿地帯への原油を遠ざけようとして，ルイジアナ州はミシシッピ川から放水した．水産学者の声明は，魚類の大半と同様に，エビ・カニ漁も1,2年で回復するだろう，としている．

しかし，おおかたの生物学者は悲観的だ．たしかに，何カ月もの長期的な漁の休止が魚介個体数の減少を和らげた．しかし，実験的に，原油と分散剤によって，魚介類は成体，幼生ともに死んだり，発育不全になったり，病気になったりすることが証明されている．食物連鎖の下位側にいるこうした動物たちの個体数が減少すると，キンメダイやマグロが食う餌も少なくなる．食物連鎖のつながりはいくつか分断されただろう．

ほかにも，原油はいまだに漂っていて，砂浜に潜り込んでいたり，浅瀬を覆ったりして，そこに住むチューブワーム，サンゴ，ウニ，甲殻類および他の海洋生物が窒息死しただろうという学者もいる．ある生物学者は，魚の繁殖地である浅瀬のサンゴ礁は"死んだ"といい，別の生物学者は，湾の浅瀬の一部を"墓場"にたとえた．ルイジアナ州のカキの繁殖地の半分は壊滅した．原油も原因だが，ミシシッピ川の淡水が大量放流され，カキの繁殖地が何カ月もの間，淡水流にさらされたためもある．繁殖地の回復には10年かかるだろう．

エクソンバルディーズ号からの原油漏れは，何年にもわたって生態系に害を及ぼし続けた．メキシコ湾でも，同様の被害が続くだろう．調査の結果，二つの事故はともに，皮膚がただれたり，寄生されていたり，色模様が変わっていたり，器官が正常でなかったり，体内に原油成分があったりする魚を異常に増やしたことが判明した．エクソンバルディーズ号の事故後は，原油流出海域近くでニシンがさっぱり獲れなくなり，20年経た現在もいまだにニシンが獲れない．そうした中で，メキシコ湾の浅瀬に沈んだ原油は期待するほど速く分解されてはいない．生態学者たちは原油流出の事後を今も調査している．

章のまとめ

24・1 生態系の機能：概観
- エネルギーと物質は，生態系から生態系へ移動することができる．
- 生産者に捕捉されたエネルギーは，その大部分が食物連鎖の各段階で代謝熱として消失する．このため，エネルギーは生態系を一方向にしか流れない．
- 栄養素は生態系を循環する．栄養素は環境から生産者へ移動し，生産者からさまざまな消費者に移動し，最終消費者である分解者が死んだ生物の体を分解すると，再び環境に戻される．

24・2 生態系におけるエネルギーの獲得
- 生態系に捕捉されるエネルギーは，純一次生産力として測定される．ある範囲の純一次生産力を概算することは，そこにみられる生態系の種類や機能を定めるうえで重要な第一歩である．
- 陸地では，赤道から極圏にかけて徐々に純一次生産力が下降していく．温度，湿度および栄養素の可用性がすべて純一次生産力に影響する．
- 海洋生態系の純一次生産力は，沿岸海域で高く，外洋（湧昇により寡少な栄養素が海洋生物に供給される海域以外）で低くなりやすい．陸上の水中生態系（湿地など）は，高い純一次生産力を示す．

24・3 生態系におけるエネルギーの流れ
- エネルギーピラミッドは，生態系の各栄養段階に位置する生物に利用可能なエネルギー量を図示したものである．各段階が収穫するエネルギー量は，直下の栄養段階がもつエネルギーのわずか10%程度である．
- 二次生産力は，高い純一次生産力のある地域が最も高い．

24・4 生物地球化学循環
- 栄養素は生物とその物理的環境との間で行き来する．これを栄養素循環または生物地球化学循環という．
- 分解者は生物の死骸から物理的環境に栄養素を帰す．
- 大気に容易に加わる（ガス状）の栄養素は大気性循環する．大気性循環は比較的速く生じ，世界の遠く離れた地域間で栄養素の行き来を可能にする．
- 大気に容易に加わらない（リンなど）栄養素は堆積性循環する．堆積性循環は，完遂するのに長い年月を要する．
- 分解者は生物地球化学循環で重役を果たす．たとえば，炭素循環では，分解者が生物の死骸に閉じ込められた炭素の大部分を取出し，二酸化炭素として放出する．
- 細菌は窒素循環で重役を担う．細菌の生物窒素固定により，N_2がNH_4^+に変換される．
- 硫黄は大気性循環し，岩石の風化を介して大気および水に加わる．光合成プランクトンが産生する硫黄含有化合物は，波しぶきによって空中に舞い上がる．
- リンは，DNAなど生命を維持する巨大分子の構成物質である．

一般的に，リンの流入は生態系の純一次生産力を激増させる．リンはふつう大気に加わらず，堆積性循環する．

24・5 人間活動は生態系プロセスの変化をひき起こす

■ 人間活動によって，局地的, 地域的, 地球的規模で栄養素循環，さらには純一次生産力もが変化しかねない．
■ 過剰な栄養素（特に窒素とリン）が湖，河川，沿岸水域に流入すると，生産者の異常増殖が特徴の富栄養化につながる．
■ 自然資源から硫黄循環に流入する硫黄総量よりも過剰な硫黄が，人間活動によって放出され，酸性雨など国際的な問題を起こしている．

重要な用語

生態系 (p.415)
生物的 (p.415)
非生物的 (p.415)
栄養素 (p.416)
純一次生産力 (NPP) (p.417)
バイオマス (p.417)
湧 昇 (p.418)
エネルギーピラミッド (p.419)
栄養段階 (p.419)
二次生産力 (p.419)
栄養循環 (p.419)
生物地球化学循環 (p.419)
交換プール (p.420)
大気性循環 (p.420)
堆積性循環 (p.420)
炭素循環 (p.420)
窒素固定 (p.422)
富栄養化 (p.423)
酸性雨 (p.426)

復習問題

1. 代謝熱として消費される分は除外して，光合成を介して取込まれるエネルギーの総量はどれか.
   (a) 二次生産力　　　(c) 純一次生産力
   (b) 消費者効率　　　(d) 光合成効率
2. 生物と物理的環境との間を栄養素が巡ることを何というか.
   (a) 栄養素循環　　　(c) 純一次生産力
   (b) 生態系サービス　(d) 栄養素ピラミッド
3. 生態系が人間社会にもたらす無償のサービスはどれか.
   (a) 氾濫防止
   (b) 土壌浸食の防止
   (c) 大気・水の沪過による汚染物質の除去
   (d) 上記すべて
4. 食物連鎖の各段階を何というか.
   (a) 栄養段階　　　(c) 食物網
   (b) 交換プール　　(d) 生産者
5. あらゆる生態系において，純一次生産力の 50%かそれ以上を消費する生物はどれか.
   (a) 植食者　　　(c) 生産者
   (b) 分解者　　　(d) 捕食者
6. 生産者が栄養素源として利用できるもの，たとえば，土壌，水，空気などはどれに相当するか.
   (a) 必須栄養素　　(c) 富栄養
   (b) 交換プール　　(d) 制限栄養素
7. エネルギーを獲得するのに，他の生物または生物の死骸を丸ごとあるいは一部分を餌とする生物をいい表す語はどれか.
   (a) 分解者　　　(c) 消費者
   (b) 捕食者　　　(d) 生産者
8. 陸上および水中生態系の間を循環した後，海底に堆積する栄養素の性質はどれか.
   (a) 循環周期が短い.
   (b) 大気性循環する.
   (c) ガス状栄養素よりも豊富に存在する.
   (d) 堆積性循環する.
9. 富栄養化はどれに当てはまるか.
   (a) 貧栄養状態による純一次生産力の減少.
   (b) 低窒素濃度による純一次生産力の増加.
   (c) 二次および三次消費者数の増加.
   (d) 栄養塩の濃度上昇による生産者の異常増殖.

分析と応用

1. 米国では，現行の絶滅危惧種法に代わり，保全の対象を種ではなく生態系とする法律を制定すべきとの意見がある．生態系保全法の制定目的は，その法制定を主張する人々が自然界で真に重要だと考えるもの，すなわち，生態系そのものに保全の努力を集中させることにあるだろう．もし生態系保全法が施行されたら，保全すべき領域と保全しなくてよい領域の境界を決めるのは簡単か，困難か，生態系がどのように定義されるかを考えて，理由とともに答えよ.
2. なぜエネルギーは生態系で再利用されないのか.
3. 純一次生産力が外洋よりも沿岸水域で高くなるのはなぜか．世界有数の漁獲量で知られるアラスカ湾では，四半期の漁獲高 10 億ドル超に相当するサケ，スケソウダラ，ニシン，ヒラメ，タラ，カニ，エビが水揚げされる．寒冷な北洋の生産力はいかにして高くなるのか.
4. 分解者が生態系で果たす重要な役割は何か.
5. 人間活動による栄養素循環の変化が国際的な影響を及ぼす理由を説明せよ.
6. 重要な生態系サービスをいくつかあげ，人類の経済活動がどの程度生態系サービスに依存しているかを述べよ.
7. 下の表は，1 kg の可食部を生産するのに必要な農地を表している．1 kg の小麦よりも 1 kg の鶏肉を生産する場合の方が，より広い土地を必要とするのはなぜか.

食 品	可食部 1 kg 当たりの生産に必要な農地 [m²]	可食部 1 kg 当たりのカロリー
牛 乳	9.8	610
牛肉（飼育）	7.9	2470
鶏 卵	6.7	1430
鶏肉（ブロイラー）	6.4	1650
小 麦	1.5	3400

ニュースで見る生物学

Lawrence Berkeley Lab Scientists Tinker with Microbes to Battle Climate Change

BY SUZANNE BOHAN

微生物を改変して気候変化に対抗する：ローレンスバークリー研究所の取組み

　気候変動に取組む地元科学者とのフリートークで，ふだんは目立たない微生物が来週，舞台の中央に登場する．

　ローレンスバークリー研究所は，人為的な温室効果ガスとして年間60億t以上が排出される二酸化炭素の回収法を開発している．登場する単細胞生物は目下のところ，その研究における重要な鍵を握っているのだ．

　ローレンスバークリー研究所は現在，ジョイントゲノム研究所と共同研究を行っている．ジョイントゲノム研究所はウォールナッツクリークに所在し，微生物のほか，生物の遺伝子配列を解読する国立機関である．

　陸上生態系は，植物や，土壌，地層まで，地上のすべてのものをさし，大気中二酸化炭素のほぼ3分の1を吸収する．ローレンスバークリー研究所のアソシエイト・ディレクターで，炭素循環2.0構想を指揮するDonald Depaolo氏によると，大半の二酸化炭素は微生物が吸収しているのだという．

　"微生物は，かなりの量の二酸化炭素を大気から取入れています"と言うDepaolo氏．しかし，微生物，つまり，たいていそれは細菌だが，彼らがどのように二酸化炭素を吸収するのかいまだに多くが謎なのだという．

　炭素循環2.0構想の目標は，膨大な量の二酸化炭素を放出せずに，地球の生物が快適に暮らすに足るだけのエネルギー生産を可能にする技術を発展させることである．

　月曜日のフリートークにはジョイントゲノム研究所から2名の，ローレンスバークリー研究所から1名の研究者が参加し，微生物とその温室効果ガス排出における役割に関する最新の研究を共有する予定だ．

　ローレンスバークリー研究所のTerry Hazen研究員は，昨年メキシコ湾を襲った原油流出時の，細菌の原油消費力について話すことになっている．Hazen研究員が驚いたことには，細菌は，原油を食べつくすと，今度は原油とともに噴出した大量のメタンを消費し始めた．メタンは二酸化炭素に比べて20倍の温室効果をもつ．

　"メタンを食べつくすのは実に早かった"とHazen氏が言うように，この知見によって，海洋温度の上昇で海底の地下深くの埋蔵メタンが噴出されたら，という懸念も緩和される．代わりに，メタンが噴出しても，その一部は少なくとも細菌が消費してくれる可能性が出てきた．絶対とは言えないが．

　Hazen氏はまた，北極圏での活動についても話すことになっている．北極では，ツンドラの融解によって，長いこと凍土に閉じ込められていた植物体が解けて細菌の餌となり，甚大な量のメタンが放出される可能性がある．研究チームは，細菌によるメタン放出を食い止める目的で実験を行っている．

　微生物は，生態系の中で中心的な役割を占めている．地球の歴史の大半は，細菌，アーキアをはじめとする微生物が，炭素循環および窒素循環を含め生物地球化学循環を支配してきた．たとえば，光合成プランクトンは，炭素固定と同時に大気中の酸素の半分を放出し，海洋食物連鎖の基盤を形成する．植物のタンパク質合成に欠かせない窒素を大気から固定する，有機物から窒素化合物を再循環させる，記事に書かれているように大気からの二酸化炭素の除去など，微生物はほかにも無数の生態系サービスを提供する．

　二酸化炭素の除去はかつてないほどに人類が必要としているものだ．この100年間，人類は微生物に加わって，炭素，窒素，水循環において大きな役割を占めてきた．最も目立つのは，人間活動が地球規模の気候変化をひき起こす温室効果ガスをとてつもなく増加させたことである．それは，メタンと二酸化炭素である．

　記事で語られているように，細菌のなかに，2010年に起こったメキシコ湾原油流出事故で噴出した原油とメタンを分解する種がある．研究者は，地球温暖化が進むなか，海や北極ツンドラからのメタン放出を細菌が遅らせてくれると期待している．メタンは強力な温室効果ガスであるため，メタンを分解する微生物が地球温暖化を遅らせることに役立つ可能性がある．しかし，メキシコ湾で細菌が旺盛に消費したというメタンと原油の量がどのくらいの規模だったのか，そして，細菌はどのようにして大量消費したのかは，まだ解明されていない．微生物が気候変化に対抗し，地球という惑星を浄化してくれると確信がもてるには，今後も研究が必要であろう．

このニュースを考える

1. 北極が温まると，広大な凍った腐葉土（腐葉土は，地域によっては燃料となる植物の中途分解体）が解けて腐敗する．腐葉土を分解する微生物がメタンを発生する．なぜ細菌が腐葉土をメタンに変えるのを止めることが重要なのか．
2. 記事で述べられている油分解細菌の研究は，海面下1000 m付近まで立ち上った水柱で行われた．海面下1000〜1500 mで見つかった油分解細菌種は，海面付近（海面から150 m以内）の細菌とはまったく異なる種であった．深海の細菌種が海面付近で油を分解するために適応しなければならないであろう条件をいくつかあげよ．海面細菌と比較して，深海細菌が油を分解する速度を決めると考えられる要因は何か．
3. 油分解細菌は原油がなくなった後も残っていたので，直近の原油流出を感知するのにその細菌を利用できると研究者は示唆している．どのように利用できるかを論じよ．

出典：*Contra Costa Times*，2011年5月6日，www.contracostatimes.com

25 地球規模の変化

MAIN MESSAGE

人間の活動によって地球規模の変化が急速に進みつつある．このペースで進めば，他の種に深刻な結果をもたらし，最終的には人間にも深刻な結果をもたらすだろう．

あげるものが何もない？

ホッキョクグマが困っている．この大きなシロクマは，北極海を覆う一面に広がる海氷の上で，アザラシ狩りをして生きている．しかし毎夏，大面積の氷冠が解けると，クマたちは，たいてい空腹の子グマと一緒に，陸上に取残されてしまう．冬に氷が戻ってくるまで，大きなクマたちは，絶食をするか，カナダやロシアのゴミ捨て場で残飯をあさることになる．地球の温暖化が進むにつれて，毎春に氷が解ける時期は早くなり，毎秋に氷が張る時期は遅くなっている．そのため，クマが絶食する期間は数週間延びている．もしホッキョクグマが北極を離れ，南のカナダやシベリアに向かって移動し，毎夏ハイイログマと張り合うようにならなければ，ホッキョクグマは絶滅するかもしれない．

驚いたことに，地球温暖化は，完全に別な方向からも，ホッキョクグマを打ちのめしている可能性がある．2010年夏の生態学者らの報告によると，植物プランクトンとよばれる小さいが非常に重要な生物の地球上の個体数が，1950年以後40％も減ってきた．植物と同じように，植物プランクトンも光合成をして生きている．つまり，二酸化炭素と水から太陽エネルギーを使って糖分子を合成する．陸上では，大型の光合成生物は樹木や他の植物である．しかし海の世界では，光合成は，植物プランクトン，つまり，細菌や藻類，珪藻類，その他の原生生物によって行われている．

1000万 km^2 にわたって海の表面を緑色に染めている植物プランクトンは，地球上の全光合成の半分を行っており，地球の大気に入ってくる新しい酸素の半分を供給している．光合成を行う植物プランクトンは，海洋の巨大な食物連鎖全体の土台となっている．エビに似た非常に小さいオキアミから，魚，アザラシ，ホッキョクグマまで，どの海洋動物も，植物プランクトンが蓄えたエネルギーと糖に依存している．植物プランクトンが40％減少すると，オキアミと海洋性の魚が劇的に減るだろう．魚がいないと，アザラシは存在できないだろう．もちろん，エネルギーピラミッドの頂点で不安定にバランスをとっているホッキョクグマも同じである．

> ? 何が植物プランクトンを減少させたのか？ 植物プランクトンが減少すると，海洋の食物連鎖は崩壊してしまうのか？

今のところ，2010年の報告では，1950年以後，植物プランクトンが減ってきたのは，大洋の10領域のうち8領域である．この章では，増え続けていく人口が，生物圏に及ぼす劇的な影響を見ていこう．

北極地方の食物連鎖のトップ 地球温暖化で北極の氷冠が解けていくにつれ，夏の氷が後退し，陸や浮氷上に取残されるホッキョクグマが増えている．そのため，南のカナダやアラスカに移動するクマもいる．しかし地球温暖化は，クマに対してほかにも驚くような影響を及ぼす可能性がある．それは，海の食物連鎖への底辺からのダメージである．

25. 地球規模の変化

基本となる概念

- 人間の活動が世界中の陸・水圏の生態系に大きな影響を与え，それが急速な種の絶滅をひき起こしていると考えられる．
- 人間活動が環境に多量に放出する天然物質や合成化合物が，生態系の物質循環を変える．
- 人間による窒素循環の量は，すでに自然の窒素循環の量を越えている．もし，このまま何もしなければ，窒素循環の変化が生態系にさまざまな弊害をひき起こすだろう．
- 大気中の二酸化炭素（CO_2）濃度の急激な増加は，おもに化石燃料である石油の燃焼による．
- 人間活動による二酸化炭素やその他の気体の大気中濃度の増加が，過去100年にわたって地球の平均気温を上昇させてきたことは，明らかである．
- 地球の気候の温暖化は，極地の氷や氷河の融解，海水面の上昇，海の酸性化をひき起こし，多くの種の生息域を変化させてきた．
- 気候モデルは，厳しい気候の頻度や降雨パターンの変化が増えることを予測している．多くの種が今後100年の間に絶滅する可能性がある．

陸上で，海で，空で，私たちの世界は変化しつつある．その変化は，人間の歴史の中でかつてないほどの速さで起こっている．この変化の原因の多くは人間であり，そのほとんどがたった過去100年の間に起こっている．政治家や討論番組の司会者が，世界規模での環境変化，すなわち**地球規模の変化**は，なかなか結論の出ない難しいテーマであるとコメントすることがある．そのような発言によって，地球規模の環境変化は本当は起こってはいないのではないか，そのために何かをすべきだというのは事実だろうか，などと懐疑的に思う人がいるかもしれない．

"難しい議論である"と言うことで，"議論の余地がある"という印象を与えるのは大変不幸なことである．地球が変わりつつあることは確実だからである．外来種の侵入は世界中で起こっているし，生物多様性が大幅に失われ，公害が世界中で生態系を変えている（第22章～第24章参照）．また，温室効果ガスの蓄積が増えることで地球温暖化が起こり，そしてこの地球温暖化が地球の気候を大きく変化させてきたことはデータで示されている．

本章では，人間がどのように地球規模の変動に影響しているのかについて紹介しよう．はじめに，陸圏と水圏の利用方法の変化，そして生態系での栄養循環の変化について説明する．つぎに，現代の最も深刻な生態学的問題の一つ，**気候変動**に焦点を当てる．気候の変動とは，大きなスケールで長期間にわたって起こる地球の気候の変化である．45億年の歴史の中で，地球の平均的な気候は多くの変化を経験してきたが，過去100年の間に起こった変化は，記録の中に前例がないほどの速さである．さらに，有力な証拠によると，最近の気候変動の大部分は，人間の活動が原因であり，それによって生じた結果は，世界中の多くの人々や生態系にとってよくない可能性が高い．

25・1 陸圏・水圏の変容

人間は，地球の陸地に，さまざまな物理的・生物的変化をもたらす．このような変化をまとめて，**陸圏の変容**，あるいは土地利用の変化という．これには，資源の利用（たとえば木材生産のために森林を伐採すること）や農業，都市の成長のために，自然の生息地を破壊することも含まれる．また，草原にウシを放牧するなど，自然の生息地を小規模に変えることも陸圏の変容の一つである．

同じように，**水圏の変容**は，人間による地球上の水域の物理的・生物的変化をいう．たとえば私たちは，生態系中の水の循環経路を劇的に変えてきた．今や地球上の半分以上の淡水をヒトが使っていて，世界の70％もの河川が流れを変えられている．水はすべての生命にとって重要なもので，世界中の水を人間が多量に使用することは生態系に大きな影響を与える．世界中で，水のある所ならどこでも，生息する生物種に大きな変化が起こっている．

森の伐採や河川水を汚染した影響は，地球の陸・水圏の中では規模としては部分的なものにすぎないが，積もり積もって地球規模の影響を与えている．

陸圏・水圏の変容が起こっている証拠

航空写真や衛星写真を見ると，都市周辺部だけではなく，自然に恵まれた環境であっても破壊が進み，地球の表情がいかに変わりつつあるかが理解できる（図25・1）．これらは，陸・水圏の変容が実際に起こっている証拠である．それが人間の行為によるものであり，また，地球規模のスケールで起こっていることの証拠でもある．

陸圏・水圏両方を変容させたことで，生態系にも多くの劇的な作用を及ぼしてきた．現在まさに進行している熱帯雨林の破壊（図25・2）や，米国中西部における広大な草原の穀倉地化も，人間が生態系に与える影響の大きさを示す例である．世界中の湿原の半分，マングローブのある低湿地から，寒冷地域の泥炭湿原まで，多くがこの100年間に消失した．1780年代からの200年間で，米国のすべての州で湿原が減少した．湿原の保護や復元を奨励する保護法，土地所有者や公の団体の保護活動推奨の取組みのおかげで，湿原の損失は20世紀の最後の10年間は大幅に抑えられている．

世界の人口の約50％が沿岸から5km以内に生活しているため，この沿岸域の生態系は，人間の影響を非常に受けやすい．河口域，塩水湿地帯，マングローブ低湿地，大陸棚は，地球上でも最も生産性の高い生態系となっている．現在，世界のほとんどの海岸線が，都市開発，下水排水，農地からの過剰養分の流出，化学物質による汚染，魚介類の過剰捕獲のために厳しい状況下にある．

■ **役立つ知識** ■ "地球温暖化（global warming）"と"気候変動（climate change）"は，関連はあるが，同意語ではない．地球温暖化は，地球の表面の平均温度が10年間か，それより長い期間にわたって有意に上昇することである．気候変動は，長期間にわたる地球の気候の変化で，地球温暖化や降雨パターンの変化，激しい嵐の頻度の増加などの現象を含んでいる．地球規模の環境変化（global change）は，あらゆる種類の世界的規模の環境の変化を含むさらに広い概念である．地球規模の変化には，広いスケールの汚染や生物多様性の喪失も含まれる．

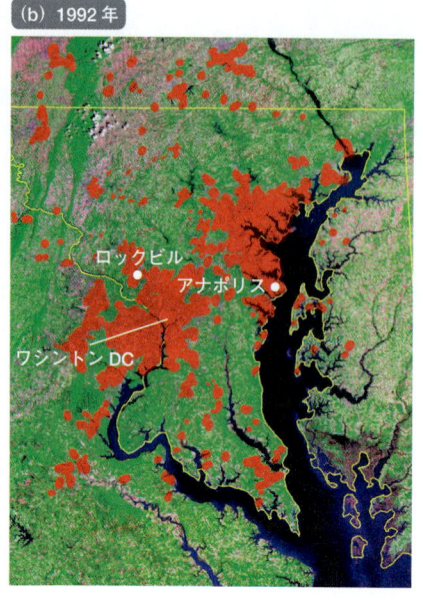

図25・1 変容する陸圏 米国ワシントンDC付近の都市部（赤）の拡大．1850年(a)と1992年(b)の比較．

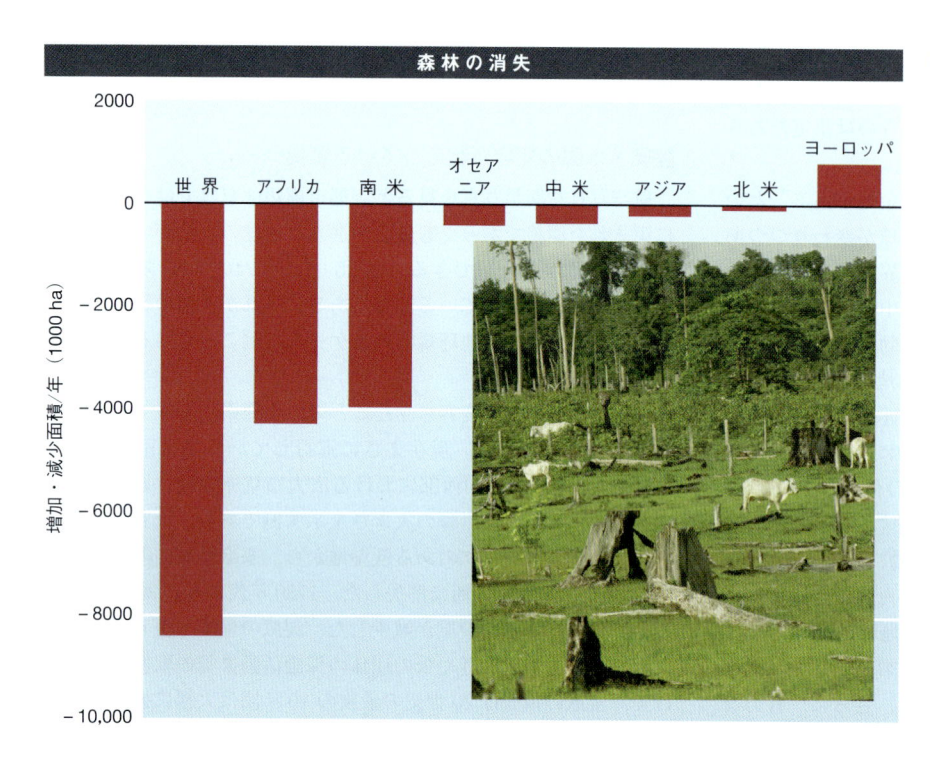

図25・2 消え去る森林 ヨーロッパ以外のほとんどの地域で，森林が縮小したことを示す国連食糧農業機構（FAO，United Nations Food and Agriculture Organization）のデータ．アジアが比較的よい状況なのは，ここ数年に中国が行った大規模な森林再生事業によるものである．写真は，ブラジル（パラ）のウシの放牧地．かつてはアマゾンの熱帯雨林だった場所である．

陸圏と水圏が変容すると，その影響は大きい

増加を続ける人口に製品やサービスを提供するため，私たちは陸・水圏を変容させることで，その膨大な資源を利用している．今や世界中の陸地の全純一次生産力（NPP）の約30～35%が，（直接あるいは間接的に）人間の管理下にあるとの推計がある．第24章で述べたように，純一次生産力とは1年間に生産者つまり光合成生物が一定の面積当たりに生産する生物の重量のことである．人間がこのように世界の陸地面積と資源の大部分を支配することで，他の生物種が利用できる陸地や資源の量が減ってしまい，その結果，絶滅する種も出てきた．水圏の変化の影響も同様である．人間が魚を乱獲したり，地球上の水域を公害で汚染すれば，世界の水圏生態系の生物種の数やタイプが劇的に変わるだろう．

陸圏・水圏を変容させることは，局所的な気候変化もひき起こす．たとえば森を伐採すると，その地域の気温は上昇し，湿度は低下する．伐採を中止しても，この気候変化によって森の再生が遅れる．加えて，森を伐採し焼くことで空気中のCO_2量を増加させ，これが地球規模の気候変化の原因となる．

25・2 地球の化学的変容

第24章で紹介したように，地球上の生命は，生態系を循環する栄養素に依存しており，その変化に大きく影響される．生産者が窒素とリンをどれだけ利用できるかによって純一次生産力が決まるし，雨の中の硫酸の量によって生物群集が変わる．富栄養化の原因となる窒素やリン，酸性雨の中の硫黄は，自然の生態系の中を循環する多くの化学物質の一例にすぎない．

生物蓄積によって食物連鎖の中で汚染物質が濃縮される

人間が空，水，土に放出する合成化学薬品（人間が作った人工的な化学物質）や他の物質も生態系を循環する．生物が栄養を食物から獲得したり環境から直接吸収するように，人間が放出した化学薬品も生物に吸収される可能性がある．化学物質が周りの非生物的な環境よりも高い濃度で生物体内に蓄積されることを，**生物蓄積**という．生物蓄積する化学物質は安定性が高い傾向があり，分解・排除されるよりも速く細胞や組織にたまっていく（たとえば尿などに）．

多くの合成化学物質，なかでも殺虫剤，プラスチック，塗料，有機溶剤，工業製品で使われる有機分子などに，細胞や組織内に蓄積されるものが多い．生物に蓄積されてから，分解されて消えるまでの寿命が長く，悪い影響を及ぼすものを，**残留性有機汚染物質**（POP, persistent organic pollutant）とよぶ．PCB（ポリ塩化ビフェニル）とダイオキシンは，生物圏に広く分布し，最も有害なPOPの代表例である．このような汚染物質のなかには，大気循環するものもあり，世界中で遠くまで運ばれ，化学物質など一度も使われたはずのない場所にいる生物の食物連鎖も汚染されている．

水銀やカドミウム，鉛などの重金属も，さまざまな種類の生産者と消費者の両方で生物蓄積される．水銀は自然環境にも微量にみられる物質であるが，産業革命後，大気中，水中，土壌中のこの重金属は3倍に増えた．これは，石炭を燃焼し，廃棄物中の水銀を焼却することが原因である．土壌や水中の水銀を細菌が吸収し，メチル水銀などの有機水銀に変換し，その後，食物連鎖に入る．メチル水銀が無機水銀（イオンや塩の形のもの）より毒性が高いのは，甲殻類や魚類，ヒトの筋肉組織中に入りやすく，容易に生物蓄積されるからである．細菌に蓄積されたメチル水銀は，まず動物プランクトン（小型の水生動物）など，細菌を餌とする消費者に食べられる．こうして，食物網を通じて他の消費者へとつぎつぎに渡される．米国食品医薬品局（FDA）は，特に妊娠中の女性に対して，サバ，サメ，メカジキ，アマダイを食べるのを控えるよう勧告を出してきた．なぜなら，このような肉食性の魚は，水銀を高濃度に蓄積する傾向があるからである．

食物連鎖の中で，より高い栄養段階にある生物ほど，生物蓄積した化学物質の組織中濃度が高いことがある．これを**生物濃縮**という．生物蓄積と生物濃縮は似た用語だが，生物蓄積はそれぞれの生物個体での物質の蓄積をさし，生物濃縮とは，食物連鎖の中で栄養素がより上位の段階へ渡されたときに起こる組織中の化合物の濃度の上昇をさす．

生物濃縮する化合物（したがって生物蓄積もする化合物）は，タンパク質や脂肪などの巨大分子に結合しているものが多い．そのため体内や環境中で分解されにくく，動物から容易に排出されない．たとえば，PCBは脂肪と結合する疎水性分子で，脂肪組織内に蓄積される．次の栄養段階の捕食者は，被食者の脂肪組織を食べるときにPCBを取込む．捕食者は多量の被食者を消費するが，PCBは捕食者の体内から失われないので，しだいに体内に蓄積する．こうして，食物連鎖の最上位の捕食者に，最も高い濃度での生物濃縮がみられる．図25・3は，PCBが2500万倍も生物濃縮された湖の例である．生物濃縮が大きな問題となるのは，湖水などの環境に，ほんのわずかな量しか存在しない物質であっても，食物連鎖の最上位の捕食者に大きな害をもたらし，死をまねくほどの高い濃度にまで蓄積されるからである．

殺虫剤であるDDTは，生物蓄積して食物連鎖を通して生物濃縮するPOPの例である．1972年に使用が禁止されるまで，DDTは蚊を退治し，農作物を害虫から守るために米国で広く散布されていた．そして，湖や河川に流れ込み，藻類などのプランクトンによって吸収され，さらに動物プランクトンに摂取された．動物プランクトンから甲殻類，そしてミサゴやハクトウワシなどの猛禽類の食物連鎖の上位へと渡るにつれて，組織中の濃度は数十万倍も増加した．DDTはさまざまな動物の繁殖力を低下させる．卵のカルシウム沈着を妨げ，結果として割れやすい薄くてもろい卵の殻が形成されるため，猛禽類に特に大きな打撃を与えた．

DDTは，**内分泌撹乱化学物質**，すなわちホルモンの作用を妨げる化学物質の一例でもある．受精率の低下，発生の異常，免疫系の機能不全，発がん性など，生物にさまざまな悪影響を及ぼす．ビスフェノールA（プラスチックに含まれる．水を入れる容器もこれを含むプラスチックから作られている）やフタル酸エステル

生 物 濃 縮

植物プランクトン（250倍）
動物プランクトン（500倍）
甲殻類（45,000倍）
小魚（835,000倍）
湖に生息するマス（2,800,000倍）
ミサゴ（25,000,000倍）

図25・3 PCB濃度は食物連鎖が上位の消費者でより高くなる

（柔らかいおもちゃから化粧品まであらゆるものに含まれる）も内分泌撹乱化学物質であり，これらは大部分の米国人の組織から検出される．動物実験では，ビスフェノールは，糖尿病，肥満，生殖能力の問題をひき起こし，また発がん性があることもわかっている．フタル酸は，精子数の減少や雄の生殖器の発達を抑える．自然界の動物，特に両生類については，内分泌撹乱化学物質が受精率を下げ，異常発生の原因となっているという報告が多くある．内分泌撹乱化学物質がヒトの健康にどれだけ害を及ぼしているのかは，現在まだ明らかではない．少なくとも，長期間にわたり複数の内分泌撹乱化学物質にさらされることは，それがどんなに少量であっても安全であるという保証はない．

多くの汚染物質が生物圏の変化をひき起こす

環境に放出されるPOPには，生物に毒性をもつものだけでなく，広範囲で生態系を破壊し，人間社会ばかりではなく，生産者から最上位の捕食者までの多くの生物に悪影響を及ぼすものもある．人間が大気中へ放出した**クロロフルオロカーボン（CFC）**も，地球規模で環境変化をひき起こした物質の例である．CFCの化学的特性のために地球の紫外線を吸収するオゾン層が薄くなり，南極の上空にオゾンのない部分，オゾンホールができた（§21·1参照）．オゾン層はDNAに突然変異をひき起こす有害な紫外線から地球を守っていて，オゾン層の破壊は生命に深刻な脅威となる．

幸い，国際的な決議によって，オゾンホール問題に素早く対応できたので，近年，オゾン層に回復の兆しが見え始めている．化学汚染や栄養循環の変化を遅らせ，被害を抑えるのに成功した例もあるが（426ページで紹介した酸性雨軽減の例），地球規模の窒素循環や炭素循環など，まだまだ解決しなければならない大きな課題が私たちを待ち受けている．

■ これまでの復習 ■
1. 沿岸生態系の破壊の原因について述べよ．
2. 生物蓄積と生物濃縮の違いは何か，説明せよ．生物蓄積されやすい化学物質の特徴を述べよ．

1. 原因としては，都市排水，下水の排出，過度の栄養素の流出，化学物質汚染，および乱獲などの人間活動による．
2. 生物蓄積とは，時間の経過とともに高い濃度で生物の細胞内に化学物質が蓄積されること．生物濃縮とは，一つの栄養段階から次の栄養段階へ移行したときに，栄養段階が上がるにつれて蓄積された化学物質の濃度が高くなること．分解されにくく，タンパク質や脂肪に結合する物質は，蓄積されやすく排除されにくい．

25·3 地球規模の栄養循環の変化

私たち人間のほとんどすべては，少なくともほんのわずかは，世界の栄養循環の変化にかかわっている．芝生や庭に肥料をまくことや，ゴミや排水を出し，それらが埋め立て地や下水処理場，浄化槽に送られるということが，栄養循環に影響を与えることにつながる．裕福な国の人々が当然だと思っている安価で大量にある食物は，その大部分が集約農業で作られたものである．集約農業では，化学肥料や再生できない資源からのエネルギーが大量に投入される．私たち人間は，環境に，二酸化炭素，窒素，リン，硫黄を大量に追加してきた．人間の活動が窒素と炭素循環をどのように変化させてきたのかを見てみよう．

人間は科学技術を用いて窒素を固定する

第24章で紹介したように，窒素はあらゆる生物にとって重要な元素である．しかし，窒素固定を行って大気中にある窒素ガス（N_2）を有機態窒素（アンモニア）に変換できるのは，ある種の細菌だけである．植物などの生産者は，この生物窒素固定に非常に頼っている．また，消費者も同じである．なぜなら，消費者は，植物やその他の生産者を食べて窒素を獲得するからである．

最近では，人間活動によって固定された窒素の量が，自然なプロセスで固定された窒素の量よりも多い（図25·4）．人工的に固定された窒素の多くは，肥料製造によるものである．肥料が農地に散布されると，その大部分は細菌によって分解され，大気中に窒素ガス（N_2）や亜酸化窒素（N_2O）として放出される．ほかの人工的な窒素固定には，自動車のエンジンによるものがある．自動車のエンジンでは，高温の燃焼で空中のN_2が一酸化窒素（NO）や二酸化窒素（NO_2）に変化する．これらのNOやNO_2は，エンジンの排気ガスに混ざって空中に放出され，大気中の酸素・水と反応し，雨水に溶けて硝酸イオン（NO_3^-）になり地面に落ちる．

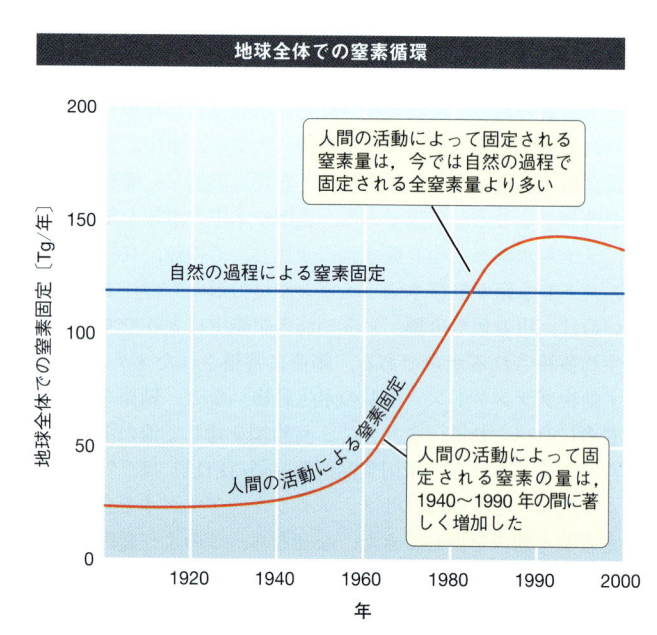

図 25·4 人間が地球規模の窒素循環に及ぼす影響 自然界では，細菌や雷の放電による窒素固定の作用により，大気中から年間約130 Tg（1 Tg = 10^{12} g = 100万トン）の窒素が固定される．しかし今では，自然が固定する全窒素の量よりも，人工肥料の合成などで人間が固定する窒素の量の方が多い．

窒素循環の変化がもたらしている影響は非常に広範にわたる．窒素肥料を陸上の生物群集に与えると，純一次生産力は通常上昇するが生物の種類は減少する（図25·5）．多様性がなくなるのは，余分に与えられた窒素を最も有効利用できる種が他の種を追い出すからである．たとえば，もともと窒素源が乏しいオランダの草原に多量の窒素肥料を使ったところ，50%以上の生物種が消失した生物群集もあった．同じように，多くの海洋群集など窒素の乏しい水圏の生態系も，窒素が添加されて富栄養化すると，生産力は増加するが，多くの生物種が消失する（第24章参照）．一般に，窒素添加により生産力は向上するが，それは生態系にとって必ずしもよいことではない．

大気中の二酸化炭素濃度は劇的に上昇している

地球の大気に含まれるCO_2は0.04%以下（400 ppm）の濃度で

図 25・5 窒素を与える実験　米国ミネソタ州の草原では，通常 1 m² 当たり 20〜30 種の植物がみられる．(a) 窒素肥料を使わなかった対照区．1984〜1994 年の間に失われた植物種はなかった．(b) 窒素肥料を使った実験地区．同じ期間に窒素肥料を散布したところ，元からいた植物種のほとんどが消失し，外来種であるヨーロッパヒメカモジグサが優占した．

あるが，その低い濃度からは想像できないほど，重要な成分である．これまで紹介してきたように，CO_2 は光合成に必須の原材料で，光合成でつくられる物質にほとんどすべての生物が依存している．CO_2 は地球温暖化の一因となる大気成分としても重要な意味をもつ．そのため，1960 年代はじめ，大気中の CO_2 濃度が急速に上昇しているという結果が発表されてから，多くの研究者が注目するようになった．

大気中の CO_2 濃度は，1958 年以降は，直接測定したデータがある．また，数百年から数十万年もの間，氷に閉じ込められていた泡の中の CO_2 濃度を測定することで，最近の CO_2 濃度も比較的時間がたった過去の CO_2 濃度も間接的に知ることができる（図 25・6）．この測定方法は，現在新しくつくられる氷の泡でも，空気中の CO_2 量と一致することがわかっているので，過去の正確な大気中濃度を示すと考えられている．この両者を合わせた結果，CO_2 濃度はこの 200 年間で著しく上昇したことが明らかになった．全体的に見ると，最近の 1 年ごとの大気 CO_2 濃度の上昇のうち，約 75% は化石燃料の燃焼が原因である．残りの 25% の大部分は森林の伐採と焼却が原因であるが，セメント工業などの工業的なプロセスの寄与も大きい．

この上昇の様子には，二つの特徴がある．一つは，その増加速度が急速になっていることである．CO_2 濃度はこの約 200 年の間に 280 ppm から 380 ppm へと増加した．氷に閉じ込められた泡の測定結果と比べると，この増加速度は，過去 42 万年の間で自然に起こった最も急激な増加よりもさらに速い．二つ目に，大気中の CO_2 濃度は，過去 42 万年の間に約 200〜300 ppm の範囲で変動しているが，現在の CO_2 濃度はこの期間のいずれの時期よりも高い値を示す．地球規模の CO_2 濃度は非常に速く変化し，過去 42 万年間で類のない高い値となっている．2011 年の半ばには，地球の CO_2 濃度は 394 ppm に達した．これは，1 年当たり約 3 ppm の速度で CO_2 濃度が上昇していることを示す．

増加した CO_2 がもつ生物学的作用

空気中の CO_2 濃度増加は，植物に大きな影響を及ぼす（図 25・7）．CO_2 の量が多いと，植物の光合成速度が上がり，水を効率的に使い，速く育つようになるからである．CO_2 濃度が高いま

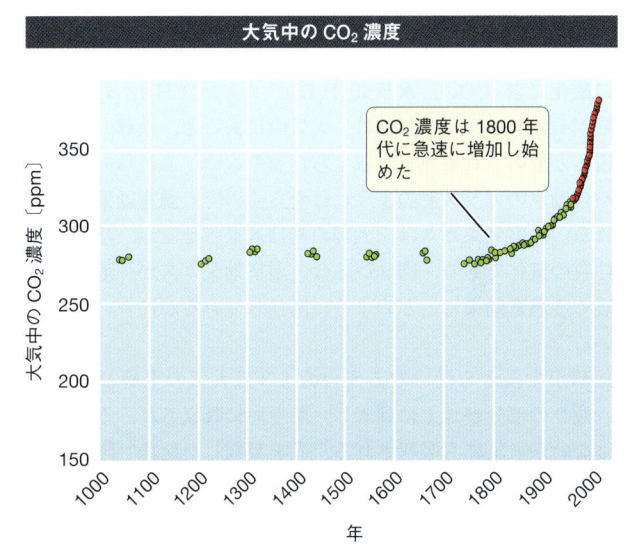

図 25・6　大気中の CO_2 濃度は急速に上昇している　大気中の CO_2 濃度（ppm で測定）はこの 200 年間で著しく増加した．赤の点は大気中の CO_2 濃度をハワイのマウナロア観測所（海抜 3394 m）で直接測定した値で，緑色は何百年も前に氷に閉じ込められた空気の泡を使って調べた値である．

図 25・7　高い CO_2 濃度は植物を大きくする　同じ遺伝子型のシロイヌナズナを，異なる CO_2 濃度下で育てた．(a) 200 ppm の CO_2（約 2 万年前と同じ）．(b) 350 ppm（1988 年の値）．(c) 700 ppm（将来の予想値）．CO_2 濃度が高いと植物が大きく育つ．

まになっていると，速い速度で成長を続ける植物もある一方で，時間とともに成長速度を低下させる植物もある．大気中のCO_2濃度が上昇すると，前者の植物が生物群集の中で優位になるので，他の種を追い出すこともあるし，新しい他の生物群集の中に侵入することもあるだろう．

植物種によってCO_2濃度に対する反応が違うので，生物群集全体に変化が現れると考えられるが，その正確な予測は（ひいき目にみても）難しい．つぎの項で紹介するように，CO_2濃度の上昇は，地球の気温が上昇する原因にもなっている（§25・4参照）．気温とCO_2濃度の両方が変化すれば，当然，さまざまな競争関係や寄生的な関係も変化するであろう．その変化を前もって知ることはまず不可能である．第23章で学んだように，種間の相互作用が変化すると生物群集全体が劇的に変わる可能性が高い．

25・4　気候の変化

二酸化炭素（CO_2），水蒸気（H_2O），メタン（CH_4），および亜酸化窒素（N_2O）のような気体は，大気中にあると，地球の表面から宇宙へと放射される熱を吸収する性質をもつ．これらの気体は温室や自動車のガラス窓のようにはたらくので，**温室効果ガス**とよばれる．温室効果ガスは，太陽の光は通過させるが，熱を吸収する性質の気体である．図25・8は，温室効果ガスが，地球の表面を暖める**温室効果**に，どのように関与しているかについて説明している．

地球が太陽から受け取る光の約1/3は大気の上層で反射される．残りの部分が地上に到着し，陸や海に吸収され，それほど多くはないが大気にも吸収される．光を吸収した地球（陸・海・大気）は暖められ，波長の長いエネルギーとして熱を放出する．これを赤外線放射という．赤外線放射は一部地球の外へ逃げるものの，大半は温室効果ガスに吸収される．温室効果ガスによって吸収された熱は，大気を通過して宇宙空間に流出するための十分なエネルギーがなく，地球上にとどまったままとなる．温室効果ガスは地球の大気中に40億年以上前からあり，地球表面を生物が繁栄できるほど十分に暖かく維持するのに重要な役割を果たしてきた．科学者たちは，地球の過去の気候を復元して，（最も強力な温室効果ガスである）二酸化炭素レベルと地球表面の温度の間にほぼ完全な相関があることに気づいた．すなわち，大気中の温室効果ガスの濃度が高くなると，より多くの熱が捕捉されるようになり，地球の気温が上昇する．

地球の気温が上昇している

CO_2は大気に多量にあり，温室効果ガスとして最も影響が大きい．すでに1960年代に，大気中のCO_2濃度が上昇すると地球の気温が上昇することを研究者は予測していた．これは地球規模の環境変化の一側面であり，**地球温暖化**として知られている．地球温暖化はマスコミや政界でも議論の的となっている．年ごとの気候の上下変動があるので，実際に気温が上昇しているのはわかりにくいが，データ（図25・9）の全体の傾向から，温暖化は確かに起こっているというのが，世界中の気候学者やその他の分野の科学者の共通する理解である．国連がサポートし，2007年に気候変動に関する政府間パネル（IPCC, Intergovernmental Panel on Climate Change）が出した報告書によると，1906年〜2005年の間に，地球の表面の温度は平均0.75℃上昇し，海洋より陸地の方がより暖かく，熱帯域や赤道域より緯度の高い地域で気温の

温室効果

❶ 地球に入ってくる太陽光の約1/3は，大気や地球の表面によって宇宙へ反射される

❷ 地球に入った太陽光の一部は，地球の表面に吸収されて地球を暖める

❸ 吸収されたエネルギーは，大気へ（長波長の）赤外線放射として再放射される

❹ 放射された赤外線の一部は，大気中の温室効果ガスに吸収され，再放射されて大気や地球表面を暖める

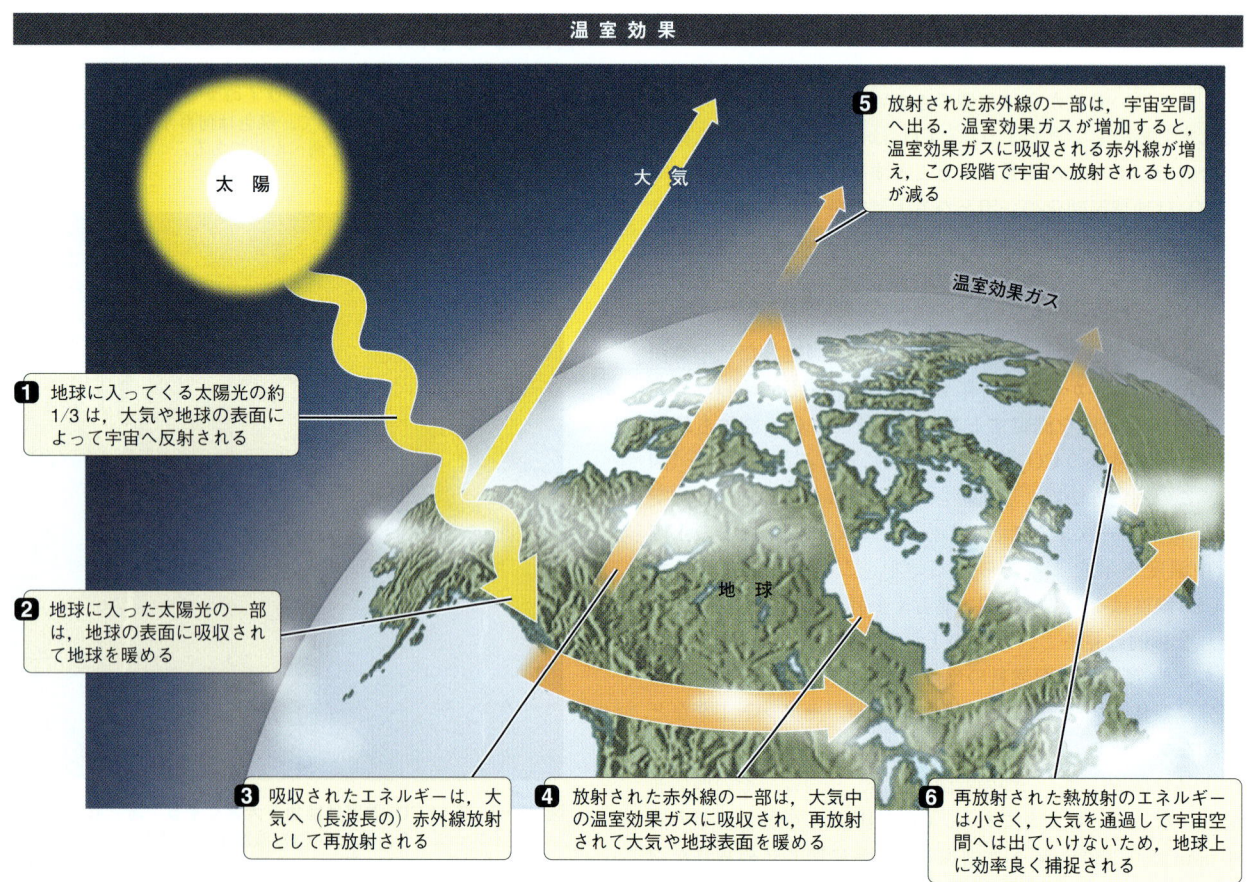

❺ 放射された赤外線の一部は，宇宙空間へ出る．温室効果ガスが増加すると，温室効果ガスに吸収される赤外線が増え，この段階で宇宙へ放射されるものが減る

❻ 再放射された熱放射のエネルギーは小さく，大気を通過して宇宙空間へは出ていけないため，地球上に効率良く捕捉される

図25・8　どうやって温室効果ガスは地球の表面を暖めるのか

25. 地球規模の変化

地球の気温の変化

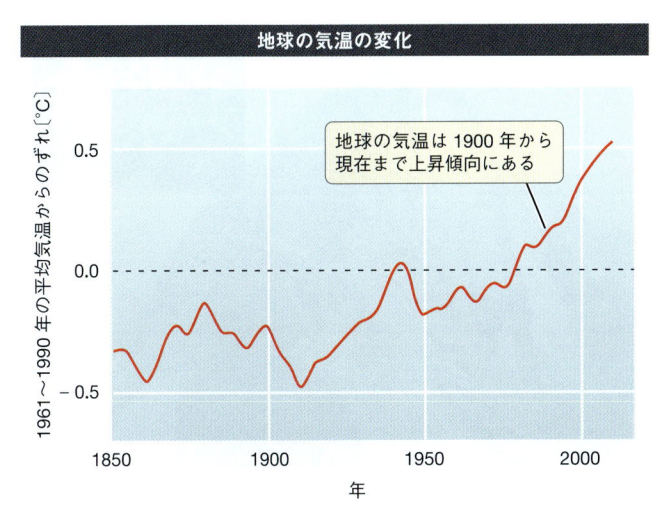

図25・9 地球の気温は上昇している 1961〜1990年の地球の平均気温（点線）に対する相対平均温度を示す．点線より下は平均より低い温度，上は平均より高い温度である．

上昇率が高いという．また，IPCCは，20世紀半ばからの地球の気温上昇は，人間の活動による（人為的な）CO_2や他の温室効果ガスの大気中への放出が原因である可能性が最も高いと結論づけた．

IPCCは，最近の地球の気温上昇は通常の気候の変動ではなく，統計的な分析に基づいた明確なものであると結論している．1995年以降に発表された数多くの研究によると，温暖化のおもな原因は人間の活動である．たとえば，20世紀後半のデータをもとに計算したコンピュータ・シミュレーションでは，温室効果ガスの排出などの人間の活動を計算に含めると，世界の海洋の水深2000 mより上層の領域で，水温が0.1°C上昇することを予測できる．コンピュータ・シミュレーションによる予測のなかには，現在，統計的に有意なレベルで明らかになっているものもある（表25・1）．その事実からもわかるように，最新の気候モデルの信頼性はかなり高い．

予測された気候変動の影響の一部は現在すでに起こっている

地球の気候が長期間にわたって大規模に変化することを，広く**気候変動**という．温暖化は気候変動の一つの要素であり，温暖化が生物圏に及ぼす影響のなかには現在明らかになりつつあるものもある．温暖化とともに，1978年から北極海の氷が10年ごとに2.7%減少していることが衛星写真の分析からわかった（図25・10）．1961〜1993年の間には海面が平均して年に1.8 mm上昇し，その後は毎年3.1 mm上昇を続けている．この海水面の上昇は，海水温が上昇すると体積が増加する熱膨張の効果に，氷河（図25・11）や極氷の融解した分が加わったものである．大気中のCO_2レベルが上昇すると，海が吸収するCO_2の量が増え，その結果，海が酸性化する．産業革命以後これまでに，世界の海洋のpHは平均8.25から8.14に減少した．

温度が上昇すると，特に熱帯地方の海洋上で，今より多くの熱エネルギーが生じ，それが，異常気象の増加や嵐の季節の長期化をもたらすと予測されている．20世紀半ば以降，北米を吹き荒れる熱帯性低気圧の数は変わらないが，クラス3やクラス4のハリケーンの数はほぼ3倍になった．降雨パターンが世界の各地で変化し，米国東部や北欧州で降水量が増え，地中海やアフリカの北東部，南部，および南アジアで降水量が減った．最近の気候モ

表25・1 気候変動がもたらすこと

非生物的変化	その結果，生物や生態系に起こること
地球の表面近くの温度と海洋温度の上昇	生態系の崩壊，生態系サービスが失われる；種の絶滅
氷河の融解	氷河が解けてできる水が流れ込む地域に，春には洪水が，夏には干ばつが起こる
夏の海氷の消失	種の絶滅，文化的資源や経済的資源が失われる
海水面の上昇（氷の融解と熱膨張による）	生物の生息地，人間の居住地と生活が失われる
海の酸性化	石灰化構造をもつ海洋生物が失われる，サンゴの白化；漁場への被害
異常気象の頻度の増加	生息地の破壊；人間の生活が失われる，経済上の被害
降雨パターンと乾燥地域の変化	生態系の劣化；農業上の深刻な損失と他の経済上の損失

図25・10 北極の海氷は急激に減少している 北極の夏の海氷は，産業革命前に比べるとほぼ25%減少している．気候変動は，地球全域にわたって，風と海流にそれぞれ違う影響を及ぼす．そのため，南極の氷床は比較的安定である．衛星を利用して作成した北極の氷冠とグリーンランドの氷床の図．(a) 1979年夏，(b) 2005年夏．（提供：NASA）

図25・11 多くの氷河が後退している 米国モンタナ州のグレーシャー国立公園のシェパード氷河の時間変化．世界のほとんど氷河が後退している．しかしなかには，特に南アメリカや中央アジアの一部では，安定している氷河や少し成長している氷河もある．

図25・12 高地へと追いつめられていく トチナイソウ属植物（サクラソウ科）(a) やナキウサギ (b) などの高山性種は，寒く標高の高い生息地に適応している．これらの種は，ここ数十年で生息地を標高の高い方へと広げてきたが，間もなく山頂に到達して行き場所がなくなるのではないかと心配されている．ナキウサギは，高山帯の上の方の岩がごろごろした斜面に生息している．ナキウサギは毛が密に生えているために，人間が涼しいと感じるような温度でも熱ストレスを受ける．

デルのシミュレーションのなかには，地球温暖化によってオゾン層の破壊が進むと，大気の上層で風の流れのパターンが変わるため，極地よりもむしろ熱帯地域で UV 放射が最も増える，と予測しているものもある．

気候変動が多くの種を瀬戸際に追いつめつつある

　気温の上昇が生態系の生物群集の様相を変化させたことを示す研究もある．生物種が"快適な地域"を求めて北方へと移動するため，北に位置する生態系の多くは極地へ向かって毎年約 0.42 km の速さで移動している．たとえば，20 世紀の間に欧州各地で気温が上昇し，多くの鳥やチョウが分布域を北に移動させた．同じように，1980 年以来の気温上昇で，北方の高緯度に分布する植物の成長期間が長くなった．しかし，これ以上，ほかに行く場所のない生物もある．たとえば，極地や高山の植物や動物である（図25・12）．カナダの研究者の記録によると，世界的にカリブーやトナカイの個体群は 60% 減少している．これは，群れの中での子どもの死亡率が高くなったことと，刺咬昆虫の数が増え，刺咬昆虫に襲われることが増えたためである．

　高温と pH の低下が組合わさると，サンゴの白化をひき起こす．サンゴの白化は，共生相手の藻類を失って起こり，多くの場合サンゴ礁に住む動物の死亡までもたらす．白化や汚染物質，強い嵐の増加による物理的なダメージの複合的な影響で，熱帯サンゴ礁の約 1/3 がここ数十年で損なわれた．

　北の地域の方が温暖化の程度は大きいにもかかわらず，気温の上昇が小さい南の地域である熱帯生態系の方が大きな影響を受けると予測されている．湿潤な熱帯に生息する植物や動物は，安定した環境に適応しているため，自身のもつ耐性の限界に近い環境で生活している．もともと安定していた環境が少しでも変化すると，たとえば気温が上昇したり湿度が低下したりすると，そこに住んでいる植物や動物は危険な状態になる．一般的に，特殊な生息地を必要とする種は，最も被害を受けやすい．特殊な生息地に生息する種の脆弱性を研究している専門家は，湿潤な熱帯地方に生息している植物と動物のうち，2100 年まで生き残る可能性が高いのはたった 18〜45% だけだろうと警告している．国際自然保護連合（IUCN, International Union for Conservation of Nature）によると，気候変動の影響を特に受けやすい性質をもっているのは，世界の鳥の 35%，両生類の 52%，温水に生息する造礁サンゴの 71% にのぼる．

　炭酸カルシウム（$CaCO_3$）でできた貝や殻で身を守っている海洋生物は，海洋の酸性化が進むと危険になる．pH が低下すると海の化学的な性質が変化し，これらの生物は炭酸カルシウム製の防具を作ることができなくなる．そのため，物理的な損傷や捕食によって死亡する危険性が高まる．

　勝者となる種が出てくるのだろうか？　耐性の幅が広く，さまざまな生息地に生息できる生物は，痛手を受けずに分布域を拡大できる可能性がかなり高い．万能ではば広い耐性をもつ生物といえば，植物では雑草，動物では害虫や有害な小動物である．デューク大学の研究者らが森林生態系に高濃度の CO_2 処理した研究では，有毒なツタの成長が急増し，さらに，そのツタは発疹をひき起こす化学物質であるウルシオールを毒性の高いかたちでたくさん生産するようになって"かぶれをひき起こしやすく"なったこ

とを報告している．他の研究では，毒をもつドクイトグモが分布域を北へ拡大することが予測されている．以前は熱帯域でしかみられなかったデング熱ウイルスと西ナイル熱ウイルスを媒介する蚊も，分布域が北方へ広がってきている．

気候変動はおそらく重大な結果をもたらすだろう

CO_2濃度の上昇傾向は終わる様子がない．現在の地球規模での気温上昇の傾向はまだまだ続くであろう．温暖化の程度や速度によっても違うであろうが，気温の上昇は，生命にどのように影響を及ぼすだろうか？

コンピュータ・シミュレーションによると，21世紀末には，1980〜1990年の間の地球の平均気温より1.1〜6.4℃上昇すると予測されている．この予測は，これまでの実績をもとに計算したもので，温室効果ガス排出量規制などの今後の動向については考慮していない．推測値に幅があるのは，気候変動について科学的にまだ解明できていない推測値が含まれることを意味している．最も楽観的な値では，今世紀末に最低1.1℃の上昇と予測している．最も悲観的な計算では，4℃ほどの温度上昇，最悪の場合6.4℃の上昇と予測している．

このような気温上昇は，生態系と人の生活にどのように影響するのだろうか．地表面温度を少なめにみて1.8℃上昇したとすると，今から約100年後には，海面は38 cm上昇し，海のpH値は少なくとも0.14下がるとみられる．北極で夏期にみられる海氷は，今世紀末までには完全になくなりそうである．ハリケーンや洪水，厳しい干ばつなど，異常気象がますます増え，多くの生物種が絶滅する可能性がある．農業生産性は気温の上がった北方の高緯度地方では増加するが，他の多くの地域では減少すると予測されている．

地球の平均気温が4℃も上昇すると，影響はさらに大きくなる．たとえば海面は59 cm上昇するとみられる．この数字はさほど大きくはないように思えるかもしれないが，高潮が起こると，水没する島国が出てきたり，世界中の沿岸地域が壊滅的な被害を受けたりもする（図25・13）．地球の地表面温度が4℃上昇すると，バイオームは大規模に悪い方向へ変化するだろう．一部の生物種は移動したり，適応したりするだろうが，おそらく大多数の種が絶滅するであろう．

適切なときに行動を起こせば，最悪のシナリオは回避できる

世界の農業システムは今後緊迫するだろう．そして，世界人口が今世紀末にかけて40〜50億人増えるという予測も考えると，全人口を養うのに十分な食料を供給できない可能性がある．最近の解析では，2050年までに，気候変動が原因で1250億ドルの経済的の損失が生じ，2600万人が路頭に迷い，毎年30万人の死者が出ると予測している．

気候変動はすでに始まっているが，今の科学技術で，最悪の事態は回避できると専門家は考えている．気候変動の問題を解決するには，化石燃料の使用を控えること，エネルギー効率を上げること，セルロースを使ったエタノール燃料や太陽エネルギーなどの再生可能エネルギーを活用できるようにすることが必要である．大気中のCO_2濃度を減らすための革新的な炭素固定技術も開発されつつある．たとえば，工場や発電所から出るCO_2を光合成する藻類を使って油脂に変え，その油脂をバイオディーゼルに変える技術なども試みられている．ほかにも，ゴミ廃棄場の温室効果ガスの放出を縮小するなど，廃棄物管理システムの改善も必要であろう．農業技術の改善も必要である．たとえば，メタンガスの放出を最小限に抑えるための肥料管理法の改良，N_2O（合成肥料が分解されるときに放出される温室効果ガス）の排出を抑えるために施肥方法も工夫し，さらに持続型農業に重きを置いた技術転換を進める必要がある．熱帯の諸国で森林破壊をやめ，森林を世界中に広げることもきわめて重要である．

再生可能なエネルギーを使う技術には，従来型のエネルギー源を使った技術と競合できるようにするために，税制上での優遇処置などの政府のサポートも必要な場合がある．より高いレベルの車の省エネ基準，電子機器類のエネルギー効率規定など，新しい法律改正が必要になるし，それには，政治的な決断とそれを支持する世論も必要である．地球温暖化を食い止める努力は，社会的・経済的な負担なしでは実現しない．しかし，今，対応が遅れれば将来さらに大きな負担となるだろう．気候変動がもたらす影響のなかには，避けられないものもある．つまり，気候変動の結末が最良のシナリオに従った場合でも，洪水や高潮，異常気象，火災の危険の増加，水不足，作物生産量の減少，人間の健康への害が起こると予測されている．私たちはこれらに対応するための計画も作成しなければならない．

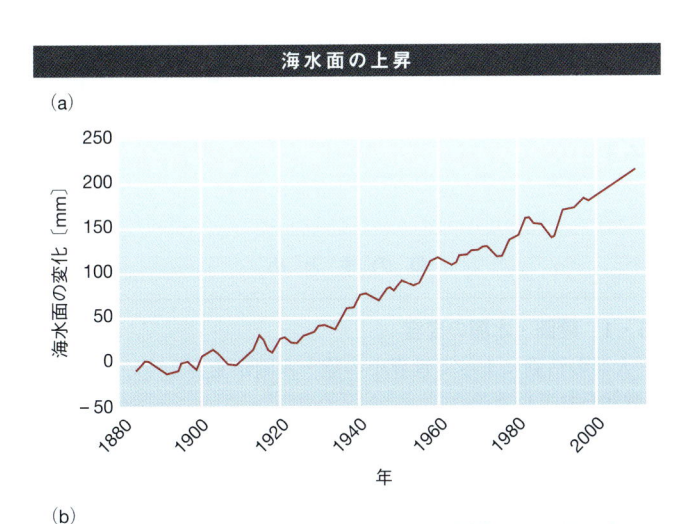

図25・13 熱膨張と氷の融解によって海水面が上昇する (a) 1880年の産業革命以降，平均海水面は約200 mm上昇した．2100年までには，海水面は，産業革命前に比べて500〜1400 mm高くなることが予測されている．(b) モルディブ大統領は，2009年に水中で閣僚会議を行った．これは，気候変動が島国のモルディブにとって脅威であることに，国際的な関心を集めるためである．モルディブはインド洋の環状サンゴ礁と小島からなる群島で，海抜が低い地域にあるため，現在の速度で海水面が上昇し続けると2100年までには水没する可能性が高い．

■ これまでの復習 ■
1. 人間の活動は，地球環境の窒素循環に対してどのように影響を及ぼしているか．自然に導入される窒素と人工的に導入された窒素を比較せよ．
2. 温室効果ガスと地球の温暖化の関係を説明せよ．
3. 予測されている地球の温暖化の影響のなかで，すでに現実に起こっているものは何か．

1. 人間は肥料と栽培によって植物に窒素を供給する．自動車排気は，N₂をNO_3^-やNH_4^+やNOやNO_2などに変える．また，産業は大気に窒素酸化物を入れるなどして，人間が窒素循環に関与している．
2. CO_2などの大気中の温室効果ガスが増加すると，温室効果は，目に見える実質的に上回っている．これによって地球表面と地表面近くの気温が上昇する．これは，海洋大気の温度効果によって地域と海洋の循環に上昇し，陸間パターンの変化，熱波の頻度，海面の上昇，多くの種の個体群の減少，極地への氷の融解，北方の種類の開花時期の早期化，種の絶滅などが挙げられる．

学習したことを応用する

食物連鎖がなくなる？

海洋にいる小さな植物プランクトンの大きな個体群が，地球上の全光合成の約半分を担っている．この小さな生き物，つまり植物プランクトンは，海洋での食物連鎖の全エネルギーと新しく発生する酸素の約半分を供給している．地球上のすべての生き物が植物プランクトンのはたらきに依存している．それはホッキョクグマや魚だけでなく，ヒトも同じである．私たちが呼吸をするときに吸う酸素はいつでも，植物プランクトンがつくり出した酸素を含んでいる．地球の大気中の20%にあたる酸素は，25億年前に生きていた海洋性の光合成細菌がつくり出したものである．そして自動車や工業の燃料である石油の多くは，何億年も前に生きていた植物プランクトンからできたものである．

カナダのノバスコシア州ダルハウジー大学の研究者が，2010年に海洋性の植物プランクトンが急激に減少していると報告したときには，生態学者たちは衝撃を受けた．植物プランクトンがいないと，海洋の生き物は死ぬことになるだろうし，大気中の酸素レベルも低下し始めるだろう．事態はそんなに悪いのだろうか．

海洋学者はずっと前から，気温が上がると植物プランクトンが打撃を受けることを知っていた．海水の温度が上がると，植物プランクトンは冷たい水の最上部に停滞する温かい水がある場所で"層状"になりやすい．この停滞した水の層は撹拌されないので，そこには海底から栄養塩が湧き上がってくることがない．そして栄養塩がなければ，植物プランクトンは成長できない．1980年代はじめ以降，海の温度上昇によって植物プランクトンの数が6%低下したことを示唆する衛星画像データもある．

地球温暖化はどのように植物プランクトンに打撃を与えるのだろうか．すでに学んだように，化石燃料を燃やすと大気中のCO_2が増加し，多くの余分なCO_2が海に吸収される．CO_2は光合成で糖をつくるための材料なので，たくさんCO_2があれば植物プランクトンにとってよいのではないかと思うかもしれない．そして海洋のなかには，植物プランクトンの数が増えている場所もある．しかし残念なことに，CO_2が溶けると水は酸性化し，植物プランクトンに必須な栄養である鉄の含有量が減ってしまう．

温暖化が速く進む海もあれば，ゆっくり進む海もある．そのため海洋では，ある場所ではより酸性化が進み，また別の場所では酸性化が起こっていない．この先いったいどうなるかについては，海洋学者にもわからない．観測されてきた変化が短期的（おそらく深刻ではない）なのか，長期的（深刻）なのかを解明するために，ノバスコシアの研究者は1800年代後半以降に集められた50万もの海の透明度と色の測定結果を調べた．一般的に，植物プランクトンが多くいたのは，濁っていて緑色が深い水の中だった．データの解析後，ノバスコシアの研究者らは，植物プランクトンは1950年以降40%減少したと結論した．

早合点してはいけない！と，スクリプス海洋研究所の研究者Mark OhmanはOhmanはそのデータに異議は唱えていないが，その解析には誤差が含まれていると主張している．たとえば，調べた海の59%で植物プランクトンが減っているという報告のなかで，統計的に有意差があったのはたった38%しかないと，Ohmanは指摘している．また，その調査では海の表面から20mの部分しか調べていないが，植物プランクトンはもっと深い所にも生息している．

海洋学者らは，植物プランクトンの数が減ってきたことと，その減少が地球温暖化と海洋の酸性化に関係があることには同意している．しかし現在までに，どれくらい植物プランクトンが減ったのかについては決着がついていない．海洋漁業は崩壊しつつあるが，それはおもに魚の乱獲のためである．そうでなければ，海の食物連鎖ともホッキョクグマとも別れの挨拶をすることになるだろう．

章のまとめ

25・1 陸圏・水圏の変容
■ 人間の活動によって世界中の陸・水圏が変容している例が多数知られている．
■ 陸圏と水圏が変容し，これが種を絶滅させ，局所的および地球規模の気候を変える要因となっている．

25・2 地球の化学的変容
■ 天然の物質，合成化合物ともに，生態系の化学物質循環が人間の活動によって変わりつつある．
■ 生物蓄積は，ある種の化学物質が周りの環境より高い濃度で生物の組織内に蓄積しやすいことをいう．メチル水銀やPCBは，生物蓄積しやすい残留性有機汚染物質（POP）の例である．
■ 汚染物質が一つの栄養段階から次の栄養段階に渡されるとき，その組織中濃度が増加することを生物濃縮という．食物連鎖の最も高い栄養段階にある捕食者の魚類，鳥類，および哺乳類は，最も高い濃度で化合物を生物濃縮しやすい．
■ 大気へのクロロフルオロカーボン（CFC）の放出は地球のオゾン層を破壊し，生命を脅かす紫外線を増やす．

25・3 地球規模の栄養循環の変化
■ 人間活動によって固定された余分なN_2は，地球規模の窒素循環を変えた．植物の生産力を上昇させるが，そのことが生態系における生物多様性の減少をまねく．
■ 大気中のCO_2濃度はこの200年間に著しく増加し，現在，過去42万年の間で最も高い濃度である．このCO_2増加の原因は，化石燃料である石油の燃焼と森林破壊である．
■ 増加したCO_2濃度が植物の成長を変え，それがおそらく多く

25・4 気候の変化

■ 大気中の CO_2 や他の温室効果ガスは，地表から宇宙へ放出される熱放射を抑える．温室効果ガスの濃度が上昇すると，地球の平均気温は上昇すると予測される．

■ 人間活動によって，この100年の間に地球温暖化が起こった．

■ 極地域の氷床の融解，海面の上昇，海洋の酸性化，一部の生物種の北方への移動など，すでに地球温暖化の影響が現れつつある．

■ 気候モデルは，降雨パターンの変化，異常気象の頻発，種の絶滅を予測している．

■ タイムリーな行動をすれば最悪の事態を回避できるかもしれない．化石燃料の使用を減らしたり，エネルギー効率を高めたり，太陽光発電などの再生可能エネルギーへの依存度を増やすことが必要である．

生活の中の生物学

持続可能な社会をつくる

人間が生物圏に与えている影響は持続可能ではない．そのことを示す多くの証拠がある．持続可能とは，環境に深刻なダメージを与えることなく，永遠に継続できる状態という意である．化石燃料について考えてみよう．化石燃料は現在，非常に大きなエネルギー源であるが，持続可能なものではない．使った分を補給できないので，おそらく，ずっと先ではなく，間もなく資源は底をつくことになる（図1参照）．すでに，世界で新たに発見される石油埋蔵量は着実に減少していて，1960～1965年には2000億バレル以上だったのに対し，1995～2000年に発見されたのは300億バレル以下である．2007年の石油の年間消費量は310億バレルで，その年に新しく見つかった埋蔵量は50億バレルにすぎない．

環境にダメージを与えるような人間の活動も持続可能とはいえない．なぜなら，ひとつには，私たちの経済は，清浄な空気，きれいな水，健全な土壌に依存しているからである．現在，世界の淡水の50％以上を人間が使っていて，人口の増加に伴ってその需要はますます増えると予測されている．世界の多くの地域ですでに，水供給量や水質，安全性の問題が起こっている．水資源の減少は現代の深刻な問題であり，この問題はさらに悪化するかもしれないと予測する専門家もいる．

ここでは，地下から汲み上げている水，つまり地下水の問題を例に考えてみよう．人間による地下水の使用量と降雨による補給量の関係はどうなっているのだろうか．私たちの地下水の使用は持続可能ではないというのが，この問いに対する答えである．つまり，私たちは地下の帯水層（岩盤の不透過層に囲まれた水源）から，供給速度以上の速さで汲み上げているのである．

たとえば，テキサスでは，巨大なオガララ帯水層から補給に100年かかるほどの水量がすでに汲み上げられていて，テキサス州の場合，埋蔵水の半分がなくなった．この調子で汲み上げると，あと100年で水は枯渇し，それまでにこの地下水に依存する農工業が破綻するであろう．テキサス州だけの問題ではない．中国では急激な地下水位の低下（毎年約1m）が起こり，農産物や経済的利益に深刻な影響を与えている．インドでは，現在のまま水資源を使い続けると，5～10年で広範囲の農地で水が枯渇するという予測もある．メキシコシティの場合，1900年以降の地下水の汲み上げで平均7.5m地盤沈下した．その地盤沈下によって，建物が傷み，下水道が壊れ，洪水が起こりやすくなっている．

持続可能とは生態学の一側面であり，そこには私たち一人一人に役目がある．より持続可能な社会を構築するために，私たちには何ができるのだろうか．天然資源を非破壊的に，かつ効率的に利用することを促進する法律の制定を支持してみよう．地球への悪い影響を小さくする取組みをしている企業を支援しよう．持続可能な農業を支持しよう．自分のエコロジカルフットプリント（p.394の"生活の中の生物学"参照）を減らすように生活スタイルを変えてみよう．では，エコロジカルフットプリントを減らすために，具体的にできることは何だろうか．再生可能エネルギーやエネルギー効率の良い電化製品の利用を増やそう．自転車通勤や公共交通を利用して不必要な化石燃料の使用を減らしてみよう．有機農業を支援しよう．持続可能な漁場からの海産物を購入しよう．また，"環境にやさしい"建築資材を用いるようにしよう．無駄を減らし，再利用とリサイクルをしてみよう．専門家の推定によると，世界中では2億人以上の女性が家族数を制限したいと希望しているが，家族計画をできない状況にある．豊かな国に住む私たちは，貧しい国の人々に，教育や保健医療，家族計画指導を提供する取組みの支援もできるだろう．

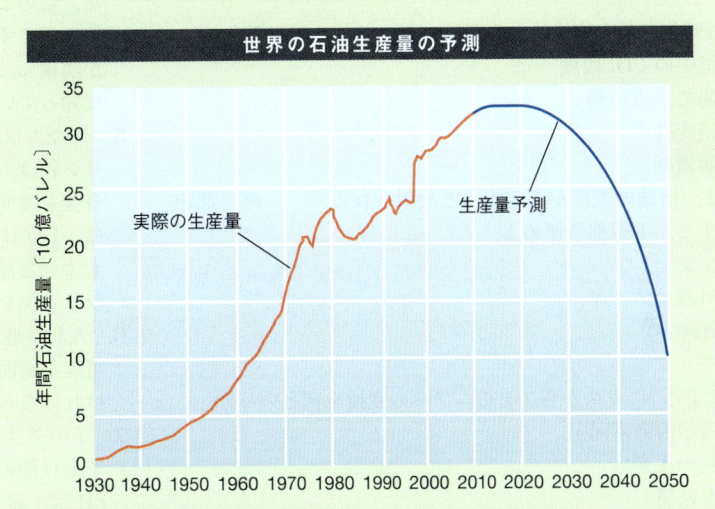

図1 石油の枯渇 多くの専門家が，石油の年間生産量は2020年までにピークを迎え，その後は減少すると予測している．

図2 最も不都合な真実 人口過剰と過剰消費が気候変動をひき起こす．

重要な用語

地球規模の変化（p.431）
気候変動（p.431）
陸圏の変容（p.431）
水圏の変容（p.431）
生物蓄積（p.433）
残留性有機汚染物質（POP）
　（p.433）
生物濃縮（p.433）
内分泌撹乱化学物質（p.433）
クロロフルオロカーボン（CFC）
　（p.434）
温室効果ガス（p.436）
温室効果（p.436）
地球温暖化（p.436）

復習問題

1. 地球温暖化の最も直接的な原因はつぎのうちのどれか．
   (a) 大気中の CO_2 濃度
   (b) 太陽の黒点活動
   (c) 気候変動
   (d) 生物濃縮
2. CO_2 は，地球の表面から宇宙へと放射される＿＿＿の一部を吸収する．下線部を埋めよ．
   (a) オゾン
   (b) 赤外線エネルギー
   (c) 紫外線
   (d) スモッグ
3. 細菌による N_2 ガスからアンモニアへの変換を何というか．
   (a) 生物学的窒素固定
   (b) 肥料の生産
   (c) 窒素循環
   (d) 脱窒
4. 自然の炭素循環を変える人間の活動は，つぎのどれか．
   (a) メチル水銀の生物濃縮
   (b) 汚染防止による酸性雨の減少
   (c) 農地からの栄養素流失の抑制
   (d) 自動車のエンジンでの化石燃料の燃焼
5. 地球温暖化に関連するつぎの主張のうち，正しくないものを選べ．
   (a) 大気の温室効果ガスの濃度は増加していない．
   (b) 多数の生物種が地理的分布を北方に移している．
   (c) 現在，植物の生育期間が 1980 年前より長くなっている．
   (d) 化石燃料の燃焼などの人間の活動が地球の温暖化をもたらしている．
6. 生物蓄積する物質について正しいものを選べ．
   (a) 生物の体内で，周りの非生物的環境よりも低い濃度で見いだされる．
   (b) 尿中などに排出され，簡単に取除かれる．
   (c) 有機物ではなく，必ず無機物である．
   (d) 化学的に安定である傾向が強く，体内や環境内で分解されない．
7. 水路に入る水銀について正しいものを選べ．
   (a) 生物濃縮はされるが，生物蓄積はしない．
   (b) 小型の動物に比べ，大型の動物の体内に常に豊富に含まれる．
   (c) 食物連鎖でより高次な栄養段階に進むにつれて濃度がだんだん高くなる．
   (d) 二次消費者では見いだされるが，一次消費者ではみられない．

分析と応用

1. 人間の活動がひき起こす地球規模の変化とは何か．おもなタイプを列挙せよ．そのような地球規模の変化は，ヒト以外の生物種にどのような影響を与えるか．
2. 人間のひき起こした地球規模の変化と，自然に起こった地球規模の変化とを比較せよ．人間がひき起こす変化は，どこが異なるか．どの点が特別か．
3. 現在の大気中の CO_2 濃度は，過去 42 万年前の濃度と比べてどうだろうか．数十万年前の地球の CO_2 濃度はどのようにして調べられているか．
4. 将来の地球温暖化の程度と，その影響はまだ不明のままである．このようにまだ不明な状態で地球温暖化に対処する行動を何か起こすべきだろうか．または，地球温暖化の最終的な影響が明確になるまで待つべきだろうか．地球温暖化に関してすでに知っている事実に基づいて答えよ．
5. あなたは，ガソリン税を払う気がありますか．ただし，ガソリン税は，地球温暖化を抑制するための積極的な行動に必要な資金を援助するために使うものとする．もし払う気があるならば，1 ガロン（約 3.785 L）当たりいくらまでの税なら払ってもよいと思うか．50 セントか，1 ドルか，2 ドルか．また，ガソリン税を払いたくない人は，その理由を述べよ．
6. 人間が地球に対して与える影響の大きさを，地球環境が持続可能な範囲に抑えるためには，人間社会がどのように変わらなければならないか．
7. 下のグラフは，排出された CO_2 の量に基づいて計算した産業革命以降の海洋の pH の変化を示したものである．海洋の平均 pH は，産業革命以前のレベル（pH 8.2）に比べ，今世紀末までには約 0.5 下がると予測されている．2100 年にオーストラリアのグレートバリアリーフを見にダイビング旅行に行くとしたら，どんな変化がみられるだろうか．20 世紀に入ったころのグレートバリアリーフと比べて述べよ．観察される変化は，どんな生物学的メカニズムで説明できるだろうか．この未来の旅行者のグレートバリアリーフでのダイビング体験をより実りあるものにするために，今できることは何か．

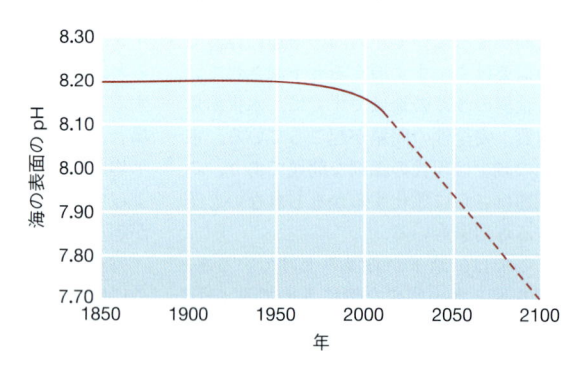

8. 内分泌撹乱化学物質とは何か．多くの米国人の組織内で見いだされる内分泌撹乱化学物質の名前を二つあげよ．これらの汚染物質は，どの工業製品または消費者が使う商品に由来するのか．これらの化学物質にさらされると，どのような悪い影響があるのか．
9. 人間によって固定されている窒素を二つあげよ．また，人間による投入で生態系の窒素が増えることで，生態系がどのように破壊されるのかを説明せよ．窒素が生産者にとって重要な栄養素であるとき，人間が固定した窒素は生態系にどのように害を及ぼすのか．

ニュースで見る生物学

Goose Eggs Open Scientific Debate over Polar Bears' Future

By Brian Maffly

ハクガンの卵から始まったホッキョクグマの未来をめぐる科学的論争

地球温暖化の影響は，北極圏ではどこででも，動物の糞の中にさえもみられる．ホッキョクグマの排泄物の中に，卵の殻やハクガンの羽が多く見つかっている．これは，温暖化で流氷が少なくなったために春の早い時期に陸地に上がらざるをえなくなったホッキョクグマが，アザラシから地上営巣性の鳥を食べるようにしだいに変わってきたためである．

カナダのハドソン湾には，そこを繁殖地として利用しているハクガンが現在たくさんいる．クマの採餌パターンが変化してきたことで，この先，ハクガンの個体数が減少するのではないかという懸念が広がっている．ハクガンの卵は，クマが最も栄養を必要とする時期に，手軽にとれるエネルギー源になるからである．

しかし，ユタ州立大学の野生生物学者とアメリカ自然史博物館との共同研究で，どちらの動物にとっても事態は見かけほど切迫していないことが，最近示唆されている．

気候の変動によって（氷が早く解けない年には）クマに食べられない年があるため，ハクガンの数は急激には減らないと，ユタ州立大学生態学センターの野生生物資源の David Koons 助教授は断言する．

しかし他の科学者は，この新しい研究結果を"信じがたい作り話"としてはねつけ，氷が解けつつある世界でホッキョクグマが危機的状況にあることをごまかしていると強く主張している．

ハクガンとその卵は"関心をひく軽食"ではあるが，ホッキョクグマの主要な栄養源として脂肪の多いアザラシの代わりにはならないと，アルバータ大学の生物学教授でクマの研究をしている Andrew Derocher 氏は述べている．ホッキョクグマは 2008 年に絶滅危惧種のリストに入れられたが，そのおもな理由は，アザラシを捕獲する場としてホッキョクグマに必要な海氷が消えつつあることである．

先月号の *Oikos* 誌に掲載された Koons 氏の研究は，毎年ではないが，氷が早い時期に解けてクマが大好物の海産物への接近手段を奪われた年には，ハクガンはハドソン湾のクマの餌となりうることを示唆している．

地球の北端に広がっているのが北極海である．カナダ全体よりも広いこの浅い海は，何百万年もの間，毎年冬は海氷に覆われてきた．北極の氷冠とよばれる厚い一面の氷は，アザラシやホッキョクグマをはじめ，さまざまな海洋生物のすみかとなってきた．夏には氷冠は薄くなり，周りから解けて小さくなる．どれだけ薄く小さくなるかは，気候に依存している．1870〜1950 年には，夏季の氷冠は平均約 1100 万 km^2 だったが，今日では 500 万〜600 万 km^2 のあたりを行ったり来たりしている．つまり面積は以前の半分となっているのである．気候変動を遅らせるために何かをしなければ，夏の北極の氷冠はおそらく，この本の読者が生きている間に完全に解けてなくなるだろう．

ホッキョクグマは，アザラシが呼吸をするための穴を臭いで見つけ出し，アザラシが呼吸をするためにそこから顔を出すのを待ちながら，北極の氷冠の端のあたりを歩き回る．しかし近年，クマの非常に大きな体重によって薄くなった氷が崩壊することがあり，陸への長い距離を泳いで行こうとして溺死するクマもいる．

Koons 氏と共同研究者らは，クマが夏の間，ハクガンとその卵を食べることで辛うじて生き延びてくれることを願っている．Koons 氏の共著者の一人である Linda Gormezano は，ホッキョクグマの糞を見つけるように飼っている犬を訓練し，犬の助けを借りて 3 年間にわたって何百もの糞のサンプルを集めた．彼女は，糞を粉々にほぐして，液果の皮，骨，羽，卵の殻を探して，クマがどの食物をどれくらい食べたかを推定した．夏に氷冠が解けてなくなったときハクガンを食べれば，絶滅を防ぐのに十分な個体数のクマが何とか夏を切り抜けることができるだろう．

多くのクマは雑食性で，ほとんど何でも食べることができる．しかし，ホッキョクグマはアザラシを食べることに特化して進化してきた．現在まで，ホッキョクグマは雑食性に変わることはできないと信じられてきた．しかし，ホッキョクグマがハイイログマと近縁で，さらに 2 種は交配可能で繁殖力のある子どもをつくれることが，最近の遺伝学的な研究から示唆されている．ホッキョクグマは絶滅してしまうのか，それとも雑食性になっていくのか，ハイイログマと交配していくのか，南へ移動するのか？

このニュースを考える

1. ホッキョクグマを救うためには北極の氷冠が解けるのをくいとめる必要があるが，そのためにどんなことができるか？この章を読んであなたが考えたことを述べよ．

2. もしホッキョクグマが毎年夏に営巣しているすべてのハクガンを食べたとしたら，ハクガンは絶滅する．なぜ Koons 氏は寒い年にはハクガンが"一時的にクマの捕食から逃れられる"と考えたのか説明せよ．ホッキョクグマにとって寒い年はどのようにいいのかを述べよ．

3. この章の最初の文で，地球温暖化の影響は糞の中もみられるとある．著者が言おうとしていることを説明せよ．ホッキョクグマ以外で，地球温暖化による変化を反映した糞をする動物について考えよ．何が違うのか？ なぜ違うのか？

出典：*Salt Lake Tribune*，2010 年 12 月 25 日

VI

動物の形態と機能

26 体内環境とホメオスタシス

MAIN MESSAGE

動物の体は組織，器官，器官系へと組織立てられている．動物は体内の状態を比較的一定に保ち，生理学的なプロセスの進行に適した状態となっている．

暑熱の克服

1850年代，連邦議会は砂漠で使用する軍の新装備としてヒトコブラクダの購入と実地試験に3万ドルを計上した．1857年，ラクダ75頭を受領した陸軍はただちに装備品と兵員をラクダに積んで，灼熱のアリゾナ砂漠に展開させた．ラクダはすぐさま真価を発揮して何千ポンドもの装備を運搬し，ウマやラバでは登れない荒れた険しい山道を登り，何日も水なしで耐えたのである．

兵たちはしょっちゅうかみ付きつばを吐くラクダを好まなかったし，ウマも気の荒いラクダがそばにいると落ち着かなかったので，彼らはラクダを酷使し，ラクダを打ったり故意に砂漠に放つなどした．このとき野生化したラクダの末裔は1940年代までアリゾナや南カリフォルニアに生き永らえていた．

ヒトコブラクダは気温が54℃を超えるような砂漠の環境に高度に適応した屈強な動物である．他のたいていの動物が生きてゆけないような高温に耐え，体の水分の3分の1を失っても耐えられる．ラクダは5000年ほど前に家畜化され，中国，インド，イラン，アラビア，ヨーロッパとアフリカを結ぶシルクロードのような，初期の通商路の開拓に貢献した．ヒトコブラクダは乗員1名で砂漠を休憩と水の補給なしで150 kmは踏破できる．ほかにこのような家畜はいないしヒトも及ばない．

ラクダは水も日陰もなしで灼熱のサハラ砂漠の夏を2週間生きることができる．ヒトなら2日しかもたない．通常ヒトは体温を一定に保っている．しかしラクダは体温を気温に合わせて上昇させることで砂漠の暑さに耐えている．また，ラクダは体の水分の30%までの喪失にも耐えられる．ヒトはこのような脱水には耐えられない．

> ラクダはいかにして極限状況に耐えるのであろうか．動物はいかにして体温などの内部環境を維持し（ホメオスタシス），あるいはこれとは逆に内部環境を変更するのか（トレランス）．

これらの問題に答える前に，動物がどのようにエネルギーを消費しながら外部環境の変化に対抗して安定した内部環境を維持するかについて，すなわちホメオスタシスについて見てゆこう．

砂漠に適応したラクダ インド，ラージャスターンの砂漠でラクダを率いている男．ラクダは砂漠の乾燥に非常に適応している．ラクダと，砂漠に適した衣類や飲食物の保存が砂漠で生きてゆくうえで不可欠である．

26. 体内環境とホメオスタシス

基本となる概念

- 動物の体は分化した細胞および組織から構成される．ほとんどの動物で，各臓器は異なった組織から形成され，臓器に特有の機能を果たしている．
- 器官系は一種類ないしは複数の器官から構成される．人体は外皮系から免疫系にいたる多種多様な器官系から構成される．
- ホメオスタシスとは生物体の内部環境を外部環境の変動によらずに一定に保つ過程である．
- ホメオスタシスを実行するうえでは体内の化学的，物理的特性を監視し調節する能力が必要となる．ホメオスタシスの経路は多くの場合，負のフィードバックループを形成している．
- ホメオスタシスにはエネルギーが必要である．内部環境と外部環境の差が大きいほどエネルギー消費も増大する．
- 温度調節すなわち体温維持はホメオスタシス機構の好例である．動物は外界と熱を交換して適正な体温を維持する．
- 浸透圧調節もまたホメオスタシスの例である．動物は栄養分や老廃物の体液中の濃度を一定の範囲に保っている．腎臓は脊椎動物の水分調節と体液の浸透調節に中心となる役割を果たしている．

多細胞の従属栄養生物としての動物は摂食をする．すでに第3章と第6章で見たように，菌類，植物，動物は多細胞化することによって巨大化できた．限界を超えなければ，体が大きい方が土壌からの栄養塩類の吸収や獲物の捕獲が容易となるため，周囲の環境から資源を獲得するうえで有利となる．しかし体が大きくなっても細胞は小さいままである．顕微鏡的サイズの細胞は集団として細胞膜を拡大することで栄養分の吸収や老廃物の排出の場となる表面積を拡大している．また，多細胞化による適応上の優位性として，細胞分化があげられる．動物の細胞はほとんどの場合ごく限られた機能に特化しており，その方が"なんでも屋"よろしく一つの細胞があらゆる機能をこなすよりもはるかに効率的である．すなわち多細胞体は多数の細胞による非常に効率的で均整のとれた社会のようなものといえる．

多細胞化により体制は複雑化し，最も単純な体制をもつ海綿動物においてもその傾向を認めることができる．本章では動物の体の構造・機能面での構成について，脊椎動物を中心に概観する．多細胞生物の体制の構造に関する学問分野は**解剖学**である．また解剖学的な構造の機能に関する学問分野は**生理学**である．本章ではヒトをはじめとする動物の主要な器官系について述べる．

ほとんどの生物学的過程は一定の温度範囲内で，適量の水の存在下で，適正なpHのもとで，しかも無機物・有機物の特定の濃度のもとでのみ進行する．一方，外部環境が細胞内の生物学的過程の進行や器官系の協調的機能に最適であり続けることはまずない．**ホメオスタシス**（恒常性．*homeo* 等しい，*stasis* 不変の）はこのような外部環境の変動に抗して内部環境をほぼ一定に保とうとする一連の過程である．

生物にとって正常な機能を保つのにホメオスタシスは必須である．たとえば細胞内pHを7付近に保つ能力は細菌からカシの樹にいたるまで維持されている．血液のpHはホメオスタシスにより7.35〜7.45の間に保たれており，この狭い範囲からのpHの逸脱は生物の死に直結する．解剖学的，生理学的な体制の複雑化に伴い，内部環境の維持に求められるホメオスタシス機能も複雑化する．動物体の全身的ホメオスタシス機能の二つの例，体温調節と泌尿器系による体液調節を示して本章の結びとする．

26・1 内部構造：細胞と組織

多細胞体は分化した細胞によって構成される共同体である．人体は少なくとも220種類の異なる細胞から構成される．分化した動物細胞は，多くの場合，構造を囲むように物理的に接着している．動物細胞は細胞壁をもたないが，隣の細胞やタンパク質もしくは炭水化物でできた**細胞外マトリックス**の層に接着させる膜タンパク質を細胞表面にもっている（図6・7参照）．

特定の機能に統合的に参加する細胞は**組織**を形成する．組織は1種類の細胞から構成されることも，複数種類の細胞から構成されることもあるが，いずれにせよ組織の構成細胞は組織に特有の機能を果たすために協働しなければならない．動物の組織は大きく以下の4種類に分類される．

- 上皮組織
- 結合組織
- 筋肉組織
- 神経組織

器官を覆い体腔を裏打ちする上皮組織

第1章で述べたとおり，**器官**（臓器）は形状と体内に占める位置により定義され，特定の機能に協調して参加する複数の組織から構成される．胃の内腔や心臓の心房，心室のような，中空な臓器も存在する．血管やリンパ管は管状の構造で，それぞれ血液やリンパ液が管腔を通過する．内臓の多くは胸腔か腹腔の二大体腔内に位置するが，脳は脳頭蓋という頭蓋骨に覆われた別の体腔内に存在する．

上皮組織は体全体や器官の表面を覆ったり，臓器内の腔所の遊離面や脈管系の管腔内面，その他のあらゆる体腔の内面を裏打ちする．上皮組織は境界面を形成することにより体外と体内の境界や器官・臓器の範囲を定める．密着結合（タイトジャンクション）（§7・5および図7・11参照）などの細胞間接着構造の形成により細胞同士が密接に結合して閉じたシート構造を構成する．皮膚では上皮組織は生きている構造としては最外層を構成し，消化器の管腔側の表面を覆い，肺のガス交換の場を構成し，腎臓の濾過器を形成する（図26・1）．

上皮細胞はさかんに細胞分裂している．これは上皮組織に保護構造としての役割があり，皮膚にみられるように常に物理的なストレスにさらされたり，胃にみられるように，内容物の流体にさらされることによる摩耗，損傷，または化学物質に対する曝露による傷害に対抗する必要があるためである．高頻度の細胞分裂はがん化の傾向をもたらす（第11章参照）．ヒトの悪性腫瘍のうちおよそ80％が上皮由来の悪性腫瘍，いわゆるがんである．

組織を結合し支持する細胞外マトリックス（細胞外基質）を構成する結合組織

結合組織は細胞とこれを包む多様な分子からなる細胞外マトリックスにより構成される．細胞外マトリックスはおもにタンパク質と炭水化物からなる．結合組織の主要な役割は細胞同士や組織同士をつなぎ合わせ身体を構造的に支持することにあるが，なかには身体の支持以外のかなり特殊な機能に特化した結合組織も存在する．結合組織は通例，物理的化学的性質に基づいて分類されている．図26・2に慣習的な分類体系を示す．

結合組織は四つに大別されている．

- 疎性結合組織．まばらに配置されたタンパク質の細網からなる柔軟な細胞外マトリックスから構成される．臓器・器官は疎性結合組織により正しい位置に支持され，また衝撃から守られている．脂肪組織も疎性結合組織の一種で，脂肪をトリグリセリドの油滴の形で貯蔵する比較的大型の細胞からなる．
- 密性結合組織．強靭なタンパク質性の繊維が平行に配置され

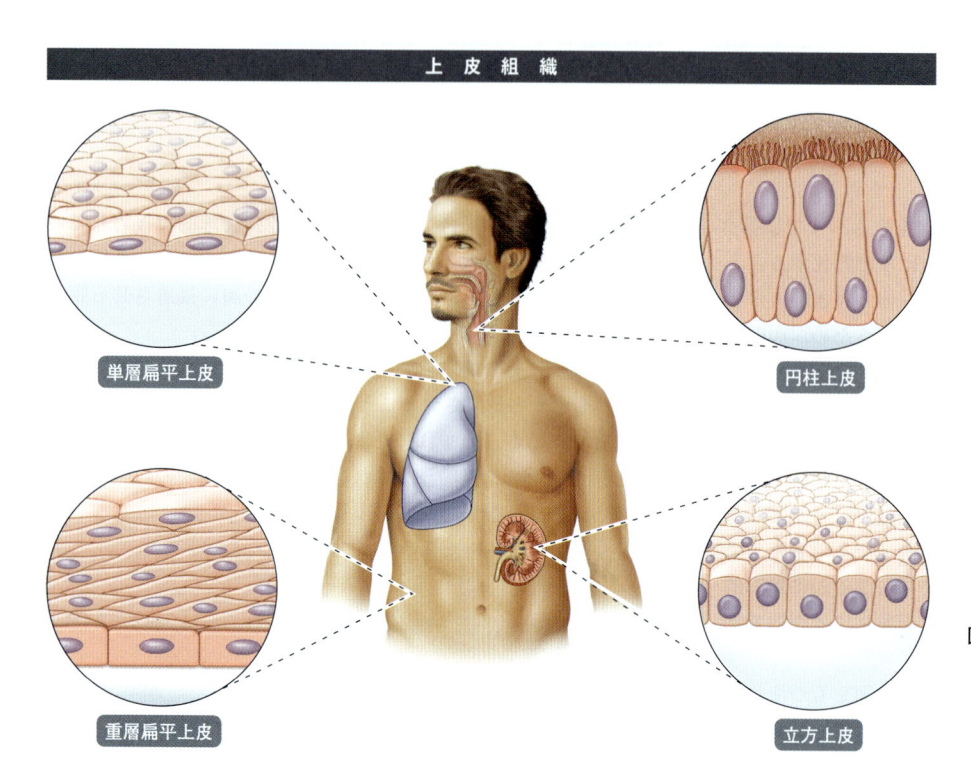

図26・1 表面を覆い保護する構造としての上皮組織　形態上，上皮組織は扁平上皮，円柱上皮，立方上皮の3種類に大別される．これらの区分はさらに重層扁平上皮，繊毛円柱上皮などに細分化される．

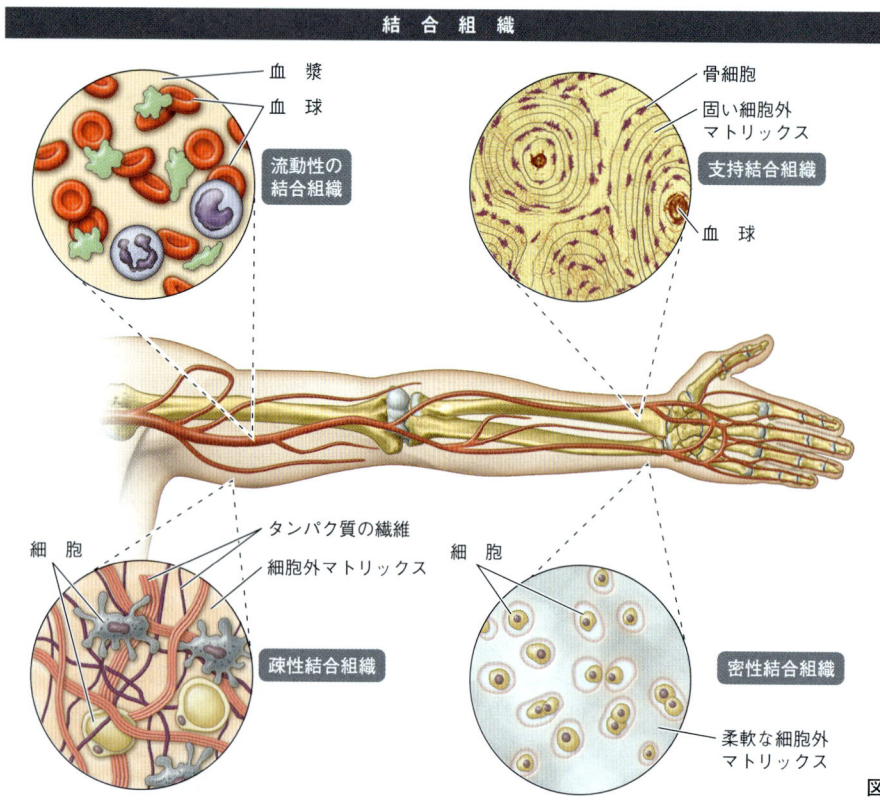

図26・2 器官を結合し，衝撃を吸収する結合組織

た，緻密な細胞外マトリックスからなる．コラーゲンは身体で最も多量に存在するタンパク質であるが，密性結合組織の主要な成分である．骨と筋肉をつなぐ**腱**と，関節で骨と骨をつなぐ**じん帯**はおもにコラーゲンに富む密性結合組織から構成される．

- 支持性結合組織．支持性結合組織は固い，もしくは半ば固い細胞外マトリックスをもつ骨や軟骨などの組織である．**軟骨**は水分に富む細胞外マトリックスをもち，強靭でありながら弾力性にも富み，耳介を補強したり関節で骨同士の摩擦を防ぐクッションを形成する．**骨**では細胞外マトリックスは構成細胞よりもはるかに大きい容積を占めている．骨の細胞外マトリックスはカルシウム塩の沈着により特に固くつくられている．

- 流動性結合組織．液体の細胞外マトリックス中に浮遊する細胞からなる．血液およびリンパ液がこの例である．血液のうち液体の成分は血漿とよばれる．酸素を運搬する赤血球，侵入する他者を攻撃する白血球，血液凝固に重要な血小板などの多様な細胞が血漿中に存在する．

収縮により力を生み出す筋肉

筋肉組織は筋繊維とよばれる長い細胞の束から構成される．筋繊維細胞内では筋原繊維とよばれる収縮性タンパク質の繊維が集積しており，筋収縮は結局のところ筋原繊維内のタンパク質性繊維相互の滑りの作用による．筋収縮により身体のさまざまな力が生み出され，心臓からの血液の拍出も身体の運動も筋収縮によって行われる．筋収縮は通常神経からの指令により起こる．筋肉組織はつぎの通り3種に分類される．

- 骨格筋
- 心筋
- 平滑筋

骨格筋は収縮性タンパク質の規則的な配置のために横紋状の外観を示す（図26・3）．骨格筋は自己の意識で収縮させることができる随意筋である．**心筋**も横紋筋の一種であるが，筋繊維束は分岐しており，不随意筋である．心筋繊維は互いに末端同士が接着し電気信号により協同的に収縮する．心筋により心拍がひき起こされ，血液循環が駆動される．**平滑筋**には骨格筋や心筋にみられるような横紋は認められない．平滑筋は不随意筋で，腸壁や血管壁，膀胱壁などに存在し，神経やホルモンのシグナルに反応して収縮する．その収縮はゆっくりであるが，骨格筋や心筋よりも長時間持続する．

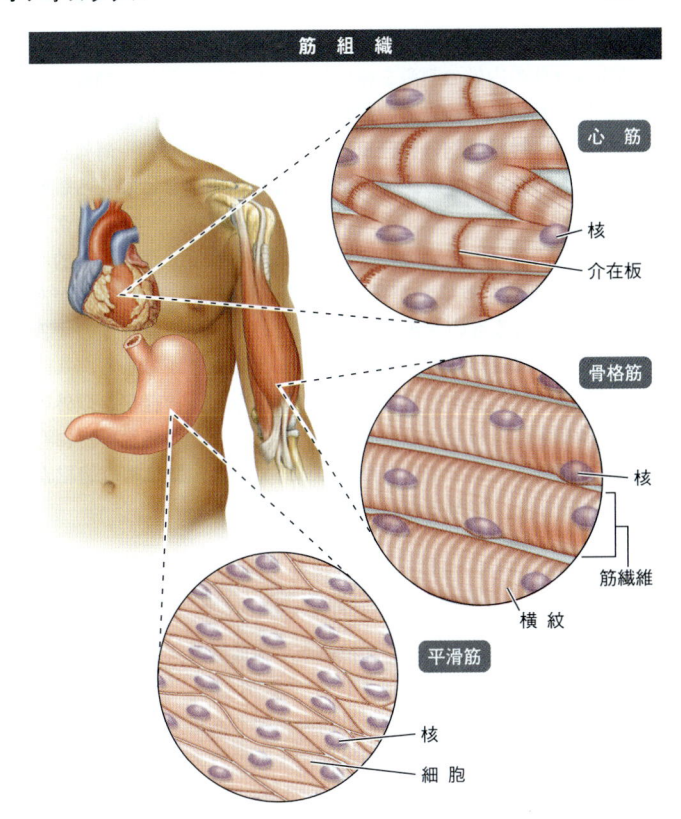

図26・3 筋組織は収縮性で力を発生する

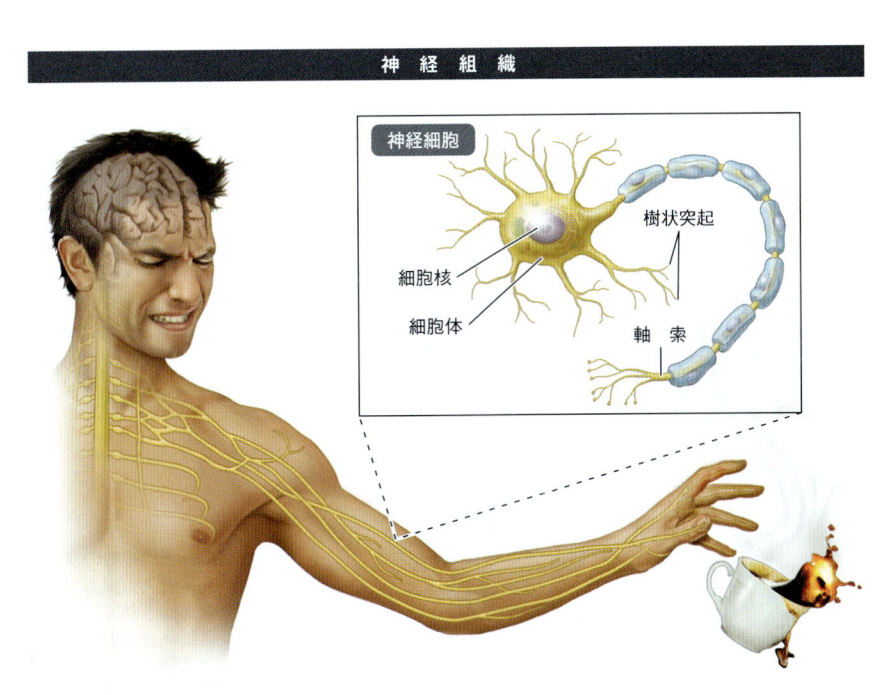

図26・4 情報伝達と情報処理に特化した神経組織

情報伝達，情報処理する神経組織

動物は身体の内外の刺激を検出し，これに反応する．神経組織のおかげで動物は1秒以下の短時間でシグナルを検出してこれに反応できる．**神経細胞**は神経組織の中心となる細胞で，情報を受容し，統合し，伝達する．神経細胞には樹状突起とよばれる細胞質の突起があり，ここでシグナルを受取る（図26・4）．シグナルは軸索とよばれる長い突起に沿って伝えられる一連の電気的パルスとして伝播することが多い．軸索には非常に長いものがあり，1 m を超えるものさえある．このため神経細胞は身体のすみずみまで非常に速い速度でシグナルを伝えることができる．

神経組織には支持細胞であるグリア細胞など，神経細胞以外の細胞も存在する．神経組織は眼，鼻，耳，口などの感覚器官に存在し，脊髄や脳とシグナルをやりとりしている．**脳**は神経組織が高度に集積した，情報処理の中心である．

26・2 内部構造：器官と器官系

器官や臓器は複数のタイプの組織から構成され，特有の形態をもち，身体の中で正しく配置される（図26・5）．脳，胃，肝臓，脾臓，腎臓などは代表的な脊椎動物の臓器である．

器官系は複数の器官の緊密な連携により固有の機能を果たしている．人体の代表的な11の器官系を図26・6に示す．

外皮系は人体最大の器官系で，体表面を覆い，保護している．皮膚からなり，皮膚には毛や爪などの構造も含まれている．

骨格系は脊椎動物では体内部の支持体となっている．骨および軟骨，じん帯から構成される．骨格系のおかげで数兆個もの細胞がヒトの姿をしていられる．

筋肉系は，心拍や呼吸運動，消化器のぜん動などの身体の運動を生み出す器官系で，3種類の筋肉からなる．骨格筋は骨格と連携して機能し，身体の各部分の，そして個体全体としての運動を実現する．

消化系は口から肛門に至るフードプロセッサーにたとえられる．高分子は口，胃，小腸で分解され，低分子化された分解物やミネラルは小腸で吸収される．肝臓と膵臓は消化を助ける附属器官であるが，消化のほかにも重要な機能を担っている．たとえば肝臓は解毒作用をもっており，膵臓は血糖を適正な範囲に保っている．

泌尿器系は排出系ともよばれ，過剰の体液と，老廃物や毒素など，不要となった水溶性の物質を排出する．腎臓と尿路系が泌尿器系の主要な構成要素である．泌尿器系について§26・5で詳しく述べる．

呼吸器系では酸素が取入れられ，二酸化炭素が排出される．肺の空気に接する面は高度に折りたたまれた上皮組織により構成され，ガス交換のための大きな面積を生み出している．

循環器系は血液によって酸素を肺から心臓を経て全身に送り出している．心臓を出発した酸素に富む動脈血は，大動脈，動脈，毛細血管と分岐する，全身に張り巡らされた血管のネットワークにより全身のすみずみまで行き渡る．**動脈**は酸素に富んだ血液を全身に送り出す経路である．**静脈**は酸素を運び終え，二酸化炭素を受取った血液を心臓に送り返している．分岐を繰返して最も細くなった動脈と静脈とは互いに連絡して**毛細血管**を形成している．二酸化炭素は血液により呼吸器に送られ，ここから体外に排出される．また血液は泌尿器系に送られてここで過剰の水分，イオン，水溶性の毒素，また尿素をはじめとする老廃物が排出される．

免疫系はウイルスや細菌，菌類，原虫や寄生虫などに対する防御機構である．全身に広がった，最も広汎な器官系で，免疫系の

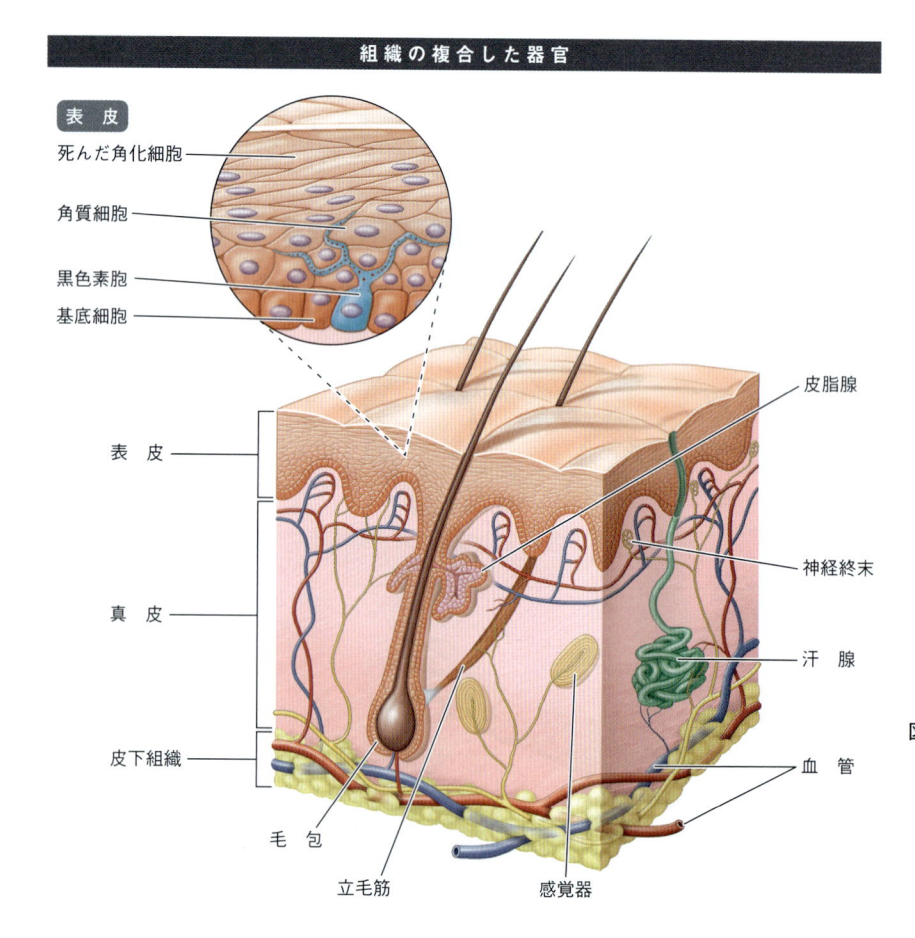

図26・5 複数のタイプの組織から構成される器官
人体最大の臓器である皮膚も多数の異なる組織から構成されている．表皮を構成するさまざまな細胞に注意されたい．神経終末は神経組織である．立毛筋は平滑筋組織である．真皮は大部分結合組織から構成されている．脂肪組織は皮下組織の大部分を占め，分厚い断熱層を構成している．

器官系

外皮系
（第26章）

泌尿器系
（第26章）

消化器系
（第27章）

循環器系
（第28章）

呼吸器系
（第28章）

内分泌系
（第29章）

神経系
（第30章）

骨格系
（第31章）

筋肉系
（第31章）

免疫系
（第32章）

生殖器系
（第33章）

図 26・6　人体を構成し，協調して作動する 11 種類の器官系

一員である白血球は全身に分布して異物を監視している．脾臓と胸腺は重要な免疫系の臓器で，これらの臓器で免疫細胞が増殖する．また，骨髄でも免疫細胞が増殖する．免疫細胞はあらゆる組織，器官中に見いだされるが，リンパ節や扁桃腺で特に集中している．

生殖系は配偶子である卵子と精子を生み出すほか，一部の脊椎動物では接合体を内部で維持することもある．有胎盤類では胚胎は母体から物質的な支持を得て子宮内で発育する．

内分泌系と神経系は密接に連携したネットワークを形成し，全身の統御に参加している．**内分泌系**は体腔内各所に存在する分泌腺や分泌組織からなる．**腺**とは生体分子を産生し，血中や体腔内もしくは体外に放出する細胞の集団であり，そのなかで内分泌線はシグナル分子であるホルモンを血中に放出する．**ホルモン**は血流によって全身に運ばれ，きわめて低濃度で効果を発揮する．

神経系は神経組織を含む感覚系から構成され，脊椎動物の場合，眼や各種神経，脊髄，脳から構成される．神経細胞は神経細胞同士で，また異なる細胞と，電気的シグナルおよび化学的シグナル（神経伝達物質）のやりとりによりコミュニケーションをしている．生体内外の状況の検出や，臓器・器官同士の情報伝達は神経系によってなされるのであるから，神経系はホメオスタシスの重要な構成要素である．

26・3　内部環境の維持：ホメオスタシス

生物生存の成否は生物が適応しているか否かにかかっている．**適応**とは，生物を自然環境に合致させる遺伝子の性質なのであり，また自然選択による進化の結果であることを強調しておきたい．適応とは，個体が受け継いできた能力であり，環境によってひき起こされる個体の反応（順応，後述）とは区別されることを銘記されたい．生存に適した遺伝子をもたぬ個体は環境の変化に対応できず，滅ぶしかないのである．

環境の変化に対する個体レベルの反応としては**順応**がある．デンバーのような高地に移動してもヒトは数日で低地と同様の生活が営めるようになる．これはある程度の高度までなら，十分な日時をかければ順応できる能力が初めから人体に備わっているためである．高地への順応は，通常はヘモグロビンの増産による．しかし 3000 年ほど前，チベット人の間で特殊な進化が起こり，チベット人のヘモグロビンは通常の人よりも酸素を結合しやすく

なった．このような変化は順応ではなく，適応とよばれる（図26・7）．

ホメオスタシスは環境変化に対応する最も一般的な反応であり，単細胞生物にいたるまで，あらゆる生物に備わった能力である．十分な水分と中性付近のpH，最適塩類濃度の条件がそろってはじめて細胞質中での代謝反応が円滑に進行する．細胞膜を介した物質輸送はいつ，どれだけ，また水，酸素，生体分子などがそれぞれいずれの方向に運ばれるかが厳密に制御されている．生物はしたがって，膜を介する物質輸送が適正に行われるよう確実に制御し続けなければならない．

単細胞生物と，多細胞生物の身中深くに存在する細胞とで事情は同じである．動物の細胞はすべて血液から浸み出した間質液などの組織液に浸されている．脊椎動物では間質液は循環器系と物質をやりとりし，循環器系に入った物質は呼吸器系，泌尿器系および表皮系を通過する過程で熱を配分し，ガスや老廃物を外界とやりとりする．外界との適正なやりとりは生物の生死にかかわることなのである．

体の大きさ・形と交換の速度の関係

カイメンやイソギンチャクの細胞は海水に直接触れており，直接海水と酸素や栄養分などの必要な物質のやりとりができる（図4・3参照）．扁形動物などは体が薄く，扁平にできており，細胞はすべて体表のごく近くに位置し，外界との物質のやりとりを容易にしている（図4・7参照）．水生動物の体表は物質交換の効率を上げるように進化している．たとえばウミウシの背側にみられる羽毛様の突起は外鰓とよばれる呼吸器で，高度に分岐して酸素吸収の面積を拡大している（図4・1c参照）．陸生の動物はガス交換のための面積を拡大しつつ，その一方でここからの水分の喪失を少なくしなければならない．肺はこの相反する要請に対する一つの解決策で，肺の湿潤なガス交換の表面を胸腔で覆うことで乾燥を防いでいる（図26・8）．

大型動物は小型動物に比較して水分，さまざまな溶質，温度な

図26・7　適応と順応　(a) チベット人は高地に適応している．これは終生変わらない遺伝的な変化である．(b) スキーヤーは訓練により高地に順応する．低地に帰れば元に戻る．

ガス交換表面

(a) 水生動物は体表面にガス交換用の表面を形成
魚類 / 魚類のえらなど / 呼吸表面（えら）/ 体表面

(b) 陸生動物は体内にガス交換用の表面を形成
ヒト / ヒトの肺など / 呼吸上皮（肺）/ 体表面

図26・8　すべての動物は外界とガス，栄養，および熱を交換している　表面積の拡大は物質や熱の交換のうえで有利だが，同時に熱の喪失，陸生動物では水分喪失増大のリスクもまねく．

どの外界との交換が遅い．これは大型動物では体積に比較して体表面積の割合が小さいためである（図6·5に表面積と体積の関係を説明した）．この体表面積と体積の比率で動物の水分，溶質，熱の放散・吸収の遅速が決まる．体積に対して表面積が大きければこれらの放散も吸収も速くなり，体積に対して体表面積が小さければこれらは遅くなる．

この体表面積と体積の関係はすべてのサイズの動物に当てはまる．新生児が成人に比較して外界温度の変化に弱く，脱水されやすいのもこのためである．新生児は体積の割に体表面積が大きいため，熱や水分を成人や児童よりもすみやかに失いやすいのである．このため，新生児の温度管理には気を配らなければならない（図26·9）．一般に小型動物は水分や溶質の交換がすみやかであるが，体温維持が困難である．

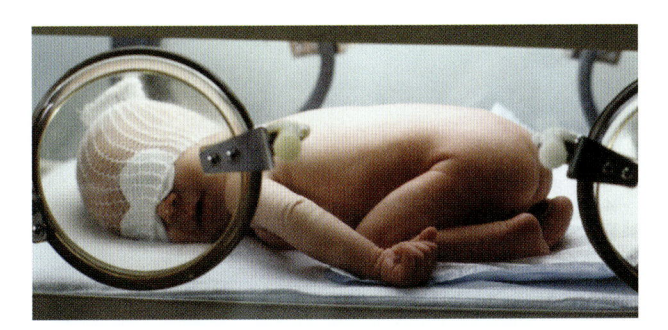

図26·9　身体の大きさがホメオスタシスに及ぼす影響　新生児は成人に比して表面積の比率が大きくなっている．このため新生児では水分の喪失がすみやかである．未熟児ではことに表面積の比率が大きいため，十分に成育するまで保育器の中で育てられる．

ホメオスタシスによる適正な内部環境の維持

ホメオスタシスにより，動物は内部環境を持続的に監視し，最適の状態に保っている．ホメオスタシスのおかげで外部環境の激変にあっても内部環境の変化は最小限にとどめられている．

冬季には熱の生産が喪失に追いつかないこともありうる．このようなケースではしだいに体温が低下する．体温低下は脳細胞により検出され，熱生産のプロセスの始動を指令する．ホメオスタシスの機構が作動して筋のふるえが始まり，またいわゆる鳥肌が立つ．ふるえも鳥肌も筋収縮によりひき起こされるもので，筋収縮によりエネルギーを消費して熱を生産する．皮膚付近の血流は減少して体温の放散も減少する．

どのようにして体は熱や水分の過大な喪失や，電解質の不均衡を検出するのだろうか．また問題が生じた際，身体はいかにしてこれらを補正するのだろうか．また補正プロセスが作動する際，どのようにして適正な段階に達したことを知り，そこで補正を止めるのであろうか．ホメオスタシスの原理を知ることにより，身体がいかにして精妙な均衡維持の機構を理解することができる．

ホメオスタシス経路における負のフィードバックのループ

ホメオスタシスの過程は恒常性維持機構の積み重ねからなる．すなわち，1) 内部環境の物理化学的状況は常時監視されており，2) 内部環境の監視機構が異常を検出した際にすみやかに補正機構が作動する．脊椎動物では体温，水分，体液pH，体液の塩類濃度や酸素，二酸化炭素分圧，有機物濃度などは常時監視されている．恒常性の維持機構の効果はこれらの要因の数値として表れる．たとえば，血液のpHは常時監視されており，血液が酸性やアルカリ性に振れると制御機構が作動する．ホメオスタシスが正しく作動すれば，内部環境のさまざまな要因の値は，**セットポイント**とよばれる一定の値の範囲に収まる．人体の血中pHは7.35〜7.45である．

ホメオスタシス経路における制御器過程はたいてい**フィードバックループ**を内在している．フィードバックループを伴う過程は多段階から構成され，各段階ごとに，前の段階にさかのぼってその出力を変えることで，全体としての結果を変えてゆくことができる．フィードバックループによりホメオスタシスの過程の反応を加減したり変更したりすることができる．**負のフィードバックループ**は出力の過程を停止したり，低下させたりし，**正のフィードバックループ**は出力を増大させる．動物のホメオスタシスで重要なのは負のフィードバックループの方で，実際に広く見いだされるのもこちらである．

負のフィードバックによるホメオスタシスの過程は，① センサー，② 統合器，③ 効果器の三つの要素からなる．この過程は家庭の暖房を例にするとわかりやすい（図26·10）．暖房のサーモスタットは温度計を内蔵しており，① のセンサーに相当する．電気系統とスイッチは（現代の製品ではほとんどプログラム可能であるが），② の統合器としてはたらく．暖房では電気系統はセンサーから送られてきた室温の情報を設定温度と比較し，設定よりも低い温度であれば暖房開始を指令する．ヒーターは ③ の効果器に相当する．暖房では好みの温度にサーモスタットを設定できる．サーモスタットは温度計測機能により室内温度を監視し，室温の低下を感知すると統合器を通じて暖めを開始させる．室温が設定を超えれば高温の情報はサーモスタットにフィードバックされ，暖房が止まる．

暖房のサーモスタットの例のように，負のフィードバックは生物のホメオスタシスの安全弁として作用する．負のフィードバックは，外部環境の変動に抗して内部環境を一定の範囲内に保つようにはたらく．ホメオスタシスは非常に厳密に制御されており，動的で，外部環境の激変にあっても内部環境の振れ幅を許容できる範囲内にまでとどめている．たとえば暑ければ発汗するが，体温がセットポイント付近に低下すれば負のフィードバック機構が作動して汗は止まる．

正のフィードバックは負のフィードバックとは逆に，過程のスピードを上げたり，反応を強める過程である．正のフィードバックはホメオスタシスには寄与しない．正のフィードバックは特定の過程を一方向に進行させるのみで，状態を一定の範囲にとどめる機構ではないからである．分娩時の子宮筋収縮は正のフィードバックの例である．まずホルモンシグナルの複雑な連携により弱い筋収縮が起こり，胎児が子宮壁に押し付けられる．このときに生じる圧力により子宮壁の膜受容体が刺激され，神経を介していっそうの子宮筋収縮のシグナルを送り出す．際限のない子宮筋の収縮は危険であるから，この正のフィードバックのループにも上限が存在しなければならない．分娩の場合は分娩それ自体が正

■ **役立つ知識** ■　生物学用語としての"フィードバック"は日常語として使われるものとは少々意味が異なる．教育などでは，また一般的には正のフィードバックといえば好意的なコメント，負のフィードバックは厳しいコメントという意味で用いられる．しかし生物学上は正か負かは入力と出力の関係においてのみ定まり，好ましいかそうでないかとはまったく関係がない．

ホメオスタシス

(a) ホメオスタシスによる内部環境の安定化

(b) フィードバックループによるセットポイントへの復原

1. 検出器による状況の検出．家庭用暖房システムでは，サーモスタットの温度計が検出器に相当する
2. 統合器は優勢な状態をセットポイントと比較し，効果器に両者の不一致を伝える
3. 効果器は統合器からの指令に応じて，セットポイントへの復原方向に作動する．家庭用暖房ではヒーターが効果器に相当する

家庭用暖房では，サーモスタットの電気的回路とスイッチとが統合器に相当する

図26・10 ホメオスタシス機構による外部環境変化に抗した内部環境の維持 (a) 外部環境の大きな変動に際してもホメオスタシス機構により内部環境の変動は最小限にとどめられる．(b) 体温調節のホメオスタシスは家庭用暖房にたとえられる．皮膚の温度受容器は温度センサーに相当する．視床下部は深部体温が37℃付近からずれた際に適切な反応を指令する統合器である．体温が低下すると視床下部は筋肉に指令して体表付近の血管を収縮させて放熱を抑え，骨格筋のふるえにより熱を発生させる．

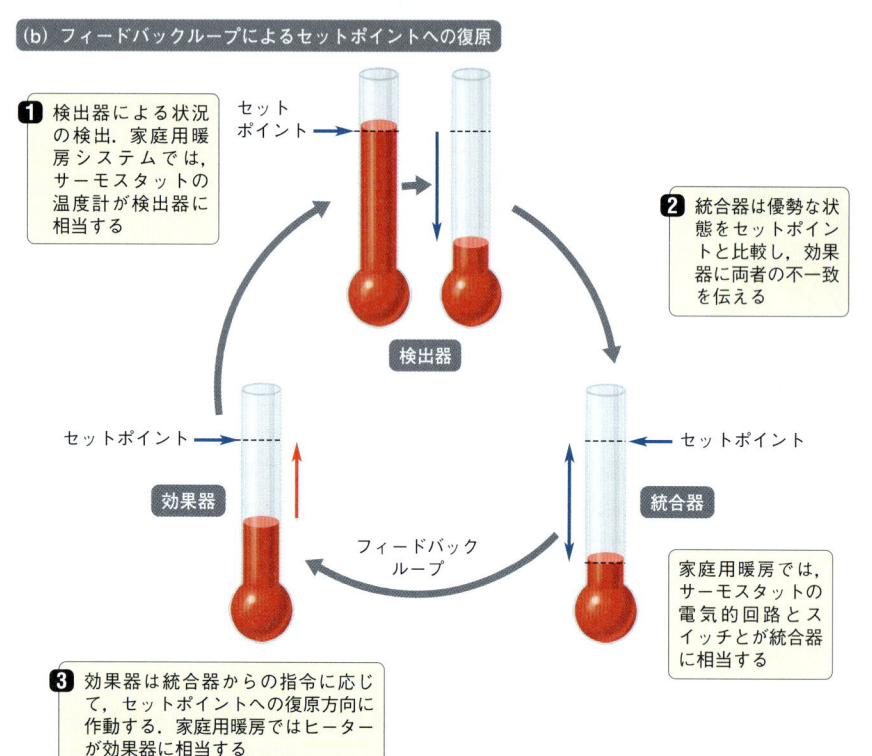

のフィードバックによる子宮収縮を終了させる．

エネルギーを必要とするホメオスタシス

内部環境の制御を効果的に行うことで，より厳密に内部環境を細胞の活動，ことに酵素活性に適した状態に維持できる．ヒトの体温はおよそ37℃で，人体の酵素の活性に最適な状態に保っているといえる．チョウなどは一日を通じて体温が外気に従って変動するため，酵素の反応のうえで必ずしも最適ではない．

細胞の活動にとっては，体温はほぼ一定していた方が望ましい．しかし，実際に体温などの内部環境を一定に保っている動物は限られていて，外部環境の変化に従って体温の変動するものが多い．これはホメオスタシスには多くのエネルギーが必要とされるためである．内部環境を狭い範囲に保とうとすればするほどより多くのエネルギーが必要となる．すなわち外部環境と理想的内部環境とのずれがはなはだしくなるにつれ，エネルギーのコストも増大してしまう．

これは特に小型動物にとって深刻で，体温調節のコストが利益を上回りがちとなる．チョウなどでは体積に比して体表面積が大きくなるためヒトなどよりもすみやかに体温が放散してしまう．このためチョウは体温を一定に保とうとすれば（ヒトがチョウと同じ重量分の体温を維持しようとするよりも）多くのエネルギーが必要となる．そのためには多量の食物（カロリー）がコンスタントに必要となり，チョウのような花蜜に依存する動物にとってこれは困難である．昆虫や両生類，また高緯度地帯に分布する爬虫類などは，寒冷期には温暖な環境に移動するか休眠するしかない．

鳥類と哺乳類は体内温度を上下両方向に調節する機能を進化させることによりさまざまな環境で年間を通じて活動的でいられるようになった．同一種間もしくは近縁種間で比較すると，高緯度地帯の哺乳類は低緯度地帯のものよりも大型化する傾向がある．大型化した方が体積当たりの体表面積率が低下し，体温維持の効率が良くなるためである．しかし脂肪層や毛皮を発達させた断熱性の高い哺乳類のなかにも，冬季に食物を十分に獲得できないため，この期間には代謝回転を低下させたり，冬眠したりせざるをえない動物もいる．キタクビワコウモリ，マーモット（大型のジリス），ジリスなどは"真の冬眠"をする．これらの動物の"真

の冬眠"では体温の設定温度が0℃付近にまで低下し、特にホッキョクジリスでは氷点下にまで下がる。これに対してアメリカグマの冬眠は"真の冬眠"とは考えられていない。冬眠中のアメリカグマの体温は夏季の37℃付近からせいぜい5〜6℃程度しか低下していないためである。

■ これまでの復習 ■
1. なぜ新生児は特に体温喪失と乾燥の危険が大きいのか？
2. 負のフィードバックループにより構成される制御機構と正のフィードバック機構から構成される制御機構の違いを述べよ。ホメオスタシスで機能するのはいずれのフィードバックループか？

---

1. 新生児は体積に比較して大きい表面積を有するため、からだの体温喪失および水分喪失の危険が増大する。
2. 負のフィードバックループによって調節されたシステムでは、ある条件の上昇は、正のフィードバックループの出力（結果）を抑える方向に作用する。一方、正のフィードバックループの出力は、入力をますます刺激するように作用し、応答をもっと大きく強める方向に作用する。

26・4　ホメオスタシスの作動：体温調節

動物、ことに陸生動物は、生育に適した体温を維持するために熱を獲得したり捨てたりする必要がある。この熱の収支のプロセスを**体温調節**とよぶ。熱の獲得の方法には2種類あり、代謝によって自前で生産する場合と外部から熱を受取る場合とがある。**代謝熱**はいわば動物代謝の副産物であり、これについては第8章ですでにふれた。皮膚および皮膚直下の脂肪からなる断熱層は効果的に代謝熱を閉じ込めて、ヒトの場合平均して37℃に体温を維持するのに役立っている。動物は太陽からも体温を得ている。つぎに触れるように、太陽熱は動物の体を直接温めるほか、空気や地面などを介して間接的にも動物の体温を上げる作用を示す。

体外の熱源に露出する体表面積の大きさによって熱交換の速度は変わってくる。太陽光によって体温を上げようとすれば太陽光に当たる体表を最大にしようとするだろう。逆に冷え切った部屋で眠らなければならないなら、身体を丸め、冷気に当たる表面積をなるだけ小さくし、少しでも代謝により得た熱のロスを小さくしようとするだろう。

体温調節の2種類の方法

自前で十分な熱を生産できる動物は実際はそう多くはない。体内で生産された熱によって体温を維持する動物を**内温動物**とよぶ。哺乳類と鳥類は内温動物であるうえに、体温を一定に維持できる恒温動物でもある。外部環境によらずに体温を高く維持する戦略はどの動物でもとれるわけではない。**外温動物**は体温を外部環境に依存して調節する。大部分の魚類、無脊椎動物、両生類、爬虫類が外温性動物に含まれる。

内温動物であるおかげで哺乳類と鳥類は外温動物が不活発となるような低温下でも活動的でいられる。ただしこれは高いエネルギー消費と引き換えに初めて可能となるのであり、内温動物は同じサイズの外温動物に比較して10倍のエネルギーを必要とする。たとえば体重50 kgの番犬を飼うと年間500 kgのドッグフードが必要となるが（図26・11 a）、同じく50 kgのワニのような外温動物を番犬代わりにすれば、餌は年間50 kgで済む（図26・11 b）。

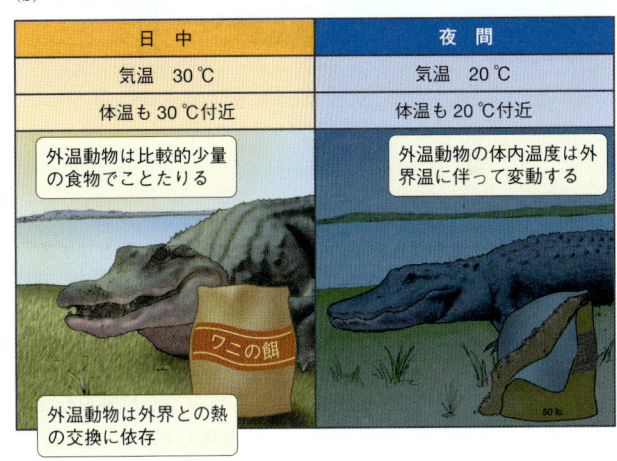

図 **26・11**　熱を体内で発生する内温動物と外界から獲得する外温動物　(a) 内温動物であるイヌは多量のエネルギーを消費して代謝熱を産生するため外界の熱源には依存しない。(b) 外温動物は熱源を外界に依存するため、外温性のワニは体温維持にごくわずかのエネルギーしか消費しない。

熱伝導による熱の出入り

内温性外温性にかかわらず、熱は伝導、放射、蒸発の3通りの形で体を出入りする（図26・12）。**熱伝導**は動物と体外の物体・物質との直接の接触により発生する。フライパンを手に持って火にかけていると、フライパンの柄はすぐに持っていられないほど熱くなってくる。これは熱がフライパンから手に直接伝導したためである。

動物はしばしば日なたの岩などの体温より温かい物体に身体を横たえる（図26・13 a）。また砂漠では、焼けた表面の砂を掘って温度の低い深い位置の砂に潜って排熱しようとする行動もみられる。熱は原子間や分子間でも伝えられるので、伝導は1個の物体の内部でも起こっている（フライパンの例では直接熱せられた本体から柄の方に伝わっている）。細胞間の伝導および血流などの体液の循環により、代謝熱の一部は伝導によって体表面に移動する。

熱の伝導は必ず高温部から低温部への方向に起こる。動物の体と外界の熱の移動もまったく同じである。熱の獲得と喪失の速さは複数の要因により変動する。熱を伝える物質が何であるかに

熱交換のメカニズム

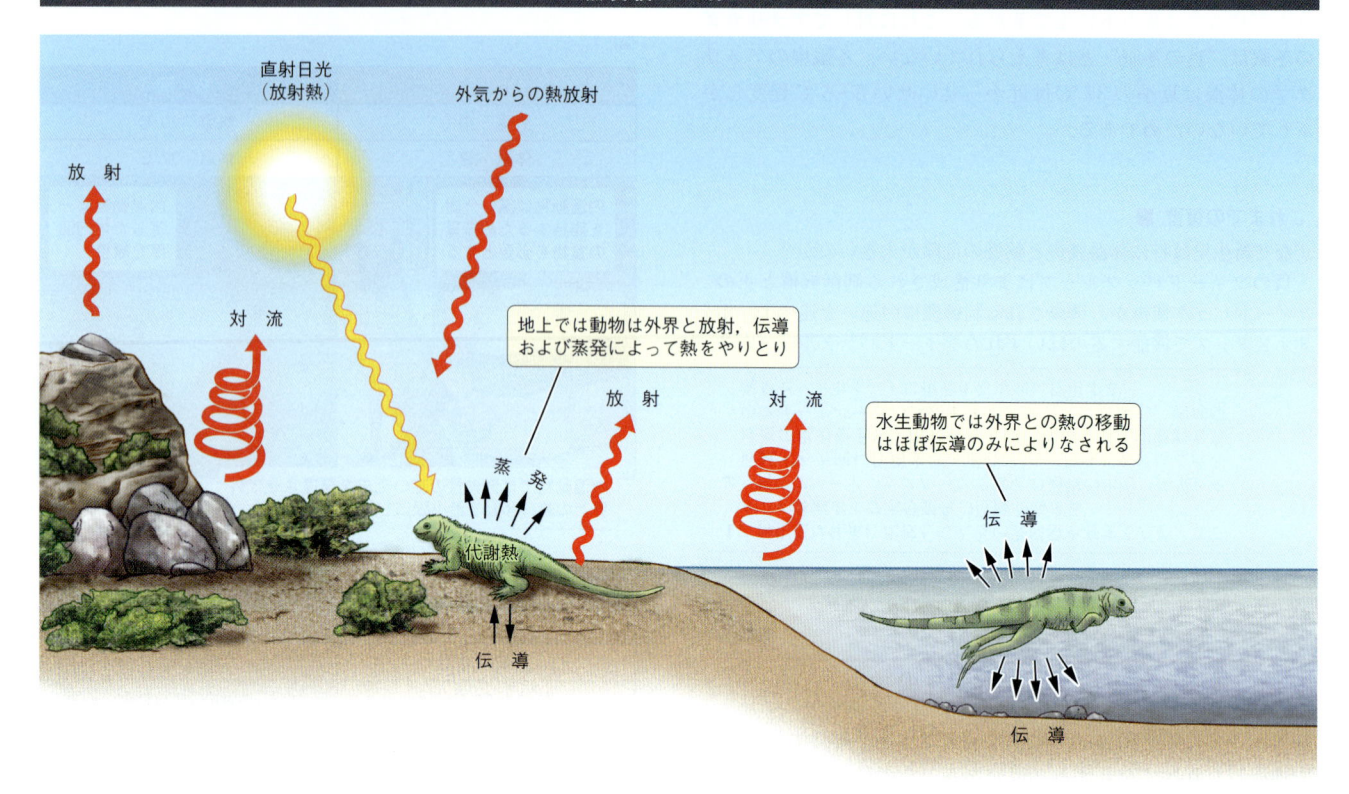

図26・12　動物は伝導，放射，蒸発により熱をやりとりする　ガラパゴス島の光景を模式的に示した．ここではイグアナが2種類の方法で熱を獲得している．外界からは日光により熱を獲得し，体内で代謝熱により熱を産生する．熱源によらず，動物は伝導，放射および蒸発の3種類の方法で熱を外界と交換している．また第四のメカニズムとして，空気の動きである対流によっても熱の移動が起こる．対流は大気を構成する分子などの粒子の移動であるが，おもに2箇所の領域間の温度差によってひき起こされる．

よっても変わり，固体と液体は大気よりもすみやかに熱を伝える．ヒトの場合，通常気温20℃付近で快適と感じるが，この温度でもプールに長く入っていると震え始める．これは水が大気の25倍も体温を奪いやすいからである．このため水生動物は陸生動物よりもすみやかに外界と熱をやりとりすることになる．すなわち陸生動物は体温維持の点で水生動物よりもはるかに有利である．アシカやアザラシやクジラなどの水生哺乳類以外の水生動物にとって，海水温より高く体温を維持するのはコストが大きすぎるため，体温は海水温とほぼ同等である．

放射による外部環境との熱交換

可視光や赤外線（熱線）による熱の交換は**放射**とよばれる．日光を浴びたときに感じる熱は放射熱（輻射熱）である．動物などすべての物体は放射熱を授受する．外温動物では日中受ける日光が体温の主要な源泉となる．夜間は日光を受けないため熱は赤外線として体表から放射され，外温性の強い動物では体温が低下する．

伝導と同様，放射の速度も物体の構成成分に依存する．暗色を帯びた物体は，日光を反射しやすい明色のものよりもすみやかに日光により温められる．明色のチョウは暗色のチョウよりも日光浴に時間がかかる（図26・13b）．同じ理由でヒトも夏には日光の放射熱を吸収しにくい明るい色調の衣類を用いることが多い．

蒸発熱（気化熱）を利用した身体の冷却

動物は液体（水分）を体表面から気化させる**蒸発**により熱を体外に捨てることができる．これは液体から気体への，すなわち水から水蒸気への相転移ではエネルギーが消費されるためで，体表面からの水分の蒸発は大部分を使ってなされる．このため蒸発により動物は体温を体外に排出することで可能となる．

高温の地上に生息する動物は湿潤な体表面を露出する方法を身

動物の体温調節

(a) 伝導　トカゲは自分より温かい岩に身体を密着させて熱を得る

(b) 放射　明色のチョウは日光浴してもわずかしか熱を得られない／暗色のチョウは日光浴によってより多くの熱を得ることができる

(c) 蒸発　ヒトは発汗すると汗の水分の蒸発により冷却できる／イヌはあえぐことで，蒸発および対流を利用して体温を下げる

図26・13　さまざまな熱交換の方法

につけているものである．ヒトも汗をかくと皮膚から蒸発により熱を奪われて涼しく感じる（図26・13c）．ヒトは比較的体毛に乏しいので人体の皮膚は蒸発の場として好適である．しかし多くの哺乳類は体の大部分を発達した毛皮に覆われていることが多いのでヒトとは異なった蒸発の場を設けている．イヌの例では舌を出してあえぐことで蒸発熱により体温を下げようとする．蒸発はイヌがあえぐ際の対流による空気の移動によっても促される．

蒸発の最も重要な点は，体温と外界温度の関係によらずに冷却効果をあげられることである．伝導や放射による熱の移動は高温部から低温部への一方向にのみ生じるから，伝導や放射による冷却は，気温が体温よりも低い場合にのみ有効である．これに対して蒸発による冷却は気温が体温より高い場合にも可能である．砂漠のようにしばしば気温が体温を上回る環境では，水分の喪失というマイナス面を差し引いても蒸発による冷却は必要である．一方，寒冷地帯の陸上では動物は熱を保持するために蒸発を最小限にとどめている．それでもガス交換（日常語としての"呼吸"）に伴う避けえない水分蒸発が起こっており，これが寒冷地の動物では熱喪失の原因のかなりの部分を占めている．

対流による熱交換の増大

対流とは気体や液体分子そのものおよび，それらに蓄えられた熱の物理的な運動の一種である．対流により空気や水の流れが生み出される（図26・12）．伝導や熱放射，蒸発が対流によって促され，動物と外界の熱交換が促されうる．たとえば熱伝導によって温められていた皮膚の近傍の空気の層が風による空気の動き（対流）で吹き払われると，皮膚の周りは低い温度の空気の層に置き換えられる（図26・13）．このようなかたちで対流は皮膚とその近傍の空気の層との間の大きな温度差を維持する．そうすると温度差が大きい方が熱伝導が速いため，皮膚から空気への伝導による熱の移動は促される．動物は伝導と放射によって熱を放散するが，このプロセスは身体の周囲で起こる対流により促されるのである．対流は水分蒸発も促すので，発汗する場合でも風のあるときの方がより涼しく感じられる．

身体の周りの対流は外表面の形状に影響され，気体や液体の動きの障壁となるものは対流を妨げる．体毛や羽毛，寝袋の詰め物は体表面の伝導により温められた空気の層を留め置くようにはたらき（図26・14），このため皮膚と皮膚直上の空気の層との間の温度差が縮まり，結果として寒冷な外部環境への熱の放散は抑えられる．

26・5　作動中のホメオスタシス：水分および溶質レベルの調節

液体としての水は生体の化学反応の溶媒である．にもかかわらず，水生動物は過剰な水分の流入に抵抗しなければならない．動物細胞の原形質膜は内圧の上昇に弱いため，過剰な水分は動物細胞の破裂をまねく（図7・5参照）．水分の欠乏は細胞質の濃縮，細胞質の流動性の低下，溶質の細胞内移動の障害，タンパク質をはじめとする生体機能分子の機能低下をひき起こす．

イオン，塩類，有機分子は酵素反応などの細胞の重要な機能を障害しうるから，過剰に存在すると細胞にとって脅威となる．酵素は細胞質中の水素イオン濃度，すなわちpHにことのほか敏感である．生物における体内水分量と溶質濃度の制御機構を**浸透圧調節**とよぶ．

環境に応じた体液組成の制御機構

動物の水分保持，溶質濃度調節は動物の生息する環境により異なる（図26・15）．カイメンやクラゲなどの単純な体制をもつ海産動物は，ほんの細胞数個分の厚みの体壁しかもたない．細胞は直接海水に接しているため栄養分の取込み，老廃物の排出を直接海水によって行い，したがって循環系を必要としない．より大型の海産動物であるロブスターは固有の体液を体内に循環させている．しかし，その塩類組成は海水とほぼ一致している．このような動物は**浸透圧順応型動物**とよばれ，体液組成がほとんど海水と等しいため，水分や溶質のホメオスタシスにほとんどエネルギーを消費する必要がない（表26・1）．浸透圧順応型動物は栄養分や老廃物の濃度調節の微調整に少々のエネルギーを消費するのみでよい．

浸透圧順応型動物以外の海産動物，特に海産脊椎動物はすべて**浸透圧調節型動物**であり，体液中の水分，塩類濃度は海水とは異なる値に維持されている．浸透圧調節型動物の体液や細胞質は海水よりも低張で，水分および塩類調節にかなりのエネルギーを消費している．淡水生動物は体液，細胞質よりも低張な環境水中に生息しているため，すべて浸透圧調節型動物である．

海水魚は代謝エネルギーのおよそ5%を体液組成の維持に消費している．海水魚の体液の溶質濃度は海水よりも低く保たれているので，海水魚の体には常時溶質が流れ込み，水分が流出する傾向にある（図26・15a）．したがって海水魚は水分の保持と，溶

図26・14 代謝熱の放出と保持 (a) このアスリートの顔面の紅潮は皮下の血管の拡張による．血液が表面近くに配分され，放射や汗の蒸発による放熱が効果的になされる．(b)これとは対照的にオオカミの密生した体毛は対流による皮膚から外気への熱の移動を減らし，体温の維持を容易にしている．

(a) 増大した放射

(b) 減少した放射

表 26・1　海水魚と淡水魚の体液組成の比較

溶　質	濃　度〔mM〕[†1]				海水	淡水
	体　液[†2]					
	ロブスター	カレイ	キンギョ	ヒト		
ナトリウムイオン	541	180	142	142	470	0.17
カリウムイオン	8	4	2	4	10	未検出
塩化物イオン	552	160	107	104	548	0.03

[†1] mM はミリモル（millimolar）の略号で 1 L の溶液中の溶質の存在量（モル数）の単位である．1 mM 溶液とは 1 L の溶質中に 1×10^{-3} mol の分子が溶解されている溶液のことである．

[†2] 海産無脊椎動物ロブスターは浸透順応型動物である．海産脊椎動物のカレイは浸透調節型動物である．ヒトをはじめとする陸生の脊椎動物も浸透調節型動物である．

質の排出をエネルギーを使って行わなければならない．淡水魚では状況は逆で，体液の溶質濃度が環境水よりも高い．したがって淡水魚では常に溶質が体外に流出し，水分が体内に流入している（図 26・15 b）．淡水生動物は電解質などの溶質を維持し，過剰の水を排出するためにエネルギーを消費する．

体液組成を維持するという点からは，陸生動物は最も困難な状況に置かれているといえるだろう．陸上動物は水分と溶質とを，汗などのかたちで常に環境中に失い続けている（図 26・15 c）．水は常時身体から抜け出し続けている．陸上動物は絶え間ない水分と溶質の喪失を水分摂取と摂食によって補い続けなければならない．体液中の水分および電解質の均衡を維持し続ける必要から，陸上動物はすべて浸透圧調節型動物である．

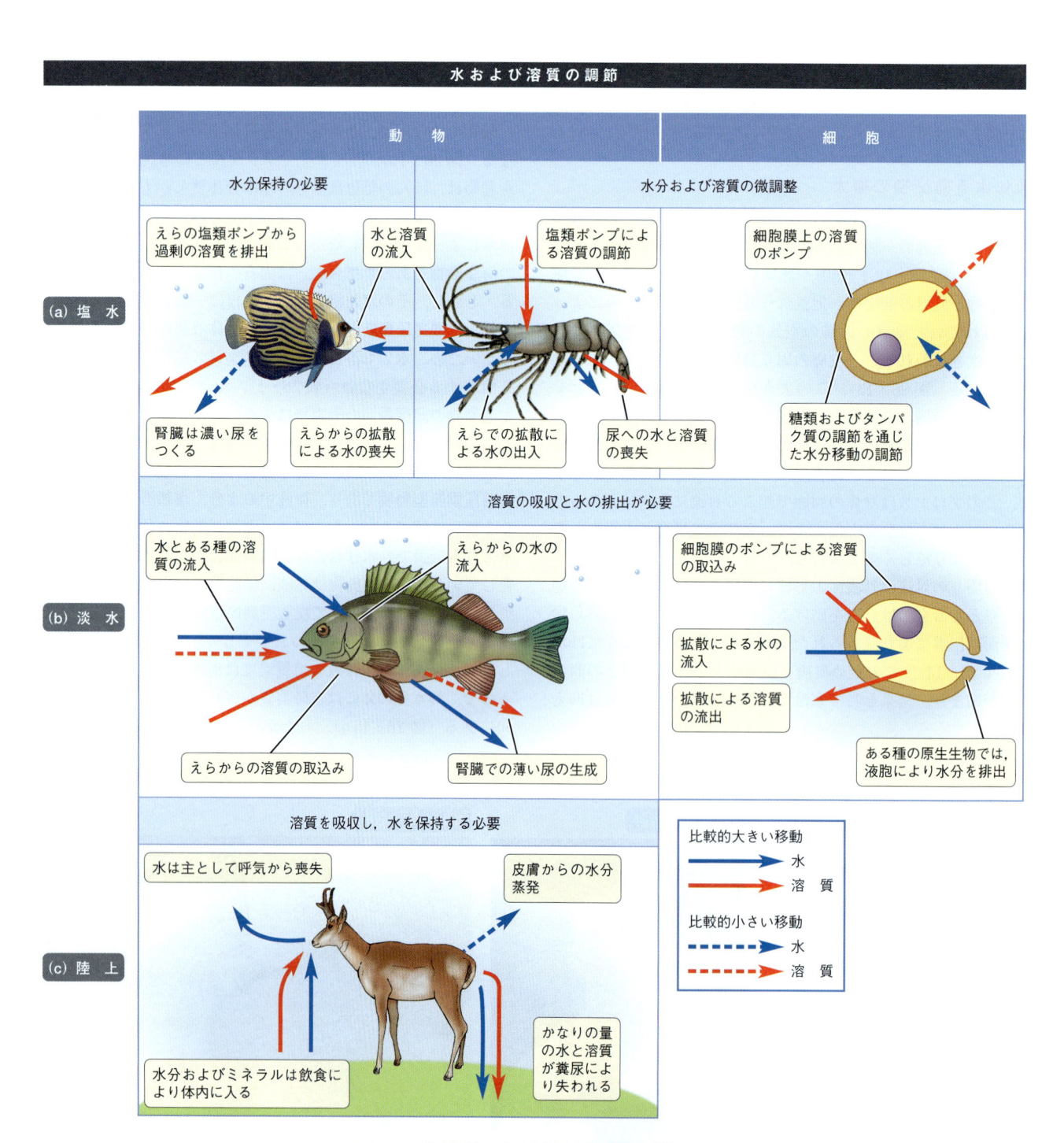

図 26・15　生育環境に応じた保水と溶質濃度維持の方法

代謝に応じた体液組成の変動

体液組成は代謝状態に応じて変動することが避けられない．細胞内で高分子が代謝されると，体液中の何らかの化学物質が消費され，またその一方で新たに別の化学物質が生成される．たいていはごく限られた変化を生じるにすぎないが，なかには動物にとって有害な分子ができてしまうことがある．たとえばタンパク質の代謝過程で生成されるアンモニアは，家庭用洗浄剤にしばしば含まれるもので，細胞にとって有害である．アンモニアの害を避けるため，まずアンモニアは細胞間液に溶け込まされ，血漿中に拡散し希釈される．血漿中のアンモニアも有害であるからこれもすみやかに対外に排出しなければならない．

動物はいくつかのアンモニアの排出方法を進化させてきた．ある動物はアンモニアをそのままのかたちで体外に排出するが，これには大量の水が必要である．別の動物はアンモニアをより毒性の低い別の分子に変換している．淡水生の動物はアンモニアを別の分子に変換するためにわざわざエネルギーを浪費する必要はない．大量の水でアンモニアを問題にならないほど十分に薄めてそのまま尿とともに排出するのみでよい．淡水生動物はどのみち過剰の水分を常に排出し続けなければならないのであるから，このときにアンモニアも一緒に捨ててしまえばよいのである（図26・15b参照）．

ヒトなどの水を十分に摂取できる陸上動物はアンモニアをより毒性の低い尿素に変換する．尿素は水に非常に溶けやすく，また低濃度では毒性は無視できる．この方式の問題点は，体液中，血漿中の尿素濃度をごく低く保つためには多量の水分が必要となることである．これとは別に鳥類，爬虫類，昆虫などはアンモニアを尿酸に変換する．尿酸の排出には少量の水で事足りるので，貴重な水を節約できるのである（図26・16）．おびただしい数の鳥が営巣する海岸線付近でみられるグアノは尿酸の白色の結晶の集積したものである．窒素を豊富に含むグアノは優秀な肥料となる．

泌尿器系による水分・溶質調節

代謝の過程で生じるアンモニアなどの老廃物は毒性があるた

図26・16 鳥類では有害なアンモニアを尿酸に変換 カモメの巣の周りの白色の物質は尿酸の析出物である．鳥類や爬虫類，昆虫などではタンパク質代謝で生成するアンモニアを，エネルギーを消費して尿酸の白色結晶に変換する．

め，細胞や体液から取除かなければならない．また，ナトリウムやカルシウムなどといった溶質の体液中濃度も適正に保たれなければならない．陸上動物はこのほかにも水分や溶質の保持という課題も抱えている．脊椎動物では泌尿器系の中心となる一対の**腎臓**が水分および溶質のホメオスタシスを担っている．

腎臓は一種の沪過器であり，腎臓を通過する血液の組成を調節している．その処理能力は莫大で，ヒトの場合腎臓は重量にして体重の0.5％にすぎないが，総血液量が全身を一巡する間にその20％以上を処理している．これは1分間におよそ1Lの血液が腎臓を通過することを意味する．血液が腎臓を出て循環系に入るときには老廃物はほぼ取除かれ，水や溶質濃度は正常な値となっている．尿の生成に若干の水が消費されるため，腎臓を出る血液の容積は流入時よりわずかに小さくなっている．ヒトは平均で一日当たり1.5Lの水を尿の形で失い，その分を水として，もしくは別の液体から摂取している．これが渇きの一因であり，失った水分を補えという身体からのサインである．

生活の中の生物学

熱中症：ホメオスタシスが破綻すると何が起こるのか？

通常はホメオスタシス機構により外気温が相当変動しても身体深部の核心温度は36.5〜37.5℃に保たれている．身体のサーモスタットに相当する間脳視床下部は体温を設定値（セットポイント）に一致させるように作用する．発熱は感染に反応して体温のセットポイントが引き上げられた状態であり，家庭の空調でいえば設定温度を高めた状態に相当する．核心温度の上昇はウイルスや細菌の増殖を抑えるうえで有利で，感染時の発熱は哺乳類において感染に対抗するために進化した機能である．

熱中症はホメオスタシス機能の限界を示している．熱中症は体温が41℃を超えたときに生じ，症状としてはめまい，悪心（吐き気），精神錯乱，筋肉制御の喪失などがみられ，深刻なケースでは死に至る．このような危険な体温上昇はなぜ起こるのだろうか？通常は深部体温が正常な範囲を超えて上昇すると発汗し始め，汗に含まれる水分の蒸発により熱が排出される．大量に

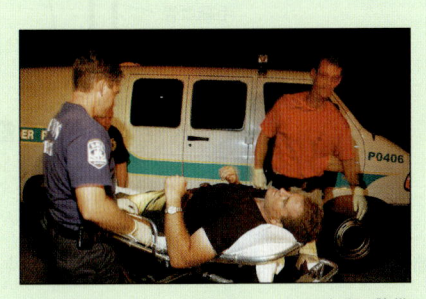

アリゾナ州トゥーソン近郊のソノラ砂漠を警備中に熱中症を発症し，病院に搬送される米国国境警備隊員

発汗しているヒトは1時間当たり900kcalもの熱を排出することができる．これは発汗しなかった場合には12℃あまりも体温を上昇させる熱量に相当する．熱中症，または高熱症はホメオスタシス機構が破綻し，深部体温が視床下部で設定されるセットポイントを超えて上昇を続ける場合に発症するもので，外気温がホメオスタシス機能で対処しきれないほど高い場合に起こりうる．また，発汗機能が十分に作動しない場合にも起こりうるが，これにはつぎの2通りがある．一つはすでに脱水状態に陥っていてそれ以上の水分喪失を回避するために発汗機能が停止した場合で，若年者の熱中症はたいていこれである．もう一つは高齢や薬物の服用によって発汗機能が低下したために起こるもので，高齢者の熱中症はたいていこれによる．

血液浄化作用すなわち沪過は腎臓の機能上の単位である**ネフロン**（腎単位）でなされる（図26・17）．ヒトの場合，腎臓片側当たり100万のネフロンが存在する．血液が通過するのは**糸球体**（図26・17）とよばれる部位である．糸球体は尿細管の終末の杯状のカプセルに覆われている．尿細管はU字状に屈曲してやがて集合管に連絡している．糸球体を構成する毛細血管の血管内皮細胞には微細な窓が存在し，血液の血漿成分はここで血圧によりこし出される．イオンはすべて，また分子もこの小孔を通過できるサイズのものは血漿とともに尿細管に移動するが，小孔を通過できない大きい分子（大型のタンパク質，脂質，血球成分など）はそのまま血管内にとどまる．

血漿成分の沪出液は**原尿**とよばれ，尿素などの低分子の老廃物を含んでいる．原尿は尿細管を通過する過程でしだいに尿へと姿を変えてゆく．尿細管は集合を繰返しながら集合管へと合流する．集合管は最終的に腎臓1個当たり1本の尿管となって腎臓外に出て膀胱へ至る．尿は膀胱で排尿までの間，蓄えられる．

血漿からの老廃物の排出は，しかし腎臓の機能の一部にすぎない．原尿中には尿素などの老廃物以外にも，水をはじめ塩化物イオンやナトリウムイオンなどのイオンや糖類，低分子のタンパク質などといった身体が必要とする成分までこし出されている．腎臓の重要な機能の一つとして，これらの成分を尿細管において原尿から再び体内に取込む**再吸収**があげられる．再吸収はネフロン内の尿細管の全域にわたってなされる．尿細管から取込まれた有用成分はネフロンを覆う毛細血管に入る．

水分再吸収により尿に含まれる老廃物は著しく濃縮される．1日に糸球体でこし出される原尿の量は180 L程度で，これは実に浴槽1杯分に相当する．これだけの量の水分喪失には耐えられないし，これだけの量の水を飲んで補充することも到底不可能であるから，腎臓では主要な栄養素のほぼすべてに加え，水の99%が再吸収される．尿として1日に体外に排出されるのは平均的な成人で1.5 L程度にすぎない．

尿細管におけるこの作用はほとんどすべてエネルギーを消費する能動輸送によっている．尿細管壁の細胞は原尿のナトリウムイオンを尿細管外側の間質液へと汲み出し，これで生み出される浸透圧差に従って水も同じ方向に移動する．表26・2に示すように，水と各種栄養素はきわめて効率的に再吸収される．クレアチニンなどの大部分の老廃物はごくわずかに再吸収されるか，またはまったく再吸収されずに原尿中にとどまり，尿細管内を移動するのに伴って濃縮され，最終的に尿として排出される．表26・2で，尿素が50%も再吸収されるのは意外に思われるかもしれないが，尿素は高濃度でないかぎり無害であるばかりか，血中や組織液中の低濃度の尿素はむしろ有益であるらしい．また，尿素には抗酸化作用があり，代謝の過程で生じるフリーラジカル（不対電子）とよばれる障害性の強い化学物質から身体を保護する作用が期待できる．ヒトや近縁の類人猿では血中の尿酸の濃度が他の哺乳類よりも高い傾向がある．一因としてヒトは寿命が長いため，腎臓で再吸収されて血管内に入った尿酸のもつ組織保護作用が有利であった，と考える生物学者もいる*．

腎臓の第三の機能は**分泌**である．カリウムイオンや水素イオン，あるいは摂取した薬物や毒物のうちのあるものは能動的に毛細血管から尿細管内に輸送される．分泌は糸球体での沪過の過程でなされるのではなく，尿細管後部の，集合管と合流する前の部

腎臓における浸透圧調節

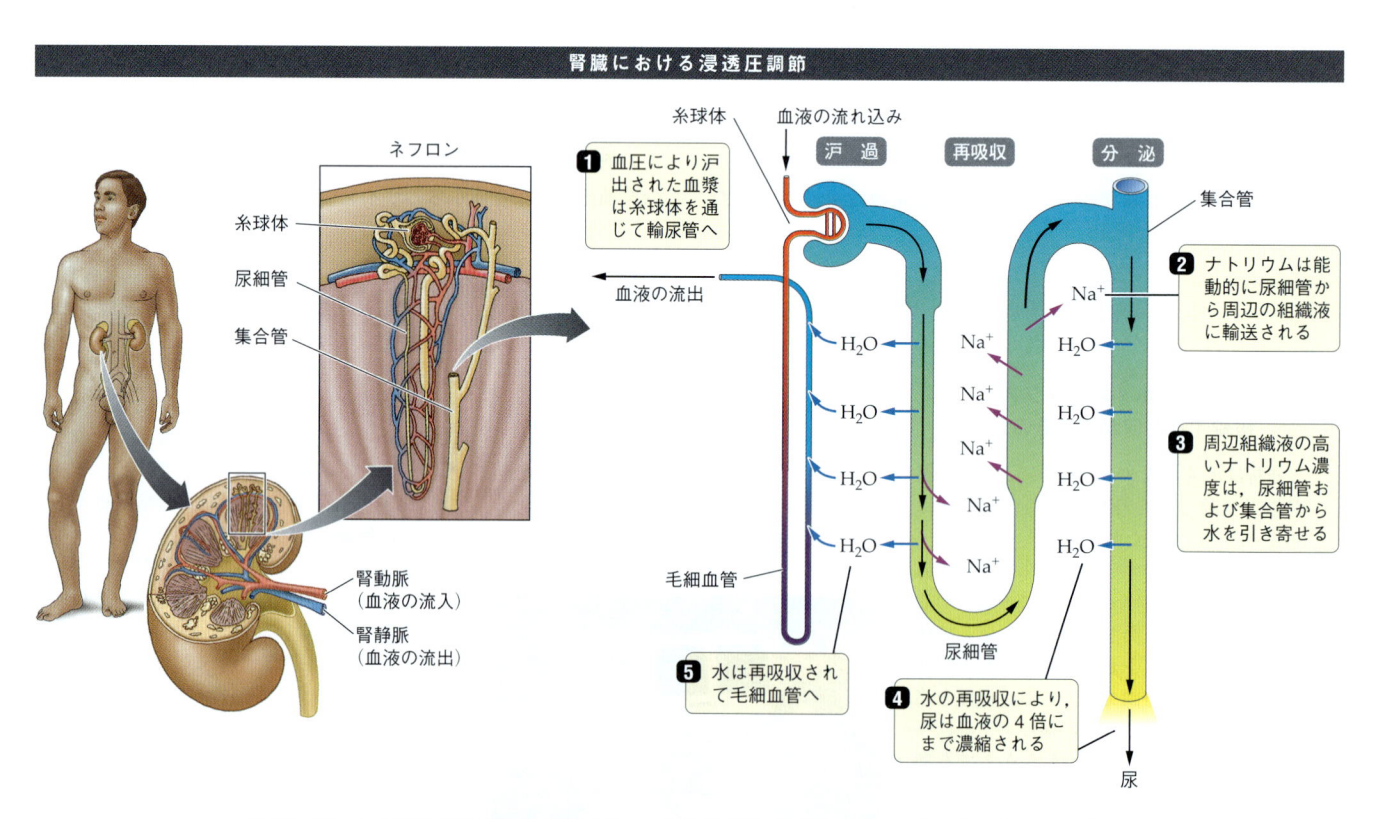

図26・17 ヒト腎臓の調節機構 腎臓は体内の水分量調節，溶質濃度維持，有毒物の排出などを行う．

---

* 訳注: 人血中で最も有力な抗酸化物質は尿酸であり，ヒトを含む一部の霊長類では他の哺乳類よりも血中濃度が高い．これはヒト上科で尿酸オキシダーゼ（ウリカーゼ）が失われ，尿酸のアラントインへの代謝が行われなくなったたためである．また，高尿酸血症やここからくる痛風のかかりやすさには個人差や性差が大きいが，これは食生活などのほか，尿酸の排出能力に個人差，性差があるためである．

26. 体内環境とホメオスタシス

位でなされる．集合管は体液ホメオスタシスに寄与する排出系の最終的な機能単位である．典型的には少量の水，ナトリウムその他のイオンが集合管において再吸収されて血液に入る．最終的に残った濃縮されたものが尿である．集合管は合流して尿管となり腎臓の外に出て膀胱に至る．膀胱は伸縮性の筋肉の嚢で，平均的には 300 mL ほどの容量である．膀胱に分布する神経終末は膨張を検出することができ，尿量が膀胱容量の 25% 程度に達すると尿意をひき起こし始め，尿量がこれより増すごとに尿意も高まってゆく．排尿は尿道を通してなされる．男子では尿道長は 20 cm ほどで，陰茎先端に開口する．女子でははるかに短く 4〜5 cm ほどで，膣の直前に開口する．

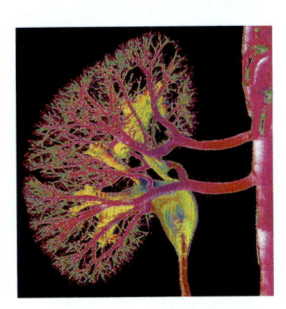

ヒト腎臓における血管および毛細血管のネットワーク

表 26・2　ヒト腎臓における生成物

物　　質	再吸収率 (%)
栄養分	
グルコース	100
ナトリウムイオン	99.4
塩化物イオン	99.1
老廃物	
尿　素	50
（タンパク質の分解生成物）	
クレアチニン	0
（筋肉で生成される老廃物）	

■ これまでの復習 ■

1. 内温性の利点は何か？ 鳥類，哺乳類以外ではほとんどの動物は外温性であるのはなぜか？
2. ヒトは浸透圧順応型動物，浸透圧調節型動物のいずれか．根拠とともに記せ．

1. 内温動物では毛細血管の拡張により熱が排出されることから，体温を体外の環境温に適した状態にたもつことができる．しかしこれは非常にエネルギーを要する種をキープするのに，哺乳類，鳥類．関連した状態にたもつことができる．
2. 陸生のヒトは水分の補給に依存し，また，水分かりの過状態に依存している．したがって浸透圧調節を必要とする状態に該当する．

渇き，また尿が濃くなるが，これらはすべて水分節約のための反応である．高温状態が続くと発汗機能の低下により体温は上昇を始め，熱中症の状態になると深部体温が 40°C を超えることさえある．熱中症の症状はめまいから始まり，吐き気，心悸亢進，呼吸の切迫，意識の混乱，失神などがあり，最悪では死に至る．

ラクダは体温，特に深部体温の変動と脱水に対する抵抗力を高めるという適応により熱中症にならないようになっている．水分摂取が十分な場合，ラクダの体温変動は 2°C の範囲内に収まっている．ヒトも正常な状態では体温変動はこの程度である．ラクダの場合，脱水が始まると発汗を停止し，このため体温は 7°C 程度上昇して 42°C くらいになる．ただしこの温度に達すると再び発汗し始める．ラクダは通常の哺乳類と同様に体温維持機構を作動させているが，気温が上昇するとトレランス（許容，寛容，あるいは耐性といった意味）の状態に切り替わり，体温上昇を始める．トレランスはホメオスタシスとは対極に位置する概念である．

トレランス機構はいくつかの点でホメオスタシスよりも有利である．まず発汗による水分の消費を避けられる．この水分の保持はホメオスタシスそのものといえる．寒冷な砂漠の朝，ラクダの体温は 34°C 程度であるが，日中は 42°C にまで上昇し，この結果 2900 kcal もの過剰な熱量が体内に蓄積することになる．この余分な熱を放散させようとすると 5 L もの水分が必要になるところを，体温の上昇するに任せることで水分を節約しているのである．夜間は気温が体温以下にまで低下するので，余剰の熱は伝導と放射によって体外に失われる．これにより日の出までにはラクダの正常な体温である 34°C に復帰する．

熱トレランスにはほかにも利点がある．もし体温が外気温よりも低く維持されていれば持続的に熱が流入し続けることになるが，ラクダでは体温と日中の外気温が近いため，外からそれ以上余分な熱を吸収しにくくなっているのである．

体温が 42°C 程度に達するとラクダといえども発汗を開始し，1 日当たり 5 L 程度の水分を喪失する．体温調節機構がホメオスタシスに切り替わるわけであるが，これは体内の水分の 30% 程度の消費と引き換えになされる．ラクダは血中水分を保持し，また体内での配分を調節することで過酷な暑熱に耐えている．脱水された人と同様，脱水されたラクダでも血液量が減少し，皮膚や口腔が渇き，濃縮された尿を排出するようになる．

水を効率的に利用できるため，ラクダは水場のない砂漠の行程を 2 週間以上も旅することができる．ヒトがラクダと同行できるのは皮膚からの水分喪失を防ぐ衣類と，水を運搬する手段を発達させたからである．

学習したことを応用する

ラクダの暑熱のしのぎ方

高温環境下では動物は水分の浪費を抑えつつ，体温の異常上昇を避けなければならない．昆虫や齧歯類などの小型動物は高温時には地中に逃げ込むことでこの課題に対処する．それでは地中に逃げ込めない大型動物ではどうするか？

ヒトの場合，高温下では汗をかき始め 1 日当たり 3〜15 L もの水分を消費するので，水が飲めなければ脱水されてしまう．血中の水分低下に伴い血液量と血圧は下がる．血液量低下により細胞への栄養素の運搬も低下する．脱水されると発汗が停止し，口が

章のまとめ

26・1　内部構造: 細胞と組織

■ 脊椎動物の身体は 4 種類の組織から構成される: 上皮組織，結合組織，筋組織，神経組織．
■ 上皮組織は体表面と体腔の遊離面をカバーし，保護する．結合組織は器官と組織を連結し，衝撃をやわらげる．筋組織は収縮性であり，骨格筋により運動が可能となる．

26・2　内部構造: 器官と器官系

■ 器官は 1 種類または複数の組織から形成され，機能上の単位を構成し，特有の形態を示し，身体内の特定の位置を占める．

- 器官系は複数の器官から構成され，これらが緊密に連携し，特有の機能を発揮する．人体には11種類の主要な器官系があり，生存上必要な機能を発揮している．

26・3　内部環境の維持：ホメオスタシス

- ホメオスタシスは内部環境を監視し，これを生育に必要な反応過程に最適な状態に維持しようとする一連の過程である．細胞レベルのホメオスタシスはすべての生物に共通する属性である．多細胞動物はより複雑なホメオスタシスの機構を発達させている．
- 生物は細胞の温度を一定の範囲にとどめなければならない．ほとんどの細胞は0℃以下では生育できない．これは氷点下では水が凍結し，細胞膜が破壊され，機能を失うためである．また，40℃以上でも生育できない．タンパク質が変性して機能を失うためである．
- 生物は細胞内の水分量を適正に保たなければならない．過剰の水は化学反応を阻害し，タンパク質の機能に変化をもたらすほか，細胞の破裂をひき起こす．水分の不足もまたタンパク質機能を阻害する．
- ホメオスタシス過程は二つの大きな特徴をもつ．内部環境を監視するセンサーとしての側面と，内部環境の正常状態からのずれを検出した際に内部環境を最適な状態に戻そうとする制御の過程としての側面である．
- ホメオスタシスは，個別の反応を低下もしくは停止させようとする，負のフィードバックのメカニズムにより制御されることが多い．
- 身体の大きさはホメオスタシスを左右する．大型動物では体積に比較して表面積の割合が小さくなるため，熱の出入りが小型動物に比較して遅くなる．このため大型動物の方が内部環境の維持のうえでは有利である．
- ホメオスタシスではエネルギーが消費される．望ましい体温と外気温の差が大きくなるとホメオスタシスの維持に要するエネルギーも増大する．

26・4　ホメオスタシスの作動：体温調節

- 動物は2種類の方法で熱を獲得する．日光によって直接もしくは間接的に外界から得る方法と，代謝熱により体内で熱を生産する方法である．
- 内温動物（鳥類および哺乳類）では代謝熱により体温をほぼ一定に維持している．この精密な制御システムはエネルギーを多量に必要とする一方で，動物が外気温の変動に耐えて活動的であることを容易にしている．
- 外温動物（魚類，無脊椎動物，両生類，爬虫類）は代謝熱よりも外界の熱源に多くを依存しており，体温の変動も大きくなっている．この機構は必要とするエネルギーが少なくて済む半面，動物は低温化で不活発となる．
- 動物は伝導，放射，蒸発により熱を外界と交換することができ，これは空気の動き（対流）により促される．

26・5　作動中のホメオスタシス：水分および溶質レベルの調節

- 組織間液の組成は細胞膜を介した水および溶質の交換が容易となるように制御されている．
- 海水魚，淡水魚，陸生動物はそれぞれ異なったかたちで体液組成を維持している．
- 新陳代謝により体液組成は変動する．老廃物の一種アンモニアは細胞にとって有害であるため，常に取除かれていなければならない．
- ヒトを含め，動物では腎臓で水分量と溶質濃度が調節される．

腎臓の基本的な単位は腎小体（ネフロン）であり，沪過，再吸収，分泌の3機能を有する．最終的に濃縮された老廃物の溶液は尿として輸尿管により膀胱へ運ばれ体外に排出される．

重要な用語

解剖学（p.447）	生殖系（p.451）
生理学（p.447）	内分泌系（p.451）
ホメオスタシス（恒常性）（p.447）	腺（p.451）
	ホルモン（p.451）
細胞外マトリックス（p.447）	神経系（p.451）
組織（p.447）	適応（p.451）
器官（臓器）（p.447）	順応（p.451）
上皮組織（p.447）	セットポイント（p.453）
腱（p.449）	フィードバックループ（p.453）
じん帯（p.449）	負のフィードバック（p.453）
軟骨（p.449）	正のフィードバック（p.453）
骨（p.449）	体温調節（p.455）
骨格筋（p.449）	代謝熱（p.455）
心筋（p.449）	内温動物（p.455）
平滑筋（p.449）	外温動物（p.455）
神経細胞（p.450）	伝導（熱伝導）（p.455）
脳（p.450）	放射（熱放射）（p.456）
器官系（p.450）	蒸発（p.456）
外皮系（p.450）	対流（p.457）
骨格系（p.450）	浸透圧調節（p.457）
筋肉系（p.450）	浸透圧順応型動物（p.457）
消化系（p.450）	浸透圧調節型動物（p.457）
泌尿器系（p.450）	腎臓（p.459）
呼吸器系（p.450）	尿（p.459）
肺（p.450）	ネフロン（腎単位）（p.460）
循環器系（p.450）	糸球体（p.460）
動脈（p.450）	尿細管（p.460）
静脈（p.450）	原尿（p.460）
毛細血管（p.450）	再吸収（p.460）
免疫系（p.450）	分泌（p.460）

復習問題

1. 他の器官系を統合，制御しうる器官系はどれか？
   - (a) 生殖系
   - (b) 外皮系
   - (c) 内分泌系
   - (d) 免疫系
2. 腱およびじん帯はどの組織系に属するか？
   - (a) 上皮組織
   - (b) 脂肪組織
   - (c) 疎性結合組織
   - (d) 密性結合組織
3. 内温動物の記述で正しいものを選べ．
   - (a) 体温は常に外気温よりも低い．
   - (b) 伝導により熱を獲得することができない．
   - (c) 体熱を発生して体温を上昇させられる．
   - (d) 代謝熱の産生力が低い．
4. 外温動物に関する記述で正しいものを選べ．

(a) 多量の代謝熱を産生する．
(b) 熱源を大部分外界に依存する．
(c) 熱を放散できない．
(d) 対流による熱放散が不可能である．
5. 内温動物の主たる熱源はどれか．
 (a) 代謝熱
 (b) 伝　導
 (c) 放　射
 (d) 蒸　発
6. 体毛と羽毛は，
 (a) 内温動物の体温喪失を防ぐ．
 (b) 対流による熱の移動を妨げる．
 (c) 熱伝導率の低い空気を保持することで体温喪失を防ぐ．
 (d) a～cすべて正しい．
7. 間質液（組織間液）は，
 (a) 尿細管にのみ存在する．
 (b) 血液中の液体成分である．
 (c) 細胞を取巻く液体である．
 (d) 腎臓毛細血管内にのみ存在する．
8. 血漿により運搬されるものは，
 (a) 老廃物
 (b) 水
 (c) 溶　質
 (d) 上記すべてを含む
9. ネフロン（腎単位）における水再吸収の場はどれか．
 (a) 糸球体
 (b) 膀　胱
 (c) 尿細管
 (d) 細胞膜
10. ヒト腎臓の重要な役割はどれか．
 (a) 水のほぼすべてを再吸収し，濃縮された尿の生成．
 (b) ほぼすべての尿素が再吸収され終った後の，尿の希釈．
 (c) 毒性の高い老廃物の低毒化．
 (d) a～cのすべて．

分析と応用

1. 生物が生育可能な環境の範囲につき論ぜよ．さらに極限的な環境が生物にとって脅威となる理由を述べよ．
2. ホメオスタシスとは何か．動物のホメオスタシスについて一般的な特徴を三つあげよ．
3. 読者が北極探検を計画する場合，北極の厳寒下でどのようにしてホメオスタシスの維持を図るか．技術を駆使してホメオスタシスを補助する方法について論ぜよ．
4. 好みに従って食事する場合を例に負のフィードバックについて説明せよ．
5. 外界との熱交換の三つの経路を述べよ．動物の身体と外界との関連で詳しく述べよ．
6. ネフロンにおける沪過と再吸収について述べよ．
7. 熱中症について，細胞とその直接の周辺環境との関連から述べよ．熱中症はどのようにして細胞機能を損なうのか．

ニュースで見る生物学

Relentless Heat Wave Roasts Russia

BY ANDREW FREEDMAN

ロシアを襲った無情の熱波

中部大西洋地域は蒸し暑い夏を迎えているが，ヨーロッパの一部，なかでもロシアはさらに過酷な夏を経験している．7月から8月にかけロシアを襲っている熱波は干ばつも伴っており，野火も発生するなどしたため国際的にも盛んに報道された．その温度の高さと期間の長さは異常なものであったので，気候学者や公衆衛生の専門家により精力的な分析の対象となることは疑いがない．

種々のデータは驚異的な数値を示している．天気予報サイトWeather Undergroundの気象学者Jeff Masters氏によればモスクワでは30℃を超える日が26日以上連続して続いており，少なくともあと数日はこの状態が続くという．モスクワ市民はこれほどの酷暑は経験がない．モスクワの平均的な最高気温は7月は23.3℃，8月は20℃なのである．

専門家によるとこの熱波でモスクワだけですでに5000人もの犠牲者が出ているとみられるが，モスクワの観測史上最高記録の37.2℃をすでに5回も超えているうえ，近郊の野火から発生する煤煙の影響も出ていることから，犠牲者の数はさらに増えるという．

Weather UndergroundのMasters氏らは，今回の熱波の気象学的背景に関する詳細な解析結果と，気候変動について報告している．

"ロシアの今年の夏は，私の生涯で最大の気象学上の事象であった．38.9℃という未曾有の熱波がモスクワを襲ったのである．記録のある1920年8月以降，観測史上のそれまでの最高記録は37.2℃であった．モスクワ気象台ではこの11日間で1920年以来の最高記録を5回もマークした．2010年7月のモスクワの平均気温は例年より7.8℃高く，それまでの最高記録である1938年（例年より5.3℃高かった）を大きく上回った．かつてナポレオンやヒトラーの軍隊を撃退した冬将軍に守られた北国が，いまや来る日も来る日も37.8℃近い酷暑に見舞われており，しかもそれが当分終息する気配がないという現実に筆者は戦慄した．"（Mastersほか，8月6日）

Masters氏によれば今回の熱波は2003年にヨーロッパで40,000名の犠牲者をもたらしたとみられる熱波よりもさらに深刻なものになりつつあるという．同氏はさらに，今回の熱波による死亡者数は2003年の死亡者数を上回るとの見方を示している．ただし犠牲者数には公共の医療施設の対応などの要因も作用するため，最終的な死亡者数はこの予想よりいくぶん減少できるかもしれない．

国際連合によれば2010年のロシアでの熱波で56,000人近い犠牲者が出たとのことである．夏季の高温がなぜこれほど多くの人命を奪ったのか？ 2003年ヨーロッパを襲った熱波の事例が原因解明の参考となる．2003年ヨーロッパ西部を襲った熱波でも数万人規模の犠牲者が発生した．犠牲者の正確な数の割り出しは今後に待つが，被害者の大部分が病人と高齢者で占められていたことは確かである．フランスの被害はことに甚大で40℃を超える日が1週間も続き，15,000人近い人が亡くなった．脱水症状や，体温が40℃を超える熱射病患者が病院に殺到し，不幸な転帰をたどるケースが続出した．ヨーロッパは世界でも最も医療へのアクセスに恵まれた地域である．にもかかわらずわずか数日間の酷暑で甚大な被害を出してしまったのである．

いくぶんかは文化的背景に起因する．夏季も比較的涼しい国々では冷房が普及しておらず，家屋の室温が異常に上昇してしまう．これほどの猛暑を経験していなかったため，涼むということを知らなかったのである．また熱波のピークがちょうどヨーロッパの人々が夏の休暇をとって家族で外出する時期に一致したことも不運であった．高齢の家族が独りで家に取残されるケースが多かったのである．

高齢者は体温調節機能が低下しており，また，体温調節機能に影響の出る薬物を服用している場合も多い．世界規模での異常高温関連死に関する最近の報告によれば，つぎにあげる点に該当する者は高温時に生命が脅かされるリスクがある．① 高齢者．ことに寝たきりの人．② 特定の薬物を服用している人．特に血圧降下剤の長期服用者．③ 心疾患，呼吸器疾患，精神病患者．

このニュースを考える

1. 熱中症とは何か．熱中症ではなぜホメオスタシスが破綻するのか．
2. 読者には高齢の御親族がおられるだろう．酷暑の季節に高齢の親族が健康でいられるために何ができるだろうか．
3. 高温関連死亡数は都市部で特に高いことが判明している．身体的，また社会的側面から考え，都市生活者がなぜ特に夏季の異常高温に対して弱いのだろうか？

出典：*Washington Post*，Capital Weather Gang blog，2010年8月9日

27 栄養と消化

MAIN MESSAGE

動物は，摂取した食物を分解し，エネルギー源や体を構築するための化学的素材として必要な栄養素を抽出・吸収しなければならない．

米国における食の代償

2011年春，14兆ドルもの国の借金を削減するために必要な3800万ドルの支出削減をどうやって実施するか，民主・共和両党の議員間で議論が交わされた．それにしても，3800万ドルという額は，国の借金や医療費への支出と比較して，とるに足らない額である．実際，議会が対峙していたのは，無駄にかつ急激に伸びている毎年1兆ドルに及ぶ医療費の方であった．

今後20年のうちに，心血管疾患により全米で年間1兆ドルの費用がかさむと試算されている．これは，おもに医療費としてかかる金額であるが，休職によって間接的に必要となる費用も含まれている．心臓病は，いわゆる生活習慣病であり，9割方は予防することができる．不運な遺伝子の組合せや感染が原因となることもあるが，多くの場合は，喫煙や貧食，あるいは，車で座って通勤し毎日8時間座って仕事，あげくには，家でもソファーに倒れ込んでテレビを観たりパソコンでチャットしたり，というような座ってばかりの生活こそが心臓病の原因にほかならない．

もう一つの生活習慣病である2型糖尿病は，さらに深刻な状況だ．1960年から1980年にかけて発生率は倍増し，1980年から2010年にかけては，さらに3倍に増加した．総計では，(人口増も加味して) 現在は1960年と比べ実に9倍以上もの人が2型糖尿病にかかっているのである．2020年までに，全米人口の半数が2型糖尿病の罹患者またはその一歩手前の状態となり，その対策に年間5000億ドルもの費用がかかると見積もられている．

> ? 米国民は，なぜこれほど2型糖尿病や心臓病になりやすくなってしまったのか．時計の針を戻して，長生きで健康な暮らしを取戻すと同時に，医療費への出費を減らし国の財政の借金を削減することはできないだろうか．

2型糖尿病では，危険な慢性的血糖上昇が起こり，これが心筋梗塞や脳卒中といった致命的疾患のリスクを3倍に高めてしまう．また，腎不全や失明，あるいは手足の切断を余儀なくさせる重篤な感染の原因ともなる．一方で，2型糖尿病は，ほぼ完全に予防することができる．このことは，私たちの祖父母が若かりし時代には，糖尿病がごくまれな病気だったことを考えれば，明らかであろう．今日，成人の11%，65歳以上に限ればなんと4人に1人が糖尿病を患っている．こうした慢性疾患のリスクは，私たちが食物を食べ消化する仕組みとも関係している．本章では，このテーマを探ってみよう．

野菜を食べよう　健康な食事は，たっぷりの野菜と全粒穀物とフルーツで始まる．

基本となる概念

- 栄養素は，体の成長と維持に必要なエネルギーと体の材料となる化学物質を動物に供給する．
- 消化系の機能は，タンパク質などの高分子を分解して，必要な栄養素や水のほとんどを吸収しつつ，不要物を体から排出することである．一般に，動物の消化系は，1本の消化管と複数の付属器官から成る．消化管は，食物の処理が行われる，長い中空の通路である．
- ヒトでは，食物の処理は口から始まる．口では，飲み込みやすいように，食物は湿り気をもち，小さく噛み砕かれる．
- 摂取されたタンパク質の消化は胃で始まる．胃は，胃酸とタンパク質分解酵素を分泌する．
- 小腸では，糖質とタンパク質の消化が続けられるほか，脂質の分解が行われる．消化によって生じた低分子は，小腸内壁を覆う細胞によって吸収され，血流に入る．
- 食べる物の種類は大きく違うけれど，消化系の基本的なつくりや機能は広い動物種を通じておおむね同じである．一方で，草食動物の消化系は多量の植物を処理するのに適したつくりとなっているなど，適応による違いもみられる．

食べるために生きているという人もいるかもしれないが，人間は誰しも生きるために食べなければならない．食物から得られる栄養素は，ヒトが生存するうえで二つの重要な役割をもっている（図27・1）．栄養素は，生きるのに必要なエネルギーを供給すると同時に，生存に必須な分子をつくるための原材料でもある．ヒトは，ほかのすべての動物たちと同じく，消費者である．つまり，植物と違って，必要なエネルギーや体の材料を，非生命的な物理環境から直接つくりだすことができない．ヒトは他の生物を食べることで，エネルギーと材料の双方を手に入れなければならないのである．動物に必要な**栄養素**には，炭水化物，タンパク質，脂質（脂肪），ビタミンなどの有機分子がある．また，ナトリウム，カルシウム，鉄などの無機物である特定のミネラルも，必要な栄養素である．

消化管の役割は，食物を処理し，有用な栄養素を吸収しつつ，不要な排泄物を排出することである．一般に，動物の**消化系**は，消化管とよばれる中空の長い通路と，膵臓や肝臓などの多くの付属器官から成る．ほとんどの動物では，消化管は筋肉でできた1本の管であり，ふつう，その途中に一つ以上の囊（胃袋など袋状に膨らんだ部位）をもっている．管は，食物が入ってくる口と，利用されずに残ったカスが排出される肛門の2箇所で開口している．消化管壁にある筋肉の絞り運動のはたらきで，食物が押し流されて消化管内腔を移動する．内壁表面は，上皮細胞の一種である特殊な細胞で覆われており，内腔に酵素を分泌したり，内腔から栄養素を吸収したりといった特別な機能を担っている．

消化管による食物処理の最初のステップは食べること，つまり，**摂食**である．多くの種では，摂食のすぐ直後から，食物を化学分解する段階である**消化**が始まる．消化に続く吸収の段階では，消化管内壁を覆う細胞によって低分子や無機イオンが取込まれる．ここで消化管に吸収された栄養素の大部分は血流に入り，最終的に体内のすべての細胞に分配される．消化管の終末部は水の吸収に特化している．そして，消化機能の最終段階である排泄では，消化されなかった食物の残存物と動物の消化管内に生息する細菌からできあがった便の排出が行われる．

本章では，動物が摂取した食物を破砕して消化する仕組みや，消化作用により生じた栄養素を自分たちの生命活動に利用する仕組みを眺めてみよう．はじめに，動物に必要な栄養素の種類と，それらが利用可能となる形状についての概要を紹介する．つぎに，ヒトの消化系を概観したのち，ほかの動物の消化系と比較する．最後に，肉食動物と草食動物の消化系で発達した特殊な適応の例について考察する．

27・1 動物の必要栄養素

動物は他の生物を食べて生きている．エビは顕微鏡でやっと見えるほど小さな藻類に養われ，シロナガスクジラはエビに似たオキアミを餌に生きている．北米内陸平原の草はその昔バッファローの大群を支え，カナダオオヤマネコはカンジキウサギのおかげで厳しい冬を生き延びてきた．このうち，植物や菌類を食べる動物を**草食動物**とよび，動物を餌として食べるものを**肉食動物**とよぶ．また，ヒトやハイイログマのように植物と動物の両方を食べる動物を，**雑食性動物**という．**腐食性動物**は，小さくばらばらになった生物の死骸などのくだけたくずに含まれる有機物を食べる動物のことで，ミミズやヤスデなどをいう．

動物は食物由来の炭水化物と脂質とタンパク質を必要とする

食べるものが違っても，炭水化物，脂質，タンパク質という3種類の大きな有機分子（高分子）を食物から摂取しなければならないという点では，どの動物も同じである．これらの高分子はエ

消化の概要

食物 → 消化 → 利用できる栄養素 → 吸収，血流による運搬 → (体の維持や成長のために栄養素からつくられた分子とイオン / 栄養素から取出されたエネルギー) ； 利用できない物質 → 排泄

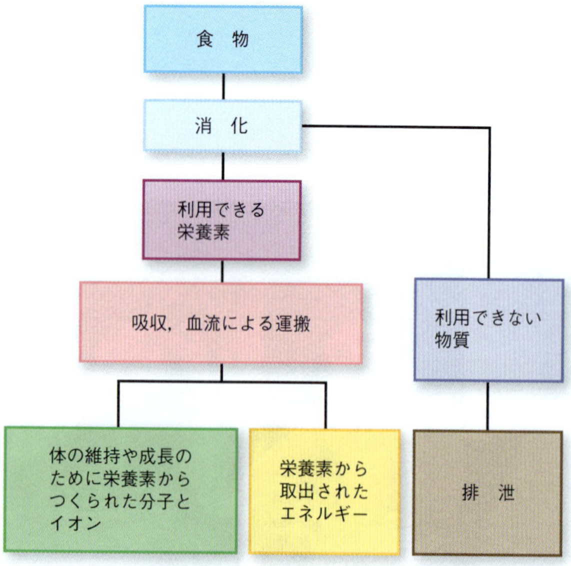

図27・1 食物の行く末 食物にはエネルギーと身体の維持と成長に必要な化学的材料を供給してくれる物質が含まれている．消化により，食物は体内に吸収できる利用可能な栄養素へと変換される．栄養素はエネルギーを供給するか，体を構築するための分子やイオンの部品となる．吸収されない物質は糞便として排泄される．

ネルギー源として利用できるとともに，体をつくるための材料となる糖，脂肪酸，アミノ酸などの化学物質を供給する．ここで，細胞のはたらきに必須の高分子として第5章で紹介した核酸はどうなのかと，疑問をもった人もいることだろう．たしかに，核酸も消化管で分解され，その構成成分は吸収されたのち動物の体内で利用される．しかし，核酸は良質なエネルギー源でも特別な栄養素でもないし，また，ほとんどの食品中に比較的少量しか含まれないことから，通常はおもな食物分子の一群として名前があがることはない．

一般に，高分子はサイズが大きすぎて，動物の消化管の吸収面である上皮細胞の細胞膜を通過することができない．そのため，もっと単純な構成成分に分解しないと吸収できない．実際，多糖類や二糖類（第5章参照）などの大きな炭水化物は，グルコースやフルクトースなどの単糖類へと分解される．たとえば，パンやジャガイモなどの植物食品に豊富な多糖であるデンプンは，単量体のグルコースへと分解される．

セルロースのように，ふつうの動物が分解できない植物性多糖類もある．そうした消化できない植物性多糖類のことを，**食物繊維**とよんでいる．食物繊維は，エネルギー源や体の構築材としての役目は果たさないが，ヒトの健康にとって重要である．食物繊維は，その量が非常に多いこと，および，より消化されやすいデンプンなどの他の多糖類と連結していることが多いことから，炭水化物の消化速度を遅らせることができる．高繊維食品を食べれば，数時間かけて糖が徐々に遊離するので，エネルギー源の供給が長く維持されると同時に，強い空腹感が抑えられるのである．逆に，低繊維質の炭水化物（たとえば，精白米や精製糖）を食べた場合には，30分以内に起こる血糖の急増に，うまく対処しなければならない．こうした血糖値の急上昇によって，体内の糖の取込み機構（これは，インスリンというホルモンによって調節される）に重い負担がかかると，ゆくゆくは，糖尿病や高血圧を起こしやすい体質になってしまう．

小麦を製粉して精白粉を作るとき，健康に良い胚芽（種子胚のことで，ここから植物が育つ）や麸（ふすま：層状の保護組織からなる殻）は除かれてしまう．オートミール，玄米，ポップコーンなどの全粒食品は，最小限の加工しか施されていないため，もともと食品中にあった繊維質や栄養素がよりそのままの形で多く保たれている（図27・2）．全粒粉は小麦や大麦をはじめとした穀物の全体をひいてできる穀粒粉であり，多くの繊維を含んでいる．一方，精製された精白粉は，その製造過程で繊維がほぼ完全に除去されてしまう．

動物の脂肪は，一般に，3分子の脂肪酸と1分子のグリセロールから構成されるトリグリセリドという脂質でできている（図5・19参照）．トリグリセリド分子は，2分子の脂肪酸と1分子のモノグリセリド（脂肪酸とグリセロールが結合したもの）に分解される．タンパク質が消化管内で分解されると，タンパク質を構成しているさまざまなアミノ酸が遊離してくる．こうして生じた単純な糖や脂肪酸，モノグリセリド，アミノ酸が，消化管内壁を覆う特殊な上皮細胞によって吸収されるのである（図27・3）．

図27・2 パンから得られるエネルギーと材料 全粒小麦粉は，挽いた小麦の穀粒からつくられ，食物繊維たっぷりの麸層（糠層）と栄養豊富な"胚芽"を含んでいる．食物繊維は，セルロースをはじめとする消化できない植物性多糖類でできており，人体にとってエネルギー源にも構築材料にもならないが，健全な消化系には不可欠なものである．

吸収された単糖や脂肪酸，モノグリセリド，アミノ酸は，血流へと入る．血液を介して，体内のすべての細胞に，これら有機低分子の定期便が届けられているのである．それでは，これらの分子は細胞内でどのように利用されるのだろうか．まず，細胞が使う炭水化物や脂質およびタンパク質をつくるための主要材料として利用される．たとえば，単糖は連結されて，細胞にとって必要な二糖や多糖がつくられる．肝細胞や筋細胞では，動物細胞の貯蔵型多糖であるグリコーゲンがいくらかつくられている．激しい運動などによりその貯蔵栄養を使い果たしてしまった場合には，単糖が新たに供給されたらより多くのグリコーゲンが速やかに製造される仕組みになっている．同様に，血流で運ばれた脂肪酸とモノグリセリドは，貯蔵脂肪（主としてトリグリセリド）や他の脂質へと変換が可能である．また，アミノ酸は，多種多様なタンパク質の合成にそのまま利用される．

これらの有機低分子の炭素骨格は，核酸あるいはホルモンや神経伝達物質などのシグナル分子をはじめとするさまざまな不可欠な物質へと形を変えることもできる．このようにして，もとは被食生物の体の一部だった有機分子が，捕食者の体の一部となる．

表27・1 動物のエネルギーと構築材料になる栄養素

栄養素	吸収される単位物質	1グラム当たりに含まれるエネルギー量	おもな用途
炭水化物	単糖	4 kcal	エネルギー：高分子や細胞構造の構築．
脂質	脂肪酸，モノグリセリド	9 kcal	貯蔵エネルギー：高分子や細胞構造の構築，特に細胞膜の構築．
タンパク質	アミノ酸，短鎖ペプチド	4 kcal	タンパク質の構築，その他，シグナル物質などの有機分子の構築．

私たちは，かなりの部分において，まさに食べた物そのものであるといえなくもない．

単糖，脂肪酸，およびモノグリセリドには，細胞内でもう一つの重要なはたらきがある．これらの分子が解糖や細胞呼吸の過程で分解されるときに，エネルギーを生じるのである．物質の総エネルギーを表すのに，キロカロリー（kcal）という単位が用いられる．私たちが一日に必要とするエネルギー量は，運動選手でないふつうの人なら，女性であれば1200 kcalくらいから，男性なら2200 kcalくらいまでの範囲なのだが，そのほとんどが，炭水化物と脂質によってまかなわれている．動物では，すぐに利用できる便利なエネルギー源として，はじめに炭水化物であるグリコーゲンが利用される．脂質と炭水化物では，同じ1 gでも，脂質の方がずっと多くのエネルギーを詰め込むことができる（表27・1）．そのため，ほぼすべての動物において，余ったエネルギーは脂質（一般にはトリグリセリド）の形で蓄えられる．

アミノ酸は，体内に蓄えられたグリコーゲンやトリグリセリド

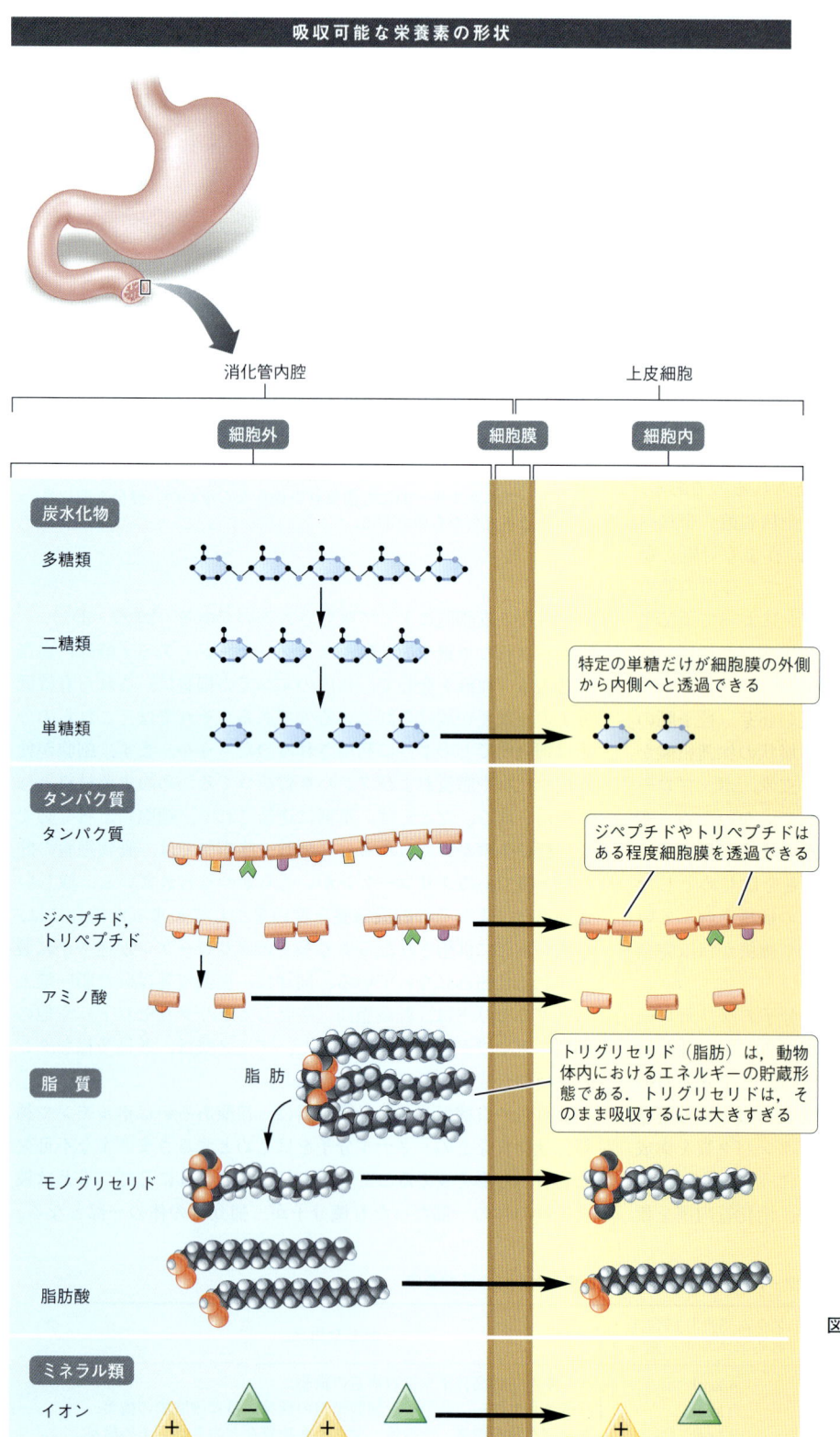

図27・3 大きな生体分子を吸収するには，前もって分解する必要がある 酵素がタンパク質や脂質，炭水化物を小さな構成単位に分解すると，それらが小腸内壁表面の細胞によって吸収される．ミネラル類はイオンの状態で細胞膜を通過する．

27. 栄養と消化

図 27・4 成人はタンパク質をつくるのに必要な 20 種のアミノ酸のうち 8 種類を生合成することができない　獣肉にはすべての必須アミノ酸が含まれているが，菜食主義者は異なる穀類と豆類を組合わせなければ全部のアミノ酸を摂取できない．ピンクの領域には，穀類と豆類ともに十分量含まれているアミノ酸が記されている．豆類はマメ科に属する植物で，大豆，ソラ豆，ガルバンゾ（ヒヨコマメ），レンズ豆などがある．

【必須アミノ酸】

食物から摂取する必要がある 8 種類の必須アミノ酸

穀類: トリプトファン, メチオニン

(共通): バリン, トレオニン, フェニルアラニン, ロイシン

豆類: イソロイシン, リシン

がひどく失われた飢餓状態でなければ，エネルギー源としてすぐに使われることはない．言い換えれば，アミノ酸は，通常では糖や脂肪酸のように解糖や細胞呼吸（§9・4 参照）の原料としては利用されない．一方，ヒトをはじめとするほとんどの動物では，アミノ酸を速やかに貯蔵脂質（通常はトリグリセリド）へと代謝する経路がある．したがって，体に必要な量を超えるタンパク質を摂取した場合は，余剰アミノ酸は脂肪へと転換されることとなる．

タンパク質をつくるのに必要な 20 種のアミノ酸のなかには，ヒトが自分で合成できるものもある．しかし，**必須アミノ酸**とよばれる八つのアミノ酸については，食物から摂取する必要がある（タンパク質を構成するアミノ酸について復習したい人は，図 5・15 b を参照）．また，小児ではヒスチジンも十分につくられないため，九つの必須アミノ酸が必要である．鶏卵や牛乳，肉などの動物性食品に含まれるタンパク質を分解すれば，体に必要なすべての必須アミノ酸を得ることができる．しかし，一部の植物性食品は，特定のアミノ酸を欠くため，ヒトの栄養バランスの維持に不可欠なアミノ酸の供給源としては不完全である．マメ科植物の種子（小豆，レンズ豆，エンドウマメなど）のほとんどは特定の二つのアミノ酸の含有量が低く，穀粒（小麦，大麦，とうもろこし，米）では別の二つのアミノ酸が不足している（図 27・4）．多くの文化の伝統料理では，完全なアミノ酸源となるように，常に穀類と豆類がうまく組合わされている．一方，大豆や木の実（クルミやヘーゼルナッツなど）など，最初から必須アミノ酸が比較的バランス良く含まれている植物性食品もある*¹．

ビタミンのほとんどは食物から摂取しなければならない

食品に表示された栄養成分表を見れば，私たちにはどのような栄養素が必要なのか，概略を知ることができる．図 27・5 に示したシリアルの外箱にある表示*² を例に見てみよう．ラベルには，まず，脂質（脂肪），タンパク質および炭水化物といった比較的多量に必要とされる栄養素のリストが記されている．下の方に目

JB's LOADED OATS CEREAL

栄養成分表示
1 食分　　　　　　　　　3/4 カップ（28 g）
1 箱の内容量　　　　　　　　　　14 食分

1 食分に含まれる量
エネルギー量　　　　　　　　　　110 kcal

1 日の所要量に対する割合*

総脂質 1 g	2%
飽和脂肪 0 g	0%
タンパク質 3 g	2%
総炭水化物 23 g	8%
糖類 10 g	2%
食物繊維 1.5 g	6%
コレステロール 0 mg	0%
ナトリウム 250 mg	10%
カリウム 115 mg	4%

ビタミンA......10%　ビタミンB₁......10%
ビタミンD......0%　ビタミンB₂......0%
ビタミンC......46%　葉酸......46%
ナイアシン......7%　リン......7%
カルシウム......2%　マグネシウム......2%
鉄......28%　亜鉛......28%

*1 日の所要量に対する割合（%）は 2000 キロカロリーの食事をもとにした値です．実際の1 日当たりの所要量は，個人ごとの必要エネルギー量の違いによって増減します．

原材料名（重要度の高いものから順に掲載）: オート麦，トウモロコシ，砂糖，塩，麦芽香料．ビタミン・ミネラル類: ビタミンC（アスコルビン酸およびアスコルビン酸ナトリウム），ナイアシン（ニコチン酸アミド），鉄，ビタミンB₆（塩酸ピリドキシン），ビタミンB₂（リボフラビン），ビタミンA（パルミチン酸塩），ビタミンB₁（塩酸チアミン），葉酸，ビタミンD

（吹出し）
- 動物は食物中の有機成分からエネルギーを摂取している
- 動物の食事は，そのほとんどがタンパク質と脂質，および炭水化物でできている
- ビタミン類は少量ながら動物に不可欠な有機微量栄養素である

図 27・5 栄養成分表を見れば多くのことがわかる　シリアルの箱にある表示は，エネルギー量と栄養素に関する重要な情報が記載されている．私たちは，おもに炭水化物と脂質およびタンパク質からエネルギーを得ている．

■ **役立つ知識** ■　食品表示では，食品中に含まれるエネルギー量をカロリー（Calorie）単位（C を大文字で記す）で表す．化学者や生物学者のほとんどは食品に含まれるエネルギー量をカロリー（calorie）単位〔c は小文字で，リトルカロリー（little calorie）ともよばれる．〕で表記する．1000 リトルカロリーは 1 キロリトルカロリーであり，これが 1 カロリー（Calorie）に相当する．つまり，1 カロリー（C）は 1 キロカロリー（kcal）と同じである．日本では kcal で表す．

---

*1　訳注: 大豆は含硫アミノ酸，木の実はリシンが少ないため，アミノ酸スコアは 100 に満たない．
*2　訳注: 米国の成分表示は，項目や数量について，日本のものより詳細な情報を記載するよう義務づけられている．

を移すと,ずっと微量ながら必要とされる栄養素のリストがある.ここにはミネラル類(ナトリウムやカリウムなど)および多くのビタミン類について表示されている.はじめにビタミンを詳しく見てみよう.

ビタミンは私たちの体にほんの微量ながら必要とされる有機低分子の栄養素である.ビタミンは,さらに,これまで紹介してきた栄養素とは異なる二つの特徴をもっている.まず,タンパク質と違って,体を物理的に構築するための材料として利用されることはない.また,炭水化物や脂肪のようにエネルギーを供給するわけでもない.その代わり,ビタミンは,さまざまな種類のとても重要な代謝プロセスに関与している.

一部のビタミンは,酵素に結合して細胞内の化学反応速度を上げるのにはたらく.別のビタミンは,重要な代謝反応を行う際に必要な官能基を提供する担体としてはたらく.そのほか,シグナル分子として機能するビタミンもあれば,抗酸化物質として機能し,代謝副産物として生成される有害物質であるフリーラジカルから体の組織を守ってくれるビタミンもある.ビタミンの多くは,動物の体内において,複数の機能をもっている(表27・2).

ビタミン類は,水溶性と脂溶性の二つのグループに大別される.ヒトには,ビタミンCと8種類のビタミンB群の計9種類の水溶性ビタミン類と,ビタミンA,D,E,Kの計4種類の脂溶性ビタミン類が必要である.水溶性ビタミンは,その名の通り,水に溶けやすい.尿にも排出されやすいため,体の組織にひどく蓄積することはない.したがって,動物は水溶性ビタミンを定期的に食物から摂取しなければならない.一方,脂溶性ビタミンは,すぐに排出されることはなく,体脂肪中に蓄積しやすい.そのため,脂溶性ビタミンを摂取しすぎると過剰症をひき起こしてしまう.

動物は体の需要を満たす量のビタミンを製造できない.モルモットやコウモリ,類人猿やヒトは,ビタミンCを必要とするものの自分自身の体内ではビタミンCをつくることができない

表27・2 ヒトの食事で必要とされるビタミン類 ヒトの体ではこれらの必須ビタミンをつくれない,あるいは少ししかつくれないため,食物から補う必要がある.

分類	ビタミン名	おもなはたらき	起こりうる欠乏症と過剰症	摂取できる食品
水溶性	ビタミンB群: チアミン(B_1) リボフラビン(B_2) ナイアシン ピリドキシン(B_6) パントテン酸 葉酸 シアノコバラミン(B_{12}) ビオチン	酵素とともに作用して代謝反応を速める,あるいは,そうした化学物質の原材料となる.酵素とともにはたらき,必要な生化学的反応を促進する.	欠乏症:ビタミンB群は互いに共同して作用するので,あるビタミンの欠乏は,ほかのビタミンの欠乏症に関連した症状をひき起こす.欠乏症にはペラグラや脚気(心臓や神経の損傷)などがある. 過剰症:過剰なビタミンB_6は神経の損傷をまねく.	葉酸は緑色野菜,豆類,全粒穀物に多く含まれる. ビタミンB_{12}は,植物性食品には少ないがミルクや獣肉,鳥肉,魚に豊富に含まれる.
	ビタミンC† (アスコルビン酸)	歯や骨,その他の組織を維持するのを支える.	欠乏症:壊血病(歯や骨の退縮),感染症にかかりやすくなる 過剰症:下痢,長期にわたる過剰摂取による腎臓結石	ビタミンCは多くの果物(キウィ,イチゴ,柑橘類など)や野菜(ピーマン,ブロッコリー,ホウレンソウなど)に豊富に含まれる.
脂溶性	ビタミンA (カロテン)	視力に必要な視覚色素をつくる.骨の形成にも利用される.	欠乏症:夜盲,皮膚や毛髪の乾燥 過剰症:むかつき,嘔吐,もろい骨	カロテンは黄橙色の果物や野菜の色のもとである.カロテンは体内でビタミンAに変わる.
	ビタミンD	カルシウム吸収と骨形成を促進する.	欠乏症:骨や歯の形成不全,いらいら 過剰症:下痢,疲労	魚はビタミンDを最も豊富に含み,その供給源となる.貝類や卵黄も比較的少量ながら供給する.しかし,ほとんどの米国人にとっては,栄養強化食品(牛乳,豆乳,朝食用シリアルなど)が,重要な供給源である.
	ビタミンE	細胞の膜系をはじめ,さまざまな用途に用いられている脂質を保護する.	欠乏症:神経と筋肉の障害(欠乏はごくまれ) 過剰症:心臓の障害	ビタミンEはナッツ類,植物油,全粒穀物,卵黄に豊富に含まれる.
	ビタミンK	血液の凝固因子をつくる.	欠乏症:長時間の流血,傷が治りにくい 過剰症:肝臓の損傷	緑葉野菜や一部の果物(アボカドやキウィ)はビタミンKを豊富に含む. ビタミンKは腸内細菌によっても製造される.

† ビタミンCを食物から摂取する必要があるのは,ヒトをはじめとする霊長類とモルモットとコウモリ,鳥類や魚類の一部などだけである.ほとんどの動物はビタミンCを体内でつくることができる(したがって,"ビタミン"ではない).

原住民の皮膚色の世界地図

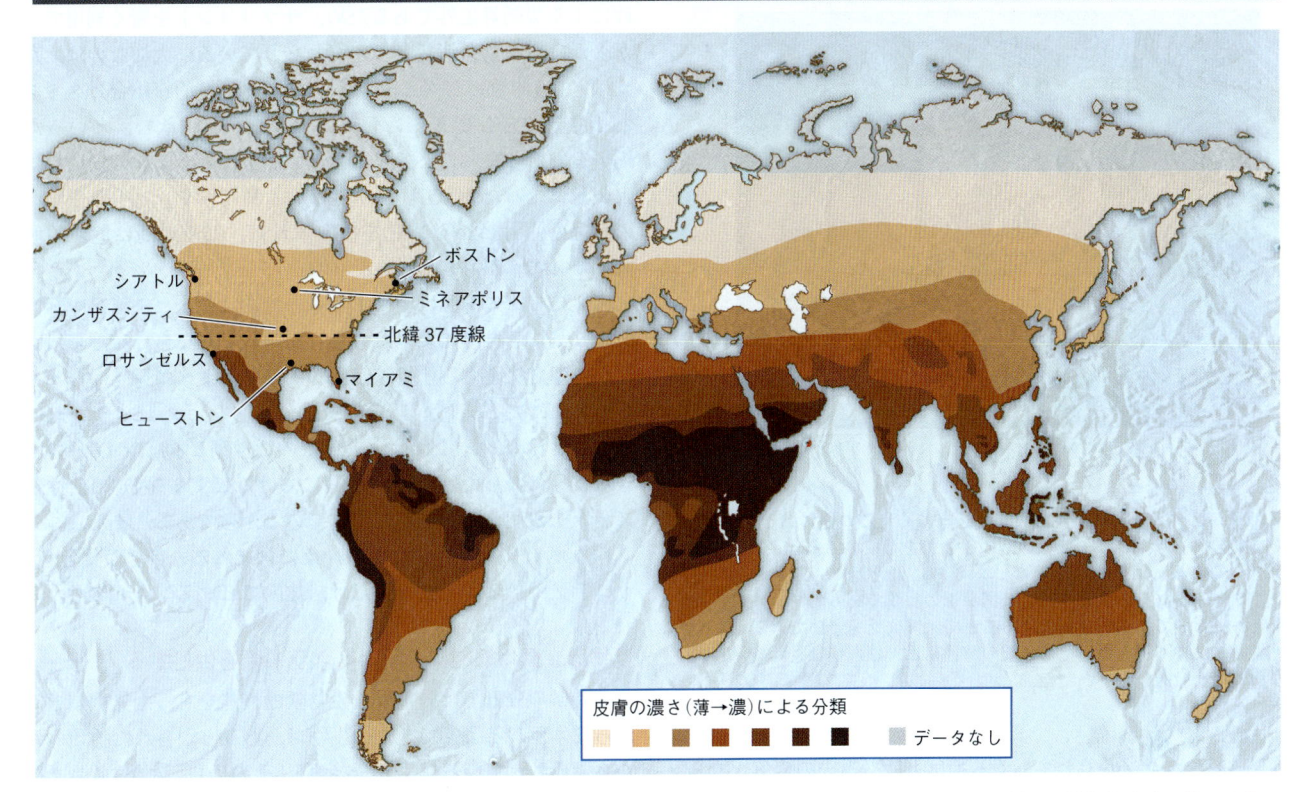

図27・6　ヒトの皮膚の色の違いは，おもに日照への適応によって生まれた　熱帯や亜熱帯環境に順応した人種は，低緯度地域の強い日光がもつ紫外線によって生じる損傷からDNAを守るため，濃い色の皮膚をもっている．北へと移動した民族は薄い色の皮膚を進化させることで，高緯度地域の弱い日光でも効率的にビタミンDを生産することが可能となった．しかし，11月から2月までの間，37度緯線よりも北に住む場合は，日光からつくるだけではビタミンDの必要量をまかなえない．

数少ない動物の仲間である．葉酸（ビタミンB_9）は，骨，筋肉や脳組織の発達に不可欠であり，特に妊婦でその摂取が不十分だと，神経管障害などの先天性異常のリスクが高くなる．神経管の発生は，まだ本人が妊娠したことに気づいていない妊娠4週目までに始まってしまう．このため，米国やカナダを含むいくつかの国では，小麦粉やパン，朝食用シリアルなどの穀物製品への葉酸添加が，食品加工業者に義務づけられている．この強制的な栄養強化政策は1992年に米国で開始され，以後10年間で神経管の先天異常が5割以上も減少した．

ビタミンDは，私たちが必要量全量を自身でつくることができる唯一のビタミンである．しかし，意外にも，米国人の多くで不足しているビタミンでもある．太陽光の紫外線（UV）の刺激により，私たちの皮膚細胞はコレステロール様分子をビタミンD_3に変える．このビタミンD_3は，肝臓と腎臓でさらに修飾を受けて，生理活性をもつ活性型ビタミンDとなる．ビタミンDは骨と歯および筋肉の発達に不可欠な栄養素で，これを豊富に含む食品としては，まず魚介類があげられる．

研究者によれば，紫外線をよく透過する白い肌は，高緯度の低照度環境下でも十分なビタミンDをつくることができるように進化したものらしい．熱帯地域では，紫外線による損傷からDNAを保護するために濃色の肌が必要とされる（図27・6）．熱帯では年間を通じて日射しの強い期間が長いため，肌の色が濃くても十分量のビタミンDをつくることができる．およそ5万年前，ほぼ間違いなく濃色肌だった私たちの祖先の中に，ユーラシア大陸を北へと移動する集団が現れた．彼らにとって，特に長い冬の時期に弱い日射が原因で生じるビタミンD欠乏は，重大な問題であった．おそらく皮膚の色素が少ない個体が，自然選択の結果生き延びて繁殖しやすくなり，その子孫がヨーロッパに住むようになったのだろう．時代が下って，カナダ北部のイヌイットをはじめとする北極地域の先住民の祖先が北に移動した．彼らは，昔から魚介類を食べることでビタミンDを豊富に摂取してきた．

ビタミン欠乏症（図27・7）は，表27・2にあげた症状をひき起こすが，米国や他の裕福な国ではほとんどみられない．しかし，喫煙や過剰な飲酒，あるいは特殊な減量法の信奉などからビタミン欠乏症をまねくケースもないわけではない．年齢とともに吸収効率が低下してしまうビタミンもあり，高齢者ではビタミンB_{12}などのビタミン欠乏症のリスクが高くなる．さらに，多くの米国民が何らかのビタミンを適量以下しか摂取できていない状況にあるらしい．昔から知られる欠乏症を発症するほど少なくはないが，ベストな健康状態を維持する量には届いていないと栄養学者は考えている．さまざまなデータから，多くの米国民が，いや，おそらくはほとんどの米国民が，"日光ビタミン"であるビタミンDを十分に摂取できていないと考えられる．

米国でロサンゼルスの緯度よりも北に住むのならば，11月から3月の間は，1日当たりのビタミンD必要量をまかなうだけの日照は期待できない．さらに，年中日光を避けていたり，皮膚科医の勧めに従って日焼け止めを塗っていたり，肌の色が濃い人が北に位置する州に住んでいる場合などには，食事を通してビタミンDを摂取しなければ，一日に必要な推奨量を満たすことができない．1940年代のはじめ，米国政府は国内で販売されるすべての牛乳にビタミンD添加を義務づけた．この栄養強化政策により，小児にみられる最も深刻なビタミンD欠乏症であるくる病が，事

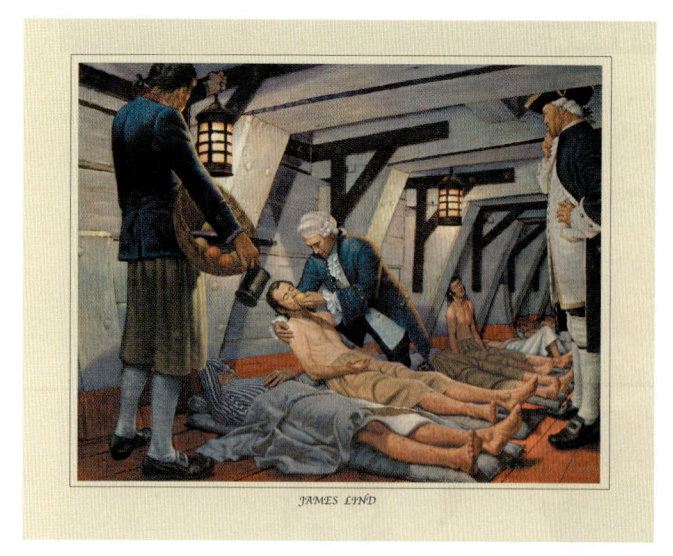

図 27・7 ビタミン摂取不足は欠乏症をまねく この絵には1747年に英国軍艦ソールズベリーで壊血病の手当てをしている James Lind が描かれている．壊血病は重篤なビタミンC欠乏症で，出血および筋や骨や歯の虚弱を特徴とする．英国海軍の将校であったリンドは，長期航海において柑橘類を摂取することで栄養欠乏を予防できることを対照実験により示した．それ以前の時代には，壊血病は長期航海におけるごく一般的な病であった．

実上，一掃された．かくして，くる病はもはや過去の病気となったかもしれない．けれども，研究によれば，推奨量に多少及ばない程度のビタミンD不足によって，高齢者の骨折や，乳がんや結腸がんなど特定のがんが発生しやすくなるという．また，ビタミンD摂取が不十分だと，多発性硬化症や慢性関節リウマチなどの免疫疾患や糖尿病になる確率も上昇してしまうようだ．

1カップ*3 のビタミンD強化牛乳には300単位のビタミンDが含まれ，3オンス（約85g）のナマズ料理1食分からは570単位のビタミンDが摂取できる．これに対し，白人が夏日に水着を着て10分ほどの日光浴をすれば，ニューヨークと同じくらいの緯度であればなんと6000単位以上のビタミンDをつくることができる．もちろん，体を服で覆っていたり，肌の色が濃ければ，あるいは，夏から遠い時期であったり，北に行ったりすれば，それに応じて生合成されるビタミンDも減少する．ビタミンDの栄養所要量の推奨量は，70歳未満の人で1日当たり600国際単位（IU）である．70歳以上の高齢者では，日光からビタミンDを生合成する能力が老化とともに低下してしまうため，800単位に定められている*4．専門家のなかには，すべての人の所要量を少なくとも1000単位/日以上に引き上げ，10,000単位/日の上限量を設ける必要性を説く人もいる．

もちろん，いろいろな食品を含むバランスのとれた食事さえ摂れば，自然の食材からだけでも，すべての必要栄養素について適切な所要量を満たせるというのが，栄養学者の共通認識である．一方で，一部の医師は，実際に理想的な栄養摂取をかなえている人は比較的少ないという認識から，"念のための保険"として総合ビタミン・ミネラル補助剤（サプリメント）を飲むことを患者に勧めている．ビタミン剤は，ビタミン（特に脂溶性ビタミン）の過剰摂取によって毒性を生じる可能性を高めてしまう．すべてではないかもしれないが，どの製造業者も，ビタミン製剤中の脂溶性ビタミンの量を低めに抑えている．とはいえ，この業界は行政による規制対象外であるため，サプリメントを賢く利用できるか否かは，私たち消費者にゆだねられている．大切なのは，たとえば，100単位のビタミンEが含まれる標準的な総合ビタミン剤と400単位含むビタミンEカプセルを一緒に飲む，といった間違いをおかさないことである．この脂溶性ビタミンの安全な耐容上限量はたった1000 IUにすぎない．植物油やナッツ類や卵などの食品からもビタミンEを摂取すれば，知らぬ間に危険領域に入ってしまうかもしれない．

天然のビタミン源に由来するものであれば，ビタミンの毒性はあまり気にしなくてよいかもしれない．なぜなら，私たちには毒性から体を保護する仕組みが備わっているように見受けられるからである．たとえば，日光によって生じたビタミンDが過剰になることはない．これは，十分量の活性型ビタミンDが利用できるようになった時点で，肝臓におけるビタミンD_3の活性化のスイッチが切れる仕組みになっているからである．また，ニンジンやカボチャ，トマトなどの野菜に含まれる一群の黄褐色色素，カロテノイドは，必要な量だけ，体内でビタミンAに変化する．

食物は，動物細胞に必須なミネラル類を供給する

栄養学の分野では，重要な生物学的機能をもった無機類を，昔から**ミネラル**とよんできた．生物は，わりと限られた種類の元素から構成されている（第5章参照）．そのうち，炭素，水素，酸素，窒素の四つだけで，動物の体のおよそ93%を占める．慣例により，これらの四つの元素は，食物ミネラルに含めない．

動物細胞の通常の機能に必須の元素は，ほかに20種類以上あり，これらが食物ミネラルに分類される．食物ミネラルのうち，比較的多量に必要とされるいくつかは，マクロミネラルとよばれる．11種類のマクロミネラルを全部合わせると，私たちの体重の6%ほどになる．マクロミネラルの例としては，ナトリウム，カルシウム，リン，マグネシウム，塩素，カリウム，硫黄がある．ナトリウムイオン（Na^+）と塩化物イオン（Cl^-）はすべての動物にとって生きるためにきわめて重要な物質であり，一般に食塩（NaCl）から摂取される．特に，ナトリウムイオンは，水分バランスの維持から神経における電気的信号の伝播まで，動物体内のあらゆる場面で利用されている．リンとカルシウムは，骨と歯をつくる材料の鍵成分であるとともに，細胞内シグナル伝達の担い手としても重要な元素である．硫黄原子は，一部のタンパク質のほか，ビタミンB_7（別名，ビオチン）などの多くの有機分子に使われている．食物ミネラルは，ときにイオンとして（Na^+など），またあるときは，分子に共有結合することで（タンパク質中の硫黄原子など），生物学的な活性を示す．

このほかに，動物にとって不可欠だが非常に微量しか必要とされない元素が，少なくとも1ダースは存在していて，**微量ミネラル**とよばれる．微量ミネラルは，動物の体重の1%未満しか占めない．たとえば，標準的なヒトの体に含まれるヨウ素の量は，ティースプーンの1/4にも満たない．しかし，このごく微量の成分がなければ，甲状腺ホルモンをつくれない．そうなると，食物を体内で燃焼させて，生み出すエネルギー量を適切に調節することが難しくなる．微量ミネラルは，植物が土壌から吸収したり，水生生物が水から吸収することで食物連鎖に入る．このため，環

---

*3 訳注：米国の1カップは，慣例上は1/16ガロン（約237 mL）であるが，栄養表示のための法令上は240 mLである．日本では，1カップ = 200 mL．
*4 訳注："日本人の食事摂取基準2010年版"では，男女とも成人では1日当たりのビタミンDの目安量として5.5 µg（約220 IU）が設定されており，高齢者に対する付加量の設定はない．また，耐容上限量として2700 µg（約10,800 IU）が設定されている．

生活の中の生物学

乳糖不耐症

小腸上部で分泌される多くの酵素の一つにラクターゼ（ラクトース分解酵素）がある．ラクターゼは，二糖のラクトース（乳糖）を消化し，単糖のグルコースとガラクトースへと分解する（図1）．ラクトースは，哺乳類がつくる乳汁中に最も豊富に含まれる糖類である．ヒトの乳児は，ほかの哺乳類の赤ちゃんと同様に，哺乳保育中はラクターゼをつくることで，ラクトースを消化して，栄養上の恩恵にあずかることができる．しかし，人類が酪農と牛乳の消費を始めるまでは，大人になってからラクトースを口にする機会はほとんどなかった．そのため，多くの人は成長するに従いラクターゼを合成しなくなってしまう．

ところが，ヨーロッパ人，北インド人，アラビア人，中央アフリカ人の流れをくむ人のなかには，大人になってもラクトースをつくる能力をもち続けている人が多い（図2）．これは，およそ1万年前に彼らの祖先集団が牛を飼い慣らして乳製品の消費を始め，その発展により大人になってもラクターゼをつくる方が適応上有利となったためである．つまり，食材が限られた彼らの生活環境では，大人になってもラクターゼ合成能を保持した個体が，そうでない個体よりも栄養的に優位になったと考えられる．おそらくラクターゼ遺伝子に偶発的な突然変異が起こり，大人でも遺伝子の活性が維持されるような対立遺伝子を生じたのだろう．

ラクターゼをつくれない大人が牛乳を飲むと，うまく消化できずにいわゆる乳糖不耐症を生じる．ラクトースは小腸で消化されないため，そのままの状態で結腸にたどり着く．結腸に異常に大量の糖類が供給されると，そこに住みついている細菌が爆発的に増殖する．すると，細菌による発酵の際に副産物を生じ，ガスと下痢による苦痛をまねくこととなる．乳糖不耐症の人でも，チーズやヨーグルトなどの乳製品なら問題なく食べることができる．製造過程で利用される細菌が，ラクトースのほとんどをヒトが消化できる形に変えてくれるからである．

ラクターゼのはたらき

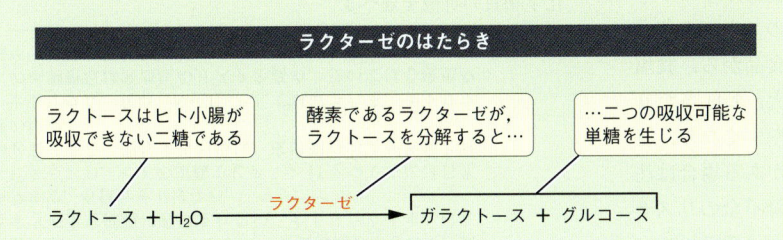

- ラクトースはヒト小腸が吸収できない二糖である
- 酵素であるラクターゼが，ラクトースを分解すると…
- …二つの吸収可能な単糖を生じる

$$\text{ラクトース} + H_2O \xrightarrow{\text{ラクターゼ}} \text{ガラクトース} + \text{グルコース}$$

図1　ラクターゼによるラクトースの消化　ラクターゼはミルクに含まれるおもな糖であるラクトースを消化する酵素である．ラクターゼを十分につくれない人で，未消化のラクトースがたまってしまうと，乳糖不耐症として知られる支障を腸に生じる．

乳糖不耐症の世界分布

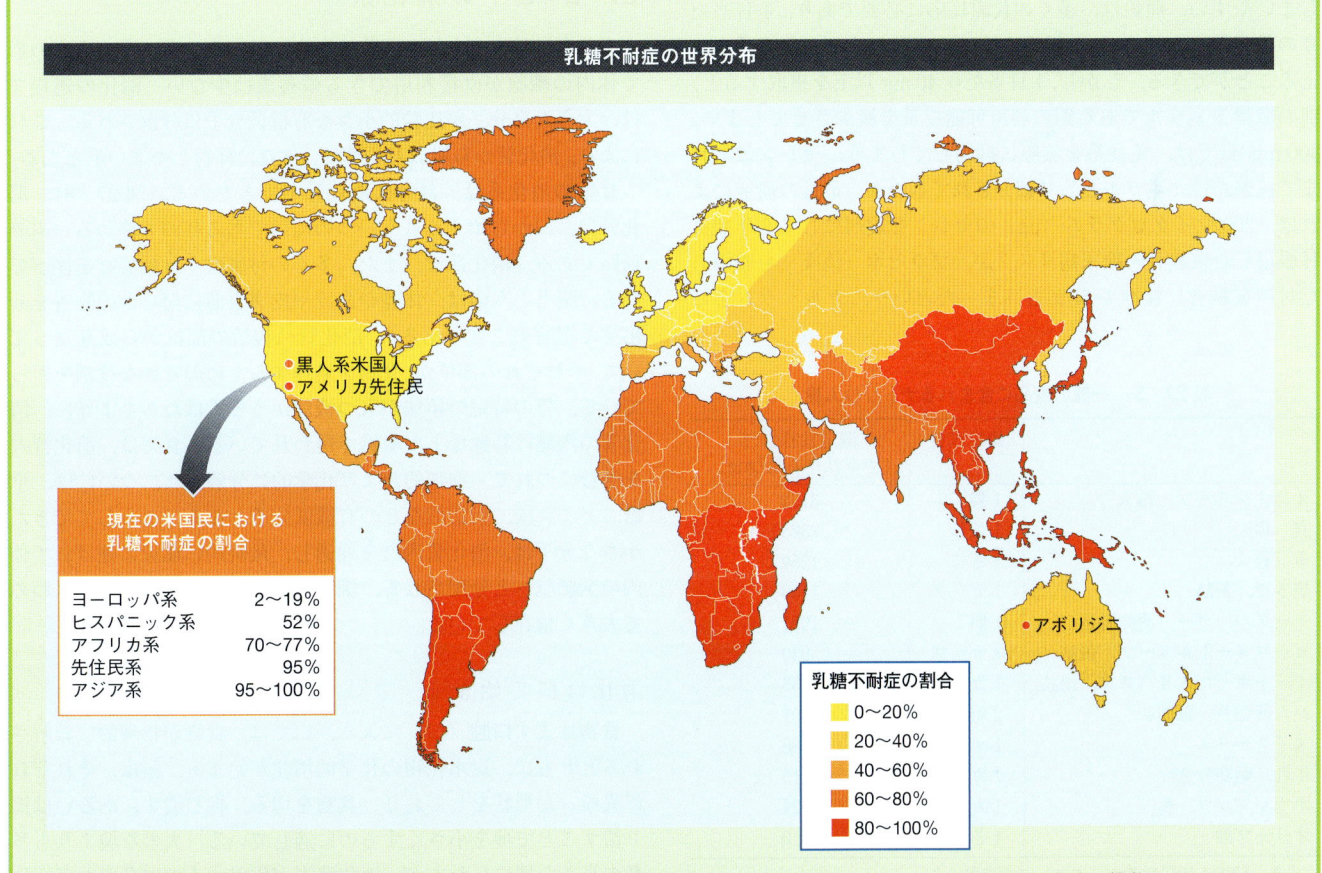

現在の米国民における乳糖不耐症の割合	
ヨーロッパ系	2～19%
ヒスパニック系	52%
アフリカ系	70～77%
先住民系	95%
アジア系	95～100%

乳糖不耐症の割合
- 0～20%
- 20～40%
- 40～60%
- 60～80%
- 80～100%

図2　乳糖不耐症の頻度　世界の約70%の人は，成人になるとラクターゼを合成できなくなる．この地図は，成人で機能しないラクターゼをコードした対立遺伝子の頻度について，出生地ごとに色分けしたものである．東アジアやサハラ砂漠以南のアフリカではラクターゼを合成できる大人は非常にまれである．これは，アメリカ大陸や太平洋の島々の先住民にも当てはまる．

境中のヨウ素量が極端に少ない地域に住む人は，甲状腺腫になりやすい（図5・3b）．甲状腺の肥大が目印となるこの病気は，世界各地で，食塩(NaCl)にヨウ素が添加されたことにより消滅した．

微量ミネラルの多くは，タンパク質に結合することで，その正常なはたらきを支えている．たとえば，体内で赤血球による酸素の運搬にはたらくタンパク質であるヘモグロビンは，鉄原子の助けがなければ酸素を捕らえることができない．生殖年齢の女性は，月経血により鉄分が失われるため，世界の貧しい地域の女性には，鉄欠乏による貧血がふつうにみられる．1日当たりの推奨量は生殖年齢の女性で18 mg，男性で8 mgであるが，一方，上限量もたったの45 mgとなっている[*5]．赤肉をたくさん食べる人や，遺伝的に鉄過剰になりやすい人は，食物から摂取する鉄が，適正範囲を超過してしまうかもしれない．

正常な人体のはたらきにナトリウムイオンと塩化物イオンが不可欠なのは確かだが，ほとんどの米国人は，塩味のスナック菓子や缶スープなど加工され容器詰めされたあらゆる食品から，食塩を摂り過ぎているようだ．健康の専門家によると，1日当たり1500 mg以上の食塩を摂取すると高血圧にかかりやすくなり，特に"食塩誘発生高血圧"になりやすい遺伝的素因がある場合は注意が必要だという．高血圧は，心臓病や脳卒中，腎不全のリスクを高める．それなのに，平均的な米国人は，毎日およそ5000 mgもの添加食塩を摂取しているのである（表27・3）．

ビタミン類と比べても，一部のミネラルは，耐容上限量が小さいため，有害となる量をサプリメントから非常に安易に摂取してしまいやすい．亜鉛は，多くの代謝反応に必要であり，1日当たりの推奨量（女性8 mg，男性11 mg）を満たせば，免疫系を支えることができる．しかし，1日当たり40 mg以上を摂取すると，別の微量ミネラルである銅の利用可能な量を減少させてしまい，300 mg/日では，免疫系を実際に抑制してしまう．セレンはこれまで抗がん性ミネラルとして紹介されてきたが，最近の研究によれば，200マイクログラム（μg）のセレンを錠剤にして8年間毎日服用した被験者の糖尿病リスクが，プラセボ（偽薬）を服用した対照被験者に比べて50%も高まったという．カルシウムをビタミンDと一緒に摂取すれば，骨が強くなる．女性は1日1000 mg～1500 mgのカルシウムを必要とし，年齢によって必要量が異なる（50歳以上なら量がより多くなる）[*6]．一方，男性が1日当たり2000 mgを超えてカルシウムを摂取すると，前立腺がんのリスクを高めてしまう．

■ これまでの復習 ■

1. 消化管内壁の上皮細胞によって直接吸収される有機分子はつぎのうちどれか．
   トリグリセリド，脂肪酸，タンパク質，ナトリウムイオン
2. 人体で必要量すべてを生産することが可能なビタミンは何か．ヒトの組織でこのビタミンを生合成するのに必要な環境条件は何か．また，生物学的活性をもつこのビタミンの活性型をつくるのに関与する組織はどの組織か．
3. ほとんどの米国人が過剰に摂取しているミネラルは何か．この過剰摂取によって生じる可能性のある健康上のリスクは何か．化学物質の特徴を述べよ．

---

1. 脂肪酸．トリグリセリドとタンパク質は大きすぎて上皮細胞に吸収されない．ナトリウムイオンは，有機分子ではない．
2. ビタミンD．ヒトの組織でビタミンDをつくるには日光が必要である．肝臓とじん臓の組織は，皮膚細胞がつくった分子を最終型に変換する．
3. ナトリウム．食塩（NaCl）として摂取される．ナトリウム過剰摂取は高血圧のリスクを高め，さらには心臓病や脳卒中，腎不全を含む．

27・2 ヒトの消化系

栄養素は動物が食べた食物中に含まれているが，そのままの形で体内の細胞が直接利用できる栄養素は少ない．消化の過程では，大きな高分子が比較的小さな有機低分子に分解される．これにより，消化管から吸収しやすく，体液に移行しやすい形となる．

ヒトの消化系は，おもに消化管でできている（図27・8）．消化管は，口から始まりもう一つの開口である肛門で終わる一本の通路である．消化系は，また，多くの付属腺や付属器官を伴っている（腺というのは，体腔や血流や皮膚表面に何らかの物質を分泌する器官のことである）．消化管は複数の部位から成り立っていて，それぞれの部位が，食物を処理するための特殊な役割を担っている．管の特定の領域がもつ機能がうまくはたらくように，消化管の内側は特殊な上皮組織で覆われている．食物は，消化管内を進むにつれて，物理的および化学的に分解され，ついには，単糖，アミノ酸，脂肪酸などの有機低分子となる．こうしてできた小さな分子は，消化管内壁を通過し，最終的に血流に運ばれて体内の全細胞へと分配される．細胞は，この供給ルートに，きわめて大きく依存している．

消化は口で始まる

食物はまず口腔（口）に入る．口では，食物が物理的に分解されるとともに，炭水化物の化学的消化が始まる．歯は，それぞれに異なった形状をしており，食物を切る，押し潰す，あるいは擦り潰すことで塊を小さくするのに適している．大きな塊よりも多数の小さな塊にした方が，消化酵素が作用するのに必要な表面積

表27・3 一般の食品に含まれるナトリウム量

	測定試料	測定試料中の ナトリウム量 [mg]
オニオンスープ，粉末	1袋	3132
食 塩	1さじ	2325
重 曹	1さじ	1259
焼き豆，缶詰	1カップ	1106
チーズバーガー（調味料込）	1個	1051
ビーフヌードルスープ，缶詰	1カップ	930
ミートボール入りパスタ，缶詰	1カップ	733
ハム薄切り，低脂肪	2切れ	601
スイスチーズ	1オンス	388
牛乳，脂肪分2%	1カップ	115
ホウレンソウ，生	1カップ	24
オリーブ油	1さじ	0

出典：USDA国民栄養データベースの資料より．

[*5] 訳注："日本人の食事摂取基準2010年版"では，鉄の摂取推奨量は生殖年齢の女性で10.5～11 mg，男性で6～6.5 mg，上限量は40～55 mgである．年齢により若干の違いがある．

[*6] 訳注："日本人の食事摂取基準2010年版"では，成人女性の推奨量は650 mg前後，50歳以上で増えることはない．

27. 栄養と消化

がずっと大きくなる．この食物粒子は，筋肉でできた舌によって**唾液**と混ぜ合わされる．唾液は，口に付属した六つの**唾液腺**でつくられ，送られてきた液体である．唾液は，食物中にあるデンプンの分解を始める酵素を含むとともに，喉を滑らかに通過できるよう，食物を湿った塊にする．

食物は舌のはたらきでのど，つまり**咽頭**，へと押し込まれる．咽頭は，口の後方にあって，鼻腔との合流点である．咽頭は，食物の管（食道）と空気の管（気管）につながる共通の入り口である．食物塊が咽頭内壁に接触することで，神経が刺激されて**嚥下反射**が開始される．この無意識の動作では，気道入り口は組織弁（喉頭蓋）によって閉じられ，食物は**食道**へと押し込まれる．その後，筋収縮がつくりだす波によって食物は胃へと運ばれる．胃では，胃酸とペプシンが分泌され，タンパク質の消化が始まる．ペプシンは，タンパク質を短いアミノ酸鎖へと分解する酵素である．酸性は，食物の分解を助長しつつ，ペプシンを活性化させる．胃壁にある筋は，収縮と弛緩を繰返して，食物片と酸やペプシンを混ぜ合わせる．こうしてできあがった混合物は，小腸に移動できるようになるまで，胃の中に保管される．

膵臓と肝臓は小腸での消化を助ける

小腸はくねくねと蛇行した細い管（直径約 2.5 cm）であり，まっすぐに伸ばせば，およそ 6 m にもなる．その上部と下部では，機能が異なっている．胃に隣接する上部は，大きな分子を消化して単純な形状に変え，体が吸収できるようにしている．ここでは，いくつもの酵素によってタンパク質，炭水化物，脂質がそれぞれに特異的消化を受け，食物分子は完全に消化される．小腸の消化酵素は，小腸自体によってつくられるものもあるが，多くは小腸と深いつながりのある付属器官でつくられている．**膵臓**は多種多様な酵素をつくり，管を介して上部小腸に送っている．

脂肪は水に溶けないので，その消化は特に難しい．脂肪は大きな油滴となるが，これを消化するには，脂肪滴を壊して消化管水溶液と混ぜ合わせなければならないのである．胆汁は，脂肪滴が水に溶けるのを助ける．胆汁は，ちょうど食器用洗剤が油で汚れた皿にはたらくのと同じように作用する．胆汁酸は，油滴を覆う被膜となって，油滴と水分子が相互作用できるようにすることで，完全ではないが水に溶かすことができる．大きな油滴は，壊れて微小な小滴となり，脂質分解酵素がはたらくための広大な界面が生まれる．胆汁は，**肝臓**でつくられる．肝臓は，第 26 章で紹介したとおりホメオスタシスをはじめとした多彩なはたらきをもつ器官である．肝臓でつくられた胆汁の一部は**胆嚢**にためられ，胆嚢は必要に応じ胆汁を取分けて，小腸へと送り出す．

栄養素と水は，小腸と大腸で吸収される

小腸下部は吸収のために特殊化していて，内壁の表面は，消化管内腔の食物片に接するための広大な表面積をもっている．栄養素は，非常にたくさんの**絨毛**（じゅうもう）とよばれる指のような突起によって吸収される．絨毛（図 27・9）は，長さ 1 mm ほどで，表面には栄養素を吸収するための特殊な細胞が並んでいる．さらに，この細胞の細胞膜は，1 mm のおよそ 1000 分の 1 という非常に微小な突起（微絨毛）をもっている．絨毛の外側を顕微鏡で観察すると，この細胞膜の突起のおかげで，全体として，毛羽立ったブラシのような形に見える．この，絨毛表面を占める"毛羽立った"

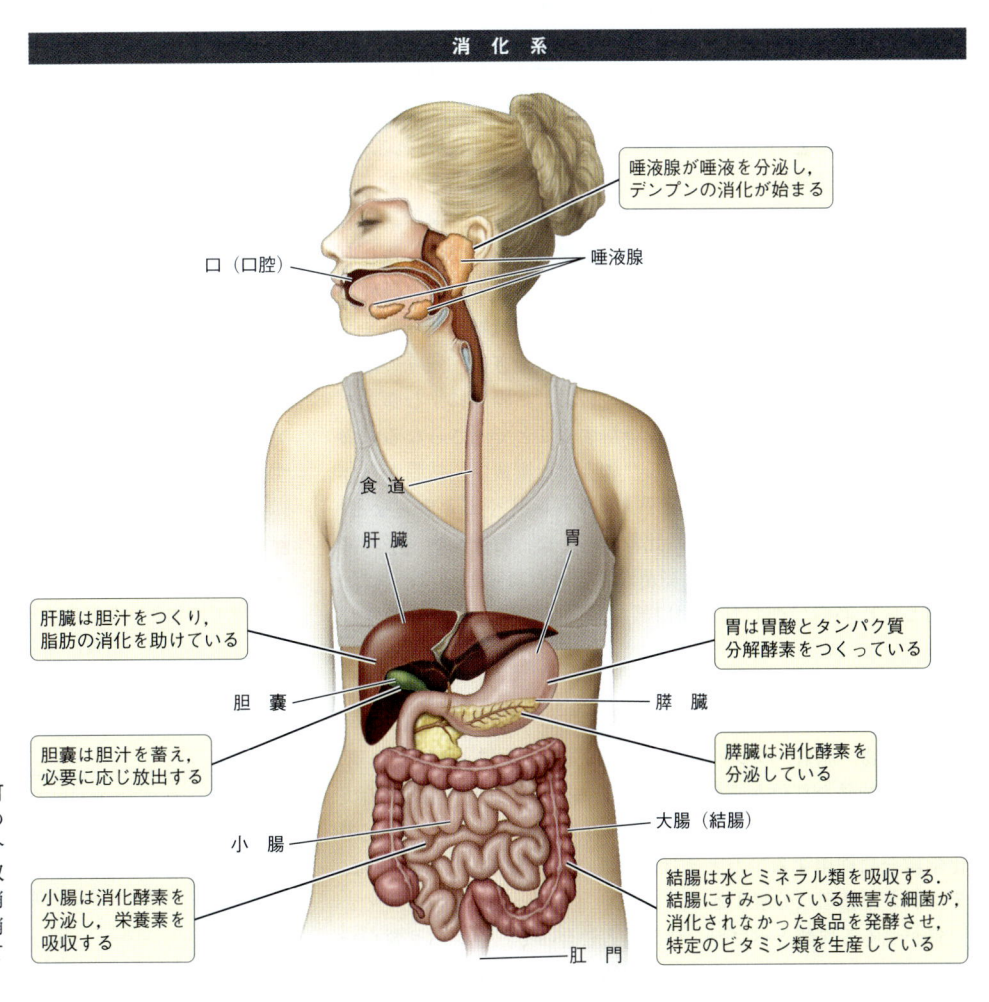

消化系

図27・8 **ヒトの消化系は食物を吸収可能な栄養素に変える** 食物が消化系の中を移動するにつれて，低分子へと分解されてゆき，腸の内壁によって吸収可能になる．肝臓，胆嚢，膵臓は，消化系の付属器官であり，食物分子の消化と吸収を助ける重要な役割を担っている．

- 唾液腺が唾液を分泌し，デンプンの消化が始まる
- 口（口腔）
- 唾液腺
- 食道
- 肝臓
- 胃
- 肝臓は胆汁をつくり，脂肪の消化を助けている
- 胃は胃酸とタンパク質分解酵素をつくっている
- 胆嚢
- 膵臓
- 胆嚢は胆汁を蓄え，必要に応じ放出する
- 膵臓は消化酵素を分泌している
- 小腸
- 大腸（結腸）
- 小腸は消化酵素を分泌し，栄養素を吸収する
- 結腸は水とミネラル類を吸収する．結腸にすみついている無害な細菌が，消化されなかった食品を発酵させ，特定のビタミン類を生産している
- 肛門

小腸の吸収表面

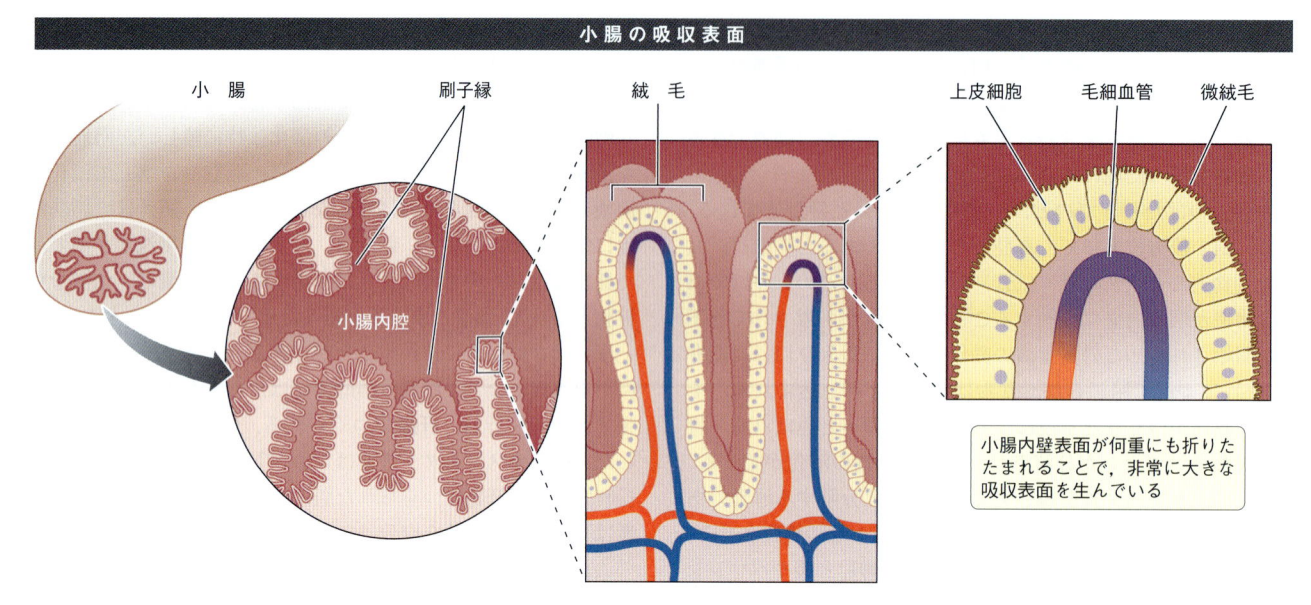

図 27・9 小腸内壁表面は広大な表面積を提供する 小腸内面は，うねうねとうねっている．内壁の表面は，絨毯のパイルのような絨毛とよばれる指状の突起によって密に覆われている．絨毛の細胞は顕微鏡で見えるレベルの微細な細胞膜の突起（微絨毛）をもつ．こうした構造がすべて合わさって，非常に広大な吸収面を生んでいる．

細胞の層は，**刷子縁**とよばれている．このように腸の内側が複雑に折りたたまれることで，驚くほど広い吸収表面積を生じ，約 300 m^2 にも達する．これは，なんとテニスコートとほぼ同じ広さである．

消化された栄養素が吸収されるには，小腸内壁の上皮を通り抜けて，体内へと移動しなければならない．絨毛内部には，吸収した栄養素を他の細胞へと運ぶための二つの道がある．一つは毛細血管（循環系の一部）で，この道を通ってアミノ酸と糖類が迅速に運ばれる．もう一つは壁の薄いリンパ管（リンパ系の一部）で，モノグリセリドと脂肪酸は，まずこの道を通って回収されるが，これらの分子も最終的にはリンパ系から血流へと放出される．

消化管内の食物の残りかすが大腸に届くころには，栄養素はもはや少ししか含まれていない．**結腸**（大腸の主部）では，残りかすを排泄物として体外へと排出する準備が行われる．この過程には，つぎの三つの機能がある．まず，結腸は排泄物に残ったミネラルのほぼすべてをイオンとして吸収する．つぎに，残りの水分も，ほぼすべて結腸で吸収される．最後に，結腸内にすむ膨大な数の細菌が残りの排泄物の一部を分解することで，さらなる栄養素が放出され，体内に吸収される．こうした細菌は，結腸から体内へと吸収される特定の有機分子（ビタミンKやビオチンなど）も生産している．最終産物は，比較的堅くなった排泄物（丁寧に言えば，おおむね難消化物と細菌からできた糞）となる．糞は，**肛門**という筋肉に囲われた開口部を通って，体外へと排出される．

消化酵素は食物の化学的分解の速度を上げる

炭水化物，脂質，タンパク質を消化するいろいろな酵素が，消化管内の特殊な部位から分泌されている．（酵素の作用機構の復習には，第8章を参照のこと．）おのおのの消化酵素は，特定の化学結合に作用する．たとえば，唾液に含まれるアミラーゼは，デンプンを糖類に分解する．

胃がつくる胃酸とペプシンは，協力し合って，タンパク質を分解して短いアミノ酸鎖にする処理を始める．ペプシンは，胃の酸性（低 pH）環境下でよくはたらく特殊な酵素である．胃から送られてくる食物の部分消化物も強い酸性なため，これがそのまま小腸に入ると問題を起こしかねない．強酸性環境では，小腸内で食物消化を一手に担う酵素が，うまくはたらかないのである．そこで，pH を調整するために，膵臓から炭酸水素ナトリウムを含む液が分泌されている．炭酸水素ナトリウムは，おそらく重曹という粉末の形でおなじみのことと思うが，上部小腸において酸の中和にはたらいている．

膵臓は，いくつかの酵素も小腸に分泌している．膵アミラーゼは長鎖の炭水化物分子をより単純な糖類へと分解する．トリプシンとキモトリプシンは，タンパク質を短いペプチド（短いアミノ酸鎖）に分解し，生じたペプチドはさらに別の酵素によってアミノ酸へと分解される．膵リパーゼは，脂肪を分解して，吸収可能な脂肪酸やモノグリセリドにする．膵臓の酵素のはたらきによって始まった炭水化物とタンパク質の消化は，小腸内壁の上皮細胞のはたらきによって完了する．小腸上皮細胞は，いろいろな酵素を分泌し，短い糖鎖を吸収可能な単糖へ，短いペプチドを単体のアミノ酸へと分割する．刷子縁は，核酸をヌクレオチドへと分解する酵素であるヌクレアーゼも分泌する．

■ これまでの復習 ■

1. 噛むことは，食物消化にどのように役立つのか．
2. 胃で消化される高分子はつぎのうちどれか．
   炭水化物，脂質，タンパク質
3. 胆汁の機能を述べよ．
4. 小腸が大きな吸収能力を発揮するためにもつ特徴を述べよ．

1. 噛むことで食物が小さじに破砕される．食物片が小さいほど消化酵素が作用する表面積が広くなる．
2. タンパク質
3. 脂質の消化における胆汁の機能，胆汁は脂肪酸を包んで細かな小滴へと分解し，膵リパーゼ酵素と相互作用する表面積を増やす．
4. 小腸内壁は複雑に折りたたまれている．栄養素を吸収するためのひだや襞が多数存在している．内壁には絨毛とよばれる指状の突起がたくさんあって，絨毛細胞は微絨毛をもつ．

27・3 動物の消化系にみられる特別な適応

消化専門の組織を発達させた最初の動物は，おそらく現在の刺胞動物（クラゲやサンゴポリプなど）に似ていたと考えられる．そして，もっぱら分泌と吸収を行う細胞でできた内壁が囲む単純な内腔において，消化は行われていた．本当の消化管，つまり，両端に開口をもつ管状の通路は，線虫や軟体動物などの前口動物が出現したおよそ5億年前になって初めて進化した（§4・4参照）．進化の歴史上，これらの動物から始まりその子孫となる無脊椎動物および脊椎動物のすべてにおいて，消化管はちょうど食品加工の流れ作業のように組織されていて，消化系の各部位が専門的な機能を果たす中を，食物が一方向に移動している（図27・10）．消化管の構成は，どの動物でも，総じて似たり寄ったりであるが，一部の動物の消化系は，特別な特徴を備えている．それは，その種の摂食の習性や嗜好性に関連した特徴であることが多い．

素嚢は食物を蓄え，砂嚢は食物を擦り潰す

昆虫から鳥まで多くの動物において，食道には，壁の薄い小さな部屋がある．これは，素嚢というもので，ちょうど買い物かごのように利用されている（図27・10）．動物たちは，食べ物をあさっては筋肉質で膨らむ素嚢に詰めておき，適切な時間と安全なとまり木が見つかるまで，食物の処理を後回しにしておくのである．鳥のなかには，捕食者に驚くと素嚢の中身を吐き出すものもいる．この行動は，荷を軽くして，とっさに逃げられるようにするためのものである．また，ハト，ペンギン，フラミンゴでは，ひなに食べさせるための素嚢乳とよばれる液が素嚢でつくられる．

線虫類のような単純な動物では，食物を破砕するための特別な仕組みがない．線虫の消化管は，食物を押し進めるための筋肉さえ欠いており，その代わり，体壁を絞る動きと体のよじれ運動に頼っている．歯がない，あるいは顎さえももたない動物など，化学的消化に完全に依存して食物を分解している動物もいる．こうした動物たちは，小さな粒子もしくは液体の形で食物を摂取しなければならない．たとえば，巣を張るクモは，噛むための口器を欠くため食物を機械的に破砕することができない．そこで代わりに，獲物に顎を突き刺して，毒液を注入する．獲物の組織を溶かすと，クモはその液だけを吸い出して，堅い部分はすべて棄てる．

無脊椎動物であれ脊椎動物であれ，ほとんどの動物は食物を小さな断片へと破砕するための特別な仕組みをもっている．体積が同じなら，食物片が小さいほど酸や酵素にさらされる表面積がより大きくなるため，消化の速度が著しく増大する．ヒトをはじめ多くの動物は，強い顎骨に納められた堅い歯を使って，押し潰し，引き裂き，剥ぎ取り，擦り潰すことで，大きな食物片を小さくする．また，筋肉を堅い面（たとえば，特別な袋に蓄えた石）と組合わせて使うことで，食物片を機械的に破砕する動物もいる．ミミズや昆虫，多くの爬虫類，鳥類では，消化系の一部が筋肉質の**砂嚢**に変化していて，まさにこの目的のために動物が摂取した小石や砂粒を使って食物を擦り潰している（図27・10）．

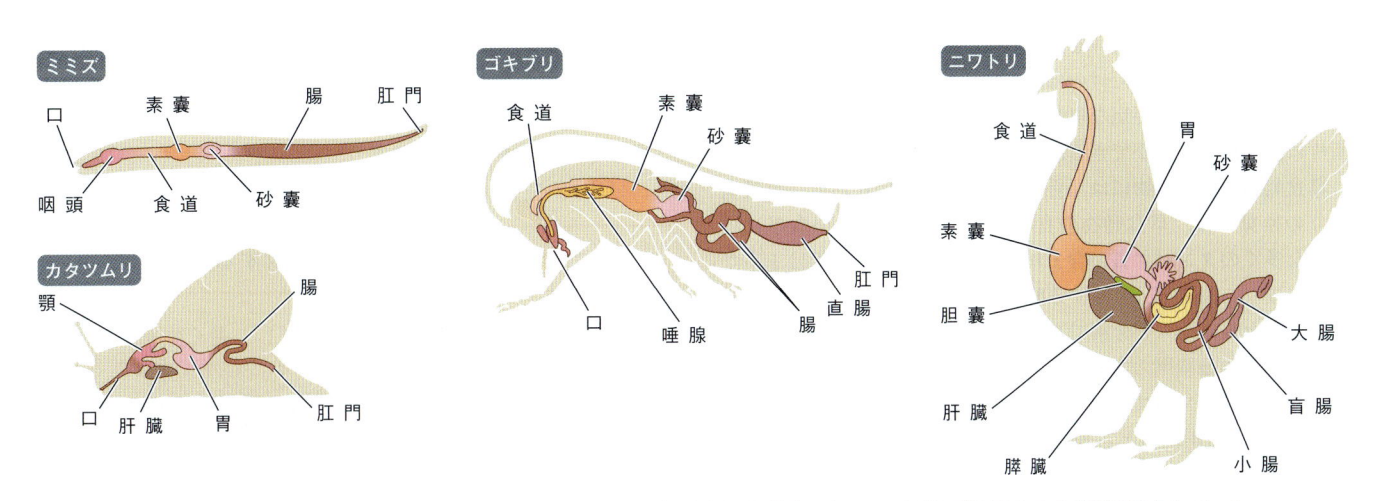

図27・10 消化の戦略が生む多様性 ほとんどの動物の消化系は似通った構成になっているが，種ごとにある程度特殊化している．

草食動物と肉食動物の比較

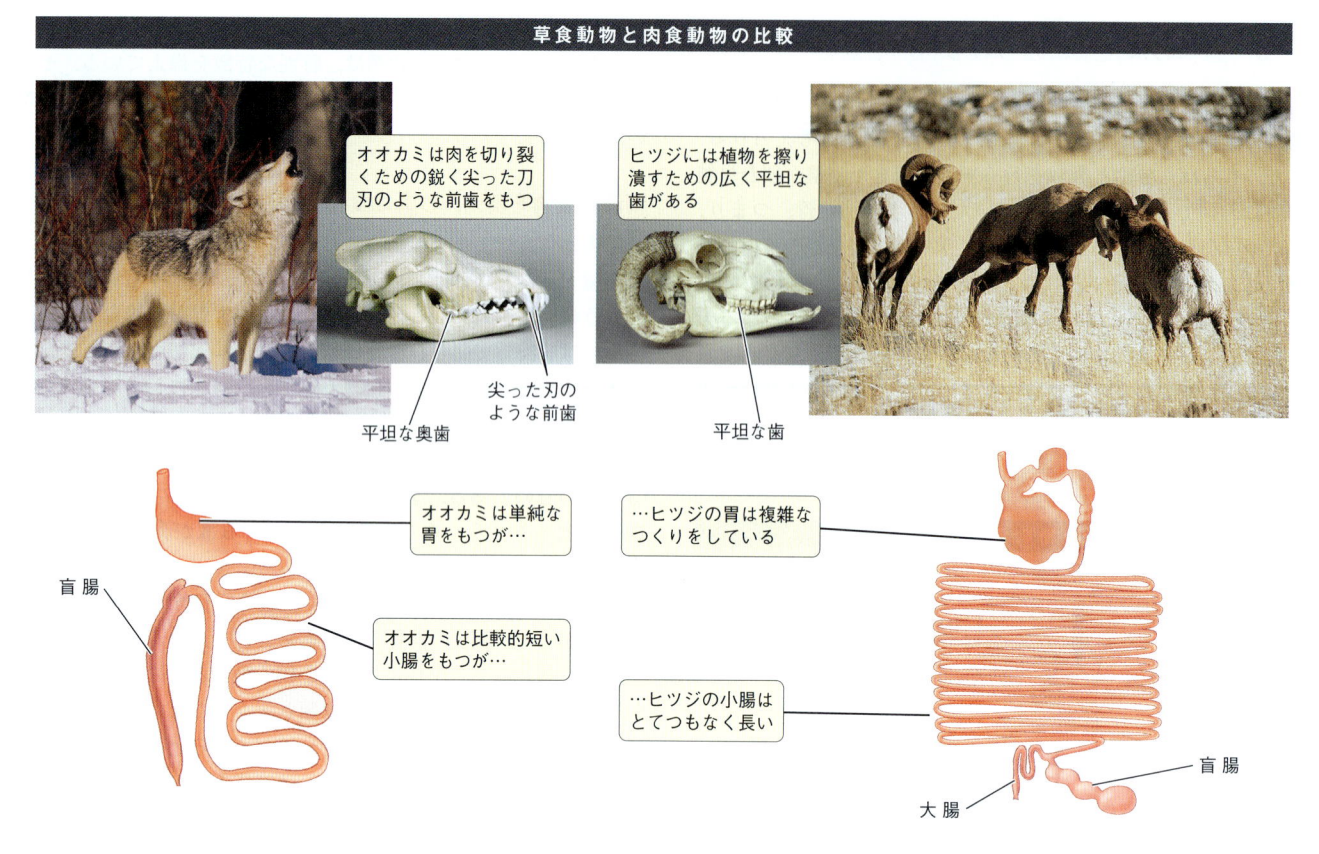

図27・11 肉食動物と草食動物にみる消化系の違いは，食事の違いを反映している

草食動物の消化系は，植物を消化するために変化した

草食動物は，植物組織から栄養素を取出すために特殊に進化した消化系をもっていて，消化に関して肉食動物とは違った問題を抱えている．植物組織は，動物組織に比べてタンパク質が少ない一方，消化が難しいセルロースを多量に含んでいる．そして，量に関して言えば，草食動物は肉食動物よりもたくさん食べなければならない．また，食物を分解するためにずっと長い時間がかかるため，さらに多くの戦略が必要である．草食性の進化的適応に光を当てるため，ヒツジ（草食動物）とオオカミ（肉食動物）という大きさのほぼ同じ二つの哺乳類を比較してみよう．

オオカミとヒツジの消化系には，食事の違いを反映して異なった部位がいくつかある（図27・11）．まず，最初に違うのは，口である．オオカミは，肉を切り，引き裂くのに適した，尖った刃のような前歯をもっている．彼らの平たい奥歯が食物と接触をもつのは，引き裂かれた肉片を擦り潰して飲み込むのに足る小さな塊にするために必要なだけのほんの短い時間に限られる．対照的に，ヒツジには広く平坦な奥歯があり，頑丈な植物組織を小さな断片に擦り潰すことができる．

草食動物と肉食動物には，胃にも目立った違いがある．重量当たりの換算では，草食動物の食事と比べて肉食動物の食事にはずっと多くのタンパク質が含まれている．オオカミの胃は1室だけから成り，肉を部分分解する酵素をつくっている．

動物はセルロースを分解できる酵素を分泌できない．セルロースは，植物の細胞壁の主成分で，グルコース分子が化学結合で連結した長い鎖でできている複雑な炭水化物である（図5・14a参照）．一方，真正細菌と古細菌を含む原核生物の一部や，真菌類の多くの種は，セルロースをグルコース単体に消化する酵素であるセルラーゼを合成できる．動物は自身ではセルラーゼを合成できないが，シロアリからヒツジまで，草食動物の消化管には共生細菌が住みついていて，それらがセルラーゼをつくり，エネルギーに富むグルコースという報酬を宿主と分かち合ってくれる．

たとえば，ヒツジの胃は，複雑な4室構造を発達させ，多量に繁殖した細菌や真菌および単細胞真核生物を住まわせている．これらの微生物が植物性物質のセルロースを分解し，それによって生じる栄養素やエネルギーを，ヒツジが利用できるようになっている．一方，ヒツジの側は，よく手入れされたすみかと豊富な食物を微生物に提供しているので，当事者双方が利益を得ていることになる．

オオカミの小腸は，ヒツジのものに比べると吸収表面積が小さい．これは，おもに長さが違うためで，ヒツジの小腸は同じ大きさのイヌ科の動物のものと比べて，およそ6倍もの長さをもっている．このように広大な表面積が提供されるように設計されていることで，ヒツジは食物中にある比較的少量のタンパク質から遊離した栄養素を吸収することができる．ヒツジは精巧な消化系をもつおかげで，オオカミを養うことができないような食事でも，生き抜くことができるのである．

学習したことを応用する

私たちはどうすれば，より良い食事をし，長く生き，お金を節約することができるだろうか

1960年には1%ほどしかなかった2型糖尿病は，急速に蔓延し，2020年までに全米の人口のほぼ半分が糖尿病またはその一歩手前の状態になると予測されている．1975年に子どものときには糖尿病のリスクがあるとは思いもよらなかった何百万人もの大人が，

現在その病にかかっている．これは，米国人の生活様式が劇的に変化した結果である．ほとんどの人が健康的だった国民が，いったいなぜ，慢性的に病むように変わってしまったのだろうか．

"遅発性糖尿病"ともよばれる2型糖尿病は，血糖調節能の低下によって生じる．私たちが食事をするたびに消化管では糖類が食物から血液へと移動する．第29章でみるように，体はこれに応答して，インスリンというホルモンを分泌する．インスリンは血糖（グルコース）を取込むよう体細胞を刺激することで，今度は血糖を減少させる応答を体に生じさせるのである．2型糖尿病患者はインスリン抵抗性が高く，体細胞がインスリンを認識できずに血糖の取込みができなくなってしまっている．一方で，何か食べれば常に血糖の急上昇が起こり，どんどんインスリンが分泌され続ける．

糖尿病発症のおもな四つの危険因子は，年齢，肥満，運動不足と，"メタボリックシンドローム"である．メタボリックシンドロームとよばれる一群の異常には，インスリン抵抗性や高血圧，コレステロール異常，内臓肥満が含まれるが，これらはすべて，心臓血管病のおもな危険因子でもある．メタボリックシンドロームになると2型糖尿病のリスクが30倍にも跳ね上がるが，このメタボリックシンドロームへと向かわせる最大の危険因子は肥満である．2010年現在，全米国民の30%が肥満（単なる超過体重ではない）であり，その割合は，39の州で，ほんの15年の間に倍増もしくは2倍近くに増えている[*7]．

運動は効果的だ．30分の運動を週に4回から6回している人は，運動していない人と比べて糖尿病罹患率が半分になる．とはいうものの，車で通勤し仕事で（あるいは学校で）一日中座ってばかりという状況に身を置く人が，ほとんどであろう．ましてや両親が外に仕事をもっている家庭では，新鮮な材料を買って料理をつくる時間も元気もほとんどない．時間に追われ，疲れ果てた家族がインスタント食品にひきつけられるのは当然の成り行きであろう．米国では，子どもの30%がファーストフードを食べ，それにより毎日187 kcalの余分なエネルギー量を摂取しているという．2003年の統計では，1970年時点と比べ，米国民は一日当たり523 kcalも多いエネルギー量を食事から摂取していた．一方で，新鮮な果物や野菜，全粒穀物，豆類，種実類，多価不飽和脂肪酸，といった私たちにとって最良の食品は，利用しづらく，かつ概して値段が高い．

食物繊維を摂ることで，体重を減らし血糖を制御することができるかもしれない．栄養学者は1日20～35 gの食物繊維の摂取を推奨しているが，標準的な米国人が摂れるのはせいぜい12～18 g程度である．私たちは，新鮮な果物と野菜を食べる代わりに，飴玉や甘いヨーグルトの容器を手にとってしまうが，どちらも砂糖が多く，またたいていは食物繊維がまったく入っていない．私たちは，朝食にはオートミールでなく"糖質ゼロ"商品を食べ，昼には，豆のブリートではなくターキー&チーズラップを食べる．低繊維食品は血糖の急増をまねくとともに，血糖の減少も早いためにすぐに空腹感をまねいてしまう．

食事を改善しもっと運動をすべきだ，と言うは簡単だが，多くの人にとって，生活を変えることはなかなか難しい．なぜなら，これはただ単に生活習慣が"良い"とか"悪い"とかの問題ではなく，予算や仕事や時間の制約といった問題でもあるからだ．米国は，人々が食を改善し運動を敢行するためのハードルを下げる

ための何らかの方法を見つける必要がある．それは単に，国民の健康と幸福のためというばかりでなく，4兆円にのぼる医療費を削減し，連邦政府予算の収支の均衡を保つためでもある．

米国農業省によって発表された新しい食事摂取基準には，全粒穀物と野菜や果物の重要性が強調されているが，ほとんどの米国民においてそれらの摂取量が不足している

章のまとめ

27・1 動物の必要栄養素

- 生命はごく少数の化学元素に依存している．そのうち一部のミネラル元素は比較的多量に必要とされ，ほかは生存に必須ながらもごく微量だけ必要とされる．
- 植物を食べる動物を草食動物，他の動物を食べる動物を肉食動物，植物と動物の両方を食物とする動物（ヒトを含む）を雑食性動物という．
- 動物は炭水化物を単糖に，脂質を脂肪酸とモノグリセリドに，タンパク質をアミノ酸に，それぞれ分解してからでないと，栄養素として体内に吸収できない．
- 動物は，化学的構築材料とエネルギーの両方を栄養素に依存している．呼吸により炭水化物と脂質のエネルギーが放出される．タンパク質はたいていの場合，アミノ酸源として利用される．
- 人体は特定のアミノ酸をつくることができない．こうした必須アミノ酸は，食物から摂取する必要がある．
- ビタミン類は食物から得られる有機化合物で，動物の体における代謝プロセスの調節を支えている．ミネラル類は体に少量だけ必要とされる無機低分子である．ビタミンとミネラルの摂取が，多すぎても少なすぎても，最適な機能は保てない．

27・2 ヒトの消化系

- 消化管は，付属器官と協力して摂取された食物を処理する管状の通路である．
- 口腔内では食物を歯がすり潰すことでより小さな食物片に破砕される．唾液腺が唾液を分泌することで食物が湿り，デンプンの化学的分解が始まる．
- 食物は口腔から咽頭へ，そして食道を下って酸性環境の胃へ

[*7] 訳注: 厚生労働省"国民健康・栄養調査結果の概要"によると日本では，2011年時点で成人男性の約3割が肥満で，この30年間で倍増した．一方，成人女性は約2割が肥満で，その割合はこの30年間，ほとんど変化していない．なお，BMIが25以上という日本の肥満基準は米国より厳しい基準であり，一概には比較できない．

と通り抜け，そこでタンパク質分解が始まる．
- 部分消化された食物は胃から小腸上部へ移動する．そこでは，膵臓および小腸自体から分泌される酵素のはたらきによって，食物の消化が完了する．肝臓によって生産された胆汁は，胆嚢によって貯蔵されたのち小腸に運ばれて脂肪の消化を助ける．
- 小腸下部では，消化された栄養素が毛細血管およびリンパ管を通って体内へと吸収される．小腸内面は高度に折りたたまれていて，栄養素を吸収するための広大な表面積を提供する指状の突起（絨毛）をもっている．
- 吸収されなかった物質が小腸から結腸へと移動すると，物質内に残っていた水とミネラルの大部分が吸収される．また，ここでは，細菌が残廃物の一部を分解し，吸収可能な栄養素を放出する．

27・3 動物の消化系にみられる特別な適応
- ほとんどの動物の消化系は，機能の類似性を反映して，どれも似たような構成をしている．
- ほとんどの動物は，迅速な消化のために，筋肉と表面の堅い物質を使って食物をできるだけ小さな破片へと破砕している．多くの場合，砂嚢が食物の擦り潰し役を担っている．
- 草食動物は，消化系を特殊に適応させることで，植物から栄養素を取出している．草食動物では，歯の形状が堅い植物組織を完全に擦り潰すのに適している．また，比較的長い小腸をもち，タンパク質の分解により放出された栄養素を吸収しやすくなっている．一部の草食動物は，複数の胃をもっていて，そこにセルロース分解微生物を宿している．

重要な用語

栄養素 (p.466)	咽 頭 (p.475)
消化系 (p.466)	嚥下反射 (p.475)
摂 食 (p.466)	食 道 (p.475)
消 化 (p.466)	胃 (p.475)
草食動物 (p.466)	小 腸 (p.475)
肉食動物 (p.466)	膵 臓 (p.475)
雑食性動物 (p.466)	胆 汁 (p.475)
腐食性動物 (p.466)	肝 臓 (p.475)
食物繊維 (p.467)	胆 嚢 (p.475)
必須アミノ酸 (p.469)	絨 毛 (p.475)
ビタミン (p.469)	刷子縁 (p.476)
微量ミネラル (p.472)	結腸（大腸）(p.476)
口 腔 (p.474)	糞 (p.476)
唾 液 (p.475)	肛 門 (p.476)
唾液腺 (p.475)	砂 嚢 (p.477)

復習問題

1. ヒトの必須ミネラルはつぎのうちどれか．
   (a) 水 素　　　　(c) セルロース
   (b) トリグリセリド　(d) ヨウ素
2. 消化によりタンパク質が分解されると何になるか．
   (a) 単糖　(c) 糖 類
   (b) 脂肪　(d) アミノ酸
3. 八つの必須アミノ酸すべてが含まれるのは，つぎのうちどれか．
   (a) 全粒小麦シリアル　(c) 豆と米
   (b) コーンチップス　　(d) 焼ピーナッツ
4. 消化とは．
   (a) 栄養素から体に使う分子を再構築する．
   (b) 栄養素を吸収可能な形に分解する．
   (c) アミノ酸からタンパク質をつくる．
   (d) 炭水化物から脂肪をつくる．
5. 強い酸性環境をもつものは，つぎのうちどれか．
   (a) 口　　(c) 胃
   (b) 小 腸　(d) 大 腸
6. 消化酵素を分泌するのは．
   (a) 唾液腺　(c) 小 腸
   (b) 膵 臓　(d) a～cのすべて
7. ヒトの消化を助ける細菌がいる場所は．
   (a) 胃　　(c) 胆 嚢
   (b) 膵 臓　(d) 結 腸
8. 動物によって消化できないものは，つぎのうちどれか．
   (a) タンパク質　(c) 脂 肪
   (b) セルロース　(d) 炭水化物
9. 一部の動物の消化系では，砂嚢は…
   (a) 消化酵素を分泌する．
   (b) 栄養素を吸収する．
   (c) 食物を擦り潰す．
   (d) 胆汁をためておく．
10. 草食動物のセルロース消化を可能にした適応は，つぎのうちどれか．
    (a) 短い腸　　(c) 膵 臓
    (b) 腸の絨毛　(d) 腸内細菌

分析と応用

1. "食物繊維"とは何か．なぜ，食物繊維は人間の健康に不可欠だと考えられているのか．また，食物繊維に富む食品を四つあげよ．
2. 大量に摂取すると，脂溶性ビタミン類の方が水溶性ビタミン類よりも毒性をもちやすいのはなぜか．また，両群の例を一つずつあげよ．
3. 一般的なリンゴには，芯も含めて，1g未満のタンパク質と脂肪，32gの炭水化物，6gの食物繊維が含まれている．リンゴが口に入ってから消化され吸収されるまでの消化系を通り抜ける旅程を述べよ．このとき，消化系を部位ごとに区別し，それぞれの部位で何が行われるかを明記せよ．また，ヒトが消化できないものがリンゴに含まれているかどうか，意見を述べよ．
4. ヒトの消化管における食物消化に関して，付属器官の役割を述べよ．
5. 胆汁をつくる器官は何か．胆汁を貯蔵する器官はどれか．食物消化における胆汁の役割は何か．
6. 自己免疫疾患であるセリアック病（小児脂肪便症）では，小麦や大麦に含まれるタンパク質のグルテンに対する過剰反応により腸の絨毛が傷害される．この病気をもつ子ではどのような症状が認められると予想されるか．理由とともに述べよ．
7. ほとんどの動物の消化系に共通する普遍的な特徴を述べよ．また，その特徴が共有されている理由について，考えを述べよ．
8. 植物を基本とした食事に適応した草食動物の消化系がもつ特徴を述べよ．

ニュースで見る生物学

Want a Long Life? No Worries
By Alex Beam

長生きしたいって？　心配無用

　筆者は，長寿の科学と称する類の話には辟易している．今月に入ってからも，ある研究チームがゆっくり運転は寿命を延ばすことを示しただの，別のグループがテレビを観すぎると死期が早まると発表しただの．カナダのマクマスター大学の研究者が"高齢者でも若さを保つことができる食事メニュー"を公表したかと思えば，その数日後には英国のニューキャッスル大学のプレスリリースでは"研究者が老化のパズルを解く"という発表があった．

　一方，"偉大な天才"Ray Kurzweilが不老不死の処方を売り込み，ケンブリッジやどこそこにある"大製薬企業"を名乗る強欲者が，今なおレスベラトロール（赤ワインに含まれる成分で寿命を延ばすとも延ばさないともわからない）のような物質の宣伝に望みをかけている．そしてまた，半分飢餓状態にさせたマウスが良い食事を与えた仲間よりも長く生きたという研究結果を拠り所に"1日1000 kcalで長生き"という輩もいる．

　カリフォルニアにあるローマリンダは，びっくりするほどの長寿を謳歌する人口の多い唯一の場所で，人口統計学者が統計学上の"青い地帯（訳注：人口統計学では，慣例上，地図上で長寿の地域を青色で示す．）"とよぶにふさわしいほど，健康な100歳人口が多い．長生きの理由は，魔法の薬でも飢餓的な食事でもない．ローマリンダはセブンスデー・アドベンティスト教派のメッカであり，その信者にはまさに医者が皆さんに対し望んでいるような暮らしが勧められている．"食物に対する彼らのアプローチは，きわめて単純にしてとてもしっかりしている"と，マサチューセッツ総合病院老年医学科長のKenneth Minaker博士は言う．"そして，彼らのコミュニティでは，健康に良い行動を実践することで自分たちを強化している．"

　それはどのような行動なのか．アドベンティズム（キリスト再臨説）は喫煙を禁じ，飲酒も推奨せず，旧約聖書のレビ記11章にある清浄な教えを遵守している．信者には，豚肉や甲殻類，そして"清浄でない"食品を避けるよう推奨している．モルモン教と同様に，カフェインも禁物である．何を食べればよいのだろうか．マリー・ベーカー・エディ・アドベンティスト教会のEllen White氏によると，"穀物，果物，木の実そして野菜が，神様が人間に与えてくださった食材です．"とのこと．

　アドベンティストの食事はヴィーガン（訳注：牛乳や蜂蜜など動物性の食品をまったく食べない厳格な菜食主義）またはベジタリアンの食事に非常に近い．ローマリンダには教会が運営するスーパーマーケットがあって，そこには獣肉や鳥肉の売場もアイスクリームもなく，厳格なアドベンティスト派が好む基本食材である乾燥豆類で満たされた容器の長大な列が並んでいる．"ヴィーガン的な食事から肉を摂取する通常の食事に変えると，必ず体格指数BMIが増えてしまうのです．"と，アドベンティスト・ローマリンダ大学公衆衛生学教授のSerena Tonstad博士が筆者に説明してくれた．

　栄養学者は，よく，非常に健康的で長生きの集団を調査して，人の健康の増進に役立つかもしれない食習慣を見つけ出そうとする．セブンスデー・アドベンティスト教派は，良質な栄養を摂り，酒，タバコ，カフェイン入り飲料を節制することの重要性を説く宗教集団である．信奉者が食べるのは，豆類，ナッツ，全粒穀物，野菜，果物に，適量の低脂肪乳製品，それと，最少量の飽和脂肪やコレステロール，砂糖，塩だけである．ベジタリアン的（ヴィーガン的といったほうがよいかもしれない）な食事の重要性を主張する点を除けば，セブンスデー・アドベンティスト教派の食事は，米国農務省が策定した栄養ガイドラインと非常によく似ている．

　セブンスデー・アドベンティスト教派やそれと似た食事をする人は，心疾患やがん，脳卒中，糖尿病にかかる率が，一般の人たちに比べて低い．植物を基本とした食事の予防効果は，よく認められているところである．多くの証拠から，脂ののった魚（サケ，ニシン，イワシなど），亜麻仁，クルミ，海草，藻類などに含まれるn-3系脂肪酸が心臓の健康を増進し，さらには，うつ，ADHD，アルツハイマー病を予防するかもしれないことが示唆されている．

　別の宗教的集団であるアーミッシュ派の調査研究では，食事だけでなく運動も健康増進に寄与することが示された．アーミッシュの人は平均で1日当たり3600 kcalを摂取しているが，これは，平均的米国人の1.5倍ほどになる．高カロリーのアーミッシュの食事は，ベーコンやたまご，ソーセージからの飽和脂肪酸を組合わせたものである．しかし，アーミッシュの大部分は痩せたままで，心疾患や糖尿病の発症率は米国民一般に比べて低い．その秘密は，ずばり，ハードワーク．アーミッシュが肉体的活動に費やす時間は，ほかの米国人の6倍にもなる．米国人は，成人の平均値で1日当たりおよそ2000～3000歩しか歩かないが，アーミッシュの人たちは14,000～18,000歩も歩く．

このニュースを考える

1. 玄米などの全粒食品は，よく"遅い糖質"とよばれる．そうした食品の炭水化物に由来する糖類は，マッシュドポテトや白食パンなどに含まれる"速い糖質"よりもかなり遅れて血流へと放出されるからである．ヒトの消化系について本章で学んだことを活用して，100 kcalのマッシュドポテトが食後30分で血糖の急増をひき起こすのに対して，同じ100 kcalの玄米では血糖の増加がずっと小さく，かつ2時間以上長続きするのはなぜかを説明してみよう．
2. 自分の食事を，セブンスデー・アドベンティスト教派のものと比べてみよう．あなたの食事は，どれほど健康的だろうか．
3. 労働を減らす楽ちんな装置は，私たちの生活様式や健康にどのような影響をもたらしただろうか．具体的な例をいくつかあげてみよう．

出典：*Boston Globe*，2010年2月23日

28 血液循環とガス交換

MAIN MESSAGE

循環系は，体液を輸送する血管網を通じて，栄養素を分配し老廃物を取除く．呼吸系は，外環境から酸素を吸収し，外環境へと二酸化炭素を排出する．循環系が，全身の酸素消費細胞とのガス交換を担っている．

ポンプで上に送る：アフリカ，サバンナの高血圧

アフリカのサバンナで，キリンは広く見晴らしのよい大草原を横切って優雅に移動し，頂部が平たいアカシアの高木から葉を選び取っている．心臓から，長い首を上って頭部まで2m以上も上に血液を送るために，キリンの心臓はヒトの血圧の2倍に及ぶ約260/160の血圧を生み出さなければならない．

ヒトの心臓も，キリンと同様，広大な血管網に血液を巡らせるために相当の圧力を発生させる．医者は，ふつう，血圧を測ることで患者の心臓と血管の健康を評価している．安静時の血圧測定値が120/80未満なら，心臓と血管が順調にはたらいている証拠である．この場合の高い数値と低い数値は，それぞれ，血管が受けた最大および最小の圧力である．心臓が収縮すると高い値となり，心臓が弛緩すると低い値となる．また，血圧はmmHg（ミリメートル水銀柱）という単位で表される．これは，水銀柱を重力に抗してどれだけ高く押し上げられるかで表した，圧力の単位である．

ヒトでは，120/80を超える血圧は高すぎると考えられている．北米の成人の約半分は軽い高血圧（120/80以上，140/90未満）を患い，その5分の1は，血圧測定値が160/95を超える重い高血圧を患っている．血圧が正常値より高い状態が長期に及ぶと，心臓発作や脳卒中，腎不全などの深刻な健康上の問題を生じる危険性が高くなる．たいていの場合，高血圧は減量と運動により抑えることができる．しかし，中等度から重度の高血圧を管理するために，投薬が必要となる場合もある．それなのに，キリンはいかなる医療の助けもなしに，はるかに高い血圧に耐えているのである．

> ヒトが死んでしまうほどの血圧を，キリンはどのように管理しているのだろうか．また，水を飲もうとかがんだときに，脳に過剰な血流がいくのを，キリンはどうやって回避しているのだろうか．

これらの質問に答える前に，ヒトの循環系を一通り眺めてみよう．また，ヒトやほかの動物が，どうやって体に酸素を供給して生きているかに興味を移す前に，まず，ヒトの心臓のはたらきを調べてみよう．

天まで届け キリンの心臓は，心臓より2メートル以上も上にある頭まで血液を送るために十分なポンプ圧を発生させる必要がある．

28. 血液循環とガス交換

基本となる概念

- ヒトをはじめとする多くの動物の循環系は，筋肉でできた心臓に依存している．心臓は，収縮と弛緩を繰返すことで，広大な血管網に血液を送り込む．
- 酸素に富む血液は，動脈によって全身の細胞へと運ばれる．酸素消費細胞は，酸素と栄養素を血液から取込み，二酸化炭素と老廃物を血液に放出する．静脈は，酸素が奪われた血液を心臓へと戻す．
- 心臓は，酸素に乏しい血液を肺に送り，そこで過剰の二酸化炭素が放出され酸素が吸収される．酸素を積んだ血液は心臓に戻り，再び心臓から全身の酸素消費細胞へと送り出される．
- 胸郭と横隔膜の運動によって，肺の空気の出し入れが行われる．
- 肺の肺胞嚢がもつ広大な表面全面で，ガス交換が行われている．
- 吸気中の酸素は肺胞を囲む毛細血管内へと拡散する．二酸化炭素は血漿を出て肺の気腔へと拡散し，そのほとんどが呼出の際に体外へと排出される．
- 赤血球内に詰込まれたヘモグロビンは，酸素と強く結合するが，酸素消費細胞の近傍では酸素を放出する．

体内の物質輸送は，動物を含めたすべての複雑な多細胞生物にとって大切な機能である．イオン，老廃物，シグナル分子，輸送タンパク質といった体内物質の移動がなければ，成長やホメオスタシスなどの調和的な活動は成り立たない．細胞呼吸一つとってみても，ミトコンドリアへの酸素の供給と，老廃物として生じた二酸化炭素の除去が必要なのである（図 28・1）．

動物体内における物質輸送の方法として拡散が重要であることは，これまでの章でふれたとおりである（§7・1参照）．細胞膜を介した移動や細胞内輸送などの短距離の移動，あるいは血管と組織液の間のわずかな距離の移動であれば，拡散でもごく短時間で済む．しかし，ほとんどの動物では，出発点と目的地が遠く離れていて，拡散だけでは，気体や栄養素，シグナル分子などの物質を効率良く移動させることができない．多細胞動物は単細胞だった祖先からの進化の過程で，**循環系**として知られる体内輸送システムを発達させるに至った．循環系は，管状の**血管**と筋肉でできた**心臓**，栄養素や老廃物を長い距離運搬するための体液から成り立っている．

細胞の呼吸を支えるために，動物は酸素を体内に取込み二酸化炭素を排出する術をもつ必要があるが，これを実現している器官系が，**呼吸系**である．呼吸系は，拡散により気体が透過できる広くて特殊な表面を提供している．この表面を透過した酸素は，循環系によって回収されて体内の全細胞へと配られる．また，循環系は細胞が放出した二酸化炭素を吸収し，環境中に排出するためにガス交換面へと運ぶ．

本章では，動物の循環系が生命活動に必要な物質を輸送する仕組みについて考察する．はじめに，ヒトの循環系の構造と機能を紹介する．血管の構造と大きさが血流にどう影響するのかを調べ，ヒトの循環系が抱える健康上の問題について考察する．

つぎに，動物の体の内側と外側で，酸素と二酸化炭素の交換を行う呼吸系の仕組みを観察する．そのうえで，ヒトの外呼吸とガス交換について，さらには，すべての動物のガス交換に共通の普遍的な原則について考察する．脊椎動物は，ガス交換面から内呼吸が行われる細胞へと酸素を輸送するために，それ専門に特化した血球の中に収納された特別な酸素結合性色素を利用している．

28・1 ヒトの心臓血管系

脊椎動物では，循環系は**心臓血管系**とよばれる．心臓血管系は，筋肉でできた心臓と，全体として閉じた循環路となっている複雑な血管網，そして，心臓と血管を循環する**血液**とよばれる体

細胞呼吸

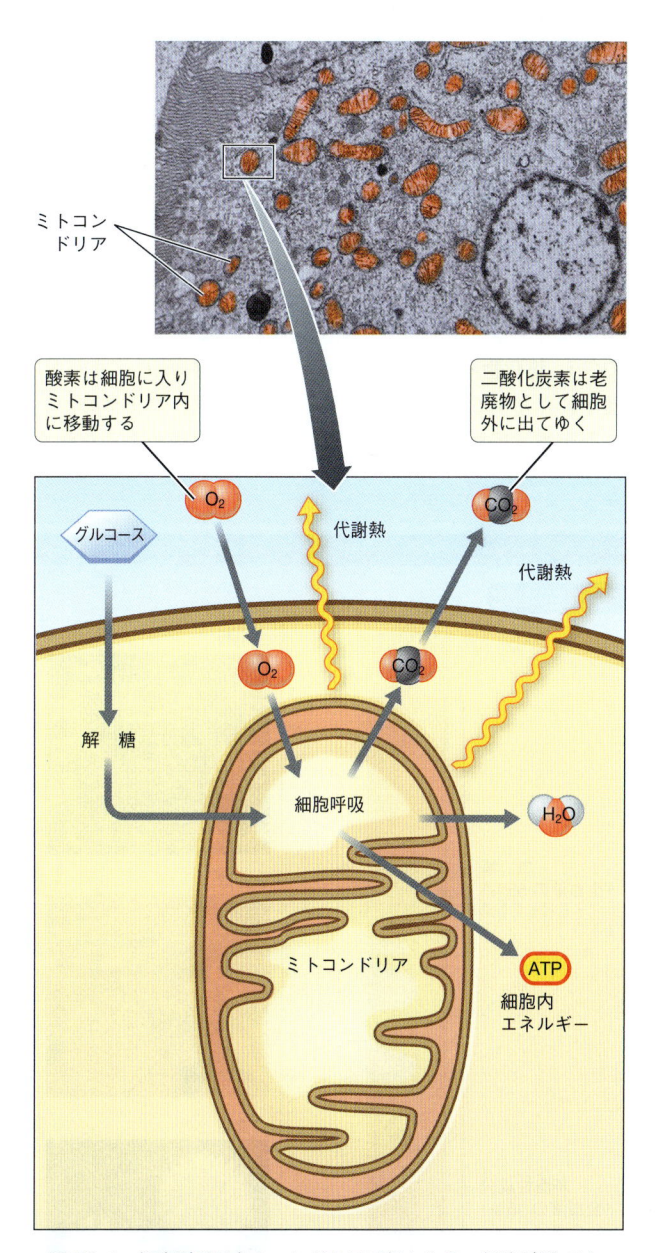

図 28・1 細胞呼吸はミトコンドリアで行われる 細胞呼吸では，細胞が使うエネルギーを，グルコースから取出す．このとき，熱と水，および二酸化炭素も生じる．図は肝細胞のミトコンドリア．

液から構成される．動物が体内でどのように物質を輸送するかについて調べるために，まずヒトの心臓血管系の構造と機能をみることから始める．

血液は多様な細胞を含む水溶液である

血液の約45％は細胞とその断片からなり，これらは**血漿**とよばれる水性の液体中に漂っている（図28・2a）．**赤血球**は全身に酸素を運搬するために特殊化したもので，血液の細胞成分のおよそ95％を占め，ヒトの体内で最も数の多い細胞である．成熟した赤血球は核をもたず，細胞質には何百万ものヘモグロビンという酸素結合タンパク質分子が積み込まれている．

血液の細胞成分には，侵入してくる生物から体を守るための数種類の白血球をはじめ，さまざまな免疫細胞も含まれている（図28・2a）．また，大きな細胞からつくられた小さな細胞断片である**血小板**も，血液の細胞成分である．血小板は，血管が損傷した際に凝集することで失血を防ぐのにはたらく．また，血小板は血漿タンパク質を刺激する凝固因子という物質の放出も行う．これにより，繊維性タンパク質の鎖と血小板，および絡まった血球でできた網目構造がつくられる．これが集合してできるのが**血餅**である（図28・2b）．血球やその断片のほとんどは寿命が短く，骨髄にある幹細胞が体細胞分裂することによって常に補充されている．

血漿の92％は水でできていて，そこに気体やイオンのほか，栄養素やシグナル分子としてホメオスタシスに重要なはたらきをもつ分子が含まれている．血液で運ばれる二酸化炭素の多くは，炭酸水素イオン（HCO_3^-）の形で血漿中に溶けている．このほかに主要なイオンとして，ナトリウムイオン（Na^+），カリウムイオン（K^+），塩化物イオン（Cl^-），カルシウムイオン（Ca^{2+}）がある．血漿中に存在する必須栄養素には，グルコース，アミノ酸，いろいろな脂質，ビタミンがある．血漿は，ホルモンのような体内でつくられる多くのシグナル分子を，迅速にすべての組織に行き渡らせるための媒体ともなる．タンパク質は血漿中に最も豊富に存在する有機分子であり，その一部はタンパク質ホルモンなどのシグナル分子である．このほかに，免疫防御にかかわる抗体，凝固因子，物質輸送のためのタンパク質（アルブミンやリポタンパク質など）などが血漿タンパク質として存在している．

ヒトの心臓は二つの循環路を通じて血液を全身に送り出す

ヒトの心臓血管系では，心臓から出発して心臓へと戻る二つの循環路を通じて，心臓が血液を循環させている．一つ目の経路である**肺循環**は，心臓から肺に出ていき，肺から心臓へ戻るという血流からできている（図28・3）．ここでは，全身の各部位から回収された血液が心臓から肺へと送られる．この血液は酸素に乏しい一方，内呼吸している全身の組織から放出された二酸化炭素（CO_2）を多く含んでいる．肺では，この酸素に乏しい血液が，肺胞内壁の上皮を取囲んだ微細な毛細血管を巡る．酸素は肺の気腔から上皮細胞へ，そして薄い毛細血管壁を通って血液中へと拡散していく．これと並行して，血中のCO_2は，毛細血管を透過し，上皮細胞を経て肺の気腔へと拡散する．こうして酸素を含み二酸化炭素が除かれた血液は，流れて心臓へと戻り，肺循環が完了する．つづいて，この血液は心臓から**体循環**へと送られる．体循環は，全身の細胞へ酸素を配達し，二酸化炭素を回収する（図28・3）．気体は，体循環がもつ広大で微細な血管網を介して交換される．酸素に乏しく二酸化炭素に富む血液が再び心臓へと戻ると，体循環が完了する．

標準的な成人では，5～6Lの血液が，絶えず血管内を循環している．体内にあるおよそすべての細胞が，物質交換がなされる血管からわずか0.03 mm以内（このページの厚みの1/3以下）のところに配置されている．このような非常に短い距離であれば，

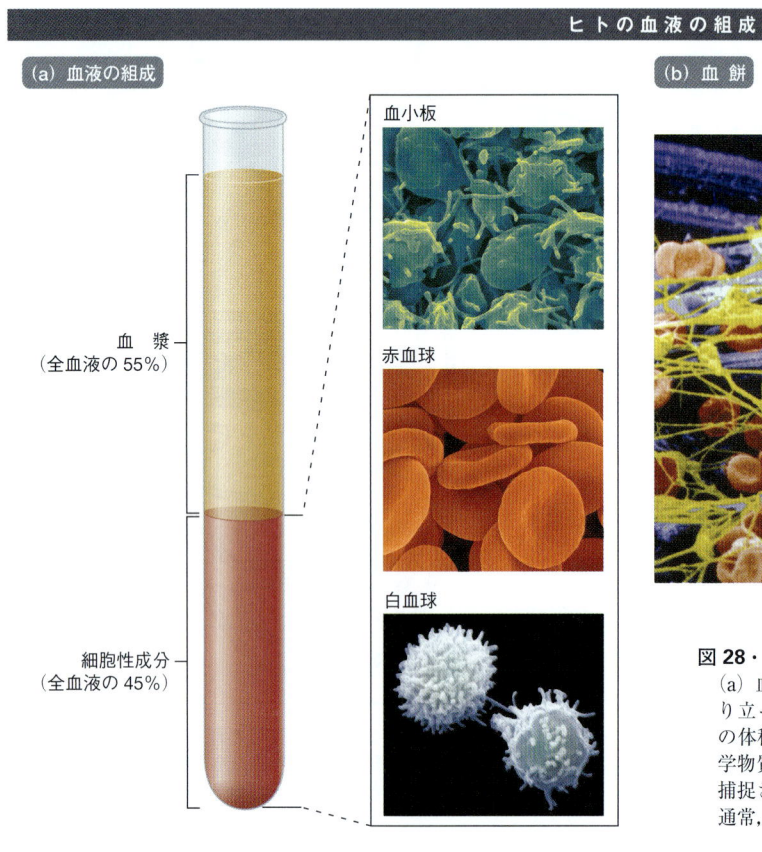

ヒトの血液の組成

(a) 血液の組成

- 血漿（全血液の55％）
- 細胞性成分（全血液の45％）
- 血小板
- 赤血球
- 白血球

(b) 血餅

- 血小板
- 赤血球
- 血液凝固タンパク質の網目

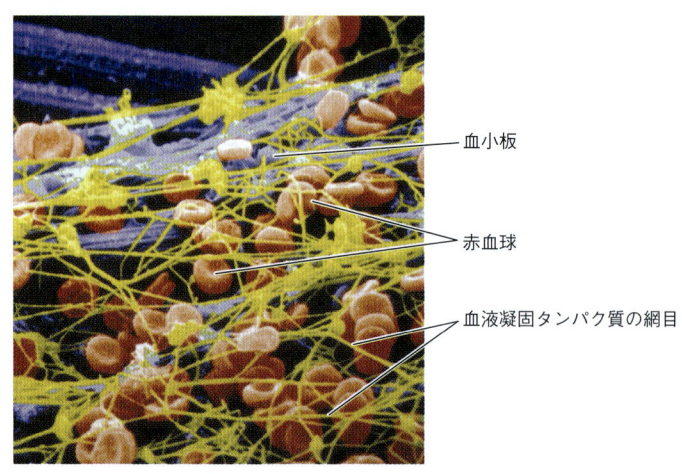

図 28・2 ヒトの血液は液体と何種類かの細胞により構成されている
（a）血液の細胞画分は，種類の異なる多様な細胞とその破片から成り立っている．そのうちの三つをここに示す．赤血球は細胞画分の体積の約95％を占めている．（b）血小板によってつくられる化学物質は血餅形成にはたらく．血餅は凝固因子（血漿タンパク質）と捕捉された血球からできる網によってつくられる塊．傷が塞がれば，通常，血餅は血餅融解酵素によりその場から取除かれる．

図 28・3 心臓は体循環と肺循環に血液を送り込む
体循環は酸素豊富な血液を運んで心臓から全身に回し，酸素が失われた血液を心臓へ戻している．肺循環は酸素に乏しい血液を心臓から肺へと送り，酸素に富む血液を心臓に戻している．

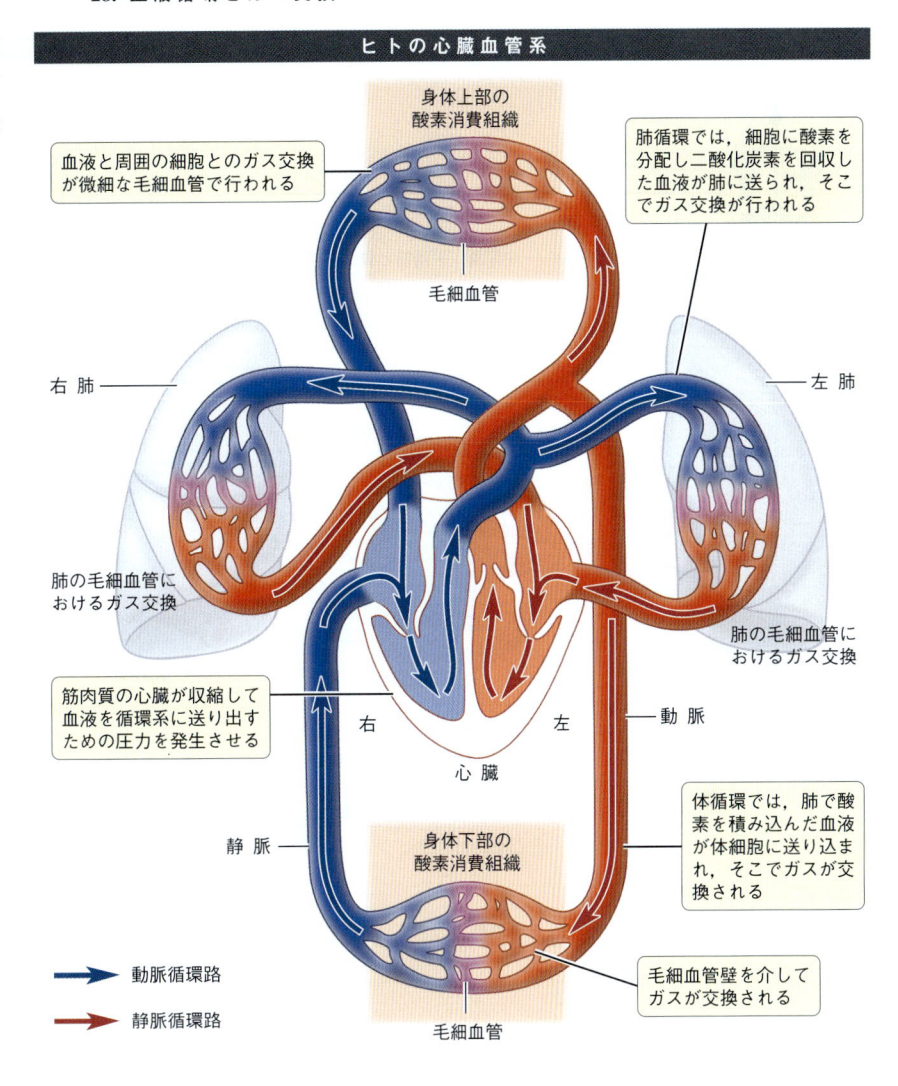

ヒトの心臓血管系

- 身体上部の酸素消費組織
- 血液と周囲の細胞とのガス交換が微細な毛細血管で行われる
- 肺循環では，細胞に酸素を分配し二酸化炭素を回収した血液が肺に送られ，そこでガス交換が行われる
- 右肺／左肺
- 毛細血管
- 肺の毛細血管におけるガス交換
- 筋肉質の心臓が収縮して血液を循環系に送り出すための圧力を発生させる
- 右／左　心臓
- 動脈／静脈
- 体循環では，肺で酸素を積み込んだ血液が体細胞に送り込まれ，そこでガスが交換される
- 身体下部の酸素消費組織
- 毛細血管壁を介してガスが交換される
- 毛細血管
- → 動脈循環路
- → 静脈循環路

■ **役立つ知識** ■ 体循環では動脈は酸素豊富な血液を運び，静脈は酸素に乏しい血液を運ぶ．しかし，動脈か静脈かは心臓から出るか心臓に入るかという血流の方向によって定義されるため（動脈は心臓から遠ざかる方向，静脈は心臓に向かう方向），肺循環の動脈と静脈では逆さまになっていて，肺動脈は酸素に乏しい血液を心臓から肺に送り，肺静脈は酸素豊富な血液を肺から心臓に戻している．

拡散がよく機能する．私たちの体にある何兆もの細胞のすべてに対し，それほど近くまで血液を運ぶには，広大な血管系が必要である．実際，人体にあるおよそ170億の血管の端と端をつなげて1本にすると，何と2万kmにも達するという．これは，シアトルとロンドン間の往復距離に匹敵する．

血管は体液輸送の高速道路

人体には，動脈，静脈，毛細血管という3種類の血管がある（図28・4）．**動脈**は，心臓からの血液を体に運ぶ．動脈の血管は，何度も枝分かれして，徐々に細い血管になっていく．**細動脈**とよばれる細い分枝の直径はわずか0.3 mmで，裁縫に使われる細い糸の直径とほぼ同じ太さである．細動脈は，最も細い血管である毛細血管への血流を調節している．

毛細血管は，直径が 0.01 mm 未満であり，血液と周囲の組織液や細胞との間の物質交換ができるようになっている．鉛筆の先端ほどの小さな筋肉片には，1000本以上の毛細血管が含まれている．私たちの全身の毛細血管を一つにまとめると，その表面積はテニスコートのほぼ3面分にも相当する．

静脈は体から心臓へと血液を戻している．この帰路は，血液が毛細血管を離れ**細静脈**という小さな静脈に入るところから始まる．細静脈は互いに合流してより大きな静脈となり，ついには全身からの血液が集められて心臓へと戻るのである．

ヒトの心臓血管系は**閉鎖循環系**といわれるが，これには二つの理由がある．一つは，血液が血管と心臓に封入されているから．もう一つは，二つの循環路が，心臓から動脈→毛細血管→静脈を経て再び心臓に戻るという閉鎖回路となっているからである．

ヒトの心臓は二つのポンプと四つの部屋をもつ

ヒトの心臓は握り拳ほどの大きさで，胸骨のやや斜め下にあって，その3分の2が体の正中線（体の左右中央にある想像上の線）から左側に，残り3分の1が正中線の右側にある．円錐状に尖った下端は左のお尻の方向を向き，鈍く丸まった上端は右肩の方向を向いている．なお，慣例上，心臓の"右側"というときには，観察対象である体の右側をさす（観察者から見た右側ではない）．

ヒトの心臓は，ほかのすべての哺乳類や鳥類の心臓と同様，四つの部屋に仕切られていて，そこに物理的に独立した二つのポンプ装置が内蔵されている．心臓の右側の2部屋が一つのポンプとしてはたらき，左側2部屋がもう一つのポンプとしてはたらく．

血管

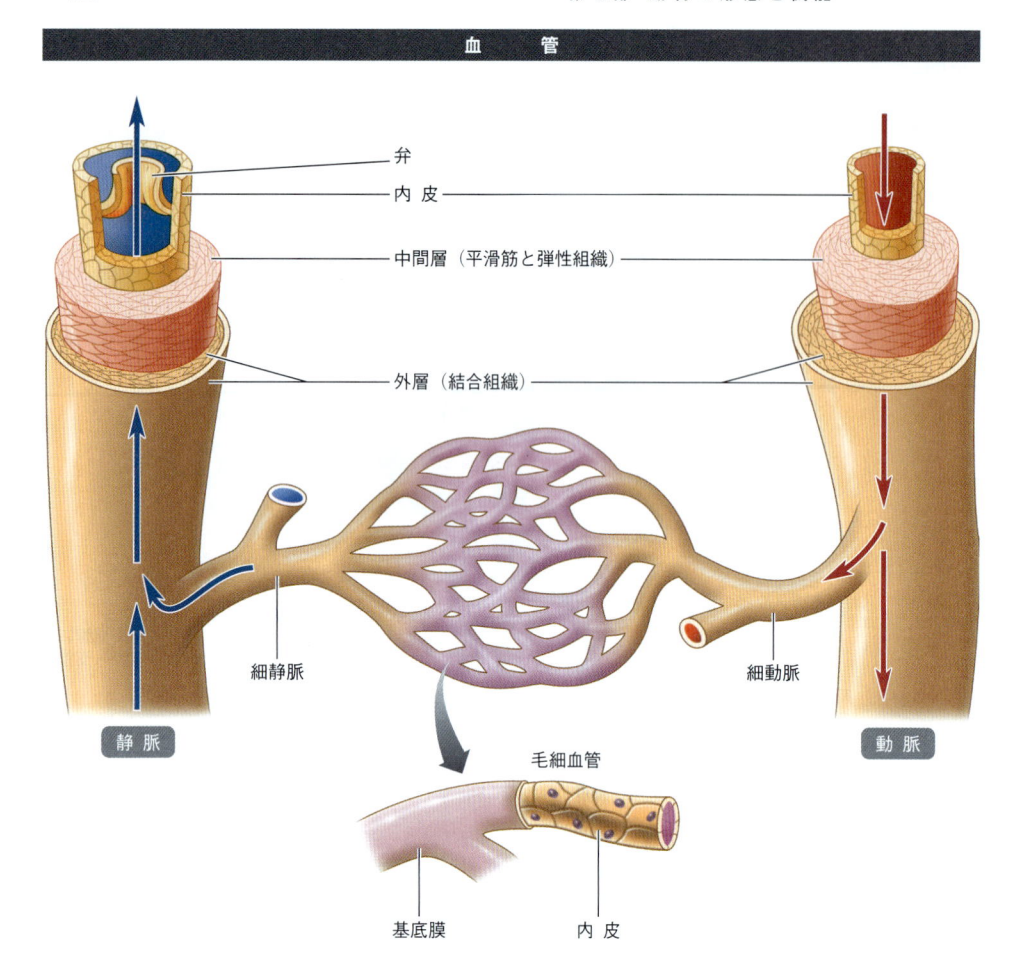

図28・4 動脈，静脈，毛細血管の比較 動脈は心臓からの血液を運び出す．静脈では，血液が心臓の方向へ流れている．細動脈と細静脈はそれぞれ動脈と静脈の細いものをさす．一番細い動脈と静脈は，互いにつながりあって，毛細血管床とよばれる微細なネットワークを形成している．

左右の部屋は，中隔とよばれる組織でできた厚い壁により隔てられている（図28・5a）．二つのポンプは独立に，しかし同調して，血液を送っている（図28・5b）．心臓の左側の部屋は，肺から戻ってきた酸素豊富な血液を受取り，それを体循環に送って，酸素消費細胞へと届ける．右側の部屋は，体循環から戻ってきて酸素に乏しく CO_2 に富む血液を受取り，それをガス交換のために肺循環を介して肺へと送る．

■ 役立つ知識 ■ 解剖学では，体の右側左側に関する用語も含めてすべての言葉は，対象となっている体との関係から名前がつけられる．たとえば，医者は，常に患者にとっての右側か左側かを記述する．こうした変換にしたがい，心臓の図では，右心房や右心室が左側にくるように描かれている．

これまでみてきたとおり，心臓の左右は，おのおの2部屋に分かれている．このうち上側にある小部屋を**心房**とよび，下の部屋を**心室**とよぶ（図28・5a）．小さめで壁の薄い心房が収縮すると，血液がすぐ下の心室へと送られる．心室は，肺やほかの全身に向かう血管に血液を循環させなければならないので，筋肉でできた厚い壁をもっている．左心室は右心室よりもいささか大きい．特筆すべきは左心室の壁の筋肉で，右心室の壁のおよそ3倍に及ぶ厚さをもっている．左心室は，長大で複雑な体循環網のすみずみまで血液を巡らせるために，比較的高い圧力を発生させなければならないのである．対照的に，右心室が血液を送る先は，近くにある肺だけでよい．しかも，肺循環の血管系は比較的単純なつくりとなっている．心臓の左右はそれぞれ異なる目的地に血液を送っているが，送液は二つとも同時に行われている．左右の心房が同時に収縮すると，つぎには左右の心室が一緒に収縮するのである．

逆止弁が，心房と心室，および心室とそこから外へと向かう動脈の間を仕切っている（図28・6）．これらの逆止弁は，心臓の左右それぞれを通る血液が，逆流せずにきちんと心室から肺や全身へと一方通行で流れるようにしている．聴診器から聞こえる"ドックン"という鼓動音は，実は，これらの弁が閉じるときに鳴る音である．最初の"ドッ"という音は，房室間の弁が閉じる音で，心室の収縮に伴い心室圧が高まるとこの弁がカチッと閉まる．続く"クン"という音は，心室と動脈の間の弁が閉じる音で，弛緩した心室の圧力よりも動脈内の背圧の方が大きくなると弁が閉じられる．

周期的な心臓の収縮が心拍を生む

私たちの心臓は，異常がなければ毎分60〜75回拍動している．これは70年の生涯で計算すると，30億回にもなる．1分当たり拍動する回数を**心拍数**という．手首内側の親指側にある動脈の上に指先を置けば，拍動を感じとることは簡単で，脈拍数を数えることもできる．安静時のヒトの体では，心臓がものの1分で，全血液（5〜6L）を全身に循環させている．言い換えれば，毎日，のべ7000Lもの血液が心血管系を循環している．心臓が収縮するたびに，圧力の急激な上昇（スパイク）を生じ，これが血液を前進させている（p.488，図28・7）．

診療室で測定される血圧は，左心室から全身へと向かう動脈内の圧力を反映したものである．たとえば，**血圧**の測定値が120/80の場合は，左心室の収縮によって動脈内の圧力が120 mmHgま

心臓血管系を介した血液の流れ

(a) 心臓のつくり

ヒトの心臓は四つの部屋に分かれている．上にある部屋を心房，下の部屋を心室とよぶ

大動脈 / 肺動脈 / 左心房 / 逆止弁 / 左心室 / 中隔 / 右心室 / 右心房

(b) 二つのポンプによる血液循環

酸素消費細胞　CO₂　O₂
左心は体循環を担い，酸素が積まれた血液を全身の組織に送る

酸素に乏しい全身からの血液

肺に向かう血液　酸素に富む肺からの血液

右心は肺循環を担い，酸素に乏しい血液を肺に送る

肺　全身に向かう血液

右心房　左心房　右心室　左心室　逆止弁

図 28・5　血液は心房から心室へ流れる　心臓の左右は，それぞれ独立した二つのポンプとして機能するが，両心房は一緒に収縮し，両心室も同調している．

ヒトの心拍

(a) 心拍音

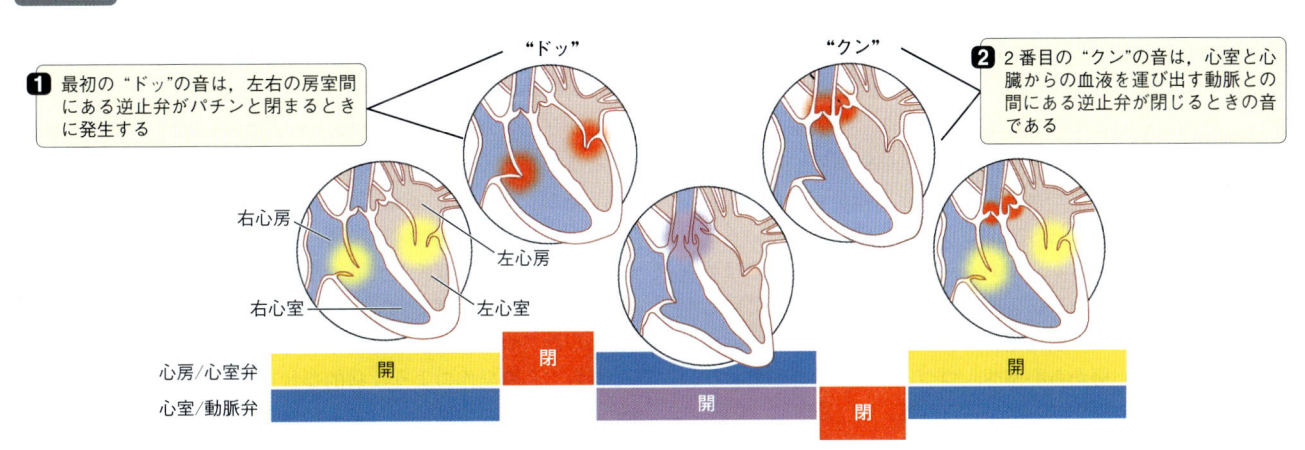

❶ 最初の"ドッ"の音は，左右の房室間にある逆止弁がパチンと閉まるときに発生する

"ドッ"　　"クン"

❷ 2番目の"クン"の音は，心室と心臓からの血液を運び出す動脈との間にある逆止弁が閉じるときの音である

右心房　左心房　右心室　左心室

心房/心室弁：開 — 閉 — 開
心室/動脈弁：開 — 閉

(b) 心臓の弁のはたらき

弁　血管

部屋は収縮して血液を送り出し，弁は開く

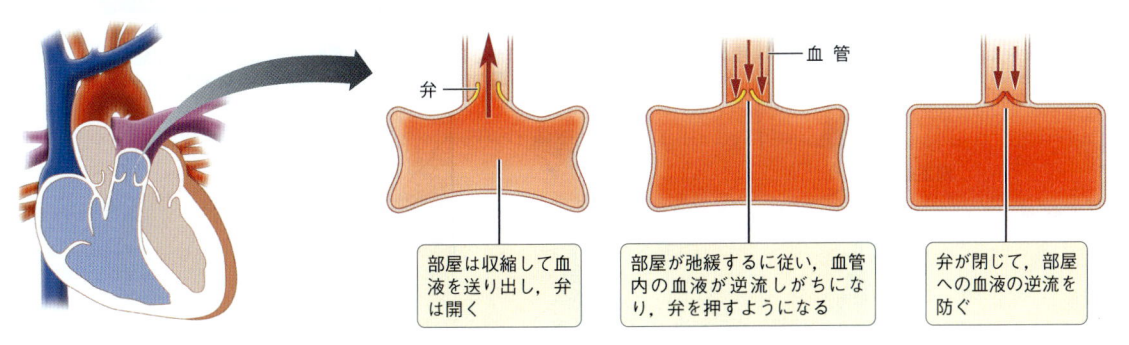

部屋が弛緩するに従い，血管内の血液が逆流しがちになり，弁を押すようになる

弁が閉じて，部屋への血液の逆流を防ぐ

図 28・6　逆止弁の開閉によって心音が聞こえる　(a) 心臓の逆止弁は，心筋の収縮に応じて血流の方向を決めていて，その結果として，おなじみの"ドックン"というヒトの心音が聞こえる．赤い領域をさす矢印は逆止弁を閉じる血流の方向を示している．(b) 逆止弁によって血液は外に出るが逆流して入ることはできない．

循環系の血圧変化

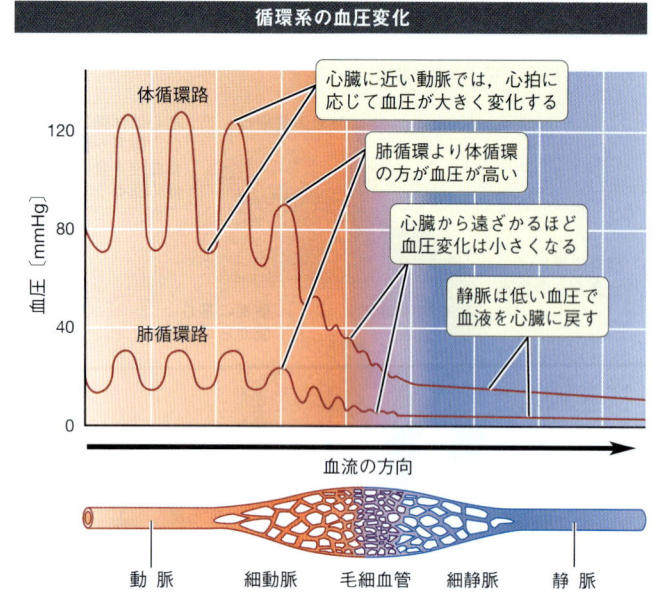

図28・7 **血圧は心臓から遠ざかるほど低下する** ヒトの血管の血圧もその圧力変化も，血液が循環系を進むにつれて減少していく．

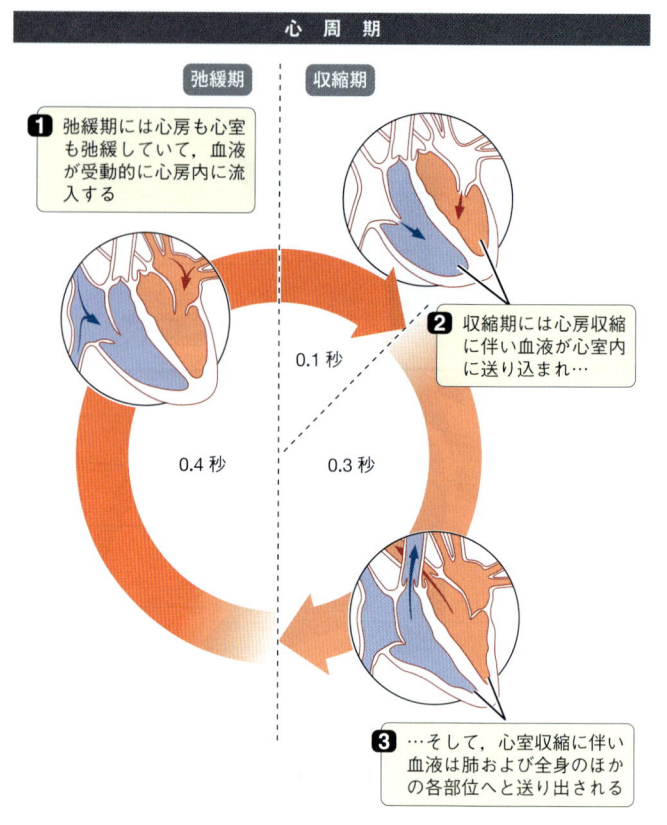

- 心臓に近い動脈では，心拍に応じて血圧が大きく変化する
- 肺循環より体循環の方が血圧が高い
- 心臓から遠ざかるほど血圧変化は小さくなる
- 静脈は低い血圧で血液を心臓に戻す

動脈 → 細動脈 → 毛細血管 → 細静脈 → 静脈

心周期

1. 弛緩期には心房も心室も弛緩していて，血液が受動的に心房内に流入する
2. 収縮期には心房収縮に伴い血液が心室内に送り込まれ…
3. …そして，心室収縮に伴い血液は肺および全身のほかの各部位へと送り出される

弛緩期 0.4秒 / 収縮期 0.1秒 + 0.3秒

図28・8 **心周期は1秒弱で，心拍には二つの相がある**

で上昇し，左心室が弛緩して血液を再補充する際には 80 mmHg まで低下することを表している．もし，小振りな右心室から短い肺循環へと通じる動脈で同様の測定をすれば，8〜25 mmHg の範囲で変動する低い圧力となることだろう．

血液が毛細血管へと達するころには，圧力は 35 mmHg まで低下する．そして，血液が毛細血管を離れる頃には，圧力はたった 10 mmHg となる．血液が循環路を進むにつれて圧力が低下するのは，血液と血管壁との間で生じる摩擦抵抗の影響をすべて積算したものが反映されるからである．

ご存知のとおりヒトの1回の**心拍**は，ふつう1秒弱ほどであるが，その間に起こる一連の現象を**心周期**とよぶ（図28・8）．心周期は，弛緩期と収縮期の2相に分けられる．弛緩期は，**拡張期**とよばれる．血圧測定値の下の値は，この拡張期の圧力を表している．拡張期圧は，それが高いかどうかを医師が気にかけている数値である．なぜなら，拡張期圧は，動脈壁を常に押している"下地"の圧力を表しているからである．拡張期の間に，血液は弛緩した心内腔を満たすとともに，心筋自体に血液を供給している動脈に血液を流入させる．**収縮期**は，収縮により圧送する時期である．血液は，まず心房から心室へ，つづいて心室から肺およびほかの体の各部へと，圧力ポンプで送られる．

健全で規則的な拍動は，心臓が，いわゆる**ペースメーカー**（心臓の特定領域にある特殊な自発性細胞集団）からの信号を受取ることで保たれている（図28・9）．このシグナル発信地は**洞房結節（SA結節）**とよばれ，心臓全体の収縮を開始させる役目を担っている．この洞房結節からの信号が両側心房に伝えられると，心房が同時に収縮して，下にある心室に血液が送られる．もし洞房結節が正しく機能しなければ，人工のペースメーカーが移植されることがある（図28・10）．洞房結節からの信号は，**房室結節（AV結節）**という房室間にある別の結節に引継がれる．およそ 1/10 秒という短い遅れの後，房室結節は心室へと信号を送ると，これにより心室が収縮して肺や全身へと血液が送られる．この短時間の遅れのおかげで，心房をより完全に空にすることができる．こうした二つの結節からの信号こそ，**心電図**が測定しているものである．心臓発作のような病的な状態では，この信号の伝播が変化するので，心電図によってその変化を検出することができる．

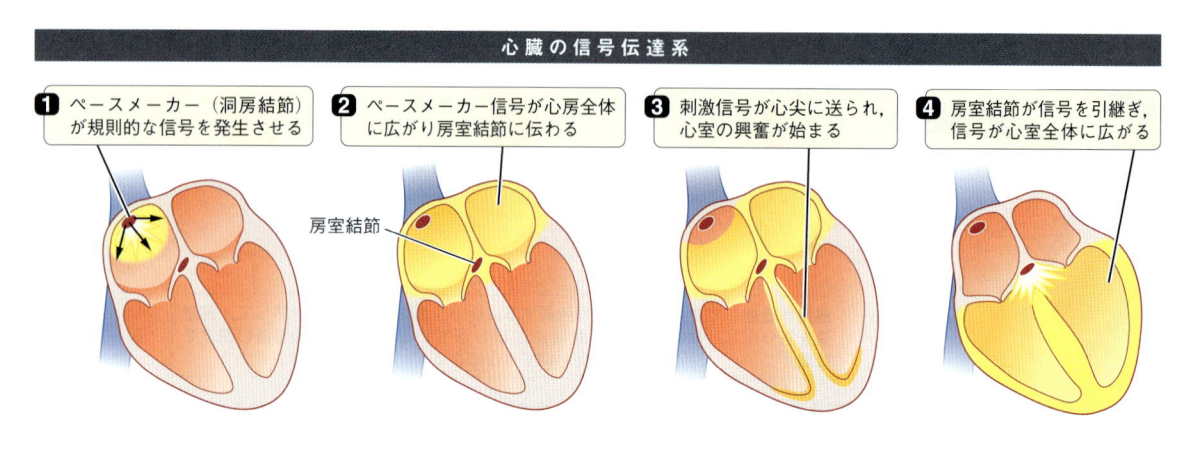

心臓の信号伝達系

1. ペースメーカー（洞房結節）が規則的な信号を発生させる
2. ペースメーカー信号が心房全体に広がり房室結節に伝わる
3. 刺激信号が心尖に送られ，心室の興奮が始まる
4. 房室結節が信号を引継ぎ，信号が心室全体に広がる

図28・9 **ペースメーカーからの信号は秩序正しく心臓全体に広がる**

心血管系は，体のニーズの変化にこたえる

　心拍のリズムは，洞房結節の規則的発火によって局所的に調節されているが，神経系やホルモンなどのシグナル分子によっても影響される．たとえば，突然のうるさい雑音や早押しクイズなど，ストレスの大きい刺激に反応して心臓がバクバクするのは，神経系からの入力が関与している．強いストレス性刺激や興奮性刺激は，ノルアドレナリンという神経伝達物質を運ぶ神経を活発にさせる．洞房結節の細胞に対するノルアドレナリンの作用により，心臓の拍動はより速く，より力強いものになる．結果として生じる血流の増加は，ほかの脊椎動物と同様に私たちに備わっている太古からの闘争-逃避反応の一部である．心臓は，アドレナリンをはじめとするホルモンにも応答する．アドレナリンは，ストレスの多い状況に応答して副腎で生産される．また，風邪などで体温が上昇すると心拍が速まり，逆に体温が下がると心拍が遅くなる．

　激しい運動をすれば，1分当たりの心拍数は2倍にも達する．心拍数の倍増は，動脈の血圧を120 mmHgから180 mmHgへと上昇させることもある．この血圧上昇により血管が押し広げられ，より多くの血液を運べるようになる．また，血液の分布も変化する．運動を支える筋肉に血液を供給する血管に，より多量の血液が運ばれる一方，消化系の血管のような運動に関係しない組織への血流は減少する．こうした変化の結果，活動中の筋への血液供給は10倍近くに増加することもある．

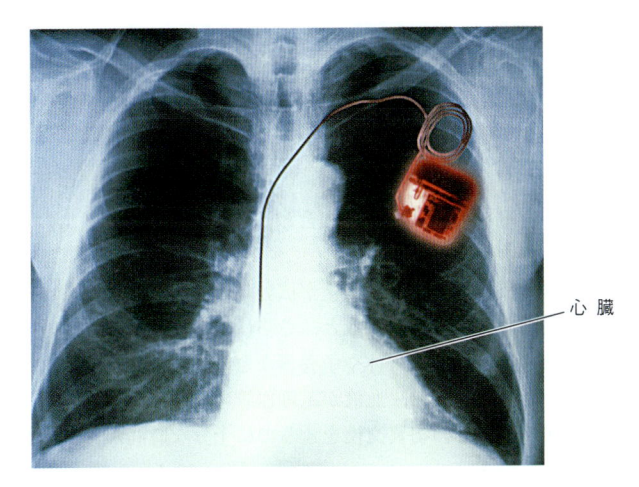

図28・10　人工ペースメーカーは命を助ける　心臓本来のペースメーカーの機能が失われた場合，手術により患者の胸に人工のペースメーカーを移植することができる．移植した機器は，本来のペースメーカーが発生する信号と同じ作用をもつ規則的な電気信号を発生する．

28・2　血管と血流

　血管は，これまでみてきたとおり，動脈か静脈か毛細血管か，太いか細いかの違いにより，異なる役割を担っている．その大きさと構造は，血管のもつ機能に適っている．

動脈と静脈は多量の血液を輸送するために特殊化している

　動脈か静脈かを問わず，大きな血管は多量の血液を運ぶ．その目的は，細胞周囲の組織液と直接に多量の物質交換をすることではなく，血液を迅速にかつ多量に全身へと輸送することである．大量の血液輸送のために特殊化した血管は，大きな内径と弾性のある壁をもっている（図28・4参照）．

　最も大きな動脈の複雑な管壁は，血液分配の調節を可能にしている．壁の筋組織の層は，収縮・弛緩により動脈の内径を変えることで，その血管を流れる血液量を変化させることができる．体内の各部位に流れる血液量も，血管の内径を増減させることで，安静時でも運動時でも，調節可能である．また，動脈壁は弾力性があり，心収縮により血圧が上昇したときには，伸びることができる．私たちが動脈で脈を測る際には，心収縮によって生じた圧力の大きな波に応じて動脈壁が膨らんだり緩んだりするのを感じとっている．動脈壁がもつこの高い伸縮能力により，心臓から遠ざかるに従って圧力変化が減少する．このことが最も繊細な血管である毛細血管を圧力変動による損傷から守っている．歳をとるとこの弾力性が失われ，血管壁が硬くなる．これは，心臓病や脳卒中，腎不全の危険性を高める要因である（p.491の"生活の中の生物学"参照）高血圧の原因の一つとなっている．

　静脈の血圧は比較的低い（図28・7参照）．動脈がさらされるほどの大きな圧力に耐える必要がないため，静脈は動脈ほど筋肉質ではない．一方，心臓へと戻る血液は，特に私たちのような種では，重力に逆らって上に上がらなくてはならないことが多い．そのため，静脈には，動脈には必要のない特徴が一つ追加されている．それは，心臓方面へと血液が流れ続けるための逆止弁である（図28・11 a）．この弁は，心臓の弁と同じようにはたらく弁膜をもつ．血液が弁に向かって勢いよく流れるときには弁は開いている．静脈圧があるレベルまで低下すると，血液の一部が重力により逆流しはじめる．すると，これが弁膜を閉じさせ，さらなる逆流を阻止することができる．高齢者や超過体重の人たちに起こりうる事態なのだが，この弁が正しく閉じなければ，血液の逆流が起こって静脈瘤を生じてしまう．血が滞留して静脈が異常に腫れてねじれてしまったようにみえるのが静脈瘤で，特に脚にみられることが多い．

　呼吸の際に，周期的に息を吸って吐くことも，静脈血を心臓に戻す助けとなる．吸入は，胸腔内の圧力を低下させる一方，拡張した肺が腹腔の中身を押すので，腹圧を上昇させる．そのため，腹部静脈内の血液は胸に向かって上方へと押される．一方，胸部の太い静脈が心臓に入る部位は，比較的低圧に保たれている．

　下半身の骨格筋収縮もまた，静脈血が心臓に戻るのを助けている．私たちが歩くとき，ふくらはぎの筋肉は周期的に静脈血をしぼって，重力にさからって血液を押し上げている．けがや療養中などで，長い期間動かないでいると，静脈血の心臓への戻りは遅くなる．脚の静脈に血液が滞留しがちになると，血餅が形成され，静脈血栓とよばれる潜在的に危険な状態となるリスクが高まる（図28・11 b）．もし血餅が崩れて，はるばる肺まで達すると，肺循環を邪魔して，肺塞栓症という緊急事態をひき起こす可能性がある．長距離の飛行機旅で何時間も動かないことも，脚の静脈に血餅

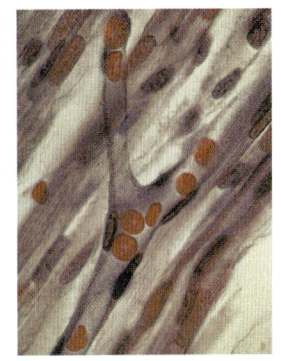

毛細血管中の赤血球

が形成されるリスクとなる．これがいわゆるエコノミークラス症候群（ロングフライト血栓症）である．喫煙者，経口避妊薬の服用中もしくは妊娠中の女性，静脈瘤のある人，血液凝固しやすい

静脈の血流

(a) 静脈の弁の役割

血液は順方向に流れる…　開弁　筋肉が収縮する　閉弁

…しかし，逆流はできない　閉弁　筋肉が弛緩する　開弁

(b) 静脈血栓塞栓症

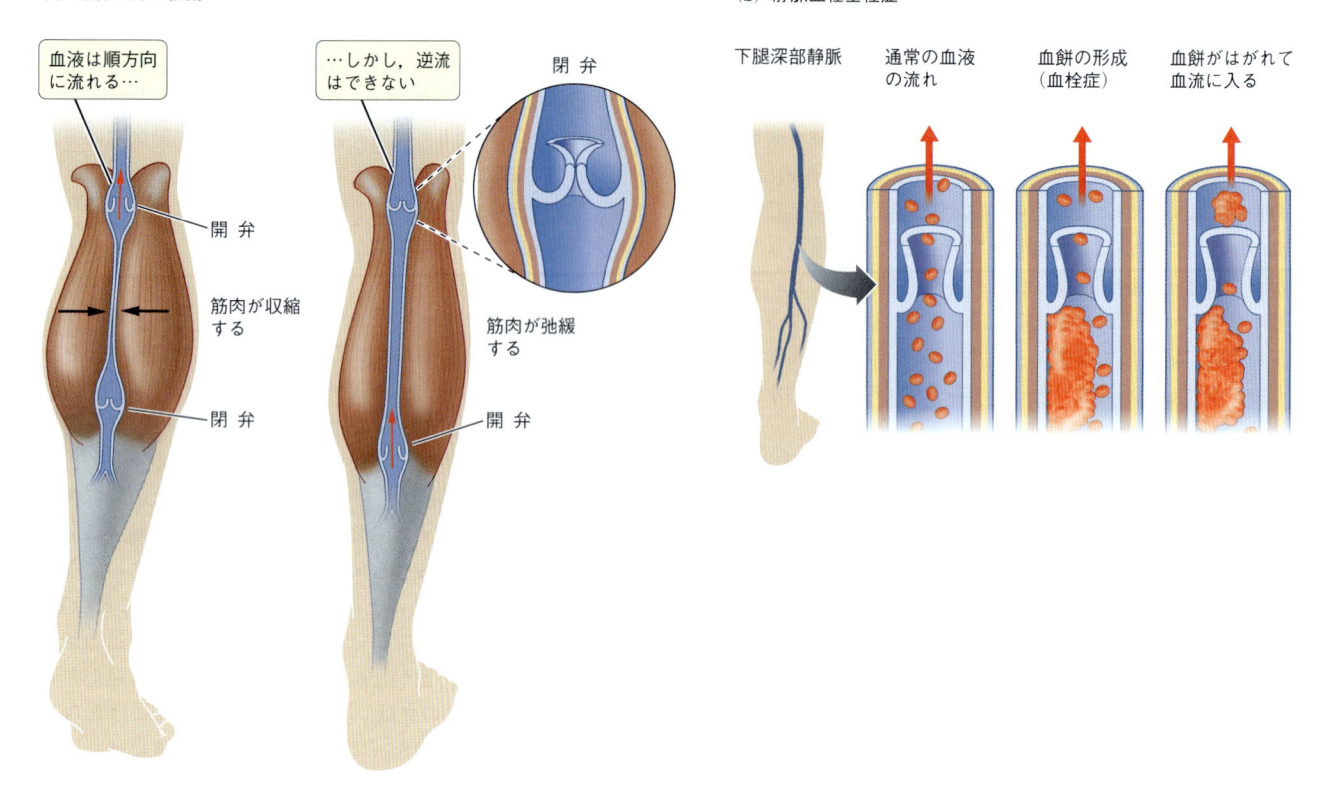

下腿深部静脈　通常の血液の流れ　血餅の形成（血栓症）　血餅がはがれて血流に入る

図 28・11　逆止弁と筋肉の収縮が，静脈血を心臓に送るのを助ける　体循環の静脈は，血液を心臓へと戻すが，その圧力は動脈よりずっと低い．静脈の多くには，血液の逆流を防ぐ逆止弁がある．(a) 脚の静脈は骨格筋に囲まれ，その筋肉の収縮と弛緩によって生じる絞り運動が血液を心臓へと送るのを助けている．(b) 長時間の不活動（たとえば，寝たきりであるとか，飛行機による大陸間の移動時など）は，脚の静脈での凝血塊形成（いわゆる静脈血栓症で，致命的になりかねない状態）の危険性を上げる．

遺伝的素質をもつ人などが，最も危険である．4時間以上のフライトでは，乗客は，ときどき立ち上がって歩き回るか，座ったままでも足から心臓まで静脈血の流れを刺激する脚の運動をするように勧められている．

毛細血管は物質交換のために特殊化している

ヒトの循環系では，一般的な脊椎動物の循環系と同様に，毛細血管の薄い壁を介して物質交換がなされる．毛細血管が動脈と静脈をつなぐことで，循環ループが完成する．閉鎖循環系は，たとえば腎臓のネフロンで行われる水と溶質の複雑な交換にみられるように（図 26・17 参照），細胞レベルで最もきめ細かく対応できる流通システムをつくるのに適している．

毛細血管の管壁は動脈や静脈と比べて極端に薄く，小さい孔がたくさん開いている．上皮細胞だけでできた管壁を介して，拡散により物質が容易に移動できる（図 28・4 参照）．場所によっては，毛細血管の壁の一周りすべてがたった一つの上皮細胞からできているところさえある！

さらには，一部の毛細血管は，赤血球が一列でしか通過できないほど小さい．内径が小さいと，血管を通過する血液量のわりに表面積が大きくなる．何百もの小さな電線を束ねてできた電話ケーブルを思い浮かべれば，太い血管と毛細血管の関係を理解しやすいだろう．仮にケーブルから電線をすべて取出して，その体積と表面積を比較したとする．多くの小さな電線をすべてまとめたときの体積は，空になったケーブルの体積と基本的に同じである．しかし，電線の表面積を足し合わせたものは，ケーブルの表面積よりはるかに大きい．

毛細血管の機能にとって表面積が広いことはとても重要で，それにより毛細血管を囲む組織液と，さらには組織液に触れて呼吸している細胞との間で，気体や栄養素などの物質を効率的に交換することができる．また，血液が毛細血管中をゆっくり流れることで，周囲の細胞との物質交換をするのに十分な時間が保証されている．

■ これまでの復習 ■

1. 赤血球がもつ酸素の輸送という特殊な機能を反映する構造上の特徴は何か．
2. 左心室が右心室より大きいのはなぜか，また，左心室の方が厚い筋肉質の壁をもつのはなぜか．
3. 看護師が患者の血圧を測った結果，110/70 だった．心臓の機能に関して，これらの数値が意味するものは何か．
4. 動脈と静脈にはどのような違いがあるか．

<答えは次頁>

1. 赤血球は薄く，酵素が高速運搬に適応できる．また，表面の一端状により，ガス交換のための表面積を大きくしている．
2. 長い体循環に血液を送り出すには全身に血液を送られる必要があるが，肺循環には血液を送り出すと短い肺循環に血液を送れればよいため．
3. それぞれ心臓周期の収縮期および弛緩期におおいて左心室により発生する圧力（単位は mmHg）である．心臓は膜から膜へと交互に向けて収縮と弛緩を運動し，動いて押し出す．膜は逆流を防止する．静脈は逆方向的に沿って，一般に圧は低下する．静脈は低い圧力をもつと比べて，膜を多くもっている．〈部分解答〉

28・3 ヒトの肺呼吸

肺に空気を取入れ（吸入）肺から空気を排出する（呼出）過程を，細胞内の呼吸（内呼吸）と区別して**肺呼吸**という．吸い込まれる空気は酸素に富む一方，吐き出す空気は二酸化炭素と水蒸気（気体状態の水）を多く含む．これは，肺の内腔表面を覆う細胞でガス交換がなされるためである．肺では，吸入された空気から酸素が奪われて血流へと送られ，二酸化炭素と水蒸気が血流から除かれて呼出空気に加えられる．ヒトのような活動的な動物は，体内の気体を外界の空気と十分に交換するために，肺呼吸によって多量の空気を肺で出し入れしなければならない．酸素必要量が最少となる安静状態では，標準的なヒトの肺では毎時 360 L の空気を出し入れしている．酸素は空気の 21%，つまりおよそ 1/5 を占めている．ということは，毎時 360 L の吸気のうち 76 L の酸素を体内に取入れている．激しい運動の間は，呼吸回数を増やして，ずっと多量の空気を取込むようになり，その体積は鍛えられたアスリートでは毎時 6000 L にも及ぶ．

ヒトは食べ物がなくても 1 週間以上，水がなくても数日は生き延びることができる．しかし，酸素がなければ，ほんの 4 分でおそらく脳に取返しのつかない損傷を負い，さらに数分で死んでし

生活の中の生物学

高血圧と心臓血管病

心臓は血液循環を保つために圧力を発生させる必要があるが，ときには，その圧力が過剰になってしまうことがある．異常に高い血圧を専門用語で"高血圧"という．ヒトの高血圧にはいくつかの原因がある．まず，体内における水と溶質のバランスの不調が原因となる．腎臓が即座に排出できる量より多量の塩を摂取すると，溶質濃度が高いほど血漿と組織液に多くの水が引き込まれて，そこにとどまってしまう．この浸透水の増加は，通常範囲（5～6 L）を超えて血漿量を増やすこととなる．このように閉鎖系の容量が増えるということは，その内圧も上昇することを意味している．

動脈におけるプラーク（粥腫，脂肪硬化斑）の沈着（第 7 章参照）は，アテローム性動脈硬化症または"動脈硬化"をまねく可能性がある．硬化プラークの蓄積により血管が狭くなると，適切な血流量を維持するために，心臓はより高い圧力（高血圧）を発生させなければならなくなる．やがて，硬化プラークが破断すると，血餅の形成が誘発され，さらにこの血餅が血流を完全に止めてしまうこともある（図 1）．

運動量が増えると筋肉が太くなるのと同じように，高血圧が長引くと，心臓もこれに反応して肥厚する．しかし，この肥厚によって状況が改善されるどころか，かえって心室の血液を送出しづらくなってしまう．長年の間に，血液を送る心臓の能力は低下し，心血管疾患，脳卒中，腎不全にかかりやすくなる．

米国民の成人の 3 分の 1 が高血圧である．高血圧を生じるリスクは遺伝子の影響を受けるため，血圧を健常な範囲（図 2）に保つために薬を服用しなければならない人もいる．しかし，高血圧の人のほぼ全員が，定期的な有酸素運動，超過体重の減少，健康的な食事などの生活習慣を変えるだけで改善されるだろう．運動は，より低圧かつ，より少ない収縮頻度でも全身に十分な血液を送れるように心臓を効率的にする．運動選手は一般に 100/60 より低い血圧をもち，持久運動選手の心拍数が 1 分当たり 50 回以下であることも多い．塩からい食事を多く摂ると，保持される体液量が増えることで，血圧が上昇してしまう．これは，遺伝的に塩分をため込みやすい人で特に起こりやすい．また，非デンプン質の野菜を毎日 4 品以上食べる人は，そうでない人に比べて心臓病の発生率が低い．サケやイワシなどの寒海の脂ののった魚を週に 2 食以上食べるだけで，心臓が守られる．心臓を健康にするには，飽和脂肪酸の摂取を総消費エネルギー量の 7% 以下に抑えるべきだと専門家は言っている．第 5 章で論じたとおり，とりわけトランス脂肪酸は心臓血管系にとって害となる．

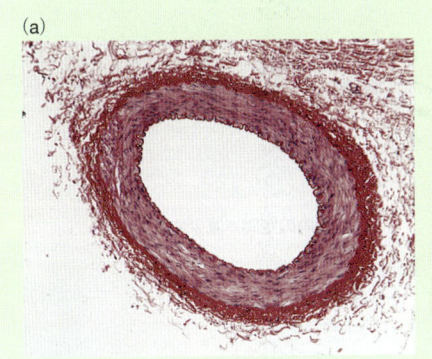

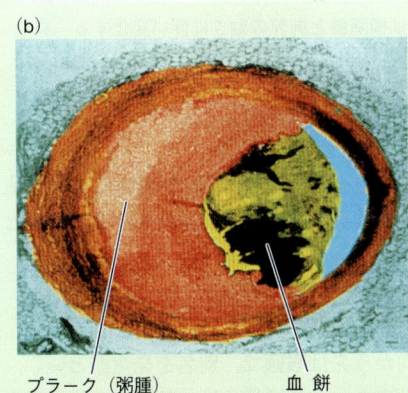

図 1　健康な動脈と閉塞した動脈　(a) 健康な動脈の断面．(b) プラークと血餅で詰まって危険な動脈．心筋に血液を供給している動脈が詰まれば，おそらく心臓発作が起こるだろう．同様の閉塞が脳の動脈に生じれば脳卒中となる．脳卒中は，詰まった動脈により十分な酸素の供給ができずに脳組織が死んでしまう状態である．

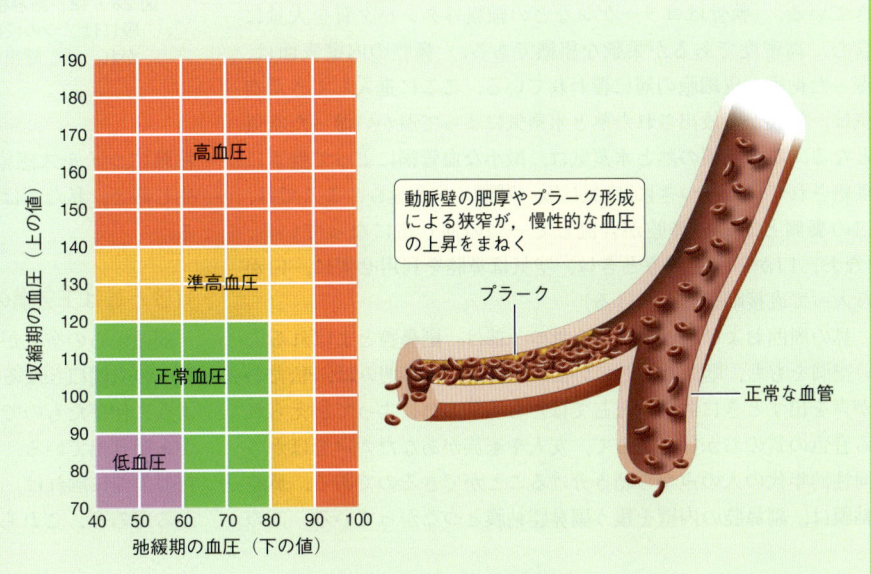

図 2　成人の血圧範囲

まう．呼吸を停止した人に対する応急処置の基本は，"ABC の確認*1"，つまり気道，呼吸，脈拍である．救急隊員はまず，気体が通る呼吸系の経路を確認する．呼吸系は"気道"として広く知られている入口（鼻腔），小室（咽頭上部），および管（気管）から構成される器官系から始まる．

体内にある肺のガス交換面と体外の環境との間で空気が往来できるのは，気道のおかげである．息を吸うと，空気は頭部・頸部・胸部にある一連の通路を通り抜けてから，ガス交換の場である肺の中へと入る．そして，血液循環によって全身の細胞への，あるいは全身の細胞からのガスが運搬される．外呼吸は心臓と脳にある感覚系によって自動的に調節されているが，その気になれば，息を止めたり，速く浅い息をしたり，長い深呼吸をしたりと，外呼吸を自分で制御することもできる．

肋骨の筋肉と横隔膜も，肺呼吸に役立っている

吸入と呼出はどのように調節されているのだろうか．実は筋肉のシステムがそれを行っている．なかでも重要なのが，肋骨の筋肉と横隔膜である．横隔膜は筋肉の厚いシートで，胸腔の底部を成している（図28・12）．吸入は，肋骨の筋肉と横隔膜の収縮により行われている．これらの筋肉が収縮すると，胸郭が外側へ動き，横隔膜が下方へ移動するので，胸腔の体積が増える．肺は，胸壁と同じ高さにあり，胸壁と同じく体積が拡張する．その結果，肺の圧力は気圧より低下する．気体は圧力の高いところから低いところへ移動するので，外気が勢いよく入ってきて，肺は酸素豊富な空気で満たされる．息を吐き出すときは，肋骨の筋肉と横隔膜を弛緩させる．すると胸腔の空間は圧縮され，肺内部の圧力が上がることで，空気が肺の外へと追い出される．呼吸のたびに，ヒトの肺は性別によらず 0.4〜0.5 L の空気の吸引と排出を交互に繰返している．

鼻と口は上気道の一部である

気道のうち上の方を**上気道**とよび，鼻，口，咽頭にある気道を含む（図28・13）．息を吸うとき，空気は二つある鼻の穴から入って，それぞれの鼻腔に移動する．二つの鼻腔は，仕切り（鼻腔中隔）で隔てられていて，中隔の鼻先の方は軟骨，基底側は骨でできている．（軟骨はコラーゲンなどの細胞外タンパク質を大量に含む，高密度であるが柔軟な組織である．）鼻腔の内壁表面は，湿った粘膜上皮細胞の層に覆われている．ここに進入してきた空気は，粘膜から放出された熱と水蒸気によって温かい湿った空気となる．この粘膜の熱と水蒸気は，微小な血管網によって豊富に供給されている．つぎに，空気は喉（**咽頭**）へと進む．ここでは，口の裏側と二つの鼻腔が合流して一つの通り路になっている．（なお，口から息を吸うときは，空気は鼻腔を利用せずに，口から入って直接咽頭へと抜ける）

鼻の周囲および額と頬にある骨の一部は，**副鼻腔**とよばれる広い空洞をもち，咽頭と通じている．副鼻洞にある凹みは，私たちが声を出すときに共鳴室としてはたらく．これによって加えられる音色の質のおかげもあって，友人や家族があなたの声をほかの同性同年代の人の声から聴き分けることができるのである．鼻腔粘膜は，副鼻腔の内壁を覆う副鼻腔粘膜とつながっている．この

肺 呼 吸

(a) 息を吸う（吸入）

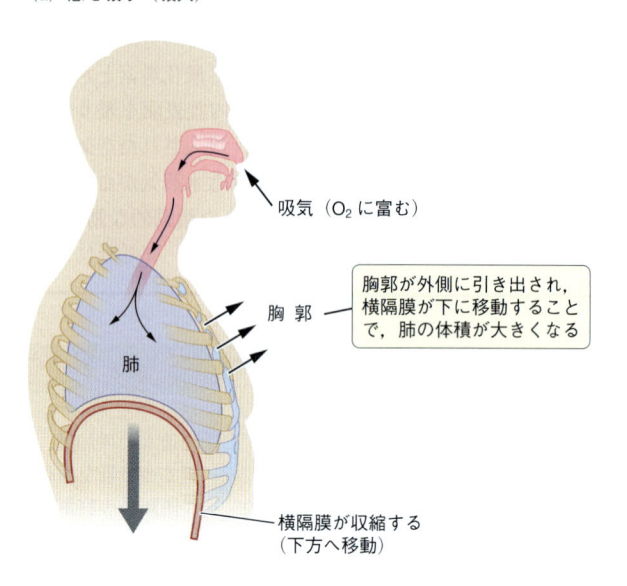

吸気（O_2 に富む）

胸郭が外側に引き出され，横隔膜が下に移動することで，肺の体積が大きくなる

胸郭

肺

横隔膜が収縮する（下方へ移動）

(b) 息を吐く（呼出）

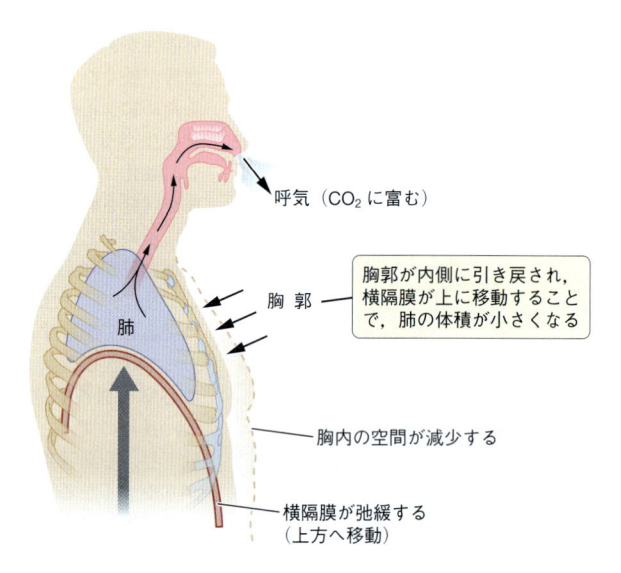

呼気（CO_2 に富む）

胸郭が内側に引き戻され，横隔膜が上に移動することで，肺の体積が小さくなる

胸郭

肺

胸内の空間が減少する

横隔膜が弛緩する（上方へ移動）

図 28・12　肺容積は横隔膜と胸郭の動きに伴い変化する　肺呼吸には二つの段階がある．(a) 吸入の段階では外気が肺へと導かれ，(b) 呼出の段階では肺から空気が押し出される．

粘膜にウイルス感染やアレルギー，その他の刺激により炎症を生じると，私たちは副鼻腔炎の痛みと鼻詰まりを感じることとなる．

気管と肺は下気道の一部である

咽頭からの空気が向かう先は**喉頭**で，別名を発声器といい，**気管**への玄関口となる．音をつくる構造体は，軟骨が 2 枚の棚板のように伸びたものである．いわゆる声帯として知られ，喉頭の壁から突き出ている．気管は，呼吸系のなかで最大の呼吸管である．首の前側に触れば，皮膚の下で波のように隆起した硬いものがわかるだろう．これらはアルファベットの C の形をした軟骨でで

---

*1 訳注：ABC とは，**A**irway 気道確保，**B**reathing 肺呼吸確認：呼吸がなければ人工呼吸をする，**C**irculation 脈（循環）確認：脈がなければ心臓マッサージを行う，の頭文字をとったもの．

28. 血液循環とガス交換

きた帯で，呼吸の間でも気管が形を維持できるよう物理的に補強している．気管の内側を覆う粘膜には多くの微細な毛（繊毛）があり，これらが埃や煤煙などの微粒子を捕捉して，こうした刺激物となる可能性のあるものが肺の繊細な組織へと入っていってしてしまう確率を減らしている．

胸の中で，気管は比較的小さな2本の管，すなわち**気管支**に分岐する．気管支はそれぞれ左右の**肺**のどちらかに通じ，そこでガス交換が行われる．気管，気管支，および肺を合わせて**下気道**とよぶ（図28・13a）．

肺の内部では，気管支は**細気管支**に分岐し，一連の分岐によりさらに小さな管となる(図28・13b)．最も小さい細気管支の先は，**肺胞**に通じている．肺胞はちょうどブドウの房のように微小な小嚢（肺胞）が集まった小房（肺胞嚢）である．肺胞は幅がわずか約0.05 mmと小さいが，息を吸って肺が空気でいっぱいになると，体積は2倍に膨らむ．ガス交換は，肺胞の内側を覆う上皮細胞からなる薄い層の湿った表面を介して行われる．肺胞は，密集した毛細血管網で包まれている．酸素と二酸化炭素は，毛細血管と上皮細胞の間で交換され，さらに，上皮細胞と肺胞嚢内の空気との間で交換される．吸気の際，全体として二酸化炭素は毛細血管から肺胞内腔の気相へと移動し，酸素は気相から上皮や毛細血管へと移動する．

酸素は，肺胞内壁をつくる薄い細胞を透過した後，肺胞を囲む微細な毛細血管へ移動する．そして血液によって心臓へ運ばれ，さらに内呼吸している全身の細胞に配られる．呼吸のたびに新しい酸素が肺胞表面に供給されて，これが，すでに酸素が肺胞細胞を抜けて血液に移動してしまった前回の吸気と入れ替わる．こうしたガス交換面が，たとえばタバコの喫煙などで損傷してしまうと，健康上の深刻な結果をまねくこととなる．

肺のつくりとはたらき

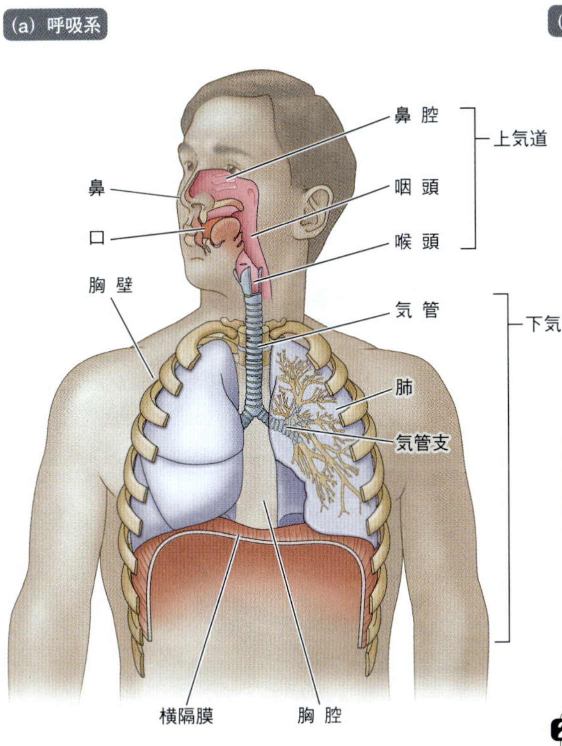

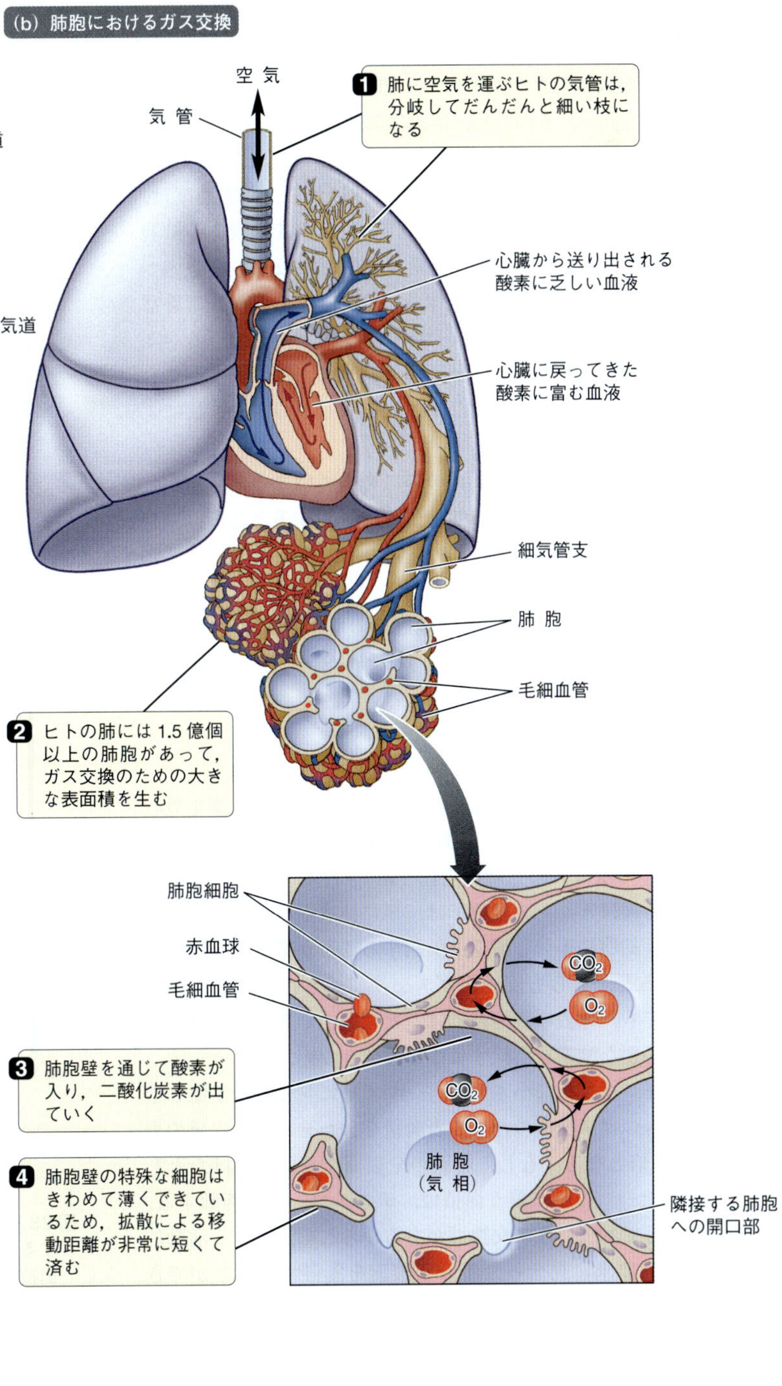

(a) 呼吸系

鼻腔・咽頭・喉頭 — 上気道
気管・肺・気管支 — 下気道
鼻，口，胸壁，横隔膜，胸腔

(b) 肺胞におけるガス交換

❶ 肺に空気を運ぶヒトの気管は，分岐してだんだんと細い枝になる

心臓から送り出される酸素に乏しい血液
心臓に戻ってきた酸素に富む血液
細気管支，肺胞，毛細血管

❷ ヒトの肺には1.5億個以上の肺胞があって，ガス交換のための大きな表面積を生む

肺胞細胞，赤血球，毛細血管

❸ 肺胞壁を通じて酸素が入り，二酸化炭素が出ていく

❹ 肺胞壁の特殊な細胞はきわめて薄くできているため，拡散による移動距離が非常に短くて済む

肺胞（気相），隣接する肺胞への開口部

図28・13 **肺は表面積が広いので，拡散によってガスが素早く移動できる** 肺の構造は，ガス交換のための広い表面積を提供することで，体に出入りする酸素と二酸化炭素の拡散速度を上げる．

28・4 ガス交換の原理

ヒトを含む多くの動物の呼吸において，肺に出入りする空気の輸送は，筋肉のポンプによって行われている．しかし，肺胞表面では（体内のどの細胞の細胞膜でも同様だが），酸素と二酸化炭素の交換は拡散という受動的な仕組みだけで行われる．動物はときとして非常に厳しい多様な環境でもガス交換を容易に行うことができる仕組みを発達させた．それを理解するには，拡散を支配する三つの基本原則が役に立つ．

気体は濃度の高い所から低い所へと拡散する

酸素と二酸化炭素が高濃度の場所から低濃度の場所へ拡散するという事実から，重要な二つのことが導かれる．第一に，気体が目的地へと拡散するためには，目的地よりも発生源での濃度が高くなければならない．たとえば，酸素が細胞内へと拡散するのは，細胞質内よりも細胞外に比較的多くの（高濃度の）酸素がある場合に限られる．第二に，濃度差が大きいほど，発生源から目的地へと気体はより速く，たくさん流れる．

では，肺胞における濃度勾配を考えてみよう．酸素濃度は，肺胞内に新たに吸入された空気の方が，肺胞に流れてきた酸素に乏しい血液よりも高い．そのため，酸素は肺胞内腔の空気（発生源）から血液（目的地）へと移動する．酸素を豊富に含んだこの血液は，つぎに循環系により全身の細胞へと運ばれる．酸素濃度は，高酸素血液（今度は発生源となる）の方が，酸素を消費する細胞（目的地）より高い．そのため，酸素は高酸素血液から細胞内へと移動する．酸素が細胞内へ流入するに従い，細胞質が酸素豊富になる．細胞内のミトコンドリアは常に酸素を利用している．ミトコンドリア内の酸素濃度が，周囲の細胞質における濃度よりも低くなれば，酸素はミトコンドリアへと拡散していき，これにより細胞呼吸を進めることができる．

同じ規則が二酸化炭素（CO_2）の旅にも当てはまるが，ただし方向は逆である．ミトコンドリアが酸素を利用するときには，一方で二酸化炭素が生成される．ミトコンドリア内の CO_2 濃度が細胞質より高くなると，CO_2 はミトコンドリアを離れ，細胞質，さらには細胞外へと拡散する．細胞近傍の CO_2 濃度は血液中のものより高く，CO_2 は血液へと移動する．

大きい表面積は拡散を容易にする

生物がガス交換に利用できる表面積は，外環境から酸素を吸収する能力を決める要因の一つである．4 m^2 の面積を介して拡散移動する気体の量は，同じ時間内に 2 m^2 を介して移動する場合の2倍となる．ほとんどの動物では，単に体表面全体を介した拡散だけでは，細胞に十分な酸素を供給することができない．ヒトを例にあげると，もしも皮膚がガス交換に適した特殊なものであったとしても，体表の表面積では，とても100兆もの全身の細胞すべてに必要な酸素を供給することはできない．

肺胞一つ一つは非常に小さいが，一つの肺に含まれる1億5千万の肺胞がもつガス交換のための表面積を合わせると，皮膚の表面積の約90倍となる．もし，肺胞の全表面を平面に広げたとしたら，たった一つの肺が覆う面積は，テニスコートに匹敵する．この特殊でとても広いガス交換面があるからこそ，大きく活動的な人体の高い要求に見合った十分な酸素を獲得することができ

る．ヒトの肺胞と同様に，ほかの動物におけるガス交換のための特殊な構造体でも，表面積の最大化が図られている．そのようなガス交換面の大部分は，特殊な上皮組織でできたシートが折りたたまれたものであり，それが，広大な表面積を小さな空間に収納している．

動物の酸素要求量は，体の大きさと活動量によって決まる．体が大きいほど，エネルギーを必要とする細胞数も多いので，内呼吸に利用するための酸素の要求量も多くなる．また，活動的な動物ほど，より多くの酸素を呼吸に利用してエネルギーを生み出すことで，高い活動量を支える必要がある．以上より，大きくて活動的な動物は，小さいまたは非活動的な動物よりも，ガス交換のための大きな表面積を必要とする．たとえば，魚や他の水生動物のえらの表面積は，その動物の活動レベルととてもよく釣り合っている（図 28・14）．また，第26章でみたように，高い体温を維持するために代謝熱を利用する内温動物（ヒトやイヌなど）は，おもに環境熱に依存する外温動物（ワニ，カエル，昆虫など）に比べ，10倍速く呼吸する．その結果，内温動物は非常に多くの酸素を必要とするので，同等の大きさの外温動物に比べて，ガス交換のためにより大きい表面積が必要なのである．

えらの表面積と泳ぐ速度

魚の種類	体重当たりのえら面積
サバ	50
メジナ	30
ウナギ	18
ヒラメ	9
アンコウ	1

泳ぎが速い ↑ 泳ぎが遅い

泳ぎの速いサバは体重当たりのえらの表面積がアンコウの50倍もある

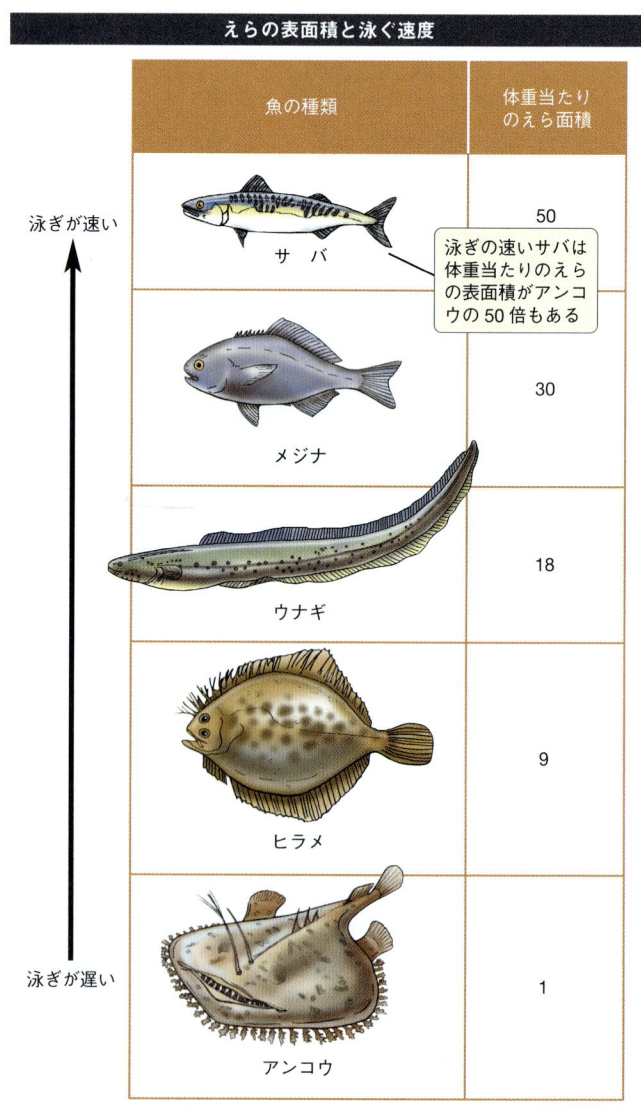

図 28・14 自然選択により，酸素要求量に応じてガス交換面が適応する 活動的に泳ぐ魚は，遅く泳ぐ魚よりも体重当たりのえらの表面積が大きい．

28. 血液循環とガス交換

体の大きさと拡散時間

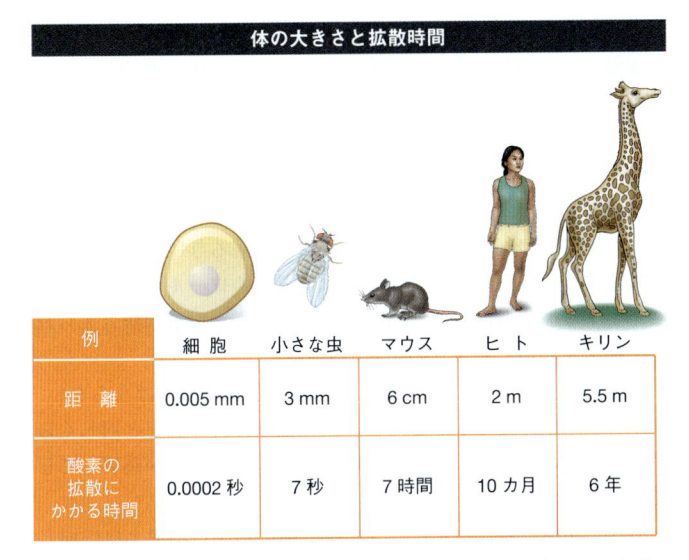

例	細胞	小さな虫	マウス	ヒト	キリン
距離	0.005 mm	3 mm	6 cm	2 m	5.5 m
酸素の拡散にかかる時間	0.0002 秒	7 秒	7 時間	10 カ月	6 年

図 28・15 **拡散時間は距離とともに長くなる** ここでの時間は，生体の主成分である水の中における酸素の拡散速度をもとに算出した値である．

拡散距離が短いほど，気体は目的地に早く到達できる

酸素も二酸化炭素も，大型動物の代謝要求に見合う速さで長距離を拡散することはできない．0.001 mm ほどの短い距離（たとえば，細胞膜の通過や細胞内の移動など）なら，酸素をはじめとする気体やその他の溶質は，わずかな時間で拡散できる（図 28・15）．しかし，直径数 mm の昆虫のように，私たちが小さいと考えている動物でさえ，体の端から端まで気体が拡散するには何秒もかかってしまう．生物学的には，それは長い時間である．ヒトの大きさだと，肺から足先まで酸素が拡散だけで到達するには何カ月もかかってしまうことだろう．

拡散速度は距離とともに減少するので，大部分の動物は外環境から数 mm 以内に全細胞を配置する形をもつか，体内で迅速に気体を運搬する方法をもたなければならない．珊瑚のポリプのような非常に小さな動物または扁形動物のようなシート形の動物は，体壁からどの細胞への距離も短いため，O_2 と CO_2 が体壁を介してすべての細胞に拡散できる．ほかの動物では，体が大きく，体内の組織が複雑な構造になっているため，外部環境から体の奥にある多くの細胞の細胞膜へ気体を運ぶための，特別な仕組みをもたなくてはならない．それが，これまでみてきたとおり，循環系の目的である．多くの動物は，ガス交換面から血液へ気体を移動させ，それを全身の酸素消費細胞へ圧力輸送している．

28・5 動物が酸素を消費する細胞に気体を輸送する仕組み

酸素がガス交換面（えらのような外部にある組織であれ，肺のような内臓の中にある組織であれ）に到着したら，体内で呼吸している多くの細胞に行き着く道を見つけなければならない．

これまでみてきたとおり，ほとんどの動物群では，循環系によって全身に気体が運ばれる．血液は，脊椎動物のすべて，およびほとんどの無脊椎動物の循環系における液体成分である．多くの無脊椎動物では，酸素は血液の液性成分である血漿に直接溶けている．しかし，血漿は酸素輸送にあまり適していない．というのも，血漿の主成分である水は，溶解酸素をあまり保持できないためで，このことは体温が高く保たれた内温動物で特に当てはまる．すべての脊椎動物を含めた大型動物は，血漿の乏しい酸素運搬能力という問題を二つの方法によって解決してきた．一つは，酸素を結合する色素分子であり，もう一つは，この分子を多量に輸送するために特殊化した血球である．

色素分子は酸素輸送の効率を上げる

脊椎動物が血漿の乏しい酸素供給能力を克服するための方法の一つは，**酸素結合性色素**を酸素の輸送に利用することである．この色素が便利な点は，酸素結合能だけでなく，酸素を放出する能力にもある．色素は，酸素を着脱可能な**可逆的結合能**をもつことに加えて，高酸素濃度下では酸素をよく拾い，比較的低い酸素濃度下では酸素を手放すことができる．このように環境に応じて酸素を回収し放出する能力は，体外から全身の細胞へ効率良く酸素を輸送するうえで重要である．

ヒトを含む脊椎動物のほとんどで用いられている酸素結合性色素は**ヘモグロビン**である．一つのヘモグロビン分子は，四つの酸素分子を運ぶことができる（図 28・16）．ヘモグロビンには鉄原子があって，酸素分子が直接結合するのはその鉄原子である．したがって，食事から十分な鉄を摂取しないと，私たちの体は十分なヘモグロビンを生産することができない．鉄欠乏性貧血として

ヘモグロビンへの酸素の結合

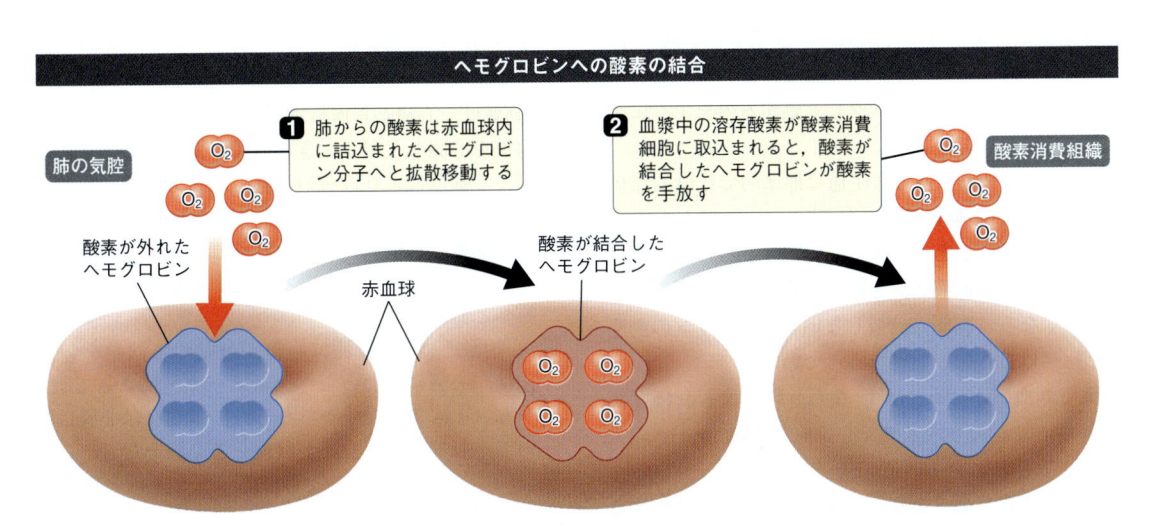

❶ 肺からの酸素は赤血球内に詰込まれたヘモグロビン分子へと拡散移動する

❷ 血漿中の溶存酸素が酸素消費細胞に取込まれると，酸素が結合したヘモグロビンが酸素を手放す

図 28・16 **ヘモグロビンは血漿が運ぶよりも多くの酸素を運ぶ** ヘモグロビンは，周囲の血漿中に溶けている酸素量に応じて，酸素分子を回収したり放出したりする．

知られるこの状態では，血液の酸素運搬能力が低下し，しばしば恒常的な疲労感を伴う．

ヘモグロビンは赤血球に乗って血液中を運ばれる

ヒトをはじめとする一部の動物が，血漿による酸素運搬能力の限界を克服した第二の方法は，酸素結合色素を，酸素運搬のために特殊化した細胞内に詰め込んだことである．ヘモグロビンを利用する動物では，その細胞とは赤血球のことである．ヒトの赤血球には，およそ25万個ものヘモグロビン分子が内包されている．したがって，一つの赤血球が運べる酸素分子の数は，最高でなんと100万個にもなる！ 赤血球は核をもたず[*2]，平べったい円盤のような形をしていて，その中心部は辺縁部より薄くなっている．赤血球は，この形状のおかげで，同じ体積の球形の細胞より表面積が大きい．また，細胞が薄いことは，酸素の迅速な交換に適している．

■ これまでの復習 ■

1. ヒトにおいて，ガス交換面がある場所は，つぎのうちどこか．
   (a) 咽頭　(b) 気管支　(c) 細気管支　(d) 肺胞
2. 血液より肺のCO_2濃度が高い架空の生物がいたとすると，CO_2の正味の移動は，つぎのうちどちらになるか．
   (a) 肺の気腔から肺胞の毛細血管へ移動する．
   (b) 肺胞の毛細血管から肺の気腔へ移動する．
3. 大きな多細胞動物が迅速に効率良く全身に酸素を輸送できるように発達したのは，どんな仕組みか．

（解答は逆さに記載：1. (d) 肺胞　2. (a) 肺の気腔から肺胞の毛細血管へ移動する　3. 血液の循環系のために，おもに赤血球に存在するタンパク質（例：ヘモグロビン）の中に酸素が結合する特殊な色素（例：ヘム）を使っている．）

学習したことを応用する

なぜキリンはあんなに高血圧なのか

病院を訪れた患者の血圧が260/160だったら，医師によっては慌てて患者を緊急救命室に送り込むかもしれない．しかし，驚くなかれ，これくらいの測定値は米国人ではふつうにみられる．それに，ほかの症状がなければ，実際にはそれくらいの高血圧は医学上の緊急事態ではない．それでも，非常に高い血圧は，全身の繊細な毛細血管床を損傷する可能性があり，脳卒中や心臓発作，動脈瘤あるいは腎不全の重要な危険因子である．よい医者なら誰しも，患者がこの重大な健康上のリスクに対処するのをすぐに手伝うことだろう．

しかし，キリンでは，260/160の血圧値は標準的で健康的な値である．キリンの力強い心臓は簡単に地面より4m以上もの高さにある頭まで血液を送ることができる．実際のところ，キリンの首が長いほど，頭部への血液送液を担う心臓の部位である左心室の筋壁はより厚くなる．動脈が破裂しないよう，キリンの動脈はヒトのものと比べはるかに厚い壁をもっている．

キリンの心臓での血圧が260mmHgなら，脚ではどれほど高い圧力となるか考えてみよう．立位で心臓血圧100mmHgの人では，脚まで下りるとおよそ183mmHgとなる．立っているキリンだと，その値はずっと高くなる．心筋のはたらきで発生する血圧に加えて，キリンの頭，首，それに体の全血液の重さが，脚の血液の上にのしかかっている．その結果，ヒトの血管だったら破裂してしまうほどの高い血圧となる．いったい，キリンは脚の血管をどのようにして破裂から守っているのだろうか．

驚いたことに，この問いに対する答えは，キリンの皮膚にあった．脚の周囲の堅くて厚い皮膚は，脚の血管内の高圧に対抗している．キリンの堅い皮膚は，パイロットが着る与圧飛行服のように機能する．与圧服は，アクロバット飛行のロールとダイブの際に発生する加速力によってパイロットの脳から血液が抜き去られて失神をまねいてしまうのを防いでいる．

同様に，キリンも，頭の血圧変化を制限しなければならない．キリンが水飲み場でかがむたび，頭の血圧は脚の血圧と同じくらいに高くなるはずである．それによって，脳の血管が破裂してしまうかもしれない．

あなたが横に寝ころんだときには，頭の血圧は心臓とほぼ同じで，たとえば100mmHgとしよう．立ち上がったときには，頭に血液を送るのに心臓は重力にさからって仕事をしなければならないため，頭の血圧は50程度に低下する．一方，あなたがつま先に触れるためにかがむときには，重力は心臓と一緒になって仕事をし，脳の血液に圧力をかける．あなたは，この違いを感じることもできるかもしれない．

では，木の中に頭があるキリンをみてみよう．心臓血圧が260mmHgなら，頭部の血圧はたった100mmHgほどである．しかし，キリンが水を飲むためにかがむとき，頭は脚の側まで下げられる．何らかの減圧手段がなければ，頭の血圧は急上昇して，脳の毛細血管を破裂させてしまうことだろう．ここでまた，キリンは適応することで問題を解決している．長い首の静脈には，血液が脳に逆流するのを止めるための逆止弁をもっている．キリンの循環は，サバンナでの高血圧生活に対するたくさんの面白い進化的適応に関する話題を提供してくれる．

章のまとめ

28・1 ヒトの心臓血管系

■ ヒトをはじめとする脊椎動物は心臓血管系，すなわち部屋に仕切られた心臓が複雑な血管網に血液を送り込む閉鎖血管系をもつ．

■ ヒトの心臓血管系には二つの循環路がある．肺循環では，酸素に乏しい血液が肺へと送られる．体循環では，肺から戻った酸素を含む血液が体の組織へと送り出される．

■ 動脈は，心臓から血液を運び出す大きな血管である．静脈は，血液を心臓へと戻す大きな血管である．毛細血管は一番細い血管で，拡散により近隣の細胞と物質の交換を行う．

■ 脊椎動物の心臓は二つの独立した筋肉製のポンプをつくる四つの部屋から構成され，それぞれのポンプは心房と心室からなる．左心房と左心室は全身へと血液を送り，右心房と右心室は肺へと血液を送る．

■ 心拍数とは，1分間に心臓が鼓動する回数をいう．一つの心拍は，心臓に備わったペースメーカーによって調節され，2相をもつ1回の心周期からなる．拡張期には心臓は短い間休んでいて，収縮期には心筋が収縮して血液を送る．

■ ヒトの循環系は体の要求に応じて心拍数と血液の分布パターンを調節している．

[*2] 訳注：哺乳類以外の脊椎動物では有核である．また，哺乳類でも胎生初期には有核の赤血球をもつ．

28・2 血管と血流
- 太い血管（動脈と静脈）は血液の多量輸送のために形づくられている．毛細血管は比較的遅い血液の移動のためにつくられていて，その大きな表面積は周囲の細胞との物質交換にとても都合が良い．
- 太い血管の管壁は厚く強い．動脈壁の筋組織によって動脈は収縮弛緩ができ，体の異なる部位に送る血流を調節することができる．静脈には血液が一方向に流れ続け心臓へと戻るようにするための弁がある．
- 毛細血管では，孔のある薄い管壁が拡散を容易にしている．毛細血管の直径が小さいことで，体積当たりの大きな表面積が生まれ，拡散の場となる大きな面積を提供している．

28・3 ヒトの肺呼吸
- 吸入と排出は，筋肉（特に横隔膜と胸郭の筋肉）の収縮によって制御されている．
- ヒトの呼吸系は，鼻（または口）から一連の管状の通路を通って肺へ，そして最終的には肺胞とよばれる肺にある一群の小囊へと空気を運ぶ．
- 実際のガス交換は肺胞で行われ，そこでは酸素が血液へと拡散し，二酸化炭素が血液から外へと拡散する．

28・4 ガス交換の原理
- 酸素と二酸化炭素は，拡散のみによって，細胞や体液を出入りする．
- 気体は，高濃度から低濃度の方へと拡散する．この原則から二つの生物学的結果が導かれる．まず，発生源となる気体濃度は目的地よりも高い必要がある．つぎに，生体内部に比べて外環境の気体濃度が高いほど，生体への気体の拡散速度が速くなる．
- 拡散に利用できる表面積が大きいほど，単位時間当たりにそこを介して拡散する気体の量が多くなる．
- 気体が拡散すべき距離が短いほど，それが目的地に到着する時間が早まる．

28・5 動物が酸素を消費する細胞に気体を輸送する仕組み
- 多くの動物群が，血液を体内に圧力輸送する循環系に依存して，拡散だけでできるよりも迅速にガス交換面と呼吸細胞の間の気体輸送を行っている．
- 血漿が溶存酸素を輸送する能力は低い．これを補うため，動物はヘモグロビンのような酸素結合色素を利用している．ヘモグロビンは，酸素との着脱可能な結合によって，血液の酸素輸送能力を著しく高めている．
- ヒトを含む一部の動物では，ヘモグロビン分子は赤血球内に納められることで，血液の酸素運搬能力をさらに高めている．

重 要 な 用 語

循環系 (p.483)
血管 (p.483)
心臓 (p.483)
呼吸系 (p.483)
心臓血管系 (p.483)
血液 (p.483)
血漿 (p.484)
赤血球 (p.484)
血小板 (p.484)
血餅 (p.484)
肺循環 (p.484)
体循環 (p.484)
動脈 (p.485)
細動脈 (p.485)
毛細血管 (p.485)
静脈 (p.485)
細静脈 (p.485)
閉鎖循環系 (p.485)
心房 (p.486)
心室 (p.486)
心拍数 (p.486)
血圧 (p.486)
心拍 (p.487)
心周期 (p.488)
拡張期 (p.488)
収縮期 (p.488)
ペースメーカー (p.488)
洞房結節（SA 結節）(p.488)
房室結節（AV 結節）(p.488)
心電図 (p.488)
肺呼吸 (p.491)
上気道 (p.492)
咽頭 (p.492)
副鼻腔 (p.492)
喉頭 (p.492)
気管 (p.492)
気管支 (p.493)
肺 (p.493)
下気道 (p.493)
細気管支 (p.493)
肺胞 (p.493)
酸素結合性色素 (p.495)
可逆的結合能 (p.495)
ヘモグロビン (p.495)

復 習 問 題

1. 心臓に戻る血液を運ぶ血管はどれか．
    (a) 心　室
    (b) 動　脈
    (c) 静　脈
    (d) 毛細血管
2. ヒトの心臓血管系の肺循環が血液をここに送り，またここから回収する．その器官はどれか．
    (a) 腎　臓
    (b) 消化系
    (c) 体循環
    (d) 肺
3. ヒトの心臓血管系における血液の流れは，
    (a) 動脈から心房，心室，静脈へと流れる．
    (b) 静脈から心房，心室，動脈へと流れる．
    (c) 静脈から心室，心房，動脈へと流れる．
    (d) 動脈から心室，心房，静脈へと流れる．
4. 拡張期には，
    (a) 心房だけが血液を圧送している．
    (b) 心室だけが血液を圧送している．
    (c) 心室と心房のいずれも血液を圧送していない．
    (d) 心室と心房のどちらも血液を圧送している．
5. 規則的な心拍を生む信号を発生させているのはどれか．
    (a) 心　室
    (b) 心　房
    (c) 洞房結節
    (d) 房室結節
6. 正しいものを選べ．
    (a) 肺への循環は体循環よりも低圧で稼働している．
    (b) 両心房は血液を肺に送り，両心室は血液を全身に送り出す．
    (c) 肺から心臓へ戻る血液は乏しい酸素を運び，体から心臓へと戻る血液は豊富な酸素を運ぶ．
    (d) 両心房は血液を全身に送り，両心室は血液を肺に送り出す．
7. ヒトの呼吸系で一番太い管はどれか．
    (a) 細気管支
    (b) 肺　胞
    (c) 気　管
    (d) 気管支
8. ヒトでガス交換が行われる場所はどれか．
    (a) 細気管支
    (b) 気　管

(c) 肺胞
(d) 気管支
9. 肺の肺胞から血液に酸素が移動する速さを決めているのはどれか．
  (a) 肺胞と血液間の酸素濃度の差．
  (b) 肺胞と呼吸細胞間の距離．
  (c) 肺胞を介して気体を輸送するために利用可能なエネルギー量．
  (d) 上の項目のいずれでもない．
10. ヒトの呼吸系で，二酸化炭素の正味の拡散が起こるのはどれか．
  (a) ヘモグロビンから赤血球へ
  (b) 血液からミトコンドリアへ
  (c) 肺胞から血液へ
  (d) 血液から肺胞内の空気へ
11. 酸素がヒトの全身に輸送されるのはおもに，
  (a) 血漿の溶存気体として運ばれる．
  (b) 赤血球内のヘモグロビン分子に結合して運ばれる．
  (c) 細気管支を通って運ばれる．
  (d) 拡散によって運ばれる．
12. ヘモグロビンは，
  (a) 窒素気体（N_2）に強く結合する．
  (b) 酸素気体（O_2）に強く結合する．
  (c) ATPを生産する酵素である．
  (d) 赤血球を含んでいる．

分析と応用

1. 1滴の血液が心臓の左心房を出発してまた戻ってくるまでの旅程を説明せよ．
2. 心周期を説明し，心拍の規則性がどのように調節されているか述べよ．
3. 動脈と静脈の血流を比較し，血流の特徴をこれらの血管の構造と関連づけて説明せよ．
4. 第26章では腎臓のネフロンについて学習した．高血圧がネフロンとその機能をどのように傷害するのか述べよ．
5. 鼻と口から肺胞に至るまでのヒトの呼吸系について説明せよ．
6. 肺胞から呼吸細胞に至るまでの酸素輸送，および細胞から肺胞内空気に至るまでの二酸化炭素の移動について説明せよ．このとき，肺胞内や呼吸細胞に近い血漿内での酸素および二酸化炭素の拡散方向を含めて説明せよ．
7. ヘモグロビンは血液が運べる酸素の量を飛躍的に増加する．なぜそうなるのか，ヘモグロビン分子に酸素が結合するあるいは外れる条件を含めて，説明せよ．

ニュースで見る生物学

WADA Reports Breakthrough in Gene Doping Tests

BY STEPHEN WILSON

WADAが遺伝子ドーピング検査の革新技術を報告

　金曜日の世界アンチドーピング機関（WADA）の発表によれば，スポーツにおける不正との戦いの最前線で強力な武器となりそうな遺伝子ドーピング検査法が，二つの研究グループにより開発された．

　ドイツの研究者たちは，ドーピングが行われた日から56日後であっても，"決定的な証拠"を提供できる血液検査を開発したと述べている．

　一方，米国と仏国の研究チームは，筋肉の遺伝子ドーピングを検出する独自の方法を考案した．

　この発見により，2012年のロンドンオリンピックまでに正確な遺伝子ドーピング検査が実施可能になるかもしれない．

　"これは本当に重要で大きな革新だ"と，WADA総統括者のDavid Howmanは，金曜日にAP通信の電話インタビューで答えた．"これは私たちが2002年から取組んでいるプロジェクトで，現在では，きちんと自信をもって検出できるという状態まで到達した．"

　遺伝子ドーピングとは遺伝子工学を利用して人為的に運動能力を増強させることをいう．これは病気と戦うために個人のDNAを改変する遺伝子治療の副産物といえるもので，WADAと国際オリンピック委員会によって禁止されている…

　ドイツの研究によれば，血液試料の中のDNAが，持久力増強ホルモン，エリトロポエチン（EPO）のような運動能力向上物質をつくるために体内に導入されたものかどうかについて，検査によってはっきりと"イエスかノーの答え"が出るという．

　"遺伝子ドーピングをした選手の体は，何らかの外来物質を体内に（追加で）導入する必要がなく，運動能力を向上させるホルモンを体自体が生産するのです．"と，マインツにあるヨハネス・グーテンベルグ大学のPerikles Simon教授が続けた．"やがては，体がドーピング薬を自給するようになるのです．"

　外来の遺伝物質が実験マウスの筋肉に導入されると，新しい血管をつくるためのホルモンが過剰に生産されるようになる．研究者は，2カ月後でも，遺伝子ドーピングを施したマウスとそうしなかったマウスを区別することができた．

　…一方，米仏の研究者は，EPOの遺伝子ドーピングをしたサルの血液中に変わった形状の物質があることを示した．この実験ではサルの筋肉にEPO遺伝子が注射されたが，これは遺伝子ドーピングする者が最もやりそうなことである．

　非常に競争的な持久系スポーツの世界では，能力を向上させるいかなる手段も重要な強みとなる．1961年以降のツール・ド・フランスの優勝選手24名のうち，13名が能力増強薬物の検査に陽性であったか，その使用を認めている．自転車競技選手のBjarne Riis, Floyd Landis, Tyler Hamilton, David Millarらは，口をそろえて，ホルモンであるEPOの投与を認めている．EPOは，腎臓でふつうにつくられるホルモンで，血液の酸素運搬能を高めるため，競技マラソンやクロスカントリースキー，自転車競技などの持久系スポーツでの不正使用が断えない．

　ヒトの赤血球はおよそ17週の寿命しかなく，常に新しいものに置き換えられる必要があるが，新しい赤血球は骨髄にある幹細胞から発生する．EPOは，この赤血球の生産を刺激することで，血液の酸素運搬能力を強化する．赤血球の生産を増やすだけでなく，EPOは組織に酸素を運ぶ毛細血管の形成も促進する．

　製薬会社が開発したEPOの合成品は，貧血症や腎不全，マラリアなどの患者に処方されている．アスリートに合成EPOを投与すれば，赤血球濃度を45％から60％あるいはそれ以上に増やすことができる．こうした"血液ドーピング"は健康上のリスクを伴う．過剰な赤血球は，血液をどろどろに濃くし，凝血したり，血液が心臓を通過するのを妨げたりする可能性がある．これまで24人近くにのぼる持久系アスリートが，EPOのドーピングが原因の心筋梗塞で死亡したと考えられている．

　EPOは天然に存在するホルモンであるため，血液や尿の試料から検出することはこれまで困難であった．検査の多くは，アスリートが例外的に高い赤血球数をもつかどうかに焦点を当てたものである．この記事で扱った"遺伝子ドーピング"は，自分の体にEPOを追加するための一つの方法である．しかし，遺伝子を改変した細胞が発現するEPOはわずかに異なった形をしており，検査により検出することができる．ドーピング技術が高度で複雑なものになるに従って，それを阻止するための技術も発達してきている．

このニュースを考える

1. EPOとは何か．なぜ，スポーツ，特に自転車やボートなどの持久力競技で有利となるのか．また，どうしてEPO摂取により死ぬことがあるのか．
2. 一部の自転車競技者は高所トレーニングによって赤血球数を増やしている．低酸素な山の空気が，EPOの自然な放出を誘発させるのである．同じ目的で，特別に低酸素濃度のテントで過ごす選手もいる．こうした方法は，EPOの投与やEPOを発現するようにつくられた細胞の注射と比べて，許容できる方法だと思うか．あなたならどこで線引きをするか，またなぜそう思うのか．

出典：*Sports News*, Associated Press Online, 2010年9月3日

29 動物のホルモン

MAIN MESSAGE
動物は生命活動に必要なたくさんの機能を統制するために，ホルモンとよばれるシグナル分子を利用する．

蛹になあれ：幼虫の成長は早い

チョウは4種類の生活をもつ．チョウの一生は母親が一塊の卵を産み付けることから始まる．それは葉の裏側であることが多く，そこで胚から小さな幼虫へと発達する．小さな幼虫は，ふ化すると生まれもった強力な顎で葉を切って食べ始める．何日間か何週間かの間，幼虫はひたすら食べ続け，さらにたくさん食べられる大きな体に育つよう数日ごとに皮を脱ぎ捨てる．できる限り食べて成長しきると，袋のような蛹(さなぎ)の中に閉じこもる．蛹の中で，幼虫の短い脚や葉を食んだ口器は消え去り，目を見張るほどの美しさを備えていることも多い成虫のチョウへと完全な変身を遂げる．

成体のチョウたちは，もっぱら繁殖に身を投じている．カラフルな広い翅を使って，交尾相手や花の蜜，卵を産み付けるための健康な植物を見つけるために，ひらひらと長い距離を移動する．チョウが吸う甘い花蜜は，飛ぶための燃料を補給するよいエネルギー源となるが，卵をつくるのに使う栄養素は蜜ではなく，幼虫だったときに餌として食べた植物に由来する．

幼虫と成虫という，チョウの暮らしにおける二つの活動的な段階はよく知られている．しかし，実際はチョウ（ほかの多くの昆虫も）が経る発達段階には，胚，幼虫，蛹，成体の異なる四つの段階がある．ある段階から次の段階へと移るのは，本章の主役であるホルモンの放出によって調整が行われている．たとえば，蛹段階の時期に，幼虫の形は完全に壊される．蛹を開いて中を覗いても，液体のようなものが見えるだけだろう．しかし新しい組織と体の部品はチョウの成体を形づくるために発達しつつある．変態として知られるこの劇的な変化は，ホルモンによって統御されている．

> **?** 幼虫を成体のチョウに変態させるために，どんな内部の変更が行われるのだろうか．どのように，ホルモンはこの変態を促進するのだろうか．

本章では，ホルモンが，動物の全ライフステージにおいて体の機能を調整するための一群のシグナル分子であることを学ぶ．数ある機能のなかでも，特にホルモンは代謝，水分平衡，カルシウムなどの重要なイオンの恒常性維持などの調節をしている．ヒトでもチョウでも，成長と，生まれてから死ぬまでの一生の間に生じる発生上のすべての変化は，特定のホルモンによって支配されている．

昆虫とホルモン 美しいキアゲハの幼虫が，餌のミルクパセリを食べている．いも虫が十分に成長すると蛹となる．そして，成虫のアゲハへと変態するが，この変化は特別な組合わせのホルモンによって支配されている．

基本となる概念

- ホルモンは，身体機能のほぼすべての局面に影響を及ぼしている．それには，代謝，栄養のホメオスタシス，胚発生，幼若期を経る成長，有性生殖が含まれる．
- ホルモンとは，体液中を移動して標的細胞の受容体に結合し，細胞の活動を調節する化学的信号である．
- ホルモンは，近場ではたらくこともあれば，遠く離れた場所ではたらくこともある．ホルモンにより，一つの個体内にある別々の細胞同士が情報を伝え，互いの活動を調和させることができる．循環系は生産場所（内分泌腺や細胞）から作用場所（標的細胞）へホルモンを運ぶ．
- 脳下垂体が生産する成長ホルモンは，小児の脚の骨を伸長させるほか，さまざまな作用をもつ．
- インスリンは肝細胞の貯蔵グルコースを増やす．一方，グルカゴンは肝臓から血流へとグルコースを放出させる．
- ストレス環境下では，副腎からのアドレナリンのはたらきにより肝臓がグルコースを放出することで，危険回避のためにすぐに利用できるエネルギーが供給される．
- カルシトニンと副甲状腺ホルモンは，血中カルシウム値を調節する相反するはたらきをもつホルモンである．
- アンドロゲンは，1対ある精巣でおもに生産されるホルモンで，男性性徴の発達を統御している．エストロゲンは，1対ある卵巣でおもに生産されるホルモンで，女性の性徴を支配している．
- 生殖腺刺激ホルモンは月経周期を開始させるほか，排卵を誘発する．エストロゲンと黄体ホルモンは妊娠の準備や維持に鍵となる役割を担う．

すべての多細胞生物は，専門化した多くの細胞の機能を調和させる必要がある．動物も例外ではない．人間の委員会が，対話することなしには効率的に任務を達成できないのと同じように，個体としての生物が発達し，効率的に機能するためには，多くの細胞，組織，器官は，互いに交信する必要がある．ほとんどの多細胞生物にみられるように，動物の体には，シグナル分子の生産をおもな役割としてもつ特殊な細胞があって，特別な状況下や個体の生活環の特定の時期に何をすべきかを，ほかの細胞に伝えている．

ほとんどの動物では，全身を舞台に"グレートコミュニケーター"の役を担うのは内分泌系と神経系であり，これらは密に協力し合ってはたらくことも多い．**内分泌系**はいろいろなホルモンを放出する多種多様な分泌細胞で成り立っている．**ホルモン**は特殊な細胞により生産されるシグナル分子であり，体液を通して分配される．ホルモンは局所的に作用することもあれば，体内を循環して遠く離れた組織の振舞いを制御することもある．ホルモンがシグナル物質としてもつはっきりとした特徴は，とても低い濃度でも効果を示すことである．また，ホルモンは高い特異性をもっている．体内のすべての細胞はおしなべて特定のホルモンにさらされているが，実際にそのホルモンを感知し，信号に応答するのは，正しい"通信ギア"をもつ細胞だけである．

本章では，動物（特にヒト）の生命活動の調和にはたらくホルモンの役割を探求する．はじめに，ホルモンがどのようにはたらくかについて概観する．そして，動物が短期的にあるいは長期的に不可欠な機能を調整するためにホルモンをどのように利用しているか，いくつかの例を紹介しよう．ホルモンがチョウの生活環をどのように制御しているのか，また，私たち人間が，昆虫の伝染病を生物学的に制御する方法についての知識を活用できるかについて，これまでにわかったことを詳しく見てみる．

29・1　ホルモンがはたらく仕組み

動物ホルモンは特殊な細胞によって生産される．それが内分泌細胞であるが，これは組織化されて**内分泌腺**とよばれる独立した器官を形づくることも多い．図29・1に，ヒトの体にあるおもな内分泌腺を図示した．ほかの腺とは違い，内分泌腺は，腺から作用部位へと分泌物を直接配送するための導管をもたない．その代わり，内分泌腺はホルモンを血流のような体液に放出する．すると，体液によって全身にこれらの化学的メッセンジャーが運ばれる．

ホルモン分泌細胞のなかには，独立した器官としては組織されず，単独の細胞あるいは細胞集団として，ほかの専門化した組織や器官の中に埋め込まれているものもある．たとえば，胃や腸の内壁には，内分泌細胞が全体に散在していて，消化液の分泌刺激や食欲調節を行ういろいろなホルモンを分泌している．これらのホルモンは，内分泌細胞の生産物なので，もちろん胃袋の中に分泌されるのではなく，血流側へと放出される．膵臓のように，内分泌腺であると同時に導管のある腺（外分泌腺）としても機能する器官もある．膵臓内にある一群の内分泌細胞は，インスリンをはじめとするホルモンを血流に直接放出する．膵臓には消化液を腸内に排出する（つまり，外分泌機能を担う）管状の導管系もある．

このように，内分泌腺と他器官に内在する内分泌細胞の両者を合わせて内分泌系が構成されている（図29・1）．**視床下部**は脊椎動物の脳の底部にある小さな器官（脳領域）で，内分泌系の調整を行うとともに，もう一つの高速通信経路である神経系との調和をはかっている（第30章で論じる）．視床下部には脳と情報のやりとりをするニューロン，およびホルモンを生産する内分泌細胞の両方が存在している．たとえば，血液の水分が減少すると，視床下部ニューロンがその変化を検出して，内分泌応答と神経応答の両方を開始させる．視床下部の内分泌細胞は，抗利尿ホルモンを放出して腎臓を刺激し，水分を保持させる．もし，この水分保持の努力の甲斐なく正常な水分平衡を回復できなかった場合には，視床下部ニューロンが喉の渇きを誘発する脳の経路を作動させる．このように，視床下部には，水の恒常性を維持するために，神経と内分泌の両方の通信経路が配備されている．ほかの内分泌腺も，これと似たような仕組みで神経系との調和がはかられている．

ホルモンの多くは，遠く離れた細胞に作用するために循環系を通って移動する

ほとんどの動物では，ホルモンは循環系によって全身へと配送される（図29・2）．ヒトの体内では，ホルモンは血液と同じ速さでしか移動できないのがふつうである．つまり，ホルモンが標的細胞に到達するには数秒以上の時間がかかる．数秒という時間

は短いと感じるかもしれない．しかし，非常に迅速な応答が求められる活動の調節にはホルモンが向いていないことがおわかりだろう．筋肉の収縮や運動のような瞬時の反応を必要とする活動を調節できるのは，神経系だけである．ホルモンは，秒単位から月単位の時間ではたらく作用の調整を担っている．

一般に，ホルモンは循環系に放出されると著しく希釈される．したがって，ホルモンはとても低い濃度で作用を発揮できなければならない．実際，ホルモンは高い特異性と強い結合力をもって標的に結合するので，少量でも効果を示すことができる．ホルモンは，広範に分配されるものの非標的細胞には影響を与えず，特別な細胞だけに作用しなければならない．

図 29・1 内分泌系はホルモン分泌細胞により構成されている 内分泌系は，散在する内分泌細胞や内分泌組織あるいは導管をもたない腺から構成され，ホルモンを循環系に直接放出する．視床下部は内分泌系の主要な調節組織であるとともに，内分泌系を神経系と統合し，調和させている．

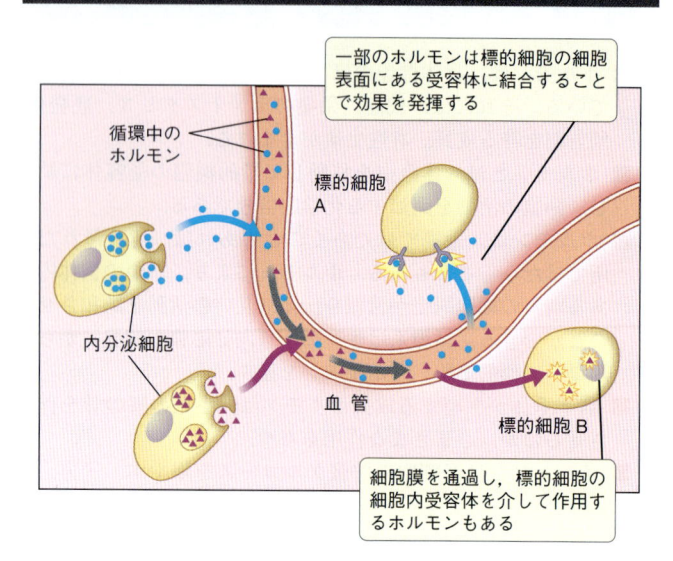

図 29・2 ホルモンによって細胞同士の交信ができる 内分泌細胞によって放出されたホルモンは，循環系を通って移動し，体内の離れた場所にあることも多い標的細胞に応答をひき起こす．

各ホルモンは，標的細胞ごとに何らかの特異的応答を誘起する

ある細胞から放出されたホルモンは，別の細胞（標的細胞）に一つもしくは複数の特異的な応答をひき起こす（図 29・2）．ホルモンの標的細胞が，まったく異なる組織に存在する場合もある．たとえば，アドレナリンというホルモンの標的細胞は，脳，心臓，肝臓，骨格筋，血管など，広範な種類の組織中に見つかっている．

異なる組織は，同一のホルモンに対して似たような反応を示すこともあれば，まったく違った反応を示すこともある．たとえば，ヒトの男性らしさに関連した多くの特徴の発達を促すホルモンであるテストステロンは，異なる時期に，異なる標的組織に対し，数多くの異なる作用を発揮している．あるときは男性胎児の生殖器官の発達を制御し，またあるときは全身細胞の成長を刺激し，あるいは精巣細胞による精子生産を刺激し，顔の皮膚からの発毛を促進し，脳細胞とのやりとりを通じて行動の変化をまねく，といった具合である．また，テストステロンは男性と女性の両方において性衝動を強め，骨と筋肉の増強にもはたらく．ただし，標準的な女性では，男性の50分の1の量しか，テストステロンを生産していない．テストステロンがこのような複数の作用をもつことは，ほとんどのホルモンがもつ多機能性をいささか強調しているにすぎない．このように，一つのホルモンがいろいろな潜在的標的細胞において多様な作用をもつことも多い．そのため，動物はそれほど多くの数のホルモンを必要とせず，異なる種類のホルモン分子がいくつかあればよい．

ホルモンが標的細胞に作用する際は，つぎの二つの異なる方法のどちらかによる．

1. **細胞膜受容体との結合による方法**: 水溶性のホルモンは，細胞膜の脂質二重膜がつくる疎水性環境を通過することができない（図 7・12 参照）．標的細胞の細胞膜に埋め込まれた細胞表面受容体と結合することによってのみ，水溶性ホルモンは活性を発揮できる（図 29・3）．たとえばアドレナリンは，すべての標的細胞にある特異的な細胞膜タンパク質であるアドレナリン受容体と結合する．

2. **細胞内受容体との結合による方法**: 一部のホルモン，特にステロイドホルモンのような疎水性分子は，標的細胞の細胞膜を通過し，細胞の内部に作用することができる．そうしたホルモンは，一般に細胞質にある受容体タンパク質に結合したのち核内へ移行し（図29・3），そこで一つまたは複数の遺伝子の発現を促進または抑制する．たとえばテストステロンは，細胞内受容体タンパク質（アンドロゲン受容体）と結合することによって影響を及ぼす．受容体との結合が，遺伝子発現の変化を含めていろいろな細胞内プロセスを活性化させるのである．

ホルモン信号は標的細胞内で増幅され，重要な細胞の活動過程を変化させる

動物は，ふつう，マイクログラム（μg）単位の微量のホルモンを生産している（卓上塩の一番小さな1粒の重さがおよそ10 μg）．1日中で，標準的な成人女性が生産するエストロゲン（全身に多くの作用をもつステロイドホルモンの仲間）がせいぜい200 μgである．そんなごく微量のホルモンが，いったいどのように動物の機能と形態をあれほど劇的に変化させ，統御することができるのだろうか．実は，たった一つのホルモン分子が標的細胞の受容体に結合することで，その細胞内において一連のプロセスが開始され，最終的に何千ものタンパク質分子が活性化するのである．この信号増幅は，ほんの少しのホルモン分子でも標的細胞に確かな影響を及ぼすことを意味している．多くの細胞に対して，ホルモンがこのように作用することで，全体として体内に深い影響力をもつことができるのである．

膜受容体が受容した信号が，標的細胞に何らかの応答を生じさせるには，細胞質内でリレーのような信号の受渡しがなされる必要がある．この内部リレーは，いわゆる**シグナル伝達**というもので，ほとんどの場合，二次伝達物質（セカンドメッセンジャー）とよばれる特殊な分子とそれと協働する関連タンパク質によって行われている（図29・3）．細胞内シグナル伝達経路におけるいろいろなステップは，少数のイオンや二次伝達分子によって開始されるが，それにより，代謝酵素のような大量の分子を活性化させることもできる．ホルモンという入力信号をささやき声にたとえれば，シグナル伝達経路は，そのささやき声を細胞内で絶叫へと変換して出力する．このように微量のホルモン分子の受容が，強力な内部信号を誘発し，標的細胞に確かな応答反応を起こさせるのである．

一部のシグナル伝達経路は，代謝酵素や細胞骨格タンパク質に影響を及ぼすことを通じて，比較的速い反応を生じさせる（図29・3）．しかし，膜受容体結合型ホルモンの多くと，ほぼすべての細胞内受容体結合型ホルモンは，核において遺伝子発現を変化させることによって影響を及ぼしている．どちらの型のホルモンも，遺伝子のスイッチを入れたり強めたりすることもあれば，遺伝子発現を止めたり弱めたりすることもある．一つのホルモンが同時に複数の遺伝子のスイッチを入れることもあるし，それと同時にほかの遺伝子の発現を抑えることもある．一つの遺伝子の活性化をもとに，多くのメッセンジャーRNA（mRNA）分子がつくられ，そのおのおのの配列情報から，多数のタンパク質分子がつくられる（第15章参照）．したがって，ホルモン信号は，遺伝子発現の段階でもさらに増幅されている．

受容体が細胞外のものか細胞内のものかにかかわらず，ホルモン信号はつぎの四つの型の細胞応答のいずれか一つ（あるいは複数）を誘起することができる．

1. 単独，複数，あるいは多数の遺伝子の発現の変化
2. 代謝の変化（酵素活性の変化など）
3. 細胞骨格の活動性の変化（輸送小胞の細胞膜への移動など）
4. 膜の物質透過性の変化

ホルモンの影響は数秒以内という速さで生じることもある．それは，細胞の応答が，膜輸送や細胞膜と細胞内小胞の融合などの細胞プロセスに直接作用するような細胞内シグナル伝達経路によって誘導される場合である．しかし，ホルモンの影響が遺伝子発現の変化を介してもたらされる場合には，1時間以上の長い時間がかかる．

■ これまでの復習 ■

1. 動物ホルモンの特徴とは何か．
2. メラトニンは，アミノ酸であるトリプトファンから合成される水溶性のホルモンで，睡眠と覚醒の周期を制御している．このホルモンは，細胞内受容体に結合しそうだろうか．また，そう考える（考えられない）理由は何か．

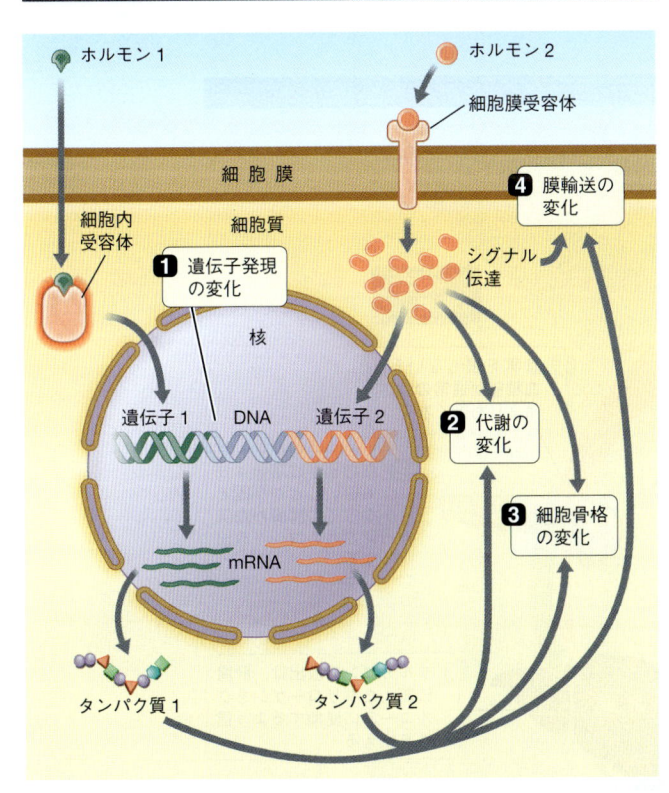

図 29・3 ホルモン信号は標的細胞内で増幅され，特異的な応答を誘発する ホルモンが非常に低い濃度で活性をもつのは，ホルモンが微量でも標的細胞内で大きな内部信号を発生させることができるからである．細胞膜受容体に結合したホルモンは，シグナル伝達経路として知られる，細胞内部の信号リレーの引き金となる．その過程で，もとの信号は増幅される．ホルモンは，遺伝子発現の変化(1)だけでなく，代謝(2)や細胞骨格(3)，膜輸送(4)の変化を介して，細胞の活動性の変化をもたらす．

29・2 短期的プロセスの調節：血糖とカルシウムのホメオスタシス

ホメオスタシスの調節にはたらくホルモンは，内部環境の恒常性を維持するために比較的迅速に作用する能力をもつ必要がある．本節では，インスリンとグルカゴンという二つのホルモンがどのようにエネルギーのホメオスタシスに参与しているか，およびほかの内分泌ホルモンが，必須ミネラル栄養素であるカルシウムの血液および組織中の濃度をどうやって調節しているかをみる．あるホルモンがどのように複数の標的組織にそれぞれ違った影響を及ぼすのか，また，複数のホルモンがどのように相互作用して一つの生物学的プロセスを調整するのかを例証する．

■ 役立つ知識 ■ 糖全般およびグルコースに関連した語句には，"グリコ（glyco-）"（甘いの意）および"グルコ（gluco-）"という接頭語が付いていることが多い．本章では，グルコース調節にはたらくホルモンであるグルカゴン（glucagon），肝臓におけるグルコースの貯蔵形態であるグリコーゲン（glycogen），細胞質におけるグルコース化学分解の最初のステップであるグリコリシス（glycolysis，解糖）などがその例である．

血糖値は膵ホルモンによって調節される

グルコースは動物の栄養のなかで最重要な糖類の一つである．グルコースは，解糖および細胞呼吸の出発物質として，細胞の生存に不可欠な高エネルギー分子であるATPの合成に利用される（第9章参照）．ヒトを含むほぼすべての動物は，摂取した食物からグルコースを得ている．グルコースは消化食物から小腸で吸収されたのち，小腸から循環系を通って全身の細胞へと運ばれる．動物は，余剰のグルコースをグリコーゲンという貯蔵型多糖の状態で保存することができる（図5・14参照）．余ったグルコースはトリグリセリドの状態でも保存される．一般に"中性脂肪"とよばれているトリグリセリドは，3本の脂肪酸鎖がグリセロール1分子に結合したものである（図5・19参照）．すべての動物は，蓄えたグリコーゲンとトリグリセリド（飢餓時にはタンパク質さえも）をすぐに分解し，それにより放出されたエネルギーに富む有機分子を体内の必要な場所へ輸送する能力をもたなければならない．人体においてエネルギーに富む分子の貯蔵と放出を調整しているのが，インスリン，グルカゴン，アドレナリン，ノルアドレナリンの四つのホルモンである．

膵臓は，消化液を生産することに加え（第27章参照），膵島とよばれる内分泌細胞の集団を内包していて，そこでインスリンとグルカゴンの合成と放出を行っている．これらの二つのホルモンは，逆の方法で血糖値（血液中のグルコース濃度）のホメオスタシスの維持にはたらいている．

私たちの食物に含まれる消化可能な炭水化物は，小腸に到達すると分解される．このとき食物から放出された糖類が血流に吸収されると，それに従って血糖値が上がり始める．この血糖の急増を特定の膵島細胞が感知して，インスリン分泌が開始される．**インスリンは，全身（特に肝臓と骨格筋）の標的細胞に作用するホルモンで，血液から速やかにグルコースを取込むよう，細胞を刺激する**．標的細胞によって吸収されたグルコースは，まずエネルギー要求の充足にあてられ，グルコースが余れば，グルコースの

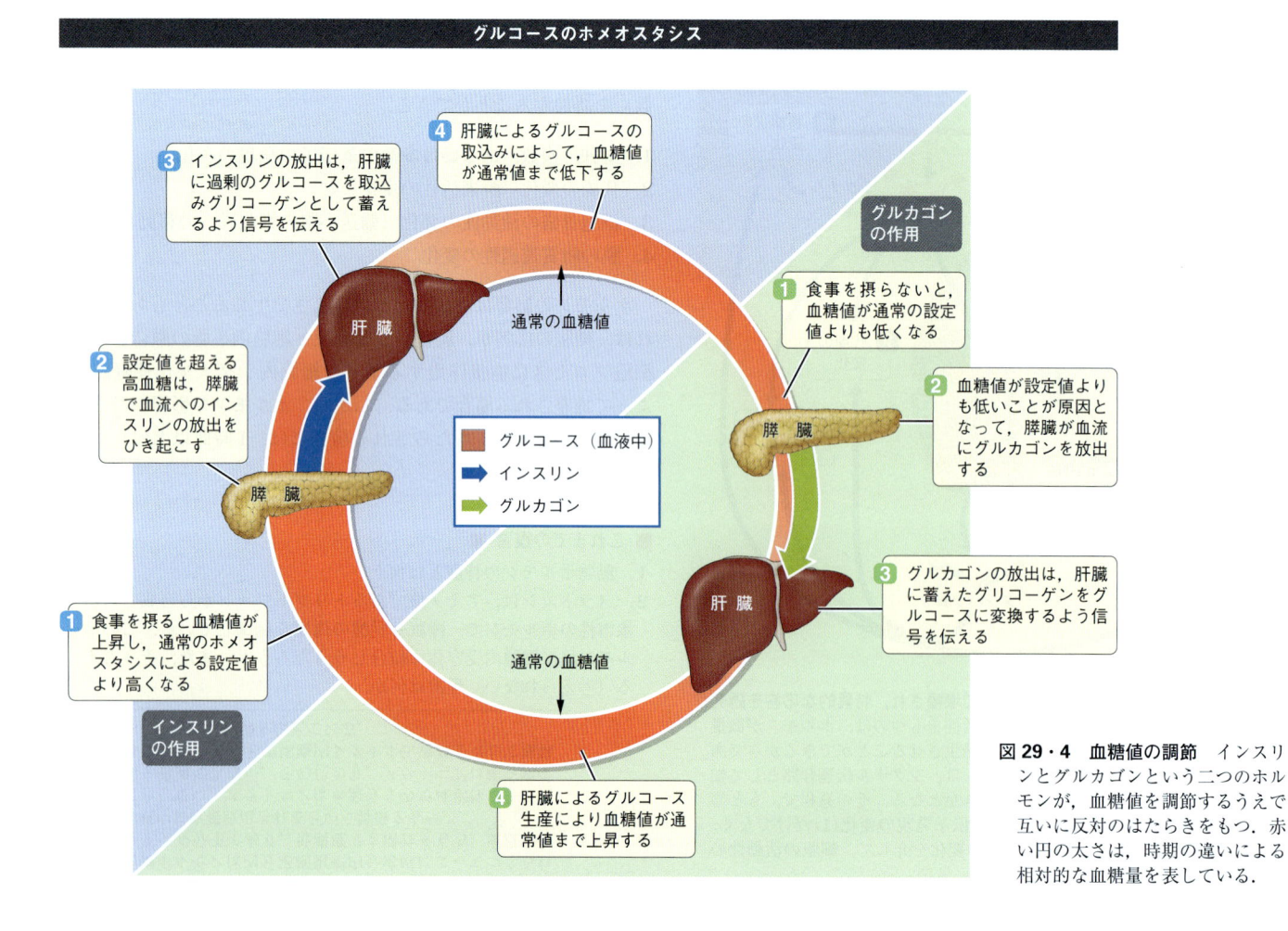

図 29・4 血糖値の調節 インスリンとグルカゴンという二つのホルモンが，血糖値を調節するうえで互いに反対のはたらきをもつ．赤い円の太さは，時期の違いによる相対的な血糖量を表している．

長い鎖でできた重合体である**グリコーゲン**として貯蔵する．また，インスリンは，吸収された糖類（アミノ酸の場合もある）の一部を貯蔵脂肪に転換するよう，標的細胞（特に肝細胞と脂肪細胞）を誘導する．

細胞を刺激してグルコースを取込ませることで，インスリンは血糖値が過度に上昇しないように保っている．また，インスリンのおかげで，余ったグルコースやほかの炭素骨格をもつ栄養素を，体外排出により失ってしまうことなく，確実に貯蔵することができる．血中のグルコース値が低下すると，膵臓がつくるインスリンの量も減る．血糖値にはホメオスタシスのために設定された目標値があって，それ以下の濃度となったらインスリンの合成が停止する．つまり，負のフィードバックが機能しているのである（第26章のフィードバック調節に関する総説を参照）．

膵島の別の細胞は，**グルカゴン**の合成と放出を行っている．グルカゴンは，細胞内の貯蔵庫からグルコースを放出させるよう標的細胞を誘導するホルモンである．血糖値が低くなると，インスリン分泌の減少に加えて，膵臓はグルカゴンの分泌を増やすことで肝臓の細胞を刺激し，貯蔵してあったグリコーゲンをグルコースに変え血流に放出する．図29・4は，インスリン－グルコース－グルカゴンの関係を表した図である．激しい運動を20分もすれば，貯蔵グリコーゲンが枯渇してくるだろう．そうなると，グルカゴンは貯蔵脂肪の分解も促進して脂肪酸を放出させる．それを細胞呼吸で"燃焼させる"ことで，体のエネルギー要求に応えることができる．

血液は常にある程度のグルコースを運ぶ必要があるが，一方で，血中グルコースが多すぎて有害となることがある．**糖尿病**とよばれる状態では，血液中のグルコースを効率良く細胞へと移動できない．**1型糖尿病**（若年発症型糖尿病ともよばれる）は，膵島細胞の損傷によりインスリンの生産自体が行われないか，合成されたインスリンに欠陥があって標的細胞表面にある受容体に結合できないかのどちらかによって生じる．一般に1型糖尿病は遺伝性のもので，ひとたび発症すれば，生涯にわたりインスリンの投与を受ける必要がある．**2型糖尿病**は，膵臓のインスリン生産量が少なすぎるか，標的細胞上の受容体がインスリンにあまり応答しないかのどちらかによって生じる．これらの結果として生じる高血糖は，しだいに毛細血管を損傷し，ついには血液の循環が悪化し，損傷した組織の治癒が遅れがちになってしまう．眼の血管が損傷した場合には，視覚に問題が生じ，ひどい場合は失明に至る．

遺伝子工学技術（§16・4参照）を利用してインスリンの商業的な大規模生産ができるようになったことと，インスリンの生物学に関する知識のおかげで，現在ではほとんどの糖尿病患者が，自分の血糖値を監視し，食事を改善したり必要に応じて追加のインスリン投与をしたりすることで，血糖を管理できるようになった（図29・5）．さらには，健康な食生活を送り，運動をすることで，過剰な体脂肪の蓄積と関連深い2型糖尿病が発生する可能性を減らすことも可能である．

副腎は闘争‒逃走反応をひき起こす

副腎は，腎臓の上にある1対の内分泌腺である．副腎は，**アドレナリン**と**ノルアドレナリン**を放出する．これらは，互いに似たホルモンで，急なストレスへの応答を調節している．二つのホルモンは，体のストレス状況や緊急事態の警告を伝える脳からの神経信号に応答して放出される（図29・6）．これらのホルモンの放出によって，血糖値の上昇など，いくつかの生理的応答が速やかに生じる．

副腎から放出されると，ホルモンは血流を移動し，ついには標的細胞に至る．アドレナリンとノルアドレナリンは，構造も機能もおおむね似ているが，標的組織や誘起する応答の詳細に関しては違いがある．アドレナリンは肝臓と骨格筋の細胞においてグリコーゲンの分解を促進することで，グルコースを血流へ放出させる．また，アドレナリンは，心拍数を増やすとともに心臓の収縮力を強めることで，グルコースがより迅速に全身に分配されるようにはたらく．こうして，グルコースがエネルギー源として利用できるようにすることで，ストレスの多い状況に対する迅速な応答を支えているのである．

もし目の前にガラガラヘビが現れて今にも攻撃しそうだったら，あなたは心臓をバクバクさせながら，跳んで後退するか，せめてその場にじっとすることだろう．そんな迅速な応答を可能にしてくれた神経系と副腎ホルモンに，感謝すべきかもしれない．視覚情報を処理して，ごく短時間のうちに警報を副腎に伝えてくれるのは神経系である．また，警報を聞いた副腎は，すぐさま作業にとりかかり，アドレナリンとノルアドレナリンを血液中に送り込む．これらのホルモンのはたらきにより，何秒とかからずに血流量が増加し，グルコースの放出が起こることで，次の行動（丈夫な棒で武装するか，すばやく逃げるか）をとるために，とても都合が良い状況がつくられるのである．

図29・5 膵臓の欠陥を補う　(a) 糖尿病の人は自己血糖測定器などで血糖値を監視する必要がある．(b) インスリン依存性糖尿病の患者は，正確な量のインスリンを注射して，異常な高血糖を予防しなければならない．

■ **役立つ知識** ■　ホルモンには，複数の名前でよばれているものがある．たとえば，アドレナリン*とノルアドレナリンは米国ではエピネフリンおよびノルエピネフリンとよばれている．"アドレナリン"の呼称は，ある製薬会社によって取得された商標に酷似しているため，米国では正式名称でない．それでも，"アドレナリン"は通常会話では米国でもふつうに用いられていて，たとえば興奮する状況や危険な状況によってひき起こされる感覚を"アドレナリン・ラッシュ"という．

＊　訳注：アドレナリン（adrenaline）は1901年に高峰譲吉によって発見・同定され，"Adrenalin"名で商標登録された．名称の混乱は，商標だけの問題ではなく，1897年にエピネフリンを先に"同定"したとするJohn Jacob Abelらの主張を当時の学会が受入れたためである．現在では，Abelらの方法ではアドレナリンを結晶化することはできないことがわかっており，高峰らの主張を見直す動きがある．

副腎

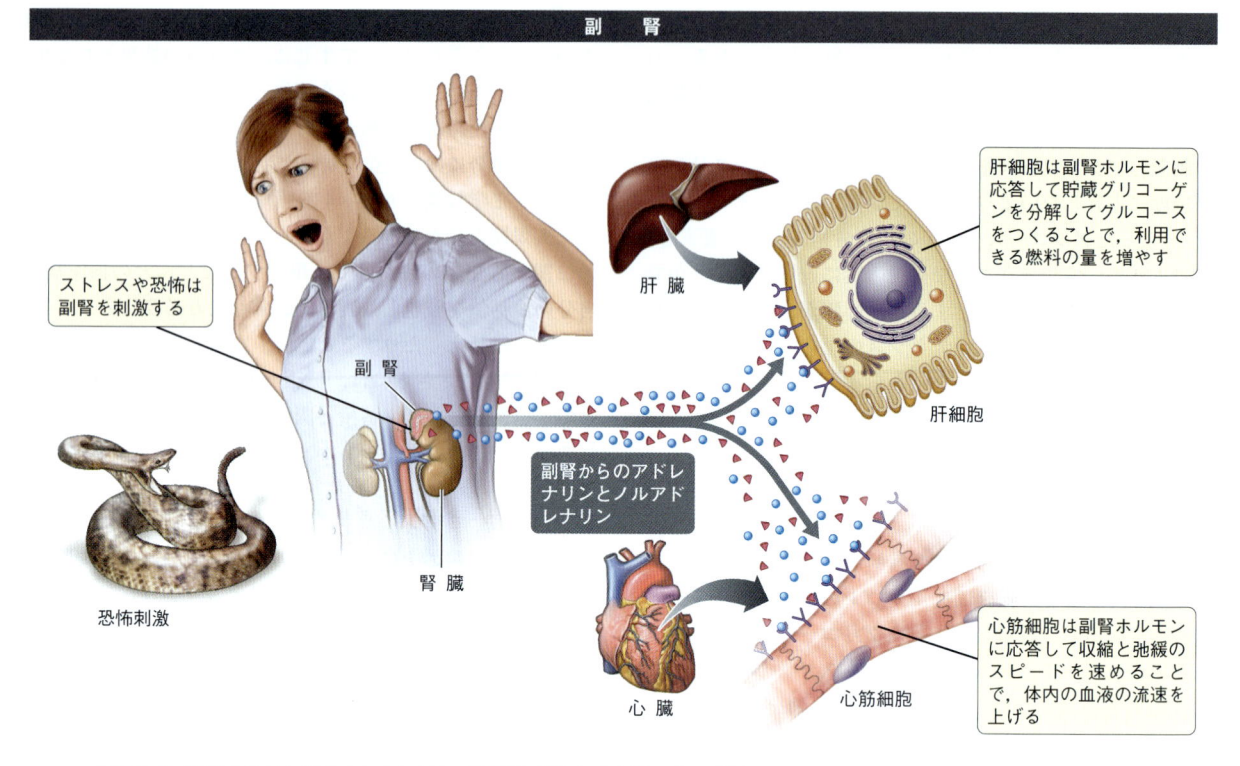

図 29・6 副腎ホルモンはストレスに対して迅速な応答をひき起こす 副腎はアドレナリンとノルアドレナリンを生産し，貯蔵エネルギーのすばやい放出と分配を誘引する．

- ストレスや恐怖は副腎を刺激する
- 恐怖刺激
- 副腎
- 腎臓
- 肝臓
- 副腎からのアドレナリンとノルアドレナリン
- 肝細胞は副腎ホルモンに応答して貯蔵グリコーゲンを分解してグルコースをつくることで，利用できる燃料の量を増やす
- 肝細胞
- 心臓
- 心筋細胞は副腎ホルモンに応答して収縮と弛緩のスピードを速めることで，体内の血液の流速を上げる
- 心筋細胞

カルシウムのホメオスタシス

カルシトニンの作用
1. 通常値を超える高い血中 Ca^{2+} 値は…
2. …甲状腺にはたらきカルシトニンの血液中への放出を促す
3. カルシトニンの放出は，骨が Ca^{2+} を貯蔵し，腎臓が Ca^{2+} の再吸収を減らすよう信号を伝える
4. 腎臓による再吸収の低下により血中 Ca^{2+} 値が通常値まで減少する

副甲状腺ホルモンの作用
1. 通常値未満の血中 Ca^{2+} 値は…
2. …副甲状腺を刺激し，副甲状腺ホルモンの血液中への放出を促す
3. 副甲状腺ホルモンの放出は，骨に Ca^{2+} 放出を起こさせるほか，腸と腎臓における Ca^{2+} の吸収および再吸収を促進する
4. 腸と腎臓における吸収の増大により，血中 Ca^{2+} 値は通常値まで上昇する

凡例：
- Ca^{2+}（血中）
- カルシトニンの作用
- 副甲状腺ホルモンの作用

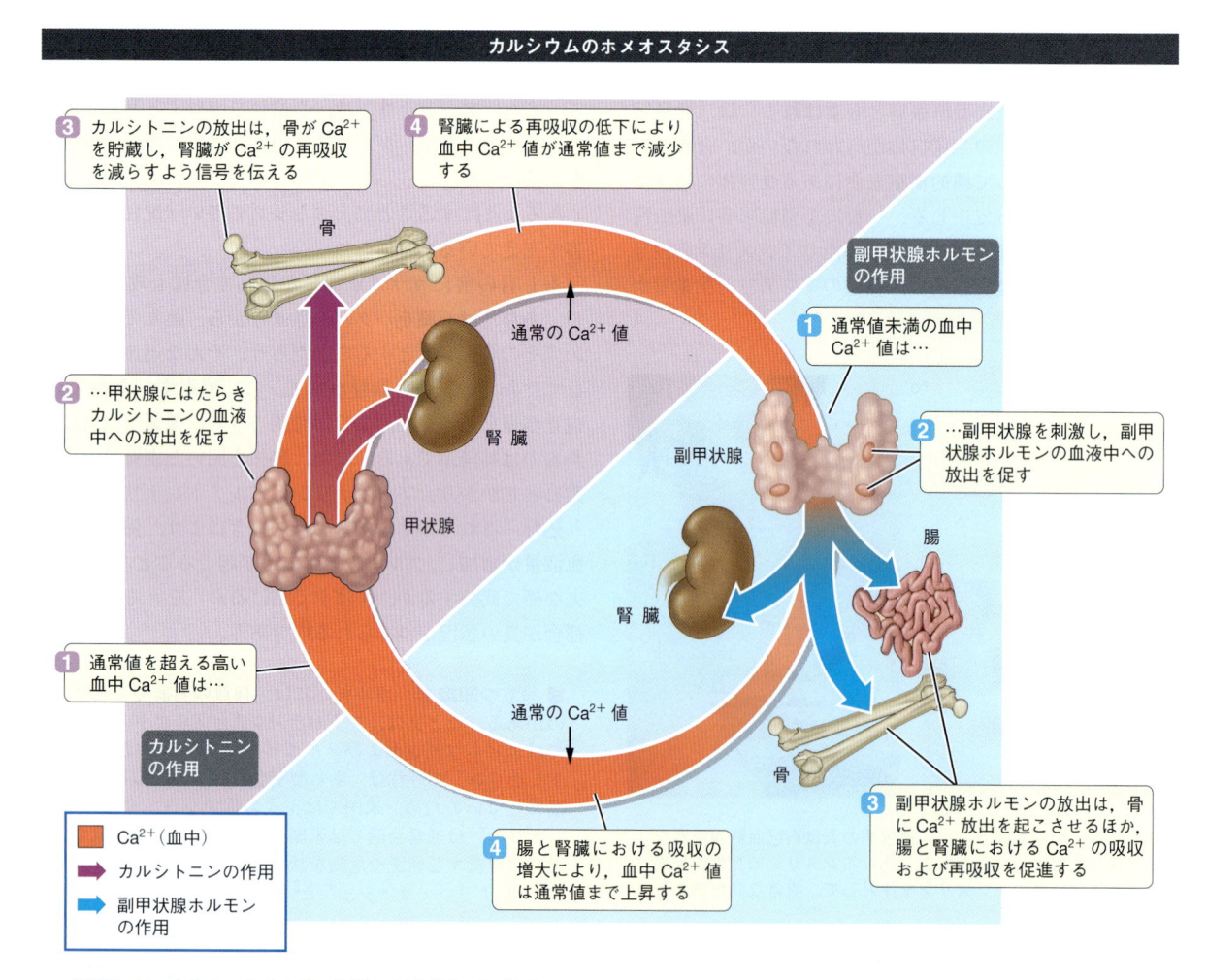

図 29・7 血中カルシウム値の調節 甲状腺と副甲状腺がホルモンを分泌し，血中のカルシウム濃度を制御している．赤い円の太さは，時期の違いによる相対的な血中カルシウム濃度を表している．

カルシウムは，甲状腺と副甲状腺からの
ホルモンにより調節される

　グルコースのようなエネルギー供給栄養素の調節に加えて，ホルモンはカルシウムのようなミネラル栄養素の取込みと放出も調節している．カルシウムは，ヒトの骨の主成分として固体で存在するほか，血液などの体液中や細胞内では，カルシウムイオン（Ca^{2+}）として存在し，筋肉や神経の機能に重要なはたらきをもっている．カルシトニンと副甲状腺ホルモンは，相反する作用をもつ拮抗ホルモンで，ともにヒトの血流中に循環するカルシウムの量を調節している．（拮抗ホルモンは正反対の作用をもつホルモンで，インスリンとグルカゴンも拮抗ホルモンの例である．）

　血液中のカルシウムが過剰だと，**甲状腺**という頸部にある内分泌腺を刺激して**カルシトニン**を放出させる．カルシトニンは，血液からカルシウムを除去する．これは，骨への貯蔵を促進することと，腎臓での再吸収を抑えてより多くのカルシウムを尿に排出させることを通して行われる．逆に血液中にカルシウムが少なすぎるときには，甲状腺の裏側にある少なくとも四つの点在する組織から構成される**副甲状腺**から，**副甲状腺ホルモン**が放出される．副甲状腺ホルモンは骨からのカルシウム放出を促進するとともに，腎臓でのカルシウムの再吸収を増やすことで，尿へと排出されるカルシウムを減らす．また，副甲状腺ホルモンはビタミンDの活性化も行い，腸での食物からのカルシウムの取込みを増やす．図29・7は，カルシトニンと副甲状腺ホルモンが，過剰なカルシウムを貯蔵し骨を強くする一方，血液中のカルシウムを適切な濃度に維持する仕組みを描いたものである．負のフィードバックがおのおののホルモンについてはたらいていて，どちらかのホルモンにより血中カルシウム値が正常範囲に戻されると，そのホルモンをつくる腺はホルモンの放出を減らすか，もしくは停止させる．

29・3　長期的プロセスの調節：成長

　ホルモンは，動物がどの時期にどの程度成長するかといった長期にわたるプロセスの調節も行う．脳下垂体は，**成長ホルモン**とよばれる，まさにその名どおりのホルモンを生産している．そのおもな標的細胞は骨と骨に付随した筋肉である．成長ホルモンは骨の成長を促すとともに，筋肉量の増加も促進する．ふつう，ヒトの脳下垂体は小児期や思春期に適切な成長を促すだけの量の成長ホルモンを生産しているが，成人になるにつれ出力が低下し，年齢とともに減り続ける．

　成長ホルモンが多すぎても少なすぎても，生涯にわたる影響を受ける．大人になる前に成長ホルモンが過剰に存在した場合は，巨人症となる（図29・8a）．この異常をもつ人は，身長が240 cmを超えることもある．一方，大人になってから脳下垂体が過剰量の成長ホルモンを生産し出した場合は，巨人とはならない．これは，身長を高くするのに一番貢献する骨の成長中心が思春期の間に停止してしまっているためである．その代わり，体の他の部位（特に手足や，顔や頭の全領域）が再び成長し始め大きくなっていく．この異常は，先端巨大症とよばれる（図29・8b）．

　体が受取る成長ホルモンが少なすぎる場合は，別の異常を生じる．小人症は，小児期や青年期の成長時期に成長ホルモンが不足した場合に生じる（図29・8c）．小人症では成人でも身長が120 cmに届かないのがふつうである．今では，遺伝子改変細菌を利用して第16章で紹介した方法と似た工程により，成長ホルモン補充剤が工業生産されている．きちんとした医学的指導に従えば，成長ホルモンを十分に生産できない若い人（単にふつうより背が低い人や，将来小人症になる可能性のある人）でも，身長をある程度伸ばすための助けが得られる．

　牛や豚，羊の生産に成長ホルモンを使用することの是非が議論の的となっているが，こうした家畜への利用と人間の健康上の問題との関連性を示す証拠は何も見つかっていない．しかし，添加ホルモンを使わずに育てられた家畜からの有機飼育肉に対するニーズは高まりをみせている．

　成長ホルモンが筋肉量の増加を促すことから，運動選手の一部には，スポーツ能力を向上させる目的で成長ホルモンを使用したり，乱用したりする者もいる．このような使い方をすると，成長ホルモンはがんや心不全の高い危険性を含む深刻な副作用をまねいてしまう．

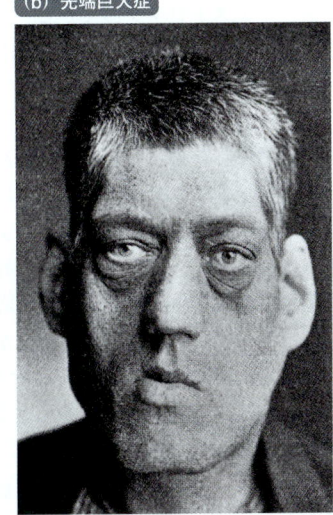

図29・8　成長ホルモンの生産の異常　(a) 思春期以前に成長ホルモンが過剰だと巨人症となる．1938年の写真の中で，標準的な身長の女性とともに写っているのはRobert Wadlow氏である．報告されている限り，彼は世界で最も背の高い人物で，その身長は約272 cmにも達した．(b) 成人してから再び成長ホルモン生産が開始されると，先端巨大症となり，顔や手足の骨が大型化する．(c) 成長ホルモンが少なすぎると，下垂体性小人症となる．1934年にニューヨークの世界博覧会への途上で撮影された写真．

29・4　長期的プロセスの調節: 生殖

動物は，繁殖行動から子の出産と発育に至るまで，生殖におけるほぼすべての事柄の調節をホルモンに依存している．ヒトでも，性的発達や生殖にまつわるほぼすべての面に，ホルモンは影響を及ぼしている．胎児における性別に固有な特徴の出現や，思春期における生殖器官の成熟は，ホルモンによる長期的な生殖制御の好例である．ホルモンによって調節される生理的プロセスの例には，このほかに，男性における精子形成の規則的な刺激や，女性において月経を制御するホルモン変化の月周期などがある．

性ホルモンは出生前の性的発達を担う

ホルモンは，ヒトが生まれる前から，その性的発達を左右している．ヒトが男女どちらの性別になるかは，遺伝子プログラムにより定められ，Y染色体の有無によって決められている．哺乳類では，基本的に女性がXXで男性がXYの性染色体をもつ（第13章参照）．けれども，胎児が男性と女性のどちらになるかは，血液中のホルモンの作用によって決まる．ヒト胎児がY染色体をもっていれば，卵の受精後ちょうど4～6週ごろに，精巣（雄性生殖器官）の形成が始まる．Y染色体がなければ，精巣の代わりに卵巣（雌性生殖器官）が発達する．精巣と卵巣という性腺はともに**生殖腺**とよぶのが一般的である．生殖腺は，胎児の発達の7週目までに，性別に特異的なステロイドホルモンを生産する．この**性ホルモン**は，標的細胞の遺伝子に信号を伝え，性的発達のプロセスを始動させる．

生殖腺は，エストロゲン，**黄体ホルモン**，アンドロゲンの三つのおもなホルモンを生産している．男女とも三つすべてのホルモンを生産するが，性別によりその比率が異なっている．たとえば，男性はエストロゲンよりもアンドロゲンが多く，女性はアンドロゲンよりエストロゲンの方が多い．**エストロゲン**は，たとえば，大きなお尻や，男性より高い声，発達した胸などの女性の特徴を決定する役割をもつ．また，黄体ホルモンは，子宮内膜の肥厚や，発達胎児に適した環境をつくるための子宮への血液供給の増加など，女性の体内でいくつかの機能をもっている．黄体ホルモンのなかで最も重要なホルモンは**プロゲステロン**である．一方，**アンドロゲン**（男性ホルモンとも．*andro* は"男"の意）は，細胞を刺激してあご髭の伸長や精子生産などの男性的特徴を発達させる．おもなアンドロゲンは**テストステロン**である．

精巣は三つのホルモンを分泌し，それらは協働して男性特有の生殖構造の発達を調節している．テストステロンは，非常によく似た別のアンドロゲンとともに，輸精管や前立腺などの内性生殖器官の構築を主導する．3番目のアンドロゲンは，陰茎などの外性生殖器官の構築を主導する．同じように，女性生殖器官の構築は，内性器官か外性器官かによらずエストロゲン類によって制御されている．

性ホルモンは思春期の性成熟を調節する

10～13歳頃，少年少女は性的に成熟して生殖可能な成人へと移行し始める．**思春期**とよばれるこの移行期には，生殖腺が盛んに性ホルモンを生産するようになる．さらに，視床下部は，**脳下垂体**（脳の底部にある2葉からなる腺）での別の二つのホルモンの生産を活性化する．**黄体形成ホルモン（LH）**と**卵胞刺激ホルモン（FSH）**の二つのホルモンは，**生殖腺刺激ホルモン**（ゴナドトロピン）と総称される．両ホルモンがともに，男性の精子形成を調節し，女性の月経周期の調節する役割を担っている．性ホルモンも，成長ホルモンと共同して，別の性徴の発達を調節している．男性では声変わりや顔と陰部の発毛，陰茎と陰嚢の発達など，女性では胸と陰毛の発達および体形の変化などが，これに該当する．

生殖腺刺激ホルモンは，個体の生涯にわたり，生殖器官と生殖腺の機能維持にはたらく．男性では，生殖腺刺激ホルモンはテストステロンの存在下，精子の生産をさらに刺激する．女性の卵巣は，全生涯の間に供給すべきすべての未熟な卵（一次卵母細胞）を，出生のときすでに内包している．これらの細胞は，発達が一時停止された状態にとどまっていて，思春期に生殖腺刺激ホルモンの生産が活発になることで，毎月一つ（ときには二つ）の卵を刺激して完全に成熟させて，排卵に向かわせる（後述）．

性ホルモンはヒト女性の月経周期を調節する

ヒトの男性において，精子は思春期から高齢期まで絶えず生産され続ける．一方，女性では，成熟した卵を常に生産しているわけではない．その代わり，**月経周期**として知られる，ホルモンのはたらきによって起こる一連のプロセスにおいて，個々の卵は成熟し，排出される．月経周期は平均でおよそ28日だが，周期の長さが21～35日の範囲内であれば正常である．図29・9は，この周期を回すホルモン濃度の変動をまとめたものである．

月経周期は，出血の初日から始まるが，それは前の周期の終わりでもある．つぎの数週の間に，絶えず分泌されるホルモンにより排卵が促進され，また，きたるべき妊娠に向けた準備のために子宮内膜が発達し肥厚する．妊娠に至らなければ，ホルモン濃度は急落し，子宮内膜は剝がれ落ちて月経を迎える．こうして，一つの月経周期が終わるのである．つぎに，この一連の出来事をもっと詳しく見ていこう．

まず，新しい月経周期は，脳下垂体から放出された生殖腺刺激ホルモンが卵巣中の卵胞の発達を促すことで始まる．卵巣卵胞は，中心に大きな未成熟卵をもつ細胞の集団である．卵胞はFSH作用により大きくなり，その中にある一次卵母細胞は成熟した卵へと発達し始める．卵胞が発達するにつれて，そこから分泌されるエストロゲンの量もしだいに増加する．およそ12日でエストロゲン濃度がピークを迎えると，それが刺激となって，急に脳下垂体から大量のLH放出が起こる．このLHサージが**排卵**，つまり，卵胞からの卵の放出を誘起する．破裂した卵胞の細胞は，排卵後も卵巣内にとどまり，**黄体**へと発達する．また，排卵を誘導したのと同じ生殖腺刺激ホルモンの急増は，黄体を刺激して大量のプロゲステロンとよばれる黄体ホルモンと比較的少量のエストロゲンを分泌し続けるよう促す．

エストロゲン濃度の上昇に，今度はプロゲステロン濃度の上昇も加わり，性ホルモンに応答して子宮内膜が肥厚する．もし受精が起これば，胎児の組織が黄体を維持するホルモン（ヒト絨毛性生殖腺刺激ホルモン）を生産するようになる．プロゲステロンは，はじめは黄体によってつくられ，のちに胎盤によって合成さ

■ **役立つ知識** ■　接尾辞の"-gen"は"つくる"あるいは"～から（によって）つくられる"という意味をもつ．たとえば，エストロゲン（estrogen）やアンドロゲン（androgen）は女性や男性の特徴を"つくる"ホルモンである．グリコーゲン（glycogen）はグルコースを"つくる"し，また"グルコースからつくられる"．

れる．こうして妊娠期間を通じてつくられるプロゲステロンは，子宮内膜を維持するのに不可欠な因子である．避妊薬にはプロゲステロンを模倣した合成ホルモンがたいてい含まれている．これは，模倣薬が体をだまして，すでに妊娠していると"勘違い"させることで，卵成熟と排卵の月周期を停止させることを狙っているからである（§33・4参照）．妊娠に成功したことを特徴づけるのは，エストロゲンとプロゲステロン両方の濃度が高くなることである．これが，妊娠維持にはたらくだけでなく，脳下垂体からの生殖腺刺激ホルモンの放出を抑制することを通して，もはや不要となった卵成熟と排卵の周期を止めるのである．

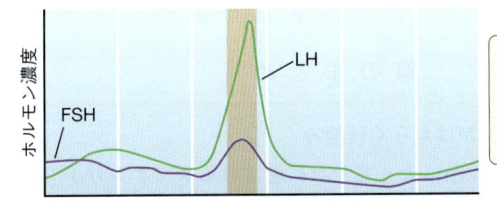

卵が受精しなかった場合は，胚は生じない．胚由来のホルモンがなければ，黄体の維持ができず，黄体は退縮していく．その結果，プロゲステロン濃度は低下する．高濃度のプロゲステロンによる支えがなければ，子宮の新しい血管と肥厚した内膜は長くはもたないため，ほどなく子宮から脱落し，月経中に体外へ排出される．

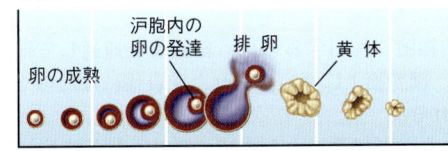

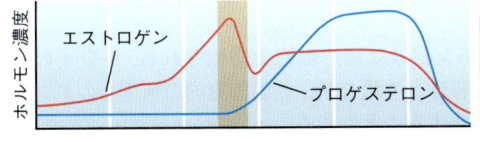

高濃度のエストロゲンとプロゲステロンは，負のフィードバック経路を通してFSH生産を抑制しているが，黄体が衰退すれば性ホルモン濃度は急落する．そうなると，もはや卵巣ホルモンによる抑制が解除された脳下垂体は，再びFSHを放出して卵胞を育て，また新しい周期が始まる．

およそ500回の月経ののち，ある意味"思春期の逆"ともいえるホルモン環境の変化が訪れる．典型的には女性が40〜50歳の年齢にさしかかると，卵巣が生産するエストロゲンとプロゲステロンの量が少なくなる．ついには，ホルモン濃度の低下から**閉経**を迎え，月経周期が永久に止まる．

■ これまでの復習 ■

1. 大きな一切れのピザを食べたらほどなく，血中インスリン値が上昇するのはなぜか．
2. つぎの文の正誤と，その理由を述べよ．
   大人のアスリートのなかには，スポーツ競技で有利になろうと，ヒト成長ホルモンを投与することで背を高くしようとする者がいる．

---

1. ピザのデンプンが消化されてグルコースになり，血中へ運ばれると血糖値が高まり，インスリンの分泌が起こる．インスリンは，細胞を刺激してグルコースの吸収を促進することで，グルコース濃度をもとの水準まで低下させる．
2. 誤．ヒト成長ホルモンが成長を促すのは，小児期や青年期だけである．一部の愛好者は，ホルモンの長期使用によってもたらされる重大な副作用の危険を覚悟して，成長ホルモン剤を違法に使用している．

学習したことを応用する

変態：ホルモンの交響曲

受精卵から成人に至るまでのヒトの発達には，懐胎から成人まで，何千もの遺伝子スイッチの順序だったオン・オフが必要である．こうした遺伝子の調和的編成は，いも虫からチョウへという発達を進めるにも必要であり，また同様に複雑なものである．そして，他の動物と同様に，発達のほとんどはホルモンの指揮により進められる．

チョウの成体は，成長中の幼虫やそれに続く蛹の体内にある成虫原基とよばれる一群の細胞から発生する．蛹の時期に，幼虫の体の構造は文字どおり"分解"される．そして，成虫原基の細胞が分裂を開始し，成虫を構築するために，もともとは幼虫だった組織や細胞の分解産物から利用できる物質を拾い集めながら増殖する．ホルモンによる指揮がなければ，変態期の幼虫の分解とそれに続く成虫の構築は，羽ばたくチョウではなく絶望的な混沌を生むだけだろう．

驚くべきことに，この一連の流れをすべて統括しているのは，たった三つのホルモンである（図29・10）．第一のホルモン，前胸腺から放出される脱皮ホルモン（エクジソン）は，いろいろな段階で多様な役割を担っている．たとえば幼虫期には，脱皮ホルモンは脱皮を促進して幼虫の体を守る外側の層（外骨格）を繰返し剝ぐ．また，蛹の時期には，脱皮ホルモンは成虫原基の発達を促進する．

第二のホルモンは幼若ホルモンで，幼虫の脳のすぐ裏側にある腺から放出され，脱皮の結果何になるかを左右する．幼若ホルモン濃度が高いと，次の発生段階では大きめの幼虫となる．逆に，幼若ホルモン濃度が低いと，次の段階は蛹になる．幼若ホルモン

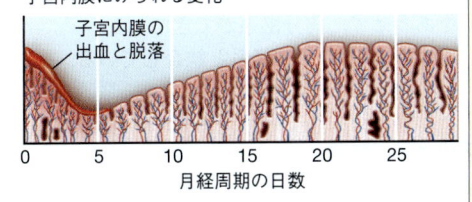

図29・9 ヒトの月経周期はいくつかのホルモンの順序立った一連の放出に依存している 卵胞刺激ホルモン（FSH）は卵巣卵胞の発達を刺激して新たな月経周期を開始させる．発達中の卵胞はエストロゲンを生産する．エストロゲン濃度がある閾値に達すると，下垂体からの黄体形成ホルモン（LH）の放出を促し，これが排卵をひき起こす．エストロゲンは，特に黄体から分泌される大量のプロゲステロン存在下で，きたるべき妊娠への準備のために子宮内膜の肥厚を促進する．もし受精が起こらなければ，黄体はおよそ14日ほどで死滅し，ホルモン濃度が急低下して子宮内膜は脱落する．

ホルモンによる変態の調節

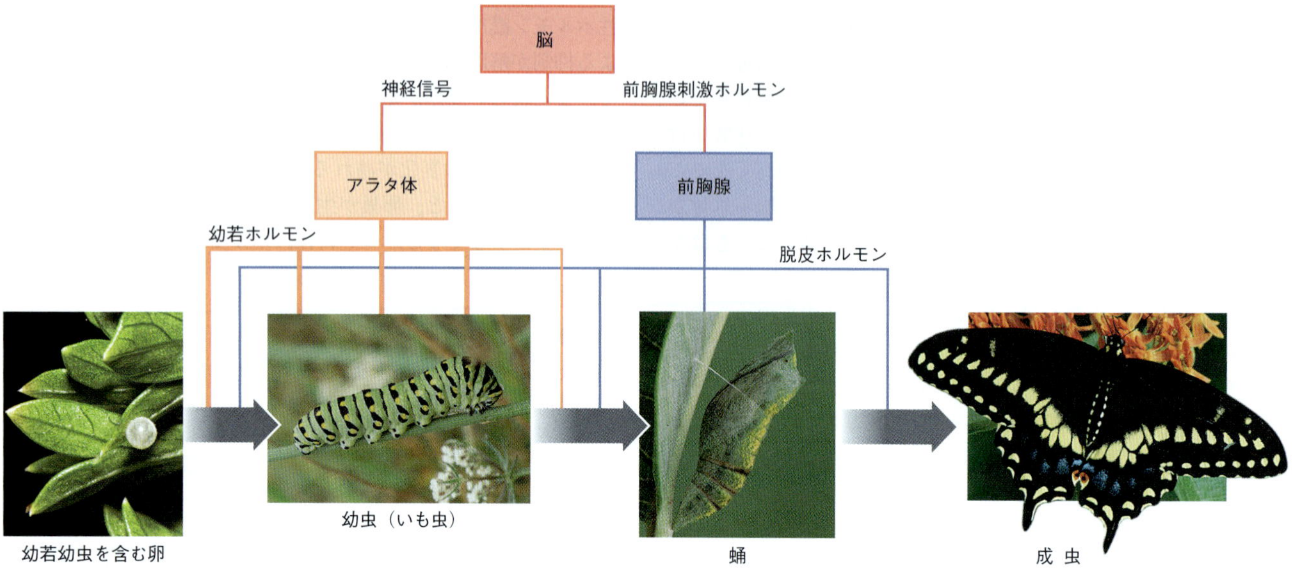

図 29・10 チョウの変態の制御に関与する三つのホルモン ホルモン生産細胞は，神経系と内分泌系の間をとりもって，変態の間に起こるべき変化の時期を制御している．前胸腺刺激ホルモンの放出に応答して放出される脱皮ホルモンは，昆虫が外骨格を脱ぎ捨てるべき時期を決める．アラタ体から放出される幼若ホルモンの量によって，脱皮ののち，その個体が幼虫，蛹，成体のいずれの形態を選択すべきかが決定される．

濃度が低下してゼロになると，蛹は成虫へと発達する．

変態中のスケジュールは，ホルモンと神経系からの信号の両方によって決められる．幼虫が適切な発生段階に達したことを神経系が感知すると，脳は幼若ホルモンの放出を止め，変態が誘起される．脱皮ホルモンを放出する頃合いは，より複雑なプロセスによって決められる．脳は，前胸腺刺激ホルモンとよばれる第三のホルモンの放出を開始し，前胸腺を刺激して脱皮ホルモンの放出を促進するが，これが起こるのはつぎの二つの条件が重なった場合に限られる．(1) 幼若ホルモンの濃度が，脳内の標的細胞に対し，幼虫が変態を開始するにふさわしい発達段階に達したことを示している．(2) 脳に伝わった情報が，前胸腺刺激ホルモンによる蛹への変態が1日のうちの安全な時間帯に行われることを示している．

チョウにおける変態の調節を可能にしているのは，特別な組合わせの化学シグナルによる相互作用，ホルモン応答性の異なる標的細胞，そして，神経系と統合されたホルモン機能，の三つの要素である．

応用研究者は昆虫ホルモンの知識を利用して，ノミやゴキブリ，農業上の害虫を駆除する方法を開発してきた．そして，昆虫ホルモンを模倣もしくは阻害することで昆虫の生活環が完了しないようにする分子が発見されている．たとえば，ノミやダニの駆除に使われる薬剤であるS-メソプレンは，幼若ホルモンのように作用する．ノミやダニの蛹がS-メソプレンにさらされると，合成幼若ホルモンが過剰となって，成虫に変態することができなくなる．また，別の合成幼若ホルモンであるヒドロプレンは，未成熟のゴキブリの成長と外骨格の脱落を抑え，成虫へと発達するのを妨げる．

さらに別の殺虫剤であるアザジラクチンは，脱皮ホルモンに類似した化学構造をもつ．この薬剤は昆虫自体の脱皮ホルモンの生産と放出を阻害するらしい．それにより，幼虫からチョウへの変態が阻止される．これは，青虫，アブラムシ，コナジラミ，コナカイガラムシ，マイマイガ，多くの甲虫に効果がある．

章のまとめ

29・1 ホルモンがはたらく仕組み

■ ホルモンは循環系によって全身に運ばれるシグナル分子である．ホルモンは低濃度でも活性をもつ．一つのホルモンが多種多様な標的細胞に影響することもあるし，標的ごとに異なる応答をひき起こすこともある．

■ ホルモンが標的細胞に作用するのは，細胞膜を通過して細胞内に移動するか，細胞膜上に埋め込まれた受容体にはたらくことによってなされる．

■ ホルモンはふつう，循環系を介して遠く離れた標的細胞に到達する．ホルモンの動きはせいぜい血液の移動する速さと同じなので，神経系よりもゆっくりとした長期的な機能調節にはたらく傾向がある．

■ 一般に，ホルモン信号は標的細胞で増幅される．1分子のホルモン分子の受容体への結合が，標的細胞内の何千ものタンパク質分子を活性化することもある．

■ 動物ホルモンは，内分泌腺や他の組織内にある一群の特殊なホルモン分泌細胞によって生産され，血流へと直接分泌される．腺と特殊な細胞をあわせて，内分泌系ができている．

■ 視床下部は内分泌系を調節し，神経系と統合している．

29・2 短期的プロセスの調節： 血糖とカルシウムのホメオスタシス

■ ホルモンが互いに協同して一つの生物学的プロセスを調節することも多い．二つのホルモンが反対の作用をもつ場合，拮抗的であるという．

■ インスリンとグルカゴンは，膵島細胞によって生産される1対の互いに拮抗作用をもつホルモンであり，ヒトの血糖値を調節している．インスリンは肝細胞のグルコース貯蔵を増やす一方，グルカゴンは肝臓にはたらいて血流へグルコースを放出させる．

■ 強いストレス環境下では，副腎がアドレナリンとノルアドレ

ナリンを生産し，肝臓からのグルコース放出を促すことで，危険から逃れるために必要な当座のエネルギーを供給する．
■ 糖尿病という疾患では，膵臓が少量のインスリンしかつくれないか，もしくは標的細胞に効率的に結合できないようなホルモンしかつくれない．その結果生じる高血糖は，組織を傷害するかもしれない．
■ カルシトニンと副甲状腺ホルモンは拮抗ホルモンで，血中のカルシウム濃度を調節している．甲状腺で生産されるカルシトニンは，骨のカルシウム貯蔵の促進，あるいは腎臓での再吸収の抑制を通して，血中カルシウム濃度を低下させる．副甲状腺から分泌される副甲状腺ホルモンは，骨からのカルシウム放出の刺激，腎臓でのカルシウム再吸収の促進，および，小腸の消化におけるカルシウムの取込みの促進を介して，血中カルシウム濃度を上昇させる．

29・3 長期的プロセスの調節：成長
■ 脳下垂体は，骨の成長を促進し筋肉量の増加を刺激する成長ホルモンを生産する．
■ 小児期や思春期に体内に過剰な成長ホルモンがあると巨人症となる．思春期よりあとに成長ホルモンにさらされると，先端巨大症となり，顔や手足の骨が再び成長し始める症状を呈す．小児期や思春期に成長ホルモンが過少であれば，小人症となる．
■ 現在では，もとから成長ホルモンの生産が低すぎる若い人には，遺伝子改変した細菌由来の成長ホルモンを補充することが可能となっている．

29・4 長期的プロセスの調節：生殖
■ ヒトでは，ホルモンが性的発達，妊娠，出産などの中期的・長期的な側面に影響を及ぼしている．
■ 性ホルモンは，遺伝子型（XX なら女性，XY は男性）に従って，胎児の性的特徴の発達を先導する．胚発生の7週目までに，生殖腺はそれぞれの性遺伝子型に固有のステロイドホルモンを生産し始める．
■ 生殖腺（男性の精巣，女性の卵巣）は3種類のおもなホルモンを生産する．エストロゲンは女性性徴の発達を促進し，黄体ホルモンは妊娠中に発達胎児を支えるために子宮壁の準備を整える．また，アンドロゲンは男性性徴の発達を促進する．男性と女性のどちらもこれら3種類の性ホルモンをすべて生産しているが，その比率は異なっている．
■ 思春期に，ヒトは性的に成熟した成人へと移行する．思春期は性ホルモンの増加および生殖腺刺激ホルモンの生産によって起こる．生殖腺刺激ホルモンには二つのホルモンがあり，男性の精子および女性の卵の発達を調整している．
■ 脳下垂体で生産される生殖腺刺激ホルモンは，個人の生涯にわたり生殖器官や生殖腺の機能を維持する．
■ ホルモンはヒト女性の月経周期も調節している．おのおのの卵は28日の月経周期で成熟し排出される．月経周期の最初の2週間で，下垂体からの卵胞刺激ホルモン（FSH）の刺激により，卵巣卵胞内での未成熟卵の発達が完了する．発達中の卵胞はエストロゲンを分泌し，その濃度はどんどん増加していく．
■ 高濃度のエストロゲンは突然で多量の黄体形成ホルモン（LH）の放出を刺激し，これを契機に排卵（卵巣からの卵の排出）が起こる．残された"空"の卵胞は黄体となり，多量のプロゲステロンを放出し始める．
■ もし卵が受精したら，プロゲステロン濃度は妊娠中ずっと高いまま保たれ，発生中の胎児を養うためによく発達した子宮内膜が維持される．卵が受精しなかった場合は，胚は育たず，排卵からおよそ12日後にプロゲステロン濃度が落ち，月経が開始される．月経では，子宮の新生血管や肥厚した内膜は体外へと排出される．
■ 高濃度のエストロゲンとプロゲステロンは負のフィードバック機構を介してFSH生産を抑制する．これらのホルモン濃度が減少すると，脳下垂体はFSHを分泌し始め，周期が再開される．

重要な用語

内分泌系（p.501）
ホルモン（p.501）
内分泌腺（p.501）
外分泌腺（p.501）
視床下部（p.501）
シグナル伝達（p.503）
膵　島（p.504）
インスリン（p.504）
グリコーゲン（p.505）
グルカゴン（p.505）
糖尿病（p.505）
1型糖尿病（p.505）
2型糖尿病（p.505）
副　腎（p.505）
アドレナリン（p.505）
ノルアドレナリン（p.505）
甲状腺（p.507）
カルシトニン（p.507）
副甲状腺（p.507）
副甲状腺ホルモン（p.507）

成長ホルモン（p.507）
生殖腺（p.508）
性ホルモン（p.508）
黄体ホルモン（p.508）
エストロゲン（p.508）
プロゲステロン（p.508）
アンドロゲン（p.508）
テストステロン（p.508）
思春期（p.508）
脳下垂体（p.508）
黄体形成ホルモン（LH）（p.508）
卵胞刺激ホルモン（FSH）（p.508）
生殖腺刺激ホルモン（p.508）
月経周期（p.508）
排　卵（p.508）
黄　体（p.508）
閉　経（p.509）

復習問題

1. 標的細胞の説明で最も正しいのはどれか．
   (a) ホルモンを放出する内分泌細胞である．
   (b) ホルモンが運ぶ化学信号を増幅することができる．
   (c) 細胞膜にあって特定のホルモンと結合する細胞表面受容体タンパク質をもつ細胞もある．
   (d) bとcの両方
2. ヒトの内分泌腺はホルモンを直接どこに分泌するか．
   (a) 腎　臓
   (b) 膵　臓
   (c) 血　流
   (d) 脳下垂体
3. 内分泌腺はどれか．
   (a) 甲状腺
   (b) 副　腎
   (c) 脳下垂体
   (d) a〜cのすべて
4. 肝臓によるグルコースの取込みを増やすものを選べ．
   (a) グルカゴン
   (b) インスリン
   (c) カルシトニン
   (d) 副甲状腺ホルモン

5. 膵臓の膵島細胞が生産するのはどれか．
   (a) アドレナリン
   (b) ノルアドレナリン
   (c) インスリン
   (d) 成長ホルモン
6. 副腎が分泌するホルモンはどれか．
   (a) アドレナリン
   (b) カルシトニン
   (c) グルカゴン
   (d) インスリン
7. エストロゲンのはたらきとして正しいのはどれか．
   (a) 女性的特徴を発達させる．
   (b) 髭の成長を促進する．
   (c) チョウの変態を制御する．
   (d) 精子生産を刺激する．
8. 下垂体が生産するホルモンはどれか．
   (a) グルカゴン
   (b) インスリン
   (c) 生殖腺刺激ホルモン
   (d) カルシトニン
9. プロゲステロンが子宮に準備を促すのはどれか．
   (a) 生殖腺刺激ホルモンの生産
   (b) 受精卵の受容
   (c) 思春期の開始
   (d) テストステロンの増産
10. 先端巨大症の原因はどれか．
    (a) 思春期終了後の成長ホルモン不足
    (b) 思春期における成長ホルモン不足
    (c) 思春期以前および思春期中の成長ホルモン過剰
    (d) 思春期終了後の成長ホルモン過剰

分析と応用

1. インスリンが体内でつくられてから標的細胞にたどりつくまでの旅程を説明し，インスリンが目的地に着いたら何をするのか述べよ．
2. テストステロンは多くの作用をもつ．それがヒトの男性にどのような影響を及ぼすか述べよ．
3. ホルモンは迅速にはたらくことができるものの，神経系ほどすぐにははたらかない．あなたが突然怒って唸っている犬と鉢合わせた場合に，あなたの副腎と神経系がどのようにはたらくか説明せよ．
4. ヒト女性の月経周期では，変動するいくつかのホルモンが協同的にはたらいて，約28日ごとに繰返される一連の現象をつくり出している．もしも，1年に1回だけ仔を育てる雌のオジロジカのような動物をあなたが"創造"したとしたら，どのようなホルモンのプログラムを設計するだろうか．関係するホルモンとその値が変動する時期を述べよ．
5. 成長ホルモンは生涯にわたる影響をもつ．ヒトにおいて，成長ホルモンの生産の異常がもたらす結果を三つあげよ．

ニュースで見る生物学

Earlier Hormone Therapy Elevates Breast Cancer Risk, Study Says

BY DENISE GRADY

早期ホルモン療法で乳がんリスクが増加すると研究報告

　閉経期のホルモン補充療法によって乳がんやほかの重い病気が起こる危険性に関する証拠が増えてきたことで，多くの女性が投薬をやめ，多くの医師が推奨するのをやめた．

　しかし，閉経初期の比較的若い女性に対する，ごく短期間の投与であれば，ホルモンの危険性は無視できるかもしれないという考えも根強くあった．そこで，この閉経初期にホルモン療法を開始すると女性の心疾患を予防できるかもしれないというタイミング説とよばれる考えが，研究者によって検証されるに至った．

　英国における大規模調査の結果から，現在ではホルモンによる危険性が最小と考えられていた時期の女性が，実際には，少なくとも乳がんに関しては最も危険性が高いらしいことが示されている．研究では，ホルモンによる乳がんの危険性が最も高い女性は，ホルモンを最も早い時期，つまり閉経開始前もしくは開始後早期に投与した女性であることがわかった．

　金曜日にThe Journal of the National Cancer Institute誌上で発表されたこの新しい発見は，確固たる証拠ではない．というのは，無作為試験，つまり被験者を無作為に抽出してホルモン薬もしくはプラセボを投与し，長期にわたり両群の比較研究を行うような研究ではなかったからである．英国の研究は，無作為でない観察的研究であった．つまり被験者の女性はホルモン薬を利用するか否かおよびその時期については被験者自身の判断に委ねられていた．観察的研究では，薬剤投与の選択いかんにも被験者間にあった何らかの差異が影響していて，その元からあった差異自体が，健康上の結果の違いに反映された可能性がある．実際，観察的発見が無作為試験により否定されるケースもときどきある．

　しかし，今回の観察的研究は特別な頑強さを備えている面もある．というのも，今回の研究は，1996年5月～2001年12月までの調査期間に50～64歳だった英国人女性の4人に1人に当たる100万人以上もの閉経後女性を対象とした大規模な調査だったのである．

　この"女性100万人調査"とよばれる研究によって，ホルモンをまったく投与しなかった50～59歳の女性では，1年当たり0.3％の確率で乳がんが発生することがわかった．一方，閉経後5年以上経過してから最も一般的なホルモン剤であるエストロゲンとプロゲステロンの混合薬の投薬を開始した女性では0.46％と高くなった．しかし，最も高かったのは，1年当たり0.61％の確率で乳がんを生じた，閉経前もしくは閉経後5年以内に投薬を開始した女性だった．また，投薬が5年未満だった女性でさえも，危険率は増加していた．

　最近まで，ホルモン補充療法は，更年期症状に対して広く処方された処置であった．閉経は，本章で論じた通り，ヒトの発達と老化の過程における正常な段階である．それにもかかわらず，閉経期の生理的変化は，心疾患や骨粗鬆症，臀部や背骨の骨折をまねく骨からのカルシウム喪失などの危険性の増加を伴う．一部の女性は，頭痛やほてり，不眠など生活の質（QOL）を低下させる不快な症状を経験する．

　1960年代初頭，ほてりや他の症状を抑えようと，医師たちは何百万もの閉経した女性に経口ホルモン薬を処方し始めた．そのほとんどに，エストロゲンもしくはエストロゲンと黄体ホルモンの混合剤が含まれていた．ホルモンは数カ月の間だけ処方されることもあれば，閉経後60代までの長期にわたり服用を続けた女性もいた．

　近年は，こうしたホルモンへの長期曝露により心筋梗塞が29％，脳卒中が41％，乳がんが26％，それぞれの危険性が有意に上昇することが研究により示された．2002年，米国国立心肺血液研究所によりエストロゲン-黄体ホルモン混合剤を摂取した女性の大規模な医学的調査が行われ，それにより，危険率の増加が発見された．一方で結腸がんが37％減り，臀部骨折が33％減少するなど，ホルモン薬の処方による恩恵もあった．全体としては，エストロゲン-黄体ホルモン混合剤を処方した女性とプラセボを投与した女性の間に死亡率の違いはなかった．心筋梗塞，脳卒中，乳がんのリスク増加分は，ほかの死因のリスク減少分により打ち消されたのである．

このニュースを考える

1. 本章の本文で紹介したエストロゲンによって制御される長期的機能，および黄体ホルモンによって制御される中期的機能について，それぞれ一つずつあげよ．
2. ホルモン補充療法は，体がもはや生産しない物質の代替となることを目指している．そうした処方は比較的無害のように感じられる．では，なぜホルモン補充療法の長期にわたる使用が健康上の問題をまねくのだろうか．
3. 大きな利益をもたらすとともにかなりのリスクが伴う治療の例として，ほかにはどのようなものがあるか．そうした治療を受ける前に，医師に聞いておきたいと思うことは何か．

出典：*New York Times*，2011年1月28日，http://www.nytimes.com

30 神経系と感覚系

> **MAIN MESSAGE**
> 動物の神経系は情報を迅速に伝達, 統合し, これに対する応答を開始する.

未来の視覚

　Terry Byland 氏が夜間の運転に不自由を覚え始めたとき, これは些細なことで, 眼科医を受診すればすぐに治療できるだろうと軽く考えていた. 医師から失明が避けられないと診断され, また回復の見込みもないことを宣告されたときには本当に激しい衝撃を受けたのである. 7年後, 45歳のときに彼は完全に失明した. 眼球網膜の細胞が損なわれるきわめてまれな遺伝病の結果としてである. 怒りと失望とにさいなまれ, 運命を受入れるまでに年単位の歳月を要した.

　10年ほどして, Byland 氏はまだ実験段階の機器によって視力を回復する可能性のあることを耳にした. サングラスに搭載された小型カメラにより外界をスキャンし, イメージの信号を網膜にわずかに残された視細胞に伝達する装置である. 眼球の神経細胞から視神経に刺激が伝えられ視神経からは脳に直接刺激が伝えられる.

　南カリフォルニア大学の Mark Humayun 氏は Byland 氏の回復を保証したわけではなかった. 一つにはこの装置から Byland 氏の脳に送られる信号の品質は装置のピクセル数と氏の網膜に残された神経細胞の数とにかかっていたからで, もう一つには長いこと視覚刺激を受取っていなかった脳が, 視神経を通して入ってくるこの新兵器からの信号を受取れるかどうか不安があったからである. 10年間も視覚入力を受取ってこなかった Byland 氏の脳が視神経から送られてくる情報の処理の仕方を忘れている恐れは十分にあった. 装置が正しく作動しても, その使い方を脳に教え込まなければならないかもしれなかった.

　しかし Byland 氏は何としても視力を回復したいという激しい意欲をもっていたうえ, この研究が同じ苦しみを抱える人に福音をもたらすことを念じていた….

> **?** 人工眼球は可能であろうか？ 眼球はいかにして像を捉え, その情報を脳に送るのであろうか？ さらに脳はいかにしてその情報を認知するのであろうか.

　これらの疑問に答える前に, 感覚系と, 内分泌系とともに身体を統御するその他の神経系の作用について学ぶ.

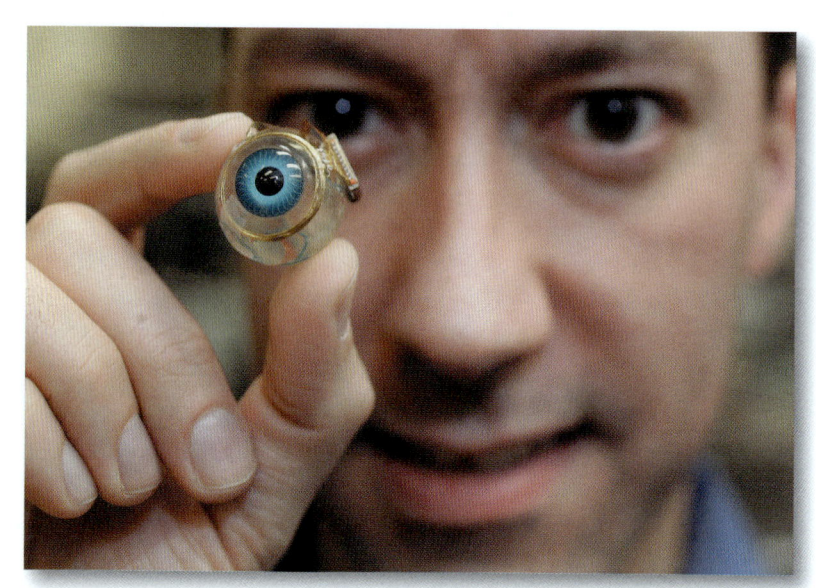

未来の眼　義眼, いや人工眼球を手にする生体医療工学者 Shawn Kelly 氏. このインプラント (生体埋め込み式) 網膜つき人工眼球は視神経と接続して全盲者の視力を回復させる可能性をもっている.

30. 神経系と感覚系

基本となる概念

- 脊椎動物の神経系は末梢神経系と中枢神経系の二大要素から構成される．
- 末梢神経系は体内外からの情報を受容して中枢神経系に送る．中枢神経系は情報を統合，処理し，これらに対する応答のシグナルを生み出す．末梢神経系は中枢神経系から発信されたシグナルを身体の各部位にリレーし，出力をひき起こす．
- 情報はニューロン上を活動電位とよばれる電気的なシグナルのかたちで伝えられていく．ほとんどのニューロンは他の細胞やニューロンに対して情報を化学物質のかたちで伝達する．
- 感覚受容器は外界の刺激を検出し，聴覚，視覚，味覚，嗅覚，皮膚感覚などの感覚をひき起こす．感覚受容器とは感覚細胞もしくはその一部分が集積することにより構成され，感覚細胞で刺激に応じて発生した神経興奮（インパルス）を脳をはじめとする中枢神経系に送り出すはたらきをする．
- 光受容器は光に反応し，視覚を担当する．眼球のレンズ（水晶体）は眼球に到達する光線を屈折させ，網膜上に結像させる．網膜に存在する視細胞は神経興奮のインパルスを脳に送り脳において視覚情報が処理され，像が認識される．
- 機械受容器は物理的な外界の変化を検出する．触覚や聴覚，平衡感覚，姿勢の感覚，温度感覚，痛覚などが含まれる．

多細胞生物は構成細胞や各組織の機能を調和させる必要がある．第29章ですでに見たように，動物は離れた場所の器官にシグナルを送る場合，血流を介したホルモンによる情報伝達を行う．この内分泌学的な遅い情報伝達に加え，動物は独自の高速の体内コミュニケーションシステムを構築している．**神経系**である．神経系には，栄養供給する細胞，支持細胞，異物を攻撃する細胞などさまざまな細胞が含まれる．なかでも最大の特徴は**ニューロン**（神経細胞）を構成要素の一つとすることである．ニューロンはシグナルを身体のある領域から別のある領域へと1秒よりはるかに短い時間内に伝達する．動物は歩いたり泳いだり飛んだりといった運動に必要な筋肉の協調した収縮を実現するために，このようなほとんど瞬時に情報を伝える能力を必要とするのである．神経系はまた，食物の探索や交配相手の発見，競争者の強弱・大小の評価判断，捕食者からの逃避，暑熱，寒冷に対する適切な応答を可能にしている．ヒトは精巧な神経系のおかげで思考し，記憶し，物事を理解，あるいは共感し，詩文をよくしたり，作曲したり，さらには入れたてのコーヒーの馥郁（ふくいく）たる香りやチョコレートチーズケーキの濃厚ななめらかさを堪能したりすることができるのである．

本章ではまず神経系の基本的な構成と，ニューロンの構造と機能を明らかにする．そのつぎに神経系によるきわめて迅速な情報の受容と伝達のメカニズムについて詳しく学ぶ．本書では膨大な量の情報処理の場である脳の構造と機能についてふれる．また，神経系の感覚系の末端で何が起こっているのか，すなわちさまざまな外界からの刺激がどのように感覚入力のかたちに変換されるのかについても探求する．化学受容器，視覚受容器，機械刺激受容器の，3種類の最も広範な感覚受容器についてもふれ，私たちの五感がいかに生み出されるのかについて学ぶ．

30・1 神経系の概要

カイメンを例外として動物はすべて，発達の程度の差こそあれ，神経系をもつ．神経系を通じて動物は内部環境と外部環境の情報を受容し，これらを処理して生存および個体の増殖に最適な応答を出力する．クラゲやイソギンチャクのようなきわめて単純な体制の無脊椎動物でもニューロンのネットワークが形成されており，食物の存在などの刺激を検出し，個体の応答を引き出している（§4・3参照）．扁形動物や環形動物，軟体動物や昆虫の仲間の神経系はより発達しており，神経の集積した中枢の構造として神経索とよばれる構造をもつ．神経索からは"神経"（ニューロンの突起の束が他の組織を伴った構造）が分岐して身体の他の構造に投射する．

多くの無脊椎動物の神経系，また脊椎動物の神経系はすべて，二大構成要素に区分される．すなわち**末梢神経系**および**中枢神経系**である．末梢神経系は身体内外からの情報を集め，中枢神経系

中枢神経系と末梢神経系

(a) ミミズ
- 初歩的な脳
- 神経節（神経細胞体の集塊）
- 神経（神経繊維の束が走行する）

(b) ヒト
- 脳
- 脊髄
- 神経

■ 中枢神経系
■ 末梢神経系

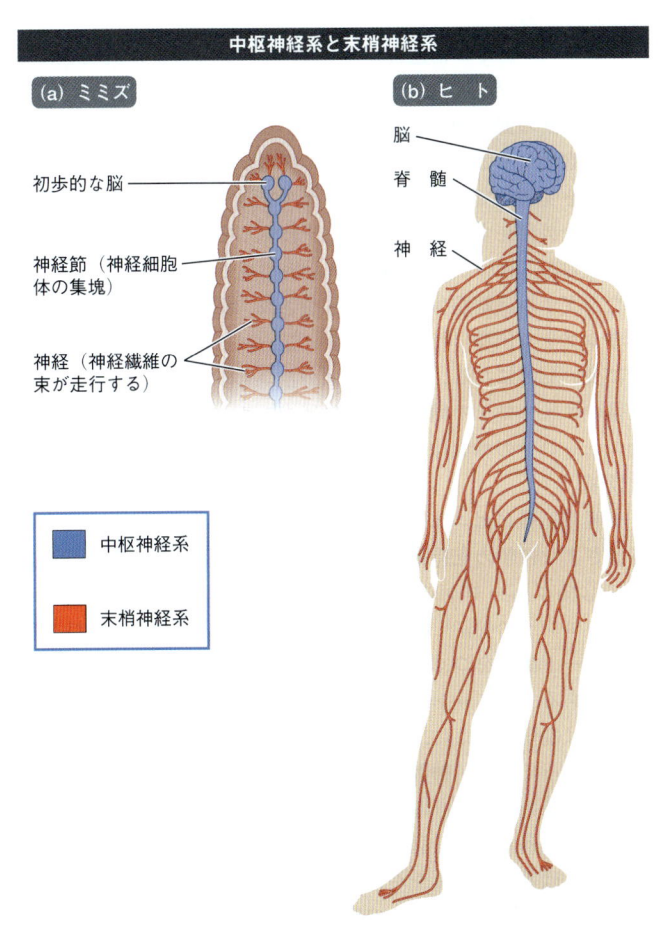

図30・1 コミュニケーション・ネットワークとしての神経系 （a）ミミズの中枢神経系は身体中心に束状に集合した神経からなる神経索と，頭部の大型の神経節により形成される．頭部の神経節は原始的な脳といえる．末梢神経系は体節ごとに神経索から分岐する神経により構成される．（b）ヒト中枢神経系は脳と脊髄から構成される（青）．中枢神経系から左右対称的に分岐する末梢神経系を赤で示した．図示された末梢神経系はごく一部にすぎない．脳からは12対の末梢神経系が出発する．これ以外の末梢神経は脊髄から出発する．

に伝達する．中枢神経系は送られてきた情報を統合，処理し，これに応答してシグナルを発信したりする．末梢神経系は中枢神経系から出力されるシグナルを身体各部にリレーし，効果器が中枢神経系からの指令通りに作動するようにしている（図30・1）．中枢神経系はコンピュータにおける CPU（central processing unit, 中央演算処理装置）に似ている．すなわち，コンピュータがキーボードからの入力を受取って，CPU で演算処理して適切な出力をモニター画面に送り返すように，動物では感覚受容器からの入力信号が末梢神経系を通じて中枢神経系に送られてここで統合，処理され，適切な指令が末梢神経を通して身体各部に送り出されるのである．

情報処理に特化した細胞，ニューロン

ニューロンは情報を受容し，長い距離を迅速に伝達し，さらにニューロンを含む他の細胞に伝えることに特化した細胞である．ニューロンは連携して機能することで，情報を解釈し（たとえば鼓膜の振動を音声としてとらえる），複数種類の情報を統合し（書字の際の視覚と指先の感覚との連携など），処理された情報を保存する（たとえば記憶形成．そのメカニズムは不明の部分があるが）ことができる．ニューロンは他のニューロン，筋肉細胞，内分泌細胞とも相互作用する．1個のニューロンは何千もの細胞からの情報を受取り，かつ何千もの細胞に対して情報を送り出すことができる．

ニューロンはその構造自体にそのユニークな機能が反映されている（図30・2）．ニューロンの細胞体という部分には細胞核はじめ，通常の他の細胞と同様の細胞小器官が存在する．ニューロンの細胞体からはおびただしい数の突起が出ており，これにはシグナルを受容している突起とシグナルを送り出している突起とがある．多数存在するのは，著しく分枝する**樹状突起**であり，ここは接触のある細胞からのシグナル受容の場である．樹状突起が受けたシグナルは細胞体に至り，集積され，細長い細胞体の突起でありシグナル伝導に特化した**軸索**に送られる．軸索はしばしば非常に長いものになる．よく細胞は小さいものだといわれるが，ある種のニューロンの軸索は非常に長くなり，脊髄の低い位置の運動ニューロンの軸索は，平均的な成人で，足の先端まで，1 m にも及ぶ．

神経系組織にはニューロンのほかにグリア細胞と総称される，さまざまな種類の支持細胞が含まれる．脊椎動物のグリア細胞は数にしてニューロンの10〜50倍は存在するとみられている．ニューロン（の軸索）に密着して**ミエリン**とよばれる脂質性の物質でシート構造をつくり，軸索を絶縁するはたらきをするグリア細胞もある．ミエリンに富む脂質膜の重層した構造はミエリン鞘もしくは髄鞘とよばれ，脊椎動物のニューロンのかなりのものの軸索を覆っている．軸索をミエリン鞘で覆われたニューロンを有髄神経，覆われないものを無髄神経という．またこれらの軸索はそれぞれ有髄繊維，無髄繊維とよばれる．有髄繊維上では無髄繊維よりもはるかにすみやかにインパルスが伝導する．

1本の軸索はたいていその終末で分岐して多数の神経終末を形成し，ここから標的細胞に対してシグナルを送る（図30・2）．また，複数のニューロンから発した軸索は，支持細胞や血管，結合組織などを伴って，束状に集合することが多い．このような構造を**神経**とよぶ（図30・3）．軸索と同様，神経細胞体もさまざまなかたちで集積して大型の構造を形成することがあり，**神経節**は局所的な神経統合の場となる．末梢神経系と中枢神経系とを結

ニューロンの構造と機能

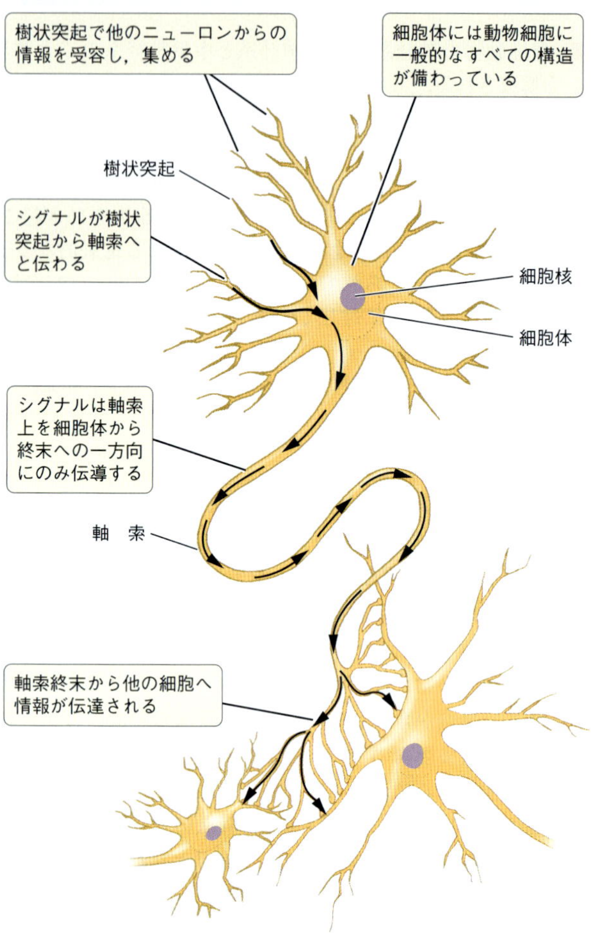

図30・2 ニューロンはシグナルを伝達する ニューロンは樹状突起を介してニューロンをはじめとする他の細胞からの情報を受容する．図では終末で分枝する一本の長い軸索をもつニューロンを示した．情報は軸索上を細胞体から軸索終末への一方向にのみ伝導し，他のニューロンへ伝達される（図では2個の標的ニューロンを示した）．

ぶ神経連絡部にはしばしば大型の神経節が認められる（図30・1 a 参照）．

明瞭な頭部と尾部の区別をもつ動物では，頭部にはニューロンおよびグリア細胞の集積部が形成されるもので，これが演算，情報処理の中枢，すなわち**脳**である．脳による多数の感覚入力の受容および情報処理の能力は莫大で，全身の神経の入出力を制御している．ミミズのような比較的単純な体制の動物の場合では，情報処理中枢は神経節の集合体の域を出ないものの，原始的な脳をもっているといえる（図30・1 a 参照）．軟体動物，とりわけタコとイカは無脊椎動物としては最大級かつ精巧な脳をもっている（図4・13 c 参照）．しかし何といっても脊椎動物の脳が最も複雑な構造をもっている．

脳と脊髄から構成される脊椎動物の脳

脊椎動物の脳は主要な情報センターである．読者はすでに眼，耳，鼻など，多くの感覚器官が，さまざまな脊椎動物で脳の近くに配置されていることにお気づきであろう．脳を感覚器官の近くに配置することの進化上の利点は，感覚器官から脳への入力時間の短縮にある．危機を避け，食物にすみやかに到達するうえで，この利点はきわめて有利であったのであろう．

ヒトをはじめとする脊椎動物は桁外れに太く発達した神経の束

図30・3 複数の軸索が支持細胞および血管とともに結束されてケーブル状の神経を構成する

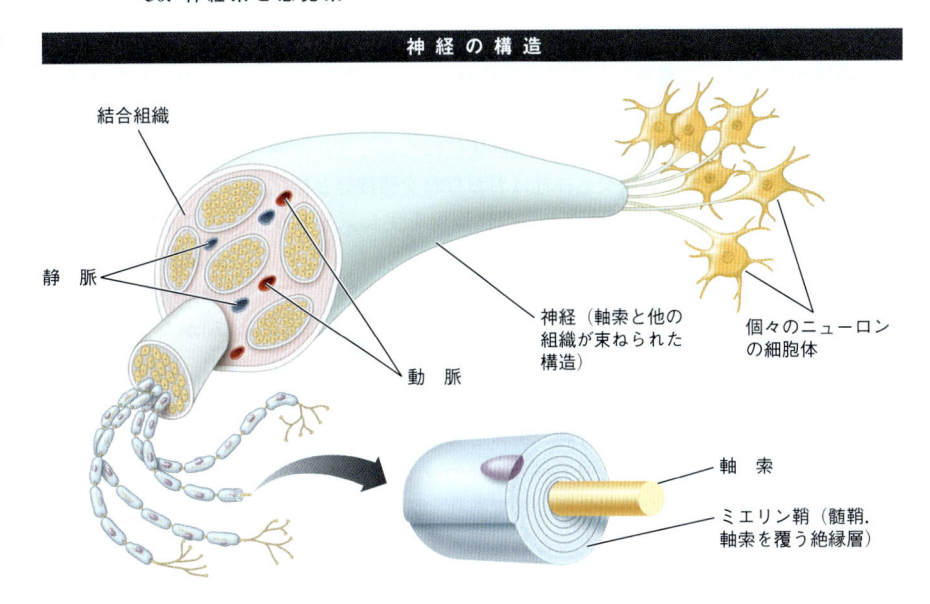

神経の構造

をもっている．**脊髄**とよばれるこの構造は脳と一続きになっている（図30・1参照）．脊椎動物の脊髄にはおびただしい数の樹状突起と軸索終末が集積しており，莫大な数の神経細胞間の情報の交換を可能にしている．脊椎動物の中枢神経の二大構成要素である脳と脊髄は骨により覆われて保護されている．脊椎動物の脳は頭蓋骨により保護されている．脊髄は環状の脊椎骨により覆われている．脊椎骨が連なって脊柱，つまり背骨が構成されている．

脊椎動物の末梢神経系は分岐を繰返しながら中枢神経系への情報のやりとりを行っている．ヒトの場合末梢神経系は31対の神経から構成され，一つの対は，それぞれ左右の半身を支配する．中枢神経系への入力に特化した神経があるほか，中枢神経系から末梢への出力に特化した神経もある．

末梢神経系と中枢神経系の情報交換

すでに見たように，中枢神経系は脳および脊髄の神経およびその支持細胞から構成され，その神経経路により情報の統合と処理にあたる（図30・4）．末梢神経系は伝令としての機能を果たし，シグナルを中枢神経系に伝え，また中枢神経系から末梢に伝える．末梢神経系は感覚器のほか，中枢神経系に含まれないすべての神経から構成される．

感覚入力の情報はさまざまなタイプのニューロンにより伝達される．末梢神経系の**感覚ニューロン**は感覚入力を中枢神経系に伝える．大部分のシグナルはまず介在ニューロンを通過する．**介在ニューロン**は中枢神経，なかでも特に脊髄の中にそっくり収まっている．介在ニューロンは感覚ニューロンから伝えられた入力を処理し，経路上の次のニューロンにリレーする．介在ニューロンのうち，あるものはシグナルを直接**運動ニューロン**に伝える．末梢神経系のこのようなニューロン群は，シグナルを末梢に返し，刺激に対するすみやかな応答を，筋肉や内分泌器官を通じてひき起こす．また，介在ニューロンはシグナルを脊髄の中を上行して脳に送り，さらに上位での情報処理を受けるようにする．脳は上がってきた情報のうち，あるものに対しては脊髄に出力を送り出して運動ニューロンに指令を出す（図30・4）．このほかにも，脊髄には1個の介在ニューロンで，上位の脳と末梢神経とに同時にシグナルを送るものもある．この同時進行的なシグナルの流れは，神経回路の分岐があるために起こる．多数の樹状突起は多数のニューロンからの入力を可能にし，軸索の分岐は複数の標的細胞への出力を可能にしている．実際に大多数のニューロンは分岐した軸索終末をもつため（図30・2参照），複数の標的細胞に同時に出力を送ることができるのである．

随意性および非随意性の神経系の応答

末梢神経系は刺激を**感覚入力**に変換し，電気的もしくは化学的シグナルとして伝えたり処理したりする．中枢神経系は感覚入力を統合，処理し，末梢神経を通じて指令を送り出す．これはちょっとした実験で確かめることができる．両手の人差し指の先端を触れ合わせてみよう．このとき，読者は実際に，視覚刺激としての本書の文書を眼において感覚情報として受取り，指を動かすという運動出力を送り出しているのである．神経系はどのようにして，さまざまな感覚器官から猛烈なスピードで送られてくる膨大な量のシグナルを受取り，これに対して調和のとれた反応を示すことができるのであろうか．

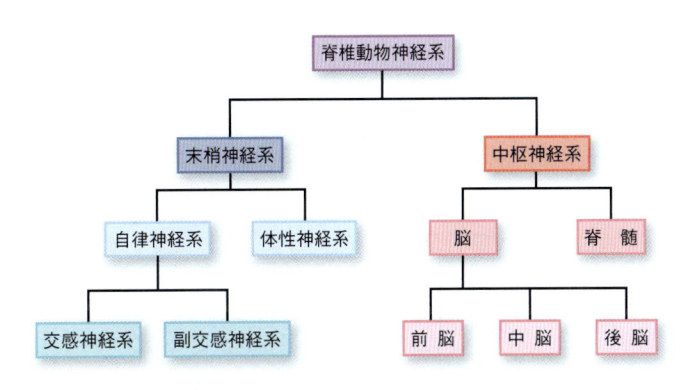

神経系の構成

末梢神経系の出力には，自分の意思で制御できるものとできないものとがある．指先を合わせたりするのは**体性神経系**を介した，随意運動の例である．末梢神経系のシグナルは，無意識下でやりとりされるものも多いが，このような制御系には，不随意性制御と**自律神経性**制御とがある．たとえば，眼を閉じようとすれば眼を閉じることができるが，これは身体機能の随意性制御である．一方，覚醒時には平均で15秒に1回まばたきするが，これは意識して行っているのではない．すなわち末梢神経出力の不随

意性制御の例である．心拍数と血圧とは自律神経制御の例である．自律神経系は，交感神経と副交感神経の二つに大別できる．交感神経系はストレスフルな刺激に対する闘争か逃走かの身体反応をつかさどる．興奮や恐怖から交感神経優位になると発汗が始まり，心拍数が上昇する．副交感神経はおおむね交感神経と拮抗して作用する．心拍数を減少に導き，消化作用を促し気分をリラックスさせる．

脳で処理される感覚情報と脳に到達しない感覚情報

ヒト脊髄は指の太さほどもある神経組織の，すなわちニューロンと支持細胞とでできた束である．膨大な数の神経細胞体，樹状突起および軸索終末の集積が，脊髄で情報を交換し，軸索の太い束を通って情報が脳へ上行し，また脳から下行する（図30・4）．脊椎動物の脊髄は中間的な情報処理の場であり，脳への感覚繊維からの入力情報の一種のフィルターとして機能する．情報のうちかなりのものは脳における高次の情報処理を受ける必要があるが，ごく単純な情報処理は脊髄のみで行われる．

ろうそくの炎のような熱いものに触れると，何も考えることなくただちに手を引っ込める．このとき熱さの情報は感覚ニューロンにより脊髄に伝えられ，"手の位置を変えよ"という指令が運動ニューロンにより腕に伝えられている（図30・5）．この経路を**反射弓**（または脊髄反射）という．反射弓は3段階のニューロンのみから構成される．脊髄へシグナルを送る感覚ニューロンと，介在ニューロン，筋肉に収縮などをひき起こす運動ニューロンである．情報の処理はすべて脊髄内で行われ，ここでは脳は関与しない．

ここで述べた反射運動には脳は関与しないが，一部の感覚入力は同時に脳へ伝えられる．先ほどのろうそくの例で，反射自体に脳は関与しないが熱さは感じるわけで，脳ではある程度の情報処理がなされている．それゆえ，ろうそくに触れたときには手を引っ込めるほかに，思わず"熱っ"と言葉を発する．しかし，脳では同じだけの情報処理に反射弓よりも余分に時間がかかるため，脳による反応は反射弓による反応よりも，わずか数ミリ秒にすぎないながら，必ず遅くなる．もし反射弓によらず，ろうそくの熱を脳で受容してから手を引っ込めていたら手にひどいやけどを負ってしまうだろう．

■ **役立つ知識** ■　中枢神経系では細胞体と樹状突起と無髄軸索とは肉眼レベルでの外観が暗調を帯びているところから灰白質とよばれている．有髄軸索は白く見えるところから白質とよばれる．図30・4および図30・5で，H字状の領域が灰白質であり，これを取囲むように白質が存在する．

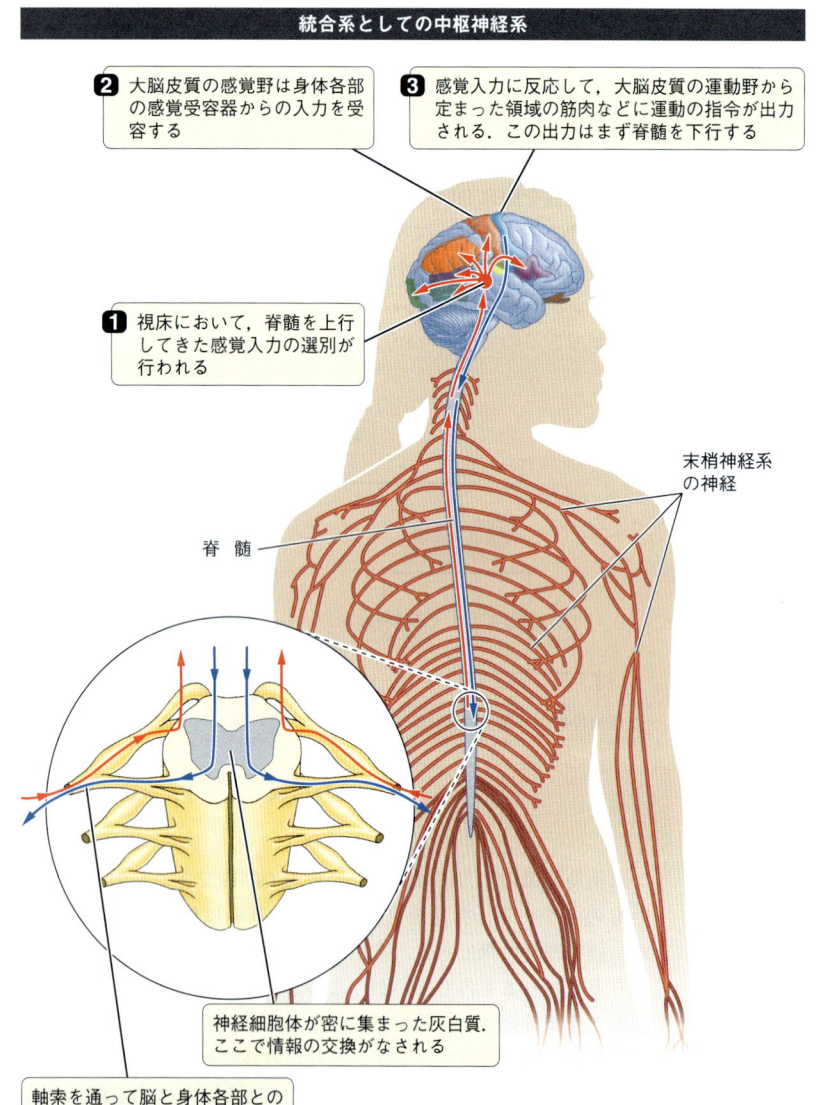

図30・4　中枢神経系による情報の受容，処理，出力　感覚入力（赤矢印）は末梢神経系から脊髄へと伝達される．感覚情報のうち一部は脊髄において処理されて運動神経により出力され，他の大部分は脳へと伝えられる．情報の種類により脳の異なる領域に送られる．脳からの指令の出力（青矢印）は運動ニューロンにより，脊髄を下行し，感覚ニューロンとは異なる位置から脊髄を出る．運動シグナルによりその支配する筋肉や器官，内分泌腺を刺激もしくは抑制する．脳からの出力により脊髄での情報処理の結果は抑えられることもある．頸髄からの出力はごく一部のみ描いた．

図 30・5 脳を介さない反射弓による反射 迅速な反応が求められる状況では，単純な神経回路により，考えるより先の行動をとることができる．

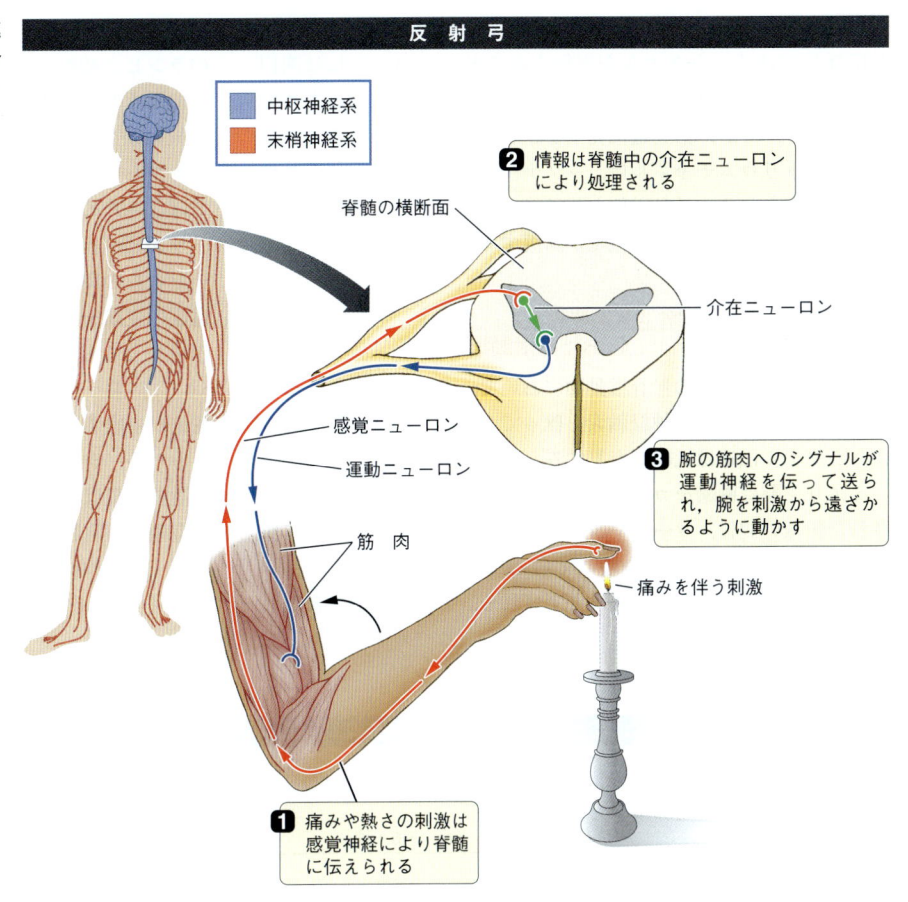

反 射 弓

- 中枢神経系
- 末梢神経系

❷ 情報は脊髄中の介在ニューロンにより処理される

脊髄の横断面　　介在ニューロン

感覚ニューロン
運動ニューロン

❸ 腕の筋肉へのシグナルが運動神経を伝って送られ，腕を刺激から遠ざかるように動かす

筋　肉　　痛みを伴う刺激

❶ 痛みや熱さの刺激は感覚神経により脊髄に伝えられる

人体には多数の反射弓が存在する．最もよく知られているのは"膝蓋腱反射"で，診察で経験された読者もおられるであろうか．膝直下をハンマーで軽く打たれると，下腿を蹴り上げる反射が起こる．体内からの刺激に反応する反射弓も存在し，臓器の精妙な調節にあずかっている．

30・2　ニューロンによるシグナル伝達

ニューロンはいかにしてシグナルを受容し，またこれを他に伝達するか？ ニューロンは種類によって，化学物質や光線，圧迫による細胞膜の伸展などの異なる刺激に反応する．刺激により細胞膜を介したイオンの流れが変化することがある．イオンは荷電粒子であるからイオン流量の変動は電気的撹乱をひき起こす．ニューロンの電気的な変化は活動電位とよばれるパルスの形で軸索を伝導する．活動電位が軸索終末に至ると神経伝達物質とよばれる化学物質の放出がひき起こされ，これが次の細胞の反応をひき起こすことで，細胞を超えた情報伝達がなされる．本節ではまずニューロンにおける活動電位発生過程について概説し，さらに活動電位による軸索終末における神経伝達物質放出機構について述べる．

軸索上の活動電位の伝播

ニューロンは自立的な電気的シグナルである**活動電位**を用いて他の細胞に情報を送り出している．活動電位は細胞体から軸索終末へ，一方向に伝導する（図 30・6）．活動電位は細胞膜を介した陽イオンの急速な移動により生じる．活動電位生成の過程を理解するため，まず刺激受容前の静止状態のニューロンを考える．

静止状態の細胞では細胞内と比較して細胞外に陽イオンが多く分布する．この濃度差はナトリウム-カリウムポンプとよばれる輸送タンパク質による持続的なイオン輸送により維持されている（§7・3 参照）．細胞外に陽イオンが多くなっているため，細胞膜は**分極**した状態になっている．このため，細胞内は細胞外に比べていくぶん負に帯電している．

膜を介する電荷の差は電池の両極間の電位差形成と同等で，ミリボルト単位（mV）の電位差として表現できる．興奮する以前の，すなわち静止状態の膜電位を**静止電位**とよぶ．

刺激によりニューロンの膜上のイオンチャネルやポンプに変化が生じて静止電位は一過的に変動し，ニューロンとしては活性化される．刺激はニューロンに陽イオンの流入をもたらす場合にはニューロンを**脱分極**させる．このようなイオン流の結果，細胞内は静止状態に比較して負の度合いが小さくなり，細胞膜内外の電位差（静止状態では内側が外側よりも低い）は縮小する．活動電位発生に至るような刺激は大きな脱分極をもたらし，ナトリウムチャネルを開口させナトリウムイオンの細胞内への流入をひき起こす．

電位依存性ナトリウムチャネルが開口しているのは1ミリ秒間（1000 分の 1 秒の間）にすぎないが，この間にすみやかに大量のナトリウムイオンが流入するため局所的な膜電位の逆転が発生する．この電位変化は細胞膜上の隣接する部位に脱分極をひき起こし，この脱分極がさらにその付近の領域の脱分極をひき起こす．

■ **役立つ知識** ■　ニューロンの静止電位は $-70\,\text{mV}$ 付近のものが多い．ニューロンの膜電位が閾値とよばれる値を超えて脱分極すると活動電位が発生する（発火する）．閾値は典型的には $-55\,\text{mV}$ 程度である．

このような一連の過程で脱分極は軸索上を細胞体から軸索終末へと伝播してゆく．シグナルが逆行することはない．これは開口し，ついで閉じた直後のチャネルは一時的に不感性となるためである（図30・6a）．活動電位発生をひき起こすことのできる電位依存性ナトリウムチャネルは，シグナル伝導の"下流"に分布するものに限られる．活動電位が移動後は，その領域では他のチャネルとポンプの作用で静止電位が回復する．

ミエリン化された軸索（有髄繊維）における活動電位のすみやかな伝導

脊椎動物と，一部の無脊椎動物において，ミエリン鞘とよばれる脂質の層が大部分の神経軸索を覆っており，このミエリン鞘によりシグナル伝達は大幅に上昇する（図30・3参照）．

ミエリン鞘は軸索をカバーする際，カバーされた領域とカバーされた領域の間に，ソーセージの継ぎ目のように，ミエリンで覆われないギャップの部分を設けている（図30・6b）．ミエリン鞘間のギャップは**ランビエ絞輪**とよばれる．ミエリン鞘で覆われた領域にはナトリウムチャネルが存在しないため，活動電位はこのランビエ絞輪でのみ発生する．活動電位はミエリン化された軸索ではきわめてすみやかに伝導するが，これは活動電位がランビエ絞輪から次のランビエ絞輪へと途中のミエリン鞘の部分をスキップして伝導するのであり，軸索全長をだらだらと伝導するのではないためである（跳躍伝導）．

ランビエ絞輪における細胞膜の脱分極は電位依存性ナトリウムチャネルの開口をもたらし，ナトリウムイオンの流入により活動電位の生成をひき起こす．活動電位はランビエ絞輪における電流の流入となり，これが次のランビエ絞輪に伝えられる（図30・6b）．結果として次のランビエ絞輪で脱分極が発生しここで活動電位が生成される．活動電位がランビエ絞輪ごとに新たに生成されるため，シグナルの強度は低下しない．

活動電位はミエリン化した軸索の内部を，無髄繊維におけるような軸索細胞膜上の連続的な脱分極の伝播よりもすみやかに伝導する．無髄神経ニューロンの活動電位の伝導速度は，最大で秒速30m程度，平均で秒速5m程度である．これに対して有髄神経

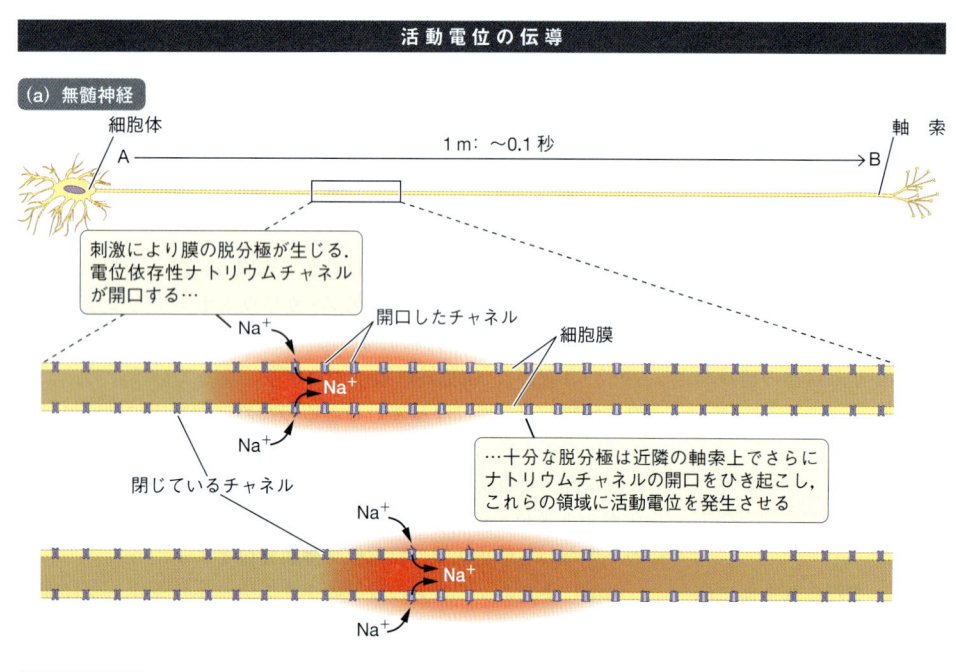

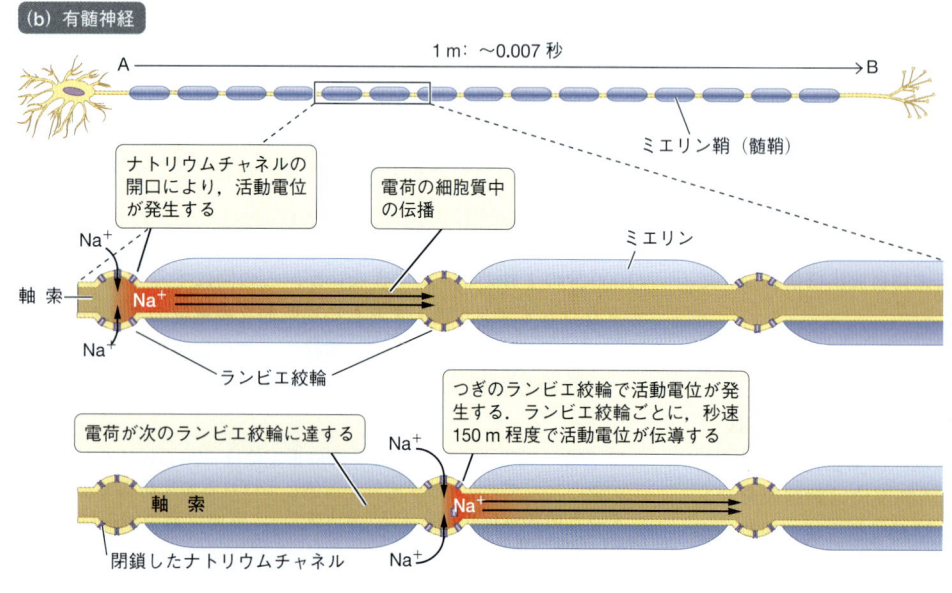

図30・6 軸索上のシグナル伝導 活動電位（赤）の軸索上の伝導のされ方は有髄軸索と無髄軸索とで異なる．(a) 無髄軸索では膜電位の変化（脱分極）により自動的に伝導してゆく．(b) 有髄軸索では活動電位はランビエ絞輪間の跳躍伝導のため，きわめて迅速に伝導する．AからBへの矢印で1mの伝導に要する時間を示した．

では平均で秒速 120 m，最大で秒速 150 m 程度に達する．ミエリン鞘の喪失は人体に深刻な影響を与える．多発性硬化症やギラン・バレー症候群などミエリン鞘が損なわれる疾患では視覚，発話，平衡感覚，筋収縮の協働などが障害され，ときに死に至る．

活動電位の重要な性質

活動電位は有髄繊維，無髄繊維によらず情報をできる限りすみやかに伝達できるように，重要な性質をもっている．まず，すでに見たように，活動電位は軸索上を一方向にのみ伝導し，その結果刺激の情報は定められた経路をたどる．すなわち活動電位が決められたコースで伝えられるように配線されている．正しい配線のお蔭で情報の"誤配"が避けられ，また，意味不明な情報の発生が避けられているのである．

第二に，活動電位は軸索上で減衰しない．活動電位が軸索上を伝導される間に減衰してしまうと，次のニューロンへのシグナルが弱まってしまうか，まったく伝えられなくなってしまうだろう．長い距離でシグナルを伝える際には，伝導中にシグナルが減衰しないようにすることがきわめて重要である．

第三に，活動電位は全か無かの法則に従う．最初の脱分極が十分な大きさをもっているときにのみ，活動電位の引き金が引かれる．同種の細胞で生成される活動電位の強さは決まっている．刺激強度が大きくなると活動電位発生の頻度は大きくなる．しかし，1 個の活動電位の大きさは変わらない．このような全か無かのシグナルの発生様式は，ちょうどコンピュータによる 0 か 1 かによるデジタル信号化とまったく同様に，情報のデジタル化を可能にする．0 とはすなわち活動電位が起こらないことであり，1 とは 1 個の活動電位である．0 と 1 の間に中間はない．ささやきの声によっても叫び声によっても，生じる活動電位の大きさは等しく，ただ回数のみ異なる．いわば，ささやき声が 100010001 と表されるのに対し，叫び声が 101010101，爆発音が 111111111 と表されるようなものである．

神経伝達物質による細胞間のシグナル伝達

全身的なコミュニケーションのネットワークの構成要素であるからには，ニューロンは他の細胞に対して情報を送らなければならない．いったん活動電位が軸索終末に到達すると，電気的シグナルは**シナプス**から放出される化学物質によるシグナルに変換されて，次のニューロンに送られる（図 30・7）．ニューロンは他のニューロン，筋肉細胞（図 30・8），内分泌細胞などの，他の細胞とシナプスを形成する．二つのニューロン間のシナプスにおいて，軸索終末を送っている細胞は，シグナルを受取る側のニューロンと，その樹状突起もしくは細胞体と相互作用することができる．

シナプスにおける情報伝達は，両細胞間に存在する，細胞間液に満たされた狭いすき間，**シナプス間隙**においてなされる．軸索終末において電気的シグナルは**神経伝達物質**とよばれる化学物質によるシグナルのかたちに変換される．軸索終末への活動電位の到達は，エキソサイトーシスによる神経伝達物質のシナプス間隙への放出をひき起こす．神経伝達物質はほとんど瞬時に拡散し，シナプスを越えて標的ニューロン細胞膜上の受容体タンパク質に結合する．

十分な量の分子が標的細胞の受容体に正しく結合すると，標的細胞の荷電に変化が生じる．この変化がある程度以上の脱分極であった場合，活動電位の発生をひき起こし，活動電位はすみやか

シナプス

❶ 出力側のニューロンと標的となるニューロンの間は，シナプス間隙とよばれる狭い空間により隔てられている

出力側のニューロン

❷ 神経伝達物質は軸索終末の小胞に貯蔵されている

標的ニューロン

❹ 神経伝達物質が標的ニューロン細胞膜上の受容体に結合する

❸ 出力側のニューロンから，神経伝達物質がシナプス間隙中に放出される

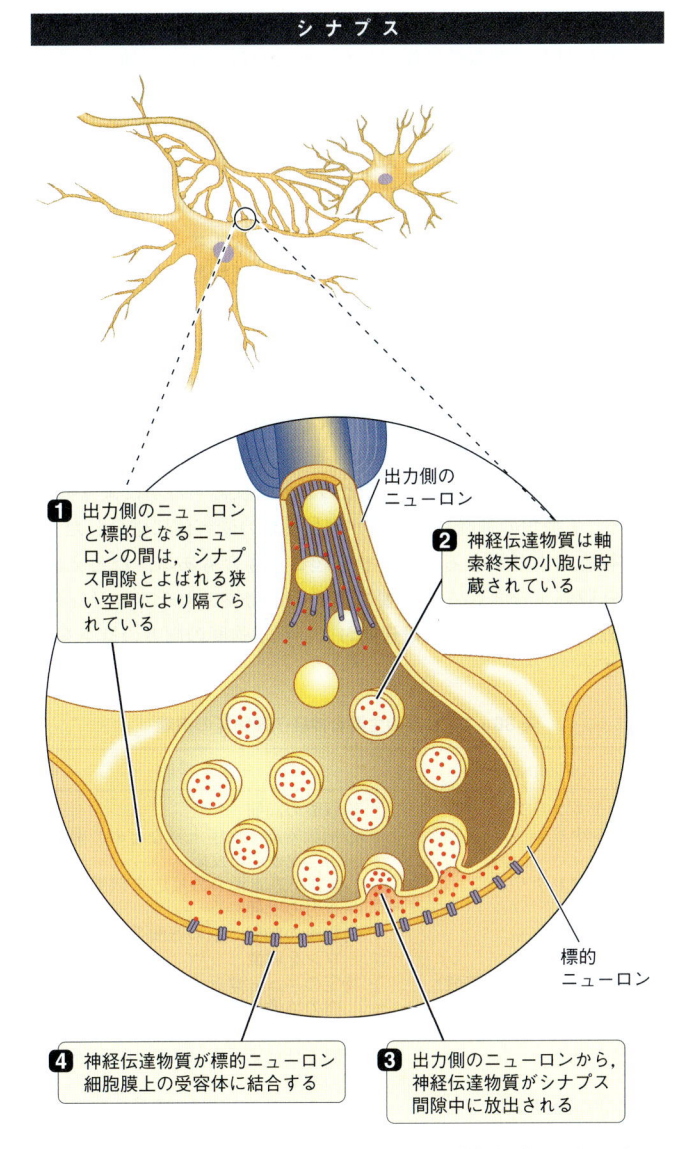

図 30・7　シナプスを介したニューロン間の情報伝達　ほとんどのニューロンは他のニューロンや他の細胞に，シナプスとよばれる結合部で情報を出力する．軸索終末に到達した電気的シグナルはシナプスで特異的な神経伝達物質が放出され，化学的シグナルに変換される．神経伝達物質は化学的なメッセンジャーで，シナプス間隙とよばれるニューロン間，あるいはニューロンと筋肉細胞などのニューロン以外の標的細胞の狭い空間を拡散して相手先に到達する．

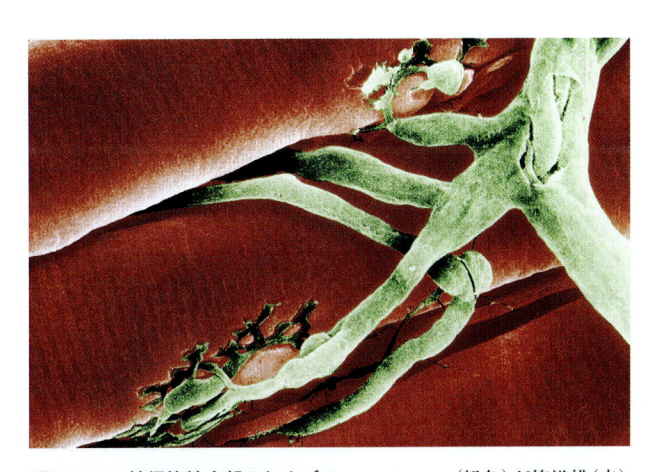

図 30・8　神経筋接合部のシナプス　ニューロン（緑色）が筋繊維（赤）にシナプスを形成して接合する部位をとらえた，彩色された電子顕微鏡写真．アセチルコリンとよばれる神経伝達物質がニューロンからシナプス間隙中に放出される．アセチルコリンが筋繊維の細胞膜上の受容体に結合すると，筋収縮がひき起こされる．

に樹状突起および細胞体に広がる．この場合，神経伝達物質は標的細胞に対して興奮性に作用したことになる．また，神経伝達物質により標的細胞の活動電位の発生が抑制されることもある．このような神経伝達物質は，標的細胞に対して抑制性であるという．神経伝達物質は筋細胞のようなニューロン以外の標的細胞に対しても，細胞膜上の受容体を介して興奮させたり抑制したりする．神経伝達物質の結合は標的細胞の膜を介したイオンの移動を変化させ，これが細胞の振舞いを変化させて，筋細胞の収縮や，内分泌細胞によるホルモン放出などをひき起こす．

人体において 70 種類以上の生理活性をもつ神経伝達物質の存在が知られている．表 30・1 はそのうちのごく一部をあげたにすぎない．また，複数の神経伝達物質を産生したり受容したりするニューロンも少なくない．受容体は，いずれの神経伝達物質を結合するのか，また結合に対してどのように反応するかにより分類される．1 種類の神経伝達物質が複数種類の受容体に結合したり，標的細胞により異なる反応をひき起こす場合もある．たとえば，骨格筋収縮をひき起こす主要な神経伝達物質アセチルコリンは，心筋細胞に対しては，収縮速度および収縮強度の両方の低下をひき起こす．

表 30・1 ヒトの主要な神経伝達物質の機能

神経伝達物質	主要な機能
アセチルコリン	筋収縮の調節
アドレナリン	心拍数増加，血圧上昇などの"闘争か逃走か"の反応
ノルアドレナリン	"闘争か逃走か"の反応を刺激．注意力の上昇
ドーパミン	筋収縮の制御．脳の報酬系のニューロンを刺激
GABA（γ-アミノ酪酸）	特定のニューロンの抑制を通じた筋肉の協働の補助
セロトニン	体温，睡眠，気分の調節
メラトニン	睡眠をはじめとする一日のサイクルの調節
エンケファリンおよびエンドルフィン	痛みのシグナル伝達，痛覚の抑制
サブスタンス P	痛みのシグナル伝達の調節

シナプス間隙に放出した神経伝達物質は，細胞間の情報伝達完了後，速やかに取除かれなければならない．さもなければ標的細胞は持続的にシグナルを受止め続け，いわば電話の受話器が通話中の状態になったように，シナプスが情報に対応できなくなってしまう．シナプス間隙中の神経伝達物質は，放出されたニューロン自身による，もしくは近傍の特定のグリア細胞による取込みによりシナプス間隙から取除かれる．シナプス間隙に存在する酵素によって分解もしくは不活性化される経路も存在する．うつや不安，注意欠陥・多動性障害に対するさまざまな治療薬が開発されているが，これらは特定の神経伝達物質（セロトニンやドーパミンなど）のシナプス間隙からの除去を阻害し，結果として神経伝達物質の作用時間を延長することで薬効をあげている．

神経系による情報伝達は内分泌系による情報伝達よりもはるかにすみやかであることをふまえると，神経伝達がシナプスにおける伝達物質の拡散に依存しているというのはやや奇異に聞こえるかも知れない．しかし，シナプス間隙における伝達物質の移動距離はごく短距離（1 mm の 100 万分の 1 以下）であるので，ほとんど瞬時に到達してしまうのである．さらに，軸索を非常に長く伸ばすことで，途中のシナプスの数を少なくしているニューロンもある．

神経系による情報伝達が精妙で特異性が高いのは，個々のニューロンが，1 秒の何分の 1 かのきわめて短時間に多数の活動電位を発生し，これを特定の標的細胞に限って出力できるためである．活動電位は情報の単位で，コンピュータのバイトに相当する．ニューロンは最大で 1 分間当たり 4800 回の活動電位を発生できる．すなわち 1 個のニューロンは 4800 "バイト" の情報を出力できるということになる．ヒトも含め，多数の脊椎動物は数十億個のニューロンをもつ．ニューロンのなかには，樹状突起と軸索終末が密に集積して一万ものニューロンと相互作用するものもある．このような膨大な入出力が神経系の機能を高めている．

■ これまでの復習 ■
1. ヒト神経系を二つに大別すると，何と何か．また，それぞれの，情報の流れ，情報の処理における役割を記せ．
2. 活動電位とは何か．
3. 活動電位による情報伝達の特徴を三つ記せ．

1. 中枢神経系（脳および脊髄）と末梢神経系（感覚器および各所の神経）．中枢神経系では情報が統合，処理され，末梢神経系は中枢神経系との間の情報伝達を担う．
2. 刺激により生じる細胞膜分極性の変動により発生し，伝播する電気的なシグナル．
3. 信号は一方向に伝達する，一連の事象である，伝播過程で減衰しない．

30・3 ヒトの脳の構成

反射弓では数個のニューロンしか関与しないのに対し，脳内情報伝達はきわめて複雑である．脳はおびただしい数の感覚ニューロンからの入力を活動電位のかたちで受取り，おびただしい数の運動ニューロンに対して出力を送る．ヒトの脳には数十億個のニューロンが存在し，能率的に情報を交換している．莫大な数のニューロンによって，膨大な量の情報の入力に対処している．

脳はニューロンの均一な集積物ではなく，前脳，中脳，後脳の大きく三つの領域を区別することができる（図 30・9）．それぞれ機能上の分担がなされている．

前脳はスーパーコンピュータに相当する領域である．前脳は大脳，視床，および視床下部の三つの重要な要素から構成される．**大脳**はヒトはじめ哺乳類の脳の中で最も目につく構造で（非哺乳類では必ずしも目立たない）である．図 30・10 に示したように，大脳は四つの皮質から構成される．前頭葉では思考の大部分がなされる．頭頂葉は発話関連機能，味覚，読字，感覚をつかさどる．後頭葉は視覚をつかさどる．側頭葉は音声とにおいの情報を処理する．軸索の束は左右の大脳半球間で情報の連絡にあずかる．

大脳の外側の層は**大脳皮質**とよばれる．厚さわずか 5 mm ほどにすぎないが，強度に折りたたまれているため，脳重量の 80% 程度に達する．数十億個のニューロンと，これをはるかに上回る膨大なニューロン間の結合によって，人格，会話や演算の能力，創造的芸術活動や，外界を認識する能力が与えられているのである．視床から大脳にシグナルが送られる際は，（刺激の発生した）身体の各部位に対応した，特定の領域に送り届けられる．これら感覚入力はこうして意識の源泉ともなっている．入力シグナルに対する統一的応答は運動野で生成される．

視床は脳内の電話交換局のような役割を担っている．身体内外から常時上がってくる情報のすべてを大脳皮質が処理しなくて済

30. 神経系と感覚系

図30・9　ヒトの脳を構成する三つの領域　脳を左側から見たところ．図で左側が前で右側が後ろである．前脳の一部（紫と橙色で示す部分）と中脳（赤）で，辺縁系を構成する．辺縁系は，情動，動機づけ，行動の開始，記憶の形成などに関与する．

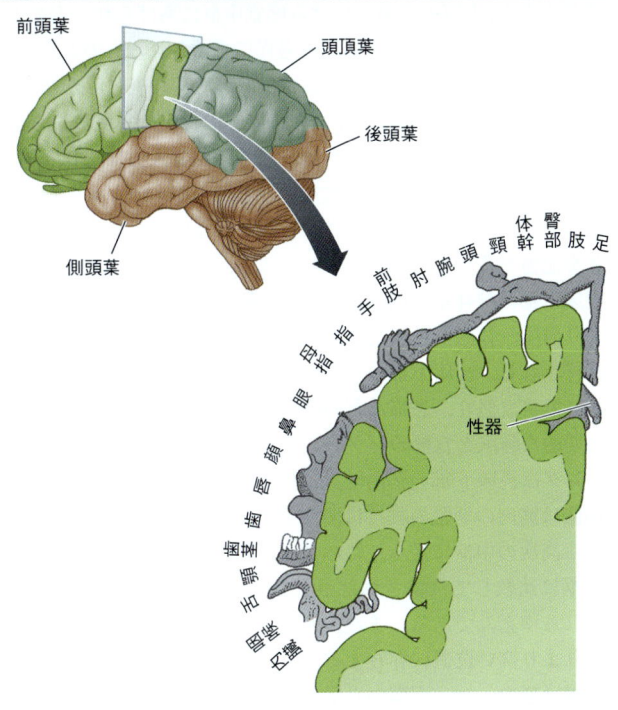

図30・10　脳は身体をどのように"見て"いるか　身体各部位からの感覚入力は，大脳皮質上の異なる領域で処理される．脳の前額断面を用いて身体各部位を担当する大脳皮質領域をマップした．絵の中の身体各部位の大きさは，該当する身体部位からの入力を受取るニューロン数を反映する．たとえば足（くるぶしより先）は大腿に比較して小さいが，大腿よりも多くのニューロンが足からの入力を受けている．

生活の中の生物学

依存症の神経科学

　音楽を鑑賞したり，美味な飲物を口にしたり，山歩きをしたり，ペットと遊んだり，気に入った仲間と出かけたりすることは，私たちを好ましい気分にする．研究によれば前脳から中脳にかけての部分に，好ましい経験に反応する領域が存在することがわかっており，総称して報酬系とよばれている．

　特に腹側被蓋野と側座核の2核は最も研究が進んでおり，食物，性，音楽，身体トレーニング，さらには困窮者への慈善行為などの刺激に反応して多幸感を生じる．この二つの報酬系は，おそらく進化の過程で，食物や交配相手の発見，社会の構築のうえで有利な行動につながるように進化してきたのであろう．好ましい刺激は報酬系におけるドーパミンの放出をひき起こす．神経伝達物質は報酬回路とよばれる構造を活性化してこれが視床下部にはたらきかけて好ましい経験として記憶され，そしてしばしば，同じ経験を繰返したいという願望を形成するように作用する．

　ある種の化学物質は報酬系の神経伝達物質の流れを促し，報酬回路の反応を，朝の入れたてのコーヒーなどのような日常生活での刺激で得られるのに比して2〜10倍にまで高める．また，反応を強めるのみならず，しばしば反応の持続時間を延長する．コカインとアンフェタミンはドーパミンの大量放出をひき起こすうえ，シナプス間隙からのドーパミンの再取込みを抑制して多幸感のニューロンのシナプスでのドーパミンの滞在時間を長くする．ニコチンは脳内の複数の領域に作用してここでのアセチルコリン受容体を超活性化し，これにより間接的にドーパミン濃度を上昇させる．ニコチンは強い多幸感をもたらすため，最も依存性の強い薬物の一つである．アルコール，オピオイド（ヘロインなど），大麻に含まれる向精神性成分も間接的作用でドーパミン濃度を高める．

　報酬系の感度には個人差があるらしく，こういった人たちはヘロインやコカインなどの植物性の，もしくは鎮痛剤や抗不安薬などの合成性の化学物質による高レベルの刺激に対する要求が強い．心身両面での慢性的な依存が進行した場合を中毒とよんでいる．中毒になると薬物に対する渇望がきわめてはなはだしくかつ執拗になり，患者は破壊的だと認識していながら薬物に対する要求行為をやめることができない．中毒性薬物の濫用ではたいてい使用量の増加傾向がみられるが，これは脳が低い用量に対して慣れてしまうためである．報酬回路はまた，賭博や買物依存症のような，行動面の中毒もひき起こすことがある．

　中毒には遺伝的な要素が大きいが，環境要因もまた重要である．薬物使用の開始はおもに薬物入手の容易さによるが，薬物の連用や，中毒症状の進行はむしろ遺伝的な依存への陥りやすさや，慢性的なストレスなどといった社会心理学的な要素に左右される．薬物濫用は脳内の化学反応に影響して，化学的不均衡とよばれる脳内化学物質の不均衡を増悪するほか，渇望を強め，離脱を困難にする悪循環に陥ることになる．したがって高リスク群を見いだし，自己破滅的なループへの突入を回避することはきわめて重要である．今日ほとんどの神経生物学者は，薬物中毒を社会道徳の欠如ではなく，疾病として対処されるべきであると考えている．しかしこの点についてまだ統一的な社会的見解は得られていない．

むようにするフィルターとして機能する．視床は脊髄から上行する感覚入力を，大脳の意識にのぼる感覚中枢にあげられるものと，意識にのぼらない感覚情報処理の過程にまわされるものとを選別する役割を果たしている．たとえば，ろうそくの炎に手が触れたとき，熱さの苦痛の感覚は視床を介して脳の特定の領域に送られ，実際に熱さをはっきりと知覚する．熱さの感覚入力はこれと同時に視床により脳内の別の領域にも送られていて，また火の燈されたろうそくを見るまで思い出されることはない．してはならないことを記憶するのである．

視床下部は神経系と内分泌の統合装置として機能し，視床下部により血圧，体温，性衝動，食欲，渇水感などのホメオスタシスが維持される．視床下部の一部は**大脳辺縁系**（図30・9参照）とともに歓喜，怒り，恐怖などの情動形成を実現している．健常者は周期的な睡眠と覚醒のパターンを繰返すが，このパターンのタイミングは視床下部の体内時計に依存している．

中脳は筋肉の緊張の維持に関与するほか，感覚情報を前脳に存在する高次の中枢に送る．このような高次の中枢では，より低次の中枢に比較して洗練された手法で情報を処理する．"高次"とよばれるゆえんである．また，起立すると"高次の"中枢は文字どおりより高い位置に存在する．

後脳は延髄，橋，小脳から構成され，呼吸リズムや血圧，心拍数，姿勢制御など，実に多様な機能に関連する情報を統御している．中脳と後脳を併せて**脳幹**とよぶ．

■ これまでの復習 ■
1. ニューロンの主要な3種類について名称をあげ，それぞれの神経情報伝達上の特徴を述べよ．
2. 視床とは何か．また視床の機能を述べよ．

（逆さ文字）
1. (a) 感覚ニューロン：末梢神経系にこまれ，刺激入力を伝達する．(b) 介在ニューロン：感覚ニューロンと運動ニューロンの間に位置し，脳や末梢神経系に出入りする．(c) 運動ニューロン：運動の指令を中枢から筋や内分泌腺などに出す．
2. 視床は感覚の一部で，各種類の役割を担い，情報を大脳皮質に下部，ときにその他方に送る．

30・4 感覚器官：環境の感知

他のすべての動物と同様，ヒトも常に，知覚されうる刺激のかたちで情報の矢を浴びせかけられている．私たちは見たり聞いたりにおいを嗅いだりすることができ，触れられればこれを知覚する．また，身体の機能を正常に維持するうえで，内部環境の監視・検出もまた，欠くことのできない機能である．

ヒトは基本的に5種類の**感覚受容器**をもつ．感覚受容器は細胞の一部，もしくは細胞全部，もしくは細胞集団により構成される．例をあげると，皮膚に存在する痛覚受容器は高度に分岐した特定のニューロンの突起（樹状突起）である．網膜の2種類の光受容器は個々の細胞が感覚受容器として機能する例である．指の先端に多く分布する圧受容器の一種は特定の細胞の樹状突起が高度に集積したものである．

刺激を検出し，刺激の強さと持続時間の情報を伝達するのは感覚受容器であるが，これを知覚・認識したり，意識下のレベルで記銘したりするのは，通常，脳においてである．ヒトでは感覚受容器はつぎの5種類に大別される．他の動物ではこのほかの受容器が見つかっている．

1. **化学受容器**は，化学物質に反応する細胞に存在する．大きく2種類に分けられ，舌に存在して味覚にあずかる味覚受容器（図30・11）と，鼻腔に存在し，嗅覚にあずかる嗅覚受容器である（図30・12）．味覚は口内で直接接触する物体に含まれる化学物質に対する感覚受容であり，嗅覚は，花の香りのような，揮

化学受容器と味覚

味蕾は舌表面に存在

味蕾

味を認識できる分子は，化学受容細胞（味細胞）の細胞膜上の受容体に結合する

化学受容細胞（味細胞）

化学受容細胞（味細胞）は結合する感覚ニューロンに活動電位を発生させる

ニューロン

神経インパルス（活動電位）の脳への伝導

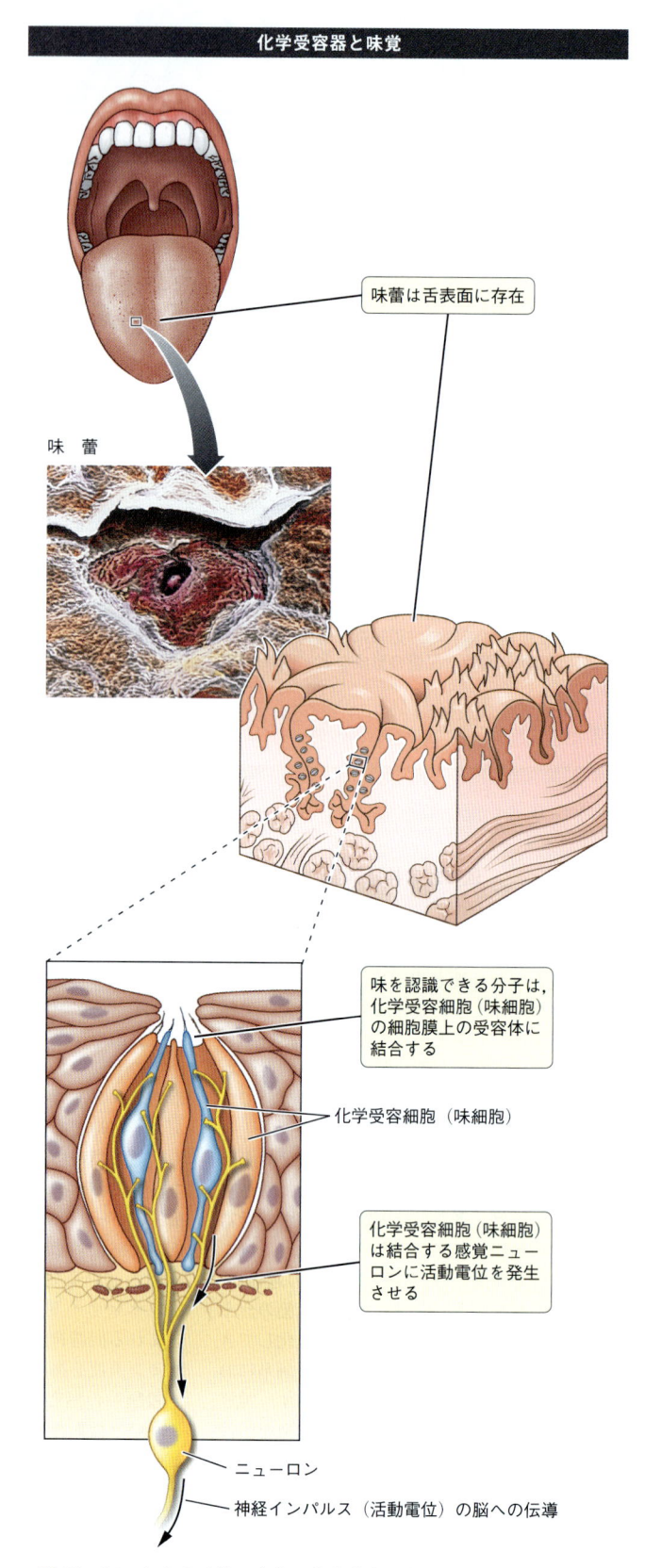

図30・11 ヒトの味覚 味蕾は化学受容細胞およびその支持細胞の集団から構成される．化学受容細胞は摂食時に舌の上の食物中の化学物質に反応する．

化学受容器と嗅覚

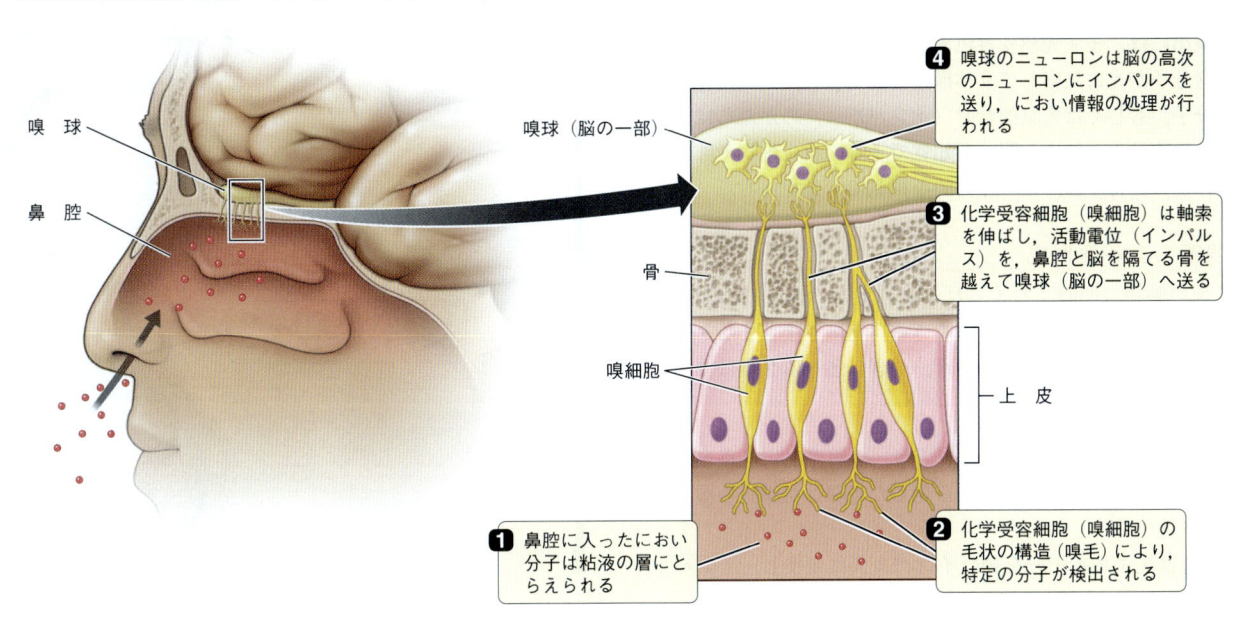

図30・12 ヒトの嗅覚

1. 鼻腔に入ったにおい分子は粘液の層にとらえられる
2. 化学受容細胞（嗅細胞）の毛状の構造（嗅毛）により，特定の分子が検出される
3. 化学受容細胞（嗅細胞）は軸索を伸ばし，活動電位（インパルス）を，鼻腔と脳を隔てる骨を越えて嗅球（脳の一部）へ送る
4. 嗅球のニューロンは脳の高次のニューロンにインパルスを送り，におい情報の処理が行われる

発性物質分子に対する感覚受容である．

2. **光受容器**は光吸収性色素を含む重層化した膜をもつ光感受性細胞である．ヒトの場合，光受容器を用いるのは視覚のみである．

3. **機械受容器**はさまざまな物理的刺激を検出する．機械受容器が対象とするものには，体表面および体内に直接及んでくる物理的変化（触覚，姿勢などの固有感覚，平衡感覚）のほか，体外の物理的変化（聴覚）も含まれる．指先に豊富に分布する多細胞性の圧受容器も機械受容器の一種である（図30・13）．

4. **温度受容器**は皮膚や口のほか，一部の内臓などのさまざまな組織に分布する．温度受容器は，一定の範囲の温度（おおむね10〜30℃）に反応して開口する膜チャネルを発現する感覚ニューロンからなる特定の構造を構成している．後で述べるように，極端な低温もしくは高温は温度受容器ではなく，痛覚受容器により検出される．

5. **痛覚受容器**は専門的には侵害受容器とよばれ，体内および体表面のあらゆる領域に見いだされる．さまざまな侵害受容器がそれぞれ異なった有害な，身体に好ましくない結果をもたらす刺激を検出する．はなはだしい温熱や寒冷，マスタードガスのような有毒ガス，トウガラシに含まれる成分も侵害受容器によって検出されるのである．かゆみの感覚も痛覚受容器の一種によって与えられる．

皮膚の機械受容器

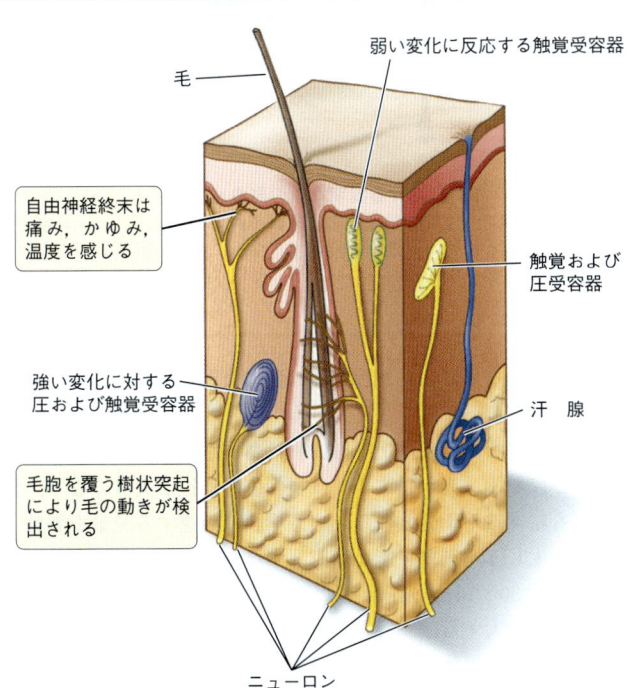

図30・13 ヒト皮膚の機械受容細胞　ヒトの皮膚にはさまざまなタイプのニューロンと感覚細胞が存在し，機械的な刺激の情報を中枢に送る．

表30・2　さまざまな外界の認識方法

受容器	刺激	感覚
化学受容器	化学物質	味覚，嗅覚
光受容器	光	視覚
機械受容器	物理的変化	触覚，聴覚，固有感覚（身体の位置関係），平衡感覚
温度受容器	緩やかな熱，冷	温度感覚（温度勾配）
痛覚受容器	侵害，有害物質，化学的または物理的刺激	痛覚，かゆみ
電気受容器[†]	電場（特に他個体の筋収縮で発生するもの）	電気感覚
磁気受容器[†]	磁場	磁気感覚

[†] 脊椎動物をはじめとする，さまざまな動物にみられる感覚器をあげた．ヒトで機能的でないものに†を付した．

ヒトには知覚できない刺激を知覚できる動物も存在する．他個体の筋収縮により生じるわずかな電流を感じる動物がおり，サメ，エイ，サケは，電場を知覚する．サメはこの電気感覚を海底の砂地に潜むカレイのような獲物の発見に利用していると思われる．表30・2に動物界に見いだされるおもな感覚とこれにあずかる感覚受容器をまとめて記した．

30・5 光受容器: 視覚

光の検出には，まず光感受性色素（視物質）が最低限必要である．色素分子が光に反応して立体構造を変えると，この変化はシグナル分子，もしくは電気的信号（インパルス）のかたちに変換される．動物はこれにより明暗を知覚できる．原生生物や非常に単純な体制の動物では，この原始的な視覚で十分である．

焦点調節による像形成

大多数の動物は明暗に対する反応よりもはるかに高い能力をもっており，眼は像を結ぶことができる．実にさまざまなタイプの動物の眼球が結像能力を有するが，つぎに述べる2点はすべてに共通している．

1. 眼球は集光して光受容細胞（視細胞）の層の上に焦点を合わせる．これにより視野の1点から発した光線は視細胞の層上の1点に到達する．
2. 視細胞は光エネルギーを神経インパルスに変換し，インパルスは感覚ニューロンを経て脳へ送られて処理される．

動物はこの二つの特徴をさまざまなかたちで実現している．**レンズ眼**では**レンズ（水晶体）**は入射する光線の焦点を合わせる．視細胞は眼球後方の層である**網膜**上に配列され，ここで光刺激は神経興奮であるインパルスに変換される．脊椎動物の眼球はすべてレンズ眼である（図30・14）．ヒトの眼球を例に解説する．

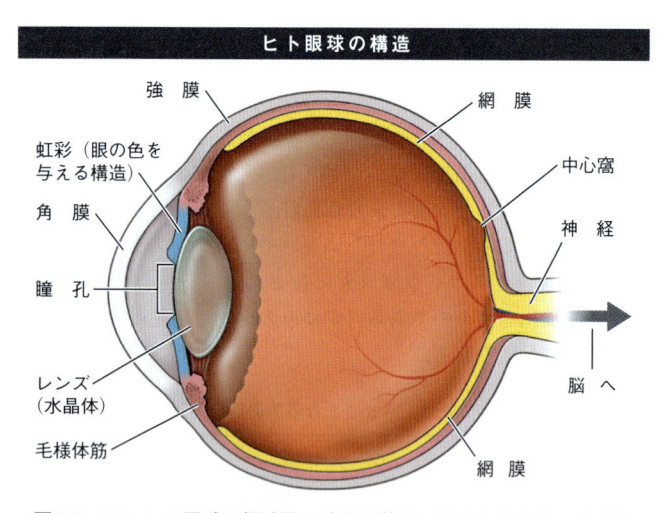

図30・14 ヒト眼球の概略図 瞳孔は散大・縮小によりレンズ（水晶体）に入射する光量を調節する．レンズは網膜上に焦点を合わせて結像する．網膜上には視細胞が配置され，近傍に達している視神経を興奮させて神経インパルスを発生させる．

網膜上の鮮明な結像にはレンズ（水晶体）が必要である．レンズによって光線は屈折させられ，対象の各点からの光線はその位置関係を保ったまま，それぞれに網膜上の異なる各点に到達し，各点での視細胞の興奮をひき起こす（図30・15a）．結果として興奮した視細胞の描く像が網膜上にできあがる．網膜上に形成される対象の像は倒立像で，脳内で正立像に再構成される．

網膜上に正しく結像させるため，近い対象からの光線は，遠い対象からの光線よりも強く屈折させなければならない．ヒトを含む多くの脊椎動物では，レンズの形状を変えることで焦点位置を修正している（図30・15b）．この焦点調節方法は，像の品質を常時モニターして，レンズの形状を支える筋肉に指令を与え続け

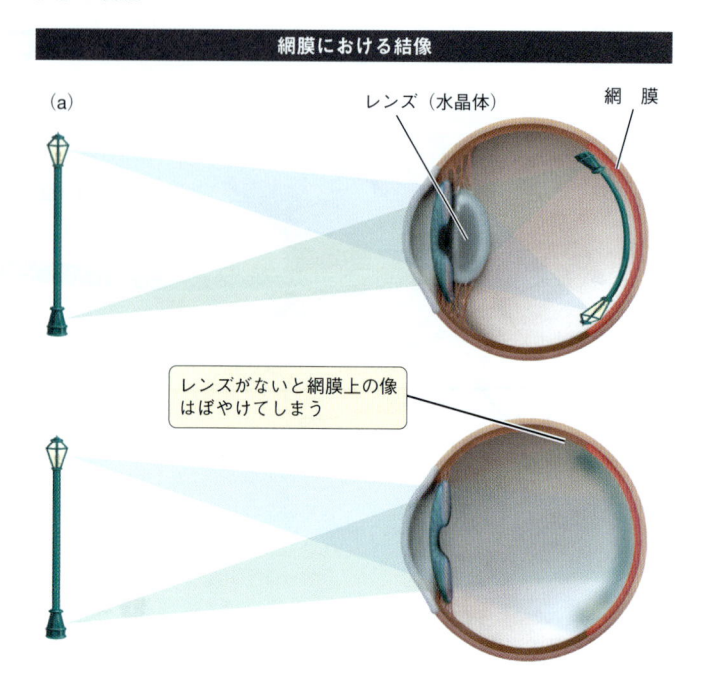

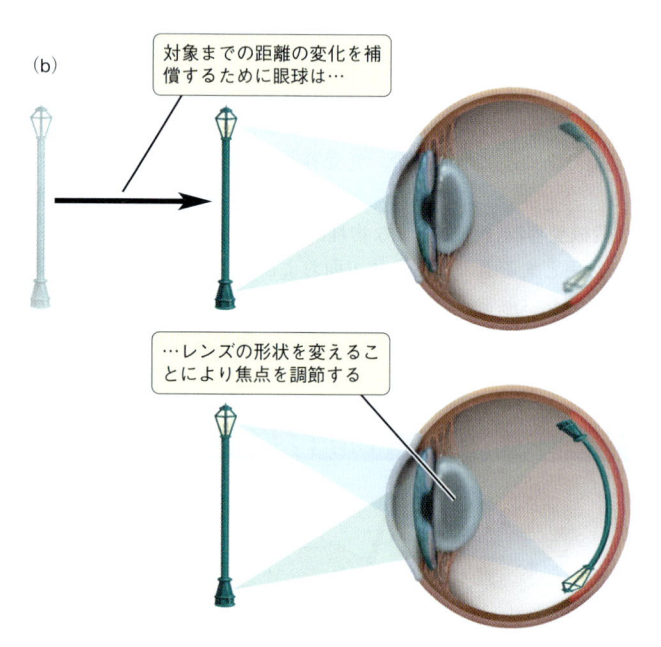

図30・15 ヒト眼球における鮮明な像の形成メカニズム (a) レンズは網膜上の視細胞の位置で結像するように焦点を調節する．(b) 対象との距離が変化するに伴い，網膜で結像するために焦点位置を調節しなければならない．焦点調節はおもにレンズの形状（厚み）を変えることで行われる．

なければならないため，網膜と脳の間の複雑な神経結合を必要とする．

脊椎動物，なかでも陸上脊椎動物はさまざまな強度の光線に触れることになる．光が強すぎては視細胞の負担が大きくなり，弱すぎても結像に不十分となるため，網膜に到達する光量を調整する必要が生じる．調整可能な開口部すなわち**瞳孔**は入射光量を調節する（図30・14）．光量が多い環境では瞳孔は縮小し，少なければ瞳孔は散大する．

ヒト網膜には桿体と錐体の2種類の視細胞が存在する．名称はその形態から与えられたものである（図30・16）．**桿体**は錐体よりも数のうえで多く，色を区別することはできないが，ごく弱い光のもとでも対象の形状を見ることができるようにしている．**錐**

体は光の色の情報を検出するが，機能するためには強い光を要求する．いずれの細胞も光感受性色素（視物質）をもっている．夜間，濃淡の陰影で物体の形状のみが視認されるのは桿体の作用による．

眼球にはレンズのほかにも鮮明な像を得るためにさまざまな機能が与えられている．片側の網膜上には1億にも及ぶ視細胞が存在する．コンピューターやデジタルカメラの画像の鮮明度がピクセル（画素）数に依存するのと同じ理由で視細胞数は像の品質に直結する．さらに，網膜上の視細胞以外の細胞による効果的な情報処理により，片眼で1億程度の視細胞から発せられる情報は，脳へ送られる段階で"わずかに"100万本程度の軸索に収れんされる（図30・17）．この過程は脳で視覚情報を処理するうえでぜひとも必要である．

ヒトの視覚にとって，視細胞の膨大な数に加え，視細胞の網膜上での配置のされ方も重要な要素である．視細胞の密度が高まるほど像の解像度は高まる．ヒト網膜の中央部は**中心窩**とよばれ（図30・14 参照），桿体と錐体の密度が最高となっている．中心窩のおかげで視野の中心部の対象が最も鮮明で色調も豊かに視認される．本書の読者はこのページを開いている間も，たどっている単語が中心窩に結像するように眼を定位しているのである．ちょっとした実験として，特定の単語を注視しつつ周辺の語を読もうとしてみよう．視野中心の注視している対象の単語のみ鮮明でその周縁の単語は読みとれないはずである．中心窩の重要性がおわかりいただけただろうか．

両眼視による空間認識

たいていの動物は2個の眼球を頭部にもつ．眼球の頭部における配置は，その動物の生活スタイルが反映されているものである．草食動物はしばしば被捕食者であり，いち早く捕食者を発見する必要から視野を広くとるために両眼は頭部の両側に離れて配置している．対照的に肉食動物では両眼は頭部の前面に近接して配置され，両眼が同一の対象に焦点を合わせられるようになっている．この結果肉食動物では優秀な奥行きの感覚が得られ，対象までの距離を測り，立体的な空間関係を認識することができる．

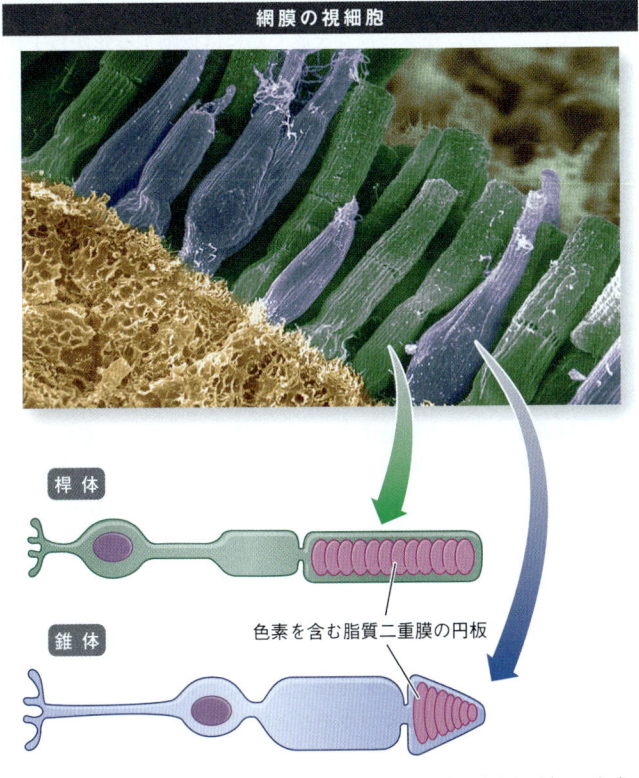

図30・16 **ヒト視細胞** ヒト網膜上の視細胞（光受容細胞）の走査型電子顕微鏡写真と模式図．桿体（写真で緑色に彩色した）は微弱な光を，錐体（同じく青く彩色した）は比較的十分な光量下で，色彩を検出する．

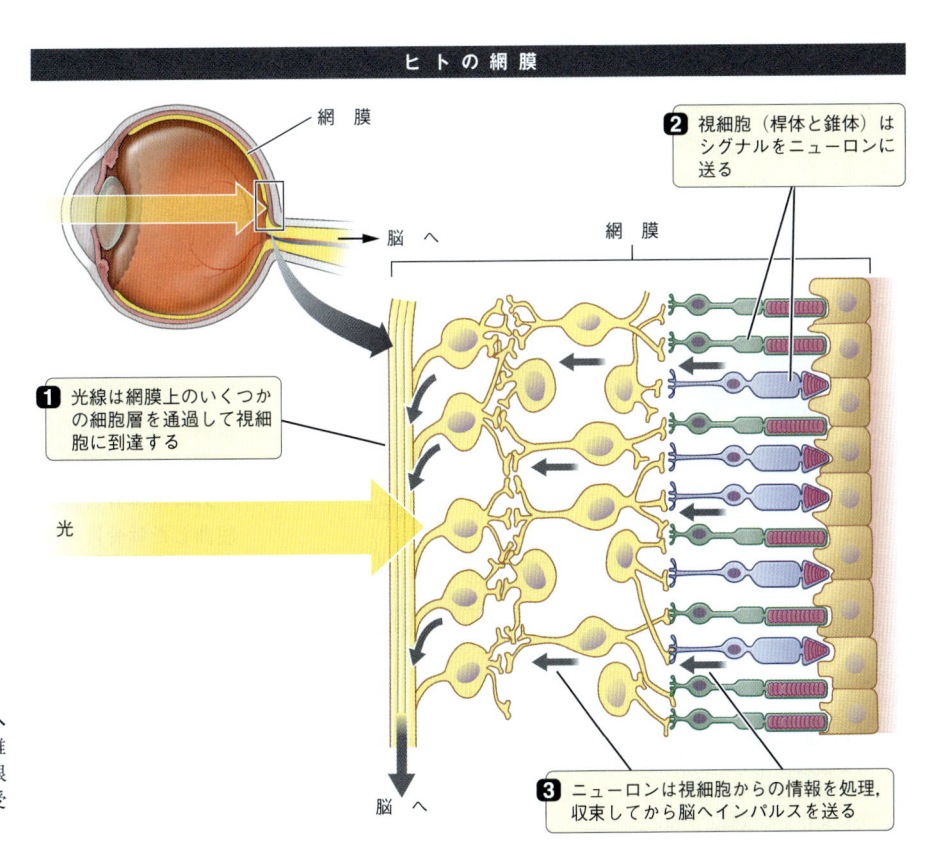

図30・17 **網膜上の感覚ニューロンから脳への視覚情報伝達** 感覚ニューロンは桿体と錐体の上を覆うように分布する．視覚情報は眼球内の感覚ニューロンである程度の処理を受けてから脳に送られる．

卓越した奥行き感覚は獲物を追い，捕えるうえで計り知れない利点となっている．

ヒトを含む霊長類では奥行き感覚が非常に発達している．この理由はおそらくヒトの祖先や現生の霊長類の多くが樹上生活を営んでいたためであろう．樹上生活では枝から枝へと跳び移るときに落ちないために，奥行きの感覚はおおいに必要である．このような進化的な見地から，ゴリラのような草食性の霊長類でも両眼視による奥行き感覚を維持している理由を説明できる．ヒトの眼球は頭部の前面に近接して配置されるが，狭い間隔をおいている．この結果左右の眼ではわずかに視野が異なっている．簡単な実験でこれを体感できる．頭部と眼球を動かさずにまず片側の眼を手で覆ってみる．ついで反対側の眼を手で覆ってみる．対象が側方に移動して見えるはずである．また，近くの対象の方が遠くのものよりも大きく移動するようにみえる．両眼からの入力は脳内で統合処理され，三次元的な世界が再構成される．

30・6 機械受容器：聴覚

音声に対する感覚は，外界分子の衝突の結果として生じる．このような分子の運動を音波とよんでいる．音波は固体，液体，気体のいずれの相の物体中でも伝播するが，ここでは空気中を伝播する音声に限って論じる．音波は音源から発して全方位に伝播する．この状況はないでいる水面に水滴を落とした際に現れる波紋を見るとよくわかる（図30・18 a）．ドラムが自分に対してどの方向に存在しても，ドラムをたたく音は聴こえる．

聴覚の一要素は気圧変化の検出である．1回手をたたくとその音が聞こえる．その到達過程を見てみよう．まず，手と手の衝突地点近傍で空気が圧縮され，全方位に向けて疎密波が，時速約1200 kmで伝播する．気圧は圧縮された領域で高く，その前後では低い．高気圧部が耳に到達すると機械受容器に伝えられ，ここで電気的インパルスに変換され，脳へと送られる．脳内における情報処理を経て手をたたいた音が"聴こえる"．それでは連続的な音声ではどうか．ギター演奏を聴く際には振動する弦から1秒間に数千にも達する複合した疎密波が送られてくる（図30・18 b）．音声は1回（手を1回たたいたとき）か多数（ギターの音）の変動する空気の圧力から構成される．音波は伝播に伴い減衰する．このため遠方の音声は近傍の音声よりも柔かく聞こえる．

ヒトは音を高低と大きさの2種類で区別している．持続的な音声では単位時間当たりの疎密波の数は周波数とよばれる．周波数の違いは音の高低として知覚され，周波数が高いほど音としては高く聴こえる．ヒトが発声しうる最高の，すなわち最も周波数の高い音は毎秒およそ1000回の疎密の変動，すなわち1000 Hzである．専門のソプラノ歌手など，ごく限られた才能のある者のみがこの付近まで高い声を発することができる．男声は一般に女声より低めであるが，それでも男声低音部のバスでも70 Hzを下回ることはまれである．ヒトの聴きうる最も低い音は20 Hz程度で，最高音は20,000 Hz程度である．ゾウなどはヒトよりも低い音を聴取することができる．ゾウは地中を数kmにわたって伝わる低周波振動（音）をとらえることができ，群れからはぐれた個体が仲間の位置を探知するのに利用している．イルカの仲間は180,000 Hzの高周波の音波を発振し，またキャッチすることができる．さまざまなクジラやコウモリと同様に，イルカの仲間は音声をコミュニケーションのみならず，獲物を発見したり水中で針路を定めることにも用いている．イルカの仲間は高周波数の音波を発し，そのエコーを拾い，エコロケーションとよばれるプロセスで外界に関する"音像"を再構成している．すなわち音によって外界を"見て"いるのである．

音声の大きさは疎密波の1回の圧力変動の大きさを反映する．手をたたく際に力強くたたくとその分音は大きくなる．耳の機械受容器はきわめてすみやかで規則的な圧力変動に反応できるように配置されている．

機械刺激受容の最も洗練されたかたちとしての聴覚

音声を集め，気圧の変動を神経インパルスのパターンとしての情報に変換するために，動物の耳はさまざまな姿に進化している．ヒトの耳の構造には脊椎動物の聴覚機構の基本的機能が反映されており，耳に到達した音声は耳介によって集音されて薄く精巧な鼓膜と機械受容器に伝えられる（図30・19 a）．ヒトの耳の動作原理につき説明する．

外耳は**耳介**と**外耳道**から構成される．耳介，すなわち耳たぶは屈曲した軟骨性の構造で，日常的に耳として認識されているのはこれである．漏斗状の耳介により，耳に到達した音声は外耳道の最奥の**鼓膜**に至るまでに鼓膜との面積比から，20倍にまで集音される．耳介は音声に含まれるエネルギーを集積することで，微弱な音声に対する検出能力を高めている．高速の空気圧力の変動に応じて鼓膜が振動し，音声のエネルギーが物理的振動に変換される．この物理変化が鼓膜から中耳に伝えられる．

聴覚器官が適正に作動するためには鼓膜の内外の気圧が等しくなければならない．中耳からのどに至る**耳管**（**エウスタキオ管**）

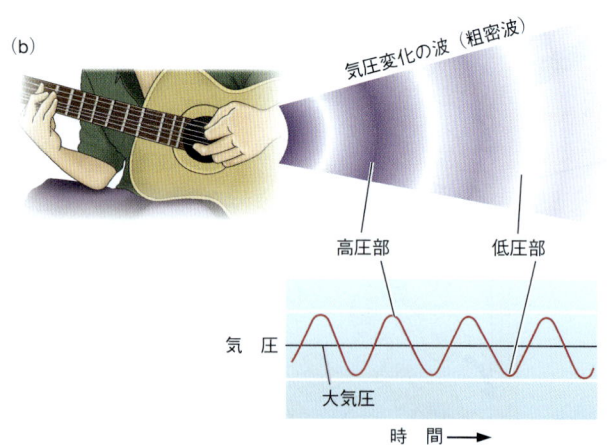

図30・18 **音声は疎密波から構成される** (a) 池の水面に雨滴が落ちて波紋が全方位に広がる．音声の伝播はこれによく似ている．(b) 音声は物体の振動により発生する．高気圧と低気圧がすみやかに交替する波動である．

図30・19 ヒトの耳による微細な圧変化の検出
(a) 耳の特徴的な構造は，迅速な気圧の変化を，機械受容器の検出が可能な振動への変換を可能にしている．外耳は漏斗状に広がって集音して鼓膜に導くのに役立つ．中耳では鼓膜は音声を振動に変え，耳小骨を介して内耳の蝸牛管に伝えられる．(b) 蝸牛管において，コルチ器官に存在する機械受容細胞のパッチ状の集団で，振動が電気信号に変換される．この電気的シグナルが脳へ伝えられ，処理を受ける．

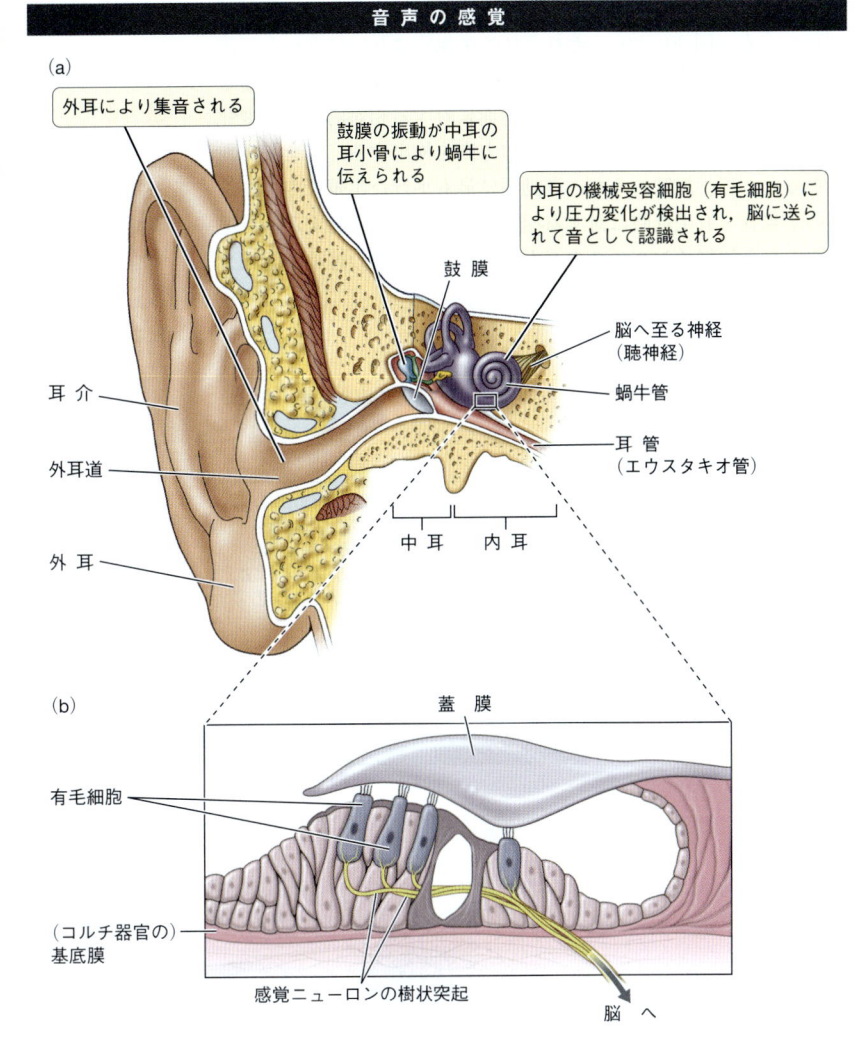

音声の感覚

(a)
- 外耳により集音される
- 鼓膜の振動が中耳の耳小骨により蝸牛に伝えられる
- 内耳の機械受容細胞（有毛細胞）により圧力変化が検出され，脳に送られて音として認識される
- 鼓膜
- 耳介
- 外耳道
- 外耳
- 脳へ至る神経（聴神経）
- 蝸牛管
- 耳管（エウスタキオ管）
- 中耳　内耳

(b)
- 蓋膜
- 有毛細胞
- (コルチ器官の)基底膜
- 感覚ニューロンの樹状突起
- 脳へ

によって鼓膜の内外すなわち外耳と中耳内の気圧は等しく保たれている．飛行機に搭乗すると，上昇時や降下時に外耳中耳間圧力差が生じて耳の奥の痛みや違和感などの不快な自覚症状が生じることがある．この不快な症状は，耳管が作動すると解消される．いわゆる耳抜きである．

中耳には人体最小の三つの骨が存在し，鼓膜の振動を受取り，**蝸牛管**（うずまき管．名称は外観がカタツムリの殻を思わせるところから）の薄い膜に伝えている．蝸牛管は**内耳**に存在する，内部を液体により満たされたらせん状の構造である．蝸牛管内に存在する**コルチ器官**は，機械刺激に変換された音声（感覚入力）を，さらに神経インパルスに変換する．

コルチ器官に存在する機械受容細胞である有毛細胞は毛状の突起をもち，**基底膜**とよばれる構造の上に配置されている（図30・19 b）．中耳から伝えられた振動に反応して基底膜が振動すると，基底膜の振動が有毛細胞を押し上げ，蓋膜とよばれる基底膜に覆いかぶさった構造との距離が近づいて有毛細胞の突起が屈曲させられる．この突起の屈曲により，有毛細胞（機械受容細胞）にシナプス形成するニューロン上に神経インパルスが発生する．

ヒトは音声の大小を識別できるが，これは音声の大きくなるに従い基底膜の振動が大きくなるためである．また，音声の高低を識別できるのは周波数により異なる領域の基底膜が振動するためである．内耳の基本的構造はヒト，ゾウ，イルカはじめすべての脊椎動物で同等である．ゾウは動物最大の耳介をもち，空気中に伝わる音をより多く集めている．また，ゾウは肢からも音声を拾っているらしい．イルカは耳介こそもたないが，短い外耳道をもっており眼に並ぶように開口しており，音波は外耳道を通って鼓膜と中耳に至る．イルカは脂肪に満たされた下顎骨からも伝導によって音声を中耳に伝えている．

平衡感覚をつかさどる機械受容細胞

日常意識することはないが，自分自身の身体各部の動きは機械刺激として常時検出されている．身体各部位の相対的位置関係は，膨大な数の**固有受容器**（**自己受容器**）と総称される筋肉や腱，関節の伸展ないしは圧迫に反応する機械受容器から送られる入力により常時中枢に伝えられている．固有感覚はたとえば腕が屈曲しているのか進展しているのか，左の脚が着地した瞬間，微笑んでいることなどの認識をもたらしている．

固有感覚に加え，耳に存在する**前庭**によって平衡を維持している（図30・20 a）．前庭には，上下を認識する受容器と頭部の運動を検出する受容器の2種類の機械受容器が存在する．前庭の耳石器官の機械受容細胞は有毛細胞で，突起をゼラチン状の層（耳石膜）の中に突出させている．ゼラチン状の層の頂上には**耳石**とよばれる炭酸カルシウムの緻密な結晶が集積されている．耳石は重力の方向に移動しようとする．この結果，直下の有毛細胞の突起を押して重力方向に屈曲させる（図30・20 b）．耳石器官の有毛細胞の刺激のパターンによって，眼を閉じていても重力方向としての上下を認識できる．

前庭には液体により満たされた三つの半規管からなる**三半規管**が存在する（図30・20）．それぞれの半規管は互いに直行し三次元グリッドを形成する．頭部を回転させたりうなずいたりすると三半規管内のリンパ液の三半規管壁面に対する相対的位置が変化し，三半規管内の有毛細胞が変化の方向を検出する．首を横方向に振ると，三半規管のうち，運動面に最も平行な半規管内のリンパの半規管・有毛細胞に対する相対位置が左右に移動する．有毛細胞からの神経インパルスのパターンにより頭部の運動が認識される．

■ これまでの復習 ■

1. 飛行機で離陸する際に感じる耳の違和感が，耳抜きにより解消される理由を述べよ．
2. 桿体と錐体を比較し論ぜよ．

---

1. 高度が上昇するにつれ鼓膜の外側に圧力が減り，鼓膜の振動を妨げる．耳管により耳管（エウスタキオ管）が開いて圧力差が解消される．
2. いずれも光受容性を兼ねる細胞である．桿体は形の検出に役立つ．錐体は色の検出に役立ち，十分な光を要する．

学習したことを応用する

眼を創る，眼を進化させる

　五感のうち，視覚により最もすみやかに外界を認識する．バラが室内に持ち込まれるとその香りよりもはるかに先に花の色彩を眼で見ている．Terry Byland 氏が失明したとき，外界からの情報を大幅に失ってしまった．光を取戻したいという切実な願いから，眼球インプラントの臨床治験に志願した．この人工眼球を作動させるうえでは多数の微小な電極を網膜に接続する必要があった．眼鏡に搭載されたデジタルカメラから電気的信号が電極に送られ，網膜はシグナルを脳に送る．Byland 氏の脳はこのシグナルをどのように処理するのだろうか．

　はじめ Byland 氏には光のしみのようなものが見えた．左右は視認できず，鉛直な直線と水平な直線もやはり区別がつかなかった．何ものかが見える，という事実は感動的ではあったものの，実用上は使いものにならなかった．カメラから視神経を通じて送られてくる信号を脳が情報として活用できるようになるためには非常に長い時間を要した．しかし3年後，Byland 氏には樹木の

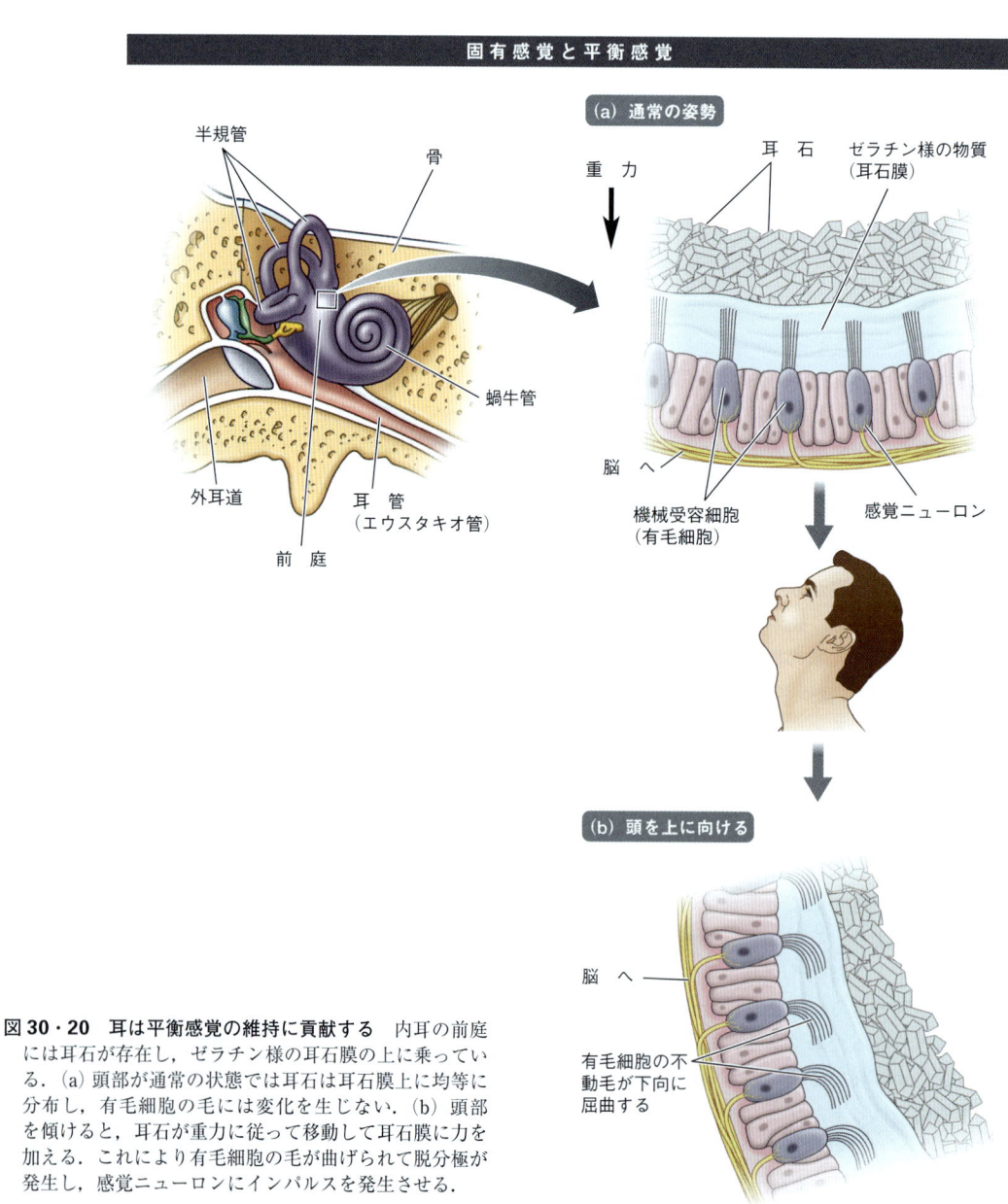

固有感覚と平衡感覚

（a）通常の姿勢

図30・20 耳は平衡感覚の維持に貢献する 　内耳の前庭には耳石が存在し，ゼラチン様の耳石膜の上に乗っている．（a）頭部が通常の状態では耳石は耳石膜上に均等に分布し，有毛細胞の毛には変化を生じない．（b）頭部を傾けると，耳石が重力に従って移動して耳石膜に力を加える．これにより有毛細胞の毛が曲げられて脱分極が発生し，感覚ニューロンにインパルスを発生させる．

枝や頭上から来る光，10代に成長した息子の影が見えるようになった．氏はおおいに気分が上向いている．

ヒトの眼の視覚情報処理能力はあまりに優秀であるため，これほどのものがどのように進化したのか想像することはいかにも難しい．しかし，眼は徐々に進化して今日の姿になったのである．最も単純な光受容器は像を結ぶことはできない．扁形動物やカニ，ウミヘビでは全身の皮膚表面で光を感じることができ，このような感覚は皮膚光感覚とよばれる．皮膚光感覚は明所と暗所や昼夜を識別できる．ある種の水生動物は日光を皮膚光感覚により検出しており，捕食者を避けるために深くもぐる際に役立てている．

クラゲやある種の環形動物のような動物は眼点とよばれる視細胞の集団を2個ないしはそれ以上もち，方向による光量の違いを検出している（図30・21）．眼点も像を結ばないが，クラゲは眼点からの情報により，方向による光の強弱というかたちで捕食者がつくる影を発見できる．次の段階の眼はくぼみ状の眼で，皮膚の陥没したくぼみの底に眼点が配置される．くぼみ状の眼はおよそ5億年前のカタツムリの祖先にすでにみられ，光源の位置特定に役立ったと思われる．

図 30・21 クラゲの眼点 クラゲは眼点とよばれる光受容細胞の集塊をもつ．"かさ"の辺縁近くの黒い点がそれである．脊椎動物やタコのカメラ眼も眼点から進化して形成されたものであろう．

進化上の偉大な進歩はレンズと網膜の獲得である．網膜が眼球底部に形成される視細胞の層で光刺激を視神経に伝達することを確認したい（図30・17参照）．さらに，さまざまな系統の動物が独立にレンズを獲得している．ただ単に集光するのみで像を結ばないレンズをもつ動物もあり，他方，高い解像度の像を網膜上に結ぶレンズをもつものもいる．

動物は何百万年にもわたり，さまざまな眼を進化させてきた．この結果，単に眼点を集積させただけの眼をもつものや，くぼみ状の眼をもつもの，また，タコや脊椎動物のように，より深いくぼみと網膜とレンズを組合わせた発達したカメラ眼を進化させたものもいる．

Terry Byland氏に移植された人工の眼は16ピクセルの解像度しかなく，これは安物のビデオカメラよりもはるかに劣るレベルである．科学者は顔の表情を見分けることのできる無線人工網膜の開発に取組んでいる．将来 Terry Byland 氏が成人した息子の顔を初めて見ることができる日が来るかもしれない．

章のまとめ

30・1 神経系の概要

■ 情報はニューロンで樹状突起から軸索へと伝えられる．
■ 軸索は支持組織とともに複数束ねられる．これを"神経"とよぶ．
■ 神経節は神経細胞体が集合した構造で，統合の場である．
■ 脊椎動物の神経系は脳および脊髄からなる中枢神経系と，感覚器官および上記以外のすべての神経組織を含む末梢神経系とから構成される．
■ 感覚入力は感覚ニューロンによって末梢神経系から中枢神経系へ伝えられる．感覚情報は中枢神経の介在ニューロンによって処理され，運動の指令が運動ニューロンにより中枢神経系から末梢神経系へ送られる．
■ 反射弓は末梢神経系からの感覚入力を，大脳を経由せずに処理する．反射弓を介した反射は大脳を経由する場合の情報処理の時間が必要なくなるため，身体を脅かす危険からのきわめて迅速な回避が可能となっている．

30・2 ニューロンによるシグナル伝達

■ ニューロンにより伝達される電気的シグナルを活動電位とよぶ．
■ 静止状態の（興奮していない）細胞の細胞膜を介した電位差を静止電位とよぶ．
■ 活動電位は一過性の膜電位の逆転により生じる．活動電位は軸索上を細胞体から軸索終末への一方向にのみ伝播する．また全か無かの法則に従う．
■ 有髄軸索では，活動電位はランビエ絞輪（ミエリン鞘の不連続部分）間の跳躍伝導によりきわめてすみやかに伝播する．

30・3 ヒトの脳の構成

■ ヒトの脳は前脳，中脳および後脳の3領域から構成される．前脳の主要な構成成分は大脳，視床，視床下部である．大脳は学習や記憶，随意運動などの高次の脳機能を担当する．中脳は筋肉の緊張を維持したり感覚入力を大脳へリレーしたりする．後脳は呼吸や姿勢維持に関与する．
■ 視床は入力信号を取捨選択，仕分けし，必要な情報を適切な脳領域に送り，より高次の処理にまわす．
■ 視床下部はホメオスタシス（恒常性の維持），睡眠，覚醒，さまざまな内分泌機能をつかさどる．

30・4 感覚器官: 環境の感知

■ ヒトの感覚系は5種類の感覚受容器から構成される．化学受容器は化学物質刺激を検出し，味覚や嗅覚がこれである．機械受容器は物理的な刺激に反応するもので，触覚，痛覚，温覚，聴覚，身体の相対的位置関係の感覚，平衡感覚がこれである．光受容器は光に反応し，視覚でのみ見いだされる．
■ 感覚受容器は外界の刺激を神経インパルスに変換し，感覚ニューロンにより中枢神経系に伝えられる．

30・5 光受容器: 視覚

■ 結像できる眼球では，1）光受容細胞（視細胞）上に焦点を合わせることができ，視細胞の興奮のパターンから対象の像を再構成することができ，2）光エネルギーを神経インパルスに変換できる．
■ 視細胞には，桿体と錐体の2種類が存在する．桿体は微弱光下でも像をつくることができるが，色彩は区別しない．錐体は

色彩を識別するが，十分な光量を必要とする．

30・6　機械受容器：聴覚

■ 機械受容細胞は身体内外の情報をとらえる役割を果たし，また，聴覚をつかさどる．
■ 聴覚には媒質の高速の圧変化の検出の過程が含まれる．鼓膜の振動は，中耳の耳小骨に伝えられる．
■ 振動は耳小骨により内耳の蝸牛管に伝えられる．蝸牛管のコルチ器に有毛細胞とよばれる機械受容細胞が存在し，基底膜の振動に反応する．
■ 内耳には前庭器官が存在し，平衡感覚をつかさどる．

重要な用語

神経系（p.515）	大脳辺縁系（p.524）
ニューロン（p.515）	中　脳（p.524）
末梢神経系（p.515）	後　脳（p.524）
中枢神経系（p.515）	脳　幹（p.524）
樹状突起（p.516）	感覚受容器（p.524）
軸　索（p.516）	化学受容器（p.524）
ミエリン（髄鞘）（p.516）	光受容器（p.525）
神　経（p.516）	機械受容器（p.525）
神経節（p.516）	温度受容器（p.525）
脳（p.516）	痛覚受容器（p.525）
脊　髄（p.517）	レンズ眼（p.526）
感覚ニューロン（p.517）	レンズ（水晶体）（p.526）
介在ニューロン（p.517）	網　膜（p.526）
運動ニューロン（p.517）	瞳　孔（p.526）
感覚入力（p.517）	桿　体（p.526）
体性神経系（p.517）	錐　体（p.526）
自律神経性（p.517）	中心窩（p.527）
反射弓（p.518）	外　耳（p.528）
活動電位（p.519）	耳　介（p.528）
分　極（p.519）	外耳道（p.528）
静止電位（p.519）	鼓　膜（p.528）
脱分極（p.519）	耳管（エウスタキオ管）（p.528）
ランビエ絞輪（p.520）	中　耳（p.529）
シナプス（p.521）	蝸牛管（うずまき管）（p.529）
シナプス間隙（p.521）	内　耳（p.529）
神経伝達物質（p.521）	コルチ器官（p.529）
前　脳（p.522）	（コルチ器官の）基底膜（p.529）
大　脳（p.522）	固有受容器（自己受容器）（p.529）
大脳皮質（p.522）	前　庭（p.529）
視　床（p.522）	耳　石（p.529）
視床下部（p.524）	三半規管（p.530）

復習問題

1. ニューロンにおいて樹状突起は
   (a) シグナルを他のニューロンに出力する．
   (b) 神経伝達物質を分泌する．
   (c) 他のニューロンからのシグナルを受容する．
   (d) ホルモンを分泌する．
2. 活動電位の電気的シグナルが化学的シグナルに変換されるのはどれか．
   (a) 樹状突起　(b) 軸　索　(c) ランビエ絞輪　(d) シナプス
3. 神経伝達物質は，
   (a) 拡散によりシナプス間隙を移動する．
   (b) 無髄軸索からは放出されない．
   (c) 介在ニューロンにのみ存在する．
   (d) 能動輸送のみによりシナプス間隙を移動する．
4. ヒトで他の霊長類と比較して特に発達しているのはどれか．
   (a) 視　床　(b) 脳下垂体　(c) 大脳新皮質　(d) 中　脳
5. 脳幹に含まれるものはどれか．
   (a) 大脳皮質　(b) 橋　(c) 大　脳　(d) 視　床
6. 視床下部の機能に関する記載のうち正しいものを選べ．
   (a) 脳下垂体を制御するホルモンを放出する．
   (b) 甲状腺を直接刺激するホルモンを放出する．
   (c) ヒトの脳で特に巨大化した部位である．
   (d) 神経伝達物質として機能する．
7. ヒトの眼球において光線の焦点を結ばせるものはどれか．
   (a) 桿　体　(b) 錐　体　(c) 網　膜　(d) レンズ
8. ヒトの眼球において桿体と錐体が存在する部位はどれか．
   (a) レンズ　(b) 網　膜　(c) 蝸牛管　(d) 瞳　孔
9. 立体視が可能な理由として適当なものを選べ．
   (a) レンズの厚みを変えられるため．
   (b) 一方の眼球に桿体が，他方の眼球に錐体が存在するため．
   (c) 両眼がわずかに離れて配置されているため．
   (d) 網膜が曲面を描くため．
10. 聴覚はどの機能が高度に発達したものか．
    (a) 機械受容　(c) 光受容
    (b) 化学受容　(d) a〜cのいずれでもない．
11. つぎにあげるもののうち頭部の相対的位置を検出するのはどれか．
    (a) 蝸牛管　(b) 前　庭　(c) コルチ器官　(d) 瞳　孔
12. 音声を神経インパルスに変換する機械受容器が存在するのはどれか．
    (a) 鼓　膜　(b) 半規管　(c) 蝸牛管　(d) 前　庭

分析と応用

1. 活動電位が軸索上を細胞体から軸索終末へ向けて伝導し，シナプスを介して他のニューロンに伝えられる過程を述べよ．
2. 反射弓によりわずか2〜3個のニューロンで熱いものに触れた際などでみられる適切な反応が実現する．すなわち，熱いものに触れた入力情報があり，これに対して手を動かす指令が出されている．熱いものに触れなければ，このような指令は出されない．1個の介在ニューロンを含む4個のニューロンを用いて，2種類の異なる刺激（必ずしも同時とは限らない）に対して"手を移動せよ"と"そのまま"の2通りの指令を送る機構を構想せよ．
3. 眼球の桿体および錐体の視物質は光を受容するとただちにこれを化学的シグナルに変換する．ここで生じた化学的変化は神経インパルスとして脳へ送られる．ここから桿体および錐体の視物質は光受容体ではなく化学受容体である，としてよいか．判断を理由とともに述べよ．
4. ギター演奏を聴く場合を例にとり，奏者の指の弦への接触と鑑賞者の聴覚とを関連づけて論ぜよ．演奏者と鑑賞者とで，演奏およびその鑑賞にかかわる機械受容器は何か．

ニュースで見る生物学

Crank That iPod: Hearing Loss Rates Lower Than Thought

BY JACQUI CHENG

iPodの音量を上げよう：それほどではなかったiPodによる難聴

よく大音量で音楽を聴いていては親に叱られたものである．"ボリュームを下げなさい．耳が悪くなるでしょう！"．大音量の音楽鑑賞による難聴や聾の症例は，しかしどちらかといえばまれで，恐れられていたよりもはるかに少ないとする報告が最近になってJournal of Speech, Language, and Hearing Research誌上に掲載された．最新の報告は年来の研究成果と一致はしないが，専門家の間では長時間の大音量への曝露にはやはり注意が必要であると考えられている．

この論文のミネソタ大学の著者は，従来法による聴力検査では，特に児童や10代の若年層に対する軽度の難聴の検査で偽陽性が多いと考えている．研究を主導するミネソタ大学言語会話科学部のBert Schlauch教授によれば騒音関連難聴と診断された少年のうち10%余りは誤診であるという．

最近の個人用楽曲再生機の普及に伴い，少年の難聴の問題に対する認識が高まっている．2006年，アップル社は同社の製品iPodが難聴をひき起こす恐れがあるとして訴えられた．原告は特に聴力上に問題は感じていなかったにもかかわらず，である．訴えそのものは，iPodの使用を注意深く行えば難聴は避けられるということで退けられたが，音楽再生の音量に関する議論は今なお盛んに繰広げられている．

実際上の問題は最近のJournal of American Medical Association誌上の報告よりも小さいとみられるが，ミネソタ大学の研究者らはiPodの無制限な利用拡大には不賛成で，Schlauch教授はつぎのように述べている．

"私たちの研究成果は確かに一般的に懸念されていたものとは違っていたが，個人向け音響機器やライブ演奏，火器の発砲などの大音量にさらされることに問題がない，ということには決してならない．大音量によるダメージは長い時間をかけて進行するもので，高齢になって初めて自覚症状が現れる恐れがある．音量が大きければ大きいほど，さらされる期間が長ければ長いほど，やはり聴覚障害のリスクは高まり，特に長期にわたる持続的な音には警戒が必要である．"

長年にわたって学校児童に対する聴力検査が行われている．児童がいくらかでも難聴を患っていればはっきりとわかりそうなものであるが，この記事によれば軽度の難聴が実際より多めに見積もられているということになる．全米では2800万人もの人が何らかの聴力上の障害をもっており，このうち3分の1程度が騒音に関連する障害である．騒音はさまざまな程度の難聴やさまざまな種類の耳鳴りの原因となる．爆発や発砲の音は内耳の有毛細胞と，聴覚の信号を内耳から脳へ伝える聴神経に不可逆的な障害を与えてしまう．しかし，交通騒音などといった日常の雑音に対する長期間の曝露もまた難聴の原因となりうる．

それではどれほどのノイズから問題になるのか．科学上は音声の大きさはデシベル（dB）単位で評価される．10 dBごとに音の大きさは10倍となる．すなわち，60 dBの音は50 dBの音の10倍である．日常，45 dBくらいの音（冷蔵庫のうなり程度）までは気にならぬ程度である．会話（50～60 dB），大きいいびき（75 dBあまり），都会の交通騒音（85 dB）くらいになるともはや無視できないレベルである．特にはなはだしい騒音（消音器の機能しない二輪車やジェット機の離陸時）では120～150 dBに達する．

結局のところ，85 dB以上の騒音に長時間，または繰返しさらされると聴力が損なわれるようである．騒音下での長時間の労働や，携帯型の音楽再生機の90 dB以上での使用は内耳有毛細胞に生涯にわたるダメージをもたらすらしい．連続的な騒音環境下，あるいは発砲などの瞬間的大音響のある環境では耳栓の使用が聴力の保護の点から推奨される．奏楽も1時間を超える演奏や，85 dBを超える音量は避けるべきである．これは普及している音響機器の最大音量をかなり下回る値であることに注意されたい．

このニュースを考える

1. スタンフォード大学医学部の講師たちが，この講習会が良い企画だと考えるのはなぜだろう．
2. 行政は1日8時間，90 dB（芝刈り機の音程度）以上の騒音下で勤務するものに対してしばしば聴覚の保護を勧告している．本書での学習内容を踏まえ，読者の勤務先または通学先，および私生活環境での音への曝露について検討してみられたい．読者の音への曝露は，上述の行政が示した基準を満たしているか．生活で聴覚にリスクはないだろうか．その場合，どのような対策が考えられるであろうか．
3. 現代では多くの社会で騒音を規制している．読者の居住する市町村ではどうであろうか．許容されるものとされないものとの間の線引きはあるだろうか．規制は強制を伴うものだろうか．その場合，これは妥当，公正といえるだろうか．

出典：Wired.com，2010年9月20日

31 骨格，筋肉，運動

MAIN MESSAGE

動物の骨格と筋肉が共同してはたらくことによって運動が可能になる．

落下する猫

都会での生活は厳しい．都会に住んでいる人は汚染された大気，凶悪な犯罪，疾走するタクシーなどに耐えていかなければならない．私たちの友人である猫も同様で，高層ビルと硬い歩道の景観の中で危険と直面しているのだ．猫は高い所にうずくまって世の中が過ぎ去っていくのを眺めているのが大好きで，地上から数階の所にある開いた窓やバルコニーについ誘惑されてしまう．子猫にとっては不幸なことに，高い所を飛んでいるハエに手を出して取ろうとしたり，バルコニーの手すりでうたた寝をしたり，また単なる不注意の結果，数階下の歩道へ垂直落下の旅をしてしまうことになる．

驚くべきことに，人ならば死んでしまうような落下でも猫は平気だ．落下事故は児童や十代の子どもの死亡原因のなかで大きな割合を占めており，落下による死亡率は7階までは高くなるほど急激に増加し，それ以上の高さではほぼ100％死亡する．人と同様に，猫でも落下するのは若い猫だ．しかしさまざまな理由によって，人よりも生き延びる場合が多い．

墜落によるけがでニューヨーク市動物病院にかかった132匹の猫を調べたところ，多くの猫は驚くほどけがの程度は軽かった．猫は平均5.5階の距離を落下している．そして132匹のうち，104匹（79％）はけがが治っている．1匹などは32階というびっくりするほどの高さから落下したのに生きていた．この研究の結論によれば，驚くべきことに7階より高い階からの方が，低い階から落下した場合より生存率が高いことだ．7階〜32階の間から落下した猫のうち死んだのはたった5％だ．対照的に2階〜6階の間から落ちた猫は10％が死んでいる．

> ? 人ではほとんどが死んでしまうような落下において，猫はどのようにして生き延びるのだろうか？　猫にとって，3階から落下するより7階から落下する方が危険性が少ないのはなぜだろうか？

これらの疑問について考える前に，私たちは動物の骨格や筋肉の構造と機能を知り，ある条件下では運動にどのような制約が生じるかを理解する必要がある．そしてある種の生物が進化させてきた，省エネルギーとなるような適応についても考えなければならない．

どれほど高くまで大丈夫か？　ネコは高いところから落下しても見事に生き延びることがよくある．どうしてそのようなことが可能なのだろうか？

31. 骨格, 筋肉, 運動

基本となる概念

- ヒトでは, 長い体軸を中軸骨格が支え, 保護している. 中軸骨格は, 頭蓋骨, 肋骨, 長い脊柱からなる. 腕, 脚, 骨盤の硬骨は, 付属肢骨格を形成し, 運動をするためのものである.
- 硬骨と軟骨は生きている組織であり, 軽く, 強く, 柔軟性があり, 骨の機能に都合よくできている. 硬骨は生活様式に応じて常につくり替えられている.
- 関節は硬い材質のものと柔らかい材質のものとが組合わさって, 動物の運動を可能にしている.
- 腱は筋肉と骨を結合している. 関節において, じん帯が骨と骨をつなぎあわせている.
- 骨格と筋肉は協調してはたらくことによって運動の強さや速さを制御している.
- 筋収縮の力は2種類のタンパク質繊維がATPの助けによって互いに引き合うことで, 生み出される.
- 体内運動は特殊ないくつかのタイプの筋肉によって生み出されている. 心筋は心臓にある筋肉で, 収縮することで血液を送り出している. 平滑筋は消化管や血管にあり, 骨格筋より収縮を長く維持することができる.
- 骨格は, 内部にあるものと外側にあるものとがある. 外側にある骨格は外骨格とよばれ, 防御的な鎧となり, また地上の無脊椎動物においては水分の損失を防いでいる. 外骨格のサイズより成長して大きくなる動物はそれを定期的に脱ぎ捨てなければならず, これは脱皮とよばれている.

植物とは異なり, 動物は少なくとも一生のうちある時期ではその置かれた環境下で動くことができる. 動物の, 歩いたり, 飛んだり, 泳いだりする能力は, 植物に比べて列挙しきれないほどの優位性をもたらしている. もし私たちがある場所からある場所へ動くことができないとしたら, すなわち移動する能力を欠いているとしたら, 私たちの生活がどれほど違ったものになるか考えてみるがよい. 周りの物を調べ歩くことができないし, ダンスをしたりスポーツをすることもできないし, 食べ物や水を探して買うこともできない.

動物たちは非常に巧みに動くことができるが, それは構造的な支持組織, すなわち**骨格**と, それに結合していて収縮したり弛緩したりできる**筋肉**組織の絶妙な組合わせによる. この章では, ヒトやその他の動物たちの骨格について短い導入の後, 動物たちに強固な骨組みを与え運動を可能としているその特性に焦点を当てていく. 顕微鏡レベルで筋肉がどのようにはたらいているのか, そしてたくさんの筋肉細胞の束がいっせいに動くことによってどのように骨格を動かしているのかについて考察する. 最後に, 手にした基礎知識によって, さまざまな異なった環境下における動物の歩行, 遊泳, 飛行などの運動に対して作用する物理的な力について学んでいく.

31・1 ヒトの骨格の基本的な特性

最も私たちに馴染みが深いヒトの骨格によって, 動物の骨格を概観してみよう. ヒトの骨格の基本的特性がわかれば, 他の動物の骨格のはたらきについても共通な仕組みを明らかにするうえで, 何を評価すればよいかがわかるだろう.

ヒトの骨格は器官を保護するとともに複雑な運動を可能にしている

すべての脊椎動物と同様に, 私たち人間は硬骨からなる内骨格をもち, それが身体を支え, 身体の形をつくり, さらに柔らかい組織や器官を守っている. 筋肉と共同して機能する関節のはたらきによって, この強靭な体内の骨組みは, 画家の筆の正確な動きから, ダンサーの重力に逆らった跳躍にいたるさまざまな動きを可能にしている. 骨格は二つの主要な構成要素からなる. 一つは中軸骨格で, もう一つは付属肢骨格である (図31・1a). **中軸骨格**は身体の長軸を支え, 守っている. その名前が示すように, それは頭から"尻尾"まで伸びており, 頭蓋骨, 肋骨, そして長い硬骨である脊椎からなる. たとえば頭蓋骨が脊椎の上につながっていて, 頷いたり頭をひねることができるように, 中軸骨格は運動において一定の役割を果たしているとはいえ, その主たる目的は大切な器官を守ることである. 肋骨は心臓, 肝臓, 膵臓そして肺を取囲む強固な収容器を形成している. 頭蓋骨は硬骨が溶接されてコンクリートのように硬い構造になっており, 非常にデリケートな脳が傷つくのを防いでいる. 硬骨である脊椎は, 重要な情報を送受している脊髄神経を取囲んでいる.

手足の骨や骨盤は**付属肢骨格**を形成する. これらの骨は保護というよりは運動に関係している. スポーツをする場合, 腕や脚はそれに結合している筋肉と共にはたらくことで, 投げたり走ったりすることの大部分を行っているが, その間, 中軸骨格は防御にしかはたらいていない. しかし骨格のこの二つの要素は, 共にはたらくことによって, アメフトのランニングバックやバレーダンサーの優雅な流れるような動きをつくり出している. アメフトのワイドレシーバーが頭の動きでフェイントをかける動作はおもに中軸骨格によるものである. ダンサーの大きな跳躍はおもに四肢の動きによるものである.

ヒトの骨格は骨組織でできている

硬骨はそのかなりの部分が生きていない物質でできているが, 骨組織は生きている組織であり, 血液や神経が通っている. 骨をつくる特殊化した細胞は**骨細胞**とよばれているが, それは食物から得られる, カルシウムとリンの化合物からなる, 硬い無機質の基質で囲まれている. 硬骨は強靭である. 図31・1bに図示されている上腕骨のような腕の上部の長い骨や, 肋骨や胸骨のような骨は内部に空洞がある. この中空の構造は骨を軽いが丈夫なものにしている. これは自転車のフレームに用いられているパイプと同様構造で, 工学的な原理に基づいている. 骨の空洞部分には**骨髄**が詰まっているが, この組織は骨の種類によって異なり, あるものは赤血球のような血液細胞をつくったり, あるものは脂肪を貯蔵したりしている.

ほとんどの硬骨はおもに2種類の骨組織でできている. **緻密骨**(ちみつこつ)は硬くて白い外側の部分を形成している. **海綿骨**は緻密骨の内側にあり, 長い骨のこぶのように膨らんだ部分にまで広がっている (図31・1b). 海綿骨中の骨細胞は緻密骨より密度が低く, 多く

の小孔を取囲んだ網目状の構造をつくっている．長骨の中心部にある大きな空洞は曲げたりねじれたりする力に対し非常に強い抵抗性を示す．一方，海綿骨の蜂の巣状構造は，逆立ちをしたような場合に上腕骨の肘の端にかかる力を吸収する．

硬骨は私たちの生活様式に適応して常に変化している．肉体的な活動はより強い硬骨をつくる．たとえばピッチャーの投げる方の腕の骨は，反対側の腕に比べて強く，筋肉が結合する隆線部分が大きい．医師は高年齢の女性に運動を勧めるが，それは徐々に骨が弱くなる傾向がある更年期以後の女性に多くみられる骨粗鬆症防止のためである．運動をしないと硬骨が弱くなるのは，骨格が肉体的なストレスを受けない場合，硬骨から骨組織を減らしていくはたらきをする破骨細胞とよばれる特別な細胞が活発になるからである．このような骨の衰弱は，たとえばけがや病気でベッドに寝たきりの人にみられる．

硬骨は硬いが，いくらかは柔軟性をもっている．すなわち，骨は適度な応力に対しては折れたりはせず，ある程度まで衝撃緩衝装置のようにはたらくので，身体の枠組みにとても向いている．諸君が指でスナップを鳴らす場合，指に力を入れていると感じているだろうが，指の形はまったく元のままだ．もし骨の支えがなければ，あたかもゼリーのように親指と人差指はともに潰れてしまうだろう．

軟骨が支持機能と緩衝作用をさらに補強する

軟骨は強さと柔軟性を併せもった緻密な組織である．この組織においても硬骨と同様に細胞外物質が重要で，細胞は組織のわずか5％にしか満たない．この細胞はタンパク質-多糖類複合体を分泌し，それが細胞を取囲んでいる．その複合体と結合水とを合計すると組織全体の95％を占める．細胞外物質は**コラーゲン繊維束**を含んでいる．これは丈夫だがしなやかなタンパク質で，ヒトの体の全タンパク質のおよそ25％を占めている．コラーゲンは，皮膚，血管，骨，歯，そして眼のレンズなど，非常に多くの組織にみられる．軟骨細胞を取囲んでいる物質はまた，大量のプ

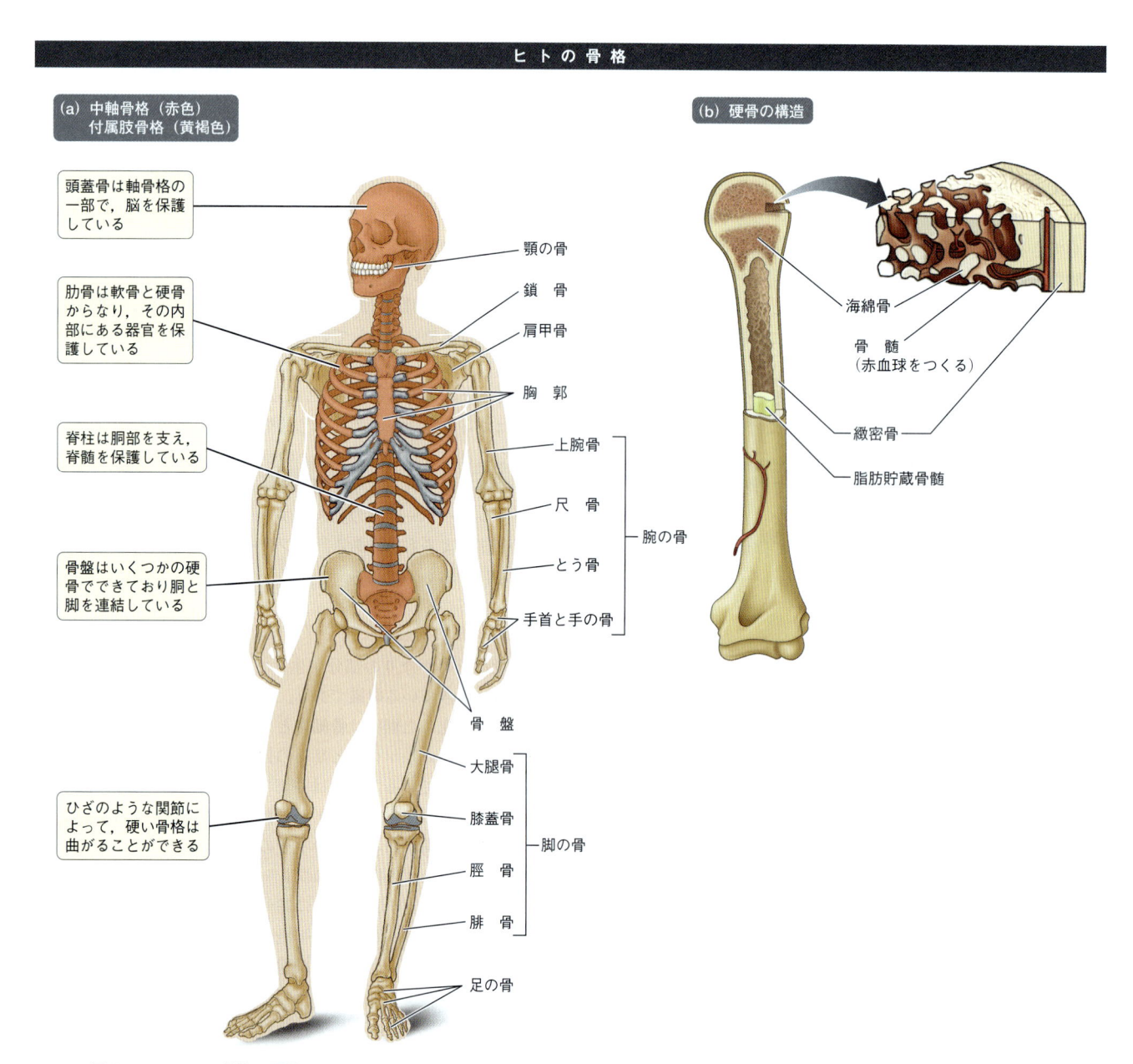

図31・1 ヒトの骨格は硬骨でできている二つの主要骨格からなる (a) ヒトの中軸骨格（赤色）は生命維持に必要な器官を守っている．付属肢骨格（黄褐色）は運動を助けている．軟骨は灰色で示してある．(b) ここに詳細を示している上腕骨のように，硬骨は複雑な内部構造をしている．

ロテオグリカン（糖が結合したタンパク質）を含んでいる．このタンパク質は，多数の枝分かれした多糖類（炭水化物の鎖）が，骨格構造であるアミノ酸に共有結合で結合したもので，非常に高倍率の顕微鏡で観察すると洗瓶ブラシのようにみえる．糖鎖は水分子と水素結合をしており（第5章参照），これが健全な軟骨が非常にみずみずしい組織である理由である．

ヒトの骨格において，軟骨は鼻，耳介，肋骨を形成している（図31・1a）．耳や鼻の先を軽く曲げてみればわかるように，軟骨は硬骨と比べてよりしなやかである．身体のなかで硬骨が接合しているほとんどの場所に軟骨が存在し，二つの硬骨の表面がこすれ合う部位の表面を滑らかにしている．たとえば，上腕骨の上端は軟骨によって覆われているため，肩の関節内で自由に動くことができる．脊椎を構成する椎骨の間に挟まっている椎間円板もまた軟骨でできている（図31・1aの灰色の部分）．

無脊椎動物では正確な意味での硬骨を欠いているが，ある種の無脊椎動物は軟骨をもっている（たとえばイカやカブトガニ）．化石記録に現れる最初の魚類や，それらの子孫，すなわちサメ，エイ，ガンギエイは，硬骨ではなく軟骨でできた内骨格をもっている．私たちにおいても，胎児の発生初期では骨格はほとんど軟骨でできている．発生が進むと，軟骨は硬骨に置き換えられ，出生時には骨格のほとんどは硬骨になっている．しかしいくつかの硬骨化（軟骨から硬骨への置換）は思春期まで続く．

軟骨は薄い組織で，血液の補給がない．生きている軟骨の細胞は酸素や栄養の獲得，ならびに廃棄物の除去を拡散に頼っている．その結果，軟骨の成長は遅く，治癒にも時間がかかり，ある種の軟骨では損傷をみずから直すことができない（図31・2）．関節の軟骨は歳とともに薄くなる．また，スポーツをしているときに受けるような機械的なストレスによって損傷を受けるし，ある種の病気や遺伝的疾患によっても障害を受ける．

図31・2 **軟骨につけたピアス** 鼻の真ん中のリングと耳の一番上の二つのリングは，軟骨に開けた孔を通っている．他の金属の装飾品は硬骨も軟骨もない軟組織につけている．軟組織に開けた孔は手術によって直せるが，軟骨に開けたものは簡単には直せない．

柔軟なじん帯が硬い硬骨を結びつけることで関節が形成される

私たちの身体を形づくり，それに強靱さを与えている硬骨は，もし関節がなければ動くことができない．**関節**は骨格系における接続部分であり，骨格にそれ特有の動きをもたらしている．たとえば歩行には腰とひざとその他の多くの関節の動きが必要である．肩，肘，手首そして指にある関節のおかげで，投球したりバットを振ったりペンをつかむことができる（図31・3）．頭蓋骨と関節でつながっている下あごが頭蓋骨に対して動くことで，噛んだり喋ったりすることができる．**じん帯**とよばれる特殊な柔軟性のある帯状の組織が硬骨と硬骨をつなぐことで関節を維持している．

31・2 関節はどのようにはたらくのか

私たちのひざ関節は，詳細に見れば身体の他の関節とは違うし，

図31・3 **関節でつながった骨格によって多種多様な運動が可能になっている** 体操選手に要求される動きを可能にしているのは関節である．

他の多くの動物のとも異なるが，関節においてどのように柔軟な構造と硬い構造が結合し制御された動きをするかを理解するうえで，大変よいモデルである（図31・4）．

ヒトのひざ関節で結合している硬骨は体重を支えるとともに，脚がどのように曲がるかを決めている．大腿骨の下端は脛骨端の溝に乗っており，これは下肢の2本の硬骨よりも大きい．この構造のために，下肢はちょうつがいのように前後には振れるが横には振れないので，動くことと安定性を両立させている．しかし，実際の歩行では，ひざは大腿骨に対して脛骨が少しだけねじれるようになっている．

他の関節と同様に，ひざでも硬骨と硬骨とをじん帯が結合させている．ひざの前後と両側にある2対のじん帯が大腿骨と下肢の2本の骨を結合している．これらのじん帯は，ひざが曲がるとき接触面が滑ってずれないようにして，大腿骨と下肢の2本の骨があるべき位置に維持されるようにしている．じん帯のコラーゲンはわずかに伸びるので，ひざでのある程度の屈曲やねじれが可能である．やはりコラーゲンに富んでいる**腱**は筋肉と硬骨とをつなぐものであるが，上肢の筋肉群と下肢の硬骨とをつなげることによって，じん帯とともにひざを守っている．

関節のように二つの動く部分がこすれ合う場合，硬骨は摩滅し，また摩擦により生じる抵抗がエネルギーのロスを生む．ひざでは軟骨の層が大腿骨と脛骨の接点の摩擦を和らげている．関節は滑膜とよばれるシート状の組織によって覆われていて，関節腔もしくは**滑液嚢**を形成している．滑液嚢の中は二つの硬骨の表面に生じる摩擦を軽減する潤滑液で満たされており，大腿骨と脛骨がスケートで氷上を滑るよりもスムーズに滑れるようになっている．

硬骨，軟骨，じん帯，腱，そして滑液嚢，これらすべてが協調してはたらく結果として，正確にコントロールされた運動と，何十年にもわたる耐久性を併せもった関節が生まれるのだ．しかし，これらの要素の一つが失われると，非常に深刻な医学的問題が生じる．

ひざの軟骨やじん帯の裂傷はよくあることで，しばしばスポーツ障害をもたらす（図31・5）．驚くべきことに，ひざの関節は垂直方向には体重の10倍に達する力にも耐えられるが，フットボールでのブロックやタックルを受けたり，またアイスホッケーのパックが当たったときのような水平方向の力に対してはずっと脆弱である．またひざの負傷は走っているときに急にスピードを

上げたり下げたりするときにも起こる．軟骨が破損すると，ひざ関節の摩耗をもたらす．もしそのような傷を手術で治療しなかった場合，残っている軟骨やその下にある硬骨が永遠に治らない損傷を受けるかもしれず，その結果，関節炎になるかもしれない．関節炎になると，軟骨や硬骨の損傷のために関節を曲げるのが困難になったり，痛むようになる．

じん帯は，ひざの前面もしくは側面を強打したり，大腿骨に対して下肢がひどくねじれることによって，平常の長さの1.5倍以上に伸ばされると切れてしまう．じん帯が損傷すると大腿骨を脛骨や腓骨に対して正しい位置に固定することができなくなり，

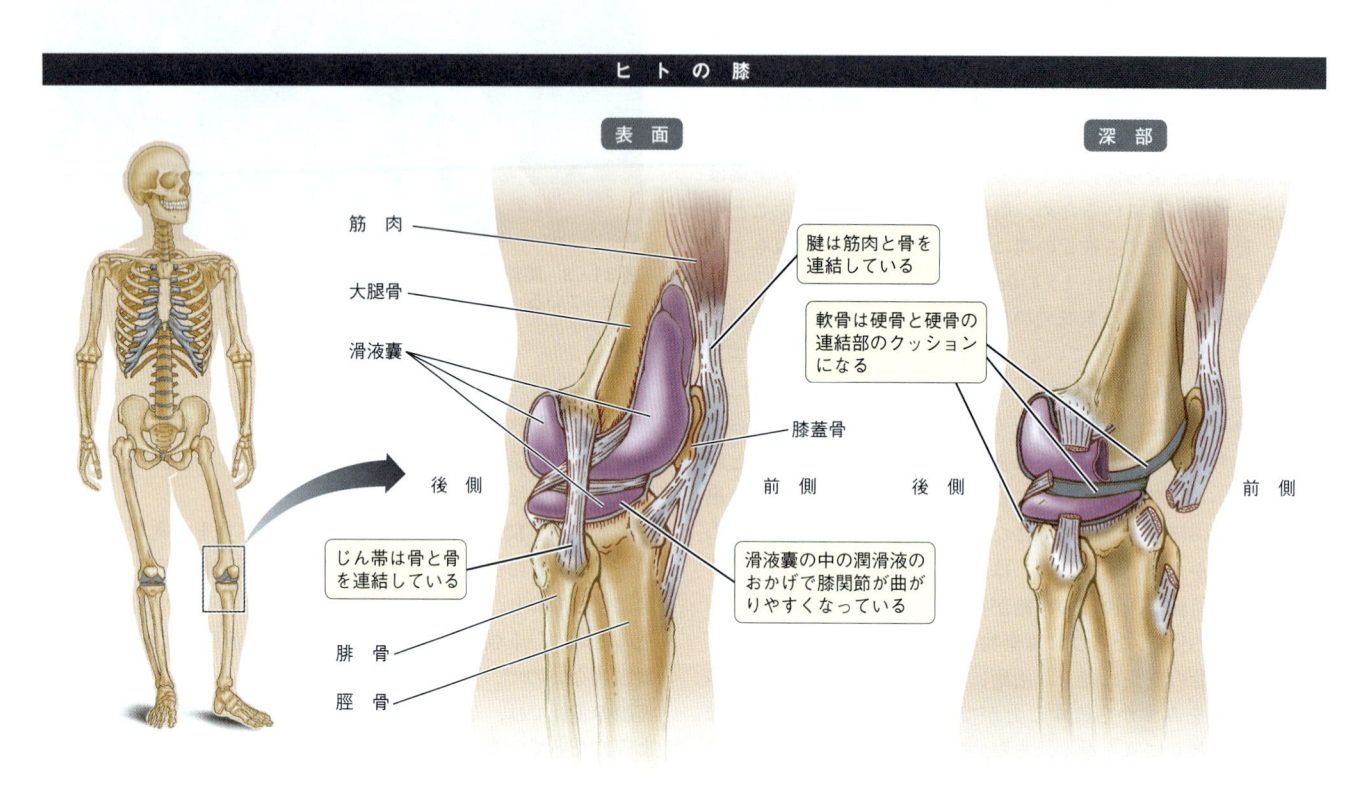

ヒトの膝

図31・4　関節の動きが可能なのは，剛性と柔軟性を併せもっているからである　ヒトのひざは剛性と柔軟性を併せもつことでいかに運動が可能になるかをよく表している．液体を含んだ滑液囊が紫色で示されている．灰色は軟骨．

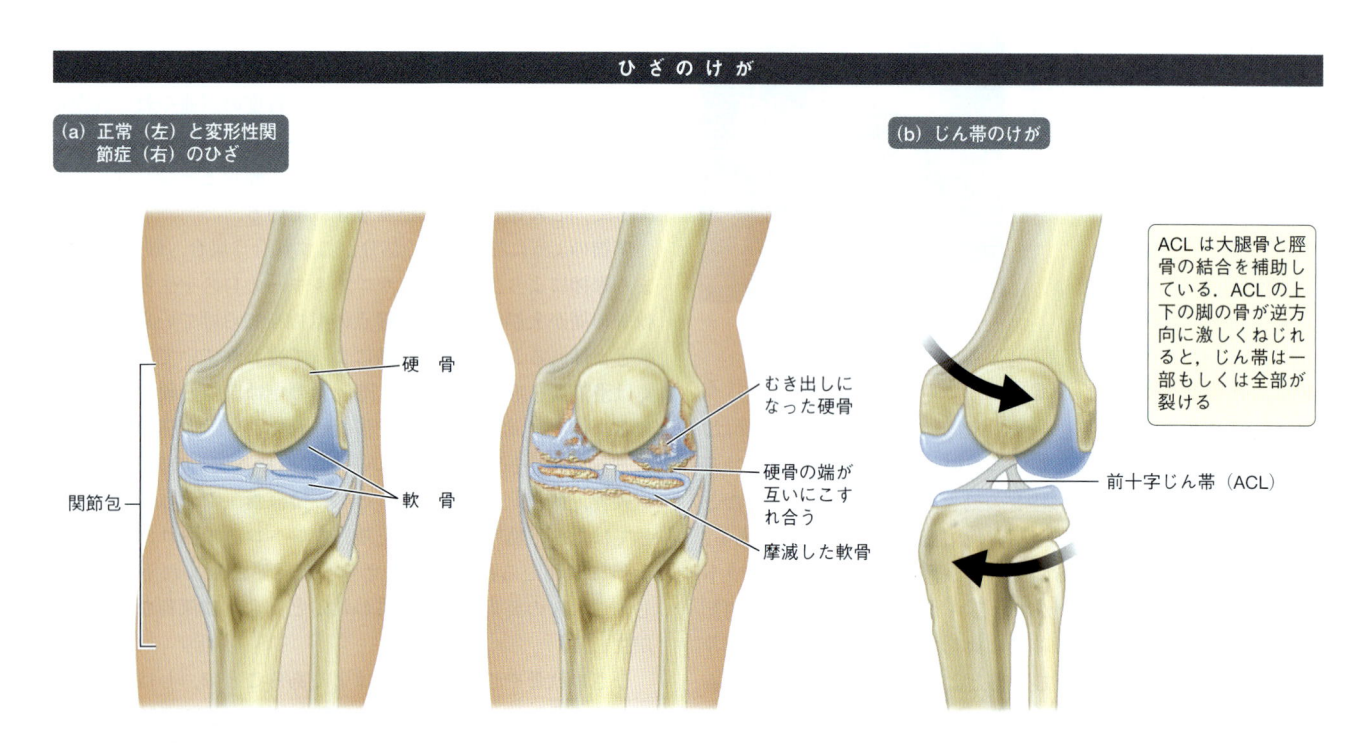

ひざのけが

図31・5　ひざの関節の障害は回復不能になりやすい　(a) 変形性関節症は進行性の変性疾患で，人口の12％がかかるが，そのうち80％が75歳以上である．この病状はけがや加齢，遺伝的疾患などの原因によって骨格系が影響を受け，軟骨とその下にある硬骨の摩滅が生じることによって現れる．(b) ひざの前後に一つずつある十字じん帯はひざの安定化に寄与している．前十字じん帯（ACL）の破損は，バスケットボール，サッカー，テニス，バレーボールなど，ジャンプや旋回運動をするスポーツでは非常に多い．小さな裂傷の場合は自然治癒するが，もしじん帯が完全に切断されていたら，他のじん帯からの移植によって新しいものをつくり直せねばならない．

31. 骨格，筋肉，運動

539

歩行で使われるひざ関節の動きができなくなってしまう．軟骨損傷と同様に，じん帯損傷も治療には手術が必要である．

■ これまでの復習 ■
1. 軟骨と硬骨を比較せよ．
2. 腱とじん帯の類似点，相違点は何か．

1. 両方の組織とも身体を支えるものであり，多数の細胞からなりたつように複雑に組まれているが，硬骨だけがカルシウムの塩類で硬く沈着しており，血液の循環はない．
2. 両方とも結合組織でつくられていて，繊維を維持するかなりの量のコラーゲン繊維からできている．腱は筋肉と硬骨を連結しており，じん帯はこつとこつの連結を運動している．

31・3 筋肉はどのようにはたらくのか

筋肉は動物に特有なものである．骨格とそれを結合している構造によって運動の枠組みが決まるが，動きに必要な力を与えているのは筋肉である．筋組織はきわめて重要な，収縮と弛緩ができるという属性をもっている．

筋組織は収縮によって力を発生させる

一般に筋肉はとてもなじみ深いものだ．しかし運動をひき起こす力の発生源としての筋肉独特の機能に関係する機構の多くは，肉眼で見ることはできない．骨格筋，たとえば上腕二頭筋（図31・6a）は，多くの**筋繊維**の束からできている．1本の筋繊維は

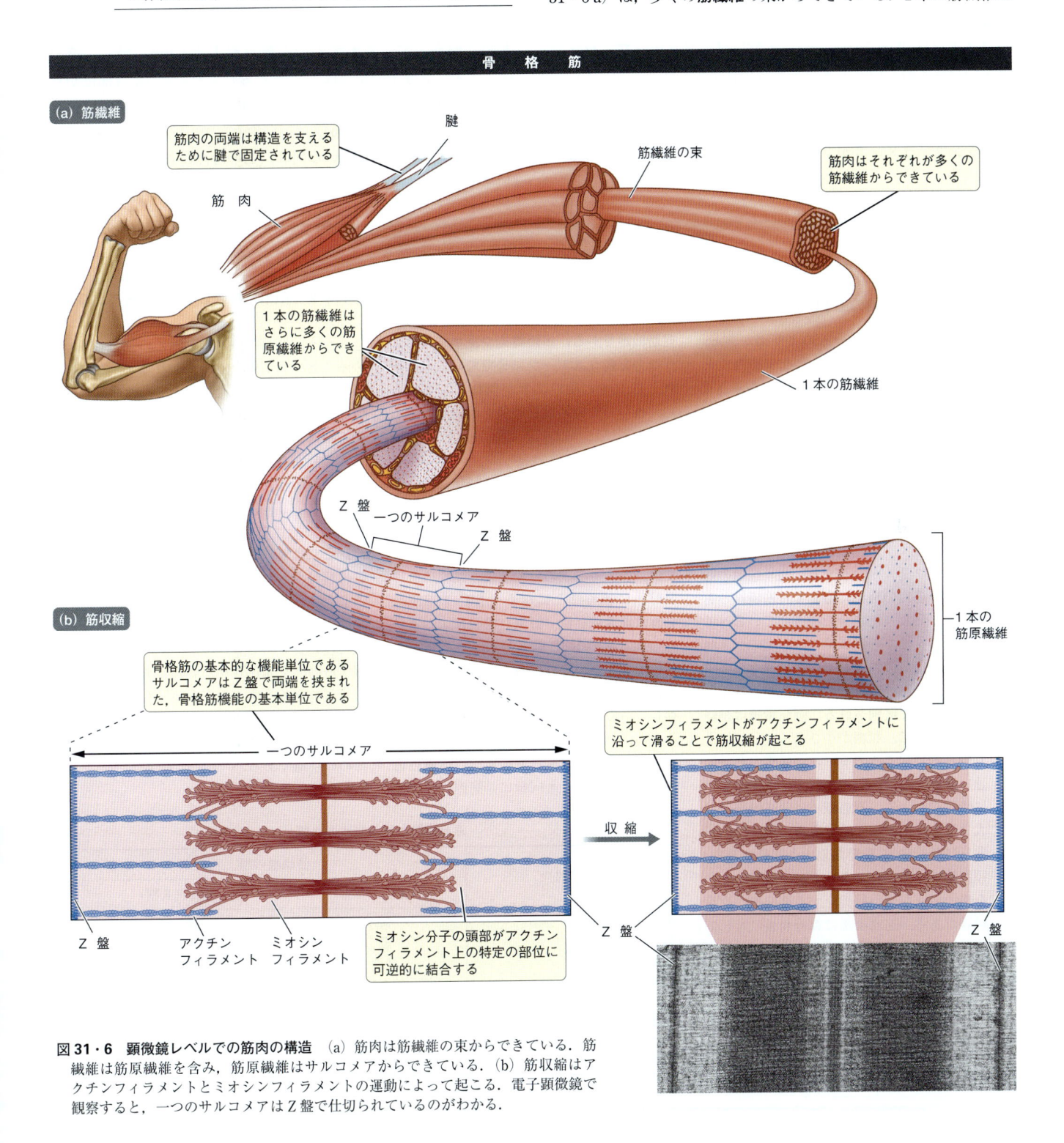

骨 格 筋

(a) 筋繊維

(b) 筋収縮

図31・6 顕微鏡レベルでの筋肉の構造 (a) 筋肉は筋繊維の束からできている．筋繊維は筋原繊維を含み，筋原繊維はサルコメアからできている．(b) 筋収縮はアクチンフィラメントとミオシンフィラメントの運動によって起こる．電子顕微鏡で観察すると，一つのサルコメアはZ盤で仕切られているのがわかる．

複数の筋細胞が筋繊維発生の過程で融合してつくられる．1本1本の筋繊維は円筒状の構造が集まったもので，それには相互作用によって収縮をひき起こすタンパク質が含まれている．そのような円筒形の構造は**筋原繊維**として知られている．筋原繊維は**サルコメア**（筋節）とよばれる収縮単位が直列に並んだものである．

サルコメアは顕微鏡で見ると帯のように見える（図31・6b）．さらに高倍率で観察すると微細構造が明らかになってくる．2種類のタンパク質繊維 — アクチンフィラメントとミオシンフィラメント — がサルコメアの中で特徴的な配列をしている．**アクチンフィラメント**は多数のアクチンというタンパク質から，また**ミオシンフィラメント**は多数のミオシンというタンパク質分子からできている．筋組織を顕微鏡で観察すると，サルコメアの端には**Z盤**（Z線）とよばれる暗い線状の構造が見える．一つ一つのサルコメアを区切っている二つのZ盤には，アクチンフィラメントをつなぎとめている大きなタンパク質が含まれている．太いミオシンフィラメントは，アクチンフィラメントの自由端の間，すなわちサルコメアの中央部分に結合して，平行に配列している．ミオシンフィラメントがアクチンフィラメントに対して滑ることでサルコメアが収縮する．ふつうは1/10秒以下で起こる全サルコメアの同時収縮が，筋肉全体の収縮をもたらすのだ．

重量挙げをしているときの二頭筋を高倍率で見ることができたなら，サルコメアの両端の2枚のZ盤が引っ張られて互いに接近しているのを見ることができるだろう（図31・6b）．さらに高倍率で見れば，飛び出している個々のミオシン分子の"頭"が，隣接するアクチンフィラメントの特定の部位に結合できることがはっきりわかるだろう．スローモーションで見れば，筋収縮の仕組みはつぎのようになる：ミオシンフィラメントの外側にある多くのミオシン分子の頭部のいくつかが，ミオシン分子を取囲んでいるアクチンフィラメント上の結合部位に付着する．それがアクチンフィラメントと強く結合すると，ミオシン分子の頭部は何段階かの過程を経て形を変え，アクチンフィラメントの上をZ盤の方向に向かってごくわずかの距離（およそ5nm）動く．その後，ミオシン分子の頭部はアクチンフィラメントの結合部位から離れ，アクチンフィラメント上のよりZ盤に近い新しい結合部位に結合する（図31・6b）．

サルコメアが収縮している間は，どの時点においても，一定数

生活の中の生物学

筋繊維の上手い混合

ヒトの体にはおよそ650の筋肉がある．臀部にある大臀筋は最も大きな筋肉である．ヒトの体で最も小さい筋肉はあぶみ骨筋で，中耳にあり，たった5mmしかない．筋肉はそれを構成する筋繊維の種類によりさまざまである．筋肉中の筋繊維の種類は筋肉の収縮する速度に大きく影響する．

ヒトの骨格筋には，大きく分けると二つのタイプの筋繊維，すなわち遅いタイプ（遅筋繊維，タイプⅠ）と速いタイプ（速筋繊維，タイプⅡ）が存在する．違う種類の筋肉では，筋肉の機能に応じて遅筋繊維と速筋繊維が異なった割合で混ざっている．この二つのタイプの筋繊維は，収縮の引き金となる神経刺激に対していかに速く反応するか，また筋収縮をどれだけ長く維持できるかによって区別される．遅筋繊維は神経刺激に対して，収縮が小さなステップにより段階的に起こるので，速筋繊維の非常に速い収縮よりも，収縮が最大に達するまでに時間がかかる．遅筋繊維は速筋繊維ほど大きな力を出すことはできないが，収縮が非常に長く続き，数時間以上も維持できる．短距離ランナーがスタート台で爆発的な力を出すような速い収縮をする筋繊維が速筋繊維である．速筋繊維は神経刺激に対して非常に速い全か無かの反応をするが，収縮時間は短い．右表はこれら二つのタイプの筋繊維の特性をまとめたものである．

長距離ランナーでは，脚の筋肉における遅筋の割合が大変高い．これは訓練の結果でもあるが，おもには遺伝的なものである．

オリンピックにおけるマラソンランナーでは，走るための筋肉のうちおよそ80％が遅筋繊維である．短距離走や重量挙げのような力を競うスポーツに秀でている人はそれとちょうど逆のことが現れる．すなわち，彼らの骨格筋繊維の多くが速筋型である（トップアスリートではおよそ80％に達する）．

速筋繊維が力を出すことに特化している一方，遅筋繊維は力を犠牲にして持久力を得ている．速筋繊維は急激な収縮運動をするので，使える酸素を急速に使い切ってしまい，エネルギーの供給をより効率の低い発酵系に頼ることになる（§9・4参照）．発酵は酸素依存性（好気）呼吸によってつくられる量の1/10以下しかエネルギーを供給できない．それに対して，遅筋繊維は大量のエネルギーを産生する細胞呼吸に依存している．酸素の定常的な供給を確保するために，遅筋繊維はミオグロビンとよばれる色素を大量にもっている．この赤色色素はヘモグロビンと同様に，筋肉に必要とされるまで酸素と結合してそれを維持している．

ふつう，遅筋組織は少し暗めの色をしていることで判別できるが，それはミオグロビンが含まれているためである．七面鳥や雷鳥の白い肉はおもに速筋繊維からなり，羽を羽ばたくのに使われ，脚の暗い色の肉は大部分が遅筋繊維からなり，地上で餌をついばむときに長時間収縮運動をしなければならないときに使われる．一方，渡りをするカモでは暗い色の胸肉をもっているが，これは夏の繁殖地から冬を過ごすすみ家に移動するために，羽ばたきを長く続ける必要があるからである．

筋肉はトレーニングに応答する．もし持久力の必要なスポーツのためにゆっくり収縮する筋肉を発達させたいのであれば，有酸素運動を多くするのがよい．もし，体力や力，立派な体格を目標にするのなら，ウェイトトレーニングが速筋繊維を発達させるための早道である．

遅筋繊維と速筋繊維の比較

特 性	筋繊維の型	
	遅筋（Ⅰ型）	速筋（Ⅱ型）
収縮速度	遅 い	速 い
収縮力	弱 い	強 い
収縮時間	持続する	短 い
サルコメアの反応	部分的な収縮が可能	まったく収縮しないか，完全に収縮する
ATPの供給源	細胞呼吸	発酵
ふつうのヒトでそれらの型の筋繊維が多い筋肉	大臀筋	大腿四頭筋（大臀部にある）

よって動かされていく．不随意筋は意識して動かそうとしなくともその機能を果たしている筋肉である．不随意筋は心筋と平滑筋の二つのタイプに分けられる．

脊椎動物の心臓は筋肉でできた器官であり，**心筋**をもっている唯一の器官でもある．骨格筋と同様に，心筋では横紋が見える（図31・7のaとbを比較せよ）．心筋は骨格筋から分化したものだが，その筋繊維は相互に連結した枝で結合しており，心拍という，協調した収縮運動を生み出すのに役立っている．

平滑筋には他の筋肉に見られるような紋がなく（図31・7c），その収縮は完全に不随意である．平滑筋の収縮タンパク質は紡錘型をした細胞の反対側の細胞膜同士を連結している．収縮タンパク質が互いに反対の方向に滑りあうと，それが両側の細胞膜を引き合うので，細胞の直径が小さくなる．多くの平滑筋細胞が調和して縮むとそれが組込まれている組織そのものが絞られるような動きをする．ある種の平滑筋は骨格筋繊維と同程度に速く収縮する．また，ある種の平滑筋は数時間も収縮を維持できる．

食物は平滑筋の収縮が生み出す協調した波動運動によって消化管内を運ばれ，消化が進む．平滑筋は血管壁，気道，膀胱にも存在する．眼のレンズを取囲む，色素に満たされたリングである虹彩が絞り込まれるのは，細い縞状の構造をした平滑筋のはたらきである．恐ろしい目にあったり寒さを感じたときに生じる"鳥肌"や"毛のよだち"は，皮膚の微小な平滑筋の急激な収縮によってひき起こされる．

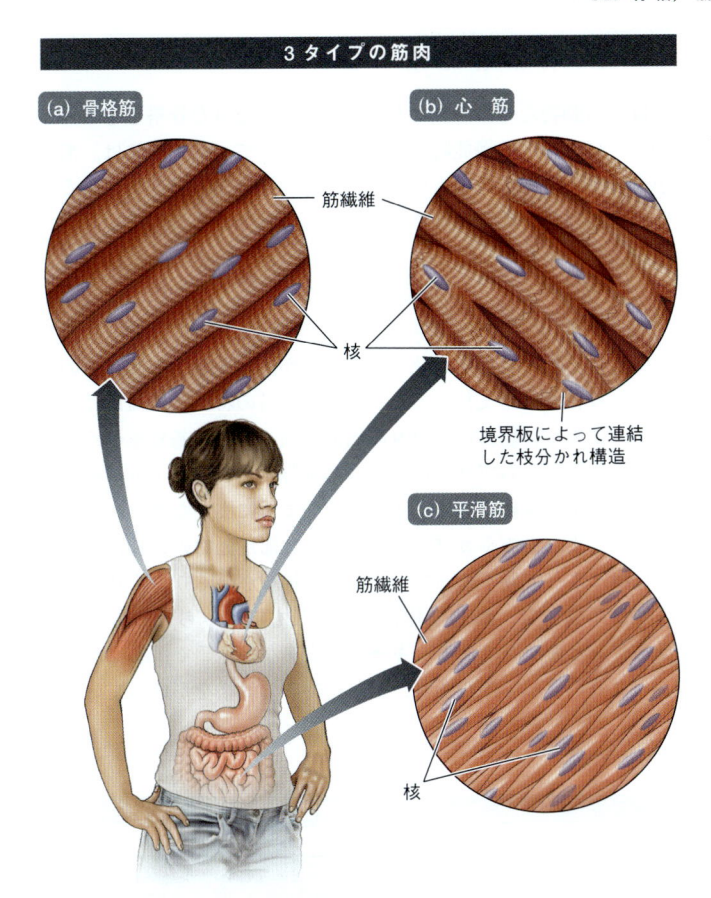

図31・7 異なった運動様式に対応して筋肉は特殊化している (a) 骨格に結合している筋肉は縞模様，もしくは横紋がある．(b) 心筋もまた縞模様があり，筋繊維は枝分かれしている．(c) 平滑筋は縞模様がない．

体のさまざまな部分を動かす筋肉は対となってはたらいている

ミオシンの頭部はZ盤を引っ張ることしかできないので，収縮した筋肉は自身で弛緩することができない．そのため，腕や体の他の部分を動かす筋肉のほとんどは対をつくっており，一方が

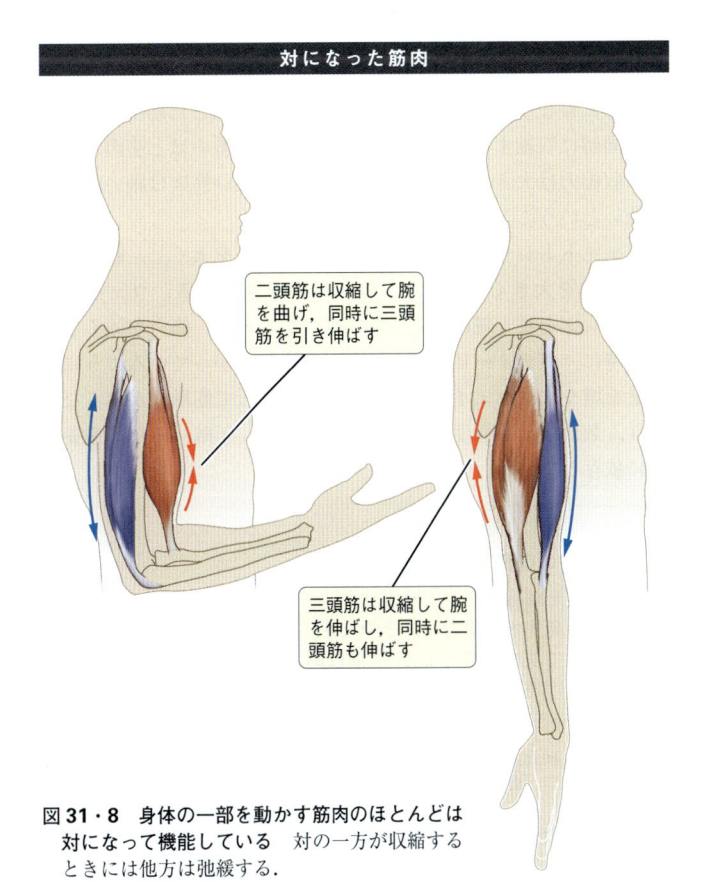

のミオシン分子の頭部がアクチンフィラメントに結合しており，それ以外は離れている．その結果，収縮状態の筋肉内において，これら2種類のフィラメントは強く結合している．アクチンフィラメントと結合しているZ盤は自由に動けるようになっているので，何千ものミオシン分子の頭部がアクチンフィラメントに対して力を出すと，Z盤はサルコメアの中央方向へ引き寄せられるのだ．ミオシン分子の頭部がアクチンフィラメント上の結合部位をつぎからつぎへ"歩いて"行くので，結果として両端の2枚のZ盤間の距離が縮まることになる．筋収縮が最大の場合では，一つ一つのサルコメアはふだんの長さのおよそ1/3程度に短くなる．

一つのミオシン分子の頭部が"1歩"歩むためには，カルシウムイオンの存在と，1分子のATPに蓄えられている量のエネルギーが必要である．数えきれないほど多数のミオシンフィラメントとアクチンフィラメントが，上に述べたような相互作用を行う結果として筋収縮が起こるのだ．筋肉が収縮すると力こぶができるが，これは全部のアクチンとミオシンのフィラメントがギュッと縮まって筋肉が短縮するからである．

私たちが生活をつつがなく送れるのは無意識の筋収縮のおかげである

私たちが歩いたり，走ったり，跳んだりするときには，随意的に選択された**骨格筋**の収縮を用いている．しかし，私たちは静止しているときでさえも，体の中では運動が行われ続けている．心臓は血液をポンプで送っているし，食物は消化器官内を筋収縮に

図31・8 身体の一部を動かす筋肉のほとんどは対になって機能している 対の一方が収縮するときには他方は弛緩する．

収縮しているときはもう一方が"弛緩"しているか，さもなければ収縮前の状態に戻っている．たとえば，上腕三頭筋（上腕の下側にある）は上腕二頭筋（上腕の上側にある）を引き伸ばすように収縮し，その逆も起こる（図31・8）このような対になった筋形式は，身体の他の部分にも見ることができる．下肢を前方に蹴り出すときには，太ももの前側の筋肉である大腿四頭筋が収縮し，逆に太腿の後ろ側の筋肉である大腿部膝屈筋（いわゆるハムストリングス）が弛緩するのだ．この反対の収縮と弛緩，すなわち膝屈筋の収縮と四頭筋の弛緩は，直立姿勢から下肢を身体の後側に引き付けることになる．

31・4 筋肉の収縮を運動に変換する

動物界においては，単純な筋収縮を，さまざまな動物の多様な運動に変換する仕組みを進化させてきた．ハキリアリが，その体重の50倍以上もの重さの葉の断片を，帆を立てるように持ち上げることができるのは筋肉のはたらきであり，ハチドリが毎秒70回も羽ばたきができ，それによって空中で静止して花の蜜を吸うことができるのも筋肉のはたらきである．

すべての動物は基本的に同一のサルコメア，すなわち同じアクチン分子とミオシン分子からなり，ほとんど同じ繰返し構造のサルコメアをもっている．この類似性ゆえに，もし筋繊維の太さが同じなら，アリの筋繊維はゾウの筋繊維と同等の重さのものを持ち上げることができる．

種の違いによる力の強さの違いや，個体内でも存在する場所によって力の強さが違う理由は，おもに筋肉の断面積が違うからである．（断面積とは三次元的な物体を輪切りにした場合に現れる面の面積である．筋肉がその最も太い部分では円筒形をしていると仮定すれば，その筋肉の断面積は円の面積，すなわちπr^2である．ここでrは半径もしくは筋肉の太さの半分である．）筋肉の断面積（もしくは，より簡単にいえば太さ）が大きくなるほど，その中に存在する筋繊維の数が多くなる．並列した筋繊維はほとんど同時に収縮するので，筋肉内のその数が多いほど筋肉が発生する収縮力は大きくなる．言い換えれば，太い筋肉は細い筋肉より強いということだ．

ウェイトトレーニングは1本1本の筋繊維を太くし，筋肉の断面積全体を大きくすることで筋肉の力を強くする．ウェイトトレーニングを長く続けると，筋繊維の数も増え，筋力が強くなると同時に，ボディービルをやっている人はわかっているように筋肉量を増やす．ウェイトトレーニングによって筋繊維が太くなったり，数が増える程度は，性別，遺伝要因，年齢，そして栄養状態に依存している．

■ これまでの復習 ■
1．筋収縮を細胞レベルで解説せよ．
2．筋肉の発生する張力は，その太さ，長さ，もしくは両方のいずれによって決まってくるか？ 筋収縮の速さに影響を与える要素を一つあげ説明せよ．

31・5 骨格を比較する

ほかの動物たちは，私たちとは外見上異なった骨格をしているが，二つの基本的機能特性において共通している．それは，形状を維持する硬い構造をもつことと，その硬い構造が互いに動くことを可能にしている関節をもっていることである．

ほとんどの骨格は硬い基質をつくる組織によって支えられている

動物は多様な骨格を進化させてきたが，ヒトを含むすべての動物は，身体部分を支持するために骨格以外の特殊な組織に頼っている．この支持組織は，自身の周囲に強くて硬い基質をつくり出す特殊な細胞からできている．この細胞外基質は，ヒトの硬骨のようにミネラルによって，また軟骨のように丈夫なタンパク質によって，またクモやカブトムシのような節足動物の外骨格では炭水化物によって硬くなっている．支持組織がつくり出す基質の非ミネラル物質で，動物全体において最も広くみられるものはコラーゲンとキチンである．**キチン**は丈夫な多糖類で，しばしばタンパク質によって架橋され，節足動物の外骨格を形成している．

体重に対する骨格重量

	体重	体重に対する骨格重量の割合
トガリネズミ	6 g	4.6%
ヒト	80 kg	13%
ゾウ	6,600 kg	24%

サイズが大きくなるに従って，哺乳動物の体重に占める骨格の割合は増加する

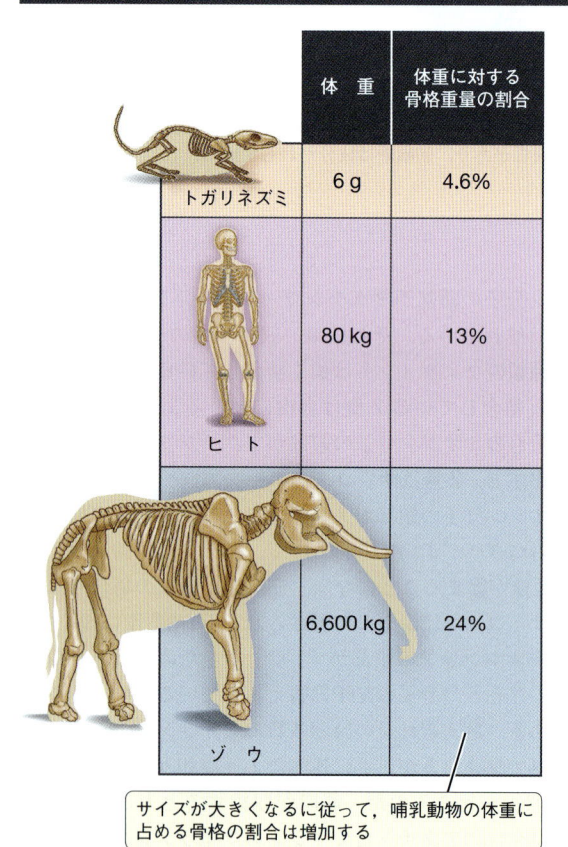

図31・9 **大きさの問題** 体重に対する骨格重量の比において，トガリネズミの方（4.6%）がゾウのそれ（24%）よりも小さいということから，トガリネズミの骨格はゾウの骨格より丈夫であるといえる．これは，小さな齧歯類ではより軽い骨格で相対的に大きな体重を支えることができるということを意味している．トガリネズミの骨格が支えているのと同じくらいの割合でゾウの全体重を支えようとすれば，ゾウの骨格はトガリネズミのおよそ5倍も大きくなければならないだろう．骨格が大きければ大きな体格が可能だが，動物のサイズが大きくなるに従って骨格重量の全体重に対する比率は大きくなることは，幾何学的形状や物理法則で示されている．

地球上の動物は重力による引力に対抗するため，頑丈な骨格を必要としている．しかし，支持組織そのものも身体の荷重になっている．一般的な原則として，大きな動物の骨格は，小さな動物よりもその体重のなかで大きな割合を占めている．たとえば，体重が6g（これは1円玉6枚に相当する）しかないトガリネズミの骨格は体重のわずか4.6%であるが，6600kgのゾウでは，体重の24%にもなる．ゾウは重い骨格を必要としているが，その一部は重い骨格自身を支えているのだ（図31・9）．

多くの無脊椎動物は構造の維持や運動を水力学的骨格に依存している

ミミズやタコのような身近な無脊椎動物の多くは柔らかい体をしており，内骨格も外骨格ももっていないので，一般的な意味での支持構造や運動性を欠いているようにみえる．これらの動物は，伸縮性をもつ筋組織によって囲まれた腔所の中に液体が満たされている水力学的骨格，もしくは**水圧骨**とよばれる構造に支えられている．水によって水風船がある形状をとるように，体腔内の液圧が，イソギンチャクのような柔らかい体をした動物に形を与えている．ミミズのような体全体をくねらす運動（図31・10）やタコの足のような体の一部を動かす運動は，加圧された体腔内の液体に対して筋の収縮や弛緩によって圧力がさらに加わったり，減少したりする結果生じる．

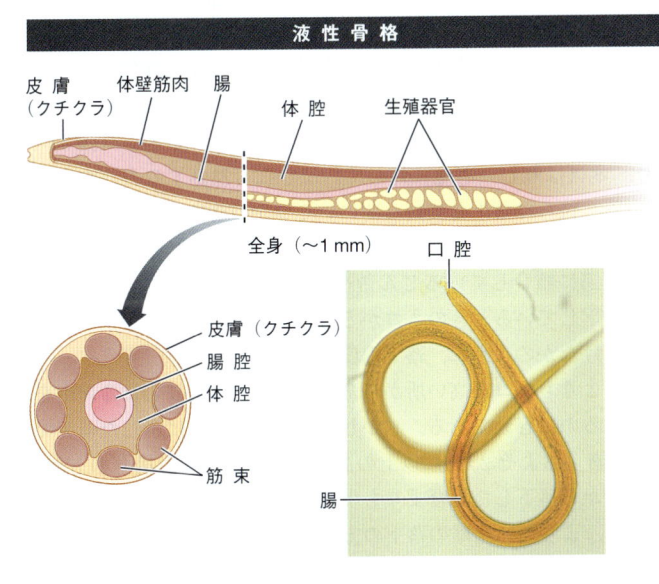

図31・10　線虫は体を支えたり運動をするために水力学的骨格を用いている　小さな線虫（写真の*Strongyloides filariform*のような）の体内では，体壁の筋肉が収縮すると，液体に満たされた体腔のその部分の体積が減る．線虫体内の液体の体積は変わることができないので，その分が絞り出されてその体腔を屈曲させ，体壁も曲がる．体軸に沿った筋肉の収縮と弛緩の波が体を前後に屈曲させ，その結果一定の方向にゆっくり進ませる．

ミミズの体腔のような液体が満たされた腔所は，水風船のような柔らかな外被によって囲まれた密閉空間である．膨らんだ風船の一端を握りつぶすと他端が膨らむように，腔所を包んでいる体壁の筋肉がどこか一部で収縮すると，中の液体が押されてその腔所の他の場所を外側へ押し出す．液圧の変動は体腔の形を変形させ，その結果体壁が曲がる．2層もしくはそれ以上の筋肉層が動物の体腔を囲んでおり，それが水力学的骨格を用いて運動をひき起こす．すなわち，それらの筋肉層の協調した収縮と弛緩が体壁を曲げたり，伸ばしたり縮めたりしている．

骨格は体内にある場合と体外にある場合がある

進化の過程で動物界では，強靭な支持組織の構築方法として明確に異なる二つの道が生じた．ヒトや他の脊椎動物は，支持組織が体の内側にある**内骨格**をもつが，エビや昆虫やその他の多くの無脊椎動物などは，柔らかな組織の周囲を取囲んでいる**外骨格**をもっている（図31・11）．

外骨格は多くの動物に防御の鎧を提供しているのに加えて，地上の無脊椎動物においては水分の喪失を防いでいる．一方，硬い外骨格をもつということは，外骨格のサイズを超えて成長した未成熟の動物は，定期的に脱皮して外骨格を脱がなくてはならないことを意味している．外骨格が再び新しく硬いものになるまで，その未成年者は捕食者に対しては脆弱な存在であり，乾燥してしまう危険性もある．内骨格の非常に大きな利点は，発生における未成熟の期間を通じて，連続的に成長することができることである．

図31・11　バッタや他のほとんどの節足動物は，関節を備えた外骨格をもつ

泳ぐ動物・飛ぶ動物では，自然選択がはたらいて流線形へと変化を遂げた

動物が自分たちの生存環境中で動く場合，彼らは筋収縮を推進力に変換している．しかし動物が運動するときには，物体が空気や水という流体の中を運動するときに生じる抵抗を常に受けることになる．溶液に接する面積が大きくなればなるほど受ける抵抗は大きくなる．また，溶液の密度が高い場合や粘度が高ければ高いほど，液体から受ける抵抗は大きくなる．

液体の粘性が高くなるとその中で動いている生物に対する抵抗が大きくなるのと同様に，その生物の全表面積が増えると抵抗は増加する．その結果，水中で生活していて大きな表面積をもつものが最も大きな抵抗を受けることになる．水は空気に比べ非常に密度が高い流体なので，水の中では抵抗は非常に大きくなる．もし諸君が深い水たまりの中を自転車で走ったとしたら，大きな水の抵抗を感じるだろう．小さな遊泳動物は，大きな水生動物に比べて体積に比較して大きな表面積をもっているので，粘性抵抗に対して比較的大きなエネルギーを費やすことになる．

前進運動をするために生物はエネルギーを消費するから，生物学的な意味で運動に対する抵抗は高いものにつく．抵抗を減少させればエネルギーを他の用途に振り向けることができるから，そのように適応する方向に進化は進んだ．抵抗を最小にする最も効果的な戦略は流線形にすることであろう（図31・12）．動物たちの進化の歴史が非常に異なるにもかかわらず，運動速度が速い鳥

類，水生哺乳類，魚類らはすべて似たような体型をもつように変化を遂げた．この体型は，動物を取囲む水や空気が滑らかに流れやすくなるようにしている．動物は粘着性の低い体表をもつことによってさらに抵抗を減らしている．水生動物をつかむのを難しくしている滑らかでネバネバした体表は，水分子の"粘着性"を減少させ，運動に対する抵抗の要素の一つである，液体と体表の間に発生する摩擦を減少させている．

異なった運動様式はエネルギー消費も異なる

　動物がある場所からある場所へ動くとき，どのくらいのエネルギーを消費するだろうか．科学者はさまざまなサイズの動物がさまざまな移動手段を用いる場合，どのくらいのエネルギーを消費するか計算した．当然のことながら，同じ距離を動く場合，軽い動物より重い動物の方がより多くのエネルギーを消費する．しかしながら，体重とエネルギーの関係でいえば，重い動物の方が体重当たりのエネルギー消費量は小さいのだ．たとえばネコはリスより10倍も重いが，同じ距離を走るのに用いるエネルギーは10倍より少ない．なぜ軽い動物より重い動物の方がより効率的に動けるのだろうか？　一つには，大きな動物は小さな動物より単位重量当たりの表面積が小さく，それゆえに相対的に抵抗が少なくなるからだ．

　異なった流体環境の中でどのように動くかということが，それらがどのくらいエネルギーを使うかを決定している．同じ距離を動くのに，走者は同じ大きさの飛行者より多くのエネルギーを消費する．遊泳者が用いるエネルギーは最も少ない．走ることに使うエネルギーの半分は体が上下する無駄な動きのためと，脚を前後に動かすときの切り替えで生じる運動量の変化のために消費される．自転車はこのような運動量の変化が小さいので，走るより効率的である．飛行する動物は走る動物より運動量を変えるエネルギーが少ないが，彼らは高度を保つためのエネルギーを使わなくてはならない．ひれや尾を動かすにもかかわらず，遊泳動物は運動量を変えるためのエネルギーの浪費は非常に少ない．それらはより粘度の高い流体中を進む推進力にエネルギーを変換しなければならないが，流線形となることや，体表の抵抗を減らすという特別な適応によって，液体によって生じる抵抗を減少させている．さらに，走者や飛行者は重力の引力に対抗するためにエネルギーを割かねばならないのに対し，水生動物の体重は水の浮力によって実質的に支えられており，さらに，ある種の動物がもっているうきぶくろや脂肪の蓄積のような補完的な仕組みによっても補われている．

学習したことを応用する

ネコは9回も生き返る

　ネコは非常に高い所からスカイダイビングをしても助かることが多い．生き延びる秘密はネコの大きさと空中での動きの力学にある．ネコがうまく動ける理由の一つはサイズが小さいことである．物体が落下するとき，小石であろうがゾウであろうが加速度がつく．重力は落下物に毎秒およそ10mの加速度をつける．もし諸君が高いビルから落下したとしたら，最初の1秒間に5m落下することになるだろう．つぎの1秒で20m，3秒目では約45m落下することになる．7階（25m）から落下する場合，2秒ちょっとしかかからない．

　ネコやヒトがどれくらいひどいけがをするかどうかの一部は衝突時に受ける力にかかっている．諸君は力が質量と加速度に比例するという物理の法則を覚えているだろうか．重力によって，毎秒10mの一定の加速度がつく．それゆえに衝突時の力は質量に大きく依存する．いってみれば2500kgも体重があるゾウは，50kgの体重のヒトの50倍もの力で地面にぶつかることになる．同様の理由によって，75kgのヒトが高層ビルから落下する場合，5kgのネコに比べて15倍も大きな力で地面にぶつかることになる．そして大きな力は大けがをひき起こす．

　ネコは単に軽いというだけでなく，それに加えてほかにも優れた点をもち合わせている．速い反射と並外れた背骨の柔軟性のおかげで，空中で体をひねって足で着地することが可能であり，そうすることで背骨や首を地面にぶつけてけがをすることから守るとともに，衝撃を4本の足に分散させることができる（図31・13）．ネコは難しい着地に対して，ほかにも対処する方法をもっている．彼らは落下している間にいくつかの筋肉を少し緩めておいて，着地のとき足を曲げられるようにしておくため，着地のときに関節に結合しているじん帯や腱がバネとしてはたらくのだ．また落下しているときのネコがとる大の字の姿勢は，パラシュートを広げたかのように，落下速度を低下させる．

　ヒトよりもネコが高い所から落下しても生き延びられる理由を理解するのは容易である．しかし，この章の最初に示した研究では，7階（およそ25m）以上の高い所から落下した場合の方が，低い階から落下した場合よりも生存率が高くなっている．このことから，より長い距離の落下の方がネコが体を回転させて衝撃に備えるための十分な時間を与えてくれると考え，ネコは高い所からの落下に適応しているのだと結論づける人もいるかもしれない．

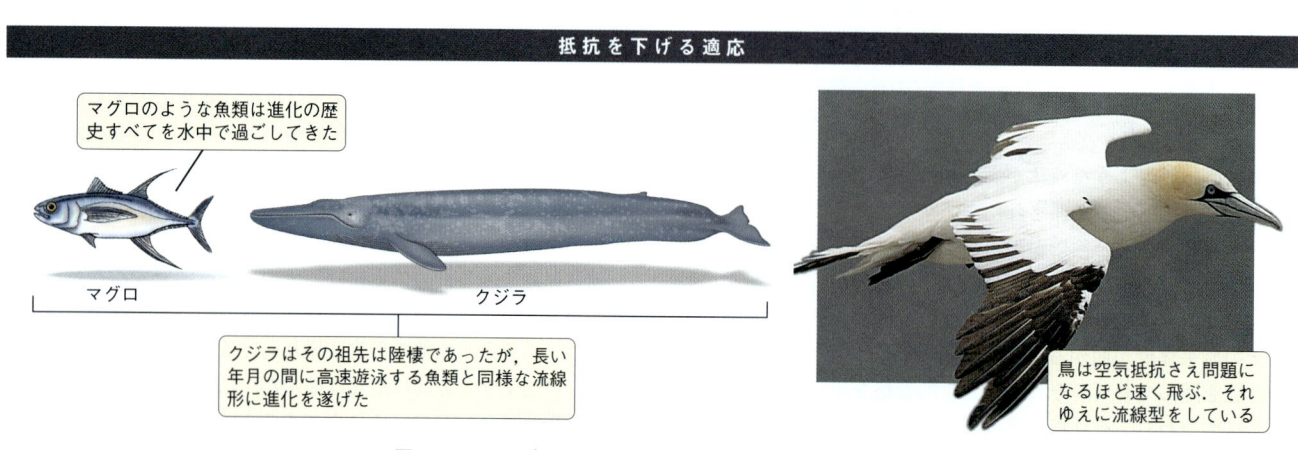

抵抗を下げる適応

マグロのような魚類は進化の歴史すべてを水中で過ごしてきた

マグロ　　クジラ

クジラはその祖先は陸棲であったが，長い年月の間に高速遊泳する魚類と同様な流線形に進化を遂げた

鳥は空気抵抗さえ問題になるほど速く飛ぶ．それゆえに流線型をしている

図31・12　クジラ，魚類，鳥類は流線形の体型をしている

柔軟な骨格

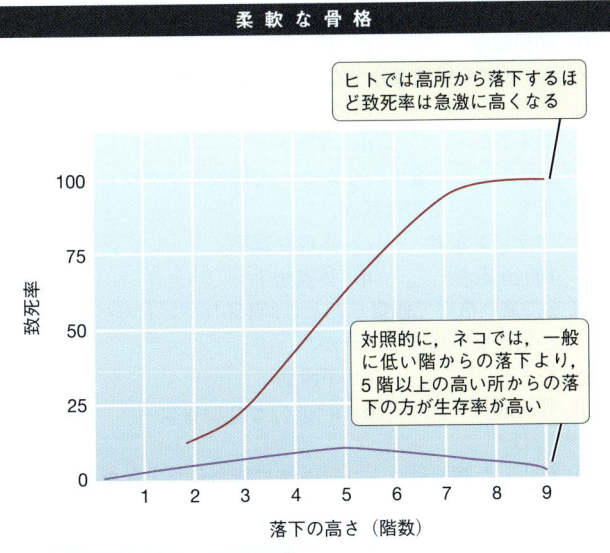

ヒトでは高所から落下するほど致死率は急激に高くなる

対照的に、ネコでは、一般に低い階からの落下より、5階以上の高い所からの落下の方が生存率が高い

（グラフ：縦軸 致死率 0〜100、横軸 落下の高さ（階数）1〜9）

図 31・13 ネコは足の位置がわかっている ネコは足から着地するという本能的能力によって、高い所からの落下でも生き延びているのであろう。

しかしネコが足で着地するために体を回転をするのに必要なのはたった1mほどで、それは1階分の高さにも満たない。

マスコミの報道はネコが高い所から落ちても生き延びられる能力に焦点を当てている。しかし、ネコは生き延びられたとしても、足や胸や顔に衝突の衝撃を受けひどく傷つくのがふつうである。ニューヨークでの研究では、獣医にかかったネコのうち、60％以上で肺が潰れており、57％が顔面骨折をしており、57％が足の骨を折ったり脱臼したりしている。全体の1/3以上が緊急の治療を要する、命にかかわるけがを負っている。そして1/3はさほど深刻ではないにしろ足の骨を折るなどのけがを負っているのだ。

結局のところ、ニューヨークでの研究に使われたネコは、ネコの落下事例の無作為抽出ではないのだ。たとえば、8階もしくは10階から落下して即死したネコは獣医にかかっていないであろう。1階から落下しただけの（おそらく無事だった）ネコも含まれていない。何人かの飼い主は落下したネコを病院に運ばず寝かせていただけだが、それらのネコはこのデータには含まれていない。他の同様な研究では、7階以上の階から落下したネコは、それ以下の階からの落下した場合より深刻な負傷を負っていることが示されている。

章のまとめ

31・1 ヒトの骨格の基本的な特性
- 中軸骨格は、身体の長軸に沿って存在する生命を保つのに必要な器官を支え、保護している。付属肢骨格は腕、脚、骨盤からなり、運動に不可欠である。
- 緻密骨はカルシウムとリン酸の硬い化合物が密に堆積したものである。海綿骨は緻密骨の内側にあり、海綿骨の硬い部分の隙間には、赤血球や白血球をつくっている骨髄がある。
- 軟骨は硬骨よりもしなやかで、硬骨でつくられた支持体を補っている。
- じん帯は関節において硬骨をつなぎあわせている。

31・2 関節はどのようにはたらくのか
- ひざでは、他の関節と同様に、じん帯が硬骨と硬骨をつなぎあわせている。腱は下肢の硬骨と上肢に結合している筋肉とをつなぎ合わせており、ひざの維持に一役買っている。腱とじん帯はコラーゲンでできている。
- ひざの軟骨は、大腿骨と脛骨の接する場所でクッションの役割をしている。液体を満たした滑液嚢が軟骨のはたらきを滑らかにし、摩擦抵抗を減少させている。
- 軟骨やじん帯の破損は、スポーツでの負傷としてはありふれたものだが、治療にはたいてい手術が必要である。

31・3 筋肉はどのようにはたらくのか
- 筋肉は運動をするために必要な力を出す。
- 筋肉は筋繊維からできており、筋繊維は筋原繊維の束からできている。筋原繊維は、サルコメアとよばれる単位の繰返し構造をしており、収縮機能を果たしている。
- サルコメアは顕微鏡で観察すると、明暗の帯のパターンが見える。一つのサルコメアはアクチンフィラメントが結合している2枚のZ盤で挟まれている。太いミオシンフィラメントはサルコメアの中央部に存在する。
- 筋収縮においては、ミオシンフィラメントの外側にあるミオシンの頭部が、近接するアクチンフィラメントと結合し、アクチンフィラメントをサルコメアの中心方向に引き寄せる。このアクチンフィラメントとミオシンフィラメントの滑り運動によって両側のZ盤が引き寄せられて接近するので、結果としてサルコメアが短縮する。ATPに蓄えられたエネルギーがミオシンとアクチンの相互作用における力を発生させる。
- 身体内のさまざまな運動は、特殊化した筋肉によって行われている。心筋は心臓にあり、その収縮で血液を押し出している。消化器官や血管にある平滑筋の収縮がそれらのぜん動運動をひき起こす。
- ほとんどの筋肉は対をつくって身体のさまざまな部分を動かしている。筋肉の対の一方が収縮しているとき、他方は弛緩している。

31・4 筋肉の収縮を運動に変換する

■ すべての骨格筋は基本的に同一のサルコメアをもっている．サルコメアは同じ種類の収縮タンパク質からつくられており，ほぼ同じ構造をもっている．
■ 筋肉の発生する力は，筋肉の断面積に比例する．

31・5 骨格を比較する

■ 外骨格は動物にとって支持組織であり，鎧でもある．節足動物における支持組織は，複雑な多糖質であるキチンでできている．
■ 一般的に，大きな動物ほど体重に対する骨格重量の比は大きい．
■ 柔軟な体をもつ動物の多くは，体を支えるために水圧骨という仕組みによっている．水圧骨では，弾性をもつ組織もしくは筋肉組織によって液体（ふつうは水である）に加えられた圧力を用いて，構造を支えたり，運動をひき起こしたりしている．

重要な用語

移 動 (p.535)	滑液嚢 (p.537)
骨 格 (p.535)	筋繊維 (p.539)
筋 肉 (p.535)	筋原繊維 (p.540)
中軸骨格 (p.535)	サルコメア (p.540)
付属肢骨格 (p.535)	アクチンフィラメント (p.540)
骨細胞 (p.535)	ミオシンフィラメント (p.540)
骨 髄 (p.535)	Z 盤（Z 線） (p.540)
緻密骨 (p.535)	骨格筋 (p.541)
海綿骨 (p.535)	心 筋 (p.541)
軟 骨 (p.536)	平滑筋 (p.541)
コラーゲン (p.536)	キチン (p.542)
関 節 (p.537)	水圧骨 (p.543)
じん帯 (p.537)	内骨格 (p.543)
腱 (p.537)	外骨格 (p.543)

復習問題

1. 下記のなかで，付属肢骨格はどれか．
   (a) 脚　　(c) 足指
   (b) 腕　　(d) 上のすべて
2. 水圧骨は，
   (a) 内骨格の動物のみにある．
   (b) 液体に満たされた腔所のはたらきによる．
   (c) 柔らかい体をしている動物にはない．
   (d) 筋肉をもたない動物にあって運動を可能にしている．
3. じん帯が連結しているのは，つぎのうちどれか．
   (a) 筋肉と筋肉　　(c) 硬骨と硬骨
   (b) 筋肉と硬骨　　(d) 腱と筋肉
4. 体重に比べて最も丈夫な骨格はどれか．
   (a) ネコ　　(c) ヒト
   (b) リス　　(d) スイギュウ
5. ヒトのひざ関節にないものはどれか．
   (a) 滑液嚢　　(c) 軟骨
   (b) キチン　　(d) じん帯
6. サルコメアと関連があるものはどれか．
   (a) 筋繊維　　(c) アクチン
   (b) 筋原繊維　　(d) 軟骨
7. サルコメアの構成成分でないものはどれか．
   (a) アクチン　　(c) Z 盤
   (b) ミオシン　　(d) コラーゲン
8. つぎのスポーツ選手のなかで，大量のミオグロビンを含んだ筋肉をもっているのは誰か．
   (a) マラソン走者　　(c) 高飛び選手
   (b) 100 m 走者　　(d) 体操選手
9. 非常に高い倍率で観察したとき，明暗のバンドのパターン（横紋）が見えない筋肉はどれか．
   (a) 心 筋　　(c) 平滑筋
   (b) 骨格筋　　(d) a～c のどれでもない
10. 軟骨は，
    (a) 石化した細胞外マトリックスで覆われた大きな細胞でできている．
    (b) 硬骨よりもずっと柔らかい．
    (c) 血管がたくさん集まっている．
    (d) 死んだ組織なので，血管はない．

分析と応用

1. 硬骨と軟骨がどのようにヒトの体を支える骨組をつくっているかを述べよ．
2. ひざ関節は"前後"方向へ動くための一つの型としてデザインされている．下手投げのソフトボールのピッチャーが投球するために腕を回すような，円形の動きが可能な関節をデザインせよ．その場合，どこに軟骨を配置するとよいか．
3. 諸君の手の平を上にし，それを肩にもっていきなさい．この動作を行うとき，硬骨，関節，筋肉がどのように協力してはたらいているかを述べよ．腱やじん帯のはたらきも含めて述べよ．
4. サルコメアは筋収縮の基本単位である．サルコメアがどのようにはたらくか述べよ．
5. 水力学的骨格と外骨格を比較せよ．
6. 鳥が羽を羽ばたいて前方に進むとき，空気抵抗がどのようにはたらくか述べなさい．羽ばたくときの鳥の動きを，空気抵抗は具体的にどのように支えているのだろうか？
7. 前十字じん帯はどのような機能をしているのか？ 前十字じん帯はどのような損傷を起こしやすいか？ その理由は？
8. 下表はヒトの体のおもな骨格において，それに属する硬骨の数を示している．これらの骨格が中軸骨格または付属肢骨格のどちらに属するかを示せ．また，中軸骨格および付属肢骨格それぞれから大きな骨を一つあげ，そのおもな機能を述べよ．

硬骨の属する骨格	硬骨の数	骨格の種類
頭蓋骨	22	
耳（2個）	6	
脊 椎	26	
胸骨（胸の骨）	3	
肋 骨	24	
咽 喉	1	
肩甲骨	4	
手（2本）	60	
臀部（骨盤）	2	
脚（2本）	58	
合 計	206	

ニュースで見る生物学

How Olympics Loom, but Nobody Is Pushing Usain Bolt

BY EDDIE PELLS

オリンピック近づけど Usain Bolt に届く者なし

　Usain Bolt は彼が出走していないときでさえも存在する．

　彼の名前と彼が達成した世界記録は，世界のどの競技場のどの陸上競技会の上にも君臨している．

　彼の影は全米選手権のような大きな競技会ほど大きい．今回の全米選手権では，Bolt の強力な挑戦者である Tyson Gay はけがで参加を中止したし，他の競争相手となるべき選手は，薬剤使用の罪から復帰したばかりの 29 歳の選手と，もっと速くならなければ相手にならないオリンピックの銅メダリストである．

　ロンドンオリンピックまで残すところ 13 カ月である．思うに世界最速のスターを育成している米国においてさえ，Bolt を脅かす選手が出現する兆しはほとんどみえない．

　"9 秒 90 で走っているのでは誰も勝ち目がない" とトリニダード・トバコ出身の前オリンピックメダリスト Ato Boldon は言っている．

　Bolt の世界記録は 9 秒 58 である．金曜日の 100 m 走決勝は，国内で最速の競技用トラックの一つで，わずかな追い風のもとで行われたが，最高のタイムは Walter Dix の 9 秒 94 であった．Walter Dix を知らない？それは無理もない．彼は北京オリンピックで 100 m と 200 m で銅メダルを獲得したという "歴史の脚注" の一部にすぎない．その日の夜に Bolt が世界記録を書き換えているのだ．

　今週の Eugene 誌では，Dix は薬物使用の罰で大切な 4 年を失った後に復活したばかりの Justin Gatlin に勝つのがやっとだったと報じている．

　Gay はどうだったか？

　彼はひどい腰痛が原因でその決勝には出られなかった．9 週間後に迫った世界選手権大会においても，この腰痛が彼から，そして世界の人々から，Bolt との対決を奪うことになるだろう．

　毎年スポーツ選手は新しい世界記録を出している．男子 100 m 走における過去 40 年以上の記録をみれば，来年にはもっと多くの世界記録が期待できそうだ．1968 年，Jin Hines は 10 秒を切る最初の走者となり，100 m 9 秒 95 の記録を出した．その記録の前には誰も 100 m を 10 秒以下では走れなかった．それ以後，100 m 10 秒以下の記録は多くの走者によって 250 回以上も出されている．現在でも 10 秒以下の記録は素晴らしいものではあるが，特ダネニュースになるほどのものではない．

　それでは，100 m 走や他のレースで，人間は無限に記録を伸ばし続けることができるということなのだろうか？たぶんそうではないだろう．この記録の向上の少なからぬ部分は過去数十年間における技術の進歩によるものである．たとえば，数年前の比較的基本的なランニングシューズは，軽さと硬さと柔軟性を備えた，より洗練されたものに変わっている．同様に，1960 年代の短距離走者がふつうに着ていた何の変哲もないショートパンツやシャツは，今では空力学的なボディースーツに変わっている．

　記録更新のその他の要因としては，走りの物理学と生理学，速筋型と遅筋型，そして栄養学などに関する知見が深まったことがあげられる．今日の短距離走者は，足の動きをコンピュータで解析することによって，効率が最大になるように歩幅を調節し，筋肉が生む力をできるだけ多く進行方向の動きに変換するようにしている．そして，短距離走者の記録をたった 1/1000 秒縮めるためからくる精神的な障害を克服できるように，スポーツ心理学者が支援している．ある種のスポーツでは競争が非常に激しいため，運動能力を高める薬物が運動訓練計画の一つとして取入れられている（p.499 の "ニュースで見る生物学" 参照）．

　100 m 走の記録は短縮され続けてはいるが，全般的にみれば成績はピークに達しているのかもしれない．1998 年の 10 回の最速記録の平均は 9 秒 86 だった．2003 年の平均は 9 秒 97 に増加しており，これは 5 年前に比べ 0.1 秒長く（遅く）なっている．おそらく走りの技術はそれができうる限界に近づきつつあり，走者もいまや生物学的限界に直面しているのかもしれない．

このニュースを考える

1. 走ることにおいて，どの筋肉と関節が最も重要か？人間が 100 m ダッシュで 9 秒 50 を切るためには何が生物学的限界となると思われるか？

2. 世界記録が破られると，それはいつもビッグニュースになる．あるスポーツ種目において，人間の能力が限界に達し，そのスポーツにおける世界記録がほとんど破られることがなくなり，観戦の興奮がなくなるときがいつくると考えるか？もし世界記録がもはや破られなくなったとしたら，陸上競技のファンは興味を失ってしまうだろうか？

3. もし進歩したトレーニング法や進歩した技術が最速記録の達成に深くかかわっているとすれば，それは能力を高めるために今まで以上に効果のある薬剤を用いることとどう違うのか？スポーツ選手の能力を高めるためのさまざまな方法の役割をどのように評価すべきだろうか．

出典：*Associated Press*，2011 年 6 月 25 日．© 2011 The Associated Press. All right reserved.

32 病気と生体防衛

MAIN MESSAGE

ヒトには物理的および化学的な防御機能と体内にある強力な防衛機能が備わっていて，病原体の侵入を阻止するとともに，もし病原体が侵入してしまった場合でもそれを撃退することができる．

拡大するHIV感染

今やエイズ（後天性免疫不全症候群）の脅威は地球上のすべての国に及んでいる．米国では50万人以上がこの病によってすでに命を奪われたうえ，さらに100万人の感染者がいて，自分が感染していることすら知らない者も多い．しかし，現在最もエイズが蔓延しているのはアフリカのサブサハラ（サハラ砂漠以南の地域）である．そこは，1950年代半ばにエイズが発祥したと考えられている地域でもある．アフリカ大陸南端にある9カ国では，実に人口の10%を超える人々がエイズウイルス，つまりヒト免疫不全ウイルス（HIV）に感染しているのである．15〜49歳の国民のうち，4分の1がHIV検査で陽性を示す国もある．また，ジンバブエでは，15%の子どもがエイズによって片親もしくは両親を亡くしている．最も深刻な被害を受けた国は，人の死による孤児の増加と労働力の激減によって，社会組織の崩壊に瀕している．

これほどまでにアフリカでエイズが大流行した背景には，おもに二つの原因がある．第一の原因は，病院などの医療施設において1950年代からの慢性的な資金不足から，輸血やワクチン接種の際に適切な消毒をしないまま注射針を使い回さざるをえなかったことである．結果的に，汚染された何千本もの注射針によってエイズウイルスが人から人へと直接感染してしまった．アフリカにおける成人のHIV感染全体の半分以上は，未滅菌医療が施されたことが原因で生じたと考えられている．

第二の原因は，1960年代にアフリカが西欧諸国による統治から開放されて以降，政情が不安定となり深刻な社会的動乱を生じてしまったことにある．その結果として，たとえば，大勢の男性が労働者収容施設に隔離された．そうした環境では，男性が出会える女性といえばほぼ売春婦に限られることから，男女間の性感染症の感染率が著しく高まった．HIVは一般に性交渉の際に粘膜を介して感染するが，ヘルペスや梅毒などの性感染症があると，HIVに感染した血液や精液が接触しやすくなるために，HIVが人から人へと感染するリスクをひどく高めてしまうのである．こうした問題に加え，飢饉や戦争によって多くの民衆があちこちへと移動を余儀なくされたことによって，エイズの感染も拡大してきたのである．

> このような恐ろしいエイズの拡大は防げないのだろうか？
> また，何がエイズをこれほど致死の病にしているのか？
> そして，エイズを治すことはできないのだろうか？

これらの疑問に答える前に，害をもたらす可能性のある感染性病原体から身を守るための三重の防御システムについて見ていこう．

明日への希望 HIVに感染したエチオピアの母子．効果的な治療を受けられれば，比較的健康に暮らすことができる．

基本となる概念

- 病原体とは，生物の体内に侵入して，軽い風邪から致死の病にいたるまでさまざまな害をもたらす可能性のある感染性物質である．
- 病原体に対する第一防衛線は，おもに物理的および化学的な防護壁（バリア）を形成することによって病原体が体内に侵入するのを阻止する外的防御機構である．
- 自然免疫系および適応免疫系の生体防衛細胞は，自己（生体自身を構成する化学物質）と非自己（異物）とを識別する能力をもっている．
- 生体の第一防衛線が突破されると，非自己である細胞や異物に対する内的防御が始動する．自然免疫系によって迅速に開始される応答は，細菌やウイルスをはじめとした広範な種類の侵入者を標的とした非特異的なものである．
- 炎症は組織損傷に対する応答であり，よくけがをした部位が腫れて赤みや熱をおびるのは，炎症反応の表れである．
- 適応免疫系による防衛反応は，比較的遅く，任意の系統のウイルスや細菌といった特定の病原体に対して特異的にはたらく．
- 適応免疫が長期にわたって生体を守ってくれる場合も多い．生体内には特定病原体に関する情報を記憶した免疫細胞が保存されていて，この記憶細胞のはたらきにより，同一病原体に再感染した際には，より迅速で強力な応答をすることができる．

人が吸う空気には菌がうようよしているし，人が触れるところはほとんどどこも菌にびっしりと覆われている．病院といえども例外ではない．深刻な感染の原因菌は，医師の聴診器や病院の白衣にも潜んでいる．科学者はずっと昔から病気の元凶となる物質に対して"菌"という言葉を使ってきたが，病気の原因物質に対するもっと適切な専門用語は**病原体**である．また，病原体に感染した個体を**宿主**という．ヒトの病原体には，ウイルス，細菌，原生生物のほか，カビ類や寄生虫などの多細胞動物がある（図32・1）．

病原体のうち遺伝的な種類（遺伝子型）が異なるものを系統とよんでいる．たとえば，大腸菌（*Escherichia coli*）は，ヒトやウシをはじめとする多くの動物の大腸内に常在する細菌の一種である．大腸菌にはこれまでに何百もの系統が確認されている．その

(a) ライノウイルス属

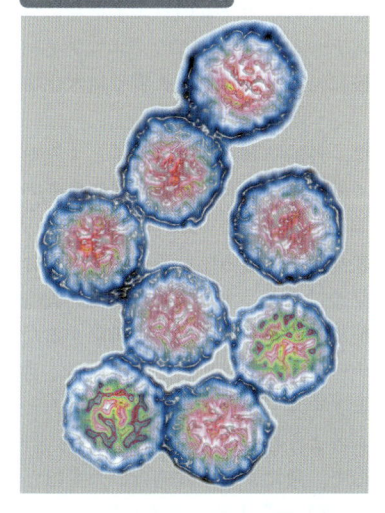

(b) サルモネラ属，細菌

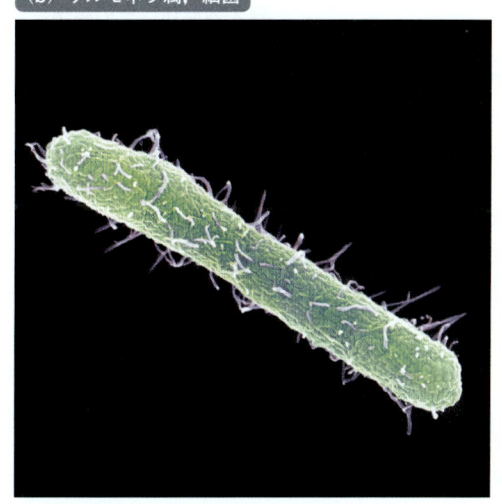

(c) ジアルジア属，原生生物

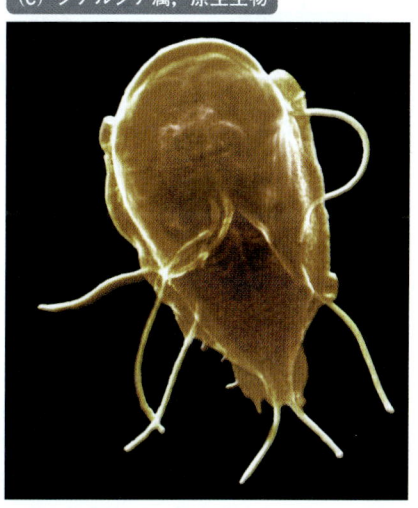

(d) 白癬菌属，足菌腫菌

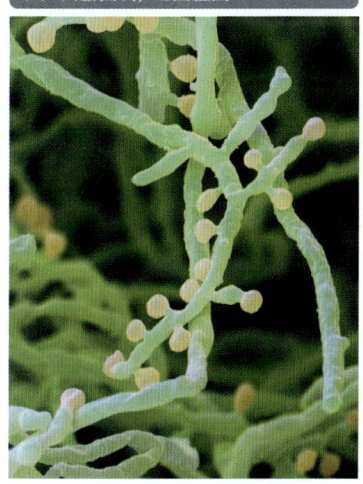

(e) ぎょう虫属，ヒトぎょう虫

図 32・1 病原体は宿主にとって有害なウイルスや微生物である (a) およそ200種類のウイルスが"風邪"と一括りにされる諸症状をひき起こす．図は風邪の約半分の原因となっているライノウイルスの透過型顕微鏡写真の色彩強調画像である．ウイルス粒子の中心にあるピンク色の物質は，ウイルスの遺伝物質である一本鎖RNAである．それがタンパク質（緑色）や脂質（青色）でできた外殻によって囲まれている．(b) ネズミチフス菌（*Salmonella typhimurium*）は，大規模な食中毒をひき起こすことがある悪名高い細菌である．(c) ランブル鞭毛虫（*Giardia lamblia*）は，キャンプやハイキングで汚染水を飲んだ人に下痢や疲労を生じさせる．(d) 毛瘡白癬菌（*Trichophyton mentagrophytes*）は，水虫や白癬の原因となる真菌である．この色彩強調走査電顕像では，糸状の菌糸は緑色に，菌の胞子は黄色で表示されている．(e) ヒトぎょう虫（*Enterobius vermicularis*）は，北米で最も一般的な寄生虫であり，おもに児童保育所などの混雑した環境にいる子どもたちに感染がみられる．

一つである大腸菌 O157:H7 は，ウシには無害であるものの，ヒトにとっては血性下痢や腎不全, さらには死をまねく原因となる．病原体がその遺伝物質に変異を蓄積させると, 遺伝的に異なった新しい系統へと進化することもある．実際, インフルエンザの季節には毎度のことながら, インフルエンザウイルスの新しい変異系統が少なくとも一つか二つは見つかっている．ときには, 変異によってとりわけ危険な系統が生み出され, 地球全体に蔓延して人口を激減させてしまうこともある．

自然界は病原体に満ちあふれているが, 動物は**免疫系**というすばらしい防御機構を備えているおかげで, ほとんどの感染性物質から身を守ることができる．外的防御は, 一般に体表における物理的・化学的バリアからなる．外的防御は, 有害な生物やウイルスを体内組織に到達しにくくしている．一方, ほとんどの動物には, **自然免疫系**とよばれる内的防御機構も備わっていて, 外的バリアが病原体の侵入を許した際には直ちに開始される．外的防御と自然免疫はともに, 非特異的な病原体に対する応答である．つまり, 病原体の特定の種や系統に対して"オーダーメード"的に攻撃するのではなく, 感染性物質に対してあらかじめ決まった種類の"レディメード"の防御を行う．

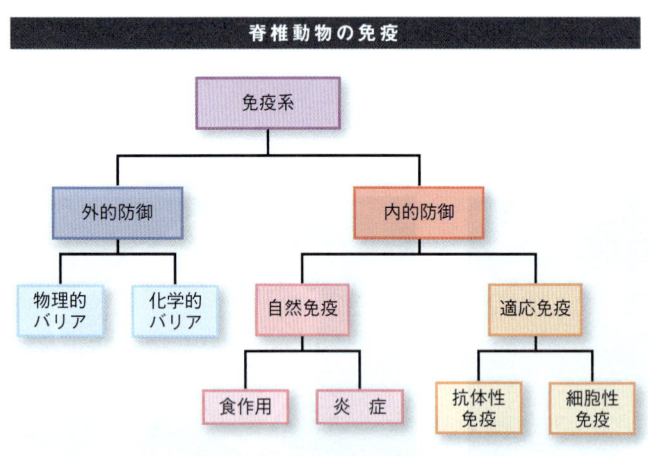

図 32・2　動物の免疫系の概要

脊椎動物の免疫系には, **適応免疫系**とよばれるもう1層の内的防御機構があり, 病原体の特定の系統に対して動員された特殊な防御細胞によって, 病原体に対して非常に特異的に作用する．適応免疫系に特有なもう一つの特徴は, **免疫記憶**である．この能力のおかげで, 適応免疫系に特定系統の病原体との最初の遭遇を記憶することにより, 同じ系統に再感染した際に, 特に迅速で狙いの的確な応答を惹起することができる．子どものときに水疱瘡（水痘）にかかれば, 再度のウイルス感染症になることがないのは, この免疫記憶のおかげである．適応免疫系はおもに二つの武器によって支えられている．**抗体性免疫**機構は, **抗体**という強力で多能な抗病原体タンパク質複合体を武器としている．**細胞性免疫**は, 病原体が感染した細胞や他の物質で身体に異物として認識されるものを破壊する役割を担う．

本章では, 主としてヒトに備わった高度に洗練された免疫系に焦点を当てながら, 外的防御および2種類の内的防御の詳細な仕組みについて学習しよう．図32・2は, 多層構造をもつヒトの免疫系をまとめたもので, 本章における議論の計画図でもある．また, 章末には, エイズの原因となる特に厄介なウイルス, すなわちHIVによる細胞性免疫系の破壊について見てみよう．

32・1　生体防御系: 自己と非自己を識別する

外的防御系は, §32・2でより詳細に紹介するとおり, 外環境と直接接触する体表の防御組織の層でできている．皮膚は, 外的防御において最も重要な器官であり, 物理的バリアおよび化学的バリアの機能を併せもっている．この外部バリアを病原体に突破されてまんまと体内への侵入を許してしまった場合には, 生体防御をめぐる事態はずっと複雑なものとなる．内的防御系は, つぎの二つの難題をクリアしなければならない．第一に, 体内にいる病原体を検出する必要がある．第二に, 体内の正常組織に危害を加えることなく, 体内から攻撃して病原体だけをやっつけなければならない．

まず, 内的防御系を動員して侵入病原体を殺傷したり不活性化したり隔離したりする以前に, 侵略者の存在を認識する能力が必要とされる．私たちの体は, 無意識のうちに, 外部からの侵入者（非自己）を自身の細胞（自己）とは違うものとして識別することができる．もしも内的防御系が自己と非自己を区別できなければ, 自分自身の細胞を攻撃してしまうことになる．実際にこうした事態に陥ることもあるのだが, これについてはp.554の"生活の中の生物学"で紹介する．

スポーツの団体競技でも同様の識別が行われていて, 各チームのユニフォームを違えることで, チームを区別している．つまり, どの選手が自分たちのホームチームの選手で誰が敵チームかは, 着ているウェアによって識別できるのである．これと同じように, ヒトの細胞も"ホームチームのユニフォーム"を着ていて, 侵入病原体はその種類ごとにそれぞれのチームのウェアを身につけている．一般に, このホームチームと敵チームの"ユニフォーム"は, 細胞膜やウイルス外被に結合したタンパク質や炭水化物でできている．

第二防衛線である自然免疫は, 外的防御が突破されるとすみやかに配備される．自然免疫は, 外的防御と同じく**非特異的免疫応答**である．一方, 味方と敵（自己と非自己）の識別能力という, 内的防御機構が備えるべき重要な特徴をもっている．生体が自分と同類ではない細胞や分子を見つけたら, すぐに特定の防御細胞と防御タンパク質によって, 病原体や非自己の物質を排除するための対策が講じられる．再びチームスポーツにたとえるなら, 自然免疫は, ホームチームのウェアを着ていないすべてのチームと戦うべく訓練された守備チームのようなものである．しかし, 自然免疫は非特異的応答機構なので, 敵によらず戦略はいつもほとんど同じである（つまり, "同じプレー"しかできない）．

ヒトをはじめとする脊椎動物は, 第三防衛線である適応免疫をもっているが, これは**特異的免疫応答**である．生体は単に非自己かどうかを識別しているだけでなく, 大腸菌H10407系統や水痘ウイルスのOKA系統といった特定の侵入者のいずれであるのかを識別している．特異的免疫応答を行うために, 生体には複数の独立した防御細胞チームがあって, 各チームは特定の敵チームだけ（たとえば, 他のどの大腸菌でもなく, H10407系統のチームだけ）を認識して, それと対戦する．この細胞チームは, 非常に特異的であることに加えて, 長期記憶を備えている．各チームは過去に特定の種類の病原体と交戦したことを記憶することができるため, 再度同じ敵チームが現れた際には, 生体は桁外れに効果的な守備を敷くことができる．免疫系は何十年もの間"根にもつ"ことができるのである．病原体に対して自分自身が行った特異的免疫応答を記憶するこの能力のおかげで, 病気に最初の1回だけ

かかれば，その後は同じ系統の病原体による攻撃に対して免疫力をもつことができる．

> ■ 役立つ知識 ■ 移植片拒絶反応は，患者の免疫系によってドナーから提供された組織が攻撃を受ける際，非特異的防御および特異的防御の双方によって誘起される．医師が組織や器官の移植を試みる際には，事前に細胞表面のタンパク質（つまり，"チームのウェア"）が患者のものとできるだけ一致しているドナーを探そうとする．

ホームチームの選手には，数種類の白血球と，防御タンパク質をはじめとする多くの分子がいる．**白血球**は，組織液（細胞間を満たす液）や血液中にみられる重要な一群の防御細胞で，その場に侵入してきた病原体を絶えず撃退している．詳細は後述するが，白血球のなかには自然免疫にだけはたらく種類もあれば，適応免疫の特異的応答にのみはたらくものもあるし，両方の内的防御機構に関与する白血球も少なくない．ほとんどの選手は複数の役割を担っていて，選手はそれぞれに専門化しつつも，他の選手のカバーにも入る．

自然免疫と適応免疫は，**がん免疫監視**機構とよばれる方法でがん細胞を発見して破壊する際にも，互いに協力し合う．がん細胞は異常な振舞いを示すだけでなく（第11章参照），がんではない正常細胞と区別するための特徴的な目印（異常なタンパク質や炭水化物など）を細胞表面に表示するのがふつうである．がん細胞がもつ構造上の異常や振舞いの異常は，非自己であるという信号に変換される．これにより，がん細胞は自然免疫と適応免疫の両方から攻撃されるのである．診断で見つかるがんには，このような免疫監視機構がうまくはたらかない．

32・2 第一防衛線：物理的・化学的バリア

侵入してくる病原体から身を守るための第一防衛線は，病原体が体内に侵入するのを阻止するバリアでできている．家の壁や閉じた窓，鍵をかけたドアのような物理的なバリアもあれば，侵入者にくっついて縛り上げることで処分できるようにする粘着トラップのようなバリアもある．外的防御機構には化学物質（酵素など）や化学的環境（酸性条件など）もあって，侵略者が体表に付着してその場で増殖したりしないように防いでいる．実際，肺や消化管や皮膚の表層は，ほとんどの病原体を寄せつけない．

肺や消化管や皮膚は病原体を寄せつけない

病原体は，宿主の体内に入ることができなければ感染できない．生体の"外"と"内"とを仕切る表面は，侵入者に対する第一防衛線である．皮膚や肺や消化管はそうした外界と接する表面をもつ器官であり，危険な病原体の大部分を締め出すためのバリアとしてはたらいている．皮膚は見かけによらず強力な防御材である．破れたりしない限りは，皮膚の外側にある死んだ細胞の層と，そのすぐ下にあって互いに連結し合った生きた細胞の層のおかげで，細菌などの病原体は皮膚をほとんど通過できない．また，皮膚がもつ低いpHと，皮膚腺から分泌される塩を含む分泌液によって，寄生する可能性のある多くの生物にとって居づらい環境がつくられている．皮膚の細胞は，肺や消化系の内腔表面の細胞と同様に，**デフェンシン**という短いペプチドを分泌している．このペプチドは，多くの種類の細菌のほか一部の（脂質の膜をもつ）ウイルスにもはたらき，その脂質膜に孔を開けて破壊することができる．

眼は涙をつくっている液体と同じ液に浸っている．眼の外表面に舞い降りた細菌のほとんどは，この液で洗い流される．流されずに残った細菌も，まぶたの上にある涙腺から分泌されるリゾチームなどの抗菌酵素によって破壊されるのがふつうである．これと同様に，飲食物とともに体内に入ってくる細菌の多くも，唾液に含まれる化学物質によってやっつけられる．一方，鼻毛は，病原体の運び手となるほこりなどの空気に含まれる大きな粒子を除去するフィルターとしてはたらいている．呼吸系の管は，第28章で学んだとおり，侵入してきた病原体を粘液で絡め取り，それごと呼吸系から排出している．また，生殖可能年齢の女性の膣（女性生殖器官系のうち外部に接する部位）では，pHを酸性（約pH 4）に保つことで，一部の細菌や酵母の増殖を妨げるとともに，乳酸菌などの善玉菌の生育を支えている．

消化系は，有害な生物が胃腸内に住み着かないように，化学的バリア（デフェンシンなど）によって守られている．実際，口から飲み込んだ病原体のほとんどは，胃の酸や消化酵素によって破壊される．それでも，いろいろな細菌類，ウイルス，原生生物や回虫が，消化管に感染してしまう．米国疾病管理予防センター（CDC）の推計によれば，毎年全米で7600万人が食中毒を起こし，そのほとんどは食品や飲料に紛れ込んだカンピロバクター菌やサルモネラ菌などの細菌によるものである．食物由来の細菌感染の特徴として下痢や嘔吐を生じるが，たいていの人はやがて回復できる．しかし，幼少や高齢により極端に影響を受けやすい人や，大腸菌O157:H7のような特に攻撃性の高い系統に感染した人を含めて毎年5000人ほどが，感染が原因で命を落としている．

人体の外的防御に打ち勝つ病原体もいる

ヒトの外的防御は素晴らしく，ほとんどの病原体を寄せつけない．それでも，人体につけ入る隙がないわけではない．たとえば，皮膚について考えてみよう．切り傷や擦り傷，刺し傷といった負傷は日常茶飯事である．この皮膚の傷口を利用して，多くの病原体が宿主の体内に侵入してしまう．たとえば，破傷風の原因細菌である破傷風菌（*Clostridium tetani*）は，世界中の土壌や物の表面に遍在している．誰もが常にこの細菌と接触しているが，危険となるのは深い刺し傷などのように空気が入り込めないほどの深い傷を介して細菌が体内に侵入してきたときだけである．低酸素環境では，破傷風菌が速く増殖でき，ひどい筋けいれんをひき起こす**毒素**（毒性のある化学物質）が盛んに生産される．こうなると，人体の防御機能だけでは迅速な対応ができず，致死量の毒素が生産されるのを阻止することができない．通常の破傷風の予防注射と追加免疫をしてない人なら，ふつうは死を免れない．実際，劣悪な衛生状態で出産が行われる地域では，世界で毎年20万人以上の新生児が，出生時にへその緒を切除する際にできる切り口から侵入した破傷風菌によって命を落としているのである．

ヒトや動物にとって重大な感染症を起こす病原体や寄生虫のなかには，吸血昆虫を利用して宿主の皮膚を越えて侵入するものも多い．たとえば，ある種の蚊の唾液は，毎年100万〜200万人もの死者を出す感染症であるマラリアの原因となるマラリア原虫という原生動物を媒介する．蚊が血を吸うために皮膚を挿す際に，血液中へとマラリア原虫が注入されるのである．また，前世紀の

ヨーロッパでは，吸血性のノミが媒介して人から人へと腺ペストの感染が拡大したし，同様にシラミによって発疹チフスの流行がもたらされた．このほか，西ナイルウイルス病（蚊が媒介する脳炎ウイルス），黄熱病，眠り病（アフリカトリパノソーマ症）などの昆虫媒介感染症が有名である．

■ 役立つ知識 ■ 膿は，感染部位に蓄積していることがある（吹き出物にもみられることも多い）クリーム色の液体で，血漿と細菌細胞と死んだ食細胞からできている．死んだ好中球の緑色は鉄含有酵素の色で，免疫の戦いの後に粘液などの液体に蓄積する．

32・3 第二防衛線：自然免疫系

病原体が首尾よく外的防御を通過すると，侵入者を迎え撃つための次の防御壁として自然免疫系による非特異的応答が開始される．この応答が"自然（先天性）"とよばれるのは，侵入してきた生物やウイルスおよび非自己と認識された物質があれば直ちに破壊できるよう，防御細胞や防御タンパク質をはじめとする分子などの必要成分が常備されているからである．この防御の応答は，侵入した場所で局所的に生じることもあれば，全身的に生じることもある．ただし，適応免疫と異なり，自然免疫は，過去に遭遇した病原体に対して長期にわたり生体を保護することはできない．自然免疫は無脊椎動物と脊椎動物の両方にみられる古くからある防御機構である．

食細胞は迷い込んだ病原体を飲み込んで閉じ込める

外的防御がもつ物理的・化学的バリア（第一防衛線）の後ろには，体内から外界との境界を巡視している自然免疫系の細胞や防御タンパク質が控えていて，これらが第二防衛線を築いている．生きた皮膚の組織層や肺の肺胞，腸の内壁といった体内のいろいろな場所で，**食細胞**という白血球が常に眼を光らせている．食細胞には比較的大型のマクロファージや小型で数の多い好中球など，いくつかの種類がある．好中球という名前は，pH が中性の色素に好染する性質に由来する（図 32・3）．

食細胞は，アメーバなどの単細胞真核生物が餌を食べるのと同じ方法で，侵入してきた生物の細胞を破壊する．つまり，**食作用**によって獲物を丸ごと飲み込んでしまう（図 7・10 c, e 参照）．飲み込まれた病原体は，食細胞の細胞質内に取込まれると，膜で仕切られた領域（ファゴリソソーム）に閉じ込められ，そこで有毒な化学物質の混合液によって破壊される．食細胞が消化できない病原体については，**封入**，つまり保護カプセルをつくって侵入物を閉じ込めることによって，他の細胞から隔離される．

個々の食細胞は，病原体でいっぱいになると死んでしまう．この細胞の死骸は，いろいろな方法で体内から除去される．たとえば，肺胞の内腔表面で死んだ食細胞は，何を貪食したかによらず，呼吸系から外へと向かう粘液によって肺の外へと一掃される．

炎症は患部を病原体から保護する

病原体が侵入したり物理的・化学的な作用により負傷したために，体の細胞が刺激され，傷つき，あるいは死んだときには，組織損傷を生じることも多い．組織が損傷すると，自然免疫系が，**炎症**という迅速にかつ協調して起こる一連の応答を行う．炎症の非特異的な応答は，病原体の種類に関係なく起こる．免疫系は，細胞の損傷を発見したら必ずすみやかに動き出して，損傷組織の除去と病原体の侵入や蔓延の阻止にあたる．炎症は体内のどこでも起こりうるが，ここでは皮膚に深い切傷や刺し傷を負ったときに起こる出来事について考えてみたい．（生じる一連の事象を順番に紹介するが，実際には同時進行で生じることも多いことに留意してほしい．）

傷口の損傷組織もしくは病原体が化学シグナルを放出することで炎症反応のスイッチが入る（図 32・4）．傷自体の直接作用，もしくは化学シグナルを介した刺激により，肥満細胞が活性化される．**肥満細胞**は，体内組織と外界との境界部に特に多く存在する食細胞から分化して生じる細胞である．活性化した肥満細胞は，**ヒスタミン**のほか，**サイトカイン**（"細胞"の *cyto* と"動く"の *kinein* に由来）という名で一括される多様なタンパク質小分子をはじめとするさまざまな警告シグナル分子を放出する．こうした化学シグナルは，発赤，熱感，腫脹（はれ）といった昔から知られる炎症の三徴候を生じさせる引き金となる．ヒスタミンは細い血管の拡張を促して，より多くの血液が傷口周辺の領域にく

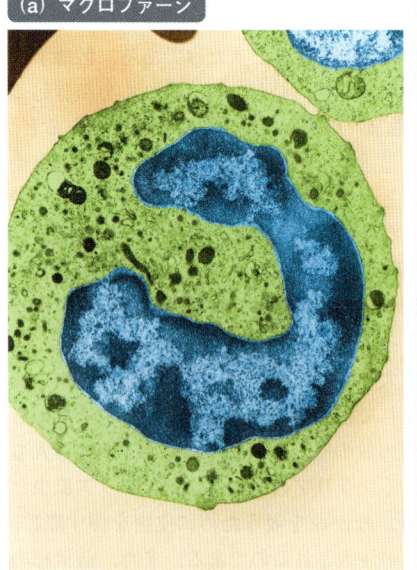

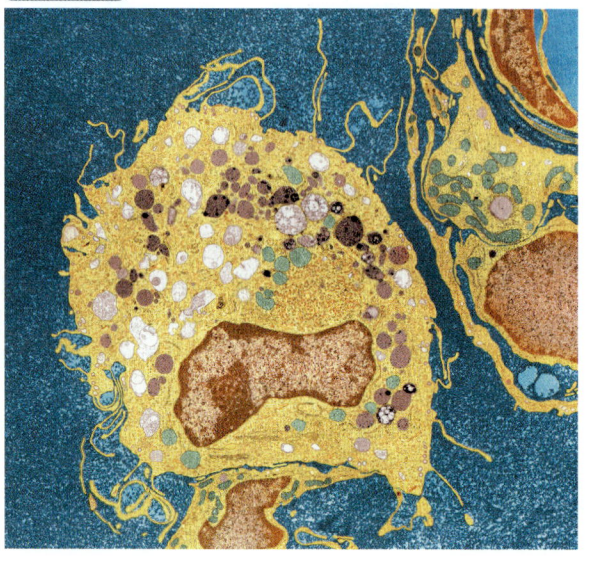

図 32・3 **食細胞が病原体や異物を飲み込む** 光学顕微鏡で観察された 2 種類の食細胞．(a) マクロファージは比較的大型で病原体を飲み込むのに 1 時間以上かかる．(b) 好中球は，白血球のなかで数が一番多い細胞で，抗菌物質で病原体を攻撃しつつ，細菌を貪食して破壊する．食細胞は自然免疫にとても重要であるとともに，一部の食細胞は，適応免疫応答も助けるはたらきをもつ．

炎 症 反 応

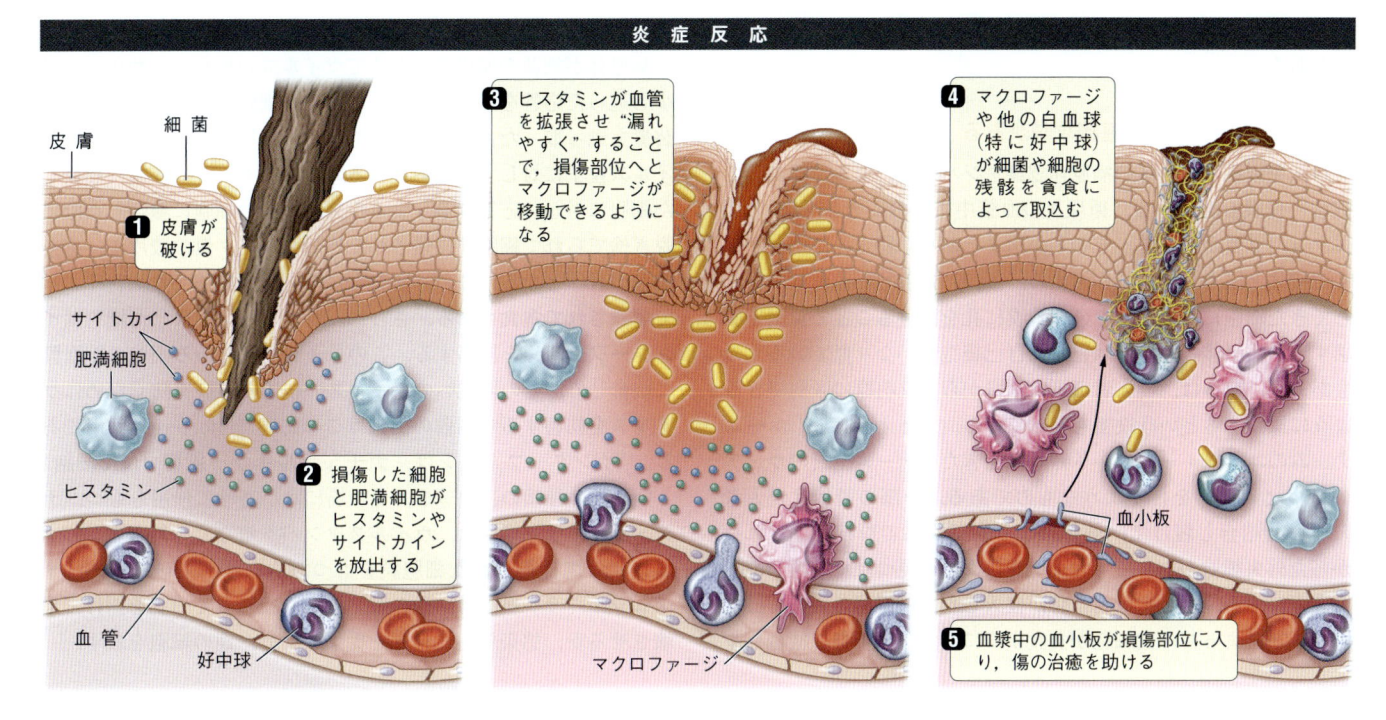

❶ 皮膚が破ける

サイトカイン / 肥満細胞 / ヒスタミン / 血管 / 好中球 / 皮膚 / 細菌

❷ 損傷した細胞と肥満細胞がヒスタミンやサイトカインを放出する

❸ ヒスタミンが血管を拡張させ"漏れやすく"することで、損傷部位へとマクロファージが移動できるようになる

マクロファージ

❹ マクロファージや他の白血球（特に好中球）が細菌や細胞の残骸を貪食によって取込む

血小板

❺ 血漿中の血小板が損傷部位に入り、傷の治癒を助ける

図 32・4 炎症反応は、侵入病原体に対して作用する複数の細胞やタンパク質を活性化する

るようにする．患部が赤くなって熱をもつのは、代謝熱によって温められた血液の供給が増えていることの表れである．血流量の増大には、組織の修復に必要な酸素や栄養素を患部により速くかつ大量に届けるという重要な役割がある．また、血流量の増大は、食細胞などの免疫細胞をよりすみやかに炎症部位に運ぶという目的も担っている．

　血管を拡張させて血流を増やすことに加えて、ヒスタミンは毛細血管壁の透過性を上げる．これにより免疫細胞は、血管壁を構成している細胞の間をすり抜けて、炎症を起こした組織内に入ることができる．血漿も毛細血管から漏出して、その場の組織液と混ざり合う．この体液の貯留こそ、傷口や感染部位に見られる腫脹の正体である．炎症の特徴である腫脹には重要な役割がある．腫脹のおかげで、侵入者が生産する毒素を希釈できるうえ、損傷組織の治癒と修復を進めるためのさまざまな化学物質を運び込めるのである．ヒスタミンは神経終末を刺激してかゆみや痛みのもとにもなる．蚊に刺されたときにできるかゆい赤いはれは、自然免疫系によって開始された炎症反応の表れである．

　病原体の存在を検知して活性化した食細胞は、流感にかかった人にはおなじみの発熱と倦怠も誘起する．活性化した食細胞はサイトカインなどの化学物質を放出し、これがプロスタグランジンの合成を刺激する．**プロスタグランジン**は体内のさまざまな組織で生産される一群の脂質分子で、特定の食細胞や血管内皮の細胞でもつくられている．プロスタグランジンは、体温調節を司る脳領域である視床下部を刺激する（第 26 章参照）．刺激を受けた視床下部は、体幹温度の設定値を平均値である 37 ℃ より高くすることで、体熱の生産と体温保持の応答が起こる．この結果として生じる発熱は不快なものかもしれないが、体温上昇が極端なものでなければ、発熱にはメリットがある．多くの病原体の増殖を抑え、免疫細胞の食作用を促進させ、損傷組織の修復を早めるのである．また、プロスタグランジンの作用で生じる眠気や痛みと熱によって、個体の活動が低下することで、治癒に必要な時間と代謝物資も確保される．高熱や痛みを緩和するのに広く用いられてきた投薬の多くは、プロスタグランジン合成を抑制することで効能を示す．例として、アスピリンやイブプロフェン、（カロナー

自然免疫は血液凝固と発熱にもはたらく

　自然免疫系は傷口を塞ぐための血液凝固というとても重要な任務も背負っている．開いた傷口を塞ぐことは、血液の損失を減らすという目的のほか、完全な外的防御バリアを復旧するのに役立つ．組織損傷によって、通常は血中に溶けているタンパク質が**血小板**とよばれる粘着性の細胞断片と結合するようにするための一連の反応が誘起される．血中を循環している血小板が、凝固タンパク質と連結することで血球を捕捉するゲル様の網をつくる．その結果生じるのが血餅で、これにより傷口にある病原体が周囲の組織へと広がってしまうのを抑止することができる．血液凝固は、組織が損傷してから 15 秒という早さで開始される．それに続いて新しい組織が発達して、より長持ちする傷口の修復が行われる．

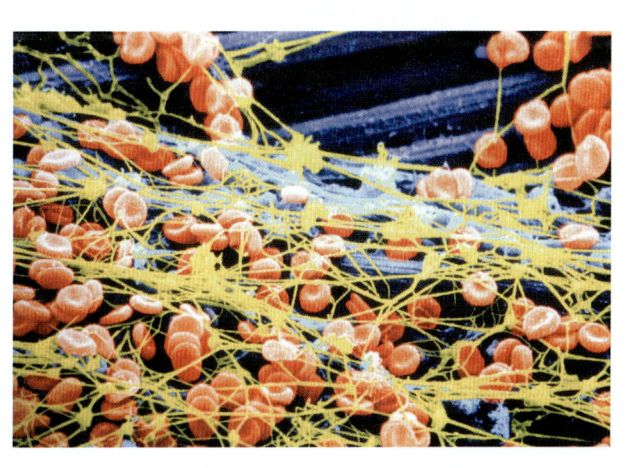

血小板（青色）とフィブリン（黄色）が血餅を形成して皮膚の破れを塞ぐ

ルなどの商品名で浸透している）アセトアミノフェンなどの市販薬がある．

別の戦略として補体と直接攻撃がある

自然免疫系は，一群の病原体認識タンパク質による"標識して破壊"作戦も展開する．循環血の血漿中にはおよそ25種類の**補体タンパク質**があって，その名が示すとおり，特定の白血球がつくる抗体と協力し合って作用する．傷口に到着した補体は，侵入してきた細胞に結合し，その細胞膜に孔を開けることで細胞を破壊する．病原体のなかには正常な自己細胞とかなり似ているものもあるが，補体は，侵入者を正常細胞からより明瞭に区別できるように標識するという役割も担っている．たとえるなら，ホームチームのユニフォームにいささか似過ぎた敵チーム全員のウェアの背中に"✕"を書くようなものである．一部の補体は侵入者にずっと結合し続けて，補体による初期攻撃でやっつけられなかった外来細胞があっても食細胞や白血球が見つけて破壊しやすいようにする．たとえば，補体が侵入した破傷風菌の表面を標識することによって，食細胞が貪食するにあたり菌細胞に結合しやすくなる．

病原体が細菌や原虫ではなくてウイルスの場合，自然免疫系は少し違った応答をする．ウイルスは宿主細胞に侵入してその代謝装置を乗っ取ったときだけ増殖できる．自然免疫を担う細胞はウイルス粒子に対して直接応答するのではなく，ウイルスに感染した細胞に対して応答する．ウイルスがヒトの細胞に融合した際に脱ぎ捨てられて細胞膜に残された外殻タンパク質の破片が，感染細胞の目印となる．この目印をもつ細胞は，特殊な食細胞によって認識されて貪食される．さらに，ウイルスに感染した細胞は**インターフェロン**を放出する．この分子は周囲にある細胞の細胞膜に結合して，その細胞へのウイルスの侵入と感染を防ぐためにウイルスを妨害する〔名前の由来はこの妨害（interfere）作用である〕．インターフェロンは，**ナチュラルキラー細胞（NK細胞）**という別の種類の白血球を，その場に呼び寄せる作用ももつ．ナチュラルキラー細胞は，ウイルスタンパク質などの外来タンパク質によって標識された細胞膜をもつ細胞をすべて破壊する．ナチュラルキラー細胞は，他の細胞の細胞膜に多くの孔を開けて崩壊させるか，感染細胞に自死を促すことで，他の細胞を殺す．

生活の中の生物学

敏感すぎる免疫系：アレルギーと自己免疫

体内に侵入する可能性のある異物が何十億種類にも及ぶなかで，ヒトの免疫系は自己と非自己を識別して危険物だけを選択的に攻撃するという至難の業をやってのけている．しかし，時にはヒトの免疫系が過剰反応してしまうこともある．アレルギーは，無害な抗原に対して免疫系が総攻撃を仕かけてしまったときに生じる．自己免疫疾患は，正常な体細胞を免疫系が誤って攻撃してしまうことで起こる．

アレルギーは，一般的な環境中の物質で，アレルギーのない個体にはふつうは何ら危険性のないもの，つまり**アレルゲン**に対して起こる予測可能な急性の炎症反応である．一般的なアレルゲンとして，花粉やネコのフケ，特定の食品（特にピーナッツと木の実類）などがある．肥満細胞はアレルゲンに応答して，素早く多量のヒスタミンやサイトカインを放出することで，炎症反応を起こさせる．花粉症で止まらなくなる鼻水は，ヒスタミン刺激によって漏出しやすい血管から外へと漏れ出てしまった体液なのである．肥満細胞から放出されたヒスタミンは特定の神経も刺激するため，アレルギーになった人はかゆみや痛みを感じる場合がある．市販のアレルギー治療薬の多くは，（ロラタジンなどの抗ヒスタミン薬のように）ヒスタミンの作用を阻害するか，（モンテルカストなどの阻害薬のように）特定のサイトカインの作用を阻害することによって効能を示す．

免疫系が，自己の体の細胞に対して，異物だと勘違いして応答してしまうこともある．その結果生じてしまうのが，**自己免疫疾患**である．この病気では，通常ならば"自己"として認識されそのまま何もせずにおくべき組織を，免疫系が攻撃してしまう．自己抗原を認識してしまう特殊な免疫細胞は生じるものだが，通常はそうした自己に対する免疫細胞は，**免疫寛容**という過程により抑制されるか身体から除去される．しかし，理由はほとんどわかっていないが，相当数の抗自己免疫細胞が残ってしまう人もいて，この免疫寛容の不全によって自己免疫疾患を生じてしまう．

多くの病気が自己免疫疾患に該当し，そのなかにはよく知られた病気も含まれている．たとえば，1型糖尿病は，インスリン依存性糖尿病ともよばれるとおり，膵臓のインスリン生産細胞の破壊されてしまうことで生じる．この1型は比較的まれな型の糖尿病で，糖尿病を患う2600万人の米国人の90%以上は2型糖尿病である（第29章参照）．1型糖尿病は一般に小児期や若年期に発症し，遺伝子組換えヒトインスリン（§16・4節参照）の注射による治療が行われる．また，多発性硬化症では，免疫系が脳の神経細胞を攻撃することで，神経が正確に機能するために必要不可欠なミエリン鞘の一部が失われてしまう．多発性硬化症患者では，筋肉の協調が失われていき，ついには車椅子生活を余儀なくさせられるケースが多い．別の自己免疫疾患である関節リウマチでは，関節部を覆う軟骨が免疫系による攻撃を受けることで，ひどい痛みと関節機能の喪失がもたらされる．狼瘡患者の組織・器官は，患者自身の免疫系の標的となっているために，慢性的に炎症を生じている．

セリアック病（小児脂肪便症）では，小腸の免疫細胞が食物グルテン（小麦や近縁の穀類に含まれるタンパク質）に反応して，なぜかはわかっていないが，腸の内壁の細胞を免疫細胞が攻撃することで，栄養素を吸収する機能が損なわれてしまう．

自己免疫疾患のなかには遺伝的なものと考えられる疾患もあるし，食品中の化学物質や特定のウイルス感染などの多種多様な環境中の危険因子の影響によるものもある．現在知られている自己免疫疾患は80種類以上にものぼり，人を苦しめる病気のなかで，いまだに最も謎の多い病気である．

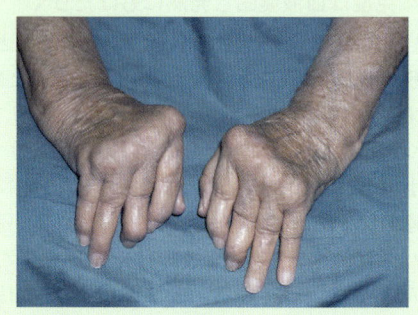

関節リウマチは一般的な自己免疫疾患である関節リウマチによって生じる外観異常や疼痛は重症化することもある．

■ これまでの復習 ■

1. 自然免疫における食細胞の役割が何か答えよ．
2. 炎症反応のおもな症状を三つ答えよ．また，炎症反応がどのように侵入病原体と戦うのか説明せよ．

1. 食細胞は病原体を取込んで破壊したり，貪食による膜離を行う．また，溶解酵素や化学物質を放出したり，傷口や感染部位にいる微生物や異物に向かう．これらは毛細血管の拡張や血流量の増加により病原体を殺し，白血球や修復タンパク質が運ばれるようにする．

32・4 第三防衛線：適応免疫系

前述した刺し傷では，生きた破傷風菌が傷口深く押し込まれる可能性が高く，第一防衛線を飛び越えて菌が体内に侵入してしまう．そこで細菌は増殖して致命的な毒素を生産するのに適した環境に置かれる．生体は，第二防衛線である自然免疫系によるさまざまな非特異的応答に加えて，第三防衛線である適応免疫系を自動的に始動させる．適応免疫は，協調的に相互作用する細胞と防御分子のネットワークで，これにより特定の病原体に対する抵抗能力が長期的に担保される．適応免疫は自然免疫と比べると始動に時間がかかり，初めて出会う侵略者としっかりと戦って破壊するのに2週間以上かかってしまうことも少なくない．しかし，特定の侵入者を攻撃する際の特異性と，侵入者との遭遇の記憶を保持する優れた能力ゆえに，適応免疫系は，動物の防御機構のなかで最も洗練された効果的なものである．

リンパ系は免疫を助ける

ヒトの適応免疫系はおよそ7兆個に及ぶ数種類の白血球と各種の防御タンパク質から成り立っている．これらの細胞やタンパク質の多くは不活性型として体内を循環している．そして，これらが活性化されると，血液から組織液へと移動して感染にあらがって戦う．その後，防御タンパク質や白血球は，組織液を循環系へと戻す脈管網である**リンパ管**内へと組織液とともに回収される．リンパ管には各所に**リンパ節**という袋があり，そこにいる多数の白血球が，細菌やウイルスや外来タンパク質を捕獲する．感染が起こると，よくリンパ節（一般には**リンパ腺**ともよばれている）がはれることがあるが，これは侵入者と戦うために白血球数が急増するためである．顎先や顎下，耳の裏などにあって皮膚の表面近くに位置するリンパ節は，大きくはれたときには指で触ればわかる．リンパ節とそれにつながるリンパ管，および脾臓などの諸器官がまとまって**リンパ系**を構成している（図32・5a）．リンパ系は自然免疫と適応免疫両方を支えていて，リンパ組織には免疫機能を担う細胞が数多く存在している．

リンパ球（図32・5b）はおもにリンパ系にある白血球の一種で，適応免疫に重要な役割を担っている．リンパ球は侵入した病原体のなかでも特定の種や系統に対してだけ特異的応答を開始する．たとえば，破傷風菌に結合するリンパ球は，ほかの病原体には結合しない．つまり，そのリンパ球は破傷風菌とほかのさまざまな

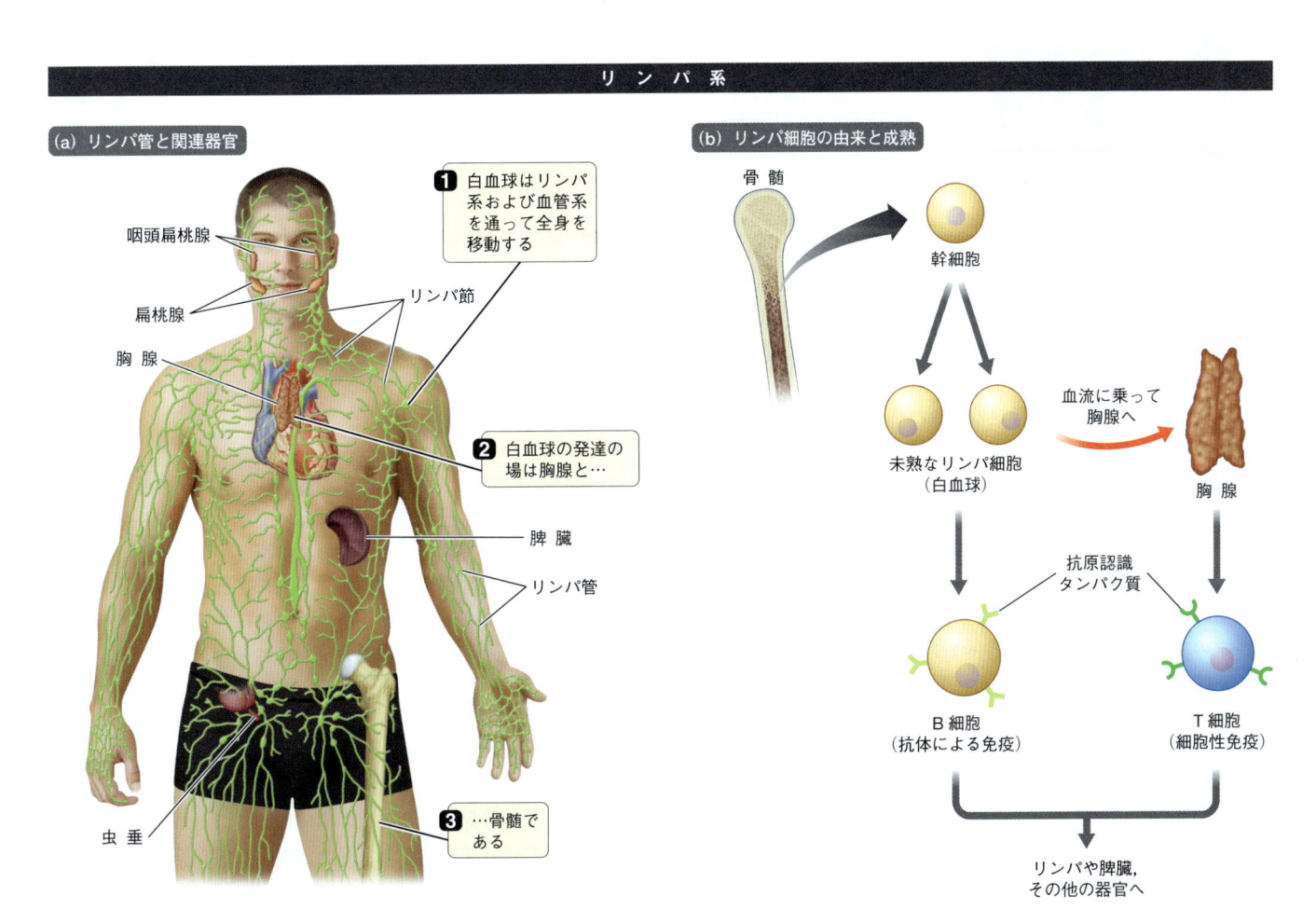

図32・5 リンパ系は適応免疫の一部として重要なはたらきをもつ　(a) リンパ系は，リンパ管とリンパ節および関連器官から構成されている．(b) リンパ球は骨髄にある幹細胞からつくられる．B細胞は骨髄で成熟し，T細胞は胸腺で成熟する．リンパ球はリンパ系および血管系を循環し，リンパ節および脾臓や扁桃腺などの器官に集まる．

■ 役立つ知識 ■ 散在したリンパ組織は外界と接する上皮に存在している．口やのどにある扁桃は，そのような組織の例であり，病原体と戦う役割を担っていると考えられている．皮肉なことに，扁桃腺（図32・5参照）は細菌やウイルスの感染の結果としてはれてしまい，抗生物質の処方や手術が必要となることもある．扁桃腺は小児では比較的大きいが，大人になると小さくなる．

侵入者との違いを識別している．同様に，大腸菌 O157:H7 系統を認識するのが専門のリンパ球は，ほかの大腸菌に反応することはない．

Bリンパ球とTリンパ球は病原体を非常に特異的に認識する

リンパ球は骨髄にある幹細胞から派生し発達した細胞である（§11・1参照）．未成熟リンパ球は，基本的に2種類の成熟リンパ球へと分化する．**B細胞**は骨髄において成熟し，**T細胞**は骨髄から移動して胸部にある腺である胸腺において成熟する（図32・5b参照）．"B"は骨（bone），"T"は胸腺（thymus）に由来している．どちらのリンパ球も成熟するとリンパ系に移動し，外来細胞や外来タンパク質がたまりやすい場所に集合する．そのため，リンパ節やリンパ系関連の諸器官には非常に多数の成熟したB細胞やT細胞がみられる．

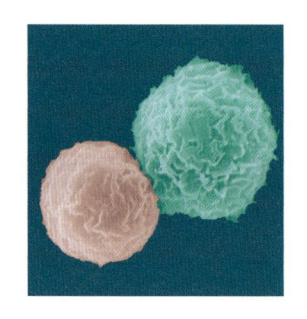

T細胞（ピンク色）とB細胞（緑色）は適応免疫システムを担当している．両方とも骨髄由来の細胞である．T細胞は胸腺で成熟し，異常な細胞や外来の細胞を攻撃する．B細胞は骨髄で成熟し，特定の異物に対する抗体を分泌する．

B細胞やT細胞は，成熟するにつれて専門化し，きわめて特異的な化学的目印，つまり抗原，を認識するようになる．**抗原**は，特定の病原体もしくは異物の表面に表示される一つまたは複数の分子でできていて，リンパ球によって認識される．抗原が病原体を特徴づける仕方は，例のごとくチームスポーツにたとえれば，ユニフォームの色や文字の特定の組合わせによって複数のチームを区別するのとほとんど同じである．リンパ球はそれぞれに固有の受容体タンパク質を細胞膜上にもつことで，互いに異なる抗原分子に結合することができる．つまり，錠前に合った鍵のように，リンパ球はおのおのが対応する抗原だけを認識して結合できるように専門化しているのである．抗原結合受容体タンパク質はおびただしい数存在しているが，各"チーム"のリンパ球は細胞膜上に特定の1種類の抗原結合受容体タンパク質しかもっていない．たとえば，破傷風菌の表面にある抗原分子を認識して結合する膜受容体タンパク質をもっているのは，ほんの一握りのB細胞とT細胞だけである．ほかのB細胞やT細胞は，特定の風邪ウイルス，のど風邪の原因となる連鎖球菌，あるいは特定の花粉粒の表面にあるタンパク質など，それぞれが特定の抗原だけを認識している．

リンパ球は，それぞれが特定の抗原を認識するようにプログラムされて，不活性な状態で体内を循環している．リンパ球は，脾臓やリンパ節において特異的抗原に遭遇して結合すると活性化する．**クローン選択**という過程により，活性化したリンパ球はすばやく分裂増殖して，同じ特定抗原を標的とした同一のコピー細胞がたくさんつくられる（図32・6）．

クローン選択

脊椎動物は，それぞれが固有の膜タンパク質をもっていて，とても多様性に富んだリンパ細胞をつくり出している

侵入してきた病原体は特徴的な抗原を生産している

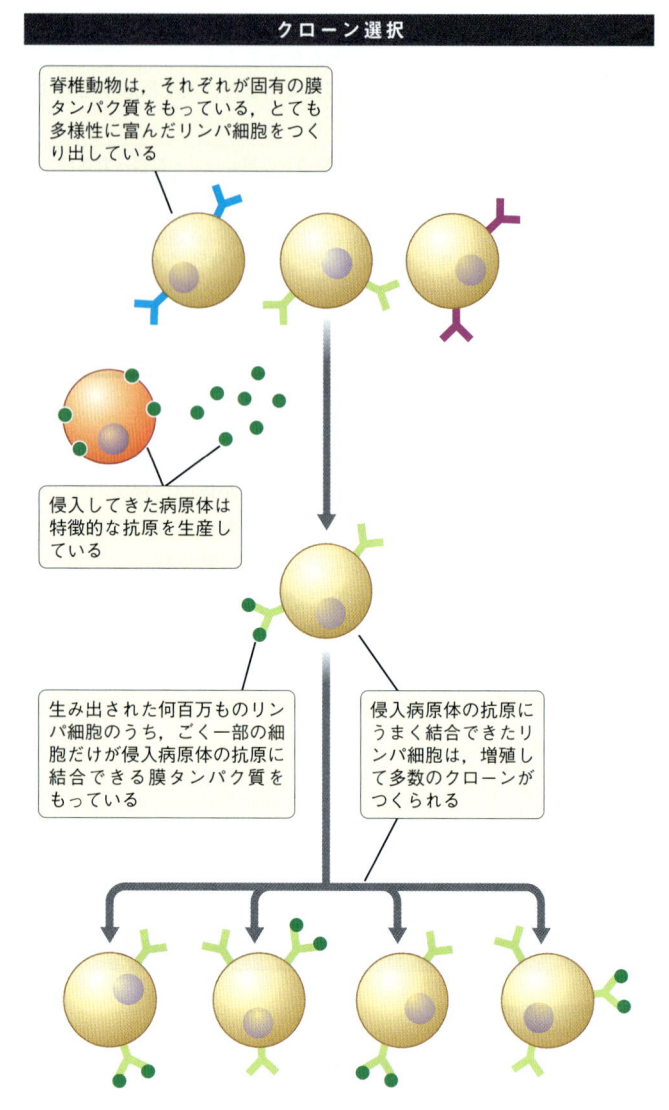

生み出された何百万ものリンパ細胞のうち，ごく一部の細胞だけが侵入病原体の抗原に結合できる膜タンパク質をもっている

侵入病原体の抗原にうまく結合できたリンパ細胞は，増殖して多数のクローンがつくられる

図32・6 リンパ球は抗原認識により活性化する 侵入病原体上の抗原と結合したリンパ球はすぐに増殖して，同じ抗原に特異的に結合できる同一のリンパ球がつくられる．

B細胞は抗体をつくる

B細胞とT細胞はともに，その細胞膜に抗原結合受容体タンパク質（図32・5bと図32・6では緑色で示した）をもっているが，B細胞は膜受容体タンパク質の可溶型とでもいうべき水溶性タンパク質を生産し分泌している．これが，血液やリンパ系を循環している**抗体**である．B細胞は水溶性の抗体を利用して侵入者を攻撃できることから，**抗体性免疫**（液性免疫）をもつといわれている．

活性化したB細胞から放出された抗体は，破傷風菌などの侵入してきた病原体表面にある特異的抗原を標的としている．抗体分子が侵入してきた細胞に結合することで，その侵入者を，免疫系防御チームの仲間による破壊の標的にすることができる．たとえば，抗体によって標識された病原体は，補体の標的となる．また，抗体はマクロファージや好中球が侵入者に結合しやすくして，それを破壊するのも助ける．さらに，毒素（破傷風菌がつくる毒素など）やウイルスなどの外来の小さな分子に結合して中和することで，宿主細胞に入り込めないようにする（図32・7）．

32. 病気と生体防衛

抗体性免疫

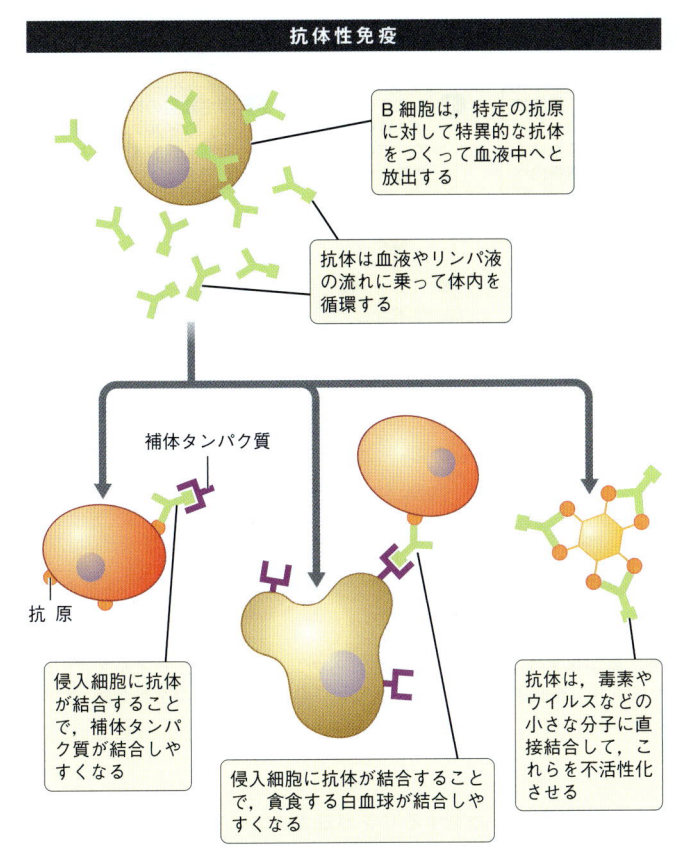

図32・7 抗体の作用の仕組み　抗体（緑）が侵入してきた細胞（赤）に結合することで，貪食能をもつ白血球（マクロファージと好中球）と補体タンパク質が侵入者に結合できるようになる．抗体は，毒素やウイルスにも結合して中和することができる．

- B細胞は，特定の抗原に対して特異的な抗体をつくって血液中へと放出する
- 抗体は血液やリンパ液の流れに乗って体内を循環する
- 補体タンパク質
- 抗原
- 侵入細胞に抗体が結合することで，補体タンパク質が結合しやすくなる
- 侵入細胞に抗体が結合することで，貪食する白血球が結合しやすくなる
- 抗体は，毒素やウイルスなどの小さな分子に直接結合して，これらを不活性化させる

T細胞は感染細胞や異常細胞を標的としている

T細胞は，感染細胞や異常細胞を1対1のプレーで破壊することを専門としている．B細胞とは対照的に，T細胞ではすべての抗原結合受容体タンパク質が細胞膜上にとどまっている．T細胞の受容体タンパク質は，感染細胞もしくはがん細胞のような異常細胞の表面に提示された特異的抗原を認識するのが専門である．T細胞受容体タンパク質が標的抗原に結合すると，T細胞全体が標的細胞にくっつくようになる（図32・8）．結果として細胞同士の結合を生じるので，T細胞の作用が関与する免疫は**細胞性免疫**とよばれている．

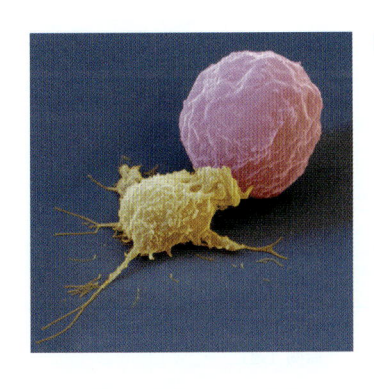

図32・8 T細胞は細胞間の戦いに従事している　細胞傷害性T細胞（黄色）が，がん細胞（ピンク色）を攻撃しているところ（色彩強調走査電子顕微鏡像）．

ある細胞の表面に提示された特異的な標的抗原に出会うと，T細胞は活性化する．抗原を提示した免疫細胞を**抗原提示細胞（APC）**といい，飲み込んだ抗原を細胞表面に提示することが専門の特殊な食細胞もこれに含まれる．たとえば，食細胞によって

細胞性免疫

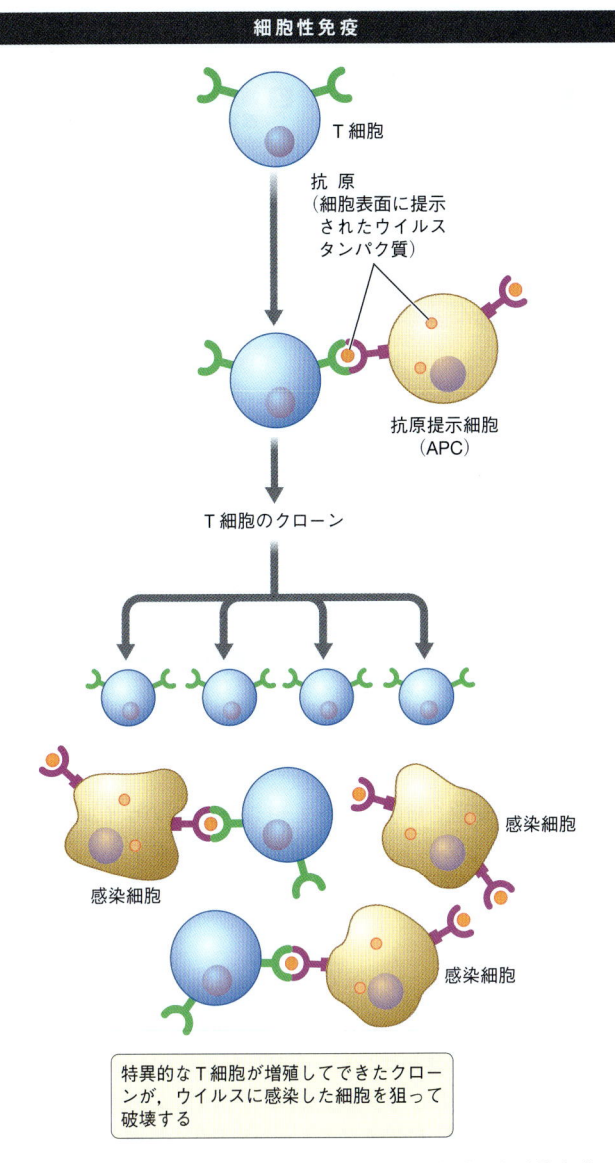

- T細胞
- 抗原（細胞表面に提示されたウイルスタンパク質）
- 抗原提示細胞（APC）
- T細胞のクローン
- 感染細胞
- 特異的なT細胞が増殖してできたクローンが，ウイルスに感染した細胞を狙って破壊する

図32・9 抗原の結合がT細胞のクローン選択を促す　細胞性免疫には，抗原認識タンパク質が関与している．このタンパク質は，抗体性免疫の抗体と同じくらいの特異性をもつが，T細胞でつくられると分泌されずに細胞表面に結合したまま残る．

飲み込まれたウイルスは，ファゴリソソーム内で分解されて，その小さな破片が食細胞の細胞膜に挿入される．提示された抗原にT細胞の抗原認識受容体がしっかり結合すると，T細胞が活性化する．そして，活性化したT細胞はクローン選択により増殖することで，食細胞や他の抗原提示細胞によって提示された抗原に特異的に対応したT細胞の大集団ができあがる（図32・9）．

T細胞はヘルパーT細胞と細胞傷害性T細胞という二つのおもなエフェクター細胞グループに分けられる．**ヘルパーT細胞**は，その名のとおり他の免疫系細胞の先導役である．ヘルパーT細胞が特異的抗原に結合して活性化すると，クローン選択によってみずから迅速に増殖するだけでなく，同じ抗原に結合するB細胞や細胞傷害性T細胞を活性化して増殖を促す．また，活性化したヘルパーT細胞は，マクロファージが侵入者にすみやかに結合できるようにサポートも行っている．一方，**細胞傷害性T細胞**は，がんの目印を細胞表面に表示していたり，ウイルスに感染していたり，痛んだりした自己細胞を破壊することから名づけられた．ウイルスが増殖するには生きた宿主細胞が必要なため，

細胞傷害性T細胞のはたらき

1 細胞傷害性T細胞がウイルス感染細胞に結合する

2 細胞傷害性T細胞が、感染細胞の細胞膜に孔を開けるタンパク質を放出する

3 細胞傷害性T細胞に由来する他のタンパク質が、生じた孔を通って感染細胞内へと入る

4 これらのタンパク質によって、感染細胞が破壊される

5 宿主細胞の破壊により、ウイルスの増殖周期を阻害することができる

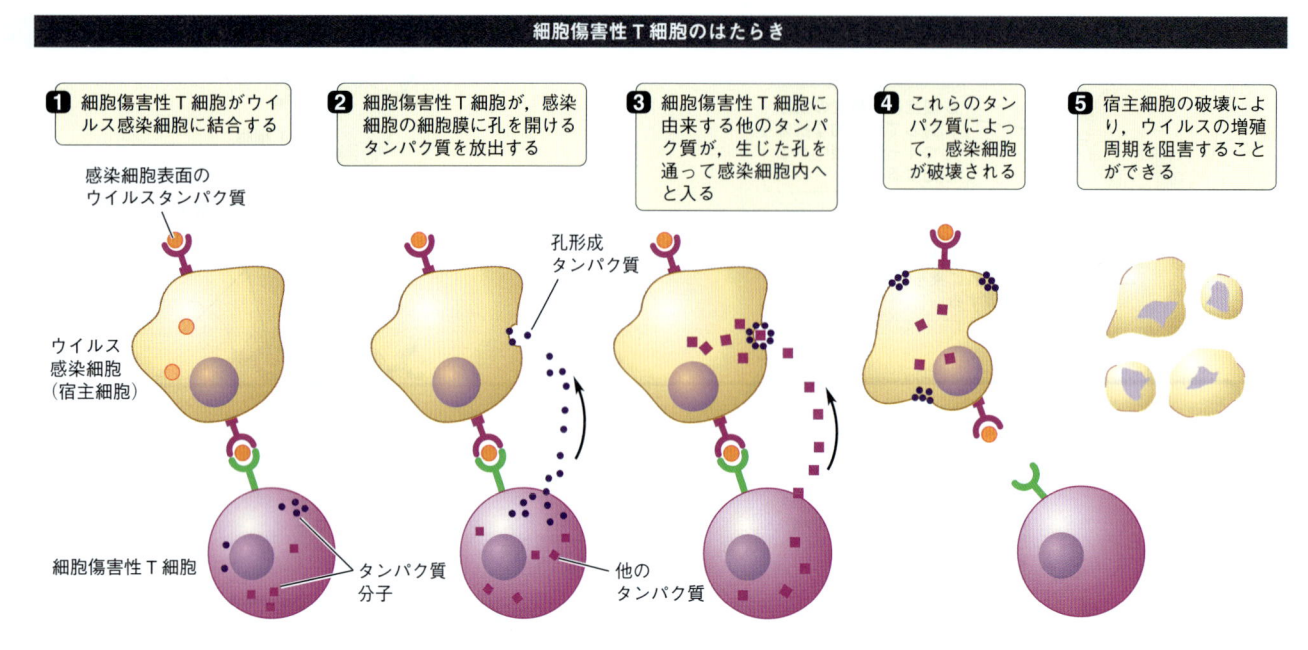

図 32・10 細胞傷害性T細胞は感染細胞や損傷した自己細胞を破壊する 細胞傷害性T細胞から放出されるタンパク質には、ウイルスに感染してしまった宿主細胞の細胞膜に孔を開けるものがある。これにより、細胞傷害性T細胞から放出された別のタンパク質が感染細胞内に入り込んで細胞を破壊することができる。

感染した宿主細胞を破壊してしまえば、細胞内のウイルス粒子が増殖サイクルを完遂する可能性を減らすことができる。図 32・10 に、細胞傷害性T細胞が標的細胞を破壊する仕組みの例を示した。

初めての感染は、遅く緩慢な免疫応答を生じる

ある抗原に初めてさらされると、適応免疫の**一次免疫応答**が開始される。この応答がエンジン全開となるまでには時間を要し、2週間以上かかることも少なくない。一次免疫応答が比較的ゆっくりと起こる一方、破傷風菌のような病原体の増殖が速すぎるために、攻撃性の高い病原体に感染した人が競争に負けて病に倒れ命を落とすこともある。これと同じ理由から、人類にとって新しい病原体は特に危険なのである。しかし、自然免疫と適応免疫の一次応答の共同作用があれば、ふつうはほとんどの病原体に打ち勝つことができる。

前述したとおり、あるB細胞やT細胞が特異的抗原に一度結合すれば、クローン選択によって細胞は素早く増殖する。この過程によって、親細胞と完全に同じ抗原認識タンパク質をもつ同じリンパ球が多量につくられる。このクローン化したリンパ球の大部分は、抗原をもつ病原体やがん細胞や異物との臨戦態勢にあるエフェクター細胞となる。クローン化リンパ球のごく一部は記憶細胞となって、後述するとおり、同じ異物が再び侵入した際には迅速に応答できるように予備として保持される。

2回目以降は迅速で強い応答が起こる

適応免疫系は、二度目に病原体に出会ったときには、より早期に劇的な応答を起こす（図 32・11）。後から生じるこの反応は**二次免疫応答**とよばれる。たとえば、破傷風菌がつくる毒素に1回でもさらされれば、そのあとは、初回だったら致死量になったであろう量の10万倍以上ものひどい曝露を受けても生き延びることができる。

ある侵入者に遭遇した経験から学習する生体能力の鍵となるのは、特定の抗原を認識するリンパ球である。初回感染時に破傷風菌を認識してクローン選択が行われたT細胞とB細胞のなかには、記憶細胞になるものがある。**記憶細胞**は、クローン選択されたリンパ球のうち、抗原に対する一次免疫応答を長期間記憶しておく役目を担って体内に残された少数の細胞である。記憶細胞は、遺恨をもつホームチームの一員だといえる。破傷風菌への2回目の曝露の際には、破傷風菌とその毒素に特異的な記憶細胞が迅速に増殖して、リンパ球の大軍が配備される。破傷風菌に特異的なリンパ球の数が多い今回は、免疫応答のあらゆる段階が劇的に加速され、応答も強力なものになる。その後のこの病原体に対

一次免疫応答と二次免疫応答

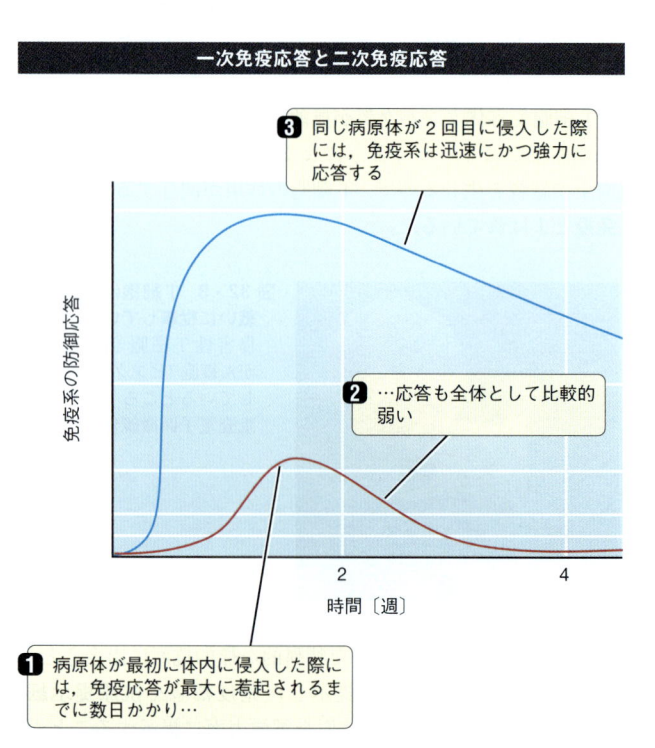

3 同じ病原体が2回目に侵入した際には、免疫系は迅速にかつ強力に応答する

2 …応答も全体として比較的弱い

1 病原体が最初に体内に侵入した際には、免疫応答が最大に惹起されるまでに数日かかり…

図 32・11 リンパ球は2回目以降に、より効率的に体を守る

する曝露でも，さらに記憶細胞がつくられる．

能動免疫と受動免疫

免疫の獲得は，能動的および受動的という二つの方法で行われる．抗原に対する抗体が，外界から受取ったものではなく自分自身の体で生産される場合，特定の病原体に対する**能動免疫**が獲得される．はしかなどの病気にかかったときには，自然に能動免疫が獲得される．また，特定の疫病に対する能動免疫をワクチン接種によって獲得する場合もある．**ワクチン**は，抗原を含む製剤からできていて，抗原の由来となった病原菌に対する将来の感染を予防するために投与される．

ワクチンは，病原細胞やウイルス粒子そのものを使って製造されるが，その際，病原体は病気をひき起こさないように熱や化学物質によって殺すか弱体化される．病原体は武装解除されるわけだが，それでもその特徴である抗原は表示しているので，ワクチンを生体に接種すれば，一次免疫応答が喚起される．ワクチンに対する一次免疫応答の結果，その特異抗原に対応した抗体と記憶細胞がつくられる．インフルエンザの予防接種を受けたことがある人は，おそらく不活化したインフルエンザウイルスを含むワクチンを受けたはずである．一方，鼻噴霧式のインフルエンザワクチンに含まれるウイルス粒子は生きたウイルスであるが，弱いウイルスなので病気にさせることはない．それでいて，ワクチンに利用されたウイルス系統に対する免疫をこの方法により獲得できる．また，病原体の表面タンパク質や特定の病原体によって分泌される特有の化学物質などの抗原性の高い部位も，ワクチン製造に利用される．たとえば，破傷風の予防接種は，生きた細菌や活性型の毒素ではなく，破傷風菌毒素の不活性体が含まれている．

人体はワクチンに含まれる抗原に対して，まるでその抗原が本物の病原体であるかのように応答し，侵入者の存在を伝える．ワクチン接種後およそ2週間以内に，抗原に対する抗体と記憶細胞が適応免疫系によってつくられる．この一次免疫応答によって，生体が将来同じ抗原に出会ったときには，迅速な二次免疫応答を開始できるようになる．言い換えれば，一次免疫応答を誘起することによって，その後天然の病原体に曝露したら強力な二次免疫応答を起こせるようにするのがワクチン接種なのである．

予防医学はワクチンに負うところが大きい．ワクチンのほとんどは子どもに接種される．これは，その年齢が，適応免疫系が応答を生じるのに十分に強い時期であるとともに，自然に病原体に出会ってしまいやすくなる前の時期だからである．一次免疫応答によって終生免疫が獲得できるほど強いワクチンもあるが，何年か経つと血中の抗体や記憶細胞が減ってしまうワクチンもある．ワクチン接種を繰返すことを**追加接種**といい，これを通じて再度新たに抗原に曝露することで抗体濃度や記憶B細胞数を増大させて，免疫力を回復させることができる．医療専門家は，破傷風とジフテリアについては10年ごとの追加接種を推奨しているが，追加接種をさぼったためにこれらの感染に対して無防備になってしまう人も多い．

受動免疫は，自分自身でつくられたものではない抗体を受取ることで得られる免疫である．ヒトの胎児は，必要な栄養と酸素のすべてを，自身の血液と母親の血液との交換によって受取っている．同様に，胎児は抗体も母親の血液から受取っている．母乳，特に出産直後の母親によってつくられる最初の母乳である初乳には，抗体が豊富に含まれている．母親の免疫系はそれまでの半生で数多くの抗原と出会い多くの抗体を生産してきたので，乳児には広範な潜在的病原体に対する受動免疫が授けられる．しかし，受動免疫は記憶細胞をつくらないので，ふつう数週間から数カ月で，受取った抗体が減少すると消え去ってしまう．

受動免疫は，前もって製造しておいた高濃度の抗体（免疫グロブリン）を血液中に投与することで，人為的に授けることもできる．患者の死が刻一刻と迫るような重篤な感染と戦おうとする場合には，こうした抗体投与が行われる．たとえば，破傷風の免疫をもたない人が破傷風の症状を示したときには，こうした処置がなされる．また，狂犬病などのように命にかかわる感染で，人々が常に免疫をもっているわけではないものに対処する場合や，特定の毒素を除去しようとする場合にも，利用されてきた．たとえば，ヘビ咬傷抗毒素には，特定のヘビ毒に存在する抗原に特異的な免疫グロブリン（一般には免疫したウマから得られる）が含まれている．

成人に推奨されている予防接種スケジュール（米国，2010年）

ワクチン	19～26歳	27～49歳	50～59歳	60～64歳	65歳以上
破傷風，ジフテリア，百日咳（2種混合/3種混合）[†]	1回だけ3種混合を2種混合に代えて接種し，その後10年ごとに2種混合を追加接種				10年ごとの2種混合追加接種
ヒトパピローマウイルス[†]	3回（女性のみ）				
水疱瘡[†]	2回				
帯状疱疹				1回	
はしか，おたふくかぜ，風疹[†]	1回または2回		1回		
インフルエンザ[†]			毎年1回		
肺炎球菌（莢膜糖鎖ワクチン）			1回または2回		1回
A型肝炎[†]	2回				
B型肝炎[†]	3回				
髄膜炎菌[†]	1回以上				

[†]：ワクチン健康被害補償制度の対象（米国）．
□ 推奨なし．
■ 所定の年齢で免疫の証拠がない場合（予防接種の証明書がない場合や既往歴の証拠がない場合など）すべての人が該当．
■ ほかの危険因子（医療上，職業上，生活上，その他の指摘事項など）がある場合に推奨される．

■ これまでの復習 ■

1. のど風邪から単核球症まで，多くの感染症の症状としてリンパ節がはれるのはなぜか説明せよ．
2. 自然免疫と適応免疫の違いを三つ以上あげよ．

1. リンパ節はリンパ液で運ばれてきた細菌や他の抗菌，リンパ球やマクロファージなどの免疫細胞を多く含み，感染に伴って防御細胞の数が増える．リンパ球が異物性抗原を同有のものと，抗原特異的に増殖するが，特にB細胞やT細胞といった、リンパ球が増殖するため免疫系が活性化する．
2. 適応免疫系は自然免疫系にくらべて反応が遅く、1週間以上かかるが、免疫記憶の形成と結果、2回目以降の感染では抗原の認識と応答が速く起こり、長期的な防御能をもつ．特異的で非持続的な自然免疫系とは異なる．

学習したことを応用する

エイズが死に至る病なのはなぜか，エイズを治療する術はあるのだろうか

1980年代はじめに米国の医師たちは，ゲイの男性が，カポジ肉腫という皮膚がんや珍しい肺炎のほか，通常ならまずかからない感染症などのさまざまなまれな病気で死んでいくことに気づき始めた．1980年代半ばまでには，後天性免疫不全症候群（エイズ）と名づけられたこの症候群の患者では，ヒト免疫不全ウイルス（HIV）とよばれるウイルスに感染した結果，免疫系が破綻していることが明らかとなった．

北米とヨーロッパでは，新規の症例数が急速に増加し，毎年何万人という命が失われた．当初は，症例のほとんどがゲイの男性や静注薬物常習者と，輸血を受けた人に限られていた．これらの人たちの共通項は，他の人の血液もしくは体液との接触であった．ゲイの男性はセックスのとき，薬物常習者は同じ針を使い回したとき，手術患者や血友病患者はHIVが混入した輸血を受けたときに，それぞれ感染したのである．

やがて，セーフセックス教育や清潔な注射針利用を促す施策が奏功して，ゲイの男性や輸血患者の感染率は低下したが，ウイルスは別の集団へと広がっていった．世界では，2500万人がエイズによって死亡し，エイズが原因で親を亡くした子どもも1660万人にのぼる．2009年には，たった1年の間にエイズによる死者が180万人にのぼり，260万人が新たにエイズに感染した．

血液中で，HIVは2種類の免疫細胞に侵入する．一つは細胞の残骸や病原体を貪食するマクロファージであり，もう一つは，細胞傷害性T細胞（キラーT細胞ともよばれる）やマクロファージを刺激し，B細胞による抗体生産を促進するヘルパーT細胞である．HIVはこれらの細胞内で増殖し，ついには多くの免疫細胞が殺されて体の防衛力が維持できなくなってしまう．

感染の初期には，HIVは消化管のヘルパーT細胞の大部分に感染して破壊してしまうことが多い．これと並行して，血中では，自身の細胞傷害性T細胞がHIVに感染したヘルパーT細胞を探し出しては破壊してゆく．細胞傷害性T細胞が血中のHIV感染細胞を処理するというすばらしい仕事を果たしてくれるおかげで，HIV陽性者のほとんどは，病気にかかるまでに10年ほどは健康な暮らしができる．

しかし，時間とともに体内のエイズウイルスが進化してゆく．まず，ウイルスのタンパク質外被上の抗原に変異を生じる．細胞傷害性T細胞から逃れるのに役立つ変異をもった各ウイルスはより長く生き延びて増殖する一方，細胞傷害性T細胞は変異のないウイルスをせっせと除去し続ける．ほどなく，細胞傷害性T細胞の攻撃を回避するのに順応したウイルスは，元のウイルスよりも数が多くなる．HIVが体内で進化するため，T細胞はもはやウイルスを認識して破壊することができなくなってしまう．HIVウイルスの数が増加すると，ヘルパーT細胞の増殖速度を超えて細胞が破壊され始める．このヘルパーT細胞とともに，細菌や酵母やウイルスによる感染と戦うのに必要な抗体と細胞傷害性T細胞も減少の一途を辿っていく．こうして一度免疫系が崩壊してしまうと，あらゆる日和見感染症にかかりやすくなる．

今のところ，HIVに効くワクチンや根本治療法は開発されていない．しかし，いろいろな新薬のおかげで，エイズ患者は症状を抑えつつ長年生きることができるようになっている．"HIVカクテル"とよばれる標準的な混合治療薬は，ウイルスの遺伝物質の複製を阻害するか，もしくはウイルスが細胞膜に融合して細胞内に侵入するのを阻止する．これらの薬は母親から新生児あるいは乳児へのウイルス伝達を制限するし，薬によっては新たな感染を抑えるものもある．しかし，薬代は1カ月に何百ドルあるいは何千ドルとかかってしまう．治療の金銭的負担は大きく，アフリカとアジアのエイズ患者の5人に1人だけしか効果的な治療を受けていないのが現状である．今のところ，病気の感染拡大を遅らせる最善策は，セーフセックス教育，コンドームを自由に利用できる環境，それに，衛生針の利用促進計画くらいしかない．

章のまとめ

32・1　生体防御系：自己と非自己を識別する

- 脊椎動物の免疫系は三重の防御機構を備えている．第一の層は，外部の物理的・化学的なバリアでできている．自然免疫系と適応免疫系がそれぞれ第二，第三の防衛線である．
- 自然免疫と適応免疫にかかわる細胞は，自己（その個体自体の細胞）と非自己（その個体の一部ではない細胞や分子）を識別する能力をもっている．
- 自然免疫系は，急性で短期的で非特異的な一連の応答である．
- 適応免疫系は，遅く，長期的だが特異的ないろいろな応答が起こる．数種類の白血球と多くの防御タンパク質が関与して，特異的抗原を厳密に標的とした認識がなされる．

32・2　第一防衛線：物理的・化学的バリア

- 皮膚と，呼吸系や消化系の内表面は，病原体に対するバリアを形成している．
- 病原体の多くは，皮膚の破れを足がかりに宿主の体内に侵入する．病原体のなかには，吸血昆虫などの他の生物に依存して皮膚を通り抜けるものもある．

32・3　第二防衛線：自然免疫系

- 数種類の血球と分子によって，自然免疫系の非特異的応答が生じる．皮膚や肺の物理的バリアを通過して体内へと迷い込んだ病原体を，マクロファージなどの食細胞が飲み込むか，もしくは封入する．補体タンパク質は病原体に目印をつけて，食細胞による飲み込みや白血球による破壊を促す．
- 炎症は，病原体やけがによって生じる組織損傷に応答して起こる．発赤と熱感と腫脹が一般的な特徴で，これらは傷口への血流増加により生じる．
- ヒスタミンは炎症の際に放出される．このシグナル分子は血

管を拡張させて，血液と栄養を損傷部にもたらす．発赤と熱感は，代謝熱で温められた血液が時間当たりに届けられる量が増えることで生じる．毛細血管が漏れやすくなることで，血漿が患部へと移動し，腫脹を生じる．
- 組織損傷によって血中の血小板とタンパク質が刺激されて血餅が形成される．これは傷口にいる病原体の拡散を防止するのに役立つ．
- マクロファージによって放出されるプロスタグランジンは，熱と眠気を生じさせるとともに，痛みを誘起する．これらの作用は日常の活動を緩慢にさせることで，体の回復を促す．
- 補体タンパク質が血液に乗って傷口に至ると，そこで侵入した細胞の細胞膜をみずから破壊して殺すとともに，病原体に目印をつけて白血球によって破壊されやすくなるようにする．
- ウイルスに感染した細胞はインターフェロンを放出し，ウイルスが周囲の細胞に感染するのを防止する．また，インターフェロンはナチュラルキラー細胞をよび寄せることで，外来タンパク質を表面にもつ細胞（ウイルスに感染した自身の細胞も含めて）が破壊される．

32・4　第三防衛線：適応免疫系

- 適応免疫系によって脊椎動物は特定の病原体や寄生体に対する長期的な防衛ができる．
- リンパ系は適応免疫が始動する場である．リンパ球とよばれる白血球が特異的免疫を与える．未成熟リンパ球は，骨髄でB細胞に，胸腺でT細胞へと分化する．それぞれのリンパ球は特定の病原体がもつ特異的抗原だけに結合する特殊な膜タンパク質をもっている．
- B細胞は抗体性免疫を担っていて，抗体をつくって放出する．抗体は，抗原に結合する膜タンパク質の可溶型である．抗体は血管系やリンパ系を巡回し，侵入した病原体がいれば，その表面にある抗原に結合する．これが目印となって，他の免疫系細胞が病原体を破壊しやすくなる．
- T細胞は細胞性免疫を担う．T細胞は，細胞自体が，病原体に特異的な抗原を表示している病原体もしくは感染細胞に結合する．T細胞には，いろいろな方法で他の防衛細胞を助けるヘルパーT細胞と，損傷細胞やウイルス感染細胞を破壊する細胞傷害性T細胞の2種類のものがある．
- 初めての病原体への曝露は，その病原体に対する一次免疫応答をもたらし，つづいて起こるクローン選択によってB細胞もしくはT細胞のコピーが量産される．
- 一次免疫応答は比較的ゆっくりで穏やかである．二次免疫応答は，過去に遭遇したことのある病原体に対して起こる素早く強力な応答である．
- 能動免疫は病原体への通常の曝露もしくはワクチンによって獲得される．ワクチンは穏やかな一次免疫応答を生じさせて免疫系に"予習"をさせておくことによって，その後に病原体に自然曝露した際に，免疫系が迅速かつ強力に応答できる状態にする．受動免疫は，胎児が母親から抗体をもらう場合のように，個体自身がつくったものではない抗体を受取ることで得られる．

重要な用語

病原体（p.549）
宿　主（p.549）
免疫系（p.550）
自然免疫系（p.550）
適応免疫系（p.550）
免疫記憶（p.550）
抗体性免疫（p.550）
抗　体（p.550）
細胞性免疫（p.550）
非特異的免疫応答（p.550）
特異的免疫応答（p.550）
白血球（p.551）
がん免疫監視（p.551）
デフェンシン（p.551）
毒　素（p.551）
食細胞（p.552）
食作用（p.552）
封　入（p.552）
炎　症（p.552）
肥満細胞（p.552）
ヒスタミン（p.552）
サイトカイン（p.552）
血小板（p.553）
プロスタグランジン（p.553）
補　体（p.554）
インターフェロン（p.554）
ナチュラルキラー細胞
　（NK細胞）（p.554）
アレルギー（p.554）
アレルゲン（p.554）
自己免疫疾患（p.554）
免疫寛容（p.554）
リンパ管（p.555）
リンパ節（p.555）
リンパ腺（p.555）
リンパ系（p.555）
リンパ球（p.555）
B細胞（p.556）
T細胞（p.556）
抗　原（p.556）
クローン選択（p.556）
抗　体（p.556）
抗体性免疫（p.556）
細胞性免疫（p.557）
抗原提示細胞（p.557）
ヘルパーT細胞（p.557）
細胞傷害性T細胞（p.557）
一次免疫応答（p.558）
二次免疫応答（p.558）
記憶細胞（p.558）
能動免疫（p.559）
ワクチン（p.559）
追加接種（p.559）
受動免疫（p.559）

復習問題

1. 第一防衛線を構成する組織層を含むのはどれか．
   (a) 肝　臓
   (b) 肺
   (c) 脾　臓
   (d) 胸　腺
2. 傷口において細菌を飲み込んで消化する細胞はどれか．
   (a) 細胞傷害性T細胞
   (b) B細胞
   (c) 肥満細胞
   (d) マクロファージ
3. 炎症反応はについて正しいのはどれか．
   (a) リンパ節だけで起こる．
   (b) ヒスタミンの放出を伴う．
   (c) ヘルパーT細胞を必要とする．
   (d) 小さな血管の形成が起こる．
4. マクロファージについて正しいのはどれか．
   (a) ヒスタミンの放出を専門としている．
   (b) 抗体を生産する．
   (c) 微小な侵入者を飲み込んで消化する．
   (d) 抗原を生み出す．
5. 適応免疫に関与しないのはどれか．
   (a) B細胞
   (b) 肥満細胞
   (c) マクロファージ
   (d) a〜cのすべて
6. 抗原について正しい記述はどれか．
   (a) ヘルパーT細胞によってつくられる．
   (b) 病原体の表面にある．
   (c) 非特異的応答の一つである．
   (d) 好中球によってつくられる．
7. 抗体について正しいのはどれか．

(a) ヘルパーT細胞によってつくられる．
(b) 細胞傷害性T細胞によってつくられる．
(c) B細胞によってつくられる．
(d) a〜cのすべて

8. 大腸菌H10407系統などの特定の種類の侵入細菌を認識できるのはどれか．
(a) B細胞
(b) ヘルパーT細胞
(c) 細胞傷害性T細胞
(d) a〜cのすべて

9. 細胞性免疫を担うのはどれか．
(a) 好中球
(b) B細胞
(c) T細胞
(d) ヒスタミン

10. B細胞の免疫記憶について正しいのはどれか．
(a) 自己免疫疾患を抑制する．
(b) 免疫応答の早さと強さを増大させる．
(c) 特定のインターフェロンをつくる．
(d) 幹細胞に保存されている．

分析と応用

1. ほとんどの病原体の侵入を防いでいるヒトの第一防衛線について説明せよ．また，それは特異的応答と非特異的応答のどちらから成り立っているか，自分の考えを説明せよ．

2. 病気と戦う細胞は外からの侵略者と自分自身の細胞とをどのように識別しているのか述べよ．

3. 自分自身が頭のよい細菌だと仮定して，誰かの皮膚の裂け目に入り込めたとする．このとき，第二，第三の防衛線（自然免疫と適応免疫によって繰広げられる応答）であなたに対して配備された軍隊に打ち勝つための作戦を考えよ．

4. Bリンパ球とTリンパ球を比較し，相似点と相違点を述べよ．

5. 一次免疫応答よりも二次免疫応答の方が効果的に防衛できる仕組みと理由を説明せよ．

ニュースで見る生物学

Lack of Success Terminates Study in Africa of AIDS Prevention in Women

By Donald G. McNeil, Jr

成果なく，アフリカにおける女性のエイズ予防に関する研究が打ち切りに

新しいエイズ予防手段は，予期せぬ後退を余儀なくされた．抗レトロウイルス経口薬を毎日摂取することで女性がエイズウイルスに感染するのを予防できるかどうかを明らかにすることを目的として実施されたアフリカでの研究の中止が，月曜日に発表された．

初期研究のデータからは，経口薬（ピル）が効くという証拠は得られなかった．

研究者が協力を依頼した4000人の女性のうちのおよそ半数が参加した調査の結果を解析した第三者委員会によれば，ツルバダという薬を投与した女性は，プラセボを投与した対照群と同等に感染した．南アフリカ，ケニア，タンザニアなどでの研究を実施していた非営利団体のFHI（正式名称はFamily Health International）によれば，ツルバダまたはプラセボを服用した1900人の女性のうち，各群28人（28人のツルバダ投与群と28人のプラセボ投与群）が先週までに感染したという．

この最新の試験で結論が得られなかったことは，多くの専門家にとって予想外の結果だったようだ．というのも，2010年11月に発表された研究では，ツルバダがゲイの男性の感染を防いだことが報告されたばかりだったのである．きちんとピルを服用した男性は，90％以上の優れた予防効果を示し，この結果はエイズ予防のブレークスルーとして歓呼して迎えられた．

また，2010年夏に報告された南アフリカの試験結果では，ツルバダに含まれる2種類の抗レトロウイルス薬のうちの一つであるテノフォビルを含有する膣用ゲル剤を性行為前後にきちんと使用した女性では，エイズ感染率を54%も減少した．

今回の研究は…始まってすぐに突然中止されてしまったため，多くの疑問が残された．

一つには，ツルバダ投与群とプラセボ投与群の女性たちがピルを実際に服用した頻度に違いがなかったかどうか，という疑問がある．ツルバダを服用した女性の方が，不快な副作用に不満を訴える人が多かったために，より多くの人が計画どおり薬を服用しなかったかもしれない…．

もう一つの疑問点は，最初の感染が起こる部位である膣の内壁に，どれだけのツルバダがしみ込んだかという点である．

ゲイ男性でツルバダの研究を率いたカリフォルニアのエイズ研究者であるRobert M. Grant博士によれば，抗レトロウイルス予防薬を膣内壁に届けるにはピルよりも膣用ゲル剤の方が100倍も効果的だったことを示す他の研究者による研究報告があるという．彼によれば，薬を直腸組織に届ける場合は，飲むピルも塗るゲル剤も，ほぼ同じように効果的だという．

この記事で紹介した投薬法は，女性の新たなHIV感染を阻止することが目的だったはずだ．しかし，効果がみられなかったために，研究者は早々と研究を中止してしまった．同様の投薬がHIV感染を阻害することは，ピルによって投薬したゲイ男性と，ピルの有効成分の一つを含む膣用ゲル剤を使用した女性において，すでに示されている．しかしながら，2000人の女性がピルを飲んだ場合には，女性のHIVへの感染のしやすさは，何も処置しなかった場合と変わらなかった．

効果的だと考えられていた処置がうまく効かなかった理由は，いくつか考えられる．たとえば，処置群では不快な副作用によって被験者が処置を避けた可能性がある．ただし，この議論はゲイ男性にも当てはめる必要がある．別の可能性として，女性が避妊のために服用した避妊薬が抗HIV薬を邪魔した可能性が考えられる．

このほかにありがちな混乱は，薬剤を生体に届ける方法である．この調査で女性が服用したピルは，別の研究で用いられたゲル剤ほどには膣の内壁に薬剤を届けられない．ピルを口から入れれば，薬は胃に入り消化管へと入っていく．どれだけ容易に吸収されて血流に入るかしだいで，薬が全身の組織に行き渡るか消化管を通過して直腸へ向かうかが決まる．アナルセックスをするゲイ男性にとっては，最終的に直腸に届けられる薬はとても良く効くことだろう．しかし，膣でセックスをする女性にとって，同じピルはまったく効かないかもしれない．つまり，感染を阻止するのに十分な量の薬が膣に到達していなかった可能性がある．

このニュースを考える

1. この記事に書かれた研究が打ち切られた理由を説明せよ．
2. 薬が効かなかっただけだと思う気持ちはどれくらいあるか自分の考えを述べよ．また，上述の分析で指摘された別の説明をどのように検証すればよいか述べよ．
3. 米国では，エイズはもともとニューヨークやサンフランシスコなどの主要都市で顕在化した．ウイルスの感染経路は都会で確立されたため，ニューヨークやフロリダ，カリフォルニアやテキサスは，今もなお新規感染率が高い．しかし，ここ数年は，南部の16州が新規のエイズ症例に占める割合が増加の一途を辿っている．南部でのエイズの増加に寄与していると考えられる要因について議論せよ．

出典：*New York Times*, 2011年4月18日．http://www.nytimes.com

33 生殖と発生

MAIN MESSAGE
有性生殖と細胞，組織，器官系の分化は，動物のライフサイクルに根源的な重要性をもっている．

遺伝子のせいか，習慣のせいか？

1912年，ニュージャージー州の心理学者が，"カリカック家"と仮称されたある家系ついて記載した．この心理学者によれば，カリカック家は何世代にもわたっていわゆる精神薄弱者（今日でいう精神発達障害や学習障害を主徴とする精神疾患者），品性・素行に問題のある者を出し続けてきた家系で，これも著者によれば，遺伝現象のもたらした深刻な事例の一つであるという．著者である Henry Goddard は，精神疾患の家系は子孫を産んで問題のある遺伝子を後世に伝えるべきではないと主張した．Goddard の主張は米国の優生学運動を助長し，優生学運動は20世紀前半のほぼ50年間にわたって米国を席巻し，カリフォルニア州の3分の1だけで6万人もの人に対して断種が実行されるに至った．

現在では，その後の科学的再検討からカリカック家の一族にみられた精神遅滞や顔貌上の特徴は，遺伝的な原因によるものではなく，栄養失調や妊娠期間中のアルコール摂取（これらはしばしば貧困と相関している）によるものであることが判明している．アルコールは発達中の胚や胎児にとっては催奇性物質〔先天性異常（奇形とも）をひき起こす化学物質〕である．妊娠期間中のアルコール摂取は胎児の出生時の低体重や股関節脱臼，小頭症，心臓や眼球や生殖器官などの障害，聴力損失，特徴的な平板な顔貌，薄い上唇，協調運動障害，精神遅滞，衝動制御障害，多動，麻痺，などといったさまざまな障害をひき起こす．胎児性アルコールスペクトラム障害とよばれる妊婦のアルコール摂取による一群の先天異常は，先天異常のなかでも最も多くみられ，かつ予防が容易な部類のものである．

2005年初頭，米国公衆衛生局長官は，妊婦または妊娠の可能性のある女性は禁酒するよう，24年前の同様の勧告に比べ，はるかに踏み込んだかたちで政策方針のなかで勧告した．およそ半数の妊娠は意図されたものではなく，また一般に妊婦は最初の数週間は妊娠に気づいていないものであるので，政府は実際上15～44歳までの女性は禁酒することが望ましいと推奨している．

> ? 政府が妊娠期間中のアルコール摂取に対して厳しい姿勢をとるのはなぜか？アルコールはどのように先天異常をひき起こすのか？また，どの程度のアルコールでこれらの障害がひき起こされるのか？（どのくらいまでなら許容できるのか？）

前章までに，ヒトやその他の動物がどのようにして生殖するのかについて学び，受精に端を発する発生の過程と発生をつかさどるプロセスを学び，ごくわずかな発生過程の変化が，劇的な進化上の変化につながることをみてきた．

飲酒と発育 米国公衆衛生局長官は，妊婦または妊娠の可能性のある女性はアルコールを摂取するべきでないとしている．

基本となる概念

- 有性生殖においては両親からの配偶子が融合することにより，遺伝的に唯一の存在としての次世代が得られる．
- ヒトの男性では性成熟に伴って精子形成が始まる．二倍体の前駆細胞が減数分裂することで四つの精子が形成される．
- ヒトの女性では減数分裂の第一分裂は胎児期の卵巣ですでに起こっている．思春期までに一次卵母細胞の数は最初の半数以下になっている．女性は生殖可能な期間を通じて，月々おおむね1個の一次卵母細胞でのみ減数分裂の過程が進行する．減数分裂のすべての過程が進行すると卵は巨大な細胞となるが，卵の減数分裂が完全に達成されるのは精子と融合（受精）した後である．
- 受精の際，精子は精子先体の酵素により卵の中に進入する．精子の核は卵の核と融合して二倍体の接合子が形成される．接合子から出生までの発生は，急速な細胞分裂，細胞分化，器官形成によって特徴づけられる．初期胚の細胞分裂と細胞分化は生涯の他のいかなる時期よりも急速である．発生が進行するに従い細胞のタイプはより分化し，器官系が出現する．
- 妊娠は避妊薬や避妊具により回避される．一部の避妊具により性行為感染症への感染が回避されるが，大多数の避妊薬・避妊具は性行為感染症の感染に対して無力である．
- 発生はマスター遺伝子と誘導シグナルにより制御されるが，環境要因によっても影響される．

生殖はすべての生物にとって根源的な特徴である．個体が次世代を産み出すことは地球上のすべての生物を突き動かす駆動力である．新しい個体は子孫とよばれる．ヒトをはじめとする大多数の動物では，子孫は両親からの遺伝情報が組合わされた，両親とは似て非なる存在である．配偶子である卵と精子には，親の半分の染色体が配分されている．配偶子形成過程の減数分裂では，両親からの染色体同士の間で相同 DNA 組換えによって染色体の一部が取換えられるため，1本の染色体のなかでも，ある遺伝子は母から，ある遺伝子は父から受け継ぐことになる．しかも，配偶子には両親のいずれかからの染色体がランダムに配分される（ある染色体は父から，ある染色体は母から受け継がれる）．このため，生まれてくる子どもは両親とは異なった，姉妹兄弟間でも異なる，事実上世界で唯一の存在である．このため，生物の集団は遺伝的に多様化する傾向を示す．このような遺伝的な多様性は自然選択（淘汰）のもとで，進化の原動力となる．

動物が進化において成功者となれるか否かは子孫を残せるか否かで決まる．動物は子孫を残すこと，また子孫がさらに次世代を産み出せるようにすることに膨大な時間とエネルギーとを割く．ある意味で，第VI部でふれてきた動物の身体の構造と機能は，すべて子孫を残すために資源を蓄積し，また活用すること可能にするためのものであるといえる．

本章では動物，とりわけヒトがいかにして生殖し，発育するかを学習しよう．まず動物の基本戦略としての有性生殖と無性生殖について，それぞれの長所と短所について概観する．**配偶子**すなわち卵と精子がいかに形成されるのか，動物は卵と精子をいかに受精の場に出会わせるのかについて検討する．つぎにヒトの発育の例に則して，受精卵が発生を経てさまざまな細胞から構成されるヒトになってゆく過程について概観する．またヒトの出生後の発育についても簡単にふれる．最後に動物の発生制御メカニズムについて概説する．

33・1　動物の有性生殖と無性生殖

動物の生殖は有性生殖と無性生殖とに大別される．ヒトをはじめ，大多数の動物は**有性生殖**を行う．有性生殖では半数体の雄性配偶子と雌性配偶子とが融合して二倍体の**接合子**が形成され，これが発育して多細胞の，かつ（ふつうは）両親のいずれとも異なる個体になる．**無性生殖**では，1個の親の細胞から子孫がつくり出される．子孫の遺伝子は基本的に親の完全なコピーである．

雌性配偶子と雄性配偶子が融合することで接合子が形成される．これが**受精**である．受精には体内で行われるものと体外で行われるものとがある（図33・1）．体内受精は陸上動物に一般的なもので，精子は雌の生殖管内に注がれる．体外受精は水生動物に一般的なものである．サケの仲間は雄と雌が期を同じくしてふるさとの川（母川）に，長く危険な道のりを経て泳ぎ帰り，上流の産卵の場，すなわち自分の生まれた場所に集まってくる．そし

体内受精

陸上では，雄の動物はその精子を環境にさらすことなく，直接に雌の体の中に入れる

体外受精

サケのような水生動物は大量の精子と卵を水中に放出し，受精が起こるようにしている

図33・1　**体内受精と体外受精**　体内受精はふつう交尾に伴うもので，陸上動物で一般的である．体外受精は放卵された卵の近傍で放精されるもので，水生動物によくみられる．

てつがいとなり川床の砂礫のくぼみに放卵放精する.

有性生殖と無性生殖にはそれぞれ長所と短所がある. 有性生殖では両親から半分ずつ受け継がれた染色体がさまざまな組合わせを生じるため, 産まれてくる子は親とも, そして兄弟とも異なる遺伝子型となる. このように生み出される遺伝的な多様性は, 子孫がさまざまな環境変化を生き延びる可能性を高める. 一方, 無性生殖ではこのような遺伝的な多様性は生まれない. 子孫も兄弟も基本的に親と同じ遺伝子のセットをもっており, 環境が激変した場合, 個体および種の存続は脅かされる.

無性生殖の利点は有性生殖よりも低いエネルギーコストで, より早く増殖できることである. たとえば, 繁殖の際, 配偶者を探すことにエネルギーを費やす必要はない. 無性生殖生物は, 遺伝的多様性がさほど有利でない程度に静的な環境下で見いだされる傾向がある.

無性生殖は1個体で可能

無性生殖の場合, 受精の過程は存在しない. 次の世代はその前の世代と完全に同じDNAのコピーをもっている. ひとくちに無性生殖といっても, いくつかの種類がある. ヒドラのようなものでは, 親と同等の状態の次世代がつくられる出芽のかたちで増殖する (図33・2a). イソギンチャクなどでは親の体が分かれてこれらが親と同じ姿に成長する, 分裂とよばれる方法で増殖する (図33・2b). 単為生殖では, 胚が雌の体内で受精を経ずに形成される. 単為生殖を行うものは, 一部の魚類や爬虫類などの脊椎動物を含むさまざまな動物種で非常に広範囲に見いだされている.

無性生殖のみで増殖する動物はどちらかといえばまれで, 無性生殖者とされる生物でも無性生殖と有性生殖を交代して行うものが多い. 小型昆虫のアリマキ (アブラムシ) は温室や植栽の植物を食害することでなじみ深い存在だが, 彼らは通常は無性生殖をしている. 夏の日に植物から汁を吸っているおびただしい数のアリマキの群れを見かけたら, それはすべて最初にその植物にとりついた雌とDNAがまったく等しいコピーたちと思ってよい. しかし, 冬が近づき, 気温が低下し日長が短くなるにつれ, アリマキは夏の間の糧を得ていた植物を離れ, 有性生殖を行うようになる.

有性生殖において減数分裂は不可欠

発生の初期において, 動物体内にはごく少数の**生殖系列細胞**とよばれる, 配偶子の前駆細胞 (始原生殖細胞と同義) が用意される. この特殊な細胞集団は, 発生期間を通じて他の体細胞とは異なる経過をたどり, 生殖器官の形成が始まるまで未分化の状態を維持する. 生殖器官形成が開始されると, 生殖系列細胞は将来の卵巣もしくは精巣へと移動する. 生殖系列細胞は生殖腺内で減数分裂を開始し, 配偶子形成の過程に入る.

配偶子はそれ以外の体細胞と染色体の本数が異なっている. 体細胞は**二倍体**で, 核相$2n$と書き表されるのに対して, 配偶子は染色体がその半分であり, **半数体**とよばれ, 核相nと書き表される. 半数性の卵や精子は二倍体の細胞から形成されるので, 形成過程で必ず減数分裂とよばれる特殊な細胞分裂が必須となる (図10・14参照). 半数体である精子と卵が融合することによって, すなわち受精することによって, 二倍体である接合体が形成される. 受精こそは個体発生の出発点であり, 人生のスタートである.

性転換可能な動物種

ヒトと比較すると, 動物の性 (決定) は変異に富む. すでにふれたように, ヒトは雄が精子を, 雌が卵を産生する. しかし, (ヒト以外の) 動物のなかには, 1個体で精子もつくれば卵も生み出せる, すなわち雄であると同時に雌でもあるものもいる. このような個体は**雌雄同体**とよばれる. 雌雄同体動物はさまざまな環境に見いだされるが, 脊椎動物ではまれで, 無脊椎動物でわりあい多くみられる. ふつうのミミズ (環形動物) はそうであるし, 扁形動物もほとんどが雌雄同体である. ごくわずかだが, 脊椎動物にも雌雄同体のものが知られている.

よく誤解されているのだが, 雌雄同体とはいっても, 1個体がつくり出した精子と卵が受精することはほとんどない. ミミズがそうであるが, 大多数の雌雄同体動物では, 機能的な精巣と機能的な卵巣が同時に存在しているような個体であっても, そのような個体同士が2頭で交配する. つまり彼らは出会った成熟した同種他個体とはほぼ必ず交配できるのである. 雌雄異体である私たちは, 異性とでなければ交配できない. 脊椎動物では, 一部の爬虫類と一部の魚類で性転換するものが知られており, このような動物を隣接的雌雄同体とよぶ. 魚類では体の大きさや成長段階, 環境に伴って性が変わるものが割合多い. たとえば, はじめ雄として生まれ, 成長するに従い卵巣が発達してくるものがある. なかには同時的雌雄同体といって, 同時に雄でも雌でもある魚類もある.

図33・2 **無性生殖は受精なしで行われる** (a) 淡水生の刺胞動物ヒドラは出芽により増殖する. 左側の大きい個体が親で, 右側から子が出芽している. (b) なかにはイソギンチャクのように, 分裂により増殖するものもある. 写真は北米太平洋岸に産するイソギンチャク.

33・2 ヒトの生殖: 配偶子形成と受精

ヒトをはじめ，大多数の動物にとり，生殖とは，男性と女性が出会い，精子と卵が受精することに始まり，子が成長し，そしてその子が子をつくる，という営みである．

男性では，減数分裂は精巣内に折りたたまれて存在する管状の構造である，精細管（細精管）内で進行する．思春期になって雄性ホルモン（男性ホルモン）が一過性に大量放出されると，これに反応して精細管内の二倍性の生殖系列細胞は減数分裂を開始して精子の形成が始まる．これを**精子形成**という（図33・3a）．性成熟に達すると，男性ではそれ以降生涯にわたって生殖系列細胞が持続的に有糸分裂し続け，**一次精母細胞**（2n）が生み出される．一次精母細胞が第一減数分裂をすることによって2個の半数性の**二次精母細胞**（n）が形成される．この2個の二次精母細胞はも

ヒトの配偶子形成

(a) 精子形成
- 二倍体の前駆細胞（2n）
- 一次精母細胞（2n）
- 第一減数分裂
- 二次精母細胞（n）
- 第二減数分裂
- 精子（n）
- ヒト精子

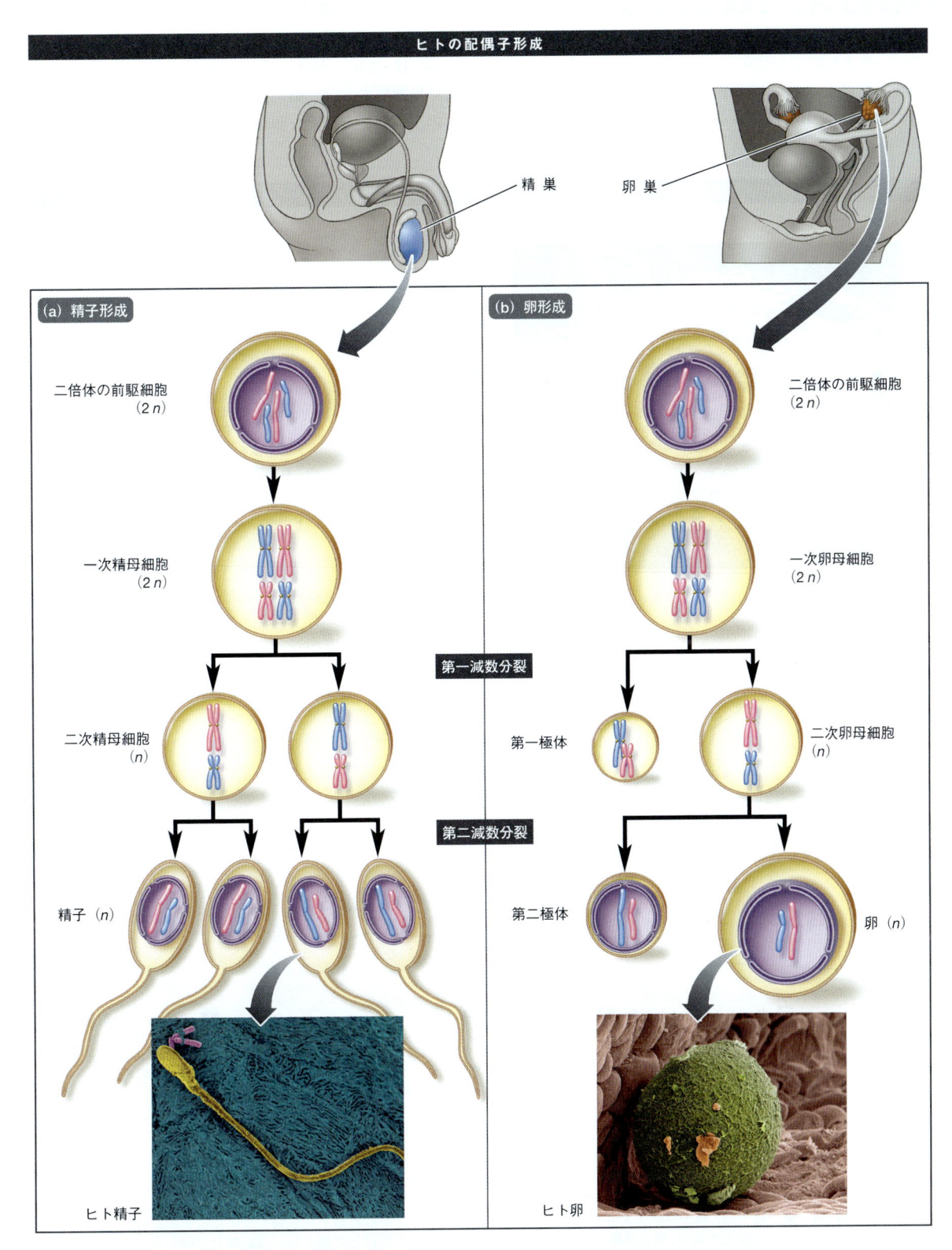

(b) 卵形成
- 二倍体の前駆細胞（2n）
- 一次卵母細胞（2n）
- 第一極体／二次卵母細胞（n）
- 第二極体／卵（n）
- ヒト卵

図33・3 有性生殖では減数分裂による半数体の配偶子の形成が必須となる (a) 精子形成による半数体の精子の形成過程．(b) 卵子形成による半数体の卵子の形成過程．

う一度分裂して（これを減数分裂の第二分裂とよぶ），合計4個の半数性の細胞が生じることになる．これが成熟して精子となる．成人男子では，平均して日に3億個もの精子が形成されている．日が経って劣化した余剰の精子は分解して精細管表面の細胞から吸収される．

卵もまた細胞分裂を経て形成される．**卵形成**は受精能を伴った成熟卵の形成過程である（図33・3b）．女性では出生前に生殖系列細胞が増殖して二倍性の**一次卵母細胞**（$2n$）が形成される．この一次卵母細胞は女性が生まれる前から第一減数分裂を開始するが，第一分裂の途中で止まる．出生時の卵巣内には100万ないし200万個の一次卵母細胞が存在しており，これらは第一減数分裂の途中の状態で停止している．平均して10～12歳で性成熟に達した段階ではおよそ40万個の一次卵母細胞が生存している．

ただしこれでも女性が一生の間に排卵する卵の数よりはるかに多い．

思春期に達すると一次卵母細胞は卵成熟過程を再開する．女性の生殖可能年齢の間，平均して月々1個の一次卵母細胞が成熟卵にまで発育する．卵胞刺激ホルモン（濾胞刺激ホルモン，§29・4参照）の放出は一次卵母細胞のうち，数個の減数分裂の再開を促す．これらのうちで，最も発育の早かったもののみで減数分裂が最後まで実行され，2番目以下の卵母細胞はその後消失する．たった一つ選ばれた卵母細胞から，減数分裂により半数性の，巨大な**二次卵母細胞**が1個と小さな**極体**が1個生み出される（図33・3b）．極体にはこれといった役割はない．半数性の二次卵母細胞の方は，第二減数分裂を開始する．これにより小さな極体が1個と，巨大な**卵**細胞1個が形成される．卵は二次卵母細

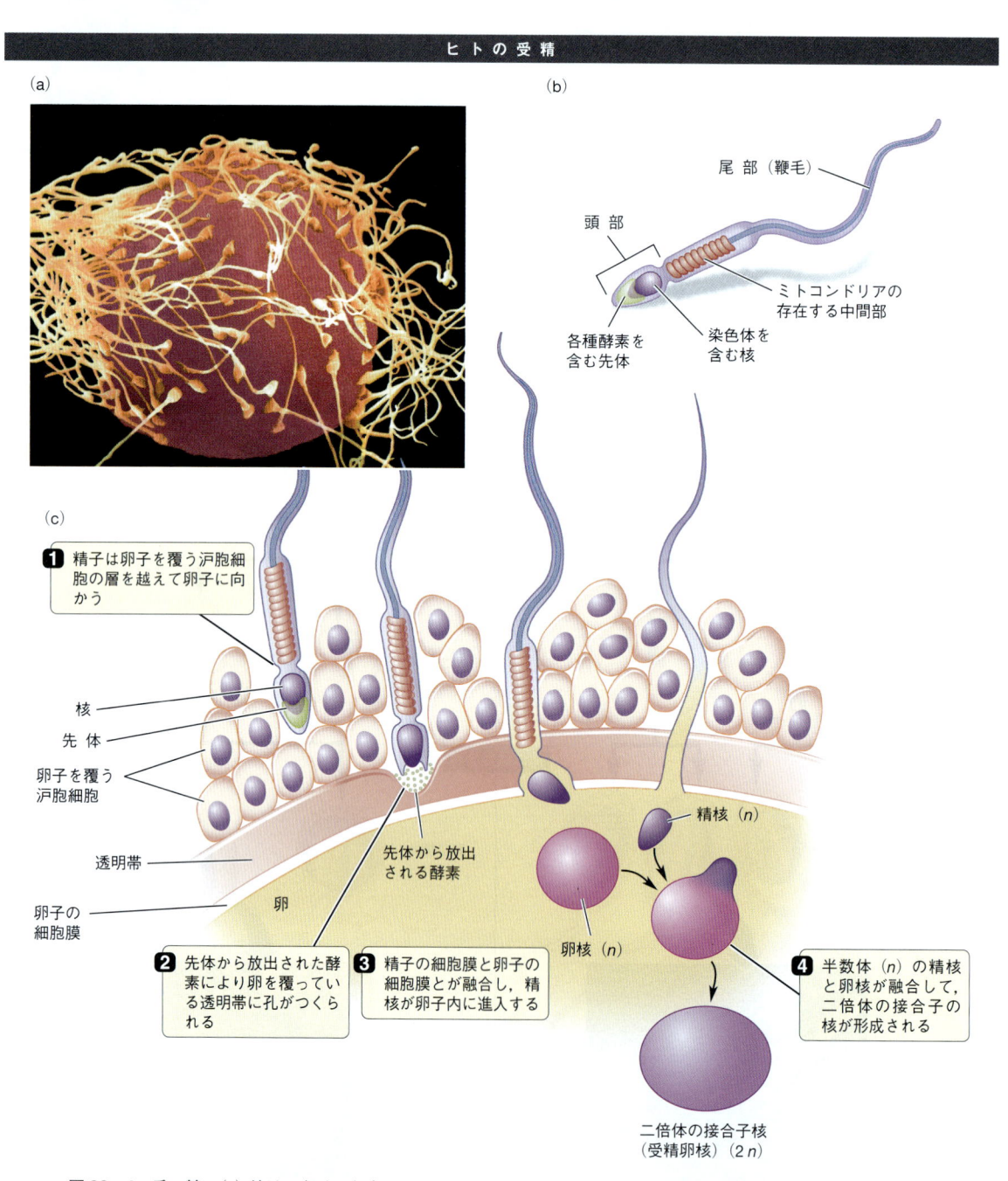

図33・4 受 精 (a) 精子は卵子よりもはるかに小さい．1個の卵に多数の精子が殺到している電子顕微鏡写真．(b) 精子尾部は鞭毛であり，精子は鞭毛打によって子宮をのたうつようにして遡上し，(輸)卵管で卵と会合する．先体に含まれる酵素により，精子は卵を覆う構造を通過することができる．(c) 多数の精子が卵に集まっているが，受精して遺伝情報を卵に送り込むことができるのは，1個の精子のみである．

胞の段階で，すなわち減数分裂の途中の段階で排卵されていったん卵巣の外に出て，卵管に捕らえられる．減数分裂の第二分裂は受精しない限り完了しない．すなわち卵は受精して初めて完成する．

卵形成と精子形成はさまざまな重要な点で異なっている．一次卵母細胞の数はある範囲に一定しており，一次卵母細胞は卵にまで成熟するごとに失われてゆく．一方，精子の前駆細胞（精原細胞）の供給は継続的である．これは，精原細胞は分裂しても一次精母細胞に至るのはそのうちの一部であり，そのほかは精原細胞として存続するためである．また重要な点として，女性の場合ほぼ28日周期で回転する月経周期で（図29・9参照），1回当たり通常1個の卵のみが成熟し排卵に至る．これに対して男性では毎日およそ3億もの精子が生産される．進化的な意味からいって，卵は精子よりもはるかに貴重な細胞であるといえる．

これら以外にも，卵は一般的には精子よりもはるかに大きい，という雌雄の違いがある（図33・4a）．ヒト卵はかろうじて肉眼で見ることができる．しかし精子は顕微鏡でなければ見えない．また，精子は核と運動装置，受精および受精後に核を卵細胞核に送り込むのに必要な装置以外の細胞質はほとんどないも同然である（図33・4b）．

受精のためには精子は卵を取囲んでいる沪胞細胞の層と，卵表面を覆っているゲル様の層（透明帯）を越える必要がある（図33・4c）．透明帯は糖タンパク質を含み，精子を捕らえるはたらきをもっているが，このはたらきには種特異性が認められる．すなわち，透明帯の糖タンパク質は同種個体からの精子頭部の細胞表面上のタンパク質を認識し，結合する役割を担っている．カイメンから魚類にいたる，体外受精する動物では卵が異種の精子と出会う可能性が常に存在するため，このような受精時の種特異性，すなわち異種の精子と決して受精しないメカニズムは，特に不可欠のものである．

精子頭部の先端に存在する**先体**には透明帯の消化を始める引き金を引く酵素が貯蔵されており，これにより精子は透明帯に孔を開けることができる．精子と卵のそれぞれの細胞膜上の特殊なタンパク質が結合して，両者の膜融合をひき起こす．精子の核（精核）は精子から出てきて精子の残りの部分は分解され消失する．精核はやがて卵の核（卵核）と融合し，父母のいずれとも異なる，世界にたった一つの，二倍体の接合子が形成される．接合子の染色体は両親から等しく半数ずつ受け継がれたものである．しかし細胞小器官など，細胞質の大部分は母親から引き継がれる．たとえばATPのかたちでエネルギーを生み出すミトコンドリアはすべて母親由来である．

■ これまでの復習 ■

1. 有性生殖と無性生殖のそれぞれの適応上の優位性について述べよ．
2. ヒトを例に，卵形成と精子形成の違いについて述べよ．

33・3　ヒトの生殖：受精から出生まで

本章ではヒトの生殖について，特に受精後，出産に至るまでの過程をたどりながら，より詳しく見ていく．図33・5にヒト男女の生殖器官と受精卵のたどる経過について示した．

女性の体内では平均して28日に1回排卵が起こる．卵は**輸卵管（卵管）**の中を下降する．ヒトの男性は**陰茎**を用いて1回につきおよそ3億個の精子を**膣**内に射出する．おびただしい数の精子は，卵巣から放出されるある種の化学物質に誘引されて，膣から子宮頸部を経て子宮体部へ進入し，やがて卵管に至る．このように精子は運動能力をもつが，卵は運動性をもたない．女性の体は生殖輸管の平滑筋の運動と，精子運動を刺激する化学物質の放出とによって精子の游泳運動を補助する．膣内に射出されたおびただしい数の精子のうち，卵管内で卵と会合することができるのは数百個程度である．さらにこのなかの1個のみが受精に至ることができる．受精はしばしば受胎の瞬間とされる．

初期発生における速やかな細胞分裂

受精はヒトの生殖において重要なステップであるが，9カ月に及ぶ妊娠のほんの最初の1点にすぎない．たった1個の受精卵は細胞分裂（有糸分裂）を繰返して，球状の細胞塊を形成し，桑実胚とよばれる段階に達する．受精後2日程度で，桑実胚は全能性をもつ8個の同じ細胞から構成される段階に達する（図33・6）．全能性細胞は体内のあらゆる細胞に分化する能力をもっている．

桑実胚は細胞分裂を繰返して**胚盤胞**とよばれる段階に至る．胚盤胞は中心に液体で満たされた腔所を伴う，細胞が球面状に配置された構造をとる．受精後約7日で胚盤胞は100個程度の細胞で構成され，**子宮内膜**に**着床**する．哺乳類の胚盤胞は全体として内部を液体で満たされたボールのような形をとるが，ボールの皮に相当する**栄養膜**（または栄養外胚葉）とよばれる構造と，ボールの内側の1箇所に偏って存在する**内部細胞塊**とよばれる，細胞の集塊が形成される（p.571，図33・7）．栄養膜は内部細胞塊の成長を支持する組織となり，内部細胞塊が胚（胎児）の本体となる．

胚盤胞が子宮の内面を覆っている細胞の層である**子宮内膜**に接すると，栄養膜細胞は酵素を分泌して，胚盤胞が子宮内膜に接着し，さらにその中に埋入するように作用する（図33・7）．これが着床の過程である．栄養膜の細胞は子宮内膜にさらに浸潤し，母体由来の細胞を巻き込んで胎盤を形成する．**胎盤**は母体の子宮に由来する細胞と，胚盤胞の栄養膜に由来する細胞の両方から構成されているのである．この哺乳類に固有の臓器は，母体と胎児の間の養分と老廃物を高い効率で交換することを可能にする．

内部細胞塊は生育して将来胎児になるが，器官系が未発達な段階では特に**胚**とよぶ．胚を構成する未分化な状態の細胞は**細胞分化・増殖**を重ねて各器官，細胞に特異的な特徴を示すようになる（たとえば神経細胞や筋細胞などのように）．桑実胚や，胚盤胞の内部細胞塊の段階では細胞は未分化である．

主要三胚葉の細胞分化と細胞移動

胚発生の進行に伴い，二つの重要なイベントが起こる．まず細胞はその存在する位置に従って動物胚の三胚葉のうちの，いずれかの細胞に分化する．それぞれの胚葉からは，その胚葉に特有の臓器へと分化する．

ヒトの生殖

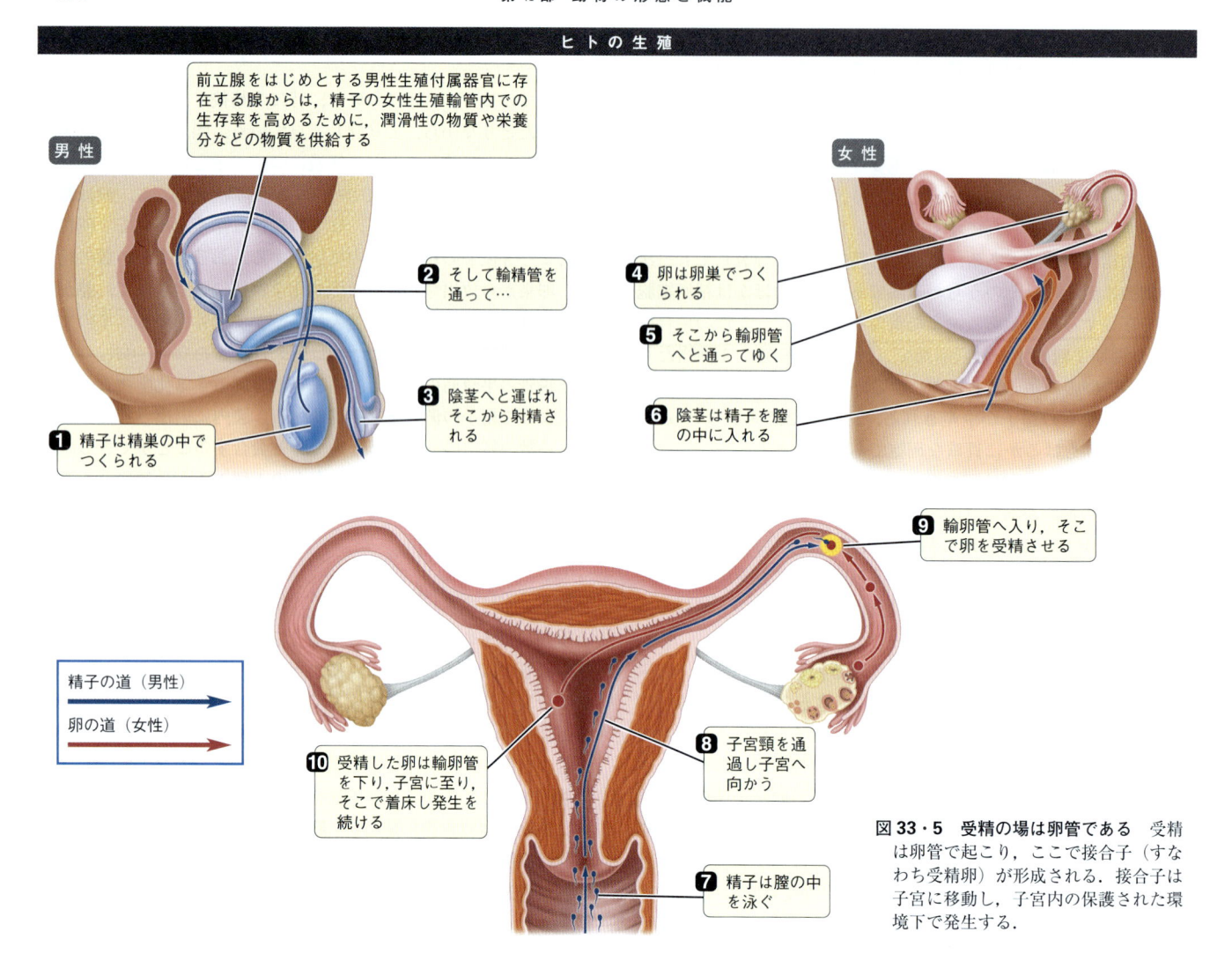

男性
- 前立腺をはじめとする男性生殖付属器官に存在する腺からは，精子の女性生殖輸管内での生存率を高めるために，潤滑性の物質や栄養分などの物質を供給する
- ❶ 精子は精巣の中でつくられる
- ❷ そして輸精管を通って…
- ❸ 陰茎へと運ばれそこから射精される

女性
- ❹ 卵は卵巣でつくられる
- ❺ そこから輸卵管へと通ってゆく
- ❻ 陰茎は精子を膣の中に入れる
- ❼ 精子は膣の中を泳ぐ
- ❽ 子宮頸を通過し子宮へ向かう
- ❾ 輸卵管へ入り，そこで卵を受精させる
- ❿ 受精した卵は輸卵管を下り，子宮に至り，そこで着床し発生を続ける

精子の道（男性）→
卵の道（女性）→

図33・5 受精の場は卵管である 受精は卵管で起こり，ここで接合子（すなわち受精卵）が形成される．接合子は子宮に移動し，子宮内の保護された環境下で発生する．

- **内胚葉**からは消化管，肺，肝臓，内分泌腺などの上皮が生み出される．
- **中胚葉**からは筋肉，心臓，腎臓，生殖器官，骨格筋などの臓器が生み出される．
- **外胚葉**からは神経系のほか，皮膚の外側の層など，体表面に近い器官が生み出される（表33・1）．

表33・1 胚発生における三胚葉の運命

組織層	対応する成体の構造
内胚葉	肝臓，膵臓，甲状腺，消化管上皮，肺の呼吸上皮
中胚葉	骨格，筋肉，生殖器官，腎臓，循環器，リンパ系器官，血液，皮膚の深層
外胚葉	頭蓋骨，神経，脳，皮膚の外層，歯

この三つの胚葉は，現在のほとんどの動物に認められる構造で，また個体の発生の途上で最初に認められる細胞分化の兆候である．発生が進行するにつれ，細胞の運命はより絞られてゆく．
もう一つの重要なイベントは，細胞が属する胚葉の中でみられ

る．ヒトの三つの胚葉は初期には膨らみや折りたたみのない平板な円盤状の構造として出現する（胚盤ともいう）．発生が進行するためには，内胚葉は消化管の表面を覆う層として，中胚葉は内部器官の構成要素として，適切な体内の位置に配置を改められな

■ **役立つ知識** ■ 3種類の胚葉の名称はその起源に由来する．内胚葉は最内層から生じてくる胚葉である．外胚葉はおおむね原腸の外表面を構成していた部分である．また，中胚葉は一般的には内胚葉と外胚葉に挟まれた領域から生じるものである．

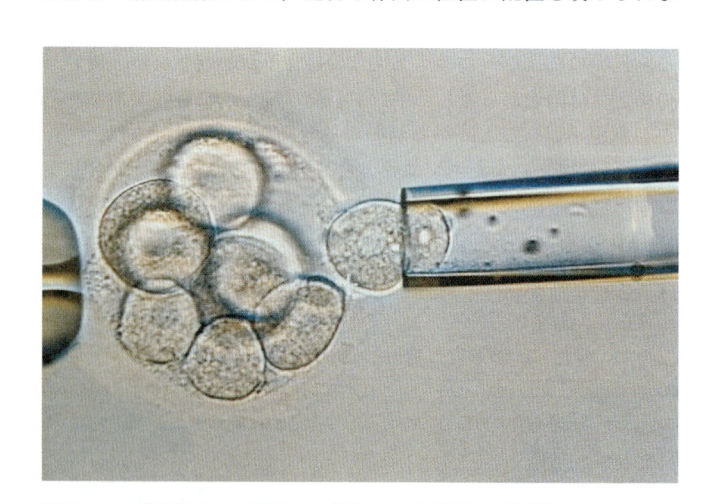

図33・6 接合子から桑実胚へ 接合子（受精卵）は受精後直ちに分裂して2細胞の桑実胚となる．これらの細胞（割球）は細胞質の増加を伴わない分裂（卵割）により速やかに分裂し，約50個の細胞の桑実胚となるまで，胚全体の大きさは接合子とほぼ同等である．写真は8細胞期のヒトの桑実胚で，写真左手のピペットによる緩やかな吸引で保定され，1個の細胞が遺伝子診断用に採取される瞬間がとらえられている．残りの細胞は問題なく発生する．

けなければならない．この巧妙な細胞移動は**原腸胚形成**（もしくは原腸形成，原腸陥入）の過程で進行し，外胚葉，中胚葉，内胚葉相互の位置関係が正しく配置される．原腸胚形成の過程にある，またはこれを正しく終えた段階の胚は**原腸胚**とよばれる．原腸形成の進行につれ内胚葉は胚の体内の深い位置に配置され，そのかなりの部分を中胚葉に覆われるような構造をとるようになる．外胚葉は胚の表面を覆うように配置される．ヒトの場合，原腸形成に伴うこれら三胚葉の組織の分化は着床後およそ2週間のうちに進行する（図33・8）．

胎児発育における三半期

ヒトの胎児の子宮内における発育の期間はおよそ38週で，この期間は**三半期**とよばれるおよそ3カ月ずつの三つの段階に区分できる．習慣的にヒトの妊娠期間は最終月経の第1日目から起算

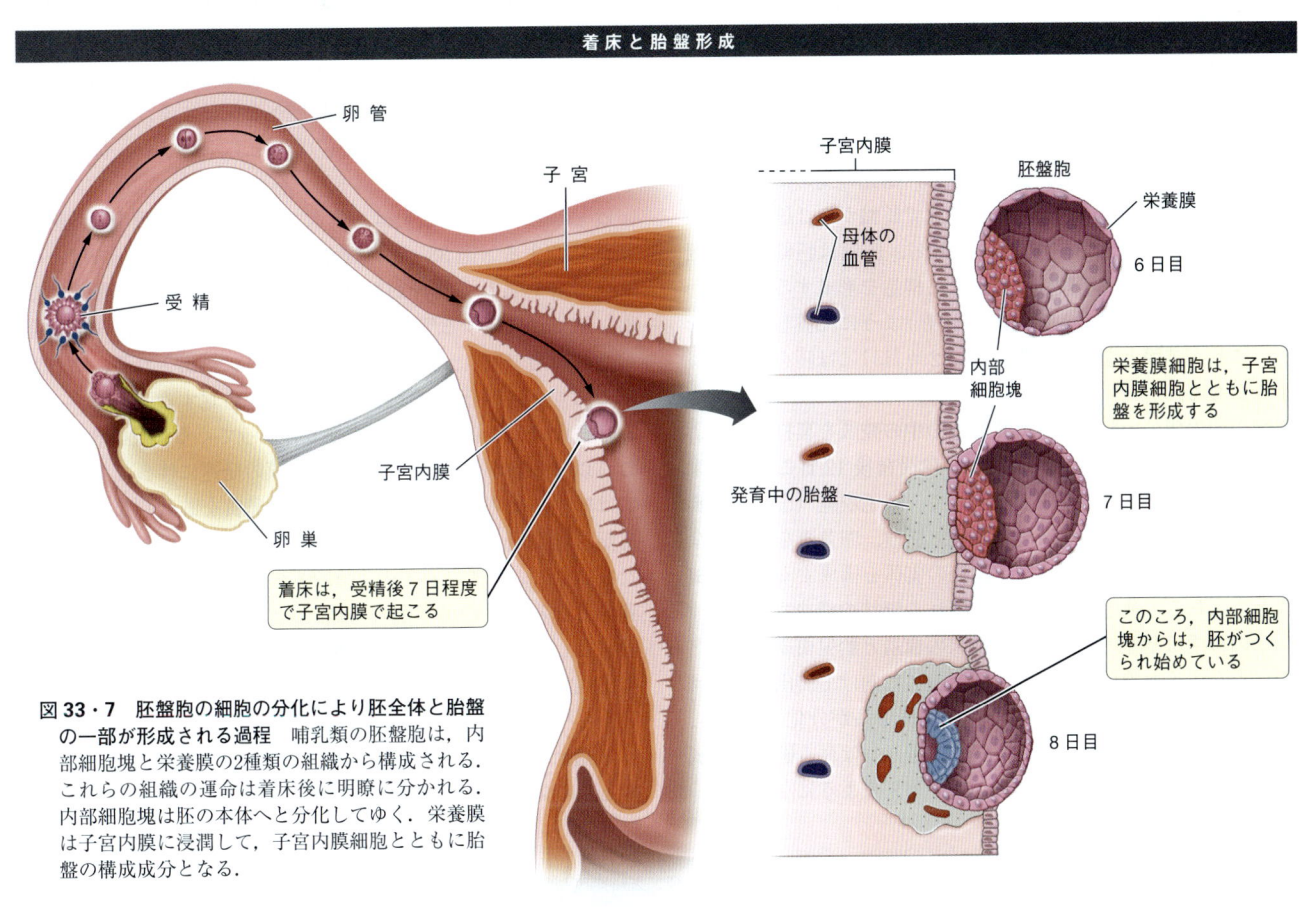

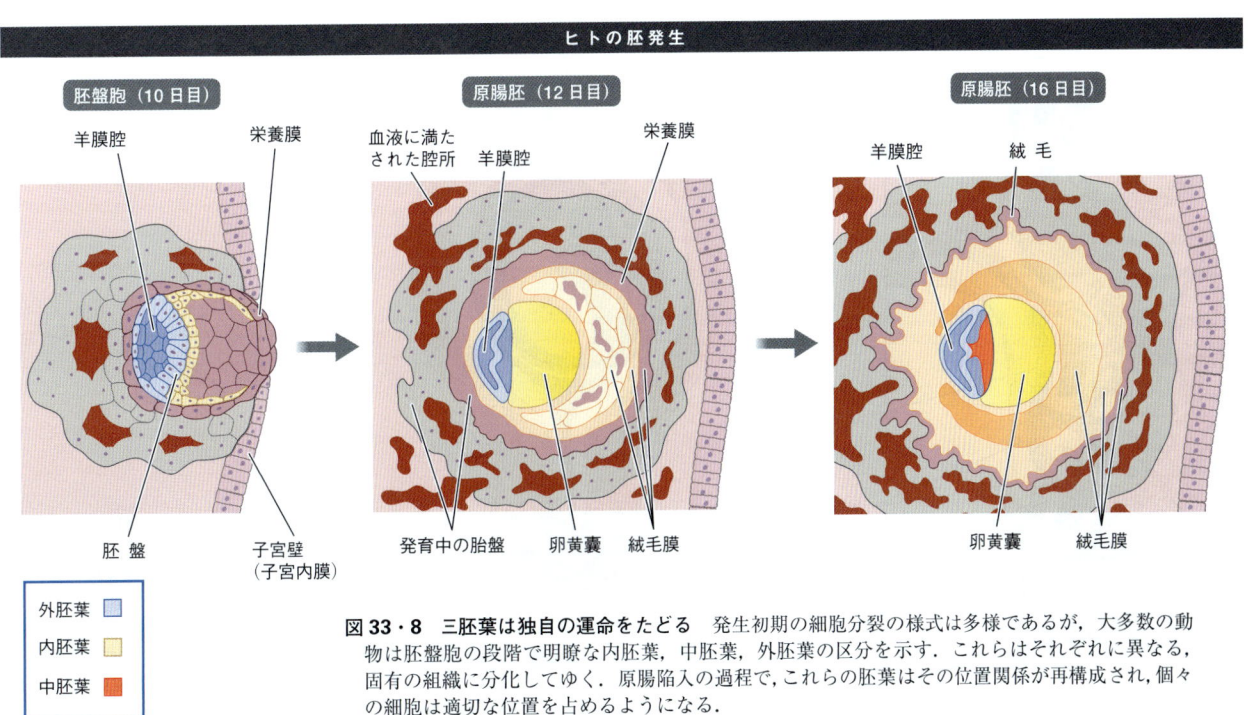

着床と胎盤形成

図33・7 **胚盤胞の細胞の分化により胚全体と胎盤の一部が形成される過程** 哺乳類の胚盤胞は，内部細胞塊と栄養膜の2種類の組織から構成される．これらの組織の運命は着床後に明瞭に分かれる．内部細胞塊は胚の本体へと分化してゆく．栄養膜は子宮内膜に浸潤して，子宮内膜細胞とともに胎盤の構成成分となる．

ヒトの胚発生

図33・8 **三胚葉は独自の運命をたどる** 発生初期の細胞分裂の様式は多様であるが，大多数の動物は胚盤胞の段階で明瞭な内胚葉，中胚葉，外胚葉の区分を示す．これらはそれぞれに異なる，固有の組織に分化してゆく．原腸陥入の過程で，これらの胚葉はその位置関係が再構成され，個々の細胞は適切な位置を占めるようになる．

する（つまり排卵前，すなわち月経周期前半の2週間が加算される）ため，しばしば40週程度といわれる．妊娠第1三半期（妊娠初期）には接合子（受精卵）は1個の細胞であったものが，三胚葉性の組織をすべて備えた段階にまで至る．臓器，器官系の成分となるすべての細胞はこの段階の最初の3カ月間に準備される．この段階では胚は**胎児**とよばれるようになるが，すでにヒトとしての特徴を十分に備えている．次の3カ月すなわち妊娠第2三半期（妊娠中期）に，器官の発達が進み，したがって胎児も発育する．その次の3カ月，すなわち妊娠第3三半期（妊娠終期）には，胎児はさらに発育して脂肪の蓄積も始まる．妊娠第3三半期に入れば，胎児は子宮から出されても保育器の中で生育できる．

すでに見たように，卵は卵管で受精した後，7日ほど経過して胚盤胞の段階で子宮内膜に着床する．着床すると胚盤胞の外側の栄養膜細胞が内膜に浸潤し，胎盤のうち，胎児の側の構造を形成する（図33・7参照）．受精後10日ほどで胚盤から3種類の胚葉が区別できるようになる（図33・8参照）．胚盤は胚盤胞の外側の細胞から張り出して**羊膜腔**とよばれる構造を形成する．胚盤からは細胞が移動して出てきて羊膜腔を覆うように配置して膜を形成し，これが**羊膜**となる．羊膜は妊娠2カ月目には胚を完全に覆うようになる．

胚盤の別の側の内胚葉細胞は胚盤胞の中の腔所を裏打ちするように移動し，**卵黄嚢**を形成する．つぎに受精後12日ころから栄養膜細胞はさらにもう一つの腔所として，絨毛膜腔（または漿膜腔）をつくり始める．絨毛膜腔は羊膜，胚盤，卵黄嚢をほぼ完全に取囲むように形成される．絨毛膜腔の実体を構成する組織は**絨毛膜**とよばれる．絨毛膜は絨毛とよばれる指状の構造物を形成する．この絨毛は胎盤の中で，母体由来の構造と胎児由来の構造との間に存在する血液で満たされたスペースに向けて突出する（図33・9）．胚発生3カ月目に至ると胚内に循環系が分化してくる．2本の動脈と1本の静脈が長く伸びて**臍帯**とよばれる構造を構成し，胎児から胎盤へ向けての血液供給を支えるようになる．

図33・9をよく見ればわかるように，母体と胎児の血管同士は決してつながらない．胎盤の母体側は，子宮内膜に細い静脈が密集した構造となっている．絨毛膜は，栄養膜のその他の細胞とともに胎盤の胎児側の部分を形成する．胎盤の母体側の組織と胎児側の組織の間には絨毛間腔とよばれるスペースが存在し，血液で満たされている．母体側の子宮内膜の動脈（らせん動脈）からは血液が絨毛間腔に送り込まれ，母体血とともに酸素と栄養分がこの絨毛間腔に拡散してゆく．酸素と栄養分は，（胎児側の構造である）胎盤絨毛中の毛細血管に取込まれて胎児を循環する血液に入り，臍帯静脈を介して胎児本体に送り込まれる．2本の臍帯動脈は胎児の二酸化炭素と老廃物とを絨毛の毛細血管に送り，二酸化炭素と老廃物は絨毛から絨毛間腔へと拡散する．拡散した二酸化炭素と老廃物とは，子宮内膜の静脈血に取込まれ，母体の肺や腎臓へと送り届けられる．

ヒトの胚，長じて胎児は，羊水で満たされた羊膜中に浮遊の状態で発育する（図33・9）．羊水で満たされたスペースは一種のクッションとして物理的な衝撃や温度変化から胚を保護するほか，胎児が成長する空間的な余地を提供してもいる．羊膜は通常分娩の段階で破れ，羊水は腟を通って外に排出される．これが破水であり，自然分娩では妊産婦はこれを自覚する．

卵黄嚢はヒト胚では16日前後で目立ってくるが（図33・8参照），これ以降胎盤から距離がひらき，羊膜の発達に伴って7週目までには縮小し始める．哺乳類の卵黄嚢は卵黄を貯蔵しない．卵黄は鳥類，爬虫類，両生類，魚類のほか，哺乳類のなかでも胎盤をもたないもの（カモノハシのようなもの）では胚の成長に必要な栄養分となる（§4・6参照）．ほとんどの哺乳類では卵黄嚢は造血器官として機能するほか，生殖系列細胞（始原生殖細胞）もここに出現する．始原生殖細胞は卵黄嚢で出現後，受精後7週目くらいから生殖腺原器へと移動を開始する．

8週齢に達すると，胎児は3.5 cmほどに成長する．頭部が明瞭となり内胚葉による肝臓の形成，中胚葉による血球，腎臓など，

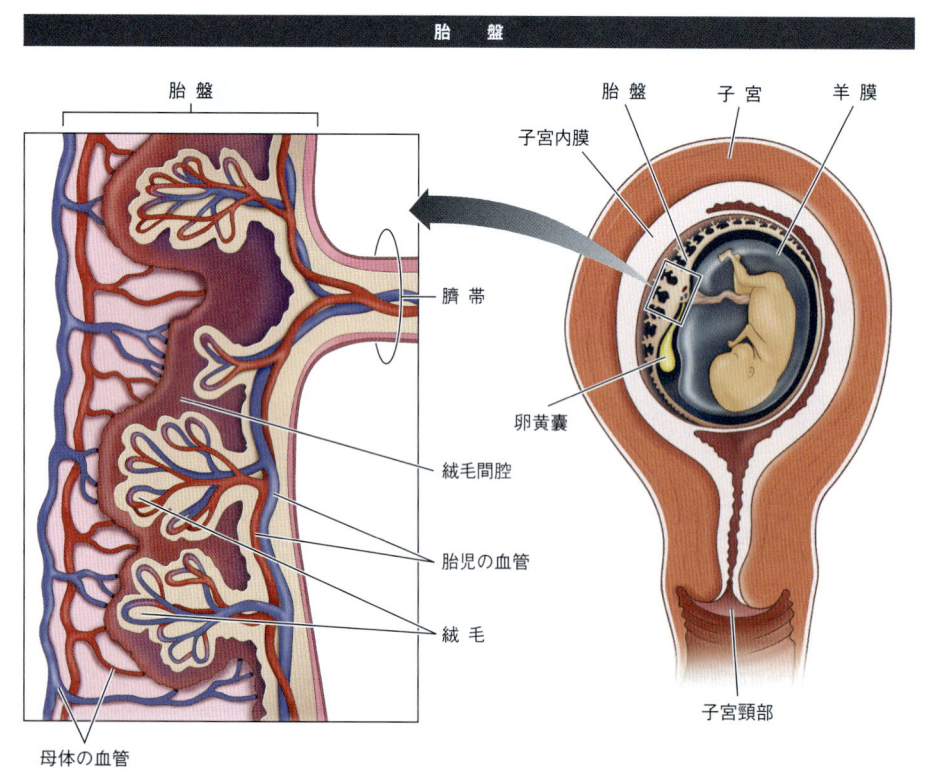

図33・9 胎盤は，胎児と母体をつなぐ命綱
胎盤を通して，胎児は母体の血液から酸素や栄養分を受取り，老廃物を母体血液に引き渡す．母児の間で血管は連絡しないことに注意せよ．胎盤の絨毛間腔には血液が満たされ，ここに絨毛が突出する．気体や養分や老廃物はこの絨毛間腔の血液中に拡散してゆく．

成人でみられる器官のすべての原型が出来上がってくる．これ以降，胚は胎児とよばれるようになり，形態的にまさにヒトとなる．妊娠の第1三半期の終わりごろには胎児は12 cmほどになり，手足の指に爪が出現する．また外部生殖器官の男女差もはっきりし，消化管上皮も機能し始め，糖の吸収が可能となる（図33・10）．

ヒトの発生は第1三半期の間に障害を受けやすい．発生初期の急速な細胞増殖・分化の時期のこれらの過程に影響しうるものはすべて胎児の発育にとり脅威となりうる．ヒトの流産はたいてい妊娠の第1三半期に起こるものであるが，これは胚発生に問題となる遺伝的な問題はほとんどこの時期に現れるためである．栄養不足，毒物の摂取，薬物濫用，さまざまな外的要因が発生に悪影響を及ぼしうる．脳の発生など，組織分化の重要な過程が第1三半期に起こるため，特にこの時期の胎児は脆弱である．

第1三半期は急速な組織・細胞分化や器官形成開始によって特徴づけられるとすれば，第2および第3三半期は，原型の用意された器官のいっそうの発達成長の時期であるといえる．この期間に，はじめは大きめのマウス程度の大きさであったものが，平均的な出産時の体重（3.4 kg）にまで成長する．第2三半期の間は，身長よりもむしろ体重の増加が盛んである．第2三半期の末期までに胎児は出産児の身長の半分くらい，体重では25%程度となる．胎児は活動的となり，子宮を蹴る動作も始める．第3三半期の終わりまでに，出産時の姿となる．第3三半期の体重増加もきわめて旺盛で，胎内の羊水中の環境から，体外の大気中での生育に適するよう，循環器，呼吸器系に劇的な変化を生じる．

段階的な分娩の進行

妊娠末期の数週間には，エストロゲンをはじめとする特定のホ

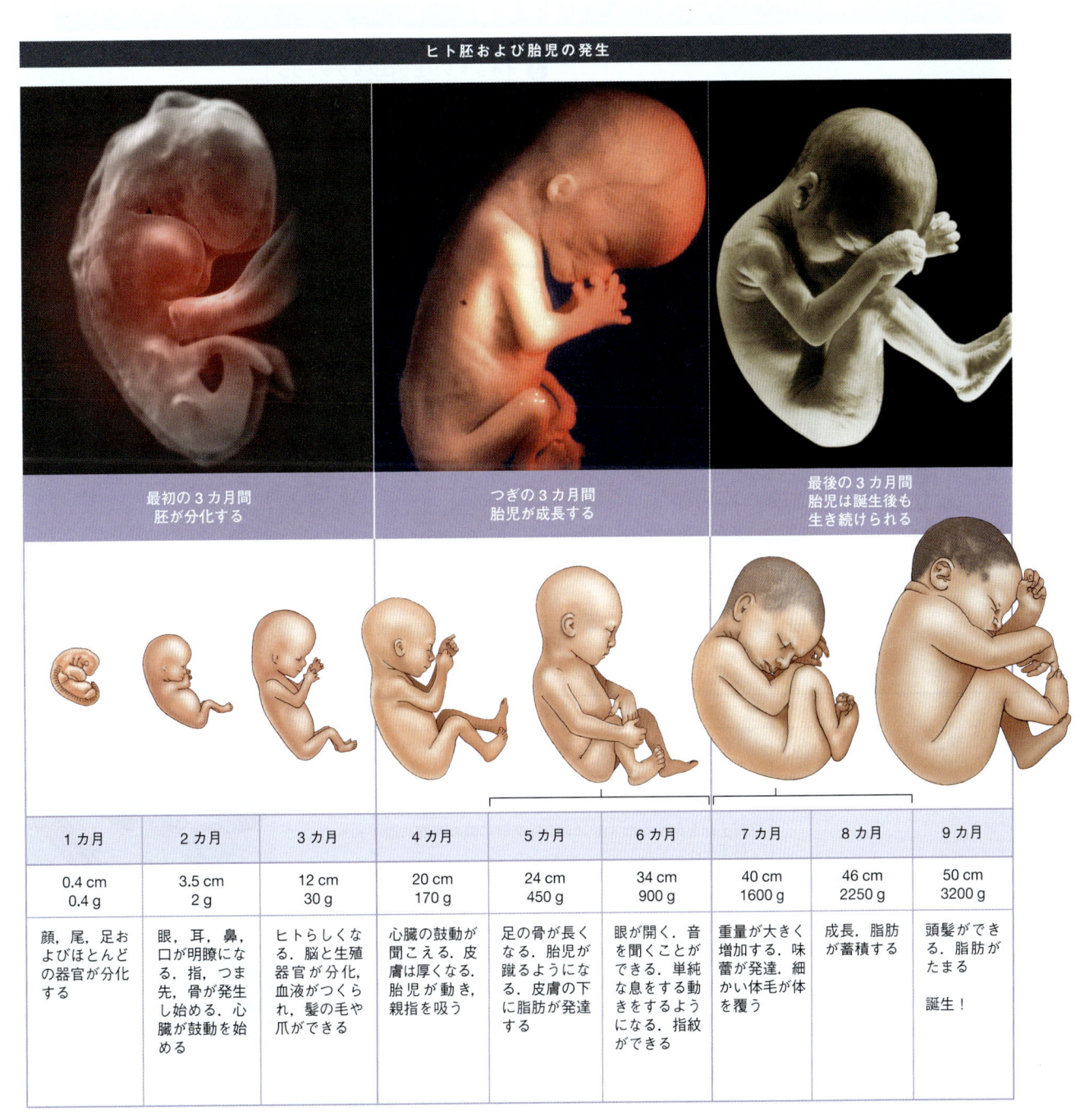

ヒト胚および胎児の発生

	最初の3カ月間 胚が分化する			つぎの3カ月間 胎児が成長する			最後の3カ月間 胎児は誕生後も生き続けられる		
	1カ月	2カ月	3カ月	4カ月	5カ月	6カ月	7カ月	8カ月	9カ月
	0.4 cm 0.4 g	3.5 cm 2 g	12 cm 30 g	20 cm 170 g	24 cm 450 g	34 cm 900 g	40 cm 1600 g	46 cm 2250 g	50 cm 3200 g
	顔，尾，足およびほとんどの器官が分化する	眼，耳，鼻，口が明瞭になる．指，つま先，骨が発生し始める．心臓が鼓動を始める	ヒトらしくなる．脳と生殖器官が分化，血液がつくられ，髪の毛や爪ができる	心臓の鼓動が聞こえる．皮膚は厚くなる．胎児が動き，親指を吸う	足の骨が長くなる．胎児が蹴るようになる．皮膚の下に脂肪が発達する	眼が開く．音を聞くことができる．単純な息をする動きをするようになる．指紋ができる	重量が大きく増加する．味蕾が発達，細かい体毛が体を覆う	成長．脂肪が蓄積する	頭髪ができる．脂肪がたまる 誕生！

図33・10 子宮内における9カ月間 習慣に従い，妊娠期間を3カ月ずつの三半期に分けて示し，理解の便宜を図った．

ルモンの血中濃度上昇が起こる．高い濃度のエストロゲンは，子宮平滑筋の**オキシトシン**に対する反応性を高める作用がある．オキシトシンは妊娠初期には胎児から分泌され，妊娠の後期には母体の脳下垂体から放出される．オキシトシンは子宮平滑筋の収縮を促すほか，胎盤からのプロスタグランジン分泌を促す．プロスタグランジンは子宮平滑筋の収縮を強化する．子宮平滑筋がこれらのホルモンに反応して収縮すると陣痛が始まる（図33・11）．正のフィードバックのメカニズムにより（§26・3参照），子宮平滑筋の収縮はさらなるオキシトシンの合成を促し，またオキシトシンの増加に従って平滑筋の収縮強度も高まる．一方で，子宮頸部は弛緩し，増強する子宮平滑筋収縮が胎児を母体外へ押し出すように作用する．正のフィードバックの最後に，オキシトシン濃度は低下し，これに伴って子宮平滑筋の収縮も終息する．胎盤は分娩後に排出され，これは"後産"とよばれる．

出生の瞬間，新生児は物理的に母体から独立する．酸素も，栄養分も，もはや直接母体血から受取ることはない．新生児は，これからはみずから食べ（母乳を飲み），みずから呼吸し，内部環境を維持せねばならない．

33・4 出生率と避妊

妊娠はこれを回避することができる．禁欲，すなわち性交を避けることは，妊娠や，性感染症を回避する一つの方法である．妊娠を避ける別の方法は**避妊**である．避妊法はさまざまなものが考案されている（表33・2）．

経口避妊薬は避妊法として最も汎用され，実際に効果がある．

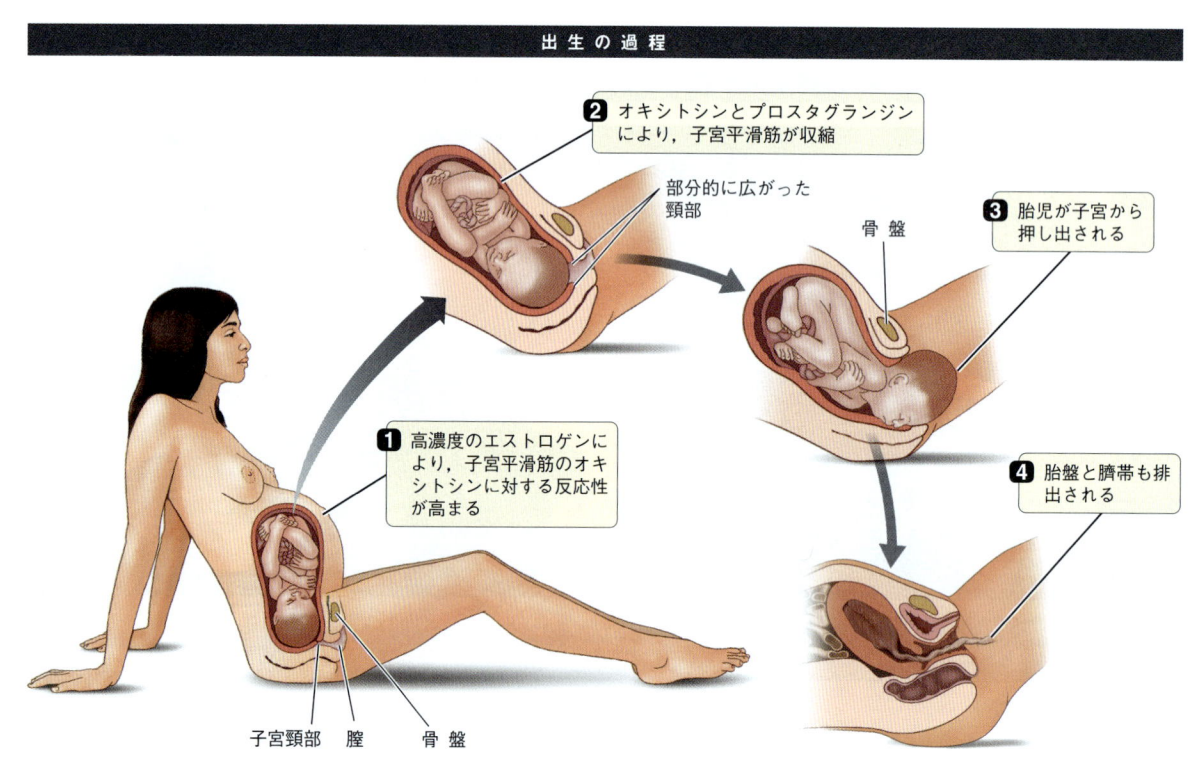

図33・11　分娩　ホルモン作用により子宮収縮が始まり，胎児は子宮頸部，膣を経て分娩される．

表33・2　出産のコントロール

方　法	機　構	有効性（指示どおりに使用された場合）†
経口避妊薬：錠剤として服用するもの（いわゆるピル）；パッチとして経皮的に使用するもの；皮下に投与するもの；膣に用いるもの	人工的に妊娠時のホルモン環境（エストロゲンとプロゲステロンの組合わせ）をつくり出すことにより，排卵を抑制．	99%
避妊スポンジ	殺精子剤を含ませたスポンジを性交前に膣の奥部に設置する．	90%
女性用コンドーム	プラスチック製の膜で膣を塞ぐ．	95%
男性用コンドーム	プラスチックもしくはラテックス製の袋で陰茎を覆い，精子の膣内への移行を防止．	98%
ペッサリー	ドーム状のラテックスのキャップに殺精子剤を満たしたもの．性交の前にあらかじめ女性が挿入し子宮頸部を覆って精子の子宮への進入を防ぐ．	92%
子宮内避妊具	T字型のプラスチック製の器具．専門の有資格者により子宮内に留置．	99%
卵管不妊手術（卵管結紮術）	クリップまたは外科的に卵管を閉じる．	100%
男性不妊手術（精管切除）	精管の外科的閉塞．	100%

† 使用者個人の扱い方によって，実際の避妊成功率がここにあげた値よりも低くなる場合がある．1カ月にわたり服用し続けなければならないような薬物では，実際の避妊の成功率は95%程度であるとする研究報告もある．

経口避妊薬は，しばしばピルとも称され，1960年に米国食品医薬局（FDA）によって認可された．経口避妊薬は承認されて直ちに広く用いられ，最も処方された薬物としての歴史的な地位を占めた．また，女性に計画的な妊娠出産上の自由度をもたらすことを通して，社会に変革をもたらしたと評価されているが，その発売当初から議論も絶えなかった（実際，1972年に最高裁判所により制限を無効とされるまで，未婚者に対しては経口避妊薬は処方されなかった）．

正しく使用すれば，経口避妊薬は意図しない妊娠を避けるうえできわめて信頼度の高い手法である．一般的な経口避妊薬の主成分は合成プロゲステロンと合成エストロゲンの混合物である．このような混合型の経口避妊薬は月々の排卵を阻害する．しかし，卵が排卵されて，受精してしまうと，経口避妊薬は子宮内膜を妊娠に適した状態に誘導するため，かえって妊娠を安定させる効果をもたらす．子宮内膜が適切な状態にない限り，妊娠は成立しない．

厳格に指示に従って経口避妊薬を服用した場合，この方法による避妊の失敗率は1%よりもはるかに小さい．この"厳格に指示に従って"というのがきわめて重要である．避妊の成否は薬物の性能よりも，むしろ服用者(の性格)に依存するところが大きい．総じて経口避妊薬服用のうえでの避妊の失敗率は1000人に1人程度であるが，注意力に欠ける女性に限れば，避妊失敗のリスクはこれの50倍程度にも昇る．

経口避妊薬は信頼度の高い避妊方法ではあるが，人によっては推奨できない場合がある．たとえば経口避妊薬の服用と喫煙の併用は，特に35歳以上で1日に15本以上のタバコを喫煙する場合，心不全，脳卒中，血栓のリスクを大幅に高める．また，高血圧や心疾患，肝疾患を伴っている場合，または乳がんの既往歴のある場合はまず経口避妊薬によらない避妊法を検討する．抗生物質や鎮痛剤をはじめとするある種の薬物は，経口避妊薬の効果を弱めることがある．また，経口避妊薬を服用すると太ると思われがちであるが，最近の製品では1960年代よりもホルモン様物質の用量が大幅に抑えられているため，服用による体重増はほとんど起こらない．

産児制限用の薬物の服用は一般的に，にきび，貧血，月経前症候群や，多嚢胞性卵巣症候群などの症状を軽減することが知られ

生活の中の生物学

性感染症

米国疾病管理予防センター（CDC）によれば，1900万人もの米国人が性感染症に罹患している．このなかには10代の女性の4人に1人（およそ300万人）が含まれている．女性に感染するものは30種類以上知られており，このなかのいくつかは男性にも重い症状をひき起こす．最近の報告では，淋病や梅毒などといった性感染症は広い範囲で増加傾向にあり，特に若い世代で罹患する者が増えているという．

トリコモナス症はトリコモナス *Trichomonas vaginalis* とよばれる原生生物の感染による疾患で，北米では最も多い性感染症である．比較的高い年齢層に多くみられ，CDCの調査によれば10代では2%程度の感染率で，若年層ではどちらかといえば少ない．男女とも感染のリスクがあるが，男性ではほとんど症状がなく，無症状のまま性のパートナーを感染させてしまうリスクがある．

ヒトパピローマウイルス（HPV）は米国での性感染症の原因としては2番目に多いものである（右表参照）．感染者総数のうち75%程度が15歳以上26歳までの女性によって占められる．男女とも感染しても無症状であることがあるが，感染後かなり経ってから性器にいぼ様のできものを生じたり，子宮頸部や陰茎，直腸などのがんの原因となる場合がある．

CDCによる最近の研究によれば，検査を受けた10代のうち18%がクラミジアに感染していたという．クラミジアは細菌の一種で，男女とも初回感染時には自覚症状を伴わないことが多い．しかし治療せずに放置されると40%程度の女性で深刻な健康上の問題が生じる．クラミジアの病原細菌は子宮内に侵入し，卵管に及ぶことがあり，組織を障害したり，瘢痕化することがある．生殖器官に対する障害は不妊の原因となったり，妊娠合併症により，母児を生命の危険にさらす可能性がある．

CDCの調査によると，10代の2%程度が単純ヘルペスウイルスのうちのHSV-2（性器ヘルペスの原因となることがある）に感染しているという．米国人のうち4500万人以上がこのウイルスに感染しているが，通常自覚症状はなく，まれに皮膚（ふつうは生殖器の皮膚）の痛みを訴えることがある程度である．しかし感染者が妊娠していた場合はその胎児，または免疫機能が低下している患者では致命的となることがある．また，HSV-2感染者ではHIVエイズウイルスに対する感染性が高まることが判明している．

禁欲は性感染症の有効な予防法である．一夫一婦を堅持した者では複数の性のパートナーをもった者に比べて性感染症の罹患のリスクが低い．ラテックス製のコンドームもクラミジアやトリコモナスの感染からの防護に有効である．長期にわたる罹患からくる障害や，性のパートナーが感染していた場合の感染拡散を防ぐ意味でも，性感染症の検査の重要性はいくら強調してもしすぎることはない．早期に発見されれば，たいていの性感染症は治療が可能であり，完全治癒も期待できるのである．

よくみられる性感染症の発生率

性感染症	推定罹病率（年間の新たな患者数）[†]
トリコモナス症	740万
ヒトパピローマウイルス（HPV）	600万
クラミジア症	120万
ヘルペス（HSV）	100万
淋病	301,174
B型肝炎（HBV）	38,000
C型肝炎（HCV）	18,000
梅毒	13,997
ヒト免疫不全症候群（エイズ）	1092

出典：CDCによる"2009年感染症調査"（http://www.cdc.gov）
[†] 各時点での感染者数を表す罹患率（有病率）は実際にはここにあげる数値よりもはるかに高い．たとえば2009年のHPVの実際の感染者は2000万人とみられている．

ている．また，常用者では卵巣がんや子宮がんのリスクが40〜80％までも軽減される．長期連用者では乳がんのリスクが幾分上昇するとする報告もあるが，これに否定的な見解もある．最近の大規模調査によれば，経口避妊薬を5年間以上服用した者では，総死亡率（原因を問わない死亡率）が幾分減少するとみられている．

経口避妊薬には，いわば陰の副作用が考えられる．すなわち，服用したことによる安心感から，性的行為にいたるまでの心理的なしきいが低くなる可能性が考えられ，そうであれば性感染症のリスクはかえって高まる可能性がある．24歳までに，性的にアクティブな米国人は3人に1人が性感染症に罹患している可能性がある．これが生涯の間では少なく見積もっても4人に1人が，実際には2人に1人くらいが一度は感染しているかもしれないのである（本章の"生活の中の生物学"参照）．経口避妊薬は性感染症の感染に対しては無力である．

33・5 出生後の発育

ヒトの子どもでも，動物の子どもでも出生ないしはふ化した段階では，発生もしくは発育は終了していない．特に私たちヒトは生涯のうち4分の1が成長期として費やされる．成長にはさまざまな面があるが，そのうちの大部分は，性的に成熟するまでに完了している．

さまざまな意味で，ヒトの乳児の成長は胎児の発育の延長上にあるといえる．出生後の乳幼児の発育は，出生前の経過と同様，ほぼ定型的な経過をたどる．満2歳までの2年間は，乳幼児は胎児とほぼ同じ成長速度を示す．他の哺乳類の新生仔の成長は典型的にはこれよりやや緩やかである．脳重量も満2歳までほぼ胎児の期間と同等の速度で増加し続ける．脳重量の増加はその後鈍化するが，成人のレベルに達するのはおおむね10歳くらいになってからである．

人体を構成する細胞の大多数は寿命が限られており，老化し，また死んで脱落する一方で常に補充され続けなければならない．ヒトの皮膚の場合，消耗されるに従い層状に脱落し，下から新規に細胞が層状に供給される．小腸上皮細胞の寿命は1週間以内で，皮膚と同様に常に新しい細胞と置き換わっている．細胞の新生では大きく二つの形式が認められ，組織によって特有の形式で行われる．そのうちの一つは血管内皮細胞などにみられるような，すでに分化した既存の細胞の単純な細胞分裂によるものである．もう一つの形式は皮膚や小腸上皮細胞で認められるような，幹細胞により細胞が新生されるものである（第11章参照）．

加齢による生殖機能低下

ヒトでも男女とも加齢に伴って生殖機能は低下する．女性では40歳を超えると健康な卵の形成機能，妊娠率が明らかに低下する（表33・3）．40歳以上の女性でも，若い女性から採取された卵を移植した場合，受精率はドナーとほぼ同等になるから，女性の加齢に伴って卵の品質が低下しているのであり，高齢出産の子における先天性異常が多くなる原因でもある．たとえば第21染色体のトリソミーによるダウン症は，40歳以上の女性が出産した子に高率で出現する．女性は平均して50歳前後で閉経を迎える（§29・4参照）．

男性の精子形成でも同様に加齢による減退が認められる．高齢男性を父とする者は，そうでない者よりも一般に短命であるところから，男性の生涯において，精子の遺伝子は経年的に劣化し続けている可能性がある．さらに，加齢に伴って精子形成は減少するから，受精率ももちろん低下する．男性の場合明確な閉経に相当するものはないが，精子形成能力と性的衝動とは年齢とともに緩やかに低下する．

加齢による生殖機能低下の原因は何か？　卵と精子の前駆細胞は出生の段階ですでに私たちの体内に用意されている．したがって，卵と精子の遺伝子は産まれた直後から環境要因によって生じる変異にさらされている．生殖細胞でも経年に伴って有害な，ときには致命的な遺伝子変異が蓄積されてゆくものと思われる．この問題はつぎに述べるような疑問を生じ，この疑問については過去50年間にわたって生物学者，人類学者，人口統計学者らのほか，社会一般の関心をひいてきた．すなわち，配偶子の突然変異が生殖機能の低下の原因であるとすれば，ヒトはなぜ生殖年齢の後も何十年も生きながらえるのであろうか？　人間社会にとり，すでに生殖機能を伴わない高齢者から何らかの利益を得ているのであろうか？　閉経は単なる機能低下という以上に何らかの適応的な意義を伴っているのだろうか？

表33・3　女性の受精率における年齢の影響

年齢〔歳〕	妊娠率（％）	流産率（％）
30以下	29.0	14.9
30〜35	19.8	16.5
35〜40	17.1	22.4
40〜45	12.8	33.2

生殖年齢以後も生き続けるヒト

ゾウやクジラやヒトなどわずかな種は生殖可能年齢を超えて存命するが，他のたいていの動物ではそのようなことはない．ヒトに近縁の霊長類でも生殖機能喪失後まで長期にわたり生存するものはまれである．チンパンジーは飼育下では50年間近く繁殖可能であるが，生殖年齢を終えると急速に老い込み，まず長くは生きない．人類学者によれば，狩猟採集社会のような工業化以前の社会においても，ヒトは3分の1以上は健康な状態で55歳以上生きる．先進国の平均余命は75〜85歳程度である．特に女性は男性よりも長く生き，40歳の段階ではまだ人生の半分しか生きておらず，また最後のほんの数年間を除いては壮健である．

ヒトの生殖年齢経過後の長寿に関して説明する目的で，さまざまな進化モデルが提唱されてきたが，なかでも**おばあさん仮説**が特に知られている．この説によれば，高齢女性における閉経は孫の生存率を高めることにつながり，適応的であるとされる．すでに自分の子どもを育てあげた中年期の女性にとり，自分自身がさらに出産し続けるよりも，娘たちによる子づくりと子育てを確実にする方が進化上の適応度が高いというのである．近代以前には出産は母体にとり生理的に非常に重い負担であるのに加え，感染症や合併症により死ぬ可能性もある非常に危険なものであった．このような状況では，ある年齢からは孫を世話し，生存率を高める方が母体にとって遺伝子を次世代に伝えるうえではより有利であった．

おばあさん仮説によれば，次の次の世代を養育するという行為は，特にヒトやクジラといった，成熟に長い年月を要し，また年

図 33・12　おばあさん効果　おばあさん仮説では，閉経は進化のうえで適応的であったとされる．また，長寿となった結果，ヒトは高齢の女性が自身で出産し続けるよりも，教育などを通して孫の扶養に注力する方が適応的であったと考える．写真はイースター島に生まれ住む Ameia Tepano さん（86歳）が，孫に Kai Kai と呼ばれる綾取りをしながら昔語りをする古式の物語を聴かせているところ．

長者から適切な行動を学ぶ必要のある社会性動物で特に適応度が高いと考えられている（図33・12）．生殖機能の突然の終結を伴う閉経は，高齢となった女性を母親としての子育ての負担とリスクから解放し，孫の世代を育てることによって遺伝子の継承の可能性を高めることを通じて進化した．またおばあさん仮説の支持者は，閉経後の孫の世話を容易にするので，平均寿命もまた自然選択により延長したと考える．すなわち，長寿の集団ではおばあさんも長生きして十分に孫の面倒をみることにより，孫の世代の生存の可能性が高まるため，このような集団は閉経後の余命の長くない集団よりも適応的で生存に有利であった，というのである．

33・6　発生の制御

ヒトなどの動物の発生は複雑であり，秩序立てられ，きわめて精巧かつ正確である．発生の過程が正確に制御されていることは間違いない．そうでなければたった1個の受精卵から始まって数十億もの細胞が生み出されて胚発生を経て胎児へと発育できるはずがない．胎児の体の各部位は，どのようにして自分がその部位になることを知るのであろうか．外胚葉細胞のうち特定のものが神経細胞になり，特定のものが皮膚の細胞になるのは，いかなるメカニズムによるのであろうか．たった1個の受精卵はどのようにして，構造と機能の異なる少なく見積もっても220種類もの，総数で数十兆個もの細胞の成人となるのであろうか．ここには生物学上最も深遠かつ困難な問題が含まれる．本節ではこの分野での最近の進展について簡単に紹介する．

遺伝子発現のバランスによる細胞運命の制御

体を構成する細胞は基本的にすべて同一の DNA 配列を維持している．体の中に多種多様な細胞が存在するのはそれぞれの細胞で発現する遺伝子が異なっているためである．この数十年間での生物学上の最も偉大な進歩の一つは，発生に伴う遺伝子発現の動態に関する理解が急速に進んだことであろう．線虫やショウジョウバエなど，一部の無脊椎動物ではその比較的単純な身体の構造，また構成する組織や器官の少なさから，分子発生学的研究がいち早く進展した．

胚の段階で，細胞の運命は DNA 上の特定の配列の発現が活性化されることにより決定される．第15章で見たとおり，大多数の遺伝子はタンパク質をコードしており，転写と翻訳とは DNA 上の遺伝暗号が特定のタンパク質に変換される際の二大過程である．DNA の塩基配列として保存された遺伝情報を RNA の塩基配列に写し取る過程を転写といい，タンパク質をコードする RNA，すなわちメッセンジャーRNA（mRNA）は核で合成されたのち，さまざまな編集の過程を経て核膜孔を通って細胞質へ移行する．細胞質では mRNA を鋳型としてタンパク質の合成が行われる．これを翻訳という．特定の遺伝子の転写の抑制や活性化，また mRNA 成熟に至る過程をコントロールすることにより，同じ遺伝子のセットをもっているはずの同一個体内の細胞間でも，また同一細胞といえども時期によって変異に富んだ遺伝子の発現パターンがひき起こされる．

特定の遺伝子発現のタイミングがどのようにして発生に影響するか，例を見てみよう．ヒトをはじめとする哺乳類では，発生段階によって異なるタイプのヘモグロビンが必要となる．8週齢までは胚性ヘモグロビン，8〜12週齢では胎児型ヘモグロビンが存在し，12週齢以降は徐々に成人型ヘモグロビンへと置き換わってゆく．胚性ヘモグロビンと胎児型ヘモグロビンとは成人型よりも酸素に対する親和性が高く，胎盤で母体血から酸素を受取ることに適している．各種ヘモグロビン遺伝子は，それぞれ固有の DNA 配列（転写制御配列）と並んで配置されており，ここに制御性タンパク質（転写因子）が結合することにより発現が高まる（§14・8参照）．発生段階に応じて，赤血球内では特定の型のヘモグロビン遺伝子が選択的に発現される．

これとは異なるメカニズムによる発生に応じた遺伝子発現制御も見つかっている．それは RNA スプライシング（RNA の切断と再結合）のパターンを変えていくやり方で，同一の遺伝子から異なった種類の mRNA が生み出される（§15・3参照）．このような例として，ショウジョウバエで同一遺伝子から雌雄で異なる mRNA が転写されるケースが見つかっている．ここから翻訳されるタンパク質はショウジョウバエの性分化に関与していることが判明している．

発生における特異的なシグナリング分子による遺伝子活性化

前と後や，頭部と尾部，また胸腔と腹腔とで体は各部位が特化しているが，体制はいかにして形づくられるのであろうか．細胞分裂により生み出される2個の娘細胞は，どのようにして異なる細胞へと分化してゆくのであろうか．いかにして一方の娘細胞が神経細胞に，他方の娘細胞が皮膚の細胞になるのであろうか．それぞれの組織の構成細胞は，それぞれに特異的な分化の経過をたどる．細胞分裂により生じた娘細胞はそれぞれに周囲の環境から与えられる位置情報に従って分化してゆく．**位置情報**は細胞にとっての GPS のようなものである．細胞の位置情報は物理的，化学的双方のかたちで細胞に伝えられる．各細胞は，受容するさまざまな情報の種類，組合わせ，強度などを総合的に判断して特定の分化の過程をたどる．**誘導シグナル**は到達距離の短い化学的な刺激で，胚内の細胞または母体から発せられて胚の細胞に対して指令を与える．原腸胚でどの細胞が頭部を，どの細胞が尾部を

形成するかといった指示も誘導シグナルの一種により与えられている．

誘導シグナルはたいてい，発生に重要な遺伝子の転写活性を制御することでその効果を示している．一つの作用の仕方は，特定の細胞から放出された物質が拡散することで，発生源からの距離に従って単調に濃度低下してゆく，というものである．誘導因子に対する受容体タンパク質を細胞表面に発現する細胞のみが特定の誘導因子に対して反応できる．各誘導因子は濃度によって標的となる細胞に，特定の異なった反応をひき起こすとすれば，各標的細胞は，誘導因子の発生源からの距離に応じて（すなわち誘導因子の濃度勾配によって）異なった遺伝子発現のパターンを示すことになり，したがって，異なった細胞に分化してゆく．

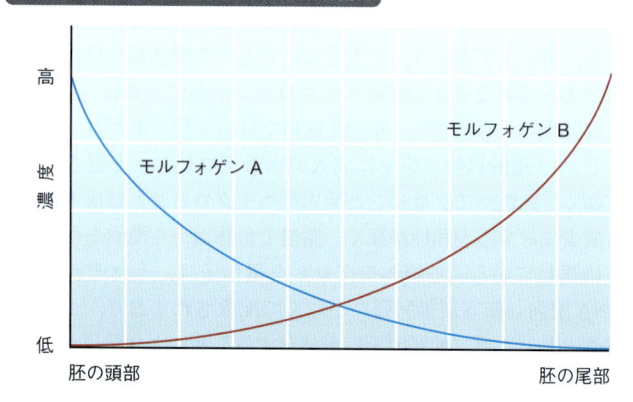

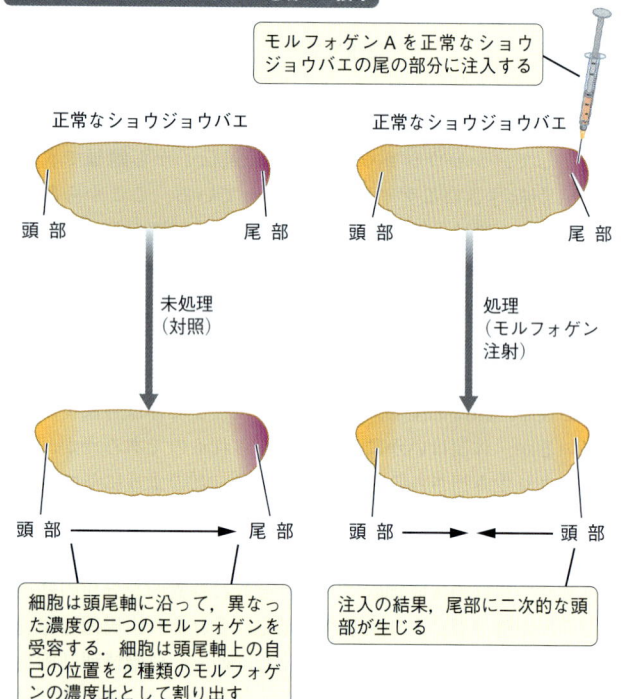

Drosophila属のショウジョウバエでは，一群の誘導シグナル分子が**モルフォゲン**として知られ，胚発生の制御で重要な役割を果たす．たとえばショウジョウバエ胚ではある種のモルフォゲンの濃度勾配のパターンは，細胞に対して頭部を基点とした相対的位置関係の情報を与えている（図33・13a）．頭部端の位置情報をもたらすモルフォゲンを反対側に投与すれば双頭の胚が形成される（図33・13b）．

昆虫の体では体節構造が明確であるが，ショウジョウバエの体節形成過程の研究から，モルフォゲンの作用機序が明らかにされた．すなわち，モルフォゲンはホメオティック遺伝子（群）とよばれるショウジョウバエの個々の体節の分化を主導する遺伝子群に作用していたのである（図33・14）．ホメオティック遺伝子は指導的な遺伝子すなわちマスター遺伝子として，各体節の特異的な形成に関与する遺伝子のセットの発現をコントロールしている．ショウジョウバエにおけるホメオティック遺伝子とモルフォゲンに相当する因子は，ヒトをはじめとするすべての動物においてもやはり組織の頭尾軸に沿った分化誘導で主導的役割を担うことが判明している．

最も単純な系は，誘導シグナルが隣接する組織間で作用するもので，細胞の位置情報は周囲の細胞から与えられる．たとえば鳥類の皮膚では外胚葉由来の組織と中胚葉由来の組織との間でなされる組織間相互作用により，外胚葉性細胞の分化の運命が決定づけられることがわかっている．これは移植実験により明らかにされた（図33・15）．ニワトリ胚前肢の外胚葉組織は前肢の中胚葉に接していれば羽毛を生じる．しかし，後肢の中胚葉に接して置かれると，うろこや爪を生じるようになる．中胚葉-外胚葉間の化学物質を介した相互作用により，外胚葉性細胞で発現する遺伝子がコントロールされているためである．

ホルモンも動物の発生の制御に関与する．性ホルモンは生殖器官の発生に影響を及ぼして，個体が雌雄のいずれになるかを決定している（第29章参照）．

■ 役立つ知識 ■　モルフォゲン（morphogen，形源）は字義通りには形質源，すなわち動物の形態を決定づけている遺伝子の発現のオンオフをつかさどるタンパク質を意味する．

環境要因の発生に対する影響

遺伝子と，その産物としてのタンパク質は密接に関連して機能する．発生途中の動物はさまざまな環境要因にも反応する．このような環境要因には体内の栄養蓄積のような内的なものと，気温や日長，さらには捕食者や競争相手から発せられる化学物質のような外的なものとが含まれる．これらについて少しだけ見てみよう．

カメやワニの仲間では，かなりの種で性が発生時の巣の温度に依存して決定される．カメの胚は低めの温度では雄になりやすく，ワニの胚は低温で雌になりやすい．水生の無脊椎動物には，発生の途中で捕食者の放出する化学物質にさらされると，とげや剛毛を発達させるものがかなり存在する．とげや剛毛があることで捕食されにくくなる．アリマキ（アブラムシ）も環境要因による形態上の変化を生じる（相変異）．食物の欠乏や，個体密度の上昇はアリマキの有翅個体の割合を増加させる．また，アリマキが有性生殖するか無性生殖するかは，発生・発育時の気温や日長により左右される．

図33・13　モルフォゲンによる初期胚発生パターンの生成　(a) ショウジョウバエ胚の各細胞の頭尾軸上の位置の情報は，モルフォゲンの濃度勾配のかたちで伝えられる．(b) モルフォゲン濃度勾配の人為的改変による発生分化の劇的阻害．胚の頭部を決めるモルフォゲンAを胚の尾部に高濃度投与することで，尾部の細胞が頭部の細胞に誘導されてしまう．

図 33・14 ホメオティック遺伝子による発生パターンの制御

ホメオティック遺伝子の役割

これらの遺伝子は尾部の構造の形成を制御する…

これらの遺伝子は頭部の構造の形成を制御する．染色体上で，これら（頭を誘導する遺伝子と尾部を誘導する遺伝子）の間に存在する類似の遺伝子は，頭部と尾部の中間部分の形成を制御する

ショウジョウバエ胚 → ショウジョウバエ成虫
マウス胚 → マウス成体

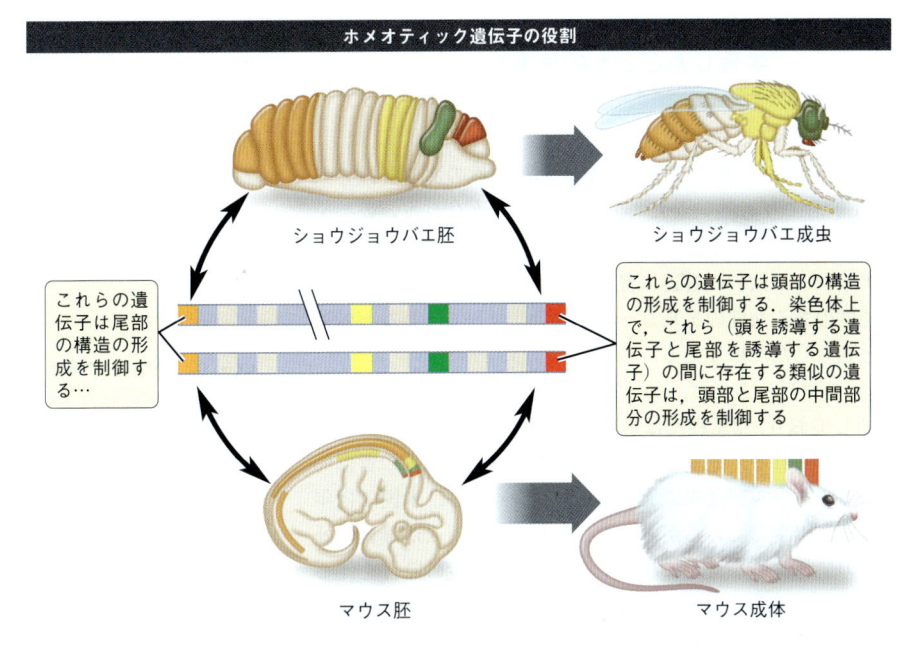

図 33・15 隣接する細胞による発生への影響
ニワトリ皮膚の外胚葉細胞は，前肢（翼）の中胚葉組織に接している場合と後肢（足）の中胚葉組織に接している場合とで異なった分化過程をたどる．前肢の外胚葉は前肢の中胚葉に接していれば羽毛を生じるが，後肢の中胚葉に接して置かれると後肢のようなうろこや爪を生じる．

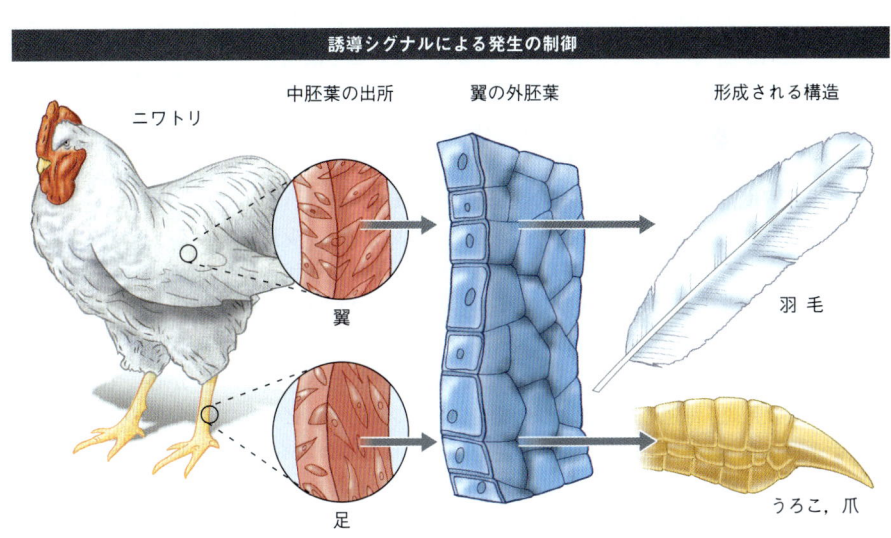

誘導シグナルによる発生の制御

ニワトリ／中胚葉の出所／翼の外胚葉／形成される構造
翼 → 羽毛
足 → うろこ，爪

発生パターン変化による新しい構造の進化

1個の遺伝子のオンオフのタイミングを変えるだけで，動物の発生に大規模な変化をもたらしうる．したがって，発生関連遺伝子の変化は動物の進化に重要な意味があったと思われる．二つ例をあげる．

ニワトリの足の四つの足指はきれいに分かれているが，胚の段階では足指の間にアヒルのような水かきがついている．ニワトリの発生に伴う水かきの消失は1個の遺伝子のみによって制御されていると考えられている．この遺伝子が活性化すると，その細胞はプログラム細胞死もしくは**アポトーシス**とよばれる特定の過程を経て死に至る．ニワトリの足の発生ではアポトーシスの遺伝子は水かきの部分でのみ活性化され，指では不活性である．この遺伝子が障害されたニワトリでは水かき部分でのアポトーシスが起こらないため，アヒルのような水かきのある足をもつことになる．アポトーシスはおそらくはすべての動物の発生に必須の過程である．ヒトでも胚の段階では手の指の間にも足の指の間にも水かき様の構造がみられる（図33・16）．アポトーシスによって，出生時には手足の指はきれいに分かれる．

■ これまでの復習 ■

1. ヒトの胚と胎児の違いについて述べよ．
2. 発生制御における誘導シグナルの役割について述べよ．

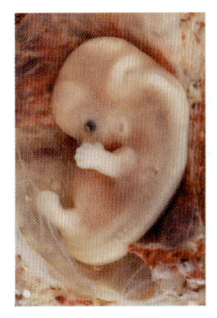

図 33・16 ヒトの手の指，足の指の正常な形成過程にもアポトーシスが必要

1. 受精後5日で胚となる．三胚葉に分かれているが，器官は形成されていない．受精後8週間で胎児の段階に入る．胎児で器官が見られる．
2. 誘導シグナルの濃度勾配により細胞はその位置の情報の種類（たとえば頭からの相対位置など）をえるため，周辺細胞からの情報により細胞の運命を発現したりする．

学習したことを応用する

アルコールは正常な発生にとっていかに有害か？

2005年，米国公衆衛生局長官は妊娠の可能性のある女性の禁酒を，20年前よりも強いかたちで勧告した．政府が強い姿勢を打ち出したのは，それまでのような妊娠期間中の飲酒の危険性についてアルコール飲料の容器に警告するだけでは，妊娠または妊娠の可能性のある女性のアルコール常飲者に対してほとんど効果がないと判断したためである．

2005年の報告によれば，20〜30％の妊婦が妊娠期間中にときおり飲酒しており，2％程度は過度な飲酒（1回に5杯以上）をしていたとみられる．飲み過ぎや，毎日あるいは毎週末の習慣的飲酒は，アルコール関連先天異常のリスクを高める．米国では年間400万人が出生しているが，このうちおよそ4万人が母親の妊娠期間中のアルコール濫用に起因する何らかの程度の障害を伴って生まれてきている．このうち4000人は胎児性アルコール症候群とよばれる，特有の症状を伴っている．

科学的にはこの問題にはなお議論の余地が残されている．しかし過度の飲酒が胎児にとって，はなはだ好ましくないことは明らかである．米国公衆衛生局長官が結論づけたように，これまでの女性に対する妊娠時の飲酒の危険性についての啓発は不十分であった．同時に，少量の飲酒（具体的には月に数回，ワインをグラスに半分程度）に関しては，有害性は見いだされていない（というよりも，無害であると証明されている，ともいえる）．少量の飲酒といえどもアルコール性先天異常をひき起こすという報告も，よく調べると実際にはある短期間のかなりの量のアルコール摂取が，長い妊娠期間で平均されることで"少量の飲酒"として把握されていたというケースもあったからである．たとえば，妊娠最初の3カ月間，毎週金曜日および土曜日にワインを5本，ビールを半ケース飲み続け，次の3カ月で完全に禁酒した場合でも，研究では彼女の飲み方が妊娠の全期間を通じて1日1杯程度，と換算されてしまっていたのである．

ふつう，妊娠が成立してから数週間経過して初めて妊娠を自覚ないしは診断されるものである．しかも妊娠初期の数週間は胎児が最も脆弱な時期に相当する．したがって，妊娠の可能性のある女性は（妊娠を自覚・診断されなくても）禁酒することが推奨される．たとえば心臓は妊娠の第3週目から第6週目にかけて，生殖器官系は第7週から第9週にかけてが，催奇形性物質に対して最も脆弱な時期である．また妊娠の最初の2カ月間は，胎児のほとんどの器官や臓器の原型が形づくられる時期であるため，ことに危険が高い．この時期の胚が催奇形性物質にさらされると，先天異常が特に起こりやすい．にもかかわらず，この時期に女性が自分の妊娠に気づいていることはまれなのである．

アルコール摂取は発生のほぼすべての過程に対して悪影響を及ぼす可能性がある．妊娠の後期であれば，アルコールにさらされても胎児の顔面や心臓の奇形の可能性は低い．しかし妊娠最後の1〜2カ月間の成長に影響して，顔や心臓が正常よりも小さくなる恐れはある．中枢神経系は妊娠の全期間を通じてアルコールにより形成を阻害される可能性がある．このため妊娠中にアルコールにさらされた場合，乳幼児期には異常なく見えたものが，成長の過程で行動上の欠陥が現れてくるケースもある．

アルコールの害は，まず母体の血流に影響して胎児への酸素や栄養分の供給を妨げることにより生じる．アルコールはまた胎児の神経系の形成過程での細胞移動を妨げるほか，細胞間接着を阻害し，発生に不可欠な細胞を死に至らしめたり，シグナル分子による制御メカニズムも阻害して，胎児の発育を障害する．妊娠期間中は（妊娠の可能性のある間は）禁酒すべきであることは明白である．

章のまとめ

33・1 動物の有性生殖と無性生殖

■ 大多数の動物は有性生殖により子孫を生み出す．しかし少数だが，無性生殖により，遺伝子的には完全なコピーを生み出すものも存在する．

■ 有性生殖は変異に富む環境によく見いだされる．変異に富む環境では，遺伝的なバリエーションに富んでいる方が環境変化に対する適応の面で有利と考えられる．無性生殖では生殖に要する時間やエネルギーが有性生殖よりも少なくて済み，比較的安定した環境下で見いだされる．

■ 受精には体内受精と体外受精とがあり，陸上動物はほとんどが体内受精を営む．水生動物の多くは体外受精を営み，配偶子を交配相手の近傍の水中に放出する．

■ 雌雄同体の動物も知られており，これらのうちあるものでは同一個体が卵と精子の双方を形成する．雌雄同体動物は同種他個体のいずれとでも交配できるが，一個体が，自分一人で生殖できるというわけではない．また雌雄同体動物のあるものは，雄から雌へ，もしくは雌から雄への性転換を果たす．

33・2 ヒトの生殖：配偶子形成と受精

■ 有性生殖では雄性配偶子と雌性配偶子の融合，すなわち受精が必要である．精子形成と卵形成では減数分裂が起こる．減数分裂の結果，二倍体（$2n$）の前駆細胞が半数体（n）の配偶子（精子および卵）になる．受精により半数体の精子と卵が融合して二倍体の接合子（受精卵）が得られる．

■ ヒトの場合，雄性配偶子と雌性配偶子とは精子と卵（卵）とよばれる．男性では精巣で精子が形成され，女性では卵巣で卵が形成される．

■ ヒトの男性では精子形成は思春期に開始される．1個の精母細胞から減数分裂を経て4個の精子が形成される．

■ ヒトの女性では，配偶子形成の第一減数分裂は出生前にすでに開始されている．出生時に，女児は100万ないし200万個の一次卵母細胞をもっており，第一減数分裂の段階で停止している．（その後徐々に数が減り）思春期に達した段階でおよそ40万個程度の一次卵母細胞が機能的な状態で，通常毎月1個ずつ減数分裂が再開し，これが女性の生殖可能時期にわたって続く．卵子の減数分裂の全過程が終了するのは精子と融合した後である．

■ 受精の過程では1個の精子が先体に含まれる酵素の作用により卵子内に進入する（先体反応）．精子の核は卵子の核と融合して二倍体の接合子（受精卵）が形成される．

33・3 ヒトの生殖：受精から出生まで

■ 卵巣から排卵された卵は直ちに卵管の中を移動する．卵管が受精の場となる．性行為の過程で，陰茎からはおよそ3億個もの精子が膣内に射精される．しかし，受精に至るのは通常このうち1個にすぎない．

■ 動物発生の初期において，受精卵はきわめて急速に細胞分裂（卵割）を繰返し，桑実胚となる．卵割が進むと桑実胚は胚盤

胞とよばれる段階に至る．胚盤胞では内部細胞塊と栄養膜細胞の，2種類の組織を認めることができる．内部細胞塊からは胚の実質が，栄養膜細胞からは胎盤の一部が形成される．
■ 子宮内膜に着床すると，栄養膜細胞は胎盤形成を開始し，胎盤の一部となる．哺乳類における胎盤は，胎児側に酸素と栄養分を送り込み，母体側に老廃物を送る，双方向性の物質交換の場を提供する．
■ 内部細胞塊から三つの胚葉(内胚葉，中胚葉，外胚葉)からなる胚が形成される．三胚葉はそれぞれ相互に秩序立った位置関係を築きながら，複雑な構造を伴った原腸胚を形成する．原腸胚形成を経て，三つの胚葉はそれぞれ特異的な臓器に分化してゆく．
■ 発生の進行に伴い，大多数の細胞において分化が進行する．細胞運命はある部分まで，他の細胞や，外部環境からの誘導シグナルによって決定される．
■ ヒトの場合，妊娠の第1三半期で胚を構成する細胞は，各種臓器の細胞へと急速に分化する．妊娠(発生)の9週目以降は，胚は特に胎児とよばれる．妊娠の第2三半期と第3三半期を通じて，胎児は急速に成長する．
■ 分娩は段階的に進行する．オキシトシンとよばれるホルモンが母体と胎児の双方から分泌され，子宮平滑筋の収縮をひき起こす．子宮平滑筋の収縮は，それ自体が引き金となってオキシトシン合成量の増加をひき起こす(正のフィードバック)．母体の子宮頸部が弛緩し胎児は子宮外へと排出される．これに引き続いて胎盤も排出される．

33・4 出生率と避妊
■ 妊娠は避妊により回避できる．コンドームなどの避妊具は性行為感染症の感染防止に役立つが，その他の避妊具や避妊薬は，性感染症に対しては一般に無力である．
■ 経口避妊薬はプロゲステロンを主成分としており，これにエストロゲンが添加されている製品もある．これが最も一般的かつ効果的な避妊法である．

33・5 出生後の発育
■ 動物の発育は出生後も進行する．ヒトの乳児は一般的な哺乳類の胎児と同等の発育速度を示す．
■ 他の哺乳類と異なり，現生人類は生殖能力喪失後も長く生存する．おばあさん仮説では，閉経後の女性は中年以降も自分が子を産み続けるよりも孫の面倒をみて，その生存の可能性を高めることによって，かえって自己の遺伝子の継承の確率を高めることが可能となるため，閉経は適応的な現象であると考えられている．

33・6 発生の制御
■ 接合子が成体へと至る過程では各細胞の運命の適切な決定が不可欠である．適切な遺伝子が適切な時期に転写され，mRNAが適切に編集を加えられることによって，遺伝子発現が正しく制御される．
■ 遺伝子のオンオフは誘導シグナルにより制御される．発生途中の胚では，誘導シグナルの組織中での濃度のパターンによって各細胞に自己の位置情報が与えられる．この結果ホメオティック遺伝子の発現がコントロールされる．
■ 発生途中でアポトーシス(プログラム細胞死)のパターンに変化を生じると，各器官の発育速度の関係が変化するため，器官の構造と機能に変化を生じる．
■ 発生関連遺伝子の場合，その発現様式のわずかな変化といえども動物の形態上に甚大な影響を及ぼす場合がある．その影響は個体を超えて，種の進化につながりさえする．

重要な用語

配偶子 (p.565)	内部細胞塊 (p.569)
有性生殖 (p.565)	子宮内膜 (p.569)
接合子 (p.565)	胎 盤 (p.569)
無性生殖 (p.565)	胚 (p.569)
受 精 (p.565)	細胞分化 (p.569)
生殖系列細胞 (p.566)	内胚葉 (p.570)
二倍体 (p.566)	中胚葉 (p.570)
半数体 (p.566)	外胚葉 (p.570)
雌雄同体 (p.566)	原腸胚形成 (p.571)
精子形成 (p.567)	原腸胚 (p.571)
一次精母細胞 (p.567)	三半期 (p.571)
二次精母細胞 (p.567)	胎 児 (p.572)
卵形成 (p.568)	羊膜腔 (p.572)
一次卵母細胞 (p.568)	羊 膜 (p.572)
二次卵母細胞 (p.568)	卵黄嚢 (p.572)
極 体 (p.568)	絨毛膜 (p.572)
卵 (p.568)	臍 帯 (p.572)
先 体 (p.569)	オキシトシン (p.574)
輸卵管(卵管) (p.569)	避 妊 (p.574)
陰 茎 (p.569)	おばあさん仮説 (p.576)
膣 (p.569)	位置情報 (p.577)
胚盤胞 (p.569)	誘導シグナル (p.577)
子 宮 (p.569)	モルフォゲン (p.578)
着 床 (p.569)	アポトーシス (p.579)
栄養膜 (p.569)	

復習問題

1. 配偶子はどれか．
   (a) 卵 巣
   (b) 精 巣
   (c) 精 子
   (d) 幹細胞
2. 接合子が形成されるのは，
   (a) 受精直前
   (b) 1個の卵子に複数の精子が融合した段階
   (c) 胞胚の外胚葉内
   (d) 精子の核と卵子の核が融合した段階
3. 雌雄同体動物は，
   (a) 常に無性生殖を行う．
   (b) 卵巣と精巣の両方をもつ．
   (c) 接合子を形成できない．
   (d) 未受精卵から発生する．
4. ヒトの正常な受精の場はどれか．
   (a) 卵 管
   (b) 膣
   (c) 卵 巣
   (d) 子 宮
5. ヒト胚発生の最初の段階はどれか．
   (a) 原腸胚
   (b) 接合子
   (c) 胎 児
   (d) 胚盤胞
6. 着床の過程で，胚盤胞はどこに着床するか．

(a) 子宮内膜
   (b) 卵　管
   (c) 卵
   (d) 栄養膜
7. ヒト乳児の皮膚はいずれから発生するか．
   (a) 外胚葉
   (b) 中胚葉
   (c) 内胚葉
   (d) 栄養膜
8. 胚発生が進行するにつれ，
   (a) 内胚葉から多能性幹細胞が発生する．
   (b) 原腸胚形成が起こる．
   (c) 中胚葉から心筋が形成される．
   (d) 内胚葉から外胚葉が形成される．
9. 誘導シグナルによる頭尾軸の決定は，
   (a) ショウジョウバエに固有の現象である．
   (b) ヒトに特有の現象である．
   (c) 大多数の動物に共通する現象である．
   (d) 鳥類に特有の現象である．
10. アポトーシスは，
   (a) 細胞分化の過程である．
   (b) 細胞増殖の過程である．
   (c) 細胞の特化の過程である．
   (d) 細胞死の過程である．

分析と応用

1. 動物の配偶子形成の過程を構造と機能の面から概説せよ．
2. 有性生殖と無性生殖につき比較せよ．双方の長所と短所についてもふれよ．
3. ヒトの受精に関して述べよ．
4. ヒトの胎児の発生は一定の形式に従って進行する．胚盤胞以降の胚・胎児発生について述べよ．また，胚・胎児が最も脆弱であるのはどの三半期か，理由とともに述べよ．
5. 発生の過程で，細胞運命はしだいに幅が狭められてゆく．その意味するところと，メカニズムにつき説明せよ．
6. 陸上脊椎動物は魚類から進化したと考えられている．地上での運動を容易にした適応の獲得の過程におけるアポトーシスの貢献について，概説せよ．
7. 地球外に知的な生命体が存在したとする．彼らは生殖年齢を超えて生存するであろうか？ その場合の進化的適応度について考察せよ．

ニュースで見る生物学

CDC: One-Third of Sex Ed Omits Birth Control

BY MIKE STOBBE

CDC：性教育の現場の3分の1は産児制限（避妊）を指導していない

米国では10代の間にほとんど全員が性教育を受ける．しかし，この水曜日の政府の発表によれば，このうち3人に2人までしか産児制限（避妊）について指導されていないという．

米国人の10代に関して，全体としてみれば避妊についての指導はとうてい十分とはいえない．最近の調査によれば，ここしばらく減少していた10代での出産率が，2005年〜2007年にかけて上昇に転じた．2008年には再びやや減少したが，総出生件数のうちおよそ10％が10代での出産である．

米国疾病管理予防センター（CDC）は，2006年〜2008年にかけて，およそ2800人の10代に対する面接調査に基づいて報告を提出した．ミシガン大学の女性の担当者がCDCのこの調査にあたった．

これによれば，10代のおよそ97％が，18歳までに正式な性教育を受けていた．ここで正式な性教育とは，教育機関，教会，またはコミュニティーセンターその他の機関で行われる，性の求めに対する断り方，避妊の方法，また性感染症についての知識に関する指導のことをさす．

報告によると性的行為を迫られた際にノーといえること，また性感染症に関しては一般的に指導されているが，コンドームをはじめとする避妊の具体的な使い方に関する指導は十分とはいえないようである．

高校卒業までに避妊について指導を受けているのは全体の3分の2程度で，男子の62％，女子の70％であった．

これと対照的に，性感染症に関して，特にエイズウイルス感染の回避については，男女併せて92％程度が教育を受けており，女子の87％と男子の81％とが，性行為の断り方を指導されている．

2009年，米国では15〜19歳にかけての年齢で，75万人が妊娠した．これは計画外の妊娠の82％を占めている．幸いにも，1991年と比較すると10代における出産率は37％程度減少している．それにしても米国では10代での出産率が1000人当たり39人に達しており，これは先進国では最高の値で，他の先進国のおよそ3倍にのぼる．10代で子をもったものは大学以上の高等教育を受けていないケースが多く，子どもにも健康上の問題を生じている場合が多く，また貧困の比率も高い．これらの三点はいずれも子どもが将来，健康上また社会上の問題をもつに至る可能性を示唆するものである．

米国で10代での妊娠・出産率が先進国としては突出して高いのはなぜか？　性教育の質の問題が大きな原因の一つである．米国の10代は，性的なアクティブさの点ではカナダや英国，フランス，スウェーデンと大差ない．しかし米国の10代は交際期間がより短期で，あまり避妊を実行していない．米国の性的に活動的な10代で，経口的にもしくは注射による信頼度の高い避妊法を実行しているのは20％程度にすぎない．

米国では親による避妊の指導は望めないようである．調査によると，米国で親と性に関連した話をしたことのある10代の間でも，男子で80％，女子では62％は避妊について具体的に教えられていない．このように，親がわが子に対して避妊の指導をしたがらない傾向があることも一因で，米国ではたいていの地方自治体で公的な性教育を実施している．にもかかわらず性的体験のある10代のうち，男子では半分，女子では3分の1は避妊について教えられていなかった．

一因として，指導の現場でしばしば禁欲について力点がおかれ，避妊についてふれられることがないという点があげられるだろう．2006〜2008年にかけて，10代のうちの4分の1が禁欲についてのみ指導を受け，具体的な避妊に関する教育を受けていなかった．このような禁欲偏重の性教育は，10代の性的交渉の開始時期を遅らせるうえでのみ効果的で，いったん性行為を行うようになっても，避妊について無知であることが多い．

地域間格差も認められる．10代における出産率はニューハンプシャー州，マサチューセッツ州，ヴァーモント州などといった北東部の州では低く，平均して1000人当たり23人程度と，カナダやアイスランドとほぼ同率である．これに対してミシシッピー州，テキサス州，アーカンソー州，テネシー州，ケンタッキー州などの南部の州では禁欲教育に力点がおかれており，10代の出産率は全米で最高の水準にあり，北東部の州のほとんど3倍にも達する．

このニュースを考える

1. 米国の10代における出産率が，他の先進国よりもかなり高い値を示す事実の原因に関して論ぜよ．
2. 性教育は，大学を含む学校教育と家庭教育のいずれにおいて責任をもって実施されるべきか？　友人からこれらの知識を得ることは期待できるか？　学齢にあるものが友人から性に関する知識を得ることに対する賛否両論には，どのようなものがあるか？
3. 米国における10代の出産率を低減させる方法として，どのようなものが考えられるか？　生殖と避妊について学んだ知識を活用し，さらに本記事であげられた実態と視点も踏まえて論ぜよ．回答者自身の論拠，見解についても述べること．

出典：*Washington Post*，2009年10月22日，http://washingtonpost.com

34 動物の行動

> **MAIN MESSAGE**
> 動物の行動は，環境から得られる情報に動物が反応するときの一つのやり方である．行動パターンは固定しているものと学習されるものとがありうる．

かわいさの進化

　イヌは愛情深く忠実な性質をもつことで有名である．人の近くでくつろいで遊び戯れる"人間の最高の友"はまったく見知らぬ人に近づいて顔を舐めて，腹をさすってもらうと喜ぶ．対照的に野生のオオカミやコヨーテは人を避け，たとえ最も警戒心がない場合であっても警戒的で非友好的で，そして攻撃的であることも少なくない．イヌは赤ちゃんのときから人に育てられてきたから友好的なのだと考えがちである．しかしコヨーテやオオカミやキツネは人に育てられてもイヌのようにはならない．最も家畜化が進んだイヌの系統にみられる従順で友好的な行動は，こうした野生動物の警戒的行動とは根本的に異なるもので，この違いは遺伝子の違いに基づいている．

　飼い慣らされた動物の行動の遺伝的基盤を最もドラマティックに証明した例の一つは思いも寄らないところからだった．旧ソ連の根絶させられかけた遺伝学研究プログラムである．1930年代はじめ，有力なソビエト科学者 Trofim Lysenko は遺伝学という科学を（少なくともソ連からは）一掃するキャンペーンを始めた．Lysenko は遺伝子という概念そのものを否定し，冷酷なソ連首相 Joseph Stalin の支持を得てソ連全土の遺伝学の研究部署を潰してしまった．一世代のソ連の遺伝学者が皆，牢獄で死んだり，処刑されたりして，他の人は西側に亡命した．遺伝学者 Dmitry Belyaev はたくみに生き残った者の一人だった．遺伝学者だった Dmitry の兄は強制収容所で死んだ．Dmitry は 1948 年にモスクワの動物繁殖研究室の長としての職を失った後に，シベリアへの転勤を受入れ生理学研究に転向したと報告した．

　しかし Belyaev は，1953 年に Stalin の死によってソ連科学への Lysenko の支配力が弱まるまで，内心では遺伝学者のままであった．1959 年，Belyaev は，その美しい毛皮が貴重とされるギンギツネを家畜化するという数十年にわたる努力を始めた．Belyaev は行動が遺伝的な基盤をもっていることを確信していて，人になつくというたった一つの行動だけでキツネを選択しようという計画を立てた．

> **?** Belyaev はキツネを馴らすことに成功したのか？ 彼の実験は，イヌや他の動物の家畜化について，そして行動の遺伝学について，どんなことを私たちに教えてくれるのだろう？ 行動は遺伝子によってコントロールされているのだろうか？ 行動は学習されるのだろうか？

　私たちは，こうした疑問に向き合う前に，人を含めた動物が示す行動のおもなタイプについて検討してみよう．

家畜化されたシベリアのギンギツネ　単に野生キツネの子孫で人間に育てられたものというだけでなく，このキツネたちは 1959 年から人間に積極的に反応するようにだけ品種改良されてきた．キツネたちは遺伝的家畜化の過程において，多彩な体毛色，丸まった尻尾，幅広の頭部，その他の家畜動物に典型的な特色を進化させた．野生キツネと違って，家畜化されたキツネはすばらしいペットになりうる．

34. 動物の行動

基本となる概念

- 行動は外部からの刺激に対する予測可能な反応である．
- 行動は固定されている（生まれつき）こともあるし，学習されることもある．多くの動物には固定的な行動があり，外部からの単純な刺激で引き金が引かれることが多い．
- 学習行動によって，動物の個体は環境に柔軟に反応することができる．
- すべての行動は遺伝的基盤をもっている．個体の遺伝的な構成における違いは，個体の行動や能力の違いとして観察されることがある．自然選択は行動にも生理学的形質にもはたらくことができる．
- コミュニケーションは重要な行動のタイプである．コミュニケーションは，単純な化学信号から，精巧なディスプレイやさえずり，あるいはヒトの複雑な言語までいろいろある．
- 群れで生活することや社会的行動には，捕食者から防衛しやすくなる，資源を手に入れる可能性が増えるなど，多くの利点がある．社会行動は，通常は同種からなる群れの中のメンバー同士の協力を伴うものである．
- 利他的な個体は，現実にあるいは潜在的に自分自身のコストになるようなことをしてまでも受け手の適応度を上げる．利他行動は通常は近縁個体に対してなされ，それによって社会集団全体としての適応度を上げることになる．
- "真社会性"は社会集団の緊密な社会集団の協力的な行動であり，その集団の中には分業があり，集団の繁栄のために繁殖を放棄した個体がいる．真社会性があまりみられないのは，こうした精妙な相互作用を進化させるためには，いくつもの遺伝子の突然変異と複雑な自然選択過程を経なくてはならないからである．

生物間で，あるいは非生物的環境に対して，生物は予測できるやり方で反応する．動物は環境から情報を得て予測できるやり方で反応するが，**行動**はこうした外的刺激への反応から構成される．外的刺激へ反応する能力は，非遺伝的要因によって影響を受けることがあるにせよ，少なくともある程度には遺伝的なものである．この動物行動の定義は，たとえば，おなじみのヒトやウタスズメの求愛や，なわばり的動物によるにおいづけ行動なども含まれる．しかし，本章で見るように，動物はもっと精緻で，直感的には理解できないようなやり方で反応することもあるのである．

この章はヒトの行動に注目して，ヒト以外の動物の行動と比べることから始める．そこで私たちは二つの異なる種類の行動を紹介する．生まれたときから見られる固定的行動と，動物がその周囲との経験を重ねることによって獲得する学習行動である．つぎに固定的行動と学習行動の両方の遺伝的基盤について掘り下げる．そして，2匹以上の動物がその行動を調整することを可能にするコミュニケーションについて考える．最後に群れでの生活と社会的行動の適応的価値に注目して本章を終える．

34・1 感じることと反応すること：ヒトとそれ以外の動物の行動

行動科学者は特定の行動がどのように動物の適応度（特定の生息環境で生き残り，繁殖する能力）を増加させたり，減少させたりするかを知ることに関心を寄せてきた．行動科学のもう一つの目的は行動の遺伝的基盤を解析し，個体が経験するストレスのような，非遺伝的な影響がどのように行動に影響するのかを理解することにある．生物学者は行動の機能的な基盤についても知りたがる：刺激がどのように感知されるのか，どのような情報が神経系で処理されるのか，一つの調整された反応をひき起こすのにほかにどんな器官がかかわっているのか．最後に，特定の行動の進化の歴史を復元すること，たとえば道具の使用のような行動で，その行動が形成されるのに自然選択がどのような役割を果たしたかといった研究は，動物行動の研究における一つの重要な目標である．

行動によって動物は，捕食者の存在や季節変化のような環境の変化に素早く反応することができる．さらに行動によって，動物は自分の活動を同種個体や異種個体の活動と調整することができる．自然選択で磨きをかけられた適切な行動反応によって，動物は食べ物を発見することができ，なわばりなどの資源を守ることができ，捕食者を避けることができ，配偶者を選ぶことができ，子どもの面倒をみることができるのである．アメーバのような単細胞生物でも外的環境を感じて反応しているということでは，行動がみられるといえるが，主として遺伝子によるコントロールを受けた行動である．しかし行動反応というのは，複雑な動物によるものが最もわかりやすい．神経系と筋肉と骨格によって，感覚情報を素早く処理して，急速な動きを含む行動をひき起こすことができるからである．

行動はヒトの生活において重要なものであるために，生物学者ばかりでなく，行動心理学者から政治評論家までいろいろな研究者の研究対象となっている．ヒトの行動の直接的な解析は骨の折れることであるが，その理由には，ヒトにおける統制された実験のなかには，倫理的に問題があって実施できない実験があるということも含まれる．加えてヒトは複雑で高度に発達した神経系をもっていて，そのために多様な外的刺激を受取り処理して多様で複雑な反応をひき起こす．一般原則として，最も複雑な動物行動は最も複雑な神経系をもっている種においてみられる．多くの（おそらくはほとんどの）ヒトの行動はヒトの文化に影響されるという事実が，この難題をさらに難しくしている．文化は，DNAの中にコードされることなしに世代間を伝わっていく特定の言語や民族的伝統のように，社会的側面からなる．

生物学者はさまざまな動物の行動を，実験室内で，あるいは動物が住んでいる自然生息地で観察し分析している．動物の行動を，生態学的文脈や進化的文脈で分析することによって，私たちは生命がどのように組織され，進化してきたかを理解することができる．ヒト以外の動物，特に哺乳類や霊長類の行動を観察して学ぶことから，私たちはヒト社会の理解を増進させることもできる．私たちの最も近縁な親戚は，共感や復讐心や自意識を示すだろうか？ ヒト以外の動物における攻撃行動から学ぶことで，ヒ

トの病的行動を理解して生じないようにすることができるだろう？ 皆の争いを解決することはできるだろうか？ 戦争を回避することができるだろうか？ あなたの想像どおり，これらの質問は広い学術分野横断的なものなので，動物の行動が多くの生態学者，進化生物学者，心理学者，人類学者，政策立案者，政治学者，さらには市場調査専門家や経済学者までもの興味をひくのである．

■ **役立つ知識** ■ 行動研究者が気をつけねばならないことは，擬人主義に陥らないことである．擬人主義とは，証拠もないのにヒト以外の動物が人間のような気持ちや思考過程をもっていると解釈することである．現代の行動研究者は主観的見方や，個人や集団のバイアスを最小限に抑えるために標準化された実験計画を用いる．たとえば，野外で動物行動を研究する動物行動学者は，研究対象と相互作用することを避け，感情的距離をとるように気をつけている．

34・2 動物における固定的行動と学習行動

行動パターンには生まれたときから動物がもっている固定的な特徴と，動物の経験を通じて発達させていくものとがある．たとえば，多くの雄鳥は雌に求愛するのに特有の鳴き声でさえずる．鳥の雄は生まれついて求愛のさえずりをすることができる種もあるが，学習しなくてはならない種もある．コウウチョウの雄のひなは，飼育下で生まれ育って，大人の雄のコウウチョウの鳴き声を聞いたことがなくても，成熟するとその種の求愛の鳴き声を完璧にさえずることができる．逆に，飼育下で生まれ育ったミヤマシトドの雄は，雌を誘う鳴き声をさえずろうとしても，まるでうまくいかない．求愛の鳴き声を学ぶには，ミヤマシトドはその種の雄の鳴き声を聞かなくてはならない．

固定的行動は初めての刺激で引き出される

固定的行動は生まれつきの行動であり，適当な刺激に初めて出会ったときに，明確に定義された反応を予測どおりにひき起こす．前もって刺激を経験することは，動物が固定的行動を示すのには必要ではない．そのような行動は遺伝学的な基盤をもっていて，一般的には本能的といわれたり，プログラムされているといわれたりする．ヒトでは，固定的行動はかなり早い時期の赤ちゃんにすでにみられるが，わずか生後数週間〜数ヵ月でみられる行動もある．小児科医は，赤ちゃんの神経系が健康かどうかを確認する検査をするのに，こうした行動で検査することが多く，新生児反射として知られている．たとえば，健康な新生児は**把握反射**を示して，小さな手で握れるものは何でもしっかりとつかんで放さないでいることができる（図34・1）．

他の動物でも固定的行動は子どもに多い．子ネコは初めて猫トイレに入れられると，反射的に自分の糞を埋めるが，これは早くに母親から引き離されて，母親がこの行動をやってみせるのを見たことがなくてもやる行動である．ジャコウアゲハの幼虫は餌になる植物とそうでないものを見分けることができる．

固定的行動のおかげで，経験によって学ぶ機会がない場合や，あるいは間違った行動をとったときに大きな危険が伴うような場合に，動物は適切な行動をとることができる．他種の鳥の巣に産卵するコウウチョウの雌について考えてみよう．母親の托卵行動のおかげで，コウウチョウの雄のひなは養い親の求愛の鳴き声しか聞いたことがないまま育つので，本当の父親から自分たちの種のさえずりを習う機会がないのである．コウウチョウの雄は，コウウチョウの雌を交尾相手としてひきつけるチャンスを得るためにコウウチョウ特有の鳴き声でさえずることができなくてはいけないし，他種の鳥の巣の中で育てられている間に受ける鳴き声のレッスンは無視して，固定的で遺伝的にプログラムされた鳴き方で鳴かなくてはならない．したがって"コウウチョウの鳴き声"でさえずる能力は，コウウチョウの雄が性的に成熟して，初の日長変化のような適切な刺激を受けると，自動的に出てくる固定的行動なのである．

とても単純な刺激が固定的行動の引き金となることがある．たとえばセグロカモメのひなは親鳥が巣に帰ってくると熱心に餌をねだる．ノーベル賞学者の Niko Tinbergen は，親のくちばしにあるよく目立つ赤い斑点を"目標"にしてひなが餌乞い行動をすることを示した．変な色や形のセグロカモメの頭部模型でも，赤い斑点がある限りは，実物そっくりの模型と同様の効力をもって，餌乞い行動の引き金となる（図34・2）．セグロカモメの赤い斑点のように固定的行動をひき起こす単純な刺激は，**リリーサー**とよばれる．同じように，ハゴロモガラスの雄の翼にある斑点状の赤い模様を見ると，近くのハゴロモガラスの雄は刺激されて活発に自分の営巣しているなわばりを守ろうとする．この行動を刺激するものは，ハゴロモガラスの雄の姿全体というよりも翼の斑点状模様の色であることが，研究によって明らかに

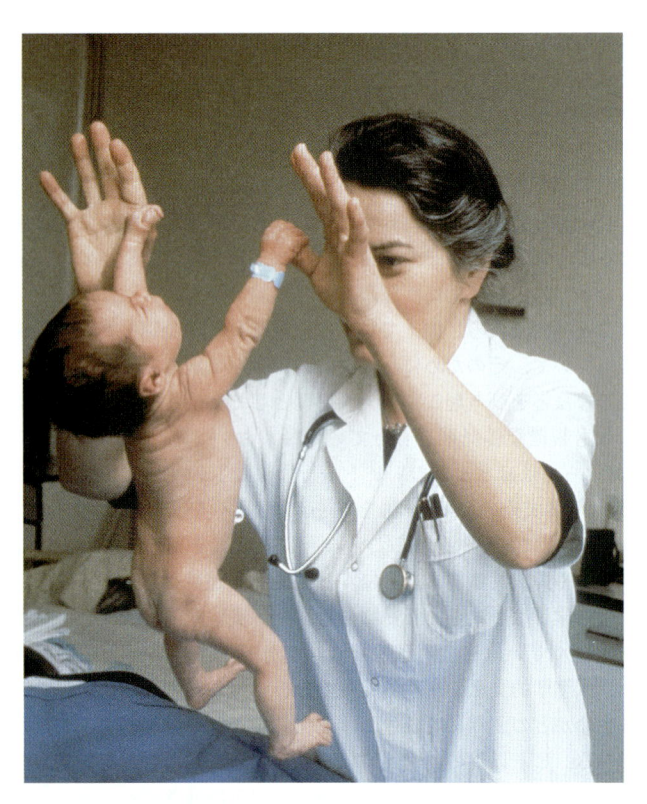

コウウチョウ

図 34・1 ヒト新生児における把握反射 健康な新生児は手の平にある物体は何でも強く握るが，この生得的行動は生後5〜6ヵ月でみられなくなる．

図34・2 単純な刺激が固定的行動の引き金となる セグロカモメのひなは，目立つ赤い斑点（餌乞い行動のリリーサー）がついたカモメの頭の本物らしくない模型に熱心に餌乞い行動をするが，それは本物そっくりの模型の場合と変わらない．成鳥のくちばしの赤い斑点（写真）は餌乞い行動の引き金となるが，頭の全体の形はそうではない．

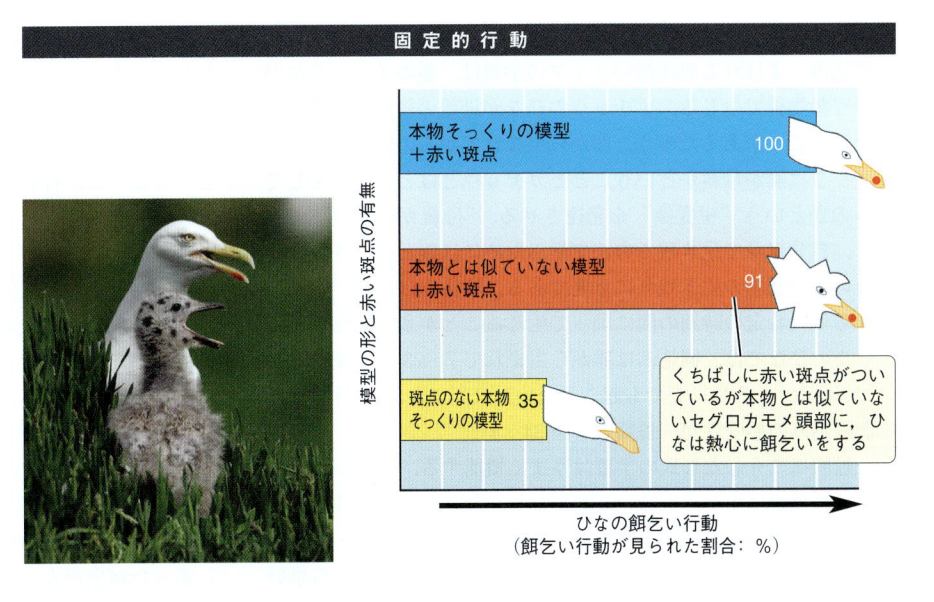

固定的行動

- 本物そっくりの模型＋赤い斑点　100
- 本物とは似ていない模型＋赤い斑点　91
- 斑点のない本物そっくりの模型　35

くちばしに赤い斑点がついているが本物とは似ていないセグロカモメ頭部に，ひなは熱心に餌乞いをする

ひなの餌乞い行動（餌乞い行動が見られた割合：％）

された（図34・3）．

固定的行動の引き金を引く刺激は決まった環境下でのみはたらくことが多い．個体の生理的な条件が，ある刺激が固定的行動の引き金になるかどうかを左右することもありうる．たとえば，赤い色に対するハゴロモガラスの雄の攻撃的な反応は，雄性ホルモンであるテストステロンの濃度が最高レベルになっている繁殖期の間にしか生じない．

雄のハゴロモガラスの翼にある赤い斑点状の模様はなわばり行動で重要な役割を果たしている

図34・3 赤が見える　赤い色はハゴロモガラスの雄のリリーサーである．

学習行動は動物に柔軟な反応をもたらす

学習行動においては，動物の過去の経験によって，ある刺激への反応が左右される．たとえば，私たちはイヌを訓練して，"おすわり"という命令やホイッスルに反応して座るようにしつけることができる．声の命令で訓練されたイヌは，"おすわり"に反応して座る．ホイッスルで訓練されたイヌも座るが，違った刺激に反応して座る．この2頭のイヌは，異なる学習体験に適切に反応することを学んでいるのである．

私たちの行動は固定的なものよりも学習されたものの方が多い．私たちはいろいろと異なる社会的状況に応じた適切な行動を学ぶのだ．ゲームのルールを学び，楽器の演奏法を学ぶ．練習によって学習の仕方を洗練させる．学生は講義と教科書から得られる情報に反応して，生物学の試験問題に正しく解答するように学習する．ほとんどの他の動物も以前の経験に基づいてその行動を修正する．

ラット（ドブネズミ）の摂食行動は学習行動の利点についてのよい説明になる．研究室の飼育ケージで飼われているラットは餌ペレットを出すためにレバーを押すことを学習することができる．最初にケージの中に置かれたときに，ラットは偶然レバーにぶつかって餌ペレットを発見することがあるだろう．ラットはすぐにわざとレバーを押して，もっと多くの餌ペレットを得ることを学習する．この経験から学習する能力は，ラットが成功している原因となっている生物学的で行動的な特徴の一つと関係がある．ラットは，人が捨てた多様で常に変化し続けるゴミを食べながら繁栄している．しかし，ゴミは食べられるものと食べられないものが混合している．ラットの食性は広いので，何を食べて何を避けるべきかについて固定的なルールをもっていない．代わりにラットは学習する能力を特定の行動と結びつける．この食べることについて試行錯誤して学習するやり方は，嘔吐反射ができない齧歯類では特に重要なことである．ラットの身体構造や脳幹回路では，たとえ消化管内の神経受容器が食べたものが有毒であると感知しても，胃の中身を強制的に吐き出すことができないのである．

ラットが初めての食べ物に出会ったときに，この物質が食べられないものであるとわかった場合に重篤にならないように，ほんのわずかの量だけ試食する．もしも試食で吐き気を催したら，その後はその食べ物を避けるのである．ラットは巣に帰ってきたきょうだいの口の周りを嗅ぐ，そして病気のラットの吐く息からしたにおいと同じにおいがする食べ物は避けるのである．もしもある食べ物が無害なものであれば，ラットは食べてよい物の学習リストの中にその食物を加えることになる．経験に基づいて何を避けるかを学ぶことで，齧歯類は新しい想定外の食べ物に対処することができる．融通のきかない固定的行動では対処できないのである．

刷込みを通じて，子どもは親が誰かを学ぶ

刷込みとよばれる興味深いタイプの学習は，親の子育て参加が重要な動物種で生じる．ガチョウのひなが母親の後をついていくのを見たことがあるだろう．卵から生まれてからの短い時間の間に，ひなは誰が母親かということとガチョウとはどんな姿をしているのかという"視覚像"を発達させる．"母親ガチョウ"の感覚は，自分自身で生き残る方法を学ぶためには親と過ごさねばならない幼い動物の生き残りに重要である．刷込みは通常，生まれてから早い特定の時期の間に限って生じることが多い．たとえばアヒルのひなでは，刷込みは卵から生まれて7〜23時間後の時期（それ以前でもそれ以後でも起こらない）に起こり，15時間後ごろが刷込みの感受性が一番高い（図34・4）．

一般的にこうした形式の学習はうまく機能する．ひながふ化した後には母親はすぐ近くにいるものだし，ひなが出会う可能性の最も高い動物であるからだ．しかし行動学者 Konrad Lorenz は，20世紀中ごろに行った一連の実験によって，ふ化してから早い時間にガチョウのひなが彼を見て，彼だけから"ガチョウ"の鳴き声を聞かされると（本物の母ガチョウからの声は聞かせない），ひなは彼に刷込まれてしまったことを発見したのだ．このガチョウのひなたちは彼のことを"母親ガチョウ"としてみなして，本物の母親ではなく彼の後について歩いた．

■ **これまでの復習** ■
1. なぜヒトの行動を分析するのは特別難しいのか？
2. 固定的（生まれついての）行動と学習行動を比較せよ．

1. ヒトの行動はすべての動物のなかで最も複雑であり，また，ヒトでは実験条件をよく制御した厳密な実験的比較が行いにくいことなどから，ヒトの行動は多くの固定的行動と変化しやすい学習行動との混合物であり，結論にはたいへん慎重に取組まねばならない．

2. 固定的行動は生まれつきで，幼い動物のかたくなな反応に出ており（"遺伝的"，"変化しがたい"），学習行動は経験を重ねることにより，修正が行われる．

34・3 行動の遺伝的基盤

行動をひき起こすには環境からの刺激が必須ではあるが，特定の行動を発現する能力は少なくとも部分的には遺伝に左右される．行動発現を制御する遺伝子の役割は固定的行動では顕著であ

るが，刷込みのように環境での経験が大きな影響力を及ぼす学習行動では影響が弱くなる．多かれ少なかれ遺伝子がかかわるということで，生き残りと繁殖に役立つような行動が選択されることによって，自然選択は生理学的性質や生化学的性質にはたらくのと同じように，行動にもはたらく．

遺伝子は固定的行動を制御する

固定的行動の遺伝的な制御については理解しやすい．ミツバチの巣の掃除は，固定的行動の端的な遺伝的制御の明快な例の一つである．ミツバチは，細菌による伝染病にかかって，巣の中の幼虫が死んでしまうことがある．しかし，この病気の被害を大して受けない遺伝子型のミツバチがいる．こうした"抵抗性"のある遺伝子型のミツバチの巣は病気に感染はするのだが，感染した幼虫は巣の中から素早く取除かれて細菌の拡散を抑える．巣の掃除には，二つの固定的行動がかかわっており，細菌によって死んでしまった幼虫が入っている育房のふたを切り開く行動と，死体を巣から取去る行動である．遺伝的交雑実験によって，二つの行動は異なる遺伝子の制御を受けていることがわかった．"感染しやすい"遺伝子型では，ミツバチは育房のふたを切り開かず幼虫の死体も片づけないものがいる．別の感染しやすい遺伝子型には，ハチは育房のふたを切り開けないか，あるいは切り開いた育房から幼虫の死体を片づけないものがいる（図34・5）．

遺伝子は行動に影響を与えるが，もっと典型的には，遺伝子と環境の相互作用が個体にみられる行動パターンを決定する．たとえばヒトの一卵性双生児と二卵性双生児における注意深い研究では，統合失調症（幻覚を生じ，苦しみ，奇矯な行動をとってしまう精神病）には，強い遺伝的要素があることが明らかにされた．しかし，遺伝的に罹患しやすい人が実際に発病するかどうかは，未知の環境要因によって左右される．

一卵性双生児は，一つの受精卵から遺伝的に同一の二人の個体に分かれたものである．二卵性双生児は，異なる二つの卵が同時に卵巣から排卵されて異なる精子を受精した結果として生まれるものである．その結果，二卵性双生児は通常の兄弟姉妹に比べて，遺伝的に特に似ているということはない．もしも統合失調症が遺伝子の支配を受けているとしたら，一卵性双生児の二人は両方とも統合失調症か両方ともそうでないかのどちらかだろうと予想される．さらに二卵性双生児の二人は互いに遺伝的に異なるので，両方が統合失調症であることはより少なくなることが予想される．

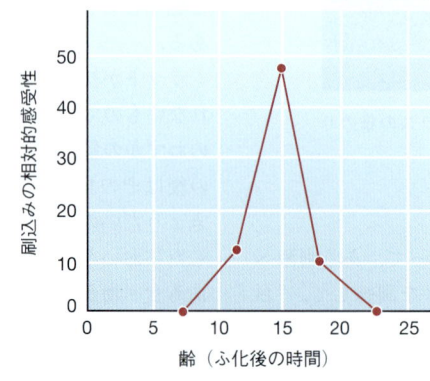

図34・4 刷込みによって親が誰なのかを学ぶ動物がいる 刷込みは通常，感受性の小さな"窓"が空いている間だけ生じる．子ガモの研究で刷込みの感受性のピークはふ化後約15時間であることがわかった．有名な行動学者 Konrad Lorenz に刷込まれたガチョウのひなは彼を母鳥だと思って，どこでも彼の後をついて歩いた（写真）．

図 34・5 巣の掃除行動は遺伝的基盤をもつ
$UuRr$ 雌ミツバチと ur 雄ミツバチの交配の結果，巣の掃除行動は遺伝的な基盤をもっているということがわかった．雄のミツバチは一倍体であり，そのために二倍体である雌では二つずつある対立遺伝子が，雄では一つずつしかない．対立遺伝子 U か対立遺伝子 R をもつ雌ミツバチは，巣を病気から守るための行動がとれないので，細菌感染の病気に対して感染しやすい（感受性）．対立遺伝子 U をもつ雌ミツバチは病気で死んだ幼虫の育房のふたを外さない；対立遺伝子 R をもつ雌ミツバチは空いている育房から死んだ幼虫を取除かない．

ミツバチの巣の掃除行動の遺伝子制御

$UuRr \times ur$ の交配で以下のような表現型が得られる

- このミツバチは，U 遺伝子と R 遺伝子の両方をもっているので，感受性である．死んだ幼虫の入っている育房のふたを外さないし，幼虫の死体を取除きもしないだろう　　**UuRr**
- このミツバチは，U 遺伝子をもっているので，感受性である．しかし，もしも育房のふたが開いていれば，幼虫を取除くだろう　　**Uurr**
- このミツバチは，R 遺伝子をもっているので，感受性である．死んだ幼虫の入っている育房のふたは開くが，幼虫の死体を取除きはしないだろう　　**uuRr**
- このミツバチは，U 遺伝子も R 遺伝子ももっていないので，抵抗性である　　**uurr**

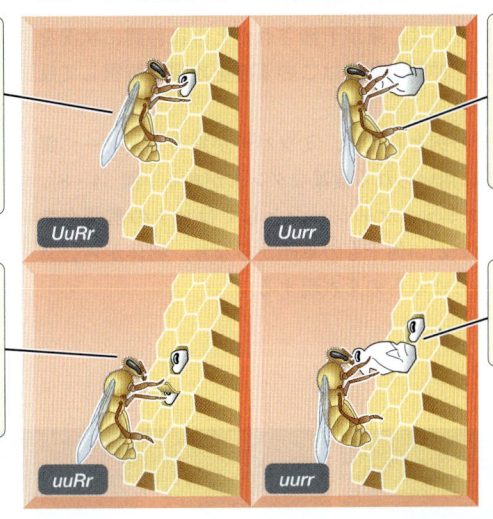

　研究者は，一卵性双生児の両方が統合失調症になる場合が，二卵性双生児の両方が統合失調症になるよりも確かに多いということを見つけた．しかし，同時に一卵性双生児の一方が統合失調症になっても，もう一方の人も同じ遺伝子をもっているにもかかわらず，健康であることもある．この観察結果は，統合失調症にかかわる遺伝子をもつ人が実際に発症するかどうかについて環境的影響が重要な役割を果たすことを示している（図 34・6）．

遺伝子は学習行動にも影響する

　ここまでみたように，学習行動は環境の影響を強く受ける．動物が何を学習するかは，生涯の間に何を経験し，何に注意を払ってきたかに左右される．にもかかわらず，動物が何をどのようにいつ学習するかの違いには，学習パターンや学習能力の遺伝的違いが反映される．たとえば実験用ラットのほとんどは迷路を通り抜けるように学習できるが，個体によって学習に早い遅いがある．早く学習する個体同士をかけ合わせることで，迷路の学習が早い子どもを生み出すことができる．学習が遅い個体同士をかけ合わせることで迷路の通り抜けをなかなか学習できないラットを生み出すことができる．

　鳥では，ハイイロホシガラスのように，餌をため込んだ場所を覚えていることにずば抜けて秀でている種がいる．これらの鳥は，貯食を見つけ出すのに並の能力しかもたない近縁種の脳とは構造的に異なった脳をもち，おそらく遺伝的にも異なっているであろう．種に特徴的な鳴き声を学ぶ鳥の能力を制御すると思われる遺伝子をつきとめている研究者もいる．

34・4　コミュニケーションを通じて行動的相互作用を促進する

　コミュニケーションはある個体が他個体と情報交換することを可能にするような行動であり，コミュニケーションによって動物は自分の活動を他個体の活動と同調させることができる．互いのコミュニケーションにより，集団でいる動物は，大型捕食者を追い払ったり，大型の獲物を捕まえたり，緊急支援物資を送ったりといった，個体自身だけではできないことをすることができる（図 34・7）．

個体は信号を出して他個体の反応を刺激する

　動物のコミュニケーション行動は複雑さにおいて多様であるし，音声，視覚信号，におい，電気パルス，接触，味のように，他の動物が感じることができるあらゆるタイプの信号を含んでいる．最も単純なものは，**フェロモン**とよばれる化学信号の放出で，ある個体が自分の正体や，自分の居場所，自分の生理的状態，環境の状況について同種他個体に知らせるものである．たとえば，カイコガの雌はボンビコールという性フェロモンを放出して，雄を誘引する．フェロモンによって雄は，化学物質を放出している個体が同種の雌で，雄を探そうとしているのだということを知るだけでなく，どこにその雌がいるのかも知ることができる．雌に近づくほど化学物質の濃度は高くなっていくので，雄はフェロモン濃度が高い場所へと向かって移動することで雌の居場所をつきとめる．私たちヒトもまた空気で運ばれる信号物質をつくり出し

統合失調症の遺伝学

- 二卵性双生児の一方が統合失調症だとしても，もう一人も同じ病気であることはたまにしかない
- 一卵性双生児の一方が統合失調症であると，もう一方も同じ病気になりやすい

0　　25　　50　　75　　100
双子の両方が統合失調症にかかる場合の割合（％）

図 34・6　双子の行動研究は行動の遺伝的基盤を明らかにした　統合失調症はヒトにおける遺伝的基盤をもった精神病である．しかし，統合失調症の原因となる遺伝子の発現に環境が影響しうる．たとえ一卵性双生児の間でさえも，一方だけしか発病しないという場合も多いからである．

て，性行動に影響を与えているという証拠もある．

性的に準備ができているということ以外の状態もフェロモンは伝えることができる．たとえば，アリやミツバチなどの社会性昆虫が出す警報フェロモンは，巣が干渉されたときに仲間に状況を知らせるものである．仲間の個体はこの干渉を攻撃と解釈して反応する．

もっと複雑な信号の例としては，ミツバチが巣のメンバーに餌のありかを伝えるのに用いられる複雑なダンスがある（図34・8）．そして最も複雑なコミュニケーションとしてはヒトの**言語**がある．ヒトの言語はたいがい何千もの単語からなり，物体から行為や抽象的概念まであらゆるものを表現する．

動物のコミュニケーションの鍵となる機能は自己紹介である

動物は他の動物に自分自身の身元を明かして，闘争を避けるため，あるいは彼らの動作を調整するためにコミュニケーションをとる．個体自身の正体についての信号を伝えることがコミュニケーションの最も一般的な機能である．

動物は性別，生理的状態，自分の居場所を他の同種のメンバーに知らせるためにさまざまな信号を利用する．あるイヌが消火栓に尿をかけるとき，そのにおいはそのイヌの性，繁殖状態，健康状態，地位を他のイヌに伝えることになる．鳥，カエル，コオロギの雄での求愛の鳴き声は，その種，居場所，配偶相手としての可能性について雌に知らせることになる（図34・9a）．

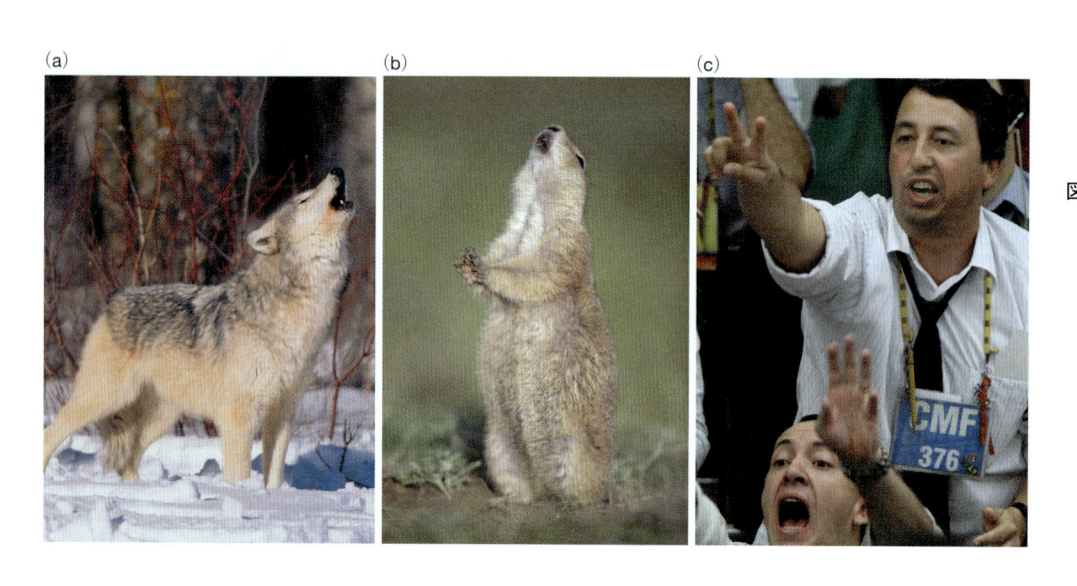

図34・7 コミュニケーションは動物に不可欠 （a）オオカミの遠吠えは群れの団結のために重要であり，よそ者に立ち去るように警告することにもなろう．（b）オグロプレーリードッグの"ジャンプ・イップ"ディスプレイは，この社会的なジリスの群れの団結を維持する．（c）言語的コミュニケーションと非言語的コミュニケーションはブラジル・ボベスパ証券取引所の投機家にとって不可欠なものである．

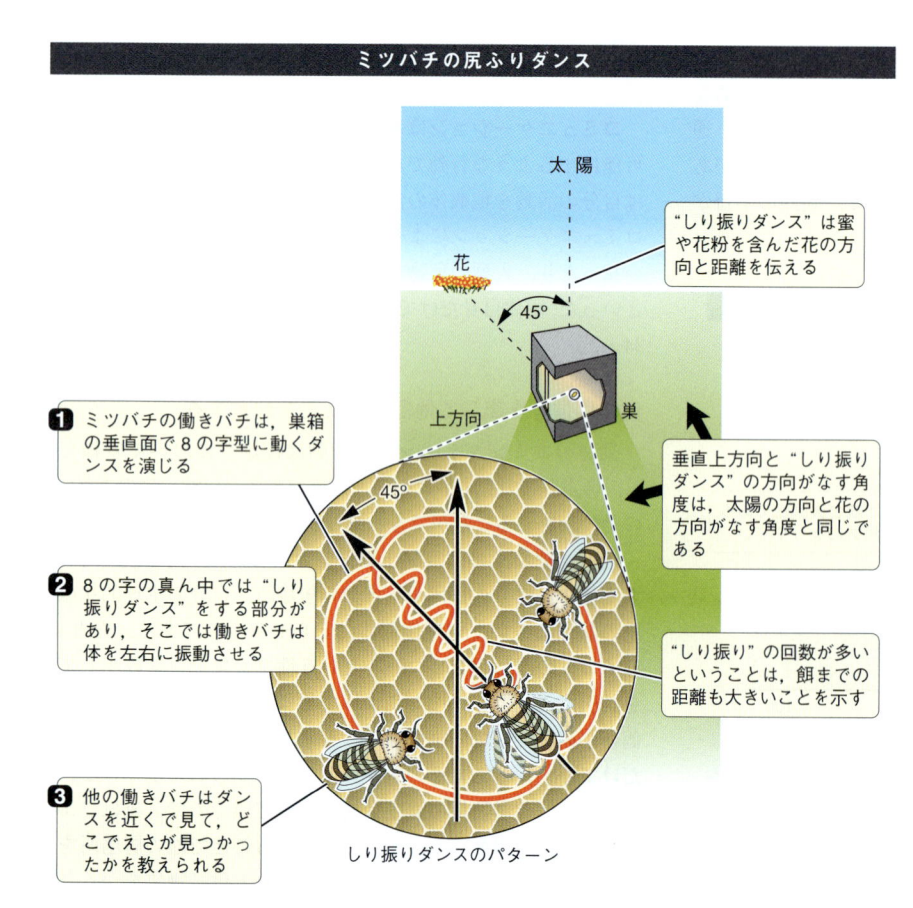

ミツバチの尻ふりダンス

1. ミツバチの働きバチは，巣箱の垂直面で8の字型に動くダンスを演じる
2. 8の字の真ん中では"しり振りダンス"をする部分があり，そこでは働きバチは体を左右に振動させる
3. 他の働きバチはダンスを近くで見て，どこでえさが見つかったかを教えられる

"しり振りダンス"は蜜や花粉を含んだ花の方向と距離を伝える

垂直上方向と"しり振りダンス"の方向がなす角度は，太陽の方向と花の方向がなす角度と同じである

"しり振り"の回数が多いということは，餌までの距離も大きいことを示す

しり振りダンスのパターン

図34・8 ミツバチはダンスによってコミュニケーションをとる ミツバチは複雑なダンス言語を用いて，遠い場所にある食料源についての複雑な情報を巣内の他の働きバチに伝える．

動物のコミュニケーションにおける第二の重要な機能は、起こりうる有害な闘争を避けることにある。餌や配偶相手をめぐっての身体的な闘争は、勝っても負けても深刻な障害をもたらしかねない。こうした対戦による障害の危険を減らすために、多くの生物種は儀式的なディスプレイを通して自分の戦闘能力を知らせる。たとえば、ハゴロモガラスの雄が互いに赤い模様をちらりと見せ合っているとき、模様の鮮明さや大きさが自分の戦士としての質を相手の雄に示しているのである。この儀式のお陰で弱い方は危険性の高い戦いを交えることなく退却することができる。多くの哺乳類の雄では自分のなわばりにある物体ににおいをつけるマーキング行動をする。においつけは"おれのなわばりから出て行け"という標識として潜在的な競争相手に対して機能する。

ヒツジやレイヨウの仲間は、大きなダメージをもたらすまっすぐで頑丈な武器から、見た目はりっぱであまり効果のない武器まで、さまざまな形の角を生やしている。最も殺傷力がある角をもった種は、実際の戦闘で競い合うよりも、配偶者として自分が適していることを知らせるためのディスプレイで競い合うことが多く、殺傷力の低い角をもつ種ほど物理的な戦闘で競うことが多くなる（図34・9 b）。

群れをつくる動物は彼らの行動を同調させるために互いにコミュニケーションをとりあって共通の目的を達成する。ヒトはチームで仕事しているときに同じことをしている。オオカミやライオンの群れでは餌を狩るときにコミュニケーションをとる。図34・8でもわかるように、ミツバチが踊るダンスは巣の仲間の採餌活動を同調させることができる。

動物は、捕食者に対してある種の鳥が行うモビング（擬攻撃、騒がしくわめきたてるなどの攻撃的な行動をとって、近づいてきた捕食者を追い払う行動）のときのように、種の境界を越えてコミュニケーションをとることさえできる。アメリカコガラのモビングのときの大きな鳴き声は、他のアメリカコガラをひきつけるだけではなく、ムシクイ類のような他の小鳥も引き寄せることができ、そうして集まった小鳥たちは皆で、営巣地に近づきすぎたタカに急降下攻撃をして苦しませるのである。モビング行動は捕食者を混乱させ抑止するが、教育ツールにもなりうる。大人によるモビングは若いひなにとって、彼らが用心すべき動物種を特定することを学習する助けにもなりうるのだ。

言語はヒト独特の形質かもしれない

ヒトはコミュニケーションにおいて話されたり書かれた文法的基盤のある言語に大きく依存している。私たちヒトのアイデンティティの多くは、言語を通して複雑で抽象的な考えを表現する能力に依存している。私たちの固定的行動特性の一つは、問題解決するということである。非常にストレスや危険の多い状況でさえ、私たちは言語で意見交換して問題を解決することができる。

他の動物に言語があるというはっきりした証拠はない。多くの鳥や哺乳類は多様な音声をつくり出して、特定のメッセージを伝え合うが、音声を使って思考を組立ててはいない。チンパンジーのコミュニケーション能力の研究では、彼らはヒトが提供した記号をつなぎ合わせて抽象的な概念を表現することができることがわかった。しかし、チンパンジーが自然状態でこうした洗練されたコミュニケーションを用いていることを示す証拠はない。

近年のヒトについての研究では、言語は"私はお腹がすいた"、"私は怒っている"のような単純な情報を伝えることを越えている。言語は芸術における美や数の意味のような抽象的概念を形成する私たちの能力に影響しうる。たとえば2以上の数量概念には、そうした数字に当たる言葉が必要となるという研究がある。ブラジルのアマゾン川流域の先住民の一つであるピラハ族の使う言葉は、物の数を表現する単語が2〜3個しかない。特に、この言語は"いち"、"に"、"たくさん"しか数量を表現できない。ピラハ族についての実験では、数える語彙が少ないことが数えることに基づく抽象概念を使って活動する能力に影響していることを示唆している。たとえば、何人かのピラハ語を話す人は、研究者によって提示された物の数と同じ数の物を並べるよう求められた。その数が2（この言語で正確に数を伝えられる限界）を越えると、この課題が困難になり始めた。ピラハの世界では、3以上の物の数量はすべて"たくさん"のカテゴリーに含まれるのである。こうした研究結果は、2より大きい数に該当する単語が欠如しているということで、2より大きい数の概念を形成する能力が制限されているということを示唆している。

図34・9 配偶者をひきつけるために注目をひくのはコミュニケーションの一つ (a) カエルの雄は鳴き声を聞いている雌に、自分の種、居場所、配偶者としての質について情報を送っている。(b) オオツノヒツジの雄は頭突きによる戦いを交えて自分の遺伝的な"質"を配偶者になる可能性のある雌に伝えている。後ろに曲がった角のおかげで比較的けがのリスクが低いままで戦いに参加することができる。

34・5 動物の社会行動

ヒトのほかにも,多くの動物は緊密に相互作用している集団の中で生きている.集団(通常は同種からなる)のメンバーの間の行動の相互作用である**社会行動**は,単独性の動物には得られない利点をそのメンバーにもたらすが,成功するにはコミュニケーションを必要とする.

集団生活は効果的な生存戦略である

集団生活では同種の他の動物と密接に暮らすことによって競争が激しくなるが,それを埋め合わせるだけの多くの利益がある.集団は,個々の個体で探すよりもうまく餌を見つけ出すことができる.集団は,個々でやるよりも効果的に獲物を混乱させて捕まえることができる.また失敗したハンターやハンター見習いは集団の中の他個体が餌を上手に捕まえる行動を見て習うことができる.共にはたらくことによって,同じ集団のメンバーはバラバラの個体では得られない餌を得ることができる.協力しているオオカミやヒトの集団が大きな哺乳類を狩るのは,こうした協力的な行動の好例である(図34・10a).

また集団生活によって動物は単独生活の個体ではできない二つの捕食者防御方法を有効にすることができる.第一に,集団が大きいほど,多くの眼,耳,鼻をもつことになり,捕食者の接近に早く気づくようになる.第二に,集団の周縁部の個体は内側の個体よりも攻撃されやすいが,真ん中にいる集団メンバーには警報を与えて攻撃を受けにくい位置を提供することになる.たとえば,ガゼルの群れではチーターは群れの周縁部の個体を殺す可能性が最も高いので,群れの中央の個体に利益がある.さらにチーターが攻撃できるほど近くまで来る前にチーターの接近を警報し

図34・10 集団生活の利点
(a) オオカミは集団でいるとバラバラでいるよりも大きな獲物を狩ることができる.(b) ヤブカケスの家族集団は,協同してひなを育て,巣を守り,価値のある繁殖なわばりをしっかり守る.

生活の中の生物学

飲酒とヒトの行動の暗部

私たちの行動調整能力のように,ヒトの行動はアルコールの影響で劇的に変化する.大学生では,アルコール乱用のいきつくところは飲酒運転が原因の事故死や負傷だけにとどまらない.米国では毎年,学生が巻き込まれた約60万件の暴行事件,約7万件の性的暴行事件にアルコールがかかわっている.さらに40万人の学生が無防備な性交渉をし,10万人の学生は性交渉に同意したかどうかがわからないほど酔っていたと報告している.100人に1人はアルコールや他のドラッグが原因で自殺未遂している.学業においても,過剰に飲酒する学生は欠席が多く,成績が悪く,学業面でも遅れる傾向がある.

さらに飲酒の影響は飲酒しない人々の生活にまで波及する.キャンパス内で生活する学生,あるいは女子学生社交クラブや男子学生社交クラブの学生のなかで飲酒しない,あるいはほどほどにしか飲まない者であっても,他者の飲酒によって睡眠を妨害されたことがある者が60%,酔った学友の介抱をしたことがある者が約半数,酔っぱらった行動によって物的損害を被ったことがある者が約15%いる.3人に1人が酔った学生に侮辱されたり自尊心を傷つけられたり,深刻な喧嘩になったりしたことがあり,10人に1人はアルコールがかかわる事件で押されたり殴られたりしたことがある.アルコールは男子大学生の性的攻撃行動をひき起こす主要因の一つであることを明らかにした研究もある.大学生世代の女性の100人に1人は,アルコールが関係する性的暴行や知人によるレイプの被害経験をもっている.こうした被害者らの精神的健康状態が被った痛手と学業成績のうえでの損害は計り知れないものがある.

アルコールは過度に摂取すると,人の行動は劇的に危険な変化をしてしまうことが非常に多い.こうした変化にかかわるコストと個人的帰結について自覚することで,メディアでよくみられる"飲むのなら責任をもって飲みなさい"というアドバイスについて,いっそうの理解をもたらすことができる.

飲酒運転の逮捕 マイアミビーチ警察の警察官が呼気アルコール測定器テストで不合格になった運転手を逮捕している.彼女の血中アルコール濃度(BAC)の2回の測定値は0.19と0.183で,フロリダの法的上限の約2倍だった.

て知らせてくれる個体が1頭以上いる可能性があるので，群れでいるガゼルは全員利益を得ている．

集団で生活することで，乏しい資源を利用する機会に恵まれることもある．フロリダヤブカケスは一年の大部分は乾燥していて，食物も営巣場所もごく限られている低木性のカシの茂みに生息している．この鳥は一生，一夫一妻のペアをつくり，DNA検査の結果では配偶したヤブカケスの間での"浮気"はほとんどみられない（図34・10b）．繁殖ペアのひなは雄雌とも，巣立ちできるまで成長した後でも，協力的な集団の非繁殖メンバー（ヘルパー）として親と一緒に暮らし続けることがある．この非繁殖メンバーは新しくふ化したひなの世話を手伝い，侵入者から繁殖なわばりを守るときにも参加する．自分でなわばりを見つけることができないときには，非繁殖鳥にとって近親の生残率を増やすことは遺伝的に重要なことである．群れで暮らすガゼルの場合のように，集団に属するということで非繁殖鳥は単独の鳥よりも捕食者に襲われにくくなる．さらに，協同的な集団に属していることで，繁殖ペアが繁殖できなくなったときや，捕食者によって殺されてしまったときに，なわばりを相続するための"順番待ち名簿"にヘルパーが入れることになる．先輩のヘルパーによって育て上げられた巣立ちひなは，自分自身もヘルパーとしての行動を示し，親のなわばりを相続した鳥の繁殖成功度を高めるのだろう．

集団中の個体は自分自身よりも他のメンバーを利するように行動することがある

集団生活する動物では**利他行動**が見られることが多い．利他行動とは自分の属する集団の他のメンバーが生き残ったり繁殖したりする手助けになるものの，自分には不利になる行動をとることである．上記のヤブカケスは利他行動の好例である．集団の非繁殖メンバーが，自分の繁殖の可能性を見合わせながら，繁殖ペアが子どもを育てるのを手伝っているのである．一見すると利他行動は，個体の繁殖成功度を上げる形質だけが個体群の中に広がっていくというDarwinの考えに反しているようにみえる．しかし，より深く研究すると，利他的な個体は遺伝的に近縁な個体の繁殖成功度を高めることで遺伝的な利得を得ていることが明らかになっている．

一般に社会集団は近縁な個体で構成されている．たとえば，ライオンの群れは近縁の雌グループを中心としたものである．同じように，ヤブカケスではヘルパーは繁殖ペアの最年長の子どもであることが多く，ヘルパーが面倒をみて育てているひなは弟妹なのである．こういう場合，利他行動から利益を得る個体は利他的個体と同じ遺伝子を多くもっており，利他行動によって利他的個体と同じ遺伝子が多く広がりやすくなるのである．

集団生活は社会性昆虫で高度に発達している

アリやミツバチやシロアリのような社会性昆虫は，地球上で最も繁栄している種の一つである．アリ，ミツバチ，シロアリは独自に社会的行動を進化させてきたが，彼らはいくつか注目すべき形質を共有している．彼らはいずれも大きなコロニーの中で暮らしていて，その中の個体は異なった役割を分担する階級に属している．ワーカー（働きアリ，働きバチ）は協力して複雑な巣を築き（図34・11），ばらばらの個体ではできないようなやり方で餌を広く集め，捕食者からコロニーを守る．女王は多数の卵を生み出すことに生涯を費やす．巣のワーカーは女王の娘で，女王の近縁個体であり，ワーカー同士も近縁である．ワーカーは繁殖能力がないが，女王とその幼虫の世話を念入りにすることで，繁殖に貢献するのである．彼女らの利他行動は，女王やコロニーが死なないように守って，コロニーの繁殖能力を減らさないようにするだけでなく，生き残りの機会を増やしている．

真社会性という語は，複雑な社会グループの中で生活を営む協同的な行動を記述するのに用いる．真社会性の特徴は個体の階級が異なると仕事も異なることであり，非繁殖メンバーによる利他行動も含む．真社会性はハチ目昆虫（ミツバチ，スズメバチ，アリなど）とシロアリにおいてよく知られている．しかしカイメンに生息するテッポウエビのように，他のいくつかの無脊椎動物でも報告されている．これらのエビでは繁殖能力のない雄がコロニーを守っている．そして真社会性という用語をどれくらい広く定義するかにもよるのだが，真社会性は少なくとも2種の脊椎動物でもみられる．ハダカデバネズミとダマラランドデバネズミはどちらも大きな繁殖可能雌によって相続される大きな地下コロニーの中で暮らしている．繁殖可能雌はたくさんの小型の非繁殖

図34・11　**協力がつくり上げたシロアリ塚**　この巨大なシロアリ塚は，無数の近縁で不妊のワーカーの力を合わせた努力によって築き上げられたのである．こうしたワーカーは，各コロニーの個体数のほとんどを占めている．シロアリ塚によっては百年を越えるものもある．

ワーカーによって餌などの世話をしてもらう．共通の巣をもつこと，あるいは生息空間を共有することは，無脊椎動物でも脊椎動物でも，これまで知られている真社会性動物の例に共通する一つの特徴である．

協力して生き残り繁殖することによって，真社会性はとても効果的な戦略であることは明らかである．しかし，真社会性は動物の世界では比較的まれである．この行動がまれである理由は，真社会性システムのような精巧なものを進化させるには，生殖発達と社会的相互作用をコントロールしている多くの遺伝子でランダムな突然変異がたくさん生じ，その後に複雑なルートでの自然選択が生じなくてはらないからなのであろう．言い換えると，あるグループで真社会性が進化するためには，生じる可能性が低い現象がいくつも特定の順序で生じなければならないのである．そのような巡り合わせがまれなのは，同じ人が異なる2州での宝くじで当選するのがまれなのと同じようなものである．

■ これまでの復習 ■
1. 昆虫の性フェロモンによってどのような情報が伝えられるのだろう？
2. 社会性動物においては集団で生活することにはどのような利益がありうるのだろうか？

1. 個体の識別（同種であることや，性行動の準備ができていることなど），縄張りを示していることの警告，敵の襲撃などに警鐘を鳴らすような情報源の位置などに関する情報．
2. 共同的な防御能力，繁殖のために協力すること，また餌源の発見を促進することができる．また単独の個体よりも複雑な行動を通して共存することができる，集団のメンバーは個別の行動を通じて集団を助けることによって遺伝的な利益を得ることができる．

学習したことを応用する

家畜化の遺伝学

1959年，遺伝子が行動に影響するという考えをもったロシアの遺伝学者は130頭の飼育場育ちのギンギツネ（*Vulpes vulpes*）から人なつこいキツネの系統を品種改良する実験を開始した．簡単に言えば，人なつこいキツネを選択することは冷酷である．同腹の子ギツネはそれぞれ人なつこさについて何回かテストされた．人に唸ったり，歯をむき出したりすることもなく，ひどくおびえる様子のない10%の子ギツネを繁殖用に選び，残りの個体は毛皮工場に送られた．飼い慣らされないように（つまり人との接触が原因で人を恐れなくなることを防ぐために），すべてのキツネは人間との接触を最小限にとどめた．

数年の間，Dmitry Belyaevの研究グループは45,000頭のキツネから人なつこいキツネを選択して，最も攻撃性や脅えがないキツネを品種改良した．ちょうど10世代後，キツネの18%は非常に人なつこくて，まるでイヌのように気をひくためにクーンと鳴いたり，実験者を舐めたりするものであった．1985年までには，すべてのキツネがイヌのようにヒトになつくようになった．100年足らずの間にもかかわらず，野生のキツネから始まって，今日のBelyaevの家畜シベリアキツネはイヌと同じように人なつこく，人と一緒に遊び，気をひこうとしてクーンと鳴き，顔を舐める．野生のキツネの行動はまったく違っていて，たとえ人に育てられたとしても用心深く，すぐ噛みつき，人に気に入られようとしない．

家畜化は，イヌ，ウマなどの家畜動物のように何千年もかかる過程だと一般には思われていたが，ソ連の研究者は40年足らずのうちに野生動物の完全な家畜化に成功してしまったのだ．

実際の行動における変化が遺伝的なものであるかどうかを検証するために，Belyaevの後継者（Lyudmila N. Trut）と共同研究者は，遺伝的に家畜型であるキツネの胚を遺伝的に野生型であるキツネの母親の胎内に移植した．彼らは逆に遺伝的に家畜型の母親に野生型キツネの胚を移植する実験も行った．どちらの場合も，発生した胚はもともとの母親のキツネと似たキツネとなって，代理母のキツネには似ておらず，行動の異なった原因は遺伝子であることが示された．研究者の計算によれば，典型的な家畜型キツネの人なつこさは35%が遺伝によるもので，残りの65%は環境によるものであるとのことである．

研究者は人なつこさによってのみ選択したにもかかわらず，家畜型のキツネは他の点でも野生型のキツネと異なっていた．多くの個体は頭部に白い星模様がついていて，肢と胸が白く，白斑があり，耳たぶは垂れ，頭部は子どもらしく幅広く，巻いた尾をもつ．これら一連の形質について驚くべきことは，同じような色の変化が起こっている家畜動物の例がほかにもたくさんあるということである．イヌ，ネコ，ウマ，ヤギ，ブタは皆，ブチや白黒の毛皮，頭の星印，垂れ耳，野生型よりも幅広い頭部などの一連の形質を共通にもっているのだ．まるで家畜動物はすべて同じ選択プログラムを経験してきたかのようである．

Belyaevはこの結果を予想していた．Charles Darwinはすべての家畜動物でこれらの形質がある程度みられるが，野生動物ではほとんどみられないということを指摘している．BelyaevとTrutは，遺伝的に人になつくように選択することは，動物の発生上重要な差異を選択することと同じであると信じていた．

さらに詳細に研究して，研究者は家畜キツネでは"ストレス"ホルモンであるアドレナリンを生産する副腎の活性が低いということを発見した．子ギツネにおいて，家畜キツネは，ふつうのキツネよりも恐怖の反応を発達させるのに時間がかかる．彼らの脳はまた，幸福感と食欲に関係しているセロトニンという神経伝達物質をより多く生産する．家畜化された動物が示す特徴の多くは，発達の遅れに関係がありそうなのだが，こうした現象は幼形進化（成熟後も幼体の特徴を保つこと）とよばれている．一部の研究者は，ヒトは同じような方法で自己"家畜化"して一連の形質をもつようになり，そのために攻撃的にならずに他人同士が集まって大集団を形成することができるようになったという仮説を立てている．

章のまとめ

34・1 感じることと反応すること：
ヒトとそれ以外の動物の行動

■ 行動は他の生物や物理的環境への反応をするときに動物がとる協調的な反応である．特定の行動を示す能力は少なくとも部分的には遺伝によるものである．

■ ヒトの行動は研究が難しい．その理由は私たちの高度に発達した神経系が複雑な行動を生み出すため，そうしたヒトの文化によって複雑に影響されるため，さらに倫理的な理由でヒトでは行えないタイプの実験があるからである．

34・2 動物における固定的行動と学習行動

■ 行動は固定的（生まれつきでプログラムされている，学習を必要としない）であるか学習的（以前の経験の記憶に基づいて環境内の変化に反応することが必要である）である．

■ 固定的行動は単純なパターンをもつ：単一の（通常は単純な）刺激（リリーサーとよばれる）が単一の反応を引き出す．経験から学ぶ機会ができないとき，あるいは間違った行動をとることによるリスクが大きいときに，固定的行動によって動物は適切に行動することができる．固定的行動は特定の条件のもとでだけ刺激されると思われる．

■ 学習行動は動物個体の過去の経験に基づいてとる反応である．以前の体験によっては，異なる刺激が同じ反応をひき起こすこともある．ヒトの行動のほとんどは学習的行動である．

■ 刷込みはある種の行動で，この行動を通じて子どもは，発達時のある期間にすぐ近くにいるものを親，あるいは同種メンバーであると認定して学習する．

34・3 行動の遺伝的基盤

■ 固定的行動も学習行動も遺伝的基盤があり，したがってすべての行動は進化しうる．

■ 行動は遺伝子と環境の相互作用を含んでいる．固定的行動は学習行動よりも遺伝に左右されるが，学習能力もまた遺伝的な制御を受けている．

34・4 コミュニケーションを通じて行動的相互作用を促進する

■ コミュニケーションによって個体は他個体の活動と自分の活動を協調することができる．ある動物が他個体の反応を刺激する信号を発信することによって情報が交換される．

■ 動物は自分の属性（個体としての，あるいは種のメンバーとしての）を知らせるためにコミュニケーションをとり，闘争を避け，役割分担するために活動を同調させ，性や生殖準備状態を知らせ，身体的条件や居場所についての情報を送る．

■ コミュニケーションは単純なものから高度で複雑なものまである．フェロモンはコミュニケーションの単純な形式で，属性，居場所，身体的条件，環境条件などについての情報を送るのに使われることがある．言語は動物のコミュニケーションのなかで最も複雑な形式のものである．

■ 言語はヒトに特有の形質である．言語によってヒトは数のような抽象的概念を形成できるようになった．

34・5 動物の社会行動

■ 社会行動は同種集団のメンバー間の相互作用であり，いくつかの異なる利益をもたらす．被食動物では捕食されることを予防する効果がある．社会行動によって，食料や繁殖なわばりのような資源に動物がより効果的にアクセスできるようになる．ときには個体が単独で活動していても得られないような食料を得ることができることもある．

■ 集団生活する個体は，自身よりも集団の他のメンバーを利するように活動することが少なくない．こうした利他的行動は近縁な動物個体の集団の中で進化しうる．ある個体が自分の命や繁殖を犠牲にして，集団全体の生き残りや存続に貢献するのである．

■ "真社会性"はつながりの強い社会集団における協同行動で，その中では仕事が分担され，集団の利益を増進させるために繁殖を放棄した個体がいる．こうした精巧な相互作用を進化させるためには，多くの遺伝子変異と複雑な自然選択過程を経なくてはならないので，真社会性は一般的ではない．

■ アリ，ミツバチ，シロアリを含む真社会性昆虫は最も成功した動物に入る．繁殖できないワーカーは繁殖をせずに，巣全体の繁栄を増進させている．ワーカーは，採餌，コロニーと巣の防衛，多量の卵を産む女王の世話のような特定の仕事を行う．

重 要 な 用 語

行　動（p.585）　　　　　　コミュニケーション（p.589）
固定的行動（p.586）　　　　フェロモン（p.589）
把握反射（p.586）　　　　　言　語（p.590）
リリーサー（p.586）　　　　社会行動（p.592）
学習行動（p.587）　　　　　利他行動（p.593）
刷込み（p.588）　　　　　　真社会性（p.593）

復 習 問 題

1．把握反射について正しいものはどれか．
　(a) ヒトの子どもでも健康な大人でもみられる．
　(b) 固定的行動の一例である．
　(c) 視覚刺激に対する反応として起こる．
　(d) 学習行動の一例である．
2．行動について正しいものはどれか．
　(a) 脊椎動物にみられるが，無脊椎動物ではみられない．
　(b) 常にコミュニケーションを伴う．
　(c) 動物で進化しうる．
　(d) 環境中で変化が起こったときに素早く反応できるようにする．
3．固定的行動について正しいものはどれか．
　(a) 経験によって変化する．
　(b) いつも刷込まれている．
　(c) 遺伝子によって遺伝する．
　(d) 言語を必要とする．
4．学習について正しいものはどれか．
　(a) ヒトにだけ生じる．
　(b) 行動の遺伝的制御を受けない．
　(c) 動物の過去の経験に左右される．
　(d) フェロモンを必要とする．
5．遺伝子について正しいものはどれか．
　(a) 行動には影響しない．
　(b) 社会行動にだけ影響する．
　(c) 固定的行動にだけ影響する．
　(d) 固定的行動にも学習行動にも影響する．
6．働きバチのダンスについて正しいものはどれか．
　(a) 食物資源の場所について知らせる．
　(b) 仲間の居場所について知らせる．
　(c) ダンスする個体の性別について知らせる．
　(d) 固定的行動に影響を与えない．
7．最も学習行動に依存している動物はどれか．
　(a) シロアリ
　(b) カエル
　(c) ラット
　(d) クモ
8．最も複雑なコミュニケーションの形式はどれか．

(a) 求愛ディスプレイ
(b) ピラハ族の言語
(c) フェロモン
(d) 鳥のさえずり
9. 利他行動の例でないものはどれか．
(a) チョウが産卵する．
(b) ヤブカケスが親の巣からヘビを追い払う．
(c) 不妊の働きアリが，侵入してきたアリからアリ塚の育仔室を守る．
(d) ライオンの雌は自分の姉妹の子に食物を吐き戻して与える．
10. 集団生活する動物について正しいものはどれか．
(a) 固定的行動をしない．
(b) コミュニケーションを言語に頼っている．
(c) 集団内での個体間での競争が増すことで失われる利益を回収できる．
(d) 遺伝的に制御された行動をしない．

分析と応用

1. ヒトにおける固定的行動と学習行動の例を一つずつあげよ．
2. ヒトはクモに対する恐れを生まれつきもっていると思うか．自分の答えが正しいと思える理由を説明せよ．
3. 運動的な才能や音楽的才能をもって生まれてくる人がいる．しかし最も才能豊かな者でも，抜きん出るためには学習と練習を積まなければならない．スポーツか楽器演奏を一つ選び，才能を十分発揮させるためにはどのような学習がなされなければならないかについて詳しく述べよ．
4. 言語はヒトのコミュニケーション能力の重要な要素である．しかし私たちは言葉なしでもコミュニケーションがとれる．ヒトの非言語的コミュニケーションであなたが使ったり反応したことのあるものを述べよ．
5. どのような固定的行動が集団生活する動物にとって利益があるか述べよ．またその理由も述べよ．

ニュースで見る生物学

Take Play Seriously
BY ROBIN MARANIZ HENIG

真面目に遊べ

1月下旬，霧雨降る火曜日の夜に一人の精神科医が遊びについて夢中になって話すのを200人の人々が聞きに来た．子どもの熱中する楽しい遊びだけではなく，すべての人々，すべての年齢の，すべての時代の遊びについてである．…National Institute for Play の所長 Stuart Brown は遊びを"ヒトという霊長類になる発達過程"の要素と言い，"学習と記憶と健康について考えるのであれば，遊びは睡眠や夢のような人生の他局面と同じくらい根本的なものなのです"と述べた…．

これは米国人による遊びについての膨大な議論の一部である．親たちの気持ちはノスタルジーで満ちた子どもの遊びへのあこがれと，遊びに時間を費やした分もっと役立つことをする時間を損したことになるのではないかという恐れとの間でゆれ動いている．…進化生物学と実験神経科学に基づいた研究を武器として，この数十年間，動物において遊びがなぜどのように進化したかについて研究し，ヒトにおける遊びの進化についても理解を進めてくれる知見を得るために数十年かけて研究してきた科学者たちもいる．彼らは，進化的視点から，発達する脳に対する他の競合する要求が多くなりすぎるときに，遊びはどの程度まで省略可能なぜいたくなのか，そしてそもそも脳の成長においてどこまで中心的なものなのかについて研究している．

しかし，発展しつつある遊びの科学は対話されるべき課題がたくさんある．進化生物学と実験神経科学に基づいた研究を武器として，遊びについての科学的な議論を勧める情熱を（ときには少し熱心すぎるくらいだ）示してきた科学者がいる．彼らは動物において遊びがなぜどのように進化したかについて研究し，ヒトにおける遊びの進化についても理解を進めてくれる知見を得るために数十年かけてきた．彼らは，進化的視点から，発達する脳に対する他の競合する要求が多くなりすぎるときに，遊びはどの程度まで省略可能なぜいたくなのか，そしてそもそも脳の成長においてどこまで中心的なものなのかについて研究している．

"遊び行動"は，食料や隠れ場所や配偶相手を探すことのような差し迫った目的がない活動である．多くの野生生物種では，幼若時の動物だけが遊ぶものだが，大人が加わることもある．若い哺乳類や鳥類は余裕があって，餌も十分得ているときに最も遊び，事態が悪いときは最も遊ばない．若いラットはストレスホルモンであるコルチゾンを注射すると遊びへの興味を失ってしまう．

遊びには，ふざけ，物を使った遊び，水遊び，泥んこ滑り，子どもや仲の良い大人とのとっくみあいなどいろいろある．ヒトの子どもの遊びは，感情移入のような高次の精神機能を駆使する活動（たとえばテディベアのブーブーに包帯を巻くこと）とともに，ものまねごっこやロールプレイングも含んでいる．

しかし遊びはリスクを伴い，多くのエネルギーの代価を払うものである．生物学者は若い哺乳類が消費するカロリーの2〜15%が遊びに使われるだろうと推計している．遊びで子どもは転んだりする事故にも会いがちである．遊びに熱中しているアザラシの子どもは，他の行動をとっている子どもに比べて捕食者によって殺されやすい傾向がある．不利な面があるにもかかわらず，ほとんどの幼い哺乳類で，遊びの利益はその多くのコストにまさるものであるということが示唆される．

なぜ動物は遊ぶのだろう？ ある仮説によれば，遊びは大人になってからの生活のリハーサルであり，捕食者から逃げたり獲物を捕獲するのに必要な身体調整を幼い動物が発達させる手助けになるものであるとされる．遊びはまた，協同や社会問題の解決法のような，社会的な動物に必須のスキルを育成する．そして遊びは神経系の成長と発達にも役立つ．研究者は，多様な遊び体験によって融通がきく鍛えられた脳の形成をもたらし，生活の試練によりよく応じることができるようになるとしている．

このニュースを考える

1. 飼育下のピューマの子どもはピンポン球を追いかけて遊ぶ（よく転がるボールが大好き）．これは固定的行動か，あるいは学習行動か．その理由も説明せよ．
2. コンピュータゲームやビデオゲームで遊んで時間を費やしている子どもは伝統的な遊び（たとえば泥んこ遊びや秘密基地ごっこ）とは同じ利益を得ていないという懸念を表している論者がいる．あなたの経験からビデオゲームで遊ぶことは体を使った何かの遊びの代わりになりうると思うか？ そうだとしたら，どんな種類の遊びだろうか？ ビデオゲームで遊ぶことにはどんな利点とどんな欠点があるだろう？
3. 遊びは"暗い面"をもつことも少なくない．からかう，心を傷つける，いじめるということがつきまとう．こうしたネガティブな行動について子どもが社会的な力学について学び，適切な処理能力を発達させるやり方の一部と考える専門家もいる．もしも他の子をののしっている子どもがいたら，どのように対応すべきだと思うか？ 理由も述べよ．

出典：*New York Times*, 2008年2月17日, http://www.nytimes.com

VII
植物の形態と機能

35 植物の構造，栄養，輸送

> **MAIN MESSAGE**
>
> 植物の根系とシュートは，栄養や水，無機栄養塩を植物体全体に運ぶ維管束系など，三つの主要な組織系からつくられている．

凍てつく大地での緑の生命

　植物は，私たち動物には奇妙に見えたり，むしろ驚かされる方法で，過酷な環境に生育するための課題を解決している．ツンドラに生育する多くの植物は，$-100 \sim -50\,°C$といったきわめて低い温度環境に生育し，しかも毛皮や脂肪に覆われることもなく，私たちのように代謝による熱発生もない中で生きていくことができる．北極や高山で，植物が冬に直面する過酷な厳しさを知ろうと思うなら，中央カナダで真冬の夜に，外に出て数分間パジャマ姿で立ち往生している自分を想像してみるとよい．風がなくて，気温が$-40\,°C$ぐらいなら，どのくらいで凍傷になるだろうか？　米軍のデータによれば，そんなに長い時間ではない．多くの人はちょうど11分ぐらいで凍傷になり，最も頑健な人たちでも，1時間以内には，凍傷になるとされている．

　植物は，寒さに対処する多様な手法をもっている．まず，冬が近づくと，日が短くなり始め，温度は$0\,°C$近くに下がる．耐寒性のある植物は，休眠に入る準備をし，代謝や成長を遅くする．広葉樹は特定の物理的および化学的変化で，休眠の準備をする．貴重なタンパク質や糖を葉から回収し，根や幹に貯蔵する．その後，葉を落とすが，落ち葉はすでに，セルロースやリグニン，そしてリサイクル不可能な高分子以外はほとんど何も残っていない．すべての越冬植物は厚い，革のような鱗片葉で芽を覆っているが，それらは，乾いた風から内部の頂端分裂組織を保護し，寒さを防ぐことができる．

> ❓ 植物細胞は，温度が$0\,°C$以下に降下する場合，どうやって凍結を避けるのであろうか？　植物の細胞は，冬仕様の自動車のラジエーターと共通のものを何かもっているのだろうか？　植物は，どうやって$-40\,°C$以下の温度に耐えられるのであろうか？

　これらの問題を考える前に，まず顕花植物の二つのグループを紹介し，それらが形のうえでどのように異なるか見てみよう．植物がどのように形づくられ，どのように必要とする栄養素を得，さらには，そのうちのいくつかは，小動物を食べることすらする理由がわかる．また，セコイア，ユーカリ，そしてダグラスモミなどの高木が，非常に高い所までどうやって水を上げることができるのかを学習する．実際，北カリフォルニアでは，$116\,\text{m}$のセコイアによる高さの世界記録がある．

冬の森　長く厳しい冬が，フィンランドのこの北方林を形成している．植物にとって，耐え抜かなければならない環境である．

35. 植物の構造, 栄養, 輸送

基本となる概念

- 植物体は，地下の根系と地上のシュートをもつ．また，三つの基本的な器官がある．すなわち，根系における根，シュートにおける茎と葉である．根は水と栄養を吸収し，植物の姿勢を保ち，栄養を貯蔵する．茎は植物を支え，葉は光合成を行う最も重要な場である．根，茎および葉は，さらに他の特異的機能を実行するために形態に変化が生じることもある．
- それぞれの器官は，さらに三つの主要な組織系からなる．表皮系は，植物を外界から守り，植物の中と外の物質の出入りを制御する．基本組織系は，植物を支え，傷を治し，光合成をはじめとする重要な機能を行う．維管束系は，植物体全体に栄養や水を輸送する．
- 植物は，土壌から必須無機栄養素を吸収する．植物体の乾燥重量の大半は空気中から取込まれ，光合成によって炭水化物に転換された二酸化炭素からなっている．
- 窒素，リン，カリウムは，植物が大量に必要とする三大無機栄養素である．
- 師管における栄養の輸送はエネルギーを必要とし，水圧に依存する．道管における水と無機塩の輸送は代謝エネルギーには依存せず，代わりにシュート表面からの水の蒸発（蒸散）によって駆動される．

地球上には，きわめて多様な植物が生育している．地表面近くに生育するコケから，シダや巨大なセコイア，そして華々しい顕花植物にいたるまで，その数は28万種を超えると考えられている．植物の主要なグループであるコケ植物，種子をつくらない維管束植物であるシダ植物，裸子植物，そして被子植物の主要な性質は，第3章で説明した．全体の数から考えると，今は明らかに顕花植物がこの地球を支配している（他の植物群が，この地球の主要な生命であった時代については，図20・3参照）．現在，顕花植物は25万種を超えているが，それに比べてコケ植物は18,000種，シダ植物は13,000種，裸子植物は720種にすぎない．顕花植物は，文字どおり地表を覆いつくしている．そのなかには，ツンドラ，熱帯林，温帯林（その大半は，毎年葉を落とす落葉樹によって占められている），草原，砂漠，あるいはその他の植物群落のすべてで共通にみられる植物種が含まれている．顕花植物は，また私たちの食糧になるという点でもかけがえのないものである．全世界で，人類が必要とするエネルギーの80％以上を，草本類（コムギ，イネ，トウモロコシ），豆類（エンドウ，アズキ，落花生），ジャガイモ，キャッサバ（デンプン質の根菜），そしてサツマイモから得ている．

顕花植物は，外部形態や内部構造（図35・1）に基づいて二つの主要なグループ，すなわち，双子葉植物と単子葉植物に伝統的に分類されてきた．**双子葉植物**はこれらの簡便化された二つのカテゴリーの中では，より大きく，約175,000種を含んでいる．モクレン，タンポポ，バラ，モミジ，あるいはカシの木は双子葉植物のよく知られている例である．維管束系を含む葉脈は，双子葉植物では網状のパターンをとる（図35・1）．双子葉植物を地面から掘って取出せば，多くの側根をもつ太い1本の根（**主根**とよぶ）を見ることができる．双子葉植物を茎に沿ってスライスすれば，維管束系が離散しつつ環状に配置されていることを見いだせる．

双子葉植物の典型的な花は，それぞれの構成要素が四つまたは五つからなる（花の一般的構成については，図3・13参照）．たとえば，ゼラニウムの花は，5枚の花弁，5枚のがく（花芽を被う葉状の構造），5本のおしべ（花粉を形成する花の雄性器官）からなる．双子葉という名称は，二枚の子葉が種子の中に形成されているというところから由来している．**子葉**は，文字どおり種子内の葉のことであり，種子の中の，ごく小さい，胚である幼植物の栄養器官である．マメやカボチャなどの植物では，子葉は発芽時に，茎にくっついている小さな緑の旗のように見える．発芽して地表面に出て来た子葉は，短期間，幼植物に栄養を与えることができるが，その後植物が光合成を始めて，自分で栄養をつくり出すことができるようになると，しおれて落下する．

被子植物の二大グループの特徴

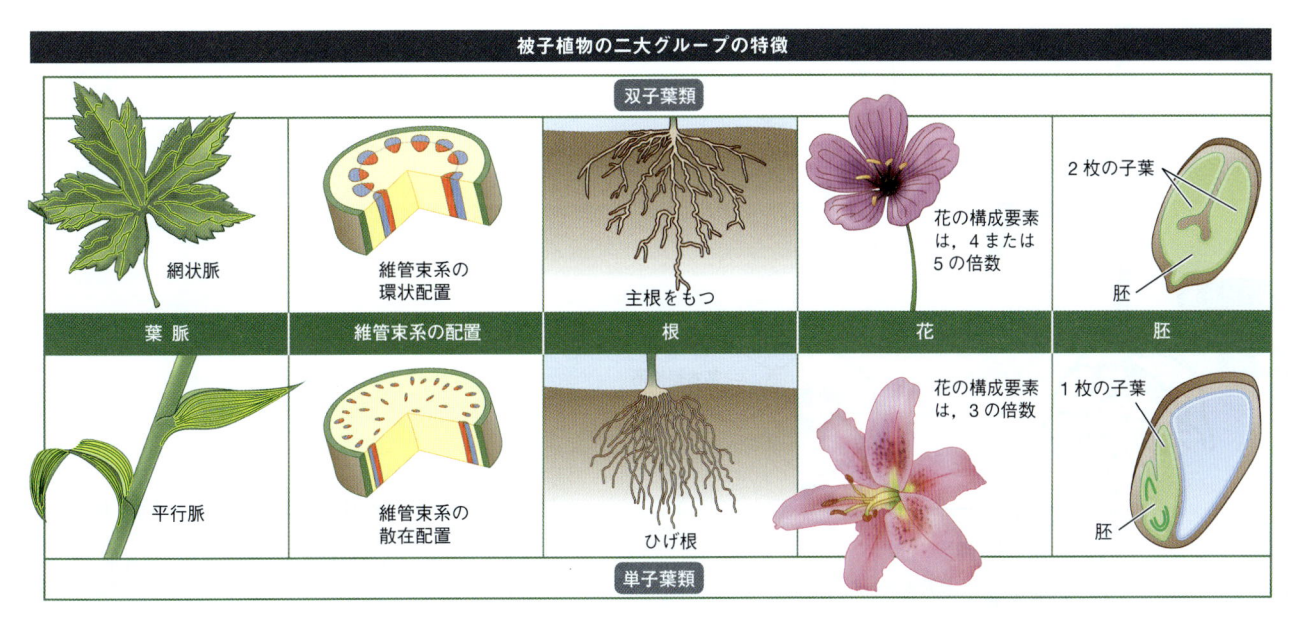

	葉脈	維管束系の配置	根	花	胚
双子葉類	網状脈	維管束系の環状配置	主根をもつ	花の構成要素は，4または5の倍数	2枚の子葉
単子葉類	平行脈	維管束系の散在配置	ひげ根	花の構成要素は，3の倍数	1枚の子葉

図35・1　双子葉類と単子葉類の比較

単子葉植物は，すべてのイネ科草本植物，（最も背丈が高いのは竹である），ユリ科の植物，ヤシおよびバナナなどを含む．単子葉植物の葉脈は網状ではない．ほとんどの場合，葉脈はお互いがほぼ平行に走っていて，イネ科草本の葉身ではそれが顕著である．単子葉植物を掘り出せば，根はふさ状をしていて，中心となる主根がないことがわかる．これは，**ひげ根**として知られていて，単子葉植物に特徴的である（図35・1）．維管束系は，離散した環状構造をとる代わりに，ほとんどの単子葉植物の茎では，散在している．通常，3または3の倍数が，単子葉植物の花の主要構造である．最も装飾的なユリの花には，3枚の花弁，異常に目立ち花弁のような三つのがく片，および6本のおしべがある．単子葉植物の種子は，単一の小さな子葉をもち，幼植物がシュートを地上に送り出すときも，地下の種子の殻の中に残っている．

本章では，植物がどのように構築され，どのように栄養を得て，またどのように植物体の全体にわたって物質を運ぶのかの詳細を見ていく．ここでは，顕花植物，すなわち双子葉植物と単子葉植物の両者に注目する．なぜなら，これらが私たちにとても身近で，しかもこれらこそが，私たちの毎日の生活を支えているからである．

35・1 植物形態の概観

脊椎動物の体と比較して，植物体の構成は比較的単純である．顕花植物の体は二つの基礎的な器官系からなる，一つは，地下の根系で，もう一つは地上の**シュート**（図35・2）である．これらの二つのシステムは，まったく異なる環境の中で特化してきた，すなわち土中の根系と，空気中のシュートである．

多くの動物と比べて，植物はより少数の種類の細胞，組織および器官をもつ．事実上すべての顕花植物には，3種類の器官が見いだせる：根，茎および葉である．これらの器官のおのおのは，似た機能をもつ異なる種類の細胞が集まった三つの主要な複合的組織でつくられている．**表皮系**は最外層にあり，植物の"皮膚"を形成している．**維管束系**は，水や栄養を運ぶ細長い細胞をもつとともに，器官を支えたり，あるいは栄養を貯蔵したり，他の必須機能を行う細胞から成り立っている．維管束系には，二つのおもな領域がある：水を輸送する木部と，栄養を運ぶ師部である．表皮系にも維管束系にも属さない組織は**基本組織系**（図35・2で黄色で示されている）として分類される．

下から見ていこう．根系は単一の種類の器官からなる：それは根である．根は植物を固定し，土から水や無機栄養素を吸収し，栄養と水を輸送し，（しばしば）栄養を貯蔵する．シュートは二つの主要な器官からなる：茎と葉である．茎は植物を構造的に支えるとともに，栄養と水を輸送する．葉は光合成の場である．その主要な機能は栄養の産生である．シュートの成長している部分には芽がある．芽はシュートの頂端や，多くの葉柄の基部にあり成長点となっている（図35・2）．それぞれの芽は，休眠組織からなるが，適切な環境の下で，シュートか花のいずれかをつくり出すことができる．

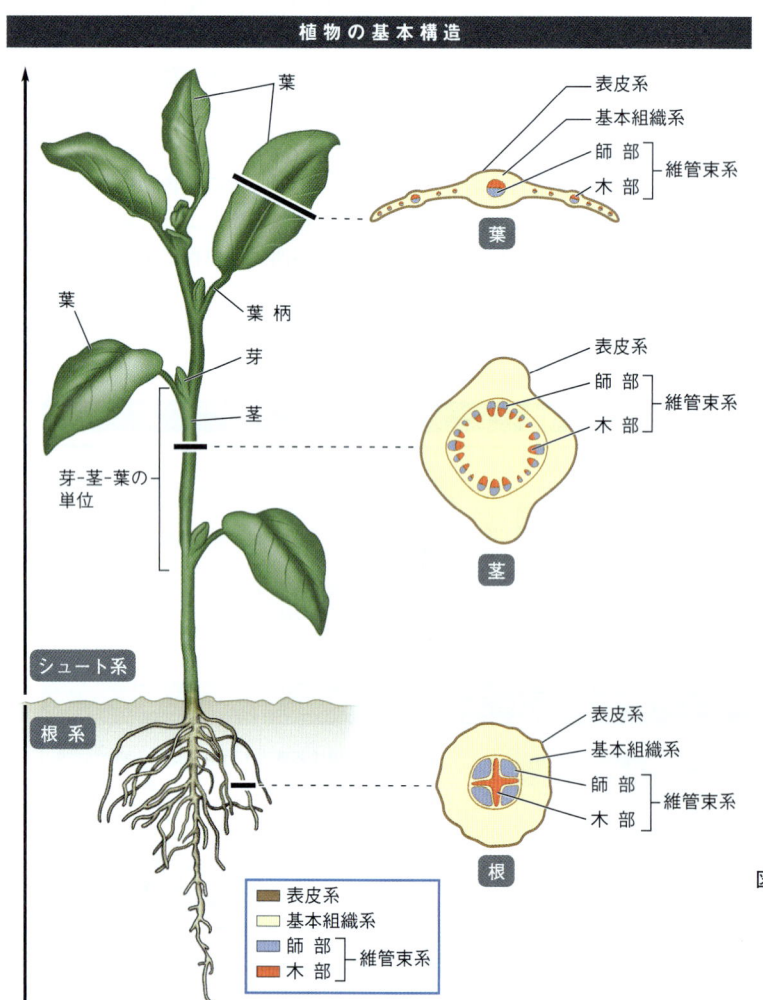

図35・2 **植物体はどのように構築されているか** 植物は三つの主要器官（根，茎，葉）からできていて，それぞれは三つの組織系からなる：表皮系，基本組織系，維管束系である．地下部では，古い根が伸びるとともに，新しい側根が形成されていく．地上部では，図に示すように，芽-茎-葉を単位とするセットが付け加えられることによって成長していく．

花および果実は，顕花植物において最も重要な生殖にはたらくが，植物の器官系としては特別なものではない．他とは非常に異なっているように見えても，花弁は実際には葉の形態が変わったものである．他の特徴的な構造も，三つの基礎的な植物器官の一つから形成されたものと考えられる．たとえば，ニンジンの可食部は根の形態が変わったものであり，とげは茎が分岐したものである．タマネギの球根は葉の基部が広がって，しっかりとパックされたものからなっている；内部の葉はデンプンと糖を貯蔵し，外側の乾燥した鱗片状の層は，内側の栄養を貯蔵している部分を保護している．本章を通して，茎や葉が形を変えている例を見ていこう．

植物は，植物体の構築のされ方だけでなく，どのように生長するか，生涯にわたってどのように分化・成長するかが，動物とは大きく異なっている．植物は生涯にわたって成長することができる．植物の成長は図35・2に示すように，地上では，同じ基本単位，芽-茎-葉という単位が何度も繰返される．第36章でも見るように，この植物体をつくるモジュール的方法は，植物が環境条件の変化に対応するための大きな柔軟性を与えている．

35・2 植物の器官

根，茎および葉が，ほとんどすべての顕花植物に見いだせる三つの器官である．本節では，これらの植物器官の構造とはたらきを詳細に見ていく．

根は水と無機栄養素を吸収し，植物体を支え，栄養分を貯蔵する

植物は根の形成に多くの資源を投資する．それは，根が多様で重要な機能をもつからである：すなわち，水と無機栄養素の吸収，植物体の物理的な支持，そして，栄養分の貯蔵である．まず，構造の点では，根は，**根冠**（図35・3）として知られている円錐形の覆いによって活発に分裂する細胞領域を保護している．根毛は，水と無機栄養素を土から吸収するために表面積を大幅に増加させるが，それは急速に細胞が伸長する領域よりも，少し上の根細胞が，成長を停止して成熟する領域（成熟帯）に形成される．成熟した根はさらに植物体を土壌中で支持する広範囲なネットワークを形成するために，多くの側根をつくることができる．根は，表皮細胞の外層，皮層（しばしばデンプンを貯蔵する基本組織系細胞），および中心柱からなる．中心柱には，師部と木部からなる維管束系が存在する．

双子葉植物の主根は，下向きに成長していく．このとき，いずれは下向きに成長するが，最初は両側に伸びる側根も形成していく（図35・4a）．単子葉植物のひげ根では，単一の根が支配的になることはない（図35・4b）．ひげ根は，その場に土を堅く保

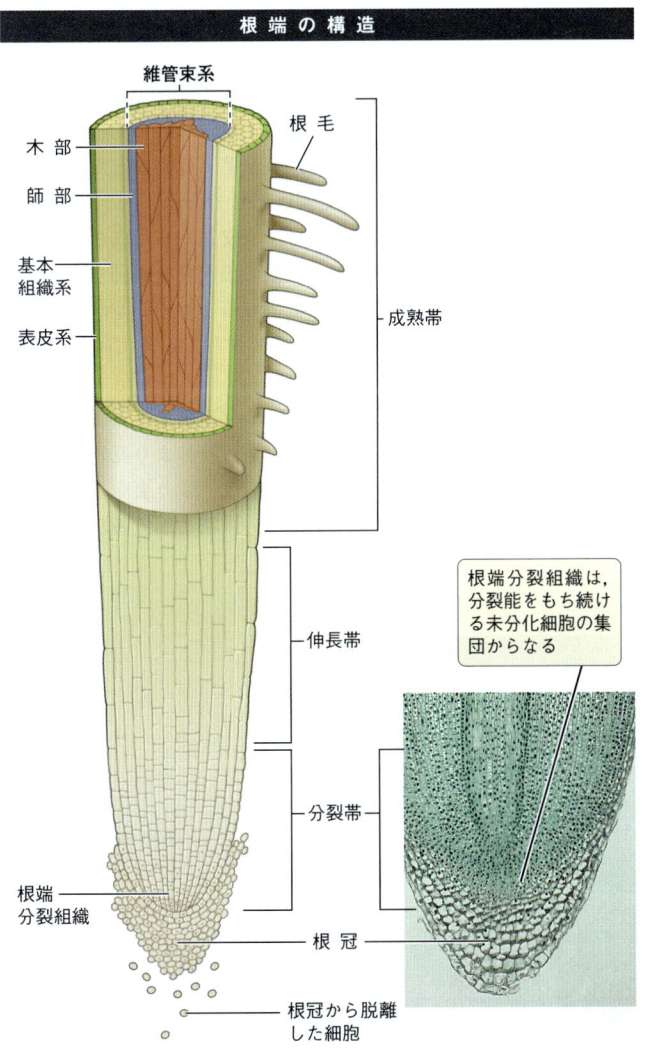

図35・3　**植物を支え，無機栄養素を吸収する**　根は，その表皮から多数の突起をつくり出す．突起は根毛とよばれ，無機栄養素の吸収にはたらいている．根は，根冠に守られ活発な細胞分裂が生じている分裂帯，それぞれの細胞体積が大きくなる伸長帯，細胞の成長が停止する成熟帯からなる．この模式図には，根における表皮系，維管束系，基本組織系も示されている．

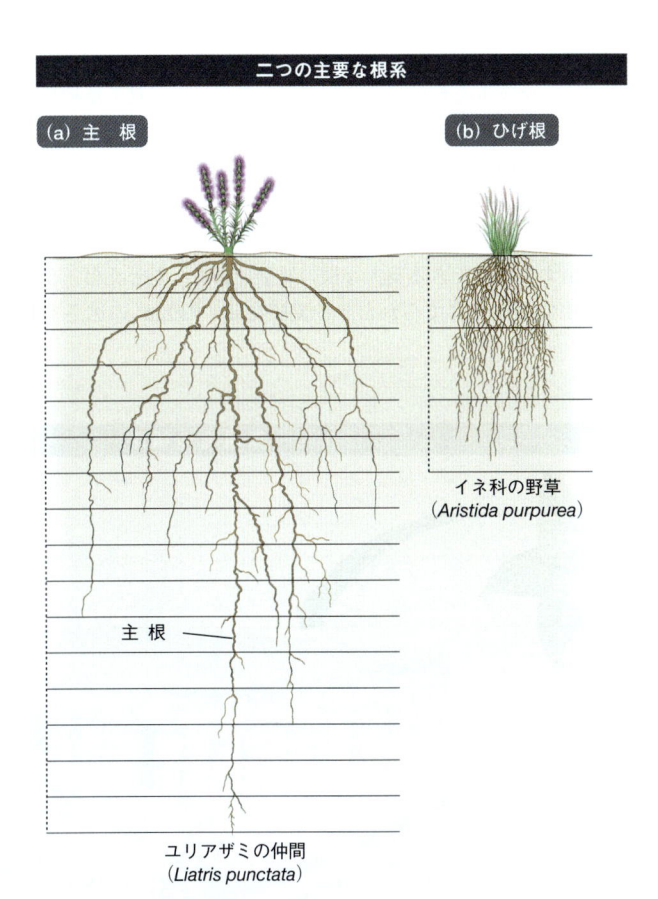

図35・4　**双子葉植物は主根をもち，単子葉植物はひげ根をもつ**　(a) プレーリーでよく見られる野生のユリアザミの仲間．主根系をもつ．(b) 同じくプレーリーグラスとして知られるイネ科のマツバシバ属の植物は，ひげ根をもつ．

双子葉植物の茎の横断面

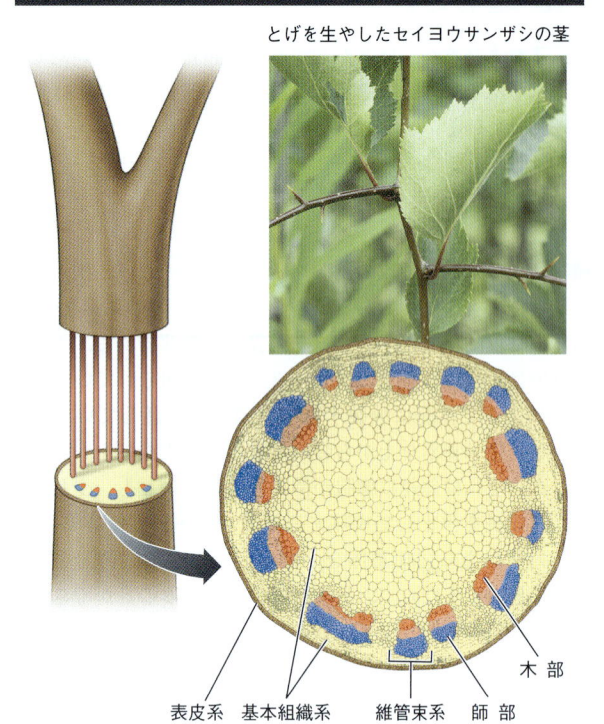

とげを生やしたセイヨウサンザシの茎

図35・5 植物を支える茎 茎の基本組織系は，重力に対抗して植物の自立を支えている．維管束系は，茎を縦に走るパイプセットのようなものである．多くの双子葉植物では，維管束系はここに示すように環状に配置される．単子葉植物では基本組織系の間に散在する．ある種の植物は，茎を防御用のとげに分化させたり，私たちが食べるジャガイモのような栄養分の蓄積に利用する．

（表皮系，基本組織系，維管束系，師部，木部）

持する厚いマットを形成することができる．一方，双子葉植物の主根は土壌の保持力は弱いが，ひげ根より深くまで伸びることができる．主根のいくつかは，相当な深さに達することができ，砂漠地帯の灌木として知られるメスキートでは，53.3 m の記録が知られている．おそらく，もっと驚くべきことは，小さな植物がつくり出すことができる莫大な根の質量である．たとえば，52 L の土の中で 4 カ月育てられたライ麦植物は，639 m² の広さを覆うのに十分な根をつくり出した．そのうち，約 400 m² は，約 140 億本の根毛によるものである．もしそれらを 1 本につないだら，10,000 km 以上になる（それは，米国の東海岸と西海岸の間の約 2 倍の距離にあたる）．

茎も植物を支えている

茎は，植物が重力に対して垂直に成長することができるように，身体を支えている．茎は，さらに光を遮るように葉を保持する．横断面を見ると，茎は，構造面で，根と多くの類似点を示す．植物体の他の部分と同様に，茎における組織の配置は，外表面に表皮系があり，内部に基本組織系がある．基本組織系の中には，維管束系が埋め込まれる形になっている．双子葉植物では，茎の維管束は環状構造をとる（図35・5）．ほとんどの単子葉植物では，茎の維管束は基本組織系全体にわたって散在している（図35・1で見られたように）．茎は，特化した機能をもつ場合，高度に変化している．たとえば，防衛のため（サンザシのとげは実際に茎が変化したものである），昇るため（ブドウのつるは茎である），さらには地下に栄養分を蓄積するため（信じる信じないは自由だが，ジャガイモは，栄養分蓄積に特化した地下茎の先端が膨らんだものである）．

葉は植物に栄養を供給している

多くの植物で，茎の細胞も光合成を行うことができるが，一般的な植物では，植物のつくる有機物は，葉における光合成によって生産される．横断面では，葉は，根や茎とは異なった外観を示すが，組織の基本的な構造と配列は同じである（図35・6）．葉の外層である，表側と裏側の表面は，表皮系から形成される．葉の表皮系は，ガス交換を制御し，空気の出入りを制御する**気孔**をもつ．維管束植物は，孔辺細胞とよばれる 1 対の細胞が，気孔の境界を形成し，気孔開口部の開閉を制御している（図 3・11 参照）．

気孔は植物が光合成に必要とする二酸化炭素を取入れるのに開いていなければならない．ほとんどの葉，特により乾燥した環境に適応した種の気孔は，表面（表側の表皮）より裏面（裏側の表皮）により多くの気孔が存在する．その戦略的配置のために，葉

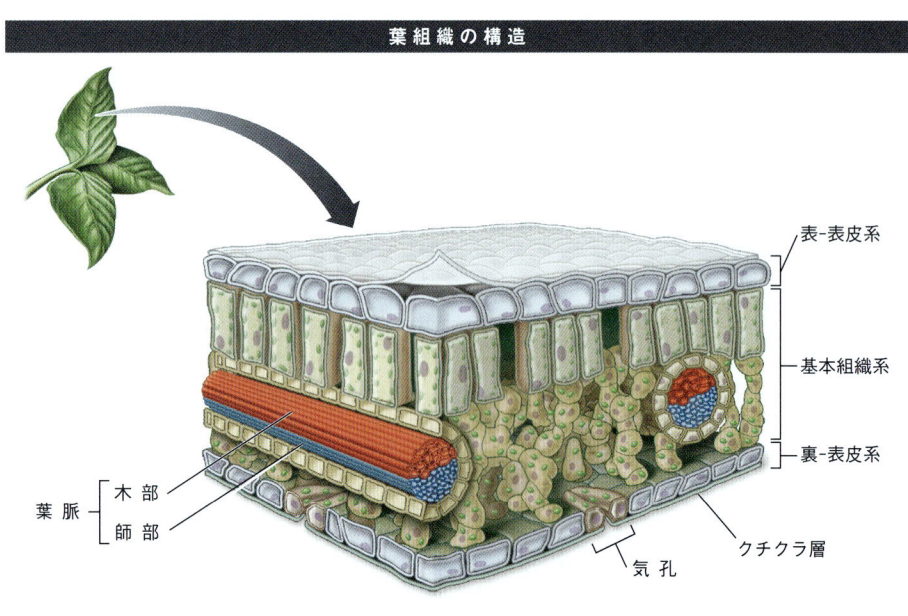

葉組織の構造

（表-表皮系，基本組織系，裏-表皮系，葉脈［木部，師部］，クチクラ層，気孔）

図35・6 葉は植物の栄養分をつくり出す 植物は，光合成を行う葉組織において自身の栄養をつくり出している．CO_2 は，気孔とよばれる小さな空気孔から葉内に入る．気孔は葉の裏側の表皮に多数存在している．

葉のさまざまな機能

(a) ポット植物の"ポット"

この植物はポットの中に気根を発達させている（ポットはさまざまな残骸を集めることができる）

形態を変えた葉, すなわちポットをつくる植物は, 土ではなく, 他の植物の上で成長する

(b) 柱サボテンのとげ

とげもまた葉が形を変えたものである. 植物を食害動物から守ることができる

(c) エンドウの巻きひげ

エンドウの巻きひげも, 葉が形を変えたものである. 他の植物などさまざまなものに巻き付いて, 植物を上方に持ち上げるはたらきをする

図 35・7 形を変えた葉 ある種の植物は, 栄養吸収など, 異なる機能のために葉の形を変えている. (a) ポット植物の袋状の葉の中には根が生えていて, さまざまな残骸を集めている. (b) サボテンのとげは防御にはたらく. (c) マメのつるは植物が上に昇って行くことを助けている.

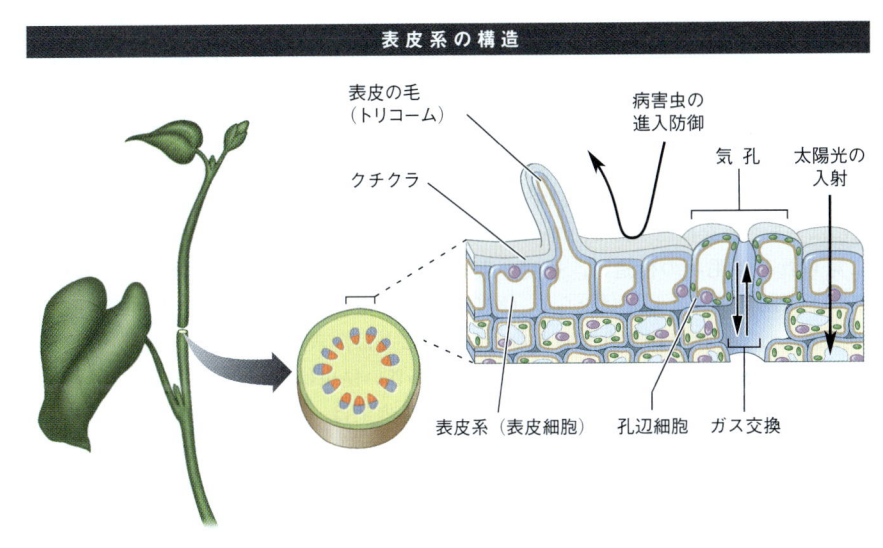

表皮系の構造

図 35・8 表皮系は外界と接触している 表皮系は, 植物を外界の攻撃から守るとともに, 植物と外部環境の間の物質のやりとりを制御している.

の裏面の気孔は太陽から影になり, よって気孔が光合成のために開いていなければならない場合でも, 蒸発による水分損失を小さくすることができる. 光合成の主要な場である基本組織系は, これら二つの表皮系の間に挟まれている. 師部と木部を含んでいる維管束系は, おおよそ基本組織系の真中に位置している. 維管束の多くは, 葉の裏面で, 外部からも見分けることができるほど十分に太い. これらの束は, 一般に, 葉の葉脈として知られている.

葉は, しばしば足に絡まって昆虫にとって致命的になりうる綿状の毛で覆われている. 葉の細胞は, さらに紫外線による傷害から植物を保護することで, 日焼け止めとしてはたらく化学物質（たとえば, アントシアニン）を含んでいる（p.167 の"生活の中の生物学"参照）. 葉の構造のいくつかは, 光合成以外の機能をもつために大きく形を変えることがある（図 35・7）. 形を変えた葉の例として, 外界の残骸を集めてそこから無機栄養素を得る"ポット"; エンドウの"巻きひげ"（上昇のために使用されたもの）; サボテンや他の植物が防衛に利用する"とげ"などである.

35・3 植物の組織系

これまで見てきたように, 顕花植物には三つのおもな組織系がある: 表皮系, 基本組織系, 維管束系である. それぞれ機能は特化しているが共同してはたらく, 異なる型の細胞からできている. 植物の最外層を形成する表皮系は, 外部環境から植物を保護し, 植物の内外の物質の流れを調節する. 中間に位置する基本組織系は, 植物体の大部分を構築し, 身体の支持, 傷の修復, 光合成など, 広範囲の機能をもつ. 植物体の中心, あるいは中心近くには維管束系がある, それは, 植物体の全体にわたって, 栄養分や水を輸送する.

表皮系は環境と相互作用をする

表皮系は, 植物が多くの困難な環境に直面した際に, 重要な役割を果たす. 表皮系は, 植物を, 草食動物（草食の生命体）や病原体（疾患をひき起こす生命体）のような敵から守る. あるいは,

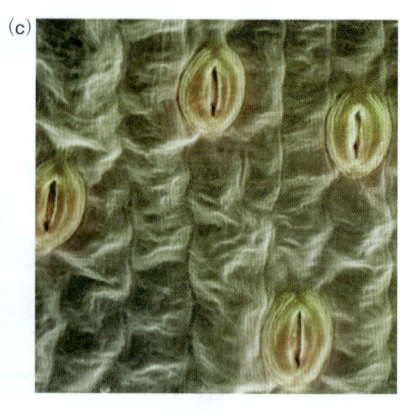

図 35・9 表皮系は防御とガス交換にはたらいている (a) 表皮の毛はさまざまなはたらきをしている．エーデルワイスのような高山植物では，標高の高い場所における強い紫外線を偏光させるはたらきをもつ．(b) 表皮の毛は，多くの植物を昆虫から守っている（この写真では，アリは表皮の毛に絡め取られている）．(c) 気孔の開閉は，CO_2 と O_2 の交換にはたらくとともに，水の蒸散を調節している．

水や無機栄養素の取込みを増やし，ガス交換を調節し，水分損失を制限する．ほとんどの表皮系は，表皮を形成する長方形の細胞の単層からなっている（図 35・8）．陸上植物では，これらの細胞は，水分損失を防ぎ，かつ菌類のような敵が植物体に侵入するのを防ぐ，ワックスでできた**クチクラ**に覆われている．

ある種の表皮系の細胞は，特別の機能をもち，特殊な形をしている．たとえば，多くの植物の葉，茎，あるいは果実などは，**表皮の毛**（より専門的にはトリコームとして知られている）で覆われている．桃の表面の"けば"は，表皮の毛でつくられたマットである（ネクタリンは果実表皮の毛を欠く桃の種類である）．表皮の毛にはさまざまな機能がある．エーデルワイスのような高山植物に見られる羊毛状の構造は，過度の紫外線から植物を守るシールド（防御壁）としてはたらく（図 35・9a）．植物の地上部の形態として，昆虫に草食をあきらめさせることは，表皮の毛の最も重要かつ，最も広まった機能である．小さい昆虫は，毛に絡まって動けなくなる．ある種のタイプの表皮の毛は，昆虫や他の草食動物に有害な化学物質を分泌する（図 35・9b）．**根毛**は根の表皮細胞のうち，一つの細胞が伸長したものである．それらは水と栄養素の取込みに本質的な役割を果たしている．

すでに述べたように，気孔は，葉や緑の茎で，空気の出入りを制御する孔である．それらは植物内部に二酸化炭素（CO_2）を取込み，酸素（O_2）と水が失われる割合を制御している（図 35・9c）．気孔は，**孔辺細胞**とよばれ，水風船のように膨らんだりしぼんだりする 1 組の細胞に囲まれている．孔辺細胞は，水で満たされる（液胞とよばれる膜に囲まれた袋の中に水が入る）と膨らむ．孔辺細胞同士は，端だけで堅くつながっているので，入ってきた水がつくり出す圧力は，孔辺細胞の長さを変える．代わりに，二つの孔辺細胞をふくらませ，その間に開口部（気孔開口部）をつくり出す．孔辺細胞が水を失うと，それらの"丸み"が失われ，互いに近づいて，細胞の間にある気孔が閉じる．

過度の水分損失が植物に生じると，気孔は水の利用可能な量に応じて，注意深く調節される．すでに見てきたように，植物は，光合成に必要な CO_2 を取入れるには，気孔を開かなければならない．ほとんどの植物は，昼間気孔を開き，夜閉じる．このとき光合成を自由に制御することはできない．しかし，水分ストレス（不十分な水供給）を感じている植物は，それが一日のいかなる時刻でも，節水するために，直ちに気孔を閉じる．

基本組織系は多くの本質的な役割を担っている

これまで，木本ではない植物が，動物の骨格や木の木部組織のような明らかな支持組織をもたないのに倒れない理由を考えたことはあるだろうか．気球内の空気が気球の形を維持するのに必要なように，細胞内の水がもたらす圧力が，生きている植物細胞の形を維持するのに必要なのである．植物が長いこと水を取込むことができず，この圧力が失われると，葉や茎の柔らかい先端はしおれた植物として，元気のない様子になる．一方，年取った茎の基本組織系は，機械的に身体を支えられる厚い壁をもった細胞からなるので，より古い部分は，まだ形を維持できる（図 35・10）．

植物は，三つのおもな細胞形態からなる．三つすべてが，多くの種の基本組織系で見いだせる．**柔組織**は，薄い細胞壁で比較的大型の細胞から構成される（図 35・11 a）．柔組織は，ほとんどの植物の基本組織系に最も豊富に存在する細胞形態である．葉，および緑の茎の基本組織系の外層では，柔細胞は光合成を行う細胞である（茎の中の層は，光合成のための十分な光を受取れない

図 35・10 基本組織系は，植物に必須のはたらきをしている 植物において，基本組織系の役割は，植物体の支持，傷修復，光合成などである．

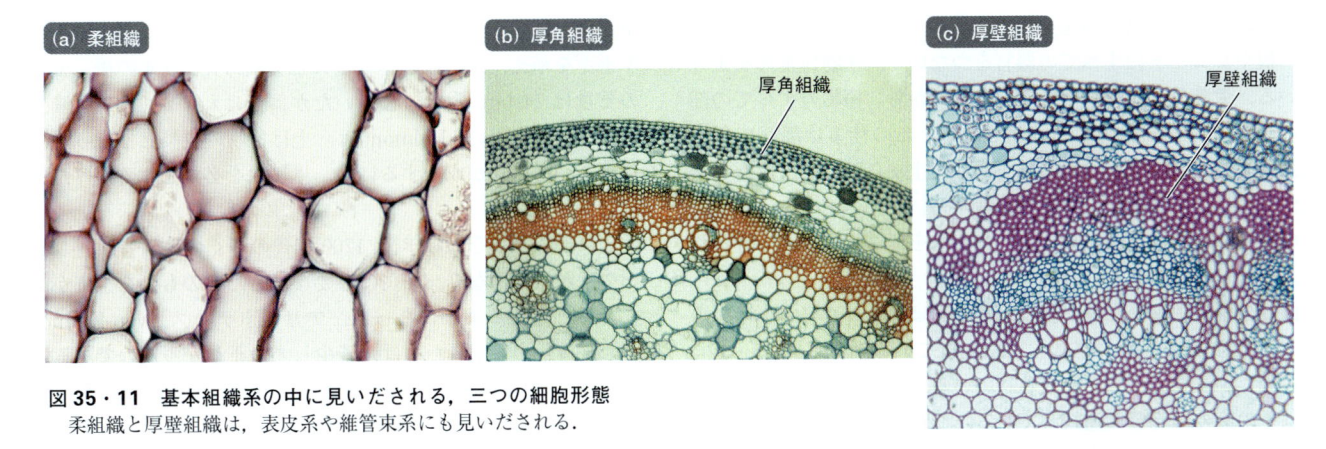

図 35・11 基本組織系の中に見いだされる, 三つの細胞形態
柔組織と厚壁組織は, 表皮系や維管束系にも見いだされる.

ので, 常に緑とは限らない). 植物が新しい器官や損傷箇所を再生長させることを可能にするという点で, 傷修復においても重要な役割を果たしている. 柔細胞は, しばしば余剰の栄養やさまざまな物質(防衛にはたらく物質など)を貯蔵している. 人類が消費する生鮮品の多くは柔細胞からできている.

厚角組織は, 生きている細胞から構成され, 柔らかい茎や葉柄のような植物の若くて成長している部分の機械的な補強を行っている. これらの細胞は, 特殊な細胞壁によって簡単に識別される. その細胞壁はある部分で厚く, 他の場所では薄い(図35・11b). セロリのスティックでは, 厚角組織が, 葉柄の顕著な特徴である角々の真下にパッチ状に生じる. セロリのスティックから"筋"を引っぱると, ほとんど純粋な厚角細胞の束を取外すことができる.

厚壁組織は, 厚い細胞壁をもつ細胞からなり, 植物のさまざまな場所に機械的強度をつくり出すことができる(図35・11c). 厚壁組織の細胞は, 死んでいることが多い. 堅く厚くなった細胞壁が最も重要で, その厚さは, 必須栄養素の取込みを阻害するため, 生きている細胞質の維持とは両立しない. 厚壁組織は, 茎, 根, 葉の基本組織系および維管束系の両方に見いだされる. 植物中の**繊維**として知られる厚壁組織の細胞は, 最長の細胞群の中に見いだされる. リネン製の織物は, アマの茎繊維からつくられる. 麻植物の茎繊維はロープをつくるために使用される. 厚壁組織は, 果物の基本組織にも見いだされることがある. ヨーロッパやアジアの西洋ナシのジャリジャリとした食感は, 果肉の全体にわたって存在する厚壁組織の細胞("石細胞"ともよばれる)がつくり出すものである. 厚壁組織は, さらに表皮組織でもときどき見つかる: ピーナッツの皮をむくときの赤い紙のように薄い"表皮"はほとんど完全に厚壁組織である. 大部分のマメ科植物の種子の表皮組織には厚壁組織がある.

維管束系は栄養と水を輸送する

他の多細胞生物と同様に, 植物も, 体全体にわたって栄養を輸送しなければならない. 本章の後半でこのことを取上げ, 維管束系がどのように輸送を行うのかを説明する.

植物には二つのタイプの維管束系組織がある: 一つは**師部**で, 師部は栄養分を運ぶ(植物にとっての栄養分とは, 主として光合成によってつくられた炭水化物である); もう一つは**木部**である. 木部は, 水と無機栄養素を輸送する. 師部と木部はいずれも, 栄養分あるいは水のいずれかを運ぶために特化し, 連続した管を形成する長い細胞の積み重ねからなる(図35・12). ちょうど, 州

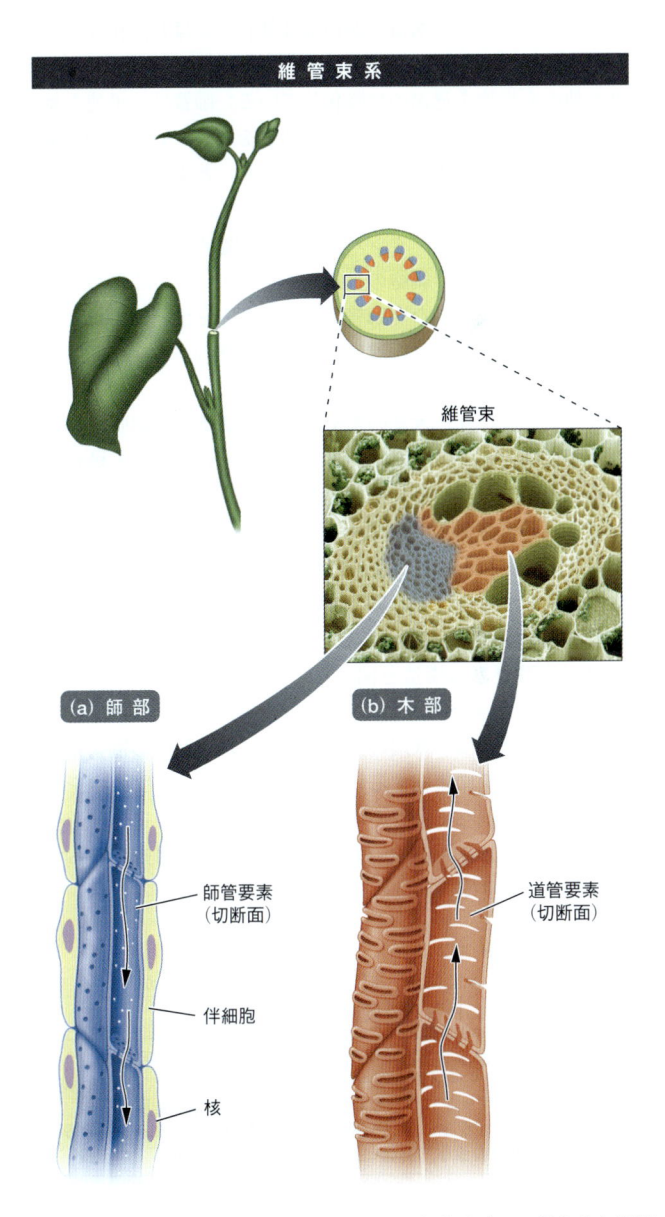

図 35・12 栄養分や水を輸送する維管束系 維管束系は, 植物体を縦断するパイプのセットからなる. (a) 炭水化物の栄養分は師部を輸送される. 師部には伴細胞と師管要素がある. 伴細胞は核をもつが, 師管要素は核をもたない. (b) 水と無機栄養素は, 木部を輸送される. 木部は水を運ぶ管として, 仮道管と道管をもつ. いずれの管においても, 水が輸送されるようになったときには, それらを形成する細胞は死んでいる. ここに示している道管は仮道管よりも太い. 水と無機栄養素は一つの道管要素から次の道管要素に容易に動くことができる. それはそれぞれの要素の両端に大きな孔, すなわち穿孔が開いているからである(この図の切断面には, 道管要素の両端に四つの穿孔が見てとれる).

と州を結ぶ幹線道路や高速道路のように，これらのつながった管は，根やシュートのすべての器官をつないで，植物体全体を走っている．栄養分は，それがつくられた葉から，植物のすべての部分の生きている細胞へと積み出される．この仕事は師部で行われ，栄養分を運ぶ管がはたらいている．土から吸収された水と無機栄養素は，根を上昇し，中央の茎から外へ出て葉へと移動する．この必須の機能は木部に見いだされる水を運ぶ管によって行われる．

師部の中で栄養分を運ぶ管は**師管**とよばれる．連続的な管を構成するために端と端が連結した，生きている細胞（図35・12 aに示した師管要素）から構成されている．一つの師管要素の細胞質はその隣の細胞質と連続している．これらの細胞が細胞端の壁で（個々の長い細胞の上下の細胞壁）の比較的大きな孔によってつながっているからである．開口部は師孔とよばれ，相互に連結した細胞の細胞膜に並んだチャンネルを形成している．師管要素は糖や他の有機物を運ぶのに特化している；師管は，迅速な輸送の邪魔になる核や他の多くの細胞小器官を欠いている．師管要素はそれぞれ，**原形質連絡**（図7・11 b参照）とよばれる細い細胞質のトンネルを通って一つ以上の伴細胞と密接につながっている．伴細胞は核をもち，タンパク質および他の高分子の生合成を活発に行っている．伴細胞の役割は，核を欠いているために，必要な高分子を合成できない師管要素にそれらを供給することである；多くの植物では，伴細胞は，さらに周囲の基本組織細胞から糖を集め，それらを師管に送る作業も行っている．

師管要素と異なり，木部の水を運ぶ管を構築する細胞は，はたらくときには，すでに死んでいる．完全に成熟している場合，木部道管要素は，よく知られているように，厚い細胞壁と内部に空洞ができる．家庭の配管工事の中で使用されるパイプのように，長い中空円筒が順番に積み重ねられたものとなる．木部道管には二つのタイプが知られている：狭い**仮道管**と，はるかに太く，限られた時間に多くの水を運ぶことができる**道管**である．図35・12 bは，道管要素の構造を図示している．道管要素の端の壁には一つ以上の大きな孔，すなわち穿孔がある；図35・12 bの道管の断面図には四つの壁端の穿孔が見られる．個々の道管要素が穿孔を通じて相互に連結するので，水は配管用パイプの中を移動するように，抵抗なく道管の中を移動していく．仮道管と道管の厚い壁は，そこにかかる強い力で壊れないような構造になっている（§35・6参照）．

■ これまでの復習 ■
1. 根毛のはたらきは何か．根毛はどの組織にあたるか．
2. 木部と師部における通導要素を比較しなさい．

---

1. 根毛は，土壌からの水や無機栄養素の吸収に重要な表面積を増加させる．それらは，根の表皮の一部である．
2. 師部の通導要素は生きていて（核はないけれども），栄養分を運ぶ．木部の通導要素は，厚い細胞壁と内部に空洞をもつ死細胞からなり，水と土壌に溶けた無機栄養素を運ぶ．

35・4 植物はどのように栄養素を得るのか

食糧としての植物の重要性から，人々はずっと，植物の生理機能に興味をもってきた．植物がどのように栄養素を得るかを知ろうとすることもその一つである．アリストテレスは，植物は土から成長に必要なものはすべてを得ていると考えていた．ほぼ2000年の後に，ベルギーの内科医 Jan Baptista van Helmont は，土だけでは十分でないことを示した．彼は，ポットの中に小さなヤナギを植え，水だけをポットに加え続けた．5年の後，ヤナギの重量は74.4 kg 分増加していたが，土はわずか0.06 kg 減少しただけだった．van Helmont は，土は植物の成長とはまったく関係がなく，植物が成長するには，単に水を必要とするだけだと結論を下した．

それからおよそ100年後，1700年代の多くの科学者は，植物は，土や水からではなく，成長に必要なほとんどのものを空気から得ていると考えるようになった．アリストテレス，van Helmont，そして後代の科学者たちは，皆少しずつ正しかったのである（図35・13）．アリストテレスが考えたように，植物は土壌から必要な無機栄養素（無機イオン）を手に入れる．しかし，van Helmont が実験で示したように，土から吸収された無機栄養素の植物個体重量への貢献はわずかなものである．代わりに，生きている植物の重さの大半は水からきている．その大部分は細胞の中央の液胞に保持される（図6・14参照）．最後に，（乾燥器などを用いて）水を除いた後の重さを測れば，乾燥バイオマスとして知られる，おもに炭素からなる物質が残る．1700年代の科学者は，この乾燥バイオマスが，植物が空気中から手に入れる何かからできることを知っていた，なぜなら，その分は，水や土壌の減少量では，説明できなかったからである．そして今，私たちは，葉によって大気から吸収され，光合成で糖の生合成に利用される CO_2 から，植物の乾燥重量のほとんどがくることを知っている．

第6章と第9章で説明したように，光合成とは，太陽光，大気からの CO_2，そして土壌からの水を利用した一連の化学反応で，そこから糖をつくり，副産物として O_2 を放出する．第9章で，

図35・13 植物は水と無機栄養素とCO_2を必要とする 植物は成長するために，CO_2 と水と無機栄養素を必要とする．CO_2 は葉から取込まれ，光合成で糖に合成される．無機栄養塩と水は，根から植物体内に入る．光合成の副産物として酸素（O_2）が大気中に放出される．O_2 の一部は，大気から土壌へと拡散し，根の細胞の呼吸に利用される．

光合成のプロセスについて詳述した．本章の後半は，植物が必要とする無機栄養素に着目する．

植物は成長に無機栄養素を必要とする

一般的な植物肥料の包装紙のラベルには，肥料が，3種類の無機栄養素（窒素，リン，カリウム）を主要な多量成分として，さらに微量栄養素を一緒に供給できることが示されている（図35・14）．植物は，**多量栄養素**は，かなり大量に要求する（植物乾重量 1 kg 当たり，少なくとも 1000 mg の栄養素）．一方で，**微量栄養素**は，ごく少量が要求されるだけである（植物乾重量 1 kg 当たり，100 mg 未満）．全体として，植物は九つの多量栄養素（炭素，酸素，水素，窒素，リン，カリウム，カルシウム，硫黄およびマグネシウム）と，少なくとも八つの微量栄養素（鉄，亜鉛および銅を含む）を必要とする．このうち，炭素，酸素および水素は空気または水から得，それ以外の多量栄養素と微量栄養素は土壌から吸収される．

多くの季節にわたって，同じ土を用いて，園芸植物や作物を育てると，その土の中の無機栄養素が不足するようになる．それは，無機栄養素が植物バイオマスを構成し，収穫で取除かれていくからである．多量栄養素，特に窒素，リン，カリウムは，耕作地で最初に不足する元素である．植物は，その成長を維持するのに，この3種類の元素を多量に必要とするため，土壌から取除かれる量も大きくなる．植物肥料がより多くの窒素（N），リン（P），およびカリウム（K）を，他の栄養素より多く含んでいるのはそのためである．

すべての肥料容器に記されている NPK ラベルは，その肥料中に含まれる "三大" 栄養素の相対量を示している．たとえば，10-15-10 の NPK 比率は，肥料の（重量比で）10%が窒素，15%はリン，10%がカリウムであることを意味する（図35・14）．肥料の残りの65%は，他の多量栄養素，微量栄養素，肥料とはならない不活性な成分（混ぜ物）と土の酸性度を調節する化学薬品などの成分からなっている．

植物は，水に溶けている無機栄養素だけを吸収することができる．植物に肥料を与える際には，土壌中の水に栄養が溶けるように土と混ぜ合わせたり，肥料を水に溶かしてから土に与えるようにする．必要な栄養素がありさえすれば，土がなくても植物を育てることができる．この技術を水耕栽培という．

図35・14 の成分ラベルは，有機物を含んでいない化学肥料を示している．腐葉土や下肥のようなよく用いられている肥料は，多くの有機物を含んでおり，植物が必要とする無機栄養素の量は，むしろ少ない．そのような有機肥料は，二つの方法で植物の栄養状態を改善すると考えられている．まず，腐葉土のような発酵したスポンジ状の成分は，無機栄養素が溶解する水を保持できる．これらの無機栄養素は，一度に必要以上に土に与えられて，無駄に流れてしまう場合と違って，成長期の間，徐々に利用されていくことができる．つぎに，有機肥料中の粒子は，植物の根が届かないところで洗い流されてしまう無機栄養素を，"磁石" のように保持することができる．対照的に，化学肥料はしばしば過剰に与えられるが，その過剰量は洗い流されて，地上の表面水や地下水を汚染することがある．

肥料は，植物のエネルギー源ではないことに注意してほしい．植物は，光合成によって光エネルギーを化学エネルギーに転換することができ，二酸化炭素を糖に変換することができるので，化学物質からエネルギーを得る必要はない．人および他の動物は，それとは対照的に，炭水化物，脂肪およびタンパク質に蓄積されているエネルギーを，食糧として食べなければならない．

根による無機栄養素の吸収には二つのルートがある

根が土壌から水や溶質としての無機栄養素を，どのように吸収するかを知るには，植物細胞がそれぞれ細胞壁に囲まれていることを思い出す必要がある（第6章と第7章参照）．図35・15 a に示されるように，細胞膜はゲル状のサイトソルを囲んで，ちょうど細胞壁の直下に位置している．植物細胞の細胞質基質には，液胞として知られている一つ以上の袋状の構造があり，水とさまざまな溶質（図6・14 も参照）で満たされている．液胞は単位膜によって囲まれている．多くの生きている植物細胞は，隣接した植物細胞間で輸送やコミュニケーションを可能にする，小さなトンネル（原形質連絡）によってつながっている．

根に吸収された水や溶けている無機栄養素が，その他の細胞に届くには，二つの道がある：すなわち，細胞内部を通るルートと，細胞壁を通るルートである（図35・15 b）．細胞内部を通るルートでは原形質連絡が重要な役割をする．根細胞の細胞質基質に入った物質は，原形質連絡を通ることで，他の根細胞へ到達でき，細胞壁や細胞膜を何度も通る必要はない．根が栄養素を吸収する二つの道のうち，この細胞内部ルートがより一般的である．無機栄養素は根毛から根細胞内に入り，原形質連絡によってある細胞の細胞質基質からもう一つの細胞の細胞質基質へと移動して行く．しかし，根は，細胞内部を回避するルートによって無機栄養素を吸収することもできる；この細胞壁ルートでは，無機栄養素は水に溶けた状態で，ある細胞の細胞壁から次の細胞壁へと移動していく．

図35・14 **植物の生育に必須な無機栄養素** 肥料（"植物の栄養"）の箱に貼られているラベルは，それに三大必須栄養素——窒素，リン（リン酸），カリウム（炭酸カリウム）——と四つの微量必須栄養素（鉄，マンガン，亜鉛，銅）が含まれていることを示している．

栄養素の吸収経路

(a) 隣接した細胞間の輸送

原形質連絡／細胞壁／細胞膜／液胞／細胞質基質

― 細胞内ルート
― 細胞壁ルート

(b) 植物組織内の輸送

細胞内ルートは，原形質連絡を通る
細胞壁ルートは，カスパリー線で止められる

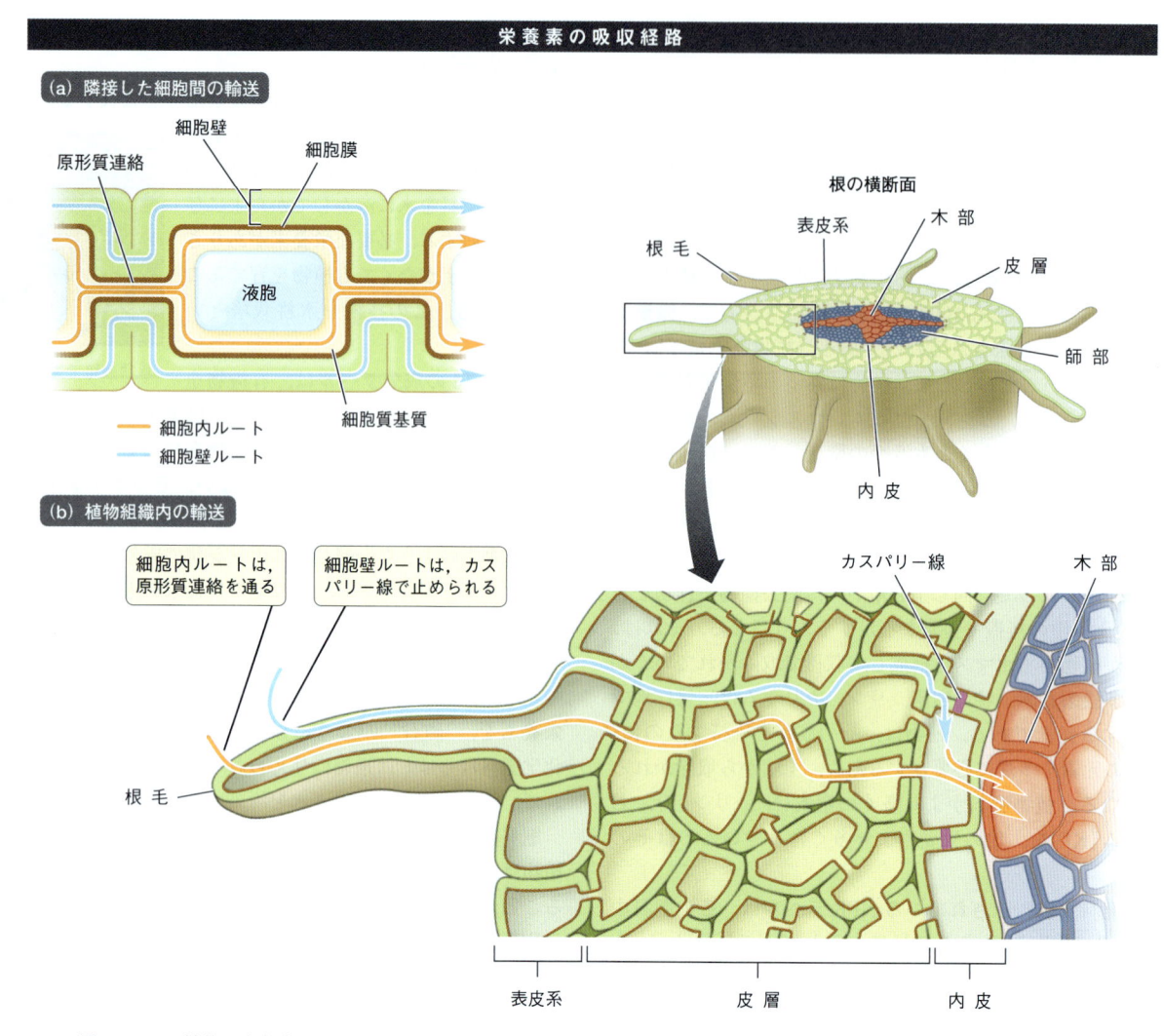

根の横断面：根毛／表皮系／木部／皮層／師部／内皮

根毛／カスパリー線／木部／表皮系／皮層／内皮

図35・15 **植物は栄養素を土壌からどのように吸収するか** 無機栄養素は，植物の根から二つの経路で植物体内に入る．一つは細胞内ルート（オレンジ色）で，もう一つは細胞壁ルート（水色）．

いずれのルートを通るにせよ，無機栄養素は，維管束系に入る前に，1回は細胞膜を通る必要がある．この細胞膜という障壁を抜ける必要があるということは，有害物質が地上部分に達することを阻むことを可能にしている．細胞内部のルートによって移動する無機栄養素は，最初に根毛細胞の細胞膜を通り抜けなければならない．一方，細胞壁ルートを通るどんな無機栄養素も，内皮に達するとそこで細胞膜を通り抜けない限りは，維管束に達することはできない．**内皮**は，根の維管束を囲む基本組織系の層で，無機栄養素が維管束に入るための障壁としてはたらいている．内皮細胞の細胞壁にはワックスでできた沈着構造があり，それが窓や戸口の目詰め剤のようにはたらく．カスパリー線として知られている細胞壁の沈着構造は，連続的なバンド，あるいはときどき連続的なシートとして内皮細胞同士の細胞壁間に存在する．内皮細胞壁にあって水をはじくカスパリー線は，内皮細胞間を水が進むのを防ぐことができる．その結果，水も，水に溶けるどんな物質も，内皮の細胞膜を1回通過しないことには，根の中心にある維管束系には到達できない．実際，維管束系に入る物質は，すべて，少なくとも1回，細胞膜を交差することで選抜されているといえる．

根に含まれる無機栄養素の濃度は，土壌中より10〜10,000倍も高い．第7章で見たように，分子は外部からのエネルギー供給が必要な**能動輸送**によってのみ，濃度勾配に逆らって（より高い濃度の場に向かって），細胞膜を通過することができる．したがって，植物が，根によって無機栄養素を吸収するには，エネルギーを消費せざるをえない．エネルギーが利用できなければ，無機栄養素の取込みは止まる．たとえば，植物学者が（4日間暗やみの中に置くことで）トウモロコシのエネルギー貯蔵を減少させると，根に吸収されたリン酸イオンの量は，正常状態の5％まで落ちた．その後2日ほど太陽光に当てることで，吸収能は元に戻った．もし植物が栄養素を吸収するのにエネルギーを使うことができなければ，栄養素は，（拡散などによって）植物が必要とするのとは反対に土に戻ってしまう．

土からの栄養塩吸収をさらに複雑にしているのは，多くの植物が菌類と相利共生の関係にあるということである．植物の根は，菌糸と結びついて**菌根**とよばれる構造をつくる．このことは第3章でも説明した．菌類は，この共生関係で植物が光合成によって

■ **役立つ知識** ■ "内皮（endodermis）"という名前に惑わされないように．ギリシャ語の元の意味からは，"内側にある皮膚"というものになるが，内皮は表皮系ではなく，基本組織系の構造である．"内皮"という名前がついているのは，維管束系の周りにあってそれを守るという意味があるからである．

生産した炭水化物を手に入れることができ，植物は，菌類によって栄養素を吸収できる面積を増やすことができる．植物は，根から1cmしかない栄養吸収領域を，菌糸のおかげで3mにまで伸ばすことができる．

すべての無機栄養素のうち，植物が最も大量に必要とするのは窒素である．窒素は窒素ガス（N_2）の形をしている大気中では非常に豊富だが，植物は N_2 を直接利用することができない．植物が吸収できる窒素は，硝酸塩（NO_3^-）かアンモニウムイオン（NH_4^+）の形をしている必要がある．ある種の植物（最もよく知られているのはマメ科植物である）は，大気中の窒素ガスをアンモニウムイオンに変換する特別な能力をもっている細菌と相利共生の関係にある．この過程は，**窒素固定**として知られている．宿主となった植物は，根粒とよばれる粒状の構造を根の組織中に形成し，その構造をつくる細胞内に窒素固定細菌を維持している．窒素固定細菌は植物が光合成によって合成する炭水化物の形をした代謝エネルギーを受取ることができる．細菌は，植物から受取ったエネルギーのうちのいくらかを窒素固定に使用する．それは，ニトロゲナーゼとよばれる特別な酵素によって進められる複雑かつエネルギー集約的な反応である．この相利共生関係の一部として，植物は，細菌がニトロゲナーゼの助けを借りて大気中の N_2 からつくったアンモニウムイオンを受取る．窒素固定が生態系において窒素循環に果たす役割は，第24章で詳しく議論する．

35・5 動物を食べる植物

私たちは，植物を"悪魔"と"紺青の海"の間に生きているものとして考えることができる．植物が直面する"悪魔"とは，300,000以上の種からなる草食性昆虫を含む，膨大な草食動物の群れをさし，一方で，植物は（窒素とかリンのような）必須栄養素が不足した土壌という"紺青の海"にも対処しなくてはならない．栄養の非常にやせた土に生育する約600種の植物は，"紺青の海"で生きることの問題を，悪魔に逆襲を食わせることで問題を解決した．すなわち，それらの植物は動物を食べるのである．

植物は，動物を捕らえるためにさまざまな戦略を採用している．たとえば，ハエジゴクは，牙の並んだ顎のように見える葉（捕虫葉）を形成し，甘い香りの蜜で昆虫をひきつける（図35・16a）．昆虫がこの顎の中に誘惑され，そこにある接触感受性の感覚毛に触ったとたん，葉はおよそ10分の1秒で閉じられる．昆虫がいったん捕らえられると，捕虫葉は餌食の周囲に気密性のシールをつくりながら徐々に締めつけていく．その後，葉は，5〜12日にわたって植物の餌食となった昆虫を消化する酵素を分泌する．捕虫葉の内表皮は変わった構造をしていて，死んだ昆虫から放出された栄養素，特にアミノ酸（窒素が豊富）やヌクレオチド（リンが豊富）を吸収することができる．昆虫が完全に消化され，有用な栄養素が吸収されると，捕虫葉は，つぎの昆虫を待つために開く．一つの捕虫葉は，3〜5回昆虫を消化すると，昆虫を捕らえる機能を失い，通常黒く縮れてくる．植物は，新しい捕虫葉を形成して，死んだ捕虫葉と置き換える．

他の植物にも，ハエジゴクのように，動物を捕まえて消化するのを助ける可動部分をもつものがある．たとえばモウセンゴケの葉には，昆虫をひきつける，ねばねばした棍棒状の毛をもつものがある（図35・16b）．昆虫がこれらの毛に貼り付くと，葉は内部へ曲がり，その結果その不幸な獲物に葉が巻き付き，昆虫はゆっくりと殺されて消化される．水生顕花植物に属する，タヌキモの仲間，*Utricularia* は，さらに活発である．それらは，文字どおりに捕虫嚢へと獲物を吸い込むことができる（図35・16c）．この捕虫嚢は，外側に感覚毛の付いたばね付きの蓋をもち，ボウフラのような小さな動物がこの感覚毛に触れると，蓋がさっと開く．30分の1秒で水が捕虫嚢へと引き込まれ，同時に虫も一緒に引きずりこまれる．その後，ドアは閉じ，植物は動物を消化していく．

その他の植物は，可動部はもたないが，獲物を罠に誘うことができる．袋状の葉（ピッチャー）をもつ植物は，ピッチャー形の罠（図35・16d）へ昆虫を誘惑するために蜜を使用する．ピッチャーの内表面は下方へ向かう毛をもっていて，それにより中へ

(a) ハエジゴク（*Dionaea*）の顎に捕まったハエの影

(b) モウセンゴケ（*Dorosera*）の葉に生えている長い粘着性の毛は，接触感受性で，昆虫に巻き付くと，分泌された消化酵素で虫を消化していく

(c) タヌキモ（*Utricularia neglecta*）は，水中で捕虫嚢の中に，動物を引きずり込む

(d) ウツボカズラ（*Nepenthes rafflesiana*）のような熱帯性のピッチャー葉植物の葉の中で，ネズミの完全骨格が見いだされたことがある

図35・16 死の待ちぶせ 多くの食虫植物（a〜c）は昆虫のような小さな動物を餌としているが，熱帯のピッチャー葉植物（d）は，カエル，トカゲ，鳥，ネズミといった脊椎動物も消化することが知られている．

生活の中の生物学

メープルシロップと春の祭典

市販されているメープルシロップは，主としてサトウカエデ（*Acer saccharum*）と，ブラックカエデ（*Acer nigrum*）からつくられる．春先に，甘い液（メープル樹液）は，樹幹の切断面やそこに開けられた穴から外に滴り落ちる．シロップを生産するために，樹液が煮詰められる．メープル樹液は約 2.5% の糖を含み，通常，約 4 L のメープルシロップをつくるのに，約 160 L の樹液を必要とする．法律上，メープルシロップとして売られるものは，66.6% 以上の砂糖を含んでいなければならない．メープル樹液を取出するための孔は，師部ではなく，樹幹の木部に穿たれる．師部を通って流れる甘い液を直接利用するのはかなり難しい．なぜなら師管は壁が薄く，孔が開くとすぐに師管が詰まる脆弱な細胞からできているからである．さらに，樹幹では木部より師部の方がずっと少ない．

メープル樹液は早春のたった数週間だけ木の中を流れる．このとき木にはまだ葉がなく，地表には雪もあるかもしれない．樹液の流れは，樹幹の圧力で生じる．春がきて，少しずつ暖かくなると，樹幹や根の柔細胞に蓄積されていたデンプンが糖に分解される．このときの糖の多くはスクロースである（スクロースとは，サトウキビに含まれているものと同じ炭水化物のこと）．大量の糖が柔細胞周囲に放出され，その多くが仮道管と道管に入り込む．これらの中空の管が樹幹の多くを構築することによる．糖の放出は樹幹で太陽に暖められた側で最も大きい．そのため，樹液を集める人たちは南側に孔をつくるのである．

高濃度の糖は，その周囲，そして究極的には根から水を引き出すことができる．水は，浸透圧によって糖に引っ張られる．水を取られた根は，雪の溶け始めた土から水を吸収する．師管に糖が積み込まれると，師管内に水が入ってくるのと同じ理由である．師管に水が入ると，師管内部の圧力が増加する．カエデでは，幹圧として知られている強い圧力が木部要素において増加する．幹圧は，メープル樹液を，樹幹において上へと押していき，芽が付いている枝の先端へと送り込んでいく．植物の成長点（次章では，多くは芽について書かれている）は，冬の間は休眠しているが，昼間，だんだん暖かくなると，細胞内で代謝が復活し始める．この代謝の"目覚め"とその後の成長は，幹圧によって送り込まれてきた糖に支えられている．芽が糖を消費し始めるとすぐに，道管中の炭水化物の濃度は急激に減少し，幹圧がそれが現われたときと同じくらい速く消失する．芽が最初の急激な成長を始めるとともに，樹幹から糖を手に入れる季節は終りに近づく．

サトウカエデからしたたり落ちる樹液

進むことは簡単だが，外に登り出るのが困難になる．また，多くのピッチャー葉植物（嚢状葉植物）では，ピッチャー内表面の半分ほどの所が薄いフレーク状のワックスで覆われている．このワックスの部分に足を踏み出したどんな昆虫も，その足にワックスがまとわりつき，それ以上壁をつかむことが難しくなり，致命的な消化液の大樽へと落ちて行くことになる．ピッチャー葉植物は，ふつうは昆虫のような小さな動物を消化しているが，植物に捕らえられ消化された最も大きな動物の記録もある：ある種の植物は，ときどきは脊椎動物でさえ捕まえて消化することが知られていて，カエル，トカゲ，鳥はもとより，私たちと同じ哺乳類を罠にかけて，消化しさえする．

図 35・16 に示されている食虫植物が，すべて緑であることに注目してほしい．食虫植物は，獲物である動物からの炭水化物や脂質の供給は必要としていない．食虫植物は，光合成によってこれらの高分子を容易に産生することができる．獲物を手に入れたばかりの植物から，捕虫器中の酵素を分析すると，捕虫器には，主としてタンパク質分解酵素や，核酸分解酵素が分泌されている．タンパク質分解酵素は豊富な窒素源であるアミノ酸を遊離させ，核酸分解酵素は，DNA と RNA 骨格からリン酸を遊離させている

と考えられる．食虫という性質は，これらの必須栄養素が不足している生息地において，この必須栄養素を得るために植物が獲得してきたものと考えられる．

35・6　植物はどのように栄養や水を運ぶのか

人間の循環系は，そこに生じる圧力の点から印象的だが，樹木ができることと比較したらお話しにならない．樹木は，重力に対抗して，根から葉まで，水やその中に溶け込んでいる栄養素を持ち上げることができ，その高さはしばしば地上から 20 m 以上にもなる．そのためには，高さ 20 m の木は，水銀柱にして 4500 mmHg もの圧力をつくり出さなければならない．それは，運動中に人間の心臓によってつくり出される 175 mmHg の圧力の 25 倍以上にもなる．今，世界で最も高い生きている樹木は，カリフォルニアで生育する高さ 116 m のセコイア（*Sequoia sempervirens*）と考えられている．その最上部の葉に水と栄養を供給するために，この木は，人間の心臓を破裂させるのに十分な，驚くべき大きさである 25,500 mmHg の圧力をつくり出さなければならない．

植物は，根から葉まで水を輸送するのに，心臓のような筋肉でできたポンプをもっているわけではない．実際，もしそのようなポンプが樹木に必要な圧力をつくり出すとしたら，非現実的に大きくなければならないだろう．また，植物は，葉で合成した糖を，その身体の他の部位に輸送するのにもポンプなどは使用していない．植物は，栄養や水を運ぶためにポンプを使う代わりに，もっとずっと賢い方法を使用している．そこでは，比較的小さな代謝エネルギーを用い，あるいは代謝エネルギーをまったく利用することなく，大きな圧力をつくり出している．

■ **役立つ知識** ■　カリフォルニア州シエラネバダ山脈に生育するジャイアントセコイアも巨木であり，87 m に達する．最も高いセコイアよりは小さいかもしれないが，真に巨木であり，周囲の長さや質量は，すべての樹木の中で最大である．この木は，セコイアと同じセコイア属（*Sequoia*）に分類されていたこともあるが，現在は，*Sequoiadendron giganteum* という学名が与えられている．

師管輸送は水圧によって駆動される

　植物は，食物すなわち光合成によって生産された糖を，師部の師管を用いて輸送する（図35・17）．糖を周囲の空間から師管の中に運び込むのに，能動輸送が必要とされている．師管中の糖の濃度は，周囲の葉組織よりもはるかに高いので，能動輸送は必須である．実際，師管の内容物の10～30%は糖といってもよい．糖が師管要素に運び込まれるとともに，糖濃度が上昇する．その結果，周囲の葉組織から水分子が拡散し，浸透によって糖濃度の高い師管へと入って来る（浸透については，§7・2参照）．師管には水が充満し，糖が師管に能動的に運び込まれる所で高い圧力が発生する．糖が師管に運び込まれる所は，庭のホースが蛇口につながれたようなものである．水が蛇口から入って来ると，圧力はホースのその部分で最も高くなる．

　葉から遠い距離にある非光合成組織では，細胞は，近くの師部組織から糖分を取込む．いったん糖が師管から取出されると，糖分が少なくなった師管から，盛んに呼吸をしている細胞へと水は拡散していく．師管からの浸透的水流出は，師管におけるその部分を低圧にする．糖と水が失われている師管のこの場所は，庭のホースの反対側の端で，水がスプリンクラーによって，外に吹き出す所に似ている．

　師管において，糖が豊富な場所と糖が少ない場所の圧力の差は，700 mmHgにもなり，運動中の人間の心臓がつくり出す圧力よりもずっと高い．この師管における圧力差が，葉（圧力が高い場）から，糖を利用してエネルギーを得る芽のような（圧力が低い場），すべての植物組織へと植物の栄養分を送り出している．水が庭のホースの中を移動するのもほとんど同じ理由による．蛇口からホースへと水が入る所では圧力が高く，それがスプリンクラーのホースを出る所では水圧は低い．水圧の差は，蛇口からスプリンクラー端へ水を押すのであって，反対方向には動かない．同じ方法で，糖が運び込まれる場と糖が取出される場の間の圧力差は，師管による糖の長距離輸送を駆動している．

道管輸送は蒸散によって駆動される

　道管中の水および無機栄養を運ぶ過程もまた優れたものである．そこでは巨大な圧力がつくられているが，植物はエネルギーをまったく必要としていない．水が葉の表面から蒸発するという物理的力によって駆動されるので，代謝エネルギーは必要とされていない．言い換えれば，太陽エネルギーによって駆動されているのである．

　植物の地上部表面からの水の蒸発は，**蒸散**として知られている．ほとんどの植物の地上部は，水をほとんど通さないワックスの層（クチクラ）で覆われているので，蒸散は開いた気孔を通じて生

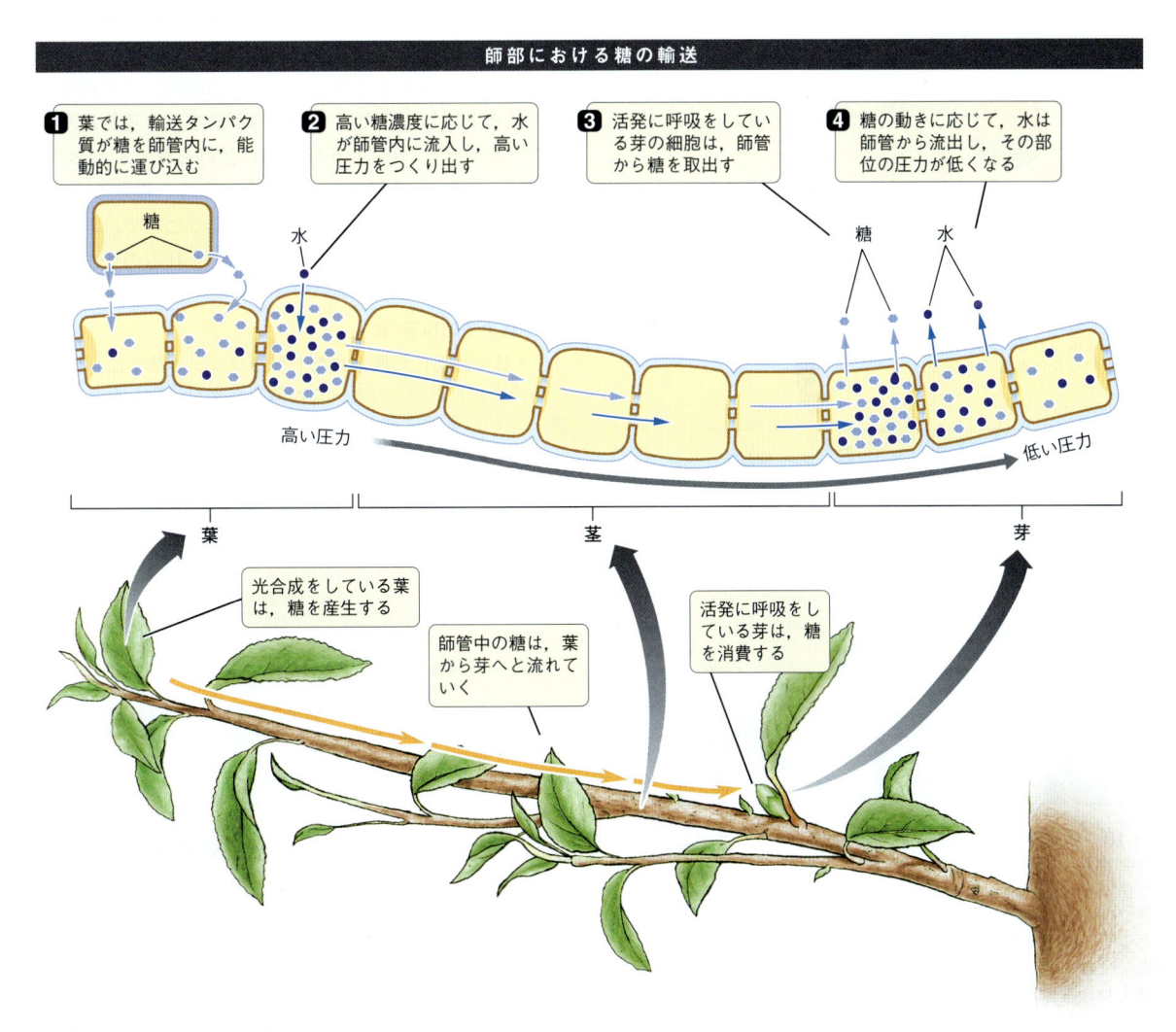

図35・17 糖は師管で輸送される 糖は，それがつくられた場（ここでは葉）から，糖を消費する組織，たとえば芽に輸送される．師管液の輸送は水圧差によって駆動される．糖が師管内に入る所（ここでは葉）で最も圧力が高く，糖が師管から取出される所（ここでは芽）で最も圧力が低い．

じる．気孔が，昼間に開いている場合，蒸散速度は最も高い．乾燥したり，風の強い日は，蒸散速度がさらに増加する．

葉表面からの蒸散は，道管中の水柱を引っ張る**張力**とよばれる，上昇力をつくり出す．木部張力は，蒸散の生じる葉における無数の空気-水境界で生じた表面張力の結果である（図35・18）．十分に水分のある植物では，水分子は葉の細胞の親水性の細胞壁に結合している．**付着**（他の物質にはりつく物質の性質）として知られている特性をもつからである．葉組織には多くの間隙があるので，細胞壁に付着している水の膜は，直接，空気に接することになる．**表面張力**はすべての空気-水境界に存在する引力である．水分子が細胞表面から葉の間隙，そして外界へと蒸発するとき，細胞壁中の顕微鏡でしかわからないような小さな割れ目に，残った水の膜が引っぱられる．曲線をつくる空気-水境界が多ければ多いほど，より強い表面張力がつくり出される．葉の細胞に貼り付いている水は木部の水と連続しているので，葉の空気-水境界で生成された表面張力は，道管中の水柱に伝えられる．この引力（すなわち張力）の強さは，圧力と同じ単位で現すことができる．何百万という曲がった空気-水境界で生み出された張力は大変大きく，ある種では，-67,000 mmHg にも達する（この力は押す力ではなく，引っ張り込む力なので，圧力は負の値をとり，マイナスの記号がつく）．

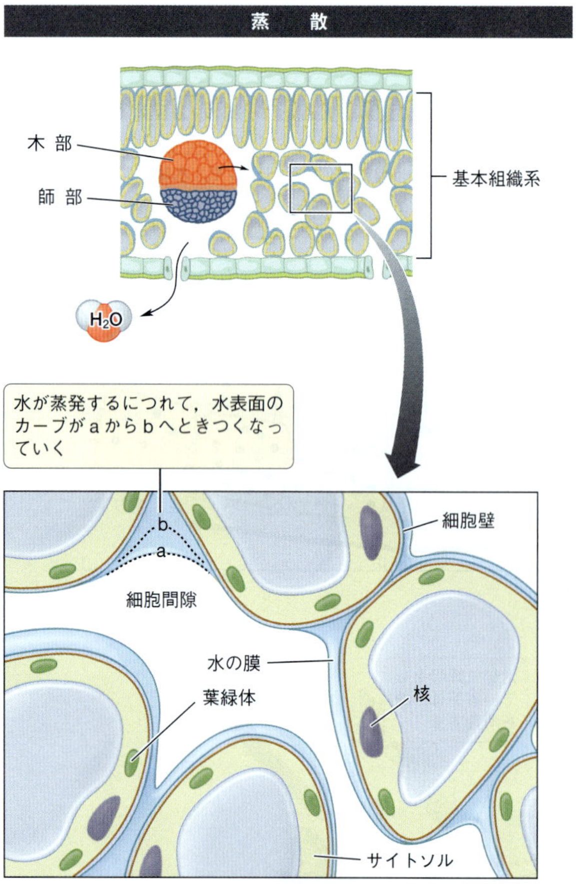

葉でつくられた張力は，根から，重力に対抗して，道管の中の水柱を引っ張り上げることができる．この道管の中の水柱は，非常に強い張力に耐えられるだけ十分に強い，セコイアでは，張力は-25,500 mmHg にも達する．水素結合（§5・3参照）のために互いにしっかりとくっつき合うという水分子の**凝集**の性質が，この水柱の強さの原因である．水柱で水分子が非常にしっかりと結合し合うので，非常に大きな張力にも耐えることができ，それは等しい直径をもつ鋼鉄ケーブルよりも強いと考えられる．

水が葉から蒸発すると，水の連続的な"ケーブル"が根から上昇し，そこに溶けている栄養素を運ぶとともに，蒸散で失われた水分を供給する．木部仮道管および道管中の水の上昇のこのモデルは，張力-凝集力説とよばれている．この理論の重要な点は，(1) シュート表面からの蒸散が，水の上昇力，すなわち張力を生み出すということ，そして，(2) 水分子の結合は根までずっとその力を伝達できるということであり，その結果，連続した水柱が，根から蒸散が生じる葉の空隙まで登ってくるのである．

気泡のような，連続した水柱を途切れさせるものは，このケーブルを切断し，水の上昇を阻害する．樹木のような背の高い植物は，何十億，何兆という水柱をもっており，どこかの水中が切れても，多数のバックアップ輸送路が利用可能になっている．干ばつや凍結は気泡の形成を促進し，水柱を切断する．もし多数の水柱が切れてしまうと，木部の輸送は不可能になる．

もし，花の茎をはさみで切れば，切離端での仮道管や道管は気泡で詰まってしまうだろう．気泡が詰まった道管は水を吸い上げることができないので，花は花瓶に活けられてもしおれてしまう．そういったとき，花屋は水の中の茎をもう一度切るとよいと言う．仮道管や道管の詰まったところを取除くことで，新しく露出した木部が空気の代わりに水を吸い上げてくれるのである．

■ これまでの復習 ■

1. 4日間暗条件に置かれたトウモロコシの葉では，カリウム濃度の減少が見いだされた．この観察結果を説明しなさい．
2. つぎの文章は真か偽か．またその理由も述べよ：気孔が開いている場合，それらが閉まっている場合より，道管中の水はより早く移動する．

図35・18 蒸散は道管を通って水が上昇する力をつくり出す
葉の中では，細胞の表面は水に覆われているが，空隙もたくさん存在する．いわゆる表面張力としての引力は，この空気-水境界で生じる．張力は，空気-水境界において水の表面にカーブをつくり出す．気孔からの水の蒸発による蒸散が起こると，細胞壁中の微小な割れ目に水が引きずり込まれる．水が失われれば失われるほど，空気-水境界面のカーブがきつくなり，表面張力は大きくなる．無数の空気-水境界面の表面張力が道管中の水柱に張力として伝わる．この方法で，植物にとってはエネルギーを使うことなく，強大な圧力がつくり出される．水分子の凝集力は，木部道管中の水柱の連続性を保証している．

1. カリウムなどの無機栄養素の取込みは，能動的過程である．これらのイオンが濃度を下げて細胞内に入るとエネルギーを必要とする．植物にとって唯一のエネルギー供給源である光合成が止まって，無機栄養素の取込みも抑制される．
2. 真：水が蒸散によって失われると水の蒸発による気孔が開いていることを蒸発する水の量は気孔が閉まっているときよりも多い．

学習したことを応用する

植物はどうやって極端な低温下でも生きていくことができるのか

多くの植物において，冬の危険は氷である．温帯の植物は，水が凍結する氷点（0℃）やそれ以下の温度には耐えられない．そのような植物では，0℃かそれ以下の温度が数分続くと，細胞の内部に氷が形成される．シェフの包丁が炒め物用の野菜を切るよ

うに，氷晶は細胞の構造を破断する．0℃以下の温度にも対処しなければならない寒冷地の植物は，自動車の不凍剤のように，氷の生成を阻害する化合物を細胞に蓄積することができる．糖とアミノ酸の混合物は，細胞含有物が凍る温度を低下させることができる．カシ，カエデ，モミなどの木々は，皆この方法で，たとえ外気温が−40℃となっても，水が細胞内では凍らないようにしている．

しかし，いったん温度が−40℃以下になると，どうしても氷ができてしまい，もはやどれだけ不凍液をもっていてもどうにもならない．それでは，−50℃や−100℃のような極端な低温で，植物はどうやって生存できるのだろうか．その場合は，細胞を破壊してしまうような氷が細胞内部にできるのを防いでいるのである．寒帯で生育する植物でも，いったん温度が−40℃以下になれば氷晶の形成が始まる．しかし，氷晶形成は，不凍液としてはたらく物質がほとんどない細胞外で始まる．細胞外空間にできた氷は，細胞から水を蒸発させることができる（これは，零下の日でも洗濯物が乾くことと同じである）．水が細胞から出て，細胞壁の外部で凍ると，細胞の内部はどんどん脱水されて，フリーズドライのようになる．極端な寒さを耐えられる植物は，細胞質が乾燥することに耐えているのである．実際，寒さにとても強い樹木は，干ばつにも強いことが知られている．

章のまとめ

要　約

■ 顕花植物には二つの主要な分類群がある．双子葉植物と単子葉植物である．双子葉植物は，通常，葉に網状葉脈，主根をもち，茎では維管束系が環状に配置されている．花は，4ないし5の構成要素からなり，種子には2枚の子葉をもつ胚がある．単子葉植物は，典型的には平行葉脈とひげ根をもち，茎の維管束は散在している．花の構成要素は3の倍数で，子葉は1枚である．

35・1　植物形態の概観

■ 植物の体は二つの基礎的な器官系からなる，一つは地下の根系で，もう一つは地上のシュートである．
■ 植物の体は三つの基本的組織系からなる，表皮系，基本組織系，維管束系である．
■ 根，茎，葉は，植物の基本的器官である．花と果実も，植物における器官の例である．
■ 植物は，動物とは異なる体づくりをしている：地上部では，植物は，同じ基本単位，芽-茎-葉という単位が何度も繰返されて大きくなっていく．多くの動物とは異なり，植物の成長は，生ある限り続く．

35・2　植物の器官

■ 根は，水と無機栄養素の吸収，植物体の物理的な支持，そして，栄養分の貯蔵を行う．根毛は，水と無機栄養素を土から吸収するために表面積を大幅に増加させる．
■ 茎は，重力に対して垂直に成長することができるように，植物体を支えている．多くの種では，限られてはいるが，光合成をする基本組織系細胞をもつ．茎は，防御，上昇，栄養蓄積といった特殊な能力を示すために分化することがある．
■ 葉が植物を養っている：葉の基本組織系細胞が光合成を営み，植物の栄養分の大半を合成する．葉もまた，防御，上昇，栄養蓄積，無機栄養塩の吸収といった特殊な能力を示すために分化することがある．
■ 葉の表皮系における孔辺細胞は，気孔の開閉を調節することによってガス交換を制御している．気孔が開いているときは，CO_2が大気から吸収され，O_2と水が失われていく．

35・3　植物の組織系

■ 表皮系は環境と相互作用して，植物体内への物質の出入りを調節し，植物を攻撃から守っている．表皮細胞には，表皮の毛，根毛，孔辺細胞などが含まれる．
■ 基本組織系は，植物体の大半を占め，体の支持，傷修復，光合成といった最も基本的な役割を担っている．
■ 師部と木部は，維管束系における二つの主要な組織である．それぞれ，植物体全体に糖や水を運ぶ．
■ 師部の通道組織（師管とよばれる）は生きた細胞からなり，栄養分を移動させるために，他の細胞とも孔でつながっている．
■ 木部の通道組織は二つの種類からなっている．長くて細い仮道管と，短くて太い道管である．両者とも中空で，死んだ細胞が端と端でつながることで機能している．

35・4　植物はどのように栄養素を得るのか

■ 植物は，成長のためにCO_2，水，無機栄養素を必要とする．植物の乾燥重量の大半は，CO_2から産生された有機物による．
■ 植物は九つの多量必須栄養素（特に，N, P, Kである）と八つの微量必須栄養素を必要としている．
■ 植物の根は，土壌から水や無機栄養素を取込むのに，二つのルートを使用する．一つは，細胞内部を通るルートで，隣り合う細胞の細胞質と細胞質がつながっていて，原形質連絡が重要なはたらきをしている．もう一つは細胞壁ルートで，無機栄養素は細胞壁を通って行く．
■ 根細胞のサイトソルに含まれる無機栄養素の濃度は，土壌中よりはるかに高いので，植物は必須栄養素を吸収するのにエネルギーを必要とする（能動輸送系を利用する）．
■ 多くの植物は，菌根とよばれる構造をもち，そこでは植物の根と菌類の菌糸が一つの構造をつくっている．菌根は，植物が土壌から栄養素を吸収する能力を飛躍的に高める．
■ ある種の植物は（その多くはマメ科植物である），窒素ガス（N_2）を，利用可能な分子形態であるアンモニウムイオン（NH_4^+）に変換する特別な能力をもつ窒素固定細菌と，相利共生の関係にある．

35・5　動物を食べる植物

■ 貧栄養環境に生育するある種の植物は，動物を捕まえて，消化・吸収することで必須栄養素を手に入れている．
■ アミノ酸（窒素が豊富）やヌクレオチド（リンが豊富）が，食虫植物が餌である動物から手に入れる主要な物質である．

35・6　植物はどのように栄養や水を運ぶのか

■ 高い木は，栄養分や水を運ぶのに，動物よりもはるかに高い圧力を必要とする．
■ 植物は，栄養分を輸送するのに師管内の水圧を利用する．葉の細胞は，師部に糖を能動的に輸送し，師管内の水の化学ポテンシャルを下げる．水は糖濃度の高い師管に流れ込むため圧力が上がって，糖が利用される植物の他の部位（そこでは圧力が低い）に，葉から栄養分を押し出すことができる．
■ 水と無機栄養素の輸送は木部道管で行われ，それには蒸散（葉表面からの水の蒸発）によってつくり出された張力と，水分子がもつ二つの性質（付着性と凝集力）が重要である．表面張力

は，陰圧であり，すべての空気-水境界面に生じる．水が蒸散で失われると，水のフィルムの曲率が上がって，張力が増す（より負圧になる）．水分子の凝集力は木部通道組織における水柱の連続性を保証している．

重要な用語

双子葉植物（p.601）　　　繊　維（p.607）
主　根（p.601）　　　　　師　部（p.607）
子　葉（p.601）　　　　　木　部（p.607）
単子葉植物（p.602）　　　師　管（p.608）
ひげ根（p.602）　　　　　原形質連絡（p.608）
根　系（p.602）　　　　　仮道管（p.608）
シュート（p.602）　　　　道　管（p.608）
表皮系（p.602）　　　　　多量栄養素（p.609）
維管束系（p.602）　　　　微量栄養素（p.609）
基本組織系（p.602）　　　内　皮（p.610）
根　冠（p.603）　　　　　能動輸送（p.610）
気　孔（p.604）　　　　　菌　根（p.610）
クチクラ（p.606）　　　　窒素固定（p.611）
表皮の毛（p.606）　　　　蒸　散（p.613）
根　毛（p.606）　　　　　張　力（p.614）
孔辺細胞（p.606）　　　　付着性（p.614）
柔組織（p.606）　　　　　表面張力（p.614）
厚角組織（p.607）　　　　凝　集（p.614）
厚壁組織（p.607）

復習問題

1. 葉と茎の表面を被うワックスでできた構造は，どのようによばれるか．
   (a) 表皮系
   (b) クチクラ
   (c) 内　皮
   (d) カスパリー線
2. 水と無機栄養素は，植物体の中をおもにどの組織で運ばれるか．
   (a) 師　部
   (b) 基本組織系
   (c) 表皮系
   (d) 木　部
3. 植物が根において，無機栄養素を吸収する最も一般的ルートは，
   (a) 師部に直接輸送する．
   (b) 木部に直接輸送する．
   (c) 根毛から吸収する．
   (d) 土壌からの受動的拡散による．
4. 主根系と比較して，ひげ根は通常，
   (a) 土壌を強く固定する．
   (b) 土壌深く伸張する．
   (c) 基本組織系を欠く．
   (d) 水のみを吸収し，無機栄養素は吸収しない．
5. 植物体において，隣の細胞との間に開いている小さな孔はどのようによばれるか．
   (a) 表皮の毛
   (b) 孔辺細胞
   (c) 原形質連絡
   (d) 木　部
6. 木部において，道管内の水柱の連続性を支える水分子の性質は何か．
   (a) 脱　水
   (b) 凝集力
   (c) 表面張力
   (d) エンボリズム（道管の空気塞栓）
7. 現在生育している植物の主要グループは何か．
   (a) 非維管束植物
   (b) 裸子植物
   (c) 球果植物（スギ，ヒノキ，マツ類）
   (d) 被子植物
8. 植物の表皮細胞において，防御や栄養吸収にはたらく外部突起は何とよばれるか
   (a) 細胞壁
   (b) 表皮の毛
   (c) 孔辺細胞
   (d) 表皮メリステモイド（分裂組織状細胞：各組織の起源となる細胞）

分析と応用

1. 単子葉植物と双子葉植物を比較せよ．それぞれのグループに属する植物の名前を三つあげよ．
2. 多くの顕花植物を構成する三つの器官と三つの組織系の名称をあげよ．それぞれの組織系のうち，少なくとも二つの組織系の機能を説明せよ．また，それぞれの器官における重要な機能を列挙せよ．
3. 無機栄養素が根によって吸収される場合の，二つのルートについて説明せよ．
4. オーブンを用いて植物を乾燥させ，水を取り除いたとき，植物の乾燥重量はどんな物質からできているかを説明せよ．根によって吸収された無機栄養素は，そのうちのどのくらいの重さになるか説明せよ．
5. 食虫植物が最もふつうに見いだされる場所は，どのような所か．食虫植物は餌となった動物からどんな栄養を手に入れているのか説明せよ．
6. 背の高い樹木は，根から一番上の葉まで水を運ぶ力を，どうやってつくり出すのか．葉でつくられた栄養を，植物体の他の部分に運ぶ力は，どうやってつくり出されるのかを説明せよ．

ニュースで見る生物学

The Claim: Exposure to Plants and Parks Can Boost Immunity

BY ANAHAD O'CONNOR

主張：植物に接したり，公園に行くことで，免疫能が上がる

事　実

　一年のこの季節（春や夏）に，アレルギーとエアコンは，人々を屋内に閉じ込める．

　しかし，暑さや花粉に対処することができた人々が，自然の中でより多くの時間を過ごせば，いくつかの驚くべき健康上の利益があるかもしれない．科学者たちは，一連の研究において，人々が日々の生活を，より多くの自然環境，たとえば森や公園，あるいは多くの木が育つ場所での数時間と交換できれば，免疫能の増強がもたらされるという．

　ストレス解消は一つの要因ではあろう．しかし，科学者たちは，そのこともフィトンチッドのお陰だという．フィトンチッドは，腐敗や食害昆虫から自身を守るために，植物が大気中に放出する化学物質で，それは人間にも役立つようにみえる．

　1月に公表されたある研究は，日本における 280 人の健康な人々のデータを紹介していた．日本では治療のために自然公園を訪れることを"森林浴"とよび，流行になっている．1日目に，何人かは森や林を数時間歩くように指示され，残りの人々は都市の中を歩くことを指示された．2日目には，場所を交換して同じことをした．科学者たちは，植物の中にいると，とりわけ"コルチゾール（ストレスに反応するとされるホルモン）の濃度が下がり，脈拍数が低下し，血圧も下がる"ことを見いだした．

　多くの他の研究が，公園や森に行くと，白血球数が上がることを示してきた．2007 年に発表されたある研究では，森林で，2日以上2時間の散歩をした人は，ナチュラルキラー細胞とよばれる免疫細胞のレベルが，一過的に 50% も上昇していた．また，別の研究は，森の空気に含まれるフィトンチッドにさらされた女性たちでは，白血球の増加が1週間も続くことを見いだした．

結　論

　こういった研究によれば，植物や木々に触れることは，健康に役立つようにみえる．

　すべての動物は，食物を植物に依存して生きている．私たち人間は，あらゆる種類の植物を食べている．たとえば，イネ科の草本が産生する穀類や，レタスの葉，ニンジンやジャガイモの根，そして，ブロッコリーのような花芽も食べる．また，動物を食べる場合でも，その私たちが食べている動物は，通常すべてのエネルギーと栄養を植物から手に入れている．逆に，植物は，とげや他の物理的な防御物により，食害に耐えることをする．しかし，植物が食植性の生物から自身を守る最も有効なものは化学物質である．

　植物は，細菌，菌類あるいは草食動物による攻撃から，自己を守るのに何千という化学物質を産生している．これらの物質は，二次代謝産物とよばれ，たとえば，動物を病気にするストリキニーネやニコチンのような危険な毒素；玉ねぎやニンニクのもつ刺激性の風味；松やモミによって分泌された樹脂；またペパーミントやセージ，レモンの精油などがある．植物は，さらに花粉媒介者をひきつけるために芳香や明るい色素などの二次代謝産物も利用している．

　フィトンチッドとして知られる二次代謝産物は，森で見いだされる芳香性の精油で，代替医療やアロマセラピーの施術者の興味をひいてきた．他の二次代謝産物と同様に，多くのフィトンチッドは，樹木を食べる細菌，菌類あるいは昆虫の活動を抑制している．この New York Times の記事は，木が大気中へと放出したフィトンチッドが人間の免疫機能を刺激するようにみえると報告している．

　記事に述べられていたことは，森林浴に出かける人々がストレスレベルを下げて，免疫機能を上げたという考えを支持するものである．しかし，これらの結果は，実際にフィトンチッドにさらされたことによるのだろうか．おそらく，免疫機能の増強は，森でのウォーキングや，森林浴によるリラックスが，毎日の気がかりなことから解放してくれたことによるのであろう．多分，ストレスの多い事務仕事の環境にいないだけで，免疫能は高くなるのだろう．ストレスの減少と免疫能の亢進は，複合的な要因に起因していると思われる．

　フィトンチッドがあることより，ふつうのストレスがないことが，高い免疫反応をひき起こす可能性がある．そのことを確認するために，ある研究者は，イトスギの根から集めた精油のにおいが漂うホテルの部屋に四日間滞在した 12 人の男性について調べた．彼らは森にいたわけではなかったが，免疫能は上昇していた．しかし，この研究には欠点もあった．実験の対照とされたのは，通常の勤務日の免疫能だった．ホテルの部屋が，仕事のあるふつうの日よりもリラックスできたということで，フィトンチッドは何の関係もなかったかもしれない．

このニュースを考える

1. "森林浴"で報告された二つの主要な効果は何か．
2. 空気中にある植物の産生した化合物が，実際に免疫能の亢進をひき起こせるかどうか確かめる二つの異なる実験を考えよ．ただ木を見ているだけならどうかとか，家を離れていたらどうかとか，あるいはリラックスすることで変化をもたらすかどうかである．（ヒント：木や他の植物のにおいをかがずに，自然の中を歩く方法を考えよ．また，生活に関しては何一つ変更せずに，生きている木のにおいをかぐことができる方法を考えよ）

出典：*New York Times*, 2010 年7月5日, http://www.nytimes.com

36 植物の成長と生殖

> **MAIN MESSAGE**
> 顕花植物は，柔軟な成長パターンをもち，さまざまな生殖の仕方，環境との相互作用の方法，自分自身の防御方法をもつことで，移動ができない点を補っている．

森は歩く

　文学においては，登場する悪漢が"歩く森"に恐れを感じることがある．野心と殺人と狂気に満ちたシェークスピアの戯曲『マクベス』の主人公のことを考えてみよう．マクベスは王を殺して王座を強奪した後，その力に取り憑かれ，"バーナムの森がお前に向かって来るまで，お前は負けることはない"という予言を信じていた．しかし，バーナムの森から木の枝を隠れ蓑にした軍隊が彼の城に向かって進んで来ると，マクベスの安心は恐怖へと変わるのだ．

　同様に，トルキーンの『ロード・オブ・ザ・リング』では，森の樹々（訳注：木の精霊エント）が歩いて魔法使いサルマンの要塞を囲み，その壁を引きはがすと，サルマンの悪魔の計画は絶望的となる．もちろん，森林は『マクベス』や『ロード・オブ・ザ・リング』のような意味では歩き回ったりしないし，言うまでもなく戦争をしたりしない．木が根をひっぱり出すことはできないし，ある場所から別の場所へ歩くことはできない．しかし，木の生物学をより深く眺めると，実際には多くの森林が"移動中"であることがわかる．

　たとえば，個々のポプラは遺伝的に同一の個体群を自身の周りに繁殖させ（それらをクローンとよぶ），最終的にそのクローンは元の木から分離する．木は，根茎（幹の基部から成長する地下茎）をつくり出してこれを行う．数メートル地下で成長した後に，根茎は上向きに成長し，地上に芽として出てくる．そしてもともとの木と遺伝的に同一の新しい木になる．最初の木は遺伝的なコピー（すなわちクローン）をつくることにより，無性生殖を行ったのだ．木も短い距離を進んだ，あるいは"歩いた"ということになる．

> **?** クローンはどれくらい遠くに移動できるのだろうか，そして，どれくらい長生きできるのだろうか？ 気候の変化によって森はさらに北方で生きねばならないが，その長い距離を，森はどうやって旅するのだろうか？ 私たちが，木や他の植物の移動の方法や寿命について考えるうえで，ポプラのクローンはどのように手助けしてくれるだろうか？

　木だけではなく他の多くの植物が，根茎を伸ばして，あるいは他の方法によって，周囲に移動している．これらの問題について学ぶ前に，植物の成長や発生，生殖における，多様かつ柔軟な方法を調べてみよう．

コロラド州サンファン山の紅葉　この写真のポプラの茂みはそれぞれ違った色をしている．ポプラの木は，遺伝的に同じ個体群またはクローン群として成長するが，それぞれ環境に異なった応答を示し，独自のペースで紅葉する．

基本となる概念

- 植物は未分化な細胞群からなる分裂組織によって一生の間成長し続け，必要に応じて新たな体の部分を加えていくことができる．植物は茎頂と根端にある頂端分裂組織が分裂するとその長さを増す．多くの植物は側方分裂組織が分裂するとその太さを増す．
- 植物の生活環は半数体と二倍体の交代によって特徴づけられる．
- 花は精細胞と卵細胞を合体させる場である．花の雄性部分は花粉をつくり，卵細胞が含まれる子房に精細胞を送る．
- 精細胞と卵細胞の受精によって接合子が生まれる．もう一つのタイプの受精によって同時に胚が発達するための栄養分を蓄える胚乳が生まれる．
- 接合子は多くの体細胞分裂を行い，周囲の組織とともに胚をつくり出し，やがて成熟して種子となる．好ましい条件になると，種子は発芽し，胚は実生として成長する．
- 植物ホルモンは，植物がどのように成長し，発生し，環境応答を行うかをコントロールする．
- 植物は物理的・化学的な武器を使って草食動物や病気から自分自身の身を守る．これらの武器には自身の堅い外表面や非特異的な防御に働く化学物質が含まれる．

植物にはおよそ30万種があり，それらは生活史によって三つのグループに分けられる．一年生植物，二年生植物，そして多年生植物である．**一年生植物**は，一年のうちにその生活を終える植物である．被子植物（顕花植物）において，一年生植物は1年間で種子から成熟した植物体になり，花を咲かせて次世代の種子をつくる．**二年生植物**は，その生活史を終えるのに2年間かかる．二年生植物の一年目は，栄養成長をしながら成熟するが，生殖は二年目の成長時に起こる．最後に，多くの被子植物は**多年生植物**であり，これらは3年，あるいはそれ以上，ときには数百年，数千年もの間生き続ける．

この章では顕花植物がどのように成長し生殖するのかを理解できるように，これらの三つの用語を使う．最初は植物が成長するユニークな方法について見ていく．それから，植物がどのように生殖するのか，どうやって新たな個体が生まれて発生していくのか，そして，植物ホルモンは植物の生活にどんな役割は果たすのか，を考察する．最後に，植物が外界の攻撃から身を守るために用いる強力な機構について議論する．

36・1 植物はどのように成長するのか：無限成長

植物がどのように成長するのかを認識するには，まず自分の身体のことを考えてみよう．他の人と同じように，あなたは受精卵から決まった発生プランに従って急速に成長した（一つの頭，2本の腕，2本の脚など）．一度大人になると，成長が止まる．あなたは太るかもしれないが，背は伸びないだろうし，新しい腕や頭や他の身体の主要部分が増えたりはしないだろう．

植物はこれとは完全に異なる．なぜなら植物は厳密な発生プランに従っては成長しないからだ．植物の体制は**無限成長**を示す．つまり必要とされる新しい体の部分を追加することによって生涯成長し続ける．植物の体制はモジュールからなっており，同じ基本的な単位を繰返し付け加えていくことによって形成される．地上部において，植物は図36・1に示す"芽-茎-葉"の単位を繰返し加えることで，より大きくなる．地下部では，枝分かれする側根をもった根の軸を繰返し形成することで大きくなる．

無限成長の方法によって，植物は太陽光・水分・栄養などが多い，あるいは少ない，といった変動する環境条件に合わせることができる．もし条件が好ましければ，植物は新しい部分を増やしてある形になる．条件が悪ければ，新しい部分はほとんど増やさず別の形になる．たとえば，草本植物（木本植物でない）のチコリは，良い条件では1mもの高さに成長して多くの花をつける．しかし，チコリの先端を（牛や芝刈りなどで）繰返し切ると，植物は最終的に通常の背丈に成長しようとするのを"あきらめる"．最大でも10cm程度の高さにしかならず，矮化してほとんど花をつけない．しかし背丈は低くとも，生き延びて生殖をする．同様に，2本の木がすぐそばで成長するときには，それぞれの木は

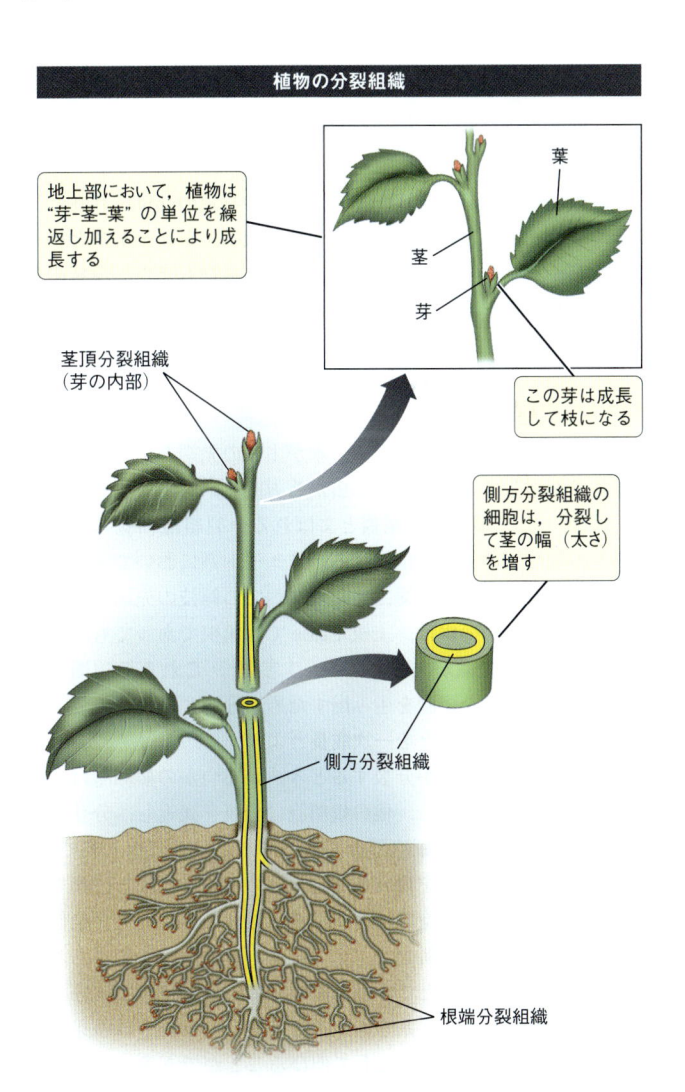

図36・1 植物の成長様式　植物はサイズを増やし，必要に応じて新しい部分を加えながら一生の間成長し続ける．これは，植物が二つのタイプの未分化な（永続的に若い）分裂組織をもっているからである．これらは頂端分裂組織（赤色で示す）と側方分裂組織（黄色で示す）である．頂端分裂組織により植物は地上部と地下部で長さを増すことができる．側方分裂組織は多くの植物で茎や根を太くする．

まるで1本の木の片側部分になるかのように成長する．そのため遠くから見ると1本の木のように見える．2本の木は本来その種が示す日光を集めるのに最も適した形態にはなれなかったのかもしれないが，植物は発生プランの可塑性のおかげで好ましくない状況に対して対処することができる．また発生の可塑性によって植物は傷を受けた組織や器官を新しい組織や器官に取替えることができる．

植物は一生の間どうやって成長して新しい身体部分を加えていくのだろうか．その秘密は植物がいくつかのタイプの**分裂組織**とよばれる，永続的に若くて，分裂によって新しい細胞を生み出す未分化な細胞の集まりにある（図36・1）．ヒトを含めた脊椎動物は，幹細胞とよばれる同様の細胞をもっている．私たちには多くの種類の幹細胞がある．しかし，すべてのタイプの細胞になれる幹細胞は胚の中にしかなく成体にはない（第11章参照）．それに対して，分裂組織の細胞は，成熟した植物体においても活性がある．分裂組織の細胞は，幹細胞のように体細胞分裂によって自身をつくり出すことができるし，ある特定の細胞に分化する娘細胞を生み出すことができる．実際，植物の発生は非常に柔軟性があるので，成熟した植物体の生きている細胞のほとんどから新しい植物をまるごとつくり出すことが可能である．

36・2 植物はどのように成長するのか: 一次成長と二次成長

分裂組織の細胞群はシュート系と根系の特定の部位に存在している．シュートと根の先端にある分裂組織は，シュート系と根系の長さをそれぞれ増す．ほとんどの多年生植物もまた，環状の分裂組織細胞の帯をもっており，これが分裂して茎や根の太さが増す．

植物は一次成長によって長さを増す

木が成長するところを見たら，木が主茎の先端と側枝の先端だけで長さを増している（上方に広がる方向に）ことに気づくだろう（図36・2）．**頂端分裂組織**とよばれる分裂組織細胞の集まりは個々の茎や根の先端に位置する．シュート系において茎頂分裂組織はすべての主茎の先端，またはすべての側枝の先端に位置する．同様にすべての根は，主根であっても側根であっても，その先には根端分裂組織がある（図36・1参照）．これらの頂端分裂組織の細胞は新たな細胞を生み出すために分裂する．そして，長軸方向に長さが増すことを**一次成長**とよぶ．

頂端分裂組織の細胞が分裂するとき，いくつかの娘細胞は未分化な分裂組織のまま残る．他の娘細胞は分裂を繰返し，分化して新しい器官を構成する細胞群を生み出す．たとえば地上部では，ある細胞群は新しい芽を形成するし，別の細胞群は新しい葉を形成する．そして他の細胞群は主茎に追加されていく．生育条件が好ましい限り，植物は新たな"芽-茎-葉"の単位をすでにある体の上に追加していくことで，長さを増していく．植物は枝分かれしてより複雑なシュート系をもつこともある：それぞれの芽には茎頂分裂組織が含まれ，枝として伸びることができる．地下部では，同様の過程が根系に対して起こっており，根を長く伸ばし，側根による枝分かれをする．

多年生木本植物は二次成長によって太くなる

多くの植物は成長するにつれて，高さと同様に太さ（外周）を

図36・2 植物の成長: 伸びて太くなる この単純な実験では，木がより高く成長するにつれて，すべての部分が長くなるわけではない．もしそうならば釘は時間とともに上っていくだろう．植物は，その先端部分が成長すること，つまり一次成長によって背丈が長くなる．多くの植物は二次成長を示し，時間をかけて太さを増す．それは釘が部分的に木の中に埋まっていくことからもわかる．

増していく．太さの増加は，樹木のような多年生木本植物で最も顕著なので，樹木について議論していく．そして茎がより太くなる過程を記述するが，同様の過程によって根系が太くなることも覚えておくように．

樹木や他の木本植物は，二番目のタイプの分裂組織，**側方分裂組織**が分裂を始めると広がって成長する．**維管束形成層**とよばれる側方分裂組織によってほとんどの樹木や根が肥厚する．維管束形成層の細胞が分裂すると，娘細胞は三つの性質のうち一つの性質を選ぶことになる．すなわち，未分化な分裂細胞を維持する，新たな木部組織になる，新たな師部組織になる，のどれかである（図36・3）．維管束形成層の細胞が分裂して植物が肥厚するときには，**二次成長**が起こったという．維管束形成層によって生み出された木部と師部は，二次木部，二次師部とよばれ，一次成長（植物が肥厚せず長さだけを増やす場合）の際に生み出される一次木部・一次師部とは区別される．

樹木は，毎年成長するたびに形成層の内側に新たな二次木部の層を増やし，外側に新たな二次師部の層を増やす．ほとんどの樹木は二次師部（光合成産物を輸送する）よりも多くの二次木部（水分を輸送する）を生み出す．私たちが**材**とよんでいるものは，実際には多層の二次木部なのである．

冬の寒い地域で生育する木本植物には，生育する季節の初期から後期にかけて二次木部の様子に激しい変化がある．**早材（春材）**は，春と初夏にできる部分で，幅の広い直径をした道管を含むため，明るい色をしていて（それゆえ，中空の内部により大きな空

二次成長

(a) 一次成長

一次木部
側方分裂組織
一次師部
基本組織
表皮組織
成長

茎頂の近くでは，茎は一次成長によって伸長している

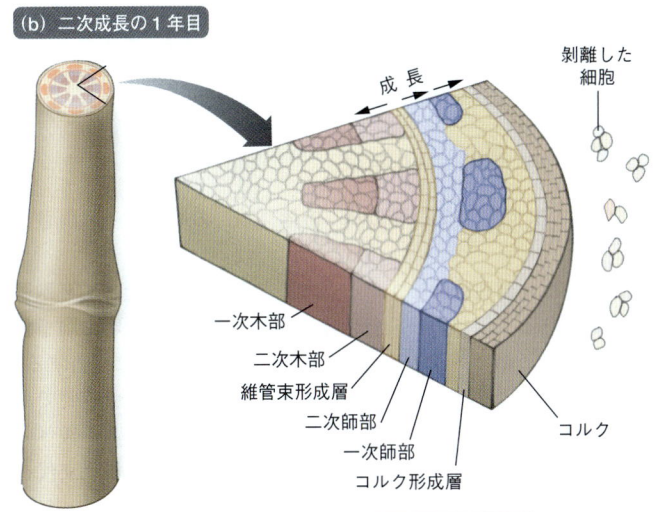

(b) 二次成長の1年目

剝離した細胞
成長
一次木部
二次木部
維管束形成層
二次師部
一次師部
コルク形成層
コルク

茎のさらに下部では，維管束形成層が二次木部を内側に，二次師部を外側につくり出す二次成長が始まった

(c) 二次成長の2年目

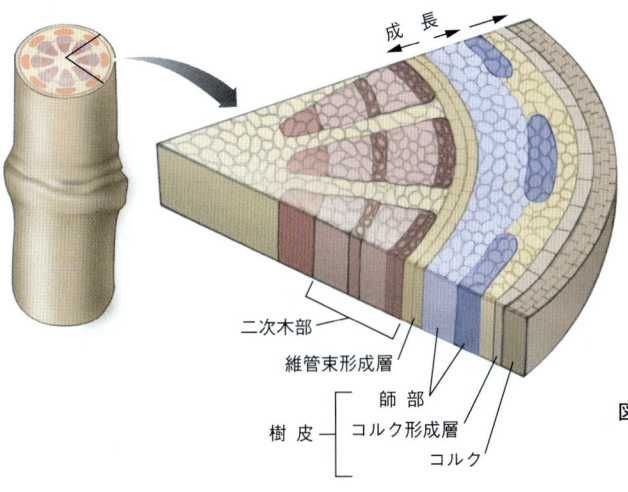

成長
二次木部
維管束形成層
師部
コルク形成層
コルク
樹皮

早材（ピンク色）と晩材（赤色）からなる年輪が二つできる

隙を含む），比較的薄い細胞壁をもつ．**晩材**は，真夏から初秋にかけてできる部分で，比較的厚い細胞壁をもつより狭い通道要素からなっており，そのためより暗い色をしている．晩材は，成長時期が終わった後の，盛んな栄養成長によって土壌の水分が枯渇して植物が水分ストレスにさらされる季節に向けた，"より安全な"二次木部となる．通道要素がより狭くなるため，気泡でつまりにくくなるのだ（§35・6を参照）．一つの早材と晩材の輪を合わせたものが一つの**年輪**であり，これが1回に成長する季節にできる材のすべてである．図36・4(a) において明るい色の二次木部の帯と，そのすぐ外側にできる濃い色の輪が合わさって一つの年輪ができあがる．

多くの樹木において，幹の中央にある古くなった二次木部は，詰まってタンニンなどの化学物質が沈着し，色が濃くなる．この木の中心で濃く染まった木部は**心材**とよばれる（図36・4a）．心材は非常に詰まっているので水の輸送ができないが，木を支持する役割をもつ．心材の中には植物の防御的な化学物質が沈着しているので，心材は腐りにくい傾向がある．水を輸送できるより新しい二次木部は，**辺材**とよばれる．

維管束形成層の外側の組織はすべてまとめて**樹皮**とよばれ，これは内樹皮と外樹皮という二つの領域からなる（図36・4a）．外樹皮には**コルク形成層**とよばれる側方分裂組織がある．コルク形成層が分裂すると，娘細胞のいくつかはコルクとよばれる組織に分化する．コルク細胞は水をはじく肥厚した細胞壁をもつ．これらの細胞はもともとの（一次の）表皮層と入れ替わって，ほとんどの草食動物に食べられるのを阻止し，ほとんどの病原体（菌類や細菌などの病気をひき起こす生物）から身を守る強靭なバリアとなる．二次組織が蓄積してくると，コルク層は木の幹の表面でよく目にする溝をつくり出す．

内樹皮には最も新しくできた機能的な二次師部を含む．もし木の主幹から機能している二次師部をすべて切り落とすほどの深さで樹皮を切ると，木は死んでしまう（図35・4b）．これを"環状剥皮（または環状除皮）"とよぶ．

■ これまでの復習 ■
1. 分裂組織とは何か？
2. 一次成長と二次成長を比較しなさい．

1. 植物体の特定の箇所にある未分化な細胞集団で，自身を維持する能力をもち，これは維管束形成層の分裂による．
2. 一次成長は植物体を長くする．これは茎頂と根端の分裂組織の細胞分裂によって起こる．二次成長は茎や根の太さを増す．これは維管束形成層の分裂によって起こる．

図36・3 一次成長と二次成長は木本植物の背丈と外周の長さを増やす 二次成長は維管束形成層によって生み出される．維管束形成層によってつくられる二次木部は材とよばれる．一つの年輪は，春と初夏に形成される材の部分（早材）と晩夏と秋につくられる材の部分（晩材）から成り立っている．

年 輪

(a) 木の幹の構造 — 外樹皮／内樹皮／心材／辺材／樹皮／維管束形成層／年輪

内樹皮は機能する二次師部を含む．外樹皮はコルク形成層とそれがつくるコルクからなっている

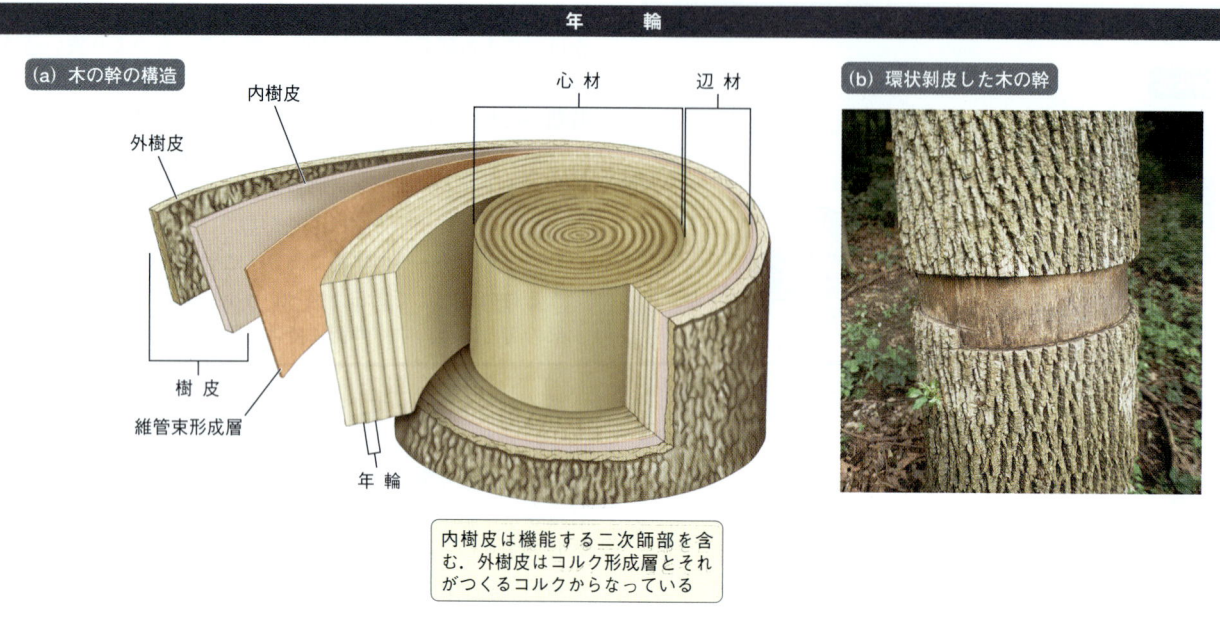

(b) 環状剝皮した木の幹

図 36・4 木の内側　木の幹や枝を切断すると，複数の異なる層があることがわかる．(a) ほとんどの木は二次木部の層が追加されると太くなる．木の年齢を言うときに使う年輪は，連続的な一年の輪の見た目の急激な変化によって生じる．ある一年の早材は前年の晩材の隣にできるので，辺材は水分を輸送できる．一方，心材は木を強化する機能を維持するために詰まっており，もはや水を輸送できない木部である．内樹皮は機能する二次師部を含む．そして外樹皮はコルク形成層とそれが産み出すコルクからなっている．(b) 木の環状剝皮．主幹の周りの内樹皮の層をすべて切り剝がすと，木を殺してしまう．

36・3　次の世代をつくる：花の形と機能

親植物が遺伝的に同じクローンをつくる場合のように，多くの植物は無性生殖をすることができる．ほとんどの植物はまた有性生殖をすることもできる．植物の有性生殖の原理は基本的に動物と同じである．半数体の雄性配偶子（**精子**）が半数体の雌性配偶子（**卵**）と融合することで二倍体細胞である**接合子**（**受精卵**）をつくる．接合子は体細胞分裂を行い，多細胞の**胚**をつくり出す．時間が経つと，胚は次の世代となる子孫個体に発生する．§ 10・5 で述べたように，半数体の細胞は二倍体細胞の半分の染色体セットをもっている．そこで半数体のセットは n で表される．

植物の生活環は世代交代によって特徴づけられる

植物と動物の生活環は基本的な点において異なる．動物では減数分裂によって配偶子がつくられ，それ以外の方法で配偶子はつくられない．植物では減数分裂によってできた半数体細胞は**胞子**とよばれる．胞子は体細胞分裂によって半数体の**配偶体**とよばれる多細胞組織を産み出す（文字どおり "配偶子をもつ植物"）．配偶体の中にある特別な細胞が精子や卵を生み出すために分化する．

動物では配偶子が唯一の半数体細胞であり，配偶体に相当するものはない．しかし植物では，配偶体（減数分裂による半数体の多細胞体）はすべての植物の生活環の一部である．コケ植物やシダ植物のような種子をつけない植物では，減数分裂によって産生される胞子は母植物から放出され，自由生活をする配偶体を産み出す（図 36・5）．これらの配偶体は "配偶子をもつ植物" として独立して生活するので，彼らは "配偶体世代" という新しい世代とみなされる．種子をつくらないいくつかの植物種と，すべての種子植物は，精子と卵をそれぞれつくる別々の雄性配偶体と雌性配偶体を形成する．卵が精子と受精して接合体をつくるときに，次世代となる最初の二倍体（$2n$）の細胞が産み出される．

接合体は体細胞分裂をすることで胚となり，胚はそのあと**胞子体**とよばれる二倍体の多細胞個体に成長していく．植物の胞子体は多細胞の二倍体生物という点で，個々の動物個体に相当する．植物におけるそのような個体については特別な用語が必要である．なぜなら，植物の生活環には配偶体として知られる半数体のもう一つの多細胞構造があるからだ．植物の生活環は**世代交代**を示すといわれる．というのも，その生命を完結させるには，二つのまったく異なる多細胞 "世代"，つまり半数体の多細胞からなる配偶体と，それが産み出す次世代の二倍体の多細胞からなる胞子体の世代を生み出さなければならない（図 36・5）．タンポポや，バラの木，コナラ属の木といった顕花植物を見るとき，あなたは胞子体を見ているのである．種子植物の配偶体は非常に小さく，雌性配偶体はコケ植物の配偶体と同じように，独立して生活することなく親植物の中に含まれる．その代わり，種子植物の雄性配偶体（おなじみの花粉である）は，親植物によりときどき相当な数が放出される．

花粉は精細胞を子房の中にいる卵細胞に送り届ける

花と果実という，顕花植物に特徴的な二つの進化上の革新は，被子植物の華々しい成功をもたらした（第 3 章参照）．コケ植物とシダ植物は水分に頼って精子を卵に向けて送るが，ご想像のとおり，湿地において地面に広がるような形態をとらない植物にとっては，効率的な方法とはいえない．被子植物は，花という構造を使ってより効率的な方法で精子を卵細胞に届ける．花には雄性配偶体と雌性配偶体をつくる構造があり，多くの種では，精細胞をもった配偶体（花粉）を雌性生殖器官（めしべ，雌ずい）に届けることができる．よく見かけるように，めしべの一部は果実となり，果実は次世代となる種子を高い効率で拡散するのに役

図 36・5 植物は世代交代を示す 植物の生活環は，単相（紫色で示す）と複相（オレンジ色）の二つの相の交代によって特徴づけられる．緑の葉をもつシダ植物は二倍体の多細胞個体（胞子体）である．シダの葉を裏返すと，茶色のパッチ状のものがある．減数分裂はこれらの胞子嚢とよばれる構造の中で起こり，空中に放出される半数体の胞子をつくり出す．胞子が適切な環境に出会うと，胞子は多細胞の配偶体になる．配偶体のある細胞は精子や卵に分化する．ある種では，両方の配偶子が同じ配偶体に形成される．別の種では雄性配偶体と雌性配偶体がそれぞれ形成される．シダの配偶体は胞子体とは独立した生活を営み，しばしば光合成も行う．室内の観葉植物としてよく育てられるシダ種は，約8ミリ幅の配偶体をつくる．もしあなたが前に植えたシダの土の周りを見てみたら，平らで緑色のハート型の形をした配偶体を土の表面に見つけるかもしれない．

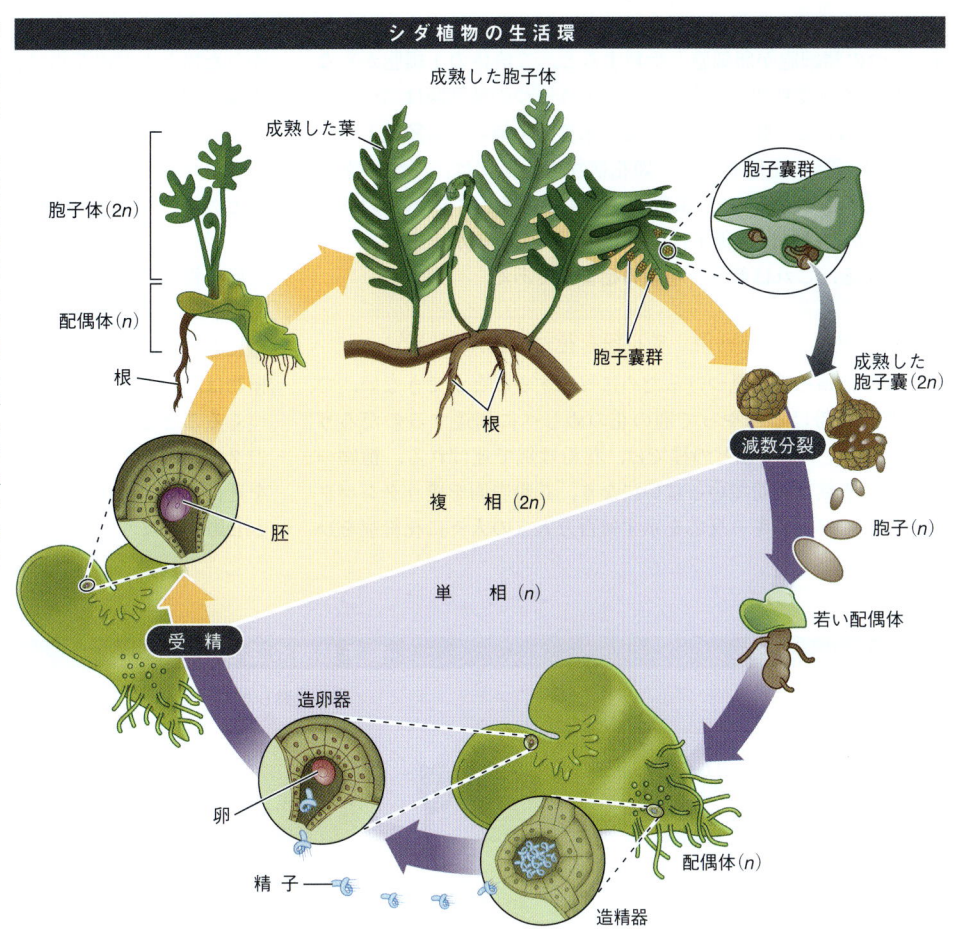

立っている．

典型的な花は，輪生体とよばれる四つの環状の構造をもっている（図36・6）．四つの輪生体は外側から内側に向かって，がく（がく片），花弁，おしべ（雄ずい），心皮である．**がく**は開花するまで花を包み内側の器官を守る．**花弁**は，もし色彩豊か，あるいは香りがすれば動物を花にひきつける．**おしべ**は，雄性生殖を担う部分で，花糸という細長い柄の先に葯がある．葯は精細胞を含む花粉をつくり出す．**心皮**は花の雌性生殖を担う部分で，柱頭，花柱，子房から成り立っている．卵細胞は胚珠の中にあり，それは子房の中に包まれている．種子植物の雌性配偶体は**胚嚢**とよばれる．

顕花植物の生活環のおもなイベントを図36・7に示す．

1. 葯と子房における雄性および雌性の減数分裂は，それぞれ雄性と雌性の胞子をつくり出す．

2. 雄性の減数分裂によって産み出される雄性の胞子（小胞子）は，体細胞分裂を行い，種子植物では**花粉**として知られている，半数体の多細胞からなる配偶体をつくる．花粉の役割は花粉が含む二つの精細胞を心皮の奥深くに位置する卵細胞に運ぶことである．では卵細胞はどこからやってくるのだろう？　一つの胚珠内の一つの二倍体細胞が減数分裂を行い，雌性の胞子（大胞子）を産み出す．雌性の胞子が体細胞分裂を行うと，半数体多細胞の胚嚢（雌性配偶体）がつくられる．

3. 胚嚢内部の一つの細胞が卵細胞に分化する．顕花植物の胚嚢には，一対の核が中央細胞とよばれる大きな細胞の細胞質内に自由に配置する．この二つの核は極核とよばれる．これらは胚にとって栄養組織の形成にかかわる．

4. 花粉が柱頭という心皮の表面に付着すると，花粉は花粉管とよばれる非常に長い管をつくり花柱の中を伸びていく．このとき二つの精細胞は花粉管の先端付近に位置している．花粉管が子房にたどり着くと，花粉管は胚珠の中の胚嚢に入っていき，

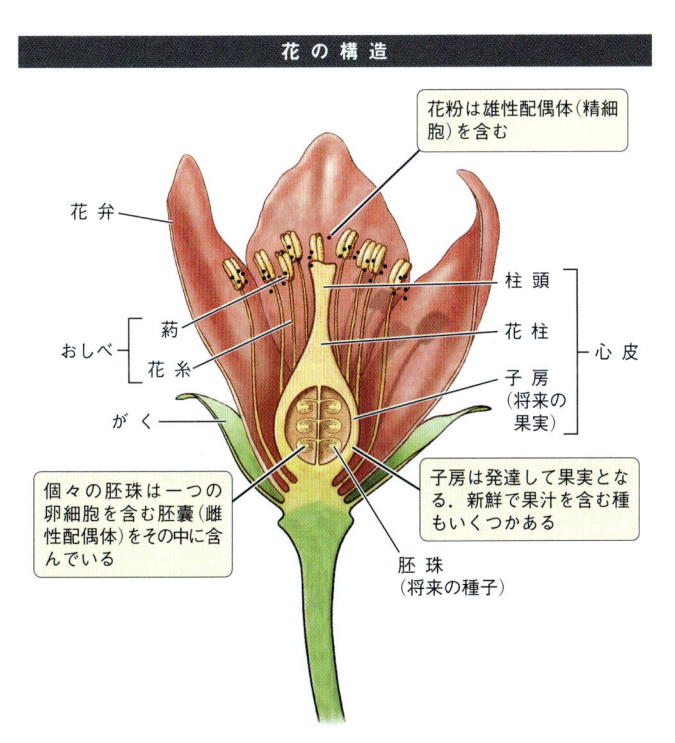

図 36・6 四つの輪生体が花を形づくる 花の各部は環状に配置されている．典型的な花は四つの輪生体（がく，花弁，雄しべ，心皮）から成り立っている．花のすべての花弁はまとめて花冠とよばれる．

そして花粉管の先端が破裂し，二つの精細胞を放出する．

5. 一つの精細胞が卵細胞と受精すると，二倍体の1細胞からなる接合子（受精卵）が生まれる．もう一つの精細胞は二つの極核と受精して，胚の発達に必要な栄養分を補給する**胚乳**という三倍体（3n）を形成する．顕花植物の生殖では，二つのタイプの受精が起こるので，顕花植物は**重複受精**をするといわれる．
6. 条件が良ければ，種子は発芽し，その中の胚が実生となって出現する．これは新しい植物の始まりである．

多くの植物は動物を利用して花粉を花々へ運んでいる

植物は結婚相手を見つけるために移動することができない．では，花の花粉はどうやって別の花のめしべに到達するのだろうか？ イネ科やマツなどの種では，花粉は風で運ばれる．植物の繁殖期，空気は花粉でいっぱいになり，花粉表面を覆うタンパク質に対してアレルギー反応を示す何百万人もの人々に花粉症をひき起こす．風は花粉を長い距離運ぶことができる．しかし風に吹かれたほとんどの花粉は花の柱頭ではなく，関係のない場所（駐車場や湖など）に着く．多くの顕花植物はこの問題を風だけに頼らずに回避する．花粉を昆虫や鳥，哺乳類（たとえばコウモリやオッポサム）といった動物に運ばせるのだ．

どのようにして植物は動物に精細胞を運ばせているのだろうか？ 答えは"賄賂"である．植物は花を使って，おしべの花粉を同じ種の別の花のめしべの柱頭に運んでくれる**花粉媒介者**たちをひきつける（図36・8）．花粉媒介者と植物との関係は両方の種にとって利益があるので相利共生の関係である（§23・1参照）．植物は花粉媒介者を収賄し，甘い蜜やタンパク質が豊富な花粉をつくることで花を訪れさせる．花粉媒介者はしばしば一つか数種のタイプの花だけに引き寄せられるので，動物花粉媒介者に花粉を運ばせるのは風に頼るよりもかなり効率的である．たとえば，もし野外でミツバチの後を追ってみたなら，ミツバチが2, 3種

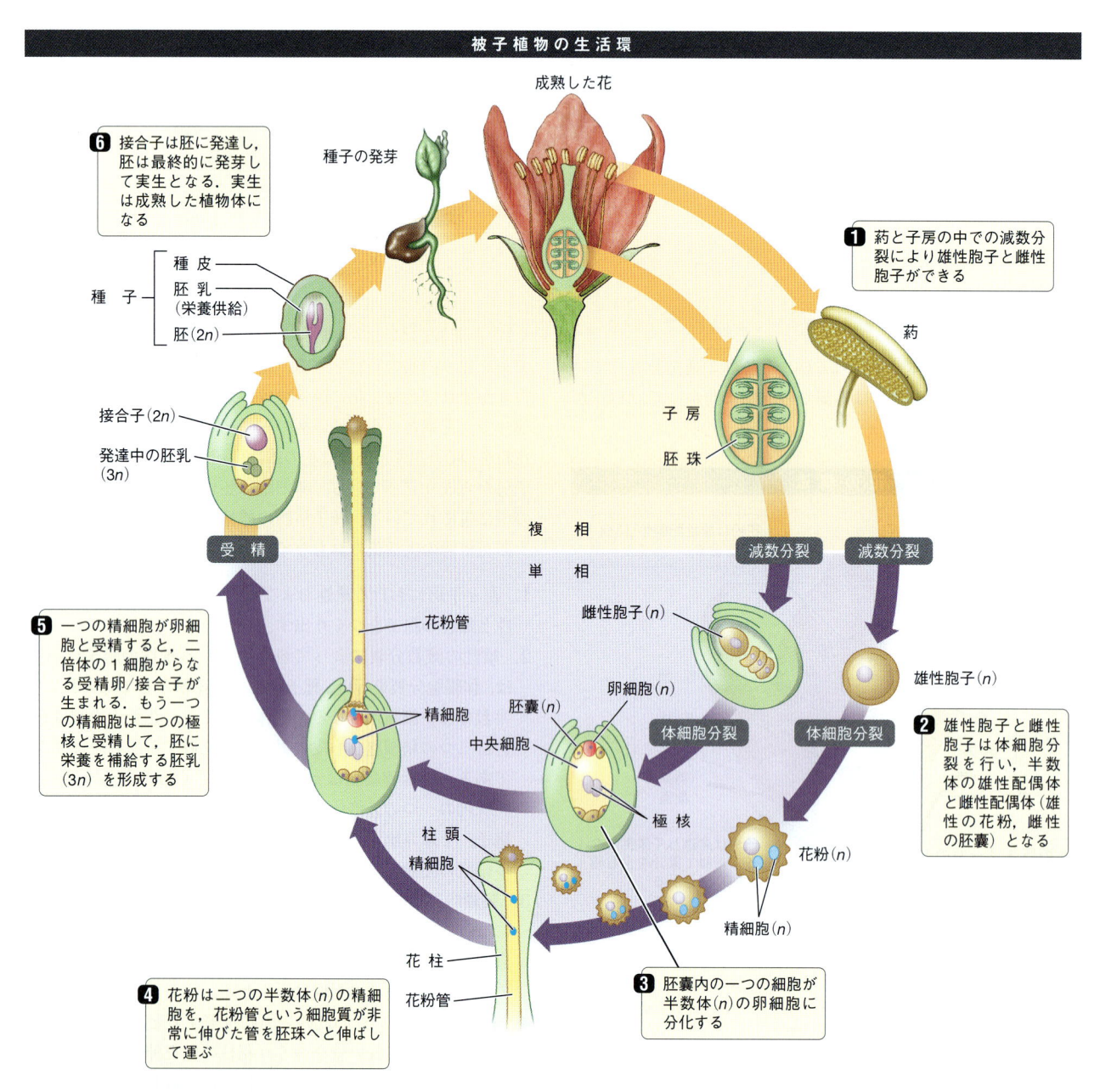

図36・7 世代から世代へ 顕花植物の生活環は世代交代によって特徴づけられる．生活環のうち半数体（n）のステージは紫色で，二倍体（2n）のステージはオレンジ色で示す．

ミツバチは食料を探しながら，自分の身体に降りかかった花粉を花から花へと運ぶ

鳥は優れた色覚をもっていて，長い花管をもつ赤い花を好む

類の花しか訪れないことに気がつくだろう．ミツバチは食料として蜜や花粉タンパク質を集めるので，身体表面の毛に花粉を付着させて持ち運ぶ．この花粉が次に訪れた花の花柱に付着するのである．植物と花粉媒介者の関係は一方の種の適応が"パートナー"の種に相利的な適応をもたらす**共進化**によって精巧に微調整されている．たとえば，ガに花粉を運んでもらういくつかの植物には，蜜を含む"蜜管"とよばれる部分があるが，それは彼らの花粉媒介者の舌（吻）とまったく同じ長さとなっている．

目立つ花の色や形，においはしばしば花粉を分散する仲介者として最も効果的かつ特異的な花粉媒介者をひき寄せる

図36・8 動物を収賄してはたらかせる植物 花粉媒介者は動かない植物に精細胞を卵細胞に届ける手段を与えている．華やかな花の色や形，香りは，蜜などの食料の報酬と組合わさって，花粉媒介者たち動物を騙して同じ種の複数の花を訪問させる．その過程で偶然花粉が運ばれるのである．

植物と花粉媒介者の共進化 Charles Darwin はマダガスカル島で花の後ろに非常に長い蜜管をもつランがいることを観察し，その花粉媒介者としておそらく非常に長い舌をもつ昆虫がいると推測した．彼の推測は数年後に非常に長い舌をもつガ（*Xanthopan morganii*）が発見され，支持された．このガの吻の長さはなんと 45 cm もある！ 植物と花粉媒介者の相互作用は共進化の結果である．

生活の中の生物学

あらわにされた紅葉

私たちが落下葉から連想する多彩な色々には，温暖地の幅広い葉をもつ植物の冬の生き残り戦略の一部が隠されている．光合成をするにはあまりにも寒い氷点下の冬の間に，幅広い葉を保持することは植物にとって危険な賭けだ．水不足のときに葉の広い表面積から湿気がなくなることは，植物から相当水分を抜くことになりうる．マツやモミのような常緑樹が寒い冬を通して葉を保つことができるのは，表面積が非常に小さく，水分が失われにくい針状の葉をもっているからである．針状の葉はワックスの厚い層で覆われているため，水分を失う危険性がさらに低い．

広葉樹は，気温の低下や，日が短くなること，またはその両方を感じることによって秋が近いことを知る．たとえばカエデとウルシは初秋のより短い日とより長い夜に応答して，色を変えて落葉する．しかし，ほとんどのカシの葉を紅葉させるには厳しい霜が必要だ．

これらの外界の刺激は葉のオーキシンやサイトカイニンの濃度を低下させる引き金となる．そしてそれが葉の老化を活性化する．サイトカイニンがなくなると，クロロフィルを分解する酵素が活性化される．クロロフィルがなくなると他の色素，特に葉緑体に含まれるカロテノイドの黄色とオレンジ色の色合いがあらわになる．秋の樺やポプラの金色の葉の色はこれらの色素によるものである．

カエデやウルシの赤い葉は水溶性のアントシアニンとよばれる色素によるもので，これらの種ではアントシアニンは葉の老化が進むと新たにつくられる．

遺伝学的に改変した植物の実験によってアントシアニンが老化中の葉を太陽光の障害から守っていることが示唆された．落葉前にはリサイクル可能なデンプンや多くのタンパク質などの大きな分子のほとんどは分解され，たとえば糖やアミノ酸といった基本成分は貯蔵のため根や木の幹に運ばれる．アントシアニンは紫外線を吸収する．そして細胞の DNA がダメージを受けないように守るサンスクリーンのような作用があると信じられている．アントシアニンによる保護効果は，回収作業を容易にするのに十分長く，老化する葉の細胞における細胞内プロセスを守るのかもしれない．アントシアニンは強力な抗酸化剤でもあり，フリーラジカルとして知られる非常に反応性の高い化学物質を無毒化する物質であることもよく知られている．乾燥や栄養ストレス，太陽光による損傷はフリーラジカルの放出を増やす．栄養不足などのストレスを経験した植物は，しばしばアントシアニンの蓄積量を増やす．アントシアニンの合成を増やすのは分解性の高いフリーラジカルにうまく対処する仕組みなのかもしれない．一方，遺伝的に調節された自己分解過程にある葉において，紫外線の保護シールドとしてはたらくのである．

双子葉植物の種子の発達

胚珠は種子になる

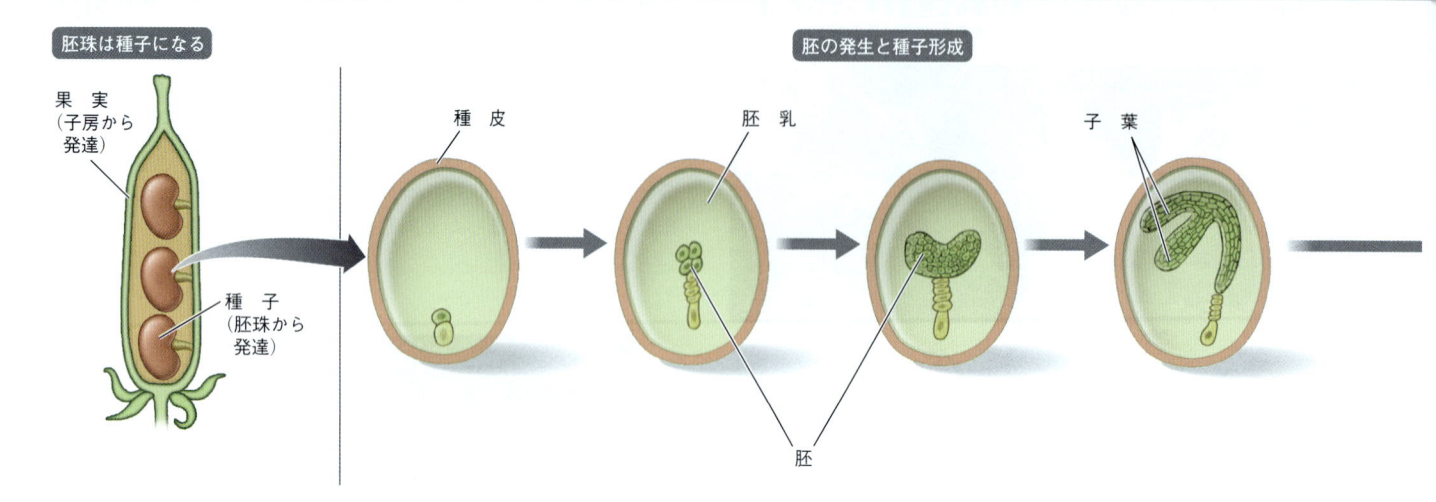

果実（子房から発達）
種子（胚珠から発達）

胚の発生と種子形成

種皮　胚乳　子葉　胚

図 36・9　接合子から実生へ　受精の後，接合子は分裂して二つの細胞となり，そのうち一つが胚になる（濃い緑色で示す）．もう一方は胚と胚珠をつなぐ構造となる（黄色で示す）．（説明を簡単にするため，図 36・6 と同様，一つの胚珠だけが子房の中で発達するように示している．しかし，一つの子房に多くの胚珠がある場合もある．一つの胚珠には一つの胚が発達する．）胚珠は種子に発達する．種子は胚，その栄養供給源（胚乳），そして保護的な外皮（種皮）から成り立っている．ここでは典型的な双子葉植物の種子の発達過程を示している．胚乳に蓄えられた栄養分のほとんどは種子の発達の間に子葉に輸送される．そのため多くの双子葉植物には胚乳がほとんどない代わりに大きな子葉がある．種子が十分に形成されると，胚は環境条件によって再び成長し始めるよう刺激を受けるまで休眠期に入る．発芽の過程で，種皮は柔らかくなって裂けて開き，成長する胚が若い実生として出現する．多くの双子葉植物では，子葉の下の茎部分は急激に伸びてシュートを土壌中から地上に押し出す．このタイプの種子では，子葉もまた地上に出現する．光が当たると実生は緑色になり，光合成を行う．実生が新たな葉（本葉）をつくり出し，光合成によって独立栄養で生育できるようになると，子葉はしおれて落ちる．

36・4　次の世代をつくる：接合子から実生へ

受精が起こると，一細胞からなる接合子が形成される．そして，半数体の精細胞（n）と卵細胞（n）の合体によって二倍体の染色体数（2n）に戻る．つぎに，接合子は分裂を始め，心臓型の胚を形成する（図 36・9）．細胞の分裂と発生が続くと，最終的に実生となって成長し，やがて一つの植物個体になりうる成熟した胚ができる．成熟した胚は，茎頂分裂組織，根端分裂組織，そして胚にとって栄養貯蔵の役割のある子葉（種子の葉），と必要な部分だけから成り立っている．

これらの発生段階をもう少し詳しく見てみよう．このあとよく理解が進むように，接合子と発達中の胚は，子房に包まれた胚珠の中にあることを覚えておくように．胚は胚珠内部で発達するため，親の植物は胚と分裂する胚乳（発達中の胚にとって栄養源となる）に栄養を輸送する．胚と胚乳が成熟してくると，胚珠の外側の組織は種皮，たいてい種子を覆う堅い外側部分へと分化する．すなわち**種子**は成熟した胚珠であり，胚，栄養の供給部，保護的な種皮から成り立っている．胚乳は単子葉植物の種子で顕著で，それは胚が実生として成長を始める際におもな栄養供給源となる．胚乳はほとんどの十分成熟した双子葉植物の種子ではあまり顕著ではない（図 36・9）．なぜなら，栄養分は種子成熟の後期に，胚乳から胚の 2 枚の子葉に輸送されているからだ．

発達中の種子を取囲む子房は，**果実**になる．果実の役割は種子の分散を助けることである．その結果，次世代の植物が親植物と場所を取合うことなく新たな土地で繁殖することができる．果実の構造は幅広くさまざまである（図 36・10）．ある果実は乾燥しており，風に乗って分散しやすくなったり，動物の毛に付着しやすくなっている．ある植物では新鮮で果汁に富んだ果実をつくり，動物たちをひきつけ，彼らに食べられる．種子はふつう動物の消化系を通っても分解されず，やがてすぐに肥料にもなる動物の糞と一緒に地面に落とされる．胚が種子の内側で十分に成熟し，種皮によってしっかり保護されると，果皮（元の子房壁）は明るく色づいて動物に"食べられるようになった"ことを示す合図となる．

桃，チェリー，グレープ，マンゴー，パパイヤは甘い新鮮な果実の例で，熟すにつれて糖を蓄積する．すべての新鮮な果実が甘いわけではない．キュウリ，トマト，ピーマンは甘くないので，ふつう野菜として扱われる．しかし，どれも受精した子房に由来しているので，アプリコットやオレンジと同様にそれらは果実なのである．もちろん"野菜"という単語は，日常においてデンプンを含む根や，葉っぱものの野菜，甘くない新鮮な果実など，植物の甘くない部分に使われているが，科学的な意味はない．もし，あなたが見ているものが種子を内側にもっているものなら，果実を見ていると確信できる．とはいえ園芸家たちが人為的な選択と特別な交配技術を通して，種子なし果実をつくり出したことを忘れないように．種なしのオレンジやメロン，バナナがあるのは文字どおり実験の"果実"なのである．

種子の中の胚が成熟すると，ある一定期間成長を止め，**休眠**に入る．ある種では 2, 3 日，他の種では 1 年から数年の間，休眠する．胚が（砂漠における）雨期や（冬の寒い地域における）数カ月の寒冷期の後の温暖な気候など，好ましい条件に刺激されると休眠は終わる．胚が種皮を破って中から実生として出てくるまで水分を吸収し成長し始めると，種子は発芽する（図 36・9 参照）．実生が育つ場所がたまたま十分な土壌も水分も日光もない場所で

胚の発生と種子形成

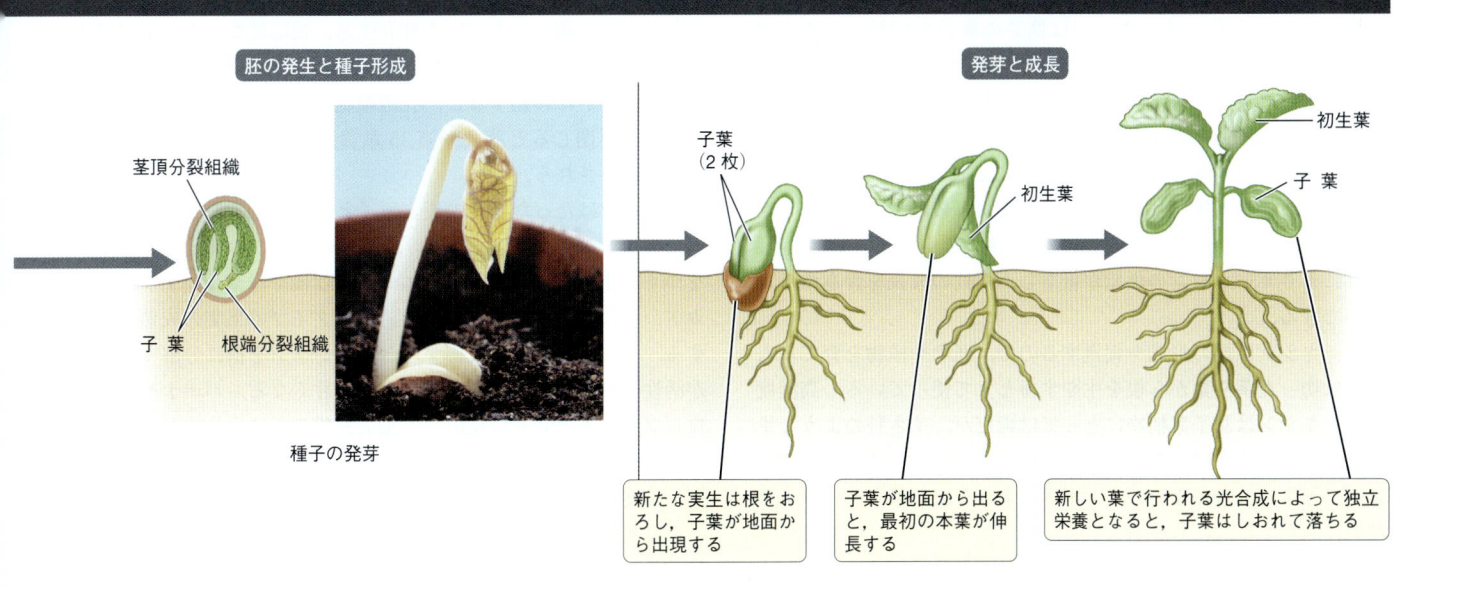

種子の発芽

発芽と成長

新たな実生は根をおろし，子葉が地面から出現する

子葉が地面から出ると，最初の本葉が伸長する

新しい葉で行われる光合成によって独立栄養となると，子葉はしおれて落ちる

(a) タンポポの果実はパラシュート様の構造をしており，風に飛ばされて拡散する

(b) アフリカの植物 *Harpagophytum* は，大きな哺乳類の毛に付着するための"引っ掛け鉤"をもっている

(c) アボカドの種子は受精した胚珠から発達する．それは新鮮な層と皮様の覆いで囲まれているが，それらは両方とも子房壁に由来している

図 36・10 植物はさまざまな果実をつくる

あったりして死んでしまうことがよくある．種子が好ましい環境に落ちて発芽すると，実生は成熟して花や果実をつける植物体にまで成長する．これがまた次の世代の始まりとなる．

36・5 植物ホルモン

すべての多細胞生物は自身の身体活動をうまく調整しなければならない．動物はこれを二つの手段，すなわち，ホルモンを用いる化学的な伝達と，神経刺激による電気的な伝達を通して行っている．植物には神経系がない．しかし，動物や他の生物と同様に，植物には成長や生殖，環境応答に調節するホルモンがある．植物のホルモンも動物ホルモンのように生体物質であり，非常に低い濃度で活性を示す．植物ホルモンはある組織群で合成され，別の組織群にその活性の効果を及ぼすこともある．五つのおもな植物ホルモンとそれらの主要な働きを表 36・1 にまとめた．

表 36・1 鍵となる植物ホルモンとおもなはたらき

ホルモン	おもなはたらき
オーキシン	細胞分裂，根の形成，頂芽優勢，光屈性と重力屈性，茎の伸長，老化の阻害
サイトカイニン	細胞分裂，シュート形成，緑化，老化の阻害
ジベレリン酸	茎の伸長（細胞伸長と細胞分裂を介した伸長），種子発芽の促進
アブシシン酸	ストレスに対する適応反応（乾燥条件下での気孔の閉鎖を含む），種子や冬芽の休眠誘導
エチレン	ストレスに対する適応反応，果実の成熟，植物の部分的な老化と落葉の促進

オーキシンは，主としてアミノ酸のトリプトファンに由来する小分子のファミリーである．インドール酢酸（IAA）とよばれるオーキシンはほとんどの植物においてこのホルモンの活性型である．オーキシンは細胞の分裂と根のような器官の形成に必要である．オーキシンはシュートが光の来る方向に向く光屈性や根が地面の方向に向き，シュートがその反対を向く重力屈性に関係する．オーキシンは茎頂分裂組織や若い葉，発達中の種子でおもに生産

茎頂でつくられたオーキシンは側芽の成長を抑制することによって，側枝の成長を妨げる．このオーキシンによる側芽の阻害を**頂芽優勢**とよぶ（図 36・11）．モミやトウヒやその他のクリスマスツリーでは，茎頂から離れるにつれて頂芽優勢が弱くなるので，下の方の枝が徐々に長く成長することによって"A"に似た形ができる．頂芽優勢に対抗し，植物をより枝の多い状態にさせるため，庭師（造園業者，植木職人）は茎頂をもぎとってしまう．これによりオーキシンの供給が低下し，側枝の成長を促進することができる．

オーキシンは根の形成を促進するので，庭師や植物を育てる人たちは切った茎や葉から根を生やす粉として使っている．高濃度のオーキシンは双子葉植物にとっては毒だが，イネ科のような単子葉植物にはそうでもない．そのため，オーキシンは選択的な除草剤（芝生には害がないがタンポポのような広い葉をもつ草本を標的に除草する）にもなる．

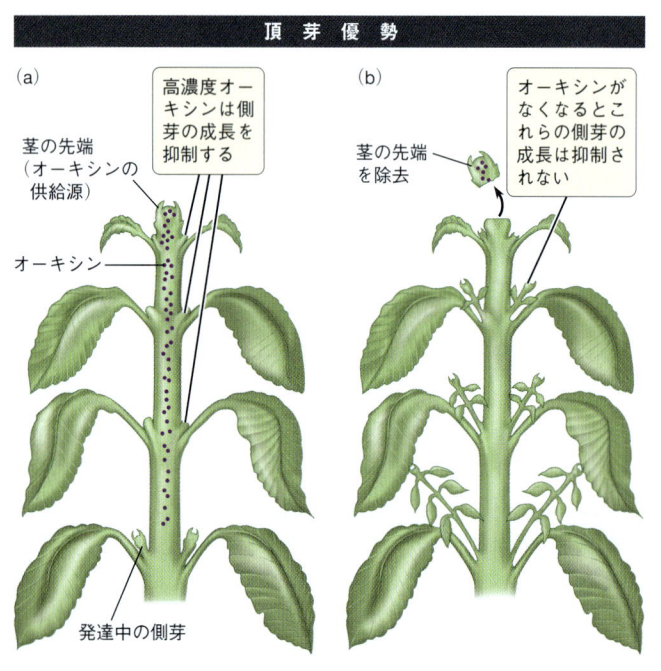

図 36・11 先端の切除によって側枝が成長する (a) オーキシン（赤色で示す）は頂端分裂組織の細胞で生産され，通常側芽の成長を抑制する働きがある．(b) オーキシン濃度が何らかの理由で低下すると（この図では茎の先端を除去しているので），側芽は成長を開始し，より急速に枝をつくる．

サイトカイニンはDNAやRNAにみられる窒素を含む塩基（アデニン）と構造がよく似た一連の小分子ファミリーである．サイトカイニンは細胞分裂にとって必要で，シュートの形成を促進する．サイトカイニンは"緑化ホルモン"であり，オーキシンと一緒にはたらくことで，葉のような器官を維持するのを助ける．秋に落葉する直前には両方のホルモンのレベルが激しく低下する（p.625，"生活の中の生物学"を参照）．

ジベレリンは一群の疎水性小分子で，茎の伸長を促進する．園芸植物の矮性品種の多く（たとえば，矮性のエンドウ）は，ジベレリンを産生できないため，草丈を伸ばせない突然変異体である．

アブシシン酸（ABA）は，ほとんどの種において根が最も豊富な供給源だが，植物のほとんどすべての細胞でつくられる小分子である．アブシシン酸は乾燥，低温，高温，その他のストレスなどに対する適応的な反応を仲介する．根は乾燥した土壌では水不足を感知し，アブシシン酸の産出を増やす．このホルモンは根からシュートに移動すると，孔辺細胞に作用して気孔を閉じさせる．気孔を閉じると蒸散（第35章参照）が減少し，植物体内の水分が維持される．

エチレンはたった二つの炭素原子と四つの水素原子からできた気体のホルモンである（C_2H_4）．植物のすべての部分でエチレンをつくり出すことができる．エチレンは桃や洋梨，バナナ，アボカド，メロン，トマトといった，あるタイプの果実の成熟を促進する．このホルモンに反応すると，デンプンを糖に分解する酵素が活性化され，その結果，果実がより甘くなる．バナナやカンタロープなどエチレンに反応する果実を袋の中に入れておけば，早く熟させることができる．袋はエチレンを閉じ込めるので，ホルモン濃度が高まるからだ．この技はすべての果実には使えないことを覚えておくように．サクランボ，イチゴ，スイカ，ミカン類はエチレンに応答しない果実の例である．

36・6 花成はどのように制御されているのか

花成（花芽が形成され始めること）は植物の生活環の中で最も重大なイベントである．ある種では花成は内生のシグナルによってほとんど調節されている．発生上のある成熟段階に達するとすぐに花を咲かせる種もある．たとえば，ある大きさに成長してから，あるいはある一定の枚数の葉をつくってから花を咲かせるものや，ある年数たった後に花を咲かせるものがある．

しかし，多くの種では環境からの合図を利用して開花の時期を一年のうち成長や生殖に最も適した時期に合わせて同調させている．たとえば，春には春植物として知られる小さな草本植物が急速に成長して花をつける（樹々の新芽から出た葉が大きくなって日光をさえぎる前に）．別の種では彼らに特異的な花粉媒介者が最もたくさんいる秋に花を咲かせる．はっきりした雨期と乾期のある地域原産の植物は，通常，雨期がやってくるのに合わせて開花する．リンゴなど多くの温暖地域の種では，春に花を咲かせるにはその前に2,3ヵ月，低温にさらされないといけない．"春化"として知られているこの仕組みによって，植物は冬が終わったことを感知することができる．したがって，1月に季節外れの暖かさが数日あったとしても，春が来たとは間違わないだろう．

特に温暖な地域の植物の多くは，日の長さ（日長）を測ることにより，季節を認識している．これはおそらく日長が季節によって変化するからだ．冬はより短く，夏はより長い．24時間周期

■ **役立つ知識** ■ 明期ではなく暗期の長さの変化が，花成をするかしないかを決めているので，"日長"より"夜長"の方がより適した用語かもしれない．しかしながら，生物学者たちは慣習として光周性の仕組みが解明される前に採用された"日長"という用語を使い続けている．

における昼と夜の長さを感じることは，**光周性**として知られている．植物はまた日長を利用して発芽に好ましい条件がいつかを感じることができる．秋と冬を通した芽の休眠や，春に再び行う成長は，光周性の影響を受ける．もし一年の間違った時期にこういった応答が始まってしまうと，結果は悲惨なこととなる．

葉の細胞はフィトクロムとよばれる色素-タンパク質複合体を介して光周性を感知する．いくつかの種（たとえばアヤメやホウレンソウ，穀類のいくつか）では，夜の期間がある一定時間より短くなると花成を起こす（図36・12）．（ポインセチアやキクのような）長い夜を必要とする植物は，暗期がある特定の時間より長くなると，花成が始まる．

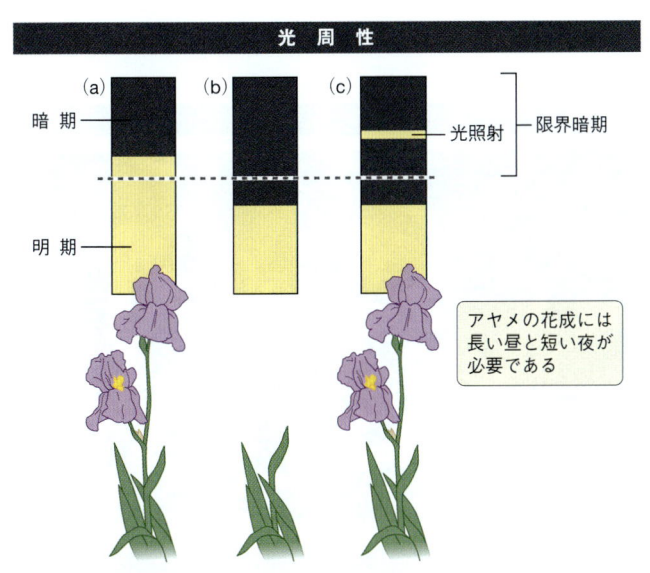

図36・12 植物は日長を測定することができる (a) 夏に花を咲かせる多くの植物と同様に，アヤメは夜の長さが限界暗期よりも短くなると花を形成する．(b) もし夜が限界暗期よりも長いと，花を形成しない．(c) 実験室では，長い暗期の処理中の一時的な光照射によって，そのような植物の花成を誘導することができる．逆に夜が限界暗期よりも長いと花を形成する植物では，暗期中の一時的な光照射は花成を妨げる．

葉は，一度花成に適した時期だとわかると，茎頂分裂組織に輸送する化学信号となる物質をつくり出す．科学者たちは長い間，花成を誘導する信号は移動できるに違いないと知っていた．というのも，それが接木面を越えて直ちに移動するからだ．およそ80年間の探索の結果，花成の刺激となるものの正体が，2005年，ついに明らかにされた．花成を誘導するシグナルはタンパク質であった（最初に発見された植物であるシロイヌナズナのFTタンパク質）．花成ホルモンは師管を通って葉から茎頂分裂組織まで運ばれ，茎頂分裂組織の細胞内で別の制御タンパク質と結びついて，遺伝子の活性を変える．遺伝子活性の新たなパターンによって分裂組織は刺激され，葉だけからなるシュートをつくる代わり，花をつくるようになるのである．

■ **これまでの復習** ■
1. 種子と果実を比較せよ．
2. ほとんどの植物では，どうして茎頂の先端を取除くと，側枝が増えるのか？

1. 種子は受精種の産物であり，胚を含む．果実は，胚珠を保護し，種子を散布する．
2. 頂芽優勢が消失するため，側芽が側枝として成長し出す．

36・7 植物はどのように自分の身を守るのか

何億年もの間，地球上の生命には食べようとする種と食べられないようにする種との間の闘争があった．植物も例外ではない．植物は長い時間をかけて草食動物や菌類，細菌類，ウイルスなどの病気による攻撃に対処する豊富かつ多様な仕組みを発達させてきた．

植物は物理的・化学的な防御によって草食動物に対抗する

とげの多い植物の茂みを歩いたら，植物が草食動物に対してもつ多くの防御の一つを経験するだろう．あなたの足は靴の上から刺されるかもしれないし，服は引き裂かれ，身体は引っかき傷だらけになるかもしれない．第35章で見たように，私たちにはチクッと感じるような表皮の毛など，人には無害でも，草食の昆虫にとっては致命的になりうる防御によって植物は守られている．

物理的な防御に加えて，多くの植物は草食動物にとって毒となる化学物質を備えている．ニコチンはタバコの嗜癖性の化学成分であるが，これはタバコ植物をほとんどの昆虫から守っている．実際，ニコチンはよく効く殺虫剤としても売られている．同様に，カラシナ科の植物（キャベツや西洋ワサビ）は飢え死にしそうな昆虫でさえ，その葉を食べようとしない強力な化学物質によって守られている．しかし，ほとんどの草食動物を追いやる化学物質であっても，植物の毒性物質に耐性をもつわずかな種にとっては，魅力的な物質にもなるようだ．たとえば，キャベツの葉を食べるモンシロチョウの幼虫は，ほとんどの草食昆虫を寄せつけないキャベツの化学物質があると，口を伸ばし，餌を食べるときの仕草をする．

植物は病原体に対して3種類の防御をもっている

人間は以前攻撃してきた病原体に対してより強い防御をする仕組み（第32章参照）を含んだ洗練された防御システムによって病原体から守られている．動物と同様に，植物は物理的・化学的な防御をすることで，病原体から身を守る．これまで見てきたように，第一に植物は病原体を体内に入らせない堅い外表面をもつ．しかし，動物でもそうだが，植物が傷つくと，その防御は壊れてしまう．一度，病原体が植物体内に入ると，他の二つの防御系が働く．宿主特異的な防御と非宿主特異的な防御である．

特異的な化学防御はいわゆる**遺伝子対遺伝子認識**とよばれる単一遺伝子群のはたらきに基づいている．植物には病原体の相補的な遺伝子に対応する多数の遺伝子がある（"resistance" にちなんで *R* 遺伝子として知られている）．個々の *R* 遺伝子は特定の病原体がつくる小さな炭水化物など，特定の化学物質を認識するタンパク質をコードしている．もし特定の病原体が検出されると，毒性のある化学物質など，さまざまな防御物質が放出される．もし植物が適切な *R* 遺伝子をもっていなければ，このシステムははたらかない．問題の病原体が存在しても，植物はそれを病原体として認識できず，警報を鳴らせないのである．さらに，特定の病原体に耐性を示していた植物でも，もしその病原体を特定する化学物質が植物の *R* 遺伝子システムによってもはや認識されないような変異を起こすと，病原体に対する耐性を失ってしまう．

植物は病原体や草食動物を幅広く標的にできる一般的あるいは非特異的な化学の防御も備えている．病原体に対する化学物質には細菌の細胞壁を攻撃するものもある．別のものとしてホルモンは植物の別の場所にシグナルを送って，彼らの化学物質の武器を

生産し，すぐに"戦闘態勢"にさせる．さらに，他の非特異的な化学物質は攻撃部位の周りの細胞を封印し，侵入者がその中に入らないように，あるいは広がらないように効果的に防壁を備えている．

学習したことを応用する

太古の植物たちとしっかり根付いたほふく枝

植物はほとんどの動物と違って敵から逃れ去ることができないし，熱や低温から身を隠すこともできない．また食糧や結婚相手を探しに旅することもできない．植物は動物と同程度に環境からの挑戦を受けているとはいえ，植物には動物を越える"寿命"というはっきりとした利点があることがわかる．

最も長生きする動物の寿命はせいぜい250年（チューブワーム，図36・13 a），190年（ガラパゴス島のカメ），220年（ある種の二枚貝），あるいは122年（ヒト，図36・13 b）である．100年から200年の寿命は長い時間のように思えるが，植物の寿命とは比較にならない．世界で最も長寿命の樹の一つは，アメリカ西部産のマツ（ブリストルコーンパイン）で，969年生きたという聖書の登場人物にちなんで"メトシェラ"と名づけられている．しかし，カリフォルニア州のホワイト山地に生育するこのメトシェラはもっと長生きで，4800年以上生きている（図36・13 c）．この太古の樹は紀元前2648年にエジプト人が最古のエジプトピラミッドを建設し始めたとき，すでに183歳であった．

もっと長生きの植物もいる．世界で最も長く生きている植物の競争者には，"キングクローン"という，およそ1万2千年生きているクレオソートブッシュが，カリフォルニア州のモジャブ砂漠にいる．ペンシルヴェニア州には1万3千年のボックスハックルベリーがいる．ユタ州にはパンド（Pando）（ラテン語で"私は広がる"の意）とよばれるポプラの木立があり，これは少なくとも8万歳といわれるが，ひょっとしたら100万歳かもしれない．

植物はどうやってそんなに長生きできるのだろうか？ ここに登場した個々の植物は，種子から発芽して成熟した植物体に成長した．一度成長すると，個々の植物はクローンを形成することによって無性的に増殖する．無性的に生じた子孫は，最初の個体が芽生えた場所から，いわばゆっくりと"移動"したといえる．そして，キングクローンの場合，直径15 mにもなる環状のクローンを形成し，パンドのポプラの大群の場合は43万 m² もの面積を占めた．パンドは約4万7千本のポプラの木から成り立っており，その樹齢は平均して130年である．個々の樹はそんなに古くはないが，新たな木が生まれ続けている．それで全体としてみると遺伝的クローンはかなり年をとっているのだ．

別の言い方をすれば，樹齢1万年かそれ以上も生きている植物において，今まだ生きているのは無性的に増えたクローンであり，もともとの茎（ずっと前に死んでいる）ではない．だからある意味，メトシェラは，最も長生きした植物個体である．しかし，もし，精細胞と卵細胞が融合して新たな遺伝的性質をもつ個体ができるときが個体の生命の始まりで，この個体と同じ遺伝的性質をもち，その一部となる最後の細胞が死ぬときがその個体の生命の終わりとみなすならば，ここで記載したクローンの灌木や樹木が最長寿の植物となる．これらの灌木や樹木は，自分自身と遺伝的に同一の新たなコピーを無限につくり続け，『マクベス』の歩く森のように，ゆっくりと進むことができるのだ．

最後に，森は別の方法でも移動する．気候は変化するので，気温や降水量の変化を追って長い期間をかけて，樹木の種は北や南に移動できる．もちろん，動くのは根を下ろした個体ではない．それらの種子である．あなたが予想するように，ほとんどの種子は親の樹の近くに落ちる．しかし，ある種子は風に乗って空高く飛んでいったり，川に浮かんで下っていったり，あるいは動物の毛皮や羽にくっついて，40 kmかそれ以上遠くまで旅するかもしれない．冬を越すために食糧を蓄えるリスや鳥たちは，ドングリのような大きな種子でさえも運んで，食糧の隠し場所に種子を埋める．そして果実を食べる鳥や動物たちは，時には数百 kmや数千 kmも離れた場所で豊かな肥料ともなる糞の中に種子を残して置いていくのだ．

(a) チューブワーム：250 歳まで

(b) Jeanne Calment は122歳まで長生きした（写真は120歳のもの）

(c) ブリストルコーンパイン：4800 歳まで

(d) クレオソートのコロニーリング "キングクローン"：1万2千歳

図 36・13　生物はどれくらい長生きするのか？

章のまとめ

36・1　植物はどのように成長するのか: 無限成長
- 植物は無限成長をする．すなわち，一生成長し続けることができる．植物の体はモジュール構造をしていて，同じ基本単位を繰返し加えていくことによって形成される．
- 無限かつモジュールによる成長様式によって，植物は環境によく応答する．植物は条件が好ましいときには新しい部分を加えるし，条件が好ましくないときにはほとんど新しい部分をつくらない．

36・2　植物はどのように成長するのか: 一次成長と二次成長
- 植物は一次成長によって長くなる．これは茎と根の先端にある頂端分裂組織の細胞分裂によって起こる．
- 植物は一次成長の間，地上部では"側芽-茎-葉"からなる基本単位を繰返し追加し，地下部では新たな側根をつぎつぎと加えていくことで長くなる．
- 植物は二次成長によっては太さを増す．多年生樹木ではこの成長は基本的に維管束形成層とよばれる側方分裂組織の細胞分裂によって起こる．
- 分裂している維管束形成層の細胞は，新たな維管束組織を生み出す．二次木部（材），二次師部である．もう一つの側方分裂組織であるコルク形成層の細胞分裂は，外皮を形成する堅い新たな一連の表層組織を生み出す．
- 樹木の二次成長は材を生み出す．材は多層の木部組織からなる．新たな二次木部組織は樹齢を数えるときに使う年輪を生み出す．

36・3　次の世代をつくる: 花の形と機能
- 植物では減数分裂によって半数体単一細胞の胞子ができる．胞子は体細胞分裂によって半数体の"配偶体"とよばれる多細胞構造を産み出す．配偶体は精子や卵を分化させる．
- 精子によって卵が受精すると二倍体細胞である接合子ができる．接合子は胞子体とよばれる，二倍体多細胞個体を生み出す．この配偶体と胞子体の世代交代は植物の生活環の特徴である．
- 被子植物では，雄性・雌性の生殖にかかわる部分は花の中に含まれている．花はがく，花弁，おしべ，心皮という四つの輪生体からできている．
- 植物の減数分裂によって胞子がつくられる．胞子が体細胞分裂を行うと小さな多細胞からなる半数体ステージ，すなわち雄性の生殖部分（葯）では花粉を，雌性の生殖部分（子房）では胚嚢をつくる．花粉には精細胞が含まれ，胚嚢には卵細胞が含まれる．
- 顕花植物は重複受精を行う．被子植物の花粉には二つの精細胞があり，一つの精細胞が卵細胞と受精すると，二倍体の1細胞からなる接合子が生まれる．もう一つの精細胞は二つの極核と受精して，胚乳（胚の発達に必要な栄養分を補給する）を形成する．
- 動物の花粉媒介者は移動することのできない植物に代わって精細胞を含む花粉を卵細胞に輸送している．

36・4　次世代をつくる: 接合子から実生へ
- 受精によって単一細胞からなる二倍体（$2n$）の接合子が生まれる．接合子は分裂を始め，胚へと発達する．胚は子房の内部に含まれている胚珠の中にある．
- 親植物は発達中の胚と胚乳の細胞に栄養を与える．胚珠の外側の細胞層は堅くなり，種子を防護する種皮となる．個々の種子（成熟した胚珠）の中には，次世代となる幼植物を成長させるための成分，すなわち成熟した胚と栄養分（おもに子葉の場合もあるし，おもに胚乳の場合もある）と種皮が含まれる．種子の周りの子房は果実を形成する．
- 種子が形成されると，胚は休眠し，そして種子が親植物から離れて分散する．種子はしばしば風や，動物に付着して，あるいは食べられる（そして排泄される）ことで分散する．
- 胚は成長を再開するのに好ましい条件に刺激されると休眠は終わる．それから種子は発芽し，実生が成長し始める．

36・5　植物ホルモン
- 植物ホルモンは植物がどうやって成長し，生殖し，環境応答を行うかコントロールする．
- オーキシンは頂芽優勢に影響を及ぼす．頂芽優勢では頂端分裂組織が側芽の成長を阻害する．頂芽優勢によって植物は一度にどれくらい一次成長を行うか調節することができる．
- サイトカイニンは細胞分裂を促進する．ジベレリン酸は茎の伸長を促進する．
- アブシシン酸（ABA）は，乾燥条件下での気孔の閉鎖を含むいくつかのストレス反応を仲介する．
- エチレンは気体の植物ホルモンであり，あるタイプの果実の成熟を促進する．

36・6　花成はどのように制御されているのか
- 多くの植物では，葉の光受容色素タンパク質複合体（フィトクロム）が日長を感知する．一度，適当な日長が検出されると，化学的シグナル（FTとよばれるタンパク質）が花成を開始させる．
- 日長は，種子が発芽するときや，冬に向けて休眠芽となるときなど，他の重要な植物の反応にも影響を及ぼす．そういった反応は光周性とよばれる．

36・7　植物はどのように自分の身を守るのか
- 植物は物理的な武器（刺や表面の毛など）と豊富な種類の毒性化学物質を使って草食動物から自身の身を守る．
- 植物は堅い外表面やよく発達した防御物質を使って病原体から自身の身を守る．
- 植物の特異的な化学的防御系は，遺伝子対遺伝子認識に基づいている．これによって特定の抵抗性（R）遺伝子をもつ植物は，相補的は遺伝子をもつ病原体を認識する，そして特定の病原体が検出されるときには防御反応をひき起こす．
- 非特異的な化学的防御には，草食動物や病原体に対抗する化学物質を生産し，周辺細胞に攻撃が差し迫っていることを伝達し，そして侵入部位の封鎖することが含まれる．

重要な用語

一年生植物（p.619）	材（p.620）
二年生植物（p.619）	早材（p.620）
多年生植物（p.619）	晩材（p.621）
無限成長（p.619）	年輪（p.621）
分裂組織（p.620）	心材（p.621）
頂端分裂組織（p.620）	辺材（p.621）
一次成長（p.620）	樹皮（p.621）
側方分裂組織（p.620）	コルク形成層（p.621）
維管束形成層（p.620）	精子（p.622）
二次成長（p.620）	卵（p.622）

接合子 (p.622)
胚 (p.622)
胞子 (p.622)
配偶体 (p.622)
胞子体 (p.623)
世代交代 (p.623)
がく (p.623)
花弁 (p.623)
おしべ (p.623)
心皮 (p.623)
胚嚢 (p.623)
花粉 (p.623)
胚乳 (p.624)
重複受精 (p.624)

花粉媒介者（送粉者）(p.624)
共進化 (p.625)
種子 (p.626)
果実 (p.626)
休眠 (p.626)
オーキシン (p.627)
頂芽優勢 (p.628)
サイトカイニン (p.628)
ジベレリン (p.628)
アブシシン酸 (ABA) (p.628)
エチレン (p.628)
光周性 (p.629)
遺伝子対遺伝子認識 (p.629)

　　(c) 植物が日長を感知できるようにする.
　　(d) 根の成長の阻害のことである.
7. 木の幹と枝の太さが増加のほとんどは，どの部位の細胞分裂によるか.
　　(a) 頂端分裂組織
　　(b) 師管
　　(c) コルク
　　(d) 側芽
8. 顕花植物では，減数分裂によって直接生み出されるものは，以下のうちどれか.
　　(a) 半数体の胞子
　　(b) 花粉
　　(c) 胚嚢
　　(d) 胚乳

復習問題

1. 頂端分裂組織の細胞分裂によって起こる長さの増加は何とよばれているか.
　　(a) 一次成長
　　(b) 二次成長
　　(c) 頂芽優勢
　　(d) 二次木部
2. 顕花植物では花粉管は二つの精細胞を胚嚢に運ぶ．これらの精細胞の運命はどうなるか.
　　(a) 一つの精細胞は卵細胞と受精して接合子になる．もう一つの精細胞は一つの細胞と受精して果実になる.
　　(b) それぞれの精細胞は別々の卵細胞と受精して，遺伝的に異なる二つの接合子を生み出す.
　　(c) 両方の精細胞とも一つの卵細胞に受精し，遺伝的に同一の二つの接合子を生み出す.
　　(d) 一つの精細胞は卵細胞と受精して接合子になる．もう一つの精細胞は二つの極核と受精して胚乳になる.
3. 植物の構造の用語で，木の材は何から成り立っているか.
　　(a) 二次木部の層
　　(b) 二次師部の層
　　(c) 胚乳
　　(d) コルク形成層
4. 成熟した胚珠は何とよばれるか.
　　(a) 子房
　　(b) 胚
　　(c) 種子
　　(d) 胚乳
5. 植物がもつ特別な化学的な防御は何に依存しているか.
　　(a) サイトカイニン
　　(b) 遺伝子対遺伝子認識
　　(c) 頂芽優勢
　　(d) 抗体
6. 頂芽優勢は，
　　(a) 頂端分裂組織が芽の成長を阻害するときに起こる.
　　(b) ジベレリンによって起こる.

分析と応用

1. "無限成長"とはどのようなことを意味するのだろうか？なぜこの成長戦略が植物の生存にとって重要であり，たいていの動物にはみられないのか説明せよ.
2. 以下の花の部分を図中で指示せよ．葯，子房，花柱，がく.
3. 顕花植物の生活環での主要な出来事を記載せよ．花粉は半数体か二倍体か？あなたの回答を説明せよ.
4. 材とは何か？どのように材は形成されるのか？辺材と心材の違いは何か？
5. 動物をひきつける新鮮な果実をもつ植物では，果実は種子が十分に成熟するまでは苦いことがよくある．なぜこのような性質が植物の生殖機会を増やすことになるのか説明せよ.
6. トマトは果実か野菜かという終わりのない議論がある．植物の生殖成長について学習したうえで，あなたならこの議論についてどのように決着をつけるか？
7. 以下の二つの遺伝的変異を両方もつ栽培植物種について考えよ．一つは人間にとって価値をもたらす変異（たとえば，クローバーで通常3枚の葉を，安定して四つ葉をつくるような変異）で，もう一つは植物が日長を感知できなくなる変異である．もしその植物を大量生産するとしたら（いわば，クローンを増やす方法で），そして，もし世界中の人々が自分たちの庭にそれらを植えたなら，世界のどの地域で変異体は繁殖すると思うか？そして世界のどの地域で変異体はあまり育たず繁殖しないと思うか？
8. 植物はどうやって草食動物や病原体に対して自分の身を防御しているのか説明せよ.

ニュースで見る生物学

As Earth Warms, Move Species to Save Them?
BY BALLIATEWARI

地球が温暖化したら，種を救うため移動させるか？

カナダ西部と米国（西部）の荒れ地で，科学者たちはその場所に本来いない樹木を植えている．それは地球温暖化に脅かされている樹木を，気候変動のさなかでも繁茂するかもしれない場所に移動させるという大胆な実験である．

溝が深く入った厚い樹皮と緑の針状の葉をもつアメリカカラマツを植えてみる．この木はブリティッシュコロンビアの南部の谷と低い山腹で成長する．カナダの山林管理人はその種子をさらに北（ちょうど北極圏のすぐ手前）に植えたら，どのように育つのかテストをしている．

ノーベル賞を受賞した"気候変動に関する政府間パネル（IPCC）"による2007年の報告書の評価では，地球温度が上昇するにつれて，世界のおよそ約20～30％の生物種がおそらく2100年までに絶滅の危機に直面するという．

"私たちが今日植える木はもちろん，単に今日の気候ではなく，これまでの80年間の気候によりよく適応しているのだ"と，ブリティッシュコロンビア森林原野省の遺伝学者 Greg O'Neill は言った．"私たちは真に長期的なことを考えなければならない"．

O'Neill は，ある北アメリカの森林を"気候変動研究所"に転換させるという，政府が資金提供する実験を率いている．大規模なこの分野の初のテストでは，1ダース以上の材木種の種子を，通常の生育に適した場所以外の地域にまいて，今後数十年間の経過を観察する．

部外者たちもこの実験を，専門的には"支援された移住"と知られるテストケースとして注視している．"自然に種が移動するほうが望ましいのはもちろんです"とデュークの保全生物学者 Stuart Pimm は言った．"しかし，時にここからそこへ着くことができません．種によっては分離してしまって行き詰まってしまうでしょう…"

この春，作業員はブリティッシュコロンビアの南の内部の山林と，ワシントン州セントヘレンズ山近くの私有地の試験場において，岩山を横切って扇型に広がって最初の大量の植え付け作業をした．

個々の試験場には平均して30cmほどの高さの約3000本の実生の苗が2万m^2の土地に並んで植えられている．蛍光色の旗とアルミニウム杭が四隅に立っているので，科学者は5年ごとに戻って樹々の健康状態を記載することができる．

プロジェクトは，最終的にブリティッシュコロンビア，ワシントン州，オレゴン，モンタナおよびアイダホの48箇所に及ぶだろう．そして，15種類の樹々が，以前よりも寒いあるいは暑い環境で生き延びることができるかをテストすることになるだろう．

個々の木は『ロード・オブ・ザ・リング』のエントのように歩くことはできないとはいえ，実際に森は移動する．化石の記録では，トウヒの地理的分布はこの1万8千年以上の間に1000km以上北方に移動している．事実，気候変動によって北部の気候が温暖化しているので，米国だけで十数種類の木が年間平均約100km北方に向かっている．

地球の気候が多くの植物の進化のスピードよりも速く温暖化しており，いくつかの種は南方地域に起こると思われる乾燥と高温を生き残れないだろうと思われることから，研究者たちはこれらの木の種子を移動させることによって北への移住を手助けすることに決めた．木を育て，材木を回収する人にとって，あるいは木製品を使う人にとっては，木の産地が信頼できることが重要だ．木を新たな生態系に移動させることがそれらの生態系にどんな影響を及ぼすのかわからない．しかし，材木研究者たちはある樹木の集団を移住させることは，まるごと全部失うよりはましだと信じている．

森林生態系とは単に新しい家に運べるような樹木や灌木の種のある1グループのことではない．生態系はふつう数百もの共進化した種（たとえば，植物の根に寄生する菌類や送粉する昆虫なども含まれる）から成り立っている．それゆえ，たとえ2,3種類の木を北へ移住させる実験が成功したとしても，森林生態系を移動させることにはならないだろう．そして，森林をさらに北へ移動させるのは，良くないことかもしれない．最近の気候モデルでは，樹木が北極ツンドラ（草とひざの高さほどの灌木地帯）に移動するにつれて，前線の森林が温暖化を促進することが示唆されている．森林はツンドラの乾燥した空気より多くの熱を含む湿気を蓄積する．そして，森林の濃い色はより多くの太陽光を吸収して保持してしまうので，このことも地球温暖化に貢献してしまう．

このニュースを考える

1. この記事には，研究者たちが3000本の樹木の実生を植えたことが述べられている．どのような対照実験（コントロール実験）を行えば，研究者たちは移動させた森林がそれまでいた場所と同じように移動先でうまく生きているということが言えるだろうか．
2. 樹木には風媒花や虫媒花の種もある．もし，花粉媒介者の虫がいない場所に移動させられてしまったとしたら，虫媒花の樹木には何が起こるだろうか．
3. ツンドラの価値と，樹木の侵食がツンドラにどのような影響を与えるかを議論しなさい．

出典：Balliatewari's "Hum Kisise Kam Nahin" blog, 2009年7月20日, http://pramodtrivedi.blogspot.com

付録1　地球生命史の中の重要な出来事

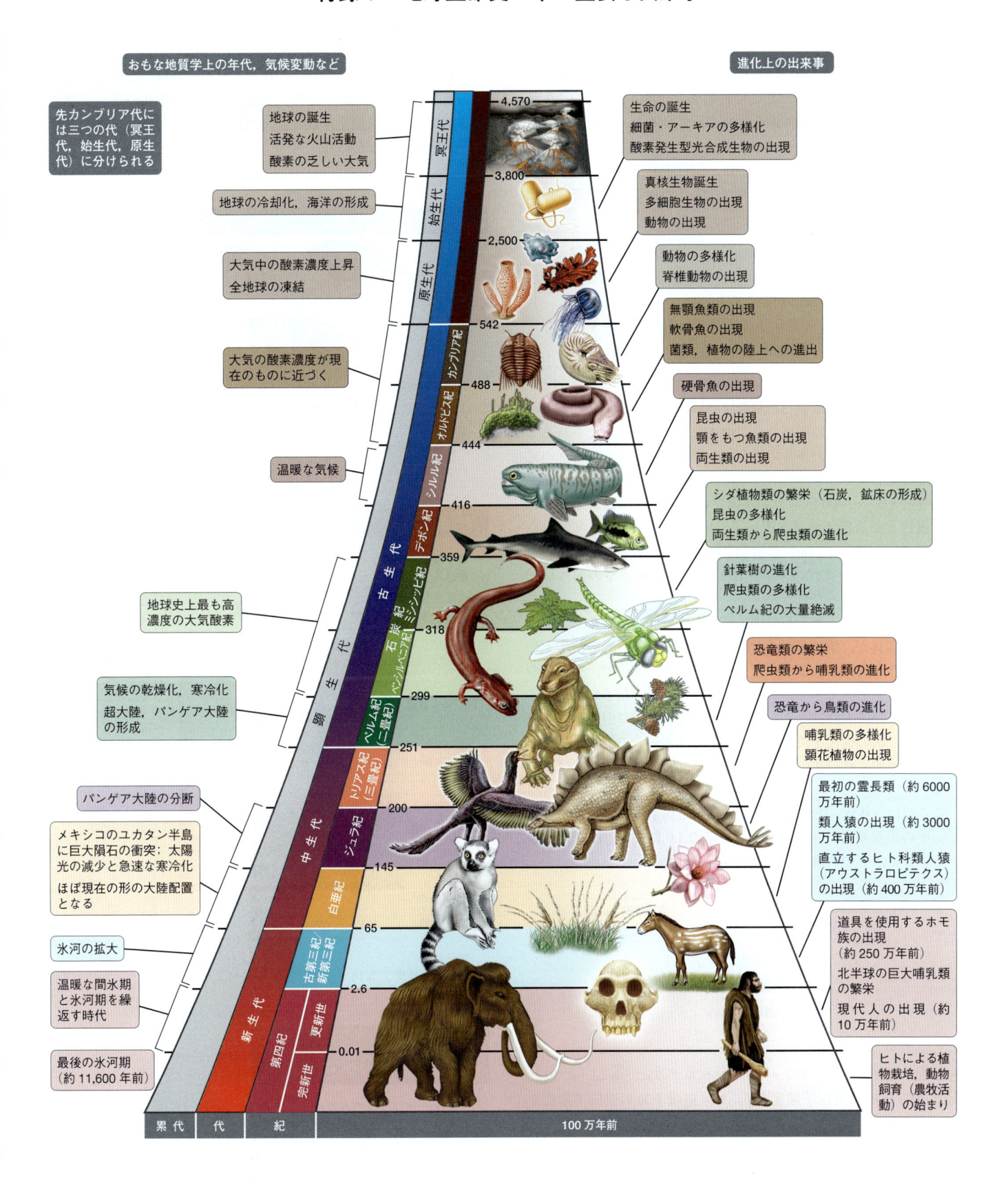

おもな地質学上の年代，気候変動など

- 先カンブリア代には三つの代（冥王代，始生代，原生代）に分けられる
- 地球の誕生　活発な火山活動　酸素の乏しい大気
- 地球の冷却化，海洋の形成
- 大気中の酸素濃度上昇　全地球の凍結
- 大気の酸素濃度が現在のものに近づく
- 温暖な気候
- 地球史上最も高濃度の大気酸素
- 気候の乾燥化，寒冷化　超大陸，パンゲア大陸の形成
- パンゲア大陸の分断
- メキシコのユカタン半島に巨大隕石の衝突；太陽光の減少と急速な寒冷化　ほぼ現在の形の大陸配置となる
- 氷河の拡大
- 温暖な間氷期と氷河期を繰返す時代
- 最後の氷河期（約11,600年前）

年代区分（累代／代／紀）

- 冥王代　4,570
- 始生代　3,800
- 原生代　2,500
- 顕生代
  - 古生代
    - カンブリア紀　542
    - オルドビス紀　488
    - シルル紀　444
    - デボン紀　416
    - 石炭紀（ミシシッピ紀／ペンシルバニア紀）　359
    - ペルム紀（二畳紀）　318 / 299
  - 中生代
    - トリアス紀（三畳紀）　251
    - ジュラ紀　200
    - 白亜紀　145
  - 新生代
    - 古第三紀／新第三紀　65
    - 第四紀　更新世　2.6
    - 完新世　0.01

（100万年前）

進化上の出来事

- 生命の誕生　細菌・アーキアの多様化　酸素発生型光合成生物の出現
- 真核生物誕生　多細胞生物の出現　動物の出現
- 動物の多様化　脊椎動物の出現
- 無顎魚類の出現　軟骨魚の出現　菌類，植物の陸上への進出
- 硬骨魚の出現
- 昆虫の出現　顎をもつ魚類の出現　両生類の出現
- シダ植物類の繁栄（石炭，鉱床の形成）　昆虫の多様化　両生類から爬虫類の進化
- 針葉樹の進化　爬虫類の多様化　ペルム紀の大量絶滅
- 恐竜類の繁栄　爬虫類から哺乳類の進化
- 恐竜から鳥類の進化
- 哺乳類の多様化　顕花植物の出現
- 最初の霊長類（約6000万年前）
- 類人猿の出現（約3000万年前）
- 直立するヒト科類人猿（アウストラロピテクス）の出現（約400万年前）
- 道具を使用するホモ族の出現（約250万年前）
- 北半球の巨大哺乳類の繁栄
- 現代人の出現（約10万年前）
- ヒトによる植物栽培，動物飼育（農牧活動）の始まり

付録2　ハーディー・ワインベルグの式

ここでは進化が起こらない個体群で，遺伝子頻度をどのように表現できるかを紹介する．ここで説明する式は，p.327の"生活の中の生物学"で紹介した進化の起こっているケースを調べるもとの基準となるハーディー・ワインベルグの式である．

個体群が進化する原因となるのは，突然変異，遺伝子流動，遺伝的浮動，および自然選択であるが，進化の起こらない条件はその逆で，つぎの四つとなる．

1. 突然変異で，対立遺伝子の遺伝子頻度に変化が起こらない．
2. 遺伝子流動が起こらない．つまり，個体，種子，配偶子の流入で，対立遺伝子の流入が起こらない．
3. 遺伝的浮動によって遺伝子頻度が変わらない．個体群が非常に大きな場合，この条件が成り立つ．
4. 自然選択が起こらない．

この四つの条件が成立した場合にハーディー・ワインベルグの式が成り立つ．自然の環境で，この4条件が厳密に満たされることはほとんどないが，多くの場合ハーディー・ワインベルグの式が，ほぼ成立する．

題材として，1000匹のガの集団を考えることにしよう．翅の色で優性となる橙色の対立遺伝子（W）の頻度を0.4，劣性の白色の翅の対立遺伝子（w）の遺伝子頻度を0.6とする．進化がない条件では，次の世代のWW，Ww，wwの遺伝子型の個体はどのような比率になるだろうか．

もし，交配がまったく不規則に起こるならば（つまり，すべての形質の個体が，別の個体と同じ確率で交配する），また，上の四つの条件が満たされるならば，右図に示した方法で，次世代の遺伝子頻度を予測できる．これは，すべての卵・精子を集めてよく混合して袋に入れ，そこから卵・精子を一つずつ引き抜いて交配させて，次の世代を決めるのと同じである．この操作をする限り，図で示すように次の世代になっても，ガの遺伝子頻度は変化しない．

ここでは，WW，Ww，wwの3種類の遺伝子型しかできないので，その出現頻度の合計はいつも一定の1.0になる．図からもわかるように，三つの遺伝子型の頻度を合計すると，

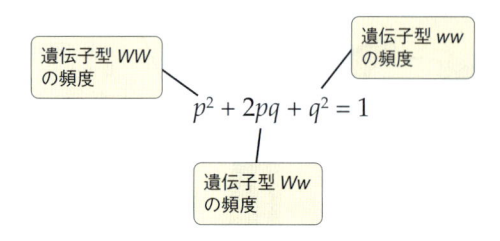

$$p^2 + 2pq + q^2 = 1$$

（p^2：遺伝子型WWの頻度，$2pq$：遺伝子型Wwの頻度，q^2：遺伝子型wwの頻度）

となる．これが，ハーディー・ワインベルグの式である．式では，対立遺伝子Wの遺伝子頻度をp，対立遺伝子wの遺伝子頻度をqと置いている．

一般に，前述の四つの条件が成り立っていれば，この遺伝子型の頻度p^2，$2pq$，q^2はいつでも一定となる．個体群の遺伝子型の頻度がこの式で表現できるとき，これをハーディー・ワインベルグ**平衡状態**にあるという．

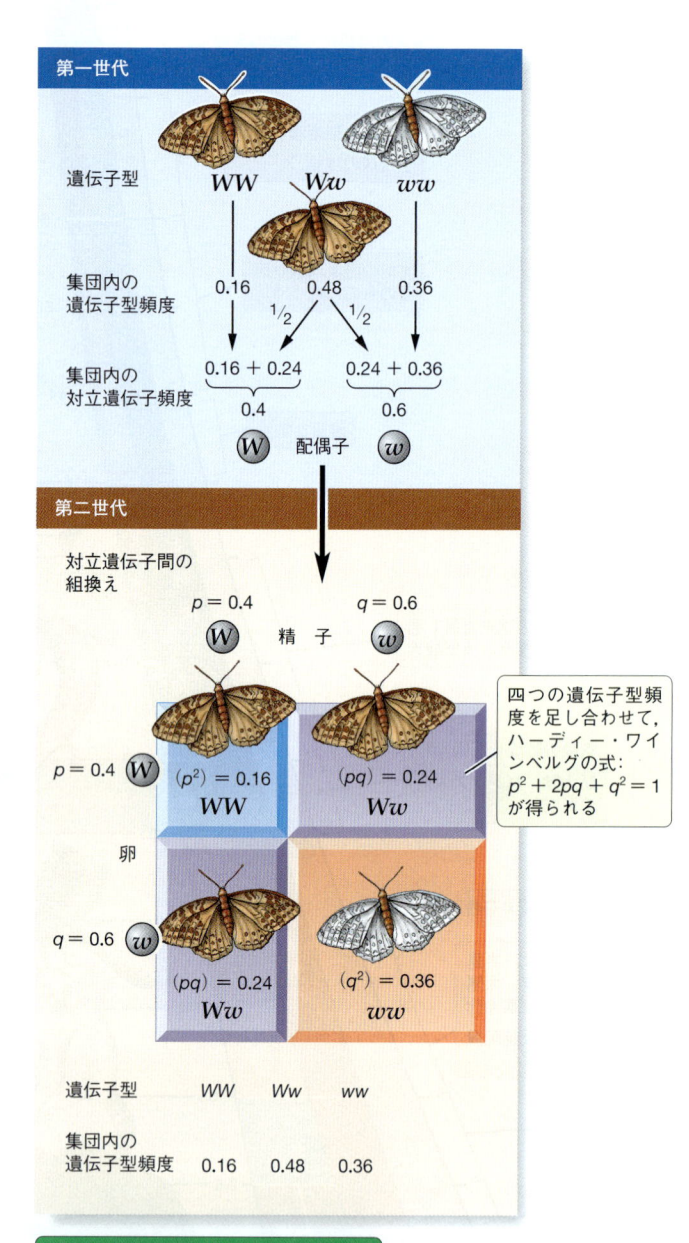

第一世代

遺伝子型　WW　Ww　ww

集団内の遺伝子型頻度　0.16　0.48　0.36

集団内の対立遺伝子頻度　0.16 + 0.24 = 0.4　　0.24 + 0.36 = 0.6

配偶子　W　w

第二世代

対立遺伝子間の組換え

$p = 0.4$ 精子 W　　$q = 0.6$ 精子 w

$p = 0.4$ 卵 W：$(p^2) = 0.16$ WW　　$(pq) = 0.24$ Ww

$q = 0.6$ 卵 w：$(pq) = 0.24$ Ww　　$(q^2) = 0.36$ ww

四つの遺伝子型頻度を足し合わせて，ハーディー・ワインベルグの式：$p^2 + 2pq + q^2 = 1$ が得られる

遺伝子型　WW　Ww　ww

集団内の遺伝子型頻度　0.16　0.48　0.36

結論： 第一世代と第二世代で遺伝子頻度および遺伝子型頻度は変わらない

ハーディー・ワインベルグの式　交配が不規則に起こり，進化の起こらない条件下では，Wの頻度p，wの頻度qが一定のままである．

付録3 元素の周期表

付録4　本書で扱う単位

長さの単位

ナノメートル(nm)	= 0.000000001 (10^{-9}) m
マイクロメートル(μm)	= 0.000001 (10^{-6}) m
ミリメートル(mm)	= 0.001 (10^{-3}) m
センチメートル(cm)	= 0.01 (10^{-2}) m
メートル(m)	
キロメートル(km)	= 1000 (10^{3}) m

重さの単位

ナノグラム(ng)	= 0.000000001 (10^{-9}) g
マイクログラム(μg)	= 0.000001 (10^{-6}) g
ミリグラム(mg)	= 0.001 (10^{-3}) g
グラム(g)	
キログラム(kg)	= 1000 (10^{3}) g
トン(t)	= 1,000,000 (10^{6}) g = 10^{3} kg

容積の単位

マイクロリットル(μL)	= 0.000001 (10^{-6}) L
ミリリットル(mL)	= 0.001 (10^{-3}) L
リットル(L)	
キロリットル(kL)	= 1000 (10^{3}) L

温度の単位

セルシウス温度（摂氏温度）（°C）

復習問題の解答

第1章
1. (a)
2. (b)
3. (d)
4. (c)
5. (d)
6. (a)
7. (c)
8. (b)
9. (c)

第2章
1. (c)
2. (c)
3. (c)
4. (c)
5. (d)
6. (b)
7. (d)
8. (c)

第3章
1. (c)
2. (d)
3. (c)
4. (c)
5. (c)
6. (a)
7. (a)
8. (c)

第4章
1. (a)
2. (b)
3. (d)
4. (b)
5. (b)
6. (b)
7. (a)
8. (d)

第5章
1. (a)
2. (c)
3. (d)
4. (a)
5. (c)
6. (b)
7. (c)
8. (b)
9. (d)
10. (c)
11. (c)
12. (d)
13. (a)
14. (b)

第6章
1. (b)
2. (a)
3. (c)
4. (d)
5. (b)
6. (a)
7. (b)
8. (a)
9. (b)
10. (c)

第7章
1. (d)
2. (b)
3. (a)
4. (c)
5. (c)
6. (d)
7. (b)
8. (a)
9. (a)
10. (b)

第8章
1. (c)
2. (a)
3. (b)
4. (c)
5. (d)
6. (a)
7. (c)
8. (d)
9. (d)
10. (c)

第9章
1. (d)
2. (b)
3. (d)
4. (b)
5. (b)
6. (c)
7. (a)
8. (d)
9. (b)
10. (c)

第10章
1. (b)
2. (a)
3. (b)
4. (d)
5. (c)
6. (c)
7. (d)
8. (a)

第11章
1. (d)
2. (b)
3. (c)
4. (d)
5. (c)
6. (c)
7. (d)
8. (c)
9. (c)

第12章
1. (a)
2. (b)
3. (d)
4. (d)
5. (a)
6. (a)
7. (d)

第13章
1. (c)
2. (b)
3. (c)
4. (c)
5. (a)
6. (c)
7. (d)

第14章
1. (c)
2. (c)
3. (b)
4. (a)
5. (c)
6. (d)
7. (c)
8. (c)

第15章
1. (b)
2. (c)
3. (b)
4. (d)
5. (a)
6. (b)
7. (b)
8. (c)

第16章
1. (c)
2. (d)
3. (d)
4. (a)
5. (c)
6. (a)
7. (d)

第17章
1. (d)
2. (d)
3. (c)
4. (a)
5. (b)
6. (c)
7. (d)
8. (a)
9. (b)
10. (c)

第18章
1. (b)
2. (a)
3. (b)
4. (d)
5. (c)
6. (a)
7. (c)
8. (d)

第19章
1. (b)
2. (b)
3. (c)
4. (a)
5. (d)
6. (d)
7. (b)
8. (d)
9. (b)
10. (c)

第20章
1. (d)
2. (d)
3. (b)
4. (a)
5. (c)
6. (c)
7. (a)
8. (b)
9. (b)
10. (b)

第21章
1. (c)
2. (d)
3. (c)
4. (b)
5. (c)
6. (d)
7. (a)
8. (b)
9. (c)
10. (b)

第22章
1. (d)
2. (b)
3. (b)
4. (c)
5. (d)
6. (a)
7. (b)
8. (b)

第23章
1. (d)
2. (b)
3. (d)
4. (c)
5. (c)
6. (b)
7. (d)
8. (a)

第24章
1. (c)
2. (a)
3. (d)
4. (a)
5. (b)
6. (b)
7. (c)
8. (d)
9. (d)

第25章
1. (a)
2. (b)
3. (a)
4. (d)
5. (a)
6. (b)
7. (c)

第26章
1. (c)
2. (d)
3. (c)
4. (b)
5. (a)
6. (d)
7. (c)
8. (d)
9. (c)
10. (a)

第27章
1. (d)
2. (d)
3. (c)
4. (b)
5. (c)
6. (d)
7. (d)
8. (b)
9. (c)
10. (d)

第28章
1. (c)
2. (d)
3. (b)
4. (c)
5. (c)
6. (a)
7. (c)
8. (c)
9. (a)
10. (c)
11. (b)
12. (b)

第29章
1. (d)
2. (c)
3. (d)
4. (b)
5. (c)
6. (a)
7. (d)
8. (c)
9. (b)
10. (d)

第30章
1. (c)
2. (d)
3. (a)
4. (c)
5. (b)
6. (a)
7. (d)
8. (a)
9. (c)
10. (a)
11. (b)
12. (c)

第31章
1. (a,b)
2. (d)
3. (c)
4. (a)
5. (b)
6. (b)
7. (d)
8. (a)
9. (c)
10. (b)

第32章
1. (b)
2. (d)
3. (b)
4. (c)
5. (b)
6. (b)
7. (c)
8. (d)
9. (c)
10. (b)

第33章
1. (c)
2. (d)
3. (b)
4. (a)
5. (b)
6. (a)
7. (a)
8. (c)
9. (c)
10. (d)

第34章
1. (b)
2. (d)
3. (c)
4. (c)
5. (d)
6. (a)
7. (c)
8. (b)
9. (a)
10. (c)

第35章
1. (b)
2. (d)
3. (c)
4. (a)
5. (c)
6. (b)
7. (c)
8. (b)

第36章
1. (a)
2. (d)
3. (a)
4. (c)
5. (b)
6. (a)
7. (d)
8. (a)

分析と応用の解答

第1章

1. 科学とは，自然界に関する知識を体系化したもの，そして，その事実に基づいて知識を生み出す作業をさす．科学的な方法の特徴は，①自然界にかかわるもので，検出・観察・測定できるものを対象にしていること，②観察や実験を通して，さし示すことのできる証拠に基づくものであること，③科学的な知識は，個々に専門家の客観的な評価を受けること，④どのような証拠や反論にも，いつでも応じる準備ができていること，⑤修正を繰返すべき性質のものであること，である．

しかし，科学は人のいかなる疑問にも答えられるものではない．私たちの世界についての自然法則を探求することだけに限られる．たとえば，道徳的に何が正しく，何が間違っているのか，それを決めることはできない．また，神仏の存在や超自然的な現象があることを科学で論じることはできない．科学によって可能なのは，客観的な事実の発見を目指すことだけである．何が美しく，醜いことか，そういった主観的な課題を扱うことはできない．

2. "相関がある"とは，ある変数の値に対応して，別の変数の値を予測できるケースで，自然界の複数の事柄（変数）が，何かしらの関連性をもって変化することを意味する．しかし，"相関がある"とは，必ずしも"因果関係がある"ことと同じではない．

たとえば，皮膚がんの発生率は1950年以降急速に増えているが，それは日焼け止めクリームの使用量が急速に増えたのと相関がある．しかし，これは，日焼け止めクリームが，皮膚がんの原因となっていることを意味しない．その後の研究で，第二次世界大戦後，日光浴の習慣が定着し，それまであまり太陽光にさらされる経験の少ない人ほど，日焼けに対しての安全意識が欠如しており，日焼けしやすい傾向にある点が明らかになった．さらに，皮膚科の専門医の調べでは，多くの人が間違った日焼け止めの使い方をしている．たとえば，紫外線防護に必要な量を使っておらず，また使用頻度も低いという．

別の例を紹介する．ハンガリーの研究者によれば，パンツのポケットに携帯電話を入れて持ち運ぶ習慣の男性は，上着に入れて持ち運ぶ習慣の男性に比べて，30%精子の数が少ないという．メディアに流れた報道では，携帯電話の出す電波が精子数を減らしたということになっているが，その後，ある内科医の報告で，パンツのポケットに携帯電話を入れる男性は喫煙者であるケースが多いとのことである．上着のポケットは，つぶれにくいようにタバコの箱用に使う傾向が高いからである．喫煙者の精子数が少ないのは，すでに周知のことである．

3. 観察：ノースカロライナ州の河口で，無数の魚が，体の表面の傷から出血し，死んで水面に浮かんでいるのが見つかったこと．**仮説**：実験室の魚が，河川水に交換した途端に死んだことがあった．Burkholder博士は，その魚の死んだ水槽で *Pfiesteria* が多数見つかったので，河口での魚の大量死も同じ *Pfiesteria* が原因ではないかという仮説を立てた．**実験**：Burkholder博士は，*Pfiesteria* を分離して集め，健康な魚のいる水槽に入れた．すると，魚は短期間で死んだ．つまり，Burkholder博士が仮説をもとに予測したことを，実験は支持する結果となった．

4. 科学では，直接，また繰返して観察できる自然界の事象を科学的な事実という．また，さまざまな方法で確認された科学的な知識を"科学的な説"という．何度も確認されてきたものなので，たとえ暫定的な説であっても，その分野の専門家が，"科学的知識"として受入れることになる．

5. エネルギーは，まず太陽から地上の植物などの光合成生物（生産者）へと流れる．植物（草原のイネ科植物など）は，その太陽エネルギーを使って，糖やデンプンなど，化学的なエネルギーを生産する．レイヨウは，消費者として植物を食べ，そこからエネルギーを得る．ライオンも消費者であり，レイヨウを食べる．ダニはレイヨウやライオンの血を吸う消費者である．植物は，太陽エネルギーを生物が使うことのできる化学エネルギーに変換できるので生産者である．レイヨウ，ライオン，ダニは，植物あるいはそれを食べた動物を食べてエネルギーを得るので消費者となる．これが草原で起こっている食物連鎖である．

草原の草 ← レイヨウ → ライオン
                    ↘ ダニ

6. 生物の階層構造を最も小さいものから大きなものまで並べると（カッコ内は例），原子（炭素），分子（DNA），細胞（細菌），組織（筋組織），器官（心臓），器官系（胃，肝臓，小腸などからなる消化器系），個体（ヒト），個体群（草原のネズミの集団），群集・群落（森に生息する複数種の昆虫），生態系（ある地域の河川，生物群落の集合体），バイオーム（北極圏のツンドラやサンゴ礁），生物圏（地球）となる．

7. 米国運動協議会や消費者協会レポートは，トーニングシューズのメーカーの宣伝文句は間違いであることを明らかにしている．ACEのwebサイトを参照すると，宣伝内容を確かめるために，どのような実験をしたかがわかるだろう．

第2章

1. 統合分類学情報システム（Integrated Taxonomic Information System, http://www.itis.gov）にアクセスすると，三つのドメインに属する数十万種のデータを見ることができる．また，国際自然保護連合（International Union for Conservation of Nature, http://www.iucn.org）では，あなたの好きな種が，もし絶滅危惧種であれば，もっと詳しい情報が入手できるだろう．

リンネ式階層による分類群を，最も小さいものから並べると，種，属，科，目，綱，門，界となる．たとえば，同じ科に属する二つの生物種は，同時に，同じ目に属することになる．目が科よりも大きな分類群となるためである．目には，ある一つの科に属する生物種だけではなく，近縁の他の科の生物種も含む．

2. 光合成，植物への窒素栄養素の供給，生物死骸の分解など，原核生物が生態系の中での果たす役割は重要である．食物連鎖のうえでは，最も底辺にいる生物群で，生活スタイルという点では，顕著な多様性がみられる．原核生物は，人間社会にとっても有用な生物（流出オイルの洗浄処理，消化管の消化吸収を助けるなど）であるが，致命的な感染症の原因となるものもいる．

3. 実験を計画する前に，生物のつぎのような特性を確認しておくとよい．①細胞が生物の構成単位であること．②DNAを使い繁殖すること．③発生し成長すること．④周囲の外部環境からエネルギーを取込むこと．⑤周囲の環境変化を感知し，それに応答すること．⑥高度に複雑な組織構造や階層構造をもつこと．⑦進化すること．ウイルスは，こういった生物の特性のなかで欠落した点が多いのも知っておくとよい．実験では，こういった特性のなかから選んで，それを確かめることを行う．

4. 答えは"いいえ"．これらのアーキアを分類するときには，細胞の形はあまりよい指標にはならない．同じ形態のアーキア（球菌など）が，ここでのDNAをもとにした系統分類上で，同一分岐のクレードとはなっていないからである．つまり，球形の菌であることは，このグループでは，共有派生形質とはいえないことになる（注：近縁のグループ間で，共通祖先となる生物が進化させた独特の特徴で，その子孫種が共有する性質を共有派生形質という）．同じ理由で，似た生息場所にいることも，分類するうえでの目安にはならない．同じ祖先

から派生したグループでも，さまざまな形態（球菌や桿菌など）がみられ，生息場所も異なる（好塩性，好熱性など）．

二つ目の問いも答えは"いいえ"である．一番右側にある分類群が，左側のものに比べて，より複雑で，最も最近に分岐したものとはいえない．系統樹の各分岐点は，どの点でも 180 度（左右）逆にしても同じで，進化系統上での位置は変わらない．

5.

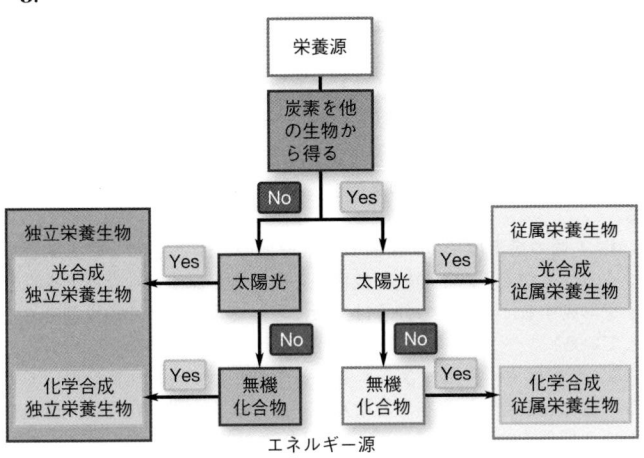

```
                    栄養源
                      │
              炭素を他の生物から得る
                   ┌──┴──┐
                   No    Yes
                   │      │
            ┌──────┘      └──────┐
      独立栄養生物              従属栄養生物
      ┌─────────┐              ┌─────────┐
      │光合成   │ Yes─太陽光    太陽光─Yes │光合成   │
      │独立栄養 │              │従属栄養 │
      │生物     │  No        No │生物     │
      ├─────────┤   │          │   ├─────────┤
      │化学合成 │ Yes─無機      無機─Yes │化学合成 │
      │独立栄養 │   化合物      化合物   │従属栄養 │
      │生物     │                        │生物     │
      └─────────┘                        └─────────┘
                       エネルギー源
```

第3章

1. 原核生物は，水平伝播というかたちで，遺伝情報をやりとりする仕組みはあるが，有性生殖は行わない．有性生殖は，四つのすべての真核生物の界に共通してみられる．有性生殖では，二つの親個体の遺伝情報を組合わせて，生まれる子は互いに，またその両方の親とも異なる組合わせの遺伝情報をもつ個体となる．有性生殖は子孫の遺伝的多様性を豊富にできるので，新規の細菌やウイルスの感染など，未知の新しい環境変化にも適応できる確率も高まる．

2. 多細胞の例：ボルボックスなどの緑藻類や，肉眼でも見ることができる大型の海藻（紅藻，褐藻類）．体を大型化できるのが多細胞化する利点である．大型化することで，太陽光などの資源をより多く獲得でき，余った栄養素の保存も容易となる．捕獲者から逃れ生き残る可能性も増す．また，種々の作業をそれぞれ特化した細胞で分業することで，より効率化できるのが特徴である．

3. 赤潮とは，光合成する植物性プランクトン（渦鞭毛虫類など）が，多量に異常繁殖すること．赤色の色素を細胞内にもち，水面が赤く見えるようになる．このような光合成プランクトンは，ヒトや他の動物の神経や筋の麻痺をひき起こすような毒素を合成するものもいる．そういった毒性物質が，一次消費者となる二枚貝の体内に蓄積し，それを食べた人や野生の動物が，麻痺性の食中毒を起こす．なぜ，赤潮が突然起こるのか，原因は完全には解明されていない．しかし，世界中で赤潮発生率が上昇しており，おそらく，流れ出した汚物や化学肥料などが原因と考えられている．

4. 菌類は吸収消化型の従属栄養生物である．対して，動物は（ヒトも）摂食消化型の従属栄養生物である．菌類は，植物よりも動物に近縁で，細胞壁に昆虫の外骨格と同じ成分であるキチンを含む．余った栄養分をグリコーゲンとして細胞内に保存するといった動物との類似点がある．最も明らかな証拠は DNA である．DNA の比較により，菌類は植物より動物に近いことがわかった．

5. 裏庭，公園，森などが，未腐食の植物体の山になるだろう．ゴミ廃棄場も木材のかけらで満ちあふれ，堆肥処理が大きな問題となるだろう．菌根菌としての共生の相棒を失った植物の多くが栄養不足に陥り，なかには絶滅するものも出てくるだろう．一方で，合成肥料を使う農場では，カビ類の被害がなくなるので大豊作となる．酵母もなくなるので，パン，ビール，ワインがなくなり，ピザの上のスライスしたマッシュルームももちろんないが，冷蔵の片隅で，カビついた果物やチーズを発見することもなくなるだろう．

6. 植物が水中から陸上に上がると，それまであった体の周りの水がなくなることになる．それに合わせた進化が必要になる．水の確保のために，植物は根系（土壌から水を栄養素を得る）と茎葉の表面を覆うワックス層（太陽光や風にさらされても乾燥しない）を進化させた．重力に逆らって，より背丈を伸ばして成長するには，丈夫なポリマー化学物質であるリグニンをつくり出し，細胞壁や水を通す管構造である木部の構造強化を可能とした．

7. 地衣類は，光合成微生物と菌類間の相利共生体である．地衣類内の微生物は，単細胞の緑藻やシアノバクテリアである（両方ともに共存することもある）．地衣類本体は薄く扁平で，植物のクチクラ層や原生生物にみられるような殻構造もなく，外敵に対して無防備である．また，体中から老廃物や毒物を取除く仕組みももたない．そのため，地衣類は大気や水に含まれる有害物質をそのまま吸収し，蓄積することになる．汚染物質に対する防御機構がないため，酸性雨，重金属，毒性の高い有機物などの影響を受けやすく，工業化の進んだ地域では地衣類が急速に消失する傾向にある．

第4章

1. 陸上の昆虫にとっての課題は，乾燥，そして重力に対して体を支える強度の問題である．キチンで強化した外骨格はこの両方の問題を解決した．外骨格によって体の乾燥を防ぎ，同時に，体の構造強化もできるからである．甲殻類が体の外部に飛び出したえらをもっていたのに対して，昆虫の呼吸は体内の気管で行い，呼吸器系の細胞表面から水分が失われるのを防いでいる．

2. カイメンは，真の意味での組織構造がなく，体の対称性もない．対して巻き貝は，組織，器官，器官系をもち，左右相称（殻ではなく体の内部が）で，真体腔，体節構造をもつ．脳-感覚器が頭部に集中した頭部構造も完成している（頭化）．スポンジボブ・スクエアパンツに登場するキャラクターは，海洋生物学者であった Stephen Hillenburg 氏が作ったもので，旧口動物のものが多い．ゲイリーは軟体動物の巻貝，イカルドは同じく軟体動物頭足類のイカだがタコ好きなイカ，カーニは甲殻類のコシオレガニである．パトリックは棘皮動物のヒトデで，新口動物である．唯一の脊索動物は，リスのサンディである．ずる賢い悪党キャラクターのプランクトンは動物ではない，原生生物である．

3. 同じようなユニット構造の繰返しパターンの体節構造は，進化のうえでは大きな発明品といえるだろう．体節の特殊化を促し，付属肢が多様化して，特殊な機能を担うようになり，その結果，新しい生息環境，生活スタイルへ適応範囲を広げることができるようになったからである．ロブスターやザリガニが，そのような体節構造の多様な進化を示すよい例であろう．

4. カイメン以外のすべての動物でみられる筋と神経組織は，動物の効率の良い運動のためには不可欠であった．線虫などの体液で満たされた擬体腔は，移動するときの水力学的骨格としてはたらく．他の大きな進化上の特徴は，旧口動物の外骨格や脊索動物の内骨格である．骨格に連結した筋組織の収縮によって，効率の良い運動が可能となった．左右相称性な体制，対になった付属肢，脳と神経を全部に集約する頭化は，素早く効率の良い運動を可能にする進化の結果である．

対になった胸びれ，腹びれでの舵取り，尾びれの生み出す強力な推進力で，魚は水中で自在に移動できる．四肢動物は，四肢を使って動物の体重を支え，移動する．そのための四肢を丈夫な内部の骨で支え，駆動範囲も大きくなった．動物の移動能力のおかげで，餌を捕らえ，あるいは捕獲者から逃れ，配偶相手をひきつけ，子孫を保護し，新しい生息地へと展開することも容易となった．

5. 鳥類は，飛翔のために空洞が多く軽量化した丈夫な骨をもっている．歯のないくちばし，体内の器官の数を減らした（たとえば，単一の卵巣など）のも体重軽減のためである．前脚の羽毛は体温維持のためのものではなく飛行用に丈夫になり，尾部の羽毛は飛行安定化のための尾翼のはたらきをもつようになった．

また，恐竜や他の爬虫類と同じように，産卵し，うろこで覆われた脚がある．しかし，心臓は，両生類や爬虫類とは異なり，ヒトと同じ

2心房2心室で，酸素の多い血液と少ない血液は，完全に分けて循環でき，高い代謝を維持できるように酸素の豊富な血液を全身に供給できるようになっている．呼吸器の効率はむしろ私たちの仕組みよりは優れていて，肺の中での空気の流れが一方向で，出て行く呼気と取入れる吸気とが混ざり合わないようになっている．対して，私たちの哺乳類の呼吸器では，呼気と吸気は同じ通路を通るので（流れの方向が逆転する），二つが混ざり合うのは避けられない．哺乳類と同じように，鳥類は内温動物で，恒温動物である．

6. 鳥類の卵の中では，胚が体外に広がった層状の膜（羊膜を含む）で包まれ保護されている．この膜は，ガス交換のほかに，老廃物を集めて蓄える機能もある．また，炭酸カルシウムでできた卵の殻は，水分の損失を抑える一方で，呼吸に必要な酸素を取入れ，不要な二酸化炭素を放出できるように小さな孔が多数空いている．卵内部には相当量の卵黄が蓄えられていて，胚は十分な段階まで発生を進めた後で，殻を割ってふ化することになる．

7. 羽毛は獣脚類の恐竜で進化した形質であるが，はじめは体温を保持するためのものであった．やがて，前脚の羽毛は，長距離飛行用の翼となった．羽毛をつけた獣脚類恐竜の化石から，前翼は貧弱で飛行はできなかったと考えられている．これは，羽毛がはじめは保温用に進化した構造で，その後，滑空や飛行できるように進化した証拠である．

8. 未熟な動物の幼生が複数のステップで成体へと変化することを変態という．バッタやゴキブリのように，脱皮と成長を経て，徐々に形態の変化が起こる場合の変態を，不完全変態という．対して，チョウのように，幼虫から，何一つ似たところのない成虫へと，ある段階で，劇的な変化を遂げるものを完全変態という．

変態は，一つの生活環の中で異なる二つの形態をもつことで，まったく異なる特化した二つの生活スタイルを成功させるうまい方法である．たとえば，チョウの幼虫のイモムシの体制は，ある限られた領域の植物を貪食できるように適応した姿で，一方，成虫のチョウは，配偶者を探し出し，卵を産卵するのに良好な場所を飛翔して見つけるのに適した体制である．二つのまったく異なる生活スタイルをとることで，片方の形態だけでは得られない，多様で大量の資源を獲得できる点で優れている．

9. 哺乳類は内温動物（体内の代謝反応で発熱する動物）であり，ほぼ一定の体温を保つことができる恒温動物である．体毛（ケラチンでできた皮膚表面の繊維）によって熱の閉じ込め，高い保温効果が生まれる．立毛筋とよばれる皮膚下の筋で，体毛の角度を変えて空気層の厚みを変え，断熱効果を調節することもできる．また，汗腺をもつのは哺乳類だけである．気化熱によって体温を下げられるので，砂漠のように非常に熱く乾燥した環境にいても，体温を維持することができる．

10. 哺乳類の雌は，乳腺から分泌される脂肪，塩類などの栄養素を豊富に含む母乳を使って新生仔を哺育する．単孔類は産卵し，新生仔はまだ未成熟な状態でふ化する．母親は，体毛の上へ直接乳腺から乳を分泌させるが，卵からふ化した新生仔は，体毛をなめて，その乳を飲む．有袋類の雌は，それよりはやや発生の進行した状態の新生仔を産み，その後，育児嚢の中で成長する．育児嚢内に乳頭をもつ乳腺があり，新生児はそこから直接乳を飲む．真獣類の妊娠期間は，これらよりずっと長く，新生仔は発生がかなり進行した状態で生まれる．雌は腹部にある乳頭（通常，複数対）から新生仔に授乳する．

第5章

1. モノマーは小型の分子で，大きな分子（巨大分子）における繰返しの構造の構成単位である．モノマーを構成単位としてもっている高分子はポリマーとよばれる．トリグリセリドやステロールのような脂質は高分子であるが，個々の単位の繰返しでできているのではないので，ポリマーとはみなされない．

2. 純粋な水のpHは7である．pHスケールの単位は水中の遊離水素イオンの濃度を表している．塩基が存在すると，溶液のpHは7より大きくなるが，それは水酸化物イオンが水素イオンより多いことを意味し，溶液は塩基性となる．酸が存在すると，pHは7以下になり，それは遊離の水素イオンが水酸化物イオンより多いことを意味し，溶液は酸性となる．純水は等量の水素イオンと水酸化物イオンを含んでおり，それゆえに中性である．

3. 水素結合は非共有結合の一つで，局所的に正の電荷をもった水素原子と局所的に負の電荷をもった他の原子との間の静電的な引力による結合である．水素結合は共有結合より弱いイオン結合よりもさらに弱い．水分子は極性をもっている，すなわち，酸素原子の領域はわずかに負で，水素原子の領域はわずかに正である．この性質は，水分子間に水素結合をつくり出している．その理由は，一つ一つの局所的に電荷を帯びた水中の水素原子は，そのすぐ近傍の水分子の酸素原子のような局所的に負の電荷を帯びた原子に引きつけられるからである．

4. 1個の炭素原子は，4個の炭素や他の原子と強固な共有結合をつくることができ，その結果数百から数千もの原子からなる大きな分子を形成する．これらの分子は生命にとって重要な多くの役割を果たしている．

5. 細胞はすぐ利用できるエネルギー源として炭水化物を用いている．植物の細胞壁に存在するセルロースのような炭水化物は，構造をつくる機能をもっている．遺伝情報を運ぶDNAやRNAのような核酸はヌクレオチドのポリマーである．ある種のヌクレオチドはエネルギー運搬分子としてはたらく．タンパク質は生化学反応を触媒する酵素としてはたらくとともに，生命体の物理的構造としてもはたらいている．トリグリセリドのような脂質は長期的なエネルギー保存の一般的な手段であり，リン脂質のような脂質は細胞膜の重要な構成成分である．

6.

食材	高分子	おもな成分	機能
ハンバーガーのパン	デンプン（多糖類）	グルコース（糖）	エネルギー源として：他の生体分子の構成要素
レタス	セルロース（多糖類）	グルコース（糖）	消化されないので栄養にはならない：腸の健康に重要
ひき肉	タンパク質	アミノ酸	タンパク質や神経伝達物質のような生体分子の構成要素
チーズ	トリグリセリド（脂肪）	脂肪酸；グリセロール	エネルギー源：膜のリン脂質のような生体分子の構成要素

7. 人体に豊富に含まれ，岩石にはまれな元素は炭素と窒素である．アミノ酸はこれらの元素を二つとも含んでいる．タンパク質はアミノ酸からなるポリマーである．

8. ブラックコーヒーの溶媒は水である．砂糖とホイップクリームを加えた一杯のコーヒー中の親水性溶質はカフェインを含む数百の有機分子と糖（二糖類の砂糖）である．たぶん多少はコーヒーに混ざっているが大部分は上に浮いている疎水性の物質は，ホイップクリームの成分で，ほとんどが脂質（トリグリセリドと脂肪酸）である．

9. 氷は水より9％密度が低く，そのため氷は水に浮く．もし氷が水よりも密度が高い場合，冬にはその湖の底に沈んでしまうだろう．そして湖は底から上へと凍っていくだろう．しかしそうではなく，氷は湖の表面に張ることで断熱毛布のようにはたらくので，水生生物がその下の液体の水の中で冬を生き延びることができる．

液体の水の中の水分子はかなり激しく運動しており，近傍の水分子との水素結合は常につくられたり壊れたりしている．氷中の水分子のエネルギーは低く，それほど激しく動けない．そして水分子はより安定な水素結合のネットワークをつくっている．一定量の液体の水は，氷になるとより多くの空間を占めるようになる．その理由は，氷中では分子がより離れて配置するようになり，結晶格子とよばれる規則的なパターンに固定されるからである．

第6章

1. すべての細胞に共通の機構の一つは細胞膜で，細胞と外界との境界をつくる．細胞膜には選択的透過性があり，物質の出入りを制御している．原核細胞と真核細胞が共通してもつものにはほかにDNA，サイトソル，リボソームがある．DNAはそれぞれの細胞が必要とするタンパク質生成の情報を含んでいる．サイトソルは化学反応の場となる水性の溶液である．リボソームはタンパク質生成を行う場である．

2. 細胞膜のおもな構成要素はリン脂質の二重層とさまざまな膜タンパク質である．リン脂質分子は親水性の頭が細胞の内外の水性の環境にそれぞれ接するように配置されている．疎水性である脂肪酸の尾部は水性の外界から離れるように膜の内側に集合している．ある種の膜タンパク質はリン脂質二重層の全体にわたって広く位置し，選択したイオンや分子が細胞の内外に通過するための通り道にある門のようなはたらきをする．他の膜タンパク質は細胞外の変化や信号を感知するのに使われる．細胞内の構造に固定されていないタンパク質はリン脂質二重層内を横方向に自由に動く．この動きの自由さは，細胞膜はリン脂質とタンパク質の運動性の高い複合体だとする流動モザイクモデルとして知られる．この運動性は細胞全体の運動や外部からの信号を感知する能力など，多くの細胞機能に不可欠である．

3. 葉緑体は光合成をする藻類や植物でみられる．個々の葉緑体は2枚の膜と，光を吸収する緑色の色素であるクロロフィルを含む内部の膜構造網（チラコイド）をもつ．葉緑体は光エネルギーを取込んで二酸化炭素（CO_2）を糖に変換し，光合成過程で水分子（H_2O）を分解して酸素ガス（O_2）を放出する．ミトコンドリアは生産者と消費者の両方の真核生物すべてにおいてほぼすべての細胞種にみられる．個々のミトコンドリアは2枚の膜をもち，内膜は多くの中に折れるひだ（クリステ）をもち，この細胞小器官が細胞呼吸という酸素を消費する過程を通じてエネルギー担体であるATPを生産するためのタンパク質や他の要素をもつ．この過程で，有機分子（糖類など）の化学エネルギーはATP内に蓄えられるようなかたちのエネルギーに変換され，O_2が消費され，CO_2とH_2Oが放出される．

4. ほとんどの細胞は小さい．なぜならば表面積と体積の比が細胞の大きさを限定するからである．細胞の幅が増えると，体積は表面積よりも急激に増えるので，大きな細胞ほど相対的な細胞膜の面積は小さくなるが，大きな細胞ほどより多くの細胞質の体積を維持するための物質の出し入れは必要となる．

5. 多細胞化は，個々の細胞は小さいままで物質を交換するための表面積を総和として多く確保できるようになるため，生物が大きなサイズを得ることを可能にした．多細胞化によって，特殊化した細胞タイプの間での役割分担が可能となり，効率が飛躍的に向上した．

6. 細胞質を膜に包まれたそれぞれ特殊化した区画に分けることは細胞内での役割分担により速度と効率を上げる．膜に包まれた異なるタイプの細胞小器官はそれぞれ特殊化した専門の機能をもつ．独自の化学環境が膜内の区画では維持できる．たとえば，ポリマーを分解する酵素は強酸の条件で最もよくはたらくので，サイトソルのpHはほぼ中性であるが，この機能を担う細胞小器官はとても低いpHを維持する．いくつかの化学反応では副産物が生じ，それは他の生命維持に必要な反応を妨げたり細胞にとって毒となったりすることがある．このような妨害分子や毒分子を特殊な区画に閉じ込めることは巻き添えの被害を防ぐ．

7. 右上表

第7章

1. いえる．芳香分子が部屋に広がる様子は，部屋の部分で異なる分子濃度によって駆動される受動的な過程であるので拡散の例である．平衡に達したところで物質の正味の移動が止むので拡散は止まる．しかし，実際には分子は自分のもつ運動エネルギーによって動き続けている．動き続けていても，その動きは平均すると各方向に等しいので相殺されて正味の移動はなくなる．

2. ゾウリムシを取巻く池の水は細胞に比べて低張である．細胞は

第6章 7の解答

細胞内構造	おもな機能	原核生物，真核生物，植物，動物のどれにみられるか
細胞膜	細胞の境界となる．物質の内外への移動を制御する．	すべて
細胞質	水性の溶液．何千もの化学反応の場となる．	すべて
核	遺伝物質であるDNA貯蔵の場．DNA複製とRNAというかたちでの遺伝コード発現の場．	原核生物以外
リボソーム	細胞質内のタンパク質合成ユニット．	すべて
小胞体	他の細胞小器官や細胞外へ輸送されるほとんどの脂質と多くのタンパク質の合成の場．	植物・動物を含むすべての真核生物
ゴルジ体	脂質とタンパク質に荷札を付け，最終目的地へと送り出す場．	植物・動物を含むすべての真核生物
リソソーム	分子や細胞小器官を分解して再利用する．	動物と菌類やある種の原生生物などの真核生物
ミトコンドリア	エネルギー豊富な分子であり，すべての細胞が必要とするATPのかたちでエネルギーを生産する．	植物・動物を含むすべての真核生物
葉緑体	光エネルギーを用いて二酸化炭素と水から炭水化物を合成する．	植物とある種の原生生物（藻類）．他の真核生物にはみられない．
細胞骨格	細胞の形づくり，細胞内の配置決め，細胞小器官の細胞内移動，細胞全体の運動．	植物・動物を含むすべての真核生物

浸透作用によって水を得る傾向にある．ゾウリムシは収縮胞とよばれる特殊な細胞小器官をもち，常に余分な水分を集めて細胞外に排出している．

3. 食作用をもつ白血球は侵入してきた細菌を飲み込む．白血球は特殊な形のエンドサイトーシスである食作用を用いて大きな粒子や細胞まるごとを消化する．膜はこの過程で重要な役割をもつ．まずは細胞膜の外側表面の受容タンパク質が細胞内に取込むべき物質の表面特性を認識する．膜を延長し偽足を伸ばして侵入してきた細菌を包んで飲み込み小胞を形成する．この小胞がつぎにリソソームと融合することで飲み込んだ細菌は破壊される．

4. 動物の上皮細胞はその細胞膜に埋め込まれたタンパク質の帯で互いを接着する密着結合で漏れのない仕切りを形成することができる．密着結合は腸の上皮細胞の隙間から分子が滑り出て細胞層の逆側にある血流に乗るのを防ぐ．分子やイオンは腸内空間に面した上皮細胞膜によって選択的に取込まれる場合にだけ反対側に通り抜けられる．

5. LDL（低密度リポタンパク質）粒子の役割は脂質（コレステロールを含む）をこれらの脂質がつくられる肝臓から体内の他の細胞に届けることである．LDL粒子のアポリポタンパク質部分がLDL受容体によって認識される．LDL粒子とLDL受容体との結合が全複合体のエンドサイトーシスをひき起こす．エンドサイトーシスされた小胞はLDL粒子とLDL受容体の複合体を，生体分子を分解してその構成要素を再利用のために細胞質に放出するのに特化した細胞小器官であるリソソームに届ける．

第8章

1. 願わくは，あなたが，米国人10人中の4人に当たる，ほとんど毎日朝食を抜いている人でないといいのだが，ABCニュースが行った世論調査によると，朝食をきちんと食べている米国人の31%が，冷たい朝食であるシリアルを朝食の一位に選んでいた．典型的な朝食メニューのシリアルに入っている巨大分子である炭水化物，タンパク質，脂質，核酸は，小さな有機分子（糖，アミノ酸，脂肪酸，モノグリセリド，ヌクレオチド，リン酸基）に分解され，それから血液の中

に取込まれる．これらの巨大分子の中の化学エネルギーの一部は，消化されるときに熱として放出される．しかし，この熱エネルギーは，私たちの温度を少し上げること以外，細胞のはたらきにはほとんど利用することはできない．細胞呼吸によって，糖や脂肪がもつ化学エネルギーの一部が，ATP分子の化学エネルギーに変換される．しかし，その他の大部分は，熱力学第二法則にしたがって，代謝熱として放出される．

ATPは，数えきれないほどいろいろなことに使われる．心臓の筋肉を収縮させ，血液を全身に送る（化学エネルギーから運動エネルギーに変換）．脳細胞を刺激して思考を手助けする（化学エネルギーから電気エネルギーに変換）．全細胞の浸透バランスを維持するためにナトリウム-カリウムポンプに供給される（化学エネルギーから電気化学勾配の位置エネルギーに変換）．体のいろいろな場所で主要な生体分子を合成するのにも使われる（化学エネルギーから巨大分子に蓄えられる位置エネルギーに変換）．人間の体の平均的な細胞は，1分間当たり約10～20億個のATPを消費する．リン酸結合を切断する際に放出される化学エネルギーの一部が，細胞活動のエネルギー源として使われるが，大部分は代謝熱として放出される．今まであげてきたのは，あなたが生きている間に毎秒，体で起こっている，多くの種類のエネルギー変換のほんの一部である．

2. あらゆる系は，不規則で無秩序な方向へと向かう傾向にある．これを熱力学第二法則という．生物の細胞などの生命系では，化学反応を使って細胞内の秩序を維持するが，その代わりに，熱エネルギーを細胞の外に放出し，細胞や生物体の周りを，より無秩序な状態へと変えている．

3. 小さな分子から大きな分子をつくることを同化作用という．同化作用を進めるにはエネルギーが必要である．大きな分子を分解して，小さな分子をつくってエネルギーを取出すことを異化作用という．光合成は，二酸化炭素や水などの簡単な分子から糖などの大きな分子をつくるので，同化作用である．光合成を駆動するのは，光エネルギーである．

4. 酵素は，化学反応をスピードアップさせる触媒としてはたらく生体分子である．酵素は，反応物分子をより高い頻度でより正確に衝突させることで，反応速度を速める．他のあらゆる触媒と同じように，酵素は活性化エネルギーの障壁の高さを下げて，反応がより速く進むようにさせるが，酵素は反応にエネルギーを与えることはない．言い換えると，酵素は，外からエネルギーを与えないと進まない化学反応を進めることはできない．

5. 酵素の誘導適合モデルとは，酵素の活性部位に基質が結合することが引き金になって，その結合部位の構造が変形し，酵素と基質の間の結合が安定化するという考え方である．酵素に結合した基質は，手にはめたとき手袋が適切なサイズに形が変わるように，その結合部位をわずかに変形させる．

6. マオウの有効性分であるエフェドリンは，心拍数と代謝速度をあげて神経系を活性化させる神経興奮剤である．代謝熱が増加して体外に放出されることで，この薬の服用者のほとんどは，大量に汗をかくようになった．この薬が減量に非常に効果的だったのは，蓄えられていた食物の代謝を促すと同時に，食欲を抑える作用もあるからである．しかし，この薬には深刻な副作用もある．エフェドリンの服用と関連して熱射病や不整脈が原因の死亡事故が多数起こったことを受けて，FDA（米国食品医薬品局）はこの薬の販売を禁止した．

第9章

1. 動かない．非常に短い時間（数時間）でも暗所に置かれていた植物では，カルビン回路を動かし続けることはできない．その理由は，カルビン回路の酵素反応は，明反応でつくられるNADPHとATPの化学エネルギーに依存しているからである．

2. 電子が電子伝達系を移動するときに，葉緑体でもミトコンドリアでもプロトン濃度勾配ができる．プロトンは，ATP合成酵素とよばれるタンパク質の膜チャネルを通って，プロトン濃度の高い方から低い方へと移動する．プロトンは移動するときにエネルギーを放出し，それを使ってATP合成酵素がADPをリン酸化してATPをつくる．

3. 解糖系の後に起こる発酵反応はエネルギーをつくらない．発酵は，ある種の細胞では酸素供給が少ないときに即座に動き始める．発酵のおもな機能は，解糖系の速度を速めてATP合成の増加を手助けすることである．解糖系の後に起こる発酵の唯一の役割は，解糖系を動かし続けるために必須な分子であるNAD^+を再生することである．

4. 酸化的リン酸化によるATP生産は，電子が電子伝達系を移動している間に放出するエネルギーによってつくられるプロトン（H^+）濃度勾配に非常に依存している．電子伝達は，プロトンをマトリックスからミトコンドリアの膜間腔に運ぶ．この濃度勾配の位置エネルギーが，ATP合成酵素によるATP生産，つまりADPのリン酸化の動力となる．

プロトン濃度勾配がATPを生成する前に解消されてしまうと，この濃度勾配がもつ位置エネルギーは，酸化的リン酸化によってATPの化学エネルギーに転換される代わりに，すべて熱として放出される．DNPは，プロトン濃度勾配を解消するので，エネルギーをすべて熱として放出させる．低濃度のDNPの全般的な効果は，食物分子（電子伝達系を移動する電子の究極の源）の化学エネルギーの一部を熱として放出させることである．このことは，食物中のエネルギーの一部が体によって"燃焼して消費"されるため，脂肪としてため込む余分なエネルギーが少なくなることを意味する．これは，ミトコンドリアでのエネルギー消費量を微調整する方法としては危険な方法である．もし重要な組織でDNP濃度が高くなりすぎることがあれば，生命を支える分子であるATPをつくり出す能力を駄目にして細胞を殺す可能性があるからである．

5. ミトコンドリアでの呼吸は，解糖系だけの場合に比べて生産性が高い．解糖系ではグルコースを1分子消費して，正味2分子のATPと2分子のNADHを生産する．1分子のグルコースを解糖系で分解してできる2分子のピルビン酸には，多くのエネルギーが残されている．

ミトコンドリアでは一連の反応（クエン酸回路，酸化的リン酸化）でピルビン酸を分解し，1分子のグルコース当たり約30分子のATPを生成する．

6. ミトコンドリア膜は，酸化的リン酸化において重要な役割を果たす．酸化的リン酸化は，ミトコンドリア内膜の多くのひだ構造（クリステ）の部分で行われる．クリステは，多くの電子伝達系と多くのATP合成酵素を埋め込む表面積を大きくする．対照的に，外膜にはひだ構造がない．これは，ATP合成に関係する成分を何も含まないためである．ミトコンドリアの内膜はまた，電子伝達が起こるとつくられるプロトン濃度勾配の障壁になるという機能ももつ．復習問題4の答えの中で述べたように，この勾配の位置エネルギーは，ATP合成，したがって細胞呼吸でエネルギーを生み出すのに絶対必要である．チラコイドは，ミトコンドリアにおいて内膜が空間をつくり出すのと同じような機能を葉緑体の中で果たしている．

7. 光合成は葉緑体で起こり，光エネルギーを使って二酸化炭素と水から糖を合成し，副産物として酸素を放出する．細胞呼吸はミトコンドリアで起こり，糖などの有機分子から酸素を用いた過程でエネルギーを取出し，副産物として二酸化炭素と水を放出する．光合成は同化過程であるのに対し，細胞呼吸は異化過程である．光合成は生産者（藻類と植物）でしか起こらないのに対し，細胞呼吸は生産者と消費者の両方で行われる．明反応でつくられたエネルギー担体（ATPとNADPH）は，二酸化炭素を糖に転換するのに必要なエネルギーとプロトンと電子を供給する．細胞呼吸の3過程（解糖系，クエン酸回路，酸化的リン酸化）は，ATPと（NADPHとよく似ている）NADHをつくり出す．

第10章

1. 通常のチェックポイントは，正しい細胞が正しい時間に分裂することを確認し，その分裂の信頼性を保証するものである．細胞分裂

は代謝的に高価なものなので，このチェックとバランスのシステムは重要である．異常な染色体数をもった細胞は一般に機能をもたず，生物の適応性を下げる．最後に，脊椎動物では分裂の暴走はがんにつながる．細胞周期は一方向にしか進行せず，"巻き戻しボタン"は存在しないので，細胞が G_1 期から S 期へと移行し細胞分裂を始める前に状況が最適であるかをチェックポイントで確認する．細胞周期制御タンパク質は，細胞が小さすぎたり，栄養の供給が不十分だったり，DNA が損傷していたりしたときに細胞周期を止める．G_2 停止も同様に，S 期に始まった DNA の複製が何らかの理由で不十分であったときに起こる．

2. ウマの細胞は核分裂を始める前の G_2 期には総計 128 の DNA 分子をもつ．第一減数分裂の終わりのおのおのの娘細胞は 32 対のつながった姉妹染色体の形で 64 の DNA 分子をもつ．

3. 核分裂の後期には (1) 複製された染色体をつくる二つの染色分体の分離，(2) それらの細胞両極への対称的な分離，が起こる．染色分体は，中期できちんと細胞の中央に並んでいない限り均等に分離することはできない．染色分体の分離の間違いを防ぐために，紡錘体チェックポイントとよばれる特別な後期チェックポイント（この章の文中では述べていないが）が複製された染色体が正しく中期版に並ぶまで後期を始めさせないように確認している．

4.

	体細胞分裂	減数分裂
1. ヒトではこの分裂を行うのは二倍体の細胞である．	正	正
2. この分裂によって母細胞から四つの娘細胞がつくられる．	誤	正
3. 私たちの上皮細胞はこの分裂によって数を増やす．	正	誤
4. この分裂で生じた娘細胞は母細胞と遺伝的に同一である．	正	誤
5. この分裂には 2 回の核分裂が含まれる．	誤	正
6. この分裂には 2 回の細胞質分裂が含まれる．	誤	正
7. この分裂のある時点で父方と母方の染色体が二価染色体を形づくる．	誤	正
8. この分裂のある時点で姉妹染色分体が分離する．	正	正

5. もし，有性生殖を行う生物の配偶子が体細胞分裂によってつくられたなら，子の世代は常に親の世代のもつ染色体の倍の染色体数をもつことになる．

6. 相同染色体対は第一減数分裂の間に分離し，姉妹染色分体は第二減数分裂で分離する．第一減数分裂は"数を減らす"分裂で，一倍体の娘細胞（染色体のセットを二つではなく一つだけもつ細胞）をつくる．二価染色体が形成され，第一減数分裂の前期に交差が起こるが，第二減数分裂の前期にはそれに相当する出来事はない．第二減数分裂は姉妹染色分体が細胞質分裂の後にそれぞれの娘細胞に分配されているという点で体細胞分裂に似ている．一つの二倍体の細胞が減数分裂を行うと第一減数分裂の終わりに二つ，第二減数分裂の終わりには四つの娘細胞がみられる．

7. 交差は第一減数分裂前期に起こる，対合した父親由来および母親由来の相同染色体間での染色体断片の物理的な交換である．交差はこれらの相同染色体間における対立遺伝子の交換なので，交差によって形成された染色分体は母細胞とは異なる組合わせの対立遺伝子をもつ．この遺伝的にモザイクな染色分体は組換えられているといい，DNA 断片の交換による対立遺伝子の組合わせの再構成は遺伝的組換えとして知られている．一つの個体の中で減数分裂が起こるたびに遺伝的に異なる娘細胞ができるという点で交差の形成は生物学的に重要であるといえる．

第 11 章

1. 胚性幹細胞は胚盤胞の内部細胞塊由来のもので，身体のあらゆるタイプの細胞になれるという万能性をもっている．成人幹細胞は胎児で発生し，子どもや大人のさまざまな組織や器官の中で少数が維持され続ける．これらは分化多能性もしくは単分化能をもつ．人工多能性幹細胞（iPS 細胞）は，大人の皮膚細胞のようなごくふつうの分化した細胞から，実験室でつくられたものである．iPS 細胞は，胚性幹細胞がもっているような，発生の過程で分化していく能力をもっている．その理由は，分化した細胞に，再プログラム処理を施し，あたかも胚の段階にまで戻しているので，胚性幹細胞がもっている発生上の柔軟性をもっているのだ．

2. 現在では，健康，環境，農業，そして食物や消費材の安全性に関する技術的問題は，専門家の委員会によって審査され，国や州政府のさまざまな機関に勧告が出されている．米国の FDA（食品医薬品局），EPA（環境保護庁），USDA（農務省），HHS（保険社会福祉省），NIH（国立衛生研究所），BLM（土地管理局）のような連邦政府の機関を調べれば，米国における生物関連の問題においてどのような決定がなされてきたかを知ることができる．カナダにも同様な機関（たとえばカナダ環境省やカナダ保健省）があり，これは他のほとんどの先進国にも当てはまる．これらの政府機関やそこに属している議員たちが，営利的公共的を問わず，利益団体の特定の利益に影響されることはよくある．そのため，ある種の問題（カリフォルニアにおける幹細胞研究に対する公的な支援のような）について，いくつかの州では投票に託され，市民が直接投票で決めることができることになっている．（そのような投票の対象となった法案や市民が発議した例については，p.11 の"生活の中の生物学"の表を参照．）私たち全員に影響するような問題において最もふさわしい解決手段を選択するためには，私たちが自分自身の意見をもたなければならない．

3. 着床前遺伝子診断は広く使われている技術で，まさに胚を傷つけずに細胞を取出す方法を使っている．図 33・6 は 8 細胞期の桑実胚から他の細胞を傷つけずに 1 個の細胞を取出す方法を示している．遺伝子診断（これは現在では日常的に行われている合法的な方法である）のためにこのように細胞を取出すことが許容されるか否かについては，胚性幹細胞をつくるためではないにしても，諸君が考えるべき問題である．

4. 結腸がんは良性のポリープの成長から始まるが，これはがん抑制遺伝子の不活性化と，がん原遺伝子のがん遺伝子への転換の，一方もしくは両方の突然変異によってひき起こされる．多くの患者において，第 18 染色体の部分欠損によって二つのがん抑制遺伝子が失われ，その結果腫瘍における過激で急速な細胞分裂がひき起こされていた．多くの場合，がん抑制遺伝子 p53 による防御機能が失われ，そのために細胞分裂制御機構がすべてはたらかなくなって悪性腫瘍と化したがん細胞が転移（身体の他の部分に広がっていくこと）するようになる．

5. この問題に関して，諸君はやがて自分自身の見解をもつことになるだろうが，米国の 50 州すべては，タバコ製品の販売や広告に対して何らかの規制を設けている（たとえば，未成年者へのタバコ販売の禁止や，タバコの広告にアニメの登場人物を使うことの禁止など）．ほとんどの州が公共の場での喫煙を禁じており，タバコの有害性を警告するラベルを張ることを義務付けている．環境衛生の専門家たちはさらに以下のような規制も提案している．すなわち，子どもが好むキャンディー風味のするタバコ製品の禁止，タバコのラベルにライトとかマイルドというようなあたかも安全であるかのように思わせる文字を使うことの禁止，タバコのタールやニコチン量に上限を設けること，大きくてより目につく警告ラベルにすることなどだ．2012 年 9 月はじめには，FDA（米国食品医薬品局）はすべてのタバコの包装と広告に，健康に対する害についての警告を新たに載せることを求めた．新規の警告には，喫煙によって生じる被害を描いた（恐ろしすぎると言う人もいるが）生々しい画像も含まれている．これらを諸君は受入れることができるだろうか？ これらは強い影響力をもちうるだろうか？ これらに関して，1950 年代には 50% 以上だった男性の喫煙者が，現在では 20% 弱になっているという事実は一考を要するだろう．

6. 消費者が製品を購入する際に，発がん性に関する判断材料となる十分な情報が与えられていることが重要である．食品ラベルは簡潔にして，発がんの危険性についてなるべくはっきりわかるようにすべきであり，一部の食品や製品の発がん性に対して人々が意識するように，公衆衛生プログラムは組まれるべきである．

第12章

1. 遺伝子は，遺伝する形質を支配する基本単位である．遺伝子の情報は，それぞれ特定の表現型の情報を伝える．また，物質としてはDNAで構成されていて，染色体上の決まった場所に配置されている．女性の体内にあるすべての二倍体の細胞には，各染色体が二つずつあるので，すべての遺伝子は（父親からの相同遺伝子と母親からの相同遺伝子の）2コピーずつ存在する．女性と同じように男性でも常染色体上のすべての遺伝子が2コピーずつ存在する．しかし，男性はX染色体を一つしかもっていないので，X染色体上の遺伝子は1コピーしかない．

2. 新しい対立遺伝子は突然変異によって生まれる．突然変異とは，DNA分子の中で遺伝子となる箇所に何らかの変化が起こることである．突然変異で生まれた新しい対立遺伝子は，元の対立遺伝子とは異なるタイプのタンパク質をつくる指令に変わることもある．異なるタンパク質をつくることで，突然変異の起こった対立遺伝子は，生物個体間の遺伝的な違いを生じさせる．

3. 紫色の花をもつ植物の遺伝型（*PP*または*Pp*）を調べるには，白色の花の個体（*pp*）と交配させるとよい．*PP*, *Pp*いずれの遺伝子型でも，劣性ホモ接合体の個体と交配することで遺伝型がわかる．たとえば，調べたい個体が*Pp*の場合，劣性ホモ個体（*pp*）と交配すると，次世代は50%が白色の花，残りの50%は紫色の花の個体（表1）が生まれる．*PP*ならば，劣性ホモ個体（*pp*）と交配すると，すべて紫色の花の個体となり（表2），花の色の比率から元の親の遺伝子型を推測できる．

表1

	P	*p*
p	*Pp*	*pp*
p	*Pp*	*pp*

表2

	P	*P*
p	*Pp*	*Pp*
p	*Pp*	*Pp*

4. 遺伝学的に同じ双生児（一卵性）でも表現型が異なる場合がある．それは環境要因が影響するためと考えられる．たとえば，子どものときに栄養状態が良いと身長が伸びるだろうし，逆に栄養状態が悪いと成長は抑えられるだろう．また，体が浴びた太陽光の量の差に応じて肌の色も異なるだろう．もし，遺伝病になる可能性をもつ双生児の一方だけが，その病気をひき起こす環境要因にさらされた場合，表現型は大きく変わるだろう．（訳注：環境がまったく同じでも発現する遺伝子の種類が不規則に偶然決まり，表現型の違いが生まれる可能性がある）．

5. 米国疾病予防管理センター（CDC）によれば，米国人の四大死因は，心臓病，脳卒中，がん，糖尿病で，その最初の三つが50%を占める．それらの疾病になる危険性は遺伝子の影響を受けるが，生活習慣も大きな要因となっている．四つの疾病はすべて多数の遺伝子に支配されており，しかもその遺伝子はよくわかっていないものが多い．また環境にも大きく影響されるため，それらの疾病の遺伝パターンは複雑である．

複雑な遺伝形質は複数の遺伝子によって影響を受ける．それらの遺伝子はそれらどうしでも，環境との間でも影響し合う．複合形質の遺伝はメンデルの法則では予想することができない．メンデルの法則に従う形質は単一の遺伝子によって支配され，その遺伝子は他の遺伝子や環境条件でほとんど影響を受けないからである．簡単に言えば，複合形質とは，あまりにも複雑なため，次世代にどのように遺伝するかまったく予言できないような遺伝形質のことである．両親の身長から娘の身長を予想できるとか，ある人の両親が皮膚がんだったからその人も皮膚がんになるに違いないと賭ける，などといった"通俗遺伝学"による極端な単純化がはびこっているが，ヒトの多くの遺伝形質が複合形質であると理解していれば，そのような考えを容易に避けることができるだろう．また，そのような正しい理解は，糖尿病の遺伝子とかゲイの遺伝子などを発見したという人物の嘘を見破るためにも有用である．そして，複合形質は遺伝子は宿命ではない，ということを思い起こさせてくれるものである．健康で安寧な生活を脅かすある種の遺伝病に対しては，生活習慣を含む環境要因が大きな影響をもつのである．

〈遺伝学演習問題の解答〉

1. (a)
2. (d)
3. (a) *A*と*a* (b) *BC, Bc, bC, bc* (c) *Ac*
 (d) *ABC, ABc, AbC, Abc, aBC, aBc, abC, abc*
 (e) *aBC*と*aBc*

4.

(a) 遺伝子型 1:1，表現型 1:1

	A	*a*
a	*Aa*	*aa*

(b) 遺伝子型 1:0，表現型 1:0

	B
b	*Bb*

(c) 遺伝子型 1:1，表現型 1:1

	AB	*Ab*
ab	*AaBb*	*Aabb*

(d) 遺伝子型 1 *BBCC* : 1 *BBCc* : 2 *BbCC* : 2 *BbCc* : 1 *bbCC* : 1 *bbCc*
 表現型 6:2 (3:1)

	BC	*Bc*	*bC*	*bc*
BC	*BBCC*	*BBCc*	*BbCC*	*BbCc*
bC	*BbCC*	*BbCc*	*bbCC*	*bbCc*

(e) 遺伝子型 1 *AABbCC* : 2 *AABbCc* : 1 *AABbcc* : 1 *AAbbCC* : 2 *AAbbCc* : 1 *AAbbcc* : 1 *AaBbCC* : 2 *AaBbCc* : 1 *AaBbcc* : 1 *AabbCC* : 2 *AabbCc* : 1 *Aabbcc*
 表現型 6:2:6:2 (3:1:3:1)

	ABC	*ABc*	*AbC*	*Abc*	*aBC*	*aBc*	*abC*	*abc*
AbC	*AABbCC*	*AABbCc*	*AAbbCC*	*AAbbCc*	*AaBbCC*	*AaBbCc*	*AabbCC*	*AabbCc*
Abc	*AABbCc*	*AABbcc*	*AAbbCc*	*AAbbcc*	*AaBbCc*	*AaBbcc*	*AabbCc*	*Aabbcc*

5.

	S	*s*
S	*SS*	*Ss*
s	*Ss*	*ss*

遺伝型 1 *SS* : 2 *Ss* : 1 *ss*
表現型 3 健常 : 1 鎌状赤血球貧血
*Ss*の人二人に子どもが生まれると，25%の確率で子どもは鎌状赤血球貧血症になる．

6. 子犬は100%チョコレート色となる．

7. (a) *NN*と*Nn*はともに健常者．*nn*は遺伝病を発症する（発病）．

(b)

	N	*n*
N	*NN*	*Nn*
n	*Nn*	*nn*

遺伝子型 1 *NN* : 2 *Nn* : 1 *nn*
表現型 3 健常 : 1 発病

解　　答　647

(c)

	N	n
N	NN	Nn

遺伝子型 1:1
遺伝子型 2 健常：0 発病

8．（a）*DD*，*Dd* ともに発病する．

(b)

	D	d
D	DD	Dd
d	Dd	dd

遺伝子型 1 *DD*：2 *Dd*：1 *dd*，表現型 3 発病：1 健常

(c)

	D	d
D	DD	Dd
D	DD	Dd

遺伝子型 1 *DD*：1 *Dd*，表現型 2 発病：0 健常

9．親の遺伝子型は *BB* と *bb* である．白色の花は *bb* で，青色の花は *BB* または *Bb* であるが，もし親が *Bb* の場合，子の50%は白色の花の個体となるであろう．交配でできた子の花の色がすべて青色ならば，親の遺伝子型は *BB* であったはずである．

10．緑色の種子となる対立遺伝子が優性である．親がともにホモ接合体ならば，それらを交配して得られた子は，すべて優性の表現型となっているはずである．F_1 世代がすべて緑色の種子をもっていたので，緑色の種子とする対立遺伝子が優性である．

第13章

1．染色体の中に DNA 分子があり，遺伝子は，その DNA 分子の中の小領域に相当する．それぞれの遺伝子は，染色体上の決まった位置にある．

2．ヒトの女性には二つの X 染色体があり，男性には X，Y 染色体が一つずつある．つまり男性は，X，Y 染色体にある遺伝子に関して，1個ずつしかもたない点で，他の遺伝子とは異なっている．その結果，X 染色体にある遺伝子に関しては，女性と男性では発現の様子が異なる．女性の場合，X 染色体上の遺伝子（X 染色体に連鎖した遺伝病の原因の対立遺伝子の場合でも）を子どもへ，男児，女児関係なく同じ頻度で伝える．男性の場合，X 染色体上の遺伝子は女児にしか遺伝しない（男児は必ず父親の Y 染色体を引き継いでいるため）．

3．そのとおり，女性でも赤緑色盲になりうる．父が色盲（X^cY）で，母が保因者または色盲（XX^c または X^cX^c）の場合，両方から色盲の対立遺伝子を受取れば，その劣性遺伝子のホモ接合体（X^cX^c）になる．この女性と色覚異常のない男性の間で女児が生まれると全員保因者になり，男児が生まれると全員色盲になる．
注意：家系図では，子どもは年長を左，年少を右にして，生まれた順に記す．この家系図を見れば，3人の女児と2人の男児全員がどんな順序で生まれてきたかがわかる．また，保因者を表すのに，丸や四角の記号の真ん中に点を打つのではなく，それらの半分を塗りつぶすこともある．

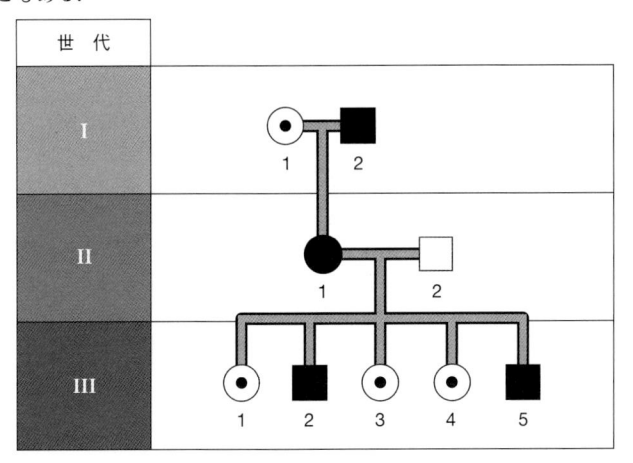

世代	
I	⊙1 ─ ■2
II	●1 ─ □2
III	⊙1 ■2 ⊙3 ⊙4 ■5

4．異なる染色体の上にある遺伝子は，減数分裂に際して互いに独立して配偶子に分配される．つまり，連鎖していない．図13・6に示すように，独立して遺伝する遺伝子の場合，四つの遺伝子型のハエは，ほぼ同数生まれるはずである．ところが，二つの親の遺伝子型のものが他のものより明らかに多く，Morgan はこの観察から，遺伝子は同じ染色体の上にあると結論した．もし，二つの遺伝子が物理的に近い場所にあれば，一緒に遺伝する（連鎖している）だろうと考えたからである．

5．交差は，減数分裂時にみられるもので，相同染色体の間で遺伝子の交換が起こった場所に相当する．そこでは，片方の親由来の染色体が，別の親由来のものへとつなぎ換えられている．染色体の上で，遠く離れている二つの遺伝子は，近いものに比べて，その間での染色体の交差を起こす頻度が高い．そのため，遺伝子 *A* と *B* に比べると，離れた距離にある遺伝子 *A* と *C* は，交差が起こりやすく，別々の配偶子に分配される可能性がより高い．

6．染色体の交差が起こると，親にはみられなかった遺伝子型が生まれる．交差によって，双方の親にはなかった異なる対立遺伝子の組合わせをもつ配偶子ができる（図10・15参照）．両親でみられる対立遺伝子の組合わせが混ざりあうもう一つの仕組みは，相同染色体のペアが配偶子ごとに独立に分配されることである．そのことによって，父親由来，母親由来の遺伝子がランダムに混ざり合っている遺伝的に多様な配偶子が生じる．

7．染色体の異常が原因の遺伝病は比較的少ない．染色体の大きな変化は，胚の発生や胎児の成長に大きな障害となり，致死的となりやすいからである．遺伝子1個の突然変異の場合，胎児が生き残る確率が高いので，遺伝病の原因となる頻度が高い．

〈遺伝学演習問題の解答〉

1．（a）ヒトの男性は，X 染色体を母親から，Y 染色体を父親から受け継いでいる．男性となるためには Y 染色体が必要であるが，母親は Y 染色体をもっていない．
（b）発病しないと考えられる．X 染色体上の劣性の対立遺伝子を1個だけもつ場合，女性のもう一方の X 染色体には健常な優性の対立遺伝子があるので，保因者とはなるが，発病はしない．
（c）発病する．X 染色体にある対立遺伝子の場合，劣性であっても男性で発病する．男性は X 染色体を1本しかもっておらず，表現型に寄与する優性の対立遺伝子が Y 染色体上にはないからである．
（d）X 染色体上に遺伝病の原因となる劣性対立遺伝子がある女性の場合，遺伝子型で表現すると X^DX^d となる（X^D は健常な優性対立遺伝子，X^d は病気の原因となる劣性対立遺伝子）．したがって X^D と X^d の2種類の配偶子（卵）ができるが，X^d の配偶子だけが遺伝病の原因となる対立遺伝子を伝える．
（e）発病する子はいない．必ず母親の健常な（発病しない）優性の対立遺伝子を引き継いでいるからである．しかし，生まれた女児は，病気の原因となる X 染色体を父親から必ず引き継ぐので，保因者となる．

2．（a）50%が *aa* の遺伝子型をもち，嚢胞性繊維症を発症する．

	A	a
a	Aa	aa
a	Aa	aa

（b）0%．*aa* の遺伝子型をもつ子はいない．

	A	A
A	AA	AA
a	Aa	Aa

（c）25%が *aa* の遺伝子型をもち，嚢胞性繊維症を発症する．

	A	a
A	AA	Aa
a	Aa	aa

(d) 0%. aa の遺伝子型をもつ子はいない．

	A	A
a	Aa	Aa
a	Aa	Aa

3. (a) 50%が Aa の遺伝子型をもち，ハンチントン病を発症する．

	A	a
a	Aa	aa
a	Aa	aa

(b) 100%（AA または Aa の遺伝子型をもち，ハンチントン病を発症する）．

	A	A
A	AA	AA
a	Aa	Aa

(c) 75%が AA または Aa の遺伝子型をもち，ハンチントン病を発症する．

	A	a
A	AA	Aa
a	Aa	aa

(d) 100%（Aa の遺伝子型をもち，ハンチントン病を発症する）．

	A	A
a	Aa	Aa
a	Aa	Aa

4. (a) 0%．

	X^a	Y
X^A	$X^A X^a$	$X^A Y$
X^A	$X^A X^a$	$X^A Y$

(b) 50%が $X^a X^a$ または $X^a Y$ の遺伝子型をもち，血友病を発症する．

	X^a	Y
X^A	$X^A X^a$	$X^A Y$
X^a	$X^a X^a$	$X^a Y$

(c) 25%が $X^a Y$ の遺伝子型をもち，血友病を発症する．

	X^A	Y
X^A	$X^A X^A$	$X^A Y$
X^a	$X^A X^a$	$X^a Y$

(d) 50%が $X^a Y$ の遺伝子型をもち，血友病を発症する．

	X^A	Y
X^a	$X^A X^a$	$X^a Y$
X^a	$X^A X^a$	$X^a Y$

(e) 発症率は男女で異なる．男児は血友病を発症する確率が高い．X^a の劣性対立遺伝子の影響を抑える優性の対立遺伝子を同時に引き継ぐことがないからである．

5. 2個の対立遺伝子をペアでもつ場合だけ，"ホモ接合体"，"ヘテロ接合体"の用語が用いられる．男性にはX染色体が1本しかなく，X染色体上の遺伝子は1個だけなので，ヘテロ接合体やホモ接合体といった名称は使わない．

6. 父母ともに病気でなくても子どもが発病している場合があるので，その病気の原因になる対立遺伝子（d）は劣性であり，両親のそれぞれが保因者であると考えられる．その遺伝子は常染色体上にある．万一それがX染色体上にあったとすると，たとえば第Ⅱ世代の父親（3番）は発病しているはずである．なぜなら，彼はその病気の原因である劣性遺伝子を一つもっていて，しかもその効果を隠すような第2の遺伝子はもたないはずだからである．しかし彼は発病していないから，その遺伝子がX染色体上にあることは否定される．第Ⅱ世代の1番，2番の人の遺伝子型は両方とも Dd である．第Ⅰ世代の2番の女性は発病しているので，彼女の遺伝子型は Dd ではなく dd である．

7. 遺伝病の原因となるX染色体上の優性対立遺伝子を X^D，健常な劣性対立遺伝子を X^d と表記する．下のパンネットスクエア(a)と(b)によれば，遺伝病の原因となる優性の遺伝子を引き継ぐ確率は，男性だからといって高くなるわけではない．

(a) 発症している母親の遺伝子型は $X^D X^d$ か $X^D X^D$ の2通りとなる．

	X^d	Y
X^D	$X^D X^d$	$X^D Y$
X^d	$X^d X^d$	$X^d Y$

または

	X^d	Y
X^D	$X^D X^d$	$X^D Y$
X^D	$X^D X^d$	$X^D Y$

(b) $X^d X^d$ と $X^D Y$ の間のパンネットスクエアとなる．

	X^D	Y
X^d	$X^D X^d$	$X^d Y$
X^d	$X^D X^d$	$X^d Y$

8. この病気は，X染色体上の劣性対立遺伝子によるものである．第Ⅱ世代の個体2は健常者であるが，その子どもが発病しているので劣性とわかる．もし，この遺伝子が常染色体上にあるならば，第Ⅰ世代の父親は AA（保因者ではない），母親は aa となる．この場合，第Ⅱ世代で病気を発症する子どもはいないはずである．しかし，実際は二人が発病しているので，その対立遺伝子は性染色体上にあることが示唆される．最後に，その対立遺伝子がX染色体かY染色体のどちらにあるかに関しては，X染色体であることがわかる．もしY染色体上にあるなら男性だけしか発病しないはずだが，第一世代の母親（2番）が発病していることから，そうではないことが明らかである．

9. (a) 二つの遺伝子が連鎖している場合．

	AB	ab
aB	$AaBB$	$aaBb$

(b) 二つの遺伝子が異なる染色体上にある場合．

	AB	Ab	aB	ab
aB	$AaBB$	$AaBb$	$aaBB$	$aaBb$

10. 配偶子にはつぎの8種の遺伝子型が生じうる．$ADEg$，$ADeg$，$AdEg$，$Adeg$，$aDEg$，$aDeg$，$adEg$，$adeg$．D と E が連鎖していれば，遺伝子型は $ADEg$，$Adeg$，$aDEg$，$adeg$ の4種だけになる．

第14章

1. 染色体DNAの中の小断片（遺伝子座）が，A^1 や A^2 などの対立遺伝子に対応する．断片内のアデニン(A)，シトシン(C)，グアニン(G)，チミン(T)の4種類の塩基の配列（それぞれの塩基をもったヌクレオチドの配列）が，遺伝情報となる．対立遺伝子とは，同じ遺伝子座で，塩基の配列が異なるものをいう．つまり，A^1 や A^2 の対立遺伝子は，その遺伝子座の塩基配列が異なっていることを意味する．

2. WatsonとCrickが予測したDNAの二重らせん構造から，塩基対のできる仕組み，遺伝情報が複製される仕組みを類推できる．塩基のなかで，AはTと，CはGとのみ対をつくる．つまり，二重らせんの片方のDNA鎖が決まれば，もう一方の相補的な配列情報も決まることになる．二重らせんを二つのDNA鎖に分け，それぞれを鋳型にして，相補的な配列のDNAをつくれば，もとのDNA鎖とまったく同じ塩基配列をもったDNA二重らせんが2本合成できる．

3. 遺伝学的な多様性は，DNAの塩基配列の違いによる．塩基配列の違いは，複製時のエラーや化学物質などが原因の突然変異によって生じる．塩基配列が変化すると新しい対立遺伝子ができ，その対立遺伝子がコードするタンパク質も変化する．新しい対立遺伝子によって機能の低下した（または，まったく機能しない）タンパク質がつくられると，細胞の機能に大きな影響を与え，個体にも障害となるような遺伝病の原因になることもある．

4. DNAの修復は酵素を含むタンパク質複合体で行われる．DNAが複製されるときには，酵素が塩基対の形成をチェックして，その場で修復する．このチェック機構で発見できなかったもの（ミスマッチエラー）は，別の修復酵素で修正される．

DNAは，化学物質（汚染物質や発がん性物質），物理的な作用（紫外線や放射線）や生物的な作用（複製やウイルス感染など）で，絶えずダメージを受ける可能性があるので，修復する仕組みは，細胞の正常な機能を維持するうえで重要である．もし，重要なタンパク質をコードする遺伝子で，こういった修復が行われないと，タンパク質の機能が失われ，細胞，さらに個体に致死的な障害になる．

5. 細長い構造のDNA分子を，複雑であるが整然とパッキングすることで，膨大な量のDNAを核の中に収納できる．個々の染色体の中には，ループ状に圧縮されたDNA分子が1個ずつある．このループは，ヒストン（タンパク質）によってつくられたヌクレオソームが数珠状に連結してできている．各ヌクレオソームには，DNAの二重らせんが糸巻きのように巻きついている．

6. 原核生物のDNAの量は，一般に真核生物のものより少なく，1本の染色体の中に全部が含まれている．対して，真核生物では，DNAは複数の染色体の中に分かれて収納されている．真核生物は，原核生物に比べると，遺伝子の数が多く，また全ゲノム中で遺伝子が占める領域は小さい．原核生物の場合，DNAの大半がタンパク質をコードする領域となっていて，トランスポゾンや非コード領域はほとんどない．また，機能のうえで関係する遺伝子がグループごとに集まってDNA上に分布する．対して，真核生物の関連遺伝子は，互いに近くに存在しないことの方が多い．

7. 生物は，環境の変化や，餌となる食べ物の種類に応じて，遺伝子をオン・オフする．つまり，細菌は，アラビノースを分解する酵素をコードする遺伝子を発現するようになるだろう．

8. 多細胞生物は，細胞ごとに転写の活性を変えるなどの方法で遺伝子の発現を制御している．個々の細胞はまったく同じ遺伝子（同じ対立遺伝子セット）をもつにもかかわらず，遺伝子の活性のオン・オフを調節することで，構造を変えたり，多様な代謝機能を担ったりできる．

9. 遺伝子からタンパク質までの間，以下のようなさまざまな過程で発現が制御されている．(1) DNAを凝縮したままにしておくと，転写に必要な酵素が接近できないので，その場所の遺伝子発現をオフにできる．(2) 調節タンパク質がDNA内の調節遺伝子に結合することで，遺伝子発現をオン・オフできる．(3) mRNA分子が転写でつくられた後，その分解速度を調節することで，時間〜週の単位で遺伝子発現をコントロールできる．(4) 調節タンパク質がmRNAに結合して翻訳を抑制する仕組みもある．(5) 翻訳の後，できたタンパク質を修飾して機能を変える，輸送して別の場所に運ぶ，あるいは，他の抑制分子を使って活性を抑えるなどして，発現をコントロールすることもある．(6) 最終的にタンパク質は分解されて除去される．

第15章

1. 遺伝子とは，DNAの中で，RNAに転写されタンパク質の合成に使われる情報を含む部分をさす．その情報は塩基配列として保存されている．

2. 遺伝子の情報をもとに，メッセンジャーRNA（mRNA），リボソームRNA（rRNA），転移RNA（tRNA）が合成される．mRNAはアミノ酸の配列情報をコードしている．rRNAはリボソーム（タンパク質を合成する場所）の重要な構成要素となり，tRNAは，タンパク質合成のときにアミノ酸をリボソームに運ぶ役割を担う．つまり，遺伝子から転写されるRNAはすべてタンパク質の合成にかかわっていることになる．タンパク質は生物のさまざま機能，たとえば，生物の支持構造，体の内外の物質輸送，病原菌に対する防御などを直接担っている．酵素もタンパク質で，化学反応をスピードアップさせるはたらきがある．

3. 遺伝子とは，染色体上のDNA分子の中で，一般にタンパク質の合成にかかわる部分をいう．アデニン(A)，シトシン(C)，グアニン(G)，チミン(T)の4種類の塩基の配列が遺伝情報となり，その配列で遺伝子産物となるタンパク質のアミノ酸配列を決める．遺伝子に蓄えられた情報から，転写と翻訳の過程を経てタンパク質が合成される．転写では，核内にあるDNA二重らせんの片方の塩基配列を使って，直接RNAが合成される．翻訳は細胞質内で行われ，mRNAの塩基配列が，対応するタンパク質のアミノ酸配列へと変換される．タンパク質には，さまざまな機能をもった分子があり，遺伝情報の発現（表現型）を支配している．

4. 真核生物のタンパク質合成では，遺伝情報は，核内に存在する遺伝子から，タンパク質合成の場である細胞質のリボソームまで運ばれる必要がある．DNAは核から細胞質内に出ることはないので，DNAの遺伝情報は，別の分子（mRNA）を使って細胞質へと伝えられる．核内で新しく合成されたmRNAは，タンパク質の合成に使われる前に加工される必要がある．これは一般に真核生物の遺伝子が，タンパク質のアミノ酸配列を直接コードしないイントロンを多数含むためである．DNAの遺伝情報を直接写し取ったmRNAから，イントロンに相当する箇所が取除かれて初めて翻訳に使用できるmRNAとなる．

5. RNAスプライシングとは，DNAから新しく転写してつくられたmRNAから，イントロン部分を取除き，残ったエキソン部分を連結する過程である．スプライシングによって，細胞質に輸送して翻訳に使うmRNA分子が完成する．真核生物の遺伝子ではRNAスプライシングは一般にみられる（訳注：原核生物にもあることがわかっているが一般的ではない）．タンパク質をコードするmRNAの大半は，スプライシングされて初めて細胞質へと運ばれるようになる．

6. mRNAは，転写の産物となる分子で，DNAの遺伝情報を写し取ったものである．核内でつくられたmRNAは細胞質に移送され，そこでリボソームに結合し，タンパク質の合成に使われる．rRNAは，リボソームの主要な構成要素となる分子である．リボソームは翻訳を行う装置で，アミノ酸を共有結合で連結してタンパク質を合成する．tRNAは，特定のアミノ酸をリボソームに運ぶはたらきをする．リボソーム上で，tRNAの中の3個の塩基配列（アンチコドン）がmRNAの相補的な配列の部分に結合する．つまり，tRNAはmRNAのコドンとの特異的結合をつくることで，mRNAが指定するアミノ酸を正確にリボソームに運び入れる．

7. tRNAが突然変異してうまく機能しないと，そのtRNAが合成に関係するすべてのタンパク質に何かしらの影響が出るだろう．mRNAのコドンと正しく結合できないと，さまざまなタンパク質の一次構造に影響するので，その機能が失われることもあるだろう．なかでも酵素は，種々の代謝反応を進めるうえで重要なはたらきをしているので，tRNAの突然変異で多くの酵素の機能が変わると，代謝異常をひき起こす可能性が高い．

8. 私たち個々人のDNAの情報が変わることを突然変異という．この変化は，親から子へと遺伝する性質（表現型）を変化させることもある．しかし，まったく表に影響の現れない突然変異もあり，有益でも有害でもない中立的な突然変異が多い．なかには有害な突然変異もあって，弊害をひき起こす．ごくまれにではあるが，突然変異によって，生存や繁殖に有利となる場合もあるだろう．遺伝子の情報は，タンパク質をつくるうえで大切である．その情報は，DNA中の塩基の配列として記録されていて，その配列をもとに順番にアミノ酸が連結されてタンパク質がつくられる（タンパク質はアミノ酸が連結してつくられ，タンパク質の種類ごとに異なる独特のアミノ酸の連結順序が

ある）. つまり, 突然変異でDNAの塩基配列が変わると, タンパク質のアミノ酸の配列も変わる. タンパク質は, 生き物にとって大切な化学的, 生物学的な機能を支えているが, その機能は, 正確なアミノ酸配列をもつことではじめて実現するものである. 突然変異でDNAが変わり, その遺伝情報が指定されるタンパク質のアミノ酸配列が変わると, タンパク質の機能も変わることになるだろう.

第16章

1. 望ましい形質をもつ個体を選んで繁殖させることで長い期間をかけて家畜が改良されてきた（選択的交配）. このような操作によってもDNAを変化させる（選択した形質を支配する対立遺伝子の頻度が増える）点では遺伝子操作と同じであるが, 遺伝子工学の技術を使うと, 短時間でより大きな変化を誘導できる. また, 生物のDNAを直接操作したり他の生物の遺伝子を導入することも可能である. たとえば, ヒトのインスリン遺伝子を細菌へ導入するなど, 自然では起こりえない, あるいは従来の農作物や家畜の品種改良技術では達成されなかったかたちの遺伝子導入が可能となった. 目的とする遺伝子が特定されていればその遺伝子を選んで改変することも可能である. DNA操作技術はイヌ, トウモロコシ, ウシなどで家畜や農作物を作出してきた旧来の品種改良技術よりもはるかに強力で, 迅速で, 正確である.

2. DNA塩基配列上の変異は, 制限酵素の使用およびゲル電気泳動により検出することができる. JudyとDavidは, 鎌状赤血球貧血の保因者であるか否かを制限酵素 *Dde* I の使用により検査することができる. *Dde* I は正常なヘモグロビン対立遺伝子を2箇所で切断するが, 鎌状赤血球貧血患者の変異型ヘモグロビン遺伝子は切断されない. 医師はDNAプローブを用いた検査も行おうとするだろう. DNAプローブとは10～数百塩基程度の短い一本鎖のDNAであり, 調べようとする遺伝子と相補的な配列をもつものである. このため遺伝子が正常であれば正しく二本鎖を形成するが, 変異が存在すると形成されない.

3. DNAクローニングとは宿主細胞を利用して特定の遺伝子断片を増幅するために, 宿主細胞に単一種類のDNA断片を導入することである. 特定のDNA断片や遺伝子を増幅して, その後の解析や操作に十分な量のDNAを確保するのがDNAクローニングの目的である. 細菌（大腸菌）はDNAクローニングで最も汎用される宿主細胞である. クローニングで最も頻繁に用いられる手法としては, DNAライブラリーの調製とポリメラーゼ連鎖反応（PCR）があげられる. DNAライブラリーの調製ではプラスミドなどの, ベクターとよばれる遺伝子の運搬体を用いて, ライブラリーを作製したい生物のDNAを大腸菌などの宿主細胞に移すことが基本的な手順である. PCRを用いれば, プライマーとよばれるDNAポリメラーゼ反応の開始に必要な短いDNA断片を適切に設計できれば, わずか数時間で特定の遺伝子を数百万倍に増幅（すなわちクローニング）することができる.

4. DNAクローニングの利点は, 特定の遺伝子を増幅することにより, その構造や機能の解析が容易になることである. 増幅された遺伝子は, 塩基配列の決定や別の生物種への導入, その他さまざまな実験に利用することができる. 現在すでにヒトインスリンやヒト成長ホルモン, ヒト血液凝固タンパク質やさまざまな抗がん剤などが, ヒト遺伝子を導入された遺伝子組換え大腸菌を用いて量産されている.

5. 遺伝子工学とは, 細胞や組織あるいは個体全体への外来遺伝子の永続的導入のことで, 導入された細胞などは遺伝的に形質が転換される. このような遺伝子改変を受けた細胞や生物は, 遺伝子組換え生物（GMOまたはGEO）とよばれる. 遺伝子組換え生物は, 目的の遺伝子やDNA断片を単離し, 必要な改変を加えられた後に目的の細胞や生物に導入して作られる.

サケのような魚類では, 通常より成長の速い組換え動物が開発されている. 養殖場では遺伝子組換え魚が, 牛の飼養よりも低コストと低い二酸化炭素などの温室効果ガス排出量（カーボンフットプリント）で高品質のタンパク質を供給している. さらに, 遺伝子組換え魚を利用することにより, 天然の漁業資源に対する依存も低減される. 他方, 遺伝子組換え魚が人の管理から逃げ出してしまった場合, 野生の魚と交配して元来の遺伝子の多様性に干渉したり, 野生種との競争で彼らを圧倒して絶滅に追い込むなどのリスクも指摘されている.

6～8. これらの解答は読者の視点によりさまざまなものであろうが, 少なくともある程度は科学的根拠に基づいて検討されたい.

第17章

1. 進化とは, ある生物集団で時間とともに, 突然変異や自然選択などの仕組みによって, 遺伝的な形質が変わることをいう. 個体の遺伝形質は生まれてから変わることはないので, 進化するのは個体ではなく, 生物の集団（種や個体群）である.

2. 新しい生息地では大型のトカゲの方が小型のものより有利になるだろう. その結果, 大型のトカゲは, その遺伝形質を子孫に残すチャンスが増え, その自然選択の作用の結果, トカゲ集団のサイズは大型化する方向に向かう.

3. 地球上の生命のこの三つの特徴はいずれも進化で説明できる.（a）適応：与えられた環境下で生存する性能が向上することであるが, 自然選択の結果である.（b）生物多様性：一つの種が複数に分かれる種分化という進化の結果である.（c）共有派生形質：同じ祖先から分岐し, 進化して生じた生物である証拠となる. たとえば, 鳥の翼, クジラのひれ, ヒトの腕を考えると, これらの前肢の用途は, 現存種では大きく異なっているので, 構造上の類似性があるとは考えにくい. しかし実際は, 同じ種類の骨から構成されている. その理由は, 鳥, クジラ, ヒトと同じ骨構成をもった, 共通の祖先がいたためである. これは特に不思議な現象ではなく, 似た自然選択圧を受けた結果である.

4. 進化が起こったこと, 起こっていることを示す数多くの証拠がある. 特につぎの五つの証拠をあげることができるだろう.（a）化石記録は, 生物種が時間とともに変化してきたことの明らかな証拠である. 祖先型の生物からどのように他の生物群が進化してきたのかを化石から理解できる.（b）生物の中にも進化の証拠がある. たとえば, DNAやタンパク質を調べると, 形態から調べた進化のデータと一致することもわかった. つまり, タンパク質やDNAは, 共通祖先をもつ生物種間では, そうでないものに比べると類似性が高い. タンパク質やDNAの解析結果は, 進化上の関係を決める他のどの方法よりも, 研究者が考えている進化の見解とよく一致する.（c）進化が起こったのがパンゲア大陸が分離した前か後かの違いで, 分布の異なる化石がある. これは, 進化と大陸移動を考えるとうまく説明できる.（d）現在も個体群の遺伝子が時間とともに変化し, 小さな進化が起こっていることを示す多くの証拠が見つかっている.（e）新しい種が, 既存種から進化して生まれる現場を観察した例も報告されている.

5. 常に新しい発見があり, それによって私たちの知識が増えていくのは, どのような科学の分野でも同じことである. "最も重要な進化の仕組みは何か"という議論は, 進化の仕組みが完全には理解できていないという意味であって, 進化が起こっていないということではない.

6. 遺伝的な浮動は, 小さな集団ほどその影響が大きくなる. たとえば, 植物の個体群が十分大きければ, 嵐などで, ある遺伝形質の個体（対立遺伝子Aまたはaをもつ個体）だけがたまたま死んでしまうという可能性は少なくなるだろうし, 片方の対立遺伝子の頻度だけが劇的に増えるという変化も起こりにくい.

第18章

1. 突然変異：致死的な対立遺伝子でなければ, 子孫に引き継がれて, その結果, しだいに遺伝子頻度が増える可能性がある. **遺伝子流動**：生物集団間の遺伝子の交換によって, 新しい対立遺伝子が入ってくることで遺伝子頻度が変わる. 遺伝子流動によって, 生物集団間の遺伝的な差が少なくなる. **遺伝的浮動**：個体が生き残り, 繁殖する機

会が不規則に決まる場合，偶然に対立遺伝子の頻度が変化することがある．特に小さな生物集団での影響が大きく，ある特定の対立遺伝子が偶然に集団内で定着することもある．もしその遺伝子が有害な場合，個体数が減り，絶滅する危険性も出てくるだろう．**自然選択**：集団内で有利に作用する遺伝形質をもった個体がいると，より多くの子孫を残し，次の世代でその対立遺伝子の頻度が増える．逆に，不利となる遺伝形質の個体は，より少ない子孫しか残せず，その対立遺伝子の頻度が減る．

2．遺伝子流動：集団間での対立遺伝子の交換をさす．遺伝子流動により集団間での遺伝的組成はより類似したものとなる．**遺伝的浮動**：対立遺伝子が時を経て選択されるランダムな過程をさす．遺伝的浮動には，ある個体が繁殖し他個体が繁殖を妨げられるようなさまざまな要因がかかわっている．**自然選択**：ある特定の遺伝的形質をもつ個体が他個体よりもより高い確率で生存と繁殖を行うことができる過程をさす．**性選択**：ある形質をもつ個体が交配相手をひきつけるうえで有利となり，その結果その形質が子孫へと伝達される．自然選択の一つのかたちである．

3．新たな個体を積極的に集団に取込むことにより，集団は大きくなり，遺伝的浮動の影響を受けにくくさせ，また，新しい対立遺伝子を入れて自然選択を受ける遺伝的多様性を増やせる利点がある．しかし，小さい個体群の環境に，必ずしも適合していない遺伝形質の個体を導入する欠点がある．生物種の絶滅は自然にも起こっている．局所的に，あるいは全地球上から消滅することもある．

絶滅は自然な過程である．しかし，人間が原因で，劇的に絶滅の速度が速まり，絶滅種数も増加しているのは事実である．もし，ほかに大きな個体群がある場合，小集団に新しい個体を導入することは無意味かもしれない．しかし，小集団だけが残った場合，その一つに新しい個体を導入し，個体数を回復させ，絶滅から救う試みは意義のあることだろう．

4． 実際の個体群の遺伝子型頻度：

$AA : \dfrac{280}{280+80+60} = 0.67$

$Aa : \dfrac{80}{280+80+60} = 0.19$

$aa : \dfrac{60}{280+80+60} = 0.14$

この集団の遺伝子頻度：対立遺伝子 A の遺伝子頻度を p,
　　　　　　　　　　　対立遺伝子 a の遺伝子頻度を q とすると

$p = \dfrac{2 \times 280 + 80}{2 \times (280+80+60)} = 0.76$

$q = \dfrac{2 \times 60 + 80}{2 \times (280+80+60)} = 0.24$

ハーディー・ワインベルグの式に当てはめると，
　AA の遺伝子型頻度は，$p^2 = 0.76 \times 0.76 = 0.58$
　Aa の遺伝子型頻度は，$2pq = 2 \times 0.76 \times 0.24 = 0.36$
　aa の遺伝子型頻度は，$q^2 = 0.24 \times 0.24 = 0.06$
　遺伝子型頻度の合計は，$p^2 + 2pq + q^2 = 1.0$

となる．実際の遺伝子型頻度はハーディー・ワインベルグの平衡状態になく，突然変異，交配時の性選択，遺伝子流動，小集団のための遺伝的浮動，自然選択などが起こった可能性がある．

5． 抗生物質を使い多量の細菌を殺すと，そこで生き残った耐性菌が繁殖上大変有利となる可能性がある．細菌の繁殖速度は非常に速いので，すぐに細菌全体が耐性菌となるだろう．耐性菌が人に接する機会を減らせば，他の細菌に比べて増殖能力のうえで非常に有利な点を生かせなくなる．同じように，細菌の成長速度を抑えることでも，繁殖上の自然選択がはたらきにくくなるので，耐性菌が他の細菌に比べて優位にはならない．

6． 遺伝的浮動の原因となる偶然の事象は，大きな集団よりも小さな集団においてより重要となる．自然界の集団では，集団を構成する個体数は，コインを投げる回数と同様の効果をもつ．小さい集団は，わずかな回数しかコインを投げない場合と類似している．小さい集団では，偶然の事象により，ある個体は子どもを残せ，またあるものは残せなかったりする．その場合には繁殖の失敗によって失われてしまう対立遺伝子も生じる一方で，次世代では多くの個体が保有している対立遺伝子も生じうる．多くの個体がいた場合には，各対立遺伝子が次世代に伝えられる確率は増大する．大きな集団では，偶然の事象による短期間での劇的な対立遺伝子頻度の変化は起こりにくい（コインを100回投げたときに表と裏がおよそ50回ずつ出るように）．大きな集団でも遺伝的浮動は起こりうるが，その場合その効果は自然選択などの進化機構により容易に打ち消されてしまう．このように，大きな集団では，対立遺伝子頻度の時間的変動に遺伝的浮動はほとんど効果を及ぼさないのである．

第19章

1． 例：都市部に生息するハシブトガラス．都市部のゴミを利用することで，食べ物を得ることができる．また，巣作りの素材も得ることができるようになった．このような適応は，都市環境やゴミ収集システムができる前はなかったと考えられ，人間社会の発展や拡大に伴って進化したと考えられる．人間社会に住むことで，タカや卵をねらうイタチなどの捕獲者から離れて安全な巣作りも可能になったと考えられる．エダツノレイヨウを例にするならば，第1章の表1・1（p.13）を参照してほしい．

2． より高い確率で生き残り子孫を残せる遺伝形質の個体は繁殖して，そうでない他の個体に置き換わっていく．このように自然選択によって生物がより環境に適合できるようになることを適応進化という．抗生物質を使って感染性の細菌を殺したり制圧しようとしたりすると，その薬に耐えられない細菌だけを殺す人工的な環境をつくることになる．すると，抗生物質に耐えられる細菌だけが繁殖し，個体数を増やすことになる．ますます治療できない病原菌が増えるので，このような細菌の適応進化は，人にとっては危険である．

3． 一群の対立遺伝子がけっこう異なっており，そのため，外見が異なる，あるいは生態学的に異なるのだが，ただ雑種形成能力の点では違いがないだけだという考えに立てば，自然状態で雑種形成できる種同士であっても別種とみなしうる．この理由で，希少種をふつう種から分け，絶滅危惧種・希少種として分類すべきであると主張する人も多い．

4． 交配可能かどうかで同種・別種と判断する方法は簡便ではある．しかし，多くの対立遺伝子が異なり，2種類のカシの木を十分違ったものにしているのだが，それらの異なる多くの対立遺伝子は生殖隔離には影響を与えないだけなのであろう．だとすれば，たとえ雑種がつくられたとしても別種と分類するべきであろう．

5． 嵐によって飛ばされたグループは，元の集団から地理的に隔離されたことになる．その結果，二つのグループ間で，遺伝子流動がほとんどあるいはまったくなくなり，突然変異，遺伝的浮動，自然選択の影響が長い時間をかけて蓄積するだろう．移動した先は元の環境とは異なっているので，自然選択によって，集団の遺伝的な変化が起こる．はじめに島に渡った集団の羽数が少ないので，遺伝的浮動も大きな影響力をもつ．自然選択，遺伝的浮動，突然変異の副産物として，島に移り住んだ集団は，元のグループからの生殖上の隔離が進み，長い時間を経て，蓄積される遺伝的な違いのために，別の種として進化するであろう．

6． ビクトリア湖のカワスズメ類は，同じ湖の中ではあるが，生息地が異なり，互いに遭遇する機会が少なく，地理的隔離が原因で別種になったと言いうる．しかし，地理的な隔離なしで種分化が起こった可能性もある．

7． 植物では，地理的な隔離がなくても，多倍数性の個体，つまり，染色体数が2セットより多い個体の出現によって新しい種が生まれることがある．また，ビクトリア湖のカワスズメには，同所的種分化が起こったであろうという強い証拠が見つかっている．リンゴミバエも北米で地理的分布が重なり合っているにもかかわらず，リンゴとサ

ンザシをおもに食べる別の集団に分かれつつある．このような動物の同所的種分化は，生態学的な要因（異なる食べ物に特化するなど）や性選択によって起こる．

地理的な分布が重なっていると，そうでないケースに比べて格段に集団間での遺伝子流動が起こりやすい．その結果，集団間の差がなくなり，同じような集団になってしまうだろう．したがって，地理的な隔離がないと遺伝的な違いが蓄積しないので，互いに交配できなくなるほどの生殖隔離が進むことは難しい．同所的種分化は異所的種分化に比べると起こりにくい．

第20章

1．ある生物群から他の生物群が進化した一例は，爬虫類から哺乳類が出現したことである．哺乳類の歯と顎の出現は，どのような段階を踏んで進化が進んだかを示してくれる．爬虫類の顎で，眼窩の後方に開口部が発達したのが，第一の段階であった．ついで，獣弓類で，より強力な顎の筋肉が発達し，特殊な歯も現れた．最後に，獣弓類の一グループであるキノドン類において，歯がより特殊化し，顎のちょうつがい部が前方に移動することで，哺乳類進化における顎等の発達が完成した．

2．原始の地球で，光合成生物が出現したために，大気の酸素 O_2 が増えた．その結果，酸素の毒性に耐えられない多くの生物が滅んだ．しかし，光合成でつくられた酸素のおかげで，真核生物，さらに，多細胞生物が進化できるようになった．

3．カンブリアの爆発は，約5億3000万年前に起こった．その後比較的短い期間に，生命の著しい多様化が起こり，大型のおもな門の生物がこの時期に出現した．陸上進出の準備が整った時期でもある．

4．陸上生活が始まると，さらに生物は多様になった．陸上では，移動と生殖のための新しい手段，水を獲得して保存すること，空気中での呼吸などが必要となる．初期に陸上に上がった生物は，陸上の厳しい環境で生き延びることさえできれば，十分な資源を利用でき，他の生物のほとんどいない広大な生息地で発展できる機会に恵まれた．

5．大量絶滅は急激な環境変化が原因で起こるもので，個々の生物種がどのように環境に適応しているかには関係しない．環境に非常にうまく適応した生物群であっても，大量絶滅のときに減ぶ可能性があるし，実際に絶滅している．

6．1年で種分化が起こることもあるが，たいてい数十万〜数百万年を要する．そのため，大量絶滅のあと多数の生物種が回復するのに，一般に一千万年かかるというのは不思議ではない．このように大量絶滅後の回復に長期間必要なことを考えると，人類がひき起こしている現在の種絶滅を食い止めるべきであると考えられる．さもなければ，現在の生物多様性が回復するのに数百万年もかかるだろうから．

7．われわれが現在，他のヒト属と共存していたとしたら，彼らとわれわれ現生人類の間に，社会的・文化的摩擦が必ずや生じていたことだろう．今日，諸民族の間に緊張が存在するように．平和的共存が可能になるためには，われわれの社会が，他のヒト属の種に人間性を認め，空間や資源を共有する際には，どう協力していけばいいかを議論することが必要になってくるだろう．

第21章

1．さまざまな食物網や共生関係などの例にみられるように，生物圏に含まれる全生物が何らかの相互作用をしている以上，"生物圏は互いにつながった関係のネットワーク"と表現するのは適切である．世界のあちこちで侵入種が元の生態系に害を及ぼしていること，たとえばディンゴを防ぐフェンスを作ったことでアカカンガルーの個体数が変わった例などを本書で紹介してきたが，すべて，生物圏のあらゆる生物間に相互関係があることを明確に示している．

2．大気の大きな対流セルや海流のために，地域的な出来事（火山の噴火や石油流出）が，地球の離れた場所の生態系に影響することがある．たとえば，ある大陸の海岸で流出した石油が，海流に乗って移動し，他の大陸の海岸を覆うこともあるだろう．その結果，海岸の海鳥が油まみれになり死滅すれば，餌となる生物の個体数を制限する役割を果たせなくなるし，また海鳥を餌とする捕食者の食料もなくなるだろう．

3．陸上には，熱帯林，温帯落葉樹林，草地，チャパラル，砂漠，北方林，ツンドラ（凍土帯）などのバイオームがある．あなたの住む場所の近くにあるバイオームを見つけてみよう．§21・3を参照すると，それぞれのバイオームの気候や生態学的な特徴がわかるので，それをヒントにするとよい．

4．砂漠の特徴は，高温ではなく，低い湿度である（年間降水量250 mm以下）．たとえば，南極大陸は年間20 mmしか降水がなく，世界で最大の寒冷地の砂漠である．対して，北アフリカのサハラ砂漠は，熱帯地方で最大の砂漠である．砂漠の大気は乾燥しているので，熱を保持できず，日々の気温変化を緩和する作用も低い．その結果，日中は45℃以上になり，夜間は氷温近くに急降下したりする．その大きな温度差に耐えることと，水分をいかに獲得して体内に保持するかが，砂漠に生息する生物には大きな障壁となる．たとえば，砂漠のカンガルーネズミの場合，腎臓で水分を再吸収する効率が高く，水分の少ない尿をし，呼吸するときにも水分を失わないように呼気から水分を回収する仕組みをもっている．

5．砂漠の植物が小さな葉をもっているのは，小さな葉は大きな葉よりも表面積が小さくて蒸発による水分の損失が少ないからである．熱帯雨林の植物は1年中湿度の高い所に生息しているので水分損失に対して特別な適応をする必要がない．砂漠の植物によっては主根が地下水まで届くほど長い種もいる．砂漠の動物では明るい体色をもつもの，水分を蓄えられるように腎臓が発達したもの，暑い時間帯に涼しい穴の中に隠れるような行動的な適応をしているものが多い．ジャックウサギのように放熱器となる大きな耳をもつ動物もいる．

6．温帯地域では，温度の季節変化によって，春と秋に湖水表面付近の酸素を豊富に含んだ水が沈降して，湖底に酸素を送り込む．この季節的循環は湖底の底泥から表層まで栄養分を送り出すことで，光合成生物の成長を促進する．湖面の生産者に栄養を，湖底の動物に酸素を送り届けることで，湖水の循環は一次生産と二次生産を両方とも促進する．

7．河川水が海に流れ込む河口域は，浅瀬の海域となっていて，太陽光が豊富である．また，河川水から栄養素が豊富に供給される．そのうえ，水流によって栄養分の多い海底の堆積物が定期的に撹拌されるので，非常に豊富な光合成生物の群集・群落がいる．海岸線から大陸棚にいたる沿岸域は，栄養素と酸素が豊富で，最も生産性の高い海水バイオームである．河川や陸地からの流出物もあり栄養素も豊富である．海底に沈降した栄養素は，波や潮流，嵐などの撹乱で容易に巻き上げられ，この栄養素が，太陽光の豊富な海面付近から水深80 mほどの領域までに生息する生産者の成長を支えている．風や波による撹拌で酸素も十分に供給されている．外洋はこの逆で，太陽光が豊富でも，栄養素がいったん深海に沈むと海面には供給されず，海面は貧栄養となり生産性は非常に低い．

第22章

1．外部との境界がはっきりしない，個体が頻繁に移動する，個体が小さくて数え上げるのが難しいといった場合，個体群を定義することが難しい．

2．絶滅危惧種の保全対策には，つぎのような選択肢がある．人の撹乱の影響を抑える，病気を治療する，捕獲者を減らす，餌の豊富な別の場所に個体群を移動させる（死亡と転出を抑える），他の同種個体群から個体を移入する（転入を増やす），捕獲して繁殖させる手段を考える（死亡を減らす）．

解答　653

3.

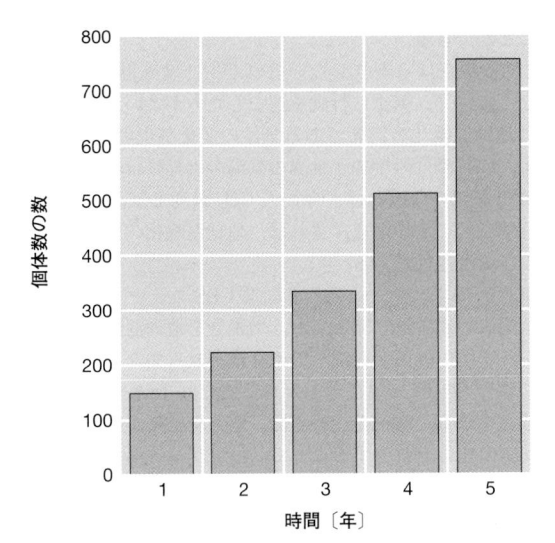

個体数の数
800
700
600
500
400
300
200
100
0
　　　1　　2　　3　　4　　5
　　　　　　時間〔年〕

4．（a）居住空間，餌量，水，病気の蔓延，気候，自然の撹乱，捕食者などが，個体群が無限に大きくなるのを妨げている．（b）新しい生息地に侵入した種は，決まった捕食者がいないことが多く，また，その生息地の許容範囲まで個体群密度が達していないので，しばらくの間は指数関数的に成長する．

5．密度依存的な因子とは，個体群の密度とともに増えるものをいう．たとえば，感染による病気がある．密度の高い個体群ほど早く病気が蔓延するからである．野原で過密になっている植物は栄養をめぐって競争し合うので，栄養の有効性は密度依存的に個体群成長を制限する因子のもう一つの例である．密度非依存的な因子とは，個体群の密度に影響されないものをいう．たとえば，温度条件がある．耐えられないほど温度が低下してしまえば植物は死んでしまうが，この場合，植物個体群が密生しているかどうかは関係ない．野火や洪水のような自然撹乱もまた密度非依存的に個体群成長を制限する．

6．もし，個体群の増殖パターンがわかれば，成長速度に直接影響する原因を人工的に操作できるだろう．たとえば，ある個体群の繁殖に水が必要であることがわかれば，農地かんがいのために河川からすべての水を引いて奪うことは避けるようにできる．個体群成長を理解することは有害生物駆除において特に重要である．有害生物の個体群サイズの周期的変動（たとえば，個体群が相場の急騰・暴落のような変動パターンを示すかどうか）を知ることで，効果を最大限にするには，栽培者は殺虫剤をいつ噴霧して自然捕食者をいつ放せばよいのかがわかる．

7．人類が世界に及ぼす悪影響を抑える行動にはつぎのようなものがある．（1）不必要な品物の消費を控える，（2）資源の持続的な利用を促進するためにリサイクルを行う，（3）環境に優しい政策や活動を進め，それに従うように心がける（たとえば，省エネ型の車や電球を使う），（4）有機栽培植物でできた衣類や食品など，環境に影響の少ない製品を購入するといった取組みがあるだろう．最後に他のすべてのことに影響する因子は，親1人当たり子ども1人だけに出産制限することである（人口ゼロ成長）．人口増加を制限することで全人類の環境負荷を減らすことになるだろう．

第23章

1．相利共生が広く一般的なのは，共生がもたらす利益がその代償を上回るからである．たとえば，イトランは，イトランガの幼虫に数個の種子を食われるが，それでも，イトランガが送粉しなかった場合よりも多くの種子をつくる．

2．消費者に捕食される生物は，消費者に対する防御を進化させるように選択圧を受ける．同様に，消費者は，獲物の防御に打ち勝つように選択圧を受ける．このため，消費者群であれ被食者群であれ，個体の生存率を高めるような適応は，個体群全体に広がっていくだろう．

この例として，サメハダイモリの毒がある．この毒は，ほとんどすべての捕食者を死なせることができるが，ガータースネークは，その毒に対する耐性力を進化させ，サメハダイモリを捕食する．

3．植物群集内の種数が減少する（a）．ウサギが好んで食べていた草は，ウサギが除かれると，食べられなくなり，優占競争種として支配を強めるので，おそらく地域内のほかの草のいくつかは駆逐されるだろう．それでも劣勢な競争種は，優占競争種が必要とする資源を利用しているので，優占競争種の撹乱または個体数を制限する余地はあるかもしれない．

4．（a）食物網は，生物群集内のエネルギーと栄養素の移動に影響する．キーストーン種とよばれる種は，その個体数の割に不釣合いなほど大きな影響を，生物群集内の他の生物の種類や個体数に対して及ぼす．

（b）火事などの撹乱は多くの生物群集で頻繁に起こるため，生物群集は絶え間なく変化する．よって，多くの生物群集は決して極相（遷移の安定終局）に納まることはない．撹乱の種類や激しさに依存して，生物群集は回復する場合もあれば，回復しない場合もある．

（c）気候はその地域に生息することができる生物種を決める重要要素である．よって，気候が変われば，生物群集も変わる．

（d）大陸が移動して緯度が変わると，気候が変わり，必然的に生物群集も変わる．

5．ハワイにヒゲクサが持ち込まれたことにより，島では火事の頻度が増え，その規模も大きくなった．在来植物よりもよく燃え，熱くなるヒゲクサ枯体が大量に出ることが原因である．このように，生物群集の一種の存在により撹乱様式が深く変化し，生物群集に他の大きな変化をもたらしていく．

6．火事など他の撹乱が今後起きないと仮定すると，（b）で述べられている撹乱は回復に長期間を要するであろう．（a）で述べられている撹乱では，土壌および地表の植物は損なわれていないだろうから，自然遷移に従って新しく木が芽吹くことができるだろう．最終的には，伐採された樹木と新しく育った樹木が入れ替わる．しかし，（b）では，汚染物質によって土壌が変質してしまっただろう．その撹乱は，木本種，草本種の成長力を妨げるだろう．土壌の化学的性質が正常に戻らなければ，森の植生が元のように育って再生することはできないだろう．

7．変化は，あらゆる生物群集の一部である．しかし，人為的な変化は特殊である．自分たちの行動がもたらす衝撃について熟慮することができ，生物群集の変化を招く行動をとるかとらないかを判断できるからである．ある変化が倫理的に許容できるかできないかは，変化の種類やその原因にもよるだろうし，変化を評価する人間の考え方しだいだろう．たとえば，増え続ける人口に対して長期的な食糧生産を実現するためには，ある地域を変えることは倫理的許容範囲と考えるかもしれない．しかし，短期的な経済的利益をもたらしはするが，長期的な経済的損失および生態系の破壊をひき起こす行動をとることは倫理的に許容できないと考えるかもしれない．

第24章

1．生態系は，生物群集とそれらが生息する物理的環境とで成り立っている．生物は生態系において互いに相互作用し，生態系間を移動することもできる．こうした理由から，特定の生態系を保全するための境界設定は，困難になる可能性が高いであろう．境界設定には，ある種の生物が生態系の総体的な機能の中で果たす役割を理解することが要求される．

2．太陽などの外部資源から生産者によって捕捉されたエネルギーは，炭水化物などの化学物質となって生産者の体内に蓄積される．食物連鎖の各段階で，生産者が捕捉したエネルギーの一部は，代謝熱となって生態系から消失する．エネルギーが再利用されないのは，この不変の消失による．

3．海洋生態系の純一次生産力が外洋よりも沿岸水域で高くなりやすいのは，海洋性光合成生物に必要な栄養素が外洋では不足している

からである．沿岸水域の高い生産性は，河川によって運ばれる栄養素が原因である．陸地から流入した栄養素が，光合成プランクトンの増殖と繁殖を促進する．光合成プランクトンは，光合成によって海洋食物網の基盤を形成する生産者である．豊富な栄養素が存在する河口は，大量の生産者を支え，生産者が大量の消費者を養うことから，最も生産性の高い生息地になることがある．湿原，沼地などの水辺も，熱帯林や農地と同等の生産性がある．水辺は栄養素に富む土壌堆積物がたまるので，湿地性植物と植物プランクトンの成長を促進し，それらがさらに複雑な水辺の消費者群集を養っている．

アラスカ湾の生産性が相対的に高いのは，湧昇によるものである．湧昇では，気流と海流の動きによって，海底の冷たく栄養素に富む海水が上昇し，海面の温かく栄養素に乏しい海水と入れ替わる．湧昇が起こる海域の純一次生産力が高いのは，似たような生態系でも，湧昇が起こる海域の生産者は，起こらない海域の生産者に比べて栄養素に制限されることが少ないためである．

4. 分解者は生物の死骸を砕いて単純な化合物に変え，栄養素を再び物理的環境に戻すので，別の生物が再び栄養素を利用できるようになる．

5. 栄養素は地球規模で循環する．たとえば，世界のある場所で発生した二酸化硫黄が大気を汚染すると，気流によって汚染が全世界に拡散し，他の生態系にも影響を及ぼす．

6. 人類の経済活動は，いくつかの重要な生態系サービスに織り込まれている．送粉は農業や家庭菜園の生産力に欠かせないものである．河川敷は，そこに建築したり，河川と隔離したりしなければ，大洪水の安全弁として機能する．森林は沪過浄水系として機能する．人類は，生命の維持を栄養素循環に依存している．生態系サービスが損なわれれば，人間の経済的利益も同様に損なわれる．

7. 1ヘクタールの農地は，鶏卵，豚肉，牛乳，牛肉などの動物性食品を主食にする人より，ずっと多くのベジタリアンを支えることができる．理由は，食物連鎖を移動するエネルギーはピラミッド形になるからである．食物連鎖の上位にいる消費者に渡るエネルギーは，その下の栄養段階のもつエネルギーのわずか10％程度である．植物が生成した純一次生産力（NPP）の多くは一次消費者に利用可能だが，二次消費者はそれよりも少ない量しか利用できず，三次消費者にはさらに少ない量しか利用できない．このため，植物性食品と同じ重量の動物性食品を生産するには，より広大な農地を必要とする．コーネル大学のDavid Pimentelによると，肉を主食とする人間が家畜を経由せずに穀物から直接カロリーを摂取すれば，米国内の家畜飼料は8億人近くを養うことになろうという．植物バイオマスを牛肉に変換することは，鶏肉に変換することよりも非効率的である．より大きな動物ほど食用として飼育しにくくなるからである．しかし，家畜の集中飼育法は，効率化に貢献する．たとえば，植物バイオマスを牛肉に変換するのに，穀物飼料を与えられる牛よりも草を食べる放牧牛の方が，効率的である．

第25章

1. 人間が原因の地球規模の変化とは，地球温暖化，陸地や水圏の変容，地球化学的変化（たとえば窒素循環の変化）などである．これらすべての地球規模の変化は，生物が生息している場所の条件を変化させる．その結果，あるタイプの種の優占度が増加し，他の種はさまざまな生態系から消失する．

2. 人間がひき起こす地球規模の変化は，多くの場合，自然に起こる変化よりもずっと速い速度で起こる．大陸のずれや自然の天候の変化は，人間がひき起こす大気中のCO_2濃度増加や窒素固定量の増加の速度に比べるとはるかにゆっくりしている．さらに，人間は，地球規模の変化をひき起こすかどうかの選択権をもっている．

3. 現代の大気CO_2濃度は，今までの42万年間の中で最も高い．20世紀半ば以降，大気CO_2濃度は毎年約2 ppm上がり続けており，2008年の年末には385 ppmに達した．大気中のCO_2量は，科学計器を用いて直接測定できる．また，古代の氷に閉じ込められた空気の泡のCO_2濃度を測定することで，何十万年も前の大気中のCO_2量を推定することができる．

4. 程度は現在はっきりしないけれども，地球温暖化に対しては，後ではなく今すぐ，慎重に行動を起こした方がよい．すでに，予測されていた地球温暖化の影響である気候の変化が現実に起こっている．そのうえ，CO_2濃度の増加と世界の気温の上昇には相関があり，もしCO_2の放出が減らなければ，今後もCO_2濃度と気温の増加が続くだろう．行動を起こすのが遅すぎれば，地球温暖化の影響の多くを元に戻せなくなる可能性がある．

5. 2006年のニューヨークタイムズ/CBSニュースの世論調査によると，米国人の過半数（55％）が，増税分を地球温暖化の減少のために使うか，米国の外国産石油への依存度を減らすために使うなら，連邦政府のガソリン税（現在は1ガロン当たり18.4セント）の引き上げを支持している．増税の支持者は，個人や企業が交通機関の無駄をなくし効率の悪さを改善することで，ガソリンの消費が減り，CO_2の排出が下がるだろうと述べている．多くの経済学者は，ガソリン税を5年以上かけて段階的に1ガロン当たり1ドルまで上げることに賛成している．また，税収の一部を公共交通機関の改善に使うなら，低所得者と中間所得層のほとんどの人々が実際に利益を得られると断言している．

6. 人類が，地球に与える影響を，持続可能な範囲に抑えるためには，人口の増加速度を減らしたり，1人当たりの資源の使用量を減らさなければならない．この目的を達成するため，人間社会は多くの面で変わる必要がある．たとえば，私たちが自然を見る目を，短期的・経済的な利益のために開発する無限の品物や材料という見方から，有限で長期間持続可能になるようなはたらきかけをするべき物という見方に変えなければならない．このように地球を見る目が変わったら，多くの具体的な行動が続くだろう．たとえば，リサイクル活動の増加や再生可能エネルギーの開発，都市のスプロール現象の減少，環境への負荷が少ない技術（有機農業など）の使用の増加，種の絶滅の進行を食い止めるための協調努力など，である．

地球を持続可能にするためにできる行動の例：食物以外は購入する量を減らす．物は使えなくなるまで繰り返し何度も使う．何でも新しいものを購入するのではなく中古品を購入する．紙，プラスチック，ガラス，金属をリサイクルする．買い物をするときには繰り返し使える布の袋を持って行く．紙コップや紙皿，紙タオルはあまり使わない．木や自生植物，特にその土地の野生生物の餌になるような植物を植える．節水する．たとえば，歯を磨くとき水を流しっぱなしにしない．洗濯機の水量を洗濯物の量に合わせて調節する．節水のための設備を使用する．燃料効率の良い自動車を選んだり，必要なときにだけ家の暖房やエアコンを使用して，化石燃料の消費量を減らす．小型の電球型蛍光灯を使用し，使わないときはスイッチを切る．有機栽培による食品を購入して有機農業の農家を支える．

7. pHが0.5低下したことによる海洋の酸性化は大したことには感じられないかもしれないが，サンゴ（ポリプ）の石灰化はかなり低下し，サンゴ礁の成長が劇的に遅くなることが研究で示されている．サンゴモなどの他のサンゴ礁を構築する生物もまた，酸性化によって弱る．サンゴ礁は多様な生息地を提供するので，サンゴ礁が減退するにつれて生物多様性も低下する．サンゴ礁は防波堤の機能を果たしているので，囲まれた湾やラグーンの生物多様性は大きな打撃を受ける可能性が高い．それによって，海藻やマングローブが危険にさらされる一方で，海岸線は浸食されるだろう．サンゴ礁によって支えられている観光事業や漁業，他の経済的活動は，地球全体で4000億ドルと見積もられている．そのすべてが，このまま海洋の酸性化傾向が続けば，影響を受ける可能性が高い．

8. 内分泌撹乱化学物質とは，ホルモンの機能を妨げて，生殖能力の低下，発育異常，免疫系の機能不全，がんになる危険性の増加などの悪影響を生み出す化学物質である．DDTとビスフェノールAは内分泌撹乱化学物質で，ほとんどの米国人の体組織で検出される可能性がある．DDTは殺虫剤で，食物連鎖を通じて生物蓄積したり生物濃

縮する残留性有機汚染物質（POP, persistent organic pollutant）でもある．1972年に使用が禁止されるまで，蚊の駆除や害虫から作物を守るために，DDT は米国で広く散布されていた．DDT はいろいろな動物の生殖を混乱させ，捕食鳥は特に大打撃を受けた．この化学物質は発生中にある卵のカルシウム沈着を妨げるため，卵の殻が薄くて割れやすくなり，簡単に壊れるようになった．ビスフェノール A は，多くの種類のプラスチックの中に見いだされる．実験動物では，ビスフェノール A は，糖尿病や肥満，生殖上の問題，いろいろな種類のがんのリスクを高めることがわかっている．

9. 生態系で人間が固定した窒素の一つは，農業用肥料を作るための工業的な窒素固定によるものである．もう一つは自動車のエンジンによる窒素固定で，燃焼からの熱が空気中の窒素（N_2）を一酸化窒素（NO）や二酸化窒素（NO_2）に変換する．これらの気体は大気中にエンジンの排出ガスとして放出され，空気中で酸素と水と結びつき，雨に溶けて硝酸イオン（NO_3^-）として地面に降ってくる．近年，人間の活動によって固定される窒素の量は，自然の過程で固定される全窒素量よりも多くなってきた．陸上の生物群集に窒素が投入されると，純一次生産力はふつう増加するが，多くの場合，種数は減少する．種の豊かさが影響を受けるのは，増えた分の窒素を最大限利用できた種が他の種を打ち負かしてしまうからである．多くの海洋群集などの窒素の乏しい水界生態系に窒素が投入されると，生産性は上がる．しかし，富栄養化が進むと，多くの種が失われ，酸素の乏しい"デッドゾーン"が生じ，そこではほとんどの動物種が生きることができなくなる．

第 26 章

1. 冬季のシベリアでは −70 °C を下回ることがあり，炎暑の砂漠では砂の温度は 70 °C を超える．ある種の生物はこのような極端な環境下でも生存でき，繁栄するものさえいる．年間降水量が 10 cm を下回るような極端な乾燥状態でも生育するものもいれば，年間降水量が 1000 cm を超えるような森林で繁栄を謳歌するものもいる．しかしながら，大多数の生物はこれよりもはるかに穏やかな環境で生活しており，体を構成する細胞は体内の環境（内部環境）の大きな変化には耐えることができない．動物は細胞内に適正な量の水（通常，体重の 40〜65％程度）がなければ，生育し，活動することができない．なかにはほぼ水分を失っても休眠状態で耐えられる生物もいるが，これは例外的である．水が不足すると各種の溶質の運搬がうまくいかなくなるほか，重要な酵素の作用も阻害される．水分が過剰でもさまざまな生化学的な反応が障害されたり，タンパク質の立体構造に変化が起こったり，細胞がパンクすることもある．細胞内の水が凍っても氷の膨張により細胞膜の破裂をひき起こされる．また，40 °C を超えると，多くの酵素は変成して本来の機能を失ってしまう．このように，生物のもっている内部環境維持の能力を上回るような極端な環境は，生物の生存を脅かす．

2. ホメオスタシス（恒常性）とは生物の体内の環境を，生化学的な諸反応や，細胞間の相互作用に適した状態に保とうとする一連の作用の意味である．生物の体外の環境は体内の環境とはかなり異なっており，しばしば生育にとり厳しい環境となるうえ，変動も大きいものである．しかし，このようななかでも生物の生存のためには，体内の環境を一定の範囲に保たなければならない．動物のホメオスタシスは一般的につぎのような特徴を示す．1) ホメオスタシスは，内部環境の最適値からのずれを検出してこれを引き戻そうとする負のフィードバックの機構を通して作用する．2) ホメオスタシスは体の大きさに影響される．たとえば大型動物では体積に対する体表面積の比率が小さいため，小型動物と比較すると，熱の出入りの割合が小さい．3) ホメオスタシスはエネルギーを消費して実行される．最適な内部環境と外部環境の違いが大きくなるほど，必要なエネルギー（つまり食料）は多くなる．

3. 寒冷な環境下では（たとえば北極），断熱性の高い衣類を何枚も重ね着して体温の喪失を防ぎ，十分な水分（飲用時に凍ってしまわない工夫が必要）を確保し，カロリーの高い食品を摂るようにつとめなければならない．人間は空調設備のような技術により，外部環境と内部環境の差を小さくすることができるので，ホメオスタシスを容易にしている．また，過剰な熱を放出させたり，あるいは逆に熱の損失を防ぐような特殊な織物も開発されている．

4. 体が食物を摂る必要を検出すると，消化管ホルモンをはじめとするある種のシグナルが脳内の視床下部に存在する空腹の中枢に作用して，食欲が刺激される．食物を十分に摂っていれば，脳では空腹感が終息し，満腹感を生じる．

5. 伝導，放射，蒸発の三つの経路が存在する．伝導では，熱は動物の体と，体と直接触れている物体との間で行き来する．放射では動物の体から熱が電磁波（赤外線）の形で周囲の環境から吸収または環境中に放出される．蒸発では体の表面からの水の蒸発により熱が排出される．

6. ネフロンでは，糸球体の毛細血管に入った血液から，毛細血管壁の小孔を介して血漿がこし出される．沪過された血漿は尿細管を流れてゆくが，この途中で体に必要な溶質，水，栄養分が再吸収され，血液中に取込まれる．またこの間，沪過された血漿は濃縮されてゆく．尿細管は合流して太くなり，原尿は沪過と再吸収の過程を経て最終的に尿として排出される．

7. 熱中症にかかって水分を喪失し体温が上昇すると，酵素が変性したり物質の移動が阻害されたりするために，細胞の内外でのさまざまな代謝，反応が障害される．

第 27 章

1. "食物繊維"は消化できない植物性多糖類のことである．食物繊維はエネルギー源としても体を構築するための化学的材料としても利用できないが，ヒトの健康にとって重要である．食物繊維は，その量が非常に多く，またデンプンなどの消化されやすい他の多糖類と連結していることが多いことから，炭水化物の消化速度を遅らせることができる．食物繊維を多く含む食品の例として，オートミール，玄米，ポップコーン，全粒穀パンなどがある．

2. 水溶性ビタミンは水に溶けやすいが，脂溶性ビタミンはすぐには排出されず，体脂肪に蓄積しやすい．したがって，脂溶性ビタミンを摂りすぎると，過剰をまねいてしまう．一方，水溶性ビタミンは尿として排出されやすいため，体内組織中に目立つほどの量は蓄積しにくい．ヒトはビタミン C と 8 種類のビタミン B 類，計 9 種類の水溶性ビタミンを摂取している．また，ビタミン A, D, E, K の計 4 種類の脂溶性ビタミンが必要である．

3. リンゴはまず口の中で歯によって嚙み砕かれる．破片となったリンゴは舌によって唾液と混ぜられてから飲み込まれ，食道を下って胃に行き，そこで胃の筋肉によって胃酸とペプシンと一緒にかき混ぜられ分解が始まる．この混合物が胃から小腸に放出されると，膵臓や胆囊，小腸内壁から分泌された消化酵素によってリンゴの炭水化物とタンパク質および脂質が分解される．そして，小腸下部の細胞を介して栄養素と水が血流へと吸収される．残ったリンゴ由来の食物繊維は結腸内で固化され，糞として体外に排出される．またリンゴには，果皮や食物繊維など消化できない物質が含まれている．

4. 付属器官は消化酵素やそのほかの消化に役立つ液を分泌している．膵臓は炭水化物やタンパク質の分解酵素をはじめとするさまざまな酵素を生産している．人体において無数の機能を担う肝臓は，胆汁生産を通じて消化を支えている．肝臓でつくられた胆汁の一部は胆囊に貯蔵され，胆囊は必要に応じて胆汁を取分けて小腸へと送り出す．

5. 胆汁を生産するのは肝臓で，貯蔵するのは胆囊である．胆汁は脂肪滴を分散させるための液で，ちょうど食器用洗剤が油で汚れた皿にはたらくのと同じように作用する．つまり，脂肪滴を覆う被膜となって，脂肪滴が水分子と相互作用できるようにすることで，完全ではないが水に溶かすことができる．これにより大きな脂肪滴は壊れて微小な小滴となり，脂質分解酵素がはたらくための広大な界面が生まれる．

6. セリアック病は，食物からの栄養素を吸収できないという吸収不全を特徴とし，治療をしないと栄養失調をきたす．その症状は，消化によって生じた糖やアミノ酸や脂肪酸の吸収を担う腸の絨毛が損傷することによって生じる．消化吸収されなかった脂質の蓄積により脂っぽい便となる．ラクトースをはじめとして未消化の食物があると，乳糖不耐症の人が乳製品を食べたときに生じる症状と同じで，大腸の腸内細菌の数が増えてお腹にガスがたまり，くだしてしまう．

7. ほとんどの動物の消化系は，食物を小片へと機械的に破砕するための堅い表面，複雑な炭水化物やタンパク質，脂質を分解する酵素類，そして栄養素を吸収するための仕組みをもっている．こうした特徴が普及しているのは，動物は皆，食物に含まれる複雑な高分子を体の細胞によって吸収可能な低分子に変えなくてはならないからである．

8. まず，草食動物には大量の植物性食材をすり潰すための広く平坦な歯がある．そして，複数の部屋からなる草食動物の胃の中にいる微生物は，植物性食材に含まれるセルロースを分解する．さらに，草食動物の小腸は比較的広い表面積をもつことで，植物性食物にわずかに含まれるタンパク質を最大限吸収できるようになっている．

第28章

1. 血液は，右心房から右心室に入り，そこから肺動脈を経て肺へと送り出される．そこで血液は CO_2 を放出し O_2 を取込んだのち，肺静脈を経て心臓に戻り，これで肺循環が完了する．心臓に戻った血液は左心房から入り，左心室に進む．酸素を含んだ血液は左心室の収縮により大動脈に押し出され，ここから体循環が始まる．血液はそこから動脈，そして細動脈を経て，酸素消費細胞周囲の毛細血管へと至る．赤血球はここで O_2 を配り CO_2 を回収したのち，血液が組織を離れるに伴ってより太い細静脈，そして静脈へと流れていく．そして血液は大静脈を通って心臓の右心房へと戻ってくる．

2. 心拍は，拡張期と収縮期の 2 相をもつ心周期から成り立っている．拡張期には心臓は束の間だけ休止し，収縮期には心筋が収縮して血液を送り出す．規則的な心拍は，心臓に備わったペースメーカーである洞房結節からの電気信号によって保たれている．この結節からの電気信号刺激により，両心房の収縮が起こる．そしてこの信号が房室結節に渡ると，0.1 秒ほどの遅れを挟んで，両心室が同時に収縮する．

3. 動脈は心臓からの酸素を含む血液を運び，静脈は酸素に乏しい血液を心臓へと運ぶ（ただし，肺動脈と肺静脈は例外）．静脈と比べると，動脈は高圧に耐えられるだけの厚く柔軟な壁をもっている．静脈の多くには弁があって，血流が心臓へと一方向に流れるように保たれている．

4. ネフロンでは，糸球体の薄い微小血管を通して大量の血液が濾過される．ここを高圧下で血液が通過すると，毛細血管が破壊してしまい，液漏れや濾過能低下を生じかねない．さらには腎機能の低下によって，毒性のある老廃物の血中への蓄積を生じてしまうかもしれない．

5. 外気は口腔または鼻腔を通って咽頭に至る．空気は咽頭から気道を下って気管支に入り，肺へと導かれる．肺では，気管支が多くのより細い細気管支に分岐し，その末端には風船のような肺胞があって，そこでガス交換が行われる．

6. 酸素は空気から薄い肺胞の壁を通過して，それを囲む毛細血管の中へと拡散する．酸素を欠乏した血液では，酸素が赤血球内のヘモグロビン分子によって回収される．赤血球は血流に乗って酸素消費細胞に運ばれ，そこで酸素が細胞へと拡散し，細胞からの二酸化炭素は血漿中へと拡散する．血液が肺へと戻ると，二酸化炭素は血漿から出て肺胞内の気相へと拡散する．

7. ヘモグロビン分子は酸素と 4 分子まで結合できるので，血漿よりもずっと大きな酸素運搬能をもっている．この結合は脱着可能で，ヘモグロビンは肺の肺胞のような酸素に富む環境から酸素を容易に回収するだけでなく，酸素消費細胞周辺のような比較的低酸素の環境中へ酸素を放出することができる．

第29章

1. 膵臓にある膵島はインスリンを生産し血流に直接放出する．インスリン分子は肝臓などにある標的細胞に到着するまで血流に乗って循環する．肝細胞が，インスリン信号に応答して血液からより多くのグルコースを取込み，グルコース分子を分岐鎖状につなぎ合わせてグリコーゲンとして貯蔵する．

2. ヒト男性では，テストステロンが出生前に男性生殖器官の発達を制御し，脳細胞にはたらいて行動の変化をもたらし，精巣での精子形成や髭の伸長および全身の細胞増殖を促進する．

3. 威嚇する犬に直面したときには，脳からの神経信号が手足の筋肉に伝わることで，逃げようと走り始めることができる．このとき同時に，脳は副腎に対しアドレナリンを分泌させるよう信号を伝える．それにより肝臓でグリコーゲン分解が促進されるとともに心拍が速まって，走るために必要なエネルギーが，迅速かつ多量に供給される．

4. 1 年に 1 回だけ繁殖する動物では，春の暖かい気温や長日などの年間の環境条件がシグナルとなってエストロゲン濃度の上昇をまねく．雌でエストロゲン濃度が上昇すると，生殖腺刺激ホルモンの濃度上昇がひき起こされ，このホルモンが排卵を誘導し，妊娠に向けて子宮の準備を整える．これらのホルモンの生産は，一年のほかの時期ではずっと低く抑えられている．

5. 大人になる以前に成長ホルモンが過剰につくられると巨人症になり，少なすぎると小人症になる．また，大人になってから成長ホルモンが過剰になると，手足や頭や顔の骨が巨大化する症状を示す先端巨大症となる．

第30章

1. 十分な強度の刺激を受容すると，ニューロンの細胞膜上のチャネルが開き，ナトリウムイオンの細胞内への流入が起こる．これにより軸索上の局所的な脱分極〔軸索の細胞体に近い所（軸索起始部）での細胞膜を介した電位差が，それまで細胞内が細胞外よりも低かったものが上昇する現象〕をひき起こす．局所的な脱分極は軸索上の隣接する部位，それも終末に近い方の細胞膜のナトリウムチャネルの開口をひき起こす．このようにして活動電位が軸索上を終末まで伝播してゆく．活動電位が軸索終末に到達すると，終末内の小胞に蓄えられていた神経伝達物質が，シナプス間隙とよばれる，軸索終末と標的となる細胞との間の空間に放出される．神経伝達物質はこの空間を拡散し，標的となるニューロンの細胞膜上に存在する受容体に結合する．神経伝達物質は受容体に結合して初めて標的細胞の活動電位を発生させたり，または発生を抑制したりする．

2. 設問のケースでは，たとえば 2 種類の異なる刺激に反応するそれぞれの感覚ニューロンが，1 種類の介在ニューロンにシグナルを送る．この介在ニューロンは，一方の感覚ニューロンからの刺激に反応してシグナルを運動ニューロンに伝え，適切な筋肉の収縮をもたらす．しかし他方の感覚ニューロンからの刺激では，この介在ニューロンは運動ニューロンにシグナルを送らない．

3. 眼球の視物質は光に対して反応するのであるから，光受容体である．

4. ギター奏者は，指の感覚も利用しながら弦をつまびき，演奏する．観賞する側は，ギターの振動が発生する音波を，音楽として聴く．奏者は指先の表皮近くの機械受容体を通じて弦の微妙な押さえ具合などを感じとる．観賞する人ではコルチ器官の基底膜の有毛細胞が弦の発生する音に含まれるさまざまな振動数の音を，神経のインパルスとして脳に送り，脳においてさまざまな高低の異なる音の集まりとして認識される．

第31章

1. 硬くて丈夫な硬骨のしっかりした骨組みによって，体は体形を維持し，外力に耐えられるようになっている．また，硬骨には骨格筋やじん帯が結合しており，筋肉が収縮することによって脊椎動物は運動ができる．軟骨は鼻や耳介のような，硬さと柔軟性を必要とする構

造を支え，関節やその他の硬骨と硬骨が接するところでクッションの役割を果たしている．

2．回転運動が可能な関節はボールジョイントに似ており，股関節はそのよい例である．このような関節では受け手側の全面を軟骨が覆っており，そこに接している硬骨が回転できるようになっている．

3.

（図：上腕、上腕二頭筋、上腕三頭筋、腱、関節、じん帯、橈骨、尺骨）

4．サルコメアはアクチンフィラメントとミオシンフィラメントが束になったものである．アクチンフィラメントはサルコメアの端にあるZ盤に結合している．収縮においては，ミオシン分子の頭部がアクチンフィラメント上のミオシン結合部位に結合したり離れたりしながら，あたかも"歩く"ように動く．この運動がZ盤同士を引き寄せあうことになり，サルコメアが収縮することになる．

5．外骨格と水力学的骨格いずれにおいても，力を発生するためには筋肉が必要である．しかし外骨格においては，骨格のいろいろな場所に結合している筋肉が収縮することによって体のいろいろな部分が動くのに対し，水力学的骨格の場合，筋収縮によって腔所内の液体が絞り出され，その液圧が体を動かす．

6．鳥が羽ばたきをするときには以下のようなことが起こっている．鳥が羽を前方に向かって動かすと，羽の前方に生じる空気による圧力が羽を後方に押す．ついで鳥が羽を後方に向かって動かすと，空気抵抗が羽を押すようにはたらいて鳥を前進させる．

7．十字じん帯は一つがひざの前，もう一つがひざの後ろにあり，ひざを安定させている．このじん帯は，ひざの前や横からの大きな衝撃や，大腿骨とその下の骨との間の過剰なねじれなどによって，正常の長さの1.5倍以上引き伸ばされると切れてしまう．バスケットボール，サッカー，テニス，バレーボールなど，ジャンプや回転運動を伴うスポーツでは，前十字じん帯（ACL）のけがが最も多い．軽い裂傷なら自力で治癒するが，もし完全に破断してしまうと，ほかからじん帯を移植しなければならなくなる．

8.

硬骨の属する骨格	硬骨の数	骨格の種類
頭蓋骨	22	中軸骨格
耳（2個）	6	中軸骨格
脊椎	26	中軸骨格
胸骨（胸の骨）	3	中軸骨格
肋骨	24	中軸骨格
咽喉	1	中軸骨格
肩甲骨	4	付属肢骨格
手（2本）	60	付属肢骨格
臀部（骨盤）	2	付属肢骨格
脚（2本）	58	付属肢骨格
合計	206	

脊椎は脊柱からできている硬い骨で，脊髄を取囲み守っているが，背中の柔らかい動きもできる．脛骨はひざ下の二本の長い硬骨の大きい方で，ヒトの体の中で二番目に大きい硬骨である（最大のものは大腿骨）．脛骨は体重を支え，大腿骨との間のちょうつがいのような関節によってひざを安定化している．そして脛骨と他の骨とを結合している筋肉のはたらきによって，歩いたり，走ったり，跳躍したりすることができるようになっている．

第32章

1．病原体に対する第一防衛線は物理的・化学的なバリアでできている．物理的バリアには，皮膚や，肺や腸の内表面が該当し，ほとんどの病原体はこれを通過できない．涙や唾液に含まれる化学物質は接触してきた病原体を殺し，呼吸系の粘液は侵入してきた病原体を捕える．こうした物理的・化学的なバリアは非特異的な防御反応の一部である．なぜなら，この作用は病原体の特定の種や特定の系統に対して向けられたものではなくて，むしろほぼすべての病原体に対して同じように発揮されるからである．

2．病気と闘う細胞は体内にあるほかの細胞の細胞膜上にある特有のタンパク質や炭水化物を認識できる．また，正常な生体の構成要素は"自己"として認識されるため，免疫系は攻撃するのを控える．防衛する免疫細胞は，病原体やウイルスなどの異物の表面にある固有のタンパク質や炭水化物も認識する．そうした異物は"非自己"として識別されるため，免疫系は攻撃を開始する．

3．頭のよい細菌は，第二防衛線を構成する非特異的応答を圧倒する多量の毒素を生産するだろう．細菌は，宿主細胞上の抗原（"自己"抗原）を模倣したタンパク質をつくり出すことで，適応免疫の特異的な免疫応答による探知とそれに続く破壊を回避するかもしれない．

4．ともに適応免疫で重要な役割を担う白血球であるリンパ球である．両者とも骨髄でつくられる．T細胞は胸腺で成熟するために骨髄から移動する．活性化したB細胞は抗体を分泌して液性免疫（抗体性免疫）を担う．一方，T細胞は病原体に感染してしまった自身の細胞を攻撃することで細胞性免疫を担う．B細胞は遊離（可溶性）型の抗原を認識する一方，T細胞が認識する抗原は，体内のほかの細胞の表面に提示された病原体の断片である．活性化したB細胞とT細胞は長生きの記憶細胞になることができ，これにより以前出会った病原体による再感染に対して迅速な二次免疫応答を行うことができる．

5．特定の抗原に最初に曝露すると適応免疫の一次免疫応答がはたらき出す．この応答を活性化するには時間がかかり，2週間以上かかることも少なくない．しかし，一次免疫応答の結果，クローン選択が起こり，B細胞またはT細胞の多数のコピーがつくられるとともに，そのエフェクター細胞の一部が記憶細胞となって体内に残る．再感染時には記憶細胞が病原体を認識できるため，二次免疫応答として知られる迅速で強力な応答をひき起こすことができる．

第33章

1．雄性配偶子である精子は小型で，運動性をもつ．精子により父親からの遺伝情報が次世代に伝えられる．雌性配偶子は卵子または卵とよばれる．大型の細胞で運動性をもたない．母親の遺伝情報に加え，細胞内小器官（オルガネラ）の大部分を次世代にもたらす．

2．有性生殖では減数分裂とよばれる過程が必須である．また有性生殖によって生み出される接合子，すなわち次世代の遺伝子型は両親のいずれとも異なる，ほぼ唯一無二の存在となる．有性生殖では両親から遺伝情報が半分ずつ受け継がれ，さまざまな組合わせの子孫が得られるのに対し，無性生殖により生み出される子孫は基本的に遺伝子が親と同一である．有性生殖の結果生じる遺伝的多様性は，この世代の個体の表現型の多様性として表れるが，集団中に多様な個体が存在することで，環境の変化に際してそのうちのあるものが生き延びてゆく可能性を高める．これに対して無性生殖により生じる遺伝的に単一な集団では環境の変化に対応できない可能性がある．また，有性生殖は無性生殖に比較して時間とエネルギーがかかるのに対し，無性生殖ではわずかなエネルギー消費で，急速に増殖することができる．

3．精子は遊走して卵管に至り，卵の放出する化学物質に誘引されてここで受精に至る．（哺乳類の場合，卵は卵胞の顆粒膜細胞に由来する沪胞細胞に覆われた形で排卵され，受精の場である卵管に至る）．精子は受精するために沪胞細胞と卵表面の透明帯を通過しなければならない．（沪胞細胞の層の通過には数百個の精子の協同が必要で，多数の精子が卵表面の透明帯に至る）．精子の先体から放出される酵素は精子の透明帯通過を助けるが，卵内に進入できる精子は1個のみである．進入した精子の核は卵の核と融合し，二倍体の接合子が形成される．

4．胚盤胞は子宮内膜に着床する．胚盤胞の内部細胞塊の細胞は増

殖して三つの胚葉を形成し，胚の本体および，胚（後に胎児）を覆う胚膜系を形成する．心臓は受精後3週間で出現し，受精後8週目の終わりまでにはほとんどの臓器や器官の原型が出来上がる．これ以降は，胚は胎児とよばれる．妊娠の第1三半期の終わりまでには爪や外部生殖器などの外部形態も形成される．第2および第3三半期にはこれらの臓器・器官が成長し，全体として胎児も成長する．出生の段階までに，羊水中から大気中への生育環境の変化に対応した，循環器や呼吸器の変化が準備される．第1三半期には細胞分化と臓器形成がきわめて急速に進行する時期であるが，この器官の胎児は特に外的要因によりダメージを受けやすい．

5. 発生の初期には細胞は未分化であり，全能性をもっている．しかし発生の進行に伴い，細胞の運命は決定づけられ，どの細胞になるかの幅は狭まってゆく．このような細胞運命の決定は特定の遺伝子の活性化によってもたらされる．（細胞運命に関する）遺伝子発現はモルフォゲン，ホルモン，また環境要因により制御される．

6. 鰭条（ひれに存在するすじ状の構造）と鰭条の間の皮膚細胞でアポトーシスが，特にこれが対鰭（対になって存在する胸びれと尻びれ）で起こると，手足の指を思わせる構造を生じるだろう．陸上動物の前肢と後肢はこのような過程を経て進化してきたのではなかろうか．四肢は陸上での，食物の発見や交尾相手の発見，捕食者からの逃走において，動物の運動性能を飛躍的に向上させたものと思われる．

7. 地球外の知的生命体に対してその平均寿命が長くなるように自然選択が作用すれば，彼らも生殖可能年齢を経過した後も生存すると思われる．自然選択上，適応的であるような長寿のメリットとしては，たとえば高齢世代が技能や知識を年少の次世代に継承することからくる社会としての利益の増大などをあげることができるだろう．

第34章

1. 固定的行動は大人ではわかりにくいが，たとえば，友人に会ったときに微笑む傾向があるし，不愉快な刺激には顔をしかめる傾向があるのはおなじみである．他個体のあくびに反応してあくびをする"あくびがうつる"といわれる傾向は，ヒトでみられる固定的行動の一つで，多くの他の哺乳類でもみられる．ヒトでは，固定的行動は新生児で明瞭で，生後6カ月未満の赤ちゃんが手の平に置かれた者を何でも強く握る傾向がある把握反射はその一つである．

ヒトで一般的にみられるおもな行動は学習行動で，そのほとんどは私たちがたまたま生きている時期や社会によって強く影響を受ける．西洋社会でのおなじみの学習行動には一般的な刺激反応パターンを含む．たとえばラズベリーチーズケーキを見ると口の中につばが湧いてくる，赤信号で止まり緑に変わると進む，自分にとっていいことをした人物には"ありがとう"と言う．

2. クモを怖がること（クモ恐怖症）は，高所恐怖症や閉所恐怖症と同様に，人々が最も怖がるものの常連である．行動心理学者はクモへの恐怖は多くの人には生まれつきのものであることを示唆しているが，人によってあるいは文化によってずいぶんと多様である．確かにクモに噛まれた経験のある人は，たとえ怖がらないまでも，嫌悪するようになる傾向はある．恐れの行動は人で分析することは難しい，というのは人の経験が多様で複雑であるためであり，また人を使って十分に統制された実験を行うことができないからでもある．動物での研究では，クモによって餌食にされる昆虫はクモを生得的に恐れるが，他の生物種では幼少期に見た母親の反応から恐れを学んでいることが明らかになっている．

3. 答えは，あなたの解答でどのスポーツや楽器を選んで論じたかによる．一般的に言えば，楽器を演奏したりスポーツを行うには，効果をもたらす技能と戦略（どのように楽器を持つか，どのようにサッカーボールを蹴るか）を学ぶ必要があるし，どのような形式や配置が最も効果的であるか（楽器から出る音でどの音が耳に心地よいか，ダンスのどのポーズが最も優美か）を学ぶ必要がある．しかし，私たちの中で最も才能に恵まれた人は遺伝的に決定された有利さをもっているようにも見える．たとえば絶対音感をもつことは遺伝的形質であるが，音楽の訓練を積んだ人でなくてはもっていることを証明できない．スポーツの例では，力強さを競うスポーツに向いているか持久力を競うスポーツに向いているかは速筋と遅筋の割合で決まるが（p.540の"生活の中の生物学"参照），練習が大きな役割をもつことは同じである．

4. 非言語的コミュニケーションには多くの形式があるが，なかには文化によって異なるものもある．例としては，微笑むこと，顔をしかめること，ウィンクすること，別れる際に手を振ること，不審そうな顔をしてみせること，"ピース"サインをすること，制服を着ること（警官の制服のように）などがある．

5. 集団のメンバーにとって重要と思われる固定的行動は，その生物が学習する機会のないような刺激に対する反応を含むものがありうる．たとえば，集団生活する動物は，自身の集団のメンバーを見分けることができるような固定的行動（たとえば，集団特有のにおいをかぎ分けられる）をもっているかもしれない．あるいは集団生活する動物が，ヘビのような物体を避ける固定的行動や，捕食者となる鳥のシルエットに似たものを見ると隠れる固定的行動をもつこともありうる．間違った行動をとったら簡単に死んでしまうのだから，他個体から適切な行動を学ぶ機会はないであろう．学習する機会をもつ以前である生後数日間の生存にかかわる行動は，固定的行動になりやすい．

第35章

1. 双子葉植物は，二つのグループのうちの大きい方であり，つぎのような性質をもっている．網状の葉脈をもち，茎では維管束系が環状に配置され，多くの側根が出る主根をもつ，花の構成要素，たとえば花弁などは4ないし5の倍数からなり，2枚の子葉をもつ胚がある．単子葉植物は，つぎのような性質をもっている．平行葉脈をもち，茎の維管束は散在し，ひげ根をもつ，花の構成要素は3または3の倍数からなり，1枚の小さな子葉をもつ胚がある．双子葉植物の代表は，マメ，リンゴ，タンポポなどで，単子葉植物の代表は，芝生やチューリップ，ヤシなどである．

2. 植物は三つの器官をもつ．①植物を支え，水や栄養塩を吸収，輸送し，栄養となる有機物を蓄えることができる根．②植物体を支持し，水や栄養塩を輸送し，とげなどの特殊な構造をもつ茎，③光合成によって有機物を合成し，花などの生殖器や突起をつくる葉である．さらに植物は三つの組織系をもつ．①植物体を守り，ガスや水の交換にはたらく表皮系，②植物体の支持，傷修復，光合成にはたらく基本組織系，③栄養物質や水を植物体全体に運ぶ維管束系である．

3. 水に溶けた栄養塩は根によって吸収される．栄養塩は細胞内を通る場合（細胞内ルート）と細胞壁を通る場合（細胞壁ルート）がある．

4. 植物の乾燥重量の大半は，根により吸収された栄養塩ではなく，空気中のCO_2と土壌から吸収された水を用いる光合成によって合成された糖からできている．CO_2とH_2Oを構成する原子は，炭水化物に合成され，それが植物の乾燥重量の大半を説明する．無機栄養塩のうちの二つ，窒素とリンは，タンパク質や核酸のような有機物を構成し，植物の乾燥重量の重要な部分となる．残りの無機栄養素は比較的少量が必要とされ，植物の乾燥重量への貢献は小さい（多くの植物で5％以下である）．

5. 多くの食虫植物は，酸性の沼沢地など，貧栄養の環境に見いだされる．そこでは，一般に窒素とリンが不足気味である．食虫植物は，獲物を消化することで，タンパク質を分解してできたアミノ酸から窒素を，核酸の分解物からリンを吸収する．

6. 蒸散，すなわち葉の表面からの水の蒸発は，葉組織内部につくられる無数の曲線をもった空気-水境界で生じる．曲線状の空気-水境界における表面張力が合わさって，木部の水柱を樹木の根まで伝わる非常に大きな引力，すなわち張力をつくり出す．水分子の凝集力は，木部道管組織における連続した水の強いケーブルをつくり出す．水分子が，植物の最上部で蒸散によって空気中に蒸発していくと，その失われた量が根から道管を通って引き上げられてくる．植物は葉から，他のすべての部分に栄養分を輸送するために必要な圧力を，師管に糖を能動輸送することによってつくり出す．師管内への糖の輸送は，その場の水の濃度を減少させ，浸透により水が師管内に入ってくることを許す．各組織での消費や蓄積のために，糖が師管から取出されると，水も浸透的に流出し，そこでの師管内圧

力が減少する．その結果，糖が積み込まれた場所と，糖が利用された場所の師管の間に圧力差が生まれる．この圧力差が，師管における糖の長距離輸送を駆動している．

第36章

1. "無限成長"とは，生物が一生の間を通して必要とされる身体の部分を新たに追加しながら成長し続ける，という高度に柔軟な発生パターンのことをいう．無限成長によって植物は，太陽光・水分・栄養が多い，少ないといった変動する環境条件に適応することができる．条件が好ましければ，植物は多くの身体の部分を新たに追加し，ある一つの形になる．しかし，もし条件が悪ければ，植物はほとんど身体の部分を新たに追加せず，別の形になる．ほとんどの動物は，不都合な環境条件から逃げることができる．それゆえ，動物は無限成長がもたらす柔軟なパターンを必要としない．

2.

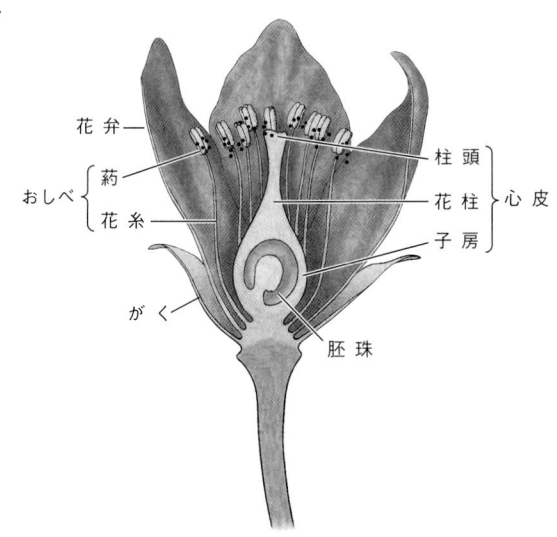

3. 顕花植物の種子は条件が成長に適しているときに発芽する．植物は成長して，生殖構造を含む花をつくる．半数体の小さな花粉（その中で精細胞がつくられる）が花の葯の中で形成されるとともに，半数体の小さな胚嚢（その中で卵細胞がつくられる）が，子房の中の胚珠の内部で形成される．葯に由来する雄性の花粉が同じ種の花の柱頭の上に付くと，二つの精細胞を含む花粉管が胚珠に向かって伸長する．胚珠では重複受精が起こる．一つの精細胞が卵細胞と受精して胚となり，もう一つの精細胞は胚嚢の大きな中央細胞の二つの極核と受精して胚乳（胚に栄養を与える組織）になる．胚は堅い種皮に包まれ，周りを囲む子房は果実となる．果実とその中の種子は，風，水，あるいは動物を介して拡散する．種子が発芽するとこのサイクルが再び始まる．個々の花粉は半数体の構造（雄性配偶体）であり，半数体である胞子の体細胞分裂によって生み出される．胞子は減数分裂によって直接生まれるので，半数体細胞である．

4. 材は二次木部の層から成り立っており，毎年新たな細胞の輪として形成されものが重なっていく．これらの細胞は二次成長の間，維管束形成層によって生み出される．辺材は若い二次木部であり，材に強度を与えるとともに，水分の通り道となる．心材は古い二次木部であり，木の幹の中心に位置する．心材は材に強度を与えるが，水分を通す細胞は詰まってしまっているため，水分を通さない．心材はタンニンや樹脂といった化学物質が沈着しているため，辺材よりも色が暗い．心材のもつ化学物質によって木材腐朽菌類や他の分解者による腐食に対してより耐性をもつ．

5. まだ発達中の種子を含む若い果実は，動物にとってしばしば苦い，あるいはそうでなければ口に合わない．もし動物が未熟な果実を食べると，その果実の中で発達している胚にとっては取返しのつかないダメージとなり，植物の生殖の可能性を害する．胚が十分に発達し，種子がより頑丈になると（たとえば堅い種皮などで），果実は熟し始め，苦い化合物は消失する．果実の成熟に伴う他の変化（たとえば色や香りの変化）によって，種子の拡散をする動物に対して，口に合うことを知らせている．熟した果実にひき寄せられる動物達は，成熟したより頑丈な種子を拡散することになり，植物が生殖を成功させる機会を増やしている．

6. 果実は子房から発達する植物器官であり，受精した胚珠（種子）を含む．科学的な見地からみると，トマトの内側の種子を含め，食用部分は，子房から発達するので疑いもなく果実である．多汁の赤い部分（果実壁）は子房壁から発達する．多くの小さな黄色い種子は受精して成熟した胚珠である．日常的に"野菜"は，デンプンが多い根，緑色の葉，甘くない果肉の多い果実など，植物の甘くない食用部分について使うが，"野菜"という単語には科学的な意味はない．科学的な正確性と一般での使用法を一緒にするためには，"トマトは果実でもあり野菜でもある"ということになる．

7. 日長を感知できない植物は，一年を通じて最も植物の成長に適した気候である熱帯地域でおそらく最も生存するだろう．そのような植物は，北あるいは南により緯度が高い地域や，環境条件の季節的な変動がより激しい地域では，おそらくあまり生存できないだろう．これらの地域では，寒い冬が始まるといった季節変化に応答できない植物は，適切な時期に生殖することが妨げられるだろう．

8. 植物は，厚い樹皮や，トゲや針，あるいは葉の毒性のある化合物を使って捕食者から自身の身を守る．植物は病原体に対して特異的な免疫応答と非特異的な免疫応答とを示す．植物の防御遺伝子の *R* 対立遺伝子座は特定の病原体を認識し，毒性のある防御化合物の生産をひき起こすことができる．病原体によって，あるいは病原体がつくった損傷によって誘導される化学的シグナルは，病原体が侵入する可能性のある場所を封印し，病原菌の細胞壁を攻撃する化学物質を活性化させる．

用 語 解 説

iPS 細胞［induced pluripotent stem cell］ 人工多能性幹細胞．細胞の遺伝子を操作して，胚性幹細胞のように多能性をもつように人工的に変化させた細胞．十分に分化した成体細胞などを使うこともできる．

アーキアドメイン［Archaea］ 全生物を三つのドメインに分けたうちの一つ．細菌ドメイン（真正細菌）から派生した原核生物で，単細胞の微生物．アーキアドメインは，アーキア界と同じである．（△細菌ドメイン，真核生物ドメイン）

アクチン［actin］ 細胞骨格のアクチンフィラメント（微小繊維）を構成するタンパク質．

アクチンフィラメント［actin filament］ 真核生物の細胞骨格（△微小管，中間径フィラメント）の一つ．最も径が細い．微小繊維ともいう．アクチンフィラメントは，細胞の移動やアメーバ運動など，細胞の形の変化に関係する．筋収縮にもかかわる．（△ミオシンフィラメント）

足場依存性［anchorage dependence］ 細胞が，他のものに付着していないと，細胞分裂できない状態．ヒトの多くの細胞が，この性質をもっている．

アデノシン三リン酸 △ATP

後　産［afterbirth］ △胎盤

アドレナリン［adrenaline］ 米国ではエピネフリンともよばれる．副腎髄質から分泌されるホルモンで，動物体にストレスの生じた場合の闘争-逃走反応をノルアドレナリンとともに，制御する物質．

アブシシン酸［abscisic acid］ 乾燥，寒冷，高温などのストレスを受けたときの植物の応答をひき起こすホルモン．

アフリカ起源説［out-of-Africa hypothesis］ 解剖学的に定義されている解剖学的現生人類は，20万年前にアフリカに現れ，他の大陸に広がったと考える説．この説では，アフリカから出たヒトが，他の地域の古いヒト科ヒト属の種に完全に置き換わったと考える．

アポトーシス［apoptosis］ プログラムされた細胞死．DNA，核，細胞を断片化し，細胞を消失させ，生物体にプラスとなる作用である．

アミノ酸［amino acid］ 窒素を含む低分子量の有機物で，アミノ基，カルボキシ基，種々の残基（R）が，すべて1個の炭素原子に共有結合した構造をもつもの．アミノ酸が連結してポリマーになったものがタンパク質である．

RNA［ribonucleic acid］ リボ核酸．ヌクレオチドが連結してつくられるポリマーで，生物のタンパク質合成に必須の分子．RNAの各ヌクレオチドは，リボース（糖），リン酸，および，アデニン，シトシン，グアニン，ウラシルのいずれかの塩基で構成される．（△DNA）

RNA 干渉［RNA interference, RNAi］ 特定の遺伝子の塩基配列と共通する塩基配列をもつ別の小型 RNA 分子によって，遺伝子の発現が選択的に抑制される仕組み．

RNA スプライシング［RNA splicing］ mRNA のイントロン部分を切り取り，残ったエキソン部分をつなぎ合わせる作業．

RNA ポリメラーゼ［RNA polymerase］ DNA の転写で使われる酵素．遺伝子の塩基配列に対応する相補的な RNA 分子をつくる．

アンチコドン［anticodon］ mRNA のコドン塩基配列と相補的に結合する，tRNA（転移 RNA）の3塩基部分．

安定化選択［stabilizing selection］ ある中間的な遺伝形質をもつ個体が，集団の他の個体より有利となることでひき起こされる自然選択．たとえば中型の個体が，小型・大型の個体よりも多くの子孫を残す場合にみられる．（△方向性選択，分断選択）

アンテナ複合体［antenna complex］ 植物の葉緑体のチラコイド膜にある色素が結合したタンパク質複合体で，クロロフィルなどを含む．太陽光のエネルギーを集める機能をもつ．

アンドロゲン［androgen］ 男性ホルモンともよばれる．動物の雄の生殖腺（精巣）でつくられる三つのホルモンの一つ．雌でもつくられるが，分泌量は少ない．ひげの成長や精子形成など，雄特有の細胞分化をひき起こす．アンドロゲンの主成分はテストステロンである．（△エストロゲン，プロゲステロン）

胃［stomach］ 動物の消化管系の器官で，消化前の食物を混ぜたり，保存したりする場所．

イオン［ion］ 電子を得る，あるいは失うことで，マイナスやプラスの電荷をもつようになった原子や原子団．

イオン結合［ionic bond］ プラスとマイナスの電荷の間の静電的な引力による原子間もしくは原子団間の結合．（△共有結合，水素結合）

異化作用［catabolism］ 生物の代謝反応経路のうち，大きな分子を小さく分解すること．（△同化作用）

鋳型鎖［template strand］ DNA 二本鎖のうち，遺伝子の転写時に RNA を合成するときに使う鎖．すなわち，新しく合成された RNA と相補的な塩基配列となる．

維管束系［vascular tissue］ 水や栄養分の輸送を担う管状の細胞を多数含む植物の組織．生物体の補強，養分の保存など，重要な機能を担う細胞群も含まれる．師部と木部からなる．（△表皮系，基本組織系）

維管束形成層［vascular cambium］ 植物の横方向への二次的な成長に寄与する側方分裂組織の中で，新しい維管束系の形成に寄与する細胞層．（△コルク形成層）

異所的種分化［allopatric speciation］ 地理的な隔離が原因で，元の生物集団から分かれて新しい種となること．（△同所的種分化）

一遺伝子雑種［monohybrid］ ある一つの遺伝子だけがヘテロ接合体である個体．（△二遺伝子雑種）

1型糖尿病［type 1 diabetes］ 若年型糖尿病ともいう．膵臓でつくるインスリンに欠陥があり標的細胞の受容体に結合できない場合，あるいは，膵島細胞に起こった何らかの損傷によってインスリンが分泌できなくなった場合などに発症する糖尿病．1型糖尿病は遺伝的な要因で発症することが多く，患者は生涯，インスリン投与を受ける必要がある．（△2型糖尿病）

一次構造（タンパク質の）［primary structure］ タンパク質分子のアミノ酸の配列．（△二次構造，三次構造，四次構造）

一次消費者［primary consumer］ 生産者を餌にして消費し，二次消費者の餌となる生物．（△三次消費者，四次消費者）

一次成長［primary growth］ 頂端分裂組織での細胞分裂により，植物が長さや高さ方向への成長をすること．（△二次成長）

一次精母細胞［primary spermatocyte］ 動物細胞の減数分裂の途中に現れる，精細胞になる前の半数体の細胞．（△一次卵母細胞，二次精母細胞）

一次遷移［primary succession］ 海底の隆起や氷河の後退などで，それまで生物がいなかった新しい更地ができたときに起こる生態学的な遷移．（△二次遷移）

一次免疫応答［primary immune response］ 病原体等の異物と最初に出会ったときに起こる免疫防御のための応答．B細胞やT細胞の動員が起こるが，その反応は比較的遅い．（△二次免疫応答）

位置情報［positional information］ 多細胞生物体内の細胞が，体の中のどこに位置するかを感知するための化学的，物理的な手がかり．

一次卵母細胞［primary oocyte］ 動物細胞の減数分裂の途中に現れる卵細胞になる前の半数体の細胞．（△一次精母細胞，二次卵母細胞）

一年生植物［annual plant］ 一年で発芽から開花，枯死までの一生を終える植物．（△二年生植物，多年生植物）

一倍体 △半数体

遺伝暗号［genetic code］ mRNA に書かれた情報をアミノ酸配列へと翻訳する約束を決めた暗号．遺伝暗号は，mRNA 内の4種類の塩基から3塩基を使ったすべての組合わせ（64種類のコドン）と対応している．64種類のコドンのうち60個は特定のアミノ酸に対応し，3個は翻訳を停止させる信号，AUG の1個だけが翻訳を開始する信号としてはたらく．

遺伝学［genetics］ DNA 上に記された特性

がどのように遺伝するかを研究する分野．

遺伝形質［genetic trait］親から子孫へと引き継がれる生物の特徴．体の大きさ，体色，行動など．

遺伝子［gene］タンパク質や RNA の合成に必要な情報を含み，遺伝的特性を決める DNA の最小単位．遺伝子は染色体上の決まった位置に存在する．

遺伝子型［genotype］個体で発現する表現型を支配する対立遺伝子の構成．

遺伝子型頻度［genotype frequency］個体群の中で，着目する対立遺伝子が占める比率（％）．

遺伝子組換え生物［genetically modified organism, GMO］遺伝子操作生物（GEO），トランスジェニック生物ともよばれる．人工的に配列を変えた DNA や他の生物由来の遺伝子を導入した個体．一般に，導入する生物の特性を改善する目的で実施する操作である．

遺伝子工学［genetic engineering］単離精製した DNA（多くの場合，遺伝子）に手を加えて変化させ，同じ個体，あるいは，別種の個体に戻すこと．遺伝子工学の技術は，たとえば穀物の害虫への抵抗性を高めるなど，一般に遺伝子組換え生物の性質を変える目的で使われる．

遺伝子座［locus (*pl.* loci)］染色体上の実際の遺伝子の物理的な配置場所．

遺伝子対遺伝子認識［gene-for-gene recognition］植物における免疫応答システムで，多数の遺伝子（数百種類の R 対立遺伝子が関与）が，特定の侵入した異物に対しての抵抗性に寄与すること．

遺伝子治療［gene therapy］疾患の原因となる遺伝子を修復することで，遺伝病（遺伝子疾患）を治すことを目指す治療法．

遺伝子発現［gene expression］遺伝子にコードされた情報を使い，タンパク質や RNA などの機能分子をつくること．遺伝子が発現することではじめて，細胞や個体レベルで，遺伝子の影響が表に現れる．

遺伝子頻度［gene frequency］個体群の中で，ある対立遺伝子が占める割合（％）．

遺伝子プール［gene pool］ある個体群内の全個体の遺伝的情報の総体．

遺伝子流動［gene flow］異なる集団の間での対立遺伝子の交換．

遺伝的組換え（有性生殖における）［sexual recombination, genetic recombination］染色体乗換え，染色体の再配分，受精時の配偶子の組合わせなど，有性生殖における，子への遺伝子のランダムな再配分機構．もとの親となる 2 個体とは異なる遺伝子の組合わせの子が生まれる．

遺伝的交雑［genetic cross］特定の形質の遺伝の様子を調べる目的で実施する交配実験．

遺伝的浮動［genetic drift］個体群の中で，ある対立遺伝子の頻度が偶然に増えたり減ったりするような自然の変動．遺伝的浮動が起こると，生物集団の遺伝子構成は，自然選択による必然的な方向ではなく，むしろ予測できない方向へと変化する．

遺伝的変異［genetic variation］個体群の中にみられる対立遺伝子の違い．

遺伝的連鎖［genetic linkage］異なる遺伝子が，同じ染色体上で接近した場所にあるために，メンデルの独立の法則に従わず，同時に次世代に遺伝すること．

遺伝の染色体説［chromosome theory of inheritance］遺伝子が染色体の上にあるという理論．すでに多くの実験的な裏付けがある．

陰　茎［penis］動物の雄個体が用いる生殖器官の一つ．雌個体内へ精子を直接送るのに使われる．

飲作用［pinocytosis］非特異的なエンドサイトーシスの一つ．小胞を形成して，外部の液体を細胞内に取込むこと．（⇔エンドサイトーシス，食作用）

インスリン［insulin］膵臓でつくられるホルモンの一つ．肝細胞や筋細胞にはたらき，血液中から細胞内へのグルコースの取込みを促進させる．（⇔グルカゴン）

インターフェロン［interferon］ウイルスに感染した細胞から分泌される物質で，近傍の細胞の表面にある受容体に結合することで，それらの細胞にウイルスが侵入し感染するのを妨害する作用をもつ．

咽　頭［pharynx］呼吸系の管の一部，口腔と鼻腔からの管が一緒になり，気管へとつないでいる部分．

咽頭嚢［pharyngeal pouch］脊索動物の胚に共通してみられる咽頭内，両側のポケット状の組織．発生が進むと，魚類や両生類幼生の鰓裂，哺乳類の喉頭や気管となる部分．

イントロン［intron］遺伝子の塩基配列の中で，最終的に生成されるタンパク質や RNA などの産物の構造に直接寄与していない部分．核内の酵素反応により，イントロンの部分が切り出され，mRNA, tRNA, rRNA は正しく機能するようになる．（⇔エキソン）

ウイルス［virus］タンパク質などでできた殻の中に核酸（DNA や RNA）をもち，細胞内に侵入して増殖する特性をもった粒子．それ自身では増殖できず，宿主の複製機構を使って増殖する．

ウイルス型［viral strain］血清型ともよばれる．ウイルスの分類に用いる抗原のタイプ．

雨　陰［rain shadow］山岳地帯の湿気を含んだ卓越風が当たらない側．降水の少ない地域となる．

運動エネルギー［kinetic energy］運動する物体がもつエネルギー．

運動ニューロン［motor neuron］動物の中枢神経系から，体の他の部分へ活動電位を送り，筋，器官，内分泌腺などを制御するニューロン．（⇔感覚ニューロン，介在ニューロン）

永久凍土層［permafrost］表土層から，場合によっては数百 m の深い層まで，凍結したままになっている場所．

栄養再循環［nutrient recycling］生物の死骸や老廃物から，分解者による分解で，生体物質内に閉じ込められていた栄養素が，環境に放出されること．CO_2, 窒素源，リンなどの栄養素は，再循環によって，再び生産者，最終的には消費者が利用できるようになる．

栄養循環［nutrient cycle］地球科学的な生物循環．生物と物理環境との間で栄養素が循環すること．2 種類の大きな循環，大気性循環と堆積性循環がある．

栄養素［nutrient］生態系において，生産者の活動に必須の元素．（⇔多量栄養素，微量栄養素）

栄養段階［trophic level］食物連鎖のつくる階層構造の一つの段階をいう．食物連鎖は生産者で始まり，他のものの被食者とならない最後の捕食者まで，ピラミッドのような階層構造をしている．

栄養膜［trophoblast］哺乳類胚盤胞が子宮に着床するときの最外側にある組織層．胎盤形成と胚体外膜の形成に重要な組織層である．（⇔内部細胞塊）

エキソサイトーシス［exocytosis］細胞内の小胞が，細胞膜と融合し，小胞の内容物が外側へ放出されること．（⇔エンドサイトーシス）

エキソン［exon］DNA または RNA 初期転写物の配列の中で，最終的に成熟 RNA として残される部分．（⇔イントロン）

液　胞［vacuole］植物細胞の中で，水溶液で満たされた大きな膜胞．細胞の形を内側から支えたり，不要となった物質，栄養源，植食動物に対する防御物質を貯蔵したりする．

SRY 遺伝子［SRY gene］哺乳類の Y 染色体上にあり，胚が成長して雄になるようにはたらくマスタースイッチ遺伝子．SRY は "sex-determining region of Y（Y 染色体上の性を決定する領域）" の略．

S 期［S phase］細胞周期の中で，DNA の複製を行う期間．

S 字カーブ［S-shaped curve］ロジスティック増殖する個体群の成長パターンを示す曲線．（⇔J 字カーブ）

エストロゲン［estrogen］生殖腺でつくられる三大ホルモンの一つ．卵胞ホルモンともよばれる．胸腺の発達，卵巣からの成熟卵の排卵など，雌特有の機能を制御する役割を担う．（⇔アンドロゲン，プロゲステロン）

エチレン［ethylene］果実の成熟を促す揮発性の植物ホルモン．

ATP［adenosine triphosphate］アデノシン三リン酸．エネルギーを蓄える，また種々の酵素反応の間でエネルギーをやりとりするために生物が使う分子．あらゆる生物が細胞内のさまざまな活動のために，このエネルギー担体となる化合物を活用している．

ADP［adenosine diphosphate］アデノシン二リン酸．あらゆる生物のエネルギー通貨といわれる ATP が加水分解して生成され，

エネルギーがより低い状態の化学物質．リン酸化される（リン酸が一つ加わる）とATPになる．

ATP合成酵素［ATP synthase］ミトコンドリア内膜や葉緑体チラコイド膜内に，生体膜を貫通するように存在し，水素イオンを通すチャネルをもったタンパク分子複合体．ADPからATPを合成する．

NADH ニコチンアミドアデニンジヌクレオチド（NAD$^+$）の還元型分子．酸化還元を伴う異化反応（糖を水とCO_2に分解してATPを産生する細胞呼吸など）から出る電子や水素を受取るエネルギー担体としての役割を担う．（⇔NADPH）

NADPH ニコチンアミドアデニンジヌクレオチドリン酸（NADP$^+$）の還元型分子．酸化還元を伴う同化反応（光合成反応の中のカルビン回路など）へ，電子や水素を供給するエネルギー担体としての役割を担う．（⇔NADH）

エネルギー［energy］ あらゆる物質に内在するもので，その物質を含む系を変化させる仕事や出力を生み出す能力をもつ．

エネルギー担体［energy carrier］ エネルギーを蓄えたり，あるいは他の分子や化学反応へとエネルギーを引き渡すことのできる分子．ATPは最も多く使われているエネルギー担体である．

エネルギーピラミッド［energy pyramid］生態系の中で，食物連鎖の各段階（栄養段階）にいる生物が利用できるエネルギーを，ピラミッド型の図で示したもの．

エネルギー保存則［law of conservation of energy］ ⇔熱力学第一法則

エピスタシス［epistasis］ 遺伝子の間の相互作用の一つ．ある遺伝子の表現型が別の遺伝子の存在で決まること．

F_1世代［F_1 generation］ 遺伝学の交配実験で生まれた最初の世代の子．（⇔P世代，F_2世代）

F_2世代［F_2 generation］ 遺伝学の交配実験で生まれた2番目の世代の子．（⇔P世代，F_1世代）

塩［salt］ マイナスとプラスに荷電したイオンが，互いに引き合ってできる化合物．

沿岸域［coastal region］ 海水バイオームの一つ．海岸線から大陸棚までの海域．海中に広がる大陸域の端に相当する．

塩 基［base］ 1）水素イオンと結合する性質をもった化合物（⇔酸，緩衝剤）2）ヌクレオチドの構成要素となる窒素を含む塩基分子．（⇔核酸塩基）

塩基対［base pair］ ヌクレオチド対ともよばれる．核酸の中にあって，水素結合で相補的に結合する性質をもつ2個一組の含窒素塩基．DNA分子をはしご構造にたとえるならば，骨格となる二つの縦木の間をつなぐ横木に相当する．DNAではA-T対（アデニン-チミン対），G-C対（グアニン-シトシン対）がある．RNAでは前者がA-U対（アデニン-ウラシル対）となる．

嚥下反射［swallowing reflex］ 咽頭側面に物体が接触することが刺激となって起こる，無意識に飲み込もうとする行動．咽頭蓋が閉じて気管への出入口を閉じ，食道へ食物を飲み込もうとする反応である．

炎 症［inflammation］ 体内に侵入した病原体，アレルゲン，組織の損傷に対する非特異的な応答の一つ．血液が集まるために，発赤や腫れ，局所的な熱感を伴うのが，炎症の特徴である．

エンドサイトーシス［endocytosis］ 細胞膜が，外の物質を取込みながら，内側にくぼんで袋状の構造をつくること．最後に細胞質内で輸送小胞がつくられる．（⇔エキソサイトーシス）

黄 体［corpus luteum］ 卵巣からの排卵が起こった後で，卵を包み込んでいた組織である卵胞から形成される細胞塊．黄体ホルモンを分泌する．

黄体形成ホルモン［luteinizing hormone, LH］脳下垂体前葉でつくられ分泌されるホルモン．卵胞刺激ホルモンとともに，男性の精子形成，女性の月経周期を制御するはたらきをもつ．

黄体ホルモン［corpus luteum hormone］ 卵巣でつくられるステロイドホルモンの一種．プロゲステロンが代表的な分子．子宮内壁の組織層を肥厚させる，胎児の生育のために子宮への血液供給量を増やす，排卵を抑制するなど，多様な機能を担う．（⇔アンドロゲン，エストロゲン，プロゲステロン）

オキシトシン［oxytocin］ 脳下垂体後葉で分泌されるホルモン．哺乳類では乳腺からの乳汁分泌を促進する作用もある．

オーキシン［auxin］ 植物の成長を促す植物ホルモン作用をもつ一群の物質．頂芽優勢，光屈性などを制御する．

おしべ［stamen］ 顕花植物の花の中で細長い繊維状構造をもつ部分．同心円状に4層に輪生する花器官の中で，外から三つ目の部分．（⇔心皮，花弁，がく）

おばあさん仮説［grandmother hypothesis］ヒトの女性の閉経は，高齢での子の出産を抑える一方で，孫の養育に注意を向けさせることで，結果的に孫の生存率を高める，適応的な進化上有利な形質であるという仮説．

オペレーター［operator］ 原核生物で遺伝子の発現を調節するDNA配列．

温室効果［greenhouse effect］ 温室効果ガスによって吸収され再放出された地上の熱が，宇宙空間に放射されるほどの高いエネルギーをもたず地球にとどまるために起こる平均気温の上昇．

温室効果ガス［greenhouse gas］ 地球の大気に含まれる成分のうち，太陽光は透過させるが，熱線を吸収したり遮断したりする効果をもつもの．二酸化炭素（CO_2），水蒸気，亜酸化窒素（N_2O），メタン（CH_4）など．

温帯落葉樹林［temperate deciduous forest］寒い冬季，湿度の高い暖かい夏季の気候に適応した樹木と低灌木が優占種となっているバイオーム．

温度受容器［thermoreceptor］ 皮膚の温度変化に応答して，活動電位を発生する感覚受容器．（⇔感覚受容器）

科［family］ 生物の分類で使用されるグループ名で，リンネ式階層分類体系では，"属"の上，"目"の下に位置する．

界［kingdom］ 生物の分類で使用されるグループ名で，リンネ式階層分類体系では，綱の上，最も上位に位置する．六界説では，細菌界，アーキア界，原生生物界，植物界，菌界，動物界に分けられる．現在，界の上位のグループ名として，ドメインが使われる．

外温動物［ectotherm］ 体温を上昇させるための熱を外部環境に依存する動物．（⇔内温動物）

外骨格［exoskeleton］ 動物体の外部にある殻などの硬い組織で，柔らかい動物の組織を取囲む支持構造となっているもの．（⇔内骨格）

介在ニューロン［interneuron］ 中枢神経系の中で，感覚ニューロンからの入力信号を受取り，他のニューロンへ引き渡すことで，信号処置や情報統合を行う役割を担うニューロン．（⇔運動ニューロン，感覚ニューロン）

外 耳［outer ear］ 脊椎動物の耳の外部へつながった部分．外部の圧力の変化（音の信号）を，耳介，外耳道（耳道）を通して鼓膜へと集約して伝える役割を担う．（⇔内耳，中耳）

開始コドン［start codon］ mRNA上の3塩基からなる配列（一般にAUG）で，翻訳が開始される信号となるもの．（⇔終止コドン）

外耳道［auditory canal］ 外耳の中で，耳介から鼓膜までの管状の通路．

解糖系［glycolysis］ グルコースを分解しピルビン酸を産生する異化反応．産生したピルビン酸は，その後，細胞質内での発酵やミトコンドリアでの分解反応で使われる．解糖系でグルコース1分子が分解すると，エネルギー担体であるATPが2分子生成する．細胞呼吸において，解糖は，クエン酸回路，酸化的リン酸化へと続く最初のステップである．

外毒素［exotoxin］ 細菌が細胞外へ放出する毒物．感染した細菌は，外毒素によってヒトの組織を破壊しながら，急速に繁殖する．そのために症状が現れてから一両日で患者が死亡する場合もある．（⇔内毒素）

外胚葉［ectoderm］ 動物の個体発生のときに形成される細胞層で，原腸胚の外側層をつくり，その後，表皮や神経系となる部分．（⇔内胚葉，中胚葉）

外皮系［integumentary system］ 皮膚のこと．動物の表面を覆い，体を防御する器官系．

解剖学［anatomy］ 生物（おもに多細胞生物）の構造を調べる学問分野．（⇔生理学）

海綿骨［spongy bone］ 脊椎動物の骨のうち，緻密骨で囲まれた内部の多孔質の骨．（⇔緻密骨）

外洋域［oceanic region］ 海水バイオームの一つ．約60 kmの沖合の大陸棚の端（沿岸域の終わる箇所）から始まる海洋の領域．

科　学［science］ 論理的な手法を用い，自然現象の真実を明らかにする研究法．

化学エネルギー［chemical energy］ 原子や分子の中に蓄えられているエネルギー．エネルギーは分子内の着目している原子の位置，他の原子との位置関係などで決まる．

化学結合［chemical bond］ 原子が互いに引き合う力を発生し連結すること．

化学(合成)従属栄養生物［chemoheterotroph］ 化学物質からエネルギーを獲得し，おもに他の生物由来の化合物から必要とする有機物をつくる生物．原生生物や原核生物の多く，菌類，動物が化学合成従属栄養生物である．（⇔光合成従属栄養生物，光合成独立栄養生物，化学合成独立栄養生物）

化学(合成)独立栄養生物［chemoautotroph］ 化学物質からエネルギーを獲得し，空気中の二酸化炭素から必要とする有機物をつくることのできる生物．化学合成独立栄養生物はすべて原核生物である．（⇔光合成従属栄養生物，化学合成従属栄養生物，光合成独立栄養生物）

化学式［chemical formula］ 塩や分子の原子構成を示す，簡略化した表記方法．元素の原子数を表すために，下付き数字を使用する．

化学受容器［chemoreceptor］ 化学的な刺激物質に応答して，活動電位を発生する感覚受容器．（⇔感覚受容器）

科学的仮説［scientific hypothesis］ 自然現象の仕組みに関して，十分な情報とともに提供され，論理的で可能性の高い説明．知識的な裏付けのある推測．（⇔学説）

科学的事実［scientific fact］ 繰返し，直接観察可能できる自然現象．

科学的手法［scientific method］ 研究者が仮説を立て，その仮説で予測されることを実験で確かめる作業．もし実験結果が予測と食い違ったら，仮説を棄却したり修正したりする．

化学反応［chemical reaction］ 原子間で化学結合を新しくつくったり再形成したりする過程．

化学療法［chemotherapy］ がん細胞を取除くのに薬剤を使用すること．急速な増殖中の細胞に作用して殺傷する毒物が使われる．

下気道［lower respiratory system］ 気管から肺胞に至る，気管，気管支，肺部分の空気の通り道，およびそれを構成する器官系．（⇔上気道）

可逆的結合［reversible binding］ 分子間の結合様式で，条件が異なると解離する特性ももつこと．

蝸牛管［cochlea］ 内耳にあるリンパ液に満たされた管で，音の振動を感知する場所．

核［nucleus（*pl.* nuclei）］ 真核生物の細胞小器官で，DNAのかたちで遺伝情報を格納する場所．

が　く［sepal］ 同心円状に4層に輪生する花器官の中で，最外にある部分．開花する前の花を保護する役割がある．（⇔心皮，花弁，おしべ）

核　型［karyotype］ 染色体の数や形態を表示した図．一般に個体や種の細胞の核のタイプを表示するのに使われる．

拡　散［diffusion］ 濃度の高い所から低い所へ物質が受動的に移動すること．（⇔促通拡散，単純拡散）

核　酸［nucleic acid］ ヌクレオチドが連結してつくられるポリマー．DNAとRNAの2種類がある．

核酸塩基［nucleic acid base］ 核酸に含まれる窒素を含む塩基．DNAは，アデニン（A），シトシン（C），グアニン（G），チミン（T）の4種類の塩基を含む．RNAは，チミンの代わりにウラシル（U）を含む．

学習行動［learned behavior］ 動物が試行錯誤や他の個体の行動観察をもとに示す予測可能な応答行動パターン．（⇔固定的行動）

学　説［scientific theory］ 議論の対象となっている自然現象の説明として，さまざまな方法で実証を積み重ねられてきており，その分野の知識をもつ専門家が，たとえ暫定的であっても，正しいものと認めている科学的な知見．（⇔科学的仮説）

拡張期［diastole］ 心臓の拍動周期のうち，心筋が弛緩して，内部に血液が多量に蓄えられるとき．血圧測定値の低い方の値が拡張期の血圧（拡張期血圧）に相当する．（⇔収縮期）

核　膜［nuclear envelope］ 核を取囲む二重の膜構造．真核生物の細胞にだけみられる．

核膜孔［nuclear pore］ 核と細胞質との間の物質輸送を行う核膜にある小孔．特定のタンパク質やRNAだけを選別して通す．

学　名［scientific name］ 生物の種名を表記する方法．ラテン語の属名と種名の二つを並べて表記する．斜字体（斜字体のない場合，下線を付けて）で表記する習慣である．

家系図［pedigree］ 家族を構成する個々人の遺伝的な関係を2世代以上にわたって書き記したもの．

河口域［estuary］ 海水バイオームの一つ．河川が海に流れ込む領域．

化合物［chemical compound］ イオン結合や共有結合によって，種類の異なる原子が連結したもの．

果　実［fruit］ 成熟した子房で，種子を囲む部位．子房の外壁は，果皮となり，甘い果汁を含み，それを食べて種子を分散させる動物を引き寄せる．

化　石［fossil］ かつて生存していた生物の残骸，あるいは足跡や押型などの痕跡．化石記録は地球の生命の歴史である．かつて生きていた生物の多くが現存種とは異なること，つまり多くのものは絶滅したこと，また生物は時間と共に進化してきた事実を化石は示す．

仮　説［hypothesis］ ⇔科学的仮説

河　川［river］ 一方向に絶え間なく流れる淡水バイオーム．

滑液嚢［synovial sac］ 脊椎動物の関節にある液体を満たした袋状構造で，クッションのはたらきをするもの．

活性化エネルギー［activation energy］ 化学反応を進めるために必要となる最低限のエネルギー．

活性部位［active site］ 酵素（タンパク質分子）の中で基質分子が特異的に結合する場所．

活動電位［action potential］ 神経細胞などの興奮性細胞の膜を通るイオン流の変化（ナトリウムイオンの流入の場合が多い）でひき起こされる一時的な脱分極による電気的な信号．活動電位を発生することを興奮という．活動電位は，隣接する場所へつぎつぎに伝播して，神経繊維に沿って高速に伝わる．

滑面小胞体［smooth endoplasmic reticulum］ 小胞体のうち，リボソームが結合していない部分．脂質合成をもっぱら行う．リボソームが付着していないので電子顕微鏡で表面が滑らかに見える．（⇔粗面小胞体）

仮道管［tracheid］ 植物の木部にある2種類の管構造の一つで，水溶液を運ぶ通路となる場所．仮道管は，細胞間の隔壁が残っていて，両端が細くなった長い形態をしている．（⇔道管）

花　粉［pollen］ 半数体で運動性のある種子植物の雄性配偶体となるもの．単細胞ではない．内部に精子（精核）がつくられる．（⇔胚嚢）

花粉媒介者［pollinator］ おしべの花粉を，他の同種の花のめしべ柱頭に運ぶ動物．

花　弁［petal］ 同心円状に4層となって輪生する花器官の中で，外から二つ目の部分．花粉媒介者となる動物を引き寄せる役割を担うものが多い．（⇔心皮，がく，おしべ）

カルシトニン［calcitonin］ 哺乳類の甲状腺（ほかの脊椎動物では鰓後体）でつくられるホルモン．骨へのカルシウムの貯蔵を促進し，腎臓でのカルシウム再吸収を抑え，排出を促すことで，血中のカルシウム濃度を低下させる．（⇔副甲状腺ホルモン）

カルビン回路［Calvin cycle］ 光合成の中で，糖をつくる一連の酵素反応化学反応．葉緑体内のストロマで進行し，CO_2と水から糖を合成する．（⇔明反応）

がん遺伝子［oncogene］ 過剰な細胞分裂をひき起こし，やがてがんの引き金となるような突然変異した遺伝子．

感覚受容器［sensory receptor］ 感覚ニューロンを介して，中枢神経系へ，応答した刺激の情報を伝える細胞，細胞群，器官など．聴覚，視覚，味覚，嗅覚，触覚，および，自己受容器による体性感覚などを感知する．例：皮膚の痛覚受容器，網膜の光受容細胞（桿体，錐体）など．

感覚入力［sensory input］ 刺激に応答して，感覚受容器で活動電位が発生すること．

感覚ニューロン［sensory neuron］ 感覚入力の情報を中枢神経系へ伝えるニューロン．（⇔運動ニューロン，介在ニューロン）

間　期［interphase］ 細胞の分裂と次の分裂の間の期間．細胞は間期で大きく成長し，

次の細胞分裂のための準備を整える.

環境収容力[carrying capacity] 永続的に収容できる生息環境の個体群の最大サイズ.

環形動物[annelid] 真核生物ドメイン,動物界のグループ.真体腔動物で体節構造をもつのが特徴である.ミミズやゴカイの仲間.

還元[reduction] 原子や分子が,他の原子や分子から,電子を獲得すること.(⇔酸化)

がん原遺伝子[proto-oncogene] 通常の細胞がもつ遺伝子で,細胞分裂を促進するはたらきをもつもの.(⇔がん抑制遺伝子)

幹細胞[stem cell] ほぼ無限に分裂を繰返して増殖できる未分化の細胞.分裂で生まれた娘細胞のなかから特殊な機能を担う細胞が分化する.

がん細胞[cancer cell] 悪性(腫瘍)細胞ともいう.腫瘍塊から離れて移動し,周辺組織へ侵入し,他の組織や器官の機能を損なうようになった腫瘍細胞.

観察[observation] 対象物や現象を,記述したり,測定したり,記録として残したもの.観察で得られた知見を使って,次に仮説を立てる.

緩衝剤[buffer] 水素イオンを放出したり受取ったりできる化合物で,そのような化合物を溶かした水溶液を緩衝液とよぶ.緩衝液は溶液の水素イオン濃度の変化を抑えるはたらきがあり,pHをある決まった範囲内に維持するのに使う.(⇔酸,塩基)

干渉型競争[interference competition] 二種が互いに競争相手となる種を直接的に排除して資源を使えなくしてしまうこと.(⇔搾取型競争)

関節[joint] 動物の骨格構造の中で,硬い骨の間をつなぐ柔軟な結合構造.

肝臓[liver] 消化器系の小腸,および,循環器系に深くかかわる器官.胆汁の合成を行う.炭水化物と脂質の代謝にも重要な役割を担う.

桿体[rod] 脊椎動物の光受容細胞の一つ.暗い環境で,明暗変化を感知する能力が高い.(⇔錐体)

官能基[functional group] 共有結合で結びついた原子のグループ.大きな分子の中でも小グループとして振舞い,特徴的な化学特性を示す.

カンブリア紀の大爆発[Cambrian explosion] 代表的な生物多様性の爆発的増加の一つ.約5億3000万年前のカンブリア紀に起こり,約500万〜1000万年もの間継続した.この間の化石に,それまではいなかった大型で複雑な体制をもち,現存する大半の門に相当する動物が出現している.

がん免疫監視[cancer immunosurveillance] 獲得免疫系,自然免疫系の間の協調作用で,がん細胞を認識し,破壊する仕組み.

がん抑制遺伝子[tumor suppressor gene] 通常の細胞がもつ遺伝子で,細胞分裂を抑制するはたらきをもつもの.(⇔がん原遺伝子)

記憶細胞[memory cell] 病原体の抗原に対する一次反応の記憶を長期間保持している役割を担うB細胞.2回目以降に同じ抗原に遭遇する二次反応のときには,記憶細胞は急速に増殖し,抗体産生する多数のリンパ球をつくる.

機械受容器[mechanoreceptor] 機械的な刺激に応答して,活動電位を発生する感覚受容器.(⇔感覚受容器)

気管[trachea] 脊椎動物で,咽頭と肺の気管支の間をつなぐ径の大きな堅牢な管構造.

器官[organ] 動物の体の中で,異なる種類の組織が集合してできたもので,一般に特徴的なサイズと形状をもち,特定の機能を担う単位となっている.

器官系[organ system] 特定の機能を果たすために,協調してはたらく異なる器官の集まり.

気管支[bronchus] 脊椎動物の気管から二つに枝分かれして,左右の肺へ空気を送る管構造.

気孔[stoma] 植物の葉や茎でみられる空気を通す孔構造.開閉することで,取込むCO_2や,放出するO_2や水の量を調節できる.孔辺細胞が膨張・収縮し,気孔を開閉する.

気候[climate] 比較的長期間(通常は30年以上)継続してみられる,地域を代表するような気象条件.(⇔気象)

気候変動[climate change] 地球温暖化のように生物圏で起こる気候の長期的な変動.

基質[substrate] 酵素と結合して,化学反応を起こす物質.基質は,酵素の中の決まった場所(活性部位)に結合する.

気象[weather] 気温,降水,風力,湿度,雲量など,短時間で変化する地域的な大気下層部の物理環境.(⇔気候)

キーストーン種[keystone species] 生物群集の中で占める個体数の効果以上に,他種の存続や個体数に対し,大きな影響を及ぼしている種.

寄生者[parasite] 他の生物種(宿主)の体内や体表面に生息し,栄養素を宿主から得ている生物.宿主に害を及ぼす.宿主にすぐには致死的な影響は与えないが,最後には宿主を殺すものもいる.

擬態[mimicry] 捕食者-被食者の相互作用の結果生じる適応の一つ.被食者が餌とはならない物に似た形態をまねて,捕食者の興味をひかない形態に進化すること.

キチン[chitin] 菌類の細胞壁,動物(節足動物など)の外骨格に含まれる成分で,強度を高める役割をもつ.

基底膜[basilar membrane] 内耳蝸牛管にある薄膜構造で,中耳から伝わってきた音の振動に応じて振動する部分.

キノコ類[club fungi] ⇔担子菌類

キノドン類[cynodont] 哺乳類に類似の爬虫類のグループ.約2億2000万年前に,初期の哺乳類がキノドン類から派生した.

基本組織系[ground tissue] 表皮系および維管束系以外の植物の組織.木部以外の植物体を構成する主要組織や葉などの光合成組織など.

逆位[inversion] 染色体異常による突然変異の一つ.一部が離脱して,遺伝子座の並びが逆方向になり,再結合したもの.

ギャップ結合[gap junction] 動物で二つの細胞間を直接つなぐタンパク質でできた細い円筒構造.細胞間を連結し,イオンや小さな分子を移動させる通路となる.(⇔デスモソーム,密着結合)

旧口動物[protostome] 節足動物,環形動物,軟体動物などを含む動物群で,発生初期の胚の原口が成体の口となるグループ.(⇔新口動物)

休眠[dormancy] 植物体が成長を停止すること.種子内の成熟した胚が成長を止めることを種子休眠という.成長に適した条件になると,その刺激で休眠を停止し成長を再開する.冬期に芽が休眠する植物もある.春になると休眠を打破し成長を再開する.

凝集力[cohesion] 水分子のように,同じものが互いに付着し合う力(水の場合は,水素結合による).(⇔付着性)

共進化[coevolution] 種間の相互作用が,それらの種の進化的な変化をひき起こすこと.

共生[symbiosis] 複数種の生物が同じ場所で生息し,互いに深くかかわり合っている状態.(⇔競争,相利共生)

競争[competition] 生物の2種間の関係で,互いにマイナスの影響を及ぼし合う関係.(⇔片利共生,相利共生,搾取)

競争排除[competitive exclusion] ある種が,他種との競争関係においてあまりに優位なために,それらの種を絶滅に追いやること.

共通祖先[common ancestor] ある生物グループの共通の祖先となる生物.

共有結合[covalent bond] 電子を共有することで発生する原子間の強力な化学結合.(⇔水素結合,イオン結合)

共優性[codominance] 対立遺伝子がヘテロの組合わせをもつ個体で,二つの異なる遺伝形質が同等に表現型として現れること.それぞれの共優性遺伝子の効果は,不完全優性のように対立遺伝子によって消失したり薄まったりすることなく,すべてが表現型として現れる.

共有派生形質[shared derived trait] 進化のうえで,祖先生物とその子孫との間だけで共通しており,それ以外の生物グループにはみられない形質.

極限環境微生物[extremophile] 間欠泉や塩湖のような極限の悪環境に生息する生物.アーキアが多く知られている.

極性分子[polar molecule] 分子内の電荷分布が一様でなく,偏りのある分子.水分子と相互作用しやすいので,水に溶けやすい性質(可溶性)をもつ.(⇔非極性分子)

極体[polar body] 卵形成の過程で,減数分裂でつくられる二次卵母細胞,卵細胞とともにできる2個の小型の半数体細胞.極体は発生上での役割は特にない.(⇔二次卵母細胞)

巨大分子［macromolecule］　小さな有機化合物が連結してできる大きな分子．

筋［muscle］　筋肉．動物独特の組織で，収縮でき，細胞の形を短くすることで，動物体の運動に寄与する．

菌界［Fungi］　真核生物ドメインの中の一つの界．従属栄養生物で，体外で分解したものを食物として吸収し栄養源とする消費者である．キノコ類，酵母，カビ類（糸状菌）などが含まれる．生態系で分解者としての役割をもつ．

筋原繊維［myofibril］　筋繊維内にある束状になった収縮性繊維．筋原繊維1本の中に，数千本の繊維が束になっており，その全長にわたってサルコメアとよばれる収縮ユニットが並んでいる．

菌根［mycorrhiza（pl. mycorrhizae）］　菌類と植物の間の相利共生関係．菌類から植物体へは無機物が，植物体から菌類へは有機物が，栄養素として供給されている．

菌糸［hypha（pl. hyphae）］　菌類の構造で，餌の周囲を取囲み栄養を吸収する糸状のもの．菌体が集合したものが菌類の本体である．

菌糸体［mycelium（pl. mycelia）］　菌類の体の主要な部分を占める細長い糸状の構造．

筋繊維［muscle fiber］　筋組織の中の細胞．脊椎動物では，多数の細胞が融合して細長い円筒状になっている．1枚の細胞膜で囲まれ，内部には，収縮タンパク質の束である筋原繊維がある．

筋肉系［muscular system］　筋組織（心筋，骨格筋，平滑筋）を含む器官系．動物の体内で収縮活動し，力学的な運動を行う．

クエン酸回路［citric acid cycle］　クレブス回路ともよばれる．細胞呼吸の過程で，解糖系に続いて起こり，次の酸化的リン酸化の前にある重要な代謝経路．ミトコンドリア内膜内のマトリックスで起こる．ATP，FADH$_2$，さらに多数のNADH分子を生成する．

クオラムセンシング［quorum sensing］　細胞の密度を感知し，それに応答するのに使う細菌細胞間で行う情報交換．

クチクラ［cuticle］　陸上植物の表面を覆うワックス層．水分の蒸発，菌類などの外敵の侵入を防ぐはたらきがある．

組換えDNA［recombinant DNA］　酵素を利用して，DNA断片をつなぎ直して人工的につくった遺伝物質．

グリコーゲン［glycogen］　動物が細胞内に蓄える炭水化物の一つ．ヒトでは，肝臓や骨格筋の細胞内に多い．グリコーゲンは多糖の一種で，デンプン（植物が貯蔵する炭水化物）と似た構造をしている．

クリステ［crista（pl. cristae）］　ミトコンドリア内膜にみられる折り込まれたひだ構造．

グルカゴン［glucagon］　膵臓でつくられるホルモン．細胞内のグリコーゲンをグルコースに変え，細胞外へと放出させるはたらきをもつ．（⇔インスリン）

グルコース［glucose］　ブドウ糖．多くの生物で最も重要な代謝反応の材料となっている単糖．

クレード［clade］　系統群ともよばれる．系統樹の中で，ある一つの祖先型生物から分岐して生じたすべての子孫を含むグループをさす．

クローニング［cloning］　遺伝子，細胞，または個体の遺伝学的に同一なコピーをつくること．

クロマチン［chromatin］　DNAとそれを凝縮させるタンパク質とからなる複合体．クロマチンが凝縮して染色体となる．

クロロフィル［chlorophyll］　光合成に必要な光エネルギーを吸収するのに使われる緑色の色素．

クロロフルオロカーボン［chlorofluorocarbon, CFC］　塩素，フッ素，炭素を含む合成化合物で，大気中に放出されると成層圏オゾン層を破壊する物質．

クローン［clone］　もとの親細胞（親個体）と遺伝的にまったく同じ娘細胞（子個体）．

クローン選択［clonal selection］　特定の抗体を産生するリンパ球（B細胞）が急速に分裂増殖し，遺伝的にまったく同じで，同一抗原に対する抗体を産生する多数の細胞が生まれること．

クローン動物の作出［reproductive cloning］　生殖技術を使って，他個体と遺伝的にまったく同じ子孫をつくり出すこと．胚から取出した幹細胞を使用する治療目的のクローニングでは特定の細胞や臓器をつくり出すだけであるが，胚性幹細胞を母親の子宮内へ移植して，最終的にもとの幹細胞を提供した生物と遺伝的にはまったく同じ子孫を得ることをさす．

警告色［warning coloration］　被食者になる生物で進化した鮮やかな体色や目立つパターンの模様．強い防御体制にあることを警告して，捕食者に食べられないようにする．

形質置換［character displacement］　種間の激しい競争のために，競合する種の形態がしだいに大きく異なったものに変化すること．

形態学的種概念［morphological species concept］　特徴となる形態によって，種を同定でき，生物のグループ分けが可能であるという考え方．（⇔生物学的種概念）

系統分類学［phylogenetic systematics］　進化系統樹を構築するために，異なる生物グループ間の進化上の類縁関係を解明する研究分野．

血圧［blood pressure］　心臓から末梢の血管系へ血液を送るときの圧力．ヒトの場合，左心室から出る動脈での圧力をさす．

血液［blood］　血漿と血球からなる組織．循環系を通して栄養素，酸素，老廃物を運搬する役割を担う．

血管［blood vessel］　循環系で，血液を送る管状の構造．ヒトの場合，動脈，静脈，毛細血管からなる．

血管新生［angiogenesis］　新たな血管が形成されること．

月経周期［menstrual cycle］　ヒトの女性にみられるホルモン制御でひき起こされる生殖器官系の周期的な変化．子宮内壁組織の脱落（月経）も起こる（約28日周期）．

欠失［deletion］　遺伝子DNAから塩基配列の一部が欠損すること．または，染色体の一部が抜け落ち，失われることが原因で起こる突然変異．（⇔挿入，置換）

血漿［plasma］　血液の，血球や血小板などを除いた液成分．

血小板［platelet］　血液中の粘着性のある細胞断片で血液凝固作用をひき起こす．血液中に含まれる他のタンパク質成分を架橋させてゲル状の血栓をつくるはたらきがある．

結腸［colon］　動物の消化管系の中で，未消化物を排泄のために準備する役割をもった部分．ヒトでは大腸の大部を占め，盲腸・直腸とともに大腸を構成する．

ゲノム［genome］　生物の全遺伝子を含むすべてのDNA．真核生物の場合，精子や卵などの半数体の細胞がもつ一セットの染色体のDNAに相当する．

ゲル電気泳動［gel electrophoresis］　寒天などの素材でできたゲルの中にDNA断片を入れ，電圧をかけることで，ゲル内部でDNA断片を移動させる実験法．小さなDNA断片は，大きなものに比べると速い速度でゲル内を移動するので，大きさ（分子量）の違いでDNAを分離できる．

腱［tendon］　脊椎動物の骨格と筋との間をつなぐ，コラーゲンを主成分とする結合組織．（⇔関節）

原核生物［prokaryote］　単細胞の生物で核をもたないもの．細菌ドメイン，アーキアドメインのいずれかに含まれる．（⇔真核生物）

原核生物の鞭毛［prokaryotic flagellum］　原核生物の細胞に見つかったらせん状の突起で，回転運動して細胞体を水中に推進する．原核生物の鞭毛には細胞膜がなく，真核生物の鞭毛とは内部構造も大きく異なる．真核生物の鞭毛とは，異なる経緯で進化したと考えられている．

嫌気性［anaerobic］　代謝反応経路に酸素を必要としないこと，あるいは酸素を必要とせずに生存できること．（⇔好気性）

嫌気性生物［anaerobe］　酸素がなくても生存できる生物．多くが，酸素があると生存できない生物でもある．（⇔好気性生物）

原形質連絡［plasmodesma（pl. plasmodesmata）］　二つの植物細胞の細胞質を連絡するトンネルのような構造．小さな分子や水を通す．

言語［language］　あらゆる対象物から抽象的な概念まで，表現する数千もの単語を使って行われる，ヒトのもつ複雑なコミュニケーション手段．

原子［atom］　化学元素としての特性を示す物質の最小単位．

原子番号［atomic number］　化学元素の原子核内に含む陽子の総数．

減数分裂［meiosis］　二倍体の細胞から，染色体数の半減した半数体細胞をつくるため

に特殊化した細胞分裂. 真核生物の細胞にみられる. 2回の細胞分裂過程からなり, 動物では配偶子をつくるように分化した生殖細胞でのみ観察される. (△体細胞分裂)

原生生物界 [Protista] 真核生物のなかで, 最も祖先型に近いグループ. 単細胞の生物が主要メンバーであるが, 多細胞の生物も含まれる. 原生生物界は, 人為的なグループ分けで, 植物でもなく, 動物でもなく, ましては菌類, 細菌, アーキアにも入らない, その他大勢を一つにしたグループである.

原生動物 [protozoan] 原生生物のなかで光合成しない生物. すべて運動性がある. (△藻類)

元 素 [element] 決まった数の陽子をもち, 同じ化学的な性質をもった原子を示す名称, あるいはそのような原子だけで構成される物質. 92種の天然元素があり, さまざまな物質をつくっている.

原腸胚 [gastrula] 脊椎動物の個体発生の途中で, 原腸形成を行う時期. 三つの胚葉層 (内胚葉, 外胚葉, 中胚葉) の再配置が行われる時期でもある.

原腸胚形成 [gastrulation] 脊椎動物の個体発生の途中で, 三つの胚葉層 (内胚葉, 外胚葉, 中胚葉) が, それぞれの場所へと移動する運動.

原発腫瘍 [primary tumor] がんが形成される場所に最初に出現する腫瘍. (△二次性腫瘍)

綱 [class] 生物の分類で使用されるグループ名で, リンネ式階層分類体系で, "目" の上, "門" の下に位置する.

恒温動物 [homeotherm] 体温をほぼ一定に保つ内温性動物.

光化学系 [photosystem] タンパク質とクロロフィルからなる光エネルギーを捕捉する機能を担う複合体. 葉緑体のチラコイド膜内にあり, 光化学系Ⅰと Ⅱ の二つの機構からなる.

光化学系Ⅰ [photosystem Ⅰ] 光化学系のうち, おもに NADPH の生産にかかわる部分. (△光化学系Ⅱ)

光化学系Ⅱ [photosystem Ⅱ] 光化学系のうち, 電子伝達系の開始部分. 電子伝達系の中を電子が移動し, そこでつくられる水素イオン濃度勾配のエネルギーからATPが合成される. また, 副産物として水分子から酸素がつくられる. (△光化学系Ⅰ)

厚角組織 [collenchyma] 細胞壁厚が不均一, 角張った生細胞でつくられる組織. 新芽や若葉などの成長期にある植物体にみられ, その機械的な強度を補強する役割を担う. (△柔組織, 厚壁組織)

甲殻類 [crustacean] 水生の節足動物のグループ. 海洋で多様な種が知られている. 淡水生も多い. よく知られた甲殻類には, エビ, カニ, ザリガニ, ロブスターなどがいる.

交換プール [exchange pool] 土壌, 水, 空気のように, 生産者に対して栄養素の供給源となる場所.

後 期 [anaphase] 体細胞分裂や減数分裂の段階の一つで, 分裂面にあった染色分体が分かれて, 互いに反対側の極に向かって移動を開始する時期.

好気性 [aerobic] 代謝反応経路に酸素を必要とすること, あるいは生存するうえで酸素を必要とすること. (△嫌気性)

好気性生物 [aerobe] 生存に酸素を必要とする生物. (△嫌気性生物)

抗 原 [antigen] 体内に侵入した病原体の特徴となるタンパク質などの化学物質で, 免疫系の細胞が異物として認識し, B細胞による抗体の産生を促すもの.

抗原提示細胞 [antigen-presenting cell, APC] 抗原を細胞表面に掲示する免疫系細胞.

口 腔 [oral cavity] 動物の消化管系の中で, 摂食した食物が最初に入る空間.

光合成 [photosynthesis] 生物の同化作用の一つ. 太陽光のエネルギーを使い, CO_2 と水から糖を合成すること. (△細胞呼吸)

光(合成)従属栄養生物 [photoheterotroph] 太陽光のエネルギーを獲得し, 他の生物に由来する炭素化合物を栄養素にする生物. 知られている光合成従属栄養生物は, すべて原核生物である. (△光合成独立栄養生物, 化学合成従属栄養生物, 化学合成独立栄養生物)

光(合成)独立栄養生物 [photoautotroph] 太陽光のエネルギーを獲得し, 空気中の二酸化炭素を栄養素にする生物. 例: シアノバクテリア, 緑藻, 植物など. (△光合成従属栄養生物, 化学合成従属栄養生物, 化学合成独立栄養生物)

交 差 [crossing-over] 第一減数分裂の前期のときに, ペアとなった父方・母方由来の二つの相同染色体の間で起こる染色体の部分的な交換.

光周性 [photoperiodism] 日長に対して起こる植物の生理的な応答. 開花, 種子発芽, 芽の休眠 (冬期) などのタイミングに影響する.

恒常性 △ホメオスタシス

甲状腺 [thyroid gland] チロキシン (甲状腺ホルモン) やカルシトニンなどを分泌する頸部にある内分泌器官.

抗生物質 [antibiotic] 生物がつくる物質で, 他の生物を殺傷したり, 成長を抑制する作用をもつもの.

酵 素 [enzyme] 化学反応を促進する触媒としてはたらく生体分子で, 多くはタンパク質でできている. 生物体内で起こる化学反応のほとんどすべてが, 酵素によって触媒されている.

抗 体 [antibody] 免疫系のB細胞のつくるタンパク質で, 特定の抗原に結合する性質をもつもの.

抗体性免疫 [antibody-mediated immunity] 適応免疫の一つで, 液性免疫ともいう. 体内に侵入した病原体などの異物 (抗原) に対して結合する抗体を産生し, それにより異物や感染細胞を標識することで, 他の免疫防御システムによる攻撃を誘導する. 抗体性免疫では, B細胞が中心的な役割を果たす. (△細胞性免疫)

高張液 [hypertonic solution] 細胞質に比べて高い塩濃度をもつ溶液. 細胞内へ侵入する水よりも多くの水が細胞外へと出ていく. (△低張液, 等張液)

喉 頭 [larynx, voice box] 声帯と気管の入口部分とからなり, 声を発声する部分.

行 動 [behavior] 生物が刺激に対して起こす協調的な反応で, 特に, 生物体の運動を伴うもの.

後 脳 [hindbrain] 脳の中で, 延髄, 脳橋, 小脳の部分. 呼吸のリズムや体のバランスを制御する. (△前脳, 中脳)

厚壁組織 [sclerenchyma] 厚い細胞壁をもった細胞からなる組織で, 植物体を機械的に強くする役割を担う. 死んだ細胞でできていることが多い. (△厚角組織, 柔組織)

孔辺細胞 [guard cell] 植物の葉や茎にみられる細胞で, 水分量の増減に応じて膨張収縮して気孔を開閉することで, 植物体への CO_2 の取込みや, 体外への O_2 や水分の放出を制御する. (△気孔)

肛 門 [anus] 消化管の出口で, 未消化物や体の老廃物などが放出される場所.

呼 吸 [respiration] △細胞呼吸, 呼吸系

呼吸系 [respiratory system] 動物の体の中で, 細胞や組織へ酸素を提供し, CO_2 の排出を行う器官系.

コケ植物類 [bryophytes] 植物界を大きく四つに分類した一つ. コケ類, セン類, ツノゴケなど. 維管束組織のないグループである. (△被子植物類, 裸子植物類)

古細菌 △アーキアドメイン

湖 水 [lake] 淡水バイオームの一つ. 河川のように移動することがない, ひとまとまりの水塊. さまざまな面積のものがあり, 数千 km^2 に及ぶものもある.

個 体 [individual] 一つの生命体としての単位. 他の個体と, 物理的に, また遺伝学的に区別することができるもの.

個体群 [population] ある領域に住み, 相互作用し合う, 同一種の個体の集まり.

個体群サイズ [population size] 個体群を構成する個体の数.

個体群生態学 [population ecology] 一定の環境にどれだけの生物が生息可能か, どのような仕組みによりそれが決まるのかという点に着目して研究する分野.

個体群密度 [population density] 個体群の数を, 分布する区域の単位面積当たりの数として表現したもの.

骨 格 [skeleton] 動物の体を支える組織.

骨格筋 [skeletal muscle] 骨格とつながった筋. 細胞内には, 収縮性の繊維タンパク質の束が規則的に並んでおり, それが縞模様 (横紋) として観察される. (△心筋, 平滑筋)

骨格系 [skeletal system] 骨, 軟骨, 関節からなる動物の器官系. 脊椎動物の体を内部で支える支持構造となる.

骨細胞 [osteocyte] カルシウムとリン酸を主成分とする基質を分泌, 再吸収する役割を担う細胞. 脊椎動物の多くの骨が, 骨細

胞のはたらきでつくられる．

骨　髄［bone marrow］　脊椎動物の硬骨の中心部にある組織．硬骨の種類により異なるが，分裂増殖し血球細胞をつくったり，脂質を蓄えたりする機能をもっている．

固　定（対立遺伝子の）［fixation］　個体群の中で特定の対立遺伝子だけが残り，他のものがすべて失われること．残ったものは100％の遺伝子頻度となる．

固定的行動［fixed behavior］　特定の単純な刺激に対応して起こす決まったパターンの行動．刺激に対して学習することなしに応答する．（⇔学習行動）

コドン［codon］　mRNA内の三つの塩基で指定される配列．コドンは，タンパク質翻訳時のアミノ酸を指定する，あるいは翻訳開始や停止の信号となる．（⇔アンチコドン）

鼓　膜［eardrum］　外耳道（耳道）の最後になる薄膜．圧力の振動である音を，中耳にある耳小骨の機械的な振動へと変換する役割を担う．

コミュニケーション［communication］　動物の個体間で情報をやりとりすること．互いに協調して活動するのに役立つ．

固有受容器［proprioceptor］　動物体内にある機械受容器で，周りに対しての体の位置や方向について，また体の各部位の変形や相対的な位置についての情報（体性感覚）を感知するもの．（⇔感覚受容器）

コラーゲン［collagen］　動物の結合組織が合成し分泌して形成される繊維状のタンパク質．

コルク形成層［cork cambium］　植物の横方向への二次的な成長に寄与する側方分裂組織の中で，表皮（樹皮の表層も含む）の組織をつくる細胞層．（⇔維管束形成層）

ゴルジ体［Golgi body］　円盤状の膜構造が数枚並んだ構造の細胞小器官．真核生物の細胞にみられる．細胞内の種々の場所へタンパク質や脂質を運ぶときの通り道となっている．

コルチ器官［organ of Corti］　動物の内耳蝸牛管内で，機械的な振動情報を，活動電位に変換する聴覚受容機構．その活動電位発生の位置（蝸牛管の中耳寄りか，奥の頂部の方か）や変化パターンの情報から，動物は音やその高低などを感知する．

根　冠［root cap］　根の先端に被さった円錐状の組織．根端分裂組織を守るはたらきがある．

根　系［root system］　植物体の中で，地中にある細かく枝分かれした部分．土中の水分と無機栄養素の吸収を行い，植物体を支える支持構造にもなる．（⇔シュート）

混合栄養生物［mixotroph］　成長や増殖のうえで，種々の栄養源からエネルギーと炭素を獲得でき，独立栄養生物と従属栄養生物の両方の特性を兼ねもつ生物．

痕跡器官［vestigial organ］　祖先の生物では役割をもっていたが，現存種では機能がほとんどわからなくなるくらい，小さくなったり退化している器官や構造．

根　毛［root hair］　根の表皮細胞にある細長い突起構造．水分や養分吸収のための表面積を増やす意味がある．

材［wood］　側方分裂組織による二次成長によってできた木部（二次木部）．一年間の成長の結果，つぎつぎに新しく層が積み重ねられ年輪となる．樹木の年代を調べる基準に使用できる．

細気管支［bronchiole］　肺の中で細かく分岐した管構造部分で，気管から肺胞までの箇所．

再吸収［reabsorption］　濾過された原尿の中から，体に有用な成分や水を再び吸収する腎臓の尿細管の機能．再吸収しなかった成分が，尿となって排出される．

細菌ドメイン［Bacteria］　全生物を三つのドメインに分けたときの一つ．地球上に最初に出現した原核生物で，単細胞の微生物．細菌ドメインは，細菌界と同じである．（⇔アーキアドメイン，真核生物ドメイン）

細静脈［venule］　径の小さな静脈．径のサイズを変えることで，毛細血管を流れる血液量を制御する役割を担う．（⇔細動脈）

再生医療［regenerative medicine］　疾患や外傷で治療が必要になった器官や組織を，幹細胞を用いて修復したり代用品をつくったりすることを目指す医学分野．

臍　帯［umbilical cord］　胎盤と発生中の胎児とをつなぐ構造．胎児と胎盤との間で，物質のやりとりをする血管系（動脈と静脈）がある．

細動脈［arteriole］　通常0.3mm以下の径をもつ動脈血管をさす．より細い血管である毛細血管への血流を制御する場所となる．（⇔細静脈）

サイトカイニン［cytokinin］　細胞分裂やシュート形成を誘導する植物ホルモン物質の総称．

サイトカイン［cytokine］　炎症，免疫，生体防御などの反応において，細胞が分泌し，細胞間で信号を伝達する役割を担うタンパク質．

サイトソル［cytosol］　細胞質の中で，流動性の高い部分．真核生物では，原形質膜で囲まれた細胞内容物のうち，細胞小器官を除いた部分．（⇔細胞質）

細　胞［cell］　生命の必要最小単位となるもの．1枚の膜で囲まれた空間．

細胞外マトリックス［extracellular matrix］　多細胞生物の細胞から外に分泌され，細胞の外側を覆う物質で，細胞間をつなぐ役割もある．

細胞間結合［cell junction］　細胞と基質間の固定，隣接する細胞の間の連結，2細胞間で情報交換するための通路形成などに使われる構造．

細胞呼吸［cellular respiration］　糖などの有機化合物から，最も一般的な化学エネルギー担体であるATPをつくり出す代謝反応経路．酸素を用い，CO_2と水を放出する．解糖，クエン酸回路，酸化的リン酸化の3段階に分けられる．（⇔光合成）

細胞骨格［cytoskeleton］　真核生物の細胞質にみられるタンパク質繊維でつくられる構造．細胞の形を維持する役割をもつほか，細胞分裂や細胞運動にも必須である．

細胞質［cytoplasm］　細胞の内容物，原形質膜で囲まれた部分を示す．真核生物の場合，核の内側（核質）は含めない．（⇔サイトソル）

細胞質分裂［cytokinesis］　体細胞の核分裂に続く次の段階で，細胞質が二つに分割し，二つの娘細胞を生じること．

細胞周期［cell cycle］　分裂増殖する細胞で観察される一連の段階的変化．細胞分裂が最終段階となる．

細胞傷害性T細胞［cytotoxic T cell］　ウイルスに感染した細胞，外来性の細胞などを認識して，殺傷するはたらきをもつT細胞．

細胞小器官［organelle］　オルガネラ．細胞質で機能を分担する単位となる構造．リボソームなどの細胞質内の構造は除いて，膜に囲まれた構造のものだけを細胞小器官とよぶこともある．

細胞性免疫［cell-mediated immunity］　適応免疫系のなかの一つ．病原体に感染した細胞や，異物と識別した細胞や物質を破壊する仕組み．細胞性免疫ではT細胞が中心的な役割を果たす．（⇔抗体性免疫）

細胞説［cell theory］　細胞は，あらゆる生命体の構成単位となること，また細胞は必ず他の既存の細胞からつくられるという考え方．

細胞内共生説［endosymbiont theory］　捕食性の祖先型真核生物において，細胞内に取込んだ原核生物の，食べ物として消化されずに残ったものから細胞内共生体が生じ，やがてそこから細胞小器官に進化したと考える説．

細胞培養［cell culture］　実験操作の一つ．増殖に必要な養分を含む培地を入れたシャーレ，試験管などの器の中で，幹細胞などを増殖させること．幹細胞が種々の別の細胞へと分化させる実験などに応用できる．

細胞板［cell plate］　細胞膜と細胞壁成分からなる構造で，植物細胞が二つに細胞質分裂するときに現れる隔壁構造．細胞板は，両側面を二つの娘細胞の細胞膜で挟まれ，多糖類を主成分とする細胞壁へと変化する．

細胞分化［cell differentiation］　娘細胞が，分裂する前の母細胞とは異なったものになり，特殊な機能を発揮するようになること．

細胞分裂［cell division］　細胞周期の最後の段階．母細胞が体細胞分裂や減数分裂によって，2個または4個の娘細胞に分かれること．

細胞膜［cell membrane］　リン脂質二重層で構成され，細胞と外界との間の境界となる膜．

搾　取［exploitation］　2種の生物間の相互作用の一つで，一方だけが利益を受け（例：消費者），もう片方が害を受ける関係（例：食物となる種）．捕食者による獲物の捕獲，植食性動物による植物の摂食，寄生者や病

原体による宿主への障害や殺傷も含まれる．（⇆ 片利共生，競争，相利共生）

搾取型競争［exploitative competition］ 共通の資源に依存するために起こる2種間の間接的な競争．供給される資源の量を減らし合うことによる競争となる．（⇆ 干渉型競争）

刷子縁［brush border］ 小腸の内壁細胞表面に並んだ微小な突起構造の層．栄養分を吸収するための細胞表面積を大きくする意味がある．

雑種［hybrid］ 二つの異なる種の個体，または異なる形質や遺伝子型をもつ個体が交配して生まれた子．

雑種形成［hybridize］ 雑種を作成すること．

雑食性動物［omnivore］ 植物，動物の両者を食べて栄養素とする動物．（⇆ 肉食動物，草食動物，腐食性動物）

砂囊［gizzard］ 動物の消化管系のうち，外部から取込んだ砂粒と磨りつぶすことで，堅い食物を細かくする場所．

砂漠［desert］ 陸上のバイオームの一つ．年間降雨量が250 mm以下の乾燥した環境でも育つ植物が優勢となっている．

左右相称［bilateral symmetry］ 生物体の対称性の一つ．体を対称に切断できる面が一つだけ，体の中心軸を上下垂直に切断する面だけのもの．この面で，鏡面対称な部分，右側と左側に分けることができる．（⇆ 放射相称）

サルコメア［sarcomere］ 筋原繊維の中の収縮単位．サルコメア両端の構造であるZ盤の間をつなぐように，整然とアクチンフィラメントとミオシンフィラメントの束が配置している．

酸［acid］ 水素イオンを生成する化合物．（⇆ 塩基(1)，緩衝剤）

酸化［oxidation］ 原子や分子が電子を失って，他の原子や分子に引き渡すこと．（⇆ 還元）

酸化還元反応［redox reaction, oxidation-reduction reaction］ 原子や分子から別の原子や分子への電子の移動を伴う化学反応．

酸化的リン酸化［oxidative phosphorylation］ 細胞呼吸の三つのプロセスの一つで，解糖系とクエン酸回路の次の段階．ミトコンドリアの電子伝達系を使い，電子を転送し，そこで生まれたエネルギー（プロトン勾配）を使い，ADPからATPを合成する（リン酸化する）．

三次構造（タンパク質の）［tertiary structure］ タンパク質の三次元的な折りたたみ構造．ポリペプチド鎖の中で遠く離れた部域間の化学的な相互作用によって安定化される構造．（⇆ 一次構造，二次構造，四次構造）

三次消費者［tertiary consumer］ 二次消費者を消費する生物．（⇆ 一次消費者，二次消費者）

三重結合［triple bond］ 二つの原子の間で，3組の電子を共有して結合すること．（⇆ 二重結合）

酸性雨［acid rain］ 汚染されていない通常の雨に比べて，異常に低いpHをもつ降雨（約pH 5.2）．大気に放出された二酸化硫黄や他の汚染物質が酸に変わり，地上に雨や雪となって降る結果，酸性雨となる．

酸素結合性色素［oxygen-binding pigment］ 構造の複雑な色素タンパク質分子で，組織の酸素結合能を高める作用をもつもの．多様な種類が知られている．ミオグロビンやヘモグロビンなどがよく知られている例である．

三半期［trimester］ ヒトの妊娠期間を約3カ月ごとに三つに分けたうちの一つ．

三半規管［three semicircular canal］ 耳の前庭にある，内部をリンパ液で満たした3個一組の半円状の管．3個が互いに直交した向きに配置していて，動物の頭部の三次元的な向きや動きを感知する感覚受容である．

残留性有機汚染物質［persistent organic pollutant, POP］ 人工的に合成した有機物に由来し，分解されにくいために，体内に取込まれると長く残留し，生物蓄積して害を及ぼす物質．非常に有害で世界中に広がった例として，PCB（ポリ塩化ビフェニル）やダイオキシンなどがある．

J字カーブ［J-shaped curve］ 指数関数的に増殖する個体群の成長パターンを示す曲線．（⇆ S字カーブ）

G_0期［G_0 phase］ S期の始まる前に，通常の細胞分裂の周期から外れた静止した期間．細胞分裂周期を再開させ，S期へと進ませる信号を受取らない限り，G_0期の細胞は分裂しない．

G_1期［G_1 phase］ 細胞周期の中で，細胞分裂周期の終了後（娘細胞になった直後）からS期までの期間．細胞はG_1期の間に成長し大きくなり，細胞分裂のシグナルを受取るとS期に入る．

G_2期［G_2 phase］ 細胞周期の中で，S期後，分裂期までの期間．栄養不良状態，DNA損傷，DNA複製の未完などの不都合な条件下では，分裂を引き止めるチェックポイントとしての機能をもつ．

耳介［pinna］ 耳の外側に突き出した丸みを帯びた軟骨質部分．外部の音信号を集めて耳道へと導く構造．

師管［sieve tube］ 維管束植物の師部で，細胞が連なって形成する管状の組織．植物体内で糖などの有機物を運ぶ役割を担う．

耳管［eustachian tube］ 中耳と咽頭の間をつなぐ細管．二つの構造管の気圧を同じにする役割をもつ．

子宮［uterus］ 哺乳類の雌体内の生殖器官で，胚盤胞が着床し，胚から胎児にまで発生を進行させる場所．

糸球体［glomerulus］ 脊椎動物の腎臓内にある小球状の毛細血管の集まり．細尿管へと血液を沪過し，原尿をつくる場所．

子宮内膜［endometrium］ 哺乳類の雌性生殖器である子宮の内側にある細胞層．

軸索［axon］ 神経細胞において，細胞体側から他の神経細胞，筋，内分泌細胞などへ，興奮の信号を伝える突起．

シグナル伝達［signal transduction］ 細胞の膜の受容体で受取った信号を，細胞内へ伝える仕組み．セカンドメッセンジャーとよばれる細胞内の生理活性物質と，それに応答する酵素などのタンパク質が連係して起こる．

シグナル伝達経路［signal transduction pathway］ 細胞膜にある受容タンパク質で受取ったシグナルを細胞内へ伝える仕組みで，複数段階の化学反応経路からなる．

シグナル伝達分子［signaling molecule］ 細胞で産生・放出される分子で，他の細胞（標的細胞）の活性に影響を及ぼすもの．多細胞の生物の細胞間で情報を交換し，協調して活動させる役割をもつ．

脂質［lipid］ 疎水性の生体分子で，直鎖状や環状の炭化水素を含む．細胞膜を形成する重要な成分である．（⇆ リン脂質）

四肢動物［tetrapod］ 陸生の脊椎動物で，四肢をもつもの．両生類，鳥類，哺乳類が四肢動物に含まれる．

思春期［puberty］ ヒトが子どもから，成熟した成人へ変化する時期．

視床［thalamus］ 脊椎動物の脳の一部で，（嗅覚を除く）感覚入力された情報を大脳皮質に伝える連絡経路．

視床下部［hypothalamus］ 脳の基幹部にある構造で，脳下垂体からのホルモン分泌を制御している場所．自律神経系と内分泌系の間の相互作用のコントロールも行う．

指数関数的増殖［exponential growth］ 世代を経るたびに，ある一定の比率で個体群数が増加するような急速な増殖．グラフのうえでは，J字型のカーブを描く．（⇆ ロジスティック増殖）

耳石［otolith］ 内耳の前庭（重力の方向を感知する感覚受容器）の内部にある炭酸カルシウムの結晶粒からできる高密度の物質．平衡石ともいう．

自然選択［natural selection］ 適応進化ともよばれる．ある遺伝的形質をもつ個体が生息する環境でよりよく適合していると，他個体より高い確率で生存し，多くの子孫を残すことで，その遺伝的形質が進化する仕組み．自然環境下で，生物の生存率や繁殖率を高めるようにはたらく唯一の仕組みである．（⇆ 人為選択）

自然免疫系［innate immune system］ 生体に生まれつき備えられた防御機構で，病原体などの異物が体外から侵入した際には迅速に応答する．病原体に対しての反応は非特異的である．（⇆ 適応免疫系）

子孫［offspring］ 生殖によって生み出された新しい個体で，両親のDNA情報を引き継いだもの．

実験［experiment］ 仮説を検証するために，自然の事象に対して計画的に実施する操作．

実験群［treatment group］ 実験処理群ともいう．実験を実施するときに，独立変数だけを変化させ，他は対照群と同じ条件下で実施するグループ．

湿地［wetland］ 淡水バイオームの一つ．

底の植物が成長して水面上に顔を出す程度の浅い水深の流れのない水塊．泥炭地（溶存酸素が少なく，酸性のよどんだ淡水），草本植物や樹木が豊富な湿原，沼沢地も湿地に含まれる．

質量数［mass number］　化学元素の原子核内に含む陽子と中性子の総数．

シナプス［synapse］　神経細胞と，それが信号を送り出す先の隣接する細胞との間にある細胞間接続部分．

シナプス間隙［synaptic cleft］　神経細胞と，それが信号を送り出す先の隣接する細胞との間にある狭い隙間．その間の信号は，活動電位ではなく，分泌された神経伝達物質によって伝わる．

子嚢菌類［ascomycetes］　菌類を大きく三つに分類した一つ．子嚢をもつ．酵母やカビの仲間．チャワンタケ，アミガサタケ，トリュフなどが含まれる．（⇨担子菌類，接合菌類）

師部［phloem］　維管束植物で，糖などの有機化合物，無機塩類などを運搬する機能をもつ生細胞でできた組織．（⇨木部）

ジベレリン［gibberellin］　茎の成長を促進する植物ホルモン物質の総称．

脂肪酸［fatty acid］　長い疎水性の炭素鎖と親水性の部分（カルボキシ基）をもつ有機物．脂肪酸は，リン脂質，トリアシルグリセロール，ワックスなどの成分となっている．

姉妹染色分体［sister chromatid］　細胞周期のS期，DNA複製によってつくられ，同一DNA配列をもつ一組の染色体．

社会行動［social behavior］　同種の動物個体で構成するグループ内で観察される協同的な行動パターン．

種［species］　自然環境で互いに交配している個体の集まりで，他のグループとは隔離されているもの．

終期［telophase］　体細胞分裂や減数分裂段階の一つで，移動した染色分体が二つの極に到達し，その周囲に新しい核膜がつくられる時期．

周期的変動（個体群サイズの）［population cycle］　二つの生物種の個体数が同調して増減すること．2種のうち，片方がもう一方に強い影響を受けるときにこのような変動パターンがみられる．

終止コドン［stop codon］　mRNA上の3塩基からなる配列で，翻訳を終了する信号となるもの．（⇨開始コドン）

収縮期［systole］　心臓の拍動周期のうち，心筋が収縮して内部の血液を送り出すとき．血圧測定値の高い方の値が収縮期の血圧（収縮期血圧）に相当する．（⇨拡張期）

従属栄養生物［heterotroph］　⇨消費者，独立栄養生物

従属変数［dependent variable］　応答変数ともいう．実験的に操作して変化させる変数（独立変数）に対応して変動する，あるいは変動する可能性のある変数．

柔組織［parenchyma］　比較的薄い細胞壁をもつ大型細胞でできた植物の組織．植物体の基本組織系の主要な部分を占める．（⇨厚角組織，厚壁組織）

雌雄同体［hermaphrodite］　卵と精子の両方の生殖細胞をつくる個体．

重複［duplication］　遺伝子やDNA断片が余分に複製され，もとの場所の近辺に重複してみられる突然変異．染色体は長くなっている．

重複受精［double fertilization］　顕花植物の有性生殖でみられる二重に起こる受精．一つは卵細胞への精細胞の受精で，接合体となる二倍体（接合子）ができ，種子の中で成長する胚となる．もう一つは，胚嚢内の中央細胞（一組の極核をもつ）に精細胞が受精し，これが胚を育てる養分を提供する胚乳（三倍体）となる．

絨毛［villus］　小腸の上皮組織にある微細な突起構造．細胞の表面積を広くする効果がある．

絨毛膜［chorion］　発生中の哺乳類の胚（胎児）の最も外側から包み込む膜構造．一部が子宮内膜組織とともに胎盤を形成する．内側の空洞部を絨毛膜腔という．表面の絨毛を通して，母親体内の栄養が胎児へ供給される．

収れん進化［convergent evolution］　二つの直接関係のない生物の間で，似た環境下での自然選択が起こった結果，よく似た形質へと変化すること．収束進化ともいう．

宿主［host］　寄生虫や病原体が生息する個体や生物．

主根［taproot］　植物体の根のうち直下に直線状に伸びる主要な根．側根が多数分岐する．（⇨ひげ根）

種子［seed］　植物のつくる胚で，乾燥や腐敗から保護するための外皮（種皮）で覆われたもの．

樹状突起［dendrite］　神経細胞の突起で，隣接する他の神経細胞から信号を受取る部分．

受精［fertilization］　二つの異なる種類の半数体配偶子（卵や精子）が合体して，2倍体の接合体（受精卵）となること．

シュート［shoot system］　維管束植物の地上部．葉と茎からなる．（⇨根系）

受動免疫［passive immunity］　他個体や他種動物のつくった抗体を利用する免疫防御手段．たとえば，胎児が母親から受取った抗体を用いる場合やヘビに噛まれたときにウマ血清（抗ヘビ毒血清）を用いる場合など．（⇨能動免疫）

受動輸送［passive transport］　生体膜を介したイオンや分子の輸送のうち，エネルギーの消費なく，濃度の高い方から低い方へ，濃度勾配に沿って起こる輸送をさす．（⇨能動輸送）

受動輸送タンパク質［passive carrier protein］　細胞膜を通して，特定のイオンや分子を濃度の高い方から低い方へと，エネルギーを使うことなく，輸送する機能をもつ膜タンパク質．（⇨能動輸送タンパク質）

種の豊かさ［species richness］　生物群集，群落内の生物種の種数．

樹皮［bark］　木本植物の茎を囲む組織で，コルク層，コルク形成層，二次師部を含む部分．

種分化［speciation］　一種の生物種が，生殖することのない複数の種に分かれること．

腫瘍［tumor］　過剰に増殖してできた細胞の塊．

受容体依存性エンドサイトーシス［receptor-mediated endocytosis］　エンドサイトーシスの一つで，細胞膜にある受容体タンパク質が細胞外の物質を認識して結合し，エンドサイトーシスによって細胞内に取込むこと．

受容体タンパク質［receptor protein］　受容体ともいう．細胞間，組織間での信号伝達で，信号を送る先の標的細胞の細胞膜上や細胞内部にあるタンパク質で，受取った細胞内の活動に影響を及ぼす．

純一次生産力［net primary productivity, NPP］　生産者が光合成によって獲得したエネルギーから，代謝反応による消費分を差し引いたもの．生態系において，単位時間・単位面積当たりの光合成生物によるバイオマス生産量を示す指標となる．（⇨二次生産力）

順応［acclimation］　環境変化に適応するために，比較的ゆっくりとした，日～年の単位で起こる個体の変化．（⇨適応（1））

循環系［circulatory system］　動物の体内で互いにつながった血管からなる器官系の一つ．心臓から拍出される血液の通り道となり，体内の輸送経路としてはたらく．

子葉［cotyledon］　植物の種子の内部にあり，やがて葉に変化する栄養分を蓄えた器官．

消化［digestion］　食物を化学的に分解すること．

消化系［digestive system］　動物の体内で，一般には一方向へ移動させつつ，食物を消化吸収しやすい形に変える機能をもち，管状に連なった器官系．

上気道［upper respiratory system］　鼻腔から喉頭までの，鼻，口，咽頭部分の空気の通り道，およびそれを構成する器官系．（⇨下気道）

蒸散［transpiration］　植物のシュート系の気孔などで起こる水の蒸発．

小進化［microevolution］　対立遺伝子または遺伝子型の頻度が，時間とともに変化すること．最も小さな規模で起こる進化過程に相当する．（⇨大進化）

常染色体［autosome］　性染色体以外の染色体．（⇨性染色体）

小腸［small intestine］　動物の消化系の中で，消化後の栄養分を吸収する役割を担う場所．

蒸発［evaporation］　液体が気体へと変化すること．この過程は多くのエネルギーを消費する．そのため，体表面に付着した水分があれば，外部環境の外気へと蒸発によって熱を放出でき，動物にとっては効率の高い冷却機構となる．（⇨対流，放射（2））

消費者［consumer］　従属栄養生物と同じ．

他の生物またはその残骸を食べることで必要な栄養源（炭素）を獲得する植物食性・動物食性の生物や分解者をさす．(⇆ 生産者)

上皮組織 [epithelial tissue] 動物の組織の一つで，体内の空洞部（体腔）の表面，および器官や体の表面（皮膚など）を覆う組織．水分，養分，熱などを外部環境との間で交換することで，体内環境を維持する役割を担う．

小胞体 [endoplasmic reticulum] 複雑につながった袋状や管状の膜構造をつくる細胞小器官．真核生物においては脂質やタンパク質の重要な合成場所となる．

静 脈 [vein] 動物の体内の各器官組織から心臓に向かって血液を運ぶ血管．(⇆ 動脈)

食細胞 [phagocyte] マクロファージや好中球などのように，体内に侵入した微生物などの異物をまるごと取込んで（食作用），分解する細胞．

食作用 [phagocytosis] エンドサイトーシスの一つで，他の細胞など，大きな物体を飲み込むこと．(⇆ 飲作用，エンドサイトーシス)

食 道 [esophagus] 消化系の中で口から胃へ食物を運ぶ部分．

触 媒 [catalyst] みずからは変化することなく，他の物質の化学反応の速度を速める作用をもつ物質．たとえば，タンパク質でできた酵素は，生物のつくる触媒である．

植物界 [Plantae] 真核生物ドメインの中の一つ，全植物を含む界．おもに陸生で，光合成をする多細胞の独立栄養生物．

植物プランクトン [phytoplankton] 海水，淡水中の水深の浅い領域で浮遊し，光合成する藻類などの単細胞生物．(⇆ 動物プランクトン)

食物繊維 [dietary fiber] 植物体に含まれるセルロースなど，動物が消化できない多糖類．炭水化物の消化を抑制し，エネルギー源を長く保持し，食欲を抑制するなど，健康面での食物繊維の役割は大きい．全粒粉などに多く含まれる．

食物網 [food web] 生物群集全体のエネルギーの流れを示したもの．生物群集の中のすべての食物連鎖をつなぐと食物網となる．

食物連鎖 [food chain] 生物群集の中で，どの種が，他のどの種を食べるかの関係を示す線．(⇆ 食物網)

自律神経 [autonomic nerve] 身体の不随意的なホメオスタシス調節にかかわる末梢神経．(⇆ 体性神経)

人為選択 [artificial selection] 特定の形質をもった個体だけを人為的に選んで繁殖させること．人に有益となる穀物や家畜の品種を進化させる目的で行う．(⇆ 自然選択)

進 化 [evolution] 親から子孫へと世代を経て，生物集団全体の遺伝的な特徴が変化すること．

深海域 [abyssal zone] 大陸棚よりも外側にある水深の深い海域（深さ6000 m以上）．

真核生物 [eukaryote] 細胞質と明確に仕切られた核の構造をもつ単細胞，あるいは多細胞の生物．細菌，アーキア以外の生物はすべて真核生物である．(⇆ 原核生物)

真核生物ドメイン [Eukarya] 全生物を三つのドメインに分けたときの一つ．真核生物を含むドメイン．動物界，植物界，菌界，原生生物界の四つの界からなる．(⇆ アーキアドメイン，細菌ドメイン)

真核生物の鞭毛 [eukaryotic flagellum] 真核生物の細胞がもつ突起構造．細胞についている部分から先端に向けて，波が伝わるような鞭打ち運動をして，水中で細胞が移動する推進力を起こす細胞小器官．(⇆ 原核生物の鞭毛，繊毛)

進化系統樹 [evolutionary tree] 生物群がどのような順序で分岐・派生してきたかを示す，樹状に枝分かれした模式図．一番根元の部分には最初に出現したグループが示されている．

心 筋 [cardiac muscle] 脊椎動物の心臓の筋組織．骨格筋と同じように横紋がみられる．直線的な繊維ではなく枝分かれした構造をしている．互いに電気的に連結し，心拍運動する際に協調的な収縮を行う．(⇆ 骨格筋，平滑筋)

神 経 [nerve] 情報を電気的興奮を使って伝える仕組みをもつ動物の組織．神経細胞，その軸索の束，およびそれらを支持する細胞群からなる．

神経系 [nervous system] 感覚受容器を含む神経組織からなる動物の器官系．神経細胞とよばれる細胞が発生する電気的興奮を使い，体内で高速に情報を伝える仕組みをもつ．

神経細胞 [nerve cell] ⇆ ニューロン

神経節 [ganglion] 神経細胞が密に集まっている箇所．信号の統合処理が行われる場所である．

神経伝達物質 [neurotransmitter] 神経細胞と信号を受取る他の隣接細胞との間にあるシナプスにおいて信号伝達にかかわる化学物質．

新口動物 [deuterostome] ヒトデ，ホヤ，脊椎動物などを含む動物群で，発生初期の胚の原口ではなく，その後に形成される開口部が口となるグループ．(⇆ 旧口動物)

心 材 [heartwood] 木の幹の中心部にある，より古い二次木部組織．木を支える構造となっているが，内部の道管や仮道管などの道管要素はすでに詰まっていて，物質輸送の機能を失っている．(⇆ 辺材)

心 室 [ventricle] 心臓の中で，心房から受取った血液を筋の収縮によって外へ拍出する部分．(⇆ 心房)

真社会性 [eusociality] 複雑な社会構造のグループ構成で，産卵や育児労働の分業など，協同的な行動がみられること．

心周期 [cardiac cycle] 心臓の血液を拍出するために，心筋が交互に収縮と弛緩を繰返すこと．一周期は収縮期と拡張期の二つからなる．

真獣類 [eutherian] 哺乳類のなかで，仔が母体の中の胎盤を通して栄養補給されて育ち，十分に成育してから産み出される特徴をもつグループ．ヒトを含め大半の哺乳類は真獣類である．(⇆ 有袋類，単孔類)

親水性 [hydrophilic] 塩や分子などの性質で，水分子と相互に自由に混ざり合いやすいこと．親水性の分子は水に溶けやすいが脂質や油には溶けにくい．(⇆ 疎水性)

心 臓 [heart] 動物の血液を循環させるポンプ作用をもつ筋の発達した器官．

腎 臓 [kidney] 体液の水分，塩分を調節し，代謝産物の中の老廃物を排泄する役割を担う器官．

心臓血管系 [cardiovascular system] 脊椎動物の閉鎖血管系で，筋肉質で血流を送り出す心臓と，閉ループ構造の血管系からなる．

じん帯 [ligament] 脊椎動物の骨格構造の中で，骨の間をつなぐ，コラーゲンの豊富な結合組織．(⇆ 腱)

心電図 [electrocardiogram] 心臓の発生する電気的な信号を記録したもの．洞房結節や房室結節の発生する電気信号も含む．

浸透圧順応型動物 [osmoconformer] 体液の塩濃度が海水と類似しており，体内の塩類濃度や水分調節に，ほとんどエネルギーを消費する必要のない海水産動物．サンゴやクラゲなど．(⇆ 浸透圧調節型生物)

浸透圧調節 [osmoregulation] 生命活動を維持するために，内部環境の水分（水量）を一定に保つこと．

浸透圧調節型動物 [osmoregulator] 体液の塩濃度が周囲の水とは異なるために，体内の塩類濃度や水分維持のために，多大なエネルギーを必要とする動物．海水産や淡水産脊椎動物の多くは浸透調節型動物である．(⇆ 浸透圧順応型動物)

浸透作用 [osmosis] 選択透過性のある膜を介した水分子の受動的な移動．

心 拍 [heartbeat] 心臓の一連の周期的な収縮活動．

心拍数 [heart rate] 心臓が1分間に拍動する頻度．

心 皮 [carpel] 顕花植物の花の中で，柱頭，花柱，子房からなる部分．同心円状に4層に輪生する花器官の中で，最内にある部分．(⇆ 花弁，がく，おしべ)

心 房 [atrium] 心臓の中で，全身と肺からの血液が流れ込む部分．(⇆ 心室)

水圧骨 [hydrostat] 水圧的骨格ともよばれる．液体を満たした体腔周囲の筋収縮活動によって，動物体を支持し，運動させる仕組み．

水圏の変容 [water transformation] 人間の影響で水圏の物理的，生物的な特性が変化すること．(⇆ 陸圏の変容)

膵 臓 [pancreas] 消化器系に付随する器官で，ホルモンおよび種々の重要な消化酵素を合成する．

水素結合 [hydrogen bond] 弱い正の電荷をもつ水素原子と，弱い負の電荷をもつ他の原子の間で生じる静電気的な弱い結合．

錐 体 [cone] 脊椎動物の眼の中にある光

受容細胞の一つ．色の違いを見分けるときに使われ，明るい環境で最もよく機能する．（⇆ 桿体）

膵 島［islet cell］　膵臓の中の細胞群で，インスリンやグルカゴンなどのホルモンを合成し，分泌する内分泌細胞．

水平遺伝子伝播［lateral gene transfer］　遺伝子水平伝播ともいう．遺伝情報が，自然条件下で，異なる種間で移動や伝播すること．

水溶性［soluble］　物質が水に溶けやすい（混ざりやすい）こと．可溶性，易溶性ともいう．

ステロール［sterol］　融合し連結した四つの環状炭化水素を基本構造とする脂質分子．

ストロマ［stroma］　葉緑体の内膜で囲まれた空間で，内部にはチラコイド膜でできた膜構造が多数ある．

スペーサーDNA［spacer DNA］　二つの遺伝子の間に介在する非コード領域のDNA．スペーサーDNAは真核生物では一般に多く，原核生物では少ない．

刷込み［imprinting］　動物の学習行動の一つで，誕生後，間もなく，子が親として学習した個体に対して，強い絆を形成すること．

制限酵素［restriction enzyme］　決まった塩基配列を認識してDNAを切断する活性をもつ酵素．遺伝子工学の重要なツールである．

生産者［producer］　独立栄養生物ともいう．他の生物やその残骸を食べることなく，外部の非生物的なエネルギー（太陽光など）だけを使って，必要な有機物をつくることのできる生物．（⇆ 消費者）

精 子［sperm］　有性生殖する真核生物の雄性個体がつくる，小型で運動性のある半数体の配偶子．（⇆ 卵）

精子形成［spermatogenesis］　動物の精子がつくられる過程．（⇆ 卵形成）

静止電位［resting potential］　神経の軸索で，活動電位の発生や興奮伝導もしていない状態．

生 殖［reproduction］　生物が，その個体と類似の個体を新しく生み出すこと．

生殖隔離［reproductive isolation］　個体群の間で，交配を妨げ制限するような障壁が生じること．さまざまな障壁の例が知られているが，遺伝子流動が起こらなくなる点で，ひき起こされる効果はすべて同じである．（⇆ 地理的隔離）

生殖系［reproductive system］　卵や精子などの配偶子をつくる器官系．動物の場合，雌性個体の体内受精で，配偶子の接合を促すための構造も含める．

生殖系列細胞［germ line cell］　生殖細胞へと分化する動物の前駆細胞．生殖巣の発生が始まるまでは，胚の他の細胞とは別の場所にとどまる．その後，分化を始めた生殖巣へ移動し，卵巣内では卵細胞へ，精巣内では精子へと分化する細胞となる．

生殖腺［gonad］　動物の生殖巣で，配偶子と性ホルモンを産生する場所．

生殖腺刺激ホルモン［gonadotropin］　2種類のホルモン，黄体形成ホルモンと卵胞刺激ホルモンからなる．脳下垂体前葉でつくられ，生殖器官の発生分化や機能を制御する．

生成物［product］　化学反応でつくられる新しい化合物．（⇆ 反応物）

性染色体［sex chromosome］　性決定にかかわる染色体．染色体ペアのいずれか一方が，生物個体の性を決めるはたらきをする．（⇆ 常染色体）

性選択［sexual selection］　個体間に遺伝形質の違いがあり，その違いが交配相手を獲得する能力の違いとなる場合に起こる自然選択．

生息地［habitat］　それぞれの生物種が生息する特有の地域や環境条件．

生態学［ecology］　生物と環境とのかかわりを研究する学問の分野．

成体幹細胞［adult stem cell］　体性幹細胞ともいう．増殖する能力を維持したまま残っている成体の細胞．（⇆ 胚性幹細胞）

生態系［ecosystem］　生物集団，および，それを取囲む物理的な環境をすべて含めたもの．空気や水の地球規模での大きな循環のために，地球のすべての生物は，一つの巨大な生態系，つまり生物圏の中に含まれる．

生態的地位［niche］　ニッチともいう．ある一つの生物種，または，個体群が，その生息域で，生存し子孫を残すうえで，必要とする空間，条件や資源全体をまとめて生態的地位という．

生態的地位分配［niche partitioning］　同じ生態的地位内の空間や資源を分割し利用すること．生態的地位を共有することで，本来は，競争し合う可能性のある種であっても，生態的地位分配で共存可能となる．

生体分子［biomolecule］　生物体の中にあるあらゆる種類の分子をさす．

成長ホルモン［growth hormone, GH］　脳下垂体前葉でつくられ分泌される骨や筋の成長を制御するホルモン．

性的二型［sexual dimorphism］　生物の雄雌間で，表現型上（形態・行動を含む）の明確な違いのあること．雌雄差．

正の増殖因子［positive growth regulator］　増殖因子，ホルモン，調節タンパク質など，細胞分裂を促進する性質をもつ細胞内シグナル．（⇆ 負の増殖因子）

正のフィードバック［positive feedback］　前の段階を促進するフィードバック機構により，変動を増幅する仕組み．条件が変わったときに，正のフィードバック機構は，条件をもとの設定値に戻すのではなく，一方向へと変化を加速するようにはたらく．（⇆ 負のフィードバック）

生物階層性［biological hierarchy］　最も小さな分子のレベルから，最も大きな生物圏まで，段階的に分けられた生物の階層構造．それぞれ，生物体やその構成成分，周辺の生物的無生物的な環境なども含めたもので，下位のものは，より上位のものの構成単位となる入れ子構造になっている．

生物学［biology］　生命について研究する学問分野．

生物学的種概念［biological species concept］　互いに交配可能な個体のいるグループを同種とみなす考え方．実際に，交配が起こらない程度に地理的に隔離されている場合も，同種とみなす．（⇆ 形態学的種概念）

生物群集［community］　同じ地域に生息する異なる種の個体群の集まり．

生物圏［biosphere］　地球のすべての生物，およびそれを取囲む環境．（⇆ 生態系）

生物多様性［biodiversity］　地球上，あるいはある特定地域にさまざまな生物がみられること．遺伝的な多様性，個体の行動パターンの多様性，生物種の多様性，さらに生態系の多様性なども含む．

生物蓄積［bioaccumulation］　周囲の非生物環境と比べて，より高い濃度で生物の体内に物質が蓄積されること．（⇆ 生物濃縮）

生物的［biotic］　生態系の中で相互作用する関係にある生命体（原核生物，原生生物，動物，菌類，植物）の集まり，あるいはそれにかかわるものや現象．（⇆ 非生物的）

生物濃縮［biomagnification］　組織内に蓄積された化学物質の濃度が，食物連鎖のより上位の生物ほど高くなること．（⇆ 生物蓄積）

性ホルモン［sex hormone］　動物の性徴，生殖器の発生や発達，生殖行動などを制御するステロイド系のホルモン．

生理学［physiology］　生物の形態ではなく，機能面に着目した学問分野．（⇆ 解剖学）

脊 索［notochord］　大型の細胞が集まって形成する動物の背側にある棒状の構造．体を支持する梁のようなはたらきをする．

脊索動物［chordate］　脊索，咽頭嚢，肛門より後端へ伸びた尾部を特徴とする動物群．

脊 髄［spinal cord］　脊椎動物の脳から尾部まで分布する，神経細胞の細胞体と軸索が密に集まってできた神経組織．脳と末梢神経である感覚ニューロン，運動ニューロンとの間で中間的な情報フィルター処理を行う．

脊髄反射［spinal reflex］　⇆ 反射弓

脊椎動物［vertebrate］　動物界の中の一つの門．背骨（脊椎骨）を特徴とするもの．魚類，両生類，哺乳類，鳥類，爬虫類などが含まれる．（⇆ 無脊椎動物）

世代交代［alternation of generations］　植物でみられる生活環の一つ．二つの異なる"世代"に相当する多細胞体がある．一つは，半数体の多細胞体で，配偶子をつくる配偶体の世代，もう一つは，その配偶子が接合してできる二倍体の多細胞で，胞子をつくる胞子体の世代．

赤血球［erythrocyte, red blood cell］　血管内を循環する遊離細胞で，酸素と結合する色素であるヘモグロビンを内部にもつ．このヘモグロビンによって血液は多量の酸素を運搬できる．

接　合（細菌の）［bacterial conjugation］　細菌細胞間で行う能動的なDNAのやりとり．同種間で行うのが一般的である．

接合菌類［zygomycetes］ 菌界を大きく三つに分類した一つ．菌類のなかでは最初に地上に出現したグループである．（⊿子嚢菌類，担子菌類）

接合後隔離［postzygotic isolation］ 接合体が正常な個体発生するのを阻む障壁．（⊿接合前隔離）

接合子［zygote］ 二つの半数体（n）の細胞（配偶子）が融合してできた二倍体（$2n$）の細胞．動物では受精卵とよぶ．接合体ともいう．

接合前隔離［prezygotic isolation］ 雄性配偶子（精子）が，雌性配偶子（卵）と接合し細胞融合するのを阻む障壁．（⊿接合後隔離）

摂食［ingestion］ 口から食べ物を取入れること．

節足動物［arthropod］ 外骨格と体節構造を特徴とする真核生物ドメイン．動物界の中で最も大きな動物群．ムカデ，ヤスデ，甲殻類，昆虫類，クモ型類など．

Z盤［Z disc］ 骨格筋のサルコメアの間にある，複雑なタンパク質複合体構造．電子顕微鏡切片像で観察すると黒く染まって線状に観察される．アクチンフィラメントの一端を固定し，筋収縮にかかわる周期的構造をつくる役割を担う．

セットポイント［set point］ ホメオスタシスの調節や維持において，一般に正常な設定値とされる状態．たとえば，ヒトの血液のpH値の場合，7.35～7.45の間の値となる．

セルロース［cellulose］ 植物細胞がつくる多糖類で，細胞壁を力学的に強化する役割をもつ．

腺［gland］ 血管，体腔，体表へと，合成した生体分子を分泌する機能をもった細胞や組織．

繊維［fiber］ 植物の組織中の厚壁組織をつくる細胞の一つで，細長い形態のもの．

遷移［succession］ 生物群集を構成する生物種が時間とともに，別のものに置き換わっていくこと．気候条件が一定の地域ならば，どのように遷移が起こるか正確に予測できる．（⊿一次遷移，二次遷移）

前がん細胞［precancerous cell］ 良性腫瘍のように，通常みられない異常な細胞．時間とともにますます異常化し，形態が変わり大型化し，本来の機能を果たさなくなる．

前期［prophase］ 体細胞分裂や減数分裂段階の一つで，DNAが凝縮し，光学顕微鏡下で染色体が見えるようになる時期．

染色体［chromosome］ 一つのDNA分子が，タンパク質（ヒストン）と複合体をつくり凝縮してできる構造．体細胞分裂や減数分裂の前期に，染色体は最も凝縮された状態となる．

染色体の独立分配［independent assortment of chromosomes］ 減数分裂時に，父方と母方由来の染色体が，規則性のないランダムな組合わせとなり，配偶子に分配されること．

先体［acrosome］ 精子の頭部先端にある袋状構造．未受精卵を覆う透明帯を分解する酵素などが含まれる．

選択的透過性膜［selectively permeable membrane］ 細胞膜のように，どの物質を透過させるか，選別・制御する性質をもつ膜．

前庭［vestibule］ 内耳の中で重力刺激を感知する機能を担う感覚受容器．耳石（平衡石）と機械受容器をもつ．

前脳［forebrain］ 脳の中で，視床，大脳，視床下部からなる部位．思考や記憶などの高次の脳機能にかかわる．（⊿後脳，中脳）

全能性［totipotent］ 細胞が，あらゆる種類の細胞へと分化できる能力，あるいはその能力をもっていること．（⊿万能性，多能性，単能性）

線毛 ⊿ピリ

繊毛［cilium（*pl.* cilia）］ オールのように水をかく運動をして，水を移動させる，あるいは細胞の移動の役割をもつ毛のような突起構造．多くの真核生物細胞にみられる．（⊿真核生物の鞭毛）

相関［correlation］ 複数の現象間で，互いに関係をもちながら同時に変動することを示す統計学的なパラメータ．相関があることは，因果関係があることを意味しない．

草原［grassland］ 陸上のバイオームの一つ．草本性の植物がおもにみられる．冬季に寒く，夏季に暑い，比較的乾燥した地域にみられる．

早材［early wood］ 木材の中で春から初夏にかけて形成される部分．春材ともいう．早材には，細胞壁が薄く，径の大きな仮道管と道管があり，密度の低い色の木材となる．（⊿晩材）

相似［analogy］ 異種の生物間で似た形質を示す言葉．共通祖先の形質に由来するのではなく，収れん進化の結果似たものとなった場合をいう．（⊿相同）

創始者効果［founder effect］ 大きな集団から少ない個体数のグループが抜け出し，遺伝的瓶首効果の結果，もとの集団とは大きくかけ離れたものに変化すること．

双子葉植物［dicot, dicotyledon］ 被子植物の二つのグループの一つ．種子の中に2枚の子葉があること，網目状の葉脈，環状に配置された維管束組織，主根と細かく分岐した側根の構成が特徴である（例外も多い）．モクレン，タンポポ，バラ，カエデ，ナラなどが，なじみのある例である．（⊿単子葉植物）

増殖因子［growth factor］ 多細胞の動物で，細胞の増殖の開始や維持のための重要な機能を担うシグナル伝達物質．

草食動物［herbivore］ もっぱら植物を摂取し，消化することで栄養を得る一次消費者．（⊿肉食動物，雑食性動物，腐食性動物）

相対的存在量（種の）［relative species abundance］ 生物群集の中で，ある着目する生物種の個体数と他種の全個体数の比率．

相同［homology］ 異種の生物間で似た形質を示す言葉．共通祖先の形質に由来する場合をいう．（⊿相似）

相同染色体［homologous chromosomes］ 二倍体の細胞に存在する同型同大の2本の染色体．同種の遺伝子セットをもち，一つは母方から，他方は父方から引き継いだものである．

挿入［insertion］ 遺伝子DNAの塩基配列の中に，一つまたは複数の塩基配列が追加して組込まれることが原因で起こる突然変異．（⊿欠失，置換）

相利共生［mutualism］ 二つの種の間の相互作用で，互いにプラスの作用を及ぼし合う関係．（⊿片利共生，競争，搾取）

藻類［alga］ 光合成する原生生物をさす名称．運動性の有無は関係しない．（⊿原生動物）

属［genus］ 生物の分類で使用されるグループ名で，リンネ式階層分類体系では，種の上，科の下に位置する．

促進拡散［facilitated diffusion］ 生体膜を介したイオンや分子の輸送のうち，膜タンパク質のはたらきによる，膜を通す受動的な輸送機構．（⊿単純拡散）

側方分裂組織［lateral meristem］ 植物体の側部にある未分化細胞で，増殖し植物体の径方向の成長のもとになる．維管束形成層とコルク形成層の2種類がある．（⊿頂端分裂組織）

組織［tissue］ 多細胞の生物の体の中で，同種の特殊化した細胞の集まりで，共通の役割を分担するもの．

疎水性［hydrophobic］ 塩や分子などの性質で，水分子と相互に混ざりにくいこと．疎水性の分子は，脂質や油には溶けやすいが，水には溶けにくい．（⊿親水性）

粗面小胞体［rough endoplasmic reticulum］ リボソームと結合している小胞体で，タンパク質の合成を行う部分．（⊿滑面小胞体）

存在数［abundance］ 生息域内にいる特定種の総個体数．

第一減数分裂［meiosis I］ 減数分裂の最初の細胞分裂．相同染色体ペアは互いに分かれて異なる娘細胞に分離する．第一減数分裂では，父母の染色体のうち片方の一組だけをもった半数体の娘細胞がつくられる．

体温調節［thermoregulation］ 動物が活動に最適な体温を維持する目的で，体内への熱の出入り（発熱も含む）をコントロールすること．

大気性循環［atmospheric cycle］ 大気中への放出・拡散過程を含んだ栄養素の循環．（⊿堆積性循環）

体腔［coelom］ 中胚葉由来の組織で囲まれた空間．

体細胞［somatic cell］ 多細胞生物で，配偶子あるいは配偶子となる細胞を除いた他のすべての細胞．

体細胞突然変異［somatic mutation］ 生殖細胞以外で起こる突然変異．子孫へ伝わることはない突然変異である．

体細胞分裂［mitosis, mitotic division］ 真核生物のもとの細胞（母細胞）から，遺伝的に同一の二つの細胞（娘細胞）ができること．体細胞分裂は，核分裂と細胞質分裂に分けられる．

用 語 解 説

胎児 [fetus] 動物の個体発生のより進んだ段階で，おもな器官や組織の大半が，新生児とほぼ同一と見なせる状態のもの．(⇔胚)

代謝 [metabolism] 細胞内で起こる酵素による化学反応．物質の取込みや蓄積，エネルギーの消費なども含む．

代謝経路 [metabolic pathway] 細胞内で起こる酵素による一連の化学反応経路．それぞれの化学反応の生成物が，次の反応の基質となる．

代謝熱 [metabolic heat] 細胞呼吸などの代謝反応の副産物として発生する熱．

体循環 [systemic circuit] 血液循環系の中で，心臓から各組織へ，各組織から心臓へ循環する部分．(⇔肺循環)

対照群 [control group] 科学的な実験で，他の条件はまったく同じで，調査対象となる試薬や実験条件などの要素だけを取除いて用いる実験群．

対照実験 [controlled experiment] ある従属変数を実験的に調べるときに行う，二つのグループを使う手法．一つのグループ（実験群）では，独立変数を系統立てて変えながら調べる．もう一つのグループ（対照群）では，その独立変数を変えず，また他の条件はすべて実験群と同一にして調べる．

大進化 [macroevolution] 一部のグループが突出して増える適応放散，あるいは大きなグループがいなくなる大量絶滅などが起こり，分類学上で主要な位置を占めるグループが出現したり，失われたりすること．地球の歴史上，大きな進化上の変動が，何度か起こっている．(⇔小進化)

体性神経 [somatic nerve] 随意的な神経活動を行う神経系．(⇔自律神経)

堆積性循環 [sedimentary cycle] 大気中への放出・拡散過程を含まない栄養素の循環．(⇔大気性循環)

大腸 [large intestine] ⇔結腸

多遺伝子性 [polygenic] 複数の遺伝子の作用によって表現型が決まること，あるいはその表現型．

第二減数分裂 [meiosis II] 減数分裂で2番目に起こる細胞分裂．姉妹染色分体が異なる娘細胞に分けられる．第二減数分裂は，半数体の細胞で起こる点以外は，本質的に通常の体細胞分裂と同じである．

大脳 [cerebrum] 頭蓋直下の脳（前脳）の部分．終脳ともいう．哺乳類で，なかでも霊長類で特に発達する．感覚入力の統合や運動の制御などの場である．ヒトの場合，脳の中で最大の体積を占め，大脳皮質がよく発達している．

大脳皮質 [cerebral cortex] 大脳の中で高度な処理機能を担えるように分化した部分．ヒトの場合，複雑に入り組んだひだ構造を形成し，内部にも複数の細胞層をもち，思考，記憶，学習や言語処理などを担う．

胎盤 [placenta] 哺乳類で成長する胎児が必要とする養分や酸素を母親の血液から，胎児の血液へと送り込み，また胎児の老廃物を母体血に渡す組織．新生児誕生時に排出されるが，それを後産という．

大陸移動 [continental drift] プレートテクトニクスともいう．長い年月をかけて地球の大陸が移動すること．

対立遺伝子 [allele] 同じ遺伝子座にある遺伝子で，野生型から派生したものの総称．対立遺伝子は，それぞれ他のものとは異なったDNA配列をもつ．

対流 [convection] 空気や水などの媒質移動を介して起こる熱の移動．(⇔熱伝導，蒸発，放射(2))

対流セル [convection cell] 大きな規模で発生する大気の循環．温かい湿った空気が上昇し，冷たく乾燥した空気が下降することでひき起こされる．地球上には，熱帯域に二つ，極地域に二つの，合計四つの大規模な安定した対流セルが存在する．温暖域には，小規模で不安定な二つの対流セルがある．

大量絶滅 [mass extinction] 地球上の多くの場所で，多数の生物種がいっせいに絶滅すること．

唾液 [saliva] 口腔内で唾液腺から分泌される液体．炭水化物を分解する酵素を含む．

唾液腺 [salivary gland] 口腔内に唾液を分泌する腺組織．

タクソン [taxon] 分類群ともいう．種や界など，リンネ式階層分類体系で，生物を分類する単位となるグループ．

多細胞生物 [multicellular organism] 個体が複数の細胞で構成される生物．

多地域進化仮説 [multiregional hypothesis] ホモ・エレクトゥスが，世界中に広がり，そこから解剖学的現生人類が生まれたと考える仮説．この仮説では，全世界規模で，異なるヒトの集団間での遺伝子流動が起こり，単一の種のまま，現代人の特徴が，ほぼ同時にできあがったと考える．(⇔アフリカ起源説)

脱皮 [molting, ecdysis] 脱皮動物（旧口動物の中のグループ）の幼生が，成長の途中で体を覆う外骨格を脱ぎ捨てること．

脱分極 [depolarization] 細胞の細胞膜を介した電位差（膜電位）が，減少する，または消失すること．神経細胞では，脱分極が大きくなると，それが引き金になって活動電位発生（興奮）が発生する．(⇔分極)

多糖 [polysaccharide] 単糖が共有結合で連結してできたポリマー．デンプンやセルロースなど．(⇔単糖，二糖)

多年生植物 [perennial] 3年以上生きる植物．(⇔二年生植物，一年生植物)

多能性 [multipotent] 細胞の分化できる能力，または細胞がその能力をもっていることで，それらが限られた種類の細胞へと分化できる場合をいう．(⇔万能性，全能性，単能性)

多倍数性 [polyploidy] 3組以上の相同染色体のセット（通常は$2n$の2セット）をもっていること，あるいは，それをもつ細胞や個体．多倍数性の個体群ができると，地理的な隔離なしで急速に新種へと進化できる．(⇔半数体，二倍体)

ターミネーター [terminator] 転写終了点となるDNA塩基配列．この位置にRNAポリメラーゼが到達すると転写を終え，合成したmRNAがDNA相補鎖から切り離される．

多面発現性 [pleiotropy] 一つの遺伝子が，他のさまざまな遺伝子の発現型に影響を及ぼすこと．

多様性 [diversity] 生態系の生物群集の生物種構成を示す指標．生物群集中の種数，およびそれらの種の存在比率の二つの指標が重要である．

多量栄養素 [macronutrient] 栄養素のうち生物が比較的多量に必要とする元素．(⇔微量栄養素)

単眼 [simple eye] 像を結ぶのではなく，明暗の違いだけを感知する眼．(⇔複眼)

単孔類 [monotreme] 胎盤がなく，産卵するのが特徴の哺乳類のグループ．カモノハシ，ハリモグラだけが現存する単孔類の動物である．(⇔真獣類，有袋類)

炭酸固定 [carbon dioxide fixation] 二酸化炭素を有機分子の中へと取込む過程．植物の葉緑体内で起こる炭酸固定の結果，糖類が産生する．

担子菌類 [basidiomycetes] 一般にキノコとよばれるグループ．菌界を大きく三つに分類した一つ．(⇔子嚢菌類，接合菌類)

胆汁 [bile] 肝臓でつくられる脂質結合性の物質．界面活性作用があり，小腸内で油滴などを分散させる役割がある．

単純拡散 [simple diffusion] 生体膜を介したイオンや分子の輸送のうち，膜タンパク質なしでも起こる膜を通る受動的な移動．(⇔促通拡散)

単子葉植物 [monocot, monocotyledon] 被子植物の二つのグループの一つ．種子の中に子葉が1枚あること，平行な葉脈，分散型配置の維管束組織，房状のひげ根が特徴である（例外も多い）．イネ，トウモロコシ，ユリ，ヤシ，バナナなどが，なじみのある例である．(⇔双子葉植物)

炭水化物 [carbohydrate] 糖類やそれがポリマーになった多糖類などの総称．分子内では，-CHOH- のように各炭素原子が，2個の水素，1個の酸素原子と共有結合をつくる．(⇔糖)

炭素循環 [carbon cycle] 生物群集内，生物間，生物と周囲の物理環境との間，無生物的な環境内のすべての炭素元素の移動．

単糖 [monosaccharide] 単一の糖分子で，他の糖分子と結合して，二糖類や多糖類などの大きな分子をつくるのに使われる．グルコースが，生物で最も多く使われている単糖である．(⇔多糖，二糖)

胆嚢 [gallbladder] 肝臓でつくられた胆汁が，小腸に分泌される前に一時的に蓄えられる小型の袋状の構造．

単能性 [unipotent] 細胞が同じ種類の細胞へと分化すること，あるいはその能力をもっていること．(⇔多能性，万能性，全能性)

タンパク質 [protein] アミノ酸が決まった

順序で連結してつくられるポリマー．複雑な三次元構造をつくり，機能するものが多い．

地衣類［lichen］ 光合成微生物（藻類，シアノバクテリア，原生生物など）と，菌類（菌界）の間の相利共生体．

置換［substitution］ 遺伝子の DNA 塩基配列中の一塩基が他の塩基に置き換わることで生じる突然変異．

地球温暖化［global warming］ 全地球規模の気温の上昇．二酸化炭素などの温室効果ガスが大気圏へ大量に放出されるなど，人間活動によって，現在，地球は世界的な気温上昇の時期にあるとみられている．

地球規模の変化［global change］ 環境が全地球規模で変化すること．大陸の移動や，人による陸圏・水圏の変容など，地球規模の変化の原因にはさまざまなものがある．

父方相同染色体［paternal homologue］ 相同染色体ペアの片方で，父方の配偶子（精子など）に由来するもの．（⇔ 母方相同染色体）

膣［vagina］ 動物の雌体内の生殖器官で，雄が陰茎を使って精子を放精する場所．

窒素固定［nitrogen fixation］ 大気中の窒素分子を，植物が栄養素として利用できるアンモニウムイオン（NH_4^+）などに変えること．自然環境下では，窒素固定細菌や雷の放電によって，また，人工的には肥料製造工程で，窒素固定が行われている．

緻密骨［compact bone］ 脊椎動物の骨の，外層にあり密度が高く白くて硬質の組織部分．（⇔ 海綿骨）

着床［implantation］ 受精して，発生がある時期まで進行した哺乳類の胚（胚盤胞）が子宮内膜に定着する過程．

チャネルタンパク質［channel protein］ 膜チャネルともよばれる．膜タンパク質の一つで，細胞膜に小孔をつくり，イオンや分子を通す役割をもつもの．

チャパラル［chaparral］ 陸上のバイオームの一つ．雨の多い冬季，乾燥した暑い夏季の気候に合う低灌木や草本類の植物が特徴である．

中間径フィラメント［intermediate filament］ 細胞骨格となる繊維状構造のうち，アクチンフィラメントと微小管の中間的な太さをもつ繊維構造で，細胞の機械的な支持構造となる．（⇔ アクチンフィラメント，微小管）

中期［metaphase］ 体細胞分裂や減数分裂段階の一つ．核膜が消失してから，染色体が分裂面（赤道面）に並ぶまでの時期．

中耳［middle ear］ 脊椎動物の耳の内部構造の一つ．3種の小さな骨（耳小骨）を使って，鼓膜で受取った振動を内耳へと伝える機能をもつ．（⇔ 内耳，外耳）

中軸骨格［axial skeleton］ 頭蓋，脊椎骨，肋骨の総称．（⇔ 付属肢骨格）

中心窩［fovea］ 網膜上で光受容細胞が最も密に集まり，鮮明な像を認識できる場所．

中心体［centrosome］ 細胞骨格の構造の一つで，微小管のネットワーク構造，細胞分裂時の紡錘体や二つの極構造（星状体）をつくるときの中心部分に相当する．

中枢神経系［central nervous system, CNS］ 神経細胞間の情報交換，情報統合の役割を担っている神経系．脊椎動物では，脳と脊髄が，中枢神経系となる．（⇔ 末梢神経系）

中性子［neutron］ 原子の核内に含まれる粒子で，電荷をもたないもの．（⇔ 電子，陽子）

中脳［midbrain］ 脳の，筋の緊張を維持したり，感覚情報をより高次の脳部分へと転送する機能などをもつ部分．眼の運動や視覚情報や聴覚情報の処理に特に重要な機能をもつ．（⇔ 前脳，後脳）

中胚葉［mesoderm］ 動物の個体発生の原腸胚期に，外胚葉と内胚葉の間に形成される細胞層．筋組織，結合組織，腎臓などへ分化する部分．

チューブリン［tubulin］ 微小管の構成単位となるタンパク質．

頂芽優性［apical dominance］ 頂端分裂組織による側芽の成長抑制．

潮間帯［intertidal zone］ 海と陸との間，二つが接する海岸領域で，潮の最高位（満潮線）と最低位（干潮線）の間の地帯．

調節タンパク質［regulatory protein］ 転写因子ともよばれる．遺伝子の発現のオン・オフにかかわるタンパク質．調節タンパク質が，調節 DNA 配列に結合することで，遺伝子の発現がコントロールされる．

調節 DNA［regulatory DNA］ 遺伝子の発現量を増減させる，あるいは発現のスイッチをオン・オフするようなはたらきをする DNA 配列．調節 DNA 配列に，調節タンパク質が結合することで，発現がコントロールされる．

頂端分裂組織［apical meristem］ 植物体の茎頂や根端にある未分化細胞からなる組織．分裂して常に新しい未分化細胞を維持しながら，そこから新しい茎や根の組織に分化する細胞を生み出す．（⇔ 側方分裂組織）

重複 ⇔ 重複（じゅうふく）

張力（植物の道管における）［tension］ 維管束植物の道管において，蒸散と表面張力で水を吸い上げる力．植物体全体で道管中のすべての水分子が一つにつながっていて，表面張力は，無数にある葉の気孔での空気‐水間の界面で発生している．

直立二足歩行［bipedal］ 2本の後脚で直立して歩くこと．

チラコイド［thylakoid］ 葉緑体内では，互いにつながった平坦な袋状構造が積み重なってグラナとよばれる構造をつくっている．この袋状構造の部分をチラコイドという．

地理的隔離［geographic isolation］ 山や河川などの障害物によって，二つの生物集団が物理的に隔てられること．生物種が物理的に二つに隔離され，互いに交配できないほど遺伝的な差異が蓄積すると，新種が生まれることが多い．（⇔ 生殖隔離）

追加接種［booster shot］ 抗体量と記憶B細胞を増やし，特定の抗原に対する免疫力を維持するために，抗原の接種を一定期間繰返すこと．

痛覚受容器［pain receptor］ 傷害や異常な高温，低温に応答して活動電位を発生する感覚受容器．（⇔ 感覚受容器）

ツンドラ［tundra］ 陸上のバイオームの一つ．厳しい冬季に耐えられるスゲやヒースなどの草や低木の顕花植物，コケや地衣類がみられる．大木となる樹木がほとんどない．

DNA［deoxyribonucleic acid］ デオキシリボ核酸．2本のヌクレオチドポリマーが，らせん状に巻き付いた構造をしていて，タンパク質の合成にかかわった遺伝的な情報を担う高分子．DNA の各ヌクレオチドは，デオキシリボース（糖），リン酸，およびアデニン，シトシン，グアニン，チミンのいずれかの塩基で構成される．（⇔ RNA）

DNA クローニング［DNA cloning］ 遺伝子クローニングと同義．組換え DNA を細胞（一般に細菌が使われる）に入れ，その DNA を，導入した細胞内およびその増殖後の子孫細胞内で多数複製させること．

DNA 修復［DNA repair］ DNA の損傷を修復する仕組み．三つの過程に分けることができる．まず損傷部分を検出し，つぎにその箇所を取除き，最後に DNA を新しく合成して修復する．

DNA テクノロジー［DNA technology］ DNA 分子を操作するときに用いる種々の科学技術や手法．

DNA ハイブリダイゼーション［DNA hybridization］ 2種類の DNA の間で，相補的な塩基配列の結合（ハイブリッド形成）を作成させる実験操作．

DNA フィンガープリント法［DNA fingerprinting］ 個体の同定や個体間の関係を調べるのに使われる DNA 分析方法．

DNA 複製［DNA replication］ 同じ配列の DNA 分子をコピーして作成すること．まずはじめに2本の DNA 鎖の間の水素結合を引き離し，それぞれの DNA 鎖が巻戻されながら，二つに分かれる．つぎに，それぞれの DNA 鎖を鋳型にして，新しい DNA 分子を合成する．

DNA プライマー［DNA primer］ PCR で DNA の増幅・複製の目的で使う短い配列の DNA．増幅・複製する遺伝子の一端と相補的に結合する配列のものが使われる．

DNA プローブ［DNA probe］ 放射性同位体や蛍光色素で標識した DNA 分子．数十～数百塩基の短いものが一般に使われ，検査対象の DNA 試料とハイブリッドを形成させて，結合の強さから，類似の塩基配列をもつかどうかを調べることができる．

DNA ポリメラーゼ［DNA polymerase］ 細胞が DNA を複製するときに使う酵素．遺伝子工学では，PCR によって遺伝子や他の DNA 分子の複製を多数つくるときに使用する．

DNA リガーゼ［DNA ligase］ DNA 断片の間をつなぐ酵素．遺伝子工学では，遺伝子を他種の DNA 分子内へ挿入するときに，リガーゼを用いる．

用語解説

T 細胞 [T cell]　2 種類ある免疫系リンパ細胞の一つ．T 細胞は骨髄に由来し，胸腺内で成熟するリンパ球で，細胞性免疫にかかわる．（⇔ B 細胞，ヘルパー T 細胞，細胞傷害性 T 細胞）

底生帯 [benthic zone]　淡水域や海水域で，湖底・海底などの底面部分．

低張液 [hypotonic solution]　細胞質に比べて低い塩濃度をもつ溶液．細胞外へ出ていく水よりも，多くの水が細胞内へと侵入する．（⇔ 高張液，等張液）

デオキシリボ核酸　⇔ DNA

適　応 [adaptation]　1）生物の個体群が，進化（遺伝子組成の変化など）の結果，生息環境により適したものに変化すること．（⇔ 順応）2）生物の形態的，生化学的，行動的な特性で，その特性のない他の競合する個体より，機能上，生存上，生殖戦略上，有利となること．その特性を適応形質ともいう．

適応形質 [adaptive trait]　⇔ 適応（2）

適応放散 [adaptive radiation]　生物集団が，新しい生態学的な役割を獲得した結果，新種群やさらに大きな分類群を生み出すような進化を遂げること．

適応免疫系 [adaptive immune system]　獲得免疫系ともいう．脊椎動物の病原体に対する体内での反応の一つ．免疫細胞が，特定の病原体に対して特異的に応答し，動員されることでひき起こされる．最初に起こった反応に対して，それを記憶する機構があり，同じ病原体が再度侵入した場合，より正確に，より迅速に対応できる．（⇔ 自然免疫系）

テクノロジー [technology]　科学的な原理や技術をもとにした応用．

テストステロン [testosterone]　アンドロゲンとよばれるステロイドホルモンの一つ．動物の雄の形態や行動を特徴づけるはたらきがある．

デスモソーム [desmosome]　接着斑ともよばれる．動物細胞の間，および細胞と周囲の細胞外マトリックスとの間で結合をつくり，細胞や組織がばらばらになるのを防いでいる構造．（⇔ ギャップ結合，密着結合）

データ [data]　情報．たとえば，どこで，いつ，どの程度といった疑問に対応する情報．

デフェンシン [defensin]　皮膚の上皮細胞や免疫細胞から分泌されるオリゴペプチドで，細菌やウイルスの表面の脂質膜に孔を空けることで破壊する作用をもつ物質．

テロメア [telomere]　染色体の両端にある特別な塩基配列の DNA 部分．その領域に結合し保護する役割のタンパク質がある．

転　移 [metastasis]　がん細胞が別の組織や器官へと移動して広がること．

転移 RNA [transfer RNA, tRNA]　タンパク質の合成の過程で，mRNA の塩基配列で決まるアミノ酸をリボソームに運ぶ役割の RNA 分子．

転　座 [translocation]　染色体異常による突然変異の一つ．染色体の一部が切り離されて，相同染色体ではない別の染色体に結合すること．

電　子 [electron]　原子の中に存在する負の電荷をもった粒子．原子は，それぞれの元素種で決まる数の電子をもつ．（⇔ 陽子，中性子）

電子殻 [electron shell]　原子の核の周辺にある電子の分布する単層，あるいは複数層からなる領域．

電子伝達系 [electron transport system]　電子の受渡しを行う一群の膜タンパク質や酸化還元分子．ミトコンドリアや葉緑体では，電子の受渡しのときに放出されるエネルギーを使って水素イオンが輸送され，膜内外の濃度勾配が生まれる．最終的には，このプロトン勾配を利用して，ATP が合成される．

転　写 [transcription]　遺伝子の DNA を鋳型にして RNA 分子がつくられること．転写は遺伝子の情報からタンパク質がつくられる過程のうち，最初の重要なステップで，タンパク質合成に必須な mRNA，rRNA，tRNA がつくられる．（⇔ 翻訳）

転写因子 [transcription factor]　⇔ 調節タンパク質

点突然変異 [point mutation]　1 個の塩基が変化することによって生じた突然変異．

糖 [sugar]　単純な炭水化物で，一般に $(CH_2O)_n$ の形の分子式で表記できる単糖類や二糖類を糖という．n は単糖類では 3〜7，多くの二糖類で 12 となる．

同位体 [isotope]　陽子の数が同じで，中性子の数，すなわち質量数が通常のものと異なっている元素．

頭　化 [cephalization]　左右相称動物にみられる体制の変化で，捕食行動のための感覚受容器，脳などが，前端部に集中すること．進行方向から情報収集やその情報処理で効率を上げている．

同化作用 [anabolism]　生合成ともよばれる．生物の代謝反応のうち，原子や小さな分子から，大きく複雑な生体分子を合成する過程．（⇔ 異化作用）

道　管 [vessel]　植物の木部にある 2 種類の管構造の一つで，水溶液を運ぶ通路となる場所．道管は仮道管に比較するとより太く，細長い細胞の両端の隔壁がない．（⇔ 仮道管）

統計学 [statistics]　データの信頼性を推計する確率を議論する数学の分野．

凍結手術 [cryosurgery]　極低温処理で，不要な細胞を局所的に破壊して除去する手術．子宮頸部のがん細胞を取除くときなどに用いる．

動原体 [centromere]　細胞分裂期の中期以降にみられる染色体の狭くなった箇所．姉妹染色分体はこの部分で互いに付着している．

瞳　孔 [pupil]　眼の，光の入口の箇所．

同所的種分化 [sympatric speciation]　地理的な隔離なしで，もとの生物集団から分かれて新しい種が生まれること．（⇔ 異所的種分化）

等張液 [isotonic solution]　細胞内の原形質と同じ塩濃度をもつ溶液．細胞外へ出ていく水と，細胞内へと侵入する水は同量で均衡している．（⇔ 高張液，低張液）

糖尿病 [diabetes]　血糖値が標準よりも高い状態が，長時間，あるいは継続的に起こる状態．低血糖以外の何らかの原因で，組織がグルコースを十分に取込めなくなることによって生じる．（⇔ 1 型糖尿病，2 型糖尿病）

動物界 [Animalia]　動物を含む界．多細胞の従属栄養の真核生物で，特殊化した組織，器官，器官系，体制，行動パターンをもつ．

動物プランクトン [zooplankton]　海水，淡水中の水深の浅い領域で浮遊する従属栄養生物，原核生物，原生生物，微小動物類．（⇔ 植物プランクトン）

洞房結節 [sinoatrial node]　SA 結節．ペースメーカーともいう．心臓の信号発生中心．心房を収縮させ，次に房室結節へと信号を伝えることで，心臓全体の収縮リズムを制御する．

動　脈 [artery]　動物の心臓から拍出される血液を，体内の各器官組織に向かって運ぶ血管．（⇔ 静脈）

特異的免疫応答 [specific immune response]　寄生虫や病原体の 2 回目以降の侵入が起こったときに，それらを識別し迅速に応答する免疫防御機構．特定の異物に対しての応答となる．（⇔ 非特異的免疫応答）

毒　素 [toxin]　生体がつくる毒物．分子量の小さいものも大きなものもあり，また，タンパク質でできたものもある．

独立栄養生物 [autotroph]　⇔ 生産者，従属栄養生物

独立の法則 [law of independent]　メンデル遺伝学の二つ目の法則で，配偶子ができるときに，対立遺伝子の分配が他の対立遺伝子の分配とは関係なく別々に起こること．連鎖している遺伝子の間では，独立の法則は成り立たない．

独立変数 [independent variable]　操作変数ともいう．科学的な実験で，実験者が操作して変化させる変数．（⇔ 従属変数）

突然変異 [mutation]　生物のもつ DNA の塩基配列が変化すること．突然変異によって新しい対立遺伝子ができ，その結果，遺伝的な多様性が生まれる．

突然変異原 [mutagen]　化学物質や放射線のエネルギーなど，DNA の配列を変化させるもの．

ドメイン [domain]　超界ともいう．分類学上の"界"の上のグループ分け．細菌，アーキア，真核生物の三つのドメインがある．

トランスポゾン [transposon]　染色体内で，あるいは染色体間で移動する性質をもつ遺伝子．

トリグリセリド [triglyceride]　グリセリン内の三つのすべてのヒドロキシ基が脂肪酸と結合したもの．余ったエネルギーをグリコーゲンではなく，トリグリセリドとして蓄える動物が多い．

トリソミー [trisomy]　二倍体の生物で，通

常の2本の相同染色体（二つのコピー）ではなく3本の染色体をもつこと．

内温動物［endotherm］体温を上昇させるための熱を，外部環境ではなく，代謝熱で生み出す動物．(⇔ 外温動物，恒温動物)

内腔［lumen］細胞小器官の内側で膜に囲まれた空間，あるいは器官の内側にある空洞部分．

内骨格［endoskeleton］動物体内にある骨などの硬い組織で，周りを取囲む柔らかい他の組織を支える構造となっているもの．(⇔ 外骨格)

内耳［inner ear］脊椎動物の耳の内部構造の一つ．中耳で機械的な振動に変換された音の信号を，電気的な膜電位の変化に変換し，そこで生じる活動電位を使って，音を感知する．(⇔ 中耳，外耳)

内毒素［endotoxin］細菌の細胞壁に由来する物質で，ヒトの疾患の原因となる物質．発熱，血液凝固，ショック症状などをひき起こす．(⇔ 外毒素)

内胚葉［endoderm］動物の個体発生のときに生じる細胞層で，原腸胚の内側層を形成し，その後，消化管にかかわる器官系となる部分．(⇔ 外胚葉，中胚葉)

内皮［endodermis］植物の根の中心柱を取囲む基本組織．維管束へ取込む水分やそれに溶解した物質の移動の制御を行う．

内部細胞塊［inner cell mass］哺乳類の初期の胚（胚盤胞）の中にある細胞の集まり．発生が進むと，胚（胎児）およびそれを取囲む膜組織の一部となる．

内分泌撹乱化学物質［endocrine disrupter］ホルモンの機能を妨げ，悪影響を及ぼす作用をもつ物質．繁殖力の低下，発生異常，免疫力の低下，発がん性のものなどがある．

内分泌系［endocrine system］動物の体内で循環してはたらく信号物質であるホルモンを生成し，血中に直接分泌する（導管はない）機能を担う器官系．

内分泌腺［endocrine gland］ホルモンを生成し，直接，血流内へ放出する細胞，組織，器官．

ナチュラルキラー細胞［natural killer cell］NK細胞．細胞表面に抗体となる異物（ウイルス粒子など）の目印がある細胞を破壊する機能を担う白血球．

軟骨［cartilage］動物の体内にある柔軟性のある支持構造．軟骨には，コラーゲンの豊富な細胞外マトリックスを分泌する細胞が含まれる．(⇔ 骨)

軟体動物［mollusc］節足動物の次に最も多様な種のみられる動物のグループで，筋肉質の脚，内蔵塊，外套膜をもつのが特徴である．アサリやホタテなどの二枚貝，イカやタコの頭足類，タニシやアワビなどの腹足類がおもな構成グループである．

二遺伝子雑種［dihybrid］二つの遺伝形質について，ヘテロ接合体となっている個体．(⇔ 一遺伝子雑種)

二価染色体［bivalent］父方，母方由来の二つの相同染色体が並列したもの．第一減数分裂中期でみられる．

2型糖尿病［type 2 diabetes］成人発症型糖尿病ともいう．膵臓でつくるインスリンの量が少ない場合，あるいは，標的細胞がインスリンにうまく応答できない場合などに発症する糖尿病．症状が長引くと，高い濃度の血糖によってしだいに毛細血管が損傷し，血の巡りが悪くなり傷の治癒が遅くなるなどの弊害が現れる．網膜の毛細血管が損傷すると失明する危険性も出てくる．2型糖尿病は，成人になったときの肥満度と相関が高い．(⇔ 1型糖尿病)

肉食動物［carnivore］生きた動物を捕食し，消化することで栄養を得る二次消費者．(⇔ 草食動物，雑食性動物，腐食性動物)

二次構造(タンパク質の)［secondary structure］タンパク質の部分的で三次元的な折りたたみ構造．アミノ酸の配列でほぼ形が決まる．αヘリックス（らせん）構造とβシート構造が，最も一般的な二次構造である．(⇔ 一次構造，三次構造，四次構造)

二次腫瘍［secondary tumor］原発性腫瘍に由来し，異なる離れた箇所に出現する腫瘍．

二次消費者［secondary consumer］一次消費者を食べる生物．(⇔ 一次消費者，三次消費者)

二次生産力［secondary productivity］生態系において，消費者による単位時間・単位面積当たりのバイオマス生産量．(⇔ 純一次生産力)

二次成長［secondary growth］側方分裂組織での細胞分裂により，植物が太さや厚み方向への成長をすること．(⇔ 一次成長)

二次精母細胞［secondary spermatocyte］一次精母細胞が，第一減数分裂を終えてできる半数体娘細胞．二次精母細胞が，第二減数分裂を終えて精細胞となる．(⇔ 二次卵母細胞)

二次遷移［secondary succession］撹乱の後，生物群集が回復するときに起こる生態学的な遷移．農耕地として使われなくなった土地が森林になるときなどに起こる．(⇔ 一次遷移)

二次免疫応答［secondary immune response］異物となる病原体に，2回目以降出会ったときに迅速に起こる，B細胞による急速な免疫防御応答．一次免疫応答のときに生じた記憶細胞による．(⇔ 一次免疫応答)

二重結合［double bond］二つの原子の間で，2組の電子を共有して結合すること．(⇔ 三重結合)

二次卵母細胞［secondary oocyte］一次卵母細胞が，第一減数分裂を終えてできる一個の大型の半数体娘細胞．二次卵母細胞が，第二減数分裂を終えて成熟した卵細胞となる．(⇔ 極体，二次精母細胞)

ニッチ ⇔ 生態的地位

二糖［disaccharide］二つの単糖からつくられている分子．スクロース（ショ糖），ラクトース，マルトースなどがある．(⇔ 多糖，単糖)

二年生植物［biennial plant］発芽から開花，枯死までの一生を二年かけて終える植物．(⇔ 一年生植物，多年生植物)

二倍体［diploid］2組の完全な相同染色体のセット（$2n$）をもっている細胞，または個体．(⇔ 半数体，多倍数性)

二分裂［binary fission］無性生殖の一つ．細胞が二つに細胞分裂して，遺伝的に同一の二つの娘細胞となること．

乳腺［mammary gland］哺乳類にみられる汗腺から派生した腺組織で，新生児のための脂質，タンパク質，塩類，その他の栄養分を豊富に含む母乳を合成して分泌する．

ニューロン［neuron］神経細胞ともいう．電気的な興奮である活動電位を，体内で素早く伝えるための特殊化した動物細胞．

尿［urine］動物の腎臓での濾過液が排出されたもの．

尿細管［renal tubule］脊椎動物のネフロンの管構造部分．尿細管の中の原尿が尿として体外へ排出される前に，必要な水分や塩類をここで再吸収する．

ヌクレオチド［nucleotide］エネルギー担体や核酸（DNAやRNA）を構成する単位となっている有機分子．リン酸，五炭糖，塩基（核酸塩基）からなる．ヌクレオチドが連結してDNAやRNAがつくられる．

熱エネルギー［heat energy, thermal energy］系に含まれる全粒子（原子，分子など）がもつ，ランダムな運動のエネルギー．粒子は互いにぶつかって，エネルギーを絶えず交換している．つまり，エネルギーの一部は，系の中で，物質の間を絶えず行き来している．

熱帯林［tropical forest］陸上のバイオームの一つ．温暖な気候，豊富な降水量と十分な日照時間が特徴で，樹木，つる植物，灌木類の種類も多様である．

熱伝導［conduction］二つの接触した物体間で起こる熱の移動．(⇔ 対流，蒸発，放射(2))

熱容量［heat capacity］一定体積の物質を一定温度上昇させるのに必要となるエネルギー量．

熱力学第一法則［first law of thermodynamics］エネルギー保存則ともよばれる．エネルギーは，形を変えたり，分子間で転送されたりはするが，新しく生まれたり，失われたりすることはなく，総量は一定であるという法則．(⇔ 熱力学第二法則)

熱力学第二法則［second law of thermodynamics］細胞から全宇宙まで，すべての系は，より無秩序な状態に変化する傾向にあること，また，ある系の秩序を保つには，その周辺の環境を，より無秩序にする必要があるという物理法則．(⇔ 熱力学第一法則)

ネフロン［nephron］腎単位．脊椎動物の腎臓の機能単位．血圧によって糸球体で血液から濾過された原尿を，U字型の尿細管に運び，必要な養分や水を再吸収する．

年輪［annual ring］材の中で，植物の一年間の成長部分に相当する層．

脳［brain］動物の頭部に神経細胞が集まり，集約した情報処理を可能にしている部分．

脳下垂体［pituitary gland］脊椎動物の脳に

付随する内分泌器官で，他の内分泌腺からのホルモン分泌を制御するホルモンが分泌される．視床下部とともに，脳下垂体は，神経系と内分泌系の間の連係を支配する重要な箇所である．

脳　幹［brain stem］　脳で，中脳後脳（菱脳）とよばれる部分で，無意識のうちに行われるさまざまな調節にかかわる．

能動免疫［active immunity］　病原体などの特定の抗体に対して抗体などを生産する身体の反応．（⇔受動免疫）

能動輸送［active transport］　生体膜を介したイオンや分子の輸送のうち，エネルギーを必要とするもの．濃度勾配に逆らった輸送を行うことができる．（⇔受動輸送）

能動輸送タンパク質［active carrier protein］　ATP加水分解で生まれるエネルギーを使うことで分子構造を変化させ，生体膜を介したイオンや分子の移動をひき起こす膜タンパク質．特にイオン輸送にかかわるものをポンプともいう．（⇔受動輸送タンパク質）

ノルアドレナリン［noradrenaline］　ノルエピネフリンともいう．副腎髄質から分泌されるホルモンで，動物体にストレスを生じた場合の闘争-逃走反応をアドレナリンとともに制御する物質．

把握反射［grasp reflex］　手の平の中にあるものを強く把握する新生児の反射．

胚［embryo］　動物や植物で，受精後の接合体（受精卵）からできる，器官や器官系を形成しつつある早期の個体発生段階のもの．（⇔胎児）

肺［lung］　陸生の動物がもつ，袋状のガス交換を行う器官．上皮組織が陥入して形成する．

バイオマス［biomass］　単位面積当たりの生物の重量．

バイオーム［biome］　生物圏の中の比較的大きな領域を占め，気象条件と生態学的な特徴をもつ地域．陸上バイオームは植生で，水界バイオームは物理的，化学的な特色で分類される．

バイオレメディエーション［bioremediation］　環境汚染物質を除去する目的で，生物を用いること．

倍加時間［doubling time］　繁殖によって個体数が倍になるのに要する時間．個体群の成長速度を示す指標となる．

配偶子［gamete］　受精のときに，もう片方の性細胞と融合する半数体の生殖細胞．卵や精子などの細胞．

配偶体［gametophyte］　減数分裂で生じた胞子（半数体）が，細胞分裂を繰返してつくる多細胞の植物組織．配偶体の細胞から，精子と卵細胞が分化する．（⇔胞子体）

肺呼吸［breathing］　酸素取入れと，CO_2排泄のために，肺内部に空気を出し入れすること．

肺循環［pulmonary circuit］　血液循環系の中で，心臓から肺へ，肺から心臓へ循環する部分．（⇔体循環）

胚性幹細胞［embryonic stem cell］　動物の胚に由来する全能性の幹細胞．哺乳類では，胞胚期の内部細胞塊の細胞，あるいはそれに由来する培養細胞．（⇔成体幹細胞）

胚　乳［endosperm］　植物の胚の発生，あるいは発芽後の胚の成長のための養分を蓄えた種子内の組織．

胚　嚢［embryo sac］　種子植物の半数体の多細胞からなる雌性配偶体で，卵細胞がつくられる場所．（⇔花粉）

胚盤胞［blastocyst］　内部に空洞のある球状の細胞の集まり．哺乳類の発生過程で，桑実胚になった後でつくられる形態．

肺　胞［alveolus］　哺乳類の肺内の小さな袋状構造．ガス交換を行う場である．

排　卵［ovulation］　卵巣から卵細胞が放出されること．

ハウスキーピング遺伝子［housekeeping gene］　体のほとんどすべての細胞で共通して発現していて，細胞の活動を維持するうえで重要で基本的な役割を果たす遺伝子．

白亜紀絶滅［Cretaceous extinction］　6500万年前に起こった大量絶滅．多くの海産無脊椎動物，陸生植物，恐竜を含む陸生動物が一掃された．

発がん物質［carcinogen］　がん発生の原因となるような物理的な作用，化学試薬および生体由来の物質．

白血球［white blood cell］　動物において病原体に対する内的防御を担当する免疫細胞の総称．

発　酵［fermentation］　解糖系と解糖後反応からなり，解糖系を使ってATPを生成する一連の代謝反応．酸素は必要としない．解糖系でグルコースから生成されるピルビン酸が，他の有機化合物，たとえば，エタノールと二酸化炭素，または，乳酸などに変えられる．

発　生［development］　生物の生活環の中で，一つの細胞から始まり，成長・成熟して，次の子孫を残すまでの，一連の決まった順番で起こる過程．

花［flower］　被子植物あるいは顕花植物として知られる植物グループの特徴となる，特殊化した生殖器構造．

母方相同染色体［maternal homologue］　相同染色体ペアの片方で，母方の配偶子（卵母細胞，卵など）に由来するもの．（⇔父方相同染色体）

パンゲア［Pangaea］　2億5000万年前にあった，現在の大陸をすべて合わせた大きさの超大陸．約2億年前からゆっくりと分断され始め，現在の大陸ができあがった．

晩　材［late wood］　木材の中で，盛夏から初秋にかけて形成される部分．夏材ともいう．晩材には，細胞壁が厚く，径の小さな仮道管と道管があり，密度が高く，暗い色の木材となる．（⇔早材）

反射弓［reflex arc］　脊髄反射ともいう．脊髄内部にできた感覚ニューロンと運動ニューロンの間の接続．単純な感覚刺激入力で，迅速な筋収縮応答ができるようになる．

半数体［haploid］　相同染色体の片方の一組だけをもつ細胞や生物．それぞれの相同染色体のうち，母方あるいは父方由来の片方だけのセットをもつ．（⇔二倍体，多倍数性）

伴性遺伝［sex-linked inheritance］　性染色体上の遺伝子のはたらきで起こる遺伝現象．

パンネットスクエア［Punnett square］　雄・雌のすべての可能な配偶子（卵と精子）を，縦横の端に並べて，交配して生まれる子孫の遺伝子型を予測するのに使う表．

万能性［pluripotent］　細胞の分化できる能力，あるいは，細胞がその能力をもっていること．細胞が，三胚葉へ，さらに，さまざまな種類の成体の体細胞へと分化できる場合をいう．（⇔多能性，全能性，単能性）

反応中心［reaction center］　光合成の光化学反応の中心．光のエネルギーを吸収すると内部の電子が活性化して，電子伝達系に移動する．

反応物［reactant］　化学反応で使われる物質．（⇔生成物）

半保存的複製［semiconservative replication］　DNA複製の様式．新しくできたDNA二重らせんの一方に，古い鋳型となったDNA分子が残る．

pH［pH］　溶液中の水素イオンの濃度を示すスケール．1〜14の間の数値で，pH 7は中性，pH 7未満は酸性，pH 7を超える値はアルカリ性（塩基性）を意味する．

光受容器［photoreceptor］　光の刺激に応答して，活動電位を発生する感覚受容器．（⇔感覚受容）

非極性分子［nonpolar molecule］　構成原子の間で電荷がほぼ均等に分布する分子．非極性分子は水素結合はつくらず，水には溶けにくい．（⇔極性分子）

ひげ根［fibrous root］　太い1本の主根がなく，房状に束になった根の形態．（⇔主根）

非コードDNA［noncoding DNA］　イントロンやスペーサーDNAなど，タンパク質やRNAの配列に直接対応していない領域にあるDNA．

B細胞［B cell］　二つのタイプの免疫系リンパ細胞の一つ．骨髄に由来し，骨髄内で成熟するリンパ球で，抗体産生にかかわる．（⇔T細胞）

PCR　⇔ポリメラーゼ連鎖反応

被子植物類［angiosperms］　顕花（花を咲かせる）植物に相当する．植物の四つの大きなグループの一つ．維管束系，種子，花，果実をもつ．現存する植物の大半を含む．（⇔裸子植物類）

微小管［microtubule］　チューブリン分子が集まってつくるタンパク質でできた管状の構造．微小管は細胞内骨格の一つである．（⇔アクチンフィラメント，中間径フィラメント）

微小繊維［microfilament］　アクチン分子が集まってつくるタンパク質の繊維状構造．微小繊維は細胞内骨格の一つで，細胞が運動するうえで，重要なはたらきをもつ．

被食者［prey］　捕食者が殺して餌とする生き物．

ヒスタミン［histamine］　肥満細胞から放出される生理活性をもつモノアミン．血管を

拡張させ，白血球などが毛細血管壁を通りやすくする．

非生物的［abiotic］ 生態系の中で，生物群集を取囲む生物以外の環境要素，あるいはそれにかかわるものや現象をさす．大気，水，地殻など．（⇌ 生物的）

P世代［P generation］ 遺伝的交雑を行うときの親の世代，つまり，F_1 世代の親．（⇌ F_1 世代，F_2 世代）

ビタミン［vitamin］ 消費者となる生物の種々の代謝反応において，微量であるが必須となる小型の有機化合物．

必須アミノ酸［essential amino acid］ 消費者となる生物が，自分では合成できないアミノ酸．食物からしか獲得できない．

非特異的免疫応答［nonspecific immune response］ 異物と認識した侵入細胞に対して示す殺傷作用．多くの動物にみられる免疫防御機構である．自然免疫は非特異的免疫応答を示す．（⇌ 特異的免疫応答）

ヒト族［hominin］ ヒト科（すべて類人猿およびヒトからなる）の1グループで，ヒトおよび今は滅んでしまったその近縁種からなる．

泌尿器系［urinary system］ 排出器系ともいう．動物の体液の容量や塩濃度を調節するための器官系．余分な水分，塩類，水溶性の毒素，尿素などの老廃物などを排泄する仕組みをもつ．脊椎動物の場合，精巧な沪過装置と再吸収のための細管構造からなる腎臓がその機能を担う．

避妊［contraceptive］ 妊娠を防ぐ，抑える，止めること，およびその手段．

肥満細胞［mast cell］ 白血球の一つで，ヒスタミンを分泌する細胞．血液，上皮組織，結合組織など，さまざまな組織内に分布する．

表現型［phenotype］ 遺伝形質が，特定の形質として個体に現れたもの．たとえば，黒色，茶色，赤色，金色などの髪の毛の色は，ヒトの髪の毛の色を支配する遺伝形質の表現型である．（⇌ 遺伝子型）

病原体［pathogen］ 感染した宿主に発病させ，ときには致死的な害をひき起こす生物やウイルス．

標的細胞［target cell］ シグナル分子を受容し応答する細胞．

表皮系［dermal tissue］ 植物の体表を覆う組織．（⇌ 基本組織系，維管束系）

表皮の毛［dermal hair］ トリコームともいう．植物の葉，茎，果実の表面にある糸状の突起物．桃の実の表面の綿毛など．

表面張力［surface tension］ 水と空気の界面の面積を，最小にしようとする力．表面張力によって，水の表面には張力が発生し，表面が伸び縮みや変形しにくくなり，軽い物体ならば水面で支持できるほどである．

ピリ［pilus］ 線毛ともいう．細菌の細胞表面にある短い微繊維状の突起．

微量栄養素［micronutrient］ 栄養素のうち，生物がごく微量，必要とする元素．（⇌ 多量栄養素）

ピルビン酸［pyruvic acid］ 解糖で生成する3炭素からなる分子．ミトコンドリアで処理されて，ATP合成のために使われる．

瓶首効果［bottleneck effect］ 急激に個体数が減ったために，遺伝的な多様性が減少し，危険性の高い対立遺伝子の頻度が集団内で100％に達すること．

フィードバックループ［feedback loop］ あるプロセスの前段階に立ち戻ってはたらき，全プロセスの最終結果を変えるような制御を行うようなループ回路．フィードバックループによって，全過程をオンにする，ブレーキをかける，促進するといった制御が可能になる．

富栄養化［eutrophication］ 水中の栄養分が多いために，細菌の密度が上昇し，溶存酸素濃度が減少すること．農地肥料を含む排水が原因で起こることがある．

フェロモン［pheromone］ 個体から他個体へと，識別信号，位置情報を伝え，生理的変化や行動をひき起こす作用をもつ化合物．

不完全優性［incomplete dominance］ ヘテロ接合体（遺伝子型が Aa）の個体が，対立遺伝子の2種類のホモ接合体である AA と aa の個体の中間的な表現型を示すこと．（⇌ 共優性）

不規則な個体数変動［irregular fluctuations of population］ 自然状態でみられる個体群成長パターンの一つで，個体数が時間とともに不規則な変動をすること．

複眼［compound eye］ 昆虫類で一般にみられる眼で，それぞれ別のレンズ系と光受容細胞群をもつ個眼が，多数集まって形成される．ハチは複眼を使い，花の色のパターンを識別する．（⇌ 単眼）

複合形質［complex trait］ メンデル型遺伝では単純に予測できない遺伝形質．

副甲状腺［parathyroid gland］ 甲状腺の側面に付着する内分泌腺で，副甲状腺ホルモンを合成し分泌する．

副甲状腺ホルモン［parathyroid hormone, PTH］ 哺乳類の副甲状腺で合成分泌されるホルモン．骨からのカルシウムの放出を促進し，腎臓でのカルシウム再吸収を増加させる．（⇌ カルシトニン）

副腎［adrenal gland］ 腎臓の上に左右一対にある内分泌器官．アドレナリンとノルアドレナリンを分泌する．

副鼻腔［sinus］ 鼻周囲，前頭部，頬にある骨内部の内腔部で，咽頭部につながった空洞部分．

腐食性動物［detritivore］ デトリタス食性動物ともよぶ．生物死骸の残骸など，分解された有機物の残りものを食べる動物．ミミズやヤスデなど．（⇌ 草食動物，肉食動物，雑食性動物）

付属肢骨格［appendicular skeleton］ 四肢，腕，脚，骨盤などの付属肢内の骨格構造．（⇌ 中軸骨格）

付着性［adhesion］ 物質や細胞が，他のものに付着する性質．（⇌ 凝集力）

負の増殖因子［negative growth regulator］ 細胞内外の種々のシグナルや制御タンパク質のうち，分裂を止めることによって細胞増殖を制御するもの．（⇌ 正の増殖因子）

負のフィードバック［negative feedback］ 前の段階を抑制するフィーバック機構により，変化を緩和したり，変動量を抑える仕組み．条件が変わったときに，負のフィードバック機構は，条件をもとの設定値に戻すようにはたらく．（⇌ 正のフィードバック）

不飽和脂肪酸［unsaturated fatty acid］ 炭化水素鎖の中に二重結合（不飽和結合）をもつ脂肪酸．（⇌ 飽和脂肪酸）

プラスミド［plasmid］ 細菌の小型の環状DNA断片．細菌の間の遺伝子のやりとりにかかわる．遺伝子工学では細菌に遺伝子を送り込むベクターとして利用する．

プランクトン［plankton］ 海水，淡水の水深の浅い領域で，浮遊する微生物群．（⇌ 植物プランクトン，動物プランクトン）

フレームシフト［frameshift］ 遺伝子配列の中に，3（コドンに相当）の整数倍ではない数の塩基対が，挿入あるいは欠落したために，遺伝情報の意味が大きく変化すること．そのような遺伝情報から翻訳されるタンパク質のアミノ酸配列は大きく変化するので，タンパク質として機能しないことが多い．

プロゲステロン［progesterone］ 黄体ホルモン作用を示すホルモンのうち最も主要な成分．哺乳類の雌の妊娠状態を維持する役割をもつ．

プロスタグランジン［prostaglandin］ 体温の上昇，炎症時の血管の拡張や血流量上昇の作用など，多様な機能をもつ脂質性の生理活性物質．

プロテオミクス［proteomics］ プロテオーム解析ともいう．遺伝子でコードされたすべてのタンパク質の網羅的な研究．

プロトン勾配［proton gradient］ 脂質膜を介して生じた水素イオン（H^+）の濃度差．

プロモーター［promoter］ 遺伝子の発現のときに，転写のためのRNAポリメラーゼが結合するDNA上の配列．転写段階での遺伝子発現の制御が行われる場所．

糞［feces］ 動物の消化した食物の残りとなる固形の排泄物．おもに未消化物や細菌からなる．

分化［differentiation］ ⇌ 細胞分化

分解者［decomposer］ 死骸を消費して，分子量の小さな化合物にまで分解する生物．栄養素を無機的な物理環境へと戻して循環させる役割を担う．

分岐点［node］ 進化系統樹において，あるグループが二つに分岐する点（例：アーキアと真核生物の分岐点など）．

分極［polarization］ 生体膜を挟んで荷電の差があること．細胞の膜は分極していて，外側には細胞質に比べて，より多くの正の電荷が存在する．神経細胞を含め，多くの細胞は分極しており，内側が負の膜電位となっている．（⇌ 脱分極）

分子［molecule］ 二つ以上の原子が共有結合によって結合したもの．

分断選択［disruptive selection］ ある両極端な遺伝形質をもつ2種類の個体が，集団の中間的な特性をもつ個体よりも有利となることでひき起こされる自然選択．たとえば，大型と小型の個体が，中型の個体よりも多くの子孫を残す場合にみられる．（⇔ 方向性選択，安定化選択）

分泌［secretion］ 細胞，器官，生物にみられる細胞外，器官外，体外への能動的な物質輸送現象．

分離の法則［law of segregation］ メンデル遺伝学の一つ目の法則で，減数分裂のときに対立遺伝子のペアが分離し，別々の配偶子に分配されること．

分類学［taxonomy］ 生物を命名し，リンネ式階層分類体系のどのグループにそれが入るべきかを決める生物学の学問分野．

分裂組織［meristem］ 老化の起こらない永久に分裂可能な未分化細胞からなる植物の組織．自身の組織の細胞を補充するとともに，別の組織の細胞へと分化する細胞も生み出す．

平滑筋［smooth muscle］ 消化管や血管の管壁にみられる収縮性の筋細胞．顕微鏡で観察したときに縞模様の横紋が見えず，滑らかに見えることからついた名称．（⇔ 心筋，骨格筋）

閉経［menopause］ 月経周期が，長期間停止すること．ヒトの女性の生殖活動が終了したことの目印となる．

閉鎖循環系［closed circulatory system］ 動物の血液循環系のうち，全身を巡った血液が，そのまま心臓に戻るもの．

ベクター［vector］ DNAを他の細胞（大腸菌など）に導入する目的で用いる環状のDNA分子．"DNAの運び手"となるもので，DNA断片をクローニングしたり，組換えDNAを他の細胞へと移したりするときに便利である．

ヘテロ接合体［heterozygote］ 異なる対立遺伝子を二つもつ個体（たとえば，Aaの遺伝子型の個体）．（⇔ ホモ接合体）

ペプチド結合［peptide bond］ アミノ酸のアミノ基と他のアミノ酸のカルボキシ基との間でつくられる共有結合．アミノ酸がペプチド結合で連結してタンパク質がつくられる．

ヘモグロビン［hemoglobin］ 脊椎動物の血液中にある酸素と結合する性質をもつ色素タンパク質で，ガス交換する肺やえらなどから，体の組織へと酸素を運搬する役割を担うもの．

ヘルパーT細胞［helper T cell］ リンパ球のなかで，細胞傷害性T細胞やB細胞にはたらきかけて刺激する役割を担う細胞．

ペルム紀絶滅［Permian extinction］ 約2億5000万年前に起こった地球史上最大の大量絶滅．95％の種が絶滅したグループもある．

辺縁系［limbic system］ 大脳皮質の直下，前脳中脳の中で，喜怒哀楽や渇きや飢えなどの感情を支配する領域で，海馬や視床下部も含まれる．記憶形成の役割を担う領域でもある．

辺材［sapwood］ 木の幹の周辺部にある，比較的新しい木部．水の輸送機能を担う．（⇔ 心材）

変性（タンパク質の）［denaturation］ タンパク質の立体構造，特に活性部位にかかわる部分の構造が壊れて，機能が失われること．

変態［metamorphosis］ 動物が個体発生する途中で，未成熟な幼生から生殖能力をもつ成体へと，急激に形態や機能が変化すること．

鞭毛［flagellum（pl. flagella）］ 細胞の外に長く飛び出した構造で，くねり運動や回転運動をして細胞を移動させる．（⇔ 原核生物の鞭毛，真核生物の鞭毛）

片利共生［commensalism］ 生物の2種間の関係で，片方が利益を受けるが，もう一方には特に利益にも害にもならないもの．（⇔ 競争，搾取，相利共生）

保因者［genetic carrier］ 疾患にかかわる劣性遺伝子（a）のヘテロ接合体（Aa）の人．劣性の遺伝形質のために発症はしない．

方向性選択［directional selection］ ある極端な遺伝形質をもつ個体が，集団の他の個体より有利となることでひき起こされる自然選択．たとえば大型の個体が，小型・中型の個体よりも，多くの子孫を残す場合にみられる．（⇔ 分断選択，安定化選択）

胞子［spore］ 藻類，菌類，植物でみられる厚い外皮で囲まれ，休眠状態で長期間生存可能な生殖細胞．条件が整うと発芽して新個体となる．

胞子体［sporophyte］ 多細胞の二倍体植物個体．配偶子の受精で生まれた二倍体単細胞から生じた胚が成長してできる．（⇔ 配偶体）

房室結節［atrioventricular node］ AV結節．心筋の中で，洞房結節からの興奮を心室に伝え，心室の収縮をひき起こす部分．

放射［radiation］ 1）光（可視光）や赤外線（熱）など，物体から放出されたり，他の物質によって吸収されたりする性質のエネルギー波．2）光や赤外線を使って熱を交換する手段．（⇔ 熱伝導，対流，蒸発）

放射性同位体［radioisotope］ 不安定な元素で，しだいに分解し，安定な元素になるときに放射線を出す性質をもつもの．

放射線療法［radiation therapy］ がん治療法の一つ．エネルギーの高い放射線を使って，分裂速度の速い細胞だけを殺傷する．

放射相称［radial symmetry］ 生物体の対称性の一つ．体を左右対称に切断できる面（体の中心軸に沿った切断面）が無数にあるような対称性．（⇔ 左右相称）

紡錘体［mitotic spindle］ ラグビーボールのような形（紡錘形）をした微小管でつくられる構造で，細胞分裂のときに染色体を分けて移動させるはたらきをする．

飽和脂肪酸［saturated fatty acid］ 炭化水素鎖の中に二重結合（不飽和結合）のない脂肪酸．（⇔ 不飽和脂肪酸）

母指対向性［thumb opposability］ 霊長類にみられる手足の特徴で，親指が自由に動き，他の指と向き合うような位置にある状態．

捕食者［predator］ 他の生物を殺して餌にする生物．（⇔ 被食者）

補体［complement］ 血液中に含まれ，傷害を受けた組織に集合する特性をもつタンパク質．マクロファージや好中球を刺激して活性化させる．

北方林［boreal forest］ タイガともよばれる．陸上のバイオームの一つ．乾燥し寒い冬期と穏やかな夏期の気候が特徴である．北方，あるいは高地で成長する針葉樹がおもな植生となる．

骨［bone］ 動物の体を支持する，カルシウム塩が沈着している丈夫な硬質の構造体．（⇔ 軟骨）

ホメオスタシス［homeostasis］ 恒常性．体内，あるいは細胞内で一定の適した状態を維持すること，およびその調節機構．

ホモ接合体［homozygote］ 同じ対立遺伝子をもつ個体（たとえば，AAやaaの遺伝子型の個体）．（⇔ ヘテロ接合体）

ポリペプチド［polypeptide］ アミノ酸が共有結合で直鎖状に連結してできるポリマー．

ポリマー［polymer］ 小さなモノマー分子が連結してできる大きな分子．

ポリメラーゼ連鎖反応［polymerase chain reaction, PCR］ DNAポリメラーゼを使って，目標とする塩基配列のDNA分子を大量につくる方法．

ホルモン［hormone］ 動物の血液や植物の組織中に，ごく少量放出されるシグナル伝達分子で，標的の細胞や組織の機能に影響を与えるもの．

ホルモン療法［hormone therapy］ 体内のがん細胞の増殖を抑制する目的で，体内ホルモン濃度を人工的に変えること．乳がんや前立腺がんなど，ホルモンに依存して増殖するタイプのがんに対して使われる．

翻訳［translation］ mRNAの塩基配列をタンパク質のアミノ酸配列に変換すること．翻訳は，遺伝子の情報からタンパク質がつくられる過程のうち，2番目の重要なステップで，リボソーム上で進行する．（⇔ 転写）

膜間腔［intermembrane space］ 葉緑体やミトコンドリアにおける，内膜と外膜との間の空間．

末梢神経系［peripheral nervous system, PNS］ 中枢神経系へ，あるいは中枢神経から，体の他の部分へ信号を送る神経系．感覚受容器や中枢神経系以外のすべての神経細胞が含まれる．（⇔ 中枢神経系）

マトリックス［matrix］ ミトコンドリアの内膜，クリステの内側にある空間．

ミエリン［myelin］ 神経細胞の軸索に巻きつき，絶縁効果を高める鞘構造の構成脂質．軸索に沿った活動電位の伝導速度を速める効果が大きい．

ミオシンフィラメント［myosin filament］ 筋収縮にかかわる2種の繊維の一つ．ミオシンとよばれる分子からできており，もう一

つの繊維，アクチンフィラメントとミオシンが相互作用することで筋は収縮する．(△アクチンフィラメント)

密着結合 [tight junction] 細胞内側に列をつくって並び，隣の細胞の膜タンパク質との間を連結する構造．細胞間を密に架橋し，その隙間を，イオンや他の物質が通れないほど密着させる．(△デスモソーム，ギャップ結合)

密度依存性 [density-dependent] 生物の密度増加に伴い，個体群の増加を強く抑えるようにはたらく性質，あるいはそのような作用をもつ因子．たとえば，食料の欠乏など．(△密度非依存性)

密度非依存性 [density-independent] 生物の密度には関係なく，個体群の増加を抑えるようにはたらく性質，あるいはそのような作用をもつ因子．たとえば気象条件など．(△密度依存性)

ミトコンドリア [mitochondrion (*pl*. mitochondria)] 真核生物の細胞呼吸を担う細胞小器官．二重の膜で囲まれている．有機酸類を分解し，酸素と電子伝達系を使った好気的な酸化反応，およびATP合成を行う．

ミネラル [mineral] 元素（銅や鉄など）や無機化合物（リン酸やCO_2など）．生体にとっては，微量であるが，必須なミネラルが多い．

無機化合物 [inorganic molecule] 炭素を含まない分子，あるいは，炭素を2個以上含まない分子．例：鉄鉱石，砂，CO_2，水など．(△有機化合物)

無限成長 [indeterminate growth] 必要に応じて，新しい体の部分を増やしながら，死ぬまで成長を継続できる植物の能力．

無性生殖 [asexual reproduction] 繁殖方法の一つで，体細胞から別の新しい個体を生み出すこと．染色体や遺伝子の交換は行われないので，遺伝的に同じ子孫が生まれる．(△有性生殖)

無脊椎動物 [invertebrate] 脊骨（脊椎骨）をもたない，脊索動物以外の動物群．(△脊椎動物)

明反応 [light reaction] 光合成の反応の中で，光のエネルギーを取込み，ATPやNADPHなどの高エネルギー化合物を生成する過程．葉緑体の中のチラコイド膜で起こり，副産物として酸素を生成する．(△カルビン回路)

メタン生成菌 [methanogen] 代謝反応の副産物としてメタンを産生するアーキアの仲間．

メッセンジャーRNA [messenger RNA, mRNA] 翻訳されるタンパク質のアミノ酸配列を決めるRNA.

免疫記憶 [immune memory] 適応免疫において，初めに遭遇した特定の病原体を記憶し，同じ病原体による2回目以降の侵入に対して，迅速に，正確に，免疫系の反応を開始する能力．

免疫系 [immune system] 防御用のタンパク質や細胞（脊椎動物の白血球など）を使い，体内に侵入した病原体を破壊する仕組みを担う動物の器官系．

メンデルの法則 △分離の法則，独立の法則

毛細血管 [capillary] 閉鎖血管系の動物にみられる径の小さな血管で，周辺組織との間で，物質交換する場所．

網膜 [retina] 動物の眼の中にある構造で，光受容器が面状に並び，光を投影して像を結像する場所．

目 [order] 生物の分類で使用されるグループ名で，リンネ式階層分類体系では，"科"の上，"綱"の下に位置する．

木部 [xylem] 維管束植物の管状組織の一つ．さまざまな種類の細胞からなる．通道組織は成熟して死細胞となり，水やそれに溶けた塩類を根から葉へ運搬する役割を担う．(△師部)

モノマー [monomer] 連結されて，より大きな分子複合体であるポリマーをつくるのに使われる単位分子．

モルフォゲン [morphogen] 細胞の分化に影響する化学的な信号伝達物質．その効果は，細胞が体内のどの場所にあるかでも決まる．

門 [phylum] 生物の分類に使用されるグループ名で，リンネ式階層分類体系では，"綱"の上，"界"の下に位置する．

有機化合物 [organic molecule] 水素と共有結合する炭素原子を分子内に少なくとも1個もつ化合物．この現代的な定義の前は，生物由来のものだけを有機物分子とよんでいた．現在，人工的にさまざまな有機化合物が合成できるようになった．(△無機化合物)

湧昇 [upwelling] 海底・湖底・川底の水が，風，波，潮流，水流，あるいは水温変化に伴う対流によってかき混ぜられ，水深の浅い領域へと上昇すること．

優性 [dominant] ヘテロ接合体になったときに，もう一つの遺伝形質（劣性表現型）を抑えて発現されること，あるいは発現される方の形質（優性表現型）．

有性生殖 [sexual reproduction] 二つの生物個体から，遺伝子の組合わせを変えた新しい子が産まれること．(△無性生殖)

有袋類 [marsupial] 母体の外部にあるポケット状の育児嚢の中で新生児を保護し，母乳で育てるのを特徴とする哺乳類のグループ．カンガルー，コアラ，オポッサム（フクロネズミ）など．(△真獣類，単孔類)

誘導シグナル [inductive signal] 胚の細胞へ，その近傍にある別の細胞群や母体から分泌されて伝わる化学的な信号物質で，胚発生における細胞の移動や分化を誘導するもの．

誘導適合モデル [induced fit model] 基質と酵素との間の相互作用を説明するモデル．酵素反応の基質が酵素に結合するとき，酵素に小さな構造変化が起こり，活性部位の形が基質に合うように変化するという考え方．

誘導防衛 [induced defense] 植食性の動物の攻撃によって誘発される植物の防御反応．

輸送小胞 [transport vesicle] 細胞内の異なる区域や細胞小器官の間で，また，細胞の内側と外側の間で，物質を搬送するのに使われる，膜で囲まれた小胞．

輸送タンパク質 [transport protein] 膜を貫通するように生体膜内に分布するタンパク質で，生体膜を介したイオンや分子の出入りの通り道となるもの．

輸卵管 [oviduct] 卵管ともいう．動物の卵巣でつくられた卵細胞が，その後，通過する管状構造．

溶液 [solution] 溶媒と溶質が混ざった状態のもの．

陽子 [proton] 原子核の中にある正の電荷をもつ粒子．すべての原子には，それぞれの元素種によって決まる数の陽子が含まれる．(△電子，中性子)

溶質 [solute] 溶液で，溶媒に溶け込んだ物質．

溶媒 [solvent] 溶液において，溶質を溶かしている液体（一般に，生物の場合，水が溶媒となる）．

羊膜 [amnion] 胚を取囲む胚体外膜．内側にある空間を羊膜腔という．

羊膜腔 [amniotic cavity] 胚盤胞の外層細胞（胚盤葉上層）から外部に伸び出し袋状になった部分（羊膜）の内部空間．発生の後期では，ヒトの胎児は，液体（羊水）で満たされた羊膜腔内部に浮遊している．

羊膜卵 [amniotic egg] 爬虫類以降の動物の卵で，発生中の胚が，体外に広がった層状の膜（羊膜を含む）で包まれ保護されているもの．この膜は，ガス交換のほかに，老廃物を集めて蓄える機能もある．

葉緑体 [chloroplast] 植物や藻類の細胞内にある細胞小器官．光合成を行う場所．

四次構造（タンパク質の） [quaternary structure] 異なるポリペプチド鎖が組合わさってつくる立体的な複合体．四次構造がつくられてはじめて機能できるタンパク質も多い．(△一次構造，二次構造，三次構造)

四次消費者 [quaternary consumer] 三次消費者を餌とする生物．(△一次消費者，二次消費者)

裸子植物類 [gymnosperms] 植物界を大きく四つに分類した一つ．マツやトウヒなどの球果植物が代表的な例である．維管束組織や種子をもつが，果実や花がない．(△被子植物類，コケ植物類)

卵 [egg, ovum] 有性生殖する真核生物の雌個体がつくる，大型で，運動性がなく，半数体の配偶子．(△精子)

卵黄嚢 [yolk sac] 脊椎動物の胚において，卵黄を包み込んだ，あるいは卵黄に付着する袋状の構造．哺乳類の場合，血液細胞や生殖細胞が，卵黄嚢の細胞から生じる．

卵形成 [oogenesis] 動物で受精可能な卵細胞をつくる過程．(△精子形成)

ランビエ絞輪 [node of Ranvier] 脊椎動物の神経細胞で，軸索上で，ミエリン鞘のない部分．活動電位は，ランビエ絞輪の間をジャンプするように伝わるので，伝導速度

を高速化できる．

卵胞刺激ホルモン［follicle-stimulating hormone, FSH］ 脳下垂体前葉でつくられ分泌されるホルモン．黄体形成ホルモンとともに，男性の精子形成，女性の月経周期を制御するはたらきをもつ．

陸圏の変容［land transformation］ 人間の影響で陸上地形が変えられ，その地域の物理的，生物的な特性が変化すること．（⇨ 水圏の変容）

リグニン［lignin］ 植物のセルロース繊維の間を架橋し，強固な網目構造をつくる物質．リグニンは，自然界のものがつくり出す最も丈夫な物質の一つである．

リソソーム［lysosome］ 内腔が酸性で，取込んだ高分子類を分解する酵素を含む細胞小器官．

利他行動［altruism］ 生物の行動で，他の同種個体に利益をもたらすが，その行動をする個体自身には負担や犠牲をもたらす場合をさす．

リプレッサータンパク質［repressor protein］ 遺伝子の発現を抑えるはたらきのタンパク質．

リボ核酸 ⇨ RNA

リボソーム［ribosome］ タンパク質とリボソーム RNA からなる複合体．タンパク質の合成が行われる場となる．細胞質内に分散していたり，小胞体（粗面小胞体）に付着していたりする．

リボソーム RNA［ribosomal RNA, rRNA］ リボソームの重要な構成要素となる RNA 分子．

流動モザイクモデル［fluid mosaic model］ 細胞膜は，脂質分子とタンパク質分子を含んだ流動性の高いリン脂質二重層で構成されているという考え方．脂質やタンパク質は，膜の面内を横方向へ移動できる．

良性腫瘍［benign tumor］ 局所的な腫瘍細胞の増殖でできる細胞塊．体の他の組織に広がることがないために，比較的弊害は少ない．

リリーサー［releaser］ 動物の行動において，決まり切った行動パターンをひき起こすきっかけとなる単純な刺激．

リン酸基［phosphate］ リンと4個の酸素からなる官能基．

リン脂質［phospholipid］ グリセリンとリン酸からなる親水的な頭部と，2個の脂肪酸からなる疎水的な尾部をもつ脂質分子．リン脂質は，すべての生物の細胞膜の主要な構成要素となっている．

リン脂質二重層［phospholipid bilayer］ リン脂質が集まってつくられる2層構造で，疎水的な尾部を内部に，両側を親水的な頭部がサンドイッチのように挟んでいる．脂質二重層は，すべての生物の細胞膜に共通する基本構造である．

輪状種［ring species］ 山岳など地理的隔離があり，そこから始まり，輪状に分布し，またもとの隔離場所で終わるようなパターンで分布する生物種．輪の端となる箇所では，個体群は互いに接触する機会はあったとしても，交配はできない．

リンネ式階層分類体系［Linnaean hierarchy］ 生物の系統別に分けたり，種名を決めたりするときに，生物学者が用いる分類方法．大きなものから，最も小さな分類群まで，界，門，綱，目，科，属，種の7段階に分けられている．

リンパ管［lymphatic duct］ 血液から組織へと浸み出した間質液（組織液）を回収し循環させるために体の細部にまで分布する管．

リンパ球［lymphocyte］ 抗原に特異的に結合する分子を利用して，さまざまな方法で病原体を破壊する防御機構にかかわる白血球．

リンパ系［lymphatic system］ 間質液（組織液）を回収して，血液循環系に戻す役割を担うリンパ管ネットワーク．

リンパ節［lymph node］ リンパ管に沿って存在する袋状の組織で，白血球を多数含み，病原体などの異物を捕捉する役割をもつ．

ルビスコ［RuBisCo］ 光合成の炭素固定で，最初の二酸化炭素との反応に使われる酵素．

霊長目［primate］ 哺乳類綱に属する目．現存種には，キツネザル，メガネザル，サル，ヒトや類人猿などがいる．柔軟な肩や肘の関節，母指対向性，両眼視できる眼，体のサイズに比べて大きな脳が，共通する特徴である．

劣 性［recessive］ ヘテロ接合体で，優性対立遺伝子とペアを組むと，表現型に影響を及ぼさなくなる対立遺伝子．

レンズ［lens］ 眼の中で，光受容細胞へ，光を集めて投影させる構造．

レンズ眼［lens eye］ レンズによって網膜上に外部の像を投影する仕組みをもつ眼．

沪 過［filtration］ 半透膜などの沪過システムを通過させることで，液体の中から，ある特定の物質を取除くこと．

ロジスティック増殖［logistic growth］ 個体群の増加曲線の一つ．はじめ，指数関数的に増加するが，やがて，生息環境の許容量で決まるある最大数で安定化する曲線となる．増加曲線はS字型を示す．（⇨ 指数関数的増殖）

沪出液［filtrate］ 沪過システムを通過して得られる液体．脊椎動物の腎臓のネフロン管の中の原尿のように，沪過膜を通過して，その反対側に現れてくるもの．

ワクチン［vaccine］ 病原体を殺したもの，あるいは弱毒処理したもの．動物に接種することで免疫系を刺激し，同じ病原体に対して感染を防止する効果がある．

出　　典

写真出典

第 1 章　p. 2: Zuma Press/Newscom; 1.1: Adrian Weinbrecht/Getty Images; 1.3: (a, 左) Photo by the NC Division of Marine Fisheries; 1.3 (a, 右): Juvenile Atlantic Menhaden, Pamlico Estuary, NC; photo by H. Glasgow; 1.3 (b): Dennis Kunkel/Visuals Unlimited/amanaimages; 1.6 (a): Robert Thom, (Grand Rapids, MI, 1915-1979, Micigan). *Semmelweis—Defender of Motherhood*. Oil on canvas. Collection of the University of Michigan Health System, Gift of Pfizer Inc. UMHS.26; 1.6 (b): Getty Images; 1.8 (a): Eastcott/Corbis/amanaimages; 1.8 (b): F. Stuart Westmorland/Photo Researchers/amanaimages; 1.9: Danita Delimont/Alamy; 表 1.1: Bob Smith/National Geographic/Getty Images; p. 13 (Darwin): Library Dept., American Museum of Natural History の好意による; p. 13 (Wallace): Hulton Archive/Getty Images.

第 2 章　p. 19: Stephanie Schuller/Photo Researchers/amanaimages; 2.1 (a): Birgitte Wilms/Getty Images; 2.1 (b): Robert Ziemba/AgeFotostock; 2.1 (c): Satish Arikkath/Alamy; 2.1 (d): John D. Cunningham/Visuals Unlimited/amanaimages; 2.1 (e): Richard Kirby/Getty Images; 2.1 (f): WoodyStock/Alamy; 2.1 (g): John Cancalosi/Photolibrary/Getty Images; 2.1 (h): Visuals Unlimited/Kjell Sandved/Getty Images; 2.1 (i): David Hosking/Fran Lane Picture Agency/Corbis/amanaimages; 2.1 (j): Frans Lanting/Corbis; p. 21 (ストロマトライト): Robin Smith/Photolibrary/Getty Images; 2.5 (Linné): Bettmann/Corbis/amanaimages; 2.5 (本): Title Page of the 10 th edition of *Systema naturæ* written by Carl Linnæus, published in 1758 by L. Salvius in Stockholm. Digitized in 2004 from an original copy of the 1758 edition held by Göttingen State and University; 2.6 (a): Dr. Dennis Kunkel/Visuals Unlimited/amanaimages; 2.8 (p. 26, マイコプラズマ): PHOTOTAKE Inc./Alamy; 2.8 (p. 26, *Epulopiscium fishelsoni*) Esther Angert, Department of Microbiology, Cornell University の好意による; 2.8 (p. 26, 細菌): Scimat/Photo Researchers/amanaimages; 2.8 (p. 26, 好冷菌): Photo by S. Montross; 2.8 (p. 26, 好熱菌): NOAA; 2.8 (p. 26, 好塩菌): Aerial Archives/Alamy; 2.8 (p. 27, 好酸好酸菌): Karl Weatherly/Photolibrary/Getty Images; 2.8 (p. 27, シアノバクテリア): Dr. Robert Calentine/Visuals Unlimited/amanaimages; 2.8 (p. 27, 鉱内の細菌) Tommy J. Phleps の好意による; 2.8 (p. 27, 汚水処理場) Jupiterimages/Getty Images; 2.8 (p. 27, 根粒菌): Nigel Cattlin/Alamy; 2.8 (p. 27, 菌): Rob Byron/Shutterstock.com; 2.10: Jerome Wexler/Photo Researchers/amanaimages; 2.11: Krafft/Hoa-qui/Photo Researchers; p. 30 (コラム): Illinois River Biological Station/the Detroit free Press/AP/アフロ; 2.12: Accent Alaska.com/Alamy; 2.14 (らせん型): Omikron/Photo Researchers/amanaimages; 2.14 (正二十面体型) Dr. Hans Gelderblom/Visuals Unlimited/amanaimages; 2.14 (複雑型) Dr. Harold Fisher/Visuals Unlimited/amanaimages.

第 3 章　p. 38: Frans Lanting/Corbis; 3.1: John Cancalosi/Photolibrary/Getty Images; 3.2: Dennis Kunkel/Visuals Unlimited/amanaimages; 3.3: Wim van Egmond/Visuals Unlimited/amanaimages; 3.5: © Matthew Meier www.matthewmeierphoto.com All Rights Reserved; p. 41 (コラム): WILDLIFE GmbH/Alamy; 3.7: Composite micrograph of developmental stages in the life cycle of D. discoideum. Copyright; M.J. Grimson & R.L. Blanton, Biological Sciences Electron Microscopy Laboratory, Texas Tech University; p. 43 (珪藻): Robert Berdan/Science and Art Multimedia; p. 43 (ドーバー): Photo by Remi Jouan. November 2006 http://en.wikipedia.org/wiki/GNU_Free_Documentation_License; p. 43 (ハプト藻): Steve Gschmeissner/Photo Researchers; 3.8 (p. 44, 褐虫藻): Dr Anya Salih, Confocal Bio-Imaging Facility, University Western Sydney; 3.8 (p. 44, カヤック): © Frank Borges LLosa/frankly.com; 3.8 (p. 44, 夜光虫): Manfred Kage/Photolibrary/Getty Images; 3.8 (p. 44, ランブル鞭虫類): Jerome Paulin/Visuals Unlimited/amanaimages; 3.8 (p. 45, 有孔虫): Peter Parks/Image Quest 3-D; 3.8 (p. 45, 紅藻類): Wim van Egmond/Visuals Unlimited/amanaimages; 3.8 (p. 45, ツリガネムシ): Antonio Guillén (Proyecto Agua), Spain の好意による; 3.8 (p. 45, チリモ): Wim van Egmond/Visuals Unlimited/amanaimages; 3.8 (p. 45, 繊毛虫): M. I. Walker/Photo Reseseachers/amanaimages; 3.8 (p. 45, ススホコリ): R. Al Simpson/Visuals Unlimited/Getty Images/amanaimages; 3.9 (a): Photo by Miriam Godfrey, National Institute of Water & Atmospheric Research Ltd. の好意による; 3.9 (b): David Phillips/Visuals Unlimited/Getty Images/amanaimages; p. 48 (ゼニゴケ): Bob Gibbons/Alamy; 3.14: Ethan Daniels/Alamy; 3.15 (オオニバス): China Photos/Getty Images; 3.15 (*Wolffia arrhiza*): Photo by Christian Fischer, September 2, 2008. Wikipedia http://creativecommons.org/licenses/by-sa/3.0/deed.en; 3.15 (バオバブの木): John Warburton-Lee Photography/Alamy; 3.15 (セコイア): Rob Blakers/WWI/Photolibrary/Getty Images; 3.15 (ラフレシア): Compost/Visage/Peter Arnold, Inc./Getty Images; 3.15 (ラン): E. Kajan/AgeFotostock; 3.15 (ランの種子): © Wayne P. Armstrong; 3.15 (ショクダイオオコンニャク): DAN SUZIO/Photo Researchers/Getty Images; 3.18: Michael & Patricia Fogden/Minden Pictures/amanaimages; 3.19 (*Arthrobotrys*): George L. Barron の好意による; 3.19 (オオワライタケ): Michael P. Gadomski/Photo Researchers/amanaimages; 3.19 (光る菌類): Ben Nottidge/Alamy; 3.19 (タマゴテングダケ): George McCarthy/Corbis/amanaimages; 3.19 (シバフダケ): Wally Eberhart/Getty Images; 3.19 (ミズタマカビ): Carolina Biological Supply Co./Visuals Unlimited/amanaimages; 3.19 (スッポンタケ): Sharon Cummings/Dembinsky Photo Associates; 3.20: Ed Ross; p. 54 (地衣類): Stephen Sharnoff; 3.21 (左): Ganesh Tree and Plant Health Care, Sturbridge, MA の好意による; 3.21 (右): Dana Richter/Visuals Unlimited/amanaimages.

第 4 章　p. 59: Mauricio Handler/National Geographic Society/Corbis/amanaimages; 4.1 (a): Ifremer A. Fifis/Census of Marine Life/AP/アフロ; 4.1 (b): Reinhard Dirscheri/Visuals Unlimited/Getty Images/amanaimages; 4.1 (c): David Doubilet; 4.1 (d): Water Frame/Alamy; 4.3: Water Frame/Alamy; p. 65 (フツウカイメン): NOAA; 4.10: M. I. Walker/Photo Researchers/amanaimages; 4.13 (a): Paul Kay/Photolibrary/Getty Images; 4.13 (b): © Sea Pics; 4.13 (c): AP/アフロ; p. 68 (クマムシ): STEVE GSCHMEISSNER/SCIENCE PHOTO LIBRARY/amanaimages; 4.14: Dr. Mae Melvin/CDC Public Health Image Library; 4.15 (a): anawat sudchanham/Shutterstock.com; 4.15 (b): Martin Amm; 4.15 (c): Thomas Shahan/Getty Images; 4.15 (d): John Mitchell/Getty Images; p. 70 (トンボ): Steve Graser/Visuals Unlimited/amanaimages; p. 72 (ヒトデ): F. Stuart Westmorland/National Audubon Society/Photo Researchers; 4.19 (a): Reinhard Dirscheri/Visuals Unlimited/Getty Images; 4.21 (a): blickwinkel/Alamy; 4.21 (b): Denis Scott/Corbis/amanaimages; 4.21 (c), 4.22: Nigel Cattlin/Alamy; 4.21 (d): © Hoberman Collection/ Corbis/amanaimages; p. 74 (化石): Ted Daeschler/Academy of Natural Sciences/VIREO; 4.23: Publiphoto/Photo Researchers/amanaimages; p. 75 (始祖鳥): Juan Carlos

Munoz/Photolibrary/Getty Images; 4.25 (p. 76, マーモセット): Asia Images Group Pte Ltd./Alamy; 4.25 (p. 76, 魚): Carnol, Switzerland and Raffles Museum/AP/アフロ; 4.25 (p. 76, シロナガスクジラ): Denis Scott/Corbis/amanaimages; 4.25 (p. 76, ダイオウイカ): Reuters/Corbis; 4.25 (p. 76, ナマケモノ): Danita Delimont/Alamy; 4.25 (p. 76, キョクアジサシ): Malcolm Schuyl/Alamy; 4.25 (p. 76, カジキ): George Holland/AgeFotostock; 4.25 (p. 77, クマノミ): © iStock.com/Jodi Jacobson; 4.25 (p. 77, ゾウ): National Geographic Image Collection/Alamy; 4.25 (p. 77, オオトカゲ): Travel Elite Images/Alamy; 4.25 (p. 77, カゲロウ): © iStock.com/the_guitar_mann; 4.25 (p. 77, ゾウガメ): © Staffan Widstrand/CORBIS/amanaimages; 4.25 (p. 77, オオジャコガイ): Chuck Savall の好意による; 4.25 (p. 77, コアラ): © iStock.com/markrhiggins; 4.25 (p. 77, ナマズ): Michael Goulding; 4.25 (p. 77, アンコウ): Doug Perrine/Photolibrary/Getty Images; 4.26 (a): DEA Picture Library/Getty Images; 4.26 (b): John W. Banagan/Getty Images; 4.26 (c): Steve Bloom Images/Alamy.

第5章 p. 84: Susan Watts/New York Daily News; 5.1: Terrance Klassen/Age Fotostock; 5.3: CNRI/Science Photo Library/amanaimages, 5.7: Charles Falco/Photo Researchers/amanaimages; 5.9: Douglas Steakley Photography; 5.10: Nill/Age Fotostock; 5.14 (女性): Foodfolio/AgeFotostock; 5.14 (a): Biophoto Associates/Photo Researchers/amanaimages; 5.14 (b): Gary Gaugler/Visuals Unlimited/amanaimages; 5.14 (c): MedImage/Photo Researchers/amanaimages; 5.19 (b): Patrick McDonough/Vala Sciences の好意による; 5.21: Maslowski Wildlife Productions; 5.23: Skyler Wilder; p. 108 (ハンバーガー, コーヒーフロート): © foodandmore/123RF.COM; p. 108 (氷穴釣り): Bryan & Cherry Alexander/SeaPics.com.

第6章 p. 110: Matteo Bonazzi, Edith Gouin, and Pascale Cossart/Unité des interactions Bactéries-Cellules Institut Pasteur の好意による; 6.1 (a): Eye of Science/Photo Researchers/amanaimages; 6.1 (b): Eric V. Grave/Photo Researchers/amanaimages; 6.1 (c): Wim van Egmond/Visuals Unlimited/amanaimages; 6.1 (d): Biophoto Associates/Photo Researchers/amanaimages; 6.1 (e): Scientifica/Visuals Unlimited/amanaimages; 6.1 (f): Richard Kessel/Visuals Unlimited/amanaimages; 6.2 (a): Dr. Cecil H. Fox/Photo Researchers/amanaimages; 6.2 (b): http://en.wikipedia.org/wiki/Public_domain; p. 112 (a): Bon Appetit/Alamy; p. 112 (b): Kondrad Wothe/AgeFotostock; p. 112 (c): Dr. Tony Brain & David Parker/Photo Researchers; 6.3 (a): Dr. John D. Cunningham/Visuals Unlimited; 6.3 (b): SPL/Photo Researchers; 6.3 (c): Dr. Dennis Kunkel/Visuals Unlimited/amanaimages; 6.6: Dr. Ichiro Nishii, Department of Biological Sciences, Nara Women's University, Nara, Japan の好意による; p. 115 (アメーバ): Wim van Egmond/Visuals Unlimited/amanaimages; p. 117 (コラム): Universal/The Kobal Collection; 6.9: D. Spector/Photolibrary/Getty Images; 6.10 (上): Don W. Fawcett/Photo Researchers/amanaimages; 6.10 (下): Dennis Kunkel Microscopy, Inc./Visuals Unlimited/amanaimages; p. 119 (犬): © Lana Langlois/Dreamstime.com; 6.12: Dennis Kunkel Microscopy; 6.13: David M. Philips/Visual Unlimited; 6.14 (左): Biophoto Associates/Science Source/Photo Researchers; 6.14 (右): Bahnmueller/Alimdi.net; 6.15: Bill Longcore/Science Source/Photo Researchers/amanaimages; 6.16: Dr. George Chapman/Visuals Unlimited/amanaimages; 6.17: Torsten Wittmann; 6.18 (a): Thomas Deerinck/Visuals Unlimited/amanaimages; 6.18 (b): © 1995-2010 by Michael W. Davidson and The Florida State University; 6.18 (c): Image by Sui Huang and Donald E. Ingber, Harvard Medical School; 6.19: Louise Cramer; 6.20 (a): © Dennis Kunkel Microscopy/Visuals Unlimited/amanaimages; 6.20 (b): Eye of Science/Photo Researchers/amanaimages; 6.20 (c): Science /Visuals Unlimited/amanaimages; 6.20 (挿入写真): Dr. Gopal Murti/SPL/Science Source/Photo Researchers.

第7章 p. 129: © Dr. Dennis Kunkel/Visuals Unlimited/amanaimages; 7.4: Eric V. Grave/Photo Researchers/amanaimages; 7.5 (左): Susumu Nishinaga/Photo Researchers; 7.5 (中央, 右): David M. Phillips/Photo Researchers/amanaimages; p. 136 (コラム): Bon Appetit/Alamy; 7.10 (d): PHOTOTAKE Inc./Alamy; 7.10 (e): Biology Media/Photo Researchers/amanaimages.

第8章 p. 143: XiXinXing/Getty Images; 8.1: Glenn Bartley/AgeFotostock; 8.6: © iStock.com/m0nkmaster; p. 150 (コラム, 左から): Jianghongy/Dreamstime.com; © Spaxia/Dreamstime.com; The Photo Works; © SpaxiaAlexstar/Dreamstime.com; The Photo Works; © Nytumbleweeds/Dreamstime.com; 8.7 (b): Prof. K. Seddon & Dr. T. Evans, QUB/Photo Researchers.

第9章 p. 157: © Bob Barbour; 9.2, 9.4: Corbis Super RF/Alamy; p. 167 (コラム): Donnelly-Austin Photography; p. 168 (テンサイ): WILDLIFE GmbH/Alamy; 9.11 (ビール): © Igor Klimov/123RF; 9.11 (ランナー): Patrik Giardino/Corbis/amanaimages; p. 170 (ハダカデバネズミ): Frans Lanting Studio/Alamy; p. 173 (ハクジラ): Todd Pusser/Minden Pictures.

第10章 p. 177: Newscom/アフロ; 10.1: Peter Skinner/Photo Researchers; p. 179 (タマネギの根): Carolina Biological Supply Co/Visuals Unlimited/amanaimages; p. 183 (コラム): Dr. Gopal Murti/Getty Images; 10.8: Biophoto Associates/Photo Researchers; 10.9: Photolibrary.com/Getty Images; 10.10: Jennifer Waters/Photo Researchers/amanaimages; 10.11: George von Dassow の好意による.

第11章 p. 196 (HeLa細胞): Dr. Gopal Murti/Visuals Unlimited/amanaimages; p. 196 (女性): New York Public Library/Photo Researchers/amanaimages; 11.1: Courtesy Millipore Corporation の好意による; 11.3: Ron Sachs/CNP/Corbis/amanaimages; 11.6: Sandy Huffaker/Corbis/amanaimages; 11.7: Science Source/Photo Researchers/amanaimages; 11.9: Du Cane Medical Imaging Ltd./Photo Researchers; 11.13: David Scott Smith/Photolibrary/Getty Images; 11.14: Peter Lansdorp/Visuals Unlimited/amanaimages; 表11.5: Neil McAllister/Alamy; p. 210 (コラム): © iStock.com/bernjuer.

第12章 p. 216: Popperfoto/Getty Images; 12.1 (Mendel): The Mendelianum; 12.2: Chabruken/Getty Images; 12.4 (左): © Miuyh/Dreamstime.com; 12.4 (右): Image100/SuperStock; 12.10 (左): Corbis/amanaimages; 12.10 (中央): © Norvia Behling; 12.10 (右): Jennifer Weske-Monroe の好意による; p. 226 (コラム): Zuma Press/Newscom; 12.12: imageBROKER/Alamy; 12.13: Ronald C. Modra/Sports Illustrated/Getty Images; 12.14: NCI/Photo Researchers/amanaimages; 12.15: © Vasiliy Koval/Dreamstime.com; 12.18: Romanov Collection, General Collection, Beinecke Library, Yale University; 12.19: Granger Collection.

第13章 p. 235: Misty Oto の好意による; 13.1: Empire Genomics の好意による; 13.3: Genetix Limited; 13.8: Aaron Flaum/Alamy; 13.9: Hubert Boesl/dpa/Corbis/amanaimages; 13.13: Barcroft/Fame Pictures; 13.15 (a): Dr. George Herman Valentine の好意による; 13.15 (b): Biophoto Associates/Photo Researchers/amanaimages; p. 249 (石原式検査表): Ishihara Color Test.

第14章 p. 252: ARS-USDA の好意による; 14.3: A. Barrington Brown/Photo Researchers/amanaimages; p. 258 (少年): Kenneth Greer/Visuals Unlimited; p. 259 (フグ): Stephen Frink/Corbis/amanaimages; p. 263 (マウス胎仔): Brunet *et al.* (1998) Noggin, Cartilage Morphogenesis, and Joint Formation in the Mammalian Skeleton. *Science*, 280, 1455-1457 より Richard Harland の好意による.

第15章 p. 270 (左): Vienna Report Agency/Sygma/Corbis/amanaimages; p. 270 (右): AP/アフロ; p. 271 (マウス胎仔): Przemko Tylzanowski, Vera Maes, Frank P. Luyten, University of Leuven, Belgium の好意による; p. 273 (タマゴテングタケ): George McCarthy/Corbis/amanaimages; p. 280 (コラム, 左): Manny Millan/Sports Illustrated/Getty Images; p. 280 (コラム, 右): Julian Finney/Getty Images; 15.10 (左): Dr. Tony Brain/SPL/Science Source/Photo Researchers/amanaimages; 15.10 (右): Meckes Ottawa/Science Source/Photo Researchers/amanaimages.

第16章 p. 285: Photo: Rik Sferra; 16.1 (a): Yann Arthus Bertrand/Corbis/amanaimages;

16.1（b）: Reuters/Corbis; 16.4: Cellmark Diagnostics, Germantown, Maryland; 16.5: Roslin Institute, University of Edinburgh; 16.6: Eduardo Kac, 2000. Photo © Chrystelle Fontaine; 16.7: Aqua Bounty Technologies, Inc. の好意による; 16.8: Ted Thai; 16.12: Lawrence Berkeley National Laboratory, Roy Kaltschmidt, Photographer; 16.14: Ashanthi De Silva の好意による.

第17章　p. 302: Osf/Merlen, Godfrey/Animals Animals/Earth Scenes; 17.1（c）: © Heidi Snell/Visual Escapes; 17.1（d）: The Bridgeman Art Library; 17.3: Rosemary G. Gillespie and Dr. Geoff Oxford の好意による; 17.5: Reprinted from Hoekstra *et al.* 2006 *Science*; 17.8（a）: Chris Hellier/Corbis/amanaimages; 17.8（b）: Doug Sokell/Visuals Unlimited/amanaimages; 17.8（c）: Fletcher & Baylis/Photo Researchers/amanaimages; 17.8（d）: George Grall/National Geographic Image Collection/amanaimages; 17.8（e）: Flip Nicklin/Minden Pictures/National Geographic Images/amanaimages; p. 310（トリケラトプスの化石）: Louie Psihoyos/Corbis/amanaimages; p. 312（ヒト胚）: Omikron/Photo Researchers/amanaimages; 17.12: Dr. John D. Cunningham/Visuals Unlimited/amanaimages; p. 315（コラム）: FoodCollection; 17.13（a）: Peter Boag; 17.13（b）: Peter Boag; 17.14: Miguel Castro/Photo Researchers/amanaimages.

第18章　p. 321: AP／アフロ; 18.1: Yolanda Villacampa, Department of Invertebrate Zoology, National Museum of Natural History, Smithsonian Institution, Washington, DC; 18.2: Bettmann/Corbis/amanaimages; 18.5（左）: Wayne Bennett/Corbis; 18.5（中央, 右）: JoGayle Howard, Department of Reproductive Sciences, Smithsonian's National Zoological Park の好意による; 18.6: Dominique Braud; 18.7: Breck P. Kent/Animals Animals-Earth Scenes; 18.9: James H. Karales/Photolibrary/Getty Images; 18.10: Thomas Smith の好意による; 18.11: F.J. Hiersche/Photo Researchers; 18.12（a）: John Gerlach/Visuals Unlimited/amanaimages; 18.12（b）: Brian Chan の好意による.

第19章　p. 335: © Gerald Tang/Dreamstime.com; 19.1: Mark Moffett/Minden Pictures/amanaimages; 19.2（a, b）: Erick Greene, University of Montana; 19.3: John Alcock/Visuals Unlimited/amanaimages; 19.4: © David Denning, BioMedia Associates; p. 338（コラム）: All Canada Photos; 19.6（a）: Bill Beatty/Visuals Unlimited; 19.6（b）: Robert Lubeck/Animals Animals; 19.7: Merlin D. Tuttle/Bat Conservation Int'l/Photo Researchers; p. 341（ヒガシマキバドリ）: James Urbach/Purestock/amanaimages; p. 341（ニシマキバドリ）: All Canada Photos; 19.8（a）: Robert Sivinski; 19.8（b）: Doug Sokell/Visuals Unlimited/amanaimages; 19.10（左上）: © Tom & Pat Leeson; 19.10（右上）: Kevin Doxstater/NaturalVisions; 19.10（下）: Karen Brzys, www.agatelady.com（Gitche Gumee Museum）の好意による; 19.12: © Peter Schouten. All rights reserved.

第20章　p. 349: Tom Demsey/Photoseek; 20.1（a）: Ken Lucas／Visuals Unlimited／amanaimages; 20.1（b）: Niles Eldridge; 20.1（c）: B. Miller/Biological Photo Services; 20.1（d）: David Grimaldi, American Museum of Natural History; 20.1（e）: Louie Psihoyos/Corbis/amanaimages; 20.1（f）: Charlie Ott/Photo Researchers/amanaimages; 20.9（a）: Rodolfo Coria; 20.9（b）: Jason Edwards/National Geographic Image Collection/amanaimages; p. 359（コラム）: Jose B. Ruiz/naturepl.com; 20.14（b）: John Reader/SPL/Photo Researchers/amanaimages; p. 362（トガリネズミ）: Ken Lucas/Visuals Unlimited/amanaimages; 20.16: © Jay Matternes; p. 366（初期の南極大陸）: © William Stott.

第21章　p. 370（貨物船）: Karen Gowlett-Holmes/Getty Images; p. 370（カワホトトギスガイ）: U.S. Department of Agriculture/AP/アフロ; 21.1（a）: Martin Harvey/Corbis/amanaimages; 21.1（b）: Frans Lanting/Corbis; 21.8: imageBROKER/Alamy; 21.9: John E Marriott/Alamy; 21.10: Michael P. Gadomski/Earth Sciences/Animals Animals; 21.11: Mark De Fraeye/SPL/Photo Researchers/amanaimages; 21.12: Ken Lucas/Visuals Unlimited; 21.13: Willard Clay/Dembinsky Photo Associates; 21.14: © Tom Bean/CORBIS/amanaimages; p. 379（コラム, a）: NASA; p. 379（コラム, b）: NASA/Corbis; 21.16: Design Pics Inc/Photolibrary/Getty Images; 21.17: Mark Goodreau/Alamy; 21.19（a）: Jim Zipp/National Audubon Society Collection/Photo Researchers; 21.19（b）: C. Van Dover/OAR/NURP College of William and Mary/NOAA/Photo Researchers/amanaimages.

第22章　p. 385: Image supplied by www.bensmethers.co.uk/Moment Open/Getty Images; 22.1（a）: Jeremy Burgess/National Audubon Society Collection/Photo Researchers/amanaimages; 22.1（b）: Volker Steager/SPL/Science Source/Photo Researchers/amanaimages; 22.2（左）: Monarch Butterfly Fall Migration Patterns. Base map source: USGS National Atlas; 22.2（右）: Trans Landing/Mindin Pictures; 22.4（a, b）: Reproduced with permission of the Department of Natural Resources, Queensland, Australia.; 22.2（ガ）: Susan Ellis USDA APHIS PPQ www.Bugwood.org; 22.5: Scott Camazine/National Audubon Society Collection/Photo Researchers; 22.6: Laguna Design/Science Picture Library/Photo Researchers/amanaimages; 22.7: Ecoscene/Corbis/amanaimages; 22.8: Mark Newman/Tom Stack & Associates; 22.9: G A Matthews/SPL/Photo Researchers/amanaimages; 22.10: Alan G. Nelson/Dembinsky Photo Associates; 22.11: Frans Landing/Minden Pictures; 22.13: Craig Mayhew, Robert Simmon, NASA GSFC; 22.14: NASA/Corbis.

第23章　p. 397: © Shinya Sasaki/ MottoPet/amanaimages; 23.4（左）: Minden Pictures/amanaimages; 23.4（右）: Willard Clay/Dembinsky Photo Associates; 23.5（左）: Khoroshunova Olga /Shutterstock.com; 23.5（右）: Mark Conlin/Photolibrary/Getty Images; 23.6: Science Faction; 23.8（a）: Joe McDonald/Visuals Unlimited/amanaimages; 23.8（b）: Gerry Bishop/Visuals Unlimited/Corbis/amanaimages; 23.8（c, 左）: Nancy Nehring/Getty Images; 23.8（c, 右）: Stockbyte/Getty Images; 23.9: Fred Breummer/Peter Arnold/Getty Images; p. 403（コラム上, 左下）: Dr. Gerald D. Carr; p. 403（コラム, 右下）: Douglas Peebles/Corbis/amanaimages; 23.15（上, 下）: Dr. Robert T. Paine の好意による; 23.16（b）: Dennis MacDonald/Photolibrary/Getty Images; 23.17（a）: Stan Osolinski/Dembinsky Photo Associates; 23.17（b）: Howard Garrett/Dembinsky Photo Associates; 23.17（c）: Walt Anderson/Visuals Unlimited/amanaimages; 23.19（a, b）: Robert Gibbens, Jornada Experimental Range, USDA の好意による.

第24章　p. 414: Sean Gardner/Reuters; 24.1: Lester Lefkowitz/Corbis; 24.3（a）: Martin Harvey/Corbis; 24.3（b）: Michael DeYoung/Corbis; 24.5: Stan Osolinski/Getty Images; p. 422（根粒）: Hugh Spencer/Photo Researchers/amanaimages; 24.13（c）: NASA/Goddard Space Flight Center Scientific Visualization Studio; p. 425（コラム）: AP／アフロ; 24.15: Hubbard Brook Archives の好意による; 24.16（a）: Richard Packwood/Oxford Scientific Films.

第25章　p. 430: Johnny Johnson/Getty Images; 25.1（a, b）: Angela C. King/NASA Landsat; 25.2: Jacques Jangoux/Photo Researchers/amanaimages; 25.5（a, b）: David Tilman, University of Minnesota の好意による; 25.7: Joy Ward and Anne Hastley の好意による; 25.10（a, b）: NASA; 25.11（a）: 1913: W.C. Alden Photo/USGS Northern Rocky Mountain Science Center の好意による; 25.11（b）: 2005: Blase ReardonPhoto/USGS Northern Rocky Mountain Science Center の好意による; 25.12（a, アルプス, トチナイソウ）: Harald Pauli; 25.12（b）: © Moose Henderson/Dreamstime.com; 25.13: AP／アフロ; p. 441（コラム）: Qilal Shen/Bloomberg/Getty Images.

第26章　p. 446: f9photos/Shutterstock.com; 26.7（a）: Bartosz Hadyniak/Vetta/Getty Images; 26.7（b）: Thinkstock; 26.9: Thinkstock; 26.14（a）: Mike Powell/Allsport/Getty Images; 26.14（b）: Art Wolfe/Photo Researchers/amanaimages; 26.16: Werner Bollmann/Oxford Scientific/Getty Images; p. 459（コラム）: David McNew/Getty Images; p. 461（腎臓）: James Cavallini/Photo Researchers.

第27章　p. 465: Maria Teijeiro/Getty Images; 27.2: H et M/photocuisine/Corbis/amanaimages; 27.4（左）: Phanie/Photo Researchers; 27.4（右）: Tony Craddock/Photo

Researchers/amanaimages; 27.6: Chaplin G., Geographic Distribution of Environmental Factors Influencing Human Skin Coloration, *American Journal of Physical Anthropology* 125: 292-302, 2004; map updated 2007. Designer: Emmanuelle Bournay, UNEP/GRID-Arendal; 27.7: PARIS PIERCE/Alamy; 27.11 (オオカミ): Corbis Super RF/Alamy; 27.11 (頭蓋骨): Will Higgs; 27.11 (ヒツジ): Stan Osolinski/Dembinsky Photo Associates; p. 479 (バランスの良い料理): USDA.

第 28 章　p. 482: Frank Stober/Age Fotostock; 28.1: Scott Camazine/Photo Researchers/amanaimages; 28.2 (a, 血小板, 赤血球): © Dennis Kunkel Microscopy,Inc./Phototake, Inc.; 28.2 (a, 白血球): Richard Kessel & Dr. Randy Kardon/Visuals Unlimited/amanaimages; 28.2 (b): Volker Steger/Photo Researchers/amanaimages; 28.10: SPL/Photo Researchers/amanaimages; p. 489 (赤血球): Science Source/Science Photo Library; p. 491 (コラム, a): Chuck Brown/Photo Researchers/amanaimages; p. 491 (コラム, b): GJLP/Photo Researchers/amanaimages.

第 29 章　p. 500 (幼虫): Holger Burmeister/Alamy; p. 500 (チョウ): WILDLIFE GmbH/Alamy; 29.5 (a): bikeriderlondon/Shutterstock.com; 29.5 (b): Lea Paterson/Photo Researchers/amanaimages; 29.8 (a): Bettmann/Corbis/amanaimages; 29.8 (b): SPL/Photo Researchers/amanaimages; 29.8 (c): Bettmann/Corbis/amanaimages; 29.10 (卵): Richard Day/Daybreak Imagery; 29.10 (幼虫): Gary Meszaros/Dembinsky Photo Associates; 29.10 (蛹): Sharon Cummings/Dembinsky Photo Associates; 29.10 (成虫): Claudia Adams/Dembinsky Photo Associates.

第 30 章　p. 514: Boston Herald staff photo by Lisa Hornak; 30.8: Don W. Fawcett/Photo Researchers/amanaimages; 30.11: SPL/Photoresearchers/amanaimages; 30.16: Omikron/Photo Researchers/amanaimages; 30.18 (a): Stephen Dalton/Photo Researchers; 30.21: Norbert Wu Productions.

第 31 章　p. 534: Kristina Buceatchi; 31.2: Tomasz Tomaszewski/National Geographic; 31.3: Getty Images; 31.6: Quest/SPL/Science Source/Photo Researchers; 31.10: Dr. Mae Melvin/CDC Public Health Image Library; 31.11: William J. Weber/Visuals Unlimited; 31.12: John Cancalosi/Peter Arnold/Getty Images; 31.13: Gerard Lacz/Peter Arnold, Inc./Photolibrary/Getty Images.

第 32 章　p. 548: Sean Sprague/AgeFotostock; 32.1 (a): James Cavallini/Photo Researchers/amanaimages; 32.1 (b): SPL/Photo Researchers/amanaimages; 32.1 (c): Dr. Fred Hossler/Visuals Unlimited/amanaimages; 32.1 (d): Eye of Science/Photo Rechaers/amanaimages; 32.1 (e): © C. James Webb/Phototake,Inc.; 32.3 (a): Don W. Fawcett/Photo Researchers/amanaimages; 32.3 (b): MedImage/Photo Researchers; p. 553 (血餅): Dennis Kunkel Microscopy, Inc./Phototake, Inc.; p. 554 (コラム): Dr. Ken Greer/Visuals Unlimited/amanaimages; p. 556 (T 細胞と B 細胞): Visuals Unlimited/Corbis/amanaimages; 32.8: Oliver Meckes/Nicole Ottawa/Photo Researchers/amanaimages.

第 33 章　p. 564: Verge Images/Alamy; 33.1 (上): Y. Arthus Bertrand/Peter Arnold/Getty Images; 33.1 (下): Richard Herrmann/Visuals Unlimited/amanaimages; 33.2 (a): Dr. Dennis Kunkel/Visuals Unlimited/amanaimages; 33.2 (b): David Wrobel/Visuals Unlimited/amanaimages; 33.3 (ヒト精子): Gary Gaugler/Visuals Unlimited/amanaimages; 33.3 (ヒト卵): Clouds Hill Imaging Ltd./Corbis/amanaimages; 33.4 (a): Dr. David M. Phillips/Visuals Unlimited/amanaimages; 33.6: Rajau/Phanie/Photo Researchers; 33.10 (左): MedicalRF.com/Corbis; 33.10 (中央): C. Meitchik/Custom Medical Stock Photo; 33.10 (右): Ralph Hutchings/Visuals Unlimited/amanaimages; 表 33.2: Charles Thatcher/Getty Images; 33.12: James L. Amos/Photo Researchers/amanaimages; 33.16 (左): Ed Uthman の好意による.www.flickr.com/photos/euthman/548063929/lightbox; 33.16 (右): © iStock.com/naumoid.

第 34 章　p. 584: Vincent J. Musi/National Geographic Stock/amanaimages; 34.1: Petit Format/Photo Researchers; p. 586 (コウチョウ): Rick & Nora Bowers/Alamy; 34.2: imageBROKER/Alamy; 34.3: John Cancalosi/Alamy; 34.4: Thomas D. McAvoy/Time & Life Pictures/Getty Images; 34.7 (a): Corbis Super RF/Alamy; 34.7 (b): Photolibrary/Getty Images; 34.7 (c): Mauricio Lima/AFP/Getty Images/Newscom; 34.9 (a): Gerald A. DeBoer/Shutterstock.com; 34.9 (b): Stan Olinsky/Dembinsky Photo Associates; p. 592 (コラム): Joe Raedle/Getty Images; 34.10 (a): Thomas Kitchin/Tom Stack & Associates; 34.10 (b): Ian Tait/Naturalvisions.co.uk; 34.11: Gunter Ziesler/Peter Arnold/Getty Images.

第 35 章　p. 600: Philippe Bourseiller/Getty Images; 35.3: M. I. Walker/Photo Researchers/amanaimages; 35.5: David Sieren/Visuals Unlimited/amanaimages; 35.7 (a): Barry Rice/Visuals Unlimited/amanaimages; 35.7 (b): Royalty-free/Corbis/amanaimages; 35.7 (c): Scott Camazine/Photo Researchers/amanaimages; 35.9 (a): Patrick Johns/Corbis/amanaimages; 35.9 (b): Jerome Wexler/Visuals Unlimited/amanaimages; 35.9 (c): Dr. Richard Kessel & Dr. Gene Shih/Visuals Unlimited/Getty Images/amanaimages; 35.11 (a): Biophoto Associates/Photo Researchers/amanaimages; 35.11 (b): P&R Fotos/Photolibrary; 35.11 (c): Biodisc/Visuals Unlimited/amanaimages; 35.12: POWER ANDSYRED/Photo Researchers/amanaimages; p. 609 (水耕栽培): Richard T. Nowitz/Corbis; 35.16 (a): W. Perry Conway/Corbis/amanaimages; 35.16 (b): juzaphoto.com; 35.16 (c): Biophoto Associates/Photo Researchers; 35.16 (d): Brian Rogers/Visuals Unlimited/amanaimages; p. 612 (コラム): Kathy McLaughlin/The Image Works.

第 36 章　p. 618: Paul Wiles Photography; 36.4 (b): Layne Kennedy/Corbis/amanaimages; 36.8 (ミツバチ): Boris Katsman/E+/Getty Images; 36.8 (ハチドリ): Anthony Marceica/National Audubon Society Collection/Photo Researchers/amanaimages; p. 625 (ガとラン): Mitsuhiko Imamori/Minden Pictures; p. 625 (ガ): Thinkstock; p. 625 (コラム): © Jorge Saicedo/Dreamstime.com; 36.9: Sheila Terry/SPL/Photo Researchers/amanaimages; 36.10 (a): Lynwood M. Chace/Photo Researchers/amanaimages; 36.10 (b): Martin Harvey/Peter Arnold/Getty Images; 36.10 (c): Lois Ellen Frank/Corbis; p. 628 (春植物): fotolia; 36.13 (a): Ian R. MacDonald, Texas A&M University, Corpus Christi; 36.13(b): Pascal Parrot/Corbis Sygma/amanaimages; 36.13 (c): Tony Craddock/SPL/Photo Researchers/amanaimages; 36.13 (c): Jerry L. Ferrara/Photo Researchers.

"ニュースで見る生物学" 出典

MICHELLE ANDREWS: "Boys to Men: Unequal Treatment on HPV Vaccine," by Michelle Andrews. National Public Radio, December 7, 2010. Kaiser Health News の許可を得て転載.

THE ASSOCIATED PRESS STAFF: "As Earth Warms, Move Species to Save Them?" from The Associated Press Wire Service, July 20, 2009. The YGS Group の許可を得て転載.

ALEX BEAM: "Want a Long Life? No Worries: A Trip to a California 'Blue Zone' Reveals Some Secrets to Longevity," by Alex Beam. From *The Boston Globe*, February 23, 2010. Copyright © 2010 The Boston Globe. All rights reserved. 許可を得て使用. 米国著作権法により保護されており, 文書による許可なく複写・転載することは禁じられています.

KATE BECKER: "Did Neanderthals Mate With Humans?" by Kate Becker. From WGBH's *Inside NOVA* website, May 10, 2011. (http://www.pbs.org/wgbh/nova/insidenova/2010/05/did-neanderthals-mate-with-modern-humans.html) Copyright © 1996–2011 WGBH Educational Foundation. 許可を得て転載.

SINDYA N. BHANOO: "Maybe These Frog Teeth Weren't Useless after All," by Sindya N. Bhanoo. *The New York Times*, February 8, 2011. And "Puzzle Solved: How a Fatherless Lizard Species Maintains its Genetic Diversity," *The New York Times*, February 22, 2010. Copyright © 2011, © 2010 The New York Times. All rights reserved. 許可を得て使用. 米国著作権法により保護されており, 文書による許可なく複写・転載することは禁じられています.

SUZANNE BOHAN: "Lab Scientists Tinker with Microbes to Battle Climate Change," by Suzanna Bohan. *The Contra Costa Times*, May 6, 2011. Zuma Press の許可を得て転載.

RANDY BOSWELL: "Canadian Scientists Wipe Away Misconceptions About Sponges," by

Randy Boswell. *The Vancouver Sun*, December 14, 2010. PostMedia News, a division of Postmedia Network, Inc. の許可を得て転載.

JACQUI CHENG: "Crank That iPod: Hearing Loss Rates Lower Than Thought," by Jacqui Cheng. From *Ars Technica*, September 20, 2010. Conde Nast の許可を得て転載.

ERIK ECKHOLM: "U.S. Meat Farmers Brace for Limits on Antibiotics," by Erik Eckholm. *The New York Times*, September 14, 2010. Copyright © 2010 The New York Times. All rights reserved. 許可を得て使用. 米国著作権法により保護されており，文書による許可なく複写・転載することは禁じられています.

ANDREW FREEDMAN: "Relentless Heat Wave Roasts Europe," by Andrew Freedman. From *The Washington Post*, August 9, 2010. 著者の許可を得て転載.

DENISE GRADY: "Earlier Hormone Therapy Elevates Risk of Breast Cancer, Researchers Say," by Denise Grady. *The New York Times*, January 28, 2011. Copyright © 2011 The New York Times. All rights reserved. 許可を得て使用. 米国著作権法により保護されており，文書による許可なく複写・転載することは禁じられています.

GARY GRIGGS: "Lost Cargo Tracks Ocean Currents," by Gary Griggs. From *The Santa Cruz Sentinel*, May 7, 2011. Media News Group の許可を得て転載.

ROBIN MARANTZ HENIG: "Taking Play Seriously," by Robin Marantz Henig. *The New York Times*, February 17, 2008. Copyright © 2008 The New York Times. All rights reserved. 許可を得て使用. 米国著作権法により保護されており，文書による許可なく複写・転載することは禁じられています.

KIRK JOHNSON: "Plants That Earn Their Keep," by Kirk Johnson. *The New York Times*, January 26, 2011. Copyright © 2011 The New York Times. All rights reserved. 許可を得て使用. 米国著作権法により保護されており，文書による許可なく複写・転載することは禁じられています.

AMINA KAHN: "Mosquito Subspecies Presents Challenge in Fighting Malaria," by Amina Kahn. From *The Los Angeles Times*, February 4, 2011. Copyright © 2011 The Los Angeles Times. 許可を得て転載.

ELIZABETH LOPATTO: "Saturated, Trans Fat in Food May Increase Risk of Depression, Study Finds," by Elizabeth Lopatto. *Bloomberg.com*, January 26, 2011. The YGS Group の許可を得て転載.

BRIAN MAFFLY: "Goose Eggs Open Scientific Debate Over Polar Bears' Future," by Brian Maffly. *The Salt Lake Tribune*, December 25, 2011. Media General の許可を得て転載.

DONALD G. MCNEIL JR.: "Lack of Success Terminates Study in Africa of AIDS Prevention in Women," by Donald G. McNeil Jr. *The New York Times*, April 18, 2011. Copyright © 2011 The New York Times. All rights reserved. 許可を得て使用. 米国著作権法により保護されており，文書による許可なく複写・転載することは禁じられています.

NICOLE MONTESANO: "How California Almonds May Be Hurting Bees," by Nicole Montesano. *News-Register*, April 23, 2011. News-Register, McMinnville, OR の許可を得て転載.

LAUREN NEERGAARD: "Exploring the Bacterial Zoo," by Lauren Neergaard. *The Associated Press*, September 28, 2010. The YGS Group の許可を得て転載.

ANAHAD O'CONNOR: "The Claim: Exposure to Plants and Parks Can Boost Immunity," by Anahad O'Connor. *The New York Times*, July 5, 2010. Copyright © 2010 The New York Times. All rights reserved. 許可を得て使用. 米国著作権法により保護されており，文書による許可なく複写・転載することは禁じられています.

DENNIS OVERBYE: "Poisoned Debate Encircles a Microbe Study's Result," by Dennis Overbye. *The New York Times*, December 13, 2010. Copyright © 2010 The New York Times. All rights reserved. 許可を得て使用. 米国著作権法により保護されており，文書による許可なく複写・転載することは禁じられています.

RESHMA PATIL: "China Population 1.3 Billion, Older and Urban," by Reshma Patil. *Hindustan Times*, April 28, 2011. HT Media, Limited の許可を得て転載.

EDDIE PELLS: "Olympics Loom, but Nobody Is Pushing Usain Bolt," by Eddie Pells. *The Miami Herald*, June 25, 2011. The YGS Group の許可を得て転載.

LINDSEY PETERSON: "USF Study Says Popular Weed Killer Can Harm Amphibians," by Lindsey Peterson. *The Tampa Tribune*, October 1, 2009. 許可を得て転載.

ANDREW POLLACK: "Drugmakers' Fever for the Power of RNA Interference Has Cooled," by Andrew Pollack. *The New York Times*, January 28, 2011. Copyright © 2011 The New York Times. All rights reserved. 許可を得て使用. 米国著作権法により保護されており，文書による許可なく複写・転載することは禁じられています.

DIANE PUCIN: "Ex-Teammate of Lance Armstrong Says He Used Several Banned Substances," by Diane Pucin. *The Los Angeles Times*, May 19, 2011. Copyright © 2011 Los Angeles Times. 許可を得て転載.

RONI CARYN RABIN: "Good Cholesterol May Lower Alzheimer's Risk," by Roni Caryn Rabin. From *The New York Times*, December 16, 2010. Copyright © 2010 The New York Times. All rights reserved. 許可を得て使用. 米国著作権法により保護されており，文書による許可なく複写・転載することは禁じられています.

GRETCHEN REYNOLDS: "Phys Ed: A Workout for Your Bloodstream," by Gretchen Reynolds. *The New York Times*, June 16, 2010. Copyright © 2010 The New York Times. All rights reserved. 許可を得て使用. 米国著作権法により保護されており，文書による許可なく複写・転載することは禁じられています.

KATHRYN ROETHEL: "Stanford Students Learn What's in Their Genes," by Kathryn Roethel. *The San Francisco Chronicle*, September 8, 2010. The San Francisco Chronicle の許可を得て転載.

STAFF REPORT: "Sluggish Cell Division May Help Explain Genital Defects," from *The Sun Sentinel*, June 1, 2010. The South Florida Jewish Journal の許可を得て転載.

MIKE STOBBE: "CDC: One Third of Sex Ed Omits Birth Control; Teens Learning About STDs But Not Pregnancy," by Mike Stobbe. *The Associated Press*, September 14, 2010. The YGS Group の許可を得て転載.

NICHOLAS WADE: "A Family Feud over Mendel's Manuscript on the Laws of Heredity," from *The New York Times*, May 31, 2010. "Scientists Cite Fastest Case of Human Evolution," from *The New York Times*, July 1, 2010. "As Mammals Supplanted Dinosaurs, Lice Kept Pace," from *The New York Times*, April 6, 2011. Copyright © 2010, Copyright © 2011 The New York Times. All rights reserved. 許可を得て使用. 米国著作権法により保護されており，文書による許可なく複写・転載することは禁じられています.

索　引

あ

アイスマン　270
iPS 細胞　201
IPCC（気候変動に関する政府間パネル）　438
IUCN（国際自然保護連合）　438
アウストラロピテクス・アファレンシス　363
アウストラロピテクス・アフリカヌス　362
亜　鉛　474
アオコ　29
赤　潮　45
アーキア　21, 23
アーキア界　23
アーキアドメイン　22
アクアポリン　133, 134
悪性黒色腫　202, 203, 243
悪性腫瘍細胞 → がん細胞
アクチン　124
アクチンフィラメント　540
アシドーシス　93
アシナシイモリ　74
足場依存性　203
アスコルビン酸　210
アストロサイト　198
アスパラギン　97
アスパラギン酸　97
アスベスト　208
アセチルコリン　522
アセチル CoA　170
遊び行動　597
圧受容器　525
アデニン　103
アデノウイルス　32
アデノシン三リン酸 → ATP
アデノシンデアミナーゼ欠損症　243
アデノシン二リン酸 → ADP
アテローム性動脈硬化症　491
後　産　574
アトラジン　284
アドレナリン　489, 502, 505, 522
アナボリックステロイド　102
アピコンプレクサ類　46
アブシシン酸　628
油　90
アブラムシ　386
アフリカ起源説　364
Avery, Oswald　253
アポトーシス　183, 579
アマニ油　105
アミノ基　94, 98
アミノ酸　85, 98, 467
　　──の構造　97
アミラーゼ　150, 476
アメーバ　23, 40

アメリカグリ　403
アラタ体　510
アラニン　97
ア　リ　590, 593
アリストテレス　303, 608
rRNA → リボソーム RNA
R 遺伝子　629
RNA（リボ核酸）　32, 102, 254
　　──の構造　272
RNA 干渉（RNAi）　292
RNA スプライシング　275
RNA プロセシング　275
RNA ポリメラーゼ　273
アルカローシス　93
アルギニン　97, 98
アルコール　523
アルコール発酵　169
アルゼンチノサウルス　75
アルツハイマー病　199, 243
アルディピテクス・ラミダス　362
アルバ　290
アルビノ　227
α 炭素　98
α ヘリックス　98, 99
アルブミン　100
RuBisCo　166
アレルギー　554
アレルゲン　554
アンコウ　77
安静代謝率　143
アンチコドン　277
安定化選択　329
アンテナ複合体　163
アントシアニン　625
アンドロゲン　508
アンフェタミン　523
アンモニア　92, 459

い

胃　475
ES 細胞 → 胚性幹細胞
硫　黄　94
硫黄循環　422
イオン　87
イオン化　89
イオン結合　89
イ　カ　68
異化作用　147
鋳型鎖　273
異化反応　148
維管束系　48, 602, 605
維管束形成層　620
維管束植物　601
胃　酸　476
EGF（上皮増殖因子）　204
石細胞　607
異所的種分化　343
イースター島　385, 392

イソロイシン　97
依存症　523
一遺伝子雑種　222
位置エネルギー　144
1 型糖尿病　505, 554
一次構造　98, 99
一次消費者　406
一次成長　620
一次精母細胞　567
一次遷移　408
一次免疫応答　558
位置情報　577
一次卵母細胞　568
一年生植物　619
一倍体　188, 219
一卵性双生児　588
遺　伝　216
　　──の染色体説　236
遺伝暗号　276
遺伝学　217
遺伝形質　217, 220
遺伝子　9, 197, 217, 220, 253, 271
遺伝子改変　287
遺伝子型　219, 220, 236, 305, 588
遺伝子型頻度　322
遺伝子組換え食品　294
遺伝子組換え生物　288
遺伝子クローニング　287
遺伝子工学　290
遺伝子座　236
遺伝子対遺伝子認識　629
遺伝子治療　288, 291
遺伝子導入生物　290
遺伝子ドーピング　499
遺伝子発現　197, 254, 263
遺伝子頻度　323
遺伝子プール　305, 306
遺伝子流動　306, 324, 342
遺伝的組換え　191
遺伝の交雑　220
遺伝的浮動　306, 310, 323, 324
遺伝的変異　305
遺伝の連鎖　240
遺伝病　242
移　動　535
イトヒキハゼ　399
イトラン　400
イトランガ　400
イ　ヌ　313, 587
イバラカンザシ　60, 66
EPA（エイコサペンタエン酸）　105
イモガイ　68
陰　茎　569
飲作用　137
飲　酒　592
インスリン　467, 504
インスリン産生細胞　199
インスリン様増殖因子　209
インターフェロン　554
インテグリン　115

咽　頭　475, 492
咽頭嚢　72
インドール酢酸　627
イントロン　261, 275
インフルエンザ　550, 559
インフルエンザウイルス　32, 33

う，え

ウイルス　31, 554
ウイルス型　32
雨　陰　374
ヴェロキラプトル　75
Wallace, Alfred　13, 303
うきぶくろ　74
渦鞭毛虫　45
うずまき管　529
ウツボカズラ　611
膿　552
ウミウシ　60, 68
ウミガメ　75
ウラシル　103
運動エネルギー　144
運動ニューロン　517

永久凍土層　375
エイコサペンタエン酸（EPA）　105
エイズ → 後天性免疫不全症候群
栄養循環　30, 416, 420
栄養素　416, 466
栄養段階　419
栄養膜　569
エウスタキオ管　528
液性免疫　556
エキソサイトーシス　136
エキソトキシン　31
エキソン　261, 275
液　胞　116, 120, 121
エクジソン　509
エコノミークラス症候群　489
エコロジカルフットプリント　393, 394
SRY 遺伝子　237
SA 結節　488
S 期　181
S 字カーブ　389, 391
エストロゲン　102, 204, 503, 508
エダツノレイヨウ　12
エタノール　169
エチレン　628
X 染色体　184, 218, 237
X 染色体連鎖　245
HIV → ヒト免疫不全ウイルス
HeLa 細胞　196
HPV（ヒトパピローマウイルス）　209
エッツィ　281
ADP（アデノシン二リン酸）　104, 148, 159

ATP（アデノシン三リン酸） 103, 121, 148, 159, 162, 168, 170, 171, 541
ATP合成酵素 164, 171
NADH 160, 170
NADPH 160, 162
NK細胞（ナチュラルキラー細胞） 554
NPP（純一次生産力） 417
エネルギー 91, 92, 103, 144, 158
エネルギー担体 159
エネルギーピラミッド 419
エネルギー変換 145
エネルギー保存の法則 145
APC（抗原提示細胞） 557
エピスタシス 228
AV結節 488
エフェクター細胞 557
FADH$_2$ 170
F$_1$世代 220
F$_2$世代 220
FTタンパク質 629
MRSA（メチシリン耐性黄色ブドウ球菌） 330
mRNA（メッセンジャーRNA） 254, 272
 ——分解の調節 265
mRNA前駆体 275
えら 494
エリトロポエチン 499
えり鞭毛虫 59
LH（黄体形成ホルモン） 508
LDL（低密度リポタンパク質） 137
エルニーニョ現象 378
塩 89
沿岸域 380
塩　基 93, 103, 255
塩基性 93
塩基対 255
嚥下反射 475
エンケファリン 522
円口類 73
炎　症 552, 554
炎症反応 553
延　髄 524
円石藻 43
エンドサイトーシス 136, 137
エンドトキシン 31
エンドルフィン 522

お

横隔膜 492
黄　体 508
黄体形成ホルモン（LH） 508
黄体ホルモン 508
応答変数 6
嘔吐反射 587
横　紋 541
オオオニバス 50
オオカバマダラ 387, 402
オオカミ 590, 592
オオシモフリエダシャク 328
オオツノヒツジ 591
オオワライタケ 53
オキアミ 69
オキシトシン 574
オーキシン 625, 627
おしべ 49, 623
オゾン 371
オゾン層 371
オゾンホール 379

おばあさん仮説 576
オピオイド 523
オプンチア 387, 389
オペレーター 265
オポッサム 78
ω-3脂肪酸 105
オリゴデンドログリア 198
オリゴデンドロサイト 199
オリーブ油 90, 105
オルガネラ→細胞小器官
オルドビス紀 352
温室効果 438
温室効果ガス 436
温帯低木林 377
温帯落葉樹林 376
温度受容器 525

か

科 23, 24
界 23, 24
カイアシ類 69
外温動物 75, 455, 494
外骨格 69, 543
介在ニューロン 517
外　耳 528
開始コドン 276
外耳道 528
海水バイオーム 380
海水面の上昇 439
外　層
　　表皮細胞の—— 603
外的防御 550
解糖系 160, 168
外套膜 67
外毒素 31
外胚葉 62, 200, 570
外皮系 450
外分泌腺 501
解剖学 447
解剖学的現生人類 364
カイメン 59, 61, 62, 593
海綿骨 535, 536
海綿動物 61, 65
　　——の構造 62
海　洋
　　——の酸性化 438
外洋域 381
外来種 403
海　流 373
カエル 74, 591
科　学 4
化学エネルギー 121, 144
化学結合 87
化学合成従属栄養生物 29
化学合成独立栄養生物 29
化学式 87
化学従属栄養生物 29
化学受容器 524
科学的仮説 4
科学的事実 8
科学的手法 4
　　——の限界 11
科学的な知識 8
化学独立栄養生物 29
化学発がん物質 208, 210
化学反応 92
化学療法 207
下気道 493
可逆的結合能 495

蝸牛管 529
核 9, 22, 112, 116, 118
がく 623
角化細胞 178
核型 184
拡散 132, 494
核酸 94, 102
核酸塩基 102
学習行動 587, 589
核小体 116
学説 8
拡張期 488
核分裂 179, 185
角膜 526
核膜 118
核膜孔 118
学名 23
撹乱 408
家系図 242
カゲロウ 77
河口域 380
化合物 87
仮根 41, 48
花糸 623
可視光 162
果実 49, 626
ガス交換 494
カスパリー線 610
花成 628
花成ホルモン 629
化石 303, 310
　　最も古い真核生物の—— 39
化石記録 310, 350
化石燃料 441
仮説 4
風パターン 379
河川 379
　　——の蛇行 38, 55
仮足 124
家族性大腸ポリポーシス 243
ガータースネーク 403
花柱 49, 623
花虫類 65
ガチョウ 588
滑液嚢 537
活性化エネルギー 149, 152
活性部位 151
褐藻 23
褐虫藻 44
活動電位 519, 521
滑面小胞体 116, 119
果糖 95
仮道管 608
カドミウム 433
カナダヤマネコ 391
花粉 48, 49, 623
花粉管 623
花粉媒介者 400, 624
花弁 623
鎌状赤血球貧血 243, 281
カモノハシ 78
カラシナ 12
ガラパゴス諸島 302
ガラパゴスゾウガメ 77
ガラパゴスフィンチ 316
カリウム 609
カリニ肺炎菌 53
カルシウム 85, 507
カルシウムイオン 131, 541
カルシトニン 507
カルビン回路 160, 166
カルボキシ基 94, 98, 100

カルボニックアンヒドラーゼ 151
カロテノイド 167
カロリー 469
カワズスメ 335, 345
カワホトトギスガイ 370, 381
がん 196, 202
幹圧 612
がん遺伝子 205
肝炎 209
がん化 182
感覚受容器 524
感覚入力 517
感覚ニューロン 517
間期 181
環境因子 206
環境収容力 389
環形動物 61, 66
　　——の体制 67
還元 148
がん原遺伝子 205
幹細胞 198, 484
がん細胞 182, 197, 203
がん細胞化 203
観察 4
カンジキウサギ 391
干渉型競争 404
緩衝剤 93
環状配置
　　維管束系の—— 601
環状剥皮 621
関節 537
関節リウマチ 554
完全変態 71, 74
肝臓 102, 475
肝臓がん 209
汗腺 525
桿体 526
眼点 531
官能基 94
カンブリア紀 352
　　——の大爆発 354
緩歩動物 61, 68
γ-アミノ酪酸 522
がん免疫監視 551
がん抑制遺伝子 205
冠輪動物 61

き

記憶細胞 558
機械受容器 525, 528
気化熱 456
気管 492
器官 14, 447
器官系 15, 450
気管支 493
気孔 47, 163, 604, 606
気候 372
擬攻撃 591
気候変動 431, 437
気候変動に関する政府間パネル（IPCC） 438
基質 150
気象 372
キーストーン種 407
寄生 51
寄生者 401
基礎代謝率 154
擬態 402
擬体腔 64
擬体腔動物 64

索　引

キチン　51, 542
喫　煙　208, 210
キツネ　584, 594
基底細胞　203
基底膜（コルチ器の）　529
気　道　492
キノコ　52
キノドン類　360
ギボシムシ　71
基本組織系　602, 605
キモトリプシン　476
逆　位　246
ギャップ結合　138
キャップ構造　275
キャノーラ油　105
キャベツ　629
球　果　48
嗅　球　525
旧口動物　60, 66
吸　収　466
球棒モデル　88
吸血フィンチ　302
休　眠　626
キュビエハクジラ　173
橋　524
胸　郭　492
鋏角類　68
胸　腔　492
凝固因子　484
凝集力（水分子の）　92, 614
共進化　337, 402, 624, 625
共　生　54, 399
競　争　399, 404
競争排除　404
ギョウチュウ　403
共通祖先　21, 309, 313
莢　膜　26, 116
強　膜　526
共有結合　87
共優性　226
共有派生形質　21
恐　竜　75
極（細胞の）　185
キョクアジサシ　76
極限環境微生物　24
極性分子　89, 90
極相群落　408
極　体　568
棘皮動物　61, 72
巨人症　507
キラーT細胞　560
キリン
　──の血圧　482, 496
筋萎縮性側索硬化症　199
菌　界　23, 51
キングクローン　630
筋原繊維　540
菌　根　55, 610
菌根菌　55
菌　糸　51
筋ジストロフィー　199
菌糸体　51, 52
筋　節　540
筋繊維　539
筋　肉　535, 539
筋肉系　450
菌　類　23, 51

く

グアニン　103

空間充填モデル　89
クエン酸回路　160, 170, 171
クオラムセンシング　27
区画化（細胞の）　39
茎　604
クジラ
　──の起源　352
クチクラ層（植物の）　46, 604, 606
クチクラ層（動物の）　68, 69
グッピー　337
クマノミ　77
クマムシ　68
組換えDNA　287
クモ　71
クモガタ類　71
クラインフェルター症候群　246
クラゲ　62
Grant夫妻　316
グリア細胞　450, 516
グリコーゲン　51, 98, 467, 505
グリコシド結合　96
グリシン　97, 98
クリステ　121, 171
グリセルアルデヒド3-リン酸
　　　166
グリセロール　101
Crick, Francis　255
クリ胴枯病菌　53
Grypania spiralis　39
Griffith, Frederick　253
グルカゴン　505
グルコース　95, 135, 157, 168, 467
グルタミン　97
グルタミン酸　97
Gould, John　316
クルミ油　105
グレイ　258
クレオソートブッシュ　630
クレード　21
クレブス回路　170
クロウタドリ　330
クローニング　296
クロマチン　183
クロロフィル
　　122, 160, 163, 167, 625
クロロフルオロカーボン（CFC）
　　371, 379, 434
クローン　40, 289
クローン選択　556
クローン動物　289
クローン病　199
群　集　15
群体性生物　114
群　落　15

け

経口避妊薬　574
警告色　402
脛　骨　536, 537
形　質　405
形質置換　405
珪　藻　23, 43
形態学的種概念　340
系　統　21
系統樹　20
警報フェロモン　590
血　圧　486
　キリンの──　482, 496
血　液　483, 484
血液型　219, 226

血液凝固　553
結　核　321
血　管　483
血管新生　203, 205
月経周期　508
欠　失
　染色体の──　246
欠失突然変異　279
血　漿　484
血小板　484, 553
齧歯類　587
血清型　32
結　腸　476
結腸がん　202, 206
血糖値　504
血　餅　484
ゲノム　253, 259, 287
ケラチン　98, 124
ゲル電気泳動　295
ケルプ　378, 382
腱　449, 537
原核細胞　116
原核生物　22, 25, 110, 116, 353
　──の栄養獲得方法　28
　──のゲノム　259
顕花植物　46, 601
嫌気性　169
嫌気性生物　25
原形質膜　9
原形質連絡　139, 608
言　語　590
原　子　14, 86
原子核　86
原子番号　86
検　証　4
原子量　86
減数分裂　180, 188, 238, 566
原生生物　42
原生生物界　23, 42
原生動物　43
原生林　410
元　素　85, 86
原腸陥入　571
原腸胚　62, 571
原腸胚形成　571
限定要因　418
原　尿　460
原発腫瘍　203

こ

コアラ　77
綱　23, 24
好圧菌　24
抗ウイルス薬　33
好塩菌　24, 26, 29
恒温動物　77
光化学系　164
光化学系I　164
光化学系II　164
光学顕微鏡　112, 113
厚角組織　607
甲殻類　68, 69
抗がん剤　41
交感神経系　517
好乾性菌　24
交換プール　420
後　期　185
好気性　170
好気性生物　25
工業的窒素固定　422

抗菌性薬品　315
抗菌物質　331
口　腔　474
高血圧　474, 482, 491
抗　原　556
抗原提示細胞　557
光合成　10, 122, 146, 158, 162
光合成従属栄養生物　29
光合成独立栄養生物　29
後口動物 → 新口動物
硬骨魚　73
　──の体の構造　74
交　差　189, 191, 238
虹　彩　526
交　雑　220
好酸性菌　24
コウジカビ　54
光周性　629
恒常性 → ホメオスタシス
甲状腺　86, 502, 507
洪　水　41
抗生物質　31, 330
抗生物質耐性　321, 331
抗生物質耐性菌　315
酵　素　98, 144, 150
紅　藻　23, 45
抗　体　550, 556
抗体性免疫　550, 556
好中球　183, 552
高張液　133
後天性免疫不全症候群（エイズ）
　　32, 323, 548, 560
喉　頭　492
行　動　585
行動研究　586
後頭葉　522
好熱菌　24, 26
好熱好酸菌　27
更年期　513
後　脳　524
高分子　94
厚壁組織　607
孔辺細胞　47, 606
酵母菌　170
肛　門　476
抗利尿ホルモン　501
好冷菌　24, 26
ゴカイ　60, 67
コカイン　523
呼吸 → 細胞呼吸, 肺呼吸
呼吸器系　450
呼吸系　483
国際自然保護連合（IUCN）　438
コケ植物　46, 601
コケ類　46
古細菌　23
湖　水　379
古生代　352
個　体　15
個体群　12, 15, 386
個体群サイズ　386, 389
個体群生態学　386
個体群密度　386, 390, 406
五炭糖　102, 103
骨　格　535
骨格筋　449, 541
骨格系　450
骨細胞　535
骨　髄　535, 536
骨髄幹細胞　197
骨組織　535
骨粗鬆症　513, 536

索引

Koch, Robert　8
固定（遺伝子の）　325
固定的行動　586
コドン　276
琥珀　350
個別化医療　287
鼓膜　528
コミュニケーション　589
コモドオオトカゲ　77
固有受容器　529
コラーゲン　98, 115, 536
コルク形成層　621
ゴルジ体　116, 120
コルチ器官　529
コルチゾール　617
コルチゾン　204
コレステロール　102, 137, 139
コロニー　593
根冠　603
根系　602
混合栄養生物　45
痕跡器官　309
根端分裂組織　603
昆虫　70
　──の体制と器官系　70
コンブ　41
根毛　603, 604, 606
根粒菌　27, 31

さ

材　620
細気管支　493
再吸収　460
細菌　21, 23, 116
細菌界　23
細菌ドメイン　22
細静脈　485
再生医療　199
臍帯　572
細動脈　485
サイトカイニン　625, 628
サイトカイン　266, 552
サイトソル　112, 116, 130, 131
鰓嚢　312
細胞　9, 111
　──の区画化　39
　──の分化　180, 197, 569
細胞外基質→細胞外マトリックス
細胞外マトリックス
　　　　115, 203, 447, 448
細胞間結合　138
細胞間連絡　116
細胞呼吸
　　　121, 147, 149, 161, 168, 415
細胞骨格　116, 122, 123
細胞サイズ　40
細胞質　112
細胞質ゾル→サイトソル
細胞質分裂　179, 185
細胞周期　181
細胞傷害性T細胞　557, 560
細胞小器官（オルガネラ）　112, 117
細胞性粘菌　43
細胞性免疫　550, 557
細胞説　112
細胞接着　115
細胞体　516
細胞内共生説　126
細胞培養　198
細胞板　186, 187

細胞分化　180, 569
細胞分裂　177, 178
細胞壁　116
細胞膜　9, 102, 112, 115, 130
鰓裂　72
サイレント突然変異　279
搾取　399, 401
搾取型競争　404
サクラソウ　314
刷子縁　476
雑種　221, 341
雑種形成　341
雑食性動物　466
サトウカエデ　612
蛹　500
サナダムシ　66
砂嚢　477
砂漠　377
サバンナ　376
サブスタンスP　522
サヘラントロプス・チャデンシス
　　　　　　　　362
サボテン　388, 605
サメ　73
サメハダイモリ　403
左右相称　63
サルコメア　540
酸　93
酸化　148
酸化還元反応　148
酸化的リン酸化　162, 171, 172
サンゴ
　──の白化　438
散在配置
　維管束系の──　601
三次構造　99
三次消費者　406
三重結合　88
三畳紀　353
酸性　93
酸性雨　426
酸素　85, 94, 171
　大気中の──濃度の変遷　353
酸素結合性色素　483, 495
三半期　571
三半規管　530
三葉虫　350
残留性有機汚染物質（POP）　433

し

シアノバクテリア　27, 28, 29
シアン化水素　171
J字カーブ　387, 391
GABA（γ-アミノ酪酸）　522
CFC→クロロフルオロカーボン
GFP(緑色蛍光タンパク質)　290
GLUT　135
耳介　528
視覚　526
自家受粉　220
弛緩　542
師管　608
耳管　528
師管輸送　613
G₀期　182
G₁期　181
G₂期　182
色素性乾皮症　258
子宮　569
子宮頸がん　209

糸球体　460
子宮内膜　569
シークエンサー　295
軸索　450, 516
シグナル伝達　503
シグナル伝達経路　139, 204
シグナル伝達分子　139, 204
自己受容器　529
自己と非自己　550
自己免疫疾患　554
視細胞　527
脂質　94, 100
子実体　52
脂質二重層　115, 118, 131
四肢動物　74
思春期　508
視床　522
視床下部　501, 502, 524
雌ずい　49
指数関数的増加　25, 387
シス型脂肪酸　105
システイン　97
耳石　529
耳石器官　529
自然選択
　　12, 304, 306, 315, 327, 336
自然淘汰→自然選択
自然免疫系　550, 552
持続可能な社会　441
始祖鳥　75, 76
子孫　9
シダ植物　601
シダ類　46
膝蓋骨　536, 538
実験　6
実験群　7
実験処理群　7
湿地　380
質量　86
質量数　86
シトシン　103
シナプス　521
シナプス間隙　521
子嚢菌　51
師部　48, 607
ジベレリン　628
子房　623
脂肪酸　100, 101, 467
脂肪貯蔵骨髄　536
刺胞動物　61, 65
　──の組織　62
姉妹染色分体　183
社会行動　592
社会性昆虫　593
ジャコウアゲハ　586
尺骨　536
シャム猫　228
ジャンクDNA　261
種　12, 23, 24
　──の概念　340
　──の分布　401
　──の豊かさ　398
終期　508
周期的変動　391
住血吸虫　66
重合体　94
終止コドン　276
収縮　542
収縮環　186
収縮期　488
従属栄養生物　10, 29, 146
収束進化　309

従属変数　6
柔組織　606
重炭酸イオン　93
集団生活　592
雌雄同体　566
重複　246
修復
　DNAの──　257
重複受精　624
絨毛　475
絨毛間腔　572
絨毛膜　572
重力エネルギー　144
収れん進化　309
宿主　401, 549
粥腫　491
主根　601, 603
種子　48, 624, 626
種子分散　400
樹状突起　450, 516
受精　9, 49, 180, 565
　ヒトの──　568
受精卵（植物の）　622
受精卵（動物の）　569
出芽　9, 566
出生前遺伝子検査　260
シュート　602
受動免疫　559
受動輸送　131, 134
受動輸送タンパク質　135
種の起源　13, 310
種皮　624, 626
樹皮　621
受粉　49
種分化　309, 342
種分化率　345
腫瘍　182, 202
腫瘍細胞　197, 203
受容体　137, 139, 502
受容体依存性エンドサイトーシス
　　　　　　　　137
受容体タンパク質　115, 139, 204
腫瘍マーカー　203
ジュラ紀　353
純一次生産力(NPP)　417
春化　628
循環器系　450
循環系　483, 501
純系　221
春材　620
順応　451
子葉　601
消化　466
消化系　450, 466
松果体　502
沼気　26
上気道　492
条鰭類　73
娘細胞　178
蒸散　613
硝酸イオン　422
ショウジョウバエ　342
小進化　305, 322
小人症　507
常染色体　237
小腸　475
小脳　524
蒸発　91, 456
蒸発熱　456
消費者　10, 146, 158, 406
上皮増殖因子（EGF）　204
上皮組織　447

小胞　116
情報　103
小胞体　118, 119
静脈　450, 485, 489
上腕骨　536
女王　593
食細胞　552
食作用　137, 138, 552
植食者　401, 416
ショクダイオオコンニャク　50
食虫植物　611
食中毒　551
食道　475
食道がん　209
触媒　98, 150
植物界　23, 46
植物細胞　116
植物色素　167
植物プランクトン　44, 379, 440
植物ホルモン　627
食物繊維　467
食物網　10, 406
食物連鎖　10, 406, 433, 440
触覚受容器　525
ショ糖　96
シーラカンス　73
自律神経系　517
自律神経性制御　517
しり振りダンス　590
シルル紀　352
シロアリ　399, 593
シロアリ塚　593
シロウリガイ　29
シロナガスクジラ　76
人為選択　12, 313
人為的撹乱　410
進化　12, 305
　　——の証拠　310
　　ヒトの——　361
深海域　381
真核細胞　116, 117
真核生物　22, 110, 116, 353
　　——のゲノム　259
　　——の最も古い化石　39
真核生物ドメイン　22
進化系統樹　21
　　菌類の——　51
　　原生生物の——　42
　　植物の——　46
　　動物の——　61, 73
心筋　449, 541
神経　516, 517
神経筋接合部　521
神経系　451, 515, 585
神経細胞　450, 515
神経節　516
神経組織　450
神経伝達物質　521
人口成長　393
人工多能性幹細胞　201
新口動物　60, 71
心材　621
心室　486
真社会性　593
心周期　488
真獣類　78, 79
浸潤　203
親水性　90
新生代　353
心臓　483
腎臓　459
心臓血管系　483

心臓病　465
じん帯　449, 537
腎単位　460
伸長帯　603
心電図　488
浸透圧順応型動物　457
浸透圧調節　134, 457
浸透圧調節型動物　457
浸透作用　132, 133
侵入種　30, 371
心拍　488
心拍数　486
心皮　623
心房　486
針葉樹　376

す

水圧骨　543
水界バイオーム　378
水銀　433
水圏の変容　431
水耕栽培　609
水酸化物イオン　93
髄鞘　516
水晶体　526
水素　85
水素イオン　93
膵臓　475, 502
水素結合　90, 91, 99
錐体　526
膵島　504
水平遺伝子伝播　28
水溶性　90
水力学的骨格　64, 543
頭蓋骨　535
スクロース　96
スタチン　129
スッポンタケ　53
ステロイド　102
ステロイドホルモン　102
ステロール　102
ストレス　617
ストロマ　163
ストロマトライト　21
スペーサーDNA　261
刷込み　588

せ

生活習慣病　465
性感染症　575
制限酵素　286, 294
精原細胞　569
精細管　567
精細胞　623
生産者　10, 146, 158, 406
精子（動物の）　566
精子（植物の）　621
精子形成　567
静止電位　519
成熟帯　603
生殖　9, 564
　　ヒトの——　567
生殖隔離　340, 342
生殖系　451
生殖系列細胞　180, 566
生殖腺　508

生殖腺刺激ホルモン　508
生成物　92, 149
性染色体　184, 237, 508
性選択　329
性線毛　26
精巣　502
生息地　389, 408
生態学　371, 398
成体幹細胞　181, 198
生態系　15, 414, 415
生態系サービス　425
生態系プロセス　416
生態的地位　404
生態的地位分配　405
生体分子　14, 85
生体膜　101
　　——の選択性　130
成虫原基　509
成長ホルモン　507
性的二型　330
性転換　566
正のフィードバック　453, 574
性フェロモン　589, 594
生物階層性　13
生物学　3
生物学的種概念　340
生物学的進化　305
生物群集　398
生物圏　15, 370, 371, 415
生物多様性　22, 30
生物地球化学循環　416, 420
生物蓄積　433
生物的窒素固定　422
生物濃縮　433
精母細胞　567
性ホルモン　508
生理学　447
セカンドメッセンジャー　503
脊索　72
脊索動物　61, 72
脊髄　517
脊髄反射　518
石炭紀　352
脊椎　535
脊椎動物　60
赤緑色盲　249
セグロカモメ　586
セコイア　50, 612
世代交代　622
説　8
赤血球　484
接合（細菌の）　28
接合菌　51
接合後隔離　340
接合子　180, 199, 565, 622
接合前隔離　340
摂食　466
節足動物　61, 68, 69
接着（細胞の）　115
接着タンパク質　115, 203
接着斑　138
Z線　540
Z盤　540
セットポイント　453
絶滅　335, 357
絶滅危惧種　391
ゼニゴケ　48
セミ
　　17年周期の——　77
セリアック病　554
セリン　97
セルラーゼ　478

セルロース　47, 96
セロトニン　522
腺　451
遷移　408
繊維　607
全か無かの法則　521
前がん　203
先カンブリア紀　352
先カンブリア代　352
前期　185
前胸腺　510
前胸腺刺激ホルモン　510
線形動物　61, 68
前口動物 → 旧口動物
染色質　183
染色体　9, 118, 183, 261
　　——の自由な組合わせ　191
　　——の独立分配　238
染色体異常　246
先体　569
選択圧　402
選択的透過性　131
選択的透過膜　131
先端巨大症　507
線虫　68
前中期　185
前庭　529
先天性多毛症　245
前頭葉　522
前脳　522
全能性　199
線毛　26, 116
繊毛　124, 125, 493
繊毛虫　23, 45
前立腺がん　202, 209
全粒穀物　467
セン類　46

そ

ゾウ　77
相関　6
草原　376
ソウゲンライチョウ　326, 338
早材　620
走査型電子顕微鏡　112
操作変数　6
相似（アナログ）　309
創始者効果　325
桑実胚　199, 569, 570
双子葉植物　601
増殖因子　182, 204, 209
増殖制御因子　204
草食動物　466, 478
相対的存在量　398
相同（ホモログ）　309
相同染色体　184, 218, 236
挿入突然変異　279
送粉者 → 花粉媒介者
相補鎖　255
相利共生　54, 399
　　——による真核細胞の進化　125
ゾウリムシ　389
藻類　43
属　23
側鎖　98
促進拡散　134
促進輸送　131
側頭葉　522

側方分裂組織 620
組　織 14, 447
組織間相互作用 578
組織系
　　植物の―― 605
疎水性 90
祖先種 311
速筋繊維 540
ソニックヘッジホッグ 266
素　囊 477
粗面小胞体 116, 119
存在数 399
　　種の―― 401

た

第一減数分裂 188
ダイオウイカ 76
ダイオキシン 433
体温調節 455, 553
タイガ 375
体外受精 565
大気性循環 420
大気中の酸素濃度 30
体　腔 64
対　合 238
体細胞 180
体細胞突然変異 206, 243
体細胞分裂 179, 197
第三紀 353
胎　児 180, 200, 572
胎児型ヘモグロビン 577
代　謝 10, 147, 158
代謝経路 144, 152, 158
代謝速度 153
代謝熱 415, 455
体循環 484
対照群 7
対照実験 6
大進化 305
対数増殖 25
体　制 62
耐　性
　　――の進化 321
体性幹細胞 → 成体幹細胞
耐性菌 31
体性神経系 517
堆積性循環 420
体節化 65
大腿骨 536, 537
大腿部膝屈筋 542
大　腸 476
大腸菌 19, 28, 549
多遺伝子性 229
タイトジャンクション 138
体内受精 565
第二減数分裂 188
大　脳 522
大脳皮質 522
大脳辺縁系 524
胎　盤 569
太平洋ゴミベルト 384
大　麻 523
第四紀 353
大陸移動 313, 355
対立遺伝子 219, 220, 305
対立遺伝子頻度 322
対　流 457
対流セル 373
大量絶滅 335, 357

Darwin, Charles
　　13, 302, 310, 315, 594, 624
ダーウィンフィンチ
　　315, 338, 343
ダウン症候群 246, 260
唾　液 475
唾液腺 475
タキソール 41
卓越風 373
タクソン 23
タ　コ 68
多細胞化 41
多細胞生物 9, 114
多細胞動物 354
多足類 68, 71
多地域進化仮説 364
脱　皮 68
脱皮動物 61, 68
脱皮ホルモン 509
脱分極 519
多　糖 96, 467
ターナー症候群 246
ダ　ニ 71
タヌキモ 611
多年生植物 619
多能性 200
多倍数性 344
タバコ 629
　　――の害 210
タバコモザイクウイルス 32
タマゴテングダケ 53
ダマラランドデバネズミ 593
ターミネーター 274
ターミネーター遺伝子 293
多面作用 339
多面発現性 227, 339
多面発現性遺伝子 227
多毛類 67
多様性 398
多量栄養素 609
単為生殖 566
単為発生
　　トカゲの―― 195
炭化水素鎖 100
単　眼 70
単形質交配実験 222
単孔類 78
炭酸カルシウム 438
炭酸固定 166
炭酸水素イオン 484
炭酸水素ナトリウム 476
炭酸脱水酵素 151
担子菌 51
胆　汁 475
胆汁酸塩 102
単純拡散 132, 134
単子葉植物 601, 602
炭水化物 94, 95
淡水バイオーム 379
男性ホルモン 508
炭　素 85, 94, 98
炭疽菌 28
炭素循環 420, 421
単　糖 95
タンニン 621
胆　囊 102, 475
単能性 200
タンパク質 14, 85, 94, 98
タンパク質合成 278
タンパク質分解
　　――の調節 266
単量体 94

ち, つ

地衣類 54
Chase, Martha 253
チェックポイント 182
置換突然変異 279
地球温暖化 430, 438, 440
地球規模の変化 431
遅筋繊維 540
チーター 592
父方相同染色体 188, 218
膣 569
窒　素 85, 94, 609
窒素固定 31, 422, 434, 611
窒素固定細菌 422, 611
窒素循環 421
　　地球全体での―― 434
緻密骨 535, 536
チミン 103
着　床 569
着床前遺伝子診断 260
チャネルタンパク質 134
チャパラル 377
中央細胞 623
中間径フィラメント 123, 124
中　期 185
中　耳 529
中軸骨格 535
中心窩 527
中心体 185
中心柱 603
中枢神経系 515
中　性 93
中性子 86
中性脂肪 100
中生代 353
柱　頭 49, 623
中　脳 524
中胚葉 62, 64, 200, 570
中立突然変異 220
チューブリン 123
チューブワーム 381, 630
超界 → ドメイン
聴　覚 528
頂芽優勢 628
潮間帯 381
腸鰓類 71
調節タンパク質 264
調節 DNA 264
頂端分裂組織 620
腸内細菌 19, 33
鳥盤類 75
重　複 246
跳躍伝導 520
張　力 614
張力-凝集力説 614
鳥　類 73, 75, 79
直腸がん 202
直立二足歩行 362
直近の共通祖先 21
チラコイド 122, 163
チラコイド膜 164
地理的隔離 310, 343
チリモ 45
チロシン 97
チンパンジー 591

追加接種 559
痛覚受容器 525
ツノゴケ類 46

ツムギアリ 336
ツメバケイ 76
ツリガネムシ 45
ツンガラガエル 330, 340
ツンドラ 375, 600

て

tRNA（転移 RNA） 272
　　――の構造 277
DHA（ドコサヘキサエン酸） 105
DNA（デオキシリボ核酸）
　　9, 85, 102, 116, 118, 197, 253, 312
　　――の構造 256
　　――の修復 257
　　凝集した―― 265
DNA 鑑定 289
DNA クローニング 287, 296
DNA 修飾酵素 286
DNA 修復 258
DNA テクノロジー 285, 286
DNA ハイブリダイゼーション
　　　　　　　　　　　　295
DNA フィンガープリンティング
　　　　　　　　　　　　289
DNA 複製 256, 305
DNA プライマー 295
DNA プローブ 295
DNA ポリメラーゼ 256, 259
DNA リガーゼ 294
ティクターリク 74
T 細胞 556
テイ・サックス病 243
低酸素状態 173
TGF-β（トランスフォーミング
　　　　　　増殖因子 β） 204
底生帯 378
低張液 133
DDT 323, 324, 433
T4 ファージ 32
ディープウォーターホライズン
　　　　　　　　　　　　414
ディプロモナス 23, 46
低密度リポタンパク質（LDL）
　　　　　　　　　　　　137
ティラノサウルス 75
ディンゴ 371
Tinbergen, Niko 586
デオキシリボ核酸 → DNA
デオキシリボース 103
適　応 12, 307, 336, 451
適応形質 12, 306, 336
適応進化 336
適応放散 346, 358
適応免疫系 550
テクノロジー 4
テストステロン 102, 502, 508, 587
デスモソーム 138
データ 6
鉄欠乏性貧血 495
鉄酸化細菌 28
テッポウエビ 399, 593
デトリタス 381
デフェンシン 551
デボン紀 352
テロメア 208
テロメラーゼ 208
転　移 203
転移 RNA → tRNA
電位依存性ナトリウムチャネル
　　　　　　　　　　　　519

索引

電荷 86
電気陰性度 89
転座 246
電子 86
電子殻 86, 87
電子顕微鏡 112, 113
電子伝達系 164, 171, 172
転写 254, 264, 272, 274
　——の調節 265
転写因子 264
点突然変異 279
デンプン 96, 168

と

糖 85, 95
同位体 86
頭化 63
透過型電子顕微鏡 112
同化作用 147
同化反応 148
道管 608
道管輸送 613
橈脚類 69
統計学 6
凍結手術法 207
動原体 183
瞳孔 526
統合失調症 588
とう骨 536
頭索動物 73
同所的種分化 344
頭足類 68
冬虫夏草菌 54
等張液 133
頭頂葉 522
糖尿病 465, 505, 554
動物界 23, 60
動物行動学 586
動物細胞 116
動物プランクトン 44
洞房結節 488
動脈 450, 485, 489
動脈硬化 491
透明帯 569
トキソプラズマ 34, 397, 403
特異的免疫応答 550
毒素 551
独立栄養生物 10, 28, 146
独立の法則 224
独立変数 6
ドコサヘキサエン酸 105
突然変異
　　205, 220, 258, 278, 305, 323
突然変異原 258
ドーパミン 522, 523
ドーピング 499
ドブネズミ 587
ドメイン（超界） 21, 22
トランス脂肪 84, 104, 105
トランスフォーミング
　　増殖因子β（TGF-β） 204
トランスポゾン 261
ドリー 289, 290
トリアス紀 353
トリグリセリド 100, 467, 504
トリコーム 605, 606
トリコモナス 46
トリソミー 246
トリプシン 476

トリプトファン 97, 98
トリプトファン合成 264
トリプレット 276
トリュフ 54
トレオニン 97
トレードオフ 339

な

内温動物 77, 455, 494
内共生起源 126
内腔 118
内骨格 543
内耳 529
内臓塊 67
内的防御 550
内毒素 31
内胚葉 64, 200, 570
内皮 610
内部細胞塊 199, 569
内分泌撹乱化学物質 433
内分泌系 451, 501
内分泌腺 501
ナイルパーチ 335
ナチュラルキラー細胞 554
ナトリウムイオン 131
ナトリウムポンプ 136
ナマズ 77
鉛 433
ナメクジウオ 73
南極
　　——のオゾンホール 379
南極大陸 349
軟骨 449, 536
軟骨魚類 73
軟体動物 61
　　——の体制 67

に

二遺伝子雑種 222
二価染色体 189
2型糖尿病 465, 505, 554
肉鰭類 73
肉食動物 466, 478
二形質実験 222
ニコチン 523, 629
ニコヤカヒメグモ 306
二酸化硫黄 425
二酸化炭素吸収源 378
二次構造 98, 99
二次腫瘍 203
二次消費者 406
二次生産力 419
二次成長 620
二次成長林 410
二次精母細胞 567
二次遷移 408
二次免疫応答 558
二重結合 88
二重らせん 255, 256
二畳紀 353
二次卵母細胞 568
ニチニチソウ 41
ニッチ 31, 404
日長 628
二糖 95, 96
ニトロゲナーゼ 611
ニトロソアミン 210
二年生植物 619

二倍体 188, 218, 566
二分裂 28, 179
二枚貝類 67
乳がん 202, 209, 243, 513
乳酸 169
乳酸発酵 170
乳腺 78
乳糖（ラクトース） 150, 473
乳糖不耐症（ラクトース不耐症）
　　150, 254, 473
ニューロン 515
尿 459
尿細管 460
尿酸 459
尿素 459
二卵性双生児 588
ニレ立枯病菌 53
妊娠 572

ぬ〜の

ヌクレオチド 102, 103, 255
ヌタウナギ 73
ネアンデルタール人 364
ネコ 586
ネコ鳴き症候群 246
熱エネルギー 144
熱帯林 377
熱中症 459
熱伝導 455
熱容量 91
熱力学第一法則 145
熱力学第二法則 145
ネフロン 460
粘菌 43, 45
ネンジュモ 27
粘膜 492
年輪 621
脳 516
脳下垂体 502, 508
脳幹 524
脳梗塞 199
嚢状葉植物 612
能動免疫 559
能動輸送 131, 134, 610
能動輸送タンパク質 135
嚢胞性繊維症 242, 243, 260
ノルアドレナリン 489, 505, 522

は

葉 604
把握反射 586
胚 180, 199, 569, 622
肺 450
　　ヒトの—— 493
ハイイロオオカミ 313
ハイイロホシガラス 589
肺炎球菌 23
バイオスフィア 15, 371
バイオフィルム 27
バイオマス 372, 417
バイオーム 15, 375
バイオレメディエーション 31
胚芽 467
倍加時間 387
肺がん 202, 209

肺魚 73, 314
配偶子 40, 180, 188, 565
配偶体 622
肺呼吸 491
胚珠 49, 623
肺循環 484
胚性幹細胞（ES細胞） 198, 200
胚性ヘモグロビン 577
胚乳 624
胚嚢 623
灰白質 518
胚盤胞 199, 569
肺胞 493, 494
排卵 508, 569
ハウスキーピング遺伝子 263
ハエジゴク 611
バオバブ 50
ハオリムシ 29
パーキンソン病 199
白亜紀 353
　　——の大絶滅 357
白化 438
白質 518
ハクトウワシ 391
ハコガメ 75
ハゴロモガラス 586, 591
Hershey, Alfred 253
破傷風 559
破傷風菌 28, 551
ハゼ 399
ハダカデバネズミ 170, 593
ハチドリ 145
鉢虫類 65
爬虫類 73, 75
発芽 627
発がん物質 205, 208
白血球 551
白血病 202
発酵 31, 169
発生 61, 564
パップスメア検査 209
Hardy, Godfrey 327
ハーディー・ワインベルグの式
　　323, 327, 636
花 49
　　——の多様性 50
パパイン 150
母方相同染色体 188, 218
パピローマウイルス 213
ハプト藻 43
ハムストリングス 542
ハリモグラ 78
バリン 97
春植物 628
ハワイ諸島 403
半規管 530
パンゲア 314, 356
パン酵母 51
晩材 621
伴細胞 608
半索動物 61, 71
反射弓 518
半数体 219, 566
伴性遺伝子 245
ハンチンチン 247
ハンチントン病 243, 247, 260
バンド 630
パンネットスクエア 222
万能性 199
反応中心 164
反応物 92, 149
パンパス 376

索引

ひ

BRCA1　206
ピア・レビュー制度　7
pH　93
POP（残留性有機汚染物質）　433
光エネルギー　144
光従属栄養生物　29
光受容器　525, 526
光独立栄養生物　29
非極性分子　90
鼻腔　492
ヒグマ　340, 345
ビーグル号　304
ひげ根　602, 603
p53タンパク質　206
腓骨　536, 538
非コードDNA　261
B細胞　556
尾索動物　73
　――の体制　72
PCR→ポリメラーゼ連鎖反応
被子植物　46, 49, 601
PCB（ポリ塩化ビフェニル）　433
微絨毛　475
微小管　123, 124
微小繊維　123, 124
被食者　401
ヒスタミン　552, 554
ヒスチジン　97, 469
ヒストン　118
ビスフェノールA　433
微生物叢　19
非生物的環境　415
微生物病原説　8
P世代　220
ヒ素　2, 15
皮層　603
ビタミン　470
ビタミンA　470
ビタミンB　470
ビタミンC　210, 470
ビタミンD　102, 470, 471
ビタミンE　470, 472
ビタミンK　470
ビタミン欠乏症　471
ビーチマウス　307
必須アミノ酸　469
ピッチャー葉植物　612
ヒト　589
　――の行動　592
ヒト科　361
人喰い細菌　330
非特異的免疫応答　550
ヒト絨毛性生殖腺刺激ホルモン
　　　508
ヒト属　361
ヒト族　361
ヒト胚性幹細胞　199, 201
ヒトパピローマウイルス（HPV）
　　　209
ヒト免疫不全ウイルス（HIV）
　　　32, 323, 548, 560
ヒドラ
　――の出芽　566
ヒドロキシ基　94
ヒドロ虫類　65
泌尿器系　450
避妊　574

ピノサイトーシス　137
ビーバー　371
皮膚　178, 525
皮膚がん　203
肥満　208, 209
肥満細胞　552
表現型　218, 220, 236
病原体　31, 45, 401, 549
標的細胞　139
表皮系　602, 605
表皮の毛　606
表面張力　92, 614
HeLa細胞　196
ピラハ族　591
ヒラムシ　66
ピリ　26
肥料　609
微量栄養素　609
微量ミネラル　472
ピル　575
ピルビン酸　168
ピロリ菌　209
瓶首効果　325
品種改良　286

ふ

ファゴサイトーシス　138
van Helmont, Jan Baptista　608
Pfiesteria　5
フィードバックループ　453
フィトンチッド　617
フィブリン　553
フィンチ　302
フウセンカズラ　338
封入　552
富栄養化　423
フェニルアラニン　97
フェニルケトン尿症　150, 243
フェロモン　589
不完全変態　71
不完全優性　225
不規則な変動　391
複眼　70
副交感神経系　517
複合形質　230
副甲状腺　502, 507
副甲状腺ホルモン　507
副腎　502, 505
副腎白質ジストロフィー　243
複素環式アミン　210
腹足類　68
副鼻腔　492
フジツボ　69, 404
腐食性動物　466
不随意性制御　517
付属肢骨格　535
付着性　614
フツウカイメン　65
物質　85
不凍液　615
ブドウ球菌　34
ブドウ糖→グルコース
浮囊　41
負のフィードバック　453
普遍的な祖先生物　21
不飽和脂肪酸　100, 105
プラーク　491
プラスミド　28, 287, 331
プラタナス　345
プラナリア　66
　――の構造　63

プランクトン　44, 379
Franklin, Rosalind　255
ブリストルコーンパイン　630
フリーラジカル　167
フルクトース　95, 168
プレートテクトニクス
　　　314, 350, 355
Fleming, Alexander　31
フレームシフト　279
プレーリー　376
プログラム細胞死　182, 183, 205
プロゲステロン　508
プロスタグランジン　553
プロテアーゼ　150
プロテオグリカン　537
プロテオミクス　295
プロトン　164
プロトン勾配　164, 171
プロモーター　265, 273
フローラ　19
フロリダヤブカケス　593
プロリン　97
糞　476
分化
　細胞の――　180, 197, 569
　種の――　309, 342
分解者　27, 30, 45, 52, 146, 417
分岐点　21
分極　519
分子　14, 87
分子運動　91
分断選択　329
分泌　460
分布（種の）　401
分娩　573
分離の法則　222
分類学　23
分類群　23
分裂　28, 566
分裂組織　620
分裂帯　603

へ

平滑筋　449, 541
閉経　509
閉経期　513
平衡感覚　529
平行脈　601
閉鎖循環系　485
ベクター　292
ペースメーカー　488
βシート　98, 99
ヘテロ接合体　219, 220, 236
ペニシリン　31, 321, 331
ペプシン　476
ペプチド結合　98
ヘモグロビン
　　　98, 99, 474, 484, 495
ペルー海流　378
Belyaev, Dmitry　584
ヘルパー　593
ヘルパーT細胞　557, 560
ペルム紀　353
　――の大絶滅　357
ヘロイン　523
辺縁系　523
扁形動物　61, 66
　――の構造　63
辺材　621
変数　5

変性　99
偏西風　373
ベンゾピレン　210
変態　71, 500, 509
偏東風　373
扁平上皮細胞　203
鞭毛
　原核生物の――　25, 116, 124
　真核生物の――　124
片利共生　399, 401

ほ

保因者　244
膨圧　120, 133
防カビ剤　331
方向性選択　328
胞子　28, 52
胞子体　622
房室結節　488
放射　456
放射性同位体　86, 351
放射線療法　207
放射相称　62, 65
放射熱　456
紡錘体　185
飽和脂肪酸　100
ホコリタケ　388
母細胞　178
母指対向性　361
捕食者　389, 400, 401, 417, 585, 589
補体　554
ホタテガイ　67
捕虫葉　611
ホッキョクグマ　340, 345, 430
ポット植物　605
ホットスポット　377
ホットプルーム　355
北方林　375
ボディープラン　62
ボトルネック効果　325
哺乳類　73
骨　449
ポプラ　618, 630
ホメオスタシス（恒常性）
　　　11, 446, 447, 504
ホメオティック遺伝子　578
ホモ・エレクトゥス　363
ホモ・サピエンス　23, 361
ホモ接合体　219, 220
ホモ・ハビリス　363
ホモ・フロレシエンシス　363
ホモログ　309
ホヤ　60, 73
　――の成体と幼生　72
ポリ(A)鎖　275
ポリプ　65
ポリープ　206
ポリペプチド　98
ポリマー　94
ポリメラーゼ連鎖反応（PCR）
　　　287, 295, 297
ボルボックス　114
ホルモン
　　　102, 139, 182, 204, 209, 451, 501
ホルモン補充療法　513
ホルモン療法　207
ボンビコール　589
翻訳　254, 272
　――後の修飾　266
　――の調節　265

ま 行

マイコバクテリウム 321
マイコプラズマ 26
巻きひげ 605
膜間腔 121
膜タンパク質 115
膜輸送 134
マクロファージ 110, 137, 552
マクロミネラル 472
マダラフクロウ 392
末梢神経系 515
マトリックス 121, 170
マトリックスメタロプロテアーゼ 203
マラセチア属 34
マラリア 128, 551
マラリア原虫 46, 551
Malthus, Thomas Robert 304
マルファン症候群 227
蔓脚類 69

ミエリン 516
ミエリン鞘 516, 520
ミオグロビン 540
ミオシンフィラメント 540
味覚 524
ミクロケラトゥス 75
ミクロバイオーム 37
味細胞 524
実生 626
水 89, 90, 91
水カビ 46
ミズタマカビ 53
密着結合 138
密度依存的 390
密度非依存的 390
ミツバチ 400, 413, 588, 590, 593, 624
ミツユビナマケモノ 76
ミトコンドリア 112, 116, 160, 170, 494
　——の構造 121
　——の細胞内共生説 126
ミドリムシ 39, 43
ミネラル 472
耳 529
ミミズ 66
ミュータンス連鎖球菌 27
味蕾 524

無顎類 72, 73
ムカシトカゲ 75
ムカデ 71
無機栄養素 609
無機化合物 28
無極性分子 90
無限成長 619
ムシクイ 591
無髄神経 516
無髄繊維 516
無性生殖 9, 40, 179, 565
無脊椎動物 60
無足類 74
群れ 585, 591

芽 602
眼 526
メイガ 388
明反応 160, 163, 165

メキシコ湾流 373
めしべ 49
メスキート 604
メタボリックシンドローム 479
メタン 429
メタン生成菌 24, 26
メチオニン 97
メチシリン耐性黄色ブドウ球菌（MRSA） 330
メチル水銀 433
メッセンジャーRNA → mRNA
メトシェラ 630
メープルシロップ 612
メラトニン 522
メラニン形成細胞 203
メラノコルチン受容体 307
メラノサイト 203
免疫寛容 554
免疫記憶 550
免疫系 209, 450, 550
Mendel, Gregor 217
メンデルの遺伝法則 222

モアイ 385
毛細血管 450, 485, 490
網状脈 601
モウセンゴケ 611
網膜 526
毛様体筋 526
目 23, 24
木部 48, 607
モジュール 603
モノグリセリド 467
モノマー 94
モビング行動 591
Morgan, Thomas H. 240
モルフォゲン 578
門 23, 24
モントリオール議定書 379

や 行

薬 623
薬剤耐性 322
夜光虫 44
ヤシ林 392
ヤスデ 71
ヤツシハゼ 399
ヤツメウナギ 72, 73, 74
ヤドクガエル 402

有機化合物 28
有機分子 94, 95
融合遺伝 220
有孔虫 23, 45
有櫛動物 61, 65
有糸分裂 179
湧昇 418
雄ずい 49
有髄神経 516
有髄繊維 516, 520
優性 219
有性生殖 9, 40, 62, 179, 305, 565
優性対立遺伝子 220
雄性ホルモン 587
優占種 403
有胎盤類 78
有袋類 78
誘導シグナル 577
誘導適合モデル 151
誘導防衛 402

メキシコ湾流 373
輸送小胞 119
輸送タンパク質 115, 131, 135
ユーグレナ 23
ユタラプトル 75
輸卵管 569

溶液 90
葉酸 471
陽子 86
溶質 90
幼若ホルモン 509
葉状部 41
羊水 572
羊水穿刺 260
ヨウ素 87, 472
溶媒 90
羊膜 572
羊膜腔 572
羊膜卵 75
葉脈 601, 604
葉緑体 116, 122, 160, 163
　——の細胞内共生説 126
四次構造 99
四次消費者 407
予測 4
ヨツメウオ 337
ヨード 86

ら

Lyell, Charles 304
ライオン 329
ラクダ 461
ラクターゼ → ラクトース分解酵素
ラクトース（乳糖） 150, 473
ラクトース不耐症 → 乳糖不耐症
ラクトース分解酵素（ラクターゼ） 150, 254, 473
　——遺伝子の発現調節 263
裸子植物 46, 48, 601
らせん動脈 572
ラッコ 382
ラット 587, 589
ラパヌイ 392
ラフレシア 50
Lamarck, Jean-Baptiste 303
卵（植物の） 622
卵（動物の） 568
卵黄嚢 572
卵管 569
卵形成 568
藍色細菌 → シアノバクテリア
卵巣 502
卵巣がん 202
ランビエ絞輪 520
ランブル鞭毛虫 34, 43, 44
卵胞刺激ホルモン（FSH） 508
卵母細胞 568

り

リクガメ 75
陸圏の変容 431
陸上バイオーム 375
リグニン 47
利己的DNA 261
リシン 97
リソソーム 116, 120
利他行動 593
リパーゼ 150

リプレッサータンパク質 264
リボ核酸 → RNA
リボソーム 112, 116, 118, 254, 277
リボソームRNA（rRNA） 118, 272
リポタンパク質 138
流線型 543
流動モザイクモデル 115
竜盤類 75
両眼視 527
良性腫瘍 202
両生類 73, 74
　最初の—— 355
緑色蛍光タンパク質（GFP） 290
緑藻 23, 45
リリーサー 586
リン 15, 86, 94, 609
輪形動物 61
　——の構造 66
リンゴミバエ 344
リン酸基 94, 102, 103, 104
リン脂質 101, 102
リン脂質二重層 102
リン循環 423
輪状種 343
リンネ式階層分類体系 22, 23
リンパ管 555
リンパ球 555
リンパ系 555
リンパ節 555
リンパ腺 555
鱗片 48

る～わ

Lysenko, Trofim 584
ルーシー 362
ルビスコ（RuBisCo） 166

霊長目 361
霊長類 79
劣性 219
劣性対立遺伝子 220
レッドリスト 359
レトロウイルス 32
連鎖 240
レンズ 526
レンズ眼 526
レンニン 150

ロイシン 97
ロウ 90
濾過 460
濾過摂食者 67
ロジスティック成長 389
濾出液 460
六脚類 68
肋骨 492, 535
Lorenz, Konrad 588
ロングフライト血栓症 489

Y染色体 184, 218, 237
Y染色体連鎖 245
Weinberg, Wilhelm 327
ワーカー 593
ワクチン 213, 559
ワックス 90, 610
Watson, James 255
ワムシ 66

上 村 慎 治
かみ　むら　しん　じ
1955 年 鹿児島県に生まれる
1978 年 東京大学理学部 卒
1983 年 東京大学大学院理学系研究科博士課程 修了
現 中央大学理工学部 教授
専攻 生物物理学, 細胞生理学, 動物生理学
理 学 博 士

第1版 第1刷 2004年1月30日 発行
第5版 第1刷 2014年9月12日 発行

ケイン 生 物 学 (第5版)

© 2 0 1 4

監訳者　　上 村 慎 治
発行者　　小 澤 美 奈 子
発　行　　株式会社 東京化学同人
東京都文京区千石3-36-7 (〒112-0011)
電話 03 (3946) 5311・FAX 03 (3946) 5316
URL: http://www.tkd-pbl.com/

印刷・製本　　株式会社 アイワード

ISBN978-4-8079-0852-3
Printed in Japan
無断転載および複製物 (コピー, 電子
データなど) の配布, 配信を禁じます.

印刷・製本　株式会社アイワード

わかりやすく親しみやすい
信頼できる本格的辞典

生 物 学 辞 典

編集　石川　統・黒岩常祥・塩見正衞・松本忠夫
　　　守　隆夫・八杉貞雄・山本正幸

A5判特上製箱入　1634ページ　定価：本体12000円＋税

正確かつ平易な記述と多数の精密イラストにより，専門家から初学者まで役立つ信頼できる本格的辞典．生物学，関連諸領域を網羅した見出し語20000語を収録．欧文索引語数30000．生物分類表や生物学者歴史年表など便利な付録付．

行動生物学辞典

上田恵介・岡ノ谷一夫・菊水健史・坂上貴之・辻　和希
友永雅己・中島定彦・長谷川寿一・松島俊也　編

A5判上製箱入　650ページ　定価：本体9500円＋税

昆虫から哺乳類まで，動物の行動学，生態学，心理学，神経生理学など隣接する関連分野の基本用語を網羅した本研究分野初の本格的辞典．